2025 **CBT** 12차개정판 시험대비

핵심요약정리
적중률 높은 기출문제

콘크리트기사
산업기사 4주완성 필기

정용욱 · 고길용 · 전지현 · 김지우 공저

본 교재의 구성
- 21개년 기출문제 완전연구분석
- 최신 한국산업표준(KS)규격적용
- KCS시공 및 KDS설계 코드적용
- CBT 시험대비 실전테스트 제공

학원 : www.inup.co.kr
출판 : www.bestbook.co.kr

한솔아카데미

2025년 대비 학습플랜
콘크리트기사 4주완성
6단계 완전학습 커리큘럼

년도별 출제빈도표시
출제빈도를 참작하면 문제의 중요도를 알 수 있다.

2단계 과목별 마스터
1단계의 이론학습을 문제풀이에 연상법을 적용

1 년도별 출제빈도표시 **2** 1단계 스피드 마스터 **3** 2단계 과목별 마스터

계산기(SOLVE기능)
[계산기 f_x 570 ES]를 활용하여 SOLVE 사용법을 수록하였다.

1단계 스피드 마스터
기본적인 이론학습과 출제문제의 연계성을 통해 전체의 흐름을 파악

2023년 출제기준 반영
2023년 변경된 출제기준에 맞춰 전과목 반영
(80mm → 75mm)
(0.6±0.4 → 0.6±0.2)
(2~3초 → 2~5초(3.5±1.5초))

한솔아카데미에서 제공하는 교재 학습플랜 길잡이 **200% 학습법**

3단계 전과목 마스터
1단계 이론과 2단계 문제의 종합편인 전과목을 총체적으로 실전문제 마스터

홈페이지
www.bestbook.co.kr
자료실을 통해 오류제보 및 정오표 확인

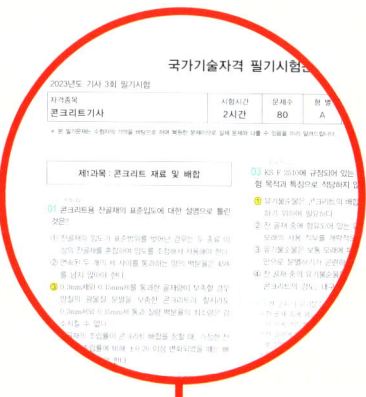

4 3단계 전과목 마스터　**5** 4단계 CBT 실전 모의고사　**6** 홈페이지

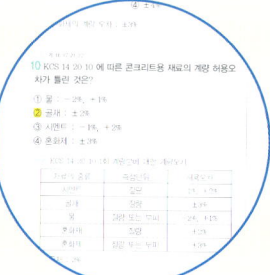

시방코드 KCS 적용
콘크리트 표준시방서
(시방코드 KCS) 적용

4단계 CBT 실전 모의고사
CBT 모의고사 통해 실전에
철저히 대비하여 합격 직코스

국가건설기준(KDS)적용
철근콘크리트구조
KDS 적용

콘크리트기사 4주완성 학습안내

有備無患

❶ **도전**이 빠르면 **합격**도 빠릅니다.
❷ **신분증** 지참은 반드시 필수입니다.
❸ **계산기**의 건전지 확인도 필수입니다.

1주차 핵심이론과 문제 중심

- 1차적으로 **핵심이론과 문제 중심**에 접근한다.
  - 핵심문제를 먼저 풀어본 후에 핵심이론을 1회독(정독) 한다.
  - 외우려 하지 말고 자연스럽게 풀어본다.
  - 핵심 문제를 3회독 하면 이론과 문제의 내용이 파악될 것이다.
    즉 어떻게 문제가 구성되어 있으며, 출제경향의 파악이 중요하다.

⬇

2주차 핵심문제 중심

- 2차적으로 『콘크리트기사 4주 완성』에 **핵심문제 중심**으로 접근한다.
  - 과목별로 핵심문제를 풀고 [답] 확인후 틀린 문제는 반드시 다시 풀어본다.
  - 3회독을 권하고 싶다. 체크한다.
  - 2주차에서 과목별 문제를 마스터 한다.

⬇

3주차 과년도 문제 완독

- **과년도 문제 완독**을 통해서 어느 정도 알고 있는지 파악한다.
  - 3주차에서는 반드시 알아야 할 내용의 노트를 만든다.
  - 미진한 부분은 어느 과목인지, 어느 부분인지를 반드시 체크한다.
  - 미진한 과목이나 미진한 부분은 집중적으로 시간투자를 한다.

⬇

4주차 반복적인 연습

- 연습용 답안카드를 이용해서 **반복적인 연습**을 한다.
  - 틀리는 부분은 핵심이론과 핵심문제에서 해결되도록 한다.
  - 수시로 CBT 모의 고사를 통해서 실전에 익숙하도록 한다.
  - 체크된 부분과 걱정되는 과목은 반드시 점검한다.

머리말

*기회는
준비하는 사람에게 찾아옵니다.
미래도
준비하는 사람에게 열려 있습니다.*

독자님!!!

콘크리트 기사가 2004년에 신설되었습니다.

신설된 이후 줄 곧 콘크리트 기사 필기시험과 실기시험에 관심을 가진지가 벌써 20년이 되었습니다. 또한 20년간 출제되었던 기출 문제를 분석하고 출제 경향을 연구하여 원고를 준비하였으며, 마침 한솔아카데미를 만나 독자님께 출간하게 되었습니다. 혹여 한국산업표준(KSF), 콘크리트 구조설계(KDS), 콘크리트 표준시방서(KCS) 등 변경에 따른 반영을 하려 노력하였으나 오류가 있다면 신속히 보완하여 더욱 좋은 책으로 거듭날 수 있도록 애정 어린 관심과 조언을 부탁드립니다.

이 책의 특징은

첫째, "문제의 핵심을 파악할 수 있는 해설"입니다. 해설을 통해 문제를 완전히 이해하도록 하였습니다.
둘째, 나오고 또 나오는 문제만 공부하도록 하였습니다. 지금껏 출제 되었던 기출문제를 토대로 하여 요점 정리를 하였습니다.
셋째, 콘크리트 기사 실기를 위한 지름길입니다. 필기 시험을 학습하면서 콘크리트기사 실기도 준비하도록 하였습니다.
넷째, 한솔아카데미가 자격증의 효율적 목표 달성을 위하여 알찬 편집체제와 신선한 디자인을 갖추었습니다.

세상을 아름답게 살려면 꽃처럼 살면 되고
세상을 편하게 살려면 바람처럼 살면 된다.

꽃은 자신을 자랑하지도 남을 미워하지도 않고
바람은 그물에도 걸리지 않고 험한 산도 아무 생각 없이 오른다.

꽃처럼, 바람처럼 콘크리트기사 자격증을 취득하여 미래가 열리길 소망합니다.

한 권의 책이 나올 수 있도록 최선을 다해 도와주신 여러 교수님, 대학교 동문, 후배님들께 진심으로 감사드립니다.

그리고 좋은 책이 나올 수 있도록 도움을 주신 한솔아카데미 편집부 여러분, 이 책의 얼굴을 예쁘게 디자인 해주신 강수정 실장님, 한 시간을 하루처럼 편집에 정성을 쏟아 주신 안주현 부장님, 언제나 가교 역할을 해 주시는 최상식 이사님, 항상 큰 그림을 그려 주시는 이종권 사장님, 사랑 받는 수험서로 출판될 수 있도록 아낌없이 지원해 주신 한병천 대표이사님께 감사를 드립니다.

저자 드림

콘크리트기사·산업기사 출제기준

1 콘크리트기사·산업기사 필기 출제기준

중직무분야	토목	자격종목	콘크리트기사 콘크리트산업기사	적용기간	2025.1.1 ~ 2027.12.31

○ 직무내용: 콘크리트에 대한 이해와 실무를 통하여 효율적으로 콘크리트의 제조, 시공, 시험, 검사, 품질관리와 콘크리트 제품, 콘크리트 구조, 진단 및 평가, 유지관리 등의 업무를 합리적으로 관리함으로써 콘크리트의 품질, 내구성 및 안전성의 확보를 도모하는데 필요한 직무이다.

필기검정방법	객관식	문제수	80	시험시간	2시간

필기과목명	문제수	주요항목	세부항목
콘크리트재료 및 배합	20	1. 콘크리트용 재료	1. 시멘트 2. 물 3. 골재 4. 혼화재료 5. 보강재료
		2. 재료시험	1. 시멘트 관련시험 2. 골재 관련시험 3. 혼화재료 관련시험 4. 기타 재료시험
		3. 콘크리트의 배합	1. 배합설계의 기본 원리 2. 콘크리트공사 표준시방서(KCS 14 20 00)에 의한 배합 설계 방법
콘크리트제조, 시험 및 품질관리	20	1. 콘크리트의 제조	1. 콘크리트 제조의 일반사항 2. 레디믹스트 콘크리트의 제조
		2. 콘크리트 시험	1. 굳지 않은 콘크리트 관련 시험 2. 굳은 콘크리트 관련 시험 3. 내구성 관련시험
		3. 콘크리트의 품질관리	1. 통계적 방법의 기초 2. 콘크리트공사에서의 품질관리 및 검사 3. 굳은 콘크리트

필기과목명	문제수	주요항목	세부항목
콘크리트의 시공	20	1. 시공 전 검토 및 확인	1. 시공 전 준비
		2. 일반 콘크리트	1. 운반, 타설 및 양생 2. 이음, 표면마무리 3. 거푸집 및 동바리
		3. 특수 콘크리트	1. 한중 및 서중 콘크리트 2. 매스 콘크리트 3. 유동화 및 고유동 콘크리트 4. 해양 및 수밀 콘크리트 5. 수중 및 프리플레이스트 콘크리트 6. 경량골재 콘크리트 7. 고강도 콘크리트 8. 숏크리트 9. 섬유보강 콘크리트 10. 방사선 차폐용 콘크리트 11. 팽창 콘크리트 12. 댐 콘크리트 13. 포장 콘크리트
		4. 콘크리트 제품	1. 콘크리트 관련 제품
콘크리트구조 및 유지관리	20	1. 철근 콘크리트 및 프리스트레스트 콘크리트	1. 철근콘크리트 및 프리스트레스트 콘크리트 구조의 개념 2. 철근콘크리트 및 프리스트레스트 콘크리트 부재의 해석 및 설계
		2. 조사 및 진단	1. 외관조사 및 강도 평가 2. 열화원인 및 성능 평가 3. 콘크리트 균열 4. 철근배근조사 및 부식 평가 5. 내하력 평가
		3. 보수·보강	1. 보수·보강 종류 및 방법 2. 보수·보강 검사 및 평가

CONTENTS

1 과목 | 콘크리트 재료 및 배합

CHAPTER 01 | 콘크리트 재료

- 001 시멘트의 제조 ·········· 1-3
- 002 시멘트의 화학 성분 ·········· 1-5
- 003 시멘트 클링커의 조성 광물 ·········· 1-7
- 004 시멘트의 일반적 성질 ·········· 1-9
- 005 시멘트의 종류 ·········· 1-11
- 006 시멘트의 저장 ·········· 1-14
- 007 레디 믹스트 콘크리트의 혼합에 사용되는 물 ·········· 1-15
- 008 잔 골재 및 굵은 골재 ·········· 1-18
- 009 기타 골재 ·········· 1-20
- 010 골재의 함수 상태 ·········· 1-23
- 011 공극률 및 실적률 ·········· 1-24
- 012 골재의 입도 및 조립률 ·········· 1-26
- 013 골재의 저장 ·········· 1-29
- 014 혼화 재료의 종류 ·········· 1-30
- 015 고로 슬래그 미분말 ·········· 1-31
- 016 플라이 애시 ·········· 1-33
- 017 공기 연행(AE)제 ·········· 1-35
- 018 기타 혼화제 ·········· 1-37

CHAPTER 02 | 재료 시험

- 019 시멘트 비중 시험 ·········· 1-41
- 020 시멘트의 분말도 시험 ·········· 1-43
- 021 시멘트의 응결 시험 ·········· 1-44
- 022 수경성 시멘트의 강도 시험 ·········· 1-45
- 023 골재의 체가름 시험 ·········· 1-47
- 024 골재의 밀도 시험 ·········· 1-49
- 025 골재의 단위 용적 질량 시험 ·········· 1-51
- 026 잔 골재의 유기 불순물 시험 ·········· 1-52
- 027 굵은 골재의 마모 시험 ·········· 1-54
- 028 골재의 안정성 시험 ·········· 1-55
- 029 기타 강재 시험 ·········· 1-57

CHAPTER 03 | 콘크리트의 배합

- 030 콘크리트의 배합 설계 ·········· 1-59
- 031 슬럼프 및 슬럼프 플로 ·········· 1-63
- 032 물-결합재비 ·········· 1-64
- 033 굵은 골재의 최대 치수 ·········· 1-65
- 034 잔 골재율 ·········· 1-67
- 035 공기 연행 콘크리트의 공기량 ·········· 1-70
- 036 배합의 표시법 ·········· 1-71
- 037 시방 배합 ·········· 1-72
- 038 현장 배합 ·········· 1-74

2과목 콘크리트 제조, 시험 및 품질 관리

CHAPTER 01 | 콘크리트 제조

- 001 재료의 계량 ······ 2-3
- 002 콘크리트용 믹서 ······ 2-6
- 003 콘크리트의 비비기 ······ 2-7
- 004 혼합에 사용되는 물 ······ 2-9
- 005 레디 믹스트 콘크리트의 품질 ······ 2-11
- 006 레디 믹스트 콘크리트의 설비 ······ 2-13
- 007 레미콘 재료의 계량 및 검사 ······ 2-15

CHAPTER 02 | 콘크리트 시험

- 008 워커빌리티 시험 ······ 2-17
- 009 콘크리트의 공기량 시험 ······ 2-19
- 010 염화물 함유량 시험 ······ 2-21
- 011 콘크리트의 블리딩 시험 ······ 2-22
- 012 콘크리트의 응결 시간 시험 ······ 2-24
- 013 콘크리트의 강도 시험 ······ 2-25
- 014 모르타르 및 콘크리트의 길이 변화 시험 ······ 2-29
- 015 콘크리트의 비파괴 시험 ······ 2-30
- 016 급속 동결 융해 저항 시험 방법 ······ 2-33
- 017 염화물 분석시험 ······ 2-35
- 018 골재의 알칼리 잠재 반응 시험 ······ 2-37
- 019 탄산화 시험 ······ 2-38

CHAPTER 03 | 콘크리트의 품질 관리

- 020 품질 관리 ······ 2-39
- 021 관리도 ······ 2-40
- 022 TQC ······ 2-43
- 023 $\bar{x}-R$ 관리도 ······ 2-44
- 024 자재 품질 관리 ······ 2-46
- 025 콘크리트의 받아들이기 품질 관리 ······ 2-50
- 026 압축 강도에 의한 콘크리트의 품질 관리 ······ 2-52

CHAPTER 04 | 콘크리트의 성질

- 027 굳지 않은 콘크리트 ······ 2-55
- 028 굳지 않은 콘크리트의 워커빌리티 영향 원인 ······ 2-57
- 029 콘크리트 중의 공기량 ······ 2-59
- 030 콘크리트의 재료 분리 ······ 2-61
- 031 콘크리트의 응결 ······ 2-63
- 032 굳지 않은 콘크리트의 균열 ······ 2-64
- 033 굳은 콘크리트의 변형 특성 ······ 2-66
- 034 콘크리트의 강도 특성 ······ 2-69
- 035 굳은 콘크리트의 균열 ······ 2-71
- 036 굳은 콘크리트의 내구성 ······ 2-72

3 과목 콘크리트의 시공

CHAPTER 01 | 일반 콘크리트

- 001 콘크리트 비비기 ········· 3-3
- 002 콘크리트 운반 ············ 3-4
- 003 콘크리트 타설 ············ 3-5
- 004 콘크리트 다지기 ········· 3-8
- 005 콘크리트 양생 ·········· 3-10
- 006 습윤 양생 ················· 3-11
- 007 상압 증기 양생 ········· 3-13
- 008 고압 증기 양생 ········· 3-14
- 009 시공 이음 ················· 3-15
- 010 수평 시공 이음 ········· 3-17
- 011 연직 시공 이음 ········· 3-18
- 012 기타 시공 이음 ········· 3-19
- 013 신축 이음 ················· 3-20
- 014 균열 유발 이음 ········· 3-21
- 015 표면 마무리 ············· 3-22
- 016 콘크리트의 품질 관리 ··· 3-24
- 017 거푸집 및 동바리 ······ 3-25

CHAPTER 02 | 특수 콘크리트

- 018 한중 콘크리트 ·········· 3-29
- 019 서중 콘크리트 ·········· 3-33
- 020 매스 콘크리트 ·········· 3-36
- 021 유동화 콘크리트 ······ 3-43
- 022 고유동 콘크리트 ······ 3-45
- 023 해양 콘크리트 ·········· 3-46
- 024 수밀 콘크리트 ·········· 3-49
- 025 수중 콘크리트 ·········· 3-52
- 026 프리플레이스트 콘크리트 ··· 3-60
- 027 경량 골재 콘크리트 ··· 3-64
- 028 순환골재 콘크리트 ··· 3-68
- 029 고강도 콘크리트 ······ 3-70
- 030 숏크리트 ·················· 3-76
- 031 섬유 보강 콘크리트 ··· 3-83
- 032 방사선 차폐용 콘크리트 ··· 3-86
- 033 팽창 콘크리트 ·········· 3-88
- 034 댐 콘크리트 ············· 3-91
- 035 포장 콘크리트 ·········· 3-94
- 036 공장 제품 ················· 3-99

4과목 콘크리트 구조 및 유지관리

CHAPTER 01 | 철근 콘크리트 구조의 개념

- 001 철근 콘크리트 ·················· 4-3
- 002 강도 설계법 ····················· 4-5
- 003 강도 감소 계수 ················· 4-7
- 004 콘크리트의 사용성과 내구성 ···· 4-9
- 005 콘크리트 균열 ··················· 4-13
- 006 철근의 상세 ····················· 4-16
- 007 철근의 부착과 정착 ············ 4-19
- 008 철근의 이음 ····················· 4-22

CHAPTER 02 | 철근 콘크리트 부재의 해석 및 설계

- 009 보의 휨 파괴와 균형보 ········ 4-25
- 010 단철근 직사각형보 ············· 4-26
- 011 복철근 직사각형보 ············· 4-30
- 012 단철근 T형보 ··················· 4-33
- 013 보의 전단 해석 ················· 4-37
- 014 기둥의 해석 및 설계 ·········· 4-42
- 015 슬래브의 해석과 설계 ········ 4-46
- 016 옹벽의 해석 및 설계 ·········· 4-49
- 017 확대 기초의 해석과 설계 ······ 4-51

CHAPTER 03 | 프리스트레스트 콘크리트

- 018 프리스트레스트 콘크리트의 일반 특성 ·· 4-53
- 019 재료의 기준 ····················· 4-54
- 020 PSC의 기본 개념 ·············· 4-55
- 021 PSC의 분류 ····················· 4-58
- 022 프리스트레스트의 도입과 손실 ·· 4-59
- 023 탄성 변형 및 활동에 의한 손실 ·· 4-60

CHAPTER 04 | 열화 조사 및 진단

- 024 안전 점검 및 외관조사 ······ 4-61
- 025 콘크리트의 강도 평가 ······ 4-64
- 026 열화 원인 및 성능 평가 ······ 4-66
- 027 탄산화(중성화) ······ 4-68
- 028 염해 ······ 4-72
- 029 알칼리 골재 반응 ······ 4-74
- 030 동해 ······ 4-76
- 031 화학적 침식 ······ 4-78
- 032 피로 및 화재 ······ 4-80
- 033 반발 경도 시험 ······ 4-82
- 034 탄성파법 ······ 4-84
- 035 음향 방출법(AE) ······ 4-87
- 036 콘크리트의 균열 발생 기구 ··· 4-88
- 037 철근 배근 조사 ······ 4-90
- 038 철근 부식 평가 ······ 4-92
- 039 내하력 조사 ······ 4-94
- 040 재하 시험 ······ 4-96

CHAPTER 05 | 보수 및 보강

- 041 보수 공법 ······ 4-99
- 042 균열 보수 공법 ······ 4-102
- 043 전기 방식 공법 ······ 4-105
- 044 보강 공법 ······ 4-107
- 045 상·하면 두께 증설 공법 ······ 4-109
- 046 강판 접착 공법 ······ 4-110
- 047 라이닝 공법 ······ 4-112
- 048 연속 섬유 시트 접착 공법 ··· 4-113
- 049 외부 케이블 공법 ······ 4-115

부록 | 과년도 출제문제

CHAPTER 01 | 콘크리트 기사

2018년 3월 4일 시행 ·········· 5-3	2023년 제1회 시행(복원문제) ·········· 5-215
2018년 4월 28일 시행 ·········· 5-18	2023년 제2회 시행(복원문제) ·········· 5-229
2018년 8월 19일 시행 ·········· 5-32	2023년 제3회 시행(복원문제) ·········· 5-242
2019년 3월 3일 시행 ·········· 5-46	2024년 제1회 시행(복원문제) ·········· 5-255
2019년 4월 27일 시행 ·········· 5-60	2024년 제2회 시행(복원문제) ·········· 5-268
2019년 8월 4일 시행 ·········· 5-75	2024년 제3회 시행(복원문제) ·········· 5-281
2020년 6월 6일 시행 ·········· 5-90	
2020년 8월 22일 시행 ·········· 5-104	
2020년 9월 26일 시행 ·········· 5-117	
2021년 3월 7일 시행 ·········· 5-131	
2021년 5월 15일 시행 ·········· 5-145	
2021년 8월 14일 시행 ·········· 5-159	
2022년 3월 5일 시행 ·········· 5-173	
2022년 4월 24일 시행 ·········· 5-187	
2022년 제3회 시행(복원문제) ·········· 5-201	

【기사 기출문제 CBT 따라하기】
한솔아카데미 홈페이지(www.bestbook.co.kr)에서 일부 기출문제를 CBT 모의 TEST로 체험하실 수 있습니다.
- 기출문제 2016년 제1,2,3회
- 기출문제 2017년 제1,2,3회
- 기출문제 2022년 제1,2,3회
- 기출문제 2023년 제1,2,3회
- 기출문제 2024년 제1,2,3회

CHAPTER 02 | 콘크리트 산업기사

2018년 4월 28일 시행 ·········· 6-3	2023년 제2회 시행(복원문제) ·········· 6-129
2018년 8월 19일 시행 ·········· 6-15	2023년 제3회 시행(복원문제) ·········· 6-141
2019년 4월 27일 시행 ·········· 6-27	2024년 제2회 시행(복원문제) ·········· 6-154
2019년 8월 4일 시행 ·········· 6-41	2024년 제3회 시행(복원문제) ·········· 6-166
2020년 6월 13일 시행 ·········· 6-55	
2020년 8월 23일 시행 ·········· 6-68	
2021년 제2회 시행(복원문제) ·········· 6-80	
2021년 제3회 시행(복원문제) ·········· 6-93	
2022년 제2회 시행(복원문제) ·········· 6-105	
2022년 제3회 시행(복원문제) ·········· 6-117	

【산업기사 기출문제 CBT 따라하기】
한솔아카데미 홈페이지(www.bestbook.co.kr)에서 일부 기출문제를 CBT 모의 TEST로 체험하실 수 있습니다.
- 기출문제 2015년 제1,2,3회
- 기출문제 2016년 제1,2,3회
- 기출문제 2017년 제1,2,3회
- 기출문제 2022년 제2,3회
- 기출문제 2023년 제2,3회
- 기출문제 2024년 제2,3회

출제경향분석 빈도율

1과목 콘크리트 재료 및 배합

구분	출제율(%)
시멘트	16
골재	16
배합수(물)	5
혼화재료	13
보강재료(강섬유)	2
시멘트 관련시험	5
골재 관련시험	5
혼화재료 관련시험	7
골재의 안정성험	2
기타 재료시험(금속)	4
콘크리트의 배합강도	7
콘크리트의 배합설계	16
불편분산	2
전체	100

2과목 콘크리트 제조, 시험 및 품질관리

구분	출제율(%)
콘크리트의 제조	14
콘크리트의 배합설계	4
레디믹스트 콘크리트	9
굳지 않은 콘크리트시험	17
굳은 콘크리트시험	12
콘크리트의 길이변화시험	3
콘크리트의 탄성계수	2
내구성	7
탄산화	4
콘크리트 압축강도 추정방법	4
콘크리트 품질관리(관리도)	7
통계적 방법의 기초	3
굳지 않은 콘크리트 성질	7
받아 들이기 품질 검사	4
콘크리트의 균열	3
전체	100

3과목 콘크리트 시공

구분	출제율(%)
시공전 준비	4
운반, 타설, 양생	13
이음, 표면마무리	8
거푸집 및 동바리	5
한중, 서중 콘크리트	11
매스 콘크리트	5
유동화 및 고유동 콘크리트	3
해양 및 수밀 콘크리트	4
수중 콘크리트	4
프리플레이스트 콘크리트	3
순환골재 콘크리트	5
고강도 콘크리트	6
숏크리트	7
섬유보강 콘크리트	3
방사선 차폐용 콘크리트	5
팽창 콘크리트	4
포장 콘크리트	2
공장제품	3
배합설계, 배합강도	5
전체	100

4과목 콘크리트 구조 및 유지관리

구분	출제율(%)
철근콘크리트의 성질	4
강도설계법	11
철근콘크리트의 전단력	6
철근의 정착, 이음	4
콘크리트 균열	5
프리스트레스트 콘크리트	5
기둥의 해석 및 설계	7
슬래브의 해석과 설계	7
옹벽의 해설과 설계	3
유지관리 시설물	3
열화원인	6
탄산화 및 염해	5
알칼리 골재 반응	3
화학적 침식	10
철근부식평가	4
내하력 평가	5
보수공법	3
보강공법	4
콘크리트 품질관리	5
전체	100

[계산기 $f_x 570$ ES] SOLVE사용법

공학용계산기 기종 허용군

연번	제조사	허용기종군
1	카시오(CASIO)	FX-301~999
2	카시오(CASIO)	FX-501~599
3	카시오(CASIO)	FX-301~399
4	카시오(CASIO)	FX-80~120
5	샤프(SHARP)	FL-501~599

[예] FX-570 ES PLUS 계산기

1 $73 \times 10^3 = 0.75 \times \dfrac{1}{6} \times 1 \times \sqrt{21}\, bd$

먼저 73×10^3 ☞ ALPHA ☞ SOLVE ☞ =

☞ $73 \times 10^3 = 0.75 \times \dfrac{1}{6} \times 1 \times \sqrt{21}$ ALPHA X

SHIFT ☞ SOLVE ☞ = ☞ 잠시 기다리면

$X = 127439.2479$ ∴ $bd = 127500\,\text{mm}^2$

2 $\dfrac{500-x}{x} \times 100 = 3\%$

먼저 ☞ $\dfrac{500 - \text{ALPHA } X}{\text{ALPHA } X} \times 100$ ☞ ALPHA ☞ SOLVE ☞ =

☞ $\dfrac{500 - \text{ALPHA } X}{\text{ALPHA } X} \times 100 = 3$

SHIFT ☞ SOLVE ☞ = ☞ 잠시 기다리면

$X = 485.437$ ∴ $x = 485.437\,\text{g}$

3 $\dfrac{2 \times P}{\pi \times 150 \times 300} = 2.8\,\text{MPa}$

먼저 ☞ $\dfrac{2 \times \text{ALPHA } X}{\pi \times 150 \times 300}$ ☞ ALPHA ☞ SOLVE ☞ =

☞ $\dfrac{2 \times P}{\pi \times 150 \times 300} = 2.8$ SHIFT ☞ SOLVE ☞ = ☞ 잠시 기다리면

$X = 197920.34$ ∴ $P = 197,920\,\text{N} = 197.92\,\text{N}$

알 아 두 기

1 단위에 대해서

- λ [람다, lambda] : 경량 콘크리트 계수 (보통 중량 콘크리트 = 1.0)
- ϵ : 크사이(xi)
- η : 이타(eta)
- μ : 뮤(mu)
- N : newton 읽습니다.
- Pa : pascal 읽습니다.
- MPa : megapascal 읽습니다.
- kN는 힘의 단위이며, MPa는 강도의 단위입니다.
- $1kN = 10^3 N$
- $1MPa = N/mm^2$
- $1kN/m^2 = 1kPa$
- $1Pa = 1N/m^2$
- $1kPa = 1000Pa$
- $1t/m^2 = 9.8kN/m^2 = 9.8kPa$
- $1t/m^3 = 9.8kN/m^3$
- $cc = mL = 1g$
- $1m^3 = 1,000 l$
- $g/cm^3 = 1t/m^3$
- $g/mm^3 = 0.001g/cm^3$
- 단위 무게 : kg/m^3

2 문제를 학습하는 방법

- [구] : 구 시방서
- ☑☐☐ 틀린문제를 확인한다.
- ☑☑☐ 마킹된 문제를 검토한다.
- ☑☑☑ 마킹된 문제를 최종확인한다.

1 과목

콘크리트 재료 및 배합

01 콘크리트 재료
02 재료 시험
03 콘크리트의 배합

CHAPTER 01 콘크리트 재료

001 시멘트의 제조

■ 시멘트의 원료
- 클링커는 석회석, 점토, 규석 및 슬래그 등 시멘트의 원료를 소성로에서 소성시켜 만든 응결 지연제로 클링커에 석고를 3% 정도 첨가하여 미분쇄하면 시멘트가 제조된다.
- 포틀랜드 시멘트의 제조에 필요한 주원료는 석회석, 점토, 규석, 슬래그 및 석고로 석회질 원료와 점토질 원료를 4 : 1의 비율로 섞어 만든다.

포틀랜드 시멘트의 주원료

원료		주성분	시멘트 1ton을 생산하는 데 필요한 양
석회질 원료 (80%)	석회석	CaO	약 1,130kg
점토질 원료 (20%)	점토	SiO_2 (20 ~ 26%) Al_2O_3 (4 ~ 9%)	약 240kg
	규석	SiO_2	약 50kg
	슬래그	Fe_2O_3	약 35kg
	석고	$CaSO_4 \cdot 2H_2O$	약 33kg

■ 시멘트의 제조 방법
시멘트의 제조 방법에는 건식법, 습식법, 반습식법의 3가지가 있다.

- **건식법**
  - 석회석, 점토, 슬래그 등의 원료를 건조한 후 적당한 비율로 조합하여 원료 분쇄기에서 미분쇄하여 회전로에 투입하여 소성하는 방법이다.
  - 석회석과 점토 원료를 따로 분쇄·조합하여 소성하는 방법으로 효율이 좋고 품질도 좋다.
  - 습식법에 비하여 원료를 미분말화하기가 쉽지 않고 또 먼지가 많이 난다.

- **습식법**
  - 원료를 건조시키지 않고 적당한 비율로 조합하여 원료 분쇄기에 약 40%의 물을 가한 후 반죽 상태로 만들어 분쇄기 내에서 분쇄, 혼합, 균질화하여 회전로에 넣어 소성하는 방법이다.
  - 원료를 미분말화하기가 쉽고 먼지가 적게 나는 반면 많은 물을 포함한 원료를 소성하므로 열량의 손실이 많다.
  - 혼합 시멘트는 클링커와 혼합재를 동시에 분쇄하거나 별도로 분쇄한 후 혼합하여 제조한다.

- **반습식법**
  - 미분쇄한 건조 상태의 원료에 10 ~ 12%의 물을 가하여 지름 약 12mm 알갱이 상태로 만들고 이를 예열, 건조하여 소성로 안에서 소성함으로써 클링커를 제조하는 방법으로 습식법의 단점을 보완하여 열량의 손실이 적다.
  - 회전로에서의 소성 반응을 살펴보면 회전로는 약 5%의 경사로 되어 있어 회전로의 회전에 따라 서서히 이동하여 소성대에 도달하여 클링커가 된다.
  - 소성된 클링커는 공기로 냉각시키거나 냉각기 등에 의하여 급냉한 후 마지막으로 분쇄기에서 석고와 함께 미분쇄되어 포틀랜드 시멘트가 된다.

□□□ 기 10, 15, 17

01 포틀랜드 시멘트의 주원료로서 양이 많은 것부터 차례로 나열된 것은?

① 석회석 > 점토 > 규석
② 석회석 > 석고 > 점토
③ 석고 > 점토 > 석회석
④ 규석 > 석회석 > 점토

해설 포틀랜드 시멘트의 제조
석회석(1,130kg/t), 점토(240kg/t), 규석(50kg/t), 석고(33kg/t)

□□□ 기 08, 11, 15, 19

02 시멘트의 제조 방법 중 습식법에 대한 설명으로 옳지 않은 것은?

① 열량 손실이 많다.
② 원료를 미분말화하기가 쉽다.
③ 먼지가 적게 난다.
④ 원료 분쇄기에 물을 약 10% 정도 가한 후 분쇄한다.

해설 습식법
원료를 건조시키지 않고 적당한 비율로 조합하여 원료 분쇄기에 약 40%의 물을 가한 후 반죽 상태로 만들어 분쇄기 내에서 분쇄, 혼합, 균질화하여 회전로에 넣어 소성하는 방법이다.

정답 001 01 ① 02 ④

□□□ 기10
03 포틀랜드 시멘트의 제조 원료 및 제조 방법에 대한 설명으로 틀린 것은?

① 시멘트의 제조 원료 중 석회질 원료와 점토질 원료의 혼합 비율은 일반적으로 약 4 : 1 정도이다.
② 시멘트 원료를 분쇄, 조합한 후 소성로에서 소성하여 얻어진 것을 클링커라고 한다.
③ 시멘트의 원료 중 석고는 시멘트의 응결 조절용으로 첨가된다.
④ 시멘트 제조 공정은 소성 공정, 원료 처리 공정, 시멘트 제품 공정순으로 되어 있다.

해설 시멘트의 제조 공정
- 원료를 조합, 건조, 분쇄, 혼합, 저장하는 원료 처리 공정
- 조합된 원료를 가열하여 분해, 소결한 다음 냉각하여 클링커를 얻는 소성 공정
- 소성한 클링커에 석고를 가하여 분쇄한 다음 포장하는 시멘트의 제조 공정

□□□ 산09,16
04 포틀랜드 시멘트 제조 시 석고를 첨가하는 주된 이유는?

① 시멘트의 조기 강도를 증진하기 위해
② 시멘트의 급격한 응결을 방지하기 위해
③ 콘크리트 제조 시 유동성 증진을 위해
④ 시멘트 수화열을 조절하기 위해

해설 시멘트의 원료 중 석고는 시멘트의 응결 조절용으로 첨가된다.

□□□ 산11,17
05 시멘트의 제조 원료 및 제조 방법에 대한 설명으로 틀린 것은?

① 시멘트의 제조 원료 중 석회질 원료와 점토질 원료의 혼합 비율은 약 1 : 4이다.
② 시멘트 원료를 분쇄, 조합한 후 소성로에서 소성하여 얻어진 것을 클링커라고 한다.
③ 시멘트의 원료 중 석고는 시멘트의 응결 조절용으로 첨가된다.
④ 시멘트 제조 공정은 크게 원료 처리 공정, 소성 공정, 시멘트 제품 공정으로 나눌 수 있다.

해설 시멘트의 제조 원료 중 석회질 원료와 점토질 원료의 혼합 비율은 약 4 : 1이다.

□□□ 기11,21①
06 시멘트 제조 과정에서 시멘트의 응결을 지연시키는 역할을 하기 위하여 첨가하는 재료는?

① 석고 ② 슬래그
③ 지연제 ④ 실리카(SiO_2)

해설 시멘트의 제조 과정에서 클링커에 응결 조정용으로 3~5%의 석고($CaSO_4 \cdot 2H_2O$)를 첨가, 분쇄하면 포틀랜드 시멘트가 얻어진다.

정답 03 ④ 04 ② 05 ① 06 ①

002 시멘트의 화학 성분

■ 산화마그네슘(MgO) 및 알칼리
- MgO 함량이 많으면 클링커 중에 미반응된 상태인 유리 마그네시아로 남게 되며, 수화 반응에 의해 서서히 팽창하여 콘크리트에 균열을 일으킬 염려가 있다.
- 시멘트 중의 MgO 함량을 5% 이하로 제한하고 있다.
- MgO의 양은 보통 포틀랜드 시멘트에서는 1.5% 정도이다.
- 알칼리는 주로 점토질 원료에서 유래하는 것으로 보통 포틀랜드 시멘트에는 0.5~1.0% 정도가 포함되어 있다.
- 알칼리 골재 반응의 우려가 있는 경우에는 저알칼리형을 사용하는 것이 좋다. 저알칼리형 시멘트의 총 알칼리 함유량은 0.6% 이하로 한정되었다.
- 총 알칼리량

$$R_2O = Na_2O + 0.658K_2O$$

여기서, R_2O : 포틀랜드 시멘트 중의 전 알칼리의 질량(%)
Na_2O : 포틀랜드 시멘트(저알칼리형) 중의 산화나트륨의 질량(%)
K_2O : 포틀랜드 시멘트(저알칼리형) 중의 산화칼륨의 질량(%)

■ 강열 감량
- 시멘트를 950~1,050℃에서 강열하였을 때의 중량 감소량을 말한다.
- 주로 시멘트 속에 포함된 물(H_2O)과 탄산가스(CO_2)의 양으로서 신선한 시멘트의 강열 감량은 보통 0.6~0.8% 정도이다.
- 일반적으로 시멘트가 풍화되면 강열 감량은 증가하기 때문에 시멘트의 풍화 정도를 판단하기 위하여 많이 사용된다.
- 강열 감량 $= \dfrac{감량(g)}{시료의\ 질량(g)} \times 100(\%)$

■ 불용해 잔분
- 시멘트를 염산 및 탄산나트륨 용액으로 처리하여 녹지 않는 부분을 말한다.
- 포틀랜드 시멘트의 경우는 불용해 잔분이 통상 첨가된 석고 중의 점토분에 의한 것이기 때문에 그 양이 대단히 많지 않은 한 시멘트의 품질에 영향을 미치지 않는다.
- 불용해 잔분의 양은 소성 반응의 완전 여부를 알아내는 척도가 된다.
- 일반적으로 불용해 잔분은 0.1~0.6% 정도이다.

■ 수경률
- 시멘트의 화학 분석치로부터 시멘트의 성질을 유추할 수 있는 수치로서, Bogue의 계산식에 의해 얻어지는 시멘트 화합물 조성은 가장 널리 이용되고 있다.
- 수경률(H.M)은 시멘트 중의 CaO 함량이 높을 때 큰 값을 나타낸다.
- 시멘트 원료의 조합비인 수경률(H.M : hydraulic modulus)의 계산식은 다음과 같다.

$$H.M = \dfrac{CaO - 0.7 \times SO_3}{SiO_2 + Al_2O_3 + Fe_2O_3}$$

- 수경률이 크면 알루민산3석회(C_3A) 양이 많아져 초기 강도가 높고 수화열이 큰 시멘트가 된다.
- 수경률 : 보통 포틀랜드 시멘트(2.05~2.15), 중용열 포틀랜드 시멘트(1.95~2.00), 조강 포틀랜드 시멘트(2.20~2.27)

■ 규산율(S.M : silica modulus)
- 규산율이 높은 시멘트는 일반적으로 C_2S를 많이 함유하기 때문에 강도발현이 느린 장기 강도형의 시멘트가 된다.
- 규산율이 낮은 시멘트는 C_3A가 많이 생성되어 초기 강도형의 시멘트가 된다.

$$S.M = \dfrac{SiO_2}{Al_2O_3 + Fe_2O_3} : 1.8 \sim 3.2$$

■ 철률(I.M : iron modulus)
철률이 크면 클링커 중의 C_3A의 생성량이 많아서 초기 강도는 높지만 수화열이 크고 화학 저항성이 낮은 시멘트가 된다.

$$I.M = \dfrac{Al_2O_3}{Fe_2O_3} : 0.7 \sim 2.0$$

■ 활동 계수(A.I : activity index)
SiO_2 성분의 다소로 나타내는 계수이기 때문에 규산율(S.M) 대신에 자주 이용된다.

$$A.I = \dfrac{SiO_2}{Al_2O_3}$$

■ 석회 포화도(L.S.D)

$$L.S.D = \dfrac{CaO - 0.7 \times SO_3}{2.8 \times SiO_2 + 1.2 \times Al_2O_3 + 0.65 \times Fe_2O_3}$$

- 산성성분 Si_2O_3, Al_2O_3, Fe_2O_3와 결합할 수 있는 최대 CaO의 양을 포화 CaO량 1.0으로 나타낸 것이다.
- 석회 포화도가 1.0에 가까운 원료 배합물을 잘 소성하면 Si_2O_3는 전부 C_3S로 되어 조강형의 시멘트가 얻어진다.

■ 포틀랜드 시멘트의 비율 및 계수

구분	수경률 (H.M)	규산율 (S.M)	철률 (I.M)	활동계수 (A.I)	석회 포화도 (L.S.D)
보통 포틀랜드 시멘트	2.10	2.7	1.7	4.2	0.91
조강 포틀랜드 시멘트	2.22	2.7	1.9	4.2	0.96
중용열 포틀랜드 시멘트	2.03	3.0	1.1	5.9	0.87

01 시멘트 제조의 클링커 광물 중에서 고용체 형태로 결정화되며, 체적 증가를 동반하므로 최대 사용량을 5% 이하로 제한하는 성분은 무엇인가?

① 알칼리 금속산화물(K_2O, Na_2O)
② 유리 석회(CaO)
③ 마그네시아(MgO)
④ 석고

해설 마그네시아(MgO)는 2% 정도 초과하면 콘크리트 구조물을 팽창·파괴시키므로 품질 보증 한계 5% 이하로 제한하고 있다.

02 시멘트 성분 중에 Na_2O가 0.5%, K_2O가 0.4% 있었다면 이 시멘트에서 도입되는 전 알칼리의 양은?

① 0.52% ② 0.76%
③ 0.91% ④ 1.05%

해설 전 알칼리량 = $Na_2O + 0.658K_2O$
= $0.5 + 0.658 \times 0.4 = 0.76\%$

03 신선한 시멘트의 일반적인 강열 감량(强熱減量)은 어느 정도인가?

① 0.6~0.8% ② 1.0~1.2%
③ 1.5~1.7% ④ 2.1~2.3%

해설 신선한 시멘트의 강열 감량은 보통 0.6~0.8% 정도이다.

04 아래 표의 ( )에 공통으로 들어갈 용어로 옳은 것은?

> ( )이 높은 시멘트는 일반적으로 C_2S의 생성량이 많아서 장기 강도 발현에 유리하며, ( )이 낮은 시멘트는 C_3A의 생성량이 높아서 조기 강도가 높다.

① 수경률(hydraulic modulus)
② 강열 감량(ignition loss)
③ 활성도 지수(activity index)
④ 규산율(silica modulus)

해설 규산율(S.M)
- 규산율이 높은 시멘트는 일반적으로 C_2S를 많이 함유하기 때문에 강도 발현이 느린 장기 강도형의 시멘트가 된다.
- 규산율이 낮은 시멘트는 C_3A가 많이 생성되어 조기 강도형의 시멘트가 된다.

05 콘크리트용 재료에 대해 주어진 상황에 따라 실시한 재료 시험으로 틀린 것은?

① 석고를 10% 첨가하여 제조한 시멘트를 사용하면 시멘트 경화체의 이상 팽창을 일으킬 수 있으므로 길모어 침에 의한 응결 시험을 실시하였다.
② 시멘트의 저장 기간이 오래되어 대기 중 수분 및 이산화탄소를 흡수하였을 가능성이 있으므로 비중 시험을 실시하였다.
③ 안정성이 나쁜 골재를 사용하면 콘크리트의 동결 융해 작용에 대한 내구성이 저하하므로 황산나트륨 용액에 의한 안정성 시험을 실시하였다.
④ 바닷모래를 사용하면 콘크리트의 중의 철근 부식을 일으킬 수 있으므로 골재 중의 염화물 함유량 시험을 실시하였다.

해설 시멘트가 불안정하면 그것을 사용한 콘크리트는 팽창으로 인해 금이 가서 깨어지고 또는 뒤틀림을 일으키거나 구조물의 내구성을 해치는 원인이 되므로 안정성 있는 시멘트를 사용하기 위해서 시멘트의 오토클레이브 팽창도 시험을 실시한다.

06 시멘트를 염산 및 탄산나트륨 용액에 넣었을 때 녹지 않고 남는 부분을 무엇이라고 하는가?

① 강열 감량(ignition loss)
② 불용해 잔분(insoluble residue)
③ 수경률(hydraulic modulus)
④ 규산율(silica modulus)

해설
- 강열 감량 : 1,000℃의 강한 열을 가했을 때의 감량으로서, 시멘트 중에 함유된 H_2O와 CO_2의 양으로 시멘트가 풍화한 정도를 판정하는 데 이용된다.
- 불용해 잔분 : 시멘트를 염산 및 탄산나트륨 용액으로 처리하여 녹지 않는 부분을 말하며, 일반적으로 불용해 잔분은 0.1~0.6% 정도이다.
- 수경률 = $\dfrac{CaO - 0.7 \times SO_3}{SiO_2 + Al_2O_3 + Fe_2O_3}$
- 규산율 = $\dfrac{SiO_2}{Al_2O_3 + Fe_2O_3}$

07 다음 시멘트 중 수경률이 가장 큰 시멘트는?

① 보통 포틀랜드 시멘트 ② 조강 포틀랜드 시멘트
③ 백색 포틀랜드 시멘트 ④ 중용열 포틀랜드 시멘트

해설 수경률 : 중용열 포틀랜드 시멘트(1.95~2.00), 보통 포틀랜드 시멘트(2.05~2.15), 조강 포틀랜드 시멘트(2.20~2.27)

정답 01 ③ 02 ② 03 ① 04 ④ 05 ① 06 ② 07 ②

003 시멘트 클링커의 조성 광물

■ **규산2석회(C_2S)**
   수화열이 적어서 강도 발현은 늦지만 장기 강도의 발현성과 화학 저항성이 우수하다.
• 벨라이트(C_2S)는 C_3S보다 수화열이 적어서 강도 발현은 늦지만 장기 강도의 발현성과 화학 저항성이 우수하다.

■ **규산3석회(C_3S)**
   수화열이 C_2S에 비해 크며 조기 강도가 크다.

■ **알민산3석회(C_3A)**
   수화 속도가 매우 빠르고 발열량과 수축이 크다.
• 알루미네이트는 C_3A가 주성분으로 조기 강도는 크고 장기 강도는 낮으며, 수화 속도가 대단히 빠르고 발열량과 수축이 크다.

■ **알민산철4석회(C_4AF)**
   수화열이 적고 수축도 작다. 강도 증진에는 큰 효과가 없으나 화학 저항성이 양호하다.
• 페라이트(C_4AF)는 수화열이 적고 수축도 적으며 강도도 작지만 화학 저항성이 양호하다.

■ **마그네시아(MgO)**
   마그네시아(MgO)는 2% 정도 초과하면 콘크리트 구조물을 팽창·파괴되므로 품질 보증 한계 5% 이하로 제한하고 있다.
• 양이 많으면 이것이 클링커 중에 미반응된 상태인 유리 마그네시아로 남게 되며, 수화 반응에 의해 서서히 팽창하여 콘크리트 경화체에 균열을 일으키는 원인이 되어 시멘트 중의 MgO 함량을 5% 이하로 제한하고 있다.

■ **조성 광물의 특성**

조성 광물	중요 화합물	조기 강도	장기 강도	수화열 (cal/g)	화학 저항성	건조 수축
Alite	C_3S	대	중	120	중	중
Belite	C_2S	소	대	60	대	소
Ferrite	C_4AF	소	소	100	대	소
Celite	C_3A	대	소	200	소	대

□□□ 기 06,14

01 시멘트 클링커의 주요 광물이 시멘트 특성에 미치는 영향으로 옳지 않은 것은?

① 조기 강도 발현에 대한 영향은 C_3A가 C_2S보다 크다.
② 장기 강도 발현에 대한 영향은 C_2S가 C_3S보다 크다.
③ 수화열에 대한 영향은 C_3S가 C_3A보다 적다.
④ 화학 저항성에 대한 영향은 C_4AF가 C_3A보다 적다.

해설 화학 저항성에 대한 영향은 C_4AF가 C_3A보다 크다.

□□□ 기 12,21

02 시멘트 클링커 화합물에 대한 설명 중 옳지 않은 것은?

① C_3S의 수화열보다 C_2S의 수화열이 적게 발열된다.
② 조기 강도 발현에 가장 큰 영향을 주는 화합물은 C_3S이다.
③ 콘크리트 구조물의 건조 수축을 줄이기 위하여 C_2S와 C_3A가 많은 시멘트를 사용해야 한다.
④ 구조물의 화학 저항성을 향상시키기 위하여 C_2S와 C_4AF가 많은 시멘트를 사용해야 한다.

해설 클링커 화합물
• 규산3석회(C_3S) : 수화열이 C_2S에 비해 크며 조기 강도가 크다.
• 규산2석회(C_2S) : 수화열이 적어서 강도 발현은 늦지만 장기 강도의 발현성과 화학 저항성이 우수하다.
• 알민산3석회(C_3A) : 수화 속도가 매우 빠르고 발열량과 수축이 크다.
• 알민산철4석회(C_4AF) : 수화열이 적고 수축도 작다. 강도 증진에는 큰 효과가 없으나 화학 저항성이 양호하다.

□□□ 기 13

03 AE 혼화제 사용에 의한 연행 공기가 콘크리트 중에서 하는 역할로 잘못 설명된 것은?

① 워커빌리티를 크게 개선시킨다.
② 동결 융해에 대한 저항성을 증대시킨다.
③ 재료의 분리 및 블리딩을 감소시킨다.
④ 공기량이 증가함에 따라 압축 강도도 약간 증가한다.

해설 공기량이 증가할수록 강도가 저하하기 때문에 공기량은 약 3~6% 정도의 범위가 되도록 하는 것이 좋다.

□□□ 기 13,21

04 시멘트를 구성하는 주요 광물 중 초기 강도에 가장 영향을 많이 주는 광물은?

① $3CaO \cdot SiO_2$ (C_3S)
② $2CaO \cdot SiO_2$ (C_2S)
③ $4CaO \cdot Al_2O_3 \cdot Fe_2O_3$ (C_4AF)
④ $3CaO \cdot Al_2O_3$ (C_3A)

해설 C_3S와 C_2S는 시멘트 강도의 대부분을 지배하는 것으로 그 합이 포틀랜드 시멘트에서는 70~80% 범위이며 C_3S는 수화에 의한 발열이 C_2S에 비해 크므로 초기강도를 증가시킨다.

□□□ 산 07
05 시멘트 클링커 주요 광물의 특성에 관하여 옳지 않은 것은?

① C_3A는 수화열이 높다.
② C_2S는 장기 강도가 높다.
③ C_3S는 수화열이 낮다.
④ C_3AF는 화학 저항성이 높다.

해설 • 클링커 화합물의 특성 비교

조성광물	수화열(cal/g)	화학 저항성
C_2S	60	대
C_3S	120	중
C_3A	200	소
C_4AF	100	대

• 규산 3석회(C_3S) : 수화열이 C_2S에 비해 높으며 조기 강도가 크다.

□□□ 산 10
06 다음 중 시멘트 클링커 화합물의 조성광물로 틀린 것은?

① 규산석회($CaO \cdot SiO_2$)
② 규산 2석회($2CaO \cdot SiO_2$)
③ 알루민산 3석회($3CaO \cdot Al_2O_3$)
④ 알루민산철 4석회($4CaO \cdot Al_2O_3 \cdot Fe_2O_3$)

해설 • 규산 3석회(C_3S) : $3Ca \cdot SiO_2$
• 규산 2석회(C_2S) : $2CaO \cdot SiO_2$
• 알루민산 3석회(C_3A) : $3CaO \cdot Al_2O_3$
• 알루민산철 4석회(C_4AF) : $4CaO \cdot Al_2O_3 \cdot Fe_2O_3$

□□□ 산 11,18
07 시멘트의 연료, 제조 및 조성 광물에 대한 설명으로 틀린 것은?

① 시멘트의 성분 중 산화마그네슘은 수화에서 체적 증가를 동반하므로 6% 이상 포함되어야 한다.
② 시멘트는 석회석, 점토, 혈암 등의 원료를 혼합하여 약 1,450℃까지 가열하여 얻어진다.
③ 클링커에서 가장 많은 성분은 C_3S를 주성분으로 하는 알라이트이다.
④ 포틀랜드 시멘트의 주요 화학성분은 CaO, SiO_2, Al_2O_3, Fe_2O_3이다.

해설 • 산화마그네슘(MgO)는 수화 반응에 의해 서서히 팽창하여 콘크리트에 균열을 일으킬 염려가 있기 때문에 시멘트 중의 MgO 함량을 5% 이하로 제한하고 있다.
• MgO의 양은 보통 포틀랜드 시멘트에서는 1.5% 정도이다.

□□□ 산 12
08 다음 시멘트 클링커의 조성 광물 중 건조 수축이 가장 큰 것은?

① $3CaO \cdot SiO_2$
② $2CaO \cdot SiO_2$
③ $3CaO \cdot Al_2O_3$
④ $4CaO \cdot Al_2O_3$

해설 • 클링커 화합물의 특성(건조수축) 비교

조성광물	건조 수축
$2CaO \cdot SiO_2$ (C_2S)	소
$3CaO \cdot SiO_2$ (C_3S)	중
$4CaO \cdot Al_2O_3 \cdot Fe_2O_3$ (C_4AF)	소
$3CaO \cdot Al_2O_3$ (C_3A)	대

• 알루민산 3석회($3CaO \cdot Al_2O_3$; C_3A)는 조기 강도가 크고 장기 강도는 낮고, 수화 속도가 대단히 빨라 발열량과 수축이 크다.

□□□ 기 19,23
09 아래의 표는 어떤 2종 포틀랜드 시멘트의 화학성분 분석 결과이다. 이 2종 포틀랜드 시멘트 성분 중 C_3A의 조성비를 한국산업표준(KS)에 따라 구한 값은?

밀도(g/cm³)	화학성분(%)					
	CaO	SiO_2	Al_2O_3	Fe_2O_3	MgO	SO_3
3.14	62.16	21.61	4.71	3.52	2.55	2.04

① 6.5%
② 8.5%
③ 10.5%
④ 12.5%

해설 $C_3A = [2.650 \times Al_2O_3(\%)] - [1.692 \times Fe_2O_3(\%)]$
$= 2.650 \times 4.71 - 1.692 \times 3.52 = 6.52\%$

정답 05 ③ 06 ① 07 ① 08 ③ 09 ①

004 시멘트의 일반적 성질

1 응결

시멘트풀이 시간이 경과함에 따라 수화에 의하여 유동성과 점성을 상실하고 고화하는 현상을 응결이라 한다.

■ 응결 시간에 영향을 미치는 요인
- 분말도가 크면 응결은 빨라진다.
- C_3A가 많을수록 응결은 빨라진다.
- 온도가 높을수록 응결은 빨라진다.
- 습도가 낮으면 응결은 빨라진다.
- 석고의 첨가량이 많을수록 응결은 지연된다.
- 물-시멘트비가 클수록 응결은 지연된다.
- 풍화된 시멘트는 일반적으로 응결이 지연된다.
- 풍화가 될수록 이상 응결을 일으키기 쉽다.

■ 시멘트의 응결 시간 측정 방법
- 비카(Vicat) 침 장치에 의한 방법
- 길모어(gillmore) 침에 의한 방법

2 시멘트의 풍화

- 시멘트는 저장 중에 공기 중의 수분과 이산화탄소와 반응하여 수화 반응을 일으켜 탄산칼슘을 만드는 현상을 풍화라 한다.
- 시멘트가 풍화되면 입상, 괴상으로 굳어지고 이상 응결을 일으키는 원인이 된다.
- 풍화 과정은 시멘트 입자가 공기 중의 수분(H_2O)을 흡수하여 수산화칼슘($Ca(OH)_2$)이 되고 이것이 공기 중의 이산화탄소(CO_2)와 작용하여 다음과 같이 탄산칼슘($CaCO_3$)이 된다.

$$\text{Cement} + H_2O \rightarrow Ca(OH)_2 + CO_2 \rightarrow CaCO_3 + H_2O$$

- 이때 분리된 물은 다시 내부에서 가수 분해되어 풍화가 진행된다.

■ 풍화된 시멘트의 특징
- 비중이 작아진다.
- 응결이 지연된다.
- 강열 감량이 증가된다.
- 강도의 발현이 저하된다.

3 시멘트의 비중

- 포틀랜드 시멘트의 비중은 한국산업규격에 3.05 이상으로 규정하고 있다.
- 콘크리트의 배합 및 단위 용적 중량 계산 등에 필요하다.
- 시멘트의 비중은 시멘트의 품질이 나빠질 경우 작아진다.
- 일반적으로 시멘트 비중이 작아지는 이유
  - 클링커의 소성이 불충분할 때 비중이 작아진다.
  - 혼합물이 섞여 있을 때 비중이 작아진다.
  - 시멘트가 풍화되었을 때 비중이 작아진다.
  - 저장 기간이 길었을 때 비중이 작아진다.
  - CaO, Al_2O_3가 많으면 비중이 작아진다.
- 일반적으로 시멘트 비중이 커지는 경우
  - 일반적으로 SiO_2, Fe_2O_3가 많으면 비중이 커진다.

4 시멘트의 분말도

- 시멘트 입자의 크기 정도를 분말도 또는 비표면적으로 나타내며 시멘트의 입자가 미세할수록 분말도가 크다고 말한다.

■ 분말도가 큰 시멘트의 특징
- 색이 밝게 되며 비중도 가벼워진다.
- 초기 강도가 크게 되며 강도 증진율이 높다.
- 블리딩이 적고 워커블한 콘크리트가 얻어진다.
- 물과 혼합 시 접촉 표면적이 커서 수화 작용이 빠르다.
- 풍화하기 쉽고 건조 수축이 커져서 균열이 발생하기 쉽다.

□□□ 기11,16

01 분말도(fineness)가 큰 시멘트를 사용할 경우에 대한 설명으로 틀린 것은?

① 수화가 빨리 진행된다.
② 워커블한 콘크리트가 얻어진다.
③ 건조 수축이 적다.
④ 풍화하기 쉽다.

해설 분말도가 큰 시멘트의 특징
- 색이 밝게 되며 비중도 가벼워진다.
- 초기 강도가 크게 되며 강도 증진율이 높다.
- 블리딩이 적고 워커블한 콘크리트가 얻어진다.
- 물과 혼합 시 접촉 표면적이 커서 수화 작용이 빠르다.
- 풍화하기 쉽고 건조 수축이 커져서 균열이 발생하기 쉽다.

□□□ 기11

02 시멘트의 비중에 대한 일반적인 설명으로 옳은 것은?

① 시멘트의 저장 기간이 긴 경우 비중이 커진다.
② 시멘트가 풍화한 경우 비중이 커진다.
③ SiO_2, Fe_2O_3가 많을수록 비중이 커진다.
④ 시멘트 클링커의 소성이 불충분한 경우 시멘트의 비중은 커진다.

해설
- 시멘트가 풍화되었을 때 비중이 작아진다.
- 시멘트의 저장 기간이 긴 경우 비중이 작아진다.
- 시멘트에 혼합물이 섞여 있을 때 비중이 작아진다.
- 시멘트 클링커의 소성이 불충분한 경우 시멘트의 비중이 작아진다.
- 일반적으로 SiO_2, Fe_2O_3가 많으면 비중이 커진다.

☐☐☐ 기 05,10
03 시멘트의 품질에 영향을 미치는 요인들에 대한 설명으로 옳은 것은?

① 시멘트의 저장 기간이 길어지면 대기 중의 수분과 탄산가스를 흡수하게 되어 비중과 강열 감량이 증가하게 된다.
② 시멘트의 분말도가 크면 비표면적이 증가하여 풍화하기 어렵고 수화열이 크므로 초기 강도 발현이 크게 나타난다.
③ 시멘트 화학 성분 중 MgO 성분은 시멘트 경화체의 이상 팽창을 일으킬 수 있으므로 시멘트 제조 시 10% 이하가 되도록 규제하고 있다.
④ 시멘트 제조 시 클링커의 소성이 불충분하면 시멘트의 비중이 감소하고 안정성과 장기 강도가 작아지므로 충분한 소성이 필요하다.

해설 • 시멘트의 저장 기간이 길어지면 대기 중의 수분과 탄산가스를 흡수하게 되어 비중이 작아지고 강열 감량이 증가하게 된다.
• 시멘트의 분말도가 크면 비표면적이 증가하여 풍화하기 쉽고 수화열이 크므로 초기 강도 발현이 크게 나타난다.
• 시멘트 화학 성분 중 산화마그네슘(MgO) 성분은 시멘트 경화체의 이상 팽창을 일으킬 수 있으므로 시멘트 제조 시 5% 이하가 되도록 규제하고 있다.

☐☐☐ 기 09,10,17
04 시멘트 풍화로 인하여 나타나는 현상이 아닌 것은?

① 강도 발현이 저하된다.
② 응결 시간이 빨라진다.
③ 강열 감량이 증가된다.
④ 비중이 떨어진다.

해설 풍화된 시멘트의 특징
• 강열 감량이 증가된다.
• 비중이 저하된다.
• 응결이 지연된다.
• 강도의 발현이 저하된다.

☐☐☐ 기 11
05 시멘트 시험 중 풍화도와 가장 관계가 없는 시험은?

① 비중
② 분말도
③ 강열 감량
④ 불용해 잔분

해설 • 풍화되면 비중이 작아진다.
• 풍화되면 강열 감량이 증가된다.
• 분말도가 작으면 응력이 느려지고 비중이 작아진다.
• 불용해 잔분양은 소성 반응의 완전 여부를 알아내는 척도가 된다.

☐☐☐ 기 12
06 시멘트의 응결에 대한 설명으로 틀린 것은?

① 분말도가 크면 응결은 빨라진다.
② 온도가 높을수록 응결은 빨라진다.
③ 물-시멘트비가 클수록 응결은 늦어진다.
④ 풍화된 시멘트는 일반적으로 응결이 빨라진다.

해설 풍화된 시멘트는 일반적으로 응결이 지연된다.

☐☐☐ 산 07,12
07 포틀랜드 시멘트의 풍화에 대한 설명으로 옳지 않은 것은?

① 풍화된 시멘트는 비중이 감소한다.
② 분말도가 큰 시멘트는 풍화되기 쉽다.
③ 풍화된 시멘트를 사용한 콘크리트는 초기 강도가 증가한다.
④ 풍화된 시멘트는 강열 감량이 증가한다.

해설 시멘트가 풍화되면 비중이 감소되고, 응결이 지연되며, 강도도 점차로 저하된다.

☐☐☐ 산 04,09,13
08 분말도가 높은 시멘트를 사용하여 콘크리트를 제조하는 경우 발생되는 특성으로 옳지 않은 것은?

① 건조 수축이 감소한다.
② 초기 강도가 증가한다.
③ 블리딩량이 감소한다.
④ 수화 작용이 빠르다.

해설 분말도가 높은 시멘트를 사용하면 워커블한 콘크리트가 얻어지지만 수축이 크고 균열 발생의 가능성이 크다.

005 시멘트의 종류

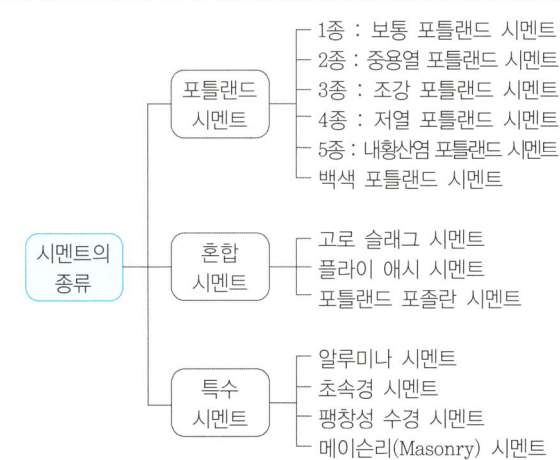

1 포틀랜드 시멘트

- **보통 포틀랜드 시멘트** : 석회석과 점토와 같은 원료로 제조되었으며, 우리나라 전체 시멘트 생산량의 거의 90%가 된다.
- **중용열 포틀랜드 시멘트** : 조기 강도는 작으나 수화열이 적고 내구성이 좋아 댐과 같은 매시브한 콘크리트에 사용한다.
- **조강 포틀랜드 시멘트** : 보통 포틀랜드 시멘트가 재령 28일에 나타내는 강도를 재령 7일에서 낼 수 있으며, 수화열이 많으므로 한중 콘크리트 시공에 적합하다.
- **저열 포틀랜드 시멘트** : 중용열 포틀랜드 시멘트보다도 수화열을 5~10% 정도 적게 한 것으로 댐 등의 매스 콘크리트의 시공에 적합하다.
- **백색 포틀랜드 시멘트** : 시멘트 원료 중 점토에서 실리카 성분을 제거하여 백색으로 만들어지며 주로 건축물의 미장, 장식용, 채광용 등에 쓰인다.

2 혼합 시멘트

■ 고로 슬래그 시멘트

- 고로 슬래그 시멘트의 성분
  - 고로 슬래그 시멘트는 보통 시멘트보다 시멘트 경화제의 수화 생성물 중에서 수산화칼슘의 양이 적다.
  - 고로 슬래그 시멘트는 고로 슬래그의 잠재 수경성으로 초기 강도는 작으나 장기 강도는 보통 시멘트와 거의 같다.
  - 고로 슬래그 시멘트의 조기강도의 발현은 완만하지만 수재의 잠재 수경성 때문에 장기 강도는 포틀랜드 시멘트보다 크다.
  - 고로 슬래그 시멘트에 사용되는 슬래그는 고로에서 선철을 제조할 때 발생되는 슬래그를 수중에서 급냉한다.
- 고로 슬래그 시멘트의 특징
  - 잠재 수경성을 가지고 있다.
  - 알칼리-실리카 반응의 억제에 효과가 있다.
  - 비중은 3.0 정도로 보통 포틀랜드 시멘트보다 작다.
  - 수화열이 작아 수축이 작으며 블리딩도 작다.
  - 수밀성이 크고 초기 강도는 작으나 장기 강도는 크다.
  - 응결 시간이 오래 걸리나 해수에 대한 저항성이 크다.
  - 댐이나 하천, 항만 등의 해안 구조물 공사에 적합하다.
  - 초기 수화열을 감소시켜 매스 콘크리트의 온도 상승 억제에 효과가 있다.

■ 실리카 시멘트

- 천연산이나 인공 실리카질 혼화 재료를 총칭하여 포졸란이라 하며, 포졸란을 포틀랜드 시멘트 클링커에 조합하여 적당량의 석고를 가해 만든 시멘트를 실리카 시멘트(silica cement)라 한다.
- 실리카 시멘트의 특징
  - 수밀성이 좋고 내구성이 풍부하다.
  - 보통 콘크리트 시멘트보다 화학 저항성이 크다.
  - 초기 강도는 약간 작으나 장기 강도는 약간 크다.
  - 콘크리트의 워커빌리티를 증가시키고 블리딩을 감소시킨다.
  - 토목 건축 공사의 구조용 시멘트 또는 도장 모르타르용 등으로 사용된다.

3 특수 시멘트

■ 알루미나 시멘트

- 초기 강도가 매우 크고 해수 기타 화학적 저항성이 크며 열분해 온도가 높아 내화용 콘크리트에 적합한 시멘트이다.
- 알루미나 시멘트는 초조강성으로 재령 24시간에 보통 포틀랜드 시멘트의 28일 강도를 낸다.
- 알루미나 시멘트의 특징
  - 산, 염류, 해수 기타 화학 작용을 받는 곳에 저항이 크다.
  - 재령 1일에 보통 포틀랜드 시멘트의 재령 28일 강도를 얻을 수 있다.
  - 열분해 온도가 높으므로(1,300℃) 내화물용 콘크리트에 적합하다.
  - 초조강성을 가지므로 1일 40~50MPa 정도의 압축 강도를 얻을 수 있다.
  - 발열량이 크기 때문에 긴급을 요하는 공사나 한중 콘크리트 시공에 적합하다.
  - 포틀랜드 시멘트와 혼합하여 사용하면 순결성을 나타내므로 주의를 요한다.

■ 초속경 시멘트

- 강도 발현이 매우 빠르기 때문에 물을 가한 후 2~3시간 정도 경과 후 압축 강도가 10~20MPa 정도에 달하므로 거푸집을 빨리 제거할 수 있다. 분말도가 5,000cm²/g 정도인 시멘트이다.
- 초조강 시멘트보다 더 큰 조기 강도를 얻기 위하여 만든 시멘트로서 응결 시간이 짧고 발열량이 많아 긴급을 요하는 공사, 동절기 공사, 숏크리트, 그라우트용으로 사용된다.

- **초속경 시멘트의 특성**
  - 응결 시간이 짧고 경화 시 발열이 크다.
  - 2~3시간에 큰 강도를 발휘한다.
  - 알루미나 시멘트와 같은 전이 현상이 많다.
  - 포틀랜드 시멘트와 혼합하여 사용하지 않도록 주의할 필요가 있다.

■ **팽창 시멘트**
- 경화 중에 콘크리트에 팽창을 일으키게 하여 콘크리트의 건조 수축으로 인한 균열을 방지하고 화학적 프리스트레스를 도입하여 구조물에 프리스트레스를 주어 압축 응력을 받도록 개발된 시멘트이다.

- **팽창 시멘트를 사용한 팽창 콘크리트의 특성**
  - 팽창 콘크리트에서 양생은 매우 중요하다.
  - 응결, 블리딩 및 워커빌리티는 보통 콘크리트와 비슷하다.
  - 팽창 콘크리트의 수축률은 보통 콘크리트에 비하여 20~30% 작다.
  - 믹싱 시간이 길어지면 팽창률이 감소하므로 주의할 필요가 있다.

---

01 시멘트의 일반적 특성과 용도에 관한 다음 설명 중 틀린 것은?

① 조강 포틀랜드 시멘트는 초기 압축 강도 발현이 커서 프리스트레스트 콘크리트에 사용하고 있다.
② 중용열 포틀랜드 시멘트는 수화열이 보통 포틀랜드 시멘트와 조강 포틀랜드 시멘트의 중간 정도로 한중 콘크리트에 사용하고 있다.
③ 고로 시멘트는 수화열 발열량이 적어 매스 콘크리트 구조물에 사용하고 있다.
④ 내황산염 시멘트는 화학 저항성이 우수하여 지하 구조물용에 사용하고 있다.

해설
- 한중 콘크리트 시공 시 KS에 규정되어 있는 포틀랜드 시멘트를 사용하는 것을 표준으로 한다.
- 중용열 포틀랜드 시멘트는 수화 작용에 따르는 발열이 적기 때문에 매스 콘크리트에 적당하다.

02 콘크리트 구조물에 사용된 시멘트 종류별 특성에 대한 다음 설명 중 옳지 않은 것은?

① 중용열 포틀랜드 시멘트는 수화열이 적게 발생하므로 댐 콘크리트 구조물에 사용하였다.
② 조강 포틀랜드 시멘트는 해수 저항성이 큰 C_3A 성분이 많이 함유되어 있으므로 해안가 근처의 콘크리트 구조물에 사용하였다.
③ 알루미나 시멘트는 6~12시간 정도에 보통 포틀랜드 시멘트의 28일 강도를 발현하므로 겨울철 긴급 공사에 사용하였다.
④ 고로 시멘트는 내화학 약품성이 좋으므로 공장 폐수에 접하는 콘크리트 구조물에 사용하였다.

해설 C_3A 성분의 함유량을 줄여 만들어야 토양이나 해수 및 공장 폐수 등의 황산염에 대한 저항성을 높일 수 있다.

03 시멘트에 관한 다음의 설명 중 옳은 것은?

① 시멘트의 풍화는 대기 중의 탄산가스와의 직접적인 반응에 의해 일어난다.
② 비표면적이 큰 시멘트일수록 수화 반응이 늦어진다.
③ C_3A 성분이 많은 포틀랜드 시멘트일수록 화학 저항성이 크다.
④ 조강성(早强性) 포틀랜드 시멘트는 일반적으로 C_3S의 양이 많고 C_2S의 양이 적다.

해설
- 시멘트가 공기 중의 수분과 이산화탄소와 반응하여 수화 반응을 일으켜 탄산칼슘을 만드는 현상을 풍화라 한다.
- 비표면적이 큰(분말도가 큰) 시멘트일수록 수화 반응이 빨라서 초기 강도가 크다.
- C_3A 성분이 많은 포틀랜드 시멘트일수록 화학 저항성이 작다.

04 물을 가한 후 2~3시간 정도 경과 후 압축 강도가 10MPa 정도에 달하며 분말도가 5,000cm²/g 정도인 시멘트는?

① 초속경 시멘트
② 팽창 시멘트
③ 슬래그 시멘트
④ 초조강 포틀랜드 시멘트

해설 초속경 시멘트 : 초조강 시멘트보다 더 큰 조기 강도를 얻기 위하여 만든 시멘트로서 응결 시간이 짧고 발열량이 많다.

05 실리카 시멘트의 특징으로 옳지 않은 것은?

① 초기 강도는 약간 작지만 장기 강도는 크다.
② 보통 포틀랜드 시멘트보다 화학 저항성이 크다.
③ 수밀성은 낮으나 내구성이 풍부하다.
④ 워커빌리티는 증진시키고 블리딩은 감소시킨다.

해설 수밀성이 좋으며, 내구성이 풍부하다.

정답 01 ② 02 ② 03 ④ 04 ① 05 ③

□□□ 산 04,13,15

06 다음의 시멘트 중에서 해안가 혹은 해수와 접하는 곳의 철근 콘크리트 구조물 공사에 가장 적합한 것은?

① 중용열 포틀랜드 시멘트
② 보통 포틀랜드 시멘트
③ 저발열 시멘트
④ 조강 포틀랜드 시멘트

해설 중용열 포틀랜드 시멘트는 화학 저항성이 크고 내산성이 우수하여 해수에 접하는 철근 콘크리트 구조물 공사에 적합하다.

□□□ 기 21 산 05,07,08

07 KS L 5201에 규정되어 있는 포틀랜드 시멘트에 속하지 않는 것은?

① 중용열 포틀랜드 시멘트
② 저열 포틀랜드 시멘트
③ 포틀랜드 포졸란 시멘트
④ 조강 포틀랜드 시멘트

해설 혼합 시멘트 : 고로 슬래그 시멘트, 플라이 애시 시멘트, 포틀랜드 포졸란 시멘트

□□□ 산 05,07,08,14,15

08 KS L 5201에 규정된 포틀랜드 시멘트의 종류가 아닌 것은?

① 보통 포틀랜드 시멘트
② 조강 포틀랜드 시멘트
③ 알루미나 시멘트
④ 내황산염 포틀랜드 시멘트

해설 특수 시멘트 : 초속경 시멘트, 알루미나 시멘트, 팽창 시멘트

□□□ 산 07,13

09 다음의 시멘트 중에서 일반적으로 강도 발현이 가장 빠른 것은?

① 보통 포틀랜드 시멘트
② 조강 포틀랜드시멘트
③ 고로 슬래그 시멘트
④ 알루미나 시멘트

해설 알루미나 시멘트는 초조강성으로 재령 24시간에 보통 포틀랜드 시멘트의 28일 강도를 낸다.

□□□ 산 09,12

10 혼합 시멘트에 대한 설명으로 옳은 것은?

① 플라이 애시 시멘트를 사용할 경우 플라이 애시의 잠재 수경성 반응에 의해 장기 강도가 증가한다.
② 고로 시멘트를 사용할 경우 고로 슬래그 미분말의 포졸란 활성반응에 의해 수화열이 커지고 장기 강도가 증가한다.
③ 실리카 시멘트를 사용할 경우 실리카 성분의 포졸란 활성 반응 효과에 의해 장기 강도가 증가한다.
④ 고로 시멘트를 사용할 경우 고로 슬래그 미분말의 볼베어링 효과에 의해 굳지 않은 콘크리트의 워커빌리티를 크게 개선시킬 수 있다.

해설
• 고로 시멘트를 사용할 경우 고로 슬래그의 잠재 수경성 반응에 의해 장기 강도가 보통 시멘트보다 약간 크다.
• 실리카 시멘트를 사용할 경우 고로 슬래그 미분말의 포졸란 활성 반응에 의해 수화열이 적고 장기 강도가 증가한다.
• 플라이 애시 시멘트를 사용할 경우 플라이 애시의 볼베어링 효과에 의해 워커빌리티가 증대되고 단위 수량을 감소시킬 수 있다.

정답 005 06 ① 07 ③ 08 ③ 09 ④ 10 ③

006 시멘트의 저장

- 시멘트는 방습적인 구조로 된 사일로 또는 창고에 품종별로 구분하여 저장하여야 한다.
  - 시멘트는 저장 중에 공기 중의 수분을 흡수하여 경미한 수화 작용을 일으키고, 동시에 공기 중의 탄산가스를 흡수하여 풍화한다.
  - 시멘트는 기밀성이 높고 내부에 이슬이 생기지 않도록 고려한 방습적 사일로 또는 창고 등에 품종별로 구분하여 저장하는 것이 바람직하다.
  - 사일로의 용량은 1일 평균 사용량의 3배 이상 되는 것이 좋다.
- 시멘트를 저장하는 사일로는 시멘트가 바닥에 쌓여서 나오지 않는 부분이 생기지 않도록 한다.
  - 시멘트 사일로는 그 바닥에 시멘트가 쌓여서 나오지 않는 부분이 생기거나 또는 막히는 일이 없도록 하여야 한다.
  - 비대칭형의 것, 바닥의 원추형 부분의 각도가 급하여 잘 쏟아지는 것, 또는 잘 쏟아지도록 바닥에 바이브레이터나 환기 장치를 한 것 등이 바람직하다.
  - 사일로는 정기적으로 점검하고 청소하여야 한다.
- 포대 시멘트가 저장 중에 지면으로부터 습기를 받지 않도록 하기 위해서는 창고의 마룻바닥과 지면 사이에 어느 정도의 거리가 필요하며, 현장에서의 목조 창고를 표준으로 할 때, 그 거리를 0.3m로 하면 좋다.
- 포대 시멘트를 쌓아서 저장하면 그 질량으로 인해 하부의 시멘트가 고결할 염려가 있으므로 시멘트를 쌓아 올리는 높이는 13포대 이하로 하는 것이 바람직하다.
  - 저장 기간이 길어질 우려가 있는 경우에는 7포 이상 쌓아 올리지 않는 것이 좋다.
- 저장 중에 약간이라도 굳은 시멘트는 공사에 사용하지 않아야 한다.
  - 3개월 이상 장기간 저장한 시멘트는 사용하기에 앞서 재시험을 실시하여 그 품질을 확인한다.
  - 저장 중에 덩어리가 생긴 시멘트는 풍화를 받은 시멘트이므로 이것을 사용해서는 안 된다.
  - 장기간 결과 덩어리가 생기지 않았다 하더라도 습기를 받았다고 의심이 가는 시멘트는 시험을 하여 그 사용 여부를 판단할 필요가 있다.
- 시멘트의 온도가 너무 높을 때는 그 온도를 낮춘 다음 사용한다.
  - 시멘트의 온도는 일반적으로 50℃ 정도 이하를 사용하는 것이 좋다.
  - 시멘트의 온도가 약 8℃ 변화함에 따라 콘크리트의 비빈 온도는 1℃ 증감한다.

□□□ 예상

01 다음 중 시멘트 저장 시 주의사항으로 옳지 않은 것은?

① 포대 시멘트 쌓기의 높이는 13포대를 한도로 한다.
② 저장 중에 약간이라도 굳은 시멘트는 공사에 사용하지 않아야 한다.
③ 통풍이 잘 되도록 환기창을 설치하는 것이 좋다.
④ 포대 시멘트는 지면에서 0.3m 이상 떨어진 마루 위에 저장한다.

[해설] 통풍이 잘 되면 공기 중의 수분을 흡수하여 경미한 수화 작용을 일으키고, 동시에 공기 중의 탄산가스를 흡수하여 풍화가 발생한다.

□□□ 예상

02 시멘트의 저장 및 사용에 대한 설명 중 틀린 것은?

① 시멘트는 방습적인 구조물에 저장한다.
② 시멘트는 13포대 이하로 쌓는 것이 바람직하다.
③ 저장 중에 약간 굳은 시멘트는 품질 검사 후 사용한다.
④ 일반적으로 50℃ 이하 온도의 시멘트를 사용하면 콘크리트의 품질에 이상이 없다.

[해설] 저장 중에 약간이라도 굳은 시멘트를 사용해서는 안 되며 3개월 이상 장기간 저장한 시멘트는 사용 전에 품질 시험을 한다.

□□□ 기12,17

03 시멘트의 저장에 대한 콘크리트 표준시방서의 규정을 설명한 것으로 틀린 것은?

① 시멘트는 방습적인 구조로 된 사일로 또는 창고에 품종별로 구분하여 저장하여야 한다.
② 시멘트의 온도가 너무 높을 때는 그 온도를 낮춘 다음 사용하여야 하며, 시멘트의 온도는 일반적으로 50℃ 정도 이하를 사용하는 것이 좋다.
③ 포대 시멘트를 쌓아서 저장하면 그 질량으로 인해 하부의 시멘트가 고결할 염려가 있으므로 시멘트를 쌓아 올리는 높이는 13포대 이하로 하는 것이 바람직하다.
④ 6개월 이상 장기간 저장한 시멘트는 사용하기에 앞서 재시험을 실시하여 그 품질을 확인한다.

[해설] 3개월 이상 장기간 저장한 시멘트는 사용하기에 앞서 재시험을 실시하여 그 품질을 확인한다.

정답 006 01 ③ 02 ③ 03 ④

007 레디 믹스트 콘크리트의 혼합에 사용되는 물

1 용어의 정의
- 물은 상수돗물, 상수돗물 이외의 물 및 회수수로 구분한다.
- **상수도 이외의 물** : 하천수, 호숫물, 저수지수, 지하수 등으로서 상수돗물로 처리가 되어 있지 않은 물 및 공업용수를 말하며 회수수는 제외한다.
- **회수수** : 레디 믹스트 콘크리트 공장에서 운반차, 플랜트의 믹서, 호퍼 등에 부착된 콘크리트 및 현장에서 되돌아오는 레디 믹스트 콘크리트를 세척하여 잔 골재, 굵은 골재를 분리한 세척 배수로서 슬러지수 및 상징수의 총칭
- **슬러지수** : 콘크리트의 회수수에서 상징수를 일부 활용하고 남은 슬러지를 포함한 물
- **상징수** : 슬러지수에서 슬러지 고형분을 침강 또는 기타 방법으로 제거한 물
- **슬러지** : 슬러지수가 농축되어 유동성을 잃어버린 상태의 것
- **슬러지 고형분** : 슬러지를 105~110℃에서 건조시켜 얻어진 것
- **단위 슬러지 고형분율** : $1m^3$의 콘크리트 배합에 사용되는 슬러지 고형분량을 단위 결합재량으로 나눠 질량 백분율로 표시한 것

2 상수돗물
- 상수돗물은 시험을 하지 않아도 사용할 수 있다.
- 수돗물의 품질

시험 항목	허용량
색도	5도 이하
탁도(NTU)	0.3NTU 이하
수소 이온 농도(pH)	5.8~8.5 pH
증발 잔류물	500mg/L 이하
염소 이온(Cl^-)량	250mg/L 이하
과망간산칼륨 소비량	10mg/L 이하

3 상수돗물 이외의 물
수도법의 수질 기준에 따라 상수돗물의 품질을 만족시키고 있는 경우에는 상수돗물에 준하여도 좋다.

■ 상수돗물 이외의 물의 품질

항 목	품 질
현탁 물질의 양	2g/L 이하
용해성 증발 잔류물의 양	1g/L 이하
염소 이온(Cl^-)량	250mg/L 이하
시멘트 응결 시간의 차	초결 30분 이내, 종결 60분 이내
모르타르의 압축 강도비	재령 7일 및 재령 28일에서 90% 이상

4 회수수
■ 회수수의 품질

항 목	품 질
염소 이온(Cl^-)량	250mg/L
시멘트 응결 시간의 차	초결은 30분 이내, 종결은 60분 이내
모르타르의 압축 강도비	재령 7일 및 28일에서 90% 이상

■ 회수수를 혼합수로 사용하는 경우의 유의 사항
- 슬러지 고형분의 시멘트 질량에 대한 첨가율은 3% 이하로 할 것
- 물-결합재비 및 반죽 질기를, 수돗물을 사용한 콘크리트와 같게 하기 위하여 단위 시멘트량에 대한 슬러지 고형분 첨가율 1%에 대하여 단위 수량을 1~1.5% 증가시킬 것
- 잔 골재율을 슬러지 고형분의 시멘트에 대한 첨가율 1%에 대해 약 0.5% 감소시킬 것
- 공기량을 수돗물을 사용한 콘크리트와 같게 하기 위하여 필요에 따라 AE제의 첨가량을 증가시킬 것
- 감수제에 대해서도 같은 경향이 보이기 때문에 필요에 따라 공기량 조절제의 첨가량을 증가시킬 것

5 배합수 중의 불순물 영향
■ 불순물의 종류
- 일반적으로 물속에 포함되어 있는 불순물에는 현탁 물질, 가용성 증발 잔류물, 가용성 유기 물질 등이 있는데 현탁 물질에는 점토, 하천 진흙, 후민산, 산화아연 등이 포함되어 있다.
- 가용성 물질로는 Ca^{2+}, Mg^{2+}, Na^+, K^+ 음의 이온과 HCO_3^-, CO_3^{2-}, SO_4^{2-}, Cl^-, NO_3^-의 음이온 등의 조합에 의한 염류가 있다.
- 가용성의 유기 물질로는 당류, 후민산나트륨 등이 있다.
- 시멘트 경화체에 미치는 영향은 불순물의 종류 및 농도, 여러 종류의 불순물 조합에 따라 서로 다르다.

■ 염류가 모르타르의 응결, 강도, 수축에 미치는 영향

종 류	증류수를 혼합수로 한 모르타르에 대한 비교		
	응 결	강 도	건조 수축
염화나트륨	약간 촉진성이 있음	장기 강도 저하	증대
염화칼슘	촉진성	초기 강도 저하	증대
염화암모늄	촉진성	단기 강도 저하	증대
탄산나트륨	촉진성 현저, 이상 응결	장기 강도 저하	증대
황산칼륨	영향 적음	영향은 적음	영향 적음
황산칼슘	촉진성	장기 강도 저하	증대
질산염	지연성 현저	초기 강도 저하	–
질산아연	지연성 현저	초기 강도 저하	–
붕사	이상 응결 경향	전체 강도 저하	증대
후민산나트륨	지연성 현저	전체 강도 저하	조금 증대

□□□ 기 05,13
01 다음 배합수에 포함될 수 있는 불순물 중 응결 지연 작용을 하는 것은?

① 황산칼슘 ② 질산염
③ 염화암모늄 ④ 탄산나트륨

해설 • 염화물은 대략 30분 정도의 응결 지연 현상을 보며, 질산염은 5시간 가까운 응결 지연 작용을 한다.
• 염화암모늄과 탄산나트륨은 응결 촉진 작용을 한다.

□□□ 기 09,19
02 레디 믹스트 콘크리트의 배합에서 사용하는 배합수 중 회수수의 사용에 있어 염소 이온(Cl^-)의 양은 얼마로 규정하고 있는가?

① 50mg/L 이하 ② 100mg/L 이하
③ 150mg/L 이하 ④ 250mg/L 이하

해설 회수수의 품질

항목	품질
염소 이온(Cl^-)량	250mg/L 이하
시멘트 응결 시간의 차	초결은 30분 이내, 종결은 60분 이내
모르타르의 압축 강도비	재령 7일 및 28일에서 90% 이상

□□□ 기 08,11
03 콘크리트 배합수에 함유된 불순물의 영향으로 옳지 않은 것은?

① 염화나트륨과 염화칼슘은 농도가 증가하면 건조 수축을 증가시킨다.
② 후민산나트륨은 응결을 지연시키며, 콘크리트의 강도를 저하시킨다.
③ 탄산나트륨은 응결 촉진 작용을 나타내며, 농도가 높으면 이상 응결을 발생시킨다.
④ 황산칼슘은 응결을 현저히 촉진시키며, 장기 강도를 저하시킨다.

해설 • 황산칼슘은 응결을 현저히 촉진시키며, 장기 강도를 저하시키고 건조 수축도 증대된다.
• 황산칼슘은 응결, 강도 그리고 건조 수축에 영향이 적다.

종류	증류수를 혼합수로 한 모르타르에 대한 비교		
	응결	강도	건조 수축
염화나트륨	약간 촉진성이 있음	장기 강도 저하	증대
염화칼슘	촉진성	초기 강도 저하	증대
탄산나트륨	촉진성 현저, 이상응결	장기 강도 저하	증대
황산칼슘	영향 적음	영향은 적음	영향 적음
후민산나트륨	지연성 현저	전체 강도 저하	조금 증대

□□□ 기 04,08,13,19
04 레미콘 공장 회수수 중 슬러지를 혼합수로 사용하는 경우의 유의 사항에 관한 다음 설명 중 적당하지 않은 것은?

① 슬러지 고형분은 시멘트 질량의 3% 이하로 한다.
② 슬러지 고형분이 많은 경우에는 단위 수량을 증가시킨다.
③ 슬러지 고형분이 많은 경우에는 잔 골재율을 증가시킨다.
④ 슬러지 고형분이 많은 경우에는 AE제의 사용량을 증가시킨다.

해설 • 잔 골재율을 슬러지 고형분의 시멘트에 대한 첨가율 1%에 대해 약 0.5% 감소시킨다.
• 슬러지 고형분의 시멘트 중량에 대한 첨가율은 3% 이하로 할 것

□□□ 기 05,08,12,19
05 KS F 4009에는 레디 믹스트 콘크리트의 혼합에 사용되는 물에 대해 규정하고 있다. 다음 중 레디 믹스트 콘크리트에 사용할 수 없는 혼합수는?

① 염소 이온(Cl^-)량이 300mg/L의 지하수
② 혼합수로서 품질 시험을 실시하지 않은 상수돗물
③ 용해성 증발 잔류물의 양이 1g/L의 하천수
④ 모르타르의 재령 7일 및 28일 압축 강도비가 90%인 회수수

해설 상수돗물 이외의 물의 품질

항목	품질
현탁 물질의 양	2g/L 이하
용해성 증발 잔류물의 양	1g/L 이하
염소 이온(Cl^-)량	250mg/L 이하
시멘트 응결 시간의 차	초결 30분 이내, 종결 60분 이내
모르타르의 압축 강도비	재령 7일 및 재령 28일에서 90% 이상

□□□ 기 09,17
06 레디 믹스트 콘크리트에 사용할 혼합수에 관한 사항 중 옳지 않은 것은?

① 상수돗물이나 지하수는 시험을 하지 않아도 사용할 수 있다.
② 슬러지수는 시험을 해야 하며 슬러지 고형분율은 3% 이하이어야 한다.
③ 배합 설계 시 슬러지수에 포함된 슬러지 고형분은 물의 질량에는 포함되지 않는다.
④ 배치 플랜트에서 물의 계량 오차는 -2%, +1% 이내이어야 한다.

해설 레디 믹스트 콘크리트의 혼합에 사용되는 물
• 상수돗물은 시험을 하지 않아도 사용할 수 있다.
• 상수돗물 이외의 물인 경우는 시험 항목에 적합해야 한다.

정답 01 ② 02 ④ 03 ④ 04 ③ 05 ① 06 ①

☐☐☐ 기 04,08,09,13,17,22

07 레디 믹스트 콘크리트에서 회수수를 혼합수로 사용할 경우 주의할 사항 중 틀린 것은?

① 고강도 콘크리트의 경우 회수수를 사용하여서는 안 된다.
② 슬러지수의 사용 시 단위 슬러지 고형분율은 콘크리트 질량의 3% 이하로 한다.
③ 회수수의 품질 시험 항목은 4가지로 염소 이온량, 시멘트 응결 시간의 차, 모르타르 압축 강도의 비, 단위 슬러지 고형분율이다.
④ 콘크리트를 배합할 때, 회수수 중에 함유된 슬러지 고형분은 물의 질량에는 포함되지 않는다.

해설 슬러지 고형분은 시멘트 질량의 3% 이하로 한다.

☐☐☐ 산10

08 상수돗물 이외의 물을 혼합수로 사용할 경우에 대한 물의 품질 기준을 나타낸 것으로 틀린 것은?

① 현탁 물질의 양 : 2g/L 이하
② 용해성 증발 잔류물의 양 : 5g/L 이하
③ 염소(Cl^-) 이온량 : 250mg/L 이하
④ 모르타르의 압축 강도비 : 재령 7일 및 재령 28일에서 90% 이상

해설 용해성 증발 잔류물의 양 : 1g/L 이하

☐☐☐ 산 09,12,17

09 콘크리트용 혼합수에 대한 다음 설명중 KS F 4009 레디 믹스트 콘크리트 부속서에서 규정하고 있는 내용으로 옳은 것은?

① 하천수는 상수돗물 이외의 물에 대한 품질 규정에 적합하지 않으면 사용할 수 없다.
② 상수돗물 이외의 물에 대한 품질 기준으로 용해성 증발 잔류물의 양은 10g/L 이하로 규정하고 있다.
③ 상수돗물, 상수돗물 이외의 물 및 회수수를 혼합하여 사용하는 경우는 시험을 하지 않아도 사용할 수 있다.
④ 회수수는 배합 보정을 실시하면 슬러지 고형분율에 관계없이 사용할 수 있다.

해설 레디 믹스트 콘크리트의 혼합에 사용되는 물
• 상수돗물은 시험을 하지 않아도 사용할 수 있다.
• 상수돗물 이외의 물인 경우는 시험 항목에 적합해야 한다.

☐☐☐ 기 20

10 레디믹스트 콘크리트의 종류에 따른 굵은 골재 최대 치수를 나열한 것으로 틀린 것은?

① 고강도 콘크리트 : 20mm, 25mm
② 경량골재 콘크리트 : 20mm, 25mm
③ 보통 콘크리트 : 20mm, 25mm, 40mm
④ 포장 콘크리트 : 20mm, 25mm, 40mm

해설 레디믹스트 콘크리트의 종류

콘크리트의 종류	굵은골재의 최대치수(mm)
보통 콘크리트	20, 25, 40
경량 콘크리트	13, 20
포장 콘크리트	20, 25, 40
고강도 콘크리트	13, 20, 25

☐☐☐ 기 10,18,21

11 콘크리트에 사용하는 혼합수로서 상수돗물 이외의 물에 대한 품질항목 중 용해성 증발 잔류물의 양은 몇 g/L 이하이어야 하는가?

① 1g/L
② 2g/L
③ 3g/L
④ 4g/L

해설 수돗물 이외의 물의 품질

항목	품질
현탁 물질의 양	2g/L 이하
용해성 증발잔유물의 양	1g/L 이하
염소 이온(Cl)량	250ppm 이하
시멘트 응결시간의 차	초결은 30분 이내, 종결은 60분 이내
모르타르의 압축강도비	재령 7일 및 재령 28일에서 90% 이상

정답 07 ② 08 ② 09 ① 10 ② 11 ①

008 잔 골재 및 굵은 골재

1 잔 골재

- 잔 골재나 잔 골재용 원석의 강도는 단단하고 강한 것이어야 한다.
- 잔 골재는 크고 작은 알갱이가 골고루 혼합된 것이 좋다.
- 잔 골재는 유해량 이상의 염분을 포함하지 않아야 하고, 진흙이나 유기 불순물 등의 유해물이 유해량 허용 한도 이내여야 한다.
- 잔 골재의 절대 건조 밀도는 2.5g/cm³ 이상의 값을 표준으로 한다.
- 잔 골재의 흡수율은 3.0% 이하의 값을 표준으로 한다.
- 고로 슬래그 잔 골재의 흡수율은 3.5% 이하의 값으로 한다.
- 잔 골재의 밀도와 흡수율은 반비례 관계에 있다.
- 잔 골재의 조립률이 콘크리트 배합을 정할 때 가정한 잔 골재의 조립률에 비하여 ±0.20 이상의 변화를 나타내었을 때는 배합을 변경하여야 한다.
- 잔 골재는 연속된 두 체 사이의 잔류량이 45% 이하이고, 잔 골재의 조립률이 2.3~3.1인 것이어야 한다.
- 조립률이 이 범위를 벗어난 잔 골재를 쓰는 경우에는 2종류 이상의 잔 골재를 혼합하여 입도를 조정해서 쓰는 것이 좋다.
- 공기량은 3% 이상이고, 단위 시멘트량이 250kg/m³ 이상인 공기 연행 콘크리트나 단위 시멘트량이 300kg/m³ 이상인 콘크리트 또는 0.3mm, 0.15mm 체를 통과한 골재의 부족량을 양질의 광물질 분말로 보충한 콘크리트는 0.3mm, 0.15mm 체 통과 질량 백분율의 최소량을 각각 5%, 0%로 감소시킬 수 있다.
- 부순 골재 및 순환 잔 골재의 경우, 씻기 시험에서 0.08mm 체의 통과량은 7% 이하이어야 한다.
- 마모 작용을 받는 경우 5% 이하로 하여야 한다.
- 잔 골재의 내구성 시험은 안정성 시험에 의한다.
- 잔 골재의 안정성은 황산나트륨으로 5회 시험으로 평가하며, 그 손실량은 10% 이하를 표준으로 한다.
- 화학적 혹은 물리적으로 안정한 골재를 사용하여야 한다.

골재의 물리적 성질

구 분	규정값	
	굵은 골재	잔 골재
밀도(절대 건조)(g/cm³)	2.50 이상	2.50 이상
흡수율(%)	3.0 이하	3.0 이하
안정성(%)	12 이하	10 이하
마모율(%)	40 이하	-

2 굵은 골재

- 굵은 골재나 굵은 골재용 원석의 강도는 단단하고 강한 것이어야 한다.
- 굵은 골재는 유해량 이상의 염분을 포함하지 말아야 하고, 진흙이나 유기 불순물 등의 유해물의 유해량 허용 한도 이내이어야 한다.
- 굵은 골재의 절대 건조 밀도는 2.5g/cm³ 이상의 값을 표준으로 한다.
- 잔 골재의 흡수율은 3.0% 이하의 값을 표준으로 한다.
- 고로 슬래그 굵은 골재 A급의 흡수율은 6% 이하의 값으로 한다.
- 고로 슬래그 굵은 골재 B급의 흡수율은 4% 이하의 값으로 한다.
- 순환 굵은 골재의 흡수율도 3% 이하로 한다.
- 점토덩어리 함유량은 0.25%, 연한 석편은 5.0% 이하이어야 하며, 그 합은 5%를 초과하지 않아야 한다.
- 순환골재의 점토 덩어리 함유량은 0.2% 이하로 한다.
- 그러나 무근 콘크리트에 사용할 경우에는 적용하지 않는다.
- 부순 굵은 및 순환 굵은 골재의 0.08mm 체 통과량은 1.0% 이하로 한다.
- 굵은 골재의 내구성 시험은 안정성 시험에 의한다.
- 굵은 골재로 사용할 골재의 안정성은 황산나트륨으로 5회 시험으로 평가하며, 그 손실량은 12% 이하를 표준으로 한다.
- 화학적 혹은 물리적으로 안정한 골재를 사용하여야 한다.

골재의 유해물 함유량 한도(질량 백분율)

종 류	전체 시료에 대한 최대 질량 백분율(%)	
	굵은 골재	잔 골재
점토 덩어리	0.25	1.0
연한 석편	5.0	-
0.08mm 체 통과량(%)	1.0	
・콘크리트의 표면이 마모 작용을 받는 경우		3.0
・기타의 경우		5.0
석탄, 갈탄 등으로 밀도 2.0g/cm³의 액체에 뜨는 것		
・콘크리트의 외관이 중요한 경우	0.5	0.5
・그 밖의 경우	1.0	1.0
염화물(NaCl 환산량)	-	0.04

콘크리트용 골재의 품질에 대한 품질

품질 항목	잔 골재	굵은 골재	시험 방법
조립률	2.3~3.1	-	골재의 체가름 시험 KS F 2502
점토 덩어리(%)	1.0	0.25	골재 중에 함유되는 점토 덩어리량 시험 KS F 2512
0.08mm 통과량(%) 표면의 마모 작용 시	3.0	1.0	골재에 포함된 잔 입자 시험 KS F 2511
연한 석편(%)	-	5.0	KS F 2516
안정성(Na₂SO₄)(%)	10 이하	12 이하	골재의 안정성 시험 KS F 2507
마모율(%)	-	40% 이하	KS F 2508
절대 건조 밀도 최저치	2.5g/cm³ 이상	2.5g/cm³ 이상	굵은 골재의 밀도 및 흡수량 시험 KS F 2503
흡수율(%)	3.0 이하	3.0 이하	잔 골재의 밀도 및 흡수량 시험 KS F 2504
염화물(NaCl 환산량)	0.04 이하	-	골재 중의 염화물 함유량 시험 KS F 2515

01
콘크리트용 잔 골재에는 점토를 비롯한 유해 물질이 함유될 수 있다. 유해물질로 인한 콘크리트 품질의 저하를 방지하기 위하여 잔 골재의 유해물 함유량을 규제하는데 다음 중 항목별 유해물 허용 한도(질량 백분율)가 틀린 것은?

① 점토 덩어리 : 2.0
② 0.08mm 체 통과량(콘크리트의 표면이 마모 작용을 받는 경우) : 3.0
③ 석탄, 갈탄 등으로 밀도 $2.0g/cm^3$의 액체에 뜨는 것(콘크리트의 외관이 중요한 경우) : 0.5
④ 염화물 이온량 : 0.04

해설 • 점토 덩어리 : 1.0
• 잔 골재의 유해물 함유량 한도(질량 백분율)

종 류	최대값(%)
점토 덩어리	1.0
0.08mm 체 통과량	
• 콘크리트의 표면이 마모 작용을 받는 경우	3.0
• 기타의 경우	5.0
석탄, 갈탄 등으로 밀도 $2.0g/cm^3$의 액체에 뜨는 것	
• 콘크리트의 외관이 중요한 경우	0.5
• 기타의 경우	1.0
염화물(NaCl 환산량)	0.04

02
다음에 설명하는 골재 중 콘크리트용 잔 골재로 적합한 것은?

① 잔 골재에는 굵은 입자와 가는 입자가 고르게 혼합되어 있는 것
② 조립률이 3.3~4.1 범위에 있는 잔 골재
③ 모래의 흡수율이 4.0% 이상인 것
④ 염화물 이온량의 질량 백분율이 0.2~0.3%인 하천 모래

해설 • 잔 골재는 크고 작은 알갱이가 골고루 혼합된 것이 좋다.
• 잔 골재의 조립률은 2.3~3.1 범위가 좋다.
• 잔 골재의 흡수율은 3.0 이하의 값을 표준으로 한다.
• 염화물 이온량의 질량 백분율이 0.04% 이하인 잔 골재

03
일반적인 콘크리트용 잔 골재는 염분 함유량(NaCl 환산량)을 질량 백분율로 몇 %까지 허용하는가?

① 0.02
② 0.04
③ 0.06
④ 0.08

해설 잔 골재의 염분 함유량(NaCl 환산량)의 질량 백분율은 최대값 0.04%이다.

04
콘크리트용 굵은 골재에 대한 설명으로 옳지 않은 것은?

① 굵은 골재로서 사용할 자갈의 절대 건조 밀도는 $0.0025g/mm^3$ 이상의 값을 표준으로 한다.
② 무근 콘크리트에 사용하는 굵은 골재 중 점토 덩어리와 연한 석편의 합은 5%를 초과하지 않아야 한다.
③ 굵은 골재로서 사용한 자갈의 흡수율은 3.0% 이하의 값을 표준으로 한다.
④ 황산나트륨에 의한 안정성 시험을 할 경우, 조작을 5번 반복했을 때 굵은 골재의 손실 질량 백분율의 한도는 일반적으로 12%로 한다.

해설 • 점토 덩어리 함유량은 0.25%, 연한 석편은 5.0% 이하이어야 하며, 그 합은 5%를 초과하지 않아야 한다. 그러나 무근 콘크리트에 사용할 경우에는 적용하지 않아야 한다.
• $0.0025g/mm^3 = 2.5g/cm^3$

05
콘크리트용 굵은 골재의 유해물 함유량의 한도(질량 백분율) 중 점토 덩어리의 경우는 최대 몇 %인가?

① 0.1%
② 0.25%
③ 0.5%
④ 1%

해설 골재의 점토 덩어리 유해물 함유량 한도

종 류	최대값(질량 백분율)
잔 골재	1.0%
굵은 골재	0.25%

06
콘크리트용 골재로서 갖추어야 할 성질에 대한 설명으로 틀린 것은?

① 마모에 대한 저항성이 크고, 강고(强固)해야 한다.
② 크고 작은 알맹이의 혼합정도 즉, 입도가 좋아야 한다.
③ 깨끗하여야 하며 미분말이 많아야 좋다.
④ 소요의 중량을 가지고 있고 물리, 화학적 내구성이 커야 한다.

해설 깨끗하고 유해물을 포함하지 않아야 한다.

009 기타 골재

1 중량 골재
- 원자로나 각종 시설의 방사선 차폐용 콘크리트에 사용되는 중정석, 갈철광, 자철광, 철편 등과 같이 밀도가 큰 골재를 말한다.
- 원자로 등과 같은 방사선 차폐용 콘크리트에 사용되는 이유는 콘크리트의 밀도가 클수록 γ선이나 중성자선에 대한 차폐성이 좋기 때문이다.

2 인공 경량 골재
- 인공 경량 골재는 일반적으로 유리질로서 투수성이 나쁜 외피부와 미세한 독립적 기공을 갖는 내부로 구성된다. 일반적으로 인공 경량 골재의 절건 밀도는 잔 골재에서 $1.6 \sim 1.8 g/cm^3$, 굵은 골재에서 $1.25 \sim 1.35 g/cm^3$의 범위가 많다.
- 인공 경량 골재를 사용한 콘크리트의 경우 하천 골재를 사용한 경우보다 동결 융해에 대한 저항 성능이 빈약하므로 혼화재, 혼화제의 적극적인 병용으로 탄산화 등의 내구성에 대한 고려가 필요하다.

3 부순 골재
- 부순 골재를 사용하는 경우 강자갈을 사용한 경우와 같은 워커빌리티를 얻기 위해서는 단위 수량 5~10% 정도 더 필요하고, 잔 골재율을 3~5% 정도 더 증가시킨다.
- 부순 골재의 실적률이 작을수록 콘크리트의 슬럼프 저하가 크며 실적률이 특히 55% 이하인 경우 슬럼프가 급격히 저하된다.
- 부순 골재는 강자갈을 사용한 콘크리트에 비해 작업성이 떨어진다.
- 부순 골재는 물-시멘트비가 같은 경우 강자갈을 사용한 콘크리트보다 시멘트 페이스트의 부착력을 높일 수 있다.
- 부순 골재를 골재알의 균일성이나 강도 등의 면에 있어서는 오히려 강자갈에 비하여 우수한 경우가 많은데, 표면이 거친 경우 골재와 시멘트 페이스트의 부착이 좋기 때문에 일반적으로 양질의 부순 돌을 사용한 콘크리트의 강도는 하천 자갈을 사용한 콘크리트보다 크다.
- 콘크리트용 부순 골재는 일반 골재와는 달리 입자 모양 판정 실적률을 검토하여야 한다.
  - 부순 굵은 골재는 입형이 모가 나 있기 때문에 강자갈보다 실적률이 낮다.
  - 부순 굵은 골재는 입형이 모가 나 있기 때문에 강자갈보다 공극률이 높다.
- 부순 잔 골재에 함유되는 미세한 분말(석분)의 양이 3~7% 이상으로 너무 많으면 단위 수량의 증가가 현저해지며, 블리딩이 적어져 플라스틱 수축 균열이 생기기 쉬워지고 초결 종결이 상당히 빨라지는 등의 악영향이 나타난다.
- 부순 잔 골재를 이용한 콘크리트는 미세한 분말량이 많아지면 슬럼프가 저하하기 때문에 그 양에 의하여 잔 골재율(S/a)을 낮춰 준다.
- 부순 잔 골재의 경우 다량의 미분말을 함유하는 경우가 많아 콘크리트의 성능에 영향을 미치기 때문에 미립분 함유량을 검토할 필요가 있다.

■ 콘크리트용 부순 골재

시험 항목	부순 굵은 골재	부순 잔 골재
절대 건조 밀도(g/cm^3)	2.50 이상	2.50 이상
흡수율(%)	3.0 이하	3.0 이하
안정성(%)	12 이하	10 이하
마모율(%)	40 이하	–
0.08mm 체 통과율(%)	1.0 이하	7.0 이하
입자 모양 판정 실적률(%)	55 이상	53 이상
안정성 시험은 황산나트륨으로 5회 시험한다.		

4 고로 슬래그 골재
- 슬래그 잔 골재는 고온하에서 장기간 저장해 두면 굳어질 우려가 있기 때문에 동결 방지제를 살포함과 동시에 가능한 한 1개월 이내에 사용하는 것이 좋다.
- 고로 슬래그 굵은 골재는 강자갈에 비해 일반적으로 내부에 다량의 기포가 존재하기 때문에 밀도가 작고 흡수율이 크다.
- 고로 슬래그 잔 골재의 조립률은 구입 계약 때에 정해진 조립률과 비교하여 ±0.2 이상 변화해서는 안 된다.

■ 화학 성분 및 물리·화학적 성질

항목		고로 슬래그 굵은 골재 N	고로 슬래그 굵은 골재 H	고로 슬래그 잔 골재
화학 성분 (%)	산화칼슘(CaO)	45.0 이하	45.0 이하	45.0 이하
	황(S)	2.0 이하	2.0 이하	2.0 이하
	삼산화황(SO_3)	0.5 이하	0.5 이하	0.5 이하
	산화철(FeO)	3.0 이하	3.0 이하	3.0 이하
절대 건조 밀도(g/cm^3)		2.2 이상	2.4 이상	2.5 이상
흡수율(%)		6.0 이하	4.0 이하	3.5 이하
단위 용적 질량(kg/L)		1.25 이상	1.35 이상	1.45 이상
수중 침지 시험		균열, 분해, 진흙의 분화 등의 현상이 없어야 한다.		
자외선 조사 시험		발광하지 않거나 또는 균일한 자주색으로 빛나고 있어야 한다.		

□□□ 기11
01 알칼리 골재 반응에 대한 설명으로 가장 적합한 것은?

① 콘크리트 내부에서 녹물이 흘러나오고 체적의 변화를 일으키는 현상
② 콘크리트 내부에서 젤(gel) 상태의 백색 침전물이 생기고 체적의 변화를 일으키는 현상
③ 골재가 콘크리트 중의 알칼리 성분과 반응하여 이상 팽창을 보이는 현상
④ 골재 중의 알칼리 성분과 콘크리트 중의 성분이 반응하여 이상 팽창을 보이는 현상

해설 알칼리 골재 반응 : 골재가 콘크리트 중의 알칼리 성분과 습도가 높은 조건에서 반응하여 이상 팽창을 발생시켜 거북 등 모양의 균열을 일으키는 것이다.

□□□ 산09
02 KS F 2527(콘크리트 부순 골재)에서 규정하고 있는 품질 기준 중 부순 굵은 골재의 흡수율과 마모율에 대한 규정으로 옳은 것은?

① 흡수율 1% 이하 마모율 30% 이하
② 흡수율 3% 이하 마모율 40% 이하
③ 흡수율 5% 이하 마모율 50% 이하
④ 흡수율 12% 이하 마모율 60% 이하

해설 콘크리트 부순 골재의 품질

시험 항목	부순 굵은 골재	부순 잔 골재
절대 건조 밀도(g/cm^3)	2.50 이상	2.50 이상
흡수율(%)	3.0 이하	3.0 이하
안정성(%)	12 이하	10 이하
마모율(%)	40 이하	-
0.08mm 체 통과율(%)	1.0 이하	7.0 이하
입자 모양 판정 실적률(%)	55	53

□□□ 산08,11
03 콘크리트 표준시방서에 규정된 콘크리트용 부순 잔 골재의 물리적 성질에 대한 품질 기준에 해당하지 않는 항목은?

① 마모율
② 안정성
③ 절대 건조 밀도
④ 0.08mm 체 통과량

해설 콘크리트 부순골재의 품질

시험 항목	부순 굵은 골재	부순 잔 골재
절대 건조 밀도(g/cm^3)	2.50 이상	2.50 이상
흡수율(%)	3.0 이하	3.0 이하
안정성(%)	12 이하	10 이하
마모율(%)	40 이하	-
0.08mm 체 통과율(%)	1.0 이하	7.0 이하

□□□ 기10,11
04 콘크리트용으로 사용되는 각종 골재에 대한 설명으로 틀린 것은?

① 인공 경량 골재를 사용한 콘크리트의 경우 하천 골재를 사용한 경우보다 압축 강도는 떨어지지만 동결 융해 저항성은 향상된다.
② 슬래그 잔 골재는 고온하에서 장기간 저장해 두면 굳어질 우려가 있기 때문에 동결 방지제를 살포함과 동시에 가능한 한 1개월 이내에 사용하는 것이 좋다.
③ 부순 모래의 경우 다량의 미분말을 함유하는 경우가 많아 콘크리트의 성능에 영향을 미치기 때문에 미립분 함유량을 검토할 필요가 있다.
④ 콘크리트용 부순 골재는 일반 골재와는 달리 입자 모양 판정 실적률을 검토하여야 한다.

해설 인공 경량 골재를 사용한 콘크리트의 경우 하천 골재를 사용한 경우보다 동결 융해에 대한 저항 성능이 빈약하므로 혼화재, 혼화제의 적극적인 병용으로 탄산화 등의 내구성에 대한 고려가 필요하다.

□□□ 기09
05 다음의 설명 중 가장 적절하지 않은 것은?

① 콘크리트 표준시방서에서는 고로 슬래그, 전기로 슬래그, 전로 슬래그로 만든 굵은 골재를 콘크리트용으로 사용할 수 있도록 규정하고 있다.
② 다공질의 인공 경량 골재는 KS F 2507의 황산나트륨에 의한 골재의 안정성 시험에 의해 동결 융해 저항성을 판단 할 수 없다.
③ 콘크리트 표준시방서에서는 KS F 2544에 A 및 B로 분류되어 있는 고로 슬래그 굵은 골재 중에서 A에 속하는 것은 내구성이 중요하지 않고 또 설계 기준 강도가 21MPa 미만인 콘크리트에 한해서 사용하도록 하고 있다.
④ 순환 골재로 만든 콘크리트는 27MPa 이하의 콘크리트에 사용하도록 KS F 2573(콘크리트용 순환 골재)에 규정되어 있다.

해설 콘크리트 표준시방서에서는 전로 슬래그, 전기로 슬래그 등의 제강 슬래그는 콘크리트용 골재로서는 불안정한 광물상으로 구성되어 있으므로 사용해서는 안 된다고 규정되어 있다.

기 06,12,16,19

06 콘크리트에 부순 굵은 골재 또는 부순 잔 골재를 사용하는 경우에 대한 설명으로 틀린 것은?

① 부순 잔 골재를 사용한 콘크리트는 강모래를 사용한 콘크리트와 동일한 슬럼프를 얻기 위해서 단위 수량이 약 5~10% 정도 많이 요구된다.
② 부순 굵은 골재를 사용한 콘크리트는 강자갈을 사용하고 동일한 물-시멘트비를 적용한 콘크리트보다 약 10% 정도 강도가 감소된다.
③ 부순 굵은 골재를 사용한 콘크리트는 수밀성, 내구성 등을 개선시키기 위해 AE제, 감수제 등을 적당량 사용하는 것이 좋다.
④ 부순 잔 골재를 사용한 콘크리트의 건조 수축률은 미세한 분말량이 많아질수록 증가한다.

[해설] 부순 굵은 골재를 사용한 콘크리트는 강자갈을 사용하고 동일한 물-시멘트비를 적용한 콘크리트보다 약 15~30% 정도 강도가 커진다.

기 12

07 강모래를 이용한 콘크리트에 비해 부순 잔 골재를 이용한 콘크리트의 차이에 대한 설명으로 틀린 것은?

① 미세한 분말량이 많아짐에 따라 응결의 초결 시간과 종결 시간이 길어진다.
② 동일 슬럼프를 얻기 위해서는 단위 수량이 5~10% 정도 더 필요하다.
③ 건조 수축률은 미세한 분말량이 많아지면 증대한다.
④ 미세한 분말량이 많아지면 슬럼프가 저하하기 때문에 그 양에 의하여 잔 골재율(S/a)을 낮춰 준다.

[해설] 부순 모래에 함유되는 미세한 분말(석분)의 양이 3~7% 이상으로 너무 많으면 단위 수량의 증가가 현저해지며, 블리딩이 적어져 플라스틱 수축 균열이 생기기 쉬워지고 초결·종결이 상당히 빨라지는 등의 악영향이 나타난다.

010 골재의 함수 상태

■ 골재의 함수 상태

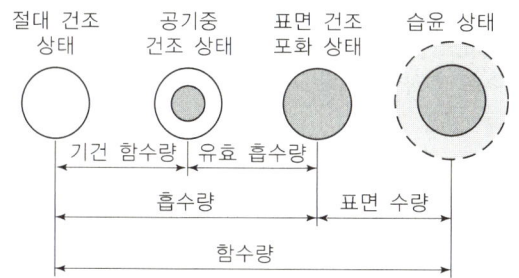

- **습윤 상태** : 골재 입자의 내부에 물이 채워져 있고, 표면에도 물이 부착되어 있는 상태이다.
- **표면 건조 포화 상태** : 골재알의 표면에는 물기가 없고, 알 속의 빈틈만 물로 차 있는 상태이다.
- **공기 중 건조 상태** : 골재알 속의 빈틈 일부만 물로 차 있는 상태로 기건상태라고도 한다.
- **절대 건조 상태** : 건조로에서 (105±5)℃의 온도로 무게가 일정하게 될 때까지 완전히 건조시킨 상태로 절건 상태라고도 한다.

■ 함수율

$$\frac{습윤\ 상태\ 질량 - 절대\ 건조\ 상태\ 질량}{절대\ 건조\ 상태\ 질량} \times 100$$

■ 흡수율

$$\frac{표면\ 건조\ 포화\ 상태\ 질량 - 절대\ 건조\ 상태\ 질량}{절대\ 건조\ 상태\ 질량} \times 100$$

■ 표면수율

$$\frac{습윤\ 상태\ 질량 - 표면\ 건조\ 포화\ 상태\ 질량}{표면\ 건조\ 포화\ 상태\ 질량} \times 100$$

□□□ 기 08

01 잔 골재의 표면 수량을 측정한 값이 약 1.33%로 측정되었다. 아래의 표를 이용하여 이 골재의 표면 건조 포화 상태의 시료 무게를 구하면?

노건조 상태(D)	공기 중 건조 상태(C)	습윤 상태(A)
1,000g	1,025g	1,067g

① 1,053.0g ② 1,053.5g
③ 1,054.0g ④ 1,054.5g

해설 표면수율 $= \frac{습윤\ 상태 - 표면\ 건조\ 포화\ 상태}{표면\ 건조\ 포화\ 상태} \times 100$

$= \frac{1,067 - x}{x} \times 100 = 1.33\%$

∴ 표면 건조 포화 상태의 시료 무게 $x = 1,053.0g$

□□□ 기 09,11,19

02 흡수율이 6%인 경량 잔 골재의 습윤 상태 무게가 800g 이었고, 이 경량 잔 골재를 건조로에서 노건조 상태까지 건조시켰을 때 700g이 되었을 때 표면수율은 얼마인가?

① 1.11% ② 3.46%
③ 5.94% ④ 7.82%

해설 흡수율 $= \frac{표면\ 건조\ 포화\ 상태 - 절대\ 건조\ 상태}{절대\ 건조\ 상태} \times 100$

$= \frac{x - 700}{700} \times 100 = 6\%$

∴ 표면 건조 포화 상태 $x = 742g$

참고 SOLVE 사용

표면수율 $= \frac{습윤\ 상태 - 표면\ 건조\ 포화\ 상태}{표면\ 건조\ 포화\ 상태} \times 100$

$= \frac{800 - 742}{742} \times 100 = 7.82\%$

□□□ 기 09

03 밀도 2.5g/cm³, 함수율 8%, 흡수율 3%인 잔 골재의 표면수율은 얼마인가?

① 4.41% ② 4.63%
③ 4.85% ④ 5.00%

해설 흡수율 $= \frac{표면\ 건조\ 포화\ 상태 - 절대\ 건조\ 상태}{절대\ 건조\ 상태\ 질량} \times 100$

$= \frac{500 - x}{x} \times 100 = 3\%$

∴ 절대 건조 상태 질량 $x = 485.437g$

참고 SOLVE 사용

함수율 $= \frac{습윤\ 상태\ 질량 - 절대\ 건조\ 상태\ 질량}{절대\ 건조\ 상태\ 질량} \times 100$

$= \frac{y - 485.437}{485.437} \times 100 = 8\%$

∴ 습윤 상태 질량 $y = 524.27g$

표면수율 $= \frac{습윤\ 상태\ 질량 - 표면\ 건조\ 포화\ 상태\ 질량}{표면\ 건조\ 포화\ 상태\ 질량} \times 100$

$= \frac{524.27 - 500}{500} \times 100 = 4.85\%$

□□□ 산 06,08,10,12,14

04 습윤 상태에서 질량 580g의 모래를 건조시켜 표면 건조 포화 상태에서 500g, 공기 중 건조 상태에서 545g, 절대 건조 상태에서 465g의 질량이 되었다. 이 모래의 흡수율은?

① 6.3% ② 7.5%
③ 8.3% ④ 9.0%

해설 흡수율 $= \frac{표면\ 건조\ 포화\ 상태 - 노건조\ 상태}{노건조\ 상태} \times 100$

$= \frac{500 - 465}{465} \times 100 = 7.5\%$

정답 010 01 ① 02 ④ 03 ③ 04 ②

011 공극률 및 실적률

1 공극률

골재의 단위 용적 중의 공극의 비율을 백분율로 나타낸 것을 공극률이라 한다.

- 공극률이 작으면 시멘트풀의 양이 적게 들어 수화열이 적고, 건조 수축이 작아진다.
- 공극률이 작으면 콘크리트의 강도, 수밀성, 내구성, 닳음 저항성 등이 커진다.
- 공극률이 작으면 사용 수량이 줄어들어 콘크리트의 강도가 커진다.

$$공극률 = \left(1 - \frac{M}{G_S}\right) \times 100 (\%)$$

여기서, M : 골재의 단위 무게
G_S : 골재의 절대 건조 밀도

2 실적률

- 골재의 모양이 양호하고 입도 분포가 적당하다면 실적률은 큰 값을 갖기 때문에 이런 골재를 사용한 콘크리트는 다음과 같은 특징이 있다.
- 시멘트 페이스트의 양이 적어도 경제적으로 소요의 강도를 얻을 수 있다.
- 콘크리트의 밀도, 수밀성, 내구성, 마모 저항성 등이 증대한다.
- 단위 시멘트량이 적어지므로 건조 수축이 작고 균열 발생의 위험이 감소되며, 수화열을 줄일 수 있다.
- 골재알의 모양을 판정하는 척도로는 실적률이 사용된다.
- 실적률이 클수록 알의 모양이 좋고, 입도가 알맞아 시멘트풀이 적게 된다.
- 건조 수축, 수화열을 줄일 수 있어 경제적으로 소요의 강도를 얻을 수 있다.
- 실적률이 1% 작은 굵은 골재를 사용하여 워커빌리티가 같은 콘크리트를 얻으려고 하는 경우 단위 수량은 2~4% 정도, 잔 골재율은 0.8% 정도 각각 증가시킬 필요가 있다.

실적률 계산

- $G = \dfrac{T}{d_D} \times 100$
- $G = \dfrac{T}{d_S} \times (100 + Q)$
- 실적률 = 100 − 공극률(%)

여기서, G : 골재의 실적률(%)
T : 단위 용적 질량(kg/L)
d_D : 골재의 절건 밀도(kg/L)
d_S : 골재의 표건 밀도(kg/L)
Q : 골재의 흡수율(%)

□□□ 기 05, 18, 21

01 조립률 2.7, 표면 건조 포화 상태 밀도 2.6g/cm^3, 절대 건조 상태 밀도 2.5g/cm^3, 단위 용적 질량 $1,500\text{kg/m}^3$인 잔 골재의 실적률은 얼마인가?

① 40.0(%) ② 42.3(%)
③ 57.7(%) ④ 60.0(%)

[해설] • 실적률 $G = \dfrac{골재의\ 단위\ 용적\ 질량}{골재의\ 절건\ 밀도} \times 100$

$= \dfrac{T}{d_D} \times 100 = \dfrac{1.5}{2.5} \times 100 = 60\%$

또는

• 골재의 공극률 $= \left(1 - \dfrac{M}{G_S}\right) \times 100$

$= \left(1 - \dfrac{1.5}{2.5}\right) \times 100 = 40.0\%$

• 실적률 = 100 − 공극률 = 100 − 40.0 = 60.0%

□□□ 기 10

02 골재에 대한 설명으로 틀린 것은?

① 골재의 절대 건조 상태란 골재를 100~110℃의 온도에서 일정한 질량이 될 때까지 건조하여 골재알의 내부에 포함되어 있는 자유수가 완전히 제거된 상태이다.
② 골재의 흡수율이란 표면 건조 포화 상태의 골재에 함유되어 있는 전체 수량의 절건 상태 골재 질량에 대한 백분율을 말한다.
③ 골재의 실적률이란 골재의 단위 용적 중의 공극의 비율을 백분율로 나타낸 것을 말한다.
④ 골재의 표면 수율이란 골재의 표면에 붙어 있는 수량의 표면 건조 포화 상태 골재 질량에 대한 백분율을 말한다.

[해설] • 골재의 단위용적중의 공극의 비율을 백분율로 나타낸 것을 공극률이라 한다.
• 실적률 = 100 − 공극률

□□□ 산11,13
03 부순 골재의 단위 용적 중량이 1.60kg/L이고, 밀도가 2.65g/cm³일 때 이 골재의 공극률(%)은?

① 29.7%   ② 34.2%
③ 39.6%   ④ 43.5%

해설 공극률 $=\left(1-\dfrac{W}{G_s}\right)\times 100$

$=\left(1-\dfrac{1.60}{2.65}\right)\times 100 = 39.6\%$

□□□ 산04,09,16,17,22
04 조립률 2.5, 표면 건조 포화 상태 밀도 2.7g/cm³, 절대 건조 상태 밀도 2.6g/cm³, 단위 용적 질량 1,600kg/cm³인 잔 골재의 실적률은?

① 55.0(%)   ② 59.3(%)
③ 61.5(%)   ④ 64.0(%)

해설 실적률 $G = \dfrac{\text{골재의 단위 용적 질량}}{\text{골재의 절건 밀도}} \times 100$

$= \dfrac{T}{d_D} \times 100 = \dfrac{1.6}{2.6} \times 100 = 61.5\%$

□□□ 기 04,15,18,21
05 굵은 골재의 단위용적질량이 1.45kg/L, 절건밀도가 2.60kg/L 일 때 이 골재의 공극률은?

① 34.2%   ② 44.2%
③ 54.2%   ④ 64.2%

해설 골재의 실적률

$G = \dfrac{T}{d_D} \times 100 = \dfrac{1.45}{2.60} \times 100 = 55.8\%$

∴ 공극률 = 100 − 실적률
= 100 − 55.8 = 44.2%

정답 03 ③ 04 ③ 05 ②

012 골재의 입도 및 조립률

1 입도
골재의 입도(grading)란 골재의 작고 큰 입자가 혼합된 정도를 말한다.

■ **적당한 입도를 가진 골재를 사용한 콘크리트의 장점**
- 재료 분리 현상을 감소시킨다.
- 콘크리트의 워커빌리티가 증대된다.
- 건조 수축이 적어지며 내구성도 증대된다.
- 소요의 품질의 콘크리트를 만들기 위하여 단위 수량 및 단위 시멘트량이 적어진다.

2 조립률(F.M)

■ 조립률(finess modulus)은 골재의 크기를 개략적으로 나타내는 방법이다.
- 75mm, 40mm, 20mm, 10mm, 5mm, 2.5mm, 1.2mm, 0.6mm, 0.3mm, 0.15mm의 10개 체를 사용한다.
- 조립률(F.M) = $\dfrac{\sum 각 체에 잔류한 중량 백분율(\%)}{100}$
- 조립률은 입경이 클수록 커진다.
- 조립률로 골재의 입형을 판정할 수 있다.
- 일반적으로 잔 골재의 조립률은 2.3~3.1, 굵은 골재는 6~8이 되면 입도가 좋은 편이다.
- 잔 골재의 조립률이 콘크리트 배합을 정할 때 가정한 잔 골재의 조립률에 비하여 ±0.20 이상의 변화를 나타내었을 때는 배합을 변경해야 한다고 규정하고 있다.

■ **혼합 골재의 조립률**

$$F_a = \dfrac{m}{m+n}f_s + \dfrac{n}{m+n}f_g$$

여기서, m : n 잔 골재와 굵은 골재의 질량비
 f_s : 잔 골재 조립률
 f_g : 굵은 골재 조립률

□□□ 기 07, 10, 16

01 조립률이 6.0인 굵은 골재 10kg과 조립률이 3.0인 잔 골재 20kg을 혼합한 골재의 혼합 조립률로 옳은 것은?

① 3.5　　　② 4.0
③ 4.5　　　④ 5.0

[해설]
- 조립률의 혼합비 ; 잔 골재 : 굵은 골재 = 20 : 10 = 2 : 1
- 혼합 조립률 $F_a = \dfrac{m}{m+n}f_s + \dfrac{n}{m+n}f_g$
  $= \dfrac{2}{2+1} \times 3.0 + \dfrac{1}{2+1} \times 6.0 = 4.0$

□□□ 기 06

02 적당한 입도를 가진 골재를 사용함으로써 얻을 수 있는 콘크리트의 특징을 설명한 것으로 틀린 것은?

① 콘크리트의 워커빌리티가 증대된다.
② 소요의 품질을 얻기 위해 단위 시멘트량이 증대된다.
③ 건조 수축이 적어지며 내구성이 증대된다.
④ 재료 분리 현상이 감소된다.

[해설] 적당한 입도를 가진 골재를 사용한 콘크리트의 장점
- 재료 분리 현상을 감소시킨다.
- 콘크리트의 워커빌리티가 증대된다.
- 건조 수축이 적어지며 내구성도 증대된다.
- 소요의 품질의 콘크리트를 만들기 위하여 단위 수량 및 단위 시멘트량이 적어진다.

□□□ 기 09, 12, 17, 22

03 전체 1,000g의 잔 골재로 체가름 시험을 실시하여 아래 표의 결과를 얻었다. 이 잔 골재의 조립률은?

체의 크기(mm)	10	5	2.5	1.2	0.6	0.3	0.15	pan
남은 양(g)	0	0	110	260	290	210	100	30

① 2.8　　　② 3.0
③ 3.2　　　④ 3.4

[해설]

체의 호칭 치수	남는 양(g)	잔류율(%)	가적 잔류율(%)
10mm	0	0	0
5mm	0	0	0+0=0
2.5mm	110	11	0+11=11
1.2mm	260	26	11+26=37
0.6mm	290	29	37+29=66
0.3mm	210	21	66+21=87
0.15mm	100	10	87+10=97
pan	30	3	−
계	1,000	100	726

$\therefore$ F.M = $\dfrac{\sum 가적 잔류율}{100}$

$= \dfrac{0 \times 5 + 11 + 37 + 66 + 87 + 97}{100} = \dfrac{298}{100} = 2.98 ≒ 3.0$

(∵ 75mm, 40mm, 20mm 체의 가적 잔류율은 0이다.)

□□□ 기 11,14,20
04 굵은 골재의 체가름을 하여 다음 표와 같은 결과를 얻었다. 이 골재의 조립률은 얼마인가?

체의 호칭(mm)	50	40	30	25	20	15	10	5
각 체의 남은 양의 누계(%)	0	5	17	30	42	71	87	100

① 3.52 ② 7.34
③ 8.34 ④ 8.52

해설

체의 호칭(mm)	75	50	40	30	25	20	15	10	5
각 체의 남은 양의 누계(%)	0	0	5	17	30	42	71	87	100
조립률(F.M)에 필요한 체		*	*		*		*	*	*

$$\therefore F.M = \frac{\sum 각\ 체에\ 잔류한\ 중량\ 백분율(\%)}{100}$$

$$= \frac{0+5+42+87+100\times 6}{100} = \frac{734}{100} = 7.34$$

□□□ 산 10,16,21
05 굵은 골재의 체가름 시험 결과가 아래 표와 같을 때 이 골재의 조립률은?

체의 크기(mm)	40	20	10	5	2.5
각 체 잔량 누계(%)	8	39	68	95	100

① 7.10 ② 2.10 ③ 6.71 ④ 7.02

해설 $F.M = \frac{\sum 가적\ 잔류율}{100}$

$$= \frac{8+39+68+95+100\times 5}{100} = \frac{710}{100} = 7.10$$

□□□ 산 11
06 다음에 주어진 잔 골재(전체 500g)의 체가름 시험 결과 표를 이용하여 골재의 조립률을 구하면?

체(mm)	10	5	2.5	1.2	0.6	0.3	0.15	PAN
남은 질량(g)	0	20	40	80	210	100	40	10

① 2.90 ② 3.02 ③ 3.15 ④ 3.20

해설

체(mm)	10	5	2.5	1.2	0.6	0.3	0.15	PAN
남은 질량(g)	0	20	40	80	210	100	40	10
잔류율(%)	0	4	8	16	42	20	8	2
가적 잔류율(%)	0	4	12	28	70	90	98	100

$$F.M = \frac{\sum 가적\ 잔류율}{100}$$

$$= \frac{0\times 3+0+4+12+28+70+90+98}{100} = \frac{302}{100} = 3.02$$

□□□ 기 08,09,10,15,17
07 다음 표는 굵은 골재의 체가름시험결과를 나타낸 것이다. 이 굵은 골재의 최대치수(G_{max})와 조립률(F.M)을 나타낸 값 중 올바른 것은?

체의 치수(mm)	통과 질량 백분율(%)
30	100
25	98
20	73
15	52
10	30
5	5
2.5	2
1.2	0

① $G_{max} = 30mm$, F.M=6.90
② $G_{max} = 25mm$, F.M=6.90
③ $G_{max} = 25mm$, F.M=7.40
④ $G_{max} = 20mm$, F.M=7.40

해설 • 굵은 골재의 최대 치수 : 굵은 골재의 최대 치수는 질량비로 90% 이상을 통과시키는 체 중에서 최소 치수의 체눈을 호칭 치수로 나타낸다.

$$\therefore G_{max} = 25mm$$

• 조립률(F.M) : 75mm, 40mm, 20mm, 10mm, 5mm, 2.5mm, 1.2mm, 0.6mm, 0.3mm, 0.15mm(10개)

체의 치수(mm)	통과 질량 백분율(%)	누적 잔류율(%)	조립률체
30	100	0	
25	98	2	
20	73	27	*
15	52	48	
10	30	70	*
5	5	95	*
2.5	2	98	*
1.2	0	100	*
0.6		100	*
0.3		100	*
0.15		100	*

$$\therefore F.M = \frac{0\times 2+27+70+95+98+100\times 4}{100}$$

$$= \frac{690}{100} = 6.90$$

08 조립률이 1.65인 잔 골재 A와 조립이 3.65인 잔 골재 B를 혼합하여 조립률이 2.85인 잔 골재를 만들려고 할 때, 잔 골재 A와 B의 혼합비는?

① A : B = 1 : 2
② A : B = 2 : 3
③ A : B = 3 : 4
④ A : B = 4 : 5

해설 A+B=100 ·········· (1)
1.65A+3.65B=2.85(A+B) ·········· (2)
(2)에서 1.65A+3.65B=2.85A+2.85B
∴ −1.20A+0.80B=0 ·········· (3)
(1)×1.20+(3)
B=60 ·········· (4)
(3)+(4)에서 A=40%, B=60%
∴ A : B=40% : 60%=2 : 3

09 잔 골재의 체가름 시험에 대한 설명으로 틀린 것은?

① 조립률을 구하기 위해 80~0.08mm까지 전체 8개의 체가 필요하다.
② 잔 골재의 체가름 시험 결과를 가지고 입도 분포 곡선을 그릴 수 있다.
③ 분취한 시료를 (105±5)℃에서 24시간, 일정 질량이 될 때까지 건조시키고, 건조 후 시료는 실온까지 냉각시킨다.
④ 1.2mm 체를 5%(질량비) 이상 남는 잔 골재 시료의 최소 건조 질량은 500g이다.

해설 조립률(F.M) : 75mm, 40mm, 20mm, 10mm, 5mm, 2.5mm, 1.2mm, 0.6mm, 0.3mm, 0.15mm(10개)

10 잔 골재 체가름 시험 결과 각 체에 남은 질량 백분율이 다음 표와 같을 때 이 잔 골재의 조립률(F.M)은?

체 크기(mm)	5	2.5	1.2	0.6	0.3	0.15	PAN
질량 백분율(%)	5	12	16	19	24	21	3

① 2.43
② 2.57
③ 2.65
④ 2.80

해설

체 크기(mm)	5	2.5	1.2	0.6	0.3	0.15	PAN
질량 백분율(%)	5	12	16	19	24	21	3
가적 잔류율(%)	5	17	33	52	76	97	100

$$F.M = \frac{\sum 가적\ 잔류율}{100}$$
$$= \frac{0 \times 4 + 5 + 17 + 33 + 52 + 76 + 97}{100} = \frac{280}{100} = 2.80$$

11 골재의 조립률 계산에 필요한 체가 아닌 것은?

① 0.15mm
② 0.5mm
③ 1.2mm
④ 2.5mm

해설 조립률(F.M) : 75mm, 40mm, 20mm, 10mm, 5mm, 2.5mm, 1.2mm, 0.6mm, 0.3mm, 0.15mm(10개)

12 체가름 시험 결과 잔 골재 조립률 2.65, 굵은 골재 조립률 7.38이며 잔 골재 대 굵은 골재비를 1 : 1.6으로 할 때 혼합 골재의 조립률은?

① 4.56
② 5.56
③ 6.56
④ 7.56

해설 혼합 골재 조립률 $f_a = \frac{m}{m+n}f_s + \frac{n}{m+n}f_g$
$= \frac{1}{1+1.6} \times 2.65 + \frac{1.6}{1+1.6} \times 7.38 = 5.56$

13 모래 A의 조립률이 3.2이고, 모래 B의 조립률이 2.2인 모래를 혼합하여 조립률 2.8의 모래 C를 만들려면 모래 A와 B는 얼마의 비율로 섞어야 하는가?

① A : 30%, B : 70%
② A : 40%, B : 60%
③ A : 50%, B : 50%
④ A : 60%, B : 40%

해설 A+B=100 ·········· (1)
3.2A+2.2B=2.8(A+B) ·········· (2)
(2)에서 3.2A+2.2B=2.8A+2.8B
∴ 0.4A−0.6B=0 ·········· (3)
(1)×0.6+(3)
A=60% ·········· (4)
∴ A=60%, B=40%

013 골재의 저장

- 잔 골재 및 굵은 골재에 있어 종류와 입도가 다른 골재는 각각 구분하여 따로 따로 저장한다.
- 특히 원석의 종류나 제조 방법이 다른 부순 모래는 분리하여 저장한다.
- 골재의 받아들이기, 저장 및 취급에 있어서는 대소의 알이 분리하지 않도록, 먼지, 잡물 등이 혼입되지 않도록 한다.
- 굵은 골재의 경우에는 골재알이 부서지지 않도록 설비를 정비하고 취급 작업에 주의한다.
- 골재의 저장 설비에는 적당한 배수 시설을 설치하고, 그 용량을 적절히 하여 표면수가 균일한 골재를 사용할 수 있도록 한다.
- 특히 고강도 콘크리트나 고성능 콘크리트의 제조 시에는 골재의 온도나 표면수의 변동이 적도록 사이로 등을 설치 보완하는 것을 원칙으로 한다.
- 겨울에 동결되어 있는 골재나 빙설이 혼입되어 있는 골재를 그대로 사용하지 않도록 적절한 방지 대책을 수립하여 골재를 저장한다.
- 여름철에는 적당한 상옥 시설을 하거나 살수를 하는 등 고온 상승 방지를 위한 적절한 시설을 하여 저장한다.
- 여름철에 장기간 햇볕에 방치된 골재를 사용하면 콘크리트의 온도가 높아져서 운반 중에 슬럼프의 저하, 연행 공기의 감소, 콜드 조인트의 발생, 표면 수분의 급격한 증발로 인한 균열의 발생 등으로 위험을 초래하므로 직사광선을 방지하거나 살수 등 시설을 갖추어야 한다.

□□□ 예상
01 골재의 저장과 취급 시 주의 사항으로 옳지 않은 것은?

① 잔 골재, 굵은 골재 및 종류와 입도가 다른 골재는 골고루 섞어 저장하여야 한다.
② 먼지나 잡물이 섞이지 않도록 하고 표면수가 균일하도록 해야 한다.
③ 빙설의 혼입이나 동결 방지를 위하여 적당한 시설을 갖추어야 한다.
④ 여름에는 일광의 직사를 피하기 위하여 적정한 시설을 하여 저장한다.

해설
- 잔 골재, 굵은 골재 및 종류와 입도가 다른 골재는 각각 구분하여 따로따로 저장해야 한다.
- 굵은 골재의 최대 치수가 65mm 이상인 경우에는 적당한 체로 2종 이상으로 체가름하여 따로따로 저장해야 한다.

□□□ 기 07,11,17,19
02 골재의 저장 방법에 대한 설명으로 틀린 것은?

① 잔 골재와 굵은 골재는 분류하여 저장한다.
② 적당한 배수 시설을 설치하고 지붕을 만들어 보관한다.
③ 빙설의 혼입 및 동결이 되지 않도록 하고 햇볕이 드는 곳에 보관한다.
④ 골재의 받아들이기, 저장 및 취급에 있어서 대소 알이 분리되지 않도록 한다.

해설
- 겨울에 동결되어 있는 골재나 빙설이 혼입되어 있는 골재를 그대로 사용하지 않도록 한다.
- 여름철에는 적당한 상옥 시설을 하거나 살수를 하는 등 고온 상승 방지를 위한 적절한 시설을 하여 저장한다.

□□□ 기 07,11,17
03 골재의 저장 방법에 대한 설명으로 틀린 것은?

① 잔 골재와 굵은 골재는 분류하여 저장한다.
② 적당한 배수 시설을 설치하고 지붕을 만들어 보관한다.
③ 빙설의 혼입 및 동결이 되지 않도록 하고 햇볕이 드는 곳에 보관한다.
④ 골재의 받아들이기, 저장 및 취급에 있어서 대소 알이 분리되지 않도록 한다.

해설
- 겨울에 동결되어 있는 골재나 빙설이 혼입되어 있는 골재를 그대로 사용하지 않도록 한다.
- 여름철에는 적당한 상옥 시설을 하거나 살수를 하는 등 고온 상승 방지를 위한 적절한 시설을 하여 저장한다.

014 혼화 재료의 종류

■ 혼화제와 혼화재의 구분
- 일반적으로 콘크리트나 모르타르의 혼합시 사용량이 시멘트 중량의 5% 이상 첨가하는 것을 혼화재, 1% 전후 첨가하는 것을 혼화제로 구분한다.

■ 혼화재
- 포졸란 작용이 있는 것 : 플라이 애시, 규조토, 화산회, 규산백토
- 주로 잠재 수경성이 있는 것 : 고로 슬래그 미분말
- 경화과정에서 팽창을 일으키는 것 : 팽창재
- 오토클레이브 양생에 의하여 고강도를 나타내게 하는 것 : 규산질 미분말
- 착색시키는 것 : 착색재
- 기타 : 고강도용 혼화재, 포리마, 증량재 등

■ 혼화제
- 워커빌리티와 내동해성을 개선시키는 것 : AE제, AE 감수제
- 배합이나 경화 후의 품질이 변치 않도록 하고, 유동성을 대폭 개선시키는 것 : 유동화제
- 큰 감수 효과로 강도를 크게 높이는 것 : 고성능 감수제
- 응결, 경화 시간을 조절하는 것 : 촉진제, 급결제, 초지연제
- 방수 효과를 나타내는 것 : 방수제
- 기포의 작용에 의해 충진성을 개선하거나 중량을 조절하는 것 : 기포제, 발포제
- 염화물에 의한 철근의 부식을 억제시키는 것 : 방청제
- 소요의 단위 수량을 현저히 감소시켜 내동해성을 개선시키는 것 : 고성능 AE감수제
- 점성을 증대시켜 수중에서의 재료 분리를 억제시키는 것 : 수중 불분리성 혼화제
- 기타 : 프리플레이스트 콘크리트용 혼화제, 수중 콘크리트용 혼화제 등

□□□ 산 07
01 콘크리트 배합 계산에 고려해야 하며 시멘트 질량의 5% 이상 사용하는 재료가 아닌 것은?

① 화산재 ② 플라이 애시
③ 규산질 미분말 ④ 방수제

해설 ■ 일반적으로 시멘트 중량의 5% 이상 사용되는 혼화재
- 포졸란 작용이 있는 것 : 플라이 애시, 규조토, 화산재, 규산백토
- 오토클레이브 양생으로 고강도를 내는 것 : 규산질 미분말, 실리카품
■ 일반적으로 시멘트 중량의 1% 이하 사용되는 혼화제
- 방수 효과를 나타내는 것 : 방수제

□□□ 산 09,17
02 콘크리트의 품질을 개선하기 위해 사용되는 혼화 재료는 일반적으로 혼화제와 혼화재로 분류하는데 분류하는 기준으로 옳은 것은?

① 사용 방법 ② 사용량
③ 혼화 재료의 비중 ④ 사용 목적

해설 일반적으로 콘크리트나 모르타르의 혼합 시 사용량이 시멘트량의 5% 이상 첨가하는 것을 혼화재, 1% 전후 첨가하는 것을 혼화제로 구분한다.

□□□ 산 11
03 콘크리트에 사용되는 혼화재의 종류와 특성에 관한 조합으로 옳지 않은 것은?

① 고로슬래그 미분말 – 잠재 수경성
② 플라이 애시 – 포졸란 반응
③ 실리카품 – 저강도
④ 팽창재 – 균일 저감

해설 실리카품은 강도 증진 효과가 뛰어나다(고강도).

□□□ 산 07
04 다음 혼화재 중 잠재 수경성인 것은?

① 고로 슬래그 ② 실리카품
③ 플라이 애시 ④ 왕겨재

해설 주로 잠재 수경성이 있는 혼화재 : 고로 슬래그 미분말

□□□ 산 12
05 혼화 재료와 그 성능의 연결이 잘못된 것은?

① AE제 – 워커빌리티 개선
② 방청제 – 콘크리트 부식 방지
③ 감수제 – 단위 수량 감소
④ 기포제 – 중량 조절 및 충전성 개선

해설 방청제 : 철근 콘크리트에 방청을 목적으로 사용되는 혼화제이다.

□□□ 산 09
06 다음 혼화 재료 중 워커빌리티 개선 효과가 없는 것은?

① AE제 ② 유동화제
③ 고성능 감수제 ④ 방청제

해설 방청제 : 염화물에 의한 철근의 부식을 억제시키는 것

015 고로 슬래그 미분말

■ 화학적 성질
- 고로 슬래그 미분말의 화학 성분은 필요에 따라 첨가되는 석고류를 함유한 화학 성분으로 표시된다.
- 고로 수쇄 슬래그의 염기도

$$b = \frac{CaO + MgO + Al_2O_3}{SiO_2}$$

여기서, b : 고로 수쇄 슬래그의 염기도
CaO : 고로 수쇄 슬래그 중 산화칼슘의 함유량(%)
MgO : 고로 수쇄 슬래그 중 산화마그네슘의 함유량(%)
Al_2O_3 : 고로 수쇄 슬래그 중 산화알루미늄의 함유량(%)
SiO_2 : 고로 수쇄 슬래그 중 이산화규소의 함유량(%)

- 염기도는 1.60 이상인 것을 사용한다.
- 고로 슬래그 미분말의 품질(KS F 2563)

품 질		1종	2종	3종
밀도(g/cm³)		2.80 이상	2.80 이상	2.80 이상
비표면적(cm²/g)		8,000~10,000	6,000~8,000	4,000~6,000
활성도 지수 (%)	재령 7일	95 이상	75 이상	55 이상
	재령 28일	105 이상	95 이상	75 이상
	재령 91일	105 이상	105 이상	95 이상
플로값 비(%)		95 이상	95 이상	95 이상
산화마그네슘(MaO)(%)		10.0 이하	10.0 이하	10.0 이하
삼산화황(SO_3)(%)		4.0 이하	4.0 이하	4.0 이하
강열 감량(%)		3.0 이하	3.0 이하	3.0 이하
염화물 이온(%)		0.02 이하	0.02 이하	0.02 이하

■ 고로 슬래그 미분말의 장점
- 단위 수량을 줄일 수 있다.
- 알칼리 골재 반응의 억제에 효과적이다.
- 블리딩이 작고 유동성이 향상된다.
- 콘크리트의 워커빌리티가 좋아진다.
- 잠재 수경성으로 장기 강도가 향상된다.
- 황산염 등에 대한 화학 저항성이 향상된다.
- 콘크리트의 조직이 치밀하여 수밀성이 향상된다.
- 염화물 이온 침투 억제에 의한 철근 부식 억제에 효과가 있다.
- 수화 발열 속도의 감소 및 콘크리트의 온도 상승 억제에 효과가 있다.

■ 고로 슬래그 미분말을 사용한 콘크리트의 성질
- 고로 슬래그 미분말의 치환율이 크게 되면 소정의 슬럼프를 얻는 데 필요한 단위 수량을 저감시킬 수 있다.
- 고로 슬래그 미분말의 강도 발현성의 평가는 활성도 지수로 나타나는 경우가 많다.
- 고로 슬래그 미분말의 비중은 2.88~2.95의 범위이며, 분말도는 4,000, 6,000 및 8,000cm²/g이다.
- 고로 슬래그 미분말을 사용하면 비중이 보통 포틀랜드 시멘트에 비해서 작기 때문에 페이스트의 용적은 증가하게 된다.
- 분말도가 크기 때문에 잔 골재율은 고로 슬래그 미분말을 혼입하지 않은 콘크리트에 비해 작게 할 수 있다.
- 고로 슬래그 미분말을 혼입한 콘크리트에서는 무혼입 콘크리트에 비해서 총 세공량은 약간 많아지지만 세공경은 매우 작아지기 때문에 수밀성이 현저히 향상된다.
- 공기량은 고로 슬래그 미분말의 혼합량이 증가할수록, 분말도가 클수록 감소하는 경향이 있다.
- 일반적으로 고로 슬래그 미분말을 사용한 콘크리트의 초기 강도 발현은 고로 슬래그 미분말의 분말도가 클수록, 혼합률이 작을수록 강도의 개선 효과가 크다는 특성이 있다.
- 고로 슬래그 미분말을 사용한 콘크리트의 단열 온도 상승량은 혼합률이 작을수록, 반죽된 콘크리트의 온도가 클수록 커진다.
- 발열 속도는 혼합률이 클수록, 분말도가 작을수록 늦어진다.
- 포틀랜드 시멘트의 수화 반응에서 생성되는 $Ca(OH)_2$가 감소하여 내해수성, 내화학성이 향상된다.
- 수화열에 의한 온도 상승의 대폭적인 억제가 가능하게 된다는 점에서 매스 콘크리트 공사에 적합하다.

■ 내구성
- 고로 슬래그 미분말은 플라이 애시나 실리카퓸과 같이 포졸란 반응을 하기 때문에 알칼리 골재 반응의 억제 효과가 있다.
- 동결 융해 저항성은 보통 콘크리트와 비교해서 동등하거나 약간 우수한 저항성을 나타낸다.
- 고로 슬래그 미분말을 사용한 콘크리트는 시멘트 수화 시에 발생하는 수산화칼슘과 고로 슬래그 성분이 반응하여 콘크리트의 알칼리성이 다소 저하되기 때문에 콘크리트의 탄산화가 빠르게 진행된다. 혼합률 70% 정도가 되면 탄산화 속도가 보통 콘크리트의 2배 정도가 되는 경우가 있다.

☐☐☐ 기12
01 고로 슬래그 미분말을 사용한 콘크리트에 대한 설명이다. 옳지 않은 것은?

① 고로 슬래그 미분말을 사용한 콘크리트는 탄산화 속도를 저하시키는 효과가 있다.
② 고로 슬래그 미분말을 사용한 콘크리트는 철근 보호성능이 향상된다.
③ 고로 슬래그 미분말을 사용한 콘크리트는 수밀성이 크게 향상된다.
④ 고로 슬래그 미분말을 사용한 콘크리트의 초기 강도는 포틀랜드 시멘트 콘크리트보다 작다.

해설 고로 슬래그 미분말을 사용한 콘크리트는 시멘트 수화 시에 발생하는 수산화칼슘과 고로 슬래그 성분이 반응하여 콘크리트의 알칼리성이 다소 저하되기 때문에 콘크리트의 탄산화가 빠르게 진행된다.

☐☐☐ 기07
02 고로 슬래그 미분말을 혼화 재료로 사용한 콘크리트의 특성으로 옳은 것은?

① 슬래그 미분말 치환율이 클수록 미소세공이 많아지며 동결 가능한 세공 용적수가 작아져 동결 융해 저항성에 유리하다.
② 슬래그 미분말 치환율이 클수록 수산화칼슘량이 희석되므로 염류의 침투가 용이하다.
③ 슬래그 미분말은 촉진성을 갖고 있으므로 콘크리트의 기초 양생에 유리하다.
④ 슬래그 미분말의 혼합률이 클수록, 분말도가 작을수록 발열 속도는 빨라진다.

해설
• 슬래그 미분말 치환율이 클수록 수산화칼슘량이 감소하여 내해수성, 내화학성이 향상된다.
• 슬래그 미분말의 혼합률이 클수록, 분말도가 작을수록 발열 속도는 늦어진다.
• 슬래그 미분말 치환율이 클수록 미소세공이 많아지며 동결 가능한 세공 용적수가 줄어들어 동결 융해 저항성에 유리하다.

☐☐☐ 기09,12
03 다음 중 콘크리트용 고로 슬래그 미분말을 사용하지 못하는 경우는?

① 밀도가 2.90g/cm³인 경우
② 삼산화황이 3.0%인 경우
③ 강열 감량이 2.5%인 경우
④ 염화물 이온이 0.03%인 경우

해설
• 밀도는 2.80g/cm³ 이상
• 삼산화황(SO_3)은 4.0% 이하
• 강열 감량은 3.0% 이하
• 염화물 이온은 0.02% 이하

☐☐☐ 기09,14
04 KS F 2563(콘크리트용 고로 슬래그 미분말)의 규정에 의해 화학 조성이 다음과 같은 고로 수쇄 슬래그의 염기도를 계산하면 약 얼마인가?

화학 조성	CaO	SiO_2	Al_2O_3	MgO	Fe_2O_3	K_2O	Na_2O
(%)	45	32	13	5	2	2	1

① 2.3　　② 2.0
③ 1.4　　④ 0.9

해설 $b = \dfrac{CaO + MgO + Al_2O_3}{SiO_2}$
$= \dfrac{45 + 5 + 13}{32} = 2.0$

016 플라이 애시 F 5402

- 플라이 애시(fly ash)는 화력 발전소 등의 연소 보일러에서 부산되는 석탄 재료로서 연소 폐가스 중에 포함되어 집진기에 의해 회수된 특정 입도 범위의 입상 잔사를 말하며 포졸란계를 대표하는 혼화재 중의 하나이다.

■ 플라이 애시를 사용한 콘크리트의 성질
- 유동성의 개선 : 워커빌리티를 개선하여 단위 수량을 감소시킨다.
- 장기 강도의 개선 : 콘크리트의 강도는 비교적 초기 재령에서는 일반 콘크리트보다 낮지만 재령이 길어짐에 따라 포졸란 반응의 증가에 의해 장기 강도는 증가한다.
- 수화열의 감소 : 플라이 애시 첨가 콘크리트는 수화열에 의한 균열을 방지할 목적으로 댐과 같은 매스 콘크리트 등에 이용된다.
- 알칼리 골재 반응의 억제 : 플라이 애시는 알칼리 골재 반응에 의한 팽창을 억제하는 효과가 있다.

■ 플라이 애시의 품질 규정

항 목		플라이 애시 1종	플라이 애시 2종
이산화규소(SiO_2)		45% 이상	45% 이상
수 분		1.0% 이하	1.0% 이하
강열 감량		3.0% 이하	5.0% 이하
밀도(g/cm^3)		1.95 이상	1.95 이상
분말도	45μm체 망체방법(%)	10 이하	40 이하
	비표면적(cm^2/g) (블레인 방법)	4,500 이상	3,000 이상
	플로값 비(%)	105 이상	95 이상
활성도 지수(%)	재령 28일	90 이하	80 이상
	재령 91일	100 이상	90 이상

□□□ 기10
01 플라이 애시 시멘트의 성질에 대한 설명으로 틀린 것은?

① 플라이 애시의 입자 모양은 구형이며 이는 콘크리트의 워커빌리티 증대 및 단위 수량 감소에 영향을 미친다.
② 수밀성이 양호하여 댐 등의 수리 구조물의 축조에 유효하다.
③ 보통 포틀랜드 시멘트보다 화학 저항성이 좋고 건조 수축도 작다.
④ 플라이 애시의 포졸란 반응이 수화 초기부터 활발하여 초기 강도 및 장기 강도의 발현성이 좋다.

[해설] 플라이 애시의 포졸란 반응에 의해 콘크리트의 초기 강도는 낮으나 장기 강도가 증대한다.

□□□ 기11,12
02 플라이 애시 품질을 규정하기 위한 시험 항목이 아닌 것은?

① 염화물 이온량 ② 강열 감량
③ 분말도 ④ 이산화규소

[해설] 플라이 애시 1종 품질규정

항 목	규정치
이산화규소(SiO_2)	45% 이상
수분	1% 이하
강열 감량	3% 이하
밀도	1.95g/cm^3 이상
분말도(블레인 방법)	4,500cm^2/g 이상
플로값 비	105% 이하
활성도 지수(재령 28일)	90% 이상

□□□ 기09,12,14,17,20
03 플라이 애시의 품질 시험에서 시험 모르타르 제조 시 보통 포틀랜드 시멘트와 플라이 애시의 질량비는 얼마인가? (단, 보통 포틀랜드 시멘트 : 플라이 애시)

① 1 : 1 ② 2 : 1
③ 1 : 2 ④ 3 : 1

[해설] 플라이 애시의 품질 시험에서 보통 포틀랜드 시멘트와 플라이 애시의 질량비는 3 : 1이다.

□□□ 기06,09,11
04 고강도 콘크리트의 배합에 관한 설명으로 잘못된 것은?

① 유동성을 향상시키고 배합 시의 단위 수량을 줄이기 위해 고성능 감수제를 사용한다.
② 플라이 애시 등의 혼화재를 사용하면 시멘트량이 상대적으로 줄어들기 때문에 장기적인 소요 강도를 얻기가 힘들다.
③ 기상의 변화가 심하거나 동결 융해에 대한 대책이 필요한 경우를 제외하고는 공기 연행제를 사용하지 않는 것을 원칙으로 한다.
④ 고강도 콘크리트의 단위 시멘트량은 소요 워커빌리티와 강도가 얻어지는 범위에서 가능한 적게 되도록 한다.

[해설] 고강도 콘크리트는 단위 시멘트량이 많기 때문에 시멘트 대체 재료인 플라이 애시, 고로 슬래그 미분말, 실리카퓸 등을 사용하므로 초기 재령에서는 일반 콘크리트보다는 낮지만 재령이 길어짐에 따라 포졸란 반응의 증가에 의해 장기 강도는 증가한다.

[정답] 016 01 ④ 02 ① 03 ④ 04 ②

□□□ 기 04,12,14,20
05 콘크리트용 플라이 애시로 사용할 수 없는 것은?

① 이산화규소의 함유량이 48%인 경우
② 강열 감량이 6%인 경우
③ 밀도가 2.2g/cm³인 경우
④ 수분이 0.5%인 경우

해설 플라이 애시 강열 감량 품질 규정
- 플라이 애시 1종 : 3.0% 이하
- 플라이 애시 2종 : 5% 이하

□□□ 기 04,09
06 플라이 애시를 사용한 콘크리트의 성질로 옳은 것은?

① 유동성의 저하
② 장기 강도의 저하
③ 수화열의 감소
④ 알칼리 골재 반응의 촉진

해설 플라이 애시를 사용한 콘크리트의 성질
- 유동성의 개선 : 워커빌리티를 개선하여 단위 수량을 감소시킨다.
- 장기 강도의 개선 : 강도는 초기 재령에서는 낮으나 장기 강도는 증가한다.
- 수화열의 감소 : 플라이 애시 첨가 콘크리트는 수화열에 의한 균열을 방지할 목적으로 댐과 같은 매스 콘크리트 등에 이용된다.
- 알칼리 골재 반응의 억제 : 플라이 애시는 알칼리 골재 반응에 의한 팽창을 억제하는 효과가 있다.

□□□ 기 12
07 콘크리트에 사용하는 혼화 재료에 관한 다음의 일반적인 설명 중 적당하지 않은 것은?

① 실리카퓸은 실리카질 미립자의 미세 충진 효과에 의해 콘크리트의 강도를 높인다.
② 플라이 애시는 유리질 입자의 잠재 수경성에 의해 콘크리트의 초기 강도를 증진시킨다.
③ 팽창재는 에트린가이드 및 수산화칼슘 등의 생성에 의해 콘크리트를 팽창시킨다.
④ 착색재는 콘크리트와 모르타르에 색을 입히는 혼화재로서 착색재를 혼화한 콘크리트는 본래의 콘크리트 특성과 함께 마무리재로서의 기능도 함께 가진다.

해설 플라이 애시를 혼합한 콘크리트의 초기 강도는 보통 콘크리트보다 작아지나 재령이 길어짐에 따라 포졸란 반응에 의해 장기 강도는 증가한다.

□□□ 기 09
08 콘크리트용 혼화 재료로서 플라이 애시의 품질을 시험하기 위한 시료의 채취 및 조제에 대한 내용으로 잘못된 것은?

① 시료의 수량 및 채취 방법은 인도·인수 당사자 사이의 협정에 따른다.
② 시험용 시료는 시험하기 전에 시험실 안에 넣어 실온과 같아지도록 한다.
③ 채취한 시료는 850μm 표준 망체로 이물질을 제거한다.
④ 조제된 시료는 시험시까지 시험실과 비슷한 습도가 되도록 시험실의 대기 중에서 보관한다.

해설 시험할 때는 미리 시험실 안에 넣어 실온과 같아지도록 한다.

□□□ 산 07,10
09 플라이 애시에 대한 설명으로 틀린 것은?

① 볼베어링 작용에 의해 콘크리트의 워커빌리티를 개선한다.
② 콘크리트의 발열을 저감시키기 때문에 매스 콘크리트에 유리하다.
③ 플라이 애시는 함유 탄소분의 일부가 AE제를 흡착하는 성질을 가지고 있어 소요의 공기량을 얻기 위하여는 AE제의 양이 많이 요구되는 경우가 있다.
④ 장기에 걸친 포졸란 반응에 의해 콘크리트의 수밀성은 향상되지만, 건조 수축은 증가하는 경향이 있다.

해설 장기에 걸친 포졸란 반응에 의해 콘크리트의 수밀성은 크게 개선되지만, 건조 수축에 따른 체적 변화와 동결 융해에 대한 저항성을 향상시킨다.

□□□ 산11
10 콘크리트용 혼화재로 플라이 애시를 사용하려고 할 때 주의사항으로 틀린 것은?

① 플라이 애시는 미연소 탄소분이 포함되어 있어서 소요 공기량을 얻기 위한 공기 연행제의 사용량이 증가된다.
② 플라이 애시를 사용한 콘크리트는 운반 중에 공기 연행제의 흡착에 의하여 공기량이 크게 증가되는 문제점이 있다.
③ 플라이 애시는 품질 변동이 크게 되기 쉬우므로 사용 시 품질을 확인할 필요가 있다.
④ 플라이 애시는 보존 중에 입자가 응집하여 고결하는 경우가 생기므로 저장에 유의해야 한다.

해설 플라이 애시를 사용한 콘크리트는 운반 중에 공기 연행제의 흡착에 의하여 공기량이 현저히 감소하기 때문에 목표 공기량을 얻기 위해서는 AE제의 사용량이 증가된다.

정답 05 ② 06 ③ 07 ② 08 ④ 09 ④ 10 ②

017 공기 연행 AE 제

■ 공기 연행제는 계면 활성제의 일종으로 미세한 크기의 독립 기포를 콘크리트 내부에 발생시켜 콘크리트의 워커빌리티와 동결 융해에 대한 저항성을 갖도록 사용되는 혼화제이다.

■ 공기 연행제에 의한 기포
- 공기 연행제에 의해 콘크리트 중에 생성된 공기를 연행 공기라 한다.
- 연행 공기는 입경이 $25 \sim 250\mu m$ 정도로 미세하며 입형은 구형으로 콘크리트 중에 균일하게 분포된다.
- 연행 공기는 콘크리트 내부에서 볼 베어링 같은 움직임을 하기 때문에 워커빌리티를 개선하여 단위 수량을 감소시켜 블리딩 등의 재료 분리를 적게 한다.
- 적당량의 연행 공기는 콘크리트 중의 자유수가 동결될 때의 수압의 흡수 및 완화와 자유수의 이동을 가능하게 하므로 동결 융해에 대한 내구성을 현저하게 개선한다.
- 일반적으로 콘크리트의 물-결합재비를 일정하게 하고 공기량을 증가시키면 공기량 1%에 대해 압축강도는 약 $4 \sim 6\%$, 휨 강도는 $2 \sim 3\%$, 탄성 계수는 $2 \sim 3 \times 10^2$ MPa 정도 감소한다.
- 연행 공기에 의해 철근과의 부착 강도가 작아지는 경향이 있다.
- 연행 공기의 함유량이 많고 기포간격계수가 작을수록 동결시의 팽창압력의 분산이 용이하여 동결융해저항성능이 향상된다.

■ 콘크리트의 공기량에 영향을 미치는 요인
- 시멘트의 분말도가 증가하면 공기량은 감소한다.
- 잔 골재의 입도에 의한 영향이 크며 잔 골재 중에 $0.3 \sim 0.6mm$의 잔입자량이 많으면 공기량은 증가한다.
- 콘크리트의 온도는 낮을수록 공기량이 증가한다.
- 일반적으로 콘크리트의 슬럼프가 크면 공기량이 증가되는 경향이 있으며 슬럼프 150mm 이상의 매우 묽은 반죽에서는 오히려 공기량이 감소된다.
- 잔 골재율이 작으면 공기량은 감소한다.
- 혼합 시간이 너무 짧거나 길면 공기량은 감소되며 $3 \sim 5$분 정도 혼합을 할 때 공기량이 최대가 된다.
- 레디 믹스트 콘크리트는 운반 시간에 따라 $0.5 \sim 1\%$ 정도 공기량이 저하된다.
- 진동기를 사용하여 다지면 진동 시간에 따라 콘크리트 속의 큰 기포가 주로 소멸되어 공기량이 감소된다.

---

01 공기 연행(AE)제의 사용 목적 및 효과에 대한 설명으로 틀린 것은?

① 공기 연행(AE)제를 사용하면 일반적으로 콘크리트의 동결융해 저항성이 개선된다.
② 공기 연행(AE)제로 연행된 공기에 의한 볼 베어링 효과로 작업성이 개선된다.
③ 공기량이 증가할수록 강도가 저하하기 때문에 공기량은 약 $3 \sim 6\%$ 정도의 범위가 되도록 하는 것이 좋다.
④ 혼화재로서 플라이 애시를 함께 사용하면 공기 연행 효과를 높일 수 있다.

[해설] 플라이 애시는 함유 탄소분의 일부가 공기 연행(AE)제를 흡착하는 성질을 가지고 있어 소요의 공기량을 얻기 위해서는 공기 연행(AE)제 양이 많이 요구된다.

02 AE 콘크리트에 관한 설명으로서 옳지 않은 것은?

① AE제에 의해 콘크리트 중에 연행된 공기는 입경이 $10 \sim 100\mu m$ 정도의 구상으로 균등하게 분포된다.
② 연행 공기의 함유량이 많고 기포 간격계수가 클수록 동결융해 저항성능이 향상된다.
③ AE제 사용량과 공기량과의 관계는 콘크리트의 조건이 일정한 경우 공기량 10%의 범위 내에서는 AE제 사용량이 증가함에 따라 거의 직선적으로 증가한다.
④ 일반적으로 플라이 애시를 사용한 AE 콘크리트는 플라이 애시를 사용하지 않은 보통 콘크리트와 같은 공기량을 얻기 위해 더 많은 AE제를 사용하여야 한다.

[해설] 연행 공기의 함유량이 많고 기포 간격 계수가 작을수록 동결 시의 팽창 압력의 분산이 용이하여 동결 융해 저항 성능이 향상된다.

□□□ 기 10
03 AE제를 사용한 콘크리트에 대한 설명으로 틀린 것은?

① 분말도가 큰 시멘트를 사용하면 동일한 공기량을 얻는데 필요한 AE제량이 감소한다.
② AE제에 의해 연행된 공기포는 경화 콘크리트의 동결 융해 저항성 향상에 도움을 준다.
③ 부순 모래를 사용하면 강모래를 사용한 경우보다 동일한 공기량을 얻는 데 있어서 AE제가 더 소요된다.
④ AE제에 의해서 연행된 공기포는 구형이고 볼 베어링 역할을 하므로 콘크리트의 워커빌리티를 개선시킨다.

해설 분말도가 큰 시멘트를 사용하면 AE제 등이 흡착되어 공기량이 현저히 감소되기 때문에 목표 공기량을 얻기 위해서 필요한 AE제량은 증가한다.

□□□ 기 08
04 다음 중 특수 콘크리트의 배합 시 고려해야 할 사항으로 잘못된 것은?

① 한중 콘크리트는 초기 강도의 발현이 중요하므로, 강도를 저해할 수 있는 공기 연행제 등 혼화제 사용은 피한다.
② 서중 콘크리트는 수화열을 줄이기 위해 단위 수량 및 단위 시멘트량을 가능한 한 줄이는 것이 좋다.
③ 매스 콘크리트는 수화열을 줄이기 위해 플라이 애시 등 혼화재의 사용을 적극 검토하는 것이 좋다.
④ 경량 골재 콘크리트는 공기 연행 콘크리트로 하는 것을 원칙으로 한다.

해설 한중 콘크리트에는 공기 연행 콘크리트를 사용하는 것을 원칙으로 한다.

□□□ 산 09,12
05 다음의 혼화제에 관한 기술 중 옳지 않은 것은?

① AE제를 사용한 콘크리트는 작업성이 증가하므로 단위 수량을 감소시킬 수 있다.
② 공기량은 콘크리트의 조건을 일정하게 하면 공기량 10% 정도 내에서는 AE제의 첨가량에 거의 비례한다.
③ 물-시멘트비가 동일한 경우 공기량이 증가하면 압축 강도는 감소한다.
④ AE제에 의한 AE 콘크리트의 최적 공기량은 3~5%이며 미세 기포가 많을수록 동결 융해 저항성이 크며 압축 강도도 크다.

해설 AE제에 의한 AE 콘크리트의 최적 공기량은 3~6%이며 미세 기포가 많을수록 동결 융해 저항성이 크나 압축 강도는 작아진다.

□□□ 기 16,17,21
06 콘크리트용 혼화재료로 사용되는 고로슬래그 미분말의 활성도 지수에 대한 다음 설명 중 적당하지 않은 것은?

① 활성도 지수는 재령 7일, 28일 및 91일에 측정한다.
② 시험 모르타르 제작 시 시멘트와 고로슬래그 미분말의 혼합비는 1:10이다.
③ 고로슬래그 미분말 3종에 대한 재령 28일의 활성도 지수는 50% 이상이다.
④ 기준 모르타르의 압축강도에 대한 시험 모르타르의 압축 강도비를 백분율로 표시한 것을 활성도 지수라 한다.

해설 고로 슬래그 미분말의 활성도 지수(%)

품질	1종	2종	3종
재령 7일	95 이상	75 이상	55 이상
재령 28일	105 이상	95 이상	75 이상
재령 91일	105 이상	105 이상	95 이상

∴ 고로슬래그 미분말 3종에 대한 재령 28일의 활성도 지수는 75% 이상이다.

018 기타 혼화제

1 감수제 및 AE 감수제

특징
- 감수제는 시멘트 입자를 분산시킴으로써 콘크리트의 소요 워커빌리티를 얻는 데 필요한 단위 수량을 감소시킬 목적으로 사용된다.
- 감수제 및 AE감 수제의 주성분은 계면 활성제이며, 콘크리트의 응결, 초기 경화의 속도에 따라 표준형, 지연형, 촉진형으로 분류된다.
- 화학적 조성 성분은 리그닌 설폰산염계, 옥시 칼본산염, 폴리올 복합체, 알킬아릴 설폰산염 등이 있다.

감수제 및 AE 감수제의 효과
- 내약품성이 커진다.
- 건조 수축을 감소시킨다.
- 동결 융해에 대한 저항성이 증대된다.
- 수밀성이 향상되고 투수성이 감소된다.
- 소요의 워커빌리티를 얻기 위하여 필요한 단위 수량을 10~15% 정도 감소시키는 효과를 얻을 수 있다.
- 동일 워커빌리티 및 강도의 콘크리트를 얻기 위하여 필요한 단위 시멘트량을 감소시킨다.

2 수축 저감제

수축 저감제는 건조 수축을 감소시키는 효과를 가진 혼화제로서 모르타르, 콘크리트에 있어서 균열 감소나 방지, 충전성 향상, 박리 방지 등을 목적으로 사용한다.

콘크리트용 혼화제로 사용하기 위한 성능
- 휘발성이 낮아야 한다.
- 이상한 공기 연행성이 없어야 한다.
- 시멘트 입자에 흡착되지 않아야 한다.
- 시멘트 수화를 방해하지 않아야 한다.
- 콘크리트의 건조 수축 특성을 감소시켜야 한다.
- 강알칼리 용액 중에서 계면 활성 효과를 가져야 한다.

3 방청제

방청제는 콘크리트 중의 철근이 사용 재료 중에 포함되는 염화물에 의해 부식하는 것을 억제하기 위해 사용하는 혼화 재료이다.

방청제는 염화물을 함유하는 콘크리트 속에서 충분한 방청 효과가 있으며, 콘크리트의 기본적인 물성에 큰 영향이 없는가를 평가하는 시험 항목은 다음과 같다.

방청제의 성능 시험
- 철근의 염수 침투 시험(염수에 담그는 시험)
- 콘크리트 중의 철근의 촉진 부식 시험(오토클레이브법)
- 콘크리트의 응결 시간 및 압축 강도 시험
- 염화물량 시험
- 전 알칼리량 시험

방청제의 성능 및 품질

항 목		규 정
부식 상황		부식이 안 될 것
염화물 이온(Cl^-)량		$0.02kg/m^3$ 이하
전체 알칼리량		$0.02kg/m^3$ 이하
방청률		95% 이상
콘크리트의 응결 시간차(분)	초결	±60분 이내
	종결	
콘크리트의 압축 강도비	재령 7일	90% 이상
	재령 28일	

4 콘크리트용 화학 혼화제

이 규격은 콘크리트용 화학 혼화제로 사용되는 AE제, 감수제, AE 감수제 및 고성능 AE 감수제에 대하여 규정한다.

- 화학 혼화제 : 주로 그 계면 활성 작용에 의해 콘크리트의 제 성질을 개선하기 위하여 사용하는 혼화제
- 표준형 : 화학 혼화제의 종류로서, 콘크리트의 응결 속도를 거의 변화시키지 않는 것
- 지연형 : 화학 혼화제의 종류로서, 콘크리트의 응결 속도를 지연시키는 것
- 촉진형 : 화학 혼화제의 종류로서, 콘크리트의 응결 속도 및 초기 강도의 발현을 촉진시키는 것

콘크리트용 화학 혼화제의 품질

항 목		AE제	감수제			AE 감수제			고성능 AE 감수제	
			표준형	지연형	촉진형	표준형	지연형	촉진형	표준형	지연형
감수율(%)		6 이상	4 이상	4 이상	4 이상	10 이상	10 이상	8 이상	18 이상	18 이상
블리딩량의 비(%)		75 이하	100 이하	100 이하	100 이하	70 이하	70 이하	70 이하	60 이하	70 이하
응결 시간의 차(분)	초결	-60~+60	-60~+60	-60~+90	+30 이하	-60~+60	+60~+90	+30 이하	-30~+120	+90~+240
	종결	-60~+60	-60~+60	+210 이하	0 이하	-60~+60	+210 이하	0 이하	-30~+120	+240 이하
압축 강도비 (%)	재령 3일	95 이상	115 이상	105 이상	125 이상	115 이상	105 이상	125 이상	135 이상	135 이상
	재령 7일	95 이상	110 이상	110 이상	115 이상	110 이상	110 이상	115 이상	125 이상	125 이상
	재령 28일	90 이상	110 이상	110 이상	110 이상	110 이상	110 이상	110 이상	115 이상	115 이상
길이 변화비(%)		120 이하	120 이하	120 이하	120 이하	120 이하	120 이하	120 이하	110 이하	110 이하
동결 융해에 대한 저항성 [상대 동탄성 계수(%)]		80 이상	-	-	-	80 이상	80 이상	80 이상	80 이상	80 이상
경시 변화량	슬럼프 손실 (mm)	-	-	-	-	-	-	-	60 이하	60 이하
	공기량의 변화량 (%)	-	-	-	-	-	-	-	±15 이내	±15 이내

5 실리카퓸

- 마이크로필러(micro filler) 효과 및 포졸란 반응 시 동시에 작용하여 강도 증진 효과가 뛰어나서 고강도 콘크리트용으로 사용되는 혼화 재료이다.
- 실리카퓸을 혼합하면 블리딩과 재료 분리를 감소시킬 수 있다.
- 물-결합재비를 낮추기 위하여 고성능 감수제의 사용은 필수적이다.
- 실리카퓸은 비표면적이 200,000~250,000cm²/g으로 보통 포틀랜드 시멘트의 70~80배이다.
- 실리카퓸을 혼합한 콘크리트의 목표 슬럼프를 유지하기 위해 소요되는 단위 수량은 혼합량이 증가함에 따라 거의 선형적으로 증가한다.
- 실리카퓸은 비표면적이 크고 미연소된 탄소가 함유되어 있어서 AE제가 흡착되기 때문에 소요의 공기량을 얻기 위해서는 AE제의 사용량이 크게 증가한다.

□□□ 기 05,09

01 AE 감수제에 대한 설명 중 적절하지 않은 것은?

① 시멘트 분산 작용과 공기 연행 작용이 합성되어 단위 수량을 크게 감소시킨다.
② 응결 특성을 변화시키는 지연형, 촉진형과 응결 특성에 영향이 없는 표준형으로 분류된다.
③ 수밀성이 향상되고 투수성이 감소된다.
④ 공기 연행 작용으로 건조 수축이 증가된다.

해설 공기 연행 작용으로 건조 수축을 감소시킨다.

□□□ 기 09,11

02 콘크리트용 화학 혼화제의 품질 시험 항목으로 옳지 않은 것은?

① 블리딩량의 비(%)
② 길이 변화비(%)
③ 동결 융해에 대한 저항성(상대 동탄성 계수, %)
④ 휨 강도의 비(%)

해설 콘크리트용 화학 혼화제의 품질 항목

품질 항목		AE제
감수율(%)		6 이상
블리딩량의 비(%)		75 이하
응결 시간의 차(분)	초결	-60~+60
	종결	-60~+60
압축 강도의 비(%)(28일)		90 이상
길이 변화비(%)		120 이하
동결 융해에 대한 저항성 (상대 동탄성 계수)(%)		80 이상

□□□ 기 12

03 콘크리트용 감수제의 종류 중 응결, 초기 경화의 속도에 따라 분류되는 형태가 아닌 것은?

① 급결형 ② 촉진형
③ 지연형 ④ 표준형

해설
- 감수제, AE 감수제는 콘크리트의 응결, 초기 경화의 속도에 따라 표준형, 지연형, 촉진형으로 분류한다.
- 감수제 및 AE 감수제의 품질

품질 항목		표준형	지연형	촉진형
응결 시간의 차(분)	초결	-60~+90	+60~+210	+30 이하
	종결	-60~+90	+210 이하	0 이하

□□□ 기 04,08

04 실리카퓸을 혼합한 콘크리트 성질에 대한 설명으로 틀린 것은?

① 실리카퓸을 혼합한 콘크리트의 목표 슬럼프를 유지하기 위해 소요되는 단위 수량은 혼합량이 증가함에 따라 거의 선형적으로 증가한다.
② 실리카퓸은 비표면적이 작고 미연소 탄소를 함유하지 않기 때문에 목표 공기량을 유지하기 위해 혼합률이 증가함에 따라 AE제의 사용량을 증가시킬 필요가 없다.
③ 물-결합재비를 낮추기 위하여 고성능 감수제의 사용은 필수적이다.
④ 실리카퓸을 혼합하면 블리딩과 재료 분리를 감소시킬 수 있다.

해설
- 실리카퓸은 비표면적이 200,000~250,000cm²/g으로 보통 포틀랜드 시멘트의 70~80배이다.
- 실리카퓸은 비표면적이 크고 미연소된 탄소가 함유되어 있어서 AE제가 흡착되기 때문에 소요의 공기량을 얻기 위해서는 AE제의 사용량이 크게 증가한다.

정답 01 ④ 02 ④ 03 ① 04 ②

☐☐☐ 기 07,12,15,16,22

05 마이크로필러(micro filler) 효과 및 포졸란 반응 시 동시에 작용하여 강도 증진 효과가 뛰어나서 고강도 콘크리트 용으로 사용되는 혼화 재료는 무엇인가?

① 실리카퓸 ② 고로 슬래그
③ 플라이 애시 ④ 규조토

해설 혼화 재료 실리카퓸을 혼입하면 공극 충진 효과(micro filler)와 포졸란 반응에 의해 $0.1\mu m$ 이상의 큰 공극은 작아지고 미세한 공극이 많아져 부착력이 증가해 콘크리트의 강도 증진에 뛰어난 효과가 있다.

☐☐☐ 기 09

06 콘크리트용 혼화 재료로 실리카퓸을 사용한 콘크리트의 특성에 대한 설명으로 적당하지 않은 것은?

① 포졸란 반응으로 강도 증진 효과가 뛰어나다.
② 마이크로필러(Micro filler) 효과로 압축 강도 발현성이 크다.
③ 목표 슬럼프를 유지하기 위해 소요되는 단위 수량이 크게 감소하여 강도 증진 효과가 뛰어나다.
④ 재료 분리 저항성, 수밀성, 내화학 약품성이 향상된다.

해설 실리카퓸의 단점
• 단위 수량이 증가한다.
• 워커빌리티가 나빠진다.
• 플라스틱 수축 균열이 발생한다.

☐☐☐ 기 10,14

07 아래 표의 시험 항목 중 KS F 2561(철근 콘크리트용 방청제)의 품질 시험 항목으로 규정되어 있는 것을 옳게 나타낸 것은?

(1) 콘크리트의 블리딩 시험
(2) 콘크리트의 압축 강도 시험
(3) 콘크리트의 길이 변화 시험
(4) 전체 알칼리량 시험

① (1), (2) ② (1), (4)
③ (2), (3) ④ (2), (4)

해설 방청제의 성능 시험
• 철근의 염수 침투 시험
• 콘크리트 중의 철근의 촉진 부식 시험
• 콘크리트의 응결 시간 및 압축 강도 시험
• 염화물량 시험
• 전 알칼리량 시험

☐☐☐ 기 10,14

08 콘크리트용 수축 저감제가 가져야 할 성질로 틀린 것은?

① 콘크리트의 건조 수축 특성을 감소시켜야 한다.
② 휘발성이 낮아야 한다.
③ 시멘트 입자에 쉽게 흡착해야 한다.
④ 강알칼리 용액 중에서 계면 활성 효과를 가져야 한다.

해설 콘크리트용 혼화제로 사용하기 위한 성능
• 휘발성이 낮아야 한다.
• 이상한 공기 연행성이 없어야 한다.
• 시멘트 입자에 흡착되지 않아야 한다.
• 시멘트 수화를 방해하지 않아야 한다.
• 콘크리트의 건조 수축 특성을 감소시켜야 한다.
• 강알칼리 용액 중에서 계면 활성 효과를 가져야 한다.

☐☐☐ 산 11

09 화학 혼화제 중 AE 감수제를 성능에 따라 분류할 때 그 종류에 속하지 않는 것은?

① 표준형 ② 지연형
③ 급결형 ④ 촉진형

해설 화학 혼화제의 성능에 따른 분류

혼화제 종류	성능에 따른 분류
감수제	표준형
	지연형
	촉진형
AE 감수제	표준형
	지연형
	촉진형
고성능 AE 감수제	표준형
	지연형

☐☐☐ 산 13

10 콘크리트용 화학 혼화제(KS F 2560)의 품질을 검사하기 위해 슬럼프 경시 변화량 시험을 실시하여야 하는 것은?

① AE제 ② 감수제
③ AE 감수제 ④ 고성능 AE 감수제

해설 슬럼프 및 공기량의 경시 변화량 시험은 고성능 AE 감수제를 사용한 슬럼프 180mm인 시험 콘크리트에 대하여 실시한다.

| memo |

CHAPTER 02 재료 시험

019 시멘트 비중 시험

- 시멘트의 비중을 알게 되면 클링커의 소성 상태, 풍화의 정도, 혼합재의 섞인 양, 시멘트의 품질 등을 대략 알 수 있다.
- 비중병을 물중탕 안에 넣어 광유 온도차가 0.2℃ 이내로 되었을 때의 눈금을 읽는다.
- 시멘트 비중 시험에 광유를 사용하는 이유는 시멘트가 수경화성 재료이므로 물과 만나면 굳어져서 시험할 수 없고, 비중병에 붙어 굳기 때문이다.
- 시험에 사용하는 광유는 온도 23±2℃에서 비중 약 0.73 이상인 완전히 탈수된 등유나 나프타를 사용한다.
- 달리 규정한 바가 없다면, 시멘트의 비중은 시료를 접수한 상태대로 시험한다.
- 강열감량 후의 시료에 대한 비중이 필요하면 처음 시료를 강열하여야 한다.
- 일정한 양의 시멘트(약 64g)를 0.05g까지 달아 광유와 동일한 온도에서 조금씩 넣는다.
- 시멘트를 다 넣은 다음에 비중병의 마개를 막고 공기 방울이 나오지 않을 때까지 병을 조금 기울여 굴리든가 또는 천천히 수평하게 돌려서 시멘트 안의 공기를 없앤다.

$$시멘트\ 비중 = \frac{시멘트의\ 무게(g)}{비중병의\ 눈금차(mL\ 또는\ cc)}$$

- 동일 시험자가 동일 재료에 대하여 2회 측정한 결과가 ±0.03 이내이어야 한다.

기 11,16

01 KS L 5110의 시멘트 비중 시험 시 광유를 사용하는 이유로 적당한 것은?

① 광유를 사용하면 공기포 제거가 용이하다.
② 광유를 사용하면 시멘트의 수화 반응을 억제하여 정확한 측정이 가능하다.
③ 광유를 사용하면 비중병 입구에 묻은 광유를 휴지로 제거하기 용이하다.
④ 광유를 사용하면 시료를 투입할 때 막힘 현상을 방지할 수 있다.

[해설] 시멘트 비중 시험에 광유를 사용하는 이유는 시멘트가 수경화성 재료이므로 물과 만나면 굳어져서 시험할 수 없고, 비중병에 붙어 굳기 때문이다.

기 07,12

02 아래의 르샤틀리에(Le-Chatelie)시험 결과에 따른 시멘트 비중은 얼마인가?

초기 눈금(cc)	시료량(g)	시료+광유 눈금(cc)
0.3	64	20.3

① 3.10
② 3.15
③ 3.20
④ 3.25

[해설] $시멘트\ 비중 = \dfrac{시멘트의\ 무게(g)}{비중병의\ 눈금차(cc)}$
$= \dfrac{64}{20.3 - 0.3} = 3.20$

기 10,12,13,15,19

03 르샤틀리에 비중병의 0.4mL까지 광유를 주입하였다. 여기에 시멘트 시료 64g을 가하여 공기포를 제거한 후의 비중병의 눈금이 21mL가 되었다면 이 시멘트의 비중은?

① 3.15
② 3.11
③ 3.01
④ 2.98

[해설] $시멘트\ 비중 = \dfrac{시멘트의\ 무게(g)}{비중병의\ 눈금차(mL)}$
$= \dfrac{64}{21 - 0.4} = 3.11$

기 12

04 르샤틀리에 비중병을 이용한 시멘트 비중 시험에 대한 설명으로 틀린 것은?

① 비중병에 먼저 깨끗이 정제된 3차 증류수를 채우고 초기 눈금값을 읽는다.
② 일정한 양의 시멘트를 0.05g까지 달아 비중병에 조금씩 넣는다.
③ 시멘트를 넣은 후 비중병의 눈금값을 읽어 증가된 체적을 구한다.
④ 동일 시험자가 동일 재료에 대하여 2회 측정한 결과가 ±0.03 이내이어야 한다.

[해설] 0~1mL 사이와 눈금선까지 온도 (23±2)℃에서 비중 약 0.73 이상인 완전히 탈수된 등유나 나프타를 채우고 눈금을 읽어 기록한다.

정답 019 01 ② 02 ③ 03 ② 04 ①

05 시멘트의 비중 시험을 통해 알 수 있는 것은?

① 풍화의 정도 ② 화학 저항성
③ 동결 융해 저항성 ④ 주요 성분의 구성

해설 시멘트의 비중을 알게 되면 클링커의 소성 상태, 풍화의 정도, 혼합재의 섞인 양, 시멘트의 품질 등을 대략 알 수 있다.

06 시멘트의 비중에 대한 일반적인 설명으로 옳은 것은?

① 시멘트의 저장 기간이 긴 경우 비중이 커진다.
② 시멘트가 풍화한 경우 비중이 커진다.
③ SiO_2, Fe_2O_3가 많을수록 비중이 커진다.
④ 시멘트 클링커의 소성이 불충분한 경우 시멘트의 비중은 커진다.

해설 • 시멘트가 풍화되었을 때 비중이 작아진다.
• 시멘트의 저장 기간이 긴 경우 비중이 작아진다.
• 시멘트에 혼합물이 섞여 있을 때 비중이 작아진다.
• 시멘트 클링커의 소성이 불충분한 경우 시멘트의 비중은 작아진다.
• 일반적으로 SiO_2, Fe_2O_3가 많으면 비중이 커진다.

07 다음의 시멘트 시험 항목에 대한 관련 장치로서 적절하게 연결된 것은?

① 비중 시험 – 비카트 침
② 압축 강도 – 르샤틀리에 플라스크
③ 분말도 – 45㎛ 표준체
④ 응결 시간 – 블레인 공기 투과 장치

해설 • 비중 시험 : 르샤틀리에 비중병
• 압축 강도 : 모르타르 압축 강도 시험기
• 분말도 : 블레인 공기 투과 장치, 45㎛ 표준체
• 응결 시간 : 비카트 침, 길모어 장치

08 KS L 5110에 의하여 시멘트 비중 시험을 실시한 결과 르샤틀리에 비중병에 광유를 주입하고 측정한 눈금이 0.6mL였다. 이 비중병에 시멘트 64g을 넣고 광유가 올라온 눈금을 측정한 결과 21.25mL를 얻었다. 시멘트의 비중은 얼마인가?

① 3.05 ② 3.10 ③ 3.15 ④ 3.20

해설 시멘트 비중 = $\dfrac{시멘트의\ 무게(g)}{비중병의\ 눈금차(mL)}$

$= \dfrac{64}{21.25-0.6} = 3.10$

09 한국산업규격 KS L 5110 시멘트 비중 시험 방법에 대한 설명으로 틀린 것은?

① 포틀랜드 시멘트 약 64g을 사용한다.
② 시멘트 비중병은 르샤틀리에 플라스크를 사용한다.
③ 시멘트 비중병에 시멘트를 넣기 전에 물을 투입하여야 한다.
④ 시멘트 비중 시험 시 시멘트를 넣은 비중병을 조금 기울여 굴리든가 또는 천천히 수평하게 돌려서 기포를 제거해야 한다.

해설 시멘트는 물과 반응해서 생기는 수화 생성물로 인해 일정 형태로 굳기 때문에 시멘트 비중 시험에 물을 사용해서는 안 된다.

10 다음 표는 시멘트의 비중 시험 결과 중 일부이다. 이 시멘트의 비중은?

시멘트의 비중 시험		
측정 번호	1	2
(1) 처음의 광유의 눈금 읽음(mL)	0.30	0.40
(2) 시료의 무게(g)	64.3	64.0
(3) 시료와 광유의 눈금 읽기(mL)	20.70	20.75

① 3.10 ② 3.11
③ 3.13 ④ 3.15

해설 시멘트 비중 = $\dfrac{시멘트의\ 무게(g)}{비중병의\ 눈금차(mL)}$

$= \dfrac{64.3}{20.70-0.30} = 3.15$

$= \dfrac{64.0}{20.75-0.40} = 3.14$

∴ 시멘트 비중 = $\dfrac{3.15+3.14}{2} = 3.145 ≒ 3.15$

정답 05 ① 06 ③ 07 ③ 08 ② 09 ③ 10 ④

020 시멘트의 분말도 시험

■ 시멘트의 분말도 시험
- 시멘트 입자의 가는 정도를 나타내는 것을 분말도(fineness)라 한다.
- 시멘트의 분말도는 비표면적으로 나타낸다.
- 블레인 공기 투과 장치에 의한 시멘트 분말도의 시험은 시멘트의 분말로 만든 베드에 공기를 투과시켜 그 투과 속도로써 비표면적을 측정하는 것이다.
- 분말도가 높으면 시멘트의 표면적이 커서 수화 작용이 빠르고, 조기 강도가 커진다.

■ 시멘트의 분말도 시험 방법
- 표준체(No. 325)에 의한 방법
- 비표면적을 구하는 블레인 방법
- 시멘트의 분말도는 비표면적으로 나타낸다.

■ 포틀랜드 시멘트의 비표면적

$$S = S_s \sqrt{\frac{T}{T_s}}$$

여기서, S : 시험 시료의 비표면적(cm²/g)
S_s : 보정 시험에 사용한 표준 시료의 비표면적 (cm²/g)
T : 시험 시료에 대한 마노미터액의 제2눈금과 제3눈금 사이의 낙하 시간(s)
T_s : 보정 시험에 사용한 표준 시료에 대한 마노미터액의 제2눈금과 제3눈금 사이의 낙하 시간(s)

□□□ 기10,11,15 산19

01 공기 투과 장치를 이용한 분말도 시험 방법에 따라 포틀랜드 시멘트 분말도를 측정하여 다음과 같은 시험 결과를 얻었을 때 시멘트의 분말도는?

측정 항목	측정값
S_s : 보정 시험에 사용한 표준 시료의 비표면적(cm²/g)	3315
T : 시험 시료에 대한 마노미터액의 제2눈금과 제3눈금 사이의 낙하 시간(s)	68.2
T_s : 보정 시험에 사용한 표준 시료에 대한 마노미터액의 제2눈금과 제3눈금 사이의 낙하 시간(s)	58.4

① 3,424.59cm²/g   ② 3,484.64cm²/g
③ 3,517.14cm²/g   ④ 3,582.36cm²/g

해설 $S = S_s \sqrt{\frac{T}{T_s}}$
$= 3,315 \sqrt{\frac{68.2}{58.4}} = 3,582.36 \text{cm}^2/\text{g}$

□□□ 산09

02 공기 투과 장치에 의한 포틀랜드 시멘트 분말도 시험에서 시험 기구 및 재료로 적당하지 않은 것은?

① 마노미터액   ② 거름종이
③ 스톱워치   ④ 다짐봉

해설 다짐봉은 주로 흙의 다짐 시험에 사용되는 기구이다.

021 시멘트의 응결 시험

■ 길모어 침에 의한 시멘트의 응결 시간 시험
- **시험체의 성형** : 조제한 시멘트 반죽으로 약 10cm 정사각형의 깨끗한 유리판 위에 밑면 지름이 약 7.5cm, 윗면 지름은 약 5.0cm, 중앙면의 두께가 약 1.3cm이고, 바깥쪽으로 갈수록 점점 얇은 패드를 만든다.
- **응결 시간의 결정** : 응결 시간을 측정하는 데는 침을 수직 위치로 놓고 패드의 표면에 가볍게 댄다.
  - 알아볼 만한 흔적을 내지 않고 패드가 길모어의 초결 침을 받치고 있을 때를 시멘트의 초결로 하고, 길모어 종결 침을 받치고 있을 때를 시멘트의 종결로 한다.

■ 비카 침에 의한 수경성 시멘트의 응결 시간 시험
- **응결 시간의 결정** : 시험체는 성형한 다음 30분 동안 움직이지 않고, 습기함 속에 넣어 두어 응결할 시간을 준다.
  - 30분 후부터 15분마다 1mm의 침으로 25mm의 침입도를 얻을 때까지 시험한다.
  - 25mm의 침입도가 되었을 때까지의 시간을 초결 시간으로 하고 완전히 침의 흔적이 나타나지 않을 때를 종결 시간으로 한다.

□□□ 기 05, 10, 13, 16
01 다음 중 시멘트 응결 시험 방법은?

① 플로(flow) 시험
② 블레인 시험
③ 길모어 침에 의한 방법
④ 오토클레이브 방법

해설 시멘트의 응결 시험 방법
- 길모어 침에 의한 시멘트의 응결 시간 시험 방법
- 비카 침에 의한 수경성 시멘트의 응결 시간 시험 방법

□□□ 산 04, 08
02 시멘트의 응결 시간 시험 방법으로 옳은 것은?

① 오토클레이브 방법
② 비비 시험
③ 블레인 시험
④ 길모어 침에 의한 시험

해설
- 오토클레이브 방법 : 시멘트의 오토클레이브 팽창도 시험 방법
- 비비 시험 : 콘크리트의 워커빌리티 측정 시험 방법
- 블레인 시험 : 비표면적 시험(Blaine 방법)
- 길모어 침에 의한 시험 : 시멘트의 응결 시험 방법

□□□ 산 07
03 시멘트의 응결 시험 장치로 짝지어진 것은?

① 길모어 침 장치, Vicat 침 장치
② 오토클레이브 장치, 길이 변화 몰드
③ 흐름 시험기, 비중병
④ 비중 용기, LA 마모 시험기

해설
- 시멘트의 응결 시험 : 길모어 침 장치, Vicat 침 장치
- 오토클레이브 장치 : 시멘트의 오토클레이브 팽창도 시험 방법

정답 021 01 ③ 02 ④ 03 ①

022 수경성 시멘트의 강도 시험

1 수경성 시멘트 모르타르의 압축강도 시험

모르타르 조제 : 시멘트와 표준 모래를 1 : 2.45의 질량비로 섞는다.

- 6개의 공시체를 하나의 배치로 한번에 반죽할 건조 재료의 양은 시멘트 510g에 표준 모래 1,250g이다.
- 혼합수의 양은 계량한다.
- 이때 포틀랜드 시멘트는 사용 시멘트 질량의 48.5%로 하고 기타 시멘트는 mL로 개량하여 흐름값이 (110±5)가 될 만한 양으로 한다.

흐름 시험 : 몰드에 우선 모르타르를 약 25mm 두께의 층으로 채워 넣고 다짐봉으로 20번 정도 다진다. 찧는 압력은 몰드에 균일하게 한다.

- 즉시 흐름판을 15초 동안에 25회 12.7mm의 높이로 낙하시킨다.

공시체의 제작 : 공시체는 성형 후 1일 동안은 공기 중에, 나머지는 수중에 넣어 1일, 3일, 7일, 28일 동안 양생시키고 압축 강도 시험은 각 재령마다 3개의 공시체에 대하여 행한다.

- 시험체의 저장 : 모든 시험체를 성형이 끝난 즉시 틀에 넣은 그대로 밑판에 엎어서 습기함이나 습기실에 20시간에서 24시간 보관한다.

모르타르의 압축 강도 시험 : 압축 강도 결정에 있어서 명백한 불완전 공시체 또는 같은 시료, 같은 시간에 시험한 전체 공시체 중에서 평균값보다 10% 이상의 강도 차이가 있는 공시체는 압축 강도 계산에서 제외시킨다.

2 수경성 시멘트 모르타르의 인장 강도 시험

모르타르 조제 : 시멘트와 표준 모래를 1 : 2.7의 무게비로 섞는다.

시험체의 저장 : 시험체 전부를 성형 직후 몰드에 있는 그대로 발판에 엎어서 습기함이나 습기실 내에 20~24시간 보관한다.

시험 방법

- 24시간 시험체는 습기함에서 꺼낸 직후, 그 외의 시험체는 저장수에서 꺼낸 직후 시험한다.
- 시험체는 클립단의 중심에 오도록 주의 깊게 넣고 하중은 계속해서 (270±10) kg/min의 속도로 부하한다.
- 평균값보다 15% 이상의 강도차가 있는 시험체는 인장 강도의 계산에 넣지 않으며 2개 이상의 시험값과 시험체가 2개 이상 있을 때에는 재시험하여야 한다.
- 몰드에서 빼낸 시험체가 같은 부위에서 두께와 넓이에 대한 조건이 맞지 않든가, 혹은 명백히 불완전품인 경우의 시험체는 인장 강도의 계산에 넣지 않는다.

3 시멘트의 강도 시험

모르타르의 배합 : 질량에 의한 비율로 시멘트와 표준 모래를 1 : 3의 비율로 한다.

- 공시체는 질량으로 시멘트 1에 대해서 물/시멘트 비 0.5 및 잔골재 3의 비율로 모르타르를 형성한다.
- 공시체를 성형하는 실험실은 (20±2)℃를 유지한다.
- 양생수조의 수온은 (20±1)℃를 유지해야 한다.

공시체의 형상과 치수 : 공시체는 40mm×40mm×160mm의 각주로 한다.

- 탈형 : 재령 24시간 시험을 위해서는 시험 20분 전까지는 탈형해야 하고, 재령 24시간 이후의 시험을 위해서는 제조 후 20~24시간 사이에 탈형해야 한다.
- 틀에 다진 공시체는 24시간 습윤 양생하며, 그 후 탈형하여 강도 측정 시험을 할 때까지 수중 양생한다.
- 양생수조의 수온은 (20±1)℃를 유지한다.

압축 강도 시험은 휨강도 시험에 의해 파단된 공시체의 측면 40mm×40mm의 면적을 이용하여 압축 강도 시험을 한다.

시멘트 압축 강도

$$R_c = \frac{F_c}{A}$$

여기서, F_c : 최대 파괴 하중(N)
      A : 가압판 또는 보조판의 면적(mm²)

시멘트 휨 강도

$$R_f = \frac{1.5 F_f l}{b^3}$$

여기서, F_f : 파괴 시에 각주의 중앙에 가한 하중(N)
      l : 지지물 사이의 거리(mm)
      b : 각기둥의 직각을 이루는 절개면의 변(mm)

□□□ 기09
01 수경성 시멘트 모르타르의 압축 강도 시험에 대한 내용으로 잘못 설명된 것은?

① 6개의 공시체를 하나의 배치로 한 번에 반죽할 건조 재료의 양은 시멘트 510g에 표준 모래 1,250g이다.
② 포틀랜드 시멘트를 사용하여 표준 모르타르를 제조하기 위한 혼합수의 양은 사용 시멘트 무게의 48.5%로 한다.
③ 모르타르 흐름 시험 시 흐름 몰드에는 모르타르를 약 25mm 두께의 층으로 채워 놓고 다짐봉으로 25번 정도 다진다.
④ 압축 강도를 결정하는 데 있어서 같은 시간에 시험한 전 시험체 중에서 평균값보다 10% 이상의 강도차가 있는 시험체는 압축 강도의 계산에 넣지 않는다.

해설 모르타르 흐름 시험 시 흐름 몰드에는 모르타르를 약 25mm 두께의 층으로 채워 놓고 다짐봉으로 20번 정도 다진다.

□□□ 기10,13,16
02 시멘트 모르타르의 인장 강도 시험에 대한 설명으로 틀린 것은?

① 24시간 시험체는 습기함에서 꺼낸 직후, 그 외의 시험체는 저장수에서 꺼낸 직후 시험한다.
② 시험체는 클립단의 중심에 오도록 주의 깊게 넣고 하중은 계속해서 (270±10)kg/min의 속도로 부하한다.
③ 평균값보다 5% 이상의 강도차가 있는 시험체는 인장 강도의 계산에 넣지 않는다.
④ 틀에서 빼낸 시험체가 같은 부위에서 두께와 넓이에 대한 조건이 맞지 않든가, 혹은 명백히 불완전품인 경우의 시험체는 인장 강도의 계산에 넣지 않는다.

해설 •평균값보다 15% 이상의 강도차가 있는 시험체는 인장 강도의 계산에 넣지 않는다.
•몰드에서 빼낸 시험체가 같은 부위에서 두께와 넓이에 대한 조건이 맞지 않든가, 혹은 명백히 불완전품인 경우의 시험체는 인장 강도의 계산에 넣지 않는다.

□□□ 기12 산09
03 시멘트 모르타르 압축 강도 시험을 하고자 한다. 모르타르를 제작하고자 할 때 시멘트 760g을 계량할 경우 필요한 표준사의 질량은?

① 1,000g ② 1,520g
③ 2,052g ④ 2,280g

해설 모르타르 조제 : 질량에 의한 비율로 시멘트와 표준 모래를 1 : 3의 비율로 한다.
∴ 시멘트와 모래의 비율=1 : 3=760 : 2,280g

□□□ 기12
04 시멘트의 강도 시험 방법(KS L ISO 679)에 의해 시멘트의 압축 강도 시험을 실시하고자 한다. 시멘트 450g을 사용하여 공시체를 제작할 때 모래의 사용량은?

① 900g ② 1,125g
③ 1,350g ④ 1,800g

해설 모르타르 조제 : 질량에 의한 비율로 시멘트와 표준 모래를 1 : 3의 비율로 한다.
∴ 시멘트와 모래의 비율=1 : 3=450 : 1,350g

□□□ 기11,16,17
05 시멘트의 강도 시험(KS L ISO 679)에 대한 설명으로 틀린 것은?

① 치수 40mm×40mm×160mm인 각주형 공시체로 압축 강도 및 휨 강도 시험을 실시한다.
② 공시체는 질량으로 시멘트 1에 대해서 물/시멘트 비 0.5 및 잔 골재 3의 비율로 모르타르를 형성한다.
③ 틀에 다진 공시체는 24시간 습윤 양생하며, 그 후 탈형하여 강도 측정 시험을 할 때까지 수중 양생한다.
④ 측정 재령에 이르렀을 때 시험체를 수중 양생조로부터 꺼내어 압축 강도를 측정한 후 깨어진 시편으로 휨 강도 시험을 한다.

해설 •재령 24시간 공시체에 대해서는 습기함에서 꺼낸 직후 휨 강도 시험을 해야한다.
•압축 강도 시험은 휨 강도 시험에 의해 파단된 공시체의 측면 40mm×40mm의 면적을 이용하여 압축 강도 시험을 한다.

□□□ 산08,13
06 다음 중 수경성 시멘트 모르타르의 인장 강도 시험에 대한 내용으로 틀린 것은?

① 공시체 6개를 만들기 위한 표준 모르타르의 배합에는 시멘트 150g, 표준 모래 368g이 필요하다.
② 공시체 성형 시 각 공시체마다 두 손의 엄지손가락으로 78.4~98N의 힘을 주어 12번씩 전 면적에 걸쳐 힘이 미치도록 힘껏 모르타르를 밀어 넣는다.
③ 공시체의 수는 각 재령마다 3개 이상씩 만들어야 한다.
④ 인장 강도 시험 시 하중의 재하는 (270±10)kg/min의 속도로 계속해서 부하한다.

해설 1개의 조합된 시료에서 한 번에 혼합하는 건조 재료의 양
•6개의 시험체를 만들 때에는 1,000~1,200g으로 한다.
•9개의 시험체를 만들 때에는 1,500~1,800g으로 한다.

정답 01 ③ 02 ③ 03 ④ 04 ③ 05 ④ 06 ①

023 골재의 체가름 시험

- 저울 : 시험에 사용되는 저울은 시료 질량의 0.1% 이하의 눈금량 또는 감량을 가진 것으로 한다.
- 건조기 : 배기구가 있는 것으로 (105±5)℃를 유지할 수 있는 것으로 한다.
- 시료의 채취 : 시험하려고 하는 로트를 대표하도록 골재를 채취하여 사분법 또는 시료 분취기에 의해 거의 소정량이 되도록 한다.
- 시료의 건조 : 분취한 시료를 (105±5)℃에서 24시간, 일정 질량이 될 때까지 건조시킨다.
- 잔 골재 시료를 준비할 때 1.18mm 체를 질량비로 95% 이상 통과하는 잔 골재 시료의 최소 건조 질량은 100g으로 한다.
- 잔 골재 시료를 준비할 때 1.18mm 체를 질량비로 5% 이상 남는 잔 골재 시료의 최소 건조 질량은 500g으로 한다.
- 체눈에 막힌 알갱이는 파쇄되지 않도록 주의하면서 되밀어 체에 남은 시료로 간주한다.
- 체가름은 1분간 각 체를 통과하는 것이 전 시료 질량의 0.1% 이하로 될 때까지 작업을 한다.
- 각 체에 남은 것과 받침 접시 안의 것의 총합은 체가름 전에 측정한 시료 질량과 1% 이상 달라서는 안 된다.
- 체가름 계량 결과는 시료 전 질량에 대한 백분율로 소수점 이하 첫째 자리까지 계산하여 이와 가장 가까운 정수로 끝맺음 한다.

■ 골재의 체가름 시험 결과

- 잔류율 = $\dfrac{\text{각 체의 잔류량}}{\sum \text{총 잔류량}} \times 100$
- 가적 잔류율 = 그 체의 잔류율의 누계
- 가적 통과율 = 100 − 가적 잔류율

- 조립률(F.M)
  - 75mm, 40mm, 20mm, 10mm, 5mm, 2.5mm, 1.2mm, 0.6mm, 0.3mm, 0.15mm의 10개 체를 사용한다.
  - F.M = $\dfrac{\sum \text{각 체의 남은 양의 누계}}{100}$
- 굵은 골재의 최대 치수 : 질량비로 90% 이상을 통과시키는 체 중에서 최소 치수인 체의 호칭치수로 나타낸 굵은 골재의 치수

■ 시료의 최소 건조 질량

조 건	최소건조질량
잔골재 1.18mm 체를 95%(질량비) 이상 통과하는 것	100g
잔골재 1.18mm 체를 5%(질량비) 이상 남는 것	500g
굵은 골재의 최대 치수 9.5mm 정도인 것	2kg
굵은 골재의 최대 치수 13.2mm 정도인 것	2.6kg
굵은 골재의 최대 치수 16mm 정도인 것	3kg
굵은 골재의 최대 치수 19mm 정도인 것	4kg
굵은 골재의 최대 치수 26.5mm 정도인 것	5kg
굵은 골재의 최대 치수 31.5mm 정도인 것	6kg
굵은 골재의 최대 치수 37.5mm 정도인 것	8kg
굵은 골재의 최대 치수 53mm 정도인 것	10kg
굵은 골재의 최대 치수 63mm 정도인 것	12kg
굵은 골재의 최대 치수 75mm 정도인 것	16kg
굵은 골재의 최대 치수 106mm 정도인 것	20kg

□□□ 기 11,16,22

01 골재의 체가름 시험 방법에 대한 설명으로 틀린 것은?

① 시험에 사용되는 저울은 시료 질량의 0.1% 이하의 눈금량 또는 감량을 가진 것으로 한다.
② 체가름은 1분간 각 체를 통과하는 것이 전 시료 질량의 0.1% 이하로 될 때까지 작업을 한다.
③ 체가름 계량 결과는 시료 전 질량에 대한 백분율로 소수점 이하 둘째 자리까지 계산하여 소수점 이하 첫째 자리까지 나타낸다.
④ 체눈에 막힌 알갱이는 파쇄되지 않도록 주의하면서 되밀어 체에 남은 시료로 간주한다.

해설 체가름 계량 결과는 시료 전 질량에 대한 백분율로 소수점 이하 첫째 자리까지 계산하여 이와 가장 가까운 정수로 끝맺음 한다.

□□□ 기 11,15

02 골재의 체가름 시험에 대한 설명으로 틀린 것은?

① 시료를 준비할 때 1.18mm 체를 질량비로 95% 이상 통과하는 잔 골재 시료의 최소 건조 질량은 100g으로 한다.
② 체가름은 1분간 각 체를 통과하는 것이 전 시료 질량의 0.1% 이하로 될 때까지 작업을 한다.
③ 체눈에 막힌 알갱이는 파쇄되지 않도록 주의하면서 되밀어 체에 남은 시료로 간주한다.
④ 각 체에 남은 것과 받침 접시 안의 것의 총합은 체가름 전에 측정한 시료 질량과 0.1% 이상 달라서는 안 된다.

해설
- 각 체에 남은 시료를 전 시료 질량의 0.1% 이상까지 정확하게 측정한다.
- 각 체에 남은 것과 받침 접시 안의 것의 총합은 체가름 전에 측정한 시료 질량과 1% 이상 달라서는 안 된다.

정답 023 01 ③ 02 ④

□□□ 산12
03 골재의 체가름 시험으로부터 알 수 없는 골재의 성질은?

① 골재의 입도 ② 골재의 조립률
③ 굵은 골재의 최대 치수 ④ 골재의 실적률

해설 • 체가름 곡선에서 골재의 입도를 알 수 있다.
• 체가름 곡선에서 굵은 골재의 최대 치수를 구할 수 있다.
• 체가름 시험에서 얻은 누가 잔류율에서 골재의 조립률을 구할 수 있다.

□□□ 산10
04 골재의 체가름 시험(KS F 2502)에 사용되는 시료에 대한 설명으로 틀린 것은?

① 굵은 골재의 경우 사용하는 골재의 최대 치수(mm)의 0.2배를 kg으로 표시한 양을 시료의 최소 건조 질량으로 한다.
② 1.18mm 체를 질량비로 95% 이상 통과하는 잔 골재는 시료의 최소 건조 질량을 100g으로 한다.
③ 1.18mm 체를 질량비로 5% 이상 남는 잔 골재는 시료의 최소 건조 질량을 500g으로 한다.
④ 구조용 경량 골재 시료의 최소 건조 질량은 일반 골재 규정값의 2배로 한다.

해설 구조용 경량 골재 시료의 최소 건조 질량은 일반 골재 규정값의 1/2배로 한다.

□□□ 산10
05 최대 치수가 25mm인 굵은 골재로 체가름 시험을 실시하려고 한다. 이때 필요한 시료의 최소 건조 질량으로 옳은 것은?

① 500g ② 1kg
③ 2.5kg ④ 5kg

해설 • 잔 골재 1.18mm 체를 5%(질량비) 이상 남은 것 : 500g
• 굵은 골재의 최대 치수 26.5mm 정도인 것 : 5kg

□□□ 산11
06 최대 치수가 19mm인 굵은 골재를 사용하여 체가름 시험을 하고자 한다. 시료의 최소 건조 질량으로 옳은 것은?

① 500g ② 2kg
③ 4kg ④ 8kg

해설 • 잔 골재 1.18mm 체를 5%(질량비) 이상 남은 것 : 500g
• 굵은 골재의 최대 치수 9.5mm 정도인 것 : 2kg
• 굵은 골재의 최대 치수 19mm 정도인 것 : 4kg
• 굵은 골재의 최대 치수 37.5mm 정도인 것 : 8kg

정답 03 ④ 04 ④ 05 ④ 06 ③

024 골재의 밀도 시험

1 굵은 골재의 밀도 및 흡수량

• 표면 건조 포화 상태의 밀도

$$D_s = \frac{B}{B-C} \times \rho_w$$

• 절대 건조 상태의 밀도

$$D_d = \frac{A}{B-C} \times \rho_w$$

• 겉보기 밀도(진밀도)

$$D_A = \frac{A}{A-C} \times \rho_w$$

• 흡수율

$$Q = \frac{B-A}{A} \times 100$$

여기서, A : 절대 건조 상태의 질량(g)
B : 표면 건조 포화 상태의 질량(g)
C : 시료의 수중 질량(g)
ρ_w : 시험 온도에서의 물의 밀도(g/cm³)

2 잔 골재의 밀도 시험

• 표면 건조 포화 상태의 밀도

$$d_s = \frac{m}{B+m-C} \times \rho_w$$

• 절대 건조 상태의 밀도

$$d_d = \frac{A}{B+m-C} \times \rho_w$$

• 상대 겉보기 밀도(진밀도)

$$d_A = \frac{A}{B+A-C} \times \rho_w$$

• 흡수율

$$Q = \frac{m-A}{A} \times 100$$

여기서, m : 표면 건조 포화상태 시료의 질량(g)
A : 절대 건조 상태의 질량(g)
B : 물을 검정선까지 채운 플라스크의 질량(g)
C : 시료와 물을 검정선까지 채운 플라스크의 질량(g)

---

01 다음 표는 잔 골재의 밀도 시험 결과 중의 일부이다. 이 잔 골재의 표면 건조 포화 상태의 밀도는?
(단, 시험 온도에서의 물의 밀도는 1g/cm³이다.)

잔 골재의 밀도 시험		
측정 번호	1	2
빈 플라스크의 질량(g)	213.0	213.0
(플라스크+물)의 질량(g)	711.4	712.2
표건 시료의 질량(g)	500.5	500.0
(플라스크+물+시료)의 질량(g)	1,020.2	1,020.8

① 2.61g/cm³ ② 2.63g/cm³
③ 2.65g/cm³ ④ 2.67g/cm³

해설 표건 밀도 $d_s = \frac{m}{B+m-C} \times \rho_w$

$= \frac{500.5}{711.4+500.5-1,020.2} \times 1 = 2.611\,\text{g/cm}^3$

$= \frac{500.0}{712.2+500.0-1,020.8} \times 1 = 2.612\,\text{g/cm}^3$

∴ 표건 밀도 $= \frac{2.611+2.612}{2} = 2.61\,\text{g/cm}^3$

02 아래 표는 굵은 골재의 밀도 시험 결과 중의 일부이다. 이 굵은 골재의 표면 건조 포화 상태의 밀도는?
(단, 시험온도에서의 물의 밀도는 1g/cm³이다.)

굵은 골재의 밀도 시험		
측정 번호	1	2
표면 건조 포화 상태 시료의 질량(g)	4,000	4,000
물속에서의 철망태와 표면 건조 포화 상태 시료의 질량(g)	3,392	3,391
물속에서의 철망태의 질량(g)	900	900

① 2.36g/cm³ ② 2.61g/cm³
③ 2.65g/cm³ ④ 2.77g/cm³

해설 $D_s = \frac{\text{표건 상태의 질량}}{\text{표건 상태의 질량}-\text{수중 질량}} \times \rho_w$

$= \frac{4,000}{4,000-(3,392-900)} \times 1 = 2.653\,\text{g/cm}^3$

$= \frac{4,000}{4,000-(3,391-900)} \times 1 = 2.651\,\text{g/cm}^3$

∴ 표건 밀도 $D_s = \frac{2.653+2.651}{2} = 2.65\,\text{g/cm}^3$

정답 024 01 ① 02 ③

□□□ 기11
03 굵은 골재가 습윤 상태에서 515g, 표면 건조 상태에서 500g, 절건 상태에서 485g이었을 때 이 골재의 흡수율(%)은?

① 2.5%   ② 3.1%
③ 4.7%   ④ 6.2%

해설 흡수율 = $\dfrac{\text{표건 상태의 질량} - \text{절건 상태의 질량}}{\text{절건 상태의 질량}} \times 100$

$= \dfrac{500 - 485}{485} \times 100 = 3.1\%$

□□□ 산11,13
04 잔 골재의 밀도 및 흡수율 시험에서 결과의 정밀도에 대한 설명으로 옳은 것은?

① 시험값은 평균과의 차이가 밀도의 경우 $0.1g/cm^3$ 이하, 흡수율의 경우는 0.5% 이하이어야 한다.
② 시험값은 평균과의 차이가 밀도의 경우 $0.01g/cm^3$ 이하, 흡수율의 경우는 0.05% 이하이어야 한다.
③ 시험값은 평균과의 차이가 밀도의 경우 $0.05g/cm^3$ 이하, 흡수율의 경우는 0.01% 이하이어야 한다.
④ 시험값은 평균과의 차이가 밀도의 경우 $0.5g/cm^3$ 이하, 흡수율의 경우는 0.1% 이하이어야 한다.

해설 골재의 밀도 및 흡수율 시험의 정밀도
• 잔골재 : 시험값은 평균과의 차이가 밀도의 경우 $0.01g/cm^3$ 이하, 흡수율의 경우는 0.05% 이하이어야 한다.
• 굵은 골재 : 시험값은 평균과의 차이가 밀도의 경우 $0.01g/cm^3$ 이하, 흡수율의 경우는 0.03% 이하이어야 한다.

□□□ 기10
05 아래 표의 데이터에 의해 굵은 골재의 표면 건조 포화상태의 질량 (g)을 구하면?

• 표면건조 포화상태의 밀도 : $2.60g/cm^3$
• 공기 중 건조 상태의 굵은 골재 질량 : 378g
• 굵은 골재의 수중 질량 : 320g
• 현재 온도에서의 물의 밀도 : $1g/cm^3$

① 520g   ② 550g
③ 580g   ④ 610g

해설 $D_s = \dfrac{B}{B-C} \times \rho_w$ 에서

$2.60 = \dfrac{B}{B-320} \times 1$

∴ 표면 건조 포화 상태의 질량 $B = 520g$

□□□ 기12
06 잔 골재의 표면 수량을 측정한 값이 약 1.33%로 측정되었다. 아래의 표를 이용하여 이 골재의 표면 건조 포화 상태의 시료 무게를 구하면?

노건조 상태(D)	공기 중 건조 상태(C)	습윤 상태(A)
1,000g	1,025g	1,067g

① 1,053.0g   ② 1,053.5g
③ 1,054.0g   ④ 1,054.5g

해설 표면 수량 = $\dfrac{\text{습윤 상태} - \text{표면 건조 포화 상태}}{\text{표면 건조 포화 상태}} \times 100$ 에서

$1.33 = \dfrac{1,067 - B}{B} \times 100$

∴ $B = 1,053.0g$

참고 SOLVE 사용

□□□ 기10,16,20
07 아래 표와 같은 굵은 골재의 표면 건조 포화 상태의 밀도(D_s)를 구하는 식에서 B의 값으로 옳은 것은?

$$D_s = \dfrac{B}{B-C} \times \rho_w$$

① 절대 건조 상태 시료의 질량(g)
② 시료의 수중 질량(g)
③ 표면 건조 포화 상태 시료의 질량(g)
④ 공기 중 건조 상태 시료의 질량(g)

해설 • B : 표면 건조 포화 상태 시료의 질량(g)
• C : 시료의 수중 질량(g)
• ρ_w : 시험 온도에서의 물의 밀도(g/cm^3)

□□□ 기13,15,16 산17
08 굵은 골재의 밀도 및 흡수율시험에서 아래 표와 같은 조건인 경우 1회 시험에 사용하는 시료의 최소질량으로 가장 적합한 것은?

• 사용골재 : 경량골재
• 굵은 골재의 최대치수 : 40mm
• 굵은 골재의 추정밀도 : $1.4g/cm^3$

① 1.4kg   ② 2.3kg
③ 3.1kg   ④ 4.0kg

해설 $m_{\min} = \dfrac{d_{\max} \cdot D_e}{25} = \dfrac{40 \times 1.4}{25} = 2.24 kg$

025 골재의 단위 용적 질량 시험

■ 시험기기
- 저울 : 저울은 시험 질량의 0.2% 이하의 눈금량 또는 감량을 가진 것으로 한다.
- 용기 : 용기의 위 테두리면은 그 편평도를 0.25mm로 하고 0.5° 이내에서 밑면과 평행인 것으로 한다.
- 다짐봉 : 다짐봉은 지름 16mm, 길이 500~600mm의 원형 강으로 하고 그 앞 끝을 반구 모양으로 한 것으로 한다.

■ 봉 다지기에 의한 방법
- 시료를 용기의 3등분하여 1/3까지 넣고 윗면을 손가락으로 고르게 하고 다짐봉으로 균등하게 소요 횟수를 다진다.
- 다짐봉의 앞 끝이 용기 바닥에 세게 닿지 않도록 주의한다.

■ 충격에 의한 방법
- 용기를 콘크리트 바닥과 같이 튼튼하고 수평인 바닥 위에 놓고 시료를 거의 같은 3층으로 나누어 채운다.
- 각 층마다 용기의 한쪽을 약 5cm 들어 올려서 바닥을 두드리듯이 낙하시킨다.
- 다음 반대쪽으로 약 5cm 들어 올려 낙하시키고 각각을 교대로 25회, 전체적으로 50회 낙하시켜서 다진다.

■ 골재의 단위 용적 질량

$$T = \frac{m_1}{V}$$

여기서, V : 용기의 용적(L)
m_1 : 용기 안의 시료의 질량(kg)

■ 골재의 실적률

$$G = \frac{T}{d_D} \times 100$$
$$= \frac{T}{d_s} \times (100 + Q)$$

여기서, G : 골재의 실적률(%)
T : 골재의 단위 용적 질량(kg/L)
d_D : 골재의 절건 밀도(kg/L)
Q : 골재의 흡수율(%)
d_s : 골재의 표건 밀도(kg/L)

---

01 밀도가 2.8kg/L이고 단위 용적 질량이 2.65kg/L인 골재의 실적률과 공극률을 계산하면?

① 실적률 : 94.64%, 공극률 : 5.36%
② 실적률 : 94.82%, 공극률 : 5.18%
③ 실적률 : 94.64%, 공극률 : 4.36%
④ 실적률 : 95.82%, 공극률 : 4.18%

[해설]
- 실적률 $d = \dfrac{T}{d_D} \times 100$

$$= \frac{2.65}{2.8} \times 100 = 94.64\%$$

- 공극률 $= \left(1 - \dfrac{\text{단위 용적 중량}}{\text{밀도}}\right) \times 100$

$$= \left(1 - \frac{2.65}{2.8}\right) \times 100 = 5.36\%$$

또는
공극률 $= 100 - $ 실적률
$= 100 - 94.64 = 5.36\%$

---

02 골재의 단위 용적 질량 및 실적률 시험(KS F 2505)에 대한 설명으로 틀린 것은?

① 사용하는 시료는 절건 상태로 하여야 하지만, 굵은 골재의 경우는 기건 상태이어도 좋다.
② 시료를 채우는 방법은 봉 다지기에 따라야 하지만, 굵은 골재의 치수가 커서 봉다지기가 곤란한 경우는 충격에 의한 방법을 따른다.
③ 2회의 시험의 평균값을 시험 결과로 하며, 단위 용적 질량의 평균값에서의 차는 0.1kg/L 이하이어야 한다.
④ 구조용 경량 골재도 이 시험방법을 따른다.

[해설] 2회의 시험의 평균값을 시험 결과로 하며, 단위 용적 질량의 평균값에서의 차는 0.01kg/L 이하이어야 한다.

026 잔 골재의 유기 불순물 시험 KS F 2510

1 잔골재의 유기불순물 시험 목적
- 잔골재 중에 함유되어 있는 유기불순물의 양을 알아 그 모래의 사용 적부를 개략적으로 판단하는데 필요하다.
- 잔골재에 보통 부식된 형태로 유기물이 들어 있으며, 육안으로 분별하기가 곤란하다.
- 잔골재 중의 유기물은 콘크리트의 경화를 방해하고 콘크리트의 강도, 내구성, 안정성을 해친다.

2 시험 재료 및 기구
- **재료**: 모래, 수산화나트륨(시약), 메틸알코올(시약), 탄닌산
- 시료는 대표적인 것을 취하고 공기 중 건조 상태로 건조시켜서 4분법 또는 시료 분취기를 사용하여 약 450g을 채취한다.
- **저울**: 잔 골재를 계량하는 경우는 칭량 2kg 이상, 감도 0.1g 이상으로 하고, 탄닌산을 계량하는 경우는 칭량 200g 이상, 감도 0.01g 이상으로 한다.
- **유리병**: 병은 고무마개와 눈금이 있는 용량 400mL의 무색 유리병이 2개 있어야 하며, 그중 1개는 130mL와 200mL의 눈금이 있어야 한다.

3 시약과 식별용 표준색 용액
- **수산화나트륨 용액(3%)**: 물 291g에 수산화나트륨(가성 소다) 9g(질량비로 97 : 3)을 섞어서 3%의 수산화나트륨 용액을 만든다.
- **식별용 표준색 용액**: 10%의 알코올 용액으로 2% 탄닌산 용액을 만들고, 그 2.5mL를 3%의 수산화나트륨 용액 97.5mL에 가하여 유리병에 넣어 마개를 닫고 잘 흔든다. 이것을 표준 용액으로 한다.
- 알코올 10g에 물 90g을 타서 10%의 알코올 용액을 만든다.
- 10%의 알코올 용액 9.8g에 탄닌산 가루 0.2g을 넣어서 2% 탄닌산 용액을 만든다.
- 공기 중에서 시약을 칭량하면 흡습성 때문에 오차가 크게 생기므로 주의해야 한다.

■ 2%의 탄닌산 용액 만들기

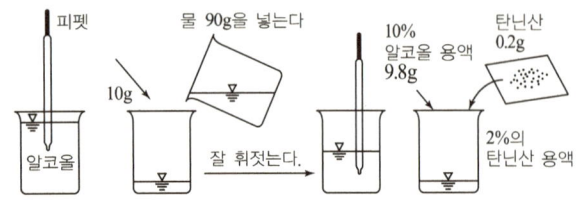

■ 3%의 수산화나트륨 용액의 만들기

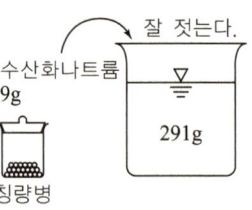

4 시험 방법
■ 시료를 시험용 무색 투명 유리병에 130mL 눈금까지 채운다.
- 시료를 용량 400mL의 무색 투명 유리병에 130mL의 눈금까지 넣는다.
- 이 유리병에 3%의 수산화나트륨 용액을 가하여 시료와 용액의 전량이 200mL 되게 한다.
- 마개를 닫고 잘 흔든 후 24시간 동안 정치한다. 이것을 식별용 표준색 용액으로 한다.

■ 표준색 용액과 시험 용액

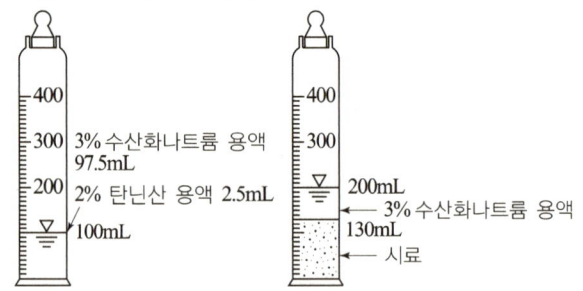

5 색도의 측정
■ 시료에 수산화나트륨 용액을 가한 유리 용기와 표준색 용액을 넣은 유리 용기를 24시간 정치한 후 잔 골재 상부의 용액색이 표준색 용액보다 연한지, 진한지 또는 같은지를 육안으로 비교한다.
- 시험 용액의 색깔이 표준색 용액보다 연할 때에는 그 모래는 합격으로 한다.
- 시험 용액의 색깔이 표준색 용액보다 진할 때에는 그 골재를 사용하지 않는 것이 일반적이다.

■ 골재의 유해물 함유량의 한도(질량 백분율)

종류	최대치
잔 골재의 점토 덩어리	1%
굵은 골재의 점토 덩어리	0.25%

01 콘크리트용 모래에 포함되어 있는 유기 불순물 시험(KS F 2510)에 대한 설명으로 틀린 것은?

① 시료는 대표적인 것을 취하고 공기 중 건조 상태로 건조시켜서 4분법 또는 시료 분취기를 사용하여 약 450g을 채취한다.
② 이 시험은 모래의 사용 여부를 결정함에 앞서 보다 더 정밀한 모래에 대한 시험의 필요성 유무를 미리 아는 데 있다.
③ 시험 실시 후 시험 용액의 색도가 표준색 용액보다 연할 때는 그 모래를 콘크리트용으로 사용할 수 없다.
④ 10%의 알코올 용액으로 2% 탄닌산 용액을 만들고, 그 2.5mL에 가하여 식별용 표준색 용액을 만든다.

[해설]
• 시험 용액의 색깔이 표준색 용액보다 연할 때에는 그 모래는 합격으로 한다.
• 시험 용액의 색깔이 표준색 용액보다 진할 때에는 '모르타르의 강도에 있어서 잔 골재의 불순물의 영향시험'의 방법에 따라 시험할 필요가 있다.

02 아래 표의 내용은 콘크리트용 모래에 포함되어 있는 유기불순물에 대한 시험 방법 중 식별용 표준색 용액을 만드는 순서에 대한 설명이다. 이 중 옳지 않은 것은?

【 표준색 용액 제조법 】
(1) 95%의 알코올 10mL와 2g의 탄닌산 분말을 90mL의 물에 섞어 2%의 탄닌산 용액을 만든다.
(2) 물 100에 가성 소다 3의 부피비로 섞어 3%의 수산화나트륨 용액을 만든다.
(3) 2%의 탄닌산 용액 2.5mL를 3%의 수산화나트륨 용액 97.5mL에 가한다.
(4) 이것을 시험용 무색 유리병에 넣는다.
(5) 고무마개로 막고 잘 흔들어서 24시간 가만히 놓아 둔 것을 식별용 표준색 용액으로 한다.

① (1) ② (2)
③ (3) ④ (5)

[해설] 물 291g에 수산화나트륨(가성 소다) 9g(무게비로 97 : 3)을 섞어서 3%의 수산화나트륨 용액을 만든다.

03 다음 중 콘크리트용 모래에 포함되어 있는 유기 불순물 시험에서 사용하지 않는 약품은?

① 수산화나트륨   ② 탄닌산
③ 페놀프탈레인   ④ 메틸알코올

[해설] 식별용 표준색 용액은 10%의 메틸알코올 용액으로 2% 탄닌산 용액을 만들고, 그 2.5mL를 3%의 수산화나트륨 용액 97.5mL에 가하여 유리병에 넣어 마개를 닫고 잘 흔든다. 이것을 표준용액으로 한다.

04 콘크리트용 모래에 포함되어 있는 유기 불순물 시험(KS F 2510)에 대한 설명으로 틀린 것은?

① 시료는 대표적인 것을 취하고 공기 중 건조 상태로 건조시켜서 4분법 또는 시료 분취기를 사용하여 약 450g을 채취한다.
② 표준색 용액 및 시험 용액에는 1%의 수산화나트륨 용액을 사용한다.
③ 시료에 수산화나트륨 용액을 가한 유리 용기와 표준색 용액을 넣은 유리 용기를 24시간 정치한 후 잔 골재 상부의 용액색이 표준색 용액보다 연한지, 진한지를 육안으로 비교한다.
④ 모래의 사용 여부를 결정함에 앞서 보다 더 정밀한 모래에 대한 시험의 필요성 유무를 미리 알기 위해 실시한다.

[해설] 표준색 용액 및 시험 용액에는 3%의 수산화나트륨 용액 200mL을 사용한다.

05 아래 표는 콘크리트용 모래에 포함되어 있는 유기불 순물에 대한 시험방법 중 식별용 표준색 용액을 만드는 절차를 순서대로 나타낸 것이다. 틀린 항목은?

(1) 물 97에 수산화나트륨 3의 질량비로 섞어 3%의 수산화나트륨 용액을 만든다.
(2) 10%의 알코올 용액으로 2%의 탄닌산 용액을 만든다.
(3) 2%의 탄닌산 용액 5mL를 3%의 수산화나트륨 용액 95mL에 탄다.
(4) 이것을 시험용 무색 유리병에 넣는다.
(5) 마개로 막고 잘 흔들어서 24시간 가만히 놓아둔 것을 식별용 표준색 용액으로 한다.

① (1) ② (2)
③ (3) ④ (5)

[해설] 2%의 탄닌산 용액 2.5mL를 3%의 수산화나트륨 용액 97.5mL에 탄다.

027 굵은 골재의 마모 시험

- 로스앤젤레스 시험기에 의한 마모 시험은 철구를 사용하여 굵은 골재의 마모에 대한 저항을 측정하는 것이다.
- 시험기에 매분 30~33회의 회전수로 A, B, C, D 및 H의 입도인 경우는 500회 회전시키고, E, F 및 G의 경우는 1,000번 회전시킨다.
- 시료를 시험기에서 꺼내어 1.7mm 체로 체가름한다. 습식으로 쳐도 좋다.
- 체에 남은 시료를 물로 씻는다.
- 시료의 체가름 및 씻기

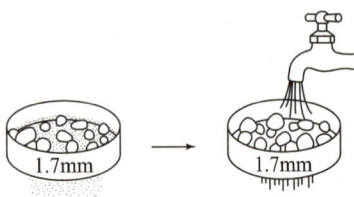

1.7mm 체를 통과한 것은 버린다. → 1.7mm 이상의 시료를 물로 씻는다.

- 시료를 (105±5)℃의 온도로 건조시킨다.
- 시료의 무게를 1g까지 단다.
- 결과의 계산

$$R = \frac{m_1 - m_2}{m_1} \times 100$$

여기서, R : 마모 감량(마모율 %)
m_1 : 시험 전의 시료의 질량(g)
m_2 : 시험 후 1.7mm 체에 남은 시료의 질량

사용 철구의 수 및 전 질량

입도 구분	철구의 수 (개)	철구의 전 질량 (g)	시료의 전 질량 (g)
A	12	5,000±25	5,000±10
B	11	4,580±25	5,000±10
C	8	3,330±20	5,000±10
D	6	2,500±15	5,000±10
E	12	5,000±25	10,000±100
F	12	5,000±25	10,000±75
G	12	5,000±25	10,000±50
H	10	4,160±25	5,000±10

기 04,14 산 07,11,14

01 아래 표는 굵은 골재의 마모 시험 결과값이다. 마모율로서 옳은 것은?

- 시험 전 시료 질량 : 1,250g
- 시험 후 1.7mm 체에 남은 질량 : 850g

① 68%   ② 47%
③ 53%   ④ 32%

[해설] 골재의 마모율(%)

$$R = \frac{m_1 - m_2}{m_1} \times 100$$

$$= \frac{1,250 - 850}{1,250} \times 100 = 32\%$$

산 07,11,13

02 굵은 골재의 마모 시험 결과가 아래 표와 같을 때 이 굵기 골재의 마모율은?

- 시험 전의 시료의 질량 : 1,250g
- 체 1.7mm의 잔류량 : 1,160g

① 3.2%   ② 5.6%
③ 6.2%   ④ 7.2%

[해설] 골재의 마모율(%)

$$R = \frac{m_1 - m_2}{m_1} \times 100$$

$$= \frac{1,250 - 1,160}{1,250} \times 100 = 7.2\%$$

산 06

03 KS F 2508 로스앤젤레스 시험기에 의한 굵은 골재의 마모 시험에서 사용 시료의 등급이 A인 경우 사용 철구 수와 철구의 총 질량(g)이 맞는 것은?

① 12개, 5,000±25(g)   ② 11개, 5,000±25(g)
③ 12개, 4,580±25(g)   ④ 11개, 4,580±25(g)

[해설] 구의 수 및 전 질량

입도 구분	철구의 수(개)	구의 전 질량(g)
A	12	5,000±25
E	12	5,000±25
F	12	5,000±25
G	12	5,000±25

정답 01 ④ 02 ④ 03 ①

028 골재의 안정성 시험 F 2507

■ 개요
- 골재의 내구성 시험은 안정성 시험에 의한다.
- 골재의 내구성을 알기 위해서 황산나트륨 포화 용액으로 인한 골재의 부서짐 작용에 대한 저항성을 시험하는 것이다. 인공 경량골재는 제외한다.

1 시험용 용액
- 시험용 용액은 다음과 같이 만든 황산나트륨 포화 용액으로 한다.
- 25~30℃의 깨끗한 물 1L에 황산나트륨(Na_2SO_4)을 약 250g 또는 황산나트륨(결정)($Na_2SO_4 \cdot 10H_2O$)을 약 750g의 비율로 가하여 잘 저어 섞으면서 녹이고 약 20℃가 될 때까지 식힌다.
- 용액은 48시간 이상 (20±1)℃의 온도로 유지한 후 시험에 사용한다.
- 시험에 사용하는 경우에는 용기의 바닥에 결정이 생기지 않아야 한다.
- 염화바륨 : 시약용 용액의 골재에 대한 잔류 유무를 조사하기 위한 염화바륨($BaCl_2$) 용액의 농도는 5~10%로 한다.

2 시험 방법
- 시험용 용액은 시험에 사용하기 전에 잘 휘저어 섞는다.
- 시료를 철망 바구니에 넣고 시험용 용액 안에 담근다. 이 때 용액의 표면은 시료의 윗면에서 15mm 이상 높아지도록 한다.
- 이 용액의 온도는 (20±1)℃로 유지한다.
- 시료를 용액에 담가 두는 시간은 16~18시간으로 한다.
- 시료를 용액에서 꺼내어 액이 떨어지지 않게 된 후, 시료를 건조기에 넣은 후 건조기 내의 온도를 1시간에 약 40℃의 비율로 올리고 100~110℃의 온도에서 4~6시간 건조시킨다.
- 건조한 시료를 실온까지 식힌다.
- 소정 횟수의 조작을 끝낸 시료를 깨끗한 물로 씻는다. 씻은 물에 소량의 염화바륨 용액을 가하여도 뿌옇게 흐려지지 않게 될 때까지 씻는다. 씻은 시료를 100~110℃의 온도에서 질량이 일정해질 때까지 건조한다.
- 잔 골재 또는 굵은 골재의 경우는 건조한 각 군의 시료를 시험하기 전에 시료가 남은 체에서 치고, 남은 시료의 질량을 측정한다. 20mm 이상의 입자는 그 파괴 상황(붕괴, 갈라짐, 이빠짐, 잔금, 기타)을 주의 깊게 관찰한다.

■ 각 군의 손실 질량 백분율

$$P_1 = \left(1 - \frac{m_2}{m_1}\right) \times 100$$

여기서, P_1 : 골재의 손실 질량 백분율(%)
m_1 : 시험 전의 시료의 질량(g)
m_2 : 시험 후의 시료의 질량(g)

■ 골재의 손실 질량 백분율

$$= \frac{각\ 무더기의\ 질량비 - 각\ 무더기의\ 손실\ 질량비}{100}$$

■ 손실 무게비의 한도

시험 용액	손실 질량(%)	
	잔 골재	굵은 골재
황산나트륨	10 이하	12 이하
골재의 안정성은 황산나트륨으로 5회 시험을 하여 평가한다.		

□□□ 기 04,10,13

01 KS에 규정되어 있는 골재 시험 항목에 대하여 사용하는 용액이 잘못 연결된 것은?

① 안정성 : 황산나트륨
② 유기 불순물 : 수산화나트륨
③ 염화물 함유량 : 질산나트륨
④ 알칼리 골재반응 : 수산화나트륨

[해설] 염화물량 측정 방법
- 흡광 광도법 : 크롬산은이나 티온시안산 제2수은 염화물 이온과 반응하여 나타난 발색도 차를 흡광 광도계를 이용하여 측정하는 방법
- 질산은 적정법 : 중성 용액에서 질산은 용액은 염화물 이온과 당량적으로 반응하여 백색 염화은이 생성된다.
- 염화물 함유량 : 질산은

□□□ 기 09,13

02 기상 작용에 대한 골재의 저항성을 평가하기 위한 시험은 다음 중 어느 것인가?

① 로스앤젤레스 마모 시험
② 밀도 및 흡수량 시험
③ 안정성 시험
④ 유해물 함량 시험

[해설] 골재의 안정성 시험 : 기상 작용에 대한 골재의 내구성을 조사하는 시험으로 골재를 사용한 콘크리트의 기상 작용에 대한 내구성을 판단하기 위한 자료를 얻을 목적으로 실시한다.

□□□ 기 06,10
03 다음 중 골재의 안정성 시험을 위해 사용하는 용액은?

① 수산화나트륨 포화 용액
② 황산나트륨 포화 용액
③ 염화나트륨 포화 용액
④ 수산화칼슘 포화 용액

[해설] 골재의 안정성 시험은 골재의 내구성을 알기 위해서 황산나트륨 포화 용액으로 인한 골재의 부서짐 작용에 대한 저항성을 시험하는 것이다.

□□□ 산 10,13
04 동해에 의한 골재의 붕괴 작용에 대한 저항성을 측정하기 위한 시험 방법은?

① 안정성 시험
② 유기불순물 시험
③ 오토클레이브 시험
④ 마모 시험

[해설] 골재의 안정성 시험은 골재의 내구성인 기상 작용에 대한 저항성을 측정하기 위한 시험이다.

□□□ 산 09
05 KS 관련 규격에 따라 콘크리트용 잔 골재에 대한 시험을 하고자 할 때 시험시간이 가장 오래 소요되는 시험 항목은?

① 흡수율
② 유기 불순물
③ 염화물 함유량
④ 안정성

[해설] 골재의 안정성 시험 방법
- 시료를 용액에 담가 두는 시간은 16~18시간
- 100~110℃의 온도에서 4~6시간 건조한다.

정답 03 ② 04 ① 05 ④

029 기타 강재 시험

1 응력-변형률도
- 재료에 외력이 작용하면 재료를 구성하는 분자 간에 변형이 생기게 되며 재료가 원래 상태로 되돌아가려고 하는 내력이 발생하는데 이것을 단면적으로 나눈 값을 응력이라 한다.
- 물체가 외력을 받아 변형되는 양을 단위 길이당 변형량으로 나타낸 것이 변형률이며 단위는 무차원이다.

■ 탄성계수

$$E = \frac{\sigma}{\varepsilon} = \frac{\frac{P}{A}}{\frac{\Delta l}{l}} = \frac{P \cdot l}{A \cdot \Delta l}$$

여기서, P : 하중
         A : 단면적
         l : 재료의 길이
         Δl : 변형량

■ 콘크리트의 전단탄성계수

$$G = \frac{E}{2(1+\nu)} = \frac{E \cdot m}{2(m+1)} = \frac{E}{2} \cdot \frac{m}{m+1}$$

여기서, E : 탄성계수
         ν : 포아송비
         m : 프아송수, $m = \frac{1}{\nu}$

2 강재의 인장 시험
■ 강재의 인장 시험은 시험기를 사용해 시험편을 천천히 인장하여 항복점, 인장 강도, 파단 연신율, 단면 수축률을 측정하는 것이다.

■ 인장 강도 시험의 결과 계산

$$f_b = \frac{P_{max}}{A_o}$$

여기서, f_b : 인장 강도(kg/mm^2)
         P_{max} : 최대 인장 강도(kg)
         A_o : 원단면적(mm^2)

3 강재의 굽힘 시험
■ 강재의 굽힘 시험은 냉간 굽힘 가공을 할 때에 파괴되거나, 균열, 그 밖의 결함이 있는지 없는지, 즉 강재의 가공성을 알기 위하여 실시한다.

■ 굽힘 시험 방법
- 눌러 굽히는 방법
- 감아 굽히는 방법
- V 블록

기12

01 철근 콘크리트에 이용되는 길이가 300mm이고 직경이 20mm인 강봉에 인장력을 가한 결과 2.34×10^{-1}mm가 신장되었다면 이때 강봉에 가해진 인장력은 얼마인가? (단, 강봉의 탄성 계수 = 2.0×10^5 N/mm^2)

① 20kN   ② 37kN
③ 40kN   ④ 49kN

해설 탄성 계수 $E = \frac{\sigma}{\varepsilon} = \frac{\frac{P}{A}}{\frac{\Delta l}{l}} = \frac{P \cdot l}{A \cdot \Delta l}$ 에서

$P = \frac{E \cdot A \cdot \Delta l}{l}$

$= \frac{2.0 \times 10^5 \times \frac{\pi \times 20^2}{4} \times 2.34 \times 10^{-1}}{300}$

$= 49,008.8\text{N} = 49\text{kN}$

기07,15

02 금속 재료의 인장 시험을 위한 시험편의 준비에 대한 설명으로 틀린 것은?

① 표점은 시험편에 도료를 칠한 위에 줄을 그어 표시하는 것을 원칙으로 한다.
② 시험편 부분의 재질에 변화를 생기게 하는 것과 같은 변형 또는 가열을 해서는 안 된다.
③ 시험편의 교정은 가급적 피하는 것이 좋고, 교정을 필요로 하는 경우에는 가급적 재질에 영향을 미치지 않는 방법을 사용하도록 한다.
④ 전단, 펀칭 등에 의한 가공을 한 시험편에서 시험 결과에 그 가공의 영향이 인정되는 경우에는 가공의 영향을 받은 영역을 절삭·제거하여 평행부를 다듬질한다.

해설
- 표점(gauge mark)은 펀치 또는 스크라이버로 긋는 것을 표준으로 한다.
- 단, 시험편의 재질이 표면 홈에 대하여 민감하거나 또는 매우 단단한 재질일 경우에는 도료칠을 한 도료 위에 줄을 그어 표시한다.

산07,09

03 철근의 인장 시험에 의하여 구할 수 있는 기계적 특성값이 아닌 것은?

① 연신율   ② 단면 수축률
③ 내력   ④ 취성 파면율

해설 강재의 인장 시험은 시험기를 사용해 항복점, 내력, 인장 강도, 파단 연신율, 단면 수축률을 측정하는 것이다.

정답 029   01 ④   02 ①   03 ④

| memo |

CHAPTER 03 콘크리트의 배합

030 콘크리트의 배합 설계

1 일반 사항
- 콘크리트의 배합은 소요의 강도, 내구성, 수밀성, 균열 저항성, 철근 또는 강재를 보호하는 성능을 갖도록 정하여야 한다.
- 작업에 적합한 워커빌리티를 갖도록 하기 위해서는 1회에 타설할 수 있는 콘크리트 단면 형상, 치수 및 강재의 배치, 특히 콘크리트의 다지기 방법 등에 따라 거푸집 구석구석까지 콘크리트가 충분히 채워지도록 한다.
- 재료 분리를 방지하기 위하여 굵은 골재와 잔 골재가 혼합된 골재의 입도는 연속 입도라야 하며, 물-결합재비도 규정보다 크지 않아야 하고 다짐 작업도 너무 과다해서는 안 된다.

2 배합 강도
- 구조물에 사용된 콘크리트의 압축 강도가 설계 기준 압축 강도보다 작아지지 않도록 현장 콘크리트의 품질변동을 고려하여 콘크리트의 배합 강도(f_{cr})를 호칭 강도(f_{cn})보다 충분히 크게 정하여야 한다.
- $f_{cn} \leq 35\text{MPa}$일 때

$$f_{cr} = f_{cn} + 1.34s \, (\text{MPa})$$
$$f_{cr} = (f_{cn} - 3.5) + 2.33s \, (\text{MPa})$$

둘 중 큰 값을 사용한다.

- $f_{cr} = f_{cn} + 1.34s \, (\text{MPa})$은 3회 연속한 시험값의 평균이 호칭 강도 f_{cn} 이하로 내려갈 확률은 1/100로 하여 정한다.
- $f_{cr} = (f_{cn} - 3.5) + 2.33s \, (\text{MPa})$는 각 시험값이 호칭 강도 f_{cn}보다 3.5MPa 이하로 내려갈 확률은 1/100로 하여 정한다.

- $f_{cn} > 35\text{MPa}$일 때

$$f_{cr} = f_{cn} + 1.34s \, (\text{MPa})$$
$$f_{cr} = 0.9f_{cn} + 2.33s \, (\text{MPa})$$

둘 중 큰 값을 사용한다.

여기서, f_{cr} : 콘크리트의 배합강도(MPa)
f_{cn} : 콘크리트의 호칭강도(MPa)
s : 콘크리트 압축 강도의 표준 편차(MPa)

- $f_{cr} = f_{cn} + 1.34s \, (\text{MPa})$은 3회 연속한 시험값의 평균이 호칭 강도 f_{cn} 이하로 내려갈 확률은 1/100로 하여 정한다.
- $f_{cr} = (f_{cn} - 3.5) + 2.33s \, (\text{MPa})$은 각 시험값이 호칭 강도 f_{cn}의 90% 이하로 내려갈 확률은 1/100로 하여 정한다.

- 콘크리트 압축 강도의 표준 편차는 실제 사용한 콘크리트의 30회 이상의 시험실적으로부터 결정하는 것을 원칙으로 한다.
- 압축 강도의 시험 횟수가 29회 이하이고 15회 이상인 경우는 그것으로 계산한 표준 편차에 보정 계수를 곱한 값을 표준 편차로 사용할 수 있다.

■ 시험 횟수가 29회 이하일 때 표준 편차의 보정 계수

시험 횟수	표준 편차의 보정 계수
15	1.16
20	1.08
25	1.03
30 또는 그 이상	1.00

* 위 표에 명시되지 않은 시험 횟수는 직선 보관한다.

- 표준 편차는 100회 이상의 시험 결과로부터 추정한 표준 편차를 사용하는 것이 바람직하다.

■ 표준 편차
공정관리에 이용되는 표준 편차는 불편 분산의 제곱근을 사용한다.

$$s = \sqrt{\frac{\sum (X_i - \bar{x})^2}{n-1}}$$

여기서, s : 표준 편차
X_i : 각 강도 시험값
$\bar{x}$: n회의 압축 강도 시험값의 평균값
n : 연속적인 압축 강도 시험 횟수

- 콘크리트 압축 강도의 표준 편차를 알지 못할 때, 또는 압축 강도의 시험 횟수가 14회 이하인 경우 콘크리트의 배합 강도는 다음 표와 같이 정한다.

■ 압축 강도의 시험 횟수가 14회 이하이거나 기록이 없는 경우의 배합 강도

호칭 강도 f_{cn}(MPa)	배합 강도 f_{cr}(MPa)
21 미만	$f_{cn} + 7$
21 이상 35 이하	$f_{cn} + 8.5$
35 초과	$1.1f_{cn} + 5.0$

01 보통 콘크리트 배합 설계 시 고려 해야 할 사항으로 옳지 않은 것은?

① 굵은 골재 최대 치수가 작으면 단위 수량, 단위 시멘트량이 커져 비경제적이다.
② 슬럼프값은 작업이 가능한 범위 내에서 가능한 작게 하는 것이 좋다.
③ 운반 시간이 길고 기온이 높은 경우는 슬럼프 저하를 고려하여 배합 설계를 하는 것이 좋다.
④ 단위 수량을 적게 하기 위하여 잔 골재율을 높이는 것이 좋다.

해설 잔 골재율을 작게 하면 단위 수량이 감소하여 콘크리트의 강도가 증가된다.

02 일반 콘크리트의 배합에 관한 설명으로 틀린 것은?

① 제빙 화학제가 사용되는 콘크리트의 물-결합재비는 45% 이하로 한다.
② 물-결합재비는 소요 강도, 내구성, 수밀성 등으로 정해지는 값에서 평균값을 선정하여야 한다.
③ 굵은 골재의 최대 치수는 거푸집 양 측면 사이의 최소 거리의 1/5을 초과하지 않아야 한다.
④ 잔 골재율은 소요의 워커빌리티를 얻을 수 있는 범위 내에서 단위 수량이 최소가 되도록 시험에 의해 정하여야 한다.

해설 물-결합재비는 소요의 강도, 내구성, 수밀성 및 균열 저항성 등을 고려하여 정하여야 한다.

03 콘크리트의 배합 강도에 대한 설명으로 틀린 것은?

① 콘크리트의 배합 강도는 설계 기준 강도보다 충분히 크게 정하여야 한다.
② 콘크리트 압축 강도의 표준 편차는 실제 사용한 콘크리트의 25회 이상의 시험 실적으로부터 결정하는 것을 원칙으로 한다.
③ 콘크리트 압축 강도의 표준 편차를 알지 못할 때에는 설계 기준 강도값에 규정에 의한 값을 더하여 배합 강도를 정할 수 있다.
④ 압축 강도의 표준 편차를 구하기 위해 압축 강도의 시험 횟수가 모자랄 경우 보정 계수를 이용하여 구할 수 있다.

해설 콘크리트 압축 강도의 표준 편차는 실제 사용한 콘크리트의 30회 이상의 시험 실적으로부터 결정하는 것을 원칙으로 한다.

04 고강도 콘크리트의 배합에 관한 설명으로 잘못된 것은?

① 유동성을 향상시키고 배합시의 단위 수량을 줄이기 위해 고성능 감수제를 사용한다.
② 플라이 애시 등의 혼화재를 사용하면 시멘트량이 상대적으로 줄어들기 때문에 장기적인 소요 강도를 얻기가 힘들다.
③ 기상의 변화가 심하거나 동결 융해에 대한 대책이 필요한 경우를 제외하고는 AE제를 사용하지 않는 것을 원칙으로 한다.
④ 고강도 콘크리트의 단위 시멘트량은 소요 워커빌리티와 강도가 얻어지는 범위에서 가능한 적게 되도록 한다.

해설 플라이 애시를 사용한 고강도 콘크리트의 강도는 비교적 초기 재령에서는 일반 콘크리트보다는 낮지만 재령이 길어짐에 따라 포졸란 반응의 증가에 의해 장기 강도는 증가한다.

05 콘크리트 경화체에 미치는 배합 설계 요인에 대한 설명 중 틀린 것은?

① 단위 수량은 소요 워커빌리티를 얻는 범위 내에서 가능한 작은 값으로 한다.
② 공기량을 크게 하면 동일한 슬럼프를 얻는 데 필요한 단위 수량을 줄일 수 있다.
③ 잔 골재율을 지나치게 작게 하면 재료 분리가 일어나고 워커블한 콘크리트를 제조하기 어렵다.
④ 실적률이 작은 굵은 골재를 사용하면 동일 슬럼프를 얻는 데 필요한 단위 수량을 줄일 수 있다.

해설 실적률이 1% 작은 굵은 골재를 사용하여 워커빌리티가 같은 콘크리트를 얻으려 하는 경우 단위 수량은 2~4% 정도, 잔 골재율은 0.8% 정도 각각 증가시킬 필요가 있다.

06 호칭 강도가 24MPa인 콘크리트를 배합 설계하려고 한다. 30회 이상의 콘크리트 압축 강도 시험 실적으로부터 구한 표준 편차(s)가 3.15MPa이다. 이 콘크리트의 배합설계 시 사용해야 할 배합강도로 가장 적합한 것은?

① 27.3MPa ② 27.8MPa
③ 28.0MPa ④ 28.2MPa

해설 $f_{cn} \leq 35$ MPa일 때 배합 강도
- $f_{cr} = f_{cn} + 1.34s = 24 + 1.34 \times 3.15 = 28.2$ MPa
- $f_{cr} = (f_{cn} - 3.5) + 2.33s$
  $= (24 - 3.5) + 2.33 \times 3.15 = 27.8$ MPa

둘 중 큰 값을 사용한다. ∴ $f_{cr} = 28.2$ MPa

□□□ 기12,16,20
07 콘크리트 압축 강도의 시험 횟수가 22회일 경우 배합 강도를 결정하기 위해 적용하는 표준 편차의 보정 계수로 옳은 것은?

① 1.04 ② 1.06
③ 1.08 ④ 1.10

해설 시험 횟수가 29회 이하일 때 표준 편차의 보정 계수

시험 횟수	표준 편차의 보정 계수
15	1.16
20	1.08
25	1.03
30 또는 그 이상	1.00

∴ 22회의 보정 계수 $= 1.03 + \dfrac{1.08-1.03}{25-20} \times (25-22) = 1.06$

□□□ 기11,12,15,16,17
08 호칭 강도가 42MPa이고, 30회 이상의 시험 실적으로부터 구한 압축 강도의 표준 편차가 5MPa일 때 콘크리트의 배합 강도는?

① 47MPa ② 48.7MPa
③ 49.5MPa ④ 50.2MPa

해설 $f_{cn} > 35\,\text{MPa}$일 때
- $f_{cr} = f_{cn} + 1.34s$
  $= 42 + 1.34 \times 5 = 48.7\,\text{MPa}$
- $f_{cr} = 0.9f_{cn} + 2.33s$
  $= 0.9 \times 42 + 2.33 \times 5.0 = 49.5\,\text{MPa}$
둘 중 큰 값을 사용한다.
∴ $f_{cr} = 49.5\,\text{MPa}$

□□□ 기13
09 일반 콘크리트에서 물-결합재비에 대한 설명으로 틀린 것은?

① 압축 강도와 물-결합재비와의 관계는 시험에 의해 정하는 것을 원칙으로 한다.
② 제빙 화학제가 사용되는 콘크리트의 물-결합재비를 정할 경우 그 값은 40% 이하로 한다.
③ 콘크리트의 수밀성을 기준으로 물-결합재비를 정할 경우 그 값은 40% 이하로 한다.
④ 콘크리트의 탄산화 저항성을 고려하여 물-결합재비를 정할 경우 55% 이하로 한다.

해설 콘크리트의 수밀성을 기준으로 물-결합재비를 정할 경우 그 값은 50% 이하로 한다.

□□□ 기11,12
10 30회 이상의 압축 강도 시험 실적으로부터 구한 압축 강도의 표준 편차는 4.8MPa이고, 콘크리트의 호칭 강도가 40MPa일 때, 배합 강도는?

① 45.2MPa ② 46.5MPa
③ 47.2MPa ④ 47.7MPa

해설 $f_{cn} > 35\,\text{MPa}$일 때
- $f_{cr} = f_{cn} + 1.34s = 40 + 1.34 \times 4.8 = 46.4\,\text{MPa}$
- $f_{cr} = 0.9f_{cn} + 2.33s = 0.9 \times 40 + 2.33 \times 4.8 = 47.2\,\text{MPa}$
둘 중 큰 값을 사용한다.
∴ $f_{cr} = 47.2\,\text{MPa}$

□□□ 기11
11 콘크리트의 품질기준 강도가 40MPa이고, 30회 이상의 압축 강도 시험 실적으로부터 구한 표준 편차가 5MPa인 경우 배합 강도를 구하면?

① 45MPa ② 46.7MPa
③ 47.7MPa ④ 48.2MPa

해설 $f_{cq} > 35\,\text{MPa}$일 때
- $f_{cr} = f_{cq} + 1.34s = 40 + 1.34 \times 5 = 46.7\,\text{MPa}$
- $f_{cr} = 0.9f_{cq} + 2.33s = 0.9 \times 40 + 2.33 \times 5.0 = 47.7\,\text{MPa}$
둘 중 큰 값을 사용한다.
∴ $f_{cr} = 47.7\,\text{MPa}$

□□□ 기09,12,16
12 실제 사용한 콘크리트의 15회 시험 실적으로부터 구한 압축 강도의 표준 편차가 2.5MPa이었다. 이 콘크리트의 품질 기준 강도가 24MPa일 때 배합 강도를 구하면?

① 27.6MPa ② 27.9MPa
③ 28.4MPa ④ 28.9MPa

해설 ■ 시험 횟수가 29회 이하일 때 표준 편차의 보정 계수

시험 횟수	표준 편차의 보정 계수
15	1.16
20	1.08
25	1.03
30 또는 그 이상	1.00

∴ 수정 표준 편차 $s = 2.5 \times 1.16 = 2.9\,\text{MPa}$

■ $f_{cq} \leq 35\,\text{MPa}$일 때 배합 강도
- $f_{cr} = f_{cq} + 1.34s = 24 + 1.34 \times 2.9 = 27.9\,\text{MPa}$
- $f_{cr} = (f_{cq} - 3.5) + 2.33s = (24 - 3.5) + 2.33 \times 2.9 = 27.3\,\text{MPa}$
둘 중 큰 값을 사용한다.
∴ $f_{cr} = 27.9\,\text{MPa}$

정답 07 ② 08 ③ 09 ③ 10 ③ 11 ③ 12 ②

□□□ 기 09,18

13 콘크리트 배합 설계에서 압축 강도의 표준 편차를 알지 못하고 호칭 강도 f_{cn}가 20MPa일 때 콘크리트 표준시방서에 따른 배합 강도는?

① 27MPa ② 28.5MPa
③ 30MPa ④ 31.5MPa

해설 압축 강도의 시험 횟수가 14회 이하이거나 기록이 없는 경우의 배합 강도

호칭 강도 f_{cn}(MPa)	배합 강도 f_{cr}(MPa)
21 미만	$f_{cr} = f_{cn} + 7$
21 이상 35 이하	$f_{cr} = f_{cn} + 8.5$
35 초과	$f_{cr} = 1.1 f_{cn} + 5.0$

∴ 배합 강도 $f_{cr} = f_{cn} + 7 = 20 + 7 = 27$MPa

□□□ 기 11,12,15,16,20

14 다음은 콘크리트의 압축 강도를 알지 못할 때, 또는 압축 강도의 시험 횟수가 14회 이하인 경우 콘크리트의 배합 강도를 구한 것이다. 틀린 것은?

① 설계 기준 강도가 20MPa일 때, 배합 강도는 27MPa이다.
② 설계 기준 강도가 25MPa일 때, 배합 강도는 33.5MPa이다.
③ 설계 기준 강도가 40MPa일 때, 배합 강도는 49MPa이다.
④ 설계 기준 강도가 45MPa일 때, 배합 강도는 56.5MPa이다.

해설 압축 강도의 시험 횟수가 14회 이하이거나 기록이 없는 경우의 배합 강도

호칭 강도 f_{cn}	배합 강도 f_{cr} (MPa)	계 산
21MPa 미만	$f_{cr} = f_{cn} + 7$	$f_{cr} = 20 + 7 = 27$MPa
21 이상 35MPa 이하	$f_{cr} = f_{cn} + 8.5$	$f_{cr} = 25 + 8.5 = 33.5$MPa
35MPa 초과	$f_{cr} = 1.1 f_{cn} + 5.0$	$f_{cr} = 1.1 \times 40 + 5 = 49$MPa
		$f_{cr} = 1.1 \times 45 + 5 = 54.5$MPa

□□□ 산12

15 압축 강도의 시험기록이 없는 현장에서 호칭 강도가 20MPa인 경우 배합 강도는?

① 25MPa ② 27MPa
③ 28.5MPa ④ 30MPa

해설 $f_{cn} < 21$MPa일 때
$f_{cr} = f_{cn} + 7$
$\quad = 20 + 7 = 27$MPa

□□□ 기 10,16 산 05

16 콘크리트 압축 강도 시험에서 10개의 공시체를 측정하여 평균값이 24.0MPa, 표준 편차가 3.6MPa일 때의 변동 계수는?

① 5% ② 8%
③ 10% ④ 15%

해설 변동 계수 $C_v = \dfrac{\sigma}{\bar{x}} \times 100$
$\qquad = \dfrac{3.6}{24.0} \times 100 = 15\%$

□□□ 기15 산13

17 5개의 공시체를 만들어 압축 강도 시험을 한 결과 압축 강도가 아래의 표와 같았다. 불편 분산에 의한 압축 강도의 표준 편차를 구한 값으로 맞는 것은?

28.5, 22.5, 23.5, 26.5, 21.5(MPa)

① 2.46MPa ② 2.92MPa
③ 3.05MPa ④ 3.26MPa

해설 · 표준 편차 $\sigma_e = \sqrt{\dfrac{\sum(\bar{x} - X_i)^2}{n-1}}$

· 평균값
$\bar{x} = \dfrac{28.5 + 22.5 + 23.5 + 26.5 + 21.5}{5} = \dfrac{122.5}{5} = 24.5$MPa

· 편차의 제곱합 $S = \sum(\bar{x} - X_i)^2$
$= (24.5 - 28.5)^2 + (24.5 - 22.5)^2 + (24.5 - 23.5)^2$
$\quad + (24.5 - 26.5)^2 + (24.5 - 21.5)^2$
$= 34$

∴ 표준 편차 $\sigma_e = \sqrt{\dfrac{34}{5-1}} = 2.92$MPa

031 슬럼프 및 슬럼프 플로

- 콘크리트의 슬럼프는 운반, 타설, 다지기 등의 작업에 알맞은 범위 내에서 될 수 있는 한 작은 값으로 정하여야 한다.
- 콘크리트를 타설할 때의 슬럼프값은 다음 표와 같다.

■ 슬럼프값의 표준

콘크리트의 종류		슬럼프값(mm)
철근 콘크리트	일반적인 경우	80~150
	단면이 큰 경우	60~120
무근 콘크리트	일반적인 경우	50~150
	단면이 큰 경우	50~100

□□□ 기 04, 09, 15

01 콘크리트 배합 시 슬럼프에 대한 다음 설명 중 올바르지 않은 것은?

① 슬럼프값이 너무 작으면 타설이 곤란하다.
② 슬럼프값은 진동기 사용 등 다짐 방법에 의해서도 변하게 된다.
③ 콘크리트의 운반 시간이 길어지면 슬럼프값이 증가하는 경향이 있다.
④ 슬럼프값은 타설 장소에서의 값이 중요하다.

해설 콘크리트의 운반 시간이 길 경우 또는 기온이 높은 경우에는 슬럼프가 크게 저하하므로 운반 중의 슬럼프 저하를 고려한 슬럼프값에 대하여 배합을 정해 두어야 한다.

□□□ 산 13

02 콘크리트 배합에 대한 일반적인 설명으로 틀린 것은?

① 배합 강도를 결정하기 위한 콘크리트 압축 강도의 표준편차는 실제 사용한 콘크리트의 30회 이상의 실험 실적으로부터 결정하는 것을 원칙으로 한다.
② 잔 골재율은 단위 시멘트량이 최소가 되도록 시험에 의해 정하여야 한다.
③ 물-결합재비는 소요의 강도, 내구성, 수밀성 및 균열 저항성 등을 고려하여 정하여야 한다.
④ 단위 시멘트량은 원칙적으로 단위 수량과 물-결합재비로부터 정하여야 한다.

해설 잔 골재율은 소요의 워커빌리티를 얻을 수 있는 범위 내에서 단위 수량이 최소가 되도록 시험에 의해 정하여야 한다.

□□□ 산 04, 11

03 콘크리트 배합 시 슬럼프에 대한 설명 중 옳지 않은 것은?

① 슬럼프값이 너무 작으면 타설이 곤란하다.
② 콘크리트의 배합 온도가 높아지면 슬럼프값이 증가하는 경향이 있다.
③ 슬럼프값은 진동기 사용 등 다짐 방법에 의해서도 변하게 된다.
④ 슬럼프값은 타설 장소에서의 값이 중요하므로 운반 거리와 시간을 고려하여야 한다.

해설 콘크리트의 배합 온도가 높아지면 슬럼프값이 감소하는 경향이 있다.

□□□ 산 09, 11

04 콘크리트의 배합에서 단면이 큰 철근 콘크리트의 슬럼프 표준값으로 옳은 것은?

① 80~150mm   ② 60~120mm
③ 50~100mm   ④ 100~150mm

해설 슬럼프값의 표준

콘크리트의 종류		슬럼프값(mm)
철근 콘크리트	일반적인 경우	80~150
	단면이 큰 경우	60~120
무근 콘크리트	일반적인 경우	50~150
	단면이 큰 경우	50~100

정답 031 01 ③ 02 ② 03 ② 04 ②

032 물-결합재비

- 물-결합재비는 소요의 강도, 내구성, 수밀성 및 균열 저항성 등을 고려하여 정하여야 한다.
- 콘크리트의 압축 강도를 기준으로 물-결합재비를 정하는 경우 그 값은 다음과 같이 정하여야 한다.
  • 압축 강도와 물-결합재비와의 관계는 시험에 의하여 정하는 것을 원칙으로 한다. 이때 공시체는 재령 28일을 표준으로 한다.
- 배합에 사용할 물-결합재비는 기준 재령의 결합재-물비와 압축 강도와의 관계식에서 배합 강도에 해당하는 결합재-물비 값의 역수로 한다.
- 콘크리트의 탄산화 작용, 염화물 침투, 동결융해 작용, 황산염 등에 대한 내구성을 기준으로 하여 물-결합재비를 정할 경우 그 값은 따른다.

• 내구성 확보를 위한 요구조건

항목		노출범주 및 등급														
		일반	EC (탄산화)				ES (해양환경, 제설염 등 염화물)				EF (동결융해)				EA (황산염)		
		E0	EC1	EC2	EC3	EC4	ES1	ES2	ES3	ES4	EF1	EF2	EF3	EF4	EA1	EA2	EA3
내구성 기준압축강도 f_{cd}(MPa)		21	21	24	27	30	30	30	35	35	24	27	30	30	27	30	30
최대 물-결합재비[1]		-	0.60	0.55	0.50	0.45	0.45	0.45	0.40	0.40	0.55	0.50	0.45	0.45	0.50	0.45	0.45
최소 단위 결합재량 (kg/m^3)		-	-	-	-	-	KCS 14 20 44 (2.2)				-	-	-	-	-	-	-
최소 공기량(%)		-	-				-				(표 2.2-6)				-		
수용성 염소이온량 (결합재 중량비 %)[2]	무근 콘크리트	-	-				-				-				-		
	철근 콘크리트	1.00	0.30				0.15				0.30				0.30		
	프리스트레스트 콘크리트	0.06	0.06				0.06				0.06				0.06		
추가 요구조건		-	KDS 14 20 50(4.3)의 피복두께 규정을 만족할 것								결합재 종류 및 결합재 중 혼화재 사용비율 제한 (표 2.2-7)				결합재 종류 및 염화칼슘 혼화제 사용 제한 (표 1.9-4)		

주1) 경량골재 콘크리트에는 적용하지 않음. 실적, 연구성과 등에 의하여 확증이 있을 때는 5% 더한 값으로 할 수 있음
2) KS F 2715 적용, 재령 28일~42일 사이

☐☐☐ 산 04,06,12
01 콘크리트의 배합 설계에서 물-결합재비의 결정을 위하여 고려하는 사항으로 거리가 먼 것은?

① 강도　　② 시공성
③ 수밀성　　④ 내구성

해설 콘크리트의 배합은 소요의 강도, 내구성, 수밀성, 균열 저항성, 철근 또는 강재를 보호하는 성능을 갖도록 정한다.

☐☐☐ 기 06,11,21
02 일반 콘크리트의 배합에 관한 설명으로 틀린 것은?

① 콘크리트의 수밀성을 기준으로 물-결합재비를 정할 경우, 그 값은 50% 이하로 하여야 한다.
② 무근 콘크리트에서 일반적인 경우 슬럼프값의 표준은 50~150mm이다.
③ 일반적인 구조물에서 굵은 골재의 최대 치수는 20mm 또는 25mm를 표준으로 한다.
④ 제빙 화학제가 사용되는 콘크리트의 물-결합재비는 55% 이하로 하여야 한다.

해설 제빙 화학제가 사용되는 콘크리트의 물-결합재비는 45% 이하로 하여야 한다.

033 굵은 골재의 최대 치수

■ 굵은 골재 최대 치수
- 굵은 골재의 최대 치수는 중량비로 90% 이상을 통과시키는 체 중에서 최소 치수의 체눈의 호칭 치수로 나타낸 굵은 골재의 치수를 말한다.
- 콘크리트를 경제적으로 제조한다는 관점에서 될 수 있는 대로 최대 치수가 큰 굵은 골재를 사용하는 것이 일반적으로 유리하다.
- 골재의 최대 치수가 크면 배합시 시멘트풀의 양이 적어지므로 시멘트량에 대해서 물-시멘트비를 낮추기 때문에 강도는 골재의 치수가 커질수록 증가한다.
- 굵은 골재의 최대 치수가 크면 경제적이나 시공하기가 어려워지고, 재료의 분리가 생기기 쉽다.
- 굵은 골재의 최대 치수가 클수록 단위 수량 및 단위 시멘트량이 일반적으로 감소하게 되어 소요 품질의 콘크리트를 경제적으로 제조할 수 있다.
- 압축 강도 40MPa 정도의 비교적 큰 경우에는 최대 치수를 크게 할수록 시멘트량이 증대된다.

■ 굵은 골재의 공칭 최대 치수는 다음 값을 초과하지 않아야 한다.
- 거푸집 양 측면 사이의 최소 거리의 1/5
- 슬래브 두께의 1/3
- 개별 철근, 다발 철근, 긴장재 또는 덕트 사이 최소 순간격의 3/4

■ 굵은 골재의 최대 치수가 클 경우의 특성
- 강도가 증가한다.
- 워커빌리티가 좋아진다.
- 단위수량이 적어진다.
- 단위 시멘트량을 줄일 수 있다.

■ 굵은 골재의 최대 치수 규정

콘크리트의 종류		굵은 골재의 최대 치수	
철근 콘크리트	일반적인 경우	20mm 또는 25mm	• 부재 최소 치수의 1/5 이하 • 철근 최소 수평 순간격의 3/4 이하
	단면이 큰 경우	40mm	
무근 콘크리트		• 40mm • 부재 최소 치수의 1/4 초과해서는 안됨	
포장 콘크리트		50mm 이하	
댐 콘크리트		80~150mm	

□□□ 기 08, 10

01 콘크리트 배합에 관한 일반적인 사항 중 가장 적절하지 않은 것은?

① 공사 중에 잔 골재의 입도가 변하여 조립률이 ±0.2 이상 차이가 있을 경우에는 워커빌리티가 변하므로 배합을 수정할 필요가 있다.
② 고성능 AE 감수제를 사용한 콘크리트의 경우로서 물-시멘트비 및 슬럼프가 같으면, 일반적인 AE 감수제를 사용한 콘크리트와 비교하여 잔 골재율을 1~2% 정도 크게 하는 것이 좋다.
③ 고강도 콘크리트는 기상 변화가 크지 않고 동결 융해의 염려가 없으면 AE제를 사용하지 않는 것을 원칙으로 한다.
④ 콘크리트를 경제적으로 만들기 위해서는 일반적으로 최대 치수가 작은 굵은 골재를 사용하는 것이 유리하다.

[해설] 콘크리트를 경제적으로 만들기 위해서는 일반적으로 최대 치수가 큰 굵은 골재를 사용하는 것이 유리하다.

□□□ 기 10

02 콘크리트 배합 설계에서 굵은 골재의 최대 치수에 대한 설명으로 틀린 것은?

① 거푸집 양 측면 사이의 최소 거리의 1/5을 초과하지 않아야 한다.
② 슬래브 두께의 1/3을 초과하지 않아야 한다.
③ 개별 철근, 다발 철근, 긴장재 또는 덕트 사이 최소 순간격을 1/2을 초과하지 않아야 한다.
④ 일반적인 단면을 가지는 철근 콘크리트의 굵은 골재 최대 치수는 20mm 또는 25mm를 표준으로 한다.

[해설] 개별 철근, 다발 철근, 긴장재 또는 덕트 사이 최소 순간격의 3/4을 초과하지 않아야 한다.

□□□ 기 10, 22

03 굵은 골재 체가름 시험을 실시한 결과 다음과 같은 성과표를 얻었다. 굵은 골재 최대치수는?

체 크기(mm)	40	30	25	20	15	10
통과 질량 백분율(%)	98	94	91	82	35	5

① 20mm ② 25mm
③ 30mm ④ 40mm

[해설] 굵은 골재의 최대 치수란 질량비로 90% 이상을 통과시키는 체 중에서 최소 치수인 체의 호칭 치수로 나타낸 굵은 골재의 치수를 말한다.
∴ 91%를 통과시킨 체 중에서 최소 치수인 25mm 체

04 콘크리트 배합에서 굵은 골재의 최대 치수에 관한 규정으로 틀린 것은?

① 일반적인 구조물의 경우 굵은 골재의 최대 치수는 20mm 또는 25mm로 한다.
② 굵은 골재의 최대 치수는 거푸집 양 측면 사이의 최소 거리의 1/5을 초과해서는 안 된다.
③ 굵은 골재의 최대 치수는 개별 철근, 다발 철근, 긴장재 또는 덕트 사이 최소 순간격의 3/4을 초과해서는 안 된다.
④ 굵은 골재의 최대 치수는 슬래브 두께의 2/3를 초과해서는 안 된다.

해설 굵은 골재의 최대 치수는 다음 값을 초과하지 않아야 한다.
- 거푸집 양측 사이의 최소 거리의 1/5
- 슬래브 두께의 1/3
- 개별 철근, 다발 철근, 긴장재 또는 덕트 사이 최소 순간격의 3/4

05 다음 중 골재에 관한 설명으로서 옳지 않은 것은?

① 조립률의 값이 커질수록 골재의 평균 입자 크기도 커진다.
② 일반적으로 굵은 골재의 최대 치수가 클수록 콘크리트의 강도, 경제성, 내구성 면에서 유리하다.
③ 일반적으로 0.3mm 이하의 미세 입자가 부족하면 콘크리트의 재료 분리가 발생되기 쉽다.
④ 일반적으로 골재의 밀도가 클수록 흡수율도 작으며 내구성면에서 유리하다.

해설
- 굵은 골재의 최대 치수가 클수록 단위 수량 및 단위 시멘트량이 감소하여 경제적이다.
- 굵은 골재의 최대 치수가 지나치게 크면 혼합 및 취급이 어려우며 재료 분리가 발생하기 쉽다.

06 골재에 대한 설명으로 옳지 않은 것은?

① 골재의 평균 입경이 클수록 조립률은 커진다.
② 굵은 골재의 최대 치수란 질량비로 90% 이상을 통과시키는 체 중에서 최대 치수의 체눈의 호칭 치수로 나타낸 굵은 골재의 치수를 말한다.
③ 골재의 입형이 양호하고 입도 분포가 적당하면, 실적률은 큰 값을 가진다.
④ 골재의 표면 건조 포화 상태란 골재 입자의 표면에 물은 없으나 내부에는 물이 꽉 차 있는 상태이다.

해설 굵은 골재의 최대 치수란 질량비로 90% 이상을 통과시키는 체 중에서 최소 치수의 체눈의 호칭 치수로 나타낸 굵은 골재의 치수를 말한다.

07 다음의 콘크리트 배합에 관한 일반적인 사항으로 잘못 설명된 것은?

① 잔 골재율을 작게 하면 소요의 워커빌리티를 가지는 콘크리트를 얻기 위하여 필요한 단위 수량 및 단위 시멘트량이 감소되어 경제적으로 된다.
② 시방 배합에서 잔 골재 및 굵은 골재는 각각 표면 건조 포화 상태로서 나타낸다.
③ 공사 중에 잔 골재의 조립률이 ±0.2 이상 차이가 있을 경우에는 콘크리트의 워커빌리티가 변하므로 배합을 수정할 필요가 있다.
④ 굵은 골재 최대 치수는 철근 순간격의 3/4 이하이어야 하며 콘크리트를 경제적으로 만들기 위해서는 최대 치수가 작은 굵은 골재를 사용하는 것이 유리하다

해설
- 철근 콘크리트용 굵은 골재의 최대 치수는 철근의 최소 순간격의 3/4을 초과해서는 안 된다.
- 콘크리트를 경제적으로 만들기 위해서는 최대 치수가 큰 굵은 골재를 사용하는 것이 유리하다.

034　잔 골재율

■ 잔 골재율(S/a)

$$잔\ 골재율(S/a) = \frac{S}{S+G} \times 100$$

여기서, S : 잔 골재의 절대 용적
　　　　G : 굵은 골재의 절대 용적

■ 잔 골재율은 소요의 워커빌리티를 얻을 수 있는 범위 내에서 단위수량이 최소가 되도록 시험에 의해 정하여야 한다.
- 일반적으로 잔 골재율을 작게 하면 소요의 워커빌리티를 가지는 콘크리트를 얻기 위하여 필요한 단위 수량이 감소되고, 아울러 단위 시멘트량이 적어져서 경제적이다.

■ 잔 골재율은 사용하는 잔 골재의 입도, 콘크리트의 공기량, 단위 시멘트량, 혼화 재료의 종류 등에 따라 다르므로 시험에 의해 정하여야 한다.

■ 공사 중에 잔 골재의 입도가 변하여 조립률이 ±0.20 이상의 차이가 있을 경우에는 워커빌리티가 변하므로 배합을 수정할 필요가 있다.

■ 콘크리트 펌프 시공의 경우에는 펌프의 성능, 배관, 압송 거리 등에 따라 적절한 잔 골재율을 결정하여야 한다.

■ 유동화 콘크리트의 경우, 유동화 후 콘크리트의 워커빌리티를 고려하여 잔 골재율을 결정할 필요가 있다.

■ 고성능 공기 연행 감수제를 사용한 콘크리트의 경우로서 물-결합재비 및 슬럼프가 같으면, 일반적인 공기 연행 감수제를 사용한 콘크리트와 비교하여 잔 골재율을 1~2% 정도 크게 하는 것이 좋다.

■ 잔 골재율이 콘크리트에 미치는 영향은 다음과 같다.
- 잔 골재율을 작게 하면 단위 수량이 감소하여 콘크리트의 강도가 증가한다.
- 잔 골재율을 작게 하면 단위 시멘트량이 감소하여 장기 강도가 증가한다.
- 잔 골재율을 작게 하면 워커빌리티가 나빠진다.
- 잔 골재율을 너무 작게 하면 오히려 콘크리트가 거칠어지고 재료 분리가 발생된다.
- 잔 골재율이 클수록 건조 수축, 침하 균열, 소성 수축이 증가된다.

■ 배합수 및 잔 골재율 보정 방법

구 분	S/a의 보정(%)	W의 보정
· 잔 골재의 조립률이 0.1만큼 클(작을) 때마다	0.5만큼 크게(작게) 한다.	보정하지 않는다.
· 슬럼프값이 10mm만큼 클(작을) 때마다	보정하지 않는다.	1.2%만큼 크게(작게) 한다.
· 공기량이 1%만큼 클(작을) 때마다	0.5~1.0만큼 작게(크게) 한다.	3%만큼 작게(크게) 한다.
· 물-결합재비가 0.05 클(작을) 때마다	1만큼 크게(작게) 한다.	보정하지 않는다.
· S/a가 1% 클(작을) 때마다	보정하지 않는다.	1.5kg만큼 크게(작게) 한다.
· 자갈을 사용할 경우	3~5만큼 작게 한다.	9~15kg만큼 작게 한다.
· 부순 모래를 사용할 경우	2~3만큼 크게 한다.	6~9kg만큼 크게 한다.

□□□ 기 09

01 콘크리트 배합에 관한 다음의 설명 중 적당하지 않는 것은?

① 공기 연행제, 공기 연행 감수제 또는 고성능 공기 연행 감수제를 사용한 콘크리트의 공기량은 굵은 골재 최대 치수와 내동해성을 고려하여 정한다.
② 굵은 골재의 최대 치수는 부재 최소 치수의 1/5, 철근 피복 및 철근의 최소 순간격의 3/4을 초과해서는 안 된다.
③ 단위 수량은 작업이 가능한 범위 내에서 될 수 있는 대로 적게 되도록 시험을 통해 정한다.
④ 잔 골재율은 소요의 워커빌리티가 얻어지는 범위 내에서 가능한 한 크게 한다.

해설 · 잔 골재율은 소요의 워커빌리티를 얻을 수 있는 범위 내에서 단위 수량이 최소가 되도록 시험에 의해 정하여야 한다.
· 일반적으로 잔 골재율을 작게 하면 소요의 워커빌리티를 가지는 콘크리트를 얻으며, 필요한 단위 수량이 감소되고, 아울러 단위 시멘트량이 적어져서 경제적이다.

□□□ 기 09,11

02 콘크리트 배합에 관한 다음의 설명 중 적당하지 않은 것은?

① 공기 연행제, 공기 연행 감수제 또는 고성능 공기 연행 감수제를 사용한 콘크리트의 공기량은 굵은 골재 최대 치수와 내동해성을 고려하여 정한다.
② 굵은 골재의 최대 치수는 거푸집 양 측면 사이의 최소 거리의 1/5, 슬래브 두께의 1/3을 초과해서는 안 된다.
③ 단위 수량은 작업이 가능한 범위 내에서 될 수 있는 대로 적게 되도록 시험을 통해 정한다.
④ 잔 골재율은 소요의 워커빌리티가 얻어지는 범위 내에서 가능한 한 크게 한다.

해설 잔 골재율은 소요의 워커빌리티가 얻을 수 있는 범위 내에서 단위 수량이 최소가 되도록 시험에 의하여 정하여야 한다.

□□□ 기 06,10,15,20

03 콘크리트 배합 설계에서 잔 골재의 절대 용적이 $360l$, 굵은 골재의 절대 용적이 $540l$ 인 경우 잔 골재율은 얼마인가?

① 30% ② 36%
③ 40% ④ 67%

[해설] 잔 골재율(S/a) = $\dfrac{\text{단위 잔 골재의 절대 부피}}{\text{단위 골재량의 절대 부피}} \times 100$

$= \dfrac{S}{S+G} \times 100$

$= \dfrac{360}{360+540} \times 100 = 40\%$

□□□ 기 10,15

04 콘크리트의 배합 설계에서 잔 골재율이 콘크리트에 미치는 영향을 설명한 것으로 틀린 것은?

① 일반적으로 잔 골재율을 작게 하면 소요 워커빌리티의 콘크리트를 얻기 위한 단위 수량이 감소한다.
② 잔 골재의 조립률을 확인하여 그 변화 차이가 ±0.2 이상이 되면 잔 골재율이나 단위 수량을 변경하여야 한다.
③ 잔 골재율이 너무 작으면 콘크리트는 거칠고 재료 분리가 일어나는 경향이 크다.
④ 잔 골재율을 작게 하면 단위 용적당 시멘트의 사용량이 증가하여 비경제적이다.

[해설] 일반적으로 잔 골재율을 작게 하면 소요의 워커빌리티를 가지는 콘크리트를 얻기 위하여 필요한 단위 수량이 감소되고, 아울러 단위 시멘트량이 적어져서 경제적이다.

□□□ 기 05,10

05 콘크리트 배합 설계에 대한 설명으로 틀린 것은?

① 단위 수량은 소요 워커빌리티를 얻는 범위 내에서 가능한 작은 값으로 한다.
② 공기량을 크게 하면 동일한 슬럼프를 얻는 데 필요한 단위 수량을 줄일 수 있다.
③ 콘크리트를 경제적으로 제조한다는 관점에서 될 수 있는 대로 최대 치수가 큰 굵은 골재를 사용하는 것이 일반적으로 유리하다.
④ 실적률이 작은 굵은 골재를 사용하면 동일 슬럼프를 얻는 데 필요한 단위 수량을 줄일 수 있다.

[해설] 실적률이 1% 작은 굵은 골재를 사용하여 워커빌리티가 같은 콘크리트를 얻으려 하는 경우 단위 수량은 2~4% 정도, 잔 골재율은 0.8% 정도 각각 증가시킬 필요가 있다.

□□□ 기 12 산 14,16

06 콘크리트의 단위 잔 골재량과 단위 굵은 골재량이 각각 750kg, 1,060kg이며, 잔 골재의 표건 밀도는 2.50g/cm^3, 굵은 골재의 표건 밀도는 2.65g/cm^3일 때 잔 골재율(S/a)은 약 얼마인가?

① 39% ② 41%
③ 43% ④ 45%

[해설] 잔 골재율(S/a) = $\dfrac{S}{S+G} \times 100$

• 잔 골재의 절대 체적

$V_S = \dfrac{\text{단위 잔 골재량}}{\text{표건 밀도}} = \dfrac{750}{2.50 \times 1000} = 0.30 \text{m}^3$

• 굵은 골재량의 절대 체적

$V_G = \dfrac{\text{단위 굵은 골재량}}{\text{표건 밀도}} = \dfrac{1,060}{2.65 \times 1000} = 0.40 \text{m}^3$

∴ S/a = $\dfrac{0.30}{0.30+0.40} \times 100 = 43\%$

□□□ 산 09,13

07 콘크리트의 배합에서 잔 골재율에 관한 설명으로 틀린 것은?

① 잔 골재율이 증가하면 점성이 증가한다.
② 잔 골재율이 증가하면 슬럼프가 감소한다.
③ 잔 골재율이 증가하면 공기량이 증가한다.
④ 잔 골재율을 크게 하면 단위 수량 및 단위 시멘트량을 절약할 수 있어 경제적으로 유리하다.

[해설] 잔 골재율을 작게 하면 소요의 워커빌리티를 가지는 콘크리트를 얻기 위하여 필요한 단위 수량이 감소되고, 또 단위 시멘트량이 적어져서 경제적으로 유리하다.

□□□ 기 10

08 콘크리트 배합 설계에서 잔 골재율(S/a) 및 단위 수량 보정 시 잔골재율의 보정에 관련이 없는 조건은?

① 잔 골재 조립률 ② 굵은 골재 조립률
③ 물-시멘트비 ④ 공기량

[해설] 잔 골재율 및 단위 수량 보정 시 잔 골재율(S/a)의 보정

구 분	잔 골재율(S/a)
잔 골재의 조립률이 0.1 만큼 클(작을) 때마다	0.5만큼 크게(작게) 한다.
공기량이 1% 만큼 클(작을) 때마다	0.5~1.0 만큼 작게(크게) 한다.
물-결합재비가 0.05 클(작을) 때마다	1만큼 크게(작게) 한다.

정답 03 ③ 04 ④ 05 ④ 06 ③ 07 ④ 08 ②

09 콘크리트 배합 설계 시 잔 골재율 선정에 관한 내용 중 옳지 않은 것은?

① 잔 골재율은 사용하는 잔 골재의 입도, 콘크리트의 공기량, 단위 시멘트량, 혼화 재료의 종류 등에 따라 다르므로 시험에 의해 정한다.
② 잔 골재율은 소요의 워커빌리티를 얻을 수 있는 범위 내에서 단위 수량이 최소가 되도록 시험에 의해 정한다.
③ 고성능 AE 감수제를 사용한 콘크리트의 경우 물-시멘트비 및 슬럼프가 같으면, 일반적인 AE 감수제를 사용한 콘크리트와 비교하여 잔 골재율을 3~4% 정도 작게 하는 것이 좋다.
④ 콘크리트 펌프 시공의 경우에는 콘크리트 펌프의 성능, 배관, 압송 거리 등에 따라 적절한 잔 골재율을 시험에 의해 결정한다.

해설 고성능 공기 연행 감수제를 사용한 콘크리트의 경우 물-결합재비 및 슬럼프가 같으면, 일반적으로 공기 연행 감수제를 사용한 콘크리트와 비교하여 잔 골재율 1~2% 정도 크게 하는 것이 좋다.

10 단위 골재량의 절대 용적이 $0.80l$, 단위 굵은 골재량의 절대 용적이 $0.55l$일 경우 잔 골재율은?

① 31.3% ② 34.3%
③ 38.2% ④ 41.8%

해설 잔 골재율(S/a) = $\dfrac{\text{단위 잔 골재의 절대 용적}}{\text{단위 골재량의 절대 용적}} \times 100$
$= \dfrac{S}{S+G} \times 100$
$= \dfrac{(0.80-0.55)}{0.80} \times 100 = 31.3\%$

11 배합 설계에서 잔 골재의 절대 용적이 $320l$, 굵은 골재의 절대 용적이 $560l$일 때, 잔 골재율은 얼마인가?

① 36.4% ② 42.5%
③ 57.1% ④ 63.6%

해설 잔 골재율(S/a) = $\dfrac{\text{단위 잔 골재의 절대 용적}}{\text{단위 골재량의 절대 용적}} \times 100$
$= \dfrac{S}{S+G} \times 100$
$= \dfrac{320}{320+560} \times 100 = 36.4\%$

12 콘크리트 배합의 보정 방법으로 잘못된 것은?

① 모래의 조립률이 클수록 잔 골재율도 크게 한다.
② 공기량이 클수록 잔 골재율도 크게 한다.
③ 물-결합재비가 클수록 잔 골재율도 크게 한다.
④ 부순 모래를 사용할 경우 잔 골재율은 크게 한다.

해설 잔 골재율 및 단위 수량 보정 시 잔 골재율(S/a)의 보정

구 분	잔 골재율(S/a)
잔 골재의 조립률이 0.1만큼 클(작을) 때마다	0.5만큼 크게(작게) 한다.
공기량이 1%만큼 클(작을) 때마다	0.5~1.0만큼 작게(크게) 한다.
물-결합재비가 0.05 클(작을) 때마다	1만큼 크게(작게) 한다.

∴ 공기량이 클수록 잔 골재율은 작게 한다.

035 공기 연행 콘크리트의 공기량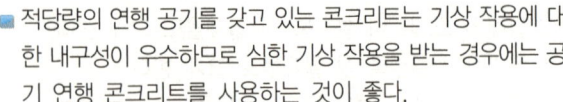

■ 적당량의 연행 공기를 갖고 있는 콘크리트는 기상 작용에 대한 내구성이 우수하므로 심한 기상 작용을 받는 경우에는 공기 연행 콘크리트를 사용하는 것이 좋다.

■ 일정량의 AE제를 사용한 경우에 연행되는 공기량
- 슬럼프가 클수록 공기량이 증가한다.
- 물-시멘트비가 클수록 공기량이 증가한다.
- 단위 잔 골재량이 많을수록 공기량이 증가한다.
- 콘크리트의 온도가 낮을수록 공기량이 증가한다.
- 시멘트의 분말도가 증가할수록 공기량이 증가한다.

■ 공기량에 영향을 미치는 요인

영향 인자	연행 공기량이 감소하는 경우
시멘트	• 단위 시멘트량 및 시멘트 분말도가 증가하는 경우 • 플라이 애시의 미연소 카본이 많은 경우
골재	• 골재 형상이 편평할 때 • 잔 골재중 0.15mm 이하의 입자가 증가할 때 • 잔 골재의 조립률이 클 때 • 잔 골재율이 낮을 때 • 굵은 골재 최대 치수가 클 경우
물	• pH가 낮을 때 • 불순물이 많은 경우
콘크리트	• 슬럼프가 현저히 작은 경우 • 비비기 온도가 높은 경우
비비기	• 믹서의 공칭 용량보다 적은 양을 비빌 때 • 믹서의 공칭 용량보다 큰 양을 비빌 때 • 믹서의 능력이 저하된 경우 • 비비기 시간이 길어졌을 경우
운반	• 수송 시간이 길어졌을 때 • 펌프 압송 압력과 거리가 클 경우

□□□ 기 05,11

01 공간 연행 콘크리트의 공기량에 관한 설명으로서 옳지 않은 것은?

① 플라이 애시를 사용한 콘크리트는 플라이 애시를 사용하지 않은 콘크리트에 비해 동일 공기량을 얻기 위해서는 많은 양의 공기 연행제가 필요하다.
② 골재의 입형이 좋지 않거나, 0.15mm 이하의 미립분이 증가하는 경우 연행 공기량은 감소한다.
③ 단위 잔 골재량이 많을수록 공기량은 증가한다.
④ 콘크리트의 혼합 시간이 길어지는 경우나 콘크리트 온도가 낮은 경우에는 연행 공기량은 감소한다.

[해설] • 콘크리트의 온도가 낮을수록 연행 공기량은 증가한다.
• 콘크리트의 혼합 시간이 길어지는 경우는 공기량이 감소한다.
• AE제를 사용한 콘크리트를 계속 비빌 경우, 공기량은 초기 1~2분 사이에 급속히 증가하고, 3~5분 사이에 최대로 된다.

□□□ 산12

02 콘크리트 배합 설계에 대한 일반적인 설명으로 옳은 것은?

① 콘크리트의 수밀성을 기준으로 물-결합재비를 정할 경우 그 값은 45% 이하로 한다.
② 일반적 구조물에서 굵은 골재의 최대 치수는 40mm 이하로 한다.
③ 잔 골재율이 작으면 소요 워커빌리티를 얻기 위한 단위 수량이 감소된다.
④ 콘크리트 품질 변동은 공기량의 증감과는 관련이 없다.

[해설] • 콘크리트의 수밀성을 기준으로 물-결합재비를 정할 경우 그 값은 50% 이하로 한다.
• 일반적 구조물에서 굵은 골재의 최대 치수는 25mm 이하로 한다.
• 적당량의 연행 공기를 갖고 있는 콘크리트는 기상 작용에 대한 내구성이 우수하므로 심한 기상 작용을 받는 경우에는 공기 연행제를 사용하는 것이 좋다.

036 배합의 표시법

- 배합은 질량으로 표시하는 것을 원칙으로 한다.
- 시방 배합에서는 콘크리트 1m³당의 재료량을 표시하는 것으로 한다.
- 시방 배합에서 잔 골재는 5mm 체를 전부 통과하는 것을 말한다.
- 굵은 골재는 5mm 체에 전부 남는 것을 말한다.
- 잔 골재 및 굵은 골재는 각각 표면 건조 포화 상태로서 나타낸다.
- 시방 배합을 현장 배합으로 고칠 경우에는 골재의 함수 상태, 잔 골재 중에서 5mm 체에 남는 굵은 골재량, 굵은 골재 중에서 5mm 체를 통과하는 잔 골재량 및 혼화제를 희석시킨 희석 수량 등을 고려하여야 한다.

■ 배합의 표시 방법

굵은 골재의 최대 치수 (mm)	슬럼프 범위 (mm)	공기량 범위 (%)	물-결합재비 W/B (%)	잔골재율 S/a (%)	단위량(kg/m³)				혼화 재료	
					물 (W)	시멘트 (C)	잔 골재 (S)	굵은 골재 (G)	혼화재	혼화제

* 포졸란 반응성 및 잠재 수경성을 갖는 혼화재를 사용하지 않는 경우에는 물-시멘트비가 된다.
* 같은 종류의 재료를 여러 가지 사용할 경우에는 각각의 칸을 나누어 표시한다. 이때 사용량에 대하여는 mL/m³ 또는 g/m³로 표시하며, 희석시키거나 녹이거나 하지 않은 것으로 나타낸다.

□□□ 기 09,13

01 시방 배합을 현장 배합으로 수정할 경우에 고려하여야 하는 사항에 대한 설명으로 거리가 먼 것은?

① 혼화제를 희석시킨 희석 수량을 고려하여야 한다.
② 골재의 함수 상태를 고려하여야 한다.
③ 5mm 체에 남는 굵은 골재량 등 골재의 입도를 고려하여야 한다.
④ 운반중 공기량의 경시 변화를 고려하여야 한다.

[해설] 시방 배합을 현장 배합으로 고칠 경우 고려 사항
- 골재의 함수상태
- 잔 골재 중에서 5mm 체에 남는 굵은 골재량
- 굵은 골재 중에서 5mm 체를 통과하는 잔 골재량
- 혼화제를 희석시킨 희석 수량

□□□ 기 09,11,18 산 06

02 시방서에 규정된 콘크리트 배합의 표시 사항에 해당되지 않는 것은?

① 골재의 단위량
② 슬럼프
③ 공기량
④ 혼합수의 염분량

[해설] 배합표

굵은 골재의 최대치수 (mm)	슬럼프 (mm)	W/C (%)	잔골재율 S/a (%)	공기량 (%)	단위량(kg/m³)			
					물 (W)	시멘트 (C)	잔 골재 (S)	굵은 골재 (G)

□□□ 기 07,09,13,18,21

03 콘크리트의 시방 배합을 현장 배합으로 보정하려고 할 때 필요한 시험은?

① 골재의 표면수율 시험
② 시멘트 모르타르 플로 시험
③ 골재의 밀도 시험
④ 시멘트 비중 시험

[해설] 시방 배합을 현장 배합으로 수정
- 입도 시험에 의한 조정 : 5mm 체에 의해 잔 골재량과 굵은 골재량 조정
- 골재의 표면수 측정 시험에 의한 조정 : 골재의 표면수율 시험에 의해서 단위 수량 조정

□□□ 기 07,09,13,15,16,17 산 12,17

04 콘크리트 배합 설계에서 시방 배합을 현장 배합으로 고칠 때 고려해야 하는 사항이 아닌 것은?

① 현장의 잔 골재 중에서 5mm 체에 남은 굵은 골재량
② 현장 골재의 함수 상태
③ 혼화제를 희석시킨 희석 수량
④ 현장의 굵은 골재 최대 치수

[해설] 시방 배합을 현장 배합으로 고칠 경우 고려 사항
- 골재의 함수 상태
- 잔 골재 중에서 5mm체에 남은 굵은 골재량
- 굵은 골재는 5mm 체를 통과하는 잔 골재량
- 혼화제를 희석시킨 희석 수량

정답 036 01 ④ 02 ④ 03 ① 04 ④

037 시방 배합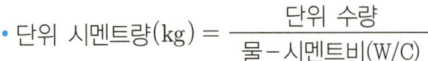

- 단위 시멘트량(kg) = $\dfrac{\text{단위 수량}}{\text{물}-\text{시멘트비(W/C)}}$

- 단위 골재량의 절대 부피(m^3)
  $= 1 - \left(\dfrac{\text{단위 수량}}{1,000} + \dfrac{\text{단위 시멘트량}}{\text{시멘트 비중} \times 1,000} \right.$
  $\left. + \dfrac{\text{단위 혼화재량}}{\text{혼화재의 비중} \times 1,000} + \dfrac{\text{공기량}}{100} \right)$

- 단위 잔 골재량의 절대 부피(m^3)
  = 단위 골재량의 절대 부피 × 잔 골재율(S/a)

- 단위 잔 골재량(kg)
  = 단위 잔 골재의 절대 부피 × 잔 골재의 밀도 × 1,000

- 단위 굵은 골재량의 절대 부피(m^3)
  = 단위 골재량의 절대 부피 − 단위 잔 골재량의 절대 부피
  = 단위 골재량의 절대 부피 × $(1 - S/a)$

- 단위 굵은 골재량(kg)
  = 단위 굵은 골재의 절대 부피 × 굵은 골재의 밀도 × 1,000

□□□ 기12

01 콘크리트 배합 설계에서 단위 수량 165kg, 물−시멘트비 40%, 시멘트 밀도 3.15g/cm³, 공기량 3%로 하는 경우 골재의 절대 용적을 구한 값으로 맞는 것은?

① 621*l* ② 642*l*
③ 674*l* ④ 696*l*

해설 · 단위 수량 절대 용적 : $\dfrac{165(\text{kg})}{1(\text{g/cm}^3)} = 165l$

· 단위 시멘트량
$c = \dfrac{W}{W/C} = \dfrac{165}{0.40} = 412.5 \text{kg}$

· 시멘트의 절대 용적
$V_c = \dfrac{412.5}{3.15} = 130.95 l$

· 공기량 $= 1,000 \times \dfrac{3}{100} = 30 l$

∴ 골재의 절대 용적
$a = 1,000 - (165 + 130.95 + 30) = 674.05 l$

□□□ 기11

02 골재의 절대 부피가 0.65m³인 콘크리트에서 잔 골재율이 42%이고 잔 골재의 밀도가 2.60g/cm³이면 단위 잔 골재량은?

① 709.8kg ② 712.6kg
③ 711.4kg ④ 707.6kg

해설 · 단위 잔 골재량의 절대 용적
= 단위 골재의 절대 용적 × 잔 골재율
= $0.65 \times 0.42 = 0.273 \text{m}^3$

· 잔 골재량 S
= 단위 잔 골재의 절대 용적 × 잔 골재의 밀도 × 1,000
= $0.273 \times 2.60 \times 1,000 = 709.8 \text{kg/m}^3$

□□□ 기10 산10,14,17

03 아래 표와 같은 조건의 시방배합에서 잔 골재와 굵은 골재의 단위량은 약 얼마인가?

- 단위 수량=175kg, $S/a = 41.0\%$, $W/C = 50\%$
- 시멘트 밀도 = 3.15 g/cm³
- 잔 골재 표건 밀도 = 2.60 g/cm³
- 굵은 골재 표건 밀도 = 2.65 g/cm³
- 공기량 = 1.5 %

① 잔 골재 : 735kg, 굵은 골재 : 989kg
② 잔 골재 : 745kg, 굵은 골재 : 1,093kg
③ 잔 골재 : 756kg, 굵은 골재 : 1,193kg
④ 잔 골재 : 770kg, 굵은 골재 : 1,293kg

해설 · $\dfrac{W}{C} = 0.50$에서

∴ 단위 시멘트량 $c = \dfrac{175}{0.50} = 350 \text{kg/m}^3$

· 단위 골재량의 절대부피
$V_a = 1 - \left(\dfrac{\text{단위 수량}}{1,000} + \dfrac{\text{단위 시멘트량}}{\text{시멘트의 비중} \times 1,000} + \dfrac{\text{공기량}}{100} \right)$
$= 1 - \left(\dfrac{175}{1,000} + \dfrac{350}{3.15 \times 1,000} + \dfrac{1.5}{100} \right) = 0.6989 \text{m}^3$

· 단위 잔 골재량의 절대 부피
$V_s = V_a \times$ 잔 골재율(S/a)
$= 0.6989 \times \dfrac{41}{100} = 0.2865 \text{m}^3$

· 단위 잔 골재량
$S = V_s \times$ 잔 골재 밀도 × 1,000
$= 0.2865 \times 2.60 \times 1,000 = 745 \text{kg/m}^3 = 745 \text{kg}$

· 단위 굵은 골재량
$G = V_g \times$ 굵은 골재 밀도 × 1,000
$= (0.6989 - 0.2865) \times 2.65 \times 1,000$
$= 1,093 \text{kg/m}^3 = 1,093 \text{kg}$

□□□ 기 09

04 콘크리트 시방 배합 설계에서 단위 골재의 절대 용적이 $0.678m^3$이고, 잔 골재율이 40%, 굵은 골재의 표건 밀도가 $2.65g/cm^3$인 경우 단위 굵은 골재량으로 적당한 것은?

① 719kg
② 1,078kg
③ 1,136kg
④ 1,462kg

해설
- 단위 굵은 골재의 절대 용적
$$= 단위\ 골재의\ 절대\ 용적 \times \left(1 - \frac{S}{a}\right)$$
$$= 0.678 \times (1 - 0.40) = 0.407m^3$$
- 굵은 골재량
= 단위 굵은 골재의 절대 용적×굵은 골재의 밀도×1,000
$$= 0.407 \times 2.65 \times 1,000 = 1,078 kg/m^3$$

□□□ 기 04,06,10,13

05 물-시멘트비 50%, 잔 골재율 43.0%, 공기량 5.0% 및 단위 수량 170kg의 조건으로한 콘크리트의 시방 배합 결과에 대한 설명으로 틀린 것은? (단, 시멘트 밀도 : $0.00315g/mm^3$, 잔 골재 표면 건조 포화 상태 밀도 : $0.00257g/mm^3$, 굵은 골재 표면 건조 포화 상태 밀도 : $0.00265g/mm^3$)

① 단위 시멘트량은 340kg이다.
② 골재의 절대 용적은 672l이다.
③ 단위 잔 골재량은 743kg이다.
④ 단위 굵은 골재량은 1,027kg이다.

해설
- $\frac{W}{C} = 0.50$에서

∴ 단위 시멘트량 $C = \frac{170}{0.50} = 340 kg/m^3$

- 단위 골재량의 절대 부피

$$V_a = 1 - \left(\frac{단위\ 수량}{1,000} + \frac{단위\ 시멘트량}{시멘트의\ 비중 \times 1,000} + \frac{공기량}{100}\right)$$

$$= 1 - \left(\frac{170}{1,000} + \frac{340}{3.15 \times 1,000} + \frac{5}{100}\right)$$

$$= 0.672 m^3 = 672l$$

- 단위 잔 골재량
$S = V_s \times (S/a) \times 잔\ 골재\ 밀도 \times 1,000$
$= 0.672 \times 0.43 \times 2.57 \times 1,000 = 743 kg$

- 단위 굵은 골재량
$G = V_g \times 굵은\ 골재\ 밀도 \times 1,000$
$= 0.672(1-0.43) \times 2.65 \times 1,000$
$= 1,015.06 kg/m^3 = 1,015 kg$

(∵ $0.00315 g/mm^3 = 3.15 g/cm^3$,
$0.00257 g/mm^3 = 2.57 g/cm^3$,
$0.00265 g/mm^3 = 2.65 g/cm^3$
$1m^3 = 1,000l$)

□□□ 기 12,15,16,19,20

06 아래의 표와 같이 콘크리트 시방 배합을 하였다. 잔 골재의 표면 수량이 3.5%이고, 굵은 골재의 표면 수량이 1.5%일 때, 현장 배합으로 수정할 경우 단위 수량은?

물 (kg/m³)	시멘트 (kg/m³)	잔 골재 (kg/m³)	굵은 골재 (kg/m³)
175	369	788	1074

① 130.3kg/m³
② 131.3kg/m³
③ 132.3kg/m³
④ 133.3kg/m³

해설 표면 수량에 의한 환산

- 잔 골재의 표면 수량 $= 788 \times \frac{3.5}{100} = 27.58 kg/m^3$
- 굵은 골재의 표면 수량 $= 1,074 \times \frac{1.5}{100} = 16.11 kg/m^3$

∴ 수정할 단위 수량 $= 175 - (27.58 + 16.11) = 131.31 kg/m^3$

□□□ 기 07

07 골재의 절대 용적이 780l인 콘크리트에 잔 골재율이 39%이고, 잔 골재의 표건 밀도가 $2.62g/cm^3$이면, 단위 잔 골재량은 얼마인가?

① 204kg/m³
② 304kg/m³
③ 597kg/m³
④ 797kg/m³

해설 S = 잔 골재의 절대 용적×잔 골재 밀도
$= 780 \times 0.39 \times 2.62 = 797 kg/m^3$

□□□ 산 07,11,17

08 콘크리트 배합에 있어서 단위 수량이 170kg/m³ 단위 시멘트량이 315kg/m³, 공기량 4%일 때 단위 골재량의 절대 부피는? (단, 시멘트의 비중은 3.14이다.)

① 0.69m³
② 0.73m³
③ 0.75m³
④ 0.77m³

해설 단위 골재량의 절대 부피

$$V_a = 1 - \left(\frac{단위\ 수량}{1,000} + \frac{단위\ 시멘트량}{시멘트의\ 비중 \times 1,000} + \frac{공기량}{100}\right)$$

$$= 1 - \left(\frac{170}{1,000} + \frac{315}{3.14 \times 1,000} + \frac{4}{100}\right) = 0.69 m^3$$

038 현장 배합

■ **시방배합을 현장배합으로 수정 시 고려 사항**
- 골재의 함수상태
- 잔 골재 중에서 5mm체에 남은 굵은 골재량
- 굵은 골재 중에서 5mm체를 통과하는 잔 골재량
- 혼화제를 희석시킨 희석수량

■ **입도에 대한 보정**
- 현장 골재에서 잔 골재 속에 들어 있는 굵은 골재량(5mm 체에 남은 양)과 굵은 골재 속에 들어 있는 잔 골재량(5mm 체 통과량)에 따라 입도를 보정한다.

$$X + Y = S + G$$

$$\frac{a}{100}X + \left(1 - \frac{b}{100}\right)Y = G$$

$$\frac{b}{100}Y + \left(1 - \frac{a}{100}\right)X = S$$

위의 공식을 정리하면 다음과 같다.

$$X = \frac{100S - b(S+G)}{100 - (a+b)}$$

$$Y = \frac{100G - a(S+G)}{100 - (a+b)}$$

여기서, X : 실제 계량할 단위 잔 골재량(kg)
  Y : 실제 계량할 단위 굵은 골재량(kg)
  S : 시방 배합의 단위 잔 골재량(kg)
  G : 시방 배합의 단위 굵은 골재량(kg)
  a : 잔 골재 속의 5mm 체에 남은 양(%)
  b : 굵은 골재 속의 5mm 체를 통과하는 양(%)

■ **표면수에 대한 보정**
- 골재의 함수 상태에 따라 시방 배합의 물 양과 골재량을 보정한다.

$$S' = X\left(1 + \frac{c}{100}\right)$$

$$G' = Y\left(1 + \frac{d}{100}\right)$$

$$W' = W - \frac{c}{100} \cdot X - \frac{d}{100} \cdot Y$$

여기서, S' : 실제 계량할 단위 잔 골재량(kg)
  G' : 실제 계량할 단위 굵은 골재량(kg)
  W' : 계량해야 할 단위 수량(kg)
  c : 현장 잔 골재의 표면 수량(%)
  d : 현장 굵은 골재의 표면 수량(%)
  W : 시방 배합의 단위 수량(kg)

기11,13

01 아래 표의 시방배합을 현장배합으로 수정하였을 때 굵은 골재량은?

시방 배합 단위량(kg/m³)			
물	시멘트	잔 골재	굵은 골재
171	342	692	1,049

【 현장 골재의 상태 】
- 잔 골재 중의 5mm 체에 남은 양 : 8%
- 굵은 골재 중의 5mm 체를 통과하는 양 : 4%
- 잔 골재의 표면수율 : 2%
- 굵은 골재의 표면수율 : 1%

① 1,023kg/m³   ② 1,034kg/m³
③ 1,044kg/m³   ④ 1,053kg/m³

해설 입도에 의한 조정
$S = 692$, $G = 1,049$, $a = 8\%$, $b = 4\%$

굵은 골재량 $Y = \dfrac{100G - a(S+G)}{100 - (a+b)}$

$= \dfrac{100 \times 1,049 - 8(692 + 1,049)}{100 - (8+4)} = 1,034 \text{kg/m}^3$

굵은 골재의 표면 수량 $= 1,034 \times \dfrac{1}{100} = 10 \text{kg/m}^3$

∴ 굵은 골재량 $= 1,034 + 10 = 1,044 \text{kg/m}^3$

기10

02 콘크리트 압축 강도 시험에서 20개의 공시체를 측정하여 평균값이 27.0MPa, 표준 편차가 2.7MPa 일 때의 변동 계수는 얼마인가?

① 5%   ② 8%
③ 10%   ④ 15%

해설 변동계수 $= \dfrac{\text{표준 편차}(\sigma)}{\text{평균치}(\overline{x})}$

$= \dfrac{2.7}{27.0} \times 100 = 10\%$

□□□ 기12

03 시방 배합 설계 결과 잔 골재량이 630kg/m³, 굵은 골재량이 1,170kg/m³ 이었다. 현장의 골재 상태가 아래 표와 같을 때 현장 배합의 잔 골재량과 굵은 골재량으로 옳은 것은?

【 현장 골재의 상태 】
- 잔 골재가 5mm 체에 남은 양 : 6%
- 잔 골재의 표면수율 : 2.5%
- 굵은 골재가 5mm 체를 통과하는 양 : 8%
- 굵은 골재의 표면수율 : 0.5%

① 잔 골재 : 579kg/m³, 굵은 골재 : 1,241kg/m³
② 잔 골재 : 551kg/m³, 굵은 골재 : 1,229kg/m³
③ 잔 골재 : 531kg/m³, 굵은 골재 : 1,201kg/m³
④ 잔 골재 : 519kg/m³, 굵은 골재 : 1,189kg/m³

해설 ■ 입도에 의한 조정
a : 잔 골재 중 5mm 체에 남은 양 : 6%
b : 굵은 골재 중 5mm 체를 통과한 양 : 8%

- 잔 골재량 $X = \dfrac{100S - b(S+G)}{100-(a+b)}$
  $= \dfrac{100 \times 630 - 8(630+1,170)}{100-(6+8)}$
  $= 565 \, \text{kg/m}^3$

- 굵은 골재량 $Y = \dfrac{100G - a(S+G)}{100-(a+b)}$
  $= \dfrac{100 \times 1,170 - 6(630+1,170)}{100-(6+8)}$
  $= 1,235 \, \text{kg/m}^3$

■ 표면 수량에 의한 환산
- 잔 골재의 표면 수량 = $565 \times 0.025 = 14$kg
  ∴ 잔 골재량 = $565 + 14 = 579$kg/m³
- 굵은 골재의 표면 수량 = $1,235 \times 0.005 = 6$kg
  ∴ 굵은 골재량 = $1,235 + 6 = 1,241$kg/m³

□□□ 산 09,10,11,22

04 시방 배합 결과 단위 수량 185kg/m³, 단위 잔 골재량 750kg/m³, 단위 굵은 골재량 975kg/m³을 얻었다. 잔 골재의 표면 수율이 3%, 굵은 골재의 표면 수율이 2%라면 이를 보정하여 현장 배합으로 바꾼 단위 수량은?

① 143kg/m³   ② 157kg/m³
③ 182kg/m³   ④ 227kg/m³

해설 표면 수량에 의한 환산
- 잔 골재의 표면 수량 = $750 \times 0.03 = 22.5$kg/m³
- 굵은 골재의 표면 수량 = $975 \times 0.02 = 19.5$kg/m³
  ∴ 단위 수량 = $185 - (22.5 + 19.5) = 143$kg/m³

□□□ 산 07,10,12,13,16

05 시방 배합의 단위량과 현장 골재의 입도가 다음과 같을 때, 현장 배합의 단위 굵은 골재량 및 단위 잔 골재량은?

- 시방 배합 : 잔 골재 900kg/m³
- 굵은 골재 : 1,000kg/m³
- 현장 골재 조건
  잔골재 중 5mm 체에 남는 양 4%
  굵은 골재 중 5mm 체를 통과하는 양 2%

① 잔 골재량 : 917kg/m³, 굵은 골재량 : 983kg/m³
② 잔 골재량 : 940kg/m³, 굵은 골재량 : 960kg/m³
③ 잔 골재량 : 883kg/m³, 굵은 골재량 : 1,017kg/m³
④ 잔 골재량 : 880kg/m³, 굵은 골재량 : 1,020kg/m³

해설 입도에 의한 조정
a : 잔 골재 중 5mm 체에 남은 양 : 4%
b : 굵은 골재 중 5mm 체를 통과한 양 : 2%

- 잔 골재량 $X = \dfrac{100S - b(S+G)}{100-(a+b)}$
  $= \dfrac{100 \times 900 - 2(900+1,000)}{100-(4+2)}$
  $= 917$kg/m³

- 굵은 골재량 $Y = \dfrac{100G - a(S+G)}{100-(a+b)}$
  $= \dfrac{100 \times 1,000 - 4(900+1,000)}{100-(4+2)}$
  $= 983$kg/m³

| memo |

과목 2

콘크리트 제조, 시험 및 품질 관리

01 콘크리트 제조
02 콘크리트 시험
03 콘크리트의 품질 관리
04 콘크리트의 성질

CHAPTER 01 콘크리트 제조

001 재료의 계량

■ 재료의 계량
- 계량은 현장 배합에 의해 실시하는 것으로 한다.
- 골재가 건조되어 있을 때의 유효 흡수율 값은 골재를 적절한 시간 흡수시켜서 구한다.
- 유효 흡수율의 시험에서 골재에 흡수시키는 시간은 공사 현장의 사정에 따라 다르나 실용적으로 보통 15~30분간의 흡수율을 유효 흡수율로 보아도 좋다.
  - 혼화제를 녹이는 데 사용하는 물이나 혼화제를 묽게 하는 데 사용하는 물은 단위 수량의 일부로 보아야 한다.
- 1배치량은 콘크리트의 종류, 비비기 설비의 성능, 운반 방법, 공사의 종류, 콘크리트의 타설량 등을 고려하여 정하여야 한다.
- 각 재료는 1배치씩 질량으로 계량하여야 한다.
  - 물과 혼화제 용액은 용적으로 계량해도 좋다.
  - 소규모 공사에서 시멘트나 혼화제가 포대 단위로 계량해도 좋다.
  - 1포대보다 작은 양은 질량으로 계량하여야 한다.
- 연속 믹서를 사용할 경우, 각 재료는 용적으로 계량해도 좋다.
  - 이때의 계량 오차는 믹서의 용량에 따라 정해지는 소정의 시간당 계량분을 질량으로 환산하고 계량 오차의 값 이하이어야 한다.

■ 계량 오차의 계산

$$m_o = \frac{m_2 - m_1}{m_1} \times 100$$

여기서, m_o : 계량 오차(정수로 함)
m_1 : 목표 1차 계량 분량
m_2 : 저울에 의한 계측값

■ [신] KCS 14 20 10 1회 계량분에 대한 계량오차

재료의 종류	측정 단위	허용오차
시멘트	질량	-1%, +2%
골재	질량	±3%
물	질량 또는 부피	-2%, +1%
혼화재	질량	±2%
혼화제	질량 또는 부피	±3%

■ 콘크리트용 골재

품질 항목	잔 골재	굵은 골재
절대 건조 밀도	2.50g/cm³ 이상	2.50g/cm³ 이상
흡수율	3.0% 이하	3.0% 이하
점토 덩어리	1.0%	0.258%
안정성	10% 이하	12% 이하
마모율	–	40%
염화물	0.04% 이하	–

□□□ 기13

01 레디 믹스트 콘크리트의 제조 설비에 대한 설명으로 틀린 것은?

① 믹서는 고정 믹서로 한다.
② 골재 저장 설비는 콘크리트 최대 출하량의 1주일분 이상에 상당하는 골재량을 저장할 수 있는 크기로 한다.
③ 플랜트는 원칙적으로 각 재료를 위한 별도의 저장빈을 구비한다.
④ 시멘트의 저장 설비는 종류에 따라 구분하고, 시멘트의 풍화를 방지할 수 있어야 한다.

[해설] 골재 저장 설비는 콘크리트 최대 출하량의 1일분 이상에 상당하는 골재량을 저장할 수 있는 크기로 한다.

□□□ 기08,14

02 일반 콘크리트 제조 시에 재료의 계량에 관한 사항은 콘크리트 표준시방서에서 규정하고 있다. 이 규정을 따를 경우 고로 슬래그 미분말의 계량 오차의 최대치는 몇 %인가?

① 0.5% ② 1%
③ 2%   ④ 3%

[해설] 고로 슬래그 미분말의 계량 오차의 최대치는 1%로 한다.

정답 001 01 ② 02 ②

☐☐☐ 기09
03 콘크리트의 제조를 위해 각 구성 재료 계량에 있어서 일반적인 경우 용적으로 계량해도 좋은 것은?

① 물과 혼화제 용액　② 물과 굵은 골재
③ 굵은 골재와 잔 골재　④ 잔 골재와 혼화재

[해설] 재료의 계량 오차

재료의 종류	측정 단위	1회 계량 분량의 한계 오차
물	질량 또는 부피	−2%, +1%
시멘트	질량	−1%, +2%
혼화재	질량	±2%
골재	질량	±3%
혼화제	질량 또는 부피	±3%

• 고로 슬래그 미분말의 계량 오차의 최대치는 1%로 한다.
∴ 물과 혼화제는 일반적인 경우 용적(부피)으로 계량한다.

☐☐☐ 기10,12,15,17,22 산12
04 콘크리트용 재료를 계량하고자 한다. 고로 슬래그 미분말 50kg을 목표로 계량한 결과 50.6kg이 계량되었다면, 계량 오차에 대한 올바른 판정은? (단, 콘크리트 표준시방서의 규정을 따른다.)

① 계량 오차가 1.2%로 혼화재의 허용 오차 2% 내에 들어 합격
② 계량 오차가 1.2%로 혼화재의 허용 오차 3% 내에 들어 합격
③ 계량 오차가 1.2%로 고로 슬래그 미분말의 허용 오차 1%를 벗어나 불합격
④ 계량 오차가 1.2%로 고로 슬래그 미분말의 허용 오차 3% 내에 들어 합격

[해설] 고로 슬래그 미분말의 계량 오차의 최대치는 1%로 한다.

계량 오차 $m_o = \dfrac{m_2 - m_1}{m_1} \times 100$

$= \dfrac{50.6 - 50}{50} \times 100 = 1.2\%$

∴ 계량 오차 1%를 벗어나 불합격

☐☐☐ 기07,12
05 콘크리트 재료의 1회 계량분에 대한 계량의 허용 오차로 옳지 않은 것은?

① 물 : −2%, +1% 이하　② 시멘트 : ±2% 이하
③ 골재 : ±3% 이하　④ 혼화제 : ±3% 이하

[해설] 시멘트 : ±1% 이하

☐☐☐ 기12,16,19,21
06 콘크리트 재료의 계량에 대한 설명으로 틀린 것은?

① 계량은 시방 배합에 의해 실시하는 것으로 한다.
② 골재가 건조되어 있을 때의 유효 흡수율 값은 골재를 적절한 시간 흡수시켜서 구한다.
③ 혼화제를 녹이는 데 사용하는 물이나 혼화제를 묽게 하는 데 사용하는 물은 단위 수량의 일부로 보아야 한다.
④ 각 재료 1배치씩 질량으로 계량하여야 하나, 물과 혼화제 용액은 용적으로 계량해도 좋다.

[해설] 계량은 현장 배합에 의해 실시하는 것으로 한다.

☐☐☐ 기08
07 콘크리트의 배합 설계 결과 단위 시멘트량이 350kg/m³인 경우 1배치가 3m³인 믹서에서 시멘트의 1회 계량값이 1,065kg일 때, 계량 오차에 대한 판정 결과로 옳은 것은?

① 허용 계량 오차의 한계인 ±1% 이내이므로 합격
② 허용 계량 오차의 한계인 ±1%를 초과하므로 불합격
③ 허용 계량 오차의 한계인 ±1% 이내이므로 합격
④ 허용 계량 오차의 한계인 ±2%를 초과하므로 불합격

[해설] • 1회 측정한 계량값 : 1,065kg
• 시멘트의 허용 오차 : ±1%
• 목표 1회 계량 분량 $m_1 = 350 \times 3 \times \left(1 \pm \dfrac{1}{100}\right)$

$= 1,039.5 \sim 1,060.5 \text{kg}$ 범위

∴ 1회 측정한 계량값이 목표 1회 계량 분량을 초과하였으므로 불합격

☐☐☐ 기10,14,15,16
08 일반 콘크리트에 사용되는 재료의 계량에 대한 설명으로 틀린 것은?

① 사용 재료는 시방 배합을 현장 배합으로 고친 다음 현장 배합으로 계량하여야 한다.
② 골재가 건조되어 있을 때의 유효 흡수율 값은 골재를 적절한 시간 동안 흡수시켜서 구하여야 한다.
③ 혼화제를 녹이는 데 사용하는 물이나 혼화제를 묽게 하는 데 사용하는 물의 단위 수량에서 제외한다.
④ 각 재료는 1배치씩 질량으로 계량하여야 한다. 다만, 물과 혼화제 용액은 용적으로 계량해도 좋다.

[해설] 혼화제를 녹이는 데 사용하는 물이나 혼화제를 묽게 하는 데 사용하는 물은 단위 수량의 일부로 보아야 한다.

□□□ 산10,13,15,16,17

09 콘크리트용 혼화제의 계량 허용 오차는 몇 %인가?

① ±1% ② ±2%
③ ±3% ④ ±4%

[해설] 혼화제의 계량 오차 : ±3%

□□□ 기 16,17,21,22

10 KCS 14 20 10 에 따른 콘크리트용 재료의 계량 허용오차가 틀린 것은?

① 물 : -2%, +1%
② 골재 : ±2%
③ 시멘트 : -1%, +2%
④ 혼화제 : ±3%

[해설] KCS 14 20 10 1회 계량분에 대한 계량오차

재료의 종류	측정단위	허용오차
시멘트	질량	-1%, +2%
골재	질량	±3%
물	질량 또는 부피	-2%, +1%
혼화재	질량	±2%
혼화제	질량 또는 부피	±3%

∴ 골재 : 3%

□□□ 산13

11 일반 콘크리트에 사용되는 재료의 계량에 대한 설명으로 옳지 않은 것은?

① 사용 재료는 시방 배합을 현장 배합으로 고친 다음 현장 배합으로 계량하여야 한다.
② 골재가 건조되어 있을 때의 유효 흡수율값은 골재를 적절한 시간 동안 흡수시켜서 구하여야 한다.
③ 혼화 재료를 녹이거나 묽게 희석시키기 위해 사용하는 물은 단위 수량에서 제외한다.
④ 각 재료는 1배치씩 질량으로 계량하여야 한다.

[해설] 혼화제를 녹이는 데 사용하는 물이나 혼화재를 묽게 하는 데 사용하는 물은 단위 수량의 일부로 보아야 한다.

002 콘크리트용 믹서

■ 콘크리트 믹서의 종류
재료를 1배치 분량씩 혼합하는 배치 믹서와 연속적으로 혼합하는 연속 믹서가 있다.
- 배치 믹서 : 콘크리트 재료를 1회분씩 비비기하는 믹서
- 연속 믹서 : 콘크리트용 재료의 계량, 공급 및 비비기를 하는 각 기구를 일체화하여 굳지 않은 콘크리트를 연속해서 제조하는 믹서

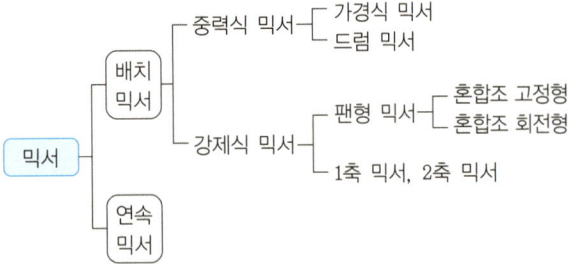

■ 중력식 믹서
- 가경식 믹서 : 재료의 투입, 혼합에 있어서 혼합조를 기울일 수 있는 것으로 널리 사용되고 있다.
- 드럼 믹서 : 회전하는 혼합조가 고정된 것으로 현재는 극히 특수한 경우 외에는 사용되지 않는다.

■ 강제식 믹서
- 강제식 믹서에는 팬형 믹서와 1축 믹서 및 2축 믹서가 있으며, 혼합 성능이 좋기 때문에 레디 믹스트 콘크리트 공장을 중심으로 널리 사용되고 있다.
- 강제식 믹서는 용량이 $0.25 \sim 4\text{m}^3$의 범위이며, 가장 널리 사용되는 것은 1.0m^3 및 1.5m^3 정도의 용량을 가진 것이다.

■ 콘크리트 믹서의 작업량

$$Q = \frac{60 \times q \times E}{C_m}$$

여기서, Q : 콘크리트 믹서의 시간당 작업량(m^3/hr)
q : 콘크리트 믹서의 용량(m^3)
E : 작업 효율
C_m : 1회 사이클 타임(분)

□□□ 기 08,10,13,17,22
01 다음에서 콘크리트의 비비기에 사용되는 믹서 중 강제식 믹서가 아닌 것은?

① 드럼 믹서(drum mixer)
② 팬형 믹서(pan type mixer)
③ 1축 믹서(one shaft mixer)
④ 2축 믹서(twin shaft mixer)

해설
- 중력식 믹서 : 가경식 믹서, 드럼 믹서(drum mixer)
- 강제식 믹서 : 팬형 믹서(pan type mixer), 1축 믹서(one shaft mixer), 2축 믹서(twin shaft mixer)

□□□ 기 12
02 콘크리트 배치 믹서는 중력식 믹서와 강제식 믹서로 크게 나눌 수 있다. 다음 중 중력식 믹서에 해당하는 것은?

① 팬형 믹서
② 1축 믹서
③ 2축 믹서
④ 드럼 믹서

해설
- 중력식 믹서 : 가경식 믹서, 드럼 믹서
- 강제식 믹서 : 팬형 믹서, 1축 믹서, 2축 믹서

□□□ 기 06,11 산 04
03 1일 콘크리트 사용량이 약 200m^3인 경우 필요한 믹서의 용량은? (단, 1일 작업 시간은 8시간, 1회 비벼내기 시간 2분, 작업 효율 $E=0.80$이다.)

① 0.55m^3
② 1.05m^3
③ 1.55m^3
④ 2.05m^3

해설 $Q = \frac{60 \times q \times E}{C_m}$ 에서

$= \frac{(60 \times 8) \times q \times 0.8}{2} = 200 \text{m}^3/\text{hr}$

∴ $q = 1.042 = 1.05\text{m}^3$

□□□ 산 04,17
04 콘크리트 공사에 있어 믹서 1대로 1일 60m^3의 콘크리트를 비벼내고자 할 때 준비하여야 할 믹서의 공칭 용량은 다음 중 어느 것이 적당한가? (단, 1회 비벼내기 시간 4분, 1일 10시간 실가동 조건으로 한다.)

① 0.32m^3
② 0.40m^3
③ 0.48m^3
④ 0.52m^3

해설 $Q = \frac{60}{4} \times q \times E$

$= \frac{60}{4} \times q \times 1 = \frac{60}{10}$

∴ $q = 0.40\text{m}^3$

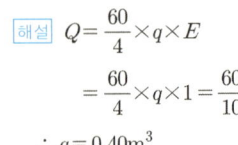
정답 002 01 ① 02 ④ 03 ② 04 ②

003 콘크리트의 비비기

- 콘크리트의 재료는 반죽된 콘크리트가 균질하게 될 때까지 충분히 비벼야 한다.
- 재료를 믹서에 투입하는 순서는 믹서의 형식, 비비기 시간, 골재의 종류 및 입도, 단위 수량, 단위 시멘트량, 혼화 재료의 종류 등에 따라 다르다.
- 일반적으로 물은 다른 재료보다 먼저 넣기 시작하여 그 넣는 속도를 일정하게 유지하고, 다른 재료의 투입이 끝난 후 조금 지난 뒤에 물의 주입을 끝내도록 하면 만족스러운 결과를 얻을 수 있다.
- 강제 혼합식 믹서 중 바닥의 배출구를 완전히 폐쇄시킬 수 없는 경우에는 물을 다른 재료보다 조금 늦게 주입하여야 한다.
- 비비기 시간은 시험에 의해 정하는 것을 원칙으로 한다.
- 비비기 시간에 대한 시험을 실시하지 않은 경우 그 최소 시간은 가경식 믹서일 때에는 1분 30초, 강제식 믹서일 때에는 1분 이상을 표준으로 한다.
- 비비기는 미리 정해 둔 비비기 시간의 3배 이상 계속하지 않아야 한다.
- 비비기를 시작하기 전에 미리 믹서 내부를 모르타르로 부착시켜야 한다.
- 믹서 안의 콘크리트를 전부 꺼낸 후가 아니면 믹서 안에 다음 재료를 넣지 않아야 한다.
- 믹서는 사용 전후에 잘 청소하여야 한다.
- 연속 믹서를 사용할 경우, 비비기 시작 후 최초에 배출되는 콘크리트는 사용하지 않아야 한다.

□□□ 기 09,11,12,15

01 일반 콘크리트의 비비기에 대한 설명으로 틀린 것은?

① 콘크리트의 재료는 반죽된 콘크리트가 균등하게 될 때까지 충분히 비빈다.
② 재료를 투입하는 순서는 믹서의 형식, 비비기 시간, 골재의 종류 등에 영향을 받지 않는다.
③ 비비기 시간은 시험에 따라 정하는 것을 원칙으로 한다.
④ 비비기는 미리 정해 둔 비비기 시간의 3배 이상 계속해서는 안 된다.

[해설] 재료를 투입하는 순서는 믹서의 형식, 비비기 시간, 골재의 종류 및 입도, 단위 수량, 단위 시멘트량, 혼화 재료의 종류 등에 따라 다르므로 강도 시험, 블리딩 시험 등의 결과 또는 실적을 참고로 해서 정하여야 한다.

□□□ 기12

02 콘크리트의 비비기에 대한 설명으로 틀린 것은?

① 시험을 실시하지 않은 경우 강제식 믹서의 비비기 시간은 1분 이상을 표준으로 한다.
② 시험을 실시하지 않은 경우 가경식 믹서의 비비기 시간은 1분 30초 이상을 표준으로 한다.
③ 비비기는 미리 정해 둔 비비기 시간의 2배 이상 계속하지 않아야 한다.
④ 연속 믹서를 사용할 경우, 비비기 시작 후 최초에 배출되는 콘크리트는 사용하지 않아야 한다.

[해설] 비비기는 미리 정해 둔 비비기 시간의 3배 이상 계속하지 않아야 한다.

□□□ 기11,14

03 일반 콘크리트의 비비기에 대한 설명으로 틀린 것은?

① 재료를 믹서에 투입하는 순서는 믹서의 형식, 비비기 시간, 골재의 종류 및 입도, 단위 수량, 단위 시멘트량, 혼화 재료의 종류 등에 따라 다르다.
② 강제 혼합식 믹서 중 바닥의 배출구를 완전히 폐쇄시킬 수 없는 경우에는 물을 다른 재료보다 일찍 주입하여야 한다.
③ 비비기 시간에 대한 시험을 실시하지 않은 경우 그 최소 시간은 가경식 믹서일 때에는 1분 30초 이상을 표준으로 한다.
④ 비비기는 미리 정해 둔 비비기 시간의 3배 이상 계속하지 않아야 한다.

[해설] 강제 혼합식 믹서 중 바닥의 배출구를 완전히 폐쇄시킬 수 없는 경우에는 물을 다른 재료보다 조금 늦게 주입하여야 한다.

□□□ 기 09,13,15,17 산10,13,16

04 콘크리트의 비비기에 대한 설명 중 옳지 않은 것은?

① 비비기는 미리 정해 둔 비비기 시간의 3배 이상 계속해서는 안 된다.
② 연속 믹서를 사용하면 비비기 시작 후 최초에 배출되는 콘크리트를 사용할 수 있다.
③ 비비기 시간은 시험에 의해 정하는 것을 원칙으로 한다.
④ 재료를 믹서에 투입하는 순서는 믹서의 형식, 비비기 시간 등에 따라 다르기 때문에 시험의 결과 또는 실적을 참고로 정한다.

[해설] 연속 믹서를 사용할 경우 비비기 시작 후 최초에 배출되는 콘크리트는 사용하지 않아야 한다.

정답 003 01 ② 02 ③ 03 ② 04 ②

05 콘크리트 재료의 비비기에 대한 설명으로 틀린 것은?

① 재료는 반죽된 콘크리트가 균질하게 될 때까지 충분히 비벼야 한다.
② 연속 믹서를 사용할 경우, 비비기 시작 후 최초에 배출되는 콘크리트는 사용해서는 안 된다.
③ 일반적으로 물은 다른 재료의 투입이 끝난 후 조금 지난 뒤에 물의 주입을 시작하는 것이 좋다.
④ 비비기를 시작하기 전에 미리 믹서 내부를 모르타르로 부착시켜야 한다.

해설 일반적으로 물은 다른 재료보다 먼저 넣기 시작하여 그 넣는 속도를 일정하게 유지하고, 다른 재료의 투입이 끝난 후 조금 지난 뒤에 물의 주입을 끝내도록 하면 좋다.

06 보통 콘크리트와 비교할 때 AE 콘크리트의 특성이 아닌 것은?

① 워커빌리티(workability)의 증가
② 동결 융해에 대한 저항력 증가
③ 단위 수량 감소
④ 잔 골재율 증가

해설
• 적당한 공기량을 연행한 AE 콘크리트는 동결 융해의 반복에 대한 저항성이 크게 개선된다.
• AE제를 사용함으로써 워커빌리티를 개선하기 때문에 단위 수량과 잔 골재량을 줄일 수 있다.

07 혼화 재료 중 고로 슬래그 미분말의 사용 목적으로 가장 적절치 않은 것은?

① 염분 차폐성 및 수밀성 향상
② 알칼리 골재 반응 억제
③ 탄산화 억제
④ 장기 강도 향상

해설 고로 슬래그 미분말의 사용 목적
• 콘크리트의 워커빌리티가 좋아진다.
• 단위 수량을 줄일 수 있다.
• 콘크리트의 온도 상승 억제
• 잠재 수경성으로 장기 강도 향상
• 알칼리 골재 반응을 억제
• 황산염 등에 대한 화학 저항성 향상
• 콘크리트의 조직이 치밀하여 수밀성 향상

08 콘크리트 비비기는 미리 정해 둔 비비기 시간의 최소 몇 배 이상 계속해서는 안 되는가?

① 2배   ② 3배
③ 4배   ④ 5배

해설 비비기는 미리 정해 둔 비비기 시간의 3배 이상 계속해서는 안 된다.

09 콘크리트의 비비기에 대한 설명으로 틀린 것은?

① 비비기 시간의 시험을 하지 않은 경우 그 최소 시간은 강제식 믹서일 때에는 1분 이상을 표준으로 한다.
② 비비기는 미리 정해 둔 비비기 시간의 3배 이상 계속해서는 안 된다.
③ 콘크리트를 오래 비비면 골재가 파쇄되어 미분의 양이 많아질 우려가 있다.
④ 콘크리트를 오래 비빌수록 AE 콘크리트의 경우는 공기량이 증가한다.

해설 믹싱 시간이 너무 짧거나 너무 길어지면 공기량은 적어지지만 3~5분 정도 믹싱을 할 때의 공기량은 최대가 된다.

10 콘크리트의 비비기에 대한 설명으로 옳은 것은?

① 강제식 믹서의 최소 비비기 시간은 30초 이상으로 하여야 한다.
② 비비기는 미리 정해 둔 비비기 시간의 3배 이상 계속하여야 한다.
③ 비비기를 시작하기 전에 미리 믹서 내부를 모르타르로 부착하여야 한다.
④ 가경식 믹서의 최소 비비기 시간은 1분 이상으로 하여야 한다.

해설
• 강제식 믹서의 최소 비비기 시간은 1분 이상을 표준으로 한다.
• 비비기는 미리 정해 둔 비비기 시간의 3배 이상 계속하지 않아야 한다.
• 가경식 믹서의 최소 비비기 시간은 1분 30초 이상으로 하여야 한다.

정답 05 ③ 06 ④ 07 ③ 08 ② 09 ④ 10 ③

004　혼합에 사용되는 물

■ 용어의 정의

- 상수도 이외의 물 : 하천수, 호숫물, 저수지수, 지하수 등으로 상수돗물로서의 처리가 되어 있지 않은 물 및 공업 용수를 말하며 회수수는 제외한다.
- 회수수 : 레디 믹스트 콘크리트 공장에서 운반차, 플랜트의 믹서, 호퍼 등에 부착된 콘크리트 및 현장에서 되돌아오는 레디 믹스트 콘크리트를 세척하여 잔 골재, 굵은 골재를 분리한 세척 배수로서 슬러지수 및 상징수의 총칭
- 슬러지수 : 콘크리트의 회수수에서 상징수를 일부 활용하고 남은 슬러지를 포함한 물
- 상징수 : 슬러지에서 슬러지 고형분을 침강 또는 기타 방법으로 제거한 물
- 슬러지 : 슬러지수가 농축되어 유동성을 잃어버린 상태의 것
- 슬러지 고형분 : 슬러지를 105~110℃에서 건조시켜 얻어진 것
- 단위 슬러지 고형분율 : $1m^3$의 콘크리트 배합에 사용되는 슬러지 고형분량을 단위 결합재량으로 나눠 질량 배분율로 표시하는 것

■ 상수돗물

- 상수돗물은 시험을 하지 않아도 사용할 수 있다.
- 수도법에 따른 상수돗물의 품질은 다음 표와 같다.

시험 항목	허용량
색도	5도 이하
탁도	0.3 NTU 이하
수소 이온 농도	pH 5.8~8.5
증발 잔류물	500mg/L 이하
염소 이온(Cl^-)량	250mg/L 이하
과망간산칼륨 소비량	10mg/L 이하

■ 상수돗물 이외의 물

- 수도법의 수질 기준에 따라 상수돗물의 품질을 만족시키고 있는 경우에는 상수돗물에 준하여야 한다.
- 상수돗물 이외의 물의 품질은 기준에 다음 표에 적합하여야 한다.

상수돗물 이외의 물의 품질

항목	품질
현탁물질의 양	2g/L 이하
용해성 증발 잔류물의 양	1g/L 이하
염소 이온(Cl^-)량	250mg/L 이하
시멘트 응결시간의 차	초결 30분 이내, 종결 60분 이내
모르타르의 압축 강도비	재령 7일 및 재령 28일에서 90% 이상

■ 회수수

- 회수수를 사용하였을 경우, 단위 슬러지 고형분율이 3.0%를 초과하면 안 된다.
- 회수수의 품질은 다음 표의 기준에 적합하여야 한다.

회수수의 품질

항목	품질
염소 이온(Cl^-)량	250mg/L 이하
시멘트 응결시간의 차	초결 30분 이내, 종결 60분 이내
모르타르의 압축 강도비	재령 7일 및 재령 28일에서 90% 이상

□□□ 기 08,11,12,19

01 레디 믹스트 콘크리트 제조에 사용할 수 있는 물의 품질 기준에 대한 설명으로 틀린 것은? (단, 상수돗물 이외의 물의 품질)

① 현탁 물질의 양 : 2g/L 이하
② 용해성 증발 잔류물의 양 : 1g/L 이하
③ 염소 이온(Cl^-)량 : 200mg/L 이하
④ 시멘트 응결 시간의 차 : 초결은 30분 이내, 종결은 60분 이내

해설 상수돗물 이외의 물의 품질

항목	품질
현탁 물질의 양	2g/L 이하
용해성 증발 잔류물의 양	1g/L 이하
염소 이온(Cl^-)량	250mg/L 이하
시멘트 응결 시간의 차	초결 30분 이내, 종결 60분 이내
모르타르의 압축 강도비	재령 7일 및 재령 28일에서 90% 이상

□□□ 기 13

02 레디 믹스트 콘크리트(KS F 4009)에서 규정하고 있는 콘크리트 회수수의 품질 기준으로 틀린 것은?

① 염소 이온량 : 350mg/L
② 시멘트 응결 시간의 차 : 초결 30분 이내, 종결 60분 이내
③ 모르타르 압축 강도비 : 재령 7일 및 28일에서 90% 이상
④ 단위 슬러지 고형분율 : 3.0%를 초과하면 안 됨

해설 염소 이온(Cl^-)량 : 250mg/L 이하

☐☐☐ 산11
03 굳지 않은 콘크리트 중의 전 염소 이온량은 원칙적으로 얼마 이하로 규정하고 있는가?

① $0.3kg/m^3$ ② $0.5kg/m^3$
③ $0.7kg/m^3$ ④ $0.9kg/m^3$

해설 콘크리트 중 염화물 함유량의 허용치는 염소이온(Cl^-)량으로서 $0.30kg/m^3$ 이하이어야 한다. 다만, 구입자의 승인을 얻은 경우에 $0.60kg/m^3$ 이하로 할 수 있다.

☐☐☐ 산12
04 레디 믹스트 콘크리트의 염화물 함유량(염소이온(Cl^-)량)은 구입자의 승인을 얻은 경우에는 최대 몇 kg/m^3 이하로 할 수 있는가?

① $0.1kg/m^3$ ② $0.2kg/m^3$
③ $0.3kg/m^3$ ④ $0.6kg/m^3$

해설 콘크리트 중 염화물 함유량의 허용치는 염소이온(Cl^-)량으로서 $0.30kg/m^3$ 이하이어야 한다. 다만, 구입자의 승인을 얻은 경우에 $0.60kg/m^3$ 이하로 할 수 있다.

☐☐☐ 산11
05 레디 믹스트 콘크리트 공장에서 회수수를 배합수로서 사용할 경우에 대한 설명으로 틀린 것은?

① 슬러지수를 사용하였을 경우 슬러지 고형분율이 3%를 초과하면 안 된다.
② 회수수의 염소 이온량은 250mg/L 이하로 관리한다.
③ 회수수를 사용한 경우 모르타르 압축 강도비는 재령 7일 및 28일에서 100% 이상이어야 한다.
④ 레디 믹스트 콘크리트를 배합할 때 슬러지수 중에 포함된 슬러지 고형분은 물의 질량에는 포함되지 않는다.

해설 회수수의 품질

항 목	품 질
염소이온(Cl^-)량	250mg/L
시멘트 응결 시간의 차	초결 30분 이내, 종결은 60분 이내
모르타르의 압축 강도비	재령 7일 및 28일에서 90% 이상

∴ 회수수를 사용한 경우 모르타르 압축 강도비는 재령 7일 및 28일에서 90% 이상이어야 한다.

☐☐☐ 산07
06 KS F 4009에 규정되어 있는 레디 믹스트 콘크리트 혼합에 사용되는 물에 대한 설명으로 옳지 않은 것은?

① 상수돗물은 시험을 하지 않아도 사용할 수 있다.
② 상수돗물 이외의 물을 사용한 경우 모르타르의 압축 강도비는 재령 7일 및 재령 28일에서 90% 이상이어야 한다.
③ 슬러지수란 콘크리트의 회수수에서 상징수를 일부 활용하고 남은 슬러지를 포함한 물을 말한다.
④ 상수돗물 이외의 물이란 하천수, 해수, 지하수, 회수수 등 상수돗물을 제외한 모든 물을 말한다.

해설 상수돗물 이외의 물 : 하천수, 호숫물, 저수지수, 지하수 등으로서 상수돗물로서의 처리가 되어 있지 않은 물 및 공업용수를 말하며 회수수는 제외한다.

005 레디 믹스트 콘크리트의 품질

■ 강도
- 1회의 시험 결과는 구입자가 지정한 호칭 강도값의 85% 이상이어야 한다.
- 3회의 시험 결과 평균값은 구입자가 지정한 호칭 강도값 이상이어야 한다.
- 강도 시험에서 공시체의 재령은 지정되지 않은 경우 28일, 지정되어 있는 경우는 구입자가 지정한 일수로 한다.

■ 슬럼프의 허용 오차

슬럼프	슬럼프 허용 오차
25mm	±10mm
50mm 및 65mm	±15mm
80mm 이상	±25mm

■ 슬럼프 플로의 허용오차

슬럼프 플로	슬럼프 플로의 허용 오차
500mm	±75mm
600mm	±100mm
700mm	±100mm

* 굵은 골재의 최대 치수가 13mm인 경우에 한하여 적용한다.

■ 공기량

콘크리트의 종류	공기량(%)	공기량의 허용 오차(%)
보통 콘크리트	4.5	±1.5
경량 콘크리트	5.5	
포장 콘크리트	4.5	
고강도 콘크리트	3.5	

■ 레디믹스트 콘크리트의 종류

콘크리트의 종류	굵은골재의 최대치수(mm)
보통 콘크리트	20, 25, 40
경량 콘크리트	13, 20
포장 콘크리트	20, 25, 40
고강도 콘크리트	13, 20, 25

■ 염화물 함유량
레디 믹스트 콘크리트의 염화물 함유량은 염소 이온(Cl^-)량으로서 $0.30kg/m^3$ 이하로 한다. 다만, 구입자의 승인을 얻은 경우에는 $0.60kg/m^3$ 이하로 할 수 있다.

기 09

01 레디 믹스트 콘크리트 품질에 대한 기준으로서 옳지 않은 것은?

① 염화물 함유량은 염소 이온(Cl^-)량으로서 일반적인 경우 $0.3kg/m^3$ 이하로 한다.
② 1회의 강도 시험 결과는 구입자가 지정한 호칭 강도값의 95% 이상이어야 한다.
③ 3회의 강도 시험 결과의 평균치는 구입자가 지정한 호칭 강도값 이상이어야 한다.
④ 공기량은 보통 콘크리트의 경우 4.5%이며 그 허용 오차는 ±1.5%로 한다.

해설 레디 믹스트 콘크리트의 품질
- 1회의 시험 결과는 구입자가 지정한 호칭 강도값의 85% 이상이어야 한다.
- 3회의 시험 결과 평균값은 구입자가 지정한 호칭 강도값 이상이어야 한다.

기 04, 09

02 레디 믹스트 콘크리트의 품질에 관한 설명 중 옳지 않은 것은?

① 슬럼프가 80mm 이상인 경우 슬럼프 허용 오차는 ±20mm이다.
② 보통 콘크리트의 경우 공기량은 4.5%로 하며 그 허용 오차는 ±1.5%로 한다.
③ 1회의 강도 시험 결과는 호칭 강도의 85% 이상이고 3회의 시험 결과의 평균치는 호칭 강도의 값 이상이어야 한다.
④ 염화물 함유량의 한도는 일반적으로 배출지점에서 염화물 이온량으로 $0.30kg/m^3$ 이하로 하여야 한다.

해설 슬럼프의 허용 오차

슬럼프	슬럼프 허용 오차
25mm	±10mm
50mm 및 65mm	±15mm
80mm 이상	±25mm

∴ 슬럼프가 80mm 이상인 경우 슬럼프 허용 오차는 ±25mm이다.

정답 005 01 ② 02 ①

03 레디 믹스트 콘크리트의 품질 중 공기량에 대한 규정인 아래 표의 내용 중 틀린 것은?

콘크리트의 종류	공기량(%)	공기량의 허용 오차(%)
보통 콘크리트	(1) 4.5	±1.5
경량 콘크리트	(2) 5.5	
포장 콘크리트	(3) 4.0	
고강도 콘크리트	(4) 3.5	

① (1) ② (2)
③ (3) ④ (4)

해설 공기량

콘크리트의 종류	공기량(%)	공기량의 허용 오차
보통 콘크리트	4.5	±1.5%
경량 콘크리트	5.5	
포장 콘크리트	4.5	
고강도 콘크리트	3.5	

04 레디 믹스트 콘크리트의 지정 슬럼프값이 25mm일 때 슬럼프의 허용 오차로 옳은 것은?

① ±5mm ② ±10mm
③ ±15mm ④ ±20mm

해설 슬럼프 값 25mm : 슬럼프의 허용 오차 ±10mm

05 콘크리트의 목표 슬럼프 플로가 600mm일 때 허용 범위는?

① ±50mm ② ±100mm
③ ±150mm ④ ±200mm

해설 슬럼프 플로 600mm : 슬럼프의 허용 오차 ±100mm

06 KS F 4009(레디 믹스트 콘크리트)에서 정한 레디 믹스트 콘크리트의 호칭 강도에 포함되지 않는 것은?

① 27MPa ② 30MPa
③ 37MPa ④ 40MPa

해설 호칭 강도(MPa) : 18, 21, 24, 27, 30, 35, 40, 45, 50, 55, 60

07 레디믹스트 콘크리트의 종류에 따른 굵은 골재 최대 치수를 나열한 것으로 틀린 것은?

① 고강도 콘크리트 : 20mm, 25mm
② 경량골재 콘크리트 : 20mm, 25mm
③ 보통 콘크리트 : 20mm, 25mm, 40mm
④ 포장 콘크리트 : 20mm, 25mm, 40mm

해설 레디믹스트 콘크리트의 종류

콘크리트의 종류	굵은골재의 최대치수(mm)
보통 콘크리트	20, 25, 40
경량 콘크리트	13, 20
포장 콘크리트	20, 25, 40
고강도 콘크리트	13, 20, 25

08 레디 믹스트 콘크리트의 염화물 함유량(염소이온(Cl⁻)량)은 구입자의 승인을 얻은 경우에는 최대 몇 kg/cm³ 이하로 할 수 있는가?

① $0.1kg/cm^3$ ② $0.2kg/cm^3$
③ $0.3kg/cm^3$ ④ $0.6kg/cm^3$

해설 콘크리트 중 염화물 함유량의 허용치는 염소이온(Cl⁻)량으로서 $0.30kg/cm^3$ 이하이어야 한다. 다만, 구입자의 승인을 얻은 경우에 $0.60kg/cm^3$ 이하로 할 수 있다.

09 레디 믹스트 콘크리트의 품질에서 슬럼프에 따른 슬럼프의 허용 오차로 틀린 것은?

① 슬럼프 25mm일 때 허용 오차는 ±10mm이다.
② 슬럼프 50mm일 때 허용 오차는 ±15mm이다.
③ 슬럼프 65mm일 때 허용 오차는 ±20mm이다.
④ 슬럼프 80mm일 때 허용 오차는 ±25mm이다.

해설 슬럼프의 허용 오차

슬럼프	슬럼프 허용차
25mm	±10mm
50mm 및 65mm	±15mm
80mm 이상	±25mm

006 레디 믹스트 콘크리트의 설비

■ 레미콘의 제조 및 운반 방법
- 센트럴 믹스 콘크리트(central mixed concrete)
  제조 공장에 있는 고정 믹서에서 혼합을 끝낸 콘크리트를 애지테이터 트럭 또는 트럭 믹서로 교반해서 배달 지점에 운반하는 방법
- 쉬링크 믹스 콘크리트(shrink mixed concrete)
  공장에 있는 고정 믹스에서 어느 정도 혼합하고 트럭 믹서 안에서 혼합을 완료하는 방법
- 트랜싯 믹스 콘크리트(transit mixed concrete)
  플랜트에서 재료를 계량하여 트럭 믹서에 싣고, 운반 중에 물을 넣고 혼합하는 방법

■ 재료 저장 설비
- 시멘트의 저장 설비는 종류 및 제조사로 구분하고, 시멘트의 풍화를 방지할 수 있어야 한다.
- 골재의 저장 설비는 종류, 품종별로 칸을 막아 크고 작은 골재를 분리하지 않도록 하고, 바닥은 콘크리트 등으로 하고, 배수 시설을 하며, 이물질이 혼합되지 않도록 한다.
- 인공 경량 골재를 사용하는 경우에는 골재에 살수하는 설비를 갖춘다.
- 골재 저장 설비는 콘크리트 최대 출하량의 1일분 이상에 상당하는 골재량을 저장할 수 있는 크기로 한다.
- 골재의 저장 설비 및 저장 설비에서 배치 플랜트까지의 운반 설비는 균등한 골재를 공급할 수 있는 것이어야 한다.
- 혼화 재료의 저장 설비는 종류, 품종별로 구분하고, 혼화 재료의 품질에 변화가 생기지 않도록 한다.

■ 배치 플랜트
- 플랜트는 원칙적으로 각 재료를 위한 별도의 저장빈을 구비한다.
- 계량기는 서로 배합이 다른 콘크리트의 각 재료를 연속적으로 계량할 수 있어야 한다.
- 계량기에는 잔 골재의 표면 수량에 따른 계량값의 보정을 할 수 있는 장치가 구비되어 있어야 한다.

■ 운반차
- 믹서는 고정 믹서로 하며, 규정한 용량으로 혼합할 때 각 재료를 충분히 혼합시켜 균일한 상태로 배출할 수 있어야 한다.
- 콘크리트 운반차는 트럭 믹서나 트럭 애지테이터를 사용한다.
- 트럭 애지테이터 내 콘크리트의 균일성은 콘크리트의 1/4과 3/4 부분에서 각각 시료를 채취하여 슬럼프 시험을 하였을 경우 양쪽의 슬럼프 차이가 30mm 이하여야 한다.
- 덤프트럭은 포장 콘크리트 중 슬럼프 25mm의 콘크리트를 운반하는 경우에 한하여 사용할 수 있다.
- 덤프트럭으로 운반했을 때 콘크리트의 1/3과 2/3의 부분에서 각각 시료를 채취하여 슬럼프 시험을 하였을 경우 양쪽의 슬럼프 차이가 20mm 이하여야 한다.

■ 운반 시간
- 덤프트럭으로 콘크리트를 운반하는 경우, 운반 시간의 한도는 혼합하기 시작하고 나서 1시간 이내에 공사 지점에 배출할 수 있도록 운반한다.
- 트럭 애지테이터나 트럭 믹서로 콘크리트를 운반하는 경우, 운반 시간의 한도는 혼합하기 시작하고 나서 1.5시간 이내에 공사 지점에 배출할 수 있도록 운반한다.

□□□ 기12

01 레디 믹스트 콘크리트 재료 중 골재의 저장 설비에 대한 설명으로 옳은 것은?

① 골재는 칸을 막아 크고 작은 골재를 분리하여 입도가 균일한 상태로 저장하여야 한다.
② 골재 저장 장소의 바닥을 콘크리트로 하고 배수 설비를 한다.
③ 골재 저장 설비는 콘크리트 최대 출하량의 3일분 이상에 상당하는 골재량을 저장할 수 있는 크기로 한다.
④ 인공 경량 골재를 사용하는 경우 골재에 살수하는 설비를 갖출 필요가 없다.

[해설] · 골재는 칸을 막아 크고 작은 골재를 분리되지 않도록 한다.
· 골재 저장 설비는 콘크리트 최대 출하량의 1일분 이상에 상당하는 골재량을 저장할 수 있는 크기로 한다.
· 인공 경량 골재를 사용하는 경우 골재에 살수하는 설비를 갖춘다.

□□□ 기11,16

02 레디 믹스트 콘크리트의 제조 설비에 대한 설명으로 틀린 것은?

① 골재 저장 설비는 콘크리트 최대 출하량의 1일분 이상에 상당하는 골재량을 저장할 수 있는 크기로 한다.
② 계량기는 서로 배합이 다른 콘크리트의 각 재료를 연속적으로 계량할 수 있어야 한다.
③ 믹서는 이동식 믹서로 하여야 하며, 각 재료를 충분히 혼합시켜 균일한 상태로 배출할 수 있어야 한다.
④ 콘크리트 운반차는 트럭 믹서나 트럭 애지테이터를 사용한다.

[해설] 믹서는 고정 믹서로 하며, 규정한 용량으로 혼합할 때 각 재료를 충분히 혼합시켜 균일한 상태로 배출할 수 있어야 한다.

정답 006 01 ② 02 ③

☐☐☐ 기 11,13,14,16
03 레디 믹스트 콘크리트의 제조 설비에 대한 설명으로 틀린 것은?

① 믹서는 고정 믹서로 한다.
② 골재 저장 설비는 콘크리트 최대 출하량의 1주일분 이상에 상당하는 골재량을 저장할 수 있는 크기로 한다.
③ 플랜트는 원칙적으로 각 재료를 위한 별도의 저장빈을 구비한다.
④ 시멘트의 저장 설비는 종류에 따라 구분하고, 시멘트의 풍화를 방지할 수 있어야 한다.

해설 골재 저장 설비는 콘크리트 최대 출하량의 1일분 이상에 상당하는 골재량을 저장할 수 있는 크기로 한다.

☐☐☐ 기 11
04 KS F 4009에 규정되어 있는 레디 믹스트 콘크리트에 대한 설명으로 잘못된 것은?

① 골재 저장 설비는 콘크리트 최대 출하량의 1주일분 이상에 상당하는 골재량을 저장할 수 있는 크기로 한다.
② 재료 계량 시 골재에 대한 계량 오차의 범위는 ±3% 이내로 한다.
③ 트럭 애지테이터나 트럭 믹서를 사용할 경우, 콘크리트는 혼합하기 시작하고 나서 1.5시간 이내에 공사 지점에 배출할 수 있도록 운반한다.
④ 트럭 애지테이터 내 콘크리트의 균일성은 콘크리트의 1/4과 3/4 부분에서 각각 시료를 채취하여 슬럼프 시험을 하였을 경우 양쪽의 슬럼프 차이가 30mm 이내가 되어야 한다.

해설 골재 저장 설비는 콘크리트 최대 출하량의 1일분 이상에 상당하는 골재량을 저장할 수 있는 크기로 한다.

☐☐☐ 기 08,10,13
05 다음에서 콘크리트의 비비기에 사용되는 믹서 중 강제식 믹서가 아닌 것은?

① 드럼 믹서(drum mixer)
② 팬형 믹서(pan type mixer)
③ 1축 믹서(one shaft mixer)
④ 2축 믹서(twin shaft mixer)

해설 · 중력식 믹서 : 가경식 믹서, 드럼 믹서(drum mixer)
· 강제식 믹서 : 팬형 믹서(pan type mixer), 1축 믹서(one shaft mixer), 2축 믹서(twin shaft mixer)

☐☐☐ 산 13
06 정비된 콘크리트 제조 설비를 갖춘 공장으로부터 수시로 구입할 수 있는 굳지 않는 콘크리트를 무엇이라고 하는가?

① 일반 콘크리트   ② 매스 콘크리트
③ 레디 믹스트 콘크리트   ④ 숏크리트

해설 레디 믹스트 콘크리트 : 콘크리트 제조 설비를 갖춘 공장으로부터 구입자가 요구하는 품질 및 수량의 콘크리트를 소정의 시간 안에 운반차를 사용하여 현장까지 배달·공급하는 굳지 않는 콘크리트

☐☐☐ 기 13,17 산 08,12,15,17
07 플랜트에 고정 믹서가 설치되어 있어 각 재료를 계량하고 혼합하여 완전히 비벼진 콘크리트를 트럭 믹서 또는 트럭 애지테이터에 투입하여 운반 중에 교반하면서 지정된 공사 현장까지 배달, 공급하는 레디 믹스트 콘크리트는?

① 쉬링크 믹스트 콘크리트
② 트랜싯 믹스트 콘크리트
③ 센트럴 믹스트 콘크리트
④ 프리 믹스트 콘크리트

해설 · 쉬링크 믹스트 콘크리트 : 공장에 있는 고정 믹서에서 어느 정도 콘크리트를 비빈 다음 트럭 믹서에 싣고 비비면서 현장에 운반하는 방법이다.
· 트랜싯 믹스트 콘크리트 : 콘크리트 플랜트에서 재료를 계량하여 트럭 믹서에 싣고, 운반 중에 물을 넣어 비비는 방법이다.
· 센트럴 믹스트 콘크리트 : 공장에 있는 고정 믹서에서 완전히 비빈 콘크리트를 트럭 애지테이터 또는 트럭 믹서로 운반하는 방법이다.

☐☐☐ 산 12
08 레디믹스트 콘크리트의 운반차로서 덤프트럭에 대한 설명으로 틀린 것은?

① 덤프트럭의 적재함 바닥은 평활하고 방수가 되어야 한다.
② 포장 콘크리트 중 슬럼프 65mm의 콘크리트를 운반하는 경우에 한하여 사용할 수 있다.
③ 덤프트럭의 적재함은 필요에 따라 비·바람 등에 대한 보호를 위해 방수 덮개를 갖춘 것으로 한다.
④ 콘크리트 표면의 $\frac{1}{3}$과 $\frac{2}{3}$인 부분에서 각각 시료를 채취하여 슬럼프 시험을 하였을 경우 그 양쪽의 슬럼프 차가 20mm 이내가 되어야 한다.

해설 포장용 콘크리트를 덤프트럭으로 운반하면 트럭의 진동에 의해 재료 분리를 일으킬 염려가 있기 때문에 그간의 사용 실적에 의해 25mm에 한하여 덤프트럭의 사용을 인정하는 것으로 한다.

007 레미콘 재료의 계량 및 검사

■ 재료의 계량
- 시멘트, 골재, 물 및 혼화 재료는 각각 별도의 계량기로 계량한다.
- 액상 혼화제는 미리 계량하여 물과 혼합해도 좋다.
- 혼화제의 경우 주문자의 허락이 있으면 포대수로 계량해도 좋다.
- 계량은 현장배합에 의해 실시하는 것으로 한다.
- 1포대 미만인 경우에는 반드시 질량으로 계량한다.
- 각 재료에 대한 측정 단위와 계량 오차는 다음 표와 같다.

■ 재료의 계량 오차

재료의 종류	측정 단위	1회 계량 분량의 한계 오차
물	질량 또는 부피	-2%, +1%
시멘트	질량	-1%, +2%
혼화재	질량	±2%
골재	질량	±3%
혼화제	질량 또는 부피	±3%

■ 검사
- 검사는 강도, 슬럼프, 슬럼프 플로, 공기량 및 염화물 함유량에 대하여 하고, 합격 여부를 판정한다.
- 콘크리트의 강도 시험 횟수는 450m³를 1로트로 하여 150m³당 1회의 비율로 한다. 다만, 인수·인도 당사자 간의 협정에 따라 검사 로트의 크기를 조정할 수 있다.
- 1회의 시험 결과는 임의의 1개 운반차로부터 채취한 시료로 3개의 공시체를 제작하여 시험한 평균값으로 한다.

□□□ 기 09

01 레디 믹스트 콘크리트 제조 시 각 재료의 측정 단위 및 계량 허용 오차를 나타낸 것이다. 틀린 것은?

① 시멘트(질량) : -1%, +2%
② 골재(질량) : ±3%
③ 혼화제(질량 또는 부피) : ±2%
④ 물(질량 또는 부피) : -2%, +1%

해설 재료의 계량 오차

재료의 종류	측정 단위	1회 계량 분량의 한계 오차
물	질량 또는 부피	-2%, +1%
시멘트	질량	-1%, +2%
혼화재	질량	±2%
골재	질량	±3%
혼화제	질량 또는 부피	±3%

□□□ 산 08

02 레디 믹스트 콘크리트의 배합에서 각 재료의 1회 계량 분량의 한계 오차로 올바르지 않은 것은?

① 시멘트 : -1%, +2%
② 골재 : ±4% 이내
③ 물 : -2%, +1%
④ 혼화재 : ±2% 이내

해설 재료의 계량 오차

재료의 종류	측정 단위	1회 계량 분량의 한계 오차
물	질량 또는 부피	-2%, +1%
시멘트	질량	-1%, +2%
혼화재	질량	±2%
골재	질량	±3%
혼화제	질량 또는 부피	±3%

□□□ 산 07, 08, 14

03 레디 믹스트 콘크리트의 제조에서 재료 종류별 1회 계량 분량의 한계 오차를 표기한 것 중 틀린 것은?

① 물 : -2%, +1%
② 시멘트 : -1%, +2%
③ 혼화제 : ±3%
④ 골재 : ±2%

해설 골재 : ±3%

| memo |

CHAPTER 02 콘크리트 시험

008 워커빌리티 시험

1 슬럼프 시험

콘크리트의 슬럼프 시험은 굳지 않은 콘크리트의 반죽 질기를 측정하는 것으로, 워커빌리티를 판단하는 하나의 수단으로 사용된다.

■ 기계 및 기구
- 슬럼프 콘 : 윗면의 안지름 100mm, 밑면의 안지름 200mm, 높이 300mm 및 두께 1.5mm 이상인 금속제로 하고 적절한 위치에 발판과 높이의 약 2/3인 곳에 손잡이를 붙인다.
- 다짐봉 : 지름 16mm, 길이 500~600mm의 강 또는 금속제 원형봉으로 그 앞에 끝을 반구 모양으로 한다.

■ 슬럼프 시험 방법
- 슬럼프 콘은 수평으로 설치하였을 때 수밀성이 있는 강제 평판 위에 놓고 누르고, 시료를 거의 같은 양의 3층으로 나눠서 채운다.
- 각 층은 다짐봉으로 고르게 한 후 25회 똑같이 다진다. 이 비율로 다져서 재료의 분리를 일으킬 염려가 있을 때는 분리를 일으키지 않을 정도로 다짐수를 줄인다.
- 각 층을 다질 때 다짐봉의 다짐 깊이는 그 앞 층에 거의 도달할 정도로 한다. 즉 슬럼프 콘에 부피로 총 3층에 걸쳐 각 25회씩 다진다.
- 슬럼프 콘에 채운 콘크리트의 윗면을 슬럼프 콘의 상단에 맞춰 고르게 한 후 즉시 슬럼프 콘을 가만히 연직으로 들어 올리고 콘크리트의 중앙부에서 공시체 높이와의 차를 5mm 단위로 측정하여 이것을 슬럼프값으로 한다.

■ 슬럼프의 표준값

종 류		슬럼프값(mm)
철근 콘크리트	일반적인 경우	80~150
	단면이 큰 경우	60~120
무근 콘크리트	일반적인 경우	50~150
	단면이 큰 경우	50~100

■ 유의 사항
- 굵은 골재의 최대 치수가 40mm를 넘는 콘크리트의 경우에는 40mm를 넘는 굵은 골재를 제거한다.
- 그리고 콘크리트가 슬럼프 콘의 중심축에 대하여 치우치거나 무너지거나 해서 모양이 불균형이 된 경우에는 다른 시료에 의해 재시험을 한다.
- 슬럼프 콘에 콘크리트를 채우기 시작하고 나서 슬럼프 콘의 들어 올리기를 종료할 때까지의 시간은 3분 이내로 한다.
- 슬럼프 콘을 들어 올리는 시간은 높이 300mm에서 2~5(3.5±1.5)초로 한다.
- 슬럼프는 5mm 단위로 표시한다.

■ 시험체 만들기

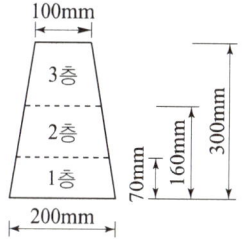

■ 슬럼프 시험

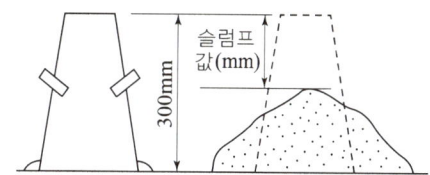

2 각종 워커빌리티 시험

■ 구관입 시험 : Kelly ball 관입 시험이라 한다.
- 전체 중량이 약 13.6kg인 반구를 콘크리트 표면에 놓았을 때 구의 자중에 의하여 구가 콘크리트 속으로 가라앉는 관입 깊이를 측정하는 시험 방법이다.
- 포장 콘크리트와 같이 평면으로 타설된 콘크리트의 반죽 질기를 측정하는 데 편리하다.
- 관입값의 1.5~2배가 슬럼프값과 거의 비슷하다.

■ 비비 시험(Vee Bee test) : 포장 콘크리트와 같이 슬럼프 시험으로 측정하기 어려운 비교적 된 비빔 콘크리트에 적용하는 시험법이다.

■ 리몰딩 시험 : 슬럼프 몰드 속에 콘크리트를 채우고 완판을 콘크리트 면에 얹어 놓고 약 6mm의 상하 운동을 주어 콘크리트의 표면이 내외가 동일한 높이가 될 때까지의 낙하 횟수로서 반죽 질기를 나타낸다.

■ 다짐 계수 시험 : 슬럼프가 매우 작고 진동 다짐을 실시하는 콘크리트에 유효한 시험 방법이다.

기 09,16
01 굳지 않은 콘크리트의 워커빌리티 측정 방법이 아닌 것은?

① 길모어침 시험 ② 슬럼프 시험
③ 구관입 시험 ④ 비비 시험

해설 • 워커빌리티의 측정 방법 : 슬럼프 시험, 구관입 시험, 비비 시험, 리몰딩 시험, 다짐 계수 시험, 흐름 시험
• 길모어 침 시험 : 시멘트의 응결시간 시험 방법이다.

기 04,10
02 고유동 콘크리트의 컨시스턴시를 평가하기 위한 시험법 중 가장 적당하지 않은 것은?

① V로트 시험 ② 비비 시험
③ L플로 시험 ④ 슬럼프 플로 시험

해설 비비(Vee-Bee) 시험 : 주로 슬럼프가 25~50mm 이하의 된 비빔 콘크리트로 미리 진동 다짐의 난이도의 정도를 판정하기 위하여 행하는 시험이다.

기 09
03 콘크리트의 슬럼프 시험 방법을 설명한 것으로 틀린 것은?

① 시료를 거의 같은 양으로 3층으로 나누어 채우고 각 층은 다짐봉으로 고르게 25회 똑같이 다진다.
② 다짐봉의 다짐 깊이는 앞 층에 거의 도달할 정도로 다진다.
③ 재료 분리가 발생할 염려가 있는 경우에는 다짐수를 줄일 수 있다.
④ 슬럼프 콘을 들어 올리는 시간은 높이 300mm에서 4~5초로 한다.

해설 슬럼프 콘을 들어 올리는 시간은 높이 300mm에서 2~5(3.5±1.5)초로 한다.

기 10
04 슬럼프 시험에 대한 설명으로 틀린 것은?

① 콘크리트의 반죽 질기를 측정하는 시험이다.
② 슬럼프 콘의 높이는 300mm인 것을 사용한다.
③ 3층으로 분리하여 콘크리트를 넣고, 다짐봉이 콘의 밑바닥에 접하도록 다진다.
④ 다짐이 종료되면 콘을 수직으로 들어 올려 슬럼프를 측정한다.

해설 3층으로 분리하여 콘크리트를 넣고, 각 층을 다질 때 다짐봉의 다짐 깊이는 그 앞 층에 거의 도달할 정도로 한다.

기 12
05 굳지 않은 콘크리트의 워커빌리티를 측정할 수 있는 슬럼프 시험 방법에 대한 설명으로 틀린 것은?

① 밑지름 200mm, 윗면의 지름 100mm, 높이가 300mm인 콘 모양의 몰드를 사용한다.
② 몰드 속에 콘크리트를 용적으로 2회로 나누어서 콘크리트를 쳐 넣는다.
③ 슬럼프 콘에 콘크리트를 채우기 시작하고 나서 슬럼프 콘의 들어 올리기를 종료할 때까지의 시간은 3분 이내로 한다.
④ 슬럼프 콘을 들어 올리는 시간은 높이 300mm에서 2~5초로 한다.

해설 몰드 속에 콘크리트를 용적으로 3회로 나누어서 콘크리트를 쳐 넣는다.

기 12,14
06 굳지 않은 콘크리트의 슬럼프 시험에 대한 설명으로 틀린 것은?

① 다짐봉을 지름 16mm, 길이 500~600mm의 강 또는 금속제 원형봉으로 그 앞 끝을 반구 모양으로 한다.
② 슬럼프 콘에 시료를 채울 때 시료는 거의 같은 양의 3층으로 나눠서 채운다.
③ 시료의 각 층은 다짐봉으로 25회씩 똑같이 다지며, 이 비율로 다져서 재료의 분리를 일으킬 경우에는 슬럼프 시험을 적용할 수 없다.
④ 슬럼프 콘에 콘크리트를 채우기 시작하고 나서 슬럼프 콘의 들어 올리기를 종료할 때 까지의 시간은 3분 이내로 한다.

해설 시료의 각 층은 다짐봉으로 25회씩 똑같이 다지며, 이 비율로 다져서 재료의 분리를 일으킬 염려가 있을 때는 분리를 일으키지 않을 정도로 다짐수를 줄인다.

산 10
07 콘크리트의 워커빌리티 측정법이 아닌 것은?

① 비비 시험
② 구관입 시험
③ 로스앤젤레스 시험
④ 슬럼프 시험

해설 슬럼프 시험은 굳지 않은 콘크리트의 반죽 질기를 측정하는 것으로 워커빌리티를 판단하는 하나의 수단으로 사용된다.

정답 01 ① 02 ② 03 ④ 04 ③ 05 ② 06 ③ 07 ③

009 콘크리트의 공기량 시험

■ 공기량 시험법의 종류
- 공기실 압력법 : 워싱턴형 공기량 측정기를 사용하며, 보일(Boyle)의 법칙에 의하여 공기실에 일정한 압력을 콘크리트에 주었을 때 공기량으로 인하여 압력이 저하한다는 것으로부터 공기량을 구하는 것이다.
- 질량법 : 공기량이 전혀 없는 것으로 하여 시방 배합에서 계산한 콘크리트의 단위 무게와 실제로 측정한 단위 무게와의 차이로 공기량을 구하는 것이다.
- 부피법 : 콘크리트 속의 공기량을 물로 치환하여 치환한 물의 부피로부터 공기량을 구하는 것이다.

■ 압력법에 의한 굳지 않은 콘크리트의 공기량 시험 방법
- 시험 방법은 40mm 이하의 보통 골재를 사용한 콘크리트에 대해서는 적당하다.
- 골재 수정 계수가 정확히 구해지지 않는 인공 경량 골재와 같은 다공질 골재를 사용한 콘크리트에 대해서는 적당하지 않다.
- 시료를 용기의 약 1/3까지 넣고 고르게 한 후 용기 바닥에 닿지 않도록 각 층을 다짐봉으로 25회 균등하게 다진다.
- 다짐 구멍이 없어지고 콘크리트의 표면에 큰 거품이 보이지 않게 되도록 하기 위하여 용기의 옆면을 10~15회 나무망치로 두드린다.
- 진동기로 다지는 경우에는 시료는 2층에서 단면을 3등분으로 나눠 다진다.
- 진동 지속 시간은 콘크리트의 가공 가능성과 진동기의 성능에 따라 정한다. 다만 슬럼프 8cm 이상의 경우는 진동기를 사용하지 않는다.
- 공기량 측정기의 용적은 물을 붓지 않고 시험하는 경우(무주수법)는 적어도 7L 정도 이상으로 한다.

■ 공기량 측정기의 용적
- 주수법(물을 붓고 시험하는 경우) 적어도 5L로 한다.
- 무주수법(물을 붓지 않고 시험하는 경우)은 7L 정도 이상으로 한다.

■ 골재 수정 계수의 측정

$$m_f = \frac{V_c}{V_B} \times m_f'$$

$$m_c = \frac{V_c}{V_B} \times m_c'$$

여기서, m_f : 용적 V_c의 콘크리트 시료 중의 잔 골재의 질량(kg)
m_c : 용적 V_c의 콘크리트 시료 중의 굵은 골재의 질량(kg)
V_B : 1배치의 콘크리트의 완성 용적(L)
V_C : 콘크리트 시료의 용적(용기의 용적과 같다.)
m_f' : 1배치에 사용하는 잔 골재의 질량(kg)
m_c' : 1배치에 사용하는 굵은 골재의 질량(kg)

■ 콘크리트의 공기량 계산
- 골재 수정 계수가 0.1% 미만인 경우는 생략하여도 좋다.

$$A = A_1 - G$$

여기서, A : 콘크리트 중의 공기량(%)
A_1 : 콘크리트의 겉보기 공기량(%)
G : 골재의 수정 계수(%)

□□□ 기 08

01 KS F 2221에 규정되어 있는 압력법에 의한 굳지 않은 콘크리트의 공기량 시험과 관련된 사항 중 옳지 않은 것은?

① 이 시험 방법은 최대 치수 40mm 이하의 보통 골재를 사용한 콘크리트에 대하여 적당하다.
② 시료를 용기에 거의 같은 두께의 2층으로 나눠서 채우고, 각 층을 다짐봉으로 25회 다진다.
③ 진동기로 다지는 경우 KS F 2409에 준하여 실시한다. 다만, 슬럼프가 8cm 이상의 경우 진동기를 사용하지 않는다.
④ 다짐 후 다짐 구멍이 없어지고 콘크리트의 표면에 큰 거품이 보이지 않게 되도록 용기의 옆면을 10~15회 나무망치로 두드린다.

해설 시료를 용기의 약 1/3까지 넣고 고르게 한 후 용기 바닥에 닿지 않도록 각 층을 다짐봉으로 25회 균등하게 다진다.

□□□ 기 05

02 압력법에 의한 공기량 시험의 적용 범위 및 방법에 대한 설명으로 적절하지 않은 것은?

① 최대 골재의 크기 40mm 이하
② 인공 경량 골재를 사용한 콘크리트
③ 압력계의 바늘을 손으로 두드리고 나서 읽는다.
④ 콘크리트를 3층으로 나누어 각 층을 25회씩 다짐봉으로 다진다.

해설 압력법에 의한 공기량 시험
- 최대 치수 40mm 이하의 보통 골재를 사용한 콘크리트에 대해서는 적당하다.
- 인공 경량 골재와 같은 다공질 골재를 사용한 콘크리트에 대해서는 부적당하다.

03
콘크리트의 공기량 측정 시 흡수율이 큰 골재의 경우 골재 낱알의 흡수가 시험 결과에 큰 영향을 미치므로 골재의 수정 계수를 측정하여야 한다. 다음과 같은 1배치 배합에 대하여 압력 방법(워싱턴형 공기량 측정기, KS F 2421)에 의한 수정 계수를 구할 때 필요한 잔 골재 및 굵은 골재량을 구하면? (단, 공기량 시험기의 용적은 $6l$로 한다.)

구 분	W/C (%)	S/a (%)	혼합수	시멘트	잔 골재	굵은 골재
1배치량(30l, kg)	51	43.9	5.55	18.15	22.47	29.19
밀도(g/cm³)	–	–	1.0	3.15	2.60	2.65

① 잔 골재량=3.5kg, 굵은 골재량=4.8kg
② 잔 골재량=4.5kg, 굵은 골재량=5.8kg
③ 잔 골재량=5.5kg, 굵은 골재량=6.8kg
④ 잔 골재량=6.5kg, 굵은 골재량=7.8kg

해설
- 잔 골재량 $m_f = \dfrac{V_c}{V_B} \times m_f'$
  $= \dfrac{6}{30} \times 22.47 = 4.5 \text{kg}$
- 굵은 골재량 $m_c = \dfrac{V_c}{V_B} \times m_c'$
  $= \dfrac{6}{30} \times 29.19 = 5.8 \text{kg}$

04
다음 중 콘크리트의 공기량 측정법으로 사용되지 않는 방법은?

① 수주 압력법 ② 초음파법
③ 공기실 압력법 ④ 질량법

해설
■ 콘크리트의 공기량 측정법
- 공기실 압력법 : 워싱턴형 공기량 측정기를 사용하며, 보일(Boyle)의 법칙에 의하여 공기실에 일정한 압력을 콘크리트에 주었을 때 공기량으로 인하여 압력이 저하하는 것으로부터 공기량을 구하는 것이다.
- 질량법 : 공기량이 전혀 없는 것으로 하여 시방 배합에서 계산한 콘크리트의 단위 무게와 실제로 측정한 단위 무게와의 차이로 공기량을 구하는 것이다.
- 부피법(수주 압력법) : 콘크리트 속의 공기량을 물로 치환하여 치환한 물의 부피로부터 공기량을 구하는 것이다.
■ 초음파법 : 주로 물체 내를 전파하는 초음파의 전파 속도를 측정하여 해당 물체의 압축 강도나 균열 깊이, 내부 결함 등에 관한 정보를 얻을 수 있는 비파괴 시험법이다.

05
압력법에 의한 공기량 시험 방법(KS F 2421)을 적용할 수 있는 콘크리트의 최대 골재 크기는?

① 75mm ② 40mm
③ 30mm ④ 25mm

해설 최대 치수 40mm 이하의 보통 골재를 사용한 콘크리트에 대해서는 적당하지만 골재 수정 계수가 정확히 구해지지 않는 인공 경량 골재를 사용한 콘크리트에 대해서는 적당하지 않다.

06
압력법에 의한 굳지 않은 콘크리트의 공기량 시험에 대한 설명으로 틀린 것은?

① 물을 붓고 시험하는 경우(주수법) 공기량 측정기의 용적은 적어도 7L 이상으로 한다.
② 시료를 용기에 채울 때 거의 같은 양으로 3층으로 채우고, 각 층은 다짐봉으로 25회씩 균등하게 다져야 한다.
③ 공기량 측정 종료 후에는 덮개를 떼기 전에 주수구와 배수구를 양쪽으로 열고 압력으로 푼다.
④ 콘크리트의 공기량은 측정한 콘크리트의 겉보기 공기량에서 골재 수정 계수를 뺀 값으로 구한다.

해설 물을 붓고 시험하는 경우(주수법) 공기량 측정기의 용적은 적어도 5L로 한다. 무주수법의 경우는 7L 정도 이상으로 한다.

07
공기실 압력법에 의한 콘크리트의 공기량 시험 방법에서 시료를 용기에 채우는 횟수 및 각 층 다짐 횟수로 적합한 것은?

① 3층 – 25회 ② 2층 – 25회
③ 3층 – 30회 ④ 2층 – 20회

해설 대표적인 시료를 용기에 3층으로 나누어 넣고 각 층을 다짐대로 25번씩 고르게 다진다.

08
압력법에 의한 공기 함유량 시험에서 콘크리트의 겉보기 공기량이 4.6%이고 골재의 수정 계수가 0.3%이면 콘크리트의 공기량은 얼마인가?

① 4.9% ② 4.6%
③ 4.3% ④ 4.0%

해설 $A(\%) = A_1 - G$
$= 4.6 - 0.3 = 4.3\%$

정답 03 ② 04 ② 05 ② 06 ① 07 ① 08 ③

010 염화물 함유량 시험

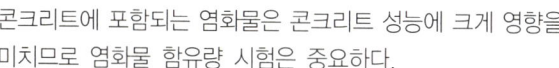

콘크리트에 포함되는 염화물은 콘크리트 성능에 크게 영향을 미치므로 염화물 함유량 시험은 중요하다.

- 콘크리트 중의 염화물 함유량은 콘크리트 중에 함유된 염소 이온의 총량으로 표시한다.
- 굳지 않은 콘크리트 중의 전 염소 이온량은 원칙적으로 0.3kg/m^3 이하로 하여야 한다.
- 상수돗물을 혼합수로 사용할 때 여기에 함유되어 있는 염소 이온량이 불분명한 경우에는 혼합수로부터 콘크리트 중에 공급되는 염소 이온량을 0.04kg/m^3로 가정할 수 있다.
- 외부로부터 염소이온의 침입이 우려되지 않는 철근 콘크리트나 포스트텐션방식의 프리스트레스트 콘크리트 및 최소 철근비 미만의 철근을 갖는 무근 콘크리트 등의 구조물을 시공할 때, 염소 이온량이 적은 재료의 입수가 매우 곤란한 경우에는 방청에 유효한 조치를 취한 후 책임 기술자의 승인을 얻어 콘크리트 중의 전 염소 이온량의 허용 상한값을 0.06kg/m^3로 할 수 있다.
- 재령 28일이 경과한 굳은 콘크리트의 수용성 염화물 이온량은 다음 표의 값을 초과하지 않도록 하여야 한다.

■ 굳은 콘크리트의 최대 수용성 염소 이온 비율

부재의 종류	콘크리트속의 최대 수용성 염소 이온량 [시멘트 질량에 대한 비율(%)]
· 프리스트레스트 콘크리트	0.06%
· 염화물에 노출된 철근 콘크리트	0.15%
· 건조한 상태이거나 습기로부터 차단된 철근 콘크리트	1.00%
· 기타 철근 콘크리트	0.30%

- 철근이 배치되지 않은 무근 콘크리트의 경우는 이 조의 규정을 적용하지 않는다.

기10,16,22

01 콘크리트 중의 염화물 함유량에 대한 설명으로 틀린 것은?

① 콘크리트 중의 염화물 함유량은 콘크리트 중에 함유된 염소 이온의 총량으로 표시한다.
② 재령 28일이 경과한 굳은 프리스트레스트 콘크리트 속의 최대 수용성 염소 이온량은 시멘트 질량에 대한 비율로서 0.06%를 초과하지 않도록 하여야 한다.
③ 굳지 않은 콘크리트 중의 전 염소 이온량은 원칙적으로 0.9kg/m^3 이하로 하여야 한다.
④ 상수돗물을 혼합수로 사용할 때 여기에 함유되어 있는 염소 이온량이 불분명한 경우에는 혼합수로부터 콘크리트 중에 공급되는 염소 이온량을 0.04kg/m^3로 가정할 수 있다.

해설 굳지 않은 콘크리트 중의 전 염소 이온량은 원칙적으로 0.3kg/m^3 이하로 하여야 한다.

정답 010 01 ③

011 콘크리트의 블리딩 시험 KS F 2414

- 거푸집에 콘크리트를 친 후 시멘트의 입자, 골재알들이 가라 앉으면서 물이 올라와 콘크리트 표면에 떠오른다. 이러한 현상을 블리딩(bleeding)이라 한다.
- 블리딩에 의하여 콘크리트 표면에 떠올라 와 침전된 미세한 물질을 레이턴스(laitance)라 한다.

■ 블리딩 시험 방법
- 굵은 골재의 최대 치수가 40mm 이하인 경우에 적용한다.
- 블리딩 시험 용기 : 안지름 250mm, 안높이 285mm
- 시험 중에는 실온 (20±3)℃로 한다.
- 콘크리트는 용기에 채우고 콘크리트의 표면이 용기와 가장자리에서 (30±3)mm 낮아지도록 고른다.
- 혼합된 콘크리트를 3층으로 나누어 용기에 넣고 각 층의 윗면을 고른 후 25회씩 다지고 콘크리트 표면에 큰 기포가 보이지 않을 때까지 용기의 바깥을 10~15회 두들긴다.
- 처음 60분 동안은 10분 간격으로 콘크리트 표면에 스며 나온 물을 빨아낸다. 그 후에는 정지할 때까지 30분 간격으로 물을 빨아낸다.
- 각각 빨아낸 물을 매스 실린더에 옮긴 후 물의 양을 기록한다.
- 일반적으로 블리딩은 콘크리트를 친 후 처음 15~30분에 대부분 생기며, 2~4시간에 거의 끝난다.

- AE제, 감수제를 사용하면 단위수량을 감소시켜서 블리딩을 줄일 수 있다.

■ 블리딩량 계산

$$블리딩량\ B_q = \frac{V}{A}$$

여기서, V : 마지막까지 누계한 블리딩에 따른 물의 용적(cm³)
A : 콘크리트 윗면의 면적(cm²)

■ 블리딩률 계산

$$블리딩률\ B_r = \frac{B}{W_s} \times 100$$

여기서, B : 최종까지 누계한 블리딩에 따른 물의 질량
W_s : 시료 중의 물의 질량(kg)

$$W_s = \frac{W}{C} \times S$$

여기서, C : 콘크리트의 단위 용적 질량(kg/m³)
W : 콘크리트의 단위 수량(kg/m³)
S : 시료의 질량(kg)

□□□ 기 06,11,17,19
01 다음은 콘크리트 블리딩 시험 결과이다. 블리딩량을 구하면?

- 콘크리트 윗면의 지름 : 25cm
- 블리딩 물의 양 : 1,000cm³
- 콘크리트 1m³에 단위 질량 : 2,300kg/m³
- 콘크리트의 1m³에 사용된 물의 총 질량 : 170kg
- 시료의 질량 : 30kg

① 2.0cm³/cm² ② 2.5cm³/cm²
③ 3.0cm³/cm² ④ 3.5cm³/cm²

해설 블리딩량 $B_q = \frac{B}{A}(\text{cm}^3/\text{cm}^2)$
- 마지막까지 누계한 블리딩에 따른 물의 용적(cm³)
  $B = 1,000\text{cm}^3$
- 콘크리트 윗면의 면적
  $A = \frac{\pi d^2}{4} = \frac{\pi \times 25^2}{4} = 490.87\text{cm}^2$
- $\therefore B_q = \frac{1,000}{490.87} = 2.0\text{cm}^3/\text{cm}^2$

□□□ 기 12,16,21
02 아래 표는 콘크리트의 블리딩 시험기의 제원 및 시험 결과를 정리한 것이다. 블리딩률을 구하면?

블리딩 시험기		단위 수량	콘크리트 단위 용적 질량	시료 질량	블리딩 물의 질량
안지름	안높이				
25cm	28.5cm	168kg/m³	2,400kg/m³	20kg	0.15kg

① 10.7% ② 5.2%
③ 1.5% ④ 0.3%

해설 블리딩률 $B_r = \frac{B}{W_s} \times 100$

시료 중의 물의 질량 $W_s = \frac{W}{C} \times S$

- 블리딩 물의 질량 $B = 0.15\text{kg}$
- 콘크리트의 단위 용적 질량 $C = 2,400\text{kg/m}^3$
- 콘크리트의 단위 수량 $W = 168\text{kg/m}^3$
- 시료의 무게 $S = 20\text{kg}$
- $W_s = \frac{W}{C} \times S = \frac{168}{2400} \times 20 = 1.4\text{kg}$

$\therefore 블리딩률 = \frac{B}{W_s} \times 100$
$= \frac{0.15}{1.4} \times 100 = 10.7\%$

□□□ 기 09,15
03 콘크리트의 블리딩에 관한 설명으로 틀린 것은?

① 일종의 재료 분리 현상이다.
② 잔 골재의 조립률이 클수록 블리딩이 작아진다.
③ 단위 수량이 큰 배합일수록 블리딩이 많아진다.
④ AE제를 사용하면 단위 수량을 감소시켜 블리딩을 줄일 수 있다.

해설
- 굵은 골재의 치수가 작을수록 블리딩은 작아진다.
- 잔 골재의 조립률이 작을수록 블리딩이 작아진다.

□□□ 산 10,15
04 콘크리트의 블리딩 시험에 대한 설명으로 틀린 것은?

① 시험 중에는 실온 20±3℃로 한다.
② 콘크리트를 채워 넣을 때 콘크리트의 표면의 용기의 가장자리에서 2cm 정도 높아지도록 고른다.
③ 기록한 처음 시각에서 60분 동안은 10분마다 콘크리트 표면에 스며 나온 물을 빨아낸다.
④ 물을 빨아내는 것을 쉽게 하기 위하여 2분 전에 두께 약 5cm의 블록을 용기의 한쪽 밑에 주의 깊게 괴어 용기를 기울이고, 물을 빨아낸 후 수평 위치로 되돌린다.

해설 콘크리트를 용기에 25±0.3cm의 높이까지 채운 후, 윗부분을 흙손으로 편평하게 고르고, 시간을 기록한다.

□□□ 산 07, 09, 10
05 안지름 250mm의 용기로 블리딩 시험을 한 결과 총 블리딩 수가 73.6mL이었다면, 블리딩량은 얼마인가?

① $0.15 \text{cm}^3/\text{cm}^2$
② $1.88 \text{cm}^3/\text{cm}^2$
③ $0.04 \text{cm}^3/\text{cm}^2$
④ $0.93 \text{cm}^3/\text{cm}^2$

해설 블리딩량 $B_q = \dfrac{V}{A}(\text{cm}^3/\text{cm}^2)$
$$= \dfrac{73.6}{\dfrac{\pi \times 25^2}{4}} = 0.15 \text{cm}^3/\text{cm}^2$$

□□□ 산 10
06 블리딩(bleeding)으로 인하여 콘크리트나 모르타르의 표면에 가라앉은 백색 침전물을 무엇이라 하는가?

① 진중재(filler)
② 레이턴스(laitance)
③ 열화물
④ 트레미(tremie)

해설 블리딩에 의하여 콘크리트의 표면에 떠올라서 가라앉은 미세한 백색 침전물을 레이턴스라 한다.

□□□ 산 09
07 블리딩(bleeding)을 저감시키는 요인이 아닌 것은?

① 물-시멘트비가 클 때
② 응결 시간이 빠른 시멘트를 사용할 때
③ 분말도가 미세한 시멘트를 사용할 때
④ AE제, 감수제를 사용할 때

해설 블리딩 저감 요소
- 분말도가 높은 시멘트를 사용한다.
- AE제나 감수제는 블리딩을 저감시킨다.
- 수화 속도의 증진 또는 응결 촉진제를 사용한다.
- 소요의 워커빌리티를 얻을 수 있는 범위 내에서 단위 수량을 줄인다.
∴ 물-시멘트비가 크면 블리딩이 증가된다.

□□□ 산 09
08 블리딩에 대한 설명 중 틀린 것은?

① 블리딩이 많은 콘크리트는 침하량도 많다
② 블리딩은 굵은 골재와 모르타르, 철근과 콘크리트의 부착력을 저하시킨다.
③ 블리딩은 일종의 재료 분리이므로 블리딩이 크면 상부의 콘크리트가 다공질이 된다.
④ 블리딩이 많으면 모르타르 부분의 물-시멘트비가 작게 되어 강도가 크게 된다.

해설 블리딩이 많으면 모르타르 부분의 물-시멘트비가 크게 되어 강도가 작게 된다.

□□□ 산 04
09 블리딩에 대한 설명 중 틀린 것은?

① 블리딩이 많은 콘크리트는 침하량도 많다.
② 블리딩은 굵은 골재와 모르타르, 철근과 콘크리트의 부착을 나쁘게 한다.
③ 콘크리트의 강도 저하나 구조물의 내력 저하의 원인이 된다.
④ 블리딩이 많으면, 모르타르 부분의 물-시멘트비가 작게 되어 강도가 크게 된다.

해설 블리딩이 많으면 모르타르 부분의 물-시멘트비가 크게 되어 강도가 작게 된다.

012 콘크리트의 응결 시간 시험 KS F 2436

■ 관입 저항치에 의한 콘크리트의 응결 시간 시험
- 관입침 : 재하 장치에 붙어 있는 것으로 지지 면적이 645mm², 323mm², 161mm², 65mm², 32mm², 16mm²라야 하고, 지지 면에서 25mm 위의 둘레에 표시가 있어야 한다.
- 16mm² 침은 길이가 90mm 이하이어야 한다.
- 모르타르 샘플은 굳지 않은 콘크리트의 대표 시료로부터 4.75mm 체를 사용하여 습윤 체가름 방법으로 모르타르 시료를 채취한다.
- 모르타르의 경화 상태에 따라, 적당한 치수의 침을 관입 저항 기구에 붙여, 침의 지지면을 모르타르 표면에 접촉시킨다.
- 천천히 그리고 균등하게 기구를 아래쪽으로 연직력을 작용시켜, 침을 모르타르 안으로 (25±2)mm 깊이까지 관입한다.
- 25mm의 깊이까지 관입하는 데 소요되는 기간은 약 (10±2)초로 한다.
- 25mm 관입에 소요된 힘의 크기와 처음 시멘트와 물을 접촉시킨 후의 경과 시간을 기록한다. 기록된 하중을 침의 지지 면적으로 나누어 관입 저항을 계산하고 기록한다.
- 만족할 만한 관입 저항-경과 시간 곡선을 얻을 수 있는 시간 간격으로 6회 이상 시험하며, 관입 저항 측정값이 적어도 28MPa 이상이 될 때까지 시험을 계속한다.
- 각 그래프에서 관입 저항값이 3.5MPa이 될 때까지의 시간을 초결 시간, 관입 저항값이 28MPa이 될 때의 소요 시간을 종결 시간이라 한다.

■ 시멘트의 응결 시험 방법
- 길모어 침에 의한 시멘트의 응결 시간 시험(KS L5103)
- 비카 침에 의한 수경성 시멘트의 응결 시간 시험(KS L 5108)

01 기 07,12,17
관입 저항침에 의한 콘크리트의 응결 시간 시험 방법에 관한 설명으로 틀린 것은?

① 콘크리트에서 4.75mm 체를 사용하여 습윤 체가름 방법으로 모르타르 시료를 채취한다.
② 침의 관입 길이가 20mm가 될 때까지 소요된 힘을 침의 지지면으로 나누어 관입 저항을 계산한다.
③ 6회 이상 시험하며, 관입 저항 측정값이 적어도 28MPa 이상이 될 때까지 시험을 계속한다.
④ 초결 시간은 모르타르의 관입 저항이 3.5MPa이 될 때까지의 소요 시간이다.

[해설] 침의 관입 길이가 25mm가 될 때까지 소요된 힘을 침의 지지면으로 나누어 관입 저항을 계산한다.

02 기 09,11
프록터 관입 저항 시험으로 콘크리트의 응결 시간을 측정할 때 초결 시간 및 종결 시간은 관입 저항값이 각각 몇 MPa일 때인가?

① 2.5MPa, 25.0MPa ② 2.5MPa, 28.0MPa
③ 3.5MPa, 25.0MPa ④ 3.5MPa, 28.0MPa

[해설] 각 그래프에서 관입 저항값이 3.5MPa가 될 때까지의 시간을 초결 시간, 관입 저항값이 28MPa가 될 때 소요 시간을 종결 시간이라 한다.

03 산 09,11
관입 저항침에 의한 콘크리트의 응결 시간 시험 방법에 관한 설명으로 적합하지 않은 것은?

① 시료는 콘크리트를 체로 쳐서 모르타르로 시험한다.
② 시료의 위 표면적 10,000mm²당 1회의 비율로 다진다.
③ 보통의 배합인 경우 20~25℃ 온도의 실험실에서 시험한다.
④ 관입 저항이 3.5MPa, 28.0MPa이 될 때의 시간을 각각 초결 시간과 종결 시간으로 결정한다.

[해설] 시료의 위 표면적 645mm²당 1회의 비율로 모르타르를 다진다.

04 산 10,13
관입 저항침의 의한 콘크리트의 응결 시험에 대한 아래 표의 ( )에 들어갈 수치로 옳은 것은?

> 관입 저항이 (㉮)MPa이 되기까지의 경과 시간을 초결 시간, (㉯)MPa이 되기까지의 시간을 종결 시간으로 한다.

① ㉮ 3.0, ㉯ 28.0 ② ㉮ 3.5, ㉯ 28.0
③ ㉮ 3.0, ㉯ 28.5 ④ ㉮ 3.5, ㉯ 28.5

[해설] 각 그래프에서 관입 저항값이 3.5MPa이 될 때까지의 시간을 초결 시간, 관입 저항값이 28MPa이 될 때 소요시간을 종결 시간이라 한다.

05 산 05,11,14,17
관입 저항침에 의한 콘크리트 응결 시간 측정 시 초결 시간으로 정의하는 관입 저항값은 얼마인가?

① 2.5MPa ② 2.8MPa
③ 3.0MPa ④ 3.5MPa

[해설] 각 그래프에서 관입 저항값이 3.5MPa이 될 때까지의 시간을 초결 시간, 관입저항값이 28MPa이 될 때의 소요시간을 종결 시간이라 한다.

[정답] 012 01 ② 02 ④ 03 ② 04 ② 05 ④

013 콘크리트의 강도 시험

1 강도 시험용 공시체

■ 압축 강도 시험용을 위한 공시체
- 공시체의 치수 : 공시체는 지름이 2배의 높이를 가진 원기둥형으로 한다.
  - 그 지름은 굵은 골재 최대 치수의 3배 이상, 100mm 이상으로 한다.
- 콘크리트를 채우는 방법 : 각 층은 적어도 1,000mm²에 1회의 비율로 다지도록 하고 바로 아래의 층까지 다짐봉이 닿도록 한다.
  - 이 비율로 다지면 재료가 분리될 염려가 있을 때는 분리를 일으키지 않을 정도로 다짐수를 줄인다.

■ 공시체의 캐핑
- 캐핑용 재료는 콘크리트에 잘 부착하고 콘크리트에 영향을 주는 것이어서는 안 된다.
- 캐핑 중의 압축 강도는 콘크리트의 예상되는 강도보다 작아서는 안 된다.
- 캐핑층의 두께는 공시체 지름이 2%를 넘어서는 안 된다.

■ 쪼갬 인장 강도 시험을 위한 공시체
- 공시체의 치수 : 공시체는 원기둥 모양으로 그 지름은 굵은 골재의 최대 치수의 4배 이상이며 150mm 이상으로 한다.
- 공시체의 길이는 그 지름 이상, 2배 이하로 한다.

■ 휨 강도 시험을 위한 공시체
- 공시체의 치수 : 공시체는 단면이 정사각형인 각기둥체로 하고, 그 한 변의 길이는 굵은 골재 최대 치수의 4배 이상이며 100mm 이상으로 하고, 공시체의 길이는 단면의 한 변의 길이의 3배보다 80mm 이상 긴 것으로 한다.
- 콘크리트를 채우는 방법 : 다짐봉을 이용하는 경우는 2층 이상의 거의 같은 층으로 나누어 채운다.
  - 진동기를 이용하는 경우는 1층 또는 2층 이상의 거의 같은 층으로 나누어 채운다.

2 콘크리트의 압축 강도 시험 방법

■ 공시체의 검사
지름을 0.1mm, 높이를 1mm까지 측정한다.

■ 시험 장치
상하의 가압판의 크기는 공시체의 지름 이상으로 하고 두께는 25mm 이상으로 한다.
- 공시체를 공시체 지름의 1% 이내의 오차에서 그 중심축이 가압판의 중심과 일치하도록 놓고 시험을 실시한다.
- 시험기의 가압판과 공시체의 끝면은 직접 밀착시키고 그 사이에 쿠션재를 넣어서는 안 된다. 다만, 언본드 캐핑에 의한 경우는 제외한다.
- 공시체에 충격을 주지 않도록 똑같은 속도로 하중을 가한다.

- 하중을 가하는 속도는 압축 응력도의 증가율이 매초 (0.6±0.2)MPa이 되도록 한다.
- 공시체가 급격한 변형을 시작한 후에는 하중을 가하는 속도의 조정을 중지하고 하중을 계속 가한다.
- 공시체가 파괴될 때까지 시험기가 나타내는 최대 하중을 유효 숫자 3자리까지 읽는다.

$$f_c = \frac{P}{A} = \frac{P}{\frac{\pi d^2}{4}}$$

여기서, f_c : 압축 강도(MPa=N/mm²)
P : 공시체가 파괴될 때까지 시험기에 나타내는 최대 하중(N)
d : 공시체의 지름(mm)

3 콘크리트의 쪼갬 인장 강도 시험 방법

- 하중을 가하는 속도는 인장 응력도의 증가율이 매초 (0.06±0.04)MPa(N/mm²)이 되도록 조정한다. 최대 하중이 도달할 때까지 그 증가율을 유지하도록 한다.
- 공시체가 쪼개진 면에서의 길이를 2개소 이상에서 0.1mm까지 측정하여 그 평균값을 공시체의 길이로 한다.
- 인장강도는 다음 식에 따라 계산한다.

$$f_{sp} = \frac{2P}{\pi dl}$$

여기서, f_{sp} : 인장 강도(MPa=N/mm²)
P : 공시체가 파괴될 때까지 시험기에 나타내는 최대하중(N)
d : 공시체의 지름(mm)
l : 공시체의 길이(mm)

4 콘크리트의 휨 강도 시험 방법

- 휨 강도 시험에서 공시체에 하중을 가하는 속도는 가장자리 응력도의 증가율이 매초 (0.06±0.04)MPa이 되도록 조정하고, 최대하중이 될 때까지 그 증가율을 유지하도록 한다.
- 공시체가 인장쪽 표면 지간 방향 중심선의 4점 사이에서 파괴되었을 때는 휨 강도를 다음 식으로 산출한다.

$$f_b = \frac{P \cdot L}{b \cdot h^2}$$

여기서, f_b : 휨 강도(MPa=N/mm²)
P : 시험기가 나타내는 최대 하중(N)
L : 지간(mm)
b : 파괴 단면의 나비(mm)
h : 파괴 단면의 높이(mm)

01 다음은 강도 시험용 공시체의 제작 방법에 대하여 설명한 것이다. 틀린 것은?

① 콘크리트의 압축 강도 시험용 공시체의 지름은 굵은 골재 최대 치수의 3배 이상, 150mm 이상으로 한다.
② 휨 강도 시험용 공시체의 지름은 굵은 골재 최대 치수의 4배 이상, 100mm 이상으로 한다.
③ 휨 강도 시험용 공시체의 길이는 단면의 한 변의 길이의 3배보다 80mm 이상 긴 것으로 한다.
④ 쪼갬 인장 강도 시험용 공시체의 지름은 굵은 골재 최대 치수 4배 이상, 150mm 이상으로 한다.

해설 콘크리트의 압축 강도 시험용 공시체의 지름은 굵은 골재 최대 치수의 3배 이상, 100mm 이상으로 한다.

02 콘크리트의 압축 강도 시험용 공시체 제작에 대한 설명으로 틀린 것은?

① 공시체는 지름의 2배의 높이를 가진 원기둥형으로 하며, 그 지름은 굵은 골재의 최대 치수의 3배 이상, 100mm 이상으로 한다.
② 콘크리트를 몰드에 채울 때 2층 이상으로 거의 동일한 두께로 나눠서 채우며, 각 층의 두께는 160mm를 초과해서는 안 된다.
③ 다짐봉을 사용하여 콘크리트를 다져 넣을 때 각 층은 적어도 700mm²에 1회의 비율로 다지도록 하고 다짐봉이 바로 아래층에 20mm 정도 들어가도록 다진다.
④ 캐핑용 재료를 사용하여 공시체의 캐핑을 할 때 캐핑층의 두께는 공시체 지름의 2%를 넘어서는 안 된다.

해설 다짐봉을 사용하여 콘크리트를 다져 넣을 때 각 층은 적어도 $1,000mm^2 (10cm^2)$에 1회의 비율로 다지도록 하고 다짐봉이 바로 아래의 층까지 닿도록 한다.

03 콘크리트 압축 강도 시험에서 하중을 가하는 속도로 가장 적합한 것은?

① 압축 응력도의 증가율이 매초 (0.6 ± 0.2)MPa이 되도록 한다.
② 압축 응력도의 증가율이 매초 (1.2 ± 0.6)MPa이 되도록 한다.
③ 압축 응력도의 증가율이 매초 (4 ± 2)MPa이 되도록 한다.
④ 압축 응력도의 증가율이 매초 (6 ± 4)MPa이 되도록 한다.

해설 콘크리트 압축 강도 시험에서 하중을 가하는 속도는 압축 응력도의 증가율이 매초 (0.6 ± 0.2)MPa이 되도록 한다.

04 콘크리트의 강도 시험에 대한 설명으로 틀린 것은?

① 압축 강도 시험을 위한 공시체는 지름의 2배의 높이를 가진 원기둥형으로 하며, 그 지름은 굵은 골재의 최대 치수의 3배 이상, 100mm 이상으로 한다.
② 공시체 몰드의 떼는 시기는 채우기가 끝나고 나서 16시간 이상 3일 내로 한다.
③ 휨 강도 시험에서 공시체에 하중을 가하는 속도는 압축응력도의 증가율이 매초 (0.6 ± 0.4)MPa이 되도록 한다.
④ 휨 강도 시험용 공시체를 제작할 때 다짐봉을 이용하여 콘크리트를 몰드에 채울 경우는 2층 이상의 거의 같은 층으로 나누어 채운다.

해설 · 압축 강도 시험에서 공시체에 하중을 가하는 속도는 압축 응력도의 증가율이 매초 (0.6 ± 0.2)MPa이 되도록 한다.
· 휨 강도 시험에서 공시체에 하중을 가하는 속도는 가장자리 응력도의 증가율이 매초 (0.06 ± 0.04)MPa이 되도록 조정하고, 최대 하중이 될 때까지 그 증가율을 유지하도록 한다.

05 콘크리트의 압축 강도 시험 방법에 대한 설명으로 틀린 것은?

① 상하의 가압판의 크기는 공시체의 지름 이상으로 하고 두께는 25mm 이상으로 한다.
② 공시체를 공시체 지름의 5% 이내의 오차에서 그 중심축이 가압판의 중심과 일치하도록 놓고 시험을 실시한다.
③ 하중을 가하는 속도는 압축 응력도의 증가율이 매초 (0.6 ± 0.2)MPa이 되도록 한다.
④ 시험기의 가압판과 공시체의 사이에 쿠션재를 넣어서는 안 된다.(다만, 언본드 캐핑에 의한 경우는 제외한다.)

해설 공시체를 공시체 지름의 1% 이내의 오차에서 그 중심축이 가압판의 중심과 일치하도록 놓고 시험을 실시한다.

06 콘크리트 압축 강도 시험 결과 최대 하중이 415kN에서 공시체가 파괴하였다. 이때의 압축 강도를 구하면? (단, 공시체 지름은 150mm이다.)

① 17.1MPa
② 23.5MPa
③ 27.4MPa
④ 34.8MPa

해설 $f_c = \dfrac{P}{A} = \dfrac{415\times 10^3}{\dfrac{\pi \times 150^2}{4}} = 23.5$MPa

기 04,09,11

07 지름 150mm, 높이 300mm의 원주형 공시체를 사용하여 쪼갬 인장 강도 시험을 한 결과 최대 하중이 250kN이라면 이 콘크리트의 쪼갬 인장 강도는?

① 2.12MPa ② 2.53MPa
③ 3.22MPa ④ 3.54MPa

해설 $f_{sp} = \dfrac{2P}{\pi dl}$

$= \dfrac{2 \times 250 \times 10^3}{\pi \times 150 \times 300} = 3.54 \text{N/mm}^2 = 3.54 \text{MPa}$

기 05,12 산 09,10,12,13,14,17,19

08 $\phi 100 \times 200$mm인 원주형 공시체를 사용한 쪼갬 인장 강도 시험에서 파괴 하중이 120kN이면 콘크리트의 쪼갬 인장 강도는?

① 1.91MPa ② 3.0MPa
③ 3.82MPa ④ 6.0MPa

해설 $f_{sp} = \dfrac{2P}{\pi dl}$

$= \dfrac{2 \times 120 \times 10^3}{\pi \times 100 \times 200} = 3.82 \text{N/mm}^2 = 3.82 \text{MPa}$

기 07,10,13,16,18,19

09 콘트리트 휨 강도 시험용 공시체를 4점 재하 장치로 시험하였더니, 최대 하중 35kN에서 지간의 가운데 부분에서 파괴되었다. 이 콘크리트의 휨 강도는 얼마인가? (단, 공시체의 크기는 150×150×530mm이며 지간은 450mm이다.)

① 4.67MPa ② 4.23MPa
③ 4.01MPa ④ 3.69MPa

해설 휨 강도 $f_b = \dfrac{P \cdot L}{b \cdot h^2}$

$\therefore f_b = \dfrac{35 \times 10^3 \times 450}{150 \times 150^2} = 4.67 \text{N/mm}^2 = 4.67 \text{MPa}$

기 09,13,16

10 콘크리트 휨 강도 시험에서 공시체에 하중을 가하는 속도로 가장자리 응력도의 증가율이 매초 얼마 정도가 되도록 하여야 하는가?

① (4±0.6)MPa ② (6±0.4)MPa
③ (0.6±0.4)MPa ④ (0.06±0.04)MPa

해설 콘크리트 휨 강도 시험에서 공시체에 하중을 가하는 속도는 가장자리 응력도의 증가율이 매초 (0.06±0.04)MPa이 되도록 조정하고, 최대 하중이 될 때까지 그 증가율을 유지하도록 한다.

기 10

11 4점 재하로 휨강도 시험을 실시하였을 때 파괴하중이 30.8kN이었고 지간의 중앙의 1/3 내에서 파괴되었다면 휨강도는 얼마인가? (단, 공시체의 크기는 150×150×530mm이며, 지간은 450mm이다.)

① 3.5MPa ② 3.8MPa
③ 4.1MPa ④ 4.4MPa

해설 휨강도시험 $f_b = \dfrac{P \cdot L}{b \cdot h^2}$

$\therefore f_b = \dfrac{30.8 \times 10^3 \times 450}{150 \times 150^2} = 4.1 \text{N/mm}^2 = 4.1 \text{MPa}$

기 05,09,13

12 콘크리트 압축 강도 시험을 할 때 공시체에 충격을 주지 않도록 똑같은 속도로 하중을 가하여야 한다. 이때 하중을 가하는 속도는 압축 응력도의 증가율이 매초 얼마 정도 되도록 하여야 하는가?

① (0.05±0.03)MPa ② (1.2±0.1)MPa
③ (0.1±0.02)MPa ④ (0.6±0.2)MPa

해설 압축 강도 시험에서 공시체에 하중을 가하는 속도는 압축 응력도의 증가율이 매초 (0.6±0.2)MPa이 되도록 한다.

산 10,12

13 콘크리트 압축 강도 시험용 공시체의 제작에 관한 설명으로 틀린 것은?

① 공시체는 지름의 2배의 높이를 가진 원기둥형으로 하며, 그 지름은 굵은 골재의 최대 치수의 3배 이상, 100mm 이상으로 한다.
② 공시체를 제작할 때 콘크리트는 몰드에 2층 이상으로 거의 동일한 두께로 나눠서 채우며, 각 층의 두께는 160mm를 초과해서는 안 된다.
③ 공시체의 캐핑을 하는 경우 캐핑층의 압축 강도는 콘크리트의 예상되는 강도보다 작아야 하며, 캐핑층의 두께는 공시체 지름의 5%를 넘어서는 안 된다.
④ 다짐봉을 사용하여 콘크리트 다지기를 할 경우, 각 층은 적어도 1,000mm²에 1회의 비율로 다지도록 하고 바로 아래층까지 다짐봉이 닿도록 한다.

해설 압축 강도 시험용 공시체의 윗면 다듬질을 캐핑에 의할 경우 캐핑층의 두께는 공시체 지름의 2%를 넘어서는 안 된다.

정답 **013** 07 ④ 08 ③ 09 ① 10 ④ 11 ③ 12 ④ 13 ③

□□□ 산10
14 콘크리트의 압축 강도 시험을 위한 공시체 제작에 관한 설명 중 옳지 않은 것은?

① 몰드에 채울 때 콘크리트는 2층 이상의 거의 같은 층으로 나눠서 채운다.
② 공시체의 지름은 굵은 골재 최대 치수의 3배 이하이어야 한다.
③ 공시체의 양생 온도는 (20±2)℃로 한다.
④ 몰드를 떼는 시기는 콘크리트 채우기가 끝나고 나서 16시간 이상 3일 이내로 한다.

해설 공시체의 치수
・공시체는 지름의 2배의 높이를 가진 원기둥형으로 한다.
・공시체의 지름은 굵은 골재 최대치의 3배 이상으로 한다.
・공시체의 지름은 100mm 이상으로 한다.

□□□ 산13
15 압축 강도 시험용 공시체를 제작하는 방법에 대한 설명으로 틀린 것은?

① 공시체는 지름의 2배의 높이를 가진 원기둥형으로 한다. 그 지름은 굵은 골재의 최대 치수의 3배 이상, 100mm 이상으로 한다.
② 몰드에 채울 때 콘크리트는 2층 이상으로 거의 동일한 두께로 나눠서 채운다. 각 층의 두께는 160mm를 초과해서는 안 된다.
③ 내부 진동기를 사용하여 몰드에 다져 넣기를 할 경우 가장 아래층 이외를 다질 때 바로 아래층에 진동기가 닿지 않도록 주의하면서 다진다.
④ 캐핑용 재료를 사용하여 공시체의 캐핑을 할 때 캐핑층의 두께는 공시체 지름의 2%를 넘어서는 안 된다.

해설 내부 진동기를 사용하여 몰드에 다져 넣기를 할 경우 가장 아래층 이외를 다질 때 바로 아래층에 20mm 정도 꽂아 넣도록 한다.

□□□ 산05,13
16 콘크리트의 휨 강도 시험 방법에서 공시체가 지간의 4점 재하장치에 따라 파괴되었을 때의 휨 강도를 구하는 식은? (단, P: 파괴 하중, L: 지간, b: 파괴 단면의 폭, h: 파괴 단면의 높이)

① $\dfrac{PL}{bh^2}$ ② $\dfrac{PL}{b^2h}$
③ $\dfrac{2PL}{bh}$ ④ $\dfrac{2PL}{bh^2}$

해설 $f_b = \dfrac{PL}{bh^2}$

□□□ 산11
17 공시체의 형상 및 시험 방법이 압축 강도에 미치는 영향에 대한 설명으로 틀린 것은?

① 원주형 공시체의 높이와 지름의 비인 H/D의 값이 커질수록 강도가 작게 된다.
② 재하 속도가 빠를수록 강도가 크게 나타난다.
③ 캐핑의 두께는 가능한 얇은 것이 좋으며, 6mm를 넘으면 강도의 저하가 커진다.
④ 시험 직전에 공시체를 건조시키면 일시적으로 강도가 감소한다.

해설 시험 직전에 공시체를 건조시키면 강도가 20~30% 증가한다.

□□□ 산12
18 콘크리트의 쪼갬 인장 강도 측정 시 하중을 가하는 속도에 대한 설명으로 옳은 것은?

① 압축 응력도의 증가율이 매초 (0.6±0.4)MPa이 되도록 조정하고, 공시체에 충격을 주지 않도록 똑같은 속도로 하중을 가한다.
② 가장자리 응력도의 증가율이 매초 (0.6±0.4)MPa이 되도록 조정하고, 최대 하중이 될 때까지 그 증가율을 유지하도록 한다.
③ 인장 응력도의 증가율의 매초 (0.06±0.04)MPa이 되도록 조정하고, 최대 하중에 도달할 때까지 그 증가율을 유지하도록 한다.
④ 압축 응력도의 증가율이 매분 (0.06±0.04)MPa이 되도록 조정하고, 최대 하중이 될 때까지 그 증가율을 유지하도록 한다.

해설 ・압축 강도 시험에서 공시체에 하중을 가하는 속도는 압축 응력도의 증가율이 매초 (0.6±0.2)MPa이 되도록 한다.
・인장 강도 시험에서 공시체에 하중을 가하는 속도는 인장 응력도의 증가율이 매초 (0.06±0.04)MPa이 되도록 조정한다.
・휨 강도 시험에서 공시체에 하중을 가하는 속도는 가장자리 응력도의 증가율이 매초 (0.06±0.04)MPa이 되도록 조정한다.

정답 14 ② 15 ③ 16 ① 17 ④ 18 ③

014 모르타르 및 콘크리트의 길이 변화 시험

■ 시험 방법의 종류
- 공시체의 측면 길이 변화를 측정하는 방법
  - 현미경을 부착한 콤퍼레이터를 이용하는 방법(콤퍼레이터 방법)
  - 콘택트 스트레인 게이지를 이용하는 방법(콘택트 게이지 방법)
- 공시체의 중심축의 길이 변화를 측정하는 방법
  - 다이얼 게이지를 부착한 측정기를 이용하는 방법(다이얼 게이지 방법)

■ 공시체
- 공시체의 치수 : 공시체의 치수는 원칙적으로 모르타르인 경우 40×40×160mm로 한다.
  - 콘크리트의 경우 나비는 높이와 같이 하되, 굵은 골재의 최대치수의 3배 이상이며, 길이는 나비 또는 높이의 3.5배 이상으로 한다.
  - 굵은 골재의 최대 치수는 30mm 이하인 경우는 원칙적으로 100×100×400mm로 한다.
- 공시체의 개수 : 공시체의 개수는 동일 조건의 시험에 대해 3개 이상으로 한다.
- 공시체의 보존 : 보존 기간 중, 공시체는 젖빛 유리 또는 게이지 플러그를 손상시키지 않도록 한다.
  - 또한 공시체 주변의 환경 조건이 같아서, 공시체 개개의 보존 조건도 동일하게 하여 각 공시체의 주변은 모르타르인 경우 10mm 이상, 콘크리트인 경우 약 25mm 이상의 간격을 두어야 한다.

□□□ 기11,15,16

01 모르타르 및 콘크리트의 길이 변화 시험에서 공시체의 중심축의 길이 변화를 측정하는 방법은?

① 현미경을 부착한 콤퍼레이터를 이용하는 방법
② 콘택트 스트레인 게이지를 이용하는 방법
③ 다이얼 게이지를 부착한 측정기를 이용하는 방법
④ 변형률 측정 장치를 이용하는 방법

해설
- 공시체의 중심축의 길이 변화를 측정하는 방법
  - 다이얼 게이지를 부착한 측정기를 이용하는 방법(다이얼 게이지 방법)
- 공시체의 측면 길이 변화를 측정하는 방법
  - 현미경을 부착한 콤퍼레이터를 이용하는 방법(콤퍼레이터 방법)
  - 콘택트 스트레인 게이지를 이용하는 방법(콘택트 게이지 방법)

□□□ 기11,15,17 산13

02 모르타르 및 콘크리트의 길이 변화 시험(KS F 2424)에서 규정하는 시험 방법이 아닌 것은?

① 콤퍼레이터 방법
② 크랙 게이지 방법
③ 콘택트 게이지 방법
④ 다이얼 게이지 방법

해설 모르타르 및 콘크리트의 길이 변화 시험 방법 : 콤퍼레이터 방법, 콘택트 게이지 방법, 다이얼 게이지 방법

□□□ 기11,15

03 콘크리트의 길이변화 시험에 대한 설명으로 틀린 것은?

① 콘크리트의 건조수축 특성을 평가하기 위해 실시한다.
② 공시체의 개수는 동일 조건의 시험에 대해 3개 이상으로 한다.
③ 공시체의 측면 길이 변화를 측정하기 위해서는 다이얼 게이지 방법을 사용하여야 한다.
④ 사용하는 콘크리트 공시체의 나비는 높이와 같이하되, 굵은 골재의 최대 치수의 3배 이상으로 한다.

해설
- 공시체 중심축의 길이 변화를 측정하는 방법
  - 다이얼 게이지를 부착한 측정기를 이용하는 방법(다이얼 게이지 방법)
- 공시체의 측면 길이 변화를 측정하는 방법
  - 현미경을 부착한 콤퍼레이터를 이용하는 방법(콤퍼레이터 방법)
  - 콘택트 스트레인 게이지를 이용하는 방법(콘텍트 게이지 방법)

015 콘크리트의 비파괴 시험

- 콘크리트 비파괴 시험으로 콘크리트 강도, 균열 깊이, 철근 배근 상태, 콘크리트 부재의 크기(치수, 두께), 철근 부식 유무 등을 검사할 수 있다.

1 콘크리트 압축 강도 추정을 위한 반발 경도 시험 방법

■ 적용 범위
- 이 시험은 스프링 작동식 테스트 해머를 사용하여 현장 콘크리트의 반발 경도를 측정함으로써 콘크리트의 압축 강도를 추정하기 위한 것이다.

■ 시험 부위의 결정
- 시험할 콘크리트 부재는 두께가 100mm 이상이어야 하며, 하나의 구조체에 고정되어야 한다.
- 미장 및 도장이 되어 있는 면은 평활한 콘크리트의 반발 경도와 크게 차이가 있으므로 마감면을 완전히 제거한 후 시험을 해야 한다.

■ 시험 절차
- 타격 위치는 가장자리로부터 100mm 이상 떨어지고, 서로 30mm 이내로 근접해서는 안 된다. 각 시험 영역으로부터 20개의 시험값을 취한다.

■ 계산
  시험값 20개의 평균으로부터 오차가 20% 이상이 되는 경우의 시험값은 버리고 나머지 시험값의 평균을 구한다.

■ 반발 경도에 영향을 미치는 요인
- 콘크리트 내부의 온도 : 0℃ 이하의 온도에서 콘크리트는 정상보다 높은 반발 경도를 나타낸다. 이러한 경우는 콘크리트 내부가 완전히 융해된 후에 시험해야 한다.
- 콘크리트 표면의 함수 상태 : 콘크리트는 함수율이 증가함에 따라 강도가 저하되고 반발 경도도 저하되므로 표면이 젖어 있지 않은 상태에서 시험을 해야 한다.
- 탄산화 : 탄산화의 효과는 콘크리트의 반발 경도를 증가시킨다. 탄산화가 특별히 과대한 경우는 탄산화된 부분을 연마로 제거하고 굵은 골재를 피해 시험한다.
- 타격 방향 : 타격 방향에 따라서는 수평 타격 시험값이 가장 안정된 값을 나타내기 때문에 수평 타격을 원칙으로 한다.

■ 슈미트 해머의 종류

기종	적용 콘크리트	충격 에너지	강도 측정 범위	비고
N형	보통 콘크리트	0.0225N·m	15~60MPa	직독식
NR형	보통 콘크리트	0.0225N·m	15~60MPa	자기 기록식
L형	경량 콘크리트	0.0075N·m	10~60MPa	직독식
LR형	경량 콘크리트	0.0075N·m	10~60MPa	자기 기록식
P형	저강도 콘크리트	0.0090N·m	5~15MPa	진자식
M형	매스 콘크리트	0.3000N·m	60~100MPa	직독식

- 테스트 해머의 종류 : 서로 다른 종류의 테스트 해머를 이용할 경우 시험값을 ±1~3 정도의 차이를 나타내므로 동일한 테스트 해머를 사용하여야 한다.

2 각종 비파괴 시험
- **타격 음향법** : 표면을 타격하였을 때 발생하는 음의 차이를 분석하여 모르타르나 타일의 들뜸 유무 등에 관한 정보를 얻을 수 있는 비파괴 시험법이다.
- **탄성파법** : 물체 내를 전파하는 탄성파의 특성을 계측하여 물체 내부의 다양한 정보 즉, 강도, 균열, 박리, 공극, 공동, 하중 이력 등에 관한 정보를 얻을 수 있는 비파괴 시험법으로 여기에는 초음파법, 충격 반사파법, 음향 방출법 등을 총괄하여 나타낸다.
- **초음파법** : 초음파의 투과 속도는 콘크리트의 밀도와 탄성적 성질에 따라 변화하는 것을 이용하여 콘크리트의 균질성, 내구성 등의 판정, 콘크리트 피복 두께, 전파 속도, 균열 깊이 및 압축 강도의 추정에 이용된다.
- **음향 방출법(AE법)** : 재하 시 물체 내부의 피로나 변형에 의한 균열의 발생음을 계측하여, 대상 물체의 재하 이력을 추정하거나, 내부에 발생하는 미소 균열 등에 관한 정보를 실시간으로 얻을 수 있는 비파괴 시험
- **자연 전위법** : 콘크리트 내부에 매입된 철근의 부식 경향을 판정하는 비파괴 검사 방법으로는 자연 전위법, 분극 저항법, 콘크리트의 비저항 측정법 등이 있지만 자연 전위법 이외에는 아직 실용화 단계에 도달하지 못하고 있는 실정이다.
- **전자파법** : 물체 내부를 투과 혹은 반사하는 전자차를 계측하여, 물체 내부의 다양한 정보 즉, 콘크리트 내부 강재의 위치, 지름, 피복 두께, 내부 공동, 균열, 박리 등에 관한 정보를 얻을 수 있는 비파괴 시험 방법으로 X선법, 레이더법, 적외선법 등을 총괄하여 나타낸다.
- **분극 저항법** : 강재의 전위를 자연 전위로부터 미세하게 분극(전위의 강제 변화)시킨 경우에 발생하는 저항
- **인발법** : 콘크리트 속에 장치를 매립하고 그것을 잡아 뽑을 때에 요하는 힘을 측정하는 시험으로 인발 시의 재하 속도는 (0.5±0.2) kN/sec로 한다.

■ 비파괴 검사의 종류

콘크리트 강도에 관한 비파괴 시험	콘크리트 강도 이외의 비파괴 시험
코어 압축 강도 시험법	자연 전위법
반발 경도법(슈미트 해머법)	전기 저항법
초음파 시험법	탄성파법
적산 온도법	전자파법
관입 저항법	분극 저항법
인발법	진동 계측법

☐☐☐ 기12
01 반발 경도 시험에 사용되는 테스트 해머의 종류에 따른 적용 콘크리트로서 틀린 것은?

① N형 : 보통 콘크리트용
② L형 : 경량 콘크리트용
③ M형 : 매스 콘크리트용
④ P형 : 고강도 콘크리트용

해설 슈미트 해머의 종류

기종	적용 콘크리트	비고
N형	보통 콘크리트	직독식
NR형	보통 콘크리트	자기 기록식
L형	경량 콘크리트	직독식
LR형	경량 콘크리트	자기 기록식
P형	저강도 콘크리트	진자식
M형	매스 콘크리트	직독식

☐☐☐ 기13,15,19
02 아래 그림은 초음파 속도법의 측정법 중 한 종류를 나타낸다. 이 측정법의 명칭으로 옳은 것은?

① 표면법
② 직접법
③ 간접법
④ 추정법

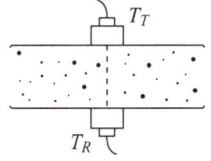

해설
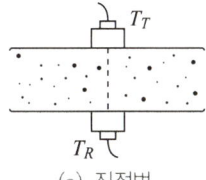 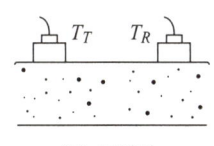
(a) 직접법　　　　(b) 표면법

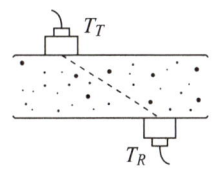 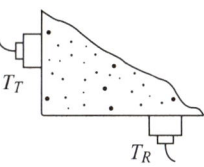
(c) 간접법

☐☐☐ 기10,12,17
03 콘크리트 비파괴 시험 방법의 일종인 초음파법에 의하여 측정하거나 추정할 수 없는 것은?

① 압축 강도　　　② 균열 깊이
③ 건조 수축량　　④ 전파 속도

해설 초음파법 : 주로 물체 내를 전파하는 초음파의 전파 속도를 측정하여 해당 물체의 압축 강도나 균열 깊이, 내부 결함 등에 관한 정보를 얻을 수 있는 비파괴 시험

☐☐☐ 기11,14,17
04 콘크리트의 강도를 평가하기 위한 비파괴 시험으로 적당하지 않은 것은?

① 인발법(Pull-out Test)
② 반발 경도법
③ 초음파 속도법
④ X-ray 회절 분석법

해설 X-ray 회절 분석법(XRD) : 알칼리 골재 반응의 골재의 화학 분석 방법으로 콘크리트 내부의 형태를 직접 관찰할 수 있다.

☐☐☐ 기11
05 아래의 표에서 설명하고 있는 콘크리트 압축 강도 추정 방법은?

> 노르웨이나 스웨덴에서 표준화되어 있는 시험 방법으로서 원주 시험체에 휨 하중을 가하여 콘크리트의 압축 강도를 추정하는 방법이다. 이 방법의 원리는 휨 강도가 압축 강도와 양호한 상관 관계가 있다고 가정한 것이다.

① Pull-off법　　　② 관입 저항법
③ Break-off법　　④ Tc-To법

해설
· Break-off법 : 미리 플라스틱성 원통 모양의 형틀을 설치하여 콘크리트를 타설한 후 시험하는 방법과 코어보링으로 경화된 콘크리트에 같은 모양의 틈을 만드는 방법이 있다.
· Pull-off법 : 원주 시험체에 인장 하중을 가하고, 그때의 인장 강도로부터 콘크리트 압축강도를 추정하는 방법이다. 이 방법은 보수재의 부착 강도를 측정할 때 주로 사용된다.
· 관입 저항법 : 탐침을 정교하게 조정된 일정량의 화약 폭발력에 의해 콘크리트 표면에 관입시킨 후 그 관입 깊이를 측정하여 콘크리트 압축 강도를 추정하는 방법이다.
· Tc-To법 : 전파시간법으로 1진동자 종파 탐촉자를 2개 사용하여 송신한 종파에 의해 균열 끝에서 산란하는 종파를 수신했을 때의 전파 시간으로부터 균열 깊이를 환산하는 방법이다.

정답　01 ④　02 ②　03 ③　04 ④　05 ③

□□□ 기 09,11,15

06 KS F 2730에 규정되어 있는 콘크리트 압축 강도 추정을 위한 반발 경도 시험에서 반발 경도에 영향을 미치는 요인에 대한 설명으로 옳은 것은?

① 0℃ 이하의 온도에서 콘크리트는 정상보다 높은 반발 경도를 나타낸다. 이러한 경우는 콘크리트 내부가 완전히 융해된 후에 시험해야 한다.
② 탄산화의 효과는 콘크리트의 반발 경도를 감소시킨다. 따라서 재령 보정 계수를 사용하여 탄산화로 인한 반발 경도의 변화를 보상할 수 있다.
③ 콘크리트는 함수율이 증가함에 따라 강도가 증가하므로 표면에 충분한 수분을 가한 상태에서 시험을 실시해야 한다.
④ 서로 다른 종류의 테스트 해머를 이용할 경우 시험값은 ±1~5 정도의 차이를 나타내므로 여러 종류의 테스트 해머를 사용하여 평균값으로서 압축 강도를 추정한다.

해설 ・탄산화의 효과는 콘크리트의 반발 경도를 증가시킨다. 따라서 재령 보정 계수를 사용하여 탄산화로 인한 반발 경도의 변화를 보상할 수 있다.
・콘크리트는 함수율이 증가함에 따라 강도가 저하되고 표면에 젖어 있지 않은 상태에서 시험을 해야 한다.
・서로 다른 종류의 테스트 해머를 이용할 경우 시험값은 ±1~3 정도의 차이를 나타내므로 동일한 테스트 해머를 사용하여야 한다.

□□□ 기10

07 콘크리트 압축 강도 추정을 위한 반발 경도 시험 방법(KS F 2730)에 대한 설명으로 틀린 것은?

① 시험할 콘크리트 부재는 두께가 100mm 이상이어야 하며, 하나의 구조체에 고정되어야 한다.
② 미장이 되어 있는 면은 마감면을 완전히 제거한 후 시험을 해야 한다.
③ 타격 위치는 가장자리로부터 100mm 이상 떨어지고, 서로 30mm 이내로 근접해서는 안 된다.
④ 시험값 20개의 평균으로부터 오차가 10% 이상이 되는 경우의 시험값은 버리고 나머지 시험값의 평균을 구한다.

해설 시험값 20개의 평균으로부터 오차가 20% 이상이 되는 경우의 시험값은 버리고 나머지 시험값의 평균을 구한다.

□□□ 기10,11

08 비파괴 검사에 의하여 검사할 수 없는 것은?

① 콘크리트 강도　② 콘크리트 배합비
③ 철근 부식 유무　④ 콘크리트 부재의 크기

해설 콘크리트 비파괴 시험으로 콘크리트 강도, 균열 깊이, 철근 배근 상태, 콘크리트 부재의 크기(치수, 두께), 철근 부식 유무 등을 검사할 수 있다.

□□□ 산 04,13,17

09 실제로 시공된 콘크리트 자체의 품질 시험법으로, 구조물에 손상을 주지 않고, 콘크리트의 반발 경도를 측정하여 압축 강도를 추정하는 비파괴 시험은 무엇인가?

① 슈미트 해머법　② 공진법
③ 음속법　④ 방사선법

해설 비파괴 시험의 종류
・슈미트 해머 : 콘크리트 표면을 타격하여 반발 계수를 계측하여 콘크리트의 강도를 추정하는 것으로 비파괴 검사의 일종이다.
・공진법 : 콘크리트 공시체에 진동을 주어 그때의 공명 진동 등으로 콘크리트의 탄성 계수를 측정하는 검사 방법
・음속법 : 발신자와 수신자 사이를 음파가 통과하는 시간을 측정하여 음속의 크기에 의해 강도를 측정하는 검사 방법
・방사선법 : X선 발생 장치 또는 방사선 동위 원소에서 방사되는 X선, γ선을 이용하여 철근의 위치, 크기 또는 내부 결함 등을 조사하는 방법

016　급속 동결 융해 저항 시험 방법

■ **동결 융해 사이클**
  동결 융해 1사이클의 소요 시간은 2시간 이상, 4시간 이하로 한다.
- 동결 융해 1사이클은 공시체 중심부의 온도를 원칙으로 하며 원칙적으로 4℃에서 −18℃로 떨어지고, 다음에 −18℃에서 4℃로 상승되는 것으로 한다.
- 공시체의 중심과 표면의 온도차는 항상 28℃를 초과해서는 안 된다.
- 동결 융해에서 상태가 바뀌는 순간의 시간이 10분을 초과해서는 안 된다.

■ **시험 방법**
  시험의 종료는 300사이클로 하며, 그때까지 상대동탄성 계수가 60% 이하가 되는 사이클이 있으면 시험을 종료한다.

■ **상대 동탄성 계수**

$$P_c = \left(\frac{n_c}{n_o}\right)^2 \times 100$$

여기서, P_c : 동결 융해 C사이클 후의 상대 동탄성 계수(%)
　　　　n_o : 동결 융해 0사이클에서의 변형 진동의 1차 공명 진동수(Hz)
　　　　n_c : 동결 융해 C사이클 후의 변형 진동의 1차 공명 진동수(Hz)

■ **내구성 지수**
  동결 융해 저항성의 척도로서 이용한다.

$$DF = \frac{P \cdot N}{M}$$

여기서, P : N사이클에서의 상대 동탄성 계수(%)
　　　　N : 상대 동탄성 계수가 60%가 되는 사이클 수 또는 동결 융해에의 노출이 끝나게 되는 순간의 사이클 수
　　　　M : 동결 융해에의 노출이 끝날 때의 사이클 (보통 300)

□□□ 기 08,13 산 10,15

01 동결 융해 저항성을 알아보기 위한 급속 동결 융해에 대한 콘크리트의 저항 시험 방법에 관한 설명으로 틀린 것은?

① 동결 융해 1사이클의 소요 시간은 2시간 이상, 4시간 이하로 한다.
② 동결 융해 1사이클은 공시체 중심부의 온도를 원칙으로 하며 원칙적으로 4℃에서 −18℃로 떨어지고, 다음에 −18℃에서 4℃로 상승하는 것으로 한다.
③ 시험의 종료는 100사이클로 하며, 그 때까지 상대 동탄성 계수가 75% 이하가 되는 사이클이 있으면 시험을 종료한다.
④ 공시체의 중심과 표면의 온도차는 항상 28℃를 초과해서는 안 된다.

[해설] 시험의 종료는 300사이클로 하며, 그때까지 상대 동탄성 계수가 60% 이하가 되는 사이클이 있으면 시험을 종료한다.

□□□ 기12 산09

02 급속 동결 융해 시험에서 150사이클 및 180사이클에서 상대 동탄성 계수가 각각 65% 및 50%가 되었다면 동결 융해에 대한 내구성 지수는 얼마인가? (단, 직선(선형) 보간법을 활용한다.)

① 65　　　　　② 50
③ 32　　　　　④ 16

[해설] $DF = \dfrac{\text{시험 종료 사이클 수} \times \text{상대 동탄성 계수}}{\text{동결 융해에의 노출이 끝날 때의 사이클 수}}$
$= \dfrac{P \cdot N}{300}$

사이클 수(N)	동탄성 계수(P)
180	50%
170	55%
160	60%
150	65%

- P : N사이클 시의 상대 동탄성 계수
- N : P가 60%가 되었을 때의 사이클 수
- 동탄성 계수 P=60%일 때 사이클 수 N=160%

∴ 내구성 지수 $DF = \dfrac{P \cdot N}{300} = \dfrac{60 \times 160}{300} = 32$

정답 016　01 ③　02 ③

□□□ 기12,16

03 급속 동결 융해에 대한 콘크리트의 저항 시험에 관한 설명으로 틀린 것은?

① 동결 융해 1사이클은 공시체 중심부의 온도를 원칙으로 하며 원칙적으로 4°C에서 −18°C로 떨어지고, 다음에 −18°C에서 4°C로 상승되는 것으로 한다.
② 동결 융해 1사이클의 소요 시간은 2시간 이상, 4시간 이하로 한다.
③ 공시체의 중심과 표면의 온도차는 항상 20°C를 초과해서는 안 된다.
④ 일반적으로 동결 융해에서 상태가 바뀌는 순간의 시간이 10분을 초과해서는 안 된다.

해설 공시체의 중심과 표면의 온도차는 항상 28°C를 초과해서는 안 된다.

□□□ 기06,10,14,22

04 KS F 2456(급속 동결 융해에 대한 콘크리트의 저항성 시험 방법)에서는 특별히 제한이 없는 한 300사이클 또는 상대 동탄성 계수가 60%가 될 때까지 시험을 계속하도록 규정하고 있다. 만약 동결 융해 시험된 공시체의 250사이클에서 상대 동탄성 계수가 60%로 시험이 중단되었다면 이 콘크리트의 내구성 지수는?

① 60
② 50
③ 40
④ 30

해설 내구성 지수 $DF = \dfrac{\text{시험 종료 사이클 수} \times \text{상대 동탄성 계수}}{\text{동결 융해에의 노출이 끝날 때의 사이클 수}}$

$= \dfrac{P \cdot N}{300}$

· P : N사이클 시의 상대 동탄성 계수 ; 60%
· N : P가 60%가 되었을 때의 사이클 수 ; 250

∴ $DF = \dfrac{60 \times 250}{300} = 50$

□□□ 산10,11

05 급속 동결 융해 시험에 의한 콘크리트의 저항성 시험 결과 동결융해 0사이클에서 변형 진동의 1차 공명 진동수가 24,000Hz, 동결융해 100사이클 후의 변형 진동의 1차 공명 진동수가 18,590Hz일 때 동결 융해 100사이클 후의 상대 동탄성 계수를 구하면?

① 60%
② 70%
③ 77%
④ 84%

해설 상대 동탄성 계수 $P_c = \left(\dfrac{n_c}{n_o}\right)^2 \times 100$

· P_c : 동결 융해 C사이클 후의 상대 동탄성 계수(%)
· n_o : 동결 융해 0사이클에서의 변형 진동의 1차 공명 진동수 (Hz)
· n_c : 동결 융해 C사이클 후의 변형 진동의 1차 공명 진동수 (Hz)

∴ $P_c = \left(\dfrac{18,590}{24,000}\right)^2 \times 100 = 60\%$

정답 03 ③ 04 ② 05 ①

017 염화물 분석시험

1 표준 용액 및 지시약

■ 염화나트륨 표준 용액
- 염화나트륨(NaCl)을 105~110℃에서 항량이 될 때까지 건조시킨다.
- 건조된 시료 2.9222g을 계량하여 물에 녹인 후 부피 측정용 플라스크에서 정확하게 1L로 희석시켜 잘 혼합한다. 이 용액을 표준 용액으로서 더 이상의 표준화 과정이 필요 없다.

■ 질산은 표준 용액
8.4938g의 질산은을 물에 녹인 다음 부피 측정용 플라스크에서 1L로 희석시켜 잘 혼합한다. 0.005N 염화나트륨 표준 용액 5.00mL를 물에 녹인 다음 부피 측정용 플라스크에서 1L로 희석시켜 잘 혼합한다.

■ 메틸오렌지 지시약
95%의 에틸알코올 1L당 2g의 메틸오렌지를 함유하는 용액을 준비한다.

2 염화물 함유량 측정 방법

■ 경화한 콘크리트 속에 함유된 염분 분석 방법
- 흡광 광도법 : 크롬산은이나 티온시안산 제2수은 염화물 이온과 반응하여 나타난 발색도차를 흡광 광도계를 이용하여 측정하는 방법
- 질산은 적정법 : 지시약으로서 크롬산칼륨을 이용하고, 질산은 용액으로 염화물 이온을 적정하는 방법이다.

■ 경화한 콘크리트 속에 함유된 전 염분의 간이 분석 방법
- 전위차 적정법 : 지시약에 의해 색깔이 변하는 것을 관찰하는 것이 아니라 전기 화학적인 변화를 미량 분석에 적용한 것이다.
- 전량 적정법
- 이온 전극법
- 간이 발색법

3 콘크리트의 염화물량 계산

$$Cl^- = \frac{3.545(V_1 - V_2)N}{W}$$

여기서, Cl^- : 콘크리트의 염화물량(%)
V_1 : 시료의 적정에 사용된 0.05N 질산은 용액의 부피(mL, 당량점)
V_2 : 바탕 지정에 사용된 0.05N 질산은 용액의 부피(mL, 당량점)
N : 질산은의 정확한 노르말 농도(N)
W : 콘크리트 시료의 질량(g)

□□□ 기10,15

01 아래 표는 콘크리트 시료의 산-가용성 염소 이온 함유량 시험 결과를 정리한 것이다. 콘크리트 중에 함유된 염소이온량을 구하면?

질산은 용액의 농도	바탕 적정에 사용된 질산은 용액의 부피	적정 시험에 사용된 질산은 용액의 부피	콘크리트 시료의 질량	콘크리트의 단위 용적 질량
0.05N	1.4mL	10.2mL	10.5g	2,263kg/m³

① 0.15kg/m³   ② 1.08kg/m³
③ 2.18kg/m³   ④ 3.37kg/m³

해설
- 콘크리트의 질량에 대한 염소 이온 농도(%)

$$Cl^- = \frac{3.545(V_1 - V_2)N}{W}$$

$$= \frac{3.545(10.2-1.4) \times 0.05}{10.5} = 0.149\%$$

- 콘크리트 중에 함유된 염소 이온량(kg/m³)

$$\therefore 염소\ 이온량 = Cl^- \times \frac{U}{100}$$

$$= 0.149 \times \frac{2.263}{100} = 3.37 kg/m^3$$

□□□ 기10

02 콘크리트 및 콘크리트 재료의 염화물 분석 시험 방법 (KS F 2713)에서 사용하는 표준 용액 및 지시약이 아닌 것은?

① 염화나트륨 표준 용액
② 질산은 표준 용액
③ 메틸오렌지 지시약
④ 무수황산나트륨 표준 용액

해설 표준 용액 및 지시약
- 염화나트륨 표준 용액 : 염화나트륨을 105~110℃에서 항량이 될 때까지 건조시킨다.
- 질산은 표준 용액 : 8.4938g의 질산은을 물에 녹힌 다음 부피 측정용 플라스크에서 1L로 희석시켜 잘 혼합한다.
- 메틸오렌지 지시약 : 95%의 에틸알코올 1L당 2g의 메틸오렌지를 함유하는 용액을 준비한다.

정답 01 ④ 02 ④

03 굳지 않은 콘크리트의 염화물 분석 방법이 아닌 것은?

① 이온 전극법 ② 흡광 광도법
③ 질산은 적정법 ④ 분극 저항법

해설
- 염화 이온 함유량 측정 방법 : 이온 전극법, 흡광 광도법, 전위차 적정법, 질산은 적정법
- 분극 저항법 : 콘크리트 구조물 중 철근의 부식 속도에 관계하는 내부 철근의 부식, 부식에 의해 피복 콘크리트에 균열 등의 상황 파악을 할 수 있다.

04 NaCl을 질량으로 0.03% 포함된 해사를 950kg/m³ 사용하여 콘크리트를 제조할 경우, 해사로 인한 콘크리트의 염화물 이온(Cl^-) 함유량을 구하면?

① $0.285 kg/m^3$ ② $0.143 kg/m^3$
③ $0.173 kg/m^3$ ④ $0.346 kg/m^3$

해설 염화물이온(Cl^-)함유량

$$= 해당량 \times \frac{해사율}{100} \times \frac{Cl^- \ 분자량}{NaCl \ 분자량}$$

- NaCl 분자량 : 58.5
- Cl^- 분자량 : 35.5

$$= 950 \times \frac{0.03}{100} \times \frac{35.5}{58.5} = 0.173 kg/m^3$$

05 콘크리트 중의 염화물 함유량에 대한 설명으로 틀린 것은?

① 콘크리트 중의 염화물 함유량은 콘크리트 중에 함유된 염소 이온의 총량으로 표시한다.
② 재령 28일이 경과한 굳은 프리스트레스트 콘크리트 속의 최대 수용성 염소 이온량은 시멘트 질량에 대한 비율로서 0.06%를 초과하지 않도록 하여야 한다.
③ 굳지 않은 콘크리트 중의 전 염소 이온량은 원칙적으로 $0.9 kg/m^3$ 이하로 하여야 한다.
④ 상수돗물을 혼합수로 사용할 때 여기에 함유되어 있는 염소 이온량이 불분명한 경우에는 혼합수로부터 콘크리트 중에 공급되는 염소 이온량을 $0.04 kg/m^3$로 가정할 수 있다.

해설 굳지 않은 콘크리트 중의 전 염소 이온량은 원칙적으로 $0.3 kg/m^3$ 이하로 하여야 한다.

018 골재의 알칼리 잠재 반응 시험

■ 정의
포틀랜드 시멘트 중의 알칼리 성분(Na_2O와 K_2O)이 시멘트풀의 모세관 공극 중에 수산화칼슘을 함유한 고알칼리칼슘을 함유한 고알칼리성의 공극 용액과 실리카(SiO_2) 성분과 화학 반응에 의해서 생성된 물질이 과도하게 팽창하면 콘크리트에 균열, 박리, 휨 파괴가 생기는 현상을 알칼리 골재 반응이라 한다.
- 알칼리-실리카 반응을 일으키기 쉬운 광물은 오팔(opal), 트리디마이트, 옥수(chalcedony) 등이다.
- 전 알칼리량=$Na_2O+0.65K_2O$

■ 골재의 알칼리 잠재 반응 시험 방법
- 화학적 방법 : 화학적 시험은 비교적 신속히 결과를 얻을 수 있으나 실제적으로 해가 없는 골재가 유해로 판정되는 경우가 있다.
- 모르타르 봉 방법 : 실제적인 결과를 얻을 수 있으나 시험에 6개월 정도의 오랜 기간이 소요되는 결점이 있다.

■ 알칼리-골재 반응의 종류
- 알칼리-실리카 반응
- 알칼리-실리게이트 반응
- 알칼리-탄산염 반응 : 알칼리-실리카 반응과 다른 점
  - 알칼리-탄산염 반응에 의한 피해 구조물에서는 젤이 발견되지 않는다.
  - 반응 고리를 가진 골재입자는 적으며, 그 외관도 알칼리-실리카 반응에 의한 것과는 다르다.
  - 알칼리-실리카 반응에서는 유효한 포졸란도 이 반응에 대하여는 팽창 억제의 효과가 없다.

■ 알칼리 골재 반응에 대한 대책
- 반응성 골재를 사용하지 않을 것
- 낮은 알칼리량의 시멘트를 사용할 것
- 혼합 시멘트 사용 : 고로 슬래그 시멘트는 시멘트 중의 알칼리량이 0.6% 이하이면 억제 효과가 있다.
- 반응성 골재를 사용할 경우 총 알칼리량은 0.6% 이하인 저알칼리형 시멘트를 사용한다.
- 적당한 포졸란 또는 고로 슬래그를 사용하는 것을 고려한다.
- 콘크리트 중의 알칼리 총량의 규제 : 콘크리트 중의 알칼리 총량은 $3.0kg/m^3$ 이하가 되도록 규제한다.

기 09,17,21

01 알칼리-골재 반응에 대한 설명으로 틀린 것은?

① 알칼리-실리카 반응을 일으키기 쉬운 광물은 오팔, 트리디마이트, 옥수 등이다.
② 반응성 골재를 사용할 경우 전 알칼리량은 0.6% 이하인 저알칼리형 시멘트를 사용한다.
③ 플라이 애시, 고로 슬래그 미분말 등은 실리카질이 많기 때문에 알칼리 골재 반응을 촉진한다.
④ 골재의 알칼리 잠재반응 시험은 모르타르 봉 방법으로 평가한다.

해설 알칼리 골재반응성 골재를 부득이 사용해야 할 경우는 저알칼리형 시멘트, 고로 슬래그 시멘트, 플라이 애시 시멘트 등을 사용한다.

기 06,12

02 알칼리 골재 반응을 일으키는 알칼리의 주요 공급원 중 시멘트에서 유입되는 것은?

① Na_2O
② $NaCl$
③ SiO_2
④ Cl

해설 포틀랜드 시멘트 중의 알칼리 성분(Na_2O와 K_2O)이 실리카(SiO_2) 성분과 화학 반응에 의해서 생성된 물질이 과도하게 팽창하면 콘크리트에 균열, 박리, 휨 파괴가 생기는 현상을 알칼리 골재 반응이라 한다.

산 08,15

03 콘크리트의 알칼리 골재 반응에 대한 설명으로 옳은 것은?

① 고로 슬래그나 플라이 애시 시멘트와 같은 혼합 시멘트를 사용하면 알칼리 골재 반응의 억제에 효과가 있다.
② 골재를 세척하여 사용하면 알칼리 골재 반응을 현저히 억제할 수 있다.
③ 알칼리 골재 반응을 억제하기 위해서는 나트륨이나 칼륨 이온의 함량이 높은 시멘트를 사용하는 것이 좋다.
④ 화강암 계열의 골재를 골재원으로 쓰는 경우 알칼리 골재 반응이 진행될 가능성이 매우 높다.

해설
- 알칼리 골재 반응은 시멘트 중의 알칼리 성분(Ka_2O, K_2O)이 시멘트풀의 모세관 공극 중의 수산화칼슘을 함유한 고알칼리성의 공극 용액과 골재 중에 함유된 반응성 실리카질 광물에 의해서 일어나는 화학 반응이다.
- 소요량의 혼합재를 혼합한 고로슬래그 시멘트 또는 플라이 애시 등의 사용은 알칼리 골재 반응의 억제 효과가 있다.

정답 018 01 ③ 02 ① 03 ①

019 탄산화 시험

■ 탄산화 시험
- 수화 반응에서 생성되는 수산화칼슘(pH 12~13 정도의 강알 칼리성)이 대기에 있는 약산성의 이산화탄소와 접촉하여 탄산칼슘으로 변화한 부분의 pH가 8.5~10 정도로 낮아지는 현상을 탄산화(중성화)라고 한다.

$$Ca(OH)_2 + CO_2 \rightarrow CaCO_3 + H_2O$$

- 탄산화 또는 중성화라고 하는 반응으로 콘크리트의 수축과 알칼리성의 상실을 초래한다.

■ 시약의 종류
페놀프탈레인법이 가장 일반적으로 사용되고 있다.
- 페놀프탈레인법
- 시차열 중량 분석법에 의한 방법
- X선 회절에 의한 방법
- 전기 화학적 방법 등 다양한 방법

■ 탄산화(중성화) 깊이 측정하기 위해 사용되는 시약
페놀프탈레인 1g을 95% 에틸알코올 90mL로 용해하고, 증류수를 첨가하여 100mL로 제조한 페놀프탈레인 1% 용액을 사용한다.
- 페놀프탈레인 1% 용액을 분무하였을 때 pH값이 9 이하에서는 무색, 이보다 높은 pH값에서는 적색을 나타내므로 매우 간편하게 식별할 수 있다.
- 콘크리트 단면에 페놀프탈레인 1%의 에탄올 용액을 분사시키면 탄산화된 부분은 변색하지 않지만 탄산화되지 않은(알칼리) 부분은 붉은색으로 변한다.
- 탄산화를 방지하기 위해서는 양질의 골재를 사용하고 물-시멘트비를 작게 하는 것이 좋다.

■ 탄산화(중성화) 진행 속도

$$x = R\sqrt{t}$$

여기서, x : 기준이 되는 콘크리트 탄산화 깊이(mm)
t : 경과 연수(year)
R : 시멘트, 골재의 종류, 환경 조건, 혼화 재료, 표면 마감재 등의 정도를 나타내는 경우

■ 탄산화 깊이의 측정방법
- 페놀프탈레인 방법
- 쪼아내기에 의한 방법
- 코어 채취에 의한 방법
- 드릴에 의한 방법
- 시차열 중량 분석에 의한 방법
- X선 이용 방법

기 06,12,17

01 콘크리트의 탄산화 시험을 판정하기 위해 사용하는 용액은?

① 질산은 용액　② 수은
③ 페놀프탈레인 용액　④ 황산

해설 탄산화 시험 : 콘크리트 단면에 페놀프탈레인 1% 에탄올 용액을 분무하여 파단면이 붉은색으로 착색되지 않는 부분을 탄산화 영역으로 간주한다.

기 05,11,12,15

02 콘크리트 탄산화 깊이 측정 시험에서 가장 많이 사용되는 용액은?

① 염산 용액　② 페놀프탈레인 용액
③ 황산 용액　④ 마그네슘 용액

해설 탄산화 깊이를 측정하는 지시약으로는 페놀프탈레인이 있는데, 이는 산과 알칼리 중화의 적정을 찾는 지시약으로 pH 9~10 이상의 알칼리성에서는 붉은색으로 착색된다.

기 11,16

03 콘크리트의 탄산화에 대한 설명으로 틀린 것은?

① 수화 반응에서 생성되는 수산화칼슘(pH 12~13 정도)이 대기와 접촉하여 탄산칼슘으로 변화한 부분의 pH가 7~7.5 정도로 낮아지는 현상을 탄산화라고 한다.
② 페놀프탈레인 1%의 에탄올 용액을 분사시키면 탄산화된 부분은 변색하지 않지만 알칼리 부분은 붉은 보라색으로 변한다.
③ 탄산화 속도는 시간의 제곱근에 비례한다.
④ 탄산화를 방지하기 위해서는 양질의 골재를 사용하고 물-시멘트비를 작게 하는 것이 좋다.

해설 수화 반응에서 생성되는 수산화칼슘(pH 12~13 정도)이 대기에 있는 탄산가스와 접촉하여 탄산칼슘으로 변화한 부분의 pH가 8.5~10 정도로 낮아지는 현상을 탄산화라고 한다.

산 04,10

04 콘크리트의 탄산화 시험 측정 시 사용되는 페놀프탈레인 용액의 농도는?

① 1%　② 2%
③ 3%　④ 4%

해설 탄산화 시험 : 콘크리트 단면에 페놀프탈레인 1% 에탄올 용액을 분무 또는 적하하여 적색으로 착색되지 않는 부분을 탄산화영역으로 간주한다.

정답 019 01 ③ 02 ② 03 ① 04 ①

CHAPTER 03 콘크리트의 품질 관리

020 품질 관리

■ 품질 관리
품질 관리는 수요자가 요구하는 품질을 유지, 향상, 보증하기 위하여 기업이 품질 관리 목표를 세우고, 이를 합리적이고 경제적으로 달성할 수 있도록 수행하는 모든 활동 체계를 말한다.

■ 품질 관리의 4단계
품질 관리의 기본은 계획(Plan, P) → 실시(Do, D) → 검토(Check, C) → 조치(Action, A)의 4단계를 반복적으로 수행한다.

- 계획 단계 : 품질의 목표, 제조 방법의 결정
- 실시 단계 : 시공, 시공 체제의 확립
- 검토 단계 : 검사, 시험
- 조치 단계 : 계획 또는 시공 체제의 수정, 구조물의 보강

□□□ 기 08,10 산 09,11,14,15,16,19
01 콘크리트 품질 관리의 기본 4단계를 순차적으로 나열한 것은?

① 계획 – 실시 – 검토 – 조치
② 계획 – 검토 – 실시 – 조치
③ 검토 – 계획 – 실시 – 조치
④ 검토 – 실시 – 계획 – 조치

해설 품질 관리의 기본 4단계를 반복적으로 수행한다.
계획(Plan, P) → 실시(Do, D) → 검토(Check, C) → 조치(Action, A)

□□□ 기 09
02 품질 관리의 진행 방법에서 시공 체제의 확립은 어느 단계에 속하는가?

① 계획　　　　　② 실시
③ 검토　　　　　④ 조치

해설
- 계획 단계 : 품질의 목표, 제조 방법의 결정
- 실시 단계 : 시공, 시공 체제의 확립
- 검토 단계 : 검사, 시험
- 조치 단계 : 계획 또는 시공 체제의 수정, 구조물의 보강

□□□ 산 09,11,12
03 품질 관리의 진행 순서로 옳은 것은?

① 실시(do) → 계획(plan) → 검토(check) → 조치(action)
② 검토(check) → 계획(plan) → 조치(action) → 실시(do)
③ 검토(check) → 조치(action) → 계획(plan) → 실시(do)
④ 계획(plan) → 실시(do) → 검토(check) → 조치(action)

해설 품질 관리의 기본 4단계를 반복적으로 수행한다.
계획(Plan, P) → 실시(Do, D) → 검토(Check, C) → 조치(Action, A)

021 관리도

■ 관리도의 종류

종류	관리도	데이터 종류	적용이론
계량값 관리도	$\bar{x}-R$ 관리도	길이, 중량, 강도, 화학성분, 압력, 슬럼프, 공기량	정규 분포
	$\bar{x}-\sigma$ 관리도		
	x 관리도		
계수값 관리도	P 관리도	제품의 불량률	이항 분포
	P_n 관리도	불량개수	
	C 관리도	결점수	프와송 분포
	U 관리도	단위당 결점수	

■ 관리도의 종류

KS(한국공업규격)에 규정되어 있는 일반적인 관리도로서 사용하는 통계량에 따라 다음과 같이 분류한다.

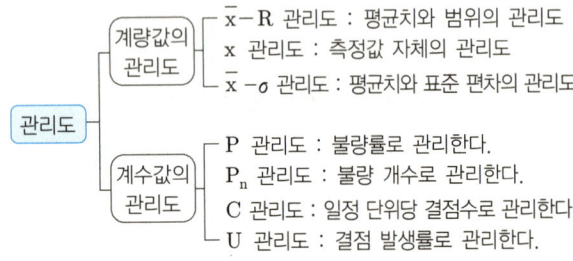

■ 품질 관리도의 계수값 관리도

- P 관리도 : 시료의 크기가 반드시 일정치 않아도 되는 이항 분포 이론을 적용하여 불량률로 공정을 관리할 때에 사용한다.
- P_n 관리도 : 하나하나의 물품의 양호, 불량으로 판정할 때 불량 개수로서 공정을 관리한다.
- C 관리도 : 일정한 크기의 시료 가운데 나타나는 결점수에 의거하여 공정을 관리할 때에 사용한다.
- U 관리도 : 단위가 다를 경우 단위당 결점수로 관리할 때에 사용한다.

■ 품질 관리도의 계량값 관리도

- 평균치($\bar{x}$) : 데이터의 평균 산술값

$$\bar{x} = \frac{\sum X_i}{n}$$

- 중앙값(메디안, 중위수 : $\tilde{x}$) : 데이터를 크기의 순으로 배열하여 중앙에 위치한 값을 중앙값. 단, 짝수 Data에서는 중앙에 위치한 2개의 data의 평균치

- 범위(R) : 데이터의 최대값과 최소값의 차

$$R = x_{\max} - x_{\min}$$

- 편차의 제곱합(S) : 각 데이터와 평균치와의 차를 제곱한 합

$$S = \sum(X_i - \bar{x})^2$$

- 분산(σ^2) : 편차의 제곱합을 데이터 수로 나눈 값

$$\sigma^2 = \frac{S}{n}$$

- 불편 분산(V) : 편차 제곱합을 n 대신에 $(n-1)$로 나눈 값

$$V = \frac{S}{n-1}$$

- 표준 편차(σ) : 분산의 제곱근

$$\sigma = \sqrt{\frac{S}{n}}$$

- 표준 편차(σ_e) : 불편 분산의 개념

$$\sigma_e = \sqrt{\frac{S}{n-1}}$$

- 변동 계수(C_V) : 표준 편차를 평균치로 나눈 값

$$C_V = \frac{\sigma}{\bar{x}} \times 100$$

□□□ 산 04,07,12

01 현장 품질 관리에 있어 관리도를 사용하려 할 때 가장 먼저 행해야 할 것은?

① 관리할 항목을 선정한다.
② 관리도의 종류를 선정한다.
③ 이상 원인을 발견하면 이를 규명하고 조치한다.
④ 관리하고자 하는 제품을 선정한다.

[해설] 제일 먼저 품질의 특성을 결정한다. 품질 특성이란 관리를 하고자 하는 제품을 선정하는 것을 말한다.

□□□ 기 12,21

02 관리도에 관한 설명으로 옳지 않은 것은?

① $\bar{x}-R$ 관리도 : 평균값과 범위의 관리도
② $\bar{x}-\sigma$ 관리도 : 평균값과 표준 편차의 관리도
③ x 관리도 : 측정값 자체의 관리도
④ P 관리도 : 단위당 결점수 관리도

[해설] P 관리도 : 불량률의 관리도

□□□ 기 10,13,16
03 레미콘 공장에서 1개월간 출하한 호칭 강도 24MPa의 콘크리트 압축 강도 시험 결과, 평균값이 32MPa 및 표준 편차가 4MPa이었다. 콘크리트의 압축 강도가 호칭 강도보다 낮을 확률은? (단, 콘크리트의 압축 강도는 정규 분포를 따르고, 정규 편차의 정수 k 및 불량 확률 P는 아래 표를 참조)

k	1.0	1.5	2.0	2.5
P	0.1587	0.0668	0.0228	0.0062

① 15.87% ② 6.68%
③ 2.28% ④ 0.62%

[해설] 정규 편차 $k = \dfrac{편차}{표준\ 편차}$
$= \dfrac{32-24}{4} = 2$

∴ 불량 확률 $P = 0.0228 \times 100(\%) = 2.28\%$

□□□ 기 05,12,15
04 콘크리트의 품질 관리를 위한 다음 관리도 중 적용 이론이 이항 분포에 근거한 것은?

① x 관리도 ② $\bar{x} - R$ 관리도
③ P 관리도 ④ U 관리도

[해설]

종류	관리도	적용 이론
계량값 관리도	$\bar{x} - R$ 관리도 $\bar{x} - \sigma$ 관리도 x 관리도	정규 이론
계수값 관리도	P 관리도 P_n 관리도	이항 분포
	C 관리도 U 관리도	포아송 분포

□□□ 기 11,16
05 다음 중 계량값 관리도에 포함되지 않는 것은?

① $\bar{x} - R$ 관리도 ② $\bar{x} - \sigma$ 관리도
③ x 관리도 ④ P 관리도

[해설] • 계량값 관리도 : $\bar{x} - R$(평균치와 범위) 관리도, x(측정값 자체) 관리도, $\bar{x} - \sigma$(평균치와 표준 편차) 관리도
• 계수값 관리도 : P_n 관리도, P 관리도, C 관리도, U 관리도

□□□ 기 04,06,09,13
06 콘크리트의 품질 관리의 관리도에서 계수값 관리도에 포함되지 않는 것은?

① P 관리도 ② C 관리도
③ U 관리도 ④ x 관리도

[해설] • 계수값 관리도 : P_n 관리도, P 관리도, C 관리도, U 관리도
• 계량값 관리도 : $\bar{x} - R$ 관리도, x 관리도, $\bar{x} - \sigma$(평균치와 표준 편차) 관리도

□□□ 산 09,13
07 1개마다 양, 불량으로 구별할 경우 사용하나 불량률을 계산하지 않고 불량 개수에 의해서 관리하는 경우에 사용하는 관리도는?

① U 관리도 ② C 관리도
③ P 관리도 ④ P_n 관리도

[해설] • U 관리도 : 단위가 다를 경우 단위당 결점수로 관리
• C 관리도 : 일정한 크기의 시료 가운데 나타나는 결점수에 의거한 공정을 관리할 때에 사용한다.
• P 관리도 : 시료의 크기가 반드시 일정치 않아도 되는 이항 분포 이론을 적용한 불량률로서 공정을 관리할 때에 사용한다.
• P_n 관리도 : 하나하나의 물품의 양호, 불량으로 판정할 때 불량 개수로서 공정을 관리한다.

□□□ 산 08,16
08 콘크리트의 품질 관리에 사용하는 관리도 중 계량값 관리도가 아닌 것은?

① x 관리도 ② P 관리도
③ $\bar{x} - R$ 관리도 ④ $\bar{x} - \sigma$ 관리도

[해설] 관리도의 종류

종류	관리도	데이터 종류	적용 이론
계량값 관리도	$\bar{x} - R$ 관리도	길이, 중량, 강도, 화학 성분, 압력, 슬럼프, 공기량	정규 분포
	$\bar{x} - \sigma$ 관리도		
	x 관리도		
계수값 관리도	P 관리도	제품의 불량률	이항 분포
	P_n 관리도	불량 개수	
	C 관리도	결점수	포아송 분포
	U 관리도	단위당 결점수	

□□□ 산11
09 콘크리트의 품질 관리에 사용하는 관리도에 관한 설명으로 틀린 것은?

① 관리도로 콘크리트의 제조 공정의 안정 여부를 판정할 수 있다.
② 관리도를 사용하면 우연한 변동과 이상 원인에 의한 변동을 구분할 수 있다.
③ 압축 강도와 같은 데이터는 계수값 관리도에 의해 관리하는 것이 효과적이다.
④ 관리도는 관리 특성의 중심적 특성을 나타내는 중심선과 이것의 상하에 허용되는 범위의 폭을 나타내는 관리 한계로 구성된다.

해설 계량값 관리도 : 길이, 중량, 강도, 화학 성분, 압력, 슬럼프, 공기량, 생산량 등의 데이터에 사용된다.

□□□ 산 07,08,10,13,16,17
10 관리도에는 데이터, 즉 측정값의 특성에 따라서 계량값 관리도와 계수값 관리도로 나눌 수 있다. 이 중 계량값 관리도의 적용 이론은?

① 정규 분포 이론
② 이항 분포 이론
③ 카이자승 분포 이론
④ 포아송 분포 이론

해설 관리도의 종류

종 류	관리도	적용 이론
계량값 관리도	$\bar{x}-R$ 관리도	정규 분포
	$\bar{x}-\sigma$ 관리도	
	x 관리도	
계수값 관리도	P 관리도	이항 분포
	P_n 관리도	
	C 관리도	포와송 분포
	U 관리도	

□□□ 기17 산 08,10,11,14,15,19
11 6회의 압축 강도 시험을 실시하여 아래 표와 같은 결과를 얻었다. 범위 R은 얼마인가?

28.7, 33.1, 29.0, 31.7, 32.8, 27.6 (MPa)

① 5.1MPa
② 5.3MPa
③ 5.5MPa
④ 5.7MPa

해설 $R = x_{\max} - x_{\min}$
$= 33.1 - 27.6 = 5.5\,\text{MPa}$

□□□ 기 08,10,14 산 10,12,14,15,17
12 콘크리트 제조를 위한 콘크리트 공시체에 대한 압축 강도 시험 결과 5개의 시험값이 다음과 같다면, 이 콘크리트 공시체의 표준 편차는? (단, 불편 분산의 개념에 의함.)

34.1, 35.6, 36.1, 34.4, 35.8 (MPa)

① 1.15MPa
② 1.03MPa
③ 0.96MPa
④ 0.89MPa

해설 표준 편차 $\sigma_e = \sqrt{\dfrac{\sum(\bar{x}-X_i)^2}{n-1}}$

· 평균값
$\bar{x} = \dfrac{34.2+35.6+36.1+34.4+35.8}{5} = \dfrac{176.1}{5} = 35.2\,\text{MPa}$

· 표준편제곱합
$S = \sum(\bar{x}-X_i)^2$
$= (35.2-34.1)^2 + (35.2-35.6)^2 + (35.2-36.1)^2$
$\quad + (35.2-34.4)^2 + (35.2-35.8)^2$
$= 3.18$

∴ 표준 편차 $\sigma_e = \sqrt{\dfrac{3.18}{5-1}} = 0.89\,\text{MPa}$

□□□ 기 08,14,17
13 콘크리트의 압축강도시험 데이터를 보고 불편분산(V)를 올바르게 구한 것은?

34, 37, 36, 35, 34(MPa)

① 1.30
② 1.70
③ 2.46
④ 3.25

해설 불편분산 $V = \dfrac{S}{n-1}$

· 평균값 $\bar{x} = \dfrac{34+37+36+35+34}{5} = \dfrac{176}{5} = 35.2\,\text{MPa}$

· 표준편제곱합 $S = \sum(\bar{x}-x_i)^2$
$= (35.2-34)^2 + (35.2-37)^2$
$\quad + (35.2-36)^2 + (35.2-35)^2 + (35.2-34)^2$
$= 6.8$

∴ 불편분산 $V = \dfrac{6.8}{5-1} = 1.70$

022 TQC

■ 종합적 품질 관리
종합적 품질 관리(TQC : Total Quality Control)란 소비자가 충분한 만족을 할 수 있도록 좋은 품질의 제품을 보다 경제적인 수준에서 생산하기 위해 사내의 각 부분에서 품질의 유지와 개선의 노력을 종합적으로 조정하는 효과적인 시스템을 말한다.

■ TQC의 7도구
- 히스토그램 : 데이터가 어떤 분포를 하고 있는가를 알아보기 위해 작성하는 그림
- 파레토도 : 불량 등의 발생 건수를 분류 항목별로 나누어 한눈에 알 수 있도록 작성한 그림
- 특성 요인도 : 결과에 원인이 어떻게 관계하고 있는가를 한눈에 알 수 있도록 작성한 그림
- 체크 시트 : 계수치의 데이터가 분류 항목의 어디에 집중되어 있는가를 알아보기 쉽게 나타낸 그림이나 표
- 각종 그래프 : 한눈에 파악되도록 한 각종 그래프
- 산점도 : 대응되는 두 개의 짝으로 된 데이터를 그래프 용지 위에 점으로 나타낸 그림
- 층별 : 집단을 구성하고 있는 데이터를 특징에 따라 몇 개의 부분 집단으로 나누는 것

---

01 품질 관리 수법의 도구 7가지에 해당하지 않는 것은?

① 히스토그램 ② 특성 요인도
③ 파레토도   ④ 회귀 분석도

해설 종합적 품질 관리(TQC)의 7가지 도구 : 히스토그램, 특성요인도, 파레토도, 체크 리스트, 산포도, 각종 그래프, 층별

02 모집단에 대한 품질 특성을 알기 위하여 모집단의 분포 상태, 분포의 중심 위치, 분포의 산포 등을 쉽게 파악할 수 있도록 막대그래프 형식으로 작성한 도수 분포도를 무엇이라고 하는가?

① 산포도   ② 히스토그램
③ 층별   ④ 파레토도

해설 히스토그램 : 데이터(계산치)를 일정한 폭으로 구분하고 막대그래프로 표현하여 중심, 편차, 모양의 문제점을 발견하기 위한 그래프

03 품질 관리의 7가지 도구 중 아래의 표에서 설명하고 있는 것은?

> 데이터(계산치)를 일정한 폭으로 구분하고 막대그래프로 표현하여 중심, 편차, 모양의 문제점을 발견하기 위한 그래프

① 파레토도   ② 산포도
③ 히스토그램 ④ 층별

해설
- 파레토도 : 불량 등의 발생 건수를 분류 항목별로 나누어 크기 순서대로 나열해 놓은 그림
- 산포도 : 대응되는 두 개의 짝으로 된 데이터를 그래프 용지 위에 점으로 나타낸 그림
- 층별 : 집단을 구성하고 있는 데이터를 특징에 따라 몇 개의 부분 집단으로 나누는 것

04 통계적 품질 관리 방법이 아닌 것은?

① 관리도법   ② 발취 검사법
③ 표본 조사 ④ 현장 검사

해설 통계적 품질 관리(SPC) 방법 : 관리도법, 발취 검사법, 표본 조사

05 히스토그램(histogram)의 작성 순서를 보기에서 골라 옳게 나열한 것은?

> (1) 히스토그램과 규격값을 대조하여 안정 상태인지 검토한다.
> (2) 히스토그램을 작성한다.
> (3) 도수 분포도를 만든다.
> (4) 데이터에서 최소값과 최대값을 구하여 전 범위를 구한다.
> (5) 구간 폭을 구한다.
> (6) 데이터를 수집한다.

① (6)−(4)−(5)−(3)−(2)−(1)
② (6)−(4)−(4)−(3)−(2)−(1)
③ (6)−(4)−(3)−(5)−(2)−(1)
④ (6)−(2)−(5)−(4)−(3)−(1)

해설 히스토그램의 작성 순서 : (6)−(4)−(5)−(3)−(2)−(1)

정답 022 01 ④ 02 ② 03 ③ 04 ④ 05 ①

023 $\bar{x} - R$ 관리도

1 $\bar{x} - R$ 관리도

- $\bar{x} - R$ 관리도는 시료의 길이, 중량, 강도, 등과 같은 연속량(계량값)일 때 사용된다.
- $\bar{x}$ 관리도는 주로 분포의 평균값 변화를 위하여 사용되고, R 관리도는 분포의 폭, 수량의 변화를 보기 위하여 사용된다.
- 콘크리트의 압축 강도, 슬럼프, 공기량 등의 특성을 관리하는 데 쓰인다.

■ $\bar{x}$ 관리도의 관리 한계선
- 중심선 $CL = \bar{\bar{x}}$
- 상한 관리 한계 $UCL = \bar{\bar{x}} + A_2 \cdot \bar{R}$
- 하한 관리 한계 $LCL = \bar{\bar{x}} - A_2 \cdot \bar{R}$

■ R 관리도의 관리 한계선
- 중심선 $CL = \bar{\bar{x}}$
- 상한 관리 한계 $UCL = D_4 \cdot \bar{R}$
- 하한 관리 한계 $LCL = D_3 \cdot \bar{R}$

■ 관리선 기입
- 전용 용지나 방안지를 사용하여 $\bar{x}$ 관리도를 위에, R 관리도를 아래에 조 번호를 맞추어 서로 나란히 배치한다.
- 관리선의 기입은 중심선은 실선(———), 관리 한계선은 파선(-------)을 사용한다.
- 점의 기입은 $\bar{x}$ 관리도는 $\phi 1mm$ 정도의 •, R 관리도는 각 선 길이 2mm 정도의 x것을 사용한다.

2 이상을 나타내는 관리도

- 점들이 중심선을 한쪽으로 편중되어 연속적으로 나타난 경우
  - 연속 7점이 한쪽으로 몰려 있는 경우
  - 연속 11점 중 10점이 한쪽에 몰려 있는 경우
- 점들이 상승 또는 하강하는 경향이 보이는 경우
- 점들이 주기적으로 상승, 하강을 만족하는 경우
- 점들이 한계선에 접하여 자주 나타나는 경우
- 점들이 중심선 부근에 집중되어 있는 경우

■ 타점이 이상 있는 경우

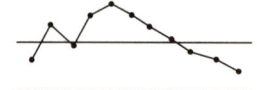 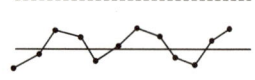

(a) 연속 7점이 한쪽에 몰려 있다. (b) 연속 11점 중 10점이 한쪽에 몰려 있다.

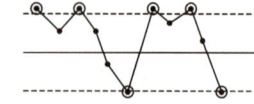 

(c) 하강하는 경향이 있다. (d) 주기적 변동이 있다.

(e) 관리한계 밖으로 반 이상이 나가 있다. (f) 중심선 부근에 몰려 있다.

기 10,13

01 $\bar{x} - R$ 관리도에서 측정 결과의 나열 상태로 공정의 안정상태를 예측할 수 있다. 다음 설명 중 제조 공정의 이상으로 판단할 수 없는 것은?

① 연속 5점이 한쪽에 몰려 있다.
② 연속한 11점 중 10점이 한쪽에 몰려 있다.
③ 주기적 변동이 있다.
④ 중심선 부근에 몰려 있다.

해설 타점이 한계 외로 벗어났을 때는 공정에 이상이 있다.
- 타점이 연속해서 중심선의 한쪽에 접합하는 경우
- 타점이 주기적 파형인 경우
- 타점이 연속 상승 또는 하강하는 경우
- 중심선 부근에 집중하는 경우
- 연속 7점이 한쪽으로 몰려 있는 경우
- 연속 11점 중 10점이 한쪽에 몰려 있는 경우

기 05,10

02 콘크리트의 압축 강도, 슬럼프, 공기량 등의 특성을 관리하는 데 적합한 관리도는?

① 특성 요인도
② 파레토도
③ 히스토그램
④ $\bar{x} - R$ 관리도

해설 계량값 관리도 : 길이, 중량, 압축 강도, 슬럼프, 공기량과 같이 연속량으로 측정하는 통계량에 사용
- $\bar{x} - R$ 관리도 : 평균값과 범위의 관리도로 압축 강도, 슬럼프, 공기량 등의 특성을 관리하는 데 쓰인다.
- $\bar{x} - \sigma$ 관리도 : 평균값과 표준 편차의 관리도
- x 관리도 : 측정값 자체의 관리도

□□□ 기 05,09,12,14,16 산12,14,17,19

03 어느 레미콘 공장의 콘크리트 압축 강도 시험 결과 표준 편차가 1.5MPa이었고, 압축 강도의 평균값이 39.6MPa 이었다면 이 콘크리트의 변동 계수는 얼마인가?

① 2.8% ② 3.8%
③ 4.5% ④ 5.5%

해설 변동 계수 $C_v = \dfrac{\sigma}{\bar{x}} \times 100$

$= \dfrac{1.5}{39.6} \times 100 = 3.8\%$

□□□ 산09,15

04 관리도의 가장 기본이 되는 관리도로서 평균치와 데이터 변화를 관리할 수 있고 콘크리트의 압축 강도 슬럼프 공기량 등의 특성을 관리하는 데에 편리한 관리도의 명칭은?

① $\bar{x} - R$ 관리도 ② $\bar{x} - \sigma$ 관리도
③ x 관리도 ④ P 관리도

해설 $\bar{x} - R$ 관리도 : 평균치의 변화를 관리하는 $\bar{x}$ 관리도와 데이터의 변화를 관리하는 R 관리도를 나란히 그린 것으로 콘크리트의 압축 강도, 슬럼프, 공기량 등의 특성을 관리하는 데 쓰인다.

□□□ 기 07,12,14

05 조강 포틀랜드 시멘트를 사용한 콘크리트의 압축 강도(단위 : MPa)를 측정하였다. 아래 표의 데이터를 이용하여 콘크리트 강도의 변동 계수를 구하면? (단, 표준 편차는 불편 분산(콘크리트 표준시방서 개념)에 의한다.)

28, 26, 27, 30, 25

① 3.2% ② 7.1%
③ 9.8% ④ 10.1%

해설 변동 계수 $C_v = \dfrac{\sigma_e}{\bar{x}} \times 100$

- 평균값 $\bar{x} = \dfrac{28+26+27+30+25}{5} = \dfrac{136}{5} = 27.2 \text{MPa}$
- 표준편제곱합
  $S = \sum(\bar{x} - X_i)^2$
  $= (27.2-28)^2 + (27.2-26)^2 + (27.2-27)^2$
  $+ (27.2-30)^2 + (27.2-25)^2 = 14.8$
- 표준 편차 $\sigma_e = \sqrt{\dfrac{\sum(\bar{x}-X_i)^2}{n-1}} = \sqrt{\dfrac{14.8}{5-1}} = 1.92 \text{MPa}$

∴ $C_v = \dfrac{\sigma_e}{\bar{x}} \times 100$

$= \dfrac{1.92}{27.2} \times 100 = 7.1\%$

□□□ 기 10

06 콘크리트의 압축 강도 시험을 실시한 결과가 아래의 표와 같다. 불편 분산에 의한 표준 편차는 얼마인가?

28, 26, 30, 27 (MPa)

① 1.71MPa ② 1.90MPa
③ 2.14MPa ④ 2.32MPa

해설 불편 분산의 표준 편차 $\sigma_\gamma = \sqrt{\dfrac{\sum(\bar{x}-X_i)^2}{n-1}}$

- 평균값 $\bar{x} = \dfrac{28+26+30+27}{4} = \dfrac{111}{4} = 27.75 \text{MPa}$
- 표준 편차의 제곱합
  $S = \sum(\bar{x}-X_i)^2$
  $= (27.75-28)^2 + (27.75-26)^2 + (27.75-30)^2$
  $+ (27.75-27)^2 = 8.75$

∴ 표준 편차 $\sigma_e = \sqrt{\dfrac{8.75}{4-1}} = 1.71 \text{MPa}$

024 자재 품질 관리

시멘트의 품질 관리

종류	항목	시험·검사 방법	시기 및 횟수	판정 기준
KS에 규정되어 있는 시멘트	해당 시멘트의 KS에 규정되어 있는 항목	제조 회사의 시험 성적표에 의한 확인 또는 KS L 5201에 의한 방법	공사 시작 전 공사 중, 1회/월 이상 및 장기간 저장한 경우	해당 시멘트의 KS 표준에 합격한 것
KS에 규정되어 있지 않은 시멘트	필요로 하는 항목			사용 목적을 달성하기 위해 정한 규격에 적합한 것

혼합수의 품질 관리

종류	시험·검사 방법	시기 및 횟수	판정기준
상수도수	상수도수를 사용하고 있다는 것을 나타내는 자료로 확인	공사 시작 전	상수도수일 것
상수도수 이외의 물	KS F 4009 부속서의 방법	공사 시작 전, 공사 중 1회/년 이상 및 수질이 변한 경우	KS F 4009 부속서의 방법

잔 골재의 품질 관리

종류	항목	시험 및 검사 방법	시기의 횟수[2]	판정기준
천연 잔골재	KS F 2527의 품질항목	제조회사의 시험성적서[1]에 의한 확인 또는 KS F 2527의 방법	공사시작 전, 공사 중 1회/월[3] 이상 및 산지가 바뀐 경우	KS F 2527에 적합할 것
부순 잔골재				
그 외 종류의 골재				

주 1) 여기서 시험성적서는 KS F 2527에 대한 KS표시인증을 받은 업체의 것을 말한다.
   2) 시기와 횟수는 골재의 종류와 시험항목의 특성을 고려하여 정할 수 있다. 산모래의 경우 0.08mm체 통과량 시험은 1회/주 이상 실시한다. 바닷모래의 경우 단독 또는 다른 종류의 잔골재와 혼합하여 사용하는 경우 염화물 함유량은 1회/주 이상 실시한다.
   3) 다만, 알칼리 실리카 반응성 및 안정성의 경우 1회/년 이상 실시하는 것으로 한다.

굵은 골재의 품질관리

종류	항목	시험 및 검사 방법	시기 및 횟수[2]	판정기준
천연 굵은 골재	KS F 2527의 품질 항목	제조회사의 시험성적서[1]에 의한 확인 또는 KS F 2527의 방법	공사시작 전, 공사 중 1회/월[3] 이상 및 산지가 바뀐 경우	KS F 2527에 적합할 것
부순 굵은 골재				
그 외의 종류의 골재				

주 1) 여기서 시험성적서는 KS F 2527에 대한 KS표시인증을 받은 업체의 것을 말한다.
   2) 시기와 횟수는 골재의 종류와 시험항목의 특성을 고려하여 정할 수 있다.
   3) 다만, 알칼리 실리카 반응성 및 안정성의 경우 1회/년 이상 실시하는 것으로 한다.

골재의 물리적 성질

구 분		기 호	절대 건조 밀도 g/cm³	흡수율 %	안정성 %	마모율 %	입자 모양 판정 실적률 %
천연골재	굵은 골재	NG	2.5 이상	3.0 이하	12 이하	40 이하	
	잔골재	NS	2.5 이상	3.0 이하	10 이하		
부순골재	굵은 골재	CG	2.5 이상	3.0 이하	12 이하	40 이하	55 이상
	잔골재	CS	2.5 이상	3.0 이하	10 이하		53 이상

혼화재 품질관리

종류	항목	시험 및 검사방법	시기 및 횟수	판정기준
플라이 애시	KS L 5405의 품질 항목	제조회사의 시험성적서에 의한 확인 또는 KS L 5405의 방법	공사시작 전, 공사 중 1회/월 이상 및 장기간 저장한 경우	KS L 5405에 적합할 것
콘크리트용 팽창재	KS F 2562의 품질 항목	제조회사의 시험성적서에 의한 확인 또는 KS F 2562의 방법		KS F 2562에 적합할 것
고로 슬래그 미분말	KS F 2563의 품질 항목	제조회사의 시험성적서에 의한 확인 또는 KS F 2563의 방법		KS F 2563에 적합할 것
실리카 품	필요로 하는 항목	제조회사의 시험성적서에 의한 확인 또는 2.1.5.2의 내용을 참조하여 필요로 하는 항목		2.1.5.2의 내용을 참조하여 사용목적을 달성하기 위해 정한 규격에 적합할 것
그 밖의 혼화재				

혼화제 품질관리

종류	항목	시험 및 검사 방법	시기 및 횟수	판정기준
AE제, 감수제, AE감수제, 고성능AE, 감수제	KS F 2560의 품질 항목	제조회사의 시험성적서에 의한 확인 또는 KS F 2560의 방법	공사시작 전, 공사 중 1회/월 이상 및 장기간 저장한 경우	KS F 2560에 적합할 것
유동화제	KCI-AD101에서 필요로 하는 항목	제조회사의 시험성적서에 의한 확인 또는 KCI-AD101의 방법		KCI-AD101에 적합할 것
수중불분리성 혼화제	KCI-AD102에서 필요로 하는 항목	제조회사의 시험성적서에 의한 확인 또는 KCI-AD102의 방법		KCI-AD102에 적합할 것
철근콘크리트용 방청제	KS F 2561의 품질 항목	제조회사의 시험 성적서에 의한 확인 또는 KS F 2561의 방법		KS F 2561에 적합할 것
그 밖의 혼화재	필요로 하는 항목	제조회사의 시험성적서에 의한 확인 또는 KS F 2560 등에 규정된 시험 및 검사 방법 등을 참조하여 필요로 하는 항목		

제조 설비의 검사

종류		항목	시험 및 검사 방법	시기 및 횟수	판정기준
재료의 저장 설비		필요한 항목	외관 관찰, 설비의 구조도 확인, 온도 및 습도 측정	공사시작 전, 공사 중	3.9.1의 규정에 적합할 것
계량 설비	계량기	계량 정밀도 (정하중)	분동, 전기식 검사기	공사시작 전 및 공사 중 1회/6개월 이상	계량법의 사용오차 이내에 있을 것
	제어장치	계량 정밀도 (계량 오차)	지시 값과 설정 값의 오차 측정		소요의 정밀도 이내에 있을 것
믹서	가경식 (중력식)	성능	KS F 2455 및 KS B ISO 18650-2의 방법	공사시작 전 및 공사 중 1회/6개월 이상	KS F 2455 및 KS B ISO 18650-2의 방법
	중력식	성능	KS F 2455 및 KS B ISO 18650-2의 방법		KS F 2455 및 KS B ISO 18650-2의 방법

■ 제조 공정에 있어서의 검사

종 류	항 목	시험 및 검사 방법	시기 및 횟수	판정기준
배합	시방배합	시방배합을 하고 있는 것을 나타내는 자료에 의한 확인	공사 중 적절히 실시함	시방배합에 적합할 것
	잔골재의 5mm체 남는 율	KS F 2502의 방법	1회/일 이상	시방배합으로부터 현장배합으로의 수정이 적절하게 되어 있을 것
	굵은 골재의 5mm체의 통과율	KS F 2502의 방법	1회/일 이상	
	잔골재의 표면수율	KS F 2550 및 KS F 2509의 방법	2회/일 이상	
	굵은 골재의 표면 수율	KS F 2550의 방법	1회/일 이상	
	슬러지 고형분율	KS F 4009 부속서B의 방법	1회/일 이상	
계량	계량오차(동하중)	임의의 운반차 5대분에 대하여 각 재료 계량기별로 실시	1회/일 이상	2.2.12에 적합할 것
비비기	재료의 투입순서	외관 관찰	공사 중 적절히 실시함	투입순서가 올바를 것
	비비기 시간	설정치의 확인		소정의 값일 것
	비비기량	설정치의 확인		소정의 양일 것

기09,12
01 일반 콘크리트에 사용되는 시멘트, 혼합수 및 골재 등의 재료에 대한 품질 관리 시기 및 횟수에 관한 설명으로 옳지 않은 것은?

① 시멘트-공사 시작 전, 공사 중 1회/월 이상 및 장기간 저장한 경우
② 상수도수-공사 시작 전
③ 부순 모래-KS F 2527에 규정된 항목에 대해 공사 시작 전, 공사 중 1회/월 이상 및 산지가 바뀐 경우
④ 강자갈-알칼리 실리카 반응성의 항목에 대해 1회/월 이상 및 산지가 바뀐 경우

해설 강자갈 : 알칼리-실리카 반응성의 항목에 대해 공사 시작 전, 공사 중 1회/6개월 이상 및 산지가 바뀐 경우

산09
02 일반 콘크리트 제조 설비 및 제조 공정에 있어서 검사 시기 및 횟수를 설명한 것으로 틀린 것은?

① 계량 설비의 계량 정밀도는 임의 연속된 10배치에 대하여 각 계량 기기별, 재료별로 공사 시작 전 및 공사 중 1회/6개월 이상 검사해야 한다.
② 잔 골재의 5mm체 남는 율은 1회/일 이상 검사해야 한다.
③ 잔 골재의 표면수율은 1회/일 이상 검사해야 한다.
④ 믹서 성능은 공사 시작 전 및 공사 중 1회/6개월 이상 검사해야 한다.

해설 잔 골재 표면수율은 2회/일 이상 검사해야 한다.

기11
03 다음 중 잔 골재의 품질 관리 항목에 속하지 않는 것은?

① 입도 ② 흡수율
③ 잔 골재율 ④ 유기 불순물

해설 잔 골재의 품질 관리 항목

절대 건조 밀도	KS F 2504의 방법
흡수율	
입 도	KS F 2502의 방법
점토 덩어리	KS F 2512의 방법
0.08mm 체 통과량	KS F 2511의 방법
염소 이온량	KS F 2515의 방법
유기 불순물	KS F 2510의 방법

기13
04 콘크리트의 받아들이기 품질 검사에서 염소 이온량의 검사 횟수로서 옳은 것은? (단, 바다 잔 골재를 사용할 경우)

① 2회/일 ② 1회/일
③ 2회/주 ④ 1회/주

해설 염소 이온량 검사 시기 및 횟수

시기 및 횟수	판정 기준
• 바다 잔 골재를 사용할 경우 2회/일 • 그 밖에 염화물 함유량 검사가 필요한 경우 별도로 정함	원칙적으로 0.3kg/m³ 이하

□□□ 산 04
05 콘크리트 제조 시 사용되는 부순 잔 골재의 물리적 성질에 대한 품질 기준으로 틀린 것은?

① 절대 건조 밀도는 2.5g/cm³ 이상
② 안정성은 10% 이하
③ 흡수율은 5.0% 이하
④ 0.08mm 체 통과량은 7.0% 이하

해설 흡수율은 3.0% 이하이다.

□□□ 기 12
06 콘크리트 자재 품질 관리 중 천연 잔 골재의 관리 항목에 따른 시험 시기 및 검사 횟수가 나머지 항목과 다른 것은? (단, 산지가 바뀌지 않은 경우에 한한다.)

① 골재에 포함된 경량편 ② 0.08mm 체 통과량
③ 염소 이온량   ④ 유기 불순물

해설 천연 잔 골재의 품질 관리

항 목	시험·검사 방법	시기 및 횟수
절대 건조 밀도	KS F 2504의 방법	공사 시작 전, 공사 중 1회/월 이상 및 산지가 바뀐 경우
흡수율		
입도	KS F 2502의 방법	
점토 덩어리	KS F 2512의 방법	
0.08mm 체 통과량	KS F 2511의 방법	
염소 이온량	KS F 2515의 방법	
유기 불순물	KS F 2510의 방법	

□□□ 산 12
07 콘크리트 재료인 천연 잔 골재의 품질 관리 항목 중 물리 화학적 안정성(알칼리 실리카 반응성)의 시험 시기 및 횟수로 옳은 것은?

① 공사 시작 전, 공사 중 1회/월 이상 및 산지가 바뀐 경우
② 공사 시작 전, 공사 중 1회/년 이상
③ 공사 시작 전, 공사 중 1회/6개월 이상 및 산지가 바뀐 경우
④ 공사 중 1회/월 이상

해설 천연 잔 골재의 품질 관리

항 목	시기 및 횟수
절대 건조 밀도, 흡수율, 입도, 점토 덩어리, 0.08mm 체 통과량, 염소 이온량, 유기 불순물, 골재에 포함된 경량편, 내동해성(안정성)	• 공사 시작 전, 공사 중 1회/월 이상 • 산지가 바뀐 경우
물리 화학적 안정성 (알칼리 실리카 반응성)	• 공사 시작 전, 공사 중 1회/6월 이상 • 산지가 바뀐 경우

□□□ 기 13
08 일반 콘크리트에 사용할 수 있는 부순 굵은 골재의 물리적 성질에 대한 규정값을 표기한 것 중 틀린 것은?

① 절대 건조 밀도 : 2.50g/cm³ 이상
② 흡수율 : 3.0% 이하
③ 마모율 : 30% 이하
④ 안정성 : 12% 이하

해설 골재의 물리적 성질

구분		기호	절대 건조 밀도 g/cm³	흡수율 %	안정성 %	마모율 %	입자 모양 판정 실적률 %
천연 골재	굵은 골재	NG	2.5 이상	3.0 이하	12 이하	40 이하	
	잔골재	NS	2.5 이상	3.0 이하	10 이하		
부순 골재	굵은 골재	CG	2.5 이상	3.0 이하	12 이하	40 이하	55 이상
	잔골재	CS	2.5 이상	3.0 이하	10 이하		53 이상

□□□ 산 10, 12, 16
09 자재 품질 관리에서 굵은 골재의 품질 관리 항목에 속하지 않는 것은?

① 절대 건조 밀도   ② 흡수율
③ 물리 화학적 안정성 ④ 유기 불순물

해설 골재의 물리적 성질

구분		기호	절대 건조 밀도 g/cm³	흡수율 %	안정성 %	마모율 %	입자 모양 판정 실적률 %
천연 골재	굵은 골재	NG	2.5 이상	3.0 이하	12 이하	40 이하	
	잔골재	NS	2.5 이상	3.0 이하	10 이하		
부순 골재	굵은 골재	CG	2.5 이상	3.0 이하	12 이하	40 이하	55 이상
	잔골재	CS	2.5 이상	3.0 이하	10 이하		53 이상

05 ③ 06 ① 07 ③ 08 ③ 09 ④

025 콘크리트의 받아들이기 품질 관리

■ 콘크리트의 운반 검사

항 목	시험·검사 방법	시기 및 횟수	판정 기준
운반 설비 및 인원 배치	외관 관찰	콘크리트 타설 전 및 타설 중	시공 계획서와 일치할 것
운반 방법			시공 계획서와 일치할 것
운반량	양의 확인		소정의 양일 것
운반 시간	출하 및 도착 시간의 확인		

- 콘크리트의 받아들이기 품질검사는 콘크리트가 타설되기 전에 실시하는 것을 원칙으로 한다.

■ 콘크리트의 받아들이기 품질 검사

항 목		시험·검사 방법	시기 및 횟수	판정 기준
굳지 않은 콘크리트의 상태		외관 관찰	콘크리트 타설 개시 및 타설 중 수시로 함	워커빌리티가 좋고, 품질이 균질하며 안정할 것
슬럼프		KS F 2402의 방법	최초 1회 시험을 실시하고, 이후 압축강도 시험용 공시체 채취 시 및 타설 중에 품질 변화가 인정될 때 실시	KS F 4009의 슬럼프 허용오차 이내
슬럼프 플로		KS F 2594의 방법		KS F 4009의 슬럼프 플로 허용오차 이내
공기량		KS F 2409의 방법 KS F 2421의 방법 KS F 2449의 방법		허용오차 : ±1.5%
온도		온도 측정		정해진 조건에 적합할 것
단위용적질량		KS F 2409의 방법	필요한 경우 별도로 정함	정해진 조건에 적합할 것
염화물 함유량		KS F 4009 부속서A의 방법	바닷모래를 사용한 경우 2회/일, 그 밖에 염화물 함유량 검사가 필요한 경우 별도로 정함	KS F 4009 따름
배합	단위수량[1]	한국콘크리트학회 제규격(KCI-RM101)에 따른 굳지 않은 콘크리트의 단위수량시험[1]	1회/일, 120m³마다 또는 배합이 변경될 때마다	시방배합 단위수량 ±20kg/m³ 이내
	단위 결합재량	결합재의 계량값	전 배치	KS F 4009의 재료 계량 오차 이내
	물-결합재비	굳지 않은 콘크리트의 단위 수량과 단위 결합재의 계량값으로부터 계산	필요한 경우 별도로 정함	참고자료로 활용함
	기타, 콘크리트 재료의 단위량	콘크리트 재료의 계량값	전 배치	KS F 4009의 재료 계량 오차 이내
펌퍼빌리티		펌프에 걸리는 최대압송 부하의 확인	펌프 압송 시	콘크리트 펌프의 최대 이론 토출압력에 대한 최대 압송부하 이하

주1) 각 현장마다 구비된 측정기기와 시험인원 등을 고려하여 한국콘크리트학회 제규격(KCI-RM101)에 규정된 시험방법 중 한가지 시험방법을 정하여 시행한다.

- 워커빌리티의 검사는 굵은 골재 최대 치수 및 슬럼프가 설정치를 만족하는지의 여부를 확인함과 동시에 재료 분리 저항성을 외관 관찰에 의해 확인하여야 한다.
- 강도 검사는 콘크리트의 배합 검사를 실시하는 것을 표준으로 한다.
- 내구성 검사는 공기량, 염소 이온량을 측정하는 것으로 한다.
- 내구성으로부터 정한 물-결합재비는 배합 검사를 실시하거나 강도 시험에 의해 확인할 수 있다.
- 검사 결과 불합격으로 판정된 콘크리트는 사용할 수 없다.

□□□ 기11
01 콘크리트 받아들이기 품질 검사의 항목에 대한 판정 기준을 설명한 것으로 틀린 것은?

① 공기량의 허용 오차는 ±0.5%이다.
② 염소 이온량은 원칙적으로 $0.3kg/m^3$ 이하이어야 한다.
③ 펌퍼빌리티는 콘크리트 펌프의 최대 이론 토출 압력에 대한 최대 압송 부하의 비율이 80% 이하여야 한다.
④ 굳지 않는 콘크리트 상태는 외관 관찰로서 판단하여 워커빌리티가 좋고, 품질이 균질하며 안정하여야 한다.

해설 공기량의 허용 오차는 ±1.5%이다.

□□□ 기11,15
02 콘크리트의 품질 관리 중 받아들이기 품질 검사에 대한 설명으로 틀린 것은?

① 콘크리트의 받아들이기 품질 관리는 콘크리트를 타설하기 전에 실시하여야 한다.
② 강도 검사는 콘크리트의 배합 검사를 실시하는 것을 표준으로 한다.
③ 내구성 검사는 공기량, 염소 이온량을 측정하는 것으로 한다.
④ 워커빌리티의 검사는 잔 골재율의 설정치를 만족하는지의 여부를 확인하고, 재료 분리 저항성을 실험에 의하여 확인하여야 한다.

해설 워커빌리티의 검사는 굵은 골재 최대 치수 및 슬럼프가 설정치를 만족하는지의 여부를 확인함과 동시에 재료 분리 저항성을 외관 관찰에 의해 확인하여야 한다.

□□□ 기10
03 콘크리트 품질 관리 중 콘크리트의 받아들이기 품질 검사에 대한 설명으로 틀린 것은?

① 콘크리트의 받아들이기 품질 관리는 콘크리트를 타설하기 전에 실시하여야 한다.
② 강도 검사는 압축 강도 시험에 의해 실시하는 것을 표준으로 한다.
③ 내구성 검사는 공기량, 염소 이온량을 측정하는 것으로 한다.
④ 워커빌리티의 검사는 굵은 골재 최대 치수 및 슬럼프가 설정치를 만족하는지의 여부를 확인함과 동시에 재료 분리 저항성을 외관 관찰에 의해 확인하여야 한다.

해설
· 강도 검사는 콘크리트의 배합 검사를 실시하는 것을 표준으로 한다.
· 배합 검사를 하지 않는 경우에는 압축 강도 시험에 의한 검사를 실시한다.

□□□ 산08,12,14
04 콘크리트의 받아들이기 품질 검사 항목이 아닌 것은?

① 염소 이온량 ② 슬럼프
③ 공기량   ④ 타설 검사

해설 콘크리트의 받아들이기 품질 조사

항목	시험·검사 방법	시기 및 횟수
굳지 않은 콘크리트의 상태	외관 관찰	콘크리트 타설 개시 및 타설 중 수시로 함
슬럼프	KS F 2402의 방법	최초 1회 시험을 실시하고, 이후 압축강도 시험용 공시체 채취시 및 타설 중에 품질변화가 인정될 때 실시
슬럼프 플로	KS F 2594의 방법	
공기량	KS F 2409의 방법 KS F 2421의 방법 KS F 2449의 방법	
온도	온도 측정	
단위용적질량	KS F 2409의 방법	필요한 경우 별도로 정함
염화물 함유량	KS F 4009 부속서A의 방법	바닷모래를 사용한 경우 2회/일, 그 밖에 염화물 함유량 검사가 필요한 경우 별도로 정함

□□□ 기12,14,17
05 콘크리트의 받아들이기 품질 검사에 관한 내용으로 틀린 것은?

① 검사 결과 불합격 판정을 받은 콘크리트를 사용해서는 안 된다.
② 워커빌리티 검사는 슬럼프가 설정치를 만족하는지의 여부만 확인하는 것이다.
③ 강도 검사는 콘크리트의 배합 검사를 실시하는 것을 표준으로 한다.
④ 내구성 검사는 공기량 및 염소이온량을 측정하는 것으로 한다.

해설 워커빌리티의 검사는 굵은 골재 최대 치수 및 슬럼프가 설정치를 만족하는지의 여부를 확인함과 동시에 재료 분리 저항성을 외관 관찰에 의해 확인하여야 한다.

정답 01 ① 02 ④ 03 ② 04 ④ 05 ②

026 압축 강도에 의한 콘크리트의 품질 관리

1 압축 강도에 의한 콘크리트의 품질 검사
- 압축 강도에 의한 콘크리트의 품질 검사를 하는 경우에는 다음 표와 같이 한다.

압축 강도에 의한 콘크리트의 품질 검사

종류	항목	시기 및 횟수	판정 기준	
			$f_{cn} \leq 35\text{MPa}$	$f_{cn} > 35\text{MPa}$
호칭 강도로부터 배합을 정한 경우	압축 강도 (일반적인 경우 재령 28일)	• 1회/일 • 구조물의 중요도와 공사의 규모에 따라 120m³마다 1회 • 배합이 변경될 때마다	① 연속 3회 시험값의 평균이 호칭 강도 이상 ② 1회 시험값이(호칭 강도 $f_{cn} - 3.5\text{MPa}$) 이상	① 연속 3회 시험값의 평균이 호칭 강도 이상 ② 1회 시험값이 호칭 강도의 90% 이상
그 밖의 경우			압축 강도의 평균값이 품질기준강도 이상일 것	

*1회의 시험값은 공시체 3개의 압축 강도 시험값의 평균값으로 한다.

- 압축 강도에 의한 콘크리트의 품질 관리는 일반적인 경우 조기 재령에 있어서의 압축 강도에 의해 실시한다.

2 콘크리트 시공 검사
- 콘크리트의 타설 검사

항목	시험·검사 방법	시기 및 횟수	판정 기준
타설 설비 및 인원 배치	외관 관찰	콘크리트 타설 전 및 타설 중	시공 계획서와 일치할 것
타설 방법			
타설량	타설 개소의 형상 치수로부터 양의 확인		소정의 양일 것

3 현장에서 양생한 공시체의 제작, 시험 및 강도 결과
- 현장 양생되는 공시체는 시험실에서 양생되는 공시체와 똑같은 시간에 동일한 시료를 사용하여 만들어야 한다.
- 설계 기준 압축 강도 f_{ck}의 결정을 위해 지정된 시험 재령일에 실시한 현장 양생된 공시체 강도가 동일 조건의 시험실에서 양생된 공시체 강도의 85%보다 작을 때는 콘크리트의 양생과 보호 절차를 개선하여야 한다.
- 만일 현장 양생된 것의 강도가 설계 기준 압축 강도보다 3.5MPa을 초과하여 상회하면 85%의 한계조항은 무시한다.

4 재하 시험에 의한 구조물의 성능 시험
■ 재하 시험에 의한 구조물의 성능 시험을 실시하는 경우
- 공사 중에 콘크리트가 동해를 받았다고 생각되는 경우
- 공사 중 구조물의 안전에 어떠한 근거 있는 의심이 생긴 경우
- 공사 중 현장에서 취한 콘크리트 압축 강도 시험 결과로부터 판단하여 강도에 문제가 있다고 판단되는 경우
■ 재하 도중 및 재하 완료 후 구조물의 처짐, 변형률 등이 설계에 있어서 고려한 값에 대해 이상이 있는지를 확인하여야 한다.

□□□ 기09
01 콘크리트의 품질 관리 및 검사에 관한 설명으로 틀린 것은?

① 계수 발취 검사보다는 계량 발취 검사를 하는 것이 검출력이 크다.
② 관리도는 콘크리트의 제조 공정이 안정 상태에 있는지의 여부를 판정하는 데 사용된다.
③ 레디 믹스트 콘크리트의 압축 강도를 구입자가 검사하기 위한 시료 채취는 1일 1회 이상 또는 구조물별 150m³당 1회의 비율로 한다.
④ 콘크리트의 압축 강도 시험값은 모두 설계 기준 강도보다 커야 한다.

해설 현장 콘크리트의 품질 변동을 고려하여 콘크리트의 배합 강도 (f_{cr})를 설계 기준 압축 강도(f_{ck})보다 충분히 크게 정하여야 한다.

□□□ 기12
02 현장에서 타설하는 콘크리트를 대상으로 압축 강도에 의한 콘크리트의 품질 검사를 실시하고자 한다. 하루에 360m³의 콘크리트가 제조 및 타설된다면 검사 횟수는? (단, 1회 시험값은 공시체 3개의 압축 강도 시험값의 평균값이며, 콘크리트 표준시방서의 규정에 따른다.)

① 2회　　② 3회
③ 4회　　④ 5회

해설 구조물의 중요도와 공사의 규모에 따라 120m³마다 1회 검사
$\therefore \dfrac{360}{120} = 3$회

□□□ 기 05,10
03 압축 강도에 의한 콘크리트의 품질 검사에 관한 설명으로 틀린 것은? (단, 호칭 강도로부터 배합을 정한 경우로서 콘크리트 표준시방서의 규정을 따른다.)

① 일반적인 경우 재령 28일의 압축 강도에 대해 실시한다.
② 1회/일, 또는 구조물의 중요도와 공사의 규모에 따라 120m³마다 1회, 배합이 변경될 때마다 실시한다.
③ $f_{cn} \leq 35$MPa인 경우 판정 기준은 ㉮ 연속 3회 시험값의 평균이 호칭 강도 이상, ㉯ 1회 시험값이 호칭 강도의 80% 이상이다.
④ $f_{cn} > 35$MPa인 경우 판정 기준은 ㉮ 연속 3회 시험값의 평균이 호칭 강도 이상, ㉯ 1회 시험값이 호칭 강도의 90% 이상이다.

해설 $f_{ck} \leq 35$MPa 인 경우 판정 기준
㉮ 연속 3회 시험값의 평균이 호칭 강도 이상
㉯ 1회 시험값이(호칭 강도 f_{cn} − 3.5MPa) 이상

□□□ 기12
04 현장에 타설된 콘크리트의 품질 상태를 확인하기 위하여 압축 강도 측정용 공시체를 제작하였다. 설계 기준 강도는 26MPa이며, 재령 28일 현장 양생된 공시체 강도 23.5MPa, 동일 조건의 시험실에서 표준 양생된 공시체 강도가 28MPa이라면 향후 품질 관리를 위해서 취할 조치는?

① 현장 양생 공시체 강도가 설계 기준 강도의 85% 이상이므로 별도 조치가 필요 없다.
② 현장 양생 공시체 강도가 표준 양생 공시체 강도의 85% 이하이므로 양생과 보호 절차를 강구해야 한다.
③ 표준 양생 공시체의 강도가 설계 기준 강도를 상회하므로 별도 조치가 필요 없다.
④ 표준 양생 공시체 강도가 설계 기준 강도 보다 3.5MPa 더 초과하므로 별도 조치할 필요가 없다.

해설 설계 기준 압축 강도 f_{ck}의 결정을 위해 지정된 시험 재령일에 실시한 현장 양생된 공시체 강도가 동일 조건의 시험실에서 양생된 공시체 강도의 85%보다 작을 때는 콘크리트의 양생과 보호 절차를 개선하여야 한다.
• 만일 현장 양생된 것의 강도가 설계 기준 압축 강도보다 3.5MPa을 초과하여 상회하면 85%의 한계 조항은 무시한다.
• $f_{ck} = 23.5$MPa $< 28 \times 0.85 = 23.8$MPa
∴ 양생과 보호 절차를 개선
• $f_{ck} = 23.5 - 26 = -2.5$MPa < 3.5MPa
∴ 3.5MPa를 상회하지 못하므로 양생과 보호 절차를 개선

□□□ 기 10,11
05 다음 중 재하 시험에 의한 구조물의 성능 시험을 실시하여야 하는 경우와 거리가 먼 것은?

① 콘크리트 표면에 미세한 균열이 발생한 경우
② 공사 중에 콘크리트가 동해를 받았을 우려가 있을 경우
③ 공사 중 현장에서 취한 콘크리트의 압축 강도 시험 결과로부터 판단하여 강도에 문제가 있다고 판단되는 경우
④ 구조물의 안전에 어떠한 근거 있는 의심이 생긴 경우

해설 재하 시험에 의한 구조물의 성능 시험을 실시하는 경우
• 공사 중에 콘크리트가 동해를 받았다고 생각되는 경우
• 공사 중 구조물의 안전에 어떠한 근거 있는 의심이 생긴 경우
• 공사 중 현장에서 취한 콘크리트 압축 강도 시험 결과로부터 판단하여 강도에 문제가 있다고 판단되는 경우

□□□ 기 04,13
06 콘크리트 타설 검사 항목이 아닌 것은?

① 타설 설비 및 인원 배치
② 타설 방법
③ 타설량
④ 콘크리트 타설 온도

해설 콘크리트의 타설 검사

항 목	시험·검사 방법	시기 및 횟수	판정 기준
타설 설비 및 인원 배치	외관 관찰	콘크리트 타설 전 및 타설 중	시공 계획서와 일치할 것
타설 방법			
타설량	타설 개소의 형상 치수로부터 양의 확인		소정의 양일 것

□□□ 산 11,13
07 콘크리트의 표면 상태의 검사 항목이 아닌 것은?

① 노출면의 상태
② 철근 피복 두께
③ 균열
④ 시공 이음

해설 콘크리트의 표면상태의 검사 항목

항 목	검사 방법
노출면의 상태	외관 관찰
균열	스케일에 의한 관찰
시공 이음	외관 및 스케일에 의한 관찰

| memo |

CHAPTER 04 콘크리트의 성질

027 굳지 않은 콘크리트

1 일반 사항
시멘트, 골재, 물 등의 재료를 혼합한 직후부터 시간의 경과에 따라 유동 성능이 저하되고 응결 과정을 거쳐 경화되어 어느 정도 강도를 나타내기까지의 콘크리트를 굳지 않은 콘크리트라 한다.

■ 굳지 않은 콘크리트에 나타내는 용어
- **반죽 질기**(consistency) : 주로 물의 양이 많고 적음에 따르는 반죽이 되고 진 정도를 나타내는 굳지 않은 콘크리트의 성질
- **워커빌리티**(workability) : 반죽 질기의 정도에 따르는 작업의 난이도 및 재료의 분리에 저항하는 정도를 나타내는 굳지 않은 콘크리트의 성질
- **성형성**(plasticity) : 거푸집에서 쉽게 다져 넣을 수 있고, 거푸집을 제거하면 천천히 형상이 변하기는 하지만 허물어지거나 재료 분리가 일어나지 않을 정도의 굳지 않은 콘크리트의 성질
- **피니셔빌리티**(finishability) : 굵은 골재의 최대 치수, 잔 골재율, 잔 골재의 입도, 반죽 질기 등에 따르는 표면 마무리하기가 쉬운 정도를 나타내는 굳지 않은 콘크리트의 성질

2 작업성(시공성)
■ 슬럼프가 지나치게 큰 콘크리트
- 재료가 분리되기 쉽고 블리딩과 레이턴스가 많이 발생하여 상부 표면이나 연속 타설면의 강도나 수밀성이 나빠진다.
- 단위 시멘트량을 증가시키지 않고 단위 수량만을 크게 하면 물-결합재비가 커져 강도 및 내구성이 작아진다.
- 일정한 강도를 얻기 위해 필요한 시멘트량이 많아져 경제적으로 불리하며, 블리딩수가 많아 거푸집 제거 후 측면에 물곰보가 발생하기 쉽다.
- 단위 수량 및 단위 시멘트량이 많으면 콘크리트의 건조 수축이 크고 균열 발생 위험성이 커진다.
- 슬럼프가 지나치게 큰 콘크리트는 물의 양을 증가시켜도 슬럼프의 변동이 별로 없기 때문에 혼합 수량의 관리를 하기 어렵고 경화 후 강도의 분산이 크다.

□□□ 기10
01 굳지 않은 콘크리트의 워커빌리티에 영향을 주는 사항에 대한 설명으로 틀린 것은?

① AE제를 사용하여 콘크리트의 워커빌리티를 개선할 수 있다.
② 단위 수량이 크면 클수록 워커빌리티가 좋아진다.
③ 동일한 배합조건에서 쇄석을 굵은 골재로 사용하는 경우 강자갈을 사용한 경우보다 워커빌리티가 나빠진다.
④ 잔 골재율이 지나치게 작으면 워커빌리티가 나빠진다.

해설 단위 수량이 클수록 콘크리트의 반죽 질기가 크게 되나 단위 수량이 너무 많아지면 재료 분리를 일으키며, 워커빌리티가 나빠진다.

□□□ 기12,22
02 콘크리트의 워커빌리티 및 반죽 질기에 영향을 주는 인자에 대한 설명으로 틀린 것은?

① 단위 수량을 증가시키면 재료 분리와 블리딩 현상이 줄어들어 워커빌리티가 좋아진다.
② 단위 수량이 많을수록 콘크리트의 반죽 질기가 질게 되어 유동성이 크게 된다.
③ 단위 시멘트량이 많아질수록 콘크리트의 성형성은 증가하므로, 일반적으로 부배합 콘크리트가 빈배합 콘크리트에 비해 워커빌리티가 좋다고 할 수 있다.
④ 일반적으로 분말도가 높은 시멘트의 경우에는 시멘트풀의 점성이 높아지므로 반죽 질기는 작게 된다.

해설
- 단위 수량을 증가시키면 재료 분리와 블리딩 현상이 크게 되어 워커빌리티가 나빠진다.
- 단위 수량이 너무 적으면 콘크리트는 된 반죽이 되며 또한 유동성이 적게 되어 워커빌리티가 나빠진다.

03 굵은 골재의 최대 치수, 잔 골재율, 잔 골재의 입도, 반죽 질기 등에 따르는 마무리하기 쉬운 정도를 나타내는 굳지 않은 콘크리트의 성질을 나타내는 용어는?

① 시공 연도(workability)
② 반죽 질기(consistency)
③ 성형성(plasticity)
④ 마감성(finishability)

해설
- 반죽 질기 : 주로 물의 양이 많고 적음에 따르는 반죽이 되고 진 정도를 나타내는 굳지 않은 콘크리트의 성질
- 워커빌리티 : 반죽 질기의 정도에 따르는 작업의 난이성 및 재료의 분리성 정도를 나타내는 굳지 않은 콘크리트의 성질
- 성형성 : 거푸집에서 쉽게 다져 넣을 수 있고 거푸집을 제거하면 천천히 형상이 변하기는 하지만 허물어지거나 재료의 분리가 일어나는 일이 없는 정도의 굳지 않은 콘크리트의 성질

04 굳지 않은 콘크리트의 성질을 나타내는 용어에 대한 설명이다. 틀린 것은?

① 유동성이란 수량의 다소에 따라 반죽의 되고 진 정도를 나타내는 성질이다.
② 워커빌리티란 작업의 난이도, 재료 분리에 저항하는 정도를 나타내는 성질이다.
③ 성형성이란 거푸집에 쉽게 다져 넣을 수 있고, 거푸집을 제거하면 천천히 형상이 변하기는 하지만 허물어지거나 재료가 분리되지 않는 성질이다.
④ 피니셔빌리티란 굵은 골재 최대 치수, 잔 골재율, 골재 입도 등에 따르는 마무리하기 쉬운 정도를 나타내는 성질이다.

해설 유동성(consistency)란 주로 단위 수량의 다소에 따르는 반죽의 되고 진 정도로서 변형 또는 유동에 대한 저항성의 정도를 나타낸다.

05 콘크리트의 워커빌리티에 관한 설명 중 옳지 않은 것은?

① 시멘트량이 많을수록 콘크리트는 워커블하게 된다.
② 온도가 높을수록 슬럼프는 증가되고 슬럼프 감소는 줄어든다.
③ 플라이 애시를 사용하면 워커빌리티가 개선된다.
④ 둥근 모양의 천연 모래가 모가 진 것이나 편평한 것이 많은 부순 모래에 비하여 워커블한 콘크리트를 얻기 쉽다.

해설 온도가 높을수록 슬럼프는 감소되고 또 수송에 의한 슬럼프의 감소도 현저하다.

06 콘크리트의 일반적인 성질에 대한 설명으로 틀린 것은?

① 일반적으로 단위 수량이 많을수록 콘크리트의 반죽 질기는 크게 된다.
② 골재 중의 세립분은 콘크리트에 점성을 주고 성형성을 좋게 한다.
③ 콘크리트의 온도가 높을수록 반죽 질기가 크게 된다.
④ 혼합 시멘트는 일반적으로 보통 포틀랜드 시멘트와 비교해서 워커빌리티를 좋게 한다.

해설 콘크리트의 온도가 높을수록 반죽 질기가 저하된다.

07 콘크리트의 워커빌리티 및 반죽 질기에 대한 설명으로 틀린 것은?

① 단위 시멘트량이 많아질수록 성형성이 좋아지고 워커블해진다.
② 단위 수량이 많을수록 반죽 질기가 질게 되어 유동성이 증가하지만 재료 분리가 발생하기 쉬워진다.
③ 잔 골재율을 증가시키면 동일 워커빌리티를 얻기 위한 단위 수량을 줄여야 한다.
④ 일반적으로 콘크리트의 비빔 온도가 높을수록 반죽 질기는 저하하는 경향이 있다.

해설 잔 골재율을 증가시키면 동일 워커빌리티를 얻기 위한 단위 수량을 증가시켜야 한다.

08 콘크리트의 워커빌리티에 영향을 미치는 요인이 아닌 것은?

① 시멘트량
② 단위 수량
③ 혼화 재료 사용량
④ 양생 기간

해설
- 시멘트량 : 단위 시멘트량이 적으면 재료 분리의 경향이 생긴다.
- 단위 수량 : 단위 수량이 클수록 콘크리트의 반죽 질기가 크게 된다.
- 혼화 재료 : AE제, 감수제 등을 사용함으로써 단위 수량을 감소시킬 수 있다.
- 공기량 : 공기량은 콘크리트의 워커빌리티를 개선시킨다.

028 굳지 않은 콘크리트의 워커빌리티 영향 원인

■ 단위 시멘트량
- 단위 시멘트량이 클수록 워커블하고 성형성이 좋다.
- 단위 시멘트량이 많아질수록 콘크리트의 성형성은 증가하므로, 일반적으로 부배합 콘크리트가 빈배합 콘크리트에 비해 워커빌리티가 좋다고 할 수 있다.
- 시멘트량이 적으면 재료 분리의 경향이 생긴다.
- 혼합 시멘트는 보통 포틀랜드 시멘트보다 워커빌리티를 좋게 한다.
- 일반적으로 분말도가 높은 시멘트의 경우에는 시멘트풀의 점성이 높아지므로 반죽 질기는 작게 된다.
- 비표면적이 2,800cm^2/g 이하인 시멘트를 사용하면 점성이 적으며 워커빌리티가 나빠지고 블리딩도 커진다.

■ 단위 수량
- 단위 수량이 클수록 콘크리트의 반죽 질기가 크게 되나 단위 수량이 너무 많아지면 재료 분리를 일으키며, 워커빌리티가 나빠진다.
- 단위 수량이 너무 작으면 콘크리트는 된 반죽이 되며 또한 유동성이 적게 되어 역시 시공이 곤란하다.
- 일반적으로 단위 수량이 1.2% 증감하면 슬럼프는 10mm 증감한다.

■ 골재
- 잔 골재의 미립분 중에서 0.3mm 이하는 콘크리트의 점성을 증가시키며 성형성을 좋게 한다.
- 일정한 물-시멘트비에 대하여 골재/시멘트비가 클수록 워커빌리티는 나빠진다.
- 잔 골재율이 지나치게 작으면 워커빌리티가 나빠진다.
- AE콘크리트의 경우는 AE제의 공기 연행성이 잔 골재의 입경의 크기에 따라 달라진다.
- 잔 골재량을 증가시키면 동일한 워커빌리티를 얻기 위해 단위 수량이 증가된다.
- 모가 난 골재를 사용하면 콘크리트의 워커빌리티가 나빠진다.
- 단위 굵은 골재의 최대 치수가 많거나 적어도 워커빌리티는 나빠진다.

■ 공기량
- AE제나 감수제에 의해 콘크리트 중에 연행된 미세한 기포는 볼 베어링 작용을 하여 콘크리트의 워커빌리티를 개선시킨다.
- 공기량 1%의 증가에 대하여 슬럼프가 20mm 정도 크게 된다.
- 슬럼프를 일정하게 하면 단위 수량을 약 3% 저감할 수 있다.
- 공기량의 워커빌리티 개선 효과는 빈배합의 경우에 현저하다.

■ 혼화 재료
- AE제, 감수제 등을 사용함으로써 단위 수량의 감소, 공기 연행 등에 의해 콘크리트의 워커빌리티를 크게 개선한다.
- 포졸란 혼화재는 콘크리트의 점성을 개선하는 효과가 있어 콘크리트의 워커빌리티를 향상시킬 수 있다.
- 플라이 애시는 콘크리트 내에서 볼 베어링 작용을 하게 되며, 골재의 일부로 사용할 경우 일정한 단위 수량에 대하여 유동성을 증가시켜 콘크리트의 워커빌리티를 개선할 수 있다.
- AE제나 감수제는 워커빌리티의 개선을 목적으로 사용하는 것으로 적정량의 혼입은 당연히 좋은 결과를 가져온다.
- 고성능 감수제는 감수율이 8~15% 정도의 단위 수량을 감소시킬 수 있다.

■ 경과 시간과 온도
- 혼합이 불충분하여 불균질한 상태의 콘크리트가 되면 워커빌리티가 나빠진다.
- 비빔 시간이 과도하게 길어져도 시멘트의 수화가 촉진되어 워커빌리티가 나빠진다.
- 일반적으로 콘크리트의 비빔 온도가 높을수록 슬럼프는 감소된다.
- 굳지 않은 콘크리트는 믹싱 후 경과 시간에 따라서 워커빌리티가 감소된다.

■ 배합 및 믹싱 조건
혼합 시간이 불충분하거나 과도하게 길게 되면 워커빌리티에 나쁜 영향을 준다.

□□□ 기07
01 굳지 않은 콘크리트의 워커빌리티 및 반죽 질기에 영향을 미치는 요인에 대한 설명 중 옳지 않은 것은?

① 골재 – 둥근 모양의 골재는 모가 난 골재보다 워커빌리티를 좋게 한다.
② 시멘트 – 일반적으로 단위 시멘트량이 많을수록 콘크리트는 워커블해진다.
③ 온도 – 일반적으로 온도가 높을수록 슬럼프는 작아진다.
④ 혼화제 – AE제, 감수제 등의 혼화 재료는 콘크리트의 워커빌리티에 영향을 주지 않는다.

해설 혼화제 : AE제, 감수제 등의 혼화 재료는 단위 수량의 감소, 공기연행 등에 의해 콘크리트의 워커빌리티를 크게 개선시킬 수 있다.

□□□ 기13
02 콘크리트의 워커빌리티 및 반죽 질기에 대한 일반적인 설명으로 틀린 것은?

① 단위 수량이 많을수록 콘크리트의 유동성이 크게 되지만, 단위 수량을 증가시킬수록 재료 분리가 발생하기 쉬워지므로 워커빌리티가 좋아진다고는 말할 수 없다.
② 단위 시멘트량이 많아질수록 그 콘크리트의 성형성은 증가하므로, 일반적으로 부배합 콘크리트가 빈배합 콘크리트에 비해 워커빌리티가 좋다고 할 수 있다.
③ 공기량 1%의 증가에 대하여 슬럼프가 30mm 정도 크게 되며, 슬럼프를 일정하게 하면 단위 수량을 약 8% 저감할 수 있다. 이러한 공기량의 워커빌리티 개선 효과는 부배합의 경우에 현저하다.
④ 골재 중의 세립분, 특히 0.3mm 이하의 세립분은 콘크리트의 점성을 높이고 성형성을 좋게 한다. 그러나 세립분이 많게 되면 반죽 질기가 적게 되므로 골재는 조립한 것부터 세립한 것까지 적당한 비율로 혼합할 필요가 있다.

해설 공기량
- AE제나 감수제에 의해 콘크리트 중에 연행된 미세한 기포는 볼 베어링 작용을 하여 콘크리트의 워커빌리티를 개선시킨다.
- 공기량 1%의 증가에 대하여 슬럼프가 20mm 정도 크게 된다.
- 슬럼프를 일정하게 하면 단위 수량을 약 3% 저감할 수 있다.
- 공기량의 워커빌리티 개선효과는 빈배합의 경우에 현저하다.

□□□ 기13
03 일정량의 AE제를 사용한 콘크리트의 공기량이 증가되는 요소에 대한 설명으로 틀린 것은?

① 단위 잔 골재량이 작을수록 공기량은 증가한다.
② 콘크리트의 온도가 낮을수록 공기량은 증가한다.
③ 슬럼프가 클수록 공기량은 증가한다.
④ 시멘트의 분말도가 높을수록 공기량은 증가한다.

해설 단위 잔 골재량이 많을수록 공기량은 증가한다.

029 콘크리트 중의 공기량

■ 갇힌 공기량
- 일반적으로 콘크리트에는 혼화제를 첨가하지 않아도 큰 입경의 공기 1% 정도가 불규칙적으로 존재하는데 이 공기를 갇힌 공기(entrapped air)라 한다.
- AE제에 의하여 생성된 지름 0.025~0.25mm 정도를 가진 공기를 연행 공기(entrained air)라 한다.
- 콘크리트가 부피의 3~6% 정도의 알맞은 연행 공기를 가지고 있으면 워커빌리티가 증대되고, 내구성이 향상된다.

■ 콘크리트의 공기량에 영향을 미치는 요인
- 잔 골재율이 작으면 공기량은 감소한다.
- 단위 시멘트량이 많으면 공기량은 감소한다.
- 포졸란을 사용하면 공기량은 감소한다.
- 경화 촉진제, 응결 지연제 등을 함께 사용하면 공기량이 감소한다.
- 시멘트의 분말도가 증가하면 공기량은 감소한다.
- 혼합 시간이 너무 짧거나 길면 공기량은 감소한다.
- 굵은 골재의 최대 치수가 클수록 공기량은 감소한다.
- 일반적으로 공기량이 증가하면 탄성 계수는 감소한다.
- 레디 믹스트 콘크리트는 운반 시간에 따라 0.5~1% 정도 공기량이 저하된다.
- 물-시멘트비가 클수록 공기량은 증가한다.
- 단위 잔 골재량이 많을수록 공기량은 증가한다.
- 콘크리트의 온도는 낮을수록 공기량이 증가한다.
- 일반적으로 콘크리트의 슬럼프가 클수록 공기량이 증가한다.
- 일반적으로 공기량 1% 증가에 따라 슬럼프는 약 25mm 증가한다.
- 빈배합 콘크리트는 부배합 콘크리트보다 더 많은 공기를 연행한다.

---

01 공기량이 콘크리트의 물성에 미치는 영향을 설명한 것으로 틀린 것은? 기11

① 연행 공기는 콘크리트의 워커빌리티를 개선하며, 공기량 1% 증가에 따라 슬럼프는 약 25mm 증가한다.
② 동결에 의한 팽창 응력을 기포가 흡수함으로써 콘크리트의 동결 융해 저항성을 개선한다.
③ 동일한 물-시멘트비에서는 공기량이 증가할 때 압축 강도가 증가한다.
④ 일반적으로 공기량이 증가하면 탄성 계수는 감소한다.

[해설] 동일한 물-시멘트비에서는 공기량이 1% 증가하면 콘크리트의 압축 강도는 3~5% 감소한다.

02 콘크리트 공기량을 감소시키는 요인으로 적합하지 않은 것은? 기09

① 콘크리트의 온도 상승
② 잔 골재 중의 0.15~0.60mm 입자 증가
③ 잔 골재율 감소
④ 플라이 애시 사용

[해설] 잔 골재 중의 0.15~0.60mm 입자가 증가하는 것에 따라 공기량은 증대된다.

03 일정량의 AE제를 사용한 경우에 굳지 않은 콘크리트의 공기량에 대한 설명이 잘못된 것은? 기09,15

① 물-시멘트비가 클수록 공기량은 증가한다.
② 콘크리트의 비빔 시간을 5분 이상 지속하면 공기량은 증가한다.
③ 단위 잔 골재량이 많을수록 공기량은 증가한다.
④ 콘크리트의 온도가 높을수록 공기량은 감소한다.

[해설] 일반적으로 동일 믹서를 사용하여 콘크리트를 혼합한 경우 3~5분에서 최고가 되며, 그 보다 길거나 짧으면 공기량은 감소한다.

04 AE 콘크리트 중에 포함된 공기량의 적당량은 전체 콘크리트 용적 기준으로 다음 중 얼마 정도가 가장 적당한가? 기09

① 1~3%   ② 3~6%
③ 7~10%   ④ 10~12%

[해설] 공기량은 일반적으로 골재 최대 치수에 따라 3~6%로 하는 것을 표준으로 하고, 굵은 골재 최대 치수가 작은 콘크리트일수록 공기량이 많게 된다.

05 콘크리트의 연행 공기량에 밀접한 영향을 주는 요소에 대한 설명으로 틀린 것은? 기10

① 단위 잔 골재량이 많을수록 공기량이 많아진다.
② 포졸란을 사용하면 공기량이 많아진다.
③ 부배합 콘크리트는 공기량이 줄어든다.
④ 굵은 골재 최대 치수가 클수록 공기량은 줄어든다.

[해설] 포졸란을 사용하면 포졸란 반응에 의해서 모세관 공극이 효과적으로 채워지기 때문에 공기량이 감소하고 수밀성이 향상되며 강도도 증진된다.

정답 029 01 ③ 02 ② 03 ② 04 ② 05 ②

□□□ 기 11,17
06 굳지 않은 콘크리트의 공기량에 대한 일반적인 설명으로 틀린 것은?

① AE제의 혼입량이 증가하면 공기량도 증가한다.
② 콘크리트의 온도가 높으면 공기량이 감소한다.
③ 잔 골재량이 많을수록 공기량이 증가한다.
④ 시멘트 분말도가 높으면 공기량이 증가한다.

해설 시멘트의 분말도가 높으면 공기량은 감소한다.

□□□ 기 13
07 일정량의 AE제를 사용한 콘크리트의 공기량이 증가되는 요소에 대한 설명으로 틀린 것은?

① 단위 잔 골재량이 작을수록 공기량은 증가한다.
② 콘크리트의 온도가 낮을수록 공기량은 증가한다.
③ 슬럼프가 클수록 공기량은 증가한다.
④ 시멘트의 분말도가 높을수록 공기량은 감소한다.

해설 단위 잔 골재량이 많을수록 공기량은 증가한다.

□□□ 산 04
08 AE제의 품질 및 AE 공기량에 미치는 영향 인자 요인이 아닌 것은?

① 온도가 높으면 공기량은 자연적으로 증가한다.
② 시멘트의 분말도가 증가하면 공기량은 감소한다.
③ 비빔 시간 3~5분에서 공기량은 최대가 된다.
④ 펌프 시공 및 지나친 다짐 등에서 공기량은 저하된다.

해설 콘크리트의 온도가 높을수록 공기량은 감소된다.

정답 06 ④ 07 ① 08 ①

030 콘크리트의 재료 분리

콘크리트는 밀도와 입자 크기 등의 물리적인 특성이 다른 여러 종류의 재료로 구성되므로 혼합, 운반, 다지기 등의 시공 중에 재료 분리를 일으키기 쉽다.

■ 블리딩
콘크리트 타설 작업 후 시멘트, 골재 입자 등이 침하하여 물이 분리 상승되어 콘크리트 표면에 떠오르는 현상을 블리딩(bleeding)이라고 한다.

■ 레이턴스
콘크리트 표면에 블리딩에 의해서 떠올라와 침전한 미세한 물질을 레이턴스(laitance)라 한다.

■ 콘크리트 타설 작업 중의 재료 분리 원인
- 단위 수량이 너무 많은 경우
- 배합이 적절하지 않은 경우
- 단위 골재량이 너무 많은 경우
- 입자가 거친 잔 골재를 사용한 경우
- 믹싱 시간의 부족 또는 과다할 경우
- 굵은 골재의 최대 치수가 지나치게 큰 경우
- 묽은 반죽의 콘크리트를 높은 곳에서 낙하시키는 경우

■ 재료 분리를 감소시키는 대책
- 잔 골재율을 크게 한다.
- 물-시멘트비를 작게 한다.
- 콘크리트의 성형성을 증가시킨다.
- 잔 골재 중의 0.15~0.3mm 정도의 세립분을 많게 한다.
- AE제, 플라이 애시 등의 혼화 재료를 적절히 사용한다.
- 부배합 콘크리트, 슬럼프 50~100mm의 콘크리트 및 AE 콘크리트는 재료 분리 경향이 작다.

■ 콘크리트 타설 작업 후의 재료 분리(블리딩의 감소 방안)
- AE제, 감수제를 사용한다.
- 0.15~0.3mm 정도의 세립분을 많게 한다.
- 단위 수량을 작게 하고, 골재 입도를 적당하게 해야 한다.
- 플라이 애시, 슬래그 미분말, 실리카퓸 등의 미분말 혼화재를 사용한다.

■ 굵은 골재의 분리
굵은 골재의 분리란 콘크리트의 모르타르 부분과 굵은 골재가 분리되어 불균일하게 충전되는 상태를 말한다. 굵은 골재의 분리의 원인은 다음과 같다.

- 굵은 골재와 모르타르의 밀도 차이 : 밀도의 차이에 의한 분리는 밀도의 차가 클수록, 슬럼프가 큰 콘크리트에서 모르타르 부분의 점성이 작을수록 현저하다.
- 굵은 골재와 모르타르의 유동 특성 차이 : 압송관의 내부에서 콘크리트의 압송 압력에 의해 유동성이 양호한 모르타르가 굵은 골재와 분리되어 먼저 빠져나가고 굵은 골재만 많이 있음으로 인해 압송관이 막히거나 압송관이 터지는 경우에 발생한다.
- 굵은 골재 치수와 모르타르 중의 잔 골재 치수와의 차이 : 굵은 골재가 철근에 걸려 통과하지 못하고 모르타르 부분만이 흘러들어가 굵은 골재만 특정 부위에 남아 벌집 모양의 곰보를 생성하는 것도 분리의 대표적인 현상이다.

■ 블리딩에 미치는 인자
- 시멘트 분말도가 높을수록 블리딩은 감소한다.
- 시멘트의 응결 시간이 빠를수록 블리딩이 감소한다.
- AE제, 감수제 등은 단위 수량을 감소시키므로 블리딩이 감소한다.
- 타설 속도가 빠르면 블리딩이 증가한다.
- 물-시멘트비가 클수록 블리딩은 증가한다.
- 단위 잔 골재량이 많아지면 블리딩이 증가한다.
- 단위 시멘트량과 잔 골재량이 작을수록 블리딩은 크다.
- 굵은 골재의 최대 치수가 클수록 블리딩은 증가한다.
- 콘크리트의 공기량이 저하되면 블리딩은 증가된다.
- 콘크리트의 온도가 저하되면 블리딩은 증가한다.
- 겨울철의 블리딩이 여름철보다 블리딩이 크게 된다.
- 과도한 진동 다짐을 하면 물이 분리되기 쉬워 블리딩이 증가한다.
- 입자의 형상이 거친 쇄사를 사용한 콘크리트는 보통 골재를 사용한 콘크리트에 비해 블리딩이 크다.

□□□ 기 08,15

01 콘크리트의 블리딩을 증가시키는 요인으로 적합하지 않은 것은?

① 단위 수량의 증가
② 시멘트 분말도의 증가
③ 콘크리트 공기량의 저하
④ 콘크리트 온도의 저하

[해설] 시멘트의 분말도가 증가하면 블리딩은 감소한다.

□□□ 기 12

02 콘크리트의 재료 분리를 감소시키기 위한 대책으로서 틀린 것은?

① 잔 골재율을 증가시킨다.
② 물-시멘트비를 작게 한다.
③ 잔 골재 중의 0.6mm 이상 조립분을 증가시킨다.
④ AE제, 플라이 애시 등 혼화 재료를 적절히 사용한다.

[해설] 잔 골재 중의 0.15~0.3mm 정도의 세립분을 많게 한다.

□□□ 기 06,11
03 굳지 않은 콘크리트의 재료 분리를 생기게 하는 원인이 아닌 것은?

① 입자가 거친 잔 골재를 사용한 경우
② 단위 골재량이 너무 많은 경우
③ 단위 수량이 너무 많은 경우
④ 굵은 골재의 최대 치수가 작은 경우

해설 재료 분리의 원인
- 굵은 골재의 최대 치수가 지나치게 큰 경우
- 입자가 거친 잔 골재를 사용한 경우
- 단위 골재량이 너무 많은 경우
- 단위 수량이 너무 많은 경우
- 배합이 적절하지 않은 경우

□□□ 기 05
04 콘크리트의 타설 종료 후 블리딩수와 함께 콘크리트 내부의 시멘트 입자 등의 미세한 입자가 콘크리트의 표면에 떠올라서 표면 상층부에 침전되어 수분이 증발된 후 회백색의 얇은 층으로 형성된 것을 무엇이라고 하는가?

① 블리딩
② 백화
③ 침강 수축
④ 레이턴스

해설 이러한 현상을 레이턴스(laitance)라 한다.

□□□ 기 11
05 콘크리트의 타설 시에 생기는 블리딩에 영향을 미치는 요인에 대한 설명으로 틀린 것은?

① 시멘트 분말도가 높을수록 블리딩은 감소한다.
② 시멘트 응결시간이 짧을수록 블리딩은 증가한다.
③ AE제를 사용하면 블리딩은 감소한다.
④ 골재의 입자 형상이 클수록 블리딩은 증가한다.

해설 시멘트의 응결시간이 짧을수록 블리딩이 감소한다.

□□□ 산 10
06 콘크리트 작업 중 발생되는 재료 분리의 원인에 대한 설명으로 틀린 것은?

① 굵은 골재 최대 치수가 지나치게 큰 경우
② 입자가 거친 잔 골재를 사용한 경우
③ 단위 골재량이 너무 많은 경우
④ 단위 수량이 너무 적은 경우

해설
- 단위 수량이 너무 많은 경우
- 단위 시멘트량이 너무 적은 경우

□□□ 기 07,13
07 콘크리트의 블리딩 및 블리딩 시험 방법에 대한 설명으로 옳은 것은?

① 시험하는 동안 시료 콘크리트 및 실험실의 온도는 (23±2)℃로 유지해야 한다.
② 처음 60분 동안은 10분 간격으로 콘크리트 표면에 스며 나온 물을 빨아낸다.
③ 블리딩은 대체로 5~7시간 정도에 끝난다.
④ 블리딩은 시멘트의 분말도가 낮을수록 적다.

해설
- 시험하는 동안 실험실의 온도는 (20±3)℃로 유지해야 한다.
- 기록한 처음 시각에서 60분 동안 10분마다 콘크리트 표면에 스며 나온 물을 빨아낸다. 그 후는 블리딩이 정지할 때까지 30분마다 물을 빨아낸다.
- 시멘트 분말도가 높을수록 블리딩은 감소한다.
- 블리딩은 콘크리트를 친 후 처음 15~30분에 대부분 생기며, 2~4시간에 거의 끝난다.

031 콘크리트의 응결

콘크리트는 물과 혼합한 직후부터 서서히 굳어져 어느 정도의 강도를 나타내기까지에 유동성이 큰 상태에서 점차로 유동성을 잃으면서 고체로 변화한다. 이러한 변화를 응결이라고 하고, 그 이후의 강도 발현 과정을 경화 과정이라고 한다. 그리고 이러한 응결 과정에서 대략 3일 정도까지를 초기 재령이라 한다.

■ 응결에 영향을 주는 요인
- 속경성, 조강성 시멘트는 응결이 빠르다.
- 유통 기간이 오래된 시멘트를 사용하면 응결이 늦어진다.
- 슬럼프가 작고, 물-시멘트비가 작은 배합일수록 응결이 빠르다.
- 바닷모래나 해수 등에 포함된 염분은 응결을 촉진시킨다.
- 당류, 알코올 등의 유기물은 응결을 지연시킨다.

□□□ 기 11, 16
01 굳지 않은 콘크리트를 타설한 후, 콘크리트가 서서히 굳어져서 어느 정도의 강도를 나타내기까지는 유동성이 큰 상태에서 서서히 유동성을 잃으면서 고체 상태로 변화한다. 이러한 과정을 무엇이라고 하는가?

① 강화
② 응결
③ 체적 변화
④ 크리프

해설 이러한 변화를 응결이라고 하고, 그 이후의 강도 발현 과정을 경화 과정이라고 한다. 그리고 이러한 응결 과정에서 대략 3일 정도까지를 초기 재령이라 한다.

□□□ 기 12
02 굳지 않은 콘크리트의 성질에 관한 설명 중 틀린 것은?

① 단위 수량이 많고 슬럼프가 클수록 재료 분리가 일어나기 쉽다.
② 레이턴스는 콘크리트 타설 후 내부의 미세한 입자가 블리딩과 함께 떠올라 콘크리트 표면에 침전된 것으로서, 부착력을 저해한다.
③ 골재나 혼합수 중에 함유된 염화물은 콘크리트의 응결을 지연시킨다.
④ 콘크리트 표면에서 물의 증발 속도가 블리딩 속도보다 빠르면 소성 수축 균열이 일어난다.

해설 골재나 혼합수 중에 함유된 염화물은 콘크리트의 응결을 촉진시킨다.

□□□ 산 05, 11
03 콘크리트 응결 특성에 관계되는 요소로서 거리가 먼 것은?

① 굵은 골재의 최대 치수
② 시멘트의 품질
③ 혼화 재료의 품질
④ 타설 시의 온도

해설
- 풍화된 시멘트는 응결이 지연된다.
- 혼화 재료에 따라 응결 시간이 조절된다.
- 온도가 높을수록 응결은 빨라진다.

□□□ 산 05
04 일반적으로 콘크리트에 사용되는 골재의 필요한 성질에 대한 설명 중 잘못된 것은?

① 열이나 기온의 변화에 따라서 체적이 변하거나 변형되지 않을 것
② 시멘트와 수화 반응에 유해한 물질(유기 불순물, 염류 등)
③ 마모에 대한 저항성을 가질 것
④ 골재의 입형이 모난 것이 많이 포함된 골재일 것

해설 골재의 모양이 입방체 또는 구형에 가깝고 시멘트 풀과 부착력이 큰 표면 조직을 가질 것

정답 031 01 ② 02 ③ 03 ① 04 ④

032 굳지 않은 콘크리트의 균열

콘크리트의 타설 이후 약 24시간 내의 경화되기 이전에 가끔씩 균열이 발생하는 일이 있다. 이러한 균열을 초기 균열 또는 플라스틱 균열이라 한다.

1 초기 균열
콘크리트 타설 후부터 응결이 종료할 때까지 발생하는 균열을 일반적으로 초기 균열이라 한다.

■ 초기 균열의 발생 원인
- 시멘트의 이상 응결에 의한 것
- 잔 골재에 함유된 미립분에 의한 것
- 콘크리트의 침하에 의한 균열
- 콘크리트의 급격한 건조에 의한 것(건조 수축 균열)

2 초기 균열의 종류
■ 침하 수축 균열
- 콘크리트 타설 후 1~3시간에 주로 발생한다.
- 콘크리트의 표면 근처에 있는 철근, 매설물 또는 입자가 큰 골재 등이 콘크리트의 침하를 국부적으로 방해하기 때문에 발생한다.
- 블리딩이 클수록 균열 발생의 정도가 높아진다.
- 침하 수축 균열의 방지 대책
  · 단위 수량을 되도록 적게 한다.
  · 슬럼프가 작은 콘크리트를 잘 다짐해서 시공한다.
  · 침하 종류 이전에 점착력을 잃지 않는 시멘트와 혼화제를 선정한다.
  · 타설 속도를 늦게 하고 1회 타설 높이를 적절히 한다.
  · 피복 두께를 적절히 한다.
  · 침하 종료 단계에서 다시 표면 마무리를 하여 균열을 제거한다.

■ 소성(플라스틱) 수축 균열
콘크리트 표면의 물의 증발 속도가 블리딩 속도보다 빠른 경우와 같이 급속한 수분 증발이 일어나는 경우에 콘크리트 표면에 생기는 가늘고 얇은 균열을 말한다.

■ 거푸집 변화에 의한 균열
- 콘크리트가 점차로 유동성을 잃고 굳어져 가는 시점에서 거푸집 긴결 철물의 부족, 동바리의 부적절한 설치에 의한 부등침하, 콘크리트의 측압에 따른 거푸집의 변형 등에 의해 발생한다.
- 콘크리트의 소성 변형 저항 능력보다 외력에 의한 변형이 크게 되면 균열을 일으킨다.

■ 진동 및 재해에 따른 균열
- 콘크리트 타설을 완료할 즈음에 근처에서 말뚝을 박거나 기계류 등의 진동이 원인이 되어 균열이 발생한다.
- 초기 재령에서 재하하게 되면 지보공의 변형, 침하 등에 따라서 균열을 일으키는 경우가 있기 때문에 주의해야 한다.

3 침하 균열
콘크리트를 타설하고 다짐하여 마감 작업을 한 이후에도 콘크리트는 계속하여 압밀되는 경향을 보이며, 이러한 현상에 의한 균열을 침하균열이라 한다.

■ 침하 균열의 영향 요소
- 슬럼프가 클수록 침하 균열은 증가한다.
- 블리딩이 많을 때 침하 균열은 증가한다.
- 잔 골재율이 클수록 침하 균열은 증가한다.
- 철근의 직경이 클수록 침하 균열은 증가한다.
- 다짐이 불충분한 경우 침하 균열은 증가한다.
- 물-시멘트비가 클수록 침하 균열은 증가한다.
- 거푸집이 밀실하지 못할 경우 침하 균열은 증가한다.

■ 콘크리트 침하의 조건
- 골재의 최대 치수가 클수록 적어진다.
- 물-시멘트비가 클수록 침하량은 많아진다.
- 컨시스턴시가 커질수록 침하량은 많아진다.
- AE제, AE 감수제는 침하량을 감소시키는 효과가 크다.
- 타설 부분의 수평 단면이 클수록 빨리 그리고 많이 침하한다.
- 타설 높이가 높을수록 침하의 절대량은 크지만 침하량의 비율은 작아진다.

□□□ 산 10
01 콘크리트의 응결 후에 발생하는 콘크리트의 균열의 종류가 아닌 것은?

① 건조 수축 균열 ② 온도 균열
③ 하중에 의한 휨 균열 ④ 소성 수축 균열

해설 · 경화한 콘크리트의 균열 : 수축 균열, 온도 균열, 하중에 의한 휨 균열
· 굳지 않은 콘크리트의 균열 : 침하 수축 균열, 플라스틱 균열, 거푸집 변화에 의한 균열

□□□ 산 05, 08, 12
02 초기 재령 콘크리트에 발생하기 쉬운 균열의 원인이 아닌 것은?

① 소성 수축 ② 황산염 반응
③ 수화열 ④ 소성 침하

해설 초기 균열은 소성 침하, 소성 수축, 수화열에 의한 균열이 원인이 된다.

03 응결 전에 발생하는 콘크리트의 균열의 종류가 아닌 것은? 기10

① 소성 침하 균열
② 소성 수축 균열
③ 거푸집 변형에 의한 균열
④ 건조 수축 균열

해설
- 초기 균열 : 소성 침하 균열, 소성 수축 균열(플라스틱 침하 균열), 거푸집의 변형에 의한 균열
- 건조 수축 균열은 응결 후에 발생하는 콘크리트의 균열이다.

04 수분의 증발이 원인이 되어 타설 후부터 콘크리트의 응결 종결 시까지 발생하는 균열을 초기 건조 균열이라고 한다. 이러한 균열이 발생되기 쉬운 경우에 대한 설명으로 틀린 것은? 기12

① 콘크리트 노출면의 수분 증발 속도가 블리딩 속도보다 빠른 경우
② 바람이 없고 기온이 낮으며, 건조가 심한 경우
③ 바닥판에서 거푸집으로부터의 누수가 심하고 블리딩이 전혀 없으며 초기에 콘크리트 표면에 수분이 부족한 경우
④ 시멘트의 응결·경화가 급격하게 일어나 콘크리트 내부에 물이 흡수된 경우

해설
■ 초기 건조 균열(=플라스틱 수축 균열)은 증발이나 표면의 건조와 무관한 것이다.
- 초기 건조 균열의 원인
  - 블리딩과 침하가 급속히 진행될 때
  - 노출면의 수분 증발 속도가 블리딩 속도보다 빠를 경우
  - 거푸집으로부터 누수가 심할 때
  - 초기 콘크리트 표면의 수분이 부족할 때
  - 시멘트의 급격한 응결·경화가 일어날 때

05 매스 콘크리트의 온도 균열 방지 대책으로 틀린 것은? 기06,11

① 혼화 재료는 가급적 피하는 것이 좋다.
② 균열 제어 철근을 배근하여 변형을 구속한다.
③ 유동화 콘크리트 공법을 도입한다.
④ 발열량이 적은 시멘트를 사용하고, 단위 시멘트량을 줄인다.

해설
- 유동화 콘크리트는 단위 시멘트량을 줄일 수 있으므로 매스 콘크리트에 사용할 수 있다.
- 포틀랜드 시멘트에 고로 슬래그 미분말, 플라이 애시 등을 혼합하여 더욱 성능이 향상된 저발열형의 시멘트를 얻는 방법이 있다.

06 콘크리트의 초기 균열에 관한 설명으로 옳지 않은 것은? 기07,09,11,17

① 침하에 의한 균열은 콘크리트 치기 후 1~3시간 정도에서 보의 상단부 또는 슬래브 면 등에서 철근의 위치에 따라 발생한다.
② 침하 균열은 슬럼프가 클수록, 콘크리트 치기 속도가 빠를수록 증가한다.
③ 플라스틱 균열은 콘크리트 타설 시 또는 직후에 표면에 급속한 수분 증발로 인하여 콘크리트 표면에 생기는 미세한 균열이다.
④ 굳지 않은 콘크리트의 건조 수축은 일반적으로 고온 다습한 외기에 노출될 때 발생이 증가되며, 양생이 시작된 직후에 나타난다.

해설 굳지 않은 콘크리트의 건조 수축은 일반적으로 고온 저습한 외기에 노출될 때 발생이 증가되며, 양생이 시작되기 전이나 마감 직전에 주로 일어난다.

07 콘크리트 타설 후 응결 및 경화 과정에서 나타나는 초기 소성 수축 균열에 대한 설명으로 옳은 것은? 산09

① 콘크리트 표면의 물의 증발 속도가 블리딩 속도보다 빠른 경우 발생되는 균열이다.
② 콘크리트 표면 가까이에 있는 철근, 매설물 또는 입자가 큰 골재 등이 침하를 방해하기 때문에 나타난다.
③ 균열이 발생하여 커지는 정도는 블리딩이 큰 콘크리트일수록 높아진다.
④ 콘크리트 작업 시 시공 이음부의 레이턴스를 제거하지 않았을 때 나타난다.

해설 소성 수축 균열은 콘크리트 표면수의 증발 속도가 블리딩 속도보다 빠른 경우와 같이 급속한 수분 증발이 일어나는 경우에 콘크리트 마무리면에 생기는 가늘고 얕은 균열을 말한다.

033 굳은 콘크리트의 변형 특성

굳은 콘크리트에 있어서는 강도와 내구성이 요구된다. 특수한 목적의 콘크리트로서 수밀성, 마모 저항성, 적당한 단위 용적 중량, 방사선 차폐 능력 등을 필요로 하는 경우도 있다.

1 콘크리트의 응력-변형률의 관계
콘크리트는 탄성체가 아니기 때문에 응력과 변형률과의 관계는 강재의 경우와 다르게 하중 재하의 초기 단계에서부터 곡선을 나타내며 엄밀하게 직선 부분은 존재하지 않는다. 그러므로 콘크리트는 훅의 법칙이 성립되지 않는 비선형 재료이다.

콘크리트의 응력-변형률 곡선의 특징
- 고강도 콘크리트의 경우는 곡선의 기울기가 강도가 낮은 콘크리트의 기울기보다 크다.
- 하중 초기에는 응력-변형률의 관계가 거의 직선에 가까우나 하중의 증가와 더불어 기울기가 완만해지면서 위로 볼록한 곡선이 되어 최대 응력에 도달한다.
- 저강도의 콘크리트는 최대 응력을 지나서 내력이 급격하게 저하되지 않기 때문에 콘크리트의 파괴가 서서히 일어난다.
- 경량 콘크리트는 초기 기울기(탄성 계수)가 작고, 응력-변형률 곡선은 보다 직선적이며 최대 응력 이후 급격한 내력 저하를 보인다.
- 콘크리트의 구성 재료인 골재, 시멘트 경화체의 응력-변형률 곡선은 직선적이다.
- 콘크리트의 응력-변형률의 관계가 곡선적인 이유는 골재 입자의 시멘트풀의 계면에 존재하는 결함 및 하중의 상승에 따른 부착 균열의 발달 때문이다.
- 콘크리트의 변형에 관한 성질은 탄성 계수로 나타낸다.

경량 및 보통 콘크리트의 응력 변형률 곡선

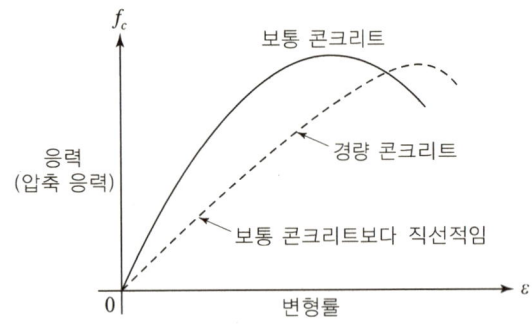

2 콘크리트의 탄성 계수
콘크리트의 변형에 관한 성질은 탄성 계수(modulus of elasticity ; 할선 계수)로 나타낸다. 콘크리트의 탄성 계수는 여러 가지 요인에 의하여 변하지만, 특히 콘크리트의 강도와 비중의 영향을 가장 크게 받는다.

콘크리트의 할선 탄성 계수
- 콘크리트의 단위 질량 $m_c = 1,450 \sim 2,500 \text{kg/m}^3$인 경우

$$E_c = 0.77 m_c^{1.5} \sqrt[3]{f_{cu}}$$

- 보통 골재를 사용한 콘크리트의 단위 질량 $m_c = 2,300 \text{kg/m}^3$인 경우

$$E_c = 8,500 \sqrt[3]{f_{cu}}$$

여기서, $f_{cu} = f_{ck} + \Delta f$
$f_{ck} \leq 40 \text{MPa}$ 이하이면 $\Delta f = 4 \text{MPa}$
$f_{ck} \geq 60 \text{MPa}$ 이상이면 $\Delta f = 5 \text{MPa}$
$40 \text{MPa} < f_{ck} < 60 \text{MPa}$ 직선 구간

철근의 탄성 계수
$E_{ps} = 200,000 \text{MPa}$

형강의 탄성 계수
$E_{ss} = 210,000 \text{MPa}$

탄성 계수의 성질
- 콘크리트의 밀도가 클수록 탄성 계수값은 작다.
- 콘크리트의 정탄성 계수는 일반적으로 할선 탄성 계수로 나타낸다.
- 콘크리트의 변형에 관한 성질은 탄성 계수(modulus of elasticity ; 할선 계수)로 나타낸다.
- 콘크리트가 물로 포화되어 있을 때의 탄성 계수는 건조해 있을 때의 탄성 계수보다 크다.
- 보통 콘크리트에서는 골재량이 많을수록 탄성 계수는 크게 되고 인공 경량 골재 콘크리트는 반대로 작아지게 된다.
- 콘크리트의 탄성 계수는 일반적으로 사용 재료가 동일한 경우 압축 강도가 높을수록 크다.
- 콘크리트 압축 강도가 동일하더라도 골재의 품질 및 단위 골재량이 다르면 탄성 계수도 다르다.
- 정적 하중에 의한 응력-변형률 곡선에서 구한 탄성 계수를 정탄성 계수라 한다.

3 크리프
콘크리트에 일정한 하중을 지속적으로 재하하면 응력의 변화가 없어도 변형은 시간에 따라 증가한다. 이와 같은 일정한 하중하에서 시간에 따라 증가하는 변형을 크리프(creep)라 한다.

크리프에 영향을 미치는 요인
- 재하 응력이 클수록 크리프는 크다.
- 부재 치수가 작을수록 크리프는 크다.
- 재하 시의 재령이 작을수록 크리프는 크다.
- 조강 시멘트는 보통 시멘트보다 크리프가 작다.
- 재하 기간 중의 대기 온도가 높을수록 크리프가 크다.
- 재하 기간 중의 대기의 습도가 낮을수록 크리프가 크다.
- 물-시멘트비가 클수록, 단위 시멘트량이 많을수록 크리프는 크다.
- 골재의 조직이 밀실하지 않거나 입도가 부적당하여 공극이 많으면 크리프는 크다.

□□□ 기12
01 구속되어 있는 무근 콘크리트 부재의 건조 수축률이 100×10^{-6}일 때 콘크리트에 작용하는 응력의 종류와 크기는? (단, 콘크리트의 탄성 계수는 30GPa이다.)

① 인장 응력 3.0MPa
② 압축 응력 3.0MPa
③ 인장 응력 30MPa
④ 압축 응력 30MPa

해설 인장 응력 $f_{ct} = \varepsilon_{sh} \cdot E_c$
$= (100 \times 10^{-6}) \times (30 \times 10^3) = 3.0 \text{MPa}$
($\because$ 1GPa $= 10^3$MPa임)

□□□ 기09,12
02 $\phi 100 \times 200$mm 콘크리트 공시체에 축 하중 $P = 200$kN을 가했을 때 세로 방향의 수축량을 구한값으로 옳은 것은? (단, 콘크리트 탄성 계수는 $E_c = 13{,}730$N/mm²라 한다.)

① 0.07mm
② 0.15mm
③ 0.37mm
④ 0.55mm

해설 · 압축 응력 $f_c = \dfrac{P}{A} = \dfrac{200 \times 10^3}{\dfrac{\pi \times 100^2}{4}} = 25.465 \text{ N/mm}^2$

· 세로 변형 $\varepsilon_\ell = \dfrac{f_c}{E_c} = \dfrac{25.465}{13{,}730} = 0.00185$

$\therefore$ 가로 방향의 수축량 $\Delta l = \varepsilon \cdot l = 0.00185 \times 200 = 0.37$mm

또는

· 탄성 계수 $E = \dfrac{f_c}{\varepsilon} = \dfrac{\dfrac{P}{A}}{\dfrac{\Delta l}{l}} = \dfrac{P \cdot l}{A \cdot \Delta l}$ 에서

$\therefore \Delta l = \dfrac{P \cdot l}{A \cdot E} = \dfrac{200{,}000 \times 200}{\dfrac{\pi \times 100^2}{4} \times 13{,}730} = 0.371$mm

□□□ 기10,21
03 보통 골재를 사용한 콘크리트(단위 질량 $= 2{,}300$kg/m³)의 설계 기준 강도(f_{ck})가 30MPa일 때 이 콘크리트의 할선 탄성 계수는?

① 16,524MPa
② 20,136MPa
③ 27,537MPa
④ 32,315MPa

해설 · 콘크리트의 할선 탄성 계수
$E_c = 8{,}500 \sqrt[3]{f_{cu}}$
여기서, $f_{cu} = f_{ck} + \Delta f$
$f_{ck} < 40$MPa이면 $\Delta f = 4$MPa
· $f_{cu} = 30 + 4 = 34$MPa
$\therefore E_c = 8{,}500 \sqrt[3]{34} = 27{,}537$MPa

□□□ 기09,15
04 콘크리트에 일정한 하중이 지속적으로 작용되면, 하중(응력)의 변화가 없어도 콘크리트의 변형은 시간의 경과와 함께 증가하는데, 이와 같은 콘크리트의 성질을 무엇이라 하는가?

① 피로 강도
② 포와송비
③ 크리프
④ 응력-변형률 곡선

해설 이와 같은 성질을 크리프(creep)라 하는데 크리프에 의한 변형은 하중을 처음 가한 순간의 2~4배까지도 된다.

□□□ 기12,16
05 콘크리트의 크리프에 대한 다음 설명 중 틀린 것은?

① 부재 치수가 작을수록 크다.
② 조강 시멘트는 보통 시멘트보다 크다.
③ 물-시멘트비가 클수록 크다.
④ 재하 시 재령이 짧을수록 크다.

해설 조강 시멘트는 보통 시멘트보다 크리프가 작다.

□□□ 기08,11
06 콘크리트의 크리프에 대한 설명 중 틀린 것은?

① 배합 시 시멘트량이 많을수록 크리프는 크다.
② 보통 시멘트를 사용한 콘크리트는 조강 시멘트를 사용한 경우보다 크리프가 크다.
③ 물-결합재비가 작을수록 크리프는 크다.
④ 부재 치수가 작을수록 크리프는 크다.

해설 · 물-결합재비가 작을수록 크리프는 작다.
· 물-결합재비가 클수록 크리프는 크다.

□□□ 산04
07 굳은 콘크리트의 역학적 성질에 관한 설명으로 가장 거리가 먼 것은?

① 압축 강도와 인장 강도는 어느 정도 비례한다.
② 탄성 계수는 일반적으로 압축 강도가 클수록 크게 된다.
③ 압축 강도용 공시체 표면에 요철이 있는 경우 실제 강도보다 강도가 저하된다.
④ 굳은 콘크리트에 재하하면서 응력-변형률 곡선을 그리면 거의 선형으로 나타난다.

해설 굳은 콘크리트의 응력-변형률의 관계는 하중 재하의 초기 단계에서부터 곡선을 나타내며 엄밀히 직선 부분은 존재하지 않는 비선형 재료이다.

□□□ 산 08,10,13,17
08 S-N 곡선은 콘크리트의 어떤 성질을 나타내는 것인가?

① 연성   ② 피로
③ 탄성 계수   ④ 건조 수축

해설 S-N 선도 : 콘크리트의 피로 한도를 나타내는 곡선이다.

□□□ 산 09,15
09 콘크리트의 공시체가 압축 혹은 인장을 받을 때, 공시체 축의 직각 방향(횡방향)의 변형률을 축 방향 변형률로 나눈 값을 무엇이라고 하는가?

① 탄성 계수   ② 포아송 수
③ 포아송비   ④ 크리프 계수

해설 포아송비 $\nu = \dfrac{\text{횡방향 변형률}}{\text{종방향 변형률}}$

□□□ 산11
10 직경이 200mm, 길이 5m인 강봉에 축 방향으로 500kN의 인장력을 주어 지름이 0.1mm가 줄고 길이가 10mm 늘어난 경우의 이 재료의 포아송 수는 얼마인가?

① 0.25   ② 2
③ 4   ④ 8

해설 포아송비 $\nu = \dfrac{\text{횡방향 변형률}}{\text{종방향 변형률}}$

$= \dfrac{\dfrac{\Delta d}{d}}{\dfrac{\Delta l}{l}} = \dfrac{\Delta d \cdot l}{\Delta l \cdot d}$

$= \dfrac{0.1 \times 5{,}000}{10 \times 200} = 0.25$

∴ 포아송의 수 $m = \dfrac{1}{\nu} = \dfrac{1}{0.25} = 4$

□□□ 기17 산 09,16,17
11 콘크리트의 탄성 계수가 2.5×10^4 MPa이고 포아송비가 0.2일 때 전단 탄성 계수는?

① 5.5×10^4 MPa   ② 7.5×10^4 MPa
③ 1.04×10^4 MPa   ④ 12.4×10^4 MPa

해설 $E = 2G(1+\mu)$에서

∴ $G = \dfrac{E}{2(1+\mu)}$

$= \dfrac{2.5 \times 10^4}{2(1+0.2)} = 1.04 \times 10^4$ MPa

□□□ 산 11,16
12 콘크리트의 정탄성 계수는 콘크리트의 어떤 특성에서 얻어지는가?

① 포아송비
② 크리프
③ S-N 곡선(반복 하중 횟수-응력 곡선)
④ 응력-변형률 곡선

해설 정적 하중에 의하여 얻어진 응력-변형률 곡선에서 구한 탄성 계수를 정탄성 계수라 하며, 동탄성 계수와 구별한다.

□□□ 산11,17
13 콘크리트의 탄성 계수에 대한 설명으로 틀린 것은?

① 콘크리트의 탄성 계수는 콘크리트 강도의 영향을 가장 크게 받는다.
② 응력-변형률 곡선에서 초기 변형 상태의 기울기를 할선 탄성 계수라고 하며, 이것을 콘크리트 탄성 계수(E_c)라 한다.
③ 콘크리트의 강도가 증가할수록 탄성 계수는 일정 비율로 증가하는 경향이 있다.
④ 일반 콘크리트용 골재의 탄성 계수는 시멘트 풀 탄성 계수의 1.5~5배 정도이며, 경량 골재의 탄성 계수는 시멘트 풀과 거의 비슷한 값을 갖는다.

해설 콘크리트의 응력-변형률 관계는 낮은 응력의 단계에서부터 비선형으로 되기 때문에 엄밀하게는 탄성 계수를 결정할 수가 없지만 설계에서는 압축 강도의 30~50% 정도의 응력점과 원점을 연결한 할선 탄성 계수값을 탄성 계수로 사용한다.

정답 08 ② 09 ③ 10 ③ 11 ③ 12 ④ 13 ②

034 콘크리트의 강도 특성

1 콘크리트의 강도 특성
콘크리트는 강도는 파괴를 일으키는 응력과 밀접한 관계를 가지고 있으므로 콘크리트가 저항할 수 있는 최대 응력을 콘크리트 강도로 정의할 수 있다.

■ 콘크리트의 압축 강도에 미치는 영향
- 재하 속도가 빠를수록 압축 강도는 크게 나타난다.
- 시험할 때 공시체의 온도가 높을수록 강도는 저하된다.
- 공시체의 가압면에 요철(凹凸)이 있는 경우 강도가 작게 측정된다.
- 습윤 양생 후 공기 중에 건조시키면 일시적으로 강도는 높게 나타난다.
- 콘크리트의 강도는 시간이 경화함에 따라 증가하며 초기의 증가율은 크다.
- 공시체의 높이와 지름의 비(H/D)가 작을수록, 높이가 낮을수록 강도는 크다.

■ 강도 특성의 비교
- 인장 강도는 압축 강도의 약 1/10 정도로 아주 작다.
- 휨 강도는 압축 강도의 1/5~1/7 정도
- 전단 강도는 압축 강도의 1/4~1/7 정도

2 콘크리트의 체적 변화
경화한 콘크리트의 체적은 수분, 온도의 변화에 따라 변화한다. 이 체적 변화는 콘크리트의 구조물에 여러 가지 악영향을 미친다.

■ 콘크리트의 건조 수축에 영향을 주는 요인
- 시멘트량이 많으면 건조 수축이 크다.
- 분말도가 높을수록 건조 수축이 크다.
- C_3A의 함유량이 많을수록 건조 수축이 크다.
- 단위 수량이 많을수록 건조 수축이 커진다.
- 노출된 상대 습도가 낮으면 건조 수축은 증가한다.
- 물-시멘트비가 크면 건조 수축도 크다.
- 골재량이 많을수록 건조 수축이 작아진다.
- 골재의 강성이 클수록 건조 수축이 작아진다.
- 골재의 최대 치수가 클수록 건조 수축이 작아진다.
- 철근량이 많을수록 건조 수축이 작아진다.
- 온도가 높을수록 건조 수축이 커진다.
- 습도가 낮을수록 건조 수축이 커진다.
- 부재의 치수가 클수록 수축이 작아진다.
- 탄산화가 진행될수록 수축은 크다.
- 오토클레이브 양생은 표준 양생보다 1/2 정도 건조 수축이 작다.

---

01 시험 조건이 콘크리트의 압축 강도에 영향을 미치는 경우에 대한 설명으로 잘못된 것은? 기 08,11

① 공시체의 높이와 지름의 비가 클수록 강도는 증가한다.
② 습윤 양생 후 공기 중에 건조시키면 일시적으로 강도는 높게 나타난다.
③ 재하 속도가 빠를수록 압축 강도는 크게 나타난다.
④ 공시체의 가압면에 요철(凹凸)이 있는 경우 강도가 작게 측정된다.

[해설] 공시체의 높이와 지름(H/D)의 비가 작을수록, 높이가 낮을수록 강도는 크다.

02 동일 품질의 콘크리트에 대한 강도 시험을 실시할 경우 그 값이 최소인 것은? 기 06,10,15

① 압축 강도   ② 휨 강도
③ 전단 강도   ④ 인장 강도

[해설] ・인장 강도는 압축 강도의 약 1/10 정도로 아주 작다.
・휨 강도는 압축 강도의 1/5~1/7 정도
・전단 강도는 압축 강도의 1/4~1/7 정도

03 콘크리트의 압축 강도 시험값에 영향을 미치는 시험 조건의 설명으로 틀린 것은? 기 07,10,16

① 공시체의 치수가 클수록 압축 강도는 작아진다.
② 재하 속도가 빠를수록 압축 강도는 커진다.
③ 공시체는 건조 상태보다 습윤 상태에서 압축 강도가 작아진다.
④ 공시체의 지름에 대한 높이의 비(H/D)가 클수록 압축 강도는 커진다.

[해설] 공시체의 높이와 지름의 비(H/D)가 작을수록, 높이가 낮을수록 강도는 크다.

04 다음 중 콘크리트용 모래에 포함되어 있는 유기 불순물 시험에서 사용하지 않는 약품은? 기 09,13

① 수산화나트륨   ② 탄닌산
③ 페놀프탈레인   ④ 메틸알코올

[해설] 식별용 표준색 용액은 10%의 메틸알코올 용액으로 2% 탄닌산 용액을 만들고, 그 2.5mL를 3%의 수산화나트륨 용액 97.5mL에 가하여 유리병에 넣어 마개를 닫고 잘 흔든다. 이것을 표준 용액으로 한다.

정답 034 01 ① 02 ④ 03 ④ 04 ③

05 동일 품질의 콘크리트로 원주형 공시체($\phi 150 \times 300$mm), 각주형 공시체($150 \times 150 \times 450$mm) 및 정육면체 공시체(한 변 길이 : 150mm)를 제작하여 압축 강도를 측정할 경우 강도의 크기 순서로 적합한 것은?

① 원주형 > 정육면체 > 각주형
② 각주형 > 정육면체 > 원주형
③ 정육면체 > 원주형 > 각주형
④ 정육면체 > 각주형 > 원주형

해설 일반적으로 (H/D)비가 작을수록, 즉 높이가 낮을수록 압축 강도가 크다.
- 원주형 : 300/150=2
- 각주형 : 450/150=3
- 정육면체 : 150/150=1
∴ 정육면체(1)>원주형(2)>각주형(3)

06 콘크리트의 체적 변화에 대한 설명으로 틀린 것은?

① 콘크리트의 탄산화가 진행되면 수축이 일어난다.
② 콘크리트의 온도 변화에 따른 체적 변화에 가장 큰 영향을 주는 것은 사용하는 골재의 암질(巖質)이다.
③ 단위 수량을 많이 사용한 콘크리트는 건조 수축이 크다.
④ 인공 경량 골재 콘크리트의 건조 수축은 일반적으로 보통 콘크리트의 건조 수축보다 매우 크다.

해설 인공 경량 골재 콘크리트의 건조 수축은 일반적으로 보통 콘크리트와 거의 같거나 약간 작다.

07 콘크리트의 물성 시험 방법 중 촉진 시험이 가능하지 않은 것은?

① 탄산화 시험   ② 크리프 시험
③ 동결 융해 시험   ④ 염화물 이온 침투 시험

해설 물성 시험 방법의 촉진 시험 : 탄산화 시험, 동결 융해 시험, 염화물 이온 침투 시험

08 다음 중 경화한(굳은) 콘크리트의 성질이 아닌 것은?

① 강도   ② 변형
③ 균열   ④ 반죽 질기

해설 콘크리트의 반죽 질기(workability) 여하에 따라 굳지 않은 콘크리트의 성질을 알 수 있다.

09 콘크리트의 압축 강도 시험 결과에 대한 서술로 바르지 않은 것은?

① 재하 속도가 빠르면 강도가 작아진다.
② 공시체의 단면에 요철이 있으면 강도가 실제보다 작아지는 경향이 있다.
③ 공시체의 치수가 클수록 강도는 작게 된다.
④ 시험 직전에 공시체를 건조시키면 일시적으로 강도가 증대한다.

해설 일반적으로 재하 속도가 빠를수록 강도가 크게 나타난다.

10 공시체의 형상 및 시험 방법이 압축 강도에 미치는 영향에 대한 설명으로 틀린 것은?

① 원주형 공시체의 높이와 지름의 비인 H/D의 값이 커질수록 강도가 작게 된다.
② 재하 속도가 빠를수록 강도가 크게 나타난다.
③ 캐핑의 두께는 가능한 얇은 것이 좋으며, 6mm를 넘으면 강도의 저하가 커진다.
④ 시험 직전에 공시체를 건조시키면 일시적으로 강도가 감소한다.

해설 시험 직전에 공시체를 건조시키면 강도가 20~30% 증가한다.

11 콘크리트의 인장 강도는 압축 강도의 약 몇 % 정도인가?

① 10%   ② 20%
③ 30%   ④ 40%

해설 콘크리트의 인장 강도는 압축 강도의 $\frac{1}{10}$ 정도이다.

12 콘크리트 강도 특성으로 옳지 않은 것은?

① 압축 강도가 크다.
② 취성 재료이다.
③ 물-시멘트비가 낮을수록 강도가 증가한다.
④ 양생 시에 높은 온도를 유지할수록 강도가 좋다.

해설 온도 5~45℃ 범위에서는 양생 온도가 높을수록 재령 28일까지의 압축 강도는 커진다.

035 굳은 콘크리트의 균열

1 건조 수축 균열
건조 수축은 균열을 일으키는 가장 큰 원인 중의 하나이다.

■ 건조 수축 균열의 원인
- 모든 콘크리트에서 정도 차이는 있지만 수축이 발생하게 되며, 구조물이 구속을 받으면 콘크리트에 인장 응력이 생긴다. 이 인장 응력이 콘크리트의 인장 강도를 넘게 되면 균열이 생기게 된다.
- 균열을 발생시키는 인장 응력은 수축 변형의 크기, 구속 정도, 콘크리트의 크리프, 탄성 계수, 인장 강도 등의 요인에 따라 달라진다.

■ 건조 수축 균열의 방지
- 단위 수량을 적게 하여 배합을 한다.
- 양생을 충분히 한다.
- 팽창성 시멘트 또는 무수축성 시멘트를 사용한다.
- 적당한 간격으로 수축 이음을 만든다.
- 철근량을 많게 하여 균열을 분산시킨다.

2 온도 균열
콘크리트 구조물에 발생하는 온도 차이는 시멘트의 수화 작용으로 인한 경우와 대기의 온도 변화에 의한 경우의 두 가지 원인에 의한다. 온도 상승이 원인으로 되어 일어나는 균열을 간단하게 온도 균열이라 한다.

■ 온도 균열이 다른 균열과 구별되는 특징
- 온도 균열을 일으킨 콘크리트에서는 상당히 큰 온도 상승이 일어난다.
- 온도 균열은 재령이 작은 시기에 발생한다.
- 발생한 온도 균열의 방향, 위치 및 폭은 규칙성이 있다.

■ 온도 균열에 대한 시공상의 대책
- 단위 시멘트량을 적게 한다.
- 수화열이 낮은 시멘트를 선택한다.
- 재료를 사용하기 전에 미리 온도를 낮추어 사용한다.
- 양생 방법에 주의한다.
- 1회의 타설 높이를 낮게 한다.
- 파이프를 사용하여 콘크리트의 내부 온도를 낮춘다.

3 하중에 의한 휨 균열
- 철근 지름의 영향은 거의 없다.
- 균열 폭은 철근의 응력에 거의 비례하여 증대된다.
- 철근비보다도 철근 개수를 증대하는 것이 효과적이다.
- 보의 인장 부분에 철근을 많이 배치하는 것이 균열 분산에 효과적이다.
- 균열 폭은 철근의 피복 두께에 지배되고, 철근 위치의 균열 폭은 피복 두께에 거의 비례한다.

□□□ 기 09

01 콘크리트의 건조 수축에 대한 다음 설명 중 적합하지 않는 것은?

① 단위 시멘트량이 증가할수록 건조 수축은 커진다.
② 시멘트의 비표면적이 클수록 건조 수축은 커진다.
③ 단위 골재량이 많을수록 건조 수축은 커진다.
④ 단위 수량이 많을수록 건조 수축은 커진다.

해설 단위 골재량이 많을수록 건조 수축은 작아진다.

□□□ 기 11

02 굳은 콘크리트의 건조 수축에 대한 설명으로 틀린 것은?

① 물-시멘트비가 클수록 건조 수축이 커진다.
② 골재의 함량이 많을수록 건조 수축이 작아진다.
③ 골재의 입자가 작을수록 건조 수축이 작아진다.
④ 시멘트의 화학 성분 중에서는 C_3A의 함유량이 많은 콘크리트일수록 수축이 커진다.

해설 골재의 입자가 작을수록 배합수가 증가하기 때문에 건조 수축은 증가하는 요인이 된다.

□□□ 기 04,08,10

03 콘크리트의 건조 수축에 관한 설명으로 틀린 것은?

① 플라이 애시를 혼입한 경우는 일반적으로 건조 수축이 감소한다.
② 건조 수축의 주원인은 콘크리트가 수화 작용을 하고 남은 물이 증발하기 때문이다.
③ 콘크리트의 단위 수량이 많은 콘크리트일수록 건조 수축이 작게 일어난다.
④ 염화칼슘을 혼입한 경우는 일반적으로 건조 수축이 증가한다.

해설 건조 수축의 영향은 콘크리트의 단위 수량이 가장 크며, 단위 시멘트량과 물-시멘트비는 비교적 적다.

036 굳은 콘크리트의 내구성

콘크리트의 내구성이란 장기간에 걸친 외부로부터의 물리적, 화학적 작용에 저항하는 콘크리트의 성능을 말한다.

1 동해
경화 콘크리트에 있어서의 동해란 콘크리트 중의 수분이 외부 온도의 저하에 의한 동결과 융해의 반복 작용으로부터 균열이 발생하거나 표면부가 박리하여 콘크리트 표면층에 가까운 부분으로부터 파괴되어 성능이 저하되어 가는 현상을 말한다.

■ 동해의 억제 대책
- 동결 융해 반복의 온도 조건을 피한다.
- 콘크리트의 함수율 증가를 억제한다.
- 콘크리트 자체의 내동해성을 향상시킨다.

2 콘크리트의 내동해성
- 공기량이 4~6%이면 동결 융해 저항성은 크게 증대된다.
- 흡수율이 낮은 연석 등의 골재를 사용해야 내동해성이 향상된다.
- 동탄성 계수는 동결 융해 저항성이나 화학 작용에 의한 성능 저하 과정을 연속적으로 추적할 수 있다.
- 기포 간의 간격을 나타내는 기포 간격계수(기포 간의 거리)가 작을수록 유수압이 작아 동결 시 팽창 압력의 분산이 용이하여 내동해성이 향상된다.
- Pop-out은 흡수율이 큰 골재를 사용하면 콘크리트 표층부의 함수율이 높은 골재가 동결하여 팽창함으로써 그 팽창압에 의해 골재 주위의 바깥 부분 모르타르가 탈락되어 표면이 파이는 현상을 말한다.

3 탄산화
시멘트의 수화 반응에서 생성되는 수산화칼슘은 pH 12~13 정도의 강알칼리성을 보인다. 콘크리트 중의 수산화칼슘이 공기 중의 탄산가스와 접촉하여 탄산칼슘으로 서서히 변화하여 콘크리트가 알칼리성을 상실하는 것을 탄산화라 한다.

■ 콘크리트의 탄산화는 공기 중의 탄산가스의 농도가 높을수록 또 온도가 높을수록 탄산화 속도는 빨라진다.

■ 탄산화 방지 대책
- 물-시멘트비, 공기량, 세공량이 낮게 되도록 한다.
- AE제, 감수제를 사용한다.
- 골재는 흡수율이 작은 단단한 것을 사용한다.
- 철근 피 복두께를 확보한다.
- 탄산화 억제효과가 큰 투기성이 낮은 마감재를 사용한다.
- 콘크리트의 다지기를 충분히 하여 결함을 발생시키지 않도록 한 후 습윤 양생을 한다.
- 양질의 골재를 사용하고 물-시멘트비를 적게 한다.

4 염해
염해란 콘크리트 중에 염화물이 존재하여 강재가 부식함으로써 콘크리트 구조물에 손상을 끼치는 현상으로서 철근 콘크리트 구조물의 열화의 주원인이 된다.

■ 철근 콘크리트의 염해를 방지하는 방법
- 수분, 산소 및 염소 이온(Cl^-) 등의 부식성 물질을 콘크리트로부터 제거한다.
- 부식성 물질의 피복 콘크리트 속으로의 침입, 확산을 방지한다.
- 방식 성능이 높은 강재를 사용한다.
- 방청제를 사용한다.

5 화학적 침식
콘크리트가 산, 알칼리, 염류, 동식물성 기름, 유기산 당류 등의 화학적 물질의 영향을 받으면 시멘트 수화물과 반응하여 팽창 균열을 일으키거나 반응 물질이 용출되어 다공화되므로 콘크리트의 성능을 저하시킨다.

■ 황산염에 의한 열화
- 물에 잘 녹는 황산염은 시멘트 수화물인 수산화칼슘과 반응하여 석고를 생성하여 체적을 증대시킨다.
- 석고는 시멘트중의 칼슘 알루미네이트 수화물과 반응하여 팽창성의 에트링가이트를 생성하여 큰 팽창압을 일으키기 때문에 콘크리트에 팽창 균열 및 조직 붕괴를 유발한다.

■ 동식물유에 의한 열화
- 유류에 의한 손상은 잘 알려져 있지 않지만 각종 동식물유에 의해 열화한다.
- 동식물유의 주성분은 고급 지방산과 글리세린의 에스테르에서 소량의 유리 지방산을 함유한다.
- 유리 지방산은 산으로서 직접 콘크리트를 침식한다.

6 콘크리트의 내화성
1,000℃ 정도의 고온에 일시적으로 노출되는 경우에 저항하는 성질을 내화성이라 한다.

- 콘크리트 표면은 단열재로 보호한다.
- 골재는 내화적인 화산암, 슬래그 등이 좋다.
- 콘크리트는 고온을 받으면 강도 및 탄성 계수가 저하하며 철근과 콘크리트와의 부착력이 저하된다.
- 인공 경량 골재 콘크리트가 고온을 받았을 때 압축 강도의 감소는 일반적으로 보통 콘크리트보다 작다.
- 급격한 가열 또는 부재 단면이 얇거나 콘크리트의 함수율이 높은 경우는 피복 콘크리트의 폭렬이 발생하기 쉽다.

01 콘크리트의 내구성에 관한 일반적인 설명 중 옳지 않은 것은?

① 동결 융해 작용에 대한 저항성을 증가시키기 위해 물-시멘트비가 작은 콘크리트나 AE 콘크리트를 사용하는 것이 좋다.
② 콘크리트의 탄산화는 공기 중의 탄산가스의 농도가 높을수록 또한 온도가 낮을수록 탄산화 속도는 빨라진다.
③ 황산염은 각종 공업 원료 및 비료로서 널리 사용되고 있고 온천 및 하천수에도 함유되어 있어 콘크리트를 열화시킨다.
④ 콘크리트는 자체가 강한 알칼리성이기 때문에 농도가 높은 황산이나 염산에 대해서는 침식이 된다.

해설 콘크리트의 중성화(탄산화)는 공기 중의 탄산가스의 농도가 높을수록 또한 온도가 높을수록 탄산화 속도는 빨라진다.

02 해양 환경에 노출되어 있는 콘크리트 구조물과 관련성이 가장 적은 내구적 성질은 무엇인가?

① 황산염 반응 ② 염화물에 의한 철근 부식
③ 건습의 반복 작용 ④ 탄산화

해설
• 철근 콘크리트 구조물이 해양 환경에 노출하게 되면 해수 중의 화학 작용에 의해 염화물에 의해 철근이 부식된다.
• 해수 중의 황산염 이온은 시멘트 수화물과 반응하여 팽창성 물질을 생성하여 콘크리트를 팽창 붕괴시킨다.
• 한랭지에 있어서의 동결 융해 상승 작용과 감조 구역에서 건조 습윤의 반복 등의 영향으로 구조물의 내구성이 크게 저하되어 심하면 구조물이 파괴된다.
• 알칼리 성분의 용출과 탄산화에 의해서 콘크리트 중의 알칼리성이 저하되어 콘크리트 중의 각종 유해 성분이 혼입되면 철근은 부식하기 쉽게 된다.

03 염화칼슘(CaCl₂)을 혼합한 콘크리트의 성질 중 옳지 않은 것은?

① 염화칼슘을 시멘트량의 1~2% 정도 사용하면 조기의 발열이 증가한다.
② 적당한 양의 염화칼슘을 첨가하면 마모에 대한 저항성이 커진다.
③ 응결이 촉진되고 콘크리트의 슬럼프치가 감소된다.
④ 적당한 양의 염화칼슘을 첨가하면 알칼리 골재 반응에 대한 저항성이 커진다.

해설 염화칼슘(CaCl₂)을 사용한 콘크리트는 황산염에 대한 저항성이 적으며, 황산염은 알칼리 골재 반응을 촉진시킨다.

04 콘크리트의 내동해성에 관한 설명으로 틀린 것은?

① 공기량이 동일한 경우 기포 간격 계수(spacing factor)가 클수록 내동해성이 향상된다.
② 연행 공기는 내동해성 향상에 효과적이다.
③ 흡수율이 큰 연석은 동결 시 팝아웃(pop-out)을 유발시킨다.
④ 내동해성은 동결 융해를 반복한 공시체의 동탄성 계수에 의해 평가할 수 있다.

해설
• 공기량이 4~6%이면 동결 융해 저항성은 크게 증대된다.
• 기포 간의 간격을 나타내는 기포 간격 계수(기포 간의 거리)가 작을수록 유수압이 작아 동결 시 팽창 압력의 분산이 용이하여 내동해성이 향상된다.
• 동탄성 계수는 동결 융해 저항성이나 화학 작용에 의한 성능 저하과정을 연속적으로 추적할 수 있다.
• 흡수율이 낮은 연석 등의 골재를 사용해야 내동해성이 향상된다.
• Pop-out은 흡수율이 큰 골재를 사용하면 콘크리트 표층부의 함수율이 높은 골재가 동결하여 팽창함으로써 그 팽창압에 의해 골재 주위의 바깥 부분 모르타르가 탈락되어 표면이 파이는 현상을 말한다.

05 콘크리트의 내구성을 확인하기 위한 시험 방법으로 적합하지 않은 것은?

① 콘크리트 중의 염화물 함유량-이온 색층 분석법
② 콘크리트의 탄산화-1% 페놀프탈레인 용액 변색법
③ 콘크리트 중의 알칼리-골재 반응 전위 측정법
④ 콘크리트 중의 철근 부식-전기 저항법

해설 콘크리트 중의 알칼리 : 골재의 알칼리 잠재 반응 시험은 화학적 방법과 모르타르 봉 방법이 있다.

06 콘크리트의 내열성 및 내화성에 관한 설명 중 옳지 않은 것은?

① 콘크리트는 고온을 받으면 강도 및 탄성 계수가 저하하며 철근과 콘크리트와의 부착력이 저하된다.
② 인공 경량 골재 콘크리트는 일반적으로 화재 피해 시 보통 콘크리트에 비하여 압축강도의 감소가 작다.
③ 일반적으로 콘크리트 골재 중 화강암이나 석영질 골재가 내화성이 우수하다.
④ 급격한 가열 또는 부재 단면이 얇거나 콘크리트의 함수율이 높은 경우는 피복 콘크리트의 폭렬이 발생하기 쉽다.

해설 일반적으로 콘크리트 골재 중 화강암이나 석영질 골재는 내화성이 약해 고열을 받는 곳에는 부적당하다.

정답 01 ② 02 ④ 03 ④ 04 ① 05 ③ 06 ③

| memo |

과목

3

콘크리트의 시공

01 일반 콘크리트
02 특수 콘크리트

CHAPTER 01 일반 콘크리트

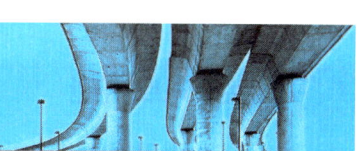

001 콘크리트 비비기

- 콘크리트의 재료는 반죽된 콘크리트가 균질하게 될 때까지 충분히 비벼야 한다.
- 재료를 믹서에 투입하는 순서는 믹서의 형식, 비비기 시간, 골재의 종류 및 입도, 단위 수량, 단위 시멘트량, 혼화 재료의 종류 등에 따라 다르다.
- 일반적으로 물은 다른 재료보다 먼저 넣기 시작하여 그 넣는 속도를 일정하게 유지하고, 다른 재료의 투입이 끝난 후 조금 지난 뒤에 물의 주입을 끝내도록 하면 만족스러운 결과를 얻을 수 있다.
- 비비기 시간은 시험에 의해 정하는 것을 원칙으로 한다.
- 비비기 시간에 대한 시험을 실시하지 않는 경우 그 최소 시간은 가경식 믹서일 때에는 1분 30초, 강제식 믹서일 때에는 1분 이상을 표준으로 한다.
- 비비기는 미리 정해 둔 비비기 시간의 3배 이상 계속하지 않아야 한다.
- 비비기를 시작하기 전에 미리 믹서 내부를 모르타르로 부착시켜야 한다.
- 믹서 안의 콘크리트를 전부 꺼낸 후가 아니면 믹서 안에 다음 재료를 넣지 않아야 한다.
- 믹서는 사용 전후에 잘 청소하여야 한다.
- 연속 믹서를 사용할 경우, 비비기 시작 후 최초에 배출되는 콘크리트는 사용하지 않아야 한다.

□□□ 기 06
01 일반 콘크리트의 비비기에 대한 설명으로 틀린 것은?

① 콘크리트의 재료는 반죽된 콘크리트가 균등하게 될 때까지 충분히 비빈다.
② 재료를 투입하는 순서는 믹서의 형식, 비비기 시간, 골재의 종류 등에 영향을 받지 않는다.
③ 비비기 시간은 시험에 따라 정하는 것을 원칙으로 한다.
④ 비비기는 미리 정해 둔 비비기 시간의 3배 이상 계속해서는 안 된다.

[해설] 재료는 믹서에 투입하는 순서는 믹서의 형식, 비비기 시간, 골재의 종류 및 입도, 단위 수량, 단위 시멘트량, 혼화 재료의 종류 등에 따라 다르므로 KS F 2455에 의한 시험, 강도 시험, 블리딩 시험 등의 결과 또는 실적을 참고로 해서 정하여야 한다.

□□□ 산 04
02 비비기 시간에 대한 사전 실험을 실시하지 않은 경우 강제식 믹서를 사용할 때의 비비기 시간은 믹서 안에 재료를 투입한 후 몇 초 이상을 표준으로 하는가?

① 30초
② 60초
③ 90초
④ 120초

[해설] 비비기 시간에 대한 시험을 실시하지 않는 경우
- 최소 시간은 가경식 믹서일 때에는 1분 30초 이상
- 강제식 믹서일 때에는 1분(60초) 이상

정답 001 01 ② 02 ②

002 콘크리트 운반

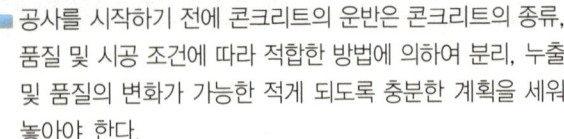

- 공사를 시작하기 전에 콘크리트의 운반은 콘크리트의 종류, 품질 및 시공 조건에 따라 적합한 방법에 의하여 분리, 누출 및 품질의 변화가 가능한 적게 되도록 충분한 계획을 세워 놓아야 한다.
- 넓은 장소에서는 일반적으로 콘크리트의 공급원으로부터 먼 쪽에서 시작하여 가까운 쪽으로 끝내는 것이 타설이 끝난 콘크리트를 해치는 일이 없고, 콘크리트 운반로의 철거도 쉽게 할 수 있다.
- 콘크리트의 운반 작업이 용이하고, 신속 원활하며, 운반 시간, 운반 거리가 될 수 있는 대로 단축되도록 정하여야 한다.
- 콘크리트는 신속하게 운반하여 즉시 타설하고, 충분히 다져야 한다.
- 비비기로부터 타설이 끝날 때까지의 시간
  - 원칙적으로 외기 온도가 25℃ 이상일 때는 1.5시간을 넘어서는 안 된다.
  - 원칙적으로 외기 온도가 25℃ 미만일 때에는 2시간을 넘어서는 안 된다.

□□□ 기04, 09
01 콘크리트를 덤프트럭으로 운반할 수 있는 조건으로 적절한 것은?

① 슬럼프 25mm 이하의 된 반죽 콘크리트를 10km 이하 거리 또는 2시간 이내 운반 가능한 경우
② 슬럼프 50mm 이하의 된 반죽 콘크리트를 20km 이하 거리 또는 2시간 이내 운반 가능한 경우
③ 슬럼프 25mm 이하의 된 반죽 콘크리트를 20km 이하 거리 또는 1시간 이내 운반 가능한 경우
④ 슬럼프 50mm 이하의 된 반죽 콘크리트를 10km 이하 거리 또는 1시간 이내 운반 가능한 경우

[해설] 덤프트럭 : 슬럼프 50mm 이하의 된 반죽 콘크리트를 10km 이내 떨어진 곳으로 운반하는 경우나 1시간 이내에 운반 가능한 경우 재료 분리가 심하지 않으며 덤프트럭을 이용하거나 버킷을 자동차에 실어서 운반해도 좋다.

□□□ 기09
02 콘크리트 펌프 운반에 대한 설명으로 틀린 것은?

① 콘크리트 펌프 운반시 슬럼프값이 클수록, 수송관 직경이 클수록 수송관 내 압력 손실은 작아진다.
② 펌퍼빌리티가 좋은 굳지 않은 콘크리트란 직선관 속을 활동하는 유동성, 곡관이나 테이퍼관을 통과할 때의 변형성, 관 내 압력의 시간적, 위치적 변동에 대한 분리 저항성의 3가지 성질을 균형 있게 유지하는 것이다.
③ 일반적으로 수평관 1m당 관 내 압력 손실에 수평 환산 거리를 곱한 값이 콘크리트 펌프의 최대 이론 토출 압력의 80% 이하가 되도록 한다.
④ 펌퍼빌리티는 슬럼프와 공기량 시험에 의하여 판정할 수 있다.

[해설] 펌퍼빌리티는 가압 블리딩 시험과 변형성 시험에 의하여 판정할 수 있다.

□□□ 기10, 13
03 일반 콘크리트에서 비비기로부터 타설이 끝날 때까지의 시간에 대한 설명으로 옳은 것은?

① 외기 온도가 25℃ 이상일 때는 1.5시간을 넘어서는 안 된다.
② 외기 온도가 25℃ 이상일 때는 2.0시간을 넘어서는 안 된다.
③ 외기 온도가 25℃ 미만일 때는 2.5시간을 넘어서는 안 된다.
④ 외기 온도가 25℃ 미만일 때는 3.0시간을 넘어서는 안 된다.

[해설] 비비기로부터 타설이 끝날 때까지의 시간
- 원칙적으로 외기 온도가 25℃ 이상일 때는 1.5시간을 넘어서는 안 된다.
- 원칙적으로 외기 온도가 25℃ 미만일 때에는 2시간을 넘어서는 안 된다.

□□□ 산07, 11
04 일반 콘크리트의 운반은 비비기에서 치기까지 신속하게 진행되어야 한다. 외기 온도가 25℃ 이상인 경우 비비기에서 타설이 완료될 때까지 몇 시간을 넘어서는 안 되는가?

① 1.0시간　　② 1.5시간
③ 2시간　　　④ 2.5시간

[해설] 비비기로부터 치기가 끝날 때까지의 시간
- 원칙적으로 외기 온도가 25℃ 이상일 때는 1.5시간(90분)을 넘어서는 안 된다.
- 원칙적으로 외기 온도가 25℃ 미만일 때에는 2시간(120분)을 넘어서는 안 된다.

[정답] 002　01 ④　02 ④　03 ①　04 ②

003 콘크리트 타설

- 콘크리트의 타설은 원칙적으로 시공 계획에 따라야 한다.
- 콘크리트의 타설 작업을 할 때에는 철근 및 매설물의 배치나 거푸집이 변형 및 손상되지 않도록 주의하여야 한다.
- 타설한 콘크리트를 거푸집 안에서 횡방향으로 이동시키지 않도록 한다.
- 타설 도중에 심한 재료 분리가 생겼을 때에는 재료 분리를 방지할 방법을 강구하여야 한다.
  - 콘크리트 타설 도중에 심한 재료 분리가 생겼을 경우에는 거듭 비비기를 하여 균질의 콘크리트를 만드는 작업이 어려우므로 이러한 콘크리트를 타설 작업에 사용하지 않는다.
- 한 구획 내의 콘크리트는 타설이 완료될 때까지 연속해서 타설하여야 한다.
- 콘크리트는 그 표면이 한 구획 내에서는 거의 수평이 되도록 타설하는 것을 원칙으로 한다.
- 콘크리트 타설의 1층 높이는 다짐 능력을 고려하여 결정하여야 한다.
- 슈트, 펌프 배관, 버킷, 호퍼 등의 배출구와 타설면까지의 높이는 1.5m 이하를 원칙으로 한다.
- 콘크리트 타설 도중 표면에 떠올라 고인 블리딩수가 있을 경우에는 적당한 방법으로 이 물을 제거한 후가 아니면 그 위에 콘크리트를 쳐서는 안 된다.
  - 고인 물을 제거하기 위하여 콘크리트 표면에 홈을 만들어 흐르게 해서는 안 된다.
- 벽 또는 기둥과 같이 높이가 높은 콘크리트를 연속해서 타설할 경우 일반적으로 30분에 1~1.5m 정도로 하는 것이 좋다.
- 콘크리트를 2층 이상으로 나누어 타설할 경우, 상층의 콘크리트 타설은 원칙적으로 하층의 콘크리트가 굳기 시작하기 전에 해야 하며, 상층과 하층이 일체가 되도록 시공한다.
- 콘크리트를 2층 이상으로 나누어 타설할 경우, 상층의 콘크리트 타설은 원칙적으로 하층의 콘크리트가 굳기 시작하기 전에 해야 한다.
  - 상층과 하층이 일체가 되도록 시공한다.
  - 콜드 조인트가 발생하지 않도록 하나의 시공 구획의 면적, 콘크리트의 공급 능력, 이어치기 허용 시간 간격 등을 정하여야 한다.
  - 아래층의 콘크리트가 굳기 시작한 경우에 그대로 위층의 콘크리트를 치게 되면 콜드 조인트가 생기기 쉬우므로 책임 기술자의 지시를 받아야 한다.

■ 허용 이어치기 시간 간격의 표준

외기 온도	허용 이어치기 시간 간격
25℃ 초과	2.0시간
25℃ 이하	2.5시간

* 허용 이어치기 시간 간격은 하층 콘크리트 비비기 시작에서부터 하층 콘크리트 타설 완료한 후, 정치 시간을 포함하여 콘크리트가 타설되기까지의 시간

기 15,21

01 콘크리트의 타설에 대한 설명으로 틀린 것은?

① 한 구역내의 콘크리트는 타설이 완료될 때까지 연속해서 타설하여야 한다.
② 슈트, 펌프배관, 버킷, 호퍼 등의 배출구와 타설면까지의 높이는 1.5m 이하를 원칙으로 한다.
③ 콘크리트 타설 도중 표면에 떠올라 고인 블리딩수가 있을 경우에는 콘크리트 표면에 홈을 만들어 블리딩수를 제거한다.
④ 2층 이상으로 나누어 콘크리트를 타설하는 경우에는 하층의 콘크리트가 굳기 시작하기 전에 상층의 콘크리트를 타설하여야 한다.

[해설]
- 표면의 블리딩수를 제거하기 위해 표면에 홈을 만들어 흐르게 하면 시멘트 풀이 씻겨나가 골재만 남게 되므로 이를 금하여야 한다.
- 콘크리트 타설도중 표면에 떠올라 고인 물은 콘크리트 표면에 홈을 만들어 흐르게 해서는 안된다.

산13

02 특별한 조치를 취하지 않는 경우, 콘크리트의 비비기로부터 타설이 끝날 때까지의 제한 시간으로 맞게 기술된 것은?

① 외기 온도가 25℃ 이상일 때는 1.5시간, 25℃ 미만일 때에는 2시간을 넘어서는 안 된다.
② 외기 온도가 25℃ 이상일 때는 2시간, 25℃ 미만일 때에는 3시간을 넘어서는 안 된다.
③ 외기 온도가 25℃ 이상일 때는 2시간, 25℃ 미만일 때에는 1.5시간을 넘어서는 안 된다.
④ 외기 온도가 25℃ 이상일 때는 3시간, 25℃ 미만일 때에는 2시간을 넘어서는 안 된다.

[해설] 비비기로부터 치기가 끝날 때까지의 시간
- 원칙적으로 외기 온도가 25℃ 이상일 때는 1.5시간(90분)을 넘어서는 안 된다.
- 원칙적으로 외기 온도가 25℃ 미만일 때에는 2시간(120분)을 넘어서는 안 된다.

정답 01 ③ 02 ①

□□□ 기07
03 현장 내의 콘크리트 타설을 위한 운반용 장비로 적합하지 않은 것은?

① 콘크리트 펌프(concrete pump)
② 버킷(bucket)
③ 슈트(chute)
④ 배처 플랜트(batcher plant)

해설 배처 플랜트 : 대규모 콘크리트 공사에서 콘크리트의 제조를 위해 설치한다.

□□□ 기11
04 일반 콘크리트의 타설에 대한 설명으로 틀린 것은?

① 한 구획 내의 콘크리트는 타설이 완료될 때까지 연속해서 타설하여야 한다.
② 콘크리트를 2층 이상으로 나누어 타설할 경우, 상층 콘크리트는 하층 콘크리트가 완전히 굳은 뒤에 타설하여야 한다.
③ 슈트, 펌프 배관, 버킷, 호퍼 등의 배출구와 타설면의 높이는 1.5m 이하를 원칙으로 한다.
④ 벽 또는 기둥과 같이 높이가 높은 콘크리트를 연속해서 타설할 경우 콘크리트를 쳐올라가는 속도는 일반적으로 30분에 1～1.5m 정도로 하는 것이 좋다.

해설 콘크리트를 2층 이상으로 나누어 타설할 경우, 상층의 콘크리트 타설은 원칙적으로 하층의 콘크리트가 굳기 시작하기 전에 해야 한다.

□□□ 기07,12
05 콘크리트의 타설에 관한 설명 중 틀린 것은?

① 콘크리트는 그 표면이 한 구획 내에서는 거의 수평이 되도록 타설하는 것을 원칙으로 한다.
② 콘크리트 타설의 1층 높이는 다짐 능력을 고려하여 결정하여야 한다.
③ 타설 도중에 심한 재료 분리가 생겼을 경우에는 거듭 비비기를 실시하여 작업을 진행한다.
④ 타설한 콘크리트는 거푸집 안에서 횡방향으로 이동하여서는 안 된다.

해설 콘크리트 타설 도중에 심한 재료 분리가 생겼을 경우에는 거듭 비비기를 하여 균질의 콘크리트를 만드는 작업이 어려우므로 이러한 콘크리트를 타설 작업에 사용하지 않는다.

□□□ 기09,10,16,17
06 외기 온도 25℃ 이하일 때의 일반 콘크리트 허용 이어치기 시간 간격의 한도는 몇 분인가?

① 60분
② 90분
③ 120분
④ 150분

해설 허용 이어치기 시간 간격의 표준

외기 온도	허용 이어치기 시간 간격
25℃ 초과	2.0시간(120분)
25℃ 이하	2.5시간(150분)

□□□ 기12 산07,12
07 일반 콘크리트를 2층 이상으로 나누어 타설할 경우, 외기온이 25℃를 초과할 때 이어치기 허용 시간 간격의 표준으로 옳은 것은?

① 1시간
② 1시간 30분
③ 2시간
④ 2시간 30분

해설 허용 이어치기 시간 간격의 표준

외기 온도	허용 이어치기 시간 간격
25℃ 초과	2.0시간
25℃ 이하	2.5시간

□□□ 기09,11,16 산07
08 벽 또는 기둥과 같이 높이가 높은 콘크리트를 연속하여 칠 경우 쳐 올라가는 속도는 30분당 어느 정도가 적당한가?

① 1～1.5m
② 2～3m
③ 2.5～3.5m
④ 3～4.5m

해설 일반적으로 30분에 1～1.5m 정도로 하는 것이 적당하다.

□□□ 산13
09 벽과 같이 높이가 높은 콘크리트를 급속하게 연속 타설하는 경우 나타나는 현상이 아닌 것은?

① 재료 분리 발생
② 시공 이음 발생
③ 상부 콘크리트의 품질 저하
④ 수평 철근의 부착 강도 저하

해설 시공 이음은 구조물의 구조적 약점이 되고, 누수되기 쉬우며, 거푸집 제거 후 외관이 좋지 않으므로 미리 정해진 작업 구획 내에서는 타설이 끝날 때까지 연속해서 콘크리트를 쳐야 한다. 즉 연속해서 콘크리트를 타설하면 시공 이음이 발생하지 않는다.

정답 003 03 ④ 04 ② 05 ③ 06 ④ 07 ③ 08 ① 09 ②

□□□ 기 07

10 콘크리트 타설에 관한 다음의 기술 내용 중 잘못된 것은?

① 한 구획 내의 콘크리트는 타설이 완료될 때까지 연속해서 타설해야 한다.
② 콘크리트 타설의 한 층 높이는 2m 이하를 원칙으로 한다.
③ 거푸집의 높이가 높을 경우 슈트, 펌프 배관 등의 배출구와 타설면까지의 높이는 1.5m 이하를 원칙으로 한다.
④ 외기 온도가 25°C 이하일 경우 허용 이어치기 시간 간격은 2.5시간을 표준으로 한다.

[해설] 콘크리트 타설의 1층 높이는 다짐 능력을 고려하여 이를 결정하여야 한다.

□□□ 산 04, 20

11 콘크리트 타설 과정에서 이어치기면(Cold Joint)의 품질 관리에 관련되는 사항 중에서 관계가 먼 내용은?

① 하절기(서중)콘크리트 타설 시는 이어치기 한계 시간을 준수한다.
② 외기온이 25°C 초과인 경우, 2시간 이내에 콘크리트의 이어치기를 한다.
③ 외기온이 25°C 이하인 경우, 3시간 이내에 콘크리트의 이어치기를 한다.
④ 콘크리트를 2층 이상으로 나누어 타설할 경우, 상층의 콘크리트 타설은 하층의 콘크리트가 굳기 시작하기 전에 하여야 한다.

[해설] 외기온이 25°C 미만인 경우, 2.5시간 이내에 콘크리트의 이어치기를 한다.

□□□ 기 06

12 콘크리트의 운반 및 치기 작업에 대한 다음의 서술 중 소요의 품질 확보를 위하여 바람직하지 않은 것은?

① 넓은 장소에서 콘크리트를 칠 경우 공급원으로부터 먼 쪽에서 시작하여 가까운 쪽으로 끝내는 것이 좋다.
② 비비기로부터 치기가 끝날 때까지의 시간은 외기 온도가 25°C 이상일 때는 1.5시간을 넘어서는 안 된다.
③ 콘크리트가 닿았을 때 흡수할 우려가 있는 곳은 미리 습하게 해 두어야 하며, 이때 물이 고이지 않도록 주의한다.
④ 거푸집 내에서 타설한 콘크리트의 이동은 내부 진동기를 사용하여 횡방향으로 이동시키면서 시공한다.

[해설] 거푸집 내에서 타설한 콘크리트의 이동은 내부 진동기를 사용하여 횡방향으로 이동시켜서는 안 된다.

□□□ 기 09, 11, 16 산 14

13 벽 또는 기둥과 같이 높이가 높은 콘크리트를 연속해서 타설하는 경우 쳐 올라가는 속도는 단면의 크기, 콘크리트 배합, 다지기 방법에 따라 다르므로 현장 여건에 맞게 적절히 조절해야 한다. 다음 중 일반적인 경우 벽 또는 기둥의 콘크리트 타설 속도로 가장 적당한 것은?

① 30분에 0.5~1.0m   ② 30분에 1.0~1.5m
③ 30분에 1.5~2.0m   ④ 30분에 2.0~2.5m

[해설] 벽 또는 기둥과 같이 높이가 높은 콘크리트를 연속해서 타설할 경우 일반적으로 30분에 1.0~1.5m 정도로 하는 것이 좋다.

□□□ 기 09

14 콘크리트 타설에 대한 설명 중 틀린 것은?

① 외기온이 25°C를 초과할 경우 허용 이어치기 시간 간격은 2.0시간이다.
② 외기온이 25°C 이하일 경우 허용 이어치기 시간 간격은 2.5시간이다.
③ 콘크리트 타설 도중 표면에 떠올라 고인 물은 콘크리트 표면에 홈을 만들어 흐르게 하는 등의 조치를 통하여 제거한다.
④ 한 구획 내의 콘크리트는 타설이 완료될 때까지 연속해서 타설해야 한다.

[해설] 콘크리트 타설 도중 표면에 떠올라 고인 물은 콘크리트 표면에 홈을 만들어 흐르게 해서는 안 된다.

□□□ 기 10

15 일반 콘크리트 타설에 대한 설명으로 틀린 것은?

① 타설한 콘크리트를 거푸집 안에서 횡방향으로 이동시켜서는 안 된다.
② 한 구획 내의 콘크리트는 타설이 완료될 때까지 연속해서 타설해야 한다.
③ 콘크리트를 2층 이상으로 나누어 타설할 경우 상층의 콘크리트 타설은 하층의 콘크리트가 굳은 후 실시하여야 한다.
④ 콘크리트의 타설 도중 블리딩에 의해 표면에 떠올라 있는 물은 제거한 후 타설하여야 한다.

[해설] 콘크리트를 2층 이상으로 나누어 타설할 경우 상층의 콘크리트 타설은 하층의 콘크리트가 굳기 시작하기 전에 해야 하며, 상층과 하층이 일체가 되도록 시공한다.

004 콘크리트 다지기

1 다지기

■ 콘크리트 다지기의 일반 사항
- 콘크리트 다지기는 내부 진동기의 사용을 원칙으로 한다. 얇은 벽 등 내부 진동기의 사용이 곤란한 장소에서는 거푸집 진동기를 사용해도 좋다.
- 콘크리트는 타설 직후 바로 충분히 다져서 콘크리트가 철근 및 매설물 등의 주위와 거푸집의 구석구석까지 잘 채워져 밀실한 콘크리트가 되도록 하여야 한다.
- 거푸집 판에 접하는 콘크리트는 되도록 평탄한 표면이 얻어지도록 타설하고 다져야 한다.
- 거푸집 진동기는 거푸집의 적절한 위치에 단단히 설치하여야 한다.
- 재진동을 할 경우에는 콘크리트에 나쁜 영향이 생기지 않도록 초결이 일어나기 전에 실시하여야 한다.

■ 내부 진동기의 사용 방법의 표준

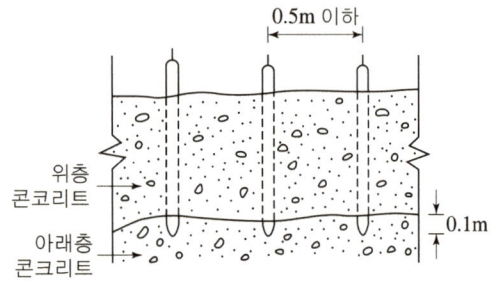

내부 진동기에 의한 찔러 다지기

- 진동 다지기를 할 때에는 내부 진동기를 하층의 콘크리트 속으로 0.1m 정도 찔러 넣는다.
- 내부 진동기는 연직으로 찔러 넣으며, 그 간격은 진동이 유효하다고 인정되는 범위의 지름 이하로, 일정한 간격으로 한다. 삽입 간격은 일반적으로 0.5m 이하로 하는 것이 좋다.
- 1개소당 진동 시간은 5~15초로 한다.
- 1개소당 진동 시간은 다짐할 때 시멘트 페이스트가 표면 상부로 약간 부상하기까지 한다.
- 내부 진동기는 콘크리트로부터 천천히 빼내어 구멍이 남지 않도록 한다.
- 내부 진동기는 콘크리트를 횡방향으로 이동시킬 목적으로 사용하지 않아야 한다.
- 진동기의 형식, 크기 및 대수는 1회에 다짐하는 콘크리트의 전 용적을 충분히 다지는 데 적합하도록 부재 단면의 두께 및 면적, 1시간당 최대 타설량, 굵은 골재 최대 치수, 배합, 특히 잔 골재율, 콘크리트의 슬럼프 등을 고려하여 선정한다.
- 거푸집 진동기는 거푸집의 적절한 위치에 단단히 설치하여야 한다.
- 재진동을 할 경우에는 콘크리트에 나쁜 영향이 생기지 않도록 초결이 일어나기 전에 실시하여야 한다.

■ 재진동의 효과
- 콘크리트의 강도가 증가된다.
- 침하 균열의 방지 효과가 있다.
- 철근과의 부착 강도가 증가된다.
- 콘크리트 중에 형성된 공극, 수공이 줄어든다.

2 콘크리트 제품의 다짐 방법
- 진동 다짐 : 내부 진동기, 외부 진동기 및 진동대
- 원심력 다짐 : 콘크리트를 채운 형틀을 고속 회전시킴으로써 콘크리트를 다짐하는 것으로 주로 흄관, 콘크리트 말뚝, 전주 등 중공 원통형의 제품 성형에 사용된다.
- 가압 다짐 : 형틀에 채운 콘크리트에 기계적으로 압력을 가하고, 그 상태에서 증기 양생을 하는 프레스 공법

기12,14,15,16
01 일반 콘크리트의 다지기에 대한 설명으로 옳지 않은 것은?

① 콘크리트는 타설 직후 바로 충분히 다져서 콘크리트가 철근 및 매설물 등의 주위와 거푸집의 구석구석까지 잘 채워져 밀실한 콘크리트가 되도록 한다.
② 재진동을 할 경우에는 콘크리트에 나쁜 영향이 생기지 않도록 초결이 일어난 후에 실시하여야 한다.
③ 내부 진동기는 콘크리트로부터 천천히 빼내어 구멍이 남지 않도록 하여야 한다.
④ 진동 다지기를 할 때에는 내부 진동기를 아래층의 콘크리트 속으로 0.1m 정도 찔러 넣어야 한다.

해설 재진동을 할 경우에는 콘크리트에 나쁜 영향이 생기지 않도록 초결이 일어나기 전에 실시하여야 한다.

기09,11
02 콘크리트 타설 시 내부 진동기의 사용 방법에 대한 설명으로 틀린 것은?

① 진동 다지기를 할 때에는 내부 진동기를 하층의 콘크리트 속으로 0.1m 정도 찔러 넣는다.
② 내부 진동기는 연직으로 찔러 넣으며, 삽입 간격은 일반적으로 0.5m 이하로 하는 것이 좋다.
③ 1개소당 진동 시간 30~40초로 한다.
④ 내부 진동기는 콘크리트로부터 천천히 빼내어 구멍이 남지 않도록 한다.

해설 • 1개소당 진동 시간은 5~15초로 한다.
• 1개소당 진동 시간은 다짐할 때 시멘트 페이스트가 표면 상부로 약간 부상하기까지 한다.

03 콘크리트 다지기에서 내부 진동기의 사용 방법에 대한 설명으로 틀린 것은?

① 2층 이상의 층에 대한 시공 시에 내부 진동기는 하층의 콘크리트 속으로 찔러 넣으면 안 된다.
② 내부 진동기는 연직으로 찔러 넣으며, 삽입 간격은 일반적으로 0.5m 이하로 하는 것이 좋다.
③ 1개소당 진동 시간은 다짐할 때 시멘트 페이스트가 표면 상부로 약간 부상하기까지 한다.
④ 내부 진동기는 콘크리트를 횡방향으로 이동시킬 목적으로 사용하지 않아야 한다.

해설 2층 이상의 층에 대한 시공 시에 내부 진동기는 하층의 콘크리트 속으로 0.1m 정도 찔러 넣는다.

04 콘크리트의 다지기에 관한 사항으로 틀린 것은?

① 내부 진동기 사용을 원칙으로 하나 얇은 벽 등 내부 진동기 사용이 곤란한 경우 거푸집 진동기를 사용할 수 있다.
② 상·하층이 일체가 되도록 하기 위하여 진동기를 아래층 콘크리트 속에 0.1m 정도 찔러 넣는다.
③ 내부 진동기는 연직으로 찔러 넣고 그 간격은 일반적으로 0.50m 이하로 한다.
④ 내부 진동기를 사용하는 경우 재료 분리를 방지하기 위하여 가끔 횡방향으로 이동시켜야 한다.

해설 내부 진동기는 콘크리트를 횡방향으로 이동시킬 목적으로 사용해서는 안 된다.

05 내부 진동기 사용 방법의 표준을 설명한 것으로 틀린 것은?

① 진동 다지기를 할 때에는 내부 진동기를 하층의 콘크리트 속으로 0.1m 정도 찔러 넣는다.
② 내부 진동기는 연직으로 찔러 넣으며, 삽입 간격은 일반적으로 1.0m 이하로 하는 것이 좋다.
③ 1개소당 진동 시간은 다짐할 때 시멘트 페이스트가 표면 상부로 약간 부상하기까지 한다.
④ 내부 진동기는 콘크리트를 횡방향으로 이동시킬 목적으로 사용해서는 안 된다.

해설 내부 진동기는 연직으로 찔러 넣으며, 삽입 간격은 일반적으로 0.5m 이하로 하는 것이 좋다.

06 콘크리트를 다지면 물이 떠오름과 동시에 미세 물질이 상승하게 되는데, 상승된 미세 물질을 무엇이라 하는가?

① 블리딩(Bleeding)
② 레이턴스(Laitance)
③ 허니콤(Honeycomb)
④ 콜드 조인트(Coldjoint)

해설
- 블리딩 : 콘크리트 타설 후 시멘트, 골재 입자 등이 침하함으로써 물이 분리 상승되어 콘크리트 표면에 떠오르는 현상
- 레이턴스 : 블리딩에 의하여 콘크리트 표면에 떠올라와 침전한 미세한 물질

07 콘크리트 다지기에 대한 설명으로 틀린 것은?

① 콘크리트 다지기에는 내부 진동기의 사용을 원칙으로 한다.
② 재진동을 실시할 경우에는 초결이 일어난 후에 하여야 한다.
③ 내부 진동기는 천천히 빼내어 구멍이 남지 않도록 사용해야 한다.
④ 내부 진동기는 연직으로 찔러 넣으며, 삽입 간격은 일반적으로 0.5m 이하로 하는 것이 좋다.

해설 재진동을 할 경우에는 콘크리트에 나쁜 영향이 생기지 않도록 초결이 일어나기 전에 실시하여야 한다.

08 속이 빈 원통형 콘크리트 제품의 제조에 사용하는 다짐 방법 중 가장 적합한 방법은?

① 봉 다짐
② 진동 다짐
③ 원심력 다짐
④ 가압 성형 다짐

해설 말뚝, 폴, 관 등과 같은 중공 원통형 제품의 성형에는 원심력 다짐 방법이 사용된다.

005 콘크리트 양생

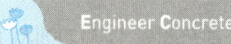

■ 일반 사항
타설이 끝난 콘크리트가 시멘트의 수화 작용에 의하여 충분한 강도를 발현하고 균열이 생기지 않도록 하기 위해서는 타설이 끝난 후에 일정한 기간 동안 콘크리트를 적당한 온도하에서 충분한 습윤 상태로 유지하여야 하며, 유해한 작용의 영향을 받지 않도록 하여야 한다. 이를 양생이라 한다.

■ 양생의 기본

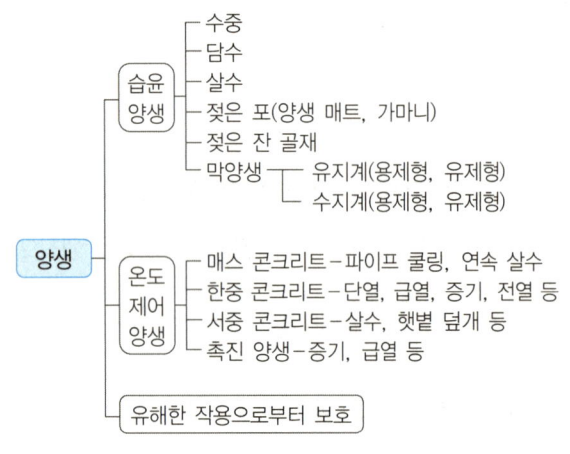

■ 양생의 종류
- **표준 양생** : 20±3℃로 유지하면서 수중 또는 습도 100%에 가까운 습윤 상태에서 실시하는 양생
- **습윤 양생** : 콘크리트를 친 후 일정 기간을 습윤 상태를 유지시키는 양생
- **온도 제어 양생** : 콘크리트를 타설한 후 일정 기간 콘크리트의 온도를 제어하는 양생
- **촉진 양생** : 콘크리트의 경화나 강도 발현을 촉진하기 위해 실시하는 양생
  - 종류는 증기 양생, 오토클레이브 양생, 온수 양생, 전기 양생, 적외선 양생, 고주파 양생 등이 있다.
  - 일반적으로 증기양생이 널리 사용되고 있다.
- **급열 양생** : 양생 기간 중 어떤 열원을 이용하여 콘크리트를 보온하여 시행하는 양생
  - 히터 매트, 제트 히터, 스토브 등에 의한 온풍이나 램프 등을 사용하여 양생 기간 중 콘크리트에 열을 공급하여 양생하는 방법
- **보온 양생** : 단열성이 높은 재료 등으로 콘크리트 표면을 덮어 열의 방출을 적극 억제하여 시멘트의 수화열을 이용해서 필요한 온도를 유지하고 부재의 내부와 표면의 온도 차이를 저감하는 양생

□□□ 기12

01 콘크리트의 경화나 강도가 발현을 촉진하기 위해 실시하는 촉진 양생 방법에 속하지 않는 것은?

① 전기 양생 ② 막 양생
③ 상압증기 양생 ④ 고온 고압 양생

[해설] • 습윤 양생 : 수중, 담수, 살수, 젖은 포, 젖은 잔 골재, 막양생
  • 온도 제어 양생 : 매스 콘크리트, 한중 콘크리트, 서중 콘크리트, 촉진 양생(증가, 급열 등)

□□□ 기10,11

02 다음 중 촉진 양생의 종류가 아닌 것은?

① 증기 양생 ② 습윤 양생
③ 오토클레이브 양생 ④ 온수 양생

[해설] • 촉진 양생 : 보다 빠른 콘크리트의 경화나 강도의 발현을 촉진하기 위해 실시하는 양생 방법
  • 촉진 양생 방법 : 증기 양생(저압 증기 양생, 고압 증기 양생, 고온 증기 양생), 오토클레이브 양생, 전기 양생, 온수 양생, 전기 양생, 적외선 양생, 고주파 양생 등이 있으며 일반적으로 증기 양생이 널리 사용되고 있다.

□□□ 기10

03 콘크리트 공장 제품의 경화를 촉진하기 위해 실시하는 촉진 양생 방법에 속하지 않는 것은?

① 증기 양생 ② 오토클레이브 양생
③ 습윤 양생 ④ 적외선 양생

[해설] • 콘크리트 제품의 제조에서 양생은 제품의 출하를 빠르게 하기 위해 주로 촉진 양생 방법이 사용되고 있다.
  • 촉진 양생 방법에는 일반적인 상압 증기 양생, 오토클레이브 양생을 이용한 고온 고압 양생, 전기 양생 등이 있다.

□□□ 산13

04 콘크리트 타설 후 소요 기간까지 경화에 필요한 온도, 습도 조건을 유지하며, 유해한 작용의 영향을 받지 않도록 하는 작업은?

① 진동 다짐 ② 습윤 양생
③ 초기 응결 ④ 포졸란 반응

[해설] 습윤 양생 : 콘크리트는 타설 후 경화가 될 때까지 양생 기간 동안 직사광선이나 바람에 의해 수분이 증발하지 않도록 햇빛 막이나 바람막이를 설치하여 보호하는 것을 말한다.

정답 005 01 ② 02 ② 03 ③ 04 ②

006 습윤 양생

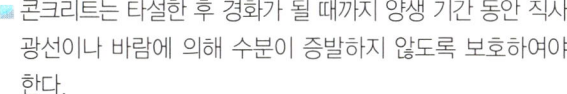

- 콘크리트는 타설한 후 경화가 될 때까지 양생 기간 동안 직사광선이나 바람에 의해 수분이 증발하지 않도록 보호하여야 한다.
- 콘크리트는 타설한 후 습윤 상태로 노출면이 마르지 않도록 하여야 한다. 수분의 증발에 따라 살수를 하여 습윤 상태로 보호하여야 한다.
- 습윤 양생 기간의 표준

일 평균 기온	보통 포틀랜드 시멘트	고로 슬래그 시멘트(2종) 플라이 애시 시멘트(2종)	조강 포틀랜드 시멘트
15℃ 이상	5일	7일	3일
10℃ 이상	7일	9일	4일
5℃ 이상	9일	12일	5일

- 거푸집 판이 건조될 우려가 있는 경우에는 살수하여야 한다.
- 막양생을 할 경우에는 충분한 양의 막양생제를 적절한 시기에 균일하게 살포하여야 한다.
- 막양생제는 콘크리트 표면의 물빛(水光)이 없어진 직후에 얼룩이 생기지 않도록 살포하여야 한다.
- 막양생제는 콘크리트 표면의 물빛이 없어진 직후에 실시한다.
- 부득이 살포가 지연되는 경우에는 막양생제를 살포할 때까지 콘크리트 표면을 습윤 상태로 보호하여야 한다.
- 살포는 방향을 바꾸어서 2회 이상 실시하여 콘크리트 표면을 완전히 막으로 씌워야 한다.

기13
01 콘크리트의 양생에 대한 일반적인 설명으로 옳은 것은?

① 초기 재령에서의 급격한 건조는 강도 발현을 지연시킬 뿐 만 아니라 표면 균열의 원인이 된다.
② 시멘트의 수화 반응은 양생 온도에 크게 좌우되지 않는다.
③ 고로 슬래그 미분말을 50% 정도 치환하면 보통 콘크리트에 비해서 습윤 양생 기간을 단축시킬 수 있다.
④ 콘크리트 표면이 건조함에 따라 수밀성이 향상되기 때문에 수밀 콘크리트는 가능한 한 빨리 건조될 수 있도록 습윤 양생 기간을 일반보다 짧게 한다.

해설
- 시멘트의 수화 반응은 양생 온도의 영향을 크게 받는다.
- 고로 슬래그 미분말을 50% 정도 치환하면 보통 콘크리트에 비해서 습윤 양생 기간이 길어짐에 따라 건조 수축이 작아지는 경향이 있다.
- 콘크리트 표면이 건조함에 따라 수밀성이 낮아지기 때문에 수밀 콘크리트는 건조되지 않도록 습윤 양생 기간을 일반보다 길게 한다.

기11
02 일반 콘크리트에 사용된 시멘트 종류 및 일평균기온에 따른 습윤 양생 기간의 표준을 설명한 것으로 틀린 것은?

① 조강 포틀랜드 시멘트를 사용하고 일평균 기온이 15℃인 경우 습윤 양생 기간은 2일을 표준으로 한다.
② 보통 포틀랜드 시멘트를 사용하고 일평균 기온이 10℃인 경우 습윤 양생 기간은 7일을 표준으로 한다.
③ 보통 포틀랜드 시멘트를 사용하고 일평균 기온이 5℃인 경우 습윤 양생 기간은 9일을 표준으로 한다.
④ 고로 슬래그 시멘트를 사용하고 일평균 기온이 10℃인 경우 습윤 양생 기간은 9일을 표준으로 한다.

해설 조강 포틀랜드 시멘트를 사용하고 일평균 기온이 15℃인 경우 습윤 양생 기간은 3일을 표준으로 한다.

기 09,11
03 콘크리트 제품의 증기 양생 방법에 대한 일반적인 설명으로 틀린 것은?

① 거푸집과 함께 증기 양생실에 넣어 양생 온도를 균등하게 올린다.
② 비빈 후 2~3시간 이상 경과된 후에 증기 양생을 실시한다.
③ 온도 상승 속도는 1시간당 60℃ 이하로 하고 최고 온도는 200℃로 한다.
④ 양생실의 온도는 서서히 내려 외기의 온도와 큰 차가 없도록 하고 나서 제품을 꺼낸다.

해설 온도 상승 속도는 1시간당 20℃/hr 이하로 하고 최고 온도는 65℃로 하며, 상승 후 4~10시간 정도 유지 후 실온으로 서서히 내린다.

산10,12,14,15
04 일평균 기온이 10℃ 이상~15℃ 미만인 경우 보통 포틀랜드 시멘트를 사용한 일반 콘크리트의 습윤 양생 기간의 표준으로 옳은 것은?

① 3일
② 5일
③ 7일
④ 9일

해설 습윤 양생 기간의 표준

일평균 기온	보통 포틀랜드 시멘트	고로 슬래그 시멘트(2종) 플라이 애시 시멘트(2종)	조강 포틀랜드 시멘트
15℃ 이상	5일	7일	3일
10℃ 이상	7일	9일	4일
5℃ 이상	9일	12일	5일

□□□ 기 09,13,16

05 일평균 기온이 15℃ 이상일 때 일반 콘크리트 습윤 양생 기간의 표준을 보통 포틀랜드 시멘트, 고로 슬래그 시멘트, 조강 포틀랜드 시멘트의 순서대로 나열한 것으로 옳은 것은?

① 5일-7일-3일
② 7일-5일-3일
③ 7일-9일-4일
④ 9일-7일-4일

해설 • 일평균 기온이 15℃ 이상일 때의 습윤 양생 기간
  • 보통 포틀랜드 시멘트 : 5일
  • 고로 슬래그 시멘트 : 7일
  • 조강 포틀랜드 시멘트 : 3일

007 상압 증기 양생

1 상압 증기 양생

■ 증기를 콘크리트 주변에 보내 습윤 상태로 가열하여 콘크리트의 경화를 촉진시키는 양생 방법으로 대기압에서 행하기 때문에 상압 증기 양생이라 한다.
- 콘크리트 제품의 제조 및 한중 콘크리트 시공에서 이용된다.
- 증기 양생은 각종 포틀랜드 시멘트에 이용하면 좋은 결과를 얻지만 알루미나 시멘트에서 고온 습윤 조건은 시멘트의 강도에 불리한 영향을 주기 때문에 이용해서는 안 된다.
- 증기 양생은 콘크리트를 친 후 곧바로 제품을 취급할 수 있도록 충분한 높은 강도를 조기에 얻는데 있다.
- 콘크리트를 비빈 후 약 2~3시간 내에서 49℃로, 6~7시간 미만에서 99℃ 높게 올린다면 최초의 수시간 이후의 강도 증진에 불리한 영향을 미치게 된다.

2 온도 제어 양생

■ 콘크리트는 경화가 충분히 진행될 때까지 경화에 필요한 온도 조건을 유지하여 저온, 고온, 급격한 온도 변화 등에 의한 유해한 영향을 받지 않도록 필요에 따라 온도 제어 양생을 실시하여야 한다.
■ 온도 제어 양생을 실시할 경우에는 온도 제어 방법, 양생 기간 및 관리 방법에 대하여 콘크리트의 종류, 구조물의 형상 및 치수, 시공 방법 및 환경 조건을 종합적으로 고려하여 적절히 정하여야 한다.
- 기온이 현저하게 높거나 큰 온도차가 생길 것이 예상되는 경우, 또는 부재의 크기가 크고 온도 상승이 큰 경우에는 온도 응력에 의한 균열이 발생할 위험이 있으므로 파이프 쿨링이나 표면 보온, 병용으로 온도나 온도차를 제어할 필요가 있다.
- 시멘트의 종류에 따라서도 양생 온도의 영향이 다르므로 플라이 애시 시멘트, 고로 슬래그 시멘트 등의 혼합 시멘트를 사용할 때는 온도에 민감하므로 저온 시에는 보통 포틀랜드 시멘트에 비해서 양생 기간을 길게 하여야 한다.
■ 증기 양생, 급열 양생, 그 밖의 촉진 양생을 실시하는 경우에는 콘크리트에 나쁜 영향을 주지 않도록 양생을 시작하는 시기, 온도 상승 속도, 냉각 속도, 양생 온도 및 양생 시간 등을 정하여야 한다.

□□□ 기10
01 일반적인 경우의 콘크리트 제품을 상압 증기 양생하고자 할 때 콘크리트를 비빈 후 어느 정도의 시간이 경과한 후에 양생을 실시하는 것이 바람직한가?

① 30분 이내
② 30분~1시간 이후
③ 2시간~3시간 이후
④ 12시간 이후

해설
- 공장 제품은 사용하는 거푸집의 수를 적게 하여 생산의 효율을 높이는 것이 중요하기 때문에 상압 증기 양생이 널리 사용되고 있다.
- 비빈 후 2~3시간 이상 경화 후에 증기 양생을 실시한다.
- 온도 상승 속도는 1시간당 20℃ 이하로 하고, 최고 온도는 65℃로 한다.

008 고압 증기 양생

고압 증기를 이용하여 양생하는 고압 증기 양생을 오토클레이브 양생(autoclave curing)이라 하며, 내경 2.5~4m, 길이 40~60m인 고온·고압 용기에 콘크리트 제품을 넣고 통상 180℃의 온도와 1MPa의 압력으로 양생한 콘크리트이다.

■ 오토클레이브 양생의 특징
- 고압 양생한 콘크리트는 어느 정도의 취성이 있다.
- 내구성이 좋고, 황산염 반응에 대한 저항성이 크다.
- 용해성의 유리 석회가 없기 때문에 백태 현상을 감소시킨다.
- 표준 양생 콘크리트에 비해 철근의 부착 강도가 약 1/2이 된다.
- 크리프 변형 감소 및 석회 실리카 반응으로 시멘트 패스트 중의 석회가 감소한다.
- 실리카를 첨가하면 수축률은 커지나 콘크리트와의 화학반응으로 양생에는 유리하다.
- 표준 온도 양생 콘크리트의 약 1/6~1/3 정도로 건조 수축 감소 및 수분 이동 감소가 된다.

□□□ 기 08,13
01 고온·고압의 증기솥 속에서 상압보다 높은 압력으로 고온의 수증기를 사용하여 실시하는 양생 방법은?

① 오토클레이브 양생　② 증기 양생
③ 촉진 양생　　　　　④ 고주파 양생

[해설]
- 증기 양생 : 거푸집을 빨리 제거하고 단시일 내에 소요 강도를 발현시키기 위해 고온의 증기로 양생하는 방법으로 고온 촉진 양생이라고 한다.
- 촉진 양생 : 콘크리트의 경화나 강도 발현을 촉진하기 위해 실시하는 양생하는 방법
- 고주파 양생 : 거푸집과 콘크리트 윗면에 철판을 넣고 고주파를 흘려 양생하는 방법

□□□ 기 10,15,18
02 고압 증기 양생한 콘크리트의 특징에 대한 설명으로 틀린 것은?

① 황산염에 대한 저항성이 향상된다.
② 용해성의 유리 석회가 없기 때문에 백태 현상을 감소시킨다.
③ 표준 온도로 양생한 콘크리트와 비교하여 수축률은 약간 증가하는 경향이 있다.
④ 보통 양생한 것에 비해 철근의 부착 강도가 약 1/2이 된다.

[해설] 표준 온도로 양생한 콘크리트와 비교하여 약 1/6~1/3 정도로 건조 수축 감소 및 수분 이동 감소가 된다.

□□□ 기 07,10
03 콘크리트의 제품 양생법 중 고온·고압 용기에 제품을 넣고 1MPa의 고압과 180℃ 전후의 고온으로 처리하는 양생법은?

① 증기 양생　　　　② 피막 양생
③ 전기 양생　　　　④ 오토클레이브 양생

[해설] 고압 증기 양생(autoclave curing) : 내경 2.5~4m, 길이 40~60m인 고온·고압 용기에 콘크리트 제품을 넣고 통상 180℃의 온도와 1MPa의 압력으로 양생한다.

□□□ 기 10,12
04 고압 증기 양생을 한 콘크리트의 특징을 설명한 것으로 틀린 것은?

① 매우 짧은 기간에 고강도가 얻어진다.
② 황산염에 대한 저항성이 증대된다.
③ 건조 수축이 증가한다.
④ 철근의 부착 강도가 감소한다.

[해설] 고압 증기 양생한 콘크리트의 건조 수축은 크게 감소한다.

□□□ 산 09,11
05 콘크리트 제품을 제조할 때, 고온·고압 용기에 제품을 넣고 180℃ 전후, 공기압 7~15기압으로 고온·고압 처리하는 양생 방법은?

① 오토클레이브 양생　② 상압 증기 양생
③ 피막 양생　　　　　④ 전기 양생

[해설]
- 고압 증기 양생(autoclave curing) : 내경 2.5~4m, 길이 40~60m인 고온·고압용기에 콘크리트 제품을 넣고 통상 180℃의 온도와 1MPa의 압력으로 양생한다.
- 오토클레이브 양생 시 용기 내 온도는 180℃ 전후, 압력은 7~15기압

정답 008　01 ①　02 ③　03 ④　04 ③　05 ①

009 시공 이음

- 시공 이음은 될 수 있는 대로 전단력이 적은 위치에 설치한다.
- 시공 이음은 부재의 압축력이 작용하는 방향과 직각이 되도록 하는 것이 원칙이다.
- 부득이 전단이 큰 위치에 시공 이음을 설치할 경우에는 시공 이음에 장부 또는 홈을 두거나 적절한 강재를 배치하여 보강하여야 한다.
- 철근으로 보강하는 경우에 철근 정착 길이는 콘크리트와 철근의 부착 강도가 충분히 확보되도록 철근 지름의 20배 이상으로 한다.
- 원형 철근의 경우에는 갈고리를 붙여야 한다.
- 이음부의 시공에 있어서는 설계에 정해져 있는 이음의 위치와 구조는 지켜져야 한다.
- 이미 타설한 콘크리트가 경화한 후에 다음 콘크리트를 쳐야 할 경우는 먼지, 들떠 있는 골재, 레이턴스 등을 완전히 제거하기 위해 물을 고압으로 분사시켜 제거시킨다.
- 외부의 염분에 의한 피해를 받을 우려가 있는 해양 및 항만 콘크리트 구조물 등에 있어서는 시공 이음부를 되도록 두지 않는 것이 좋다.
- 해양 및 항만 콘크리트 구조물 등에 부득이 시공 이음부를 설치한 경우에는 만조위로부터 위로 0.6m와 간조위로부터 아래로 0.6m 사이인 감조부 부분을 피하여야 한다.
- 수밀을 요하는 콘크리트에 있어서는 소요의 수밀성이 얻어지도록 적절한 간격으로 시공 이음부를 두어야 한다.
- 콜드 조인트(cold joint)
  시공 전에 계획하지 않은 곳에서 생겨난 이음으로, 먼저 타설된 콘크리트와 나중에 타설되는 콘크리트 사이에 완전히 일체화가 되어 있지 않은 이음 부위이다.

01 콘크리트의 이음에 대한 설명으로 틀린 것은?

① 시공 이음은 가능한 전단력이 큰 위치에 설치하는 것이 좋다.
② 시공 이음은 부재의 압축력이 작용하는 방향과 직각이 되도록 하는 것이 원칙이다.
③ 바닥틀과 일체로 된 기둥이나 벽의 시공 이음은 바닥틀과의 경계 부근에 설치하는 것이 좋다.
④ 아치의 시공 이음은 아치축에 직각 방향이 되도록 설치하여야 한다.

[해설] 시공 이음은 가능한 전단력이 적은 위치에 설치하는 것이 좋다.

02 다음 중 시공 이음에 관한 설명으로 옳지 않은 것은?

① 시공 이음은 될 수 있는 대로 전단력이 작은 위치에 설치한다.
② 시공 이음은 부재의 압축력이 작용하는 방향과 수평이 되게 설치한다.
③ 해양 및 항만 콘크리트 구조물 등에 부득이 시공 이음부를 설치한 경우에는 만조위로부터 위로 0.6m와 간조위로부터 아래로 0.6m 사이인 감조부 부분을 피하여야 한다.
④ 시공 이음부에 다음 콘크리트를 타설하기 위해서는 물을 고압 분사시켜서 청소를 하거나 콘크리트 표면에 물을 충분히 흡수시킨 후 새로운 콘크리트를 타설해야 한다.

[해설] 시공 이음은 부재의 압축력이 작용하는 방향과 직각이 되도록 하는 원칙이다.

03 콘크리트 타설시 시공 이음을 둘 때 주의 사항이다. 틀린 것은?

① 시공 이음은 부재 압축력이 작용하는 방향과 직각이 되도록 설치하는 것이 원칙이다.
② 전단력이 큰 위치에 시공 이음할 경우 요철 또는 홈을 만들어야 하지만 철근으로 보강하지 않는 것이 원칙이다.
③ 시공 이음 계획 시 온도 변화, 건조 수축 등에 의한 균열 발생에 대하여 고려해야 한다.
④ 이미 친 콘크리트가 경화한 후에는 레이턴스 등을 제거하고 건조되어 있는 경우 충분히 물로 적신다.

[해설] 전단력이 큰 위치에 부득이 시공 이음을 설치하는 방법에는 전단력에 대하여 장부(요철) 또는 홈을 만드는 방법, 철근으로 보강하는 방법 등이 있다.

04 콘크리트의 시공 이음에 대한 설명으로 틀린 것은?

① 시공 이음은 될 수 있는 대로 전단력이 적은 위치에 설치하는 것이 원칙이다.
② 시공 이음은 부재의 압축력이 작용하는 방향과 나란하게 하는 것이 원칙이다.
③ 시공 이음에 있어서 철근으로 보강하는 경우 정착 길이는 철근 지름의 20배 이상으로 한다.
④ 시공 이음을 계획할 때 온도, 건조 수축 등에 의한 균열의 발생에 대해서도 고려해야 한다.

[해설] 시공 이음은 부재의 압축력이 작용하는 방향과 직각되도록 하는 것이 원칙이다.

□□□ 산11
05 전단력이 큰 위치에 시공 이음을 설치할 경우 전단력에 대한 보강 방법으로 적절하지 않은 것은?

① 장부(요철)를 만드는 방법
② 홈을 만드는 방법
③ 철근으로 보강하는 방법
④ 레이턴스를 많이 발생시키는 방법

해설 전단력이 큰 위치에 부득이 시공 이음을 설치할 경우
  • 전단력에 대하여 장부(요철) 또는 홈을 만드는 방법
  • 철근으로 보강하는 방법

□□□ 산12
06 콘크리트 시공 이음에 대한 설명으로 틀린 것은?

① 시공 이음은 될 수 있는 대로 전단력이 적은 위치에 설치하는 것이 원칙이다.
② 부재의 압축력이 작용하는 방향과 평행하도록 설치하여야 한다.
③ 외부의 염분에 의한 피해를 받을 우려가 있는 해양 및 항만 콘크리트 구조물 등에 있어서는 시공 이음부를 되도록 두지 않는 것이 좋다.
④ 수밀을 요하는 콘크리트에 있어서는 소요의 수밀성이 얻어지도록 적절한 간격으로 시공 이음부를 두어야 한다.

해설 • 시공 이음은 될 수 있는 대로 전단력이 적은 위치에 설치한다.
  • 시공 이음은 부재의 압축력이 작용하는 방향과 직각이 되도록 하는 것이 원칙이다.

□□□ 산10
07 시공 이음에 대한 설명으로 틀린 것은?

① 시공 이음은 부재의 압축력이 작용하는 방향과 수평이 되게 설치한다.
② 시공 이음은 될 수 있는 대로 전단력이 적은 위치에 설치한다.
③ 바닥틀과 일체로 된 기둥 또는 벽의 시공 이음은 바닥틀과의 경계 부근에 설치하는 것이 좋다.
④ 수평 시공 이음부가 될 콘크리트 면은 경화가 시작되면 되도록 빨리 쇠솔이나 잔 골재 분사 등으로 면을 거칠게 하며 충분히 습윤 상태로 양생하여야 한다.

해설 시공 이음은 부재의 압축력이 작용하는 방향과 직각이 되도록 하는 것이 원칙이다.

□□□ 산09
08 전단력이 큰 위치에 부득이 시공 이음을 설치하려고 한다. 작용하는 전단력에 대하여 철근으로 보강하고자 할 때 다음 중 가장 적합한 정착 길이는? (단, 보강에 사용하는 철근은 D32(공칭 직경 31.8mm)이다.)

① 160mm
② 320mm
③ 480mm
④ 640mm

해설 전단력이 큰 위치에 부득이 시공 이음을 철근으로 보강하는 경우에 철근 정착 길이는 철근 지름의 20배 이상으로 한다.
∴ $31.8 l_b = 31.8 \times 20 = 636\text{mm}$, 약 640mm

□□□ 기04, 09
09 먼저 타설된 콘크리트와 나중에 타설되는 콘크리트 사이에 완전히 일체화가 되어 있지 않음에 따라 발생하는 이음은?

① 겹침 이음
② 균열 유발 줄눈
③ 콜드 조인트
④ 신축 줄눈

해설 콜드 조인트(cold joint) : 시공 전에 계획하지 않은 곳에서 생겨난 이음으로, 먼저 타설된 콘크리트와 나중에 타설되는 콘크리트 사이에 완전히 일체화가 되어 있지 않은 이음 부위이다.

010 수평 시공 이음

■ 수평 시공 이음
- 수평 시공 이음이 거푸집에 접하는 선은 될 수 있는 대로 수평한 직선이 되도록 한다.
- 콘크리트를 이어 칠 경우에는 구 콘크리트 표면의 레이턴스, 품질이 나쁜 콘크리트, 꽉 달라붙지 않은 골재알 등을 완전히 제거하고 충분히 흡수시켜야 한다.
- 새 콘크리트를 타설하기 전에 거푸집을 바로 잡아야 하며, 새 콘크리트를 타설할 때 구 콘크리트와 밀착되게 다짐을 잘 하여야 한다.
- 시공 이음부가 될 콘크리트 면은 경화가 시작되면 되도록 빨리 쇠솔이나 잔 골재 분사 등으로 면을 거칠게 하고 충분히 습윤 상태로 양생하여야 한다.
- 역방향 타설 콘크리트의 시공 시에서는 콘크리트의 침하를 고려하여 시공 이음이 일체가 되도록 콘크리트의 재료, 배합 및 시공 방법을 선정하여야 한다.

■ 역방향 타설 콘크리트의 이음

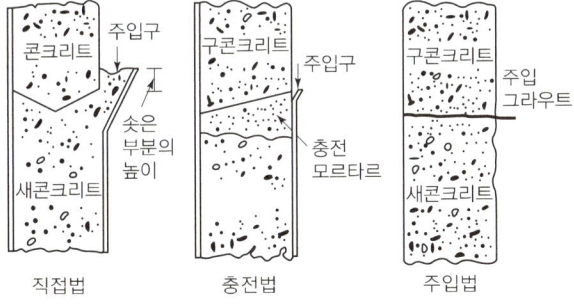

01 콘크리트의 수평 시공 이음에 대한 설명으로 틀린 것은?

① 수평 시공 이음이 거푸집에 접하는 선은 될 수 있는 대로 수평한 곡선이 되도록 한다.
② 새 콘크리트를 타설할 때 구 콘크리트와 밀착되게 다짐을 잘 하여야 한다.
③ 시공 이음부가 될 콘크리트 면은 경화가 시작되면 되도록 빨리 쇠솔이나 잔 골재 분사 등으로 면을 거칠게 하고 충분히 습윤 상태로 양생하여야 한다.
④ 역방향 타설 콘크리트의 시공 시에서는 콘크리트의 침하를 고려하여 시공 이음이 일체가 되도록 콘크리트의 재료, 배합 및 시공 방법을 선정하여야 한다.

해설 수평 시공 이음이 거푸집에 접하는 선은 될 수 있는 대로 수평한 직선이 되도록 한다.

02 다음 중 수평 및 연직 시공 이음에 관한 설명으로 옳지 않은 것은?

① 수평 시공 이음이 거푸집에 접하는 선은 될 수 있는 대로 수평한 직선이어야 한다.
② 역방향 타설 콘크리트의 시공 시에는 콘크리트의 침하를 고려하여 수평 시공 이음이 일체가 되도록 시공 방법을 결정하여야 한다.
③ 연직 시공 이음부의 거푸집 제거 시기는 콘크리트를 타설하고 난 후 3일 이상이 경과하여야 한다.
④ 구 콘크리트의 연직 시공 이음 면은 쇠솔이나 쪼아내기 등에 의하여 거칠게 하고, 충분히 흡수시킨 후에 시멘트 페이스트, 모르타르 등을 바른 후 새 콘크리트를 타설하여 이어 나가야 한다.

해설 일반적으로 연직 시공 이음부의 거푸집 제거 시기는 콘크리트를 타설하고 난 후 여름에는 4~6시간 정도, 겨울에는 10~15시간 정도로 한다.

011 연직 시공 이음

- 연직 시공 이음의 시공에 있어서는 시공 이음면의 거푸집을 견고하게 지지하고 이음 부분의 콘크리트는 진동기를 사용하여 충분히 다져야 한다.
- 시공 이음면에 거푸집으로 설치되는 철망은 철근 등으로 지지시키는 것이 좋다.
- 구 콘크리트의 시공 이음면은 쇠솔이나 쪼아내기 등에 의하여 거칠게 하고, 수분을 충분히 흡수시킨 후에 시멘트 페이스트, 모르타르 또는 습윤면용 에폭시 수지 등을 바른 후 새 콘크리트를 타설하여 이어 나가야 한다.
- 새 콘크리트를 타설할 때는 신·구 콘크리트가 충분히 밀착되도록 잘 다져야 한다.
- 새 콘크리트를 타설한 후 적당한 시기에 재진동 다지기를 하는 것이 좋다.
- 시공 이음면의 거푸집 철거는 콘크리트가 굳은 후 되도록 빠른 시기에 한다.
- 거푸집의 제거 시기를 너무 빨리하면 콘크리트에 유해한 영향을 주기 때문에 주의하여야 한다.
- 일반적으로 연직 시공 이음부의 거푸집 제거 시기는 콘크리트를 타설하고 난 후 여름에는 4~6시간 정도, 겨울에는 10~15시간 정도로 한다.

□□□ 기 12,16,19

01 연직 시공 이음에 대한 설명으로 틀린 것은?

① 구 콘크리트의 시공 이음면은 쇠솔이나 쪼아내기 등으로 거칠게 한다.
② 이음을 좋게 하기 위해 구 콘크리트의 시공 이음면에 시멘트 페이스트, 모르타르, 습윤면용 에폭시 수지 등을 바른다.
③ 시공 이음면의 거푸집으로 설치되는 철망은 철근 등으로 지지시키는 것이 좋다.
④ 시공 이음부의 거푸집 제거 시기는 콘크리트 타설 후 여름에는 10~15시간 정도로 한다.

해설 일반적으로 연직 시공이음부의 거푸집 제거 시기는 콘크리트를 타설하고 난 후 여름에는 4~6시간 정도, 겨울에는 10~15시간 정도로 한다.

□□□ 기 12,14

02 콘크리트를 타설하고 난 후 연직 시공 이음부의 거푸집 제거 시기로 옳은 것은?

① 여름에는 4~6시간 정도, 겨울에는 8~10시간 정도
② 여름에는 4~6시간 정도, 겨울에는 10~15시간 정도
③ 여름에는 6~8시간 정도, 겨울에는 10~15시간 정도
④ 여름에는 6~8시간 정도, 겨울에는 15~20시간 정도

해설 일반적으로 연직 시공 이음부의 거푸집 제거 시기는 콘크리트를 타설하고 난 후 여름에는 4~6시간 정도, 겨울에는 10~15시간 정도로 한다.

□□□ 산 05,09,14,16

03 연직 시공 이음부의 거푸집 제거 시기는 콘크리트 타설 후 어느 정도 경과한 시점에서 실시하는 것이 좋은가?

① 하절기 4~6시간, 동절기 10~15시간
② 하절기 7~9시간, 동절기 8~10시간
③ 하절기 2~3시간, 동절기 7~10시간
④ 하절기 1~2시간, 동절기 6~8시간

해설 일반적으로 연직 시공 이음부의 거푸집 제거 시기는 콘크리트를 타설하고 난 후 여름에는 4~6시간 정도, 겨울에는 10~15시간 정도로 한다.

□□□ 산 11,16

04 콘크리트의 이음에 대한 설명으로 틀린 것은?

① 수평 시공 이음이 거푸집에 접하는 선은 될 수 있는 대로 수평한 직선이 되도록 한다.
② 역방향 타설 콘크리트의 시공 시에는 콘크리트의 침하를 고려하여 시공 이음이 일체가 되도록 시공 방법을 결정하여야 한다.
③ 연직 시공 이음부의 거푸집 제거 시기는 콘크리트를 타설하고 난 후 3일 이상이 경과하여야 한다.
④ 시공 이음은 될 수 있는 대로 전단력이 적은 위치에 설치하고, 부재의 압축력이 작용하는 방향과 직각이 되도록 하는 것이 원칙이다.

해설 일반적으로 연직 시공 이음의 거푸집 제거 시기는 콘크리트를 타설하고 난 후 여름에는 4~6시간 정도, 겨울에는 10~15시간 정도로 한다.

정답 011 01 ④ 02 ② 03 ① 04 ③

012 기타 시공 이음

■ 바닥틀과 일체로 된 기둥, 벽의 시공 이음
바탁틀과 일체로 된 기둥, 또는 벽의 시공 이음은 바닥틀과 경계 부근에 설치하는 것이 좋다.
- 헌치는 바닥틀과 연속해서 콘크리트를 타설하여야 한다.
- 내민 부분을 가진 구조물의 경우에도 마찬가지로 시공한다.
- 헌치부 콘크리트는 다짐이 불량하기 쉬우므로 다짐에 각별히 주의하여 조밀한 콘크리트가 얻어지도록 하여야 한다.

■ 바닥틀의 시공 이음
바닥틀의 시공 이음은 슬래브 또는 보의 경간 중앙부 부근에 두어야 한다.
- 다만, 보가 그 경간 중에서 작은 보와 교차할 경우에는 작은 보의 폭이 약 2배 거리만큼 떨어진 곳에 보의 시공 이음을 설치하고, 시공이음을 통하는 경사진 인장 철근을 배치하여 전단력에 대하여 보강하여야 한다.
- 철근에 의한 시공 이음의 보강

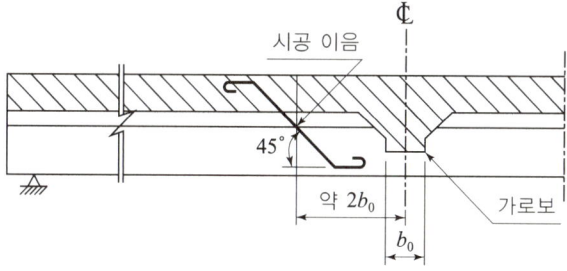

■ 아치의 시공 이음
아치의 시공 이음은 아치축에 직각 방향이 되도록 설치하여야 한다.
- 전단력이 시공 이음면에 따라 작용하는 것을 방지하기 위해 시공 이음면은 아치축에 직각으로 설치하여야 한다.

□□□ 기11 산11,12,14,17

01 콘크리트 이음에 대한 설명으로 틀린 것은?

① 바닥틀의 시공 이음은 슬래브 또는 보의 경간 중앙부 부근은 피해서 배치하여야 한다.
② 바닥틀과 일체로 된 기둥 또는 벽의 시공 이음은 바닥틀과 경계 부근에 설치하는 것이 좋다.
③ 아치의 시공 이음은 아치축에 직각 방향이 되도록 설치하여야 한다.
④ 신축 이음은 양쪽의 구조물 혹은 부재가 구속되지 않는 구조이어야 한다.

[해설] 바닥틀의 시공 이음은 슬래브 또는 보의 경간 중앙부 부근에 설치하는 것이 좋다.

□□□ 기13,14,15,16

02 바닥틀에 관련한 시공 이음에 대한 설명으로 옳지 않은 것은?

① 바닥틀의 시공 이음은 슬래브 또는 보의 경간 중앙부 부근에 두어야 한다.
② 바닥틀과 일체로 된 기둥 또는 벽의 시공 이음은 바닥틀과의 경계 부분에 설치하는 것이 좋다.
③ 보가 작은 보와 교차할 경우에는 작은 보 폭의 3배 거리만큼 떨어진 곳에 보의 시공 이음을 설치한다.
④ 헌치 또는 내민 부분을 가지는 구조물에서는 바닥틀과 연속하여 콘크리트를 타설하여야 한다.

[해설] 보가 작은 보와 교차할 경우에는 작은 보 폭의 약 2배 거리만큼 떨어진 곳에 보의 시공 이음을 설치한다.

□□□ 산11

03 일반 콘크리트의 시공에서 이음에 대한 설명으로 틀린 것은?

① 시공 이음은 될 수 있는 대로 전단력이 적은 위치에 설치하는 것이 원칙이다.
② 일반적으로 연직 시공 이음부의 거푸집 제거 시기는 콘크리트를 타설하고 난 후 여름에는 4～6시간 정도로 한다.
③ 바닥틀의 시공 이음은 슬래브 또는 보의 경간 중앙부 부근에 두어야 한다.
④ 아치의 시공 이음은 아치축에 평행 방향이 되도록 설치하는 것이 원칙이다.

[해설] 아치의 시공 이음은 아치축에 직각 방향이 되도록 설치하는 것이 원칙이다.

□□□ 산12

04 콘크리트의 이음부 시공에 대한 설명으로 틀린 것은?

① 바닥틀의 시공 이음은 슬래브 또는 보의 경간 중앙부 부근에 두어야 한다.
② 바닥틀과 일체로 된 기둥 또는 벽의 시공 이음은 바닥틀과 경계 부근에 설치하는 것이 좋다.
③ 아치의 시공 이음은 아치축에 직각이 되도록 설치하여야 한다.
④ 신축 이음은 양쪽의 구조물 혹은 부재가 구속되어 있는 구조이어야 한다.

[해설] 신축 이음은 양쪽의 구조물 혹은 부재가 구속되지 않는 구조이어야 한다.

013 신축 이음

- 신축 이음은 양쪽의 구조물 혹은 부재가 구속되지 않는 구조이어야 한다.
  - 지수판 재료로는 동판, 스테인리스판, 염화비닐수지, 고무 제품 등이 사용되고 있다.
- 신축 이음에는 필요에 따라 이음재, 지수판 등을 배치하여야 한다.
  - 완전히 절연시킨 신축 이음에서 신축 이음에 턱이 생길 위험이 있을 경우에는 장부 또는 홈을 만들거나 슬립바를 사용하는 것이 좋다.
- 수밀이 필요한 구조물에서는 신축성이 있는 지수판을 사용해야 한다.
- 신축 이음의 단차를 피할 필요가 있는 경우에는 장부나 홈을 두든가 전단 연결재를 사용하는 것이 좋다.

□□□ 기12 산12,14,17
01 신축 이음에 대한 설명 중 틀린 것은?

① 신축 이음에는 필요에 따라 이음재, 지수판 등을 배치하여야 한다.
② 신축 이음의 단차를 피할 필요가 있는 경우에는 장부나 홈을 두는 것이 좋다.
③ 신축 이음은 양쪽의 구조물 혹은 부재가 구속된 구조이어야 한다.
④ 신축 이음의 단차를 피할 필요가 있는 경우에는 전단 연결재를 사용하는 것이 좋다.

[해설] 신축 이음은 양쪽의 구조물 혹은 부재가 구속되지 않는 구조이어야 한다.

□□□ 기09
02 신축 이음에 대한 설명으로 부적절한 것은?

① 신축 이음은 양쪽의 구조물 혹은 부재가 구속되지 않는 구조이어야 한다.
② 신축 이음에는 필요에 따라 줄눈재, 지수판 등을 배치하여야 한다.
③ 신축 이음의 단차를 피할 필요가 있는 경우에는 장부나 홈을 두든가 전단 연결재를 사용하는 것이 좋다.
④ 수밀이 필요한 구조물에서는 신축성이 없는 지수판을 사용해야 한다.

[해설]
- 수밀이 필요한 구조물에서는 신축성이 있는 지수판을 사용해야 한다.
- 수밀을 요하는 콘크리트에 있어서는 소요의 수밀성이 얻어지도록 적절한 간격으로 시공 이음부를 두어야 한다.

□□□ 산05,13
03 신축 이음의 구조에 대한 설명으로 옳지 않은 것은?

① 신축 이음은 양쪽 구조물 혹은 부재가 구속되지 않는 구조이어야 한다.
② 신축 이음 부근에서는 반드시 배력 철근을 보강해야 한다.
③ 수밀을 요하는 경우에는 신축성 지수판을 사용한다.
④ 단차를 피할 필요가 있는 경우에는 전단 연결재를 사용한다.

[해설] 신축 이음의 구조
- 신축 이음은 양쪽의 구조물 혹은 부재가 구속되지 않는 구조이어야 한다.
- 신축 이음은 필요에 따라 이음재, 지수판 등을 배치하여야 한다.
- 신축 이음의 단차를 피할 필요가 있는 경우는 장부나 홈을 두거나 전단 연결재(슬립바)를 사용하는 것이 좋다.

□□□ 산05
04 다음은 신축 이음의 구조에 대한 설명이다. 옳지 않은 것은?

① 신축 이음은 양쪽 구조물을 절연시켜야 한다.
② 신축 이음 부근에서는 반드시 배력 철근을 보강해야 한다.
③ 수밀을 요하는 경우에는 신축성 지수판을 사용한다.
④ 단차의 위험이 있을 경우에는 슬립바(slip bar)를 사용한다.

[해설] 신축 이음
- 서로 접하는 구조물의 양쪽 부분을 구조적으로 완전히 절연시켜야 한다.
- 콘크리트만을 절연시키고 철근은 연속시키는 경우도 있다.
- 단차의 위험이 있을 경우는 장부 또는 홈을 만들거나 슬립바를 사용한다.

□□□ 산04
05 콘크리트 이음(Joint) 중에서 수축 줄눈(Contraction Joint)의 기능 또는 역할과의 관계가 먼 내용은?

① 콘크리트의 구조 균열 제어
② 콘크리트의 균열 유도
③ 콘크리트의 건조 수축 제어
④ 콘크리트의 온도 변화에 대응

[해설] 신축 줄눈은 콘크리트 구조물의 온도 변화, 건조 수축, 기초의 부등 침하 등에서 생기는 균열을 방지하기 위해서 설치하는 것이다.

정답 013 01 ③ 02 ④ 03 ② 04 ② 05 ①

014 균열 유발 이음

- 콘크리트 구조물의 경우는 수화열이나 외기 온도 등에 의하여 온도 변화, 건조 수축, 외력 등 변형이 구속되면 균열이 발생한다.
- 미리 정해진 장소에 균열을 집중시킬 목적으로 소정의 간격으로 단면 결손부를 설치하여 균열을 강제적으로 생기게 하는 균열 유발 이음을 설치한다.
- 균열 유발 이음의 간격은 부재 높이의 1배 이상에서 2배 이내 정도로 하고 단면의 결손율은 20%를 약간 넘을 정도로 하는 것이 좋다.
- 이음부의 철근 부식을 방지하기 위해 철근에 에폭시 도포를 하든가 다른 조치를 취하여야 한다.

□□□ 기 12, 15
01 일반 콘크리트에서 균열의 제어를 목적으로 균열 유발 이음을 설치할 경우 이음의 간격 및 단면의 결손율에 대한 설명으로 옳은 것은?

① 균열 유발 이음의 간격은 0.3~1m 이내로 하고 단면의 결손율은 30%를 약간 넘을 정도로 하는 것이 좋다.
② 균열 유발 이음의 간격은 부재 높이의 1배 이상에서 2배 이내 정도로 하고 단면의 결손율은 20%를 약간 넘을 정도로 하는 것이 좋다.
③ 균열 유발 이음의 간격은 1~2m 이내로 하고 단면의 결손율은 20%를 약간 넘을 정도로 하는 것이 좋다.
④ 균열 유발 이음의 간격은 부재 높이의 2배 이상에서 3배 이내 정도로 하고 단면의 결손율은 30%를 약간 넘을 정도로 하는 것이 좋다.

[해설] • 균열 유발 이음의 간격은 부재 높이의 1배 이상에서 2배 이내 정도로 하고 단면의 결손율은 20%를 약간 넘을 정도로 하는 것이 좋다.
• 이음부의 철근 부식을 방지하기 위해 철근에 에폭시 도포를 하든가 다른 조치를 취하여야 한다.

□□□ 기 07
02 콘크리트 구조물은 온도 변화, 건조 수축 등에 의해서 균열이 발생되기 쉽다. 이러한 이유로 균열을 정해진 장소에 집중시킬 목적으로 단면 결손부를 설치하는데 이것을 무엇이라고 하는가?

① 균열 유발 줄눈　② 신축 이음
③ 시공 이음　　　④ 콜드 조인트(Cold joint)

[해설] 균열의 제어를 목적으로 균열 유발 줄눈을 설치할 경우 구조물의 강도 및 기능을 해치지 않도록 그 구조 및 위치를 정하여야 한다.

□□□ 산 13, 15
03 콘크리트의 수화열이나 외기 온도 등에 의하여 온도 변화, 건조 수축, 외력 등의 변형에 의해 균열을 정해진 장소에 집중시킬 목적으로 소정의 간격으로 설치하는 것은?

① 균열 유발 줄눈　② 수축 줄눈
③ 팽창 줄눈　　　④ 시공 이음

[해설] 균열 유발 이음으로 수밀 구조물에 균열 유발 이음을 설치할 경우에는 미리 지수판을 설치하는 등 적절한 지수 대책을 세우는 것이 좋다.

□□□ 산 06
04 수화열이나 건조 수축으로 인한 콘크리트 구조물의 변형이 구속됨으로써 발생할 수 있는 균열에 대한 대책 중의 하나로, 소정의 간격으로 단면 결손부를 설치한 것을 지칭하는 것은?

① 콜드 조인트　　② 시공 이음
③ 균열 유발 줄눈　④ 전단키

[해설] 미리 어느 정해진 장소에 균열을 집중시킬 목적으로 소정의 간격으로 단면 결손부를 설치하여 균열을 강제적으로 생기게 하는 균열 유발 이음을 설치하는 것이 좋다.

정답 014 01 ② 02 ① 03 ① 04 ③

015 표면 마무리

■ 일반 사항
- 노출 콘크리트에서 균일한 노출면을 얻기 위해서는 동일 공장 제품의 시멘트, 동일한 종류 및 입도를 갖는 골재, 동일한 배합의 콘크리트, 동일한 콘크리트 타설 방법을 사용하여야 한다.
- 미리 정해진 구획의 콘크리트 타설은 연속해서 일괄 작업으로 끝마쳐야 한다.
- 시공 이음이 미리 정해져 있지 않을 경우에는 직선상의 이음이 얻어지도록 시공하여야 한다.

■ 콘크리트 마무리의 평탄성 표준

콘크리트 면의 마무리	평탄성
· 마무리 두께 7mm 이상 또는 바탕의 영향을 많이 받지 않는 마무리의 경우	1m당 10mm 이하
· 마무리 두께 7mm 이하 또는 양호한 평탄함이 필요한 경우	3m당 10mm 이하
· 제물치장 마무리 또는 마무리 두께가 얇은 경우	3m당 7mm 이하

■ 거푸집 판에 접하지 않은 면의 마무리
- 다지기를 끝내고 거의 소정의 높이와 형상으로 된 콘크리트의 윗면은 스며 올라온 물이 없어진 후나 또는 물을 처리한 후가 아니면 마무리해서는 안 된다.
  - 마무리에는 나무흙손이나 적절한 마무리 기계를 사용하여야 하고, 마무리 작업은 과도하게 되지 않도록 한다.
- 콘크리트 상면에 되도록 물이 스며 올라오지 않도록 시공하는 것이 매우 중요하다.
- 상면에 스며 올라온 물이 많을 때에는 이것을 제거할 필요가 있다.
- 이 물을 제거하지 않으면 레이턴스가 생기고, 또 마무리한 후에 표면에 잔 균열이 일어날 염려가 있다.
- 마무리에 나무흙손을 사용하는 이유는 쇠흙손을 사용하면 표면에 물이 모여들어 균열이 일어나기 때문이다.
- 마무리 작업 후 콘크리트가 굳기 시작할 때까지의 사이에 일어나는 균열은 다짐 또는 재마무리에 의해서 제거할 수 있다.
  - 필요에 따라 재진동을 해도 좋다.
  - 이들 균열은 될 수 있는 대로 빨리 발견하여 다짐 또는 재마무리를 하면 제거할 수 있다.

■ 마모를 받는 면의 마무리
- 마모를 받는 면의 경우에는 콘크리트의 마모에 대한 저항성을 높이기 위해 강경하고 마모 저항이 큰 양질의 골재를 사용하고 물-결합재비를 작게 하여야 한다.
  - 밀실하고 균등질의 콘크리트로 되게 하여야 하며, 동시에 충분히 양생하여야 한다.
  - 마모에 대한 저항성을 크게 할 목적으로 철분이나 수지 콘크리트, 폴리머 콘크리트, 섬유 보강 콘크리트, 폴리머 함침 콘크리트 등의 특수 콘크리트를 사용할 경우에는 각각의 특별한 주의 사항에 따라 시공하여야 한다.

□□□ 기10,11

01 콘크리트의 표면 마무리에 관련된 설명으로 틀린 것은?

① 노출 콘크리트에서 균일한 노출면을 얻기 위해서는 동일 공장 제품의 시멘트, 동일 종류 및 입도를 갖는 골재, 동일하게 배합된 콘크리트, 동일한 타설 방법을 사용하여야 한다.
② 미리 정해진 구획의 콘크리트 타설은 연속해서 일괄 작업으로 끝마쳐야 한다.
③ 시공 이음이 미리 정해져 있지 않을 경우에는 직선상의 이음이 얻어지도록 시공한다.
④ 마무리 작업 후 콘크리트가 굳기 시작할 때까지의 사이에 균열이 발생하더라도 다짐을 하여서는 안 된다.

[해설] · 마무리 작업 후 콘크리트가 굳기 시작할 때까지의 사이에 일어나는 균열은 다짐 또는 재마무리에 의해서 제거하여야 한다.
· 재진동을 해도 좋다.

□□□ 기12

02 콘크리트의 표면 마무리에 대한 설명 중 옳지 않은 것은?

① 노출 콘크리트에서 균일한 노출면을 얻기 위해서는 동일 공장 제품의 시멘트, 동일 한 종류 및 입도를 갖는 골재, 동일한 배합의 콘크리트, 동일한 콘크리트 타설 방법을 사용하여야 한다.
② 미리 정해진 구획의 콘크리트 타설은 연속해서 일괄 작업으로 마쳐야 한다.
③ 제물치장 마무리 또는 마무리 두께가 얇은 경우, 콘크리트 마무리의 평탄성 표준값은 3m당 15mm 이하이다.
④ 시공 이음이 미리 정해져 있지 않을 경우에는 직선상의 이음이 얻어지도록 시공하여야 한다.

[해설] 제물치장 마무리 또는 마무리 두께가 얇은 경우, 콘크리트 마무리의 평탄성 표준값은 3m당 7mm 이하이다.

03 일반 콘크리트의 표면 마무리에 대한 설명으로 옳지 않은 것은?

① 시공 이음이 미리 정해져 있지 않을 경우에는 직선상의 이음이 얻어지도록 시공하여야 한다.
② 미리 정해진 구획의 콘크리트 타설은 연속해서 일괄 작업으로 끝마쳐야 한다.
③ 콘크리트 면의 마무리 두께가 7mm 이상 또는 바탕의 영향을 많이 받지 않는 마무리의 경우 평탄성은 1m당 10mm 이하를 유지하여야 한다.
④ 제물치장 마무리 또는 마무리 두께가 얇은 경우에는 1m당 7mm 이하의 평탄성을 유지하여야 한다.

해설 제물치장 마무리 또는 마무리 두께가 얇은 경우에는 3m당 7mm 이하의 평탄성을 유지하여야 한다.

04 콘크리트의 표면 마무리에 관련된 설명으로 틀린 것은?

① 노출 콘크리트에서 균일한 노출면을 얻기 위해서는 동일 공장 제품의 시멘트, 동일 종류 및 입도를 갖는 골재, 동일하게 배합된 콘크리트, 동일한 타설 방법을 사용하여야 한다.
② 미리 정해진 구획의 콘크리트 타설은 연속해서 일괄 작업으로 끝마쳐야 한다.
③ 시공 이음이 미리 정해져 있지 않을 경우에는 직선상의 이음이 얻어지도록 시공한다.
④ 마무리 작업 후 콘크리트가 굳기 시작 할 때까지의 사이에 균열이 발생하더라도 다짐을 하여서는 안 된다.

해설 마무리 작업 후 콘크리트가 굳기 시작할 때까지의 사이에 일어나는 균열은 다짐 또는 재마무리에 의해서 제거하여야 한다. 그리고 재진동을 해도 좋다.

05 콘크리트 표면의 마모에 대한 저항성을 크게 할 목적으로 사용하는 방법으로 틀린 것은?

① 강경하고 마모 저항이 큰 양질의 골재를 사용한다.
② 물-결합재비를 크게 하여야 한다.
③ 밀실하고 균등질의 콘크리트로 되게 하여야 한다.
④ 충분한 양생을 실시하여야 한다.

해설 마모를 받는 면의 경우에는 콘크리트의 마모에 대한 저항성을 높이기 위해 강경하고 마모 저항이 큰 양질의 골재를 사용하고 마모 저항이 큰 양질의 골재를 사용하고 물-결합재비를 작게 하여야 한다.

06 콘크리트 타설 완료 후 콘크리트의 표면 마무리 공정에서 고려해야 될 사항과 관계가 없는 것은?

① 콘크리트 표면의 블리딩(Bleeding) 수의 처리가 끝난 후 마무리한다.
② 콘크리트 표면의 마무리 후, 굳기 시작할 때까지 사이에 일어나는 균열은 재마무리에 의해서 균열을 제거한다.
③ 매끄러운 표면 마무리는 콘크리트가 경화된 후에 마무리 한다.
④ 콘크리트 마무리는 나무흙손이나 적절한 마무리 기계를 사용한다.

해설 매끄럽고 치밀한 표면이 필요할 때는 작업이 가능한 범위에서 될 수 있는 대로 늦은 시기에 쇠손으로 강하게 힘을 주어 콘크리트 윗면을 마무리한다.

07 일반 콘크리트의 표면 마무리에서 마무리 두께 7mm 이하 또는 양호한 평탄함이 필요한 경우 평탄성 표준값은?

① 1m당 10mm 이하   ② 3m당 5mm 이하
③ 1m당 7mm 이하   ④ 3m당 10mm 이하

해설 콘크리트 마무리의 평탄성 표준 값

콘크리트 면의 마무리	평탄성
마무리 두께 7mm 이상 또는 바탕의 영향을 많이 받지 않는 마무리의 경우	1m당 10mm 이하
마무리 두께 7mm 이하 또는 양호한 평탄함이 필요한 경우	3m당 10mm 이하
제물치장 마무리 또는 마무리 두께 얇은 경우	3m당 7mm 이하

08 표면 마무리에 대한 설명으로 옳은 것은?

① 표면 마무리는 내구성, 수밀성에 영향을 주지 않는다.
② 마모를 받는 면의 경우에는 물-결합재비를 크게 한다.
③ 표면 마무리는 콘크리트 뒷면으로 스며 올라온 물을 처리한 후에 한다.
④ 거푸집 제거 후 발생한 콘크리트 표면 균열은 방치해도 좋다.

해설
- 콘크리트의 표면 마무리는 외관뿐만 아니라 구조물의 내구성, 수밀성 등의 기본적인 성능 확보를 위해 중요하다.
- 마모를 받는 면의 경우에는 콘크리트의 마모에 대한 저항성을 높이기 위해 강경하고, 마모 저항이 큰 양질의 골재를 사용하고, 물-결합재비를 작게 하여야 한다.
- 거푸집을 떼어 낸 후 온도 응력, 건조 수축 등에 의하여 표면에 발생한 균열은 필요에 따라 적절히 보수하여야 한다.

016 콘크리트의 품질 관리

- 워커빌리티의 검사는 굵은 골재 최대 치수 및 슬럼프가 설정치를 만족하는지의 여부를 확인함과 동시에 재료 분리 저항성을 외관 관찰에 의해 확인하여야 한다.
- 강도 검사는 콘크리트의 배합 검사를 실시하는 것을 표준으로 한다.
  - 콘크리트 강도 판정 시에는 공시체 3개의 평균값을 1회의 시험값으로 본다.
  - 임의 연속한 3회 압축 강도의 시험값의 평균이 설계 기준 압축 강도 이상이어야 한다.

압축 강도에 의한 콘크리트의 품질 검사

항 목	시기 및 횟수	판정 기준	
		$f_{cn} \leq 35\,\text{MPa}$	$f_{cn} > 35\,\text{MPa}$
호칭 강도로부터 배합을 정한 경우	• 1회/일 • 조물의 중요도와 공사의 규모에 따라 120m³ 마다 1회 • 배합이 변경될 때마다	(1) 연속 3회 시험값의 평균이 호칭 강도 이상 (2) 1회 시험값이 $(f_{cn} - 3.5\,\text{MPa})$ 이상	(1) 연속 3회 시험값의 평균이 호칭 강도 이상 (2) 1회 시험값이 호칭 강도의 90% 이상
그 밖의 경우		압축 강도의 평균값이 품질기준강도 이상일 것	

기13
01 한중 콘크리트는 소요 압축 강도가 얻어질 때까지 콘크리트의 온도를 5℃ 이상으로 유지하는 등 초기 양생을 실시하여야 한다. 계속해서 또는 자주 물로 포화되는 부분에 설치된 부재의 단면 두께가 300mm 초과, 800mm 이하일 때 양생을 종료할 수 있는 소요 압축 강도의 표준으로 옳은 것은?

① 15MPa
② 12MPa
③ 10MPa
④ 5MPa

해설 한중 콘크리트의 양생 종료 때의 소요 압축 강도의 표준(MPa)

구조물의 노출 \ 단면(mm)	300 이하	300 초과 800 이하	800 초과
(1) 계속해서 또는 자주 물로 포화되는 부분	15	12	10
(2) 보통의 노출 상태에 있고 (1)에 속하지 않는 경우	5	5	5

기10
02 압축 강도에 의한 콘크리트의 품질 관리에서 시험을 위해 시료를 채취하는 시기 및 횟수는 일반적인 경우 하루에 치는 콘크리트마다 적어도 몇 회로 하여야 하는가?

① 1회
② 2회
③ 3회
④ 4회

해설 압축 강도 실험 실시의 시기 및 횟수
- 1회/일
- 조물의 중요도와 공사의 규모에 따라 120m³ 마다 1회
- 배합이 변경될 때마다

정답 016 01 ② 02 ①

017 거푸집 및 동바리

1 거푸집 설계
- 거푸집은 그 형상 및 위치가 정확히 유지되도록 설계되어야 한다.
- 거푸집은 조립 및 해체가 용이해야 하며, 거푸집 널 또는 패널의 이음은 가능한 한 부재 축에 직각 또는 평행으로 하고, 모르타르가 새어 나오지 않는 구조이어야 한다.
- 특별히 지정하지 않은 경우라도 콘크리트의 모서리는 모따기가 될 수 있는 구조이어야 한다.
- 필요한 경우에는 거푸집의 청소, 검사 및 콘크리트 타설에 편리하도록 적당한 위치에 일시적인 개구부를 만들어야 한다.
- 구조물의 거푸집에 대해서 책임 기술자가 요구하는 경우 구조 설계도서를 제출하여 승인을 받아야 한다.

2 동바리의 설계
- 동바리는 설계 및 시공 등을 고려하여 알맞은 형식과 재료를 선택하고, 하중을 안전하게 지지부에 전달하도록 하여야 한다.
- 동바리는 조립이나 해체가 편리한 구조로서, 그 이음이나 접속부에서 하중을 확실하게 전달할 수 있는 것이어야 한다.
- 동바리의 지지부는 콘크리트의 타설 중 및 타설 후에도 침하나 부등 침하가 일어나지 않도록 하여야 한다.
- 동바리의 설계에 있어서 시공 중 및 시공 후의 콘크리트 자중에 따른 침하와 변형을 고려하여야 한다.
- 구조물 동바리에 대해서 책임 기술자가 요구하는 경우 구조 설계도서를 제출하여 승인을 받아야 한다.

3 거푸집 및 동바리 구조 계산
- 거푸집 및 동바리는 구조물의 종류, 규모, 중요도, 시공 조건 및 환경 조직 등을 고려하여 연직 하중, 수평 하중 및 콘크리트의 측압 등에 대해 설계해야 한다.
- 동바리의 설계는 강도뿐만이 아니라 변형에 대해서도 고려하여야 한다.
- 연직 하중은 고정 하중 및 공사 중 발생하는 활하중으로 다음의 값을 적용하여야 한다.
- 고정 하중은 철근 콘크리트와 거푸집의 중량을 고려하여 합한 하중이다.
- 콘크리트의 단위 중량은 철근의 중량을 포함하여 보통 콘크리트의 경우 $24kN/m^3$을 적용한다.
- 콘크리트의 단위 중량은 제1종 경량 골재 콘크리트 $24kN/m^3$, 제2종 경량 골재 콘크리트 $17kN/m^3$를 적용하여야 한다.
- 거푸집 하중은 최소 $0.4kN/m^2$ 이상을 적용하며, 특수 거푸집의 경우에는 그 실제의 중량을 적용하여 설계하여야 한다.
- 활하중은 구조물의 수평 투영 면적(연직 방향으로 투영시킨 수평 면적)당 최소 $2.5kN/m^2$ 이상으로 하여야 한다.
- 전동식 카트 장비를 이용하여 콘크리트를 타설할 경우에는 $3.75kN/m^2$의 활하중을 고려하여 설계하여야 한다.
- 고정 하중과 활하중을 합한 연직 하중은 슬래브 두께에 관계없이 최소 $5.0kN/m^2$ 이상, 전동식 카트를 사용할 경우에는 최소 $6.25kN/m^2$ 이상을 고려하여 거푸집 및 동바리를 설계하여야 한다.
- 수평 하중은 고정 하중 및 공사 중 발생하는 활하중으로 다음의 값을 적용하여야 한다.
- 동바리에 작용하는 수평 하중으로는 고정 하중의 2% 이상 또는 동바리 상단의 수평 방향 단위 길이당 $1.5kN/m$ 이상 중에서 큰 쪽의 하중이 동바리 머리 부분에 수평 방향으로 작용하는 것으로 가정하여야 한다.
- 벽체 거푸집의 경우에는 거푸집 측면에 대하여 $0.5kN/m^2$ 이상의 수평 방향 하중이 작용하는 것으로 볼 수 있다.
- 풍압, 유수압, 지진 등의 영향을 크게 받을 때에는 별도로 이들 하중을 고려하여야 한다.
- 거푸집 설계에서는 굳지 않은 콘크리트의 측압을 고려하여야 한다.

$$p = WH$$

여기서, p : 콘크리트의 측압(kN/m^2)
W : 생콘크리트의 단위 중량(kN/m^3)
H : 콘크리트의 타설 높이(m)

4 거푸집 및 동바리의 해체
- 거푸집 및 동바리는 콘크리트가 자중 및 시공 중에 가해지는 하중을 지지할 수 있는 강도를 가질 때까지 해체할 수 없다.
- 내구성이 중요한 구조물에서는 콘크리트의 압축 강도가 10MPa 이상일 때 거푸집널을 해체할 수 있다.
- 거푸집을 해체하는 순서는 비교적 하중을 받지 않은 부분을 먼저 해체한 후, 나머지 중요한 부분을 해체하는 것이 좋다.
- 기둥, 벽 등의 수직 부재의 거푸집 보 등은 수평 부재의 거푸집보다도 일찍 해체하는 것이 원칙이며 보의 양 측면의 거푸집은 바닥판보다 먼저 해체하여도 좋다.
- 보, 슬래브 및 아치 하부의 거푸집널은 원칙적으로 동바리를 해체한 후에 해체한다.
- 그러나 구조 계산으로 안전성이 확보된 양의 동바리를 현 상태대로 유지하도록 설계, 시공된 경우 콘크리트를 10℃ 이상 온도에서 4일 이상 양생한 후 사전에 책임 기술자의 승인을 받아 해체할 수 있다.
- 콘크리트의 압축 강도를 시험할 경우 거푸집널의 해체 시기

부재	콘크리트의 압축 강도(f_{cu})
확대 기초, 보, 기둥 등의 측면	5MPa 이상
슬래브 및 보의 밑면, 아치 내면 (단층구조의 경우)	설계 기준 압축 강도의 2/3배 이상, 또한 최소 14MPa 이상

- 콘크리트의 압축 강도를 시험하지 않을 경우 거푸집널의 해체 시기(기초, 보, 기둥 및 벽의 측면)

시멘트의 종류 평균 기온	조강 포틀랜드 시멘트	보통 포틀랜드 시멘트 고로 슬래그 시멘트(1종) 포틀랜드 포졸란 시멘트(1종) 플라이 애시 시멘트(1종)	고로 슬래그 시멘트(2종) 포틀랜드 포졸란 시멘트(2종) 플라이 애시 시멘트(2종)
20℃ 이상	2일	4일	5일
20℃ 미만 10℃ 이상	3일	6일	8일

5 콘크리트의 측압

- 콘크리트의 측압은 콘크리트 타설 전에 검토해야 할 매우 중요한 요인으로 콘크리트 측압에 영향을 미치는 요인으로는 다음과 같다.
- 부배합일수록 측압은 커지게 된다.
- 철골 철근량이 적을수록 측압은 커지게 된다.
- 콘크리트의 타설 속도가 빠르면 측압은 커지게 된다.
- 콘크리트의 슬럼프가 커질수록 측압은 커지게 된다.
- 콘크리트의 타설 높이가 높으면 측압은 커지게 된다.
- 콘크리트의 다짐이 충분할수록 측압은 커지게 된다.
- 콘크리트의 온도 및 습도가 낮을수록 측압은 커지게 된다.
- 콘크리트의 시공연도가 좋을수록 측압은 커지게 된다.

6 재료

거푸집널

- 흠집 및 옹이가 많은 거푸집과 합판의 접착 부분이 떨어져 구조적으로 약한 것을 사용할 수 없다.
- 거푸집의 띠장은 부러지거나 균열이 있는 것을 사용해서는 안 된다.
- 제물치장 콘크리트용 거푸집널에 사용하는 합판은 내알칼리성이 우수한 재료로 표면 처리된 것이어야 한다.
- 형상이 찌그러지거나 비틀림 등 변형이 있는 것은 교정한 다음 사용하여야 한다.
- 금속제 거푸집의 표면에 녹이 많이 발생한 경우에는 쇠솔 또는 샌드페이퍼 등으로 제거하고 박리제를 얇게 칠하여 사용하여야 한다.
- 거푸집널을 재사용하는 경우에는 콘크리트에 접하는 면을 깨끗이 청소하고 볼트용 구멍 또는 파손 부위를 수선한 후 사용하여야 한다.
- 목재 거푸집널은 콘크리트의 경화 불량을 방지하기 위하여 직사광선에 노출되지 않도록 씌우개로 덮어 두어야 한다.
- 재제한 목재를 거푸집널로 사용할 경우에는 콘크리트와 접하는 면은 대패질한 후 사용하여야 한다.

동바리

- 현저한 손상, 변형, 부식이 있는 것은 사용할 수 없다.
- 굽어져 있는 강관 동바리는 사용할 수 없다.

기타 재료

- 긴결재는 내력 시험에 의하여 제조 업자가 허용 인장력을 보증하는 것을 사용하여야 한다.
- 연결재는 다음 사항에 합당한 것을 선정하여 사용하여야 한다.
  - 치수가 정확하고 충분한 강도가 있는 것
  - 회수, 해체가 쉬운 것
  - 조합 부품수가 적은 것
- 박리제는 변쇄, 경화 지연, 경화 불량 등의 콘크리트 품질 및 표면 마감 재료의 부착에 유해한 영향을 끼치지 않는 것을 사용하여야 하며, 책임 기술자의 승인을 받아야 한다.

□□□ 기04

01 콘크리트 부재의 표면에 발생하는 기포에 대한 다음의 기술 내용 중 잘못된 것은?

① 단위 시멘트량이 증가하면 콘크리트 부재 표면의 기포는 감소하는 경향이 있다.
② 경사면의 윗면은 수직면의 경우보다 더 많은 기포가 발생하는 경향이 있다.
③ 거푸집 표면 부근의 진동 다짐은 부재 표면의 기포를 증가시킬 수도 있다.
④ 목재 거푸집의 경우 거푸집이 건조하면 기포가 감소하고, 강재 거푸집의 경우 온도가 높으면(여름철) 기포가 감소하는 경향이 있다.

[해설] 목재 거푸집의 경우 거푸집의 표면이 건조하면 기포가 증가한다.

□□□ 산13

02 일반 콘크리트에서 콘크리트의 압축 강도를 시험하지 않을 경우 거푸집널의 해체 시기로서 옳은 것은?
(단, 평균 기온이 10℃ 이상 20℃ 미만이고 보통 포틀랜드 시멘트를 사용한 기초, 보, 기둥 및 벽의 측면)

① 2일
② 3일
③ 5일
④ 6일

[해설] 콘크리트의 압축 강도를 시험하지 않을 경우 거푸집널 해체 시기(기초, 보, 기둥 및 벽의 측면)

시멘트의 종류 평균 기온	보통 포틀랜드 시멘트	조강 포틀랜드 시멘트
20℃ 이상	4일	2일
20℃ 미만 10℃ 이상	6일	3일

정답 01 ④ 02 ④

☐☐☐ 기10,13
03 거푸집 및 동바리 구조 계산에 대한 설명 중 틀린 것은?

① 고정 하중은 철근 콘크리트와 거푸집의 중량을 고려하여 합한 하중이다.
② 콘크리트의 단위 중량은 철근의 중량을 포함하여 보통 콘크리트의 경우 24kN/m³을 적용한다.
③ 거푸집 하중은 최소 4kN/m² 이상을 적용한다.
④ 거푸집 설계에서는 굳지 않은 콘크리트의 측압을 고려하여야 한다.

해설 거푸집 하중은 최소 0.4kN/m² 이상을 적용한다.

☐☐☐ 예상
04 거푸집 및 동바리를 떼어 내는 시기는 많은 요인에 따라 다르므로 떼어 내는 시기를 잘못 잡음으로 큰 재해를 일으키는 경우가 많다. 철근 콘크리트에서 거푸집을 떼어 내도 좋은 시기를 압축 강도의 값으로 할 경우 기둥, 벽, 보의 측면인 경우 최소 얼마의 값이면 떼어 내도 좋은가?

① 2MPa
② 3.5MPa
③ 5.0MPa
④ 8.0MPa

해설

부재		콘크리트의 압축강도(f_{cu})
확대기초, 보, 기둥 등의 측면		5MPa
슬래브, 보의 밑면, 아치의 내면	단층구조	설계기준강도의 2/3배 이상 또한 최소 14MPa 이상
	다층구조	설계기준강도 이상 또한 최소 14MPa 이상

☐☐☐ 산 09,13
05 콘크리트의 측압에 관한 설명 중 옳지 않은 것은?

① 타설 속도가 빠르면 측압이 커진다.
② 단면이 작은 벽보다 단면이 큰 기둥에서 측압이 크다.
③ 철근량이 적을수록, 온도가 높을수록 측압이 크다.
④ 응결 시간이 빠른 시멘트를 사용할수록 측압이 적다.

해설 콘크리트의 측압
• 부배합일수록 측압은 커지게 된다.
• 철골 철근량이 적을수록 측압은 커지게 된다.
• 콘크리트의 타설 속도가 빠르면 측압은 커지게 된다.
• 콘크리트의 슬럼프가 커질수록 측압은 커지게 된다.
• 콘크리트의 타설 높이가 높으면 측압은 커지게 된다.
• 콘크리트의 다짐이 충분할수록 측압은 커지게 된다.
• 콘크리트의 온도 및 습도가 낮을수록 측압은 커지게 된다.
• 콘크리트의 시공 연도가 좋을수록 측압은 커지게 된다.

☐☐☐ 산 09,10,15,17,18
06 설계 기준 강도가 24MPa인 콘크리트의 슬래브 및 보의 밑면, 아치 내면 거푸집을 해체 가능한 압축 강도의 시험 결과 최소값은?

① 5MPa
② 14MPa
③ 16MPa
④ 24MPa

해설 콘크리트 압축 강도(슬래브 및 보의 밑면, 아치 내면)
• 설계 기준 압축 강도의 2/3배 이상 또는 최소 14MPa 이상
∴ 콘크리트의 압축 강도 $f_{cu} = \dfrac{2}{3} \times 24 = 16\,\mathrm{MPa} \geq 14\,\mathrm{MPa}$

☐☐☐ 기10,17
07 콘크리트의 측압은 콘크리트 타설 전에 검토해야 할 매우 중요한 시공 요인이다. 다음 중 콘크리트 측압에 영향을 미치는 요인에 대한 설명으로 틀린 것은?

① 콘크리트의 타설 속도가 빠르면 측압은 커지게 된다.
② 콘크리트의 슬럼프가 커질수록 측압은 커지게 된다.
③ 콘크리트의 온도가 높을수록 측압은 커지게 된다.
④ 콘크리트의 타설 높이가 높으면 측압은 커지게 된다.

해설 콘크리트의 온도 및 습도가 낮을수록 측압은 커지게 된다.

| memo |

CHAPTER 02 특수 콘크리트

018 한중 콘크리트

1 일반 사항

- 적용 : 하루의 평균 기온이 4℃ 이하가 예상되는 조건일 때는 콘크리트가 동결할 염려가 있으므로 한중 콘크리트로 시공하여야 한다.
- 시멘트는 KS에 규정되어 있는 포틀랜드 시멘트를 사용하는 것을 표준으로 한다.
- 한중콘크리트 시공 시 포틀랜드 시멘트를 사용하는 것을 표준으로 하고 있는 것은 저온 양생하였을 때 초기 재령의 강도 발현에 대한 지연 정도가 적고 콘크리트의 동해에 대한 우려를 적게 할 수 있기 때문이다.
- 중용열 포틀랜드 시멘트는 수화 작용에 따르는 발열이 적기 때문에 매스 콘크리트에 적당하다.
- 조강 포틀랜드 시멘트는 초기 강도가 크기 때문에 급속 공사나 한중 콘크리트 공사에 주로 쓰인다.
- 골재가 동결되어 있거나 골재에 빙설이 혼입되어 있는 골재는 그대로 사용할 수 없다.
- 방동·내한제 등의 특수한 혼화제를 사용할 때는 품질이 확인되는 것을 사용하여야 한다.
- 재료를 가열한 경우, 물 또는 골재를 가열하는 것으로 한다.
- 시멘트는 어떠한 경우라도 직접 가열할 수 없다.
- 골재의 가열은 온도가 균등하게 되고 또 건조되지 않는 방법을 적용하여야 한다.
- 재료를 가열했거나 재료의 온도를 알 수 있을 때 비빈 직후 콘크리트의 온도는 적절한 식으로 계산하여 적용할 수 있다.
- 콘크리트의 온도

$$T = \frac{C_s(T_a W_a + T_c W_c) + T_m W_m}{C_s(W_a + W_c) + W_m}$$

여기서, T : 콘크리트 온도(℃)
W_a 및 T_a : 골재의 질량(kg) 및 온도(℃)
W_c 및 T_c : 시멘트의 질량(kg) 및 온도(℃)
W_m 및 T_m : 비빌 때 사용되는 물의 질량(kg) 및 온도(℃)
C_s : 시멘트 및 골재의 물에 대한 비열의 비로서 0.2로 가정해도 좋다.

2 배합

- 한중 콘크리에서는 공기 연행(AE제 또는 AE 감수제) 콘크리트를 사용하는 것을 원칙으로 한다.
- 공기 연행제, 공기 연행 감수제 및 고성능 공기 연행 감수제 등을 사용하면 미세한 기포를 콘크리트 속에 연행시킴에 따라 소요의 워커빌리티를 얻는 데 필요한 단위 수량을 줄일 수 있다.
- 단위 수량은 초기 동해를 적게 하기 위하여 소요의 워커빌리티를 유지할 수 있는 범위 내에서 되도록 적게 정하여야 한다.
- 한중 콘크리트의 배합은 초기 동해에 필요한 압축 강도가 초기 양생 기간 내에 얻어지고, 콘크리트의 설계 기준 압축 강도가 소정의 재령에서 얻어지도록 정하여야 한다.
- 물-결합재비는 원칙적으로 60% 이하로 하여야 한다.
- 배합 강도 및 물-결합재비는 적산 온도 방식에 의해 결정할 수 있다.

$$M = \sum_{0}^{t}(\theta + A)\Delta t$$

여기서, M : 적산 온도(℃·D(일))
θ : Δt 시간 중의 콘크리트의 평균 양생 온도(℃)
A : 정수로서 일반적으로 10℃가 사용된다.
Δt : 시간(일)

3 비비기

- 콘크리트를 비빈 직후의 온도는 기상 조건, 운반 시간 등을 고려하여 타설할 때에 소요의 콘크리트 온도가 얻어지도록 하여야 한다.

$$T_2 = T_1 - 0.15(T_1 - T_0) \cdot t$$

여기서, T_o : 주위의 온도(℃)
T_1 : 비볐을 때의 콘크리트의 온도(℃)
t : 비빈 후부터 타설이 끝났을 때까지의 시간(h)

- 가열한 재료를 믹서에 투입하는 순서는 시멘트가 급결하지 않도록 정하여야 한다.
- 가열한 물과 시멘트가 접촉하면 시멘트가 급결할 우려가 있으므로 먼저 가열한 물과 굵은 골재 다음에 잔 골재를 넣어서 믹서 안의 재료 온도가 40℃ 이하가 된 후에 최후에 시멘트를 넣는 것이 좋다.
- 콘크리트를 비빈 직후의 온도는 각 배치마다 변동이 적어지도록 관리하여야 한다.

4 시공

■ 운반 및 타설
- 콘크리트의 운반 및 타설은 열량의 손실을 가능한 한 줄이도록 하여야 한다.
- 타설할 때의 콘크리트 온도는 구조물의 단면 치수, 기상 조건 등을 고려하여 5~20℃의 범위에서 정하여야 한다.
- 기상 조건이 가혹한 경우나 부재 두께가 얇을 경우에는 칠 때의 콘크리트의 최저 온도는 10℃ 정도를 확보하여야 한다.
- 콘크리트를 타설할 때에는 철근이나 거푸집 등에 빙설이 부착되어 있지 않아야 한다.
- 콘크리트를 타설할 마무리된 지반은 콘크리트 타설 시까지 그 사이에 동결하지 않도록 시트 등으로 덮어 놓아야 한다.
- 이미 지반이 동결되어 있는 경우에는 적당한 방법으로 이것을 녹인 후 콘크리트를 타설하여야 한다.
- 타설이 끝난 콘크리트는 양생을 시작할 때까지 콘크리트 표면의 온도가 급랭할 가능성이 있으므로, 콘크리트를 타설한 후 즉시 시트나 기타 적당한 재료로 표면을 덮고, 특히 바람을 막아야 한다.

■ 초기 양생
- 콘크리트 타설이 종료된 후 초기 동해를 받지 않도록 초기 양생을 실시하여야 한다.
  - 초기 양생 방법 및 양생 기간은 외기 온도, 배합, 구조물의 종류 및 크기 등을 고려하여 정하여야 한다.
  - 콘크리트가 초기 동해를 받으면, 그 후 양생을 계속하더라도 강도의 증진 및 내구 성능이 떨어진다.
- 콘크리트는 타설 후 초기에 동결하지 않도록 잘 보호하여야 한다.
  - 구조물의 모서리나 가장자리의 부분은 보온하기 어려운 곳이어서 초기 동해를 받기 쉬우므로 초기 양생에 주의하여야 한다.
- 콘크리트를 타설한 직후에 찬바람이 콘크리트 표면에 닿는 것을 방지하여야 한다.
- 한중 콘크리트의 초기 양생 시 소요 압축 강도가 얻어질 때까지 콘크리트의 온도를 5℃ 이상으로 유지하여야 한다.
  - 소요 압축 강도에 도달한 후 2일간은 구조물의 어느 부분이라도 0℃ 이상이 되도록 유지하여야 한다.

한중 콘크리트의 양생 종료 때의 소요 압축 강도의 표준(MPa)

구조물의 노출 \ 단면(mm)	300 이하	300 초과 800 이하	800 초과
(1) 계속해서 또는 자주 물로 포화되는 부분	15	12	10
(2) 보통의 노출 상태에 있고 (1)에 속하지 않는 경우	5	5	5

소요의 압축 강도를 얻는 양생 일수의 표준(보통의 단면)

구조물의 노출 \ 시멘트의 종류		보통 포틀랜드 시멘트	조강 포틀랜드 시멘트 보통 포틀랜드 + 촉진제	혼합 시멘트 B종
(1) 계속해서 또는 자주 물로 포화되는 부분	5℃	9일	5일	12일
	10℃	7일	4일	9일
(2) 보통의 노출 상태에 있고 (1)에 속하지 않는 부분	5℃	4일	3일	5일
	10℃	3일	2일	4일

■ 보온 양생
- 단열성이 높은 재료 등으로 콘크리트 표면을 덮어 열의 방출을 적극 억제하여 시멘트의 수화열을 이용해서 필요한 온도를 유지하는 양생
- 보온 양생 또는 급열 양생을 끝마친 후에는 콘크리트의 온도를 급격히 저하시키지 않아야 한다.

---

01 한중 콘크리트에 대한 설명으로 틀린 것은?

① 공기 연행 콘크리트를 사용하는 것을 원칙으로 한다.
② 시멘트의 온도가 낮을 경우 40℃ 이하로 가열하여 사용한다.
③ 타설할 때의 콘크리트 온도는 구조물의 단면 치수, 기상 조건 등을 고려하여 5~20℃의 범위에서 정하여야 한다.
④ 단위 수량은 초기 동해를 적게 하기 위하여 되도록 적게 정하여야 한다.

해설 콘크리트를 비비기 할 때 재료를 가열할 경우, 물 또는 골재를 가열하는 것으로 하며, 시멘트는 어떠한 경우라도 직접 가열할 수 없다.

02 한중 콘크리트에 대한 설명으로 틀린 것은?

① 한중 콘크리트는 공기 연행 콘크리트로 시공하는 것을 원칙으로 한다.
② 가능한 한 단위 수량을 적게 한다.
③ 물-결합재비는 원칙적으로 60% 이하로 한다.
④ 초기 양생 시 심한 기상 작용을 받는 콘크리트는 소정의 압축 강도가 얻어질 때까지 콘크리트의 온도를 0℃ 이상으로 유지하여야 한다.

해설 초기 양생 시 심한 기상작용을 받는 콘크리트는 소정의 압축 강도가 얻어질 때까지 콘크리트의 온도를 5℃ 이상으로 유지하여야 한다.

03 한중 콘크리트에 대한 일반적인 설명으로 틀린 것은?

① 하루의 평균 기온이 4℃ 이하가 예상되는 조건일 때는 한중 콘크리트로 시공하여야 한다.
② 한중 콘크리트에는 AE 콘크리트를 사용하는 것을 원칙으로 한다.
③ 물−결합재비는 원칙적으로 50% 이하로 하여야 한다.
④ 재료를 가열할 경우, 물 또는 골재를 가열하는 것으로 하며, 시멘트는 어떠한 경우라도 직접 가열할 수 없다.

[해설] 물−결합재비는 원칙적으로 60% 이하로 하여야 한다.

04 아래 표와 같은 조건에서 한중 콘크리트의 타설이 종료되었을 때 온도를 구하면?

- 비빈 직후 온도 : 20℃
- 주위의 기온 : 5℃
- 비빈 후부터 타설 종료 시까지의 시간 : 2시간
- 운반 및 타설 시간 1시간에 대하여 콘크리트 온도와 주위의 기온와의 차이 : 15%

① 10.5℃ ② 12.5℃
③ 15.5℃ ④ 17.75℃

[해설] $T_2 = T_1 - 0.15(T_1 - T_0) \cdot t$
$= 20 - 0.15(20-5) \times 2 = 15.5℃$

05 한중 콘크리트에 대한 설명으로 틀린 것은?

① 한중 콘크리트의 배합 시 물−결합재비는 원칙적으로 60% 이하로 하여야 한다.
② 초기 양생에서 소요 압축 강도가 얻어질 때까지 콘크리트의 온도를 5℃ 이상으로 유지하여야 하며, 또한 소요 압축강도에 도달한 후 2일간은 구조물의 어느 부분이라도 0℃ 이상이 되도록 유지하여야 한다.
③ 적산 온도 방식을 적용할 경우 5℃에서 28일간 양생한 콘크리트는 10℃에서 14일간 양생한 콘크리트와 강도가 거의 동일하다.
④ 보통의 노출 상태에 있는 콘크리트의 초기 양생은 콘크리트 강도가 5MPa될 때까지 실시한다.

[해설] 적산 온도 방식을 적용할 경우 5℃에서 28일간 양생한 콘크리트는 10℃에서 14일간 양생한 콘크리트와 강도가 동일하지 않다.

06 한중 콘크리트는 하루의 평균 기온이 몇 ℃ 이하로 되는 것이 예상되는 기상 조건하에서 시공하는 것이 원칙인가?

① −2℃ ② 0℃
③ 2℃ ④ 4℃

[해설] 하루의 평균 기온이 4℃ 이하가 예상되는 조건일 때는 콘크리트가 동결할 염려가 있으므로 한중 콘크리트로 시공하여야 한다.

07 한중 콘크리트 시공 시 비빈 직후 콘크리트의 온도 및 주위 기온이 아래의 조건과 같을 때, 타설이 완료된 후 콘크리트의 온도를 계산하면?

- 비빈 직후의 콘크리트 온도 : 25℃
- 주위 온도 : 4℃
- 비빈 후부터 타설 완료 시까지의 시간 : 1시간 30분

① 19.8℃ ② 20.3℃
③ 21.6℃ ④ 22.5℃

[해설] $T_2 = T_1 - 0.15(T_1 - T_0) \cdot t$
$= 25 - 0.15(25-4) \times 1.5 = 20.3℃$

08 다음은 한중 콘크리트의 양생에 대한 설명이다. 옳은 것은?

① 콘크리트 타설 직후에 찬바람이 콘크리트 표면에 닿도록 한다.
② 가열 보온 양생 중 가장 널리 사용되는 방법은 공간 가열법이다.
③ 초기 양생 종료를 위한 강도의 확인은 표준 양생 공시체를 이용한다.
④ 균열 방지를 위해 초기 양생 종료 후에도 5일간 이상은 콘크리트 온도를 4℃ 이상 유지해야 한다.

[해설]
- 콘크리트를 타설한 직후에 찬바람이 콘크리트 표면에 닿는 것을 방지하여야 한다.
- 초기 양생은 단열 보온 양생과 가열 보온 양생으로 구분된다.
- 가열 보온 양생 방법은 공간 가열 방법과 표면 가열 방법 및 내부가 열방법으로 구분되며 가장 많이 이용하는 방법은 공간 가열법이다.
- 양생의 종료 적합성 여부는 현장의 콘크리트와 되도록 같은 상태로 양생한 공시체의 강도 시험에 의한다.
- 균열 방지를 위해 초기 양생 종료 후에도 2일간 이상은 콘크리트 온도를 0℃ 이상 유지해야 한다.

09 한중 시기의 콘크리트 양생에 관한 설명으로 잘못된 것은?

① 콘크리트가 초기 동해를 받았을 경우에는 보온 및 가열 양생을 실시하면 강도가 회복된다.
② 초기 동해 방지를 위해서는 소요 강도가 얻어질 때까지 콘크리트의 최저 온도가 5℃ 미만이 되지 않도록 해야 한다.
③ 부재 두께가 얇을 경우의 양생 온도는 10℃ 정도로 유지하는 것이 좋다.
④ 보온 양생 또는 급열 양생을 마친 콘크리트 부재의 온도는 서서히 냉각시킨다.

해설 콘크리트가 초기 동해를 받으면 그 후 양생을 계속하더라도 강도의 증진 및 내구 성능이 떨어진다.

10 한중 콘크리트에 대한 설명으로 틀린 것은?

① 한중 콘크리트 타설 시 온도는 구조물의 단면 치수, 기상 조건 등을 고려하여 5~20℃의 범위에서 정한다.
② 기상 조건이 가혹한 경우나 부재 두께가 얇을 경우의 타설 시 콘크리트의 최저 온도는 10℃ 정도를 확보해야 한다.
③ 하루의 평균 기온이 4℃ 이하가 예상되는 조건일 때는 한중 콘크리트로 시공하여야 한다.
④ 한중 콘크리트의 초기 양생 시 소요의 압축 강도가 얻어질 때까지 콘크리트의 온도를 0℃ 이상으로 유지하여야 한다.

해설 • 한중 콘크리트의 초기 양생 시 소요의 압축 강도가 얻어질 때까지 콘크리트의 온도를 5℃ 이상으로 유지하여야 한다.
• 소요 압축 강도에 도달한 후 2일간은 구조물의 어느 부분이라도 0℃ 이상이 되도록 유지하여야 한다.

11 한중 콘크리트에 대한 설명 중 옳지 않은 것은?

① 한중 콘크리트에는 AE제, AE 감수제를 사용하지 않는 것이 좋다.
② 하루의 평균 기온이 4℃ 이하가 예상되는 조건일 때는 한중 콘크리트로 시공하여야 한다.
③ 재료를 가열할 경우, 물 또는 골재를 가열하는 것으로 하며, 시멘트는 어떠한 경우라도 직접 가열할 수 없다.
④ 물-결합재비는 원칙적으로 60% 이하로 하여야 한다.

해설 한중 콘크리트에는 공기 연행(AE제, AE 감수제, 고성능 AE 감수제) 콘크리트를 사용하는 것을 원칙으로 한다.

12 한중 콘크리트의 시공에서 콘크리트 타설 후 충분히 경화되기 전에 해수에 씻기면 모르타르 부분이 유실되는 등 피해를 받을 우려가 있으므로 콘크리트가 직접 해수에 닿지 않도록 보호하여야 한다. 아래 표의 조건과 같은 경우 보호하여야 하는 기간의 표준으로 옳은 것은?

- 사용 시멘트 : 고로 슬래그 시멘트
- 설계 기준 압축 강도 : 32MPa

① 3일간
② 5일간
③ 콘크리트의 압축 강도가 22MPa이 될 때까지
④ 콘크리트의 압축 강도가 24MPa이 될 때까지

해설 고로 슬래그 시멘트 등 혼합 시멘트를 사용할 경우에는 이 기간을 설계 기준 강도의 75% 이상의 강도가 확보될 때까지 연장하여야 한다. 즉, $32 \times \dfrac{75}{100} = 24\text{MPa}$
∴ 콘크리트의 압축 강도가 24MPa이 될 때까지 보호하여야 한다.

13 한중 콘크리트에 관한 설명으로 옳지 않은 것은?

① 하루의 평균 기온이 4℃ 이하가 되는 기상 조건에서는 한중 콘크리트로 시공한다.
② 콘크리트를 비비기 할 때 재료를 가열할 경우, 물 또는 골재를 가열하는 것으로 하며, 시멘트는 어떠한 경우라도 직접 가열할 수 없다.
③ 가열할 재료를 믹서에 투입할 때 가열한 물과 굵은 골재, 다음에 잔 골재를 넣어서 믹서 안의 재료 온도가 40℃ 이하가 된 후 최후에 시멘트를 넣는 것이 좋다.
④ 추위가 심한 경우 또는 부재 두께가 얇은 경우 소요의 압축 강도가 얻어질 때까지 콘크리트의 양생 온도는 0℃ 이상을 유지하여야 한다.

해설 추위가 심한 경우 또는 부재 두께가 얇은 경우 소요의 압축 강도가 얻어질 때까지 콘크리트의 양생 온도는 5℃ 이상을 유지하여야 한다.

019 서중 콘크리트

1 일반 사항

- **서중 콘크리트** : 높은 외부기온으로 인하여 콘크리트의 슬럼프 또는 슬럼프 플로 저하나 수분의 급격한 증발 등의 우려가 있을 경우에 시공되는 콘크리트로서 하루평균기온이 25℃를 초과하는 경우 서중 콘크리트로 시공한다.
- 콘크리트를 타설할 때의 기온이 30℃를 넘게 되면 서중 콘크리트로서의 성상이 현저해지므로 하루 평균 기온이 25℃를 넘는 시기에 시공할 경우에는 일반적으로 서중 콘크리트로서 시공할 수 있도록 준비해 두어야 한다.

- **적용** : 하루 평균 기온이 25℃를 초과하는 것이 예상되는 경우 서중 콘크리트로 시공하여야 한다.
- 서중 콘크리트 시공에서 콘크리트를 타설할 때와 타설 직후에는 콘크리트의 온도가 낮아지도록 재료의 취급, 비비기, 운반, 타설 및 양생 등에 대하여 적절한 조치를 취하여야 한다.
- 기온이 높으면 그에 따라 콘크리트의 온도가 높아져서 운반 중의 슬럼프 저하, 연행 공기량의 감소, 콜드 조인트의 발생, 표면 수분의 급격한 증발에 의한 균열의 발생, 온도 균열의 발생, 장기 강도의 저하 및 콘크리트 표층부의 밀실성 저하 등의 위험성이 증가한다.
- 콘크리트를 타설할 때와 타설한 직후에는 상기의 위험성 증가 등을 해결하기 위한 대책을 수립하여 콘크리트의 온도가 낮아지도록 재료의 취급, 비비기, 운반, 타설 및 양생 등에 대하여 특별한 고려를 하여야 한다.

2 배합

- 콘크리트의 배합은 소요의 강도 및 워커빌리티를 얻을 수 있는 범위 내에서 단위 수량 및 단위 시멘트량을 적게 하여야 한다.
- 단위 수량을 감소시키는 구체적인 방법으로는 감수제, 고성능 감수제 또는 유동화제 등의 사용을 생각할 수 있다.
- 단위수량은 일반적으로 185kg/m³ 이하로 관리되는 것이 좋다.
- [구] 콘크리트 타설을 끝냈을 때에는 즉시 양생을 시작하여 콘크리트 표면이 건조하지 않도록 보호해야 한다. 특히 타설 후 적어도 24시간은 노출면이 건조하는 일이 없도록 습윤 상태로 유지하여야 하며, 또 양생은 적어도 5일 이상 실시하는 것이 바람직하다.
- 일반적으로 기온이 10℃의 상승에 대하여 단위 수량은 2 ~ 5% 증가하므로 소요의 압축 강도를 확보하기 위해서는 단위 수량에 비례하여 단위 시멘트량의 증가를 검토하여야 한다.
- 콘크리트의 배합은 단위 수량을 적게 하고 단위 시멘트량이 많아지지 않도록 적절한 조치를 취하여야 한다.
- 서중 콘크리트의 배합 온도는 낮게 관리하여야 한다.

- 재료의 온도를 알 수 있을 때, 비빈 직후 콘크리트의 온도는 적절한 식으로 계산하여 적용할 수 있다.
- 서중 콘크리트에서는 실제로 비빈 직후의 콘크리트의 온도는 이 식에서 계산된 값보다 1℃ 정도 높게 본다.

$$T = \frac{0.2\,T_c W_c + \alpha_\alpha T_\alpha W_\alpha + T_w W_w}{0.2\,W_c + \alpha_\alpha W_\alpha + W_w}$$

여기서, 0.2 : 고체 재료(시멘트 및 골재)의 평균 비열
W_c 및 T_c : 시멘트의 질량(kg) 및 온도(℃)
W_α 및 T_c : 시멘트의 질량(kg) 및 온도(℃)
W_w 및 T_w : 비빌 때 사용되는 물의 질량(kg) 및 온도(℃)

$$\alpha_\alpha = \frac{0.2 + \mu_a + f_\alpha(1 + \mu_\alpha)}{(1 + f_\alpha)(1 - \mu_a)}$$

여기서, α_α : 함수 상태 골재의 비열
μ_a : 골재의 흡수율
f_α : 골재의 표면수율

3 비비기

- 콘크리트 재료는 온도가 낮아질 수 있도록 하여야 한다.
- 콘크리트 운반이 끝날 시점에서의 콘크리트 온도는 35℃를 넘지 않도록 가능한 낮게 정한다.
- 운반 중의 콘크리트 온도 상승은 2 ~ 4℃ 발생한다.
- 비빈 직후의 콘크리트 온도는 기상 조건, 운반 시간 등의 영향을 고려하여 타설할 때 소요의 콘크리트 온도가 얻어지도록 하여야 한다.

4 시공

운반
- 비빈 콘크리트는 가열되거나 건조해져서 슬럼프가 저하하지 않도록 적당한 장치를 사용하여 되도록 빨리 운송하여 타설하여야 한다.
- 펌프로 운반할 경우에는 관을 젖은 천으로 덮어야 하며, 레디 믹스트 콘크리트를 사용하는 경우에는 애지테이터 트럭을 햇볕에 장시간 대기시키는 일이 없도록 사전에 배차 계획까지 충분히 고려하여 시공 계획을 세워야 한다.
- 운반 및 대기 시간의 트럭믹서 내 수분 증발을 방지하고 폭우가 내릴 때, 우수의 유입 방지와 주차할 때 이물질 등의 유입을 방지할 수 있는 뚜껑을 설치하여야 한다.

■ 타설

- 콘크리트를 타설하기 전에는 지반, 거푸집 등 콘크리트로부터 물을 흡수할 우려가 있는 부분을 습윤 상태로 유지하여야 한다. 또 거푸집, 철근 등이 직사 일광을 받아서 고온이 될 우려가 있는 경우에는 살수, 덮개 등의 적절한 조치를 하여야 한다.
- 콘크리트는 비빈 후 즉시 타설하여야 하며, KS F 2560 지연형 감수제를 사용하는 등의 일반적인 대책을 강구한 경우라도 1.5시간 이내에 콘크리트를 타설을 완료하여야 한다.
- 콘크리트를 타설할 때의 콘크리트 온도는 35℃ 이하이어야 한다.
- 콘크리트 타설은 콜드 조인트가 생기지 않도록 적절한 계획에 따라 실시하여야 한다.
- 서중 콘크리트는 응결이 빠르기 때문에 보통 콘크리트에 비하여 콜드 조인트가 생기기 쉽다.

■ 현장 품질 관리

- 서중에 타설한 콘크리트 표면은 직사광선이나 바람에 노출되면 갑자기 건조해져서 균열이 발생하기 쉬우므로, 타설을 끝낸 콘크리트는 노출면이 건조하지 않도록 즉시 양생하여야 한다.
- 기온이 높고 습기가 낮은 경우에는 표면이 갑자기 건조하여 균열이 발생하기 쉬우므로 살수 또는 덮개 등의 적절한 조치를 하여 표면의 건조를 최대한 억제하여야 한다.
- 콘크리트 타설 후 콘크리트의 경화가 진행되어 있지 않은 시점에서 갑작스러운 건조에 의해 균열이 발생하였을 경우에는 즉시 재진동 다짐이나 다짐을 실시하여 이것을 없앤다.

□□□ 산 05

01 서중 콘크리트에 관한 다음의 내용 중 잘못 기술된 것은?

① 1일 평균 기온이 25℃를 초과하는 경우 서중 콘크리트로서 시공한다.
② 서중 콘크리트를 타설할 때의 콘크리트 온도는 최대 30℃ 이하이어야 한다.
③ 비비기로부터 타설 종료까지의 시간은 1.5시간 이내로 하여야 한다.
④ 서중 콘크리트는 타설 종료 후 최소 25시간 동안 노출면이 건조하는 일이 없도록 습윤 상태로 유지해야 한다.

[해설] 서중 콘크리트를 타설할 때의 콘크리트 온도는 최대 35℃ 이하이어야 한다.

□□□ 기 10

02 서중 콘크리트에 대한 설명 중 틀린 것은?

① 일반적으로는 기온 10℃의 상승에 대하여 단위 수량은 2~5% 증가하므로 소요의 압축 강도를 확보하기 위해서는 단위 수량에 비례하여 단위 시멘트량의 증가를 검토하여야 한다.
② 소요의 강도 및 워커빌리티를 얻을 수 있는 범위 내에서 단위수량 및 단위 시멘트량을 최대로 확보하여야 한다.
③ 콘크리트를 타설할 때의 콘크리트 온도는 35℃ 이하이어야 한다.
④ 콘크리트는 비빈 후 즉시 타설하여야 하며, 지연형 강수제를 사용하는 등의 일반적인 대책을 강구한 경우라도 1.5시간 이내에 타설하여야 한다.

[해설] 콘크리트의 배합은 소요의 강도 및 워커빌리티를 얻을 수 있는 범위 내에서 단위 수량 및 단위 시멘트량을 적게 하여야 한다.

□□□ 기 06

03 다음은 서중 콘크리트의 시공에 대한 설명이다. 옳지 않은 것은?

① 콘크리트를 타설할 때의 콘크리트 온도는 35℃ 이하이어야 한다.
② 콘크리트 타설은 콜드 조인트가 생기지 않도록 하여야 한다.
③ 콘크리트는 비빈 후 1.5시간 이내에 타설해야 한다.
④ 콘크리트 타설 후 양생은 3일 정도 실시하는 것이 바람직하다.

[해설] [구] 콘크리트 타설 후 적어도 24시간은 노출면이 건조하는 일이 없도록 습윤 상태로 유지하여야 하며, 또 양생은 적어도 5일 이상 실시하는 것이 바람직하다.

□□□ 기 07,15

04 서중 콘크리트에 대한 설명 중 틀린 것은?

① 일반적으로 기온 10℃ 상승에 대하여 단위 수량은 2~5% 증가하며, 콘크리트 재료는 온도가 낮아지도록 배려한다.
② 소요의 강도 및 워커빌리티를 얻을 수 있는 범위 내에서 단위 수량 및 단위 시멘트량을 최대로 확보하여야 한다.
③ 콘크리트를 타설할 때의 콘크리트 온도는 35℃ 이하이어야 하며, 비빈 후 되도록 빨리 타설해야 한다.
④ 콘크리트 타설 후 적어도 24시간은 노출면이 건조되지 않도록 습윤 상태를 유지하고, 양생은 적어도 5일 이상 실시하는 것이 바람직하다.

[해설] 소요의 강도 및 워커빌리티를 얻을 수 있는 범위 내에서 단위 수량 및 단위 시멘트량을 적게 하여야 한다.

정답 019 01 ② 02 ② 03 ④ 04 ②

□□□ 기 09
05 서중 콘크리트에 대한 설명 중 옳지 않은 것은?

① 하루 평균 기온이 25℃를 초과하는 것이 예상되는 경우에 서중 콘크리트로서 시공을 실시하여야한다.
② 콘크리트의 운반 계획을 수립하여 운반 시간을 최소화한다.
③ 지연형 감수제를 사용하는 등의 일반적인 대책을 강구한 경우라도 콘크리트를 비빈 후 2시간 이내의 타설해야 한다.
④ 일반적으로 기온이 10℃의 상승에 대하여 단위 수량은 2~5% 증가하므로 소요의 압축 강도를 확보하기 위해서는 단위 수량에 비례하여 단위 시멘트량의 증가를 검토하여야 한다.

해설 지연형 감수제를 사용하는 등의 일반적인 대책을 강구한 경우라도 콘크리트 비빈후 1.5시간 이내의 타설해야 한다.

□□□ 기 11
06 서중 콘크리트 제조 및 시공에 대한 설명으로 잘못된 것은?

① 일반적으로 기온 10℃의 상승에 대하여 단위 수량은 2~5% 증가한다.
② 콘크리트를 타설할 때의 콘크리트 온도는 25℃를 넘지 않도록 하여야 한다.
③ KS F 2560의 지연형 감수제를 사용하는 등의 일반적인 대책을 강구한 경우에도 1.5시간 이내에 타설하여야 한다.
④ 콘크리트 타설 후 콘크리트의 경화가 진행되어 있지 않은 시점에서 갑작스러운 건조에 의해 균열이 발생하였을 경우 즉시 재진동 다짐이나 다짐을 실시하여 이것을 없애야 한다.

해설 콘크리트를 타설할 때의 콘크리트 온도는 35℃ 이하이어야 한다.

□□□ 산 12
07 서중 콘크리트에 대한 일반적인 설명으로 틀린 것은?

① 기온 10℃ 상승에 대하여 단위 수량은 2~5% 증가한다.
② 콘크리트는 비빈 후 빨리 타설하여야 하지만 지연형 감수제를 사용한 경우에는 2시간 이내 타설이 가능하다.
③ 콘크리트를 타설할 때의 콘크리트 온도는 35℃ 이하이어야 한다.
④ 하루 평균 기온이 25℃를 초과하는 것이 예상되는 경우에는 서중 콘크리트로 시공하여야 한다.

해설 콘크리트는 비빈 후 빨리 타설하여야 하지만 지연형 감수제를 사용한 경우에는 1.5시간 이내 타설이 가능하다.

□□□ 기 05,13,17,21
08 서중 콘크리트의 양생 방법으로 옳은 것은?

① 콘크리트 타설 후 콘크리트 표면이 건조하지 않도록 한다.
② 보온 양생을 실시하여 국부적인 냉각을 방지한다.
③ 거푸집을 떼어낸 후의 양생 기간 동안은 노출면을 습윤 상태로 유지시키지 않아도 된다.
④ 콘크리트의 표면 온도를 급격히 저하시킨다.

해설
• 표면이 건조하여 균열이 생길 수 있으므로 지속적으로 살수하여 습윤 양생을 실시하는 것이 바람직하다.
• 보온 양생 : 단열성이 높은 재료 등으로 콘크리트 표면을 덮어 열의 방출을 적극 억제하고 시멘트의 수화열을 이용해서 필요한 온도를 유지하는 양생으로 한중 콘크리트에 해당되는 양생 방법이다.
• 거푸집에 살수하거나 거푸집을 제거한 면에도 살수하여 습윤 상태로 유지시켜야 한다.
• 콘크리트의 표면 온도를 급격히 저하시키면 균열이 생길 수 있다.

□□□ 산 13
09 서중 콘크리트에 대한 설명 중 옳지 않은 것은?

① 콘크리트 타설 전에는 지반, 거푸집 등을 습윤 상태로 유지하여야 한다.
② 비빈 후 1.5시간 이내에 타설하여야 한다.
③ 콘크리트 타설할 때의 콘크리트 온도는 30℃ 이하이어야 한다.
④ 콘크리트 타설은 콜드 조인트가 생기기 않도록 적절한 계획에 따라 실시하여야 한다.

해설 콘크리트를 타설할 때의 콘크리트 온도는 35℃ 이하이어야 한다.

□□□ 기 06,13
10 서중 콘크리트의 시공은 일평균 기온이 몇 ℃를 초과하는 것이 예상되는 경우에 실시하는가?

① 15℃　　② 20℃
③ 25℃　　④ 30℃

해설 하루 평균 기온이 25℃를 초과하는 것이 예상되는 경우 서중 콘크리트로 시공하여야 한다.

020 매스 콘크리트

1 일반 사항
- **매스 콘크리트**(mass concrete) : 부재 혹은 구조물의 치수가 커서 시멘트의 수화열에 의한 온도 상승 및 강하를 고려하여 설계·시공해야 하는 콘크리트이다.
- **적용** : 매스 콘크리트로 다루어야 하는 구조물의 부재 치수는 일반적인 표준으로서 넓이가 넓은 평판 구조의 경우 두께 0.8m 이상, 하단이 구속된 벽조의 경우 두께 0.5m 이상으로 한다.
- **관로식 냉각**(pipe-cooling) : 매스 콘크리트의 시공에서 콘크리트를 타설한 후 콘크리트의 내부 온도를 제어하기 위해 미리 묻어둔 파이프 내부에 냉수 또는 공기를 강제적으로 순환시켜 콘크리트를 냉각하는 방법으로, 포스트 쿨링이라고도 함
- **선행 냉각**(pre-cooling) : 매스 콘크리트의 시공에서 콘크리트를 타설하기 전에 콘크리트의 온도를 제어하기 위해 얼음이나 액체 질소 등으로 콘크리트 원재료를 냉각하는 방법
- 매스 콘크리트는 구조물의 시공 과정에서 발생하는 균열을 제어 또는 저감하고, 발생된 균열은 구조물의 작용 하중에 대한 저항성 및 환경 조건에 대한 내구성 등 필요한 기능을 확보할 수 있도록 적절한 조치를 취하여야 한다.

2 온도 균열의 제어
- 구조물을 설계할 때에 신축 이음이나 수축 이음을 계획하여 균열 발생을 제어할 수도 있다.
- 외부 구속을 많이 받는 벽체 구조물의 경우에는 수축 이음을 설치하여 균열 발생 위치를 제어하는 것이 효과적이므로 이를 검토하여야 한다.
- 파이프 쿨링에서 파이프 주변의 콘크리트 온도와 통수 온도와의 차는 20℃ 이하로 유지하는 것이 좋다.

■ **온도 균열 방지 및 제어 방법**
- 균열 제어 철근의 배치에 의한 방법
- 팽창 콘크리트의 사용에 의한 균열 방지 방법
- 외부 구속을 많이 받는 벽체 구조물의 경우에는 수축 이음을 설치
- 콘크리트의 선행 냉각(pre-cooling), 관로식 냉각(pipe-cooling) 등에 의한 온도 저하 및 제어 대책

3 수축 이음
■ 벽체 구조물의 경우 온도 균열을 제어하기 위해서는 구조물의 길이 방향에 일정 간격으로 단면 감소 부분을 만들어 그 부분에 균열이 집중하도록 한다.
- 계획된 위치에서 균열 발생을 확실히 유도하기 위해서 수축 이음의 단면 감소율을 35% 이상으로 하여야 한다.
- 단면 감소 방법은 콘크리트 표면에 홈을 두는 방법, PVC관, 균열 유발용 지수판을 배치하는 방법 등이 있다.
- 수축 이음(균열 유발 이음)의 위치는 구조물의 내력에 영향을 미치지 않는 곳에 설치한다.
- 균열 유발 이음의 간격은 대략 콘크리트 1회 치기 높이의 1~2배 정도, 4~5m 정도를 기준으로 한다.

4 온도 균열 지수에 의한 평가
■ 매스 콘크리트의 온도 균열 발생에 대한 검토는 온도 균열 지수에 의해 평가하는 것을 원칙으로 한다.
- 온도 균열 지수는 그 값이 클수록 균열이 발생하기 어렵고 값이 작을수록 균열이 발생하기 쉽다.
- 일반적으로 온도 균열 지수가 작으면 발생하는 균열의 수는 많아지고 균열폭도 커지는 경향이 있다.
■ 정밀한 해석 방법에 의한 온도 균열 지수는 임의 재령에서의 콘크리트 인장 강도와 수화열에 의한 온도 응력의 비로서 구한다.

$$\text{온도 균열 지수 } I_{cr}(t) = \frac{f_{sp}(t)}{f_t(t)}$$

여기서, $f_t(t)$: 재령 t일에서의 수화열에 의하여 생긴 부재 내부의 온도 응력 최대값(MPa)
$f_{sp}(t)$: 재령 t일에서의 콘크리트의 쪼갬 인장 강도로서, 재령 및 양생 온도를 고려하여 구함(MPa)

- 연질의 지반 위에 타설된 평판 구조 등과 같이 내부 구속 응력이 큰 경우

$$I_{cr} = \frac{15}{\Delta T_i}$$

여기서, ΔT_i : 내부 온도가 최고일 때 내부와 표면과의 온도차(℃)

- 암반이나 매시브한 콘크리트 위에 타설된 벽체나 평판 구조 등과 같이 외부구속응력이 큰 경우

$$I_{cr} = \frac{10}{R \cdot \Delta T_i}$$

여기서, ΔT_i : 부재의 평균 최고온도와 외기 온도와의 온도차(℃)
R : 외부 구속의 정도를 표시하는 계수

■ **콘크리트의 열 특성**

$$Q(t) = Q_\infty (1 - e^{-rt})$$

여기서, $Q(t)$: 재령 t일에서 단열온도 상승량(℃)
Q_∞ : 최종 단열온도 상승량(℃)으로서 시험에 의해 정해지는 계수
r : 온도상승 속도로서 시험에 의해 정해지는 계수

R 계수값

R 계수의 타설 할 때의 조건	R 계수값
비교적 연한 암반 위에 콘크리트를 타설할 때	0.50
중간 정도의 단단한 암반 위에 콘크리트를 타설할 때	0.65
경암 위에 콘크리트를 타설할 때	0.80
이미 경화된 콘크리트 위에 타설할 때	0.60

온도 균열 지수와 균열 발생 확률

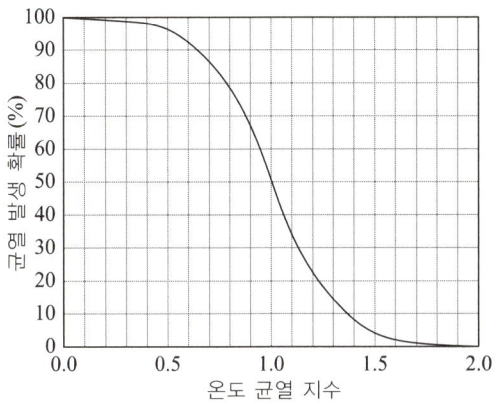

- 온도 균열 지수의 산정에 필요한 임의 재령에서 온도 응력 해석은 유한 요소법 등과 같은 정밀한 방법을 사용할 수 있다.
- 철근이 배치된 일반적인 구조물의 표준적인 온도 균열 지수의 값은 다음과 같다.
- 균열 발생을 방지하여야 할 경우 : 1.5 이상
- 균열 발생을 제한할 경우 : 1.2~1.5
- 유해한 균열 발생을 제한할 경우 : 0.7~1.2

5 재료
- **혼화 재료** : 고로 슬래그 미분말을 혼입하는 경우 슬래그는 온도 의존성이 크기 때문에 콘크리트의 타설 온도가 높아지면 슬래그를 사용하지 않는 경우보다 발열량이 증가하여, 오히려 콘크리트 온도가 상승하는 경우도 있다.
- **골재** : 굵은 골재의 최대 치수는 작업성이나 건조 수축 등을 고려하여 되도록 큰 값을 사용하여야 한다.
- 콘크리트의 발열량은 대체적으로 단위 시멘트량에 비례하므로 콘크리트의 온도 상승을 감소시키기 위해 소요의 품질을 만족시키는 범위 내에서 단위 시멘트량이 적어지도록 배합을 선정하여야 한다.
- 일반적으로 콘크리트의 온도 상승은 단위 시멘트량 10kg/m³에 대하여 대략 1℃ 정도의 비율로 증가한다.

6 거푸집
- 매스 콘크리트의 거푸집은 온도 균열 제어의 관점으로부터 그 재료 및 구조를 선정하고 존치 기간 등을 결정하여야 한다.
- 매스 콘크리트의 온도 균열은 콘크리트 내부와 표면부의 온도 차이가 커지는 경우에 많이 발생하므로, 거푸집은 온도 차이를 줄일 수 있도록 보온성이 좋은 것을 사용하고 존치 기간을 길게 하여야 한다.
- 탈형 후 콘크리트 표면의 급랭을 방지하기 위해서는 시트, 양생 포 등으로 콘크리트 표면을 소정의 기간 동안 보온해 주어야 한다.

7 콘크리트 타설 온도
- 매스 콘크리트의 타설 온도는 온도 균열을 제어하기 위한 관점에서 가능한 한 낮게 하여야 한다.
- 양생 때의 온도 제어 : 파이프 주변의 콘크리트 온도와 통수 온도와의 차이에 대한 척도는 보통 20℃ 미만이다.
- 콘크리트 타설 온도를 낮추는 방법으로 물, 골재 등의 재료를 미리 냉각시키는 선행 냉각 방법은 다음과 같다.
- 혼합 전 재료를 냉각하는 방법 : 냉수나 얼음을 따로따로 혹은 조합해서 사용하는 방법
- 혼합 중 콘크리트를 냉각하는 방법 : 냉각한 골재를 사용하는 방법
- 타설 전 콘크리트를 냉각하는 방법 : 액체 질소를 사용하는 방법

산 09

01 매스 콘크리트의 수화열 저감을 위하여 사용되는 시멘트가 아닌 것은?

① 중용열 포틀랜드 시멘트
② 고로 슬래그 시멘트
③ 플라이 애시 시멘트
④ 알루미나 시멘트

해설 매스 콘크리트의 수화열 저감을 위해 사용되는 시멘트 : 저열 포틀랜드 시멘트, 중용열 시멘트, 고로 슬래그 시멘트, 플라이 애시 시멘트

산 06, 09

02 매스 콘크리트의 타설 온도를 낮추는 방법으로 물, 골재 등의 재료를 미리 냉각시키는 방법을 무엇이라 하는가?

① 파이프 쿨링
② 트래미 방법
③ 콜드 조인트
④ 프리 쿨링

해설 선행 냉각(pre-cooling) : 매스 콘크리트의 시공에서 콘크리트를 타설하기 전에 콘크리트의 온도를 제어하기 위해 얼음이나 액체 질소 등으로 콘크리트 원재료를 냉각하는 방법

□□□ 기09
03 매스 콘크리트로 다루어야 하는 구조물 부재 치수의 일반적인 표준값으로 옳은 것은?

① 넓이가 넓은 평판 구조에서는 두께 0.8m 이상, 하단이 구속된 벽체에서는 두께 0.5m 이상
② 넓이가 넓은 평판 구조 및 하단이 구속된 벽체에서 두께 0.8m 이상
③ 넓이가 넓은 평판 구조에서는 두께 0.5m 이상, 하단이 구속된 벽체에서는 두께 0.8m 이상
④ 넓이가 넓은 평판 구조 및 하단이 구속된 벽체에서 두께 0.5m 이상

[해설] 매스 콘크리트로 다루어야 하는 구조물의 부재 치수는 일반적인 표준으로서 넓이가 넓은 평판 구조의 경우 두께 0.8m 이상, 하단이 구속된 벽조의 경우 두께 0.5m 이상으로 한다.

□□□ 기10,16,19
04 매스 콘크리트의 온도 균열 방지 및 제어 방법으로 적당하지 않은 것은?

① 팽창 콘크리트의 사용에 의한 균열 방지 방법을 실시한다.
② 외부 구속을 많이 받는 벽체 구조물의 경우에는 수축 이음을 설치한다.
③ 프리쿨링(pre-cooling)과 파이프 쿨링(pipe-cooling)을 한다.
④ 프리웨팅(pre-wetting)을 한다.

[해설] 온도 균열 방지 및 제어 방법
• 균열 제어 철근의 배치에 의한 방법
• 팽창 콘크리트의 사용에 의한 균열 방지 방법
• 프리쿨링, 파이프 쿨링에 의한 온도 저하 및 제어 대책
• 외부 구속을 많이 받는 벽체 구조물의 경우에는 수축 이음을 설치

□□□ 기05,11
05 매스 콘크리트의 온도 균열 발생에 대한 검토는 온도 균열 지수에 의해서 평가하는 것이 일반적이다. 다음 중 철근이 배치된 일반적인 구조물에서의 표준적인 온도 균열 지수가 [1.2~1.5]로 규정하는 경우에 해당하는 것은?

① 유해한 균열이 발생할 경우
② 유해한 균열 발생을 제한할 경우
③ 균열 발생을 제한할 경우
④ 균열 발생을 방지하여야 할 경우

[해설] 균열 발생을 제한할 경우 : 1.2~1.5

□□□ 기12,17,18,21
06 매스 콘크리트에 대한 설명 중 옳지 않은 것은?

① 온도 균열 방지 및 제어 방법으로 프리쿨링 및 파이프 쿨링 방법 등이 이용되고 있다.
② 콘크리트의 온도 상승을 감소시키기 위해 소요의 품질을 만족시키는 범위 내에서 단위 시멘트량이 적어지도록 배합을 선정하여야 한다.
③ 수축 이음을 설치할 경우 계획된 위치에서 균열 발생을 확실히 유도하기 위해서 수축 이음의 단면 감소율을 10% 이상으로 하여야 한다.
④ 매스 콘크리트로 다루어야 하는 구조물의 부재 치수는 일반적인 표준으로서 넓이가 넓은 평판 구조에서는 두께 0.8m 이상으로 한다.

[해설] 수축 이음을 설치할 경우 계획된 위치에서 균열 발생을 확실히 유도하기 위해서 수축 이음의 단면 감소율을 35% 이상으로 하여야 한다.

□□□ 기09,14
07 온도 균열 지수에 대한 설명으로 옳은 것은?

① 철근이 배치된 일반적인 구조물에서 유해한 균열 발생을 제한할 경우 표준적인 온도 균열 지수는 0.7 이상~1.2 미만으로 하여야 한다.
② 온도 균열 지수는 그 값이 클수록 균열이 생기기 쉽고 값이 작을수록 균열이 생기기 어렵다.
③ 철근이 배치된 일반적인 구조물에서 균열 발생을 방지하여야 할 경우 표준적인 온도 균열 지수는 1.0 이상이어야 한다.
④ 온도 균열 지수는 재령 t에서의 부재 내부의 온도 응력 평균값과 해당 재령에서의 콘크리트 압축 강도비로서 구한다.

[해설] • 온도 균열 지수는 그 값이 클수록 균열이 발생하기 어렵고 값이 작을수록 균열이 발생하기 쉽다.
• 철근이 배치된 일반적인 구조물에서 균열 발생을 방지하여야 할 경우 표준적인 온도 균열 지수는 1.5 이상이어야 한다.
• 온도 균열 지수는 재령 t에서의 콘크리트 인장 강도와 수화열에 의한 온도응력의 비로서 구한다.
• 온도 균열 지수 $I_{cr}(t) = \dfrac{f_{sp}(t)}{f_i(t)}$
• $f_t(t)$: 재령 t일에서의 수화열에 의하여 생긴 부재 내부의 온도 응력 최대값(MPa)
• $f_{sp}(t)$: 재령 t일에서의 콘크리트의 쪼갬 인장 강도로서, 재령 및 양생 온도를 고려하여 구함(MPa)

□□□ 기 08,10,11,14,17

08 콘크리트 표준시방서에서 규정하고 있는 철근이 배치된 일반적인 매스 콘크리트 구조물에서의 표준적인 온도 균열 지수값에 관한 설명으로 옳은 것은?

① 균열 발생을 방지해야 할 경우에는 온도 균열 지수가 1.5 이내이어야 한다.
② 균열 발생을 제한해야 할 경우에는 온도 균열 지수가 1.2 이상이어야 한다.
③ 유해한 균열 발생을 제한할 경우에는 온도 균열 지수가 0.7 이상 1.2 미만이어야 한다.
④ 균열 발생을 방지해야 할 경우에는 온도 균열 지수가 1.2 이상이어야 한다.

해설 표적인 온도 균열 지수
• 균열 발생을 방지하여야 할 경우 : 1.5 이상
• 균열 발생을 제한할 경우 : 1.2~1.5
• 유해한 균열 발생을 제한할 경우 : 0.7~1.2

□□□ 기 09

09 매스 콘크리트의 시공에 있어서 유의해야 할 사항 중 옳지 않은 것은?

① 매스 콘크리트의 배합 시 단위 시멘트량을 되도록 적게 한다.
② 파이프 쿨링 시 파이프 주변의 콘크리트 온도와 통수 온도와의 차이에 대한 척도는 보통 20℃ 이하이다.
③ 타설 시간 간격은 외기온이 25℃ 이상에서는 120분으로 한다.
④ 콘크리트 타설의 한 층의 높이는 0.4~0.5m를 표준으로 한다.

해설 • 신구 콘크리트의 타설 시간 간격을 지나치게 길게 하는 일은 피하여야 한다.
• [구] 일반적인 타설 시간 간격은 외기온이 25℃ 미만일 때에는 120분, 25℃ 이상에서는 90분으로 한다.

□□□ 기 11

10 매스 콘크리트(mass concrete)에 대한 설명으로 틀린 것은?

① 가급적 슬럼프값을 크게 하여 작업성을 높인다.
② 굵은 골재의 최대 치수를 크게 하는 것이 좋다.
③ 콘크리트의 온도 상승을 억제하기 위한 냉각 조치를 취한다.
④ 온도 상승은 단위 시멘트량 10kg/m³의 증가에 따라 약 1℃ 증가한다.

해설 가급적 슬럼프값을 낮게 하여 작업성을 높인다.

□□□ 기 09,13,16

11 매스 콘크리트의 온도 균열 발생에 대한 검토는 온도 균열 지수에 의해 평가하는 것을 원칙으로 하고 있다. 만약, 연질의 지반 위에 타설된 평판 구조 등과 같이 내부 구속 응력이 큰 구조물에서 ΔT_i(내부 온도가 최고일 때 내부와 표면과의 온도차)가 12.5℃ 발생하였다면 간이적인 방법으로 온도 균열 지수를 구하면?

① 0.8
② 1.2
③ 1.5
④ 2.0

해설 연질의 지반 위에 타설된 평판 구조 등과 같이 내부 구속 응력이 큰 경우
$$I_{cr} = \frac{15}{\Delta T_i} = \frac{15}{12.5} = 1.2$$

□□□ 기 09

12 다음은 매스 콘크리트의 온도 균열 제어에 대한 설명이다. 옳지 않은 것은?

① 외부 구속을 많이 받는 벽체 구조물에는 수축 이음을 설치하는 것이 효과적이다.
② 콘크리트의 타설 온도를 낮추는 것은 부재 내·외부의 온도차와 최고 온도를 줄여 주므로 온도 균열을 제어하는 데 효과가 있다.
③ 파이프 쿨링에서 파이프 주변의 콘크리트 온도와 통수 온도와의 차는 25℃ 이상으로 하는 것이 효과적이다.
④ 온도 철근의 배근량을 증가시키면 온도 균열폭이 감소된다.

해설 파이프 쿨링에서 파이프 주변의 콘크리트 온도와 통수 온도와의 차이에 대한 척도는 보통 20℃ 이하이다.

□□□ 기 06

13 매스 콘크리트의 수축 이음에 대한 설명 중 틀린 것은?

① 수축 이음에 따른 단면 감소율 5~10%가 적당하다.
② 수축 이음의 간격은 4~5m를 기준으로 한다.
③ 수축 이음의 간격은 대략 콘크리트 1회 치기 높이의 1~2배 정도가 바람직하다.
④ 수축 이음을 설치할 경우 비교적 쉽게 매스 콘크리트의 균열 제어를 할 수 있으나, 구조상의 취약부가 될 우려가 있으므로 구조 형식 및 위치 등을 잘 선정하여야 한다.

해설 • 계획된 위치에서 균열 발생을 확실히 유도하기 위해서 수축 이음의 단면 감소율을 35% 이상으로 하여야 한다.
• 수축 이음 = 균열 유발 줄눈

□□□ 기12
14 매스 콘크리트에 대한 일반적인 설명으로 틀린 것은?

① 굵은 골재의 최대 치수는 작업성이나 건조 수축 등을 고려하여 되도록 작은 값을 사용하여야 한다.
② 고로 슬래그 미분말을 혼입하는 경우 슬래그는 온도 의존성이 크기 때문에 콘크리트의 타설 온도가 높아지면 슬래그를 사용하지 않는 경우보다 발열량이 증가하여, 오히려 콘크리트 온도가 상승하는 경우도 있다.
③ 매스 콘크리트의 온도 균열은 콘크리트 내부와 표면부의 온도 차이가 커지는 경우에 많이 발생함으로, 거푸집은 온도 차이를 줄일 수 있도록 보온성이 좋은 것을 사용하고 존치 기간을 길게 하여야 한다.
④ 매스 콘크리트의 타설 온도는 온도 균열을 제어하기 위한 관점에서 가능한 한 낮게 하여야 한다.

해설 굵은 골재의 최대 치수는 작업성이나 건조 수축 등을 고려하여 되도록 큰 값을 사용하여야 한다.

□□□ 산06,09
15 매스 콘크리트 부재는 경화 과정에서 발생하는 수화열이 균열을 발생시키기도 한다. 수화열에 의한 균열 발생을 최소화하기 위한 다음의 대책 방안 중 잘못 기술한 것은?

① 시멘트 사용량을 최소화하거나 저열 시멘트를 사용한다.
② 플라이 애시와 같은 혼화 재료를 사용하여 수화열을 저감시킨다.
③ 콘크리트 내부 온도 상승을 완만하게 하고, 또 최고 온도에 도달한 후에는 급냉시켜 외기 온도와 같게 한다.
④ 매스 콘크리트 타설 후의 온도 제어 대책으로서 파이프 쿨링을 실시한다.

해설 콘크리트 내부 온도 상승을 억제하고, 또 최고 온도에 도달한 후에는 급격한 온도 변화가 일어나지 않도록 하여야 한다.

□□□ 산13
16 매스 콘크리트의 온도 균열을 제어하기 위한 방법에 대한 설명으로 틀린 것은?

① 콘크리트의 선행 냉각, 관로식 냉각 등에 의한 온도 저하 및 제어 방법을 적용한다.
② 외부 구속을 많이 받는 벽체 구조물에는 수축 이음을 설치하지 않는 것을 원칙으로 한다.
③ 팽창 콘크리트를 사용하여 균열을 방지한다.
④ 온도 철근을 적절히 배치하여 시공한다.

해설 외부 구속을 많이 받는 벽체 구조물에는 수축 이음을 설치하여 균열 발생 위치를 제어하는 것이 효과적이다.

□□□ 기10
17 매스 콘크리트에 대한 설명으로 틀린 것은?

① 매스 콘크리트로 다루어야 하는 구조물의 부재치는 일반적인 표준으로서 넓이가 넓은 평판 구조에서는 두께 0.8m 이상으로 한다.
② 매스 콘크리트의 온도 상승 저감을 위해서는 단위 시멘트량을 줄이는 것보다 단위 수량을 줄이는 편이 바람직하다.
③ 온도 균열 방지 및 제어방법으로 선행 냉각(pre-cooling) 및 관로식 냉각(pipe-cooling) 방법 등이 이용되고 있다.
④ 수축 이음을 설치할 때 계획된 위치에서 균열 발생을 확실히 유도하기 위해서 수축 이음의 단면 감소율을 35% 이상으로 하여야 한다.

해설 ・콘크리트의 발열량은 대체적으로 단위 시멘트량에 비례하므로 콘크리트의 온도 상승을 감소시키기 위해 소요의 품질을 만족시키는 범위 내에서 단위 시멘트량이 적어지도록 배합을 선정하여야 한다.
・일반적으로 콘크리트의 온도 상승량은 단위 시멘트량 $10kg/m^3$에 대하여 대략 1℃ 정도의 비율로 증가된다.

□□□ 산08,16
18 연질 지반 위에 친 슬래브 등(내부 구속 응력이 큰 경우)에서 내부 온도가 최고일 때 내부와 표면과의 온도차가 30℃ 발생하였다. 간이적인 방법에 의한 온도 균열 지수를 구하면?

① 2.0　　② 1.5
③ 1.0　　④ 0.5

해설 연질의 지반 위에 타설된 평판 구조(내부 구속 응력이 큰 경우)
$$I_{cr} = \frac{15}{\Delta T_i} = \frac{15}{30} = 0.5$$
ΔT_i : 내부 온도가 최고일 때 내부와 표면과의 온도차(℃)

□□□ 기06,17 산10
19 부재 치수가 큰 벽체 구조물의 온도 균열을 제어하기 위해서는 구조물의 길이 방향에 일정 간격으로 단면 감소 부분을 만들어 균열이 집중되도록 하기 위해 수축 이음을 설치할 수 있다. 이때 수축 이음의 단면 감소율은 몇 % 이상으로 하여야 하는가?

① 5% 이상　　② 10% 이상
③ 15% 이상　　④ 35% 이상

해설 계획된 위치에서 균열 발생을 확실히 유도하기 위해서 수축 이음의 단면 감소율을 35% 이상으로 하여야 한다.

정답 14 ① 15 ③ 16 ② 17 ② 18 ④ 19 ④

기 05
20 매스 콘크리트에 대한 설명 중 틀린 것은?

① 매스 콘크리트로 다루어야 하는 구조물의 부재 치수는 일반적인 표준으로서 넓이가 넓은 평판 구조에서는 두께 0.8m 이상으로 한다.
② 매스 콘크리트의 온도 상승 저감을 위해서는 단위 시멘트량을 줄이는 것보다 단위 수량을 줄이는 편이 바람직하다.
③ 온도 균열 방지 및 제어 방법으로 선행 냉각(pre-cooling) 및 관로식 냉각(pipe-cooling) 등이 이용되고 있다.
④ 균열 유발 이음의 간격은 대략 콘크리트 1회 치기 높이의 1~2배 정도, 또는 4~5m 정도를 기준으로 하는 것이 좋다.

해설 콘크리트의 발열량은 대체적으로 단위 시멘트량에 비례하므로 콘크리트의 온도 상승을 감소시키기 위해 소요의 품질을 만족시키는 범위 내에서 단위 시멘트량이 적어지도록 배합을 선정하여야 한다.

기 08
21 매스 콘크리트에 대한 다음의 내용 중 잘못 설명된 것은?

① 벽체 구조물에 발생하는 온도 균열을 제어하기 위해 설치하는 균열 유발 줄눈은 계획된 위치에서 균열 발생을 확실히 유도하기 위해서 단면 감소율을 20~30% 이상으로 하여야 한다.
② 매스 콘크리트의 타설 온도는 온도 균열을 제어하기 위한 관점에서 될 수 있는 대로 낮게 하여야 한다.
③ 저열 포틀랜드 시멘트를 사용하면 초기 재령에서의 강도 발현은 늦으나, 발열량이 적게 되어 온도 균열의 저감효과를 기대할 수 있다.
④ 일반적으로 단위 시멘트량을 $10kg/m^3$ 저감하면 콘크리트 온도 상승량을 약 5℃ 정도 저감할 수 있다.

해설 일반적으로 콘크리트의 온도 상승량은 단위 시멘트량 $10kg/m^3$에 대하여 대략 1℃ 정도의 비율로 증가된다.

산 13
22 부재 혹은 구조물의 치수가 커서 시멘트의 수화열에 의한 온도 상승을 고려하여 설계·시공해야 하는 콘크리트는?

① 고강도 콘크리트 ② 매스 콘크리트
③ 한중 콘크리트 ④ 서중 콘크리트

해설 매스 콘크리트에 대한 용어 정의로 콘크리트 경화 과정에서 수화열에 의해 온도가 상승하고 하강하면서 체적이 변화하고자 하는 경향을 나타낼 때 매스 콘크리트를 사용한다.

기 05
23 콘크리트 균열에 관한 다음의 기술 내용 중에서 적절하지 않은 것은?

① 플라스틱 수축 균열은 응결 과정 중에 급속한 건조를 받는 표면 부분에 발생한다.
② 건조 수축 균열은 건조에 의한 수축 변형이 내부와 외부로 부터의 구속을 받아 발생한다.
③ 침하 균열은 거푸집과 지보공의 강성 부족으로 인한 침하가 그 원인이다.
④ 알칼리 골재 반응에 의한 균열은 콘크리트 표면에 불규칙하게 생긴다.

해설 침하 균열 : 콘크리트를 타설하고 다짐하여 마감 작업을 한 후에도 콘크리트 자체가 침하하게 되는데 이 경우 철근의 위치는 고정되어 있으므로 철근 위에 놓여 있는 콘크리트가 부등 침하로 인해 발생되는 균열

기 11
24 매스 콘크리트의 수축 이음에 대한 설명으로 틀린 것은?

① 벽체 구조물의 경우 길이 방향에 일정 간격으로 단면 감소 부분을 만든다.
② 수축 이음의 단면 감소율은 35% 이상으로 하여야 한다.
③ 수축 이음의 간격은 1~2m를 기준으로 한다.
④ 수축 이음의 위치는 구조물의 내력에 영향을 미치지 않는 곳에 설치한다.

해설
- 수축 이음의 위치 : 구조물의 내력에 영향을 미치지 않는 곳에 설치한다.
- 수축 이음의 간격 : 구조물의 치수, 철근량, 타설 온도 등을 고려하여 정하여야 한다.
- 수축 이음(균열 유발 줄눈)의 간격 : 콘크리트 1회 치기 높이의 1~2배 정도, 또는 4~5m 정도를 기준하는 것이 좋다.

기 09,16 산 10,12,14,15,17
25 매스 콘크리트로 다루어야 하는 구조물 부재 치수의 일반적인 표준에 대한 아래 문장의 ( )에 알맞은 수치는?

넓이가 넓은 평판 구조에서는 두께 (㉮)m 이상, 하단이 구속된 벽조에서는 두께 (㉯)m 이상일 경우

① ㉮ 0.5, ㉯ 0.8 ② ㉮ 0.8, ㉯ 0.5
③ ㉮ 0.5, ㉯ 1.0 ④ ㉮ 1.0, ㉯ 0.5

해설 매스 콘크리트로 다루어야 하는 구조물의 부재 치수
- 넓이가 넓은 평판 구조의 경우, 두께 0.8m 이상
- 하단이 구속된 벽조의 경우, 두께 0.5m 이상

☐☐☐ 기 04,14,17 산 09,10,11,12,14,15,17

26 철근이 배치된 일반적인 매스콘크리트 구조물에서 균열 발생을 방지하여야 할 경우 표준적인 온도 균열 지수의 범위는?

① 1.5 이상
② 1.2~1.5
③ 0.7~1.2
④ 0.7 이하

해설 표준적인 온도 균열 지수
- 균열 발생을 방지하여야 할 경우 : 1.5 이상
- 균열 발생을 제한할 경우 : 1.2~1.5
- 유해한 균열 발생을 제한할 경우 : 0.7~1.2

☐☐☐ 산 11

27 매스 콘크리트의 온도 균열 방지에 관한 다음의 일반적인 설명 중 틀린 것은?

① 콘크리트의 중심부와 표면부와의 온도차를 가능한 한 작게 한다.
② 콘크리트의 온도 상승량을 가능한 한 작게 한다.
③ 강도 발현이 빠른 시멘트를 사용한다.
④ 거푸집은 보온성이 좋은 것을 사용하고 존치 기간을 길게 한다.

해설 시멘트는 콘크리트의 강도 및 내구성을 만족시키도록 콘크리트 부재의 내부 온도 상승이 적은 것을 사용한다.

☐☐☐ 기 06

28 균열 발생에 대한 대책을 기술한 것 중 적절하지 못한 것은?

① 시공 가능한 범위 내에서 가능한 한 낮은 슬럼프의 콘크리트를 타설하거나, 감수 효과가 큰 혼화제를 사용하여 단위 수량을 최소화한다.
② 수축 저감제나 팽창제를 사용하거나, 섬유 등을 사용하면 균열을 제어할 수 있다.
③ 피복 두께가 부족할 경우 철근 부근으로 콘크리트의 인장에 의한 응력 집중이 발생하여 균열이 발생하기 쉬우므로 피복 두께는 클수록 좋다.
④ 콘크리트 타설 간격이 너무 길게 되면 콜드 조인트가 발생하게 되므로 외기 온도가 25℃ 이하에서는 2.5시간, 25℃를 초과할 때는 2.0시간 이내에 이어치기를 실시한다.

해설 피복 두께가 너무 크거나 부족할 경우 철근 부근으로 콘크리트의 인장에 의한 응력 집중이 발생하여 균열이 발생하기 쉬우므로 피복 두께보다 더 큰 값을 사용하는 것이 바람직하다.

☐☐☐ 산 07,10,16

29 온도 균열 지수에 대한 설명으로 틀린 것은?

① 온도 균열 지수는 재령에 상관없이 일정한 값을 가진다.
② 온도 균열 지수가 클수록 균열이 생기기 어렵다.
③ 온도 균열 지수는 콘크리트 인장 강도와 온도 응력의 비이다.
④ 온도 균열 지수는 사용 시멘트량의 영향을 받는다.

해설 온도 균열 지수는 재령에 따라 변화하므로 재령을 변화시키면서 가장 작은 값을 구하여야 한다.

☐☐☐ 기 07,12,17

30 이미 경화한 매시브한 콘크리트 위에 슬래브를 타설할 때 부재 평균 최고 온도와 외기 온도와의 균형 시의 온도차가 12.8℃ 발생하였을 때 아래의 표를 이용하여 온도 균열 발생확률을 구하면? (단, 간이법 적용)

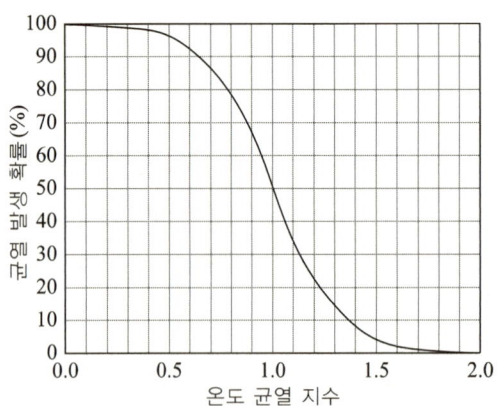

① 약 5%
② 약 15%
③ 약 30%
④ 약 50%

해설 · 온도 균열 지수 $L_{cr} = \dfrac{10}{R \cdot \Delta T_o}$

$= \dfrac{10}{0.60 \times 12.8} = 1.30$

· 이미 경화된 콘크리트 위에 콘크리트를 타설할 때 : $R = 0.6$
∴ 온도 균열 지수 1.30에 대응되는 균열 발생 확률은 약 15%이다.

021 유동화 콘크리트

1 일반 사항

- **유동화 콘크리트** : 미리 비빈 베이스 콘크리트에 유동화제를 첨가하여 유동성을 증대시킨 콘크리트
- **베이스 콘크리트**
  - 유동화 콘크리트를 제조할 때 유동화제를 첨가하기 전의 기본 배합의 콘크리트
  - 숏크리트의 습식 방식에서 사용하는 급결제를 첨가하기 전의 콘크리트
- **유동화제** : 배합이나 굳은 후의 콘크리트 품질에 큰 영향을 미치지 않고 미리 혼합된 베이스 콘크리트에 첨가하여 콘크리트의 유동성을 증대시키기 위하여 사용하는 혼화제
- **유동화 콘크리트 제조 방법**
  - 현장첨가방식 : 공사 현장에서 유동화제를 첨가하고 현장에서 교반하는 방식이 가장 효과적인 방식이다.
  - 공장유동화방식 : 레미콘 공장에서 유동화제를 첨가하고 공장에서 교반하는 방식
  - 공장첨가방식 : 레미콘 공장에서 유동화제를 첨가하여 공사현장에서 교반하는 방식

2 배합

- 유동화 콘크리트의 슬럼프 증가량은 100mm 이하를 원칙으로 하며, 50~80mm를 표준으로 한다.
- 베이스 콘크리트의 슬럼프는 콘크리트의 유동화에 지장이 없는 범위의 것이어야 한다.
- 베이스 콘크리트 및 유동화 콘크리트의 슬럼프 및 공기량 시험은 $50m^3$마다 1회씩 실시하는 것을 표준으로 한다.
- 보통 콘크리트 및 경량 콘크리트의 슬럼프 최대값은 다음 표와 같다.

유동화 콘크리트의 슬럼프 최대값

콘크리트의 종류	베이스 콘크리트	유동화 콘크리트
보통 콘크리트	150mm 이하	210mm 이하
경량 골재 콘크리트	180mm 이하	210mm 이하

3 콘크리트의 유동화

- 콘크리트의 유동화는 다음 중 하나의 방법에 의한다.
  - 배치 플랜트에서 운반한 콘크리트에 공사 현장에서 트럭 교반기에 유동화제를 첨가하여 균일하게 될 때까지 교반하여 유동화시킨다. 유동화에 가장 효과적인 방법이다.
  - 배치 플랜트에서 트럭 교반기 내의 콘크리트에 유동화제를 첨가하여 즉시 고속으로 교반하여 유동화시킨다.
  - 배치 플랜트에서 트럭 교반기 내의 유동화제를 첨가하여 저속으로 교반하면서 운반하고 공사 현장 도착 후에 고속으로 교반하여 유동화시킨다.
- 유동화 콘크리트의 재유동화는 원칙적으로 할 수 없다. 부득이한 경우 책임 기술자의 승인을 받아 1회에 한하여 재유동화할 수 있다.
- 유동화제는 원액으로 사용하고, 미리 정한 소정의 양을 한꺼번에 첨가하며, 계량은 질량 또는 용적으로 계량하고, 그 계량 오차는 1회에 3% 이내로 한다.

□□□ 기 07,09,13,22

01 유동화 콘크리트의 제조 방식 중 유동화에 가장 효과적인 방법은?

① 레미콘 공장에서 유동화제를 첨가하고 공장에서 유동화하는 방법
② 레미콘 공장에서 유동화제를 첨가하고 현장에서 유동화하는 방법
③ 현장에서 유동화제를 첨가하고 레미콘 공장에서 유동화하는 방법
④ 현장에서 유동화제를 첨가하고 현장에서 유동화하는 방법

[해설] • 현장 첨가 방식 : 공사 현장에서 유동화제를 첨가하고 현장에서 교반하는 방식이 가장 효과적인 방식이다.
• 공장 유동화 방식 : 레미콘 공장에서 유동화제를 첨가하고 공장에서 교반하는 방식
• 공장 첨가 방식 : 레미콘 공장에서 유동화제를 첨가하여 공사 현장에서 교반하는 방식

□□□ 예상

02 유동화 콘크리트에 대한 설명으로 틀린 것은?

① 유동화 콘크리트의 슬럼프값은 최대 210mm 이하로 한다.
② 유동화제는 질량 또는 용적으로 계량하고, 그 계량 오차는 1회에 1%로 이내로 한다.
③ 유동화 콘크리트의 슬럼프 증가량은 100mm 이하를 원칙으로 하며, 50~80mm를 표준으로 한다.
④ 베이스 콘크리트 및 유동화 콘크리트의 슬럼프 및 공기량 시험은 $50m^3$마다 1회씩 실시하는 것을 표준으로 한다.

[해설] 유동화제는 원액으로 사용하고, 미리 정한 소정의 양을 한꺼번에 첨가하며, 계량은 질량 또는 용적으로 계량하고, 그 계량 오차는 1회에 3% 이내로 한다.

정답 021 01 ④ 02 ②

03 유동화 콘크리트 제조 시 베이스 콘크리트 슬럼프의 최대값으로 적당한 것은? (단, 보통 콘크리트인 경우)

① 88mm 이하
② 120mm 이하
③ 150mm 이하
④ 180mm 이하

해설 유동화 콘크리트의 슬럼프 최대값

콘크리트의 종류	베이스 콘크리트	유동화 콘크리트
보통 콘크리트	150mm 이하	210mm 이하
경량 골재 콘크리트	180mm 이하	210mm 이하

04 유동화 콘크리트에 대한 설명으로 옳은 것은?

① 베이스 콘크리트 및 유동화 콘크리트의 슬럼프 및 공기량 시험은 50m³마다 1회씩 실시하는 것을 표준으로 한다.
② 유동화 콘크리트의 슬럼프 증가량은 120mm 이하를 원칙으로 하며, 80~100mm를 표준으로 한다.
③ 유동화제는 물로 희석하여 사용하여야 하며, 미리 정한 소정의 양을 조금씩 첨가하면서 유동화시켜야 한다.
④ 유동화 콘크리트의 운반 지연으로 슬럼프 감소가 발생할 경우 재유동화를 실시하여야 하며, 재유동화 횟수는 3회를 초과할 수 없다.

해설
• 유동화 콘크리트의 슬럼프 증가량은 100mm 이하를 원칙으로 하며, 50~80mm를 표준으로 한다.
• 유동화제는 원액으로 사용하고, 미리 정한 소정의 양을 한꺼번에 첨가하여 유동화시킨다.
• 유동화 콘크리트의 재유동화는 원칙적으로 할 수 없다. 부득이한 경우 책임 기술자의 승인을 받아 1회에 한하여 재유동화할 수 있다.

05 유동화 콘크리트에 대한 설명으로 틀린 것은?

① 유동화 콘크리트의 배합에서 슬럼프 증가량은 100mm 이하를 원칙으로 하며, 50~80mm를 표준으로 한다.
② 유동화 콘크리트의 재유동화는 원칙적으로 할 수 없다.
③ 유동화제는 물에 희석하여 사용하고, 미리 정한 소정의 양을 3회 이상 나누어 첨가하여야 한다.
④ 품질 관리에서 베이스 콘크리트 및 유동화 콘크리트의 슬럼프 및 공기량 시험은 50m³마다 1회씩 실시하는 것을 표준으로 한다.

해설 유동화제는 원액으로 사용하고, 미리 정한 소정의 양을 한꺼번에 첨가한다.

06 유동화 콘크리트에 대한 일반적인 설명으로 틀린 것은?

① 유동화 콘크리트의 슬럼프는 원칙적으로 180mm 이하로 한다.
② 유동화 콘크리트의 슬럼프 증가량은 100mm 이하를 원칙으로 한다.
③ 베이스 콘크리트의 슬럼프 최대값은 보통 콘크리트일 경우 150mm 이하로 하여야 한다.
④ 베이스 콘크리트의 슬럼프는 콘크리트의 유동화에 지장이 없는 범위의 것이어야 한다.

해설
• 유동화 콘크리트의 슬럼프 최대값

콘크리트의 종류	베이스 콘크리트	유동화 콘크리트
보통 콘크리트	150mm 이하	210mm 이하
경량 골재 콘크리트	180mm 이하	210mm 이하

• 유동화 콘크리트의 슬럼프는 210mm 이하로 한다.
• 작업에 적합한 범위 내에서 가능한 한 슬럼프가 작은 것이 바람직하다.

07 유동화 콘크리트의 슬럼프 증가량은 몇 mm 이하를 원칙으로 하는가?

① 100mm 이하
② 90mm 이하
③ 40mm 이하
④ 30mm 이하

해설 유동화 콘크리트의 슬럼프 증가량은 100mm 이하를 원칙으로 하며, 50~80mm를 표준으로 한다.

08 유동화 콘크리트에서 베이스 콘크리트를 유동화시키는 제조 방식에 해당되지 않는 것은?

① 현장 첨가 현장 유동화 방식
② 공장 첨가 현장 유동화 방식
③ 공장 첨가 공장 유동화 방식
④ 배처 플랜트 첨가 유동화 방식

해설
• 현장 첨가 방식 : 공사 현장에서 유동화제를 첨가하고 현장에서 교반하는 방식이 가장 효과적인 방식이다.
• 공장 유동화 방식 : 레미콘 공장에서 유동화제를 첨가하고 공장에서 교반하는 방식
• 공장 첨가 방식 : 레미콘 공장에서 유동화제를 첨가하여 공사 현장에서 교반하는 방식

정답 03 ③ 04 ① 05 ③ 06 ① 07 ① 08 ④

022 고유동 콘크리트

1 일반사항
- 고유동 콘크리트란 굳지 않은 상태에서 높은 유동성 및 재료 분리 저항성을 가진 콘크리트로 다짐 작업 없이 거푸집 구석구석까지 재료 분리를 일으키지 않고 밀실하게 충전이 가능한 콘크리트를 말한다.
- 고유동 콘크리트의 제조 방법은 분체계, 증점제계, 병용계 등으로서 적용 현장 여건에 따라 적합한 방법을 선정하여야 한다.
- 고유동 콘크리트의 재료 분리 저항성을 확보하기 위한 방법으로 분체량을 증가시킨 분체계, 증점제를 다량 사용한 증점제계 및 분체량을 증가시키며, 증점제를 동시에 사용한 병용계 등의 3가지 방법이 있다.
- 고유동 콘크리트는 일반적으로 다음과 같은 효과가 기대되는 곳에 사용된다.
 - 보통 콘크리트로는 충전이 곤란한 구조체적인 경우
 - 균질하고 정밀도가 높은 구조체를 요구하는 경우
 - 타설 작업의 합리화로 시간 단축이 요구되는 경우
 - 다짐 작업에 따르는 소음, 진동의 발생을 피해야 하는 경우
- 고유동 콘크리트는 다음과 같은 품질을 만족하여야 한다.
 - 굳지 않은 콘크리트의 유동성은 슬럼프 플로 600mm 이상으로 한다.
 - 굳지 않은 콘크리트의 재료 분리 저항성은 다음 규정을 만족하는 것으로 한다.
 - 슬럼프 플로 시험 후 콘크리트 중앙부에는 굵은 골재가 모여 있지 않고, 주변부에는 페이스트가 분리되지 않아야 한다.
 - 슬럼프 플로 500mm 도달시간 3~20초 범위를 만족하여야 한다.

2 고유동 콘크리트의 자기 충전 등급
- 고유동 콘크리트의 자기 충전성 등급은 거푸집에 타설하기 직전의 콘크리트에 대하여 타설 대상 구조물의 형상, 치수, 배근상태를 고려하여 적절히 설정한다.
- 고유동 콘크리트의 자기 충전성은 3가지 등급
 - 1등급 : 최소 철근 순간격 35~60mm 정도의 복잡한 단면형상, 단면치수가 적은 부재 또는 부위에서 자기 충전성을 가지는 성능
 - 2등급 : 최소 철근 순간격 60~200mm 정도의 철근 콘크리트 구조물 또는 부재에서 자기 충전성을 가지는 성능
 - 3등급 : 최소 철근 순간격 200mm 정도 이상으로 단면치수가 크고 철근량이 적은 부재 또는 부위, 무근 콘크리트 구조물에서 자기 충전성을 가지는 성능
- 일반적인 철근 콘크리트 구조물 또는 부재는 자기 충전성 등급으로 정하는 것을 표준으로 한다.

3 거푸집
- 거푸집에 작용하는 고유동 콘크리트의 측압은 원칙적으로 액압이 작용하는 것으로 보아야 한다.
- 거푸집은 시멘트 페이스트 또는 모르타르가 이음면으로부터 누출되지 않도록 긴밀하게 조립하여야 한다.
- 폐쇄 공간에 고유동 콘크리트를 타설하는 경우에는 거푸집 상면의 적절한 위치에 공기 빼기 구멍을 설치하여야 한다.
- 기포가 미관상 결점이 되는 구조물에는 거푸집 판재의 재질이나 박리제의 종류 등에 주의하여야 한다.

4 시공
- 고유동 콘크리트는 재료의 분리 및 슬럼프 플로값의 손실이 적은 방법으로 신속하게 운반하여야 한다.
- 펌프의 압송 조건으로서 100mm 또는 125mm 관을 사용할 경우 다음을 표준으로 한다.
 - 그 길이는 300m 이하
 - 타설할 때 콘크리트의 최대 자유 낙하 높이는 5m 이하
 - 최대 수평 유동 거리는 8~15m 이하

기11,16
01 고유동 콘크리트에 대한 설명으로 틀린 것은?

① 거푸집에 작용하는 고유동 콘크리트의 측압은 원칙적으로 액압이 작용하는 것으로 보아야 한다.
② 굳지 않은 콘크리트의 유동성은 슬럼프 플로 500mm 이상으로 한다.
③ 펌프의 압송 조건으로서 100mm 또는 125mm 관을 사용할 경우 그 길이는 300m 이하를 표준으로 한다.
④ 폐쇄 공간에 고유동 콘크리트를 타설하는 경우에는 거푸집 상면의 적절한 위치에 공기 빼기 구멍을 설치하여야 한다.

해설 굳지 않은 콘크리트의 유동성은 슬럼프 플로 600mm 이상으로 한다.

산12
02 고유동 콘크리트의 사용이 필요한 경우에 대한 설명으로 잘못된 것은?

① 보통 콘크리트로는 충전이 곤란한 구조체인 경우
② 콘크리트의 자중을 감소시켜 지간의 증대, 보의 유효 높이 감소가 요구되는 경우
③ 균질하고 정밀도가 높은 구조체를 요구하는 경우
④ 타설 작업의 합리화로 시간 단축이 요구되는 경우

해설 다짐 작업에 따르는 소음, 진동의 발생을 피해야 하는 경우

023 해양 콘크리트

1 일반 사항

- 해양 콘크리트 구조물은 해상 도시, 해상공항, 해상 발전소, 해저 저유 탱크, 해저 거주 기지, 선박 정박 시설, 도크, 해저 터널, 해상교량, 방파제, 계선안 및 해안 제방 등이며, 육상 구조물 중에 해풍의 영향을 많이 받는 구조물도 해양 콘크리트로 취급하여야 한다.
- 해양 콘크리트 구조물에 쓰이는 콘크리트의 설계 기준 강도는 30MPa 이상으로 한다.
- 해상부는 해중, 간만대, 물보라 지역, 해상 대기 중으로 구분하여 내구성 대책을 수립하여야 한다.
  - 간만대 지역 : 평균 간조면에서 평균 만조면까지의 범위
  - 물보라 지역 : 평균 만조면에서 파고의 범위
  - 해상 대기 중 : 물보라의 위쪽에서 항상 해풍을 받으며 파고의 물보라를 가끔 받는 열악한 환경

2 재료

- 시멘트는 해수의 작용에 대하여 특히 내구적인 고로 시멘트, 중용열 포틀랜드 시멘트, 플라이 애시 시멘트 등을 사용하여야 한다.
- PS 강재와 같은 고장력강에 작용 응력이 인장 강도의 60%를 넘을 경우 응력 부식 및 강재의 부식 피로를 검토하여야 한다.
  - 강재가 부식하면 피로 강도가 현저히 저하하기 때문에 반복 하중을 받는 경우에는 강재를 부식시키지 않도록 특히 주의하여야 한다.
- 내구성에 의해 정해지는 물-결합재비
  - 콘크리트의 물-결합재비는 원칙적으로 60% 이하로 하며, 단위수량은 185kg/m³을 초과하지 않도록 하여야 한다.
  - 콘크리트는 원칙적으로 공기 연행콘크리트로 하여야 한다.
  - 해상 대기 중이란 물보라의 위쪽에서 항상 해풍을 받으며 파도의 물보라를 가끔 받는 열악한 환경을 말함
  - 물보라 지역과 간만대 지역은 조석의 간만, 파랑의 물보라에 의한 건습의 반복 작용을 받는 내구성면에서 가장 열악한 환경이기 때문에 콘크리트 속의 강재 부식, 동해, 화학적 침식 등의 손상을 받을 가능성이 큼
- 해양 환경에 있는 철근 콘크리트 및 프리스트레스트 콘크리트 구조물에서 내구성으로 정해지는 단위 결합재량은 다음 값 이상으로 하여야 한다.

내구성으로 정해지는 최소 단위 결합재량

환경 구분 \ 굵은 골재의 최대 치수	20mm	25mm	40mm
물보라 지역, 간만대 및 해상 대기 중	340kg/m³	330kg/m³	300kg/m³
해중	310kg/m³	300kg/m³	280kg/m³

- 해양 콘크리트에서 공기 연행 콘크리트의 공기량 표준값은 다음 값 이상으로 한다.

콘크리트 공기량의 표준값

환경 조건		굵은 골재의 최대 치수		
		20mm	25mm	40mm
동결 융해 작용을 받을 염려가 있는 경우	(a) 물보라, 간만대 지역	6%	6%	5.5%
	(b) 해상 대기 중	5%	4.5%	4.5%
동결 융해 작용을 받을 염려가 없는 경우		4%	4%	4%

* 해양 콘크리트는 해수 중의 염화물의 작용을 받아 내동해성이 감소되므로 물보라 지역 및 간만대 지역과 해상 대기 중에서도 눈의 영향을 받는 부재의 경우, 공기량은 (a)의 값을 표준으로 하며 이때 공기량의 허용 오차는 ±1.5%로 한다.

3 시공

- 해양 구조물은 시공 이음부를 둘 경우 성능 저하가 생기기 쉬우므로 될 수 있는 대로 피하여야 한다.
  - 만조위로부터 위로 0.6m, 간조위로부터 아래로 0.6m 사이의 감조 부분에는 시공 이음이 생기지 않도록 시공 계획을 세워야 한다.
- 콘크리트가 충분히 경화되기 전에 해수에 씻기면 모르타르 부분이 유실되는 등 피해를 받을 우려가 있으므로 직접 해수에 닿지 않도록 보호하여야 한다.
  - 이 기간은 보통 포틀랜드 시멘트를 사용할 경우 대개 5일간이다.
  - 고로 슬래그 시멘트 등 혼합 시멘트를 사용할 경우에는 이 기간을 설계 기준 압축 강도의 75% 이상의 강도가 확보될 때까지 연장하여야 한다.
- 강재와 거푸집 판과의 간격은 소정의 피복을 확보하도록 하여야 한다.
  - 간격재의 개수는 기초, 기둥, 벽 및 난간 등에는 2개/m² 이상
  - 보 및 슬래브 등에는 4개/m² 이상을 표준으로 한다.

기 06,17
01 해양 콘크리트 구조물에 사용하기 위한 시멘트로서 특히 각종 해수의 작용에 대하여 내구성을 확보할 수 있는 것으로 적당하지 않은 것은?

① 조강 시멘트
② 고로 슬래그 시멘트
③ 중용열 포틀랜드 시멘트
④ 플라이 애시 시멘트

해설 해수 작용에 대하여 특히 내구적인 시멘트는 고로 슬래그 시멘트, 중용열 포틀랜드 시멘트, 플라이 애시 시멘트 등이다.

기 04
02 해양 콘크리트 제조에 사용되는 혼화 재료 중 수밀성이 높고 해수의 화학 작용에 대한 내구성을 크게 하기 위하여 사용되는 것은?

① 플라이 애시
② 유동화제
③ AE제
④ 폴리머

해설 해양 콘크리트의 혼화 재료 중 고로 슬래그 미분말이나 플라이 애시를 적당량 시멘트와 치환함으로써 수밀하고 해수의 화학 작용에 대한 내구성이 큰 콘크리트를 만들 수 있다.

기 11
03 해양 콘크리트에 대한 설명으로 틀린 것은?

① 일반 현장 시공을 하며, 해상 대기 중에 놓여진 경우 내구성에 의해 정해지는 콘크리트의 물-결합재비는 45% 이하로 하여야 한다.
② 굵은 골재 최대 치수가 25mm이고, 물보라 지역에 놓여진 구조물인 경우 내구성으로 정해지는 단위 결합재량은 300kg/m³ 이상으로 하여야 한다.
③ 굵은 골재 최대 치수가 20mm이고, 동결 융해 작용을 받을 염려가 있는 해상 대기 중 콘크리트인 경우 공기량의 표준값은 5%이다.
④ 해양 콘크리트 구조물에 쓰이는 콘크리트의 설계 기준 강도는 30MPa 이상으로 한다.

해설 내구성으로 정해지는 최소 단위 결합재량(kg/m³)

환경 구분 \ 굵은 골재의 최대 치수	20mm	25mm	40mm
물보라 지역, 간만대 및 해상 대기 중	340	330	300
해중	310	300	280

기 12
04 해양 콘크리트에 대한 설명으로 틀린 것은?

① 육상 구조물 중에 해풍의 영향을 많이 받는 구조물도 해양 콘크리트로 취급하여야 한다.
② PS 강재와 같은 고장력강에 적용 응력이 인장 강도의 60%를 넘을 경우 응력 부식 및 강재의 부식 피로를 검토하여야 한다.
③ 만조위로부터 위로 0.6m, 간조위로부터 아래로 0.6m사이의 감조 부분에는 시공 이음이 생기지 않도록 시공계획을 세워야 한다.
④ 시멘트는 보통 포틀랜드 시멘트를 사용하는 것을 원칙으로 한다.

해설 해양 콘크리트에서 시멘트는 해수의 작용에 대하여 특히 내구적인 고로 슬래그 시멘트, 중용열 포틀랜드 시멘트, 플라이 애시 시멘트 등을 사용하는 것이 원칙이다.

기 15 산 09,13,16
05 해양 콘크리트로서 해중에 시공되며, 일반적인 현장 시공인 경우 내구성에 의해 정해지는 공기 연행 콘크리트의 물-결합재비로서 옳은 것은?

① 40%
② 45%
③ 50%
④ 60%

해설 내구성으로 정하여진 공기 연행(AE) 콘크리트의 최대 물-결합재비
• 콘크리트의 물-결합재비는 원칙적으로 60% 이하로 하며, 단위 수량은 185kg/m³을 초과하지 않도록 하여야 한다.
• 콘크리트는 원칙적으로 공기 연행콘크리트로 하여야 한다.

산 04,07,15
06 아래 표의 ( ) 안에 공통적으로 들어갈 적합한 수치는?

> 해양 콘크리트 구조물에 부득이 시공 이음부를 설치할 경우 만조위로부터 위로 ( )m, 간조위로부터 아래로 ( )m 사이의 감조 부분에는 시공 이음이 생기지 않도록 시공 계획을 세워야 한다.

① 0.2
② 0.4
③ 0.6
④ 0.8

해설 특히 만조위로부터 위로 0.6m, 간조위로부터 아래로 0.6m 사이의 감조 부분에는 시공 이음이 생기지 않도록 시공 계획을 세워야 한다.

□□□ 기10,17
07 해양 콘크리트에 대한 설명으로 틀린 것은?

① 콘크리트가 충분히 경화되기 전에 직접 해수에 닿지 않도록 보호하여야 하며, 이 기간은 보통 포틀랜드 시멘트를 사용할 경우 대개 3일간이다.
② 시멘트는 고로 슬래그 시멘트, 플라이 애시 시멘트 등 혼합 시멘트계 및 중용열 포틀랜드 시멘트를 사용하여야 한다.
③ 해양 구조물은 특히 만조위로부터 위로 0.6m, 간조위로부터 아래로 0.6m 사이의 감조 부분에는 시공 이음이 생기지 않도록 시공 계획을 세워야 한다.
④ 강재와 거푸집 판과의 간격은 소정의 피복을 확보하도록 하여야 하며, 간격재의 개수는 기초, 기둥, 벽 및 난간 등에는 2개/m² 이상을 표준으로 한다.

해설 콘크리트가 충분히 경화되기 전에 직접 해수에 닿지 않도록 보호하여야 하며, 이 기간은 보통 포틀랜드 시멘트를 사용할 경우 대개 5일간 이다.

□□□ 기07
08 해양 콘크리트에 대한 설명 중 옳지 않은 것은?

① 가능한 한 시공 이음부를 두지 않는 것이 좋다.
② 타설 후 3일간은 직접 해수에 닿지 않도록 보호해야 한다.
③ 중용열 포틀랜드 시멘트 또는 혼합 시멘트를 사용하는 것이 좋다.
④ AE제, AE 감수제 또는 고성능 감수제를 사용하는 것이 바람직하다.

해설 ・콘크리트가 충분히 경화되기 전에 해수에 씻기면 모르타르 부분이 유실되는 등 피해를 받을 우려가 있으므로 직접 해수에 닿지 않도록 보호하여야 한다.
・보통 포틀랜드 시멘트를 사용할 경우 보호 기간 : 5일간
・고로 슬래그 시멘트 등 혼합 시멘트를 사용할 경우 : 설계 기준 강도의 75% 이상의 강도가 확보될 때까지 연장하여야 한다.

□□□ 산11
09 해양 콘크리트 구조물에서 동결 융해 작용을 받을 염려가 없는 경우, 사용하는 공기 연행 콘크리트 공기량의 표준은 몇 %인가?

① 4%
② 4.5%
③ 5%
④ 5.5%

해설 동결 융해 작용을 받을 염려가 없는 경우 콘크리트 공기량의 표준값은 4%

□□□ 산09
10 해양 콘크리트 구조물에서 시공 이음을 피해야 할 위치의 기준으로 옳은 것은?

① 만조위로부터 위로 0.3m, 간조위로부터 아래로 0.3m 사이의 감조 부분
② 만조위로부터 위로 0.6m, 간조위로부터 아래로 0.6m 사이의 감조 부분
③ 만조위로부터 위로 0.9m, 간조위로부터 아래로 0.9m 사이의 감조 부분
④ 만조위로부터 위로 1.2m, 간조위로부터 아래로 1.2m 사이의 감조 부분

해설 만조위로부터 위로 0.6m, 간조위로부터 아래로 0.6m 사이의 감조 부분에는 시공 이음이 생기지 않아야 한다.

□□□ 기11
11 해양 콘크리트에 대한 설명으로 틀린 것은?

① 해양 콘크리트 배합 시 고로 시멘트, 플라이 애시 시멘트 또는 중용열 포틀랜드 시멘트를 사용하는 것이 좋다.
② 해양 구조물은 만조위로부터 위로 0.6m, 간조위로부터 아래로 0.6m 사이의 감조 부분에 시공 이음이 생기지 않도록 하여야 한다.
③ 물보라 지역 및 해상 대기 중에서는 굵은 골재가 25mm인 경우 단위 결합재량은 330kg/m³ 이상 사용하는 것이 좋다.
④ 동결 융해 작용을 받을 염려가 있는 해양 콘크리트의 공기량은 굵은 골재 최대 치수가 25mm인 경우 3%로 한다.

해설 콘크리트 공기량의 표준값

환경 조건		굵은 골재의 최대 치수		
		20mm	25mm	40mm
동결 융해 작용을 받을 염려가 있는 경우	물보라, 간만대 지역	6%	6%	5.5%
	해상 대기 중	5%	4.5%	4.5%
동결 융해 작용을 받을 염려가 없는 경우		4%	4%	4%

정답 07 ① 08 ② 09 ① 10 ② 11 ④

024 수밀 콘크리트

1 일반 사항
- 콘크리트 공사에 있어서 높은 수밀성을 요구하는 수밀 콘크리트의 재료 및 시공에 대한 일반적이고 기본적인 사항을 규정한다.
- 수밀 콘크리트는 수압이 구조체에 직접적인 영향을 미치는 구조물에 적용된다.
- 수밀을 요하는 콘크리트 구조물은 투수, 투습에 의해 구조물의 안전성, 내구성, 기능성, 유지 관리 및 외관 등이 영향을 받는 구조물로서 각종 저장시설, 지하 구조물, 수리 구조물, 저수조, 수영장, 상하수도 시설, 터널 등 압력수가 작용하는 구조물을 말한다.
- 수밀 콘크리트의 적용 대상 구조물은 물의 영향을 고려한 설계 조건 설정에 따른다.
- 수밀 콘크리트의 경우에는 일반적인 경우보다 잔 골재율을 어느 정도 크게 하는 것이 좋다.
- 경화 후의 콘크리트는 가능한 장기간 습윤 상태를 유지하고, 치밀한 조직이 되도록 하여야 한다.
- 수밀 콘크리트 구조물의 시공은 설계 내용을 충분히 검토하여 균열, 콜드 조인트, 이어치기부, 신축 이음, 허니컴, 재료 분리 등 외부로부터 물의 침입이나 내부로부터 유출의 원인이 되는 결함이 생기지 않도록 하여야 한다.
- 수밀 콘크리트를 시공할 때는 균일하고 치밀한 조직을 갖는 콘크리트가 만들어질 수 있도록 재료, 배합, 비빔, 타설, 다지기 및 양생 등 적절한 조치를 취하여야 한다.
- 수밀 콘크리트의 경우에는 콘크리트 자체에 물을 차단하는 성능을 갖도록 하는 것이 목적이므로 타설된 콘크리트에 누수의 원인이 되는 결함이 생길 우려가 없도록 재료 선정 및 배합을 고려하여야 한다.

2 배합
- 배합은 소요의 품질이 얻어지는 범위 내에서 단위 수량 및 물-결합재비는 되도록 적게 한다.
- 배합은 소요의 품질이 얻어지는 범위 내에서 단위 굵은 골재량은 되도록 크게 한다.
- 콘크리트의 소요 슬럼프는 되도록 작게 하여 180mm를 넘지 않도록 한다.
- 콘크리트 타설이 용이할 때에는 120mm 이하로 한다.
- 콘크리트 워커빌리티를 개선시키기 위해 고성능 공기 연행 감수제(AE제, AE 감수제, 고성능 AE 감수제)를 사용하는 경우라도 공기량은 4% 이하가 되게 한다.
- 물-결합재비는 50% 이하를 표준으로 한다.

3 시공
- 소요 품질을 갖는 수밀 콘크리트를 얻기 위해서는 적당한 간격으로 시공 이음을 두어야 하며, 그 이음부의 수밀성에 대하여 특히 주의하여야 한다.
- 콘크리트는 가능한 연속으로 타설하여 콜드 조인트가 발생하지 않도록 하여야 한다.
- 수밀 콘크리트는 누수 원인이 되는 건조 수축 균열의 발생이 없도록 시공하여야 하며, 0.1mm 이상의 균열 발생이 예상되는 경우 누수를 방지하기 위한 방수를 검토하여야 한다.
- 수밀성 향상을 목적으로 사용하는 방수제가 혼합된 콘크리트는 재료 분리, 콘크리트의 다루기, 슬럼프의 저하, 공기 연행 콘크리트의 경우에는 공기량의 감소가 최소가 되도록 취급하고 운반하여야 한다.
- 운반으로 인해 필요한 콘크리트 품질이 변화하지 않아야 한다.
- 배치 플랜트에서 충분히 혼합해야 전체적으로 균등한 방수 성능을 확보할 수 있다.
- 수밀 콘크리트의 연속 타설 시간 간격

외기 온도	연속 타설 시간 간격
외기 온도 25℃를 넘었을 때	1.5시간(90분) 이내
외기 온도 25℃ 이하일 때	2시간(120분) 이내

- 연직 시공이음에는 지수판 등 물의 통과 흐름을 차단할 수 있는 방수 처리재 등의 재료 및 도구를 사용하는 것을 원칙으로 한다.
- 수밀 콘크리트는 충분한 습윤 양생을 하여야 한다.
- 습윤 양생을 충분히 하여 시멘트 수화를 진행시켜 건조 수축 균열의 발생을 억제하여 수밀성을 촉진시켜야 한다.
- 팽창제와 방수제의 콘크리트 응결 지연에 대한 영향을 확인한 후 양생 기간, 거푸집 및 동바리 해체 시기를 정하여야 한다.
- 일반적으로 콘크리트의 수밀성은 투수 계수로 표시한다.

$$K = \frac{Q}{A} \cdot \frac{L}{P}$$

여기서, K : 투수 계수(mm/s)
Q : 물의 유량(mm³/s)
A : 물의 투과 면적(mm²)
L : 공시체의 두께(mm)
P : 수두차(수압)(mm)

- 잘 시공된 콘크리트의 투수 계수는 $10^{-7} \sim 10^{-9}$ mm/s의 범위이다.

☐☐☐ 기 04, 09
01 먼저 타설된 콘크리트와 나중에 타설되는 콘크리트 사이에 완전히 일체화가 되어 있지 않음에 따라 발생하는 이음은?

① 콜드 조인트 ② 균열 유발 줄눈
③ 신축 이음   ④ 수축 이음

해설 콜드 조인트(cold joint) : 시공 전에 계획하지 않은 곳에서 생겨난 이음으로서 먼저 타설된 콘크리트와 나중에 타설되는 콘크리트 사이에 완전히 일체화가 되어 있지 않은 이음 부위이다.

☐☐☐ 기 04
02 수밀 콘크리트의 시공에 대한 방법으로 옳지 않은 것은?

① 적절한 간격으로 시공 이음을 만들었다.
② 일반적인 경우보다 잔 골재율을 작게 하였다.
③ 타설 구획 내에서 연속으로 타설하였다.
④ 연직 시공 이음에는 지수판을 설치하였다.

해설 수밀 콘크리트의 경우에는 일반적인 경우보다 잔 골재율을 어느 정도 크게 하는 것이 좋다.

☐☐☐ 기 06
03 수밀 콘크리트에 관한 설명으로 잘못된 것은?

① 콘크리트 구조물 공사에 있어서 수밀성을 높게 요구하는 부위에 사용하는 콘크리트이다.
② 수밀 콘크리트는 터널, 공동구 및 각종 저장 시설, 상하수도 시설, 저수조 등에 사용한다.
③ 일반적으로 산·알칼리·해수·동결 융해에 대한 저항력이 크며, 풍화를 방지하고 전류의 해를 받을 우려도 적다.
④ 콘크리트의 슬럼프는 되도록 크게 하고 물-결합재비는 60% 이하를 표준으로 한다.

해설 물-결합재비는 되도록 작게 하고, 50% 이하를 표준으로 한다.

☐☐☐ 기 12, 16
04 수밀 콘크리트의 배합에 대한 설명으로 틀린 것은?

① 물-결합재비는 60% 이하를 표준으로 한다.
② 배합은 소요의 품질이 얻어지는 범위 내에서 단위 수량 및 물-결합재비는 되도록 적게 한다.
③ 콘크리트의 워커빌리티를 개선시키기 위해 AE제 등을 사용하는 경우라도 공기량은 4% 이하가 되게 한다.
④ 콘크리트의 소요 슬럼프는 되도록 작게 하여 180mm를 넘지 않도록 한다.

해설 물-결합재비는 50% 이하를 표준으로 한다.

☐☐☐ 기 09
05 수밀 콘크리트의 공기량은 최대 몇 % 이하로 하여야 하는가?

① 2%   ② 4%
③ 6%   ④ 8%

해설 콘크리트의 워커빌리티를 개선시키기 위해 공기 연행제, 공기 연행 감수제 또는 고성능 공기 연행 감수(AE)제를 사용하는 경우라도 공기량은 4% 이하가 되게 한다.

☐☐☐ 기 11, 14, 16
06 수밀 콘크리트에 대한 설명으로 옳은 것은?

① 콘크리트의 소요 슬럼프는 되도록 작게 하여 100mm를 넘지 않도록 한다.
② 공기 연행제, 공기 연행 감수제 등을 사용하는 경우라도 공기량은 6% 이하가 되게 한다.
③ 물-결합재비는 50% 이하를 표준으로 한다.
④ 단위 굵은 골재량은 되도록 작게 한다.

해설
- 콘크리트의 소요 슬럼프는 되도록 작게 하여 180mm를 넘지 않도록 한다.
- 공기 연행제, 공기 연행 감수제 등을 사용하는 경우라도 공기량은 4% 이하가 되게 한다.
- 단위 굵은 골재량은 되도록 크게 한다.

☐☐☐ 기 07, 13
07 수밀 콘크리트의 배합 특성으로 옳은 것은?

① 단위 수량 및 물-시멘트비는 되도록 크게 한다.
② 콘크리트의 소요 슬럼프는 되도록 작게 하여 180mm를 넘지 않도록 한다.
③ 워커빌리티를 개선시키기 위해 공기 연행(AE)제, 고성능 공기 연행(AE) 감수제 등을 사용하는 경우라도 공기량은 6% 이하가 되도록 한다.
④ 단위 굵은 골재량은 되도록 작게 한다.

해설 수밀 콘크리트의 배합
- 콘크리트의 소요의 품질이 얻어지는 범위 내에서 단위 수량 및 물-결합재비는 되도록 적게 하고, 단위 굵은 골재량은 되도록 크게 한다.
- 콘크리트의 소요 슬럼프는 되도록 작게 하여 180mm를 넘지 않도록 하며, 콘크리트 타설이 용이할 때에는 120mm 이하로 한다.
- 콘크리트의 워커빌리티를 개선시키기 위해 공기 연행제, 공기 연행 감수제 또는 고성능 공기 연행 감수제를 사용하는 경우라도 공기량은 4% 이하가 되게 한다.
- 물-결합재비는 50% 이하를 표준으로 한다.

정답 01 ① 02 ② 03 ④ 04 ① 05 ② 06 ③ 07 ②

□□□ 기 05
08 다음은 수밀 콘크리트에 대한 일반 사항을 정리한 것이다. 틀린 것은?

① 물-시멘트비는 50% 이하로 하고, 소요 슬럼프는 180mm를 넘지 않도록 한다.
② 콘크리트의 워커빌리티를 개선시키기 위해 AE 감수제 또는 고성능 AE 감수제를 사용하는 경우라도 공기량은 4% 이하가 되게 한다.
③ 연속 타설 시간 간격은 외기 온도와 관계없이 120분 이내로 한다.
④ 연직 시공 이음에는 지수판 사용을 원칙으로 한다.

해설
- 연속 타설 시간 간격은 외기 온도가 25℃를 넘었을 경우에는 1.5시간, 25℃ 이하일 경우에는 2시간을 넘어서는 안 된다.
- 연직 시공 이음에는 지수판 등 물의 통과 흐름을 차단할 수 있는 방수 처리재 등의 재료 및 도구를 사용하는 것을 원칙으로 한다.

□□□ 산 12
09 수밀 콘크리트의 배합 및 시공에 대한 설명 중 옳지 않은 것은?

① 콜드 조인트(cold joint)가 발생하지 않도록 연속적으로 타설한다.
② 연속 타설 시간 간격은 외기온이 25℃ 미만일 때는 150분 이내로 한다.
③ 연직 시공 이음에는 지수판 등의 사용을 원칙으로 한다.
④ 공기량은 4% 이하가 되게 한다.

해설 수밀 콘크리트의 연속 타설 시간 간격
- 외기 온도 25℃를 넘었을 경우 : 1.5시간(90분)을 넘지 않아야 함
- 외기 온도 25℃ 이하일 경우 : 2시간(120분)을 넘지 않아야 함

□□□ 산 10
10 물이 침투하지 못하도록 밀실하게 만든 콘크리트를 수밀 콘크리트라고 한다. 수밀 콘크리트의 배합 설계 시 고려해야 할 내용과 관계가 먼 것은?

① 단위 굵은 골재량은 되도록 적게 한다.
② 단위 수량 및 물-결합재비는 되도록 작게 한다.
③ 콘크리트의 워커빌리티를 개선시키기 위해 공기 연행제 등을 사용하는 경우라도 공기량은 4% 이하가 되게 한다.
④ 물-결합재비는 50% 이하를 표준으로 한다.

해설 단위 수량 및 물-결합재비는 되도록 작게 하고, 단위 굵은 골재량은 되도록 많게 한다.

□□□ 기 10
11 수밀 콘크리트의 시공에 대한 설명으로 틀린 것은?

① 소요 품질을 갖는 수밀 콘크리트를 얻기 위해서는 적당한 간격으로 시공 이음을 두어야 하며, 그 이음부의 수밀성에 대하여 특히 주의하여야 한다.
② 연속 타설 시간 간격은 외기 온도가 25℃ 이하일 경우에는 1시간을 넘어서는 안 된다
③ 연직 시공 이음에는 지수판 등 물의 통과 흐름을 차단할 수 있는 방수 처리재 등의 재료 및 도구를 사용하는 것을 원칙으로 한다.
④ 콘크리트는 가능한 연속으로 타설하여 콜드 조인트가 발생하지 않도록 하여야 한다.

해설 수밀 콘크리트의 연속 타설 시간 간격
- 외기 온도 25℃ 이상일 때 : 1.5시간(90분)
- 외기 온도 25℃ 이하일 때 : 2시간(120분)

□□□ 기 13, 21
12 수밀 콘크리트의 수밀성을 확보하기 위한 시공방안으로 적당하지 않은 것은?

① 혼화재료로서 팽창재는 콘크리트의 누수 원인이 되어 수밀성을 저해한다.
② 소요의 품질을 갖는 수밀 콘크리트를 얻기 위해서는 적당한 간격으로 시공이음을 두어야 한다.
③ 수밀 콘크리트는 양질의 AE제와 고성능 감수제 또는 포졸란 등을 사용하는 것을 원칙으로 한다.
④ 연직 시공이음에는 지수판 등의 물의 통과 흐름을 차단할 수 있는 방수처리재 등의 사용을 원칙으로 한다.

해설 혼화재료로서 팽창재는 콘크리트의 누수 원인이 되는 건조수축 균열 방지를 하여 수밀성을 향상시킨다.

025 수중 콘크리트

1 일반 사항
- **수중 콘크리트** : 담수 중이나 안정액 중 혹은 해수 중에 타설되는 콘크리트
- **수중 불분리성 콘크리트** : 수중 불분리성 혼화제를 혼합함에 따라 재료 분리 저항성을 높인 수중 콘크리트
- **수중 불분리성 혼화제** : 콘크리트의 점성을 증대시켜 수중에서도 재료 분리가 생기지 않도록 한 혼화제
- 수중 불분리성 혼화제는 콘크리트에 높은 점성을 주어 물의 씻김 작용에 대한 저항성을 증대시켜 수중 콘크리트의 시공에 있어서 수중 낙하도 가능하도록 한 것이다.
- 수중 콘크리트는 시공 방법상 일반 수중 콘크리트, 현장 타설 말뚝 및 지하 연속벽에 사용하는 수중 콘크리트, 수중 불분리성 콘크리트로 대별된다.

2 구성 재료
- **굵은 골재의 최대 치수**
- 수중 불분리성 콘크리트의 경우
  - 40mm 이하를 표준으로 한다.
  - 부재 최소 치수의 1/5 및 철근의 최소 순간격의 1/2을 초과해서는 안 된다.
- 현장 타설 말뚝 및 지하 연속벽에 사용하는 콘크리트의 경우
  - 굵은 골재의 최대 치수가 클수록 재료 분리가 생기기 쉽다.
  - 철근 간격이 좁으면 철근 망태의 외측 부분은 콘크리트의 충전이 불충분하게 되기 쉽다.
  - 25mm 이하, 철근 순간격의 1/2 이하를 표준으로 하여야 한다.
- 수중 불분리성 콘크리트의 수중 분리 저항성은 수중 분리도 혹은 수중·공기 중 강도비로 설정한다.
- 현탁 물질량은 50mg/l 이하
- pH는 12.0 이하
- 수중·공기 중 강도비는 수중 분리 저항성의 요구가 비교적 높은 경우 0.8 이상
- 수중·공기 중 강도비는 수중 분리 저항성의 요구가 일반적인 경우에는 0.7 이상

3 배합 강도
- 수중 콘크리트의 배합은 설정된 소정의 강도, 수중 분리 저항성, 유동성 및 내구성 등의 성능을 만족하도록 시험에 의해 정하여야 한다.
- 일반 수중 콘크리트는 수중에서 시공할 때의 강도가 표준 공시체 강도의 0.6~0.8배가 되도록 배합 강도를 설정하여야 한다.
- 수중 불분리성 콘크리트는 제작한 수중 제작 공시체의 재령 28일의 압축 강도를 배합 강도로서 설정하여야 한다.
- 현장 타설 콘크리트 말뚝 및 지하 연속벽 콘크리트에 사용하는 수중 시공할 때의 배합 강도를 다음과 같이 설정한다.
- 대기 중에서 시공할 때 강도의 0.8배
- 안정액 중에서의 시공 시의 강도를 공기 중 시공 시의 0.7배

4 물-결합재비 및 단위 시멘트량
- 수중 분리 저항성은 점성에 영향을 받으므로 물-결합재비와 단위 시멘트량으로 다음 표와 같이 설정하였다.

수중 콘크리트의 물-결합재비 및 단위 시멘트량

종류	일반 수중 콘크리트	현장 타설 말뚝 및 지하연속 벽에 사용하는 수중 콘크리트
물-결합재비	50% 이하	55% 이하
단위 시멘트량	370kg/m³ 이상	350kg/m³ 이상

- 수중 불분리성 콘크리트의 내염해성 및 각종 염류에 의한 침식 작용은 일반적인 콘크리트와 거의 동일하므로 콘크리트의 화학 작용 및 철근의 부식 작용 등을 고려하여 물-결합재비를 정할 경우 최대값은 다음 표와 같은 값을 표준으로 하여야 한다.

내구성으로부터 정해진 수중 불분리성 콘크리트의 최대 물-결합재비

환경 \ 콘크리트의 종류	무근 콘크리트	철근 콘크리트
담수 중·해수 중	55%	50%

- 지하 연속벽에 사용하는 수중 콘크리트의 경우, 지하 연속벽을 가설만으로 이용할 경우에는 단위 시멘트량은 300kg/m³ 이상으로 하여야 한다.

5 유동성
- 일반 수중 콘크리트나 현장 타설 말뚝 및 지하 연속벽에 사용하는 수중 콘크리트의 유동성은 일반적으로 표에 나타낸 슬럼프값으로 설정하여야 한다.
- 일반 수중 콘크리트의 슬럼프의 표준값(mm)

시공방법	일반 수중 콘크리트	현장 타설 말뚝 및 지하연속 벽에 사용하는 수중 콘크리트
트레미	130~180	180~210
콘크리트 펌프	130~180	-
밑열림 상자, 밑열림 포대	100~150	-

- 현장 타설 말뚝 및 지하 연속벽에 사용하는 수중 콘크리트에서 일반적으로 설계 기준 강도가 50MPa을 초과하는 경우는 높은 유동성이 요구되므로 슬럼프 플로의 범위는 500~700mm로 하여야 한다.

- 수중 불분리성 콘크리트는 공기량이 과다한 경우 압축 강도가 저하할 뿐만 아니라 콘크리트의 유동 중에 공기포가 콘크리트로부터 떠오르게 되어 수질 오탁, 품질의 변동 등의 원인이 되기 때문에 공기량은 4% 이하로 하여야 한다.
- 현장 타설 콘크리트 말뚝 및 지하 연속벽의 콘크리트는 일반적으로 트레미를 사용하여 수중에서 타설하기 때문에 슬럼프값은 180~210mm를 표준으로 하여야 한다.
- 특히 철근 간격이 좁은 경우 등 슬럼프가 큰 콘크리트를 타설할 필요가 있을 때는 유동화제를 사용한 부배합 콘크리트로서 시공하여야 하나 슬럼프가 240mm를 넘지 않아야 한다.

6 비비기

- 수중 불분리성 콘크리트의 비비기는 제조 설비가 갖추어진 배치 플랜트에서 물을 투입하기 전 건식으로 20~30초를 비빈 후 전 재료를 투입하여 비비기를 하여야 한다.
- 수중 불분리성 콘크리트를 레디 믹스트 콘크리트 공장에서 비빌 경우에는 일반적인 지정 사항 이외에 슬럼프 플로, 수중 제작 공시체의 압축 강도, 수중·공기 중 강도비, 수중 불분리성 혼화제의 종류와 사용량 등을 생산자와 협의하여 정하여야 한다.
- 가경식 믹서를 이용하는 경우 콘크리트가 드럼 내부에 부착되어 충분히 비벼지지 못할 경우가 있기 때문에 믹서는 강제식 배치 믹서를 사용하며, 비비기 시간은 1분 이상으로 한다.
- 수중 불분리성 콘크리트는 일반 콘크리트에 비하여 믹서에 걸리는 부하가 크기 때문에 소요 품질의 콘크리트를 얻기 위하여 1회 비비기 양은 믹서의 공칭 용량의 80% 이하로 하여야 한다.
- 비비는 시간은 시험에 의해 콘크리트 소요의 품질을 확인하여 정하며, 강제식 믹서의 비비기 시간은 90~180초를 표준으로 한다.

수중 불분리성 콘크리트의 자재 품질 검사

항 목	시기 횟수	판단 기준
수중 제작 공시체 압축 강도	• 받아들이기 시험 • 1회/일 또는 구조물의 중요도와 공사의 규모에 따라 120m³마다 1회	일반 콘크리트의 배합 강도에 따른다.
굵은 골재의 최대 치수		• 20 또는 25mm 이하 • 부재 최소 치수의 1/5 및 철근의 최소 순간격의 1/2을 초과하지 않을 것

7 시공

콘크리트 타설의 원칙

- 수중 콘크리트는 시멘트의 유실, 레이턴스의 발생을 방지하기 위해 물막이를 설치하여 물을 정지시킨 정수 중에서 타설하여야 한다.
  - 완전히 물막이를 할 수 없는 경우에는 유속은 50mm/s 이하로 하여야 한다.
- 콘크리트를 수중에 낙하시키면 재료 분리가 일어나고 시멘트가 유실되기 때문에 콘크리트는 수중에 낙하시키지 않아야 한다.
- 콘크리트 면을 가능한 한 수평하게 유지하면서 소정의 높이 또는 수면상에 이를 때까지 연속해서 타설하여야 한다.
- 물과 접촉하는 부분의 콘크리트 재료 분리를 적게 하기 위하여 타설하는 도중에 가능한 콘크리트가 흐트러지지 않도록 물을 휘젓거나 펌프의 선단 부분을 이동시키지 않아야 한다.
  - 콘크리트가 경화될 때까지 물의 유동을 방지하여야 한다.
- 한 구획의 콘크리트 타설을 완료한 후 레이턴스를 모두 제거하고 다시 타설하여야 한다.
  - 수중 콘크리트를 시공할 때 시멘트가 물에 씻겨서 흘러나오지 않도록 트레미나 콘크리트 펌프를 사용해서 타설하여야 한다.
  - 밑열림 상자나 밑열림 포대는 콘크리트를 연속해서 타설하기가 불가능하므로 부득이한 경우 및 소규모 공사 외에는 사용하지 않는다.

트레미에 의한 타설

- 트레미는 수밀성을 가지며 콘크리트가 자유롭게 낙하할 수 있는 크기를 가져야 한다.
  - 트레미의 안지름은 수심 3m 이내에서 250mm
  - 트레미의 안지름은 수심 3~5m에서 300mm
  - 트레미의 안지름은 수심 5m 이상에서 300~500mm
  - 굵은 골재 최대 치수의 8배 이상이 되도록 하여야 한다.
- 트레미의 하단에서 유출되는 콘크리트를 수중에서 멀리 유동시키면 품질이 저하되므로 트레미 1개로 타설할 수 있는 면적이 지나치게 크지 않도록 하여야 하며, 30m² 이하로 하여야 한다.
- 트레미는 콘크리트를 타설하는 동안 하반부가 항상 콘크리트로 채워져 트레미 속으로 물이 침입하지 않도록 하여야 한다.
  - 트레미는 콘크리트를 타설하는 동안 수평 이동시킬 수 없다.
- 콘크리트를 수중 낙하시키면 재료 분리가 심하게 생기기 때문에 콘크리트를 타설할 때에 트레미의 선단 부분에 밑뚜껑이 있는 것을 사용하거나 플런저를 설치하는 등의 대책을 취하여야 한다.
  - 콘크리트를 타설하는 동안 트레미의 하단을 타설된 콘크리트 면보다 0.3~0.4 아래로 유지하면서 가볍게 상하로 움직여야 한다.

수중 불분리성 콘크리트의 타설

- 타설은 유속이 50mm/s 정도 이하의 정수 중에서 수중 낙하 높이 0.5m 이하이어야 한다.
- 타설은 콘크리트 펌프 또는 트레미 사용을 원칙으로 한다.
- 수중 불분리성 콘크리트를 콘크리트 펌프로 압송할 경우
  - 압송 압력은 보통 콘크리트의 2~3배
  - 타설 속도는 1/2~1/3 정도
- 수중 불분리성 콘크리트는 유동성이 크고 유동에 따른 품질 변화가 적기 때문에 일반 수중 콘크리트보다 트레미 1개 및 콘크리트 펌프 배관 1개당 콘크리트 타설 면적을 크게 할 수 있다.
  - 콘크리트를 과도하게 유동시키는 것은 품질 저하 및 불균일성을 발생시킬 위험이 있으므로 수중 유동 거리는 5m 이하로 하여야 한다.

■ 현장 타설 말뚝 및 지하 연속벽에 사용하는 수중 콘크리트

- 시공면에 진흙이 퇴적된 채로 콘크리트를 타설하면 말뚝의 선단 지지력의 저하, 진흙 혼입으로 콘크리트의 품질 저하 등 나쁜 영향을 미치므로 진흙 제거는 굴착 완료 후와 콘크리트 타설 직전에 2회 실시하여야 한다.
- 현장 타설 말뚝 및 지하 연속벽의 콘크리트 타설
  - 일반적으로 안정액 중에서 시행
  - 양질의 콘크리트가 요구되는 것을 고려하여 트레미를 써서 연속으로 타설하여야 한다.
  - 트레미의 안지름은 굵은 골재의 최대 치수의 8배 정도가 적당
  - 굵은 골재 최대 치수 25mm의 경우, 관 지름이 0.20~0.25m의 트레미를 사용하여야 한다.
- 콘크리트를 타설하는 도중 트레미의 삽입 깊이가 너무 얕으면 콘크리트가 분출하여 분리되므로 콘크리트를 타설하는 도중에는 콘크리트 속의 트레미 삽입 깊이는 2m 이상으로 하여야 한다. 타설 완료 직전에 콘크리트 면을 확인하기 쉬운 경우에는 삽입 깊이를 2m 이하로 할 수 있다.
- 지하 연속벽을 타설할 때는 현장 타설 말뚝의 타설과 비교해서 콘크리트의 유동 거리가 길어져서 재료 분리가 생기기 쉬우므로 트레미는 가로 방향 3m 이내의 간격에 배치하고 단부나 모서리에 배치하여야 한다.
- 콘크리트의 타설 속도는 안정액의 섞임 등을 고려하여, 일반적으로 먼저 타설하는 부분의 경우 4~9m/h, 나중에 타설하는 부분의 경우 8~10m/h로 실시하여야 한다.
- 콘크리트 상면은 콘크리트 타설 도중 안정액 및 진흙의 혼입, 블리딩에 의한 레이턴스 등으로 품질이 저하되므로 콘크리트의 설계면보다 0.5m 이상 높이로 여유 있게 타설하고 경화한 후 이것을 제거하여야 한다. 다만 가설벽, 차수벽 등에 쓰이는 지하 연속벽의 경우 여분으로 더 타설하는 높이는 0.5m 이하이어야 한다.

■ 일반 수중 불분리성 콘크리트의 품질 검사

종류	항목	판단 기준	시험 횟수
배합	압축강도	・20 또는 25mm 이하 ・부재 최소치수의 1/5 및 철근의 최소 순간격의 1/2을 초과하지 않을 것	・받아들이기 시점 ・1회/일 또는 구조물의 중요도와 공사의 규모에 따라 120m³마다 1회
배합	굵은 골재의 최대치수		
수중 불리 저항성	수중 불리도	・규정값 이하 ・규정값이 없는 경우는 현탁 물질량은 50mg/l 이하 ・pH는 12.0 이하	
수중 불리 저항성	수중・기중 강도비	・일반적인 경우 0.7 이상 ・철근 콘크리트의 경우는 0.8 이상	
유동성	슬럼프 플로	・규정치 ±30mm	

■ 수중 불분리성 콘크리트공의 검사

종류	항목	판단 기준	시험・검사 방법	시기・횟수
타설	물의 유속	50mm/s 이하	시공 계획 시에 의함	타설 중 적절한 시기
타설	수중 낙하 높이	0.5m 이하		
타설	수중 유동 거리	5m 이하		

■ 일반 수중 콘크리트의 품질 검사

종류	항목	판단기준	시기・횟수
배합	압축강도		・받아들이기 시점 ・1회/일 또는 구조물의 중요도와 공사의 규모에 따라 120m³마다 1회
배합	굵은 골재 최대 치수	・25mm 이하 ・철근 최소 순간격의 1/2을 초과하지 않을 것	
수중분리 저항성	물-결합재비	규정값 이하. 규정값이 없는 경우는 55% 이하	
수중분리 저항성	단위 시멘트량	규정값 이상. 규정값이 없는 경우는 370kg/m³ 이상	
유동성	슬럼프 또는 슬럼프 플로	시공계획서의 값. 지시가 없는 경우의 슬럼프는 (180~210)mm, 슬럼프 플로의 규정치 ±30mm	

☐☐☐ 기10
01 수중 불분리성 콘크리트의 수중 분리 저항성은 수중 분리도 또는 수중·공기 중 강도비로 설정한다. 다음 중 설정 기준 내용으로 틀린 것은?

① 현탁 물질량 50mg/l 이하
② pH 10.0 이하
③ 수중 분리 저항성의 요구가 비교적 높은 경우 수중·공기 중 강도비 0.8 이상
④ 수중 분리 저항성의 요구가 일반적인 경우 수중·공기 중 강도비 0.7 이상

해설 pH는 12.0 이하

☐☐☐ 기11
02 일반 수중 콘크리트의 물-결합재비 및 단위 시멘트량의 기준으로 옳은 것은?

① 물-결합재비 : 50% 이하, 단위 시멘트량 : 370kg/m³
② 물-결합재비 : 55% 이하, 단위 시멘트량 : 370kg/m³
③ 물-결합재비 : 50% 이하, 단위 시멘트량 : 350kg/m³
④ 물-결합재비 : 55% 이하, 단위 시멘트량 : 350kg/m³

해설 수중 콘크리트의 물-결합재비 및 단위 시멘트량

종류	일반 수중 콘크리트	현장 타설 말뚝 및 지하 연속벽에 사용하는 수중 콘크리트
물-결합재비	50% 이하	55% 이하
단위 시멘트량	370kg/m³ 이상	350kg/m³ 이상

☐☐☐ 기06, 09, 16
03 수중 콘크리트에 대한 설명으로 틀린 것은?

① 일반 수중 콘크리트의 물-시멘트비는 55% 이하, 단위 시멘트량은 350kg/m³ 이상으로 하는 것이 좋다.
② 일반 수중 콘크리트는 수중 시공 시의 강도가 표준 공시체 강도의 0.6~0.8배가 되도록 배합 강도를 설정한다.
③ 지하 연속벽에 사용하는 수중 콘크리트의 경우, 지하 연속벽을 가설만으로 이용할 경우에는 단위 시멘트량은 300/m³ 이상으로 하는 것이 좋다.
④ 수중 콘크리트 타설 시 완전히 물막이를 할 수 없는 경우에는 유속은 1초간 50mm 이하로 하여야 한다.

해설 일반 수중 콘크리트의 물-시멘트비는 50% 이하, 단위 시멘트량은 370kg/m³ 이상

☐☐☐ 기07, 10, 11, 16
04 아래 문장의 ( )에 알맞은 것은?

> 현장 타설 콘크리트 말뚝 및 지하 연속벽 콘크리트는 수중에서 시공할 때 강도가 대기 중에서 시공할 때 강도의 (㉮)배, 안정액 중에서 시공할 때 강도가 대기 중에서 시공할 때 강도의 (㉯)배로 하여, 배합 강도를 설정하여야 한다.

① ㉮ : 0.8, ㉯ : 0.7
② ㉮ : 0.7, ㉯ : 0.8
③ ㉮ : 0.7, ㉯ : 0.7
④ ㉮ : 0.6, ㉯ : 0.9

해설 현장 타설 콘크리트 말뚝 및 지하 연속벽에 사용하는 수중 콘크리트에서는 과거의 실적으로부터 수중시공 시의 강도를 공기 중 시공 시의 강도의 0.8배 정도, 안정액 중에서의 시공 시의 강도를 공기 중 시공 시의 0.7배 정도로 보고 배합 강도를 설정하였다.

☐☐☐ 기09
05 다음 중 수중 콘크리트의 배합에 관한 규정 중 적절하지 않은 것은?

① 일반 수중 콘크리트의 슬럼프는 시공 방법에 따라 50~100mm를 표준으로 한다.
② 일반 수중 콘크리트의 물-시멘트비는 50% 이하를 표준으로 한다.
③ 일반 수중 콘크리트는 다짐이 불가능하기 때문에 일반 콘크리트와 비교하여 높은 유동성이 필요하다.
④ 수중 불분리성 콘크리트의 공기량은 4% 이하를 표준으로 한다.

해설 일반 수중 콘크리트의 슬럼프의 표준값

시공 방법	슬럼프 표준값(mm)
트레미	130~180
콘크리트 펌프	130~180
밑열림 상자, 밑열림 포대	100~150

☐☐☐ 기05, 06, 10, 12, 13, 17, 19
06 수중 불분리성 콘크리트를 타설할 때 수중 유동 거리는 몇 m 이하로 하여야 하는가?

① 5m 이하
② 7m 이하
③ 8m 이하
④ 10m 이하

해설 콘크리트를 과도하게 유동시키는 것은 품질 저하 및 불균일성을 발생시킬 위험이 있으므로 수중 유동 거리는 5m 이하로 하여야 한다.

정답 01 ② 02 ① 03 ① 04 ① 05 ① 06 ①

기 12, 17

07 내구성으로부터 정해진 수중 불분리성 콘크리트의 최대 물-결합재비(%)를 나타내는 아래 표에 들어갈 숫자로 옳은 것은?

환경 \ 콘크리트의 종류	무근 콘크리트	철근 콘크리트
담수 중	(1)	(2)
해수 중	(3)	(4)

① (1) 55, (2) 50, (3) 55, (4) 50
② (1) 60, (2) 55, (3) 65, (4) 50
③ (1) 65, (2) 50, (3) 60, (4) 55
④ (1) 60, (2) 50, (3) 65, (4) 55

[해설] 내구성으로부터 정해진 수중 불분리성 콘크리트의 최대 물-결합재비

환경 \ 콘크리트의 종류	무근 콘크리트	철근 콘크리트
담수 중·해수 중	55%	50%

기 08, 10, 11, 15

08 수중 콘크리트의 비비기에 대한 설명으로 옳은 것은?

① 수중 불분리성 콘크리트의 비비기는 제조 설비가 갖추어진 배치 플랜트에서 물을 투입하기 전 건식으로 20~30초를 비빈 후 전 재료를 투입하여 비비기를 하여야 한다.
② 강제식 믹서를 이용하는 경우 콘크리트가 드럼 내부에 부착되어 충분히 비벼지지 못할 경우가 있기 때문에 믹서는 가경식 배치 믹서를 사용하여야 한다.
③ 수중 불분리성 콘크리트는 일반 콘크리트에 비하여 믹서에 걸리는 부하가 크기 때문에 소요 품질의 콘크리트를 얻기 위하여 1회 비비기 양은 믹서의 공칭 용량의 90% 이하로 하여야 한다.
④ 비비는 시간은 시험에 의해 콘크리트 소요의 품질을 확인하여 정하여야 하며, 비비기 시간은 3~5분을 표준으로 한다.

[해설]
• 가경식 믹서를 이용하는 경우 콘크리트가 드럼 내부에 부착되어 충분히 비벼지지 못할 경우가 있기 때문에 믹서는 강제식 배치 믹서를 사용하여야 한다.
• 수중 불분리성 콘크리트는 일반 콘크리트에 비하여 믹서에 걸리는 부하가 크기 때문에 소요 품질의 콘크리트를 얻기 위하여 1회 비비기 양은 믹서의 공칭 용량의 80% 이하로 하여야 한다.
• 비비는 시간은 시험에 의해 콘크리트 소요의 품질을 확인하여 정하여야 하며 90~180초를 표준으로 한다.

기 08, 11

09 수중 콘크리트의 배합과 비비기에 대한 설명 중 틀린 것은?

① 강제식 믹서를 사용할 경우 비비는 시간은 90~180초를 표준으로 한다.
② 수중 불분리성 콘크리트의 공기량은 4% 이하로 하여야 한다.
③ 수중 불분리성 콘크리트의 굵은 골재 최대 치수는 40mm 이하를 표준으로 한다.
④ 수중 불분리성 콘크리트의 1회 비비기 양은 믹서의 공칭 용량의 90% 정도로 하여야 한다.

[해설] 수중 불분리성 콘크리트의 1회 비비기 양은 믹서의 공칭 용량의 80% 정도로 하여야 한다.

기 09

10 수중 콘크리트의 타설에 대한 설명으로 틀린 것은?

① 수중 불분리성 콘크리트의 타설은 유속이 50mm/s 정도 이하의 정수 중에서 수중 낙하 높이 0.5m 이하여야 한다.
② 수중 불분리성 콘크리트의 펌프 시공 시 압송 압력은 보통 콘크리트의 2~3배, 타설 속도는 1/2~1/3 정도이다.
③ 일반 수중 콘크리트의 트레미 시공 시 트레미의 안지름은 수심 5m 이상의 경우 300~500mm 정도가 좋다.
④ 일반 수중 콘크리트의 타설에서 트레미 1개로 타설할 수 있는 면적은 과대해서는 안 되며, 50m² 정도가 좋다.

[해설] 일반 수중 콘크리트의 타설에서 트레미 1개로 타설할 수 있는 면적은 과대해서는 안 되며, 30m² 정도가 좋다.

기 11, 15

11 트레미를 이용한 일반 수중 콘크리트 타설에 대한 설명으로 틀린 것은?

① 트레미의 안지름은 수심 3m 이내에서 250mm 정도가 좋다.
② 트레미의 안지름은 굵은 골재 최대 치수의 8배 이상이 되도록 하여야 한다.
③ 트레미 1개로 타설할 수 있는 면적이 지나치게 크지 않도록 하여야 하며, 30m³ 이하로 하여야 한다.
④ 트레미는 콘크리트를 타설하는 동안에 다짐을 좋게 하기 위하여 수시로 수평 이동시켜야 한다.

[해설] 트레미는 콘크리트를 타설하는 동안 수평 이동시킬 수 없다.

12 수중 불분리성 콘크리트의 비비기 및 시공에 대한 설명으로 틀린 것은?

① 타설은 유속이 50mm/sec 정도 이하의 정수 중에서 수중 낙하 높이 1m 이하이어야 한다.
② 콘크리트의 품질 저하 및 불균일성을 방지하기 위하여 수중 유동 거리는 5m 이하로 하여야 한다.
③ 제조 설비가 갖춰진 배치 플랜트에서 물을 투입하기 전 건식으로 20~30초를 비빈 후 전 재료를 투입하여 비비기를 하여야 한다.
④ 소요 품질의 콘크리트를 얻기 위하여 1회 비비기 양은 믹서의 공칭 용량의 80% 이하로 하여야 한다.

[해설] 타설은 유속이 50mm/sec 정도 이하의 정수 중에서 수중 낙하 높이 0.5m 이하이어야 한다.

13 수중 콘크리트에 관한 설명으로 틀린 것은?

① 수중 불분리성 콘크리트의 타설은 유속이 50mm/s 정도 이하의 정수 중에서 수중 낙하 높이 0.5m 이하여야 한다.
② 수중 불분리성 콘크리트를 콘크리트 펌프로 압송할 경우 압송 압력은 보통 콘크리트의 2~3배, 타설 속도는 1/2~1/3 정도이다.
③ 수중 불분리성 콘크리트의 수중 유동 거리는 10m 이하로 하여야 한다.
④ 수중 불분리성 콘크리트는 유동성이 크고 유동에 따른 품질 변화가 적기 때문에 일반 수중 콘크리트보다 트레미 1개 및 콘크리트 펌프 배관 1개당 콘크리트 타설 면적을 크게 할 수 있다.

[해설] 수중 불분리성 콘크리트의 수중 유동 거리는 5m 이하로 하여야 한다.

14 수중 불분리성 콘크리트의 시공에 대한 설명으로 틀린 것은?

① 유속이 50mm/s 정도 이하의 정수 중에서 수중 낙하 높이 0.5m 이하이어야 한다.
② 타설은 콘크리트 펌프 또는 트레미 사용을 원칙으로 한다.
③ 일반 수중 콘크리트보다 트레미 및 콘크리트 펌프 1개당 타설 면적을 크게 해도 좋다.
④ 콘크리트의 수중 유동 거리는 8m 이하로 한다.

[해설] 콘크리트를 과도하게 유동시키는 것은 품질 저하 및 불균일성을 발생시킬 위험이 있으므로 수중 유동 거리는 5m 이하로 하여야 한다.

15 수중 콘크리트에 관한 설명 중 적합하지 않은 것은?

① 수중 불분리성 콘크리트의 타설은 유속이 50mm/s 정도 이하의 정수 중에서 수중 낙하 높이 0.5m 이하여야 한다.
② 수중 불분리성 콘크리트를 콘크리트 펌프로 압송할 경우 압송 압력은 보통 콘크리트의 2~3배, 타설 속도는 1/2~1/3 정도이다.
③ 수중 불분리성 콘크리트의 수중 유동 거리는 10m 이하여야 한다.
④ 수중 불분리성 콘크리트의 타설 속도는 일반적으로 먼저 타설하는 부분은 4~9m/h, 나중에 타설하는 부분은 8~10m/h로 실시하여야 한다.

[해설] 수중 불분리성 콘크리트의 수중 유동 거리는 5m 이하여야 한다.

16 수중 불분리성 콘크리트의 타설에 대한 설명으로 잘못된 것은?

① 수중 유동 거리는 10m 이하로 하여야 한다.
② 유속 50mm/s 정도 이하의 정수 중에서 수중 낙하 높이는 0.5m 이하여야 한다.
③ 펌프로 압송할 경우, 타설 속도는 보통 콘크리트의 1/2~1/3 정도이다.
④ 펌프로 압송할 경우, 압송 압력은 보통 콘크리트의 2~3배 정도이다.

[해설] 콘크리트를 과도하게 유동시키는 것은 품질 저하 및 불균일성을 발생시킬 위험이 있으므로 수중 유동 거리는 5m 이하로 하여야 한다.

17 현장 타설 말뚝 또는 지하 연속벽에 사용하는 수중 콘크리트의 타설에 대한 설명으로 틀린 것은?

① 진흙 제거는 굴착 완료 후와 콘크리트 타설 직전에 실시하여야 한다.
② 콘크리트 타설은 일반적으로 안정액 중에서 시행하여야 한다.
③ 트레미의 안지름은 굵은 골재의 최대 치수의 8배 정도가 적당하다.
④ 콘크리트를 타설하는 도중에는 콘크리트 속의 트레미 삽입 깊이는 1m 이하로 하여야 한다.

[해설] 콘크리트를 타설하는 도중에는 콘크리트 속의 트레미 삽입 깊이는 2m 이상으로 하여야 한다.

정답 **025** 12 ① 13 ③ 14 ④ 15 ③ 16 ① 17 ④

□□□ 산12
18 수중 불분리성 콘크리트에 대한 아래 표의 ( )에 알맞은 것은?

> 굵은 골재의 최대 치수는 수중 불분리성 콘크리트의 경우 40mm 이하를 표준으로 하며, 부재 최소 치수의 (㉮) 및 철근의 최소 순간격의 (㉯)를 초과해서는 안 된다.

① ㉮ : 1/5, ㉯ : 1/2　② ㉮ : 1/4, ㉯ : 1/2
③ ㉮ : 1/4, ㉯ : 1/3　④ ㉮ : 1/5, ㉯ : 1/3

[해설] 수중 불분리성 콘크리트의 굵은 골재의 최대 치수는 40mm 이하를 표준으로 하며, 부재 최소 치수의 1/5 및 철근의 최소 순간격의 1/2을 초과해서는 안 된다.

□□□ 산12,15
19 수중 콘크리트의 배합에 대한 설명으로 틀린 것은?

① 일반 수중 콘크리트의 물-결합재비는 50% 이하로 한다.
② 일반 수중 콘크리트의 단위 시멘트량은 370kg/m³ 이상으로 한다.
③ 현장 타설 말뚝 및 지하 연속벽에 사용하는 수중 콘크리트의 물-결합재비는 60% 이하로 한다.
④ 현장 타설 말뚝 및 지하 연속벽에 사용하는 수중 콘크리트의 단위 시멘트량은 350kg/m³ 이상으로 한다.

[해설] 수중 콘크리트의 물-결합재비 및 단위 시멘트량

종류	일반 수중 콘크리트	현장 타설 말뚝 및 지하 연속벽에 사용하는 수중 콘크리트
물-결합재비	50% 이하	55% 이하
단위 시멘트량	370kg/m³ 이상	350kg/m³ 이상

□□□ 산08
20 콘크리트 펌프를 이용하여 수중 콘크리트를 타설할 때 배관 선단 부분을 이미 타설된 콘크리트 속으로 묻어 넣어 콘크리트의 품질 저하를 방지하여야 한다. 이때 묻어 넣는 깊이로 가장 적절한 것은?

① 0.1~0.2m　② 0.3~0.5m
③ 0.6~0.8m　④ 0.9~1.1m

[해설] 타설 도중에는 배관 속을 콘크리트로 채우면서 배관 선단 부분을 이미 타설된 콘크리트 속으로 0.3~0.5m 묻어 넣는 등의 조치를 취하여 콘크리트의 품질 저하를 방지하여야 한다.

□□□ 산07
21 지하수위 아래에서 시공되는 현장 타설 말뚝에 사용하는 콘크리트는?

① 숏크리트　② 한중 콘크리트
③ 서중 콘크리트　④ 수중 콘크리트

[해설] 현장 타설 말뚝 및 지하 연속벽에 사용하는 수중 콘크리트는 지중부의 비교적 좁은 공간에 콘크리트를 타설하는 경우로서 공벽의 붕락을 막기 위해 안정액 공법이 사용된다.

□□□ 산09,11,14
22 일반 수중 콘크리트의 시공상 유의 사항으로 틀린 것은?

① 물-결합재비는 50% 이하로 한다.
② 워커빌리티(workbility)와 점성이 작아야 한다.
③ 단위 시멘트량은 370kg/m³ 이상으로 한다.
④ 타설 시 물을 정지시킨 정수 중에서 타설하는 것이 좋다.

[해설] 수중에서의 재료 분리를 억제하기 위하여 어느 정도의 점성이 필요하다.

□□□ 산12
23 일반 수중 콘크리트의 품질 검사에 대한 설명으로 틀린 것은?

① 압축 강도는 1회/일 또는 구조물의 중요도와 공사의 규모에 따라 20~100m³마다 1회 실시한다.
② 물-결합재비의 판단 기준은 규정치 이하, 규정치가 없는 경우는 50% 이하로 한다.
③ 단위 시멘트량의 판단 기준은 규정치 이상, 규정치가 없는 경우는 370kg/m³ 이상으로 한다.
④ 슬럼프의 판단 기준은 시공 계획서의 값, 트레미, 콘크리트 펌프의 경우 80~120mm로 한다.

[해설] 일반 수중 콘크리트의 품질 검사

종류	항목	판단 기준	시험·횟수
수중 불리 저항성	물-결합재비	규정값 이하. 규정값이 없는 경우는 55% 이하	받아들이기 시점 1회/일 또는 구조물의 중요도와 공사의 규모에 따라 120m³마다 1회
	단위 시멘트량	규정값 이상. 규정값이 없는 경우는 370kg/m³ 이상	
유동성	슬럼프	시공계획서의 값. 트레미, 콘크리트 펌프의 경우 (130~180)mm	

정답　18 ①　19 ③　20 ②　21 ④　22 ②　23 ④

□□□ 산11
24 트레미에 의한 수중 콘크리트의 타설에서 트레미의 안지름으로 적당하지 않은 것은?

① 수심 3m 이내 : 250mm 정도
② 수심 3~5m 이내 : 300mm 정도
③ 수심 5m 이상 : 300~500mm 정도
④ 굵은 골재 최대 치수의 5배 정도

해설 트레미의 안지름

수심(굵은 골재)	안지름
3m 이내	250mm
3~5m	300mm
5m 이상	300~500mm
굵은 골재 최대 치수	8배

□□□ 산09
25 트레미에 의해 시공을 할 경우, 일반 수중 콘크리트의 슬럼프 표준값은?

① 80~130mm   ② 130~180mm
③ 180~230mm   ④ 230~250mm

해설 일반 수중 콘크리트의 슬럼프 표준값

시공 방법	슬럼프 표준값
트레미	130~180mm
콘크리트 펌프	
밑열림 상자	100~150mm
밑열림 포대	

□□□ 산09
26 일반 수중 콘크리트의 시공에 대한 설명으로 잘못된 것은?

① 콘크리트 면을 가능한 한 수평하게 유지하면서 소정의 높이 또는 수면상에 이를 때까지 연속해서 타설해야 한다.
② 콘크리트 펌프로 타설하는 경우 타설 도중에는 배관의 선단 부분을 이미 타설된 콘크리트 상단에서 0.5~0.8m 이격시킨다.
③ 콘크리트 펌프의 안지름은 0.10~0.15m 정도가 좋다.
④ 타설 시 완전한 물막이가 어려운 경우에는 유속의 허용 한도를 50mm/s 이하로 한다.

해설 콘크리트 펌프로 타설하는 경우 타설 도중에는 배관의 선단 부분을 이미 타설된 콘크리트 상단에서 0.3~0.5m 묻어 넣는 등의 조치를 취한다.

□□□ 산04,09,16
27 수중 불분리성 콘크리트를 타설할 때 적정한 수중 낙하 높이는?

① 0.5m 이하   ② 0.8m 이하
③ 1.0m 이하   ④ 1.5m 이하

해설 수중 불분리성 콘크리트의 타설은 유속이 50mm/s 정도 이하의 정수 중에서 수중 낙하 높이 0.5m 이하이어야 한다.

□□□ 산10,16
28 수중 콘크리트 비비기에 대한 설명으로 틀린 것은?

① 수중 불분리성 콘크리트의 비비기는 제조 설비가 갖춰진 플랜트에서 물을 투입하기 전 건식으로 20~30초를 비빈 후 전 재료를 투입하여 비비기를 하여야 한다.
② 가경식 믹서를 이용하는 경우 드럼 내부에 콘크리트가 부착되어 충분히 비벼지지 못할 경우가 있기 때문에 강제식 배치 믹서를 이용하여야 한다.
③ 수중 불분리성 콘크리트의 경우 소요 품질의 콘크리트를 얻기 위하여 1회 비비기 양은 믹서의 공칭 용량의 80% 이하로 하여야 한다.
④ 비비기는 미리 정해 둔 비비기 시간의 5배 이상 계속하지 않아야 한다.

해설 비비기는 미리 정해 둔 비비기 시간의 3배 이상 계속하지 않아야 한다.

□□□ 기 04,21
29 수중 콘크리트의 일반적인 시공에 대한 내용으로 틀린 것은?

① 콘크리트는 수중에 낙하시키지 않아야 한다.
② 콘크리트가 경화될 때까지 물의 유동을 방지하여야 한다.
③ 수중 콘크리트는 물을 정지시킨 정수 중에 타설하여야 한다.
④ 콘크리트는 밀열림상자나 밀열림 포대를 사용하는 것을 원칙으로 한다.

해설 수중 콘크리트는 대부분 트레미, 콘크리트 펌프를 사용하는 타설한다.

026 프리플레이스트 콘크리트

1 일반 사항
- 프리플레이스트 콘크리트(preplaced concrete) : 미리 거푸집 속에 특정한 입도를 가지는 굵은 골재를 채워넣고 그 간극에 모르타르를 주입하여 제조한 콘크리트
- 대규모 프리플레이스트 콘크리트 : 시공 속도 40~80m³/h 이상, 1구획의 시공 면적이 50~250m³/h 이상의 경우이다.
- 고강도 프리플레이스트 콘크리트는 고성능 감수제에 의해 모르타르의 물-결합재비를 40% 이하로 낮춤에 따라 재령 91일에서 40~60MPa의 압축 강도를 얻을 수 있는 프리플레이스트 콘크리트이다.
- 프리플레이스트 콘크리트는 보통 콘크리트와 비교해서 콘크리트의 품질을 확인하기가 곤란하고 시공이 적절하지 못할 경우에는 결함을 일으키기 쉽다.
- 프리플레이스트 콘크리트를 시공할 때 소요 품질의 콘크리트가 확실히 얻어질 수 있도록 모르타르의 배합을 결정하고 안전한 시공 방법을 채택하여야 한다.
- 프리플레이스트 콘크리트의 강도는 원칙적으로 재령 28일 또는 재령 91일의 압축 강도를 기준으로 한다.
- 장기간에 걸쳐서 양호한 기대할 수 없는 일반적인 구조물 또는 재령 91일 이내에 설계 하중을 받는 구조물에 프리플레이스트 콘크리트를 사용하는 경우에는 재령 28일의 압축 강도를 기준으로 하여야 한다.

2 주입 모르타르의 품질

■ 유동성
- 주입 모르타르의 유동성은 KS F 2432에 준하여 구한 유하 시간에 의해 설정하며, 유하 시간의 설정값은 16~20초를 표준으로 한다.
- 고강도 프리플레이스트 콘크리트의 유하 시간은 25~50초를 표준으로 한다.

■ 재료 분리 저항성
- 블리딩률의 설정값은 시험 시작 후 3시간에서의 값이 3% 이하가 되는 것으로 한다.
- 고강도 프리플레이스트 콘크리트의 경우에는 1% 이하로 한다.

■ 팽창성
- 팽창률의 설정값은 시험 시작 후 3시간에서의 값이 5~10%인 것을 표준으로 한다.
- 고강도 프리플레이스트 콘크리트의 경우는 2~5%를 표준으로 한다.
- 블리딩 현상에 의하여 침하 수축하는 모르타르를 팽창시켜서 굵은 골재와 모르타르의 사이에 틈이 생기는 것을 방지함과 동시에 부착 강도를 증대시켜 주기 위해서 주입 모르타르와의 팽창성을 확보하여야 한다.

■ 주입 모르타르의 품질

구분	일반 프리플레이스트 콘크리트	고강도 프리플레이스트 콘크리트
유동성(유하 시간)	16~20초	25~50초
재료 분리 저항성(블리딩률)	3% 이하	1% 이하
팽창성(팽창률)	5~10%	2~5%

3 골재
- 물-결합재비가 일정한 경우 조립률이 큰 쪽이 같은 유동성을 얻기 위해 필요한 단위 결합재량과 단위 수량이 적게 든다.
- 조립률이 지나치게 크면 주입 모르타르의 재료 분리가 생기기 쉬워서 펌프나 수송관이 폐색되어 굵은 골재의 공극 속에 주입 모르타르의 충전이 불완전하게 될 경우가 있다.
- 조립률이 지나치게 작으면 소요의 유동성을 얻기 위한 단위 결합재량과 단위 수량이 많아져서 좋지 않다.
- 잔 골재는 입경 2.5mm 이하, 조립률 1.4~2.2의 범위에 있는 것이 적당하다.
- 잔 골재의 입도는 주입 모르타르의 유동성과 보수성을 좋게 하기 위하여 잔 골재의 표준입도의 범위를 정한다.

■ 잔 골재의 표준 입도

체의 호칭 치수(mm)	체를 통과한 것의 질량 백분율(%)
2.5	100
1.2	99~100
0.6	60~80
0.3	20~50
0.15	5~30

- 프리플레이스트 콘크리트의 굵은 골재 품질
  - 굵은 골재의 최소 치수는 15mm 이상
  - 굵은 골재의 최대 치수는 부재단면 최소 치수의 1/4 이하
  - 철근 콘크리트의 경우 철근 순간격의 2/3 이하
- 굵은 골재의 최대치수와 최소 치수와의 차이를 작게 하면 굵은 골재의 실적률이 작아지고 주입 모르타르의 소요량이 많아지므로 적절한 입도 분포를 선정할 필요가 있다.
  - 일반적으로 굵은 골재의 최대 치수는 최소 치수의 2~4배 정도로 한다.
- 대규모 프리플레이스트 콘크리트를 대상으로 할 경우, 굵은 골재의 최소 치수를 크게 하는 것이 효과적이다.
  - 굵은 골재의 최소 치수가 클수록 주입 모르타르의 주입성이 현저하게 개선되므로 굵은 골재의 최소 치수는 40mm 이상이어야 한다.

4 주입 및 압송 작업

■ **주입관의 배치**
- 주입관은 확실하고 원활한 주입 작업이 될 수 있는 구조로서 그 안지름은 수송관과 같거나 그 이하로 하여야한다.
- 주입관과 수송관의 안지름을 동일하게 하는 것이 좋으나, 부득이 주입관의 안지름을 작게 할 경우에는 관내 압력의 증가에 의하여 모르타르의 분리가 생기지 않도록 테이퍼 관을 거쳐서 수송관과 주입관을 접속시켜야 한다.
  - 주입관에는 일반적으로 안지름 25~65mm의 강관이 사용되고 있다.
- 연직 주입관의 수평 간격은 2m 정도를 표준으로 한다.
- 수평 주입관의 수평 순간격은 2m 정도를 표준으로 한다.
  - 수평 주입관의 연직 간격은 1.5m 정도를 표준으로 한다. 다만 수평 주입관은 역류를 방지하는 장치를 구비하여야 한다.
- 대규모 프리플레이스트 콘크리트에 사용되는 주입관의 간격은 일반적으로 5m 전후로 한다.

■ **수송관**
- 수송관의 연장을 짧게 한다.
- 수송관의 연장이 100m를 넘을 때는 중계용 애지테이터와 펌프를 사용한다.
- 수송관의 급격한 곡률과 단면의 급변을 피한다.
- 압송 압력에 의하여 이음 부분에서 모르타르가 탈수되어 막히지 않도록 이음은 수밀하며 깨끗하고 점검이 쉬운 구조이어야 한다.
- 수송관의 지름은 펌프의 토출구 지름에 맞추어야 하며, 관내 유속이 너무 작으면 모르타르의 재료 분리에 의한 침강이 생기기 쉽고 관내 유속이 크면 압력 손실이 커지므로 모르타르의 평균 유속은 0.5~2m/sec 정도가 되도록 정하여야 한다.

■ **주입**
- 모르타르의 주입을 중단하여 설계나 시공 계획에 없는 시공 이음을 두는 것은 중대한 약점이 되므로 이는 절대로 피하여야 한다.
- 주입은 최하부로부터 시작하여 상부로 향하면서 시행하며, 모르타르 면의 상승 속도는 0.3~2.0m/h 정도로 하여야 한다.
- 주입은 거푸집 내의 모르타르 면이 거의 수평으로 상승하도록 주입 장소를 이동하면서 실시하여야 한다.
- 연직 주입관은 관을 뽑아 올리면서 주입하되 주입관의 선단은 0.5~2.0m 깊이의 모르타르 속에 묻혀 있는 상태로 유지하여야 한다.
- 연직 주입관은 관을 뽑아 올리면서 주입하는 것이 원칙이다.
- 일반적으로 한중 시공을 할 때 주입 모르타르의 온도를 올리기 위해 물을 가열하는 것이 좋으나 온수의 온도는 40℃ 이하이어야 한다.

---

01 프리플레이스트 콘크리트에 사용되는 굵은 골재에 대한 설명으로 틀린 것은?

① 일반적인 프리플레이스트 콘크리트용 굵은 골재의 최소 치수는 15mm 이상으로 하여야 한다.
② 일반적으로 굵은 골재의 최대 치수는 최소 치수의 2~4배 정도로 한다.
③ 대규모 프리플레이스트 콘크리트를 대상으로 할 경우, 굵은 골재의 최소 치수가 클수록 주입 모르타르의 주입성이 현저하게 개선되므로 굵은 골재의 최소 치수는 40mm 이상이어야 한다.
④ 굵은 골재의 최대 치수와 최소 치수와의 차이를 작게 하면 굵은 골재의 실적률이 커지고 주입 모르타르의 소요량이 적어진다.

[해설] 굵은 골재의 최대 치수와 최소 치수와의 차이를 작게 하면 굵은 골재의 실적률이 낮아지고 주입 모르타르의 소요량이 많아지므로 적절한 입도 분포를 선정할 필요가 있다.

02 프리플레이스트 콘크리트에서 주입관의 배치에 대한 설명으로 옳지 않은 것은?

① 주입관과 수송관의 안지름을 동일하게 하는 것이 좋으나, 부득이 주입관의 안지름을 작게 할 경우에는 관내 압력의 증가에 의하여 모르타르의 분리가 생기지 않도록 테이퍼 관을 거쳐서 수송관과 주입관을 접속시켜야 한다.
② 연직 주입관의 수평 간격은 3m 정도를 표준으로 한다.
③ 수평 주입관의 연직 간격은 1.5m 정도를 표준으로 한다.
④ 대규모 프리플레이스트 콘크리트에 사용되는 주입관의 간격은 일반적으로 5m 전후로 한다.

[해설] 연직 주입관의 수평 간격은 2m 정도를 표준으로 한다.

03 일반적으로 프리플레이스트 콘크리트용 굵은 골재의 최대 치수는 최소 치수의 몇 배 정도가 좋은가?

① 1~2배　　② 2~4배
③ 5~7배　　④ 8~9배

[해설] 일반적으로 굵은 골재의 최대 치수는 최소 치수의 2~4배 정도로 한다.

☐☐☐ 기12,14 산09,11
04 고강도 프리플레이스트 콘크리트에 대해 다음 표의 ( ) 안에 들어갈 적절한 수치는?

> 고강도 프리플레이스트 콘크리트라 함은 고성능 감수제에 의하여 주입 모르타르의 물-결합재비를 (A) 이하로 낮추어 재령 91일에 압축 강도 (B) 이상이 얻어지는 프리플레이스트 콘크리트를 말한다.

① A : 45%, B : 45Mpa ② A : 45%, B : 40MPa
③ A : 40%, B : 40MPa ④ A : 40%, B : 45MPa

해설 고강도 프리플레이스트 콘크리트라 함은 고성능 감수제에 의하여 주입 모르타르의 물-결합재비를 40% 이하로 낮추어 재령 91일에서 압축 강도 40MPa 이상이 얻어지는 프리플레이스트 콘크리트를 말한다.

☐☐☐ 기08,17
05 다음 중 프리플레이스 콘크리트의 설명으로 옳지 않은 것은?

① 고강도 프리플레이스트 콘크리트에 사용되는 주입 모르타르의 유하 시간은 25~50초를 표준으로 한다.
② 프리플레이스트 콘크리트에 사용되는 주입 모르타르의 블리딩률 설정값은 시험 시작 후 3시간에서의 값이 3% 이하가 되는 것으로 한다.
③ 모르타르가 굵은 골재의 공극에 주입될 때 재료 분리가 적고, 주입되어 경화되는 사이에 블리딩이 적어야 한다.
④ 프리플레이스트 콘크리트의 강도는 원칙적으로 재령 7일 또는 재령 28일의 압축 강도를 기준으로 한다.

해설 프리플레이스트 콘크리트의 강도는 원칙적으로 재령 28일 또는 재령 91일의 압축 강도를 기준으로 한다.

☐☐☐ 기05,09
06 프리플레이스트 콘크리트용 주입 모르타르의 품질 기준으로 틀린 것은?

① 유하 시간의 설정값은 16~20초를 표준으로 한다.
② 팽창률의 설정값은 시험 시작 후 3시간에서의 값이 5~10%인 것을 표준으로 한다.
③ 블리딩률의 설정값은 시험 시작 후 3시간에서의 값이 3% 이하가 되는 것으로 한다.
④ 압축 강도는 28일의 강도가 30MPa 이상을 기준으로 한다.

해설 · 프리플레이스트 콘크리트의 강도는 원칙적으로 재령 28일 또는 재령 91일의 압축 강도를 기준으로 한다.
· 고강도 프리플레이스트 콘크리트는 재령 91일에서 압축 강도 40MPa 이상이 얻어지는 프리플레이스트 콘크리트이다.

☐☐☐ 기06,11
07 프리플레이스트 콘크리트에 대한 설명으로 틀린 것은?

① 대규모 프리플레이스트 콘크리트를 적용할 경우 굵은 골재 최소 치수는 40mm 이상이어야 한다.
② 거푸집 설계에 있어 굵은 골재 투입 시의 충격 계수(i)는 0.6~0.7로 본다.
③ 프리플레이스트 콘크리트의 강도는 원칙적으로 재령 28일 또는 재령 91일의 압축 강도를 기준으로 한다.
④ 일반 프리플레이스트 콘크리트의 유하 시간은 6~10초를 표준으로 한다.

해설 · 주입 모르타르의 유동성은 KS F 2432에 준하여 구한 유하 시간에 의해 설정한다.
· 유하 시간의 설정값은 16~20초를 표준으로 한다.
· 다만 고강도 프리플레이스트 콘크리트는 유하 시간 25~50초를 표준으로 한다.

☐☐☐ 기09
08 프리플레이스트 콘크리트의 일반적인 사항에 대한 설명으로 잘못된 것은?

① 일반 프리플레이스트 콘크리트에서는 콘크리트의 품질을 높이기 위해 주입관의 간격을 작게 하는 시공 방법을 채용하고 있다.
② 시공 능률을 중시하는 대규모 프리플레이스트 콘크리트에서는 굵은 골재의 최소 치수를 크게 하고 또 주입 모르타르를 두 배합으로 하여 재료분리 저항성을 증대시켜 주입관의 간격을 크게 하는 방법이 사용되고 있다.
③ 프리플레이스트 콘크리트는 보통 콘크리트와 비교해서 콘크리트의 품질을 확인하기 용이하여 시공 시 결함 발생률이 낮으므로 모르타르의 배합 설계 단계가 특히 중요하다.
④ 고강도 프리플레이스트 콘크리트라 함은 고성능 감수제에 의하여 주입 모르타르의 물 결합재비를 40% 이하로 낮추어 재령 91에서 압축강도 40MPa 이상이 얻어지는 프리플레이스트 콘크리트를 말한다.

해설 프리플레이스트 콘크리트는 보통 콘크리트와 비교해서 콘크리트의 품질을 확인하기 곤란하고 시공이 적절하지 못할 경우에는 결함을 일으키기 쉬우므로, 시공할 때 소요의 품질의 콘크리트가 확실히 얻어질 수 있도록 모르타르의 배합을 결정하고 안전한 시공방법을 채택하여야 한다.

정답 **026** 04 ③ 05 ④ 06 ④ 07 ④ 08 ③

□□□ 기 10,16
09 프리플레이스트 콘크리트의 일반 사항에 대한 설명으로 틀린 것은?

① 미리 거푸집 속에 특정한 입도를 가지는 굵은 골재를 채워 넣고 그 간극에 모르타르를 주입하여 제조한 콘크리트를 프리플레이스트 콘크리트라 한다.
② 팽창률의 설정값은 시험 시작 후 1시간에서의 값이 3~6%인 것을 표준으로 한다.
③ 주입 모르타르의 유동성은 유하 시간에 의해 설정하며, 유하 시간의 설정값은 16~20초를 표준으로 한다.
④ 블리딩률의 설정값은 시험 시작 후 3시간에서의 값이 3% 이하가 되는 것으로 한다.

[해설] 팽창률의 설정값은 시험 시작 후 3시간에서의 값이 5~10%인 것을 표준으로 한다.

□□□ 기 06,10
10 프리플레이스트 콘크리트용 잔 골재의 입도는 주입 모르타르의 유동성과 보수성을 좋게 하기 위하여 콘크리트 표준시방서에서 표준 입도 범위 및 조립률의 범위를 규정하고 있다. 이때 조립률의 범위로서 옳은 것은?

① 0.6~1.3   ② 1.4~2.2
③ 2.3~3.1   ④ 6~7

[해설] 조립률이 지나치게 적으면 소요의 유동성을 얻기 위한 단위 결합재량과 단위 수량이 많아져서 좋지 않다. 그래서 잔 골재는 입경 2.5mm 이하, 조립률 1.4~2.2의 범위로 한다.

□□□ 기 08,10,13,22
11 프리플레이스트 콘크리트에 사용되는 주입 모르타르의 잔 골재 조립률에 대한 설명 중 틀린 것은?

① 물-결합재비가 일정한 경우 조립률이 크면 같은 유동성을 얻기 위한 단위 수량이 증가한다.
② 조립률이 지나치게 크면 주입 모르타르의 재료 분리가 발생하기 쉽다.
③ 보통 콘크리트에서 사용하는 것보다 조립률이 작은 잔 골재를 사용하는 것이 일반적이다.
④ 조립률은 1.4~2.2 정도의 범위가 좋다.

[해설] 물-결합재비가 일정한 경우 조립률이 큰 쪽이 같은 유동성을 얻기 위해 필요한 단위 결합재량과 단위 수량은 적게 든다.

□□□ 기 07
12 프리플레이스트 콘크리트의 압송 및 주입에 관한 설명으로 옳지 않은 것은?

① 수송관을 통과하는 모르타르의 평균 유속은 0.5~2.0m/sec 정도가 되도록 한다.
② 시공 중 모르타르 주입을 주기적으로 중단시켜 시공 이음이 발생하도록 유도하여 온도 변화 및 건조 수축 등에 의한 균열 발생을 제어하여야 한다.
③ 수송관의 연장은 짧게 하여야 하며, 연장이 100m 이상일 경우에는 중계용 펌프를 사용한다.
④ 연직 주입관 및 수평 주입관의 수평 간격은 2m 정도를 표준으로 한다.

[해설] 시공 중 모르타르 주입을 중단하여 설계나 시공 계획에 없는 곳에 시공 이음을 두는 것은 중대한 약점이 되므로 이는 절대 피하는 것이 원칙이다.

□□□ 기 11
13 프리플레이스트 콘크리트에 대한 설명으로 틀린 것은?

① 프리플레이스트 콘크리트의 강도는 원칙적으로 재령 28일 또는 재령 91일의 압축 강도를 기준으로 한다.
② 모르타르의 주입은 최하부로부터 시작하여 상부로 향하면서 시행하며, 모르타르 면의 상승 속도는 3~5m/h 정도로 하여야 한다.
③ 중요한 구조물인 경우 주입 모르타르의 상승 높이를 측정하기 위한 검사관은 주입관과 동일한 숫자로 배치하는 것이 바람직하다.
④ 일반적으로 한중 시공을 할 때 주입 모르타르의 온도를 올리기 위해 물을 가열하는 것이 좋으나, 온수의 온도는 40℃ 이하이어야 한다.

[해설] 모트르타르의 재료 분리 등에 의한 품질을 유지하기 위한 모르타르 면의 상승 속도는 0.3~2.0m/h 정도로 하여야 한다.

□□□ 기 13
14 프리플레이스트 콘크리트에 사용되는 혼화재료로 적당하지 않은 것은?

① 팽창제   ② 응결 촉진제
③ 고성능 감수제   ④ 고로 슬래그 미분말

[해설] • 프리플레이스트 콘크리트의 혼화 재료
• 주입 모르타르에 유동성, 보수성, 지연성, 팽창성 등을 부여할 목적으로 고성능 감수제, 팽창제, 응결 조절제, 고로 슬래그 미분말 등을 사용한다.

정답 09 ② 10 ② 11 ① 12 ② 13 ② 14 ②

027 경량 골재 콘크리트

1 일반 사항

■ 경량 골재 콘크리트의 종류

사용한 골재에 의한 콘크리트의 종류	사용골재	기건 단위질량 (kg/m³)	레디믹스트 콘크리트로 발주 시 호칭강도[1] (MPa)
경량골재 콘크리트 1종	굵은 골재를 경량 골재로 사용하여 제조	1,800~2,100	18, 21, 24, 27, 30, 35, 40
경량골재 콘크리트 2종	굵은 골재와 잔 골재를 주로 경량 골재로 사용하여 제조	1,400~1,800	18, 21, 24, 27

주1) 레디믹스트 경량 골재 콘크리트의 굵은 골재 최대치수는 15mm 또는 20mm로 지정

■ 경량 골재의 단위 용적 질량

종류	단위용적질량의 최댓값(kg/m³)	
	인공·천연 경량 골재	바텀 애시 경량 골재
잔 골재	1,120 이하	1,200 이하
굵은 골재	880 이하	
잔 골재와 굵은 골재의 혼합물	1,040 이하	

- 일반적으로 밀도가 낮은 다공질의 경량 골재를 사용한 경량 콘크리트
- 콘크리트 내부에 무수한 기포를 골고루 형성시킨 경량 기포 콘크리트
- 골재 사이에 공극을 형성시키기 위하여 잔 골재와 사용을 배제한 무잔 골재 콘크리트

■ 경량 골재 콘크리트

- 경량 골재 콘크리트란 골재의 전부 또는 일부를 인공 경량 골재를 써서 만든 콘크리트로 설계 기준 강도가 15MPa 이상, 24MPa 이하이고 기건 단위 질량이 $1,800 \sim 2,100 kg/m^3$의 범위인 콘크리트를 말한다.
- 기건 단위 질량이 $2,300 \sim 2,500 kg/m^3$의 범위는 일반 콘크리트, 일반 콘크리트보다 무거운 것은 중량 콘크리트이다.

■ 경량 골재 콘크리트의 특징

- 내화성이 우수하다.
- 강도와 탄성 계수가 작다.
- 열전도율과 음의 반사가 작다.
- 건조 수축과 수중 팽창이 크다.
- 다공질이고 흡수성과 투수성이 크다.
- 자중이 가벼워서 구조물 부재의 치수를 줄일 수 있다.

2 재료

- 경량 골재는 팽창성 혈암, 팽창성 점토, 플라이 애시 등을 주원료로 한다.
- 깨끗하고, 강하고, 내구적이며, 적당한 입도 및 단위 질량을 가져야 한다.
- 경량 골재의 씻기 시험에 의하여 손실되는 양은 10% 이하로 하여야 한다.
- 단위 질량은 허용값의 10% 이상 차이가 나지 않도록 하여야 한다.

■ 유해물 함유량의 한도(질량 백분율)

종류	최대치
강열 감량	5%
얼룩	진한 얼룩이 생기지 않을 것 (진한 얼룩이 생길 경우 Fe_2O_3 1.5mg 이하일 것)
유기 불순물	시험 용액의 색이 표준색보다 진하지 않을 것
점토 덩어리	2%
굵은 골재의 부립률	10%

■ 경량 골재의 운반 및 저장

- 골재를 쌓아 두는 곳은 될 수 있는 대로 물 빠짐이 좋고 햇볕을 덜 받는 장소를 택하여야 한다.
- 골재에 때때로 물을 뿌리고 표면을 덮어 가능한 같은 습윤 상태를 유지하여야 한다.
- 잔 골재와 굵은 골재는 섞이지 않도록 각각 운반하여 저장하여야 한다.
- 골재를 다룰 때에는 파쇄되지 않고 크고 작은 낱알이 분리되지 않도록 해야 하며, 일반 골재, 먼지, 잡물 등이 섞이지 않도록 하여야 한다.

■ 경량 골재의 함수율 관리

- 경량골재는 일반 골재에 비하여 물을 흡수하기 쉬우므로 이를 건조한 상태로 사용하면 콘크리트의 비비기, 운반, 타설 중에 품질이 변동하기 쉬우므로 충분히 물을 흡수시킨 상태로 사용하여야 한다.
- 사전에 흡수시키는 경량 골재의 함수율은 콘크리트 펌프의 사용 유무 및 압송 조건, 내동해성 등을 고려하여 정하여야 한다.
- 경량 골재는 함수율이 일정하도록 저장하여야 하며, 저장 장소는 빗물이 들어가지 않고 물이 잘 빠지며 햇볕이 들지 않도록 한다.

3 배합

■ 일반 사항

- 경량 골재 콘크리트의 배합은 소요의 강도, 단위 질량, 내동해성 및 수밀성을 가지며, 작업에 적합한 워커빌리티를 갖는 범위 내에서 단위 수량을 될 수 있는 대로 적게 하도록 시험에 의해서 정하여야 한다.

■ 물-결합재비
- 경량골재 콘크리트의 압축강도를 기준으로 하여 물-결합재비를 정할 경우, 압축강도와 물-결합재비와의 관계는 동일한 경량골재를 사용한 시험에 의하여 정한다. 이 때 공시체는 재령 28일을 표준으로 하고, 압축강도는 3회 강도 시험 값의 평균값으로 한다.
- 경량골재 콘크리트의 최대 물-결합재비는 60%를 원칙으로 한다. 콘크리트의 내동해성 또는 황산염에 대한 내구성을 기준으로 물-결합재비를 정할 경우, 노출상태에 따라 최소 설계기준압축강도를 27MPa, 30MPa, 또는 35MPa로 설정한다.

■ 단위결합재량
- 단위결합재량은 원칙적으로 단위수량과 물-결합재비로부터 정하여 한다. 이 때 경량골재 콘크리트의 단위 결합재량의 최솟값은 300kg/m³ 이상이어야 한다.

■ 슬럼프
- 콘크리트의 슬럼프는 작업에 알맞은 범위 내에서 작게 하여야 한다.
- 일반적인 경우 대체로 50 ~ 210mm를 표준으로 한다.

■ 공기량
- 경량 골재 콘크리트의 공기량은 5.5%를 기준으로 그 허용오차는 ±1.5%로 한다.
- 경량골재 콘크리트의 공기량은 골재수정계수를 사전에 측정하여 적용하여야 한다.
- 공기 연행 콘크리트의 공기량 시험은 KS F 2449를 표준으로 한다.
  - 용적 방법에 의한 공기량 시험을 사용할 경우에는 경량 골재의 흡수에 대한 수정 계수를 정확히 측정해야 한다.
  - 입력 방법에 의한 공기량 시험은 흡수량이 많은 경량 골재를 사용한 콘크리트의 경우에는 골재의 가압 흡수에 따라서 측정치가 부정확하므로 사용해서는 안 된다.

■ 비비기
- 경량 골재 콘크리트는 믹서의 비비기 효율, 믹서 안에서 골재가 흡수하는 정도 등을 고려하여 슬럼프, 강도 등 소정의 품질과 성질을 갖도록 제조하여야 한다.
- 표준 비비기 시간은 믹서에 재료를 전부 투입한 후 강제식 믹서일 때는 1분 이상, 가경식 믹서일 때는 2분 이상을 하여야 한다.

4 시공
- 경량 골재 콘크리트의 운반은 하차가 쉽고 재료 분리가 적은 운반차를 사용하여야 한다.
- 경량 골재 콘크리트는 고유동 콘크리트에 대해 콘크리트 펌프를 사용할 수 있다.
- 타설 : 경량 골재 콘크리트를 타설할 때 모르타르가 침하하고, 굵은 골재가 위로 떠오르는 재료 분리 현상이 적게 일어나도록 하여야 한다.
- 고유동 콘크리트 등과 같이 슬럼프 및 플로가 커서 다짐이 필요 없다고 판단되는 경우에는 책임 기술자와 협의하여 다짐을 생략할 수 있다.
- 다지기 : 경량 골재 콘크리트를 보통 콘크리트에 비해 진동기를 찔러 넣는 간격을 짧게 하거나 진동 시간을 약간 길게 해 충분히 다져야 한다.

찔러 넣기 간격 및 시간의 표준

콘크리트의 종류	찔러 넣기 간격	진동 시간
유동화되지 않은 것	0.3m	30초
유동된 것	0.4m	10초

- 상부로 떠오른 밀도가 작은 굵은 골재는 콘크리트 내부로 눌러 넣어 표면을 마무리하여야 한다. 이때 블리딩 현상이 증가하지 않도록 하여야 한다.
- 표면을 마무리한 지 1시간 정도 경과한 후에는 다짐기 등으로 표면을 가볍게 두들겨서 재마무리하여 균열을 없애야 한다.

---

01 골재를 건조 상태로 사용하면 콘크리트의 비비기 및 운반 중에 물을 흡수하여 콘크리트의 작업성을 감소시킨다. 특히 경량 골재는 흡수율이 크기 때문에 흡수의 정도를 적게 하기 위하여 골재를 사용 전에 미리 흡수시키는 조작을 실시한다. 이러한 조작을 무엇이라 하는가?

① 프리쿨링 ② 프리컷팅
③ 프리믹싱 ④ 프리웨팅

해설 프리웨팅(pre-wetting) : 골재를 건조한 상태로 사용하면 콘크리트의 비비기 및 운반 중에 물을 흡수한다. 이 흡수 정도를 적게 하기 위해 골재를 사용하기 전에 미리 흡수시키는 조작을 말한다.

02 경량 골재 콘크리트에 대한 설명으로 옳지 않은 것은?

① 슬럼프값은 180mm 이하로 한다.
② 골재의 씻기 시험에 의하여 손실되는 양은 15% 이하로 한다.
③ 단위 시멘트량은 300kg/m³ 이상으로 한다.
④ 물-시멘트비의 최대값은 60%로 한다.

해설 골재의 씻기 시험에 의하여 손실되는 양은 10% 이하로 한다.

□□□ 기 07
03 경량 골재 콘크리트에 대한 설명으로 틀린 것은?

① 경량 골재 콘크리트는 기건 단위 용적 질량 1,400kg/m³ 미만의 콘크리트를 말한다.
② 콘크리트의 수밀성을 기준으로 물-결합재비를 정할 경우에는 55% 이하를 표준으로 한다.
③ 경량 골재 콘크리트의 공기량은 보통 골재를 사용한 콘크리트보다 1% 크게 하여야 한다.
④ 비비기 시간은 강제식 믹서를 사용하는 경우 1분 이상, 가경식 믹서를 사용하는 경우 2분 이상을 표준으로 한다.

해설 경량 골재 콘크리트는 기건 단위 용적 질량이 1,800kg/m³~2,100kg/m³의 범위에 해당한 것으로 한다.

□□□ 기 05,13
04 경량 골재 콘크리트 배합에 관한 설명으로 옳지 않은 것은?

① 경량 골재 콘크리트는 AE 콘크리트로 하는 것을 원칙으로 한다.
② 슬럼프는 일반적인 경우 50~180mm를 표준으로 한다.
③ 경량 골재 콘크리트의 공기량은 보통 골재를 사용한 콘크리트보다 1% 작게 하여야 한다.
④ 콘크리트의 수밀성을 기준으로 물-시멘트비를 정할 경우에는 50% 이하를 표준으로 한다.

해설 입형이 큰 굵은 골재를 사용한 경량 골재 콘크리트는 잘못 다루면 재료 분리가 일어날 가능성이 많기 때문에 이를 줄이기 위해 일반 콘크리트보다 1% 정도 많은 공기량의 사용을 원칙으로 한다.

□□□ 기 12
05 경량 골재 콘크리트에 대한 설명으로 틀린 것은?

① 경량 골재 콘크리트란 골재의 전부 또는 일부를 인공 경량 골재를 써서 만든 콘크리트로서 기건 단위 질량이 1,800~2,100kg/m³인 콘크리트를 말한다.
② 콘크리트의 수밀성을 기준으로 물-결합재비를 정할 경우에는 55% 이하를 표준으로 한다.
③ 경량 골재 콘크리트의 공기량은 일반 골재를 사용한 콘크리트보다 1% 크게 하여야 한다.
④ 비비기 시간은 강제식 믹서를 사용하는 경우 1분 30초 이상, 가경식 믹서를 사용하는 경우 1분 이상을 표준으로 한다.

해설 표준 비비기 시간은 믹서에 재료를 전부 투입한 후 강제식 믹서일 때는 1분 이상, 가경식 믹서일 때는 2분 이상을 하여야 한다.

□□□ 산 10,13
06 경량 골재 콘크리트에 대한 설명으로 틀린 것은?

① 경량 골재 콘크리트는 공기 연행 콘크리트로 하는 것을 원칙으로 한다.
② 일반적으로 인공 경량 골재 콘크리트는 동결 융해의 반복에 대한 저항 성능이 우수하다.
③ 단위 시멘트량의 최소값은 300kg/m³, 물-결합재비의 최대값은 60%로 한다.
④ 슬럼프는 작업에 알맞은 범위 내에서 작게 하여야 하며, 일반적인 경우 대체로 50~210mm를 표준으로 한다.

해설 일반적으로 인공 경량 골재 콘크리트는 동결 융해의 반복에 대한 저항 성능이 보통 콘크리트에 비해 떨어진다.

□□□ 산 10,14
07 경량 골재 콘크리트에 대한 설명으로 틀린 것은?

① 경량 골재 콘크리트는 보통 콘크리트에 비해 진동 시간을 약간 길게 해 충분히 다져야 한다.
② 경량 골재 콘크리트는 보통 콘크리트에 비해 진동기를 찔러 넣는 간격을 작게 하는 것이 좋다.
③ 진동 다지기를 하면 굵은 골재가 침하하고 모르타르가 위로 떠오르는 재료 분리 현상이 발생한다.
④ 고유동 콘크리트의 경우 책임 기술자와 협의하여 다짐을 생략할 수 있다.

해설 경량 골재 콘크리트를 타설할 때 모르타르가 침하하고, 굵은 골재가 위로 떠오르는 재료 분리 현상이 적게 일어나도록 하여야한다.

□□□ 기 09
08 경량 골재 콘크리트의 일반적인 사항에 대한 설명으로 잘못된 것은?

① 경량 골재 콘크리트는 보통 골재를 사용한 콘크리트보다 가볍기 때문에 슬럼프가 크게 나오는 경향이 있다.
② 경량 골재는 보통 골재에 비하여 물을 흡수하기 쉬우므로 이를 건조한 상태로 사용하면 비비기, 운반, 타설 중에 품질이 변동하기 쉽다.
③ 내부진동기로 다질 때 보통 골재 콘크리트에 비해 진동기를 찔러 넣는 간격을 작게 하거나 진동 시간을 약간 길게 하여 충분히 다져야 한다.
④ 경량 골재 콘크리트의 공기량은 보통 골재를 사용한 콘크리트보다 1% 크게 해야 한다.

해설 경량 골재 콘크리트는 단위 질량이 작기 때문에 동일한 반죽 질기를 갖는 일반 콘크리트에 비하여 슬럼프가 작아지는 경향이 있으므로 단위 수량을 많이 하여 슬럼프를 크게 하는 것이 일반적이다.

정답 03 ① 04 ③ 05 ④ 06 ② 07 ③ 08 ①

□□□ 기 08,14
09 경량 콘크리트의 제조 및 시공에 대한 다음의 설명 중 틀린 것은?

① 경량 콘크리트는 경량 골재 콘크리트, 경량 기포 콘크리트, 무잔 골재 콘크리트 등으로 분류된다.
② 경량 골재의 경량성을 보다 효과적으로 발휘시키기 위해서는 잔 골재와 굵은 골재 모두 경량 골재로 하는 것이 좋다.
③ 경량 골재 콘크리트의 공기량은 보통 콘크리트에 비해 크게 하는 것을 원칙으로 한다.
④ 경량 골재 콘크리트를 내부 진동기로 다질 때 보통 골재 콘크리트에 비해 진동기를 찔러 넣는 간격을 크게 하거나 진동 시간을 짧게 해야 한다.

해설 ・경량 콘크리트의 분류 : 경량 골재 콘크리트, 경량 기포 콘크리트, 무잔 골재 콘크리트
・경량골재 콘크리트의 공기량은 일반 골재를 사용한 콘크리트보다 1% 크게 하여야 한다.
・경량 골재 콘크리트를 보통 콘크리트에 비해 진동기를 찔러 넣는 간격을 짧게 하거나 진동 시간을 약간 길게 해 충분히 다져야 한다.

□□□ 기 09
10 경량 골재 콘크리트에 대한 설명으로 옳은 것은?

① 경량 골재 콘크리트의 공기량은 보통 골재를 사용한 콘크리트보다 1% 크게 해야 한다.
② 경량 골재 콘크리트는 AE제를 사용하지 않는 것을 원칙으로 한다.
③ 콘크리트를 타설할 때에는 경량 골재가 침하하고, 모르타르가 위로 떠오르는 재료 분리가 발생하기 쉽다.
④ 내부 진동기로 다질 때 보통 골재 콘크리트에 비해 찔러 넣는 간격을 크게 하거나 진동 시간을 약간 짧게 하여 다짐을 하여야 한다.

해설 ・경량 골재 콘크리트는 공기 연행(AE) 콘크리트로 하는 것을 원칙으로 한다.
・경량 골재 콘크리트를 타설할 때 모르타르가 침하하고, 굵은 골재가 위로 떠오르는 재료 분리 현상이 적게 일어나도록 하여야 한다.
・경량 골재 콘크리트는 보통 콘크리트에 비해 진동기를 찔러 넣는 간격을 짧게 하거나 진동 시간을 약간 길게 해 충분히 다져야 한다.

□□□ 기 16 산 12,15,16
11 경량 골재 콘크리트의 제조 및 시공에 대한 설명으로 틀린 것은?

① 경량 골재 콘크리트의 단위 질량 시험은 일반적으로 굳지 않은 콘크리트에 대하여 시험한다.
② 굵은 골재의 최대 치수는 원칙적으로 20mm로 한다.
③ 경량 골재는 물을 흡수하기 쉬우므로 품질 변동을 막기 위하여 충분히 물을 흡수시킨 상태로 사용하는 것이 좋다.
④ 경량 골재 콘크리트의 공기량은 일반 골재를 사용한 콘크리트보다 적게 하는 것을 원칙으로 한다.

해설 경량 골재 콘크리트의 공기량은 일반 골재를 사용한 콘크리트보다 1% 많게 하여야 한다.

028 순환골재 콘크리트

■ 순환골재
- 정의 : 건설폐기물을 물리적 또는 화학적 처리과정을 등을 통하여 순환골재 품질기준에 적합하게 만든 골재
- 순환골재의 제조 : 순환골재 콘크리트의 제조에 있어서 순환굵은골재의 최대치수는 25mm 이하로 하되, 가능하면 20mm 이하의 것을 사용하는 것이 좋다.
- 순환골재의 품질

항목		순환 굵은 골재	순환 잔 골재
절대 건조 밀도	g/cm³	2.5 이상	2.3 이상
흡수율	%	3.0 이하	4.0 이하
마모 감량	%	40 이하	-
입자 모양 판정 실적률	%	55 이상	53 이상
0.08mm 체 통과량 시험에서 손실된 양	%	1.0 이하	7.0 이하
알칼리 골재 반응		무해할 것	
점토 덩어리량	%	0.2 이하	1.0 이하
안정성	%	12 이하	10 이하
이물질 함유량	유기 이물질 %	1.0 이하(용적)	
	무기 이물질 %	1.0 이하(질량)	

■ 배합
- 순환골재를 계량할 경우, 1회 계량분량에 대한 계량오차는 ±4%로 한다.
- 순환골재를 사용한 콘크리트의 설계기준압축강도는 27MPa이하로 하며, 서중 및 한중콘크리트를 제외한 특수 콘크리트에 사용하지 않는다.
- 순환골재를 사용하여 설계기준압축강도 27MPa 이하의 콘크리트를 제조할 경우 순환굵은골재의 최대치환량은 총 굵은골재 용적의 60%, 순환골재의 최대 치환량은 총 잔 골재 용적의 30%이하로 한다.

- 순환골재 사용비율

설계기준 압축강도	사용골재	
	굵은 골재	잔 골재
27MPa 이하	굵은 골재 용적의 60% 이하	잔 골재 용적의 30% 이하
	혼합사용 시 총 골재 용적의 30% 이하	

- 순환골재 콘크리트의 공기량은 보통골재를 사용한 콘크리트보다 1% 크게 하여야 한다.

■ 순환골재의 품질관리

항목		시기 및 횟수	
		굵은 골재	잔 골재
입도		공사 시작 전, 공사 중 1회/월 이상 및 산지 (순환골재 제조 전의 폐콘크리트)가 바뀐 경우	공사 시작 전, 공사 중 1회/월 이상 및 산지 (순환골재 제조 전의 폐콘크리트)가 바뀐 경우
절대 건조 밀도			
흡수율			
입자모양 판정실적률			
0.08mm체 통과량 시험에서 손실된 양			
점토 덩어리량			
마모감량			해당사항 없음
안정성		공사 시작 전, 공사 중 1회/6개월 이상 및 산지가 바뀐 경우	공사 시작 전, 공사 중 1회/6개월 이상 및 산지가 바뀐 경우
이물질 함유량	유기 이물질	공사 시작 전, 공사 중 1회/월 이상 및 산지가 바뀐 경우	공사 시작 전, 공사 중 1회/월 이상 및 산지가 바뀐 경우
	무기 이물질		

□□□ 기 17

01 기존 콘크리트 구조물의 철거로 인해 발생되는 폐콘크리트 등과 같이 이미 경화된 콘크리트를 파쇄하여 가공한 골재를 무엇이라 하는가?

① 순환골재 ② 부순골재
③ 페로니칼슬래그 골재 ④ 용융슬래그 골재

해설 순환골재
콘크리트를 크리셔로 분쇄하여 인공적으로 만든 골재로서 입도에 따라 순환 잔 골재와 순환 굵은 골재료로 나눈다.

□□□ 기 15,19
02 콘크리트용 순환 골재의 유해물질 함유량의 허용값에 대한 설명으로 옳은 것은?

① 잔 골재에 포함된 점토 덩어리량 기준은 0.5% 이하이다.
② 굵은 골재에 포함된 점토 덩어리량 기준은 1.5% 이하이다.
③ 0.08mm 체 통과량(시험에서 손실된 량)은 잔 골재의 경우 5.0% 이하이다.
④ 0.08mm 체 통과량(시험에서 손실된 량)은 굵은 골재의 경우 1.0% 이하이다.

해설 순환골재의 물리적 성질

항목		순환 굵은 골재	순환 잔 골재
절대 건조 밀도 g/cm³		2.5 이상	2.3 이상
흡수율 %		3.0 이하	4.0 이하
마모 감량 %		40 이하	–
입자 모양 판정 실적률 %		55 이상	53 이상
0.08mm 체 통과량 시험에서 손실된 양 %		1.0 이하	7.0 이하
알칼리 골재 반응		무해할 것	
점토 덩어리량 %		0.2 이하	1.0 이하
안정성 %		12 이하	10 이하
이물질 함유량	유기 이물질 %	1.0 이하(용적)	
	무기 이물질 %	1.0 이하(질량)	

· 잔 골재에 포함된 점토 덩어리량 기준은 1.0% 이하이다.
· 굵은 골재에 포함된 점토 덩어리량 기준은 0.2% 이하이다.
· 0.08mm 체 통과량(시험에서 손실된 량)은 잔 골재의 경우 7.0% 이하이다.

□□□ 기 20
03 순환 굵은 골재의 품질에 대한 설명으로 틀린 것은?

① 마모율은 40% 이하이어야 한다.
② 흡수율은 5.0% 이하이어야 한다.
③ 점토덩어리 함유량은 0.2% 이하이어야 한다.
④ 절대건조밀도는 0.0025g/mm³ 이상이어야 한다.

해설 순환 골재의 품질

항목	순환 굵은 골재	순환 잔 골재
절대건조밀도	2.5g/cm³ 이상	2.3g/cm³ 이상
흡수율	3.0% 이하	5.0% 이하
마모감량	40% 이하	–
점토덩어리	0.2% 이하	1.0% 이하
안정성	12% 이하	10% 이하

∴ 순환굵은골재 흡수율은 3.0% 이하

□□□ 기 15
04 콘크리트용 순환 굵은 골재의 물리적 품질기준으로 틀린 것은?

① 흡수율은 3% 이하로 한다.
② 안정성은 10% 이하로 한다.
③ 마모감량은 40% 이하로 한다.
④ 입자 모양 판정 실적률은 55% 이상으로 한다.

해설 순환골재의 물리적 성질

항목	순환 굵은 골재	순환 잔 골재
절대건조밀도(g/cm³)	2.5 이상	2.3 이상
흡수율(%)	3.0 이하	4.0 이하
마모감량(%)	40 이하	
입자 모양 판정 실적률(%)	55 이상	53 이상
안정성(%)	12 이하	10 이하
0.08mm체 통과량 시험에서 손실된 양(%)	1.0 이하	7.0 이하

□□□ 기 15,20
05 콘크리트용 순환골재의 물리적 성질에 관한 설명으로 틀린 것은?

① 순환 굵은 골재의 마모율은 40% 이하이다.
② 순환 굵은 골재의 입자모양 판정 실적률은 45% 이상이다.
③ 잔 골재 및 굵은 골재의 흡수율은 각각 4.0% 이하, 3.0% 이하이다.
④ 잔 골재 및 굵은 골재의 절대건조밀도는 각각 2.3g/cm³ 이상, 2.5g/cm³ 이상이다.

해설 순환골재의 물리적 성질

항목	순환 굵은 골재	순환 잔 골재
절대건조밀도(g/cm³)	2.5 이상	2.3 이상
흡수율(%)	3.0 이하	4.0 이하
마모감량(%)	40 이하	
입자 모양 판정 실적률(%)	55 이상	53 이상
안정성(%)	12 이하	10 이하
0.08mm체 통과량 시험에서 손실된 양(%)	1.0 이하	7.0 이하

정답 02 ④ 03 ② 04 ② 05 ②

029 고강도 콘크리트

1 일반 사항

■ 적용 범위
- 고강도 콘크리트는 설계 기준 강도만 높은 강도를 의미하는 것이 아니라 높은 내구성을 필요로 하는 철근 콘크리트 공사에 사용되는 콘크리트도 포함된다.
- 공장 제품 등과 같은 특수 양생 방법인 증기 양생이나 오토클레이브 양생 등에 의해 얻어지는 고강도 콘크리트에 적용하지 않는다.

■ 강도
- 일반적인 구조물에 쓰이는 고강도 콘크리트의 강도는 표준 양생을 한 콘크리트 공시체의 소요 기준 재령의 강도를 표준으로 한다.
- 보통 강도를 갖는 콘크리트에 비해 고강도 콘크리트는 재령에 따른 강도 발현이 빠르게 나타나면서 늦게까지 강도 증진이 이루어진다.
- 고강도 콘크리트의 설계 기준 압축강도는 일반적으로 40MPa 이상으로 하며, 고강도 경량 골재 콘크리트는 27MPa 이상으로 한다.

2 재료

■ 혼화재료
- 고성능 감수제는 고강도 콘크리트를 제조하는 데 적절한 것인가를 시험 배합을 거쳐 확인한 후 사용하여야 한다.
- 플라이 애시, 실리카 품, 고로슬래그 미분말 등의 혼화재는 고강도 콘크리트를 제조하는데 적절한 것인가를 시험배합을 거쳐 확인한 후 사용하여야 한다.

■ 골재
- 잔 골재는 깨끗하고 강하며 내구적인 것으로서 적당한 입도를 가지며, 먼지, 진흙, 유기 불순물, 염분 등의 유해 물질을 함유하지 않아야 한다.
- 고강도 콘크리트는 콘크리트 성능 발현에서 골재가 차지하는 밀도가 크게 강조되고 있다.
- 잔 골재는 이물질이나 유해 물질이 포함되지 않고, 강하고 내구적인 것으로 입도가 규준에 맞게 분포되어 있어야 한다.
- 고강도 콘크리트에 사용되는 굵은 골재의 입도 분포는 굵고 가는 골재알이 골고루 섞이어 공극률을 줄임으로써 시멘트 페이스트가 최소가 되도록 하는 것이 좋다.
- 굵은 골재는 깨끗하고, 강하고, 내구적이며 알맞은 입도를 갖고 얇은 석편, 유기 불순물, 염분 등의 유해량을 함유하지 않아야 한다.
- 고강도 콘크리트에 사용되는 굵은 골재는 작은 크기의 골재가 우수하므로 최대 크기는 구조물의 단면 크기에 관계없이 25mm 이하로 정하였다.

■ 고강도 콘크리트에 사용되는 굵은 골재의 최대 치수
- 굵은 골재의 최대치수는 25mm 이하
- 철근 최소 수평 순간격의 3/4 이내

■ 골재의 품질

항목 종류	절건밀도 (g/cm^3)	흡수율 (%)	실적률 (%)	점토량 (%)	씻기 시험에 의한 손실량(%)	유기 불순물	염화물 이온량 (%)	안전성 (%)
굵은 골재	2.50 이상	2.0 이하	59 이상	0.25 이하	1.0 이하	–	–	12 이하
잔 골재	2.50 이상	3.0 이하	–	1.0 이하	2.0 이하	표준색 이하	0.02 이하	10 이하

3 배합

■ 고강도의 콘크리트의 물-결합재비는 강도에 가장 큰 영향을 끼치므로 40MPa 이상의 강도 발현을 위해서는 가능한 45% 이하의 물-결합재비 값으로 소요의 강도와 내구성을 고려하여 정한다.

■ 물-결합재비의 결정
- 고강도 콘크리트의 물-결합재비는 소요의 강도와 내구성을 고려하여 정하여야 한다.
- 물-결합재비는 강도에 가장 큰 영향을 끼치므로 40MPa 이상의 강도 발현을 위해서는 가능한 45% 이하의 물-결합재비 값으로 소요의 강도와 내구성을 고려하여 정한다.
- 실제로 사용하는 콘크리트와 거의 동일한 재료를 사용하여 소요 슬럼프값 또는 슬럼프 플로, 소요 공기량이 얻어지는 콘크리트에 관하여 물-결합재비와 콘크리트 강도의 관계식을 시험 배합하여 구한다.
- 배합 강도에 상응하는 물-결합재비는 시험에 의한 관계식을 이용하여 결정하며, 이 경우 관계식의 신뢰성을 고려하여 안전한 쪽으로 물-결합재비를 결정하여야 한다.
- 단위 시멘트량은 소요의 워커빌리티 및 강도를 얻을 수 있는 범위 내에서 가능한 한 적게 되도록 시험에 의해 정하여야 한다.
- 고강도 발현이나 원활한 워커빌리티를 위하여 잔 골재율은 30 ~ 40%의 범위가 좋다
- 잔 골재의 조립률은 2.5 이하인 경우는 다지기가 어려우므로 3.0정도가 가장 적당하다.
- 단위 수량은 소요의 워커빌리티를 얻을 수 있는 범위 내에서 가능한 적게 하여야 한다.
- 단위 수량은 최대 180kg/m^3 이하로 하되 워커빌리티를 확보할 수 있는 범위 내에서 가능한 적게 한다.

- 잔 골재율은 소요의 워커빌리티를 얻도록 시험에 의하여 결정하여야 하며, 가능한 작게 하도록 한다.
- 고성능 감수제의 단위량은 소요 강도 및 작업에 적합한 워커빌리티를 얻도록 시험에 의해서 결정하여야 한다.
- 슬럼프는 작업이 가능한 범위 내에서 되도록 작게 하여, 유동화 콘크리트로 할 경우 슬럼프 플로의 목표값은 설계 기준 압축 강도 40MPa 이상, 60MPa 이하의 경우 구조물의 작업 조건에 따라 500mm, 600mm, 700mm로 구분하여 정하며, 그 이상의 고강도 콘크리트의 경우 책임 기술자의 지시에 따라야 한다.
- 기상의 변화가 심하거나 동결 융해에 대한 대책이 필요한 경우를 제외하고는 공기 연행(AE)제를 사용하지 않는 것을 원칙으로 한다.
- 공기 소요량은 많을수록 강도에는 불리하므로 기상의 변화가 심해 동결 융해에 대한 대책이 필요할 때만 공기 연행(AE) 고성능 감수제를 사용한다.

❹ 비비기

- 비비기는 성능이 우수한 믹서로 비벼야 한다.
- 일반적으로 용량이 $1.5 \sim 3.0m^3$의 경우에 강제식 믹서는 60~90초, 가경식 믹서는 120~180초 정도가 양호하다.
- 고강도 콘크리트의 비빔은 가능한 가경식 믹서보다는 강제식 팬 믹서가 좋다.
- 믹서에 재료를 투입하는 순서는 책임 기술자의 승인을 얻어야 한다. 재료는 제조된 콘크리트의 물성이 사용하고자 하는 구조물에 가장 적합하도록 투입 순서를 정하여야 한다.
- 비비기 시간은 시험에 의해서 정하는 것을 원칙으로 한다.

고강도 콘크리트의 품질검사

종류	항목	판정기준	시기 및 횟수
배합	압축강도	KCS 14 20 10 (표 3.5-3)에 준함	・받아들이기 시점 ・1회/일 또는 구조물의 중요도와 공사의 규모에 따라 $120m^3$ 마다 1회
유동성	슬럼프 또는 슬럼프 플로	・슬럼프 : 설정값±25mm (180mm 이하의 경우) 설정값±15mm (180mm를 초과한 경우) ・슬럼프 플로 : 설정값±50mm	

❺ 시공

운반

- 콘크리트는 재료의 분리 및 슬럼프값의 손실이 적은 방법으로 신속하게 운반하여야 한다.
- 운반 시간 및 거리가 긴 경우에는 사용하는 운반차는 트럭믹서, 트럭 애지테이터 혹은 건비빔 믹서로 하여야 하며, 고성능 감수제 등을 추가로 투여하는 등의 조치를 하여야 한다.
- 콘크리트 운반 차량은 운반 지연으로 인한 급격한 슬럼프값 저하 가능성에 대비하여 고성능 감수제 투여 장치 등의 보조 장치를 준비하여야 한다.
- 버킷의 구조는 콘크리트를 투입하고 배출할 때 재료 분리를 일으키지 않는 것, 또는 버킷에서의 콘크리트 배출이 용이한 것으로 하여야 한다.
- 콘크리트 펌프를 사용할 경우 펌프의 기종, 수송관의 직경, 압송 속도 등에 관한 사항을 책임 기술자의 지시에 따른다.

타설

- 타설 순서는 구조물의 형상, 콘크리트의 공급 상태, 거푸집 등의 변형을 고려하여 결정하여야 한다.
  - 기둥과 벽체 콘크리트, 보와 슬래브 콘크리트를 일체로 하여 타설할 경우에는 보 아랫면에서 타설을 중지한 다음, 기둥과 벽에 타설한 콘크리트가 침하한 후 보, 슬래브의 콘크리트를 타설하여야 한다.
- 콘크리트 타설 낙하 높이는 콘크리트 재료 분리가 일어나지 않는 범위에서 책임 기술자의 승인을 얻어야 한다.
  - 콘크리트 타설 낙하고는 1m 이하로 하는 것이 좋다.
- 콘크리트는 운반 후 신속하게 타설하여야 한다.
- 다짐에 사용되는 다짐기의 기종은 고강도 콘크리트의 높은 점성 등을 고려하여 선정하여야 하며 다짐 시간과 다짐 방법을 사전에 검토하여야 한다.
  - 고강도 콘크리트는 점성이 높기 때문에 진동기의 진동이 전달되는 범위가 일반적인 콘크리트보다도 좋아진다.
- 수직 부재에 타설하는 콘크리트의 강도와 수평 부재에 타설하는 콘크리트 강도의 차가 1.4배 이상일 경우에는 수직 부재에 타설한 고강도 콘크리트는 수직-수평 부재의 접합면으로부터 수평 부재 쪽으로 안전한 내민 길이를 확보하도록 하여야 한다.

양생

- 고강도 콘크리트는 콘크리트를 타설한 후 초기 강도 발현을 위한 경화에 필요한 온도 및 습도를 유지하여야 하며, 진동, 충격 등의 유해한 작용의 영향을 받지 않도록 충분한 조치를 취하여야 한다.
- 낮은 물-결합재비로 제조한 고강도 콘크리트는 수분이 적기 때문에 반드시 습윤 양생을 실시하며, 부득이한 경우 현장 봉합 양생 등을 실시할 수 있다.
- 콘크리트를 타설한 후 경화할 때까지 직사광선이나 바람에 의해 수분이 증발하지 않도록 하여야 한다.

□□□ 기 12,17
01 고강도 콘크리트의 특성에 대한 설명으로 틀린 것은?

① 보통 강도를 갖는 콘크리트에 비해 재령에 따른 강도 발현이 빠르게 나타나면서 늦게까지 강도 증진이 이루어진다.
② 고강도 콘크리트는 부배합이므로 시멘트 대체 재료인 플라이 애시, 고로 슬래그 분말 등을 같이 사용하는 경우가 많다.
③ 고강도 콘크리트의 설계 기준 압축 강도는 일반적으로 40MPa 이상으로 하며, 고강도 경량 골재 콘크리트는 27MPa 이상으로 한다.
④ 고강도 콘크리트는 설계 기준 강도가 높은 반면에 내구성은 낮으므로 해양 콘크리트 구조물에는 부적절하다.

[해설] 고강도 콘크리트는 설계 기준 강도만 높은 강도를 의미하는 것이 아니라 높은 내구성을 필요로 하는 철근 콘크리트 공사에 사용되는 콘크리트도 포함된다.

□□□ 기 05,11,14
02 고강도 콘크리트용 굵은 골재의 품질 기준으로서 실적률은 최소 얼마 이상이어야 하는가?

① 50% 이상
② 53% 이상
③ 59% 이상
④ 63% 이상

[해설] 고강도 콘크리트의 골재 품질

종류\항목	절건 밀도 (g/cm³)	흡수율 (%)	실적률 (%)	점토량 (%)	안전성 (%)
굵은 골재	2.50 이상	2.0 이하	59 이상	0.25 이하	12 이하
잔 골재	2.50 이상	3.0 이하	—	1.0 이하	10 이하

□□□ 기 09
03 고강도 콘크리트 배합 및 비비기에 관한 설명으로 옳지 않은 것은?

① 고강도 콘크리트의 물-결합재비는 일반적으로 50% 이하로 한다.
② 단위 시멘트량은 소요 강도 및 워커빌리티를 얻을 수 있는 범위 내에서 가능한 한 적게 되도록 시험에 의해 정하여야 한다.
③ 슬럼프값은 150mm 이하로 하고, 유동화 콘크리트로 할 경우에는 210mm 이하로 한다.
④ 믹서에 재료를 투입할 때 고성능 감수제는 혼합수와 동시에 투여해야 한다.

[해설] 믹서에 재료를 투입할 때 고성능 감수제의 경우는 혼합수와 동시에 투여하여서는 안 된다.

□□□ 산 05,14
04 고강도 콘크리트에 대한 다음의 서술 중 옳게 기술된 것은?

① 고강도 콘크리트는 설계 기준 강도만 높은 것이 아니라 높은 내구성을 필요로 하는 철근 콘크리트 공사에도 적용될 수 있다.
② 고강도의 콘크리트를 얻기 위해서는 소요의 워커빌리티를 얻을 수 있는 범위 내에서 단위 수량은 가능한 크게 하여야 한다.
③ AE제(공기 연행제)의 적용은 고강도 콘크리트의 제조에 필수적이며 콘크리트의 강도 증진에 크게 기여한다.
④ 고강도 콘크리트는 빈배합이며, 시멘트 대체 재료인 플라이 애시나 실리카퓸 등의 적용은 적절하지 않다.

[해설]
• 고강도의 콘크리트를 얻기 위해서는 소요의 워커빌리티를 얻을 수 있는 범위 내에서 단위 수량은 가능한 적게 하여야 한다.
• 기상의 변화가 심하거나 동결 융해에 대한 대책이 필요한 경우를 제외하고는 공기 연행(AE)제를 사용하지 않는 것을 원칙으로 한다.
• 고강도 콘크리트는 부배합이며, 시멘트 대체 재료인 플라이 애시나 고로 슬래그 분말, 실리카퓸 등을 쓰기도 한다.

□□□ 산 08
05 고강도 콘크리트에 대한 다음의 설명 중 틀린 것은?

① 굵은 골재는 실적률 50% 이상, 안정성 18% 이하이어야 한다.
② 잔 골재는 절건 밀도 2.5g/cm³ 이상, 염화물 이온량은 0.02% 이하이어야 한다.
③ 콘크리트 타설 낙하고는 1m 이하로 하며, 콘크리트는 재료 분리가 일어나지 않는 방법으로 취급하여야 한다.
④ 고강도 콘크리트 설계 기준 강도는 일반적으로 40MPa 이상으로 한다.

[해설] 고강도 콘크리트의 골재 품질

항 목	굵은 골재	잔 골재
절건 밀도(g/cm³)	2.5 이상	2.5 이상
흡수율(%)	2.0 이하	3.0 이하
실적률(%)	59 이상	—
점토량(%)	0.25 이하	1.0 이하
염화물 이온량(%)	—	0.02 이하
안정성(%)	12 이하	10 이하
손실량(%)	1.0 이하	2.0 이하

정답 01 ④ 02 ③ 03 ④ 04 ① 05 ①

06 고강도 콘크리트 제조 방법으로 틀린 것은?

① 물-시멘트비를 감소시킨다.
② 실리카퓸 등과 같은 미분말 혼화 재료를 사용한다.
③ 굵은 골재 최대 치수를 증가시킨다.
④ 오토클레이브 양생을 실시한다.

해설 고강도 콘크리트의 특징
- 물-시멘트비는 55% 이하로 하고 가능한 작게 한다.
- 실리카퓸(silica fume)은 초미립자로서 포졸란 활성이 높으므로 초고속 강도를 얻을 수 있다.
- 굵은 골재의 최대 치수는 40mm 이하로서 가능한 25mm 이하로 한다.
- 물-시멘트를 저감한 콘크리트를 오토클레이브 양생하여 초고강도 콘크리트를 제조한다.

07 고강도 콘크리트의 배합 특성으로 틀린 것은?

① 기상의 변화가 심하거나 동결 융해에 대한 대책이 필요한 경우를 제외하고는 공기 연행제를 사용하지 않는 것을 원칙으로 한다.
② 단위 시멘트량은 소요의 워커빌리티 및 강도를 얻을 수 있는 범위 내에서 가능한 크게 되도록 시험에 의해 정한다.
③ 단위 수량은 소요의 워커빌리티를 얻을 수 있는 범위 내에서 가능한 적게 되도록 시험에 의해 정한다.
④ 잔 골재율은 소요의 워커빌리티를 얻도록 시험에 의하여 결정하여야 하며, 가능한 작게 하도록 한다.

해설 단위 시멘트량은 소요의 워커빌리티 및 강도를 얻을 수 있는 범위 내에서 가능한 한 적게 되도록 시험에 의해 정하여야 한다.

08 고강도 콘크리트에 관한 다음 설명 중 틀린 것은?

① 콘크리트를 타설한 후 경화할 때까지 직사광선이나 바람에 의해 수분이 증발하지 않도록 하여야 한다.
② 콘크리트의 운반 시간 및 거리가 긴 경우에는 고성능 감수제 등을 추가로 투여하는 등의 조치를 하여야 한다.
③ 슬럼프값은 150mm 이하로 하고 유동화 콘크리트로 할 경우에는 210mm 이하로 한다.
④ 단위 수량을 줄이고 워커빌리티의 개선을 위하여 AE제를 사용하는 것을 원칙으로 한다.

해설
- 한중 콘크리트에는 AE 콘크리트를 사용하는 것을 원칙으로 한다.
- 기상의 변화가 심하거나 동결 융해에 대한 대책이 필요한 경우를 제외하고는 공기 연행제(AE제)를 사용하지 않는 것을 원칙으로 한다.

09 고강도 콘크리트의 배합으로서 적절하지 않은 것은?

① 고강도 콘크리트의 물-결합재비는 소요의 강도와 내구성을 고려하여 정한다.
② 잔 골재율은 소요의 워커빌리티를 얻도록 시험에 의하여 결정하며 가능한 한 크게 하도록 한다.
③ 동결 융해에 대한 대책이 필요한 경우를 제외하고는 AE제를 사용하지 않는 것을 원칙으로 한다.
④ 단위 시멘트량은 소요의 워커빌리티와 강도를 얻을 수 있는 범위 내에서 가능한 적게 되도록 한다.

해설 잔 골재율은 소요의 워커빌리티를 얻도록 시험에 의하여 결정하며 가능한 적게 하도록 한다.

10 고강도 콘크리트의 제조에 필수적으로 필요한 혼화제로서 물-시멘트비가 낮은 콘크리트 배합의 워커빌리티를 개선하는 데 가장 크게 기여하는 것은?

① 실리카퓸　　② 촉진제
③ 고성능 감수제　　④ 플라이 애시

해설 고성능 감수제(유동화제)는 물-시멘트비를 감소시키며 워커빌리티를 향상시킨다.

11 고강도 콘크리트의 타설에서 기둥과 벽체 콘크리트, 보와 슬래브 콘크리트를 일체로 하여 타설할 경우에 대한 설명으로 옳은 것은?

① 보 아랫면에서 타설을 중지한 다음, 기둥과 벽에 타설한 콘크리트가 침하한 후, 슬래브의 콘크리트를 타설하여야 한다.
② 수직 부재인 기둥과 벽체를 먼저 타설함과 동시에 보와 슬래브를 즉시 타설하여야 한다.
③ 수평 부재인 보와 슬래브를 먼저 타설함과 동시에 기둥과 벽체를 즉시 타설하여야 한다.
④ 기둥과 벽체, 보와 슬래브 콘크리트를 동시에 타설하여야 한다.

해설
- 기둥과 벽체 콘크리트, 보와 슬래브 콘크리트를 일체로 하여 타설할 경우에는 보 아랫면에서 타설을 중지한 다음, 기둥과 벽에 타설한 콘크리트가 침하한 후 보, 슬래브의 콘크리트를 타설하여야 한다.
- 고강도 콘크리트의 타설은 일반 콘크리트 타설에 비해 유동성이 좋기 때문에 거푸집의 변형에 특히 주의를 요한다. 부재가 바뀌는 위치에서는 콘크리트가 침하한 후 연속해서 타설한다.

□□□ 기 10,13,15,16,17
12 고강도 콘크리트에 관한 설명으로 틀린 것은?

① 콘크리트를 타설한 후 경화할 때까지 직사광선이나 바람에 의해 수분이 증발하지 않도록 하여야 한다.
② 콘크리트의 운반 시간 및 거리가 긴 경우에 사용하는 운반차는 트럭믹서, 트럭 애지테이터 혹은 건비빔 믹서로 하여야 한다.
③ 단위 수량을 줄이고 워커빌리티의 개선을 위하여 AE제를 사용하는 것을 원칙으로 한다.
④ 잔 골재율은 소요의 워커빌리티를 얻도록 시험에 의하여 결정하여야 하며, 가능한 작게 하도록 한다.

해설 • 단위 수량은 소요의 워커빌리티를 얻을 수 있는 범위 내에서 가능한 적게 하여야 한다.
• 고강도 콘크리트에서는 고성능 감수제를 사용을 위해 작업에 적합한 워커빌리티를 얻기 위해 시험에 의해서 결정한다.

□□□ 기 04
13 고강도 콘크리트의 타설에 대해 아래 표의 ( ) 안에 들어갈 적절한 수치 또는 용어는?

> 기둥 부재에 타설하는 콘크리트의 강도와 슬래브나 보에 타설하는 콘크리트 강도가 (㉮)배 이상 차이가 생길 경우에는 기둥에 사용한 콘크리트가 (㉯)의 접합면에서 (㉰)m 정도 충분히 (㉯) 쪽으로 안전한 내민 길이를 확보하면서 콘크리트를 타설해야 한다.

① ㉮ : 1.0, ㉯ : 수평 부재, ㉰ : 0.4
② ㉮ : 1.0, ㉯ : 수직 부재, ㉰ : 0.6
③ ㉮ : 1.4, ㉯ : 수평 부재, ㉰ : 0.6
④ ㉮ : 1.4, ㉯ : 수직 부재, ㉰ : 0.4

해설 기둥 부재에 타설하는 콘크리트 강도와 슬래브나 보에 타설하는 콘크리트의 강도가 1.4배 이상 차이가 생길 경우에는 기둥에 사용한 콘크리트가 수평 부재의 접합면에서 0.6m 정도 충분히 수평 부재 쪽으로 안전한 내민 길이를 확보하면서 콘크리트를 타설하여야 한다.

□□□ 기15 산12
14 보통(중량) 콘크리트에서 고강도 콘크리트란 설계 기준 압축 강도가 몇 MPa의 콘크리트를 말하는가?

① 27MPa 이상
② 40MPa 이상
③ 55MPa 이상
④ 60MPa 이상

해설 고강도 콘크리트 : 설계 기준 압축 강도가 보통(중량) 콘크리트에서 40MPa 이상, 경량 골재 콘크리트에서 27MPa 이상인 경우의 콘크리트이다.

□□□ 산10,11,14,16,17
15 콘크리트 표준시방서에서 정의하고 있는 고강도 콘크리트에 대한 설명으로 옳은 것은?

① 설계 기준 압축 강도가 보통(중량) 콘크리트에서 40MPa 이상, 경량 골재 콘크리트에서 30MPa 이상인 경우의 콘크리트
② 설계 기준 압축 강도가 보통(중량) 콘크리트에서 40MPa 이상, 경량 골재 콘크리트에서 27MPa 이상인 경우의 콘크리트
③ 설계 기준 압축 강도가 보통(중량) 콘크리트에서 45MPa 이상, 경량 골재 콘크리트에서 30MPa 이상인 경우의 콘크리트
④ 설계 기준 압축 강도가 보통(중량) 콘크리트에서 45MPa 이상, 경량 골재 콘크리트에서 27MPa 이상인 경우의 콘크리트

해설 고강도 콘크리트의 설계 기준 강도는 일반적으로 40MPa 이상으로 하며, 고강도 경량 골재 콘크리트는 27MPa 이상으로 한다.

□□□ 기 08,11
16 고강도 콘크리트에 사용되는 굵은 골재의 최대 치수에 대한 설명으로 옳은 것은?

① 굵은 골재 최대 치수는 가능한 25mm 이하로 하며, 철근 최소 수평 순간격의 3/4, 그리고 부재 최소 치수의 1/5 이내의 것을 사용하도록 한다.
② 굵은 골재 최대 치수는 20mm 이하로 하며, 철근의 중심 사이 간격의 3/4, 그리고 부재 최소 치수의 1/3 이내의 것을 사용하도록 한다.
③ 굵은 골재 최대 치수는 가능한 15mm 이하로 하며, 철근 최소 수평 순간격의 1/4, 그리고 부재 최소 치수의 1/5 이내의 것을 사용하도록 한다.
④ 굵은 골재 최대 치수는 가능한 10mm 이하로 하며, 철근 최소 수평 순간격의 4/3, 그리고 부재 최소 치수의 1/4 이내의 것을 사용하도록 한다.

해설 고강도 콘크리트에 사용되는 굵은 골재의 최대 치수
• 25mm 이하
• 철근 최소 수평 순간격의 3/4 이내
• [구] 부재 최소 치수의 1/5 이내

□□□ 기08
17 고강도 콘크리트에 대한 설명으로 맞지 않는 것은?

① 가경식 믹서보다는 강제식 팬 믹서 사용이 바람직하다.
② 일반적으로 AE제를 사용하지 않는 것을 원칙으로 한다.
③ 잔 골재율을 가능한 작게 한다.
④ 원활한 배합을 위하여 고성능 감수제는 혼합수와 같이 투여한다.

해설 고강도 콘크리트의 비빔은 가능한 한 가경식 믹서보다는 강제식 팬 믹서를 사용하는 것이 효과적이다.
- 잔 골재율은 소요의 워커빌리티를 얻도록 시험에 의하여 결정하여야 하며, 가능한 작게 하도록 한다.
- 기상의 변화가 심하거나 동결 융해에 대한 대책이 필요한 경우를 제외하고는 공기 연행(AE)제를 사용하지 않는 것을 원칙으로 한다.
- 콘크리트를 비빈 후 타설 직전에 고성능 감수제를 첨가하여 다시 비벼 사용하는 것이 좋은 방법이다.
- 물에 희석하여 사용하는 경우에는 희석 시 사용하는 물은 배합수로 계산되어야 한다.

□□□ 기08,11,13
18 고강도 콘크리트에 사용되는 굵은 골재의 최대 치수에 대한 설명으로 옳은 것은?

① 굵은 골재 최대 치수는 40mm 이하로서 가능한 25mm 이하로 하며, 철근 최소 수평 순간격의 3/4 이내의 것을 사용하도록 하여야 한다.
② 굵은 골재 최대 치수는 25mm 이하로서 가능한 20mm 이하로 하며, 철근 최소 수평 순간격의 1/2 이내의 것을 사용하도록 하여야 한다.
③ 굵은 골재 최대 치수는 40mm 이하로서 가능한 25mm 이하로 하며, 철근 최소 수평 순간격의 1/2 이내의 것을 사용하도록 하여야 한다.
④ 굵은 골재 최대 치수는 25mm 이하로서 가능한 20mm 이하로 하며, 철근 최소 수평 순간격의 3/4 이내의 것을 사용하도록 하여야 한다.

해설 고강도 콘크리트에 사용되는 굵은 골재의 최대 치수
- 40mm 이하로서 가능한 25mm 이하
- 철근 최소 수평 순간격의 3/4 이내

□□□ 기04,17 산13
19 고강도 콘크리트의 타설에 대한 아래 표의 설명에서 ( )에 들어갈 알맞은 수치는?

> 수직 부재에 타설하는 콘크리트의 강도와 수평 부재에 타설하는 콘크리트 강도의 차가 ( )배 이상일 경우에는 수직 부재에 타설한 고강도 콘크리트는 수직-수평 부재의 접합면으로부터 수평 부재 쪽으로 안전한 내민 길이를 확보하도록 하여야 한다.

① 1.4
② 1.7
③ 2.0
④ 2.3

해설 수직 부재에 타설하는 콘크리트의 강도와 수평 부재에 타설하는 콘크리트 강도의 차가 1.4배 이상일 경우에는 수직 부재에 타설한 고강도 콘크리트는 수직-수평 부재의 접합면으로부터 수평 부재 쪽으로 안전한 내민 길이를 확보하도록 하여야 한다.

□□□ 기 21
20 고강도 콘크리트 제조시 사용되는 혼화제에 관한 설명으로 옳지 않은 것은?

① 고성능 감수제는 시험배합을 거쳐 확인 한 후 사용하여야 한다.
② 고성능 감수제의 사용은 고강도나 유동성 증가를 위해 필수 불가결하다.
③ 고성능 감수제는 콘크리트 비빔이 끝난 후 타설 직전에 첨가하여 다시 비벼 사용하는 것이 좋다.
④ 물에 희석하여 사용하는 감수제의 경우 희석 시 사용하는 물은 배합수 계산에서 제외 시켜야 한다.

해설 물에 희석하여 사용하는 경우에는 희석시 사용하는 물은 배합수로 계산되어야 한다.

정답 17 ④ 18 ① 19 ① 20 ④

030 숏크리트

1 일반 사항

- **숏크리트(shotcrete)**: 컴프레서 혹은 펌프를 이용하여 노즐 위치까지 호스 속으로 운반한 콘크리트를 압축 공기에 의해 시공면에 뿜어서 만든 콘크리트
- **적용 범위**: 터널 및 지하 공간 건설, 사면 안정(법면보호), 구조물의 보수·보강 공법에 적용되는 숏크리트의 재료 및 시공에 대한 일반적이고 기본적인 사항을 규정한다.
- 건식 방식의 숏크리트 배합을 정할 때에는 다음의 항목을 선정하여야 한다.
  - 굵은 골재의 최대 치수
  - 잔 골재율
  - 단위 시멘트량
  - 물-결합재비
  - 혼화 재료의 종류 및 단위량

- 숏크리트는 다음과 같은 기능을 발휘할 수 있도록 하여야 한다.
  - 지반과의 부착 및 자체 전단 저항 효과로 숏크리트에 작용하는 외력을 지반에 분산시키고, 터널 주변의 붕락하기 쉬운 암괴를 지지하며, 굴착면 가까이에 지반 아치가 형성될 수 있도록 한다.
  - 강지보재 또는 록 볼트에 지반 압력을 전달하는 기능을 발휘하도록 하여야 한다.
  - 굴착된 지반의 굴곡부를 메우고 절리면 사이를 접착시킴으로써 응력 집중 현상을 피하도록 한다.
  - 굴착면을 피복하여 풍화 방지, 지수, 세립자 유출 등을 방지하도록 한다.
  - 보수, 보강 재료로 사용되어 소요의 강도와 내구성 등 구조물의 충분한 보수 및 보강 성능을 발휘하여야 한다.
  - 비탈면, 법면 또는 벽면 보호 공법으로 적용되어 충분한 안전성을 확보하여야 한다.

2 성능의 설정

일반 사항

- 숏크리트의 뿜어 붙이기 성능은 반발률, 분진 농도 및 초기 강도로 설정할 수 있으며, 유사한 시공 사례가 있거나 반발률과 분진 농도의 관계가 분명하게 되어 있는 경우에도 숏크리트의 뿜어 붙이기 성능은 분진 농도와 숏크리트의 초기 강도로 설정한다.
- 섬유를 혼합할 경우는 섬유가 숏크리트에 균일하게 분포될 수 있도록 혼합하여야 하며, 섬유의 뭉침 현상(fiber ball)과 노즐 막힘 현상이 발생하지 않도록 하여야 한다.
  - 굵은 골재의 최대 치수가 증가함에 따라 동일한 부피에 존재하는 강섬유는 서로 겹쳐서 뭉침 현상이나 분사 노즐의 막힘을 유발하여 시공성을 상당히 저하시킨다.
  - 굵은 골재의 최대 치수를 작게 함으로써 펌핑 및 숏팅의 시공성 제고를 기대할 수 있다.

- 유사 시공 사례가 없으며 반발률과 분진 농도의 관계가 불명확하고 새로운 혼화 재료를 사용하여 숏크리트를 시공하려고 할 경우에는 분진 농도와 초기 강도 이외에 뿜어 붙이기 성능의 하나로서 반발률의 상한치를 설정하여야 하는데 일반적으로 20~30%의 값을 표준으로 한다.

분진 농도의 표준값

환기 및 측정 조건	분진 농도 (mg/m³)
환기 조건 : 갱내 환기를 정지한 환경	5 이하
측정 방법 : 뿜어 붙이기 작업 개시 5분 후로 부터를 원칙으로 2회 측정	
측정 위치 : 뿜어 붙이기 작업 개소로부터 5m 지점	

숏크리트의 초기 강도 표준값

재령	숏크리트의 초기 강도(MPa)
24시간	5.0~10.0
3시간	1.0~3.0

(주) 영구 지보재 개념으로 숏크리트를 적용할 경우의 초기 강도는 3시간 1.0~3.0MPa, 24시간 강도 5.0~10.0MPa 이상으로 하며, 장기 강도의 감소를 최소화하여야 한다.

숏크리트의 장기 강도

- 일반 숏크리트의 장기 설계 기준 압축 강도는 재령 28일로 설정하며 그 값은 21MPa 이상으로 한다.
- 영구 지보재 개념으로 숏크리트를 타설할 경우에는 설계 기준 강도를 35MPa 이상으로 한다.
- 영구 지보재로 숏크리트를 적용할 경우 구조적 안정성과 박락에 대한 저항성을 확보하기 위해 암반 및 숏크리트 각 층 간의 부착 강도를 높일 필요가 있다.
- 재령 28일 부착 강도는 1.0MPa 이상이 되도록 관리하여야 한다.
- 영구 지보재로 숏크리트를 적용할 경우 절리와 균열의 거동에 저항하기 위하여 휨 인성 및 전단 강도가 우수하여야 한다.

숏크리트의 휨 강도 및 휨 인성

- 숏크리트의 휨 강도 및 휨 인성의 성능 목표는 재령 28일 값을 기준으로 설정하여야 한다.
- 목표 휨 인성의 설정은 보강 섬유를 포함하는 경우 반드시 필요하다.
- 충분한 안전성을 확보할 수 있는 범위 내에서 결정하여야 한다.

숏크리트의 수밀성 및 장기 내구성

- 숏크리트는 물리 화학적 작용에 대해 숏크리트 자체의 열화가 적고, 록 볼트나 보강 섬유의 기능이 장기간 유지될 수 있도록 보호할 수 있는 기능을 갖추어야 한다.
- 숏크리트는 구조물의 기능성 확보와 콘크리트 층의 성분 유출에 의한 열화 방지를 위해서 수밀성을 확보하여야 한다.

- 숏크리트는 수밀성을 확보하기 위해서 균열 등이 발생하지 않도록 하여야 하며, 섬유를 사용하여야 이를 확보할 수 있다.

3 숏크리트 공법의 종류

■ 건식법
골재+급결재+시멘트를 물을 가하지 않고 비벼서 압력 공기에 의해 호스를 통해 노즐까지 보낸 후 별도의 호수로부터 압력수와 혼합하여 고속으로 분사하여 뿜어 붙이는 공법이다.

- 장점
  - 가격이 저렴하다.
  - 청소가 용이하다.
  - 기계 설비가 간단하다.
  - 재료의 공급 운반에 제한이 적다.
  - 장거리 수송이 가능하다(수평 거리 500m까지).
- 단점
  - 잔 골재 표면수 관리(3~6%)
  - 리바운드량이 많이 발생한다.
  - 시공 도중에 분진 발생이 많고 골재가 튀어나온다.
  - 품질 관리면에서 변화가 크고 물-시멘트비의 변동이 크다.
  - 작업원의 능력과 숙련도에 따라 품질이 크게 좌우된다.

■ 습식법
믹서에서 물을 포함한 각 재료를 정확히 계량하여 충분히 혼합하여 노즐을 통해 압축 공기로 굴착면에 뿜어 붙이는 공법이다.

■ 장점
- 분진 발생이 적다.
- 리바운드량이 적다.
- 배합 및 혼합 관리가 용이하다.
- 재료를 정확히 계량하여 충분히 혼합하므로 품질 관리가 쉽고 품질의 변동이 적다.

■ 단점
- 청소가 힘들다.
- 장비가 고가이다.
- 수송 시간에 제한을 받는다.
- 수송 거리가 짧다(100m 이내).
- 슬럼프가 낮으면 수송이 곤란하다(80mm 이하).

■ Rebound율을 감소시키는 방법
- 시멘트량을 증가시킨다.
- 분사 부착면을 거칠게 한다.
- 조골재를 13mm 이하로 한다.
- 벽면과 직각으로 분사시킨다.
- 호스의 압력을 일정하게 한다.

4 재료

■ 시멘트 및 배합수
- 숏크리트용 시멘트는 보통 포틀랜드 시멘트를 사용하는 것을 표준으로 한다.
- 배합수는 숏크리트의 일반 수돗물을 사용하는 것을 원칙으로 한다.

■ 골재
- 일반적으로 조립률이 2.3~3.1의 범위의 것이 바람직하다.
- 굵은 골재에는 부순 돌 및 강자갈이 사용되고, 최대 치수로는 8~20mm로 한다.
- 노즐의 막힘 현상이나 반발량을 최소화할 수 있도록 굵은 골재의 최대 치수를 13mm 이하로 한다.
- 숏크리트에 적용되는 골재는 알칼리 골재 반응에 무해한 골재를 사용하여야 한다.

■ 골재 혼합 입도의 기능
- 굵은 골재의 최대 치수는 숏크리트의 거동에 미치는 영향은 강도뿐만 아니라 시공성 확보의 관건이라 할 수 있다.
- 굵은 골재 최대 치수가 증가함에 따라 동일한 부피에 존재하는 강섬유는 서로 겹쳐서 존재할 가능성이 증가하며, 이러한 겹침은 뭉침 현상(fiber ball)이나 분사 노즐의 막힘을 유발하여 시공성을 상당히 저하시킬 수 있다.

■ 혼화 재료
- 뿜어 붙인 작업 중에 숏크리트의 탈락을 방지하고 빠른 경화에 의해 지반 이완과 변위 발생을 최소화하기 위하여 숏크리트에서 급결제의 사용은 필수적이다.
- 숏크리트의 조기 강도 발현 효과가 좋고 장기 강도의 감소를 최소화할 수 있으며, 인체에 유해한 영향이 없는 급결제를 사용하여야 한다.
- 공기 연행제는 건식 숏크리트의 경우 사용할 수 없으며, 습식 숏크리트의 경우 동결 융해 저항성을 확보하기 위하여 사용할 수 있다.

■ 보강재
- 철망을 사용할 경우에는 원칙적으로 용접 철망으로 한다.
- 숏크리트와 뿜어 붙일 면과의 부착이 충분하지 않은 경우 또는 숏크리트 자체를 보강할 필요가 있는 경우에 철망을 병용 시공하는 경우가 많다.
- 일반적으로 다음과 같은 경우 철망이 사용되고 있다
  - 터널 등 지하 구조물의 경우는 철선의 지름이 4~6mm, 철망 눈 치수가 100~150mm
  - 법면의 경우에는 철선 지름이 2.0~2.6mm, 철망 치수가 50~75mm

5 시공

■ 시공의 일반
- 숏크리트 작업 개시 전에 뿜어 붙이기 작업자의 안전 확보를 제일로 하며 운반, 뿜어 붙이기 작업 등에 관해 미리 충분히 시공계획을 정해 놓아야 한다.
- 건식 숏크리트는 배치 후 45분 이내에 뿜어 붙이기를 실시하여야 하며, 습식 숏크리트는 배치 후 60분 이내에 뿜어 붙이기를 실시하여야 한다.
- 숏크리트는 타설되는 장소의 대기온도가 32℃ 이상이 되면 건식 및 습식 숏크리트 모두 뿜어붙이기를 할 수 없으며, 적절한 온도대책을 세운 후 타설하여야 한다. 또한, 보강재 및 뿜어붙일 면의 온도 역시 38℃보다 낮은 온도로 사전처리를 한 후 뿜어붙이기를 실시하여야 한다.
- 대기의 온도가 32℃ 이상이 되면 재료의 온도를 낮추는 등의 대책을 세운 후 뿜어 붙이기를 해야 한다.
- 숏크리트는 대기 온도가 10℃ 이상일 때 뿜어 붙이기를 실시하며, 그 이하의 온도일 때는 적절한 온도 대책을 세운 후 실시한다.
- 숏크리트 재료의 온도가 10℃보다 낮거나 32℃보다 높을 경우 적절한 온도 대책을 세워 재료의 온도가 10~32℃ 범위에 있도록 한 후 뿜어 붙이기를 실시하여야 한다.
- 숏크리트는 10℃ 미만에서는 뿜어 붙이기를 하지 않고 10℃ 이상이 되도록 한 후 뿜어 붙이기를 하여야 한다.

■ 뿜어 붙일 면의 사전 처리
- 작업 중 낙하할 위험이 있는 들뜬 돌, 풀, 나무 등은 제거하여야 한다.
- 뿜어 붙일 면에 용수가 있을 경우에는 배수 파이프나 배수 필터를 설치하는 등 적절한 배수 처리를 하여야 한다.
  - 용수부에 적합한 숏크리트 배합으로 변경하여 뿜어 붙인다(시멘트량, 급결제 사용량의 증대 등).
  - 뿜어 붙일 면에서 소량의 침출수가 있을 때는 건식 숏크리트 공법으로 급결제를 혼입한 건비빔 재료를 뿜어 붙이고 천천히 물을 가하여 지수를 한다.
  - 사면에 용수가 있을 경우에는 필터재 또는 시트를 말아서 용수의 배수 처리를 하면서 뿜어 붙인다.
  - 부분적으로 용수가 있을 때는 염화비닐 파이프, 비닐 호스 등으로 용수를 처리하면서 뿜어 붙인다.
  - 용수량이 많고 비탈면에 절리 등이 있을 경우에는 암거 등으로 소단 또는 비탈면의 배수구에 유도하여 배수한 후에 뿜어 붙인다.
- 뿜어 붙일 면이 흡수성인 경우에는 뿜어 붙인 재료로부터 과도한 수분이 흡수되지 않도록 미리 붙일 면에 물을 뿌리는 등 적절한 처리를 하여야 한다.
- 비탈면이 동결하였거나 빙설이 있는 경우에는 녹여서 표면의 물을 없앤 다음 뿜어 붙여야 한다.
- 절취면이 비교적 평활하고 넓은 벽면은 수축에 의한 균열 발생이 많으므로 세로 방향의 적당한 간격으로 신축 이음을 설치하여야 한다.
- 숏크리트의 층간을 작업할 때 1차 숏크리트 면에 부착된 이물질을 완전히 제거하여야 한다.
- 숏크리트에 의한 보수, 보강을 할 때는 미리 콘크리트의 손상부를 충분히 제거하여야 한다.

■ 보강재의 설치
- 보강재는 숏크리트 작업에 의하여 이동이나 진동 등이 일어나지 않도록 적절한 방법으로 설치, 고정시켜야 한다.
- 보강재는 뿜어 붙일 면과 20~30mm 간격을 두고 근접시켜 설치하여야 한다.
- 철망의 망눈 지름은 5mm 내외, 개구 크기는 100×100mm, 또는 150×150mm를 표준으로 하고 숏크리트가 철망의 뒷부분까지 충분히 채워질 수 있는 것이어야 한다.

■ 숏크리트 작업
- 숏크리트는 빠르게 운반하고, 급결제를 첨가한 후는 바로 뿜어 붙이기 작업을 실시하여야 한다.
  - 숏크리트는 노즐에서 분출되는 재료가 적당한 충돌속도로 뿜어 붙임 면에 직각으로 부딪칠 때 가장 압밀되어 부착성도 좋다.
- 숏크리트는 뿜어 붙인 콘크리트가 흘러내리지 않는 범위의 적당한 두께를 뿜어 붙이고, 소정의 두께가 될 때까지 반복해서 뿜어 붙여야 한다.
  - 먼저 붙여진 층이 다음 층을 유지할 수 있을 때까지 경화한 다음 즉시 다음 층을 뿜어 붙이는 것이 바람직하다.
- 강재 지보재를 설치한 곳에 숏크리트를 실시할 경우에는 뿜어 붙일 면과 강재 지보재와의 사이에 공극이 생기지 않도록 뿜어 붙이고, 또한 숏크리트와 강재 지보재가 일체가 되도록 주의하여 실시하여야 한다.
- 숏크리트 작업에 반발량이 최소가 되도록 하고 동시에 리바운드된 재료가 다시 혼합되지 않도록 하여야 한다.

■ 아치 및 측벽부의 숏크리트 작업
- 노즐은 항상 뿜어 붙일 면에 직각이 되도록 유지하고, 적절한 뿜어 붙이는 거리와 뿜는 압력을 유지하여야 한다.
- 숏크리트는 뿜어 붙인 콘크리트가 박리되거나 흘러내리지 않는 범위의 적당한 두께로 뿜어 붙여야 한다.
- 강지보공을 설치한 곳에 뿜어 붙이기를 할 경우에는 뿜어 붙일 면과 강지보공의 사이에 공극이 생기지 않도록 뿜어 붙이고, 또한 숏크리트와 강지보공이 일체가 되도록 주의하여야 한다.
- 숏크리트의 타설 작업은 하부로부터 상부로 진행하되 강지보재 부분을 먼저 타설하여 강지보재와 숏크리트의 일체성을 증진하여야 한다.
- 숏크리트의 1회 타설 두께는 100mm 이내가 되도록 타설하고, 숏크리트와 지반과의 밀착은 물론 나누어 시공된 숏크리트 각 층 상호 간도 밀착되도록 타설하여야 한다.
- 숏크리트 작업에서 반발량이 최소가 되도록 하고, 동시에 리바운드된 재료가 혼입되지 않도록 하여야 한다.

- 작업장 주위의 조명은 충분한 조도를 유지하여야 하며, 숏크리트 장비 작업원과 타설 작업원 타설 작업원 간의 거리는 상호 수신호가 가능한 거리 이내이어야 한다.
- 숏크리트의 타설 작업을 할 때는 철망, 철근, 강지보재 등의 배면에 공극이 발생되지 않도록 하여야 하며, 철망과 철근을 숏크리트 타설로 인하여 이동, 진동 등이 생기지 않도록 고정하여야 한다.
- 시공된 숏크리트면은 평탄하게 하되 각 경우별로 평탄성의 허용값을 설정하여 관리할 수 있다.
- 숏크리트 타설 작업원은 골재의 반발이나 분진의 위해가 있을 경우에 대비하여 보호 장비를 착용하여야 한다.

■ 분진 및 반발량 대책
  숏크리트 작업에 의해 생기는 리바운드 및 분진 등에 대하여 적절한 안전 대책을 강구하여야 한다.

■ 분산 발생 억지 대책
- 분진 발생을 적게 하는 뿜어 붙이기 시스템의 채용(습식 숏크리트 방식)
- 분진 발생을 적게 하는 재료의 선택 및 괸리(액체 급결제, 분진 저감제, 잔 골재의 표면수율의 관리 등)

■ 발생 분진의 처리
- 환기에 의한 확산의 희석
- 집진 장치의 설치 또한 숏크리트 작업 시 발생하는 리바운드된 재료의 경화 전에 제거하여야 한다.
- 숏크리트를 타설할 때 발생한 반발량은 굳기 전에 제거하여야 한다.

■ 숏크리트의 현장 품질 관리 사항

종 별	관리 항목		관리내용 및 시험	시험 빈도	비 고
일상 관리	배합		배합비 및 사용량 검사	타설할 때마다	현장 배합 시험을 기준
	시공 상태		숏크리트의 부착, 성상, 반발, 분진 발생 등의 관찰	타설할 때마다	
	두께		핀 등에 의한 확인	타설할 때마다	
	변상		변형 및 균열 등의 관찰	매일	현장 계측 결과에 따라 대책을 강구
장기 관리	두께		숏크리트 두께의 검측	터널 연장 20mm마다	• 아치부 5개소 • 측벽 좌우 각 1개소
	강도	재령 1일 강도	압축 강도 시험	보 거푸집 : 1회/200m²	
		재령 28일 강도	압축 강도 시험 휨 강도 및 휨 인성 시험 (보강 섬유를 사용할 때)	• 보 거푸집 : 1회/200m² • 코어 채취 : 1회/1,000m²	① 보 거푸집 ② 직접 코어 채취
기타	강도		단기 재령 압축 강도 시험 장기 재령 압축 강도 시험	• 공사 착수 전 • 골재원, 급결제 및 현장 배합 설계가 바뀔 때마다 1회 • 필요할 때마다	보 거푸집
	반발률		반발률 측정		

* 보강섬유를 사용할 경우 상기의 정기관리 항목 중 휨강도와 휨인성 시험을 실시한다.

■ 숏크리트 작업 환경의 검사

항 목	시기 및 횟수	판정 기준
갱내 환기를 실시한 경우의 분진 농도	터널 굴착 거리 50m 이상인 시점 및 그 이후의 시공 중의 소정의 빈도	3mg/m³ 이하

01 숏크리트의 뿜어붙이기 성능을 설정할 때 관계없는 항목은?

① 초기강도 ② 반발률
③ 장기강도 ④ 분진농도

[해설] 숏크리트의 뿜어붙이기 성능평가항목 : 반발률, 분진 농도, 숏크리트의 초기강도

02 시멘트의 응결을 촉진하는 혼화제로서 주로 숏크리트 공법, 그라우트에 의한 누수 방지 공법 등에 사용되는 혼화제는?

① 발포제 ② 지연제
③ AE제 ④ 급결제

[해설] 급결제 : 응결 시간을 매우 빨리하여 순간적인 응결과 경화가 요구되는 숏크리트 공법 및 그라우트에 의한 지수 공법 등에 사용된다.

03 숏크리트의 리바운드량을 저감시키는 방법으로 틀린 것은?

① 굵은 골재 최대 치수를 작게 한다.
② 단위 시멘트량을 크게 한다.
③ 호스의 압력을 일정하게 유지한다.
④ 벽면과 평행한 방향으로 분사시킨다.

[해설] Rebound율을 감소시키는 방법
- 벽면과 직각으로 분사시킨다.
- 호스의 압력을 일정하게 한다.
- 조골재를 13mm 이하로 한다.
- 단위 시멘트량을 증가시킨다.
- 분사 부착면을 거칠게 한다.

04 숏크리트의 건식법에 대한 설명으로 잘못된 것은?

① 일반적인 압송 거리는 습식법에 비하여 장거리 수송이 적당하지 못하며 100m 정도에 한정되어 사용된다.
② 시공 도중에 분진 발생이 많고 골재가 튀어나오는 등의 단점이 있다.
③ 습식법에 비하여 작업원의 능력과 숙련도에 따라 품질이 크게 좌우된다.
④ 건식법은 시멘트와 골재를 건비빔(dry mix)시켜서 노즐까지 보내어 여기서 물과 합류시키는 공법이다.

[해설] 건식법의 압송 거리는 습식법에 비하여 장거리 수송이 수평 거리 500m까지 가능하다.

05 숏크리트에 대한 다음의 설명 중 맞는 것은?

① 뿜어 붙일 면에 용수가 있을 경우에는 상대적으로 습식 숏크리트 보다 건식 숏크리트가 우수하다.
② 습식 숏크리트는 건식 숏크리트에 비해 시공 능력은 떨어진다.
③ 건식 숏크리트는 대단면으로서 장대화되는 산악 터널의 급열 양생 시공에 적합하다.
④ 숏크리트는 평활한 마무리면을 얻을 수 있으며 품질 변동이 작다는 장점이 있다.

[해설]
- 건식 숏크리트는 습식 숏크리트에 비해 시공 능력은 떨어진다.
- 일반적으로 도로 터널에서는 습식 공법을, 지하철 등에서는 습식과 건식 공법을 혼용 사용하고 있다.
- 숏크리트는 평활한 마무리면을 얻기 어려우며, 시공 조건, 노즐맨의 기술에 의하여 시공성, 품질 변동이 생기기 쉽다.

06 숏크리트의 뿜어 붙이기 성능 평가 항목으로서 적당하지 않은 것은?

① 반발률 ② 분진 농도
③ 숏크리트의 초기 강도 ④ 숏크리트의 인장 강도

[해설] 숏크리트의 뿜어 붙이기 성능 평가 항목 : 반발률, 분진 농도, 숏크리트의 초기 강도

07 일반 숏크리트의 장기 설계 기준 압축 강도는 재령 28일로 설정한다. 이때 장기 설계 기준 압축 강도는 몇 MPa 이상이어야 하는가? (단, 영구 지보재 개념으로 숏크리트를 타설한 경우는 제외한다.)

① 21MPa 이상 ② 24MPa 이상
③ 27MPa 이상 ④ 30MPa 이상

[해설]
- 일반 숏크리트의 장기 설계 기준 압축 강도는 재령 28일로 설정하며 그 값은 21MPa 이상으로 한다.
- 단, 영구 지보재 개념으로 숏크리트를 타설할 경우에는 설계 기준 압축 강도를 35MPa 이상으로 한다.

08 숏크리트 작업 시, 갱내 환기를 정지한 환경에서 뿜어 붙이기 작업 개소로부터 5m 지점의 분진 농도의 표준값은?

① $2mg/m^3$ 이하 ② $3mg/m^3$ 이하
③ $4mg/m^3$ 이하 ④ $5mg/m^3$ 이하

[해설] 분진 농도의 표준값
- 측정 위치 : 뿜어 붙이기 작업 개소로부터 5m
- 표준값 : $5mg/m^3$

기 08,12,14,16
09 숏크리트의 초기 강도 표준값으로 옳은 것은?

① 재령 3시간에서 1.0~3.0MPa
② 재령 6시간에서 1.0~3.0MPa
③ 재령 12시간에서 3.0~5.0MPa
④ 재령 24시간에서 10.0~15.0MPa

해설 숏크리트의 초기 강도 표준값

재 령	숏크리트의 초기 강도(MPa)
24시간	5.0~10.0
3시간	1.0~3.0

기 11
10 숏크리트의 강도에 대한 설명으로 틀린 것은?

① 일반적인 경우 재령 3시간에서 숏크리트의 초기 강도는 1.0~3.0MPa를 표준으로 한다.
② 일반적인 경우 재령 24시간에서 숏크리트의 초기 강도는 5.0~10.0MPa를 표준으로 한다.
③ 일반 숏크리트의 장기 설계 기준 압축 강도는 28일로 설정하며 그 값은 21MPa 이상으로 한다.
④ 영구 지보재로 숏크리트를 적용할 경우 재령 28일의 부착 강도는 4.0MPa 이상이 되도록 관리하여야 한다.

해설 영구 지보재로 숏크리트를 적용할 경우 재령 28일의 부착 강도는 1.0MPa 이상이 되도록 관리하여야 한다.

기 06
11 다음은 숏크리트 타설 시 뿜어 붙일 면에 용수가 있을 경우의 대책이다. 옳지 않은 것은?

① 사면에 용수가 있을 경우에는 필터재, 시트를 부착하여 용수의 배수 처리를 한다.
② 부분적으로 용수가 있을 때에는 염화비닐 파이프, 비닐 호스 등으로 용수를 처리한다.
③ 암반의 절리 등에 용수가 있을 때는 배수구 등으로 용수를 처리한다.
④ 뿜어 붙일 면에서 소량의 침출수가 있을 때에는 습식 숏크리트 공법을 사용한다.

해설 뿜어 붙일 면에서 소량의 침출수가 있을 때에는 건식 숏크리트 공법으로 급결제를 혼입한 건비빔 재료를 뿜어 붙이고 천천히 물을 가하여 지수를 한다.

기 09
12 숏크리트의 작업에 대한 설명 중 옳지 않은 것은?

① 소정의 두께가 될 때까지의 반복해서 뿜어 붙여야 한다.
② 노즐은 항상 뿜어 붙일 면에 직각이 되도록 뿜어 붙이는 것이 원칙이다.
③ 수밀한 시공을 위해 급결제는 사용하지 않는 것을 원칙으로 한다.
④ 강재 지보공을 설치한 곳에 뿜어 붙이기를 할 경우에는 숏크리트와 강재 지보공이 일체가 되도록 한다.

해설 뿜어 붙인 작업 중에 숏크리트의 탈락을 방지하고 빠른 경화에 의해 지반 이완과 변위 발생을 최소화하기 위하여 숏크리트에서 급결제의 사용은 필수적이다.

기 07,16
13 숏크리트용 재료에 대한 설명으로 잘못된 것은?

① 시멘트는 KS L 5201에 적합한 보통 포틀랜드 시멘트를 사용하는 것을 표준으로 한다.
② 보강 철망을 사용할 경우에는 원칙적으로 용접이 되지 않은 철망을 사용하여야 한다.
③ 배합수는 상수도수를 사용하면 무방하다.
④ 골재는 알칼리 골재 반응에 대해 무해한 것을 사용해야 한다.

해설 철망을 사용할 경우에는 원칙적으로 용접 철망으로 한다.

기 10,14,15,17,22
14 숏크리트의 시공에 대한 설명으로 틀린 것은?

① 건식 숏크리트는 배치 후 1시간 이내에 뿜어 붙이기를 실시하여야 하며, 습식 숏크리트는 배치 후 2시간 이내에 뿜어 붙이기를 실시하여야 한다.
② 숏크리트는 타설되는 장소의 대기 온도가 38℃ 이상이 되면 건식 및 습식 숏크리트 모두 뿜어 붙이기를 할 수 없으며, 적절한 온도 대책을 세운 후 타설하여야 한다.
③ 숏크리트는 대기 온도가 10℃ 이상일 때 뿜어 붙이기를 실시하며, 그 이하의 온도일 때는 적절한 온도 대책을 세운 후 실시한다.
④ 숏크리트 재료의 온도가 10℃보다 낮거나 32℃보다 높을 경우 적절한 온도 대책을 세워 재료의 온도가 10~32℃ 범위에 있도록 한 후 뿜어 붙이기를 실시하여야 한다.

해설 건식 숏크리트는 배치 후 45분 이내에 뿜어 붙이기를 실시하여야 하며, 습식 숏크리트는 배치 후 60분 이내에 뿜어 붙이기를 실시하여야 한다.

□□□ 기 05
15 다음은 숏크리트의 현장 품질 관리의 기준값이다. 옳지 않은 것은?

① 숏크리트의 24시간 초기 강도 : 5.0～10MPa
② 갱내 환기 실시 후 분진 농도의 표준값 : 5mg/m³ 이하
③ 숏크리트의 28일 설계 기준 강도 : 21MPa 이상
④ 숏크리트의 3시간 초기 강도 : 1.5～3MPa

해설 갱내 환기 실시 후 분진 농도의 표준값 : 3mg/m³ 이하

□□□ 산 11
16 숏크리트에 대한 설명으로 틀린 것은?

① 건식 숏크리트는 배치 후 45분 이내에 뿜어 붙이기를 실시하여야 한다.
② 일반 숏크리트의 장기 설계 기준 압축 강도는 재령 28일로 설정하며 그 값은 24MPa 이상으로 한다.
③ 숏크리트의 휨 강도 및 휨 인성의 성능 목표는 재령 28일 값을 기준으로 설정하여야 한다.
④ 습식 숏크리트의 배치 후 60분 이내에 뿜어 붙이기를 실시하여야 한다.

해설 일반 숏크리트의 장기 설계 기준 압축 강도는 재령 28일로 설정하며 그 값은 21MPa 이상으로 한다.

□□□ 기 07,09,13,17,21
17 컴프레서 혹은 펌프를 이용하여 노즐 위치까지 호스 속으로 운반한 콘크리트를 압축 공기에 의해 시공면에 뿜어서 만든 콘크리트는?

① 프리플레이스트 콘크리트
② 숏크리트
③ 수밀 콘크리트
④ 매스 콘크리트

해설 숏크리트(shotcrete, sprayed concrete) 용어의 정의이다.

□□□ 기 08,12,14 산 09,14
18 재령 24시간에서 숏크리트의 초기 압축 강도 표준값은?

① 2～5MPa   ② 5～10MPa
③ 10～15MPa   ④ 15～20MPa

해설 숏크리트의 초기 강도 표준값

재령	숏크리트의 초기 강도
24시간	5～10MPa
3시간	1～3MPa

□□□ 기 13,15,17
19 숏크리트 시공의 일반적인 설명으로 틀린 것은?

① 건식 숏크리트는 배치 후 45분 이내에 뿜어 붙이기를 실시하여야 한다.
② 습식 숏크리트는 배치 후 60분 이내에 뿜어 붙이기를 실시하여야 한다.
③ 숏크리트는 타설되는 장소의 대기 온도가 38℃ 이상이 되면 건식 및 습식 숏크리트 모두 뿜어 붙이기를 할 수 없다.
④ 숏크리트는 대기 온도가 4℃ 이상일 때 뿜어 붙이기를 실시한다.

해설 숏크리트는 대기 온도가 10℃ 이상일 때 뿜어 붙이기를 실시하며, 그 이하의 온도일 때는 적절한 온도 대책을 세운 후 실시한다.

□□□ 기 04
20 숏크리트 작업 사항으로 틀린 것은?

① 리바운드량이 최대가 되도록 하여 리바운드된 재료가 다시 혼입되도록 한다.
② 뿜어 붙인 콘크리트가 소정의 두께가 될 때까지 반복해서 뿜어 붙인다.
③ 강재 지보공을 설치한 곳에서는 숏크리트와 강재 지보공이 일체가 되도록 한다.
④ 노즐은 항상 뿜어 붙일 면에 직각이 되도록 유지하고 적절한 뿜는 압력을 유지하여야 한다.

해설 숏크리트 작업에서 리바운드량이 최소가 되도록 하고 동시에 리바운드된 재료가 다시 혼입되지 않도록 하여야 한다.

□□□ 기 08,10,12,16
21 숏크리트에서 섬유 뭉침(fiber-ball) 현상을 설명한 것으로 옳은 것은?

① 굵은 골재의 최대 치수가 커질수록 섬유 뭉침 현상이 증가한다.
② 굵은 골재의 최대 치수가 커질수록 섬유 뭉침 현상이 감소한다.
③ 잔 골재량이 증가할수록 섬유 뭉침 현상이 증가한다.
④ 잔 골재량이 증가할수록 섬유 뭉침 현상이 감소된다.

해설 굵은 골재의 최대 치수가 증가함에 따라 동일한 부피에 존재하는 강섬유는 서로 겹쳐서 존재할 가능성이 증가한다. 이러한 현상을 섬유 뭉침 현상이라 한다.

031 섬유 보강 콘크리트

1 특의 사항
- 섬유 보강 콘크리트(FRC ; fiber reinforced concrete) : 보강용 섬유를 혼입하여 주로 인성, 균열 억제, 내충격성 및 내마모성 등을 높인 콘크리트
- 섬유 혼입률 : 섬유 보강 콘크리트 $1m^3$ 중에 점유하는 섬유의 용적 백분율(%)
- 섬유 보강 콘크리트의 시공은 소요의 품질이 얻어지도록 재료, 배합, 비비기 설비, 시공 관리 등에 대하여 충분히 고려하여 실시하여야 한다.
- 섬유 보강 콘크리트는 불연속의 단섬유를 콘크리트 중에 균일하게 분산시킴에 따라 인장 강도, 휨 강도, 균열에 대한 저항성, 인성, 전단 강도 및 내충격성 등의 개선을 도모한 복합 재료이다.
- 섬유에는 대표적으로 강섬유, 내알칼리성 유리 섬유, 폴리프로필렌 섬유, 탄소 섬유, 아라미드 섬유 및 여러 가지 합성 섬유 등이 있다.
- 강섬유는 길이가 25~60mm, 지름이 0.3~0.9mm로서 지름에 대한 길이의 비율(형상비 l/d)이 30~100 정도의 것이 사용한다.
- 콘크리트에 대한 강섬유 혼입률의 범위는 용적 백분율로 0.5~2.0% 정도이며, 이것은 단위량으로는 약 40~100kg/m^3에 상당한다.

2 섬유 보강 콘크리트의 특성
- 내동해성이 개선되어 내구성을 높일 수 있다.
- 높은 전단 내력이 요구되는 철근 콘크리트 구조물에 효과적이다.
- 일반 콘크리트에 비하여 휨 파괴 시의 휨 인성이나 압축 파괴 시의 압축 인성이 우수하다.
- 인성이 높은 재료는 일반적으로 높은 연성을 나타내며 충격력이나 폭발 하중에 대한 저항성도 크다.
- 무근 콘크리트에 이용하면 섬유 혼입률이 증가할수록 포장의 두께나 터널 라이닝 두께를 감소시킬 수 있다.

3 섬유 보강 콘크리트의 품질
- 섬유 보강 콘크리트는 소요의 강도, 인성, 내구성, 수밀성, 강재를 보호하는 성능, 작업에 적합한 워커빌리티를 가지고 품질의 변동이 적은 것이어야 한다.
- 섬유 보강 콘크리트는 소요의 인성을 가지면서 작업에 적합한 워커빌리티를 가져야 한다.
- 섬유 보강 콘크리트에서는 인장 강도, 휨 강도, 전단 강도 및 인성은 섬유 혼입률에 거의 비례하여 증대하지만 압축 강도는 그다지 변화하지 않는다.
- 섬유 보강 콘크리트의 우수한 역학적 특성은 균열을 일으킨 후에도 상당한 내력을 유지하고 점차적으로 파괴에 이르기 때문에 콘크리트의 취성이 대폭 개선되는 것이다.

4 보강용 섬유
- 강섬유의 표준에 적합한 것이어야 한다.
- 강섬유 보강 콘크리트의 보강 효과는 강섬유가 길수록 크다.
- 섬유의 분산 등을 고려하면 굵은 골재 최대 치수의 1.5배 이상의 길이를 갖는 것이 좋다.
- 일반적으로 강섬유 보강 콘크리트의 경우에는 길이가 30mm 이상인 강섬유를 사용하는 것이 좋다.
- 숏크리트에 사용하는 강섬유 보강 콘크리트에서는 섬유의 길이가 짧을수록 시공성은 좋지만 보강 효과가 저하되는 것을 고려하여 산정할 필요가 있다.
- 강섬유의 공칭 길이 및 형상비는 각각 20~60mm 및 30~80mm의 범위를 표준으로 하고 있다.
- 현재 시멘트계 복합 재료용 섬유로서 이용되고 있는 것은 무기계 섬유와 유기계 섬유로 구별한다.
- 무기계 섬유 : 강섬유, 유리 섬유, 탄소 섬유 등
- 유기계 섬유 : 아라미드 섬유, 폴리프로필렌 섬유, 폴리비닐 알코올계(비닐론), 폴리아미드 섬유(나일론), 폴리에스테르 섬유(테트론), 셀룰로오스계(레이온) 등
- 섬유 보강 콘크리트용 섬유로서 갖추어야 할 조건
- 가격이 저렴할 것
- 형상비가 50 이상일 것
- 시공성에 문제가 없을 것
- 섬유의 인장 강도가 충분히 클 것
- 내구성, 내열성 및 내후성이 우수할 것
- 섬유와 시멘트 결합재 사이의 부착성이 좋을 것
- 섬유의 탄성 계수는 시멘트 결합재 탄성 계수의 1/5 이상일 것

5 배합
- 섬유 보강 콘크리트의 배합은 소요의 품질을 만족하는 범위 내에서 단위 수량을 될 수 있는 대로 적게 되도록 정하여야 한다.
- 섬유의 형상, 치수 및 혼입률은 섬유 보강 콘크리트의 소요 압축 강도, 휨 강도 및 인성을 고려하여 정하는 것을 원칙으로 한다.
- 섬유 보강 콘크리트의 압축 강도는 일반 콘크리트와 같이 주로 물-결합재비로 정해지고 섬유 혼입률로는 결정되지 않는다.
- 강섬유 보강 콘크리트의 경우, 소요 단위 수량은 강섬유의 혼입률에 거의 비례하여 증가하고, 그 증가량은 강섬유의 용적 혼합률 1%에 대하여 약 20kg/m^3 정도로 대단히 크다.
- 섬유 보강 콘크리트의 경우에는 소요의 품질을 만족하는 범위 내에서 단위 수량을 될 수 있는 대로 적게 하는 것이 특히 중요하며, 이를 위해서는 공기 연행 감수제나 고성능 공기 연행 감수제 등을 사용하는 것이 좋다.
- 강섬유의 길이는 굵은 골재 최대 치수의 1.5배 이상으로 할 필요가 있다.

- 강섬유 보강 콘크리트에서는 강섬유 혼입률 및 강섬유의 형상비의 증가와 함께 잔 골재율을 상당히 크게 할 필요가 있다.

■ 강섬유의 혼입률 측정

$$V_f = \frac{W_{sp}}{V \cdot \rho_{sp}} \times 100$$

여기서, V_f : 강섬유 혼입률(%)
W_{sp} : 용기 중의 강섬유의 질량(kg)
V : 용기의 부피(mm³)
ρ_{sp} : 강섬유의 단위 질량(kg/mm³)

6 비비기
■ 섬유 보강 콘크리트는 소요의 품질이 얻어지도록 충분히 비벼야 한다.
■ 믹서는 **강제식** 믹서를 사용하는 것을 원칙으로 한다.
- 섬유가 혼입되면 보통의 콘크리트보다 큰 에너지로 비비기할 필요가 있기 때문에 믹서는 강제식 믹서를 사용하는 것을 원칙으로 한다.
■ 섬유를 믹서에 투입할 때에는 섬유를 콘크리트 속에 균일하게 분산시킬 수 있는 방법으로 하여야 한다.
■ 비비기 시간은 시험에 의하여 정하는 것으로 한다.
- 투입된 섬유의 분산에 필요한 비비기 시간은 섬유의 종류나 혼입률에 따라 다르므로 섬유 보강 콘크리트의 비비기 시간은 시험에 의하여 품질을 확인하여 정하는 것을 원칙으로 한다.

7 시공
■ 섬유 보강 콘크리트와 같은 품질 관리 및 검사를 실시하여야 한다.
■ 슬럼프, 공기량, 온도, 염화물 함유량, 단위 질량 등은 일반 콘크리트와 같은 품질 관리 및 검사를 실시하여야 한다.
■ 강섬유 보강 콘크리트의 경우에는 강섬유 혼입률이 중요한 품질 관리 항목이며, 일반 콘크리트에서 요구되는 항목에 추가로 강섬유 혼입률에 대해서도 품질 관리 및 검사를 실시하여야 한다.
- 강섬유 혼입률(체적 백분률)의 허용차는 ±0.5%로 한다.

■ 설계 기준 휨 강도와 휨 인성 지수

설계 기준 휨 강도(MPa)	휨 인성 지수(MPa)
4.5 이상	3.0 이상
5.5 이상	3.5 이상
7.0 이상	5.5 이상
9.0 이상	7.0 이상

□□□ 기 08,13,17
01 일반적인 섬유 보강 콘크리트에서 콘크리트에 대한 강섬유의 혼합 비율은 용적 백분율(%)로 대략 얼마 정도인가?

① 0.1~0.5　　② 0.5~2.0
③ 2.0~4.0　　④ 4.0~7.0

해설 콘크리트에 대한 강섬유 혼입률의 범위는 용적 백분율로 0.5~2.0% 정도이며, 이것은 단위량으로는 약 40~100kg/m³에 상당한다.

□□□ 기 10,15
02 섬유 보강 콘크리트에 대한 일반적인 설명으로 틀린 것은?

① 인장 강도와 균열에 대한 저항성이 높다.
② 사용되는 섬유에는 대표적으로 강섬유, 내알칼리성 유리 섬유, 폴리프로필렌 섬유, 탄소 섬유, 아라미드 섬유 및 여러 가지 합성 섬유 등이 있다.
③ 섬유 보강 콘크리트용 섬유의 탄성 계수는 시멘트 결합재 탄성 계수의 1/10 이상이며, 형상비가 30 이상이어야 한다.
④ 콘크리트에 대한 강섬유 혼입률의 범위는 용적 백분율로 0.5~2.0% 정도이다.

해설 섬유 보강 콘크리트용 섬유의 탄성 계수는 시멘트 결합재 탄성 계수의 1/5 이상이며, 형상비가 50 이상이어야 한다.

□□□ 기 11,14,17,22
03 섬유 보강 콘크리트의 배합 및 비비기에 대한 일반적인 설명으로 옳은 것은?

① 믹서는 가경식 믹서를 사용하는 것을 원칙으로 한다.
② 강섬유 보강 콘크리트의 경우, 소요 단위 수량은 강섬유의 혼입률에 거의 비례하여 증가한다.
③ 강섬유 보강 콘크리트에서 강섬유 혼입률 및 강섬유의 형상비가 증가될 경우 잔 골재율을 작게 하여야 한다.
④ 일반 콘크리트의 압축 강도는 물-결합재비로 결정되나, 섬유 보강 콘크리트는 섬유 혼입률에 의해 결정된다.

해설
- 믹서는 강제식 믹서를 사용하는 것을 원칙으로 한다.
- 강섬유 보강 콘크리트에서는 강섬유 혼입률 및 강섬유의 형상비의 증가와 함께 잔 골재율을 상당히 크게 할 필요가 있다.
- 섬유 보강 콘크리트의 압축 강도는 일반 콘크리트와 같이 주로 물-결합재비로 정해지고 섬유 혼입률로는 결정되지 않는다.

04 섬유 보강 콘크리트의 배합 및 비비기에 대한 설명으로 옳지 않은 것은?

① 강섬유 보강 콘크리트의 경우 소요 단위 수량은 강섬유의 혼입률에 거의 비례하여 증가한다.
② 믹서는 가경식 믹서를 사용하는 것을 원칙으로 한다.
③ 배합을 정할 때에는 일반 콘크리트의 배합을 정할 때의 고려 사항과 아울러 콘크리트의 휨 강도 및 인성이 소요의 값으로 되도록 고려할 필요가 있다.
④ 믹서에 투입된 섬유의 분산에 필요한 비비기 시간은 섬유의 종류나 혼입률에 따라 다르다.

해설 섬유가 혼입되면 보통의 콘크리트보다 큰 에너지로 비비기할 필요가 있기 때문에 믹서는 강제식 믹서를 사용하는 것을 원칙으로 한다.

05 숏크리트 코어 공시체($\phi 10 \times 10$cm)로부터 채취한 강섬유의 질량이 61.2g이었다. 강섬유 혼입률을 구하면? (단, 강섬유의 단위 질량은 7.85g/cm³)

① 0.5% ② 1%
③ 3% ④ 5%

해설
• 강섬유 혼입률 $V_f = \dfrac{W_{sp}}{V \cdot \rho_{sp}} \times 100$

• 코어 공시체 부피 $V = \dfrac{\pi \times 10^2}{4} \times 10 = 785.40\,\text{cm}^3$

∴ $V_f = \dfrac{61.2}{785.40 \times 7.85} \times 100 = 1\%$

06 섬유 보강 콘크리트의 품질 검사 항목 및 판정 기준을 설명한 것으로 틀린 것은?

① 휨 인성 계수 : 설계 시 고려된 휨 인성 계수값에 미달할 확률이 5% 이하일 것
② 압축 인성 : 설계 시 고려된 압축 인성값에 미달할 확률이 5% 이하일 것
③ 굳지 않은 강섬유 보강 콘크리트의 강섬유 혼입률 : 허용차 ±1.0%
④ 휨 강도 : 설계 시 고려된 휨강도 계수값에 미달할 확률이 5% 이하일 것

해설 굳지 않은 강섬유 보강 콘크리트의 강섬유 혼입률 : 허용차 ±0.5%

07 강섬유 보강 숏크리트에서 강섬유 혼입에 따른 가장 큰 증가 효과는 다음 중 어느 것인가?

① 휨 인성 ② 쪼갬 강도
③ 경도 ④ 압축 강도

해설
• 강섬유 보강 콘크리트에서 강섬유 혼입에 따른 일반 콘크리트에 비하여 휨 파괴 시의 휨 인성이나 압축 파괴 시의 압축 인성이 우수하다.
• 인성이 높은 재료는 일반적으로 높은 연성을 나타내며 충격성이나 폭발 하중에 대한 저항성도 크다.

08 섬유 보강 콘크리트에 대한 설명으로 틀린 것은?

① 섬유 혼입률은 섬유 보강 콘크리트 1m³ 중에 점유하는 섬유의 용적 백분율(%)로 나타낸다.
② 믹서는 가경식 믹서를 사용하는 것을 원칙으로 한다.
③ 섬유의 형상, 치수 및 혼입률은 섬유 보강 콘크리트의 소요 압축 강도, 휨 강도 및 인성을 고려하여 결정하는 것을 원칙으로 한다.
④ 섬유를 믹서에 투입할 때에는 섬유를 콘크리트 속에 균일하게 분산시킬 수 있는 방법으로 하여야 한다.

해설 믹서는 강제식 믹서를 사용하는 것을 원칙으로 한다.

09 섬유 보강 콘크리트의 특성에 대한 설명으로 틀린 것은?

① 인장 강도와 균열에 대한 저항성이 높다.
② 피로 강도 개선으로 포장의 두께나 터널 라이닝 두께를 감소시킬 수 있다.
③ 부재의 전단 내력을 증대시킬 수 있다.
④ 유동성이 좋아 작업성이 개선된다.

해설 섬유 보강 콘크리트의 특성
• 균열에 대한 저항성이 크므로 무근 콘크리트에 이용하면 강섬유 혼입률이 증대할수록 그 인장 강도, 피로 강도가 개선되기 때문에 내구성을 높일 수 있다.
• 동결 융해에 대한 저항성이 개선되어 내구성을 높일 수 있다.
• 철근 콘크리트와 병용하면 부재의 전단 내력을 증대시킬 수 있기 때문에 내진성이 요구되는 철근 콘크리트 구조물에 효과적이다.

032 방사선 차폐용 콘크리트

1 일반 사항
- 방사선 차폐용 콘크리트 : 주로 생물체의 방호를 위하여 X선, γ선 및 중성자선을 차폐할 목적으로 사용되는 콘크리트이다.
- 적용 범위 : 주로 생체 방호를 위하여 감마선과 중성자 등의 방사선을 차폐할 목적으로 사용되는 콘크리트의 재료 및 시공에 대한 일반적이고 기본적인 사항을 규정한다.
- 차폐용 콘크리트의 시공 방법에는 현장 타설 콘크리트 공법, 프리플레이스트 공법 등이 있다.
- 차폐용 콘크리트의 시방서에 명기할 주요 성능항목
  - 밀도, 압축강도, 설계허용 온도, 결합수량, 붕소량
- 중성자의 차폐를 필요로 하지 않는 경우 시방서 성능항목
  - 결합수량과 붕소량 등은 기술하지 않는다.

2 재료
- 차폐용 콘크리트 제조에는 여러 가지 종류의 포틀랜드 시멘트를 사용할 수 있지만, 부재 단면이 일반적으로 크기 때문에 중용열 포틀랜드 시멘트, 플라이 애시 시멘트와 같이 수화열 발생이 적은 시멘트를 선정하는 것이 유리하다.
- 차폐 설계상 요구되는 콘크리트의 밀도가 일반 구조용 콘크리트와 같이 2,300kg/m³ 정도라면 강모래, 강자갈, 쇄석을 차폐용 콘크리트의 골재로 사용할 수 있다.
  - 콘크리트의 밀도를 보통의 경우보다 높게 할 필요가 있을 경우에는 바라이트, 자철광, 적철광 등 밀도가 높은 중량 골재를 사용하여야 한다.

■ 방사선 차폐용 중량 골재

골재	밀도
바라이트	4.0~4.4
자철광	4.6~5.2
적철광	4.6~5.2

■ 방사선 차폐용 콘크리트의 요구 조건
- 시멘트는 수화열이 적고, 골재는 밀도가 크고 차폐성이 커야 한다.
- 콘크리트의 밀도는 높고 열전도율 및 열팽창률이 작아야 한다.
- 건조 수축 및 온도 균열이 적어야 한다.

3 배합
- 콘크리트의 배합은 방사선 차폐용 콘크리트로서 필요한 성능이 얻어지도록 시험 비비기에 의해 정하여야 한다.
- 콘크리트의 슬럼프는 작업에 알맞은 범위 내에서 가능한 한 작은 값이어야 한다.
- 일반적으로 방사선 차폐용 콘크리트의 슬럼프값은 150mm 이하로 하여야 한다.
- 물-결합재비는 50% 이하를 원칙으로 한다.
- 차폐용 콘크리트의 물-결합재비는 대개 30~50% 범위이다.
- 워커빌리티 개선을 위하여 품질이 입증된 혼화제를 사용할 수 있다.

4 시공
- 특히 방사선 차폐용 콘크리트를 공사할 때는 이어치기 부분에 대하여 기밀이 최대한 유지될 수 있는 방안을 강구하여야 한다.
  - 이어치기에서 특히 주의를 기울이지 않을 경우 누설의 위험성이 커질 수 있다.
- 설계에 정해져 있지 않은 이음은 설치할 수 없다.
- 방사선 차폐용 콘크리트로서의 현장 품질 관리를 위한 시험 항목, 시험 방법 및 판정 기준은 공사 시방서에 따른다.
- 이어치기의 위치 및 이어치기면의 형상은 특별히 정한 바가 없을 때에는 이어치기 부분으로부터 방사선의 유출을 방지할 수 있도록 그 위치 및 형상을 정하여야 한다.
- 방사선 유출 검사는 공사시방서에 따른다.
  - 방사선 유출 검사에서 불합격이 되면 결함부를 납으로 메워 주는 보수 작업이 필요하게 된다.

■ 시공 시 주의할 점
- 타설구획, 이음부 위치 형상을 고려하여 타설하여야 한다.
- 양생 시 온도 분포 상태가 급격히 변화되는 것을 방지하여야 한다.
- 표면 온도와 외기 온도 차가 10℃ 이내로 보호되어야 한다.
- 급격한 건조를 방지하여 표면 건조 수축을 억제하여야 한다.
- 중량 골재를 사용할 경우 시공 중 재료 분리에 대하여 특별히 주의하여야 하며, 프리플레이스트 콘크리트 공법을 이용하면 유리하다.
- 콘크리트의 방사선 차폐 효과는 차폐체의 두께에 비례하여 증가한다.

□□□ 기 11
01 방사선 차폐용 콘크리트에 대한 설명으로 틀린 것은?

① 주로 생물체의 방호를 위하여 X선, γ선 및 중성자선을 차폐할 목적으로 사용되는 콘크리트를 방사선 차폐용 콘크리트라 한다.
② 콘크리트의 슬럼프는 작업에 알맞은 범위 내에서 가능한 한 작은 값이어야 하며, 일반적인 경우 150mm 이하로 하여야 한다.
③ 물-결합재비는 50% 이하를 원칙으로 한다.
④ 화학 혼화제는 사용하지 않는 것을 원칙으로 한다.

[해설] • 물-결합재비는 50% 이하를 원칙으로 하고, 워커빌리티 개선을 위하여 품질이 입증된 혼화제를 사용할 수 있다.
• 화학 혼화제는 콘크리트의 단위 수량이나 단위 시멘트량을 적게 할 목적으로 감수제나 고성능 공기 연행 감수제를 사용할 수 있다.

□□□ 기 07,16
02 방사선 차폐용 콘크리트에 대한 설명으로 잘못된 것은?

① 주로 생물체의 방호를 위하여 X선, γ선 및 중성자선을 차폐할 목적으로 사용되는 콘크리트를 방사선 차폐용 콘크리트라고 한다.
② 물-시멘트비는 50% 이하를 원칙으로 하고, 혼화제를 사용하여서는 안 된다.
③ 콘크리트의 슬펌프는 150mm 이하로 한다.
④ 소요의 밀도를 확보하기 위해 일반 구조용 콘크리트 보다 슬럼프를 작게 하는 것이 바람직하다.

[해설] • 물-결합재비는 50% 이하를 원칙으로 하고, 워커빌리티 개선을 위하여 품질이 입증된 혼화제를 사용할 수 있다.
• 차폐용 콘크리트의 물-결합재비는 대개 30~50% 범위이다.

□□□ 기 11,13,16,18,19,21,22
03 방사선 차폐용 콘크리트에 대한 설명으로 틀린 것은?

① 물-결합재비는 60% 이하를 원칙으로 한다.
② 일반적인 경우 콘크리트의 슬럼프는 150mm 이하로 하여야 한다.
③ 생물체의 방호를 위하여 X선, γ선 및 중성자선을 차폐할 목적으로 사용된다.
④ 콘크리트의 밀도를 보통의 경우보다 높게 할 필요가 있을 경우에는 바라이트, 자철광, 적철광 등 밀도가 높은 중량 골재를 사용하여야 한다.

[해설] 물-결합재비는 50% 이하를 원칙으로 한다.

□□□ 산 12,14,16,17
04 방사선 차폐용 콘크리트의 슬럼프는 작업에 알맞은 범위 내에서 가능한 한 작은 값이어야 한다. 일반적인 경우의 슬럼프값의 기준으로 옳은 것은?

① 100mm 이하
② 120mm 이하
③ 150mm 이하
④ 180mm 이하

[해설] 콘크리트의 슬럼프는 작업에 알맞은 범위 내에서 가능한 한 작은 값이어야 하며, 일반적인 경우 150mm 이하로 하여야 한다.

□□□ 기 21
05 방사선 차폐용 콘크리트의 제조에 사용하는 시멘트로 틀린 것은?

① 알루미나 시멘트
② 플라이 애시 시멘트
③ 중용열 포틀랜드 시멘트
④ 내 황산염 포틀랜드 시멘트

[해설] • 방사선 차폐용 콘크리트는 부재단면이 일반적으로 크기 때문에 중용열 시멘트, 플라이 애시 시멘트, 내황산염 시멘트와 같이 수화열 발생이 적은 시멘트를 선정하는 것이 유리하다.
• 알루미나 시멘트는 높은 수화열로 낮은 외기온도에서도 강도 발현이 좋아서 신속 보수공사나 한중콘크리트 시공에 적합하다.

정답 01 ④ 02 ② 03 ① 04 ③ 05 ①

033 팽창 콘크리트

1 일반 사항

- **팽창 콘크리트** : 팽창재 또는 팽창 시멘트의 사용에 의해 팽창성이 부여된 콘크리트
- **팽창재** : 시멘트 및 물과 함께 혼합하면 수화 반응에 의하여 에트린자이트 또는 수산화칼슘 등을 생성하고, 모르타르 또는 콘크리트를 팽창시키는 작용을 하는 혼화 재료
- 팽창 콘크리트는 팽창재를 시멘트, 물, 잔 골재, 굵은 골재 및 기타의 혼화 재료와 같이 비빈 것으로 정화한 후에도 체적 팽창을 일으키는 모든 콘크리트를 가리킨다.
- 팽창력에 따라 수축 보상용 콘크리트, 화학적 프리스트레스용 콘크리트 및 충전용 모르타르와 콘크리트로 크게 나눌 수 있다.
- 수축 보상용 콘크리트 : 건조 수축 등에 의해 발생하는 인장 응력을 상쇄 혹은 저감시킬 정도의 작은 화학적 프리스트레스용 콘크리트를 도입한 철근 콘크리트이다.
- 화학적 프리스트레스용 콘크리트 : 화학적 프리스트레스가 일부 건조 수축에 의해 감쇄되지만 그래도 화학적 프리스트레스가 남아 있도록 수축 보상용 콘크리트보다도 다량의 팽창재를 혼합해서 큰 화학적 프리스트레스를 부여한 철근 콘크리트
- 충전용 모르타르와 콘크리트 : 팽창력을 이용하여 좁고 긴 공간 등 다짐이 어려운 곳 등의 충전을 주목적으로 한다.

2 재료

팽창 콘크리트의 품질
- 팽창 콘크리트는 소요의 강도, 팽창 성능, 내구성, 수밀성 및 강재에 무해한 성능 등을 가져야 한다.
    - 품질 변동이 적은 것이어야 한다.
    - 시공 시에는 작업에 알맞은 워커빌리티를 가져야 한다.
    - 팽창 콘크리트에서는 소요의 팽창률을 가져야 한다.
- 팽창 콘크리트의 강도는 일반적으로 재령 28일의 압축 강도를 기준으로 한다.

팽창률
- 콘크리트의 팽창률은 일반적으로 재령 7일에 대한 시험값을 기준으로 한다.
- 수축 보상용 콘크리트의 팽창률
  150×10^{-6} 이상, 250×10^{-6} 이하인 값을 표준
- 화학적 프리스트레스용 콘크리트의 팽창률
  200×10^{-6} 이상, 700×10^{-6} 이하를 표준
- 공장 제품에 사용하는 화학적 프리스트레스용 콘크리트의 팽창률
  200×10^{-6} 이상, $1,000 \times 10^{-6}$ 이하를 표준

재료의 취급과 저장
- 팽창재는 풍화되지 않도록 저장하여야 한다.
- 팽창재는 습기의 침투를 막을 수 있는 사일로 또는 창고에 시멘트 등 다른 재료와 혼입되지 않도록 구분하여 저장하여야 한다.
- 포대 팽창재는 지상 0.3m 이상의 마루 위에 쌓아 운반이나 검사에 편리하도록 배치하여 저장하여야 한다.
- 포대 팽창재는 12포대 이하로 쌓아야 한다.
- 포대 팽창재는 사용 직전에 포대를 여는 것을 원칙으로 하며, 저장 중에 포대가 파손된 것은 공사에 사용할 수 없다.
- 3개월 이상 장기간 저장된 팽창재는 저장 기간이 길어진 경우에는 시험을 실시하여 소요의 품질을 갖고 있는지를 확인한 후에 사용하여야 한다.
- 팽창재는 운반 또는 저장 중에 직접 비에 맞지 않도록 하여야 한다.
- 벌크 상태의 팽창재 및 팽창재와 시멘트를 미리 혼합한 것은 양호한 밀폐 상태에 있는 사일로 등에 저장하여 다른 재료와 혼합되지 않도록 하여야 한다.

3 배합

- 팽창 콘크리트의 배합은 소요 강도, 내구성, 수밀성, 강재를 보호하는 성능 및 워커빌리티를 만족하도록 정한다.
- 건조 수축 보상에 의한 균열 감소 혹은 화학적 프리스트레스트 도입에 의한 인장 또는 휨 내력의 증대, 충전용 모르타르 및 콘크리트 등 그 목적에 따라 필요한 팽창 성능을 갖도록 정하여야 한다.
- 콘크리트의 단위 수량 및 슬럼프는 작업에 적합한 워커빌리티를 갖는 범위 내에서 되도록 적은 값으로 정하여야 한다.
- 팽창 콘크리트의 배합을 결정하기 전에 반드시 시험 비비기를 하여 슬럼프, 단위 수량, 압축 강도 등의 시험을 한다.
- 필요에 따라서 팽창률 시험을 하여 각각 소요의 값이 얻어지는 것을 확인하여야 한다.
- 팽창률은 크면 클수록 우수하나 강도 저하를 초래하지 않는 범위 내에서 적절한 팽창률을 정하는 것이 중요하다.
- 단위 팽창재량은 수축 보상용 콘크리트의 경우에는 $30 kg/m^3$ 정도로 하고 화학적 프리스트레스트 콘크리트의 경우에는 $35 \sim 50 kg/m^3$로 한다.
- 화학적 프리스트레스트용 콘크리트의 단위 시멘트량은 단위 팽창량을 제외한 값으로서 보통 콘크리트인 경우 $260 kg/m^3$ 이상, 경량 골재 콘크리트인 경우 $300 kg/m^3$ 이상으로 한다.
- 팽창 콘크리트는 일반 콘크리트 또는 경량 골재 콘크리트의 공기량 범위와 동일하게 규정하였다.
- 연행 공기는 콘크리트의 워커빌리티를 개선시키고, 심한 기상 작용의 경우 적당량의 연행 공기를 혼입한 콘크리트는 기상 작용에 대한 내구성이 아주 우수하다.
- 공기량이 과도하게 많은 경우에는 콘크리트의 강도가 저하되고 콘크리트의 품질 변동도 크게 변동된다.

4 시공

■ 콘크리트의 제조, 운반 및 타설
- 팽창 콘크리트는 그 특성을 효과적으로 발휘하기 위해서 재료의 계량, 비비기 등이 정확하게 이루어져 품질 변화가 적은 콘크리트를 제조하여야 한다.
- 팽창재는 다른 재료와 별도로 질량으로 계량하며, 그 오차는 1회 계량 분량의 1% 이내로 하여야 한다.
- 포대 팽창재를 사용하는 경우에는 포대수로 계산해도 된다.
  - 1포대 미만의 것을 사용하는 경우에는 반드시 질량으로 계량하여야 한다.
- 팽창재는 원칙적으로 다른 재료를 투입할 때 동시에 믹서에 투입한다. 만약 다른 재료의 투입 시기와 차이가 있을 때에는 즉시 배치 플랜트의 운전자와 연락하여 상황에 따라 비비기 시간을 연장하여야 한다.
- 팽창재는 다른 재료와 충분히 비벼 균일한 상태로 믹서로부터 배출하기 위하여 콘크리트의 비비기 시간은 강제식 믹서를 사용하는 경우는 1분 이상으로 하고, 가경식 믹서를 사용하는 경우는 1분 30초 이상으로 하여야 한다.
- 콘크리트를 비비고 나서 타설을 끝낼 때까지의 시간은 기온·습도 등의 기상 조건과 시공에 관한 등급에 따라 1~2시간 이내로 하여야 한다.
- 굳지 않은 콘크리트의 온도는 제조·운반·타설 중 콘크리트의 소요 품질에 현저한 변화가 생기지 않는 값으로 하여야 한다. 또한 타설 후 콘크리트 내부 온도가 현저히 상승하거나 초기 동해를 입지 않도록 하여야 한다.
- 한중 콘크리트의 경우 타설할 때의 콘크리트 온도는 10℃ 이상, 20℃ 미만으로 하여야 한다.
- 서중 콘크리트인 경우 비비기 직후의 콘크리트 온도는 30℃ 이하, 타설할 때는 35℃ 이하로 하여야 한다.

■ 콘크리트의 양생 및 거푸집 해체
- 콘크리트를 타설한 후에는 살수 등 기타의 방법으로 습윤 상태를 유지하고 직사 일광, 급격한 건조 및 추위에 대하여 적당한 양생을 한다.
- 콘크리트 온도는 2℃ 이상을 5일간 이상 유지시켜야 한다.
- 노출면은 특히 콘크리트가 양생 작업에 의해 손상을 입지 않을 정도로 경화한 후 5일간 다음 중 하나의 방법에 의해 적당한 양생을 하여 습윤 상태가 유지되도록 하여야 한다.
  - 막양생제를 도포한다.
  - 시트로 빈틈 없이 덮는다.
  - 적당한 시간 간격으로 직접 노출면에 살수한다.
  - 양생 매트로 덮고 양생 기간 중 양생 매트가 충분히 물을 머금고 있도록 적절히 살수한다.
- 보온 양생, 급열 양생, 증기 양생, 그 밖의 촉진 양생을 실시할 경우에는 소요의 품질이 얻어지는지를 시험에 의해 확인하여야 한다.
- 거푸집을 제거한 후 콘크리트의 노출면, 특히 슬래브 상부 및 외벽면은 직사 일광, 급격한 건조 및 추위를 막기 위해 필요에 따라 양생 매트·시트 또는 살수 등에 의한 적당한 양생을 실시하여야 한다.
- 콘크리트 거푸집널의 존치 기간은 콘크리트 강도의 확보와 팽창률 확보 및 수화 반응에 필요한 수분의 건조를 방지하기 위하여 평균 기온 20℃ 미만인 경우에는 5일 이상, 20℃ 이상인 경우에는 3일 이상을 원칙으로 한다.
  - 슬래브, 보의 밑면, 아치 하부의 거푸집널은 원칙적으로 동바리를 해체한 후 해체한다.
  - 압축 강도 시험을 할 경우 설계 기준 강도의 2/3 이상 값에 도달한 것이 확인될 경우 해체할 수 있다. 그러나 이때의 콘크리트 압축 강도는 14MPa 이상이어야 한다.

■ 팽창률 및 압축 강도의 품질 검사

항 목	시험·검사 방법	시기·횟수	판정 기준

팽창률	KS F 2562 참고 1의 A방법	구조물의 중요도와 공사의 규모에 따라 정하여야 한다.(재령 7일 표준)	• 수축 보상용 콘크리트 경우
			  : 150×10^{-6} 이상, 250×10^{-6} 이하
			• 화학적 프리스트레스용 콘크리트 경우
			  : 200×10^{-6} 이상, 700×10^{-6} 이하
			• 공장제품에 사용하는 화학적 프리스트레스용
			  : 200×10^{-6} 이상, $1,000 \times 10^{-6}$ 이하

강도	수축 보상용 콘크리트인 경우 : KS F 2405의 방법 화학적 프리스트레스용 콘크리트인 경우 : KS F 2562 참고 2의 방법	1회/일 또는 구조물의 중요도와 공사의 규모에 따라 120m³ 마다 1회 배합이 변경될 때마다(재령 28일 표준)	• 압축 강도를 근거로 물-결합재비를 정한 경우 : 3회 연속한 압축강도의 시험값에 평균이 설계 기준 압축 강도에 미달하는 확률이 1% 이하라야 하고, 또 설계 기준 압축 강도보다 3.5MPa를 미달하는 확률이 1% 이하일 것 • 내구성, 수밀성을 근거로 물-결합재비를 정한 경우 : 콘크리트 압축 강도의 평균값이 소정의 물-결합재비에 상당하는 압축 강도를 초과할 것

□□□ 기06,09,13,18,21
01 팽창 콘크리트의 팽창률은 일반적으로 재령 몇 일의 시험치를 기준으로 하는가?

① 3일 ② 7일
③ 28일 ④ 90일

해설 콘크리트의 팽창률은 일반적으로 재령 7일에 대한 시험값을 기준으로 한다.

□□□ 기12,19
02 팽창 콘크리트의 팽창률에 대하여 기술한 것으로 틀린 것은?

① 수축 보상용 콘크리트의 팽창률은 150×10^{-6} 이상, 250×10^{-6} 이하인 값을 표준으로 한다.
② 화학적 프리스트레스용 콘크리트의 팽창률은 200×10^{-6} 이상, 700×10^{-6} 이하를 표준으로 한다.
③ 공장 제품에 사용하는 화학적 프리스트레스용 콘크리트의 팽창률은 100×10^{-6} 이상, 700×10^{-6} 이하를 표준으로 한다.
④ 콘크리트의 팽창률은 일반적으로 재령 7일에 대한 시험값을 기준으로 한다.

해설 공장 제품에 사용하는 화학적 프리스트레스용 콘크리트의 팽창률은 200×10^{-6} 이상, $1,000 \times 10^{-6}$ 이하를 표준으로 한다.

□□□ 기10,15
03 팽창 콘크리트의 팽창률 및 압축 강도의 품질 검사에 대한 설명으로 틀린 것은?

① 팽창률은 일반적으로 재령 7일에 대한 시험값을 기준으로 한다.
② 화학적 프리스트레스용 콘크리트의 팽창률은 200×10^{-6} 이상, 700×10^{-6} 이하이어야 한다.
③ 수축 보상용 콘크리트의 팽창률은 150×10^{-6} 이상, 250×10^{-6} 이하이어야 한다.
④ 압축 강도를 근거로 물-결합재비를 정한 경우 각각의 압축 강도 시험값이 설계 기준 강도의 85% 이하일 확률이 3% 이하여야 한다.

해설 압축 강도 근거로 물-결합재비를 정한 경우
• 3회 연속한 압축 강도의 시험값에 평균이 설계 기준 압축 강도에 미달하는 확률이 1% 이하여야 한다.
• 설계 기준 압축 강도보다 3.5MPa을 미달하는 확률이 1% 이하여야 한다.

□□□ 기10,11
04 팽창 콘크리트에 대한 설명으로 틀린 것은?

① 콘크리트의 팽창률은 일반적으로 재령 7일에 대한 시험값을 기준으로 한다.
② 한중 콘크리트의 경우 타설할 때의 콘크리트 온도는 10℃ 이상 20℃ 미만으로 하여야 한다.
③ 콘크리트를 비비고 나서 타설을 끝낼 때까지의 시간은 기온·습도 등의 기상 조건과 시공에 관한 등급에 따라 1~2시간 이내로 하여야 한다.
④ 팽창재는 다른 재료와 별도로 용적으로 계량하며, 그 오차는 1회 계량 분량의 3% 이내로 하여야 한다.

해설 팽창재는 다른 재료와 별도로 용적으로 계량하며, 그 오차는 1회 계량 분량의 1% 이내로 하여야 한다.

□□□ 기09,14
05 팽창 콘크리트의 시공에 관한 설명으로 잘못된 것은?

① 포대 팽창재를 사용하는 경우에는 포대수로 계산해도 된다. 그러나 1포대 미만의 것을 사용하는 경우에는 반드시 질량으로 계량하여야 한다.
② 팽창재는 원칙적으로 다른 재료를 투입함과 동시에 믹서에 투입한다.
③ 한중 콘크리트의 경우 타설할 때의 콘크리트 온도는 10℃ 이상 20℃ 미만으로 한다.
④ 팽창 콘크리트의 비비기 시간은 강제식 믹서를 사용하는 경우는 2분 이상으로 하여야 한다.

해설 콘크리트의 비비기 시간은 강제식 믹서를 사용하는 경우에는 1분 이상으로 하고, 가경식 믹서를 사용하는 경우에는 1분 30초 이상으로 하여야 한다.

□□□ 기09,11,14,16
06 팽창 콘크리트의 시공에 관한 설명으로 틀린 것은?

① 제조 시 포대 팽창재를 사용하는 경우에는 포대수로 계산해도 되나, 1포대 미만의 것을 사용하는 경우에는 반드시 질량으로 계량하여야 한다.
② 팽창재는 원칙적으로 다른 재료를 투입함과 동시에 믹서에 투입한다.
③ 한중 콘크리트의 경우 타설할 때의 콘크리트 온도는 10℃ 이상, 20℃ 미만으로 한다.
④ 팽창 콘크리트의 비비기 시간은 강제식 믹서를 사용하는 경우는 2분 이상으로 하여야 한다.

해설 팽창 콘크리트의 비비기 시간은 강제식 믹서를 사용하는 경우는 1분 이상으로 하여야 한다.

정답 033 01 ② 02 ③ 03 ④ 04 ④ 05 ④ 06 ④

034 댐 콘크리트

1 일반 사항
- 댐 콘크리트는 많은 양의 콘크리트를 연속적으로 시공하는 관계로 매스 콘크리트로 취급하여야 한다.
- 댐 콘크리트는 일반적으로 대규모 구조물로 시공 기간이 길어서 하절기나 동절기에 시공되는 경우가 있으므로 이 경우에는 댐 콘크리트는 서중 콘크리트나 한중 콘크리트로 취급하여야 한다.
  - 콘크리트 댐은 그 구조 형식에 따라 중력식 콘크리트 댐, 아치식 콘크리트 댐, 중공 중력식 콘크리트 댐, 부벽식 콘크리트 댐으로 분류된다.
- 그린 컷(green cut) : 롤러 다짐 콘크리트를 시공할 때 타설 이음면을 고압 살수 청소, 진공 흡입 청소 등을 실시하는 것
- 관로식 냉각(pipe-cooling) : 매스 콘크리트의 시공에서 콘크리트를 타설한 후 콘크리트의 온도를 제어하기 위해 미리 콘크리트 속에 묻은 파이프 내부에 냉수 또는 공기를 보내 콘크리트를 냉각하는 방법
- 선행 냉각(pre-cooling) : 콘크리트의 타설 온도를 낮추기 위하여 타설 전에 콘크리트용 재료의 일부 또는 전부를 냉각시키는 것

2 재료
■ 시멘트
- 시멘트는 수화열이 적은 것이어야 한다.
  - 댐과 같은 매스 콘크리트에 수화열이 높은 시멘트를 사용하면 콘크리트의 온도 상승이 커져 온도 균열이 생긴다.
  - 댐 콘크리트에는 수화열이 적은 시멘트를 사용하여야 한다.
  - 일반적으로 고로 슬래그 시멘트 및 플라이 애시 시멘트 등이 사용되고 있다.
- 시멘트는 KS 규격에 적합한 것, 또는 시험에 의하여 품질을 확인한 것을 사용하여야 한다.
- 시멘트는 품질의 편차가 적은 것을 사용하여야 한다.
  - 콘크리트 댐 공사는 장기간에 걸쳐 이루어지므로 시멘트의 품질 변동이 생기지 않도록 품질 관리가 필요하다.

■ 혼화재
- 시멘트의 일부를 양질의 플라이 애시로 치환하면 댐 콘크리트의 워커빌리티의 개선, 단위수량의 저감, 수화열의 저감, 알칼리 골재 반응의 억제 등의 효과를 기대할 수 있다.
  - 롤러 다짐용 콘크리트는 댐 콘크리트의 온도 균열의 원인이 되는 시멘트의 수화열을 억제하기 위해 시멘트의 일부를 플라이 애시로 치환하는 것이 일반적이다.
- 시멘트의 일부를 고로 슬래그 미분말로 치환하면 댐 콘크리트의 수화열 억제, 황산염 등에 대한 화학적 저항성 개선, 알칼리 실리카 반응 억제 등의 효과를 기대할 수 있다.
  - 비표면적이 큰 것은 수화열의 발현 속도가 빠르기 때문에 온도 규제상 주의가 필요하다.
- 플라이 애시, 고로 슬래그 미분말 이외의 혼화재는 그 사용 실적이 적기 때문에 댐 콘크리트의 품질에 미치는 영향에 대하여 사전에 충분히 조사하고, 시험을 거쳐 적합한 품질을 가지고 있음을 확인한 후 사용하여야 한다.

■ 밀도 및 내구성
- 굵은 골재는 그 내구성 및 강도를 확보하기 위하여 필요한 밀도를 갖는 것이어야 한다.
  - 일반적으로 굵은 골재의 표면 건조 포화 상태 밀도는 $2.5t/m^3$ 이상을 표준으로 한다.
- 동결 융해 작용을 받는 부분의 콘크리트에 사용하는 굵은 골재는 내동해성이 우수한 것이어야 한다.
  - 내구성 지수가 60 이상이면 그 굵은 골재는 내동해성을 가지고 있는 것으로 판단할 수 있다.
- 굵은 골재는 양질이고 화학적, 물리적 안정성을 갖는 것이어야 한다.
- 굵은 골재는 점토 덩어리, 연한 돌조각, 0.08mm 체에 통과되는 미립분, 석탄, 갈탄 등의 유해물의 유해량을 함유해서는 안 된다.
  - 굵은 골재의 마모 감량은 40% 이하를 표준으로 한다.

■ 굵은 골재 내동해성 평가 기준

댐 콘크리트 설계 기준 압축 강도	흡수율 및 안정성 손실 질량의 평가 기준
18MPa 미만	흡수율 : 3% 이하, 안정성 손실 질량 : 40% 이하
	흡수율 : 5% 이하, 안정성 손실 질량 : 12% 이하
18MPa 이상	흡수율 : 3% 이하, 안정성 손실 질량 : 12% 이하

■ 동결 융해 시험용 콘크리트 배합 및 시험 조건

배합	시험 조건
굵은 골재의 최대 치수	20mm 또는 25mm
시멘트 종류	보통 포틀랜드 시멘트
물-결합재비	55%
슬럼프 범위	(80±10)mm
공기량 범위	(4.5±0.5)%
양생	표준 양생
시험 시작 재령	재령 14일

3 배합
■ 일반 사항
- 댐 콘크리트는 댐 구조의 안전성과 저수 기능을 확보하는 데 필요한 강도, 수밀성, 내구성 및 열 특성을 가져야 한다.
  - 댐에 작용하는 각종 하중에 대하여 댐 구조의 안전성을 확보하기 위해 필요한 강도를 유지하여야 한다.
  - 댐 콘크리트의 저수 기능을 확보하기 위해 수밀성을 가져야 한다.

- 콘크리트 댐의 구조 안전성과 저수 기능을 공용 기간 동안 확보할 수 있도록 필요한 내구성을 가지고 있어야 한다.
- 댐 구조 안정성 확보에 필요한 단위 질량을 가지고 있어야 한다.
- 댐 콘크리트의 품질 검토는 댐 콘크리트의 요건을 만족시키는 것 외에 매스 콘크리트의 특성을 충분히 고려하여야 한다.
  - 댐 콘크리트는 많은 양의 콘크리트를 연속적으로 시공하는 관계로 매스 콘크리트로 취급하여야 한다.
- 댐 콘크리트의 배합은 댐 제체 각 부위에서 요구되는 댐 콘크리트의 품질에 따라서 몇 개로 구분하여야 한다.
- 재료의 계량 장치는 소정의 정도로 재료를 계량할 수 있는 것이어야 한다.

■ 배합 설계
- 댐 콘크리트의 배합은 댐 콘크리트에 필요한 품질을 만족하도록 정하여야 한다.
- 굵은 골재의 최대 치수는 댐 콘크리트가 경화할 때 수화열을 억제하기 위하여 단위 결합재량을 억제하고, 작업에 적합한 워커빌리티가 얻어지도록 종합적으로 고려하여 정하여야 한다.
  - 일반적으로 굵은 골재의 최대 치수가 클수록 댐 콘크리트 중의 단위 결합재량을 적게 할 수 있어 수화열에 의한 온도 상승량을 억제할 수 있다.
- 굵은 골재는 그 내구성이나 강도를 확보하기 위해 필요한 밀도를 갖추고 있는 것이어야 한다.
  - 굵은 골재의 입도는 골재의 입도 구성에 유의하여 작업에 알맞은 워커빌리티가 얻어지도록 정하여야 한다.
- 잔 골재율은 단위 결합재량을 낮게 하고, 더 나아가 재료 분리에 대한 저항성이 확보되도록 정하여야 한다.
- 댐 콘크리트의 강도, 내구성, 수밀성 등의 품질은 주로 물-결합재비에 의해서 정해진다.
- 단위 결합재량은 필요한 물-결합재비를 확보하고 작업에 적합한 워커빌리티가 얻어지는 범위 내에서 될 수 있는 한 적게 하여야 한다.
- 내동해성이 필요한 부위에 사용하는 공기 연행 콘크리트의 혼화재량은 필요한 공기량이 얻어지도록 정하여야 한다.
  - 댐 콘크리트의 공기량은 운반 및 다짐 중에 1/4~1/6 정도 감소한다.

■ 공기 연행 콘크리트의 공기량 표준

굵은 골재 최대 치수(mm)	운반, 다짐 종료 때의 공기량(%)
150	3.0±1.0
80	3.5±1.0
40	4.0±1.0

- 내동해성을 요구하지 않는 부위에 사용하는 댐 콘크리트의 혼화재량은 필요한 워커빌리티가 얻어지도록 정하여야 한다.
- 롤러 다짐용 콘크리트는 결합재의 분산과 응결 지연을 목적으로 지연형 공기 연행 감수제를 첨가하는 것이 일반적이다.
- 혼화재량은 댐 콘크리트 혼합 직후 습식 체가름 전 측정한 공기량값이 (1.5±1.0)%를 표준으로 한다.

4 콘크리트의 품질
- 댐 콘크리트는 작업에 알맞은 워커빌리티를 갖는 범위 내에서 될 수 있는 대로 된 반죽이어야 한다.
  - 댐 콘크리트의 슬럼프값은 체가름하여 40mm 이상의 굵은 골재를 제거하고 측정된 값이 20~50mm를 표준으로 한다.
- 롤러 다짐용 콘크리트의 반죽 질기 평가는 VC시험을 사용할 수 있다.
  - 진동 롤러 다짐에 적합한 VC값은 40mm 체로 친 시료에 대하여 측정된 값이 20±10초를 표준으로 한다.
  - VC값 : 롤러 다짐용 콘크리트의 반죽 질기를 나타내는 값으로서 진동대식 반죽질기 시험 방법에 의하여 얻어지는 시험값을 초(秒)로서 나타낸 것
- 댐 콘크리트는 댐의 저수 기능을 확보하는 데 필요한 수밀성을 가지는 것이어야 한다.
  - 수밀성을 필요로 하는 부위에 사용하는 댐 콘크리트의 물-결합재비는 55% 이하로 한다.
- 댐 콘크리트는 목표 내구 연한 동안 댐의 구조 안전성과 저수 기능을 유지하는 데 필요한 내구성을 가지는 것이어야 한다.

5 시공
■ 양생
- 댐 콘크리트의 타설 후에는 살수 양생 또는 담수 양생을 실시하여 그 표면을 습윤 상태로 유지하여야 한다.
- 댐 콘크리트의 타설 후, 그 표면이 저온에 놓이거나 급격한 온도 변화가 예상되는 경우에는 보온 양생을 실시하여야 한다.
  - 저온 시에는 댐 콘크리트의 표면이 동결할 위험이 있으므로 타설 후에 시트나 양생 매트 등을 이용하여 보온 양생을 수행하여야 한다.
- 댐 콘크리트의 양생 방법과 양생 시기는 기온, 온도 등의 환경 조건, 리프트 스케줄 등을 고려하여 정하여야 한다.

■ 수축 이음

- 댐 콘크리트에 유해한 온도 균열이 발생하는 것을 방지하기 위해서 콘크리트 댐 계획에 적절한 간격의 수축 이음을 설치하여야 한다.
- 구조적으로 일체화를 도모할 필요가 있는 부분의 수축 이음부는 조인트 그라우팅을 시공하여야 한다.
- 누수를 방지하기 위해서 가로 수축 이음에 지수판을 설치하여야 한다.

■ 댐 콘크리트의 관로식 냉각

관로식 냉각은 냉각수 또는 자연 하천수를 사용하여 리프트 면 상에 설치한 냉각관에 통수하여 시행하는 것으로 한다.

- 통수 기간은 일반적으로 2~4주 정도이다.
- 일반적으로 냉각관 1코일의 길이는 200~300m 정도로 한다.
- 냉각관은 보통 바깥지름 25mm 정도의 강관을 주로 사용한다.
- 각효율의 증대를 위해 통수량은 1코일당 매분 13~16l 정도가 일반적이다.
- 냉각관 표준 간격은 1.5m이며, 댐에 따라 여름철의 착암부의 냉각관의 간격은 1.0m 정도로 하는 것도 있다.

기10, 13

01 댐 콘크리트의 관로식 냉각(pipe-cooling)에 대한 일반적인 설명으로 옳지 않은 것은?

① 냉각관은 보통 바깥지름 25mm 정도의 강관을 주로 사용한다.
② 통수 기간은 일반적으로 2~4주 정도이다.
③ 일반적으로 냉각관 1코일의 길이는 200~300m 정도로 한다.
④ 냉각 효율의 증대를 위해 통수량은 1코일당 매분 30l 이상으로 한다.

해설 냉각 효율의 증대를 위해 통수량은 1코일당 매분 13~16l 정도가 일반적이다.

기07

02 댐(중력식) 콘크리트의 현장 타설 시 고려해야 할 내용이 아닌 것은?

① 댐 콘크리트를 타설할 경우에는 수화열 관리를 고려한다.
② 댐 콘크리트를 타설하고 난 뒤에 부직포를 덮어서 냉각 양생을 한다.
③ 댐 콘크리트를 타설할 경우에는 pipe cooling을 고려한다.
④ 댐 콘크리트를 배합 제조할 경우, 콘크리트의 배합 재료는 사전에 pre-cooling을 고려한다.

해설 댐 콘크리트의 타설 후 그 표면이 저온에 놓이거나 급격한 온도 변화가 예상되는 경우에는 표면이 동결할 위험이 있으므로 타설 후에 시트나 양생 매트 등을 이용하여 보온 양생을 수행하여야 한다.

기13

03 댐 콘크리트에 관한 설명으로 옳지 않은 것은?

① 수밀성과 내구성이 필요한 댐 콘크리트에서는 내부 콘크리트를 외부 콘크리트보다 부배합으로 하는 것이 좋다.
② 중력식 댐의 공사에서 사용되는 전압 콘크리트는 통상의 댐 콘크리트에 비해서 빈배합하여 온 도상승의 제어효과가 크다.
③ 골재의 최대 치수는 150mm 정도이며, 동결 융해 작용에 대하여 충분한 내구성을 갖도록 배합 설계한다.
④ 리프트 계획은 댐 콘크리트에서 발생하는 온도 균열을 방지하기 위하여 충분히 고려하여 산정한다.

해설 수밀성과 내구성이 필요한 댐 콘크리트에서는 외부 콘크리트를 내부 콘크리트보다 부배합으로 하는 것이 좋다.

산04, 13

04 다음 시멘트 중에서 댐과 같이 큰 단면의 콘크리트에 적합하지 않는 것은?

① 플라이 애시 시멘트
② 고로 시멘트
③ 실리카 시멘트
④ 조강 포틀랜드 시멘트

해설
- 댐과 같은 매스 콘크리트에 수화열이 높은 시멘트를 사용하면 콘크리트의 온도 상승이 커져 온도 균열이 생기므로 수화열이 적은 고로 슬래그 시멘트, 플라이 애시 시멘트, 실리카 시멘트 등이 사용된다.
- 조강 포틀랜드 시멘트 사용 시 7일이면 보통 포틀랜드 시멘트의 28일 강도를 확보할 수 있으나, 수화 발열량이 많아 건조 수축 균열이 크기 때문에 단면이 큰 콘크리트에는 부적합하다.

035 포장 콘크리트

1 일반 사항

■ 이음 용어

- 수축 이음 : 콘크리트 슬래브의 수축 응력을 줄여서 이음 사이의 슬래브상에 발생하는 임의의 균열을 최소로 줄이거나 막을 수 있도록 만드는 이음
- 팽창 이음 : 콘크리트 슬래브의 팽창에 의한 좌굴을 방지할 수 있도록 만드는 이음
- 장부 이음 : 이음부에서 하중 전달을 원활히 하기 위하여 슬래브의 측면에 철부(凸部)를 만들고 이와 맞닿는 맞은편 슬래브의 측면에는 요부(凹部)를 만들어 하중을 전달하는 이음
- 맞댐 이음 : 경화된 콘크리트 슬래브에 맞대어 콘크리트 슬래브를 이어서 치면서 만들어지는 이음으로 시공 이음의 대표적인 것
- 홈 이음 : 수축 이음의 일종으로서, 콘크리트 슬래브 상부에 슬래브 두께의 1/3~1/4 정도의 깊이로 홈을 만들고 주입 이음재로 채운 이음

■ 콘크리트 슬래브 시공

- 콘크리트 슬래브를 포설할 때는 보조기층의 마무리, 거푸집, 기타 재료의 배치에 대하여 충분히 검토하여야 한다.
- 콘크리트 슬래브의 내구성은 기상이나 교통 하중에 크게 영향을 받으므로 그 시공에 있어서 균질이고 치밀한 콘크리트를 타설하여야 한다.
- 콘크리트 슬래브는 교통 차량을 직접 주행시키기 위해 충분한 평탄성을 갖도록 마무리하여야 한다.
- 콘크리트 슬래브의 내구성을 확보하기 위해 필요한 철망, 철근 및 각종 이음을 정해진 위치에 시공하여야 한다.

2 이음 재료

■ 이음판

- 이음판 : 주입 이음재의 유출을 방지하기 위하여 팽창 이음의 아래쪽에 넣는 판
- 이음판은 콘크리트 슬래브가 팽창할 때 밀려 빠져나오지 않아야 하며, 수축할 때에는 콘크리트 슬래브 사이에 틈이 생기지 않는 것이어야 한다.
- 내구적이고 설치할 때나 콘크리트를 다질 때에 부서지거나 구부러지거나 비틀어지지 않는 것으로 책임 기술자의 승인을 받은 것을 사용하여야 한다.
- 이음판의 재료에는 목재계, 역청질계, 고무 스펀지 및 수지발포체계 등이 있다.
- 이음판의 필요한 성질
  - 흡수성과 투수성이 적을 것
  - 휘어지거나 비틀어지지 않고 시공이 간편할 것
  - 콘크리트 슬래브가 수축할 때는 가능한 원래의 두께로 되돌아 올 것

■ 주입 이음재

- 주입 이음재 : 빗물이나 작은 돌 등이 이음에 들어가는 것을 막기 위하여 이음의 위쪽에 주입시켜 채우는 재료이다.
- 주입 이음재용 프라이머는 주입 이음재에 적합한 품질의 것을 사용하여야 한다.
- 주입 이음재의 특징
  - 콘크리트 슬래브의 팽창 수축에 순응해야 한다.
  - 물에 녹지 않고 방수성이어야 한다.
  - 콘크리트와 잘 부착해야 한다.
  - 고온일 때 유출되지 않고 저온일 때 충격에 잘 견딜 것
  - 토사 등의 침입을 막고 내구적일 것

■ 양생 재료

- 콘크리트 양생용 액상 피막 형성체는 굳지 않은 콘크리트의 양생제로 사용하는 데 적합할 뿐만 아니라, 거푸집 제거 또는 초기 습윤 양생 후의 콘크리트 양생제로 사용하여도 적합하다.
- 콘크리트 양생용 액상 피막 형성제의 형식
  - 1형 : 투명 또는 반투명
  - 1-D형 : 투명 또는 퇴색이 잘 되는 염료를 지닌 반투명
  - 2형 : 백색 안료 사용
  - 3형 : 담회색 안료 사용
  - 4형 : 흑색

3 배합

- 포장용 콘크리트의 배합은 소요 품질과 작업에 적합한 워커빌리티 및 피니셔빌리티를 갖는 범위 내에서 단위수량이 될 수 있는 대로 적어지도록 정하여야 한다.
- 포장용 콘크리트는 공기 연행 감수제를 사용하여야 한다.
- 슬럼프값은 75~100mm 이하이어야 한다.
- 포장용 시멘트 콘크리트의 배합 기준은 기준값을 만족하여야 한다.

■ 포장용 콘크리트의 배합 기준

항목	시험 방법	기준값
설계 기준 휨 호칭 강도(f_{28})	KS F 2408	4.5MPa 이상
단위 수량		150kg/m³ 이하
굵은 골재의 최대 치수		40mm 이하
슬럼프	KS F 2402	40mm 이하
공기 연행 콘크리트의 공기량 범위	KS F2409	4~6%

- 시방 배합의 수정은 책임 기술자가 필요하다고 인정할 때, 골재원이 변경되었을 때, 또는 잔 골재의 조립률이 0.2 이상 변화가 생겼을 때 실시하여야 한다.

4 거푸집 및 보강재 설치

■ 거푸집 설치 및 제거
- 거푸집의 측면은 브레이싱으로 저판에 지지되어야 하고, 이때 저판에서의 브레이싱 지지점은 측면으로부터 높이의 3분의 2 지점 이상으로 하여야 한다.
- 거푸집은 설치 후 진동기로 다질 때 충격과 포설 기계의 하중 등에 충분히 견딜 수 있어야 하며, 거푸집을 설치할 때 이격 허용 오차는 거푸집용 강재 두께 이하이어야 한다.
- 거푸집은 콘크리트 치기 전에 깨끗이 닦고 유지류를 발라 두어야 하며, 거푸집 설치 상태에 대한 책임 기술자의 확인을 받아야 한다.
- 포장 두께가 변경되거나 인력 마무리를 해야 하는 구간에 사용할 거푸집은 재질, 구조, 설치 방법 및 제거에 대하여 책임 기술자의 확인을 받아야 한다.
- 거푸집 설치 및 거푸집 부근 기층면의 상태는 콘크리트를 치기 전에 책임 기술자의 확인을 받아야 한다.
- 거푸집은 윗면의 높이 변화가 깊이 3m당 3mm 이하이어야 하며, 측면의 변화는 6mm 이하이어야 한다.
- 곡선 반경 50m 이하의 곡선부에는 목재 거푸집을 사용할 수 있으며, 600mm마다 강재 지지 말뚝을 설치하여야 한다.

■ 보강재 철망
- 보강용 철망은 운반, 보관, 적치할 때 철망의 비틀림이나 솟음 등의 변형이 생기지 않도록 주의하여야 한다.
- 보강용 철망은 설계도서에 따라 지정된 위치에 종류별 수량을 정확하게 설치하여야 한다.
- 철망은 설계도서에 표시된 높이까지 하부 콘크리트를 포설한 후 설치하여야 하며, 철망 설치 후 상부 콘크리트를 포설하여야 한다.
- 하부 콘크리트의 깔기부터 상부 콘크리트를 깔기까지 30분 이상 경과했을 때에는 그 부분의 하부 콘크리트를 제거하고 재시공하여야 한다.
- 철망은 설치 중 또는 설치 후에 이동하지 않도록 하여야 한다.

5 양생
- 표면 마무리가 끝난후 교통에 개방될 때까지 급격한 건조, 온도 변화, 하중, 충격 등의 나쁜 영향을 받지 않도록 보호하여야 한다.
- 양생 기간 동안 습윤 상태를 유지하기 위하여 피막 양생을 할 수 있다.
■ 피막 양생으로 수밀한 막을 만들려면 피막 양생제를 충분히 살포하여야 하며, 온도 변화를 작게하기 위하여 백색 안료를 혼합할 필요도 있다.
■ 피막 양생제는 콘크리트 슬래브 표면에 물기가 없어진 직후 초기 응결이 시작되기 전에 종횡 방향으로 2회 이상 나누어 얼룩이 없도록 충분히 살포하여야 한다.
■ 피막 양생제의 사용량은 품질 명세서와 슬래브 두께에 따라 결정하여야 한다.
■ 콘크리트를 칠 때의 일평균 기온이 4℃ 이하로 예상되면 다음과 같이 유지한다.
- 소요의 압축 강도가 얻어질 때까지 콘크리트의 온도를 5℃ 이상으로 유지하여야 한다.
- 소요 압축 강도에 도달한 후 2일간은 구조물의 어느 부분이라도 0℃ 이상이 되도록 유지하여야 한다.
■ 우천일 경우에는 아직 굳지 않은 콘크리트를 즉시 비닐, 시트, 방수지 등으로 덮어서 콘크리트의 손상을 막아야 한다.
■ 습윤 양생 기간은 시험에 의해서 정해야 하며, 현장 양생을 시킨 공시체의 휨 강도가 배합 강도의 70%에 도달할 때까지의 기간으로 한다.
- 양생 덮개로 사용하는 가마니, 마대 및 마포는 항상 습윤 상태로 유지하여야 한다.

■ 습윤 양생 기간
- 보통 포틀랜드 시멘트를 사용했을 때 : 14일
- 조강 포틀랜드 시멘트를 사용했을 때 : 7일
- 중용열 포틀랜드 시멘트를 사용했을 때 : 21일

6 이음 설치

■ 시공일반
- 이음 형식, 설치 위치 및 방향은 포장 전 폭에 걸쳐서 동일한 형태의 이음을 설계도서에 따라 설치하여야 한다.
- 콘크리트 슬래브의 이음부는 다른 부분과 동일한 강도 및 평탄성을 갖도록 마무리하여야 한다. 이음부에 인접한 양쪽 슬래브의 높이 차이는 2mm 이하이어야 한다.
- 팽창 이음은 온도 상승 시 콘크리트의 팽창으로 인한 콘크리트 슬래브의 좌굴을 막기 위하여 만드는 것이다.

■ 도로 콘크리트 포장의 이음 간격

이음 종류	시공 시기	슬래브 두께(mm)	이음 간격(m)
가로 팽창 이음	6월~9월	250 미만	120~240
		250 이상	240~480
	10월~5월	250 미만	60~120
		250 이상	120~240
가로 수축 이음	-	-	4~6
세로 이음	-	-	3.25~4.5

■ 가로 시공 이음
- 시공 이음은 포설 작업의 완료, 우천, 기계 고장 등으로 인해 치기작업이 30분 이상 중단되었을 때 설치하며, 가로 이음의 설치 위치에 맞추어 시공하여야 한다.

- 시공 이음은 맞댐 이음으로 한다. 시공 이음을 홈 이음 위치에 설치할 경우에는 다웰바를 사용하고, 그 이외의 경우에는 타이바를 사용한다.
- 연속 철근 콘크리트 포장의 경우 시공 이음부가 취약하지 않도록 보강하여야 하며, 보강 방법 등은 설계도서에 따른다.

■ 가로 팽창 이음
- 팽창 이음의 이음판은 일직선으로 곧게 슬래브 면과 연직의 깊이 방향으로 설치하여야 하며, 슬래브 전 폭에 걸쳐서 양쪽 슬래브가 분리되도록 설치하여야 한다. 가로 팽창 이음은 시공 이음 또는 구조물과 접속되는 부분에 위치하도록 하여야 한다.
- 팽창 이음은 콘크리트 슬래브와 구조물이 접하는 부분에 설치하며, 콘크리트가 경화한 후 커터로 홈을 자를 경우에는 절단에 의해 콘크리트가 피해를 받지 않을 강도에 이르렀을 때 거푸집을 제거한 후 절단하여야 한다.

■ 가로 수축 이음
- 수축 이음은 일직선으로 곧게 설계도서에 명시된 깊이까지 슬래브 면의 연직 방향으로 자르고, 홈 내의 이물질을 깨끗이 청소한 후 주입 이음재로 홈을 채워야 한다.
- 가로 수축 이음은 이음이 설치될 위치를 한 칸씩 건너면서 절단을 한 후 나머지를 절단하는 방법으로 1차 절단을 하여야 한다.
- 연속 철근 콘크리트 포장의 경우는 가로 수축이음을 생략할 수 있다.

■ 세로 이음
- 세로 이음은 홈이음 및 맞댐 이음으로 하며, 슬래브 면과 연직으로 정해진 깊이의 홈을 만들고 주입 이음재로 홈을 채워야 한다.
- 보통 도로에서 2차선 동시 포설의 경우에는 타이바를 사용한 홈이음, 1차선씩 포설하는 경우에는 나사 붙은 타이바를 사용한 맞댐 이음으로 하고 있다.

7 콘크리트 포설 및 다짐
■ 시공 일반
- 콘크리트 포설은 초기 경화가 시작되기 전에 페이버 또는 이와 동등한 장비에 의하여 수행하여야 한다.
- 콘크리트 포설 방법으로는 고정 거푸집에 인력으로 포설하는 방법과 슬립폼 페이버에 의한 방법이 있으며, 공사 규모나 장비 및 작업 여건에 따라 이를 선택하여 적용하여야 한다.
- 콘크리트 포설을 하고 난 다음에는 가능한 콘크리트를 다시 이동하지 않아야 하며, 재료 분리가 일어나지 않도록 주의하여야 한다.
- 동결된 기층에 콘크리트를 포설할 수 없다.
  - 특히 기온이 4℃ 이하인 경우와 이상인 경우에는 반드시 한중 콘크리트 또는 서중 콘크리트 시공 계획을 수립하여 책임 기술자의 승인을 받은 후 콘크리트를 포설하여야 한다.

■ 인력 포설 및 다짐
- 콘크리트는 승인된 장비와 공법을 사용하여 균일한 두께로 깔아야 한다.
- 콘크리트는 소정의 위치에 균등량을 설계도서에 표시된 두께와 구배를 갖도록 포설한 후 그 양을 조절하면서 다지고 마무리하여야 한다.
- 스프레더로 콘크리트를 편 후 고르지 않은 부분이 생기면 삽 등을 사용하여 고르게 하며, 콘크리트 슬래브의 모서리 또는 이음 부위의 콘크리트에 재료 분리가 생기지 않도록 주의하여 시공하여야 한다.
- 이음의 위치는 포장면 외측에 미리 표시해 두어야 한다.
  - 콘크리트 깔기를 중단해야 할 경우에는 이음 위치에서 최소한 500mm 이상 깔기를 하여 시공 이음으로 자르고 다짐 후 마무리를 하여야 한다.
  - 또한 콘크리트 깔기 1시간 이상 지연되거나 우천에 의해 현저하게 손상을 입었을 경우에는 이음부 또는 손상 부위를 제거하고 재시공하여야 한다.
- 콘크리트 깔기 후에는 신속하게 피니셔 등을 사용해서 연석부까지 충분한 다짐을 하여야 한다.
  - 거푸집 및 이음 부근은 봉 다짐기를 사용하여야 한다.
  - 이때 진동기는 거푸집이나 이음부의 다웰 어셈블리에 직접 접촉시키지 않아야 한다.
  - 모르타르가 떠올라 올 정도로 과도한 다짐을 하지 말아야 한다.
- 콘크리트는 재료 분리가 일어나지 않도록 깔고 충분한 다짐도가 얻어질 때까지 다짐을 하여야 한다.
- 진동기는 전기 또는 압축 공기를 이용한 회전형이어야 한다.
  - 10~20초간의 정상 다짐 동안에 혼합물을 충분히 다질 수 있는 진동 횟수를 갖는 것이어야 한다.
- 다질 수 있는 1층 두께는 350mm 이하이다.
- 혼합물의 다짐은 포설 후 1시간 이내에 완료하여야 한다.
- 진동기는 한 자리에 20초 이상 머물러 있을 수 없다.

■ 슬립폼 페이버에 의한 포설
- 콘크리트 깔기는 굳지 않은 콘크리트를 펴고, 다지고, 마무리하는 일을 일관된 작업으로 수행하는 슬립폼 페이버와 동등한 깔기 장비를 사용하여야 한다.
- 콘크리트 치기는 인력이 최소로 투입될 수 있도록 하여야 한다.
- 콘크리트는 설계도서에 따른 균질한 것이어야 한다.
- 콘크리트의 진동 다짐은 전 폭 및 길이에 대하여 실시하여야 한다.
- 콘크리트 포장의 선형은 전자 감응식 유도 장치를 슬립폼 페이버에 설치하여 설계도서에 나타난 정확한 선형이 되도록 하여야 한다.
- 콘크리트를 깔 때 슬럼프값은 50mm 이하이어야 하며, 균일한 반죽 질기를 갖고 있어야 한다.

- 콘크리트를 깔 때 콘크리트의 비비기, 운반, 공급 등은 슬립폼 페이버의 진행 속도에 적합하도록 하여야 하며, 콘크리트의 깔기는 가능한 한 연속적으로 실시하여야 한다.
- 콘크리트를 친 후 종방향 가장자리를 제외한 부분에 6mm 이상의 처짐이 발생하였을 때는 콘크리트의 초결이 시작되기 전에 수정하여야 한다.
- 슬립폼 페이버의 진행이 정지되었을 때는 모든 진동 및 다짐 장치의 가동을 중단시켜야 한다.
- 장비의 정비를 위한 경우를 제외하고는 다른 장비에 의해 페이버를 견인할 수 없다.
- 기존 포장 위에 슬립폼 페이버가 주행할 때는 기존 포장면이 손상되지 않도록 고무패드 등을 깔아서 보호하여야 한다.

8 표면 마무리
■ 시공일반
- 표면 마무리는 계획고까지 깔기 및 다짐이 완료된 후 초벌 마무리, 평탄 마무리, 거친 마무리 순으로 시공하여야 한다.
- 기계에 의한 마무리는 피니셔에 의한 초벌 마무리, 표면 마무리에 의한 평탄 마무리, 그리고 브러시에 의한 거친 면 마무리로 수행하여야 한다.
- 특수 지역 및 좁은 지역을 제외하고는 기계에 의한 마무리를 하여야 한다.
  - 표면 마무리에 사용할 기계 및 기구는 콘크리트 포장 시공 계획서에 포함하여 책임 기술자에 제출하고 승인을 받아야 한다.
- 마무리를 용이하게 하기 위해 물을 추가하여 시공할 수 없다.

■ 초벌 마무리
- 초벌 마무리는 피니셔나 슬립폼 페이버 등과 같은 기계에 의한 방법을 사용하여야 한다.
  - 기계의 고장이나 기타의 사유로 마무리 장비를 사용할 수 없는 경우에는 책임 기술자의 승인을 받아 인력에 의한 간이 피니셔나 템플리트 템퍼로 초벌 마무리를 할 수 있다.

■ 평탄 마무리
- 초벌 마무리를 한 후에는 표면 마무리 장비에 의한 기계 마무리나 플로트에 의한 인력 마무리로 종·횡 방향의 요철을 고르는 평탄 마무리를 하여야 한다.
- 콘크리트 슬래브의 표면은 콘크리트가 굳기 전에 직선자로 평탄성을 점검하고, 필요에 따라 요철 부분을 정정하여야 한다.

■ 거친 면 마무리
횡방향 거친 면 마무리는 평탄 마무리가 끝나고 콘크리트 포장의 표면에 물기가 없어지면 타이닝기에 의한 기계 마무리 또는 인력 마무리로 거친 면 마무리를 시행한다.

□□□ 기12
01 포장 콘크리트의 시공에 사용되는 이음판의 필요한 성질에 대한 설명으로 틀린 것은?

① 콘크리트 슬래브의 팽창을 어느 정도까지는 허용하나, 콘크리트를 다질 때 현저하게 줄어들 정도로 압축 저항이 적지 않을 것
② 콘크리트 슬래브가 수축할 때는 가능한 원래의 두께로 되돌아올 것
③ 흡수성과 투수성이 클 것
④ 휘어지거나 비틀어지지 않고 시공이 간편할 것

해설 흡수성과 투수성이 적을 것

□□□ 기10,11,12,14,17
02 포장 콘크리트의 배합 기준에서 설계 기준 휨 호칭 강도(f_{28})는 몇 MPa 이상이어야 하는가?

① 2.5MPa ② 4MPa
③ 4.5MPa ④ 6MPa

해설 설계 기준 휨 호칭 강도(f_{ck}) : 4.5MPa

□□□ 기13
03 포장 콘크리트의 거푸집 및 보강재에 대한 설명으로 틀린 것은?

① 거푸집의 측면은 브레이싱으로 저판에 지지되어야 하고, 이때 저판에서의 브레이싱 지지점은 측면으로부터 높이의 3분의 1 지점으로 하여야 한다.
② 거푸집은 콘크리트 치기 전에 깨끗이 닦고 유지류를 발라 두어야 한다.
③ 거푸집은 윗면의 높이 변화가 길이 3m당 3mm 이하이어야 하며, 측면의 변화는 6mm 이하이어야 한다.
④ 곡선 반경 50m 이하의 곡선부에는 목재 거푸집을 사용할 수 있으며, 600mm마다 강재지지 말뚝을 설치하여야 한다.

해설 거푸집의 측면은 브레이싱으로 저판에 지지되어야 하고, 이때 저판에서의 브레이싱 지지점은 측면으로부터 높이의 3분의 2 지점으로 하여야 한다.

□□□ 기 06,10,13
04 포장 콘크리트에 대한 설명 중 틀린 것은?

① AE 콘크리트는 미끄럼 저항이 적기 때문에 포장용 콘크리트에는 이용할 수 없다.
② 포장 콘크리트의 강도는 재령 28일에서 휨 강도를 기준으로 한다.
③ 습윤 양생 기간은 시험에 의하여 정하며, 현장 양생 공시체의 휨 강도가 배합 강도의 70% 이상에 달할 때까지 실시한다.
④ 포장 콘크리트에 사용하는 굵은 골재는 미끄럼 저항이 큰 최대치수 40mm 이하의 양질의 골재로 한다.

[해설] 콘크리트 슬래브의 내구성을 증가와 신축을 줄이고, 운반 중의 재료 분리를 줄이기 위해서 포장용 콘크리트의 배합을 공기 연행(AE) 콘크리트로 하는 것이다.

□□□ 기 11,12,14,16,17,19 산 10,11,14,16
05 포장용 콘크리트의 배합 기준에 대한 설명으로 틀린 것은?

① 설계 기준 휨 호칭 강도(f_{28})는 3MPa 이상이어야 한다.
② 단위 수량은 150kg/m³ 이하이어야 한다.
③ 공기 연행 콘크리트의 공기량 범위는 4~6%이어야 한다.
④ 굵은 골재의 최대 치수는 40mm 이하이어야 한다.

[해설] 포장용 콘크리트의 배합기준

항 목	기 준
설계 기준 휨 호칭 강도(f_{28})	4.5MPa 이상
단위 수량	150kg/m³ 이하
굵은 골재의 최대 치수	40mm 이하
슬럼프	40mm 이하
공기 연행 콘크리트의 공기량 범위	4~6%

□□□ 기 12,14,17,22
06 포장 콘크리트 배합 기준에 대한 설명으로 틀린 것은?

① 굵은 골재의 최대 치수는 25mm 이하이어야 한다.
② 설계 기준 휨 강도는 원칙적으로 재령 28일의 휨 강도를 기준으로 하며, 4.5MPa 이상으로 정한다.
③ 단위 수량은 150kg/m³ 이하로 하여야 한다.
④ 공기 연행 콘크리트의 공기량 범위는 4~6%를 기준으로 한다.

[해설] 굵은 골재의 최대 치수 : 40mm 이하

□□□ 기 10,17
07 포장 콘크리트의 이음에 대한 설명으로 옳지 않은 것은?

① 가로 팽창 이음의 이음판은 일직선으로 곧게 슬래브 면과 연직의 깊이 방향으로 설치하여야 하며, 슬래브 전 폭에 걸쳐서 양쪽 슬래브가 분리되도록 설치하여야 한다.
② 연속 철근 콘크리트 포장의 경우라도 가로 수축 이음을 반드시 설치하여야 한다.
③ 가로 수축 이음은 이음이 설치될 위치를 한 칸씩 건너면서 절단을 한 후 나머지를 절단하는 방법으로 1차 절단하여야 한다.
④ 세로 이음은 홈이음 및 맞댐 이음으로 하며, 슬래브 면과 연직으로 정해진 깊이의 홈을 만들고 주입 이음재로 홈을 채워야 한다.

[해설] 연속 철근 콘크리트 포장의 경우라도 가로 수축 이음을 생략할 수 있다.

□□□ 산 10,11,15
08 포장용 콘크리트의 배합 기준 중 강도 기준으로 옳은 것은?

① 설계 기준 휨 호칭 강도(f_{28})가 4.5MPa 이상
② 설계 기준 휨 호칭 강도(f_{28})가 3.5MPa 이상
③ 설계 기준 압축 호칭 강도(f_{28})가 20MPa 이상
④ 설계 기준 압축 호칭 강도(f_{28})가 30MPa 이상

[해설] 포장용 콘크리트의 배합 기준

항 목	기 준
설계 기준 휨 호칭 강도(f_{28})	4.5MPa 이상
단위 수량	150jg/m³ 이하
굵은 골재의 최대 치수	40mm 이하
슬럼프	40mm 이하
공기 연행 콘크리트의 공기량 범위	4~6%

□□□ 산 12
09 포장용 시멘트 콘크리트의 배합 기준에서 공기 연행 콘크리트의 공기량 범위로 옳은 것은?

① 1~3%
② 4~6%
③ 7~9%
④ 10~12%

[해설] 공기 연행 콘크리트의 공기량 범위 : 4~6%

036 공장 제품

1 일반 사항

■ 양생의 방법

- 오토클레이브 양생(autoclave curing) : 고온·고압의 증기솥 속에서 상압보다 높은 압력으로 고온의 수증기를 사용하여 실시하는 양생 방법
  - 콘크리트를 고온·고압의 증기하에서 양생하면 시멘트 중의 실리카와 칼슘이 결합하여 견고한 토베르모라이트 또는 준결정을 형성하며 이것을 수화 반응이라 한다.
- 증기 양생(steam curing) : 높은 온도의 수중기 속에서 실시하는 촉진 양생
- 촉진 양생 : 보다 빠른 콘크리트의 경화나 강도 발현을 촉진하기 위해 실시하는 양생
- 촉진 양생 방법 : 증기 양생, 오토클레이브 양생, 온수 양생, 전기 양생, 적외선 양생, 고주파 양생
- 일반적으로 증기 양생이 널리 사용되고 있다.

■ 콘크리트 공장 제품의 특징(장점)

- 조립 구조에 주로 사용되므로 공사 기간이 단축된다.
- 현장에서 거푸집이나 동바리 등의 준비가 필요 없다.
- 규격품을 제조하므로 숙련된 작업원에 의하여 생산할 수 있다.
- 기후 상황에 좌우되지 않고 시공을 할 수 있다.
- 제품을 현장에서 접합할 경우에는 이음이 약점이다.
- 재료, 배합, 생산 설비, 시공 등의 관리를 하기 쉽다.
- 생산, 취급 등의 작업을 기계화하기 쉽고 에너지 절약이 가능하다.
- 작업하기 쉬운 장소에서 콘크리트를 타설할 수 있고, 기후에 좌우되는 일이 적다.
- KS 규격에 따라 표준화되어 실물 시험을 할 수 있는 경우가 많다.
- 단면이 치밀하다.

2 재료

■ 콘크리트 재료

  잔 골재 및 굵은 골재는 소요의 품질을 갖는 공장 제품이 얻어지도록 제품의 종류, 제조 방법 등에 따라 적절히 선정하여야 한다.
- 공장 제품은 그 품질과 성능뿐만이 아니라 외관도 양호하여야 한다.
- 프리스트레스트 콘크리트 공장 제품의 경우 순환 골재를 사용할 수 없다.
- 굵은 골재의 최대 치수
  - 굵은 골재의 최대 치수는 40mm 이하
  - 공장 제품 최소 두께의 2/5 이하
  - 강재의 최소 간격의 4/5 이하

■ 배합

- 공장 제품에 사용하는 콘크리트의 배합은 성형 및 양생 방법을 고려하여 공장 제품이 소요의 강도, 내구성, 수밀성 및 적정한 표면의 마무리 등을 갖도록 정하여야 한다.
  - 공장 제품의 콘크리트 배합은 충전성이 좋고 충분한 강도와 내구성을 가져야 한다.
  - 즉시 탈형이 필요한 콘크리트에서는 거푸집 탈형 후 부서지거나 변형이 작도록 하여야 한다.
- 공장 제품에 사용하는 콘크리트의 비비기는 소요 성능의 발현에 적합한 믹서를 사용하여야 한다.
  - 일반적으로 공장 제품에서는 물-결합재비가 적은 된 반죽의 콘크리트가 사용된다.
  - 콘크리트를 비빌 때에는 강제식 믹서가 적합하다.
- 콘크리트의 반죽 질기는 공장 제품의 형상, 치수, 성형 방법 등을 고려하여 정하여야 한다.
- 슬럼프가 20mm 이상인 콘크리트의 배합은 슬럼프 시험을 원칙으로 한다.
- 슬럼프 20mm 미만인 콘크리트의 배합은 다짐 계수 시험, 관입 시험, 외압 병용 VB 시험 방법이 있다.

■ 콘크리트 강도

- 공장 제품에 사용하는 콘크리트는 소요의 강도, 내구성, 수밀성, 강재를 보호하는 성능 등을 가져야 하며, 품질의 변동이 적은 것이어야 한다.
- 공장 제품의 탈형, 긴장력 도입, 출하할 때의 콘크리트 압축 강도는 단계별 소요 강도를 만족시켜야 한다.
- 공장제품에 사용하는 콘크리트의 강도시험은 콘크리트 압축 강도 시험법에 따라 실시한다.
  - 일반적인 공장 제품은 재령 14일에서의 압축 강도 시험값
  - 오토클레이브 양생 등의 특수한 촉진 양생을 하는 공장 제품은 14일 이전의 적절한 재령에서 압축 강도 시험값
- 촉진 양생을 하지 않은 공장 제품이나 비교적 부재 두께가 큰 공장 제품은 재령 28일에서 압축 강도 시험값(두께가 큰 공장 제품이라는 것은 그 두께가 450mm 정도 이상의 것을 말한다.)
- 공장 제품의 탈형, 긴장력 도입, 출하할 때의 콘크리트 압축 강도는 단체별 소요 강도를 만족시켜야 한다.

3 시공

■ 강재의 조립

- 강재의 위치를 고정하기 위해 간격재 등을 사용하는 경우에는 공장 제품의 내구성 및 외관을 고려하여 간격재의 재질과 사용 방법 등을 결정하여야 한다.

- 철근 교점의 중요한 곳은 풀림 철선 혹은 적절한 클립 등을 사용하여 결속하거나 점 용접하여 조립하여야 한다.
- 프리스트레스 긴장재는 스터럽이나 온도 철근 등 다른 철근과 용접할 수 없다.

■ 양생
- 촉진 양생을 하는 경우에는 콘크리트에 균열, 박리, 변형 등이 발생하지 않아야 하며, 장기 강도, 내구성 등에 해로운 영향을 주지 않아야 한다.
- 촉진 양생을 하는 공장 제품은 사용하는 거푸집의 수를 적게 하여 생산의 효율을 높이는 것이 중요하기 때문에 콘크리트의 경화 촉진을 목적으로 하는 상압 증기 양생이 널리 사용되고 있다.
- 촉진 양생 : 보다 빠른 콘크리트의 경화나 강도의 발현을 촉진하기 위해 실시하는 양생 방법
- 촉진 양생 방법 : 증기 양생(저압 증기 양생, 고압 증기 양생, 고온 증기 양생), 오토클레이브 양생, 전기 양생, 온수 양생, 전기 양생, 적외선 양생, 고주파 양생 등이 있으며 일반적으로 증기 양생이 널리 사용되고 있다.

■ 증기 양생 방법의 규정
- 거푸집 그대로 증기 양생실에 넣어 양생실의 온도를 균등하게 상승시킨다.
- 혼합 후 2~3시간 이상 지난 후(전 양생 기간) 증기 양생을 시작한다.
- 온도 상승 속도는 1시간당 20℃ 이하로 하고, 최고 온도는 65℃로 한다.
- 양생실의 온도는 서서히 내려 외기의 온도와 큰 차가 없도록 한 후 제품을 꺼낸다.

4 탈형
- 거푸집 탈형은 콘크리트가 경화하여 공장 제품의 다루기에 지장이 없는 강도에 도달한 후에 실시하여야 한다.
- 탈형을 즉시 하더라도 해로운 영향을 받지 않는 공장 제품은 콘크리트가 경화되기 전에 거푸집의 일부 또는 전부를 탈형할 수 있다.

5 콘크리트의 품질 검사
- 공장 제품에 사용하는 콘크리트가 소정의 품질을 가지고 있는 것을 확인하기 위하여 콘크리트의 강도 시험 및 기타 시험에 의하여 품질 관리 및 검사를 실시하여야 한다.
- 양생 온도, 탈형할 때의 강도, 프리스트레스를 도입할 때의 강도의 품질 관리 및 검사 항목

■ 공장 제품용 콘크리트의 품질 검사 항목

품질 검사 항목	시험·검사 방법	시기·횟수	판정기준
양생 온도	온도 상승률, 온도 강하율, 최고 온도와 지속 시간	재료·배합 등을 변경한 경우 또는 수시	KS 또는 생산 계획서에 정해진 조건에 적합할 것
탈형할 때의 온도	콘크리트의 압축 강도의 시험 방법에 의한다.	재료·배합·양생 방법 등을 변경한 경우 또는 수시	
프리스트레스 도입할 때의 강도			

---

01 아래 표와 같은 경우 콘크리트의 강도는 재령 몇 일의 압축 강도 시험값을 기준으로 하는가?

> 촉진 양생을 하지 않은 공장 제품이나 비교적 부재 두께가 큰 공장 제품

① 7일　　② 14일
③ 28일　　④ 91일

해설 공장 제품의 콘크리트 강도
- 일반적인 공장 제품은 재령 14일에서의 압축 강도 시험값
- 오토클레이브 양생 등의 특수한 촉진 양생을 하는 공장 제품은 14일 이전의 적절한 재령에서 압축 강도 시험값
- 촉진 양생을 하지 않는 공장 제품이나 비교적 부재 두께가 큰 공장 제품은 재령 28일에서 압축 강도 시험값

02 고온·고압의 증기솥 속에서 상압보다 높은 압력으로 고온의 수증기를 사용하여 실시하는 양생 방법은?

① 오토클레이브 양생　② 증기 양생
③ 촉진 양생　　　　　④ 고주파 양생

해설
- 오토클레이브 양생(autoclave curing)의 정의에 대한 설명이다.
- 콘크리트를 고온·고압의 증기하에서 양생하면 시멘트 중의 실리카와 칼슘이 결합하여 견고한 토베르모라이트 또는 준결정을 형성하며 이것을 수화 반응이라 한다.
- 증기 양생(steam curing) : 높은 온도의 수증기 속에서 실시하는 촉진 양생
- 촉진 양생 : 보다 빠른 콘크리트의 경화나 강도 발현을 촉진하기 위해 실시하는 양생

☐☐☐ 기 09
03 콘크리트 공장 제품에 사용되는 굵은 골재의 최대 치수에 관한 기준으로 옳은 것은?

① 굵은 골재의 최대 치수는 25mm 이하이고 공장 제품 최소 두께의 4/5 이하이며, 또한 강재의 최소 간격의 2/5를 넘어서는 안 된다.
② 굵은 골재의 최대 치수는 25mm 이하이고 공장 제품 최소 두께의 1/3 이하이며, 또한 강재의 최소 간격의 2/3를 넘어서는 안 된다.
③ 굵은 골재의 최대 치수는 40mm 이하이고 공장 제품 최소 두께의 2/3 이하이며, 또한 강재의 최소 간격의 1/3을 넘어서는 안 된다.
④ 굵은 골재의 최대 치수는 40mm 이하이고 공장 제품 최소 두께의 2/5 이하이며, 또한 강재의 최소 간격의 4/5를 넘어서는 안 된다.

해설 [구] 공장 제품에 사용되는 굵은 골재의 최대 치수
· 굵은 골재의 최대 치수는 40mm 이하
· 공장 제품 최소 두께의 2/5 이하
· 강재의 최소 간격의 4/5 이하

☐☐☐ 기 12
04 콘크리트 공장 제품의 장점에 해당되지 않는 것은?

① 조립 구조에 주로 사용되므로 공사 기간이 단축된다.
② 현장에서 거푸집이나 동바리 등의 준비가 필요 없다.
③ 규격품을 제조하므로 숙련공을 필요로 하지 않는다.
④ 기후 상황에 좌우되지 않고 시공을 할 수 있다.

해설 규격품을 제조하므로 숙련된 작업원에 의하여 생산될 수 있다.

☐☐☐ 기 12
05 공장 제품의 콘크리트 강도에 대한 설명으로 틀린 것은?

① 일반적인 공장 제품은 재령 28일에서의 압축 강도 시험값을 기준으로 한다.
② 오토클레이브 양생 등의 특수한 촉진 양생을 하는 공장 제품에서는 14일 이전의 적절한 재령에서 압축 강도 시험값을 기준으로 한다.
③ 촉진 양생을 하지 않은 공장 제품이나 비교적 부재 두께가 큰 공장 제품에서는 재령 28일에서의 압축 강도 시험값을 기준으로 한다.
④ 공장 제품의 탈형, 긴장력 도입, 출하할 때의 콘크리트 압축 강도는 단계별 소요 강도를 만족시켜야 한다.

해설 일반적인 공장 제품은 재령 14일에서의 압축 강도 시험값을 기준으로 한다.

☐☐☐ 기 12
06 콘크리트 공장 제품의 재료, 배합, 시공에 대한 설명으로 틀린 것은?

① 슬럼프가 20mm 이상인 콘크리트의 배합은 슬럼프 시험을 원칙으로 한다.
② 프리스트레스 긴장재는 스터럽이나 온도 철근 등 다른 철근과 용접할 수 없다.
③ 탈형을 즉시 하더라도 해로운 영향을 받지 않는 공장 제품은 콘크리트가 경화되기 전에 거푸집의 일부 또는 전부를 탈형할 수 있다.
④ 프리스트레스트 콘크리트 공장 제품의 경우 순환 골재를 사용하는 것을 원칙으로 한다.

해설 프리스트레스트 콘크리트 공장 제품의 경우 순환 골재를 사용할 수 없다. 순환 골재를 사용한 콘크리트는 과도한 건조 수축 및 크리프가 발생할 가능성이 높아 공장 제품에 적용하면 부재의 안정성이 떨어질 수 있다.

☐☐☐ 기 12
07 공장 제품 콘크리트에 대한 일반적인 설명으로 틀린 것은?

① 공장 제품에 사용되는 섬유 보강재는 주로 강섬유와 합성수지계 섬유를 사용하며, 일부의 경우 카본 섬유나 아라미드 등의 고성능 섬유를 사용하기도 한다.
② 프리스트레스트 콘크리트 공장 제품의 경우 순환 골재를 사용할 수 없다.
③ 촉진 양생을 하는 일반적인 공장 제품의 강도는 재령 28일에서 압축 강도 시험값을 기준으로 한다.
④ 일반적으로 공장 제품에서는 물-결합재비가 작은 된 반죽의 콘크리트가 사용되므로 이와 같은 콘크리트를 비빌 때에는 강제식 믹서가 적합하다.

해설 · 촉진 양생을 하지 않는 공장 제품이나 비교적 부재 두께가 큰 공장 제품은 재령 28일에서 압축 강도 시험값을 기준으로 한다.
· 촉진 양생을 하는 공장 제품은 거푸집의 수를 적게 하여 생산의 효율을 높이는 것이 중요하기 때문에 콘크리트의 경화 촉진을 목적으로 하는 상압 증기 양생이 널리 사용되고 있다.

☐☐☐ 기 11
08 슬럼프가 20mm 이하의 된 반죽 공장 제품 콘크리트의 반죽질기를 측정하는 시험으로 가장 적합하지 않은 것은?

① 슬럼프 시험
② 다짐 계수 시험
③ 관입 시험
④ 외압 병용 VB 시험

해설 · 슬럼프가 20mm 이상인 콘크리트의 배합은 슬럼프 시험을 원칙으로 한다.
· 슬럼프 20mm 미만인 콘크리트의 배합은 다짐 계수 시험, 관입 시험, 외압 병용 VB 시험 방법이 있다.

□□□ 기 09,13
09 공장 제품의 콘크리트 품질에 관한 설명으로 틀린 것은?

① 일반적으로 공장 제품에는 물-시멘트비가 작은 된 반죽의 콘크리트가 많이 사용된다.
② 오토클레이브 양생 등의 특수한 촉진 양생을 하는 공장 제품에서는 14일 이전의 적절한 재령에서의 압축 강도 시험값을 압축 강도로 나타내는 것을 원칙으로 한다.
③ 공장 제품의 압축 강도는 소정의 재령 이내에 출하할 경우 출하 재령의 압축 강도를 기준으로 할 수 있다.
④ 즉시 거푸집을 탈형하는 제품에 잔 골재를 적게 사용하면 거푸집 탈형 직후의 변형을 작게 할 수 있다.

해설 즉시 거푸집을 탈형하는 제품에 잔 골재율을 다소 크게 사용하면 거푸집 탈형 직후의 변형을 적게 할 수 있다.

□□□ 기 10,11,14,16,17 산 10,14,16,17,19
10 다음 중 촉진 양생의 종류가 아닌 것은?

① 증기 양생 ② 습윤 양생
③ 오토클레이브 양생 ④ 온수 양생

해설 • 촉진 양생 : 보다 빠른 콘크리트의 경화나 강도의 발현을 촉진하기 위해 실시하는 양생방 법
• 촉진 양생 방법 : 증기 양생(저압 증기 양생, 고압 증기 양생, 고온 증기 양생), 오토클레이브 양생, 전기 양생, 온수 양생, 전기 양생, 적외선 양생, 고주파 양생 등이 있으며 일반적으로 증기 양생이 널리 사용되고 있다.

□□□ 기 10
11 공장 제품에 사용하는 콘크리트 강도를 나타내는 방법에 대한 설명으로 옳은 것은?

① 일반적인 공장 제품은 재령 28일에서의 압축 강도 시험값
② 특수한 촉진 양생을 하는 공장 제품에서는 7일 이전의 적절한 재령에서의 압축강도 시험값
③ 촉진 양생을 하지 않은 공장 제품이나 비교적 부재 두께가 큰 공장 제품에서는 재령 28일에서의 압축 강도 시험값
④ 재령에 관계없이 소정의 재령 이내에 출하할 경우 재령 7일의 압축 강도 시험값

해설 공장 제품은 다음에 의해 구한 방법 중 하나로 압축 강도로 나타내는 것을 원칙으로 한다.
• 일반적인 공장 제품은 재령 14일에서의 압축 강도 시험값
• 오토클레이브 양생 등의 특수한 촉진 양생을 하는 공장 제품은 14일 이전의 적절한 재령에서 압축 강도 시험값
• 촉진 양생을 하지 않은 공장 제품이나 비교적 부재 두께가 큰 공장 제품은 재령 28일에서 압축 강도 시험값

□□□ 산 09,13
12 콘크리트 공장 제품의 양생에 대한 설명으로 틀린 것은?

① 증기 양생을 할 때는 일반적으로 비빈 후 2~3시간 이상 경과된 후에 증기 양생을 실시한다.
② PSC 말뚝 등은 주로 오토클레이브 양생으로 제작한다.
③ 오토클레이브 양생 등의 고압 증기 양생을 실시한 공장 제품에는 양생 후 재령에 따른 콘크리트 강도의 증가는 거의 기대할 수 없다.
④ 가압 양생은 성형된 콘크리트에 10MPa 정도의 압력을 가한 후 고온으로 양생한다.

해설 가압 양생은 성형된 콘크리트에 0.5~1.0MPa의 압력을 가한 상태하에서 약 100℃의 고온으로 양생한다.

□□□ 기 09,11,14,21
13 콘크리트 공장 제품의 양생에서 증기 양생에 대한 일반적인 설명으로 틀린 것은?

① 비빈 후 2~3시간 이상 경과된 후에 증기 양생을 실시한다.
② 거푸집과 함께 증기 양생실에 넣어 양생실의 온도를 균등하게 올린다.
③ 양생 시 온도 상승 속도는 1시간당 30℃ 이하로 하고 최고 온도는 90℃로 한다.
④ 양생실의 온도는 서서히 내려서 외기의 온도와 큰 차가 없을 정도로 된 후에 제품을 꺼낸다.

해설 양생 시 온도 상승 속도는 1시간당 20℃ 이하로 하고 최고 온도는 65℃로 한다.

□□□ 기 09,11,16
14 콘크리트 제품의 증기 양생 방법에 대한 일반적인 설명으로 틀린 것은?

① 거푸집과 함께 증기 양생실에 넣어 양생 온도를 균등하게 올린다.
② 비빈 후 2~3시간 이상 경과된 후에 증기 양생을 실시한다.
③ 온도 상승 속도는 1시간당 60℃ 이하로 하고 최고 온도는 200℃로 한다.
④ 양생실의 온도는 서서히 내려 외기의 온도와 큰 차가 없도록 하고 나서 제품을 꺼낸다.

해설 온도 상승 속도는 1시간당 20℃/hr 이하로 하고 최고 온도는 65℃로 한다.

□□□ 산09
15 공장 제품용 콘크리트의 일반 사항을 설명한 것으로 잘못된 것은?

① 굵은 골재의 최대 치수는 40mm 이하이고 공장 제품 최소 두께의 2/5 이하이며, 또한 강재의 최소 간격의 4/5를 넘어서는 안 된다.
② 프리스트레스트 콘크리트 제품의 경우 재생 골재를 사용해서는 안 된다.
③ PS 강재의 스터럽 또는 가외 철근 등에 대해서는 용접하는 것을 원칙으로 한다.
④ 콘크리트 배합에서 슬럼프가 20mm 이상인 콘크리트에 대하여는 슬럼프 시험을 원칙으로 하며, 20mm 미만인 경우 제조 방법에 적합한 시험 방법에 의한다.

해설 PS 강재에는 스터럽 또는 가외 철근 등을 용접하지 않는 것을 원칙으로 한다.

□□□ 기10
16 공장 제품용 콘크리트의 품질 검사 항목이 아닌 것은?

① 양생 온도
② 탈형할 때의 강도
③ 프리스트레스를 도입할 때의 강도
④ 거푸집 회전율

해설 공장 제품용 콘크리트의 품질검사 항목
• 양생 온도
• 탈형할 때의 온도
• 프리스트레스를 도입할 때의 강도

□□□ 기10,14 산10
17 콘크리트 공장 제품의 경화를 촉진하기 위해 실시하는 촉진 양생 방법에 속하지 않는 것은?

① 증기 양생
② 오토클레이브 양생
③ 습윤 양생
④ 적외선 양생

해설 • 콘크리트 제품의 제조에서 양생은 제품의 출하를 빠르게 하기 위해 주로 촉진 양생 방법이 사용되고 있다.
• 촉진 양생 방법에는 일반적인 상압 증기 양생, 오토클레이브 양생을 이용한 고온·고압 양생, 전기 양생 등이 있다.

□□□ 산10,11,14,16,17
18 일반적인 공장 제품에 사용되는 콘크리트의 강도는 재령 몇 일의 압축 강도 시험값을 기준으로 하는가?

① 5일
② 10일
③ 14일
④ 28일

해설 일반적인 공장 제품은 재령 14일에서의 압축 강도 시험값을 기준으로 한다.

| memo |

과목

4 콘크리트 구조 및 유지관리

01 철근 콘크리트 구조의 개념
02 철근 콘크리트 부재의 해석 및 설계
03 프리스트레스트 콘크리트
04 열화 조사 및 진단
05 보수 및 보강

CHAPTER 01 철근 콘크리트 구조의 개념

001 철근 콘크리트

■ 용어의 정의
- 표피 철근(skin reinforcement, surface reinforcement) : 전체깊이가 900mm를 초과하는 휨 부재 복부의 양 측면에 부재 축방향으로 배치하는 철근
- 후프 철근(hoop reinforcement) : 폐쇄 철근 또는 연속적으로 감는 띠철근으로 폐쇄 띠철근은 양단에 내진 갈고리를 가진 여러 개의 철근으로 만들 수 있음, 연속적으로 감은 띠철근은 그 양단에 반드시 내진 갈고리를 가져야 함
- 피복 두께(cover thickness) : 콘크리트 표면과 그에 가장 가까이 배치된 철근 표면 사이의 콘크리트의 두께

■ 철근 콘크리트가 성립하는 이유
- 철근과 콘크리트 사이의 부착 강도가 크다. 이 부착력이 두 재료 사이의 활동을 방지해서 일체 작용을 하도록 한다.
- 콘크리트 속의 철근은 녹슬지 않는다. 이것은 콘크리트가 불투수성이기 때문이다.
- 철근 인장력에 강하고 콘크리트는 압축력에 강하다.
- 철근의 탄성 계수(E_s)와 콘크리트의 탄성 계수(E_c)는 탄성 계수비가 n배의 차이가 있다.
- 철근과 콘크리트 두 재료의 열에 대한 열팽창 계수가 거의 같다. 따라서 대기 온도의 변화로 인하여 일어나는 두 재료 사이의 응력은 무시할 수 있다.

■ 철근 콘크리트의 장점
- 진동이 적고 소음이 작다.
- 내구성 및 내화성이 좋다.
- 구조물을 경제적으로 만들 수 있다.
- 복잡한 여러 조각의 구조물을 하나로 만들 수 있다.
- 구조물의 형상과 치수에 제약을 받지 않고 자유로이 만들 수 있다.

■ 철근 콘크리트의 단점
- 인장에 약하다.
- 시공 기간이 길다.
- 검사하기가 어렵다.
- 중량이 비교적 크다.
- 균열이 발생하기 쉽다.
- 개조, 보강, 해체가 어렵다.
- 부분적인 파손이 일어나기 쉽다.

■ DB하중
- 활하중은 자동차 하중 또는 표준 트럭 하중(DB 하중) 또는 차로 하중(DL 하중), 보도 등의 등분포 하중 및 궤도의 차량 하중이다.
- DB하중

교량 등급	하중 등급	총 중량 1.8W(kN)	전륜 하중 0.1W(N)
1등교	DB-24	432	24,000
2등교	DB-18	324	18,000
3등교	DB-13.5	243	13,500

---

01 표피 철근(skin reinforcement)에 대한 설명으로 옳은 것은?

① 전체 깊이가 600mm를 초과하는 휨 부재 복부의 상하면에 부재 축방향으로 배치하는 철근
② 전체 깊이가 600mm를 초과하는 휨 부재 복부의 상하면에 부재 축의 직각 방향으로 배치하는 철근
③ 전체 깊이가 900mm를 초과하는 휨 부재 복부의 양 측면에 부재 축방향으로 배치하는 철근
④ 전체 깊이가 900mm를 초과하는 휨 부재 복부의 양 측면에 부재 축의 직각 방향으로 배치하는 철근

[해설] 표피 철근(skin reinforcement) : 전체 깊이가 900mm를 초과하는 휨 부재 복부의 양 측면에 부재 축방향으로 배치하는 철근

02 철근 콘크리트가 성립되는 이유로 옳지 않은 것은?

① 철근과 콘크리트의 부착 강도가 커서 콘크리트 속의 철근은 이동하지 않는다.
② 콘크리트 속의 철근은 부식하지 않는다.
③ 철근과 콘크리트 두 재료의 탄성 계수가 같다.
④ 철근과 콘크리트의 열팽창 계수가 거의 같아 내화성이 우수하다.

[해설]
- 철근의 탄성 계수(E_s)와 콘크리트의 탄성 계수(E_c)는 탄성 계수비가 n배의 차이가 있다.
$$E_s = nE_c, \ n = \frac{E_s}{E_c}$$
- 철근의 탄성 계수는 콘크리트의 탄성 계수보다 n배 크다.

□□□ 산 09
03 철근과 콘크리트가 합성체로서 일체가 되어 외력에 저항할 수 있는 이유에 대한 설명 중 옳지 않은 것은?

① 철근과 콘크리트 사이의 부착 강도가 크다.
② 철근과 콘크리트는 열에 대한 팽창 계수가 거의 같다.
③ 콘크리트 속에 묻힌 철근은 녹슬지 않는다.
④ 철근과 콘크리트는 탄성 계수가 거의 같다.

[해설] 철근의 탄성 계수(E_s)와 콘크리트는 탄성 계수(E_c)의 n배이다.
$$n = \frac{E_s}{E_c} = 7 \sim 10$$

□□□ 기 05, 10, 14
04 교량 등급에 대하여 DB 하중을 고려할 때 1등교 DB-24 하중의 총 중량은?

① 243kN
② 324kN
③ 432kN
④ 516kN

[해설] DB 하중

교량 등급	하중 등급	총 중량 1.8W(kN)	전륜 하중 0.1W(N)
1등교	DB-24	432	24,000
2등교	DB-18	324	18,000
3등교	DB-13.5	243	13,500

□□□ 산 06
05 철근 콘크리트의 성립 이유로 적절하지 않은 것은?

① 전단력과 사인장력에 대한 균열은 철근을 설치하여 방지할 수 있다.
② 압축 응력은 철근이 부담하고, 인장 응력은 콘크리트가 부담한다.
③ 콘크리트는 내구, 내화성이 있으며 철근을 보호하여 부식을 방지한다.
④ 콘크리트와 철근이 잘 부착되면 철근의 좌굴이 방지되어 압축력에도 철근이 유효하게 작용한다.

[해설] 압축 응력은 콘크리트가 부담하고, 인장 응력은 철근이 부담한다.

□□□ 산 19
06 도로교 상부 구조의 충격계수(i) 식으로 옳은 것은? (단, L은 지간이며, i는 0.3을 초과할 수 없다.)

① $i = \dfrac{15}{40+L}$
② $i = \dfrac{7}{40+L}$
③ $i = \dfrac{15}{30+L}$
④ $i = \dfrac{7}{30+L}$

[해설] 충격계수 $i = \dfrac{15}{40+L} \leq 0.3$
여기서,
L : 활하중이 등분포 하중인 경우에 부재에 최대 응력이 일어나도록 활하중이 재하된 지간 부분의 길이이다.

□□□ 기 21
07 콘크리트의 단위질량이 2,350kg/m³이며 설계기준압축강도가 30MPa인 콘크리트의 할선탄성계수는?

① 27,525MPa
② 28,417MPa
③ 28,638MPa
④ 29,696MPa

[해설]
■ $E_c = 0.077 m_c^{1.5} \sqrt[3]{f_{cm}}$
· $m_c = 2,350 \text{kg/m}^3$
· $f_{cm} = f_{ck} + \Delta f = 30 + 4 = 34 \text{MPa}$
■ Δf 계산
· $f_{ck} = 40 \text{MPa}$ 이하이면 $\Delta f = 4 \text{MPa}$
· $f_{ck} = 60 \text{MPa}$ 이상이면 $\Delta f = 6 \text{MPa}$
· f_{ck}가 40MPa 초과 60MPa 미만이면 직선 보간
  ∴ $f_{ck} = 30 \text{MPa}$ 이면 $\Delta f = 4 \text{MPa}$
  ∴ $E_c = 0.077 \times 2,350^{1.5} \sqrt[3]{34}$
    $= 28,417 \text{MPa}$

정답 03 ④ 04 ③ 05 ② 06 ① 07 ②

002 강도 설계법

■ 강도 설계법에 의한 설계
- 부재의 공칭 강도(M_n)에 강도 감소 계수(ϕ)를 곱하여 구한 설계 강도(M_d)가 계수 하중(U)에 의한 계수 휨 강도(M_u) 이상이 되도록 설계한다.
$$M_d = \phi M_n \geq M_u$$
- 공칭 강도(M_n) : 강도 설계법의 규정과 가정에 따라 계산된 부재 또는 단면의 강도를 말한다.
- 계수 휨 강도(M_u) : 외력에 견딜 수 있기 위해 필요한 강도이다.
- 설계 강도(M_d) : 극한 외력으로 설계된 부재의 공칭 강도에 강도 감소 계수(ϕ)를 곱한 강도이다.

■ 기본 가정
- 철근 및 콘크리트의 변형률은 중립축으로부터 거리에 비례한다.
- 휨모멘트 또는 휨모멘트와 축력을 동시에 받는 부재의 콘크리트 압축연단의 극한변형률은 콘크리트의 설계기준압축강도가 40MPa 이하인 경우에는 0.0033으로 가정한다. 40MPa를 초과하는 경우는 매 10MPa의 강도 증가에 대하여 0.0001씩 감소시킨다.
- 철근의 응력이 설계기준항복강도 f_y 이하일 때 철근의 응력은 E_s를 곱한 값으로 하고, 철근의 변형률이 f_y에 대응하는 변형률보다 큰 경우 철근의 응력은 변형률에 관계없이 f_y로 하여야 한다.
- 콘크리트의 인장강도는 KDS 14 20 60(4.2.1)의 규정에 해당하는 경우를 제외하고는 철근콘크리트 부재 단면의 축강도와 휨(인장)강도 계산에서 무시할 수 있다.
- 콘크리트 압축응력의 분포와 콘크리트 변형률 사이의 관계는 직사각형, 사다리꼴, 포물선형 또는 강도의 예측에서 광범위한 실험의 결과와 실질적으로 일치하는 어떠한 형식으로도 가정할 수 있다.

■ 콘크리트의 등가 직사각형 응력 분포

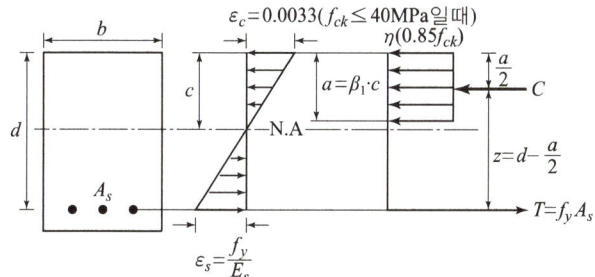

강도 설계법에 의한 보의 변형률과 응력

- 압축측 콘크리트의 응력 분포는 계산을 간편하게 하기 위하여 바꿔 놓은 직사각형을 콘크리트의 등가 직사각형 응력 분포라 한다.
- 콘크리트의 평균 응력으로 $0.85f_{ck}$를 잡고, 이 응력은 폭 b와 깊이 a에 의하여 만들어지는 보의 단면 위에 작용하는 것으로 가정한다.

- 깊이 a
$$a = \beta_1 \cdot c$$
여기서, c : 중립축으로부터 압축측 콘크리트 상단까지의 거리
β_1 : 콘크리트의 압축 강도에 따라서 변하는 계수

■ 계수 η와 β_1
- 등가 직사각형 응력블록을 적용할 때에는 $0.85f_{ck}$에 응력블록의 크기를 나타내는 계수 η를 곱하여 응력의 크기를 구하고, 등가 직사각형 응력의 깊이는 중립축 깊이에 β_1을 곱하여 구한다.
- 계수 $\eta(0.85f_{ck})$와 β_1는 다음 값을 적용한다.

f_{ck}	≤40	50	60	70	80	90
η	1.00	0.97	0.95	0.91	0.87	0.84
β_1	0.80	0.80	0.76	0.74	0.72	0.70

■ 계수 모멘트(M_u)

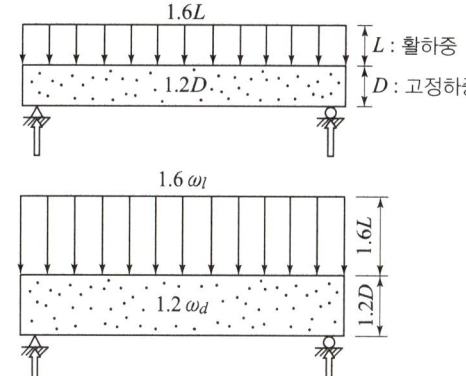

- $M_u = M_{\max} = \dfrac{U \cdot l^2}{8}$
- $U = 1.2D + 1.6L$

여기서, U : 계수 하중
D : 고정 하중 또는 이에 의해서 생기는 단면력
L : 활 하중 또는 이에 의해서 생기는 단면력

■ 계수모멘트

$$M_u = \dfrac{w_u \cdot l^2}{8}$$

- 소요 휨 강도 $w_u = 1.2w_d + 1.6w_l$

여기서, w_u : 설계하중
M_D : 고정하중에 의한 휨 모멘트
M_L : 활하중에 의한 휨 모멘트

01 콘크리트의 강도 설계법 가정 조건으로 옳지 않은 것은?

① 철근 및 콘크리트의 변형률은 중립축으로부터의 거리에 비례하지 않는다.
② 휨모멘트 또는 휨모멘트와 축력을 동시에 받는 부재의 콘크리트 압축연단의 극한변형률은 콘크리트의 설계기준압축강도가 40MPa 이하인 경우에는 0.0033으로 가정한다.
③ 콘크리트의 응력 분포는 가로 $0.85f_{ck}$, 깊이 $a = \beta_1 c$인 등가 4각형 분포로 보는 것이 일반적이다.
④ 콘크리트의 인장 강도는 철근의 인장력에 비하여 극히 작으므로 휨 계산에서 무시된다.

해설 철근 및 콘크리트의 변형률은 중립축으로부터의 거리에 비례한다.

02 철근 콘크리트를 강도 설계법으로 설계하고자 할 때 설계를 위한 가정에 대하여 틀린 것은?

① 철근 및 콘크리트의 변형률은 중립축으로부터 거리에 비례한다.
② 압축 응력의 깊이는 압축 연단에서 $a = \beta_1 c$로 계산되며, β_1은 설계 기준 강도가 28MPa보다 클 때에는 1MPa 증가할 때마다 0.007씩 증가시켜야 한다.
③ 콘크리트의 인장 강도는 휨 계산에서 무시하며, 압축 응력은 $0.85f_{ck}$로 일정한 등가 직사각형 분포로 가정해도 좋다.
④ 휨모멘트 또는 휨모멘트와 축력을 동시에 받는 부재의 콘크리트 압축연단의 극한변형률은 콘크리트의 설계기준압축강도가 40MPa 이하인 경우에는 0.0033으로 가정한다.

해설 압축 응력의 깊이는 압축 연단에서 $a = \beta_1 c$로 계산되며, β_1은 설계 기준 강도가 28MPa보다 클 때에는 1MPa 증가할 때마다 0.007씩 감소시킨다.

03 콘크리트의 설계기준압축강도가 40MPa 이하인 경우, 휨모멘트를 받는 부재의 콘크리트 압축연단의 극한 변형률은 얼마로 가정하는가?

① 0.0011
② 0.0022
③ 0.0033
④ 0.0044

해설 휨부재의 콘크리트 압축연단 극한변형률 ϵ_{cu}
- $f_{ck} \leq 40MPa$: 40MPa 이하인 경우 $\epsilon_{cu} = 0.0033$
- $f_{ck} > 40MPa$: 40MPa 초과시 매 10MPa 증가에 0.0001씩 감소
- $f_{ck} > 90MPa$: 90MPa 초과시는 성능시험값 적용

04 강도 설계법으로 설계 시 기본 가정에 어긋나는 것은?

① 철근과 콘크리트의 변형률은 중립축에서의 거리에 비례한다.
② 휨모멘트 또는 휨모멘트와 축력을 동시에 받는 부재의 콘크리트 압축연단의 극한변형률은 콘크리트의 설계기준압축강도가 40MPa 이하인 경우에는 0.0033으로 가정한다.
③ 철근 변형률이 항복 변형률(ϵ_y) 이상일 때 철근의 응력은 변형률에 관계없이 f_y 같다고 가정한다.
④ 휨 응력 계산에서 콘크리트의 인장 강도는 압축 강도의 1/10로 계산한다.

해설 휨 응력 계산에서 콘크리트의 인장 강도는 무시한다.

05 강도 설계법으로 휨 부재를 해석할 때 고정 하중 모멘트 10kN·m, 활하중 모멘트 20kN·m가 생긴다면 계수 모멘트(M_u)는?

① 42kN·m
② 44kN·m
③ 46kN·m
④ 48kN·m

해설 $M_u = 1.2M_D + 1.6M_L = 1.2 \times 10 + 1.6 \times 20 = 44 kN \cdot m$

06 고정 하중 20kN/m, 활하중 25kN/m의 등분포 하중을 받는 경간 8m의 단순보에 작용하는 최대 계수 휨 모멘트(M_u)를 구하면? (단, 하중 계수와 하중 조합을 고려하여 구할 것)

① 479kN·m
② 512kN·m
③ 548kN·m
④ 579kN·m

해설 $U = 1.2D + 1.6L = 1.2 \times 20 + 1.6 \times 25 = 64 kN/m$

$\therefore M_u = \dfrac{U \cdot l^2}{8} = \dfrac{64 \times 8^2}{8} = 512 kN \cdot m$

07 강도 설계법에서 고정 하중(D)과 활하중(L)만 작용하는 휨 부재에서 계수하중을 구하기 위한 하중 조합은?

① $U = 1.2D + 1.6L$
② $U = 1.7D + 1.4L$
③ $U = 0.4D + 0.5L$
④ $U = 1.4D + 1.4L$

해설
- 고정 하중(D)과 활하중(L)이 작용하는 경우
  $U = 1.2D + 1.6L$
- 고정 하중(D)과 활하중(L) 및 풍하중(W)이 작용하는 경우
  $U = 1.2D + 1.0L + 1.3W$

정답 01 ① 02 ② 03 ③ 04 ④ 05 ② 06 ② 07 ①

003 강도 감소 계수

설계 시 공칭 강도를 그대로 인정하면 위험하므로 부재의 결함을 예상하여 강도 감소 계수를 곱하여 설계 강도를 사용한다.

- SD 400 철근 및 프리스트레스 강재에 대한 최외단 인장 철근의 순인장 변형률 ε_t와 $\dfrac{c}{d_t}$에 따른 ϕ값의 변화

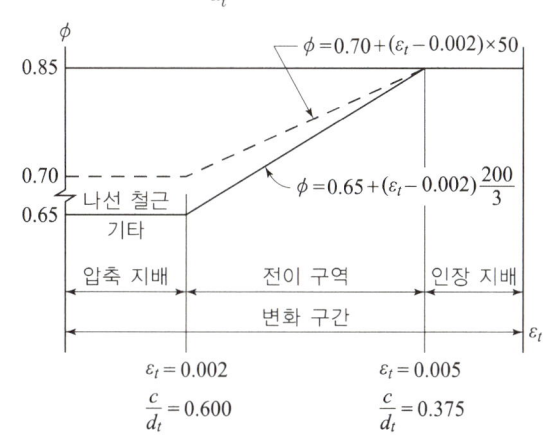

$f_y = 400\text{MPa}$인 철근 및 긴장재에 대한 최외단 인장 철근의 순인장 변형률 ε_t와 c/d_t에 따른 ϕ값의 변화

- c/d_t에 따른 ϕ값
  - 나선 $\phi = 0.70 + 0.15\left[\left(\dfrac{1}{c/d_t}\right) - \left(\dfrac{5}{3}\right)\right]$
  - 기타 $\phi = 0.65 + 0.20\left[\left(\dfrac{1}{c/d_t}\right) - \left(\dfrac{5}{3}\right)\right]$

  여기서, c : 공칭 강도에서 중립축의 깊이
  d_t : 최외단 압축 연단에서 최외단 인장 철근까지의 거리

■ 순인장 변형률

- 변형률도 $\dfrac{\varepsilon_t}{d_t - c} = \dfrac{압축변형률(0.033)}{c}$

- 순인장 변형률 $\varepsilon_t = \dfrac{d_t - c}{c} \times 압축변형률(0.0033)$

■ 지배 단면

- 인장 지배 단면 : 콘크리트 압축 연단 변형률이 0.0033에 도달할 때 최외단 인장 철근의 순인장 변형률 ε_t가 인장 지배 변형률 한계 이상인 단면
- 압축 지배 단면 : 콘크리트 압축 연단 변형률이 0.0033에 도달할 때 최외단 인장 철근의 순인장 변형률 ε_t가 압축 지배 변형률 한계 이하인 단면
- 변화 구간 단면(=전이 구역) : 순인장 변형률 ε_t가 압축 지배 변형률 한계($\varepsilon_{t,ccl}$)와 인장 지배 변형률 한계($\varepsilon_{t,tcl}$) 사이인 단면
  $\Rightarrow \varepsilon_y < \varepsilon_t \leq 0.005$

지배 단면 구분	순인장 변형률 조건	지배 단면에 따른 강도 감소 계수(ϕ)
압축 지배 단면	ε_y 이하	0.65
변화 구간 단면	$\varepsilon_y \sim 0.005$(또는 $2.5\varepsilon_y$)	0.65 ~ 0.85
인장 지배 단면	0.005 이상 ($f_y > 400\text{MPa}$인 경우 $2.5\varepsilon_y$ 이상)	0.85

* $\varepsilon_y\left(=\dfrac{f_y}{E_s}\right)$: 균형 변형률 상태에서의 인장 철근 순인장 변형률

■ 강도 감소 계수 ϕ의 값

부재단면 또는 하중(단면력의 종류)			강도 감소 계수 ϕ
인장 지배 단면(휨 부재)			0.85
포스트텐션 정착 구역			0.85
압축 지배 단면		나선 철근 부재	0.70
		그 이외의 부재	0.65
	공칭 강도에서 최외단 인장 철근의 순인장 변형률 ε_t가 압축 지배와 인장 지배 단면 사이에 있을 경우		ε_t가 압축지배 변형률 한계에서 0.005로 증가함에 따라 ϕ값을 압축지배 단면에 대한 값에서 0.85까지 증가시킨다.
전단력과 비틀림 모멘트			0.75
콘크리트의 지압력(포스트텐션 정착부나 스트럿-타이 모델은 제외)			0.65
포스트텐션 정착 구역			0.85
스트럿-타이 모델		스트럿, 타이, 절점부 및 지압부	0.75
		타이	0.85
긴장재 묻힘 길이가 정착 길이보다 작은 프리텐션 부재의 휨 단면		부재의 단면부에서 절단 길이 단부까지	0.75
		전달 길이 단부에서 정착 길이 단부 사이	0.75에서 0.85까지 선형적으로 증가시킨다.
무근 콘크리트의 휨 모멘트, 압축력, 전단력, 지압력			0.55

01 아래 그림과 같은 단철근 직사각형보에서 휨 설계에 적용하기 위한 강도 감소 계수(ϕ)는 약 얼마인가? (단, $f_y=400\text{MPa}$)

① 0.78
② 0.80
③ 0.83
④ 0.85

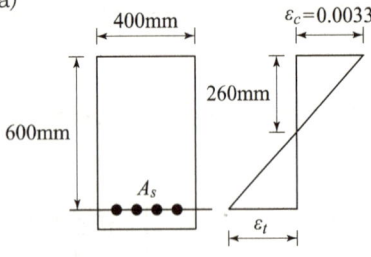

해설 $\phi=0.65+(\varepsilon_t-0.002)\dfrac{200}{3}$

$\varepsilon_t=\dfrac{d_t-c}{c}\times 0.0033$

$=\dfrac{600-260}{260}\times 0.0033=0.0043<0.005$

$\therefore \phi=0.65+(0.0043-0.002)\dfrac{200}{3}$

$=0.80$

02 그림과 같이 철근 콘크리트 휨 부재의 최외단 인장 철근의 순인장 변형률(ε_t)이 0.0040일 경우 강도 감소 계수 ϕ는? (단, $f_y=400\text{MPa}$이고, 기타의 보강은 없다.)

① 0.759
② 0.783
③ 0.814
④ 0.826

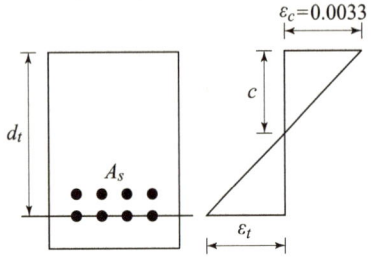

해설 순인장 변형률 ε_t가 0.002~0.05 사이인 단면

$\phi=0.65+(\varepsilon_t-0.002)\dfrac{200}{3}$

$=0.65+(0.004-0.002)\times\dfrac{200}{3}=0.783$

03 현행 콘크리트구조설계기준에 의거 강도감수계수 ϕ의 값으로 틀린 것은?

① 인장 지배 단면 : 0.85
② 압축 지배 단면으로서 나선 철근으로 보강된 철근 콘크리트 부재 : 0.85
③ 전단력과 비틀림 모멘트 : 0.75
④ 무근 콘크리트의 휨 모멘트 : 0.55

해설 압축 지배 단면으로서 나선 철근으로 보강된 철근 콘크리트 부재 : 0.70

04 폭 $b=300\text{mm}$, 유효 깊이 $d=400\text{mm}$, 등가 직사각형 깊이 $a=136\text{mm}$인 직사각형 단면의 보가 있다. 강도 설계법에 의한 설계 강도 산정 시 사용하는 강도 감소 계수값은? (단, $f_{ck}=24\text{MPa}$, $f_y=400\text{MPa}$이다.)

① 0.78
② 0.82
③ 0.83
④ 0.84

해설 · 중립축 거리 $c=\dfrac{a}{\beta_1}=\dfrac{136}{0.80}=170\text{mm}$

($\because f_{ck}=28\text{MPa}\leq 40\text{MPa}$일 때 $\beta_1=0.80$)

· 철근의 순인장 변형률(ε_t)

$\varepsilon_t=\dfrac{d-c}{c}\cdot\varepsilon_c=\dfrac{400-170}{170}\times 0.0033=0.0045<0.005$

· 순인장 변형률 ε_t가 0.002~0.05 사이인 단면의 강도 감소 계수 ϕ

$\phi=0.65+(\varepsilon_t-0.002)\times\dfrac{200}{3}$

$=0.65+(0.0045-0.002)\times\dfrac{200}{3}=0.82$

05 다음 부재 단면에 대한 강도 감소 계수(ϕ)값으로 틀린 것은?

① 인장 지배 단면 : 0.85
② 나선 철근으로 보강된 압축 지배 단면 : 0.75
③ 무근 콘크리트의 휨 모멘트 : 0.55
④ 포스트텐션 정착 구역 : 0.85

해설 나선 철근으로 보강된 압축 지배 단면 : 0.70

06 부재 단면에 적용하는 강도 감소 계수(ϕ)의 값으로 틀린 것은?

① 띠 철근으로 보강된 철근 콘크리트 부재의 압축 지배 단면 : 0.70
② 인장 지배 단면 : 0.85
③ 포스트텐션 정착 구역 : 0.85
④ 전단력과 비틀림 모멘트 : 0.75

해설 압축 지배 단면 부재의 강도 감소 계수

나선 철근으로 보강된 철근 콘크리트 부재	0.70
그 외의 철근 콘크리트 부재	0.65

$\therefore$ 띠 철근으로 보강된 철근 콘크리트 부재의 압축 지배 단면 : 0.65

004 콘크리트의 사용성과 내구성

1 처짐

■ 탄성 처짐(순간 처짐)
하중이 실리자마자 일어나는 처짐으로 부재가 탄성 거동을 한다고 보아서 역학적으로 계산한다.

■ 장기 처짐
콘크리트의 건조 수축과 크리프로 인하여 시간의 경과와 더불어 진행되는 처짐이다.

$$\lambda_\Delta = \frac{\xi}{1+50\rho'}$$

여기서, λ_Δ : 장기 처짐 계수

$\rho' = \dfrac{A_s'}{b \cdot d}$: 압축 철근비

ρ' : 단순 및 연속 경간인 경우 보 중앙에서, 캔틸레버인 경우 받침부에서 구한 값으로 한다.

ξ : 시간 경과 계수
- 5년 이상 : 2.0
- 12개월 : 1.4
- 6개월 : 1.2
- 3개월 : 1.0

- 장기 처짐 = 순간 처짐(탄성 침하) × 장기 처짐 계수(λ)
- 총처짐량 = 순간 처짐(탄성 침하) + 장기 처짐

2 처짐의 제한

■ 큰 처짐에 의하여 손상되기 쉬운 칸막이벽이나 기타 구조물을 지지하지 않는 1방향 구조물의 경우 다음 표에 정한 최소 두께를 적용하여야 한다.

■ 처짐을 계산하지 않는 경우의 보 또는 1방향 슬래브의 최소 두께

부재	최소 두께 h			
	단순 지지	1단 연속	양단 연속	캔틸레버
	· 큰 처짐에 의해 손상되기 쉬운 칸막이벽 · 기타 구조물을 지지 또는 부착하지 않은 부재			
1방향 슬래브	$\dfrac{l}{20}$	$\dfrac{l}{24}$	$\dfrac{l}{21}$	$\dfrac{l}{10}$
· 보 · 리브가 있는 1방향 슬래브	$\dfrac{l}{16}$	$\dfrac{l}{18.5}$	$\dfrac{l}{21}$	$\dfrac{l}{8}$

- 이 표의 값은 보통 콘크리트($m_c = 2,300 \text{kg/m}^3$)와 설계 기준 항복 강도 400MPa 철근을 사용한 부재에 대한 값이며 다른 조건에 대해서는 그 값을 다음과 같이 보정하여야 한다.
- $1,500 \sim 2,000 \text{kg/m}^3$ 범위의 단위 질량을 갖는 구조용 경량 콘크리트에 대해서는 계산된 h값에 $(1.65 - 0.00031 m_c)$를 곱하여야 하나, 1.09보다 작지 않아야 한다.
- f_y 400MPa 이외인 경우는 계산된 h값에 $\left(0.43 + \dfrac{f_y}{700}\right)$를 곱하여야 한다.

■ 균열 모멘트 M_{cr}

$$M_{cr} = \frac{f_r}{y_t} I_g$$

여기서, f_r : 콘크리트 파괴 계수(MPa)

$$f_r = 0.63 \lambda \sqrt{f_{ck}}$$

y_t : 중립축에서 인장측 연단까지의 거리

I_g : 철근을 무시한 콘크리트 전체 단면의 중심축에 대한 단면 2차 모멘트

■ 최대 허용 처짐

부재의 형태	고려하여야 할 처짐	처짐 한계
과도한 처짐에 의해 손상되기 쉬운 비구조 요소를 지지 또는 부착하지 않은 평지붕 구조	활하중 L에 의한 순간 처짐	$\dfrac{l}{180}$
과도한 처짐에 의해 손상되기 쉬운 비구조 요소를 지지 또는 부착하지 않은 바닥 구조	활하중 L에 의한 순간 처짐	$\dfrac{l}{360}$
과도한 처짐에 의해 손상되기 쉬운 비구조 요소를 지지 또는 부착한 지붕 또는 바닥 구조	전체 처짐 중에서 비구조 요소가 부착된 후에 발생하는 처짐 부분(모든 지속하중에 의한 장기 처짐과 추가적인 활하중에 의한 순간 처짐의 합)	$\dfrac{l}{480}$
과도한 처짐에 의해 손상될 염려가 없는 비구조 요소를 지지 또는 부착한 지붕 또는 바닥 구조		$\dfrac{l}{240}$

■ 콘크리트의 내구성

- 콘크리트 중의 염화물 함유량은 콘크리트 중에 함유된 염소 이온의 총량으로 표시한다.
- 굳지 않은 콘크리트 중의 전 염소 이온량은 원칙적으로 0.30kg/m^3 이하로 하여야 한다.
- 상수도 물을 혼합수로 사용할 때 여기에 함유되어 있는 염소 이온량이 불분명한 경우에는 혼합수로부터 콘크리트 중에 공급되는 염소 이온량을 0.4kg/m^3로 가정할 수 있다.
- 염소 이온량이 적은 재료의 입수가 곤란한 경우는 방청에 유효한 조치를 취한 후 책임기술자의 승인을 얻어 전 연소 이온량의 허용값은 0.60kg/m^3로 할 수 있다.
- 굳은 콘크리트의 최대 수용성 염소 이온 비율

부재의 종류	콘크리트속의 최대 수용성 염소 이온량 [시멘트 질량에 대한 비율(%)]
프리스트레스트 콘크리트	0.06
염화물에 노출된 철근 콘크리트	0.15
건조한 상태이거나 습기로부터 차단된 철근 콘크리트	1.00
기타 철근 콘크리트	0.30

■ 공장 제품의 특징
- 단면이 치밀(얇은)하다.
- 숙련된 작업원에 의하여 생산될 수 있다.
- 재료, 배합, 생산 설비, 시공 등의 관리를 하기 쉽다.
- KS 규격에 따라 표준화되어 실물 실험을 할 수 있는 경우가 많다.
- 생산, 취급 등의 작업을 기계화하기 쉽고 에너지 절약이 가능하다.
- 작업하기 쉬운 장소에서 콘크리트를 타설할 수 있고, 기후에 좌우되는 일이 적다.

■ 경량 콘크리트의 단위 용적 질량과 재료적 특성
- 경량 골재를 사용하는 목적은 콘크리트의 밀도를 경감하는 것이다.
- 일반적으로 콘크리트가 가볍게 되면 강도는 저하하지만 열적 성능은 좋아지는 경향이 있다.

■ 경량 콘크리트의 단위용적질량과 재료적 특성 경향

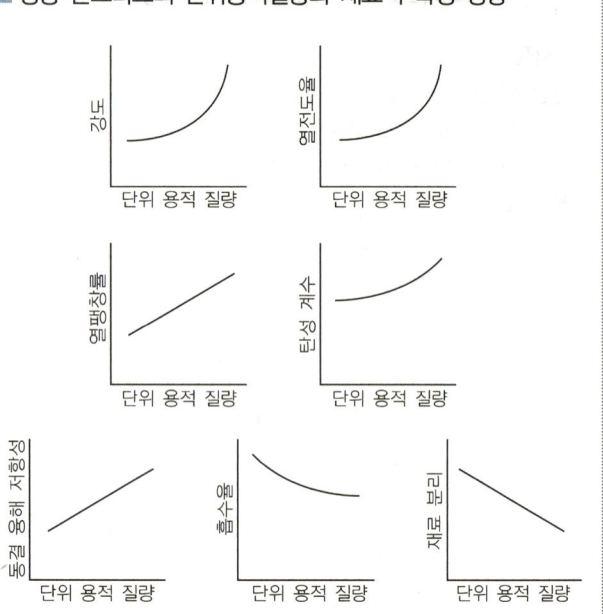

□□□ 기 09

01 콘크리트 구조 설계 기준에서 처짐 계산을 하지 않아도 되는 경우의 보 또는 1방향 슬래브의 최소 두께 규정은 설계 기준 항복 강도 400MPa의 철근에 대한 값에 대한 규정한다. 설계 기준 항복 강도가 400MPa이 아닌 경우에 최소 두께 산정에 사용하는 계수의 식으로 옳은 것은?

① $0.43 + \dfrac{f_y}{700}$ ② $\dfrac{600}{600 + f_y}$

③ 0.85 ④ $0.85\beta_1 \dfrac{f_{ck}}{f_y}$

해설 f_y가 400MPa 이외인 경우는 계산된 값에 $\left(0.43 + \dfrac{f_y}{700}\right)$를 곱하여야 한다.

□□□ 기 13

02 $f_{ck} = 21$MPa, $f_y = 300$MPa로 설계된 지간이 4m인 단순지지보가 있다. 처짐을 계산하지 않는 경우의 보의 최소 두께는?

① 200mm ② 215mm
③ 225mm ④ 250mm

해설 단순지지된 보의 경우 처짐을 계산하지 않아도 되는 최소두께

$t = \dfrac{l}{16}\left(0.43 + \dfrac{f_y}{700}\right)$

$= \dfrac{4,000}{16} \times \left(0.43 + \dfrac{300}{700}\right) = 215$mm

□□□ 기 10

03 탄성 처짐이 10mm인 철근 콘크리트 구조물에서 압축 철근이 없다고 가정하면 재하 기간이 5년 이상 지속된 구조물의 장기 처짐은 얼마인가?

① 12mm ② 15mm
③ 20mm ④ 25mm

해설
- 장기 처짐 계수 $\lambda_\Delta = \dfrac{\xi}{1+50\rho'} = \dfrac{2.0}{1+50\times 0} = 2$
- 시간 경과 계수 ξ
  ξ : 시간 경과 계수(5년 이상 : 2.0, 12개월 : 1.4, 6개월 : 1.2, 3개월 : 1.0)
- 장기 처짐 = 순간처짐(탄성 침하)×장기 처짐 계수(λ_Δ)
  $= 10 \times 2 = 20$mm

□□□ 기 06,12

04 복철근 콘크리트 단면에 압축 철근비 $\rho' = 0.015$가 배근된 경우 순간 처짐이 30mm일 때 1년이 지난 후의 전체 처짐량은? (단, 작용하중은 지속 하중이며 시간 경과 계수 $\xi = 1.4$임)

① 24mm ② 30mm
③ 42mm ④ 54mm

해설
- $\lambda_\Delta = \dfrac{\xi}{1+50\rho'} = \dfrac{1.4}{1+50\times 0.015} = 0.8$
- 장기 처짐 = 순간 처짐(탄성 침하)×장기 처짐 계수(λ_Δ)
  $= 30 \times 0.8 = 24$mm
- ∴ 총 처짐량 = 순간 처짐+장기 처짐
  $= 30 + 24 = 54$mm

05 건조 상태의 철근 콘크리트 구조에서 철근 부식 방지를 위한 콘크리트 내 수용성 염소 이온의 시멘트 질량에 대한 최대 허용 비율은 얼마인가?

① 0.15% ② 0.30%
③ 0.50% ④ 1.00%

해설 굳은 콘크리트의 최대 수용성 염소 이온 비율

부재의 종류	콘크리트속의 최대 수용성 염소 이온량 [시멘트 질량에 대한 비율(%)]
프리스트레스트 콘크리트	0.06
염화물에 노출된 철근 콘크리트	0.15
건조한 상태이거나 습기로부터 차단된 철근 콘크리트	1.00
기타 철근 콘크리트	0.30

06 속이 빈 중공형 콘크리트 말뚝과 같이 원통형 제품을 만드는 데 주로 이용되는 다짐 방법은?

① 진동 다짐 ② 원심력 다짐
③ 가압성형 다짐 ④ 봉 다짐

해설
- 가압 다짐 : 고강도 제품에 주로 사용
- 봉 다짐 : 묽은 반죽 콘크리트에 사용
- 원심력 다짐 : 원심력을 이용하여 원통형 고강도 제품에 주로 사용
- 진동 다짐 : 철근 사이 및 거푸집 사이에 잘 채워질 수 있어 부착이 양호

07 처짐에 관한 설명 중 틀린 것은?

① 구조물의 순간 및 장기 처짐량은 허용 처짐량 이하이어야 한다.
② 장기 처짐은 시간이 지남에 따라 증가율이 증가한다.
③ 하중이 재하되는 순간 발생되는 처짐을 탄성 처짐이라 한다.
④ 장기 처짐은 주로 건조 수축과 크리프에 의해 일어난다.

해설
- 탄성 처짐(즉시 처짐) : 하중이 실리자 마자 일어나는 처짐으로 부재가 탄성 거동을 한다고 보아서 역학적으로 계산한다.
- 장기 처짐 : 콘크리트의 건조 수축과 크리프로 인하여 시간의 경과와 더불어 진행되는 처짐
- 재령이 클수록 크리프는 작다.

08 콘크리트의 단위 용적 질량과 재료적 특성 경향이 틀린 것은?

①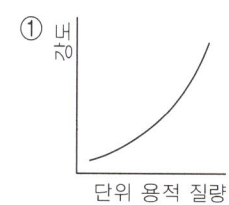
②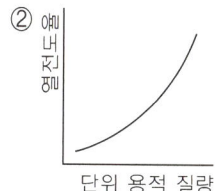
③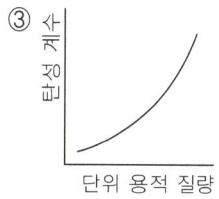
④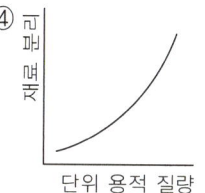

해설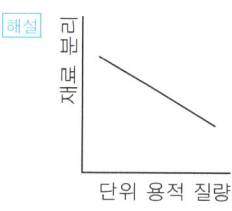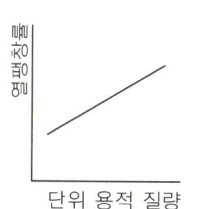

09 지속 하중에 의한 장기 처짐을 계산하는 식 중에서 지속 하중의 재하 기간에 따른 계수 ξ의 값으로 틀린 것은?

① 3개월 : $\xi=0.8$ ② 6개월 : $\xi=1.2$
③ 1년 : $\xi=1.4$ ④ 5년 이상 : $\xi=2.0$

해설 시간 경과 계수 ξ

재하 기간	시간 경과 계수
5년 이상	2.0
12개월	1.4
6개월	1.2
3개월	1.0

10 다음 중 철근 콘크리트 구조물의 장기 처짐에 가장 큰 영향을 미치는 요소는?

① 최대 철근비 ② 균형 철근비
③ 인장 철근비 ④ 압축 철근비

해설 장기 처짐 계수 $\lambda_\Delta = \dfrac{\xi}{1+50\rho'}$

여기서, 압축 철근비 $\rho' = \dfrac{A_s'}{bd}$

□□□ 산 09,10,11,12,14,17,22

11 어떤 철근 콘크리트 부재에 하중이 재하됨과 동시에 순간적인 탄성 처짐이 20mm가 발생하였으며, 이 하중이 5년 이상 지속적으로 재하되는 경우 이 부재의 최종적인 총 처짐은? (단, 단순보로서 압축철근비는 0.02)

① 30mm ② 40mm
③ 50mm ④ 60mm

해설 ・ 장기 처짐 계수 $\lambda_\Delta = \dfrac{\xi}{1+50\rho'}$

$= \dfrac{2.0}{1+50\times 0.02} = 1$

・ 시간 경과 계수 ξ
  ξ : 시간 경과 계수(5년 이상 : 2.0, 12개월 : 1.4, 6개월 : 1.2, 3개월 : 1.0)
・ 장기 처짐 = 순간 처짐(탄성 침하)×장기 처짐 계수(λ_Δ)
  $= 20 \times 1 = 20\text{mm}$
∴ 최종 총 처짐 = 20+20 = 40mm

□□□ 산 11

12 차량 하중 등 동하중을 주로 받는 1방향 구조물에서 활하중과 충격 하중으로 인한 캔틸레버의 최대 허용 처짐은 캔틸레버 길이의 비율로 얼마 이하이어야 하는가?

① 1/200 ② 1/300
③ 1/400 ④ 1/600

해설 활하중과 충격으로 인한 캔틸레버의 처짐은 캔틸레버 길이의 1/300 이하이어야 한다. 다만, 보행자의 이용이 고려된 경우 처짐은 캔틸레버 길이의 1/375까지 허용된다.

□□□ 산 10,14

13 1방향 슬래브에서 처짐을 계산하지 않는 경우 부재의 길이가 2.5m일 때 캔틸레버 부재의 슬래브 최소 두께는 얼마인가? (단, 보통 콘크리트($m_c = 2,300\text{kg/m}^3$)와 설계 기준 항복 강도 400MPa 철근을 사용한 부재)

① 89mm ② 104mm
③ 125mm ④ 250mm

해설 처짐을 계산하지 않는 경우의 보 또는 1방향 슬래브의 최소 두께

부재	단순 지지	1단 연속	양단 연속	캔틸레버
1방향 슬래브	$\dfrac{l}{20}$	$\dfrac{l}{24}$	$\dfrac{l}{21}$	$\dfrac{l}{10}$

・ 이 표의 값은 보통 콘크리트($m_c = 2,300\text{kg/m}^3$)와 설계 기준 항복 강도 400MPa 철근을 사용한 부재에 대한 값이다.

∴ $h = \dfrac{1}{10} \times 2.5 \times 1,000 = 250\text{mm}$

005 콘크리트 균열

- 콘크리트에 발생하는 균열은 구조물의 사용성, 내구성 및 미관 등 사용 목적에 손상을 주지 않도록 제한하여야 한다.

■ 강재 부식에 대한 환경 조건의 구분

건조 환경	일반 옥내 부재, 부식의 우려가 없을 정도로 보호한 경우의 보통 주거 및 사무실 건물 내부
습윤 환경	일반 옥외의 경우, 흙 속의 경우, 옥내의 경우에 있어서 습기가 찬 곳
부식성 환경	• 습윤 환경과 비교하여 건습의 반복 작용이 많은 경우, 특히 유해한 물질을 함유한 지하수위 이하의 흙 속에 있어서 강재의 부식에 해로운 영향을 주는 경우, 동결 작용이 있는 경우, 동상 방지제를 사용하는 경우 • 해양 콘크리트 구조물 중 해수 중에 있거나 극심하지 않은 해양 환경에 있는 경우(가스, 액체, 고체)
고부식성 환경	• 강재의 부식에 현저하게 해로운 영향을 주는 경우 • 해양 콘크리트 구조물 중 간만조위의 영향을 받거나 비말대에 있는 경우, 극심한 해풍의 영향을 받는 경우

■ 철근 콘크리트 구조물의 허용 균열폭 w_a(mm)

강재의 종류	강재의 부식에 대한 환경 조건			
	건조 환경	습윤 환경	부식성 환경	고부식성 환경
철근	0.4mm와 0.006C_c 중 큰 값	0.3mm와 0.005C_c 중 큰 값	0.3mm와 0.004C_c 중 큰 값	0.3mm와 0.0035C_c 중 큰 값
프리스트레싱 긴장재	0.2mm와 0.005C_c 중 큰 값	0.2mm와 0.004C_c 중 큰 값	–	–

* C_c : 최외단 주철근의 표면과 콘크리트 표면 사이의 콘크리트 최소 피복 두께(mm)

■ 수처리 구조물의 허용 균열폭 w_a(mm)

구 분	휨 인장 균열	전단면 인장 균열
오염되지 않은 물(음용수(상수도)) 시설물	0.25	0.20
오염된 액체	0.20	0.15

■ 콘크리트의 크리프

- 콘크리트에 일정한 하중을 지속적으로 주면 응력의 변화가 없어도 시간이 경화함에 따라 소성변형이 증대되는 현상을 크리프라 한다.
- 재하 기간 중의 대기의 습도가 낮을수록 크리프가 크다.
- 재하 기간 중의 대기의 온도가 높을수록 크리프가 크다.
- 조직이 치밀한 콘크리트 일수록 크리프가 작다.
- 재하 응력이 클수록 크리프가 크다.
- 단위 시멘트량이 많을수록 크리프가 크다.
- 재하 시의 재령이 작을수록 크리프가 크다.
- 조강 시멘트는 보통 시멘트보다 크리프가 작다.

■ 콘크리트의 건조수축균열

- 급격한 건조에 의해 표면의 수분이 증발되면 균열이 발생하기 쉽다.
- 균열은 표면전체에 촘촘한 망상의 형태로 발생하며 균열폭은 0.02~0.5mm 정도의 것이 많다.
- 콘크리트의 표면에서만 생기고 내부까지는 진행되지 않는 것이 일반적이다.
- 콘크리트의 건조수축은 상대습도에 직접적인 영향을 받는다.
- 물–시멘트비가 작으면 건조 수축은 감소한다.
- 습윤 양생 기간은 시멘트의 수화율과 강도 발현에는 커다란 영향을 미치지만 건조수축에 미치는 영향은 매우 작다.

■ 균열폭에 영향을 미치는 요인

- 이형 철근을 사용하면 균열폭을 최소로 할 수 있다.
- 인장측에 철근을 잘 분배하면 균열폭을 최소로 할 수 있다.
- 콘크리트 표면의 균열폭은 철근에 대한 콘크리트 피복 두께에 비례한다.
- 하중으로 인한 균열의 최대 폭은 철근의 응력과 철근 지름에 비례하며, 철근비에 비례한다.
- 균열폭을 줄이는 방법은 콘크리트의 최대 인장 구역에서 지름이 가는 철근을 여러 개 사용하고 이형 철근만을 사용한다.

■ 침하 균열

- 정의 : 콘크리트를 타설하고 다짐하여 마감 작업을 한 후에도 콘크리트 자체가 침하하게 되는데 이 경우 철근의 위치는 고정되어 있으므로 철근 위에 놓여 있는 콘크리트가 부등 침하로 인해 균열이 발생되는데 이를 침하 균열 또는 침강 균열이라 한다.
- 침하 균열의 발생 원인
  - 거푸집의 누수
  - 잔 골재율의 과다
  - 양생 과정에서 진동 충격
  - 불충분한 다짐
  - 철근 배근의 이동
- 침하 균열 영향 요소
  - 슬럼프가 클수록 침하 균열은 증가한다.
  - 블리딩이 많을 때 침하 균열은 증가한다.
  - 잔 골재율이 클수록 침하 균열은 증가한다.
  - 다짐이 불충분하면 침하 균열은 증가한다.
  - 철근 직경이 클수록 침하 균열은 증가한다.
  - 물–시멘트비가 클수록 침하 균열은 증가한다.
  - 거푸집이 밀실하지 않을 때 침하 균열은 증가한다.

■ 철근의 부식

- 주위의 온도가 높을 때
- 건조와 습윤이 반복될 때
- 상대 습도가 60%를 초과할 때
- 예상 외의 전류가 철근에 흐를 때
- 염화물 또는 그 밖의 부식성 물질이 있을 때

□□□ 기10,12,15,19
01 철근 콘크리트 구조물에서 균열폭을 줄일 수 있는 방법에 대한 설명으로 틀린 것은?

① 같은 철근량을 사용할 경우 굵은 철근을 사용하기보다는 가는 철근을 많이 사용한다.
② 철근에 발생하는 응력이 커지지 않도록 충분하게 배근한다.
③ 철근이 배근되는 곳에서 피복 두께를 크게 한다.
④ 콘크리트의 인장 구역에 철근을 골고루 배치한다.

해설 콘크리트 표면의 균열폭은 철근에 대한 콘크리트 피복 두께에 비례한다.

□□□ 산04,07,17
02 다음 중 콘크리트 자체 변형으로 인해 발생하는 수축 균열의 원인에 해당하지 않는 것은?

① 수화열 발생   ② 건조 수축
③ 탄산화   ④ 온도 변화

해설 탄산화는 콘크리트의 수축과 알칼리성의 상실을 잃은 것이다.

□□□ 산04
03 인장 철근의 설계 기준 항복 강도 f_y가 400MPa, 사용 하중에 의한 인장 철근의 인장 응력 f_s가 180MPa이고, 철근에 대한 유효 단면적 $A=1,800\text{mm}^2$일 때, 콘크리트 보의 균열폭은? (단, $\beta_c=1.2$, $d_c=80\text{mm}$)

① 0.12mm   ② 0.24mm
③ 0.30mm   ④ 0.48mm

해설 균열폭 $w(\text{mm}) = 1.08\beta_c f_s \sqrt[3]{d_c \cdot A} \times 10^{-5}$
$= 1.08 \times 1.2 \times 180 \times \sqrt[3]{80 \times 1,800} \times 10^{-5}$
$= 0.12\text{mm}$

□□□ 산05
04 수처리 구조물의 내구성과 누수 방지를 위한 허용 균열폭은 얼마인가? (단, 오염된 액체의 전 단면 인장 균열)

① 0.30mm   ② 0.25mm
③ 0.20mm   ④ 0.15mm

해설 수처리 구조물의 허용 균열폭

구 분	휨 인장 균열	전 단면 인장 균열
오염되지 않은 물	0.25m	0.20mm
오염된 액체	0.20m	0.15mm

□□□ 기13
05 다음 강재 부식으로 인한 철근콘크리트 구조물의 허용 균열폭으로 틀린 것은? (단, 여기서 C_c는 최외단 주철근의 표면과 콘크리트 표면 사이의 콘크리트 최소 피복 두께(mm))

① 건조 환경의 철근 : 0.4mm와 $0.006C_c$ 중 큰 값
② 습윤 환경의 철근 : 0.3mm와 $0.005C_c$ 중 큰 값
③ 건조 환경의 긴장재 : 0.2mm와 $0.005C_c$ 중 큰 값
④ 습윤 환경의 긴장재 : 0.3mm와 $0.007C_c$ 중 큰 값

해설 철근 콘크리트 구조물의 허용 균열폭

강재의 종류	철근	프리스트레싱 긴장재
건조 환경	0.4mm와 $0.006C_c$ 중 큰 값	0.2mm와 $0.005C_c$ 중 큰 값
습윤 환경	0.3mm와 $0.005C_c$ 중 큰 값	0.2mm와 $0.004C_c$ 중 큰 값
부식성 환경	0.3mm와 $0.004C_c$ 중 큰 값	-
고부식성 환경	0.3mm와 $0.0035C_c$ 중 큰 값	-

□□□ 산09,11,15
06 균열의 폭을 측정할 수 있는 방법이 아닌 것은?

① 균열 스케일   ② 균열 게이지
③ 균열 현미경   ④ 와이어 스트레인 게이지

해설 · 균열폭의 측정 방법 : 균열 측정기, 균열 게이지, 균열 현미경
· 균열폭 측정은 스케일에 붙은 확대경이나 현미경을 사용하는 경우도 있지만 일반적으로 균열 스케일로 측정해도 좋다.

□□□ 산12
07 다음 중 콘크리트의 균열폭을 줄일 수 있는 방법으로 가장 적합한 것은?

① 굵은 철근을 사용하기보다는 가는 철근을 많이 사용한다.
② 철근에 발생하는 응력이 커질 수 있도록 배근한다.
③ 철근이 배근되는 곳에서 피복 두께를 크게 한다.
④ 콘크리트의 압축 부분에 압축 철근을 배치한다.

해설 콘크리트의 균열폭을 줄일 수 있는 방법
· 이형 철근을 사용하면 균열폭을 최소로 할 수 있다.
· 인장측에 철근을 잘 배분하면 균열폭을 최소로 할 수 있다.
· 콘크리트 표면의 균열폭은 철근에 대한 콘크리트 피복 두께에 비례한다.
· 콘크리트의 최대 인장 구역에서 지름이 가는 철근을 여러 개 사용하는 것이 좋다.

정답 01 ③ 02 ③ 03 ① 04 ④ 05 ④ 06 ④ 07 ①

08 그림과 같은 콘크리트 보의 균열 원인으로서 가장 관계가 깊은 것은?

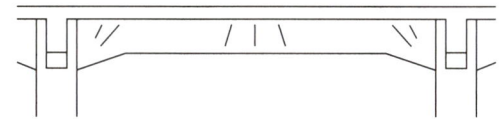

① 과하중   ② 소성 균열
③ 콘크리트 충전 불량   ④ 부등 침하

해설 보의 균열 발생 원인
- 적재하중에 의한 하중 과다
- 콘크리트의 강도 부족
- 동바리의 침하

09 콘크리트에 발생하는 소성 수축 균열을 방지하는 방법으로 적절하지 못한 것은?

① 통풍이 잘 되도록 조치한다.
② 표면을 덮개로 보호한다.
③ 표면에 급격한 온도 변화가 생기지 않도록 한다.
④ 직사광선을 받지 않도록 한다.

해설 소성 수축 균열의 방지 대책
- 수분의 급속한 증발을 방지한다.
- 적절한 살수를 하는 등 양생에 충분한 배려를 한다.
- 표면 마무리를 지나치게 하지 않고 온도 변화가 급격하지 않도록 한다.
- 타설 종료 후 콘크리트 표면을 피복하고 여름철에는 일광의 직사나 바람에 노출되지 않도록 한다.

10 굳지 않은 콘크리트에 발생하는 균열 중 침하 균열에 대한 설명으로 틀린 것은?

① 사용한 철근의 직경이 작을수록 침하 균열은 증가한다.
② 슬럼프가 큰 콘크리트를 사용하면 침하 균열은 증가한다.
③ 충분히 다짐을 하지 못한 콘크리트의 침하 균열은 증가한다.
④ 누수되는 거푸집이나 변형이 일어나기 쉬운 거푸집을 사용한 경우 침하 균열은 증가한다.

해설 철근 직경이 클수록 침하 균열은 증가한다.

11 다음 중 콘크리트의 건조 수축에 대한 영향이 가장 적은 것은?

① 습윤 양생 기간   ② 물-시멘트 비
③ 골재의 함량   ④ 상대 습도

해설
- 콘크리트의 건조 수축은 상대 습도에 직접적인 영향을 받는다.
- 건조 수축은 물-시멘트비가 감소한다.
- 건조 수축을 억제하는 정도는 골재의 양이 가장 커다란 영향을 미친다.
- 습윤 양생 기간은 시멘트의 수화율과 강도 발현에는 커다란 영향을 미치지만 건조 수축에 미치는 영향은 매우 작다.

12 콘크리트 크리프에 대한 설명으로 틀린 것은?

① 콘크리트에 일정한 하중을 지속적으로 재하할 때 응력은 늘지 않았는데 변형이 계속 진행되는 현상을 말한다.
② 재하 응력이 클수록 크리프가 크다.
③ 조직이 치밀한 콘크리트일수록 크리프가 크다.
④ 조강 시멘트는 보통 시멘트보다 크리프가 작다.

해설 조직이 치밀하지 않은 골재를 사용하거나 골재의 입도가 부적당하여 공극이 많으면 크리프가 크다.

006 철근의 상세

1 표준 갈고리

■ 주철근 스터럽 또는 띠철근

- 주철근

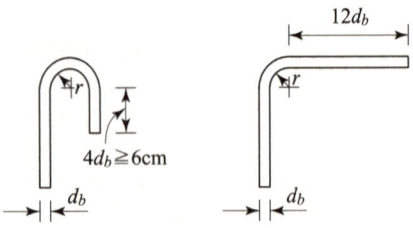

- 스터럽 또는 띠철근

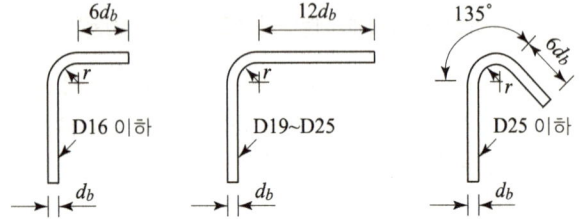

■ 주철근의 표준 갈고리

- 180°(반원형) 갈고리 : 180° 구부린 반원 끝에서 $4d_b$ 이상, 또는 60mm 이상 더 연장되어야 한다.
- 90°(직각) 갈고리 : 90° 구부린 끝에서 $12d_b$ 이상 더 연장해야 한다.

■ 스터럽과 띠철근의 표준 갈고리

- 90° 표준 갈고리
  - D16 이하인 철근은 90° 구부린 끝에서 $6d_b$ 이상 더 연장하여야 한다.
  - D19, D22와 D25인 철근은 90° 구부린 끝에서 $12d_b$ 이상 더 연장하여야 한다.
- 135° 표준 갈고리 : D25 이하의 철근은 135° 구부린 끝에서 $6d_b$ 이상 더 연장하여야 한다.

■ 구부림의 최소 내면 반지름

철근 크기	최소 내면 반지름
D10 ~ D25	$3d_b$
D29 ~ D35	$4d_b$
D38 이상	$5d_b$

2 철근의 간격

철근의 순간격에 대한 규정은 서로 접촉된 겹침 이음 철근과 인접된 이음철근 또는 연속 철근 사이의 순간격에도 적용하여야 한다.

■ 보의 주철근의 수평 순간격

- 동일 평면에서 평행한 철근 사이의 수평 순간격은 25mm 이상
- 철근의 공칭 지름 이상
- 굵은 골재의 최대 치수의 4/3배 이상

■ 보의 주철근을 2단 이상으로 배치할 때

- 상하 철근은 동일 연직면 내에 배치
- 상하 철근의 순간격은 25mm 이상

■ 나선 철근과 띠철근 기둥에서 축방향 철근의 순간격

- 휨 주철근의 간격은 벽체나 슬래브 두께의 3배 이하
- 450mm 이하
- 콘크리트 장선 구조의 경우 이 규정이 적용되지 않는다.

■ 다발 철근의 규정

- 2개 이상의 철근을 묶어서 사용하는 다발 철근은 이형 철근으로, 그 개수는 4개 이하이어야 하며, 이들은 스터럽이나 띠철근으로 둘러싸여져야 한다.
- 휨 부재의 경간 내에서는 끝나는 한 다발 철근 내의 개개 철근은 $40d_b$ 이상 서로 엇갈리게 끝나야 한다.
- 다발 철근의 간격과 최소 피복 두께를 철근 지름으로 나타낼 경우, 다발 철근의 지름은 등가단면적으로 환산된 한 개의 철근 지름으로 보아야 한다.
- 보에서 D35를 초과하는 철근은 다발로 사용할 수 없다.

3 철근의 최소 피복 두께

- 기후나 기타 외부 요인으로부터 철근을 보호하기 위해 규정한 콘크리트 피복 두께는 콘크리트 표면부터 철근의 가장 바깥면까지 최단 거리이다.
- 횡철근이 주철근을 감싸고 있는 경우에는 최소 피복 두께는 콘크리트 표면부터 스터럽, 띠철근 또는 나선 철근의 바깥면까지의 최단 거리이다.
- 포스트텐션 프리스트레싱 강재의 경우에는 덕트 또는 철제 접속구 표면까지 최단 거리이다.

■ 현장치기 콘크리트의 최소 피복 두께

- 피복 두께는 콘크리트 표면과 그에 가장 가까이 배치된 철근 표면 사이의 콘크리트의 두께이다.
- 보의 스터럽이나 기둥의 띠철근은 주철근의 바깥쪽에 배치되므로 피복 두께는 바깥쪽 철근 표면부터의 콘크리트 표면까지 최단 거리이다.

■ 프리스트레스하지 않는 부재의 현장치기 콘크리트(2021년 개정)

철근의 외부 조건			최소 피복
수중에서 치는 콘크리트			100mm
흙에 접하여 콘크리트를 친 후 영구히 흙에 묻혀 있는 콘크리트			75mm
흙에 접하거나 옥외의 공기에 직접 노출되는 콘크리트		D19 이상의 철근	50mm
		D16 이하의 철근, 지름 16mm 이하의 철선	40mm
옥외의 공기나 흙에 직접 접하지 않는 콘크리트	슬래브, 벽체, 장선	D35 초과하는 철근	40mm
		D35 이하인 철근	20mm
	쉘, 절판 부재		20mm
	보, 기둥	f_{ck}가 40MPa 이상인 경우는 규정된 값에서 10mm 저감	40mm

01 철근 콘크리트에서 콘크리트의 피복 두께에 대한 다음 사항 중 옳지 않은 것은?

① 화재 시 철근이 고온이 되는 것을 방지한다.
② 피복 두께의 제한을 두는 이유는 철근의 부식 방지, 부착력의 증대 등을 위함이다.
③ 흙에 접하여 콘크리트를 친 후 영구히 흙에 묻혀 있는 콘크리트의 최소 피복 두께는 80mm이다.
④ 보 및 기둥의 피복 두께는 주철근의 표면에서 콘크리트 표면까지의 최단 거리를 말한다.

[해설]
· 피복 두께 : 콘크리트 표면과 그에 가장 가까이 배치된 철근 표면 사이의 콘크리트의 두께이다.
· 보의 스터럽이나 기둥의 띠철근은 주철근의 바깥쪽에 배치되므로 피복 두께는 바깥쪽 철근 표면부터의 콘크리트 표면까지 최단 거리이다.

02 철근의 피복 두께에 관한 설명으로 틀린 것은?

① 흙에 직접 접하지 않은 현장치기 콘크리트의 보와 기둥의 경우 최소 피복 두께는 40mm이다.
② 현장치기 콘크리트의 경우 흙에 직접 접하지 않는 슬래브, 벽체 장선 구조에서 D35를 초과하는 철근의 최소 피복 두께는 40mm이다.
③ 현장치기 콘크리트의 경우 수중에서 타설되는 콘크리트의 최소 피복 두께는 85mm이다.
④ 철근의 피복 두께를 제한하는 이유는 기후나 기타 외부 요인으로부터 철근을 보호하기 위해서이다.

[해설] 현장치기 콘크리트의 경우 수중에서 타설되는 콘크리트의 최소 피복 두께는 100mm이다.

03 표피 철근(skin reinforcement)에 대한 설명으로 옳은 것은?

① 전체 깊이가 600mm를 초과하는 휨 부재 복부의 상하면에 부재 축방향으로 배치하는 철근
② 전체 깊이가 600mm를 초과하는 휨 부재 복부의 상하면에 부재축의 직각 방향으로 배치하는 철근
③ 전체 깊이가 900mm를 초과하는 휨 부재 복부의 양 측면에 부재축 방향으로 배치하는 철근
④ 전체 깊이가 900mm를 초과하는 휨 부재 복부의 양 측면에 부재축의 직각 방향으로 배치하는 철근

[해설] 표피 철근(skin reinforcement)
· 전체깊이가 900mm를 초과하는 휨부재 복부의 양 측면에 부재 축방향으로 배치하는 철근
· 주철근이 단면의 일부에 집중 배치된 경우일 때 부재의 측면에 발생 가능한 균열을 제어하기 위한 목적으로 주철근 위치에서부터 중립축까지의 표면 근처에 배치하는 철근

04 D25(공칭 지름 25.4mm) 철근을 90° 표준 갈고리로 제작할 때 90° 구부린 끝에서 연장되는 길이는 최소 얼마인가?

① 355mm ② 330mm
③ 305mm ④ 280mm

[해설] 90° 표준 갈고리
· D16 이하의 철근은 구부린 끝에서 $6d_b$ 이상 더 연장
· D16 및 D25 철근은 구부린 끝에서 $12d_b$ 이상 더 연장
∴ $12d_b = 12 \times 25.4 = 304.8\,\text{mm}$

□□□ 산10
05 철근의 간격에 대한 설명으로 틀린 것은?

① 동일 평면에서 평행한 철근 사이의 수평 순간격은 25mm 이상, 또한 철근의 공칭 지름 이상으로 하여야 한다.
② 상단과 하단에 2단 이상으로 배치된 경우 상하 철근을 동일 연직면 내에 배치되어야 하고, 이때 상하 철근의 순간격은 25mm 이상으로 하여야 한다.
③ 나선 철근과 띠철근이 배근된 압축 부재에서 축방향 철근의 순간격은 40mm 이상, 또한 철근 공칭 지름의 1.5배 이상으로 하여야 한다.
④ 벽체 또는 슬래브에서 휨 주철근의 간격은 벽체나 슬래브 두께의 2배 이하로 하여야 하고, 또한 550mm 이하로 하여야 한다.

해설 벽체 또는 슬래브에서 휨 주철근의 간격은 벽체나 슬래브 두께의 3배 이하로 하여야 하고, 또한 450mm 이하로 하여야 한다.

□□□ 기 16,21
06 프리스트레스 하지 않는 부재의 현장치기 콘크리트에 대한 철근의 최소 피복두께 규정으로 틀린 것은?

① 수중에서 치는 콘크리트는 최소 100mm의 피복두께를 요구한다.
② 흙에 접하여 콘크리트를 친 후 영구히 흙에 묻혀 있는 콘크리트의 최소 피복두께는 75mm이다.
③ 옥외의 공기나 흙에 직접 접하지 않는 콘크리트로서 f_{ck}가 40MPa 미만인 보의 경우 최소 피복두께는 40mm이다.
④ 흙에 접하거나 옥외의 공기에 직접 노출되는 콘크리트로서 D16 이하의 철근을 사용하는 경우 최소 피복두께는 60mm이다.

해설 흙에 접하거나 옥외의 공기에 직접 노출되는 콘크리트로서 D16 이하의 철근을 사용하는 경우 최소 피복두께는 40mm이다.

007 철근의 부착과 정착

■ 용어의 정의
- 정착 : 철근의 끝이 콘크리트로부터 빠져나오는 것에 저항하는 성질이며, 정착의 효과는 부착력에 의해서 좌우된다.
- 정착 길이 : 위험 단면에서 철근의 설계 기준 강도를 발휘하는 데 필요한 최소 묻힘 길이
- 정착 장치 : 긴장재의 끝부분을 콘크리트에 정착시켜 프리스트레스를 부재에 전달하기 위한 장치

■ 다발 철근의 정착
인장 또는 압축을 받는 하나의 다발 철근 내에 있는 개개 철근의 정착 길이 l_d는 다발 철근이 아닌 경우의 각 철근의 정착 길이보다 3개의 철근으로 구성된 다발 철근에 대해서는 20%, 4개의 철근으로 구성된 다발 철근에 대해서는 33%을 증가 시켜야 한다.

1 부착
콘크리트에 묻혀 있는 철근이 콘크리트와의 경계면에서 미끄러지지 않도록 저항하는 것을 부착(bond)이라 한다.

■ 부착에 영향을 미치는 요인과 특성
- 콘크리트의 강도가 클수록 부착 강도가 커진다.
- 이형 철근은 표면의 마디와 리브로 인해 원형 철근보다 부착 강도가 크다.
- 약간 녹이 슬어 거칠은 표면을 가진 철근은 새 철근보다 부착 강도가 크다.
- 철근의 지름이 굵은 것보다 가는 것을 여러 개 사용하는 것이 부착이 좋다.
- 철근의 피복 두께가 클수록 부착이 좋으며, 피복 두께는 적어도 철근 지름 이상이어야 한다.
- 수평 철근은 콘크리트의 블리딩 때문에 철근 밑에 수막이 생겨 연직 철근보다 부착 강도가 떨어진다.
- 부착 응력이 커지면 인장 철근 배치 방향 또는 직각 방향으로 할렬이 일어날 수 있으며, 이러한 파괴를 부착 파괴라 한다.

2 철근의 정착
철근의 양 끝이 콘크리트 속에서 미끄러지거나 빠져나오지 않도록 콘크리트 속에 충분한 길이로 묻어 두는 것을 정착(anchorage)이라 한다.

■ 정착 방법의 종류
- 묻힘 길이에 의한 정착
- 갈고리에 의한 정착
- 기계적 정착에 의한 방법
- 각 방법의 조합에 의한 방법

3 D35 이하의 인장 이형 철근의 정착
■ 정착 길이
l_d = 기본 정착길이(l_{db}) × 보정 계수

- 묻힘 길이의 기본 정착 길이 l_{db}

$$l_{db} = \frac{0.6 d_b f_y}{\lambda \sqrt{f_{ck}}} \geq 300\,mm$$

여기서, l_{db} : 기본 정착 길이
d_b : 철근 또는 철선의 공칭 직경(mm)
f_y : 철근의 항복 강도
f_{ck} : 콘크리트의 압축 강도($\sqrt{f_{ck}} \leq 8.4\,MPa$임)
λ : 경량 콘크리트 계수

- 정착 길이는 항상 300mm 이상이어야 한다.

■ 보정 계수
- α = 철근 배근 위치 계수
  - 상부 철근(정착 길이 또는 이음부 아래 300mm를 초과되게 굳지 않은 콘크리트를 친 수평 철근) : 1.3
  - 기타 철근 : 1.0
- β = 에폭시 도막 계수
  - 피폭 두께가 $3d_b$ 미만 또는 순간격이 $6d_b$ 미만인 에폭시 도막 철근 또는 철근 : 1.5
  - 기타 에폭시 도막 철근 또는 철선 : 1.2
  - 아연도금 철근 : 1.0
  - 도막되지 않은 철근 : 1.0
- λ = 경량 콘크리트 계수
  - f_y가 주어지지 않은 경량 콘크리트 : 모래경량(0.85), 전 경량(0.75)
  - f_{sp}가 주어진 경량 콘크리트 : $\dfrac{f_{sp}}{0.56\sqrt{f_{ck}}} \leq 1.0$
  - 일반 콘크리트 : 1.0

4 표준 갈고리에 의한 인장 이형 철근의 정착
- 외측 기둥에서의 정착

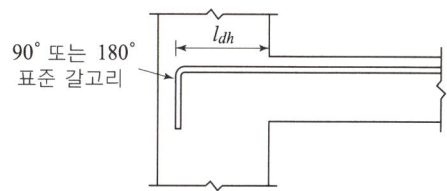

- 정착 길이 l_d = 기본 정착 길이(l_{hb}) × 보정 계수

- 철근의 설계 기준 항복 강도가 400MPa인 경우 기본 정착 길이

$$l_{hb} = \frac{0.24\beta d_b f_y}{\lambda \sqrt{f_{ck}}} \geq 150\text{mm}$$

여기서, β와 λ는 인장 철근의 정착에 사용되는 값과 같다.
- 정착 길이 l_{hb}는 항상 $8d_b$ 이상 또한 150mm 이상이어야 한다.

5 압축 이형 철근의 정착
■ 정착 길이 l_d = 기본 정착 길이(l_{db}) × 보정 계수
정착 길이는 항상 200mm 이상이어야 한다.

■ 기본 정착 길이(l_{db})

$$l_{db} = \frac{0.25 d_b f_y}{\lambda \sqrt{f_{ck}}} \geq 0.043 d_b f_y$$

- 압축 이형 철근의 정착 길이(l_{db})는 $0.043 d_b f_y$ 이상이어야 한다.

■ 보정 계수
- 지름 6mm 이상, 간격 100mm 이하인 나선 철근 또는 간격 100mm 이하인 D13 띠철근으로 둘러싸인 압축 이형 철근 : 0.75
- 실제 철근량이 소요 철근량보다 많을 때 : $\frac{\text{소요 } A_s}{\text{실제 } A_s}$

---

01 콘크리트와 철근의 부착에 영향을 주는 사항으로 틀린 것은?

① 약간 녹슨 철근이 부착 강도면에서 유리하다.
② 수평 철근은 콘크리트의 블리딩으로 인해 연직 철근보다 부착 강도가 떨어진다.
③ 동일한 철근비를 가질 경우 철근의 직경이 가는 것을 여러 개 쓰는 것보다 굵은 것을 쓰는 것이 유리하다.
④ 이형 철근의 부착 강도가 원형 철근의 부착 강도보다 크다.

[해설] 동일한 철근비를 가질 경우 철근의 직경이 굵은 것을 쓰는 것보다는 가는 것을 여러 개 쓰는 것이 부착에 유리하다.

02 인장 이형 철근 D29를 정착시키는 데 필요한 기본 정착 길이는? (단, D29 철근의 공칭 지름은 28.6mm이고, 공칭 단면적은 642.4mm²이며, $f_y = 350$MPa, $f_{ck} = 24$MPa이다.)

① 946mm ② 1,124mm
③ 1,226mm ④ 1,327mm

[해설] 인장 이형 철근의 정착(D35 이하의 철근의 경우)

$$l_{db} = \frac{0.6 d_b f_y}{\lambda \sqrt{f_{ck}}} = \frac{0.6 \times 28.6 \times 350}{1 \times \sqrt{24}} = 1,226\text{mm} \geq 300\text{mm}$$

03 휨 부재에서 $f_{ck} = 28$MPa 이상, $f_y = 320$MPa이고 인장 철근으로 D32 철근을 사용할 때 기본 정착 길이는? (단, D32 철근의 공칭직경은 31.8mm, 단면적은 794mm²)

① 1,154mm ② 1,676mm
③ 1,713mm ④ 1,823mm

[해설] 인장 이형 철근의 정착(D35 이하의 철근의 경우)

$$l_{db} = \frac{0.6 d_b f_y}{\lambda \sqrt{f_{ck}}} = \frac{0.6 \times 31.8 \times 320}{1 \times \sqrt{28}} = 1,154\text{mm}$$

04 $f_{ck} = 27$MPa, $f_y = 400$MPa로 된 보에서 표준 갈고리가 있는 인장 이형철근의 기본 정착 길이로 가장 적합한 것은? (단, 사용 철근은 D25(철근의 공칭 지름은 25.4mm이다.)

① 442mm ② 469mm
③ 515mm ④ 603mm

[해설] 표준 갈고리를 갖는 인장 이형 철근의 정착
- 철근의 설계 기준 항복 강도가 400MPa인 경우 기본 정착 길이는 다음 식으로 구한다.
- $l_{dh} = \frac{0.24\beta d_b f_y}{\lambda \sqrt{f_{ck}}}$
  $= \frac{0.24 \times 1 \times 25.4 \times 400}{1 \times \sqrt{27}} = 469\text{mm}$

05 표준 갈고리를 갖는 인장 이형 철근 D19($d_b = 19.1$mm)이 그림과 같이 배치되어 있을 때 정착 길이(l_{dh})를 구하면? (단, $f_{ck} = 21$MPa, $f_y = 400$MPa, 피복 두께로 인한 보정 계수는 0.7을 사용하며, 기타의 보정 계수는 무시한다.)

① 247mm
② 280mm
③ 300mm
④ 412mm

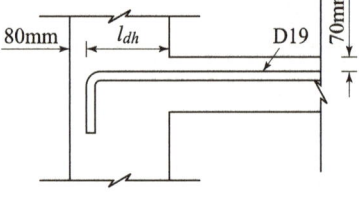

[해설] 표준 갈고리를 갖는 인장 이형 철근의 정착
- 철근의 설계 기준 항복 강도가 400MPa인 경우 기본 정착 길이는 다음 식으로 구한다.
- $l_{dh} = \frac{0.24\beta d_b f_y}{\lambda \sqrt{f_{ck}}} \times 보정 계수$
  $= \frac{0.24 \times 1 \times 19.1 \times 400}{1 \times \sqrt{21}} \times 0.7 = 280\text{mm} \geq 150\text{mm}$

정답 01 ③ 02 ③ 03 ① 04 ② 05 ②

06 휨 부재에서 $f_{ck}=24$MPa, $f_y=300$MPa일 때, D25(공칭 직경 25.4mm)인 인장 철근의 기본 정착 길이는?

① 822mm ② 934mm
③ 1,024mm ④ 1,143mm

[해설] 인장 이형 철근의 정착(D35 이하의 철근의 경우)

$$l_{db} = \frac{0.6\, d_b f_y}{\lambda \sqrt{f_{ck}}}$$
$$= \frac{0.6 \times 25.4 \times 300}{1 \times \sqrt{24}} = 933.3\text{mm} \fallingdotseq 934\text{mm}$$

07 인장 철근 D32($d_b=31.8$mm)를 정착시키는 데 필요한 기본 정착 길이(l_{db})는? (단, $f_{ck}=24$MPa, $f_y=400$MPa)

① 1,324mm ② 1,558mm
③ 1,672mm ④ 1,762mm

[해설] 인장 이형 철근의 정착(D35 이하의 철근의 경우)

$$l_{db} = \frac{0.6\, d_b f_y}{\lambda \sqrt{f_{ck}}}$$
$$= \frac{0.6 \times 31.8 \times 400}{1 \times \sqrt{24}} = 1,558\text{mm}$$

08 콘크리트의 설계 기준 강도와 철근의 항복 강도가 각각 $f_{ck}=24$MPa, $f_y=400$MPa인 부재에서 인장을 받는 표준 갈고리를 둔다면 기본 정착 길이로 가장 적합한 것은? (여기서, 철근의 공칭 지름은 25.4mm, 철근 도막 계수 $\beta=1$, 경량 콘크리트 계수 $\lambda=1$이다.)

① 470mm ② 498mm
③ 520mm ④ 550mm

[해설] 표준 갈고리를 갖는 인장 이형 철근의 정착
- 철근의 설계 기준 항복 강도가 400MPa인 경우 기본 정착 길이

$$l_{dh} = \frac{0.24 \beta d_b f_y}{\lambda \sqrt{f_{ck}}}$$
$$= \frac{0.24 \times 1 \times 25.4 \times 400}{1 \times \sqrt{24}} = 498\text{mm}$$

09 기본 정착 길이(l_{db})의 계산값이 650mm이고, 고려해야 할 보정 계수가 1.3인 부재에서 인장 이형 철근의 소요 정착길이는?

① 815mm ② 845mm
③ 900mm ④ 1,000mm

[해설] 정착 길이 l_d = 기본 정착 길이(l_{db})×보정 계수
$= 650 \times 1.3 = 845$mm

10 보통중량 골재를 사용하고, f_{ck}가 35MPa인 철근콘크리트 보에서 압축이형철근으로 D32(공칭지름 31.8mm)를 사용한다면 기본정착길이(l_{db})는? (단, $f_y=400$MPa)

① 538mm ② 547mm
③ 562mm ④ 575mm

[해설] 압축이형철근의 기본정착길이

- $l_{dh} = \dfrac{0.25 d_b f_y}{\lambda \sqrt{f_{ck}}} \geq 0.043 d_b f_f$ 이어야 한다.

$$= \frac{0.25 \times 1 \times 31.8 \times 400}{1 \times \sqrt{35}} = 538\text{mm}$$
$$\geq 0.043 \times 31.8 \times 400 = 547\text{mm}$$
$$\therefore\ l_{dh} = 547\text{mm}$$

008 철근의 이음

1 이음 일반

철근의 이음 방법
- 겹침 이음
- 용접 이음
- 기계적 이음

겹침 이음 규정

이음은 가능한 한 최대 인장 응력점부터 떨어진 곳에 두어야 한다.
- D35를 초과하는 철근은 겹침 이음을 하지 않아야 한다.
  - 인장 이형 철근의 겹침 이음 길이는 인장 이형철근의 정착 길이 (l_d)를 기본으로 한다.
- 다발 철근의 겹침 이음은 다발 내의 개개 철근에 대한 이음 길이를 기본으로 하여 결정하여야 한다.
- 휨 부재에서 서로 직접 접촉되지 않게 겹침 이음된 철근은 횡방향으로 소요 겹침 이음 길이의 1/5 또는 150mm 중 작은 값 이상 떨어지지 않아야 한다.

용접 이음과 기계적 이음의 규정
- 용접 이음은 철근의 설계 기준 항복 강도 f_y의 125% 이상을 발휘할 수 있는 완전 용접이어야 한다.
- 기계적 이음은 철근의 설계 기준 항복 강도 f_y의 125% 이상을 발휘할 수 있는 완전 용접이어야 한다.

2 인장 이형 철근 및 이형 철선의 이음
- 인장력을 받는 이형 철근 및 이형 철선의 겹침 이음 길이는 A급과 B급으로 분류한다.
- 인장 이형 철근의 겹침 이음 길이는 300mm 이상 되어야 한다.
- A급 이음 : $1.0 l_d$
- B급 이음 : $1.3 l_d$
- $l_d = \dfrac{0.90 d_b f_y}{\sqrt{f_{ck}}}$ 에서 계산된 인장 이형 철근의 정착 길이이다.
- 인장 겹침 이음

배근 A_s / 소요 A_s	소요 겹침 이음 길이 내의 이음된 철근 A_s의 최대(%)	
	50 이하	50 초과
2 이상	A급	B급
2 미만	B급	B급

3 압축 이형 철근의 겹침 이음

$f_{ck} \geq 21\,\text{MPa}$일 때

$$l_s = \left(\dfrac{1.4 f_y}{\lambda \sqrt{f_y}} - 52 \right) d_p$$

구 분	이음 길이	비 고
$f_y \leq 400\,\text{MPa}$ 일 때	$0.072 f_y d_b$보다 길 필요는 없다.	어느 경우에나 300mm 이상이어야 한다. 이때 콘크리트의 설계 기준 강도가 21MPa 미만일 경우 겹침 이음 길이를 인장 철근의 겹침 이음 길이보다 길 필요는 없다.
$f_y > 400\,\text{MPa}$ 일 때	$(0.13 f_y - 24) d_b$보다 길 필요는 없다.	

□□□ 기 09

01 철근 콘크리트 부재의 철근 이음에 관한 설명 중 틀린 것은?

① 철근의 단부 지압 이음은 폐쇄 띠철근, 폐쇄스터럽 또는 나선 철근을 배치한 압축 부재에서만 사용하여야 한다.
② 용접 이음과 기계적 이음은 철근의 항복 강도의 125% 이상을 발휘할 수 있어야 한다.
③ 압축 이형 철근의 이음에서 f_{ck}가 21MPa 미만일 경우에는 겹침 이음 길이를 1/3 증가시켜야 한다.
④ 인장 이형 철근의 겹침 이음 길이는 A급, B급 이음이 있으며, 두 경우 모두 이음 길이는 최소 250mm 이상이어야 한다.

[해설] 인장 이형 철근의 겹침 이음 길이는 A급, B급 이음이 있으며, 두 경우 모두 이음 길이는 최소 300mm 이상이어야 한다.

□□□ 산 09

02 철근의 이음에 대한 설명 중 틀린 것은?

① D35를 초과하는 철근은 겹침 이음을 하지 않는다.
② 다발 철근의 겹침 이음은 다발 내의 개개 철근에 대한 겹침 이음 길이를 기본으로 하여 결정하여야 한다.
③ 인장력을 받는 이형 철근 및 이형 철선의 겹침 이음 길이는 300mm 이상이어야 한다.
④ 용접 이음은 콘크리트의 설계 기준 압축 강도 f_{ck}의 125 퍼센트 이상을 발휘할 수 있는 완전 용접이어야 한다.

[해설] 용접 이음은 철근의 설계 기준 항복 강도 f_y의 125% 이상을 발휘할 수 있는 완전 용접이어야 한다.

□□□ 기12
03 이형 철근의 겹침 이음에 대한 설명으로 틀린 것은?

① D35를 초과하는 철근은 겹침 이음을 하지 않는다.
② 인장 이형 철근의 겹침 이음 길이는 인장 이형 철근의 정착 길이(l_d)를 기본으로 한다.
③ 겹쳐 이어지는 두 철근은 반드시 밀착시켜야 한다.
④ 인장 이형 철근의 겹침이음 길이는 300mm 이상 되어야 한다.

해설 휨 부재에서 서로 직접 접촉되지 않게 겹침 이음된 철근은 횡방향으로 소요 겹침 이음 길이의 1/5, 또는 150mm 중 작은 값 이상 떨어지지 않아야 한다.

□□□ 산09
04 철근 콘크리트 보의 주철근을 이음할 때 가장 적당한 곳은?

① 받침부로부터 경간의 1/2 되는 곳
② 받침부로부터 경간의 1/4 되는 곳
③ 보의 중앙부
④ 휨 응력이 가장 작은 곳

해설 보의 주철근의 이음은 휨 응력이 가장 작은 곳에서 이음한다.

□□□ 산09
05 압축 이형 철근의 이음에 관한 규정 중 틀린 것은?

① 서로 다른 크기의 철근을 압축부에서 겹침 이음 시 굵은 철근의 겹침 이음 길이를 적용한다.
② 겹침 이음 길이는 f_y가 400MPa 이하인 경우 $0.072 f_y d_b$ 이상 또한 300mm 이상이어야 한다.
③ f_{ck}가 21MPa 미만일 경우에는 겹침 이음 길이를 1/3 증가시켜야 한다.
④ 단부 지압 이음은 폐쇄 띠철근, 폐쇄 스터럽 또는 나선 철근을 배치한 압축 부재에서만 사용한다.

해설 서로 다른 지름의 철근을 압축부에서 겹침 이음할 경우
- 대상 철근 : (D41+D35) 또는 (D51+D35)
- 철근의 겹침 이음 길이
  · 크기가 큰 철근의 정착 길이 이상
  · 크기가 작은 철근의 겹침 이음 길이 이상

| memo |

CHAPTER 02 철근 콘크리트 부재의 해석 및 설계

009 보의 휨 파괴와 균형보

1 보의 휨 파괴
보에 작용하는 휨모멘트가 커지면 인장 철근이 약해서 파괴되는 연성(인장)파괴와 압축측 콘크리트가 약해서 파괴되는 취성(압축)파괴가 일어난다.

■ 단철근 직사각형 보
- 균형 철근비($f_{ck} \le 40\text{MPa}$)

$$\rho_b = \frac{\eta(0.85f_{ck})\beta_1}{f_y} \cdot \frac{660}{660+f_y}$$

- 철근 비

$$\rho = \frac{A_s}{b \cdot d}$$

$\rho < \rho_b$: 연성 파괴 $\rho > \rho_b$: 취성 파괴

2 연성파괴
- 압축측 콘크리트가 파괴되기 전에 인장철근이 먼저 항복하여 균열과 처짐이 점차발달하여 중립축이 압축측으로 이동하면서 콘크리트의 압축 변형률이 극한 변형률 0.003에 이르러 보가 파괴된다.
- 연성파괴는 철근이 항복한 후에 상당한 여녕을 나타내기 때문에 파괴가 갑작스럽게 일어나지 않고 단계적으로 서서히 일어난다.
- 과소 철근보 : 균형 철근비보다 철근을 적게 넣어 연성파괴를 되도록 한 보

3 취성파괴
- 철근량이 많은 경우에는 철근이 항복하기 전에 콘크리트의 변형률이 극한변형률 0.003에 도달하여 파괴시 변형이 크게 생기지 않고 압축측에서 갑자기 콘크리트의 파괴를 일으킨다.
- 취성파괴는 위험을 예측할 수 없을 뿐 아니라 철근의 재료 특성인 항복강도와 연성을 활용하지 못해 비경제적이다.
- 과다 철근보 : 균형 철근비보다 철근을 많이 넣어 취성 파괴가 일어나는 보

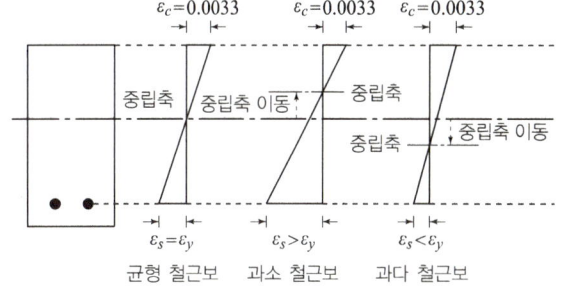

기 04

01 그림과 같은 A_s =3-D29=1,927mm² 로 보강된 단철근 직사각형 보가 과적 하중에 의해서 파괴될 때, 어떠한 형태로 파괴되는가?
(단, f_{ck} =21MPa, f_y =300MPa)

① 균형 파괴
② 연성 파괴
③ 취성 파괴
④ 일정하지 않다.

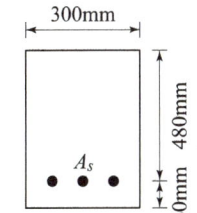

해설 ■ 균형 철근비 $\rho_b = \frac{\eta(0.85f_{ck})\beta_1}{f_y} \cdot \frac{660}{660+f_y}$

f_{ck} =21MPa ≤ 40MPa 일 때
$\eta = 1$, $\beta_1 = 0.80$

∴ $\rho_b = \frac{1 \times (0.85 \times 21)0.80}{300} \times \frac{660}{660+300} = 0.0327$

■ 철근비 $\rho = \frac{A_s}{bd_o} = \frac{1,927}{300 \times 480} = 0.0134 < 0.0327$

∴ 연성파괴

∴ $\rho = 0.0134 < \rho_b = 0.0337$이므로 연성 파괴

- 연성 파괴 : 균형 철근 단면적보다 적은 양의 철근을 배치한 보. 즉 저보강보는 이 파괴 형태를 취한다.
- 취성 파괴 : 균형 철근 단면적보다 많은 철근을 배치한 보. 즉 과보강보는 이 파괴 형태로 파괴된다.

기 13

02 보를 설계할 때, 보통 과소철근(under-reinforcement)으로 설계하도록 권장하고 있는 이유로 가장 타당한 것은?

① 콘크리트의 취성파괴를 방지하기 위하여
② 철근이 고가이므로 경제성을 위하여
③ 철근의 인장응력이 크기 때문에
④ 철근의 배치가 쉽고, 시공성이 용이하기 때문에

해설 과소 철근보 : 부재의 갑작스런 파괴(취성파괴)를 방지하기 위해 철근비의 범위를 연성파괴로 유도한다.

010 단철근 직사각형보

■ 균형 단면보($f_{ck} \leq 40\text{MPa}$)

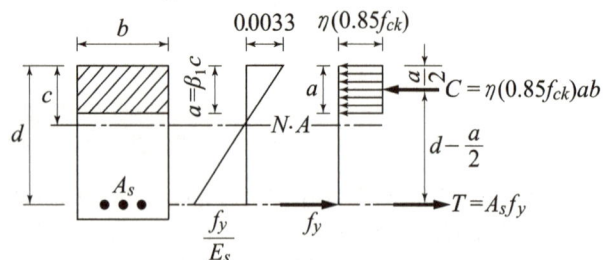

(a) 단면 (b) 변형률도 (c) 응력도 (d) 내부 우력

■ 균형보의 중립축 위치(c)

$$c = \frac{0.0033}{0.0033 + \frac{f_y}{E_s}} \cdot d = \frac{660}{660 + f_y} \cdot d$$

■ 균형 철근비

- 철근비 $\rho = \dfrac{A_s}{b \cdot d}$

- 균형 철근비 $\rho_b = \dfrac{\eta(0.85 f_{ck}) \beta_1}{f_y} \cdot \dfrac{660}{660 + f_y}$

- 최대 철근비 $\rho_{\max} = 0.75 \rho_b$

■ 철근량(A_s)

$$\rho_{\max} = \frac{A_s}{b \cdot d}$$

$$A_s = \rho_{\max} \cdot b \cdot d = \frac{\eta(0.85 f_{ck}) \cdot a \cdot b}{f_y}$$

■ 휨부재의 허용값

철근의 설계기준 항복강도(f_y)	휨부재 허용값	
	최소 허용변형률	해당 철근비
300MPa	0.004	$0.658 \rho_b$
350MPa	0.004	$0.692 \rho_b$
400MPa	0.004	$0.726 \rho_b$
500MPa	$0.005(2\epsilon_y)$	$0.699 \rho_b$
600MPa	$0.006(2\epsilon_y)$	$0.677 \rho_b$

■ 등가 응력 사각형의 깊이(a)

$$a = \frac{A_s \cdot f_y}{\eta(0.85 f_{ck}) b} = \frac{f_y \cdot \rho \cdot b \cdot d}{\eta(0.85 f_{ck}) b} = \frac{f_y \cdot \rho \cdot d}{\eta(0.85 f_{ck})}$$

■ 공칭 휨 강도(M_n)

$$M_n = f_y \cdot A_s \left(d - \frac{a}{2}\right)$$

$$= \eta(0.85 f_{ck}) a \cdot b \left(d - \frac{a}{2}\right)$$

■ 설계 휨 강도(M_d)

$$M_d = \phi M_n = \phi f_y \cdot A_s \left(d - \frac{a}{2}\right)$$

$$= \phi M_n = \phi(\eta 0.85 f_{ck}) \cdot a \cdot b \left(d - \frac{a}{2}\right)$$

---

01 단철근 직사각형보에서 $f_{ck} = 30\text{MPa}$, $f_y = 300\text{MPa}$일 때 균형 철근비를 구한 값은?

① 0.025 ② 0.034
③ 0.047 ④ 0.052

해설 균형 철근비 $\rho_b = \dfrac{\eta(0.85 f_{ck}) \beta_1}{f_y} \dfrac{600}{600 + f_y}$

$f_{ck} = 30\text{MPa} \leq 40\text{MPa}$일 때
$\eta = 1$, $\beta_1 = 0.80$

$\therefore \rho_b = \dfrac{1 \times (0.85 \times 30) \times 0.80}{300} \times \dfrac{660}{660 + 300} = 0.047$

02 폭은 300mm, 유효 깊이는 500mm, A_s는 1,700mm², f_{ck}는 24MPa, f_y는 350MPa인 단철근 직사각형 보가 있다. 균형 철근비는 얼마인가?

① 0.0305 ② 0.0331
③ 0.0352 ④ 0.0374

해설 $\cdot \rho_b = \dfrac{\eta(0.85 f_{ck}) \beta_1}{f_y} \dfrac{660}{660 + f_y}$

$f_{ck} = 24\text{MPa} \leq 40\text{MPa}$일 때
$\eta = 1$, $\beta_1 = 0.80$

$\therefore \rho_b = \dfrac{1 \times (0.85 \times 24) \times 0.80}{350} \times \dfrac{660}{660 + 350} = 0.0305$

03 그림의 단면에 균형 철근량이 배근되었을 때의 등가 압축 응력의 깊이(a)를 구하면? (단, $f_{ck}=30$MPa, $f_y=400$MPa이다.)

① 270mm
② 236mm
③ 225mm
④ 206mm

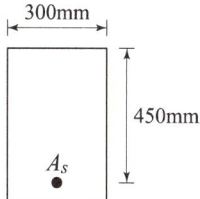

해설
- $\rho_b = \dfrac{\eta(0.85f_{ck})\beta_1}{f_y}\dfrac{660}{660+f_y}$

  $f_{ck}=30$MPa ≤ 40MPa일 때
  $\eta=1$, $\beta_1=0.80$
  $\therefore \rho_b = \dfrac{1\times(0.85\times30)\times0.80}{400}\times\dfrac{660}{660+400}=0.0318$

- $\rho_b = \dfrac{\eta(0.85f_{ck})\cdot a}{f_y\cdot d}$ 에서
  $\therefore a = \dfrac{\rho_b\cdot f_y\cdot d}{\eta(0.85f_{ck})} = \dfrac{0.0318\times400\times450}{1\times0.85\times30}=225\,\text{mm}$

04 그림과 같은 단면이 균형 단면이 되기 위한 철근량(A_s)은? (단, $f_{ck}=24$MPa, $f_y=400$MPa이다.)

① 1,934mm²
② 1,684mm²
③ 2,347mm²
④ 2,241mm²

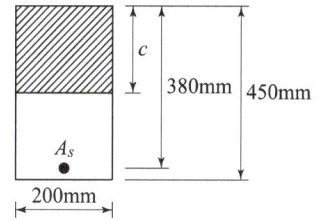

해설 철근량 $A_s = \dfrac{\eta(0.85f_{ck})a\cdot b}{f_y}$

- 균형보의 중립축의 위치
  $c = \dfrac{660}{660+f_y}d = \dfrac{660}{660+400}\times380=237\text{mm}$
  $f_{ck}=24$MPa ≤ 40MPa일 때
  $\eta=1$, $\beta_1=0.80$
- $a=\beta_1\cdot c=0.80\times237=189.6\text{mm}$
  $\therefore A_s = \dfrac{1\times0.85\times24\times189.6\times200}{400}=1,934\,\text{mm}^2$

05 그림과 같은 단면을 가진 보를 강도설계법으로 설계할 경우 최대철근량은 얼마인가? (단, $f_{ck}=21$MPa, $f_y=300$MPa이다.)

① $A_s=1,836$mm²
② $A_s=1,964$mm²
③ $A_s=2,023$mm²
④ $A_s=2,136$mm²

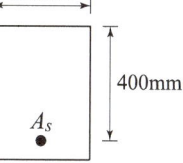

해설 ■ 최대 철근비에 의한 철근량을 계산
$A_s = \rho_{\max}\cdot b\cdot d$

- $\rho_b = \dfrac{\eta(0.85f_{ck})\cdot\beta_1}{f_y}\times\dfrac{660}{660+f_y}$
  $f_{ck}\leq40$MPa일 때 $\beta_1=0.80$, $\eta=1$
  $\rho_b = \dfrac{1\times0.85\times21\times0.80}{300}\times\dfrac{660}{660+300}=0.03273$
- $\rho_{\max}=0.75\rho_b=0.75\times0.03273=0.02455$
  $\therefore A_s=0.02455\times200\times400=1,964\,\text{mm}^2$

06 폭 300mm, 유효 깊이 500mm, $A_s=1,700$mm², $f_{ck}=24$MPa, $f_y=350$MPa인 단철근 직사각형보가 있다. 강도설계법으로 설계할 때 설계 휨 강도(ϕM_n)는 얼마인가? (단, 인장 철근은 1열로 배치되어 있다.)

① 228.3kN·m
② 243.8kN·m
③ 268.5kN·m
④ 236.8kN·m

해설 $\phi M_n = 0.85 f_y \cdot A_s\left(d-\dfrac{a}{2}\right)$

$a = \dfrac{f_y\cdot A_s}{\eta(0.85f_{ck})b} = \dfrac{350\times1,700}{1\times0.85\times24\times300}=97.22\text{mm}$

$\therefore \phi M_n = 0.85\times350\times1,700\times\left(500-\dfrac{97.22}{2}\right)$
$= 228,290,493\,\text{N}\cdot\text{mm}=228.3\,\text{kN}\cdot\text{m}$

07 철근의 단면적 $A_s=3,000$mm², $f_{ck}=30$MPa, $f_y=400$MPa인 단철근 직사각형 보의 전압축력 C는? (단, 이 보는 과소 철근보이다.)

① 400kN
② 900kN
③ 1,200kN
④ 12,000kN

해설 $C=T$에서
$C = A_s f_y$
$= 3,000\times400 = 1,200,000\text{N}=1,200\text{kN}$

08 인장 철근이 일렬로 배치되어 있으며, $f_{ck}=23$MPa, $f_y=320$MPa인 단철근 직사각형 보의 설계 모멘트 강도(ϕM_n)는 얼마인가? (단, $b_w=250$mm, $d=500$mm, $A_s=2,000$mm²이다.)

① 156.3kN·m ② 236.4kN·m
③ 356.3kN·m ④ 396.4kN·m

해설 $\phi M_n = 0.85 f_y \cdot A_s \left(d - \dfrac{a}{2}\right)$

· $a = \dfrac{f_y \cdot A_s}{\eta(0.85 f_{ck})b} = \dfrac{320 \times 2,000}{1 \times 0.85 \times 23 \times 250} = 130.95$mm

∴ $\phi M_n = 0.85 \times 320 \times 2,000 \times \left(500 - \dfrac{130.95}{2}\right)$
$= 236,381,600$N·mm $= 236.4$kN·m

09 $b_w=300$mm, $d=600$mm인 단철근 직사각형 보에서, $f_{ck}=27$MPa, $f_y=300$MPa이고, $A_s=3,700$mm²가 1열로 배치되어 있다면, 설계 휨 강도(ϕM_n)는?

① 390kN·m ② 490kN·m
③ 590kN·m ④ 690kN·m

해설 $\phi M_n = 0.85 f_y \cdot A_s \left(d - \dfrac{a}{2}\right)$

$a = \dfrac{f_y \cdot A_s}{\eta(0.85 f_{ck})b} = \dfrac{300 \times 3,700}{1 \times 0.85 \times 27 \times 300} = 161.22$mm

∴ $\phi M_n = 0.85 \times 300 \times 3,700 \times \left(600 - \dfrac{161.22}{2}\right)$
$= 490,044,465$N·mm $= 490$kN·m

10 그림의 단면에 철근 3-D25를 배근하였을 때 설계 휨 강도(ϕM_n)를 구하면? (단, $f_{ck}=21$MPa, $f_y=400$MPa 철근 3개의 단면적 (A_s)은 1,520mm²이다.)

① 333.2kN·m
② 303.2kN·m
③ 233.2kN·m
④ 203.2kN·m

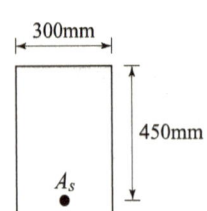

해설 $\phi M_n = 0.85 f_y \cdot A_s \left(d - \dfrac{a}{2}\right)$

· $a = \dfrac{f_y \cdot A_s}{\eta(0.85 f_{ck})b} = \dfrac{400 \times 1,520}{1 \times 0.85 \times 21 \times 300} = 113.54$mm

∴ $\phi M_n = 0.85 \times 400 \times 1,520 \times \left(450 - \dfrac{113.54}{2}\right)$
$= 203,221,264$N·mm $= 203.2$kN·m

11 폭은 30cm, 유효 깊이는 50cm, A_s는 20cm², f_{ck}는 28MPa, f_y는 400MPa인 단철근 직사각형 보에서 철근비는?

① 0.0343 ② 0.0295
③ 0.0205 ④ 0.0133

해설 $\rho = \dfrac{A_s}{bd} = \dfrac{20}{30 \times 50} = 0.0133$

12 아래 그림과 같은 단철근 직사각형 보에 균형 철근량이 배근되었을 때 중립축의 위치(c)는? (단, $f_{ck}=24$MPa, $f_y=400$MPa이다.)

① 164mm
② 190mm
③ 237mm
④ 270mm

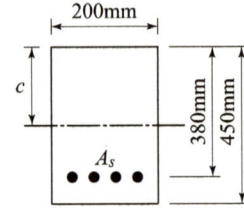

해설 $c = \dfrac{660}{660 + f_y} d$
$= \dfrac{660}{660 + 400} \times 380 = 237$mm

13 아래의 휨 부재에서 균열을 제어하기 위한 인장철근의 간격 제한 규정에 대한 설명으로 틀린 것은?

$$s = 375\left(\dfrac{k_{cr}}{f_s}\right) - 2.5c_c \qquad s = 300\left(\dfrac{k_{cr}}{f_s}\right)$$

① c_c는 인장철근이나 긴장재의 표면과 콘크리트 표면사이의 최소 두께이다.
② f_s는 설계기준항복강도 f_y의 2/3를 근사적으로 사용할 수 있다.
③ k_{cr}은 철근의 노출조건을 고려한 계수로, 건조환경일 경우 210으로 한다.
④ f_s는 사용하중 상태에서 인장연단에서 가장 가까이에 위치한 철근의 응력이다.

해설 k_{cr}은 철근의 노출조건을 고려한 계수로, 건조환경일 경우 280이고 그 외의 환경에 노출되는 경우에는 210이다.

14
그림과 같은 단철근 직사각형 보에서 $f_y=400\text{MPa}$, $f_{ck}=30\text{MPa}$일 때 강도 설계법에 의한 등가 응력의 깊이는?

① 49.2mm
② 94.1mm
③ 13.8mm
④ 21.7mm

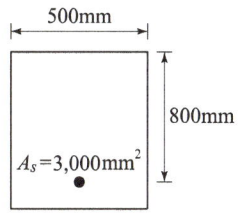

해설 $f_{ck} \leq 40\text{MPa}$일 때
$\eta=1.0$, $\beta_1=0.80$
$a = \dfrac{f_y \cdot A_s}{\eta(0.85f_{ck})b}$
$= \dfrac{400 \times 3{,}000}{1 \times 0.85 \times 30 \times 500} = 94.1\text{mm}$

15
강도 설계법에서 그림과 같은 단철근 보에 대해 $f_{ck}=24\text{MPa}$이고, $f_y=400\text{MPa}$이면 철근량 A_s는?

① 2,320.5mm²
② 2,520.5mm²
③ 2,720.5mm²
④ 2,920.5mm²

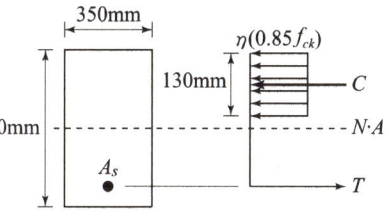

해설 $A_s = \dfrac{\eta(0.85f_{ck})ab}{f_y}$
$= \dfrac{1 \times 0.85 \times 24 \times 130 \times 350}{400} = 2{,}320.5\text{mm}^2$

16
그림과 같은 단철근 직사각형 단면의 공칭 휨 강도(M_n)는? (단, $A_s=2{,}540\text{mm}^2$, $f_{ck}=24\text{MPa}$, $f_y=300\text{MPa}$이다.)

① 295.5kN·m
② 272.9kN·m
③ 251.1kN·m
④ 228.5kN·m

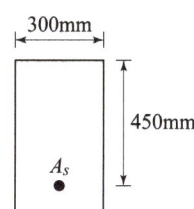

해설 $M_n = \phi f_y A_s \left(d - \dfrac{a}{2}\right)$
- $a = \dfrac{A_s f_y}{\eta(0.85f_{ck})b} = \dfrac{2540 \times 300}{1 \times 0.85 \times 24 \times 300} = 124.5\text{mm}$
∴ $M_n = 300 \times 2{,}540\left(450 - \dfrac{124.5}{2}\right)$
$= 295{,}465{,}500\text{N}\cdot\text{mm} = 295.5\text{kN}\cdot\text{m}$

17
강도 설계법에 의해 설계할 때, $b=250\text{mm}$, $d=500\text{mm}$인 단철근 직사각형 보에서 사용할 수 있는 최대 인장 철근량은? (단, $f_{ck}=24\text{MPa}$, $f_y=400\text{MPa}$이다.)

① 2,388mm²
② 2,525mm²
③ 2,622mm²
④ 2,760mm²

해설 · 균형 철근비
$\rho_b = \dfrac{\eta(0.85f_{ck})\beta_1}{f_y} \cdot \dfrac{660}{660+f_y}$
$= \dfrac{1 \times (0.85 \times 24) \times 0.80}{400} \times \dfrac{660}{660+400} = 0.0254$
· 최대 철근비 $\rho_{\max} = 0.75\rho_b = 0.75 \times 0.0254 = 0.0191$
∴ 최대 인장 철근량 $A_{s,\max} = \rho_{\max}bd$
$= 0.0191 \times 250 \times 500$
$= 2{,}388\text{mm}^2$

18
$f_{ck}=21\text{MPa}$, $f_y=300\text{MPa}$인 단철근 직사각형 보의 설계 모멘트 강도 ϕM_n은 얼마인가? (단, 과소 철근보이며, $b=400\text{mm}$, $d=600\text{mm}$, $A_s=2{,}400\text{mm}^2$, $\phi=0.85$이다.)

① 223.23kN·m
② 245.24kN·m
③ 315.78kN·m
④ 336.34kN·m

해설 $\phi M_n = 0.85 f_y \cdot A_s \times \left(d - \dfrac{a}{2}\right)$
· $a = \dfrac{f_y \cdot A_s}{\eta(0.85f_{ck})b} = \dfrac{300 \times 2{,}400}{1 \times 0.85 \times 21 \times 400} = 100.84\text{mm}$
∴ $\phi M_n = 0.85 \times 300 \times 2{,}400 \times \left(600 - \dfrac{100.84}{2}\right)$
$= 336{,}342{,}960\text{N}\cdot\text{mm} = 336.34\text{kN}\cdot\text{m}$

19
단철근 직사각형 보에서 $f_y=300\text{MPa}$, $f_{ck}=50\text{MPa}$일 때 강도설계법에 의한 균형 철근비는?

① 0.045
② 0.054
③ 0.076
④ 0.089

해설 균형 철근비 $\rho_b = \dfrac{\eta(0.85f_{ck})\beta_1}{f_y} \dfrac{660}{660+f_y}$
$f_{ck}=50\text{MPa} \leq 50\text{MPa}$일 때
$\eta=0.97$, $\beta_1=0.80$
∴ $\rho_b = \dfrac{0.97 \times (0.85 \times 50) \times 0.80}{300} \times \dfrac{660}{660+300} = 0.076$

011 복철근 직사각형보

■ 복철근 직사각형보의 단면 해석

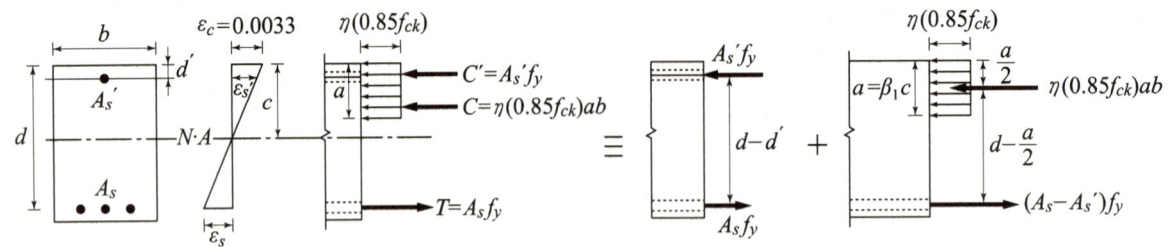

여기서, A_s' : 압축 철근의 단면적
d' : 압축 연단에서 압축 철근의 도심까지의 거리 (mm)
C_c : 압축측 콘크리트가 부담하는 압축력
C_s : 압축 철근이 부담하는 압축력
T : 인장 철근이 부담하는 인장력

■ 복철근보로 하는 이유
- 부재의 처짐을 최소화하기 위한 경우
- 정(+), 부(-) 휨 모멘트가 한 단면에서 반복되는 경우
- 보의 높이가 제한되어 단철근 단면으로는 설계 모멘트를 견딜 수 없는 경우

■ 압축 철근을 사용하는 이유
- 연성을 증가시킨다.
- 철근의 배치가 쉽다.
- 지속하중에 의한 처짐을 감소시킨다.
- 파괴 모드를 압축 파괴에서 인장 파괴로 변화시킨다.
- 철근의 배치가 쉽다.

■ 복철근보의 총 응력
- 총 압축력 : $C = \eta(0.85f_{ck})a \cdot b + f_y A_s'$
- 총 인장력 : $T = A_s \cdot f_y$

■ 등가 응력 사각형의 깊이 a
$C = T$ 이므로
$C = C_c + C_s = \eta(0.85 f_{ck}) \cdot a \cdot b + A_s' \cdot f_y$
$T = f_y \cdot A_s$
$a = \dfrac{f_y(A_s - A_s')}{\eta(0.85 f_{ck}) b}$

■ 공칭 휨 강도
$$M_n = \left\{ A_s' f_y(d-d') + (A_s - A_s') f_y \left(d - \dfrac{a}{2}\right) \right\}$$

■ 설계 휨 강도
$$M_d = \phi M_n = \phi \left\{ A_s' f_y(d-d') + (A_s - A_s') f_y \left(d - \dfrac{a}{2}\right) \right\}$$

■ 인장 철근의 하한 철근비
$$\rho_{min} = \dfrac{\eta(0.85 f_{ck})\beta_1}{f_y} \cdot \dfrac{d'}{d} \cdot \dfrac{660}{660 - f_y} + \rho'$$

기 09, 13

01 철근 콘크리트 구조물에서 압축 철근을 배치할 때의 방법으로 틀린 것은?

① 지속 하중에 의한 처짐을 감소시킨다.
② 파괴 모드를 인장 파괴에서 압축 파괴로 변화시킨다.
③ 연성을 증가시킨다.
④ 스터럽 철근 고정과 같은 철근의 조립을 쉽게 한다.

해설 파괴 모드를 압축파괴에서 인장 파괴로 변화시킨다. 압축 철근을 충분히 보강하면 콘크리트가 분쇄하기 전에 인장 철근이 먼저 항복하여 연성 파괴 모드를 갖게 된다.

기 11

02 복철근 직사각형 보의 $A_s' = 1,927\text{mm}^2$, $A_s = 4,765\text{mm}^2$ 이다. 등가 직사각형 블록의 응력 깊이(a)는?
(단, $f_{ck} = 28\text{MPa}$, $f_y = 350\text{MPa}$)

① 139mm
② 147mm
③ 158mm
④ 167mm

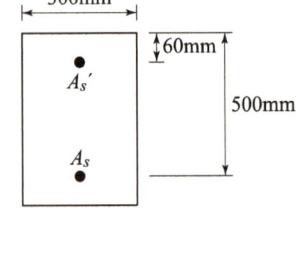

해설 $a = \dfrac{f_y(A_s - A_s')}{\eta(0.85 f_{ck})b}$

$= \dfrac{350(4,765 - 1,927)}{1 \times 0.85 \times 28 \times 300} = 139.1\text{mm}$

□□□ 기 05

03 복철근보의 단면이 압축부에 3-D22($A_s = 11.61\text{cm}^2$)의 철근과 인장부에 6-D32($A_s = 47.65\text{cm}^2$)의 철근을 갖고 있을 때의 압축부의 총 압축력 C의 크기는? (단, $f_{ck} = 28\text{MPa}$, $f_y = 350\text{MPa}$이다.)

① 2,074kN
② 1,668kN
③ 1,261kN
④ 406kN

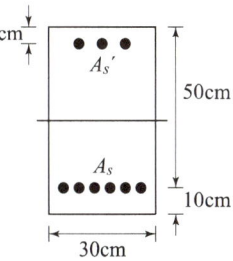

해설 총 압축력 $C = C_c + C_s$
$T = 0.85 f_y \cdot a \cdot b + f_y \cdot A_s' = f_y \cdot A_s$

· $a = \dfrac{f_y(A_s - A_s')}{\eta(0.85 f_{ck}) \cdot b}$

$= \dfrac{350(47.65 - 11.61) \times 10^2}{1 \times 0.85 \times 28 \times 300} = 176.7\text{mm}$

∴ $C = 1 \times 0.85 \times 28 \times 176.7 \times 300 + 350 \times (11.61 \times 10^2)$
$= 1,667,988\text{N} = 1,668\text{kN}$

□□□ 기 12

04 그림의 복철근 단면이 압축부에 3-D22($A_s' = 1,161\text{mm}^2$)의 철근과 인장부에 6-D32($A_s = 4,765\text{mm}^2$)의 철근을 갖고 있을 때 공칭 휨 강도(M_n)를 구하면? (단, 파괴 시 압축부의 철근이 항복한다고 가정하고, $f_{ck} = 28\text{MPa}$, $f_y = 350\text{MPa}$이다.)

① 702.1kN·m
② 747.6kN·m
③ 785.7kN·m
④ 824.3kN·m

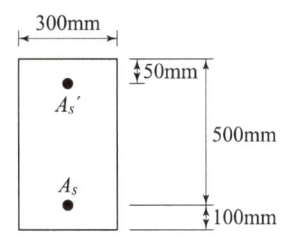

해설 공칭 휨 강도
$M_n = f_y(A_s - A_s')\left(d - \dfrac{a}{2}\right) + f_y \cdot A_s'(d - d')$

· $a = \dfrac{f_y(A_s - A_s')}{\eta(0.85 f_{ck}) \cdot b} = \dfrac{350(4,765 - 1,161)}{1 \times 0.85 \times 28 \times 300} = 176.67\text{mm}$

∴ $M_n = 350(4,765 - 1,161)\left(500 - \dfrac{176.67}{2}\right) + 350 \times 1,161(500 - 50)$
$= 702,131,731\text{N} \cdot \text{mm} = 702.1\text{kN} \cdot \text{m}$
($\because$ 1kN·mm = 1,000,000N·mm)

□□□ 기 13

05 아래 그림과 같은 복철근 직사각형보에서 공칭 휨 강도(M_n)는 약 얼마인가? (단, $f_{ck} = 35\text{MPa}$, $f_y = 350\text{MPa}$, $b = 300\text{mm}$, $d = 460\text{mm}$, $d' = 60\text{mm}$, $A_s = 4,765\text{mm}^2$, $A_s' = 1,284\text{mm}^2$이다.)

① 657kN·m
② 757kN·m
③ 857kN·m
④ 957kN·m

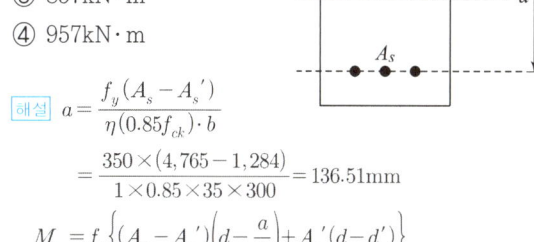

해설 $a = \dfrac{f_y(A_s - A_s')}{\eta(0.85 f_{ck}) \cdot b}$

$= \dfrac{350 \times (4,765 - 1,284)}{1 \times 0.85 \times 35 \times 300} = 136.51\text{mm}$

$M_n = f_y\left\{(A_s - A_s')\left(d - \dfrac{a}{2}\right) + A_s'(d - d')\right\}$
$= 350\left\{(4,765 - 1,284)\left(460 - \dfrac{136.51}{2}\right) + 1,284(460 - 60)\right\}$
$= 657,042,521\text{N} \cdot \text{mm} = 657\text{kN} \cdot \text{m}$

□□□ 기 07, 12

06 다음 복철근 직사각형 보에서 등가 응력 사각형의 깊이 a는? (단, 압축 철근과 인장 철근이 모두 항복하며, $A_s' = 860\text{mm}^2$, $A_s = 1,935\text{mm}^2$, $f_{ck} = 24\text{MPa}$, $f_y = 350\text{MPa}$이다.)

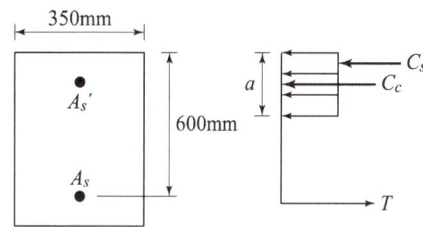

① 40.3mm
② 52.7mm
③ 60.2mm
④ 70.4mm

해설 $a = \dfrac{f_y(A_s - A_s')}{\eta(0.85 f_{ck})b} = \dfrac{350(1,935 - 860)}{1 \times 0.85 \times 24 \times 350} = 52.7\text{mm}$

□□□ 산 06, 09, 10, 15

07 복철근 직사각형 보에서 다음 주어진 조건에 대하여 등가 압축 응력의 깊이 a는 얼마인가? (단, $b_w = 300\text{mm}$, $d = 600\text{mm}$, $A_s = 1,935\text{mm}^2$, $A_s' = 860\text{mm}^2$, $f_{ck} = 21\text{MPa}$, $f_y = 400\text{MPa}$이고, 이 보는 인장 철근과 압축 철근이 모두 항복한다고 가정한다.)

① 65.7mm
② 80.3mm
③ 145.2mm
④ 160.8mm

해설 $a = \dfrac{f_y(A_s - A_s')}{\eta(0.85 f_{ck}) \cdot b} = \dfrac{400(1,935 - 860)}{1 \times 0.85 \times 21 \times 300} = 80.3\text{mm}$

08 그림과 같은 복철근 직사각형보에서 공칭 모멘트 강도 (M_n)는? (단, $f_{ck}=24\text{MPa}$, $f_y=350\text{MPa}$, $A_s=5,730\text{mm}^2$, $A'_s=1,980\text{mm}^2$)

① 947.7kN·m
② 886.5kN·m
③ 805.6kN·m
④ 725.3kN·m

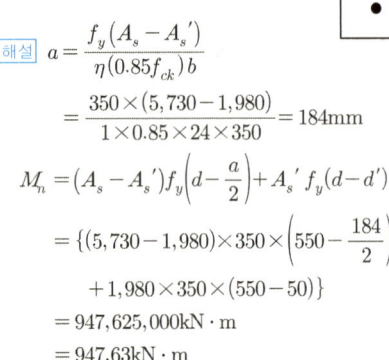

해설
$a = \dfrac{f_y(A_s - A'_s)}{\eta(0.85f_{ck})b}$
$= \dfrac{350 \times (5,730 - 1,980)}{1 \times 0.85 \times 24 \times 350} = 184\text{mm}$

$M_n = (A_s - A'_s)f_y\left(d - \dfrac{a}{2}\right) + A'_s f_y(d - d')$
$= \{(5,730-1,980) \times 350 \times \left(550 - \dfrac{184}{2}\right)$
$\quad + 1,980 \times 350 \times (550-50)\}$
$= 947,625,000\text{kN·m}$
$= 947.63\text{kN·m}$

09 강도 설계법으로 설계된 그림과 같은 복철근보에서 파괴 될 때 압축철근이 항복하기 위한 인장 철근의 하한값 $\rho_{\min}$는? (단, $f_{ck}=27\text{MPa}$, $f_y=400\text{MPa}$이다.)

① 0.017
② 0.020
③ 0.028
④ 0.037

해설
· $\rho_{\min} = \dfrac{\eta(0.85f_{ck})\beta_1}{f_y} \times \dfrac{660}{660-f_y} \times \dfrac{d'}{d} + \rho'$

$f_{ck} \leq 40\text{MPa}$일 때까지 $\eta = 1$, $\beta_1 = 0.80$

· $\rho' = \dfrac{A'_s}{bd} = \dfrac{1,284}{280 \times (480+50)} = 0.00865$

∴ $\rho_{\min} = \dfrac{1 \times (0.85 \times 27) \times 0.80}{400} \times \dfrac{660}{660-400} \times \dfrac{50}{530} + 0.00865$
$= 0.01099 + 0.00865 = 0.020$

10 그림과 같은 강도 설계법으로 설계된 복철근 직사각형보에서 파괴될 때 압축 철근이 항복하기 위한 인장 철근비의 하한값은? (단, $A'_s=1,524\text{mm}^2$, $A_s=2,336\text{mm}^2$, $f_{ck}=24\text{MPa}$, $f_y=300\text{MPa}$)

① 0.0156
② 0.0199
③ 0.0239
④ 0.0269

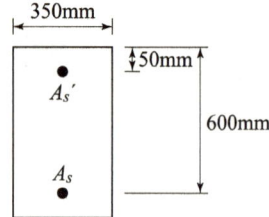

해설
· $\rho_{\min} = \dfrac{\eta(0.85f_{ck})\beta_1}{f_y} \times \dfrac{660}{660-f_y} \times \dfrac{d'}{d} + \rho'$

$f_{ck} \leq 40\text{MPa}$일 때 $\eta = 1$, $\beta_1 = 0.80$

· $\rho' = \dfrac{A'_s}{bd} = \dfrac{1,524}{350 \times 600} = 0.00726$

∴ $\rho_{\min} = \dfrac{1 \times (0.85 \times 24) \times 0.80}{300} \times \dfrac{660}{660-300} \times \dfrac{50}{600} + 0.00726$
$= 0.00831 + 0.00726 = 0.0156$

11 그림의 복철근 단면이 압축부에 3-D22($A_s=1,161\text{mm}^2$)의 철근과 인장부에 6-D32($A_s=4,765\text{mm}^2$)의 철근을 갖고 있을 때의 등가 압축 응력의 깊이(a)는? (단, $f_{ck}=28\text{MPa}$, $f_y=350\text{MPa}$이다.)

① 290.5mm
② 233.6mm
③ 176.7mm
④ 56.8mm

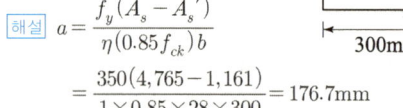

해설
$a = \dfrac{f_y(A_s - A'_s)}{\eta(0.85f_{ck})b}$
$= \dfrac{350(4,765-1,161)}{1 \times 0.85 \times 28 \times 300} = 176.7\text{mm}$

012 단철근 T형보

1 플랜지의 유효폭

■ 대칭 T형 단면

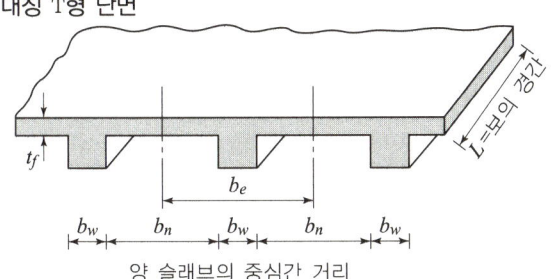

- $16t_f + b_w$
- 양쪽 슬래브의 중심 간 거리 — 작은 값
- 보의 경간(L)의 $\dfrac{1}{4}$

■ 비대칭 T형 단면

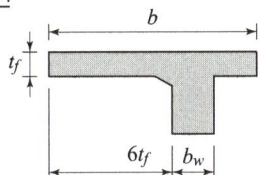

- $6t_f + b_w$
- 보의 경간의 $\dfrac{1}{12} + b_w$ — 작은 값
- 인접보와의 내측거리의 $\dfrac{1}{2} + b_w$

2 T형 보의 판정

■ $C = T$: $\eta(0.85f_{ck})ab = f_y A_s$ 에서

· 등가 응력 깊이 $a = \dfrac{f_y A_s}{\eta(0.85f_{ck})b} = \dfrac{f_y \rho d}{\eta(0.85f_{ck})}$

■ 등가 응력 사각형이 복부에 작용할 때

$a \leq t_f$: 폭이 b인 직사각형 단면으로 설계

■ 등가 응력 사각형이 플랜지 내에 있을 때

$a > t_f$: T형 단면으로 설계

■ 직사각형 단면으로 해석

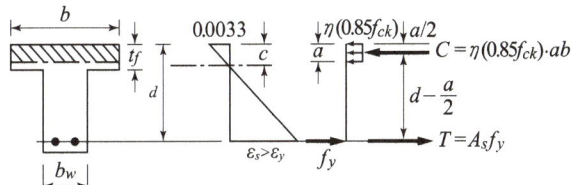

· 등가 응력 깊이 $a = \dfrac{A_s f_y}{\eta(0.85f_{ck}) \cdot b}$

· 설계 강도 $\phi M_n = \phi A_s f_y \left(d - \dfrac{a}{2}\right)$

3 T형 단면으로 해석

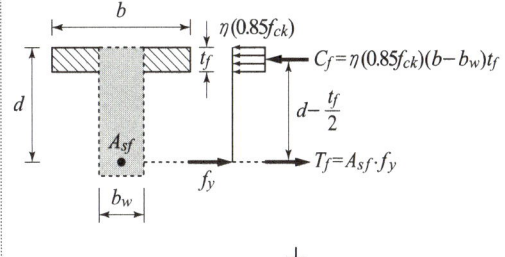

$+$

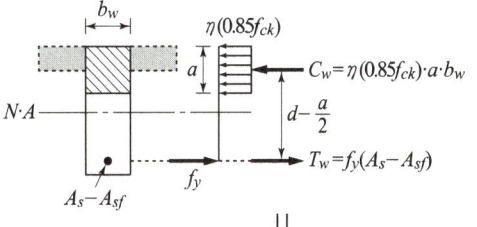

$=$

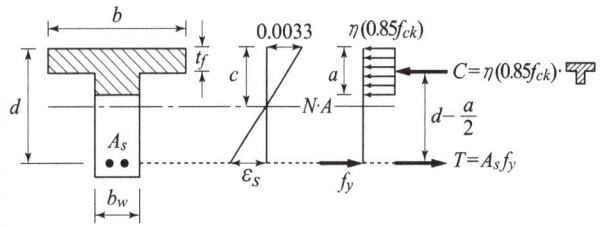

■ 중립축의 위치 c

· $t_f < c$ 이면 T형보로 해석

· $c = \dfrac{1}{\beta_1} \dfrac{f_y \cdot A_s}{\eta(0.85f_{ck}) \cdot b}$

■ 응력 사각형의 깊이

$$a = \dfrac{f_y(A_s - A_{sf})}{\eta(0.85f_{ck})b_w}$$

■ 플랜지 부분에 해당하는 철근량

$\eta(0.85f_{ck})f_y t_f(b - b_w) = f_y A_{st}$ 에서

$$A_{sf} = \dfrac{\eta(0.85f_{ck})(b - b_w)t_f}{f_y}$$

■ 공칭 휨 강도 M_n

$$M_n = A_{sf} f_y \left(d - \dfrac{t_f}{2}\right) + (A_s - A_{st})f_y \left(d - \dfrac{a}{2}\right)$$

■ 설계 강도 ϕM_n

$M_d = \phi M_n$
$= 0.85 \left\{ A_{sf} f_y \left(d - \dfrac{t_f}{2}\right) + f_y(A_s - A_{st})\left(d - \dfrac{a}{2}\right) \right\}$

□□□ 기 08,10,11,22

01 다음 그림과 같이 지간 $L=6,700\text{mm}$인 대칭 T형보의 유효폭(b)은 얼마인가?

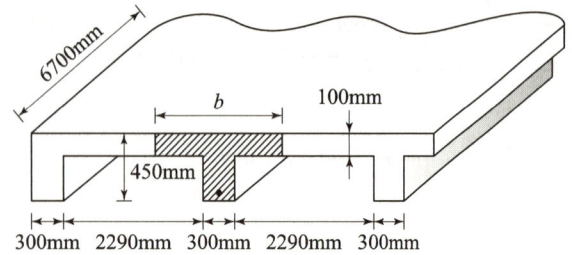

① 1,675mm   ② 1,900mm
③ 2,290mm   ④ 2,440mm

해설 T형보의 유효폭은 다음 값 중 가장 작은 값으로 한다.
- 양쪽으로 각각 내민 플랜지 두께의 8배씩 : $16t_f) + b_w$
  $16t_f + b_w = 16 \times 100 + 300 = 1,900\text{mm}$
- 양쪽의 슬래브의 중심 간 거리 : $2,290 + 300 = 2,590\text{mm}$
- 보의 경간(L)의 1/4 : $\frac{1}{4} \times 6,700 = 1,675\text{mm}$

  ∴ 유효폭 $b = 1,675\text{mm}$

□□□ 기 10,18

02 아래 그림과 같은 T형보에서 압축 연단에서 중립축까지의 거리(c)는 얼마인가? (단, $A_s=6,354\text{mm}^2$(8-D32), $f_{ck}=35\text{MPa}$, $f_y=400\text{MPa}$이다.)

① 113.58mm
② 133.62mm
③ 141.98mm
④ 157.40mm

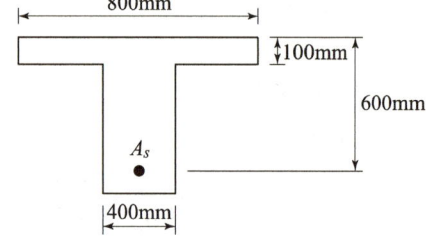

해설 $c = \dfrac{a}{\beta_1}$

- $a = \dfrac{A_s f_y}{\eta(0.85 f_{ck})b}$
  $= \dfrac{6,354 \times 400}{1 \times 0.85 \times 35 \times 800} = 106.79\text{mm} > 100\text{mm}$

∴ T형보
  $f_{ck} = 35\text{MPa} \leq 40\text{MPa}$일 때
  $\eta = 1$, $\beta_1 = 0.80$

- $A_{sf} = \dfrac{\eta(0.85 f_{ck})(b-b_w)t_f}{f_y}$
  $= \dfrac{1 \times 0.85 \times 35(800-400) \times 100}{400} = 2,975\text{mm}^2$

  $a = \dfrac{(A_s - A_{sf})f_y}{\eta(0.85 f_{ck})b_w} = \dfrac{(6,354-2,975) \times 400}{1 \times 0.85 \times 35 \times 400} = 113.58\text{mm}$

∴ $c = \dfrac{a}{\beta_1} = \dfrac{113.58}{0.80} = 141.98\text{mm}$

□□□ 기 08,10,13,17,21

03 경간 10m의 보를 대칭 T형보로서 설계하려고 한다. 슬래브 중심 간의 거리를 2m, 슬래브의 두께를 120mm, 복부의 폭을 250mm로 할 때 플랜지의 유효폭은?

① 4,000mm   ② 3,750mm
③ 2,170mm   ④ 2,000mm

해설 T형보의 유효폭은 다음 값 중 가장 작은 값으로 한다.
- 양쪽으로 각각 내민 플랜지 두께의 8배씩 : $16t_f) + b_w$
  $16t_f + b_w = 16 \times 120 + 250 = 2,170\text{mm}$
- 양쪽의 슬래브의 중심 간 거리 : $2,000\text{mm}$
- 보의 경간(L)의 1/4 : $\dfrac{1}{4} \times 10,000 = 2,500\text{mm}$

  ∴ 유효폭 $b = 2,000\text{mm}$

□□□ 기 04,07,10

04 다음 그림과 같이 경간 $L=12\text{m}$인 비대칭 T형보의 유효폭 b는 얼마인가? (단, 인접보와의 내측 거리=1,400mm)

① 980mm
② 1,000mm
③ 1,020mm
④ 1,300mm

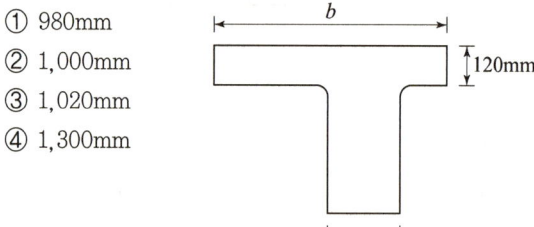

해설 반 T형보의 유효폭은 다음 값 중 가장 작은 값으로 한다.
- $6t_f + b_w = 6 \times 120 + 300 = 1,020\text{mm}$
- 보의 경간의 $\dfrac{1}{12} + b_w = \dfrac{12,000}{12} + 300 = 1,300\text{mm}$
- 인접보와의 내측 거리의 $\dfrac{1}{2} + b_w = \dfrac{1,400}{2} + 300 = 1,000\text{mm}$

  ∴ 유효폭 $b = 1,000\text{mm}$

□□□ 기 09

05 반 T형보의 유효폭(b)을 정할 때 사용되는 식으로 거리가 먼 것은? (단, b_w : 플랜지가 있는 부재의 복부폭)

① (한쪽으로 내민 플랜지 두께의 6배) + b_w
② (보의 경간의 1/12) + b_w
③ (인접 보와의 내측 거리의 1/2) + b_w
④ 보의 경간의 1/4

해설 반 T형보의 유효폭은 다음 값 중 가장 작은 값으로 한다.
- (한쪽으로 내민 플랜지 두께의 $6t_f$) + b_w
- (보의 경간의 $\dfrac{1}{12}$) + b_w
- (인접보와의 내측 거리의 $\dfrac{1}{2}$) + b_w

06 그림과 같은 T형 단면에 3-D35($A_s = 2,870\text{mm}^2$)의 철근이 배근되었을 때 압축 연단에서 중립축까지의 거리(c)는? (단, $f_{ck} = 30\text{MPa}$, $f_y = 400\text{MPa}$이다.)

① 64.3mm
② 73.6mm
③ 76.9mm
④ 80.4mm

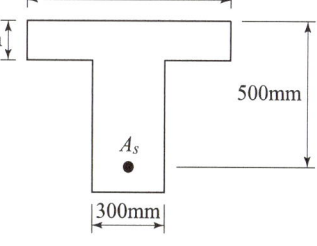

해설 $c = \dfrac{a}{\beta_1}$

• $a = \dfrac{A_s f_y}{\eta(0.85 f_{ck})b} = \dfrac{2,870 \times 400}{1 \times 0.85 \times 30 \times 700} = 64.31\text{mm} < 100\text{mm}$

∴ 직사각형보

$f_{ck} = 30\text{MPa} \leq 40\text{MPa}$일 때

$\eta = 1$, $\beta_1 = 0.80$

∴ $c = \dfrac{a}{\beta_1} = \dfrac{64.31}{0.80} = 80.4\text{mm}$

---

07 그림과 같은 T형 단면에 3-D38($A_s = 3,420\text{mm}^2$)의 철근이 배근되었다면 등가의 압축 응력의 깊이 a의 크기는? (단, $f_{ck} = 18\text{MPa}$, $f_y = 400\text{MPa}$이다.)

① 298.0mm
② 186.7mm
③ 111.4mm
④ 89.4mm

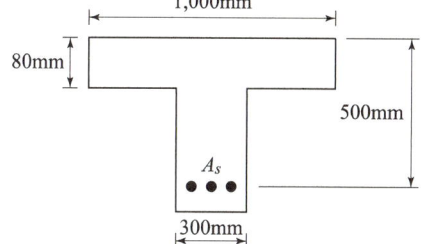

해설 T형보의 판별

• $a = \dfrac{A_s f_y}{\eta(0.85 f_{ck})b} = \dfrac{3,420 \times 400}{1 \times 0.85 \times 18 \times 1,000} = 89.41\text{mm}$

$a = 89.41\text{mm} > t_f = 80\text{mm}$

∴ T형보

$A_{sf} = \dfrac{\eta(0.85 f_{ck})(b-b_w) t_f}{f_y}$

$= \dfrac{1 \times 0.85 \times 18(1,000-300) \times 80}{400} = 2,142\text{mm}^2$

∴ $a = \dfrac{f_y(A_s - A_{sf})}{\eta(0.85 f_{ck})b_w}$

$= \dfrac{400 \times (3,420-2,142)}{1 \times 0.85 \times 18 \times 300} = 111.4\text{mm}$

---

08 그림과 같은 T형보를 강도 설계법에 의해 설계할 때 응력 사각형의 깊이(a)는? (단, $A_s = 6,354\text{mm}^2$, $f_{ck} = 27\text{MPa}$, $f_y = 400\text{MPa}$이다.)

① 95.6mm
② 135.8mm
③ 155.6mm
④ 185.8mm

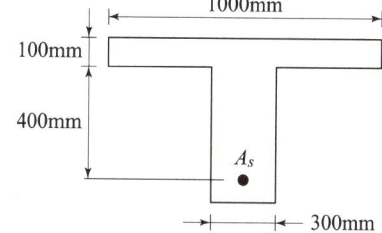

해설 T형보의 판별

$a = \dfrac{A_s f_y}{\eta(0.85 f_{ck})b} = \dfrac{6,354 \times 400}{1 \times 0.85 \times 27 \times 1,000} = 110.7\text{mm}$

$a = 110.7 > t_f = 100\text{m}$ ∴ T형보

$A_{sf} = \dfrac{\eta(0.85 f_{ck})(b-b_w)t_f}{f_y}$

$= \dfrac{1 \times 0.85 \times 27(1,000-300) \times 100}{400} = 4,016.25\text{mm}^2$

∴ $a = \dfrac{f_y(A_s - A_{sf})}{\eta(0.85 f_{ck})b_w}$

$= \dfrac{400 \times (6,354-4,016.25)}{1 \times 0.85 \times 27 \times 300} = 135.8\text{mm}$

---

09 다음 그림과 같은 T형보에서 공칭 모멘트 강도(M_n)는? (단, $f_{ck} = 28\text{MPa}$, $f_y = 400\text{MPa}$, $A_s = 2,926\text{mm}^2$이다.)

① 187kN·m
② 199kN·m
③ 236kN·m
④ 254kN·m

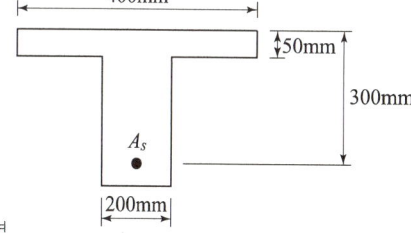

해설 T형보의 판별

• $a = \dfrac{A_s f_y}{\eta(0.85 f_{ck})b} = \dfrac{2,926 \times 400}{1 \times 0.85 \times 28 \times 400} = 122.94\text{mm}$

∴ $a = 122.94 > t_f = 50\text{mm}$ ∴ T형보

• $A_{sf} = \dfrac{\eta(0.85 f_{ck})(b-b_w)t_f}{f_y}$

$= \dfrac{1 \times 0.85 \times 28(400-200) \times 50}{400} = 595\text{mm}^2$

• $a = \dfrac{f_y(A_s - A_{sf})}{\eta(0.85 f_{ck})b_w} = \dfrac{400 \times (2926-595)}{1 \times 0.85 \times 28 \times 200} = 195.88\text{mm}$

$M_n = \left\{ A_{sf} f_y \left(d - \dfrac{t}{2}\right) + (A_s - A_{sf}) f_y \left(d - \dfrac{a}{2}\right) \right\}$

∴ $M_n = \left\{ 595 \times 400 \times \left(300 - \dfrac{50}{2}\right) + (2,926-595) \right.$

$\left. \times 400 \times \left(300 - \dfrac{195.88}{2}\right) \right\} = 253,850,744\text{N·m} = 254\text{kN·m}$

10 그림과 같은 T형 단면의 보에서 콘크리트의 설계 기준 강도와 철근의 항복 강도는 각각 24MPa와 300MPa이다. 공칭 모멘트 강도(M_n)는 얼마인가?

① 331.7kN·m
② 356.3kN·m
③ 390.2kN·m
④ 419.2kN·m

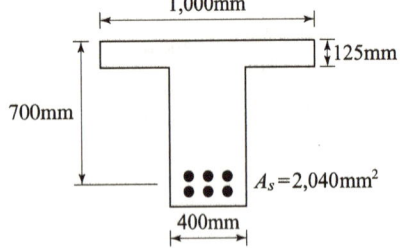

해설 ■ T형보 판별

- $a = \dfrac{A_s f_y}{\eta(0.85 f_{ck})b} = \dfrac{2,040 \times 300}{1 \times 0.85 \times 24 \times 1,000} = 30\text{mm}$
- $a = 30\text{mm} < t_f = 125\text{mm}$
  ∴ $b = 1,000\text{m}$인 단철근 직사각형보

■ 공칭 모멘트 강도 $M_n = f_y A_s \left(d - \dfrac{a}{2}\right)$

∴ $M_n = 300 \times 2,040 \times \left(700 - \dfrac{30}{2}\right)$
$= 419,220,000\text{N·mm} = 419.2\text{kN·m}$

11 그림과 같은 T형 단면에 3-D35($A_s = 2,870\text{mm}^2$)의 철근이 배근되었다면 설계 휨 강도 ϕM_n의 크기는?
(단, $f_{ck} = 21$MPa, $f_y = 400$MPa이고, $\phi = 0.85$이다.)

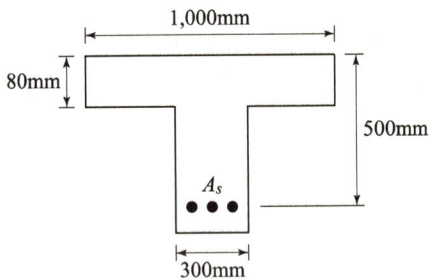

① 357.8kN·m
② 383.3kN·m
③ 445.1kN·m
④ 456.5kN·m

해설 ■ T형보의 판정

$a = \dfrac{A_s f_y}{\eta(0.85 f_{ck})b} = \dfrac{2,870 \times 400}{1 \times 0.85 \times 21 \times 1,000} = 64.31\text{mm}$

$64.31\text{mm} < 80\text{mm}$
∴ 폭 $b = 1,000$m인 직사각형보

■ 설계 휨 강도

$\phi M_n = \phi A_s f_y \left(d - \dfrac{a}{2}\right)$
$= 0.85 \times 2870 \times 400 \left(500 - \dfrac{64.13}{2}\right)$
$= 456,610,973\text{N·mm} = 456.6\text{kN·m}$

12 경간 10m의 대칭 T형보를 설계하려고 한다. 플랜지의 유효폭은? (단, 슬래브 중심 간 거리 3m, 플랜지 두께 150mm, 복부의 폭 300mm)

① 2,500mm
② 2,700mm
③ 2,800mm
④ 3,000mm

해설 T형보의 유효폭은 다음 값 중 가장 작은 값으로 한다.

- (양쪽으로 각각 내민 플랜지 두께의 8배씩 : $16 t_f) + b_w$
  $16 t_f + b_w = 16 \times 150 + 300 = 2,700\text{mm}$
- 양쪽의 슬래브의 중심 간 거리 : 3,000mm
- 보의 경간(L)의 1/4 : $\dfrac{1}{4} \times 10,000 = 2,500\text{mm}$

∴ 유효폭 $b = 2,500\text{mm}$

13 그림과 같은 T형 단면에 3-D35($A_s = 2,870\text{mm}^2$)의 철근이 배근되었다면 등가 압축 응력의 깊이 a의 크기는?
(단, $f_{ck} = 21$MPa, $f_y = 400$MPa이다.)

① 64.3mm
② 80.0mm
③ 214.3mm
④ 266.7mm

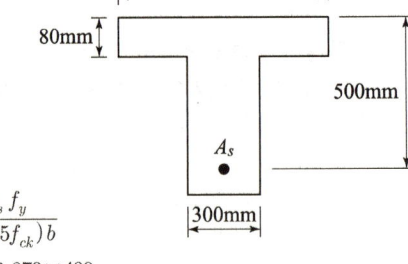

해설 $a = \dfrac{A_s f_y}{\eta(0.85 f_{ck})b}$
$= \dfrac{2,870 \times 400}{1 \times 0.85 \times 21 \times 1,000} = 64.3\text{mm}$

14 그림과 같은 T형보에서 $f_{ck} = 21$MPa, $f_y = 300$MPa일 때 중립축의 위치 c는? (단, $A_s = 3,000\text{mm}^2$이며, 강도 설계법으로 계산하시오.)

① 59.3mm
② 63.0mm
③ 260.9mm
④ 286.5mm

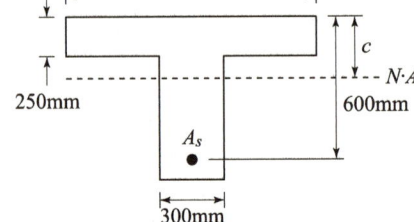

해설 $c = \dfrac{a}{\beta_1}$

- $a = \dfrac{A_s f_y}{\eta(0.85 f_{ck})b} = \dfrac{3,000 \times 300}{1 \times 0.85 \times 21 \times 1,000}$
  $= 50.4\text{mm} < 100\text{mm}$ ∴ 직사각형 보
- $f_{ck} \leq 40$MPa일 때까지 $\eta = 1.0$, $\beta_1 = 0.80$

∴ $c = \dfrac{a}{\beta_1} = \dfrac{50.4}{0.80} = 63.0\text{mm}$

013 보의 전단 해석

1 전단철근

사인장 응력의 크기가 콘크리트의 인장 강도를 초과하면 사인장 응력이 발생한다. 이러한 균열에 대비하여 보강한 철근을 전단 철근, 복부 철근, 사인장 철근이라 한다. 즉 전단력으로 인해 발생하는 사인장 균열을 막기 위해서 배치하는 철근을 전단철근이라 한다.

전단철근의 종류

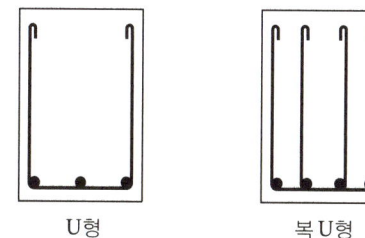

U형　　　　복U형

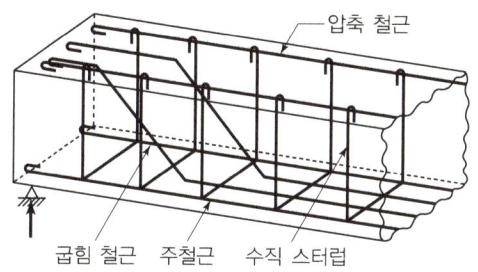

굽힘 철근　주철근　수직 스터럽　압축 철근

- 수직 스터럽 : 주철근에 직각으로 설치하는 스터럽
- 경사 스터럽 : 주철근에 45° 또는 그 이상의 경사로 설치하는 스터럽
- 굽힘 철근 : 주철근에 30° 또는 그 이상의 경사로 구부린 굽힘 철근
- 스터럽과 굽힘 철근의 병용

전단 설계의 원칙

V_u와 V_n는 각각 주어진 단면에서의 계수 전단력(또는 계수 전단 강도)과 공칭 전단 강도를 나타내며 ϕ는 강도 감소 계수로서 전단에 대해서는 0.75를 사용한다.

$$V_u \leq \phi V_n = \phi(V_c + V_s)$$
$$V_n = V_c + V_s$$

여기서, V_u : 단면의 계수 전단력
　　　　ϕ : 강도 감소 계수(전단과 비틀림의 경우 : 0.75)
　　　　V_n : 공칭 전단 강도
　　　　V_c : 콘크리트가 부담하는 전단 강도
　　　　V_s : 전단철근이 부담하는 전단 강도

계수 전단력의 계산

받침부와 같은 반력 부근에서 부재에 압축력이 작용하는 경우 전단 강도는 증가하므로 계수 전단력 V_u는 콘크리트 부재의 받침부에서 거리 d(유효 깊이)만큼 떨어진 부분(위험 단면)에서의 전단력으로 받침부까지 설계한다.

전단 응력

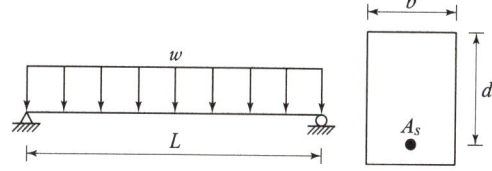

- 최대 전단력 V는 받침부 내면에서 d만큼 떨어진 단면의 전단력을 사용할 수 있다.
- 철근 콘크리트 부재의 경우 받침부 내면에서 거리 d 이내에 위치한 단면을 거리 d에서 구한 계수 전단력 V_u의 값으로 설계한다.
- 위험 단면에서의 계수 전단력

$$V_u = \frac{w_u \cdot l}{2} - w_u \cdot d$$

- 전단응력

$$\nu = \frac{V_u}{b \cdot d}$$

전단 마찰이 생기는 경우

- 균열이 발생하거나 발생할 가능성이 있는 면
- 서로 다른 시기에 친 콘크리트 사이의 접촉면
- 서로 다른 재료 사이의 접촉면
- 기둥과 브래킷 또는 내민 받침의 접촉면
- 프리캐스트 부재의 단부의 지압부

2 콘크리트에 의한 전단 강도

근사식

$$V_c = \frac{1}{6} \lambda \sqrt{f_{ck}} b_w d$$

여기서, λ : 경량 콘크리트 계수(전경량 : 0.75, 모래경량 : 0.85)

정밀식

$$V_c = (0.16\lambda\sqrt{f_{ck}} + 17.6\rho_w \frac{V_u d}{M_u})b_w d \leq 0.29\lambda\sqrt{f_{ck}} b_w d$$

여기서, $V_c < 0.26\lambda\sqrt{f_{ck}} b_w d$

$$\frac{V_u \cdot d}{M_u} < 1.0$$

3 전단 철근에 의한 전단 강도

■ 전단철근의 형태
- 부재축에 직각인 스터럽
- 부재축에 직각으로 배치한 용접철망
- 나선철근, 원형 띠철근 또는 후프 철근

■ 철근 콘크리트 부재에 사용되는 전단철근 형태
- 주인장 철근에 45° 이상의 각도로 설치되는 스터럽
- 주인장 철근에 30° 이상의 각도로 구부린 굽힘철근
- 스터럽과 굽힘철근의 조합

■ 전단강도 V_s는 $\frac{2}{3}\lambda\sqrt{f_{ck}}b_w d$ 이하 이어야 한다.

■ 전단 철근의 간격
- 전단 철근의 설계 기준 강도는 500MPa을 초과하여 취할 수 없다.
- 부재축에 직각으로 배치된 전단 철근의 간격
  - 철근 콘크리트 부재 : d/2 이하
  - 프리스트레스트 콘크리트 부재 : 0.75h
  - 어느 경우이든 600mm이하로 하여야 한다.
- $V_s > \lambda\frac{1}{3}\sqrt{f_{ck}}b_w d$ 인 경우 상기 규정된 최대 간격의 절반으로 감소시킨다.

■ 부재축에 직각인 전단철근

$$V_s = \frac{A_v \cdot f_{yt} \cdot d}{s} \leq \frac{2}{3}\sqrt{f_{ck}}b_w \cdot d$$

여기서, A_v : 전단 철근의 단면적
d : 보의 유효 깊이
s : 스터럽의 간격
f_{yt} : 전단 철근의 항복 강도

■ 경사 스터럽이 전단 철근으로 사용되는 경우

$$V_s = \frac{A_v f_{yt}(\sin\alpha + \cos\alpha)d}{s}$$

여기서, α : 경사스터럽과 부재축의 사이각
s : 종방향 철근과 평행한 방향의 철근 간격

■ 전단 철근이 1개의 굽힘 철근

$$V_s = A_v f_{yt}\sin\alpha$$

여기서, $V_s < 0.25\sqrt{f_{ck}}b_w d$를 초과할 수 없다.

4 최소 전단 철근량

■ $\frac{1}{2}\phi V_c < V_u$ 인 경우

$$A_{u.\min} = 0.0625\sqrt{f_{ck}}\frac{b_w s}{f_{yt}} \geq 0.35\frac{b_w s}{f_{yt}}$$

여기서, b_w : 복부의 폭(mm)
s : 전단철근의 간격(mm)
f_{yt} : 횡방향 철근의 설계 기준 항복 강도(MPa)

■ 최소 전단 철근을 배치하지 않아도 되는 경우
- 슬래브나 확대기초의 경우
- 콘크리트 장선 구조
- 전체 깊이가 250mm 이하이거나 I형보, T형보에서 그 높이가 플랜지 두께의 2.5배 또는 복부폭의 1/2중 큰 값이하인 보
- 교대 벽체 밑 날개벽, 옹벽의 벽체, 암거 등과 같이 휨이 주거동인 부재

기10

01 다음 중 전단 마찰 이론에 따르지 않아도 되는 구조 부재는?

① 기둥에 부착된 브래킷(Bracket)의 접촉면
② 콘크리트와 강재 사이의 경계면
③ 높이가 변화하는 지점부 단면
④ 서로 다른 시기에 친 두 콘크리트 사이의 접촉면

[해설] 전단 마찰 이론에 따른 구조 부재
- 콘크리트와 강재 사이의 경계면
- 서로 다른 시기에 친 콘크리트의 경계면
- 기둥에 부착된 브래킷(Bracket)의 접촉면

기08

02 철근 콘크리트보에서 스터럽과 굽힘 철근을 배근하는 주된 목적은?

① 압축측의 좌굴을 방지하기 위하여
② 콘크리트의 휨에 의한 인장 강도가 부족하기 때문에
③ 보에 작용하는 사인장 응력에 의한 균열을 막기 위하여
④ 균열 후 그 균열에 대한 증대를 방지하기 위하여

[해설] 콘크리트의 사인장 강도가 부족하기 때문에 보에 작용하는 사인장 응력에 의한 균열을 막기 위하여 스터럽과 굽힘 철근을 배근한다.

□□□ 기 05,11,12,17,19

03 보의 폭(b_w)이 350mm인 직사각형 단면보가 계수 전단력(V_u) 75kN을 전단 보강 철근 없이 지지하고자 한다. 필요한 최소 유효 깊이(d)는? (단, f_{ck} = 21MPa, f_y = 400MPa이다.)

① 749mm ② 702mm
③ 357mm ④ 254mm

해설 $V_u = \frac{1}{2}\phi \cdot V_c$를 만족시키면 최소 전단 보강 철근을 배치하지 않아도 된다.

$V_u = \frac{1}{2}\phi \cdot V_c$
$= \frac{1}{2}\phi \times \frac{1}{6}\lambda\sqrt{f_{ck}}\,b_w d$ 에서

(전단과 비틀림의 경우 $\phi = 0.75$)

$75,000\text{N} = \frac{1}{2} \times 0.75 \times \frac{1}{6} \times 1 \times \sqrt{21} \times 350 \times d$

∴ $d = 748.18\text{mm}$

□□□ 기 12

04 강도 설계법에서 프리스트레스트 콘크리트 부재의 경우 부재축에 직각으로 설치되는 전단 철근의 간격으로 옳은 것은? (단, h : 부재의 전체 두께 또는 깊이, d : 유효 깊이)

① $0.5h$ 이하이어야 하고, 또한 300mm 이하이어야 한다.
② $0.5d$ 이하이어야 하고, 또한 600mm 이하이어야 한다.
③ $0.75d$ 이하이어야 하고, 또한 300mm 이하이어야 한다.
④ $0.75h$ 이하이어야 하고, 또한 600mm 이하이어야 한다.

해설 부재축에 직각으로 배치된 전단 철근의 간격
• 철근 콘크리트 부재일 경우 $d/2$ 이하
• 프리스트레스트 콘크리트 부재일 경우 $0.75h$
• 어느 경우이든 600mm 이하로 하여야 한다.

□□□ 기 12

05 계수 전단력 V_u = 75kN을 전단 보강 철근 없이 지지하고자 할 경우 필요한 단면의 유효 깊이 최소값은 얼마인가? (단, b_w = 350mm, f_{ck} = 24MPa, f_y = 350MPa)

① 700mm ② 350mm
③ 525mm ④ 350mm

해설 $V_u = \frac{1}{2}\phi \cdot V_c$를 만족시키면 최소 전단 보강 철근을 배치하지 않아도 된다.

$V_u = \frac{1}{2}\phi \cdot V_c = \frac{1}{2}\phi \times \frac{1}{6}\lambda\sqrt{f_{ck}}\,b_w d$에서

$75,000 = \frac{1}{2} \times 0.75 \times \frac{1}{6} \times 1 \times \sqrt{24} \times 350 \times d$

∴ $d = 700\text{mm}$

□□□ 산 16

06 직사각형보에서 계수 전단력 V_u = 70kN을 전단 철근 없이 지지하고자 할 경우 필요한 최소 유효 깊이 d는 얼마인가? (단, b_w = 400mm, f_{ck} = 21MPa, f_y = 350MPa)

① d = 426mm ② d = 556mm
③ d = 611mm ④ d = 751mm

해설 $V_u = \frac{1}{2}\phi \cdot V_c$를 만족시키면 최소 전단 보강 철근을 배치하지 않아도 된다.

$V_u = \frac{1}{2}\phi \cdot V_c$
$= \frac{1}{2}\phi \times \frac{1}{6}\lambda\sqrt{f_{ck}}\,b_w d$에서

$70,000\text{N} = \frac{1}{2} \times 0.75 \times \frac{1}{6} \times 1 \times \sqrt{21} \times 400 \times d$

∴ $d = 611\text{mm}$

□□□ 기 12,19

07 그림과 같은 단면에 A_s = 4-D25(2,028mm²)이 배근되어 있고, 계수 전단력 V_u = 200kN, 계수 휨 모멘트 M_u = 40kN·m가 작용하고 있는 보가 있다. 콘크리트가 부담할 수 있는 전단 강도(V_c)를 정밀식을 사용하여 구하면? (단, f_{ck} = 21MPa, f_y = 400MPa이고 M_u는 전단을 검토하는 단면에서 V_u와 동시에 발생하는 계수 휨 모멘트이다.)

① 237.6kN
② 199.3kN
③ 145.7kN
④ 107.6kN

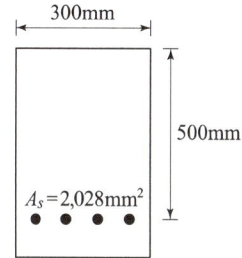

해설 전단 강도

$V_c = \left(0.16\lambda\sqrt{f_{ck}} + 17.6\rho_w\dfrac{V_u \cdot d}{M_u}\right)b_w d < 0.29\sqrt{f_{ck}}\,b_w d$

• $\dfrac{V_u d}{M_u} = \dfrac{200 \times 500}{40 \times 10^3} = 2.5 < 1$ ∴ 1로 취한다.

• $0.29\lambda\sqrt{f_{ck}}\,b_w d = 0.29 \times 1 \times \sqrt{21} \times 300 \times 500$
$= 199,342\text{N} = 199.3\text{kN}$

• $V_c = \left(0.16 \times 1 \times \sqrt{21} + 17.6 \times \dfrac{2,028}{300 \times 500} \times 1\right) \times 300 \times 500$

$\left(\because \rho_w = \dfrac{A_s}{b_w \cdot d}\right)$

$= 145,625 = 145.7\text{kN} < 199.3\text{kN}$

∴ 전단 강도 V_c = 145.7kN

08 그림과 같은 단면을 갖는 길이 6m의 단순보가 등분포 활하중 40kN/m를 받고 있다. 위험 단면에서 전단 철근이 부담해야 할 전단력은 약 얼마인가? (단, 콘크리트의 단위중량은 25kN/m³, f_{ck} = 21MPa, f_y = 460MPa이고, 콘크리트의 자중을 고려할 것)

① 219kN
② 184kN
③ 114kN
④ 92kN

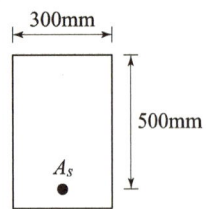

해설
- $w_u = 1.2w_d + 1.6w_l$
  $= 1.2 \times (25 \times 0.3 \times 0.5) + 1.6 \times 40 = 68.5 \text{ kN/m}$
- 위험 단면에서의 전단력
  $V_u = \dfrac{w_u \cdot l}{2} - w_u \cdot d = \dfrac{68.5 \times 6}{2} - 68.5 \times 0.5 = 171.25 \text{kN}$
- $V_c = \dfrac{1}{6}\lambda\sqrt{f_{ck}}\,b_w d$
  $= \dfrac{1}{6} \times 1 \times \sqrt{21} \times 300 \times 500 = 114{,}564 N = 114.6 \text{kN}$
- $V_u = \phi V_n = \phi(V_c + V_s)$에서 $171.25 = 0.75(114.6 + V_s)$
  ∴ $V_s = 113.7\text{kN} ≒ 114\text{kN}$

09 철근 콘크리트보에서 전단 철근에 대한 설명 중 틀린 것은?

① 보의 전단 저항 능력의 일부분을 분담한다.
② 경사 균열의 증진을 제한하여 골재의 맞물림에 의한 전단 저항력을 증진시킨다.
③ 종방향 철근의 다우얼력을 증진시킨다.
④ 철근 콘크리트보에 전단 철근 양은 많을수록 거동에 유리하다.

해설 철근 콘크리트보에 전단 철근 양은 많을수록 거동에 불리하다.
따라서 전단 강도 $V_s \leq \dfrac{2}{3}\sqrt{f_{ck}}\,b_w d$이어야 한다.

10 직사각형 단면을 가지는 단순보에서 콘크리트가 부담하는 공칭 전단 강도(V_c)는? (단, 직사각형 단면의 폭은 300mm, 유효깊이는 500mm, f_{ck}는 27MPa이다.)

① 54.6kN ② 72.6kN
③ 89.6kN ④ 129.9kN

해설 $V_c = \dfrac{1}{6}\lambda\sqrt{f_{ck}}\,b_w d$
$= \dfrac{1}{6} \times 1 \times \sqrt{27} \times 300 \times 500 = 129{,}904 N = 129.9\text{kN}$

11 아래 그림의 직사각형 단철근보에서 공칭 전단 강도(V_n)를 구하면? (단, 스터럽은 D13(공칭 단면적 126.7mm²)을 사용하며 스터럽 간격은 200mm, f_{yt} = 350MPa이고, f_{ck} = 28MPa이다.)

① 158.2kN
② 318.6kN
③ 376.3kN
④ 463.2kN

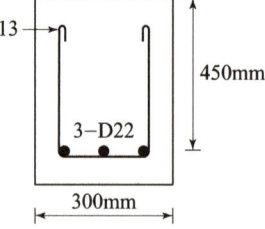

해설 공칭 전단 강도 $V_n = V_c + V_s$
- $V_c = \dfrac{1}{6}\lambda\sqrt{f_{ck}}\,b_w d$
  $= \dfrac{1}{6} \times 1 \times \sqrt{28} \times 300 \times 450 = 119{,}059 \text{N} = 119.06\text{kN}$
- $V_s = \dfrac{A_v \cdot f_{yt} \cdot d}{s}$
  $= \dfrac{(126.7 \times 2) \times 350 \times 450}{200} = 199{,}553 \text{N} = 199.55\text{kN}$
∴ $V_n = 119.06 + 199.55 = 318.61\text{kN}$

12 그림과 같은 단면을 가지는 직사각형보의 공칭 전단 강도 V_n를 계산하면? (단, 철근 D13을 수직 스터럽으로 사용하며, 스터럽 간격은 150mm이다. 철근 D13 1본의 단면적은 127mm², D22 1본의 단면적은 387mm², f_{ck} = 24MPa, f_y = 400MPa이다.)

① 415kN
② 358kN
③ 273kN
④ 208kN

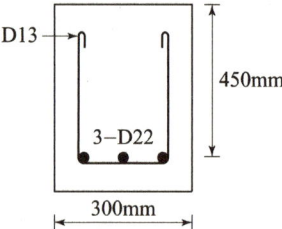

해설 공칭 전단 강도 $V_n = V_c + V_s$
- $V_c = \dfrac{1}{6}\lambda\sqrt{f_{ck}}\,b_w d$
  $= \dfrac{1}{6} \times 1 \times \sqrt{24} \times 300 \times 450 = 110{,}227 \text{N} = 110.23\text{kN}$
- $V_s = \dfrac{A_v \cdot f_y \cdot d}{s}$
  $= \dfrac{(127 \times 2) \times 400 \times 450}{150} = 304{,}800 \text{N} = 304.80\text{kN}$
∴ $V_n = 110.23 + 304.80 = 415.03\text{kN}$

정답 08 ③ 09 ④ 10 ④ 11 ② 12 ①

13. 그림과 같은 단철근 직사각형보의 전단에 대한 위험 단면에서 평균 전단 응력은?

① 0.9MPa
② 1.2MPa
③ 1.5MPa
④ 1.8MPa

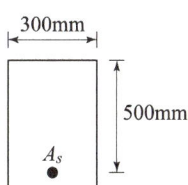

해설
· 전단력
$$V_u = \frac{w_u \cdot l}{2} - w_u \cdot d = \frac{40 \times 10}{2} - 40 \times 0.5 = 180 \text{kN}$$

· 전단 응력
$$\nu = \frac{V_u}{b \cdot d} = \frac{180 \times 10^3 (\text{N})}{300 \times 500 (\text{mm}^2)} = 1.2 \text{N/mm}^2 = 1.2 \text{MPa}$$

14. D13 철근을 U형 수직 스터럽으로 배치한 직사각형 단철근보에서 공칭 전단 강도(V_n)는 얼마인가?
(단, D13 철근 1본의 단면적=126.7mm², 스터럽 간격=120mm, 단면폭=300mm, 유효깊이=500mm, f_{ck}=30MPa, f_y=400MPa)

① 359kN   ② 478kN
③ 559kN   ④ 647kN

해설 공칭 전단 강도 $V_n = V_c + V_s$

· $V_c = \frac{1}{6}\lambda\sqrt{f_{ck}}\,b_w d$
$= \frac{1}{6} \times 1 \times \sqrt{30} \times 300 \times 500 = 136,930 \text{N} = 137 \text{kN}$

· $V_s = \frac{A_v \cdot f_y \cdot d}{s}$
$= \frac{(126.7 \times 2) \times 400 \times 500}{120} = 422,333 \text{N} = 422 \text{kN}$

∴ $V_n = 137 + 422 = 559 \text{kN}$

15. 폭 300mm, 유효 깊이 500mm인 직사각형 보에서 콘크리트가 부담하는 전단 강도(V_c)의 값으로 옳은 것은?
(단, f_{ck}=24MPa, f_y=350MPa)

① 95.3kN   ② 104.7kN
③ 110.2kN ④ 122.5kN

해설
$V_c = \frac{1}{6}\lambda\sqrt{f_{ck}}\,b_w d$
$= \frac{1}{6} \times 1 \times \sqrt{24} \times 300 \times 500 = 122,474 \text{N} = 122.5 \text{kN}$

16. 아래와 같은 보에서 계수 전단력(V_u)이 ϕV_c의 1/2을 초과하여 최소 단면적의 전단 철근을 배근하려고 한다. 전단 철근의 간격을 250mm로 할 때 전단 철근에 대한 최소 단면적은? (단, f_{ck}=21MPa, f_y=400MPa이다.)

① 55.3mm²
② 65.7mm²
③ 76.2mm²
④ 82.3mm²

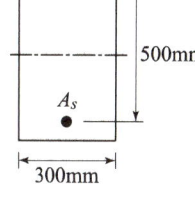

해설
$A_s = 0.35 \frac{b_w \cdot s}{f_y}$
$= 0.35 \times \frac{300 \times 250}{400} = 65.63 \text{mm}^2$

17. 그림과 같은 직사각형 단면보에서 콘크리트가 부담할 수 있는 전단 강도(V_c)는? (단, f_{ck}=21MPa, f_y=400MPa이다.)

① 36.2kN
② 114.6kN
③ 262.4kN
④ 364.3kN

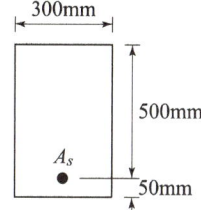

해설
$V_c = \frac{1}{6}\lambda\sqrt{f_{ck}}\,b_w d$
$= \frac{1}{6} \times 1 \times \sqrt{21} \times 300 \times 500 = 114,564 \text{N} = 114.6 \text{kN}$

18. 그림과 같은 보에 최소 전단 철근을 배근하려고 한다. 전단 철근의 간격을 200mm로 할 때 최소 전단 철근량은?
(단, f_{ck}=24MPa, f_y=350MPa)

① 52.5mm²
② 56.8mm²
③ 60.0mm²
④ 64.7mm²

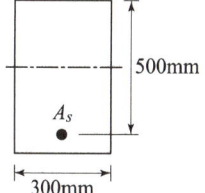

해설
$A_s = 0.35 \frac{b_w \cdot s}{f_y}$
$= 0.35 \frac{300 \times 200}{350} = 60 \text{mm}^2$

정답 13 ② 14 ③ 15 ④ 16 ② 17 ② 18 ③

014 기둥의 해석 및 설계

1 기둥의 일반 원칙

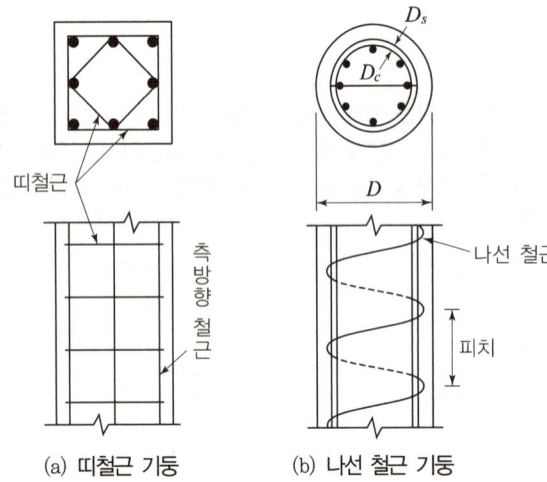

(a) 띠철근 기둥   (b) 나선 철근 기둥

■ 기둥의 종류
- 띠철근 기둥 : 사각형 단면에 주로 쓰이며, 축방향 철근을 적당한 간격의 띠철근으로 감은 기둥
- 나선 철근 : 원형 단면에 주로 쓰이며, 축방향 철근을 연속된 나선철근으로 둘러싼 기둥
- 합성 기둥 : 구조용 강재나 강관 또는 튜브를 축방향으로 배치한 압축부재

■ 띠철근 기둥의 제한 사항
- 축방향 부재의 최소 주철근의 최소 개수는 직사각형이나 원형 띠철근 내부의 철근의 경우 4개, 삼각형 띠철근 내부의 철근의 경우 3개로 하여야 한다.
- 축방향 철근의 철근비는 총 단면적의 1~8%이어야 한다.
- 축방향 철근의 간격은 40mm 이상, 철근 공칭 지름의 1.5배 이상, 굵은 골재 최대 치수의 4/3배 이상이어야 한다.
- 띠철근의 수직 간격은 축방향 철근 지름의 16배 이하, 띠철근이나 철선지름의 48배 이하, 기둥 단면의 최소 치수 이하이어야 한다.

■ 압축과 휨을 받는 띠철근 기둥
- 공칭축하중(공칭편심하중)

$$P_n = C_c + C_s - T_s$$

여기서, C_c : 콘크리트 압축력, C_s : 압축철근의 압축력
T_s : 인장철근의 압축력

■ 나선 철근 기둥의 제한 사항
- 축방향 철근의 간격은 40mm 이하, 철근 지름의 1.5배 이상, 굵은 골재 최대 치수의 4/3배 이상이어야 한다.
- 축방향 철근은 6배 이상, 철근비는 1~8%이어야 한다.
- 나선 철근 기둥에 사용하는 콘크리트의 설계 기준 강도는 21MPa 이상이어야 한다.

- 나선 철근비 ρ_s는 보통 철근비와는 달리 체적비로 정의되고 다음 값 이상이어야 한다.

$$\rho_s = \frac{\text{나선 철근의 체적}}{\text{심부 체적}} \geq 0.45\left(\frac{A_g}{A_{ch}} - 1\right)\frac{f_{ck}}{f_{yt}}$$

여기서, f_{yt} : 나선 철근의 설계 기준 항복 강도(700MPa 이하)
A_g : 기둥의 총 단면적(mm²)
A_{ch} : 나선 철근 외곽으로 둘러싸인 단면적

■ 띠철근 기둥에서 종방향 철근의 철근비를 제한하는 이유
- 종방향 철근량의 최소 한계를 두는 이유
  - 너무 적으면 배치 효과가 없다.
  - 시공 시 재료 분리로 인한 부분적 결함을 보완한다.
  - 콘크리트 크리프 및 건조 수축으로 인한 영향을 줄인다.
  - 예상치 않은 편심 하중으로 인해 생기는 휨 모멘트에 저항한다.
- 최대 8%를 두는 이유
  - 시공에 지장이 있다.
  - 비경제적이다.

2 기둥의 설계

■ 기둥의 좌굴 하중과 유효 길이
- 장주의 좌굴 하중

$$P_c = \frac{\pi^2 EI}{(kl_u)^2}$$

- 좌굴 하중

$$f_{cr} = \frac{P_c}{A} = \frac{\pi^2 E}{\left(\dfrac{kl_u}{r}\right)^2} = \frac{n \cdot \pi^2 \cdot E}{\dfrac{l}{r}}$$

일단고정 타단자유	$n = \dfrac{1}{4}$	$k = 2.0$
양단힌지	$n = 1$	$k = 1.0$
일단힌지 타단고정	$n = 2$	$k = \dfrac{1}{\sqrt{2}}$
양단고정	$n = 4$	$k = \dfrac{1}{\sqrt{4}}$

여기서, E : 탄성 계수
I : 단면 2차 모멘트
$\dfrac{kl_u}{r}$: 유효 세장비
l : 기둥의 비지된 길이
k : 유효 길이 계수
kl_u : 기둥의 유효 길이

■ 기둥 양단의 지지 조건에 따른 유효 길이 계수

	1단 고정, 타단 자유	양단 힌지	1단 고정, 타단 힌지	양단 고정
지지 조건에 따른 기둥의 분류	$kl=2l$	$kl=l$	$kl=0.7l$	$kl=0.5l$
유효 길이 계수(k)	2	1	0.7	0.5
좌굴 계수(n) $n=\dfrac{1}{k^2}$	$\dfrac{1}{4}$	1	2	4

■ 단주의 설계

- 중심축 하중을 받는 경우
  - 공칭(압)축 강도(P_n)
  $$P_n = 0.85 f_{ck}(A_g - A_{st}) + f_y \cdot A_{st}$$
- 압축 부재의 설계축 하중 강도 $P_d = \phi P_n$
  - 나선 철근을 갖고 있는 부재
  $$\phi P_n = \alpha \phi [0.85 f_{ck}(A_g - A_{st}) + f_y \cdot A_{st}]$$

- 띠철근을 가진 부재의 경우
$$\phi P_n = \alpha \phi [0.85 f_{ck}(A_g - A_{st}) + f_y \cdot A_{st}]$$
- 프리스트레스트 부재의 설계축 강도 ϕP_n은 편심이 없는 경우의 설계축 강도에 대해서 나선 철근은 0.85배, 띠철근 부재는 0.80배를 초과하지 않아야 한다.

분류	보정 계수 α	강도 감소 계수 ϕ
나선 철근	0.85	0.70
띠철근	0.80	0.65

□□□ 기 07,13

01 기둥에서 축방향 철근량의 최소 한계를 두는 이유로 잘못된 설명은?

① 휨 강도보다는 압축 단면을 보강하기 위해서
② 시공 시 재료 분리로 인한 부분적 결함을 보완하기 위해서
③ 콘크리트 크리프 및 건조 수축의 영향을 감소시키기 위해서
④ 예상 외의 편심 하중이 작용할 가능성에 대비하기 위해서

해설 종방향 철근량의 최소 한계를 두는 이유
- 너무 적으면 배치 효과가 없다.
- 시공 시 재료 분리로 인한 부분적 결함을 보완한다.
- 콘크리트 크리프 및 건조 수축으로 인한 영향을 줄인다.
- 예상치 않은 편심 하중으로 인해 생기는 휨 모멘트에 저항한다.

□□□ 기 05,19,21

02 나선철근 기둥에서 나선철근 바깥선을 지름으로 하여 측정된 나선철근 기둥의 심부지름이 250mm, f_{ck} = 28MPa, f_y = 400MPa일 때 기둥의 총 단면적으로 적절한 것은?

① 60,000mm²
② 100,000mm²
③ 200,000mm²
④ 300,000mm²

해설 $0.01 \sim 0.08 \geq 0.45\left(\dfrac{A_g}{A_{ch}}-1\right)\dfrac{f_{ck}}{f_{yt}}$

(∵ 나선철근 기둥의 철근비 1~8%)

$0.45\left(\dfrac{D^2}{250^2}-1\right)\dfrac{28}{400}=0.01$ ∴ $D^2 = 82,341\,\text{mm}^2$

∴ $A_g = \dfrac{\pi D^2}{4} = \dfrac{\pi \times 82,341}{4} = 64,671\,\text{mm}^2$

$0.45\left(\dfrac{D^2}{250^2}-1\right)\dfrac{28}{400}=0.08$ ∴ $D^2 = 221,230\,\text{mm}^2$

∴ $A_g = \dfrac{\pi D^2}{4} = \dfrac{\pi \times 221,230}{4} = 173,753\,\text{mm}^2$

∴ 총 단면적으로 적절한 것 $A_g = 100,000\,\text{mm}^2$

03 다음 장주 중 좌굴 계수가 가장 큰 것은?

① 1단 고정 타단 자유인 장주
② 양단 힌지인 장주
③ 1단 고정 타단 힌지인 장주
④ 양단 고정인 장주

해설 기둥의 양단 지지 조건에 따른 좌굴 계수 n

구분	좌굴 계수
1단 고정 타단 자유인 장주	$n = \dfrac{1}{4}$
양단 힌지인 장주	$n = 1$
1단 고정 타단 힌지인 장주	$n = 2$
양단 고정인 장주	$n = 4$

04 다음과 같이 단면이 400mm×400mm이고, 축방향 철근량이 4,000mm²인 띠철근 압축 부재에서 $f_{ck}=24$MPa, $f_y=280$MPa이라면 이 기둥의 공칭 축강도(P_n)는 얼마인가?

① 2,410kN
② 2,827kN
③ 3,442kN
④ 4,357kN

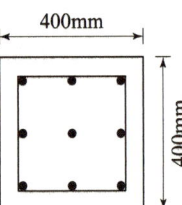

해설 $P_n = \phi P_n = \alpha[0.85f_{ck}(A_s - A_{st}) + f_y \cdot A_{st}]$
$= 0.80\{0.85 \times 24(400 \times 400 - 4,000) + 280 \times 4,000\}$
$= 3,441,920\text{N} = 3,442\text{kN}$

분류	보정 계수 α	강도 감소 계수 ϕ
나선 철근	0.85	0.70
띠철근	0.80	0.65

05 단면이 500mm×500mm인 사각형이고 종방향 철근의 전체 단면적(A_{st})이 4,500mm²인 중심축 하중을 받는 띠철근 단주의 설계축 하중 강도는? (단, $f_{ck}=27$MPa, $f_y=400$MPa, $\phi=0.65$를 적용한다.)

① 2,987kN
② 3,866kN
③ 4,163kN
④ 4,754kN

해설 $\phi P_n = \alpha\phi[0.85f_{ck}(A_g - A_{st}) + f_y \cdot A_{st}]$
$A_g = 500 \times 500 = 250,000\text{mm}^2$
$\therefore \phi P_n = 0.80 \times 0.65[0.85 \times 27(250,000 - 4,500) + 400 \times 4,500] = 3,865,797\text{N} = 3,866\text{kN}$

06 지름이 400mm인 원형 나선 철근 기둥이 그림과 같이 축방향 철근 6-D25이며, 나선 철근 D13이 50mm 피치로 둘러싸여 있다. $f_{ck}=35$MPa, $f_y=400$MPa일 때, 길이가 짧은 단주 기둥의 최대 설계축 하중 강도(ϕP_n)를 구하면? (단, ϕ는 0.70이고, D25 철근 1개의 단면적은 506.7mm²)

① 2,126kN
② 2,894kN
③ 3,891kN
④ 4,864kN

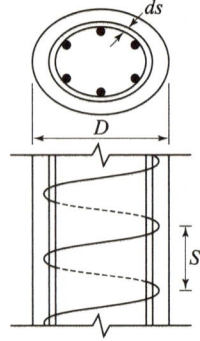

해설 $\phi P_n = \alpha\phi[0.85f_{ck}(A_g - A_{st}) + f_y \cdot A_{st}]$
· $A_g = \dfrac{\pi d^2}{4} = \dfrac{\pi \times 400^2}{4} = 125,664\text{mm}^2$
· $A_{st} = 506.7 \times 6 = 3,040\text{mm}^2$
$\therefore \phi P_n = 0.85 \times 0.70[0.85 \times 35(125,664 - 3,040) + 400 \times 3,040] = 2,894,118\text{N} = 2,894\text{kN}$

분류	보정 계수 α	강도 감소 계수 ϕ
나선 철근	0.85	0.70
띠철근	0.80	0.65

07 그림과 같이 D25 철근이 축방향으로 배근된 나선 철근 기둥(단주)의 설계 축하중 강도(ϕP_n)는? (단, $f_{ck}=30$MPa, $f_y=400$MPa, 1-D25=506.7mm² 압축 지배 단면이다.)

① 1,256kN
② 2,584kN
③ 3,091kN
④ 4,313kN

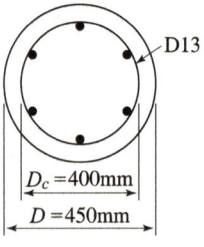

해설 $\phi P_n = \alpha\phi[0.85f_{ck}(A_g - A_{st}) + f_y \cdot A_{st}]$
· $A_g = \dfrac{\pi d^2}{4} = \dfrac{\pi \times 450^2}{4} = 159,043\text{mm}^2$
· $A_{st} = 506.7 \times 6 = 3,040\text{mm}^2$
$\therefore \phi P_n = 0.85 \times 0.70[0.85 \times 30(159,043 - 3,040) + 400 \times 3,040] = 3,090,476\text{N} = 3,091\text{kN}$

□□□ 산10,19

08 압축 부재의 축방향 철근이 D35 이상일 때 사용할 수 있는 띠철근의 기준에 대한 설명으로 옳은 것은?

① D10 이상의 띠철근으로 둘러싸야 한다.
② D13 이상의 띠철근으로 둘러싸야 한다.
③ D15 이상의 띠철근으로 둘러싸야 한다.
④ D16 이상의 띠철근으로 둘러싸야 한다.

해설 압축 부재의 축방향 철근 지름에 따른 띠철근의 지름

축방향 철근	띠철근
D32 이하	D10 이상
D35 이상	D13 이상

□□□ 산08

09 300mm×400mm의 단면을 가진 띠철근 기둥의 설계 강도(ϕP_n)는 얼마인가? (단, $f_{ck}=24$MPa, $f_y=300$MPa, 종방향 철근 전체의 단면적(A_{st})은 5,700mm², $\phi=0.65$)

① 2,102kN ② 2,829kN
③ 3,233kN ④ 4,042kN

해설 $\phi P_n = \phi \alpha [0.85 f_{ck}(A_s - A_{st}) + f_y \cdot A_{st}]$
$= 0.65 \times 0.80 [0.85 \times 24(300 \times 400 - 5,700) + 300 \times 5,700]$
$= 2,101,694 \text{N} = 2,102 \text{kN}$

분류	보정 계수 α	강도 감소 계수 ϕ
나선 철근	0.85	0.70
띠철근	0.80	0.65

□□□ 산09

10 철근 콘크리트 압축 부재의 축방향 주철근 배근에 관한 규정 중 틀린 것은?

① 나선 철근으로 둘러싸인 철근의 경우는 6개 이상이어야 한다.
② 사각형이나 원형 띠철근으로 둘러싸인 철근의 경우는 4개 이상이어야 한다.
③ 비합성 압축 부재의 축방향 주철근 단면적은 압축 부재 전체 단면적의 0.01~0.08배이어야 한다.
④ 축방향 주철근이 겹침 이음되는 경우의 철근비는 0.05 이상이어야 한다.

해설 축방향 주철근이 겹침 이음되는 경우의 철근비는 0.04를 초과하지 않아야 한다.

□□□ 기 21

11 그림(a)와 같은 띠철근 기둥 단면의 평형재하상태에 대해 해석한 결과 그림(b)와 같이 콘크리트 압축력 $C_c=900$kN, 압축철근의 압축력 $C_s=200$kN, 인장철근의 압축력 $T_s=300$kN을 얻었다. 이 기둥의 공칭편심하중 P의 크기는?

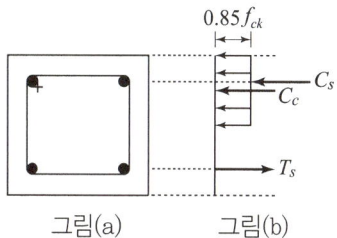

그림(a)   그림(b)

① 700kN ② 800kN
③ 900kN ④ 1,000kN

해설 압축과 휨을 받는 띠철근 기둥의 공칭편심하중
$P = C_c + C_s - T_s$
$= 900 + 200 - 300 = 800 \text{kN}$

□□□ 산07,12,15

12 나선 철근 기둥에서 축방향 철근의 최소 개수로 옳은 것은?

① 5개 ② 6개
③ 7개 ④ 8개

해설 압축 부재의 축방향 주철근 개수
- 사각형이나 원형 띠철근으로 둘러싸인 경우 : 4개
- 삼각형 띠철근으로 둘러싸인 경우 : 3개
- 나선 철근으로 둘러싸인 철근의 경우 : 6개

□□□ 기 18,19

13 기둥의 양단이 힌지일 때 이론적인 유효길이 계수 k의 값은?

① 0.5 ② 0.7
③ 1.0 ④ 2.0

해설 $P_{cr} = \dfrac{n\pi^2 EI}{L^2} = \dfrac{\pi^2 EI}{(kL)^2}$

일단고정 타단자유	$n=\dfrac{1}{4}$	$k=2.0$
양단힌지	$n=1$	$k=1.0$
일단힌지 타단고정	$n=2$	$k=\dfrac{1}{\sqrt{2}}$
양단고정	$n=4$	$k=\dfrac{1}{\sqrt{4}}$

015 슬래브의 해석과 설계

1 슬래브의 종류

1방향 슬래브
- 마주 보는 두 변에만 지지되는 경우
- 4변에 의해 지지되는 2방향 슬래브 중에서 $\frac{L}{S} > 2$인 경우
  여기서, L : 장변의 길이
  S : 단변의 길이

2방향 슬래브
- 4변이 지지된 슬래브로서 $1 \leq \frac{L}{S} \leq 2$인 경우
- 4변이 지지된 슬래브로서 $0.5 \leq \frac{S}{L} \leq 1$인 경우
- 4변에 의해 지지되는 2방향 슬래브 중에서 단변에 대한 장변의 비가 2배를 넘으면 1방향 슬래브로 해석한다.

2방향 슬래브의 하중부담

구분	집중하중 P가 작용할 때
긴 변이 부담하는 하중	$P_L = \dfrac{S^3}{L^3 + S^3} P$
짧은 변이 부담하는 하중	$P_S = \dfrac{L^3}{L^3 + S^3} P$

2 슬래브의 구조 상세

1방향 슬래브의 구조 상세
- 1방향 슬래브의 두께는 100mm 이상이어야 한다.
- 1방향 슬래브의 정철근 및 부철근의 중심 간격은 최대 휨 모멘트가 일어나는 단면에서 슬래브 두께의 2배 이하, 300mm 이하이어야 한다.
- 전단에 대한 위험한 단면은 보와 같이 지점으로부터 d만큼 떨어진 단면이다.

1방향 철근 콘크리트 슬래브의 수축·온도 철근 단면적의 비
- 설계 기준 항복 강도가 400MPa 이하인 이형 철근을 사용한 슬래브 : 0.0020
- 설계기준 항복 강도가 400MPa을 초과하는 이형 철근 또는 용접 철망을 사용한 슬래브 : $0.0020 \times \dfrac{400}{f_y}$
- 수축·온도 철근의 간격은 슬래브 두께의 5배 이하, 또한 450mm 이하로 하여야 한다.
- 수축·온도 철근은 설계 기준 항복 강도 f_y를 발휘할 수 있도록 정착되어야 한다.

2방향 슬래브의 구조 상세
- 위험 단면에서 철근의 간격은 슬래브 두께의 2배 이하, 또한 300mm 이하이어야 한다.
- 전단에 대한 위험 단면은 집중 하중이나 집중 반력을 받는 면의 주변에서 $\dfrac{d}{2}$만큼 떨어진 주변 단면이다.

3 직접 설계법

제한 사항
- 각 방향으로 3경간 이상이 연속되어야 한다.
- 슬래브 판들은 단변 경간에 대한 장변 경간의 비가 2 이하인 직사각형이어야 한다.
- 각 방향으로 연속한 받침부 중심 간 경간 길이의 차이는 긴 경간의 1/3 이하이어야 한다.
- 연속한 기둥 중심선을 기준으로 기둥의 어긋남은 그 방향 경간의 10% 이하이어야 한다.
- 모든 하중은 슬래브 판 전체에 등분포된 활하중은 고정 하중의 2배 이하이어야 한다.
- 보가 모든 변에서 슬래브판을 지지할 경우, 직교하는 두 방향에서 다음 식에 해당하는 보의 상대 강성은 0.2 이상 5.0 이하이어야 한다.

$$0.2 \leq \frac{\alpha_1 l_2^{\,2}}{\alpha_2 l_1^{\,2}} \leq 5.0$$

정계수 및 부계수 휨 모멘트
- 부계수 휨 모멘트는 직사각형 받침부의 내면에 위치하여야 한다. 원형이나 정다각형 받침부는 같은 면적의 정사각형 받침부로 환산하여 취급하여야 한다.
- 내부 경간에서는 전체 정적 계수 휨 모멘트 M_o를 다음과 같은 비율로 분배하여야 한다.
  - 부계수 휨 모멘트 : $0.65 M_o$
  - 정계수 휨 모멘트 : $0.35 M_o$

2방향 슬래브의 해석 및 설계 방법

해석 및 설계법	장 점	단 점
직접 설계법	복잡한 해석이 필요 없다.	다소 정확성이 떨어지고, 중력 하중에 대해서만 적용이 가능하다.
등가 골조법	횡력에 대한 적용이 가능하다.	컴퓨터 해석에 사용하기가 불편하다. 기둥의 강성 수정이 필요하다.
유효 보폭법	컴퓨터 해석에 용이하다.	다소 정확성이 떨어진다.
유한 요소법	다양한 하중, 슬래브의 형상, 불균등 기둥 배치에 적용이 가능하다.	아직 횡력 해석을 위해서는 모델링 및 해석 시간이 필요하고, 프로그램 개선이 필요하다.

01 1방향 철근 콘크리트 슬래브의 최소 수축 온도 철근량은?
($f_{ck}=21\text{MPa}$, $f_y=300\text{MPa}$, $b=1,000\text{mm}$, $d=250\text{mm}$)

① 250mm² ② 500mm²
③ 750mm² ④ 1,000mm²

해설 설계 기준 강도가 400MPa 이하인 이형 철근을 사용한 1방향 철근 슬래브의 수축 온도 철근비는 0.002이다.
∴ 최소 수축 온도 철근량
$A_s = \rho bd = 0.002 \times 1,000 \times 250 = 500\text{mm}^2$

02 1방향 철근 콘크리트 슬래브의 전체 단면적이 2,000,000 mm²이고, 0.0035의 항복 변형률에서 측정한 철근의 설계 기준 항복 강도가 500MPa인 경우, 수축 및 온도 철근량의 최솟값은?

① 7,000mm² ② 4,000mm²
③ 3,200mm² ④ 2,500mm²

해설 일방향 철근 콘크리트 슬래브
• 수축 온도 철근으로 배치되는 이형 철근은 0.0035의 항복 변형률에서 측정한 철근의 설계 기준 항복 강도가 400MPa을 초과한 슬래브의 최소 철근량
• $A_{s\min} = 0.0020 \times \dfrac{400}{f_y} \times A_g$
$= 0.0020 \times \dfrac{400}{500} \times 2,000,000 = 3,200\text{mm}^2$

03 2방향 슬래브의 펀칭 전단에 대한 위험 단면은 다음 중 어느 곳인가? (단, d : 유효 깊이)

① 슬래브 경간의 $\dfrac{1}{8}$ 인 곳
② 받침부에서 d만큼 떨어진 곳
③ 받침부
④ 받침부에서 $\dfrac{d}{2}$ 만큼 떨어진 곳

해설 • 2방향 슬래브의 2방향 전단(펀칭 전단)에 대한 위험 단면은 집중 하중이나 집중 반란을 받는 면의 주변에서 $\dfrac{d}{2}$ 만큼 떨어진 주변 단면이다.
• 1방향 슬래브 : 받침부에서 d인 단면
• 2방향 슬래브 : 받침부에서 $\dfrac{d}{2}$ 인 단면

04 4변에 의해 지지되는 2방향 슬래브 중 1방향 슬래브로서 해석할 수 있는 경우는?
(단, L : 슬래브의 장경간, S : 슬래브의 단경간)

① $\dfrac{L}{S}$ 이 2보다 클 때
② $\dfrac{L}{S}$ 이 1일 때
③ $\dfrac{S}{L}$ 가 2보다 클 때
④ $\dfrac{S}{L}$ 가 1보다 작을 때

해설 4변에 의해 지지되는 2방향 슬래브 중에서 단변에 대한 장변의 비가 2배를 넘으면 1방향 슬래브로서 해석한다.
즉, $\dfrac{L}{S} \geq 2$: 1방향 슬래브

05 4면에 의해 지지되는 2방향 슬래브 중에서 1방향 슬래브로 보고 설계할 수 있는 경우는? (단, L : 2방향 슬래브의 장경간, S : 2방향 슬래브의 단경간)

① $\dfrac{L}{S} \geq 2$ ② $\dfrac{L}{S} \geq 1$
③ $\dfrac{S}{L} \geq 2$ ④ $\dfrac{S}{L} \leq 1$

해설 4변에 의해 지지되는 2방향 슬래브 중에서 단변에 대한 장변의 비가 2배를 넘으면 1방향 슬래브로서 해석한다.

06 2방향 슬래브 중 직접 설계법을 사용하여 슬래브 시스템을 설계하고자 할 때 제한 사항에 대한 설명으로 틀린 것은?

① 각 방향으로 3경간 이상이 연속되어야 한다.
② 슬래브 판들은 단변 경간에 대한 장변 경간의 비가 3 이하인 직사각형이어야 한다.
③ 각 방향으로 연속한 받침부 중심 간 경간 길이의 차이는 긴 경간의 1/3 이하이어야 한다.
④ 모든 하중은 연직 하중으로서 슬래브 판 전체의 등분포되어야 하며, 활하중은 고정 하중의 2배 이하이어야 한다.

해설 슬래브 판들은 단변 경간에 대한 장변 경간의 비가 2 이하인 직사각형이어야 한다.

□□□ 기04,09,10 산17
07 직접 설계법에 의한 슬래브 설계에서 전체 정적 계수 휨 모멘트 M_o가 300kN·m로 계산됐을 때 내부 경간의 부계수 휨 모멘트는 얼마인가?

① 150kN·m　② 165kN·m
③ 180kN·m　④ 195kN·m

해설 내부 경간에서 전체 정적 계수 모멘트 M_o를 다음과 같이 분해하여야 한다.
- 부계수 모멘트의 경우 : 0.65
- 정계수 모멘트의 경우 : 0.35
  ∴ 부계수 모멘트 = $0.65M_o = 0.65 \times 300 = 195$ kN·m

□□□ 기04,09,10
08 직접 설계법에 의한 슬래브 설계에서 전체 정적 계수 휨 모멘트 $M_o = 320$kN·m로 계산되었을 때 내부 경간의 부계수 휨 모멘트는 얼마인가?

① 208kN·m　② 195kN·m
③ 182kN·m　④ 169kN·m

해설 내부 경간에서 전체 정적 계수 모멘트 M_o를 다음과 같이 분해하여야 한다.
- 부계수 휨 모멘트 : 0.65
- 정계수 휨 모멘트 : 0.35
  ∴ 부계수 휨 모멘트 = $0.65M_o = 0.65 \times 320 = 208$ kN·m

□□□ 산12
09 직접 설계법을 사용하여 슬래브 시스템을 설계하고자 할 때 만족하여야 할 조건에 대한 설명으로 틀린 것은?

① 각 방향으로 3경간 이상이 연속되어야 한다.
② 슬래브 판들은 단변 경간에 대한 장변 경간의 비가 2 이하인 직사각형이어야 한다.
③ 모든 하중은 연직 하중으로서 슬래브 판 전체에 분포되어야 하며, 활하중은 고정 하중의 3배 이하이어야 한다.
④ 각 방향으로 연속된 받침부 중심 간 경간 길이의 차이는 긴 경간의 1/3 이하이어야 한다.

해설 직접 설계법의 제한 사항
- 각 방향으로 3경간 이상 연속되어야 한다.
- 슬래브 판들을 단변 경간에 대한 장변 경간의 비가 2 이하인 직사각형이어야 한다.
- 각 방향으로 연속한 받침부 중심 간 경간 차이는 긴 경간의 1/3 이하이어야 한다.
- 연속한 기둥 중심선을 기준으로 기둥의 어긋남은 그 방향 경간의 10% 이하이어야 한다.
- 모든 하중은 슬래브 판 전체에 걸쳐 등분포된 연직 하중이어야 하며, 활하중은 고정 하중의 2배 이하이어야 한다.

□□□ 산12,15
10 1방향 철근 콘크리트 슬래브에서 수축·온도 철근의 간격에 대한 설명으로 옳은 것은?

① 슬래브 두께의 3배 이하, 또한 450mm 이하로 하여야 한다.
② 슬래브 두께의 3배 이하, 또한 650mm 이하로 하여야 한다.
③ 슬래브 두께의 5배 이하, 또한 450mm 이하로 하여야 한다.
④ 슬래브 두께의 5배 이하, 또한 650mm 이하로 하여야 한다.

해설 1방향 철근 콘크리트 슬래브
- 수축·온도 철근의 간격은 슬래브 두께의 5배 이하, 또한 450mm 이하로 하여야 한다.

□□□ 기14,16 산09,13,14,17
11 설계 기준 항복 강도가 400MPa 이하인 이형 철근을 사용한 슬래브의 최소 수축·온도 철근비는 다음 중 어느 것인가?

① 0.0020　② 0.0030
③ 0.0035　④ 0.0040

해설 1방향 철근 콘크리트 슬래브(수축·온도 철근을 배치되는 이형 철근)
- 설계 기준 항복 강도가 400MPa 이하인 이형 철근을 사용한 1방향 철근 슬래브의 수축·온도 철근비는 0.0020이다.

정답 07 ④ 08 ① 09 ③ 10 ③ 11 ①

016 옹벽의 해석 및 설계

1 옹벽의 안정 조건
- 옹벽에 작용하는 하중

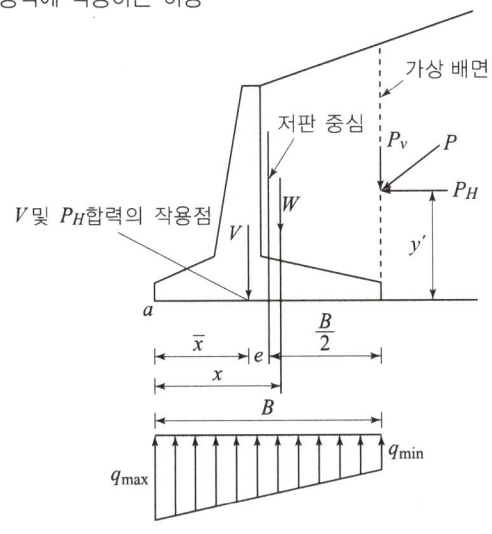

활동에 대한 안정
활동에 대한 저항력은 옹벽에 작용하는 수평력에 1.5배 이상이어야 한다.

$$\frac{H_r}{H} \geq 1.5$$

여기서, H : 토압의 수평력
H_r : 활동 저항력($H_r = V \tan \phi_B$)
V : 연직 합력
ϕ_B : 옹벽 저면의 마찰에 의한 활동 저항력

전도 및 지반 지지력에 대한 안정 조건은 만족하지만, 활동에 대한 안정 조건을 만족하지 못할 경우에는 활동 방지벽 혹은 횡방향 앵커 등을 설치하여 활동 저항력을 증대시킬 수 있다.

전도에 대한 안정
- 전도에 대한 저항 휨 모멘트는 횡토압에 의한 전도 모멘트의 2.0배 이상이어야 한다.

$$\frac{M_r}{M_o} = \frac{W \cdot x}{P_H \cdot y' - P_v \cdot B} \geq 2.0$$

여기서, M_o : 전도 모멘트($M_o = P_H \cdot y' - P_v \cdot B$)

지반 지지력에 대한 안정
- 지반에 유발되는 최대 지반 반력이 지반의 허용 지지력을 초과하지 않아야 한다.
- 지반의 침하에 대한 안정성 검토는 다음의 두 가지 중에서 하나로 검토할 수 있다.
- 지반 반력의 분포 경사가 비교적 작은 경우에는 최대 지반 반력 q_{max}이 지반의 허용 지지력 q_a 이하가 되도록 하여야 한다.

$$q_{max} = \frac{V}{B}\left(1 + \frac{6e}{B}\right)$$

$$q_{min} = \frac{V}{B}\left(1 - \frac{6e}{B}\right)$$

- 지반의 지지력은 지반 공학적 방법 중 선택 적용할 수 있으며, 지반의 내부 마찰각, 점착력 등과 같은 특성으로부터 지반의 극한 지지력을 추정할 수 있다. 다만 이 경우에 허용 지지력 q_a는 $\frac{1}{3}q_u$로 취하여야 한다.

2 구조 해석
저판
부벽식 옹벽의 저판은 정밀한 해석이 사용되지 않는 한, 부벽 사이의 거리를 경간으로 가정한 고정보 또는 연속보로 설계할 수 있다.

전면벽
- 캔틸레버식 옹벽의 전면벽은 저판에 지지된 캔틸레버로 설계할 수 있다.
- 부벽식 옹벽의 전면벽은 3변 지지된 2방향 슬래브로 설계할 수 있다.

뒷부벽 및 앞부벽
뒷부벽은 T형보를 설계하여야 하며, 앞부벽은 직사각형으로 설계하여야 한다.

□□□ 기 08
01 옹벽의 안정에 대한 설명으로 틀린 것은?

① 전도에 대한 저항 휨 모멘트는 횡토압에 의한 전도 모멘트의 1.5배 이상이어야 한다.
② 활동에 대한 저항력은 옹벽에 작용하는 수평력에 1.5배 이상이어야 한다.
③ 전도 및 지반 지지력에 대한 안정 조건은 만족하지만, 활동에 대한 안정 조건만을 만족하지 못할 경우에는 활동 방지벽 혹은 횡방향 앵커 등을 설치하여 활동 저항력을 증대시킬 수 있다.
④ 지반에 유발되는 최대 지반 반력이 지반의 허용 지지력을 초과하지 않아야 한다.

해설 전도에 대한 저항 휨 모멘트는 횡토압에 의한 전도 휨 모멘트의 2.0배 이상이어야 한다.

□□□ 산 08,14,17
02 다음 중 옹벽을 설계할 때 고려해야 하는 안정 조건이 아닌 것은?

① 전도에 대한 안정
② 활동에 대한 안정
③ 지반 지지력에 대한 안정
④ 벽체 좌굴에 대한 안정

해설 옹벽의 안정 조건 : 전도에 대한 안정, 활동에 대한 안정, 지반 지지력에 대한 안정

017 확대 기초의 해석과 설계

1 휨 모멘트 계산

그림의 $a-a$ 단면에 대한 휨 모멘트는 $a-a$ 단면 외측에 있는 확대 기초 저면의 전 면적에 작용하는 힘에 대해 계산한다.

■ 확대 기초의 휨 모멘트 작용 면적

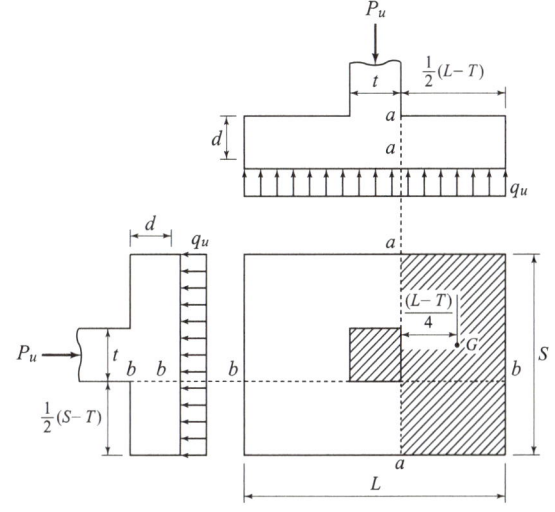

- $a-a$ 단면에 대한 휨 모멘트

$$M_a = q_u \times \left(\frac{L-t}{2} \times S\right) \times \left(\frac{L-t}{4}\right)$$
$$= \frac{1}{8} q_u \times S \times (L-t)^2$$

- $b-b$ 단면에 대한 휨 모멘트

$$M_b = q_u \times \left(\frac{S-t}{2}\right) \times (L) \times \left(\frac{S-t}{4}\right)$$
$$= \frac{1}{8} q_u \times L \times (S-t)^2$$

2 전단에 대한 위험 단면

- 1방향 작용의 경우 : 전단에 대한 위험 단면은 기둥 전면에서 d만큼 떨어진 단면이며, 전단에 대한 계산은 보의 경우와 같다.
- 2방향 작용의 경우 : 펀칭 전단이 일어난다고 볼 경우에는 집중 하중을 받는 슬래브의 경우와 같으며, 위험 단면은 기둥 전면에서 $\frac{d}{2}$만큼 떨어진 곳으로 본다.

3 위험한 단면의 계수 전단력

■ 1방향의 경우

$$V_u = q_u S \left\{\frac{(L-t)}{2} - d\right\} = \frac{P_u}{A} S \left\{\frac{(L-t)}{2} - d\right\}$$
$$= \frac{P_u}{A} S \left\{LS - (t+1.5d)^2\right\}$$

■ 2방향의 경우

$$V_u = q_u \left\{L \cdot S - (t+d)^2\right\}$$
$$= \frac{P_u}{A} \left\{L \cdot S - (t+d)^2\right\}$$

□□□ 기 08 산 05,07,10,15

01 일반적으로 정사각형 확대 기초에서 펀칭 전단에 대한 위험한 단면은? (단, d : 유효 깊이)

① 기둥의 전면에서 기둥 두께만큼 양쪽으로 떨어진 면
② 기둥의 전면
③ 기둥의 전면에서 $\frac{d}{2}$만큼 떨어진 면
④ 기둥의 전면에서 d만큼 떨어진 면

[해설] 펀칭 전단(파괴 전단)은 2방향 작용에 의하여 일어나므로, 정사각형 단면이면 2방향 확대 기초이므로 전단에 위험한 단면은 기둥 전면에서 $\frac{d}{2}$만큼 떨어진 면이다.

□□□ 기 09,12,20

02 그림과 같은 정사각형 독립 확대 기초 저변에 작용하는 지압력이 $q=160\text{kN/m}^2$일 때 휨에 대한 위험 단면의 모멘트는 얼마인가?

① $345.6\text{kN}\cdot\text{m}$
② $375.4\text{kN}\cdot\text{m}$
③ $395.7\text{kN}\cdot\text{m}$
④ $425.3\text{kN}\cdot\text{m}$

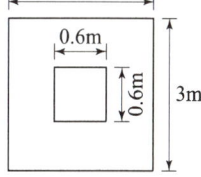

[해설] $M_a = \frac{1}{8} q_u \times S \times (L-t)^2$
$= \frac{1}{8} \times 160 \times 3 \times (3-0.6)^2 = 345.6\text{kN}\cdot\text{m}$

□□□ 산 08
03 $P=2,000$kN의 수직 하중을 받는 독립 확대 기초에서 허용 지지력 $q_a=250$kN/m²일 때 기초 한 변의 최소 길이는 얼마인가? (단, 기초의 형상이 정사각형일 때)

① 2.83m ② 3.50m
③ 4.15m ④ 5.00m

해설 $q_a = \dfrac{P}{A}$ 에서

$A = \dfrac{P}{q_a} = \dfrac{2,000}{250} = 8\,\text{m}^2 \quad \therefore a = 2.83\,\text{m}$

□□□ 산 07,10,14
04 일반적으로 정사각형 확대 기초에서 전단에 대한 위험 단면은? (단, d는 확대 기초의 유효 깊이이고, 1방향 전단이 발생하는 경우)

① 기둥의 전면
② 기둥의 전면에서 $\dfrac{d}{2}$ 만큼 떨어진 면
③ 기둥의 전면에서 d만큼 떨어진 면
④ 기둥의 전면에서 기둥 두께만큼 안쪽으로 떨어진 면

해설 확대 기초의 전단에 대한 위험 단면
- 1방향 작용의 경우 : 전단에 대한 위험 단면은 기둥 전면에서 d만큼 떨어진 단면이다.
- 2방향 작용의 경우 : 기둥 전면에서 $\dfrac{d}{2}$ 만큼 떨어진 곳으로 본다.

CHAPTER 03 프리스트레스트 콘크리트

018 프리스트레스트 콘크리트의 일반 특성

■ 프리스트레스트 콘크리트
외력에 의해 콘크리트에 발생되는 응력을 소정의 한도까지 상쇄시키기 위해 콘크리트에 사전에 인위적으로 압축력을 가하여 인장부의 콘크리트에 유효하도록 한 콘크리트를 프리스트레스트 콘크리트(PSC ; prestressed concrete) 또는 PS 콘크리트라고 약칭하기도 한다.

■ PSC의 장점
- 균열이 발생되지 않도록 설계하기 때문에 강재의 부식 위험이 적고 고강도 재료를 사용하므로 내구성이 좋다.
- 과다한 하중으로 일시적인 균열이 발생해도 하중을 제거하면 다시 복원되므로 탄력성과 복원성이 우수하다.
- 콘크리트의 전단면을 유효하게 이용할 수 있고 단면을 줄일 수 있어 RC 부재보다 경간을 길게 할 수 있다.
- 프리캐스트를 사용할 경우 거푸집 및 동바리공이 불필요하므로 시공성이 좋다.
- 프리스트레싱 시점에 최대 응력을 가지므로 나중에 사용 하중 재하 시 PSC 구조는 충분한 안전성을 갖는다.
- PSC 부재는 풀(full) 프리스트레싱인 경우 인장력을 받지 않으므로 부재의 처짐이 적다.

■ PSC의 단점
- RC에 비하여 단면이 작기 때문에 변형이 크게 일어나고 진동하기가 쉽다.
- 고강도 강재는 고온에 접하면 강도가 갑자기 감소되므로 RC보다 내화성에서 불리하다.
- RC에 비하여 고강도 재료 사용, 정착 장치, 시스, 그라우팅 등의 추가로 인해 공사비가 많이 든다.
- 외부하중의 크기와 방향에 민감하므로 설계, 제조, 운반, 가설 시 응력이나 처짐에 대한 세심한 안전성 검토가 필요하다.

■ PSC와 RC의 거동 차이 및 특징 비교
- PSC는 전단면이 유효하나 RC는 중립축으로부터 인장측 콘크리트의 저항은 무시한다.
- 긴장재의 곡선 배치는 전단력의 감소 및 주인장 응력이 작게 되어 복부를 얇게 할 수 있다.
- 하중에 의한 휨 모멘트는 부재 단면 내의 우력 모멘트에 저항한다는 개념은 PSC와 RC가 같다.
- PSC는 균열 후 PS 강재의 응력이 급격히 커지므로, RC보다 중립축 상승이 빠르고 균열폭이 커진다.
- PSC는 RS보다 고강도 재료를 사용한다.

□□□ 기12
01 프리스트레스트 콘크리트 구조의 장점에 대한 설명으로 틀린 것은?

① 프리스트레스트 콘크리트는 내화성이 철근 콘크리트보다 우수하다.
② 프리스트레스트 콘크리트는 부재의 확실한 강도와 안전율을 갖게 할 수 있다.
③ 프리스트레스트 콘크리트는 설계 하중하에서 콘크리트에 균열이 생기지 않으므로 내구성이 크다.
④ 프리스트레스트 콘크리트는 구조물이 가볍고 복원성이 우수하다.

해설 프리스트레스트 콘크리트의 고강도 강재는 고온에 접하면 갑자기 강도가 감소되므로 PSC는 RC보다 내화성에 있어서는 불리하다.

□□□ 예상
02 프리스트레스트 콘크리트 구조물의 특징에 대한 설명으로 틀린 것은?

① 철근 콘크리트의 구조물에 비해 진동에 대한 저항성이 우수하다.
② 설계 하중하에서 균열이 생기지 않으므로 내구성이 크다.
③ 철근 콘크리트 구조물에 비하여 복원성이 우수하다.
④ 공사가 복잡하여 고도의 기술을 요한다.

해설
- PSC 부재는 과다한 하중으로 인하여 일시적인 균열이 발생하더라도 하중이 제거되면 균열은 다시 복원되므로 탄력성과 복원성이 강한 구조물이다.
- PSC 부재는 가볍고 복원성이 풍부하지만, RC에 비하여 단면이 작기 때문에 변형이 크게 일어나고 진동하기가 쉽다.

정답 018 01 ① 02 ①

019 재료의 기준

■ 콘크리트 설계 기준 압축 강도
- 콘크리트 압축 강도는 포스트텐션 공법은 25MPa, 프리텐션 공법은 30MPa 이상으로 한다.
- 프리텐션 방식에 있어서 실험이나 기존의 적용 실적 등을 통해 안정성이 증명된 경우 이를 25MPa로 하향 조절할 수 있다.

■ 그라우팅용 모르타르
- 팽창률 : 10% 이하
- f_{ck} : 20MPa 이상
- 물-결합재비 : 45% 이하
- 블리딩률 : 3% 이하
- 염화물 이온량 : $0.3kg/m^3$ 이하

■ 덕트 내의 충전성
- 블리딩률의 표준 : 0%
- 팽창률의 표준
  - 비팽창성 그라우트 : $-0.5 \sim 0.5\%$
  - 팽창성 그리우트 : $0 \sim 10\%$
- 물-결합재비 : 45% 이하

■ PS 강재의 탄성 계수

$$E_{ps} = 2.0 \times 10^5 \text{MPa}$$

■ PS 강선이 갖추어야 할 일반적 성질
- 인장 강도가 높아야 한다.
- 항복비가 커야 한다.
- 릴랙세이션이 작아야 한다.
- 콘크리트와의 부착 강도가 좋아야 한다.
- 응력 부식에 대한 저항성이 커야 한다.
- 어느 정도의 피로 강도를 가져야 한다.
- 직선성(直線性)이 좋아야 한다.
- 적당한 연성과 인성이 있어야 한다.

■ 프리스트레스트 콘크리트 휨부재의 균열등급
- 비균열등급 : $f_t \leq 0.63\sqrt{f_{ck}}$
- 부분균열등급 : $0.63\sqrt{f_{ck}} < \sqrt{f_t} \leq 1.0\sqrt{f_{ck}}$
- 완전균열등급 : $f_t > 1.0\sqrt{f_{ck}}$

□□□ 산 09

01 PS 강선이 갖추어야 할 일반적인 성질 중 옳지 않은 것은?

① 인장 강도가 높아야 하고 항복비가 커야 한다.
② 릴랙세이션이 커야 한다.
③ 파단 시의 늘음이 커야 한다.
④ 직선성이 좋아야 한다.

[해설] 릴랙세이션이 크면 손실이 많이 발생하여 불리하다.

□□□ 산 07,10

02 프리스트레스트 콘크리트 구조물에서 프리텐션 방식으로 긴장하는 경우 콘크리트의 압축 강도는 적어도 얼마 이상이어야 하는가?

① 20MPa
② 25MPa
③ 30MPa
④ 35MPa

[해설] · 콘크리트 압축 강도는 포스트텐션 공법은 25MPa, 프리텐션 공법은 30MPa 이상으로 한다.
· 프리텐션 방식에 있어서 실험이나 기존의 적용 실적 등을 통해 안정성이 증명된 경우 이를 25MPa로 하향 조절할 수 있다.

□□□ 기 19

03 프리스트레스트 콘크리트 휨부재의 비균열등급, 부분균열등급 및 완전균열등급에 대한 설명으로 틀린 것은?

① 완전균열등급은 인장연단응력 f_t가 $1.0\sqrt{f_{ck}}$를 초과하는 경우이다.
② 비균열등급은 인장연단응력 f_t가 $1.0\sqrt{f_{ck}}$ 이하인 경우이다.
③ 2방향 프리스트레스트 콘크리트 슬래브는 비균열등급으로 설계한다.
④ 부분균열등급 휨부재의 사용하중에 의한 응력은 비균열 단면을 사용하여 계산한다.

[해설] · 비균열등급 : $f_t \leq 0.63\sqrt{f_{ck}}$
· 부분균열등급 : $0.63\sqrt{f_{ck}} < \sqrt{f_t} \leq 1.0\sqrt{f_{ck}}$
· 완전균열등급 : $f_t > 1.0\sqrt{f_{ck}}$

정답 019 01 ② 02 ③ 03 ②

020 PSC의 기본 개념

1 응력개념(균등질보의 개념)

철근 콘크리트(RC)는 취성 재료이므로 인장측과의 응력을 무시했으나 PSC는 탄성 재료로서 인장측 응력도 유효한 균등질보이다.

■ 긴장재를 도심에 배치한 경우의 응력

$$f = \frac{P}{A} \pm \frac{M}{I}y$$

- 상연 $f = \frac{P}{A} + \frac{M}{I}y$
- 하연 $f = \frac{P}{A} - \frac{M}{I}y$

■ 긴장재가 직선으로 편심 배치된 경우의 응력

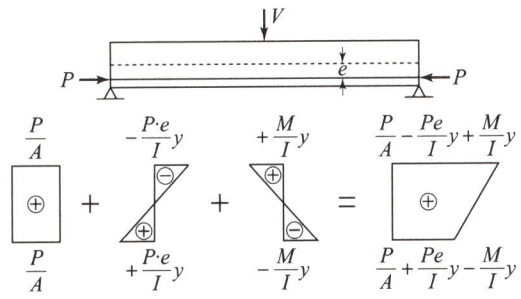

$$f = \frac{P}{A} \mp \frac{P \cdot e}{I}y \pm \frac{M}{I}y$$

- 상연 $f = \frac{P}{A} - \frac{P \cdot e}{I}y + \frac{M}{I}y$
- 하연 $f = \frac{P}{A} + \frac{P \cdot e}{I}y - \frac{M}{I}y$

여기서, $I = \frac{bh^3}{12}$, $M = \frac{wl^2}{8}$

y_1, y_2 : 도심에서 상연, 하연까지의 거리

2 강도 개념(내력 모멘트 개념)

RC에서와 같이 압축력은 콘크리트가 받고, 인장력은 PS 강재가 받는 두 힘의 우력이 외력 모멘트에 저항하도록 한다는 개념이다.

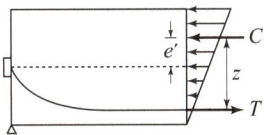

- 휨 모멘트
$M = C \cdot z = T \cdot z$

- 콘크리트의 응력
$f_c = \frac{C}{A} + \frac{C \cdot e'}{z}y = \frac{P}{A} \pm \frac{P \cdot e'}{I}y$

3 하중 평형 개념(등가 하중 개념)

프리스트레싱에 의한 작용과 부재에 작용하는 하중을 평형이 되도록 하는 개념으로 휨응력이 발생하지 않고 압축력만을 받는 부재로 전환시키게 된다.

■ 긴장재를 포물선으로 배치된 경우

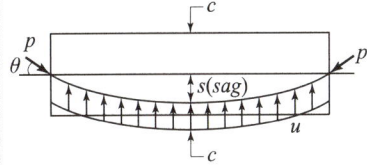

(a) 긴장력 P에 의한 상향력 u　　(b) C-C 단면의 하중

$P \cdot s = \frac{u \cdot l^2}{8}$ 에서

∴ 상향력 $u = \frac{8P \cdot s}{l^2}$

□□□ 예상

01 프리스트레스트 콘크리트의 원리를 설명할 수 있는 기본 개념으로 옳지 않은 것은?

① 균등질보의 개념　② 내력 모멘트의 개념
③ 하중 평형의 개념　④ 변형도 개념

[해설] 기본 개념
- 응력 개념(등균질보의 개념)
- 강도 개념(내력 모멘트 개념)
- 하중 평형 개념(등가 하중 개념)

□□□ 산 06

02 다음 중 프리스트레스트 콘크리트의 작용 효과가 가장 적은 것은?

① 휨 모멘트가 작용하는 보
② 전단력이 작용하는 보
③ 축 압축력이 작용하는 단주
④ 휨 모멘트가 작용하는 슬래브

[해설] 기둥(축 압축력이 작용하는 부재)은 단주와 장주로 구분한다.

03 그림과 같은 단면을 가진 PSC보가 $L=15m$이고, 자중을 포함한 계수 하중 32.5kN/m가 작용 할 때 경간 중앙 단면의 상연 응력은 약 얼마인가? (단, 프리스트레스 힘 P는 3,200kN, 편심량 $e_p=0.2m$이다.)

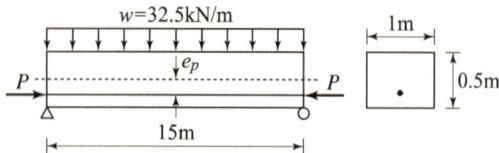

① 9MPa ② 13MPa
③ 17MPa ④ 23MPa

해설 상연 응력 $f = \dfrac{P}{A} - \dfrac{P \cdot e}{I}y + \dfrac{M}{I}y$

- $I = \dfrac{bh^3}{12} = \dfrac{1 \times 0.5^3}{12} = 0.01042 \, m^4$
- $M = \dfrac{wl^2}{8} = \dfrac{32.5 \times 15^2}{8} = 914.06 \, kN \cdot m$

$\therefore f = \dfrac{3,200}{1 \times 0.5} - \dfrac{3,200 \times 0.2}{0.01042} \times \dfrac{0.5}{2} + \dfrac{914.06}{0.01042} \times \dfrac{0.5}{2}$
$= 12,975.33 \, kN/m^2 = 12,975,330 \, N/(1,000)^2 mm^2$
$= 13 \, N/mm^2 = 13 \, MPa$

04 단면의 도심에 PS 강재가 배치되어 있다. 초기 프리스트레스 힘 120kN을 작용시켰다. 이때 15% 손실을 가정해서 콘크리트의 하연 응력이 0이 되도록 하려면 이때의 휨모멘트는 얼마인가?

① 8.2kN·m
② 9.2kN·m
③ 10.2kN·m
④ 11.2kN·m

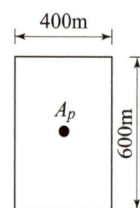

해설 15%의 손실을 가져온 프리스트레스 힘
$P = 120kN = 120 \times 0.85 = 102kN$
$f_t = \dfrac{P}{A} - \dfrac{M}{I}y = 0$에서

$\therefore M = \dfrac{P}{A} \cdot \dfrac{I}{y} = \dfrac{P}{bh} \cdot \dfrac{\frac{bh^3}{12}}{\frac{h}{2}} = \dfrac{Ph}{6}$

$= \dfrac{102 \times 0.6}{6} = 10.2 \, kN \cdot m$

05 경간이 15m인 프리스트레스트 콘크리트 단순보에서 PS강재를 대칭 포물선 모양으로 배치하였을 때 프리스트레스 힘(P)=3,500kN에 의하여 콘크리트에 일어나는 등분포 상향력은?

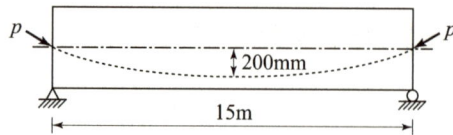

① 19.49kN/m ② 24.89kN/m
③ 28.78kN/m ④ 34.28kN/m

해설 강재가 포물선으로 배치된 경우
$P \cdot s = \dfrac{u \cdot l^2}{8}$에서

$\therefore$ 상향력 $u = \dfrac{8P \cdot s}{l^2} = \dfrac{8 \times 3,500 \times 0.200}{15^2} = 24.89 \, kN/m$

06 프리스트레스트 콘크리트에 대한 설명으로 틀린 것은?

① 긴장재가 부착되기 전의 단면 특성을 계산할 경우 덕트로 인한 단면적의 손실을 고려하여야 한다.
② 프리스트레스를 도입하자마자 일어나는 즉시 손실의 원인은 정착 장치의 활동, PS 강재와 시스 사이의 마찰, 콘크리트의 탄성 변형이 있다.
③ 프리텐션 방식은 긴장재를 곡선으로 배치하기 어려워 대형 부재의 제조에는 적합하지 않다.
④ 등균질보의 개념은 프리스트레싱의 작용과 부재에 작용하는 하중을 비기도록 하는 데 목적을 둔 개념이다.

해설 · 응력 개념(등균질보의 개념) : 프리스트레스가 도입되면 콘크리트 부재가 탄성 재료로 전환되어 이에 대한 해석이 탄성이론으로 가능하다.
· 하중 평형 개념(등가 하중 개념) : 프리스트레싱의 작용과 부재에 작용하는 하중을 평형이 되게 하는 개념이다.

☐☐☐ 산 08,10,11,12,14

07 그림의 PS 콘크리트 보에서 하중 평형 개념을 고려할 때 등분포의 상향력 u는 얼마인가? (단, $P=2,000$kN/m, $s=0.2$m이다.)

① 35.2kN/m
② 31.2kN/m
③ 27.2kN/m
④ 22.2kN/m

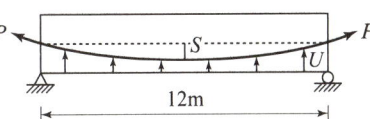

해설 강재가 포물선으로 배치된 경우

$P \cdot s = \dfrac{u \cdot l^2}{8}$ 에서

∴ 상향력 $u = \dfrac{8P \cdot s}{l^2} = \dfrac{8 \times 2,000 \times 0.20}{12^2} = 22.2$kN/m

☐☐☐ 기11

08 그림과 같이 단면의 중심에 PS 강선이 배치된 부재에 자중을 포함한 계수 하중(w) = 30kN/m가 작용한다. 부재의 연단에 인장 응력이 발생하지 않으려면 PS 강선에 도입되어야 할 긴장력(P)은 최소 얼마 이상인가?

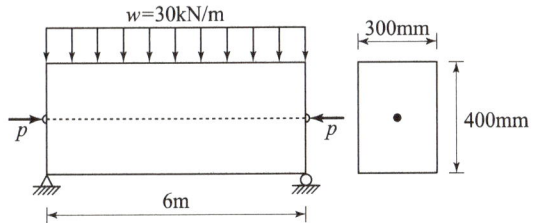

① 2,005kN
② 2,025kN
③ 2,045kN
④ 2,065kN

해설 $f_t = \dfrac{P}{A} - \dfrac{M}{I}y \geq 0$ 으로부터

$P = \dfrac{A \cdot M}{\dfrac{I}{y}} = \dfrac{A \cdot M}{Z}$

$= \dfrac{(bh)\left(\dfrac{wl^2}{8}\right)}{\dfrac{bh^2}{6}} = \dfrac{6wl^2}{8h}$

$= \dfrac{6 \times 30 \times 6^2}{8 \times 0.4} = 2,025$kN

☐☐☐ 기 08,14

09 아래 그림의 단순 PSC보에서 등분포 하중 $w=50$kN/m 이 작용하고 있다. 등분포 상향력과 등분포 하중이 비기기 위한 프리스트레스 힘 P는 얼마인가?

① 1,500kN
② 1,450kN
③ 1,400kN
④ 1,350kN

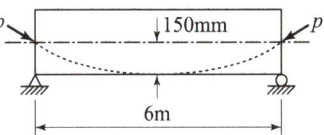

해설 프리스트레스 힘 P

$P = \dfrac{u \cdot l^2}{8s} = \dfrac{50 \times 6^2}{8 \times 0.15} = 1,500$kN

☐☐☐ 기 18,21

10 경간 20m에 등분포하중(주중포함) 20kN/m가 작용하는 프리스트레스 콘크리트 보에 $P=2,000$kN의 긴장력이 주어질 때, 하중 평행개념에 의해 계산된 이 보의 순하향분포하중은? (단, 긴장재는 포물선으로 배치되어 있으며, 새그는 200mm이다.)

① 8kN/m
② 12kN/m
③ 16kN/m
④ 20kN/m

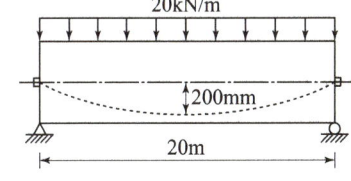

해설 상향력 $u = \dfrac{8P \cdot s}{l^2}$

$= \dfrac{8 \times 2,000 \times 0.200}{20^2} = 8$kN/m

∴ 순하향 하중 $W - u = 20 - 8 = 12$kN/m

021 PSC의 분류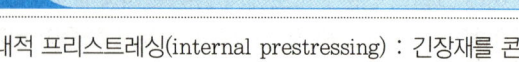

- 내적 프리스트레싱(internal prestressing) : 긴장재를 콘크리트 부재 속에 배치하여 긴장하여 정착시키는 방법
- 외적 프리스트레싱(external prestressing) : 긴장재를 콘크리트 부재 밖에 배치하여 긴장하여 정착시키는 방법
- 풀(완전) 프리스트레싱(full prestressing) : 사용 하중 재하 시 부재 내에 휨 인장 응력이 전혀 발생하지 않도록 하는 프리스트레싱 방법
- 파셜(부분) 프리스트레싱(partial prestressing) : 사용 하중 재하 시 부재 내에 휨 인장 응력을 허용하는 프리스트레싱 방법
- 선형 프리스트레싱(linear prestressing) : 긴장재를 빔이나 슬래브 같은 직선 부재에 프리스트레스를 주는 방법
- 원형 프리스트레싱(circular prestressing) : 긴장재를 원형 탱크, silo 같은 원형 부재에 프리스트레싱을 주는 방법

☐☐☐ 기 09

01 사용 하중에서 콘크리트에 휨 인장 응력의 작용을 허용하는 프리스트레싱 방법은?

① 외적 프리스트레싱
② 내적 프리스트레싱
③ 파셜 프리스트레싱
④ 풀 프리스트레싱

[해설]
- 내적 프리스트레싱 : 긴장재를 콘크리트 부재 속에 배치하여 긴장하여 정착시키는 방법
- 외적 프리스트레싱 : 긴장재를 콘크리트 부재 밖에 배치하여 긴장하여 정착시키는 방법
- 파셜 프리스트레싱 : 사용 하중 재하 시 부재 내에 휨 인장 응력을 허용하는 프리스트레싱 방법
- 풀 프리스트레싱 : 사용하중 재하 시 부재 내에 휨 인장 응력이 전혀 발생하지 않도록 하는 프리스트레싱 방법

☐☐☐ 예상

02 부분 프리스트레싱(partial prestressing)에 대한 설명으로 옳은 것은?

① 구조물에 부분적으로 PSC 부재를 사용하는 방법
② 부재 단면의 일부에만 프리스트레스를 도입하는 방법
③ 사용하중 작용시 PSC 부재 단면의 일부에 인장 응력이 생기는 것을 이용하는 방법
④ PSC 부재 설계 시 부재 하단에만 프리스트레스트를 주고 부재 상단에는 프리스트레스 하지 않는 방법

[해설] 부분 프리스트레싱 : 부재 단면의 일부에 인장 응력이 생기도록 프리스트레스를 가하는 것을 말한다.

022 프리스트레스트의 도입과 손실

1 프리스트레스의 도입
- 프리스트레스를 도입하고자 할 때는 부재의 콘크리트 압축 강도(f_{ci}')는 다음 조건을 만족시켜야 한다.
- 프리텐션, 포스트텐션 공법 모두 : $f_{ci}' \geq 1.7 f_{ci}$
- 프리텐션 공법 : $f_{ci}' \geq 30\,\text{MPa}$
- 포스트텐션 공법 : 여러 개의 강연선($f_{ci}' \geq 28\,\text{MPa}$), 단일 강연선 또는 강봉($f_{ci}' \geq 17\,\text{MPa}$)

  여기서, f_{ci}' : 프리스트레스를 도입할 때의 콘크리트의 압축 강도

  f_{ci} : 프리스트레스 도입 직후 콘크리트의 최대 압축 응력

2 프리스트레스의 손실
■ 프리스트레스를 도입할 때 손실(즉시 손실)
- 정착 장치의 활동
- 포스트텐션 긴장재와 덕트 사이의 마찰
- 콘크리트의 탄성 변형(수축)

■ 프리스트레스를 도입 후 손실(시간적 손실)
- 콘크리트의 크리프
- 콘크리트의 건조 수축
- PS 강재 응력의 릴랙세이션

3 유효율(R)
- 유효율 $R = \dfrac{P_e}{P_i}$
- 프리텐션 방식 : $R = 0.80$, 포스트텐션 방식 : $R = 0.85$
- 감소율 = $\dfrac{P_i - P_e}{P_i} = 1 - R$
- 유효 프리스트레스 힘 : $P_e = \alpha P_j$
- 프리텐션 방식 $\alpha = 0.65$, 포스트텐션 방식 : $\alpha = 0.80$

  여기서, α : 재킹력에 대한 유효율
  P_j : 재킹을 위한 힘
  P_i : 초기 프리스트레스 힘
  P_e : 유효 프리스트레스 힘

□□□ 산 09
01 프리스트레스 도입할 때 일어나는 손실의 원인으로 옳지 않은 것은?

① 정착 장치의 활동
② PS 강재와 시스 사이의 마찰
③ PS 강재의 릴랙세이션
④ 콘크리트의 탄성 변형

해설 프리스트레스 도입 후 손실에는 콘크리트의 건조 수축, 콘크리트의 크리프, 강재의 릴랙세이션이 있다.

□□□ 기 07,12,16
02 프리스트레스트 콘크리트에서 프리스트레스 도입 후 시간의 경과에 따라 일어나는 손실의 원인이 아닌 것은?

① 콘크리트의 크리프
② 콘크리트의 탄성 변형
③ 콘크리트의 건조수축
④ PS 강재의 릴랙세이션

해설 도입 시 손실(즉시 손실)
- 정착 장치의 활동
- 포스트텐션 긴장재와 덕트 사이의 마찰
- 콘크리트의 탄성 변형(수축)

□□□ 기 06,11
03 프리스트레스트 콘크리트에서 프리스트레스의 손실에 대한 설명 중 틀린 것은?

① 마찰에 의한 손실은 포스트텐션에서 고려된다.
② 포스트텐션에서는 탄성 손실을 극소화시킬 수 있다.
③ 일반적으로 프리텐션이 포스트텐션보다 손실이 크다.
④ 릴랙세이션은 즉시 손실이다.

해설 도입 후 손실(시간적 손실)
- 콘크리트의 크리프
- 콘크리트의 건조 수축
- PS 강재 응력의 릴랙세이션

□□□ 산 09
04 프리스트레스를 도입할 때 일어나는 즉시 손실의 원인으로 옳지 않은 것은?

① 정착 장치의 활동
② PS 강재와 시스 사이의 마찰
③ PS 강재의 릴랙세이션
④ 콘크리트의 탄성 변형

해설 도입 후 손실(시간적 손실)
- 콘크리트의 크리프
- 콘크리트의 건조 수축
- PS 강재 응력의 릴랙세이션

023 탄성 변형 및 활동에 의한 손실

1 탄성 변형에 의한 손실

■ 프리텐션 방식

콘크리트의 탄성 변형률 ε_e 만큼의 PS 강재의 응력 감소가 발생한다.

$$\Delta f_p = E_p \varepsilon_e = E_p \cdot \frac{f_c}{E_c} = n f_c$$

여기서, E_p : PS 강재의 탄성 계수($E_p = 2.0 \times 10^5 \mathrm{MPa}$)
  n : 탄성 계수비
  f_c : 프리스트레스 도입 후 강재 둘레 콘크리트의 응력

■ 포스트텐션 방식

$$\Delta f_p = \frac{1}{2} n f_c \frac{N-1}{N}$$

여기서, N : 긴장 계수
  f_c : 프리스트레싱에 의한 긴장재 도심 위치에서의 콘크리트의 압축 응력

2 활동에 의한 손실

■ 프리텐션 방식은 고정 지주의 정착 장치에서 발생한다.
■ 포스트텐션 방식의 경우
- 1단 정착인 경우

$$\Delta f_p = E_p \cdot \varepsilon = E_p \cdot \frac{\Delta l}{l} = \frac{P}{A}$$

- 양단 정착인 경우

$$\Delta f_p = E_p \cdot \varepsilon = E_p \cdot \frac{2\Delta l}{l}$$

여기서, Δl : PS 강재의 활동량
  l : 긴장재의 길이

□□□ 예상

01 초기 프리스트레스가 1,200MPa이고, 콘크리트의 건조 수축 변형률 $\varepsilon_{sh} = 1.8 \times 10^{-4}$일 때 긴장재의 인장 응력의 감소는? (단, PS 강재의 탄성 계수 $E_p = 2.0 \times 10^5 \mathrm{MPa}$)

① 12MPa ② 24MPa
③ 36MPa ④ 48MPa

[해설] $\Delta f_p = E_p \cdot \varepsilon_{sh}$
  $= (2.0 \times 10^5) \times (1.8 \times 10^{-4}) = 36 \mathrm{MPa}$

□□□ 기 05,13

02 경간이 15m인 거더에 단면적이 1,115mm²인 PS 강재를 사용하여 양단에 1,360kN을 긴장하여 보강하고자 할 때, PS 강재에 발생하는 늘음량은? (단, PS 강재의 탄성 계수는 $2 \times 10^5 \mathrm{MPa}$이며, 긴장재의 마찰과 콘크리트의 탄성 수축은 무시한다.)

① 73.2mm ② 77.8mm
③ 82.4mm ④ 91.5mm

[해설] $\Delta f_p = E_p \cdot \frac{\Delta l}{l} = \frac{P}{A}$ 에서

$\therefore \Delta l = \frac{P \cdot l}{E_p \cdot A} = \frac{1,360 \times 10^3 \times 15,000}{2 \times 10^5 \times 1,115} = 91.5 \mathrm{mm}$

□□□ 예상

03 단면이 400×500mm이고, 150mm²의 PSC 강선 4개를 단면 도심축에 배치한 프리텐션 PSC 부재가 있다. 초기 프리스트레스가 1,000MPa일 때 콘크리트의 탄성 변형에 의한 프리스트레스 감소량의 값은? (단, $n=6$)

① 22MPa ② 20MPa
③ 18MPa ④ 16MPa

[해설] $\Delta f_p = n f_c = n\left(\frac{P}{A}\right)$
  $= 6\left(\frac{150 \times 4 \times 1,000}{400 \times 500}\right) = 18 \mathrm{N/mm^2} = 18 \mathrm{MPa}$

CHAPTER 04 열화 조사 및 진단

024 안전 점검 및 외관조사

1 용어 해설
- 내하력(load carrying capacity) : 구조물이나 구조 부재가 견딜 수 있는 하중 또는 힘의 한도
- 박리(peeling) : 콘크리트와 철근의 계면, 도막 및 보수 재료와 콘크리트의 계면 등에서 여러 요인에 의해 공극이 발생하여 표면이 경계면으로부터 이탈하거나 균열이 진전되는 현상
- 박락(spalling) : 박리가 진전하여 콘크리트가 떨어져 나가는 현상
- 열화(deterioration) : 구조물의 재료적 성질 또는 물리, 화학, 기후의 혹은 환경적인 요인에 의하여 주로 시공 이후에 장기적으로 발생하는 내구 성능의 저하 현상으로서 시간의 경과에 따라 진행
- 열화 기구 : 콘크리트 구조물에 열화가 발생함에 있어서 구조 및 재료상으로 일어나는 물리, 화학적 진행 체계
- 팝아웃(pop-out) : 내동해성이나 내알칼리 골재 반응성이 작은 골재를 콘크리트에 사용하는 경우 동결 융해 작용이나 알칼리 골재 반응에 의해 골재가 팽창하여 파괴되어 떨어져 나가거나 그 위치의 콘크리트 표면이 떨어져 나가는 현상

2 안전 점검의 종류

초기 점검
- 시설물 관리 대장에 기록되는 데 최초로 실시되는 정밀 점검을 말한다.
- 중요한 구조물은 준공 검사 후 90일 이내에 초기 점검을 실시한다.
- 초기 점검의 항목 및 부위, 방법은 건설 중 및 공사 완료 후 구조물과 관련된 시험 자료 및 검사 결과를 바탕으로 내구성 평가를 실시하여야 한다.

일상 점검
- 일상의 순회로서 육안 관찰이 가능한 개소에 대하여 열화의 발생 부위 및 상황 파악을 위해 실시한다.
- 점검 방법은 육안 관찰, 사진, 비디오, 쌍안경 등을 사용하여 실시하며, 차를 타고 다니면서 그 승차감에 의하여 실시하는 경우도 있다.

정기 점검
- 점검자는 시설물의 전반적인 외관 형태를 관찰하여 심각한 손상 결함의 가능성을 발견할 수 있도록 세심한 주의를 기울여야 하며, 이상 항이 발견되는 경우에는 즉시 보고해야 한다.
- 일상 점검에서 파악하기 어려운 구조물의 세부에 대하여 정기적으로 열화 부위 및 열화 현상을 파악하기 위해 실시한다.

긴급 점검
- 지진이나 풍수해 등과 같은 천재, 화재 및 차량이나 선박의 충돌 등 긴급 사태에 대해 구조물의 손상 여부에 관한 정보를 신속히 얻기 위하여 고도의 전문적 지식을 기초로 하여 실시한다.
- 손상 점검 : 비계획적인 점검으로서 재해나 사고에 의해 비롯된 구조적 손상을 평가하는 것이다.
- 특별 점검 : 관리 주체가 판단하여 행하는 정밀 점검 수준의 점검이다.

정밀 안전 진단
- 정밀 점검 과정을 통해서는 쉽게 발견하지 못하는 결함 부위를 발견하기 위해 행해지는 정밀한 육안 검사 및 검사 측정 장비에 의한 측정을 포함하는 근접 점검이다.
- 노후화 또는 손상 정도에 따라 구조물의 성능이나 잔존 수명을 평가하기 위한 안전성 평가가 포함되어야 한다.

3 상대 평가
- 평가의 결과는 내구성, 내하성, 기능성, 주변 환경에 대한 영향의 판정에 이용한다.
- 구조물에 작용하는 열화 외력의 평가는 건습의 반복 작용, 염화물이온의 침투, 내부 팽창압, 화학 작용, 하중 강도, 하중의 반복 작용 등에 대한 이력에 관하여 실시한다.
- 구조물 시공 시의 평가는 피복 두께, 배근, 재료 분리, 내부 결함에 기초를 두어 실시한다.
- 구조물 구조 특성 평가는 강성, 내하력, 진동, 소음 특성 등에 기초를 두어 실시한다.

4 외관 조사
육안 조사는 콘크리트의 열화가 진행된 콘크리트 표면에 나타난 손상 상황과 콘크리트 구조물 전체의 변형 상황, 구조물 주변의 환경 상황 등을 육안 관찰과 균열폭 측정기, 사진, 비디오 및 쌍안경 등을 이용하여 파악하는 방법이다.

외관 조사 항목
- 균열 : 표면에 나타나는 균열로서 균열(폭, 형태, 길이)을 검사하고 허용 균열폭 이상으로 나타났는지 등을 평가한다.

- **표면의 열화** : 외부 환경 및 물리적인 영향에 의해 표면의 박리, 풍화 및 박락 등으로 구조물의 기능을 충분히 발휘하는지를 평가한다.
- **강재 부식** : 콘크리트 내외부 환경 영향에 의해 균열 부위에서 철근 부식에 의한 녹 발생이 있는지, 철근의 노출 정도는 어느 정도인지를 평가한다.
- **변형** : 외부 환경 및 하중에 의해 구조물에 변위, 부풀음 및 침하 등이 발생하였는지를 평가한다.
- **누수** : 변위, 조인트나 균열 등에서 누수로 인하여 콘크리트의 성능 저하 및 콘크리트 중의 철근 부식에 의한 녹 발생이 있는지를 평가한다.

■ 콘크리트의 균열 조사
- 균열폭 : 스케일, 게이지, 현미경을 사용한다.
- 균열 깊이 : 균열폭이 0.05mm 정도 이상 되는 구간의 길이를 측정한다.
- 균열의 관통 유무 : 물이나 공기가 통과되는가의 여부에 따라 판정한다.
- 균열 부분의 상황 : 균열 부분의 상태로부터 이물질의 충전 유무, 백화 현상의 유무, 철근의 발청 유무 등을 관찰한다.

■ 외관 조사망도
외관 조사 시 외관 조사망도 기입 : 균열(형태, 위치, 폭, 길이), 망상 균열, 철근(위치, 직경, 피복 두께, 노출, 부식) 등을 기입한다.

■ 외관 조사 시 관찰해야 할 항목 및 내용

항 목	내 용
콘크리트의 변색, 얼룩	· 녹물의 용출에 의한 얼룩 · 표면부의 녹 발생 · 백화 · 콘크리트 자체의 변색
콘크리트의 균열	· 균열의 발생 방향 · 균열의 양상 · 균열 개수 · 대표적인 균열의 폭과 길이 · 균열로부터의 녹물의 용출 유무
콘크리트의 표면 박리 (scaling)	· 표면 박리 발생 개소수와 대략적인 넓이
콘크리트의 들뜸	· 들뜸의 유무, 개소수 및 면적
콘크리트의 박리, 박락	· 박리, 박락이 발생하고 있는 개소수 및 대략적인 넓이 · 철근의 피복 두께
철근의 노출, 부식, 파단	· 개소수와 길이 · 부식 정도

---

01 육안 관찰이 가능한 개소에 대하여 성능 저하나 열화 및 하자의 발생 부위 파악을 위해 실시하며, 시설물의 전반적인 외관 조사를 통하여 심각한 손상인 결함의 유무를 살펴보는 점검은?

① 정기 점검 ② 수시 점검
③ 정밀 안전 진단 ④ 긴급 점검

[해설]
- 정기 점검 : 일상 점검에서 파악하기 어려운 구조물의 세부에 대하여 정기적으로 열화 부위 및 열화 현상을 파악하기 위해 실시한다.
- 긴급 점검 : 지진이나 풍수해 등과 같은 천재, 화재 및 차량이나 선박의 충돌 등 긴급 사태에 대해 구조물의 손상 여부에 관한 정보를 신속히 얻기 위하여 고도의 전문적 지식을 기초로 실시한다.
- 정밀 안전 진단 : 정밀 점검 과정을 통해서는 쉽게 발견하지 못하는 결함 부위를 발견하기 위해 행해지는 정밀한 육안 검사 및 검사 측정 장비에 의한 측정을 포함하는 근접 점검이다.

02 콘크리트 구조물의 외관 조사 중 육안 조사에 의한 조사 항목에 속하지 않는 것은?

① 균열 ② 부재의 응력
③ 철근 노출 ④ 침하

[해설] 육안 조사 항목 : 균열, 망상 균열, 표면 honeycomb, 누수, 습윤부, 백태, 철근 노출, 철근 부식, 재료 분리, 좌굴, 변형, 층 분리, 시공 이음 분리 등을 조사한다.

03 콘크리트 구조물의 외관 조사 시 외관 조사망도에 기입하지 않는 것은?

① 균열 형태 ② 균열 깊이
③ 균열 길이 ④ 균열 폭

[해설] 외관 조사 시 외관 조사망도 기입 : 균열(형태, 위치, 폭, 길이), 망상 균열, 철근(위치, 직경, 피복 두께, 노출, 부식) 등을 기입한다.

□□□ 산10,15
04 내동해성이 작은 골재를 콘크리트에 사용하는 경우 동결 융해 작용에 의해 골재가 팽창하여 파괴되어 떨어져 나가거나 그 위치의 콘크리트 표면이 떨어져 나가는 현상을 무엇이라 하는가?

① 팝아웃 ② 백화
③ 스케일링 ④ 침식

해설 Pop-out : 내동해성이나 내알칼리 골재 반응이 작은 골재를 콘크리트에 사용하는 경우 동결 융해 작용이나 알칼리 골재 반응에 의해 골재가 팽창하여 파괴되어 떨어져 나가거나 그 위치의 콘크리트 표면이 떨어져 나가는 현상을 말한다.

□□□ 산04,07,09,13
05 안전 점검의 종류 중 육안 관찰이 가능한 개소에 대하여 성능 저하나 열화 및 하자의 발생 부위 파악을 위해 실시하는 점검은?

① 초기 점검 ② 정기 점검
③ 정밀 점검 ④ 긴급 점검

해설 • 초기 점검 : 시설물 관리 대장에 기록되는 최초로 실시되는 정밀 점검을 말한다.
• 정밀 점검 : 안전 진단 기관에 의해 정기적으로 시설물의 거동을 심도 있게 파악하기 위해 실시하는 안전 점검이다.
• 긴급 점검 : 지진이나 풍수해 등과 같은 천재, 화재, 부력 및 차량 및 선박의 충돌 등 긴급 사태에 대해 시설물의 손상 정도에 관한 정보를 신속히 얻기 위하여 실시하는 점검이다.

□□□ 기12
06 콘크리트 구조물의 표면에 나타나는 열화 등을 조사하는 방법 중에서 눈으로 직접하는 외관 조사 항목이 아닌 것은?

① 균열의 발생 위치와 규모
② 철근 노출 조사
③ 정적 처짐 측정
④ 구조물 전체의 침하 등의 변형 상황

해설 정적 처짐 측정은 정밀 안전 진단에서 검사 측정 장비에 의한 정밀한 측정 검사이다.

□□□ 산13,17
07 다음 중 콘크리트의 외관을 관찰하여 알아낼 수 없는 것은?

① 균열 ② 박리
③ 경도 ④ 변색

해설 콘크리트 구조물의 외관 조사는 주로 균열, 누수, 박리, 백태, 박락, 변색, 철근 노출 및 부식, 재료 분리를 조사한다.

□□□ 산13
08 콘크리트 외관을 육안 조사 할 때, 추를 이용한 조사 방법은 다음 중 어떤 종류의 손상에 적합한가?

① 균열 ② 박리
③ 이상 진동 ④ 경사

해설 육안 조사에서는 추를 내려보는 방법을 이용하면 경사 손상을 파악하기 쉽다.

025 콘크리트의 강도 평가

1 개요
- 구조물 또는 부재의 안전이 의문시되는 경우, 해당 구조물의 안전도 및 내하력의 조사를 실시하여야 한다.
- 구조물에 대한 콘크리트의 강도 평가는 크게 2가지로 구분하여 평가한다.
  - 구조물에서 코어를 채취하여 압축 강도 시험을 행하는 방법
  - 비파괴 시험에 의해 강도를 추정하는 방법
- 비파괴 시험에 의한 강도 평가의 대표적인 방법은 반발 경도법, 초음파 속도법, 조합법 등이 주로 이용된다.

2 평가 시험 방법
■ 반발 경도법
경화 콘크리트면에 장비를 이용하여 타격 에너지를 가하여 콘크리트면의 반발 경도를 측정하고, 반발 경도와 콘크리트 압축 강도와의 상관 관계를 이용하여 압축 강도를 추정하는 비파괴 시험 방법이다.

■ 초음파 속도법
초음파 속도를 이용한 비파괴 검사는 초음파를 정보 매체로 하여 물체의 내부 정보를 얻는 방법으로 콘크리트의 균질성, 내구성 등의 판정 및 강도 추정에 이용되고 있다.

■ 조합법
경화된 콘크리트의 압축 강도에 영향을 미치는 요인들을 2가지 이상 선정하여 측정값과 압축 강도의 상관성을 높이는 방법이다.
- 주로 사용되는 방법은 표면을 스프링 힘으로 타격한 후 반발되는 반발도와 경화 콘크리트면을 따라 전달되는 속도와 두 인자를 콘크리트 압축 강도와의 상관 관계를 도출하여 콘크리트 강도를 추정하는 방법이다.

■ 코어 강도 시험
코어 채취에 의한 강도 평가는 구조물의 실제 강도를 측정할 수 있으므로 신뢰성 높은 강도 평가 자료로 사용될 수 있다.

■ 인발법(Pull-out Test)
- 콘크리트 중에 파묻힌 가력 Head를 지닌 Insert와 반력 Ring을 사용하여 원추 대상의 콘크리트 덩어리를 뽑아낼 때의 최대 내력에서 콘크리트의 압축 강도를 추정하는 방법이다.
- 인발법은 인발용 치구를 콘크리트에 타설할 때 미리 파묻어 두는 preset 방법과 콘크리트 경화 후에 Hole-in-Insert나 Chemical Insert 등을 이용하여 인발 볼트를 정착하는 Postset법으로 구별된다.

■ Break-off법
원주 시험체에 휨 하중을 가하여 콘크리트의 압축강도를 추정하는 방법

■ Pull-off법
원주 시험체에 인장 하중을 가하고, 그때의 인장 강도로부터 콘크리트 압축 강도를 추정하는 방법

■ 관입 저항법
- 화약 또는 스프링을 사용하여 콘크리트 속에 핀을 박아 넣어서 핀이 박힌 깊이를 측정하여 콘크리트의 강도를 추정하는 방법
- 콘크리트 표면의 강도를 어느 정도 측정할 수 있고 측정 방법이 매우 간편하며 대상 부위의 손상이 비교적 작은 장점이 있다.
- 화약 사용으로 인한 사고의 위험이 있고 강도 추정 오차가 다소 큰 단점이 있다.

---

01 아래의 표에서 설명하는 비파괴 시험 방법은?

> 콘크리트 중에 파묻힌 가력 Head를 지닌 Insert와 반력 Ring을 사용하여 원추 대상의 콘크리트 덩어리를 뽑아낼 때의 최대 내력에서 콘크리트의 압축 강도를 추정하는 방법

① RC-Radar Test ② BS Test
③ Tc-To Test ④ Pull-out Test

해설 인발법(Pull-out Test)으로, 이 방법은 인발용 치구를 콘크리트에 타설할 때 미리 파묻어 두는 preset 방법과 콘크리트 경화 후에 Hole-in-Insert나 Chemical Insert 등을 이용하여 인발 볼트를 정착하는 Postset법으로 구별된다.

02 콘크리트의 압축 강도 측정 방법 중 반발 경도법에 대한 설명으로 틀린 것은?

① 반발 경도법에는 직접법, 간접법, 표면법 등이 있다.
② 측정 가능한 콘크리트 강도의 범위는 사용할 측정 기기에 따라 다르지만 약 10~60MPa 정도이다.
③ 슈미트 해머에 의한 측정점의 수는 측정치의 신뢰도를 고려하여 20점을 표준으로 한다.
④ 공시체를 타격할 경우에는 공시체의 구속 정도에 따라 반발도는 달라진다.

해설 초음파 속도법의 종류
- 직접법(대칭법)
- 간접법(사각법)
- 표면법

정답 025 01 ④ 02 ①

☐☐☐ 산09
03 콘크리트 구조 내부의 공동이나 균열과 같은 결함을 조사하는 방법으로 적당하지 않은 것은?

① 초음파법　　　② 어쿠스틱 에미션(AE)법
③ 충격 탄성파법　④ 반발 경도법

해설 반발 경도법 : 콘크리트의 압축 강도를 추정하는 비파괴 시험 방법이다.

☐☐☐ 산10
04 콘크리트 균열의 깊이를 측정할 수 있는 시험 방법으로 가장 적절한 것은?

① 반발 경도법　　② 초음파법
③ 관입 저항법　　④ break-off법

해설 초음파법은 주로 물체 내부를 전파하는 초음파의 전파 속도를 측정하여 해당 물체의 강도나 균열 깊이, 내부 결함 등에 관한 정보를 얻을 수 있는 비파괴 시험이다.

☐☐☐ 산13,17
05 콘크리트의 열화 평가 방법 중 강도를 평가하는 방법이 아닌 것은?

① 초음파 속도법　② 반발 경도법
③ 인발법(pull-out법)　④ 방사선법

해설 강도를 평가하는 방법 : 반발 경도법, 초음파 속도법, 조합법, 인발법

☐☐☐ 산07
06 다음 콘크리트 압축 강도 평가법 중 가장 신뢰성이 높은 방법은?

① 코어 압축 강도 시험　② 초음파 속도법
③ 인발 시험　　　　　 ④ 반발 경도 방법

해설 코어 압축 강도 시험법은 코어를 채취하여 콘크리트의 압축 강도를 추정하는 국부 파괴 시험으로 비파괴 시험과는 구별되지만 구조물의 실제 강도를 추정하는 데 신뢰도가 가장 높다.

☐☐☐ 산06,11,15
07 콘크리트의 강도를 진단하는 시험으로 거리가 먼 것은?

① 코어 테스트　　② 반발 경도법
③ 투수성 시험　　④ 부착 강도 시험

해설 원위치에 있어서 토층의 투수 계수를 구하는 현장 투수 시험과 시험실에서 투수 계수를 구하는 투수 시험이 있다.

☐☐☐ 산08
08 다음의 콘크리트 구조물 열화를 평가할 때 사용하는 검사법 중 나머지 셋과 사용 목적이 상이한 것은?

① 반발 경도법　　② 인발법
③ 전기 저항법　　④ 코어 강도 시험

해설
- 콘크리트의 강도 평가 방법 : 반발 경도법, 초음파 속도법, 코어 강도 시험, 인발법
- 전기 저항법 : 피복 콘크리트의 전기 저항을 측정하여 부식성과 철근의 부식이 진행하기 쉬운가에 관해서 평가하는 방법

정답　03 ④　04 ②　05 ④　06 ①　07 ③　08 ③

026 열화 원인 및 성능 평가

- **열화(deterioration)**
구조물의 재료적 성질 또는 물리, 화학, 기후적 혹은 환경적인 요인에 의하여 주로 시공 이후에 장기적으로 발생하는 내구 성능의 저하 현상으로서 시간의 경과에 따라 진행함

- **열화의 원인과 보강 공법**

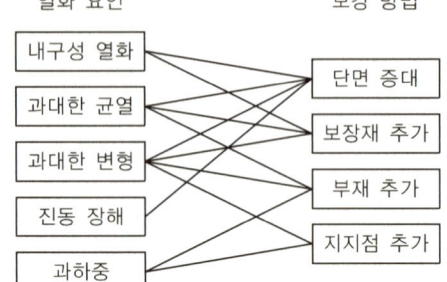

- **열화 요인**
  - 환경 조건, 사용 조건 등의 외적인 요인
  - 설계 조건, 시공 조건 등의 내적인 요인

- **환경 조건, 사용 조건으로부터 추정한 열화 기구**

외적 요인		추정된 열화 기구
환경 조건	해안 지역	염해
	한랭 지역	동해, 염해
	온천 지역	화학적 침식
사용 조건	건습 반복	알칼리 골재 반응, 염해, 동해
	동결 방지제 사용	염해, 알칼리 골재 반응
	반복 하중	피로
	이산화탄소	탄산화
	산성수	화학적 침식

- **주된 열화 기구**
  - 환경 작용에 의한 것 : 탄산화, 염해, 동해, 화학적 침식, 알칼리 골재 반응 등
  - 하중 조건에 의한 것 : 피로, 과대 하중 등

- **콘크리트의 내구성을 저하시키는 열화 원인**
  - 화학적 요인 : 알칼리 골재 반응, 염해, 화학적 침식, 탄산화
  - 물리적 요인 : 동해, 손식

□□□ 기04

01 콘크리트를 진단할 때 물리적 성질을 알아보기 위해 시행하는 시험이 아닌 것은?

① 코어 추출 시험
② 알칼리 골재 반응 시험
③ 반발 경도 시험
④ 투수성 시험

[해설]
- 화학적 성질을 알기 위한 시험 : 알칼리 골재 반응, 염화물, 탄산화, 화학적 침식
- 물리적 성질을 알기 위한 시험 : 외부 온도·습도, 동결 융해

□□□ 기09

02 철근 콘크리트의 열화 요인은 크게 물리적 요인과 화학적 요인으로 나눌 수 있다. 이 중 화학적 요인에 속하지 않는 것은?

① 동해
② 알칼리 골재반응
③ 탄산화
④ 염해

[해설] 콘크리트의 내구성을 저하시키는 열화 원인
- 화학적 요인 : 알칼리 골재 반응, 염해, 화학적 침식, 탄산화
- 물리적 요인 : 동해, 손식

□□□ 기10

03 콘크리트 구조물의 열화 요인과 보강 방법의 연결이 잘못된 것은?

① 내구성 열화 – 단면 증대, 보강재 추가
② 과하중 – 표면 보호, 단면 복구
③ 진동 장해 – 단면 증대
④ 과대한 균열 – 단면 증대, 보강재 및 부재 추가

[해설] 열화 원인과 보강 방법

열화 원인	보강 방법
내구성 열화	단면 증대, 보강재 추가
과대한 균열	단면 증대, 보강재 추가, 부재 추가
과대한 변형	단면 증대, 보강재 추가, 부재 추가, 지지점 추가
진동 장해	단면 증대
과하중	부재 추가, 지지점 추가

□□□ 기08,14

04 다음 각 열화 과정과 잠복기에 대한 설명이 틀린 것은?

① 탄산화 – 탄산화의 진행 상태가 철근 위치까지 도달하지 않은 상태
② 염해 – 강재의 부식 개시로부터 부식 균열 발생까지의 기간
③ 동해 – 열화가 나타나지 않은 상태
④ 화학적 부식 – 콘크리트의 변상이 나타날 때까지의 기간

[해설] 염해의 잠복기(잠재기)
- 강재의 피복 위치에 있어서 염소 이온 농도가 부식 발생 한계 농도에 도달할 때까지의 기간
- 강재의 피복 위치에서 염화물 이온 농도가 임계 염분량에 달할 때까지의 기간

□□□ 기10
05 콘크리트의 진단 시에 화학적 성질을 알아보기 위해 사용하는 시험이 아닌 것은?

① 초음파 시험
② 탄산화 깊이 측정
③ 알칼리 골재 반응 시험
④ 염화물 함유량 시험

해설 • 화학적 성질을 알기 위한 시험 : 알칼리 골재 반응, 염화물, 탄산화, 화학적 침식
• 초음파 시험 : 콘크리트를 통과하는 초음파 진동의 속도와 파형을 측정하여 콘크리트의 강도, 균열 심도, 내부 결함 등을 검사한다.

□□□ 기13
06 아래 표의 내용과 같은 열화 현상에 대한 설명으로 틀린 것은?

> 콘크리트 내부의 수분이 0℃ 이하로 되었을 때의 동결 팽창에 의하여 발생하는 것이며, 오랜 기간에 걸쳐 동결과 융해의 반복 작용에 의해 콘크리트가 서서히 열화하는 현상

① 흡수율이 큰 골재를 사용하였을 경우 콘크리트 표층부에 함수율이 높은 골재가 동결하여 팽창함으로써 골재 표면 주위의 모르타르가 탈락되어 표면이 파이는 팝아웃 현상이 발생할 수 있다.
② 콘크리트 표면부의 시멘트 풀 또는 모르타르가 동결 융해 작용에 의해 벗겨져서 표면이 거칠어지는 박리 현상이 발생할 수 있다.
③ AE제를 사용하여 발생하는 미세한 다량의 연행 공기는 내부 수분이 동결하여 체적이 팽창함에 따라 발생되는 팽창압을 완화시켜 준다.
④ 콘크리트 타설 후 시멘트의 수화가 충분히 진행되지 않고, 내부의 수분이 얼음으로 변화는 과정에서 직경이 큰 공극이 국소적으로 형성되어 콘크리트의 강도가 발현되지 않는다.

해설 표의 내용은 콘크리트의 동해에 대한 설명이며, "④"는 초기 동해에 관한 설명으로 경화 콘크리트의 동해와 구별되는 개념이다.

□□□ 산13
07 다음에서 콘크리트의 열화 기구가 아닌 것은?

① 탄산화
② 동해
③ 알칼리
④ 염소 이온 침투

해설 • 열화 기구 : 콘크리트 구조물에 열화가 발생함에 있어서 구조 및 재료상으로 일어나는 물리, 화학적 진행 체계
• 열화 기구 : 탄산화, 염해, 동해, 화학적 침식, 알칼리 골재 반응, 피로

027 탄산화 중성화

■ 탄산화(중성화)의 개념

콘크리트에 포함된 수산화칼슘이 공기 중의 탄산가스와 반응하여, 수산화칼슘이 소비되어 알칼리성을 상실하는 현상을 탄산화라 하며, 또 탄산칼슘이 형성되므로 탄산화라고도 한다.

$$Ca(OH)_2 + CO_2 \rightarrow CaCO_3 + H_2O$$

- 탄산화에 의한 철근 부식

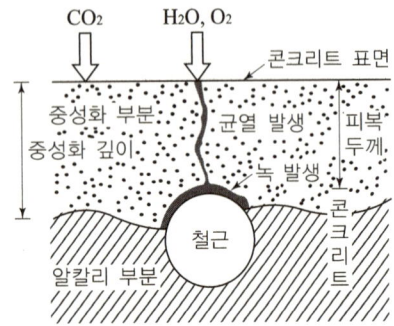

- 수산화칼슘(pH 12~13) 부분이 공기 중의 탄산가스와 반응하여 탄산칼슘(pH 8.5~10) 부분으로 변화되어 콘크리트의 알칼리성을 손실하므로 탄산화라 한다.
- 일반적으로 탄산화에 의한 구조물의 열화 과정은 콘크리트 탄산화에 의한 내부 철근 부식으로 녹물이 발생하거나 피복 콘크리트에 균열과 박리 탈락이 발생하며, 최종적으로 철근 부식에 의한 단면 결손으로 부재 내력이 저하된다.
- 탄산화 깊이를 측정하는 지시약으로는 페놀프탈레인이 있다.

■ 탄산화 속도

탄산화 진행 속도는 콘크리트 표면으로부터 탄산화 부분과 비탄산화 부분의 경계면까지의 길이와 경과한 시간의 함수로 나타낸다.

■ 탄산화 깊이

$$X = A\sqrt{t}$$

여기서, X : 중성화(탄산화) 깊이(mm)
t : 경과 연수(년)
A : 탄산화 속도 계수(mm/$\sqrt{년}$)(시멘트, 골재의 종류, 환경 조건, 혼화 재료, 표면 마감 등의 정도를 나타내는 상수로서 실험에 의해서 구할 수 있음)

■ 탄산화에 영향을 미치는 요인

- 치밀한 콘크리트일수록 탄산화 속도는 느리다.
- 환경 조건으로서 탄산가스의 농도가 높을수록, 온도가 높을수록, 습도가 낮을수록 탄산화 속도는 빠르게 된다.
- 타일, 돌 붙임 등의 표면 마감을 하고, 시공이 양호하면 탄산화를 크게 지연시킨다.
- 조강 시멘트가 보통 시멘트보다 탄산화가 늦다.
- 골재의 밀도가 작아질수록 탄산화 속도는 빠른 경향이 있다.
- 투기성이 큰 콘크리트일수록 탄산화가 빠르다.
- 경량 골재를 이용한 콘크리트는 강모래, 강자갈을 이용한 콘크리트의 약 3배 정도 탄산화가 빠르게 진행한다.
- 시멘트의 종류와 골재의 종류 및 물-시멘트비 등이 탄산화 속도에 영향을 미친다.
  · 일반적으로 조강 포틀랜드 시멘트를 사용한 경우 가장 탄산화가 느리게 진행되고 보통 포틀랜드 시멘트는 조강 포틀랜드 시멘트보다 빠르며 혼합 시멘트를 사용하면 수산화칼슘이 적기 때문에 탄산화 속도는 빠르게 된다.
  · 일반적으로 물-시멘트비와 탄산화 속도는 비례 관계에 있다. 보통 포틀랜드 시멘트를 사용하고 물-시멘트비를 가능한 작게하여 치밀한 콘크리트가 되도록 타설하는 것이 탄산화 속도를 늦추고 철근 콘크리트의 내구성을 높일 수 있는 방법이 된다.

■ 탄산화에 의한 성능 저하 단계

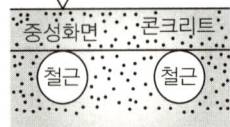

1단계
정상, 재료 및 강도의 변화는 거의 없다.
(약간의 건조 수축에 의한 균열)

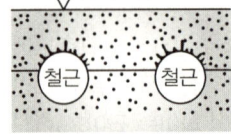

2단계
녹의 발생에 의한 팽창압이 콘크리트 내부에 발행하여 미세한 균열이 발생한다.

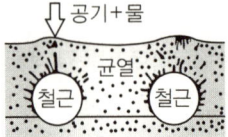

3단계
철근의 윗면이 팽창한다. 균열이 표면까지 연장되면서 수분의 침입이 격화되어 동해 등의 다른 열화도 유발시키며 녹물이 보인다.

4단계
철근 윗면의 피복이 부서져 떨어지고, 철근의 노출이 시작된다. 철근 단면적이 감소한다.

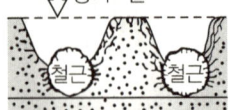

5단계
철근 윗면이 거의 없어지고 철근은 공기 중에 직접 노출된다. 내구 성능은 없다.

■ 탄산화 억제 대책

- 습윤 양생을 한다.
- 철근 피복 두께를 확보한다.
- 양질의 골재를 사용하고 물-시멘트비를 작게 한다.
- 탄산화 억제 효과는 큰 투기성이 작은 마감재를 사용한다.
- 콘크리트를 충분히 다짐하여 타설하고 결함을 발생시키지 않도록 한 후 습윤 양생을 한다.

■ 탄산화가 진행된 시점에서의 대책
- 탄산화가 진행되어 있으나 철근 부식까지 이르지 않았을 경우에는 탄산화를 억제하는 대책을 강구한다.
- 탄산화 억제 방법으로는 투기성이 작은 마감재를 새로 시공한다.
- 탄산화가 철근까지 진행하여 철근이 부식하기 시작한 경우에는 철근 부식을 억제하는 대책을 강구한다.
- 철근 부식 억제 방법으로는 투기성, 투수성이 낮은 마감재를 추가로 시공한다.

- 탄산화가 진행되어 철근 부식으로 인한 균열과 박리가 피복 콘크리트에 생긴 경우에는 피복 콘크리트를 제거하여 철근의 녹 털어내기를 한 후 콘크리트로 보수하고 그 위에 철근 부식 억제를 위한 마감재를 시공한다.

■ 탄산화의 판정 방법
- 지시약은 pH 9 이하에서 착색되지 않으며 그보다 높은 pH에서는 붉은색을 나타낸다.
- 탄산화 되지 않은 부분은 붉은색이 착색되며, 탄산화된 부분은 색의 변화가 없다.

□□□ 예상
01 시멘트의 수화 반응에 의해 생성된 수산화칼슘이 대기 중의 이산화탄소와 반응하여 콘크리트의 성능을 저하시키는 현상을 무엇이라고 하는가?

① 염해
② 탄산화
③ 동결융해
④ 알칼리-골재 반응

해설 콘크리트 중의 수산화칼슘이 콘크리트 표면의 이산화탄소와 반응하여 탄산칼슘을 탄산화 반응이라 하며 이 반응에 따라 알칼리성을 상실하는 것을 탄산화라 한다.

□□□ 기10
02 콘크리트 탄산화에 관한 설명 중 틀린 것은?

① 탄산화 깊이는 일반적으로 구조물의 사용 기간이 길어짐에 따라 깊어진다.
② 탄산화 속도는 물-시멘트비가 낮을수록 빨라진다.
③ 수중의 콘크리트보다 습윤의 영향을 받는 콘크리트가 탄산화 진행이 빠르다.
④ 온도가 높은 쪽이 온도가 낮은 쪽보다 탄산화 진행이 빠르다.

해설 • 탄산화 속도는 물-시멘트비와 비례 관계에 있다.
• 보통 포틀랜드 시멘트를 사용하고 물-시멘트비를 가능한 작게 하여 치밀한 콘크리트가 되도록 타설하는 것이 탄산화 속도를 늦추는 방법이다.

□□□ 기10
03 다음 중 콘크리트의 탄산화에 의하여 직접적으로 영향을 받는 열화는 무엇인가?

① 철근의 부식
② 건조 수축
③ 크리프 변형
④ 레이턴스

해설 탄산화가 문제되는 이유는 탄산화가 피복 두께를 넘어 철근의 표면에 도달하게 되면 철근 표면을 감싸고 있던 부동태 피막이 파괴되면서 철근 표면에 부식이 시작되기 때문이다.

□□□ 기10,15
04 콘크리트 구조물의 탄산화에 대한 설명으로 옳은 것은?

① 콘크리트 중의 수산화칼슘(pH 12~13)이 공기 중의 탄산가스와 반응하여 탄산칼슘으로 변화한 부분의 pH가 8.5~10 정도로 낮아지는 현상을 말한다.
② 콘크리트 중의 수산화칼슘(pH 12~13)이 공기 중의 탄산가스와 반응하여 탄산칼슘으로 변화한 부분의 pH가 6.5~8 정도로 낮아지는 현상을 말한다.
③ 콘크리트 중의 수산화칼슘(pH 8.5~10)이 공기 중의 탄산가스와 반응하여 탄산칼슘으로 변화한 부분의 pH가 12~13 정도로 높아지는 현상을 말한다.
④ 콘크리트 중의 수산화칼슘(pH 6.5~8)이 공기 중의 탄산가스와 반응하여 탄산칼슘으로 변화한 부분의 pH가 12~13 정도로 높아지는 현상을 말한다.

해설 • 콘크리트 속에 공기 중의 이산화탄소가 침투되면 시멘트의 수화 생성물인 수산화칼슘과 반응하여 비활성의 탄산칼슘을 생성하는 탄산화 반응을 탄산화(중성화)라 한다.
• 수산화칼슘(pH 12~13) 부분이 공기 중의 탄산가스와 반응하여 탄산칼슘(pH 8.5~10) 부분으로 되어 콘크리트의 알칼리성을 상실하는 현상을 탄산화라 한다.

□□□ 기09,13
05 외부적 요인에 의해 옥내(실내) 구조물의 탄산화 속도가 옥외(실외) 구조물보다 빠르게 진행되었다면 이의 주된 이유는?

① 높은 탄산가스 농도
② 마감 재료의 사용
③ 피복 두께의 부족
④ 과다한 크리프 발생

해설 • 탄산화는 대기 중의 탄산가스가 서서히 콘크리트 속으로 침투하여 알칼리성을 약하게 하고 내부 철근을 부식시키는 현상이다.
• 탄산화는 콘크리트 내부의 화학 성분과 높은 탄산가스와 반응하여 발생하며, 공기 중의 탄산가스의 농도가 높을수록 탄산화 속도가 빠르다.

정답 027 01 ② 02 ② 03 ① 04 ① 05 ①

□□□ 기 08,14,17
06 콘크리트 구조물의 탄산화를 방지하기 위한 신축 시의 조치로서 잘못된 것은?

① 충분한 습윤 양생을 실시한다.
② 다공질의 골재를 사용한다.
③ 콘크리트를 충분히 다짐하여 타설하고 결함을 발생시키지 않는다.
④ 투기성, 투수성이 작은 마감재를 사용한다.

해설 중성화(탄산화)에 대한 대책
- 철근 피복 두께를 확보한다.
- 양질의 골재를 사용하고 물-시멘트비를 작게 한다.
- 탄산화 억제 효과가 큰 투기성이 낮은 마감재를 사용한다.
- 콘크리트를 충분히 다지기를 하여 결함을 발생시키지 않도록 한 후 습윤 양생을 한다.

□□□ 기13
07 탄산화 속도에 영향을 미치는 요인에 대한 일반적인 설명으로 틀린 것은?

① 밀도가 작은 골재를 사용한 콘크리트는 탄산화가 빨라진다.
② 조강 포틀랜드 시멘트를 사용한 콘크리트는 보통 포틀랜드 시멘트를 사용한 콘크리트에 비해 탄산화가 느리다.
③ 경량 골재 콘크리트는 보통 중량 골재 콘크리트보다 탄산화가 빠르다
④ 옥내는 옥외의 경우보다 탄산화가 늦다.

해설 콘크리트 벽의 탄산화 속도는 옥내가 옥외보다 빠른 경향이 있다.

□□□ 산 09,14
08 콘크리트 탄산화 방지 대책이 아닌 것은?

① 콘크리트를 충분히 다짐하여 타설하고 결함을 발생시키지 않는다.
② 콘크리트의 피복 두께를 크게 한다.
③ 물-시멘트비를 크게 한다.
④ 충분한 초기 양생을 한다.

해설 중성화(탄산화)에 대한 대책
- 철근 피복 두께를 확보한다.
- 양질의 골재를 사용하고 물-시멘트비를 작게 한다.
- 탄산화 억제 효과가 큰 투기성이 낮은 마감재를 사용한다.
- 콘크리트의 충분히 다지기를 하여 결함을 발생시키지 않도록 한 후 습윤 양생을 한다.

□□□ 산 10,12
09 다음 중 탄산화 깊이 조사 방법에 해당하지 않는 것은?

① 쪼아내기에 의한 방법 ② 코어 채취에 의한 방법
③ 드릴에 의한 방법 ④ 전위차 적정법

해설 · 전위차 적정법은 염화물 함유 상태를 조사하는 방법이다.
■ 탄산화 깊이 조사 방법
- 쪼아내기에 의한 방법
- 코어 채취에 의한 방법
- 드릴에 의한 방법

□□□ 기 11,14,17,19 산 10,15
10 탄산화 속도 계수가 $9mm/\sqrt{년}$인 콘크리트 구조물이 16년 경과한 시점의 탄산화 깊이는? (단, 예측식의 변동성을 고려한 안전 계수는 1로 가정한다.)

① 12mm ② 36mm
③ 48mm ④ 144mm

해설 $X = A\sqrt{t} = 9\sqrt{16} = 36mm$

□□□ 산 11
11 콘크리트의 탄산화 진행 속도를 크게 하는 조건이 아닌 것은?

① 건조한 환경
② 투기성이 큰 콘크리트
③ 표면 마감재 또는 도장이 없는 콘크리트
④ 물-시멘트비가 큰 콘크리트

해설 · 투기 계수가 큰 콘크리트일수록 탄산화 속도가 크다.
- 물-시멘트비가 클수록 탄산화 속도가 빠르다.
- 표면 마감재 또는 도장이 없는 콘크리트는 탄산화 속도가 빠르다.
- 습도의 영향은 상대 습도가 0% 혹은 100% 부근에서 탄산화는 진행하지 않는다.

□□□ 산13
12 콘크리트의 탄산화에 대한 설명으로 틀린 것은?

① 콘크리트의 탄산화 영역은 페놀프탈레인 용액을 분무하여 판단할 수 있다.
② 콘크리트의 탄산화 깊이는 경과 시간의 제곱근에 비례한다.
③ 콘크리트의 탄산화 속도는 물-결합재비가 증가할수록 느려진다.
④ 콘크리트의 탄산화 속도는 습도가 낮을수록 빨라진다.

해설 콘크리트의 탄산화(중성화) 속도는 물-결합재비가 증가할수록 빨라진다.

정답 06 ② 07 ④ 08 ③ 09 ④ 10 ② 11 ① 12 ③

□□□ 산12,16
13 페놀프탈레인 시약을 사용하여 조사할 수 있는 열화 현상은?

① 탄산화 ② 염해
③ 알칼리-실리카 반응 ④ 동해

해설 탄산화 깊이를 측정할 때 사용하는 시약은 페놀프탈레인 용액을 이용한다.

□□□ 산06
14 콘크리트의 탄산화로 인한 철근 부식을 방지하여 균열 발생을 억제하려면 다음 조치들을 취해야 하는데 이러한 조치로 적절하지 않은 것은?

① 충분한 피복 두께 확보
② 탄산가스 농도의 저감
③ 수밀성의 확보
④ 재료 중의 염분량 축소

해설 치밀한 콘크리트(충분한 피복 두께 확보)일수록 탄산화 속도는 느리다. 환경 조건으로 탄산가스의 농도가 낮을수록 탄산화 속도는 느리다.

□□□ 산11
15 기존 콘크리트 구조물의 탄산화 깊이 측정 시험에 필요한 시약은?

① 완전 탈수한 등유 ② 벤젠
③ 수산화칼슘 ④ 페놀프탈레인

해설 탄산화 깊이를 측정할 때 사용하는 시약은 페놀프탈레인 용액을 이용한다.

□□□ 산12,13,15
16 콘크리트의 탄산화에 관한 설명 중 틀린 것은?

① 공기 중의 탄산가스 농도가 높을수록 탄산화 속도가 빨라진다.
② 콘크리트의 물-시멘트비가 낮으면 탄산화 속도가 느려진다.
③ 탄산화 깊이는 경과 시간에 반비례한다.
④ 탄산화 깊이가 철근 위치에 도달하면 철근 피복의 박리가 일어난다.

해설 탄산화 깊이 $X = R\sqrt{t}$
여기서, t : 경과 연수(년)
∴ 탄산화 깊이는 경과시간의 제곱근에 비례한다.

□□□ 기05,09,14,18,19,22
17 다음 식 중 콘크리트 구조물의 탄산화 깊이를 예측할 때 일반적으로 적용되고 있는 식은? (단, X를 탄산화 깊이, A를 탄산화 속도 계수, t를 경과 연수라 한다.)

① $X = A\sqrt{t}$ ② $X = At^3$
③ $X = \dfrac{\sqrt{t^3}}{A}$ ④ $X = At^2$

해설
• 탄산화 진행 속도는 콘크리트 표면으로부터 탄산화 부분과 비탄산화 부분의 경계면까지의 길이와 경과한 시간의 함수로 나타낸다.
• 탄산화 깊이 $X = A\sqrt{t}$

□□□ 산10,15
18 콘크리트 구조물이 공기 중의 탄산가스의 영향을 받아 콘크리트 중의 수산화칼슘이 서서히 탄산칼슘으로 되어 콘크리트가 알칼리성을 상실하는 현상을 무엇이라 하는가?

① 알칼리 골재 반응 ② 염해
③ 탄산화 ④ 화학적 침식

해설 탄산화(중성화)는 대기 중의 탄산가스가 서서히 콘크리트 속으로 침투하여 알칼리성을 약하게 하고 내부 철근을 부식시키는 현상이다.

028 염해

■ 염해(chloride attack)
- 철근 콘크리트 구조물에 있어 염소 이온의 침투로 인해 철근이 부식 환경에 놓이게 되는 현상
- 콘크리트 중의 알칼리가 저하하거나 또는 콘크리트 중의 염화물이 과다하게 함유되어 있으면 염소 이온의 화학 작용으로 산화 피막이 파괴되어 부식을 일으키는 원인이 된다.

■ 염화물 침투에 의한 철근 부식 방지 방법
- 밀실한 콘크리트를 제조하여 시공한다.
- 염화물의 침투가 예상되는 구조물에는 피복 두께를 크게 한다.
- 콘크리트를 강알칼리성으로 하여 부식으로부터 보호하여야 한다.
- 에폭시 수지 도포 철근을 사용하여 철근 부식을 방지한다.

■ 염화물 이온 함유량 측정 방법
- 흡광 광도법 : 크롬산은이나 티오시안산 제2수은 염화물 이온과 반응하여 나타난 발색도 차를 흡광 광도계를 이용하여 측정하는 방법
- 질산은 적정법 : 중성 용액에서 질산은 용액은 염화물 이온과 당량적으로 반응하여 백색 염화은이 생성된다.
- 염화물 이온 선택성 전극을 이용한 전위차 적정법
- 전량 적정법
- 이온 전극법

■ 화학 분석에 의한 염화물 이온 함유량 측정 방법

측정 방법	측정 방법 및 명칭
중량법	염화은 침전법
용적법	모아법, 질산 제2수은법
흡광 광도법	티오시안산 제2수은법, 크롬산은법
전기 화학적방법	전위차 적정법, 이온 전극법, 전도도 적정법, 전량 적정법

□□□ 기 06,10,12,16,21

01 염화물 침투에 따른 철근 부식으로 발생하는 균열을 억제하기 위한 방법으로 적절하지 못한 것은?

① 밀실한 콘크리트 시공
② 저알칼리 시멘트 사용
③ 충분한 피복 두께 확보
④ 에폭시 수지 도포 철근 사용

[해설] 염화물 침투에 의한 철근 부식 방지 방법
- 밀실한 콘크리트를 제조하여 시공한다.
- 염화물의 침투가 예상되는 구조물에는 피복 두께를 크게 한다.
- 콘크리트를 강알칼리성으로 하여 부식으로부터 보호하여 한다.
- 에폭시 수지 도포 철근을 사용하여 철근 부식을 방지한다.

□□□ 기 09,13,17

02 콘크리트에 함유된 염화물 이온량 측정용 지시약으로 적절하지 않은 것은?

① 질산은
② 페놀프탈레인
③ 티오시안산 제2수은
④ 크롬산 칼륨

[해설] ■ 탄산화 깊이를 측정할 때 이용하는 시약
- 페놀프탈레인 용액 또는 이와 같은 성능을 갖는 지시약을 이용한다.
- 지시약으로 사용되는 페놀프탈레인 용액은 95% 에탄올 90mL에 페놀프탈레인 분말 1g을 녹여 물을 첨가하여 100mL로 한 것이다.
■ 염화물 이온 함유량 지시약 : 질산 제2수은법, 티오시안산 제2수은법, 크롬산칼륨법, 염화은 침전법

□□□ 산 05

03 콘크리트에 함유된 염화물 이온량의 측정 방법으로 맞지 않는 것은 어느 것인가?

① 염화은 침전법
② 시차열 중량 분석법
③ 전위차 적정법
④ 크롬산은법

[해설] 염화물 이온 함유량 측정 방법

측정 방법	측정 방법 및 명칭
중량법	염화은 침전법
용적법	모아법, 질산 제2수은법
흡광 광도법	티오시안산 제2수은법, 크롬산은법
전기 화학적 방법	전위차 적정법

□□□ 산 11,13,17

04 콘크리트 염해에 대한 설명 중 틀린 것은?

① 콘크리트 내 함수율이 높을수록 염화물 이온의 확산 계수비는 커진다.
② 부식 반응은 애노드 반응과 캐소드 반응이 조합된 반응이다.
③ 염화물 이온에 의한 철근 부식은 산소와 수분, 탄산화가 동반되어야만 발생한다.
④ 해안에 가까울수록 염해가 발생할 가능성은 커진다.

[해설]
- 강재의 부식은 염화물 이온 외에 산소와 피복 두께가 영향을 미치므로 이를 고려하여 강재의 부식 정도를 예측한다.
- 산소의 영향에 대해서도 실구조물에서 직접 평가하는 것이 어렵기 때문에 탄산화 깊이로 그 공급량의 정도를 정량화하여 예측에 이용한다.

☐☐☐ 기06,09 산11
05 콘크리트 중 염화물 이온 함유량 측정 방법으로 옳지 않은 것은?

① 페놀프탈레인법   ② 모아법
③ 염화은 침전법   ④ 전위차 적정법

해설 탄산화 깊이를 측정하는 지시약으로는 페놀프탈레인이 사용된다.

☐☐☐ 산09,12
06 철근의 부식이 먼저 진행하여 철근 주변의 체적 팽창으로 인해 콘크리트에 균열 또는 박리를 발생시키는 열화 현상은?

① 탄산화
② 염해
③ 알칼리 실리카 반응(ASR)
④ 동해

해설 콘크리트 구조물의 염해는 콘크리트 중의 염화물로 인하여 철근 부식이 촉진되어 부식 생성물의 체적 팽창으로 콘크리트에 균열과 박리가 발생되어 구조물 내의 내하 성능이 저하됨으로써 구조물이 소정의 기능을 상실하는 현상이다.

☐☐☐ 산04,08,15
07 콘크리트 내의 철근은 외부로부터의 염화물 침투에 의해서 부식할 수 있다. 다음 중 철근의 부식에 미치는 영향이 가장 적은 것은?

① 콘크리트에 침투하는 염화물의 양
② 콘크리트의 침투성
③ 콘크리트의 설계 기준 강도
④ 습기와 산소의 양

해설 염화물에 의한 철근 부식
- 밀실한 콘크리트를 제조하여 수분이나 산소, 염화물 등을 차단하거나 콘크리트 내부에 재료로 포함될 수 있는 염화물의 함량을 제한한다.
- 염분의 침투가 예상되는 장소의 콘크리트에 대하여서는 설계 단계에서 피복 두께를 일반의 경우보다 크게 하거나 물-결합재비를 낮추면서 강도를 높여 수밀한 콘크리트가 되도록 한다.

029 알칼리 골재 반응

■ 알칼리 골재 반응(alkali aggregate reaction)
- 알칼리와의 반응성을 가지는 골재가 시멘트, 그 밖의 알칼리와 장기간에 걸쳐 반응하여 콘크리트에 팽창 균열, 팝아웃(pop-out)을 일으키는 현상
- 알칼리 골재 반응은 콘크리트 내부에 국부적인 팽창압력을 발생시켜 구조물에 균열을 발생시킬 수 있다.
- 알칼리 골재 반응에 의한 열화를 받은 콘크리트 구조물의 보수로서는 균열 주입 공법, 표면 처리 공법, 단면 보호 공법 등이 있다.

■ 알칼리 골재 반응의 진행에 필수적인 3대 요소
- 유해한 반응성 골재의 존재
- 일정량 이상의 알칼리량
- 반응을 촉진하는 수분

■ 알칼리 골재 반응의 대책
- 알칼리 골재 반응에 무해한 골재 사용
- 저알칼리형의 시멘트로 0.6% 이하로 사용
- 포졸란(고로 슬래그, 플라이 애시 등) 사용
- 습도를 낮추고 콘크리트 중의 수분 이동 방지
- 단위 시멘트량을 낮추어 배합 설계할 것

■ 코어의 잔존 팽창량 시험
알칼리 골재반응이 원인으로 추정되는 부재의 향후 팽창량을 예측하기 위한 시험으로 구조물로부터 뽑아낸 샘플에 대해서 팽창 반응을 가열·습윤에 의해 촉진시켜 장래적으로 일어날 수 있는 팽창을 단기간으로 일으켜, 향후의 팽창의 가능성을 조사하는 시험이다.

■ 알칼리 골재 반응의 종류
- **알칼리-실리카 반응(alkali-silica reaction)**
  - 알칼리와 실리카의 화학 반응에 의해 생성된 알칼리-실리카겔은 주로 주위의 물을 흡수하여 콘크리트의 내부에 국부적 팽창압을 일으켜 콘크리트의 강도를 저하시킨다.
  - 이상 팽창을 일으킨다.
  - 알칼리-실리카겔이 표면으로 흘러나오기도 하고 균열 및 공극에 충전되기도 한다.
  - 표면에 불규칙한(거북 등 모양) 균열이 생긴다.
  - 부재 단부의 균열이나 팽창 조인트부의 파손을 일으킨다.
  - 골재 입자의 둘레에 검은색의 반응환이 생긴다.
- **알칼리-탄산염 반응(alkali-carbonate reaction)**
  - 돌로마이트질 석회암과 알칼리와의 반응에 의하여 팽창된다.
- **알칼리-실리케이트 반응(alkali-silicate reaction)**
  - 알칼리-실리카 반응보다도 천천히 장시간 계속되며, 생성되는 겔의 양도 적은 것이 특징이다.

---

01 알칼리 골재 반응은 콘크리트 내부에 국부적인 팽창 압력을 발생시켜 구조물에 균열을 발생시킬 수 있다. 이러한 알칼리 골재 반응의 대부분을 차지하는 반응은 다음 중 어느 것인가?

① 알칼리-탄산염 반응(alkali-carbonate rock reaction)
② 알칼리-실리카 반응(alkali-silica reaction)
③ 알칼리-실리케이트 반응(alkali-silicate reaction)
④ 알칼리-황산염 반응

해설
- 알칼리-실리카 반응 : 알칼리와 실리카의 화학 반응에 의해 생성된 알칼리-실리카겔은 주로 주위의 물을 흡수하여 콘크리트의 내부에 국부적 팽창압을 일으켜 콘크리트의 강도를 저하시킨다.
- 알칼리-탄산염 반응 : 돌로마이트질 석회암과 알칼리와의 반응에 의하여 팽창된다.
- 알칼리-실리케이트 반응 : 알칼리-실리카 반응보다도 천천히 장시간 계속되며, 생성되는 겔의 양도 적은 것이 특징이다.

02 알칼리 골재 반응이 원인으로 추정되는 부재의 향후 팽창량을 예측하기 위하여 필요한 시험은?

① SEM 시험
② 코어의 잔존 팽창량 시험
③ 압축 강도 시험
④ 배합비 추정시험

해설
- 골재의 반응성 유무 : 주사 전자 현미경(SEM)에 의한 관찰
- 잔존 팽창량 시험 : 구조물로부터 뽑아낸 코어 샘플에 대해서 팽창 반응을 가열·습윤에 의해 촉진시켜 장래적으로 일어날 수 있는 팽창을 단기간으로 일으켜, 향후의 팽창의 가능성을 조사하는 시험이다.

03 콘크리트 열화 중에서 알칼리-실리카 반응으로 인한 현상이 아닌 것은?

① 알칼리-실리카겔이 표면으로 흘러나오기도 하고 균열 및 공극에 충전되기도 한다.
② 벽에서는 종방향 균열이 발생한다.
③ 부재 단부의 균열이나 팽창 조인트부의 파손을 일으킨다.
④ 골재 입자의 둘레에 검은색의 반응환이 생긴다.

해설 표면에 불규칙한(거북 등 모양) 균열이 생긴다.

정답 01 ② 02 ② 03 ②

□□□ 산 07,11,15
04 철근 콘크리트의 알칼리 골재 반응에 의한 열화 메커니즘에 관한 설명으로 가장 적당한 것은?

① 알칼리 골재 반응은 콘크리트 중의 알칼리와 골재와의 반응으로 수분이 많으면 알칼리가 희석되어 반응이 작게 된다.
② 프리스트레스트 콘크리트 구조에서는 도입된 프리스트레스트에 의해 알칼리 골재 반응에 의한 균열을 방지할 수 있다.
③ 알칼리 골재 반응은 타설 직후부터 팽창이 시작되어 재령에 따라 반응은 감소하고 거의 1년 정도에 멈춘다.
④ 알칼리 골재 반응에 의한 균열은 망상으로 나타나는 경우가 많다.

해설 알칼리 골재 반응은 시멘트 중의 나트륨, 칼슘 이온이 골재 중의 이산화규소와 반응하여 규산칼슘이나 규산나트륨을 생성시켜 콘크리트 구조물의 팽창 균열을 동반하며, 균열의 형태는 거북등(망상) 균열의 형상으로 나타나는 것이 특징이다.

□□□ 산 05,09
05 알칼리 골재 반응이 일어나기 위해서는 일반적으로 반응의 3조건이 충족되어야 한다. 여기에 해당하지 않는 것은?

① 골재 중의 유해 물질
② 대기 중의 이산화탄소
③ 시멘트중의 알칼리
④ 반응을 촉진하는 수분

해설 알칼리 골재 반응의 필수적인 3요소
- 유해한 반응성 골재의 조건
- 일정량 이상의 알칼리량
- 반응을 촉진하는 수분의 공급

□□□ 산 13,17
06 알칼리 골재 반응이 원인으로 보이는 콘크리트 부재의 열화가 발견되었다. 이 부재의 장래 팽창량을 추정하기 위해 적합한 시험은?

① 배합비 추정 시험
② 코어의 잔존 팽창량 시험
③ 탄산화 시험
④ 콘크리트 코어 압축 강도 시험

해설 코어의 팽창량 시험
- 온도 40℃, 상대 습도 100%의 습기 상자에서 실시하는 방법이 주로 이용된다.
- 코어의 팽창량이 0.1% 이상의 경월에는 잔존 팽창성이 있다고 판정한다.

□□□ 산 10,14
07 알칼리 골재 반응 중 알칼리-실리카 반응에 의한 구조물의 손상에 대한 설명으로 틀린 것은?

① 이상 팽창을 일으킨다.
② 팝아웃 현상을 일으켜 골재 주위의 바깥 부분 모르타르가 탈락되어 표면이 패인다.
③ 표면에 불규칙한(거북등 모양 등) 균열이 생긴다.
④ 골재 입자의 둘레에 검은색의 반응환이 보인다.

해설 ■ 알칼리-실리카 반응에 따른 콘크리트의 손상 특징
- 이상 팽창을 일으킨다.
- 표면에 불규칙한 거북등 모양의 균열이 발생한다.
- 알칼리 실리카겔(백색)이 표면으로 흘러나오기도 하고 균열 및 공극에 충전되기도 한다.
- 골재 입자 주변에 흑색~회백색의 육안으로 관찰할 수 있는 반응 테두리가 생성된다.

■ 동해에 의한 손상
- 팝아웃(pop-out), 균열, 박리, 박락 등의 형태로 나타난다.
- 팝아웃 : 흡수율이 큰 골재를 사용하면 콘크리트 표층부의 함수율이 높은 골재가 동결하여 팽창함으로써 그 팽창압에 의해 골재 주위의 바깥 부분 모르타르가 탈락되어 표면이 파이는 현상이다.

□□□ 기 10
08 알칼리 골재 반응이 진행된 구조물에 적용하는 보수 방법으로 적합한 것은?

① 두께 증설 공법
② 재알칼리화 공법
③ 균열 주입 공법
④ 탈염공법

해설
- 알칼리 골재 반응이 진행되면 콘크리트 중의 알칼리 이온이 골재 중의 불안정한 실리카 성분과 결합하여 알칼리-실리카겔을 형성하고 이 겔이 주위의 수분을 흡수하여 콘크리트 내부에 국부적인 팽창 압력을 발생시켜 구조물 표면에 불규칙한(거북 등 모양 등)에 균열을 발생시키는 것이 알칼리 골재 반응이다.
- 알칼리 골재 반응에 의한 열화를 받은 콘크리트 구조물의 보수로서는 균열 주입 공법, 표면 처리 공법, 단면 복구 공법 등이 있다.
- 탈염 공법 : 염해에 의해 성능이 저하된 구조물에 적용
- 재알칼리화 공법 : 탄산화에 의해 성능이 저하된 구조물을 대상으로 적용

정답 04 ④ 05 ② 06 ② 07 ② 08 ③

030 동해

■ 동해
콘크리트에 함유되어 있는 수분이 동결되면서 팽창으로 인하여 수분이 콘크리트 내부에서 이동하면서 생기는 동결 융해 작용의 반복에 따라 콘크리트에 파괴를 가져오는 것을 동해라 한다.

- 경화 콘크리트의 동해 : 콘크리트 내부의 수분이 0 이하로 되었을 때의 동결 팽창에 의하여 발생하는 것이며, 오랜 기간에 걸쳐 동결과 융해의 반복 작용에 의해 콘크리트가 서서히 열화하는 현상
  - 동해를 받는 콘크리트 구조물에서는 콘크리트 표면에 스케일링, 미세 균열 및 팝아웃 등의 형태로 열화가 발생한다.
- 초기 동해 : 시공 초기에 콘크리트가 아직 굳지 않은 상태에서 동결되어 압축 강도 등의 성질에 악영향을 미치는 것을 말한다.

■ 콘크리트의 동결 융해
- 초기 동해는 일반적으로 콘크리트 타설 후 시멘트의 수화가 충분히 진행되지 않아 콘크리트의 강도가 5.0MPa에 도달하기 이전에 발생되는 것이다.
- 동결 융해 작용에 의하여 표면 모르타르나 페이스트가 작은 조각상으로 떨어져 나가는 스케일링(scaling) 현상이 발생할 수 있다.
- 일반 콘크리트의 동결 융해 저항성을 확보하기 위해서 기포 간 격계수가 $200\mu m$ 이하로 되도록 AE제를 사용하는 것이 좋다.
- 내동해성이 적은 골재를 콘크리트에 사용하는 경우 동결 융해 작용에 의해 골재가 팽창하여 파괴되어 떨어져 나가는 팝아웃 현상이 발생할 수 있다.
- 팝아웃(pop-out) : 내동해성이나 내알칼리성이 작은 골재를 콘크리트에 사용하는 경우 동결 융해 작용이나 알칼리 골재 반응에 의해 골재가 팽창하여 파괴되어 떨어져 나가거나 그 위치의 콘크리트 표면이 떨어져 나가는 현상

■ 내구성 지수

$$DF = \frac{P \cdot N}{M}$$

여기서, DF : 내구성 지수
P : 동결 융해 N사이클일 때의 상대 동탄성 계수(%)
N : P값이 특정치에 달하기까지의 사이클 수 혹은 시험 종료 시의 사이클 수
M : 시험을 종료시키는 특정 사이클 수

---

01 아래 표의 내용과 같은 열화 현상에 대한 설명으로 틀린 것은?

> 콘크리트 내부의 수분이 0℃ 이하로 되었을 때의 동결 팽창에 의하여 발생하는 것이며, 오랜 기간에 걸쳐 동결과 융해의 반복 작용에 의해 콘크리트가 서서히 열화하는 현상

① 흡수율이 큰 골재를 사용하였을 경우 콘크리트 표층부에 함수율이 높은 골재가 동결하여 팽창함으로써 골재 표면 주위의 모르타르가 탈락되어 표면이 파이는 팝아웃 현상이 발생할 수 있다.
② 콘크리트 표면부의 시멘트풀 또는 모르타르가 동결 융해 작용에 의해 벗겨져서 표면이 거칠어지는 박리 현상이 발생할 수 있다.
③ AE제를 사용하여 발생하는 미세한 다량의 연행 공기는 내부 수분이 동결하여 체적이 팽창함에 따라 발생되는 팽창압을 완화시켜 준다.
④ 콘크리트 타설 후 시멘트의 수화가 충분히 진행되지 않고, 내부의 수분이 얼음으로 변화는 과정에서 직경이 큰 공극이 국소적으로 형성되어 콘크리트의 강도가 발현되지 않는다.

[해설] "표"는 경화 콘크리트의 동해에 대한 설명이며, "④"는 초기 동해에 관한 설명으로 경화콘크리트의 동해와 구별되는 개념이다.

02 콘크리트의 동결 융해에 대한 설명으로 틀린 것은?

① 초기 동해는 일반적으로 콘크리트 타설 후 시멘트의 수화가 충분히 진행되지 않아 콘크리트의 강도가 10MPa에 도달하기 이전에 발생되는 것이다.
② 동결 융해 작용에 의하여 표면 모르타르나 페이스트가 작은 조각상으로 떨어져 나가는 스케일링(scaling) 현상이 발생할 수 있다.
③ 일반 콘크리트의 동결 융해 저항성을 확보하기 위해서 기포 간격 계수가 $200\mu m$ 이하로 되도록 AE제를 사용하는 것이 좋다.
④ 내동해성이 작은 골재를 콘크리트에 사용하는 경우 동결 융해 작용에 의해 골재가 팽창하여 파괴되어 떨어져 나가는 팝아웃(pop-out) 현상이 발생할 수 있다.

[해설] 초기 동해는 일반적으로 콘크리트 타설 후 시멘트의 수화가 충분히 진행되지 않아 콘크리트의 강도가 5.0MPa에 도달하기 이전에 발생되는 것이다.

□□□ 기11
03 콘크리트의 동해에 대한 설명으로 틀린 것은?

① 콘크리트의 품질이 나빠도 환경이 온화하거나 물의 공급이 없으면 동해의 정도는 적다.
② 기포 간격 계수가 클수록 동해의 위험성이 적다.
③ 골재의 품질이 나쁜 경우에 팝아웃 현상이 발생하기 쉽다.
④ 콘크리트 내 수분이 결빙점 이상과 이하를 반복하여 발생한다.

해설
- 기포 간격수가 250μm 정도 이하에서는 동결 융해의 위험성이 없다.
- 팝아웃(pop-out) : 일반적으로 콘크리트 표면에서 얇은 원뿔 모양의 함몰로 나타나며, 품질이 나쁜 골재를 포함하고 있는 콘크리트의 동결로 인해 발생한다.

□□□ 기10,14
04 콘크리트의 동해에 의한 열화 특징으로서 옳지 않은 것은?

① 스케일링(scaling), 팝아웃(pop-out), 들뜸이나 박락을 일으킨다.
② 콘크리트 모세관 내에 수용성 염화물 이온이 있는 경우 그 피해는 미약하다.
③ 균열 진전에 따라 콘크리트 내부의 취약화와 강도 저하를 초래한다.
④ 기둥이나 보에서는 축방향 균열을 일으킨다.

해설 콘크리트 모세관 내에 수용성 염화물 이온이 있는 경우 시멘트가 수화 작용 시 생성하는 수산화칼슘 ($Ca(OH)_2$)과 결합하여 콘크리트의 내구성을 저하시키므로 그 피해는 크다.

□□□ 기10,17
05 동해를 입은 콘크리트에 대한 보수 방침으로 가장 거리가 먼 것은?

① 열화한 콘크리트의 제거
② 철근의 부식을 방지하기 위한 전위 제거
③ 보수 후의 수분 침입 억제
④ 콘크리트의 동결 융해 저항성의 향상

해설 동해 열화 기구의 보수 방침
- 열화한 콘크리트의 제거
- 보수 후의 수분침입 억제
- 콘크리트의 동 결융해 저항성의 향상

□□□ 기05,11
06 콘크리트의 동결 융해에 관한 내구성 지수(DF)를 구하는 식은 $DF = \dfrac{P \cdot N}{M}$과 같이 나타낸다. 여기서 분모의 M이 의미하는 것은?

① 동결 융해에의 노출이 끝날 때의 사이클 수
② 동결 융해 N사이클에서의 상대 동탄성 계수(%)
③ P값이 시험을 단속시킬 수 있는 소정의 최소값이 된 순간의 사이클 수
④ 동결 융해 지수

해설 내구성 지수 $DF = \dfrac{P \cdot N}{M}$
여기서, P : 동결융해 N사이클일 때의 상대 동탄성 계수(%)
N : P값이 특정치에 달하기까지의 사이클 수 혹은 시험 종료 시의 사이클 수
M : 시험을 종료시키는 특정 사이클 수

□□□ 산09,14
07 콘크리트가 동해를 받았을 때, 직접적으로 나타나는 열화 현상이 아닌 것은?

① 탄산화
② 미세 균열
③ 박리·박락
④ 팝아웃(pop-out)

해설 콘크리트의 동해에 의한 열화 현상은 pop-out, 균열, 박리 (scaling), 박락(spalling) 등의 형태로 나타난다.

□□□ 산11,15
08 아래의 표에서 설명하는 동해의 형태는?

> 콘크리트 표면에서 시멘트 페이스트 내부의 공극수가 동결할 때에 공극수의 수압이 상승하여 페이스트의 조직을 파괴함으로써 표면이 조그만 덩어리나 입자가 되어 조직의 붕괴, 탈락되는 현상으로서, 이것은 동결 융해의 반복 작용에 의해 나타나는 손상 형태 중 가장 쉽게 볼 수 있는 현상이다.

① Spalling
② Pop-out
③ Scaling
④ Cracking

해설
- 박락(Spalling) : 박리(peeling)가 진전하여 콘크리트가 떨어져 나가는 현상
- 표면 박리(scaling) : 동결 융해 작용, 제빙 화학제와 동결 융해의 복합 작용 등에 의하여 콘크리트 또는 모르타르의 표면이 작은 조각상으로 떨어져 나가는 현상
- Pop-out : 흡수율이 큰 골재를 사용하면 콘크리트 표층부의 함수율이 높은 골재가 동결하여 팽창함으로써 그 팽창압에 의해 골재 주위의 바깥 부분 모르타르가 탈락되어 표면이 파이는 현상

031 화학적 침식

■ 화학적 침식
- 콘크리트 구조물의 화학적 부식이란 결합재인 시멘트 수화물이 어떤 종류의 화학 물질과 반응해 용출되어 조직이 다공화되기도 하고 반응에 따라서 팽창을 일으키기도 하는 열화 현상을 말한다.
- 기본적으로 C_3A 성분이 적은 시멘트를 사용하는 것이 일반적 환경하에서 황산염 저항성을 향상시킬 수 있다.

■ 황산염에 의한 열화
- 황산염은 각종 공업 원료 및 비료로서 널리 사용되고 있고, 온천 및 하천수에도 함유되어 있으며 해수 중에도 포함되어 있어 콘크리트를 열화시킨다.
- 황산염에 대한 저항성을 높이기 위해서는 C_3A 함유량이 적은 내황산염 포틀랜드 시멘트를 사용한다.
- 물에 녹은 황산염은 시멘트 수화물 중 $Ca(OH)_2$와 반응하여 석고를 생성하여 콘크리트의 성능을 저하시킨다.
- 염소이온은 시멘트중의 수산화칼슘과 반응하여 가용성의 $CaCl_2$를 생성 및 용출시켜 조직을 다공화한다.
- 황산염은 시멘트 경화체 중에 팽창성의 에트린가이트를 생성하여 콘크리트에 팽창 균열을 일으킨다.
- 황산염은 시멘트 경화체 중의 성분과 반응하여 이수 석고를 생성하며, 이때 생성된 이수 석고는 수용성이기 때문에 용출하여 조직이 다공화되어 침식이 가속된다.
- 황산염은 시멘트 수화물인 수산화칼슘과 반응하여 석고를 생성하여 체적을 팽창시키며, 이 석고는 시멘트 중의 칼슘 알루미네이트 수화물과 반응하여 팽창성의 에트린가이트를 생성하여 큰 콘크리트에 팽창 균열 및 조직 붕괴를 유발한다.

■ 산에 의한 열화
- 시멘트 수화물은 모두 산과 반응하여 분해한다.
- 수산화칼슘은 특히 반응하기 쉽고, 칼슘 실리케이트 수화물 및 칼슘 알루미네이트 수화물도 산과 반응하여 쉽게 분해된다.
- 황산, 염산 등 강한 무기산은 시멘트, 수화물 중의 석회, 규산, 알루미나 등을 융해하므로 콘크리트가 심하게 침식되어 붕괴한다.
- 산에 의한 열화는 콘크리트 표면이 연화되어 우선 표층의 시멘트 부분이 용해되며, 계속 진행되면 골재의 박락이 일어나고 다음에는 더욱 손상이 심해져 단면이 감소된다.

■ 유류에 의한 열화
- 유류에 의한 손상은 잘 알려져 있지 않지만 각종 동식물유에 의해 열화한다.
- 동식물유의 주성분은 고급 지방산과 글리세린의 에스테르에서 소량의 유리 지방산을 함유한다. 유리 지방산은 산으로서 직접 콘크리트를 침식한다.
- 지방산, 글리세린, 에스테르는 가수 분해하여 시멘트 경화체 중의 수산화칼슘과 반응하여 지방산칼슘을 생성하며, 이때 팽창을 수반하기 때문에 콘크리트에 균열이 발생하고 열화가 계속 진행되면 붕괴를 초래하게 된다.

■ 화학적 침식에 대한 방지 대책
- 내황산염 포틀랜드 시멘트, 중용열 포틀랜드 시멘트, 고로 시멘트, 플라이 애시 시멘트 등은 해수 작용에 대해 내구성이 좋다.
- 콘크리트의 피복 두께를 충분히 확보하여 철근을 보호하고 물-시멘트비가 작은 수밀성이 큰 콘크리트를 사용하여 다짐과 양생을 충분히 수행한다.
- 레진 모르타르 또는 폴리머 시멘트 모르타르 등의 보강재로 단면을 복원한다.
- 부식성 물질에 대해 적절한 내식성 피복재로 코팅 또는 라이닝 등의 표면 처리한다.

■ 화학적 부식
- 콘크리트가 외부로부터의 화학작용을 받아 그 결과 시멘트 경화체를 구성하는 수화생성물이 변질 또는 분해하여 결합 능력을 잃는 열화 현상을 총칭하여 화학적 부식이라 한다.
- 화학적 부식을 일으키는 요인은 산류, 알칼리류, 염류, 유류, 부식성 가스 등 다양하다.

■ 산에 의한 화학적 부식
일반적으로 산은 다소 정도의 차이는 있으나 시멘트 수화물 및 수산화칼슘을 분해하여 침식한다. 침식의 정도는 무기산(황산, 염산, 질산, 탄산 등)이 유기산(수산, 글루콘산, 초산, 의산, 유산, 스테아린산 등)보다 심하다.

■ 알칼리에 의한 화학적 부식
- 콘크리트는 그 자체가 강알칼리이며, 알칼리에 대한 저항력은 상당히 크다. 그러나, 매우 높은 농도의 NaOH에는 침식된다.
- 특히 건습 반복이 있는 경우에는 열화가 심하고 공장의 바닥 등을 정기적으로 강알칼리로 세정하는 경우에는 알칼리에 의한 콘크리트의 침식이 발생한다.

■ 염류에 의한 화학적 부식
- 염류에 의한 화학적 부식의 대표적인 것은 황산염에 의한 화학적 부식이다.
- 황산염에 의한 시멘트 콘크리트의 열화 기구는 일반적으로 황산염, 황산마그네슘, 해수에 의한 작용으로 분류할 수 있다.

■ 기타 화학적 침식
- 콘크리트를 부식시키는 기체로는 황화수소(H_2S), 이산화유황(SO_2), 질소산화물, 불화수소, 염화수소(HCl) 등이 있다.
- 황화수소는 화학 공장, 제철 공장과 같이 각종 공장에서 발생하는 것 외에 하수도, 온천 등에도 포함될 수 있다.

■ 구조물의 내화성을 증대시키기 위한 대책
- 내화성이 우수한 석질의 골재를 사용하며, 석영질 골재의 사용을 억제한다.
- 내화성능이 약한 강재를 보호하기 위하여 피복 두께를 충분하게 한다.
- 콘크리트 표면에 내화 재료나 단열 재료(석고 플라스터, 메탈 라스)로 피복을 한다.

☐☐☐ 기11,15
01 콘크리트의 화학적 침식 중 황산염에 의한 침식에 대한 설명으로 틀린 것은?

① 물에 녹은 황산염은 시멘트 수화물 중 $Ca(OH)_2$와 반응하여 석고를 생성하여 콘크리트의 성능을 저하시킨다.
② 글리세린의 에스테르에서 소량의 유리 지방산을 함유하며, 유리 지방산은 산으로서 직접 콘크리트를 침식시킨다.
③ 에트린가이트 등을 생성하여 큰 팽창압을 일으키기 때문에 콘크리트의 팽창 균열 및 조직 붕괴를 유발한다.
④ 황산염은 시멘트 경화체 중의 성분과 반응하여 이수 석고를 생성하며, 이때 생성된 이수 석고는 수용성이기 때문에 용출하여 조직이 다공화되어 침식이 가속된다.

해설 유류에 의한 열화
- 유류에 의한 손상은 잘 알려져 있지 않지만 각종 동식물유에 의해 열화한다.
- 동식물유의 주성분은 고급 지방산과 글리세린의 에스테르에서 소량의 유리 지방산을 함유한다.
- 유리 지방산은 산으로서 직접 콘크리트를 침식한다.

☐☐☐ 기09,14
02 콘크리트 구조물의 성능을 저하시키는 화학적 부식에 대한 설명 중 옳지 않은 것은?

① 일반적으로 산은 다소 정도의 차이는 있으나 시멘트 수화물 및 수산화칼슘을 분해하여 침식한다. 침식의 정도는 유기산이 무기산보다 심하다.
② 콘크리트는 그 자체가 강알칼리이며, 알칼리에 대한 저항력은 상당히 크다. 그러나, 매우 높은 농도의 NaOH에는 침식된다.
③ 염류에 의한 화학적 부식의 대표적인 것은 황산염에 의한 화학적 부식이다. 황산염에 의한 시멘트 콘크리트의 열화 기구는 일반적인 황산염, 황산마그네슘 및 해수에 의한 작용으로 분류할 수 있다.
④ 콘크리트가 외부로부터의 화학 작용을 받아 그 결과 시멘트 경화체를 구성하는 수화 생성물이 변질 또는 분해하여 결합 능력을 잃는 열화 현상을 총칭하여 화학적 부식이라 한다.

해설 일반적으로 산은 다소 정도의 차이는 있으나 시멘트 수화물 및 수산화칼슘을 분해하여 침식한다. 침식의 정도는 무기산(황산, 염산, 질산, 탄산 등)이 유기산(수산, 글루콘산, 초산, 의산, 유산, 스테아린산 등)보다 심하다.

☐☐☐ 기05,12,15,19
03 황산염 침투에 의한 열화 방지 방법이 아닌 것은?

① C_3A 함량 증대
② 적절한 공기 연행제 첨가
③ 플라이 애시 첨가
④ 고로 슬래그 첨가

해설
- 황산염 피해를 최소화하기 위해서는 시멘트에 알민산3석회(C_3A) 함량을 낮춘 내황산염 시멘트를 사용한다.
- 수화 작용 시 수산화칼슘을 필요로 하는 플라이 애시, 고로 슬래그 등의 혼화재를 사용하여 황산과 반응하는 수산화칼슘 $Ca(OH)_2$의 생성량을 줄임으로써 황산이 칼슘과 반응을 억제시켜 피해를 줄일 수 있다.

☐☐☐ 기04,10,15,17
04 콘크리트를 진단할 때 물리적 성질을 알아보기 위해 시행하는 시험이 아닌 것은?

① 코아추출시험
② 반발경도시험
③ 알칼리 골재반응시험
④ 투수성시험

해설
- 화학적 성질을 알기 위한 시험 : 알칼리골재반응, 염화물, 탄산화, 화학적 침식
- 물리적 성질을 알기 위한 시험 : 외부 온도·습도, 동결융해

정답 01 ② 02 ① 03 ① 04 ③

032 피로 및 화재

1 피로

재료에 여러 회의 반복 하중을 가하면 정적인 파괴 하중보다 작은 하중으로 파괴에 이르는 현상을 피로 또는 피로 파괴라 한다.

- 콘크리트의 피로 한도는 응력의 반복 횟수가 10^7회의 범위에서 확실히 나타나지 않는다. 10^7회에 있어서 콘크리트의 피로 강도는 정적 강도의 약 55%이다.
- 수중에 있어서 콘크리트의 피로 강도는 대기 중에 있어서 피로 강도보다 상당히 저하되며 약 2/3가 된다.
- 콘크리트에 압축 강도의 80~90%의 지속 응력을 가해 두면 변형이 점차로 증대하여 콘크리트는 파괴된다.
- 콘크리트의 피로 파괴 및 크리프 파괴는 반복 응력 및 지속 응력에 의한 내부 균열의 진전에 기인된다.

2 화재

■ 화재에 의한 콘크리트 구조물의 열화 현상
- 콘크리트는 약 500℃에서 탄산화되기 쉽다.
- 콘크리트의 가열로 인한 정탄성 계수의 감소에 의해 바닥 슬래브나 보의 처짐이 증가한다.
- 콘크리트는 탈수나 단면 내의 열응력에 의해 균열, 피복 콘크리트의 들뜸, 탈락이 생긴다.
- 급격한 가열 시, 부재 단면이 얇거나 콘크리트의 함수율이 높은 경우, 큰 프리스트레스가 도입되어 있는 경우에는 피복 콘크리트의 폭렬이 발생하기 쉽다.
- 콘크리트는 고온에 노출된 정도, 재료의 열팽창 계수 차이, 부재 중의 급격한 온도 구배, 단면 크기 등에 따라 이상한 변형과 2차 응력이 생겨 콘크리트에는 균열이 발생하며, 철근과 콘크리트 사이에는 부착강도가 저하한다.

■ 구조물의 내화성을 증대시키기 위한 대책
- 내화 성능이 약한 강재는 보호하여 피복 두께를 충분히 취한다.
- 내화성이 우수한 석질의 골재를 사용하며 석영질 골재의 사용을 억제한다. 석영을 함유한 화강암 및 사암계의 골재는 575℃에서 급격히 팽창하므로 내화성은 현저히 떨어진다.
- 대리석이나 석회석 등 석회계 골재는 750℃ 전후에서 탄산칼슘의 분해가 시작되어 이에 따라 골재 내부 조직이 이완되어 콘크리트 재질 변화가 촉진된다.
- 콘크리트 표면에 내화 재료나 단열 재료인 석고 플라스틱, 메탈 라스로 피복을 한다.

---

01 콘크리트가 화재를 받아 피해를 받았을 때, 열화 특징으로서 옳은 것은?

① 500~580℃의 가열 온도에서 탄산칼슘이 분해되어 산화칼슘이 된다.
② 750℃ 이상의 가열 온도에서 수산화칼슘이 분해되고 탈수되어 산화칼슘이 된다.
③ 300℃~500℃ 정도의 가열 온도에서 열화한 콘크리트는 냉각 후 수분을 주어 양생해도 강도는 회복되지 않는다.
④ 안산암질 골재와 경량 골재는 석영질이나 석회암질 골재에 비해 고온까지 안정한 성상을 유지한다.

[해설]
- 500~580℃의 가열 온도에서 수산화칼슘($Ca(OH)_2$)이 분해되어 산화칼슘이 된다.
- 750~825℃ 이상의 가열 온도에서 탄산칼슘이 분해되고 탈수되어 산화칼슘이 된다.
- 고온에 의해 변질한 콘크리트는 냉각 후 수분이 보급되면 손상은 상당히 회복되지만 500℃ 이상으로 가열된 경우에는 내부 조직에까지 손상이 미치기 때문에 회복되지 않는다.
- 안산암질 골재와 경량 골재는 석영질 골재보다 고온에 더 안정적이다.

02 콘크리트의 내화성에 관한 설명으로 가장 부적당한 것은?

① 콘크리트는 내화성이 우수하여 600℃ 정도의 화열을 받아도 압축 강도의 저하는 거의 없다.
② 석회석이나 화강암 골재는 특히 내화성을 필요로 하는 장소의 콘크리트에 사용하지 않도록 한다.
③ 화재 피해를 받은 콘크리트의 탄산화 속도는 화재 피해를 받지 않은 것과 비교하여 크다.
④ 화재 발생 시 급격한 가열, 부재 단면이 얇거나 콘크리트의 함수율이 높은 경우는 피복 콘크리트의 폭렬이 발생하기 쉽다.

[해설] 콘크리트의 압축 강도는 약 500℃의 고온을 받은 후 냉각에 필요한 충분한 시간이 지났다면 강도는 약 90%까지 회복된다.

□□□ 기 10,11,16,18
03 화재에 의한 콘크리트 구조물의 열화 현상에 대한 설명으로 틀린 것은?

① 콘크리트는 약 300℃에서 탄산화되기 쉽다.
② 콘크리트는 탈수나 단면 내의 열응력에 의해 균열이 생긴다.
③ 콘크리트의 가열로 인한 정탄성 계수의 감소에 의해 바닥 슬래브나 보의 처짐이 증가한다.
④ 급격한 가열 시 피복 콘크리트의 폭렬이 발생하기 쉽다.

해설 콘크리트는 약 500℃에서 탄산화되기 쉽다.

□□□ 예상
04 콘크리트의 내화성에 관한 다음 설명 중에서 가장 부적절한 것은 어느 것인가?

① 콘크리트가 고온으로 가열될 때 발생되는 성질의 변화는 사용 골재의 암질에 큰 영향을 받으므로 배합과 시멘트 종류의 영향은 적다.
② 콘크리트가 고온으로 가열될 때 발생되는 압축 강도의 저하율은 정탄성 계수의 저하율보다도 크다.
③ 콘크리트가 열을 받게 되어도 가열 온도가 낮고 가열 시간이 짧은 경우에는 가열 종료 후 장기 경과하면 가열에 의해 일단 저하된 강도의 회복을 기대할 수 있다.
④ 함수율이 높은 콘크리트를 가열하면 함수율이 낮은 경우에 비해 쪼개짐 발생이 쉽다.

해설 콘크리트가 고온으로 가열될 때 발생되는 압축 강도의 저하율은 정탄성 계수의 저하율보다 작다.

□□□ 예상
05 화재 피해를 입은 건설물에서 수열 온도를 평가할 수 있는 방법은?

① 변색 상황   ② 슈미트 해머 반발도
③ 코어 채취   ④ 재하 시험

해설

조사 수단	조사 항목
콘크리트의 변색 상황	콘크리트의 수열 온도
슈미트 해머의 반발도	콘크리트의 압축 강도
코어 채취 시험	콘크리트의 압축 강도
재하 시험	부재의 내력

□□□ 산 10,12,15
06 구조물의 내화성을 증대시키기 위한 대책으로 틀린 것은?

① 내화 성능이 약한 강재는 보호하여 피복 두께를 충분히 취한다.
② 콘크리트 표면에 내화 재료로 피복을 한다.
③ 콘크리트 표면에 단열 재료로 피복을 한다.
④ 석영질 골재를 사용하여 콘크리트를 제작한다.

해설 안산암질 골재와 경량 골재는 석영질이나 석회 암질 골재에 비해 고온까지 안정한 성상을 유지한다.

□□□ 기 16,19
07 피로에 관한 설명으로 틀린 것은?

① 기둥의 피로는 슬래브에 준하여 검토하여야 한다.
② 보 및 슬래브의 피로는 휨 및 전단에 대하여 검토하여야 한다.
③ 피로의 검토가 필요한 구조 부재는 높은 응력을 받는 부분에서 철근을 구부리지 않도록 하여야 한다.
④ 하중 중에서 변동하중이 차지하는 비율이 크거나, 작용 빈도가 크기 때문에 안전성 검토를 필요로 하는 경우에 적용하여야 한다.

해설 기둥의 피로는 검토하지 않아도 좋다.

033 반발 경도 시험

콘크리트 압축 강도 추정을 위한 반발 경도 시험 방법

■ 시험 방법
- **시험 부위의 결정** : 시험할 콘크리트 부재는 두께가 100mm 이상이어야 하며, 하나의 구조체에 고정되어야 한다.
- **시험 준비** : 시험 영역의 지름은 150mm 이상이 되어야 한다. 거친 콘크리트면 및 푸석푸석한 콘크리트 면은 연삭 숫돌로 평활하게 연마한다.
- **시험 절차**
  - 타격봉이 시험면에 수직으로 위치할 수 있도록 하며, 한 위치에서 시험 기구를 움직이지 않게 고정한다.
  - 타격봉이 중추에 부딪힐 때까지 타격봉에 대한 압력을 서서히 증가시킨다.
  - 타격 위치는 가장자리로부터 100mm 이상 떨어지고 30mm 이내로 근접해서는 안 된다.
  - 각 시험 영역으로부터 20개의 시험값을 취한다.
  - 타격 후 표면의 흔적을 검사한 다음 타격에 의해 시험면이 파손되었거나 균열이 발생하는 경우 해당 시험값을 버린다.
  - 동일한 위치에서 한 번 이상의 충격을 가해서는 안 된다.
- **계산**
  - 시험값 20개의 평균으로부터 오차가 20% 이상이 되는 경우의 시험값은 버리고 나머지 시험값의 평균을 구한다.
  - 범위를 벗어나는 시험값이 4개 이상인 경우에는 전체 시험값군을 버리고 새로운 위치에서 20개의 반발 경도를 구한다.

■ 반발 경도에 영향을 미치는 요인
- **콘크리트 내부의 온도** : 0℃ 이하의 온도에서 콘크리트는 정상보다 높은 반발 경도를 나타낸다. 이러한 경우는 콘크리트 내부가 완전히 융해된 후에 시험해야 한다.
- **테스트 해머의 온도** : 테스트 해머의 자체 온도가 반발 경도에 영향을 미칠 수 있으므로 외기 온도가 극심하게 변동되는 경우 시험을 자제하여야 한다.
- **콘크리트 표면의 함수 상태** : 콘크리트는 함수율이 증가함에 따라 강도가 저하되고 반발 경도도 저하되므로, 표면이 젖어 있지 않은 상태에서 시험을 해야 한다.
- **탄산화** : 탄산화의 효과는 콘크리트의 반발 경도를 증가시킨다. 탄산화가 특별히 과대한 경우는 탄산화 된 부분을 연마 제거하고 굵은 골재를 피해 시험한다.
- **타격 방향** : 타격 방향에 따라서는 수평 타격 시험값이 가장 안정된 값을 나타내기 때문에 수평 타격을 원칙으로 하며, 수평 타격 이외의 경우에는 장치의 특성에 맞는 보정이 필요하나 이 경우는 테스트 해머 제조사가 제시하는 보정값을 적용하여야 한다.
- **테스트 해머의 종류** : 서로 다른 종류의 테스트 해머를 이용할 경우 시험값은 ±1~3 정도의 차이를 나타내므로 동일한 테스트 해머를 사용하여야 한다.
- **테스트 앤빌** : 테스트 해머는 1년에 한 번 이상 점검해야 하며, 해머의 작동에 이상이 있다고 판단되거나 테스트 앤빌의 반발값이 허용 범위를 초과하는 경우에는 그때마다 점검해야 한다.

□□□ 기11

01 콘크리트 압축 강도 추정을 위한 반발 경도 시험(KS F 2730)에 대한 설명으로 틀린 것은?

① 시험할 콘크리트 부재는 두께가 100mm 이상이어야 하며, 하나의 구조체에 고정되어야 한다.
② 시험할 때 타격 위치는 가장자리로부터 100mm 이상 떨어져야 하고, 서로 30mm 이내로 근접해서는 안 된다.
③ 탄산화가 진행된 콘크리트의 경우 정상보다 낮은 반발경도를 나타낸다.
④ 콘크리트 내부의 온도가 0℃ 이하인 경우 정상보다 높은 반발 경도를 나타낸다.

[해설]
- 탄산화의 효과는 콘크리트의 반발 경도를 증가시킨다.
- 탄산화가 특별히 과대한 경우는 탄산화된 부분을 연마 제거하고 굵은 골재를 피해 시험한다.

□□□ 산12,17

02 콘크리트의 압축 강도 측정 방법 중 반발 경도법에 대한 설명으로 틀린 것은?

① 반발 경도법에는 직접법, 간접법, 표면법 등이 있다.
② 측정 가능한 콘크리트 강도의 범위는 사용할 측정 기기에 따라 다르지만 약 10~60MPa 정도이다.
③ 슈미트 해머에 의한 측정점의 수는 측정치의 신뢰도를 고려하여 20점을 표준으로 한다.
④ 공시체를 타격할 경우에는 공시체의 구속 정도에 따라 반발도는 달라진다.

[해설]
- 반발 경도법에는 낙하식 해머법, 스프링식 해머법, 회전식 해머법 등이 있다.
- 초음파 속도법에는 직접법, 간접법, 표면법 등이 있다.

정답 033 01 ③ 02 ①

□□□ 기18 산06,11,14
03 반발 경도법에 의한 콘크리트 압축 강도 추정에서 주로 슈미트 해머를 많이 사용한다. 이 해머 사용 전에 검교정을 위해 사용하는 기구의 명칭은?

① 캘리브레이션 바(calibration bar)
② 스트레인 게이지(strain gauge)
③ 변위계(displacement transducer)
④ 테스트 앤빌(test anvil)

해설 테스트 앤빌은 테스트 해머(test hammer)를 교정하거나 비교 검사를 할 때 쓰이는 장비로서 테스트 해머 사용 시 필수적인 기기이다.

□□□ 산11,16
04 콘크리트 압축 강도 추정을 위한 반발 경도 시험(KS F 2730)에 대한 설명으로 옳은 것은?

① 시험할 콘크리트 부재는 두께가 50mm 이상이어야 한다.
② 시험 영역의 지름은 150mm 이상이 되어야 한다.
③ 도장이 되어 있는 평활한 면은 그대로 시험할 수 있다.
④ 각 측정 위치마다 슈미트 해머에 의한 측정점은 10점을 표준으로 한다.

해설 • 시험할 콘크리트 부재는 두께가 100mm 이상이어야 한다.
• 미장 및 도장이 되어 있는 면은 평활한 콘크리트의 반발 경도와 크게 차이가 있으므로 마감면을 완전히 제거한 후 시험을 한다.
• 각 측정 위치마다 슈미트 해머에 의한 측정점은 측정치의 신뢰도를 고려하여 20점을 표준으로 한다.

□□□ 산07
05 슈미트 해머에 의한 반발 경도법에 대한 내용으로 올바른 것은?

① 측정점은 가급적 적은 것이 좋다.
② 타격 위치는 가장자리로부터 100mm 이상 떨어지고, 서로 30mm 이내로 근접해서는 안 된다.
③ 측정치 타격점은 10점을 표준으로 하며, 신뢰성이 요구되는 경우에 한해 15점을 표준으로 한다.
④ 측정하고자 하는 면에 요철이 있어도 문제가 없다.

해설 • 각 시험 영역으로부터 20개의 시험값을 취한다.
• 시험값 20개의 평균으로부터 오차가 20% 이상 되는 경우의 시험값은 버리고 나머지 시험값의 평균을 구한다.
• 거친 콘크리트면 및 푸석푸석한 콘크리트 면은 연삭 숫돌로 평활하게 연마한다.

□□□ 기08
06 일반적으로 슈미트 해머를 사용해서 일정한 충격 에너지를 사용하고 충격을 가하여 움푹 패거나 또는 되밀어 치는 크기를 측정하는 비파괴 시험 방법은?

① 표면 경도법
② 관입 저항법
③ 인발 시험
④ 머추리티 미터

해설 표면 경도법 : 재료의 반발 경도를 측정하여 강도를 추정하는 방법으로서 대표적인 것이 슈미트 해머에 의한 측정이다.

정답 03 ④ 04 ② 05 ② 06 ①

034 탄성파법

■ 탄성파법
물체 내를 전파하는 탄성파의 특성을 계측하여 물체 내부의 다양한 정보 즉, 콘크리트 강도, 균열 깊이, 박리, 공극, 공동, 하중이력 등에 관한 정보를 얻을 수 있는 비파괴 시험이다.

1 초음파 속도법

■ 개요
주로 물체 내를 전파하는 초음파의 전파 속도를 측정하여 해당 물체의 강도나 균열 깊이, 내부 결함 등에 관한 정보를 얻을 수 있는 비파괴 시험이다.
- 콘크리트의 균질성, 내구성 등의 판정 및 강도의 추정 등에 이용된다.
- 콘크리트의 종류, 측정 대상물의 형상 크기 등에 대한 적용상의 제약이 비교적 적다.
- 콘크리트 중의 음속은 측정 조건, 사용 골재의 종류와 양, 콘크리트의 함수 상태, 내부 철근의 양과 배합 등 많은 요인의 영향을 받으므로 음속만으로 콘크리트 압축 강도의 정도를 양호하게 추정하는 것이 곤란한 경우가 많다.

■ 측정법의 종류
- 대칭법(직접법)
  - 콘크리트 중의 초음파 투과를 대항하는 면에는 측정하는 방법이다.
  - 측정의 명쾌함과 측정 정도의 관점에서 가장 우수하다.
- 사각법(간접법)
  - 초음파의 저항성 때문에 일반적으로 수신이 곤란하다.
  - 발 수신자의 크기와의 관계에서 측정 대상 거리를 정하기 곤란하므로 정확한 측정값을 얻기는 어렵다.
- 표면법 : 음파의 감쇠가 크므로 음파의 압력 레벨을 높이고, 수신 측에 증폭기를 접속하는 것 등에 의한 측정을 하게 되므로 대칭법보다는 측정이 곤란하다.

2 초음파법에 의한 균열 깊이 평가
- 콘크리트에 발생된 균열을 초음파 속도를 이용하여 콘크리트의 균열 깊이를 평가한다.
- 전파속도의 차이를 분석함으로써 균열의 깊이를 평가할 수 있는 방법은 Tc-To법, BS법, T법, R-S법, 레슬리법 등이 있다.

■ Tc-To법
1진동자 종파 탐촉자를 2개 사용하여 송신한 종파에 의해 균열 끝에서 산란하는 종파를 수신했을 때의 전파 시간으로부터 균열 깊이로 환산하는 방법이다.

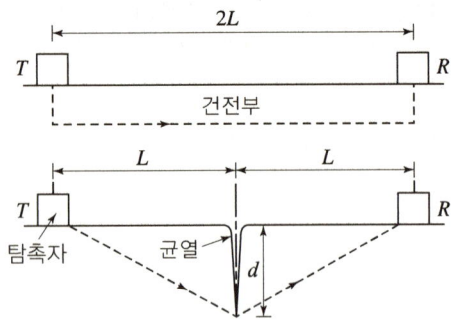

$$d = L\sqrt{\left(\frac{T_c}{T_o}\right)^2 - 1}$$

여기서, d : 균열 깊이(mm)
  $2L$: 송·수 양 탐촉자의 거리(mm)
  T_c : 균열을 사이에 두고 측정한 전파 시간(μs)
  T_o : 건전부 표면에서의 전파 시간(μs)

■ BS법
송신 및 수신 탐촉자를 균열에서 등거리로 배치하여 $x_1 = 150mm$인 경우와 $x_2 = 300mm$로 한 경우의 전파 시간 t_1, t_2에서 균열 깊이(d)를 계산한다.

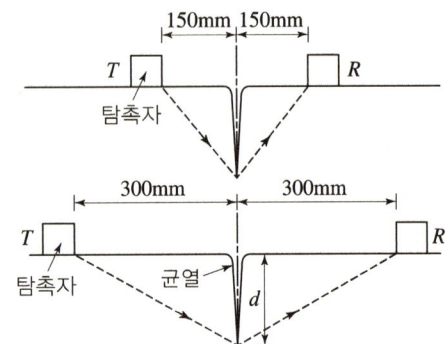

- 균열 깊이

$$d = 150\sqrt{\frac{4t_1^2 - t_2^2}{t_2^2 - t_1^2}}$$

여기서, d : 표면 균열 깊이(mm)
  t_1 : x가 150mm일 때의 전달 시간(mm)
  t_2 : x가 300mm일 때의 전달 시간(mm)

■ T법

송수 탐촉자를 고정하여 수신 탐촉자를 일정 간격으로 이동했을 때의 전파 거리와 시간의 관계 곡선으로부터 균열 위치에서의 불연속 시간을 측정하여 균열 깊이(d)를 계산한다.

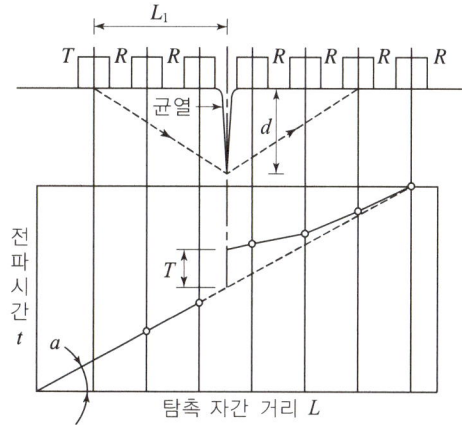

- 균열 깊이

$$d = t_i \cot a \frac{t_i \cot a + 2L_1}{2(t_i \cot a + L_1)}$$

■ 근거리 우회파법

$$d = V_o \cdot \frac{t}{2}$$

여기서, d : 균열 깊이(mm)
V_o : 측정물의 음속(km/sec)
t : 왕복 전파 시간(μs)

■ R−S법

1진동자 표면파 탐촉자로부터 송신한 표면파 R에 의해 균열 선단에서 산란되는 횡파 S를 1진동자 횡파 탐촉자로 수신하였을 때의 전파 시간으로부터 균열 깊이를 환산하는 방법이다.

$$t = \frac{L_1 + d}{V_r} + \frac{\sqrt{L_2^2 + d^2}}{V_s}$$

여기서, t : 전파 시간(μs)
d : 균열 깊이(mm)
L_1 : 수신 탐촉자로부터 균열까지의 거리(mm)
V_r : 표면파의 음속(km/sec)
V_s : 횡파의 음속(km/sec)

■ 레슬리(Leslie)법

종파 탐촉자를 사용해서 사각법과 표면법을 병용하여 각 측정점 간의 전파 시간으로부터 표면 개구의 균열 깊이를 측정하는 방법이다.

□□□ 기 08,10,16,18 산 09

01 아래 그림과 같은 조건에서 탄성파법에 의해 측정한 균열 깊이(d)는 얼마인가?
(단, $T_c - T_o$ 법을 사용하며, 측정한 $T_c = 250\mu s$, $T_o = 120\mu s$이고, $T_c = 120\mu s$ 사이에 두고 측정한 전파 시간 T_c는 건전부 표면에서의 전파 시간을 나타낸다.)

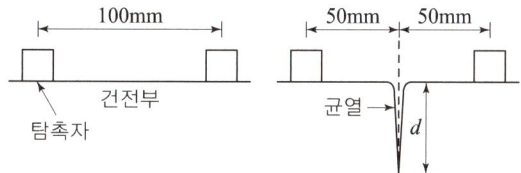

① 78.4mm   ② 84.9mm
③ 91.4mm   ④ 98.9mm

[해설] $d = L\sqrt{\left(\frac{T_c}{T_o}\right)^2 - 1}$
$= 50\sqrt{\left(\frac{250}{120}\right)^2 - 1} = 91.4\text{mm}$

□□□ 산 08,10

02 콘크리트 균열의 깊이를 측정할 수 있는 시험 방법으로 가장 적절한 것은?

① 반발 경도법   ② 초음파법
③ 관입 저항법   ④ break−off법

[해설] · 콘크리트의 강도 평가 방법 : 반발 경도법, 초음파법, 관입 저항법, break−off법
· 초음파법에 의한 콘크리트 균열 깊이 측정법 : T법, Tc−To법, BS법

□□□ 산 05

03 콘크리트 구조 내부의 공동이나 균열과 같은 결함을 조사하는 방법으로 적당하지 않은 것은?

① 초음파법
② 어쿠스틱 에미션(AE)법
③ 충격 탄성파법
④ 크롬산은법

[해설] 크롬산은법 : 염화물 이온 함유량 측정 방법

□□□ 산 07,10,14,17
04 초음파법에 의해 콘크리트 구조를 평가하고자 할 때의 설명으로 틀린 것은?

① 초음파 투과 속도로 어느 정도의 콘크리트 강도 추정은 가능하다.
② 일반적으로 철근 콘크리트가 무근 콘크리트보다 펄스 속도가 느리다.
③ 금속은 균질한 재료로 신뢰성이 매우 높지만 콘크리트의 경우는 재료의 비균질성으로 인해 신뢰성이 상대적으로 낮다.
④ 초음파 투과 속도로 균열의 깊이를 추정할 수 있다.

해설 일반적으로 무근 콘크리트가 철근 콘크리트보다 펄스 속도가 느리다.

□□□ 기 07,11,17
05 초음파 속도법에 대한 설명 중 가장 적절치 않은 것은?

① 측정법은 표면법, 대칭법, 사각법이 있다.
② 콘크리트의 균질성, 내구성 등의 판정에 이용된다.
③ 콘크리트의 종류, 측정 대상물의 형상·크기 등에 대한 적용상의 제약이 비교적 적다.
④ 음속만으로 콘크리트 압축 강도를 정확하게 알 수 있다.

해설 콘크리트 중의 음속은 측정 조건, 사용 골재의 종류와 양, 콘크리트의 함수 상태, 내부 철근의 양과 배합 등 많은 요인의 영향을 받으므로 음속만으로 콘크리트 압축 강도의 정도를 양호하게 추정하는 것은 곤란한 경우가 많다.

□□□ 산 09
06 콘크리트 구조 내부의 공동이나 균열과 같은 결함을 조사하는 방법으로 적당하지 않은 것은?

① 초음파법
② 어쿠스틱 에미션(AE)법
③ 충격 탄성파법
④ 반발 경도법

해설 ·균열·박리·공동(매설물)·철근의 결함 조사 방법 : 탄성파법(충격 탄성파), 음향 방출(AE)법, 초음파법, 전자파 레이더법, 적외선법
·반발 경도법 : 콘크리트의 압축 강도를 추정하는 비파괴 시험 방법이다.

정답 04 ② 05 ④ 06 ④

035 음향 방출법 AE

음향 방출법(AE ; acoustic emission method)은 콘크리트 결함 평가 방법으로 결함 부위에서 방출되는 에너지 중 청각적인 효과를 평가하여 콘크리트 내부 결함을 측정하는 비파괴 시험이다.

■ 음향 방출(AE)법과 초음파(UT)법 비교

방법 \ 항목	음향 방출(AE)법	초음파법(UT법)
탐촉자(변환자)수	AE파가 감쇠해 버리지 않을 정도의 간격으로 적은 수의 탐촉자를 배치하면 좋다.	넓은 범위를 검사하기 위해서는 탐촉자를 빠짐없이 조사할 필요가 있다.
검사 시기 상태	하중을 가하지 않는 상태이면 검사할 수 없다.	언제라도 검사가 가능하다.
결함의 간과성	응력 집중이 일어나지 않은 개소에 결함이 있으면 검출되지 않는다.	빠짐없이 조사하면 간과할 염려는 없다.
결함의 유해성	동적인 정보에 기초하여 판정이 가능하다.	판정이 곤란하다.
검사 횟수	Kaiser 효과가 있기 때문에 1회만 가능하다.	몇 회라도 가능하다.

□□□ 기 06,10,13

01 콘크리트 결함 평가 방법으로 결함 부위에서 방출되는 에너지 중 청각적인 효과를 평가하여 콘크리트 내부 결함을 측정하는 방법은?

① 전자파법　　② 충격 탄성파법
③ 방사선법　　④ 어쿠스틱 에미션(AE)법

해설 음향 방출(AE ; Acoustic Emission)법 : 재료 내부에서 급격한 에너지 중 일부가 청각적인 탄성파로서 방출되는 다양한 주파수를 전기 음향학적 방법을 이용하여 콘크리트 내부 결함을 측정한 방법이다.

□□□ 기 13,17

02 콘크리트 결함 평가 방법으로 결함 부위에서 방출되는 에너지 중 청각적인 효과를 평가하여 콘크리트 내부 결함을 측정하는 방법은?

① 전자파법　　② 충격 탄성파법
③ 방사선법　　④ AE법

해설 음향 방출법(AE법) : 재료 내부를 전파하는 탄성파는 다양한 주파수를 포함하고 있는데, 이것을 전기 음향학적 방법을 이용하여 검출하려고 하는 것이 비파괴 시험으로서 AE법이다.

□□□ 기 13,17

03 콘크리트 구조물의 점검(진단) 방법 중 음향 방출(Acoustic Emission)법에 대한 설명으로 틀린 것은?

① 재료의 동적인 변화를 파악하는 것이 가능하다.
② 구조물의 사용을 중단하지 않고도 검사가 가능하다.
③ Kaiser 효과로 인해 검사 횟수에 제한적이다.
④ 기존 구조물에 하중을 가하지 않은 상태에서도 검사가 용이하다.

해설 기존 구조물에 하중을 가하지 않은 상태에서는 검사할 수 없다.

□□□ 산 04,06,09,13

04 콘크리트 비파괴 시험의 종류인 음향 방출(acoustic emission)법에 대한 설명으로 거리가 먼 것은?

① 콘크리트에 대한 과거의 재하 이력을 추정할 수 있다.
② 재하에 따른 콘크리트의 균열 발생음을 계측한다.
③ 이미 존재하고 있는 성장이 멈춰진 결함은 검출할 수 없다.
④ 측정 부위는 콘크리트의 표층에 제한된다.

해설 측정 부위는 콘크리트의 표층 및 심층부 균열의 발생음으로부터 결함을 추정할 수 있다.

036 콘크리트의 균열 발생 기구

1 굳지 않은 콘크리트의 균열

굳지 않은 콘크리트의 소성 수축 균열
- 굳지 않은 콘크리트의 건조 수축은 일반적으로 노출 면적이 넓은 슬래브와 같은 구조 부재에서 타설 직후에 일어난다.
- 이러한 균열은 건조한 바람이나 고온 저습한 외기에 노출될 경우 일어나는 급격한 습윤 손실에 기인하며 양생이 시작되기 전이나 마감 직전에 주로 일어난다.
- 건조 수축 현상은 건조되지 않은 내부 콘크리트의 구속으로 억제되어 표면에 인장 응력이 발생한다.
- 이렇게 발생된 인장 응력은 콘크리트의 초기 인장 강도를 초과하게 되므로 소성 수축 균열이 발생하게 된다.
- 소성 수축 균열은 블리딩과 침하가 급속히 진행될 때 철근 또는 굵은 골재가 침하를 억제한 경우에 발생한다.

소성 수축 균열의 방지 대책
- 수분의 급속한 증발을 방지한다.
- 적절한 살수를 하는 등 양생에 충분한 배려를 한다.
- 표면 마무리를 지나치게 하지 않고 온도 변화가 급격하지 않도록 한다.
- 타설 종료 후 콘크리트 표면을 피복하고 여름철에는 일광의 직사나 바람에 노출되지 않도록 한다.

Gergely-Lutz에 의한 균열폭

$$w = 1.08\beta_c f_s \sqrt[3]{d_c A} \times 10^{-5}$$

여기서, w : 균열폭
 A : 콘크리트의 유효 인장 면적
 β_c : 인장부 콘크리트의 철근의 분포화 부착 특성을 치수와 관련된 변수
 f_s : 사용 하중 상태에서 철근 인장 철근
 d_c : 인장 연단에서부터 가장 가까운 인장 철근 중심까지의 거리

침하 균열
- 콘크리트를 타설하고 다짐하여 마감 작업을 한 이후에도 콘크리트는 계속하여 압밀된다.
- 압밀 현상은 철근 직경이 클수록, 슬럼프가 클수록, 콘크리트 덮개가 작을수록 침하 균열은 증가한다.
- 침하 균열은 충분한 다짐을 하지 못한 경우, 누수되는 거푸집이나 변형이 일어나기 쉬운 거푸집을 사용한 경우에 더욱 증가한다.

침하 균열을 감소시키기 위한 방안
- 거푸집의 정확한 설계
- 충분한 다짐
- 슬럼프의 최소화
- 콘크리트의 덮개 증가
- 기둥과 슬래브 및 보의 콘크리트 타설 간의 충분한 시간 간격

2 굳은 콘크리트의 균열

콘크리트가 양생된 후 사용 중에 발생하는 균열이므로 실제로 그 발생 원인도 다양하고 구조물에 미치는 영향도 크다.

건조 수축으로 인한 균열
- 콘크리트의 내부·외부와 접하면서 건조되기 시작하고 건조된 외부는 줄어들게 되어 외부 표면에 발생하는 인장 응력이 콘크리트의 인장 강도를 초과하게 되어 발생하는 균열을 건조 수축 균열이라 한다.
- 건조 수축 균열은 단위 수량이 클수록 크게 발생한다.
- 콘크리트의 건조 수축은 배합 설계 시 굵은 골재량을 증가시키고 단위 수량을 감소시킴으로써 줄일 수 있다.
- 건조 수축으로 인한 균열은 수축 조인트를 적절히 배치하고 철근을 적절히 배치함으로써 제어할 수 있다.

열응력으로 인한 균열
- 콘크리트 구조물에 발생하는 온도 차이는 시멘트와 수화 작용으로 인한 경우와 대기의 온도 변화에 의한 경우로 발생한다.
- 열에 의해 발생하는 균열을 감소하는 방법
  - 내부 온도 증가를 줄인다.
  - 냉각의 시점을 지연시킨다.
  - 냉각 속도를 제어한다.
  - 콘크리트의 인장 변형 능력을 증가시킨다.

철근 부식으로 인한 균열
- 콘크리트 속에 있는 철근을 알칼리성의 콘크리트가 싸고 있기 때문에 보통은 녹이 잘 슬지 않는다.
- 철근은 탄화 등을 통하여 콘크리트의 알칼리 성분이 감소될 경우 부식을 일으킨다.
- 콘크리트의 시공에 있어서 부식에 의한 균열 방지법
  - 흡수성이 낮은 콘크리트를 사용하는 방법
  - 콘크리트의 덮개를 늘리는 방법
  - 철근을 코팅하여 사용하는 방법
  - 콘크리트의 표면을 추가로 덧씌우는 방법
  - 부식을 방지하는 혼화제를 사용하는 방법

01 콘크리트를 타설하고 다짐하여 마감 작업을 한 이후에도 콘크리트는 계속하여 압밀되는 경향을 보인다. 이러한 현상으로 발생하는 굳지 않은 콘크리트의 균열을 침하 균열이라 한다. 이러한 침하 균열에 영향을 미치는 요소에 대한 설명으로 틀린 것은?

① 콘크리트 피복 두께가 클수록 침하 균열은 증가한다.
② 슬럼프가 클수록 침하 균열은 증가한다.
③ 배근한 철근의 직경이 클수록 침하 균열은 증가한다.
④ 누수되는 거푸집을 사용한 경우 침하 균열은 증가한다.

해설 · 침하 균열은 콘크리트의 피복 두께가 작을수록, 슬럼프가 클수록, 철근 직경이 클수록 증가한다.
· 침하 균열은 충분한 다짐을 못한 경우, 튼튼하지 못한 거푸집을 사용한 경우, 누수되는 거푸집을 사용한 경우에 더욱 증가된다.

02 콘크리트에 발생하는 소성 수축 균열을 방지하는 방법으로 적절하지 못한 것은?

① 통풍이 잘 되도록 조치한다.
② 표면을 덮개로 보호한다.
③ 표면에 급격한 온도 변화가 생기지 않도록 한다.
④ 직사 광선을 받지 않도록 한다.

해설 소성 수축 균열의 방지 대책
· 수분의 급속한 증발을 방지한다.
· 적절한 살수를 하는 등 양생에 충분한 배려를 한다.
· 표면 마무리를 지나치게 하지 않고 온도 변화가 급격하지 않도록 한다.
· 타설 종료 후 콘크리트 표면을 피복하고 여름철에는 일광의 직사나 바람에 노출되지 않도록 한다.

03 콘크리트에 그림과 같은 균열이 발생한 경우 균열 원인으로서 가장 관계가 깊은 것은?

① 시멘트 이상 응결
② 소성 추축 균열
③ 콘크리트 충전 불량
④ 블리딩

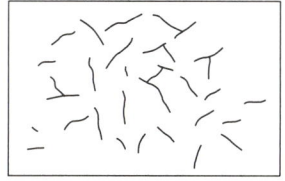

해설 시멘트 이상 응결 : 폭이 크며 길이가 짧은 균열이 비교적 빨리 불규칙하게 발생한다.

04 비교적 큰 단면을 갖는 지중(地中) 보나 지하 외벽 등의 부배합 콘크리트에서 발생하기 쉬운 균열의 주요 원인은 다음 중 무엇인가?

① 콘크리트의 침하
② 콘크리트의 블리딩
③ 시멘트의 수화열
④ 시멘트의 풍화

해설 시멘트의 수화열 : 단면이 큰 콘크리트에서 1~2주간 지나서부터 직선의 균열이 거의 같은 간격으로 규칙적으로 발생

05 사용 하중에 의한 인장철근의 인장 응력 f_s가 240MPa이고, 콘크리트 유효 인장 면적 $A=2,000\text{mm}^2$일 때, 콘크리트 보의 균열폭은? (단, $\beta_c=1.35$, $d_c=70\text{mm}$, $f_y=400\text{MPa}$)

① 0.18mm
② 0.24mm
③ 0.3mm
④ 0.4mm

해설 Gergely-Lutz에 의한 균열폭
$w = 1.08\beta_c f_s \sqrt[3]{d_c A} \times 10^{-5}$
$= 1.08 \times 1.35 \times 240 \sqrt[3]{70 \times 2,000} \times 10^{-5} = 0.18\text{mm}$

06 피복 두께가 100mm 이하이고 건조 환경에 있는 철근 콘크리트 건물의 허용 균열폭은 최대 얼마인가?

① 0.6mm
② 0.3mm
③ 0.2mm
④ 0.15mm

해설 · 피복 두께가 100mm 이하이고 건조 환경에 있는 철근 콘크리트 건물의 허용 균열폭은 0.4mm이다.
· $0.006C_c = 0.006 \times 100 = 0.6\text{mm}$
∴ 큰 값 0.6mm

07 콘크리트의 건조 수축으로 인한 균열을 제어하기 위한 설명 중 틀린 것은?

① 가능한 한 배합 수량을 적게 한다.
② 실리카퓸을 사용하여 강도를 높인다.
③ 단면 크기에 따라 골재의 크기를 적절히 조절한다.
④ 가급적 흡수율이 작고 입도가 양호한 골재를 사용한다.

해설 실리카퓸을 사용하면 조직이 치밀하여 강도는 커지나 건조 수축이 커지는 단점이 있다.

037 철근 배근 조사

철근 위치와 피복 두께 측정은 비파괴 검사를 이용한 콘크리트 구조물의 건전도 조사하는 시험이다.

1 전자 유도법
- 전자 유도법에 의한 철근 탐사 장치는 자장을 형성하여 그 영향도를 구하기 위한 탐침과 자장의 변화에 의해 발생한 전압을 측정하기 위한 측정 계기로 구성된다.

■ 주의 사항
- 철근이 인접해 있으면 자장의 형성이 상호 영향을 주기 때문에 양 철근을 분리하여 평가하는 것이 어렵다.
- 철근 직경 및 피복 두께를 파라미터로 하고 있기 때문에 어느 쪽이든 한쪽을 알고 있지 못하면 판단할 수 없다.
- 측정자의 판단에 의존하는 부분이 매우 많아 개인차가 발생하기 쉽다. 특히, 피복 두께의 평가가 어렵다.

2 전자파 레이더법
- 콘크리트 구조물 내의 매설물 및 콘크리트 부재 두께, 공동 등 조사 방법의 하나로서 취급이 간단하면서 단시간에 광범위한 조사가 가능하다.
- 반사파의 관찰에서 측정자의 판단에 의존하는 부분이 매우 커서 개인차가 발생하기 쉽다.
- 철근 배치가 밀실한 경우는 철근 표면에서 반사되기 때문에 보다 깊은 위치의 상황을 파악하는 것이 곤란하다.

■ 평가 시 주의 사항
- 대상물과 경계면까지의 거리를 산출하는 데 기본이 되는 전자파 속도는 콘크리트의 비유전율 영향을 크게 받는다.
- 비유전율에 대해서는 함수율의 영향이 극히 커서 정도를 올리기 위하여 비유전율을 보정할 필요가 있다.
- 측정점에서 측정 깊이의 제약은 대략 200mm 정도이다.

■ 전자파 레이더법의 이용
- 철근의 위치와 피복 두께를 조사할 수 있다.
- 철근 배근 조사인 철근 탐사 혹은 골재 노출(충전 불량), 허니콤 등의 결함부 파악에 이용되고 있다.

■ 콘크리트 내의 전자파 속도

$$V = \frac{C}{\sqrt{\varepsilon_r}} \text{(m/s)}$$

여기서, C : 진공 중에서의 전자파 속도
ε_r : 콘크리트의 비유전율

■ 반사 물체까지의 거리

$$D = \frac{V \cdot T}{2}$$

여기서, D : 반사 물체까지의 거리(m)
V : 콘크리트 내의 전자파 속도(m/s)
T : 입사파와 반사파의 왕복 전파 시간

---

01 콘크리트 비파괴 시험 방법 중 전자파 레이더법에 대한 설명으로 거리가 먼 것은?

① 철근 탐사 혹은 골재 노출, 허니콤 등의 결함부 파악에 이용되고 있다.
② 전자파 속도는 콘크리트의 비유전율에 영향을 받지 않아 피복 두께 산정에 보정이 필요하다.
③ 반사파의 관찰에서 측정자의 판단에 의존하는 부분이 매우 커서 개인차가 발생하기 쉽다.
④ 철근 배치가 밀실한 경우는 전자파가 철근 표면에서 반사되기 때문에 보다 깊은 위치의 상황을 파악하는 것이 곤란하다.

해설
- 대상물과 경계면까지의 거리를 산출하는 데 기본이 되는 전자파 속도는 콘크리트의 비유전율 영향을 크게 받는다.
- 비유전율에 대해서는 함수율의 영향이 극히 커서 정도를 올리기 위하여 비유전율을 보정할 필요가 있다.

02 비파괴 시험 방법 중 철근 부식 평가를 위한 시험이 아닌 것은?

① 자연 전위법
② 전기 저항법
③ 전자파 레이더법
④ 분극 저항법

해설 구조물의 안전 조사 시 철근 부식 여부를 조사하는 방법 : 자연 전위법, 분극 저항법, 전기 저항법

03 콘크리트 구조물의 전자파 레이더법에 의한 비파괴 시험에서 진공 중에서 전자파의 속도를 C, 콘크리트의 비유전율을 ε_r이라 할 때 콘크리트 내의 전자파의 속도 V를 구하는 식으로 옳은 것은?

① $V = C \cdot \varepsilon_r \text{(m/s)}$
② $V = C/\varepsilon_r \text{(m/s)}$
③ $V = C \cdot \sqrt{\varepsilon_r} \text{(m/s)}$
④ $V = C/\sqrt{\varepsilon_r} \text{(m/s)}$

해설 콘크리트 내의 전자파 속도
$V = C/\sqrt{\varepsilon_r} \text{(m/s)}$

정답 037 01 ② 02 ③ 03 ④

□□□ 기12
04 콘크리트 비파괴 시험 방법 중 전자파 레이더법에 대한 설명으로 틀린 것은?

① 부재 두께를 조사할 수 있다.
② 철근 부식의 상태를 조사할 수 있다.
③ 철근 위치를 조사할 수 있다.
④ 골재 노출(충전 불량)의 결함부를 파악할 수 있다.

해설 ■ 전자파 레이더법의 이용
- 철근의 위치와 피복 두께를 조사할 수 있다.
- 철근 배근 조사인 철근 탐사 혹은 골재 노출(충전 불량), 허니콤(골재 노출) 등의 결함부 파악에 이용되고 있다.
■ 구조물의 안전 조사 시 철근 부식 여부를 조사 방법 : 자연 전위법, 분극 저항법, 전기 저항법 등이 있다.

□□□ 기09,12
05 전자파 레이더법에서 반사 물체까지의 거리(D)를 구하는 식으로 옳은 것은? (단, V는 콘크리트 내의 전자파 속도, T는 입사파와 반사파의 왕복 전파 시간)

① $D = VT/2$
② $D = VT/\sqrt{2}$
③ $D = VT/3$
④ $D = VT/\sqrt{3}$

해설 $D = \dfrac{V \cdot T}{2}$

여기서, D : 반사 물체까지의 거리(m)
V : 콘크리트 내의 전자파 속도(m/s)
T : 입사파와 반사파의 왕복 전파 시간

□□□ 산05,12,16
06 콘크리트 구조물의 철근 부식 상황을 파악하는 데 적절하지 않은 방법은 어느 것인가?

① 자연 전위법
② 분극 저항법
③ 자분 탐상법
④ 전기 저항법

해설 · 구조물의 안전 조사 시 철근 부식 여부를 조사하는 방법 : 자연 전위법, 분극 저항법, 전기 저항법
· 자분 탐상법 : 용접 부위 비파괴 검사 기기

038 철근 부식 평가

1 철근 부식 조사 방법의 종류
- 기존 콘크리트 구조물의 안전 조사 시 철근 부식 여부의 조사 방법은 자연 전위법, 분극 저항법, 전기 저항법 등이 있다.
- 철근 부식의 원인은 탄산화, 염화물, 화학적 침식 등에 의하여 이루어진다.

■ 자연 전위법
- 대기 중에 있는 콘크리트 구조물의 철근 등 강재가 부식 환경에 있는지의 여부, 즉 조사 시점에서의 부식 가능성에 대하여 진단하는 것이고, 구조물 내에서 부식 가능성이 높은 위치를 찾아내는 것을 목적으로 사용되고 있다.
- 구조물이 사용되는 시점부터 내부 철근이 부식하고, 부식에 의해 피복 콘크리트에 균열이 발생하기까지의 콘크리트 구조물이 열화하는 초기 단계 진단에 유효한 방법이다.
- 자연 전위법은 마이너스 전하를 검출하는 것으로 부식 상황에 따라 변동하는 전위를 측정하는 것에 의해 철근의 부식을 추정하는 것이다.
- 자연 전위에 의한 철근 부식성 평가

자연 전위(E)	철근 부식 가능성
$-200mV < E$	90% 이상의 확률로 부식 없음
$-350mV < E \leq -200mV$	불확실
$E \leq -350mV$	90% 이상의 확률로 부식 존재

■ 분극 저항법
- 강재의 전위를 자연 전위로부터 미세하게 분극 전위를 강제 변화시킨 경우에 발생하는 저항을 구한다.
- 시료극, 대극, 조합극으로 되는 측정계로 시료극(철근)과 대극과의 사이에 미약한 전류를 흘려 그때의 전위 변화량을 측정함으로써 분극 저항을 구한다.
- 내부 철근이 부식하고, 부식에 의해 피복 콘크리트에 균열이 발생하는 시기까지의 초기 단계 진단에 유효하다.

■ 전기 저항법
- 피복 콘크리트의 전기 저항을 측정함으로써 그 부식성 및 철근의 부식이 진행하기 쉬운가에 관해서 평가하는 전기적 방법이다.
- 콘크리트를 대상으로 한 대표적인 전기 저항법으로는 4점 전극법(Wenner)이 있다.

2 콘크리트 내의 철근 부식을 방지하기 위한 대책
- 방청재를 사용한다.
- 방식 성능이 높은 강재를 사용한다.
- 외부로부터 전류를 흐르게 하여 전위를 변화시켜 부식을 방지한다.
- 콘크리트 피복을 증가시켜 부식성 물질이 통하여 침입, 확산하는 것을 방지한다.
- 밀실한 콘크리트를 제조하여 수분, 산소, 염화물 등의 부식성 물질을 콘크리트로부터 차단하거나 제거한다.

3 철근 부식에 의한 콘크리트의 균열 방지 방법
- 철근을 방청 처리한다.
- 콘크리트 표면을 코팅 처리한다.
- 흡수성이 낮은 콘크리트를 사용한다.
- 콘크리트에 탄산화가 일어나지 않도록 조치한다.
- 외부로부터 전류를 흐르게 하여 전위를 변화시켜 부식을 방지한다.
- 콘크리트 피복을 증가시켜 부식성 물질을 통하여 부식을 방지한다.
- 밀실한 콘크리트를 제조하여 부식성 물질을 콘크리트로부터 차단하거나 제거한다.

---

01 철근 부식으로 인한 콘크리트의 균열을 방지하기 위한 방법으로 적당하지 않은 것은?

① 철근을 방청 처리한다.
② 콘크리트 표면을 코팅 처리한다.
③ 콘크리트에 탄산화가 일어나지 않도록 조치한다.
④ 경량 골재를 사용한다.

[해설] 경량 골재를 사용해야 할 때에는 AE 콘크리트로 해야 한다. 경량 콘크리트는 갇힌 공기량이 커지지만 동결 융해에 대한 저항성은 뒤떨어진다.

02 아래 표에서 설명하는 비파괴 시험 방법은?

> 대기 중에 있는 콘크리트 구조물의 철근 등 강재가 부식 환경에 있는지의 여부, 즉 조사 시점에서의 부식 가능성에 대하여 진단하는 것이고, 구조물 내에서 부식 가능성이 높은 위치를 찾아내는 것을 목적으로 사용되고 있다.

① 자연 전위법
② 초음파법
③ 방사선법
④ 전자파법

[해설] 자연 전위법의 목적 : 구조물이 사용되는 시점부터 내부 철근이 부식하고, 부식에 의해 피복 콘크리트에 균열이 발생하기까지의 콘크리트 구조물이 열화하는 초기 단계 진단에 유효한 방법이다.

정답 038 01 ④ 02 ①

□□□ 산 08,09,11,12,13,17
03 철근 부식이 의심스러운 경우 실시하는 비파괴 검사 방법은?

① 초음파법　　　② 반발 경도법
③ 전자파 레이더법　④ 자연 전위법

해설 자연 전위법은 대기 중에 있는 콘크리트 구조물의 철근 등 강재가 부식 환경에 있는지의 여부, 즉 조사 시점에서의 부식 가능성에 대하여 진단하는 것이다.

□□□ 산 09,12,16
04 콘크리트 구조물의 철근 부식 상황을 파악하는 데 적절하지 않은 방법은?

① 자연 전위법　　② 분극 저항법
③ 자분 탐상법　　④ 전기 저항법

해설 기존 콘크리트 구조물의 안전 조사 시 철근 부식 여부를 조사하는 방법은 자연 전위법, 분극 저항법, 전기 저항법 등이 있다.

□□□ 기 09,14,16
05 철근의 부식 상태 조사 방법 중 자연 전위법에 대한 설명으로 틀린 것은?

① 피복 콘크리트의 전기 저항을 측정함으로써 그 부식성 및 철근의 부식 속도에 관계하는 정보를 얻을 수 있으며 일반적으로 4점 전극법을 사용한다.
② 콘크리트 표면이 건조한 경우에는 물을 뿌려 표면을 습윤 상태로 만든 후 전위 측정을 한다.
③ 자연 전위(E)가 −350mV 이하이면 90% 이상의 확률로 부식이 있다.
④ 염화물의 침투와 탄산화로 철근이 활성태로 되어 부식이 진행하면 그 전위는 마이너스(−) 방향으로 변화한다.

해설 전기 저항법은 피복 콘크리트의 전기 저항을 측정함으로써 그 부식성 및 철근의 부식 속도에 관계하는 정보를 얻을 수 있으며 일반적으로 4점 전극(wenner법)을 사용한다.

□□□ 산 09,11,13
06 다음 중 철근의 부식을 평가하는 비파괴 시험 방법으로 가장 적합한 것은?

① 자연 전위법　　② 전자 유도법
③ 전위차 적정법　　④ 열적외선법

해설 일반적으로 철근 부식도 조사에는 비파괴 검사 방법인 자연 전위법을 이용하고 있다.

□□□ 산 11,14,16
07 다음 중 철근 부식에 따른 2차적 손상이 아닌 것은?

① 박리　　　② 박락
③ 재료 분리　④ 균열

해설 철근 부식에 대한 육안 조사 방법은 철근의 부식이 의심되거나 부식 유발 가능성이 있다고 판단되는 손상부(박리, 박락, 균열, 백태)에서 철근 위치까지 코어 시료를 채취하여 육안으로 철근의 부식도를 파악하는 방법이다.

정답 03 ④　04 ③　05 ①　06 ①　07 ③

039 내하력 조사

■ 강도 평가에 대한 일반 사항
- 내하력 : 구조물이나 구조 부재가 견딜 수 있는 하중 또는 힘의 한도
- 구조물 또는 부재의 안전이 의문시되는 경우, 해당 구조물의 안전도 및 내하력의 조사를 실시하여야 한다.
- 강도 부족에 대한 요인을 잘 알 수 있거나 해석에서 요구되는 부재 크기 및 단면의 특성을 측정할 수 있다면 해석적 평가는 가능하다.
- 강도 부족에 대한 원인을 잘 알 수 없거나 해석에서 요구되는 부재 크기 및 재료 특성을 측정할 수 없는 경우 사용 하중 상태에서 구조물이 유지될 수 있는지에 대하여 재하 시험을 실시하여야 한다.
- 구조물이나 부재의 안전도에 대한 우려가 있어도 경미한 손상으로 재하 시험에 의해 모든 응답이 허용 규정을 만족한다면, 구조물이나 구조 부재는 정해진 기간 동안에 계속적으로 사용될 수 있다.

■ 내하력 평가 방법
- 균열폭을 토대로 철근의 응력을 산출하는 방법
- 결함에 의한 결손단면을 고려하여 철근, PC강재, 콘크리트의 응력을 검토하는 방법
- 재하시험에 의한 내하력 평가
- 코어 채취에 의하여 콘크리트의 강도를 측정하는 방법

■ 해석적 방법
- 일반 사항
  - 해석적 방법에 의해 내하력에 평가를 실시하는 경우, 구조물의 부재 치수와 상세, 재료의 성질 및 기타 주요 구조 조건을 실제 상태대로 현장 조사를 수행하여야 한다.
  - 기존 구조물의 안정도 조사는 그 구조물의 노후, 손상 정도를 고려하여 시행하여야 하며, 설계 기준에 합당한 설계 및 안전에 관한 제반 요구 사항을 만족시켜야 한다.
- 부재 치수 및 재료 특성
  - 구조 부재의 치수는 위험 단면에서 확인하여야 한다.
  - 철근, 용접 철망, 또는 긴장재의 위치 및 크기는 계측에 의해 위험 단면에서 결정하여야 한다.
  - 콘크리트의 강도 검토가 필요한 경우, 코어 시험편을 채취하여 시험하거나 공시체에 대한 압축 강도 시험 결과로 결정하여야 한다.
  - 철근 강도와 긴장재 강도의 검토가 필요한 경우, 의심이 되는 구조물 부분에서 채취한 재료의 시료를 사용하여 인장 시험으로 결정하여야 한다.
  - 단면 크기나 재료 특성은 측정이나 시험에 의하여 결정한다.

□□□ 기11

01 교량의 안전 진단 시 내하력 평가를 실시하는 주된 이유는?

① 교량의 활하중 지지 능력을 평가하고자 함이다.
② 주요 연결부의 상태를 평가하고자 함이다.
③ 교량의 노후도를 평가하여 보수 공법을 결정하기 위함이다.
④ 교량 가설에 사용된 재료의 내구성을 평가하는 것이 주목적이다.

[해설] 교량의 내하력 평가는 교량이 감당할 수 있는 활하중 지지 능력을 평가하기 위하여 실시한다.

□□□ 기04,07

02 해석적 방법으로 구조물의 내하력을 평가하는 경우 구조 부재의 치수는 어느 곳에서 확인해야 하는가?

① 위험 단면
② 부재 치수가 가장 작은 부분
③ 부재 치수가 가장 큰 부분
④ 균열이나 손상이 생긴 부분

[해설] 해석적 방법에 의해 내하력 평가를 실시하는 경우, 구조 부재의 치수는 위험 단면에서 확인하여야 한다.

□□□ 기04,09,11,13,16,17,21

03 내하력에 관해 의심스러운 경우 실시하는 구조물의 안정성 평가에 관한 설명으로 틀린 것은?

① 해석적 방법에 의해 내하력 평가를 실시하는 경우 구조 부재의 치수는 위험 단면에서 확인하여야 한다.
② 해석적 방법에 의해 내하력 평가를 실시하는 경우 철근, 용접 철망, 또는 긴장재의 위치 및 크기는 계측에 의해 위험 단면에서 결정하여야 한다.
③ 재하 시험에 의한 구조물의 안전도 및 내하력 평가를 실시하는 경우 재하할 시험 하중은 해당 구조 부분에 작용하고 있는 설계 하중의 70%, 즉 0.7(1.2D+1.6L) 이상이어야 한다.
④ 재하 시험에 의한 구조물의 안전도 및 내하력 평가를 실시하는 경우 시험 하중은 4회 이상 균등하게 나누어 증가시켜야 한다.

[해설] 재하 시험에 의한 구조물의 안전도 및 내하력 평가를 실시하는 경우 재하할 시험 하중은 해당 구조 부분에 작용하고 있는 설계 하중의 85%, 즉 0.85(1.2D+1.6L) 이상이어야 한다.

정답 039 01 ① 02 ① 03 ③

□□□ 기10,11,13
04 해석적 방법에 의해 구조물의 내하력 평가를 실시할 경우에 대한 설명으로 틀린 것은?

① 구조 부재의 치수는 위험 단면에서 확인하여야 한다.
② 철근, 용접 철망 또는 긴장재의 위치 및 크기는 계측에 의해 위험 단면에서 결정하여야 한다.
③ 콘크리트의 강도 검토가 필요한 경우, 코어 시험편을 채취하여 시험하거나 공시체에 대한 압축 강도 시험 결과로 결정하여야 한다.
④ 철근 강도와 긴장재 강도의 검토가 필요한 경우, 가장 안전한 구조물의 부분에서 채취한 재료의 시료를 사용하여 압축 시험으로 결정하여야 한다.

해설 철근 강도와 긴장재 강도의 검토가 필요한 경우, 가장 안전한 구조물의 부분에서 채취한 재료의 시료를 사용하여 인장 시험으로 결정하여야 한다.

□□□ 기04,09,13,16
05 내하력에 관해 의문시되는 기존 구조물의 강도 평가 내용 중 틀린 것은?

① 구조물 또는 부재의 안전이 의문시되는 경우, 해당 구조물의 안전도 및 내하력의 조사를 실시하여야 한다.
② 강도 부족에 대한 요인을 잘 알 수 있거나 해석에서 요구되는 부재 크기 및 단면의 특성을 측정할 수 있다면 해석적 평가가 가능하다.
③ 강도 부족에 대한 원인을 알 수 없거나 해석적 평가가 불가능할 경우 재하 시험을 실시하여야 한다.
④ 구조물이나 부재의 안전도에 대한 우려가 있으면, 재하 시험에 의해 모든 응답이 허용 규정을 만족해도 구조물을 사용해서는 안 된다.

해설 구조물이나 부재의 안전도에 대한 우려가 있어도 경미한 손상으로서 재하 시험에 의해 모든 응답이 허용 규정을 만족한다면, 구조물이나 구조 부재는 정해진 기간 동안에 계속적으로 사용될 수 있다.

□□□ 기12
06 다음 중 구조물의 사용성 평가 조사 항목과 방법을 잘못 설명한 것은?

① 잔류 처짐, 최대 처짐 – 재하 시험에 의해 최대 처짐과 재하 후의 잔류 처짐을 측정
② 균열 길이 – 스케일, 화상 처리
③ 균열 깊이 – 초음파법, 코어 채취
④ 내수성 – 스케일, 탄성파 반사파법, 탄성파 공진법

해설 내수성 : 배합표로부터의 물·시멘트비(시멘트량, 밀도의 추정), 코어 채취에 의한 물·시멘트비(시멘트량, 밀도의 측정)

□□□ 산10
07 교량의 내하력 평가를 하는 주된 이유는?

① 교량의 노후도를 평가
② 교량의 활하중지지 능력을 평가
③ 교량 시공 재료의 내구성 평가
④ 도면과 시공의 일치 여부 평가

해설 교량의 내하력 평가는 교량이 감당할 수 있는 활하중 지지 능력을 평가하기 위하여 실시한다.

040 재하 시험

■ 시험 일반
- 재하 시험은 구조물 전체 또는 선정된 부재의 실제 구조 거동과 안전성을 평가하는 효과적인 수단이다.
- 재하 시험에 의한 구조물의 안전도 및 내하력 평가는 책임 기술자가 관리하여 수행하여야 한다.
- 재하 시험은 하중을 받는 구조 부분의 재령이 최소한 56일이 지난 다음에 시행하여야 한다.
- 구조물의 일부분만을 재하할 경우, 내하력이 의심스러운 부분의 예상 취약 원인을 충분히 확인할 수 있는 적절한 방법으로 실시하여야 한다.
- 재하할 보의 경간이나 슬래브 패널의 수와 하중 배치는 강도가 의심스러운 구조 부재의 위험 단면에서 최대 응력과 처짐이 발생하도록 결정하여야 한다.

■ 재하 시험 방법
- 재하할 보의 경간이나 슬래브 패널의 수와 하중 배치는 강도가 의심스러운 구조 부재의 위험 단면에서 최대 응력과 처짐이 발생하도록 결정하여야 한다.
- 재하할 시험 하중은 해당 구조 부분에 작용하고 있는 고정 하중을 포함하여 설계 하중의 85%, 즉 $0.85(1.2D+1.6L)$ 이상이어야 한다.

■ 재하 기준
- 처짐, 회전각, 변형률, 미끄러짐, 균열폭 등 측정값의 기준이 되는 영점 확인은 시험 하중의 재하 직전 한 시간 이내에 최초 읽기를 시행하여야 한다.
  - 측정값은 최대 응답이 예상되는 위치에서 얻어야 하며, 추가적인 측정값은 필요에 따라 구할 수 있다.
- 시험 하중은 4회 이상 균등하게 나누어 증가시켜야 한다.
- 등분포 시험 하중은 재하되는 구조물이나 구조 부재에 등분포 하중을 충분히 전달할 수 있는 방법으로 적용시켜야 한다.
  - 시험 대상 부재에 하중이 불균등하게 전달되는 아치 현상은 피하여야 한다. 아치 현상이란 시험될 휨 부재에 하중이 균등하게 전달되는 현상을 말한다. 예를 들면 슬래브에 강성이 큰 물체에 의해 등분포하중을 가할 때, 슬래브의 처짐으로 인한 "아치" 현상에 의해 슬래브의 중간 부근에 작용하는 하중이 감소하게 된다.
- 응답 측정값은 각 하중 단계에 따라 하중이 가해진 직후, 그리고 시험 하중이 적어도 24시간 동안 구조물에 작용된 후에 측정값을 읽어야 한다.
- 잔체 시험 하중은 위에서 정의된 모든 측정값이 얻어진 직후에 제거하여야 한다.
- 최종 잔류 측정값은 시험 하중이 제거된 후 24시간이 경과하였을 때 읽어야 한다.

■ 정적 재하 시험
- 정적 재하 시험은 만재한 재하 트럭 1대를 휨 모멘트에 의한 변형 및 처짐이 최대가 되는 지점, 전단에 의한 변형이 최대가 되는 지점 등에 재하하여 시험을 수행하며, 또한 하중 분배를 검토하기 위해서 횡방향으로 이동시켜 가면서 이에 대한 결과를 측정하여야 한다.
- 정적 재하 시험에서 측정하여야 할 사항
  - 주거더와 슬래브 철근의 변형률
  - 콘크리트의 변형률
  - 주거더의 처짐
  - 슬래브의 처짐
  - 재하 차량의 중량
- 정적 변형률의 측정 : 강재부에는 3~5m 접착식 전기 저항 게이지, 콘크리트 부분에는 60mm 전기 저항 게이지를 사용하여 각 교량 주거더의 중앙부와 단부 및 슬래브의 중앙 단면에서 측정하며, 하중의 횡방향 이동 재하로 보와 측정을 수행하여야 한다.
- 정적 처짐의 측정 : 각 주거더의 하부에 전기식 다이얼 게이지를 설치하여 측정을 수행한다.

■ 동적 재하 시험
- 주행 차량에 의한 교량의 동적 거동은 실제 교량이 가지고 있는 저항 능력, 강성도 및 사용성의 한계를 평가하는 데 매우 중요한 자료이다.
- 하중은 정적 시험에서 사용한 동일한 재하 차량을 사용하여 정적 재하 시험과 동일한 측정 위치에서 주행 속도 15km/hr ~ 최고 속도까지 15km/hr씩 변화시키면서 상행·하행으로 각각 실시한다.
- 동일한 재하 차량으로 주행 진동 시험을 실시하여 정적 시험의 결과치와 비교함으로써 진동의 영향을 분석한다.
- 측정점은 각 교량의 주거더 중앙부와 슬래브 하부로 하며, 이들 지점에서 변형, 처짐 및 가속도를 동적 변형률 증폭기로 증폭하여 기록지에 기록한다.
- 동적 재하 시험에서 측정하고자 하는 값
  - 동적 변형률
  - 동적 처짐
  - 동적 가속도
- 동적 재하 시험의 검토 사항
  - 동적 증폭률
  - 충격 계수
  - 고유 진동수
  - 진동의 크기(처짐, 변형률, 가속도)

01
철근 콘크리트 구조물의 내하력 평가를 위한 재하 시험 시 시험 하중의 규정으로 옳은 것은? (단, D는 고정 하중, L은 활하중)

① 해당 구조 부분에 작용하고 있는 고정 하중을 포함하여 설계 하중의 50%, 즉 $0.5(1.2D+1.6L)$ 이상이어야 한다.
② 해당 구조 부분에 작용하고 있는 고정 하중을 포함하여 설계 하중의 85%, 즉 $0.85(1.2D+1.6L)$ 이상이어야 한다.
③ 해당 구조 부분에 작용하고 있는 고정 하중을 포함하여 설계 하중의 100%, 즉 $1.0(1.2D+1.6L)$ 이상이어야 한다.
④ 해당 구조 부분에 작용하고 있는 고정 하중을 포함하여 설계 하중의 130%, 즉 $1.3(1.2D+1.6L)$ 이상이어야 한다.

해설 재하할 시험 하중은 해당 구조 부분에 작용하고 있는 고정 하중을 포함하여 설계 하중의 85%, 즉 $0.85(1.2D+1.6L)$ 이상이어야 한다.

02
재하 시험은 일반적으로 하중을 받는 콘크리트 구조 부분의 재령이 최소한 몇 일이 지난 다음에 시행하여야 하는가?

① 7일 ② 21일
③ 28일 ④ 56일

해설 재하 시험은 하중을 받는 구조 부분의 재령이 최소한 56일이 지난 다음에 시행하여야 한다.

03
구조물 안전성 평가를 위해 재하 시험을 실시할 경우 재하 기준에 대한 설명으로 틀린 것은?

① 시험 하중은 4회 이상 균등하게 나누어 증가시켜야 한다.
② 등분포 시험 하중은 시험 대상 부재의 취약 상황을 파악할 수 있도록 작용시켜야 하며, 특히 시험 대상 부재에 하중이 불균등하게 전달되는 아치 현상을 유발하도록 재하하여야 한다.
③ 응답 측정값은 각 하중 단계에 따라 하중이 가해진 직후, 그리고 시험 하중이 적어도 24시간 동안 구조물에 작용된 후에 측정값을 읽어야 한다.
④ 최종 잔류 측정값은 시험 하중이 제거된 후 24시간이 경과하였을 때 읽어야 한다.

해설
- 등분포 시험 하중은 재하되는 구조물이나 구조 부재에 등분포 하중을 충분히 전달할 수 있는 방법으로 작용시켜야 한다.
- 시험 대상 부재에 하중이 불균등하게 전달되는 아치 현상은 피하여야 한다.

04
콘크리트 구조물의 재하 시험에서 하중을 받을 수 있는 구조 부분의 최소한의 재령은 얼마인가?

① 14일 ② 28일
③ 56일 ④ 84일

해설 재하 시험은 하중을 받는 구조 부분의 재령이 최소한 56일이 지난 다음에 시행하여야 하나 소유주, 시공자 및 관련자 모든 사람이 동의할 때는 예외이다.

05
콘크리트 구조물의 안전도 및 내하력 평가를 위한 재하 시험을 실시할 때 재하 기준으로 잘못된 것은?

① 시험 하중은 4회 이상 균등하게 나누어 증가시켜야 한다.
② 최종 잔류 측정값은 시험 하중이 제거된 후 한 시간이 경과하였을 때 읽어야 한다.
③ 등분포 시험 하중은 재하되는 구조물이나 구조 부재에 등분포 하중을 충분히 전달할 수 있는 방법으로 작용시켜야 한다.
④ 처짐, 회전각, 변형률, 미끄러짐, 균열폭 등 측정값의 기준이 되는 영점 확인은 시험 하중의 재하 직전 한 시간 이내에 최초 읽기를 시행하여야 한다.

해설 최종 잔류 측정값은 시험 하중이 제거된 후 24시간 경과하였을 때 읽어야 한다.

06
구조물 안전성 평가를 위한 재하 시험을 실시하고자 할 때 재하할 시험 하중의 기준으로 옳은 것은?

① 해당 구조부에서 작용하고 있는 고정 하중을 포함하여 설계 하중의 80% 이상이어야 한다.
② 해당 구조부에서 작용하고 있는 고정 하중을 포함하여 설계 하중의 85% 이상이어야 한다.
③ 해당 구조부에서 작용하고 있는 고정 하중을 포함하여 설계 하중의 90% 이상이어야 한다.
④ 해당 구조부에서 작용하고 있는 고정 하중을 포함하여 설계 하중의 95% 이상이어야 한다.

해설 재하할 시험 하중은 해당 구조 부분에 작용하고 있는 고정 하중을 포함하여 설계 하중의 85%, 즉 $0.85(1.2D+1.6L)$ 이상이어야 한다.

07 구조물의 안전성 평가에서 재하 시험을 실시할 때 재하 기준에 대한 설명으로 틀린 것은?

① 처짐, 회전각, 변형률, 미끄러짐, 균열폭 등 측정값의 기준이 되는 영점 확인은 시험 하중의 재하 직전 한 시간 이내에 최초 읽기를 시행하여야 한다.
② 시험 하중은 4회 이상 균등하게 나누어 증가시켜야 한다.
③ 응답 측정값은 각 하중 단계에 따라 하중이 가해진 직후, 그리고 시험 하중이 적어도 24시간 동안 구조물에 작용된 후에 측정값을 읽어야 한다.
④ 최종 잔류 측정값은 시험 하중이 제거된 직후, 그리고 시험 하중이 제거된 후 48시간 경과하였을 때 읽어야 한다.

[해설] 최종 잔류 측정값은 시험 하중이 제거된 후 24시간 경과하였을 때 읽어야 한다.

08 교량 구조물의 안전 진단 및 평가에서 정적 재하 시험을 할 때 측정하여야 할 사항이 아닌 것은?

① 주거더의 처짐   ② 콘크리트의 변형률
③ 가속도   ④ 재하 차량의 중량

[해설] 정적 재하 시험에서 측정하여야 할 사항
• 주거더와 슬래브 철근의 변형률
• 콘크리트의 변형률   • 주거더의 처짐
• 슬래브의 처짐   • 재하 차량의 중량

09 다음 중 교량의 현장 재하 시험 목적으로 거리가 먼 것은?

① 개통 전 현장 재하 시험을 통하여 완공 직후 교량의 내하력·건전도를 검증하고 구조 응답의 초기값을 선정
② 차량의 주행을 통한 교량 노면의 요철도 평가
③ 교량의 물리적 변화를 반영한 교량의 손상도·건전도 평가와 실응답 산정
④ 교량에 구축된 유지 관리 시스템의 성능 평가

[해설] 교량의 현장 재하 시험 목적
• 교량에 구축된 유지 관리 시스템의 성능 평가
• 교량의 물리적 변화를 반영한 교량의 손상도·건전도 평가와 실응답 산정
• 개통 전 현장 재하 시험을 통하여 완공 직후 교량의 내하력·건전도를 검증하고 구조 응답의 초기값을 선정

10 교량의 동적 재하 시험에서 동적 측정 시스템에 의한 자료의 분석에 있어서 중요한 검토 사항이 아닌 것은?

① 부재의 응력   ② 동적 증폭률
③ 고유 진동수   ④ 진동의 크기

[해설] 동적 재하 시험은 구조물의 동적 거동 특성을 계측하기 위한 것으로 교량의 진동 특성인 고유 진동수, 동적 증폭률, 동적 처짐, 진동의 크기 등을 측정하여 분석한다.

11 교량의 내력적 평가를 하는 주된 이유는?

① 교량의 노후도를 평가
② 교량의 활하중 지지 능력을 평가
③ 교량 시공 재료의 내구성 평가
④ 도면과 시공의 일치 여부 평가

[해설] 교량의 내하력 평가는 교량이 감당할 수 있는 활하중 지지 능력을 평가하기 위하여 실시한다.

12 구조물의 안전성을 평가하기 위하여 재하 시험을 실시하고자 할 때 하중을 받는 구조 부분의 재령이 최소한 얼마 이상이 지난 후에 실시하여야 하는가? (단, 구조물의 소유주, 시공자 및 관계자들이 상호 동의하는 경우는 제외)

① 28일   ② 56일
③ 91일   ④ 180일

[해설] 재하 시험은 하중을 받는 구조 부분의 재령이 최소한 56일이 지난 다음에 시행하여야 하나 소유주, 시공자 및 관련자 모든 사람 동의할 때는 예외이다.

13 콘크리트 구조물의 재하 시험 시 최종 잔류 측정값은 시험 하중 제거 후 몇 시간 경과했을 때 읽어야 하는가?

① 1시간   ② 6시간
③ 12시간   ④ 24시간

[해설] 최종 잔류 측정값은 시험 하중이 제거된 후 24시간 경과하였을 때 읽어야 한다.

CHAPTER 05 보수 및 보강

041 보수 공법

■ 보수 공법의 종류

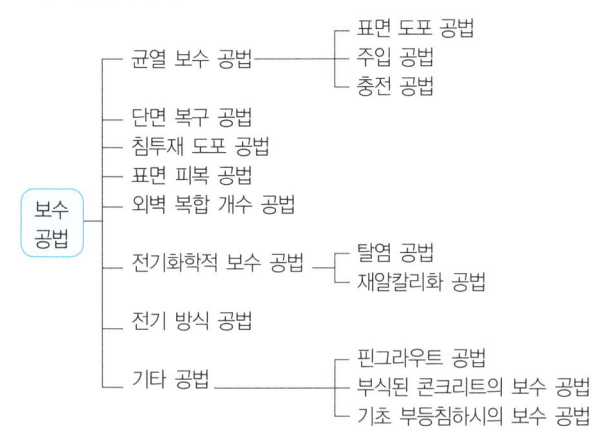

■ 보수 공법의 목적
- 균열이나 박리 등 콘크리트 구조물의 손상을 복구하여 내부 철근의 부식이나 균열 주위부 콘크리트의 열화 진행을 억제
- 염화물 이온의 침투나 탄산화에 의한 열화 인자를 가지는 콘크리트의 제거
- 유해 물질의 재침투를 방지하기 위한 표면 피복
- 콘크리트 중의 강재 부식 방지처리나 콘크리트 중의 염분량 감소
- 콘크리트의 알칼리성 회복

■ 바탕 조정용 재료
- 바탕 조정용 재료에는 단면 복구재와 폴리머 시멘트계와 에폭시 수지 모르타르계의 재료가 있다.
- 바탕 조정용 재료는 구체에 보호 기능을 부여 할 수 있는 재료로서 단면 복구 후의 표면 보호, 마감재와 구체와의 부착 성능 향상, 요철 조정, 골재 재분리에 의한 결함부 충전, 신축 시의 얇은 피복 부를 보충하기 위한 목적으로 사용된다.
- 단면 복구를 하지 않고 적용하는 경우도 콘크리트의 보호 기능을 충분히 갖는 것이어야 한다.
- 건조 수축량이 작고 바탕재와의 부착성, 내후성, 내균열성이 뛰어난 것이어야 한다.

■ 단면 복구 공법
- 콘크리트 구조물의 열화로 당초 단면을 손실한 경우의 복구 및 탄산화, 염화물 이온 등의 열화 요인을 포함한 콘크리트 피복을 철거한 경우의 단면 복구에 적용하는 보수 공법이다.

■ 단면 복구제
- 폴리머 시멘트계와 수지 모르타르계로 구분된다.
- 건조 수축에 의한 균열의 발생이 없고 콘크리트의 일반적인 성질에 가까운 재료가 좋다.

■ 보수 재료

• 에폭시 수지 모르타르 품질 기준

항 목		성능 기준
작업 가능 시간(분)		표시값 ±20% 이내
휨 강도(N/mm²)		10.0 이상
압축 강도 (N/mm²)	표준	40.0 이상
	알칼리 침지 후	
부착 강도 (N/mm²)	60℃	1.5 이상
	20℃	
	5℃	
	온·냉 반복 후	
투수량(g)		0.5 이하
염화물 이온 침투 저항성(coulombs)		1 000 이하
길이 변화율(%)		±0.15 이내

• 폴리머 시멘트 모르타르의 품질 기준

시험 항목		품질 기준
시멘트 혼화용 폴리머의 고형분(%)		표시값 ±1(%) 이내
휨 강도(N/mm²)		6.0 이상
압축 강도(N/mm²)		20.0 이상
부착 강도 (N/mm²)	표준 조건	1.0 이상
	온냉 반복 후	1.0 이상
내알칼리성		압축 강도 20.0N/mm² 이상
탄산화 저항성(mm)		2.0 이하
투수량(g)		20.0 이하
물 흡수 계수		0.5 이하
습기 투과 저항성		2m 이하
염화물 이온 침투 저항성(Coulombs)		1 000 이하
길이 변화율(%)		±0.15 이내

■ 표면 피복 공법
기존 콘크리트 표면에 도포 재료를 발라 새로운 보호층을 형성시킴으로써 콘크리트 내부로 철근 부식 인자가 침입하는 것을 억제하여 내구성 향상을 도모하는 공법이다.

• 표면 피복재의 성능
• 알칼리 골재 반응 : 방수성, 유연성, 차염성, 투습성
• 염해 : 방수성, 유연성, 차염성
• 탄산화 : 방수성, 가스 투과 저지성
• 동해 : 방수성, 유연성
• 화학적 부식 : 내약품성

□□□ 기 04, 10
01 콘크리트를 각종 섬유로 보강하여 보수 공사를 진행할 경우 섬유가 갖추어야 할 조건으로 거리가 먼 것은?

① 섬유의 압축 및 인장 강도가 충분해야 한다.
② 섬유와 시멘트 결합재와의 부착이 우수해야 한다.
③ 시공이 어렵지 않고 가격이 저렴해야 한다.
④ 내구성, 내열성, 내후성 등이 우수해야 한다.

해설 섬유 보강 콘크리트용 섬유로서 갖추어야 할 조건
• 섬유와 시멘트 결합재 사이의 부착성이 좋을 것
• 섬유의 인장 강도가 충분히 클 것
• 섬유의 탄성 계수는 시멘트 결합재 탄성 계수의 1/5 이상일 것
• 형상비가 50 이상일 것
• 내구성, 내열성 및 내후성이 우수할 것
• 시공성에 문제가 없고 가격이 저렴할 것

□□□ 기 07, 10
02 열화된 콘크리트의 단면 보수 공법 재료로서 사용되는 폴리머 시멘트 모르타르의 부착 강도 기준으로 옳은 것은? (단, 표준 조건임)

① 0.3MPa 이상   ② 0.5MPa 이상
③ 1.0MPa 이상   ④ 1.5MPa 이상

해설 폴리머 시멘트 모르타르의 부착 강도 품질

항목 조건	규정치
표준 조건	1MPa 이상
온냉 반복 후	

□□□ 산 10, 16
03 다음 중 콘크리트 구조물의 보수 방법을 선택하는 데 있어 중요하게 고려하지 않아도 되는 것은?

① 손상 원인   ② 진단 방법
③ 재발 가능성   ④ 보수의 목적

해설 콘크리트 구조물의 보수 방법은 구조물의 성능과 기능을 원상 복구시키거나 사용상 지장이 없는 상태까지 회복시키는 것으로 보수의 목적, 손상 원인 규명과 재발 가능성을 고려하여 보수 공법을 선택하여야 한다.

□□□ 기 04, 08, 12, 17
04 단면 복구재로서 폴리머 시멘트계 재료가 일반 콘크리트 재료보다 우수하지 않은 것은?

① 염분 차단성   ② 내화·내열성
③ 부착성   ④ 방수성

해설 내화·내열성 : 일반 콘크리트와 같은 정도지만 폴리머의 혼입량이 많으면 내화성은 저하한다.

□□□ 기 05
05 콘크리트를 보수할 때 보수에 사용할 재료와 기존 바탕 콘크리트와의 부착에 크게 영향을 주는 사항이 아닌 것은?

① 체적 변화   ② 동결 융해
③ 충격이나 진동   ④ 염화물 함유량

해설 보수 재료와 콘크리트 바탕 사이의 부착력은 체적 변화, 동결 융해, 외력, 때로는 충격과 진동으로부터 부착면에 크게 영향을 준다.

□□□ 산 11
06 다음에서 보수 공법에 해당되는 것은?

① 단면 복구 공법
② 탄소 섬유 보강 공법
③ 강판 점착 공법
④ 외부 프리스트레스 도입 공법

해설 보수 공법 : 균열 보수 공법(표면 처리 공법, 주입 공법, 충전 공법), 단면 복구 공법, 침투재 도포 공법, 표면 피복 공법, 전기 화학적 보수 공법, 전기 방식 공법

□□□ 산 08,10,12,15
07 표면 피복 공법에 관한 설명으로 틀린 것은?

① 표면에 도포재를 발라 새로운 보호층을 형성시키고, 철근 부식 인자의 침입을 억제한다.
② 표면 피복 공법은 일반적으로 프라이머 도포, 바탕 조정, 바름 등의 공정으로 실시된다.
③ 도포재의 도장 횟수를 늘리면 표면부의 공극을 없애고, 두터운 막을 늘리면 열화 요인에 대한 저항성을 강화시킬 수 있다.
④ 보수 규모가 큰 경우에는 드라이 팩트 콘크리트 공법, 뿜어 붙이기 공법 등이 사용된다.

해설 단면 복구 공법은 공사 규모가 큰 경우 드라이 팩트 콘크리트 공법, 뿜어 붙이기 공법 등이 적용된다.

□□□ 산 13
08 콘크리트를 보수할 때 기존 콘크리트 면과 보수 재료가 부착이 잘되게 하기 위한 조치로 잘못된 것은?

① 바탕 표면을 매끄럽게 고른다.
② 부착할 바탕 표면을 깨끗이 청소한다.
③ 바탕면의 미세한 구멍이 메워지지 않도록 한다.
④ 보수 재료에 압력을 가해 충분히 압착한다.

해설 기존 콘크리트와의 접합성을 확보하기 위해서는 기존 콘크리트 표면의 부착물이나 취약층을 제거하고 기존 콘크리트 면을 거칠게 한다.

□□□ 산 12,14
09 콘크리트 구조물의 보수에 관한 내용으로 틀린 것은?

① 콘크리트가 탄산화되어 강재 부식이 나타나 재가설할 수 없는 경우는 재알칼리화 공법을 사용한다.
② 동해에 의한 열화는 진행 정도에 따라 보수 공법이 다르지만 기본적으로는 콘크리트 내부에서 수분 이동과 확산을 방지할 수 있어야 한다.
③ 손상에 의해 박락된 콘크리트는 콘크리트나 보수를 위해 쏘아낸 콘크리트는 기존 콘크리트보다 높은 탄성 계수의 단면 복구재를 사용하여 복구한다.
④ 균열 보수 공법은 방수성과 내구성을 향상하는 것을 목적으로 하는 공법이며, 표면 처리 공법, 주입 공법, 충진 공법 등이 있다.

해설 손상에 의해 박락된 콘크리트는 콘크리트나 보수를 위해 쏘아낸 콘크리트는 기존 콘크리트보다 동일한 탄성 계수의 단면 복구재를 사용하여 복구한다.

□□□ 산 10
10 시멘트계 보수 재료 중 공극 및 균열 충전용으로 사용할 경우 다음 중 어느 것이 가장 적절한가?

① 마이크로 실리카(실리카퓸)
② 마그네슘 인산염
③ 팽창성·무수축 그라우트(팽창 시멘트계)
④ 초미립 시멘트

해설 시멘트계 보수 재료

재료명	적용
마이크로 실리카 (실리카퓸)	·고품질 뿜어 붙이기 콘크리트 ·내마모성 필요
마그네슘 인산염	·저온하에서의 보수
팽창성·무수축 그라우트 (팽창 시멘트계)	·공극 충전 ·균열 충전
초미립 시멘트	·구조물의 그라우팅 ·지반이나 암반의 그라우팅

□□□ 산 07,12
11 시멘트계 보수 재료 중에서 폴리머 재료의 장점으로 보기 어려운 것은?

① 부착성이 양호하다.
② 양생 일수가 1일 이내이다.
③ 내화학 저항성이 크다.
④ 취급이 용이하다.

해설 폴리머 재료의 장점
· 부착성이 양호하다.
· 투수·투기성이 작다.
· 내화학 저항성이 크다.
· 양생 일수가 1일 이내이다.

□□□ 산 09
12 다음 중 보수 공법이 아닌 것은?

① 표면 도포 공법　　② 단면 증설 공법
③ 주입 공법　　　　④ 침투재 도포 공법

해설 · 보수 공법 : 균열 보수 공법(표면 도포 공법, 주입 공법, 충전 공법), 단면 복구 공법, 침투재 도포공법, 표면 피복 공법, 외벽 복합 개수 공법, 전기 화학적 보수 공법, 전기 방식 공법
· 보강 공법 : 강판 접착 공법, 상면 하면 두께 증설 공법, 연속 섬유 시트 공법, 접착 공법, 라이닝 공법, 외부 케이블 공법, 보강 섬유 접착 공법(FRP 보강 공법)

정답 07 ④　08 ①　09 ③　10 ③　11 ④　12 ②

042 균열 보수 공법

■ 균열 보수 공법의 분류
- 균열 보수 공법은 방수성과 내구성을 향상시키기 위해 적용되는 공법이다.
- 표면 처리 공법, 주입 공법, 충전 공법 및 기타 공법이 있다.

1 표면 처리 공법
■ 통상 0.2mm 이하의 미세한 균열에 대하여 방수 및 내구성을 보완할 목적으로 실시하는 보수 공법이다.
■ 결함 부위의 에폭시 수지 모르타르 도포 공법 : 구체 콘크리트 면에서의 결함부와 콘크리트 표면의 박리·박락이 발생한 비교적 큰 결손 부위에 에폭시 수지 모르타르를 도포하는 경우에 적용된다.
■ 결함 부위의 에폭시 수지 실공법 : 표면의 균열폭이 0.2mm 정도 미만으로서 균열 부위의 표면을 실(seal)하는 경우에 적용하며, 균열이 거동하지 않는 경우에는 퍼티(putty)상의 에폭시 수지를, 균열이 거동하는 경우에는 가요성 에폭시 수지를 사용한다.

2 수동식 주입 공법
주입 건이나 소형 펌프를 사용하여 주입제를 비교적 다량으로 주입할 경우에 사용되는 방법이다.

■ 수동식 주입 공법의 장점
- 다량의 수지를 단시간에 주입할 수 있다.
- 주입용 수지의 점도에 제약을 받지 않는다.
- 벽, 바닥, 천장 등의 부위에 따른 제약이 없다.
- 주입구 1개소에서 넓은 면적을 주입할 수 있다.
- 들뜸이 매우 작은 부위, 모래와 접착되어 있지 않은 부위, 박리 직전의 부위에도 주입이 가능하다.
- 주입량을 정확히 알 수 있다.
- 주입압이나 속도를 조절할 수 있다.

■ 수동식 주입 공법의 단점
- 균열폭 0.5mm 이하의 경우에는 주입이 곤란하다.
- 주입 시 압력 펌프를 필요로 한다.
- 경우에 따라 압착 양생을 필요로 한다.
- 주입기 조작 시 숙련도가 요구되어 관리상의 문제점이 있다.

3 저압·지속식 주입 공법
균열 위에 주입 수지가 들어 있는 용기를 설치하여 고무, 용수철, 공기압 등으로 수지를 서서히 주입하는 방법이다.
- 주입되는 수지는 다양한 점도의 것을 사용할 수 있다.
- 주입기에 여분의 주입 재료가 남아 있으므로 재료 손실이 크다.
- 주입되는 수지는 동심원상으로 확산되므로 주입 압력에 의한 균열이나 들뜸이 확대되지 않는다.
- 용기가 투명하므로 수지량을 육안으로 관찰하기가 용이하고, 수지 주입 상태를 정확히 파악할 수 있다.
- 주입재는 에폭시 수지 이외에도 무기질계의 슬러리도 사용할 수 있어서 습윤부에도 사용이 가능하다.
- 수지가 들어 있는 용기를 균열 위에 설치하면 사람의 손을 필요로 하지 않고, 용기에 걸쳐 있는 압력에 의해 자동으로 주입되며, 저압이므로 실(seal)부 파손이 작고 정확성이 높아 시공 관리가 용이하다.

4 충전 공법
- 충전 공법은 균열의 폭이 0.5mm 이상으로 비교적 균열폭이 큰 균열의 보수에 적합한 공법이다.
- 충전 공법은 균열을 따라 모르타르 마감 또는 콘크리트를 절단하여 그 부분에 보수재를 충전하는 방법이다.

■ 철근이 부식되지 않는 경우
- 균열을 따라 약 10mm 폭으로 콘크리트를 U형 또는 V형으로 절개한 후 이 부위에 가요성 에폭시 수지 또는 폴리머 시멘트 모르타르 등을 충전하여 보수하는 방법이다.
- V형으로 절개하고 폴리머 시멘트 모르타르를 충전한 경우, 충전한 모르타르의 박리·박락이 일어나기 쉽다.

■ 철근이 부식되어 있는 경우
철근이 부식되어 있는 부분인 콘크리트를 쪼아내어 철근의 녹을 완전히 제거하고 철근의 방청 처리와 콘크리트 면의 프라이머 도포 처리를 한 다음 폴리머 시멘트 모르타르 및 에폭시 수지 모르타르 등으로 충전한다.

5 균열의 보수기법
■ 에폭시 주입법
- 에폭시 주입 방법은 균열이 젖어 있거나 물이 새고 있으면 보수 효과를 발휘하기 어렵다.
- 폭이 작은 균열은 에폭시를 주입함으로써 부착시킬 수 있다.
- 에폭시 주입 압력이 과도한 경우 기존의 균열을 전파시킬 수 있는 위험이 뒤따른다.
- 수평 균열은 균열의 한쪽 끝으로부터 에폭시를 주입하고 난 뒤 다른 쪽에서 에폭시를 주입한다.
- 균열이 연직 방향으로 되어 있는 경우 아래쪽에 있는 주입구를 통해서 먼저 에폭시를 주입한 뒤 뚜껑을 막고 위쪽의 주입구를 통해 에폭시를 주입한다.

■ 봉합법
- 발생된 균열이 멈추어 있거나 구조적으로 중요하지 않을 경우에는 균열에 봉합재(sealant)를 채워 넣음으로써 보수할 수 있다.

- 봉합법은 비교적 간단하게 시행될 수 있으나, 계속 진전되고 있는 균열에는 효과를 발휘하기 힘들다.
- 봉합재는 외부의 물이 철근에 접근하는 것을 방지하며, 조인트 내에서 정수압이 발생하지 않게 한다.
- 주로 사용되는 봉합 재료는 에폭시 복합재나 우레탄 또는 뜨거운 상태에서 균열에 부어 넣는 봉합재가 있다.

짜집기법
- 짜집기법은 균열의 양측에 어느 정도 간격을 두고 구멍을 뚫어 철쇠를 박아 넣는 방법이다.
- 균열 지각 방향의 인장 강도를 증가시키고자 할 때 사용되며, 구조물을 보강하는 효과를 갖게 된다.
- 짜집기 보수 방법은 균열을 완전히 봉합할 수 없지만 더 이상 진전되는 것을 막을 수 있다.

기 09

01 보수 공법 중에서 균열의 보수 공법이 아닌 것은?

① 강판 접착 공법 ② 표면 처리 공법
③ 충전 공법(seal 공법) ④ 주입 공법

해설
- 균열 보수 공법 : 표면 처리 공법, 주입 공법, 충전 공법
- 보강 공법 : 강판 접착 공법, 상면 하면 두께 증설 공법, 연속 섬유 시트 공법, 접착 공법, 라이닝 공법, 외부 케이블 공법, FRP 보강 공법

기 06,14

02 보수 공법 중 에폭시 수지 등을 수동식으로 주입하는 수동식 주입법의 특징으로 잘못된 것은?

① 다량의 수지를 단시간에 주입할 수 있다.
② 폭 0.5mm 이하의 균열에는 주입이 곤란하다.
③ 주입용 수지의 점도에 제약을 받는다.
④ 주입 시 압력 펌프를 필요로 한다.

해설 주입용 수지의 점도에 제약을 받지 않는다.

기 10

03 알칼리 골재 반응이 진행된 구조물에 적용하는 보수 방법으로 적합한 것은?

① 두께 증설 공법 ② 재알칼리화 공법
③ 균열 주입 공법 ④ 탈염 공법

해설
- 알칼리 골재 반응이 진행되면 콘크리트 중의 알칼리 이온이 골재 중의 불안정한 실리카 성분과 결합하여 알칼리-실리카겔을 형성하고 이 겔이 주위의 수분을 흡수하여 콘크리트 내부에 국부적인 팽창 압력을 발생시켜 구조물 표면에 불규칙한(거북 등 모양 등) 균열을 발생시키는 것이 알칼리 골재 반응이다.
- 알칼리 골재 반응에 의한 열화를 받은 콘크리트 구조물의 보수로서는 균열 주입 공법, 표면 처리 공법, 단면 복구 공법 등이 있다.
- 탈염 공법 : 염해에 의해 성능이 저하된 구조물에 적용
- 재알칼리화 공법 : 탄산화에 의해 성능이 저하된 구조물을 대상으로 적용
- 균열폭이 0.3mm 이하의 변동성이 적은 균열에 대해서는 주로 표면 처리 공법을 적용하고, 균열폭 0.3mm 이상의 변동성 균열이 발생된 경우에는 균열 주입 공법을 적용한다.

기 05,15

04 콘크리트에 발생한 미세한 균열은 여러 재료를 주입하여 실(seal, 봉합)할 수 있는데, 이때 콘크리트 내부의 수분을 확인할 수 있을 경우 가장 많이 사용되는 봉합 재료는 무엇인가?

① 시멘트풀 ② 모르터
③ 페놀수지 ④ 에폭시 수지

해설 균열에 주입하여 콘크리트 구조물의 균열을 보수하기 위해서 주로 사용되는 보수 재료로 접착재가 사용되며 에폭시 수지가 대표적이다.

산 11,14

05 아래의 표에서 설명하는 균열 보수 공법은?

> 콘크리트 균열을 따라 약 10mm 폭으로 콘크리트를 U형, 또는 V형으로 절개한 후, 이 부위에 가요성 에폭시 수지 또는 폴리머 시멘트 모르타르 등을 채워 넣어 보수한다.

① 표면 처리 공법 ② 단면 복구 공법
③ 충전 공법 ④ 강판 접착 공법

해설 충전 공법(철근이 부식되지 않는 경우)
- 균열을 따라 약 10mm 폭으로 콘크리트를 U형 또는 V형으로 절개한 후 이 부위에 가요성 에폭시 수지 또는 폴리머 시멘트 모르타르 등을 충전하여 보수하는 방법이다.
- V형으로 절개하고 폴리머 시멘트 모르타르를 충전할 경우, 충전한 모르타르의 박리·박락이 일어나기 쉽다.

산 07,11,16

06 구조물의 보수 공법 중 주입 공법의 특징으로 틀린 것은?

① 내력 복원의 안전성을 기대할 수 있다.
② 내구성 저하 방지 및 누수 방지를 기대할 수 있다.
③ 미관의 유지가 용이하다.
④ 소요의 접착 강도가 발현되기 위해 장기간이 소요된다.

해설 소요의 접착 강도가 단기간에 발현된다.

☐☐☐ 기07,09,11,16
07 주입 공법의 종류 중 저압, 지속식 주입 공법에 대한 내용으로 잘못된 것은?

① 저압이므로 주입기에 여분의 주입 재료가 남지 않아 재료의 손실이 없다.
② 저압이므로 실(seal)부의 파손도 적고 정확성이 높아 시공 관리가 용이하다.
③ 주입되는 수지는 다양한 점도의 것을 사용할 수 있다.
④ 주입되는 수지의 양을 관찰하기 용이하므로 주입 상황을 비교적 정확하게 파악할 수 있다.

해설 저압이므로 주입기에 여분의 주입 재료가 남아 있으므로 재료의 손실이 크다.

☐☐☐ 기01,08,09,11,15
08 균열 보수 공법 중에서 저압·지속식 주입 공법에 대한 설명으로 틀린 것은?

① 저압이므로 실(seal)부 파손이 적고 정확성이 높아 시공 관리가 용이하다.
② 주입기에 여분의 주입 재료가 남아 있으므로 재료 손실이 크다.
③ 주입되는 수지는 동심 원상으로 확산되므로 주입 압력에 의한 균열이나 들뜸이 확대되지 않는다.
④ 주입재는 에폭시 수지 이외에는 사용할 수 없어서 습윤부에 사용이 불가능하다.

해설 주입재는 에폭시 수지 이외에도 무기질계의 슬러리도 사용할 수 있어서 습윤부에도 사용이 가능하다.

☐☐☐ 기13
09 균열 보수 기법 중 에폭시 주입법에 대한 설명으로 틀린 것은?

① 균열이 젖어 있거나 물이 새고 있는 경우에도 확실한 보수 효과가 있다.
② 폭이 작은 균열은 에폭시를 주입함으로써 부착시킬 수 있다.
③ 에폭시 주입 압력이 과도한 경우 기존의 균열을 전파시킬 수 있는 위험이 뒤따른다.
④ 수평 균열은 균열의 한쪽 끝으로부터 에폭시를 주입하고 난 뒤 다른 쪽에서 에폭시를 주입한다.

해설 에폭시 주입 방법은 균열이 젖어 있거나 물이 새고 있으면 보수 효과를 발휘하기 어렵다.

☐☐☐ 산05,10,13,16
10 수동식 주입법은 주입 건(gun)이나 소형 펌프를 사용하여 주입제를 비교적 다량으로 주입할 경우 사용되는 방법이다. 이 공법의 장점으로 거리가 먼 것은?

① 다량의 수지를 단시간에 주입할 수 있다.
② 균열폭 0.2mm 이하의 미세한 균열 부위에 주입하기가 용이하다.
③ 주입압이나 속도를 조절할 수 있다.
④ 벽, 바닥, 천장 등의 부위에 따른 제약이 없다.

해설 0.5mm 이하의 경우에는 주입이 곤란하다.

☐☐☐ 산07,09,13,15,17
11 균열폭 0.2mm 이하의 미세한 결함에 대해 탄성 실링제를 이용하여 도막을 형성, 방수성 및 내화성을 확보할 목적으로 사용하는 구조물 보수 공법은?

① 표면 처리 공법
② 주입 공법
③ 충전 공법
④ 침투성 방수제 도포 공법

해설 보수 공법
• 표면 처리 공법은 일반적으로 0.2mm 이하의 미세한 균열에 대한 방수 및 내구성을 보완할 목적으로 실시한다.
• 충전 공법은 균열의 폭이 0.5mm 이상으로 비교적 균열폭이 큰 균열의 보수에 적합한 공법이다.

☐☐☐ 기04,09,13,17
12 발생된 손상이 안전성에 심각한 영향을 주지 않는다고 판단하면 보수 조치를 시행하는데, 다음의 조치 중 보수에 해당하는 것은?

① 보강 섬유 접착 공법
② 강판 접착 공법
③ 주입 공법
④ 외부 케이블 공법

해설 • 보수 공법 : 주입 공법, 단면 복수 공법, 표면 처리 공법
• 보강 공법 : 강판 접착 공법, 상면 하면 두께 증설 공법, 연속 섬유 시트 공법, 접착 공법, 라이닝 공법, 외부 케이블 공법, 보강 섬유 접착 공법(FRP 보강 공법)

043 전기 방식 공법

1 전기 화학적 보수 공법

■ 탈염 공법
- 염해에 의해 성능이 저하된 구조물에 적용된다.
- 열화 단계에 관계없이 적용이 가능하다.
- 전해질로서는 탈염 공법의 경우 $Ca(OH)_2$나 $LiBO_3$ 등이 이용된다.
- 보수 목적은 콘크리트 중의 염화물 이온(Cl^-) 제거 및 강재의 부식방지 처리에 있다.

■ 재알칼리화 공법
- 탄산화에 의해 성능이 저하된 구조물을 대상으로 한다.
- 열화 단계에 관계없이 적용이 가능하다.
- 전해질로서는 재알칼리화 공법에는 Na_2CO_3를 이용하는 경우가 많다.
- 보수 목적은 탄산화된 콘크리트의 재알칼리화 및 강재의 부식 방식 처리에 있다.

2 전기 방식 공법

■ 보수 대상 구조물 및 보수 목적
- 주로 염해에 의해 성능이 저하된 구조물을 대상으로 한다.
- 기본적으로 열화 단계에 관계없이 적용이 가능하다.
- 앞으로 열화가 예상되는 구조물에 대해서는 보호적인 차원에서 적용이 가능하다.
- 보수 목적은 콘크리트 속에 있는 철근의 부식 반응을 정지시키는 것이다.

■ 외부 전원 방식
정류기를 이용하여 교류를 직류로 하는 방법으로 전극계로는 백금 피복 티탄, 도전성 폴리머, 도전성 도료, 산화물 피복 티탄 등이 있다.

■ 유전 양극 방식
- 전극으로는 주로 아연이 사용되며, 아연판과 콘크리트면에 보수성의 뒷채움재를 채워 넣어 계면의 틈을 없애서 접촉 저항을 낮추고 아연의 양분극도 낮춘다.
- 유전 양극 방식에서는 외부 전원을 필요로 하지 않는다.

■ 전기 방식 공법의 특징
- 장점 : 단면 복구 공법과 같은 대규모 콘크리트의 떼어 내기 작업이 필요 없고 콘크리트 속의 강재에 소정의 전류를 공급하며 부식 반응을 확실히 정지시키는 것이 가능하다.
- 단점 : 구조물의 사용 기간 동안 방식 전류를 공급할 필요가 있으므로 정기적인 점검과 양극 시스템의 장기적인 내구성이 요구된다.

열화 기구의 보수 계획

열화 기구	보수 방침	보수공의 구성	보수 수준을 만족시키기 위해 고려 해야 할 요인
염해	• 침입한 Cl^-의 제거 • 보수후의 Cl^-, 수분, 산소의 침입 억제	• 단면 복구공 • 표면 보호공	• Cl^- 침입부 제거의 정도 • 철근의 방청 처리 • 단면 복구재의 재질 • 표면 보호공의 재질과 두께
	• 철근의 전위 제거	• 양극 재료 • 전원 장치	• 양극재의 품질 • 분극량
탄산화	• 탄산화된 콘크리트의 제거 • 보수 후의 CO_2, 수분의 침입 억제	• 단면 복구공 • 표면 보호공	• 탄산화 부분 제거의 정도 • 철근의 방청 처리 • 단면 복구재의 재질 • 표면 보호공의 재질과 두께
동해	• 열화한 콘크리트의 제거 • 보수 후의 수분 침입 억제 • 콘크리트의 동결 융해 저항성의 향상	• 단면 복구공 • 균열 주입공 • 표면 보호공	• 단면 복구재의 동결 융해 저항성 • 균열 주입재의 재질과 시공법 • 표면 보호공의 재질과 두께
알카리 골재 반응	• 수분의 공급 억제 • 내부 수분의 산화 촉진	• 균열 주입공 • 표면 보호공	• 균열 주입재의 재질과 시공법 • 표면 보호공의 재질과 두께
화학적 콘크리트 침식	• 열화한 콘크리트의 제거 • 유해 화학 물질의 침입 억제	• 단면 복구공 • 표면 보호공	• 단면 복구공의 재질 • 표면 보호공의 재질과 두께 • 열화 콘크리트 제거의 정도
피로(도로교 철근 콘크리트 상판의 경우)	경미할 경우에는 균열 전에 억제 (대부분은 보강에 해당한다.)		

□□□ 기10
01 보수 공법의 일종인 전기 방식 공법에 대한 설명으로 틀린 것은?

① 유전 양극 방식은 외부 전원 방식이다.
② 주로 염해를 받은 구조물을 대상으로 한다.
③ 일반적으로 열화 단계에 관계없이 적용이 가능하다.
④ 단면 복구 공법과 같은 대규모 콘크리트의 떼어 내기 작업이 필요 없다.

해설 전기 방식의 방법
- 외부 전원 방식 : 정류기를 이용하여 교류를 직류로 하는 방법
- 유전 양극 방식 : 강재에 따라 전위가 낮은 금속을 사용하는 방법으로 외부 전원을 필요로 하지 않는다.

□□□ 산 08,13,16
02 콘크리트의 동해로 인한 열화 발생 시의 보수 공법과 거리가 먼 것은?

① 표면 보호 공법
② 균열 주입 공법
③ 단면 복구 공법
④ 전기 방식법

해설 전기 방식 공법은 주로 염해에 의해 성능이 저하된 구조물을 대상으로 하며, 기본적으로 열화 단계에 관계없이 적용이 가능하다.

□□□ 산12
03 전기 방식 보수 공법은 콘크리트 속에 있는 철근의 부식 반응을 정지시키는 것이다. 이러한 전기 방식 보수 공법에 대한 설명으로 틀린 것은?

① 콘크리트가 건전할 때 적용하면 시공이 용이하고 경제적이다.
② 방식 전류를 얻는 방법에 따라 외부 전원 방식과 유전 양극 방식으로 나뉜다.
③ 대규모 콘크리트의 떼어 내기 작업이 필요 없고, 부식 반응을 확실하게 정지시킬 수 있다.
④ 방식 전류의 공급은 시공 초기 1시간 정도만 필요하며, 정기적인 점검 및 유지 관리가 필요 없다.

해설 전기 방식 보수 공법의 특징
- 장점 : 단면 복구 공법과 같은 대규모 콘크리트의 떼어내기 작업이 필요 없고 콘크리트 속의 강재에 소정의 전류를 공급하면 부식 반응을 확실히 정지시키는 것이 가능하다.
- 단점 : 구조물의 사용 기간 동안 방식 전류를 공급할 필요가 있으므로 정기적인 점검과 양극 시스템의 장기적인 내구성이 요구된다.

□□□ 산 08
04 전기 방식 공법에서 외부 전원을 필요로 하지 않는 공법은 어느 것인가?

① 티탄 메시 방식
② 유전 양극 방식
③ 내부 양극 방식
④ 도전성 도료 방식

해설 유전 양극 방식 : 유전 양극 방식에서는 외부 전원을 필요로 하지 않는다.

정답 01 ① 02 ④ 03 ④ 04 ②

044 보강 공법

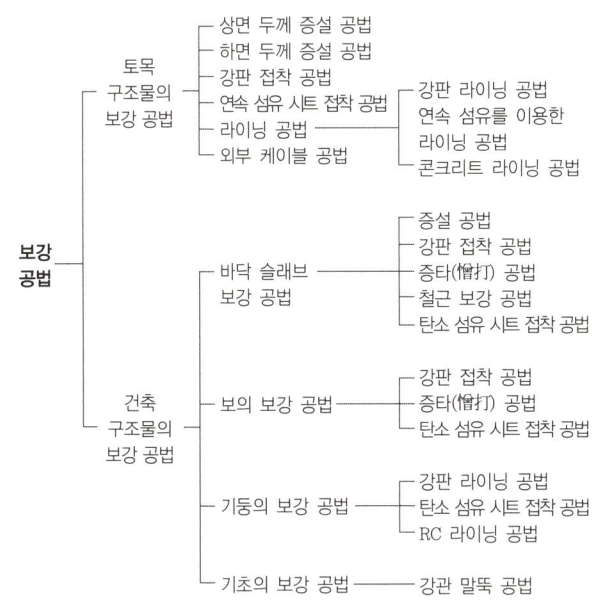

■ 열화 원인과 보강 공법

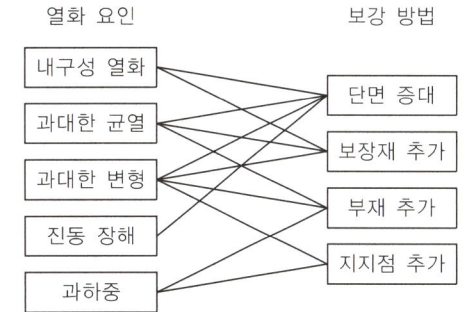

■ 보강에 관련된 공법
- 두께 증설 공법 : 상면 두께 증설 공법, 하면 두께 증설 공법
- 접착 공법 : 강판 접착 공법, 탄소 섬유 시트 접착 공법(FRP 접착 공법)
- 라이닝 공법 : 강판 라이닝 공법, 탄소 섬유 시트 라이닝 공법, RC 라이닝 공법, 모르타르 뿜어 붙이기 공법, 프리스트레스 패널 라이닝 공법
- 프리스트레스 도입 : 외부 케이블 공법, 내부 케이블 공법
- 증설 공법 : 보의 증설 공법, 내진벽 증설 공법, 지지점 증설 공법

■ 보강에 관련한 공법의 적용 부재

보강·사용성 회복의 목적	대책 방법	공법	사용 부재			
			보	기둥	슬래브	벽
콘크리트 부재	부재의 교환	타설 공법	○	○	◎	◎
	단면의 두께 증설	두께 증설 공법	○		◎	
	접착	접착 공법	◎	○	◎	○
	라이닝	라이닝 공법		◎		○
	프리스트레스 도입	케이블 공법	◎	○	○	
구조체	보의 증설	증설 공법	◎		◎	
	벽의 증설	증설 공법				◎
	지지점의 증설	증설 공법	◎		◎	

◎ : 실적이 비교적 많을 것, ○ : 적용의 가능한 것을 고려한 것

□□□ 기 05,10,14

01 다음 중 콘크리트 구조물의 보강 공법으로 보기 어려운 것은?

① 두께 증설 공법 ② FRP 접착 공법
③ 균열 주입 공법 ④ 프리스트레스 도입 공법

[해설]
- 보수 공법 : 표면 처리 공법, 균열 주입 공법, 탄산화 처리 공법, 단면 복구 공법
- 보강 공법 : 두께 증설 공법, FRP 접착 공법, 프리스트레스 도입 공법

□□□ 기 11

02 콘크리트 구조물 보강 공법이 아닌 것은?

① 접착 공법 ② 증설 공법
③ 단면 복구 공법 ④ 라이닝 공법

[해설] 보수 공법 : 표면 처리 공법, 균열 주입 공법, 탄산화 처리 공법, 단면 복구 공법, 충전 공법, 표면 피복 공법, 외벽 복합 개수 공법

□□□ 산 12,16

03 보의 보강 공법으로 적합하지 않은 것은?

① 강판 접착 공법
② 강판 감기 공법
③ 탄소 섬유 시트 보강 공법
④ 증타 보강 공법

[해설] 보의 보강 공법
- 강판 접착에 의한 보강 : 열화가 진행되어 철근의 부식에 의한 콘크리트의 박락이 발견되는 경우 강판을 수지 접착해서 보강하는 것이 가능하다.
- 탄소 섬유 시트에 의한 보강 : 열화나 균열의 발생이 현저하게 크지 않은 보에서는 탄소 섬유 시트 등의 연속 섬유 시트로 보강하는 것이 가능하다.
- 증타 보강 : 열화가 심한 큰 보 및 설계 하중을 상회하는 과대한 하중이 작용하고 있는 보는 증타에 의한 보의 단면을 증대시켜서 보강하면 효과적이다.

정답 044 01 ③ 02 ③ 03 ②

□□□ 기12
04 철근 콘크리트의 바닥판 보강 공법으로 적절치 않은 것은?

① 단면 증설 공법
② 강판 접착 공법
③ 세로보 추가 설치 공법
④ 에폭시 주입 공법

해설
- 단순한 보수 작업만으로 구조체의 내구성 및 사용성을 기대하기 어려운 경우에는 보강을 실시하며, 주로 단면 증설 공법, 강판 접착 공법, 보강 섬유 접착 공법, 세로보 추가 설치 공법, 외부 강선을 이용한 보강법, 앵커 공법 등이 있다.
- 에폭시 주입 공법 : 균열에 수지계 또는 시멘트계 재료를 주입하여 방수성, 내구성을 향상시키는 보강 공법이다.

□□□ 산13,16
05 다음 중 콘크리트 구조물 보강 공법이 아닌 것은?

① 두께 증설 공법　② 외부 케이블 공법
③ 강판 접착 공법　④ 균열 주입 공법

해설
- 구조물의 보강 공법 : 두께 증설 공법, 강판 접착 공법, 외부 케이블 공법
- 구조물의 보수 공법 : 표면 처리 공법, 균열 주입 공법, 충진 공법, 치환 공법

□□□ 산05,10,14
06 다음 중 콘크리트 구조물의 보강 방법으로 거리가 먼 것은?

① 수지 주입 공법　② 강판 접착 공법
③ 세로보 증설 공법　④ 탄소섬유 접착 공법

해설
- 보수 공법인 주입 공법은 균열에 수지계 또는 시멘트계 재료를 주입하여 방수성 및 내구성을 향상시키는 공법이다.
- 보수 공법 : 수지 주입 공법, 단면 복구 공법
- 표면 처리 공법 : 강판 접착 공법

□□□ 산04,10,13
07 보 및 슬래브의 휨 보강 방법으로 적합하지 않은 것은?

① 외부 긴장재 배치
② 콘크리트의 단면 증대
③ 경간 길이의 증대
④ 강판 보강재 배치

해설 보 및 슬래브의 경간 길이가 증대될수록 큰 처짐에 의해 휨 균열이 발생한다.

□□□ 산05
08 보강의 시공 및 검사 내용 중 적합하지 않은 것은?

① 보강에 대한 시공을 할 경우에는 기존 시설물을 손상시키는 일이 없도록 세심한 주의를 기울여야 한다.
② 기존 시설물에 대한 바탕 처리는 설계 조건을 만족시키도록 적절히 실시하여야 한다.
③ 사용할 재료는 현장의 상황에 따라 시험을 실시하지 않아도 된다.
④ 보강 완료 후 설계에 정해진 조건에 부합된 시공이 되었는가의 여부를 검사하여야 한다.

해설 보강의 시공에 사용될 재료는 시험을 실시하여야 한다.

정답　04 ④　05 ④　06 ①　07 ③　08 ③

045 상·하면 두께 증설 공법

1 상면 두께 증설 공법
■ 콘크리트 보강 공법의 일종인 상면 두께 증설 공법은 상판 콘크리트 상면을 절삭·연마한 후 강섬유 보강 콘크리트 등으로 상면의 두께를 증설하는 공법이다.

■ 상면 두께 증설 공법의 장점
- 일반 포장용 기계로 시공이 가능하고, 공기가 짧다.
- 상판의 강성이 증가하고, 균열에 대한 저항성이 크게 증가한다.
- 철근을 사용한다면 한층 더 신뢰성 있는 상판 보강이 이루어진다.
- 상판 상면에서의 작업이므로 비계 등을 구성할 필요가 없고 공비가 저렴하다.
- 상판의 유효 두께가 커져서 휨, 전단 및 비틀림 등에 대해서도 보강 효과가 얻어진다.

■ 상면 두께 증설 공법의 단점
- 공종 항목이 많고, 동시에 고도의 시공 기술이 요구된다.
- 일반적으로 섬유 보강 제트 콘크리트가 이용되지만 고가이고 취급도 간단하지가 않다.
- 사하중의 증대가 따르므로 증가되는 상판의 두께는 제한되어 기존 구조물보다 내하력이 저하될 수 있다.
- 보강 시공 시 교량의 교통 통제가 반드시 동반되므로 공기 단축을 목적으로 초속경 시멘트를 사용하는 예가 많다.

2 하면 두께 증설 공법
하면 두께 증설 공법은 주로 상판 하면에 철근 등의 보강재를 배치하여 증설 재료에 부착성이 높은 모르타르를 타설하거나 뿜어 붙이기로 단면을 증가시켜 일체화시켜 일체화시킴으로서 성능의 향상을 꾀하는 공법이다.

□□□ 산 09

01 표준적 보강 방법 중 두께 증설 공법의 장점에 대한 설명으로 틀린 것은?

① 일반 포장용 기계로 시공이 가능하고 공기가 짧다.
② 상판의 강성이 증가하고, 균열에 대한 저항성이 크게 증가한다.
③ 철근을 사용한다면 한층 더 신뢰성 있는 상판 보강이 이루어진다.
④ 일반적으로 섬유 보강 제트 콘크리트가 이용되어 저가이고 취급도 간단하다.

[해설] 상면 두께 증설 공법의 단점
- 보강 시공 시 교량의 교통 통제를 필요로 한다.
- 공종 항목이 많고 동시에 고도의 시공 기술이 요구된다.
- 일반적으로 섬유 보강 제트 콘크리트(FJRC)가 이용되지만 고가이고 취급도 간단하지가 않다.

□□□ 기 12, 19

02 콘크리트 보강 공법의 일종인 상면 두께 증설 공법은 상판 콘크리트 상면을 절삭·연마한 후 강섬유 보강 콘크리트 등으로 상면의 두께를 증설하는 공법이다. 이 공법의 특징을 설명한 것으로 틀린 것은?

① 일반 포장용 기계로 시공이 가능하고, 공기가 짧다.
② 상판 상면에서의 작업이므로 비계 등을 구성할 필요가 없다.
③ 상판의 유효 두께가 커져서 휨, 전단 및 비틀림 등에 대해서도 보강 효과가 얻어진다.
④ 증가되는 상판의 두께에 제한 없이 적용 가능하므로, 기존 구조물보다 상당히 큰 내하력을 얻을 수 있다.

[해설] 사하중의 증대가 따르므로 증가되는 상판의 두께는 제한되어 기존 구조물보다 내하력이 저하될 수 있다.

□□□ 기 07, 11, 13

03 다음 중 부재의 강성을 크게 하는 데 가장 효율적인 보강 공법은?

① 강판 접착 공법
② 콘크리트 두께 증설 공법
③ 탄소 섬유시트 접착 공법
④ 외부케이블 설치 공법

[해설] 콘크리트 두께 증설 공법은 부재가 피로 열화에 따라 변형이 증가하여 기능이 저하한 경우에 상부면에 콘크리트를 타설함으로써 상판 두께를 크게 하여 내하력과 강성을 회복시키는 가장 효율적인 공법이다.

정답 045 01 ④ 02 ④ 03 ②

046 강판 접착 공법

콘크리트 구조물의 인장측 표면에 강판을 접착시켜 기존 구조물과 일체화시킴으로써 내력 항상을 도모하는 공법이다.

■ 강판 접착 공법의 장점
- 강판을 사용하고 있으므로 모든 방향의 인장력에 대응할 수 있다.
- 강판의 분포, 배치를 똑같이 할 수 있으므로 균열 특성도 좋다.
- 시공이 간단하고, 강판의 제작, 조립도 쉬워서 현장 작업에는 복잡하지 않다.
- 현장 타설 콘크리트, 프리캐스트 부재 모두에 적용할 수 있으므로 응용 범위가 넓다.

■ 강판 접착 공법의 단점
- 방청, 방화상의 문제가 충분히 검토되어 있지 않다.
- 접착제의 내구성, 내피로성이 불분명하다.
- 콘크리트가 노후되어 인장력이 저하된 단면에서는 단면 탈락이 발생한다.
- 단면의 손실로 인하여 부재력이 감소하여 설계 시 제시된 충분한 강도를 발휘할 수 없다.
- 섬유 부착 공법과 같은 다른 공법에 비하여 인장 강도가 떨어지기 때문에 보강 시 상대적으로 많은 양의 재료가 필요하다.
- 강판이 불투명하기 때문에 시공 후 품질 관리 차원에서 육안 및 시험에 의한 접착 상태 확인이 곤란하므로 유지 관리에 어려운 점이 있다.

■ 강판 접착 공법의 일반 시공 순서

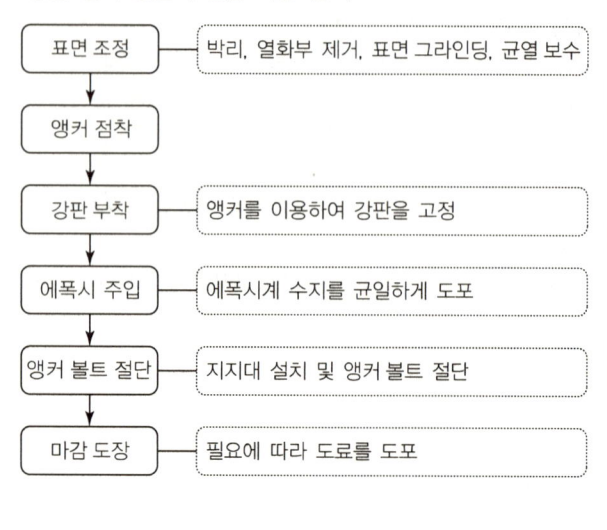

---

01 강판 접착 공법의 시공 순서가 올바른 것은?

① 표면 조정-강판 부착-실링-주입-앵커 장착-마감
② 표면 조정-강판 부착-앵커 장착-주입-실링-마감
③ 표면 조정-앵커 장착-강판 부착-실링-주입-마감
④ 표면 조정-앵커 장착-강판 부착-실링-마감-주입

해설
- 강판 접착 공법: 콘크리트 구조물의 인장측 표면에 강판을 접착하여 기성 구조물과 일체화시킴으로써 내력 향상을 도모하는 공법이다.
- 표면 조정(박리, 열화부 제거, 표면 연마) → 앵커 설치 → 강판 부착 → 에폭시 실링 주입 → 앵커 볼트 절단 → 마감 도장

02 강판 접착 공법의 특징에 대한 설명으로 틀린 것은?

① 모든 방향의 인장력에 대응할 수 있다.
② 강판의 분포, 배치를 똑같이 할 수 있으므로 균열 특성이 좋다.
③ 현장 타설 콘크리트, 프리캐스트 부재 모두에 적용할 수 있어 응용 범위가 넓다.
④ 방청 및 방화의 특성이 뛰어나다.

해설 강판 접착 공법의 단점
- 접착제의 내구성, 내피로성이 불분명하다.
- 방청, 방화상의 문제가 충분히 검토되어 있지 않다.

03 구조물의 보강 공법 중 강판 보강 공법의 특징에 대한 설명으로 틀린 것은?

① 강판을 사용하므로 모든 방향의 인장력에 대응할 수 있다.
② 접착제의 내구성, 내피로성의 확인이 쉬우며, 기존에 타설된 콘크리트의 열화가 진행 중인 상황에도 보수 없이 시공할 수 있다.
③ 현장 타설 콘크리트, 프리캐스트 부재 모두에 적용할 수 있으므로 응용 범위가 넓다.
④ 시공이 간단하고, 강판의 제작, 조립도 쉬워서 현장 작업에는 복잡하지 않다.

해설 접착제의 내구성, 내피로성이 불분명하다.

정답 01 ③ 02 ④ 03 ②

□□□ 산 09,17
04 보강 공법 중에서 강판 접착 공법의 장점에 대한 설명 중 옳지 않은 것은?

① 접착제의 내구성 및 내피로성이 확실하다.
② 강판을 사용하고 있으므로 모든 방향의 인장력에 대응할 수 있다.
③ 강판의 분포, 배치를 똑같이 할 수 있으므로 균열 특성이 좋다.
④ 시공이 간단하고, 강판의 제작, 조립 등이 쉬워서 현장 작업이 복잡하지 않다.

해설 강판 접착 공법의 단점
　•접착제의 내구성, 내피로성이 불분명하다.
　•방청, 방화상의 문제가 충분히 검토되어 있지 않다.

047 라이닝 공법

■ 강판 라이닝 공법
- 원래 원형 단면의 교각에 대해서 개발된 것이다.
- 단면에서 12.5~25mm 정도의 큰 반지름으로 강판을 쉘(shell) 모양으로 형성하여 세로로 절반 쪼갠 강판을 교각과의 사이에 틈을 조금 내서 배치하고 세로 방향의 이음매를 용접한다.
- 강판을 교각과 약간의 간격을 유지하여 배치하고 강판의 세로 방향으로 연결한 후 교각 구체와 강판 사이에 시멘트 그라우트나 시멘트 모르타르를 주입한다.

■ 콘크리트 라이닝 공법
교각의 내하력, 연성도, 전단 강도를 향상시키기 위해 교각 주위에 띠철근을 배근하고 콘크리트를 덧씌우는 공법

■ 연속 섬유를 이용한 라이닝 공법
- 강판은 자체 무게 등으로 큰 부위에 설치할 경우 용접 개소 증가 등의 문제가 있어 이후에 개발된 재료가 보강 섬유이다.
- 보강 섬유는 시공이 단순하고 재료의 무게가 경량이며 가공성이 우수하여 부식되지 않기 때문에 심한 부식 환경에서도 적용할 수 있는 재료이다.
- 그러나 재료의 특성상 파괴 후 거동이 취성적인 경우가 있으므로 유의해야 하며, 보강 섬유는 전적으로 에폭시나 강판 접착용 에폭시를 사용할 경우에 기대하는 보강 효과를 얻지 못할 수 있으므로 주의해야 한다.

01 아래 표에서 설명하는 보강 공법은? 기08,12

> 원래 원형 단면의 교각에 대해서 개발된 것이다. 단면에서 12.5~25mm 정도의 큰 반지름으로 강판을 쉘(shell) 모양으로 형성하여 세로로 절반 쪼갠 강판을 교각과의 사이에 틈을 조금 내서 배치하고 세로 방향의 이음매를 용접한다.

① 콘크리트 라이닝 공법
② 강판 라이닝 공법
③ 연속 섬유를 이용한 라이닝 공법
④ 강판 접착 공법

해설
- 강판 보강(라이닝) 공법 : 강판을 교각과 약간의 간격을 유지하여 배치하고 강판의 세로 방향으로 연결한 후 교각 구체와 강판 사이에 시멘트 그라우트나 시멘트 모르타르를 주입한다.
- 콘크리트 보강(라이닝) 공법 : 교각의 내하력, 연성도, 전단 강도를 향상시키기 위해 교각 주위에 띠철근을 배근하고 콘크리트를 덧씌우는 공법
- 강판 접착 공법 : 콘크리트 구조물의 인장측 표면에 강판을 접착시켜 기존 구조물과 일체화시킴으로써 내력 향상을 도모하는 공법

02 철근 콘크리트 부재에서 전단 균열 발생 시 신속한 보강이 요구되는데 이때 적절히 사용해야 할 보강 공법은? 예상

① 강판 라이닝 공법
② 수지 주입
③ 외부 케이블 공법
④ 앵커 부착

해설 강판 라이닝 공법은 전단 균열의 발생으로 콘크리트가 가로 방향으로 팽창하는 것을 구속하는 경우에 보강 공법으로 적당하다.

정답 01 ② 02 ①

048 연속 섬유 시트 접착 공법

주로 콘크리트 부재의 인장 응력이나 사인장 응력 작용면에 연속섬유를 1방향 혹은 2방향으로 배치하여 시트 모양으로 직조된 보강재 혹은 현장에서 함침 접착제로 함침·정화시킨 FRP의 연속 섬유 시트를 접착하여 기(旣) 타설부재와 일체화시키는 것에 의해 필요한 성능의 향상을 꾀하는 공법이다.

■ 연속 섬유 시트 접착 공법의 특징
- 단면 강성의 증가가 적다.
- 섬유 시트는 현장 성형이 용이하기 때문에 작업 공간이 한정된 장소에서는 작업이 편리하다.
- 내식성에 우수하고, 염해 지역의 콘크리트 구조물 보강에도 적용할 수 있다.
- 보강 효과로서 균열의 구속 효과, 내하 성능의 향상 효과도 기대되며, 적층되는 섬유의 개수를 조절함으로써 적정 보강량을 선정하는 것이 가능하다.
- 일정한 격자 모양으로 부착함으로써 발생된 균열의 진전 상태 관찰이 가능하다.
- 손상이 현저할 경우 보강 효과에 관해서는 별도 검사가 필요하다.

■ 공법에 이용되는 섬유 시트
- 탄소 섬유, 유리 섬유, 아라미드 섬유 등이다.
- 현장에서는 실적이 좋고, 품질이 안정적이며, 고강도, 고탄성의 탄소 섬유 사용이 바람직하다.
- 섬유 시트의 박리에 따라 보강 효과가 손실되기 때문에 이에 대한 특별한 고려가 필요하다.

□□□ 기 09,14,17

01 보강 공법 중에서 연속 섬유 시트 접착 공법의 특징에 대한 설명 중 옳지 않은 것은?

① 단면 강성의 증가가 크다.
② 보강 효과로서 균열의 구속 효과와 내하 성능의 향상 효과가 기대된다.
③ 내식성이 우수하고 염해 지역의 콘크리트 구조물 보강에 적용할 수 있다.
④ 섬유 시트는 현장 성형이 용이하기 때문에 작업 공간이 한정된 장소에서는 작업이 편리하다.

[해설] 단면 강성의 증가가 적다.

□□□ 기 09,13,16

02 연속 섬유 시트 접착 공법의 장점으로서 옳지 않은 것은?

① 내식성이 우수하고 염해 지역의 콘크리트 구조물 보강에도 적용할 수 있다.
② 다른 보강 공법과 비교하여 단면 강성의 증가가 크다.
③ 일정한 격자 모양으로 부착함으로써 발생된 균열의 진전 상태 관찰이 가능하다.
④ 작업 공간이 한정된 장소에서는 작업이 편리하다.

[해설] 다른 보강 공법과 비교하여 단면 강성의 증가가 적다.

□□□ 산 10,14

03 보강 공법 중 연속 섬유 시트 접착 공법의 특징에 대한 설명으로 틀린 것은?

① 섬유 시트는 현장 성형이 용이하기 때문에 작업 공간이 한정된 장소에서는 작업이 편리하다.
② 섬유 시트의 박리 또는 부분 박리가 발생하는 경우에도 보강 효과의 손실이 발생하지 않는다.
③ 내식성이 우수하고, 염해 지역의 콘크리트 구조물 보강에도 적용할 수 있다.
④ 일정한 격자 모양으로 부착함으로써 발생된 균열의 진전 상태 관찰이 가능하다.

[해설] 연속 섬유 시트 접착 공법에서는 섬유 시트의 박리에 따라 보강 효과가 손실되기 때문에 이에 대한 특별한 고려가 필요하다.

□□□ 산 11

04 콘크리트 바닥판의 보강 공법 중 연속 섬유 시트 접착 공법에 대한 설명으로 틀린 것은?

① 내식성이 우수하고, 염해 지역의 콘크리트 구조물 보강에도 적용할 수 있다.
② 주로 바닥판 콘크리트 압축측에 접착하여 콘크리트 압축강도 향상의 효과를 목적으로 한다.
③ 보강 효과로서 균열의 구속 효과, 내하 성능의 향상 효과도 기대된다.
④ 섬유 시트는 현장 성형이 용이하기 때문에 작업 공간이 한정된 장소에서 작업이 편리하다.

[해설] 주로 콘크리트 부재의 인장 응력이나 사인장 응력 작용면에 연속 섬유를 1방향 또는 2방향으로 배치하여 기타 시설부재와 일체화 시켜 성능을 향상시킨 공법이다.

정답 048 01 ① 02 ② 03 ② 04 ②

□□□ 산 05,08,12,14,15

05 콘크리트 보강 방법의 하나인 연속 섬유 시트 접착 공법을 적용하는 경우 얻어지는 일반적인 개선 효과에 해당되지 않는 것은?

① 콘크리트 압축 강도 증진 효과
② 내식성 향상 효과
③ 균열의 구속 효과
④ 내하 성능의 향상 효과

해설 콘크리트 부재의 인장 강도 증진 효과가 있다.

□□□ 산 06,10,15

06 콘크리트 보수를 위해 각종 섬유(강섬유, 유리 섬유, 폴리플로필렌계 섬유 등)를 사용할 경우 섬유가 갖추어야 할 조건으로 맞지 않는 것은?

① 작업에서 시공성이 우수해야 한다.
② 섬유의 인성과 연성이 풍부해야 한다.
③ 섬유의 압축 강도가 커야 한다.
④ 섬유와 결합재의 부착이 좋아야 한다.

해설 섬유의 인장 강도가 커야 한다.

049 외부 케이블 공법

외부케이블 공법으로는 긴장재를 콘크리트의 외부에 배치하여 정착부 혹은 편향부를 끼워서 부재의 긴장력을 미리 도입하는 것에 의해 필요한 성능의 향상을 꾀하는 공법이다.

■ 외부 케이블 공법의 목적
- 프리스트레스를 도입함으로써 콘크리트 교량의 휨 및 전단 보강을 목적으로 하는 보강 공법으로서 구조물의 국부적인 보강보다는 전체 구조계의 변경, 단면력의 개선을 목적으로 사용한다.
- 직선 형태의 보강에는 고강도의 나사식 강봉(thread bar)이 사용되며, 만곡되는 부분이 있는 곳에 대해서는 스트랜드(strand)를 사용하고 있다.

■ 외부 케이블 공법의 특징
- 보강 효과가 역학적으로 명확하다.
- 보강 후의 유지·관리가 비교적 용이하다.
- 기본적으로 교통 통제를 필요로 하지 않는다.
- 콘크리트의 강도 부족이나 열화에 대해서는 효과를 기대할 수 없다.
- 외부 케이블에 의해 프리스트레스를 도입해도 강성은 향상되지 않는다.
- 편향부를 전단 보강부에 설치하고, 외부 케이블의 연직 분력을 고려함으로써 설계 전단력을 크게 감소시킬 수 있다.

---

01 보강 공법 중에서 외부 케이블 공법의 특징에 대한 설명 중 옳지 않은 것은?

① 보강 효과가 역학적으로 명확하다.
② 콘크리트의 강도 부족이나 열화에 대해서 효과가 크다.
③ 보강 후의 유지·관리가 비교적 용이하다.
④ 편향부를 전단 보강부에 설치하고, 외부 케이블의 연직 분력을 고려함으로써 설계 전단력을 크게 감소시킬 수 있다.

[해설] 콘크리트의 강도 부족이나 열화에 대해서 효과를 기대할 수 없다.

---

02 외부 케이블을 설치하여 프리스트레스를 도입하는 공법의 특징으로 틀린 것은?

① 보강 효과가 역학적으로 명확하다.
② 보강 후 유지 관리가 비교적 쉽다.
③ 콘크리트의 강도 부족이나 열화에 비효율적이다.
④ 부재의 강성을 향상시키는 데 효과가 있다.

[해설] 외부 케이블에 의해 프리스트레스를 도입해도 부재의 강성은 향상되지 않는다.

---

03 외부 케이블을 설치하여 프리스트레스를 도입하는 보강 공법의 특징으로 적절하지 못한 것은?

① 부재의 강성을 현저히 향상시키는 효과를 가져온다.
② 보강 효과가 역학적으로 명확하다.
③ 보강 후 유지 관리가 비교적 쉽다.
④ 콘크리트의 강도가 부족하거나 열화가 발생한 경우에는 부적절한 방법이다.

[해설] 외부 케이블에 의해 프리스트레스를 도입해도 강성은 향상되지 않는다.

정답 049 01 ② 02 ④ 03 ①

| memo |

부록

과년도 출제문제

【 콘 크 리 트 기 사 】

01 2018년　3월 4일 시행
　　　　　4월 28일 시행
　　　　　8월 19일 시행

02 2019년　3월 3일 시행
　　　　　4월 27일 시행
　　　　　8월 4일 시행

03 2020년　6월 6일 시행
　　　　　8월 22일 시행
　　　　　9월 26일 시행

04 2021년　3월 7일 시행
　　　　　5월 15일 시행
　　　　　8월 14일 시행

05 2022년　3월 5일 시행
　　　　　4월 24일 시행
　　　　　제3회 시행 (복원문제)

06 2023년　제1회 시행 (복원문제)
　　　　　제2회 시행 (복원문제)
　　　　　제3회 시행 (복원문제)

07 2024년　제1회 시행 (복원문제)
　　　　　제2회 시행 (복원문제)
　　　　　제3회 시행 (복원문제)

기출문제 CBT 따라하기

홈페이지(www.bestbook.co.kr)에서 일부 기출문제를 CBT 모의 TEST로 체험하실 수 있습니다.

- 최근기출문제 2016년 제1,2,3회
- 최근기출문제 2017년 제1,2,3회
- 최근기출문제 2022년 제1,2,3회
- 최근기출문제 2023년 제1,2,3회
- 최근기출문제 2024년 제1,2,3회

국가기술자격 필기시험문제

2018년도 기사 1회 필기시험

자격종목	시험시간	문제수	형 별
콘크리트기사	2시간	80	A

※ 각 문제는 4지 택일형으로 질문에 가장 적합한 문제의 보기 번호를 클릭하거나 답안표기란의 번호를 클릭하여 입력하시면 됩니다.
※ 입력된 답안은 문제 화면 또는 답안 표기란의 보기 번호를 클릭하여 변경하실 수 있습니다.

제1과목 : 콘크리트 재료 및 배합

□□□ 기12,15,18
01 시멘트 클링커의 조성광물에 대한 설명으로 틀린 것은?

① 알라이트(C_3S)의 양이 많을수록 조강성을 나타낸다.
② 알루미네이트(C_3A)는 수화열이 적고 장기강도가 크다.
③ 알라이트(C_3S) 및 벨라이트(C_2S)는 시멘트 강도의 대부분을 지배한다.
④ 페라이트(C_4AF)는 수화열이 적고 건조수축도 적으며 강도도 작지만 화학저항성이 양호하다.

[해설] 알루미네이트(C_3A)는 수화열이 크고 장기강도가 작다.

□□□ 기05,18
02 시멘트의 품질에 영향을 미치는 요인들에 대한 설명으로 옳은 것은?

① 시멘트의 저장기간이 길어지면 대기중의 수분과 탄산가스를 흡수하게 되어 비중과 강열감량이 증가하게 된다.
② 시멘트의 분말도가 크면 비표면적이 증가하여 풍화하기 어렵고 수화열이 크므로 초기강도발현이 크게 나타난다.
③ 시멘트 제조시 클링커의 소성이 불충분하면 시멘트의 비중이 감소하고 안정성과 장기강도가 작아지므로 충분한 소성이 필요하다.
④ 시멘트 화학성분 중 MgO 성분은 시멘트 경화체의 이상팽창을 일으킬 수 있으므로 시멘트 제조시 10% 이하가 되도록 규제하고 있다.

[해설]
• 시멘트의 저장기간이 길어지면 대기 중의 수분과 이산화탄소를 흡수하여 가벼운 수화반응을 일으켜 풍화하게 되어 비중이 작아지고 강열감량이 증가된다.
• 시멘트의 분말도가 크면 비표면적이 증가하여 풍화하기 쉽고 수화열이 크므로 초기강도발현이 크게 나타난다.
• 시멘트 화학성분 중 MgO 성분은 시멘트 경화체의 이상팽창을 일으킬 수 있으므로 시멘트 제조시 5% 이하로 제한하고 있다.

□□□ 기14,18
03 다음 중 콘크리트용 화학 혼화제 시험 방법에 대한 설명으로 틀린 것은?

① 기준 콘크리트의 공기량은 2% 이하로 한다.
② 감수제를 사용한 콘크리트의 공기량은 3~6% 범위로 한다.
③ 콘크리트를 제조할 때 화학 혼화제는 미리 혼합수에 혼입하여 믹서에 투입한다.
④ 단위 시멘트량은 슬럼프가 80mm인 콘크리트에서 300kg/m³로 한다.

[해설] 감수제를 사용한 콘크리트의 공기량은 기준 콘크리트의 공기량에 1.0%를 더한 것을 넘어서는 안된다.

□□□ 기13,18
04 시멘트시험과 관련된 장비의 연결이 잘못된 것은?

① 비중시험-르샤틀리에 플라스크
② 분말도시험-블레인 투과장치 세트
③ 응결시간 측정-비카장치
④ 오토클레이브 팽창시험-위싱턴 에어미터

[해설]
• 오토클레이브 팽창시험 : 오토클레이브, 콤퍼레이터
• 공기량 시험 : 위싱턴 에어미터

□□□ 기09,10,17,18
05 시멘트는 풍화가 되면 성질이 변하게 된다. 시멘트 풍화로 인하여 나타나는 현상에 대한 설명으로 틀린 것은?

① 풍화되면 비중이 커진다.
② 풍화되면 강열감량이 증가된다.
③ 풍화되면 응결시간이 지연된다.
④ 풍화되면 강도의 발현이 저하된다.

[해설] 풍화되면 비중이 작아진다.

정답 01 ② 02 ③ 03 ② 04 ④ 05 ①

□□□ 기 18

06 콘크리트 배합설계에서 배합강도(f_{cr})를 결정하는 방법에 대한 설명으로 틀린 것은?

① 구조물에 사용된 콘크리트의 압축강도가 호칭강도보다 작아지지 않도록 현장 콘크리트의 품질변동을 고려하여 콘크리트의 배합강도를 호칭강도보다 충분히 크게 정하여야 한다.
② 압축강도의 표준편차(s)를 알고 $f_{cn} > 35\,\text{MPa}$인 경우 $f_{cr} = f_{cn} + 1.34s\,(\text{MPa})$, $f_{cr} = 0.9f_{cn} + 2.33s\,(\text{MPa})$ 두 식으로 구한 값 중 큰 값으로 정하여야 한다.
③ 압축강도의 시험횟수가 15회 이상 29회 이하인 경우는 실제 시험 결과로부터 계산한 표준편차(s)에 보정계수를 곱한 값을 표준편차로 사용할 수 있다.
④ 압축강도 시험기록이 없고 호칭강도(f_{cn})가 21MPa 미만인 경우에는 콘크리트의 배합강도는 $1.1f_{cn} + 10\,(\text{MPa})$으로 정할 수 있다.

해설 압축강도의 시험횟수가 14회 이하이거나 기록이 없는 경우의 배합강도

호칭강도 f_{cn}	배합강도 f_{cr}(MPa)
21MPa 미만	$f_{cr} = f_{cn} + 7$
21 이상 35MPa 이하	$f_{cr} = f_{cn} + 8.5$
35MPa 초과	$f_{cr} = 1.1f_{cn} + 5.0$

· 호칭강도(f_{cn})가 21MPa 미만인 경우
∴ 배합강도 $f_{cr} = f_{cn} + 7$

□□□ 기 09,12,16,18

07 아래 표와 같은 조건에서 설계기준 압축강도가 28MPa인 콘크리트의 배합강도를 구하면?

- 24회의 압축강도 시험실적으로부터 구한 압축강도의 표준편차 : 5MPa
- 시험횟수가 20회일 때 표준편차의 보정계수 : 1.08
- 시험횟수가 25회일 때 표준편차의 보정계수 : 1.03

① 34.97MPa   ② 36.15MPa
③ 36.62MPa   ④ 37.32MPa

해설 시험횟수가 24회 이하일 때 표준편차의 보정계수
$1.08 - \dfrac{1.08 - 1.03}{25 - 20} \times (24 - 20) = 1.04$
∴ 수정 표준편차 $s = 5 \times 1.04 = 5.2\,\text{MPa}$
■ $f_{cr} < 35\,\text{MPa}$일 때 배합강도
· $f_{cr} = f_{ck} + 1.34s = 28 + 1.34 \times 5.2 = 34.97\,\text{MPa}$
· $f_{cr} = (f_{ck} - 3.5) + 2.33s = (28 - 3.5) + 2.33 \times 5.2$
  $= 36.62\,\text{MPa}$
∴ $f_{cr} = 36.62\,\text{MPa}$(두 값 중 큰 값)

□□□ 기 05,08,10,12,18

08 콘크리트에 사용하는 혼합수로서 상수돗물 이외의 물에 대한 품질항목 중 용해성 증발 잔류물의 양은 몇 g/L 이하이어야 하는가?

① 1g/L   ② 2g/L
③ 3g/L   ④ 4g/L

해설 수돗물 이외의 물의 품질

항목	품질
현탁 물질의 양	2g/L 이하
용해성 증발잔유물의 양	1g/L 이하
염소 이온(Cl)량	250mg/L 이하
시멘트 응결시간의 차	초결은 30분 이내, 종결은 60분 이내
모르타르의 압축강도비	재령 7일 및 재령 28일에서 90% 이상

□□□ 기 05,18,21

09 굵은 골재의 단위용적질량 시험에서 용기의 부피가 10L, 용기 중 시료의 절대 건조질량이 20kg 이었다. 이 골재의 흡수율이 1.2%이고 표면건조포화상태의 밀도가 2.65kg/L라면 실적률은 얼마인가?

① 45.2%   ② 54.7%
③ 65.3%   ④ 76.4%

해설 실적률 $G = \dfrac{T}{d_s} \times (100 + Q)$

· $T = \dfrac{m_1}{V} = \dfrac{20}{10} = 2\,\text{kg/L}$

∴ $G = \dfrac{2}{2.65} \times (100 + 1.2) = 76.4\%$

여기서, T : 골재의 단위용적질량(kg/L)
m_1 : 용기안의 시료의 질량(kg)
V : 용기의 용적(L)
d_s : 골재의 표건밀도(kg/L)
Q : 골재의 흡수율(%)

□□□ 기 11,18,21

10 골재의 절대부피가 0.65m³인 콘크리트에서 잔골재율이 42%이고 잔골재의 표건밀도가 2.60g/cm³이면 단위 잔골재량은?

① 709.8kg   ② 712.6kg
③ 711.4kg   ④ 707.6kg

해설 · 단위 잔골재량의 절대 용적 = 단위 골재의 절대 용적 × 잔골재율
$= 0.65 \times 0.42 = 0.273\,\text{m}^3$
· 잔골재량 s = 단위 잔골재량의 절대 용적 × 잔골재의 밀도
$= 0.273 \times 2.60 \times 1,000 = 709.8\,\text{kg/m}^3$

□□□ 기15,18,21

11 콘크리트의 배합에서 잔골재율에 대한 설명으로 틀린 것은?

① 소요의 워커빌리티를 얻을 수 있는 범위 내에서 단위수량이 최소가 되도록 시험에 의해 정하여야 한다.
② 공사 중에 잔골재의 입도가 변하여 조립률이 ±0.20 이상 차이가 있을 경우에는 배합을 수정할 필요가 있다.
③ 유동화 콘크리트의 경우, 유동화 후 콘크리트의 워커빌리티를 고려하여 잔골재율을 결정할 필요가 있다.
④ 고성능 공기연행감수제를 사용한 콘크리트의 경우로서 물-결합재비 및 슬럼프가 같으면, 일반적인 공기연행감수제를 사용한 콘크리트와 비교하여 잔골재율을 1~2% 정도 작게 하는 것이 좋다.

[해설] 고성능 공기연행감수제를 사용한 콘크리트의 경우로서 물-결합재비 및 슬럼프가 같으면, 일반적인 공기연행감수제를 사용한 콘크리트와 비교하여 잔골재율을 1~2% 정도 크게 하는 것이 좋다.

□□□ 기14,17,18,19

12 콘크리트의 배합에서 물-결합재비에 대한 설명으로 틀린 것은?

① 물-결합재비는 소요의 강도, 내구성, 수밀성 및 균열저항성 등을 고려하여 정하여야 한다.
② 제빙화학제가 사용되는 콘크리트의 물-결합재비는 45% 이하로 한다.
③ 콘크리트의 수밀성을 기준으로 물-결합재비를 정할 경우 그 값은 50% 이하로 한다.
④ 콘크리트의 탄산화 저항성을 고려하여 물-결합재비를 정할 경우 그 값은 45% 이하로 한다.

[해설] 콘크리트의 탄산화 저항성을 고려하여 물-결합재비를 정할 경우 55% 이하로 한다.

□□□ 기14,18

13 골재의 체가름시험에 관한 설명으로 틀린 것은?

① 모래나 자갈을 4분법 또는 시료분취기를 통해 대표시료를 채취한다.
② 채취한 시료는 105±5℃에서 시료의 무게변화가 없을 때까지 건조시킨다.
③ 굵은 골재의 최대치수가 25mm정도인 시료의 최소 건조질량은 3kg으로 한다.
④ 1.18mm체에 질량비로 5% 이상 남는 잔골재 시료의 최소 건조질량은 500g으로 한다.

[해설] 굵은 골재의 최대치수가 25mm 정도인 시료의 최소 건조질량은 5kg으로 한다.

□□□ 기10,12,17,18,21

14 전체 10kg의 굵은 골재를 사용한 체가름 시험 결과가 아래의 표와 같을 때 조립률은?

체의 호칭(mm)	40	30	25	20	15	10	5
각 체에 남은 양(g)	200	600	1,500	2,000	3,200	1,800	700

① 4.7
② 6.24
③ 7.38
④ 8.46

[해설] 조립률체 : 75, 40, 20, 10, 5, 2.5, 1.2, 0.6, 0.3, 0.15mm

체의 호칭치수	남는 양(g)	잔유률(%)	가적잔유율(%)
40	200	2	2
30	600	6	8
25	1,500	15	23
20	2,000	20	43
15	3,200	32	75
10	1,800	18	93
5	700	7	100
계	10,000	100	

$$\therefore F.M = \frac{\Sigma 가적잔유율}{100}$$
$$= \frac{0+2+43+93+100\times 6}{100} = 7.38$$

□□□ 기05,18

15 일반 콘크리트용 천연 잔골재의 성질에 대한 설명으로 틀린 것은?

① 잔골재의 절대건조 밀도는 2.5g/cm³ 이상의 값을 표준으로 한다.
② 잔골재의 흡수율은 3.0% 이하의 값을 표준으로 한다.
③ 콘크리트용 잔골재는 깨끗하고 강하며 내구적이고, 알맞은 입도를 가져야 한다.
④ 황산나트륨에 의한 안정성 시험을 한 경우, 조작을 5번 반복했을 때 잔골재의 손실질량은 12% 이하를 표준으로 한다.

[해설] • 천연잔골재의 물리적 성질

시험 항목	천연잔골재
절대건조밀도(g/cm³)	2.5 이상
흡수율	3.0% 이하
안전성	10% 이하
0.08mm체 통과량	1.0% 이하

• 황산나트륨 안정성 시험

구분	5회 시험했을 때 손실량
잔골재	10%
굵은 골재	12%

☐☐☐ 기 08,10,15,18
16 콘크리트용 굵은 골재의 최대치수에 대한 설명으로 틀린 것은?

① 거푸집 양 측면 사이의 최소 거리의 1/5을 초과하지 않아야 한다.
② 슬래브 두께의 1/4을 초과하지 않아야 한다.
③ 개별철근, 다발철근, 긴장재 또는 덕트사이 최소 순간격의 3/4을 초과하지 않아야 한다.
④ 구조물의 단면이 큰 경우 굵은 골재의 최대치수는 40mm를 표준으로 한다.

해설 ■ 굵은 골재의 최대치수는 다음 값을 초과하지 않아야 한다.
- 거푸집 양측 사이의 최소 거리의 1/5
- 슬래브 두께의 1/3
- 개별철근, 다발 철근, 긴장재 또는 덕트 사이의 최소 순간격의 3/4

■ 굵은 골재의 최대치수

구조물의 종류	굵은 골재의 최대 치수(mm)
일반적인 경우	20 또는 25
단면이 큰 경우	40
무근 콘크리트	40 부재 최소치수의 1/4을 초과해서는 안됨

☐☐☐ 기 15,18,21,22
17 콘크리트 압축강도 시험결과가 다음과 같을 경우 표준편차는 얼마인가? (단, 불편분산의 개념에 의해 구하시오.)

34.5, 31.4, 33.2, 35.7, 30.5(MPa)

① 2.14MPa
② 2.92MPa
③ 3.14MPa
④ 3.92MPa

해설 표준편차 $s = \sqrt{\dfrac{\sum(X_i - \overline{x})^2}{(n-1)}}$

- 압축강도 합계
$\sum X_i = 34.5 + 31.4 + 33.2 + 35.7 + 30.5$
$= 165.3 \text{MPa}$
- 압축강도 평균값
$\overline{x} = \dfrac{\sum X_i}{n} = \dfrac{165.3}{5} = 33.06 \text{MPa}$
- 표준편차 합
$\sum(X_i - \overline{x})^2 = (34.5 - 33.06)^2 + (31.4 - 33.06)^2$
$+ (35.7 - 33.06)^2 + (30.5 - 33.06)^2$
$= 18.35 \text{MPa}$
∴ 표준표차 $s = \sqrt{\dfrac{18.35}{5-1}} = 2.14 \text{MPa}$

☐☐☐ 기 04,18,21
18 콘크리트용 화학혼화제의 작용과 효과에 관한 다음 설명 중 틀린 것은?

① AE제는 미세한 기포를 다수 연행하여 콘크리트의 워커빌리티를 개선하는 효과가 있다.
② 감수제는 시멘트 입자를 정전기적인 반발작용으로 분산시켜 콘크리트의 단위수량을 감소시키는 효과가 있다.
③ 고성능 AE감수제는 시멘트의 분산작용을 분명하게 하여 콘크리트의 응결을 빠르게 하는 효과가 있다.
④ AE감수제는 시멘트 분산작용 이외에 공기연행작용을 함께 가지고 있어 콘크리트의 동결융해 저항성을 높여 주는 효과가 있다.

해설 고성능 AE감수제를 사용한 콘크리트의 응결시간은 일반적인 AE감수제를 사용한 콘크리트와 비교해서 초결, 종결이 지연되는 경향이 있다.

☐☐☐ 기 14,18
19 시멘트의 비중시험에 대한 설명으로 틀린 것은?

① 달리 규정한 바가 없다면, 시멘트의 비중은 강열 감량 후의 시료에 대해서 실시하여야 한다.
② 온도 23±2℃에서 비중 약 0.73 이상인 완전히 탈수된 등유나 나프타를 사용한다.
③ 광유가 든 비중병에 시멘트를 넣고 비중병을 물중탕 안에 넣어 광유 온도차가 0.2℃ 이내로 되었을 때의 눈금을 읽는다.
④ 동일 시험자가 동일 재료에 대하여 2회 측정한 결과가 ±0.03 이내이어야 한다.

해설 달리 규정이 없다면, 시멘트의 비중은 시료를 접수한 상태대로 시험한다.

☐☐☐ 기 06,13,18,19
20 콘크리트에 이용되는 혼화재에 대한 설명으로 틀린 것은?

① 팽창재는 에트린가이트 및 수산화칼슘 등의 생성에 의해 콘크리트를 팽창시킨다.
② 플라이 애시는 유리질 입자의 잠재수경성에 의해 콘크리트의 초기강도를 증가시킨다.
③ 실리카 품을 사용한 콘크리트는 마이크로 필러효과와 포졸란 반응에 의해 콘크리트의 강도가 증가한다.
④ 고로슬래그 미분말을 사용한 콘크리트의 초기강도는 포틀랜드시멘트 콘크리트보다 작고 이러한 경향은 슬래그 치환율이 클수록 현저하게 나타난다.

정답 16 ② 17 ① 18 ③ 19 ① 20 ②

해설
- 플라이 애시를 혼합한 콘크리트의 초기강도는 보통 콘크리트보다 작아지나 재령이 길어짐에 따라 포졸란 반응에 의해 장기강도는 증가한다.
- 플라이 애시 혼합율의 영향을 받아 재령 28일 이후의 장기재령에서는 혼합율이 10~20%에서 강도발현이 가장 크게 나타난다.

제2과목 : 콘크리트 제조, 시험 및 품질관리

□□□ 기14,18

21 콘크리트의 충격강도는 말뚝의 항타, 충격하중을 받는 기계기초, 폭발하중을 받는 방호구조 등과 같은 경우에 매우 중요하다. 다음 중 충격강도에 대한 일반적인 설명으로 틀린 것은?

① 콘크리트의 충격강도는 압축강도보다는 인장강도와 더 밀접한 관계가 있다.
② 탄성계수와 포아송비가 큰 골재를 사용한 경우 충격강도에 유리하다.
③ 동일한 압축강도의 콘크리트일지라도 부순골재처럼 골재 표면이 거칠수록 충격강도는 높다.
④ 굵은 골재 최대치수가 작은 경우 충격강도에 유리하다.

해설 탄성계수와 포아송비가 작은 골재를 사용한 경우 충격강도에 유리하다.

□□□ 기10,12,18

22 콘크리트용 재료를 계량하고자 한다. 고로슬래그 미분말 50kg을 목표로 계량한 결과 50.6kg이 계량되었다면, 계량오차에 대한 올바른 판정은? (단, 콘크리트표준시방서의 규정을 따른다.)

① 계량오차가 1.2%로 혼화재의 허용오차 2%내에 들어 합격
② 계량오차가 1.2%로 혼화제의 허용오차 3%내에 들어 합격
③ 계량오차가 1.2%로 고로슬래그 미분말의 허용오차 1%를 벗어나 불합격
④ 계량오차가 1.2%로 고로슬래그 미분말의 허용오차 3%내에 들어 합격

해설 고로 슬래그 미분말의 계량오차의 최대치는 1%로 한다.

- 계량오차 $m_o = \dfrac{m_2 - m_1}{m_1} = \dfrac{50.6 - 50}{50} \times 100 = 1.2\%$

∴ 계량오차 1%를 벗어나 불합격

□□□ 기 06,10,18,22

23 콘크리트의 동결융해 시험에서 300사이클에서 상대 동탄성계수가 76%라면, 이 공시체의 내구성 지수는?

① 76%　　　② 81%
③ 85%　　　④ 92%

해설 내구성지수

$$DF = \dfrac{\text{시험종료 사이클수} \times \text{상대동탄성계수}}{\text{동결융해에의 노출이 끝날때의 사이클수}} = \dfrac{P \cdot N}{300}$$

∴ $DF = \dfrac{300 \times 76}{300} = 76\%$

□□□ 기11,14,18

24 일반 콘크리트의 비비기에 대한 설명으로 틀린 것은?

① 재료를 믹서에 투입하는 순서는 믹서의 형식, 비비기 시간, 골재의 종류 및 입도, 단위수량, 단위시멘트량, 혼화재료의 종류 등에 따라 다르다.
② 강제혼합식 믹서 중 바닥의 배출구를 완전히 폐쇄시킬 수 없는 경우에는 물을 다른 재료보다 일찍 주입하여야 한다.
③ 비비기 시간에 대한 시험을 실시하지 않은 경우 그 최소 시간은 가경식 믹서일 때에는 1분 30초 이상을 표준으로 한다.
④ 비비기는 미리 정해둔 비비기 시간의 3배 이상 계속 하지 않아야 한다.

해설 강제혼합식 믹서 중 바닥의 배출구를 완전히 폐쇄시킬 수 없는 경우에는 물을 다른 재료보다 조금 늦게 넣는 것이 좋다.

□□□ 기18,21

25 굳지 않은 콘크리트의 시료채취방법(KS F 2401)에서 시료의 양에 대한 설명으로 옳은 것은? (단, 분취 시료를 그대로 시료로 하는 경우는 제외한다.)

① 시료의 양은 20L 이상으로 하고, 시험에 필요한 양보다 5L 이상 많아야 한다.
② 시료의 양은 10L 이상으로 하고, 시험에 필요한 양보다 5L 이상 많아야 한다.
③ 시료의 양은 20L 이상으로 하고, 시험에 필요한 양보다 많아야 한다.
④ 시료의 양은 10L 이상으로 하고, 시험에 필요한 양보다 많아야 한다.

해설 시료의 양
시료의 양은 20L 이상으로 하고, 시험에 필요한 양보다 5L 이상 많아야 한다. 다만, 분취시료를 그대로 시료로 하는 경우에는 20L보다 적어도 된다.

정답　21 ②　22 ③　23 ①　24 ②　25 ①

□□□ 기09,18

26 콘크리트의 공기량을 감소시키는 요인으로 적합하지 않은 것은?

① 콘크리트의 온도 상승
② 잔골재 중의 0.15~0.60mm 입자 증가
③ 잔골재율 감소
④ 플라이 애시 사용

해설 잔골재 중의 0.15~0.60mm 입자가 증가하는데 따라 공기량은 증대된다.

□□□ 기10,18,20,21

27 콘크리트의 탄성계수는 압축강도와 일정한 상관관계가 있는 것으로 알려져 있다. 콘크리트의 압축강도가 27MPa 일 때 탄성계수는? (단, 보통중량골재를 사용한 콘크리트)

① 2.14×10^4 MPa
② 2.27×10^4 MPa
③ 2.54×10^4 MPa
④ 2.67×10^4 MPa

해설 콘크리트의 탄성계수 $E_c = 8,500 \sqrt[3]{f_{cu}}$
- $f_{cu} = f_{ck} + \Delta f = 27 + 4 = 31$ MPa
  (∵ Δf는 f_{ck}가 40MPa 이하이면 4MPa, 60MPa 이상이면 6MPa이다.)
∴ $E_c = 8,500 \sqrt[3]{31} = 26,702$ MPa $= 2.67 \times 10^4$ MPa

□□□ 기11,17,18

28 콘크리트의 압축강도 시험용 공시체 규격 및 시험방법에 대한 설명으로 틀린 것은?

① 공시체는 지름의 2배의 높이를 가진 원기둥형으로 하고 그 지름은 굵은 골재 최대치수의 3배 이상, 100mm 이상으로 한다.
② 콘크리트를 몰드에 채울 때 2층 이상으로 거의 동일한 두께로 나누어서 채우며 각 층의 두께는 160mm를 초과해서는 안된다.
③ 다짐봉을 사용하여 콘크리트를 다져 넣을 때 각 층은 적어도 2,000mm²에 1회의 비율로 다지도록 하고 다짐봉이 바로 아래층까지 닿도록 한다.
④ 하중을 가하는 속도는 압축응력도의 증가율이 매초 (0.6±0.2)MPa이 되도록 하고 공시체가 파괴될 때까지 시험기가 나타내는 최대하중을 유효숫자 3자리까지 읽는다.

해설 다짐봉을 사용하여 콘크리트를 다져 넣을 때 각 층은 적어도 1,000mm²(10cm²)에 1회의 비율로 다지도록 하고 다짐봉이 바로 아래의 층까지 다짐봉을 닿도록 한다.

□□□ 기10,18,21

29 3등분점 재하로 휨강도 시험을 실시하였을 때 파괴하중이 30.8kN이었고 지간의 중앙의 1/3 내에서 파괴되었다면 휨강도는 얼마인가? (단, 공시체의 크기는 150×150×530mm이며, 지간은 450mm이다.)

① 3.5MPa
② 3.8MPa
③ 4.1MPa
④ 4.4MPa

해설 휨강도 $f_b = \dfrac{Pl}{bh^2}$
∴ $f_b = \dfrac{30.8 \times 10^3 \times 450}{150 \times 150^2} = 4.1$ N/mm² $= 4.1$ MPa

□□□ 기12,18,22

30 굳지 않은 콘크리트의 워커빌리티 및 반죽질기에 영향을 주는 인자에 대한 설명으로 틀린 것은?

① 단위 수량이 많을수록 콘크리트의 반죽질기가 질게 되어 유동성이 크게 되지만, 단위 수량을 과다하게 증가시키면 재료분리가 발생하기 쉬워지므로 워커빌리티가 좋아진다고는 말할 수 없다.
② 일반적인 범위 내에서는 부배합의 콘크리트가 빈배합의 콘크리트에 비해 워커빌리티가 좋다고 할 수 있다.
③ 일반적으로 분말도가 높은 시멘트의 경우에는 시멘트 풀의 점성이 높아지므로 반죽질기는 작게 된다.
④ 일반적으로 콘크리트의 비빔온도가 높을수록 반죽질기는 증가하는 경향이 있다.

해설 일반적으로 콘크리트의 비빔온도가 높으면 슬럼프가 감소되어 반죽질기가 감소하는 경향이 있다.

□□□ 기05,12,18

31 콘크리트의 크리프에 영향을 미치는 요인에 대한 설명 중 틀린 것은?

① 재하응력이 클수록 크리프는 크다.
② 물-시멘트비가 작을수록 크리프는 작다.
③ 부재치수가 작을수록 크리프는 크다.
④ 재하시의 재령이 작을수록 크리프는 작다.

해설 크리프에 영향을 미치는 요인
- 재하응력이 클수록 크리프는 크다.
- 부재치수가 작을수록 크리프는 크다.
- 재하시의 재령이 작을수록 크리프는 크다.
- 조강시멘트는 보통시멘트보다 크리프가 작다.
- 재하기간 중의 대기온도가 높을수록 크리프가 크다.
- 재하기간 중의 대기의 습도가 낮을수록 크리프는 크다.
- 물-시멘트비가 클수록, 단위 시멘트량이 많을수록 크리프는 크다.
- 골재의 조직이 밀실하지 않거나 입도가 부적당하여 공극이 많으면 크리프는 크다.

정답 26 ② 27 ④ 28 ③ 29 ③ 30 ④ 31 ④

32 품질관리 7가지 관리기법 중 아래의 표에서 설명하는 것은?

> 어느 특성에 영향을 주는 요인을 열거하여 정리하고 상호관련성을 도표화한 것으로 일명 생선뼈 그림이라고도 한다.

① 특성요인도 ② 관리도
③ 체크시트   ④ 산포도

해설 TQC의 7도구

구분	내용
층별	집단을 구성하고 있는 많은 데이터를 어떤 특징에 따라서 몇 개의 부분집단으로 나누는 것
히스토그램	데이터가 어떤 분포를 하고 있는지를 알아보기 위해 작성하는 그림
특성요인도	어느 특성에 영향을 주는 요인을 열거하여 정리하고 상호관련성을 도표화한 것으로 일명 생선뼈 그림
파레토도	불량 등의 발생건수를 분류항목별로 나누어 크기 순서대로 나열해 놓은 그림
체크 씨이트	계수치의 데이터가 분류항목의 어디에 집중되어 있는가를 알아보기 쉽게 나타낸 그림
각종 그래프	한눈에 파악되도록 한 각종 그래프
산점도	대응되는 두 개의 짝으로 된 데이터를 그래프 용지 위에 점으로 나타낸 그림

33 $\phi100\times200$mm 콘크리트 공시체에 축 하중 $P=200$kN을 가했을 때 세로 방향의 수축량을 구한값으로 옳은 것은? (단, 콘크리트 탄성계수는 $E_c=13,730$N/mm²)

① 0.07mm   ② 0.15mm
③ 0.37mm   ④ 0.55mm

해설
- 압축응력 $\sigma_c = \dfrac{P}{A} = \dfrac{200\times10^3}{\dfrac{\pi\times100^2}{4}} = 25.465$ N/mm²

- 세로변형 $\epsilon_\ell = \dfrac{\sigma_c}{E_c} = \dfrac{25.465}{13,730} = 0.00185$

  ∴ 가로방향의 수축량 $\Delta l = \epsilon\cdot l = 0.00185\times200 = 0.37$ mm

  또는

- 탄성계수 $E = \dfrac{\sigma}{\epsilon} = \dfrac{\dfrac{P}{A}}{\dfrac{\Delta l}{l}} = \dfrac{P\cdot l}{A\cdot\Delta l}$ 에서

  ∴ $\Delta l = \dfrac{P\cdot l}{A\cdot E} = \dfrac{200,000\times200}{\dfrac{\pi\times100^2}{4}\times13,730} = 0.371$ mm

34 일반적인 레디믹스트콘크리트의 주문 규격이 아래의 표와 같을 경우 다음 설명 중 틀린 것은?

> 보통 25-21-120

① 보통 중량 골재를 사용한 콘크리트이다.
② 슬럼프의 허용 오차는 ±25mm이어야 한다.
③ 굵은 골재의 최대치수가 25mm인 골재를 사용한 콘크리트이다.
④ 설계기준 휨강도가 21MPa인 콘크리트이다.

해설 호칭강도가 21MPa인 콘크리트이다.

35 콘크리트 압축강도 추정을 위한 반발 경도 시험 방법에 대한 설명으로 틀린 것은?

① 시험할 콘크리트 부재의 두께가 100mm 이상이어야 하며, 하나의 구조체에 고정되어야 한다.
② 타격 위치는 가장자리로부터 100mm 이상 떨어지고, 서로 30mm 이내로 근접해서는 안 된다.
③ 측정값 20개의 평균으로부터 오차가 10% 이상이 되는 경우의 값은 버리고 나머지 측정값의 평균을 구하여 채택한다.
④ 슈미트 해머는 수평 타격 시험값이 가장 안정된 값을 나타내기 때문에 수평 타격을 원칙으로 한다.

해설 측정값 20개의 평균으로부터 오차가 20% 이상이 되는 경우의 측정값은 버리고 나머지 측정값의 평균을 구한다.

36 레디믹스트 콘크리트 혼합에 사용되는 물에 대한 설명으로 틀린 것은?

① 상수도 이외의 물이란 하천수, 호숫물, 저수지수, 지하수, 회수수, 공업용수 등 상수돗물을 제외한 모든 물을 말한다.
② 상수돗물은 시험을 하지 않아도 사용할 수 있다.
③ 슬러지수란 콘크리트의 회수수에서 상징수를 일부 활용하고 남은 슬러지를 포함한 물을 말한다.
④ 상수돗물 이외의 물을 사용한 경우 모르타르 압축강도비는 재령 7일 및 28일에서 90% 이상이어야 한다.

해설 상수도 이외의 물이란 하천수, 호숫물, 저수지수, 지하수 등으로서 상수돗물로서의 처리가 되어 있지 않은 물 또는 공업용수를 말하며 회수수는 제외한다.

정답 32 ① 33 ③ 34 ④ 35 ③ 36 ①

□□□ 기12,14,18
37 콘크리트용 재료의 계량에 대한 설명으로 틀린 것은?

① 혼화제를 녹이는데 사용하는 물은 단위수량의 일부로 보아야 한다.
② 실용상으로 15~30분간의 흡수율을 골재 유효흡수율로 보아도 좋다.
③ 각 재료는 1배치씩 질량으로 계량하여야 하나, 물은 용적으로 계량해도 좋다.
④ 계량은 시방배합에 의해 실시하는 것으로 한다.

[해설] 계량은 현장배합에 의해 실시하는 것으로 한다.

□□□ 기10,11,18,21
38 다음 중 재하시험에 의한 구조물의 성능시험을 실시하여야 하는 경우와 거리가 먼 것은?

① 콘크리트 표면에 미세한 균열이 발생한 경우
② 공사 중에 콘크리트가 동해를 받았을 우려가 있을 경우
③ 공사 중 현장에서 취한 콘크리트의 압축강도시험 결과로부터 판단하여 강도에 문제가 있다고 판단되는 경우
④ 구조물의 안전에 어떠한 근거 있는 의심이 생긴 경우

[해설] 재하시험에 의한 구조물의 성능 시험을 실시하는 경우
 · 공사 중에 콘크리트가 동해를 받았다고 생각되는 경우
 · 공사 중 구조물의 안전에 어떠한 근거 있는 의심이 생긴 경우
 · 공사 중 현장에서 취한 콘크리트 압축강도시험 결과로부터 판단하여 강도에 문제가 있다고 판단되는 경우

□□□ 기07,12,17,18
39 다음 관리도 중 콘크리트의 압축강도, 슬럼프, 공기량 등의 특성을 관리하는데 주로 사용되는 관리도는?

① p 관리도
② $\bar{x}-R$ 관리도
③ p_n-R 관리도
④ u 관리도

[해설] 관리도의 종류

종 류	관리도	데이터 종류	적용이론
계량값 관리도	$\bar{x}-R$ 관리도	길이, 중량, 강도, 화학성분, 압력, 슬럼프, 공기량	정규 분포
	$\bar{x}-\sigma$ 관리도		
	x 관리도		
계수값 관리도	p 관리도	제품의 불량률	이항 분포
	p_n 관리도	불량개수	
	c 관리도	결점수	프와송 분포
	u 관리도	단위당 결점수	

□□□ 기13,18
40 히스토그램의 특징으로 틀린 것은?

① 층별의 비교가 가능하다.
② 공정능력을 조사할 수 있다.
③ 규격 또는 표준치와는 비교가 곤란하다.
④ 분포의 모양을 조사할 수 있다.

[해설] 규격 또는 표준치와 비교가 가능하다.

제3과목 : 콘크리트의 시공

□□□ 기18,23
41 프리플레이스트 콘크리트에 대한 설명으로 틀린 것은?

① 고강도 프리플레이스트 콘크리트라 함은 고성능 감수제에 의하여 주입 모르타르의 물-결합재비를 40% 이하로 낮추어 재령 91일에서 압축강도 40MPa 이상이 얻어지는 프리플레이스트 콘크리트를 말한다.
② 굵은 골재 최소치수란 프리플레이스트 콘크리트에 사용되는 굵은 골재에 있어서 질량이 적어도 90% 이상 남는 체중에서 최소 치수의 체눈의 호칭치수로 나타낸 굵은 골재의 치수를 말한다.
③ 프리플레이스트 콘크리트란 미리 거푸집 속에 특정한 입도를 가지는 굵은 골재를 채워놓고 그 간극에 모르타르를 주입하여 제조한 콘크리트를 말한다.
④ 프리플레이스트 콘크리트의 강도는 원칙적으로 재령 28일 또는 재령 91일의 압축강도를 기준으로 한다.

[해설] 굵은 골재 최소치수란 프리플레이스트 콘크리트에 사용되는 굵은 골재에 있어서 질량이 적어도 95% 이상 남는 체중에서 최대 치수의 체눈의 호칭치수로 나타낸 굵은 골재의 치수를 말한다.

□□□ 기08,11,18,21
42 고강도 콘크리트에 사용되는 굵은 골재의 최대치수 기준에 대한 설명으로 옳은 것은?

① 일반적인 경우 25mm 이상의 것을 사용하여야 한다.
② 철근 최소 수평순간격의 3/4 이내의 것을 사용하도록 한다.
③ 슬래브 두께의 2/3를 초과하지 않아야 한다.
④ 부재 최소치수의 1/2을 초과하지 않아야 한다.

[해설] 고강도 콘크리트에 사용되는 굵은 골재의 최대치수
 · 25mm 이하
 · 철근 최소 수평 순간격의 3/4 이내

[정답] 37 ④ 38 ① 39 ② 40 ③ 41 ② 42 ②

43 콘크리트의 타설 작업에 대한 설명으로 틀린 것은?

① 콘크리트를 2층 이상으로 나누어 타설할 경우, 상층의 콘크리트 타설은 원칙적으로 하층의 콘크리트가 굳은 후 레이턴스를 모두 제거하고 타설하여야 한다.
② 타설한 콘크리트를 거푸집 안에서 횡방향으로 이동시켜서는 안 된다.
③ 한 구획내의 콘크리트는 타설이 완료될 때까지 연속해서 타설하여야 한다.
④ 콘크리트는 그 표면이 한 구획 내에서는 거의 수평이 되도록 타설하는 것을 원칙으로 한다.

[해설] 콘크리트를 2층 이상으로 나누어 타설할 경우, 상층의 콘크리트 타설은 원칙적으로 하층의 콘크리트가 굳기 시작하기 전에 해야 하며, 상층과 하층이 일체가 되도록 시공한다.

44 매스 콘크리트에 대한 일반적인 설명으로 틀린 것은?

① 온도균열폭을 제어하기 위해서 온도균열지수 및 철근비를 낮게 하는 방법이 좋다.
② 일반적으로 콘크리트의 온도상승량은 단위시멘트량 $10kg/m^3$에 대하여 대략 1℃ 정도의 비율로 증가된다.
③ 저발열형 시멘트는 장기 재령의 강도 증진이 보통 포틀랜드 시멘트에 비하여 크므로, 91일 정도의 장기 재령을 설계기준압축강도의 기준 재령으로 하는 것이 바람직하다.
④ 매스 콘크리트의 벽체구조물에 설치하는 수축이음의 단면 감소율은 35% 이상으로 하여야 한다.

[해설] 온도균열폭을 제어하기 위해서 온도균열지수 및 철근비를 증가하는 방법이 좋다.

45 거푸집 및 동바리 구조 계산에 사용되는 연직하중에 대한 설명으로 틀린 것은?

① 거푸집 하중은 최소 $0.4kN/m^2$ 이상을 적용하며, 특수 거푸집의 경우에는 그 실제의 중량을 적용하여 설계한다.
② 활하중은 구조물의 수평투영면적당 최소 $2.5kN/m^2$ 이상으로 하여야 한다.
③ 콘크리트의 단위중량은 철근의 중량을 포함하여 보통 콘크리트인 경우 $24kN/m^3$을 적용하여야 한다.
④ 고정하중은 철근콘크리트 중량만을 고려하여 결정하여야 한다.

[해설] 고정하중은 철근콘크리트와 거푸집의 중량을 고려하여 합한 하중이다.

46 고압증기양생한 콘크리트의 특징에 대한 설명으로 틀린 것은?

① 황산염에 대한 저항성이 향상된다.
② 용해성의 유리석회가 없기 때문에 백태현상을 감소시킨다.
③ 표준 온도로 양생한 콘크리트와 비교하여 수축률은 약간 증가하는 경향이 있다.
④ 보통 양생한 것에 비해 철근의 부착강도가 약 1/2이 된다.

[해설] 표준 온도로 양생한 콘크리트와 비교하여 약 1/6~1/3 정도로 건조 수축 감소 및 수분 이동 감소가 된다.

47 매스 콘크리트의 타설 온도를 낮추는 방법 중 선행 냉각 방법에 해당되지 않는 것은?

① 관로식 냉각
② 혼합전 재료를 냉각
③ 혼합중 콘크리트를 냉각
④ 타설전 콘크리트를 냉각

[해설]
• 선행 냉각 방법 : 혼합 전 재료를 냉각·혼합 중 콘크리트를 냉각·타설 전 콘크리트를 냉각
• 관로식 냉각 방법 : 콘크리트를 타설한 후 콘크리트의 내부온도를 제어하기 위해 미리 묻어둔 파이프 내부에 냉수 또는 공기를 강제적으로 순환시켜 콘크리트를 냉각하는 방법

48 수중 콘크리트의 배합에 대한 설명으로 틀린 것은?

① 일반 수중콘크리트의 슬럼프는 시공방법에 따라 50~100mm를 표준으로 한다.
② 일반 수중콘크리트의 물-결합재비는 50% 이하를 표준으로 한다.
③ 일반 수중콘크리트는 다짐이 불가능하기 때문에 일반콘크리트와 비교하여 높은 유동성이 필요하다
④ 수중불분리성 콘크리트의 공기량은 4% 이하를 표준으로 한다.

[해설] 일반 수중 콘크리트의 슬럼프의 표준값(mm)

시공방법	일반 수중 콘크리트
트레미	130~180
콘크리트 펌프	130~180
밑열림 상자, 밑열림 포대	100~150

기18

49 수중 콘크리트의 유동성에 대한 아래 표의 설명에서 ( )에 적합한 것은?

> 현장 타설말뚝 및 지하연속벽에 사용하는 수중콘크리트에서 설계기준압축강도가 50MPa를 초과하는 경우는 높은 유동성이 요구되므로 슬럼프 플로의 범위는 ( )로 하여야 한다.

① 100~300mm
② 300~300mm
③ 500~700mm
④ 700~900mm

해설 슬럼프 플로의 범위는 500~700mm로 하여야 한다.

기11,14,15,18

50 다음은 구조물별 시공이음의 위치에 대한 설명이다. 옳지 않은 것은?

① 바닥틀의 시공이음에서 보가 그 경간 중에서 작은 보와 교차할 경우에는 작은 보의 폭의 약 2배 거리만큼 떨어진 곳에 보의 시공이음을 설치한다.
② 아치의 시공이음은 아치축에 직각방향이 되도록 설치한다.
③ 바닥틀의 시공이음은 슬래브 또는 보의 경간 단부에 둔다.
④ 바닥틀과 일체로 된 기둥 혹은 벽의 시공이음은 바닥틀과의 경계부근에 설치하는 것이 좋다.

해설 바닥틀의 시공이음은 슬래브 또는 보의 경간 중앙 부근에 둔다.

기18

51 한중 콘크리트에 관한 설명으로 옳지 않은 것은?

① 하루의 평균기온이 4℃ 이하가 되는 기상조건에서는 한중콘크리트로 시공한다.
② 콘크리트를 비비기 할 때 재료를 가열할 경우, 물 또는 골재를 가열하는 것으로 하며, 시멘트는 어떠한 경우라도 직접 가열할 수 없다.
③ 가열할 재료를 믹서에 투입할 때 가열한 물과 굵은 골재, 다음에 잔골재를 넣어서 믹서 안의 재료온도가 40℃ 이하가 된 후 최후에 시멘트를 넣는 것이 좋다.
④ 추위가 심한 경우 또는 부재 두께가 얇은 경우 소요의 압축강도가 얻어질 때까지 콘크리트의 양생온도는 0℃ 이상을 유지하여야 한다.

해설 추위가 심한 경우 또는 부재 두께가 얇은 경우 소요의 압축강도가 얻어질 때까지 콘크리트의 양생온도는 5℃ 이상을 유지하여야 한다.

기07,11,16,18,19,21

52 방사선 차폐용 콘크리트에 대한 설명으로 틀린 것은?

① 차폐용 콘크리트로서 필요한 성능인 밀도, 압축강도, 설계허용온도, 결합수량, 붕소량 등을 확보하여야 한다.
② 시공 시 설계에 정해져 있지 않은 이음은 설치할 수 없다.
③ 콘크리트의 슬럼프는 작업에 알맞은 범위내에서 가능한 한 적은 값이어야 하며, 일반적인 경우 150mm 이하로 하여야 한다.
④ 물-결합재비는 55% 이하를 원칙으로 하고, 혼화재료는 가급적 사용하지 않아야 한다.

해설 물-결합재비는 50% 이하를 원칙으로 하고, 워커빌리티 개선을 위하여 품질이 입증된 혼화제를 사용할 수 있다.

기09,15,18

53 콘크리트용 내부 진동기의 사용방법에 관한 설명으로 틀린 것은?

① 진동다지기를 할 때에는 내부진동기를 하층 콘크리트 속으로 0.1m 정도 찔러 넣는다.
② 재진동을 할 경우에는 초결이 일어난 것을 확인한 후 실시한다.
③ 1개소당 진동시간은 다짐할 때 시멘트 페이스트가 표면 상부로 약간 부상하기까지 한다.
④ 내부진동기는 연직으로 찔러 넣으며, 삽입간격은 일반적으로 0.5m 이하로 하는 것이 좋다.

해설 재진동을 할 경우에는 콘크리트에 나쁜 영향이 생기지 않도록 초결이 일어나기 전에 실시하여야 한다.

기09,12,15,18

54 섬유보강 콘크리트의 배합 및 비비기에 대한 설명으로 틀린 것은?

① 강섬유보강 콘크리트의 경우, 소요 단위수량은 강섬유의 혼입률에 거의 비례하여 증가한다.
② 믹서는 가경식 믹서를 사용하는 것을 원칙으로 한다.
③ 배합을 정할 때에는 일반 콘크리트의 배합을 정할 때의 고려사항과 콘크리트의 휨강도 및 인성이 소요의 값으로 되도록 고려할 필요가 있다.
④ 믹서에 투입된 섬유의 분산에 필요한 비비기 시간은 섬유의 종류나 혼입률에 따라 다르다.

해설 섬유가 혼입되면 보통의 콘크리트보다 큰 에너지로 비비기할 필요가 있기 때문에 믹서는 강제식 믹서를 사용하는 것을 원칙으로 한다.

정답 49 ③ 50 ③ 51 ④ 52 ④ 53 ② 54 ②

55 거푸집판에 접하지 않은 면의 표면마무리 시공에 대한 설명으로 틀린 것은?

① 다지기를 끝내고 거의 소정의 높이와 형상으로 된 콘크리트의 윗면은 스며 올라온 물이 없어진 후나 또는 물을 처리한 후가 아니면 마무리해서는 안 된다.
② 마무리에는 나무흙손이나 적절한 마무리 기계를 사용하여야 하고, 마무리 작업은 과도하게 되지 않도록 한다.
③ 매끄럽고 치밀한 표면이 필요할 때는 작업을 되도록 빠른 시기에 나무 흙손으로 가볍게 콘크리트 윗면을 마무리 하여야 한다.
④ 마무리 작업 후 콘크리트가 굳기 시작할 때까지의 사이에 일어나는 균열은 다짐 또는 재마무리에 의해서 제거하여야 한다. 필요에 따라 재진동을 해도 좋다.

[해설] 매끄럽고 치밀한 표면이 필요할 때는 작업이 가능한 범위에서 될 수 있는 대로 늦은 시기에 쇠손으로 강하게 힘을 주어 콘크리트 윗면을 마무리하여야 한다.

56 아래의 표에서 설명하는 것은?

> 롤러다짐용 콘크리트의 반죽질기를 나타내는 값으로서 진동대식 반죽질기 시험 방법에 의하여 얻어지는 시험값을 초(秒)로서 나타낸 것

① RI 시험값
② VC값
③ 다짐계수 값
④ 슬럼프 값

[해설]
· VC값 : 롤러다짐 콘크리트의 반죽질기는 VC시험으로 20±10초를 표준으로 한다.
· RI시험 : 진동롤러로 다짐 후 다짐면의 다짐 정도를 판단하기 위해 라디오 아이소토프(Radio Isotope)를 이용하여 다짐도를 판정하는 것

57 콘크리트를 타설할 때 다짐작업 없이 자중만으로 철근 등을 통과하여 거푸집의 구석구석까지 균질하게 채워지는 정도를 나타내는 굳지 않은 콘크리트의 성질을 무엇이라고 하는가?

① 유동성
② 고유동성
③ 슬럼프 플로
④ 자기 충전성

[해설]
· 유동성 : 중력이나 밀도에 따라 유동하는 정도를 나타내는 굳지 않은 콘크리트의 성질
· 고유동성 : 굳지 않은 상태에서 재료 분리 없이 높은 유동성을 가지면서 다짐작업 없이 자기 충전성이 가능한 콘크리트 성질
· 슬럼프 플로 : 슬럼프 플로 시험을 실시하고 난 후 원형으로 넓게 퍼진 콘크리트의 지름으로 굳지 않은 콘크리트 유동성을 나타낸 값

58 콘크리트 제품 양생법 중 고온 고압용기에 제품을 넣고 1MPa의 고압과 180℃ 전후의 고온으로 처리하는 양생법은?

① 증기양생
② 피막양생
③ 전기양생
④ 오토클레이브 양생

[해설] 오토클레이브 양생 : 고온·고압(1MPa)의 증기솥 속에서 상압보다 높은 압력으로 고온(180℃)의 수증기를 사용하여 실시하는 양생방법

59 고강도 콘크리트에 관한 다음 설명 중 틀린 것은?

① 콘크리트를 타설한 후 경화할 때까지 직사광선이나 바람에 의해 수분이 증발하지 않도록 하여야 한다.
② 콘크리트의 운반시간 및 거리가 긴 경우에 사용하는 운반차는 트럭믹서, 트럭 애지테이터 혹은 건비빔 믹서로 하여야 한다.
③ 단위수량을 줄이고 워커빌리티의 개선을 위하여 AE제를 사용하는 것을 원칙으로 한다.
④ 잔골재율은 소요의 워커빌리티를 얻도록 시험에 의하여 결정하여야 하며, 가능한 적게 하도록 한다.

[해설]
· 단위수량은 소요의 워커빌리티를 얻도록 시험에 의하여 결정하여야 하며, 가능한 적게 하도록 한다.
· 기상의 변화가 심하거나 동결융해에 대한 대책이 필요한 경우를 제외하고는 공기연행(AE)제를 사용하지 않는 것을 원칙으로 한다.

60 팽창 콘크리트의 팽창률은 일반적으로 재령 며칠에 대한 시험값을 기준으로 하는가?

① 3일
② 7일
③ 28일
④ 90일

[해설] 콘크리트의 팽창률은 일반적으로 재령 7일에 대한 시험값을 기준으로 한다.

제4과목 : 콘크리트 구조 및 유지관리

□□□ 기 08,11,15,18
61 균열보수공법 중에서 저압·지속식 주입공법에 대한 설명으로 틀린 것은?

① 저압이므로 실(seal)부 파손이 작고 정확성이 높아 시공관리가 용이하다.
② 주입기에 여분의 주입재료가 남아 있으므로 재료 손실이 크다.
③ 주입되는 수지는 동심원상으로 확산되므로 주입압력에 의한 균열이나 들뜸이 확대되지 않는다.
④ 주입재는 에폭시 수지 이외에는 사용할 수 없어서 습윤부에 사용이 불가능하다.

[해설] 주입재는 에폭시 수지 이외에도 무기질계의 슬러리도 사용할 수 있어서 습윤부에도 사용이 가능하다.

□□□ 기 05,09,14,18,21,22
62 다음 식 중 콘크리트 구조물의 탄산화깊이를 예측할 때, 일반적으로 적용되고 있는 식은? (단, X를 탄산화깊이, A를 탄산화 속도계수, t를 경과년수라 한다.)

① $X = A\sqrt{t}$ ② $X = At^3$
③ $X = \dfrac{\sqrt{t^3}}{A}$ ④ $X = At^2$

[해설] · 탄산화 진행속도는 콘크리트 표면으로부터 탄산화 부분과 비탄산화 부분의 경계면까지의 길이와 경과한 시간의 함수로 나타낸다.
· 탄산화 깊이 $X = A\sqrt{t}$

□□□ 기 06,11,18,22
63 프리스트레스트 콘크리트에서 프리스트레스의 손실에 대한 설명 중 틀린 것은?

① 마찰에 의한 손실은 포스트텐션에서 고려된다.
② 포스트텐션에서는 탄성손실을 극소화시킬 수 있다.
③ 일반적으로 프리텐션이 포스트텐션보다 손실이 크다.
④ 릴랙세이션에 의한 손실은 즉시 손실이다.

[해설] 도입시 손실(즉시 손실)
· 정착 장치의 활동
· 포스트텐션 긴장재와 덕트 사이의 마찰
· 콘크리트의 탄성변형(수축)
· 콘크리트의 크리프
· 콘크리트의 건조 수축
· PS 강재 응력의 릴렉세이션

□□□ 기 15,18
64 콘크리트 구조물의 표면에 나타나는 열화 등을 조사하는 방법 중에서 눈으로 직접하는 외관조사 항목이 아닌 것은?

① 균열의 발생위치와 규모
② 철근 노출조사
③ 정적처짐측정
④ 구조물 전체의 침하 등의 변형상황

[해설] 외관조사 시 관찰할 항목

항목	내용
콘크리트의 변색, 얼룩	· 표면부의 녹 발생 · 백화 · 콘크리트 자체의 변색
콘크리트의 균열	· 균열의 발생위치와 규모 · 균열의 폭과 깊이 · 균열의 양상과 개수
철근의 노출, 부식	· 개소와 깊이 · 부식 정도

□□□ 기 15,18
65 보수 재료를 선정할 때 고려하여야 할 사항에 대한 설명으로 틀린 것은?

① 기존 콘크리트 구조물과 확실하게 일체화시키기 위해서는 경화시나 경화 후에 수축을 일으키지 않는 재료가 필요하다.
② 기존 콘크리트와 가능한 한 열팽창계수가 비슷한 재료를 사용해야 한다.
③ 노출 철근을 보수하는 경우는 비전도성 재료로 수복하는 것이 바람직하다.
④ 기존 콘크리트와 유사한 탄성계수를 갖는 재료를 선정할 필요가 있다.

[해설] 노출 철근을 보수하는 경우는 전도(傳導)성을 갖는 재료로 수복하는 것이 바람직하다.

□□□ 기 18
66 철근콘크리트 교량의 슬래브에 균열이 발생하였을 때 적용할 수 있는 보수·보강 방법으로 거리가 먼 것은?

① 강판접착공법 ② 수지주입공법
③ 연속섬유시트감기공법 ④ FRP 접착공법

[해설] 연속섬유시트감기공법
· T형교나 박스거더교 복부면에 적용함으로써 부재의 전단보강 효과가 있다.
· 균열의 구속효과, 내하성능의 향상효과가 기대되며, 내식성에 우수하고 염해지역의 콘크리트구조물의 보강에도 적용할 수 있다.

정답 61 ④ 62 ① 63 ④ 64 ③ 65 ③ 66 ③

67 장주의 좌굴하중(P_{cr})을 구하는 식이 아래의 표와 같을 때 다음 중 n값이 가장 큰 지점조건은?

$$P_{cr} = \frac{n\pi^2 EI}{l^2}$$

① 1단 고정, 타단 자유인 장주
② 양단 힌지인 장주
③ 1단 고정, 타단 힌지인 장주
④ 양단 고정인 장주

[해설] $P_{cr} = \frac{n\pi^2 EI}{l^2} = \frac{\pi^2 EI}{(Kl)^2}$

일단고정 타단자유	$n = \frac{1}{4}$	$K = 2.0$
양단힌지	$n = 1$	$K = 1.0$
일단힌지 타단고정	$n = 2$	$K = \frac{1}{\sqrt{2}}$
양단고정	$n = 4$	$K = \frac{1}{\sqrt{4}}$

68 콘크리트 비파괴시험 방법 중 전자파 레이더법에 대한 설명으로 틀린 것은?

① 부재 두께를 조사할 수 있다.
② 철근부식의 상태를 조사할 수 있다.
③ 철근위치를 조사할 수 있다.
④ 골재노출(충전 불량)의 결함부를 파악할 수 있다.

[해설] ■ 전자파 레이더법의 이용
• 철근의 위치와 피복두께를 조사할 수 있다.
• 철근배근 조사인 철근탐사 혹은 골재노출(충전 불량), 허니콤(골재노출) 등의 결함부 파악에 이용되고 있다.
■ 구조물의 안전조사 시 철근부식 여부를 조사 방법 : 자연전위법, 분극저항법, 전기 저항법 등이 있다.

69 직접설계법에 의한 2방향 슬래브 설계 시 내부 경간에서 정계수휨모멘트는 전체 정적 계수 휨모멘트의 몇 %의 비율로 분배하여야 하는가?

① 25% ② 30%
③ 35% ④ 40%

[해설] 내부 경간에서 전체 정적계수 모멘트 M_o를 다음과 같이 분해하여야 한다.
• 부계수 모멘트의 경우 : 0.65(65%)
• 정계수 모멘트의 경우 : 0.35(35%)

70 아래 그림과 같이 인장철근이 1열로 배근된 단철근 직사각형 보에서 휨에 의한 강도감소계수(ϕ)를 구하면? (단, $f_{ck} = 28\,\text{MPa}$, $f_y = 400\,\text{MPa}$, $A_s = 4,500\,\text{mm}^2$)

① 0.799
② 0.821
③ 0.831
④ 0.842

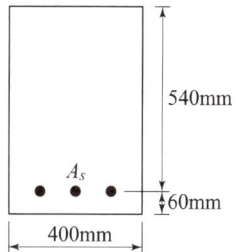

[해설] $\phi = 0.65 + (\epsilon_t - 0.002)\frac{200}{3}$

$f_{ck} = 28\,\text{MPa} \leq 40\,\text{MPa}$일 때
$\eta = 1$, $\beta_1 = 0.80$

• $a = \frac{A_s f_y}{\eta(0.85 f_{ck})b} = \frac{4,500 \times 400}{1 \times 0.85 \times 28 \times 400} = 189.08\,\text{mm}$

• $c = \frac{a}{\beta_1} = \frac{189.08}{0.80} = 236.35\,\text{mm}$

• $\epsilon_t = 0.0033 \times \left(\frac{d-c}{c}\right) = 0.0033 \times \frac{540 - 236.35}{236.35}$
  $= 0.00424 < 0.005$

∴ $\phi = 0.65 + (0.00424 - 0.002)\frac{200}{3} = 0.799$

71 전자파 레이더법에서 반사물체까지의 거리(D)를 구하는 식으로 옳은 것은? (단, V는 콘크리트내의 전자파속도, T는 입사파와 반사파의 왕복전파시간)

① $D = VT/2$ ② $D = VT\sqrt{2}$
③ $D = VT/3$ ④ $D = VT\sqrt{3}$

[해설] $D = \frac{V \cdot T}{2}$
D : 반사물체까지의 거리(m)
V : 콘크리트 내의 전자파 속도(m/s)
T : 입사파와 반사파의 왕복전파시간

72 강도설계법의 규정에 의해 최소 전단철근량을 사용하여야 할 경우, 계수하중에 의한 전단력 $V_u = 73\,\text{kN}$을 만들 수 있는 직사각형 단면 보의 최소면적(폭×유효깊이)은 얼마인가? (단, $f_{ck} = 21\,\text{MPa}$이다.)

① $107,500\,\text{mm}^2$ ② $127,500\,\text{mm}^2$
③ $147,500\,\text{mm}^2$ ④ $167,500\,\text{mm}^2$

[해설] 전단철근이 있는 경우
• 계수전단력 $V_u = \phi V_c = \phi\frac{1}{6}\lambda\sqrt{f_{ck}}\,bd$에서

∴ $bd = \frac{6V_u}{\phi\lambda\sqrt{f_{ck}}} = \frac{6 \times 73 \times 10^3}{0.75 \times 1 \times \sqrt{21}} = 127,439\,\text{mm}^2$

[정답] 67 ④ 68 ② 69 ③ 70 ① 71 ① 72 ②

□□□ 기 04,09,11,12,16,18

73 폭은 300mm, 유효깊이는 500mm, A_s는 1,700mm², f_{ck}는 24MPa, f_y는 350MPa인 단철근 직사각형 보가 있다. 균형철근비는 얼마인가?

① 0.0305　　② 0.0331
③ 0.0352　　④ 0.0374

해설 $\rho_b = \dfrac{\eta(0.85f_{ck})\beta_1}{f_y} \dfrac{660}{660+f_y}$

$f_{ck} = 24\text{MPa} \leq 40\text{MPa}$일 때
$\eta = 1,\ \beta_1 = 0.80$

∴ $\rho_b = \dfrac{1 \times (0.85 \times 24) \times 0.80}{350} \times \dfrac{660}{660+350} = 0.0305$

□□□ 기 09,14,15,18

74 경간이 8m인 캔틸레버 철근 콘크리트 보에서 처짐을 계산하지 않는 경우의 최소 두께(h)는? (단, 보통 중량콘크리트를 사용하고, 사용철근의 f_y =350MPa이다.)

① 395mm　　② 465mm
③ 790mm　　④ 930mm

해설 처짐을 계산하지 않는 경우의 부재 최소 두께(캔틸레버보)
$h = \dfrac{l}{8} \times \left(0.43 + \dfrac{f_y}{700}\right) = \dfrac{8,000}{8} \times \left(0.43 + \dfrac{350}{700}\right) = 930\text{mm}$

■ 처짐을 계산하지 않는 경우의 보 또는 1방향 슬래브의 최소 두께

부재	단순지지	1단 연속	양단 연속	캔틸레버
· 1방향슬래브	$\dfrac{l}{20}$	$\dfrac{l}{24}$	$\dfrac{l}{28}$	$\dfrac{l}{10}$
· 보 · 리브가 있는 1방향 슬래브	$\dfrac{l}{16}$	$\dfrac{l}{18.5}$	$\dfrac{l}{21}$	$\dfrac{l}{8}$

□□□ 기 11,18

75 콘크리트의 동해에 대한 설명으로 틀린 것은?

① 콘크리트의 품질이 나빠도 환경이 온화하거나 물의 공급이 없으면 동해의 정도는 적다.
② 기포간격계수가 클수록 동해의 위험성이 적다.
③ 골재의 품질이 나쁜 경우에 팝아웃 현상이 발생하기 쉽다.
④ 콘크리트내 수분이 결빙점 이상과 이하를 반복하여 발생한다.

해설 · 기포간격수가 250μm 정도 이하에서는 동결융해의 위험성이 없다.
· 팝아웃(popouts) : 일반적으로 콘크리트 표면에서 얇은 원뿔 모양의 함몰로 나타나며, 품질이 나쁜 골재를 포함하고 있는 콘크리트의 동결로 인해 발생한다.

□□□ 기 18

76 콘크리트의 경화전 균열에 대한 설명으로 틀린 것은?

① 철근, 입자가 큰 골재 등이 콘크리트의 침하를 국부적으로 방해하여 침하수축균열이 발생할 수 있다.
② 단위수량을 적게 하고 슬럼프가 큰 콘크리트를 사용하여 침하수축균열을 방지할 수 있다.
③ 콘크리트 표면에서 물의 증발속도가 블리딩 속도보다 빠른 경우 플라스틱 수축균열이 발생할 수 있다.
④ 표면의 수분 증발을 방지하고, 필요 마무리 작업을 최소화함으로써 플라스틱 수축균열을 방지할 수 있다.

해설 침하수축균열
· 콘크리트 타설 후 콘크리트의 표면 가까이에 있는 철근, 매설물 또는 입자가 큰 골재 등이 콘크리트의 침하를 국부적으로 방해하기 때문에 일어난다.
· 단위수량을 적게 하고, 슬럼프가 작은 콘크리트를 잘 다짐해서 시공한다.

□□□ 기 12,14,18,21

77 알칼리골재반응은 콘크리트 내부에 국부적인 팽창압력을 발생시켜 구조물에 균열을 발생시킬 수 있다. 이러한 알칼리골재반응의 대부분을 차지하는 반응은 다음 중 어느 것인가?

① 알칼리-탄산염반응　② 알칼리-실리카반응
③ 알칼리-실리케이트반응 ④ 알칼리-황산염반응

해설 · 알칼리-실리카 반응 : 알칼리와 실리카의 화학 반응에 의해 생성된 알칼리 시리카겔은 주로 주위의 물을 흡수하여 콘크리트의 내부에 국부적 팽창압을 일으켜 콘크리트의 강도를 저하시킨다.
· 알칼리-탄산염 반응 : 돌로마이트 질 석회암과 알칼리와의 반응에 의하여 팽창된다.
· 알칼리-실리케이트반응 : 알칼리-실리카 반응보다도 천천히 장시간 계속되며, 생성되는 겔의 양도 적은 것이 특징이다.

□□□ 기 18

78 인장이형철근의 정착길이는 기본정착길이(l_{db})에 보정계수를 적용하여 구할 수 있다. 다음 중 아래 표의 경우에 적용하는 보정계수(α)의 값으로 옳은 것은?

> 상부철근(정착길이 또는 겹침이음부 아래 300mm를 초과되게 굳지 않은 콘크리트를 친 수평철근)인 경우

① 1.0　　② 1.2
③ 1.3　　④ 1.5

해설 α=철근배치 위치계수
· 상부철근(정착길이 또는 겹침이음부 아래 300mm를 초과되게 굳지 않은 콘크리트를 친 수평철근) : 1.3
· 기타 철근 : 1.0

정답 73 ① 74 ④ 75 ② 76 ② 77 ② 78 ③

기 08,18,20,21

79 옹벽의 안정에 대한 설명으로 틀린 것은?

① 전도에 대한 저항휨모멘트는 횡토압에 의한 전도모멘트의 1.5배 이상이어야 한다.
② 활동에 대한 저항력은 옹벽에 작용하는 수평력에 1.5배 이상이어야 한다.
③ 전도 및 지반지지력에 대한 안정조건은 만족하지만, 활동에 대한 안정조건만을 만족하지 못할 경우에는 활동방지벽 혹은 횡방향 앵커 등을 설치하여 활동저항력을 증대시킬 수 있다.
④ 지반에 유발되는 최대 지반반력이 지반의 허용지지력을 초과하지 않아야 한다.

해설 전도에 대한 저항휨모멘트는 횡토압에 의한 전도휨모멘트의 2.0배 이상이어야 한다.

기 08,10,18

80 슬래브 두께가 100mm이고, 양쪽의 슬래브의 중심 간 거리가 2.5m, 보의 경간이 6.5m인 대칭 T형보가 있다. 유효깊이가 500mm, 복부폭이 300mm일 때, 플랜지의 유효폭은 얼마인가?

① 1,900mm ② 2,500mm
③ 800mm   ④ 1,625mm

해설 T형보의 유효폭은 다음 값 중 가장 작은 값

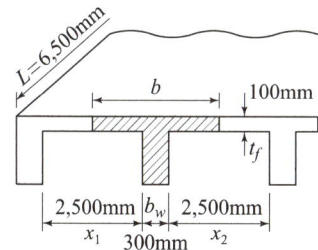

- (양쪽으로 각각 내면 플랜지 두께의 8배씩 : $16t_f$) + b_w
  $16t_f + b_w = 16 \times 100 + 300 = 1,900mm$
- 양쪽의 슬래브의 중심 간 거리 :
  $\dfrac{x_1 + x_2}{2} + b_w = \dfrac{2,500 + 2,500}{2} + 300 = 2,800mm$
- 보의 경간(L)의 1/4 : $\dfrac{1}{4} \times 6,500 = 1,625$

∴ 유효폭 $b = 1,625mm$

국가기술자격 필기시험문제

2018년도 기사 2회 필기시험

자격종목	시험시간	문제수	형 별	수험번호	성 명
콘크리트기사	2시간	80	A		

※ 각 문제는 4지 택일형으로 질문에 가장 적합한 문제의 보기 번호를 클릭하거나 답안표기란의 번호를 클릭하여 입력하시면 됩니다.
※ 입력된 답안은 문제 화면 또는 답안 표기란의 보기 번호를 클릭하여 변경하실 수 있습니다.

제1과목 : 콘크리트 재료 및 배합

□□□ 기18
01 아래와 같은 조건에서 콘크리트의 배합강도를 구할 때 적용하는 표준편차(s)를 구하면?

【조 건】
- 압축강도의 시험 횟수 : 24회
- 압축강도의 평균($\bar{x}$) : 25MPa
- 잔차제곱의 합($\sum_{i=1}^{24}(x_i-\bar{x})^2$) : 214
- 시험 횟수가 29회 이하일 때 표준편차 보정계수

시험횟수	표준편차의 보정계수
15	1.16
20	1.08
25	1.03
30 이상	1.00

① 2.81MPa ② 3.17MPa
③ 3.23MPa ④ 3.28MPa

해설 표준편차 $s=\sqrt{\dfrac{\sum(X_i-\bar{x})^2}{(n-1)}}$

- 압축강도 평균값
  $\bar{x}=\dfrac{\sum X_i}{n}=25\,\text{MPa}$
- 표준편차 합
  $\sum(X_i-\bar{x})^2=214$
  표준표차 $s=\sqrt{\dfrac{214}{24-1}}=3.05\,\text{MPa}$
- 24회의 보정계수 $1.03+\dfrac{1.08-1.03}{25-20}\times(25-24)=1.04$
  ∴ 수정 표준편차 $s=3.05\times 1.04=3.17\,\text{MPa}$

□□□ 기18,21
02 아래 표와 같은 조건의 시방배합에서 잔골재와 굵은 골재의 단위량은 약 얼마인가?

- 단위수량=175kg
- 잔골재율(S/a)=41.0%
- 물－시멘트비(W/C)=50%
- 시멘트 밀도=3.15g/cm³
- 잔골재표건밀도=2.6g/cm³
- 굵은골재표건밀도=2.65g/cm³
- 공기량=1.5%

① 잔골재 : 735kg, 굵은골재 : 989kg
② 잔골재 : 745kg, 굵은골재 : 1,093kg
③ 잔골재 : 756kg, 굵은골재 : 1,193kg
④ 잔골재 : 770kg, 굵은골재 : 1,293kg

해설 · 단위시멘트량 $C : \dfrac{W}{C}=0.50=\dfrac{175}{C}$ ∴ $C=350\,\text{kg}$

· 단위골재량의 절대체적
$V_a=1-\left(\dfrac{\text{단위수량}}{1,000}+\dfrac{\text{단위 시멘트량}}{\text{시멘트 밀도}\times 1,000}+\dfrac{\text{공기량}}{100}\right)$
$=1-\left(\dfrac{175}{1,000}+\dfrac{350}{3.15\times 1,000}+\dfrac{1.5}{100}\right)=0.699\,\text{m}^3$

· 단위 잔골재량
$S=V_a\times S/a\times \text{잔골재밀도}\times 1,000$
$=0.699\times 0.41\times 2.6\times 1,000=745\,\text{kg/m}^3$

· 단위 굵은 골재량
$G=V_g\times(1-S/a)\times \text{굵은 골재 밀도}\times 1,000$
$=0.699\times(1-0.41)\times 2.65\times 1,000=1,093\,\text{kg/m}^3$

□□□ 기11,14,17,18
03 르샤틀리에 비중병을 이용한 시멘트의 비중 시험을 통해 알 수 없는 것은?

① 동결융해 저항성 ② 클링커의 소성상태
③ 시멘트의 풍화정도 ④ 시멘트의 품질

해설 시멘트의 비중을 알게 되면 클링커의 소성 상태, 풍화의 정도, 혼합재의 섞인 양, 시멘트의 품질 등을 대략 알 수 있다.

정답 01 ② 02 ② 03 ①

04 콘크리트의 호칭강도가 40MPa이고, 30회 이상의 압축강도 시험실적으로부터 구한 표준편차가 5MPa인 경우 배합강도는?

① 46.7MPa
② 47.7MPa
③ 48.2MPa
④ 50MPa

해설 $f_{cn} > 35$ MPa일 때
- $f_{cr} = f_{cn} + 1.34s = 40 + 1.34 \times 5 = 46.7$ MPa
- $f_{cr} = 0.9 f_{cn} + 2.33s = 0.9 \times 40 + 2.33 \times 5 = 47.7$ MPa
∴ $f_{cr} = 47.7$ MPa(두 값 중 큰 값)

05 시멘트 제조원료에 대한 설명으로 틀린 것은?

① 시멘트중의 MgO의 함유성분이 많으면 콘크리트 경화체에 균열을 일으킨다.
② 시멘트중의 알칼리 성분이 많으면 콘크리트 강도를 증가시킨다.
③ 포틀랜드 시멘트는 주로 석회질 원료 및 점토질 원료를 적당한 비율로 혼합하여 제조한다.
④ 석고를 첨가하면 응결이 지연된다.

해설 시멘트 중의 알칼리 성분이 많으면 알칼리골재반응이 발생하여 표면에 각종 균열이 발생되고 열화가 진행되어 강도를 감소시킨다.

06 콘크리트용 모래에 포함되어 있는 유기 분순물 시험 방법(KS F 2510)에 대한 설명으로 틀린 것은?

① 모래의 사용 여부를 결정함에 앞서 보다 더 정밀한 모래에 대한 시험의 필요성 유무를 미리 확인하기 위해 실시한다.
② 시험 용액의 색도가 표준색 용액보다 진할 경우 콘크리트용으로 적합한 것으로 판정한다.
③ 사용하는 시료는 대표적인 것을 취하고 공기 중 건조 상태로 건조시켜서 4분법 또는 시료 분취기를 사용하여 약 450g을 채취한다.
④ 10%의 알코올 용액으로 2%의 탄닌산 용액을 만들고, 그 2.5mL를 3%의 수산화나트륨 용액 97.5mL에 가하여 유리병에 넣어 마개를 닫고 잘 흔들어서 만든 것을 식별용 표준색 용액으로 한다.

해설
- 시험용액의 색깔이 표준색 용액보다 연할 때에는 그 모래는 합격으로 한다.
- 시험용액의 색깔이 표준색 용액보다 진할 때에는 '모르타르의 강도에 있어서 잔골재의 불순물의 영향시험'의 방법에 따라 시험할 필요가 있다.

07 밀도 $2.5g/cm^3$, 함수율 8%, 흡수율 3%인 잔골재의 표면수율은 얼마인가?

① 4.41%
② 4.63%
③ 4.85%
④ 5.00%

해설
- 표준건조 포화상태의 시료를 500g을 사용한다.
- 흡수량 = $\frac{\text{표면건조 포화상태중량} - \text{노건조 상태중량}}{\text{노건조 상태중량}} \times 100(\%)$

$= \frac{500-x}{x} \times 100 = 3\%$

∴ 노건조 상태중량 $x = 485.437$g

- 흡수율 = $\frac{\text{습윤상태중량} - \text{노건조 상태중량}}{\text{노건조 상태중량}} \times 100(\%)$

$= \frac{y - 485.437}{485.437} \times 100 = 8\%$

∴ 습윤상태 상태 중량 $y = 524.272$g

- 표면 수율 = $\frac{\text{습윤 상태} - \text{표면 건조 포화상태}}{\text{표면 건조 포화상태}} \times 100(\%)$

$= \frac{524.272 - 500}{500} \times 100\% = 4.854\%$

08 레디믹스트 콘크리트의 혼합에 사용되는 물에 대한 설명으로 틀린 것은?

① 콘크리트 회수수에서 슬러지수를 일부 활용하고 남은 슬러지를 포함한 물을 상징수라고 한다.
② 상수돗물은 시험을 하지 않아도 사용할 수 있다.
③ 회수수를 사용하였을 경우 단위 슬러지 고형분율이 3.0%를 초과하면 안 된다.
④ 레디믹스트 콘크리트를 배합할 때, 회수수 중에 함유된 슬러지 고형분은 물의 질량에 포함되지 않는다.

해설 슬러지수에서 슬러지 고형분을 침강 또는 기타 방법으로 제거한 물을 상징수라고 한다.

09 시멘트의 강열감량에 대한 설명으로 틀린 것은?

① 시멘트를 약 950℃ 정도로 가열하였을 때 중량 감소 백분율을 말한다.
② 강열감량은 시멘트의 풍화정도를 판단하기 위해 사용된다.
③ 시멘트의 풍화가 진행되었거나 혼합물이 존재하면 강열감량은 감소한다.
④ 강열감량이 큰 경우 콘크리트의 압축강도는 감소한다.

해설 시멘트가 풍화하면 강열감량이 증가되므로 풍화의 정도를 파악하는데 사용되고 있다.

☐☐☐ 기14,17,18
10 일반콘크리트의 배합에서 물-결합재비에 대한 설명으로 틀린 것은?

① 제빙화학제가 사용되는 콘크리트의 물-결합재비는 45% 이하로 한다.
② 콘크리트의 수밀성을 기준으로 물-결합재비를 정할 경우 그 값은 50% 이하로 한다.
③ 콘크리트의 탄산화 저항성을 고려하여 물-결합재비를 정할 경우 40% 이하로 한다.
④ 물에 노출되었을 때 낮은 투수성이 요구되는 콘크리트의 내동해성을 기준으로 하여 물-결합재비를 정할 경우 50% 이하로 한다.

해설 콘크리트의 탄산화 저항성을 고려하여 물-결합재비를 정할 경우 55% 이하로 한다.

☐☐☐ 기05,10,13,16,18
11 시멘트의 응결 시험 방법으로 옳은 것은?

① 길모어 침에 의한 시험
② 오토클레이브에 의한 시험
③ 비비시험
④ 블레인시험

해설 시멘트의 응결 시험 방법
• 길모어 침에 의한 시멘트의 응결 시간 시험 방법
• 비카 침에 의한 수경성 시멘트의 응결시간 시험 방법

☐☐☐ 기11,15,18
12 압축강도 시험의 기록이 없는 경우 콘크리트 배합강도로 틀린 것은? (단, f_{cn}는 콘크리트의 호칭강도)

① f_{cn}가 20MPa인 경우 배합강도는 27MPa
② f_{cn}가 28MPa인 경우 배합강도는 36.5MPa
③ f_{cn}가 31MPa인 경우 배합강도는 39.5MPa
④ f_{cn}가 40MPa인 경우 배합강도는 52MPa

해설 압축강도의 시험회수가 14 이하이거나 기록이 없는 경우의 배합강도

호칭강도 f_{cn}(MPa)	배합강도 f_{cr}(MPa)	계산
21 미만	$f_{cn}+7$	$f_{cr}=20+7=27\text{MPa}$
21 이상 35 이하	$f_{cn}+8.5$	$f_{cr}=28+8.5=36.5\text{MPa}$
		$f_{cr}=31+8.5=39.5\text{MPa}$
35 초과	$1.1f_{cn}+5$	$f_{cr}=1.1\times40+5=49\text{MPa}$

∴ $f_{cn}=40\text{MPa}$인 경우 배합강도 :
$1.1f_{cn}+5=1.1\times40+5=49\text{MPa}$

☐☐☐ 기07,09,13,18
13 콘크리트의 시방배합을 현장배합으로 보정하려고 할 때 필요한 시험은?

① 골재의 표면수율 시험
② 시멘트 모르타르 플로우 시험
③ 골재의 밀도시험
④ 시멘트 비중시험

해설 시방배합을 현장배합으로 보정할 때 필요한 시험
• 골재의 체가름 시험 : 골재의 입도 조정
• 골재의 표면수율 시험 : 수량 조정

☐☐☐ 기12,18,19
14 강모래를 이용한 콘크리트에 비해 부순 잔골재를 이용한 콘크리트의 차이에 대한 설명으로 틀린 것은?

① 미세한 분말량이 많아짐에 따라 응결의 초결시간과 종결시간이 길어진다.
② 동일 슬럼프를 얻기 위해서는 단위수량이 5~10% 정도 더 필요하다.
③ 건조수축률은 미세한 분말량이 많아지면 증대한다.
④ 미세한 분말량이 많아지면 슬럼프가 저하하기 때문에 그 양에 의하여 잔골재율(S/a)을 낮춰준다.

해설 부순모래에 함유되는 미세한 분말량(석분)의 양이 3~7% 이상으로 너무 많으면 단위수량의 증가가 현저해지며, 블리딩이 적어져 플라스틱수축균열이 생기기 쉬워지고 초결 종결이 상당히 빨라지는 등의 악영향이 나타난다.

☐☐☐ 기07,15,18,21
15 금속 재료의 인장시험을 위한 시험편의 준비에 대한 설명으로 틀린 것은?

① 표점은 시험편에 도료를 칠한 위에 줄을 그어 표시하는 것을 원칙으로 한다.
② 시험편 부분의 재질에 변화를 발생시키는 변형 또는 가열을 해서는 안된다.
③ 시험편의 교정은 최대한 피하는 것이 좋고, 교정을 필요로 하는 경우에는 가급적 재질에 영향을 미치지 않는 방법을 사용하도록 한다.
④ 전단, 펀칭 등에 의한 가공을 한 시험편에서 시험 결과에 그 가공의 영향이 인정되는 경우에는 가공의 영향을 받은 영역을 절삭·제거하여 평행부를 다듬질 한다.

해설 • 표점(gauge mark)은 펀치 또는 스크라이버로 긋는 것을 표준으로 한다.
• 단 시험편의 재질이 표면 홈에 대하여 민감하거나 또는 매우 단단한 재질일 경우에는 도료칠을 한 도료 위에 줄을 그어 표시한다.

정답 10 ③ 11 ① 12 ④ 13 ① 14 ① 15 ①

기12,18,20

16 다음 중 콘크리트용 화학혼화제(KS F 2560)의 품질시험 항목이 아닌 것은?

① 감수율(%)
② 압축강도비(%)
③ 오토클레이브 팽창도(%)
④ 동결 융해에 대한 저항성(%)

[해설] 콘크리트용 화학 혼화제의 품질 항목

품질항목		AE제
감수율(%)		6 이상
블리딩양의 비(%)		75 이하
응결시간의 차(분)(초결)	초결	−60~+60
	종결	−60~+60
압축강도의 비(%)(28일)		90 이상
길이 변화비(%)		120 이하
동결융해에 대한 저항성 (상대 동탄성계수)(%)		80 이상

기18

17 시멘트의 비중에 대한 일반적인 설명으로 옳은 것은?

① 시멘트의 저장기간이 긴 경우 비중이 커진다.
② 시멘트가 풍화한 경우 비중이 커진다.
③ SiO_2, Fe_2O_3가 많을수록 비중이 커진다.
④ 시멘트 클링커의 소성이 불충분한 경우 시멘트의 비중은 커진다.

[해설] • 시멘트의 저장기간이 긴 경우 비중이 작아진다.
• 시멘트가 풍화한 경우 비중이 작아진다.
• 시멘트 클링커의 소성이 불충분한 경우 시멘트의 비중은 작아진다.
• 실리카(SiO_2), 산화철(Fe_2O_3)가 많으면 비중이 크다

기04,15,18

18 단위용적질량이 1.68kg/L인 굵은 골재의 절건밀도가 2.65kg/L라면 이 골재의 공극률은 얼마인가?

① 59.5%   ② 52.1%
③ 47.9%   ④ 36.6%

[해설] 골재의 공극률
$$\left(1 - \frac{T}{d_D}\right) \times 100 = \left(1 - \frac{1.68}{2.65}\right) \times 100 = 36.6\%$$

기14,18

19 고로슬래그 미분말을 혼화재료로 사용한 콘크리트의 특성으로 옳은 것은?

① 슬래그 미분말의 혼합률이 높을수록, 분말도가 낮을수록 발열 속도는 빨라진다.
② 슬래그 미분말은 촉진성을 가지므로 콘크리트의 초기양생에 유리하다.
③ 슬래그 미분말 치환율이 클수록 수산화칼슘량이 희석되므로 염류의 침투가 용이하다.
④ 슬래그 미분말 치환율이 클수록 미소세공이 많아지며 동결 가능한 세공용적수가 작아져 동결융해 저항성에 유리하다.

[해설] • 슬래그 미분말 치환율이 클수록 수산화칼슘량이 희석되므로 염류의 침투작용을 억제한다.
• 슬래그 미분말은 수경성을 갖고 있으므로 초기 양생을 소홀히 하게 되면 강도 발현이 현저히 저하된다.
• 슬래그 미분말의 혼합률이 클수록, 분말도가 작을수록 발열 속도가 작기 때문에 초기 동해에 특히 주의해야 한다.

기12,15,18

20 시멘트의 강도 시험방법(KS L ISO 679)에 의해 시멘트의 압축강도 시험을 실시하고자 한다. 시멘트 450g을 사용하여 공시체를 제작할 때 모래의 사용량은?

① 900g   ② 1,125g
③ 1,250g   ④ 1,350g

[해설] 모르타르 조제 : 질량에 의한 비율로 시멘트와 표준모래를 1 : 3의 비율로 한다.
∴ 시멘트와 모래의 비율=1 : 3=450 : 1,350g

제2과목: 콘크리트 제조, 시험 및 품질관리

기18,22

21 $\phi 150 \times 300$mm의 공시체를 사용하여 콘크리트의 쪼갬인장강도시험을 실시한 결과 인장강도가 2.8MPa이었다면, 이 시험에서 공시체가 파괴될 때의 최대하중(P)은?

① 164.23kN   ② 197.92kN
③ 216.37kN   ④ 266.24kN

[해설] $f_{sp} = \dfrac{2P}{\pi dl}$

$= \dfrac{2 \times P}{\pi \times 150 \times 300} = 2.8\text{N/mm}^2 = 2.8\text{MPa}$

∴ $P = 197,920\text{N} = 197.82\text{kN}$

정답 16 ③ 17 ③ 18 ④ 19 ④ 20 ④ 21 ②

□□□ 기12,16,18
22 콘크리트의 슬럼프시험에 대한 설명으로 틀린 것은?

① 슬럼프콘은 수평으로 설치하였을 때 수밀성이 있는 강제 평판 위에 놓고 누른 다음 시료를 거의 같은 양의 3층으로 나누어서 채운다.
② 각 층은 다짐봉으로 고르게 한 후 각 층마다 25회씩 다지고 각 층 다짐봉의 다짐깊이는 그 앞 층에 거의 도달할 정도로 한다.
③ 슬럼프콘에 콘크리트를 채우기 시작하고 나서 슬럼프콘을 들어올리기를 종료할 때까지의 시간은 5분 이내로 한다.
④ 슬럼프콘을 가만히 연직으로 들어올리고 콘크리트의 중앙부에서 공시체 높이와의 차를 5mm단위로 측정하여 슬럼프 값으로 한다.

해설 슬럼프콘에 콘크리트를 채우기 시작하고 나서 슬럼프콘을 들어올리기를 종료할 때까지의 시간은 3분 이내로 한다.

□□□ 기05,11,12,16,18
23 콘크리트의 품질관리의 관리도에서 계수값 관리도에 포함되지 않는 것은?

① x 관리도
② P 관리도
③ C 관리도
④ U 관리도

해설 관리도의 종류

계량값의 관리도	계수값의 관리도
· $\bar{x}-R$ 관리도(평균값과 범위의 관리도)	· P 관리도(불량률 관리도)
· x 관리도(측정값 자체의 관리도)	· Pn 관리도(불량 개수 관리도)
· $\bar{x}-\sigma$ 관리도(편차값과 표준편차의 관리도)	· C 관리도(결점수 관리도)
	· U 관리도(결점 발생률 관리도)

□□□ 기08,11,18
24 콘크리트의 압축강도 시험값에 영향을 미치는 시험조건의 설명으로 틀린 것은?

① 공시체의 치수가 클수록 압축강도는 작아진다.
② 재하속도가 빠를수록 압축강도는 커진다.
③ 공시체는 건조상태보다 습윤상태에서 압축강도가 작아진다.
④ 공시체의 지름에 대한 높이의 비(H/D)가 클수록 압축강도는 커진다.

해설 공시체의 높이와 지름(H/D)의 비가 작을수록, 높이가 낮을수록 강도는 크다.

□□□ 기14,18
25 레디믹스트 콘크리트의 품질규정에 대한 설명으로 틀린 것은?

① 슬럼프 25mm인 콘크리트에서 슬럼프의 허용오차는 ±10mm이다.
② 슬럼프 플로 600mm인 콘크리트에서 슬럼프 플로의 허용오차는 ±75mm이다.
③ 보통 콘크리트의 공기량은 4.5%이며, 공기량의 허용오차는 ±1.5%이다.
④ 경량 콘크리트의 공기량은 5.5%이며, 공기량의 허용오차는 ±1.5%이다.

해설 슬럼프 플로

슬럼프 플로	슬럼프 플로의 허용 오차
500	±75mm
600	±100mm
700*	±100mm

*굵은 골재의 최대치수가 13mm인 경우에 한하여 적용한다.

□□□ 기14,18
26 염화물 이온 선택 전극법에 의한 굳지 않은 콘크리트의 염화물 함유량 시험(KS F 2587)에 대한 설명으로 틀린 것은?

① 전위차 적정 장치의 교정에 사용하는 표준액으로 염소이온을 0.1% 함유한 염화나트륨 수용액과 0.5% 함유한 염화나트륨 수용액을 사용한다.
② 콘크리트의 슬럼프와 공기량을 확인한 후, 규정에 따라 콘크리트의 3곳에서 총량 중 20L 정도의 시료를 채취한 후, 이를 충분히 혼합하여 시험용 시료로 사용한다.
③ 염화물 이온 선택 전극을 사용한 전위차 적정법을 따르며, 측정횟수는 시료 1개당 3회 실시하는 것을 원칙으로 한다.
④ 실험 기구의 세척에는 증류수를 사용하는 것을 원칙으로 한다.

해설 염화물 이온 선택 전극을 사용한 전위차 적정법을 따르며, 측정횟수는 시료 1개당 2회 실시하는 것을 원칙으로 한다.

□□□ 기18
27 콘크리트 제조설비인 믹서(가경식, 중력식)를 공사 시작 전 검사를 시작하였다. 공사 시작 후 13개월이 경과했다면, 공사 중 최소 몇 회 검사를 실시하였겠는가?

① 1회
② 2회
③ 4회
④ 6회

해설 믹서(가경식 및 중력식) 제조설비의 검사
· 공사시작 전 및 공사 중 1회/6개월 이상
· 공사시작 전 1회, 공사 중 1회
  ∴ 최소 2회 이상

정답 22 ③ 23 ① 24 ④ 25 ② 26 ③ 27 ②

□□□ 기 07,10,13,16,18,19,21

28 150×150×530mm의 공시체를 4점 재하장치에 의해 휨강도 시험을 한 결과 최대하중 27kN에서 지간의 가운데 부분에서 파괴가 일어났다. 이 때 휨강도는 얼마인가? (단, 지간은 450mm이다.)

① 4.4MPa ② 4.0MPa
③ 3.6MPa ④ 3.1MPa

해설 휨강도 $f_b = \dfrac{Pl}{bh^2}$

$\therefore f_b = \dfrac{27 \times 10^3 \times 450}{150 \times 150^2} = 3.6 \text{N/mm}^2 = 3.6 \text{MPa}$

□□□ 기 15,18

29 굳지 않은 콘크리트의 재료분리 방지를 위한 원칙적인 주의사항으로서 틀린 것은?

① AE제 등의 혼화제를 사용하여 단위수량이 적은 된비빔의 콘크리트로 하고 또한 시멘트량이 너무 적지 않도록 한다.
② 거푸집은 시멘트 풀의 누출을 방지하고 충분한 다짐작업에 견디도록 수밀성이 높고 견고한 것을 사용한다.
③ 골재는 세·조립이 알맞게 혼합되어 입도분포가 양호한 것을 사용하고, 특히 잔골재는 미립분이 없는 것을 사용한다.
④ 타설의 경우 높은 곳에서의 자유낙하, 거푸집 내에서 장거리 흘러내림, 특히 콘크리트에 횡방향 속도가 가해진 상태로 거푸집 속으로 부어 넣어서는 안 된다.

해설 특히 잔골재의 미립분이 증가하면 콘크리트의 점성이 증가하여 재료분리를 억제한다.

□□□ 기 09,18

30 강도시험용 공시체의 제작 방법에 대한 설명으로 틀린 것은?

① 콘크리트의 압축강도 시험용 공시체의 지름은 굵은 골재 최대치수의 3배 이상, 150mm 이상으로 한다.
② 휨강도 시험용 공시체의 한 변의 길이는 굵은 골재 최대치수 4배 이상, 100mm 이상으로 한다.
③ 휨강도 시험용 공시체의 길이는 단면의 한변의 길이의 3배보다 80mm 이상 긴 것으로 한다.
④ 쪼갬인장강도 시험용 공시체의 지름은 굵은 골재 최대치수의 4배 이상, 150mm 이상으로 한다.

해설 콘크리트의 압축강도 시험용 공시체의 지름은 굵은 골재 최대치수가 3배 이상, 100mm 이상으로 한다.

□□□ 기 11,13,18

31 압축강도 시험결과가 아래 표와 같을 때 변동계수를 구하면? (단, 표준편차는 불편분산의 개념에 따라 구하시오.)

23.5MPa, 21.3MPa, 25.3MPa
24.6MPa, 25.4MPa

① 3% ② 7%
③ 11% ④ 15%

해설 변동계수 $C_v = \dfrac{\sigma}{\bar{x}} \times 100$

· 평균값 $\bar{x} = \dfrac{23.5 + 21.3 + 25.3 + 24.6 + 25.4}{5} = \dfrac{120.1}{5}$
$= 24.02 \text{MPa}$

· 표준편제곱합 $S = \sum(\bar{x} - X_i)^2$
$= (24.02 - 23.5)^2 + (24.02 - 21.3)^2$
$+ (24.02 - 25.3)^2 + (24.02 - 24.6)^2$
$+ (24.02 - 25.4)^2$
$= 11.548$

· 불편분산 $\sigma_e = \sqrt{\dfrac{(\bar{x} - X_i)^2}{n-1}} = \sqrt{\dfrac{11.548}{5-1}} = 1.70 \text{MPa}$

$\therefore C_v = \dfrac{\sigma}{\bar{x}} \times 100 = \dfrac{1.70}{24.02} \times 100 = 7\%$

□□□ 기 14,18

32 콘크리트의 워커빌리티 측정방법에 대한 설명으로 틀린 것은?

① 플로우 시험은 충격을 받은 콘크리트 덩어리의 퍼짐 정도를 측정하는 것으로 콘크리트의 유동성과 분리저항성을 나타내는 것이다.
② 리몰딩 시험은 플로우 시험과 동일하게 플로우 테이블을 사용하지만 콘크리트의 형상이 변화하는데 필요한 일량을 측정함으로써 워커빌리티를 평가하는 시험이다.
③ 다짐계수 시험은 워커빌리티를 직접 측정하기 위한 시험으로서 일정량의 일에 의해 이루어지는 다짐의 정도를 구하지만, 신뢰성이 낮고 시험방법이 복잡하다는 단점이 있다.
④ VB 시험은 리몰딩 시험에서 발전한 것으로 리몰딩 시험장치 내의 링을 생략하고, 낙하 대신에 진동으로 다짐을 실시한다.

해설 다짐계수 시험은 워커빌리티를 직접 측정하기 위한 시험은 아니지만 일정량의 일에 의해 이루어지는 다짐의 정도를 구하는 매우 신뢰성이 높고 편리한 시험방법이다.

정답 28 ③ 29 ③ 30 ① 31 ② 32 ③

□□□ 기18
33 콘크리트 재료의 비비기에 대한 설명으로 틀린 것은?

① 일반적으로 물은 다른 재료의 투입이 끝난 후 조금 지난 뒤에 주입을 시작하는 것이 좋다.
② 연속믹서를 사용할 경우, 비비기 시작 후 최초에 배출되는 콘크리트는 사용해서는 안된다.
③ 재료는 반죽된 콘크리트가 균질하게 될 때까지 충분히 비벼야 한다.
④ 비비기를 시작하기 전에 미리 믹서 내부를 모르타르로 부착시켜야 한다.

해설 일반적으로 물은 다른 재료보다 먼저 넣기 시작하여 그 넣는 속도를 일정하게 유지하고, 다른 재료의 투입이 끝난 후 조금 뒤에 물의 주입을 끝내도록 하면 만족스러운 결과를 얻을 수 있다.

□□□ 기18
34 굳지 않은 콘크리트의 공기량에 대한 일반적인 설명으로 틀린 것은?

① AE제나 감수제에 의해 콘크리트 중에 연행된 미세한 기포는 볼베어링 작용을 하여 콘크리트의 워커빌리티를 개선시킨다.
② 고로슬래그 시멘트를 사용한 콘크리트는 보통 포틀랜드 시멘트를 사용한 경우보다 공기량이 증가한다.
③ 공기량이 1% 증가하면 슬럼프가 약 20mm 정도 크게 된다.
④ 공기량의 워커빌리티 개선효과는 빈배합의 경우에 현저하다.

해설 고로슬래그 시멘트를 사용한 콘크리트는 보통 포틀랜드 시멘트를 사용한 경우보다 공기량이 감소한다.

□□□ 기07,18
35 굳지 않은 콘크리트의 워커빌리티 및 반죽질기에 영향을 미치는 요인에 대한 설명으로 틀린 것은?

① 골재-둥근 모양의 골재는 모가 난 골재보다 워커빌리티를 좋게 한다.
② 시멘트-일반적으로 단위 시멘트량이 많을수록 콘크리트는 워커블해진다.
③ 온도-일반적으로 온도가 높을수록 슬럼프는 작아진다.
④ 혼화제-AE제, 감수제 등의 혼화재료는 콘크리트의 워커빌리티에 영향을 주지 않는다.

해설 혼화제 : AE제, 감수제 등의 혼화재료는 단위수량의 감소, 공기연행 등에 의해 콘크리트의 워커빌리티를 크게 개선시킬 수 있다.

□□□ 기18
36 콘크리트 구조물 내부의 강재 위치에서 염화물이온 농도(kg/m^3)을 구하고자 할 때 필요한 자료가 아닌 것은?

① 염화물이온의 확산계수(cm^2/년)
② 콘크리트 표면의 염화물 이온 농도(kg/m^3)
③ 염화물이온 침입에 의한 내구연수(년)
④ 주철근의 공칭직경(mm)

해설 필요한 자료
- 염화물이온의 확산계수(cm^2/년)
- 콘크리트 표면의 염화물 이온 농도(kg/m^3)
- 염화물이온 침입에 의한 내구연수(년)

□□□ 기14,18
37 레디믹스트 콘크리트 공장의 선정에 관한 설명으로 틀린 것은?

① KS 인증공장을 우선으로 선정한다.
② 선정 시 품질 관리 상태 및 납품실적을 고려한다.
③ 현장까지의 운반시간도 중요한 선정기준이다.
④ 동일공구에 타설되는 콘크리트를 주문하는 경우에는 가능한 많은 수의 공장을 선정한다.

해설 단일 구조물, 동일 공구에 타설하는 콘크리트는 향후 하자관계가 불분명해질 우려가 있으므로 가능한 1개 공장의 레디믹스트 콘크리트를 사용하여야 한다.

□□□ 기15,18
38 집단을 구성하고 있는 많은 데이터를 어떤 특징에 따라서 몇 개의 부분집단으로 나누는 것을 의미하는 것으로 측정치에 산포를 포함하는 품질관리의 수법은?

① 층별
② 히스토그램
③ 특성요인도
④ 파레토도

해설 품질관리의 수법

구분	내용
층별 (Stratifiction)	집단을 구성하고 있는 많은 데이터를 어떤 특징에 따라서 몇 개의 부분집단으로 나누는 것
히스토그램 (Histogram)	데이터가 어떤 분포를 하고 있는지를 알아보기 위해 작성하는 그림
특성요인도 (Fish-bone Diagram)	결과에 원인이 어떤 관계하고 있는가를 한눈에 알 수 있도록 작성한 그림
파레토도 (Pareto Diagram)	불량 등의 발생건수를 분류항목별로 나누어 크기 순서대로 나열해 놓은 그림

정답 33 ① 34 ② 35 ④ 36 ④ 37 ④ 38 ①

39 콘크리트재료 계량 오차의 계산식으로 옳은 것은?
(단, m_0 : 계량 오차(%), m_1 : 목표 1회 계량 분량, m_2 : 저울에 의한 계측 값)

① $m_0 = \dfrac{m_2 - m_1}{m_2} \times 100$ ② $m_0 = \dfrac{m_2 - m_1}{m_1} \times 100$

③ $m_0 = \dfrac{m_1 - m_2}{m_1} \times 100$ ④ $m_0 = \dfrac{m_1 - m_2}{m_2} \times 100$

해설 계량오차 $m_o = \dfrac{m_2 - m_1}{m_1} \times 100$

40 동결융해 300 사이클에서 상대동탄성계수가 74%일 때 시험용 공시체의 내구성 지수는 얼마인가?

① 28% ② 37%
③ 56% ④ 74%

해설 내구성지수

$$DF = \dfrac{\text{시험종료 사이클수} \times \text{상대동탄성계수}}{\text{동결융해에의 노출이 끝날때의 사이클 수}} = \dfrac{P \cdot N}{300}$$

∴ $DF = \dfrac{300 \times 74}{300} = 74\%$

제3과목 : 콘크리트의 시공

41 시공이음에 대한 설명으로 틀린 것은?

① 시공이음은 될 수 있는 대로 전단력이 적은 위치에 설치한다.
② 시공이음은 부재의 압축력이 작용하는 방향과 직각이 되도록 하는 것이 원칙이다.
③ 해양 및 항만 콘크리트 구조물 등에 부득이 시공이음부를 설치할 경우에는 만조위로부터 위로 0.6m과 간조위로부터 아래로 0.6m 사이인 감조부 부분을 피해야 한다.
④ 부득이 전단력이 큰 곳에 시공이음을 설치하여 철근으로 보강하는 경우 철근의 정착 길이는 철근 지름의 10배 이상으로 한다.

해설 부득이 전단력이 큰 곳에 시공이음을 설치하여 철근으로 보강하는 경우 철근의 정착 길이는 철근 지름의 20배 이상으로 한다.

42 콘크리트의 타설에 대한 설명으로 틀린 것은?

① 콘크리트 타설의 1층 높이는 다짐능력을 고려하여 이를 결정하여야 한다.
② 콘크리트의 타설작업을 할 때에는 철근 및 매설물의 배치나 거푸집이 변형 및 손상되지 않도록 주의해야 한다.
③ 한 구획 내의 콘크리트는 타설이 완료될 때까지 연속해서 타설해야 한다.
④ 타설한 콘크리트는 거푸집 안에서 공극이 없어질 때까지 횡방향으로 이동시켜야 한다.

해설 타설한 콘크리트를 거푸집 안에서 횡방향으로 이동시켜서는 안 된다.

43 프리플레이스트 콘크리트에 사용되는 주입 모르타르에 대한 설명으로 틀린 것은?

① 주입 모르타르는 공사의 규모 등을 고려하여 유동성 및 유동성 유지시간을 갖는 것이어야 한다.
② 대규모 프리플레이스트 콘크리트에 사용하는 주입 모르타르는 시공 중에 재료 분리를 적게 하기 위해 부배합으로 하여야 한다.
③ 팽창률은 블리딩의 5배 이상 정도가 바람직하며, 팽창률이 작으면 모르타르 속의 공극을 크게 하여 해롭다.
④ 깊은 해수 중에 시공할 경우에는 압력을 받는 모르타르의 팽창률이 적정 값이 되도록 보일의 법칙에 의하여 팽창재의 혼입량을 증가시켜야 한다.

해설 팽창률은 블리딩의 2배 정도 이상이 바람직하며, 팽창률이 과도한 경우에는 강도저하 등을 일으키는 경우도 있으므로 주의하여야 한다.

44 섬유보강 콘크리트에 대한 일반적인 설명으로 틀린 것은?

① 인장강도와 균열에 대한 저항성이 높다.
② 사용되는 섬유에는 대표적으로 강섬유, 내알칼리성 유리섬유, 폴리프로필렌섬유, 탄소섬유, 아라미드섬유 및 여러 가지 합성섬유 등이 있다.
③ 섬유보강 콘크리트용 섬유의 탄성계수는 시멘트 결합재 탄성계수의 1/10 이상이며, 형상비가 30 이상이어야 한다.
④ 콘크리트에 대한 강섬유 혼입률의 범위는 용적 백분율로 0.5~2.0% 정도이다.

해설 섬유보강 콘크리트용 섬유의 탄성계수는 시멘트 결합재탄성계수의 1/5 이상이며, 형상비가 50 이상이어야 한다.

45 고강도 콘크리트의 제조에 사용되는 재료에 대한 설명으로 옳은 것은?

① 고강도 발현을 위해 3종 조강 포틀랜드 시멘트 사용이 원칙이다.
② 플래이 애시, 실리카 퓸 등의 혼화재들은 시험배합 없이 바로 사용하여도 무방하다.
③ 굵은 골재는 균일한 크기의 굵은 알만을 사용하여 시멘트 페이스트를 최대로 사용하도록 한다.
④ 굵은 골재 최대치수는 40mm 이하로서 가능한 25mm 이하로 한다.

[해설] 고강도 콘크리트
- 3종 조강 포틀랜드 시멘트를 사용할 경우에는 사용 목적 방법에 대하여 신중한 검토 후 사용하여야 한다.
- 플래이 애시, 실리카 퓸 등의 혼화재 등은 시험 배합을 거쳐 확인한 후 사용해야 한다.
- 굵은 골재의 입도분포는 굵고 가는 골재 알이 골고루 섞이어 공극률을 줄임으로써 시멘트 페이스트가 최소가 되도록 하는 것이 좋다.

46 콘크리트 공장 제품의 장점에 해당되지 않는 것은?

① 재료, 배합, 생산 설비, 시공 등의 관리를 하기 쉽다.
② 현장에서 거푸집이나 동바리 등의 준비가 필요 없다.
③ 규격품을 제조하므로 숙련공을 필요로 하지 않는다.
④ 작업하기 쉬운 장소에서 콘크리트를 타설할 수 있고, 기후 상황에 좌우되지 않고 시공을 할 수 있다.

[해설] 규격품을 제조하므로 숙련된 작업원에 의하여 생산될 수 있다.

47 한중콘크리트 시공 시 비빈 직후 콘크리트의 온도 및 주위 기온이 아래의 조건과 같을 때, 타설이 완료된 후 콘크리트의 온도는?

- 비빈 직후의 콘크리트 온도 : 25℃
- 주위 온도 : 4℃
- 비빈 후부터 타설완료 시까지의 시간 : 1시간 30분

① 19.8℃ ② 20.3℃
③ 21.6℃ ④ 22.5℃

[해설] $T_2 = T_1 - 0.15(T_1 - T_0) \cdot t$
$= 25 - 0.15(25 - 4) \times 1.5 = 20.3℃$

48 팽창콘크리트에 대한 설명으로 틀린 것은?

① 팽창재는 시멘트와 혼합하여 질량으로 계량하며, 그 오차는 1회 계량분량의 3% 이내로 한다.
② 팽창콘크리트의 팽창률은 일반적으로 재령 7일에 대한 시험값을 기준으로 한다.
③ 팽창콘크리트를 제조할 때 팽창재는 원칙적으로 다른 재료를 투입할 때 동시에 믹서에 투입한다.
④ 팽창콘크리트의 강도는 일반적으로 재령 28일의 압축강도를 기준으로 한다.

[해설] 팽창재는 다른 재료와 별도로 질량으로 계량하며, 그 오차는 1회 계량분량의 1% 이내로 하여야 한다.

49 수밀콘크리트의 배합에 대한 설명으로 틀린 것은?

① 소요의 품질이 얻어지는 범위 내에서 단위수량 및 물-결합재비는 되도록 적게 한다.
② 단위 굵은 골재량은 작게 한다.
③ 콘크리트의 소요 슬럼프는 되도록 적게 하여 180mm를 넘지 않도록 한다.
④ 공기량은 4% 이하가 되게 한다.

[해설] 콘크리트의 소요의 품질이 얻어지는 범위내에서 단위수량 및 물-결합재비는 되도록 적게 하고, 단위 굵은 골재량은 되도록 크게 한다.

50 수중콘크리트에 관한 설명으로 틀린 것은?

① 수중불분리성 콘크리트의 수중유동거리는 10m 이하로 하여야 한다.
② 수중불분리성 콘크리트의 타설은 유속이 50mm/s 정도 이하의 정수 중에서 수중낙하높이 0.5m 이하이어야 한다.
③ 수중불분리성 콘크리트를 콘크리트펌프로 압송할 경우 압송압력은 보통콘크리트의 2~3배, 타설속도는 1/2~1/3 정도이다.
④ 수중불분리성 콘크리트는 유동성이 크고 유동에 따른 품질변화가 적기 때문에 일반 수중 콘크리트보다 트레미 1개 및 콘크리트 펌프 배관 1개당 콘크리트 타설면적을 크게 할 수 있다.

[해설] 콘크리트를 과도히 유동시키는 것은 품질저하 및 불균일성을 발생시킬 위험이 있으므로 수중 유동거리는 5m 이하로 하여야 한다.

정답 45 ④ 46 ③ 47 ② 48 ① 49 ② 50 ①

51 매스콘크리트의 수축이음에 대한 설명으로 틀린 것은?

① 벽체구조물의 경우 길이방향에 일정 간격으로 단면감소 부분을 만든다.
② 수축이음의 단면 감소율은 35% 이상으로 하여야 한다.
③ 수축이음의 간격은 1~2m를 기준으로 한다.
④ 수축이음의 위치는 구조물의 내력에 영향을 미치지 않는 곳에 설치한다.

해설 수축이음의 간격은 4~5m를 기준으로 한다.

52 숏크리트에 대한 설명으로 옳은 것은?

① 뿜어붙일 면에 용수가 있을 경우에는 상대적으로 습식 숏크리트 보다 건식 숏크리트가 우수하다.
② 습식 숏크리트는 건식 숏크리트에 비해 시공능력이 떨어진다.
③ 숏크리트는 대기 온도가 0℃ 이상일 때 뿜어붙이기를 실시하며, 그 이하의 온도일 때는 적절한 온도대책을 세운 후 실시한다.
④ 숏크리트는 평활한 마무리면을 얻을 수 있으며 품질 변동이 적다는 장점이 있다.

해설
· 건식 숏크리트는 습식 숏크리트에 비해 시공능력이 떨어진다.
· 숏크리트는 대기 온도가 10℃ 이상일 때 뿜어붙이기를 실시하며, 그 이하의 온도일 때는 적절한 온도대책을 세운 후 실시한다.
· 숏크리트는 평활한 마무리면을 얻기 어려우며, 시공조건, 노즐맨의 기술에 의하여 시공성, 품질 변동이 생기기 쉽다.

53 표면마무리에 대한 설명으로 틀린 것은?

① 시공이음이 미리 정해져 있지 않을 경우 직선상의 이음이 얻어지도록 시공해야 한다.
② 다지기를 끝내고 거의 소정의 높이와 형상으로 된 콘크리트의 윗면은 스며 올라온 물이 없어지기 전까지 마무리를 해야 한다.
③ 마무리 작업 후 콘크리트가 굳기 시작할 때까지의 사이에 일어나는 균열은 다짐 또는 재마무리에 의해서 제거하여야 한다.
④ 매끄럽고 치밀한 표면이 필요할 때는 작업이 가능한 범위에서 될 수 있는 대로 늦은 시기에 콘크리트 윗면을 마무리하여야 한다.

해설 다지기를 끝내고 거의 소정의 높이와 형상으로 된 콘크리트의 윗면은 스며 올라온 물이 없어진 후나 또는 물을 처리한 후가 아니면 마무리해서는 안 된다.

54 콘크리트의 유동화 방법과 유동화 콘크리트에 대한 설명으로 틀린 것은?

① 유동화제 첨가량은 보통시멘트 질량의 2~3% 정도이며, 유동화제량은 단위수량의 일부로서 고려하여야 한다.
② 유동화 콘크리트의 슬럼프 증가량은 100mm 이하를 원칙적으로 하며, 50~80mm를 표준으로 한다.
③ 유동화 콘크리트의 재유동화는 원칙적으로 할 수 없다.
④ 유동화제는 원액으로 사용하고, 미리 정한 소정의 양을 한꺼번에 첨가하며, 계량은 질량 또는 용적으로 계량하고, 그 계량오차는 1회에 3% 이내로 한다.

해설 유동화제의 용적은 콘크리트를 비비는 용적계산에서 무시하는 것으로 한다.

55 방사선 차폐용 콘크리트에 대한 설명으로 틀린 것은?

① 주로 생물체의 방호를 위하여 X선, γ선 및 중선자선을 차폐할 목적으로 사용되는 콘크리트를 방사선 차폐용 콘크리트라고 한다.
② 물-결합재비는 50% 이하를 원칙으로 하고, 혼화제를 사용하여서는 안 된다.
③ 콘크리트의 슬럼프는 일반적인 경우 150mm 이하로 한다.
④ 차폐용 콘크리트로서 필요한 성능인 밀도, 압축강도, 설계허용온도, 결합수량, 붕소량 등을 확보하여야 한다.

해설 물-결합재비는 50% 이하를 원칙으로 하고, 워커빌리티 개선을 위하여 품질이 입증된 혼화제를 사용할 수 있다.

56 콘크리트 펌핑조건이 아래의 표와 같을 때 최대 소요압력($P_{\max}$)을 대략적으로 구하면?

- 굵은 골재 최대치수 : 40mm
- 펌프 콘크리트의 관내 압력손실 : 0.215N/mm²/m(굵은 골재 최대치수 25mm 기준)
- 콘크리트 수송관의 수평환산거리 : 100m

① 11.9N/mm² ② 18.2N/mm²
③ 23.7N/mm² ④ 35.3N/mm²

해설 $P_{\max}$ =(수평관 1mm당 관내 압력손실)×(수평환산거리)
$= 0.215 \times 100 \left(1 + \dfrac{10}{100}\right) = 23.7 \text{N/mm}^2$
(∵ 굵은골재의 최대치수가 40mm인 경우는 10% 정도 증가시킨 값을 적용)

57 설계기준 압축강도가 24MPa인 콘크리트를 사용하여 슬래브 콘크리트를 타설하였을 경우, 슬래브 밑면의 거푸집을 해체하기 위해서는 콘크리트 압축강도가 몇 MPa 이상이 되어야 하는가?

① 5MPa ② 10MPa
③ 14MPa ④ 16MPa

해설 콘크리트 압축강도(슬래브 및 보의 밑면, 아치 내면) 설계기준압축강도의 2/3배 이상 또는 최소 14MPa 이상

∴ 콘크리트의 압축강도 $f_{cu} = \frac{2}{3} \times 24 = 16 \text{MPa}$

58 고온·고압의 증기솥 속에서 상압보다 높은 압력으로 고온의 수증기를 사용하여 실시하는 양생방법은?

① 오토클레이브양생 ② 증기양생
③ 촉진양생 ④ 고주파양생

해설 · 오토클레이브 양생(autoclave curing)의 정의에 대한 설명이다.
· 콘크리트를 고온·고압의 증기 하에서 양생하면 시멘트중의 실리카와 칼슘이 결합하여 견고한 토베르모라이트 또는 준결정을 형성하며 이것을 수화반응이라 한다.
· 증기양생(steam curing) : 높은 온도의 수증기 속에서 실시하는 촉진 양생
· 촉진양생 : 보다 빠른 콘크리트의 경화나 강도 발현을 촉진하기 위해 실시하는 양생

59 프리플레이스트 콘크리트에 사용되는 골재에 대한 설명으로 틀린 것은?

① 잔골재의 조립률은 1.4 ~ 2.2 범위로 한다.
② 굵은 골재의 최대 치수와 최소 치수와의 차이를 크게 하면 주입모르타르의 소요량이 많아진다.
③ 굵은 골재의 최소 치수는 15mm 이상으로 하여야 한다.
④ 일반적으로 굵은 골재의 최대 치수는 최소 치수의 2 ~ 4배 정도로 한다.

해설 굵은 골재의 최대 치수와 최소 치수와의 차이를 적게 하면 굵은 골재의 실적률이 적어지고 주입 모르타르의 소요량이 많아진다.

60 서중콘크리트의 시공은 일평균 기온이 몇 ℃를 초과하는 것이 예상되는 경우에 실시하는가?

① 15℃ ② 20℃
③ 25℃ ④ 30℃

해설 하루 평균기온이 25℃를 초과하는 것이 예상되는 경우 서중 콘크리트로 시공하여야 한다.

제4과목 : 콘크리트 구조 및 유지관리

61 계수전단력 V_u가 콘크리트에 의한 설계전단 강도 ϕV_c의 1/2을 초과하는 철근콘크리트 및 프리스트레스트콘크리트 휨부재에는 최소전단철근을 배치하여야 한다. 이때 이 규정을 적용하지 않아도 되는 경우에 속하지 않는 것은?

① 슬래브와 기초판
② 전체 깊이가 450mm 이하인 보
③ T형보에서 그 깊이가 플랜지 두께의 2.5배 또는 복부폭의 1/2 중 큰 값 이하인 보
④ 교대 벽체 및 날개벽, 옹벽의 벽체, 암거 등과 같이 휨이 주거동인 판부재

해설 전체 깊이가 250mm 이하이거나 I형보, T형보에서 그 깊이가 플랜지 두께의 2.5배 또는 복부폭의 1/2 중 큰 값

62 아래 그림과 같은 T형 보의 압축연단에서 중립축까지의 거리(c)는 얼마인가? (단, $A_s=6,354\text{mm}^2$(8-D32), $f_{ck}=35\text{MPa}$, $f_y=400\text{MPa}$이다.)

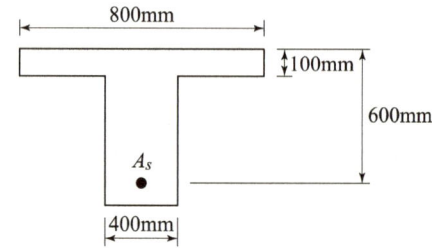

① 113.58mm ② 132.66mm
③ 141.98mm ④ 157.40mm

해설 $c = \dfrac{a}{\beta_1}$

$f_{ck} = 35\text{MPa} \leq 40\text{MPa}$일 때
$\eta = 1$, $\beta_1 = 0.80$

· $a = \dfrac{A_s f_y}{\eta(0.85 f_{ck})b} = \dfrac{6,354 \times 400}{1 \times 0.85 \times 35 \times 800} = 106.79$

$= 106.79\text{mm} > 100\text{mm}$

∴ T형보

· $A_{sf} = \dfrac{\eta(0.85 f_{ck})(b-b_w)t}{f_y} = \dfrac{1 \times 0.85 \times 35(800-400) \times 100}{400}$

$= 2,975\text{mm}^2$

$a = \dfrac{(A_s - A_{sf})f_y}{\eta(0.85 f_{ck})b_w} = \dfrac{(6,354-2,975) \times 400}{1 \times 0.85 \times 35 \times 400} = 113.58$

∴ $c = \dfrac{a}{\beta_1} = \dfrac{113.58}{0.80} = 141.98\text{mm}$

□□□ 기18
63 콘크리트의 탄산화 속도에 대한 설명으로 틀린 것은?

① 혼합 시멘트는 보통 포틀랜드 시멘트보다 탄산화 속도가 빠르다.
② 탄산화 속도는 실외보다 실내에서 빠르다.
③ 경량골재 콘크리트가 보통 콘크리트보다 탄산화 속도가 빠르다.
④ 콘크리트에 사용한 골재의 밀도가 작을수록 탄산화 속도가 느리다.

[해설] 콘크리트에 사용한 골재의 밀도가 클수록 탄산화 속도가 느리다.

□□□ 기14,18,21
64 아래 표에서 나타낸 것과 같은 방법으로 방지할 수 있는 콘크리트의 균열은?

- 타설 초기에 외기에 노출되지 않도록 보호한다.
- 타설 초기의 습윤 손실을 방지하기 위해 안개노즐을 사용하여 콘크리트 표면 위의 공기를 포화시킨다.
- 콘크리트 타설 후 플라스틱 덮개로 덮어 보호한다.

① 철근 부식으로 인한 균열
② 사인장 균열
③ 침하균열
④ 소성수축 균열

[해설] 소성수축균열 : 콘크리트 표면수의 증발속도가 블리딩 속도보다 빠를 경우와 같이 급속한 수분증발이 일어나는 경우에 콘크리트 마무리면에 생기는 가늘고 얇은 균열을 말한다.

□□□ 기09,18,23
65 경간이 15m인 프리스트레스트 콘크리트 단순보에서 PS강재를 대칭 포물선모양으로 배치하였을 때 프리스트레스힘(P)=3,500kN에 의하여 콘크리트에 일어나는 등분포상향력은?

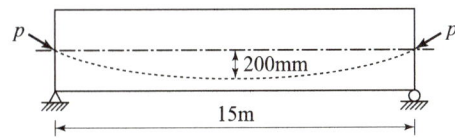

① 19.49kN/m
② 24.89kN/m
③ 28.78kN/m
④ 34.28kN/m

[해설] 강재가 포물선으로 배치된 경우
$P \cdot s = \dfrac{u \cdot l^2}{8}$ 에서
∴ 상향력 $u = \dfrac{8P \cdot s}{l^2}$
$= \dfrac{8 \times 3,500 \times 0.200}{15^2} = 24.89\,\text{kN/m}$

□□□ 기14,18
66 보통중량 골재를 사용하고, f_{ck}가 35MPa인 철근콘크리트 보에서 압축이형철근으로 D32(공칭지름 31.8mm)를 사용한다면 기본정착길이(l_{db})는? (단, f_y=400MPa)

① 538mm
② 547mm
③ 562mm
④ 575mm

[해설] 압축이형철근의 기본정착길이
- $l_{db} = \dfrac{0.25 d_b f_y}{\lambda \sqrt{f_{ck}}} \geq 0.043 d_b f_f$ 이어야 한다.
$= \dfrac{0.25 \times 1 \times 31.8 \times 400}{1 \times \sqrt{35}} = 538\,\text{mm}$
$\geq 0.043 \times 31.8 \times 400 = 547\,\text{mm}$
∴ $l_{db} = 547\,\text{mm}$

□□□ 기07,16,18
67 콘크리트 품질시험 중에서 현장시험이 아닌 것은?

① 초음파시험
② 반발경도시험
③ 코아채취
④ 시멘트함유량시험

[해설] 시멘트 함유량 시험은 실내시험이다.

□□□ 기10,15,17,18,21
68 철근 콘크리트가 성립되는 이유에 대한 설명으로 틀린 것은?

① 철근과 콘크리트 사이의 부착강도가 크다.
② 콘크리트 속의 철근은 부식되지 않는다.
③ 철근과 콘크리트의 탄성계수는 거의 같다.
④ 철근은 인장에 강하고, 콘크리트는 압축에 강하다.

[해설] 철근의 탄성계수(E_s)와 콘크리트의 탄성계수(E_c)는 탄성계수비 n배의 차이가 있다.
$E_s = nE_c,\ n = \dfrac{E_s}{E_c}$

□□□ 기18
69 슈미트 해머를 이용하여 재령 28일 된 콘크리트 구조물의 강도평가를 실시하였다. 압축강도가 35MPa로 나왔다면 보정 압축강도는 얼마인가? (단, 재령에 따른 보정 이외의 보정은 무시한다.)

① 21MPa
② 28MPa
③ 35MPa
④ 42MPa

[해설] 재령 28일의 재령계수는 1.00이므로
$F_c = \alpha_t \cdot F = 1.00 \times 35 = 35\,\text{MPa}$

□□□ 기 08,10,16,18

70 아래 그림과 같은 조건에서 탄성파법에 의해 측정한 균열깊이(d)는 얼마인가? (단, $T_c - T_o$법을 사용하며, 측정한 $T_c = 250\mu s$, $T_o = 120\mu s$ 이고, T_c는 균열을 사이에 두고 측정한 전파시간, T_o는 건전부 표면에서의 전파시간을 나타낸다.)

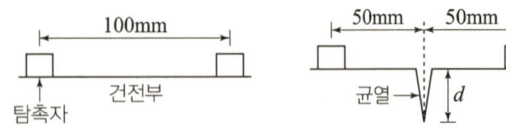

① 78.4mm ② 84.9mm
③ 91.4mm ④ 98.9mm

해설 $d = L\sqrt{\left(\dfrac{T_c}{T_o}\right)^2 - 1} = 50\sqrt{\left(\dfrac{250}{120}\right)^2 - 1} = 91.4mm$

□□□ 기 15,18

71 다음 중 주각(pedestal)에 대한 설명으로 옳은 것은?

① 기초 위에 돌출된 압축부재로서 단면의 평균최소치수에 대한 높이의 비율이 3 이하인 부재
② 보나 지판이 없이 기둥으로 하중을 전달하는 2방향으로 철근이 배치된 콘크리트 슬래브
③ 보 없이 지판에 의해 하중이 기둥으로 전달되며, 2방향으로 철근이 배치된 콘크리트 슬래브
④ 상부 수직하중을 하부 지반에 분산시키기 위해 저면을 확대시킨 철근콘크리트판

해설 주각(pedestal) : 기초 위에 돌출된 압축부재로서 단면의 평균 최소치수에 대한 높이의 비율이 3 이하인 부재

□□□ 기 14,18,21

72 강판접착공법은 RC부재의 인장측 균열외면에 강판을 접착하여 기존의 RC부재와 강판을 일체화시켜 내력향상을 도모하는 방법이다. 이러한 강판접착공법에 대한 장점으로 틀린 것은?

① 방청, 방화상의 내구성이 좋다.
② 강판의 분포, 배치를 똑같이 할 수 있으므로 균열특성이 좋다.
③ 강판을 사용하고 있으므로 모든 방향의 인장력에 대응할 수 있다.
④ 현장 타설콘크리트, 프리캐스트 부재 모두에 적용할 수 있으므로 응용범위가 넓다.

해설 강판접착공법의 단점
• 방청, 방화상의 문제가 충분히 검토되어 있지 않다.
• 접착제의 내구성, 내피로성이 불분명하다.

□□□ 기 15,18,21

73 보수에 대한 일반적인 설명으로 틀린 것은?

① 보수방법은 열화와 손상 및 하자에 의한 단면이나 표면 상태를 회복시키는 것을 목적으로 한다.
② 보수에 있어서의 요구수준은 시설물의 현상태수준 이상으로 하여야 한다.
③ 보수에 있어서는 열화원인을 제거하는 것이 원칙이지만, 제거할 수 없는 경우에는 이후의 열화방지대책을 마련해야 한다.
④ 콘크리트 보수에 사용되는 재료는 기존 콘크리트의 탄성계수보다 2~3배 정도 높은 재료를 선택해야 한다.

해설 콘크리트의 보수에 사용되는 재료는 기존 콘크리트의 탄성계수와 유사한 탄성계수를 갖는 재료를 선택해야 한다. 왜냐 하면 탄성계수가 큰 부분에 응력이 집중되므로 탄성계수를 고려해야 한다.

□□□ 기 18

74 폭 $b = 300mm$, 유효깊이 $d = 400mm$, 등가직사각형 깊이 $a = 136mm$인 직사각형 단면의 보가 있다. 강도설계법에 의한 설계강도 산정 시 사용하는 강도감소계수 값은? (단, $f_{ck} = 24MPa$, $f_y = 400MPa$이다.)

① 0.78 ② 0.82
③ 0.83 ④ 0.84

해설 $\phi = 0.65 + (\epsilon_t - 0.002)\dfrac{200}{3}$

• $a = 136mm$
 $f_{ck} = 24MPa \leq 40MPa$일 때
 $\eta = 1$, $\beta_1 = 0.80$

• $c = \dfrac{a}{\beta_1} = \dfrac{136}{0.80} = 170mm$

• $\epsilon_t = 0.0033 \times \left(\dfrac{d-c}{c}\right) = 0.0033 \times \dfrac{400-170}{170} = 0.0045 < 0.005$

∴ $\phi = 0.65 + (0.0045 - 0.002)\dfrac{200}{3} = 0.82$

□□□ 기 10,11,16,18,20

75 화재에 의한 콘크리트 구조물의 열화현상에 대한 설명으로 틀린 것은?

① 콘크리트는 약 300°C에서 탄산화 된다.
② 급격한 가열 시 피복콘크리트의 폭렬이 발생하기 쉽다.
③ 콘크리트는 탈수나 단면 내의 열응력에 의해 균열이 생긴다.
④ 콘크리트를 가열하면 정탄성계수의 감수에 의하여 바닥 슬래브나 보의 처짐이 증대한다.

해설 콘크리트는 약 500°C에서 탄산화되기 쉽다.

76 아래 표의 조건과 같을 때 1방향 철근 콘크리트 슬래브의 최소 수축·온도 철근량은?

- 설계기준항복강도가 300MPa인 이형철근을 사용한 슬래브
- 폭 1,000mm, 전체깊이 250mm인 슬래브

① 250mm^2　② 500mm^2
③ 750mm^2　④ $1,000\text{mm}^2$

해설 설계기준강도가 400MPa 이하인 이형철근을 사용한 1방향 철근 슬래브의 수축온도 철근비는 0.002이다.
∴ 최소 수축 온도 철근량 $A_s = \rho bd = 0.002 \times 1,000 \times 250 = 500\text{mm}^2$

77 균열보수공법 중에서 저압·저속식 주입공법에 대한 설명으로 틀린 것은?

① 주입기에 여분의 주입재료가 남아 있으므로 재료 손실이 크다.
② 저압이므로 실링부 파손이 적고 정확성이 높아 시공관리가 용이하다.
③ 주입재는 에폭시 수지 이외에는 사용할 수 없어서 습윤부에 사용이 불가능하다.
④ 주입되는 수지는 동심원상으로 확산되므로 주입압력에 의한 균열이나 들뜸이 확대되지 않는다.

해설 주입재는 에폭시 수지 이외에도 무기질계의 슬러리도 사용할 수 있어서 습윤부에도 사용이 가능하다.

78 콘크리트 비파괴시험 방법의 일종인 초음파속도법에 대한 설명으로 틀린 것은?

① 콘크리트는 밀도가 균질하므로 음속만으로 콘크리트의 압축강도를 정확히 측정할 수 있다.
② 측정법으로는 직접법, 표면법, 간접법 등이 있다.
③ 기존 콘크리트 구조물의 구조체 콘크리트의 품질관리, 거푸집 및 동바리의 제거시기 결정 등에 활용되고 있다.
④ 음속법인 경우의 적용 강도범위는 주로 10~60MPa을 대상으로 하고 있다.

해설 콘크리트 중의 음속은 측정조건, 사용 골재의 종류와 양, 콘크리트의 함수상태, 내부 철근의 양과 배합 등 많은 요인의 영향을 받으므로 음속만으로 콘크리트 압축강도의 정도를 양호하게 추정하는 것은 곤란한 경우가 많다.

79 2방향 슬래브 중 직접설계법을 사용하여 슬래브 시스템을 설계하고자 할 때 제한사항에 대한 설명으로 틀린 것은?

① 슬래브 판들은 단변 경간에 대한 장변 경간의 비가 3 이하인 직사각형이어야 한다.
② 각 방향으로 연속한 받침부 중심간 경간 차이는 긴 경간의 1/3 이하이어야 한다.
③ 각 방향으로 3경간 이상이 연속되어야 한다.
④ 모든 하중은 슬래브 판 전체에 걸쳐 등분포된 연직하중이어야 하며, 활하중은 고정하중의 2배 이하이어야 한다.

해설 슬래브판들은 단변 경간에 대한 장변 경간의 비가 2이하인 직사각형이어야 한다.

80 아래 그림과 같은 반 T형 보에서 플랜지 유효폭(b)의 값으로 옳은 것은?

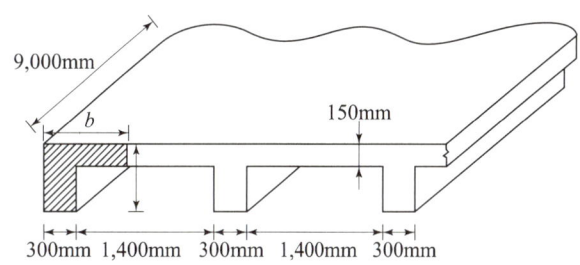

① 950mm　② 1,000mm
③ 1,050mm　④ 1,100mm

해설 반 T형보의 유효폭은 다음 값중 가장 작은 값으로 한다.
- (한쪽으로 내민 플랜지 두께의 $6t_f$)+b_w
  $6t_f + b_w = 6 \times 150 + 300 = 1,200\text{mm}$
- (보의 경간의 $\frac{1}{12}$) + b_w : $\frac{1}{12} \times 9,000 + 300 = 1,050\text{mm}$
- (인접보와의 내측거리의 $\frac{1}{2}$)+b_w
  : $\frac{1}{2} \times 1,400 + 300 = 1,000\text{mm}$

∴ 유효폭 $b = 1,000\text{mm}$

국가기술자격 필기시험문제

2018년도 기사 3회 필기시험

자격종목	시험시간	문제수	형 별
콘크리트기사	2시간	80	A

※ 각 문제는 4지 택일형으로 질문에 가장 적합한 문제의 보기 번호를 클릭하거나 답안표기란의 번호를 클릭하여 입력하시면 됩니다.
※ 입력된 답안은 문제 화면 또는 답안 표기란의 보기 번호를 클릭하여 변경하실 수 있습니다.

제1과목 : 콘크리트 재료 및 배합

□□□ 기 05,08,12,18,19,21

01 KS F 4009에는 레디믹스트 콘크리트의 혼합에 사용되는 물에 대해 규정하고 있다. 다음 중 레디믹스트 콘크리트에 사용할 수 없는 혼합수는?

① 염소 이온(Cl^-)량이 300mg/L인 지하수
② 혼합수로서 품질시험을 실시하지 않은 상수돗물
③ 용해성 증발 잔류물의 양이 1g/L인 하천수
④ 모르타르의 재령 7일 및 28일 압축강도비가 90%인 회수수

[해설] 상수돗물 이외의 물의 품질

항목	품질
현탁물질의 양	2g/L 이하
용해성 증발 잔류물의 양	1g/L 이하
염소 이온 (Cl^-)량	250mg/L 이하
시멘트 응결시간의 차	초결 30분 이내, 종결 60분 이내
모르타르의 압축 강도비	재령 7일 및 재령 28일에서 90% 이상

□□□ 기 16,18,21

02 콘크리트용 실리카 퓸(KS F 2567)의 품질시험을 위하여 사용하는 시험 모르타르에 대한 아래 표 설명에서 ( ) 안에 들어갈 알맞은 비율은?

> 시험 모르타르란 실리카 퓸의 품질 시험에 사용되는 모르타르로 보통 포틀랜드 시멘트와 실리카 퓸을 질량비 ( )로 하여 제작한 모르타르를 말한다.

① 9 : 1 ② 8 : 2
③ 7 : 3 ④ 6 : 4

[해설] 시험 모르타르 : 실리카퓸의 품질시험에서 사용되는 모르타르로서 보통 포틀랜드 시멘트의 실리카 흄을 질량비로 9 : 1로 하여 제작된 모르타르

□□□ 기 07,18

03 콘크리트의 배합강도를 결정할 때 적용하는 압축강도의 표준편차에 대한 설명으로 틀린 것은?

① 콘크리트 압축강도의 표준편차는 실제 사용한 콘크리트의 30회 이상의 실험실적으로부터 결정하는 것을 원칙으로 한다.
② 콘크리트 압축강도의 시험횟수가 29회 이하이고 15회 이상인 경우 그것으로 계산한 표준편차에 보정계수를 곱한 값을 표준편차로 사용할 수 있다.
③ 콘크리트 압축강도의 시험횟수가 15회인 경우 표준편차의 보정계수는 1.16을 적용한다.
④ 콘크리트 압축강도의 시험횟수가 20회인 경우 표준편차의 보정계수는 1.05를 적용한다.

[해설] 시험횟수가 20회 이하일 때 표준편차의 보정계수

시험횟수	표준편차의 보정계수
15	1.16
20	1.08
25	1.03
30 이상	1.00

∴ 시험횟수가 20회인 경우 표준편차의 보정계수는 1.08를 적용한다.

□□□ 기 04,09,15,18

04 콘크리트 배합 시 슬럼프에 대한 다음 설명 중 올바르지 않은 것은?

① 슬럼프 값이 너무 작으면 타설이 곤란하다.
② 슬럼프 값은 타설장소에서의 값이 중요하다.
③ 슬럼프 값은 진동기 사용 등 다짐방법에 의해서도 변하게 된다.
④ 콘크리트의 운반시간이 길어지면 슬럼프 값이 증가하는 경향이 있다.

[해설] 콘크리트의 운반시간이 길 경우 또는 기온이 높은 경우에는 슬럼프가 크게 저하하므로 운반중의 슬럼프 저하를 고려한 슬럼프값에 대하여 배합을 정해 두어야 한다.

정답 01 ① 02 ① 03 ④ 04 ④

05 플라이 애시를 사용한 콘크리트의 성질에 대한 설명으로 틀린 것은?

① 워커빌리티를 개선하여 공기량의 발생이 많아 소요의 공기량을 얻기 위한 AE제양을 줄일 수 있다.
② 플라이 애시 첨가 콘크리트의 강도는 초기재령에서는 비교적 일반콘크리트보다 작으나, 재령이 길어짐에 따라 포졸란반응의 증가에 의해 장기강도는 증가한다.
③ 플라이 애시 첨가 콘크리트는 수화열에 의한 균열을 방지할 수 있어 댐과 같은 매스콘크리트 등에 사용된다.
④ 플라이 애시는 알칼리 골재반응에 의한 팽창을 억제하는 효과가 있다.

해설 플라이 애시를 사용한 콘크리트는 플라이 애시를 사용하지 않은 콘크리트에 비해 동일 공기량을 얻기 위해서는 많은 양의 AE제(공기연행제)가 필요하다.

06 시멘트의 응결에 대한 설명으로 틀린 것은?

① 수량이 많으면 응결은 지연된다.
② C_2S가 많을수록 응결은 빨라진다.
③ 온도가 높을수록 응결은 빨라진다.
④ 분말도가 높으면 응결은 빨라진다.

해설 규산 이석회(C_2S)
- C_2S가 많을수록 응결은 늦어진다.
- 수화열이 작아서 강도발현은 늦어진다.
- 화학 저항성이 우수하다.

07 콘크리트용 굵은 골재의 물리적 성질에 대한 기준으로 틀린 것은? (단, 천연 골재)

① 절대건조밀도는 $2.5g/cm^3$ 이상이어야 한다.
② 흡수율은 5.0% 이하이어야 한다.
③ 마모율은 40% 이하이어야 한다.
④ 안정성은 10% 이하이어야 한다.

해설 골재의 물리적 성질[KS F2526]

구분	규정값	
	굵은 골재	잔골재
밀도(절대건조)(g/cm^3)	2.50 이상	2.50 이상
흡수율(%)	3.0 이하	3.0 이하
안정성(%)	12 이하	10 이하
마모율(%)	40 이하	—

08 시방서에 규정된 콘크리트 배합의 표시 사항에 해당되지 않는 것은?

① 골재의 단위량
② 슬럼프
③ 공기량
④ 혼합수의 염분량

해설 배합표

굵은 골재의 최대치수 (mm)	슬럼프 (mm)	W/C (%)	잔골재율 S/a(%)	공기량 (%)	단위량(kg/m^3)			
					물 (W)	시멘트 (C)	잔골재 (S)	굵은 골재 (G)

09 콘크리트의 호칭강도(f_{cn})가 20MPa인 콘크리트를 제작하기 위한 배합강도는? (단, 콘크리트 압축강도의 기록이 없는 경우)

① 27MPa
② 28.5MPa
③ 30MPa
④ 31.5MPa

해설 압축강도의 시험횟수가 14회 이하이거나 기록이 없는 경우의 배합강도

호칭강도 f_{cn}(MPa)	배합강도 f_{cr}(MPa)
21 미만	$f_{cr} = f_{cn} + 7$
21 이상 35 이하	$f_{cr} = f_{cn} + 8.5$
35 초과	$f_{cr} = 1.1f_{cn} + 5.0$

∴ $f_{cr} = f_{cn} + 7 = 20 + 7 = 27MPa$

10 조립률이 1.65인 잔골재 A와 조립률이 3.65인 잔골재 B를 혼합하여 조립률이 2.85인 잔골재를 만들려고 할 때, 잔골재 A와 B의 혼합비는?

① A : B = 1 : 2
② A : B = 2 : 3
③ A : B = 3 : 4
④ A : B = 4 : 5

해설 $A + B = 100$ ·········· (1)

$\dfrac{1.65A + 3.65B}{A + B} = 2.85$ ·········· (2)

(2)에서 $1.65A + 3.65B = 2.85A + 2.85B$

∴ $-1.20A + 0.80B = 0$ ·········· (3)

(1) × 1.20 + (3)

$2.0B = 120$ ·········· (4)

∴ $B = 60\%$, $A = 40\%$

∴ $A : B = 40\% : 60\% = 2 : 3$

정답 05 ① 06 ② 07 ④ 08 ④ 09 ① 10 ②

□□□ 기18, 21

11 황산나트륨 포화용액을 사용한 골재의 안정성 시험에서 반복 시험을 실시할 경우 황산나트륨 포화용액의 골재에 대한 잔류유무를 조사하여야 하는데 이때 사용하는 용액에 대한 설명으로 옳은 것은?

① 탄닌산 용액을 사용하며, 용액의 농도는 2~3%로 한다.
② 수산화나트륨을 사용하며, 용액의 농도는 3%로 한다.
③ 염화바륨을 사용하며, 용액의 농도는 5~10%로 한다.
④ 페놀프탈레인 용액을 사용하며, 용액의 농도는 1%로 한다.

[해설] 시약용 용액의 골재에 대한 잔류 유무를 조사하기 위해 염화바륨을 사용하며, 용액의 농도는 5~10%로 한다.

□□□ 기15, 18

12 보통 포틀랜드 시멘트를 사용하여 재령 28일의 시멘트 모르타르 압축강도 시험(KS L ISO 679)을 실시한 결과가 아래의 표와 같다. 이 시멘트 모르타르의 압축강도를 판별하면?

【결과(MPa)】
43.5, 42.6, 43.0, 48.7, 42.8, 43.1

① 44.0MPa
② 43.0MPa
③ 42.1MPa
④ 결과값 전체를 버리고 재시험을 실시한다.

[해설] · 6개의 측정값중에서 1개의 결과가 6개의 평균값보다 ±10%를 벗어나는 경우에는 이 결과를 버리고 나머지 5개의 평균으로 계산한다. 이들 5개의 측정값 중에서 또다시 하나의 결과가 그 평균값보다 ±10% 이상이 벗어나면 결과값 전체를 버려야 한다.

· $f = \dfrac{43.5+42.6+43.0+48.7+42.8+43.1}{6} = 43.95\,\text{MPa}$

  $43.95 \times 0.9 = 39.56\,\text{MPa}$: 벗어남 없음
  $43.95 \times 1.1 = 48.35$: $48.7\,\text{MPa}$ 벗어남

· $f = \dfrac{43.5+42.6+43.0+42.8+43.1}{5} = 43\,\text{MPa}$

  $43.0 \times 0.9 = 38.7\,\text{MPa}$: 벗어남 없음
  $43.0 \times 1.1 = 47.3\,\text{MPa}$: 벗어남 없음

□□□ 기18, 22

13 콘크리트용 화학혼화제(공기연행제, 공기연행감수제, 고성능 공기연행감수제)의 성능을 확인하기 위한 콘크리트 시험에서 길이변화비(%)를 구하는 데 적용되는 기간은?

① 28일   ② 3개월
③ 6개월   ④ 1년

[해설] 보존기간 6개월에 따른 결과의 평균값을 그 콘크리트의 길이변화율로 한다.

□□□ 기14, 16, 18

14 일반콘크리트에서 물-결합재비에 대한 설명으로 틀린 것은

① 압축강도와 물-결합재비의 관계는 시험에 의하여 정하는 것을 원칙으로 한다.
② 콘크리트의 탄산화 저항성을 고려하여 물-결합재비를 정할 경우 그 값은 45% 이하로 한다.
③ 콘크리트의 수밀성을 기준으로 물-결합재비를 정할 경우 그 값은 50% 이하로 한다.
④ 물-결합재비는 소요강도, 내구성, 수밀성 및 균열저항성을 고려하여 정한다.

[해설] 콘크리트의 탄산화 저항성을 고려하여 물-결합재비를 정할 경우 55% 이하로 한다.

□□□ 기18

15 굵은 골재의 밀도 및 흡수율시험(KS F 2503)방법에서 시험 값의 정밀도에 대한 설명으로 옳은 것은?

① 시험값은 평균값과의 차이가 밀도의 경우 $0.1\,\text{g/cm}^3$ 이하, 흡수율의 경우 0.03% 이하이어야 한다.
② 시험값은 평균값과의 차이가 밀도의 경우 $0.1\,\text{g/cm}^3$ 이하, 흡수율의 경우 0.3% 이하이어야 한다.
③ 시험값은 평균값과의 차이가 밀도의 경우 $0.01\,\text{g/cm}^3$ 이하, 흡수율의 경우 0.03% 이하이어야 한다.
④ 시험값은 평균값과의 차이가 밀도의 경우 $0.01\,\text{g/cm}^3$ 이하, 흡수율의 경우 0.3% 이하이어야 한다.

[해설] 시험값은 평균값과의 차이가 밀도의 경우 $0.01\,\text{g/cm}^3$ 이하, 흡수율의 경우는 0.03% 이하이어야 한다.

□□□ 기18

16 시멘트의 종류에 따른 특성에 대한 설명으로 틀린 것은?

① 조강 포틀랜드 시멘트는 보통 포틀랜드 시멘트보다 C_3S의 함유량을 높이고 C_2S를 줄이는 동시에 분말도를 높게 하여 초기 강도를 크게 한 시멘트이다.
② 실리카 시멘트는 보통 포틀랜드 시멘트와 비교하여 수밀성은 좋지만 화학저항성 및 내구성은 떨어진다.
③ 중용열 포틀랜드 시멘트는 수화작용에 따르는 발열이 작아 매스 콘크리트에 적당하다.
④ 고로슬래그 시멘트는 보통 포틀랜드 시멘트보다 내화학 약품성이 우수하여 해수, 공장폐수, 하수 등에 접하는 콘크리트에 적합하다.

[해설] 실리카 시멘트는 보통 포틀랜드 시멘트와 비교하여 수밀성은 좋고 화학저항성 및 내구성이 크다.

정답 11 ③ 12 ② 13 ③ 14 ② 15 ③ 16 ②

17 아래의 표에서 설명하고 있는 시멘트는?

> 시멘트에 수용성 폴리머를 혼합하여 시멘트 경화체의 공극을 채우고, 압출, 사출방법으로 성형하여 건조상태로 양생한다.

① DSP시멘트
② 벨라이트시멘트
③ MDF시멘트
④ 팽창시멘트

해설 MDF cement : 시멘트에 수용성 폴리머를 혼합하여 시멘트 경화체의 공극을 채우는 원리를 이용해서 수밀하고 결함이 적은 콘크리트를 만들 수 있으며 고강도 콘크리트를 제조할시 사용가능

18 아래 표는 굵은 골재의 마모시험 결과값이다. 마모율로서 옳은 것은?

> • 시험 전 시료질량 : 1,250g
> • 시험 후 1.7mm체에 남은 질량 : 850g

① 68%
② 47%
③ 53%
④ 32%

해설 골재의 마모율(%)

$$R = \frac{m_1 - m_2}{m_1} \times 100$$

$$= \frac{1,250 - 850}{1,250} \times 100 = 32\%$$

19 잔골재의 절대건조상태 중량이 300g, 흡수율 10%, 표면수율 5%일 때 표면건조포화상태 중량과 습윤상태 중량은 각각 얼마인가?

① 표면건조포화상태 중량=310g, 습윤상태중량=325.5g
② 표면건조포화상태 중량=330g, 습윤상태중량=346.5g
③ 표면건조포화상태 중량=310g, 습윤상태중량=349.5g
④ 표면건조포화상태 중량=330g, 습윤상태중량=351.5g

해설
• 흡수율 = $\frac{표건상태 - 절건상태}{절건상태} \times 100$

$= \frac{x - 300}{300} \times 100 = 10\%$

∴ 표면건조포화상태 중량 $x = 330g$

• 표면 수율 = $\frac{습윤상태 - 표면건조 포화상태}{표면건조 포화상태} \times 100$

$= \frac{x_2 - 330}{330} \times 100 = 5\%$

참고 SOLVE 사용 ∴ 습윤상태중량 $x_2 = 346.5g$

20 30회 이상의 압축강도시험 실적으로부터 구한 압축강도의 표준편차가 5MPa이고, 콘크리트의 호칭강도가 45MPa인 경우 배합강도는?

① 50MPa
② 51.7MPa
③ 52.15MPa
④ 53.15MPa

해설 $f_{cn} > 35MPa$일 때

• $f_{cr} = f_{cn} + 1.34s = 45 + 1.34 \times 5 = 51.7MPa$
• $f_{cr} = 0.9f_{cn} + 2.33s = 0.9 \times 45 + 2.33 \times 5 = 52.15MPa$

∴ $f_{cr} = 52.15MPa$(두 값 중 큰 값)

제2과목 : 콘크리트 제조, 시험 및 품질관리

21 콘크리트의 탄산화에 대한 설명으로 틀린 것은?

① 페놀프탈레인 1% 에탄올용액을 분사시키면 알칼리부분은 변색하지 않지만 탄산화된 부분은 붉은 보라색으로 변한다.
② 콘크리트의 수화 반응에서 생성되는 강알칼리성 수산화칼슘이 공기 중의 이산화탄소와 결합 후 탄산칼슘으로 변하여 알칼리성이 약해지는 현상을 탄산화라 한다.
③ 탄산화의 진행속도는 시간의 제곱근에 비례한다.
④ 탄산화를 방지하기 위해서는 양질의 골재를 사용하고 물-시멘트비를 작게 하는 것이 좋다.

해설 탄산화(중성화)시험 : 콘크리트 단면에 페놀프탈레인 1%에탄올 용액을 분무 또는 적하하여 적색으로 착색되지 않는 부분을 탄산화역으로 간주한다.

22 콘크리트의 받아들이기 품질검사에 대한 설명으로 틀린 것은?

① 워커빌리티의 검사는 굵은 골재 최대 치수 및 슬럼프가 설정치를 만족하는지의 여부를 확인함과 동시에 재료 분리 저항성을 외관 관찰에 의해 확인하여야 한다.
② 강도검사는 콘크리트의 배합검사를 실시하는 것을 표준이라 한다.
③ 내구성 검사는 공기량, 염소이온량을 측정하는 것으로 한다.
④ 검사 결과 불합격으로 판정된 콘크리트는 현장에서 혼화재료 및 수량의 첨가 등 적절한 조치를 취한 후 사용하는 것을 원칙으로 한다.

해설 검사결과 불합격 판정을 받은 콘크리트를 사용해서는 안된다.

□□□ 기 05,12,18
23 콘크리트의 품질관리를 위한 다음 관리도 중 적용이론이 이항분포에 근거한 것은?

① x 관리도
② $\bar{x}-R$ 관리도
③ p 관리도
④ u 관리도

[해설] · x 관리도 : 측정값 자체의 관리도(정규분포)
- $\bar{x}-R$ 관리도 : 평균값과 범위의 관리도(정규분포)
- u 관리도 : 단위가 다를 경우 단위당 결점수로 관리(푸아송분포)
- p 관리도 : 시료의 크기가 반드시 일정치 않아도 되는 이항분포 이론을 적용하여 불량률로서 공정을 관리할 때에 사용한다.

□□□ 기 08,15,18,22
24 콘크리트의 블리딩을 증가시키는 요인으로 적합하지 않은 것은?

① 단위수량의 증가
② 시멘트분말도의 증가
③ 콘크리트 공기량의 저하
④ 콘크리트 온도의 저하

[해설] 시멘트의 분말도가 증가하면 블리딩은 감소한다.

□□□ 기 18
25 콘크리트 자재 품질관리 및 제조공정에 있어서의 검사 항목 중 시험 횟수가 잘못된 것은?

① 천연 잔골재의 물리·화학적 안정성(알칼리실리카 반응성) : 공사시작 전, 공사 중 1회/6개월 이상 및 산지가 바뀐 경우
② 잔골재의 표면수율 : 1회/일 이상
③ 계량설비의 계량 정밀도 : 공사시작 전 및 공사 중 1회/6개월 이상
④ 시멘트의 품질 : 공사 시작 전, 공사 중 1회/월 이상 및 장기간 저장한 경우

[해설] 제조공정에 있어서의 검사

항 목	시기 및 횟수	판정 기준
시방배합	공사 중 적절히 실시함	시방배합에 적합할 것
잔골재의 5mm체 남는 율	1회/일 이상	시방배합으로부터 현장배합으로의 수정이 적절하게 되어 있을 것
굵은 골재의 5mm체 통과율	1회/일 이상	
잔골재의 표면수율	2회/일 이상	
굵은 골재의 표면수율	1회/일 이상	

□□□ 기 18
26 아래 표와 같은 레디믹스트 콘크리트 주문 규격에서 호칭강도는 얼마인가?

> 보통 25-21-120

① 25MPa
② 21MPa
③ 120MPa
④ 180MPa

[해설] 호칭강도가 21MPa인 콘크리트이다.
- 25 : 굵은골재의 최대치수(mm)
- 21 : 콘크리트의 호칭강도(MPa)
- 120 : 슬럼프의 값(mm)

□□□ 기 18
27 콘크리트의 슬럼프 시험 방법에 대한 설명으로 틀린 것은?

① 슬럼프콘은 윗면의 안지름이 100mm, 밑면의 안지름이 200mm, 높이 300mm 및 두께 1.5mm 이상인 금속제로 한다.
② 슬럼프콘에 시료를 넣고 각 층을 다질 때 다짐봉의 깊이는 그 앞층에서 약 50mm 정도의 깊이로 들어가도록 다진다.
③ 슬럼프콘에 콘크리트를 채우기 시작하고 나서 슬럼프콘의 들어 올리기를 종료할 때까지의 시간은 3분 이내로 한다.
④ 슬럼프콘을 들어 올리는 시간은 높이 300mm에서 2~5초로 한다.

[해설] 슬럼프콘에 시료를 넣고 각 층을 다질 때 다짐봉의 깊이는 그 앞 층에 거의 도달할 정도로 한다.

□□□ 기 12,18
28 반발경도 시험에 사용되는 테스트 해머의 종류에 따른 적용 콘크리트로 틀린 것은?

① N형-보통 콘크리트용
② L형-경량 콘크리트용
③ M형-매스 콘크리트용
④ P형-고강도 콘크리트용

[해설] 슈미트 해머의 종류

기종	적용 콘크리트	비고
N형	보통 콘크리트	직독식
NR형	보통 콘크리트	자기기록식
L형	경량 콘크리트	직독식
LR형	경량 콘크리트	자기기록식
P형	저강도 콘크리트	진자식
M형	매스 콘크리트	직독식

정답 23 ③ 24 ② 25 ② 26 ② 27 ② 28 ④

29 일정량의 AE제를 사용한 경우에 굳지 않은 콘크리트의 공기량에 대한 설명이 틀린 것은?

① 콘크리트 비빔시간을 5분 이상 지속하면 공기량은 증가한다.
② 혼합수의 pH가 낮고 산성이거나 불순물이 많으면 공기량은 감소한다.
③ 단위 잔골재량이 많을수록 공기량은 증가한다.
④ 콘크리트의 온도가 높을수록 공기량은 감소한다.

[해설] 일반적으로 동일 믹서를 사용하여 콘크리트를 혼합한 경우 3~5분에서 최고가 되며, 그 보다 길거나 짧으면 공기량은 감소한다.

30 압력법에 의한 콘크리트의 공기량 시험 결과 겉보기 공기량이 7%, 골재의 수정계수가 2.4%, 사용하는 잔골재의 질량이 2kg일 때, 이 콘크리트의 공기량은?

① 2.2%   ② 2.6%
③ 3.8%   ④ 4.6%

[해설] $A(\%) = A_1 - G$
$= 7 - 2.4 = 4.6\%$

31 콘크리트를 펌프 압송하는 경우 관내 압력은 관을 따라서 점차 감소되는데, 다음 설명 중 틀린 것은?

① 슬럼프값이 작을수록 관내 압력 손실은 커진다.
② 수송관의 직경이 작을수록 관내 압력 손실은 커진다.
③ 토출량이 적을수록 관내 압력 손실은 커진다.
④ 굵은 골재 최대 치수가 커질수록 관내 압력 손실은 커진다.

[해설] 토출량이 적을수록 관내 압력 손실은 작아진다.

32 아래의 표에서 설명하는 워커빌리티 측정방법은?

> 플로우 시험과 동일하게 플로우 테이블을 사용하지만 콘크리트의 형상이 변화하는데 필요한 일량을 측정함으로써 워커빌리티를 평가하는 시험이다.

① 리몰딩 시험   ② 다짐계수 시험
③ 볼관입 시험   ④ 슬럼프 시험

[해설] 리몰딩 시험(Remolding test)은 슬럼프 몰드 속에 콘크리트를 채우고 원판을 콘크리트 면에 얹어 놓고 약 6mm의 상하운동을 주어 콘크리트의 표면이 내외가 동일한 높이가 될 때까지의 낙하 횟수로써 반죽질기를 나타낸다.

33 콘크리트의 내동해성에 관한 설명으로 틀린 것은?

① 공기량이 동일한 경우 기포간격 계수(spacing factor)가 클수록 내동해성이 향상된다.
② 연행공기는 내동해성 향상에 효과적이다.
③ 흡수율이 큰 연석은 동결 시 팝 아웃(Pop-out)을 유발시킨다.
④ 내동해성은 동결융해를 반복한 공시체의 동탄성계수에 의해 평가할 수 있다.

[해설]
• 공기량이 4~6%이면 동결융해 저항성은 크게 증대된다.
• 기포간의 간격을 나타내는 기포간격계수(기포간의 거리)가 작을수록 유수압이 작아 동결시 팽창압력의 분산이 용이하여 내동해성이 향상된다.
• 동탄성계수는 동결융해 저항성이나 화학작용에 의한 성능저하 과정을 연속적으로 추적할 수 있다.
• 흡수율이 낮은 연석 등의 골재를 사용해야 내동해성이 향상된다.
• Pop-out은 흡수율이 큰 골재를 사용하면 콘크리트 표층부의 함수율이 높은 골재가 동결하여 팽창함으로써 그 팽창압에 의해 골재 주위의 바깥 부분 모르타르가 탈락되어 표면이 파이는 현상을 말한다.

34 지름 150mm, 높이 300mm의 원주형 공시체를 사용하여 쪼갬 인장강도 시험을 한 결과 최대하중이 250kN이라면 이 콘크리트의 쪼갬 인장강도는?

① 2.12MPa   ② 2.53MPa
③ 3.22MPa   ④ 3.54MPa

[해설] $f_{sp} = \dfrac{2P}{\pi dl}$
$= \dfrac{2 \times 250 \times 10^3}{\pi \times 150 \times 300} = 3.54 \text{N/mm}^2 = 3.54\text{MPa}$

35 콘크리트의 건조수축에 관한 설명으로 틀린 것은?

① 플라이 애시를 혼입한 경우는 일반적으로 건조수축이 감소한다.
② 건조수축의 주원인은 콘크리트가 수화 작용을 하고 남은 물이 증발하기 때문이다.
③ 콘크리트의 단위수량이 많을수록 건조수축이 작게 일어난다.
④ 염화칼슘을 혼입한 경우에는 일반적으로 건조수축이 증가한다.

[해설] 배합수가 건조수축에 미치는 영향이 크므로 단위 수량이 많은 콘크리트일수록 건조수축이 크게 일어난다.

[정답] 29 ① 30 ④ 31 ③ 32 ① 33 ① 34 ④ 35 ③

□□□ 기10,16,18
36 콘크리트의 강도시험에 대한 설명으로 틀린 것은?

① 압축강도 시험을 위한 공시체는 지름의 2배의 높이를 가진 원기둥형으로 하며, 그 지름은 굵은 골재의 최대치수의 3배 이상, 100mm 이상으로 한다.
② 공시체 몰드의 떼는 시기는 채우기가 끝나고 나서 16시간 이상 3일 이내로 한다.
③ 휨강도 시험에서 공시체에 하중을 가하는 속도는 압축응력도의 증가율이 매초 (0.6±0.4)MPa이 되도록 한다.
④ 휨강도 시험용 공시체를 제작할 때 다짐봉을 이용하여 콘크리트를 몰드에 채울 경우는 2층 이상의 거의 같은 층으로 나누어 채운다.

해설
- 압축강도 시험에서 공시체에 하중을 가하는 속도는 압축응력도의 증가율이 매초 (0.6±0.2)MPa이 되도록 한다.
- 휨강도 시험에서 공시체에 하중을 가하는 속도는 가장자리 응력도의 증가율이 매초 0.06±0.04MPa이 되도록 조정하고, 최대하중이 될 때까지 그 증가율을 유지하도록 한다.

□□□ 기15,18,21
37 콘크리트의 배합설계 결과 단위 시멘트량이 350kg/m³인 경우 1배치가 3m³인 믹서에서 시멘트의 1회 계량값이 1,031kg일 때, 계량오차에 대한 판정결과로 옳은 것은?

① 허용 계량오차의 한계인 -1% 이내이므로 합격
② 허용 계량오차의 한계인 -1%를 초과하므로 불합격
③ 허용 계량오차의 한계인 -2% 이내이므로 합격
④ 허용 계량오차의 한계인 -2%를 초과하므로 불합격

해설
- 시멘트의 허용오차 : ±1
- 계량오차 $m_o = \dfrac{m_2 - m_1}{m_1} = \dfrac{1,031 - 350 \times 3}{350 \times 3} \times 100 = -1.8\%$
∴ ±1%를 초과하므로 불합격

□□□ 기10,12,18
38 콘크리트 재료의 계량에 대한 설명으로 틀린 것은?

① 1배치량은 콘크리트의 종류, 비비기 설비의 성능, 운반방법, 공사의 종류, 콘크리트의 타설량 등을 고려하여 정하여야 한다.
② 각 재료는 1배치씩 용적으로 계량하는 것을 원칙으로 한다. 다만, 물과 혼화재는 질량으로 계량해도 좋다.
③ 소규모 공사에서 시멘트나 혼화재가 포대로 공급되고, 1포대의 질량이 소정량 이상인 경우에는 포대단위로 계량해도 좋다.
④ 계량은 현장 배합에 의해 실시하는 것으로 한다.

해설 각 재료 1배치씩 질량으로 계량하여야 하나, 물과 혼화제 용액은 용적으로 계량해도 좋다.

□□□ 기18
39 레디믹스트 콘크리트 공장의 선정 또는 설치에 대한 설명으로 틀린 것은?

① 현장여건의 변동이 발생했을 때 반드시 레디믹스트 콘크리트 공장을 적정한 위치에 재설치하여야 한다.
② KS F 4009의 규정 및 심사기준을 참고로 하여 사용재료, 제 설비, 품질관리 상태 등을 조사하여 사용목적에 맞는 공장을 선정하거나 설치하여야 한다.
③ 단일 구조물, 동일 공구에 타설하는 콘크리트는 가능한 1개 공장의 레디믹스트 콘크리트를 사용해야 한다.
④ 동일 공구에 부득이하게 2개 이상의 공장을 선정하는 경우 품질관리계획서에 의해 동일한 성능이 확보되도록 책임기술자가 확인하여야 한다.

해설 현장여건의 변동이 발생했을 때 반드시 레디믹스트 콘크리트 공장을 적정한 위치에 설치하지 않는다.

□□□ 기17,18
40 콘크리트에 관한 설명으로 옳지 않은 것은?

① 슬럼프가 지나치게 크면 재료분리, 블리딩 및 레이턴스가 많이 발생된다.
② 일반콘크리트의 단위 수량은 작업이 가능한 범위 내에서 될 수 있는 대로 적게 되도록 시험을 통해 정한다.
③ 일반적으로 쇄석을 사용하면 보통 콘크리트와 동일한 슬럼프를 얻기 위한 단위수량이 많이 요구되므로 AE제, 감수제 등을 사용하는 것이 바람직하다.
④ 슬럼프값이 크면 클수록 워커빌리티가 좋다.

해설 슬럼프값이 크면 재료분리가 발생하여 워커빌리티가 나쁘다.

제3과목 : 콘크리트의 시공

□□□ 기18 산09,10,15,17
41 슬래브 및 보의 밑면, 아치 내면의 거푸집은 콘크리트 압축강도가 최소 몇 MPa 이상인 경우 해체 가능한가? (단, 콘크리트의 설계기준 압축강도가 24MPa인 경우)

① 5MPa
② 14MPa
③ 16MPa
④ 24MPa

해설 콘크리트 압축강도(슬래브 및 보의 밑면, 아치 내면)
설계기준압축강도의 2/3배 이상 또는 최소 14MPa 이상
∴ 콘크리트의 압축강도 $f_{cu} = \dfrac{2}{3} \times 24 = 16\text{MPa}$

정답 36 ③ 37 ② 38 ② 39 ① 40 ④ 41 ③

42 방사선 차폐용 콘크리트의 제조에 사용되는 재료들에 대한 설명으로 틀린 것은?

① 시멘트는 수화열발생이나 건조수축이 작은 종류를 선택하여 사용한다.
② 방사선 차폐효과를 높일 수 있도록 가급적 알칼리 농도가 높은 시멘트를 사용한다.
③ 실험용 원자로의 관망용 창문이나 차폐구조물의 두께를 작게 해야 할 경우에는 중량골재를 사용한다.
④ 광물질혼화재가 혼합된 고로시멘트, 실리카 시멘트, 플라이애시시멘트를 사용해도 무방하다.

해설 방사선 차폐효과를 높일 수 있도록 알칼리 농도가 높은 시멘트를 사용해선 안된다.

43 다음 중 한중콘크리트에 대한 설명으로 적합하지 않은 것은?

① 하루의 최저 기온이 0℃ 이하가 되는 조건일 때는 한중콘크리트로 시공하여야 한다.
② 재료를 가열할 경우, 물 또는 골재를 가열하는 것으로 하며, 시멘트는 어떠한 경우라도 직접 가열할 수 없다.
③ 한중콘크리트에는 공기연행 콘크리트를 사용하는 것을 원칙으로 한다.
④ 물-결합재비는 원칙적으로 60% 이하로 하여야 한다.

해설 하루의 평균기온이 4℃ 이하가 예상되는 조건일 때는 한중콘크리트로 시공하여야 한다.

44 서중콘크리트 시공에 대한 설명으로 틀린 것은?

① 비빈 콘크리트는 가열되거나 건조해져서 슬럼프가 저하하지 않도록 적당한 장치를 사용하여 되도록 빨리 운송하여 타설하여야 한다.
② 펌프로 운반할 경우에는 관을 젖은 천으로 덮어야 한다.
③ 콘크리트는 비빈 후 즉시 타설하여야 하며, 지연형 감수제를 사용하는 등의 일반적인 대책을 강구한 경우라도 1.5시간 이내에 타설하여야 한다.
④ 콘크리트를 타설할 때의 콘크리트 온도는 45℃ 이하이어야 한다.

해설 콘크리트를 타설할 때의 콘크리트 온도는 35℃ 이하이어야 한다.

45 고유동 콘크리트의 자기 충전 등급에 대한 설명으로 틀린 것은?

① 고유동 콘크리트의 자기 충전성 등급은 거푸집에 타설하기 직전의 콘크리트에 대하여 타설 대상 구조물의 형상, 치수, 배근 상태를 고려하여 적절히 설정한다.
② 고유동 콘크리트의 자기 충전성 1등급은 최소 철근 순간격 35~60mm 정도의 복잡한 단면형상, 단면치수가 작은 부재 또는 부위에서 자기충전성을 가지는 성능이다.
③ 고유동 콘크리트의 자기 충전성 2등급은 최소 철근 순간격 200mm 정도 이상으로 단면치수가 크고 철근량이 적은 부재 또는 부위, 무근 콘크리트 구조물에서 자기 충전성을 가지는 성능이다.
④ 일반적인 콘크리트 구조물 또는 부재는 자기 충전성 등급을 2등급으로 정하는 것을 표준으로 한다.

해설 고유동 콘크리트의 자기 충전성 등급

등급	성능
1등급	최소 철근 순간격 35~60mm 정도의 복잡한 단면형상, 단면치수가 적은 부재 또는 부위에서 자기 충전성을 가지는 성능
2등급	최소 철근 순간격 60~200mm 정도의 철근 콘크리트 구조물 또는 부재에서 자기 충전성을 가지는 성능
3등급	최소 철근 순간격 200mm 정도 이상으로 단면치수가 크고 철근량이 적은 부재 또는 부위, 무근 콘크리트 구조물에서 자기 충전성을 가지는 성능

46 일반 콘크리트에서 균열의 제어를 목적으로 균열유발 이음을 설치할 경우 이음의 간격 및 단면의 결손율에 대한 설명으로 옳은 것은?

① 균열유발 이음의 간격 0.5~1m 이내로 하고 단면의 결손율은 30%를 약간 넘을 정도로 하는 것이 좋다.
② 균열유발 이음의 간격은 부재높이의 1배 이상에서 2배 이내 정도로 하고 단면의 결손율은 20%를 약간 넘을 정도로 하는 것이 좋다.
③ 균열유발 이음의 간격은 1~2m 이내로 하고 단면의 결손율은 20%를 약간 넘을 정도로 하는 것이 좋다.
④ 균열유발 이음의 간격은 부재높이의 2배 이상에서 3배 이내 정도로 하고 단면의 결손율은 30%를 약간 넘을 정도로 하는 것이 좋다.

해설 균열유발 이음의 간격은 부재높이의 1배 이상에서 2배 이내 정도로 하고 단면의 결손율은 20%를 약간 넘을 정도로 하는 것이 좋다.

정답 42 ② 43 ① 44 ④ 45 ③ 46 ②

□□□ 기 18
47 일반 수중콘크리트의 시공에서 트레미에 의한 타설을 설명한 것으로 틀린 것은?

① 트레미는 수밀성을 가지며 콘크리트가 자유롭게 낙하할 수 있는 크기를 가져야 하므로, 트레미의 안지름은 굵은 골재 최대 치수의 8배 이상이 되도록 하여야 한다.
② 트레미의 하단에서 유출되는 콘크리트를 수중에서 멀리 유동시키면 품질이 저하되므로 트레미 1개로 타설할 수 있는 면적이 지나치게 크지 않도록 하여야 하며, $30m^2$ 이하로 하여야 한다.
③ 트레미는 콘크리트를 타설하는 동안 5분에 1회씩 하반부에 채워져 있는 콘크리트를 비워 트레미 속으로 물을 유입한 후 트레미 속의 공기를 배출하도록 하여야 하며, 트레미는 콘크리트를 타설하는 동안 수평으로만 이동하여야 한다.
④ 콘크리트를 수중 낙하시키면 재료 분리가 심하게 생기기 때문에 콘크리트를 타설할 때에 트레미의 선단부분에 밑뚜껑이 있는 것을 사용하거나 플란저를 설치하는 등의 대책을 취하여야 한다.

해설 트레미는 콘크리트를 타설하는 동안 하반부가 항상 콘크리트로 채워져 트레미 속으로 물이 침입하지 않도록 하여야 하며, 콘크리트를 타설하는 동안 수평이동 시킬 수 없다.

□□□ 기 12,18
48 콘크리트 공장제품의 장점에 해당되지 않는 것은?

① 조립구조에 주로 사용되므로 공사기간이 단축된다.
② 현장에서 거푸집이나 동바리 등의 준비가 필요 없다.
③ 규격품을 제조하므로 숙련공을 필요로 하지 않는다.
④ 기후상황에 좌우되지 않고 시공을 할 수 있다.

해설 규격품을 제조하므로 숙련된 작업원에 의하여 생산될 수 있다.

□□□ 기 11,18
49 매스콘크리트(mass concrete)에 대한 설명으로 틀린 것은?

① 가급적 슬럼프값을 크게 하여 작업성을 높인다.
② 굵은 골재의 최대치수는 되도록 큰 값을 사용하여야 한다.
③ 콘크리트의 온도상승을 억제하기 위한 냉각조치를 취한다.
④ 온도 상승은 단위 시멘트량 $10kg/m^3$의 증가에 따라 약 $1℃$ 증가한다.

해설 가급적 슬럼프 값을 낮게 하여 작업성을 높인다.

□□□ 기 18
50 고강도 콘크리트에 대한 설명으로 틀린 것은?

① 가경식 믹서보다는 강제식 팬 믹서 사용이 바람직하다
② 굵은 골재의 최대 치수는 25mm 이상으로서 가능한 40mm 이상으로 한다.
③ 일반적으로 공기연행제를 사용하지 않는 것을 원칙으로 한다.
④ 잔골재율은 소요의 워커빌리티를 얻도록 시험에 의하여 결정하여야 하며, 가능한 작게 한다.

해설 굵은 골재 최대치수는 25mm 이하로 한다.

□□□ 기 06,09,14,18,20
51 팽창 콘크리트의 품질에 대한 설명으로 틀린 것은?

① 팽창률은 일반적으로 재령 7일에 대한 시험값을 기준으로 한다.
② 팽창 콘크리트의 강도는 일반적으로 재령 14일의 압축강도를 기준으로 한다.
③ 화학적 프리스트레스용 콘크리트의 팽창률은 200×10^{-6} 이상, 700×10^{-6} 이하를 표준으로 한다.
④ 수축보상용 콘크리트의 팽창률은 150×10^{-6} 이상, 250×10^{-6} 이하인 값을 표준으로 한다.

해설 콘크리트의 팽창률은 일반적으로 재령 7일에 대한 시험값을 기준으로 한다.

□□□ 기 14,18
52 콘크리트의 표면마무리에 관련된 설명으로 틀린 것은?

① 노출콘크리트에서 균일한 노출면을 얻기 위해서는 동일 공장제품의 시멘트, 동일 종류 및 입도를 갖는 골재, 동일하게 배합된 콘크리트, 동일한 타설 방법을 사용하여야 한다.
② 미리 정해진 구획의 콘크리트 타설은 연속해서 일괄작업으로 끝마쳐야 한다.
③ 시공이음이 미리 정해져 있지 않을 경우에는 직전상의 이음이 얻어지도록 시공하여야 한다.
④ 마무리 작업 후 콘크리트가 굳기 시작할 때까지의 사이에 균열이 발생하더라도 다짐을 하여서는 안 된다.

해설 마무리 작업 후 콘크리트가 굳기 시작할 때까지의 사이에 일어나는 균열은 다짐 또는 재마무리에 의해서 제거하여야 한다.

정답 47 ③ 48 ③ 49 ① 50 ② 51 ② 52 ④

53 수밀 콘크리트의 배합에 대한 설명으로 틀린 것은?

① 슬럼프는 180mm를 넘지 않게 하며, 콘크리트 타설이 용이 할 때에는 120mm 이하로 한다.
② 공기연행감수제 또는 고성능 공기연행감수제를 사용하는 경우라도 공기량은 4% 이하가 되게 한다.
③ 물-결합재비는 50% 이하를 표준으로 한다.
④ 단위수량 및 물-결합재비는 되도록 적게 하고, 단위 굵은 골재량은 가능한 작게 하여야 한다.

[해설] 단위수량 및 물-결합재비는 되도록 적게 하고, 단위 굵은 골재량은 가능한 크게 하여야 한다.

54 수중콘크리트에 대한 아래 표의 설명에서 ( )에 알맞은 것은?

> 현장타설 콘크리트말뚝 및 지하연속벽 콘크리트는 수중에서 시공할 때 강도가 대기 중에서 시공할 때 강도의 (A)배, 안정액 중에서 시공할 때 강도가 대기 중에서 시공할 때 강도의 (B)배로 하여 배합강도를 설정하여야 한다.

① A : 0.8, B : 0.7
② A : 0.7, B : 0.8
③ A : 0.7, B : 0.7
④ A : 0.6, B : 0.9

[해설] 현장타설 콘크리트 말뚝 및 지하연속벽에 사용하는 수중 콘크리트에서는 과거의 실적으로 부터 수중시공 시의 강도를 공기중 시공시의 강도의 0.8배 정도, 안정액 중에서의 시공시의 강도를 공기중 시공시의 0.7배 정도로 보고 배합강도를 설정하였다.

55 일평균 기온이 15℃ 이상일 때 일반 콘크리트 습윤 양생 기간의 표준으로 옳은 것은? (단, 보통포틀랜드시멘트-고로슬래그시멘트-조강포틀랜드시멘트를 사용한 콘크리트의 순서)

① 5일-7일-3일
② 7일-5일-3일
③ 7일-9일-4일
④ 9일-7일-4일

[해설] 습윤양생기간의 표준

일평균 기온	보통 포틀랜드 시멘트	고로 슬래그 시멘트(2종) 플라이 애시 시멘트(2종)	조강 포틀랜드 시멘트
15℃ 이상	5일	7일	3일
10℃ 이상	7일	9일	4일
5℃ 이상	9일	12일	5일

56 고강도 콘크리트와 일반 콘크리트의 특성을 비교하여 설명한 것으로 틀린 것은?

① 고강도 콘크리트는 일반콘크리트에 비해 비빈 후 시간 경과함에 따라 슬럼프 값 저하가 적다.
② 고강도 콘크리트는 일반콘크리트에 비해 타설 시 유동성이 좋다.
③ 고강도 콘크리트는 일반콘크리트에 비해 점성이 높다.
④ 고강도 콘크리트는 일반콘크리트에 비해 재료분리 발생 가능성이 낮다.

[해설] 고강도 콘크리트는 일반콘크리트에 비해 비빈 후 시간 경과함에 따라 슬럼프 값 저하가 크다.

57 신축이음에 대한 설명 중 틀린 것은?

① 신축이음에는 필요에 따라 이음재, 지수판 등을 배치하여야 한다.
② 신축이음은 양쪽의 구조물 혹은 부재가 구속된 구조이어야 한다.
③ 신축이음의 단차를 피할 필요가 있는 경우에는 장부나 홈을 두는 것이 좋다.
④ 신축이음의 단차를 피할 필요가 있는 경우에는 전단연결재를 사용하는 것이 좋다.

[해설] 신축이음은 양쪽의 구조물 혹은 부재가 구속되지 않는 구조이어야 한다.

58 숏크리트의 강도에 대한 설명으로 틀린 것은?

① 일반적인 경우 재령 3시간에서 숏크리트의 초기강도는 1.0~3.0MPa을 표준으로 한다.
② 일반적인 경우 재령 24시간에서 숏크리트의 초기강도는 5.0~10.0MPa을 표준으로 한다.
③ 일반 숏크리트의 장기 설계기준압축강도는 28일로 설정하며 그 값은 21MPa 이상으로 한다.
④ 영구 지보재로 숏크리트를 적용할 경우 재령 28일의 부착강도는 4.0MPa 이상이 되도록 관리하여야 한다.

[해설] 영구 지보재로 숏크리트를 적용할 경우 재령 28일의 부착강도는 1.0MPa 이상이 되도록 관리하여야 한다.

정답 53 ④ 54 ① 55 ① 56 ① 57 ② 58 ④

기 10,18

59 일반적인 경우의 콘크리트 제품을 상압증기양생 하고자 할 때 콘크리트를 비빈 후 어느 정도의 시간이 경과한 후 양생을 실시하는 것이 바람직한가?

① 30분 이내
② 30분~1시간 이후
③ 2~3시간 이후
④ 12시간 이후

[해설]
- 공장제품은 사용하는 거푸집의 수를 적게 하여 생산의 효율을 높이는 것이 중요하기 때문에 상압증기양생을 널리 사용되고 있다.
- 비빈 후 2~3시간 이상 경과 후에 증기양생을 실시한다.
- 온도상승 속도는 1시간당 20℃ 이하로 하고, 최고 온도는 65℃로 한다.

기 10,18

60 댐 콘크리트의 관로식 냉각(pipe-cooling)에 대한 일반적인 설명으로 옳지 않은 것은?

① 냉각관은 보통 바깥지름 25mm 정도의 강관을 주로 사용한다.
② 통수기간은 일반적으로 2~4주 정도이다.
③ 일반적으로 냉각관 1코일의 길이는 200~300m 정도로 한다.
④ 냉각효율의 증대를 위해 통수량은 1코일당 매분 30ℓ 이상으로 한다.

[해설] 냉각효율의 증대를 위해 통수량은 1 코일당 매분 13~16ℓ 정도가 일반적이다.

제4과목 : 콘크리트 구조 및 유지관리

기 14,18,19

61 아래의 표에서 설명하고 있는 균열의 보수기법은?

> 물-시멘트비가 아주 작은 모르타르를 손으로 채워넣는 방법으로, 정지하고 있는 균열에 효과적이다. 따라서, 계속 진전하고 있는 균열에는 적합하지 않다.

① 짜깁기법
② 폴리머 침투
③ 에폭시 주입법
④ 드라이 패킹

[해설] 드라이 패킹(dry packing)에 대한 설명이다.

기 18

62 아래 그림과 같은 직사각형 단면의 보에서 휨에 대한 강도감소계수(ϕ)를 구하면? (단, $f_{ck}=28$MPa, $f_y=500$MPa, $A_s=3,000$mm² 이고, 변형률(ε)은 소수점이하 6째자리에서 반올림하여 계산하시오.)

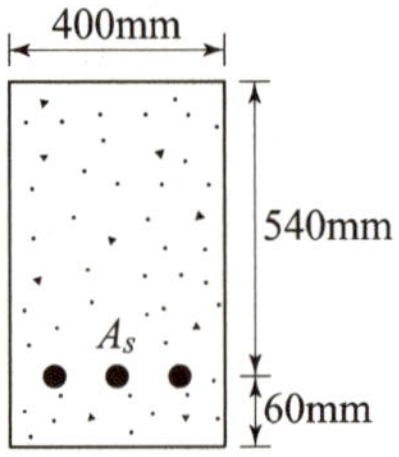

① 0.808
② 0.823
③ 0.835
④ 0.85

[해설] $f_{ck} = 28$MPa ≤ 40MPa일 때 $\eta = 1$, $\beta_1 = 0.80$

- $a = \dfrac{A_s f_y}{\eta(0.85 f_{ck})b} = \dfrac{3,000 \times 500}{1 \times 0.85 \times 28 \times 400} = 157.56$ mm
- $c = \dfrac{a}{\beta_1} = \dfrac{157.56}{0.80} = 196.95$ mm
- $\epsilon_t = 0.0033 \times \left(\dfrac{d-c}{c}\right)$
  $= 0.0033 \times \dfrac{540 - 196.95}{196.95} = 0.005748 > 0.005$
- $\therefore \phi = 0.65 + (0.85 - 0.65) \times \dfrac{0.005748 - 0.0025}{0.00625 - 0.0025} = 0.823$

($\because \epsilon_y = 0.0025, \ 2.5\epsilon_y = 2.5 \times \dfrac{1}{400} = 0.00625$)

기 13,18,22

63 옹벽의 설계 및 구조해석에 대한 설명으로 틀린 것은?

① 무근콘크리트 옹벽은 자중에 의하여 저항력을 발휘하는 중력식 형태로 설계하여야 한다.
② 옹벽의 뒷부벽은 직사각형보로 설계하여야 한다.
③ 활동에 대한 저항력은 옹벽에 작용하는 수평력의 1.5배 이상이어야 한다.
④ 캔틸레버식 옹벽의 전면벽은 저판에 지지된 캔틸레버로 설계할 수 있다.

[해설] 뒷부벽식은 T형보로 설계하여야 하며, 앞부벽식은 직사각형 보로 설계하여야 한다.

기 09,15,18,21

64 직접 설계법에 의한 슬래브 설계에서 전체 정적 계수 휨 모멘트 $M_o = 320$kN·m로 계산되었을 때, 내부 경간의 정계수 휨모멘트는 얼마인가?

① 300kN·m
② 208kN·m
③ 168kN·m
④ 112kN·m

[해설] 내부 경간에서 전체 정적계수 모멘트 M_o를 다음과 같이 분해하여야 한다.
- 부계수휨모멘트 : 0.65
- 정계수휨모멘트 : 0.35
- $\therefore$ 정부계수 휨모멘트 $= 0.35 M_o = 0.35 \times 320 = 112$ kN·m

정답 59 ③ 60 ④ 61 ④ 62 ② 63 ② 64 ④

65 아래 그림과 같은 복철근 직사각형보에서 공칭휨강도 (M_n)은 약 얼마인가? (단, $f_{ck}=35\text{MPa}$, $f_y=350\text{MPa}$, $b=300\text{mm}$, $d=460\text{mm}$, $d'=60\text{mm}$, $A_s=4,765\text{mm}^2$, $A_s'=1,284\text{mm}^2$이다.)

① 657kN·m
② 757kN·m
③ 857kN·m
④ 957kN·m

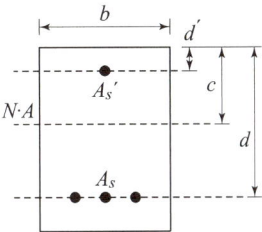

해설 공칭휨강도 $M_n = f_y(A_s - A_s')\left(d - \dfrac{a}{2}\right) + f_y \cdot A_s'(d - d')$

- $a = \dfrac{f_y(A_s - A_s')}{\eta(0.85 f_{ck})\cdot b} = \dfrac{350(4,765 - 1,284)}{1 \times 0.85 \times 35 \times 300} = 136.5\text{mm}$

∴ $M_n = 350(4,765 - 1,284)\left(460 - \dfrac{136.5}{2}\right) + 350 \times 1,284(460 - 60) = 657,049,613\text{N}\cdot\text{mm} = 657\text{kN}\cdot\text{m}$

66 알칼리-실리카 반응의 가능성을 예상하기 위해 콘크리트 중 알칼리량을 측정하는 시험방법에 속하지 않는 것은?

① 암석학적 시험법   ② 화학법
③ 모르타르바 방법   ④ 초음파법

해설 초음파 시험 : 콘크리트를 통과하는 초음파진동의 속도와 파형을 측정하여 콘크리트의 강도, 균열심도, 내부결함 등을 검사한다.

67 길이 4m의 캔틸레버 보에서 처짐을 계산하지 않는 경우 보의 최소 두께는?
(단, 보통중량콘크리트($m_c=2,300\text{kg/m}^3$)를 사용하고, $f_{ck}=35\text{MPa}$, $f_y=350\text{MPa}$인 경우)

① 435mm   ② 465mm
③ 500mm   ④ 525mm

해설 처짐을 계산하지 않는 경우의 부재 최소 두께(단순지지 부재)

$h = \dfrac{l}{8} \times \left(0.43 + \dfrac{f_y}{700}\right) = \dfrac{4,000}{8} \times \left(0.43 + \dfrac{350}{700}\right) = 465\text{mm}$

■ 처짐을 계산하지 않는 경우의 보 또는 1방향 슬래브의 최소 두께

부재	단순지지	1단 연속	양단 연속	캔틸레버
1방향슬래브	$\dfrac{l}{20}$	$\dfrac{l}{24}$	$\dfrac{l}{28}$	$\dfrac{l}{10}$
·보 ·리브가 있는 1방향 슬래브	$\dfrac{l}{16}$	$\dfrac{l}{18.5}$	$\dfrac{l}{21}$	$\dfrac{l}{8}$

68 그림과 같은 T형보를 강도설계법에 의해 설계할 때 응력사각형의 깊이(a)는? (단, $A_s=6,354\text{mm}^2$, $f_{ck}=27\text{MPa}$, $f_y=400\text{MPa}$)

① 95.6mm
② 135.8mm
③ 155.6mm
④ 185.8mm

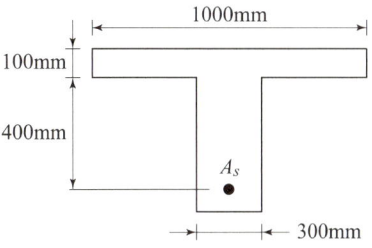

해설 · T형 판별

· $a = \dfrac{A_s f_y}{\eta(0.85 f_{ck})b} = \dfrac{6,354 \times 400}{1 \times 0.85 \times 27 \times 1,000} = 110.75\text{mm}$

$a = 110.75\text{mm} > t_f = 100\text{m}$ ∴ T형보

$A_{sf} = \dfrac{\eta(0.85 f_{ck})\cdot t(b - b_w)}{f_y}$

$= \dfrac{1 \times 0.85 \times 27 \times 100(1,000 - 300)}{400} = 4,016.25\text{mm}^2$

∴ $a = \dfrac{f_y(A_s - A_{sf})}{\eta(0.85 f_{ck})b_w}$

$= \dfrac{400(6,354 - 4,016.25)}{1 \times 0.85 \times 27 \times 300} = 135.8\text{mm}$

69 발생된 손상이 안전성에 심각한 영향을 주지 않는다고 판단되면 보수 조치를 시행하는데, 다음의 조치 중 보수에 해당하는 것은?

① 주입공법   ② 강판 접착공법
③ 외부 케이블 공법 ④ 보강섬유 접착공법

해설 · 보수공법 : 주입공법, 단면복수공법, 표면처리공법
· 보강공법 : 강판접착공법, 상면 하면 두께증설공법, 연속섬유 시트공법, 접착공법, 라이닝공법, 외부케이블공법, 보강섬유 접착공법(FRP보강공법)

70 다음 중 구조물의 사용성 평가 조사항목과 방법을 잘못 설명한 것은?

① 잔류처짐, 최대처짐-재하시험에 의해 최대처짐과 재하 후의 잔류처짐을 측정
② 균열길이-스케일, 화상처리
③ 균열깊이-초음파법, 코어채취
④ 내수성-스케일, 탄성파 반사파법, 탄성파 공진법

해설 내수성 : 배합표로부터의 물·시멘트비(시멘트량, 밀도의 추정), 코어채취에 의한 물·시멘트비(시멘트량, 밀도의 측정)

□□□ 기93,96,02,18,21

71 경간 20m에 등분포하중(자중포함) 20kN/m가 작용하는 프리스트레스 콘크리트 보에 $P=2,000$kN의 긴장력이 주어질 때, 하중 평행개념에 의해 계산된 이 보의 순하향분포하중은? (단, 긴장재는 포물선으로 배치되어 있으며, 새그는 200mm이다.)

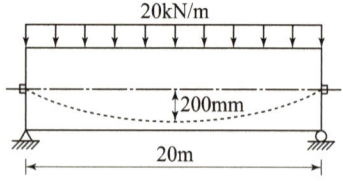

① 8kN/m
② 12kN/m
③ 16kN/m
④ 20kN/m

해설 상향력 $u = \dfrac{8P \cdot s}{l^2}$

$= \dfrac{8 \times 2,000 \times 0.200}{20^2} = 8$kN/m

∴ 순하향 하중 $W - u = 20 - 8 = 12$kN/m

□□□ 기07,10,14,18

72 보강공법 중에서 외부 케이블 공법의 특징에 대한 설명 중 옳지 않은 것은?

① 콘크리트의 강도 부족이나 열화에 대해서 효과가 크다.
② 보강효과가 역학적으로 명확하다
③ 보강 후의 유지·관리가 비교적 용이하다.
④ 편향부를 전단보강부에 설치하고, 외부 케이블의 연직분력을 고려함으로써 설계전단력을 크게 감소시킬 수 있다.

해설 콘크리트의 강도 부족이나 열화에 대해서 효과를 기대할 수 없다.

□□□ 기13,18

73 다음 중 콘크리트 타설 후의 결함과 그 대책으로 거리가 먼 것은?

① 초기강도 부족-타설 후 콘크리트에 충분한 수분을 공급하고, 시트를 덮어 일정한 온도를 유지한다.
② 콜드조인트-콘크리트 타설을 가능한 중단하지 않고 연속적으로 타설한다.
③ 침강균열-콘크리트의 단위수량을 크게 하고 타설속도를 빨리 한다.
④ 골재노출-콘크리트의 재료가 분리되지 않도록 낮은 위치에서 평균적으로 낙하시킨다.

해설 침강균열-콘크리트의 단위수량을 작게 하고 타설속도를 느리게 한다.

□□□ 기08,10,11,18,21

74 경간 10m의 보를 대칭 T형보로 설계하려고 한다. 슬래브 중심간의 거리를 2m, 슬래브의 두께를 120mm, 복부의 폭을 250mm로 할 때 플랜지의 유효폭은?

① 4,000mm
② 3,750mm
③ 2,170mm
④ 2,000mm

해설 T형보의 유효폭은 다음 값 중 가장 작은 값
· 양쪽으로 각각 내면 플랜지 두께의 8배씩 : $16t_f + b_w$
$16t_f + b_w = 16 \times 120 + 250 = 2,170$mm
· 양쪽의 슬래브의 중심 간 거리 : 2,000mm
· 보의 경간(L)의 1/4 : $\dfrac{1}{4} \times 10,000 = 2,500$mm
∴ 유효폭 $b = 2,000$mm

□□□ 기18

75 다음 중 아래의 표에서 설명하는 최소 전단철근 규정에 제외되는 경우가 아닌 것은?

계수전단력(V_u)이 콘크리트에 의한 설계전단강도(ϕV_c)의 1/2을 초과하는 철근콘크리트 및 프리스트레스트콘크리트 휨부재에는 최소 전단철근을 배치하여야 한다.

① 슬래브
② 기초판
③ 전체 깊이가 250mm를 초과하는 보
④ 교대 벽체 및 날개벽과 같이 휨이 주거동인 판부재

해설 최소 전단철근 규정에 제외되는 경우
· 슬래브와 기초판
· 전체 깊이가 250mm 이하이거나 T형보
· T형보에서 그 깊이가 플랜지 두께의 2.5배 또는 복부판의 1/2 중 큰 값
· 교대 벽체 및 날개벽과 같이 휨이 주거동인 판부재

□□□ 기05,09,14,18,19,21,22

76 콘크리트 구조물의 탄산화 깊이(X)를 예측할 때 일반적으로 적용되고 있는 식으로 옳은 것은? (단, A : 탄산화 속도계수, t : 경과년수)

① $X = At^3$
② $X = At^2$
③ $X = A\sqrt{t}$
④ $X = \sqrt{\dfrac{t^3}{A}}$

해설 · 탄산화 진행속도는 콘크리트 표면으로부터 탄산화 부분과 비탄산화 부분의 경계면까지의 길이와 경과한 시간의 함수로 나타낸다.
· 탄산화 깊이 $X = A\sqrt{t}$

□□□ 기 06,18,20

77 육안관찰이 가능한 개소에 대하여 성능 저하나 열화 및 하자의 발생부위 파악을 위해 실시하며, 시설물의 전반적인 외관조사를 통하여 심각한 손상인 결함의 유무를 살펴보는 점검은?

① 정밀안전진단 ② 정밀점검
③ 정기점검 ④ 긴급점검

해설
- 정기 점검 : 일상 점검에서 파악하기 어려운 구조물의 세부에 대하여 정기적으로 열화부위 및 열화현상을 파악하기 위해 실시한다.
- 긴급점검 : 지진이나 풍수해 등과 같은 천재, 화재 및 차량이나 선박의 충돌 등 긴급사태에 대해 구조물의 손상 여부에 관한 정보를 신속히 얻기 위하여 고도의 전문적 지식을 기초로 실시한다.
- 정밀안전진단 : 정밀점검 과정을 통해서는 쉽게 발견하지 못하는 결함 부위를 발견하기 위해 행해지는 정밀한 육안검사 및 검사측정장비에 의한 측정을 포함하는 근접 점검이다.

□□□ 기 08,11,18

78 지름이 400mm인 원형나선 철근기둥이 그림과 같이 축방향철근 6-D25이며, 나선철근 D13이 50mm 피치로 둘러싸여 있다. $f_{ck}=35$MPa, $f_y=400$MPa일 때, 길이가 짧은 단주기둥의 최대 설계축하중강도(ϕP_n)를 구하면? (단, ϕ는 0.70이고, D25 철근 1개의 단면적은 506.7mm²)

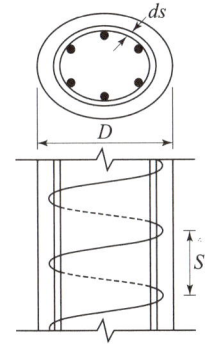

① 2,126kN ② 2,894kN
③ 3,891kN ④ 4,864kN

해설 $\phi P_n = \alpha\phi[0.85f_{ck}(A_g - A_{st}) + f_y \cdot A_{st}]$

- $A_g = \dfrac{\pi d^2}{4} = \dfrac{\pi \times 400^2}{4} = 125,664$mm²
- $A_{st} = 506.7 \times 6 = 3,040$mm²

∴ $\phi P_n = 0.85 \times 0.70[0.85 \times 35(125,664 - 3,040) + 400 \times 3,040]$
  $= 2,894,118$N $= 2,894$kN

분 류	보정계수 α	강도감소계수 ϕ
나선철근	0.85	0.70
띠철근	0.80	0.65

□□□ 기 18

79 반발경도법에 의한 콘크리트 압축강도추정에서 주로 슈미트 해머를 많이 사용한다. 이 해머 사용 전에 검교정을 위해 사용하는 기구의 명칭은?

① 테스트 앤빌(test anvil)
② 스트레인 게이지(strain gauge)
③ 변위계(displacement transducer)
④ 캘리브레이션 바(calibration bar)

해설 테스트 앤빌(test anvil) : 테스트 해머를 교정하거나 비교검사를 할 때 사용하는 장비로서 테스트 해머 사용 시 필수적인 기기이다.

□□□ 기 06,09,14,18

80 콘크리트 중 염화물이온 함유량 측정방법으로 옳지 않은 것은?

① 페놀프탈레인법 ② 모아법
③ 염화은 침전법 ④ 전위차 적정법

해설
- 염화물이온 함유량 측정방법

측정 방법	측정 방법 및 명칭
중량법	염화은 침전법
용적법	모아법, 질산 제2수은법
흡광광도법	티오시안산 제2수은법, 크롬산은법
전기화학적방법	전위차 적정법, 측정방법 및 명칭

- 탄산화 깊이를 측정하는 지시약으로는 페놀프탈레인이 사용된다.

정답 77 ③ 78 ② 79 ① 80 ①

국가기술자격 필기시험문제

2019년도 기사 1회 필기시험

자격종목	시험시간	문제수	형 별	수험번호	성 명
콘크리트기사	2시간	80	A		

※ 각 문제는 4지 택일형으로 질문에 가장 적합한 문제의 보기 번호를 클릭하거나 답안표기란의 번호를 클릭하여 입력하시면 됩니다.
※ 입력된 답안은 문제 화면 또는 답안 표기란의 보기 번호를 클릭하여 변경하실 수 있습니다.

제1과목 : 콘크리트 재료 및 배합

□□□ 기 09,11,19

01 흡수율이 1.2%인 골재 5.5kg을 105±5°C에서 24시간 건조시킨 결과 5.3kg에서 일정 질량이 되었다면, 이 골재의 표면수율은?

① 1.6% ② 2.6%
③ 5.3% ④ 6.7%

해설 흡수율 $= \dfrac{\text{표건 상태} - \text{절건 상태}}{\text{절건 상태}} \times 100$

$= \dfrac{x - 5.3}{5.3} \times 100 = 1.2\%$

∴ 표건상태시료 $x = 5.36\text{kg}$

• 표면수율 $= \dfrac{\text{습윤 상태} - \text{표건 상태}}{\text{표건 상태}} \times 100$

$= \dfrac{5.5 - 5.36}{5.36} \times 100 = 2.61\%$

□□□ 기 14,19

02 콘크리트용 화학혼화제(공기 연행제, 감수제, 공기연행 감수제, 고성능 공기연행 감수제)의 성능을 확인하기 위한 콘크리트 시험에 관한 설명으로 옳지 않은 것은?

① 화학혼화제는 혼합수를 넣은 다음 이어서 믹서에 투입한다.
② 공기 연행제 및 공기연행 감수제의 동결융해 저항성 시험에는 슬럼프 80mm의 콘크리트를 적용한다.
③ 고성능 공기연행 감수제의 동결융해 저항성 시험 및 경시변화량 시험에는 슬럼프 180mm의 콘크리트를 적용한다.
④ 압축강도 시험은 재령 3일, 7일 및 28일의 각 재령별로 3개씩 공시체를 만들어 시험하며 그 평균값을 콘크리트 압축강도로 한다.

해설 화학혼화제는 미리 혼합수에 혼입하여 믹서에 투입한다.

□□□ 기 11,14,19

03 콘크리트 압축강도의 시험 횟수가 15회일 때, 표준편차의 보정계수는?

① 1.00 ② 1.03
③ 1.08 ④ 1.16

해설 시험횟수가 29회 이하일 때 표준편차의 보정계수

시험횟수	표준편차의 보정계수
15	1.16
20	1.08
25	1.03
30 이상	1.00

□□□ 기 09,19

04 시멘트의 화학성분에 관한 설명으로 옳지 않은 것은?

① 강열감량 : 950±50°C의 강한 열을 가했을 때의 감량으로서 시멘트 중에 함유된 H_2O와 CO_2의 양으로 시멘트가 풍화한 정도를 판정하는데 이용된다.
② 불용해잔분 : 시멘트를 염산 및 탄산나트륨 용액으로 처리하여도 녹지 않는 부분을 말하며, 일반적으로 불용해잔분은 0.1~0.6% 정도이다.
③ 수경률 : 시멘트 원료의 조합비를 정하는 데 가장 일반적으로 사용되며, 수경률이 크면 알루민산3석회(C_3A)양이 많아져 초기강도가 높고 수화열이 큰 시멘트가 된다.
④ 마그네시아(MgO) : MgO의 양이 많으면 클링커 중에 미반응된 상태인 유리마그네시아로 남게 되며, 수화반응에 의해 서서히 팽창하여 콘크리트 경화체에 균열을 일으키는 원인이 되어 시멘트 중의 MgO 함량을 3% 이하로 제한하고 있다.

해설 마그네시아(MgO)는 2% 정도 초과하면 콘크리트 구조물을 팽창 파괴되므로 품질보증한계 5% 이하로 제한하고 있다.

정답 01 ② 02 ① 03 ④ 04 ④

05 레미콘공장 회수수 중 슬러지수를 혼합수로 사용하는 경우의 유의사항에 관한 설명으로 옳지 않은 것은?

① 슬러지 고형분은 시멘트 질량의 3% 이하로 한다.
② 슬러지 고형분이 많은 경우에는 잔골재율을 증가시킨다.
③ 슬러지 고형분이 많은 경우에는 단위수량을 증가시킨다.
④ 슬러지 고형분이 많은 경우에는 AE제의 사용량을 증가시킨다.

[해설]
- 잔골재율을 슬러지 고형분의 시멘트에 대한 첨가율 1%에 대해 약 0.5% 감소시키다.
- 슬러지 고형분의 시멘트 중량에 대한 첨가율은 3% 이하로 할 것

06 콘크리트의 배합설계에서 굵은 골재의 최대치수에 대한 설명으로 옳지 않은 것은?

① 단면이 큰 구조물인 경우 굵은 골재의 최대 치수는 40mm를 표준으로 한다.
② 일반적인 구조물인 경우 굵은 골재의 최대 치수는 20mm 또는 25mm를 표준으로 한다.
③ 무근 콘크리트 구조물인 경우 굵은 골재의 최대 치수는 50mm를 표준으로 하고, 또한 부재 최소 치수의 1/3을 초과하지 않아야 한다.
④ 거푸집 양 측면사이의 최소 거리의 1/5, 슬래브 두께의 1/3, 개별철근, 다발철근, 긴장재 또는 덕트 사이 최소 순간격의 3/4을 초과하지 않아야 한다.

[해설] 굵은 골재의 최대치수

콘크리트의 종류		굵은 골재의 최대치수	
철근 콘크리트	일반적인 경우	20mm 25mm	• 부재 최소 치수의 1/5 이하
	단면이 큰 경우	40mm	• 피복 두께, 철근 순간격의 3/4 이하
무근 콘크리트		• 40mm • 부재 최소 치수의 1/4을 초과해서는 안됨	

07 물을 가한 후 2~3시간 정도 경과 후 압축강도가 10MPa 정도에 달하며 분말도가 5,000cm²/g 정도인 시멘트는?

① 팽창시멘트   ② 슬래그시멘트
③ 초속경시멘트   ④ 초조강 포틀랜드 시멘트

[해설] 초속경시멘트 : 초조강 시멘트보다 더 큰 조기 강도를 얻기 위하여 만든 시멘트로서 응결시간이 짧고 발열량이 많다.

08 콘크리트용 골재의 성질에 대한 설명으로 옳지 않은 것은?

① 굵은 골재의 흡수율은 3.0% 이하로 한다.
② 굵은 골재의 절대건조밀도는 $2.5 \times 10^{-3} g/mm^3$ 이상의 값을 표준으로 한다.
③ 잔골재의 0.08mm 체 통과량은 마모작용을 받는 경우 3% 이하로 하여야 한다.
④ 잔골재의 안정성은 황산나트륨으로 5회 시험으로 평가하며, 그 손실질량은 10% 이하를 표준으로 한다.

[해설] 잔골재의 유해물 함유량 한도(질량 백분율)

종류	최대값(%)
점토 덩어리	1.0
0.08mm체 통과량	
• 콘크리트의 표면이 마모작용을 받는 경우	3.0
• 기타의 경우	5.0
염화물(NaCl 환산량)	0.04

∴ 잔골재의 0.08mm 체 통과량은 마모작용을 받는 경우 잔골재의 유해물 함유량 한도 3% 이하로 하여야 한다.

09 르샤틀리에 비중병의 0.4mL까지 광유를 주입하고 시멘트 시료 64g을 가하여 공기포를 제거한 후의 비중병의 눈금이 21mL가 되었다면, 이 시멘트의 비중은?

① 2.98   ② 3.01
③ 3.11   ④ 3.15

[해설] 시멘트 비중 = $\dfrac{시멘트의 무게(g)}{비중병의 읽음차(mL)} = \dfrac{64}{21-0.4} = 3.11$

10 콘크리트용 응결지연제에 대한 설명으로 옳지 않은 것은?

① 콘크리트의 연속타설이 진행될 경우 작업이음의 발생을 방지할 수 있다.
② 시멘트의 수화반응을 지연시키므로 응결과 경화의 진행 속도가 느리게 된다.
③ 콘크리트의 응결경화불량을 방지시키므로 공사 시 거푸집의 회전율을 높일 수 있다.
④ 서중 콘크리트나 운반시간이 긴 레디믹스트 콘크리트의 경우 워커빌리티의 저하를 어느 정도 방지할 수 있다.

[해설] 콘크리트의 응결경화불량을 방지시키므로 공사 시 거푸집의 회전율이 낮아진다.

정답 05 ② 06 ③ 07 ③ 08 ③ 09 ③ 10 ③

☐☐☐ 기 05,08,12,19

11 레디믹스트 콘크리트의 혼합에 사용되는 물에 사용되는 상수돗물 이외의 물의 품질과 관련된 사항으로 옳지 않은 것은?

① 현탁 물질의 양 : 2g/L 이하
② 용해성 증발 잔류물의 양 : 1g/L 이하
③ 염소 이온(Cl^-)량 : 250mg/L 이하
④ 모르타르 압축 강도비 : 재령 7일 및 재령 28일에서 75% 이상

해설 상수돗물 이외의 물의 품질

항 목	품 질
현탁물질의 양	2g/L 이하
용해성 증발 잔류물의 양	1g/L 이하
염소 이온 (Cl^-)량	250mg/L 이하
시멘트 응결시간의 차	초결 30분 이내, 종결 60분 이내
모르타르의 압축 강도비	재령 7일 및 재령 28일에서 90% 이상

☐☐☐ 기 12,13,15,19

12 아래의 표와 같이 콘크리트 시방배합을 하였다. 잔골재의 표면 수량이 3.5%이고, 굵은 골재의 표면 수량이 1.5%일 때 현장배합으로 수정할 경우 단위수량은?

물(kg/m³)	시멘트(kg/m³)	잔골재(kg/m³)	굵은 골재(kg/m³)
175	370	800	1,067

① 131kg
② 148kg
③ 202kg
④ 219kg

해설 표면수량에 의한 환산
- 잔골재의 표면 수량 = 800×0.035 = 28kg/m³
- 굵은 골재의 표면 수량 = 1,067×0.015 = 16.00kg/m³
∴ 수정할 단위 수량 = 175 − (28+16.00) = 131kg/m³

☐☐☐ 기 19

13 콘크리트용 잔골재에 대한 설명 중 옳지 않은 것은?

① 잔골재의 표면은 매끄러운 것이 좋다.
② 잔골재의 형상은 구형에 가까운 것이 좋다.
③ 잔골재는 크고 작은 알갱이가 골고루 혼합된 것이 좋다.
④ 콘크리트 중에서 골재는 보강재 역할을 하므로 시멘트풀의 강도보다 강해야 한다.

해설 골재의 표면은 거친 것이 부착에 유효하기 때문에 가능한 표면이 거친 요철이 있는 것이 좋다.

☐☐☐ 기 16,19

14 보통 포틀랜드 시멘트의 응결에 대한 설명으로 옳지 않은 것은?

① 온도가 높을수록 응결은 빨라진다.
② 배합수가 많을수록 응결은 빨라진다.
③ 분말도가 높을수록 응결은 빨라진다.
④ 시멘트의 응결 시간은 비카트 장치에 의하여 측정한다.

해설 배합수가 많을수록 응결은 지연된다.

☐☐☐ 기 09,14,19

15 다음 중 온도균열지수에 대한 설명으로 옳지 않은 것은?

① 온도균열지수는 그 값이 클수록 균열이 발생하기 어렵고 값이 작을수록 균열이 발생하기 쉽다.
② 온도균열지수는 재령 t에서의 콘크리트 인장강도와 수화열에 의한 온도응력의 비로서 구한다.
③ 철근이 배치된 일반적인 구조물에서 균열 발생을 방지하여야 할 경우 표준적인 온도균열지수는 1.5 이상이어야 한다.
④ 철근이 배치된 일반적인 구조물에서 유해한 균열 발생을 제한할 경우 표준적인 온도균열지수는 1.7~2.2로 하여야 한다.

해설 철근이 배치된 일반적인 구조물에서 유해한 균열발생을 제한할 경우 표준적인 온도균열지수는 0.7~1.2로 하여야 한다.

☐☐☐ 기 07,19

16 콘크리트의 배합강도(f_{cr})를 정하는 방법에 대한 설명으로 옳지 않은 것은? (단, f_{cr} : 배합강도, f_{cn} : 호칭강도)

① f_{cr}는 f_{cn}보다 충분히 크게 정하여야 한다.
② 압축강도의 시험 회수가 14회 이하이고, f_{cn}가 21MPa 미만인 경우, f_{cr}는 f_{cn}에 7MPa을 더하여 구할 수 있다.
③ 압축강도의 시험회수가 29회 이하이고 15회 이상인 경우, 계산한 표준편차에 보정계수를 나눈 값을 표준편차로 사용할 수 있다.
④ 콘크리트 압축강도의 표준편차는 실제 사용한 콘크리트의 30회 이상의 시험 실적으로부터 결정하는 것을 원칙으로 한다.

해설 압축강도의 시험회수가 29회 이하이고 15회 이상인 경우, 계산한 표준편차에 보정계수를 곱한 값을 표준편차로 사용할 수 있다.

정답 11 ④ 12 ① 13 ① 14 ② 15 ④ 16 ③

□□□ 기 08,14,17,19

17 철근 콘크리트 보에서 스터럽과 굽힘 철근을 배근하는 주된 목적은?

① 압축 측의 좌굴을 방지하기 위하여 배근한다.
② 균열 후 그 균열에 대한 증대를 방지하기 위하여 배근한다.
③ 콘크리트의 휨에 의한 인장강도가 부족하기 때문에 배근한다.
④ 콘크리트의 사인장 강도가 부족하기 때문에 보에 작용하는 사인장 응력에 의한 균열을 막기 위하여 배근한다.

[해설] 콘크리트의 사인장 강도가 부족하기 때문에 보에 작용하는 사인장 응력에 의한 균열을 막기 위하여 스터럽과 굽힘철근을 배근한다.

□□□ 기 19

18 골재의 안정성 시험에 사용되는 재료가 아닌 것은?

① 잔골재 ② 염화바륨
③ 수산화칼슘 ④ 황산나트륨

[해설] 골재의 안정성 시험
· 잔골재를 사용하는 경우 대표적인 시료 2kg을 채취한다.
· 황산나트륨에 의한 안정성시험을 할 경우, 조작을 5회 반복했을 때의 손실질량 백분율을 측정해야 한다.
· 시약용 용액의 골재에 대한 잔류 유무를 조사하기 위한 염화바륨 용액의 농도는 5~10%로 한다.

□□□ 기 12,15,19

19 철근콘크리트에 이용되는 길이가 300mm이고 지름이 20mm인 강봉에 인장력을 가한 결과 2.34×10^{-1}mm가 신장되었다면, 이 때 강봉에 가해진 인장력은?
(단, 강봉의 탄성계수=2.0×10^5N/mm²이다.)

① 20kN ② 37kN
③ 40kN ④ 49kN

[해설] 탄성계수 $E = \dfrac{\sigma}{\epsilon} = \dfrac{\frac{P}{A}}{\frac{\Delta l}{l}} = \dfrac{P \cdot l}{A \cdot \Delta l}$ 에서

$P = \dfrac{E \cdot A \cdot \Delta l}{l}$

$= \dfrac{2.0 \times 10^5 \times \frac{\pi \times 20^2}{4} \times 2.34 \times 10^{-1}}{300}$

$= 49,008.8\text{N} = 49\text{kN}$

□□□ 기 05,10,13,14,19

20 30회 이상의 시험실적으로부터 결정한 콘크리트 압축강도의 표준편차가 2MPa이고, 콘크리트의 호칭강도(f_{cn})가 21MPa일 때 이 콘크리트의 배합강도는?

① 22.16MPa ② 22.92MPa
③ 23.68MPa ④ 25.66MPa

[해설] $f_{cn} \leq 35$MPa일 때 배합강도
· $f_{cr} = f_{cn} + 1.34s = 21 + 1.34 \times 2 = 23.68$MPa
· $f_{cr} = (f_{cn} - 3.5) + 2.33s = (21 - 3.5) + 2.33 \times 2 = 22.16$MPa
둘 중 큰 값을 사용한다.
∴ $f_{cr} = 23.68$MPa

제2과목 : 콘크리트 제조, 시험 및 품질관리

□□□ 기 19

21 콘크리트의 침하균열에 대한 설명으로 옳지 않은 것은?

① 주로 보 및 바닥판의 하단에서 발생한다.
② 콘크리트 타설 후 1~3시간 정도에서 발생한다.
③ 블리딩이 큰 콘크리트일수록 침하균열이 발생할 가능성이 크다.
④ 타설속도를 늦게 하고 1회의 타설 높이를 작게 하면 침하균열을 방지할 수 있다.

[해설] 슬래브 또는 보의 콘크리트가 벽 또는 기둥의 콘크리트와 연속되어 있는 경우 발생한다.

□□□ 기 14,15,17,19

22 압력법에 의한 굳지 않은 콘크리트의 공기량 시험(KS F 2421)에 대한 설명으로 옳지 않은 것은?

① 이 시험의 원리는 보일의 법칙을 기초로 한 것이다.
② 물을 붓지 않고 시험하는 경우(무주수법)의 용기 용적은 적어도 5L 이상으로 한다.
③ 콘크리트의 공기량(A)은 콘크리트의 겉보기 공기량(A_1)에서 골재 수정 계수(G)를 뺀 값으로 구할 수 있다.
④ 골재 수정 계수가 정확히 구해지지 않는 인공 경량 골재와 같은 다공질 골재를 사용한 콘크리트에 대해서는 적당하지 않다.

[해설] 공기량 측정기의 용적은 물을 붓고 시험하는 경우(주수법) 적어도 5L로 하고, 물을 붓지 않고 시험하는 경우(무주수법)는 7L 정도 이상으로 한다.

정답 17 ④ 18 ③ 19 ④ 20 ③ 21 ① 22 ②

☐☐☐ 기 12,19
23 굳지 않은 콘크리트의 성질에 대한 설명으로 옳지 않은 것은?

① 골재 중의 세립분, 특히 0.3mm 이하의 세립분은 콘크리트의 점성을 높이고 성형성을 좋게 한다.
② 일반적으로 분말도가 높은 시멘트를 사용한 경우에는 탁월한 점성을 보이나 오히려 유동성이 저하하는 경향도 있을 수 있다.
③ 단위 시멘트량이 많아질수록 콘크리트의 성형성이 증가하므로 일반적으로 빈배합의 경우는 부배합의 경우보다 워커빌리티가 좋다.
④ 단위수량이 많을수록 콘크리트의 반죽질기는 질게 되지만, 단위수량을 증가시키면 재료분리가 발생하기 쉬워지므로 워커빌리티가 좋아진다고는 말할 수 없다.

[해설] 단위 시멘트량이 많아질수록 콘크리트의 성형성은 증가하므로, 일반적으로 부배합 콘크리트가 빈배합 콘크리트에 비해 워커빌리티가 좋다고 할 수 있다.

☐☐☐ 기 06,14,19
24 AE제를 사용한 경우에 연행되는 공기량의 설명으로 옳은 것은?

① 슬럼프가 작을수록 많게 된다.
② 물-결합재비가 클수록 많게 된다.
③ 단위 잔골재량이 작을수록 많게 된다.
④ 콘크리트의 온도가 높을수록 많게 된다.

[해설] AE제를 사용한 경우에 연행되는 공기량
 • 물-시멘트비가 클수록 공기량은 많게 된다.
 • 슬럼프가 클수록 공기량은 많게 된다.
 • 시멘트의 분말도가 증가할수록 공기량은 많게 된다.
 • 단위 잔골재량이 많을수록 공기량은 많게 된다.
 • 콘크리트의 온도가 낮을수록 공기량은 많게 된다.

☐☐☐ 기 05,11,19
25 콘크리트 탄산화 깊이측정 시험에서 가장 많이 사용되는 용액은?

① 염산 용액
② 황산 용액
③ 마그네슘 용액
④ 페놀프탈레인 용액

[해설] 시약의 종류 : 페놀프탈레인법, 시차열 중량 분석법에 의한 방법, X선 회절에 의한 방법, 전기 화학적 방법 등 다양한 방법이 있지만 페놀프탈레인법이 가장 일반적으로 사용되고 있다.

☐☐☐ 기 15,19
26 시멘트의 저장에 대한 설명으로 옳지 않은 것은?

① 시멘트는 방습적인 구조로 된 사일로 또는 창고에 품종별로 구분하여 저장하여야 한다.
② 저장기간이 길어질 우려가 있는 포대시멘트는 15포대 이하로 쌓아 올려야 한다.
③ 포대시멘트를 저장할 때는 창고의 마룻바닥과 지면 사이에 0.3m 정도의 거리를 두는 것이 좋다.
④ 시멘트의 온도가 너무 높을 때는 그 온도를 낮춘 다음 사용하는 것이 좋으며, 시멘트의 온도는 일반적으로 50℃ 정도 이하를 사용하는 것이 좋다.

[해설] 저장기간이 길어질 우려가 있는 포대시멘트는 7포대 이상 쌓아 올리지 않는 것이 좋다.

☐☐☐ 기 11,19
27 콘크리트의 받아들이기 품질검사 항목에 대한 판정기준을 설명한 것으로 옳지 않은 것은?

① 공기량의 허용오차는 ±0.5%이다.
② 염소이온량은 원칙적으로 $0.3kg/m^3$ 이하여야 한다.
③ 펌퍼빌리티는 콘크리트 펌프의 최대 이론 토출압력에 대한 최대 압송부하의 비율이 80% 이하여야 한다.
④ 굳지 않은 콘크리트 상태는 외관 관찰로서 판단하여 워커빌리티가 좋고, 품질이 균질하며 안정하여야 한다.

[해설] 공기량의 허용오차는 ±1.5%이다.

☐☐☐ 기 09,19
28 콘크리트의 내구성에 관한 일반적인 설명으로 옳지 않은 것은?

① 콘크리트는 자체가 강한 알칼리성이기 때문에 농도가 높은 황산이나 염산에 대해서는 침식이 된다.
② 콘크리트의 탄산화는 공기 중의 탄산가스의 농도가 높을수록 또한 온도가 낮을수록 탄산화 속도는 빨라진다.
③ 동결융해작용에 대한 저항성을 증가시키기 위해 물-결합재비가 작은 콘크리트나 AE콘크리트를 사용하는 것이 좋다.
④ 황산염은 각종 공업원료 및 비료로서 널리 사용되고 있고 온천 및 하천수에도 함유되어 있어 콘크리트를 열화시킨다.

[해설] 콘크리트의 중성화(탄산화)는 공기 중의 탄산가스의 농도가 높을수록 또한 온도가 높을수록 탄산화 속도는 빨라진다.

정답 23 ③ 24 ② 25 ④ 26 ② 27 ① 28 ②

29 콘크리트 품질관리의 기본 4단계를 순차적으로 나열한 것은?

① 계획 – 검토 – 실시 – 조치
② 검토 – 계획 – 실시 – 조치
③ 계획 – 실시 – 검토 – 조치
④ 검토 – 실시 – 계획 – 조치

[해설] 품질관리의 기본 4단계를 반복적으로 수행한다.
계획(Plan, P) → 실시(Do, D) → 검토(Check, C) → 조치(Action, A)

30 콘크리트 비비기에 대한 설명으로 옳지 않은 것은?

① 비비기는 미리 정해둔 비비기 시간의 3배 이상 계속하지 않아야 한다.
② 콘크리트의 재료는 반죽된 콘크리트가 균질하게 될 때까지 충분히 비벼야 한다.
③ 가경식 믹서를 사용하고 비비기 시간에 대한 시험을 실시하지 않은 경우 그 최소시간은 1분 30초 이상을 표준으로 한다.
④ 강제식 믹서를 사용하고 비비기 시간에 대한 시험을 실시하지 않은 경우 그 최소시간은 2분 이상을 표준으로 한다.

[해설] 시험을 실시하지 않은 경우 강제식 믹서의 비비기 시간은 1분 이상을 표준으로 한다.

31 콘크리트 압축 강도 추정을 위한 반발 경도 시험방법(KS F 2730)에 대한 설명으로 옳지 않은 것은?

① 미장이 되어 있는 면은 마감면을 완전히 제거한 후 시험을 해야 한다.
② 타격 위치는 가장자리로부터 100mm 이상 떨어지고, 서로 30mm 이내로 근접해서는 안 된다.
③ 시험할 콘크리트 부재는 두께가 100mm 이상이어야 하며, 하나의 구조체에 고정되어야 한다.
④ 시험값 20개의 평균으로부터 오차가 10% 이상이 되는 경우의 시험값은 버리고 나머지 시험값의 평균을 구한다.

[해설] 시험값 20개의 평균으로부터 오차가 20% 이상이 되는 경우의 시험값은 버리고 나머지 시험값의 평균을 구한다.

32 레디믹스트 콘크리트(KS F 4009)의 품질기준 중 슬럼프 및 슬럼프 플로에 대한 설명으로 옳지 않은 것은?

① 슬럼프가 25mm인 경우 허용 오차는 ±10mm이다.
② 슬럼프가 80mm 이상인 경우 허용 오차는 ±25mm이다.
③ 슬럼프 플로가 600mm인 경우 허용 오차는 ±100mm이다.
④ 슬럼프 플로가 700mm인 경우 허용 오차는 ±125mm이다.

[해설] 슬럼프 플로의 허용오차

슬럼프 플로	슬럼프 플로의 허용 오차
500	±75mm
600	±100mm
700*	±100mm

*굵은 골재의 최대치수가 13mm인 경우에 한하여 적용한다.

33 원추형 공시체(지름 150mm, 길이 300mm)를 사용하여 쪼갬 인장 강도 시험을 실시하였다. 파괴시의 최대 하중이 210kN이었다면 이 콘크리트의 쪼갬 인장 강도는?

① 1.49MPa
② 1.62MPa
③ 2.97MPa
④ 3.24MPa

[해설] $f_{sp} = \dfrac{2P}{\pi dl}$
$= \dfrac{2 \times 210 \times 10^3}{\pi \times 150 \times 300} = 2.97 \, \text{N/mm}^2 = 2.97 \, \text{MPa}$

34 콘크리트의 길이 변화 시험(KS F 2424)에 대한 설명으로 옳지 않은 것은?

① 공시체의 측면 길이 변화를 측정하는 방법으로 다이얼 게이지 방법이 사용된다.
② 콤퍼레이터 방법의 시험에는 표선용 젖빛 유리, 각선기, 측정기 등의 기구가 사용된다.
③ 콘크리트 시험편의 길이 변화 측정 방법에는 콤퍼레이터 방법, 콘택트 게이지 방법 또는 다이얼 게이지 방법이 있다.
④ 시험편의 치수는 콘크리트의 경우 너비는 높이와 같게 하되, 굵은 골재의 최대 치수의 3배 이상이며, 길이는 너비 또는 높이의 3.5배 이상으로 한다.

[해설]
■ 공시체의 중심축의 길이 변화를 측정하는 방법
 · 다이얼 게이지를 부착한 측정기를 이용하는 방법(다이얼 게이지 방법)
■ 공시체의 측면 길이 변화를 측정하는 방법
 · 현미경을 부착한 콤퍼레이터를 이용하는 방법(콤퍼레이터 방법)
 · 콘택트 스트레인 게이지를 이용하는 방법(콘택트 게이지 방법)

정답 29 ③ 30 ④ 31 ④ 32 ④ 33 ③ 34 ①

□□□ 기 07,12,14,19,20

35 보통 포틀랜드 시멘트를 사용한 콘크리트의 압축강도를 측정하였다. 아래 표의 데이터를 이용하여 구한 콘크리트 강도의 변동계수는? (단, 표준편차는 불편분산 개념에 의한다.)

> 25, 27, 29, 30, 24(MPa)

① 8.2% ② 9.4%
③ 11.3% ④ 12.6%

해설 변동계수 $C_v = \dfrac{\sigma_c}{\bar{x}} \times 100$

- 평균값 $\bar{x} = \dfrac{25+27+29+30+24}{5} = \dfrac{135}{5} = 27 \text{MPa}$
- 표준편제곱합 $S = \sum(\bar{x} - x_i)^2$
  $= (27-25)^2 + (27-27)^2 + (27-29)^2 + (27-30)^2 + (27-24)^2$
  $= 26$
- 표준 편차 $\sigma_e = \sqrt{\dfrac{S}{n-1}} = \sqrt{\dfrac{26}{5-1}} = 2.55 \text{MPa}$

$\therefore C_v = \dfrac{\sigma_c}{\bar{x}} \times 100 = \dfrac{2.55}{27} \times 100 = 9.4\%$

□□□ 기 10,17,19

36 다음 재료 중 재료계량의 허용오차가 ±3%로 규정된 재료가 아닌 것은?

① 잔골재 ② 혼화재
③ 혼화제 ④ 굵은 골재

해설 재료의 계량 오차

재료의 종류	1회 재량 분량의 한계오차
물	−2%, +1%
시멘트	−1%, +2%
혼화재	±2%
골재	±3%
혼화제	±3%

□□□ 기 12,15,19

37 콘크리트 배치믹서는 중력식 믹서와 강제식 믹서로 크게 나눌 수 있다. 다음 중 중력식 믹서에 해당하는 것은?

① 1축 믹서 ② 2축 믹서
③ 드럼 믹서 ④ 팬형 믹서

해설 ■ 중력식 믹서 : 가경식 믹서, 드럼 믹서
■ 강제식 믹서 : 팬형 믹서, 1축 믹서, 2축 믹서

□□□ 기 13,14,15,16,17,19

38 콘크리트의 블리딩 시험 방법에 대한 설명으로 옳지 않은 것은?

① 시험 중에는 실온 (20±3)℃로 한다.
② 콘크리트를 채워 넣고 콘크리트의 표면이 용기의 가장자리에서 (30±3)mm 높아지도록 고른다.
③ 최초로 기록한 시각에서부터 60분 동안 10분마다, 콘크리트 표면에서 스며 나온 물을 빨아낸다.
④ 물을 쉽게 빨아내기 위하여 2분 전에 두께 약 50mm의 블록을 용기의 한쪽 밑에 주의 깊게 괴어 용기를 기울이고, 물을 빨아낸 후 수평위치로 되돌린다.

해설 콘크리트를 용기에 채울 때 콘크리트의 표면이 용기의 가장자리에서 (30±3)mm 낮아지도록 고른다.

□□□ 기 11,19

39 굳지 않은 콘크리트의 염화물 분석방법이 아닌 것은?

① 분극 저항법 ② 이온 전극법
③ 흡광 광도법 ④ 질산은 적정법

해설 • 염화이온 함유량 측정 방법 : 이온 전극법, 흡광 광도법, 전위차 적정법, 질산은 적정법
• 분극 저항법 : 콘크리트 구조물 중 철근의 부식속도에 관계하는 내부철근의 부식, 부식에 의해 피복콘크리트에 균열 등의 상황 파악을 할 수 있다.

□□□ 기 06,10,14,19

40 동결융해에 대한 콘크리트의 저항정도를 알아보기 위하여 내구성 지수(Durability Factor)를 구하고자 한다. 동결융해 시험 공시체가 상대 동 탄성계수 60%에 도달했을 때 230사이클이 되었다면, 이 콘크리트의 내구성 지수는? (단, 동결 융해에의 노출이 끝날 때의 사이클 수(M)는 300사이클을 적용한다.)

① 46 ② 50
③ 56 ④ 60

해설 내구성지수 $DF = \dfrac{\text{시험종료 사이클수} \times \text{상대 동탄성 계수}}{\text{동결융해에의 노출이 끝날 때의 사이클수}}$

$= \dfrac{P \cdot N}{300}$

• P : N사이클시의 상대동탄성계수 ; 60%
• N : P가 60%가 되었을 때의 사이클수 ; 230

$\therefore DF = \dfrac{60 \times 230}{300} = 46$

정답 35 ② 36 ② 37 ③ 38 ② 39 ① 40 ①

제3과목 : 콘크리트의 시공

41 고강도 콘크리트의 배합 및 비비기에 관한 설명으로 틀린 것은?

① 비비기 시간은 시험에 의해서 정하는 것을 원칙으로 한다.
② 믹서에 재료를 투입할 때 고성능 감수제는 혼합수와 동시에 투여해야 한다.
③ 단위 시멘트량은 소요의 워커빌리티 및 강도를 얻을 수 있는 범위 내에서 가능한 한 적게 되도록 시험에 의해 정하여야 한다.
④ 기상의 변화가 심하거나 동결융해에 대한 대책이 필요한 경우를 제외하고는 공기연행제를 사용하지 않는 것을 원칙으로 한다.

[해설] 믹서에 재료를 투입할 때 고성능 감수제는 혼합수와 동시에 투여하여서는 안된다.

42 일반 수중 콘크리트 타설의 원칙에 대한 설명으로 틀린 것은?

① 콘크리트가 경화될 때까지 물의 유동을 방지하여야 한다.
② 한 구획의 콘크리트 타설을 완료한 후 레이턴스를 모두 제거하고 다시 타설하여야 한다.
③ 콘크리트 타설에서 완전히 물막이를 할 수 없는 경우 유속은 150mm/s 이하로 하여야 한다.
④ 콘크리트를 수중에 낙하시키면 재료 분리가 일어나므로 콘크리트는 수중에 낙하시키지 않아야 한다.

[해설] 콘크리트 타설에서 완전히 물막이를 할 수 없는 경우 유속은 50mm/s 이하로 하여야 한다.

43 콘크리트의 내구성을 고려하여 해수 중에 사용되는 해양 콘크리트의 물-결합재비를 정할 경우 그 최댓값은?

① 40%   ② 45%
③ 50%   ④ 55%

[해설] 해양 콘크리트의 물-결합재비

환경구분	최대 물-결합재비
해중	50%
해상 대기중	45%
물보라 지역, 간만대 지역	40%

44 팽창 콘크리트의 시공에 관한 설명으로 틀린 것은?

① 팽창재는 원칙적으로 다른 재료를 투입함과 동시에 믹서에 투입한다.
② 한중 콘크리트의 경우 타설할 때의 콘크리트 온도는 10℃ 이상 20℃ 미만으로 한다.
③ 팽창 콘크리트의 비비기 시간은 강제식 믹서를 사용하는 경우는 2분 이상으로 하여야 한다.
④ 제조 시 포대 팽창재를 사용하는 경우에는 포대수로 계산해도 되나, 1포대 미만의 것을 사용하는 경우에는 반드시 질량으로 계량하여야 한다.

[해설] 콘크리트의 비비기 시간은 강제식 믹서를 사용하는 경우에는 1분 이상으로 하고 가경식 믹서를 사용하는 경우에는 1분 30초 이상으로 하여야 한다.

45 해양 콘크리트에 대한 설명으로 틀린 것은?

① 해양 콘크리트 구조물에 쓰이는 콘크리트의 설계기준강도는 30MPa 이상으로 한다.
② 해양 콘크리트는 열화 및 강재의 부식에 의해 그 기능이 손상되지 않도록 해야 한다.
③ 초기 강도가 작은 중용열 포틀랜드 시멘트는 해양 구조물의 재료로 적합하지 않다.
④ 콘크리트가 충분히 경화되기 전에 해수에 씻기지 않도록 보호하여야 하며, 이 기간은 보통 포틀랜드 시멘트를 사용할 경우 대개 5일간이다.

[해설] 해양 콘크리트에서 시멘트는 해수의 작용에 대하여 특히 내구적인 고로슬래그 시멘트, 중용열 포틀랜드 시멘트, 플라이 애시 시멘트 등을 사용하는 것이 원칙이다.

46 차폐용 콘크리트로서 중성자의 차폐를 필요로 하지 않는 경우 시방서에 명기하지 않아도 되는 성능항목은?

① 밀도   ② 붕소량
③ 압축강도   ④ 설계허용온도

[해설]
- 차폐용 콘크리트의 주요한 성능항목
 밀도, 압축강도, 설계허용 온도, 결합수량, 붕소량
- 중성자의 차폐를 필요로 하지 않는 경우 성능항목 결합수량과 붕소량 등은 기술하지 않는다.

□□□ 기 11,14,15,16,19

47 바닥틀의 시공이음에 대한 설명으로 옳은 것은?

① 슬래브 또는 보의 지점 부근에 두어야 한다.
② 슬래브 또는 보의 경간 중앙부 부근에 두어야 한다.
③ 보가 그 경간 중에서 작은 보와 교차할 경우에는 교차지점에 보의 시공이음을 설치하여야 한다.
④ 보가 그 경간 중에서 작은 보와 교차할 경우에는 작은 보의 폭의 약 5배 거리만큼 떨어진 곳에 보의 시공이음 설치하여야 한다.

[해설]
- 바닥틀의 시공이음은 슬래브 또는 보의 경간 중앙부 부근에 두어야 한다.
- 보가 그 경간 중에서 작은 보와 교차할 경우에는 작은 보의 폭의 약 2배 거리만큼 떨어진 곳에 보의 시공이음 설치하여야 한다.

□□□ 기 04,14,17,19

48 철근이 배치된 구조물에서 균열 발생을 제한할 경우 온도균열지수의 값은?

① 0.7 미만
② 0.7~1.2
③ 1.2~1.5
④ 1.5 이상

[해설] 표준적인 온도균열지수
- 균열발생을 방지하여야 할 경우 : 1.5 이상
- 균열발생을 제한할 경우 : 1.2~1.5
- 유해한 균열발생을 제한할 경우 : 0.7~1.2

□□□ 기 10,19

49 콘크리트의 비비기로부터 타설이 끝날 때까지의 한도시간으로 옳은 것은?

① 외기온도가 25℃ 미만일 때는 1.5시간, 25℃ 이상일 때는 1시간을 한도로 한다.
② 외기온도가 25℃ 미만일 때는 1시간, 25℃ 이상일 때는 1.5시간을 한도로 한다.
③ 외기온도가 25℃ 미만일 때는 2시간, 25℃ 이상일 때는 1.5시간을 한도로 한다.
④ 외기온도가 25℃ 미만일 때는 1.5시간, 25℃ 이상일 때는 2시간을 한도로 한다.

[해설] 비비기로부터 타설이 끝날 때까지의 시간
- 원칙적으로 외기온도가 25℃ 미만일 때에는 2시간을 넘어서는 안 된다.
- 원칙적으로 외기온도가 25℃ 이상일 때는 1.5시간을 넘어서는 안 된다.

□□□ 기 07,12,16,19

50 한중 콘크리트의 타설이 끝났을 때의 콘크리트 온도는?

- 주위의 기온 : 4℃
- 비볐을 때의 콘크리트 온도 : 20℃
- 비빈 후부터 타설이 끝났을 때까지의 시간 : 30분간

① 18.8℃
② 19.8℃
③ 20.8℃
④ 21.8℃

[해설] $T_2 = T_1 - 0.15(T_1 - T_0) \cdot t$
$= 20 - 0.15(20-4) \times 0.5 = 18.8℃$
(∵ 30분은 0.5시간)

□□□ 기 19

51 방사선 차폐용 콘크리트의 시공에 관한 설명 중 틀린 것은?

① 이어치기에 주의를 기울이지 않을 경우 방사선 유출의 위험성이 상존한다.
② 콘크리트의 슬럼프는 작업에 알맞은 범위 내에서 가능한 한 작은 값이어야 한다.
③ 콘크리트 타설 시 재료분리가 발생되지 않도록 과도한 진동기 사용은 자제한다.
④ 차폐용 콘크리트 경화 후의 밀도와 결합수량은 차폐설계상 상온조건하에서 규정값을 만족해야 한다.

[해설] 차폐용 콘크리트 경화 후의 밀도와 결합수량은 차폐설계상 최고온도조건하에서 규정값을 만족해야 한다.

□□□ 기 12,14,17,19

52 한중 콘크리트에 관한 내용으로 틀린 것은?

① 일평균기온 4℃ 이하가 예상되는 조건에서 시공하여야 한다.
② 응결이 시작되기 전의 초기동해는 녹는 시점에서 잘 다져주면 강도나 내구성에는 거의 문제가 없다.
③ 빠른 수화반응 유도 및 동결방지를 위하여 시멘트를 포함한 모든 재료를 직접 가열하여 소요 온도가 얻어지도록 한다.
④ 콘크리트가 동결하지 않더라도 5℃ 이하의 저온에 노출된 경우 응결 및 경화반응이 상당히 지연되므로 균열, 잔류변형 등의 문제가 생기기 쉽다.

[해설] 재료를 가열할 경우, 물 또는 골재를 가열하는 것으로 하며, 시멘트는 어떠한 경우라도 직접 가열해서는 안된다.

정답 47 ② 48 ③ 49 ③ 50 ① 51 ④ 52 ③

53. 숏크리트 코어 공시체($\phi 100 \times 100mm$)로부터 채취한 강섬유의 질량이 61.2g일 때, 강섬유 혼입률은? (단, 강섬유의 밀도는 $7.85g/cm^3$)

① 0.5% ② 1%
③ 3% ④ 5%

해설 강섬유 혼입률 $V_f = \dfrac{W_{sp}}{V \cdot \rho_{sp}} \times 100$

- 코어공시체 부피 $V = \dfrac{\pi \times 10^2}{4} \times 10 = 785.40 cm^3$

∴ $V_f = \dfrac{61.2}{785.40 \times 7.85} \times 100 = 1\%$

54. 슬럼프가 20mm 미만의 된반죽 공장제품 콘크리트의 반죽질기를 측정하는 시험으로 가장 적합하지 않은 것은?

① 관입시험
② 슬럼프 시험
③ 다짐계수 시험
④ 외압 병용VB 시험

해설
- 슬럼프가 20mm 이상인 콘크리트의 배합은 슬럼프 시험을 원칙으로 한다.
- 슬럼프가 20mm 미만인 콘크리트의 배합은 제조방법에 적합한 시험방법에 의한다.

55. 콘크리트의 양생에 대한 일반적인 설명으로 옳은 것은?

① 시멘트의 수화반응은 양생온도에 크게 좌우되지 않는다.
② 초기재령에서의 급격한 건조는 강도발현을 지연시킬 뿐만 아니라 표면균열의 원인이 된다.
③ 고로 슬래그 미분말을 50% 정도 치환하면 보통 콘크리트에 비해서 습윤양생 기간을 단축시킬 수 있다.
④ 콘크리트 표면이 건조함에 따라 수밀성이 향상되기 때문에 수밀 콘크리트는 가능한 한 빨리 건조될 수 있도록 습윤양생 기간을 일반보다 짧게 한다.

해설 타설이 끝난 콘크리트가 시멘트의 수화작용에 의하여 충분한 강도를 발현하고 균열이 생기지 않도록 하기 위해서는 타설이 끝난 후 일정한 기간 동안 콘크리트를 적당한 온도하에서 충분한 습윤 상태로 유지해야 한다.

56. 콘크리트의 배합강도를 예측하는데 이용되는 적산온도의 적용으로 틀린 것은?

① 양생 종료 시기 ② 거푸집 해체시기
③ 동바리 해체시기 ④ 프리텐셔닝 시기

해설 양생을 끝낼시기, 거푸집 및 동바리를 해체할 시기에 대하여 현장 콘크리트와 가급적 동일한 상태에서 양생한 공시체의 강도시험에 의하거나 콘크리트의 온도기록에 의한 적산온도로부터 추정한 강도에 의해 정하여야 한다.

57. 콘크리트 부재의 표면에 발생하는 기포에 대한 내용으로 틀린 것은?

① 단위 시멘트량이 증가하면 콘크리트 부재 표면의 기포는 감소하는 경향이 있다.
② 경사면의 윗면은 수직면의 경우보다 더 많은 기포가 발생하는 경향이 있다.
③ 거푸집 표면 부근의 진동 다짐은 부재 표면의 기포를 증가시킬 수도 있다.
④ 목재 거푸집의 경우 거푸집이 건조하면 기포가 감소하고, 강재 거푸집의 경우 온도가 높으면 기포가 감소하는 경향이 있다.

해설 목재 거푸집의 경우 거푸집의 표면이 건조하면 기포가 증가한다.

58. 단위 시멘트량 200kg, W/B(물-결합재비) 50%, 공기량 2%, 잔골재율 34%, 시멘트 비중 3.17, 잔골재 비중 2.6일 때, 콘크리트 $1m^3$를 만드는 데 필요한 잔골재량은?

① 722.02kg ② 856.6kg
③ 1012.5kg ④ 1482.8kg

해설
- $\dfrac{W}{B} = 0.50$에서

∴ 단위 수량 $W = 200 \times 0.50 = 100 kg/m^3$

- 단위 골재량의 절대부피

$V_a = 1 - \left(\dfrac{단위수량}{1,000} + \dfrac{단위 시멘트량}{시멘트 비중 \times 1,000} + \dfrac{공기량}{100} \right)$

$= 1 - \left(\dfrac{100}{1,000} + \dfrac{200}{3.17 \times 1,000} + \dfrac{2}{100} \right)$

$= 0.8169 m^3$

- 단위 잔골재량
$S = V_s \times (S/a) \times 잔골재 밀도 \times 1,000$
$= 0.8169 \times 0.34 \times 2.6 \times 1,000 = 722.14 kg$

정답 53 ② 54 ② 55 ② 56 ④ 57 ④ 58 ①

59. 숏크리트의 24시간 재령 초기강도 표준값으로 옳은 것은?

① 0.5~1.0MPa ② 1.0~3.0MPa
③ 5.0~10.0MPa ④ 10.0~20.0MPa

해설 숏크리트의 초기강도 표준값

재 령	숏크리트의 초기강도(MPa)
24시간	5.0~10.0
3시간	1.0~3.0

60. 일반 콘크리트의 다지기에 대한 설명으로 틀린 것은?

① 내부진동기는 콘크리트로부터 천천히 빼내어 구멍이 남지 않도록 한다.
② 진동다지기를 할 때에는 내부진동기를 하층의 콘크리트 속으로 0.1m 정도 찔러 넣어야 한다.
③ 재진동을 할 경우에는 콘크리트에 나쁜 영향이 생기지 않도록 초결이 일어난 후에 실시하여야 한다.
④ 콘크리트는 타설 직후 바로 충분히 다져서 콘크리트가 철근 및 매설물 주위와 거푸집의 구석구석까지 잘 채워 밀실한 콘크리트가 되도록 하여야 한다.

해설 콘크리트가 굳기 전에 침하균열이 발생한 경우에는 즉시 다짐이나 재진동을 실시하여 균열을 제거하여야 한다.

제4과목 : 콘크리트 구조 및 유지관리

61. 다음 중 시험 항목에 따른 점검방법으로 옳지 않은 것은?

① 내부균열 – 음향방출법
② 피복 두께 – 열적외선법
③ 탄산화 – 페놀프탈레인법
④ 철근부식 – 분극저항 측정방법

해설 ■ 전자파 레이더법의 이용
• 철근의 위치와 피복두께를 조사할 수 있다.
• 철근배근 조사인 철근탐사 혹은 골재노출(충전 불량), 허니콤(골재노출) 등의 결함부 파악에 이용되고 있다.
■ 구조물의 안전조사시 철근부식 여부의 조사 방법 : 자연전위법, 분극저항법, 전기 저항법 등이 있다.
∴ 피복 두께 – 전자파 레이더법

62. 철근의 이음에 대한 설명으로 틀린 것은?

① D35를 초과하는 철근은 겹침이음을 할 수 없다.
② 다발철근의 겹침이음은 다발 내의 개개철근에 대한 겹침이음길이를 기본으로 하여 결정하여야 한다.
③ 용접이음은 용접용 철근을 사용해야 하며 철근의 설계기준항복강도 f_y의 125% 이상을 발휘할 수 있는 완전용접이어야 한다.
④ 휨부재에서 서로 직접 접촉되지 않게 겹침이음된 철근은 횡방향으로 소요 겹침이음길이의 1/5 또는 150mm 중 큰 값 이상 떨어지지 않아야 한다.

해설 휨부재에서 서로 직접 접촉되지 않게 겹침이음된 철근은 횡방향으로 소요 겹침이음길이의 1/5 또는 150mm 중 작은 값 이상 떨어지지 않아야 한다.

63. 1방향 슬래브의 구조상세에 대한 설명으로 틀린 것은?

① 1방향 슬래브의 두께는 최소 200mm 이상으로 하여야 한다.
② 수축·온도철근의 간격은 슬래브 두께의 5배 이하, 또한 450mm 이하로 하여야 한다.
③ 슬래브의 정모멘트 철근 및 부모멘트 철근의 중심 간격은 위험단면에서는 슬래브 두께의 2배 이하이어야 하고, 또한 300mm 이하로 하여야 한다.
④ 슬래브의 정모멘트 철근 및 부모멘트 철근의 중심 간격은 위험단면이 아닌 기타의 단면에서는 슬래브 두께의 3배 이하이어야 하고, 또한 450mm 이하로 하여야 한다.

해설 1방향 슬래브의 두께는 최소 100mm 이상으로 하여야 한다.

64. 콘크리트 내에서 염소이온의 확산에 영향을 주는 인자가 아닌 것은?

① 양생조건 ② 물-결합재비
③ 철근의 부식여부 ④ 모세관 공극의 양

해설 • 콘크리트 중의 염화물 함유량은 콘크리트 중에 함유된 염소이온(Cl^-)의 총량으로 표시한다.
• 콘크리트중의 염소이온은 콘크리트의 물-결합재비가 크거나 양생이 충분하지 않은 경우, 모세관 공극의 양이 큰 경우에는 콘크리트 조직 구조가 밀실하지 못하여 염소이온이 쉽게 이동한다.

정답 59 ③ 60 ③ 61 ② 62 ④ 63 ① 64 ③

65 철근콘크리트 구조물에서 균열 폭을 줄일 수 있는 방법에 대한 설명으로 틀린 것은?

① 철근이 배근되는 곳에서 피복두께를 크게 한다.
② 콘크리트의 인장구역에 철근을 골고루 배치한다.
③ 철근에 발생하는 응력이 커지지 않도록 충분하게 배근한다.
④ 동일한 철근량을 사용할 경우 굵은 철근을 사용하기 보다는 가는 철근을 여러 개 사용한다.

[해설] 균열폭에 영향을 미치는 요인
- 이형 철근을 사용하면 균열폭을 최소로 할 수 있다.
- 인장측에 철근을 잘 분배하면 균열폭을 최소로 할 수 있다.
- 콘크리트 표면의 균열폭은 철근에 대한 콘크리트 피복 두께에 비례한다.
- 하중으로 인한 균열의 최대 폭은 철근의 응력과 철근 지름에 비례하여, 철근비에 비례한다.
- 균열폭을 줄이는 방법은 콘크리트의 최대 인장 구역에서 지름이 가는 철근을 여러 개 사용하고 이형 철근만을 사용한다.

66 아래의 표에서 설명하는 현상은?

> 내동해성이 작은 골재를 콘크리트에 사용하는 경우 동결융해 작용에 의해 골재가 팽창하여 파괴되어 떨어져 나가거나 그 위치의 콘크리트 표면이 떨어져 나가는 현상

① 침식(erosion)
② 용식(corrosion)
③ 팝아웃(pop-out)
④ 화학적 침식(chemical erosion)

[해설] 팝아웃(pop-out) : 내동해성이나 내알칼리성이 작은 골재를 콘크리트에 사용하는 경우 동결융해작용이나 알칼리 골재반응에 의해 골재가 팽창하여 파괴도어 떨어져 나가거나 그 위치의 콘크리트 표면이 떨어져 나가는 현상

67 콘크리트 구조물에서 코어채취에 의한 시험으로 알 수 없는 것은?

① 인장강도
② 고유진동수
③ 탄산화 깊이
④ 염화물이온함유량

[해설] 코어채취의 필수적 조사항목
- 콘크리트 강도
- 탄산화 깊이
- 염화물이온함유량

68 아래 그림과 같은 T형 보의 설계휨강도 ϕM_n는?
(단, 인장지배단면이며, $f_{ck}=30$MPa, $f_y=400$MPa, $A_s=3850$mm²이다.)

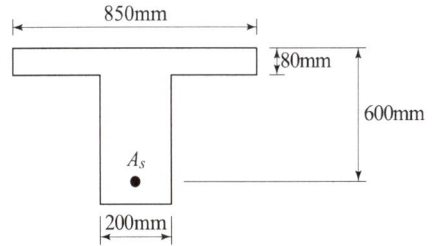

① 645kN·m
② 739kN·m
③ 837kN·m
④ 937kN·m

[해설] ■ T형보의 판정

$$a = \frac{A_s f_y}{\eta(0.85 f_{ck})b} = \frac{3,850 \times 400}{1 \times 0.85 \times 30 \times 850} = 71.05\text{mm}$$

$71.05\text{mm} < 80\text{mm}$ ∴ 폭 $b=850$mm인 직사각형보

■ 설계휨강도

$$\phi M_n = \phi A_s f_y \left(d - \frac{a}{2}\right)$$
$$= 0.85 \times 3850 \times 400 \left(600 - \frac{71.05}{2}\right)$$
$$= 738,897,775 \text{N} \cdot \text{mm} = 739 \text{kN} \cdot \text{m}$$

69 콘크리트의 건조수축으로 인한 균열을 제어하기 위한 대책으로 틀린 것은?

① 가능한 한 배합수량을 적게 한다.
② 실리카 퓸을 사용하여 강도를 높인다.
③ 단면 크기에 따라 골재의 크기를 적절히 조절한다.
④ 가급적 흡수율이 작고 입도가 양호한 골재를 사용한다.

[해설] 실리카 퓸을 사용하면 조직이 치밀하여 강도는 커지나 건조수축이 커지는 단점이 있다.

70 다음 중 알칼리 골재반응을 억제하기 위한 대책으로 부적절한 것은?

① 충분한 수분 공급
② 혼합 시멘트 사용
③ 저알칼리형 포틀랜드 시멘트 사용
④ 콘크리트 중의 알칼리 이온 총량 규제

[해설] 알칼리골재반응의 진행에 필수적인 3요소는 반응성 골재의 존재, 알칼리존재 및 수분의 공급이다.

71 그림과 같은 단면에 $A_s = 4-D25(2,028\text{mm}^2)$이 배근되어 있고, 계수전단력 $V_u = 200\text{kN}$, 계수휨모멘트 $M_u = 40\text{kN}\cdot\text{m}$가 작용하고 있는 보가 있다. 콘크리트가 부담할 수 있는 전단강도(V_c)를 정밀식을 사용하여 구하면? (단, 경량콘크리트계수 $\lambda=1.0$, $f_{ck}=21\text{MPa}$, $f_y=400\text{MPa}$이고, M_u는 전단을 검토하는 단면에서 V_u와 동시에 발생하는 계수휨모멘트이다.)

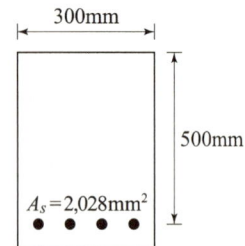

① 237.6kN ② 199.3kN
③ 145.7kN ④ 107.6kN

해설 전단강도 $V_c = \left(0.16\sqrt{f_{ck}} + 17.6\rho_w \dfrac{V_u d}{M_u}\right) b_w d$
$\qquad < 0.29\sqrt{f_{ck}} b_w d$

· $\dfrac{V_u d}{M_u} = \dfrac{200 \times 500}{40 \times 10^3} = 2.5 < 1$ ∴ 1로 취한다.

· $0.29\sqrt{f_{ck}} b_w d$: $0.29\sqrt{21} \times 300 \times 500 = 199,342\text{N} = 199.3\text{kN}$

· $V_c = \left(0.16\sqrt{21} + 17.6 \times \dfrac{2028}{300 \times 500} \times 1\right) 300 \times 500$
$\qquad = 145,675\text{N}$
$\qquad = 145.7\text{kN} < 199.3\text{kN} \left(\because \rho_w = \dfrac{A_s}{b_w d} = \dfrac{2,028}{300 \times 500}\right)$

∴ 전단강도 $V_c = 145.7\text{kN}$

72 폭이 400mm, 유효깊이가 500mm인 단철근 직사각형 보 단면에서 강도설계법으로 구한 균형철근량은? (단, $f_{ck}=40\text{MPa}$, $f_y=400\text{MPa}$이다.)

① 6,813mm² ② 7,313mm²
③ 7,813mm² ④ 8,468mm²

해설 철근량 $A_s = \rho_b bd$
$f_{ck} = 40\text{MPa} \le 40\text{MPa}$일 때
$\eta = 1$, $\beta_1 = 0.80$

· $\rho_b = \dfrac{\eta(0.85f_{ck})\beta_1}{f_y} \cdot \dfrac{660}{660+f_y}$
$\qquad = \dfrac{1 \times 0.85 \times 40 \times 0.80}{400} \times \dfrac{660}{660+400} = 0.042340$

∴ $A_s = 0.042340 \times 400 \times 500 = 8,468\text{mm}^2$

73 콘크리트의 크리프에 대한 설명으로 틀린 것은?

① 고강도 콘크리트는 저강도 콘크리트보다 크리프가 작다.
② 콘크리트 주위의 온도와 습도가 높을수록 크리프 변형은 커진다.
③ 물-결합재비가 큰 콘크리트는 물-결합재비가 작은 콘크리트보다 크리프가 크게 일어난다.
④ 일정한 응력이 장시간 계속하여 작용하고 있을 때, 변형이 계속 진행되는 현상을 크리프라고 한다.

해설 · 콘크리트의 온도가 높을수록 크리프가 크다.
· 콘크리트의 습도가 높을수록 크리프는 작다.

74 콘크리트보강공법 중 상판 콘크리트 상면을 절삭·연마한 후 강섬유 보강콘크리트 등으로 상면의 두께를 증설하는 상면 두께증설공법의 특징에 대한 설명으로 틀린 것은?

① 일반포장용 기계로 시공이 가능하고, 공기가 짧다.
② 상판 상면에서의 작업이므로 비계 등을 구성할 필요가 없다.
③ 상판의 유효두께가 커져서 휨, 전단 및 비틀림 등에 대해서도 보강효과가 얻어진다.
④ 증가되는 상판의 두께에 제한 없이 적용 가능하므로, 기존 구조물보다 상당히 큰 내하력을 얻을 수 있다.

해설 사하중의 증대가 따르므로 증가되는 상판의 두께는 제한되므로 기존 구조물보다 내하력이 저하될 수 있다.

75 직사각형 단면의 보가 계수전단력 $V_u = 75\text{kN}$을 전단보강철근 없이 지지하고자 할 경우 필요한 단면의 유효깊이 최솟값은? (단, $b = 350\text{mm}$, $f_{ck} = 28\text{MPa}$, $f_y = 400\text{MPa}$)

① 612mm ② 648mm
③ 683mm ④ 713mm

해설 $V_u = \dfrac{1}{2}\phi \cdot V_c$를 만족시키면 최소 전단 보강 철근을 배치하지 않아도 된다.

$V_u = \dfrac{1}{2}\phi \cdot V_c = \dfrac{1}{2}\phi \times \dfrac{1}{6}\sqrt{f_{ck}} b_w d$에서

$75,000 = \dfrac{1}{2} \times 0.75 \times \dfrac{1}{6} \times \sqrt{28} \times 350 \times d$

∴ $d = 648\text{mm}$

정답 71 ③ 72 ④ 73 ② 74 ④ 75 ②

76 철근 콘크리트의 역학적 해석을 위한 기본 가정 중 옳지 않은 것은?

① 철근의 변형률은 중립축으로부터 거리에 비례하는 것으로 가정할 수 있다.
② 철근 콘크리트 보는 사용하중에 의해 휨을 받아 변형한 후에도 균열이 생기지 않는다.
③ 콘크리트의 압축응력의 분포와 콘크리트변형률 사이의 관계는 직사각형, 사다리꼴, 포물선형 또는 강도의 예측에서 광범위한 실험의 결과와 실적으로 일치하는 어떤 형상으로도 가정할 수 있다.
④ 철근의 응력이 설계기준항복강도 f_y 이하일 때, 철근의 응력은 그 변형률에 E_s를 곱한 값으로 하고, 철근의 변형률이 f_y에 대응하는 변형률보다 큰 경우 철근의 응력은 변형률에 관계없이 f_y로 하여야 한다.

[해설] 철근 콘크리트 보는 사용하중에 의해 휨을 받아 변형한 후에는 균열이 발생한다.

77 단면의 도심에 PS 강재가 배치되어 있으며 초기 프리스트레스 힘 120kN을 작용시켰다. 콘크리트의 하연응력이 0이 되도록 하려면 휨모멘트는? (단, 이 때 손실은 15%로 가정한다.)

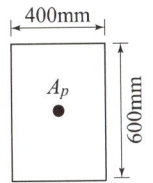

① 8.2kN·m ② 9.2kN·m
③ 10.2kN·m ④ 11.2kN·m

[해설] ・15%의 손실을 가정한 프리스트레스 힘
$P = 120\text{kN} = 120 \times 0.85 = 102\text{kN}$

・$f_t = \dfrac{P}{A} - \dfrac{M}{I}y = 0$에서

∴ $M = \dfrac{P}{A} \cdot \dfrac{I}{y} = \dfrac{P}{bh} \cdot \dfrac{\frac{bh^3}{12}}{\frac{h}{2}} = \dfrac{Ph}{6}$

$= \dfrac{102 \times 0.6}{6} = 10.2\text{kN} \cdot \text{m}$

78 콘크리트를 각종 섬유로 보강하여 보수공사를 진행할 경우 섬유가 갖추어야 할 조건으로 옳지 않은 것은?

① 섬유의 압축강도가 충분해야 한다.
② 시공이 어렵지 않고 가격이 저렴해야 한다.
③ 내구성, 내열성, 내후성 등이 우수해야 한다.
④ 섬유와 시멘트 결합재와의 부착이 우수해야 한다.

[해설] 섬유보강콘크리트용 섬유로써 갖추어야 할 조건
・섬유와 시멘트 결합재 사이의 부착성이 좋을 것
・섬유의 인장강도가 충분히 클 것
・섬유의 탄성계수는 시멘트 결합재 탄성계수의 1/5 이상일 것
・형상비가 50 이상일 것
・내구성, 내열성 및 내후성이 우수할 것
・시공성에 문제가 없고 가격이 저렴할 것

79 강교에서 피로균열의 진전을 일시적으로 방지하고 선단부의 국부적인 응력집중을 해소하기 위한 보수공법은?

① pull-out 공법 ② stop-hole 공법
③ 에폭시주입 공법 ④ 탄소섬유 시트 공법

[해설] stop-hole 공법 : 피로균열 선단에 구멍(stop hole)을 설치하여 선단부의 국부적인 응력집중을 해소하고, 균열의 진전을 일시적으로 방지하는 공법

80 $b = 400\text{mm}$, $d = 600\text{mm}$, $f_{ck} = 24\text{MPa}$인 철근콘크리트 부재에 수직스트럽을 배치하고자 한다. 스트럽이 받을 수 있는 전단강도 $V_s = 400\text{kN}$일 때 전단철근의 간격은 몇 mm 이하로 하여야 하는가? (단, 경량콘크리트계수 $\lambda = 1.0$이다.)

① 100mm ② 150mm
③ 200mm ④ 300mm

[해설] 전단철근의 간격 제한
・$V_s \leq \dfrac{1}{3}\lambda\sqrt{f_{ck}}b_w d$: $s = \dfrac{d}{2}$ 이하, 또는 600mm 이하
・$V_s > \dfrac{1}{3}\lambda\sqrt{f_{ck}}b_w d$: $s = \dfrac{d}{4}$ 이하, 또는 300mm 이하
・$V_s = \dfrac{1}{3} \times 1\sqrt{24} \times 400 \times 600 = 391,918\text{N} = 392\text{kN}$
$V_S = 400\text{kN} > 392\text{kN}$
∴ $s = \dfrac{d}{4} = \dfrac{600}{4} = 150\text{mm}$ 이하, 또는 300mm 이하

국가기술자격 필기시험문제

2019년도 기사 2회 필기시험				수험번호	성 명
자격종목 **콘크리트기사**	시험시간 **2시간**	문제수 **80**	형 별 **A**		

※ 각 문제는 4지 택일형으로 질문에 가장 적합한 문제의 보기 번호를 클릭하거나 답안표기란의 번호를 클릭하여 입력하시면 됩니다.
※ 입력된 답안은 문제 화면 또는 답안 표기란의 보기 번호를 클릭하여 변경하실 수 있습니다.

제1과목 : 콘크리트 재료 및 배합

□□□ 기 04,08,14,19
01 콘크리트용 혼화재로 실리카 퓸을 혼합한 콘크리트의 성질에 대한 설명으로 틀린 것은?

① 실리카 퓸의 혼합량이 증가할수록 콘크리트에 소요되는 단위수량은 거의 선형적으로 감소한다.
② 콘크리트에 실리카 퓸을 혼합하면 콘크리트의 유동화 특성이 변화하여 블리딩과 재료분리를 감소시킨다.
③ 실리카 퓸의 혼합률이 5~15%정도 이내에서는 실리카 퓸의 혼합률이 증가함에 따라 압축강도도 증가한다.
④ 실리카 퓸을 콘크리트에 혼합하면 수화열을 저감시키고, 강도발현이 현저하며, 수밀성, 화학저항성 및 내구성을 향상시킬 수 있다.

[해설] 실리카 퓸을 혼합한 콘크리트의 목표 슬럼프를 유지하기 위해 소요되는 단위수량은 혼합량이 증가함에 따라 거의 선형적으로 증가한다.

□□□ 기 08,11,18,19
02 콘크리트용 모래에 포함되어 있는 유기 불순물 시험 방법에 대한 설명으로 틀린 것은?

① 시험시료에는 3%의 수산화나트륨 용액을 넣는다.
② 시험에 사용되는 모래시료의 양은 약 450g을 채취한다.
③ 식별용 표준색용액은 2%의 탄닌산 용액과 3%의 수산화나트륨 용액을 섞어 만든다.
④ 시험이 끝난 시료의 용액색이 표준색 용액보다 연한 경우에는 콘크리트용 골재로 사용할 수 없다.

[해설] • 시험용액의 색깔이 표준색 용액보다 연할 때에는 그 모래는 합격으로 한다.
• 시험용액의 색깔이 표준색 용액보다 진할 때에는 '모르타르의 강도에 있어서 잔골재의 불순물의 영향시험'의 방법에 따라 시험할 필요가 있다.

□□□ 기 10,16,19
03 콘크리트 $1m^3$를 만드는 배합설계에서, 단위 시멘트량이 320kg, 단위수량이 160kg, 공기량이 5%이었다. 잔골재율이 35%, 잔골재 표건 밀도가 $2.7g/cm^3$, 굵은 골재 표건 밀도가 $2.6g/cm^3$, 시멘트의 밀도가 $3.2g/cm^3$일 때 단위 잔골재량(S)은?

① 614kg
② 652kg
③ 685kg
④ 721kg

[해설] • 단위 골재량의 절대부피
$V_a = 1 - \left(\dfrac{단위수량}{1,000} + \dfrac{단위 시멘트량}{시멘트 밀도 \times 1,000} + \dfrac{공기량}{100}\right)$
$= 1 - \left(\dfrac{160}{1,000} + \dfrac{320}{3.2 \times 1,000} + \dfrac{5}{100}\right)$
$= 0.69 m^3$
• 단위 잔골재량
$S = V_s \times (S/a) \times 잔골재 밀도 \times 1,000$
$= 0.69 \times 0.35 \times 2.7 \times 1,000 = 652.05 kg$

□□□ 기 15,17,19
04 콘크리트의 호칭강도가 40MPa인 콘크리트의 배합강도를 아래의 조건을 따라 구하면?

【조 건】
• 22회의 압축강도 시험에서 구한 압축강도의 표준편차 : 5MPa
• 시험 횟수가 20회일 때 표준편차의 보정계수 : 1.08
• 시험 횟수가 25회일 때 표준편차의 보정계수 : 1.03

① 47.11MPa
② 48.35MPa
③ 48.85MPa
④ 50.00MPa

[해설] ■ 22회의 보정계수 $= 1.03 + \dfrac{1.08 - 1.03}{25 - 20} \times (25 - 22) = 1.06$
∴ 수정표준편차 $s = 5 \times 1.06 = 5.3 MPa$
■ $f_{cn} > 35 MPa$일 때 배합강도
• $f_{cr} = f_{cn} + 1.34s = 40 + 1.34 \times 5.3 = 47.10 MPa$
• $f_{cr} = 0.9 f_{cn} + 2.33s = 0.9 \times 40 + 2.33 \times 5.3 = 48.35 MPa$
∴ $f_{cr} = 48.35$ (두 값 중 큰 값)

정답 01 ① 02 ④ 03 ② 04 ②

05 시방 배합설계 결과 잔골재량이 630kg/m³, 굵은 골재량이 1,170kg/m³이었다. 현장의 골재 상태가 아래 표와 같을 때 현장 배합의 잔골재량과 굵은 골재량으로 옳은 것은?

【현장 골재 상태】
- 잔골재가 5mm체에 남는 양 : 6%
- 잔골재의 표면수 : 2.5%
- 굵은 골재가 5mm체를 통과하는 양 : 8%
- 굵은 골재의 표면수 : 0.5%

① 잔골재 : 579kg/m³, 굵은 골재 : 1,241kg/m³
② 잔골재 : 551kg/m³, 굵은 골재 : 1,229kg/m³
③ 잔골재 : 531kg/m³, 굵은 골재 : 1,201kg/m³
④ 잔골재 : 519kg/m³, 굵은 골재 : 1,189kg/m³

해설 ■ 입도에 의한 조정
a : 잔골재 중 5mm체에 남은 양 : 6%
b : 굵은 골재 중 5mm체를 통과한 양 : 8%

① 잔골재량 $X = \dfrac{100S - b(S+G)}{100 - (a+b)}$
$= \dfrac{100 \times 630 - 8(630 + 1,170)}{100 - (6+8)} = 565 \text{kg/m}^3$

② 굵은골재 $Y = \dfrac{100G - a(S+G)}{100 - (a+b)}$
$= \dfrac{100 \times 1,170 - 6(630 + 1,170)}{100 - (6+8)} = 1,235 \text{kg/m}^3$

■ 표면수량에 의한 환산
① 잔골재의 표면 수량 = 565 × 0.025 = 14kg
∴ 잔골재량 = 565 + 14 = 579kg/m³
② 굵은 골재의 표면 수량 = 1,235 × 0.005 = 6kg
∴ 굵은 골재량 = 1,235 + 6 = 1,241kg/m³

06 일반 콘크리트의 배합에 관한 설명으로 틀린 것은?

① 무근콘크리트에서 일반적인 경우 슬럼프값의 표준은 50 ~ 150mm이다.
② 제빙화학제가 사용되는 콘크리트의 물-결합재비는 55% 이하로 하여야 한다.
③ 일반적인 구조물에서 굵은 골재의 최대 치수는 20mm 또는 25mm를 표준으로 한다.
④ 콘크리트의 수밀성을 기준으로 물-결합재비를 정할 경우, 그 값은 50% 이하로 하여야 한다.

해설 제빙화학제가 사용되는 콘크리트의 물-결합재비는 45% 이하로 한다.

07 콘크리트에 사용하는 혼화재료에 관한 일반적인 설명으로 옳지 않은 것은?

① 실리카 퓸은 실리카질 미립자의 미세충진 효과에 의해 콘크리트의 강도를 높인다.
② 팽창재는 에트린가이트 및 수산화칼슘 등의 생성에 의해 콘크리트를 팽창시킨다.
③ 플라이 애시는 유리질 입자의 잠재수경성에 의해 콘크리트의 초기강도를 증진시킨다.
④ 착색재는 콘크리트와 모르타르에 색을 입히는 혼화재로서 착색재를 혼화한 콘크리트는 본래의 콘크리트 특성과 함께 마무리재로서의 기능도 함께 가진다.

해설
- 플라이 애시를 혼합한 콘크리트의 초기강도는 보통 콘크리트보다 작아지나 재령이 길어짐에 따라 포졸란 반응에 의해 장기강도는 증가한다.
- 플라이 애시 혼합율의 영향을 받아 재령 28일 이후의 장기재령에서는 혼합율이 10~20%에서 강도발현이 가장 크게 나타난다.

08 골재 체가름 결과가 다음과 같을 때 굵은 골재의 최대 치수는?

체 크기(mm)	40	25	20	13	5	2.5
통과질량백분율(%)	100	97	88	50	8	3

① 13mm ② 20mm
③ 25mm ④ 40mm

해설 굵은 골재의 최대치수란 질량비로 90% 이상을 통과시키는 체 중에서 최소 치수인 체의 호칭치수로 나타낸 굵은 골재의 치수를 말한다.
∴ 97%를 통과시킨 체중에서 최소 치수인 25mm체

09 시멘트 클링커의 주요 조성화합물인 엘라이트(C_3S)와 벨라이트(C_2S)의 수화물 특성에 대한 설명으로 옳은 것은?

① 수화열은 C_2S보다 C_3S가 크다.
② 화학저항성은 C_3S보다 C_2S가 작다.
③ 수화반응속도는 C_3S보다 C_2S가 빠르다.
④ 재령 28일 이내의 단기강도는 C_2S보다 C_3S가 작다.

해설 벨라이트(C_2S)는 엘라이트(C_3S)보다 수화열이 작아서 강도발현은 늦지만 장기강도의 발현성과 화학저항성이 우수하다.

□□□ 기 14,17,19

10 제빙화학제에 노출된 콘크리트에서 플라이애시, 고로 슬래그 미분말 또는 실리카 퓸을 시멘트 재료의 일부로 치환하여 사용하는 경우, 이들 혼화재의 사용량에 대한 설명으로 틀린 것은? (단, 혼화재의 사용량은 시멘트와 혼화재 전체에 대한 혼화재의 질량 백분율로 나타낸다.)

① 혼화재로서 실리카 퓸을 사용하는 경우 그 사용량은 10%를 초과하지 않도록 하여야 한다.
② 혼화재로서 플라이 애시 또는 기타 포졸란을 사용하는 경우 그 사용량은 25%를 초과하지 않도록 하여야 한다.
③ 혼화재로서 고로 슬래그 미분말을 사용하는 경우 그 사용량은 30%를 초과하지 않도록 하여야 한다.
④ 혼화재로서 플라이 애시 또는 기타 포졸란과 실리카 퓸을 합하여 사용하는 경우 그 사용량은 35%를 초과하지 않도록 하여야 한다.

해설 제빙화학제에 노출된 콘크리트 최대 혼화재 비율

혼화재의 종류	시멘트와 혼화재 전체에 대한 혼화재의 질량 백분율(%)
플라이 애시	25
고로 슬래그 미분말	50
실리카 퓸	10
고로 슬래그 미분말 및 실리카 퓸의 합	50
플라이 애시와 실리카 퓸의 합	35

∴ 혼화재로서 고로슬래그 미분말을 사용하는 경우 사용량은 50%를 초과하지 않도록 하여야 한다.

□□□ 기 05,08,12,18,19

11 레디믹스트 콘크리트의 제조에 사용되는 물로서 상수돗물 이외의 물의 품질규정에 대한 설명으로 틀린 것은?

① 현탁 물질의 양은 5g/L 이하여야 한다.
② 염소 이온(Cl⁻)의 양은 250mg/L 이하여야 한다.
③ 용해성 증발 잔류물의 양은 1g/L 이하여야 한다.
④ 모르타르의 압축 강도비는 재령 7일 및 재령 28일에서 90% 이상이어야 한다.

해설 상수돗물 이외의 물의 품질

항 목	품 질
현탁물질의 양	2g/L 이하
용해성 증발 잔류물의 양	1g/L 이하
염소 이온(Cl⁻)량	250mg/L 이하
시멘트 응결시간의 차	초결 30분 이내, 종결 60분 이내
모르타르의 압축 강도비	재령 7일 및 재령 28일에서 90% 이상

□□□ 기 12,18,19

12 콘크리트에 사용되는 부순 잔골재에 대한 설명으로 옳지 않은 것은?

① 부순 잔골재를 사용한 콘크리트를 미세한 분말량이 많아짐에 따라 응결의 초결시간과 종결시간이 빨라지는 경향이 있다.
② 부순 잔골재를 사용한 콘크리트는 미세분말의 양이 많아져서 슬럼프가 증가되므로 잔골재율을 높여야 한다.
③ 부순 잔골재를 사용할 경우 강모래를 사용한 콘크리트와 동일한 슬럼프를 얻기 위해서는 단위수량이 5~10% 정도 더 필요하다.
④ 부순 잔골재를 사용한 콘크리트는 미세분말의 양이 많아지면 공기량이 줄어들기 때문에 필요시 AE제의 양을 증가시켜야 한다.

해설 부순 잔골재를 사용한 콘크리트는 미세분말의 양이 많아져서 슬럼프가 저하하기 때문에 그 양에 의하여 잔골재율(S/a)을 낮춰준다.

□□□ 기 10,16,19

13 굵은 골재의 표면건조포화상태의 밀도(D_s)를 구하는 아래 식에서 B의 값으로 옳은 것은?

$$D_s = \frac{B}{B-C} \times \rho_w$$

① 시료의 수중 질량(g)
② 절대건조상태 시료의 질량(g)
③ 공기 중 건조상태 시료의 질량(g)
④ 표면건조포화상태 시료의 질량(g)

해설
- B : 표면건조포화상태 시료의 질량(g)
- C : 시료의 수중 질량(g)
- ρ_w : 시험온도에서의 물의 밀도(g/cm³)

□□□ 기 19

14 물과 반응하여 콘크리트 강도 발현에 기여하는 물질을 생성하는 것의 총칭으로 시멘트, 고로 슬래그 미분말, 플라이 애시, 실리카 퓸, 팽창재 등을 함유하는 것은?

① 감수제　　　② 결합재
③ 촉매제　　　④ 혼화재

해설 이를 결합재(binder)라 한다.

정답 10 ③　11 ①　12 ②　13 ④　14 ②

15 콘크리트용 강섬유의 인장강도 시험방법(KSF 2565)에서 평균 재하 속도로 옳은 것은?

① 1~3MPa/s ② 5~6MPa/s
③ 10~30MPa/s ④ 40~50MPa/s

해설 강섬유의 인장 하중재하속도는 인장하중에 큰 영향을 미치기 때문에, 시료를 고려하여 평균응력 증가율이 10~30MPa가 되는 적절한 값을 선택하여 시험 하도록 한다.

16 다음 중 콘크리트 배합에서 시멘트의 사용량을 가급적 줄이기 위해 고려해야 하는 것은?

① 골재의 입도
② 경량골재의 사용
③ 콘크리트의 수축
④ 콘크리트 중의 염분량

해설 골재의 품질과 입도가 적당하면 어느 정도까지는 단위 시멘트량을 적게 해도 수밀하고 내구적인 콘크리트를 만들 수 있다.

17 조강 포틀랜드 시멘트에 대한 설명으로 옳은 것은?

① 물과 혼합하면 수 분 후에 경화가 시작되어 2~3시간에 압축강도는 10MPa에 달한다.
② 수화열의 발생이 적고 초기강도 및 장기강도가 보통 포틀랜드 시멘트보다 크다.
③ 1일 강도가 보통 시멘트의 28일 강도와 거의 같아 긴급공사나 공기단축용으로 사용된다.
④ C_3S를 많게 하고 C_2S를 적게 하고 분말도를 4,000~4,500cm²/g로 미분쇄하여 초기강도를 크게 한 시멘트이다.

해설 • 초속경시멘트는 물과 혼합하면 수 분 후에 경화가 시작되어 2~3시간에 압축강도는 10MPa에 달한다.
• 수화열의 발생이 크고 초기강도는 크나 장기강도는 보통 포틀랜드 시멘트와 거의 같다.
• 1일 강도가 보통 시멘트의 3일 강도와 거의 같아 긴급공사나 공기단축용으로 사용된다.
• 조강 포틀랜드 시멘트는 보통 포틀랜드 시멘트보다 C_3S의 함유량을 높이고 C_2S를 줄이는 동시에 분말도를 높게 하여 초기강도를 크게 한 시멘트이다.

18 아래의 표는 어떤 2종 포틀랜드 시멘트의 화학성분 분석 결과이다. 이 2종 포틀랜드 시멘트 성분 중 C_3A의 조성비를 한국산업표준(KS)에 따라 구한 값은?

밀도(g/cm³)	화학성분(%)					
	CaO	SiO_2	Al_2O_3	Fe_2O_3	MgO	SO_3
3.14	62.16	21.61	4.71	3.52	2.55	2.04

① 6.5% ② 8.5%
③ 10.5% ④ 12.5%

해설 $C_3A = [2.650 \times Al_2O_3(\%)] - [1.692 \times Fe_2O_3(\%)]$
$= 2.650 \times 4.71 - 1.692 \times 3.52 = 6.52\%$

19 아래 표의 시험항목 중 KS F 2561(철근 콘크리트용 방청제)의 품질시험 항목으로 규정되어 있는 것으로 올바르게 나타낸 것은?

> ㉠ 콘크리트의 블리딩 시험
> ㉡ 콘크리트의 압축강도 시험
> ㉢ 콘크리트의 길이변화 시험
> ㉣ 전체 알칼리량 시험

① ㉠, ㉡ ② ㉠, ㉣
③ ㉡, ㉢ ④ ㉡, ㉣

해설 품질시험 항목
콘크리트의 응결 시간 시험, 압축강도시험, 염화이온량시험, 전체 알칼리량 시험

20 르샤틀리에 비중병에 의한 시멘트의 비중 시험 결과가 아래의 표와 같을 때 시멘트의 비중은?

> 【비중 시험 결과】
> • 사용한 시멘트양 : 64g
> • 광유를 넣은 비중병의 눈금 : 0.83mL
> • (광유+시멘트)를 넣은 비중병의 눈금 : 20.7mL

① 2.93 ② 3.17
③ 3.22 ④ 3.47

해설 시멘트 비중 = $\frac{시멘트의 무게(g)}{비중병의 눈금차(mL)} = \frac{64}{20.7-0.83} = 3.22$

정답 15 ③ 16 ① 17 ④ 18 ① 19 ④ 20 ③

제2과목 : 콘크리트 제조, 시험 및 품질관리

□□□ 기 11,14,19

21 공기량이 콘크리트의 물성에 미치는 영향을 설명한 것으로 틀린 것은?

① 일반적으로 공기량이 증가하면 탄성계수는 감소한다.
② 동일한 물-결합재비에서는 공기량이 증가할 때 압축강도가 증가한다.
③ 연행공기는 콘크리트의 워커빌리티를 개선하며, 공기량이 증가하면 슬럼프도 증가한다.
④ 동결에 의한 팽창응력을 기포가 흡수함으로써 콘크리트의 동결융해 저항성을 개선한다.

해설 동일한 물-결합재비에서는 공기량이 1% 증가하면 콘크리트의 압축강도는 3~5% 감소한다.

□□□ 기 19

22 댐 건설 현장에서 콘크리트를 타설한 후 다음날 타설된 콘크리트를 확인하였더니 타설된 콘크리트 표면에 폭 2mm 이하의 균열이 여러 군데에서 발견되었다. 다음 중 가장 적정하게 처리한 것은?

① 균열이 생긴 부분을 사진으로 촬영하여 둔다.
② 댐에서 균열 폭이 2mm 이하인 균열은 관리하지 않고 다음 공정을 준비한다.
③ 타설한 콘크리트가 1일밖에 지나지 않았기 때문에 다른 조치 없이 7일 후에 다시 와서 관리한다.
④ 균열이 생긴 부분을 연필 등으로 처음과 끝부분을 표시하고, 균열 발생 확인 날짜 등을 현장에 표시한 후 균열관리 대장에 기입하여 계측 관리한다.

해설 균열관리대장에 반드시 기록한다.
균열이 생긴 부분을 연필 등으로 처음과 끝부분을 표시하고, 균열 발생 확인 날짜 등을 현장에 표시한 후 균열관리 대장에 기입하여 계측 관리한다.

□□□ 기 05,07,09,11,12,13,14,15,16,19

23 콘크리트의 품질변동을 정량적으로 나타내는데 있어서, 10개 공시체의 압축강도를 측정한 결과의 평균강도가 25MPa이고, 표준편차가 2.5MPa인 경우의 변동계수는?

① 10% ② 15%
③ 20% ④ 25%

해설 변동계수 $C_V = \dfrac{\sigma}{\mathrm{x}} \times 100 = \dfrac{2.5}{25} \times 100 = 10\%$

□□□ 기 06,11,17,19

24 안지름이 25cm, 안높이가 28.5cm인 용기에 콘크리트를 넣고 2시간 동안 블리딩에 의한 물의 양을 측정했을 때 64.5mL이었다면, 이때 블리딩량은?

① 0.13mL/cm^2 ② 0.013mL/cm^2
③ 0.92mL/cm^2 ④ 0.092mL/cm^2

해설 블리딩량 $B_q = \dfrac{B}{A}(\text{cm}^3/\text{cm}^2)$

· $B = 64.5\text{mL}$
· 콘크리트 윗면의 면적
$A = \dfrac{\pi d^2}{4} = \dfrac{\pi \times 25^2}{4} = 490.87\text{cm}^2$
∴ $B_q = \dfrac{64.5}{490.87} = 0.131\text{mL/cm}^2$

□□□ 기 09,13,16,19

25 콘크리트의 공기량 측정 시 흡수율이 큰 골재의 경우 골재 낱알의 흡수가 시험결과에 큰 영향을 미치므로 골재의 수정계수를 측정하여야 한다. 다음과 같은 1배치 배합에 대하여 압력방법(KS F 2421)에 의한 골재의 수정계수를 구할 때 필요한 잔골재 및 굵은 골재의 양은?
(단, 공기량 시험기의 용적은 6ℓ로 한다.)

구분	W/B (%)	S/a (%)	혼합수	시멘트	잔골재	굵은 골재
1배치량 (30ℓ, kg)	51	43.9	5.55	18.15	22.47	29.19
밀도(g/cm³)	–	–	1.0	3.15	2.60	2.65

① 잔골재=3.5kg, 굵은 골재=4.8kg
② 잔골재=4.5kg, 굵은 골재=5.8kg
③ 잔골재=5.5kg, 굵은 골재=6.8kg
④ 잔골재=6.5kg, 굵은 골재=7.8kg

해설 · 잔골재량 $m_f = \dfrac{V_c}{V_B} \times m_f{'} = \dfrac{6}{30} \times 22.47 = 4.5\text{kg}$

· 굵은 골재량 $m_c = \dfrac{V_c}{V_B} \times m_c{'} = \dfrac{6}{30} \times 29.19 = 5.8\text{kg}$

□□□ 기 19

26 일반적으로 사용되는 굳은 콘크리트의 강도 특성 중 가장 중요시되는 것은?

① 휨강도 ② 압축강도
③ 인장강도 ④ 전단강도

해설 일반적으로 사용되는 굳은 콘크리트의 강도는 압축강도를 말한다.

정답 21 ② 22 ④ 23 ① 24 ① 25 ② 26 ②

27 레디믹스트 콘크리트 운반차와 운반시간에 대한 설명으로 옳지 않은 것은?

① 덤프트럭은 포장 콘크리트 중 슬럼프 25mm의 콘크리트를 운반하는 경우에 한하여 사용할 수 있다.
② 덤프트럭으로 콘크리트를 운반하는 경우, 운반 시간의 한도는 혼합하기 시작하고 나서 1시간 이내에 공사 지점에 배출할 수 있도록 운반한다.
③ 트럭 애지테이터나 트럭 믹서로 콘크리트를 운반하는 경우, 콘크리트는 혼합하기 시작하고 나서 1.5시간 이내에 공사 지점에 배출할 수 있도록 운반한다.
④ 덤프트럭으로 운반 했을 때 콘크리트의 1/4과 3/4의 부분에서 각각 시료를 채취하여 슬럼프 실험을 하였을 경우 양쪽 슬럼프 차이가 30mm 이하여야 한다.

해설 덤프트럭으로 운반 했을 때
콘크리트 표면의 $\frac{1}{3}$과 $\frac{2}{3}$인 부분에서 각각 시료를 채취하여 슬럼프 시험을 하였을 경우 그 양쪽의 슬럼프 차가 20mm 이내가 되어야 한다.

28 비파괴검사에 의하여 검사할 수 없는 것은?

① 콘크리트 강도
② 철근부식 유무
③ 콘크리트 배합비
④ 콘크리트 부재의 크기

해설 콘크리트 비파괴 시험으로 콘크리트 강도, 균열 깊이, 철근 배근 상태, 콘크리트 부재의 크기(치수, 두께), 철근 부식 유무 등을 검사할 수 있다.

29 굳은 콘크리트의 압축강도에 영향을 미치는 요소에 대한 일반적인 설명으로 틀린 것은?

① 공기량이 적을수록 압축강도는 증가한다.
② 물-결합재비가 낮을수록 압축강도는 증가한다.
③ 시험체의 재하속도가 느릴수록 압축강도는 증가한다.
④ 단위 수량이 동일한 경우 시멘트양이 증가하면 압축강도는 증가한다.

해설 재하속도가 빠를수록 강도가 크게 나타난다.

30 보통 콘크리트와 비교할 때 AE 콘크리트의 특성이 아닌 것은?

① 잔골재율 증가
② 단위 수량 감소
③ 동결 융해에 대한 저항성 증가
④ 워커빌리티(workability)의 증가

해설 AE 콘크리트의 특성
- 워커빌리티 개선
- 단위수량 감소
- 동경 융해에 대한 저항성 증대
- 블리딩 감소
- 재료분리 감소
- 잔골재율 감소

31 레디믹스트 콘크리트(KS F 4009)에서 규정하고 있는 콘크리트 회수수의 품질기준으로 틀린 것은?

① 염소 이온(Cl^-)량 : 350mg/L 이하
② 단위 슬러지 고형분율 : 3.0%를 초과하면 안 된다.
③ 시멘트 응결 시간의 차 : 초결 30분 이내, 종결 60분 이내
④ 모르타르의 압축 강도비 : 재령 7일 및 28일에서 90% 이상

해설 회수수의 품질

항 목	품 질
염소 이온(Cl^-)량	250mg/L 이하
시멘트 응결 시간의 차	초결은 30분 이내, 종결은 60분 이내
모르타르의 압축강도비	재령 7일 및 28일에서 90% 이상

∴ 염소이온량 : 250mg/L 이하

32 잔골재의 품질관리에 대한 사항 중 틀린 것은?

① 잔골재의 시험횟수는 공사초기에는 1일 2회 이상 시험하는 것이 바람직하다.
② 잔골재의 시험횟수는 주로 그 입도 및 함수율의 변화 정도에 따라 정할 필요가 있다.
③ 잔골재로 바다 잔골재를 사용할 경우는 염화물, 입도 및 함수율의 시험 빈도를 다른 잔골재보다 감소시킬 필요가 있다.
④ 잔골재의 저장 및 취급방법이 적절하고 입도 및 함수율의 변화가 적다고 판단됨에 따라서 시험횟수를 줄여가는 것이 좋다.

해설 바다 잔골재를 사용할 경우 염소이온량 시험은 1일 2회 실시한다.

□□□ 기 19

33 거푸집 및 동바리의 해체에 대한 설명으로 틀린 것은?

① 보 등의 수평부재의 거푸집은 기둥, 벽 등 수직부재의 거푸집보다 일찍 해체하는 것이 원칙이다.
② 확대기초, 보 등의 측면 거푸집을 탈형하기 위해서 콘크리트 압축강도는 5MPa 이상이 되도록 하는 것이 좋다.
③ 거푸집널 존치기간 중 평균기온이 10℃ 이하인 경우에는 압축강도 시험을 수행하여 확인한 후에 해체해야 한다.
④ 콘크리트 내부의 온도와 표면 온도차가 크면 균열발생의 가능성이 커지므로 주의해야 한다.

해설 기둥, 벽 등의 수직부재의 거푸집은 보 등의 수평부재의 거푸집보다도 일찍 해체하는 것이 원칙이다.

□□□ 기 04,19,21

34 현장에서 콘크리트 압축강도를 20회 측정한 결과 표준편차는 1.4MPa이었다. 호칭강도(f_{cn})가 30MPa일 때 배합강도(f_{cr})는? (단, 시험횟수가 20회일 때의 표준편차의 보정계수는 1.08을 사용한다.)

① 28MPa   ② 30MPa
③ 32MPa   ④ 40MPa

해설 $f_{cn} \leq 35$MPa
표준편차 $s = 1.4 \times 1.08 = 1.512$MPa
$f_{cr} = f_{cn} + 1.34s = 30 + 1.34 \times 1.512 = 32.03$MPa
$f_{cr} = (f_{cn} - 3.5) + 2.33s$
$= (30 - 3.5) + 2.33 \times 1.512 = 30.02$MPa
∴ 배합강도는 f_{cr}이 큰 값인 32.03MPa

□□□ 기 19

35 콘크리트 현장 품질관리에서 재하 시험에 의한 구조물의 성능시험을 실시하여야 하는 경우로 틀린 것은?

① 공사 중에 콘크리트가 동해를 받았다고 생각되는 경우
② 공사 중 구조물의 안전에 어떠한 근거 있는 의심이 생긴 경우
③ 공사 중 현장에서 취한 콘크리트 압축강도 시험 결과를 보고 강도에 문제가 있다고 판단되는 경우
④ 콘크리트의 받아들이기 품질검사 항목에서 판정기준을 3가지 이상 벗어나는 콘크리트로 시공 한 경우

해설 재하시험에 의한 구조물의 성능시험
• 공사 중에 콘크리트가 동해를 받았다고 생각되는 경우
• 공사 중 현장에서 취한 콘크리트 압축강도 시험 결과를 보고 강도에 문제가 있다고 판단되는 경우
• 공사 중 구조물의 안전에 어떠한 근거 있는 의심이 생긴 경우
• 그 밖의 공사 중 구조물의 안전에 어떠한 의심이 생긴 경우

□□□ 기 19

36 현장에서 타설하는 콘크리트를 대상으로 압축강도에 의한 콘크리트의 품질검사를 실시하고자 한다. 하루 360m³의 콘크리트가 제조 및 타설된다면 실시해야 할 검사 횟수는? (단, 1회의 시험값은 공시체 3개의 압축강도 시험값의 평균값이다.)

① 2회   ② 3회
③ 4회   ④ 5회

해설 압축강도시험은 120m³ 마다 1회
∴ $\frac{360}{120} = 3$회

□□□ 기 19

37 콘크리트 균열에 대한 검토 사항 중 옳지 않은 것은?

① 미관이 중요한 구조라 해도 미관상의 허용 균열폭이 없기 때문에 균열 검토를 하지 않는다.
② 콘크리트에 발생되는 균열이 구조물의 기능, 내구성 및 미관 등의 사용 목적에 손상을 주는가에 대하여 적절한 방법으로 검토해야 한다.
③ 균열 제어를 위한 철근은 필요로 하는 부재단면의 주변에 분산시켜 배치하여야 하고, 이 경우 철근의 지름과 간격을 가능한 한 작게 하여야 한다.
④ 내구성에 대한 균열의 검토는 콘크리트 표면의 균열폭을 환경조건, 피복두께, 공용기간으로부터 정해지는 강재부식에 대한 균열폭 이하로 제어하는 것을 원칙으로 한다.

해설 미관이 중요한 구조라 해도 미관상의 허용 균열폭이 없어도 균열 검토를 하여야 한다.

□□□ 기 09,19

38 콘크리트 타설에 대한 설명으로 틀린 것은?

① 콘크리트 표면에 고인 물은 홈을 만들어 흐르게 하는 것이 좋다.
② 외기온도가 높아질수록 허용 이어치기 시간간격은 짧게 하는 것이 좋다.
③ 콘크리트를 쳐 올라가는 속도가 너무 빠르면 재료분리가 일어나기 쉽다.
④ 타설한 콘크리트는 거푸집 안에서 내부진동기를 이용하여 횡방향으로 이동시킬 수 없다.

해설 콘크리트 타설도중 표면에 떠올라 고인 물은 콘크리트 표면에 홈을 만들어 흐르게 해서는 안된다.

정답 33 ① 34 ③ 35 ④ 36 ② 37 ① 38 ①

39 공사현장에서 양생한 공시체에 관한 내용으로 틀린 것은?

① 설계기준압축강도보다 3.5MPa를 초과하면 85%의 한계 조항은 무시할 수 있다.
② 현장 양생되는 공시체는 시험실에서 양생되는 공시체의 양생시간보다 길게 하고 동일한 시료를 사용하여 만들어야 한다.
③ 실제의 구조물에서 콘크리트의 보호와 양생이 적절한지를 검토하기 위하여 현장상태에서 양생된 공시체 강도의 시험을 요구할 수 있다.
④ 지정된 시험 재령일에 실시한 현장 양생된 공시체의 강도가 동일 조건의 시험실에서 양생된 공시체 강도의 85%보다 작을 때 콘크리트의 양생과 보호절차를 개선하여야 한다.

[해설] 현장 양생되는 공시체는 시험실에서 양생되는 공시체의 양생시간보다 짧게 하고 동일한 시료를 사용하여 만들어야 한다.

40 아래 그림은 초음파 속도법의 측정법 중 한 종류를 나타낸다. 이 측정법의 명칭으로 옳은 것은?

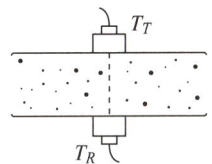

① 간접법
② 직접법
③ 추정법
④ 표면법

[해설] 초음파 속도법(음속 측정법)

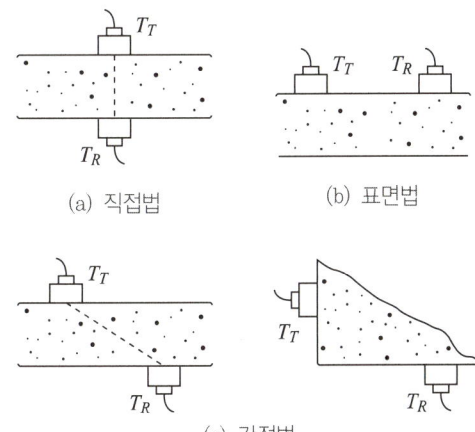

제3과목 : 콘크리트의 시공

41 매스 콘크리트에 대한 아래 표의 설명에서 ( )에 들어갈 알맞은 수치는?

> 매스 콘크리트로 다루어야 하는 구조물의 부재치수는 일반적인 표준으로서 넓이가 넓은 평판구조의 경우 두께 (A)m 이상, 하단이 구속된 벽조의 경우 두께 (B)m 이상으로 한다.

① A : 0.5, B : 0.8
② A : 0.5, B : 1.0
③ A : 0.8, B : 0.5
④ A : 1.0, B : 0.8

[해설] 매스 콘크리트로 다루어야 하는 구조물의 부재치수는 일반적인 표준으로서 넓이가 넓은 평판구조의 경우 두께 0.8m 이상, 하단이 구속된 벽조의 경우 두께 0.5m 이상으로 한다.

42 수중불분리성 콘크리트의 시공에 대한 설명으로 틀린 것은?

① 콘크리트의 수중 유동거리는 8m 이하로 하여야 한다.
② 타설은 콘크리트 펌프 또는 트레미 사용을 원칙으로 한다.
③ 일반 수중콘크리트보다 트레미 및 콘크리트 펌프 1개당 타설 면적을 크게 할 수 있다.
④ 타설은 유속이 50mm/s 정도 이하의 정수 중에서 수중낙하 높이가 0.5m 이하여야 한다.

[해설] 콘크리트를 과도히 유동시키는 것은 품질저하 및 불균일성을 발생시킬 위험이 있으므로 수중 유동거리는 5m 이하로 하여야 한다.

43 먼저 타설된 콘크리트와 나중에 타설되는 콘크리트 사이에 완전히 일체화가 되어 있지 않음에 따라 발생하는 이음은?

① 겹침 이음
② 신축 줄눈
③ 콜드 조인트
④ 균열 유발 줄눈

[해설] 이를 콜드 조인트(cold joint)라 한다.

44 서중 콘크리트를 시공할 경우 주의사항으로 옳지 않은 것은?

① 콘크리트는 비빈 후 즉시 타설하여야 한다.
② 지연형 감수제를 사용하는 경우 2시간 이내에 타설하여야 한다.
③ 콘크리트를 타설할 때의 콘크리트의 온도는 35℃ 이하이어야 한다.
④ 거푸집, 철근이 직사일광을 받아서 고온이 될 우려가 있는 경우에는 살수, 덮개 등의 조치를 하여야 한다.

[해설] 콘크리트는 비빈 후 즉시 타설하여야 하며, 지연형 감수제를 사용하는 등의 일반적인 대책을 강구한 경우라도 1.5시간 이내에 타설하여야 한다.

45 팽창 콘크리트의 팽창률에 대한 설명으로 틀린 것은?

① 콘크리트의 팽창률은 일반적으로 재령 7일에 대한 시험값을 기준으로 한다.
② 화학적 프리스트레스용 콘크리트의 팽창률은 200×10^{-6} 이상, 700×10^{-6} 이하인 값을 표준으로 한다.
③ 수축보상용 콘크리트의 팽창률은 150×10^{-6} 이상, 250×10^{-6} 이하인 값을 표준으로 한다.
④ 공장제품에 사용하는 화학적 프리스트레스용 콘크리트의 팽창률은 100×10^{-6} 이상, 700×10^{-6} 이하인 값을 표준으로 한다.

[해설] 공장제품에 사용하는 화학적 프리스트레스용 콘크리트의 팽창률은 200×10^{-6} 이상, $1,000 \times 10^{-6}$ 이하를 표준으로 한다.

46 한중 콘크리트에 대한 설명으로 틀린 것은?

① 물-결합재비는 원칙적으로 60% 이하로 하여야 한다.
② 한중 콘크리트에는 AE제, AE감수제를 사용하지 않는 것이 좋다.
③ 하루의 평균기온이 4℃ 이하가 예상되는 조건일 때는 한중 콘크리트로 시공하여야 한다.
④ 재료를 가열할 경우, 물 또는 골재를 가열하는 것으로 하며, 시멘트는 어떠한 경우라도 직접 가열할 수 없다.

[해설] 한중 콘크리트에는 공기연행(AE제, AE감수제, 고성능 AE감수제) 콘크리트를 사용 하는 것을 원칙으로 한다.

47 숏크리트의 기능에 대한 설명으로 틀린 것은?

① 강지보재 또는 록볼트에 지반 압력을 전달하는 기능을 발휘하도록 하여야 한다.
② 굴착면을 피복하여 풍화방지, 지수, 세립자 유출 등을 방지하도록 한다.
③ 비탈면, 법면 또는 벽면 보호는 별도의 보강공법이 적용되기 때문에 숏크리트 설치로 인한 추가 안전성 확보는 필요 없다.
④ 지반과의 부착 및 자체 전단 저항효과로 숏크리트에 작용하는 외력을 지반에 분산시키고, 터널 주변의 붕락하기 쉬운 암괴를 지지하며, 굴착면 가까이에 지반 아치가 형성될 수 있도록 한다.

[해설] 비탈면, 법면 또는 벽면 보호공법으로 적용되어 충분한 안전성을 확보하여야 한다.

48 콘크리트 타설 전에 검토해야할 매우 중요한 시공 요인인 콘크리트의 측압에 영향을 미치는 요인에 대한 설명으로 틀린 것은?

① 콘크리트의 타설 속도가 빠르면 측압은 커지게 된다.
② 생콘크리트의 단위중량이 클수록 측압은 커지게 된다.
③ 콘크리트의 타설 높이가 높으면 측압은 커지게 된다.
④ 콘크리트의 온도가 높을수록 측압은 커지게 된다.

[해설] 콘크리트의 온도 및 습도가 낮을수록 측압은 커지게 된다.

49 고강도 콘크리트에 대한 일반적인 설명으로 틀린 것은?

① 고성능 감수제(고유동화제)의 개발로 인해 고강도 콘크리트의 제조가 가능해졌다.
② 고강도 콘크리트는 믹서에 재료를 투입하는 순서에 따라서 강도 발현이 달라진다.
③ 고강도 콘크리트는 사용되는 굵은 골재의 최대 치수가 클수록 강도면에서 유리하다.
④ 고강도 콘크리트는 응집력이 강한 부배합 콘크리트이므로 재료들을 잘 섞을 수 있는 믹서사용이 효과적이며, 일반적으로 가경식 믹서보다는 강제식 팬 믹서가 좋다.

[해설] 고강도 콘크리트는 사용되는 굵은 골재의 작은 크기가 유리하므로 단면의 크기에 관계없이 25mm 이하 정하였다.

정답 44 ② 45 ④ 46 ② 47 ③ 48 ④ 49 ③

기 05,19
50 일반 콘크리트의 시공에 대한 주의사항으로 옳지 않은 것은?

① 넓은 장소에서는 콘크리트 공급원으로부터 가까운 쪽에서 시작해서 먼 쪽으로 타설한다.
② 타설까지의 시간이 길어질 경우에는 양질의 지연제, 유동화제 등의 사용을 사전에 검토해야 한다.
③ 비비기로부터 타설이 끝날 때까지의 시간은 외기온도가 25℃ 이상일 때는 1.5시간을 넘어서는 안 된다.
④ 콘크리트를 2층 이상으로 나누어 타설할 경우, 상층의 콘크리트 타설은 원칙적으로 하층의 콘크리트가 굳기 시작하기 전에 해야 한다.

[해설] 넓은 장소에서는 일반적으로 콘크리트의 공급원으로부터 먼 쪽에서 시작하여 가까운 쪽으로 끝내는 것이 타설이 끝난 콘크리트를 해치는 일이 없고, 콘크리트 운반로의 철거도 쉽게 할 수 있다.

기 19
51 방사선 차폐용 콘크리트의 제조 시 사용되는 혼화재료들에 관한 설명으로 옳지 않은 것은?

① 수화발열량을 줄이기 위한 혼화재를 사용하기도 한다.
② 균질한 내부밀도형성이 중요하므로 AE제 사용을 원칙으로 한다.
③ 단위수량이나 단위시멘트양을 적게 할 목적으로 감수제를 사용하는 경우가 많다.
④ 콘크리트의 단위질량을 크게 하기 위하여 중정석이나 철광석 등의 미분말을 사용하기도 한다.

[해설] 방사선 차폐용 콘크리트는 공기량이 증가할수록 강도가 저하하기 때문에 AE제를 사용하지 않는다.

기 12,15,19
52 일반 숏크리트의 장기 설계기준압축강도는 재령 28일로 설정한다. 이때 장기 설계기준압축강도는 몇 MPa 이상이어야 하는가? (단, 영구 지보재 개념으로 숏크리트를 타설한 경우는 제외한다.)

① 21MPa 이상
② 24MPa 이상
③ 27MPa 이상
④ 30MPa 이상

[해설] 일반 숏크리트의 장기설계기준압축강도는 재령 28일로 설정하면 그 값은 21MPa 이상으로 한다. 단 영구 지보재 개념으로 숏크리트 타설할 경우에는 설계기준압축 강도를 35MPa 이상으로 한다.

기 10,18,19
53 굵은 골재의 최대 치수 규정에 대한 설명으로 틀린 것은?

① 슬래브 두께의 1/3 이하
② 일반적인 구조물의 경우 40mm
③ 거푸집 양 측면 사이의 최소 거리의 1/5 이하
④ 개별철근, 다발철근, 긴장재 또는 덕트 사이 최소 순간격의 3/4 이하

[해설]
■ 굵은 골재의 최대치수는 다음 값을 초과하지 않아야 한다.
・거푸집 양측 사이의 최소 거리의 1/5
・슬래브 두께의 1/3
・개별철근, 다발 철근, 긴장재 또는 덕트 사이의 최소 순간격의 3/4

■ 굵은 골재의 최대치수

구조물의 종류	굵은 골재의 최대 치수(mm)
일반적인 경우	20 또는 25
단면이 큰 경우	40
무근 콘크리트	40 부재 최소치수의 1/4을 초과해서는 안됨

기 19
54 콘크리트 수평 시공이음의 시공에 있어서 일체성 확보를 위하여 채택될 수 있는 역방향 타설 콘크리트의 시공이음 방법이 아닌 것은?

① 간접법
② 주입법
③ 직접법
④ 충전법

[해설] 역방향 타설 콘크리트의 시공이음 방법 : 직접법, 충전법, 주입법

기 11,12,17,19
55 포장용 콘크리트의 배합기준에 대한 설명으로 틀린 것은?

① 단위 수량은 150kg/m³ 이하여야 한다.
② 설계기준 휨 호칭강도(f_{28})는 4.5MPa 이상이어야 한다.
③ 굵은 골재의 최대 치수는 40mm 이하이어야 한다.
④ 공기연행 콘크리트의 공기량 범위는 2~3%이어야 한다.

[해설] 포장용 콘크리트의 배합기준

항 목	기 준
설계기준 휨 호칭강도(f_{28})	4.5MPa 이상
단위 수량	150kg/m³ 이하
굵은 골재의 최대치수	40mm 이하
슬럼프	40mm 이하
공기연행 콘크리트의 공기량 범위	4~6%

□□□ 기 15,19

56 수중공사용 프리플레이스트 콘크리트의 주입모르타르 제조에 사용하는 혼화재료로 적당하지 않은 것은?

① 감수제 ② 응결촉진제
③ 알루미늄 미분말 ④ 고로 슬래그 미분말

해설 ・프리플레이스트 콘크리트의 주입모르타르에 사용되는 혼화재료는 유동성을 좋게 하고, 보수성을 향상시키고, 재료 분리를 방지하고 팽창성을 가지는 혼화재료 등을 사용할 수 있다.
・고성능 감수제, 응결조절제, 팽창재 등을 사용하면 좋다.

□□□ 기 10,11,14,16,17,19

57 콘크리트의 경화나 강도 발현을 촉진하기 위해 실시하는 촉진양생방법에 속하지 않는 것은?

① 막양생 ② 전기양생
③ 고온고압양생 ④ 상압증기양생

해설 ・촉진양생 : 보다 빠른 콘크리트의 경화나 강도는 발현을 촉진하기 위해 실시하는 양생방법
・촉진양생방법 : 증기양생(저압증기양생, 고압증기양생, 고온증기양생), 오토클레이브 양생, 전기양생, 온수양생, 전기양생, 적외선 양생, 고주파양생 등이 있으며 일반적으로 증기양생이 널리 사용되고 있다.

□□□ 기 09,19

58 수밀 콘크리트의 공기량은 최대 몇 % 이하로 하여야 하는가?

① 2% ② 4%
③ 6% ④ 8%

해설 콘크리트의 워커빌리티를 개선시키기 위해 공기 연행제, 공기연행감수제 또는 고성능 공기연행감수(AE)제를 사용하는 경우라도 공기량은 4% 이하가 되게 한다.

□□□ 기 04,07,09,11,12,15,16,17,19,20

59 콘크리트의 쪼갬 인장 강도 시험으로부터 최대하중 P=100kN을 얻었다. 원주 공시체의 직경이 100mm, 길이가 200mm라면, 이 공시체의 쪼갬 인장 강도는?

① 1.27MPa ② 2.59MPa
③ 3.18MPa ④ 6.36MPa

해설 $f_{sp} = \dfrac{2P}{\pi dl}$
$= \dfrac{2 \times 100 \times 10^3}{\pi \times 100 \times 200}$
$= 3.18 \text{N/mm}^2 = 3.18 \text{MPa}$

□□□ 기 10,16,19

60 매스 콘크리트의 온도균열 방지 및 제어방법으로 적절하지 않은 것은?

① 프리웨팅(pre-wetting)을 한다.
② 팽창 콘크리트의 사용에 의한 균열방지방법을 실시한다.
③ 프리쿨링(pre-cooling)과 파이프 쿨링(pipe-cooling)을 한다.
④ 외부구속을 많이 받는 벽체 구조물의 경우에는 수축이음을 설치한다.

해설 온도균열 방지 및 제어 방법
・균열제어철근의 배치에 의한 방법
・팽창콘크리트의 사용에 의한 균열방지방법
・프리쿨링, 파이프 쿨링에 의한 온도 저하 및 제어 대책
・외부구속을 많이 받는 벽체 구조물의 경우에는 수축이음을 설치

제4과목 : 콘크리트 구조 및 유지관리

□□□ 기 19

61 콘크리트 구조물의 평가 및 판정을 할 경우 종합적인 평가 기초 대상이 아닌 것은?

① 기능성 ② 기술성
③ 내구성 ④ 내하성

해설 콘크리트 구조물의 평가 및 판정을 할 경우 종합적인 평가 기초 대상은 기능성, 내구성, 내하성 등을 검토하여 결정한다.

□□□ 기 16,19

62 피로에 관한 설명으로 틀린 것은?

① 기둥의 피로는 슬래브에 준하여 검토하여야 한다.
② 보 및 슬래브의 피로는 휨 및 전단에 대하여 검토하여야 한다.
③ 피로의 검토가 필요한 구조 부재는 높은 응력을 받는 부분에서 철근을 구부리지 않도록 하여야 한다.
④ 하중 중에서 변동하중이 차지하는 비율이 크거나, 작용빈도가 크기 때문에 안전성 검토를 필요로 하는 경우에 적용하여야 한다.

해설 기둥의 피로는 검토하지 않아도 좋다.

정답 56 ② 57 ① 58 ② 59 ③ 60 ① 61 ② 62 ①

기 19

63 아래의 휨 부재에서 균열을 제어하기 위한 인장철근의 간격 제한 규정에 대한 설명으로 틀린 것은?

$$s = 375\left(\frac{k_{cr}}{f_s}\right) - 2.5c_c$$
$$s = 300\left(\frac{k_{cr}}{f_s}\right)$$

① c_c는 인장철근이나 긴장재의 표면과 콘크리트 표면사이의 최소 두께이다.
② f_s는 설계기준항복강도 f_y의 2/3를 근사적으로 사용할 수 있다.
③ k_{cr}은 철근의 노출조건을 고려한 계수로, 건조환경일 경우 210으로 한다.
④ f_s는 사용하중 상태에서 인장연단에서 가장 가까이에 위치한 철근의 응력이다.

해설 k_{cr}은 철근의 노출조건을 고려한 계수로, 건조환경일 경우 2800이고 그 외의 환경에 노출되는 경우에는 210이다.

기 05,14,16,19

64 다음 중 콘크리트 구조물의 보강공법으로 보기 어려운 것은?

① 균열주입공법 ② 두께 증설공법
③ FRP 접착공법 ④ 프리스트레스 도입공법

해설 • 콘크리트 구조물의 보수공법 : 표면처리공법, 균열주입공법, 충진공법, 치환공법
• 콘크리트 구조물의 보강공법 : 강판접착공법, FRP접착공법, 라이닝공법, 외부케이블공법, 단면증설공법, 교체공법, 앵커공법, 부재증설공법

기 08,10,19

65 직사각형 단면을 가지는 단순보에서 콘크리트가 부담하는 공칭전단강도(V_c)는? (단, 보통중량콘크리트이며, 폭=300mm, 유효깊이=500mm, f_{ck}=27MPa이다.)

① 54.6kN ② 72.6kN
③ 89.6kN ④ 129.9kN

해설 $V_c = \frac{1}{6}\lambda\sqrt{f_{ck}}\,b_w\,d$
$= \frac{1}{6} \times 1 \times \sqrt{27} \times 300 \times 500 = 129,904\text{N} = 129.9\text{kN}$

기 10,19

66 콘크리트 탄산화에 관한 설명으로 틀린 것은?

① 탄산화 속도는 물−결합재비가 낮을수록 빨라진다.
② 온도가 높은 쪽이 온도가 낮은 쪽보다 탄산화 진행이 빠르다.
③ 탄산화 깊이는 일반적으로 구조물의 사용기간이 길어짐에 따라 깊어진다.
④ 수중의 콘크리트보다 습윤의 영향을 받는 콘크리트가 탄산화 진행이 빠르다.

해설 • 탄산화 속도는 물−시멘트비와 비례관계에 있다.
• 보통포틀랜드시멘트를 사용하고 물−시멘트비를 가능한 작게 하여 치밀한 콘크리트가 되도록 타설하는 것이 탄산화 속도를 늦추는 방법이다.

기 14,19

67 폭 400mm, 높이 550mm, 유효깊이 500mm, 압축철근량 1,588.4mm², 인장철근량 3,176.8mm²인 복철근 직사각형 단면의 보에서 하중에 의한 탄성처짐량이 1.2mm일 때, 하중재하 1년 후 총 처짐량은?

① 1.2mm ② 2.1mm
③ 2.4mm ④ 2.9mm

해설 • $\lambda = \frac{\xi}{1+50\rho'}$
$\rho' = \frac{A_s'}{bd} = \frac{1,588.4}{400 \times 500} = 0.008$
$\therefore \lambda = \frac{1.4}{1+50 \times 0.008} = 1.0 \,(\because 1년 : \xi = 1.4)$
• 장기처짐=순간처짐(탄성침하)×장기처짐계수(λ)
$= 1.2 \times 1.0 = 1.2\text{mm}$
$\therefore$ 총처짐량=순간 처짐+장기 처짐
$= 1.2 + 1.2 = 2.4\text{mm}$

기 14,17,19

68 준공 후 20년 경과한 콘크리트 구조물의 탄산화 깊이가 15mm이었다. 준공 후 100년 경과된 시점에서 탄산화 깊이의 예측값으로 적정한 것은? (단, 탄산화 깊이 $C = A\sqrt{t}$ 이고, 여기서 A는 비례상수, t는 시간이다.)

① 10.4mm ② 19.5mm
③ 27.4mm ④ 33.5mm

해설 탄산화 깊이 $X = A\sqrt{t} = 15 \times \sqrt{\frac{100}{20}} = 33.5\text{mm}$

기 19

69 간혹 수분과 접촉하고 동결융해의 반복작용에 노출되는 콘크리트는 노출등급 F1에 해당된다. 이 경우, 굵은 골재 최대치수(mm)에 따른 확보해야 할 공기량(%)의 관계가 틀린 것은?

① 10mm - 7.0%
② 15mm - 5.5%
③ 20mm - 5.0%
④ 25mm - 4.5%

해설 동해저항 콘크리트에 대한 전체공기량

굵은 골재의 최대치수(mm)	공기량(%)	
	노출등급 F1	노출등급 F2, F3
10.0	6.0	7.5
15.0	5.5	7.0
20.0	5.0	6.0
25.0	4.5	6.0
40.0	4.5	5.5

기 18,19

70 기둥의 양단이 힌지일 때 이론적인 유효길이 계수 k의 값은?

① 0.5
② 0.7
③ 1.0
④ 2.0

해설 $P_{cr} = \dfrac{n\pi^2 EI}{L^2} = \dfrac{\pi^2 EI}{(kL)^2}$

일단고정 타단자유	$n = \dfrac{1}{4}$	$k = 2.0$
양단힌지	$n = 1$	$k = 1.0$
일단힌지 타단고정	$n = 2$	$k = \dfrac{1}{\sqrt{2}}$
양단고정	$n = 4$	$k = \dfrac{1}{\sqrt{4}}$

기 06,12,16,19

71 단부에 표준갈고리가 있는 도막되지 않은 인장 이형철근 D25(공칭지름 25.4mm)를 정착시키는 데 필요한 기본정착길이(l_{dh})는? (단, 보통중량콘크리트이고, $f_{ck}=24$MPa, $f_y=400$MPa이며, 보정계수는 고려하지 않는다.)

① 498mm
② 519mm
③ 584mm
④ 647mm

해설 표준갈고리를 갖는 인장 이형철근의 정착
• 철근의 설계기준항복강도가 400MPa인 경우 기본정적길이 다음 식으로 구한다.
• $l_{dh} = \dfrac{0.24\beta d_b f_y}{\lambda \sqrt{f_{ck}}} = \dfrac{0.24 \times 25.4 \times 400}{1 \times \sqrt{24}} = 498$mm

기 11,16,19

72 아래에서 설명하는 비파괴시험방법은?

> 콘크리트 중에 파묻힌 가력 Head를 지닌 Insert와 반력 Ring을 사용하여 원추 대상의 콘크리트 덩어리를 뽑아낼 때의 최대 내력에서 콘크리트의 압축강도를 추정하는 방법

① BS Test
② Tc-To Test
③ Pull-out Test
④ RC Radar Test

해설 인발법(Pull-out Test)으로 이 방법은 인발용 치구를 콘크리트 타설할 때 미리 파묻어두는 preset방법과 콘크리트 정화 후에 Hole-in-Insert나 Chemical Insert 등을 이용하여 인발볼트를 정착하는 Postset법으로 구별된다.

기 09,14,15,19

73 4변에 의해 지지되는 2방향 슬래브 중 1방향 슬래브로서 해석할 수 있는 경우는? (단, L: 슬래브 장변, S: 슬래브의 단변)

① $\dfrac{L}{S}$이 1일 때
② $\dfrac{L}{S}$이 2보다 클 때
③ $\dfrac{S}{L}$가 2보다 클 때
④ $\dfrac{S}{L}$가 1보다 작을 때

해설 4변에 의해 지지되는 2방향 슬래브 중에서 단변에 대한 장변의 비가 2배를 넘으면 1방향 슬래브로서 해석한다. 즉 $\dfrac{L}{S} \geq 2$

기 19

74 2방향 슬래브를 직접설계법으로 설계할 때, 단변방향으로 정역학적 총모멘트가 200kN·m일 때, 내부패널의 양단에서 지지해야할 휨모멘트 (㉠)와 내부패널의 중앙에서 지지해야할 휨모멘트 (㉡)로 옳은 것은?

① ㉠: -65kN·m, ㉡: 35kN·m
② ㉠: 130kN·m, ㉡: 70kN·m
③ ㉠: -130kN·m, ㉡: 70kN·m
④ ㉠: 130kN·m, ㉡: -70kN·m

해설 • ㉠내부 패널의 양단 부계수휨모멘트(-):
$M = -200 \times 0.65 = -130$kN·m
• ㉡내부 패널의 중앙 정계수휨모멘트(+):
$M = 200 \times 0.35 = 70$kN·m

75
다음 그림과 같은 단철근 직사각형 단면에서 인장철근은 D22 철근 2개가 윗부분에, D29 철근 2개가 아랫부분에 두 줄로 배치되었다. 이 때 보의 공칭휨강도(M_n)는? (단, $f_{ck}=28$MPa, $f_y=400$MPa이며, 철근 D22 2본의 단면적은 774mm², 철근 D29 2본의 단면적은 1,285mm²이다.)

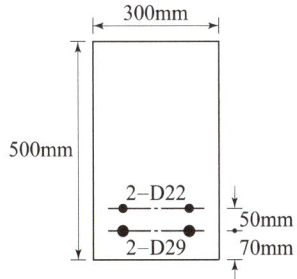

① 271kN·m
② 281kN·m
③ 291kN·m
④ 301kN·m

해설 $M_n = f_y A_s \left(d - \dfrac{a}{2}\right)$

$d = \dfrac{774 \times (500-120) + 1,285 \times (500-70)}{774 + 1,285} = 411\,\text{mm}$

$a = \dfrac{f_y A_s}{\eta 0.85 f_{ck} b} = \dfrac{400 \times (774+1,285)}{1 \times 0.85 \times 28 \times 300} = 115\,\text{mm}$

$\therefore M_n = 400 \times (774+1,285) \times \left(411 - \dfrac{115}{2}\right)$
$= 291,142,600\,\text{N}\cdot\text{mm} \approx 291\,\text{kN}\cdot\text{m}$

76
나선철근 기둥에서 나선철근 바깥선을 지름으로 하여 측정된 나선철근 기둥의 심부지름이 250mm, $f_{ck}=28$MPa, $f_y=400$MPa일 때 기둥의 총 단면적으로 적절한 것은?

① 60,000mm²
② 100,000mm²
④ 200,000mm²
④ 300,000mm²

해설 $0.01 \sim 0.08 \geq 0.45\left(\dfrac{A_g}{A_{ch}} - 1\right)\dfrac{f_{ck}}{f_{yt}}$

(∵ 나선철근 기둥의 철근비 1~8%)

$0.45\left(\dfrac{D^2}{250^2} - 1\right)\dfrac{28}{400} = 0.01$: $D^2 = 82,341\,\text{mm}^2$

$\therefore A_g = \dfrac{\pi D^2}{4} = \dfrac{\pi \times 82,341}{4} = 64,671\,\text{mm}^2$

$0.45\left(\dfrac{D^2}{250^2} - 1\right)\dfrac{28}{400} = 0.08$: $D^2 = 221,230\,\text{mm}^2$

$\therefore A_g = \dfrac{\pi D^2}{4} = \dfrac{\pi \times 221,230}{4} = 173,753\,\text{mm}^2$

∴ 총 단면적으로 적절한 것 $A_g = 100,000\,\text{mm}^2$

77
철근콘크리트 부재의 비틀림철근 상세에 대한 설명으로 틀린 것은?

① 횡방향 비틀림철근의 종방향 철근 주위로 135° 표준갈고리에 의하여 정착하여야 한다.
② 종방향 비틀림철근은 폐쇄스터럽의 둘레를 따라 300mm 이하의 간격으로 분포시켜야 한다.
③ 종방향 비틀림철근의 지름은 스터럽 간격의 1/24 이상이어야 하며, 또한 D10 이상의 철근이어야 한다.
④ 횡방향 비틀림철근의 간격은 200mm 보다 작아야 하고, 또한 가장 바깥의 횡방향 폐쇄스트럽 중심선의 둘레의 1/6보다 작아야 한다.

해설 횡방향 비틀림철근의 간격은 $P_h/8$보다 작아야 하고, 또한 300mm 보다 작아야 한다.

78
상세조사는 표준조사의 자료로부터 원인추정, 보수보강 여부의 판정과 보수보강공법 선정이 불가능한 경우에 실시한다. 상세조사의 시험항목이 아닌 것은?

① 균열 폭
② 강도 시험
③ 콘크리트 분석
④ 탄산화 깊이 시험

해설 상세조사의 시험항목
강도시험, 콘크리트 분석, 탄산화 깊이 시험

79
프리스트레스트 콘크리트 휨부재의 비균열등급, 부분균열등급 및 완전균열등급에 대한 설명으로 틀린 것은?

① 완전균열등급은 인장연단응력 f_t가 $1.0\sqrt{f_{ck}}$를 초과하는 경우이다.
② 비균열등급은 인장연단응력 f_t가 $1.0\sqrt{f_{ck}}$ 이하인 경우이다.
③ 2방향 프리스트레스트 콘크리트 슬래브는 비균열등급으로 설계한다.
④ 부분균열등급 휨부재의 사용하중에 의한 응력은 비균열 단면을 사용하여 계산한다.

해설
· 비균열등급 : $f_t \leq 0.63\sqrt{f_{ck}}$
· 부분균열등급 : $0.63\sqrt{f_{ck}} < \sqrt{f_t} \leq 1.0\sqrt{f_{ck}}$
· 완전균열등급 : $f_t > 1.0\sqrt{f_{ck}}$

80 콘크리트 구조물의 보수용 재료 선정에서 중요하게 고려되지 않는 물성은?

① 내화성　　② 투습성
③ 탄성계수　　④ 치수 안정성

해설 보수용 재료 선정에서 중요한 물성
　치수 안정성, 열팽창계수, 탄성계수, 투습성, 전도성

정답 80 ①

국가기술자격 필기시험문제

2019년도 기사 3회 필기시험

자격종목	시험시간	문제수	형 별
콘크리트기사	2시간	80	A

※ 각 문제는 4지 택일형으로 질문에 가장 적합한 문제의 보기 번호를 클릭하거나 답안표기란의 번호를 클릭하여 입력하시면 됩니다.
※ 입력된 답안은 문제 화면 또는 답안 표기란의 보기 번호를 클릭하여 변경하실 수 있습니다.

제1과목 : 콘크리트 재료 및 배합

□□□ 기 19
01 콘크리트용 골재 시험에 대한 설명으로 옳은 것은?

① 체가름 시험에서 체 눈에 막힌 알갱이는 파쇄되지 않도록 밀어서 빼내며, 체에 통과한 시료로 간주한다.
② 황산나트륨에 의한 안정성 시험을 할 경우, 조작을 3회 반복했을 때의 손실질량 백분율을 측정해야 한다.
③ 잔골재의 입자 모양 판정 실적률 시험은 물로 씻으면서 체가름 하여 2.5mm 체를 통과하고 1.2mm 체에 남아 있는 것을 시료로 사용한다.
④ KS F 2510에 의해 잔골재의 유기 불순물 시험을 실시할 때 분취한 시료를 (105±5)℃에서 24시간, 일정 질량이 될 때까지 건조시켜야 하며, 약 1kg 정도를 사용한다.

해설
• 체눈에 막힌 알갱이는 파쇄되지 않도록 주의하면서 되밀어 체에 남은 시료로 간주한다.
• 황산나트륨 안정성 시험에서 5회 시험을 하였을 때 그 손실질량은 12% 이하를 표준으로 한다.
• 시료는 대표적인 것을 취하고 공기 중 건조 상태로 건조시켜서 4분법 또는 시료분취기를 사용하여 약 450g을 재취한다.

□□□ 기 19
02 르샤틀리에 비중병을 이용하여 고로 슬래그 미분말의 비중을 측정하고자 한다. 비중병에 0.2mL 눈금까지 등유를 주입한 후 고로 슬래그 70g을 개량하여 비중병에 모두 넣었을 때, 등유의 눈금이 25.6mL로 증가되었다면, 고로 슬래그의 밀도는?]

① 2.54g/cm³　　② 2.76g/cm³
③ 2.92g/cm³　　④ 3.03g/cm³

해설 고로 슬래그의 밀도 = $\dfrac{\text{고로 슬래그의 무게(g)}}{\text{비중병의 눈금차(mL)}}$

$= \dfrac{70}{25.6 - 0.2} = 2.76 \text{g/cm}^3$

□□□ 기 09,19
03 레디믹스트 콘크리트의 배합에서 사용하는 배합수 중 회수수의 사용에 있어 염소이온(Cl⁻)의 양은 얼마로 규정하고 있는가?

① 50mg/L 이하　　② 100mg/L 이하
③ 150mg/L 이하　　④ 250mg/L 이하

해설 회수수의 품질

항 목	품 질
염소 이온(Cl⁻)량	250mg/L 이하
시멘트 응결 시간의 차	초결은 30분 이내, 종결은 60분 이내
모르타르의 압축강도비	재령 7일 및 28일에서 90% 이상

□□□ 기 08,10,19
04 콘크리트의 배합 설계 시 굵은 골재의 최대 치수에 관한 기준으로 틀린 것은?

① 단면이 큰 철근콘크리트 구조물의 경우 40mm를 표준으로 한다.
② 무근콘크리트의 경우 부재 최소 치수의 1/4를 초과해서는 안 된다.
③ 철근의 피복 및 철근의 최소 순간격의 3/5을 초과해서는 안 된다.
④ 굵은 골재의 최대 치수는 거푸집 양 측면 사이의 최소 거리의 1/5을 초과해서는 안된다.

해설 굵은 골재의 최대치수

콘크리트의 종류		굵은 골재의 최대치수	
철근 콘크리트	일반적인 경우	20mm 25mm	• 부재 최소 치수의 1/5 이하
	단면이 큰 경우	40mm	• 피복 두께, 철근 순간격의 3/4 이하
무근 콘크리트		• 40mm • 부재 최소 치수의 1/4을 초과해서는 안됨	

∴ 철근의 피복 및 철근의 최소 순간격의 3/4 이하를 초과해서는 안된다.

정답 01 ③　02 ②　03 ④　04 ③

□□□ 기 13,16,19

05 콘크리트 배합설계에서 실험으로부터 얻은 재령 28일 압축강도와 물-결합재비와의 관계식이 $f_{28}=-14.0+22.0\times\dfrac{B}{W}$(MPa)로 얻어졌다. 설계기준강도를 30MPa로 할 경우 적당한 물-결합재비의 값은?

① 50% ② 52%
③ 54% ④ 56%

해설 $f_{28}=-14.0+22.0\times\dfrac{B}{W}$

$30=-14.0+22.0\times\dfrac{B}{W}$

∴ $\dfrac{W}{B}=\dfrac{22.0}{30+14}=\dfrac{22}{44}=0.50=50\%$

□□□ 기 08,11,15,19

06 시멘트의 제조 방법 중 습식법에 대한 설명으로 틀린 것은?

① 먼지가 적게 난다.
② 열량 손실이 많다.
③ 원료를 미분말화 하기가 쉽다.
④ 원료 분쇄기에 물을 약 10% 정도 가한 후 분쇄한다.

해설 습식법
• 원료를 건조시키지 않고 적당한 비율로 조합하여 원료분쇄기에 약 40%의 물을 가한 후 반죽상태로 만들어 분쇄기내에서 분쇄, 혼합, 균질화하여 회전로에 넣어 소성하는 방법이다.
• 원료를 미분말화 하기가 쉽고 먼지가 적게 나는 반면 많은 물을 포함한 원료를 소성하므로 열량의 손실이 많다.

□□□ 기 08,19

07 특수 콘크리트의 배합 시 고려해야 할 사항으로 틀린 것은?

① 경량골재 콘크리트는 공기연행 콘크리트로 하는 것을 원칙으로 한다.
② 서중 콘크리트는 수화열을 줄이기 위해 단위수량 및 단위 시멘트량을 가능한 한 줄이는 것이 좋다.
③ 매스 콘크리트는 수화열을 줄이기 위해 플라이 애시 등이 혼합된 혼합형 시멘트를 사용하는 것이 좋다.
④ 한중 콘크리트는 초기 강도의 발현이 중요하므로, 강도를 저해할 수 있는 AE제 등 혼화제 사용은 피한다.

해설 한중콘크리트에는 AE(공기연행)제 콘크리트를 사용하는 것을 원칙으로 한다.

□□□ 기 17,19

08 콘크리트의 배합설계에서 잔골재율에 대한 설명으로 틀린 것은?

① 잔골재율이 적을수록 펌프로 압송하는 경우 압송성은 좋아진다.
② 잔골재율을 적게 하면 단위수량이 감소되고 단위 시멘트량이 줄어 경제적이다.
③ 잔골재율이 너무 적으면 콘크리트는 거칠어지고 재료분리가 발생되는 경향이 있다.
④ 잔골재율은 소요 워커빌리티를 얻을 수 있는 범위 내에서 단위수량이 최소가 되도록 시험에 의하여 결정한다.

해설 압송을 용이하게 하기 위해 콘크리트의 단위수량을 가능한 한 작게 하고, 잔골재율을 크게 한다.

□□□ 기 07,11,17,19

09 골재의 저장 방법에 대한 설명으로 틀린 것은?

① 잔골재와 굵은 골재는 분류하여 저장한다.
② 골재의 저장설비에는 적당한 배수시설을 설치한다.
③ 빙설의 혼입 및 동결이 되지 않도록 하고 햇볕이 드는 곳에 보관한다.
④ 골재의 받아들이기, 저장 및 취급에 있어서 대소의 알이 분리되지 않도록 한다.

해설 • 겨울에 동결되어 있는 골재나 빙설이 혼입되어 있는 골재를 그대로 사용하지 않도록 한다.
• 여름철에는 적당한 상옥시설을 하거나 살수를 하는 등 고온 상승 방지를 위한 적절한 시설을 하여 저장한다.

□□□ 기 19

10 콘크리트 배합설계 결정의 일반적인 순서로 옳은 것은?

① 설계기준강도 확인 – 배합강도 결정 – 사용재료 선정 – 시험배합 실시 – 시방배합 결정 – 현장배합으로 수정
② 배합강도 확인 – 설계기준강도 결정 – 사용재료 선정 – 시방배합 결정 – 시험배합 실시 – 현장배합으로 수정
③ 설계기준강도 확인 – 사용재료 선정 – 배합강도 결정 – 시험배합 실시 – 시방배합 결정 – 현장배합으로 수정
④ 배합강도 확인 – 설계기준강도 결정 – 시방배합 결정 – 시험배합 실시 – 사용재료 선정 – 현장배합으로 수정

해설 설계기준강도(f_{ck})확인 – 배합강도(f_{cr})결정 – 사용재료 선정 – 시험배합 실시 – 시방배합 결정 – 현장배합으로 수정

정답 05 ① 06 ④ 07 ④ 08 ① 09 ③ 10 ①

기 06,12,16,19

11 콘크리트에 부순 굵은 골재 또는 부순 잔골재를 사용하는 경우에 대한 설명으로 틀린 것은?

① 부순 잔골재를 사용한 콘크리트의 건조수축률은 미세한 분말량이 많아질수록 증가한다.
② 부순 굵은 골재를 사용한 콘크리트는 수밀성, 내구성 등을 개선시키기 위해 AE제, 감수제 등을 적당량 사용하는 것이 좋다.
③ 부순 잔골재를 사용한 콘크리트는 강모래를 사용한 콘크리트와 동일한 슬럼프를 얻기 위해서 단위수량이 약 5~10% 정도 많이 요구된다.
④ 부순 굵은 골재를 사용한 콘크리트는 강자갈을 사용하고 동일한 물-시멘트비를 적용한 콘크리트보다 약 10% 정도 강도가 감소된다.

[해설] 부순 굵은 골재를 사용한 콘크리트는 강자갈을 사용하고 동일한 물-시멘트비를 적용한 콘크리트보다 약 15~30% 정도 강도가 커진다.

기 15,19

12 콘크리트용 순환 골재의 유해물질 함유량의 허용값에 대한 설명으로 옳은 것은?

① 잔골재에 포함된 점토 덩어리량 기준은 0.5% 이하이다.
② 굵은 골재에 포함된 점토 덩어리량 기준은 1.5% 이하이다.
③ 0.08mm 체 통과량(시험에서 손실된 량)은 잔골재의 경우 5.0% 이하이다.
④ 0.08mm 체 통과량(시험에서 손실된 량)은 굵은 골재의 경우 1.0% 이하이다.

[해설] 순환골재의 물리적 성질

항목	순환굵은 골재	순환잔골재
절대 건조 밀도 g/cm³	2.5 이상	2.3 이상
흡수율 %	3.0 이하	4.0 이하
마모 감량 %	40 이하	−
입자 모양 판정 실적률 %	55 이상	53 이상
0.08mm 체 통과량 시험에서 손실된 양 %	1.0 이하	7.0 이하
알칼리 골재 반응	무해할 것	
점토 덩어리량 %	0.2 이하	1.0 이하
안정성 %	12 이하	10 이하
이물질 함유량 유기 이물질 %	1.0 이하(용적)	
이물질 함유량 무기 이물질 %	1.0 이하(질량)	

• 잔골재에 포함된 점토 덩어리량 기준은 1.0% 이하이다.
• 굵은 골재에 포함된 점토 덩어리량 기준은 0.2% 이하이다.
• 0.08mm 체 통과량(시험에서 손실된 량)은 잔골재의 경우 7.0% 이하이다.

기 09,12,14,17,19

13 플라이 애시의 품질 시험에서 시험 모르타르 제조 시 보통 포틀랜드 시멘트와 플라이 애시의 질량비는? (단, 보통 포틀랜드 시멘트 : 플라이 애시)

① 3 : 1
② 2 : 1
③ 1 : 1
④ 1 : 2

[해설] 플라이 애시의 품질 시험에서 보통 포틀랜드 시멘트와 플라이 애시의 질량비는 3 : 1이다.

기 05,19

14 아래와 같은 조건의 잔골재의 실적률은?

- 표면건조포화상태 밀도 : 2.70kg/L
- 절대건조상태 밀도 : 2.60kg/L
- 단위용적질량 : 1,600kg/m³
- 조립률 : 2.5

① 60.5
② 61.5
③ 62.5
④ 63.5

[해설] [방법1]

• 실적률 $G = \dfrac{골재의\ 단위\ 용적질량}{골재의\ 절건밀도} \times 100$

$= \dfrac{T}{d_D} \times 100 = \dfrac{1.60}{2.60} \times 100 = 61.5\%$

[방법2]

• 공극률 $= \left(1 - \dfrac{S}{W}\right) \times 100$

$= \left(1 - \dfrac{1.6}{2.6}\right) \times 100 = 38.46\%$

∴ 실적률 = 100 − 공극률 = 100 − 38.46 = 61.54%

기 05,19

15 시멘트에 관한 설명으로 틀린 것은?

① 시멘트 분말의 비표면적을 크게 하면 강도의 발현이 빨라진다.
② 시멘트가 풍화하면 탄산가스와 수분의 반응으로 인해 비중이 높아진다.
③ 시멘트의 강도는 일반적으로 표준양생 재령 28일의 강도를 말한다.
④ 시멘트 제조 시 첨가하는 석고의 양을 늘리면 응결속도가 지연된다.

[해설] 시멘트는 대기 중의 수분과 이산화탄소를 흡수하여 가벼운 수화반응을 일으켜 풍화하게 되어 비중이 작아진다.

정답 11 ④ 12 ④ 13 ① 14 ② 15 ②

☐☐☐ 기 13,19

16 굳지 않은 콘크리트 중의 전 염소이온량을 원칙적으로 규정하는 값(㉠)과 책임기술자의 승인을 얻어 허용할 수 있는 콘크리트 중의 전 염소이온량의 허용 상한값(㉡)으로 옳은 것은?

① ㉠ : $0.2kg/m^3$, ㉡ : $0.4kg/m^3$
② ㉠ : $0.2kg/m^3$, ㉡ : $0.6kg/m^3$
③ ㉠ : $0.3kg/m^3$, ㉡ : $0.4kg/m^3$
④ ㉠ : $0.3kg/m^3$, ㉡ : $0.6kg/m^3$

해설
- 굳지 않은 콘크리트 중의 전 염소이온량은 원칙적으로 $0.30kg/m^3$ 이하로 하여야 한다.
- 염소이온량이 적은 재료의 입수가 매우 곤란한 경우에는 방청에 유효한 조치를 취한 후 책임기술자의 승인을 얻어 콘크리트 중의 전 염소이온량의 허용 상한값은 $0.60kg/m^3$으로 할 수 있다.

☐☐☐ 기 10,19

17 공기연행제(AE제)를 사용한 콘크리트에 대한 설명으로 틀린 것은?

① 동결융해에 대한 저항성이 향상된다.
② 워커빌리티가 개선되어 시공성이 향상된다.
③ 분말도가 큰 시멘트일수록 공기연행제(AE제) 사용량은 감소한다.
④ 콘크리트 속에 미세한 공기를 연행시켜 볼베어링 역할을 한다.

해설 분말도가 큰 시멘트를 사용하면 AE제 등이 흡착되어 공기량이 현저히 감소되기 때문에 목표공기량을 얻기 위해서는 필요한 AE제량은 증가한다.

☐☐☐ 기 19

18 레디믹스트 콘크리트의 혼합에 사용되는 물 중 상수돗물 pH의 허용 범위는?

① pH 3.1 이하
② pH 3.5~5.3
③ pH 5.8~8.5
④ pH 8.7~11.2

해설 수돗물의 품질

시험종목	허용량
색도	5도 이하
탁도(NTU)	0.3 이하
수소이온농도(pH)	5.8~8.5
증발 잔류물(mg/L)	500 이하
염소이온(Cl^-)량(mg/L)	250 이하
과망간산 칼륨 소비량(mg/L)	10 이하

☐☐☐ 기 12,19

19 콘크리트 시방배합에 대한 배합설계 결과 잔골재 및 굵은 골재의 단위량이 각각 $650kg/m^3$, $1,050kg/m^3$으로 결정되었다. 현장의 잔골재 내 5mm 체에 남는 양이 5%, 굵은 골재 내 5mm 체를 통과하는 양이 8%일 때, 입도에 대한 보정을 실시한 현장배합의 잔골재 (㉠) 및 굵은 골재 (㉡)의 단위량은?

① ㉠ : $591kg/m^3$, ㉡ : $1,109kg/m^3$
② ㉠ : $620kg/m^3$, ㉡ : $1,080kg/m^3$
③ ㉠ : $649kg/m^3$, ㉡ : $1,051kg/m^3$
④ ㉠ : $678kg/m^3$, ㉡ : $1,022kg/m^3$

해설 입도에 의한 조정
a : 잔골재 중 5mm체에 남은 양 : 5%
b : 굵은 골재 중 5mm체를 통과한 양 : 8%

- 잔골재량 $X = \dfrac{100S - b(S+G)}{100 - (a+b)}$

  $= \dfrac{100 \times 650 - 8(650 + 1,050)}{100 - (5+8)} = 591 kg/m^3$

- 굵은 골재 $X = \dfrac{100G - b(S+G)}{100 - (a+b)}$

  $= \dfrac{100 \times 1,050 - 5(650 + 1,050)}{100 - (5+8)} = 1,109 kg/m^3$

☐☐☐ 기 19

20 강의 열처리 방법에 대한 설명으로 틀린 것은?

① 뜨임(tempering) : 담금질한 강에 인성을 부여하기 위하여 A_1 변태점(723℃) 이하의 온도로 가열한 후 냉각처리하는 열처리 방법이다.
② 블루잉(blueing) : A_3 변태점(약 910℃) 보다 약 30~50℃ 정도 높은 오스테나이트 영역까지 가열하여 노(爐) 안에서 서서히 냉각시키는 열처리 방법이다.
③ 담금질(quenching) : 강의 경도, 강도를 증가시키기 위하여 오스테나이트 영역까지 가열한 다음 급랭하여 마텐자이트 조직을 얻는 열처리 방법이다.
④ 불림(normalizing) : 결정을 균일하게 미세화하고 내부 응력을 제거하여 균일한 조직으로 만들기 위해 A_3 변태점 이상의 약 30~50℃의 온도로 가열하여 오스테나이트화 한 후 대기 중에서 냉각시키는 열처리 방법이다.

해설 풀림질(annealing)
A_3 변태점(약 910℃) 보다 약 30~50℃ 정도 높은 오스테나이트 영역까지 가열하여 노(爐) 안에서 서서히 냉각시키는 열처리 방법이다.

정답 16 ④ 17 ③ 18 ③ 19 ① 20 ②

제2과목 : 콘크리트 제조, 시험 및 품질관리

21 골재의 체가름 시험으로부터 파악할 수 없는 사항은?

① 조립률
② 입도 분포
③ 단위 용적질량
④ 굵은 골재에 대한 치수

해설 골재를 체가름 시험 후 체가름(입도) 곡선작도해서 굵은 골재의 최대치수와 조립률(F.M)를 구한다.

22 여름철에 현장에서 콘크리트를 타설하면서 받아들이기 품질 검사 도중 기준에 미달되는 시험 항목에 대한 처리로 틀린 것은?

① 콘크리트 제조 회사에 신속하게 연락을 취하여 콘크리트 생산을 중지시킨다.
② 여름철이므로 기준에 미달되는 시험 항목이 있더라도 그냥 콘크리트를 타설한다.
③ 현장에 도착한 레미콘 트럭을 생산공장으로 돌려보내 콘크리트를 폐기 처분한다.
④ 콘크리트 받아들이기 품질 검사 항목으로 슬럼프, 공기량, 염소이온량, 펌퍼빌리티 등이 있다.

해설 여름철이라도 기준에 미달되는 시험 항목이 있으면 콘크리트를 타설해서는 안된다.

23 콘크리트용 잔골재의 표준입도에 대한 설명으로 틀린 것은?

① 부순모래의 경우, 0.3mm 체를 통과한 것의 질량 백분율은 10~25%로 한다.
② 연속된 두 개의 체 사이를 통과하는 양의 백분율은 45%를 넘지 않아야 한다.
③ 시방배합을 정할 때는 5mm 체를 통과하고 0.08mm 체에 남는 골재를 의미한다.
④ 조립률이 배합설계 시 값보다 ±0.20 이상 변화되었을 때는 배합을 변경하여야 한다.

해설 부순모래의 경우, 0.3mm 체를 통과한 것의 질량 백분율은 10~35%로 한다.

24 골재의 알칼리 잠재 반응 시험방법(모르타르봉 방법)에 대한 설명으로 틀린 것은?

① 이 시험방법은 알칼리-탄산염 반응을 검출해 내는 수단으로 적합하다.
② 모르타르의 배합은 질량비로서 시멘트 1, 물 0.475, 절건 상태의 잔골재 2.25로 한다.
③ 모르타르봉 길이 변화를 측정하는 것에 의해, 골재의 알칼리 반응성을 판정하는 시험방법이다.
④ 시험 공시체는 시멘트 골재 배합비가 다른 2개 이상의 배치에서 각각 2개씩 최소한 4개를 만들어야 한다.

해설 이 시험방법은 알칼리 - 탄산염 반응을 검출해 내는 수단으로 적합하지 않다.

25 고유동 콘크리트의 품질에 대한 설명으로 틀린 것은?

① 슬럼프 플로 도달시간은 콘크리트가 유동하기 시작하는 시점으로부터 500mm에 도달하는 시간으로 3~20초 범위를 만족하여야 한다.
② 최소 철근 순간격 60~200mm 정도의 철근콘크리트 구조물 또는 부재에서 자기충전성을 가지는 성능은 3등급 고유동 콘크리트에 해당한다.
③ 굳지 않는 콘크리트의 유동성은 슬럼프 플로 600mm 이상으로 하고, 슬럼프 플로 시험 후 콘크리트 중앙부에는 굵은 골재가 모여 있지 않아야 한다.
④ 고유동 콘크리트의 유동성 및 재료 분리 저항성에는 사용할 결합재 용적의 영향이 크므로, 물-결합재비 이외에 물-결합재 용적비도 함께 표시한다.

해설 • 고유동 콘크리트의 자기 충전성 등급

등급	성능
1등급	최소 철근 순간격 35~60mm 정도의 복잡한 단면형상, 단면치수가 적은 부재 또는 부위에서 자기 충전성을 가지는 성능
2등급	최소 철근 순간격 60~200mm 정도의 철근 콘크리트 구조물 또는 부재에서 자기 충전성을 가지는 성능
3등급	최소 철근 순간격 200mm 정도 이상으로 단면치수가 크고 철근량이 적은 부재 또는 부위, 무근 콘크리트 구조물에서 자기 충전성을 가지는 성능

• 최소 철근 순간격 60~200mm 정도의 철근콘크리트 구조물 또는 부재에서 자기충전성을 가지는 성능은 2등급 고유동 콘크리트에 해당한다.

26 거푸집 및 동바리의 구조계산 시 적용하는 연직하중에 대한 설명으로 틀린 것은?

① 거푸집 하중은 최소 $0.4kN/m^2$ 이상을 적용한다.
② 고정하중은 철근콘크리트와 거푸집의 중량을 고려하여 합한 하중이다.
③ 보통 콘크리트의 단위중량은 $17kN/m^3$이며 철근의 중량은 제외한 값이다.
④ 활하중은 구조물의 연직방향으로 투영시킨 수평면적당 최소 $2.5kN/m^2$ 이상으로 하여야 한다.

해설 콘크리트의 단위중량은 철근의 중량을 포함하여 보통 콘크리트인 경우 $24kN/m^3$을 적용하여야 한다.

27 탄산화 속도를 나타내는 가장 기본적인 추정식으로 옳은 것은? (단, X : 기준이 되는 콘크리트 탄산화 깊이(cm), t : 경과년수(년), R : 실험에 의해 구할 수 있는 상수)

① $X = R\sqrt{t}$
② $X = R \cdot t$
③ $X = R \cdot t^2$
④ $X = R \cdot t^3$

해설 ・탄산화 진행속도는 콘크리트 표면으로부터 탄산화 부분과 비탄산화 부분의 경계면까지의 길이와 경과한 시간의 함수로 나타낸다.
・탄산화 깊이 $X = R\sqrt{t}$

28 콘크리트의 품질관리 중 콘크리트의 받아들이기 품질검사에 대한 설명으로 틀린 것은?

① 내구성 검사는 공기량, 염소이온량을 측정하는 것으로 한다.
② 강도 검사는 압축강도시험에 의해 실시하는 것을 표준으로 한다.
③ 콘크리트의 받아들이기 품질관리는 콘크리트를 타설하기 전에 실시해야 한다.
④ 워커빌리티 검사는 굵은 골재 최대 치수 및 슬럼프가 설정치를 만족하는 지의 여부를 확인하고 재료 분리 저항성을 외관 관찰에 의해 확인해야 한다.

해설 ・강도검사는 콘크리트의 배합검사를 실시하는 것을 표준으로 한다.
・배합검사를 하지 않는 경우에는 압축강도 시험에 의한 검사를 실시한다.

29 레디믹스트 콘크리트(KS F 4009)에 관한 설명으로 틀린 것은?

① 레디믹스트 콘크리트의 제조 설비로서 믹서는 고정 믹서로 한다.
② 일반적으로 레디믹스트 콘크리트의 염화물 함유량(염소이온(Cl)량)은 $0.3kg/m^3$ 이하로 한다.
③ 덤프트럭으로 콘크리트를 운반하는 경우, 운반 시간의 한도는 혼합하기 시작하고 나서 1시간 이내에 공사 지점에 배출할 수 있도록 운반한다.
④ 트럭애지테이터로 운반했을 때 콘크리트의 1/3과 2/3의 부분에서 각각 시료를 채취하여 슬럼프 시험을 하였을 경우 슬럼프의 차이가 20mm 이하여야 한다.

해설 ・트럭애지테이터로 운반했을 때 콘크리트의 1/4과 3/4의 부분에서 각각 시료를 채취하여 슬럼프 시험을 하였을 경우 슬럼프의 차이가 30mm 이하여야 한다.
・덤프트럭으로 운반했을 때 콘크리트의 1/3과 2/3의 부분에서 각각 시료를 채취하여 슬럼프 시험을 하였을 경우 슬럼프의 차이가 20mm 이하여야 한다.

30 AE 콘크리트의 성질로 가장 거리가 먼 것은?

① 콘크리트의 블리딩을 감소시킨다.
② 콘크리트의 워커빌리티 개선 효과가 있다.
③ 내부 공극이 증가하여 동결융해 저항성이 저하한다.
④ 공기량을 증가시키면 압축 강도 및 휨강도는 저하하는 경향이 있다.

해설 내부 공극이 증가하여 동결융해 저항성이 증대된다.

31 콘크리트 품질관리 기법 중 관리도에서 나열된 점들이 이상이 있는 경우로 옳지 않은 것은?

① 점들이 위로 연속적으로 이동해 가는 경우
② 점들이 중심선 인근에 연속적으로 나타난 경우
③ 점들이 한계선에 접하여 자주 나타나는 경우
④ 연속한 20점 중 10점 이상 중심선 한쪽으로 편중된 경우

해설 타점이 한계 외로 벗어났을 때는 공정에 이상이 있다.
・타점이 연속해서 중심선의 한 쪽에 접합하는 경우
・타점이 주기적 파형인 경우
・타점이 연속 상승 또는 하강하는 경우
・중심선 부근에 집중하는 경우

32 콘크리트 중에 사용되는 잔골재의 염화물(NaCl 환산량) 함유량의 허용 한도는?

① 0.04%　　② 0.06%
③ 0.09%　　④ 0.35%

해설 잔골재의 유해물 함유량 한도(질량 백분율)

종류	최대값(%)
점토 덩어리	1.0
0.08mm체 통과량 • 콘크리트의 표면이 마모작용을 받는 경우 • 기타의 경우	 3.0 5.0
석탄, 갈탄 등으로 밀도 $2.0g/cm^3$의 액체에 뜨는 것 • 콘크리트의 표면이 중요한 경우 • 기타의 경우	 0.5 1.0
염화물(NaCl 환산량)	0.04

33 콘크리트의 휨 강도 시험용 공시체를 4점 재하 장치로 시험한 결과, 최대 하중 35kN에서 지간의 가운데 부분에서 파괴되었다. 이 콘크리트의 휨 강도는? (단, 공시체의 크기는 150mm×150mm×530mm이며, 지간은 450mm이다.)

① 3.69MPa　　② 4.01MPa
③ 4.23MPa　　④ 4.67MPa

해설 휨강도 $f_b = \dfrac{Pl}{bh^2}$

∴ $f_b = \dfrac{35 \times 10^3 \times 450}{150 \times 150^2} = 4.67 N/mm^2 = 4.67 MPa$

34 콘크리트의 슬럼프 시험방법에 대한 설명으로 틀린 것은?

① 다짐봉의 다짐 깊이는 아래층에 거의 도달할 정도로 다진다.
② 재료분리가 발생할 염려가 있는 경우에는 다짐수를 줄일 수 있다.
③ 슬럼프 콘을 들어 올리는 시간은 높이 300mm에서 4~5초로 한다.
④ 시료를 거의 같은 양의 3층으로 나누어 채우고 각 층은 다짐봉으로 고르게 25회씩 다진다.

해설 슬럼프콘을 들어 올리는 시간은 높이 300mm에서 2~5(3.5±1.5)초로 한다.

35 배치 플랜트에서 콘크리트의 생산능력을 표시하는 기준은?

① 믹서의 용적
② 투입된 혼화제의 용량
③ 믹서의 시간당 혼합능력
④ 시멘트 저장 사이로의 용적

해설 믹서의 시간당 혼합능력은 배치 플랜트에서 콘크리트의 생산 능력을 표시하는 기준

36 콘크리트 타설 시 침하균열 방지 및 조치에 대한 설명으로 틀린 것은?

① 콘크리트 타설 속도를 늦추고, 1회의 타설 높이를 작게 한다.
② 단위수량을 될 수 있는 한 크게 하여 슬럼프가 큰 콘크리트로서 시공한다.
③ 콘크리트가 굳기 전에 침하균열이 발생한 경우 즉시 다짐이나 재 진동을 실시한다.
④ 슬래브와 보의 콘크리트가 벽 또는 기둥의 콘크리트와 연속되어 있는 경우에는 벽 또는 기둥의 콘크리트 침하가 거의 끝난 다음 슬래브, 보의 콘크리트를 타설한다.

해설 슬럼프가 클수록 침하균열은 증가한다.

37 콘크리트의 휨 강도 시험방법(KS F 2408)에 대한 설명으로 틀린 것은?

① 지간은 공시체 높이의 3배로 한다.
② 4점 재하법에 따라 공시체의 휨 강도를 측정하는 방법이다.
③ 공시체에 하중을 가하는 속도는 가장자리 응력도의 증가율이 매초 0.6±0.4MPa이 되도록 한다.
④ 공시체가 인장쪽 표면의 지간 방향 중심선의 4점의 바깥쪽에서 파괴된 경우는 그 시험 결과를 무효로 한다.

해설
• 압축강도 시험에서 공시체에 하중을 가하는 속도는 압축응력도의 증가율이 매초 (0.6±0.4)MPa이 되도록 한다.
• 휨강도 시험에서 공시체에 하중을 가하는 속도는 가장자리 응력도의 증가율이 매초 (0.06±0.04)MPa이 되도록 조정하고, 최대하중이 될 때까지 그 증가율을 유지하도록 한다.

정답 32 ① 33 ④ 34 ③ 35 ③ 36 ② 37 ③

□□□ 기 08,15,19

38 일반적인 한중 콘크리트는 하루 평균 기온이 몇 ℃ 이하가 예상될 때 타설하는 콘크리트를 말하는가?

① 0℃ ② 4℃
③ 8℃ ④ 12℃

해설 하루의 평균기온이 4℃ 이하가 예상되는 조건일 때는 콘크리트가 동결할 염려가 있으므로 한중콘크리트로 시공하여야 한다.

□□□ 기 19

39 콘크리트 제조과정 중 혼화제 7kg을 계량할 때 허용오차의 최대 범위로 옳은 것은?

① 6.72kg ~ 7.28kg ② 6.79kg ~ 7.21kg
③ 6.86kg ~ 7.14kg ④ 6.93kg ~ 7.07kg

해설 ・재료의 계량 오차

재료의 종류	1회 재량 분량의 한계오차
물	−2%, +1%
시멘트	−1%, +2%
혼화재	±2%
골재	±3%
혼화제	±3%

・계량오차 : $7 \times \frac{\pm 3}{100} = \pm 0.21 kg$

∴ $(7-0.21=6.79kg) \sim (7+0.21=7.21kg)$

□□□ 기 04,07,09,11,12,15,16,17,19

40 지름 100mm, 길이 200mm인 공시체로 쪼갬 인장 강도 시험을 할 때, 최대 하중이 100kN일 때 쪼갬 인장 강도는?

① 1.78MPa ② 3.18MPa
③ 4.36MPa ④ 5.18MPa

해설 $f_{sp} = \frac{2P}{\pi dl}$

$= \frac{2 \times 100 \times 10^3}{\pi \times 100 \times 200} = 3.18 N/mm^2 = 3.18 MPa$

제3과목 : 콘크리트의 시공

□□□ 기 09,19

41 경량골재 콘크리트에 관한 설명으로 틀린 것은?

① 경량골재 콘크리트의 공기량은 일반 골재를 사용한 콘크리트보다 1% 크게 해야 한다.
② 경량골재 콘크리트는 일반 골재를 사용한 콘크리트보다 가볍기 때문에 슬럼프가 크게 나오는 경향이 있다.
③ 경량골재는 보통골재에 비하여 물을 흡수하기 쉬우므로 이를 건조한 상태로 사용하면 비비기, 운반, 타설 중에 품질이 변동하기 쉽다.
④ 경량골재 콘크리트는 일반 콘크리트에 비해 진동기를 찔러 넣는 간격을 작게 하거나 진동시간을 약간 길게 하여 충분히 다져야 한다.

해설 경량골재콘크리트는 단위질량이 작기 때문에 동일한 반죽질기를 갖는 일반 콘크리트에 비하여 슬럼프가 작아지는 경향이 있으므로 단위수량을 많이 하여 슬럼프를 크게 하는 것이 일반적이다.

□□□ 기 10,19

42 섬유보강 콘크리트에 관한 설명으로 틀린 것은?

① 강섬유보강 콘크리트의 보강효과는 강섬유가 길수록 크다.
② 보강용 섬유의 탄성계수는 시멘트 결합재 탄성계수의 1/10 이하이어야 한다.
③ 섬유보강 콘크리트의 비비기에 사용하는 믹서는 강제식 믹서를 사용하는 것을 원칙으로 한다.
④ 보강용 섬유를 혼입하여 주로 인성, 균열 억제, 내충격성 및 내마모성 등을 높인 콘크리트를 섬유보강 콘크리트라고 한다.

해설 섬유보강 콘크리트용 섬유의 탄성계수는 시멘트 결합재탄성계수의 1/5 이상이며, 형상비가 50 이상이어야 한다.

□□□ 기 19

43 포장용 콘크리트에서의 휨 호칭강도로 옳은 것은?

① 2.5MPa ② 3.5MPa
③ 4.5MPa ④ 5.5MPa

해설 설계기준 휨강도는 원칙적으로 재령 28일의 휨강도를 기준으로 하며, 4.5MPa 이상으로 정한다.

□□□ 기 11,14,18,19

44 숏크리트의 강도에 대한 설명으로 틀린 것은?

① 재령 24시간에서 숏크리트의 초기강도는 5.0~10.0MPa을 표준으로 한다.
② 재령 3시간에서 숏크리트의 초기강도는 1.0~3.0MPa을 표준으로 한다.
③ 일반 숏크리트의 장기 설계기준 압축강도는 재령 91일로 설정하며 그 값은 24MPa 이상으로 한다.
④ 영구 지보재 개념으로 숏크리트를 타설할 경우 재령 28일 부착강도는 1.0MPa 이상이 되도록 관리한다.

해설 일반 숏크리트의 장기설계기준압축강도는 재령 28일로 설정하면 그 값은 21MPa 이상으로 한다. 단 영구 지보재 개념으로 숏크리트르 타설할 경우에는 설계기준압축강도를 35MPa 이상으로 한다.

□□□ 기 16,19

45 유동화 콘크리트의 배합에 대한 일반적인 설명으로 틀린 것은?

① 슬럼프 증가량은 100mm 이하를 원칙으로 하며, 50~80mm를 표준으로 한다.
② 베이스 콘크리트의 슬럼프는 콘크리트의 유동화에 지장이 없는 범위의 것이어야 한다.
③ 잔골재율 결정 시 베이스 콘크리트의 슬럼프에 적합한 잔골재율로 결정해야 유동화 후 콘크리트의 품질이 좋다.
④ 공기연행제의 사용량은 유동화 후 목표공기량이 얻어질 수 있도록 베이스 콘크리트 상태에서 약간 많은 공기량의 확보가 필요하다.

해설 잔골재율 결정시 베이스 콘크리트의 슬럼프에 적합한 잔골재율보다는 유동화 시킨 후의 슬럼프 상태에 적합한 잔골재율이 베이스 콘크리트에서 결정되어야 한다.

□□□ 기 07,12,16,18,19

46 한중 콘크리트를 비볐을 때 콘크리트의 온도가 20℃, 주위의 기온이 4℃, 비빈 후부터 타설이 끝났을 때까지의 시간이 1.5시간일 경우 타설이 완료된 후 콘크리트의 온도는?

① 11.3℃ ② 13.4℃
③ 15.3℃ ④ 16.4℃

해설 $T_2 = T_1 - 0.15(T_1 - T_0) \cdot t$
$= 20 - 0.15(20-4) \times 1.5 = 16.4℃$

□□□ 기 10,11,14,16,17,19

47 콘크리트 공장제품의 경화를 촉진하기 위해 실시하는 촉진양생방법에 속하지 않는 것은?

① 습윤양생 ② 증기양생
③ 적외선양생 ④ 오토클레이브 양생

해설 • 촉진양생 : 보다 빠른 콘크리트의 경화나 강도는 발현을 촉진하기 위해 실시하는 양생방법
• 촉진양생방법 : 증기양생(저압증기양생, 고압증기양생, 고온증기양생), 오토레이브 양생, 전기양생, 온수양생, 전기양생, 적외선 양생, 고주파양생 등이 있으며 일반적으로 증기양생이 널리 사용되고 있다.

□□□ 기 08,14,17,19

48 일평균기온이 30℃ 이상인 하절기에 슬래브 콘크리트를 타설한 경우 콘크리트의 습윤 양생 기간의 표준은? (단, 보통 포틀랜드 시멘트를 사용한 경우)

① 3일 ② 5일
③ 7일 ④ 9일

해설 습윤양생 기간의 표준

일평균 기온	보통 포틀랜드 시멘트	고로슬래그시멘트 2종, 플라이애시 시멘트 2종	조강 포플랜드 시멘트
15℃ 이상	5일	7일	3일
10℃ 이상	7일	9일	4일
5℃ 이상	9일	12일	5일

□□□ 기 14,18,19,21

49 프리플레이스트 콘크리트에 사용되는 골재에 대한 설명으로 옳은 것은?

① 굵은 골재의 최소 치수는 15mm 이상으로 하여야 한다.
② 일반적으로 굵은 골재의 최대 치수는 최소 치수의 1.5~2배 정도로 한다.
③ 굵은 골재의 최대 치수와 최소 치수와의 차이를 적게 하면 주입모르타르의 소요량이 적어진다.
④ 대규모 프리플레이리스트 콘크리트를 대상으로 할 경우, 굵은 골재의 최소 치수를 작게 하는 것이 효과적이다.

해설 • 굵은 골재의 최대 치수와 최소 치수와의 차이를 적게 하면 굵은 골재의 실적률이 적어지고 주입 모르타르의 소요량이 많아진다.
• 일반적으로 굵은 골재의 최대 치수는 최소 치수의 2~4배 정도로 한다.
• 대규모 프리플레이스트 콘크리트를 대상으로 할 경우, 굵은 골재의 최소 치수를 크게 하는 것이 효과적이다.

정답 44 ③ 45 ③ 46 ④ 47 ① 48 ② 49 ①

□□□ 기 18,19
50 서중 콘크리트의 타설에 대한 설명으로 틀린 것은?

① 콘크리트를 타설할 때의 콘크리트 온도는 25℃ 이하이어야 한다.
② 콘크리트 타설은 콜드조인트가 생기지 않도록 적절한 계획에 따라 실시하여야 한다.
③ 콘크리트는 비빈 후 즉시 타설하여야 하며, 일반적인 대책을 강구하더라도 1.5시간 이내에 타설하여야 한다.
④ 타설 전 거푸집, 철근 등이 직사일광을 받아 고온이 될 우려가 있는 경우 살수, 덮개 등의 적절한 조치를 하여야 한다.

해설 콘크리트를 타설할 때의 콘크리트의 온도는 35℃ 이하이어야 한다.

□□□ 기 07,11,16,18,19,21
51 방사선 차폐용 콘크리트에 대한 설명으로 틀린 것은?

① 물-결합재비 60% 이하를 원칙으로 한다.
② 일반적인 경우 콘크리트의 슬럼프는 150mm 이하로 하여야 한다.
③ 생물체의 방호를 위한 X선, γ선 및 중성자선을 차폐할 목적으로 사용된다.
④ 차폐용 콘크리트로서 필요한 성능인 밀도, 압축강도, 설계허용온도, 결합수량, 붕소량 등을 확보하여야 한다.

해설 물-결합재비는 50% 이하를 원칙으로 하고, 워커빌리티 개선을 위하여 품질이 입증된 혼화제를 사용할 수 있다.

□□□ 기 08,11,18,19
52 고강도 콘크리트 제조방법으로 틀린 것은?

① 실리카 퓸 등과 같은 혼화 재료를 사용한다.
② 단위 시멘트량은 가능한 한 적게 되도록 시험에 의해 정한다.
③ 철저히 습윤 양생을 하여야 하며, 부득이한 경우 현장 봉함양생 등을 실시할 수 있다.
④ 고강도 콘크리트에 사용되는 굵은 골재는 가능한 40mm 이하로 하며, 철근 최소 수평 순간격의 1/3 이내의 것을 사용하도록 한다.

해설 고강도 콘크리트에 사용되는 굵은 골재의 최대치수
• 40mm 이하로서 가능한 25mm 이하
• 철근 최소 수평 순간격의 3/4 이내

□□□ 기 14,15,18,19
53 팽창 콘크리트의 시공에 대한 설명으로 틀린 것은?

① 팽창 콘크리트의 강도는 일반적으로 재령 7일의 압축강도를 기준으로 한다.
② 팽창 콘크리트의 강도는 일반적으로 재령 7일에 대한 시험값을 기준으로 한다.
③ 팽창재는 다른 재료와 별도로 질량으로 계량하며, 그 오차는 1회 계량분량의 1% 이내로 하여야 한다.
④ 콘크리트를 비비고 나서 타설을 끝낼 때까지의 시간은 기온·습도 등의 기상조건과 시공에 관한 등급에 따라 1~2시간 이내로 하여야 한다.

해설 팽창콘크리트의 강도는 일반적으로 재령 28일의 압축강도를 기준으로 한다.

□□□ 기 14,16,19
54 콘크리트 재료의 계량에 대해 설명으로 틀린 것은?

① 각 재료는 1배치씩 질량으로 계량한다.
② 계량은 시방 배합에 의해 실시하는 것으로 한다.
③ 골재의 유효 흡수율은 보통 15~30분 간의 흡수율로 본다.
④ 혼화제를 녹이는 데 사용하는 물은 단위수량의 일부로 본다.

해설 계량은 현장 배합에 의해 실시하는 것으로 한다.

□□□ 기 10,19
55 콘크리트 타설에 대한 설명으로 틀린 것은?

① 타설한 콘크리트를 거푸집 안에서 횡방향으로 이동시켜서는 안 된다.
② 콘크리트를 2층 이상으로 나누어 타설할 경우, 상층의 콘크리트 타설은 원칙적으로 하층의 콘크리트가 굳기 시작하기 전에 해야 한다.
③ 콘크리트 타설 도중 표면에 떠올라 고인 블리딩수가 있을 경우에는 적당한 방법으로 이 물을 제거한 후가 아니면 그 위에 콘크리트를 쳐서는 안 된다.
④ 외기온도가 25℃를 초과하는 경우 하층 콘크리트 타설 완료 후, 정차시간을 포함하여 상층 콘크리트가 타설 완료되기까지의 시간이 2.5시간을 넘어서는 안 된다.

해설 비비기로부터 타설이 끝날 때까지의 시간
• 원칙적으로 외기온도가 25℃ 이상일 때는 1.5시간을 넘어서는 안 된다.
• 원칙적으로 외기온도가 25℃ 미만일 때에는 2시간을 넘어서는 안 된다.

정답 50 ① 51 ① 52 ④ 53 ① 54 ② 55 ④

기 12,13,16,19

56 수평 및 연직시공이음에 대한 설명으로 틀린 것은?

① 수평시공이음이 거푸집에 접하는 선은 될 수 있는 대로 수평한 직선이 되도록 한다.
② 연직시공이음부의 거푸집 제거 시기는 콘크리트를 타설하고 난 후 3일 이상이 경과하여야 한다.
③ 역방향 타설 콘크리트의 시공 시에는 콘크리트의 침하를 고려하여 수평시공이음이 일체가 되도록 시공방법을 선정하여야 한다.
④ 구 콘크리트의 연직시공이음 면은 쇠솔이나 쪼아내기 등으로 거칠게 하고, 수분을 충분히 흡수시킨 후에 시멘트 풀, 모르타르 또는 습윤면용 에폭시수지 등을 바른 후 새 콘크리트를 타설하여 이어나가야 한다.

[해설] 일반적으로 연직시공이음부의 거푸집 제거 시기는 콘크리트를 타설하고 난 후 여름에는 4~6시간 정도, 겨울에는 10~15시간 정도로 한다.

기 04,05,11,14,17,19

57 매스 콘크리트의 온도균열 발생에 대한 검토는 온도균열지수에 의해서 평가하는 것이 일반적이다. 다음 중 철근이 배치된 일반적인 구조물의 표준적인 온도균열지수를 아래와 같이 규정하는 경우에 해당하는 것은?

$$1.2 \sim 1.5$$

① 균열발생을 제한할 경우
② 유해한 균열이 발생할 경우
③ 균열발생을 방지하여야 할 경우
④ 유해한 균열발생을 제한할 경우

[해설] 표준적인 온도균열지수
 • 균열발생을 방지하여야 할 경우 : 1.5 이상
 • 균열발생을 제한할 경우 : 1.2~1.5
 • 유해한 균열발생을 제한할 경우 : 0.7~1.2

기 08,10,16,19

58 콘크리트 공장제품의 압축강도시험을 실시한 결과 시험체의 단면적이 7,850mm², 파괴 시 최대 하중이 165kN이었다면, 압축강도는?

① 15MPa ② 18MPa
③ 21MPa ④ 24MPa

[해설] $f_c = \dfrac{P}{A} = \dfrac{165 \times 10^3}{7850} = 21\,\text{N/mm}^2 = 21\,\text{MPa}$

기 11,12,14,16,18,19

59 수밀 콘크리트의 배합에 대한 설명으로 옳은 것은?

① 단위 굵은 골재량은 되도록 작게 한다.
② 물-결합재비는 50% 이하를 표준으로 한다.
③ 콘크리트의 소요 슬럼프는 되도록 적게 하여 100mm를 넘지 않도록 한다.
④ 공기연행제, 공기연행감수제 등을 사용하는 경우라도 공기량은 6% 이하가 되게 한다.

[해설] • 콘크리트의 소요의 품질이 얻어지는 범위내에서 단위수량 및 물-결합재비는 되도록 적게 하고, 단위 굵은 골재량은 되도록 크게 한다.
 • 콘크리트의 소요 슬럼프는 되도록 적게 하여 180mm를 넘지 않도록 한다.
 • 공기연행제, 공기연행감수제 등을 사용하는 경우라도 공기량은 4% 이하가 되게 한다.

기 10,19

60 거푸집 및 동바리 구조계산에 대한 설명으로 틀린 것은?

① 거푸집 하중은 최소 4kN/m² 이상을 적용한다.
② 거푸집 설계에서는 굳지 않은 콘크리트의 측압을 고려하여야 한다.
③ 고정하중은 철근 콘크리트와 거푸집의 중량을 고려하여 합한 하중이다.
④ 콘크리트의 단위중량은 철근의 중량을 포함하여 보통 콘크리트의 경우 24kN/m³을 적용한다.

[해설] 거푸집 하중은 최소 0.4kN/m² 이상을 적용한다.

제4과목 : 콘크리트 구조 및 유지관리

기 19

61 콘크리트 균열에 대한 설명으로 틀린 것은?

① 상수도 시설물의 허용 휨인장균열폭은 0.25mm이다.
② 균열 검증은 영구하중(또는 지속하중)을 대상으로 한다.
③ 허용균열폭 산정 시 피복두께의 영향을 고려하지 않는다.
④ 전 단면이 인장을 받는 경우, 휨인장을 받는 경우보다 허용균열폭을 더 작게 한다.

[해설] 허용균열폭 산정 시 피복두께의 영향을 고려해야 한다.

62 $b=400$mm, $d=540$mm, $h=600$mm인 직사각형 보에 인장철근이 1열 배근된 철근 콘크리트 단면의 균형 단면 철근단면적(A_s)은? (단, $f_{ck}=28$MPa, $f_y=400$MPa이다.)

① 5,462mm²
② 5,959mm²
③ 6,397mm²
④ 7,283mm²

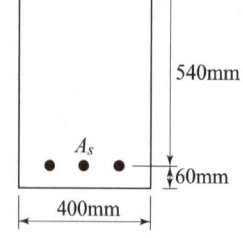

해설 철근량 $A_s = \dfrac{\eta(0.85f_{ck})ab}{f_y}$

· 균형보의 중립축의 위치
$c_b = \dfrac{660}{660+f_y}d = \dfrac{660}{660+400} \times 540 = 336$mm

$f_{ck} = 28$MPa ≤ 40MPa일 때
$\eta = 1, \beta_1 = 0.80$

· $a = \beta_1 \cdot c_b = 0.80 \times 336 = 268.8$mm

∴ $A_s = \dfrac{1 \times 0.85 \times 28 \times 268.8 \times 400}{400} = 6,397.4$mm²

63 철근콘크리트 보에서 전단철근에 대한 설명으로 틀린 것은?

① 종방향 철근의 다우얼력을 증진시킨다.
② 보의 전단 저항 능력의 일부분을 분담한다.
③ 철근 콘크리트 보에 전단철근 양이 많을수록 거동에 유리하다.
④ 경사균열의 폭을 제한하여, 골재의 맞물림에 의한 전단 저항력을 증진시킨다.

해설 철근콘크리트 보에 전단철근 양은 많을수록 거동에 불리하다. 따라서 전단강도 $V_s \leq \dfrac{2}{3}\sqrt{f_{ck}}\,b_w d$이어야 한다.

64 콘크리트의 탄산화에 의하여 직접적으로 영향을 받는 열화는?

① 건조수축   ② 레이턴스
③ 철근의 부식   ④ 크리프 변형

해설 철근 부식의 원인 : 탄산화, 염화물, 화학적 침식

65 폭 300mm, 인장철근까지의 유효깊이 550mm, 압축철근까지의 유효깊이 50mm, 인장철근량 5,000mm², 압축철근량 2,000mm²의 복철근 직사각형 단면이 연성파괴를 한다면 설계휨강도(M_d)는? (단, $f_{ck}=20$MPa, $f_y=300$MPa이다.)

① 516kN·m   ② 548kN·m
③ 576kN·m   ④ 608kN·m

해설 공칭휨강도 $M_n = f_y(A_s - A_s')\left(d - \dfrac{a}{2}\right) + f_y \cdot A_s'(d - d')$

· $a = \dfrac{f_y(A_s - A_s')}{\eta(0.85f_{ck}) \cdot b} = \dfrac{300(5,000-2,000)}{1 \times 0.85 \times 20 \times 300} = 176.47$mm

· $M_n = 300(5,000-2,000)\left(550 - \dfrac{176.47}{2}\right) + 300 \times 2,000(550-50)$
$= 715,588,500$N·mm $= 715.59$kN·m

∴ $M_d = \phi M_n = 0.85 \times 715.59 = 608.25$kN·m

66 강도설계법에 의한 전단설계에서, 전단보강철근을 사용하지 않고 계수하중에 의한 전단력 $V_u=50$kN을 지지하려고 한다. 보의 폭이 400mm일 경우, 보 유효높이의 최솟값은? (단, $f_{ck}=25$MPa)

① 150mm   ② 200mm
③ 300mm   ④ 400mm

해설 $V_u = \dfrac{1}{2}\phi \cdot V_c$를 만족시키면 최소 전단 보강 철근을 배치하지 않아도 된다.

$V_u = \dfrac{1}{2}\phi \cdot V_c = \dfrac{1}{2}\phi \times \dfrac{1}{6}\lambda\sqrt{f_{ck}}\,b_w d$에서

$50 \times 10^3 = \dfrac{1}{2} \times 0.75 \times \dfrac{1}{6} \times 1 \times \sqrt{25} \times 400 \times d$

∴ $d = 400$mm

67 콘크리트가 외부로부터의 화학작용을 받아 시멘트 경화체를 구성하는 수화생성물이 변질 또는 분해하여 결합 능력을 잃는 열화현상을 총칭하여 '화학적 부식'이라고 한다. 다음 화학물질 중 침식 정도가 극히 심한 침식을 일으키는 것은?

① 콜타르   ② 파라핀
③ 질산암모늄   ④ 과망간산칼륨

해설 질산암모늄 : 수화물의 용해이탈에 의한 다공화로 심한 침식을 일으킨다.

기 07,09,11,16,19

68 주입공법의 종류 중 저압·지속식 주입공법에 대한 설명으로 틀린 것은?

① 주입되는 수지는 다양한 점도의 것을 사용할 수 있다.
② 저압이므로 주입기에 여분의 주입재료가 남지 않아 재료의 손실이 없다.
③ 저압이므로 실(seal)부의 파손도 작고 정확성이 높아 시공관리가 용이하다.
④ 주입되는 수지의 양을 관찰하기 용이하므로 주입상황을 비교적 정확하게 파악할 수 있다.

해설 저압이므로 주입기에 여분의 주입재료가 남아 있으므로 재료의 손실이 많다.

기 15,19

69 인장 이형철근의 겹침이음의 A급 이음에 대한 아래의 설명에서 ( )에 적합한 수치는?

A급 이음: 배치된 철근량이 이음부 전체 구간에서 해석 결과 요구되는 소요철근량의 (㉠)배 이상이고 소요겹침이음 길이 내 겹침이음된 철근량이 전체 철근량의 (㉡) 이하인 경우

① ㉠ : 2.0, ㉡ : 1/2
② ㉠ : 2.5, ㉡ : 1/5
③ ㉠ : 1.5, ㉡ : 1/3
④ ㉠ : 1.0, ㉡ : 1/4

해설 • A급 이음: 배치된 철근량이 이음부 전체 구간에서 해석 결과 요구되는 소요 철근량의 2배 이상이고 소요겹침이음 길이 내 겹침이음된 철근량이 전체 철근량의 $\frac{1}{2}$ 이하인 경우
• B이음: A급 이음에 해당하지 않는 경우

기 19

70 크리프의 특성에 대한 설명으로 틀린 것은?

① 하중이 실릴 때 콘크리트의 구조물의 재령이 클수록 크리프는 작게 일어난다.
② 재하 후 첫 28일 동안 총 크리프 변형률의 1/2 이하가 진행되며 2~5년 후에 최종값에 근접한다.
③ 콘크리트가 놓이는 주위의 온도가 높을수록, 습기가 낮을수록, 크리프 변형은 작아진다.
④ 물-결합재비가 큰 콘크리트는 물-결합재비가 작은 콘크리트보다 크리프가 크게 일어난다.

해설 • 콘크리트의 온도가 높을수록 크리프가 크다.
• 콘크리트의 습도가 높을수록 크리프는 작다.

기 19

71 300mm×500mm 직사각형 단면의 띠철근 기둥이 양단 힌지로 구속되어 있을 때, 단주의 한계 높이는? (단, 비횡구속 골조의 압축부재이다.)

① 1,320mm
② 1,980mm
③ 2,980mm
④ 3,300mm

해설 횡방향 상대변위가 구속되지 않는 경우의 단주
$$\frac{kl_u}{r} \leq 22$$
• 양단 힌지 $k=1.0$
• 직사각형 단면의 회전반지름 $r=0.3h$
$$\frac{1.0 l_u}{0.3h} \leq 22$$
∴ $l_u = 22 \times 0.3h = 22 \times 0.3 \times 500 = 3,300$mm

기 07,19

72 구조물의 콘크리트에 대한 비파괴 현장시험이 아닌 것은?

① 내시경 시험
② 레이더 시험
③ 초음파 시험
④ 콘크리트 코어 압축강도 시험

해설 ■비파괴시험법의 종류
• 초음파 시험: 콘크리트 내부의 결함, 균열깊이, 강도 및 품질 상태를 검사하는데 사용
• 레이더 시험: 지표면 침투 레이더는 시설물 바닥판의 노후화, 공동 및 층분리를 발견하기 위하여 사용된다.
• 내시경 시험: 내시경은 콘크리트시설물 부재에 천공된 구멍 내부로 삽입된 관찰튜브를 이용하여 다른 방법으로는 할 수 없는 구조물 내부에 대한 정밀한 검사를 할 수 있다.
■콘크리트 코어 압축강도시험: 작업이 용이한 곳에서 길이 100mm 이상으로 직경의 2배 정도로 콘크리트 코어를 채취하여 KS F 기준에 따라 압축강도를 측정하는 파괴시험이다.

기 19

73 콘크리트 보수 시 기존 콘크리트와 보수재료의 부착이 잘 되기 위한 조치로 틀린 것은?

① 부착면을 깨끗하게 한다.
② 바탕 표면을 거칠게 한다.
③ 보수재료를 충분히 압착한다.
④ 바탕의 미세한 구멍을 메운다.

해설 • 바탕면의 미세한 구멍이 메워지지 않도록 한다.
• 기존 콘크리트와의 접합성 확보와 강도발현성을 위해서는 부착면을 깨끗이 하고, 바탕 표면은 거칠게 그리고 보수재료를 충분히 압착할 수 있어야 한다.

정답 68 ② 69 ① 70 ③ 71 ④ 72 ④ 73 ④

기 10,12,15,19

74 콘크리트와 철근의 부착에 영향을 주는 일반적인 사항으로 틀린 것은?

① 경미한 녹이 발생한 철근은 부착을 해치지 않는다.
② 이형 철근의 부착강도가 원형 철근의 부착강도보다 크다.
③ 수평철근은 콘크리트의 블리딩으로 인해 연직철근보다 부착강도가 떨어진다.
④ 동일한 철근비를 가질 경우 철근의 직경이 가는 것을 여러 개 쓰는 것보다 굵은 것을 쓰는 것이 유리하다.

해설 같은 철근량을 사용할 경우 굵은 철근을 사용하기 보다는 가는 철근을 많이 사용한다.

기 14,18,19

75 아래에서 설명하는 균열의 보수 방법은?

> 균열의 양측에 어느 정도 간격을 두고 구멍을 뚫어 철쇠를 박아 넣는 방법으로 균열 직각 방향의 인장강도를 증강시키고자 할 때 사용되며 구조물을 보강하는 효과가 있다.

① 봉합법 ② 짜집기법
③ 드라이 패킹 ④ 보강철근 이용방법

해설 짜집기법에 대한 설명이다.

기 06,19

76 그림의 단면에 균형 철근량이 배근되었을 때의 등가압축응력의 깊이(a)는? (단, $f_{ck}=30$MPa, $f_y=400$MPa이다.)

① 206mm
② 224mm
③ 236mm
④ 270mm

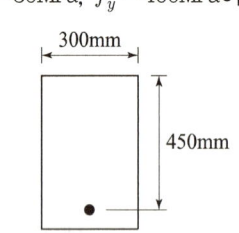

해설
■ $\rho_b = \dfrac{\eta(0.85f_{ck})\beta_1}{f_y} \dfrac{660}{660+f_y}$

$f_{ck} = 30\text{MPa} \leq 40\text{MPa}$일 때
$\eta = 1$, $\beta_1 = 0.80$

∴ $\rho_b = \dfrac{1\times(0.85\times30)\times0.80}{400} \times \dfrac{660}{660+400} = 0.0318$

■ $\rho_b = \dfrac{\eta(0.85f_{ck})\cdot a}{f_y\cdot d}$ 에서

∴ $a = \dfrac{\rho_b\cdot f_y\cdot d}{\eta(0.85f_{ck})} = \dfrac{0.0318\times400\times450}{1\times0.85\times30} = 224\text{mm}$

기 05,12,15,19

77 황산염 침투에 의한 열화 방지 방법이 아닌 것은?

① C_3A 함량 증대
② 고로 슬래그 첨가
③ 플라이 애시 첨가
④ 적절한 공기연행제 첨가

해설 • 황산염 피해를 최소화하기 위해서는 시멘트에 C_3A 함량을 낮춘 내황산염시멘트를 사용한다.
• 수화작용시 수산화칼슘을 필요로 하는 플라이애시, 고로 슬래그 등의 혼화재를 사용하여 황산과 반응하는 수산화칼슘 $Ca(OH)_2$의 생성량을 줄임으로서 황산이 칼슘과 반응을 억제시켜 피해를 줄일 수 있다.

기 19

78 콘크리트 펌프 압송 시에 대한 설명으로 틀린 것은?

① 보통 콘크리트의 슬럼프는 100~180mm 범위가 적당하다.
② 보통 콘크리트의 굵은 골재 최대 치수는 40mm 이하로 한다.
③ 펌핑 시의 최대 소요 압력은 유사현장의 실적이나 펌핑 시험을 통해 결정한다.
④ 압송을 수월하게 하기 위하여 슬럼프 값을 가능한 높게 한 유동화 콘크리트를 사용한다.

해설 압송을 수월하게 하기 위하여 슬럼프 값을 가능한 작게 하고 잔골재율을 크게 한다.

기 19

79 철근의 부식으로 인해 콘크리트에 나타나는 박리의 원인이 아닌 것은?

① 철근의 지름
② 철근의 항복강도
③ 콘크리트의 인장강도
④ 철근을 피복하고 있는 콘크리트의 품질

해설 ■박리
• 콘크리트와 철근의 계면, 도막 및 보수재료와 콘크리트의 계면 등에서 여러 요인에 의해 간극이 발생하여 표면이 경계면으로부터 이탈하거나 균열이 진전되는 현상
■박리의 원인
• 철근의 지름
• 콘크리트의 인장강도
• 철근을 피복하고 있는 콘크리트 품질

정답 74 ④ 75 ② 76 ② 77 ① 78 ④ 79 ②

 기 08,09,10,19

80 아래 그림과 같은 단철근 직사각형 보에서의 공칭 전단 강도(V_n)는? (단, 스터럽은 D13(공칭단면적 126.7mm^2)을 사용하며, 스터럽 간격은 200mm이고, $f_{ck}=28\text{MPa}$, $f_{yt}=350\text{MPa}$이다.)

① 158.2kN
② 318.6kN
③ 376.3kN
④ 463.2kN

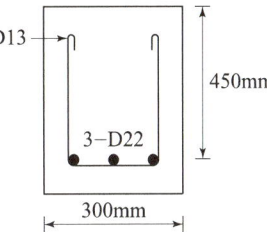

해설 공칭전단강도 $V_n = V_c + V_s$

- $V_c = \dfrac{1}{6}\lambda\sqrt{f_{ck}}\,b_w\,d$

  $= \dfrac{1}{6}\times 1 \times \sqrt{28}\times 300 \times 450 = 119,059\text{N} = 119.06\text{kN}$

- $V_s = \dfrac{A_v \cdot f_{yt} \cdot d}{s} = \dfrac{(126.7\times 2)\times 350 \times 450}{200} = 199,553\text{N}$

  $= 199.6\text{kN}$

  $\therefore\ V_n = 119.06 + 199.55 = 318.61\text{kN}$

국가기술자격 필기시험문제

2020년도 기사 1·2회 필기시험

자격종목	시험시간	문제수	형 별	수험번호	성 명
콘크리트기사	2시간	80	A		

※ 각 문제는 4지 택일형으로 질문에 가장 적합한 문제의 보기 번호를 클릭하거나 답안표기란의 번호를 클릭하여 입력하시면 됩니다.
※ 입력된 답안은 문제 화면 또는 답안 표기란의 보기 번호를 클릭하여 변경하실 수 있습니다.

제1과목 : 콘크리트 재료 및 배합

□□□ 기 11,14,20,21

01 굵은 골재의 체가름을 하여 다음 표와 같은 결과를 얻었다. 이 골재의 조립률은 얼마인가?

체의 호칭(mm)	50	40	30	25	20	15	10	5
각 체의 남는 양의 누계(%)	0	5	17	30	42	71	87	100

① 3.52 ② 7.34
③ 8.34 ④ 8.52

해설

체의 호칭(mm)	75	50	40	30	25	20	15	10	5
각 체의 남는 양의 누계%	0	0	5	17	30	42	71	87	100
조립률(F.M)에 필요한체	*	*		*		*		*	*

$$\therefore F.M = \frac{\Sigma \text{각 체에 잔류한 중량백분율(\%)}}{100}$$

$$= \frac{0+5+42+87+100\times 6}{100} = 7.34$$

(∵ 5mm, 2.5mm, 1.2mm, 0.6mm, 0.3mm, 0.15mm)

□□□ 기 06,10,15,20

02 콘크리트 배합설계에서 잔골재의 절대용적이 360L, 굵은 골재의 절대 용적이 540L인 경우 잔골재율은?

① 30% ② 36%
③ 40% ④ 67%

해설 잔골재율 = $\frac{\text{단위 잔골재의 절대부피}}{\text{단위 골재량의 절대부피}} \times 100$

$= \frac{S}{S+G} \times 100$

$= \frac{360}{360+540} \times 100 = 40\%$

□□□ 기 09,12,14,20

03 플라이 애시의 품질 시험에 사용하는 시험 모르타르의 배합 비율로서 옳은 것은?
(단, 보통 포틀랜드 시멘트 : 플라이 애시의 질량 비율)

① 3:1 ② 2:1
③ 1:2 ④ 1:3

해설 플라이 애시의 품질 시험에서 보통 포틀랜드 시멘트와 플라이 애시의 질량비는 3:1이다.

□□□ 기 13,17,20

04 포졸란 반응의 특징이 아닌 것은?

① 작업성이 좋아진다.
② 블리딩이 감소한다.
③ 초기 강도와 장기 강도가 증가한다.
④ 발열량이 적어 단면이 큰 콘크리트에 적합하다.

해설 초기강도는 작으나 장기강도, 수밀성 및 화학저항성이 크다.

□□□ 기 17,20

05 콘크리트용 강섬유의 인장강도 시험방법(KS F 2565)에 대한 설명으로 틀린 것은?

① 시료의 수는 10개 이상으로 한다.
② 평균 재하 속도는 (5~10)MPa/s의 속도로 한다.
③ 강섬유의 인장강도(f_t)를 구하는 식은
$f_t = \frac{\text{파단하중}(N)}{\text{단면적}(mm^2)}$ 이다.
④ 시료의 장착은 눈금 거리를 10mm로 하고, 시험 중 빠지지 않도록 고정하여야 한다.

해설 하중 재하속도는 평균 응력 증가율 10MPa/s~30MPa/s의 속도로 재하한다.

정답 01 ② 02 ③ 03 ① 04 ③ 05 ②

□□□ 기 20

06 시방배합으로 산출된 단위수량이 165kg/m³인 콘크리트에서 잔골재의 표면수량 4%, 굵은 골재의 표면수량 2%인 현장 골재를 사용하기 위해 현장배합으로 수정하였다. 현장배합으로 단위 잔골재량 650kg/m³, 단위 굵은 골재량 1,326kg/m³을 얻었다면 현장배합의 단위수량은?

① 112.5kg/m³ ② 114.0kg/m³
③ 120.0kg/m³ ④ 123.5kg/m³

해설 표면수율 = $\frac{습윤상태 - 표건상태}{표건상태} \times 100$

시방배합	현장배합
단위잔골재 $S = \frac{650}{1.04} = 625 \text{kg/m}^3$	$S + 0.04S = 650 \text{kg/m}^3$
단위굵은골재 $G = \frac{1,326}{1.02} = 1,300 \text{kg/m}^3$	$G + 0.02G = 1,326 \text{kg/m}^3$
단위수량 165kg/m³	$W_s = 625 \times 0.04 = 25 \text{kg/m}^3$ $W_G = 1,300 \times 0.02 = 26 \text{kg/m}^3$ $W = 165 - (25 + 26) = 114 \text{kg/m}^3$

□□□ 기 12,16,20

07 콘크리트의 압착강도를 알지 못할 때, 또는 압축강도의 시험횟수가 14회 이하인 경우 콘크리트의 배합강도를 구한 것으로 틀린 것은?

① 호칭강도가 20MPa일 때, 배합강도는 27MPa이다.
② 호칭강도가 25MPa일 때, 배합강도는 33.5MPa이다.
③ 호칭강도가 40MPa일 때, 배합강도는 47MPa이다.
④ 호칭강도가 50MPa일 때, 배합강도는 60MPa이다.

해설 압축강도의 시험횟수가 14회 이하이거나 기록이 없는 경우의 배합강도

호칭강도 f_{cn}	배합강도 f_{cr} (MPa)
21MPa 미만	$f_{cr} = f_{cn} + 7$ $= 20 + 7 = 27 \text{MPa}$
21 이상 35MPa 이하	$f_{cr} = f_{cn} + 8.5$ $= 25 + 8.5 = 33.5 \text{MPa}$
35MPa 초과	$f_{cr} = 1.1 f_{cn} + 5.0$ $= 1.1 \times 40 + 5.0 = 49 \text{MPa}$ $= 1.1 \times 50 + 5.0 = 60.0 \text{MPa}$

□□□ 기 12,20

08 콘크리트용 플라이 애시로 사용할 수 없는 것은?

① 수분이 0.5%인 경우
② 강열감량이 6%인 경우
③ 밀도가 2.2g/cm³인 경우
④ 이산화규소의 함유량이 48%인 경우

해설 플라이애시 품질규정

항 목	규정치
이산화규소(SiO_2)	45% 이상
수분	1% 이하
강열감량	5% 이하
밀도	1.95g/cm³
분말도(블레인방법)	2,400cm²/g
단위수량비	102% 이하
28일 압축강도비	60% 이상

□□□ 기 20

09 아래 표는 상수돗물 이외의 물을 혼합수로 사용할 경우에 대한 물의 품질을 나타낸 것이다. 틀린 항목을 모두 나열한 것은?

항 목	품 질
㉠ 현탁 물질의 양	2g/L 이하
㉡ 용해성 증발 잔류물의 양	1g/L 이하
㉢ 염소 이온 (Cl^-)량	300mg/L 이하
㉣ 시멘트 응결 시간의 차	초결은 30분 이내, 종결은 60분 이내
㉤ 모르타르의 압축 강도비	재령 7일 및 재령 28일에서 85% 이상

① ㉠, ㉡ ② ㉠, ㉢
③ ㉡, ㉤ ④ ㉢, ㉤

해설 수돗물 이외의 물의 품질

항 목	품질
현탁 물질의 양	2g/L 이하
용해성 증발잔류물의 양	1g/L 이하
염소 이온(Cl^-)량	250mg/L 이하
시멘트 응결시간의 차	초결은 30분 이내, 종결은 60분 이내
모르타르의 압축강도비	재령 7일 및 재령 28일에서 90% 이상

정답 06 ② 07 ③ 08 ② 09 ④

☐☐☐ 기 20

10 방청제에 관한 설명으로 옳지 않은 것은?

① 일반적으로 아질산소다(NaNO₃)를 주성분으로 한다.
② 방청제의 품질은 KS F 2561에 규정되어 있다.
③ 경미한 균열이 있는 경우에는 사용하기 어렵다.
④ 철근콘크리트나 프리스트레스트 콘크리트속의 강재의 방청을 목적으로 하는 혼화제이다.

해설 방청제의 작용은 철근 표면의 보호피막을 형성하는 것으로 경미한 균열이 있는 경우에도 사용하여 방청효과를 얻을 수 있다.

☐☐☐ 기 11,16,17,18,20

11 콘크리트용 화학 혼화제 중 공기연행감수제의 품질규정 항목과 관련이 없는 것은?

① 밀도
② 압축강도비
③ 블리딩양의 비
④ 응결시간의 차

해설 콘크리용 화학 혼화제의 품질 항목

품질항목		AE제
감수율(%)		6 이상
블리딩양의 비(%)		75 이하
응결시간의 차(분)(초결)	초결	−60~+60
	종결	−60~+60
압축강도의 비(%)(28일)		90 이상
길이 변화비(%)		120 이하
동결융해에 대한 저항성 (상대 동탄성계수)(%)		80 이상

☐☐☐ 기 12,16,20

12 콘크리트 압축강도의 시험횟수가 22회일 경우 배합강도를 결정하기 위해 적용하는 표준편차의 보정계수로 옳은 것은?

① 1.04
② 1.06
③ 1.08
④ 1.10

해설 시험횟수가 20회 이하일 때 표준편차의 보정계수

시험횟수	표준편차의 보정계수
15	1.16
20	1.08
25	1.03
30 이상	1.00

∴ 22회의 보정계수 $= 1.03 + \dfrac{1.08-1.03}{25-20} \times (25-22) = 1.06$

☐☐☐ 기 15,20

13 콘크리트용 순환골재의 물리적 성질에 관한 설명으로 틀린 것은?

① 순환 굵은 골재의 마모율은 40% 이하이다.
② 순환 굵은 골재의 입자모양 판정 실적률은 45% 이상이다.
③ 잔골재 및 굵은 골재의 흡수율은 각각 4.0% 이하, 3.0% 이하이다.
④ 잔골재 및 굵은 골재의 절대건조밀도는 각각 2.3g/cm³ 이상, 2.5g/cm³ 이상이다.

해설 순환골재의 물리적 성질

항목	순환굵은 골재	순환 잔골재
절대건조밀도(g/cm³)	2.5 이상	2.3 이상
흡수율(%)	3.0 이하	4.0 이하
마모감량(%)	40 이하	
입자 모양 판정 실적률(%)	55 이상	53 이상
안정성(%)	12 이하	10 이하
0.08mm체 통과량 시험에서 손실된 양(%)	1.0 이하	7.0 이하

☐☐☐ 기 20

14 수경성 시멘트 모르타르 압축강도 시험용 시험체의 성형과 관련한 설명으로 틀린 것은?

① 두께 약 25mm 모르타르 층을 모든 입방체 칸 안에 넣는다.
② 플로 시험이 끝나는 즉시 모르타르를 플로 틀로부터 혼합 용기에 쏟는다.
③ 각 입방체 칸 안의 모르타르에 대하여 약 10초 동안에 네 바퀴로 32회 찧는다.
④ 모르타르 배치의 처음 반죽이 끝난 뒤로부터 5분 이내에 시험체의 성형을 시작한다.

해설 모르타르 배치의 처음 반죽이 끝난 뒤로부터 2분 15초 이내에 시험체의 성형을 시작한다.

☐☐☐ 기 10,15,20

15 콘크리트 배합설계에서 잔골재율을 작게 할 경우에 대한 설명으로 옳지 않은 것은?

① 콘크리트가 거칠어진다.
② 단위시멘트량이 감소하여 경제적이다.
③ 재료분리가 일어나는 경향이 감소된다.
④ 소요 워커빌리티를 얻기 위한 단위수량이 감소된다.

해설 잔골재율이 너무 작으면 콘크리트는 거칠고 재료 분리가 일어나는 경향이 크다.

정답 10 ③ 11 ① 12 ② 13 ② 14 ④ 15 ③

□□□ 기 20
16 시멘트의 응결에 대한 설명으로 옳지 않은 것은?

① C_3A 함유량이 많을수록 응결이 빨라진다.
② 위응결은 재비빔한 후 정상적으로 응결된다.
③ 석고의 첨가량이 많을수록 응결이 빨라진다.
④ 시멘트의 분말도가 클수록 응결이 빨라진다.

[해설] 시멘트 제조 시 첨가하는 석고의 양을 늘리면 응결속도가 지연된다.

□□□ 기 20
17 잔골재의 유기 불순물 시험에 대한 설명으로 틀린 것은?

① 시험 재료로서 수산화나트륨과 탄닌산이 필요하다.
② 모래에 존재하는 부식된 형태의 유기 불순물의 존재 여부를 분별하기 위한 것이다.
③ 잔골재 중의 유기 불순물은 콘크리트의 경화를 방해하고 강도, 내구성 등에 나쁜 영향을 미친다.
④ 모래 상층부의 시험 용액의 색이 표준색 용액의 색보다 짙은 경우 그 모래는 합격이 된다.

[해설] • 시험용액의 색깔이 표준색 용액보다 연할 때에는 그 모래는 합격으로 한다.
• 시험용액의 색깔이 표준색 용액보다 진할 때에는 '모르타르의 강도에 있어서 잔골재의 불순물의 영향시험'의 방법에 따라 시험할 필요가 있다.

□□□ 기 17,20
18 KS 규격에 따른 각종 시멘트 시험에 대한 설명으로 틀린 것은?

① 시멘트의 강도 시험용 모르타르의 배합은 시멘트 : 표준사=1 : 3, 물/시멘트비는 0.50이다.
② 강열 감량은 일반적으로 시멘트를 약 1,450℃로 가열했을 때의 감소되는 질량을 측정하여 백분율로 나타낸다.
③ 분말도는 시멘트의 입자 크기를 비표면적으로 나타내는 것으로써 블레인 공기 투과 장치에 의해 측정할 수 있다.
④ 길모어 침에 의한 응결 시간은 사용한 물의 양이나 온도 또는 반죽의 반죽 정도뿐만 아니라 공기의 온도 및 습도에도 영향을 받으므로 측정한 시멘트의 응결 시간은 근사값이다.

[해설] 강열감량 : 시멘트를 950±50℃로 열을 가했을 때의 질량감소량을 강열전의 중량백분율로 나타낸다.

□□□ 기 10,20
19 일반 콘크리트용으로 사용이 부적합한 잔골재는?

① 안정성이 8%인 잔골재
② 흡수율이 2.2%인 잔골재
③ 절대건조밀도가 2.6g/cm³인 잔골재
④ 0.08mm체 통과량이 8.0%인 잔골재

[해설] 잔골재의 품질

품질	한도
0.08mm 통과량	7% 이하
흡수율	3.0% 이하
절대건조밀도	2.5g/cm³ 이상
안정성	10% 이하

□□□ 기 10,16,20
20 콘크리트 압축강도시험에서 20개의 공시체를 측정하여 평균값이 25.0MPa, 표준편차가 2.5MPa일 때의 변동계수는?

① 8% ② 9%
③ 10% ④ 11%

[해설] 변동계수 = $\dfrac{표준편차}{평균치} \times 100$

$= \dfrac{2.5}{25.0} \times 100 = 10\%$

제2과목 : 콘크리트 제조, 시험 및 품질관리

□□□ 기 20
21 레디믹스트 콘크리트의 종류에 따른 굵은 골재 최대 치수를 나열한 것으로 틀린 것은?

① 고강도 콘크리트 : 20mm, 25mm
② 경량골재 콘크리트 : 20mm, 25mm
③ 보통 콘크리트 : 20mm, 25mm, 40mm
④ 포장 콘크리트 : 20mm, 25mm, 40mm

[해설] 레디믹스트 콘크리트의 종류

콘크리트의 종류	굵은골재의 최대치수(mm)
보통 콘크리트	20, 25, 40
경량 콘크리트	13, 20
포장 콘크리트	20, 25, 40
고강도 콘크리트	13, 20, 25

정답 16 ③ 17 ④ 18 ② 19 ④ 20 ③ 21 ②

□□□ 기 17,20

22 콘크리트의 전단탄성계수(G)를 구하는 공식으로 옳은 것은? (단, E는 탄성계수, m은 프와송수이다.)

① $\dfrac{2E \cdot m}{m+1}$ ② $\dfrac{E \cdot m}{m+1}$

③ $\dfrac{E}{2} \cdot \dfrac{m}{m+1}$ ④ $\dfrac{E}{4} \cdot \dfrac{m}{m+1}$

해설 $G = \dfrac{E}{2(1+\nu)} = \dfrac{E \cdot m}{2(m+1)} = \dfrac{E}{2} \cdot \dfrac{m}{m+1}$

□□□ 기 14,20

23 콘크리트의 제조 공정에 있어서 배합 검사항목 중 시기 및 횟수가 옳은 것은?

① 잔골재의 5mm체 남는 율 : 2회/일 이상
② 잔골재 표면수율 : 1회/일 이상
③ 굵은 골재의 5mm체 통과율 : 1회/일 이상
④ 굵은 골재 표면수율 : 2회/일 이상

해설 제조공정에 있어서의 검사

항목	시기 및 횟수	판정 기준
시방배합	공사 중 적절히 실시함	시방배합에 적합할 것
잔골재의 5mm체 남는 율	1회/일 이상	시방배합으로부터 현장배합으로의 수정이 적절하게 되어 있을 것
굵은 골재의 5mm체 통과율	1회/일 이상	
잔골재의 표면수율	2회/일 이상	
굵은 골재의 표면수율	1회/일 이상	

□□□ 기 10,20

24 콘크리트의 압축강도 시험을 실시한 결과가 아래의 표와 같을 때, 불편분산에 의한 표준편차는?

28, 26, 30, 27 (MPa)

① 1.71MPa ② 1.90MPa
③ 2.14MPa ④ 2.32MPa

해설 ■불편분산 $\sigma_e = \sqrt{\dfrac{(\bar{x}-x_i)^2}{n-1}}$

· 평균값 $\bar{x} = \dfrac{28+26+30+27}{4} = \dfrac{111}{4} = 27.75\,\text{MPa}$

· 표준편제곱합 $S = \sum(\bar{x}-x_i)^2$
$= (27.75-28)^2 + (27.75-26)^2 + (27.75-30)^2 + (27.75-27)^2$
$= 8.75$

∴ 불편분산 $\sigma_e = \sqrt{\dfrac{(\bar{x}-x_i)^2}{n-1}} = \sqrt{\dfrac{8.75}{4-1}} = 1.71\,\text{MPa}$

□□□ 기 20

25 일반콘크리트에서 압축강도에 의한 콘크리트의 품질검사에 관한 설명으로 틀린 것은?

① 1회 시험값이 (호칭강도 -3.5MPa) 이상이어야 한다.
② 1회/일, 또는 120m³ 마다 1회, 배합이 변경될 때마다 압축강도시험을 실시한다.
③ 3회 연속한 압축강도 시험값의 평균이 호칭강도 이상이어야 한다.
④ 압축강도에 의한 콘크리트 품질관리는 일반적인 경우 장기재령에 있어서의 압축강도에 의해 실시한다.

해설 압축강도에 의한 콘크리트 품질관리는 일반적인 경우 조기재령에 있어서의 압축강도에 의해 실시한다.

□□□ 기 12,16,20

26 굳지 않은 콘크리트의 슬럼프 시험(KS F 2402)에 관한 설명으로 틀린 것은?

① 전 작업시간을 3분 이내로 끝낸다.
② 슬럼프 콘의 측정 높이에서 주저앉은 높이를 1mm 정밀도로 측정한다.
③ 슬럼프 콘을 들어 올리는 시간은 높이 300mm에서 (2~5)초로 한다.
④ 슬럼프 콘 규격은 윗면의 안지름 100mm, 밑면의 안지름 200mm, 높이는 300mm이다.

해설 슬럼프콘을 연직으로 들어 올리고 콘크리트의 중앙부에서 공시체 높이와의 차를 5mm 단위로 측정하여 이것을 슬럼프 값으로 한다.

□□□ 기 14,20

27 콘크리트의 블리딩 시험방법(KS F 2414)에 대한 설명으로 틀린 것은?

① 시험 중에는 실온 (25 ± 2)°C로 한다.
② 블리딩 용기의 치수는 안지름 250mm, 안높이 285mm로 한다.
③ 이 방법은 굵은 골재의 최대 치수가 40mm 이하인 콘크리트의 블리딩 시험방법에 대해 규정한다.
④ 최초로 기록한 시각에서부터 60분 동안 10분마다 콘크리트 표면에서 스며나온 물을 빨아내고, 그 후는 블리딩이 정지할 때까지 30분 마다 물을 빨아낸다.

해설 시험할 때 콘크리트 시료의 온도는 20 ± 3°C로 한다.

정답 22 ③ 23 ③ 24 ① 25 ④ 26 ② 27 ①

28. KCS 14 20 10에 따른 콘크리트용 재료의 계량 허용오차가 틀린 것은?

① 물 : -2%, +1%
② 골재 : ±2%
③ 시멘트 : -1%, +2%
④ 혼화제 : ±3%

[해설] KCS 14 20 10 1회 계량분에 대한 계량오차

재료의 종류	측정단위	허용오차
시멘트	질량	-1%, +2%
골재	질량	±3%
물	질량 또는 부피	-2%, +1%
혼화재	질량	±2%
혼화제	질량 또는 부피	±3%

29. 콘크리트의 압축강도에 대한 설명으로 틀린 것은?

① 150mm 입방체 공시체는 $\phi 150 \times 300$mm 원주형 공시체의 강도보다 크다.
② 양생온도가 4~40℃ 범위에 있을 때 온도가 높아짐에 따라 재령 28일 강도는 증가한다.
③ 원주형 공시체의 직경(D)과 높이(H)와의 비(H/D)의 값이 클수록 압축강도는 증가한다.
④ 콘크리트의 압축강도가 클수록 취도계수(압축강도와 인장강도의 비)는 증가한다.

[해설] 원주형 공시체의 직경(D)과 높이(H)와의 비(H/D)의 값이 작을수록 압축강도는 커진다.

30. 급속 동결 융해에 대한 콘크리트의 저항시험(KS F 2456)에서 규정하고 있는 시험방법의 종류로 옳은 것은?

① 수중 급속 동결 융해 시험방법, 기중 급속 동결 융해 시험방법
② 수중 급속 동결 융해 시험방법, 기중 급속 동결 후 수중 융해 시험방법
③ 기중 급속 동결 융해 시험방법, 수중 급속 동결 후 기중 융해 시험방법
④ 기중 급속 동결 융해 시험방법, 기중 급속 동결 후 수중 융해 시험방법

[해설] 급속동결 융해에 대한 저항시험의 종류
 1. 수중 급속 동결 융해 시험방법(A형)
 2. 기중 급속 동결 후 수중 융해 시험방법(B형)

31. 콘크리트의 크리프에 대한 설명으로 틀린 것은?

① 부재치수가 작을수록 크리프가 크다.
② 배합 시 시멘트량이 많을수록 크리프가 크다.
③ 재하기간 중의 대기의 습도가 낮을수록 크리프가 크다.
④ 조강 시멘트를 사용한 콘크리트는 보통 시멘트를 사용한 경우보다 크리프가 크다.

[해설] 조강 시멘트를 사용한 콘크리트는 보통 시멘트를 사용한 경우보다 크리프가 작다.

32. 거푸집에 작용하는 콘크리트 측압에 대한 설명으로 틀린 것은?

① 타설 속도가 빠를수록 측압은 증가한다.
② 단위 중량이 증가할수록 측압은 증가한다.
③ 타설되는 콘크리트의 온도가 증가할수록 측압은 감소한다.
④ 지연제를 사용하면 사용하지 않는 경우보다 측압은 감소한다.

[해설] 지연제를 사용하면 사용하지 않는 경우보다 측압은 증가한다.

33. 블리딩이 일어나는데 가장 영향이 큰 조건은?

① 단위수량이 큰 경우
② 슬럼프가 작은 경우
③ 잔골재가 많은 경우
④ 배합강도가 낮은 경우

[해설] 단위수량이 클수록 블리딩이 일어난다.

34. 지름 150mm, 길이 300mm인 콘크리트 공시체의 인장강도 시험 결과 최대 파괴하중이 1,920N일 때, 인장강도는?

① 0.021MPa
② 0.024MPa
③ 0.027MPa
④ 0.030MPa

[해설] $f_{sp} = \dfrac{2P}{\pi dl}$
$= \dfrac{2 \times 1{,}920}{\pi \times 150 \times 300} = 0.027 \text{N/mm}^2 = 0.027\text{MPa}$

☐☐☐ 기 07,10,20

35 현장에 납품된 콘크리트의 받아들이기 품질검사를 하려고 할 때, 받아들이기 품질 검사의 항목이 아닌 것은?

① 공기량　　② 슬럼프
③ 압축강도　　④ 염소이온량

해설 콘크리트의 받아들이기 품질 검사

항목	판정기준
• 굳지 않은 콘크리트의 상태	• 워커빌리티가 좋고, 품질이 균질하며 안정할 것
• 슬럼프	• 30mm 이상 80mm 미만 : 허용오차 ±15mm • 80mm 이상 180mm 미만 : 허용오차 ±25mm
• 공기량	허용오차 ±1.5%
• 온도/단위질량	정해진 조건에 적합할 것
• 염소이온량	원칙적으로 0.3kg/m³ 이하
• 배합 단위수량, 단위시멘트량, 물-결합재비, 콘크리트의 재료 단위량)	허용값 내에 있을 것
• 펌퍼빌리티	콘크리트 펌프의 최대 이론 토출 압력에 대한 최대 압송부하의 비율이 80% 이하

☐☐☐ 기 20

36 경화된 콘크리트의 염화물 함유량 측정방법(KS F 2717)으로 적합하지 않은 것은?

① 흡광광도법　　② 질산은 적정법
③ 페놀프탈레인 용액법　　④ 이온크로마토그래피법

해설 • 염화이온 함유량 측정방법 : 이온크로마토그래피법(이온전극법), 흡광광도법, 전위차 적정법, 질산은 적정법
• 콘크리트의 탄산화 시험에 사용 : 페놀프탈레인 용액법

☐☐☐ 기 09,20

37 AE콘크리트 중에 포함된 유효공기량의 범위로 가장 적당한 것은?

① 1~2%　　② 3~6%
③ 7~10%　　④ 10~12%

해설 공기량은 일반적으로 골재 최대치수에 따라 3~6%로 하는 것을 표준으로 하고, 굵은 골재최대치수가 작은 콘크리트일수록 공기량이 많게 된다.

☐☐☐ 기 15,20

38 다음 보기를 보고 품질관리의 순서로 가장 적합한 것은?

> ㉠ 데이터를 작성한다.
> ㉡ 작업의 표준을 정한다.
> ㉢ 품질의 표준을 정한다.
> ㉣ 품질의 특성을 정한다.
> ㉤ 관리 한계로 하여 작업을 속행한다.
> ㉥ 관리도에 의한 공정의 안정 여부를 검토한다.
> ㉦ 공정에 이상이 생기면 수정하여 관리 한계 내에 들어가게 한다.

① ㉣-㉢-㉡-㉠-㉥-㉤-㉦
② ㉢-㉦-㉡-㉠-㉥-㉤-㉣
③ ㉡-㉢-㉣-㉦-㉥-㉤-㉠
④ ㉢-㉠-㉣-㉤-㉥-㉡-㉦

해설 품질관리의 순서
1. 품질특성을 정한다.
2. 품질표준을 정한다.
3. 작업표준을 정한다.
4. Data를 취한다.
5. 관리도에 의한 공정의 안정 여부를 검토한다.
6. 관리 한계로 하여 작업을 속행한다.
7. 공정에 이상이 생기면 수정하여 관리 한계 내에 들어가게 한다.

☐☐☐ 기 14,15,17,20

39 압력법에 의한 굳지 않은 콘크리트의 공기량 시험 방법(KS F 2421)에 대한 설명으로 틀린 것은?

① 시험의 원리는 보일의 법칙을 기초로 한 것이다.
② 이 시험 방법은 굵은 골재 최대 치수 40mm 이하의 보통 골재를 사용한 콘크리트에 대해서 적당하다.
③ 공기량 측정기의 용적은 물을 붓고 시험하는 경우 적어도 7L로 하고, 물을 붓지 않고 시험하는 경우는 5L 정도 이상으로 한다.
④ 용기 교정 시 용기 높이의 약 90%까지 물을 채운 후 연마 유리판을 상부에 얹고 남은 물을 더함과 동시에 연마 유리판을 플랜지에 따라 이동시키면서 물을 채운다.

해설 공기량 측정기의 용적은 물을 붓고 시험하는 경우(주수법) 적어도 5L로 하고, 물을 붓지 않고 시험하는 경우(무주수법)는 7L 정도 이상으로 한다.

정답 35 ③　36 ③　37 ②　38 ①　39 ③

기 11,20
40 관입 저항침에 의한 콘크리트의 응결시간을 측정할 때, 초결시간(㉠) 및 종결시간(㉡)으로 결정하는 관입저항값으로 옳은 것은?

① ㉠ : 2.5MPa, ㉡ : 25.0MPa
② ㉠ : 2.5MPa, ㉡ : 28.0MPa
③ ㉠ : 3.5MPa, ㉡ : 25.0MPa
④ ㉠ : 3.5MPa, ㉡ : 28.0MPa

[해설] 각 그래프에서 관입저항값이 3.5MPa가 될 때까지의 시간을 초결시간, 관입저항값이 28MPa가 될 때 소요시간을 종결이라 한다.

제3과목 : 콘크리트의 시공

기 20
41 책임기술자가 설계도면과 시방서에 따라 콘크리트의 품질 확보를 위하여 기록 및 보관하여야 하는 항목이 아닌 것은?

① 철근의 종류
② 콘크리트 비비기, 타설, 양생
③ 콘크리트 재료의 품질, 배합 및 강도
④ 거푸집과 동바리의 설치와 제거, 그리고 동바리의 재설치

[해설] 콘크리트의 품질 확보를 위해 기록 및 보관해야할 항목
- 콘크리트 비비기, 타설, 양생
- 콘크리트 재료의 품질, 배합 및 강도
- 거푸집과 동바리의 설치와 제거, 그리고 동바리의 재설치

기 12,15,20
42 균열제어를 목적으로 설치하는 균열유발이음의 간격으로 옳은 것은?

① 부재높이의 1~2배 이내, 단면결손율은 20%를 약간 넘게 한다.
② 부재높이의 1~2배 이내, 단면결손율은 30%를 약간 넘게 한다.
③ 부재높이의 0.5~1.5배 이내, 단면결손율은 20%를 약간 넘게 한다.
④ 부재높이의 0.5~1.5배 이내, 단면결손율은 30%를 약간 넘게 한다.

[해설] 균열유발 이음의 간격은 부재높이의 1배 이상에서 2배 이내 정도로 하고 단면의 결손율은 20%를 약간 넘을 정도로 하는 것이 좋다.

기 20
43 일반 콘크리트의 타설에 대한 설명으로 틀린 것은?

① 한 구획 내의 콘크리트는 타설이 완료될 때까지 연속해서 타설하여야 한다.
② 슈트, 펌프 배관, 버킷, 호퍼 등의 배출구와 타설 면까지의 높이는 1.5m 이하를 원칙으로 한다.
③ 콘크리트를 2층 이상으로 나누어 타설할 경우, 상층 콘크리트는 하층 콘크리트가 완전히 굳은 뒤에 타설하여야 한다.
④ 벽 또는 기둥과 같이 높이가 높은 콘크리트를 연속해서 타설할 경우 콘크리트를 쳐 올라가는 속도는 일반적으로 30분에 1~1.5m 정도로 하는 것이 좋다.

[해설] 콘크리트를 2층 이상으로 나누어 타설할 경우, 상층의 콘크리트 타설은 원칙적으로 하층의 콘크리트가 굳기 시작하기 전에 해야 한다.

기 07,16,17,20
44 레디믹스트 콘크리트의 종류 중 재료를 계량만 한 후 트럭 애지테이터로 혼합하면서 운반하는 방식으로 먼 거리 이동에 적합한 것은?

① 센트럴 믹스트 콘크리트
② 쉬링크 믹스트 콘크리트
③ 트랜싯 믹스트 콘크리트
④ 플랜트 믹스트 콘크리트

[해설] 레미콘의 제조 및 운반 방법
- 센트럴 믹스트 콘크리트 : 제조 공장에 있는 고정 믹서에서 혼합을 끝낸 콘크리트를 배달지점에 운반하는 방법
- 쉬링크 믹스트 콘크리트 : 공장에 있는 고정 믹스에서 어느 정도 혼합하고 트럭 믹서 안에서 혼합을 완료하는 방법
- 트랜싯 믹스트 콘크리트 : 플랜트에서 재료를 계량하여 트럭 믹서에 싣고, 운반 중에 물을 넣고 혼합하는 방법

기 14,15,16,17,20
45 서중 콘크리트에 대한 설명으로 틀린 것은?

① 서중 콘크리트는 배합온도를 낮게 관리하여야 한다.
② 하루 평균기온이 25℃를 초과하는 것이 예상되는 경우 서중 콘크리트로 시공하여야 한다.
③ 기온 10℃의 상승에 소요 단위수량은 2~5% 감소하므로 시멘트량도 비례하여 감소시켜야 한다.
④ 콘크리트는 비빈 후 즉시 타설하여야 하며, 지연형 감수제를 사용하는 등의 일반적 대책을 강구한 경우라도 1.5시간 이내에 타설하여야 한다.

[해설] 일반적으로는 기온 10℃의 상승에 대하여 단위수량은 2~5% 증가하므로 소요의 압축강도를 확보하기 위해서는 단위수량에 비례하여 단위 시멘트량의 증가를 검토하여야 한다.

정답 40 ④ 41 ① 42 ① 43 ③ 44 ③ 45 ③

기 09,20

46 수중 콘크리트의 타설에 대한 설명으로 틀린 것은?

① 수중 불분리성 콘크리트의 펌프시공 시 압송압력은 보통 콘크리트의 2~3배, 타설속도는 1/2~1/3 정도이다.
② 수중 불분리성 콘크리트의 타설은 유속이 50mm/s 정도 이하의 정수 중에서 수중낙하 높이 0.5m 이하여야 한다.
③ 일반 수중 콘크리트의 트레미에 의한 타설시 트레미의 안 지름은 수심 5m 이상의 경우 300~500mm 정도가 좋다.
④ 일반 수중 콘크리트의 타설에서 트레미 1개로 타설할 수 있는 면적은 지나치게 크지 않도록 해야 하며, 50m² 정도가 좋다.

[해설] 일반 수중콘크리트의 타설에서 트레미 1개로 타설할 수 있는 면적은 과다해서는 안되며 30m² 정도가 좋다

기 06,09,14,18,20

47 팽창 콘크리트의 품질 중 팽창률에 대한 내용으로 옳지 않은 것은?

① 콘크리트의 팽창률은 일반적으로 재령 28일에 대한 시험값을 기준으로 한다.
② 수축보상용 콘크리트의 팽창률은 150×10^{-6} 이상, 250×10^{-6} 이하인 값을 표준으로 한다.
③ 화학적 프리스트레스용 콘크리트의 팽창률은 200×10^{-6} 이상, 700×10^{-6} 이하를 표준으로 한다.
④ 공장 제품에 사용하는 화학적 프리스트레스용 콘크리트의 팽창률은 200×10^{-6} 이상, $1,000 \times 10^{-6}$ 이하를 표준으로 한다.

[해설] 콘크리트의 팽창률은 일반적으로 재령 7일에 대한 시험값을 기준으로 한다.

기 12,20

48 경량골재콘크리트에 관한 설명 중 옳지 않은 것은?

① 경량골재콘크리트의 기건 단위질량은 1,400~2,000kg/m³ 이다.
② 경량골재콘크리트의 설계기준압축강도는 15MPa 이상, 24MPa 이하로 한다.
③ 경량골재콘크리트의 공기량은 일반 골재를 사용한 콘크리트보다 1% 작게 한다.
④ 경량골재의 잔골재는 절건밀도가 1,800kg/m³ 미만, 굵은 골재는 절건밀도가 1,500kg/m³ 미만인 것을 말한다.

[해설] 경량골재콘크리트의 공기량은 일반 골재를 사용한 콘크리트보다 1% 크게 하여야 한다.

기 09,20

49 매스 콘크리트로 다루어야 하는 구조물 부재치수의 일반적인 표준값으로 옳은 것은?

① 넓이가 넓은 평판구조 및 하단이 구속된 벽체에서 두께 0.5m 이상
② 넓이가 넓은 평판구조 및 하단이 구속된 벽체에서 두께 0.8m 이상
③ 넓이가 넓은 평판구조의 경우 두께 0.5m 이상, 하단이 구속된 벽체의 경우 두께 0.8m 이상
④ 넓이가 넓은 평판구조의 경우 두께 0.8m 이상, 하단이 구속된 벽체의 경우 두께 0.5m 이상

[해설] 매스 콘크리트로 다루어야 하는 구조물의 부재치수는 일반적인 표준으로서 넓이가 넓은 평판구조의 경우 두께 0.8m 이상, 하단이 구속된 벽조의 경우 두께 0.5m 이상으로 한다.

기 16,20

50 유동화 콘크리트 제조 시 유동화 시키는 방법이 아닌 것은?

① 공장첨가 현장유동화 방식
② 공장첨가 공장유동화 방식
③ 현장첨가 현장유동화 방식
④ 현장첨가 공장유동화 방식

[해설] 유동화 콘크리트 제조 방법
• 현장첨가 현장유동화 방식
• 공장첨가 현장유동화 방식
• 공장첨가 공장유동화 방식

기 15,20

51 댐 콘크리트에 대한 설명으로 옳은 것은?

① 댐 콘크리트용 시멘트는 고발열형, 단기강도 증진형이 바람직하다.
② 댐 콘크리트는 일반적으로 단위 시멘트량이 높은 부배합으로 한다.
③ 롤러다짐 콘크리트의 반죽질기는 VC시험으로 20±10초를 표준으로 한다.
④ 댐 콘크리트에는 중용열 포틀랜드 시멘트와 플라이 애시 시멘트는 사용하지 않는 것이 원칙이다.

[해설] 댐 콘크리트
• 수화열이 적은 시멘트를 사용하여야 한다.
• 단위 시멘트량은 될 수 있는대로 적게 한다.
• 일반적으로 중용열 포틀랜드 시멘트, 고로슬래그 시멘트, 플라이 애시 시멘트 등이 사용된다.
• VC값 : 롤러다짐 콘크리트의 반죽질기는 VC시험으로 20±10초를 표준으로 한다.

정답 46 ④ 47 ① 48 ③ 49 ④ 50 ④ 51 ③

52 프리플레이스트 콘크리트의 압송 및 주입에 관한 설명으로 옳지 않은 것은?

① 수송관을 통과하는 모르타르의 평균유속은 0.5~2.0m/s 정도가 되도록 한다.
② 연직주입관 및 수평주입관의 수평간격은 2m 정도를 표준으로 한다.
③ 수송관의 연장은 짧게 하여야 하며, 연장이 100m 넘을 때는 중계용 애지테이터와 펌프를 사용한다.
④ 시공 중 모르타르 주입을 주기적으로 중단시켜 시공이음이 발생하도록 유도하여 온도변화 및 건조수축 등에 의한 균열발생을 제어하여야 한다.

해설 시공이음을 두는 것은 중대한 약점을 만들게 되기 때문에 이것을 피하는 것이 원칙이다.

53 거푸집 및 동바리 구조계산에 관한 아래 내용 중 ㉠, ㉡에 들어갈 알맞은 것은?

거푸집 및 동바리 구조계산 시 고정하중과 활하중을 합한 연직하중은 슬래브 두께에 관계없이 최소 (㉠) 이상, 전동식 카트 사용시에는 최소 (㉡) 이상을 고려하여야 한다.

① ㉠ : $3.75kN/m^2$, ㉡ : $5.00kN/m^2$
② ㉠ : $3.75kN/m^2$, ㉡ : $6.25kN/m^2$
③ ㉠ : $5.00kN/m^2$, ㉡ : $6.25kN/m^2$
④ ㉠ : $5.00kN/m^2$, ㉡ : $7.25kN/m^2$

해설 고정하중과 활하중을 합한 연직하중은 슬래브 두께에 관계없이 최소 $5.00kN/m^2$ 이상, 전동식 카트 사용시에는 최소 $6.25kN/m^2$ 이상을 고려하여야 한다.

54 숏크리트 코어 공시체($\phi100\times100mm$)로부터 채취한 강섬유의 질량이 61.2g이었다. 강섬유 혼입률을 구하면? (단, 강섬유의 단위질량은 $7.85g/cm^3$)

① 0.5%
② 1%
③ 3%
④ 5%

해설 강섬유 혼입률 $V_f = \dfrac{W_{sp}}{V \cdot \rho_{sp}} \times 100$

• 코어공시체 부피 $V = \dfrac{\pi \times 10^2}{4} \times 10 = 785.40 cm^3$

∴ $V_f = \dfrac{61.2}{785.40 \times 7.85} \times 100 = 1\%$

55 고강도 콘크리트의 타설 시 주의사항으로 틀린 것은?

① 고강도 콘크리트는 유동성이 좋아 타설 시 거푸집 변형에 주의한다.
② 벽체와 슬래브를 일체로 타설하는 경우 재료분리 방지를 위해 연속해서 타설한다.
③ 다짐시간 및 진동기의 삽입간격은 사전에 다짐 성상을 확인하여 계획하여야 한다.
④ 콘크리트 타설 후 경화할 때까지 직사광선이나 바람에 의해 수분이 증발하지 않도록 하여야 한다.

해설 기둥과 벽체 콘크리트, 보와 슬래브 콘크리트를 일체로 하여 타설할 경우에는 보 아래면에서 타설을 중지한 다음 기둥과 벽에 타설한 콘크리트가 침하한 후 보, 슬래브의 콘크리트를 타설하여야 한다.

56 숏크리트 작업에 대한 설명으로 틀린 것은?

① 반발량이 최대가 되도록 하여 리바운드된 재료가 다시 혼입되도록 한다.
② 뿜어 붙이 콘크리트가 소정의 두께가 될 때까지 반복해서 뿜어 붙인다.
③ 강재지보공을 설치한 곳에서는 숏크리트와 강재지보공이 일체가 되도록 한다.
④ 노즐은 항상 뿜어붙일 면에 직각이 되도록 유지하고 적절한 뿜는 압력을 유지하여야 한다.

해설 숏크리트 작업에서 리바운드량이 최소가 되도록 하고 동시에 리바운드된 재료가 다시 혼입되지 않도록 하여야 한다.

57 시공이음에 대한 설명으로 틀린 것은?

① 바닥틀의 시공이음은 슬래브 또는 보의 경간 중앙부 부근에 두어야 한다.
② 아치의 시공이음은 아치축에 직각방향이 되도록 설치하여야 한다.
③ 시공이음은 부재의 압축력이 작용하는 방향과 직각이 되도록 하는 것이 원칙이다.
④ 바닥틀과 일체로 된 기둥, 벽의 시공이음 위치는 바닥틀과의 경계 부근을 피하여 설치하여야 한다.

해설 바닥틀과 일체로 된 기둥이나 벽의 시공이음은 바닥 틀과의 경계 부근에 설치하는 것이 좋다.

□□□ 기 20

58 굵은 골재의 밀도 및 흡수율 시험방법(KS F 2503)에서 대기 중 시료의 절대 건조 상태의 시료 질량이 A, 대기 중 시료의 표면건조 포화 상태의 밀도가 B, 침지된 시료의 수중 질량이 C일 때, 다음 계산과정 중 틀린 것은?

① 흡수율 = $\{(B-A)/A\} \times 100$
② 겉보기 밀도 = $\{A/(A-C)\} \times \rho_w$
③ 표면 건조 포화상태의 밀도 = $\{B/(A-C)\} \times \rho_w$
④ 절대 건조 상태의 시료 밀도 = $\{A/(B-C)\} \times \rho_w$

[해설] 굵은골재의 밀도
- 표면건조포화상태의 밀도
$$D_s = \frac{B}{B-C} \times \rho_w$$
- 절대건조상태의 밀도
$$D_s = \frac{A}{B-C} \times \rho_w$$
- 겉보기 밀도(진밀도)
$$D_s = \frac{A}{A-C} \times \rho_w$$
- 흡수율
$$Q = \frac{B-A}{A} \times 100$$

□□□ 기 20

59 방사선 차폐용 콘크리트의 이음 및 이어치기에 관한 설명 중 옳지 않은 것은?

① 이어치기의 경우 미리 계획을 세워 책임기술자의 승인을 얻을 필요가 있다.
② 이어치기 형상은 방사선의 영향을 고려하여 가급적 평면으로 하는 것이 바람직하다.
③ 시공이음 및 이어치기는 차폐측면에서 결함이 되기 때문에 가능한 실시하지 않도록 한다.
④ 이어치기 위치는 선원에서의 방사선이 인체 혹은 측정기구가 있는 장소 등으로 직진하지 않도록 계획한다.

[해설] 이어치기 형상은 방사선의 영향을 고려하여 가능한 평면이 아닌 요철면으로 하는 것이 바람직하다.

□□□ 기 08,20

60 다음의 시방배합을 현장배합으로 환산하면 잔골재량은?

- 단위 잔골재량 : 350kg
- 단위굵은골재량 : 650kg
- No.4체에 남는 잔골재량 : 10%
- No.4체를 통과하는 굵은 골재량 : 10%

① 312.5kg ② 387.5kg
③ 612.5kg ④ 687.5kg

[해설] 입도에 의한 조정
a : 잔골재 중 5mm체에 남은 양 : 10%
b : 굵은 골재 중 5mm체를 통과한 양 : 10%

- 잔골재량 $X = \dfrac{100S - b(S+G)}{100 - (a+b)}$
$= \dfrac{100 \times 350 - 10(350+650)}{100 - (10+10)} = 312.5\,\text{kg}$

제4과목 : 콘크리트 구조 및 유지관리

□□□ 기 04,06,12,20

61 콘크리트 구조물의 재하시험은 하중을 받는 구조부분의 재령이 최소한 며칠이 지난 다음에 재하시험을 시행하여야 하는가?

① 14일 ② 28일
③ 56일 ④ 84일

[해설] 재하시험은 하중을 받는 구조부분의 재령이 최소한 56일이 지난 다음에 시행하여야 하나 소유주, 시공자 및 관련자 모든 사람 동의할 때는 예외이다.

□□□ 기 06,18,20

62 경험과 기술을 갖춘 사람에 의한 세심한 외관조사 수준의 점검으로서 시설물의 기능적 상태를 판단하고 시설물이 현재의 사용 요건을 계속 만족시키고 있는지 확인하기 위한 점검은?

① 긴급점검 ② 정기점검
③ 정밀점검 ④ 정밀안전진단

[해설]
- 정기 점검 : 일상 점검에서 파악하기 어려운 구조물의 세부에 대하여 정기적으로 열화부위 및 열화현상 파악하기 위해 실시한다.
- 긴급점검 : 지진이나 풍수해 등과 같은 천재, 화재 및 차량이나 선박의 충돌 등 긴급사태에 대해 구조물의 손상 여부에 관한 정보를 신속히 얻기 위하여 고도의 전문적 지식을 기초로 실시한다.
- 정밀안전진단 : 정밀점검 과정을 통해서는 쉽게 발견하지 못하는 결함 부위를 발견하기 위해 행해지는 정밀한 육안검사 및 검사측정장비에 의한 측정을 포함하는 근접 점검이다.

63 그림과 같은 단면을 가진 PSC보가 $L=15m$, 자중을 포함한 계수하중 32.5kN/m가 작용할 때 경간 중앙단면의 상연응력은 약 얼마인가?
(단, 프리스트레스 힘 $P=3200kN$, 편심량 $e_p=0.2m$이다.)

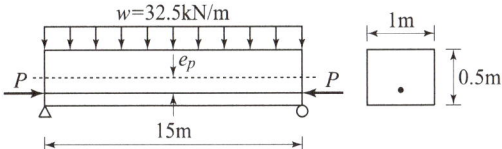

① 9MPa   ② 13MPa
③ 17MPa   ④ 23MPa

해설 상연응력 $f = \dfrac{P}{A} - \dfrac{P \cdot e}{I}y + \dfrac{M}{I}y$

- $I = \dfrac{bh^3}{12} = \dfrac{1 \times 0.5^3}{12} = 0.01042 \, m^4$
- $M = \dfrac{wl^2}{8} = \dfrac{32.5 \times 15^2}{8} = 914.06 \, kN \cdot m$

$\therefore f = \dfrac{3,200}{1 \times 0.5} - \dfrac{3,200 \times 0.2}{0.01042} \times \dfrac{0.5}{2} + \dfrac{914.06}{0.01042} \times \dfrac{0.5}{2}$
$= 12,975.33 \, kN/m^2 = 12,975,330 \, N/(1,000)^2 \, mm^2$
$= 13 \, N/mm^2 = 13 \, MPa$

---

64 초음파속도법에 대한 설명으로 옳지 않은 것은?

① 측정법은 표면법, 대칭법, 사각법이 있다.
② 콘크리트의 균질성, 내구성 등의 판정에 이용된다.
③ 음속만으로 콘크리트 압축강도를 정확하게 알 수 있다.
④ 콘크리트의 종류, 측정대상물의 형상·크기 등에 대한 적용상의 제약이 비교적 적다.

해설 콘크리트 중의 음속은 측정조건, 사용 골재의 종류와 양, 콘크리트의 함수상태, 내부 철근의 양과 배합 등 많은 요인의 영향을 받으므로 음속만으로 콘크리트 압축강도의 정도를 양호하게 추정하는 것은 곤란한 경우가 많다.

---

65 피복두께가 100mm 이하이고, 건조 환경에 있는 철근콘크리트 구조물의 허용균열폭은 최대 얼마인가?

① 0.3mm   ② 0.4mm
③ 0.5mm   ④ 0.6mm

해설 건조 환경 : 허용균열폭의 최대폭
0.4mm와 $0.006 C_c$ 중 큰 값
$\therefore 0.006 \times 100 = 0.6 \, mm$

---

66 직사각형 단철근 보에 배근된 주철근의 설계기준항복강도가 450MPa이고 이 철근에 0.0075의 변형률이 발생했을 때, 다음 설명 중 옳은 것은?
(단, 철근의 탄성계수는 200,000MPa이다.)

① 이 부재는 압축지배단면이다.
② 이 부재의 강도감소계수는 0.65이다.
③ 이 철근의 항복변형률은 0.00125이다.
④ 이 부재의 인장지배 변형률 한계는 0.00563이다.

해설 ③ : 항복변형률 $\epsilon_y = \dfrac{f_y}{E_s} = \dfrac{450}{200,000} = 0.00225$

④ : $\epsilon_t = 2.5\epsilon_y \therefore \epsilon_t = 2.5 \times \dfrac{f_y}{E_s} = 2.5 \times 0.00225 = 0.00563$

① : SD400초과 : $2.5\epsilon_y \leq \epsilon_t = 0.00563 \leq 0.0075$
$\therefore$ 인장지배단면

② : SD400초과 $2.5\epsilon_y \leq \epsilon_t = 0.0075$일 때 $\phi = 85$

---

67 기둥에서 축방향 철근량의 최소한계를 두는 이유로 틀린 것은?

① 휨강도보다는 압축단면을 보강하기 위해서
② 시공 시 재료분리로 인한 부분적 결함을 보완하기 위해서
③ 예상 외의 편심하중이 작용할 가능성에 대비하기 위해서
④ 콘크리트 크리프 및 건조수축의 영향을 감소시키기 위해서

해설 축방향 철근량의 최소한계를 두는 이유
- 너무 적으면 배치 효과가 없다.
- 시공시 재료분리로 인한 부분적 결함을 보완한다.
- 콘크리트 크리프 및 건조수축으로 인한 영향을 줄인다.
- 예상치 않은 편심 하중으로 인해 생기는 휨모멘트에 저항한다.

---

68 복철근 콘크리트 단면에 압축철근비 $\rho'=0.015$가 배근된 경우 순간 처짐이 30mm일 때, 1년이 지난 후의 전체 처짐량은? (단, 작용하중은 지속하중이며 시간경과계수 $\xi=1.4$이다.)

① 24mm   ② 30mm
③ 42mm   ④ 54mm

해설 · $\lambda = \dfrac{\xi}{1+50\rho'} = \dfrac{1.4}{1+50 \times 0.015} = 0.8$
· 장기처짐=순간처짐(탄성침하)×장기처짐계수(λ)
$= 30 \times 0.8 = 24 \, mm$
$\therefore$ 총처짐량=순간 처짐+장기 처짐
$= 30 + 24 = 54 \, mm$

□□□ 기 09,12,20

69 그림과 같은 정사각형 독립확대기초 저변에 작용하는 지압력이 $q=160\text{kN/m}^2$일 때 휨에 대한 위험단면의 모멘트는?

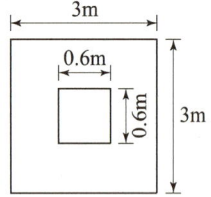

① 345.6kN·m
② 375.4kN·m
③ 395.7kN·m
④ 425.3kN·m

해설 $M_a = \frac{1}{8} q_u \times S \times (L-t)^2$
$= \frac{1}{8} \times 160 \times 3 \times (3-0.6)^2 = 345.6\text{kN·m}$

□□□ 기 08,18,20

70 옹벽의 안정 조건 중 옳지 않은 것은?

① 지반의 허용지지력은 지반에 유발되는 최대 지반반력을 초과할 수 없다.
② 활동에 대한 저항력은 옹벽에 작용하는 수평력의 1.5배 이상이어야 한다.
③ 전도에 대한 저항휨모멘트는 횡토압에 의한 전도모멘트의 2.0배 이상이어야 한다.
④ 전도 및 지반지지력에 대한 안정조건은 만족하지만, 활동에 대한 안정조건만을 만족하지 못할 경우에는 활동방지벽 혹은 횡방향 앵커 등을 설치하여 활동저항력을 증대시킬 수 있다.

해설 지반에 유발되는 최대 지반반력이 지반의 허용지지력을 초과하지 않아야 한다.

□□□ 기 15,19,20

71 콘크리트의 알칼리골재반응에 의한 열화가 발생되는 직접적인 원인이 아닌 것은?

① 수분
② Na_2O, K_2O
③ 반응성 골재
④ 수산화칼슘

해설 알칼리골재반응의 진행에 필수적인 3요소
· 수분의 공급
· 반응성 골재의 존재
· 알칼리(산화나트륨(Na_2O), 산화칼슘(k_2O))존재

□□□ 기 14,20

72 철근의 부식상태 조사방법 중 자연전위법에 대한 설명으로 틀린 것은?

① 자연전위(E)가 -350mV 이하이면 90% 이상의 확률로 부식이 있다.
② 콘크리트 표면이 건조한 경우에는 물을 뿌려 표면을 습윤상태로 만든 후 전위측정을 한다.
③ 염화물의 침투와 탄산화로 철근이 활성상태로 되어 부식이 진행하면 그 전위는 마이너스(-) 방향으로 변화한다.
④ 피복콘크리트의 전기저항을 측정함으로써 그 부식성 및 철근의 부식 속도에 관계하는 정보를 얻을 수 있으며, 일반적으로 4점 전극법을 사용한다.

해설 전기저항법은 피복 콘크리트의 전기 저항을 측정함으로써 그 부식성 및 철근의 부식 속도에 관계하는 정보를 얻을 수 있으며 일반적으로 4점 전극(wenner)을 사용한다.

□□□ 기 09,14,20

73 단면이 600mm×600mm인 사각형이고, 종방향 철근의 전체 단면적(A_{st})이 4,500mm²인 중심축하중을 받는 띠철근 단주의 설계축하중강도(ϕP_n)는?
(단, $f_{ck}=24\text{MPa}$, $f_y=400\text{MPa}$이고, 압축지배단면이다.)

① 4,423kN
② 4,707kN
③ 5,069kN
④ 5,386kN

해설 $\phi P_n = \alpha \phi [0.85 f_{ck}(A_g - A_{st}) + f_y \cdot A_{st}]$
· $A_g = 600 \times 600 = 360,000\text{mm}^2$
∴ $\phi P_n = 0.80 \times 0.65[0.85 \times 24(360,000 - 4,500) + 400 \times 4,500]$
$= 4,707,144\text{N} = 4,707\text{kN}$

분류	보정계수 α	강도감소계수 ϕ
나선철근	0.85	0.70
띠철근	0.80	0.65

□□□ 기 20

74 저압·저속식 주입공법에서 이용되지 않는 재료는?

① 에폭시 모르타르
② 플라스틱제 실린더
③ 주입용 에폭시 수지
④ 에폭시 실링제(Sealing)

해설 저압·저속식 주입공법에서 이용되는 재료
주입용 에폭시 수지, 에폭시 실링제(Sealing), 플라스틱제 실린더

정답 69 ① 70 ① 71 ④ 72 ④ 73 ② 74 ①

75. 처짐과 균열에 관한 설명으로 옳지 않은 것은?

① 미관이 중요한 구조는 미관상의 허용균열폭을 설정하여 균열을 검토할 수 있다.
② 균열 제어를 위한 철근은 필요로 하는 부재 단면의 주변에 분산시켜 배치하여야 하고, 이 경우 철근의 지름과 간격을 가능한 한 크게 하여야 한다.
③ 처짐을 계산할 때 하중의 작용에 의한 순간처짐은 부재 강성에 대한 균열과 철근의 영향을 고려하여 탄성 처짐 공식을 사용하여 계산하여야 한다.
④ 과도한 처짐에 의해 손상되기 쉬운 비구조 요소를 지지 또는 부착하지 않은 평지붕구조 형태의 최대 허용 처짐은 활하중에 의한 순간 처짐을 고려하여야 한다.

[해설] 균열 제어를 위한 철근은 필요로 하는 부재 단면의 주변에 분산시켜 배치하여야 하고, 이 경우 철근의 지름과 간격을 가능한 한 작게 하여야 한다.

76. 토목 구조물의 상태평가는 손상의 범위 및 정도에 따라 A, B, C, D, E의 5가지 등급을 산정한다. 이때 상태평가 등급에 대한 설명 중 틀린 것은?

① A : 문제점이 없는 최상의 상태
② B : 보조부재에 경미한 결함이 발생하였으나 기능 발휘에는 지장이 없으며 경미한 보수가 필요한 상태
③ C : 주요 부재에 경미한 결함이나 보조부재에 광범위한 결함이 있으나 전체적인 안전에는 지장이 없는 상태
④ E : 주요 부재에 결함이 발생하여 긴급한 보수보강이 필요하며 사용제한 여부를 결정해야 하는 상태

[해설] E : 주요부재에 심각한 노후화 또는 단면손실이 발생했거나 안정성에 위험이 있어서 시설물을 즉각 사용금지하고, 개축이 필요한 상태

77. 인장철근 D25(공칭지름 25.4mm)를 정착시키는데 필요한 기본 정착길이(l_{dh})는?
(단, $\lambda=1$, $f_{ck}=26$MPa, $f_y=400$MPa이다.)

① 982mm
② 1,196mm
③ 1,486mm
④ 1,875mm

[해설] 인장 이형철근의 정착(D35 이하의 철근의 경우)

$$l_{dh} = \frac{0.6 d_b f_y}{\lambda \sqrt{f_{ck}}} = \frac{0.6 \times 25.4 \times 400}{1 \times \sqrt{26}} = 1,196 \text{mm}$$

78. 콘크리트의 설계기준압축강도가 35MPa이고 단위질량이 $2,100 \text{kg/m}^3$일 때, 콘크리트의 탄성계수(E_c)는?

① 23,228MPa
② 24,231MPa
③ 25,129MPa
④ 26,550MPa

[해설] 콘크리트의 탄성계수 $E_c = 0.077 m_c^{1.5} \sqrt[3]{f_{cu}}$

- $f_{cu} = f_{ck} + \Delta f = 35 + 4 = 39$MPa
  (∵ Δf는 f_{ck}가 40MPa 이하면 4MPa, 60MPa 이상이면 6MPa이다.)
- ∴ $E_c = 0.077 \times 2,100^{1.5} \sqrt[3]{39} = 25,129$MPa

79. 화재에 의한 콘크리트 구조물의 열화현상에 대한 설명으로 틀린 것은?

① 콘크리트는 약 300℃에서 탄산화된다.
② 급격한 가열 시 피복콘크리트의 폭렬이 발생하기 쉽다.
③ 콘크리트는 탈수나 단면 내의 열응력에 의해 균열이 생긴다.
④ 콘크리트는 가열하면 정탄성계수의 감소에 의하여 바닥 슬래브나 보의 처짐이 증대한다.

[해설] 콘크리트는 약 500℃에서 탄산화되기 쉽다.

80. 콘크리트 구조물의 보수 보강공법에 관한 설명 중 틀린 것은?

① 전기를 이용한 공법에는 탈염공법과 전착공법이 있다.
② 강판 접착 공법은 내하력을 향상시키기 위한 보강공법이다.
③ 탄소 섬유는 강재보다 인장강도가 낮고, 무게도 강재보다 적다.
④ 콘크리트 탄산화로 강재 부식이 나타나 재가설이 불가능한 경우는 재알칼리화공법을 사용한다.

[해설] 탄소 섬유는 강재보다 인장강도가 8~10배 높고, 무게는 강재보다 적다.

정답 75 ② 76 ④ 77 ② 78 ③ 79 ① 80 ③

국가기술자격 필기시험문제

2020년도 기사 3회 필기시험

자격종목	시험시간	문제수	형 별
콘크리트기사	2시간	80	A

※ 각 문제는 4지 택일형으로 질문에 가장 적합한 문제의 보기 번호를 클릭하거나 답안표기란의 번호를 클릭하여 입력하시면 됩니다.
※ 입력된 답안은 문제 화면 또는 답안 표기란의 보기 번호를 클릭하여 변경하실 수 있습니다.

제1과목 : 콘크리트 재료 및 배합

□□□ 기 14,20
01 골재품질 시험에 관한 설명으로 옳은 것은?

① 밀도시험은 골재 입도의 상태 및 입형의 양부를 판정하는데 사용된다.
② 체가름 시험은 골재의 흡수율 및 표면수량의 산정에 필요하다.
③ 단위용적질량 시험은 콘크리트 배합 시 사용 수량을 조절하기 위하여 필요하다.
④ 알칼리 잠재반응 시험은 콘크리트 경화체의 팽창을 일으키는 실리카 성분을 파악하는데 이용된다.

[해설]
- 밀도시험은 콘크리트의 배합설계를 할 때 골재의 부피의 계산에 사용한다.
- 체가름 시험은 골재 입도의 상태 및 입형의 양부를 판정하는데 사용된다.
- 단위용적질량시험은 골재의 빈틈율을 계산할 때, 또는 콘크리트의 배합에서 골재를 부피로 나타낼 때 필요하다.
- 알칼리 잠재반응 시험은 콘크리트 경화체의 팽창을 일으키는 실리카 성분을 파악하는데 이용된다.

□□□ 기 08,20
02 시멘트의 비표면적에 관한 설명으로 틀린 것은?

① 시멘트의 분말도를 나타내는 방법이다.
② 시멘트 내의 공기량을 측정하는 시험이다.
③ 초기강도는 비표면적이 큰 콘크리트가 높다.
④ 블레인 공기 투과 장치를 사용하여 시험할 수 있다.

[해설] 시멘트의 분말도 시험
- 시멘트의 분말도는 비표면적으로 나타낸다.
- 블레인 공기 투과 장치에 의한 시멘트 분말도의 시험은 시멘트의 분말로 만든 베드에 공기를 투과시켜 그 투과 속도로써 비표면적을 측정하는 것이다.
- 분말도가 높으면 시멘트의 표면적이 커서 수화 작용이 빠르고, 조기 강도가 커진다.

□□□ 기 15,20
03 아래의 표는 재령별 시멘트 조성화합물의 발열량 (cal/g)의 예를 나타낸 것이다. 조성화합물 A에 가장 적합한 것은?

【표】재령별 시멘트 조성화합물의 발열량(cal/g)

조성화합물	2일	7일	28일	90일	180일	360일
A	172	190	204	190	220	202
B	100	120	116	124	123	138
C	31	45	50	49	75	32
D	21	20	46	57	55	64

① C_3S ② C_2S
③ C_4AF ④ C_3A

[해설] 알민산 3석회(C_3A) : 수화속도가 매우 빠르고 발열량과 수축이 크다.

□□□ 기 20
04 골재의 조립률 계산 시 필요한 체가 아닌 것은?

① 40mm ② 15mm
③ 1.2mm ④ 0.15mm

[해설] 조립률(F.M)체 : 75mm, 40mm, 20mm, 10mm, 5mm, 2.5mm, 1.2mm, 0.6mm, 0.3mm, 0.15mm(10개)

□□□ 기 20
05 연속 생산되는 콘크리트에서 콘크리트의 품질에 큰 변화를 일으키지 않도록 허용하는 잔골재 조립률의 최대 변화량으로 옳은 것은?

① ±0.10 ② ±0.15
③ ±0.20 ④ ±0.25

[해설] 공사 중에 잔골재의 입도가 변하여 조립률이 ±0.20 이상 차이가 있을 경우에는 워커빌리티가 변화하므로 배합을 수정할 필요가 있다.

정답 01 ④ 02 ② 03 ④ 04 ② 05 ③

06 일반 콘크리트의 배합설계에 관한 설명으로 틀린 것은?

① 물-결합재비는 소요의 강도, 내구성, 수밀성 및 균열저항성 등을 고려하여 정하여야 한다.
② 단위수량은 작업이 가능한 범위 내에서 될 수 있는 대로 적게 되도록 시험을 통해 정하여야 한다.
③ 콘크리트의 슬럼프는 운반, 타설, 다지기 등의 작업에 알맞은 범위 내에서 될 수 있는 한 작은 값으로 정하여야 한다.
④ 잔골재율은 소요의 작업성을 얻을 수 있는 범위 내에서 단위수량이 최대가 되도록 시험에 의하여 정하여야 한다.

[해설] 잔골재율은 소요의 워커빌리티를 얻을 수 있는 범위 내에서 단위수량이 최소가 되도록 시험에 의해 정하여야 한다.

07 일반 콘크리트에서 물-결합재비에 대한 설명으로 틀린 것은?

① 제빙화학제가 사용되는 콘크리트의 물-결합재비는 45% 이하로 한다.
② 콘크리트의 탄산화 저항성을 고려하여 물-결합재비를 정할 경우 55% 이하로 한다.
③ 콘크리트의 수밀성을 기준으로 물-결합재비를 정할 경우 그 값은 40% 이하로 한다.
④ 압축강도와 물-결합재비와의 관계는 시험에 의해 정하는 것을 원칙으로 한다. 이때 공시체는 재령 28일을 표준으로 한다.

[해설] 콘크리트의 수밀성을 기준으로 하여 물-결합재비를 정할 경우 그 값은 50% 이하로 한다.

08 호칭강도(f_{cn})가 24MPa인 콘크리트를 배합설계 하려고 한다. 30회 이상의 콘크리트 압축강도 시험실적으로부터 구한 표준편차가 3.15MPa일 때, 이 콘크리트의 배합설계 시 사용해야 할 배합강도는?

① 26.2MPa ② 27.8MPa
③ 28.2MPa ④ 29.8MPa

[해설] $f_{cn} \leq 35\text{MPa}$일 때 배합강도
- $f_{cr} = f_{cn} + 1.34s = 24 + 1.34 \times 3.15 = 28.22\text{MPa}$
- $f_{cr} = (f_{cn} - 3.5) + 2.33s = (24 - 3.5) + 2.33 \times 3.15 = 27.84\text{MPa}$
- $f_{cr} = 28.22\text{MPa}$ (둘 중 큰 값)

09 시방배합에서 단위 시멘트량 390kg/m³, 단위수량 175kg/m³, 단위 잔골재량 680kg/m³ 및 단위 굵은 골재량 1,100kg/m³가 얻어졌다. 골재의 현장 야적상태가 다음과 같을 경우 입도 및 표면수 보정을 통해 현장배합으로 변환한 잔골재량(㉠) 및 굵은 골재량(㉡)은?

- 잔골재 중 5mm체에 잔류하는 양 : 3%
- 잔골재의 표면수 : 2.5%
- 굵은 골재 중 5mm체를 통과하는 양 : 6%
- 굵은 골재의 표면수 : 1.5%

① ㉠ : 646kg/m³, ㉡ : 1,167kg/m³
② ㉠ : 646kg/m³, ㉡ : 1,107kg/m³
③ ㉠ : 546kg/m³, ㉡ : 1,167kg/m³
④ ㉠ : 546kg/m³, ㉡ : 1,107kg/m³

[해설] ■ 입도에 의한 조정
$S = 680\text{kg/m}^3$, $G = 1,100\text{kg/m}^3$, $a = 3\%$, $b = 6\%$
$$X = \frac{100S - b(S+G)}{100 - (a+b)} = \frac{100 \times 680 - 6(680 + 1,100)}{100 - (3+6)}$$
$= 629.89\text{kg/m}^3$
$$Y = \frac{100G - a(S+G)}{100 - (a+b)} = \frac{100 \times 1,100 - 3(680 + 1,100)}{100 - (3+6)}$$
$= 1,150\text{kg/m}^3$

■ 표면수에 의한 조정
- 잔골재의 표면수 $= 629.89 \times \frac{2.5}{100} = 15.75\text{kg/m}^3$
- 굵은골재의 표면수 $= 1,150 \times \frac{1.5}{100} = 17.25\text{kg/m}^3$

■ 현장 배합량
- 단위잔골재량 : $629.89 + 15.75 = 645.64\text{kg/m}^3$
- 단위굵은골재량 : $1,150 + 17.25 = 1,167.25\text{kg/m}^3$

10 콘크리트 1m³을 제조하는데 골재의 절대용적이 650L, 잔골재율이 41.5%일 때 잔골재량(㉠)과 굵은 골재량(㉡)은? (단, 잔골재의 표건 밀도=0.00265g/mm³, 굵은 골재의 표건 밀도=0.00271g/mm³)

① ㉠ : 705kg, ㉡ : 1,015kg
② ㉠ : 715kg, ㉡ : 1,030kg
③ ㉠ : 730kg, ㉡ : 1,045kg
④ ㉠ : 740kg, ㉡ : 1,050kg

[해설]
- S = 골재의 절대용적 × S/a × 잔골재 밀도 × 1,000
  $= 650 \times 0.415 \times 0.00265 \times 1,000$
  $= 715\text{kg}$
- G = 골재의 절대용적 × $(1 - S/a)$ × 굵은골재 밀도 × 1,000
  $= 650 \times (1 - 0.415) \times 0.00271 \times 1,000$
  $= 1,030\text{kg}$

☐☐☐ 기 04,10,12,17,20

11 플라이 애시의 품질을 규정하기 위한 시험 항목이 아닌 것은?

① 응결 시간
② 총 인산염
③ 플로값 비
④ 산화마그네슘(MgO)

해설 플라이애시 품질규정

항 목		플라이 애시 1종
이산화규소(SiO$_2$)		45% 이상
수분		1.0% 이하
강열감량		3.0% 이하
밀도 g/cm^3		1.95 이상
분말도	45μm체 망체방법(%)	10 이하
	비표면적(cm^2/g) (블레인 방법)	4,500
플로값 비(%)		105 이상
활성도 지수(%)	재령 28일	90 이하
	재령 91일	100 이상

☐☐☐ 기 20

12 콘크리트의 수화반응에 대한 설명으로 옳지 않은 것은?

① 분말이 고운 것일수록 단기 재령에서의 수화열이 크다.
② 수화반응은 발열반응으로 시멘트는 수화반응의 진행과 함께 열을 발산한다.
③ 시멘트의 수화열은 수화시멘트와 미수화시멘트의 용해열 차이로 측정한다.
④ 수화열은 시멘트에 C$_3$A가 많이 포함될수록 낮고, C$_2$S가 많이 포함될수록 높다.

해설 • 수화열은 시멘트에 C$_3$A가 많이 포함될수록 높고, C$_2$S가 많이 포함될수록 높다.
• 알민산 3석회(C$_3$A) : 수화속도가 매우 빠르고 발열량과 수축이 크다.
• 규산 이석회(C$_2$S) : 수화열이 작아서 강도발현은 늦지만 장기 강도의 발현성과 화학 저항성이 우수하다.

☐☐☐ 기 20

13 포틀랜드 시멘트의 품질규격에 관한 설명으로 옳지 않은 것은?

① 종류에 관계없이 응결시간의 종결시간은 10시간 이하이다.
② 종류에 관계없이 강열 감량은 5.0% 이하이다.
③ 1종 포틀랜드 시멘트의 안정도는 0.8% 이하이다.
④ 전 알칼리 함량은 종류에 관계없이 0.5%(Na$_2$O) 이하로 규정되어 있다.

해설 알칼리골재 반응을 억제하기 위해서는 알칼리량이 0.6%(Na$_2$O) 이하로 규정하고 있다.

☐☐☐ 기 10,18,20

14 콘크리트 배합에서 굵은 골재의 최대 치수에 관한 규정으로 틀린 것은?

① 굵은 골재의 최대 치수는 슬래브 두께의 2/3 초과해서는 안 된다.
② 일반적인 구조물의 경우 굵은 골재의 최대 치수는 20mm 또는 25mm로 한다.
③ 굵은 골재의 최대 치수는 거푸집 양 측면사이의 최소 거리의 1/5을 초과해서는 안 된다.
④ 굵은 골재의 최대 치수는 개별 철근, 다발철근, 긴장재 또는 덕트 사이 최소 순간격의 3/4을 초과해서는 안 된다.

해설 ■ 굵은골재의 최대치수는 다음 값을 초과하지 않아야 한다.
• 거푸집 양측 사이의 최소 거리의 1/5
• 슬래브 두께의 1/3
• 개별철근, 다발 철근, 긴장재 또는 덕트 사이의 최소 순간격의 3/4
■ 굵은골재의 최대치수

구조물의 종류	굵은 골재의 최대 치수(mm)
일반적인 경우	20 또는 25
단면이 큰 경우	40
무근 콘크리트	40 부재 최소치수의 1/4을 초과해서는 안됨

☐☐☐ 기 15,20

15 시멘트 비중 시험(KS L 5110)에 의하여 플라이 애시의 비중시험을 실시한 결과, 광유를 르샤틀리에 비중병에 넣고 안정된 후 측정한 눈금이 0.7mL였다. 이 비중병에 플라이 애시 40g을 넣고 광유가 올라온 눈금을 측정한 결과 18.5mL를 얻었다면 플라이 애시의 비중은?

① 2.25
② 2.55
③ 2.85
④ 3.15

해설 플라이애시의 비중 = $\frac{시료질량}{눈금차}$ = $\frac{40}{18.5-0.7}$ = 2.25

☐☐☐ 기 20

16 경량골재 콘크리트에 관한 설명으로 틀린 것은?

① 경량 굵은 골재의 부립률은 10%를 최대한도로 한다.
② 경량 굵은 골재의 최대 치수는 원칙적으로 25mm로 한다.
③ 경량골재의 씻기시험에 의해 손실되는 양은 10% 이하로 한다.
④ 천연 경량 잔골재 및 굵은 골재 혼합물의 건조 최대 단위 용적 질량은 1,040kg/m^3 이하로 한다.

해설 경량 굵은 골재의 최대 치수는 원칙적으로 20mm로 한다.

정답 11 ① 12 ④ 13 ④ 14 ① 15 ① 16 ②

17 잔골재의 표면수 측정방법(KS F 2509)에 관한 설명으로 틀린 것은?

① 잔골재의 표면수 측정방법에는 질량법과 용적법이 있다.
② 시험할 때 시료의 양이 많을수록 정확한 결과가 얻어진다.
③ 잔골재의 표면수율은 일반적으로 절대건조상태의 골재에 대한 질량비(%)로 나타낸다.
④ 시료는 대표적인 것을 400g 이상 채취하여 가능한 한 함수율의 변화가 없도록 주의하여 2분하고 각각을 1회의 시험의 시료로 한다.

해설 골재의 표면수율이란 골재의 표면에 붙어 있는 수량의 표면건조포화상태 골재 질량에 대한 백분율을 말한다.

18 시멘트의 강도 시험 방법(KS L ISO 679)에 따른 모르타르의 배합을 올바르게 나타낸 것은? (단, ㉠은 시멘트와 표준사의 비, ㉡은 물−시멘트 비)

① ㉠ = 1 : 2, ㉡ = 50%   ② ㉠ = 1 : 2, ㉡ = 60%
③ ㉠ = 1 : 3, ㉡ = 50%   ④ ㉠ = 1 : 3, ㉡ = 60%

해설 시멘트의 강도 시험용 모르타르의 배합은 시멘트 : 표준사= 1 : 3, 물/시멘트비는 0.5(50%)이다.

19 콘크리트 및 모르타르 혼화재로 사용되는 고로슬래그 미분말의 품질시험에서 활성도 지수를 측정하기 위해 적용되는 재령일이 아닌 것은?

① 재령 3일   ② 재령 7일
③ 재령 28일   ④ 재령 91일

해설 고로 슬래그 미분말의 활성도 지수(%)

품질	1종	2종	3종
재령 7일	95 이상	75 이상	55 이상
재령 28일	105 이상	95 이상	75 이상
재령 91일	105 이상	105 이상	95 이상

20 콘크리트용 플라이 애시로 사용할 수 없는 것은?

① 수분이 0.5%인 경우
② 강열 감량이 6%인 경우
③ 실리카 함유량이 48%인 경우
④ 실리카 함유량이 84%인 경우

해설 플라이 애시의 강열감량 규정
 • 플라이애시 1종 : 3.0% 이하
 • 플라이애시 2종 : 5.0% 이하

제2과목 : 콘크리트 제조, 시험 및 품질관리

21 시멘트의 일반적인 성질 중 수화열에 관한 설명으로 틀린 것은?

① 내외의 온도차로 인하여 균열 발생의 원인이 된다.
② 물과 완전히 반응하면 125cal/g 정도의 열을 발생한다.
③ 수화열 저감 대책으로 분말도가 높은 시멘트를 사용하여야 한다.
④ 콘크리트의 내부온도를 상승시키므로 한중콘크리트 공사에 유효하다.

해설 분말도가 높으면 시멘트의 표면적이 커서 수화 작용이 빨라 수화열이 높다.

22 급속 동결융해 시험에서 150사이클 및 180사이클에서 상대 동 탄성계수가 각각 65% 및 50%가 되었다면 동결융해에 대한 내구성 지수는? (단, 직선(선형)보간법을 활용한다.)

① 16   ② 32
③ 50   ④ 65

해설 내구성지수

$$DF = \frac{\text{시험종료 사이클수} \times \text{상대동탄성계수}}{\text{동결융해에의 노출이 끝날 때의 사이클수}} = \frac{P \cdot N}{300}$$

사이클수(N)	동탄성계수(P)
180	50%
170	55%
160	60%
150	65%

 • P : N사이클시의 상대동탄성계수
 • N : P가 60%가 되었을 때의 사이클수
 • 동탄성계수 P = 60%일 때 사이클수 N = 160%

$$\therefore \text{내구성지수 } DF = \frac{P \cdot N}{300} = \frac{60 \times 160}{300} = 32$$

23 황산염은 수산화칼슘과 반응하여 석고를 생성하고 콘크리트의 체적증대를 유발한다. 이 석고는 다시 시멘트 중의 무엇과 반응하여 현저한 체적팽창을 일으키는가?

① C_2S ② C_3S
③ C_3A ④ C_4AF

해설 C_3A는 석고와 반응하여 에트린가이트를 생성하여 현저한 체적팽창을 일으킨다.

☐☐☐ 기 04,07,09,11,12,15,16,17,19,20

24 지름 100mm, 길이 200mm 원주형 공시체로 쪼갬 인장 강도 시험을 수행한 결과, 재하하중 85kN에서 파괴되었다면 쪼갬 인장 강도는?

① 2.4MPa
② 2.7MPa
③ 3.0MPa
④ 3.5MPa

해설 $f_{sp} = \dfrac{2P}{\pi dl} = \dfrac{2 \times 85 \times 10^3}{\pi \times 100 \times 200} = 2.7 \text{N/mm}^2 = 2.7 \text{MPa}$

☐☐☐ 기 09,16,17,20

25 제조공정의 품질관리 및 검사 시, 시험결과를 바탕으로 시방배합으로부터 현장배합으로 수정하는 항목이 아닌 것은?

① 골재의 표면수율
② 굵은 골재의 실적률
③ 굵은 골재의 조립률
④ 5mm 체에 남는 잔골재량

해설 시방배합을 현장배합으로 수정하는 항목
- 골재의 표면수율(함수율)
- 잔골재 중에서 5mm체에 남는 굵은 골재량
- 굵은 골재 중에서 5mm체를 통과하는 잔골재량
- 굵은 골재의 실적률
- 잔골재의 조립률

☐☐☐ 기 08,14,20

26 다음 관리도에 관한 설명으로 옳지 않은 것은?

① p 관리도 : 단위당 결점수 관리도
② x 관리도 : 측정값 자체의 관리도
③ $\overline{x} - R$ 관리도 : 평균값과 범위의 관리도
④ $\overline{x} - \sigma$ 관리도 : 평균값과 표준편차의 관리도

해설
- p 관리도 : 제품마다의 양, 부를 판정하여 불량품이 어느 정도의 비율로 나타나는가에 대한 불량률을 사용하여 관리
- u 관리도 : 단위가 다를 경우 단위당 결점수로 관리

☐☐☐ 기 12,14,16,17,18,20

27 콘크리트의 크리프에 관한 설명으로 틀린 것은?

① 시멘트량이 많을수록 크리프가 크다.
② 재하시의 재령이 작을수록 크리프가 크다.
③ 보통 시멘트는 조강 시멘트에 비하여 크리프가 크다.
④ 재하기간 중의 대기의 습도가 높을수록 크리프가 크다.

해설
- 재하기간 중의 대기온도가 높을수록 크리프가 크다.
- 재하기간 중의 대기의 습도가 낮을수록 크리프가 크다.

☐☐☐ 기 17,20

28 레디믹스트 콘크리트 품질 규정 중 콘크리트 종류별 공기량 및 허용오차 범위로 틀린 것은?

① 보통 콘크리트 : 4.5%±1.5%
② 포장 콘크리트 : 4.5%±1.5%
③ 고강도 콘크리트 : 5.5%±1.5%
④ 경량 골재 콘크리트 : 5.5%±1.5%

해설 공기량에 대한 규정

콘크리트의 종류	공기량	공기량의 허용오차
보통 콘크리트	4.5	±1.5
경량 콘크리트	5.5	
포장 콘크리트	4.5	
고강도 콘크리트	3.5	

☐☐☐ 기 09,20

29 품질관리에 사용하는 관리도에 대한 설명으로 틀린 것은?

① $\overline{x} - R$ 관리도는 공정의 해석에 매우 유용하다.
② 특성치가 관리한계선의 안쪽에 들어오면 어느 경우에도 공정이 안정한 것이다.
③ 관리한계는 일반적으로 그 통계량의 평균치를 중심으로 하고, 표준편차의 3배를 취하는 방법을 사용한다.
④ 1개의 시험결과를 사용한 x관리도보다 n개의 시험결과 평균치를 사용한 $\overline{x}$관리도가 관리한계의 폭이 넓다.

해설 특성치가 한계 내에 있어도 이상 있는 경우
- 주기적인 파형인 경우
- 점이 연속적으로 상승 또는 하강하는 경우
- 타점이 연속하여 중심선 한쪽에 나타나는 경우

☐☐☐ 기 08,11,18,20

30 시험조건이 콘크리트의 압축강도에 영향을 미치는 경우에 대한 설명으로 틀린 것은?

① 재하속도가 빠를수록 강도는 크게 나타난다.
② 공시체의 높이와 지름의 비(H/D)가 클수록 강도는 증가한다.
③ 습윤양생 후 공기 중에 건조시키면 일시적으로 강도는 높게 나타난다.
④ 공시체의 가압면에 요철(凹凸)이 있는 경우 강도가 작게 측정된다.

해설 공시체의 높이와 지름(H/D)의 비가 작을수록, 높이가 낮을수록 강도는 크다.

정답 24 ② 25 ③ 26 ① 27 ④ 28 ③ 29 ② 30 ②

31 수분의 증발이 원인이 되어 타설 후부터 콘크리트의 응결 종결시까지 발생하는 균열을 초기 건조균열이라고 한다. 이러한 균열이 발생되기 쉬운 경우로 틀린 것은?

① 바람이 없고 기온이 낮으며, 건조가 심한 경우
② 콘크리트 노출면의 수분 증발속도가 블리딩 속도보다 빠른 경우
③ 시멘트의 응결·경화가 급격하게 일어나 콘크리트 내부에 물이 흡수된 경우
④ 바닥판에서 거푸집으로부터의 누수가 심하고 블리딩이 전혀 없으며 초기에 콘크리트 표면에 수분이 부족한 경우

해설 • 초기건조균열(=플라스틱수축균열)은 증발이나 표면의 건조와 무관한 것이다.
■ 초기건조균열의 원인
· 블리딩과 침하가 급속히 진행될 때
· 노출면의 수준 증발속도가 블리딩 속도보다 빠를 경우
· 거푸집으로 부터의 누수가 심할 때
· 초기 콘크리트 표면의 수분이 부족할 때
· 시멘트의 급격한 응결·경화가 일어날 때

32 압력법에 의한 공기량 시험의 적용범위 및 방법에 대한 설명으로 틀린 것은?

① 인공 경량 골재를 사용한다.
② 콘크리트를 3층으로 나누어 각 층을 25회씩 다짐봉으로 다진다.
③ 굵은 골재의 최대 치수 40mm 이하의 보통 골재를 사용한 콘크리트에 대해서 적당하다.
④ 아날로그식 압력계를 읽는 경우 압력계의 바늘을 손가락으로 가볍게 두드리고 나서 읽는다.

해설 압력법에 의한 공기량 시험
· 최대 치수 40mm 이하의 보통 골재를 사용한 콘크리트에 대해서는 적당하다.
· 인공경량골재와 같은 다공질 골재를 사용한 콘크리트에 대해서는 부정당하다.

33 굳지 않은 콘크리트의 워커빌리티를 나타내는 하나의 지표이며, 콘크리트의 묽은 정도를 나타내는 콘크리트의 특성으로 보통 슬럼프 값으로 표시되는 것은?

① 성형성   ② 수밀성
③ 마감성   ④ 반죽질기

해설 반죽질기(consistency)
주로 수량의 양이 많고 적음에 따른 반죽이 되고 진 정도를 나타내는 굳지 않은 콘크리트의 성질로 보통 슬럼프 값으로 표시된다.

34 레디믹스트 콘크리트의 받아들이기 검사에 있어서 시험 규정에 대한 설명으로 틀린 것은?

① 콘크리트의 강도 시험 횟수는 원칙적으로 200m³당 1회의 비율로 한다.
② 강도시험 1회의 시험 결과는 구입자가 지정한 호칭강도의 85% 이상이어야 한다.
③ 공기량의 허용오차는 특별한 지정이 없는 한 ±1.5%로 한다.
④ 염화물 함유량은 염소 이온(Cl^-)량으로서 0.30kg/m³ 이하로 한다. 다만, 구입자의 승인을 얻은 경우에 0.60kg/m³ 이하로 할 수 있다.

해설 콘크리트의 강도 시험 횟수는 원칙적으로 450m³를 1로트로 하여 150m³당 1회의 비율로 한다.

35 NaCl이 질량으로 0.03% 포함된 해사를 950kg/m³ 사용하여 콘크리트를 제조할 경우, 해사로 인한 콘크리트의 염화물 이온 함유량은?

① 0.143kg/m³   ② 0.173kg/m³
③ 0.285kg/m³   ④ 0.346kg/m³

해설 염화물이온(Cl^-)함유량

$$= 해당량 \times \frac{해사율}{100} \times \frac{Cl^- 분자량}{NaCl 분자량}$$

· Nacl 분자량 : 58.5
· Cl^- 분자량 : 35.5

$$= 950 \times \frac{0.03}{100} \times \frac{35.5}{58.5} = 0.173 kg/m^3$$

참고 나트륨(Na) 원자량 : 23, 염소(Cl^-)원자량 : 35.5

36 콘크리트의 압축강도, 슬럼프, 공기량 등의 특성을 관리하는데 적합한 관리도는?

① 파레토도   ② 특성요인도
③ 히스토그램   ④ $\bar{x} - R$ 관리도

해설 · $\bar{x} - R$ 관리도 : 시료의 길이, 중량, 강도 등과 같은 연속량(계량치)일 때 사용된다.
· P 관리도 : 시료의 크기가 반드시 일정치 않아도 되는 이항분포 이론을 적용하여 불량률로서 공정을 관리할 때에 사용한다.
· P_n 관리도 : 하나 하나의 물품의 양호, 불량으로 판정할 때 불량갯수로써 공정을 관리한다.
· C 관리도 : 일정한 크기의 시료 가운데 나타나는 결점수에 의거 공정을 관리할 때에 사용한다.

정답 31 ① 32 ① 33 ④ 34 ① 35 ② 36 ④

□□□ 기 20
37 골재의 함수상태에 관한 설명 중 틀린 것은?

① 절대건조상태란 대기 중에서 완전히 건조된 상태이다.
② 표면건조상태는 콘크리트의 배합설계 시 기준이 된다.
③ 표면건조상태란 내부에는 수분이 있으나 표면수는 없는 상태이다.
④ 유효흡수량이란 공기 중 건조상태로부터 표면건조포화 상태로 되는 데 필요한 수량이다.

[해설] 골재의 절대건조상태란 골재를 100~110℃의 온도에서 일정한 질량이 될 때까지 건조하여 골재 알의 내부에 포함되어 있는 자유수가 완전히 제거된 상태이다.

□□□ 기 07,10,13,16,18,19,20
38 공시체(150×150×530mm)를 지간 450mm의 4점 재하 장치를 이용하여 파괴하중 33kN이 측정되었다면, 이 콘크리트의 휨강도는?

① 1.1MPa ② 2.2MPa
③ 3.3MPa ④ 4.4MPa

[해설] 휨강도 $f_b = \dfrac{Pl}{bh^2}$

$\therefore f_b = \dfrac{33 \times 10^3 \times 450}{150 \times 150^2} = 4.4\,\text{N/mm}^2 = 4.4\,\text{MPa}$

□□□ 기 12,15,20
39 일반 콘크리트에 적용된 균열유발이음에 대한 설명으로 틀린 것은?

① 미리 정해진 장소에 균열을 집중시킬 목적으로 설치한다.
② 수밀구조물에는 지수판을 설치하는 등 지수대책을 수립한다.
③ 균열유발이음의 간격은 부재높이의 1배 이상에서 2배 이내로 한다.
④ 단면의 결손율은 부재두께의 10%를 약간 넘는 정도로 한다.

[해설] 단면의 결손율은 부재두께의 20%를 약간 넘는 정도로 한다.

□□□ 기 14,15,16,20
40 콘크리트의 재료의 계량에 관한 내용으로 틀린 것은?

① 계량은 현장 배합에 의해 실시하는 것으로 한다.
② 각 재료는 1배치씩 질량으로 계량하는 것을 원칙으로 한다.
③ 혼화제를 녹이는데 사용하는 물은 단위수량에서 제외한다.
④ 골재가 건조되어 있을 때의 유효 흡수율 값은 골재를 적절한 시간 흡수시켜서 구한다.

[해설] 혼화제를 녹이는 데 사용하는 물이나 혼화제를 묽게 하는 데 사용하는 물은 단위수량의 일부로 보아야 한다.

제3과목 : 콘크리트의 시공

□□□ 기 19,20
41 레디믹스트 콘크리트의 받아들이기 검사로서 현장 콘크리트 품질기술자가 실시하여야 할 사항으로 틀린 것은?

① 기타 받아들이기 검사는 KS F 4009에 따라야 한다.
② 타설 중에는 생산자와 연락을 취하지 않고 품질기술자의 책임 하에 콘크리트 타설이 중단되는 일이 없도록 한다.
③ 콘크리트 타설에 앞서 납품 일시, 콘크리트의 종류, 수량, 배출 장소 및 트럭 에지테이터의 반입속도 등을 생산자와 충분히 협의한다.
④ 콘크리트 비빔 시작부터 타설 종료까지의 시간의 한도는 외기기온이 25℃ 미만의 경우 120분, 25℃ 이상의 경우에는 90분으로 한다.

[해설] 콘크리트 제조 회사에 신속하게 연락을 취하여 콘크리트 생산을 중지시킨다.

□□□ 기 07,20
42 서중 콘크리트에 대한 설명 중 틀린 것은?

① 콘크리트를 타설할 때의 콘크리트 온도는 35℃ 이하이어야 한다.
② 소요의 강도 및 워커빌리티를 얻을 수 있는 범위 내에서 단위수량 및 단위 시멘트량을 최대로 확보하여야 한다.
③ 콘크리트는 비빈 후 즉시 타설하여야 하며, 지연형 감수제를 사용하는 등의 일반적인 대책을 강구한 경우라도 1.5시간 이내에 타설하여야 한다.
④ 일반적으로는 기온 10℃의 상승에 대하여 단위수량은 2~5% 증가하므로 소요의 압축강도를 확보하기 위해서는 단위수량에 비례하여 단위 시멘트량의 증가를 검토하여야 한다.

[해설] 소요의 강도 및 워커빌리티를 얻을 수 있는 범위내에서 단위수량 및 단위 시멘트량을 적게 하여야 한다.

□□□ 기 09,14,20
43 시멘트의 응결을 촉진하는 혼화제로서 주로 숏크리트공법, 그라우트에 의한 누수방지공법 등에 사용되는 혼화제는?

① AE제 ② 급결제
③ 발포제 ④ 지연제

[해설] 급결제
응결시간을 매우 빨리하여 순간적인 응결과 경화가 요구되는 숏크리트공법 및 그라우트에 의한 지수공법 등에 사용된다.

정답 37 ① 38 ④ 39 ④ 40 ③ 41 ② 42 ② 43 ②

□□□ 기 12,17,20
44 공장 제품의 콘크리트 강도에 대한 설명으로 틀린 것은?

① 일반적인 공장 제품은 재령 28일에서의 압축강도 시험값을 기준으로 한다.
② 공장 제품의 탈형, 긴장력 도입, 출하할 때의 콘크리트 압축강도는 단계별 소요강도를 만족시켜야 한다.
③ 오토클레이브 양생 등의 특수한 촉진양생을 하는 공장 제품에서는 14일 이전의 적절한 재령에서 압축강도 시험값을 기준으로 한다.
④ 촉진양생을 하지 않은 공장 제품이나 비교적 부재 두께가 큰 공장 제품에서는 재령 28일에서의 압축강도 시험값을 기준으로 한다.

해설 일반적인 공장제품은 재령 14일에서의 압축강도 시험값을 기준으로 한다.

□□□ 기 12,20
45 유동화 콘크리트에 대한 설명으로 옳은 것은?

① 베이스 콘크리트 및 유동화 콘크리트의 슬럼프 및 공기량 시험은 50m³ 마다 1회씩 실시하는 것을 표준으로 한다.
② 유동화 콘크리트의 슬럼프 증가량은 120mm 이하를 원칙으로 하며, 80~100mm를 표준으로 한다.
③ 유동화제는 물로 희석하여 사용하여야 하며, 미리 정한 소정의 양을 조금씩 첨가하면서 유동화 시켜야 한다.
④ 유동화 콘크리트의 운반 지연으로 슬럼프 감소가 발생할 경우 재유동화를 실시하여야 하며, 재유동화 횟수는 3회를 초과할 수 없다.

해설 • 유동화 콘크리트의 슬럼프 증가량은 100mm 이하를 원칙으로 하며, 50~80mm를 표준으로 한다.
• 유동화제는 원액으로 사용하고, 미리 정한 소정의 양을 한꺼번에 첨가하여 유동화 시킨다.
• 유동화 콘크리트의 재유동화는 원칙적으로 할 수 없다. 부득이 한 경우 책임기술자의 승인을 받아 1회에 한하여 재유동화 할 수 있다.

□□□ 산 09,10,15,17 기 18,20
46 설계기준 압축강도가 24MPa인 콘크리트를 사용하여 슬래브 콘크리트를 타설하였을 경우, 슬래브 밑면의 거푸집널을 해체하기 위해서는 콘크리트 압축강도가 몇 MPa 이상이 되어야 하는가? (단, 단층구조의 경우)

① 5MPa
② 10MPa
③ 14MPa
④ 16MPa

해설 콘크리트 압축강도(슬래브 및 보의 밑면, 아치 내면)
• 설계기준압축강도의 2/3배 이상 또는 최소 14MPa 이상
∴ 콘크리트의 압축강도 $f_{cu} = \frac{2}{3} \times 24 = 16\,\text{MPa} \geq 14\,\text{MPa}$

□□□ 기 14,20
47 콘크리트 표면마무리의 평탄성 표준값에 대한 설명으로 옳은 것은?

① 제물치장 마무리의 경우 평탄성 표준값은 3m당 10mm 이하로 한다.
② 마무리 두께 7mm 이상인 마무리의 경우 평탄성 표준값은 1m당 15mm 이하로 한다.
③ 마무리 두께 7mm 이하인 마무리의 경우 평탄성 표준값은 3m당 10mm 이하로 한다.
④ 바탕의 영향을 많이 받지 않는 마무리의 경우 평탄성 표준값은 1m당 15mm 이하로 한다.

해설 콘크리트 마무리의 평탄성

콘크리트 면의 마무리	평탄성
• 마무리 두께 7mm이상 또는 바탕의 영향을 많이 받지 않는 마무리의 경우	1m당 10mm 이하
• 마무리 두께 7mm 이하 또는 양호한 평탄함이 필요한 경우	3m당 10mm 이하
• 제물치장 마무리 또는 마무리 두께가 얇은 경우	3m당 7mm 이하

□□□ 기 06,16,20
48 수밀 콘크리트의 배합에 대한 설명으로 틀린 것은?

① 물-결합재비는 60% 이하를 표준으로 한다.
② 콘크리트의 소요 슬럼프는 되도록 작게 하여 180mm를 넘지 않도록 한다.
③ 콘크리트의 워커빌리티를 개선시키기 위해 AE제 등을 사용하는 경우라도 공기량은 4% 이하가 되게 한다.
④ 배합은 소요의 품질이 얻어지는 범위 내에서 단위수량 및 물-결합재비는 되도록 작게 한다.

해설 물-결합재비는 되도록 적게 하고, 50% 이하를 표준으로 한다.

□□□ 기 14,15,17,18,20,21
49 아래의 표에서 설명하는 것은?

> 롤러다짐용 콘크리트의 반죽질기를 나타내는 값으로서 진동대식 반죽질기 시험 방법에 의하여 얻어지는 시험값을 초(秒)로서 나타낸 것

① VC값
② RI 시험값
③ 슬럼프 값
④ 다짐계수 값

해설 • VC값 : 롤러다짐 콘크리트의 반죽질기는 VC시험으로 20±10초를 표준으로 한다.
• RI시험 : 진동롤러로 다짐 후 다짐면의 다짐 정도를 판단하기 위해 라디오 아이소토프(Radio Isotope)를 이용하여 다짐도를 판정하는 것

정답 44 ① 45 ① 46 ④ 47 ③ 48 ① 49 ①

□□□ 기 12,20

50 수중 콘크리트의 W/B(물-결합재비) 및 단위결합재량의 기준을 나타낸 아래 표에서 내용이 틀린 것은?

종류	일반 수중 콘크리트	현장타설말뚝 및 지하연속벽에 사용하는 수중 콘크리트
물-결합재비	㉠	㉡
단위결합재량	㉢	㉣

① ㉠ : 50% 이하
② ㉡ : 55% 이하
③ ㉢ : 370kg/m³ 이상
④ ㉣ : 380kg/m³ 이상

[해설] 수중 콘크리트의 물-결합재비 및 단위 시멘트량

종류	일반 수중 콘크리트	현장 타설말뚝 및 지하연속벽에 사용하는 수중 콘크리트
물-결합재비	50% 이하	55% 이하
단위 시멘트량	370kg/m³ 이상	350kg/m³ 이상

□□□ 기 20

51 팽창 콘크리트에 대한 재료의 취급과 저장에 대한 내용으로 틀린 것은?

① 포대 팽창재는 12포대 이하로 쌓아야 한다.
② 포대 팽창재는 지상 3m 이상의 마루 위에 쌓아 운반이나 검사에 편리하도록 배치하여 저장하여야 한다.
③ 3개월 이상 장기간 저장된 팽창재는 저장기간이 길어진 경우에는 시험을 실시하여 소요의 품질을 갖고 있는지를 확인한 후에 사용하여야 한다.
④ 벌크 상태의 팽창재 및 팽창재와 시멘트를 미리 혼합한 것은 양호한 밀폐상태에 있는 사이로 등에 저장하여 다른 재료와 혼합되지 않도록 하여야 한다.

[해설] 포대 팽창재는 지상 0.3m 이상의 마루 위에 쌓아 운반이나 검사에 편리하도록 배치하여 저장하여야 한다.

□□□ 기 04,20

52 수밀 콘크리트의 시공에 대한 방법으로 옳지 않은 것은?

① 적절한 간격으로 시공이음을 만들었다.
② 타설구획 내에서 연속으로 타설하였다.
③ 연직시공이음에는 지수판을 설치하였다.
④ 일반적인 경우보다 단위 굵은 골재량을 작게 하였다.

[해설] 수밀콘크리트의 경우에는 일반적인 경우보다 잔골재율을 어느 정도 크게 하는 것이 좋다.

□□□ 기 20

53 한중 콘크리트는 소요 압축강도가 얻어질 때까지 콘크리트의 온도를 5℃ 이상으로 유지하는 등 초기양생을 실시하여야 한다. 계속해서 또는 자주 물로 포화되는 부분에 설치된 부재의 단면 두께가 300mm 초과, 800mm 이하일 때 양생을 종료할 수 있는 소요 압축강도의 표준으로 옳은 것은?

① 5MPa
② 10MPa
③ 12MPa
④ 15MPa

[해설] 한중콘크리트의 양생종료 때의 압축강도의 표준(MPa)

구조물의 노출	단면(mm) 300 이하	300 초과 800 이하	800 초과
(1) 계속해서 또는 자주 물로 포화되는 부분	15	12	10
(2) 보통의 노출상태에 있고 (1)에 속하지 않는 부분	5	5	5

□□□ 기 17,20

54 콘크리트의 배합과 압송성과의 관계에 대한 설명으로 틀린 것은?

① 단위 시멘트량이 적어지면 압송성도 저하한다.
② 콘크리트 펌프의 압송부하는 콘크리트의 슬럼프가 커지면 작아진다.
③ 압송을 용이하게 하기 위해 콘크리트의 단위수량을 가능한 한 크게 하고, 잔골재율을 작게 한다.
④ 잔골재, 굵은 골재의 입도 분포가 불연속인 경우 또는 잔골재 중의 미립분이 부족한 경우에 관이 막히는 경우가 있다.

[해설] 압송을 용이하게 하기 위해 콘크리트의 단위수량을 가능한 한 작게 하고, 잔골재율을 크게 한다.

□□□ 기 07,11,16,18,20

55 방사선 차폐용 콘크리트의 배합에 관한 일반적인 설명으로 틀린 것은?

① 콘크리트 배합은 소요의 성능이 얻어지도록 시험비비기를 실시한 후 정한다.
② 콘크리트의 워커빌리티 개선을 위해 품질이 입증된 혼화제를 사용할 수 있다.
③ 콘크리트 슬럼프는 작업성을 고려하여 가능한 커야 하며 일반적인 경우 180mm 이상으로 한다.
④ 물-결합재비는 단위시멘트량이 과다로 되지 않는 범위 내에서 가능한 적게 하고 50% 이하가 원칙이다.

[해설] 콘크리트의 슬럼프는 작업에 알맞은 범위내에서 가능한 한 적은 값이어야 하며, 일반적인 경우 150mm 이하로 하여야 한다.

정답 50 ④ 51 ② 52 ④ 53 ③ 54 ③ 55 ③

56. 높은 설계기준압축강도 뿐만 아니라 높은 내구성을 요구하는 고강도 콘크리트의 설계기준압축강도로 옳은 것은?

① 일반적으로 35MPa 이상, 고강도경량골재 콘크리트는 25MPa 이상
② 일반적으로 40MPa 이상, 고강도경량골재 콘크리트는 25MPa 이상
③ 일반적으로 35MPa 이상, 고강도경량골재 콘크리트는 27MPa 이상
④ 일반적으로 40MPa 이상, 고강도경량골재 콘크리트는 27MPa 이상

[해설] 고강도콘크리트의 설계기준강도는 일반적으로 40MPa 이상으로 하며 고강도 경량 콘크리트는 27MPa 이상으로 한다.

57. 구조물별 시공이음의 위치에 대한 설명으로 옳지 않은 것은?

① 바닥틀의 시공이음은 슬래브 또는 보의 경간 단부에 둔다.
② 아치의 시공이음은 아치축에 직각방향이 되도록 설치하여야 한다.
③ 바닥틀과 일체로 된 기둥 혹은 벽의 시공이음은 바닥틀과의 경계부근에 설치하는 것이 좋다.
④ 바닥틀의 시공이음에서 보가 그 경간 중에서 작은 보와 교차할 경우에는 작은 보의 폭의 약 2배 거리만큼 떨어진 곳에 보의 시공이음을 설치한다.

[해설] 바닥틀의 시공이음은 슬래브 또는 보의 경간 중앙부 부근에 두어야 한다.

58. 콘크리트의 타설 시 내부진동기의 사용 방법에 대한 설명으로 틀린 것은?

① 1개소 당 진동시간 30~40초로 한다.
② 내부진동기는 콘크리트로부터 천천히 빼내어 구멍이 남지 않도록 한다.
③ 진동다지기를 할 때에는 내부진동기를 하층의 콘크리트 속으로 0.1m 정도 찔러 넣는다.
④ 내부진동기는 연직으로 찔러 넣으며, 삽입간격은 일반적으로 0.5m 이하로 하는 것이 좋다.

[해설] 1개소당 진동시간은 5~15초로 한다.

59. 숏크리트에서 뿜어붙이기 성능의 설정 항목으로 틀린 것은?

① 반발률 ② 초기강도
③ 분진 농도 ④ 물-결합재비

[해설] 숏크리트의 뿜어붙이기 성능평가항목 : 반발률, 분진 농도, 숏크리트의 초기강도

60. 매스 콘크리트의 수축이음에 대한 설명으로 틀린 것은?

① 수축이음의 간격은 1~2m를 기준으로 한다.
② 수축이음의 단면 감소율은 35% 이상으로 하여야 한다.
③ 벽체구조물의 경우 길이 방향에 일정 간격으로 단면 감소 부분을 만든다.
④ 수축이음의 위치는 구조물의 내력에 영향을 미치지 않는 곳에 설치한다.

[해설] 수축이음의 간격은 4~5m를 기준으로 한다.

제4과목 : 콘크리트 구조 및 유지관리

61. 아래 그림과 같은 단면을 가지는 단순보에서 균열모멘트(M_{cr})의 값은? (단, $f_{ck}=25$MPa, $f_y=400$MPa, $\lambda=1$)

① 22.3kN·m
② 31.6kN·m
③ 39.4kN·m
④ 48.2kN·m

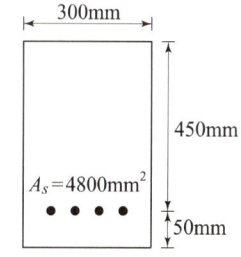

[해설] 균열모멘트 $M_{cr} = \dfrac{f_r}{y_t} I_g$

$f_r = 0.63\lambda\sqrt{f_{ck}} = 0.63 \times 1 \times \sqrt{25} = 3.15\text{MPa}$

$I_g = \dfrac{bh^3}{12} = \dfrac{300 \times 500^3}{12} = 3,125,000,000\text{mm}^3$

$y_t = \dfrac{h}{2} = \dfrac{500}{2} = 250\text{mm}$

$\therefore M_{cr} = \dfrac{3.15}{250} \times 3,125,000,000$
$= 39,375,000\text{N·mm} = 39.4\text{kN·m}$

62 구조물의 안전성을 평가하기 위하여 실시하는 재하시험에 대한 설명으로 틀린 것은?

① 재하시험은 크게 정적재하시험과 동적재하시험으로 구분할 수 있다.
② 재하시험을 수행하는 구조물에 대하여는 해석적인 평가를 수행하지 않아도 좋다.
③ 재하시험은 하중을 받는 구조물의 재령이 최소한 56일이 지난 다음에 수행하는 것이 좋다.
④ 건물에서 부재의 안전성을 재하시험 결과에 근거하여 직접 평가할 경우에는 보, 슬래브 등과 같은 휨부재의 안전성 검토에만 적용할 수 있다.

[해설] 재하시험을 수행하는 구조물에 대하여는 해석적인 방법에 의해 수행하여야 한다.

63 콘크리트 옹벽 본체설계에 대한 설명으로 틀린 것은?

① 캔틸레버식 옹벽의 벽체는 자중과 토압의 수평분력을 고려해서 설계해야 한다.
② 뒷부벽은 T형 캔틸레버 보로 설계하여야 하며, 앞부벽은 직사각형 보로 설계하여야 한다.
③ 캔틸레버식 옹벽의 뒷판은 뒷판 상부에 재하되는 모든 하중을 지지하도록 설계하여야 한다.
④ 반중력식 옹벽은 지형 및 기타 물리적 제약에 의해 중력식 옹벽의 경우보다 벽체 두께를 얇게 해야 하는 경우에 적용해야 한다.

[해설] 캔틸레버식 옹벽의 벽체는 캔틸레버 슬래브에 주동 토압이 작용하는 것으로 보고 토압의 수직분력과 자중을 고려하지 않고 설계 한다.

64 슬래브와 보를 일체로 친 대칭 T형보의 유효폭을 결정하는 기준 중 틀린 것은? (단, b_w : 플랜지가 있는 부재의 복부폭)

① 보의 경간의 1/4
② (보의 경간의 1/2)+b_w
③ 양쪽의 슬래브의 중심 간 거리
④ (양쪽으로 각각 내민 플랜지 두께의 8배씩)+b_w

[해설] 대칭 T형보의 유효폭은 다음 값 중 가장 작은 값으로 한다.
 • 양쪽으로 각각 내민 플랜지 두께의 8배씩 : $16t_f$+b_w
 • 양쪽의 슬래브의 중심 간 거리
 • 보의 경간(L)의 1/4

65 프리스트레스트 콘크리트의 철근부식 방지를 위한 최대 수용성 염소 이온(Cl^-)량은? (단, 시멘트 질량에 대한 %)

① 0.3% ② 0.6%
③ 0.03% ④ 0.06%

[해설] 굳은 콘크리트의 최대 수용성 염소이온 비율

부재의 종류	콘크리트속의 최대 수용성 염소이온량 [시멘트 질량에 대한 비율(%)]
• 프리스트레스트 콘크리트	0.06%
• 염화물에 노출된 철근 콘크리트	0.15%
• 건조한 상태이거나 습기로부터 차단된 철근 콘크리트	1.00%
• 기타 철근 콘크리트	0.30%

66 염해에 대한 콘크리트 구조물의 내구성 평가를 위한 염소이온 농도를 구하는 아래 식에 포함된 X, Y, Z에 대한 설명으로 옳지 않은 것은? (단, $C(x, t)$: 깊이 x, 시간 t에서 염화물이온 농도의 설계값, erf : 오차함수)

$$C(x,\ t) = X\left(1 - erf\left(\frac{x}{2\sqrt{Zt}}\right)\right) + Y$$

① 해중(海中)이 비말대(splash belt)보다 X가 더 크다.
② 콘크리트의 물-결합재비(W/B)가 작게 되면 Z가 작게 된다.
③ 콘크리트 제조시에 제염처리가 되지 않은 바다모래를 사용하면 Y가 크게 된다.
④ 보통 포틀랜드 시멘트보다 고로 슬래그 시멘트를 사용한 경우가 Z가 작게 된다.

[해설] 해중(海中)이 비말대(splash belt)보다 $X(C_s - C_i)$가 더 작다.

67 스터럽을 사용하는 이유로 가장 적합한 것은?

① 주철근의 상호위치 확보
② 휨응력에 의한 균열 방지
③ 압축을 받는 축방향 철근의 좌굴방지
④ 보에 작용하는 사인장 응력에 의한 균열 방지

[해설] 콘크리트의 사인장 강도가 부족하기 때문에 보에 작용하는 사인장 응력에 의한 균열을 막기 위하여 스터럽과 굽힘철근을 배근한다.

정답 62 ② 63 ① 64 ② 65 ④ 66 ① 67 ④

68 보수공법 중 에폭시 수지 등을 수동식으로 주입하는 수동식 주입법의 특징으로 옳지 않은 것은?

① 주입 시 압력펌프를 필요로 한다.
② 주입용 수지의 점도에 제약을 받는다.
③ 다량의 수지를 단 시간에 주입할 수 있다.
④ 균열 폭 0.5mm 이하의 경우에는 주입이 곤란하다.

해설 주입용 수지의 점도에 제약을 받지 않는다.

69 콘크리트 구조물의 탄산화를 방지하기 위한 구조물 신축시의 조치로서 틀린 것은?

① 다공질의 골재를 사용한다.
② 충분한 습윤양생을 실시한다.
③ 투기성, 투수성이 작은 마감재를 사용한다.
④ 콘크리트를 충분히 다짐하여 타설하고 결함을 발생시키지 않는다.

해설 중성화(탄산화)에 대한 대책
• 철근 피복두께를 확보한다.
• 양질의 골재를 사용하고 물-시멘트비를 적게 한다.
• 탄산화 억제효과가 큰 투기성이 낮은 마감재를 사용한다.
• 콘크리트의 충분히 다지기를 하여 결함을 발생시키지 않도록 한 후 습윤양생을 한다.

70 표준갈고리를 갖는 인장 이형철근 D19($d_b = 19.1\text{mm}$)이 그림과 같이 배치되어 있을 때 정착길이(l_{dh})를 구하면? (단, $f_{ck} = 21\text{MPa}$, $f_y = 400\text{MPa}$, 피복두께로 인한 보정계수는 0.7을 사용하며, 기타의 보정계수는 무시한다.)

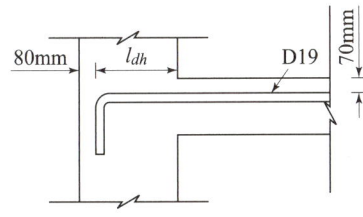

① 247mm ② 280mm
③ 330mm ④ 412mm

해설 표준갈고리를 갖는 인장 이형철근의 정착
• 철근의 설계기준항복강도가 400MPa인 경우 기본정착길이가 다음 식으로 구한다.

$l_{dh} = \dfrac{0.24\beta d_b f_y}{\lambda \sqrt{f_{ck}}}$

$= \dfrac{0.24 \times 1 \times 19.1 \times 400}{1 \times \sqrt{21}} \times 0.7 = 280\text{mm} \geq 150\text{mm}$

71 유기질계, 무기질계 보수재료 선정 시 특히 중요하게 고려할 항목과 거리가 먼 것은?

① 전도성 ② 투명성
③ 탄성계수 ④ 열팽창계수

해설 • 노출 철근을 보수하는 경우는 전도(傳導)성을 갖는 재료로 수복하는 것이 바람직하다.
• 기존 콘크리트와 유사한 탄성계수를 갖는 재료를 선정하는 것이 좋다.
• 기존 콘크리트의 열팽창·수축을 제어할 수 있도록 열팽창계수가 비슷한 재료를 사용해야 한다.

72 그림과 같은 철근 콘크리트 보에 전단력과 휨모멘트만이 작용할 때 콘크리트에 의한 전단강도는? (단, $f_{ck} = 21\text{MPa}$, $f_y = 400\text{MPa}$이며, 경량콘크리트계수 $\lambda = 1$이다.)

① 89.7kN
② 91.7kN
③ 114.6kN
④ 115.2kN

해설 $V_c = \dfrac{1}{6}\lambda\sqrt{f_{ck}}\,b_w d$

$= \dfrac{1}{6} \times 1 \times \sqrt{21} \times 300 \times 500$

$= 114,564\text{N} = 114.6\text{kN}$

73 화재에 의한 콘크리트 구조물의 열화현상에 대한 설명으로 틀린 것은?

① 콘크리트는 약 300℃에서 탄산화되기 쉽다.
② 급격한 가열 시 피복콘크리트의 폭렬이 발생하기 쉽다.
③ 콘크리트는 탈수나 단면내의 열응력에 의해 균열이 생긴다.
④ 콘크리트의 가열로 인한 정탄성계수의 감소에 의해 바닥 슬래브나 보의 처짐이 증가한다.

해설 콘크리트는 약 500℃에서 탄산화(중성화)되기 쉽다.

74 일반적으로 슈미트 해머를 사용하며, 일정한 충격 에너지로 충격을 가하여 움푹 패거나 또는 되밀어치는 크기를 측정하는 비파괴 시험방법은?

① 인발 시험 ② 관입 저항법
③ 반발 경도법 ④ 머추리티 미터

해설 표면경도법
재료의 반동경도를 측정하여 강도를 추정하는 방법으로서 대표적인 것이 반발 경도법인 슈미트해머에 의한 측정이다.

☐☐☐ 기 04,10,17,20

75 콘크리트 보수를 위해 각종 섬유(강섬유, 유리섬유, 폴리플로필렌섬유 등)를 사용할 경우 섬유가 갖추어야 할 조건으로 옳지 않은 것은?

① 섬유의 압축강도가 커야 한다.
② 섬유의 인장강도가 커야 한다.
③ 내구성, 내열성 및 내후성이 우수하여야 한다.
④ 섬유와 시멘트 결합재 사이의 부착성이 좋아야 한다.

[해설] 섬유보강콘크리트용 섬유로써 갖추어야 할 조건
- 섬유와 시멘트 결합재 사이의 부착성이 좋을 것
- 섬유의 인장강도가 충분히 클 것
- 섬유의 탄성계수는 시멘트 결합재 탄성계수의 1/5 이상일 것
- 형상비가 50 이상일 것
- 내구성, 내열성 및 내후성이 우수할 것
- 시공성에 문제가 없고 가격이 저렴할 것

☐☐☐ 기 20

76 동해의 예측에 기초한 평가 중 스켈링 깊이의 진행예측의 상태별 설명이 틀린 것은?

① 잠복기 : 동해깊이율이 작고, 강성이 거의 변화가 없으며, 철근의 부식이 없는 단계
② 진전기 : 동해깊이율이 크게 되고, 미관 등에 의한 주변 환경으로의 영향이 일어나고, 철근부식이 발생하는 단계
③ 가속기 : 동해깊이율이 1.0까지 도달하며, 변형과 철근의 부식이 심해지는 단계
④ 열화기 : 동해깊이율이 1.0 이하가 되며, 급속한 변형이 크게 되는 동시에 부재로의 내하력에 영향을 미치는 단계

[해설] 열화기
동해깊이율이 1.0 이상이 되며, 급속한 변형이 크게 되는 동시에 부재로의 내하력에 영향을 미치는 단계

☐☐☐ 기 13,17,20

77 보를 설계할 때, 일반적으로 과소철근보로 설계하도록 권장하고 있는 이유로 가장 옳은 것은?

① 철근의 인장응력이 크기 때문에
② 철근이 고가이므로 경제성을 위하여
③ 콘크리트의 취성파괴를 방지하기 위하여
④ 철근의 배치가 쉽고, 시공성이 용이하기 때문에

[해설] 과소철근보
부재의 갑작스런 파괴(취성파괴)를 방지하기 위해 철근비의 범위를 연성파괴로 유도한다.

☐☐☐ 기 12,15,20

78 콘크리트 구조물 강도해석에서 $f_{ck} = 30\text{MPa}$일 때 등가 직사각형 응력블록의 높이비 β_1은?

① 0.80
② 0.84
③ 0.83
④ 0.85

[해설] $f_{ck} = 30\text{MPa} \leq 40\text{MPa}$일 때
$\eta = 1, \beta_1 = 0.80$

☐☐☐ 기 08,14,17,20

79 콘크리트의 탄산화 방지 대책으로 옳지 않은 것은?

① 밀실한 콘크리트로 타설한다.
② 철근의 피복두께를 확보한다.
③ 물-시멘트비(W/C)를 적게 한다.
④ 콘크리트에 수축줄눈을 고려한다.

[해설] 중성화(탄산화)에 대한 대책
- 철근 피복두께를 확보한다.
- 양질의 골재를 사용하고 물-시멘트비를 적게 한다.
- 탄산화 억제효과가 큰 투기성이 낮은 마감재를 사용한다.
- 콘크리트의 충분히 다지기를 하여 결함을 발생시키지 않도록 한 후 습윤양생을 한다.

☐☐☐ 기 12,15,20

80 다음 그림과 같은 압축부재의 설계축강도($\phi P_{n(\max)}$)는? (단, $f_{ck} = 24\text{MPa}$, $f_y = 350\text{MPa}$, 종방향 철근의 전체 단면적(A_{st})는 4,000mm²이며, 단주기둥으로 $\phi = 0.65$이다.)

① 1,955kN
② 2,382kN
③ 2,579kN
④ 2,848kN

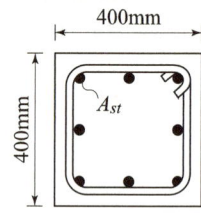

[해설] $\phi P_n = \alpha\phi[0.85f_{ck}(A_s - A_{st}) + f_y \cdot A_{st}]$
$= 0.80 \times 0.65[0.85 \times 24(400 \times 400 - 4,000) + 350 \times 4,000]$
$= 2,382.8\text{kN}$

분류	보정계수 α	강도감소계수 ϕ
나선철근	0.85	0.70
띠철근	0.80	0.65

정답 75 ① 76 ④ 77 ③ 78 ① 79 ④ 80 ②

국가기술자격 필기시험문제

2020년도 기사 4회 필기시험

자격종목	시험시간	문제수	형 별
콘크리트기사	2시간	80	A

※ 각 문제는 4지 택일형으로 질문에 가장 적합한 문제의 보기 번호를 클릭하거나 답안표기란의 번호를 클릭하여 입력하시면 됩니다.
※ 입력된 답안은 문제 화면 또는 답안 표기란의 보기 번호를 클릭하여 변경하실 수 있습니다.

제1과목 : 콘크리트 재료 및 배합

□□□ 기 20
01 콘크리트용 화학 혼화제(KS F 2560) 시험방법에 대한 내용으로 틀린 것은?

① 기준 콘크리트의 공기량은 2.0% 이하로 한다.
② 감수제를 사용한 콘크리트의 공기량은 4 ~ 6% 범위로 한다.
③ 단위 시멘트량은 슬럼프가 80mm인 콘크리트에서 300kg/m³로 한다.
④ 콘크리트를 제조할 때 화학 혼화제는 미리 혼합수에 혼합하여 믹서에 투입한다.

[해설] 감수제를 사용한 콘크리트의 공기량은 기존 콘크리트의 공기량에 1.0%를 더한 것을 넘어서는 안된다.

□□□ 기 15,18,20
02 콘크리트 배합설계 시 잔골재율 선정에 관한 내용으로 틀린 것은?

① 잔골재율은 소요의 워커빌리티를 얻을 수 있는 범위 내에서 단위수량이 최소가 되도록 시험에 의해 정한다.
② 콘크리트 펌프시공의 경우에는 펌프의 성능, 배관, 압송거리 등에 따라 적절한 잔골재율을 결정하여야 한다.
③ 잔골재율은 사용하는 잔골대의 입도, 콘크리트의 공기량, 단위 시멘트량, 혼화재료의 종류 등에 따라 다르므로 시험에 의해 정한다.
④ 고성능AE감수제를 사용한 콘크리트의 경우 물-결합재비 및 슬럼프가 같으면, 일반적인 AE감수제를 사용한 콘크리트와 비교하여 잔골재율을 3 ~ 4% 정도 작게 하는 것이 좋다.

[해설] 고성능 AE감수제를 사용한 콘크리트의 경우로서 물-결합재비 및 슬럼프가 같으면, 일반적인 공기연행감수제를 사용한 콘크리트와 비교하여 잔골재율을 1~2% 정도 크게 하는 것이 좋다.

□□□ 기 18,20
03 시멘트 클링커의 조성광물에 대한 설명으로 틀린 것은?

① 알라이트(C_3S)의 양이 많을수록 조강성을 나타낸다.
② 알루미네이트(C_3A)는 수화열이 적고 장기강도가 크다.
③ 알라이트(C_3S) 및 벨라이트(C_2S)는 시멘트 강도의 대부분을 지배한다.
④ 페라이트(C_4AF)는 수화열이 적고 건조수축도 적으며 강도도 작지만 화학저항성은 양호하다.

[해설] 알루미네이트(C_3A)는 수화열이 크고 장기강도가 작다.

□□□ 기 08,11,20
04 콘크리트 배합수에 함유된 불순물의 영향으로 틀린 것은?

① 황산칼륨은 응결을 현저히 촉진시키며, 장기강도를 저하시킨다.
② 염화나트륨과 염화칼슘은 농도가 증가하면 건조수축을 증가시킨다.
③ 후민산나트륨은 응결을 지연시키며, 콘크리트의 강도를 저하시킨다.
④ 탄산나트륨은 응결촉진작용을 나타내며, 농도가 높으면 이상응결을 발생시킨다.

[해설]
• 황산칼슘은 응결을 현저히 촉진시키며, 장기강도를 저하시키고 건조 수축도 증대된다.
• 황산칼륨은 응결, 강도 그리고 건조수축에 영향이 적다.

종류	증류수를 혼합수로 한 모르타르에 대한 비교		
	응결	강도	건조수축
염화나트륨	약간 촉진성이 있음	장기강도 저하	증대
염화칼슘	촉진성	초기강도 저하	증대
탄산나트륨	촉진성 현저, 이상응결	장기강도 저하	증대
황산칼륨	영향 적음	영향은 적음	영향 적음
황산칼슘	촉진성	장기강도 저하	증대
후민산나트륨	지연성 현저	전체 강도 저하	조금 증대

정답 01 ② 02 ④ 03 ② 04 ①

□□□ 기 14,20

05 시방배합 결과 잔골재량이 770kg/m³, 굵은 골재량이 950kg/m³일 때, 잔골재 중의 5mm 체 잔류율이 3%, 굵은 골재 중의 5mm 체 통과율이 5%인 현장에서 현장배합으로 수정할 경우 골재의 입도보정에 의한 현장배합의 단위 잔골재량은 약 얼마인가?

① 707kg/m³
② 743kg/m³
③ 795kg/m³
④ 826kg/m³

해설 입도에 의한 조정
a : 잔골재 중 5mm체에 남은 양 : 3%
b : 굵은 골재 중 5mm체를 통과한 양 : 5%

- 잔골재량 $X = \dfrac{100S - b(S+G)}{100 - (a+b)}$
  $= \dfrac{100 \times 770 - 5(770+950)}{100 - (3+5)} = 743 \text{kg/m}^3$

□□□ 기 06,20

06 시멘트 모르타르의 압축강도 시험과 관계없는 것은?

① 플로 테이블을 15초 동안에 25회, 12.7mm의 높이로 낙하시킨다.
② 표준 모르타르의 건조 재료 배합은 시멘트와 표준사를 1 : 3 질량비로 섞는다.
③ 성형된 시험체는 24~48시간 동안 습기함이나 양생실에 넣고 보관 후 탈형하여 양생수조에서 양생한다.
④ 시험한 전 시험체 중에서 평균값보다 10% 이상의 강도 차가 있는 시험체는 압축 강도 계산에 넣지 않는다.

해설 공시체는 성형 후 1일 동안은 공기 중에 나머지는 수중에 넣어 1일, 3일, 7일, 28일 동안 양생시키고 압축강도시험은 각 재령마다 3개의 공시체에 대하여 행한다.

□□□ 기 10,20

07 콘크리트 재료의 종류와 특성에 관한 설명으로 틀린 것은?

① 보통 포틀랜드 시멘트는 특수한 경우를 제외하고 일반적으로 사용한다.
② 중용열 포틀랜드 시멘트는 발열량 및 체적변화가 적다.
③ 고로 슬래그 시멘트는 해수작용을 받는 구조물, 터널, 하수도 등에 유리하다.
④ 플라이 애시 시멘트는 화학물질에 대한 저항성은 크지만 수밀성은 떨어진다.

해설 플라이 애시 시멘트는 워커빌리티가 좋고, 장기강도가 크며, 수밀성이 좋다.

□□□ 기 06,17,20

08 콘크리트용 잔골재의 유해물 함유량 한도(질량 백분율) 규정에 대한 내용으로 틀린 것은?

① 점토 덩어리 : 최댓값 1.0%
② 염화물(NaCl 환산량) : 최댓값 0.02%
③ 0.08mm 체 통과량 : 최댓값 3.0%
   (콘크리트의 표면이 마모작용을 받는 경우)
④ 석탄, 갈탄 등으로 밀도 2.0g/cm³의 액체에 뜨는 것 : 최댓값 0.5%(콘크리트의 외관이 중요한 경우)

해설 잔골재의 유해물 함유량 한도(질량 백분율)

종류	최대값(%)
점토 덩어리	1.0
0.08mm체 통과량 · 콘크리트의 표면이 마모작용을 받는 경우 · 기타의 경우	3.0 / 5.0
석탄, 갈탄 등으로 밀도 2.0g/cm³의 액체에 뜨는 것 · 콘크리트의 표면이 중요한 경우 · 기타의 경우	0.5 / 1.0
염화물(NaCl 환산량)	0.04

□□□ 기 13,15,20

09 콘크리트용 강섬유(KS F 2564)의 품질에 대한 내용으로 틀린 것은?

① 강섬유는 표면에 유해한 녹이 있어서는 안 된다.
② 강섬유 각각의 인장 강도는 650MPa 이상이어야 한다.
③ 강섬유의 평균 인장 강도는 800MPa 이상이 되어야 한다.
④ 인장 강도의 시험은 강섬유 5톤 마다 10개 이상의 시료를 무작위로 추출하여 시행해야 한다.

해설 강섬유의 평균인장강도는 700MPa 이상이 되어야 한다. 각각의 인장강도 또한 650MPa 이상이어야 한다.

□□□ 기 05,10,13,16,20

10 시멘트의 응결 시험 방법으로 옳은 것은?

① 비비시험
② 블레인시험
③ 길모어 침에 의한 시험
④ 오토클레이브에 의한 시험

해설 시멘트의 응결 시험 방법
- 길모어 침에 의한 시멘트의 응결 시간 시험 방법
- 비카 침에 의한 수경성 시멘트의 응결시간 시험 방법

정답 05 ② 06 ③ 07 ④ 08 ② 09 ③ 10 ③

□□□ 기 06,17,20
11 콘크리트의 물성을 개선하기 위하여 사용되는 AE제에 대한 설명으로 틀린 것은?

① AE제에 의해 생성된 연행공기의 영향으로 단위수량을 줄이는 효과가 있다.
② 미세한 공기포를 다량으로 연행하므로써 콘크리트의 내동해성을 증가시킨다.
③ 미세한 공기포를 다량으로 연행하므로써 콘크리트의 워커빌리티를 개선시킨다.
④ AE제에 의해 생성된 연행공기의 영향으로 물-결합재비가 같은 일반적인 콘크리트보다 강도를 향상시키는 효과가 있다.

해설 일반적으로 콘크리트의 물-결합재비를 일정하게 하고 공기량을 증가시키면 공기량 1%에 대해 압축강도는 약 4~6% 정도 감소한다.

□□□ 기 08,20
12 아래 표와 같은 조건의 시방배합에서 잔골재(㉠) 및 굵은 골재(㉡)의 단위량은 약 얼마인가?

- 단위수량 : 175kg
- 잔골재율(S/a) : 41.0%
- 물-시멘트비(W/C) : 50%
- 시멘트 밀도 : 3.15g/cm³
- 잔골재 표면밀도 : 2.6g/cm³
- 굵은 골재 표건밀도 : 2.65g/cm³
- 공기량 : 1.5%

① ㉠ : 735kg, ㉡ : 989kg
② ㉠ : 745kg, ㉡ : 1093kg
③ ㉠ : 756kg, ㉡ : 1193kg
④ ㉠ : 770kg, ㉡ : 1293kg

해설
- $\dfrac{W}{C} = 0.50$에서
  ∴ 단위 시멘트량 $C = \dfrac{175}{0.50} = 350 \, kg/m^3$
- 단위 골재량의 절대부피
  $V_a = 1 - \left(\dfrac{단위수량}{1,000} + \dfrac{단위시멘트량}{시멘트밀도 \times 1,000} + \dfrac{공기량}{100}\right)$
  $= 1 - \left(\dfrac{175}{1,000} + \dfrac{350}{3.15 \times 1,000} + \dfrac{1.5}{100}\right)$
  $= 0.699 \, m^3$
- 단위 잔골재량
  $S = V_s \times (S/a) \times 잔골재 \; 밀도 \times 1,000$
  $= 0.699 \times 0.41 \times 2.6 \times 1,000 = 745 \, kg$
- 단위 굵은 골재량
  $G = V_g \times 굵은골재 \; 밀도 \times 1,000$
  $= 0.699(1-0.41) \times 2.65 \times 1,000 = 1,093 \, kg$

□□□ 기 14,20
13 일반 콘크리트의 배합 설계 시 물-결합재비에 대한 설명으로 옳은 것은?

① 제빙화학제가 사용되는 콘크리트의 물-결합재비는 50% 이하로 한다.
② 콘크리트의 탄산화 저항성을 고려하여 물-결합재비를 정할 경우 60% 이하로 한다.
③ 콘크리트의 수밀성을 기준으로 물-결합재비를 정할 경우 그 값은 55% 이하로 한다.
④ 콘크리트의 압축강도를 기준으로 물-결합재비를 정하는 경우 재령 28일 압축강도와 물-결합재비의 관계를 시험에 의하여 정하는 것을 원칙으로 한다.

해설
- 제빙화학제가 사용되는 콘크리트의 물-결합재비는 45% 이하로 한다.
- 콘크리트의 탄산화 저항성을 고려하여 물-결합재비를 정할 경우 55% 이하로 한다.
- 콘크리트의 수밀성을 기준으로 물-결합재비를 정할 경우 그 값은 50% 이하로 한다.

□□□ 기 13,20
14 콘크리트의 배합설계에서 콘크리트의 내동해성을 기준으로 하여 물-결합재비를 정한 경우 아래 표와 같은 조건에서의 최소 설계기준압축강도는?

- 골재 : 보통 골재의 사용한 콘크리트
- 노출상태 : 제빙화학제, 염, 소금물, 바닷물에 노출되거나 이런 종류들이 살포시 콘크리트의 철근 부식 방지

① 24MPa
② 27MPa
③ 30MPa
④ 35MPa

해설 특수노출상태에 대한 요구사항

노출상태	보통골재 콘크리트 최대 물-결합재비	보통골재 콘크리트와 경량골재 콘크리트의 최소 설계기준압축강도(f_{ck})
물에 노출되었을 때 낮은 투수성	0.50	27MPa
습한 상태에서 동결융해 또는 제빙화학제에 노출된 콘크리트	0.45	30MPa
제빙화학제, 염, 소금물, 바닷물에 노출되거나 이런 종류들이 살포된 콘크리트의 철근부식 방지	0.40	35MPa

정답 11 ④ 12 ② 13 ④ 14 ④

□□□ 기 16,20

15 콘크리트용 잔골재의 표준입도에 대한 설명으로 틀린 것은?

① 연속된 두 개의 체 사이를 통과하는 양의 백분율은 45%를 넘지 않아야 한다.
② 잔골재의 입도가 표준범위를 벗어난 경우는 두 종류 이상의 잔골재를 혼합하여 입도를 조정해서 사용하여야 한다.
③ 잔골재의 조립률이 콘크리트 배합을 정할 때 가정한 잔골재의 조립률에 비해 ±0.20 이상 변화되었을 때는 배합을 변경하여야 한다.
④ 0.3mm 체와 0.15mm 체를 통과한 골재량이 부족할 경우 양질의 광물질 분말로 보충한 콘크리트라 할지라도 0.3mm 체와 0.15mm 체 통과 질량 백분율의 최소량은 감소시킬 수 없다.

해설 양질의 광물질 분말을 보충한 콘크리트라 할지라도 0.3mm체와 0.15mm체 통과 질량 백분율의 최소량을 각각 5% 및 0% 감소시킬 수 있다.

□□□ 기 05,08,12,18,20

16 KS F 4009에는 레디믹스트 콘크리트의 혼합에 사용되는 물에 대해 규정하고 있다. 다음 중 레디믹스트 콘크리트에 사용할 수 없는 혼합수는?

① 염소 이온(Cl^-)량이 300mg/L인 지하수
② 혼합수로서 품질시험을 실시하지 않은 상수돗물
③ 용해성 증발 잔류물의 양이 1g/L인 하천수
④ 모르타르의 재령 7일 및 28일 압축강도비가 90%인 회수수

해설 상수돗물 이외의 물의 품질

항목	품질
현탁물질의 양	2g/L 이하
용해성 증발 잔류물의 양	1g/L 이하
염소 이온(Cl^-)량	250mg/L 이하
시멘트 응결시간의 차	초결 30분 이내, 종결 60분 이내
모르타르의 압축 강도비	재령 7일 및 재령 28일에서 90% 이상

□□□ 기 11,20,21

17 굵은 골재의 습윤 상태의 질량이 515g, 표면 건조 포화 상태의 질량 500g, 절대 건조 상태의 질량이 485g이었을 때, 이 골재의 흡수율(%)은?

① 2.5% ② 3.1%
③ 4.7% ④ 6.2%

해설 흡수율 = $\frac{표건상태 - 절건상태}{절건상태} \times 100$
= $\frac{500 - 485}{485} \times 100 = 3.1\%$

□□□ 기 20

18 혼화재료에 관한 설명으로 옳은 것은?

① 감수제와 AE제를 병용하면 기포가 발생하지 않는다.
② AE제는 계면활성제의 일종으로서 일반적인 사용량은 시멘트 질량의 5% 정도이다.
③ 여름철에는 겨울철보다 동일 공기량을 얻기 위한 AE제의 사용량이 증가하는 경향이 있다.
④ 양질의 AE제나 감수제는 규정사용량의 5~10배를 사용하여도 콘크리트의 물성에 큰 영향을 미치지 않는다.

해설 여름철에는 겨울철보다 동일 공기량을 얻기 위한 AE제의 사용량이 증가하는 경향이 있다.

□□□ 기 09,11,20

19 콘크리트의 배합에 관한 설명으로 틀린 것은?

① 잔골재율은 소요의 워커빌리티가 얻어지는 범위 내에서 가능한 한 크게 한다.
② 단위수량은 작업이 가능한 범위 내에서 될 수 있는 대로 작게 되도록 시험을 통해 정한다.
③ AE제, AE감수제 또는 고성능 AE감수제를 사용한 콘크리트의 공기량은 굵은 골재 최대 치수와 내동해성을 고려하여 정한다.
④ 굵은 골재의 최대 치수는 거푸집 양 측면 사이의 최소 거리의 1/5, 슬래브 두께의 1/3, 개별 철근, 다발철근, 긴장재 또는 덕트 사이 최소 순간격의 3/4을 초과해서는 안된다.

해설 잔골재율은 소요의 워커빌리티를 얻을 수 있는 범위 내에서 단위수량이 최소가 되도록 시험에 의해 정하여야 한다.

□□□ 기 12,16,20

20 굵은 골재의 밀도 및 흡수율 시험(KS F 2503)에서 각 무더기로 나누어서 시험한 굵은 골재의 밀도가 아래의 표와 같을 때 이 굵은 골재의 평균 밀도는?

무더기의 크기(mm)	원시료에 대한 질량 백분율(%)	시료의 질량(g)	밀도 (g/cm³)
5~13	44	2,213.0	2.72
13~40	35	5,462.5	2.56
40~65	21	12,593.0	2.54

① 2.60g/cm³ ② 2.62g/cm³
③ 2.64g/cm³ ④ 2.66g/cm³

해설 평균밀도 $D = \dfrac{1}{\dfrac{0.44}{2.72} + \dfrac{0.35}{2.56} + \dfrac{0.21}{2.54}} = 2.62 \text{g/cm}^3$

정답 15 ④ 16 ① 17 ② 18 ③ 19 ① 20 ②

제2과목 : 콘크리트 제조, 시험 및 품질관리

21 ϕ100mm×200mm인 원주형 콘크리트 표준공시체에 대하여 압축 강도 시험결과, 200kN의 하중에서 파괴되었다. 이 공시체의 압축 강도는?

① 0.01MPa ② 10.0MPa
③ 25.5MPa ④ 101.9MPa

[해설] $f_c = \dfrac{P}{A} = \dfrac{200 \times 10^3}{\dfrac{\pi \times 100^2}{4}} = 25.5\text{MPa}$

22 4점 재하법에 의한 콘크리트의 휨 강도 시험(KS F 2408)에 대한 설명으로 틀린 것은?

① 지간은 공시체 높이의 3배로 한다.
② 공시체에 하중을 가할 때는 공시체에 충격을 가하지 않도록 일정한 속도로 하중을 가하여야 한다.
③ 공시체가 인장쪽 표면 지간 방향 중심선의 4점 사이에서 파괴된 경우는 그 시험 결과를 무효로 한다.
④ 재하장치의 설치면과 공시면과의 사이에 틈새가 생기는 경우는, 접촉부의 공시체 표면을 평평하게 갈아서 잘 접촉할 수 있도록 한다.

[해설]
- 공시체가 인장쪽 표면 지간 방향 중심선의 4점의 바깥쪽에서 파괴된 경우는 그 시험 결과를 무효로 한다.
- 공시체가 인장쪽 표면 지간 방향 중심선의 4점 사이에서 파괴되었을 때는 휨강도를 다음식으로 산출하여 KSQ 5002에 따라서 유효숫자 3자리에서 끝맺음을 한다.
- 콘크리트의 휨강도 $f_b = \dfrac{pl}{bh^2}$

23 콘크리트 압축 강도 시험을 할 때 공시체에 충격을 주지 않도록 똑같은 속도로 하중을 가하여야 한다. 이때 하중을 가하는 속도는 압축응력도의 증가율이 매초 얼마 정도가 되도록 하여야 하는가?

① 0.05±0.03MPa ② 1.2±0.1MPa
③ 0.1±0.02MPa ④ 0.6±0.2MPa

[해설]
- 압축강도 시험에서 공시체에 하중을 가하는 속도는 압축응력도의 증가율이 매초(0.6±0.2)MPa이 되도록 한다.
- 휨강도 시험에서 공시체에 하중을 가하는 속도는 가장자리 응력도의 증가율이 매초 0.06±0.04MPa이 되도록 조정하고, 최대하중이 될 때까지 그 증가율을 유지하도록 한다.

24 순환 굵은 골재의 품질에 대한 설명으로 틀린 것은?

① 마모율은 40% 이하이어야 한다.
② 흡수율은 5.0% 이하이어야 한다.
③ 점토덩어리 함유량은 0.2% 이하이어야 한다.
④ 절대건조밀도는 0.0025g/mm³ 이상이어야 한다.

[해설] 순환 골재의 품질

항목	순환굵은골재	순환잔골재
절대건조밀도	2.5g/cm³ 이상	2.3g/cm³ 이상
흡수율	3.0% 이하	4.0% 이하
마모감량	40% 이하	—
점토덩어리	0.2% 이하	1.0% 이하
안정성	12% 이하	10% 이하

∴ 순환굵은골재 흡수율은 3.0% 이하

25 콘크리트 블리딩의 시공상 대책으로 틀린 것은?

① 타설속도가 빠르면 블리딩이 많게 되므로 1회 타설높이를 작게 한다.
② 진동다짐이 과도하면 블리딩이 많게 되므로 다짐이 과도하게 되지 않도록 주의한다.
③ 거푸집의 치수가 작으면 블리딩이 크게 되므로 된비빔 콘크리트를 사용한다.
④ 물이 세지 않는 거푸집은 블리딩이 많이 발생하므로 메탈폼 거푸집, 새로운 합판형 거푸집 등을 사용할 경우에는 블리딩이 적은 콘크리트를 사용한다.

[해설] 거푸집의 치수가 크면 블리딩이 크게 되는 경향이 있으나 이 경우 된비빔 콘크리트를 타설할 수 있다.

26 KCS 14 20 10 에 따른 콘크리트용 재료의 계량 허용오차가 가장 큰 것은?

① 물 ② 골재
③ 시멘트 ④ 혼화재

[해설] KCS 14 20 10 1회 계량분에 대한 계량오차

재료의 종류	측정단위	허용오차
시멘트	질량	−1%, +2%
골재	질량	±3%
물	질량 또는 부피	−2%, +1%
혼화재	질량	±2%
혼화제	질량 또는 부피	±3%

[정답] 21 ③ 22 ③ 23 ④ 24 ② 25 ③ 26 ②

☐☐☐ 기 06,10,18,20,21,22

27 콘크리트의 동결융해 시험에서 300사이클에서 상대 동탄성계수가 76%라면, 이 공시체의 내구성 지수는?

① 76% ② 81%
③ 85% ④ 92%

해설 내구성지수

$$DF = \frac{\text{시험종료 사이클수} \times \text{상대동탄성계수}}{\text{동결융해에의 노출이 끝날 때의 사이클 수}} = \frac{P \cdot N}{300}$$

∴ $DF = \frac{300 \times 76}{300} = 76\%$

☐☐☐ 기 14,18,20

28 거푸집판에 접하지 않은 콘크리트 면의 마무리에 대한 설명으로 틀린 것은?

① 다지기 후 마무리에는 나무흙손이나 적절한 마무리기계를 사용하는 것이 좋다.
② 콘크리트 윗면으로 스며 올라온 물이 없어지기 전에 마무리하는 것이 좋다.
③ 치밀한 표면이 필요할 때는 가급적 늦은 시기에 쇠손으로 마무리하여야 한다.
④ 마무리 작업 후 발생하는 소성침하균열은 다짐 또는 재마무리로 제거하여야 한다.

해설 다지기를 끝내고 거의 소정의 높이와 형상으로 된 콘크리트의 윗면은 스며올라온 물이 없어진 후나 또는 물을 처리한 후가 아니면 마무리해서는 안된다.

☐☐☐ 기 20

29 콘크리트의 슬럼프 시험 순서를 올바르게 나열한 것은?

┌─────────────────────────────────────┐
│ ㉠ 수밀평판 위에 슬럼프 콘 놓기   │
│ ㉡ 슬럼프 콘에 시료를 거의 같은 양의 3층으로 채우기   │
│ ㉢ 측정자로 슬럼프 높이 측정   │
│ ㉣ 각 층을 25회씩 다지기   │
│ ㉤ 슬럼프 콘을 연직방향으로 들어올리기   │
└─────────────────────────────────────┘

① ㉠ → ㉡ → ㉢ → ㉣ → ㉤
② ㉠ → ㉡ → ㉣ → ㉢ → ㉤
③ ㉡ → ㉠ → ㉣ → ㉤ → ㉢
④ ㉠ → ㉡ → ㉣ → ㉤ → ㉢

해설 콘크리트의 슬럼프 시험 순서
• 수밀평판 위에 슬럼프 콘 놓는다.
• 슬럼프 콘에 시료를 부피의 1/3정도인 3층으로 채운다.
• 각 층을 25회씩 총 75회 다진다.
• 슬럼프콘을 연직방향으로 들어 올리는 시간은 2~5초로 한다.
• 측정자로 슬럼프값을 5mm단위로 측정한다.

☐☐☐ 기 09,20

30 콘크리트 재료의 비비기에 대한 설명으로 틀린 것은?

① 재료는 반죽된 콘크리트가 균질하게 될 때까지 충분히 비벼야 한다.
② 비비기를 시작하기 전에 미리 믹서 내부를 모르타르로 부착시켜야 한다.
③ 연속믹서를 사용할 경우, 비비기 시작 후 최초에 배출되는 콘크리트는 사용해서는 안된다.
④ 일반적으로 물은 다른 재료의 투입이 끝난 조금 지난 뒤에 주입을 시작하는 것이 좋다.

해설 재료를 투입하는 순서는 믹서의 형식, 비비기 시간, 골재의 종류 및 입도, 단위수량, 단위 시멘트량, 혼화재료의 종류 등에 따라 다르므로 강도시험, 블리딩 시험 등의 결과 또는 실적을 참고로 해서 정하여야 한다.

☐☐☐ 기 17,20

31 레디믹스트 콘크리트의 품질 중 공기량에 대한 규정인 아래 표의 내용 중 틀린 것은?

[단위 : %]

콘크리트의 종류	공기량	공기량의 허용오차
보통콘크리트	㉠ 4.5	±1.5
경량콘크리트	㉡ 5.5	
포장콘크리트	㉢ 4.0	
고강도콘크리트	㉣ 3.5	

① ㉠ ② ㉡
③ ㉢ ④ ㉣

해설 포장 콘크리트 공기량 : 4.5%

☐☐☐ 기 12,17,20

32 관입 저항침에 의한 콘크리트의 응결 시간 시험 방법(KS F 2436)에 관한 설명으로 틀린 것은?

① 초결시간은 모르타르의 관입저항이 3.5MPa이 될 때까지의 소요시간이다.
② 콘크리트에서 4.75mm 체를 사용하여 습윤 체가름 방법으로 모르타르 시료를 채취한다.
③ 6회 이상 시험하며, 관입저항 측정값이 적어도 28MPa가 될 때까지 시험을 계속한다.
④ 침의 관입깊이가 20mm가 될 때까지 소요된 힘을 침의 지지 면적으로 나누어 관입저항을 계산한다.

해설 침의 관입길이가 25mm가 될 때까지 소요된 힘을 침의 지지면으로 나누어 관입저항을 계산한다.

정답 27 ① 28 ② 29 ④ 30 ④ 31 ③ 32 ④

33 콘크리트용 재료를 계량하고자 한다. 고로 슬래그 미분말 50kg을 목표로 계량한 결과 50.6kg이 계량되었다면, 계량오차에 대한 올바른 판정은? (단, 콘크리트표준시방서의 규정을 따른다.)

① 계량오차가 1.2%로 혼화재의 계량오차 2% 이내에 들어 합격
② 계량오차가 1.2%로 혼화제의 계량오차 3% 이내에 들어 합격
③ 계량오차가 1.2%로 고로 슬래그 미분말의 계량오차 1%를 벗어나 불합격
④ 계량오차가 1.2%로 고로 슬래그 미분말의 계량오차 3% 이내에 들어 합격

[해설] 고로 슬래그 미분말의 계량오차의 최대치는 1%로 한다.
- 계량오차 $m_o = \dfrac{m_2 - m_1}{m_1} = \dfrac{50.6 - 50}{50} \times 100 = 1.2\%$
∴ 계량오차 1%를 벗어나 불합격

34 AE콘크리트의 공기량에 대한 일반적인 설명으로 틀린 것은?

① 단위잔골재량이 많을수록 공기량은 증가한다.
② 콘크리트의 온도가 낮을수록 공기량은 증가한다.
③ 공기량을 1% 정도 증가시키면 잔골재율을 3~5% 작게 할 수 있다.
④ 공기량 1%를 증가시키면 동일 슬럼프의 콘크리트를 만드는데 필요한 단위수량을 3% 작게 할 수 있다.

[해설] ・잔골재율이 작으면 공기량도 감소한다.
・공기량을 증가시키면 공기량 1%에 대해 압축강도는 약 4~6% 정도 감소한다.

35 일반콘크리트 제조설비 및 제조공정에 있어서 검사 시기 및 횟수에 대한 내용으로 틀린 것은?

① 잔골재의 조립률은 1회/일 이상 검사하여야 한다.
② 잔골재의 표면수율은 1회/일 이상 검사하여야 한다.
③ 믹서의 성능은 믹서의 종류에 상관없이 공사시작 전 및 공사 중 1회/6개월 이상 검사하여야 한다.
④ 계량설비의 계량정밀도는 임의 연속된 10배치에 대하여 각 계량기기별, 재료별로 공사시작 전 및 공사 중에 1회/6개월 이상 검사해야 한다.

[해설] 잔골재의 표면수율은 2회/일 이상 검사하여야 한다.

36 콘크리트의 강도에 비교적 큰 영향을 미치지 않는 요인은?

① 타설량
② 단위수량
③ 물-결합재비
④ 단위 시멘트량

[해설] 콘크리트의 강도에 큰 영향을 미치는 요인
- 물-결합재비
- 구성재료(물, 시멘트, 골재, 혼화재료)
- 양생

37 길이 300mm, 지름 20mm인 강봉을 길이방향으로 인장하였다. 인장력이 400kN 작용할 때 강봉의 크기는 길이 309mm, 지름 19.8mm 이었다면, 이 강봉의 포아송수는?

① 0.2
② 0.3
③ 3
④ 5

[해설] 포아송수 $m = \dfrac{1}{\nu} = \dfrac{\epsilon}{\beta} = \dfrac{\frac{\Delta l}{l}}{\frac{\Delta d}{d}} = \dfrac{d \cdot \Delta l}{l \cdot \Delta d}$

$= \dfrac{20 \times (309-300)}{300 \times (20-19.8)} = 3$

38 $\phi 150 \times 300$mm의 원주형 콘크리트 공시체를 사용한 콘크리트의 쪼갬 인장 강도 시험에서 최대하중이 200kN이었다면 쪼갬 인장 강도는?

① 1.64MPa
② 2.83MPa
③ 3.21MPa
④ 3.40MPa

[해설] $f_{sp} = \dfrac{2P}{\pi d l}$

$= \dfrac{2 \times 200 \times 10^3}{\pi \times 150 \times 300} = 2.83 \text{N/mm}^2 = 2.83 \text{MPa}$

39 어느 레미콘 공장의 콘크리트 압축강도 시험결과 표준편차가 2.0MPa이었고, 압축강도의 평균값이 41MPa이었다면 이 콘크리트의 변동계수는?

① 3.7%
② 4.9%
③ 5.4%
④ 6.2%

[해설] 변동계수 $C_V = \dfrac{\sigma}{\bar{x}} \times 100 = \dfrac{2.0}{41} \times 100 = 4.9\%$

□□□ 기 06,17,20

40 콘크리트의 받아들이기 품질관리에서 염소이온량은 원칙적으로 얼마 이하로 규제하는가?

① 0.15kg/m³　　② 0.20kg/m³
③ 0.30kg/m³　　④ 0.60kg/m³

[해설] 염소이온량의 콘크리트의 받아들이기 품질 검사는 원칙적으로 0.3kg/m³ 이하

제3과목 : 콘크리트의 시공

□□□ 기 20

41 보통 포틀랜드 시멘트로 제조한 콘크리트의 타설 온도가 20℃일 때, 재령 28일에서의 단열온도 상승량은? (단, $a=0.11$, $b=13$, $g=3.8\times10^{-3}$, $h=-0.036$, $C=230kg/m^3$이며, $Q(t)=Q_\infty(1-e^{-rt})$, $Q_\infty(C)=aC+b$, $r(C)=gC+h$를 이용)

① 28.3℃　　② 38.3℃
③ 45.4℃　　④ 56.7℃

[해설] $Q(t)=Q_\infty(1-e^{-rt})$
- $Q_\infty(C)=aC+b=0.11\times230+13=38.3℃$
- $r(C)=gC+h=3.8\times10^{-3}\times230-0.036=0.838$
- ∴ $Q(t)=38.3(1-e^{-0.838\times28})=38.3℃$

□□□ 기 20

42 굳지 않은 콘크리트의 시료 채취 방법(KS F 2401)에 대한 설명으로 틀린 것은?

① 분취 시료를 그대로 사용하는 경우라도 시료의 양은 20L 이상으로 하여야 한다.
② 믹서, 호퍼, 콘크리트 운반 기구, 타설 장소 등에서 굳지 않은 콘크리트의 시료를 채취하는 데 대하여 적용한다.
③ 호퍼 또는 버킷에서 분취 시료를 채취하는 경우는 토출되는 중간 부분의 콘크리트 흐름 중 3개소 이상에서 채취한다.
④ 트럭 애지테이터에서 배출되는 경우는 트럭 애지테이터에서 배출되는 콘크리트에서 규칙적인 간격으로 3회 이상 채취한다.

[해설] 시료의 양은 20L 이상으로 하고, 시험에 필요한 양보다 5L이상 많아야 한다. 다만, 분취시료를 그대로 시료로 하는 경우에는 20L보다 적어도 좋다.

□□□ 기 20

43 댐 콘크리트와 관련된 용어의 설명으로 틀린 것은?

① 선행 냉각 : 콘크리트의 타설온도를 낮추기 위하여 타설 전에 콘크리트용 재료의 일부 또는 전부를 냉각시키는 방법
② RI 시험 : 방사선 투과를 통해 콘크리트의 밀도를 계산하는 시험방법으로 진동롤러로 다짐한 후 콘크리트의 다짐 정도를 판단하기 위한 시험법
③ 수축이음 : 계속해서 콘크리트를 칠 때, 예기하지 않은 상황으로 인하여 먼저 친 콘크리트와 나중에 친 콘크리트 사이에 완전히 일체가 되지 않은 이음
④ 그린커트 : 이미 타설된 콘크리트 위에 새로운 콘크리트 표면에 블리딩에 의해 발생한 레이턴스를 제거하기 위해 타설이음면에 고압살수청소, 진공흡입청소 등을 실시하는 것

[해설]
- 수축이음 : 콘크리트의 수축으로 인한 균열을 방지하기 위하여 설치하는 이음으로, 이 중에서 댐축에 직각으로 설치하는 수축이음을 가로수축이음, 댐축의 평행으로 설치하는 수축이음을 세로수축이음이라 함
- 콜트 조인트 : 계속해서 콘크리트를 칠 때, 예기하지 않은 상황으로 인하여 먼저 친 콘크리트와 나중에 친 콘크리트 사이에 완전히 일체가 되지 않은 이음

□□□ 기 12,15,20

44 고강도 콘크리트의 배합에 관한 설명으로 틀린 것은?

① 물-결합재비의 값은 가능한 45% 이하로 한다.
② 기상의 변화가 심하거나 동결융해가 예상된다면 공기연행제를 사용하여야 한다.
③ 단위 수량은 소요의 워커빌리티를 얻을 수 있는 범위 내에서 가능한 작게 하여야 한다.
④ 단위 시멘트량은 소요의 강도를 얻을 수 있는 범위 내에서 시험을 통해 가능한 많게 한다.

[해설] 단위 시멘트량은 소요의 워커빌리티 및 강도를 얻을 수 있는 범위 내에서 가능한 적게 되도록 시험에 의해 정한다.

□□□ 기 10,17,20

45 굳지 않은 콘크리트의 측압에 관한 일반적인 설명으로 틀린 것은?

① 부재의 수평단면이 작을수록 측압은 작다.
② 콘크리트의 타설 높이가 높을수록 측압은 작다.
③ 콘크리트의 타설 속도가 빠를수록 측압은 크다.
④ 타설되는 콘크리트의 온도가 낮을수록 측압은 크다.

[해설] 콘크리트의 타설 높이가 높으면 측압은 커지게 된다.

[정답] 40 ③　41 ②　42 ①　43 ③　44 ④　45 ②

□□□ 기 14,18,20
46 콘크리트의 표면 마무리에 대한 설명으로 틀린 것은?

① 미리 정해진 구획의 콘크리트 타설은 연속해서 일괄작업으로 끝마쳐야 한다.
② 시공이음이 미리 정해져 있지 않을 경우에는 직선상의 이음이 얻어지도록 시공하여야 한다.
③ 매끄럽고 치밀한 표면이 필요할 때는 작업이 가능한 범위에서 될 수 있는 대로 이른 시기에 쇠손으로 강하게 힘을 주어 콘크리트 윗면을 마무리하여야 한다.
④ 노출 콘크리트에서 균일한 노출면을 얻기 위해서는 동일 공장 제품의 시멘트, 동일한 종류 및 입도를 갖는 골재, 동일한 배합의 콘크리트, 동일한 콘크리트 타설방법을 사용하여야 한다.

[해설] 매끄럽고 치밀한 표면이 필요할 때는 작업이 가능한 범위에서 될 수 있는 대로 늦은 시기에 쇠손으로 강하게 힘을 주어 콘크리트 윗면을 마무리하여야 한다.

□□□ 기 15,20
47 해양 콘크리트의 물-결합재비의 결정에 대한 설명으로 틀린 것은? (단, 내구성에 의해 정해지는 물-결합재비로서 일반 현장 시공의 경우)

① 해중 환경인 경우 최대 물-결합재비는 50%이다.
② 해상 대기 중인 경우 최대 물-결합재비는 45%이다.
③ 물보라 지역, 간만대 지역인 경우 최대 물-결합재비는 40%이다.
④ 해풍의 작용을 심하게 받는 육상구조물인 경우 최대 물-결합재비는 40%이다.

[해설] 육상에 있어서도 해풍의 작용을 강하게 받는 구조물에서도 해상 대기 중에 상당하는 물-결합재비를 적용한다. 따라서 해상 대기 중의 물-결합재비는 45%이다.

□□□ 기 14,20
48 콘크리트 타설에 관한 내용으로 틀린 것은?

① 콘크리트 타설의 1층 높이는 2m 이하를 원칙으로 한다.
② 한 구획내의 콘크리트는 타설이 완료될 때까지 연속해서 타설 해야 한다.
③ 외기온도가 25℃ 이하일 경우 허용 이어치기 시간간격은 2.5시간을 표준으로 한다.
④ 거푸집의 높이가 높을 경우 슈트, 펌프배관 등의 배출구와 타설 면까지의 높이는 1.5m 이하를 원칙으로 한다.

[해설] 콘크리트 타설의 1층 높이는 다짐능력을 고려하여 결정하여야 한다.

□□□ 기 14,15,17,18,20
49 팽창 콘크리트에 대한 설명으로 틀린 것은?

① 콘크리트의 팽창률은 일반적으로 재령 7일에 대한 시험값을 기준으로 한다.
② 한중 콘크리트의 경우 타설할 때의 콘크리트 온도는 10℃ 이상 20℃ 미만으로 하여야 한다.
③ 팽창재는 다른 재료와 별도로 용적으로 계량하며, 그 오차는 1회 계량분량의 3% 이내로 하여야 한다.
④ 콘크리트를 비비고 나서 타설을 끝낼 때까지의 시간은 기온·습도 등의 기상 조건과 시공에 관한 등급에 따라 1~2시간 이내로 하여야 한다.

[해설] 팽창재는 다른 재료와 별도로 질량으로 계량하며, 그 오차는 1회 계량분량의 1% 이내로 하여야 한다.

□□□ 기 10,20
50 다음과 같은 조건의 프리플레이스트 콘크리트의 최대 측압을 구하면?

- 굵은 골재의 측압계수 : 1
- 굵은 골재의 단위용적질량 : $8.8t/m^3$
- 굵은 골재층 상면으로부터의 깊이 : 10m
- 모르타르의 상면으로부터의 깊이 : 10m
- 모르타르의 단위용적질량 : $22t/m^3$
- 굵은 골재의 공극률 : 45%
- 응결의 영향은 없는 것으로 한다.

① 0.145MPa   ② 0.162MPa
③ 0.187MPa   ④ 0.238MPa

[해설] $P_{max} = \left(K_s W_a h_a + \dfrac{2W_m RtV}{100}\right) \times 10^{-3}$

- 응결의 영향이 없는 경우 $2Rt = 10m$

∴ $P_{max} = \left(1 \times 8.8 \times 10 + \dfrac{22 \times 10 \times 45}{100}\right) \times 10^{-3} = 0.187MPa$

□□□ 기 10,11,14,16,17,20
51 다음 중 촉진 양생의 종류가 아닌 것은?

① 습윤 양생   ② 온수 양생
③ 증기 양생   ④ 오토클레이브 양생

[해설]
- 촉진양생 : 보다 빠른 콘크리트의 경화나 강도는 발현을 촉진하기 위해 실시하는 양생방법
- 촉진양생방법 : 증기양생(저압증기양생, 고압증기양생, 고온증기양생), 오토클레이브 양생, 전기양생, 온수양생, 전기양생, 적외선 양생, 고주파양생 등이 있으며 일반적으로 증기양생이 널리 사용되고 있다.

정답 46 ③   47 ④   48 ①   49 ③   50 ③   51 ①

□□□ 기 12,14,20

52 한중 콘크리트의 시공에서 주의할 사항에 대한 내용으로 틀린 것은?

① 한중 콘크리트에는 AE제, AE감수제 및 고성능 AE감수제의 적용을 삼가야 한다.
② 가열한 배합재료의 투입순서는 가열한 물과 굵은 골재를 넣은 후 시멘트를 넣는 것이 좋다.
③ 응결 경화의 초기에 동결되지 않도록 주의하며 양생종료 후 동결융해작용에 대하여 저항성을 가져야 한다.
④ 재료를 가열할 경우, 물 또는 골재를 가열하는 것으로 하며, 시멘트는 어떠한 경우라도 직접 가열할 수 없다.

[해설] 한중 콘크리트에는 공기연행(AE제, AE감수제, 고성능 AE감수제) 콘크리트를 사용하는 것을 원칙으로 한다.

□□□ 기 10,20

53 매스 콘크리트를 시공할 때에 콘크리트의 반응온도 상승을 적게 하는 동시에 균등한 온도분포를 하는 방법으로 틀린 것은?

① 콘크리트의 혼합수에 얼음을 넣거나, 골재를 냉각시킨다.
② 매스 콘크리트는 1회에 타설할 구획과 타설높이를 결정한다.
③ 매스 콘크리트의 양생방법은 콘크리트를 타설하고 있는 주변기온을 급냉시킨다.
④ 매스 콘크리트의 타설작업을 장시간 계속할 필요가 있는 경우는 응결지연제를 사용하는 것도 좋다.

[해설] 매스 콘크리트의 양생은 콘크리트의 온도변화를 제어하기 위하여 적절한 방법에 따라 실시하여야 하며, 콘크리트 온도를 가능한 한 천천히 외기온도에 가까워지도록 하기 위해 필요에 따라 콘크리트 표면의 보온 및 보호조치 등을 강구하여야 한다.

□□□ 기 20

54 방사선 차폐용 콘크리트의 차폐성능에 대한 설명으로 틀린 것은?

① 감마선의 차폐성능은 차폐체의 밀도와 두께에 비례한다.
② 두께가 일정하다면 밀도가 클수록 차폐성능은 향상된다.
③ 생체방호를 위해서 설계할 때에는 X선과 γ선에 대하여 고려한다.
④ 방사선 차폐용 콘크리트 타설 시 이어치기 형상은 평면이 아닌 요철면으로 하는 것이 차폐성능에 유리하다.

[해설] 주로 생물체의 방호를 위하여 X선, γ선 및 중성자선을 차폐할 목적으로 사용되는 콘크리트를 방사선 차폐용 콘크리트라 한다.

□□□ 기 14,15,17,20

55 숏크리트의 시공에 대한 설명으로 틀린 것은?

① 숏크리트는 타설되는 장소의 대기 온도가 30℃ 이상이 되면 건식 및 습식 숏크리트 모두 뿜어붙이기를 할 수 없다.
② 숏크리트는 대기 온도가 10℃ 이상일 때 뿜어붙이기를 실시하며, 그 이하의 온도일 때는 적절한 온도 대책을 세운 후 실시한다.
③ 건식 숏크리트는 배치 후 45분 이내에 뿜어붙이기를 실시하여야 하며, 습식 숏크리트는 배치 후 60분 이내에 뿜어붙이기를 실시하여야 한다.
④ 숏크리트는 뿜어붙인 콘크리트가 흘러내리지 않는 범위의 적당한 두께를 뿜어붙이고, 소정의 두께가 될 때까지 반복해서 뿜어붙여야 한다.

[해설] 숏크리트는 타설되는 장소의 대기 온도가 38℃ 이상이 되면 건식 및 습식 숏크리트 모두 뿜어붙이기를 할 수 없으며, 적절한 온도 대책을 세운 후 타설하여야 한다.

□□□ 기 12,15,18,20

56 매스 콘크리트의 균열유발 이음에 대한 일반적인 설명으로 틀린 것은?

① 균열유발 이음에 따른 단면감소율은 5~10% 이내로 하여야 한다.
② 균열유발 이음의 간격은 4~5m 정도를 기준으로 하는 것이 좋다.
③ 균열유발 이음의 간격은 대략 콘크리트 1회 치기 높이의 1~2배 정도가 바람직하다.
④ 균열유발 이음을 설치할 경우 비교적 쉽게 매스 콘크리트의 균열제어를 할 수 있으나, 구조상의 취약부가 될 우려가 있으므로 구조형식 및 위치 등을 잘 선정하여야 한다.

[해설] 균열유발 이음의 간격은 부재높이의 1배 이상에서 2배 이내 정도로 하고 단면의 결손율은 20%를 약간 넘을 정도로 하는 것이 좋다.

□□□ 기 20

57 콘크리트의 증기양생에서 양생 사이클의 단계별 내용으로 틀린 것은?

① 1단계 : 3시간 정도의 전양생 기간
② 2단계 : 시간당 10℃ 이하의 온도상승 기간
③ 3단계 : 최고온도 65℃ 이후 등온양생 기간
④ 4단계 : 외기와의 온도차가 없을 때까지의 온도저하 기간

[해설] 2단계 : 시간당 20℃ 이하의 온도상승 기간

정답 52 ① 53 ③ 54 ③ 55 ① 56 ① 57 ②

58 숏크리트 작업 시 갱내 환기를 정지한 환경에서 뿜어붙이기 작업개시 5분 후로부터 2회 측정하고, 뿜어붙이기 작업 개소로부터 5m 지점의 분진 농도의 표준값은?

① 2mg/m³ 이하
② 3mg/m³ 이하
③ 4mg/m³ 이하
④ 5mg/m³ 이하

[해설] 분진 농도의 표준값

환기 및 측정 조건	분진농도
• 환기조건 : 갱내 환기를 정지한 환경 • 측정방법 : 뿜어붙이기 작업 개시 5분 후로부터 2회 측정 • 측정위치 : 뿜어붙이기 작업 개소로부터 5m 지점	5mg/m³

59 전단력이 큰 위치에 부득이 시공이음을 설치할 경우에 대한 설명으로 틀린 것은?

① 시공이음부에 홈을 둔다.
② 시공이음에 장부(요철)를 둔다.
③ 원형철근으로 보강하는 경우에는 갈고리를 붙여야 한다.
④ 철근으로 보강하는 경우 철근 정착길이는 철근지름의 10배 정도로 한다.

[해설] 철근으로 보강하는 경우에 철근 정착길이는 콘크리트와 철근의 부착강도가 충분히 확보되도록 철근지름의 20배 이상으로 하고, 원형철근의 경우에는 갈고리를 붙여야 한다.

60 수중 콘크리트에 대한 설명으로 틀린 것은?

① 굵은 골재의 최대 치수는 수중 불분리성 콘크리트의 경우 25mm 이하를 표준으로 한다.
② 일반 수중 콘크리트는 수중에서 시공할 때의 강도가 표준공시체 강도의 0.6~0.8배가 되도록 배합강도를 설정하여야 한다.
③ 비비는 시간은 시험에 의해 콘크리트 소요의 품질을 확인하여 정하여야 하며, 강제식 믹서의 경우 비비기 시간은 90~180초를 표준으로 한다.
④ 수중 불분리성 콘크리트는 혼화제의 증점효과와 소정의 유동성을 확보하기 위하여 일반 수중 콘크리트보다도 단위수량이 크게 요구되므로 감수제, 공기연행감수제 또는 고성능 감수제를 사용하여야 한다.

[해설] 굵은 골재의 최대 치수는 수중불분리성 콘크리트의 경우 40mm 이하를 표준으로 한다.

제4과목 : 콘크리트 구조 및 유지관리

61 콘크리트 구조물의 탄산화에 대한 설명으로 옳은 것은?

① 콘크리트 중의 수산화칼슘(pH 12~13)이 공기 중의 탄산가스와 반응하여 탄산칼슘으로 변화한 부분의 pH가 8.5~10 정도로 낮아지는 현상을 말한다.
② 콘크리트 중의 수산화칼슘(pH 12~13)이 공기 중의 탄산가스와 반응하여 탄산칼슘으로 변화한 부분의 pH가 6.5~8 정도로 낮아지는 현상을 말한다.
③ 콘크리트 중의 수산화칼슘(pH 8.5~10)이 공기 중의 탄산가스와 반응하여 탄산칼슘으로 변화한 부분의 pH가 12~13 정도로 높아지는 현상을 말한다.
④ 콘크리트 중의 수산화칼슘(pH 6.5~8)이 공기 중의 탄산가스와 반응하여 탄산칼슘으로 변화한 부분의 pH가 12~13 정도로 높아지는 현상을 말한다.

[해설]
• 콘크리트 속에 공기중의 이산화탄소가 침투되면 시멘트의 수화생성물인 수산화칼슘과 반응하여 비활성의 탄산칼슘을 생성하는 탄산화 반응을 탄산화(중성화)라 한다.
• 수산화칼슘(pH 12~13)부분이 공기중의 탄산가스와 반응하여 탄산칼슘(pH 8.5~10) 부분으로 되어 콘크리트의 알칼리성을 손실하므로 탄산화라 한다.

62 시험실에서 양생한 공시체의 강도에 관한 규정으로 틀린 것은?

① 3번의 연속강도 시험의 결과 그 평균값이 f_{cn} 이상일 때 콘크리트의 강도는 만족할 만한 것으로 간주할 수 있다.
② f_{cn}가 35MPa 초과인 경우에는, 개별적인 강도 시험값이 f_{cn}의 80% 이상일 때 콘크리트의 강도는 만족할 만한 것으로 간주할 수 있다.
③ f_{cn}가 35MPa 이하인 경우에는, 개별적인 강도 시험값이 (f_{cn} − 3.5MPa) 이상일 때 콘크리트의 강도는 만족할 만한 것으로 간주할 수 있다.
④ 콘크리트 강도가 현저히 부족하다고 판단될 때에는, 문제된 부분에서 코어를 채취하고 채취된 코어의 시험을 KS F 2422에 따라 수행하여야 한다.

[해설] f_{cn}가 35MPa 초과인 경우에는, 개별적인 강도 시험값이 f_{cn}의 90% 이상일 때 콘크리트의 강도는 만족할 만한 것으로 간주할 수 있다.

63 $b=400mm$, $d=540mm$, $h=600mm$인 직사각형 보에 인장철근이 1열 배근된 철근콘크리트 단면의 휨부재 상한한계 공칭휨강도(M_n)는?
(단, $f_{ck}=28MPa$, $f_y=500MPa$)

① 660kN·m
② 744kN·m
③ 815kN·m
④ 929kN·m

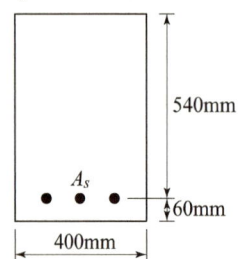

해설 ■ 최소허용변형률에 따른 최대 철근비(인장철근비의 상한)

f_y	휨부재 허용변형률	최대 철근비 ρ_{max}
300MPa	0.004	$0.643\rho_b$
350MPa	0.004	$0.679\rho_b$
400MPa	0.004	$0.714\rho_b$
500MPa	0.004	$0.785\rho_b$

■ $\rho_{max}=0.785\rho_b$

$f_{ck}=28MPa \leq 40MPa$일 때 $\eta=1$, $\beta_1=0.80$

- $\rho_b = \dfrac{\eta(0.85f_{ck})\cdot\beta_1}{f_y}\times\dfrac{660}{660+f_y}$

$= \dfrac{1\times0.85\times28\times0.80}{500}\times\dfrac{660}{660+500}=0.021666$

- $\rho_{max}=0.785\rho_b=0.785\times0.021666=0.017008$

$\therefore A_{s\,max}=\rho_{max}bd=0.017008\times400\times540=3,674mm^2$

■ $M_n=f_y\cdot A_s\left(d-\dfrac{a}{2}\right)$

- $a=\dfrac{f_y\cdot A_s}{\eta(0.85f_{ck})b}=\dfrac{500\times3,674}{1\times0.85\times28\times400}=192.96mm$

$\therefore M_n=500\times3,674\times\left(540-\dfrac{192.96}{2}\right)$
$=814,746,240N\cdot mm=815kN\cdot m$

64 구조물의 보강공법 중 강판보강공법의 특징에 대한 설명으로 틀린 것은?

① 강판을 사용하므로 모든 방향의 인장력에 대응할 수 있다.
② 시공이 간단하고, 강판의 제작, 조립도 쉬워서 현장작업이 복잡하지 않다.
③ 현장타설 콘크리트, 프리캐스트 부재 모두에 적용할 수 있으므로 응용범위가 넓다.
④ 접착제의 내구성, 내피로성의 확인이 쉬우며, 기존에 타설된 콘크리트의 열화가 진행 중인 상황에도 보수 없이 시공할 수 있다.

해설 접착제의 내구성, 내피로성이 불분명하다.

65 콘크리트에 발생하는 소성수축균열을 방지하는 방법으로 적절하지 않은 것은?

① 표면을 덮개로 보호한다.
② 통풍이 잘 되도록 조치한다.
③ 직사광선을 받지 않도록 한다.
④ 표면에 급격한 온도변화가 생기지 않도록 한다.

해설 소성수축균열의 방지대책
- 수분의 급속한 증발을 방지한다.
- 적절한 살수를 하는 등 양생에 충분한 배려를 한다.
- 표면 마무리를 지나치게 하지 않고 온도변화가 급격하지 않도록 한다.
- 타설종료 후 콘크리트 표면을 피복하고 여름철에는 일광의 직사나 바람에 노출되지 않도록 한다.

66 탄산화 시험만을 목적으로 코어를 채취하는 경우 코어의 지름 및 길이로서 가장 적절한 것은?

① 코어 지름은 굵은 골재 최대 치수의 1배 이상으로 하고, 코어 길이는 지름의 2배 이상으로 한다.
② 코어 지름은 굵은 골재 최대 치수의 2배 이상으로 하고, 코어 길이는 지름의 3배 이상으로 한다.
③ 코어 지름은 굵은 골재 최대 치수의 3배 이상으로 하고, 코어 길이는 철근의 피복두께 정도로 한다.
④ 코어 지름은 굵은 골재 최대 치수의 4배 이상으로 하고, 코어 길이는 철근 피복두께의 2배 이상으로 한다.

해설 코어 지름은 굵은골재 최대치수의 3배 이상으로 하고, 코어 길이는 철근의 피복두께 정도로 한다.

67 인장철근이 일렬로 배치되어 있는 단철근 직사각형 보의 설계휨강도(ϕM_n)는? (단, $f_{ck}=23MPa$, $f_y=320MPa$, $b_w=250mm$, $d=500mm$, $A_s=2,000mm^2$)

① 156.3kN·m
② 236.4kN·m
③ 356.3kN·m
④ 396.4kN·m

해설 $M_d=\phi M_n=0.85f_y\cdot A_s\left(d-\dfrac{a}{2}\right)$

$f_{ck}=23MPa\leq40MPa$일 때 $\alpha=1.0$, $\beta_1=0.8$

- $a=\dfrac{f_y\cdot A_s}{\eta(0.85f_{ck})b}=\dfrac{320\times2,000}{1\times0.85\times23\times250}=130.95mm$

$\therefore \phi M_n=0.85\times320\times2,000\times\left(500-\dfrac{130.95}{2}\right)$
$=236,381,600N\cdot mm=236.4kN\cdot m$

정답 63 ③ 64 ④ 65 ② 66 ③ 67 ②

68. 염화물이 외부로부터 침투하는 환경에 있는 철근콘크리트 구조물의 수용성 염화물 허용함류량은? (단, 시멘트 첨가량은 300kg/m³이다.)

① 0.18kg/m³
② 0.03kg/m³
③ 0.45kg/m³
④ 0.90kg/m³

해설 굳은 콘크리트의 최대수용성 염소이온 비율
(콘크리트 속의 최대수용성 염소이온량)

부재의 종류	시멘트 질량에 대한 비율(%)
프리스트레스트 콘크리트	0.06
염화물에 노출된 철근콘크리트	0.15
건조한 상태이거나 습기로부터 차단된 철근콘크리트	1.00
기타 철근콘크리트	0.30

∴ 수용성 염화물 허용함류량 $= 300 \times \dfrac{0.15}{100} = 0.45 \, kg/m^3$

69. 바닥 슬래브 보강용으로 적합하지 않는 공법은?

① 보의 증설
② 강판 접착
③ 강판 라이닝 보강
④ 탄소 섬유시트 접착

해설 보강에 관련된 공법의 사용부재

적합 공법	보	기둥	슬래브
보의 증설	◎		◎
강판 접착	◎		◎
강판 라이닝 보강		◎	
탄소섬유시트 접착	◎		◎

70. 알칼리 골재반응이 원인으로 추정되는 부재의 향후 팽창량을 예측하기 위하여 필요한 시험은?

① SEM 시험
② 압축강도 시험
③ 배합비 추정시험
④ 코어의 잔존팽창량 시험

해설
- 골재의 반응성유무 : 주사전자현미경(SEM)에 의한 관찰
- 잔존팽창량시험 : 구조물로부터 뽑아낸 코어샘플에 대해서 팽창반응을 가열·습윤에 의해 촉진해, 장래적으로 일어날 수 있는 팽창을 단기간으로 일으켜, 향후의 팽창의 가능성을 조사하는 시험이다.

71. 옹벽의 구조해석에 대한 설명으로 틀린 것은?

① 캔틸레버식 옹벽의 전면벽은 3변 지지된 2방향 슬래브로 설계하여야 한다.
② 뒷부벽은 T형 보로 설계하여야 하며, 앞부벽은 직사각형 보로 설계하여야 한다.
③ 저판의 뒷굽판은 정확한 방법이 사용되지 않는 한, 뒷굽판 상부에 재하되는 모든 하중을 지지하도록 설계하여야 한다.
④ 부벽식 옹벽의 저판은 정밀한 해석이 사용되지 않는 한, 부벽 사이의 거리를 경간으로 가정한 고정보 또는 연속보로 설계할 수 있다.

해설 캔틸레버식 옹벽의 전면벽은 저판에 지지된 캔틸레버로 설계하여야 한다.

72. D16 이하인 스터럽과 띠철근의 90° 표준갈고리의 연장 길이에 대한 기준으로 옳은 것은? (단, d_b는 철근의 공칭지름을 의미한다.)

① 구부린 끝에서 $6d_b$ 이상 더 연장해야 한다.
② 구부린 끝에서 $8d_b$ 이상 더 연장해야 한다.
③ 구부린 끝에서 $10d_b$ 이상 더 연장해야 한다.
④ 구부린 끝에서 $12d_b$ 이상 더 연장해야 한다.

해설 스터럽과 띠철근의 90° 표준갈고리
- D16 이하의 철근은 구부린 끝에서 $6d_b$ 이상 더 연장해야 한다.
- D19, D22, D25철근은 구부린 끝에서 $12d_b$ 이상 더 연장해야 한다.

73. 철근콘크리트 휨 부재에서 최소 철근량에 대한 설명으로 틀린 것은?

① 일반적인 휨 부재의 최소 철근량은 설계휨강도가 $\phi M_n \geq 1.2 M_{cr}$ 을 만족하여야 한다.
② 최소 철근량은 기능조건상 단면의 치수가 크게 설계되는 경우 너무 적은 철근이 배근되는 것을 막기 위함이다.
③ 해석상 요구되는 철근량보다 1/4 이상 인장철근이 더 배근된 경우에는 최소 철근량의 규정을 적용하지 않는다.
④ 두께가 균일한 구조용 슬래브와 기초판에 대하여 경간방향으로 보강되는 휨철근의 단면적은 수축·온도철근 기준에 규정한 값 이상이어야 한다.

해설 해석상 요구되는 철근량보다 1/3 이상 인장철근이 더 배근된 경우에는 최소 철근량의 규정을 적용하지 않는다.

정답 68 ③ 69 ③ 70 ④ 71 ① 72 ① 73 ③

□□□ 기 11,17,20
74 열화의 요인과 보수공법의 관계가 틀린 것은?

① 동해 – 균열주입공법
② 염해 – 단면복구공법
③ 탄산화 – 표면보호공법
④ 알칼리 골재반응 – 단면복구공법

해설 열화원인과 보수계획

열화원인	보수방법
탄산화	재알칼리화공법, 단면복구공법, 표면보호공법
염해	탈염공법, 단면복구공법, 표면보호공법
알칼리골재반응	균열주입공법, 표면보호공법
동해	단면 복구공법, 균열주입공법, 표면 보호공법
화학적 침식	단면복구공법, 표면보호공법

□□□ 기 13,20
75 옹벽에 관한 설명으로 틀린 것은?

① 옹벽의 기준안전율 검토항목은 활동, 전도, 지지력, 전체안전성이다.
② 높이가 대략 3~6m인 경우에 캔틸레버식 옹벽이 가장 경제적이다.
③ 토압은 공인된 공식으로 산정하되 필요한 계수는 측정을 통해 정해야 한다.
④ 뒷부벽식 옹벽은 뒷부벽을 L형 보의 복부로 보고 전면벽을 연속 슬래브로 본다.

해설 뒷부벽식은 T형보로 설계하여야 하며, 앞부벽식은 직사각형 보로 설계하여야 한다.

□□□ 기 04,09,11,12,16,18,20
76 단철근 직사각형 보에서의 균형철근비로 옳은 것은? (단, $f_{ck}=30$MPa, $f_y=300$MPa)

① 0.025
② 0.047
③ 0.052
④ 0.064

해설 $\rho_b = \dfrac{\eta(0.85f_{ck})\beta_1}{f_y} \cdot \dfrac{660}{660+f_y}$

$f_{ck}=30$MPa ≤ 40MPa일 때
$\eta=1,\ \beta_1=0.80$

∴ $\rho_b = \dfrac{1\times(0.85\times30)\times0.80}{300}\times\dfrac{660}{660+300} = 0.047$

□□□ 기 20
77 각 날짜에 친 각 등급의 콘크리트 강도시험용 시료 채취에 대한 규정으로 틀린 것은?

① 하루에 1회 이상
② 120m³ 당 1회 이상
③ 배합이 변경될 때 마다 1회 이상
④ 슬래브나 벽체의 표면적 300m³ 마다 1회 이상

해설 슬래브나 벽체의 표면적 300m³ 마다 3회(1×3) 이상

□□□ 기 08,20
78 일반적으로 정사각형 확대기초에서 펀칭전단에 대한 위험한 단면은? (단, d : 유효깊이)

① 기둥의 전면
② 기둥의 전면에서 d만큼 떨어진 면
③ 기둥의 전면에서 $\dfrac{d}{2}$만큼 떨어진 면
④ 기둥의 전면에서 기둥 두께만큼 양쪽으로 떨어진 면

해설 펀칭전단(파괴전단)은 2방향 작용에 의하여 일어나므로, 정사각형 단면이면 2방향 확대 기초이므로 전단에 위험한 단면은 기둥 전면에서 $\dfrac{d}{2}$만큼 떨어진 면이다.

□□□ 기 17,20
79 단경간이 2m, 장경간이 4m인 슬래브에 집중하중 180kN이 슬래브의 중앙에 작용할 경우, 단경간(㉠) 및 장경간(㉡)이 부담하는 하중은 각각 얼마인가?

① ㉠ : 160kN, ㉡ : 20kN
② ㉠ : 169kN, ㉡ : 11kN
③ ㉠ : 20kN, ㉡ : 160kN
④ ㉠ : 11kN, ㉡ : 169kN

해설 • 단경간 $P_S = \dfrac{L^3}{L^3+S^3}P = \dfrac{4^3}{4^3+2^3}\times180 = 160$kN

• 장경간 $P_L = \dfrac{S^3}{L^3+S^3}P = \dfrac{2^3}{4^3+2^3}\times180 = 20$kN

□□□ 기 04,06,12,20
80 콘크리트 구조물의 재하시험은 하중을 받는 부재의 재령이 최소한 며칠이 지난 다음에 재하시험을 수행하여야 하는가?

① 14일
② 28일
③ 56일
④ 84일

해설 재하시험은 하중을 받는 구조부분의 재령이 최소한 56일이 지난 다음에 시행하여야 하나 소유주, 시공자 및 관련자 모든 사람 동의할 때는 예외이다.

정답 74 ④ 75 ④ 76 ② 77 ④ 78 ③ 79 ① 80 ③

국가기술자격 필기시험문제

2021년도 기사 1회 필기시험

자격종목	시험시간	문제수	형 별
콘크리트기사	2시간	80	A

※ 각 문제는 4지 택일형으로 질문에 가장 적합한 문제의 보기 번호를 클릭하거나 답안표기란의 번호를 클릭하여 입력하시면 됩니다.
※ 입력된 답안은 문제 화면 또는 답안 표기란의 보기 번호를 클릭하여 변경하실 수 있습니다.

제1과목 : 콘크리트 재료 및 배합

기 17,21
01 콘크리트의 배합설계에서 잔골재율 보정에 대한 설명으로 옳은 것은?

① 자갈을 사용할 경우 잔골재율은 2~3 만큼 크게 한다.
② 공기량이 1% 만큼 클 때마다 잔골재율은 0.5~1.0 만큼 크게 한다.
③ 물-결합재비가 0.05 만큼 작을 때마다 잔골재율은 1 만큼 작게 한다.
④ 잔골재의 조립률이 0.1 만큼 작을 때마다 잔골재율은 0.5 만큼 크게 한다.

해설
- 잔골재의 조립률이 0.1 만큼 클(작을) 때마다 잔골재율은 0.5 만큼 크게(작게) 한다.
- 공기량이 1% 만큼 클(작을) 때마다 잔골재율은 0.5~1.0 만큼 작게(크게) 한다.
- 물-결합재비가 0.05 만큼 작을(클) 때마다 잔골재율은 1 만큼 작게(크게) 한다.
- 자갈을 사용할 경우 잔골재율은 2~3 만큼 작게 한다.

기 12,17,21
02 고로 슬래그 미분말을 사용한 콘크리트에 대한 설명으로 옳지 않은 것은?

① 고로 슬래그 미분말을 사용한 콘크리트는 수밀성이 향상된다.
② 고로 슬래그 미분말을 사용한 콘크리트는 철근 보호성능이 향상된다.
③ 고로 슬래그 미분말을 사용한 콘크리트는 탄산화 속도를 저하시키는 효과가 있다.
④ 고로 슬래그 미분말을 사용한 콘크리트의 초기강도는 포틀랜드시멘트 콘크리트보다 작다.

해설 고로슬래그 미분말을 사용한 콘크리트는 시멘트 수화시에 발생하는 수산화칼슘과 고로 슬래그 성분이 반응하여 콘크리트의 알칼리성이 다소 저하되기 때문에 콘크리트의 탄산화가 빠르게 진행된다.

기 18,21
03 단위 시멘트량이 320kg/m³, 물-시멘트비가 45%, 잔골재율이 38%인 배합조건에서 콘크리트의 잔골재량(㉠)과 굵은 골재량(㉡)을 구하면? (단, 공기량 : 4.5%, 시멘트의 밀도 : 3.15g/cm³, 잔골재의 밀도 : 2.56g/cm³, 굵은 골재의 밀도 : 2.60g/cm³)

① ㉠ : 670.512kg/m³, ㉡ : 1,027.424kg/m³
② ㉠ : 689.715kg/m³, ㉡ : 1,142.908kg/m³
③ ㉠ : 705.425kg/m³, ㉡ : 1,178.112kg/m³
④ ㉠ : 714.223kg/m³, ㉡ : 1,194.532kg/m³

해설
- 단위수량 $W : \frac{W}{C}$
- 단위시멘트량 $C = 0.45 \times 320 = 144 \text{kg/m}^3$
- 단위골재량의 절대체적

$$V_a = 1 - \left(\frac{단위수량}{1,000} + \frac{단위 시멘트}{시멘트밀도 \times 1,000} + \frac{공기량}{100}\right)$$

$$= 1 - \left(\frac{144}{1,000} + \frac{320}{3.15 \times 1,000} + \frac{4.5}{100}\right) = 0.709 \text{m}^3$$

- 단위 잔골재량
$S = V_a \times S/a \times 잔골재밀도 \times 1,000$
$= 0.709 \times 0.38 \times 2.56 \times 1,000 = 689.715 \text{kg/m}^3$

- 단위 굵은골재량
$G = V_g \times (1 - S/a) \times 굵은골재 밀도 \times 1,000$
$= 0.709 \times (1 - 0.38) \times 2.60 \times 1,000 = 1,142.908 \text{kg/m}^3$

기 18,21
04 황산나트륨 포화용액을 사용한 골재의 안정성시험에서 반복 시험을 실시할 경우 황산나트륨 포화용액의 골재에 대한 잔류 유무를 조사하여야 하는데 이때 사용하는 용액에 대한 설명으로 옳은 것은?

① 염화바륨을 사용하며, 용액의 농도는 5~10%로 한다.
② 수산화나트륨을 사용하며, 용액의 농도는 3%로 한다.
③ 탄닌산 용액을 사용하며, 용액의 농도는 2~3%로 한다.
④ 페놀프탈레인 용액을 사용하며, 용액의 농도는 1%로 한다.

해설 시약용 용액의 골재에 대한 잔류 유무를 조사하기 위해 염화바륨을 사용하며, 용액의 농도는 5~10%로 한다.

정답 01 ③ 02 ③ 03 ② 04 ①

□□□ 기 10,18,21

05 콘크리트용 굵은 골재의 최대 치수에 대한 설명으로 틀린 것은?

① 슬래브 두께의 1/4을 초과하지 않아야 한다.
② 거푸집 양 측면 사이의 최소 거리의 1/5을 초과하지 않아야 한다.
③ 구조물의 단면이 큰 경우 굵은 골재의 최대치수는 40mm를 표준으로 한다.
④ 개별 철근, 다발철근, 긴장재 또는 덕트사이 최소 순간격의 3/4을 초과하지 않아야 한다.

해설 ■ 굵은 골재의 최대치수는 다음 값을 초과하지 않아야 한다.
· 거푸집 양측 사이의 최소 거리의 1/5
· 슬래브 두께의 1/3
· 개별철근, 다발 철근, 긴장재 또는 덕트 사이의 최소 순간격의 3/4
■ 굵은 골재의 최대치수

구조물의 종류	굵은 골재의 최대 치수(mm)
일반적인 경우	20 또는 25
단면이 큰 경우	40
무근 콘크리트	40 부재 최소치수의 1/4을 초과해서는 안됨

□□□ 기 07,10,12,13,15,21

06 시멘트 비중 시험을 실시한 결과 르샤틀리에 비중병에 광유를 주입하고 측정한 눈금이 0.5mL였다. 이 비중병에 시멘트 64g을 넣고 광유가 올라온 눈금을 측정한 결과 21.0mL가 되었다면 이 시멘트의 비중은?

① 3.06
② 3.12
③ 3.18
④ 3.24

해설 시멘트비중 = $\frac{시멘트의 무게}{비중병의 눈금의 차}$ = $\frac{64}{21.0-0.5}$ = 3.12

□□□ 기 21

07 어떤 배합설계에서 결합재로 시멘트와 고로 슬래그 미분말이 사용되었다. 결합재 전체질량이 550kg/m³이라고 할 때, 제빙화학제에 대한 내구성 확보를 위해 필요한 고로 슬래그미분말의 최대 혼입량은? (단, 지속적으로 수분과 접촉하고 동결융해의 반복작용에 노출되는 콘크리트)

① 68.7kg/m³
② 137.5kg/m³
③ 192.5kg/m³
④ 275.0kg/m³

해설 제빙화학제에 노출된 콘크리트 최대 혼화재 비율
■ 시멘트와 혼화재 전체에 대한 혼화재의 질량 백분율(%)
· KS F 2563에 따르는 고로 슬래그 미분말 : 50%
∴ 최대혼입량 = 550 × 0.50 = 275 kg/m³

□□□ 기 13,21

08 시멘트 관련 KS 규격에 관한 설명으로 옳지 않은 것은?

① 저열 포틀랜드 시멘트에서는 수화열을 억제하기 위하여 최저 C_2S량을 규정하고 있다.
② 내황산염 포틀랜드 시멘트에서는 황산염에 의한 팽창을 억제하기 위하여 최대 C_3A량을 규정하고 있다.
③ 고로 슬래그 시멘트에서는 잠재수경성을 확보하기 위하여 염기도의 최소값을 규정하고 있다.
④ 고로 슬래그 시멘트에서는 알칼리 골재반응을 억제하기 위하여 최대 알칼리량을 규정하고 있다.

해설 · 고로슬래그 시멘트는 시멘트 중의 알칼리의 희석작용 외에 고로슬래그 자체에 알칼리 골재반응의 억제효과가 있다.
· 고로슬래그 시멘트의 고로 슬래그의 함유량

종류	고로 슬래그의 함유량 질량(%)
1종	5 초과 30 이하
2종	30 초과 60 이하
3종	60 초과 70 이하

□□□ 기 05,21

09 콘크리트의 배합강도에 대한 설명으로 틀린 것은?

① 콘크리트의 배합강도는 설계기준압축강도보다 크게 정하여야 한다.
② 압축강도의 시험횟수가 24회일 경우 표준편차의 보정계수는 1.04이다.
③ 압축강도의 시험 횟수가 29회 이하이고 15회 이상인 경우 그것으로 계산한 표준편차에 보정계수를 곱한 값을 표준편차로 사용할 수 있다.
④ 콘크리트 압축강도의 표준편차는 실제 사용한 콘크리트의 25회 이상의 시험실적으로부터 결정하는 것을 원칙으로 한다.

해설 콘크리트 압축강도의 표준편차는 실제 사용한 콘크리트의 30회 이상의 시험실적으로부터 결정하는 것을 원칙으로 한다.

□□□ 기 11,20,21

10 절대 건조 상태에서 350g, 표면 건조 포화 상태에서 364g, 습윤 상태에서 360g인 잔골재 시료의 흡수율은?

① 2%
② 3%
③ 4%
④ 5%

해설 흡수율 = $\frac{표건상태-절건상태}{절건상태}$ × 100
= $\frac{364-350}{350}$ × 100 = 4%

11
굵은 골재의 체가름 시험결과가 아래의 표와 같을 때, 굵은 골재 최대 치수($G_{\max}$)와 조립률(F.M)을 구한 것으로 옳은 것은?

체의 크기(mm)	30	25	20	15	10	5	2.5
각체 잔량 누계(%)	2	10	35	53	78	98	100

① 20mm, 7.11 ② 20mm, 7.76
③ 25mm, 7.11 ④ 25mm, 7.76

해설 조립률(F.M) : 75mm, 40mm, 20mm, 10mm, 5mm, 2.5mm, 1.2mm, 0.6mm, 0.3mm, 0.15mm(10개)

체의 치수 (mm)	누적잔유율 (%)	통과 백분율 (%)	조립률체
30	2	98	
25	10	90	
20	35	65	*
15	53	47	
10	78	22	*
5	98	2	*
2.5	100	0	*
1.2	100	0	*
0.6	100	0	*
0.3	100	0	*
0.15	100	0	*

$$\therefore \text{F.M} = \frac{\sum 0 \times 2 + 35 + 78 + 98 + 100 \times 5}{100} = \frac{711}{100} = 7.11$$

- 굵은 골재의 최대치수 : 굵은 골재의 최대치수는 무게로 90% 이상을 통과시키는 체 중에서 최소 치수의 체눈을 호칭치수로 나타낸다.

$\therefore G_{\max} = 25\text{mm}$ (∵ 통과율 90%≤90%)

12
좋은 품질의 플라이 애시를 적절하게 사용한 콘크리트에서 기대할 수 있는 효과가 아닌 것은?

① 알칼리골재반응을 억제시킬 수 있다.
② 포졸란 반응으로 수화반응속도를 향상시킨다.
③ 워커빌리티를 개선하여 단위수량을 감소시킬 수 있다.
④ 수밀성이나 화학적 침식에 대한 내구성을 개선시킬 수 있다.

해설 · 고로슬래그 미분말은 수화반응 속도를 억제하여 콘크리트 강도발현을 지연한다.
· 플라이 애시 첨가 콘크리트의 강도는 초기재령에서는 비교적 일반콘크리트보다 작으나, 재령이 길어짐에 따라 포졸란반응의 증가에 의해 장기강도는 증가한다.

13
콘크리트 배합 설계에서 물-결합재비에 대한 설명으로 틀린 것은?

① 물-결합재비는 소요의 강도, 내구성, 수밀성 및 균열저항성 등을 고려하여 정하여야 한다.
② 콘크리트의 압축강도를 기준으로 물-결합재비를 정하는 경우, 공시체는 재령 28일을 표준으로 한다.
③ 콘크리트의 압축강도를 기준으로 물-결합재비를 정하는 경우, 압축강도와 물-결합재비와의 관계는 시험에 의하여 정하는 것을 원칙으로 한다.
④ 콘크리트의 압축강도를 기준으로 물-결합재비를 정하는 경우, 배합에 사용할 물-결합재비는 기준재령의 결합재-물비와 압축강도와의 관계식에서 배합강도에 해당하는 결합재-물비 값으로 한다.

해설 콘크리트의 압축강도를 기준으로 물-결합재비를 정하는 경우, 배합에 사용할 물-결합재비는 기준재령의 결합재-물비와 압축강도와의 관계식에서 배합강도에 해당하는 결합재-물비 값의 역수로 한다.

14
현장에서 콘크리트 압축강도를 22회 측정한 결과 표준편차는 5MPa이었다. 호칭강도(f_{cn})가 35MPa일 때 배합강도(f_{cr})는? (단, 시험횟수 20회, 25회일 경우 표준편차의 보정계수는 각각 1.08, 1.03이다.)

① 38.5MPa ② 42.1MPa
③ 43.9MPa ④ 45.2MPa

해설 ■ 22회의 보정계수 $= 1.03 + \frac{1.08 - 1.03}{25 - 20} \times (25 - 22) = 1.06$

$\therefore$ 수정표준편차 $s = 5 \times 1.06 = 5.3\text{MPa}$

■ $f_{cn} \leq 35\text{MPa}$일 때 배합강도
· $f_{cr} = f_{cn} + 1.34s = 35 + 1.34 \times 5.3 = 42.1\text{MPa}$
· $f_{cr} = (f_{cn} - 3.5) + 2.33s = (35 - 3.5) + 2.33 \times 5.3 = 43.9\text{MPa}$

$\therefore f_{cr} = 43.9\text{MPa}$(두 값 중 큰 값)

15
각종 시멘트의 용도에 관한 설명으로 옳지 않은 것은?

① 고로 슬래그 시멘트는 노출 콘크리트로 적합하다.
② 보통 포틀랜드 시멘트는 일반적인 용도로 사용된다.
③ 저열 포틀랜드 시멘트는 매스 콘크리트로 적합하다.
④ 조강 포틀랜드 시멘트는 긴급 공사용 콘크리트로 유리하다.

해설 고로 슬래그 시멘트는 해수작용을 받는 구조물, 터널, 하수도 등에 유리하다.

정답 11 ③ 12 ② 13 ④ 14 ③ 15 ①

□□□ 기 10,14,17,21
16. 콘크리트용 화학 혼화제의 품질시험 항목으로 옳지 않은 것은?

① 길이 변화비(%)
② 휨강도의 비(%)
③ 블리딩양의 비(%)
④ 동결 융해에 대한 저항성(상대 동탄성 계수%)

해설 콘크리용 화학 혼화제의 품질 항목

품질항목		고성능 공기연행 감수제	
		표준형	지연형
감수율(%)		18 이상	18 이상
블리딩양의 비(%)		60 이하	70 이하
응결시간의 차(분)	초결	−30~+120	+90~+240
	종결	−30~+120	+240 이하
압축강도의 비(%)(28일)		115 이상	115 이상
길이 변화비(%)		110 이하	110 이하
동결융해에 대한 저항성(%) (상대 동탄성계수%)		80 이상	80 이상
경시 변화량	슬럼프(mm)	60 이하	60 이하
	공기량(%)	±1.5 이내	±1.5 이내

□□□ 기 21
17. 혼화재료와 그 성능이 잘못 연결된 것은?

① 감수제 – 단위수량 감소
② AE제 – 워커빌리티 개선
③ 방청제 – 콘크리트 부식방지
④ 발포제 – 부재의 경량화 및 단열성 향상

해설 방청제 : 철근 콘크리트의 방청을 목적으로 사용하는 혼화제이다.

□□□ 기 16,18,21
18. 콘크리트 및 모르타르 혼화재로 사용되는 실리카 퓸의 품질 시험을 실시하고자 할 때 시험 모르타르는 보통 포틀랜드 시멘트와 실리카 퓸의 질량비를 얼마로 하여야 하는가?

① 1 : 9
② 9 : 1
③ 1 : 6
④ 6 : 1

해설 시험 모르타르 : 실리카퓸의 품질시험에서 사용되는 모르타르로서 보통 포틀랜드 시멘트의 실리카 퓸을 질량비로 9 : 1로 하여 제작한 모르타르

□□□ 기 11,21
19. 시멘트 제조 과정에서 시멘트의 응결을 지연시키는 역할을 하기 위하여 첨가하는 재료는?

① 석고
② 슬래그
③ 실리카(SiO_2)
④ 산화마그네슘(MgO)

해설 시멘트의 제조과정에서 클링커에 응결조정용으로 3~5%의 석고를 첨가, 분쇄하면 포틀랜드시멘트가 얻어진다.

□□□ 기 11,16,21
20. 분말도(fineness)가 큰 시멘트를 사용할 경우에 대한 설명으로 틀린 것은?

① 풍화하기 쉽다.
② 건조수축이 작아진다.
③ 수화가 빨리 진행된다.
④ 워커블한 콘크리트가 얻어진다.

해설 풍화하기 쉽고 건조수축이 커져서 균열이 발생하기 쉽다.

제2과목 : 콘크리트 제조, 시험 및 품질관리

□□□ 기 11,21
21. 아래의 표에서 설명하고 있는 콘크리트 압축강도 추정 방법은?

> 노르웨이나 스웨덴에서 표준화되어 있는 시험 방법으로서 원주 시험체에 휨하중을 가하여 콘크리트의 압축강도를 추정하는 방법이다. 이 방법의 원리는 휨강도가 압축강도와 양호한 상관관계가 있다고 가정한 것이다.

① Tc−To법
② Pull−off법
③ Break−off법
④ 관입저항법

해설
- Break−off법에 대한 설명으로 미리 플라스틱성 원통 모양의 형틀을 설치하여 콘크리트를 타설한 후 시험하는 방법과 코어보링으로 경화된 콘크리트에 같은 모양의 틈을 만드는 방법이 있다.
- Pull−off법 : 원주 시험체에 인장하중을 가하고, 그 때의 인장강도로부터 콘크리트 압축강도를 추정하는 방법이다. 이 방법은 보수재의 부착강도를 측정할 때 주로 사용된다.
- 관입저항법 : 탐침을 정교하게 조정된 일정량의 화약 폭발력에 의해 콘크리트 표면에 관입시킨 후 그 관입깊이를 측정하여 콘크리트 압축강도를 추정하는 방법이다.
- Tc−To법 : 전파시간법으로 1진동자 종파 탐촉자를 2개 사용하여 송신한 종파에 의해 균열 끝에서 산란하는 종파를 수신했을 때의 전파시간으로부터 균열깊이를 환산하는 방법이다.

정답 16 ② 17 ③ 18 ② 19 ① 20 ② 21 ③

□□□ 기 11,14,16,21
22 KS F 4009에 규정되어 있는 레디믹스트 콘크리트에 대한 설명으로 틀린 것은?

① 재료 계량 시 골재에 대한 계량 오차의 범위는 ±3% 이내로 한다.
② 골재 저장 설비는 콘크리트 최대 출하량의 1주일분 이상에 상당하는 골재량을 저장할 수 있는 크기로 한다.
③ 트럭 애지테이터나 트럭 믹서를 사용할 경우, 콘크리트는 혼합하기 시작하고 나서 1.5시간 이내에 공사 지점에 배출할 수 있도록 운반한다.
④ 트럭 애지테이터 내 콘크리트의 균일성은 콘크리트의 1/4과 3/4부분에서 각각 시료를 채취하여 슬럼프 시험을 하였을 경우 양쪽의 슬럼프 차가 30mm 이내가 되어야 한다.

해설 골재 저장 설비는 콘크리트 최대 출하량의 1일분 이상에 상당하는 골재량을 저장할 수 있는 크기로 한다.

□□□ 기 17,21
23 일반 콘크리트에 사용할 수 있는 부순 굵은 골재의 물리적 성질에 대한 규정값을 표기한 것 중 틀린 것은?

① 마모율 – 30% 이하
② 안정성 – 12% 이하
③ 흡수율 – 3.0% 이하
④ 절대 건조 밀도 – 2.50g/cm³ 이상

해설 콘크리트용 부순골재의 품질규정(KS F 2527)

품질항목	부순잔골재	부순굵은 골재
절대건조밀도 g/cm³	2.50 이상	2.50 이상
흡수율(%)	3.0 이하	3.0 이하
안정성	10% 이하	12% 이하
마모율	–	40% 이하
0.08mm체 통과량	7.0% 이하	1.0% 이하

□□□ 기 21
24 콘크리트는 일반적으로 강알칼리성을 띠고 있으나, 콘크리트 중의 수산화칼슘이 공기 중의 탄산가스와 접촉하여 콘크리트의 알칼리성을 상실하는 현상은?

① 염해
② 탄산화
③ 알칼리·실리카 반응
④ 알칼리·탄산염 반응

해설 콘크리트의 수화 반응에서 생성되는 강알칼리성 수산화칼슘이 공기 중의 이산화탄소와 결합 후 탄산칼슘으로 변하여 알칼리성이 약해지는 현상을 탄산화라 한다.

□□□ 기 11,15,17,21
25 콘크리트의 길이 변화 시험 방법(KS F2424)에서 규정하고 있는 시험방법의 종류가 아닌 것은?

① 콤퍼레이터 방법
② 다이얼 게이지 방법
③ 콘택트 게이지 방법
④ 버니어 캘리퍼스 방법

해설 ■공시체의 중심축의 길이 변화를 측정하는 방법
 · 다이얼 게이지를 부착한 측정기를 이용하는 방법(다이얼 게이지 방법)
■공시체의 측면 길이 변화를 측정하는 방법
 · 현미경을 부착한 콤퍼레이터를 이용하는 방법(콤퍼레이터 방법)
 · 콘택트 스트레인 게이지를 이용하는 방법(콘택트 게이지 방법)

□□□ 기 14,18,21
26 콘크리트의 충격강도는 말뚝의 항타, 충격하중을 받는 기계기초, 폭발하중을 받는 방호구조 등과 같은 경우에 매우 중요하다. 다음 중 충격강도에 대한 일반적인 설명으로 틀린 것은?

① 굵은 골재 최대치수가 작은 경우 충격강도에 유리하다.
② 탄성계수와 포아송비가 큰 골재를 사용한 경우 충격강도에 유리하다.
③ 콘크리트의 충격강도는 압축강도보다는 인장강도와 더 밀접한 관계가 있다.
④ 동일한 압축강도의 콘크리트일지라도 부순골재처럼 골재 표면이 거칠수록 충격강도는 높다.

해설 탄성계수와 포아송비가 작은 골재를 사용한 경우 충격강도에 유리하다.

□□□ 기 21
27 콘크리트 타설 전날에 현장에 비가 와서 잔골재율을 결정하려고 할 때 가장 적절하게 조치한 것은?

① 잔골재율은 공기량과 무방하므로 공기량은 시험을 하지 않아도 된다.
② 현장에서 소요의 강도를 얻기 위하여 굵은 골재 양을 최소가 되도록 한다.
③ 잔골재율은 혼화재료와 무방하므로 혼화재료는 시험을 하지 않고 사용한다.
④ 현장에서 소요의 워커빌리티(Workability)를 얻는 범위 내에서 단위 수량이 최소가 되도록 한다.

해설 현장에서 비를 맞은 골재는 습윤상태의 골재가 되어 워커빌리티가 나빠지므로 워커빌리티를 얻는 범위 내에서 단위 수량이 최소가 되도록 해야 한다.

□□□ 기 15,18,21
28. 콘크리트의 배합설계 결과 단위 시멘트량이 $350kg/m^3$인 경우 1배치가 $3m^3$인 믹서에서 시멘트의 1회 계량값이 1,031kg일 때, 계량오차에 대한 판정경과로 옳은 것은?

① 허용 계량오차의 한계인 −1% 이내이므로 합격
② 허용 계량오차의 한계인 −1%를 초과하므로 불합격
③ 허용 계량오차의 한계인 −2% 이내이므로 합격
④ 허용 계량오차의 한계인 −2%를 초과하므로 불합격

해설 • 시멘트의 허용오차 : ±1
• 계량오차 $m_o = \dfrac{m_2 - m_1}{m_1} = \dfrac{1,031 - 350 \times 3}{350 \times 3} \times 100 = -1.8\%$
∴ ±1%를 초과하므로 불합격

□□□ 기 07,10,21
29. 콘크리트 공시체의 압축강도에 대한 설명으로 틀린 것은?

① 하중재하속도가 빠를수록 강도가 크게 나타난다.
② 물−시멘트비가 일정한 콘크리트에서 공기량이 증가하면 강도가 감소한다.
③ 원주형 공시체의 높이 H와 지름 D의 비인 H/D가 커질수록 압축강도는 크게 된다.
④ 일반적으로는 양생온도가 4 ~ 40℃의 범위에 있어서는 온도가 높을수록 재령 28일의 강도는 커진다.

해설 콘크리트의 압축강도에 미치는 영향
• 재하속도가 빠를수록 압축강도는 크게 나타난다.
• 시험할 때 공시체의 온도가 높을수록 강도는 저하된다.
• 공시체의 가압면에 요철(凹凸)이 있는 경우 강도가 작게 측정된다.
• 습윤양생 후 공기 중에 건조시키면 일시적으로 강도는 높게 나타난다.
• 콘크리트의 강도는 시간이 경화함에 따라 증가하며 초기의 증가율은 크다.
• 공시체의 높이와 지름의 비(H/D)가 작을수록, 높이가 낮을수록 강도는 크다.

□□□ 기 14,21
30. 콘크리트 휨 강도 시험에서 공시체에 하중을 가하는 속도는 가장자리 응력도의 증가율이 매초 얼마 정도가 되도록 조정하는가?

① 4±0.6MPa
② 6±0.4MPa
③ 0.6±0.4MPa
④ 0.06±0.04MPa

해설 휨강도 시험에서 공시체에 하중을 가하는 속도는 가장자리 응력도의 증가율이 매초 0.06±0.04MPa이 되도록 조정하고, 최대하중이 될 때까지 그 증가율을 유지하도록 한다.

□□□ 기 10,11,18,21
31. 재하시험에 의한 구조물의 성능시험을 실시하여야 하는 경우로 옳지 않은 것은?

① 콘크리트 표면에 미세한 균열이 발생한 경우
② 공사 중 구조물의 안전에 어떠한 근거 있는 의심이 생긴 경우
③ 공사 중에 콘크리트가 동해를 받았다고 생각되는 경우
④ 공사 중 현장에서 취한 콘크리트의 압축강도시험 결과로부터 판단하여 강도에 문제가 있다고 판단되는 경우

해설 재하시험에 의한 구조물의 성능 시험을 실시하는 경우
• 공사중에 콘크리트가 동해를 받았다고 생각되는 경우
• 공사 중 구조물의 안전에 어떠한 근거 있는 의심이 생긴 경우
• 공사 중 현장에서 취한 콘크리트 압축강도시험 결과로부터 판단하여 강도에 문제가 있다고 판단되는 경우

□□□ 기 07,18,21
32. 굳지 않은 콘크리트의 워커빌리티 및 반죽질기에 영향을 미치는 요인에 대한 설명으로 틀린 것은?

① 온도−일반적으로 온도가 높을수록 슬럼프는 작아진다.
② 골재−둥근 모양의 골재는 모가 난 골재보다 워커빌리티를 좋게 한다.
③ 시멘트−일반적으로 단위 시멘트량이 많을수록 콘크리트는 워커블해진다.
④ 혼화재−AE제, 감수제 등의 혼화재료는 콘크리트의 워커빌리티에 영향을 주지 않는다.

해설 혼화제 : AE제, 감수제 등의 혼화재료는 단위수량의 감소, 공기연행 등에 의해 콘크리트의 워커빌리티를 크게 개선시킬 수 있다.

□□□ 기 09,21
33. 레디믹스트 콘크리트(KS F 4009)에서 규정하고 있는 각 재료의 계량 시 허용오차 범위의 크기 비교가 올바른 것은?

① 물=혼화제<골재
② 물<시멘트<혼화제
③ 시멘트<골재=혼화재
④ 시멘트<혼화재<혼화제

해설 재료의 계량 오차

재료의 종류	1회 계량 분량의 한계오차
물	−2%, +1%
시멘트	−1%, +2%
혼화재	±2%
골재	±3%
혼화제	±3%

정답 28 ② 29 ③ 30 ④ 31 ① 32 ④ 33 ④

34 품질관리 7가지 관리기법 중 아래의 표에서 설명하는 것은?

> 어느 특성에 영향을 주는 요인을 열거하여 정리하고 상호관련성을 도표화한 것으로 일명 생선뼈 그림이라고도 한다.

① 관리도 ② 산포도
③ 체크시트 ④ 특성요인도

[해설] TQC의 7도구

구분	내용
층별	집단을 구성하고 있는 많은 데이터를 어떤 특징에 따라서 몇 개의 부분집단으로 나누는 것
히스토그램	데이터가 어떤 분포를 하고 있는지를 알아보기 위해 작성하는 그림
특성요인도	어느 특성에 영향을 주는 요인을 열거하여 정리하고 상호관련성을 도표화한 것으로 일명 생선뼈 그림
파레토도	불량 등의 발생건수를 분류항목별로 나누어 크기 순서대로 나열해 놓은 그림
체크 씨이트	계수치의 데이터가 분류항목의 어디에 집중되어 있는가를 알아보기 쉽게 나타낸 그림
각종 그래프	한눈에 파악되도록 한 각종 그래프
산점도	대응되는 두 개의 짝으로 된 데이터를 그래프 용지 위에 점으로 나타낸 그림

35 콘크리트 속에 많은 미소한 기포를 일정하게 분포시키기 위해 사용하는 혼화제는?

① AE제 ② 감수제
③ 급결제 ④ 유동화제

[해설] AE제 혼화제
· 동경 융해에 대한 저항성 증대
· 콘크리트의 워커빌리티 개선 효과
· 콘크리트 속에 많은 미소한 기포를 일정하게 분포시키기 위해 사용

36 품질의 목표를 정하고 이것을 달성하기 위해서 행하는 모든 활동은?

① 인력관리 ② 자재관리
③ 품질관리 ④ 현장관리

[해설] 품질관리
작업의 결과에 대하여 소정의 목표가 달성되도록 검토하고 시행 방법을 수정하여 문제의 재발을 방지하는데 있다.

37 아래의 표에서 설명하는 워커빌리티 측정방법은?

> 플로우 시험과 동일하게 플로우 테이블을 사용하지만 콘크리트의 형상이 변화하는데 필요한 일량을 측정함으로써 워커빌리티를 평가하는 시험이다.

① 리몰딩 시험 ② 볼관입 시험
③ 슬럼프 시험 ④ 다짐계수 시험

[해설] 리몰딩 시험(Remolding test)은 슬럼프 몰드 속에 콘크리트를 채우고 원판을 콘크리트 면에 얹어 놓고 약 6mm의 상하운동을 주어 콘크리트의 표면이 내외가 동일한 높이가 될 때까지의 낙하 횟수로써 반죽질기를 나타낸다.

38 콘크리트의 블리딩 시험방법(KS F 2414)에 관한 사항으로 틀린 것은?

① 콘크리트의 유동성을 측정하기 위한 시험이다.
② 시험하는 동안 (20±3)℃로 항온이 유지된 시험실에서 실시한다.
③ 혼합된 콘크리트를 3층으로 나누어 용기에 넣고 각 층을 25회씩 다진다.
④ 최초로 기록한 시각에서부터 60분 동안 10분마다, 콘크리트 표면에서 스며나온 물을 빨아낸다.

[해설] 콘크리트는 재료의 분리에 대한 시험이다.

39 보통 중량 골재를 사용한 콘크리트로서 단위질량(m_c)이 2,300kg/m³, 설계기준 압축강도(f_{ck})가 21MPa인 콘크리트의 탄성계수는?

① 10,952MPa ② 23,451MPa
③ 24,854MPa ④ 28,150MPa

[해설] 콘크리트의 할선탄성계수 $E_c = 8,500\sqrt[3]{f_{cu}}$
· $f_{ck} \leq 40\text{MPa}$이면 4MPa
· $f_{ck} \geq 60\text{MPa}$이면 6MPa
· 그 사이는 직선보간으로 계산
$f_{cu} = f_{ck} + 4\,(\text{MPa})$
$= 21 + 4 = 25\text{MPa}$
∴ $E_c = 8,500\sqrt[3]{25} = 24,854\text{MPa}$

정답 34 ④ 35 ① 36 ③ 37 ① 38 ① 39 ③

기 06,17,20,21

40 굳지 않은 콘크리트 중의 염소이온량(Cl^-)은 원칙적으로 얼마 이하로 하는가?

① $0.3kg/m^3$　　② $0.4kg/m^3$
③ $0.5kg/m^3$　　④ $0.6kg/m^3$

해설 염소이온량의 콘크리트의 받아들이기 품질 검사는 원칙적으로 $0.3kg/m^3$ 이하

제3과목 : 콘크리트의 시공

기 07,16,21

41 일반 콘크리트의 시공 시 이음에 대한 일반사항으로 옳지 않은 것은?

① 수밀을 요하는 콘크리트에 있어서는 소요의 수밀성이 얻어지도록 적절한 간격으로 시공이음부를 두어야 한다.
② 시공이음은 될 수 있는 대로 전단력이 작은 위치에 설치하고, 부재의 압축력이 작용하는 방향과 평행이 되도록 하는 것이 원칙이다.
③ 외부의 염분에 의한 피해를 받을 우려가 있는 해양 및 항만 콘크리트 구조물 등에 있어서는 시공이음부를 되도록 두지 않는다.
④ 부득이 전단이 큰 위치에 시공이음을 설치할 경우에는 시공이음 장부 또는 홈을 두거나 적절한 강재를 배치하여 보강하여야 한다.

해설 ・시공이음은 될 수 있는 대로 전단력이 작은 위치에 설치한다.
・시공이음은 부재의 압축력이 작용하는 방향과 직각이 되도록 하는 원칙이다.

기 14,15,17,18,21

42 아래의 표에서 설명하는 것은?

> 롤러다짐용 콘크리트의 반죽질기를 나타내는 값으로서 진동대식 반죽질기 시험 방법에 의하여 얻어지는 시험값을 초(秒)로서 나타낸 것

① VC값　　② 슬럼프 값
③ RI 시험값　　④ 다짐계수 값

해설 ・VC값 : 롤러다짐 콘크리트의 반죽질기는 VC시험으로 20±10초를 표준으로 한다.
・RI시험 : 진동롤러로 다짐 후 다짐면의 다짐 정도를 판단하기 위해 라디오 아이소토프(Radio Isotope)를 이용하여 다짐도를 판정하는 것

기 21

43 섬유보강 콘크리트의 현장 품질관리에 대한 내용으로 옳지 않은 것은?

① 강섬유 혼입률에 대한 품질 검사 중 강섬유 혼입률의 판정기준은 허용오차 ±0.5%이다.
② 강섬유 혼입률에 대한 품질 검사 중 강섬유 혼입률(숏크리트)의 판정기준은 허용오차 ±0.5%이다.
③ 휨강도 및 인성에 대한 품질 검사 중 압축인성의 판정기준은 설계할 때에 고려된 압축인성 값에 미달할 확률이 10% 이하이다.
④ 휨강도 및 인성에 대한 품질 검사 중 휨강도 및 휨인성계수의 판정기준은 설계할 때에 고려된 휨인성지수 값에 미달할 확률이 5% 이하이다.

해설 휨강도 및 인성에 대한 품질 검사 중 압축인성의 판정기준은 설계할 때에 고려된 압축인성 값에 미달할 확률이 5% 이하이다.

기 21

44 고강도 콘크리트의 구성재료에 대한 설명으로 옳지 않은 것은?

① 잔골재는 크기가 일정한 알갱이로 혼합되어 있는 것을 사용한다.
② 굵은 골재의 최대 치수는 철근 최소 수평 순간격의 3/4 이내의 것을 사용하도록 한다.
③ 고성능 감수제는 고강도 콘크리트를 제조하는데 적절한 것인가를 시험배합을 거쳐 확인한 후 사용하여야 한다.
④ 고강도 콘크리트에 사용하는 굵은 골재는 콘크리트 강도 및 워커빌리티 등에 미치는 영향이 크므로 선정에 세심한 주의를 하여야 한다.

해설 잔골재는 크기가 대소의 입자가 알맞게 혼합되어 있는 것을 사용한다.

기 08,12,14,21

45 유사한 시공사례가 있거나 반발률과 분진농도의 관계가 분명하게 되어 있는 경우에 숏크리트의 뿜어붙이기 성능은 분진농도와 숏크리트의 초기강도로 설정할 수 있다. 재령 24시간일 때 숏크리트의 초기강도 표준값으로 옳은 것은?

① 1.5~2.0MPa　　② 2.0~3.0MPa
③ 5.0~10.0MPa　　④ 12.0~15.0MPa

해설 숏크리트의 초기강도 표준값

재 령	숏크리트의 초기강도
24시간	5.0~10.0(MPa)
3시간	1.0~3.0(MPa)

정답 40 ①　41 ②　42 ①　43 ③　44 ①　45 ③

46 해양 콘크리트에 대한 설명으로 옳지 않은 것은?

① 육상구조물 중에 해풍의 영향을 많이 받는 구조물도 해양 콘크리트로 취급하여야 한다.
② PS 강재와 같은 고장력강에 작용응력이 인장강도의 60%를 넘을 경우 응력부식 및 강재의 부식피로를 검토하여야 한다.
③ 강재와 거푸집판과의 간격은 소정의 피복을 확보하도록 하여야 하며, 간격재의 개수는 기초, 기둥, 벽 및 난간 등에는 4개/m^2 이상을 표준으로 한다.
④ 시공이음은 될 수 있는 대로 피해야 하며, 만조위로부터 위로 0.6m, 간조위로부터 아래로 0.6m 사이의 감조부분에는 시공이음이 생기지 않도록 시공계획을 세워야 한다.

[해설] 강재와 거푸집판과의 간격은 소정의 피복을 확보하도록 하여야 하며, 간격재의 개수는 기초, 기둥, 벽 및 난간 등에는 2개/m^2 이상을 표준으로 한다.

47 공장 제품 콘크리트 시방 배합 설계에서 단위수량이 $166kg/m^3$, 물-시멘트비가 39.4%이고, 시멘트 비중이 3.15, 공기량을 1.0%로 하는 경우 골재의 절대용적은?

① $0.310m^3$　　② $0.580m^3$
③ $0.620m^3$　　④ $0.690m^3$

[해설] $\frac{W}{C}=39.4$에서

- 단위 시멘트량 $C = \frac{166}{0.394} = 421.32 kg/m^3$
- 단위 골재량의 절대부피

$V = 1 - \left(\frac{단위수량}{1,000} + \frac{단위시멘트량}{시멘트비중 \times 1,000} + \frac{공기량}{100}\right)$

$= 1 - \left(\frac{166}{1,000} + \frac{421}{3.15 \times 1,000} + \frac{1.0}{100}\right) = 0.690 m^3$

48 슬래브 및 보의 밑면, 아치 내면의 거푸집은 콘크리트 압축강도가 최소 몇 MPa 이상인 경우 해체 가능한가? (단, 단층구조이며, 콘크리트의 설계기준 압축강도는 24MPa인 경우)

① 5MPa　　② 14MPa
③ 16MPa　　④ 24MPa

[해설] 콘크리트 압축강도(슬래브 및 보의 밑면, 아치 내면)
- 설계기준압축강도의 2/3배 이상 또는 최소 14MPa 이상

∴ 콘크리트의 압축강도 $f_{cu} = \frac{2}{3} \times 24 = 16MPa \geq 14MPa$

49 매스 콘크리트에 대한 설명으로 틀린 것은?

① 온도균열방지 및 제어방법으로 관로식 냉각(pipe-cooling) 방법 및 선행 냉각(pre-cooling) 방법 등이 이용되고 있다.
② 매스 콘크리트의 온도상승 저감을 위해서는 단위시멘트량을 줄이는 것보다 단위수량을 줄이는 편이 바람직하다.
③ 매스 콘크리트로 다루어야 하는 구조물의 부재치수는 일반적인 표준으로서 넓이가 넓은 평판구조에서는 두께 0.8m 이상으로 한다.
④ 수축이음을 설치할 때 계획된 위치에서 균열 발생을 확실히 유도하기 위해서 수축이음의 단면 감소율을 35% 이상으로 하여야 한다.

[해설]
- 콘크리트의 발열량은 대체적으로 단위 시멘트량에 비례하므로 콘크리트의 온도상승을 감소시키기 위해 소요의 품질을 만족시키는 범위 내에서 단위 시멘트량이 적어지도록 배합을 선정하여야 한다.
- 일반적으로 콘크리트의 온도상승량은 단위 시멘트량 $10kg/m^3$에 대하여 대략 1℃ 정도의 비율로 증가된다.

50 팽창 콘크리트에 관한 내용으로 옳지 않은 것은?

① 팽창재는 다른 재료와 별도로 질량으로 계량하며, 그 오차는 1회 계량분량의 1% 이내로 하여야 한다.
② 팽창 콘크리트를 한중 콘크리트로 시공할 경우 타설할 때의 콘크리트 온도는 5℃ 이상 10℃ 미만으로 하여야 한다.
③ 팽창 콘크리트를 서중 콘크리트로 시공할 경우 비비기 직후의 콘크리트 온도는 30℃ 이하, 타설할 때는 35℃ 이하로 하여야 한다.
④ 팽창 콘크리트의 비비기 시간은 강제식 믹서를 사용하는 경우는 1분 이상으로 하고, 가경식 믹서를 사용하는 경우는 1분 30초 이상으로 하여야 한다.

[해설] 팽창 콘크리트를 한중 콘크리트로 시공할 경우 타설할 때의 콘크리트 온도는 10℃ 이상 20℃ 미만으로 하여야 한다.

51 일반적으로 현장 콘크리트 타설 시에 가장 많이 사용하는 다지기 방법은?

① 압출성형　　② 가압다지기
③ 내부진동기　　④ 원심력다지기

[해설] 일반적으로 현장 콘크리트 타설 시에 가장 많이 사용하는 다지기 방법은 내부 진동기이다.

정답 46 ③　47 ④　48 ③　49 ②　50 ②　51 ③

□□□ 기 08,18,21

52 고온·고압의 증기솥 속에서 상압보다 높은 압력과 고온의 수증기를 사용하여 실시하는 양생은?

① 증기 양생　　② 촉진 양생
③ 피막 양생　　④ 오토클레이브 양생

해설 · 오토클레이브 양생(autoclave curing)의 정의에 대한 설명이다.
· 콘크리트를 고온·고압의 증기 하에서 양생하면 시멘트중의 실리카와칼슘이 결합하여 견고한 토베르모라이트 또는 준결정을 형성하며 이것을 수화반응이라 한다.
· 증기양생(steam curing) : 높은 온도의 수중기 속에서 실시하는 촉진 양생
· 촉진양생 : 보다 빠른 콘크리트의 정화나 강도 발현을 촉진하기 위해 실시하는 양생

□□□ 기 11,14,18,21

53 신축이음에 대한 설명으로 틀린 것은?

① 신축이음은 균열의 제어를 목적으로 설치한다.
② 신축이음에는 필요에 따라 이음재, 지수판 등을 배치하여야 한다.
③ 신축이음은 양쪽의 구조물 혹은 부재가 구속되지 않는 구조이어야 한다.
④ 신축이음의 단차를 피할 필요가 있는 경우에는 장부나 홈을 두든가 전단 연결재를 사용한다.

해설 신축이음
교량의 슬래브 부재에서의 온도변화, 콘크리트의 건조수축, 크리프 등에 의해 발생되는 교량의 상부구조물의 이동, 회전을 원활하게 하기 위한 장치이다.

□□□ 기 16,21

54 경량골재 콘크리트에 사용되는 경량골재에 대한 사항으로 옳지 않은 것은?

① 경량골재의 입도는 KS F 2527의 표준입도를 만족해야 한다.
② 단위 용적 질량은 제시된 값에서 20% 이상 차이가 나지 않도록 하여야 한다.
③ 인공·천연 경량 잔골재의 경우 1,120kg/m³ 이하의 최대 단위 용적 질량을 가져야 한다.
④ 경량골재는 함수율이 일정하도록 저장하여야 하며, 저장장소는 빗물이 들어가지 않고 물이 잘 빠지며 햇빛이 들지 않도록 한다.

해설 단위 용적 질량은 제시된 값에서 10% 이상 차이가 나지 않도록 하여야 한다.

□□□ 기 08,14,15,21

55 양질의 콘크리트 구조물을 만들기 위한 콘크리트 타설 작업에 대한 설명으로 옳지 않은 것은?

① 콘크리트 타설 도중 표면에 떠올라 고인 블리딩수가 있을 경우에는 이를 제거한 후 타설하여야 한다.
② 균질한 콘크리트를 얻기 위해서 한 구획 내에서 표면이 거의 수평이 되도록 콘크리트를 타설한다.
③ 콘크리트의 수분을 거푸집이 흡수할 수 있으므로 흡수의 우려가 있는 부분은 미리 습하게 해두어야 한다.
④ 콘크리트를 2층 이상으로 나누어 타설할 경우, 원칙적으로 하층의 콘크리트가 굳기 시작한 후 상층의 콘크리트를 타설해야 한다.

해설 2층 이상으로 나누어 콘크리트를 타설하는 경우에는 아래층의 콘크리트가 굳기 시작하기 전에 위층의 콘크리트를 타설한다.

□□□ 기 07,11,16,18,21

56 방사선 차폐용 콘크리트에 대한 설명으로 틀린 것은?

① 콘크리트의 슬럼프는 일반적인 경우 150mm 이하로 한다.
② 물－결합재비는 50% 이하를 원칙으로 하고, 혼화제를 사용하여서는 안 된다.
③ 주로 생물체의 방호를 위하여 X선, γ선 및 중성자선을 차폐할 목적으로 사용되는 콘크리트다.
④ 차폐용 콘크리트로서 필요한 성능인 밀도, 압축강도, 설계허용온도, 결합수량, 붕소량 등을 확보하여야 한다.

해설 물－결합재비는 50% 이하를 원칙으로 하고, 워커빌리티 개선을 위하여 품질이 입증된 혼화제를 사용할 수 있다.

□□□ 기 12,15,21

57 한중 콘크리트에 관한 설명으로 옳지 않은 것은?

① 물－결합재비는 원칙적으로 55% 이하로 한다.
② 타설 시 콘크리트 온도는 5～20℃의 범위로 한다.
③ 시멘트는 어떠한 경우라도 직접 가열해서는 안 된다.
④ 골재에 빙설이 혼입되어 있는 경우 그대로 사용하면 안 된다.

해설 물－결합재비는 원칙적으로 60% 이하로 하여야 한다.

□□□ 기 14,21

58 유동화 콘크리트의 슬럼프 증가량 표준값은?

① 10～50mm　　② 50～80mm
③ 90～130mm　　④ 140～170mm

해설 유동화 콘크리트의 슬럼프 증가량은 100mm 이하를 원칙으로 하며, 50～80mm를 표준으로 한다.

정답 52 ④　53 ①　54 ②　55 ④　56 ②　57 ①　58 ②

59 하루 평균기온이 몇 ℃를 초과하는 것이 예상되는 경우 서중 콘크리트로 시공하는가?

① 15℃ ② 20℃
③ 25℃ ④ 30℃

[해설] 하루 평균기온이 25℃를 초과하는 것이 예상되는 경우 서중 콘크리트로 시공하여야 한다.

60 프리플레이스트 콘크리트에 사용되는 골재에 대한 설명으로 틀린 것은?

① 잔골재의 조립률은 1.4 ~ 2.2 범위로 한다.
② 굵은 골재의 최소 치수는 15mm 이상으로 하여야 한다.
③ 일반적으로 굵은 골재의 최대 치수는 최소 치수의 2 ~ 4배 정도로 한다.
④ 굵은 골재의 최대 치수와 최소 치수와의 차이를 크게 하면 주입모르타르의 소요량이 많아진다.

[해설] 굵은 골재의 최대 치수와 최소 치수와의 차이를 적게 하면 굵은 골재의 실적률이 적어지고 주입 모르타르의 소요량이 많아진다.

제4과목 : 콘크리트 구조 및 유지관리

---

61 콘크리트 기초판의 설계 일반 내용으로 틀린 것은?

① 기초판은 계수하중과 그에 의해 발생되는 반력에 견디도록 설계하여야 한다.
② 기초판 윗면부터 하부철근까지 깊이는 직접기초의 경우는 150mm 이상, 말뚝기초의 경우는 300mm 이상으로 하여야 한다.
③ 기초판의 밑면적은 기초판에 의해 지반에 전달되는 힘과 휨모멘트, 그리고 지반의 허용지지력을 사용하여 산정하여야 하며, 이때 힘과 휨모멘트는 하중계수를 곱한 계수하중을 적용하여야 한다.
④ 기초판에서 휨모멘트, 전단력 그리고 철근정착에 대한 위험단면의 위치를 정할 경우, 원형 또는 정다각형인 콘크리트 기둥이나 주각은 같은 면적의 정사각형 부재로 취급할 수 있다.

[해설] 기초판의 밑면적은 기초판에 의해 지반에 전달되는 힘과 휨모멘트, 그리고 지반의 허용지지력을 사용하여 산정하여야 하며, 이때 힘과 휨모멘트는 하중계수를 곱하지 않은 사하중을 적용하여야 한다.

62 유지관리 시설물 중 1종 시설물에 해당하지 않는 것은?

① 연장 300m의 철도터널
② 상부구조형식이 사장교인 교량
③ 수원지시설을 포함한 광역상수도
④ 총 저수용량 3천만톤의 용수전용댐

[해설] 1종 유지관리 시설물
• 연장 500m 이상의 교량
• 연장 500m 이상의 지하차도
• 연장 1000m 이상의 터널
• 상부구조형식이 사장교, 아치교인 교량
• 수원지시설을 포함한 광역상수도
• 20만톤 이상 선박의 하역시설
• 총저수용량 1천만톤 이상의 용수전용댐

63 보수에 대한 일반적인 설명으로 틀린 것은?

① 보수에 있어서의 요구수준은 시설물의 현 상태수준 이상으로 하여야 한다.
② 보수방법은 열화와 손상 및 하자에 의한 단면이나 표면 상태를 회복시키는 것을 목적으로 한다.
③ 콘크리트의 보수에 사용되는 재료는 기존 콘크리트의 탄성계수보다 2 ~ 3배 정도 높은 재료를 선택해야 한다.
④ 보수에 있어서는 열화원인을 제거하는 것이 원칙이지만, 제거할 수 없는 경우에는 이후의 열화방지대책을 마련해야 한다.

[해설] 콘크리트의 보수에 사용되는 재료는 기존 콘크리트의 탄성계수와 유사한 탄성계수를 갖는 재료를 선택해야 한다. 왜냐 하면 탄성계수가 큰 부분에 응력이 집중되므로 탄성계수를 고려해야 한다.

64 보의 경간이 10m, 양쪽의 슬래브의 중심 간 거리가 2.3m인 T형보의 유효 폭은? (단, b_w : 400mm, t_f : 100mm)

① 2,000mm ② 2,300mm
③ 2,500mm ④ 2,700mm

[해설] T형보의 유효폭은 다음 값 중 가장 작은 값.
• (양쪽으로 각각 내면 플랜지 두께의 8배씩 : $16t_f$) + b_w
  $16t_f + b_w = 16 \times 100 + 400 = 2,000mm$
• 양쪽의 슬래브의 중심 간 거리 : 2,300mm
• 보의 경간(L)의 1/4 : $\frac{1}{4} \times 10,000 = 2,500mm$

∴ 유효폭 $b = 2,000mm$

정답 59 ③ 60 ④ 61 ③ 62 ① 63 ③ 64 ①

☐☐☐ 기 09,10,13,21,23

65 2방향 슬래브의 펀칭 전단에 대한 위험 단면은 다음 중 어느 곳인가? (단, d : 유효깊이)

① 받침부
② 슬래브 경간의 $\frac{1}{8}$인 곳
③ 받침부에서 d 만큼 떨어진 곳
④ 받침부에서 $\frac{d}{2}$ 만큼 떨어진 곳

해설 2방향 슬래브의 2방향 전단(펀칭 전단)에 대한 위험 단면은 집중하중이나 집중 반력을 받는 면의 주변에서 $\frac{d}{2}$ 만큼 떨어진 주변 단면이다.

☐☐☐ 기 04,10,17,21

66 콘크리트를 각종 섬유로 보강하여 보수공사를 진행할 경우 섬유가 갖추어야 할 조건으로 틀린 것은?

① 섬유의 압축 및 인장강도가 충분해야 한다.
② 시공이 어렵지 않고 가격이 저렴해야 한다.
③ 내구성, 내열성, 내후성 등이 우수해야 한다.
④ 섬유와 시멘트 결합재와의 부착이 우수해야 한다.

해설 섬유보강콘크리트용 섬유로써 갖추어야 할 조건
- 섬유와 시멘트 결합재 사이의 부착성이 좋을 것
- 섬유의 인장강도가 충분히 클 것
- 섬유의 탄성계수는 시멘트 결합재 탄성계수의 1/5 이상일 것
- 형상비가 50 이상일 것
- 내구성, 내열성 및 내후성이 우수할 것
- 시공성에 문제가 없고 가격이 저렴할 것

☐☐☐ 기 10,11,21

67 해석적 방법에 의해 구조물의 내하력 평가를 실시할 경우에 대한 설명으로 틀린 것은?

① 구조 부재의 치수는 위험단면에서 확인하여야 한다.
② 철근, 용접철망 또는 긴장재의 위치 및 크기는 계측에 의해 위험단면에서 결정하여야 한다.
③ 철근 강도와 긴장재 강도의 검토가 필요한 경우, 가장 안전한 구조물의 부분에서 채취한 재료의 시료를 사용하여 압축시험으로 결정하여야 한다.
④ 콘크리트 강도의 검토가 필요한 경우, 코어시험편 또는 공시체에 대한 압축강도시험 결과를 이용하여 적절한 평가입력값을 구하여야 한다.

해설 철근 강도와 긴장재 강도의 검토가 필요한 경우, 가장 안전한 구조물의 부분에서 채취한 재료의 시료를 사용하여 인장시험으로 결정하여야 한다.

☐☐☐ 기 10,15,17,18,21

68 철근콘크리트가 성립될 수 있는 기본적인 이유로 옳지 않은 것은?

① 철근과 콘크리트 사이의 부착강도가 크다.
② 철근과 콘크리트의 탄성계수가 거의 같다.
③ 콘크리트 속에 묻힌 철근은 녹슬지 않는다.
④ 철근과 콘크리트의 열에 대한 팽창계수가 거의 같다.

해설 철근의 탄성계수(E_s)와 콘크리트의 탄성계수(E_c)는 탄성계수비 n배의 차이가 있다.
$$E_s = nE_c, \ n = \frac{E_s}{E_c}$$

☐☐☐ 기 18,21

69 장주의 좌굴하중(P_{cr})을 구하는 아래 식에서 n값이 가장 큰 지점의 조건은?

$$P_{cr} = \frac{n\pi^2 EI}{l^2}$$

① 양단 고정인 장주
② 양단 힌지인 장주
③ 1단 고정, 타단 자유인 장주
④ 1단 고정, 타단 힌지인 장주

해설 $P_{cr} = \dfrac{n\pi^2 EI}{L^2} = \dfrac{\pi^2 EI}{(kL)^2}$

일단고정 타단자유	$n = \dfrac{1}{4}$	$K = 2.0$
양단힌지	$n = 1$	$K = 1.0$
일단힌지 타단고정	$n = 2$	$K = \dfrac{1}{\sqrt{2}}$
양단고정	$n = 4$	$K = \dfrac{1}{\sqrt{4}}$

☐☐☐ 기 06,12,17,20,21

70 알칼리 골재반응이 원인으로 추정되는 부재의 향후 팽창량을 예측하기 위하여 필요한 시험은?

① SEM 시험
② 압축강도 시험
③ 배합비 추정시험
④ 코어의 잔존 팽창량 시험

해설
- 골재의 반응성유무 : 주사전자현미경(SEM)에 의한 관찰
- 잔존팽창량시험 : 구조물로부터 뽑아낸 코어샘플에 대해서 팽창반응을 가열·습윤에 의해 촉진해, 장래적으로 일어날 수 있는 팽창을 단기간에 일으켜, 향후의 팽창의 가능성을 조사하는 시험이다.

정답 65 ④ 66 ① 67 ③ 68 ② 69 ① 70 ④

71 콘크리트에 그림과 같은 균열이 발생한 경우 균열원인으로서 가장 관계가 깊은 것은?

① 블리딩
② 소성수축균열
③ 시멘트 이상응결
④ 콘크리트 충전불량

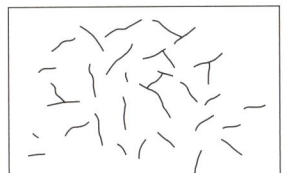

해설 시멘트 이상응결 : 폭이 크며 길이가 짧은 균열이 비교적 빨리 불규칙하게 발생한다.

72 콘크리트를 진단할 때 물리적 성질을 알아보기 위해 시행하는 시험이 아닌 것은?

① 투수성시험 ② 반발경도시험
③ 코어추출시험 ④ 알칼리 골재반응 시험

해설
- 화학적 성질을 알기 위한 시험 : 알칼리골재반응, 염화물, 탄산화, 화학적 침식
- 물리적 성질을 알기 위한 시험 : 외부 온도·습도, 동결융해

73 프리스트레스트(Prestressed)콘크리트에 관한 일반적인 내용으로 틀린 것은?

① 고강도 콘크리트 및 고장력강을 유효하게 이용할 수 있다.
② 철근콘크리트에 비해 일반적인 과대하중을 받은 후의 잔류 변형이 적다.
③ 철근콘크리트에 비해 보 단면을 적게 할 수 있고 장경간 제조에 적당하다.
④ 도입된 프리스트레스는 콘크리트의 크리프(Creep) 및 건조수축에 의해 증가한다.

해설 도입시 프리스트레스는 콘크리트의 크리프(Creep) 및 건조수축에 의해 증가한다.

74 보통 중량 콘크리트와 설계기준항복강도 $f_y = 350$MPa 철근을 사용한 지간이 8m의 단순지지 보가 있다. 이 보에 대한 처짐을 계산하지 않는 경우의 최소두께는?

① 372mm ② 400mm
③ 465mm ④ 500mm

해설 처짐을 계산하지 않는 경우의 부재 최소 두께(단순지지 부재)
$$h = \frac{l}{16} \times \left(0.43 + \frac{f_y}{700}\right) = \frac{8,000}{16} \times \left(0.43 + \frac{350}{700}\right) = 465\text{mm}$$

75 아래 표의 조건과 같을 때 1방향 철근 콘크리트 슬래브의 최소 수축·온도 철근량은?

- 설계기준항복강도(f_y)가 300MPa인 이형철근을 사용한 슬래브
- 폭 1000mm, 전체깊이 250mm인 슬래브

① 250mm² ② 500mm²
③ 750mm² ④ 1,000mm²

해설 설계기준강도가 400MPa 이하인 이형철근을 사용한 1방향 철근 슬래브의 수축온도 철근비는 0.0020이다.
∴ 최소 수축 온도 철근량
$A_s = \rho bd = 0.002 \times 1,000 \times 250 = 500\text{mm}^2$

76 콘크리트 구조물의 점검(진단)방법 중 음향방출(Acoustic Emission)법에 대한 설명으로 틀린 것은?

① Kaiser효과로 인해 검사횟수에 제한적이다.
② 재료의 동적인 변화를 파악하는 것이 가능하다.
③ 구조물의 사용을 중단하지 않고도 검사가 가능하다.
④ 기존 구조물에 하중을 가하지 않은 상태에서도 검사가 용이하다.

해설 하중을 가하지 않은 상태에서는 검사를 할 수 없다.

77 콘크리트에 함유된 염화물 이온량 측정용 지시약으로 적절하지 않은 것은?

① 질산은 ② 크롬산칼륨
③ 페놀프탈레인 ④ 티오시안산 제2수은

해설
- 탄산화 깊이 측정용 지시약 : 페놀프탈레인
- 염화물이온 함유량 지시약 : 질산 제2수은법, 티오시안산 제2수은법, 크롬산칼륨법, 염화은 침전법

78 D25(공칭지름 25.4mm)철근을 90° 표준갈고리로 제작할 때 90° 구부린 끝에서 연장되는 최소길이는?

① 280mm ② 305mm
③ 330mm ④ 355mm

해설 90° 표준갈고리
- D16 이하의 철근은 구부린 끝에서 $6d_b$ 이상 더 연장
- D16, D22 및 D25 철근은 구부린 끝에서 $12d_b$ 이상 더 연장
∴ $12d_b = 12 \times 25.4 = 305\text{mm}$

정답 71 ③ 72 ④ 73 ④ 74 ③ 75 ② 76 ④ 77 ③ 78 ②

기 09,16,21

79 사용하중하에서 콘크리트에 휨 인장응력의 작용을 허용하는 프리스트레싱 방법은?

① 풀 프리스트레싱 ② 내적 프리스트레싱
③ 외적 프리스트레싱 ④ 파셜 프리스트레싱

해설
- 내적 프리스트레싱 : 긴장재를 콘크리트 부재 속에 배치하여 긴장하여 정착시키는 방법
- 외적 프리스트레싱 : 긴장재를 콘크리트 부재 밖에 배치하여 긴장하여 정착시키는 방법
- 파셜 프리스트레싱 : 사용하중 재하시 부재내에 휨인장응력을 허용하는 프리스트레싱 방법
- 풀 프리스트레싱 : 사용하중 재하시 부재내에 휨인장응력이 전혀 발생하지 않도록 하는 프리스트레싱 방법

기 05,09,14,18,19,21,22

80 콘크리트 구조물의 탄산화 깊이를 예측할 때 일반적으로 적용되고 있는 식은? (단, X : 탄산화 깊이, R : 탄산화 속도계수, t : 경과년수)

① $X = Rt^2$ ② $X = R\sqrt{t}$
③ $X = Rt^3$ ④ $X = \sqrt{\dfrac{t^3}{R}}$

해설
- 탄산화 진행속도는 콘크리트 표면으로부터 탄산화 부분과 비탄산화 부분의 경계면까지의 길이와 경과한 시간의 함수로 나타낸다.
- 탄산화 깊이 $X = R\sqrt{t}$

정답 79 ④ 80 ②

국가기술자격 필기시험문제

2021년도 기사 2회 필기시험

자격종목	시험시간	문제수	형 별
콘크리트기사	2시간	80	A

※ 각 문제는 4지 택일형으로 질문에 가장 적합한 문제의 보기 번호를 클릭하거나 답안표기란의 번호를 클릭하여 입력하시면 됩니다.
※ 입력된 답안은 문제 화면 또는 답안 표기란의 보기 번호를 클릭하여 변경하실 수 있습니다.

제1과목 : 콘크리트 재료 및 배합

기 14,21,23

01 다음 표는 골재의 함수상태에 따른 질량을 측정한 결과를 나타낸 것이다. 잔골재의 흡수율(㉠)과 표면수율(㉡)은 얼마인가?

함수상태 질량	잔골재
절대건조상태 질량(g)	470
공기중 건조상태 질량(g)	480
표면 건조 포화 상태 질량(g)	500
습윤상태 질량(g)	520

① ㉠ : 5.38%, ㉡ : 3.85%
② ㉠ : 5.38%, ㉡ : 4.00%
③ ㉠ : 6.38%, ㉡ : 3.85%
④ ㉠ : 6.38%, ㉡ : 4.00%

[해설]
· 흡수율 = $\frac{표건상태 - 절건상태}{절건상태} \times 100$
$= \frac{500-470}{470} \times 100 = 6.38\%$

· 표면 수율 = $\frac{습윤상태 - 표면건조 포화상태}{표면건조 포화상태} \times 100(\%)$
$= \frac{520-500}{500} \times 100 = 4.00\%$

기 05,13,21

02 다음 배합수에 포함될 수 있는 불순물 중 응결지연 작용을 나타내는 것은?

① 질산염
② 황산칼슘
③ 염화암모늄
④ 탄산나트륨

[해설] · 염화물은 대략 30분 정도의 응결지연 현상을 보며, 질산염은 5시간 가까운 응결지연 작용을 한다.
· 염화암모늄과 탄산나트륨은 응결 촉진작용을 한다.

기 07,15,18,21

03 금속 재료의 인장시험을 위한 시험편의 준비에 대한 설명으로 틀린 것은?

① 표점은 도료를 칠한 시험편 위에 줄을 그어 표시하는 것을 원칙으로 한다.
② 시험편 부분의 재질에 변화를 발생시키는 변형 또는 가열을 해서는 안된다.
③ 시험편의 교정은 최대한 피하는 것이 좋고, 교정을 필요로 하는 경우에는 가급적 재질에 영향을 미치지 않는 방법을 사용하도록 한다.
④ 전단, 펀칭 등에 의한 가공을 한 시험편에서 시험 결과에 그 가공의 영향이 인정되는 경우에는 가공의 영향을 받은 영역을 절삭·제거하여 평행부를 다듬질 한다.

[해설] · 표점(gauge mark)은 펀치 또는 스크라이버로 긋는 것을 표준으로 한다.
· 단 시험편의 재질이 표면 홈에 대하여 민감하거나 또는 매우 단단한 재질일 경우에는 도료칠을 한 도료 위에 줄을 그어 표시한다.

기 12,15,21

04 시멘트 클링커 화합물에 대한 설명으로 옳지 않은 것은?

① C_3S의 수화열 보다 C_2S의 수화열이 적게 발열된다.
② 조기 강도 발현에 가장 큰 영향을 주는 화합물은 C_3S 이다.
③ 콘크리트 구조물의 건조수축을 줄이기 위하여 C_2S와 C_3A가 많은 시멘트를 사용해야 한다.
④ 구조물의 화학저항성을 향상시키기 위하여 C_2S와 C_4AF가 많은 시멘트를 사용해야 한다.

[해설] 클링커 화합물
· 규산 3석회(C_3S) : 수화열이 C_2S에 비해 크며 조기강도가 크다.
· 규산 이석회(C_2S) : 수화열이 작아서 강도발현은 늦지만 장기 강도의 발현성과 화학 저항성이 우수하다.
· 알민산 3석회(C_3A) : 수화속도가 매우 빠르고 발열량과 수축이 크다.
· 알민산철 4석회(C_4AF) : 수화열이 적고 수축도 적다. 강도 증진에는 큰 효과가 없으나 화학저항성이 양호하다.

정답 01 ④ 02 ① 03 ① 04 ③

□□□ 기 10,12,17,18,21

05 전체 10kg의 굵은 골재를 사용한 체가름 시험결과가 아래의 표와 같을 때 조립률은?

체의 크기 (mm)	40	30	25	20	15	10	5
각 체에 남은 양(g)	200	600	1,500	2,000	3,200	1,800	700

① 4.7 ② 6.24
③ 7.38 ④ 8.46

해설 조립률체 : 75, 40, 20, 10, 5, 2.5, 1.2, 0.6, 0.3, 0.15mm

체의 호칭치수	남는 양(g)	잔유율(%)	가적잔유율(%)
40	200	2	2
30	600	6	8
25	1,500	15	23
20	2,000	20	43
15	3,200	32	75
10	1,800	18	93
5	700	7	100
계	10,000	100	

$$\therefore F.M = \frac{\Sigma 가적잔유율}{100}$$
$$= \frac{0+2+43+93+100\times 6}{100} = 7.38$$

□□□ 기 12,14,21

06 콘크리트용 재료에 대해 주어진 상황에 따라 실시한 재료시험으로 틀린 것은?

① 시멘트의 저장기간이 오래되어 대기 중 수분 및 이산화탄소를 흡수하였을 가능성이 있으므로 비중시험을 실시하였다.
② 바다모래를 사용하면 콘크리트 중의 철근 부식을 일으킬 수 있으므로 골재 중의 염화물 함유량 시험을 실시하였다.
③ 석고를 10% 첨가하여 제조한 시멘트를 사용하면 시멘트 경화제의 이상팽창을 일으킬 수 있으므로 길모어 침에 의한 응결시험을 실시하였다.
④ 안정성이 나쁜 골재를 사용하면 콘크리트의 동결융해 작용에 대한 내구성이 저하하므로 황산나트륨 용액에 의한 안정성 시험을 실시하였다.

해설 시멘트가 불안정하면 그것을 사용한 콘크리트는 팽창으로 인해 금이 가서 깨어지고 또는 뒤틀림을 일으키거나 구조물의 내구성을 해치는 원인이 되므로 안정성 있는 시멘트를 사용하기 위해서 시멘트의 오토클레이브 팽창도 시험을 실시한다.

□□□ 기 04,08,14,21

07 실리카 퓸을 혼합한 콘크리트의 성질에 대한 설명으로 틀린 것은?

① 실리카 퓸을 혼합하면 블리딩과 재료분리를 감소시킬 수 있다.
② 물−결합재비를 낮추기 위하여 고성능 감수제의 사용은 필수적이다.
③ 실리카 퓸을 혼합한 콘크리트의 목표 슬럼프를 유지하기 위해 소요되는 단위수량은 혼합량이 증가함에 따라 거의 선형적으로 증가한다.
④ 실리카 퓸은 비표면적이 작고 미연소 탄소를 함유하지 않기 때문에 목표공기량을 유지하기 위해 혼합률이 증가함에 따라 AE제의 사용량을 증가시킬 필요가 없다.

해설
• 실리카퓸은 비표면적이 200,000~250,000cm²/g으로 보통 포틀랜드시멘트의 70~80배이다.
• 실카퓸은 비표면적이 크고 미연소된 탄소가 함유되어 있어서 AE제가 흡착되기 때문에 소요의 공기량을 얻기 위해서는 AE제의 사용량이 크게 증가한다.

□□□ 기 18,21

08 콘크리트 공시체 12개의 압축강도 측정값이 아래와 같을 때, 표준편차는?

(단위 : MPa)

21, 20, 19, 18, 24, 25, 21, 22, 21, 24, 22, 21

① 1.87 ② 2.07
③ 2.27 ④ 2.47

해설 표준편차 $s = \sqrt{\dfrac{\Sigma(x_i - \bar{x})^2}{(n-1)}}$

• 압축강도 합계
$\Sigma x_i = 21+20+19+18+24+25+21+22+21+24+22+21$
$= 258\,MPa$

• 압축강도 평균값
$\bar{x} = \dfrac{\Sigma x_i}{n} = \dfrac{258}{12} = 21.5\,MPa$

• 표준편차 합
$\Sigma(x_i - \bar{x})^2 = (21-21.5)^2 + (20-21.5) + (19-21.5)^2$
$+ (18-21.5)^2 + (24-21.5)^2 + (25-21.5)^2$
$+ (21-21.5)^2 + (22-21.5)^2 + (21-21.5)^2$
$+ (24-21.5)^2 + (22-21.5)^2 + (21-21.5)^2$
$= 21 + 19 + 7 = 47\,MPa$

$\therefore$ 표준표차 $s = \sqrt{\dfrac{47}{12-1}} = 2.07\,MPa$

정답 05 ③ 06 ③ 07 ④ 08 ②

09 아래의 표에서 설명하는 혼화재료의 명칭은?

> 그 자체는 수경성이 없으나 콘크리트 중의 물에 용해되어 있는 수산화칼슘과 상온에서 천천히 화합하여 물에 녹지 않는 화합물을 만들 수 있는 실리카질 물질을 함유하고 있는 미분말 상태의 재료

① AE제 ② 감수제
③ 급결제 ④ 포졸란

해설 포졸란(pozzolan)
실리카 혼합물로서 그 자체는 수경성이 없으나 물의 존재하에서 석회와 결합하여 불용성의 실리카질 화합물을 생성시키는 물질

10 배합 설계방법에 대한 설명으로 옳은 것은?

① 알칼리 골재 반응을 억제하기 위해서는 알칼리 함량이 0.6% 이하인 시멘트를 사용한다.
② 레디믹스트 콘크리트에서 단위수량의 상한치는 생산자와 협의 없이 지정된다.
③ 잔골재의 입도는 워커빌리티와 크게 관련이 없으므로 배합을 수정할 필요가 없다.
④ AE콘크리트로서의 유효공기량은 일반적으로 2% 이하에서도 동결융해 저항성이 충분히 개선된다.

해설
- 콘크리트의 구조설계기준 또는 콘크리트 시방서 등의 규정을 적용하여 단위수량의 한도를 정할 필요가 있는 경우에는 그 하한값 또는 상한값을 지정한다.
- 잔골재의 입도가 변화하여 조립률이 ±0.20 이상 차이가 있을 경우에는 워커빌리티가 변화하므로 배합을 수정할 필요가 있다.
- AE콘크리트로서의 유효공기량은 일반적으로 3~6%에서 동결융해 저항성이 충분히 개선된다.

11 KS에 규정되어 있는 골재 시험 항목에 대하여 시험에 사용하는 용액이 잘못 연결된 것은?

① 안정성 : 염화나트륨
② 염화물 함유량 : 질산은
③ 유기 불순물 : 수산화나트륨
④ 알칼리 골재반응 : 수산화나트륨

해설 염화물량 측정 방법
- 흡광광도법 : 크롬산은이나 티온시안산 제2수은 염화물 이온과 반응하여 나타난 발색도차를 흡광광도계를 이용하여 측정하는 방법
- 질산은 적정법 : 중성용액에서 질산은 용액은 염화물 이온과 당량적으로 반응하여 백색 염화은이 생성된다.

12 콘크리트용 화학혼화제(공기 연행제, 감수제, 공기연행 감수제, 고성능 공기연행 감수제)의 성능을 확인하기 위한 콘크리트 시험에 관한 설명으로 옳지 않은 것은?

① 화학혼화제는 혼합수를 넣은 다음 이어서 믹서에 투입한다.
② 공기 연행제 및 공기연행 감수제의 동결융해 저항성 시험에는 슬럼프 80mm의 콘크리트를 적용한다.
③ 고성능 공기연행 감수제의 동결융해 저항성 시험 및 경시변화량 시험에는 슬럼프 180mm의 콘크리트를 적용한다.
④ 압축강도 시험은 재령 3일, 7일 및 28일의 각 재령별로 3개씩 공시체를 만들어 시험하며 그 평균값을 콘크리트 압축강도로 한다.

해설 화학혼화제는 미리 혼합수에 혼합하여 믹서에 투입한다.

13 굵은 골재의 단위용적질량 시험에서 용기의 부피가 10L, 용기 중 시료의 절건 질량이 20kg이었다. 이 골재의 흡수율이 1.2%이고 표면건조 포화상태의 밀도가 $2.65g/cm^3$ 라면 실적률은?

① 45.2% ② 54.7%
③ 65.3% ④ 76.4%

해설 실적률 $G = \dfrac{T}{d_s} \times (100 + Q)$

$T = \dfrac{m_1}{V} = \dfrac{20}{10} = 2kg/L$

$\therefore G = \dfrac{2}{2.65} \times (100 + 1.2) = 76.4\%$

여기서, T : 골재의 단위용적질량(kg/L)
m_1 : 용기안의 시료의 질량(kg)
V : 용기의 용적(L)
d_s : 골재의 표건밀도(kg/L)
Q : 골재의 흡수율(%)

14 시멘트의 응결에 대한 설명으로 틀린 것은?

① 수량이 많으면 응결은 지연된다.
② C_2S 가 많을수록 응결은 빨라진다.
③ 온도가 높을수록 응결은 빨라진다.
④ 분말도가 높으면 응결은 빨라진다.

해설 규산 이석회(C_2S)
- C_2S가 많을수록 응결은 늦어진다.
- 수화열이 작아서 강도발현은 늦어진다.
- 화학 저항성이 우수하다.

정답 09 ④ 10 ① 11 ① 12 ① 13 ④ 14 ②

□□□ 기 11,14,21

15 콘크리트의 배합강도를 결정하기 위해서는 압축강도 시험실적이 필요하다. 시험횟수가 29회 이하인 경우 표준편차의 보정계수를 사용하는데, 다음 중 그 값이 틀린 것은?

① 시험횟수 15회 : 1.16
② 시험횟수 20회 : 1.08
③ 시험횟수 25회 : 1.04
④ 시험횟수 30회 이상 : 1.00

해설 시험횟수가 29회 이하일 때 표준편차의 보정계수

시험횟수	표준편차의 보정계수
15	1.16
20	1.08
25	1.03
30 이상	1.00

∴ 시험횟수가 25회인 경우 표준편차의 보정계수는 1.03를 적용한다.

□□□ 기 21

16 콘크리트 시방배합 설계에서 단위골재의 절대용적이 698L이고, 잔골재율이 42%, 굵은 골재의 표건 밀도가 $0.00265g/mm^3$일 때 단위 굵은 골재량은?

① 776.8kg
② 778.6kg
③ 1,072.8kg
④ 1,082.8kg

해설 단위 굵은골재량

$G = V_g \times (1 - S/a) \times$굵은골재 밀도$\times 1,000$

$= \dfrac{698}{1,000} \times (1 - 0.42) \times 2.65 \times 1,000 = 1,072.8 kg/m^3$

□□□ 기 21

17 르샤틀리에 비중병을 이용한 시멘트 비중시험(KS L 5110)에 대한 설명으로 틀린 것은?

① 일정한 양의 시멘트를 0.05g까지 달아 비중병에 조금씩 넣는다.
② 비중병에 먼저 깨끗이 정제된 3차 증류수를 채우고 초기 눈금 값을 읽는다.
③ 시멘트를 다 넣은 다음 공기 방울이 나오지 않을 때까지 병을 기울여 굴린다.
④ 동일 시험자가 동일 재료에 대하여 2회 측정한 결과가 ±0.03 이내이어야 한다.

해설 비중병의 눈금 0~1mL 사이와 눈금선까지 규정된 광유를 채우고 초기눈금 값을 읽는다.

□□□ 기 10,21

18 콘크리트 배합설계에서 잔골재율(S/a) 및 단위수량 보정 시 잔골재율의 보정에 관련이 없는 조건은?

① 공기량
② 물-결합재비
③ 잔골재 조립률
④ 굵은 골재 조립률

해설 잔골재율 및 단위수량보정시 잔골재율(S/a)의 보정

구 분	잔골재율(S/a)
• 잔골재의 조립률이 0.1만큼 클(작을) 때마다	0.5만큼 크게(작게)한다.
• 공기량이 1% 만큼 클(작을)때마다	0.5~1.0 만큼 작게(크게)한다.
• 물-결합재비가 0.05 클(작을) 때마다	1 만큼 크게(작게)한다.

□□□ 기 13,14,21

19 호칭강도가 28MPa이고, 30회 이상의 시험실적으로부터 구한 압축강도 표준편차가 2MPa인 경우 콘크리트의 배합강도는?

① 29.16MPa
② 30.68MPa
③ 31.21MPa
④ 32.15MPa

해설 $f_{cn} \leq 35 MPa$일 때 배합강도
• $f_{cr} = f_{cn} + 1.34s = 28 + 1.34 \times 2 = 30.68 MPa$
• $f_{cr} = (f_{cn} - 3.5) + 2.33s = (28 - 3.5) + 2.33 \times 2 = 29.16 MPa$
둘 중 큰 값을 사용한다.
∴ $f_{cr} = 30.68 MPa$

□□□ 기 21

20 알루미나 시멘트에 대한 설명으로 옳지 않은 것은?

① 철근부식에 대한 저항성이 크다.
② 내화성능이 우수하여 내화물용 콘크리트에 적합하다.
③ 보통 포틀랜드 시멘트에 비해 초기강도 발현이 매우 빠르다.
④ 높은 수화열로 낮은 외기온도에서도 강도발현이 좋아서 신속 보수공사나 한중콘크리트 시공에 적합하다.

해설 수화한 알루미나 시멘트는 알칼리성이 약하기 때문에 철근이 부식된다.

제2과목 : 콘크리트 제조, 시험 및 품질관리

기 18,21

21 레디믹스트 콘크리트의 품질 규정에 대한 설명으로 틀린 것은?

① 슬럼프 25mm인 콘크리트에서 슬럼프의 허용오차는 ±10mm이다.
② 슬럼프 플로 600mm인 콘크리트에서 슬럼프 플로의 허용오차는 ±75mm이다.
③ 보통 콘크리트의 공기량은 4.5%이며, 공기량의 허용오차는 ±1.5%이다.
④ 경량 콘크리트의 공기량은 5.5%이며, 공기량의 허용오차는 ±1.5%이다.

해설 슬럼프 플로

슬럼프 플로	슬럼프 플로의 허용 오차
500	±75mm
600	±100mm
700*	±100mm

*굵은골재의 최대치수가 13mm인 경우에 한하여 적용한다.

∴ 슬럼프 플로 600mm인 콘크리트에서 슬럼프 플로의 허용오차는 ±100mm이다.

기 09,12,17,21

22 콘크리트 압축강도 시험에서 하중을 가하는 속도로 가장 적합한 것은?

① 압축 응력도의 증가율이 매초 0.6±0.2MPa이 되도록 한다.
② 압축 응력도의 증가율이 매초 1.2±0.6MPa이 되도록 한다.
③ 압축 응력도의 증가율이 매초 4±2MPa이 되도록 한다.
④ 압축 응력도의 증가율이 매초 6±4MPa이 되도록 한다.

해설 콘크리트 압축강도 시험에서 하중을 가하는 속도는 압축응력도의 증가율이 매초 (0.6±0.2)MPa이 되도록 한다.

기 15,21

23 타설 직전의 콘크리트의 수소이온 농도(pH값)를 측정하였을 때 예상되는 pH값의 범위로 가장 가까운 것은?

① 3~4
② 5~8
③ 9~11
④ 12~13

해설 수화반응에서 생성되는 수산화칼슘(pH 12~13 정도)의 강알칼리성이 대기에 있는 약산성의 탄산가스와 접촉하여 탄산칼슘으로 변화한 부분의 pH가 8.5~10 정도로 낮아지는 현상을 탄산화라고 한다.

기 16,17,21

24 KCS 14 20 10 에 따른 콘크리트용 재료의 계량 허용오차가 가장 큰 것은?

① 물
② 골재
③ 시멘트
④ 혼화재

해설 KCS 14 20 10 1회 계량분에 대한 계량오차

재료의 종류	측정단위	허용오차
시멘트	질량	-1%, +2%
골재	질량	±3%
물	질량 또는 부피	-2%, +1%
혼화재	질량	±2%
혼화제	질량 또는 부피	±3%

기 14,21

25 콘크리트 제조공정의 품질관리 및 검사 내용 중 1일에 2회 이상 시험·검사를 해야 하는 항목은?

① 잔골재의 5mm체 남는 율
② 잔골재의 표면수율
③ 굵은 골재의 5mm체의 통과율
④ 굵은 골재의 표면수율

해설 제조공정에 있어서의 검사

항 목	시기 및 횟수	판정 기준
시방배합	공사 중 적절히 실시함	시방배합에 적합할 것
잔골재의 5mm체 남는 율	1회/일 이상	시방배합으로부터 현장배합으로의 수정이 적절하게 되어 있을 것
굵은 골재의 5mm체 통과율	1회/일 이상	
잔골재의 표면수율	2회/일 이상	
굵은 골재의 표면수율	1회/일 이상	

기 08,15,21

26 다음 중 소성수축균열이 발생할 수 있는 경우는?

① 외부의 구속조건이 큰 경우
② 굳지 않은 콘크리트 상태에서 하중을 가한 경우
③ 철근 및 기타 매설물에 의하여 침하가 국부적으로 방해를 받는 경우
④ 바람이나 높은 기온으로 인하여 블리딩 발생량보다 표면수의 증발이 빠른 경우

해설
• 침하(수축)균열 : 철근 및 기타 매설물에 의하여 침하가 국부적으로 방해를 받는 경우
• 소성수축균열 : 콘크리트 표면의 물의 증발속도가 블리딩 속도보다 빠른 경우

□□□ 기 08,21

27 압력법에 의한 굳지 않은 콘크리트의 공기량 시험방법 (KS F 2421)과 관련된 사항 중 옳지 않은 것은?

① 진동기로 다지는 경우 KS F 2409에 준하여 실시한다.
② 시료를 용기에 거의 같은 두께의 2층으로 나눠서 채우고, 각 층을 다짐봉으로 25회 다진다.
③ 이 시험 방법은 굵은 골재 최대 치수 40mm 이하의 보통 골재를 사용한 콘크리트에 대하여 적당하다.
④ 다짐 후 다짐 구멍이 없어지고 콘크리트의 표면에 큰 거품이 보이지 않게 되도록 용기의 옆면을 10~15회 고무망치로 두드린다.

[해설] 시료를 용기에 거의 같은 두께의 3층으로 나눠서 채우고, 각 층을 다짐봉으로 25회 다진다.

□□□ 기 21

28 콘크리트의 시공 성능에 대한 설명으로 옳지 않은 것은?

① 워커빌리티 증진을 위하여, 일반적으로 콘크리트 온도를 상승시킨다.
② 일반적으로 펌퍼빌리티는 수평관 1m당 관내의 압력손실로 정할 수 있다.
③ 굳지 않은 콘크리트의 펌퍼빌리티는 펌프 압송 작업에 적합한 것이어야 한다.
④ 굳지 않은 콘크리트의 워커빌리티는 운반, 타설, 다지기, 마무리 등의 작업에 적합한 것이어야 한다.

[해설] 워커빌리티 증진을 위하여, 일반적으로 콘크리트 온도를 낮추어 준다.

□□□ 기 18,21

29 굳지 않은 콘크리트의 시료 채취 방법(KS F 2401)에서 시료의 양에 대한 기준으로 옳은 것은? (단, 분취 시료를 그대로 시료로 하는 경우는 제외한다.)

① 시료의 양은 20L 이상으로 하고, 시험에 필요한 양보다 5L 이상 많아야 한다.
② 시료의 양은 10L 이상으로 하고, 시험에 필요한 양보다 5L 이상 많아야 한다.
③ 시료의 양은 20L 이상으로 하고, 시험에 필요한 양보다 많아야 한다.
④ 시료의 양은 10L 이상으로 하고, 시험에 필요한 양보다 많아야 한다.

[해설] 시료의 양
시료의 양은 20L 이상으로 하고, 시험에 필요한 양보다 5L 이상 많아야 한다. 다만, 분취시료를 그대로 시료로 하는 경우에는 20L 보다 적어도 된다.

□□□ 기 09,12,16,21

30 $\phi 150mm \times 300mm$인 콘크리트 표준공시체에 대하여 압축강도 시험할 때 하중 150kN이 작용할 경우 공시체 축방향의 수축량은? (단, 콘크리트의 탄성계수 $E=25,800MPa$이다.)

① 약 0.03mm   ② 약 0.05mm
③ 약 0.07mm   ④ 약 0.1mm

[해설] 탄성계수 $E = \dfrac{\sigma}{\epsilon} = \dfrac{\dfrac{P}{A}}{\dfrac{\Delta l}{l}} = \dfrac{P \cdot l}{A \cdot \Delta l}$ 에서

∴ $\Delta l = \dfrac{P \cdot l}{A \cdot E} = \dfrac{150,000 \times 300}{\dfrac{\pi \times 150^2}{4} \times 25,800} = 0.0987mm = 0.1mm$

□□□ 기 12,13,15,17,21

31 콘크리트 비비기에 대한 설명으로 틀린 것은?

① 콘크리트의 재료는 반죽된 콘크리트가 균질하게 될 때까지 충분히 비벼야 한다.
② 비비기는 미리 정해둔 비비기 시간의 3배 이상 계속하지 않아야 한다.
③ 재료를 믹서에 투입할 때 일반적으로 물은 다른 재료보다 먼저 넣기 시작하여 다른 재료의 투입이 끝난 후 조금 지난 뒤에 물의 주입을 끝낸다.
④ 비비기 시작 후 최초에 배출되는 콘크리트는 사용하지 않는 것을 원칙으로 하나, 연속믹서를 사용할 경우는 사용할 수 있다.

[해설] 연속믹서를 사용할 경우, 비비기 시작 후 최초에 배출되는 콘크리트는 사용하지 않아야 한다.

□□□ 기 09,15,17,21

32 레디믹스트 콘크리트 품질에 대한 지정으로 각 슬럼프 값에 따른 허용오차 기준이 틀린 것은?

① 슬럼프 25mm : 허용오차 ±10mm
② 슬럼프 50mm : 허용오차 ±15mm
③ 슬럼프 65mm : 허용오차 ±20mm
④ 슬럼프 80mm : 허용오차 ±25mm

[해설] 슬럼프의 허용차

슬럼프	슬럼프 허용차
25mm	±10mm
50mm 및 65mm	±15mm
80mm 이상	±25mm

∴ 슬럼프 65mm : 허용오차 ±15mm

정답 27 ② 28 ① 29 ① 30 ④ 31 ④ 32 ③

33 콘크리트의 받아들이기 품질 검사에 대한 설명으로 틀린 것은?

① 펌퍼빌리티 시험은 펌프 압송 시 실시한다.
② 바닷모래를 사용할 경우 염화물 함유량 시험은 1일 1회 실시한다.
③ 슬럼프 시험은 압축강도 시험용 공시체 채취 시 및 타설 중에 품질변화가 인정될 때 실시한다.
④ 공기량 시험은 압축강도 시험용 공시체 채취 시 및 타설 중에 품질변화가 인정될 때 실시한다.

[해설] 바닷모래를 사용할 경우 염화물 함유량 시험은 1일 2회 실시한다.

34 콘크리트 탄산화 깊이 측정 시험에서 가장 많이 사용되는 용액은?

① 염산 용액
② 황산 용액
③ 마그네슘 용액
④ 페놀프탈레인 용액

[해설] 시약의 종류 : 페놀프탈레인법, 시차열 중량 분석법에 의한 방법, X선 회절에 의한 방법, 전기 화학적 방법 등 다양한 방법이 있지만 페놀프탈레인법이 가장 일반적으로 사용되고 있다.

35 어느 레미콘 공장의 콘크리트 압축강도 시험결과 표준편차가 1.5MPa이었고, 압축강도의 평균값이 39.6MPa이었다면 이 콘크리트의 변동계수는?

① 2.8%
② 3.8%
③ 4.5%
④ 5.5%

[해설] 변동계수 $C_V = \dfrac{\sigma}{x} \times 100 = \dfrac{1.5}{39.6} \times 100 = 3.8\%$

36 중앙점 재하법에 따라 굳은 콘크리트의 휨 강도 시험을 한 결과, 최대 하중이 50kN일 때 휨 강도는? (단, 공시체 150mm×150mm×530mm)

① 5MPa
② 8MPa
③ 10MPa
④ 12MPa

[해설] 중앙점 재하법 휨강도 $f_b = \dfrac{3Pl}{2bh^2}$

$\therefore f_b = \dfrac{3 \times 50 \times 10^3 \times 450}{2 \times 150 \times 150^2} = 10\,\text{N/mm}^2 = 10\,\text{MPa}$

(∵ 지간 $l = 450\,\text{mm}$)

37 다음 중 계량값 관리도에 포함되지 않는 것은?

① $\bar{x} - R$ 관리도
② $\bar{x} - \sigma$ 관리도
③ x 관리도
④ p 관리도

[해설] 관리도의 종류

계량값의 관리도	계수값의 관리도
・$\bar{x} - R$ 관리도(평균값과 범위의 관리도) ・x 관리도(측정값 자체의 관리도) ・$\bar{x} - \sigma$ 관리도(편균값과 표준편차의 관리도)	・P 관리도(불량률 관리도) ・Pn 관리도(불량 개수 관리도) ・C 관리도(결점수 관리도) ・U 관리도(결점 발생률 관리도)

38 급속 동결 융해에 대한 콘크리트의 저항시험방법(KS F 2456)에서는 특별히 제한이 없는 한 300 사이클 또는 상대동탄성계수가 60%가 될 때까지 시험을 계속 하도록 규정하고 있다. 만약 동결융해 시험된 공시체의 250 사이클에서 상대동탄성계수가 60%로서 시험이 중단되었다면 이 콘크리트의 내구성 지수는?

① 30
② 40
③ 50
④ 60

[해설] 내구성지수

$\text{DF} = \dfrac{\text{시험종료 사이클수} \times \text{상대동탄성계수}}{\text{동결융해에의 노출이 끝날 때의 사이클수}} = \dfrac{P \cdot N}{300}$

$\therefore \text{DF} = \dfrac{250 \times 60}{300} = 50$

39 레디믹스트 콘크리트의 제조설비에 대한 설명으로 틀린 것은?

① 콘크리트 운반차는 트럭 믹서나 트럭 애지테이터를 사용한다.
② 계량기는 서로 배합이 다른 콘크리트의 각 재료를 연속적으로 계량할 수 있어야 한다.
③ 골재 저장 설비는 콘크리트 최대 출하량의 1일분 이상에 상당하는 골재량을 저장할 수 있는 크기로 한다.
④ 믹서는 이동식 믹서로 하여야 하며, 각 재료를 충분히 혼합시켜 균일한 상태로 배출할 수 있어야 한다.

[해설] 믹서는 고정 믹서로 하여야 하며, 각 재료를 충분히 혼합시켜 균일한 상태로 배출할 수 있어야 한다.

□□□ 기 21
40 콘크리트의 내구성에 대한 설명으로 틀린 것은?

① 콘크리트의 물-결합재비는 원칙적으로 65% 이하이어야 한다.
② 콘크리트는 원칙적으로 공기연행콘크리트로 하여야 한다.
③ 콘크리트의 침하균열, 건조수축 균열로 인해 발생하는 균열은 허용 균열폭 이내로 관리하여야 한다.
④ 콘크리트 속의 수산화칼슘과 대기 중의 탄산가스가 반응하는 탄산화는 콘크리트 내구성을 저해한다.

해설 물-결합재비는 소요의 강도, 내구성, 수밀성 및 균열저항성 등을 고려하여 정하여야 한다.

제3과목 : 콘크리트의 시공

□□□ 기 21
41 아래 표는 공장제품 콘크리트 양생방법 중 증기양생 작업 순서를 일반적으로 설명한 것이다. 이 중 틀린 것은?

ⓐ 거푸집과 함께 증기양생실에 넣어 양생온도를 균등하게 올린다.
ⓑ 비빈 후 2~3시간 이상 경과된 후에 증기양생을 실시한다.
ⓒ 온도상승 속도는 1시간당 30℃ 이상으로 하고, 최고온도는 120℃로 한다.
ⓓ 양생실의 온도는 서서히 내려 외기의 온도와 큰 차가 없도록 하고 나서 제품을 꺼낸다.

① ⓐ ② ⓑ
③ ⓒ ④ ⓓ

해설 ⓒ 온도상승 속도는 180℃의 최고온도가 될 때까지 3~4시간에 걸쳐 천천히 상승시킨다.

□□□ 기 21
42 방사선 차폐용 콘크리트에서 확보하여야 하는 필요 성능이 아닌 것은?

① 밀도 ② 수화열
③ 결합수량 ④ 압축강도

해설 차폐용 콘크리트로서 필요한 성능인 밀도, 압축강도, 설계허용 온도, 결합수량, 붕소량 등을 확보하여야 한다.

□□□ 기 09,21
43 숏크리트 코어 공시체($\phi100\times100$mm)로부터 채취한 강섬유의 질량이 61.2g일 때, 강섬유 혼입률은? (단, 강섬유의 밀도는 7.85g/cm³)

① 0.5% ② 1%
③ 3% ④ 5%

해설 강섬유 혼입률 $V_f = \dfrac{W_{sp}}{V \cdot \rho_{sp}} \times 100$

· 코어공시체 부피 $V = \dfrac{\pi \times 10^2}{4} \times 10 = 785.40 \text{cm}^3$

∴ $V_f = \dfrac{61.2}{785.40 \times 7.85} \times 100 = 1\%$

□□□ 기 21
44 경량골재 콘크리트에 관한 설명으로 틀린 것은?

① 물-결합재비의 최대값은 40%로 한다.
② 골재를 사용하기 전에 미리 흡수시키는 프리웨팅을 한다.
③ 경량골재에 포함된 잔 입자 중 굵은 골재는 1% 이하이어야 한다.
④ 설계기준압축강도가 15MPa 이상으로 기건단위질량이 2100kg/m³ 이하의 범위에 해당하는 것으로 한다.

해설 경량골재 콘크리트
콘크리트의 수밀성을 기준으로 물-결합재비를 정할 경우에는 50% 이하를 표준으로 한다.

□□□ 기 21
45 팽창 콘크리트의 제조, 운반 및 타설과 관련된 설명으로 옳은 것은?

① 내·외부 온도차에 의한 온도균열의 우려가 있으므로 팽창 콘크리트에 급격하게 살수할 수 없다.
② 팽창재는 다른 재료와 별도로 질량으로 계량하며, 그 오차는 1회 계량분량의 10% 이내로 하여야 한다.
③ 포대 팽창재를 사용하는 경우에는 포대수로 계산해도 된다. 그러나 1포대 미만의 것을 사용하는 경우에는 반드시 부피 단위로 계량하여야 한다.
④ 콘크리트를 비비고 나서 타설을 끝낼 때까지의 시간은 기온·습도 등의 기상조건과 시공에 관한 등급에 따라 2~3시간 이내로 하여야 한다.

해설 · 팽창재는 다른 재료와 별도로 질량으로 계량하며, 그 오차는 1회 계량분량의 1% 이내로 하여야 한다.
· 포대 팽창재를 사용하는 경우에는 포대수로 계산해도 된다. 그러나 1포대 미만의 것을 사용하는 경우에는 반드시 질량으로 계량하여야 한다.
· 콘크리트를 비비고 나서 타설을 끝낼 때까지의 시간은 기온·습도 등의 기상조건과 시공에 관한 등급에 따라 1~2시간 이내로 하여야 한다.

정답 40 ① 41 ③ 42 ② 43 ② 44 ① 45 ①

46 거푸집 및 동바리 구조계산에 사용되는 연직하중에 대한 설명으로 틀린 것은?

① 고정하중은 철근콘크리트 중량만을 고려하여 결정하여야 한다.
② 활하중은 구조물의 수평투영면적당 최소 2.5kN/m² 이상으로 하여야 한다.
③ 콘크리트의 단위 중량은 철근의 중량을 포함하여 보통 콘크리트인 경우 24kN/m³을 적용하여야 한다.
④ 거푸집 하중은 최소 0.4kN/m² 이상을 적용하며, 특수 거푸집의 경우에는 그 실제의 중량을 적용하여 설계한다.

[해설] 고정하중은 철근콘크리트와 거푸집의 중량을 고려하여 합한 하중이다.

47 시공이음에 대한 일반적인 설명으로 틀린 것은?

① 시공이음은 될 수 있는 대로 전단력이 작은 위치에 설치한다.
② 시공이음은 부재의 압축력이 작용하는 방향과 직각이 되도록 한다.
③ 부득이 전단이 큰 위치에 시공이음을 설치할 경우에는 시공이음에 장부 또는 홈을 두거나 적절한 강재를 배치하여 보강하여야 한다.
④ 외부의 염분에 의한 피해 우려가 있는 해양콘크리트 구조물은 콘크리트 팽창 및 수축을 최소화 할 수 있도록 시공이음부를 가급적 많이 두는 것이 좋다.

[해설] 해양콘크리트 구조물은 가능한 한 시공이음부를 두지 않는 것이 좋다.

48 고온·고압의 증기솥 속에서 상압보다 높은 압력과 고온의 수증기를 사용하여 실시하는 양생방법은?

① 증기양생 ② 촉진양생
③ 고주파양생 ④ 오토클레이브양생

[해설]
• 오토클레이브 양생(autoclave curing)의 정의에 대한 설명이다.
• 콘크리트를 고온·고압의 증기 하에서 양생하면 시멘트중의 실리카와 칼슘이 결합하여 견고한 토베르모라이트 또는 준결정을 형성하며 이것을 수화반응이라 한다.
• 증기양생(steam curing) : 높은 온도의 수증기 속에서 실시하는 촉진 양생
• 촉진양생 : 보다 빠른 콘크리트의 경화나 강도 발현을 촉진하기 위해 실시하는 양생

49 고강도 프리플레이스트 콘크리트에 대해 다음 설명의 A, B에 들어갈 적절한 값은?

고강도 프리플레이스트 콘크리트라 함은 고성능 감수제에 의하여 주입모르타르의 물-결합재비를 (A) 이하로 낮추어 재령 91일에 압축강도 (B) 이상이 얻어지는 프리플레이스트 콘크리트를 말한다.

① A : 40%, B : 40MPa
② A : 40%, B : 45MPa
③ A : 45%, B : 40MPa
④ A : 45%, B : 45MPa

[해설] 고강도프리플레이스트 콘크리트라함은 고성능 감수제에 의하여 주입모르타르의 물-결합재비를 40% 이하로 낮추어 재령 91일에서 압축강도 40MPa 이상이 얻어지는 프리플레이스트 콘크리트를 말한다.

50 숏크리트 시공에 대한 설명으로 틀린 것은?

① 숏크리트는 대기 온도가 10℃ 이상일 때 뿜어붙이기를 실시한다.
② 건식 숏크리트는 배치 후 45분 이내에 뿜어붙이기를 실시하여야 한다.
③ 습식 숏크리트는 배치 후 60분 이내에 뿜어붙이기를 실시하여야 한다.
④ 숏크리트는 타설되는 장소의 대기 온도가 30℃ 이상이 되면 건식 및 습식 숏크리트 모두 뿜어붙이기를 할 수 없다.

[해설] 숏크리트는 타설되는 장소의 대기 온도가 38℃ 이상이 되면 건식 및 습식 숏크리트 모두 뿜어붙이기를 할 수 없다.

51 콘크리트의 시공 및 시공 성능과 관련된 일반사항에 대한 설명으로 틀린 것은?

① 콘크리트 구조물의 시공은 시공계획을 따라야 한다.
② 현장에서는 콘크리트 구조물의 시공에 관하여 충분한 지식이 있는 기술자를 배치하여야 한다.
③ 굳지 않은 콘크리트의 워커빌리티는 운반, 타설, 다지기, 마무리 등의 작업에 적합한 것 이어야 한다.
④ 일반적인 경우, 워커빌리티는 굵은 골재의 최대 치수와 슬럼프를 사용하여 설정하면 안 된다.

[해설]
• 일반적인 경우, 워커빌리티는 골재와 시멘트의 성질에 의해서 정해진다.
• 일반적인 경우, 워커빌리티는 굵은 골재의 최대 치수와 슬럼프를 사용하여 설정한다.

기 07,12,17,21

52 이미 경화한 매시브한 콘크리트 위에 슬래브를 타설할 때 부재 평균 최고온도와 외기온도와의 온도차가 12.8℃ 발생하였다. 아래의 그래프를 이용하여 온도균열 발생확률을 구하면? (단, 간이법을 적용한다.)

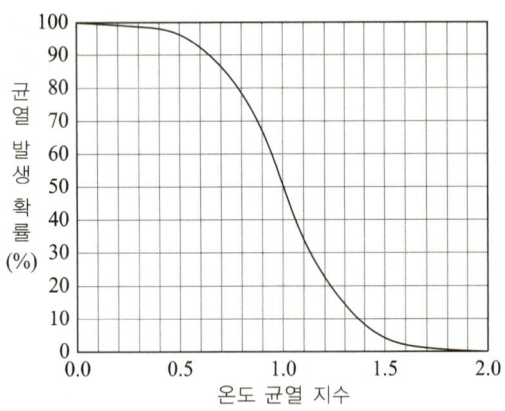

① 약 5% ② 약 15%
③ 약 30% ④ 약 50%

해설 · 온도균열 지수 $L_{cr} = \dfrac{10}{R \cdot \Delta T_o} = \dfrac{10}{0.60 \times 12.8} = 1.30$

· 이미 경화된 콘크리트 위에 콘크리트를 타설할 때 : $R = 0.6$
∴ 온도균열 지수 1.30에 대응되는 균열발생확률은 약 15% 이다.

기 08,14,17,21

53 콘크리트가 경화될 때까지 습윤상태의 보호기간은 보통 포틀랜드 시멘트와 조강 포틀랜드 시멘트를 사용한 경우 각각 몇 일 이상을 표준으로 하는가? (단, 일평균기온을 15℃ 이상일 경우)

① 보통 포틀랜드 시멘트 : 3일 이상,
 조강 포틀랜드 시멘트 : 5일 이상
② 보통 포틀랜드 시멘트 : 5일 이상,
 조강 포틀랜드 시멘트 : 7일 이상
③ 보통 포틀랜드 시멘트 : 5일 이상,
 조강 포틀랜드 시멘트 : 3일 이상
④ 보통 포틀랜드 시멘트 : 7일 이상,
 조강 포틀랜드 시멘트 : 5일 이상

해설 습윤양생 기간의 표준

일평균 기온	보통 포틀랜드 시멘트	고로슬래그시멘트 2종, 플라이애시 시멘트 2종	조강 포틀랜드 시멘트
15℃ 이상	5일	7일	3일
10℃ 이상	7일	9일	4일
5℃ 이상	9일	12일	5일

기 21

54 서중 콘크리트 제조 및 시공에 대한 설명으로 틀린 것은?

① 서중 콘크리트는 배합온도는 낮게 관리하여야 한다.
② 일반적으로 기온 10℃의 상승에 대하여 단위수량은 2~5% 증가한다.
③ 콘크리트를 타설할 때의 콘크리트 온도는 25℃를 넘지 않도록 하여야 한다.
④ KS F 2560의 지연형 감수제를 사용하는 등의 일반적인 대책을 강구한 경우라도 1.5시간 이내에 타설하여야 한다.

해설 서중 콘크리트
· 콘크리트를 타설할 때의 콘크리트 온도는 35℃ 이하이어야 한다.
· 하루 평균기온이 25℃를 초과하는 것이 예상되는 경우 서중 콘크리트로서 시공하여야 한다.

기 14,18,20,21

55 표면마무리에 대한 설명으로 틀린 것은?

① 시공이음이 미리 정해져 있지 않을 경우 직선상의 이음이 얻어지도록 시공해야 한다.
② 마무리 작업 후 콘크리트가 굳기 시작할 때까지의 사이에 일어나는 균열은 다짐 또는 재 마무리에 의해서 제거하여야 한다.
③ 매끄럽고 치밀한 표면이 필요할 때는 작업이 가능한 범위에서 될 수 있는 대로 늦은 시기에 콘크리트 윗면을 마무리하여야 한다.
④ 다지기를 끝내고 거의 소정의 높이와 형상으로 된 콘크리트의 윗면은 스며 올라온 물이 없어지기 전까지 마무리를 해야 한다.

해설 다지기를 끝내고 거의 소정의 높이와 형상으로 된 콘크리트의 윗면은 스며올라온 물이 없어진 후나 또는 물을 처리한 후가 아니면 마무리해서는 안된다.

기 17,21

56 수중 불분리성 콘크리트에 사용하는 굵은 골재의 최대 치수에 대한 설명으로 틀린 것은?

① 부재 최소 치수의 1/5를 초과해서는 안된다.
② 철근의 최소 순간격의 2/3를 초과해서는 안된다.
③ 굵은 골재의 최대 치수 시험·검사 방법은 배합시험에 의한다.
④ 현장 타설말뚝 및 지하연속벽에 사용하는 콘크리트의 경우는 25mm 이하를 표준으로 한다.

해설 철근의 최소 순간격의 1/2을 초과해서는 안된다.

정답 52 ② 53 ③ 54 ③ 55 ④ 56 ②

57 고유동 콘크리트의 품질기준에 대한 아래표의 설명에서 ( ) 안에 들어갈 숫자로서 옳은 것은?

> 굳지 않은 콘크리트의 유동성은 KS F 2594에 따라 슬럼프 플로 시험에 의하여 정하고, 그 범위는 ( )mm 이상으로 한다.

① 400　　② 500
③ 600　　④ 700

[해설] 굳지 않은 콘크리트의 유동성은 슬럼프 플로 600mm 이상으로 한다.

58 한중 콘크리트 시공 시 비빈 직후 콘크리트의 온도 및 주위 기온이 아래의 조건과 같을 때, 타설이 완료된 후 콘크리트의 온도는?

> · 비빈 직후의 콘크리트 온도 : 23℃
> · 주위 기온 : 3℃
> · 비빈 후부터 타설 완료 시까지의 시간 : 2시간

① 16℃　　② 17℃
③ 20℃　　④ 21℃

[해설] $T_2 = T_1 - 0.15(T_1 - T_0) \cdot t$
　　　$= 23 - 0.15(23-3) \times 2 = 17℃$

59 포장 콘크리트의 휨 호칭강도로 옳은 것은?

① 1.5MPa　　② 2.5MPa
③ 4.5MPa　　④ 5.5MPa

[해설] 포장용 콘크리트의 배합기준

항 목	기 준
설계기준 휨 호칭강도(f_{28})	4.5MPa 이상
단위 수량	150kg/m³ 이하
굵은 골재의 최대치수	40mm 이하
슬럼프	40mm 이하
공기연행 콘크리트의 공기량 범위	4~6%

60 트레미를 이용한 일반 수중콘크리트 타설에 대한 설명으로 틀린 것은?

① 트레미의 안지름은 수심 3m 이내에서 250mm 정도가 좋다.
② 트레미의 안지름은 굵은 골재 최대 치수의 8배 이상이 되도록 하여야 한다.
③ 트레미는 콘크리트를 타설하는 동안에 다짐을 좋게 하기 위하여 수시로 수평 이동시켜야 한다.
④ 트레미 1개로 타설할 수 있는 면적이 지나치게 크지 않도록 하여야 하며, 30m² 이하로 하여야 한다.

[해설] 트레미는 콘크리트를 타설하는 동안 수평 이동시킬 수 없다.

제4과목 : 콘크리트 구조 및 유지관리

61 다음 각 열화 과정과 잠복기에 대한 설명으로 틀린 것은?

① 동해 - 열화가 나타나지 않은 상태
② 염해 - 강재의 부식 개시로부터 부식 균열발생까지의 기간
③ 탄산화 - 탄산화의 진행상태가 철근위치까지 도달하지 않은 상태
④ 화학적 부식 - 콘크리트의 변상이 나타날 때까지의 기간

[해설] 염해의 잠복기
· 외관상 변상이 나타나지 않는다. 부식 발생 한계 염화물이온농도 이하
· 강재의 피복 위치에서 염화물이온 농도가 임계염분량에 달할 때까지의 기간

62 계수전단력 $V_u = 75$kN을 전단보강철근 없이 지지하고자 할 경우 필요한 단면의 유효깊이 최솟값은? (단, 보통중량콘크리트 사용, $b_w = 350$mm, $f_{ck} = 24$MPa, $f_y = 350$MPa)

① 350mm　　② 525mm
③ 650mm　　④ 700mm

[해설] $V_u = \frac{1}{2}\phi \cdot V_c$를 만족시키면 최소 전단 보강 철근을 배치하지 않아도 된다.
$V_u = \frac{1}{2}\phi \cdot V_c = \frac{1}{2}\phi \times \frac{1}{6}\lambda \sqrt{f_{ck}}\, b_w d$에서
$75,000 = \frac{1}{2} \times 0.75 \times \frac{1}{6} \times 1 \times \sqrt{24} \times 350 \times d$
∴ $d = 700$mm

[참고] SOLVE 사용

정답 57 ③　58 ②　59 ③　60 ③　61 ②　62 ④

63 강도설계법에서 강도감수계수에 대한 설명으로 틀린 것은?

① 포스트텐션 정착구역에 사용하는 강도감소계수는 0.85이다.
② 나선철근 부재는 띠철근 기둥보다 더 큰 강도감소계수를 적용한다.
③ 압축지배단면의 강도감소계수는 인장지배단면의 강도감소계수보다 더 큰 값을 적용한다.
④ 스트럿-타이 모델에서 절점부에 적용하는 강도감소계수는 전단에 사용된 값과 동일한 값을 사용한다.

[해설] 강도감소계수 ϕ

부재		강도감소계수
인장지배단면		0.85
압축지배단면	나선철근으로 보강된 철근 콘크리트 부재	0.70
	그 외의 철근콘크리트 부재	0.65
변화구간단면(전이구역)		0.65(0.70) ~ 0.85

∴ 압축지배단면의 강도감소계수는 인장지배단면의 강도감소계수보다 작은 값을 적용한다.

64 탄산화 속도에 영향을 미치는 요인에 대한 일반적인 설명으로 틀린 것은?

① 옥내는 옥외의 경우 보다 탄산화가 늦다.
② 밀도가 작은 골재를 사용한 콘크리트는 탄산화가 빠르다.
③ 경량 골재 콘크리트는 보통 중량 골재 콘크리트 보다 탄산화가 빠르다.
④ 조강 포틀랜드 시멘트를 사용한 콘크리트는 보통 포틀랜드 시멘트를 사용한 콘크리트에 비해 탄산화가 느리다.

[해설] 외부적 요인에 의해 옥내(실내)구조물의 탄산화 속도는 옥외(실외)구조물보다 빠르게 진행된다.

65 상재하중 $q=45kN/m$이 작용하고 있는 높이 4.0m인 역T형 옹벽에 작용하는 수평력의 합은? (단, 흙의 단위중량 $\gamma=18kN/m^3$, 흙의 주동토압계수 $C_a=0.3$이며, 옹벽 길이 1m에 대하여 계산한다.)

① 43.2kN·m
② 54.0kN·m
③ 88.2kN·m
④ 97.2kN·m

[해설] 토압에 의한 수평력
$P_H = 0.3(45 \times 4 + 0.5 \times 18 \times 4^2) \times 1 = 97.2kN$
∴ 수평력의 합 $97.2 \times 1 = 97.2kN \cdot m$

66 철근콘크리트 부재의 강도설계법 개념에 대한 설명으로 옳지 않은 것은?

① 콘크리트의 응력은 중립축으로부터 떨어진 거리에 비례한다.
② 철근의 응력이 설계기준항복강도 f_y 이하일 때 철근의 응력은 그 변형률에 E_s를 곱한 값으로 한다.
③ 콘크리트 압축응력의 분포와 콘크리트 변형률 사이의 관계는 직사각형, 사다리꼴, 포물선 또는 기타 어떤 형상으로도 가정할 수 있다.
④ 콘크리트의 인장강도는 KDS 14 20 60의 규정에 해당하는 경우를 제외하고는 철근콘크리트 부재 단면의 축강도와 휨강도 계산에서 무시할 수 있다.

[해설] • 철근과 콘크리트의 변형률은 중립축으로부터 거리에 비례하는 것으로 가정할 수 있다.
• 철근의 응력이 설계기준항복강도 f_y 이하일 때 철근의 응력은 그 변형률에 E_s를 곱한 값으로 하고, 철근의 변형률이 f_y에 대응하는 변형률보다 큰 경우 철근의 응력은 변형률에 관계없이 f_y하여야 한다.

67 알칼리골재반응은 콘크리트 내부에 국부적인 팽창압력을 발생시켜 구조물에 균열을 발생시킬 수 있다. 이러한 알칼리골재반응의 대부분을 차지하는 반응은?

① 알칼리-실리카반응
② 알칼리-탄산염반응
③ 알칼리-황산염반응
④ 알칼리-실리케이트반응

[해설] • 알칼리-실리카 반응 : 알칼리와 실리카의 화학 반응에 의해 생성된 알칼리 시리카겔은 주로 주위의 물을 흡수하여 콘크리트의 내부에 국부적 팽창압을 일으켜 콘크리트의 강도를 저하시킨다.
• 알칼리-탄산염 반응 : 돌로마이트 질 석회암과 알칼리와의 반응에 의하여 팽창된다.
• 알칼리-실리케이트반응 : 알칼리-실리카 반응보다도 천천히 장시간 계속되며, 생성되는 겔의 양도 적은 것이 특징이다.

68 콘크리트 자체의 변형으로 인해 생기는 수축균열의 원인에 속하지 않는 것은?

① 건조수축
② 수화열 발생
③ 염화물 침투
④ 외부의 기온 변화

[해설] 콘크리트 자체의 외부의 기온변화로 생기는 건조수축과 수화열 발생으로 온도가 상승했다 식을 때 생기는 수축균열이 발생하는 경우가 많다.

정답 63 ③ 64 ① 65 ④ 66 ① 67 ① 68 ③

69 알칼리-실리카 반응의 가능성을 예상하기 위해 콘크리트 중 알칼리량을 측정하는 시험방법에 속하지 않는 것은?

① 화학법 ② 초음파법
③ 모르타르바 방법 ④ 암석학적 시험법

[해설] 초음파 시험 : 콘크리트를 통과하는 초음파진동의 속도와 파형을 측정하여 콘크리트의 강도, 균열심도, 내부결함 등을 검사한다.

70 강교에서 피로균열의 진전을 일시적으로 방지하고 선단부의 국부적인 응력집중을 해소하기 위한 보수공법은?

① pull-out 공법 ② stop-hole 공법
③ 에폭시주입 공법 ④ 탄소섬유 시트 공법

[해설] stop-hole 공법의 보수공법
피로균열 선단에 구멍(stop-hole)을 설치하여 선단부의 국부적인 응력집중 해소하고 균열의 진행을 일시적으로 방지하는 공법

71 보강에 사용되는 재료인 유리섬유에 대한 일반적인 설명으로 틀린 것은?

① 고온에 견디며 불에 타지 않는다.
② 흡수성이 없고, 전기 절연성이 크다.
③ 탄소섬유와 비교하여 큰 밀도를 가진다.
④ 유리섬유의 인장강도는 강섬유 인장강도의 1/2 정도이다.

[해설] 유리섬유는 강도 중 특히 인장강도 강하다.

72 옹벽의 안정에 대한 설명으로 틀린 것은?

① 지반에 유발되는 최대 지반반력이 지반의 허용지지력을 초과하지 않아야 한다.
② 평상시 활동에 대한 저항력은 옹벽에 작용하는 수평력의 1.5배 이상이어야 한다.
③ 평상시 전도에 대한 저항휨모멘트는 횡토압에 의한 전도모멘트의 1.5배 이상이어야 한다.
④ 전도 및 지반지지력에 대한 안정조건은 만족하지만, 활동에 대한 안정조건만을 만족하지 못할 경우에는 활동방지벽 혹은 횡방향 앵커 등을 설치하여 활동저항력을 증대시킬 수 있다.

[해설] 전도에 대한 저항휨모멘트는 횡토압에 의한 전도휨모멘트의 2.0배 이상이어야 한다.

73 콘크리트의 설계기준압축강도 $f_{ck}=24\text{MPa}$인 콘크리트로 된 기둥이 20MPa의 응력을 장기하중으로 받을 때, 기둥은 크리프로 인하여 그 길이가 얼마나 줄어들겠는가? (단, 콘크리트는 보통중량골재를 사용했으며, 기둥 길이는 8m, 크리프 계수는 2이고, 철근의 영향은 무시한다.)

① 11.3mm ② 11.8mm
③ 12.3mm ④ 12.8mm

[해설] 콘크리트의 줄음량 $\Delta l = \epsilon_c \cdot l$
· 콘크리트의 탄성변형률
$$\epsilon_\phi = \frac{f_c}{8,500\sqrt[3]{f_{cm}}}$$
$f_{cm} = f_{ck} + \Delta f = 24 + 4 = 28\text{MPa}$
$$\therefore \epsilon_\phi = \frac{20}{8,500\sqrt[3]{28}} = 0.00077$$
· 콘크리트의 크리프 변형률
$\epsilon_c = \phi \cdot \epsilon_\phi = 2 \times 0.00077 = 0.00155$
$\therefore \Delta l = 0.00155 \times 8,000 = 12.4\text{mm}$

74 철근콘크리트 부재의 철근이음에 관한 설명으로 옳지 않은 것은?

① D35를 초과하는 철근은 겹침이음을 해서는 안 된다.
② 인장력을 받는 이형철근의 겹침이음길이는 A급, B급, C급으로 분류한다.
③ 용접이음과 기계적 이음은 철근의 설계기준 항복강도의 125% 이상을 발휘할 수 있어야 한다.
④ 압축 이형철근의 이음에서 콘크리트의 설계기준압축강도가 21MPa 미만인 경우는 겹침이음길이를 1/3 증가시켜야 한다.

[해설] 인장이형철근의 겹침이음 길이는 A급, B급 이음이 있으며 두 경우 모두 이음길이는 최소 300mm 이상이어야 한다.

75 직접설계법에 의한 슬래브 설계에서 전체 정적 계수휨모멘트 $M_o = 320\text{kN}\cdot\text{m}$로 계산되었을 때, 내부 경간에서의 부계수휨모멘트는?

① 169kN·m ② 182kN·m
③ 195kN·m ④ 208kN·m

[해설] 내부 경간에서 전체 정적계수 모멘트 M_o를 다음과 같이 분해하여야 한다.
· 부계수 모멘트의 경우 : 0.65
· 정계수 모멘트의 경우 : 0.35
$\therefore$ 부계수 모멘트 $= 0.65 M_o = 0.65 \times 320 = 208\text{kN·m}$

정답 69 ② 70 ② 71 ④ 72 ③ 73 ③ 74 ② 75 ④

76 포스트텐션 공법에 의한 프리스트레스트 콘크리트 부재의 제작 과정으로 옳은 것은?

> ㉠ 거푸집의 조립과 시스의 배치
> ㉡ 프리스트레스 도입
> ㉢ 콘크리트 치기
> ㉣ 그라우팅

① ㉠→㉡→㉢→㉣
② ㉠→㉢→㉡→㉣
③ ㉠→㉣→㉡→㉢
④ ㉠→㉡→㉣→㉢

[해설] 포스트텐션 방식
1) 거푸집 안에 시스를 배치하고 이 속에 PC 강재를 배치한 후 콘크리트를 친다.
2) 콘크리트가 경화한 후 부재의 한쪽 끝에서 PC 강재를 정착하고 다른 쪽 끝에서 잭으로 PC 강재를 인장한다.
3) 인장 작업이 끝나면 정착장치로 PC 강재를 정착한 후 잭을 제거한다. 그러면 콘크리트 부재가 압축되어 프리스트레스가 도입된다.
4) 프리스트레스의 도입이 끝난 후에는 시스속에 시멘트 풀이나 모르터로 그라우팅을 실시한다.

77 철근콘크리트 구조물에서 압축철근을 배치할 때의 장점으로 틀린 것은?

① 연성을 증가시킨다.
② 지속하중에 의한 처짐을 감소시킨다.
③ 파괴모드를 인장파괴에서 압축파괴로 변화시킨다.
④ 스터럽 철근 고정과 같이 철근의 조립을 쉽게 한다.

[해설] 파괴모드를 압축파괴에서 인장파괴로 변화시킨다. 압축철근을 충분히 보강하면 콘크리트가 분쇄하기 전에 인장철근이 먼저 항복하여 연성 파괴 모드를 갖게 된다.

78 단면 증설 공법에 의한 구조물 보강 후 평가방법으로 가장 적합한 것은?

① 기포조사
② 누수진단
③ 육안조사
④ 재하시험

[해설]
- 단면 증설 공법은 도로교와 철도교 등에서 피로열화에 따라 변형이 증가하여 기능이 저하한 경우에 상부면에 콘크리트를 타입함으로써 상판두께를 크게 하여 내하력과 강성을 회복시키는 공법으로 보강후 재하시험에 의한 평가가 가장 적합하다.
- 강도부족에 대한 원인을 알 수 없거나 해석적 평가가 불가능할 경우, 재하시험을 실시하여야 한다.

79 동적재하시험에 의해 측정된 내용을 기준으로 시험결과 분석을 수행하여야 하는 항목이 아닌 것은?

① 감쇠비
② 충격계수
③ 고유 진동수
④ 부재의 응력

[해설] 동적 재하시험의 측정 및 결과 분석 항목
1) 충격계수 2) 감쇠비 3) 고유진동수 및 진동모드

80 콘크리트 구조물의 성능을 저하시키는 화학적 부식에 대한 설명으로 옳지 않은 것은?

① 일반적으로 산은 다소 정도의 차이는 있으나 시멘트 수화물 및 수산화칼슘을 분해하여 침식한다. 침식의 정도는 유기산이 무기산보다 심하다.
② 콘크리트는 그 자체가 강알칼리이며, 알칼리에 대한 저항력은 상당히 크다. 그러나, 매우 높은 정도의 NaOH에는 침식된다.
③ 콘크리트가 외부로부터의 화학작용을 받아 그 결과 시멘트 경화체를 구성하는 수화생성물이 변질 또는 분해하여 결합능력을 잃는 열화현상을 총칭하여 화학적부식이라 한다.
④ 염류에 의한 화학적 부식의 대표적인 것은 황산염에 의한 화학적 부식이다. 황산염에 의한 시멘트 콘크리트의 열화기구는 일반적인 황산염, 황산마그네슘 및 해수에 의한 작용으로 분류할 수 있다.

[해설] 일반적으로 산은 다소 정도의 차이는 있으나 시멘트 수화물 및 수산화칼슘을 분해하여 침식한다. 침식의 정도는 무기산(황산, 염산, 질산, 탄산 등)이 유기산(수산, 글루콘산, 초산, 의산, 유산, 스테아린산 등)보다 심하다.

정답 76 ② 77 ③ 78 ④ 79 ④ 80 ①

국가기술자격 필기시험문제

2021년도 기사 3회 필기시험

자격종목	시험시간	문제수	형별
콘크리트기사	2시간	80	A

※ 각 문제는 4지 택일형으로 질문에 가장 적합한 문제의 보기 번호를 클릭하거나 답안표기란의 번호를 클릭하여 입력하시면 됩니다.
※ 입력된 답안은 문제 화면 또는 답안 표기란의 보기 번호를 클릭하여 변경하실 수 있습니다.

제1과목 : 콘크리트 재료 및 배합

기 05,08,10,12,18,21

01 콘크리트에 사용하는 혼합수로서 상수돗물 이외의 물에 대한 품질항목 중 용해성 증발 잔류물의 양은 몇 g/L 이하이어야 하는가?

① 1g/L
② 2g/L
③ 3g/L
④ 4g/L

해설 수돗물 이외의 물의 품질

항목	품질
현탁 물질의 양	2g/L 이하
용해성 증발잔유물의 양	1g/L 이하
염소 이온(Cl)량	250ppm 이하
시멘트 응결시간의 차	초결은 30분 이내, 종결은 60분 이내
모르타르의 압축강도비	재령 7일 및 재령 28일에서 90% 이상

기 09,21

02 콘크리트용 혼화재료로서 플라이 애시의 품질을 시험하기 위한 시료의 채취 및 조제에 대한 내용으로 틀린 것은?

① 채취한 시료한 시료는 850μm체로 쳐서 이물질을 제거한다.
② 시료의 수량 및 채취방법은 인도·인수 당사자 사이의 협의에 따른다.
③ 시험용 시료는 시험하기 전에 시험실 안에 넣어 실온과 같아지도록 한다.
④ 조제된 시료는 시험시 까지 시험실과 비슷한 습도가 되도록 시험실의 대기중에서 보관한다.

해설 채취한 시료는 규정하는 표준체 850μm로 체를 쳐서 이물질을 제거하고 통과분을 방습성의 기밀한 용기에 밀봉하여 보존한다. 시험할 때는 미리 시험실 안에 넣어 실온과 같아지도록 한다.

기 06,12,17,21

03 콘크리트용 천연 굵은 골재로 적합하지 않는 것은?

① 마모율이 38%인 골재
② 안정성이 10%인 골재
③ 흡수율이 3.4%인 골재
④ 절대건조상태의 밀도가 2,700kg/m³인 골재

해설 콘크리트용 골재

품질 항목	천연 잔골재	천연 굵은 골재
절대건조밀도	2.50g/cm³ 이상	2.50g/cm³ 이상
흡수율	3.0% 이하	3.0% 이하
점토덩어리	1.0%	0.25%
안정성	10% 이하	12% 이하
마모율	–	40% 이하
염화물	0.04% 이하	–

∴ 흡수율이 3.0% 이하인 골재

기 14,16,17,21

04 콘크리트용 혼화재료로 사용되는 고로슬래그 미분말의 활성도 지수에 대한 다음 설명 중 적당하지 않은 것은?

① 활성도 지수는 재령 7일, 28일 및 91일에 측정한다.
② 시험 모르타르 제작 시 시멘트와 고로슬래그 미분말의 혼합비는 1 : 1이다.
③ 고로슬래그 미분말 3종에 대한 재령 28일의 활성도 지수는 50% 이상이다.
④ 기준 모르타르의 압축강도에 대한 시험 모르타르의 압축강도비를 백분율로 표시한 것을 활성도 지수라 한다.

해설 고로 슬래그 미분말의 활성도 지수(%)

품질	1종	2종	3종
재령 7일	95 이상	75 이상	55 이상
재령 28일	105 이상	95 이상	75 이상
재령 91일	105 이상	105 이상	95 이상

∴ 고로슬래그 미분말 3종에 대한 재령 28일의 활성도 지수는 75% 이상이다.

정답 01 ① 02 ④ 03 ③ 04 ③

□□□ 기 14,17,19,21

05 제빙화학제에 노출된 콘크리트에서 플라이애시, 고로 슬래그 미분말 또는 실리카퓸을 시멘트 재료의 일부로 치환하여 사용하는 경우, 이들 혼화재의 사용량에 대한 설명으로 틀린 것은? (단, 혼화재의 사용량은 시멘트와 혼화재 전체에 대한 혼화재의 질량 백분율로 나타낸다.)

① 혼화재로서 실리카 퓸을 사용하는 경우 사용량은 10%를 초과하지 않도록 하여야 한다.
② 혼화재로서 고로슬래그 미분말을 사용하는 경우 사용량은 30%를 초과하지 않도록 하여야 한다.
③ 혼화재로서 플라이애시 또는 기타 포졸란을 사용하는 경우 사용량은 25%를 초과하지 않도록 하여야 한다.
④ 혼화재로서 플라이애시 또는 기타 포졸란과 실리카 퓸을 합하여 사용하는 경우 그 사용량은 35%를 초과하지 않도록 하여야 한다.

해설 제빙화학제에 노출된 콘크리트 최대 혼화재 비율

혼화재의 종류	시멘트와 혼화재 전체에 대한 혼화재의 질량 백분율(%)
플라이 애시	25
고로 슬래그 미분말	50
실리카 퓸	10
고로 슬래그 미분말 및 실리카 퓸의 합	50
플라이 애시와 실리카 퓸의 합	35

∴ 혼화재로서 고로슬래그 미분말을 사용하는 경우 사용량은 50%를 초과하지 않도록 하여야 한다.

□□□ 기 11,16,17,21

06 시멘트의 강도시험(KS L ISO 679)에 대한 설명으로 틀린 것은?

① 압축강도를 먼저 측정한 후 파단된 시험체를 사용하여 휨 강도시험을 실시한다.
② 40mm×40mm×160mm인 각주형 공시체를 사용하여 압축강도 및 휨 강도를 측정한다.
③ 휨 강도시험은 시험체가 파괴에 이를 때까지 50N/s±10N/s의 속도로 시험체에 하중을 가한다.
④ 압축강도시험의 결과를 구할 때 6개의 측정값 중에서 1개의 결과가 6개의 평균값보다 ±10% 이상 벗어나는 경우에는 이 결과를 버리고 나머지 5개의 평균으로 계산한다.

해설 측정 재령에 이르렀을 때 시험체를 수중 양생조로부터 꺼내어 휨강도를 측정한 후 깨어진 시편으로 압축강도 시험을 한다.

□□□ 기 06,12,16,21

07 염화물 침투에 따른 철근 부식으로 발생하는 균열을 억제하기 위한 방법으로 틀린 것은?

① 밀실한 콘크리트를 사용한다.
② 저알칼리 시멘트를 사용한다.
③ 에폭시 수지 도포 철근을 사용한다.
④ 염화물의 침투가 예상되는 구조물에는 피복두께를 크게 한다.

해설 염화물 침투에 의한 철근 부식 방지 방법
• 밀실한 콘크리트를 제조하여 시공한다.
• 염화물의 침투가 예상되는 구조물에는 피복두께를 크게 한다.
• 콘크리트를 강알칼리성으로 하여 부식으로부터 보호하여야한다.
• 에폭시수지 도포 철근을 사용하여 철근부식을 방지한다.

□□□ 기 08,21

08 AE제의 사용 목적 및 효과에 대한 설명으로 틀린 것은?

① AE제로 연행된 공기에 의한 볼베어링 효과로 작업성이 개선된다.
② AE제를 사용하면 일반적으로 콘크리트의 동결융해 저항성이 개선된다.
③ 혼화재로서 플라이애시를 함께 사용하면 공기 연행 효과를 높일 수 있다.
④ 공기량이 증가할수록 강도가 저하하기 때문에 공기량은 약 3～6% 정도의 범위가 되도록 하는 것이 좋다.

해설 플라이 애시는 함유탄소분의 일부가 AE제를 흡착하는 성질을 가지고 있어 소요의 공기량을 얻기 위해서는 AE제 양이 많이 요구된다.

□□□ 기 09,14

09 온도균열지수에 대한 설명으로 틀린 것은?

① 온도균열지수는 그 값이 클수록 균열이 발생하기 어렵고, 값이 작을수록 균열이 발생하기 쉽다.
② 온도균열지수는 재령 t일 에서의 콘크리트 쪼갬 인장강도와 수화열에 의한 온도응력의 비로서 구한다.
③ 철근이 배치된 일반적인 구조물에서 유해한 균열발생을 제한할 경우 표준적인 온도균열지수는 1.7～2.2로 하여야 한다.
④ 철근이 배치된 일반적인 구조물에서 균열발생을 방지하여야 할 경우 표준적인 온도균열지수는 1.5 이상이어야 한다.

해설 철근이 배치된 일반적인 구조물에서 유해한 균열발생을 제한할 경우 표준적인 온도균열지수는 0.7～1.2로 하여야 한다.

정답 05 ② 06 ① 07 ② 08 ③ 09 ③

☐☐☐ 기 11,17,21

10 다음 표는 잔골재의 밀도 시험 결과 중의 일부이다. 이 잔골재의 표면 건조 포화 상태의 밀도는? (단, 시험온도에서의 물의 밀도는 $1g/cm^3$ 이다.)

잔골재의 밀도 시험		
측정 번호	1	2
빈 플라스크의 질량(g)	213.0	213.0
(플라스크+물)의 질량(g)	711.4	712.2
표건 시료의 질량(g)	500.5	500.0
(플라스크+물+시료)의 질량(g)	1,020.2	1,020.8

① $2.61g/cm^3$
② $2.63g/cm^3$
③ $2.65g/cm^3$
④ $2.67g/cm^3$

해설 표건밀도 $d_s = \dfrac{m}{B+m-C} \times \rho_w$

$= \dfrac{500.5}{711.4+500.5-1020.2} \times 1 = 2.611 g/cm^3$

$= \dfrac{500.0}{712.2+500.0-1020.8} \times 1 = 2.612 g/cm^3$

∴ 표건밀도 $= \dfrac{2.611+2.612}{2} = 2.61 g/cm^3$

☐☐☐ 기 11,18,21

11 골재의 절대용적이 780L인 콘크리트에서 잔골재율이 39%이고 잔골재의 표건밀도가 $2.62g/cm^3$일 때, 단위 잔골재량은?

① $204kg/m^3$
② $304kg/m^3$
③ $507kg/m^3$
④ $797kg/m^3$

해설 • 단위 잔골재량의 절대 용적
=단위 골재의 절대 용적×잔골재율
$= \dfrac{780}{1,000} \times 0.39 = 0.3042 m^3$

• 잔골재량=단위 잔골재량의 절대 용적×잔골재의 밀도×1,000
$=0.3042 \times 2.62 \times 1,000 = 797.00 kg/m^3$

☐☐☐ 기 17,21

12 포틀랜드 시멘트의 물리적 특성에 대한 설명으로 틀린 것은?

① 보통 포틀랜드 시멘트의 분말도는 $2,800cm^2/g$ 이상이어야 한다.
② MgO, SO_3 성분이 과도한 경우 팽창이 발생하기 쉽다.
③ 풍화된 시멘트를 사용하면 응결 및 경화 속도가 늦어진다.
④ 분말도가 적을수록 수화작용이 빠르고 조기강도 발현이 커진다.

해설 분말도가 높으면 시멘트의 표면적이 커서 수화 작용이 빠르고, 조기 강도가 커진다.

☐☐☐ 기 13,14,21

13 콘크리트의 호칭강도가 27MPa이고, 30회 이상의 시험 실적으로부터 구한 압축강도의 표준편차가 2.65MPa일 때 배합강도는?

① 30.6MPa
② 32.5MPa
③ 36.7MPa
④ 39.9MPa

해설 $f_{cn} \leq 35MPa$일 때 배합강도
• $f_{cr} = f_{cn} + 1.34s = 27 + 1.34 \times 2.65 = 30.6 MPa$
• $f_{cr} = (f_{cn} - 3.5) + 2.33s = (27-3.5) + 2.33 \times 2.65$
$= 29.7 MPa$
둘 중 큰 값을 사용한다.
∴ $f_{cr} = 30.6 MPa$

☐☐☐ 기 13,21

14 시멘트를 구성하는 주요 광물 중 초기강도에 가장 영향을 많이 주는 광물은?

① $2CaO \cdot SiO_2 (C_2S)$
② $3Ca \cdot SiO_2 (C_3S)$
③ $3CaO \cdot Al_2O_3 (C_3A)$
④ $4CaO \cdot Al_2O_3 \cdot Fe_2O_3 (C_4AF)$

해설 C_3S와 C_2S는 시멘트 강도의 대부분을 지배하는 것으로 그 합이 포틀랜드 시멘트에서는 70~80% 범위이며 C_3S는 수화에 의한 발열이 C_2S에 비해 크므로 초기강도를 증가시킨다.

☐☐☐ 기 21

15 해양 콘크리트 중 물보라 지역에 위치하고 굵은 골재 최대 치수가 25mm인 경우 내구성으로 정해지는 최소 단위 결합재량은?

① $280kg/m^3$
② $300kg/m^3$
③ $330kg/m^3$
④ $350kg/m^3$

해설 해양 콘크리트 중 물보라 지역 및 해상 대기중에서는 굵은골재가 25mm인 경우 단위 결합재량은 $330kg/m^3$ 이상 사용하는 것이 좋다.

☐☐☐ 기 21

16 KS L 5201에 규정된 포틀랜드 시멘트의 종류가 아닌 것은?

① 조적용 줄눈 시멘트
② 보통 포틀랜드 시멘트
③ 조강 포틀랜드 시멘트
④ 내황산염 포틀랜드 시멘트

해설 포틀랜드 시멘트의 종류
• 1종 보통 포틀랜드 시멘트
• 2중 중용열포틀랜드 시멘트
• 3중 조강포틀랜드 시멘트
• 4중 저열포틀랜드 시멘트
• 5중 내황산염 포틀랜드 시멘트

정답 10 ① 11 ④ 12 ④ 13 ① 14 ② 15 ③ 16 ①

□□□ 기 11,21
17 알칼리 골재반응에 관한 설명으로 옳지 않은 것은?

① 플라이 애시나 고로 슬래그 미분말을 혼화재로 사용하면 억제효과가 있다.
② 이 반응이 진행되면 콘크리트가 팽창하여 표면에 거북등과 같은 균열이 발생한다.
③ 시멘트에 함유되어 있는 알칼리 금속 중 나트륨(Na_2O)이나 칼륨(K_2O) 등이 주된 반응이온이다.
④ 알칼리와 반응하는 광물의 종류에 따라 알칼리 실리카 반응, 알칼리 탄산염 반응, 알칼리 실란트 반응으로 대별된다.

[해설] 알칼리와 반응하는 광물의 종류에 따라 알칼리 실리카 반응, 알칼리 탄산염 반응, 알칼리 실리 게이트 반응으로 대별된다.

□□□ 기 11,21
18 일반 콘크리트의 배합에 관한 설명으로 틀린 것은?

① 무근콘크리트에서 일반적인 경우 슬럼프값의 표준은 50 ~ 150mm이다.
② 제빙화학제가 사용되는 콘크리트의 물 - 결합재비는 55% 이하로 하여야 한다.
③ 일반적인 구조물에서 굵은골재의 최대치수는 20mm 또는 25mm를 표준으로 한다.
④ 콘크리트의 수밀성을 기준으로 물 - 결합재비를 정할 경우, 그 값은 50% 이하로 하여야 한다.

[해설] 제빙화학제가 사용되는 콘크리트의 물-결합재비는 45% 이하로 하여야한다.

□□□ 기 17,21
19 콘크리트용 화학 혼화제에 대한 일반적 성질의 설명으로 틀린 것은?

① AE제에 의한 연행 공기량은 4 ~ 7% 정도가 표준이다.
② 응결촉진제로서 염화칼슘 또는 염화칼슘을 포함한 감수제가 사용된다.
③ 부배합인 경우가 빈배합인 경우보다 AE제에 의한 워커빌리티 개선효과가 크게 나타난다.
④ 감수제는 콘크리트 제조시 단위수량을 감소시키는 효과를 나타내어 압축강도를 증가시킨다.

[해설] 빈배합인 경우가 부배합인 경우보다 AE제에 의한 워커빌리티 개선효과가 크게 나타난다.

□□□ 기 07,09,13,18,21
20 잔골재의 콘크리트 사용에 있어서 현장배합으로 환산하는데 필요한 시험방법은?

① 잔골재 밀도시험
② 잔골재 표면수 측정시험
③ 잔골재의 유기불순물시험
④ 골재의 단위 용적 질량시험

[해설] 시방배합을 현장배합으로 보정할 때 필요한 시험
• 골재의 체가름 시험 : 골재의 입도 조정
• 골재의 표면수 측정 시험 : 수량 조정

제2과목 : 콘크리트 제조, 시험 및 품질관리

□□□ 기 11,17,21
21 콘크리트의 압축강도 시험용 공시체 제작에 대한 설명으로 틀린 것은?

① 콘크리트를 몰드에 채울 때 2층 이상으로 거의 동일한 두께로 나눠서 채운다.
② 캐핑용 재료를 사용하여 공시체의 캐핑을 할 때 캐핑층의 두께는 공시체 지름의 2%를 넘어서는 안 된다.
③ 공시체는 지름의 2배의 높이를 가진 원기둥형으로 하며, 그 지름은 굵은 골재의 최대치수의 3배 이상, 100mm 이상으로 한다.
④ 다짐봉을 사용하여 콘크리트를 다져 넣을 때 각 층은 적어도 700mm^2에 1회의 비율로 다지도록 하고 다짐봉이 바로 아래층에 20mm 정도 들어가도록 다진다.

[해설] 다짐봉을 사용하여 콘크리트를 다져 넣을 때 각 층은 적어도 1,000mm^2(10cm^2)에 1회의 비율로 다지도록 하고 다짐봉이 바로 아래의 층까지 다짐봉을 닿도록 한다.

□□□ 기 06,21
22 콘크리트의 품질관리에서 관리특성으로 이용되지 않는 것은?

① 침입도 시험
② 골재의 입도 시험
③ 콘크리트의 강도 시험
④ 콘크리트의 슬럼프 시험

[해설] 침입도 시험은 아스팔트의 품질관리에서 관리특성에 이용된다.

정답 17 ④ 18 ② 19 ③ 20 ② 21 ④ 22 ①

□□□ 기 09,11,15,21

23 KS F 2730에 규정되어 있는 콘크리트 압축 강도 추정을 위한 반발 경도 시험에서 반발경도에 영향을 미치는 요인에 대한 설명으로 옳은 것은?

① 콘크리트는 함수율이 증가함에 따라 강도가 증가하므로 표면에 충분한 수분을 가한 상태에서 시험을 실시해야 한다.
② 탄산화의 효과는 콘크리트의 반발 경도를 감소시킨다. 따라서 재령 보정계수를 사용하여 탄산화로 인한 반발경도의 변화를 보상할 수 있다.
③ 0℃ 이하의 온도에서 콘크리트는 정상보다 높은 반발경도를 나타낸다. 이러한 경우는 콘크리트 내부가 완전히 융해된 후에 시험해야 한다.
④ 서로 다른 종류의 테스트 해머를 이용할 경우 시험값은 ±1~5 정도의 차이를 나타내므로 여러 종류의 테스트 해머를 사용하여 평균값으로서 압축강도를 추정한다.

해설
- 콘크리트는 함수율이 증가함에 따라 강도가 저하되고 표면에 젖어있지 않은 상태에서 시험을 해야 한다.
- 탄산화의 효과는 콘크리트의 반발 경도를 증가시킨다. 따라서 재령보정계수를 사용하여 탄산화로 인한 반발 경도의 변화를 보상할 수 있다.
- 서로 다른 종류의 테스트 해머를 이용할 경우 시험값은 ±1~3 정도의 차이를 나타내므로 동일한 테스트 해머를 사용하여야 한다.

□□□ 기 10,15,21

24 아래 표는 콘크리트 시료의 산-가용성 염소이온 함유량 시험결과를 정리한 것이다. 콘크리트 중에 함유된 염소이온량을 구하면?

질산은 용액의 농도	바탕 적정에 사용된 질산은 용액의 부피	적정시험에 사용된 질산은 용액의 부피	콘크리트 시료의 질량	콘크리트의 단위용적 질량
0.05N	1.4mL	10.2mL	10.5g	2,263kg/m³

① 0.15kg/m³   ② 1.08kg/m³
③ 2.18kg/m³   ④ 3.37kg/m³

해설
■ 콘크리트의 질량에 대한 염소이온농도(%)
$$CI^{-1} = \frac{3.545(V_1 - V_2)N}{W}$$
$$= \frac{3.545(10.2-1.4) \times 0.05}{10.5} = 0.149\%$$

■ 콘크리트 중에 함유된 염소 이온량(kg/m³)
$$\therefore \text{염소 이온량} = CI^{-1} \times \frac{U}{100} = 0.149 \times \frac{2,263}{100} = 3.37 kg/m^3$$

□□□ 기 21

25 콘크리트의 품질관리에 사용되는 관리도에 대한 설명으로 틀린 것은?

① $\bar{x}-R$ 관리도는 공정해석에 유효하다.
② $\bar{x}$ 관리도는 품질의 관리도를 보기위한 것이다.
③ R 관리도는 품질 폭의 변화를 보기위한 것이다.
④ 계수값 관리도 중 일반적으로 사용되는 것은 x 관리도이다.

해설 관리도의 종류

종류	관리도	데이터 종류
계량값 관리도	$\bar{x}-R$ 관리도	길이, 중량, 강도, 화학성분, 압력, 슬럼프, 공기량
	$\bar{x}-\sigma$ 관리도	
	x 관리도	
계수값 관리도	P 관리도	제품의 불량률
	P_n 관리도	불량개수
	C 관리도	결점수
	U 관리도	단위당 결점수

□□□ 기 09,15,17,21

26 콘크리트의 블리딩에 관한 설명으로 틀린 것은?

① 일종의 재료분리 현상이다.
② 잔골재의 조립률이 클수록 블리딩이 작아진다.
③ 단위수량이 큰 배합일수록 블리딩이 많아진다.
④ AE제를 사용하면 단위수량을 감소시켜서 블리딩을 줄일 수 있다.

해설
- 굵은골재의 치수가 작을수록 블리딩은 작아진다.
- 잔골재의 조립률이 작을수록 블리딩이 작아진다.

□□□ 기 09,21

27 알칼리-골재반응에 대한 설명으로 틀린 것은?

① 알칼리-실리카반응을 일으키기 쉬운 광물은 오팔, 트리디마이트, 옥수 등이다.
② 반응성 골재를 사용할 경우 전 알칼리량은 0.6% 이하인 저알칼리형 시멘트를 사용한다.
③ 플라이애시, 고로슬래그 미분말 등은 실리카질이 많기 때문에 알칼리-골재 반응을 촉진한다.
④ 골재의 알칼리 잠재반응 시험은 모르타르 봉 방법으로 평가한다.

해설 알칼리 골재반응성 골재를 부득이 사용해야 할 경우는 저알칼리형 시멘트, 고로 슬래그 시멘트, 플라이 애시 시멘트 등을 사용한다.

28
안지름 25cm, 높이 28.5cm의 용기로 단위수량이 175kg/m³인 배합에 대하여 블리딩 시험을 한 결과, 최종까지 누계한 블리딩에 의한 물의 질량이 73.6g일 때 블리딩률은 약 얼마인가? (단, 콘크리트의 단위 용적질량은 2,350kg/m³, 시료의 질량은 330kg이다.)

① 3.0% ② 3.5%
③ 4.0% ④ 4.5%

해설 블리딩률 $B_r = \dfrac{B}{W_s} \times 100(\%)$,

시료중의 물의 질량 $W_s = \dfrac{W}{C} \times S$

- 블리딩물의 질량 $B = 73.6g = 0.0736kg$
- 콘크리트의 단위 용적 질량 $C = 2,350kg/m^3$
- 콘크리트의 단위 수량 $W = 175kg/m^3$
- 시료의 질량 $S = \left(\dfrac{\pi \times 0.25^2}{4} \times 0.285\right) \times 2,350 = 32.88kg$
- 시료의 무게 $S = 330 kg$
- $W_s = \dfrac{W}{C} \times S = \dfrac{175}{2,350} \times 32.88 = 2.45 kg$

∴ 블리딩률 $= \dfrac{0.0736}{2.45} \times 100 = 3.0\%$

29
콘크리트를 타설하기 위해 잔골재와 굵은 골재를 보관하던 중 전날 저녁에 비가와서 부주위로 인하여 골재들이 비에 젖었다면 가장 적절한 조치방법은?

① 잔골재와 굵은골재를 말려서 사용한다.
② 잔골재와 굵은 골재의 현장 함수비 시험을 하여 현장배합으로 수정 설계하여 사용한다.
③ 잔골재와 굵은골재가 비에 젖었기 때문에 사용하지 못하고 버린다.
④ 잔골재와 굵은골재가 비에 젖었다고 해도 시방배합으로 제조하여 사용한다.

해설 잔골재와 굵은 골재가 비에 젖었기 때문에 현장 함수비 시험을 실시하여 수량 조정하여 현장배합으로 수정 설계하여 사용한다.

30
콘크리트용 재료의 계량에 대한 설명으로 틀린 것은?

① 계량은 시방배합에 의해 실시하는 것으로 한다.
② 연속믹서를 사용할 경우, 각 재료는 용적으로 계량한다.
③ 실용상으로 15~30분간의 흡수율을 골재 유효흡수율로 볼 수 있다.
④ 각 재료는 1배치씩 질량으로 계량하여야 하나, 물은 용적으로 계량한다.

해설 계량은 현장배합에 의해 실시하는 것으로 한다.

31
콘크리트 균열에 대한 검토 사항으로 틀린 것은?

① 미관이 중요한 구조라 해도 미관상의 허용 균열폭이 없기 때문에 균열 검토를 하지 않는다.
② 콘크리트에 발생하는 균열은 구조물의 사용성, 내구성 및 미관 등 사용 목적에 손상을 주지 않도록 제한하여야 한다.
③ 균열 제어를 위한 철근은 필요로 하는 부재 단면의 주변에 분산시켜 배치하여야 하고, 이 경우 철근의 지름은 가능한 한 작게 하여야 한다.
④ 내구성에 대한 균열의 검토는 콘크리트 표면의 균열 폭을 환경 조건, 피복두께, 공용기간 등에 의해 정해지는 허용 균열폭 이하로 제어하는 것을 원칙으로 한다.

해설 미관이 중요한 구조라 해도 미관상의 허용 균열폭에 대한 균열 검토를 하여야 한다.

32
콘크리트의 블리딩 시험 방법에 대한 설명으로 틀린 것은?

① 시험 중에는 실온 20±3℃로 한다.
② 콘크리트를 채워 넣고 콘크리트의 표면이 용기의 가장자리에서 (30±3)mm 높아지도록 고른다.
③ 최초로 기록한 시각에서부터 60분 동안 10분마다, 콘크리트 표면에 스며나온 물을 빨아낸다.
④ 물을 쉽게 빨아내기 위해 2분 전에 두께 약 50mm의 블록을 용기의 한쪽 밑에 괴어 용기를 기울이고, 물을 빨아낸 후 수평위치로 되돌린다.

해설 콘크리트를 채워 넣고 콘크리트의 표면이 용기의 가장자리에서 (30±3)mm 낮아지도록 고른다.

33
KCS 14 20 10 에 따른 콘크리트용 재료의 계량 허용오차가 틀린 것은?

① 물 : -2%, +1%   ② 골재 : ±2%
③ 시멘트 : -1%, +2% ④ 혼화제 : ±3%

해설 KCS 14 20 10 1회 계량분에 대한 계량오차

재료의 종류	측정단위	허용오차
시멘트	질량	-1%, +2%
골재	질량	±3%
물	질량 또는 부피	-2%, +1%
혼화재	질량	±2%
혼화제	질량 또는 부피	±3%

정답 28 ① 29 ② 30 ① 31 ① 32 ② 33 ②

기 11,14,21

34 콘크리트의 길이 변화 시험(KS F 2424)에 대한 설명으로 틀린 것은?

① 공시체의 측면 길이 변화를 측정하는 방법으로 다이얼 게이지 방법이 사용된다.
② 콤퍼레이터 방법의 시험에는 표선용 젖빛 유리, 각선기, 측정기 등의 기구가 사용된다.
③ 콘크리트 시험편의 길이 변화 측정 방법에는 콤퍼레이터 방법, 콘텍트 게이지 방법 또는 다이어 게이지 방법 등이 있다.
④ 공시체의 치수는 콘크리트의 경우 너비는 높이와 같게 하되, 굵은 골재의 최대치수의 3배 이상이며, 길이는 너비 또는 높이의 3.5배 이상으로 한다.

해설 ■공시체의 중심축의 길이 변화를 측정하는 방법
· 다이얼 게이지를 부착한 측정기를 이용하는 방법(다이얼 게이지 방법)
■공시체의 측면 길이 변화를 측정하는 방법
· 현미경을 부착한 콤퍼레이터를 이용하는 방법(콤퍼레이터 방법)
· 콘텍트 스트레인 게이지를 이용하는 방법(콘텍트 게이지 방법)

기 09,21

35 보통 콘크리트와 비교할 때 AE 콘크리트의 특성이 아닌 것은?

① 잔골재율 증가
② 단위 수량 감소
③ 동결 융해에 대한 저항력 증가
④ 워커빌리티(workability)의 증가

해설 · 적당한 공기량을 연행한 AE콘크리트는 동결융해의 반복에 대한 저항성이 크게 개선된다.
· AE제를 사용하므로서 워커빌리티를 개선하기 때문에 단위수량과 잔골재량을 줄일 수 있다.

기 06,11,21

36 콘크리트 작업 중에 발생하기 쉬운 재료분리의 원인에 대한 설명으로 틀린 것은?

① 단위수량이 너무 많은 경우
② 단위골재량이 너무 많은 경우
③ 굵은골재의 최대치수가 작은 경우
④ 입자가 거친 잔골재를 사용한 경우

해설 재료 분리의 원인
· 굵은 골재의 최대치수가 지나치게 큰 경우
· 입자가 거친 잔골재를 사용한 경우
· 단위골재량이 너무 많은 경우
· 단위수량이 너무 많은 경우
· 배합이 적절하지 않은 경우

기 15,21

37 레디믹스트 콘크리트의 운반차에 대한 아래 표의 설명에서 ( )안에 적합한 값은?

> 콘크리트 운반차는 트럭믹서나 트럭애지테이터를 사용한다. 운반차는 혼합한 콘크리트를 충분히 균일하게 유지하여 재료 분리를 일으키지 않고, 쉽고도 완전하게 배출할 수 있는 것이어야 하며, 콘크리트의 $\frac{1}{4}$과 $\frac{3}{4}$의 부분에서 각각 시료를 채취하여 슬럼프 시험을 하였을 경우, 양쪽의 슬럼프 차가 ( )이내가 되어야 한다.

① 10mm ② 20mm
③ 30mm ④ 40mm

해설 양쪽의 슬럼프 차가 30mm 이내가 되어야 한다.

기 07,09,10,13,16,18,21

38 150×150×530mm의 공시체를 4점재하 장치에 의해 휨강도 시험을 한 결과 최대하중 27kN에서 지간의 가운데 부분에서 파괴가 일어난다 이때 휨강도는? (단, 지간은 450mm이다.)

① 3.1MPa ② 3.6MPa
③ 4.0MPa ④ 4.4MPa

해설 휨강도 $f_b = \dfrac{Pl}{bh^2}$

$\therefore f_b = \dfrac{27 \times 10^3 \times 450}{150 \times 150^2} = 3.6\text{N/mm}^2 = 3.6\text{MPa}$

기 12,15,21

39 콘크리트의 비비기에 대한 설명으로 틀린 것은?

① 비비기는 미리 정해둔 비비기 시간의 2배 이상 계속하지 않아야 한다.
② 시험을 실시하지 않은 경우 강제식 믹서의 비비기 시간은 1분 이상을 표준으로 한다.
③ 시험을 실시하지 않은 경우 가경식 믹서의 비비기 시간은 1분 30초 이상을 표준으로 한다.
④ 연속믹서를 사용할 경우, 비비기 시작 후 최초에 배출되는 콘크리트는 사용되지 않아야 한다.

해설 비비기는 미리 정해둔 비비기 시간의 3배 이상 계속하지 않아야 한다.

□□□ 기 04,15,18,21
40 굵은 골재의 단위용적질량이 $1.45kg/L$, 절건밀도가 $2.60kg/L$ 일 때 이 골재의 공극률은?

① 34.2% ② 44.2%
③ 54.2% ④ 64.2%

해설 골재의 실적률
$$G = \frac{T}{d_D} \times 100 = \frac{1.45}{2.60} \times 100 = 55.8\%$$
∴ 공극률 = 100 − 실적률
= 100 − 55.8 = 44.2%

제3과목 : 콘크리트의 시공

□□□ 기 09,11,14,21
41 콘크리트 공장제품의 증기양생 방법에 대한 일반적인 설명으로 틀린 것은?

① 거푸집과 함께 증기양생실에 넣어 양생온도를 균등하게 올린다.
② 비빈후 2∼3시간 이상 경과된 후에 증기양생을 실시한다.
③ 온도상승속도는 1시간당 60℃ 이하로 하고 최고온도는 200℃로 한다.
④ 양생실의 온도는 서서히 내려 외기의 온도와 큰 차가 없도록 하고 나서 제품을 꺼낸다.

해설 온도상승속도는 1시간당 20℃/hr 이하로 하고 최고온도는 65℃로 한다.

□□□ 기 12,17,18,21
42 매스콘크리트에 대한 설명 중 옳지 않은 것은?

① 온도균열방지 및 제어 방법으로 프리쿨링 및 파이프쿨링 방법 등이 이용되고 있다.
② 매스콘크리트로 다루어야 하는 구조물의 부재치수는 일반적인 표준으로서 넓이가 넓은 평판구조에서는 두께 0.8m 이상으로 한다.
③ 콘크리트의 온도상승을 감소시키기 위해 소요의 품질을 만족시키는 범위 내에서 단위 시멘트량이 적어지도록 배합을 선정하여야 한다.
④ 수축이음을 설치할 경우 계획된 위치에서 균열 발생을 확실히 유도하기 위해서 수축이음의 단면 감소율을 10% 이상으로 하여야 한다.

해설 수축이음을 설치할 경우 계획된 위치에서 균열 발생을 확실히 유도하기 위해서 수축이음의 단면 감소율을 35% 이상으로 하여야 한다.

□□□ 기 15,21
43 동바리의 시공에 관한 설명으로 틀린 것은?

① 동바리는 필요에 따라 적당한 솟음을 두어야 한다.
② 동바리 하부의 받침판 또는 받침목은 2단 이상 삽입하지 않도록 하여야 한다.
③ 특수한 경우를 제외하고 강관 동바리는 3개 이상 연결하여 사용하여야 한다.
④ 거푸집이 곡면일 경우에는 버팀대의 부착 등 당해 거푸집의 변형을 방지하기 위한 조치를 하여야 한다.

해설 특수한 경우를 제외하고 강관 동바리는 2개 이상 연결하여 사용하여야 한다.

□□□ 기 15,21
44 콘크리트의 타설에 대한 설명으로 틀린 것은?

① 한 구역내의 콘크리트는 타설이 완료될 때까지 연속해서 타설하여야 한다.
② 슈트, 펌프배관, 버킷, 호퍼 등의 배출구와 타설면까지의 높이는 1.5m 이하를 원칙으로 한다.
③ 콘크리트 타설 도중 표면에 떠올라 고인 블리딩수가 있을 경우에는 콘크리트 표면에 홈을 만들어 블리딩수를 제거한다.
④ 2층 이상으로 나누어 콘크리트를 타설하는 경우에는 하층의 콘크리트가 굳기 시작하기 전에 상층의 콘크리트를 타설하여야 한다.

해설 ・표면의 블리딩수를 제거하기 위해 표면에 홈을 만들어 흐르게 하면 시멘트 풀이 씻겨나가 골재만 남게 되므로 이를 금하여야 한다.
・콘크리트 타설도중 표면에 떠올라 고인 물은 콘크리트 표면에 홈을 만들어 흐르게 해서는 안된다.

□□□ 기 07,11,16,18,19,21
45 방사선 차폐용 콘크리트의 배합에 대한 설명으로 틀린 것은?

① 워커빌리티 개선을 위하여 품질이 입증된 혼화제를 사용할 수 있다.
② 콘크리트의 슬럼프는 작업에 알맞은 범위 내에서 가능한 한 작은 값이어야 한다.
③ 방사선 차폐용 콘크리트의 물−결합재비는 일반적으로 55% 이하를 원칙으로 한다.
④ 콘크리트의 배합은 방사선 차폐용 콘크리트로서의 필요한 성능이 얻어지도록 시험비비기에 의해 정하여야 한다.

해설 방사선 차폐용 콘크리트의 물−결합재비는 일반적으로 50% 이하를 원칙으로 한다.

정답 40 ② 41 ③ 42 ④ 43 ③ 44 ③ 45 ③

☐☐☐ 기 14,21

46 콘크리트의 압축강도(f_{ck})와 결합재-물비(B/W)와의 비례식에 따른 압축강도를 측정한 결과가 아래 표와 같을 때, 물-결합재비가 40%인 콘크리트의 압축강도는? (단, $f_{ck} = a + b \times (B/W)$를 사용한다.)

물-결합재비(B/W)	압축강도(f_{ck})
60%	21MPa
50%	24MPa

① 27.0MPa ② 28.5MPa
③ 29.0MPa ④ 29.5MPa

해설 $f_{ck} = a + b \times \dfrac{B}{W}$

$21 = a + b \times \dfrac{1}{60}$ ·················· (1)

$24 = a + b \times \dfrac{1}{50}$ ·················· (2)

(1)과 (2)에서
∴ $a = 6$, $b = 900$
· $f_{ck} = 6 + 900 \times \dfrac{1}{40} = 28.5$MPa

☐☐☐ 기 21

47 방사선 차폐용 콘크리트의 제조에 사용하는 시멘트로 틀린 것은?

① 알루미나 시멘트
② 플라이 애시 시멘트
③ 중용열 포틀랜드 시멘트
④ 내 황산염 포틀랜드 시멘트

해설 • 방사선 차폐용 콘크리트는 부재단면이 일반적으로 크기 때문에 중용열 시멘트, 플라이 애시 시멘트, 내황산염 시멘트와 같이 수화열 발생이 적은 시멘트를 선정하는 것이 유리하다.
• 알루미나 시멘트는 높은 수화열로 낮은 외기온도에서도 강도 발현이 좋아서 신속 보수공사나 한중콘크리트 시공에 적합하다.

☐☐☐ 기 09,14,15,16,21

48 철근 콘크리트 구조물을 시공할 때 콘크리트를 타설한 후 다짐 작업 시 내부 진동기의 사용 방법으로 틀린 것은?

① 내부 진동기는 연직으로 찔러 넣어 사용한다.
② 내부 진동기는 콘크리트로부터 뺄 때 구멍이 생겨도 된다.
③ 내부진동기 삽입 간격은 일반적으로 0.5m 이하로 하는 것이 좋다.
④ 내부진동기는 콘크리트를 횡방향으로 이동시킬 목적으로 사용하지 않아야 한다.

해설 내부진동기는 콘크리트로부터 천천히 빼내어 구멍이 남지 않도록 하여야 한다.

☐☐☐ 기 12,14,21

49 콘크리트의 표면 마무리에 대한 설명 중 옳지 않은 것은?

① 미리 정해진 구획의 콘크리트 타설은 연속해서 일관작업으로 마쳐야 한다.
② 시공이음이 미리 정해져 있지 않을 경우에는 직선상의 이음이 얻어지도록 시공하여야 한다.
③ 제물치장 마무리 또는 마무리 두께가 얇은 경우 1m당 7mm 이하의 평탄성을 유지하여야 한다.
④ 콘크리트 면의 마무리 두께가 7mm이상 또는 바탕의 영향을 많이 받지 않는 마무리의 경우 1m당 10mm 이하의 평탄성을 유지하여야 한다.

해설 콘크리트 마무리의 평탄성

콘크리트 면의 마무리	평탄성
마무리 두께 7mm 이상 또는 바탕의 영향을 많이 받지 않는 마무리의 경우	1m당 10mm 이하
마무리 두께 7mm 이하 또는 양호한 평탄함이 필요한 경우	3m당 10mm 이하
제물치장 마무리 또는 마무리 두께가 얇은 경우	3m당 7mm 이하

☐☐☐ 기 18,21

50 콘크리트를 타설할 때 다짐작업 없이 자중만으로 철근 등을 통과하여 거푸집의 구석구석까지 균질하게 채워지는 정도를 나타내는 굳지 않은 콘크리트의 성질을 무엇이라고 하는가?

① 유동성   ② 고유동성
③ 슬럼프 플로   ④ 자기 충전성

해설 • 유동성 : 중력이나 밀도에 따라 유동하는 정도를 나타내는 굳지 않은 콘크리트의 성질
• 고유동성 : 굳지 않은 상태에서 재료 분리없이 높은 유동성을 가지면서 다짐 작업없이 자기 충전성이 가능한 콘크리트 성질
• 슬럼프 플로 : 슬럼프 플로 시험을 실시하고 난 후 원형으로 넓게 퍼진 콘크리트의 지름으로 굳지 않은 콘크리트 유동성을 나타낸 값

☐☐☐ 기 21

51 한중 콘크리트의 물-결합재비를 적산온도 방식에 의한 경우, 사용한 콘크리트의 품질 검사를 위한 압축강도 시험의 재령은? (단, 배합을 정하기 위하여 사용한 적산온도의 값(M) : 420D°·D)

① 7일   ② 14일
③ 21일   ④ 28일

해설 압축강도 시험할 재령일
$Z_{20} = \dfrac{M}{30}$ (일) $= \dfrac{420}{30} = 14$일

정답 46 ② 47 ① 48 ② 49 ③ 50 ④ 51 ②

☐☐☐ 기 04,21
52 수중 콘크리트의 일반적인 시공에 대한 내용으로 틀린 것은?

① 콘크리트는 수중에 낙하시키지 않아야 한다.
② 콘크리트가 경화될 때까지 물의 유동을 방지하여야 한다.
③ 수중 콘크리트는 물을 정지시킨 정수 중에 타설하여야 한다.
④ 콘크리트는 밑열림상자나 밑열림 포대를 사용하는 것을 원칙으로 한다.

[해설] 수중 콘크리트는 대부분 트레미, 콘크리트 펌프를 사용하는 타설한다.

☐☐☐ 기 05,13,17,21
53 서중콘크리트의 양생방법으로 옳은 것은?

① 콘크리트의 표면온도를 급격히 저하시킨다.
② 보온양생을 실시하여 국부적인 냉각을 방지한다.
③ 거푸집을 떼어낸 후의 양생기간 동안은 노출면을 건조한 상태로 유지하여야 한다.
④ 콘크리트의 양생 기간 중에 예상되는 진동, 충격, 하중 등의 유해한 작용으로부터 보호하여야 한다.

[해설] • 습윤양생을 실시하여야 한다.
• 콘크리트의 표면온도를 급격히 저하시켜서는 안된다.
• 거푸집을 떼어낸 후의 양생기간 동안은 노출면을 습윤상태로 유지시켜야 한다.

☐☐☐ 기 08,11,18,21
54 고강도 콘크리트에 사용되는 굵은 골재의 최대치수 기준에 대한 설명으로 옳은 것은?

① 슬래브 두께의 2/3를 초과하지 않아야 한다.
② 부재 최소치수의 1/2을 초과하지 않아야 한다.
③ 일반적인 경우 40mm 이상의 것을 사용하여야 한다.
④ 철근 최소 수평순간격의 3/4 이내의 것을 사용하도록 한다.

[해설] 고강도 콘크리트에 사용되는 굵은골재의 최대치수
• 25mm 이하
• 철근 최소 수평 순간격의 3/4 이내

☐☐☐ 기 06,09,18,21
55 팽창콘크리트의 팽창률은 일반적으로 재령 며칠에 대한 시험값을 기준으로 하는가?

① 3일　② 7일
③ 28일　④ 90일

[해설] 콘크리트의 팽창률은 일반적으로 재령 7일에 대한 시험값을 기준으로 한다.

☐☐☐ 기 13,21
56 수밀 콘크리트의 수밀성을 확보하기 위한 시공방안으로 적당하지 않은 것은?

① 혼화재료로서 팽창재는 콘크리트의 누수 원인이 되어 수밀성을 저해한다.
② 소요의 품질을 갖는 수밀 콘크리트를 얻기 위해서는 적당한 간격으로 시공이음을 두어야 한다.
③ 수밀 콘크리트는 양질의 AE제와 고성능 감수제 또는 포졸란 등을 사용하는 것을 원칙으로 한다.
④ 연직 시공이음에는 지수판 등의 물의 통과 흐름을 차단할 수 있는 방수처리재 등의 사용을 원칙으로 한다.

[해설] 혼화재료로서 팽창재는 콘크리트의 누수 원인이 되는 건조수축 균열 방지를 하여 수밀성을 향상시킨다.

☐☐☐ 기 10,21
57 일반 콘크리트의 타설 시 외기 온도가 25℃ 이상일 때 비빔시간부터 타설종료까지의 시간 한도는?

① 1.5시간　② 2.0시간
③ 2.5시간　④ 3.0시간

[해설] 비비기로부터 타설이 끝날 때까지의 시간
• 원칙적으로 외기온도가 25℃ 이상일 때는 1.5시간을 넘어서는 안 된다.
• 원칙적으로 외기온도가 25℃ 미만일 때에는 2시간을 넘어서는 안 된다.

☐☐☐ 기 10,16,21
58 특정한 입도를 가진 굵은 골재를 거푸집에 미리 채워 넣고, 그 간극에 특수한 모르타르를 적당한 압력으로 주입하여 제조한 콘크리트에 대한 설명으로 틀린 것은?

① 잔골재의 조립률은 1.4~2.2 범위로 한다.
② 굵은 골재의 최소 치수는 15mm 이상이다.
③ 주입 모르타르의 유하시간은 40~60초를 표준으로 한다.
④ 블리딩률은 시험 시작 후 3시간에서와 같이 3% 이하가 되게 한다.

[해설] 주입모르타르의 유동성은 유하시간에 의해 설정하며, 유하시간의 설정값은 16~20초를 표준으로 한다.

☐☐☐ 기 07,13,17,21
59 컴프레서 혹은 펌프를 이용하여 노즐 위치까지 호스 속으로 운반한 콘크리트를 압축공기에 의해 시공면에 뿜어서 만든 콘크리트는?

① 숏크리트　② 매스 콘크리트
③ 수밀 콘크리트　④ 프리플레이스트 콘크리트

[해설] 숏크리트(shotcrete, sprayed concrete)에 대한 설명이다.

정답　52 ④　53 ④　54 ④　55 ②　56 ①　57 ①　58 ③　59 ①

60 고강도 콘크리트 제조시 사용되는 혼화제에 관한 설명으로 옳지 않은 것은?

① 고성능 감수제는 시험배합을 거쳐 확인 한 후 사용하여야 한다.
② 고성능 감수제의 사용은 고강도나 유동성 증가를 위해 필수 불가결하다.
③ 고성능 감수제는 콘크리트 비빔이 끝난 후 타설 직전에 첨가하여 다시 비벼 사용하는 것이 좋다.
④ 물에 희석하여 사용하는 감수제의 경우 희석 시 사용하는 물은 배합수 계산에서 제외 시켜야 한다.

해설 물에 희석하여 사용하는 경우에는 희석시 사용하는 물은 배합수로 계산되어야 한다.

제4과목 : 콘크리트 구조 및 유지관리

61 철근 콘크리트의 염해를 방지하기 위한 방법에 대한 설명으로 옳지 않은 것은?

① 물-결합재비를 55% 이상으로 한다.
② 수분, 산소 및 Cl^- 등의 부식성 물질을 제거한다.
③ 부식성 물질의 피복 콘크리트 속으로 침입, 확산을 방지한다.
④ 외부로부터의 전류에 의하여 강재의 전위를 변화시켜 방식 영역에 포함시킨다.

해설 염해 방지대책(배합적 대책)
- 물-결합재비를 적게 한다.
- 굵은 골재 최대치수는 크게 할 것
- 잔골재율은 낮게 배합

62 콘크리트의 설계기준압축강도가 40MPa 이하인 경우, 휨모멘트를 받는 부재의 콘크리트 압축연단의 극한 변형률은 얼마로 가정하는가?

① 0.0011   ② 0.0022
③ 0.0033   ④ 0.0044

해설 휨부재의 콘크리트 압축연단 극한변형률 ϵ_{cu}
- $f_{ck} \leq 40\text{MPa}$: 40MPa 이하인 경우 $\epsilon_{cu} = 0.0033$
- $f_{ck} > 40\text{MPa}$: 40MPa 초과시 매 10MPa 증가에 0.0001씩 감소
- $f_{ck} > 90\text{MPa}$: 90MPa 초과시는 성능시험값 적용

63 유지관리 시설물 중 1종 시설물에 해당하지 않는 것은?

① 상부구조형식이 사장교인 교량
② 수원지시설을 포함한 광역상수도
③ 총 저수용량 3천만톤의 용수전용댐
④ 철도 구조물로서 연장 300m의 터널

해설
- 연장 500m 이상의 교량
- 연장 500m 이상의 지하차도
- 연장 1,000m 이상의 터널
- 상부구조형식이 사장교, 아치교인 교량
- 수원지시설을 포함한 광역상수도
- 20만톤 이상 선박의 하역시설
- 총 저수용량 1천만톤 이상의 용수전용댐

64 아래 표에서 나타낸 것과 같은 방법으로 방지할 수 있는 콘크리트의 균열은?

- 타설 초기에 외기에 노출되지 않도록 보호한다.
- 타설 초기의 습윤 손실을 방지하기 위해 안개노즐을 사용하여 콘크리트 표면 위의 공기를 포화시킨다.
- 콘크리트 타설 후 플라스틱 덮개로 덮어 보호한다.

① 사인장 균열   ② 소성수축 균열
③ 소성침하 균열   ④ 철근 부식으로 인한 균열

해설 소성수축균열 : 콘크리트 표면수의 증발속도가 블리딩 속도보다 빠를 경우와 같이 급속한 수분증발이 일어나는 경우에 콘크리트 마무리면에 생기는 가늘고 얇은 균열을 말한다.

65 콘크리트의 단위질량이 $2,350\text{kg/m}^3$이며 설계기준압축강도가 30MPa인 콘크리트의 할선탄성계수는?

① 27,525MPa   ② 28,417MPa
③ 28,638MPa   ④ 29,696MPa

해설
- $E_c = 0.077 m_c^{1.5} \sqrt[3]{f_{cm}}$
- $m_c = 2,350\text{kg/m}^3$
- $f_{cm} = f_{ck} + \Delta f = 30 + 4 = 34\text{MPa}$
- Δf 계산
- $f_{ck} = 40\text{MPa}$ 이하이면 $\Delta f = 4\text{MPa}$
- $f_{ck} = 60\text{MPa}$ 이상이면 $\Delta f = 6\text{MPa}$
- f_{ck}가 40MPa 초과 60MPa 미만이면 직선 보간
  ∴ $f_{ck} = 30\text{MPa}$이면 $\Delta f = 4\text{MPa}$
  ∴ $E_c = 0.077 \times 2350^{1.5} \sqrt[3]{34}$
      $= 28,417\text{MPa}$

정답 60 ④ 61 ① 62 ③ 63 ④ 64 ② 65 ②

66 경간 20m에 등분포하중(자중포함) 20kN/m가 작용하는 프리스트레스 콘크리트 보에 $P=2,000$kN의 긴장력이 주어질 때, 하중 평형개념에 의해 계산된 이 보의 순하향분포하중은? (단, 긴장재는 포물선으로 배치되어 있으며, 새그는 200mm이다.)

① 8kN/m
② 12kN/m
③ 16kN/m
④ 20kN/m

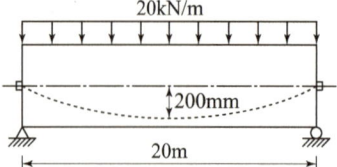

해설 상향력 $u = \dfrac{8P \cdot s}{l^2}$

$= \dfrac{8 \times 2,000 \times 0.200}{20^2} = 8$kN/m

∴ 순하향 하중 $W - u = 20 - 8 = 12$kN/m

67 $f_{ck}=27$MPa, $f_y=400$MPa로 된 보통 중량 콘크리트 보에서 표준갈고리가 있는 인장 이형철근의 기본정착길이로 가장 적합한 것은? (단, 사용 철근은 D25(철근의 공칭지름은 25.4mm이다.)

① 442mm
② 469mm
③ 515mm
④ 603mm

해설 표준갈고리를 갖는 인장 이형철근의 정착
- 철근의 설계기준항복강도가 400MPa인 경우 기본정적길이 다음 식으로 구한다.
- $l_{dh} = \dfrac{0.24\beta d_b f_y}{\lambda \sqrt{f_{ck}}} = \dfrac{0.24 \times 1 \times 25.4 \times 400}{1 \times \sqrt{27}} = 469$mm

68 강판접착공법은 RC부재의 인장측 균열외면에 강판을 접착하여 기존의 RC부재와 강판을 일체화시켜 내력향상을 도모하는 방법이다. 이러한 강판첩착공법에 대한 장점으로 틀린 것은?

① 방청, 방화상의 내구성이 좋다.
② 강판의 분포, 배치를 똑같이 할 수 있으므로 균열특성이 좋다.
③ 강판을 사용하고 있으므로 모든 방향의 인장력에 대응할 수 있다.
④ 현장 타설콘크리트, 프리캐스트 부재 모두에 적용할 수 있으므로 응용범위가 넓다.

해설 강판접착공법의 단점
- 방청, 방화상의 문제가 충분히 검토되어 있지 않다.
- 접착제의 내구성, 내피로성이 불분명하다.

69 연속보 또는 1방향 슬래브에서 근사해법을 적용하기 위한 조건으로 틀린 것은?

① 2경간 이상인 경우
② 등분포하중이 작용하는 경우
③ 활하중이 고정하중의 2배 이상인 경우
④ 인접 2경간의 차이가 짧은 경간의 20% 이하인 경우

해설 연속보 또는 1방향 슬래브에서 근사해법을 적용하는 조건
- 2경간 이상인 경우
- 인접 2경간의 차이가 짧은 경간의 20% 이하인 경우
- 등분포 하중이 작용하는 경우
- 활하중이 고정하중의 3배를 초과하지 않는 경우
- 부재의 단면 크기가 일정한 경우

70 나선철근 기둥에서 나선철근 바깥선을 지름으로 하여 측정된 나선철근 기둥의 심부지름이 250mm, $f_{ck}=28$MPa, $f_y=400$MPa일 때 기둥의 총 단면적으로 적절한 것은?

① 60,000mm²
② 100,000mm²
④ 200,000mm²
④ 300,000mm²

해설 $0.01 \sim 0.08 \geq 0.45\left(\dfrac{A_g}{A_{ch}} - 1\right)\dfrac{f_{ck}}{f_{yt}}$

(∵ 나선철근 기둥의 철근비 1~8%)

$0.45\left(\dfrac{D^2}{250^2} - 1\right)\dfrac{28}{400} = 0.01$ ∴ $D^2 = 82,341$mm²

∴ $A_g = \dfrac{\pi D^2}{4} = \dfrac{\pi \times 82,341}{4} = 64,671$mm²

$0.45\left(\dfrac{D^2}{250^2} - 1\right)\dfrac{28}{400} = 0.08$ ∴ $D^2 = 221,230$mm²

∴ $A_g = \dfrac{\pi D^2}{4} = \dfrac{\pi \times 221,230}{4} = 173,753$mm²

∴ 총 단면적으로 적절한 것 $A_g = 100,000$mm²

71 발생된 손상이 안정성에 심각한 영향을 주지 않는다고 판단되면 보수 조치를 시행하는데, 다음의 조치 중 보수에 해당하는 것은?

① 주입공법
② 강판 접착공법
③ 외부 케이블 공법
④ 탄소섬유시트 접착공법

해설
- 보수공법 : 주입공법, 단면복수공법, 표면처리공법
- 보강공법 : 강판접착공법, 상면 하면 두께증설공법, 연속섬유시트공법, 접착공법, 라이닝공법, 외부케이블공법, 보강섬유접착공법(FRP보강공법)

72. 내하력에 관해 의심스러운 경우 실시하는 구조물의 안정성 평가에 관한 설명으로 틀린 것은?

① 해석적 방법에 의해 내하력 평가를 실시하는 경우 구조부재의 치수는 위험 단면에서 확인하여야 한다.
② 재하시험에 의한 구조물의 안전도 및 내하력 평가를 실시하는 경우 시험하중은 4회 이상 균등하게 나누어 증가시켜야 한다.
③ 해석적 방법에 의해 내하력 평가를 실시하는 경우 철근, 용접철망, 또는 긴장재의 위치 및 크기는 계측에 의해 위험단면에서 결정하여야 한다.
④ 재하시험에 의한 구조물의 안전도 및 내하력 평가를 실시하는 경우 재하할 시험 하중은 해당 구조부분에 작용하고 있는 설계하중의 70%, 즉 $0.7(1.2D+1.6L)$ 이상이어야 한다.

[해설] 재하시험에 의한 구조물의 안전도 및 내하력 평가를 실시하는 경우 재하할 시험 하중은 해당 구조부분에 작용하고 있는 설계하중의 85%, 즉 $0.85(1.2D+1.6L)$ 이상이어야 한다.

73. 콘크리트가 화재를 받아 피해를 받았을 때, 열화 특징으로서 옳은 것은?

① 500~580℃의 가열온도에서 탄산칼슘이 분해되어 산화칼슘이 된다.
② 750℃ 이상의 가열온도에서 수산화칼슘이 분해되고 탈수되어 산화칼슘이 된다.
③ 300℃~500℃ 정도의 가열온도에서 열화한 콘크리트는 냉각 후 수분을 주어 양생해도 강도는 회복되지 않는다.
④ 안산암질 골재와 경량골재는 석영질이나 석회암질 골재에 비해 고온까지 안정한 성상을 유지한다.

[해설]
- 500~580℃의 가열온도에서 수산화칼슘($Ca(OH)_2$)이 분해되어 산화칼슘이 된다.
- 750~825℃ 이상의 가열온도에서 탄산칼슘이 분해되고 탈수되어 산화칼슘이 된다.
- 고온에 의해 변질한 콘크리트는 냉각 후 수분이 보급되면 손상은 상당히 회복 되지만 500℃ 이상으로 가열된 경우에는 내부 조직에까지 손상이 미치기 때문에 회복되지 않는다.

74. 콘크리트 품질시험 중에서 현장시험이 아닌 것은?

① 코아채취   ② 초음파시험
③ 반발경도시험   ④ 시멘트함유량시험

[해설] 시멘트 함유량 시험은 실내시험이다.

75. 프리스트레스 하지 않는 부재의 현장치기 콘크리트에 대한 철근의 최소 피복두께 규정으로 틀린 것은?

① 수중에서 치는 콘크리트는 최소 100mm의 피복두께를 요구한다.
② 흙에 접하여 콘크리트를 친 후 영구히 흙에 묻혀 있는 콘크리트의 최소 피복두께는 75mm이다.
③ 옥외의 공기나 흙에 직접 접하지 않는 콘크리트로서 f_{ck}가 40MPa 미만인 보의 경우 최소 피복두께는 40mm이다.
④ 흙에 접하거나 옥외의 공기에 직접 노출되는 콘크리트로서 D16 이하의 철근을 사용하는 경우 최소 피복두께는 60mm이다.

[해설] 프리스트레스 하지 않는 부재의 현장치기 콘크리트(2017년 개정)

철근의 외부 조건			최소 피복
수중에서 치는 콘크리트			100mm
흙에 접하여 콘크리트를 친 후에 영구히 흙에 묻혀 있는 콘크리트			75mm
흙에 접하거나 옥외의 공기에 직접 노출되는 콘크리트	D19 이상의 철근		50mm
	D16 이하의 철근, 지름 16mm 이하의 철선		40mm
옥외의 공기나 흙에 직접 접하지 않는 콘크리트	슬래브, 벽체, 장선	D35를 초과하는 철근	40mm
		D35 이하인 철근	20mm
	쉘, 절판부재		20mm
	보, 기둥	f_{ck}가 40MPa 이상인 경우는 규정된 값에서 10mm 저감	40mm

∴ 흙에 접하거나 옥외의 공기에 직접 노출되는 콘크리트로서 D16 이하의 철근을 사용하는 경우 최소 피복두께는 40mm 이다.

76. 경간 10m의 보를 대칭 T형보로 설계하려고 한다. 슬래브 중심간의 거리를 2m, 슬래브의 두께를 120mm, 복부의 폭을 250mm로 할 때 플랜지의 유효폭은?

① 2,000mm   ② 2,170mm
③ 3,750mm   ④ 4,000mm

[해설] T형보의 유효폭은 다음 값 중 가장 작은 값.
- (양쪽으로 각각 내면 플랜지 두께의 8배씩: $16t_f)+b_w$
  $16t_f+b_w = 16\times 120+250 = 2,170mm$
- 양쪽의 슬래브의 중심 간 거리: 2,000mm
- 보의 경간(L)의 1/4: $\frac{1}{4}\times 10,000 = 2,500mm$

∴ 유효폭 $b = 2,000mm$

□□□ 기 21

77 그림(a)와 같은 띠철근 기둥 단면의 평형재하상태에 대해 해석한 결과 그림(b)와 같이 콘크리트 압축력 C_c = 900kN, 압축철근의 압축력 C_s = 200kN, 인장철근의 압축력 T_s = 300kN을 얻었다. 이 기둥의 공칭편심하중 P의 크기는?

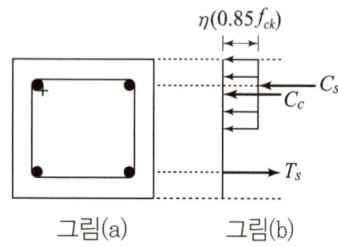

① 700kN ② 800kN
③ 900kN ④ 1,000kN

해설 압축과 휨을 받는 띠철근 기둥의 공칭편심하중
$P = C_c + C_s - T_s$
$= 900 + 200 - 300 = 800\text{kN}$

□□□ 기 15,21 | 출제기준 제외 |

78 단면의 폭이 300mm, 유효깊이가 600mm, 수직스트럽 간격이 200mm로 설치되어 있는 단철근직사각형 보가 규정에 의한 최소 전단철근을 설치하여야 할 경우 최소 전단철근량은? (단, f_{ck} = 21MPa, f_y = 300MPa)

① 58mm² ② 70mm²
③ 86mm² ④ 116mm²

해설 $A_{v,\min} = 0.0625\sqrt{f_{ck}}\dfrac{b_w s}{f_y} \geq 0.35\dfrac{b_w s}{f_y}$

· $A_{v,\min} = 0.0625\sqrt{f_{ck}}\dfrac{b_w s}{f_y} = 0.0625 \times \sqrt{21} \times \dfrac{300 \times 200}{300}$
$= 57.3\text{mm}^2$

· $A_{v,\min} = 0.35\dfrac{b_w s}{f_y} = 0.35 \times \dfrac{300 \times 200}{300} = 70\text{mm}^2$

∴ $A_{v,\min} = 70\text{mm}^2$ (두 값 중 큰 값)

□□□ 기 07,17,21

79 철근 부식으로 인한 콘크리트의 균열을 방지하기 위한 방법으로 적당하지 않은 것은?

① 경량골재를 사용한다.
② 철근을 방청처리 한다.
③ 콘크리트 표면을 코팅처리 한다.
④ 콘크리트에 탄산화가 일어나지 않도록 조치한다.

해설 철근 부식에 의한 콘크리트의 균열 방지방법
· 철근을 방청처리 한다.
· 콘크리트 표면을 코팅처리 한다.
· 흡수성이 낮은 콘크리트를 사용한다.
· 콘크리트에 탄산화가 일어나지 않도록 조치한다.
· 외부로부터 전류를 흐르게 하여 전위를 변화시켜 부식을 방지한다.
· 콘크리트 피복을 증가시켜 부식성 물질을 통하여 부식을 방지한다.
· 밀실한 콘크리트를 제조하여 부식성 물질을 콘크리트로부터 차단하거나 제거한다.

∴ 경량골재를 사용해야 할 때에는 AE콘크리트로 해야 하며, 경량콘크리트는 갇힌 공기량이 커지지만 동결융해에 대한 저항성은 뒤떨어진다.

□□□ 기 21

80 염화물 이온의 측정에 있어 시험결과의 판단에 대한 KS F 4009의 규정에 대한 내용 중 ㉠, ㉡에 들어갈 값을 올바르게 나열한 것은?

시험결과의 판단으로 KS F 4009 및 콘크리트 공사 표준시방서의 경우 염소이온량(Cl^-)은 (㉠)이하이다. 단, 구입자의 승인을 얻은 경우에는 (㉡)이하로 할 수 있도록 규정되어 있으므로 이 부분과도 비교하여 판단한다.

① ㉠ : 0.30kg/m³, ㉡ : 0.60kg/m³
② ㉠ : 0.30kg/m³, ㉡ : 0.20kg/m³
③ ㉠ : 0.20kg/m³, ㉡ : 0.60kg/m³
④ ㉠ : 0.20kg/m³, ㉡ : 0.30kg/m³

해설 ㉠ : 0.30kg/m³, ㉡ : 0.60kg/m³

정답 77 ② 78 ② 79 ① 80 ①

국가기술자격 필기시험문제

2022년도 기사 1회 필기시험

자격종목	시험시간	문제수	형 별
콘크리트기사	2시간	80	A

※ 각 문제는 4지 택일형으로 질문에 가장 적합한 문제의 보기 번호를 클릭하거나 답안표기란의 번호를 클릭하여 입력하시면 됩니다.
※ 입력된 답안은 문제 화면 또는 답안 표기란의 보기 번호를 클릭하여 변경하실 수 있습니다.

제1과목 : 콘크리트 재료 및 배합

☐☐☐ 기 05,22
01 콘크리트의 배합강도(f_{cr})를 정하는 방법에 대한 설명으로 옳지 않은 것은? (단, f_{cn} : 호칭강도)

① f_{cr}는 (20±2)℃ 표준양생한 공시체의 압축강도로 표시하는 것으로 한다.
② 압축강도의 시험 회수가 14회 이하이고, f_{cn}가 21MPa 미만인 경우, f_{cr}는 f_{cn}에 7MPa을 더하여 구할 수 있다.
③ 압축강도의 시험횟수가 29회 이하이고 15회 이상인 경우, 계산한 표준편차에 보정계수를 나눈 값을 표준편차로 사용할 수 있다.
④ 콘크리트 압축강도의 표준편차는 실제 사용한 콘크리트의 30회 이상의 시험 실적으로부터 결정하는 것을 원칙으로 한다.

해설 압축강도의 시험횟수가 29회 이하이고 15회 이상인 경우, 계산한 표준편차에 보정계수를 곱한 값을 표준편차로 사용할 수 있다.

☐☐☐ 기 22
02 콘크리트의 배합설계에서 단위수량의 보정에 대한 설명으로 옳은 것은?

① 부순 잔골재를 사용할 경우 단위수량은 9~15kg 작게 한다.
② 잔골재율이 1% 작을 때마다 단위수량은 1.5kg 만큼 크게 한다.
③ 공기량이 1% 만큼 클 때마다 단위수량은 3% 만큼 작게 한다.
④ 슬럼프값이 10mm 만큼 작을 때마다 단위수량은 1.2% 만큼 크게 한다.

해설 • 부순 잔골재를 사용할 경우 단위수량은 6~9kg 작게 한다.
• 잔골재율이 0.1 만큼 작을 때마다 단위수량은 보정하지 않는다.
• 슬럼프값이 10mm 만큼 작을 때마다 단위수량은 1.2% 작게 한다.

☐☐☐ 기 06,09,22
03 수경성 시멘트 모르타르의 압축강도 시험방법(KS L 5105)에 관한 설명으로 옳은 것은?

① 습기함, 습기실 및 저장 수조의 물 온도는 20±3℃이다.
② 반죽판, 건조 재료, 틀, 밑판 및 혼합 용기 부근의 공기 온도는 20~27.5℃로 유지한다.
③ 100mm의 입방 시험체를 사용한 수경성 시멘트 모르타르의 압축 강도 시험방법에 대한 규정이다.
④ 시험실의 상대습도는 40% 이상, 습기함이나 습기실은 97% 이상의 상대 습도에서 시험체가 저장되도록 제작되어야 한다.

해설 • 습기함, 습기실 및 저장 수조의 물 온도는 (23±2)℃이다.
• 50mm의 입방 시험체를 사용한 수경성 시멘트 모르타르의 압축 강도 시험방법에 대한 규정이다.
• 시험실의 상대습도는 50% 이상, 습기함이나 습기실은 95% 이상의 상대 습도에서 시험체가 저장되도록 제작되어야 한다.

☐☐☐ 기 07,14,22
04 한중 콘크리트 배합 시 이용하는 일반적인 적산 온도식으로 옳은 것은? (단, M : 적산온도(°D·D(일), 또는 ℃·D), θ : Δt시간 중의 콘크리트의 평균 양생온도(℃), Δt : 시간(일))

① $M = \sum_{0}^{t}(\theta + 10℃)\Delta t$
② $M = \sum_{0}^{t}(\Delta t + 10℃)\theta$
③ $M = \sum_{0}^{t}(\Delta t + 30℃)\theta$
④ $M = \sum_{0}^{t}(\Delta t + \theta) \times 30℃$

해설 • 적산온도
$M = \sum_{0}^{t}(\theta + A)\Delta t = \sum_{0}^{t}((\theta + 10℃)\Delta t$
• A : 정수로서 일반적으로 10℃가 사용된다.

정답 01 ③ 02 ③ 03 ② 04 ①

□□□ 기 22

05 레디믹스트 콘크리트의 혼합에 사용되는 물 중 상수돗물 pH의 허용 범위는?

① pH 3.1 이하　② pH 3.5~5.3
③ pH 5.8~8.5　④ pH 8.7~11.2

해설 수돗물의 품질

시험항목	허용량
색도	5도 이하
탁도	0.3NTU 이하
pH	5.8~8.5pH

□□□ 기 04,08,09,13,17,22

06 레디믹스트 콘크리트에서 회수수를 혼합수로 사용할 경우 주의할 사항으로 틀린 것은?

① 고강도 콘크리트의 경우 회수수를 사용하여서는 안 된다.
② 단위 슬러지 고형분율이 5.0%를 초과하면 안 된다.
③ 콘크리트를 배합할 때, 회수수 중에 함유된 슬러지 고형분은 물의 질량에는 포함되지 않는다.
④ 회수수의 품질시험 항목은 4가지로서 염소이온량, 시멘트 응결시간의 차, 모르타르 압축 강도의 비, 단위 슬러지 고형분율이다.

해설 단위 슬러지 고형분율은 3.0% 이하로 할 것

□□□ 기 18,22

07 콘크리트 압축강도 시험결과가 다음과 같을 경우 표준편차는? (단, 불편분산의 개념에 의해 구한다.)

$$34.5,\ 31.4,\ 33.2,\ 35.7,\ 30.5\ (MPa)$$

① 2.14MPa　② 2.92MPa
③ 3.14MPa　④ 3.92MPa

해설 · 표준편차 $s = \sqrt{\dfrac{\sum(x_i-\bar{x})^2}{(n-1)}}$

· 압축강도 합계
$\sum x_i = 34.5+31.4+33.2+35.7+30.5 = 165.3\,\text{MPa}$

· 압축강도 평균값
$\bar{x} = \dfrac{\sum x_i}{n} = \dfrac{165.3}{5} = 33.06\,\text{MPa}$

· 표준편차 합
$\sum(x_i-\bar{x})^2 = (34.5-33.06)^2+(31.4-33.06)^2$
$\qquad\qquad +(35.7-33.06)^2+(30.5-33.06)^2$
$\qquad\qquad = 18.35\,\text{MPa}$

∴ 표준표차 $s = \sqrt{\dfrac{18.35}{5-1}} = 2.14\,\text{MPa}$

□□□ 기 10,14,22

08 아래 표의 시험항목 중 KS F 2561(철근콘크리트용 방청제)의 품질시험 항목으로만 짝지어진 것은?

㉠ 콘크리트의 블리딩 시험
㉡ 콘크리트의 압축강도 시험
㉢ 콘크리트의 길이변화 시험
㉣ 전체 알칼리량 시험

① ㉠, ㉡　② ㉠, ㉣
③ ㉡, ㉢　④ ㉡, ㉣

해설 방청제의 성능시험
· 철근의 염수침투 시험(염수에 담그는 시험)
· 콘크리트 중의 철근의 촉진부식시험(오토클레이브법)
· 콘크리트의 응결시간 및 압축강도시험
· 염화물량시험
· 전알칼리량시험

□□□ 기 07,12,15,16,22

09 콘크리트의 시방배합표는 다음의 표와 같다. 제시된 잔골재와 굵은 골재의 사용량은 표면건조 포화상태에서의 사용량이다. 현장 조건을 고려하여, 1m³의 콘크리트를 제조하고자 할 때, 단위수량은? (단, 현장 골재의 조건: 잔골재는 5mm 체에 남는 것을 5% 포함하며, 굵은 골재는 5mm 체를 통과하는 것을 0% 포함하고 있다. 또한, 실제로 사용할 잔골재의 표면수량은 2.8%, 굵은 골재의 표면수량은 1.5%이다.)

(단위 : kg/m³)

물	시멘트	잔골재	굵은 골재
160	320	740	900

① 115kg/m³　② 125kg/m³
③ 135kg/m³　④ 145kg/m³

해설 ■입도에 의한 보정
· $S=740\text{kg},\ G=900\text{kg},\ a=5\%,\ b=0\%$
· 잔골재
$X=\dfrac{100S-b(S+G)}{100-(a+b)}=\dfrac{100\times740-0(740+900)}{100-(5+0)}=778.95\text{kg}$

· 굵은골재
$Y=\dfrac{100G-a(S+G)}{100-(a+b)}=\dfrac{100\times900-5(740+900)}{100-(5+0)}=861.05\text{kg}$

■표면수에 의한 보정
· 잔골재의 표면수 : $778.95\times\dfrac{2.8}{100}=21.81\text{kg}$

· 굵은골재의 표면수 : $861.05\times\dfrac{1.5}{100}=12.92\text{kg}$

∴ 수정할 단위수량 : $160-(21.81+12.92)=125.27\text{kg/m}^3$

정답　05 ③　06 ②　07 ①　08 ④　09 ②

10 콘크리트 배합 설계 시 슬럼프는 구조물의 종류, 부재 치수 및 배근상태 등을 고려하여 결정한다. 일반적으로 슬럼프 값의 범위가 가장 작은 것은?

① 일반적인 무근 콘크리트 구조물
② 일반적인 철근 콘크리트 구조물
③ 단면이 큰 무근 콘크리트 구조물
④ 단면이 큰 철근 콘크리트 구조물

해설 슬럼프의 표준값

구분	철근 콘크리트	무근 콘크리트
일반적인 경우	80~150	50~150
단면이 큰 경우	60~120	50~100

11 플라이 애시를 사용한 콘크리트의 성질로 옳은 것은?

① 유동성의 저하
② 수화열의 감소
③ 장기강도의 저하
④ 알칼리 골재 반응의 촉진

해설 플라이애시를 사용한 콘크리트의 성질
- 유동성의 개선 : 워커빌리티를 개선하여 단위수량을 감소시킨다.
- 장기강도의 개선 : 강도는 초기재령에서는 낮으나 장기강도는 증가한다.
- 수화열의 감소 : 플라이 애시 첨가 콘크리트는 수화열에 의한 균열을 방지할 목적으로 댐과 같은 매스 콘크리트 등에 이용된다.
- 알칼리골재반응의 억제 : 플라이애시는 알칼리골재반응에 의한 팽창을 억제하는 효과가 있다.

12 골재의 체가름 시험 방법에 대한 설명으로 틀린 것은?

① 시험에 사용되는 저울은 시료질량의 0.1% 이하의 눈금량 또는 감량을 가진 것으로 한다.
② 체가름은 1분간 각 체를 통과하는 것이 전 시료 질량의 0.1% 이하로 될 때까지 작업을 한다.
③ 체 눈에 막힌 알갱이는 파쇄되지 않도록 주의하면서 되밀어내어 체 위에 남은 시료로 간주한다.
④ 체가름 계량 결과는 시료 전 질량에 대한 백분율로 소수점 이하 둘째자리까지 계산하여 소수점 이하 첫째자리까지 나타낸다.

해설 체가름 계량 결과는 시료 전 질량에 대한 백분율로 소수점 이하 첫째자리까지 계산하여 이와 가장 가까운 정수로 끝맺음 한다.

13 다음은 골재 15,000g에 대하여 체가름 시험을 수행한 결과이다. 이 골재의 조립률은?

골재의 체가름 시험	
체의 크기(mm)	남는 양(g)
75	0
40	450
20	7,200
10	3,600
5	3,300
2.5	450
1.2	0

① 3.12
② 4.12
③ 6.26
④ 7.26

해설

체의 호칭치수	남는 양(g)	잔유률(%)	가적잔유율(%)
75mm	0	0	0
40mm	450	3	0+3=3
20mm	7,200	48	3+48=51
10mm	3,600	24	51+24=75
5mm	3,300	22	75+22=97
2.5mm	450	3	97+3=100
1.2mm	0	0	100+0=100
0.6mm			100
0.3mm			100
0.15mm			100
계	15,000	100	726

$$\therefore F.M = \frac{\Sigma 가적잔유율}{100}$$
$$= \frac{0+3+51+75+97+100\times 5}{100} = 7.26$$

14 콘크리트용 화학혼화제(공기연행제, 공기연행감수제, 고성능 공기연행감수제)의 성능을 확인하기 위한 콘크리트 시험에서 길이 변화비(%)를 구하는데 적용되는 기간은?

① 28일
② 3개월
③ 6개월
④ 1년

해설 보존기간 6개월에 따른 결과의 평균값을 그 콘크리트의 길이 변화율로 한다.

☐☐☐ 기 07,15,16,22

15 마이크로필러(micro filler)효과 및 포졸란 반응이 동시에 작용하여 강도 증진 효과가 뛰어나서 고강도 콘크리트용으로 사용되는 혼화재료는 무엇인가?

① 규조토
② 실리카 퓸
③ 고로 슬래그
④ 플라이 애시

해설
- 실리카 퓸을 혼합하면 공극충전(micro filler)효과와 포졸란 반응에 의해 0.1μm 이상의 큰 공극은 작아지고 미세한 공극이 많아져 전이영역에서 공재와 결합재간의 부착력이 증가 콘크리트의 강도증진에 기여하는 것이다.
- 실리카 퓸을 콘크리트에 혼합하면 수화열을 저감시키고 강도발현이 현저하며, 수밀성, 화학저항성 및 내구성을 향상시킬 수 있어 고강도 및 고내구성의 콘크리트가 제조에 효과적이다.

☐☐☐ 기 13,15,16,22

16 콘크리트용 강섬유의 품질 및 품질관련시험에 대한 설명으로 틀린 것은?

① 강섬유는 표면에 유해한 녹이 있어서는 안된다.
② 강섬유가 5톤보다 작을 경우 1톤 당 2개의 비율로 인장강도 시험을 수행하여야 한다.
③ 강섬유의 인장 강도 시험은 강섬유 5톤마다 10개 이상의 시료를 무작위로 추출하여 시행하여야 한다.
④ 강섬유는 16℃ 이상의 온도에서 지름 안쪽 90°(곡선반지름 3mm)방향으로 구부렸을 때, 부러지지 않아야 한다.

해설 강섬유가 5톤보다 작을 경우에도 10개 이상의 시료에 대해 시험을 수행한다.

☐☐☐ 기 16,22

17 특수시멘트 중 수축보상 및 화학적인 프리스트레스의 도입이 가능한 시멘트는?

① 팽창 시멘트
② 초속경 시멘트
③ 알루미나 시멘트
④ 콜로이드 시멘트

해설 팽창시멘트에는 수축보상용 시멘트와 화학적 프리스트레스 도입용 시멘트가 있다.

☐☐☐ 기 12,16,22

18 시멘트 성분 중에 Na_2O가 0.5%, K_2O가 0.4% 있었다면 이 시멘트에서 도입되는 전알칼리의 양은? (단, 포틀랜드 시멘트(저알칼리형)인 경우)

① 0.52%
② 0.76%
③ 0.91%
④ 1.05%

해설 총알카리량 = $Na_2O + 0.658K_2O$
= $0.5 + 0.658 \times 0.4 = 0.763\%$

☐☐☐ 기 10,14,16,22

19 골재 체가름 결과가 다음과 같을 때 굵은 골재의 최대 치수는?

체 크기(mm)	40	25	20	13	5	2.5
통과질량백분율(%)	100	97	88	50	8	3

① 13mm
② 20mm
③ 25mm
④ 40mm

해설 굵은 골재의 최대치수란 질량비로 90% 이상을 통과시키는 체 중에서 최소 치수인 체의 호칭치수로 나타낸 굵은 골재의 치수를 말한다.
∴ 25mm (∵ 통과율 90%≤97%)

☐☐☐ 기 16,22

20 부순 굵은 골재 및 부순 굵은 골재를 사용한 콘크리트의 특징으로 틀린 것은?

① 입형이 평평하기 때문에 강자갈보다 실적률이 높다.
② 강자갈을 사용한 콘크리트에 비해 작업성이 떨어진다.
③ 강자갈을 사용한 경우와 같은 슬럼프를 얻기 위해서는 단위 수량이 증가한다.
④ 물-시멘트비가 같은 경우 강자갈을 사용한 콘크리트보다 시멘트페이스트의 부착력을 높일 수 있다.

해설 부순돌은 모가 나 있기 때문에 강자갈보다 실적률이 높다.

제2과목 : 콘크리트 제조, 시험 및 품질관리

☐☐☐ 기 15,22

21 콘크리트의 강도에 대한 일반적인 설명으로 틀린 것은?

① 일반적으로 콘크리트의 강도라 하면 압축강도를 말한다.
② 물-결합재비가 일정한 콘크리트에서 공기량이 1% 증가하는데 따라 압축강도는 4~6% 정도 감소한다.
③ 혼합을 충분한 시간에 걸쳐 실시할 경우 시멘트와 물과의 접촉이 좋게 되기 때문에 일반적으로 강도는 증대한다.
④ 골재의 강도는 시멘트풀의 강도보다 작으므로 일반적으로 골재 강도의 변화에 따라 콘크리트가 강도가 좌우되는 경향이 있다.

해설 골재의 강도는 시멘트풀의 강도보다 크므로 일반적으로 골재 강도의 변화는 콘크리트강도에 거의 영향을 미치지 않는다.

정답 15 ② 16 ② 17 ① 18 ② 19 ③ 20 ① 21 ④

22 굳지 않은 콘크리트의 워커빌리티 및 반죽질기에 영향을 주는 인자의 설명으로 틀린 것은?

① 일반적으로 콘크리트의 비빔온도가 높을수록 반죽질기는 증가하는 경향이 있다.
② 일반적으로 분말도가 높은 시멘트의 경우에는 시멘트 풀의 점성이 높아지므로 반죽질기는 작게 된다.
③ 일반적안 범우 내에서의 부배합의 콘크리트가 빈배합의 콘크리트에 비해 워커빌리티가 좋다고 할 수 있다.
④ 단위 수량이 많을수록 콘크리트의 반죽질기가 질게 되어 유동성이 크게 되지만, 단위 수량을 과다하게 증가시키면 재료분리가 발생하기 쉬워지므로 워커빌리티가 좋아진다고는 말할 수 없다.

해설 일반적으로 콘크리트의 비빔온도가 높으면 슬럼프가 감소되어 반죽질기가 감소하는 경향이 있다.

23 콘크리트의 재료의 1회 계량분의 허용오차로 옳은 것은?

① 골재 : ±3%
② 혼화제 : ±2%
③ 혼화재 : ±3%
④ 시멘트 : -2%, +1%

해설 계량오차

재료	허용오차
시멘트	-1%, +2%
골재	±3%
물	-2%, +1%
혼화재	±2%
혼화제	±3%

24 4점 재하법에 따른 콘크리트의 휨 강도 시험(KS F 2408)에 대한 설명으로 틀린 것은?

① 4점 재하 장치에서 지간은 공시체 높이의 3배로 한다.
② 하중을 가하는 속도는 가장자리 응력도의 증가율이 매초 0.6±0.4MPa이 되도록 조정한다.
③ 공시체가 인장쪽 표면의 지간 방향 중심선의 4점의 바깥쪽에서 파괴된 경우는 그 시험 결과를 무효로 한다.
④ 재하 장치의 설치면과 공시체면과의 사이에 틈새가 생기는 경우, 접촉부의 공시체 표면을 평평하게 갈아서 잘 접촉할 수 있도록 한다.

해설 콘크리트 휨강도 시험에서 공시체에 하중을 가하는 속도는 가장자리 응력도의 증가율이 매초 (0.06±0.04)MPa이 되도록 조정하고, 최대하중이 될 때까지 그 증가율을 유지하도록 한다.

25 콘크리트의 블리딩을 증가시키는 요인으로 적합하지 않은 것은?

① 단위수량의 증가
② 시멘트 분말도의 증가
③ 콘크리트 온도의 저하
④ 콘크리트 공기량의 저하

해설
- 시멘트의 분말도가 증가하면 블리딩은 감소한다.
- 단위수량이 클수록, 콘크리트의 온도가 낮을수록, 단위시멘트량과 잔골재량이 작을수록 블리딩은 크다.

26 다음과 같이 콘크리트용 유동화제를 혼합하여 사용하는 경우, 콘크리트 품질에 이상이 발생할 수 있는 경우는 어느 것인가?

① 멜라민계 - 리그닌계
② 리그닌계 - 나프탈렌계
③ 멜라민계 - 폴리칼본산계
④ 리그닌계 - 폴리칼본산계

해설 유동화제 종류별 상관관계

구분	리그린계	나프탈렌계	멜라민계	폴리칼본산계
리그린계	○	○	○	○
나프탈렌계	○	○	△	×
멜라민계	○	△		×
폴리칼본산계	○	×	×	○

○ : 문제없음, △ : 주의가 필요, × : 혼합할 경우 이상 있음

27 관입 저항침에 의한 콘크리트의 응결시간 시험(KS F 2436)에 사용하는 재하장치에 대한 설명으로 옳은 것은?

① 정확도 20N으로 관입력(penetration force)을 잴 수 있고 최소 용량 600N을 가진 것
② 정확도 10N으로 관입력(penetration force)을 잴 수 있고 최소 용량 600N을 가진 것
③ 정확도 10N으로 관입력(penetration force)을 잴 수 있고 최소 용량 60N을 가진 것
④ 정확도 1N으로 관입력(penetration force)을 잴 수 있고 최소 용량 60N을 가진 것

해설 재하장치는 침의 관입을 일으킬 수 있을 만큼의 힘을 일으킬 수 있어야 하며, 정확도 10N으로 관입력(penetration force)을 잴 수 있고 최소 용량 600N을 가진 것

정답 22 ① 23 ① 24 ② 25 ② 26 ③ 27 ②

□□□ 기 07,16,17,22
28 믹싱플랜트에서 완전히 반죽된 콘크리트를 트럭 애지테이터 혹은 트럭 믹서로 교반하면서 목적지까지 운반하는 방법은?

① 센트럴 믹스트 콘크리트
② 트랜싯 믹스트 콘크리트
③ 쉬링크 믹스트 콘크리트
④ 드라이 믹스트 콘크리트

해설 레미콘의 제조 및 운반 방법
- 센트럴 믹스트 콘크리트 : 제조 공장에 있는 고정 믹서에서 혼합을 끝낸 콘크리트를 애지테이터 트럭 또는 트럭 믹서로 교반해서 배달지점에 운반하는 방법
- 쉬링크 믹스트 콘크리트 : 공장에 있는 고정 믹스에서 어느 정도 혼합하고 트럭 믹서 안에서 혼합을 완료하는 방법
- 트랜싯 믹스트 콘크리트 : 플랜트에서 재료를 계량하여 트럭 믹서에 싣고, 운반 중에 물을 넣고 혼합하는 방법

□□□ 기 10,16,22
29 콘크리트 중의 염화물 함유량에 대한 설명으로 틀린 것은?

① 콘크리트 중의 염화물 함유량은 콘크리트 중에 함유된 염소이온의 총량으로 표시한다.
② 굳지 않은 콘크리트 중의 염소이온량(Cl^-)은 원칙적으로 $0.9kg/m^3$ 이하로 하여야 한다.
③ 재령 28일이 경과한 굳은 프리스트레스트 콘크리트 속의 최대 수용성 염소이온량은 시멘트 질량에 대한 비율로서 0.06%를 초과하지 않도록 하여야 한다.
④ 상수도 물을 혼합수로 사용할 때 여기에 함유되어 있는 염소이온량이 불분명한 경우에는 혼합수로부터 콘크리트 중에 공급되는 염소이온량을 250mg/L로 가정할 수 있다.

해설 굳지 않은 콘크리트 중의 전 염소이온량(Cl^-)은 원칙적으로 $0.3kg/m^3$ 이하로 하여야 한다.

□□□ 기 15,17,22
30 콘크리트 압축강도 시험에서 공시체의 검사에 대한 설명으로 틀린 것은?

① 공시체의 지름은 0.1mm, 높이는 1mm까지 측정한다.
② 공시체의 지름은 높이의 중앙에서 서로 직교하는 2방향에 대하여 측정한다.
③ 질량의 0.25% 이하의 눈금을 가진 저울로 질량을 측정한다.
④ 공시체의 질량은 건조로에서 충분히 건조시킨 후 측정한다.

해설 질량을 측정할 때 공시체 표면의 물을 모두 닦아낸 후에 측정한다.

□□□ 기 05,22
31 갇힌 공기(Entrapped Air)에 대한 설명으로 옳은 것은?

① 내구성을 향상시킨다.
② 유동성을 증가시킨다.
③ 일반적으로 1~2% 이내이다.
④ 비교적 기포가 작고 규칙적으로 분포된다.

해설 ■ 갇힌공기
- 일반적으로 자연적으로 1~2% 정도 포함된 공기이다.
- 비교적 입경이 크며, 불규칙적으로 존재한다.
■ 연행공기
- 워커빌리티가 증대되고 내구성이 향상된다.
- 비교적 기포가 작고 규칙적으로 분포된다.

□□□ 기 05,16,22
32 콘크리트의 반죽질기 정도를 측정하는 시험방법이 아닌 것은?

① 다짐계수 시험
② 시료의 투과시험
③ 켈리 볼 관입시험
④ 진동대에 의한 컨시스턴시 시험

해설 콘크리트의 반죽질기 시험방법
- 슬럼프 시험 : 가장 많이 사용된다.
- 리몰딩 시험
- 진동대식 컨시스턴시(비비)시험
- 켈리볼 관입(구관입)시험
- 다짐계수 시험

□□□ 기 11,14,22
33 레디믹스트 콘크리트 운반차와 운반시간에 대한 설명으로 옳지 않은 것은?

① 덤프트럭은 포장 콘크리트 중 슬럼프 25mm의 콘크리트를 운반하는 경우에 한하여 사용할 수 있다.
② 덤프트럭으로 콘크리트를 운반하는 경우, 운반 시간의 한도는 혼합하기 시작하고 나서 1시간 이내에 공사 지점에 배출할 수 있도록 운반한다.
③ 트럭 애지테이터나 트럭 믹서로 콘크리트를 운반하는 경우, 콘크리트는 혼합하기 시작하고 나서 1.5시간 이내에 공사 지점에 배출할 수 있도록 운반한다.
④ 덤프트럭으로 운반 했을 때 콘크리트의 1/4과 3/4의 부분에서 각각 시료를 채취하여 슬럼프 시험을 하였을 경우 양쪽 슬럼프 차이가 30mm 이하여야 한다.

해설 트럭 애지테이터 내 콘크리트의 균일성은 콘크리트의 1/4과 3/4부분에서 각각 시료를 채취하여 슬럼프 시험을 하였을 경우 양쪽의 슬럼프 차가 30mm 이내가 되어야 한다.

정답 28 ① 29 ② 30 ④ 31 ③ 32 ② 33 ④

34. 동결 융해 300사이클에서 상대동탄성계수가 74%일 때 시험용 공시체의 내구성 지수는?

① 28% ② 37% ③ 56% ④ 74%

해설 내구성지수

$$DF = \frac{시험종료\ 사이클수 \times 상대동탄성계수}{동결융해에의\ 노출이\ 끝날때의\ 사이클\ 수}$$

$$= \frac{P \cdot N}{300}$$

$$\therefore DF = \frac{300 \times 74}{300} = 74\%$$

35. 압력법에 의한 콘크리트의 공기량 시험 결과 겉보기 공기량이 7%, 골재의 수정 계수가 2.4%, 사용하는 잔골재의 질량이 2kg일 때, 이 콘크리트의 공기량은?

① 2.2% ② 2.6% ③ 3.8% ④ 4.6%

해설 $A = A_1 - G$
$= 7 - 2.4 = 4.6\%$

36. 콘크리트에 일정한 하중이 지속적으로 작용되면, 하중(응력)의 변화가 없어도 콘크리트의 변형은 시간의 경과와 함께 증가하는데, 이와 같은 콘크리트의 성질을 무엇이라고 하는가?

① 크리프 ② 포와송비 ③ 피로강도 ④ 응력-변형률 곡선

해설 이와 같은 성질을 크리프(creep)라 하는데 크리프에 의한 변형은 하중을 처음 가한 순간의 2~4배까지로도 된다.

37. 콘크리트의 비비기에 사용되는 믹서 중 강제식 믹서가 아닌 것은?

① 드럼 믹서(drum mixer)
② 팬형 믹서(pan type mixer)
③ 1축 믹서(one shaft mixer)
④ 2축 믹서(twin shaft mixer)

해설
- 중력식 믹서 : 가경식 믹서, 드럼 믹서(drum mixer)
- 강제식 믹서 : 팬형 믹서(pan type mixer), 1축 믹서(one shaft mixer), 2축 믹서(twim shaft mixer)

38. 콘크리트 품질관리에 사용되는 정규분포의 특성에 대한 설명으로 틀린 것은?

① 가운데 값은 평균이 된다.
② 좌우대칭의 종 모양 분포이다.
③ 표준편차 3배 범위 내에 있을 확률은 94.45%이다.
④ 임의 두 점 사이의 곡선 아래의 면적은 그 구간의 값이 일어날 확률이다.

해설 표준편차 2배 범위 내에 있을 확률은 68.27%이다.

39. 골재의 알칼리 잠재 반응 시험방법(모르타르봉 방법)에 대한 설명으로 틀린 것은?

① 이 시험방법은 알칼리-탄산염 반응을 검출해 내는 수단으로 적합하다.
② 모르타르의 배합은 질량비로서 시멘트 1, 물 0.475, 절건 상태의 잔골재 2.25로 한다.
③ 모르타르봉 길이 변화를 측정하는 것에 의해, 골재의 알칼리 반응성을 판정하는 시험방법이다.
④ 시험 공시체는 시멘트 골재 배합비가 다른 2개 이상의 배치에서 각각 2개씩 최소한 4개를 만들어야 한다.

해설 이 시험방법은 알칼리-탄산염 반응을 검출해 내는 수단으로 적합하지 않다.

40. 다음 중 품질 관리 Cycle의 4단계에 속하지 않는 것은?

① Plan ② Do ③ Caution ④ Action

해설 품질관리의 기본 4단계를 반복적으로 수행한다.
계획(Plan, P) → 실시(Do, D) → 체크(Check, C) → 조치(Action, A)

정답 34 ④ 35 ④ 36 ① 37 ① 38 ③ 39 ① 40 ③

제3과목 : 콘크리트의 시공

기 10,17,22
41 해양 콘크리트의 구성재료 및 시공에 대한 설명으로 틀린 것은?

① 타설 후 3일간은 직접 해수에 닿지 않도록 보호해야 한다.
② 혼화재료를 혼합한 보통 포틀랜드 시멘트나 중용열 포틀랜드 시멘트를 사용하여야 한다.
③ 시공이음부를 둘 경우 성능 저하가 생기기 쉬우므로 될 수 있는 대로 피하여야 한다.
④ PS 강재와 같은 고장력강에 작용응력이 인장강도의 60%를 넘을 경우 응력부식 및 강재의 부식피로를 검토하여야 한다.

해설 콘크리트가 충분히 경화되기 전에 직접 해수에 닿지 않도록 보호하여야 하며, 이 기간은 보통 포틀랜드 시멘트를 사용할 경우 대개 5일간이다.

기 10,13,22
42 프리플레이스트 콘크리트에 사용되는 주입모르타르의 잔골재 조립률에 대한 설명으로 틀린 것은?

① 조립률은 1.4~2.2 정도의 범위로 한다.
② 조립률이 지나치게 크면 주입 모르타르의 재료분리가 발생하기 쉽다.
③ 물-결합재비가 일정한 경우 조립률이 크면 같은 유동성을 얻기 위한 단위수량이 증가한다.
④ 일반 콘크리트에서 사용하는 것보다 조립률이 적은 가는 잔골재를 사용하는 것이 일반적이다.

해설 물-결합재비가 일정한 경우 조립률이 큰 쪽이 같은 유동성을 얻기 위해 필요한 단위 결합재량과 단위 수량은 적게 한다.

기 14,22
43 콘크리트의 양생에 관한 설명으로 틀린 것은?

① 습윤양생을 길게 하면 장기강도가 커진다.
② 양생온도를 높게 하면 초기강도가 커진다.
③ 습윤양생을 길게 하면 탄산화 속도가 늦어진다.
④ 양생온도를 높게 하면 장기강도의 증가율이 커진다.

해설 • 양생온도를 높게 하면 콘크리트 표면과 내부의 수축차에 의해 표면에 인장응력이 발생하기 때문에 장기강도가 작아진다.
• 양생 온도가 너무 높으면 단위수량이 많아지거나 콘크리트가 너무 빨리 경화하거나 장기강도가 저하하는 등의 피해가 생긴다.

기 22
44 고강도 콘크리트의 시공에 관한 설명으로 옳지 않은 것은?

① 부재가 바뀌는 위치에서는 콘크리트가 침하한 후 연속해서 타설한다.
② 운반시간이 길어지거나 운반거리가 멀 때에는 트럭믹서를 이용하는 것이 좋다.
③ 교통체증 등으로 지연 도착이 예상되는 경우 운반 중에 고성능 감수제를 투여해야 한다.
④ 내부 수화온도가 증가되어 수화균열 가능성이 있으므로 양생에 세심한 주의가 필요하다.

해설 교통체증 등으로 지연 도착이 예상되는 경우 현장에서는 콘크리트 타설 직전에 고성능 감수제를 투여할 수 있는 보조 장치를 준비해 두어야 한다.

기 05,22
45 콘크리트를 타설할 때 기포, 곰보 등이 발생하지 않도록 하기 위한 방법으로 적합하지 않은 것은?

① 경사진 경사면의 윗면은 투수거푸집 등을 이용하여 기포의 발생을 제어한다.
② 낙하 높이가 높은 부재는 배관을 이용하여 가능한 한 콘크리트 타설 높이를 낮게 한다.
③ 벽체의 두께가 얇은 경우나 연속하여 긴 경우에는 콘크리트를 횡방향으로 이동하여 타설한다.
④ 개구부 밑면은 공기가 빠져나가는 길과 콘크리트의 침하를 고려한 콘크리트 타설 및 다짐을 실시한다.

해설 벽체의 두께가 얇은 경우나 연속하여 긴 경우에는 콘크리트를 횡방향으로 이동하여 타설하여서는 안된다.

기 12,17,22
46 수축이음에 대한 설명으로 틀린 것은?

① 수밀구조물에서는 지수판 설치 등의 지수대책이 필요하다.
② 수축이음에 의한 단면 감소율은 10% 이하로 하는 것이 좋다.
③ 수축이음은 정해진 장소에 균열을 집중시킬 목적으로 설치한다.
④ 수축이음 간격은 구조물의 치수, 철근량, 타설온도, 타설 방법 등에 의해 큰 영향을 받으므로 이들을 고려하여 정하여야 한다.

해설 수축이음을 설치할 경우 계획된 위치에서 균열 발생을 확실히 유도하기 위해서 수축이음의 단면 감소율을 35% 이상으로 하여야 한다.

정답 41 ① 42 ③ 43 ④ 44 ③ 45 ③ 46 ②

47 한중 콘크리트 시공 시 단위수량을 적게 하는 가장 큰 이유는?

① 내화성 증대
② 초기동해 방지
③ 골재의 알칼리반응 감소
④ 염류에 대한 저항성 증대

[해설] 응결 및 경화 초기에 동결되지 않도록 초기 동해 방지를 위해서 단위수량을 적게 해야 한다.

48 다음 콘크리트 중 단열성, 상·하층간의 차음성능, 구조물의 경량화 및 비교적 좁은 면적에서도 제조 및 시공이 가능한 장점을 가진 것은?

① 경량골재 콘크리트
② 경량기포 콘크리트
③ 무잔골재 콘크리트
④ 강섬유보강 콘크리트

[해설] 경량기포 콘크리트
경량화, 단열성, 가공성, 내화성 등의 장점이 있는 반면 강도가 약하고, 흡수성이 높은 단점이 있다.

49 콘크리트 공장제품의 쪼갬 인장 강도 시험으로부터 최대하중 $P=100$kN을 얻었다. 공시체의 지름이 100mm, 길이가 200mm라면, 이 공시체의 쪼갬 인장 강도는?

① 1.27MPa
② 2.59MPa
③ 3.18MPa
④ 6.36MPa

[해설] $f_{sp} = \dfrac{2P}{\pi dl}$
$= \dfrac{2 \times 100 \times 10^3}{\pi \times 100 \times 200} = 3.18 \text{N/mm}^2 = 3.18 \text{MPa}$

50 무근 시멘트 콘크리트 포장 배합 시 플라이애시를 20% 첨가하였을 때의 설명으로 틀린 것은?

① 콘크리트의 장기 강도가 증대된다.
② 플라이 애시 첨가로 인해 경제성이 우수하다.
③ 콘크리트의 초기 강도 증대로 한중 콘크리트 타설 시 적절하다.
④ 알칼리-실리카 반응이 억제되어 콘크리트의 내구성이 우수하다.

[해설] 콘크리트 초기 강도는 다소 작으나 장기 재령의 강도가 상당히 크다.

51 숏크리트의 시공에 대한 일반사항으로 옳지 않은 것은?

① 숏크리트는 대기 온도가 10℃ 이상일 때 뿜어붙이기를 실시하며 그 이하의 온도일 때는 적절한 온도 대책을 세운 후 실시한다.
② 건식 숏크리트는 배치 후 60분 이내에 뿜어붙이기를 실시하여야 하며, 습식 숏크리트는 배치 후 90분 이내에 뿜어붙이기를 실시하여야 한다.
③ 숏크리트는 타설되는 장소의 대기 온도가 32℃ 이상이 되면 건식 및 습식 숏크리트 모두 뿜어붙이기를 할 수 없으며, 적절한 온도 대책을 세운 후 타설하여야 한다.
④ 숏크리트 재료의 온도가 10℃보다 낮거나 32℃보다 높을 경우 적절한 온도 대책을 세워 료의 온도가 10℃ ~ 32℃ 범위에 있도록 한 후 뿜어붙이기를 실시하여야 한다.

[해설] 건식 숏크리트는 배치 후 45분 이내에 뿜어붙이기를 실시하여야 하며, 습식 숏크리트는 배치 후 60분 이내에 뿜어붙이기를 실시하여야 한다.

52 콘크리트 공장제품의 압축강도시험을 실시한 결과 공시체의 단면적이 7,850mm^2, 파괴 시 최대 하중이 165kN이었다면, 압축강도는?

① 15MPa
② 18MPa
③ 21MPa
④ 24MPa

[해설] $f_c = \dfrac{P}{A} = \dfrac{165 \times 10^3}{7,850} = 21.02 \text{MPa}$

53 섬유보강 콘크리트의 배합 및 비비기에 대한 일반적인 설명으로 옳은 것은?

① 믹서는 가경식 믹서를 사용하는 것을 원칙으로 한다.
② 강섬유보강 콘크리트의 경우, 소요 단위수량은 강섬유의 혼입률에 거의 비례하여 증가한다.
③ 강섬유보강 콘크리트에서 강섬유 혼입률 및 강섬유의 형상비가 증가될 경우 잔골재율은 작게 하여야 한다.
④ 일반 콘크리트의 압축강도는 물-결합재비로 결정되나, 섬유보강 콘크리트는 섬유혼입률에 의해 결정된다.

[해설]
• 믹서는 경제식 믹서를 사용하는 것을 원칙으로 한다.
• 강섬유보강 콘크리트에서 강섬유 혼입률 및 강섬유의 형상비가 증가될 경우 잔골재율은 상당히 크게 할 필요가 있다.
• 일반 콘크리트의 압축강도는 물-결합재비로 결정되나, 섬유보강 콘크리트는 섬유혼입률에 의해 결정이 되지 않는다.

[정답] 47 ② 48 ② 49 ③ 50 ③ 51 ② 52 ③ 53 ②

□□□ 기 07,09,22

54 유동화 콘크리트의 제조방식 중 유동화에 가장 효과적인 방법은?

① 공사 현장에서 유동화제를 첨가하고 공사 현장에서 유동화하는 방법
② 레디믹스트 콘크리트 공장에서 유동화제를 첨가하고 공장에서 유동화하는 방법
③ 레디믹스트 콘크리트 공장에서 유동화제를 첨가하고 공사 현장에서 유동화하는 방법
④ 공사 현장에서 유동화제를 첨가하고 레디믹스트 콘크리트 공장에서 유동화하는 방법

해설
- 현장첨가방식 : 공사 현장에서 유동화제를 첨가하고 현장에서 교반하는 방식이 가장 효과적인 방식이다.
- 공장유동화방식 : 레미콘 공장에서 유동화제를 첨가하고 공장에서 교반하는 방식
- 공장첨가방식 : 레미콘 공장에서 유동화제를 첨가하여 공사현장에서 교반하는 방식

□□□ 기 11,22

55 한중 콘크리트에 대한 설명으로 틀린 것은?

① 타설할 때의 콘크리트 온도는 5~20℃의 범위로 한다.
② 배합강도 및 물-결합재비는 적산온도 방식에 의해 결정할 수 있다.
③ 초기양생은 소요 압축강도가 얻어질 때까지 콘크리트의 온도를 5℃ 이상으로 유지한다.
④ 소요 압축강도에 도달한 후 5일간은 구조물의 어느 부분이라도 0℃ 이상이 되도록 유지한다.

해설
- 한중 콘크리트의 초기양생 시 소요의 압축강도가 얻어질 때까지 콘크리트의 온도를 5℃ 이상으로 유지하여야 한다.
- 소요 압축강도에 도달한 후 2일간은 구조물의 어느 부분이라도 0℃ 이상이 되도록 유지하여야 한다.

□□□ 기 18,22

56 매스 콘크리트의 타설 온도를 낮추는 방법 중 선행 냉각 방법에 해당되지 않는 것은?

① 관로식 냉각   ② 혼합 전 재료 냉각
③ 타설 전 콘크리트 냉각 ④ 혼합 중 콘크리트 냉각

해설
■ 선행 냉각 방법
혼합 전 재료를 냉각·혼합 중 콘크리트를 냉각·타설 전 콘크리트를 냉각
■ 관로식 냉각 방법 : 콘크리트를 타설한 후 콘크리트의 내부온도를 제어하기 위해 미리 묻어둔 파이프 내부에 냉수 또는 공기를 강제적으로 순환시켜 콘크리트를 냉각하는 방법

□□□ 기 04,22

57 콘크리트 부재의 표면에 발생하는 기포에 대한 설명으로 틀린 것은?

① 단위 시멘트량이 증가하면 콘크리트 부재표면의 기포는 감소하는 경향이 있다.
② 경사면의 윗면은 수직면의 경우보다 더 많은 기포가 발생하는 경향이 있다.
③ 거푸집 표면 부근의 진동 다짐은 부재표면의 기포를 증가시킬 수도 있다.
④ 목재 거푸집의 경우 거푸집이 건조하면 기포가 감소하고, 강재 거푸집의 경우 온도가 높으면 기포가 감소하는 경향이 있다.

해설 목재 거푸집의 경우 거푸집의 표면이 건조하면 기포가 증가한다.

□□□ 기 07,11,16,18,22

58 방사선 차폐용 콘크리트에 대한 일반적인 설명으로 틀린 것은?

① 물-결합재비는 50% 이하를 원칙으로 한다.
② 주로 생물체의 방호를 위하여 X선, γ선 및 중성자선을 차폐할 목적으로 사용된다.
③ 차폐용 콘크리트로서 필요한 성능인 밀도, 압축강도, 설계허용온도, 결합수량, 붕소량 등을 확보하여야 한다.
④ 콘크리트의 슬럼프는 작업에 알맞은 범위 내에서 가능한 작은 값이어야 하며, 일반적인 40mm 이하로 하여야 한다.

해설 콘크리트의 슬럼프는 작업에 알맞은 범위 내에서 가능한 작은 값이어야 하며, 일반적인 150mm 이하로 하여야 한다.

□□□ 기 10,22

59 일반 콘크리트에서 비비기로부터 타설이 끝날 때까지의 시간에 대한 설명으로 옳은 것은?

① 외기온도가 25℃ 이상일 때는 1.5시간을 넘어서는 안 된다.
② 외기온도가 25℃ 이상일 때는 2.0시간을 넘어서는 안 된다.
③ 외기온도가 25℃ 미만일 때는 2.5시간을 넘어서는 안 된다.
④ 외기온도가 25℃ 미만일 때는 3.0시간을 넘어서는 안 된다.

해설 비비기로부터 끝날 때까지의 시간

외기 온도	시간
25℃ 이상	1.5시간 이하
25℃ 미만	2.0시간 이하

정답 54 ① 55 ④ 56 ① 57 ④ 58 ④ 59 ①

60 포장 콘크리트 배합기준에 대한 설명으로 틀린 것은?

① 슬럼프는 25 ~ 65mm 범위 내에서 한다.
② 휨 호칭강도는 4.0 ~ 4.5MPa 범위 내에서 한다.
③ 굵은 골재의 최대 치수는 25mm 이하이어야 한다.
④ 공기량은 4.5% 이하로 하되, 허용오차 범위는 ±1.5%로 한다.

[해설] 굵은 골재의 최대 치수는 40mm 이하이어야 한다.

제4과목 : 콘크리트 구조 및 유지관리

61 콘크리트 옹벽의 설계 및 구조해석에 대한 설명으로 틀린 것은?

① 뒷부벽식 옹벽의 뒷부벽은 직사각형보로 설계하여야 한다.
② 지진 시 콘크리트 옹벽의 활동에 대한 기준 안전율은 1.2이다.
③ 캔틸레버식 옹벽의 벽체와 기초는 접합부를 고정단으로 하는 캔틸레버로 설계해야 한다.
④ 반중력식 옹벽은 지형 및 기타 물리적 제약에 의해 중력식 옹벽의 경우보다 벽체 두께를 얇게 해야 하는 경우에 적용해야 한다.

[해설] 뒷부벽식은 T형보로 설계하여야 하며, 앞부벽식은 직사각형보로 설계하여야 한다.

62 열화된 콘크리트의 단면보수공법 재료로서 사용되는 폴리머 시멘트 모르타르의 품질기준 중 부착강도의 기준으로 옳은 것은? (단, 온냉 반복 후 조건에서의 기준)

① 0.3MPa 이상
② 0.5MPa 이상
③ 1.0MPa 이상
④ 1.5MPa 이상

[해설] 폴리머 시멘트 모르타르의 부착강도 품질

항 목 조 건	규 정 치
표준 조건	1MPa 이상
온냉 반복 후	1MPa 이상

63 아래 표에서 설명하는 보강공법은?

> 원래 원형 단면의 교각에 대해서 개발된 것이다. 단면에서 12.5mm ~ 25mm 정도의 큰 반지름으로 강판을 쉘(shell) 모양으로 형성하여 세로로 절반 쪼갠 강판을 교각과의 사이에 틈을 조금 내서 배치하고 세로 방향의 이음매를 용접한다.

① 강판접착 공법
② 강판 라이닝 공법
③ 콘크리트 라이닝 공법
④ 연속섬유를 이용한 라이닝 공법

[해설]
- 강판보강(라이닝)공법 : 강판을 교각과 약간의 간격을 유지하여 배치하고 강판의 세로방향으로 연결한 후 교각구체와 강판 사이에 시멘트 그라우트나 시멘트 모르타르를 주입한다.
- 콘크리트보강(라이닝)공법 : 교각의 내하력, 연성도, 전단강도를 향상시키기 위해 교각 주위에 띠철근을 배근하고 콘크리트를 덧씌우는 공법
- 강판접착공법 : 콘크리트구조물의 인장측 표면에 강판을 접착시켜 기존 구조물과 일체화시킴으로써 내력향상을 도모하는 공법

64 아래 그림과 같은 반 T형 보에서 플랜지 유효폭(b)은?

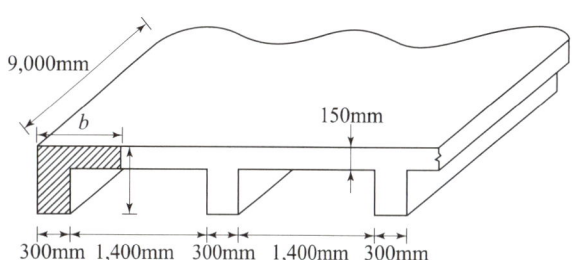

① 950mm
② 1,000mm
③ 1,050mm
④ 1,100mm

[해설] 반 T형보의 유효폭은 다음 값 중 가장 작은 값으로 한다.
- (한쪽으로 내민 플랜지 두께의 $6t_f$)+b_w
  $6t_f + b_w = 6 \times 150 + 300 = 1,200$mm
- $\left(\text{보의 경간의 } \frac{1}{12}\right) + b_w$:
  $\frac{1}{12} \times 9,000 + 300 = 1,050$mm
- $\left(\text{인접보와의 내측거리의 } \frac{1}{2}\right) + b_w$:
  $\frac{1}{2} \times 1,400 + 300 = 1,000$mm

∴ 유효폭 $b = 1,000$mm

□□□ 기 22
65 압축부재 설계 시 철근량 제한에 대한 내용으로 옳은 것은?

① 축방향 주철근이 겹침이음되는 경우의 철근비는 0.04를 초과하지 않도록 하여야 한다.
② 압축부재의 축방향 주철근의 최소 개수는 나선철근으로 둘러싸인 철근의 경우 4개로 하여야 한다.
③ 나선철근비 ρ_s 계산 시 나선철근의 설계기준항복강도 f_{yt}는 400MPa 이하로 하여야 한다.
④ 비합성 압축부재의 축방향 주철근 단면적은 전체 단면적 A_g의 0.03배 이상, 0.05배 이하로 하여야 한다.

해설 • 압축부재의 축방향 주철근의 최소 개수는 나선철근으로 둘러싸인 철근의 경우 6개로 하여야 한다.
• 나선철근비 ρ_s 계산 시 나선철근의 설계기준항복강도 f_{yt}는 700MPa 이하로 하여야 한다.
• 비합성 압축부재의 축방향 주철근 단면적은 전체 단면적 A_g의 0.01배 이상, 0.08배 이하로 하여야 한다.

□□□ 기 07,12,16,18,22
66 유효프리스트레스(f_{pe})를 결정하기 위하여 고려하여야 하는 프리스트레스 손실 원인으로 틀린 것은?

① 정착장치의 활동
② 콘크리트의 탄성수축
③ 긴장재 응력의 릴랙세이션
④ 프리텐션 긴장재와 덕트 사이의 마찰

해설 ■ 도입시 손실(즉시 손실)
• 정착 장치의 활동
• 포스트텐션 긴장재와 덕트 사이의 마찰
• 콘크리트의 탄성수축(변형)
■ 도입 후 손실(시간적 손실)
• 콘크리트의 크리프
• 콘크리트의 건조 수축
• PS 강재 응력의 릴렉세이션

□□□ 기 07,08,10,11,14,15,22
67 인장 이형철근 D29를 정착시키는데 필요한 기본정착길이 l_{db}는? (단, D29철근의 공칭지름은 28.6mm, 공칭 단면적은 642.4mm², $f_y=350$MPa, $f_{ck}=24$MPa, $\lambda=0.75$이다.)

① 946mm ② 1,124mm
③ 1,443mm ④ 1,635mm

해설 인장 이형철근의 정착(D35 이하의 철근의 경우)
$$l_{db}=\frac{0.6d_b f_y}{\lambda \sqrt{f_{ck}}}=\frac{0.6\times 28.6\times 350}{0.75\times \sqrt{24}}=1,635\,mm$$

□□□ 기 04,09,13,16,17,22
68 내하력이 의심스러운 기존 콘크리트 구조물의 안전성 평가 내용으로 틀린 것은?

① 구조물 또는 부재의 안전이 의심스러운 경우, 해당 구조물 및 부재에 대하여 충분한 조사와 시험이 실시되어야 한다.
② 구조물 또는 부재의 실제 내하력을 정량화하여 안전성을 평가하기 위한 재하시험의 결과는 안전성 판단에 직접 적용할 수 없다.
③ 내하력 부족의 요인을 알 수 있거나 해석에서 요구되는 부재치수 및 재료특성을 측정할 수 있는 경우, 이러한 측정값을 근거로 내하력 해석에 의한 평가를 실시할 수 있다.
④ 내하력 부족의 원인을 알 수 없거나 해석에서 요구되는 부재치수 및 재료특성을 측정할 수 없는 경우, 사용하중 상태에서 구조물이 유지될 수 있는지를 판단하기 위하여 재하시험을 실시하여야 한다.

해설 구조물이나 부재의 안전도에 대한 우려가 있어도 경미한 손상으로서 재하시험에 의해 모든 응답이 허용규정을 만족한다면, 구조물이나 구조부재는 정해진 기간 동안에 계속적으로 사용될 수 있다.

□□□ 기 17,22
69 아래 그림과 같은 띠철근 기둥이 있다. 축방향 철근은 D35(공칭지름 34.9mm)를 사용하고 띠철근은 D13(공칭지름 12.7mm)을 사용할 때 띠철근의 수직간격으로 옳은 것은?

① 450mm
② 500mm
③ 559mm
④ 610mm

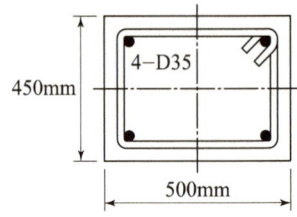

해설 띠철근의 수직간격(가장 작은 값)
• 축방향 지름의 16배 이하 : $16\times 34.9=559\,mm$
• 띠철근 지름의 48배 이하 : $48\times 12.7=610\,mm$
• 기둥단면의 최소치수 이하 : 450mm
∴ 띠철근의 수직간격 : 450mm

□□□ 기 12,22
70 철근콘크리트의 교량 바닥판 보강공법으로 적절하지 않은 것은?

① 강판접착공법   ② 단면증설공법
③ 에폭시 주입공법   ④ 세로보 추가 설치공법

해설 단순한 보수작업만으로 구조체의 내구성 및 사용성을 기대하기 어려운 경우에는 보강을 실시하며, 주로 단면증설공법, 강판접착공법, 보강섬유 접착공법, 세로보 추가 설치공법, 외부강선을 이용한 보강법, 앵커공법 등이 있다.

정답 65 ① 66 ④ 67 ④ 68 ② 69 ① 70 ③

71. 계수전단력(V_u)이 콘크리트에 의한 설계전단강도(ϕV_c)의 1/2을 초과하는 모든 철근콘크리트 및 프리스트레스콘크리트 휨 부재에는 최소 전단철근을 배치하여야 한다. 이때 이 규정을 적용하지 않아도 되는 경우에 속하지 않는 것은?

① 슬래브와 기초판
② 전체 깊이가 450mm 이하인 보
③ 교대 벽체 및 날개벽, 옹벽의 벽체, 암거 등과 같이 휨이 주거동인 판부재
④ T형 보에서 그 깊이가 플랜지 두께의 2.5배 또는 복부폭의 1/2 중 큰 값 이하인 보

해설 최소 전단철근 규정에 제외되는 경우
- 슬래브와 기초판
- 전체 깊이가 250mm 이하이거나 T형보
- T형보에서 그 깊이가 플랜지 두께의 2.5배 또는 복부판의 1/2 중 큰 값
- 교대 벽체 및 날개벽과 같이 휨이 주거동인 판부재

72. 지속하중을 받고 있는 복철근 콘크리트 단면에 압축철근비 $\rho' = 0.016$이 배근된 경우 순간처짐이 27mm일 때 6개월이 지난 후의 전체 처짐량은? (단, 시간경과계수 $\xi = 1.2$이다.)

① 25mm ② 35mm
③ 45mm ④ 55mm

해설
- $\lambda = \dfrac{\xi}{1+50\rho'} = \dfrac{1.2}{1+50\times 0.016} = 0.67$
- 장기처짐 = 순간처짐(탄성침하) × 장기처짐계수(λ)
  $= 27 \times 0.67 = 18.09 \text{mm}$
- ∴ 총처짐량 = 순간 처짐 + 장기 처짐
  $= 27 + 18.09 = 45.09 \text{mm}$

73. 콘크리트 구조물의 탄산화 깊이를 예측할 때 일반적으로 적용되고 있는 식은? (단, X : 탄산화 깊이, R : 탄산화 속도계수, t : 재령)

① $X = R\sqrt{t}$ ② $X = Rt^3$
③ $X = \dfrac{\sqrt{t^3}}{R}$ ④ $X = Rt^2$

해설
- 탄산화 진행속도는 콘크리트 표면으로부터 탄산화 부분과 비탄산화 부분의 경계면 까지의 길이와 경과한 시간의 함수로 나타낸다.
- 탄산화 깊이 $X = R\sqrt{t}$

74. 콘크리트의 화학적 침식 중 황산염에 의한 침식에 대한 설명으로 틀린 것은?

① 에트린가이트 등을 생성하여 큰 팽창압을 일으키기 때문에 콘크리트의 팽창균열 및 조직 붕괴를 유발한다.
② 물에 녹은 황산염은 시멘트 수화물 중 $Ca(OH)_2$와 반응하여 석고를 생성하여 콘크리트의 성능을 저하시킨다.
③ 글리세린의 에스테르에서 소량의 유리지방산을 함유하며, 유리지방산은 산으로서 직접 콘크리트를 침식시킨다.
④ 황산염은 시멘트 경화체 중의 성분과 반응하여 이수석고를 생성하며, 이 때 생성된 이수석고는 수용성이기 때문에 용출하여 조직이 다공화되어 침식이 가속된다.

해설 유류에 의한 열화
- 유류에 의한 손상은 잘 알려져 있지 않지만 각종 동식물유에 의해 열화한다.
- 동식물유의 주성분은 고급 지방산과 글리세린의 에스테르에서 소량의 유리지방산을 함유한다.
- 유리지방산은 산으로서 직접 콘크리트를 침식한다.

75. 육안관찰이 가능한 개소에 대하여 성능 저하나 열화 및 하자의 발생부위 파악을 위해 실시하며, 시설물의 전반적인 외관조사를 통하여 심각한 손상인 결함의 유무를 살펴보는 점검은?

① 긴급점검   ② 정기점검
③ 정밀점검   ④ 정밀안전진단

해설
- 정기 점검 : 일상 점검에서 파악하기 어려운 구조물의 세부에 대하여 정기적으로 열화부위 및 열화현상 파악하기 위해 실시한다.
- 긴급점검 : 지진이나 풍수해 등과 같은 천재, 화재 및 차량이나 선박의 충돌 등 긴급사태에 대해 구조물의 손상 여부에 관한 정보를 신속히 얻기 위하여 고도의 전문적 지식을 기초로 실시한다.
- 정밀안전진단 : 정밀점검 과정통해서는 쉽게 발견하지 못하는 결함 부위를 발견하기 위해 행해지는 정밀한 육안검사 및 검사측정장비에 의한 측정을 포함하는 근접점검이다.

76. 다음 진단 조사 구조물 중 1종 시설물이 아닌 것은?

① 연장이 600m인 교량
② 30만 톤급 선박의 하역시설물
③ 총 저수용량 3천만 톤의 용수전용댐
④ 터널구간의 연장이 90m인 지하차도

해설 터널구간의 연장이 500m인 지하차도

정답 71 ② 72 ③ 73 ① 74 ③ 75 ② 76 ④

□□□ 기 11,17,22

77 콘크리트 압축강도 추정을 위한 반발경도 시험(KS F 2730)에 대한 설명으로 틀린 것은?

① 탄산화가 진행된 콘크리트의 경우 정상보다 낮은 반발경도를 나타낸다.
② 콘크리트 내부의 온도가 0℃ 이하인 경우 정상보다 높은 반발경도를 나타낸다.
③ 시험할 콘크리트 부재는 두께가 100mm 이상이어야 하며, 하나의 구조체에 고정되어야 한다.
④ 시험할 때 타격 위치는 가장자리로부터 100mm 이상 떨어지고, 서로 30mm 이내로 근접해서는 안 된다.

해설 • 탄산화의 효과는 콘크리트의 반발 경도를 증가시킨다.
• 탄산화가 특별히 과대한 경우는 탄산화된 부분을 연마 제거하고 굵은골재를 피해 시험한다.

□□□ 기 22

78 휨모멘트 또는 휨모멘트와 축력을 동시에 받는 콘크리트 부재의 압축연단의 극한변형률에 대한 아래 내용 중 ㉠, ㉡, ㉢에 들어갈 알맞은 숫자는?

> 콘크리트의 설계기준압축강도가 (㉠)MPa 이하인 경우에는 극한변형률을 (㉡)으로 가정하고, (㉠)MPa를 초과할 경우에는 매 (㉢)MPa의 강도 증가에 대하여 0.0001씩 감소시킨다.

① ㉠ : 40, ㉡ : 0.0033, ㉢ : 20
② ㉠ : 40, ㉡ : 0.0033, ㉢ : 10
③ ㉠ : 50, ㉡ : 0.0044, ㉢ : 10
④ ㉠ : 50, ㉡ : 0.0033, ㉢ : 20

해설 설계가정
콘크리트의 설계기준압축강도가 40MPa 이하인 경우에는 극한변형률을 0.0033으로 가정하고, 40MPa를 초과할 경우에는 매 10MPa의 강도 증가에 대하여 0.0001씩 감소시킨다.

□□□ 기 22

79 콘크리트 수축균열 원인 중 화학적 반응에 의한 것은?

① 탄산화
② 건조수축
③ 온도변화
④ 수화열 발생

해설 • 화학적 반응
시멘트 탄산화, 알칼리 골재반응, 철근의 부식
• 물리적 반응
건조수축, 수축 및 팽창성 골재, 크레이징

□□□ 기 22

80 KS F 4002에 따른 속 빈 콘크리트 블록 제조시 단위 수량이 75kg/m³일 경우 최소 단위 시멘트량은?

① 180kg/m³
② 220kg/m³
③ 250kg/m³
④ 300kg/m³

해설 속 빈 콘크리트 블록
물/시멘트=30%로 한다.
∴ 시멘트 = $\dfrac{W}{물/시멘트비}$
= $\dfrac{75}{\dfrac{30}{100}}$ = 250 kg/m³

정답 77 ① 78 ② 79 ① 80 ③

국가기술자격 필기시험문제

2022년도 기사 2회 필기시험

자격종목	시험시간	문제수	형 별	수험번호	성 명
콘크리트기사	2시간	80	A		

※ 각 문제는 4지 택일형으로 질문에 가장 적합한 문제의 보기 번호를 클릭하거나 답안표기란의 번호를 클릭하여 입력하시면 됩니다.
※ 입력된 답안은 문제 화면 또는 답안 표기란의 보기 번호를 클릭하여 변경하실 수 있습니다.

제1과목 : 콘크리트 재료 및 배합

□□□ 기 10,11,22

01 콘크리트용으로 사용되는 각종 골재에 관한 설명으로 틀린 것은?

① 콘크리트용 부순골재는 일반 골재와는 달리 입자 모양 판정 실적률을 검토하여야 한다.
② 인공경량골재를 사용한 콘크리트의 경우 하천 골재를 사용한 경우보다 압축강도는 떨어지지만 동결 융해 저항성은 향상된다.
③ 부순모래의 경우 다량의 미분말을 함유하는 경우가 많아 콘크리트의 성능에 영향을 미치기 때문에 미립분 함유량을 검토할 필요가 있다.
④ 고로 슬래그 잔골재는 고온 하에서 장기간 저장해 두면 굳어질 우려가 있기 때문에 동결 방지제를 살포함과 동시에 가능한 1개월 이내에 사용하는 것이 좋다.

해설 인공경량골재를 사용한 콘크리트의 경우 하천 골재를 사용한 경우보다 동결융해에 대한 저항성능이 빈약하므로 혼화재, 혼화제의 적극적인 병용으로 탄산화 등의 내구성에 대한 고려가 필요하다.

□□□ 기 05,13,17,22

02 다음 시멘트 중 수경률이 가장 큰 시멘트는?

① 보통 포틀랜드 시멘트
② 백색 포틀랜드 시멘트
③ 조강 포틀랜드 시멘트
④ 중용열 포틀랜드 시멘트

해설 수경률

시멘트 종류	수경률
중용열 포틀랜드 시멘트	1.95~2.00
보통 포틀랜드 시멘트	2.05~2.15
조강 포틀랜드 시멘트	2.20~2.27

□□□ 기 12,22

03 아래 표는 굵은 골재의 밀도 시험 결과 중의 일부이다. 이 굵은 골재의 표면 건조 포화 상태의 밀도는? (단, 시험온도에서의 물의 밀도는 $1g/cm^3$)

굵은 골재의 밀도 시험		
측정번호	1	2
표면 건조 포화 상태 시료의 질량(g)	4,000	4,000
물 속에서의 철망태와 표면 건조 포화 상태 시료의 질량(g)	3,392	3,391
물 속에서의 철망태의 질량(g)	900	900

① $2.36g/cm^3$
② $2.61g/cm^3$
③ $2.65g/cm^3$
④ $2.77g/cm^3$

해설 표건밀도

$$= \frac{\text{표건 상태의 시료 질량}}{\text{표건 상태의 시료질량} - \text{골재의 수중 질량}} \times \rho$$

$$= \frac{4,000}{4,000-(3,392-900)} \times 1 = 2.653 g/cm^3$$

$$= \frac{4,000}{4,000-(3,391-900)} \times 1 = 2.651 g/cm^3$$

∴ 표건밀도 $= \frac{2.653+2.651}{2} = 2.652 g/cm^3$

□□□ 기 04,15,22

04 콘크리트에 사용되는 혼화제에 관한 설명으로 틀린 것은?

① 감수제는 시멘트 입자를 분산하여 콘크리트의 단위수량을 감소시킨다.
② 유동화제는 작업성을 향상시키기 위하여 사용되며 일반적으로 타설 직전 현장에서 첨가한다.
③ AE제는 콘크리트 속에 독립된 미세한 공기포를 연행시켜 작업성 및 동결융해에 대한 저항성을 향상시킨다.
④ 고성능 AE감수제는 시멘트의 수화반응을 화학적으로 촉진하여 콘크리트의 응결시간을 단축시킨다.

해설 고성능 AE감수제를 사용한 콘크리트의 응결시간은 일반적인 AE감수제를 사용한 콘크리트와 비교해서 초결, 종결이 지연되는 경향이 있다.

정답 01 ② 02 ③ 03 ③ 04 ④

□□□ 기 05,06,22
05 콘크리트 배합설계 시 고려되어야 하는 사항으로 틀린 것은?

① 콘크리트 시공 시 원활한 작업을 수행할 수 있도록 물-결합재비를 가능한 크게 하여야 한다.
② 기상작용이나 화학작용 등에 의한 침식작용에 대한 내구성을 갖도록 하여야 한다.
③ 콘크리트 구조물은 재하되는 하중에 대하여 파괴의 위험에 저항할 수 있는 소요강도를 가진 크리트가 되도록 하여야 한다.
④ 콘크리트는 본질적으로 기공을 가지고 있으므로 흡수 및 투수가 가능하기 때문에 수밀성이 큰 콘크리트가 되도록 하여야 한다.

해설 콘크리트 시공 시 원활한 작업을 수행할 수 있도록 물-결합재비를 가능한 작게 하여야 한다.

□□□ 기 22
06 강재의 눌러 구부리는(굽힘) 시험방법에 대한 설명으로 틀린 것은?

① 강재균열로 인한 파괴를 방지하기 위해 강재를 굽혔을 때 외측에 균열발생 여부를 검사하는 것이다.
② 시험용 강재시험편은 정사각형 단면 형태의 받침대 2개를 사용하여 올려놓고 그 크기는 10mm 이상으로 한다.
③ 강재시험편의 중앙부를 누름쇠로 천천히 하중을 가하며 이때 받침부와 누름쇠의 축과는 서로 평행해야 한다.
④ 누름쇠의 끝부는 규정의 안쪽 반지름과 같은 반지름의 원통면을 가지며 원통면의 길이는 시험편의 폭보다 커야 한다.

해설 시험용 강재시험편은 반지름 10mm 이상의 원통면을 가진 받침대 2개를 사용하여 시험편을 받침 위에 놓는다.

□□□ 기 13,15,16,22
07 굵은 골재의 밀도 및 흡수율 시험(KS F 2503)을 실시하기 위해 시료를 준비하고자 한다. 아래 표의 조건과 같은 경량골재인 경우 1회 시험에 사용하는 시료의 최소 질량은?

- 굵은 골재의 최대 치수(d_{max}) : 25mm
- 굵은 골재의 추정 밀도(D_e) : 1.4g/cm³

① 1kg   ② 1.4kg
③ 3kg   ④ 3.8kg

해설 $m_{min} = \dfrac{d_{max} \cdot D_e}{25} = \dfrac{25 \times 1.4}{25} = 1.4\mathrm{kg}$

□□□ 기 13,22
08 시멘트의 수화 반응에 대한 설명으로 틀린 것은?

① 석고는 C_3S와 반응하여 에트린자이트를 생성한다.
② C_3S의 성질을 이용하면 팽창시멘트나 급결시멘트를 만들 수 있다.
③ C_4AF는 수화속도가 크지만 강도에는 크게 기여하지 못한다.
④ C_3S는 물과 반응하면 수산화칼슘과 염기성 규산칼슘수화물을 생성한다.

해설 석고는 C_3A와 반응하여 에트린자이트(ettringite)를 생성한다.

□□□ 기 14,22
09 바닷물의 영향을 직접 받는 콘크리트의 경우 내구성에 대하여 각별한 주의를 필요로 한다. 이 환경에 처한 콘크리트를 제조하는데 일반적인 경우 적합하지 않은 재료는?

① 폴리머 시멘트
② 고로 슬래그 시멘트
③ 플라이 애시 시멘트
④ 조강 포틀랜드 시멘트

해설 조강포틀랜드시멘트는 해수저항성이 큰 C_3A 성분이 많이 함유되어 있으므로 토양이나 해수 및 공장폐수 등의 황산염에 대한 저항성이 없어 부적합하다.

□□□ 기 22
10 실리카 퓸을 시멘트의 일부로 치환시킨 콘크리트의 성질을 보통 콘크리트와 비교했을 때에 대한 설명으로 틀린 것은?

① 강도가 증가된다.
② 수밀성이 향상된다.
③ 슬럼프가 증가된다.
④ 재료분리 저항성이 향상된다.

해설 실리커 퓸은 비표면적이 커서 수화칼슘과 매우 짧은 시간에 반응하고, 겔상의 물질을 생성하여 점성이 커져 슬럼프가 저하되며 슬럼프 손실도 크다.

□□□ 기 11,14,17,22
11 시멘트의 밀도 시험을 통해 알 수 있는 것은?

① 풍화의 정도   ② 화학저항성
③ 동결 융해 저항성   ④ 주요 성분의 구성

해설 시멘트의 비중을 알게 되면 클링커의 소성 상태, 풍화의 정도, 혼합재의 섞인 양, 시멘트의 품질 등을 대략 알 수 있다.

정답 05 ① 06 ② 07 ② 08 ① 09 ④ 10 ③ 11 ①

☐☐☐ 기 09,17,18,22
12 레디믹스트 콘크리트의 혼합에 사용되는 물에 대한 설명으로 틀린 것은?

① 상수돗물은 시험을 하지 않아도 사용할 수 있다.
② 회수수를 사용하였을 경우 단위 슬러지 고형분율이 3.0%를 초과하면 안 된다.
③ 콘크리트 회수수에서 슬러지수를 일부 활용하고 남은 슬러지를 포함한 물을 상징수라고 한다.
④ 레디믹스트 콘크리트를 배합할 때, 회수수 중에 함유된 슬러지 고형분은 물의 질량에 포함되지 않는다.

해설 슬러지수에서 슬러지 고형분을 침강 또는 기타 방법으로 제거한 물을 상징수라고 한다.

☐☐☐ 기 22
13 콘크리트용 모래에 포함되어 있는 유기 불순물 시험 방법(KS F 2510)에 대한 설명으로 틀린 것은?

① 시험 용액의 색도가 표준색 용액보다 연할 경우 그 모래를 사용하기 전에 별도의 시험을 시행할 필요가 있다.
② 모래의 사용 여부를 결정함에 앞서 보다 더 정밀한 모래에 대한 시험의 필요성 유무를 미리 확인하기 위해 실시한다.
③ 사용하는 시료는 대표적인 것을 취하고 공기 중 건조 상태로 건조시켜서 4분법 또는 시료 분취기를 사용하여 약 450g을 채취한다.
④ 10%의 알코올 용액으로 2%의 탄닌산용액을 만들고, 그 2.5mL를 3%의 수산화나트륨 용액 97.5mL에 가하여 유리병에 넣어 마개를 닫고 잘 흔들어서 만든 것을 식별용 표준색 용액으로 한다.

해설 • 시험용액의 색깔이 표준색 용액보다 연할 때에는 그 모래는 합격으로 한다.
• 시험용액의 색깔이 표준색 용액보다 진할 때에는 그 골재를 사용하지 않는 것이 일반적이다.

☐☐☐ 기 09,12,14,17,22
14 플라이 애시 품질시험에서 시험 모르타르 제조를 위한 보통 포틀랜드 시멘트와 플라이애시의 질량비는? (단, 보통 포틀랜드 시멘트 : 플라이 애시)

① 4 : 1   ② 3 : 1
③ 2 : 1   ④ 1 : 1

해설 플라이 애시의 품질 시험에서 보통 포틀랜드 시멘트와 플라이 애시의 질량비는 3 : 1이다.

☐☐☐ 기 12,15,16,22
15 배합설계 방법에 따른 시방배합 결과가 다음과 같을 때, 현장의 잔골재 및 굵은 골재의 표면수량이 각각 2.0% 및 0.5%의 습윤 상태로 되어 있다면 현장배합으로 수정한 단위수량(W)과 단위 잔골재량(S)을 바르게 나타낸 것은?

단위수량	170kg/m³
단위 시멘트량	300kg/m³
단위 잔골재량	800kg/m³
단위 굵은 골재량	1,200kg/m³

① W : 148kg/m³, S : 816kg/m³
② W : 148kg/m³, S : 1,206kg/m³
③ W : 192kg/m³, S : 816kg/m³
④ W : 192kg/m³, S : 1,206kg/m³

해설 ■ 표면수량에 의한 환산
• 잔골재의 표면 수량 = 800×0.02 = 16.00kg/m³
• 굵은 골재의 표면 수량 = 1,200×0.005 = 6.00kg/m³
∴ 수정할 단위 수량 = 170 - (16.00+6.00) = 148kg/m³
■ 단위잔골재량 환산
수정 잔골재량 = 800+16 = 816kg/m³

☐☐☐ 기 18,21,22
16 콘크리트 압축강도 시험용 공시체 31개를 압축강도 시험하여 압축강도 잔차 제곱의 합 $\sum$(실험값-평균값)²을 구한 값이 8.58일 때 압축강도의 표준편차는? (단, 불편분산의 개념에 의해 구하며, 압축강도의 단위는 MPa이다.)

① 0.17MPa   ② 0.27MPa
③ 0.35MPa   ④ 0.53MPa

해설 표준표차
$$s = \sqrt{\frac{\sum(x_i - \bar{x})^2}{(n-1)}} = \sqrt{\frac{8.58}{31-1}} = 0.53 \text{MPa}$$

☐☐☐ 기 22
17 콘크리트의 내구성을 확보하기 위한 물-결합재비의 최대치는 얼마인가? (단, 영구적으로 습윤한 콘크리트인 경우)

① 50%   ② 55%
③ 60%   ④ 65%

해설 콘크리트의 내구성을 확보하기 위한 물-결합재비는 원칙적으로 60% 이하로 하며, 단위수량은 185kg/m³을 초과하지 않도록 한다.

□□□ 기 13,22

18 콘크리트용 강섬유(KS F 2564)에서 규정한 강섬유의 평균 인장 강도는 얼마 이상의 값을 가져야 하는가?

① 400MPa ② 500MPa
③ 600MPa ④ 700MPa

[해설] 강섬유의 평균인장강도는 700MPa 이상이 되어야 하며, 각각의 인장강도 또한 650MPa 이상이어야 한다.

□□□ 기 11,18,22

19 골재의 절대부피가 0.65m³인 콘크리트에서 잔골재율이 42%이고 잔골재의 표건밀도가 2.60g/cm³이면 단위 잔골재량은?

① 707.6kg ② 709.8kg
③ 711.4kg ④ 712.6kg

[해설]
- 단위 잔골재량의 절대 용적=단위 골재의 절대 용적 ×잔골재율=0.65×0.42=0.273m³
- 잔골재량 S=단위 잔골재량의 절대 용적×잔골재의 밀도 ×1,000
  =0.273×2.60×1,000=709.8kg/m³

□□□ 기 16,22

20 적절한 입도의 골재를 사용한 콘크리트의 특징으로 틀린 것은?

① 재료분리 현상을 감소시킨다.
② 콘크리트의 워커빌리티가 증대된다.
③ 건조수축이 적어지며 내구성도 증대된다.
④ 소요 품질의 콘크리트를 만들기 위하여 단위수량 및 단위시멘트량이 많아진다.

[해설] 입도가 적당하면 골재 입자사이의 공극이 적어져 공극을 채울 시멘트 페이스트량이 적어진다.

제2과목 : 콘크리트 제조, 시험 및 품질관리

□□□ 기 06,17,20,22

21 경량골재 콘크리트용 경량골재의 유해물 함유량 한도에 대한 내용으로 틀린 것은?

① 강열감량 : 최대치 5%
② 점토덩어리 : 최대치 2%
③ 굵은 골재의 부립률 : 최대치 10%
④ 밀도 2.0g/cm³의 액체에 뜨는 것 : 최대치 5%(콘크리트의 외관이 중요한 경우)

[해설] 경량골재의 유해물 함유량 한도

종류	최대치
강열감량	5%
얼룩	진얼룩이 생기지 않을 것
점토덩어리	2%
굵은골재의 부립률	10%
유기불순물	시험용액의 색이 표준색보다 진하지 않을 것

- 잔골재의 유해물 함유량 한도
  석탄, 갈탄 등으로 밀도 2g/cm³의 액체에 뜨는 것 콘크리트의 표면이 중요한 경우 : 0.5%

□□□ 기 22

22 레디믹스트 콘크리트의 특징으로 틀린 것은?

① 공사기간을 단축시킬 수 있다.
② 비교적 균질의 콘크리트를 얻을 수 있다.
③ 압축강도는 운반시간 및 운반방법 등에 따라 변화가 크다.
④ 콘크리트 타설에 따른 가설경비를 절약할 수 있다.

[해설]
- 콘크리트의 품질에 관한 염려가 필요 없다.
- 레디믹스트 콘크리트의 압축강도는 운반시간과 운반방법 등에 따라 변화가 없다.

□□□ 기 08,10,16,20,22

23 콘크리트 압축 강도 시험결과 최대 하중이 415kN에서 공시체가 파괴하였다. 이 공시체의 압축 강도는? (단, 공시체 지름은 150mm이다.)

① 17.1MPa ② 23.5MPa
③ 27.4MPa ④ 34.8MPa

[해설] $f_c = \dfrac{P}{A} = \dfrac{415 \times 10^3}{\dfrac{\pi \times 150^2}{4}} = 23.5\,\text{MPa}$

정답 18 ④ 19 ② 20 ④ 21 ④ 22 ③ 23 ②

24 레디믹스트 콘크리트(KS F 4009)에 관한 설명으로 틀린 것은?

① 레디믹스트 콘크리트의 제조 설비로서 믹서는 고정 믹서로 한다.
② 일반적으로 레디믹스트 콘크리트의 염화물 함유량(염소 이온(Cl⁻)량)은 0.3kg/m³ 이하로 한다.
③ 덤프 트럭으로 콘크리트를 운반하는 경우, 운반 시간의 한도는 혼합하기 시작하고 나서 1시간 이내에 공사 지점에 배출할 수 있도록 운반한다.
④ 트럭 애지테이터로 운반했을 때 콘크리트의 1/3과 2/3의 부분에서 각각 시료를 채취하여 슬럼프 시험을 하였을 경우 슬럼프의 차이가 20mm 이하이어야 한다.

해설 트럭 애지테이터로 운반했을 때 콘크리트의 1/4과 3/4의 부분에서 각각 시료를 채취하여 슬럼프 시험을 하였을 경우 슬럼프의 차이가 30mm 이하이어야 한다.

25 콘크리트 공시체 12개의 압축강도를 측정한 결과 평균 압축강도가 27MPa, 변동계수가 5%였다. 이 때 압축강도의 표준편차는?

① 1MPa ② 1.35MPa
③ 2MPa ④ 2.35MPa

해설 변동계수 $C_V = \dfrac{표준편차(s)}{평균\ 압축강도(\bar{x})} \times 100$

$C_v = \dfrac{s}{27} \times 100 = 5\%$

∴ 표준편차 $s = 1.35$MPa

26 콘크리트 생산 시 각 재료의 계량 오차의 허용 범위로 옳은 것은?

① 골재 : ±3% ② 물 : ±3%
③ 시멘트 : ±2% ④ 혼화제 : ±2%

해설 계량오차

재료의 종류	1회 계량 분량의 한계오차
물	-2%, +1%
시멘트	-1%, +2%
혼화재	±2%
골재	±3%
혼화제	±3%

27 압축강도에 의한 콘크리트의 품질 검사에 관한 내용으로 틀린 것은?

① 일반적인 경우 조기재령에 있어서의 압축강도에 의해 실시한다.
② 호칭강도가 35MPa 이하인 경우는 1회 시험값이 호칭강도의 90% 이상이어야 한다.
③ 호칭강도로부터 배합을 정한 경우 연속 3회 시험값의 평균이 호칭강도 이상이어야 한다.
④ 1회/일, 구조물의 중요도와 공사의 규모에 따라 120m³ 마다 1회 또는 배합이 변경될 때마다 실시한다.

해설 설계기준 압축강도가 35MPa 이하인 경우 연속 3회 시험값의 평균이 설계기준 압축강도 이상이어야 하고, 1회의 시험값이(설계기준 압축강도 -3.5MPa) 이상이어야 한다.

28 콘크리트의 워커빌리티 및 반죽질기에 대한 일반적인 설명으로 틀린 것은?

① 단위 수량이 많을수록 콘크리트의 유동성이 크게 되지만, 단위 수량을 증가시킬수록 재료분리가 발생하기 쉬워지므로 워커빌리티가 좋아진다고 말할 수 없다.
② 단위 시멘트량이 많아질수록 그 콘크리트의 성형성은 증가하므로, 일반적으로 부배합 콘크리트가 빈배합 콘크리트에 비해 워커빌리티가 좋다고 할 수 있다.
③ 공기량 1%의 증가에 대하여 슬럼프가 30mm 정도 크게 되며, 슬럼프를 일정하게 하면 단위 수량을 약 8% 저감할 수 있다. 이러한 공기량의 워커빌리티 개선효과는 부배합의 경우에 현저하다.
④ 골재 중의 세립분, 특히 0.3mm 이하의 세립분은 콘크리트의 점성을 높이고 성형성을 좋게 한다. 그러나 세립분이 많게 되면 반죽질기가 적게 되므로 골재는 조립한 것부터 세립한 것까지 적당한 비율로 혼합할 필요가 있다.

해설 공기량 1%의 증가에 대하여 슬럼프가 20mm 정도 크게 되며, 이러한 공기량의 워커빌리티 개선효과는 빈배합의 경우에 현저하다.

29 골재의 체가름 시험으로부터 파악할 수 없는 사항은?

① 조립률 ② 입도 분포
③ 단위 용적질량 ④ 굵은 골재의 최대 치수

해설 골재를 체가름 시험 후 체가름(입도)곡선 작도해서 굵은 골재의 최대치수와 조립률(F.M)을 구한다.

정답 24 ④ 25 ② 26 ① 27 ② 28 ③ 29 ③

□□□ 기 13,22

30 콘크리트에 관한 설명으로 옳지 않은 것은?

① 콘크리트의 강도는 대체로 물-시멘트비로 결정된다.
② 콘크리트는 화재를 입으면 결정수를 방출하므로 강도에는 영향이 없다.
③ 콘크리트는 알칼리성이므로 철근콘크리트로 할 때 철근을 방청하는 큰 이점이 있다.
④ 일정한 물-시멘트비의 콘크리트에 공기연행제를 넣으면 워커빌리티를 증진시키는 이점은 있으나 강도는 약간 저하한다.

해설 콘크리트는 고온을 받으면 시멘트풀의 탈수와 골재의 온도가 상승하는데 따라 팽창함으로써 골재의 체적변화의 상이로 강도 및 탄성계수가 저하하며 철근과 콘크리트와의 부착력이 저하된다.

□□□ 기 05,11,12,16,18,22

31 콘크리트의 품질 관리의 관리도에서 계수값 관리도에 포함되지 않는 것은?

① x 관리도
② P 관리도
③ C 관리도
④ U 관리도

해설 관리도의 종류

계량값의 관리도	계수값의 관리도
• $\bar{x}-R$ 관리도(평균값과 범위의 관리도) • x 관리도(측정값 자체의 관리도) • $\bar{x}-\sigma$ 관리도(편균값과 표준편차의 관리도)	• P 관리도(불량률 관리도) • P_n 관리도(불량 개수 관리도) • C 관리도(결점수 관리도) • U 관리도(결점 발생률 관리도)

□□□ 기 16,22

32 콘크리트 타설 시 침하균열 방지 및 조치에 대한 설명으로 틀린 것은?

① 콘크리트 타설 속도를 늦추고, 1회의 타설 높이를 낮게 한다.
② 단위 수량을 될 수 있는 한 크게 하여 슬럼프가 큰 콘크리트로서 시공한다.
③ 콘크리트가 굳기 전에 침하균열이 발생한 경우 즉시 다짐이나 재 진동을 실시한다.
④ 슬래브와 보의 콘크리트가 벽 또는 기둥의 콘크리트와 연속되어 있는 경우에는 벽 또는 기둥의 콘크리트 침하가 거의 끝난 다음 슬래브, 보의 콘크리트를 타설한다.

해설 단위 수량은 될 수 있는 한 작게 하여야 하며, 슬럼프가 클수록 침하균열은 증가한다.

□□□ 기 07,10,13,16,18,22

33 4점 재하로 휨 강도 시험을 실시하였을 때 파괴하중이 30.8kN이었고 지간 중심선의 4점 사이에서 파괴되었다면 휨 강도는? (단, 공시체의 크기는 150×150×530mm이며, 지간은 450mm이다.)

① 3.53MPa
② 3.82MPa
③ 4.11MPa
④ 4.40MPa

해설 휨강도 $f_b = \dfrac{Pl}{bh^2}$

$\therefore f_b = \dfrac{30.8 \times 10^3 \times 450}{150 \times 150^2} = 4.11\,\mathrm{N/mm^2} = 4.11\,\mathrm{MPa}$

□□□ 기 04,07,09,11,12,15,16,17,20,22

34 φ100×200mm인 원주형 공시체를 사용한 쪼갬 인장 강도시험에서 파괴하중이 120kN이면 콘크리트의 쪼갬 인장 강도는?

① 1.91MPa
② 3.0MPa
③ 3.82MPa
④ 6.0MPa

해설 $f_{sp} = \dfrac{2P}{\pi dl}$

$= \dfrac{2 \times 120 \times 10^3}{\pi \times 100 \times 200} = 3.82\,\mathrm{N/mm^2} = 3.82\,\mathrm{MPa}$

□□□ 기 06,22

35 다음 중 콘크리트의 공기량 측정법으로 사용되지 않는 방법은?

① 질량법
② 초음파법
③ 수주 압력법
④ 공기실 압력법

해설 • 콘크리트의 공기량 측정방법 : 질량법, 수주 압력법, 공기실 압력법
• 초음파법 : 주로 물체내를 전파하는 초음파의 전파속도를 측정하여 해당 물체의 압축강도나 균열 깊이, 내부 결함 등에 관한 정보를 얻을 수 있는 비파괴시험법

□□□ 기 22

36 굳은 콘크리트의 건조수축에 대한 설명으로 틀린 것은?

① 물-시멘트비가 클수록 건조수축이 커진다.
② 골재의 함량이 많을수록 건조수축이 작아진다.
③ 골재의 입자가 작을수록 건조수축이 작아진다.
④ 시멘트의 화학성분 중에서는 C_3A의 함유량이 많은 콘크리트일수록 수축이 커진다.

해설 골재의 입자가 클수록 배합수량이 줄어들어 건조수축이 작아진다.

정답 30 ② 31 ① 32 ② 33 ③ 34 ③ 35 ② 36 ③

37 혼화재의 저장에 대한 설명으로 틀린 것은?

① 취급 시에 비산하지 않도록 주의한다.
② 장기간 저장한 혼화재는 사용하기 전에 시험을 실시하여 품질을 확인하여야 한다.
③ 방습이 되는 사일로 또는 창고 등에 종류별로 구분하여 저장하고, 입하된 순서대로 사용하여야 한다.
④ 팽창재는 다량의 유리된 산화칼슘을 함유하고 있어 풍화에 비교적 강하므로 통풍이 잘 되는 곳에 저장한다.

해설 팽창재는 다량의 유리된 산화칼슘을 함유하고 있어 풍화되기 쉬운 재료이므로 방습 사일로나 창고 등에 저장한다.

38 콘크리트의 블리딩 시험에 대한 설명으로 틀린 것은?

① 시험 중에는 실온 (20±3)℃로 한다.
② 용기의 치수는 안지름 250mm, 안높이 285mm로 한다.
③ 콘크리트를 채워 넣고, (30±3)mm 높아지도록 고른다.
④ 블리딩이 정지하면 즉시 용기와 시료의 질량을 측정한다. 이때 시료의 질량은 빨아낸 블리딩에 의한 수량을 가산하여야 한다.

해설 콘크리트를 채워 넣고, 콘크리트의 표면이 용기의 가장자리에서 (30±3)mm 낮아지도록 고른다.

39 콘크리트의 탄산화에 대한 설명으로 틀린 것은?

① 탄산화의 진행속도는 시간의 제곱근에 비례한다.
② 탄산화를 방지하기 위해서는 양질의 골재를 사용하고 물-시멘트비를 작게 하는 것이 좋다.
③ 페놀프탈레인 1% 에탄올 용액을 분산시키면 알칼리 부분은 변색하지 않지만 탄산화된 부분은 붉은 보라색으로 변한다.
④ 콘크리트의 수화 반응에서 생성되는 강알칼리성 수산화칼슘이 공기 중의 이산화탄소와 결합 후 탄산칼슘으로 변하여 알칼리성이 약해지는 현상을 탄산화라 한다.

해설 페놀프탈레인 1%의 에탄올 용액을 분사시키면 탄산화된 부분은 변색하지 않지만 알칼리 부분은 붉은 보라색으로 변한다.

40 AE제를 사용한 경우에 연행되는 공기량의 설명으로 옳은 것은?

① 슬럼프가 작을수록 많게 된다.
② 물-결합재비가 클수록 많게 된다.
③ 단위 잔골재량이 작을수록 많게 된다.
④ 콘크리트의 온도가 높을수록 많게 된다.

해설 AE제를 사용한 경우에 연행되는 공기량
 • 물-결합재비가 클수록 공기량은 많게 된다.
 • 슬럼프가 클수록 공기량은 많게 된다.
 • 시멘트의 분말도가 증가할수록 공기량은 많게 된다.
 • 단위 잔골재량이 많을수록 공기량은 많게 된다.
 • 콘크리트의 온도가 낮을수록 공기량은 많게 된다.

제3과목 : 콘크리트의 시공

41 슬럼프가 20mm 미만의 된반죽 공장제품 콘크리트의 반죽질기를 측정하는 시험으로 적합하지 않은 것은?

① 관입시험
② 슬럼프 시험
③ 다짐계수 시험
④ 외압 병용 VB 시험

해설 • 슬럼프가 20mm 이상인 콘크리트의 배합은 슬럼프 시험을 원칙으로 한다.
 • 슬럼프 20mm 미만인 콘크리트의 배합은 다짐계수시험, 관입시험, 외압 병용 VB시험 방법이 있다.

42 서중 콘크리트의 시공에 대한 설명으로 옳지 않은 것은?

① 콘크리트는 비빈 후 1.5시간 이내에 타설하여야 한다.
② 콘크리트 타설 후 양생은 3일 정도 실시하는 것이 바람직하다.
③ 콘크리트 타설은 콜드조인트가 생기지 않도록 하여야 한다.
④ 콘크리트를 타설할 때의 콘크리트 온도는 35℃ 이하여야 한다.

해설 타설 후 적어도 24시간은 노출면이 건조하지 않도록 하고 양생은 적어도 5일 이상 실시한다.

□□□ 기 12,22

43 일반 콘크리트에서 균열의 제어를 목적으로 균열유발 이음을 설치할 때, 이음의 간격 및 단면의 결손율에 대한 설명으로 옳은 것은?

① 균열유발 이음의 간격은 0.5~1m 이내로 하고 단면의 결손율은 30%를 약간 넘을 정도로 하는 것이 좋다.
② 균열유발 이음의 간격은 1~2m 이내로 하고 단면의 결손율은 20%를 약간 넘을 정도로 하는 것이 좋다.
③ 균열유발 이음의 간격은 부재높이의 1배 이상에서 2배 이내 정도로 하고 단면의 결손율은 20%를 약간 넘을 정도로 하는 것이 좋다.
④ 균열유발 이음의 간격은 부재높이의 2배 이상에서 3배 이내 정도로 하고 단면의 결손율은 30%를 약간 넘을 정도로 하는 것이 좋다.

해설 • 균열유발 이음의 간격은 부재높이의 1배 이상에서 2배 이내 정도로 하고 단면의 결손율은 20%를 약간 넘을 정도로 하는 것이 좋다.
• 이음부의 철근부식을 방지하기 위해 철근에 에폭시 도포를 하든가 다른 조치를 취하여야 한다.

□□□ 기 22

44 아래 압축강도(f_{28})와 결합재-물비(B/W)와의 관계식을 이용하여 $f_{28}=27$MPa의 콘크리트를 제작하기 위해 소요 배합강도를 얻기 위한 물-결합재비는?

$$f_{28} = -7.6 + 19.0\,B/W$$

① 약 40%   ② 약 45%
③ 약 50%   ④ 약 55%

해설 $f_{28} = 27$MPa
　　　$= -7.6 + 19.0\,B/W$
• $\dfrac{B}{W} = \dfrac{27+7.6}{19.0}$ 에서
∴ $\dfrac{W}{B} = \dfrac{19.0}{27+7.6} \times 100 = 55\%$

□□□ 기 04,09,22

45 먼저 타설된 콘크리트와 나중에 타설된 콘크리트 사이에 완전히 일체화가 되지 않아 생기는 이음 줄눈은?

① 수축이음   ② 신축이음
③ 콜드조인트   ④ 균열유발줄눈

해설 콜드조인트(cold joint)
시공 전에 계획하지 않은 곳에서 생겨난 이음으로서, 먼저 타설된 콘크리트와 나중에 타설되는 콘크리트 사이에 완전히 일체화가 되어 있지 않은 이음부위

□□□ 기 09,16,18,22

46 일평균 기온이 15℃ 이상일 때 일반 콘크리트 습윤 양생 기간의 표준으로 옳은 것은? (단, 보통포틀랜드시멘트-고로슬래그시멘트-조강포틀랜드시멘트를 사용한 콘크리트의 순서)

① 5일-7일-3일   ② 7일-5일-3일
③ 7일-9일-4일   ④ 9일-7일-4일

해설 습윤양생기간의 표준

일평균 기온	보통 포틀랜드 시멘트	고로 슬래그 시멘트 2종, 플라이 애시 시멘트 2종	조강 포틀랜드 시멘트
15℃ 이상	5일	7일	3일
10℃ 이상	7일	9일	4일
5℃ 이상	9일	12일	5일

□□□ 기 16,22

47 방사선 차폐용 콘크리트에 대한 설명으로 틀린 것은?

① 설계에 정해져 있지 않은 이음은 설치할 수 없다.
② 화학혼화제는 차폐 성능에 영향을 주로 사용하지 않는다.
③ 시멘트는 수화열 발생이 적은 시멘트를 선정하는 것이 유리하다.
④ 소요의 밀도를 확보하기 위해서 일반 콘크리트 보다 슬럼프를 작게 하는 것이 바람직하다.

해설 화학혼화제는 콘크리트의 단위수량이나 단위 시멘트량을 적게 할 목적으로 감수제나 고성능 공기연행 감수제를 사용할 수 있다.

□□□ 기 22

48 한중 콘크리트의 시공 시 주의할 사항으로 틀린 것은?

① 응결 및 경화 초기에 동결되지 않도록 할 것
② 공사 중의 각 단계에서 예상되는 하중에 대하여 충분한 강도를 가지게 할 것
③ 양생종료 후 따뜻해질 때까지 받는 동결융해작용에 대하여 충분한 저항성을 가지게 할 것
④ 매스콘크리트, 고강도 콘크리트 등은 타설 후 콘크리트에 많은 수화열이 발생하기 때문에 책임기술자 승인과 상관없이 규정에 따라 보온 및 양생 등에 대하여 전부를 적용할 것

해설 매스콘크리트, 고강도 콘크리트 등은 타설 후 콘크리트에 많은 수화열이 발생하기 때문에 책임기술자 승인을 얻어 규정의 일부 또는 전부를 적용하지 않을 수 있다.

정답 43 ③　44 ④　45 ③　46 ①　47 ②　48 ④

기 05,12,22

49 현장타설 말뚝 또는 지하연속벽에 사용하는 수중 콘크리트의 타설에 대한 설명으로 틀린 것은?

① 콘크리트 타설은 일반적으로 안정액 중에서 시행하여야 한다.
② 트레미의 안지름은 굵은 골재의 최대치수의 8배 정도가 적당하다.
③ 진흙 제거는 굴착 완료 후와 콘크리트 타설 직전에 2회 실시하여야 한다.
④ 콘크리트를 타설하는 도중에는 콘크리트 속의 트레미 삽입깊이는 1m 이하로 하여야 한다.

[해설] 콘크리트를 타설하는 도중에는 콘크리트 속의 트레미 삽입깊이는 2m 이상으로 하여야 한다.

기 16,22

50 고강도 콘크리트에 대한 설명으로 옳지 않은 것은?

① 콘크리트 타설 낙하높이는 1m 이하로 하는 것이 좋다.
② 물-결합재비는 50% 이하, 단위 수량은 200kg/m³ 이하로 한다.
③ 단위 시멘트량은 소요의 워커빌리티 및 강도를 얻을 수 있는 범위 내에서 가능한 적게 한다.
④ 충분한 수화작용을 할 수 있도록 직사광선에 노출시키거나 바람에 수분이 증발하지 않도록 주의한다.

[해설] 물-결합재비는 45% 이하, 단위수량은 최대 180kg/m³ 이하로 한다.

기 11,12,17,21,22

51 포장용 콘크리트의 배합기준 중 호칭강도의 기준으로 옳은 것은?

① 설계기준 휨 호칭강도 3.5MPa 이상
② 설계기준 휨 호칭강도 4.5MPa 이상
③ 설계기준 압축 호칭강도 20MPa 이상
④ 설계기준 압축 호칭강도 30MPa 이상

[해설] 포장용 콘크리트의 배합기준

항 목	기 준
설계기준 휨 호칭강도(f_{28})	4.5MPa 이상
단위 수량	150kg/m³ 이하
굵은 골재의 최대치수	40mm 이하
슬럼프	40mm 이하
공기연행 콘크리트의 공기량 범위	4~6%

기 20,22

52 재령 t일에서 콘크리트의 단열온도상승량 $Q(t)$는 콘크리트 타설이 끝난 후 콘크리트 내부의 온도 변화를 해석하기 위한 기본적인 자료로, 일반적으로 $Q(t) = Q_\infty(1-e^{-rt})$로 나타낼 수 있다. 1m³당 시멘트 320kg, 플라이애시 80kg을 사용한 경우 [표 1]을 이용하여 20℃에서 타설된 콘크리트의 최종단열온도 상승량(Q_∞)과 온도상승속도(r)의 값을 구하면?

[표 1. Q_∞ 및 r의 표준값]

| 타설온도 (℃) | $Q(t) = Q_\infty(1-e^{-rt})$ | | | |
| | $Q_\infty(C) = aC+b$ | | $r(C) = gC+h$ | |
	a	b	g	h
20	0.12	8.0	0.0028	-0.143

① $Q_\infty = 46℃$, $r = 0.896$
② $Q_\infty = 46℃$, $r = 0.977$
③ $Q_\infty = 56℃$, $r = 0.896$
④ $Q_\infty = 56℃$, $r = 0.977$

[해설] $Q_\infty(C) = aC+b = 0.12 \times (320+80) + 8.0 = 56℃$
$r(C) = gC+h = 0.0028 \times (320+80) - 0.143 = 0.977$

기 12,14,17,22

53 콘크리트를 타설하고 난 후 연직시공이음부의 거푸집 제거시기로 옳은 것은?

① 여름에는 4~6시간 정도, 겨울에는 8~10시간 정도
② 여름에는 4~6시간 정도, 겨울에는 10~15시간 정도
③ 여름에는 6~8시간 정도, 겨울에는 10~15시간 정도
④ 여름에는 6~8시간 정도, 겨울에는 15~20시간 정도

[해설] 일반적으로 연직시공이음부의 거푸집 제거시기는 콘크리트를 타설하고 난 후 여름에는 4~6시간 정도, 겨울에는 10~15시간 정도로 한다.

기 12,16,22

54 팽창 콘크리트 중 수축보상용 콘크리트의 팽창률 표준으로 옳은 것은?

① 100×10^{-6} 이상, 250×10^{-6} 이하
② 100×10^{-6} 이상, 300×10^{-6} 이하
③ 150×10^{-6} 이상, 250×10^{-6} 이하
④ 150×10^{-6} 이상, 300×10^{-6} 이하

[해설] 수축보상용 콘크리트의 팽창률은 150×10^{-6} 이상, 250×10^{-6} 이하인 값을 표준으로 한다.

정답 49 ④ 50 ② 51 ② 52 ④ 53 ② 54 ③

□□□ 기 11,14,17,22

55 섬유보강 콘크리트의 배합 및 비비기에 대한 설명으로 틀린 것은?

① 믹서는 가경식 믹서를 사용하는 것을 원칙으로 한다.
② 믹서에 투입된 섬유의 분산에 필요한 비비기 시간은 섬유의 종류나 혼입률에 따라 다르다.
③ 강섬유 보강 콘크리트의 경우, 소요 단위수량은 강섬유의 혼입률에 거의 비례하여 증가한다.
④ 배합을 정할 때에는 일반 콘크리트의 배합을 정할 때의 고려사항과 콘크리트의 휨강도 및 인성이 소요의 값으로 되도록 고려할 필요가 있다.

해설 믹서는 강제식 믹서를 사용하는 것을 원칙으로 한다.

□□□ 기 12,22

56 경량골재 콘크리트에 대한 설명으로 틀린 것은?

① 최대 물-결합재비는 60%를 원칙으로 한다.
② 공기량은 보통콘크리트보다 1% 크게 하여야 한다.
③ 비비기 시간은 강제식 믹서를 사용하는 경우 1분 30초 이상, 가경식 믹서를 사용하는 경우 1분 이상을 표준으로 한다.
④ 골재의 전부 또는 일부를 경량골재를 사용하여 제조한 콘크리트로 기건 단위질량이 2,100kg/m³ 미만인 콘크리트를 말한다.

해설 표준 비비기 시간은 믹서에 재료를 전부 투입한 후 강제식 믹서일 때는 1분 이상, 가경식 믹서일 때는 2분 이상을 하여야 한다.

□□□ 기 14,22

57 해양 콘크리트를 시공할 때 콘크리트가 충분히 경화되기 전에 해수에 씻기면 모르타르 부분이 유실되는 등 피해를 받을 우려가 있으므로 직접 해수에 닿지 않도록 보호하여야 한다. 고로 슬래그 시멘트 등 혼합 시멘트를 사용할 경우 보호하여야 하는 기간으로 옳은 것은?

① 3일간
② 5일간
③ 설계기준압축강도의 50% 이상의 강도가 확보될 때까지
④ 설계기준압축강도의 75% 이상의 강도가 확보될 때까지

해설 • 보통 포틀랜드 시멘트 : 5일간
• 고로 슬래그 시멘트 : 설계기준압축강도의 75% 이상의 강도가 확보될 때까지 연장하여야 한다.

□□□ 기 12,22

58 일반 콘크리트를 2층 이상으로 나누어 타설할 경우, 외기온도가 25℃를 초과할 때 이어치기 허용시간 간격의 표준으로 옳은 것은?

① 1시간
② 1시간 30분
③ 2시간
④ 2시간 30분

해설 허용 이어치기 시간 간격의 표준

외기온도	허용 이어치기 시간간격
25℃ 초과	2.0시간
25℃ 이하	2.5시간

□□□ 기 14,17,22

59 숏크리트 작업 시 분진 및 반발량에 대한 대책으로서 틀린 것은?

① 환기에 의해 분진 확산을 희석시킨다.
② 분진발생을 적게 하는 건식 숏크리트 방식을 채용한다.
③ 액체급결제, 분진저감제 등 분진발생을 적게 하는 재료를 선택하고 관리한다.
④ 집진장치를 설치하고 숏크리트 작업 시 발생하는 리바운드된 재료를 경화 전에 제거한다.

해설 분진발생을 적게 하는 습식 숏크리트 방식을 채용한다.

□□□ 기 08,15,18,22

60 한중 콘크리트에 대한 설명으로 틀린 것은?

① 물-결합재비는 원칙적으로 60% 이하로 하여야 한다.
② 한중 콘크리트에는 공기연행콘크리트를 사용하는 것을 원칙으로 한다.
③ 하루의 최저 기온이 0℃ 이하가 되는 조건일 때는 한중 콘크리트로 시공하여야 한다.
④ 재료를 가열할 경우, 물 또는 골재를 가열하는 것으로 하며, 시멘트는 어떠한 경우라도 직접 가열할 수 없다.

해설 하루의 평균기온이 4℃ 이하가 예상되는 조건일 때는 콘크리트가 동결할 염려가 있으므로 한중콘크리트로 시공하여야 한다.

정답 55 ① 56 ③ 57 ④ 58 ③ 59 ② 60 ③

제4과목 : 콘크리트 구조 및 유지관리

기 11,17,20,22

61 열화원인과 보수계획의 관계에 대한 설명으로 틀린 것은?

① 염해 - 단면복구공법, 표면보호공법
② 탄산화 - 단면복구공법, 균열주입공법
③ 알칼리 골재반응 - 균열주입공법, 표면보호공법
④ 화학적 콘크리트 침식 - 단면복구공법, 표면보호공법

해설 열화원인과 보수계획

열화원인	보수방법
탄산화	재알칼리화공법, 단면복구공법, 표면보호공법
염해	탈염공법, 단면복구공법, 표면보호공법
알칼리골재반응	균열주입공법, 표면보호공법
동해	단면 복구공법, 균열주입공법, 표면 보호공법
화학적 침식	단면복구공법, 표면보호공법

기 14,17,22

62 $b_w = 350mm$, $d = 560mm$, $h = 600mm$인 직사각형 단면의 보에서 전단철근이 부담해야 할 전단강도 $V_s = 400kN$이라 할 때, 전단철근의 간격 s는 얼마 이하이어야 하는가? (단, 전단철근의 단면적 $A_v = 800mm^2$, $f_{yt} = 300MPa$, $f_{ck} = 25MPa$)

① 140mm ② 280mm
③ 360mm ④ 600mm

해설 전단철근의 간격 제한

• $V_s \leq \frac{1}{3}\lambda\sqrt{f_{ck}}b_w d$: $s = \frac{d}{2}$ 이하 또는 600mm 이하

• $V_s > \frac{1}{3}\lambda\sqrt{f_{ck}}b_w d$: $s = \frac{d}{4}$ 이하 또는 300mm 이하

• $V_s = \frac{1}{3}\lambda\sqrt{f_{ck}}b_w d$
 $= \frac{1}{3} \times 1 \times \sqrt{25} \times 350 \times 560$
 $= 326,667 N = 327kN < V_s = 400kN$

∴ $s = \frac{d}{4}$ 이하 또는 300mm 이하

• $s = \frac{d}{4} = \frac{560}{4} = 140mm$

• 부재축에 직각인 전단철근을 사용하는 경우 간격

$V_s = \frac{A_v f_y d}{s}$ 에서

• $s = \frac{A_v f_y d}{V_s} = \frac{800 \times 300 \times 560}{326,667} = 411.43mm$

∴ $s = 140mm$ (∵ 가장 작은 값)

기 09,13,17,22

63 외부적 요인에 의해 옥내(실내) 구조물의 탄산화 속도가 옥외(실외) 구조물보다 빠르게 진행되었다면 이의 주된 이유는?

① 마감재료의 사용
② 피복두께의 부족
③ 과다한 크리프 발생
④ 높은 탄산가스 농도

해설
• 탄산화는 대기 중의 탄산가스가 서서히 콘크리트 속으로 침투하여 알칼리성을 약하게 하고 내부 철근을 부식시키는 현상이다.
• 탄산화는 콘크리트 내부의 화학성분과 높은 탄산가스와 반응하여 발생하며, 공기 중의 탄산가스의 농도가 높을수록 탄산화 속도가 빠르다.

기 93,22

64 강도설계법에서 인장파괴 기둥이란? (단, e : 편심거리, e_b : 균형편심, P_u : 계수축력, P_b : 균형축강도)

① $e > e_b$, $P_u < P_b$인 경우
② $e > e_b$, $P_u > P_b$인 경우
③ $e < e_b$, $P_u < P_b$인 경우
④ $e < e_b$, $P_u > P_b$인 경우

해설 기둥의 파괴상태
• 압축파괴 : $e < e_b$, $P_u > P_b$인 경우
• 균형파괴 : $e = e_b$, $P_u = P_b$인 경우
• 인장파괴 : $e > e_b$, $P_u < P_b$인 경우

기 16,17,22

65 피로(fatigue)에 대한 안전성 검토 사항을 설명한 것으로 옳지 않은 것은?

① 하중 중에서 변동 하중이 재하되는 비율이나 작용빈도가 높기 때문에 피로에 대한 안전성 검토를 한다.
② 피로의 검토가 필요한 구조 부재는 높은 응력을 받는 부분에서 철근을 구부리지 않도록 한다.
③ 보 및 슬래브의 경우는 휨 및 전단에 대한 피로 검토를 하는 것이 일반적이지만, 기둥의 경우는 반드시 피로 검토를 해야 한다.
④ 충격을 포함한 사용 활하중에 의한 철근의 응력범위가 SD300의 경우 130MPa 이내, SD350의 경우 140MPa 이내, SD400의 경우 150MPa 이내일 경우에는 피로에 대하여 검토할 필요가 없다.

해설 기둥의 피로는 검토하지 않아도 좋다. 다만, 휨모멘트나 축인장력의 영향이 특히 큰 경우에는 보에 준하여 검토하여야 한다.

정답 61 ② 62 ① 63 ④ 64 ① 65 ③

66 $b=400mm$, $d=540mm$, $h=600mm$인 직사각형 보에 인장철근이 1열 배근된 철근콘크리트 단면의 균형 단면 철근단면적(A_s)은? (단, 등가 직사각형 압축응력블록을 사용하며, $f_{ck}=28MPa$, $f_y=400MPa$이다.)

① 5,462mm²
② 5,959mm²
③ 6,402mm²
④ 7,283mm²

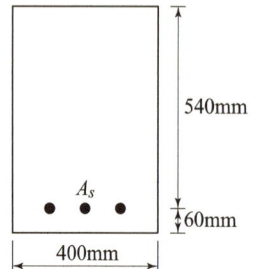

해설 철근량 $A_s = \rho_b bd$
- $f_{ck} \leq 40MPa$일 때
  $\beta_1 = 0.80$, $\eta = 1.0$
- $\rho_b = \dfrac{\eta(0.85f_{ck})\beta_1}{f_y} \cdot \dfrac{660}{660+f_y}$
  $= \dfrac{1.0 \times 0.85 \times 28 \times 0.80}{400} \times \dfrac{660}{660+400} = 0.0296377$

∴ $A_s = 0.0296377 \times 400 \times 540 = 6,402\,mm^2$

67 열화된 콘크리트의 단면보수공법 재료로서 사용되는 폴리머 시멘트 모르타르의 부착강도 기준으로 옳은 것은? (단, 표준 조건)

① 0.3MPa 이상
② 0.5MPa 이상
③ 1.0MPa 이상
④ 1.5MPa 이상

해설 폴리머 시멘트 모르타르의 부착강도 품질

항목 조건	규정치
표준 조건	1MPa 이상
온냉 반복 후	1MPa 이상

68 콘크리트의 구조체에 발생된 균열의 원인이 재료적 원인에 관계된 사항으로 정밀육안조사 결과 나타났다. 재료적 원인에 관계된 사항이 아닌 것은?

① 시멘트의 수화열
② 조절줄눈의 배치간격 불량
③ 골재에 함유되어 있는 이분
④ 반응성골재 또는 풍화암의 사용

해설 재료적 원인에 의한 균열
- 수축성 : 시멘트의 수화열, 콘크리트의 경화
- 팽창성 : 원재료의 특성에 의한 것, 골재에 함유되어 있는 이분, 반응성골재 또는 풍화암의 사용, 철근을 녹슬게 함
- 침하성 : 블리딩에 의한 것

69 철근콘크리트 휨 부재에서 최소 철근량에 대한 설명으로 틀린 것은?

① 일반적인 휨 부재의 최소 철근량은 설계휨강도가 $\phi M_n \geq 1.2 M_{cr}$을 만족하여야 한다.
② 최소 철근량은 기능조건상 단면의 치수가 크게 설계되는 경우 너무 적은 철근이 배근되는 것을 막기 위함이다.
③ 해석상 요구되는 철근량보다 1/4 이상 인장철근이 더 배근된 경우에는 최소 철근량의 규정을 적용하지 않는다.
④ 두께가 균일한 구조용 슬래브와 기초판에 대하여 경간방향으로 보강되는 휨철근의 단면적은 수축·온도철근 기준에 규정한 값 이상이어야 한다.

해설 해석상 요구되는 철근량보다 1/3 이상 인장철근이 더 배근된 경우에는 최소 철근량의 규정을 적용하지 않는다.

70 철근부식에 의한 균열 방지 방법으로 옳지 않은 것은?

① 철근을 코팅하여 사용한다.
② 콘크리트의 피복두께를 늘린다.
③ 콘크리트의 표면을 덧씌우기 한다.
④ 흡수성이 높은 콘크리트를 사용한다.

해설 철근 부식에 의한 콘크리트의 균열 방지방법
- 철근을 방청처리 한다.
- 콘크리트 표면을 코팅처리 한다.
- 흡수성이 낮은 콘크리트를 사용한다.
- 콘크리트에 탄산화가 일어나지 않도록 조치한다.
- 외부로부터 전류를 흐르게 하여 전위를 변화시켜 부식을 방지한다.
- 콘크리트 피복을 증가시켜 부식성 물질을 통하여 부식을 방지한다.
- 밀실한 콘크리트를 제조하여 부식성 물질을 콘크리트로부터 차단하거나 제거한다.
  ∴ 경량골재를 사용해야 할 때에는 AE콘크리트로 해야 하며, 경량콘크리트는 같은 공기량이 커지만 동결융해에 대한 저항성은 뒤떨어진다.

71 콘크리트 구조물에서 코어채취에 의한 시험으로 알 수 없는 것은?

① 인장강도
② 고유 진동수
③ 탄산화 깊이
④ 염화물 이온 함유량

해설 코어채취의 필수적 조사항목
- 콘크리트 강도
- 탄산화 깊이
- 염화물이온함유량

정답 66 ③ 67 ③ 68 ② 69 ③ 70 ④ 71 ②

72 1방향 슬래브의 구조상세에 대한 설명으로 틀린 것은?

① 1방향 슬래브의 두께는 최소 100mm 이상으로 하여야 한다.
② 1방향 슬래브에서는 정모멘트 철근 및 부모멘트 철근에 직각방향으로 수축·온도철근을 배치하여야 한다.
③ 슬래브의 정모멘트 철근 및 부모멘트 철근의 중심 간격은 위험단면에서는 슬래브 두께의 2배 이하이어야 하고, 또한 300mm 이하로 하여야 한다.
④ 슬래브의 단변방향 보의 상부에 부모멘트로 인해 발생하는 균열을 방지하기 위하여 슬래브의 단변방향으로 슬래브 상부에 철근을 배치하여야 한다.

해설 슬래브의 단변방향 보의 상부에 부모멘트로 인해 발생하는 균열을 방지하기 위하여 슬래브의 장변방향으로 슬래브 상부에 철근을 배치하여야 한다.

73 경간이 15m인 거더에 단면적이 1,115mm²인 PS 강재를 사용하여 양단에 1,360kN을 긴장하여 보강하고자 할 때, PS 강재에 발생하는 늘음량(Δl)은? (단, PS 강재의 탄성계수는 2×10^5MPa이며, 긴장재의 마찰과 콘크리트의 탄성수축은 무시한다.)

① 73.2mm ② 77.8mm
③ 84.4mm ④ 91.5mm

해설 $\Delta f_p = E_p \cdot \dfrac{\Delta l}{l} = \dfrac{P}{A}$ 에서

$\therefore \Delta l = \dfrac{P \cdot l}{E_p \cdot A} = \dfrac{1,360 \times 10^3 \times 15,000}{2 \times 10^5 \times 1,115} = 91.5\text{mm}$

74 탄성처짐이 10mm인 철근콘크리트 구조물에서 압축철근이 없다고 가정하면 재하기간이 5년 이상 지속된 구조물의 장기처짐은?

① 12mm ② 15mm
③ 20mm ④ 25mm

해설
• 장기처짐계수 $\lambda_\Delta = \dfrac{\xi}{1+50\rho'}$
$= \dfrac{2.0}{1+50 \times 0} = 2$
• 시간경과 계수 ξ
  ξ : 시간 경과 계수(5년 이상 : 2.0, 12개월 : 1.4, 6개월 : 1.2, 3개월 : 1.0)
• 장기처짐=순간처짐(탄성침하)×장기처짐계수(λ_Δ)
  $= 10 \times 2 = 20$mm

75 콘크리트의 진단 시에 화학적 성질을 알아보기 위해 사용하는 시험이 아닌 것은?

① 초음파 시험 ② 탄산화 깊이 측정
③ 염화물 함유량 시험 ④ 알칼리 골재반응 시험

해설 • 화학적 성질을 알기 위한 시험 : 알칼리골재반응, 염화물, 탄산화, 화학적 침식
• 초음파 시험 : 콘크리트를 통과하는 초음파진동의 속도와 파형을 측정하여 콘크리트의 강도, 균열심도, 내부결함 등을 검사한다.

76 지간이 4m인 직사각형 단면의 단순보가 있다. 이 보에 자중을 포함한 고정하중 20kN/m와 활하중 10kN/m가 작용하고 있을 때 하중조합에 의한 계수휨모멘트(M_u)는?

① 30kN·m ② 40kN·m
③ 60kN·m ④ 80kN·m

해설 $U = 1.2D + 1.6L = 1.2 \times 20 + 1.6 \times 10 = 40\text{kN/m}$

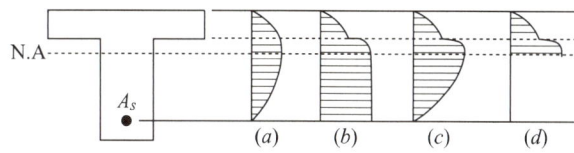

77 아래 그림과 같은 철근콘크리트 보의 단면에 생기는 전단응력의 분포 형태로 옳은 것은?

① (a) ② (b)
③ (c) ④ (d)

해설 전단응력 분포(직사각형)

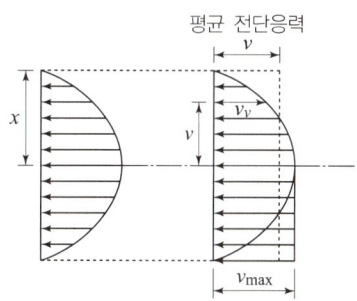

☐☐☐ 기 11,16,22
78 아래에서 설명하는 비파괴 시험방법은?

> 콘크리트 중에 파묻힌 가력 두부(Head)를 지닌 삽입물(Insert)과 반력 링(Ring)을 사용하여 원추 대상의 콘크리트 덩어리를 뽑아낼 때의 최대 내력에서 콘크리트의 압축강도를 추정하는 방법

① BS Test ② Tc—To Test
③ Pull—out Test ④ RC—Radar Test

[해설] 인발법(Pull-out Test)으로 이 방법은 인발용 치구를 콘크리트 타설할 때 미리 파묻어두는 preset방법과 콘크리트 정화 후에 Hole-in-Insert나 Chemical Insert 등을 이용하여 인발볼트를 정착하는 Postset법으로 구별된다.

☐☐☐ 기 04,06,12,20,22
79 콘크리트 구조물의 재하시험은 하중을 받는 구조부분의 재령이 최소한 며칠이 지난 다음에 재하시험을 수행하는 것이 좋은가?

① 14일 ② 28일
③ 56일 ④ 84일

[해설] 재하시험은 하중을 받는 구조부분의 재령이 최소한 56일이 지난 다음에 시행하여야 하나 소유주, 시공자 및 관련자 모든 사람 동의할 때는 예외이다.

☐☐☐ 기 17,22
80 교량 외관검사에서 PSC 거더의 평가항목이 아닌 것은?

① 진동처짐 ② 포장요철
③ 박리 및 파손 ④ 균열 및 강재노출

[해설] 포장요철은 도로 포장공사의 평가항목에 해당된다.

정답 78 ③ 79 ③ 80 ②

국가기술자격 CBT 필기시험문제

2022년도 기사 3회 필기시험 복원문제

자격종목	시험시간	문제수	형 별	수험번호	성 명
콘크리트기사	2시간	80	A		

※ 각 문제는 4지 택일형으로 질문에 가장 적합한 문제의 보기 번호를 클릭하거나 답안표기란의 번호를 클릭하여 입력하시면 됩니다.
※ 입력된 답안은 문제 화면 또는 답안 표기란의 보기 번호를 클릭하여 변경하실 수 있습니다.

제1과목 : 콘크리트 재료 및 배합

□□□ 기 04,10,12,17,22

01 KS L 5405 플라이 애시의 품질규정에 제시된 규정치에 대한 설명으로 틀린 것은?

① 이산화규소(SiO_2) 성분을 45% 이상 함유하고 있어야 한다.
② 플라이 애시 2종의 경우 강열감량이 5% 이하로 되어야 한다.
③ 브레인 방법에 의한 분말도는 20,000cm^2/g 이상이 되어야 한다.
④ 밀도는 1.95g/cm^3 이상이 되어야 한다.

[해설] 플라이 애시 품질규정

항 목		플라이 애시 1종	플라이 애시 2종
이산화규소(SiO_2)		45% 이상	45% 이상
수분		1.0% 이하	1.0% 이하
강열감량		3.0% 이하	5.0% 이하
밀도(g/cm^3)		1.95 이상	1.95 이상
분말도	45μm체 망체방법(%)	10 이하	40 이하
	비표면적(cm^2/g) (블레인 방법)	4,500 이상	3,000 이상
플로값 비(%)		105 이상	95 이상
활성도 지수(%)	재령 28일	90 이하	80 이상
	재령 91일	100 이상	90 이상

□□□ 기 15,16,17,22

02 설계기준 압축강도가 42MPa이고, 30회 이상의 시험실적으로부터 구한 압축강도의 표준편차가 5MPa일 때 콘크리트의 배합강도는?

① 47MPa
② 48.7MPa
③ 49.5MPa
④ 50.2MPa

[해설] $f_{ck} > 35$MPa일 때
- $f_{cr} = f_{ck} + 1.34s = 42 + 1.34 \times 5 = 48.7$MPa
- $f_{cr} = 0.9 f_{ck} + 2.33s = 0.9 \times 42 + 2.33 \times 5 = 49.5$MPa
∴ $f_{cr} = 49.5$MPa(두 값 중 큰 값)

□□□ 기 14,22

03 콘크리트 배합설계에서 단위수량 165kg, 물-시멘트비 40%, 시멘트 밀도 3.15g/cm^3, 공기량 3%로 하는 경우 골재의 절대용적을 구한 값으로 맞는 것은?

① 621l
② 642l
③ 674l
④ 696l

[해설] • 시멘트밀도 3.15g/cm^3 = 0.00315g/mm^3
- 단위시멘트량 $c = \dfrac{W}{W/C} = \dfrac{165}{0.40} = 412.5$kg
- 시멘트의 절대용적 $V_c = \dfrac{412.5}{0.00315 \times 1,000} = 130.95 l$
- 공기량 $= 1,000 \times \dfrac{3}{100} = 30 l$
∴ 골재의 절대용적 $a = 1,000 - (165 + 130.95 + 30) = 674.05 l$

□□□ 기 10,16,22

04 일반콘크리트용 잔골재로 가장 적합한 것은?

① 절대건조밀도가 0.0025g/mm^3 이상인 잔골재
② 조립률이 3.3~4.1 범위인 잔골재
③ 흡수율이 4.0% 이상인 잔골재
④ 염화물(NaCl 환산량)량이 질량 백분율로 0.4% 이하인 잔골재

[해설] • 조립률이 2.3~3.1 범위인 잔골재
- 흡수율이 3.0% 이하인 잔골재
- 염화물(NaCl 환산량)량이 질량 백분율로 0.04% 이하인 잔골재

□□□ 기 12,15,18,22

05 시멘트의 강도 시험방법(KS L ISO 679)에 의해 시멘트의 압축강도 시험을 실시하고자 한다. 시멘트 450g을 사용하여 공시체를 제작할 때 모래의 사용량은?

① 900g
② 1,125g
③ 1,250g
④ 1,350g

[해설] 모르타르 조제 : 질량에 의한 비율로 시멘트와 표준모래를 1 : 3의 비율로 한다.
∴ 시멘트와 모래의 비율 = 1 : 3 = 450 : 1,350g

정답 01 ③ 02 ③ 03 ③ 04 ① 05 ④

□□□ 기 14,15,17,22

06 시멘트의 비중시험(KS L 5110)에 대한 설명으로 틀린 것은?

① 르샤틀리에 플라스크를 사용한다.
② 온도 20±3℃에서 비중 약 1.5 이상인 완전히 탈수된 등유나 나프타를 사용한다.
③ 포틀랜드 시멘트를 시료로 할 경우 1회 시험에 약 64g 정도를 사용한다.
④ 동일 시험자가 동일 재료에 대하여 2회 측정한 결과가 ±0.03 이내이어야 한다.

해설 온도 23±2℃에서 비중 약 0.73 이상인 완전히 탈수된 등유나 나프타를 사용한다.

□□□ 기 16,22

07 콘크리트용 골재에 대한 설명으로 틀린 것은?

① 부순돌의 입형의 좋고 나쁨은 실적률값을 통하여 판정할 수 있다.
② 공기량이 같은 콘크리트를 제조하는 데 있어서, 씻기시험에 의해 손실되는 것의 함유량이 큰 잔골재를 사용하면 AE제의 소요량을 감소시킬 수 있다.
③ 굵은 골재 최대치수를 크게 하면 동일한 슬럼프의 콘크리트를 제조하는 데 필요한 단위수량을 적게 할 수 있다.
④ 동일한 조립률을 갖는 골재라도 많은 수의 다른 입도곡선이 존재할 수 있다.

해설 공기량이 같은 콘크리트를 제조하는 데 있어서, 씻기시험에 의해 손실되는 것의 함유량이 큰 잔골재를 사용하면 AE제의 소요량을 증가시킬 수 있다.

□□□ 기 10,12,15,22

08 콘크리트용 굵은 골재의 최대치수에 대한 설명으로 틀린 것은?

① 거푸집 양 측면 사이의 최소 거리의 1/5를 초과하지 않아야 한다.
② 슬래브 두께의 1/4을 초과하지 않아야 한다.
③ 개별철근, 다발철근, 긴장재 또는 덕트 사이 최소 순간격의 3/4을 초과하지 않아야 한다.
④ 구조물의 단면이 큰 경우 굵은 골재의 최대치수는 40mm를 표준으로 한다.

해설 굵은 골재의 최대 치수는 다음 값을 초과하지 않아야 한다.
• 거푸집 양측사이의 최소 거리의 1/5
• 슬래브 두께의 1/3
• 개별철근, 다발철근, 긴장재 또는 덕트 사이 최소 순간격의 3/4

□□□ 기 05,15,22

09 다음의 콘크리트 배합에 관한 일반적인 사항으로 잘못 설명된 것은?

① 잔골재율을 작게 하면 소요의 워커빌리티를 가지는 콘크리트를 얻기 위하여 필요한 단위수량 및 단위시멘트량이 감소되어 경제적으로 된다.
② 시방배합에서 잔골재 및 굵은골재는 각각 표면건조포화상태로서 나타낸다.
③ 공사 중에 잔골재의 조립률이 ±0.2 이상 차이가 있을 경우에는 콘크리트의 워커빌리티가 변하므로 배합을 수정할 필요가 있다.
④ 굵은골재 최대치수는 철근 순간격의 3/4 이하이어야 하며, 콘크리트를 경제적으로 만들기 위해서는 최대치수가 작은 굵은골재를 사용하는 것이 유리하다.

해설 굵은골재 최대치수는 철근 순간격의 3/4 이하이어야 하며, 콘크리트를 경제적으로 만들기 위해서는 최대치수가 큰 굵은골재를 사용하는 것이 유리하다.

□□□ 기 10,20,22

10 콘크리트 재료의 종류와 특성에 관한 설명으로 틀린 것은?

① 보통 포틀랜드 시멘트는 특수한 경우를 제외하고 일반적으로 사용한다.
② 중용열 포틀랜드 시멘트는 발열량 및 체적변화가 적다.
③ 고로 슬래그 시멘트는 해수작용을 받는 구조물, 터널, 하수도 등에 유리하다.
④ 플라이 애시 시멘트는 화학물질에 대한 저항성은 크지만 수밀성은 떨어진다.

해설 플라이 애시 시멘트는 워커빌리티가 좋고, 장기강도가 크며, 수밀성이 좋다.

□□□ 기 08,12,16,22

11 모래 A의 조립률이 3.2이고, 모래 B의 조립률이 2.2인 모래를 혼합하여 조립률 2.8의 모래 C를 만들려면 모래 A와 B는 얼마의 비율로 섞어야 하는가?

① A : 30%, B : 70%
② A : 40%, B : 60%
③ A : 50%, B : 50%
④ A : 60%, B : 40%

해설 $A+B=100$ ……………… (1)
$\dfrac{3.2A+2.2B}{A+B}=2.8$ ……………… (2)
(2)에서 $3.2A+2.2B=2.8A+2.8B$
∴ $0.4A-0.6B=0$ ……………… (3)
(1)×0.6+(3)
$1.0A=60\%$ ……………… (4)
∴ $A=60\%,\ B=40\%$

정답 06 ② 07 ② 08 ② 09 ④ 10 ④ 11 ④

□□□ 기12,15,19,22

12 철근콘크리트에 이용되는 길이가 300mm이고 직경이 20mm인 강봉에 인장력을 가한 결과 2.34×10^{-1}mm가 신장되었다면 이 때 강봉에 가해진 인장력은 얼마인가? (단, 강봉의 탄성계수= $2.0 \times 10^5 \text{N/mm}^2$)

① 20kN ② 37kN
③ 40kN ④ 49kN

해설 탄성계수 $E = \dfrac{\sigma}{\epsilon} = \dfrac{\frac{P}{A}}{\frac{\Delta l}{l}} = \dfrac{P \cdot l}{A \cdot \Delta l}$ 에서

$P = \dfrac{E \cdot A \cdot \Delta l}{l}$
$= \dfrac{2.0 \times 10^5 \times \frac{\pi \times 20^2}{4} \times 2.34 \times 10^{-1}}{300} = 49,008.8\text{N}$
$= 49\text{kN}$

□□□ 기16,17,22

13 콘크리트용 혼화재료로 사용되는 고로슬래그 미분말의 활성도 지수에 대한 다음 설명 중 적당하지 않은 것은?

① 기준 모르타르의 압축강도에 대한 시험 모르타르의 압축강도비를 백분율로 표시한 것을 활성도 지수라 한다.
② 활성도 지수는 재령 7일, 28일 및 91일에 측정한다.
③ 시험 모르타르 제작 시 시멘트와 고로슬래그 미분말의 혼합비는 1:1이다.
④ 고로슬래그 미분말 3종에 대한 재령 28일의 활성도 지수는 50% 이상이다.

해설 고로 슬래그 미분말의 활성도 지수(%)

품질	1종	2종
재령 7일	95 이상	75 이상
재령 28일	105 이상	95 이상
재령 91일	105 이상	105 이상

□□□ 기12,16,22

14 콘크리트 압축강도의 시험횟수가 22회일 경우 배합강도를 결정하기 위해 적용하는 표준편차의 보정계수로 옳은 것은?

① 1.04 ② 1.06
③ 1.08 ④ 1.10

해설 시험횟수가 20회 이하일 때 표준편차의 보정계수

시험횟수	표준편차의 보정계수
15	1.16
20	1.08
25	1.03
30 이상	1.00

∴ 22회의 보정계수 $= 1.03 + \dfrac{1.08 - 1.03}{25 - 20} \times (25 - 22) = 1.06$

□□□ 기13,20,22

15 콘크리트의 배합설계에서 콘크리트의 내동해성을 기준으로 하여 물-결합재비를 정한 경우 아래 표와 같은 조건에서의 최소 설계기준압축강도는?

- 골재 : 보통 골재의 사용한 콘크리트
- 노출상태 : 제빙화학제, 염, 소금물, 바닷물에 노출되거나 이런 종류들이 살포시 콘크리트의 철근 부식 방지

① 24MPa ② 27MPa
③ 30MPa ④ 35MPa

해설 특수노출상태에 대한 요구사항

노출상태	보통골재 콘크리트 최대 물-결합재비	보통골재 콘크리트와 경량골재 콘크리트의 최소 설계기준압축강도(f_{ck})
물에 노출되었을 때 낮은 투수성	0.50	27MPa
습한 상태에서 동결융해 또는 제빙화학제에 노출된 콘크리트	0.45	30MPa
제빙화학제, 염, 소금물, 바닷물에 노출되거나 이런 종류들이 살포된 콘크리트의 철근부식 방지	0.40	35MPa

□□□ 기14,22

16 굵은 골재의 밀도 및 흡수율 시험 방법으로 옳은 것은?

① 호칭 치수 5mm의 체에 남는 시료만을 철망에 넣고 20±5℃의 물속에서 24시간 담근 후 수중 질량을 측정한다.
② 표면 건조 포화 상태의 질량은 골재를 건조시킨 다음 흡수천 위에 굴려 약간의 수막이 남은 상태에서 측정한다.
③ 시료를 절대 건조 상태까지 건조시킬 때는, 수분의 급격한 팽창을 막기 위해 100℃ 미만의 온도에서 건조시킨다.
④ 표면 건조 포화 상태의 밀도, 절대 건조 상태의 밀도 및 흡수율은 각각 소수점 이하 첫째 자리까지 구한다.

해설
- 표면 건조 포화 상태의 질량은 철망태의 시료를 수중에서 꺼내고, 물기를 제거한 후 시료를 흡수천 위에 굴리고, 눈에 보이는 수막을 제거하여 표면건조 포화 상태의 질량을 측정한다.
- (105±5)℃에서 일정 질량이 될 때까지 건조시키고, 실온까지 냉각하여 절대 건조 상태의 질량을 측정한다.
- 표면 건조 포화 상태의 밀도, 절대 건조 상태의 밀도 및 흡수율은 각각 소수점이하 둘째 자리까지 구한다.

정답 12 ④ 13 ④ 14 ② 15 ④ 16 ①

□□□ 기12,17,22

17 시멘트의 저장에 대한 콘크리트표준시방서의 규정 설명으로 틀린 것은?

① 시멘트는 방습적인 구조로 된 사일로 또는 창고의 품종별로 구분하여 저장하여야 한다.
② 시멘트의 온도가 너무 높을 때는 그 온도를 낮춘 다음 사용하여야 하며, 시멘트의 온도는 일반적으로 50℃ 정도 이하를 사용하는 것이 좋다.
③ 포대시멘트를 쌓아서 저장하면 그 질량으로 인해 하부의 시멘트가 고결할 염려가 있으므로 시멘트를 쌓아올리는 높이는 13포대 이하로 하는 것이 바람직하다.
④ 6개월 이상 장기간 저장한 시멘트는 사용하기에 앞서 재시험을 실시하여 그 품질을 확인한다.

[해설] 3개월 이상 장기간 저장한 시멘트는 사용하기 앞서 재시험을 실시하여 그 품질을 확인한다.

□□□ 기04,18,22

18 콘크리트용 화학혼화제의 작용과 효과에 관한 다음 설명 중 틀린 것은?

① AE제는 미세한 기포를 다수 연행하여 콘크리트의 워커빌리티를 개선하는 효과가 있다.
② 감수제는 시멘트 입자를 정전기적인 반발작용으로 분산시켜 콘크리트의 단위수량을 감소시키는 효과가 있다.
③ 고성능 AE감수제는 시멘트의 분산작용을 분명하게 하여 콘크리트의 응결을 빠르게 하는 효과가 있다.
④ AE감수제는 시멘트 분산작용 이외에 공기연행작용을 함께 가지고 있어 콘크리트의 동결융해 저항성을 높여 주는 효과가 있다.

[해설] 고성능 AE감수제를 사용한 콘크리트의 응결시간은 일반적인 AE감수제를 사용한 콘크리트와 비교해서 초결, 종결이 지연되는 경향이 있다.

□□□ 기14,17,22

19 잔 골재를 체가름하였더니 각 체에 남은 잔류율(질량백분율)은 아래의 표와 같았다. 이 잔 골재의 조립율(F.M.)을 구하면?

체 호칭(mm)	5	2.5	1.2	0.6	0.3	0.15	접시
잔류율(%)	5	8	12	35	30	7	3

① 2.84
② 2.87
③ 2.90
④ 2.93

[해설]

체 호칭(mm)	5	2.5	1.2	0.6	0.3	0.15	접시
잔류율(%)	5	8	12	35	30	7	3
가적잔류율(%)	5	13	25	60	90	97	100

$$F.M = \frac{\Sigma \text{각 체에 남은 양의 누계}}{100}$$
$$= \frac{0 \times 4 + 5 + 13 + 25 + 60 + 90 + 97}{100} = \frac{290}{100} = 2.90$$

(∵ 체 75mm, 40mm, 20mm, 10mm의 가적잔유율은 0이다.)

□□□ 기09,12,22

20 다음 중 콘크리트용 고로슬래그 미분말을 사용하지 못하는 경우는?

① 밀도가 2.90g/cm³인 경우
② 삼산화황이 3.0%인 경우
③ 강열감량이 2.5%인 경우
④ 염화물이온이 0.03%인 경우

[해설] 고로 슬래그 미분말 품질 규정

품질	1종	2종	3종
밀도(g/cm³)	2.80 이상	2.80 이상	2.80 이상
비표면적(cm²/g)	8,000~10,000	6,000~8,000	4,000~6,000
활성도 지수(%) 재령 7일	95 이상	75 이상	55 이상
활성도 지수(%) 재령 28일	105 이상	95 이상	95 이상
활성도 지수(%) 재령 91일	105 이상	105 이상	55 이상
플로값 비(%)	95 이상	95 이상	95 이상
산화마그네슘(MaO)(%)	10.0 이하	10.0 이하	10.0 이하
삼산화황(siO₃)(%)	4.0 이하	4.0 이하	4.0 이하
강열감량(%)	3.0 이하	3.0 이하	3.0 이하
염화물 이온(%)	0.02 이하	0.02 이하	0.02 이하

제2과목 : 콘크리트 제조, 시험 및 품질관리

□□□ 기14,17,22

21 콘크리트의 크리프에 대한 설명으로 틀린 것은?

① 재하기간 중의 대기의 습도가 낮을수록 크리프가 크다.
② 조강 시멘트를 사용한 콘크리트는 보통 시멘트를 사용한 경우보다 크리프가 크다.
③ 시멘트량이 많을수록 크리프가 크다.
④ 부재치수가 작을수록 크리프가 크다.

[해설] 조강 시멘트를 사용한 콘크리트는 보통 시멘트를 사용한 경우보다 크리프가 작다.

정답 17 ④ 18 ③ 19 ③ 20 ④ 21 ②

22 다음 중 소성수축균열이 발생할 수 있는 경우는?

① 철근 및 기타 매설물에 의하여 침하가 국부적으로 방해를 받는 경우
② 바람이나 높은 기온으로 인하여 블리딩 발생량보다 표면수의 증발이 빠른 경우
③ 굳지 않은 콘크리트 상태에서 하중을 가한 경우
④ 외부의 구속조건이 큰 경우

해설
- 침하(수축)균열 : 철근 및 기타 매설물에 의하여 침하가 국부적으로 방해를 받는 경우
- 소성수축균열 : 콘크리트 표면의 물의 증발속도가 블리딩 속도보다 빠른 경우

23 재료의 비비기에 대한 사항 중 옳지 않은 것은?

① 콘크리트의 재료는 반죽된 콘크리트가 균질하게 될 때까지 충분히 비벼야 한다.
② 재료를 믹서에 투입하는 순서는 믹서의 형식, 비비기 시간, 골재의 종류 및 입도, 단위수량, 단위시멘트량, 혼화재료의 종류 등에 따라 다르다.
③ 비비기 시간은 시험에 의해 정하는 것을 원칙으로 한다. 비비기 시간에 대한 시험을 실시하지 않은 경우 그 최소시간은 가경식 믹서일 때에는 1분 30초 이상을 표준으로 한다.
④ 비비기는 미리 정해둔 비비기 시간의 3배 이상 계속하여야 한다.

해설 비비기는 미리 정해둔 비비기 시간의 3배 이상 계속해서는 안 된다.

24 반발경도 시험에 사용되는 테스트 해머의 종류에 따른 적용 콘크리트로 틀린 것은?

① N형-보통 콘크리트용 ② L형-경량 콘크리트용
③ M형-매스 콘크리트용 ④ P형-고강도 콘크리트용

해설 슈미트 해머의 종류

기종	적용 콘크리트	비고
N형	보통 콘크리트	직독식
NR형	보통 콘크리트	자기기록식
L형	경량 콘크리트	직독식
LR형	경량 콘크리트	자기기록식
P형	저강도 콘크리트	진자식
M형	매스 콘크리트	직독식

25 다음은 콘크리트 블리딩 시험 결과이다. 블리딩량을 구하면?

- 콘크리트 윗면의 지름 : 25cm
- 블리딩 물의 양 : 1,000cm^3
- 콘크리트 1m^{3}의 단위질량 : 2,300kg/m^3
- 콘크리트 1m^{3}에 사용된 물의 총질량 : 170kg
- 시료의 질량 : 30kg

① 2.0cm^3/cm^2　　② 2.5cm^3/cm^2
③ 3.0cm^3/cm^2　　④ 3.5cm^3/cm^2

해설 블리딩량 $B_q = \dfrac{B}{A}$ (cm^3/cm^2)

- 마지막까지 누계한 블리딩에 따른 물의 용적(cm^3)
  $B = 1,000$ cm^3
- 콘크리트 윗면의 면적
  $A = \dfrac{\pi d^2}{4} = \dfrac{\pi \times 25^2}{4} = 490.87$ cm^2

$\therefore B_q = \dfrac{1,000}{490.87} = 2.04$ cm^3/cm^2

26 다음 보기를 보고 품질관리의 순서로 가장 적합한 것은?

① 데이터를 작성한다.
② 작업의 표준을 정한다.
③ 품질의 표준을 정한다.
④ 품질의 특성을 정한다.
⑤ 관리 한계로 하여 작업을 속행한다.
⑥ 관리도에 의한 공정의 안정 여부를 검토한다.
⑦ 공정에 이상이 생기면 수정하여 관리 한계 내에 들어가게 한다.

① ④-③-②-①-⑥-⑤-⑦
② ③-⑦-②-①-⑥-⑤-④
③ ②-③-④-⑦-⑥-⑤-①
④ ③-①-④-⑤-⑥-②-⑦

해설 품질관리의 순서
① 품질특성을 정한다.
② 품질표준을 정한다.
③ 작업표준을 정한다.
④ Data를 취한다.
⑤ 관리도에 의한 공정의 안정 여부를 검토한다.
⑥ 관리 한계로 하여 작업을 속행한다.
⑦ 공정에 이상이 생기면 수정하여 관리 한계 내에 들어가게 한다.

☐☐☐ 기12,18,22

27 굳지 않은 콘크리트의 워커빌리티 및 반죽질기에 영향을 주는 인자에 대한 설명으로 틀린 것은?

① 단위 수량이 많을수록 콘크리트의 반죽질기가 질게 되어 유동성이 크게 되지만, 단위 수량을 과다하게 증가시키면 재료분리가 발생하기 쉬워지므로 워커빌리티가 좋아진다고는 말할 수 없다.
② 일반적인 범위 내에서는 부배합의 콘크리트가 빈배합의 콘크리트에 비해 워커빌리티가 좋다고 할 수 있다.
③ 일반적으로 분말도가 높은 시멘트의 경우에는 시멘트 풀의 점성이 높아지므로 반죽질기는 작게 된다.
④ 일반적으로 콘크리트의 비빔온도가 높을수록 반죽질기는 증가하는 경향이 있다.

해설 일반적으로 콘크리트의 비빔온도가 높으면 슬럼프가 감소되어 반죽질기가 감소하는 경향이 있다.

☐☐☐ 기07,12,17,18,22

28 다음 관리도 중 콘크리트의 압축강도, 슬럼프, 공기량 등의 특성을 관리하는데 주로 사용되는 관리도는?

① p 관리도
② $\bar{x}-R$ 관리도
③ p_n-R 관리도
④ u 관리도

해설 관리도의 종류

종류	관리도	데이터 종류	적용이론
계량값 관리도	$\bar{x}-R$ 관리도	길이, 중량, 강도, 화학성분, 압력, 슬럼프, 공기량	정규 분포
	$\bar{x}-\sigma$ 관리도		
	x 관리도		
계수값 관리도	p 관리도	제품의 불량률	이항 분포
	p_n 관리도	불량개수	
	c 관리도	결점수	프와송 분포
	u 관리도	단위당 결점수	

☐☐☐ 기14,16,22

29 콘크리트 재료의 계량에 대한 설명으로 틀린 것은?

① 계량은 시방배합에 의해 실시하는 것으로 한다.
② 골재가 건조되어 있을 때의 유효흡수율값은 골재를 적절한 시간 흡수시켜서 구한다.
③ 혼화제를 녹이는 데 사용하는 물이나 혼화제를 묽게 하는 데 사용하는 물은 단위수량의 일부로 보아야 한다.
④ 각 재료는 1배치씩 질량으로 계량하여야 하나, 물과 혼화제 용액은 용적으로 계량해도 좋다.

해설 계량은 현장배합에 의해 실시하는 것으로 한다.

☐☐☐ 기06,10,17,22

30 콘크리트의 강도에 대한 일반적인 설명으로 틀린 것은?

① 콘크리트의 인장강도는 압축강도의 약 15~20% 정도이고, 고강도로 갈수록 비가 증가한다.
② 기둥 확대기초, 교량의 교각 및 교대 등의 받침부 등에서는 부재면의 일부분에서만 큰 압축응력이 작용한다. 이와 같이 국부하중을 받는 경우의 콘크리트 압축강도를 콘크리트의 지압강도라고 한다.
③ 충격강도는 말뚝의 항타, 충격하중을 받는 기계기초, 프리캐스트 부재 취급 중의 충돌, 폭발하중을 받는 방호구조 등과 같은 경우에 매우 중요하다.
④ 도로 및 철도교량, 포장구조 등과 같은 구조는 반복하중을 받는 경우가 많고, 이런 반복하중을 받게 되면 부재가 정적 강도보다 낮은 응력하에서도 파괴된다. 이런 현상을 피로파괴라고 한다.

해설 · 인장강도는 압축강도의 약 1/10 정도로 아주 작다.
· 휨강도는 압축강도의 1/5~1/7 정도
· 전단강도는 압축강도의 1/4~1/7 정도

☐☐☐ 기14,15,22

31 콘크리트 공시체의 압축강도에 대한 설명으로 틀린 것은?

① 일반적으로는 양생온도가 4~40℃의 범위에 있어서는 온도가 높을수록 재령 28일의 강도는 커진다.
② 하중재하속도가 빠를수록 강도가 크게 나타난다.
③ 물-결합재비가 일정한 콘크리트에서 공기량이 증가하면 강도가 감소한다.
④ 원주형 공시체의 높이 H와 지름 D의 비인 H/D가 커질수록 압축강도는 크게 된다.

해설 원주형 공시체의 직경(D)과 높이(H)와의 비(H/D)의 값이 작을수록 압축강도는 커진다.

☐☐☐ 기14,22

32 압축강도에 의한 일반콘크리트의 품질검사에서 시험시기 및 횟수에 대한 내용으로 틀린 것은? (단, 콘크리트 표준시방서의 규정에 따른다.)

① 1회/일
② 배합이 변경될 때마다
③ 구조물의 중요도와 공사의 규모에 따라 120m³ 마다 1회
④ 사용재료의 산지가 바뀔 때마다

해설 압축강도에 의한 콘크리트의 품질검사 시기 및 횟수
· 1회/일
· 구조물의 중요도와 공사의 규모에 따라 120m³ 마다 1회
· 배합이 변경될 때마다

정답 27 ④ 28 ② 29 ① 30 ① 31 ④ 32 ④

33 콘크리트의 슬럼프시험에 대한 설명으로 틀린 것은?

① 슬럼프콘은 수평으로 설치하였을 때 수밀성이 있는 강제 평판 위에 놓고 누른 다음 시료를 거의 같은 양의 3층으로 나누어서 채운다.
② 각 층은 다짐봉으로 고르게 한 후 각 층마다 25회씩 다지고 각 층 다짐봉의 다짐깊이는 그 앞 층에 거의 도달할 정도로 한다.
③ 슬럼프콘에 콘크리트를 채우기 시작하고 나서 슬럼프콘을 들어올리기를 종료할 때까지의 시간은 5분 이내로 한다.
④ 슬럼프콘을 가만히 연직으로 들어올리고 콘크리트의 중앙부에서 공시체 높이와의 차를 5mm단위로 측정하여 슬럼프 값으로 한다.

[해설] 슬럼프콘에 콘크리트를 채우기 시작하고 나서 슬럼프콘을 들어올리기를 종료할 때까지의 시간은 3분 이내로 한다.

34 품질관리 수법의 도구 7가지에 해당하지 않는 것은?

① 히스토그램
② 특성요인도
③ 파레토도
④ 회귀분석도

[해설] 종합적 품질관리(TQC)의 7가지 도구
히스토그램, 특성요인도, 파레토도, 체크리스트, 산포도, 각종 그래프, 층별

35 콘크리트의 압축강도 시험용 공시체 제작에 대한 설명으로 틀린 것은?

① 공시체는 지름의 2배의 높이를 가진 원기둥형으로 하며, 그 지름은 굵은 골재의 최대치수의 3배 이상, 100mm 이상으로 한다.
② 콘크리트를 몰드에 채울 때 2층 이상으로 거의 동일한 두께로 나눠서 채우며, 각 층의 두께는 160mm를 초과해서는 안 된다.
③ 다짐봉을 사용하여 콘크리트를 다져 넣을 때 각 층은 적어도 $700mm^2$에 1회의 비율로 다지도록 하고 다짐봉이 바로 아래층에 20mm정도 들어가도록 다진다.
④ 캐핑용 재료를 사용하여 공시체의 캐핑을 할 때 캐핑층의 두께는 공시체 지름의 2%를 넘어서는 안 된다.

[해설] 다짐봉을 사용하여 콘크리트를 다져 넣을 때 각 층은 적어도 $1,000mm^2(10cm^2)$에 1회의 비율로 다지도록 하고 다짐봉이 바로 아래의 층까지 다짐봉을 닿도록 한다.

36 골재의 알칼리 잠재반응시험(모르타르봉 방법, KS F 2546)에 대한 설명으로 틀린 것은?

① 모르타르봉 길이변화를 측정하는 것에 의해 골재의 알칼리 반응성을 판정하는 시험방법이다.
② 이 시험방법은 알칼리-탄산염 반응을 검출해 내는 수단으로 적합하다.
③ 시험 공시체는 시멘트 골재 배합비가 다른 2개 이상의 배치에서 각각 2개씩 최소한 4개를 만들어야 한다.
④ 모르타르의 배합은 질량비로서 시멘트 1, 물 0.475, 절건상태의 잔골재 2.25로 한다.

[해설] 이 시험방법은 알칼리-탄산염 반응을 검출해 내는 수단으로 적합하지 않다.

37 콘크리트의 휨 강도 시험방법(KS F 2408)에 대한 설명으로 틀린 것은?

① 지간은 공시체 높이의 3배로 한다.
② 4점 재하법에 따라 공시체의 휨 강도를 측정하는 방법이다.
③ 공시체에 하중을 가하는 속도는 가장자리 응력도의 증가율이 매초 $0.6±0.4MPa$이 되도록 한다.
④ 공시체가 인장쪽 표면의 지간 방향 중심선의 4점의 바깥쪽에서 파괴된 경우는 그 시험 결과를 무효로 한다.

[해설] • 압축강도 시험에서 공시체에 하중을 가하는 속도는 압축응력도의 증가율이 매초 $(0.6±0.2)MPa$이 되도록 한다.
• 휨강도 시험에서 공시체에 하중을 가하는 속도는 가장자리 응력도의 증가율이 매초 $0.06±0.04MPa$이 되도록 조정하고, 최대하중이 될 때까지 그 증가율을 유지하도록 한다.

38 일반콘크리트 제조시 목표하는 굵은 골재의 1회 계량분은 1,030kg이다. 그러나 현장에서 계량된 굵은 골재의 계량값은 1,070kg이었다. 이러한 경우의 계량오차를 구하고, 합격·불합격 여부를 정확하게 판단한 것은?

① 계량오차 1.94%, 합격
② 계량오차 1.94%, 불합격
③ 계량오차 3.88%, 합격
④ 계량오차 3.88%, 불합격

[해설] • 1회 측정한 계량값 : 1,030kg
• 굵은 골재의 허용 오차 : ±3%
• 계량오차 $m_o = \dfrac{m_2 - m_1}{m_1} = \dfrac{1,070 - 1,030}{1,030} \times 100 = 3.88\%$
∴ 계량오차 3%를 벗어나 불합격

□□□ 기 08,10,17,22

39 다음에서 콘크리트의 비비기에 사용되는 믹서 중 강제식 믹서가 아닌 것은?

① 드럼 믹서(drum mixer)
② 팬형 믹서(pan type mixer)
③ 1축 믹서(one shaft mixer)
④ 2축 믹서(twin shaft mixer)

해설 ■ 중력식 믹서 : 가경식 믹서, 드럼 믹서(drum mixer)
■ 강제식 믹서 : 팬형 믹서(pan type mixer), 1축 믹서(one shaft mixer), 2축 믹서(twin shaft mixer)

□□□ 기 11,14,17,22

40 콘크리트의 강도를 평가하기 위한 비파괴시험으로 적당하지 않은 것은?

① 반발경도법
② 초음파속도법
③ X-ray 회절 분석법
④ 인발법(Pull-out Test)

해설 X-ray 회절분석법(XRD) : 알칼리 골재반응의 골재의 화학 분석 방법으로 콘크리트 내부의 형태를 직접 관찰할 수 있다.

제3과목 : 콘크리트의 시공

□□□ 기 12,14,15,22

41 연직시공이음의 시공에 대한 설명으로 틀린 것은?

① 시공이음면의 거푸집을 견고하게 지지하고 이음부분의 콘크리트는 진동기를 써서 충분히 다져야 한다.
② 시공이음면의 거푸집 철거는 콘크리트가 충분히 굳을 수 있도록 되도록 늦게 실시하며, 일반적으로 거푸집 제거 시기는 여름철의 경우 콘크리트를 타설한 후 1~2일 정도로 한다.
③ 새 콘크리트를 타설할 때는 신·구 콘크리트가 충분히 밀착되도록 잘 다져야 하며, 새 콘크리트를 타설한 후 적당한 시기에 재진동 다지기를 하는 것이 좋다.
④ 구 콘크리트의 시공이음면의 쇠솔이나 쪼아내기 등에 의하여 거칠게 하고, 수분을 충분히 흡수시킨 후에 시멘트 페이스트 등을 바른 후 새 콘크리트를 타설하여 이어나가야 한다.

해설 일반적으로 연직시공이음부의 거푸집 제거시기는 콘크리트를 타설하고 난 후 여름에는 4~6시간 정도, 겨울에는 10~15시간 정도로 한다.

□□□ 기 15,22

42 한중콘크리트에 대한 설명으로 옳은 것은?

① 비빔온도를 높게 하기 위해서는 시멘트, 물 또는 골재를 40℃ 이상의 범위에서 가열하는 것이 좋다.
② 통상의 적산온도방식을 적용하면, 5℃에서 28일간 양생한 콘크리트의 강도는 10℃에서 14일간 양생한 경우와 거의 같다.
③ 보통의 노출상태의 경우, 콘크리트의 압축강도가 5MPa 이상에 도달한다면 초기양생을 종료해도 좋다.
④ 초기동해를 방지하기 위해서 콘크리트에 플라이애시를 혼입하여 초기 강도를 증진시킨다.

해설 ・비빔온도를 높게 하기 위해서 시멘트는 어떠한 경우라도 직접 가열할 수는 없다.
・통상의 적산온도방식을 적용하면, 5℃에서 4일간 양생한 콘크리트의 강도는 10℃에서 3일간 양생한 경우와 거의 같다.
・초기동해를 방지하기 위해서 콘크리트에 AE제, AE감수제, 고성능 AE감수제를 혼입하여 초기 강도를 증진시킨다.

□□□ 기 07,09,16,22

43 유동화 콘크리트에서 유동화시키는 방법이 아닌 것은?

① 공장첨가 공장유동화 방식
② 공장첨가 현장유동화 방식
③ 현장첨가 공장유동화 방식
④ 현장첨가 현장유동화 방식

해설 유동화 콘크리트 제조방법
・공장첨가 공장유동화 방식
・공장첨가 현장유동화 방식
・현장첨가 현장유동화 방식

□□□ 기 10,16,22

44 프리플레이스트 콘크리트의 일반사항에 대한 설명으로 틀린 것은?

① 미리 거푸집 속에 특정한 입도를 가지는 굵은 골재를 채워 넣고 그 간극에 모르타르를 주입하여 제조한 콘크리트를 프리플레이스트 콘크리트라 한다.
② 팽창률의 설정값은 시험 시작 후 1시간에서의 값이 3~6%인 것을 표준으로 한다.
③ 주입모르타르의 유동성은 유하시간에 의해 설정하며, 유하시간의 설정값은 16~20초를 표준으로 한다.
④ 블리딩률의 설정값은 시험 시작 후 3시간에서의 값이 3% 이하가 되는 것으로 한다.

해설 팽창률의 설정값은 시험 시작 후 3시간에서의 값이 5~10%인 것을 표준으로 한다.

정답 39 ① 40 ③ 41 ② 42 ③ 43 ③ 44 ②

45. 일반 콘크리트를 2층 이상으로 나누어 타설할 때 이어치기 허용시간 간격의 표준으로 옳은 것은?

① 외기온도가 25°C를 초과하는 경우 허용 이어치기 시간간격의 표준은 1.0시간이다.
② 외기온도가 25°C를 초과하는 경우 허용 이어치기 시간간격의 표준은 1.5시간이다.
③ 외기온도가 25°C 이하인 경우 허용 이어치기 시간간격의 표준은 2.5시간이다.
④ 외기온도가 25°C 이하인 경우 허용 이어치기 시간간격의 표준은 3.0시간이다.

[해설] 허용 이어치기 시간간격의 표준

외기 온도	허용이어치기 시간간격
25°C 초과	2.0시간(120분)
25°C 이하	2.5시간(150분)

46. 해양 콘크리트에 대한 설명으로 틀린 것은?

① 콘크리트가 충분히 경화되기 전에 직접 해수에 닿지 않도록 보호하여야 하며, 이 기간은 보통포틀랜드 시멘트를 사용할 경우 대개 3일간이다.
② 시멘트는 고로슬래그 시멘트, 플라이 애시 시멘트 등 혼합시멘트계 및 중용열 포틀랜드 시멘트를 사용하여야 한다.
③ 해양 구조물은 특히 만조위로부터 위로 0.6m, 간조위로부터 아래로 0.6m 사이의 감조부분에는 시공이음이 생기지 않도록 시공계획을 세워야 한다.
④ 강재와 거푸집판과의 간격은 소정을 피복을 확보하도록 하여야 하며, 간격재의 개수는 기초, 기둥, 벽 및 난간 등에는 2개/m² 이상을 표준으로 한다.

[해설] 콘크리트가 충분히 경화되기 전에 직접 해수에 닿지 않도록 보호하여야 하며, 이 기간은 보통 포틀랜드 시멘트를 사용할 경우 대개 5일간이다.

47. 다음 중 촉진 양생의 종류가 아닌 것은?

① 증기양생
② 습윤양생
③ 오토클레이브양생
④ 온수양생

[해설]
• 촉진양생 : 보다 빠른 콘크리트의 경화나 강도의 발현을 촉진하기 위해 실시하는 양생방법
• 촉진양생방법 : 증기양생(저압증기양생, 고압증기양생, 고온증기양생), 오토크레이브 양생, 전기양생, 온수양생, 전기양생, 적외선 양생, 고주파양생 등이 있으며 일반적으로 증기양생이 널리 사용되고 있다.

48. 콘크리트 표면마무리의 평탄성 표준값에 대한 설명으로 옳은 것은?

① 마무리 두께 7mm 이상인 마무리의 경우 평탄성 표준값은 1m 당 15mm 이하로 한다.
② 바탕의 영향을 많이 받지 않는 마무리의 경우 평탄성 표준값은 1m 당 15mm 이하로 한다.
③ 제물치장 마무리의 경우 평탄성 표준값은 3m 당 10mm 이하로 한다.
④ 마무리 두께 7mm 이하인 마무리의 경우 평탄성 표준값은 3m 당 10mm 이하로 한다.

[해설] 콘크리트 마무리의 평탄성

콘크리트 면의 마무리	평탄성
• 마무리 두께 7mm이상 또는 바탕의 영향을 많이 받지 않는 마무리의 경우	1m당 10mm 이하
• 마무리 두께 7mm 이하 또는 양호한 평탄함이 필요한 경우	3m당 10mm 이하
• 제물치장 마무리 또는 마무리 두께가 얇은 경우	3m당 7mm 이하

49. 매스콘크리트에 대한 아래 표의 설명에서 ( ) 안에 들어갈 알맞은 수치는?

> 매스콘크리트로 다루어야 하는 구조물의 부재치수는 일반적인 표준으로서 넓이가 넓은 평판구조의 경우 두께 (A)m 이상, 하단이 구속된 벽조의 경우 두께 (B)m 이상으로 한다.

① A : 0.5, B : 0.8
② A : 0.5, B : 1.0
③ A : 0.8, B : 0.5
④ A : 1.0, B : 0.8

[해설] 매스콘크리트로 다루어야 하는 구조물의 부재치수는 일반적인 표준으로서 넓이가 넓은 평판구조의 경우 두께 0.8m 이상, 하단이 구속된 벽조의 경우 두께 0.5m 이상으로 한다.

50. 숏크리트의 뿜어붙이기 성능을 설정할 때 관계없는 항목은?

① 초기강도
② 반발률
③ 장기강도
④ 분진농도

[해설] 숏크리트의 뿜어붙이기 성능평가항목 : 반발률, 분진 농도, 숏크리트의 초기강도

[정답] 45 ③ 46 ① 47 ② 48 ④ 49 ③ 50 ③

기 09,16,22

51 매스콘크리트의 온도균열 발생에 대한 검토는 온도균열지수에 의해 평가하는 것을 원칙으로 하고 있다. 만약, 연질의 지반 위에 타설된 평판구조 등과 같이 내부구속응력이 큰 구조물에서 ΔT_i(내부온도가 최고일 때 내부와 표면과의 온도차)가 12.5°C 발생하였다면 간이적인 방법으로 온도균열지수를 구하면?

① 0.8 ② 1.2
③ 1.5 ④ 2.0

[해설] 연질의 지반 위에 타설된 평판구조 등과 같이 내부구속응력이 큰 경우

$$I_{cr} = \frac{15}{\Delta T_i} = \frac{15}{12.5} = 1.2$$

기 06,17,22

52 포장콘크리트의 습윤양생 기간에 대한 일반적인 설명으로 틀린 것은? (단, 콘크리트 표준시방서의 규정에 따른다.)

① 습윤양생 기간은 시험에 의해서 정해야 하며, 현장양생을 시킨 공시체의 휨강도가 배합강도의 50%에 도달할 때까지의 기간으로 한다.
② 보통 포틀랜드 시멘트를 사용한 경우 습윤양생 기간은 14일간을 표준으로 한다.
③ 조강 포틀랜드 시멘트를 사용한 경우 습윤양생 기간은 7일간을 표준으로 한다.
④ 중용열 포틀랜드 시멘트를 사용한 경우 습윤양생 기간은 21일간을 표준으로 한다.

[해설] 습윤양생 기간은 시험에 의해서 정해야 하며, 현장양생을 시킨 공시체의 휨강도가 배합강도의 70%에 도달할 때까지의 기간으로 한다.

기 10,15,18,22

53 섬유보강 콘크리트에 대한 일반적인 설명으로 틀린 것은?

① 인장강도와 균열에 대한 저항성이 높다.
② 사용되는 섬유에는 대표적으로 강섬유, 내알칼리성 유리섬유, 폴리프로필렌섬유, 탄소섬유, 아라미드섬유 및 여러 가지 합성섬유 등이 있다.
③ 섬유보강 콘크리트용 섬유의 탄성계수는 시멘트 결합재 탄성계수의 1/10 이상이며, 형상비가 30 이상이어야 한다.
④ 콘크리트에 대한 강섬유 혼입률의 범위는 용적 백분율로 0.5~2.0% 정도이다.

[해설] 섬유보강 콘크리트용 섬유의 탄성계수는 시멘트 결합재 탄성계수의 1/5 이상이며, 형상비가 50 이상이어야 한다.

기 14,17,22

54 콘크리트 펌프 운반에 대한 설명으로 틀린 것은?

① 콘크리트 펌프 운반 시 슬럼프 값이 클수록, 수송관 직경이 클수록 수송관내 압력손실은 작아진다.
② 펌퍼빌리티가 좋은 굳지 않은 콘크리트란 직선관속을 활동하는 유동성, 곡관이나 테이퍼관을 통과할 때의 변형성, 관내 압력의 시간적, 위치적 변동에 대한 분리저항성의 3가지 성질을 균형있게 유지하는 것이다.
③ 일반적으로 수평관 1m당 관내압력손실에 수평환산거리를 곱한 값이 콘크리트 펌프의 최대 이론 토출압력의 80% 이하가 되도록 한다.
④ 펌퍼빌리티는 슬럼프와 공기량 시험에 의하여 판정할 수 있다.

[해설] 펌퍼빌리티는 가압블리딩 시험과 변형성 시험에 의하여 판정할 수 있다.

기 06,12,16,22

55 숏크리트의 리바운드량을 저감시키는 방법으로 틀린 것은?

① 굵은 골재 최대치수를 작게 한다.
② 단위시멘트량을 크게 한다.
③ 호스의 압력을 일정하게 유지한다.
④ 벽면과 평행한 방향으로 분사시킨다.

[해설] Rebound율을 감소시키는 방법
· 벽면과 직각으로 분사시킨다.
· 호스의 압력을 일정하게 한다.
· 조골재를 13mm 이하로 한다.
· 시멘트량을 증가시킨다.
· 분사 부착면을 거칠게 한다.

기 12,17,22

56 내구성으로부터 정해진 수중불분리성 콘크리트의 최대 물-결합재비(%)를 나타내는 아래 표에 들어갈 숫자로 옳은 것은?

환경 \ 콘크리트의 종류	무근 콘크리트	철근 콘크리트
담수 중	(1)	(2)
해수 중	(3)	(4)

① (1) 55, (2) 50, (3) 55, (4) 50
② (1) 60, (2) 55, (3) 65, (4) 50
③ (1) 65, (2) 50, (3) 60, (4) 55
④ (1) 60, (2) 50, (3) 65, (4) 55

정답 51 ② 52 ① 53 ③ 54 ④ 55 ④ 56 ①

해설 내구성으로부터 정해진 수중불분리성 콘크리트의 최대 물-결합재비

환경 \ 콘크리트의 종류	무근콘크리트	철근콘크리트
담수 중·해수 중	55%	50%

기 05,10,17,22

57 한중콘크리트에 대한 설명으로 틀린 것은?

① 한중콘크리트의 배합시 물-결합재비는 원칙적으로 60% 이하로 하여야 한다.
② 초기양생에서 소요 압축강도가 얻어질 때까지 콘크리트의 온도를 5℃ 이상으로 유지하여야 하며, 또한 소요 압축강도에 도달한 후 2일간은 구조물의 어느 부분이라도 0℃ 이상이 되도록 방지하여야 한다.
③ 적산온도방식을 적용할 경우 5℃에서 28일간 양생한 콘크리트는 10℃에서 14일간 양생한 콘크리트와 강도가 거의 동일하다.
④ 보통의 노출상태에 있는 콘크리트의 초기양생은 콘크리트 강도가 5MPa 될 때까지 실시한다.

해설 · 적산온도 $M = \sum_{0}^{t}(\theta + A)\Delta t$
· 적산온도방식을 적용할 경우 5℃에서 28일간 양생한 콘크리트는 10℃에서 14일간 양생한 콘크리트와 강도가 거의 동일하지 않다.

기 12,17,22

58 고강도 콘크리트의 특성에 대한 설명으로 틀린 것은?

① 보통강도를 갖는 콘크리트에 비해 재령에 따른 강도발현이 빠르게 나타나면서 늦게까지 강도증진이 이루어진다.
② 고강도 콘크리트는 부배합이므로 시멘트 대체 재료인 플라이 애시, 고로슬래그 분말 등을 같이 사용하는 경우가 많다.
③ 고강도 콘크리트의 설계기준압축강도는 일반적으로 40MPa 이상으로 하며, 고강도 경량골재 콘크리트는 27MPa 이상으로 한다.
④ 고강도 콘크리트는 설계기준압축강도가 높은 반면에 내구성은 낮으므로 해양 콘크리트 구조물에는 부적절하다.

해설 고강도 콘크리트는 설계기준강도만 높은 강도를 의미하는 것이 아니라 높은 내구성을 필요로 하는 철근 콘크리트 공사에 사용되는 콘크리트도 포함된다.

기 14,15,18,19,22

59 팽창콘크리트에 대한 설명으로 틀린 것은?

① 팽창재는 시멘트와 혼합하여 질량으로 계량하며, 그 오차는 1회 계량분량의 3% 이내로 한다.
② 팽창콘크리트의 팽창률은 일반적으로 재령 7일에 대한 시험값을 기준으로 한다.
③ 팽창콘크리트를 제조할 때 팽창재는 원칙적으로 다른 재료를 투입할 때 동시에 믹서에 투입한다.
④ 팽창콘크리트의 강도는 일반적으로 재령 28일의 압축강도를 기준으로 한다.

해설 팽창재는 다른 재료와 별도로 질량으로 계량하며, 그 오차는 1회 계량분량의 1% 이내로 하여야 한다.

기 10,17,22

60 포장 콘크리트의 이음에 대한 설명으로 옳지 않은 것은?

① 가로팽창이음의 이음판은 일직선으로 곧게 슬래브면과 연직의 깊이방향으로 설치하여야 하며, 슬래브 전폭에 걸쳐서 양쪽 슬래브가 분리되도록 설치하여야 한다.
② 연속철근 콘크리트 포장의 경우라도 가로수축이음을 반드시 설치하여야 한다.
③ 가로수축이음은 이음이 설치될 위치를 한 칸씩 건너면서 절단을 한 후 나머지를 절단하는 방법으로 1차 절단하여야 한다.
④ 세로이음은 홈이음 및 맞댄이음으로 하며, 슬래브면과 연직으로 정해진 깊이의 홈을 만들고 주입이음재로 홈을 채워야 한다.

해설 연속철근 콘크리트 포장의 경우라도 가로수축이음을 생략할 수 있다.

제4과목 : 콘크리트 구조 및 유지관리

기 17,22

61 다음 중 철근 내의 철근부식 유무를 평가하기 위해 실시하는 비파괴 시험이 아닌 것은?

① 자연전위법
② 전기저항법
③ 분극저항법
④ 열적외선법

해설 구조물의 안전조사시 철근부식 여부를 조사 방법 : 자연전위법, 분극저항법, 전기 저항법 등이 있다.

정답 57 ③ 58 ④ 59 ① 60 ② 61 ④

62 보강공법 중에서 연속섬유 시트 접착공법의 특징에 대한 설명 중 옳지 않은 것은?

① 단면강성의 증가가 크다.
② 보강효과로서 균열의 구속효과와 내하성능의 향상효과가 기대된다.
③ 내식성이 우수하고, 염해지역의 콘크리트 구조물 보강에 적용할 수 있다.
④ 섬유시트는 현장성형이 용이하기 때문에 작업공간이 한정된 장소에서 작업이 편리하다.

해설 단면강성의 증가가 적다.

63 다음 중 아래의 표에서 설명하는 최소 전단철근 규정에 제외되는 경우가 아닌 것은?

> 계수전단력(V_u)이 콘크리트에 의한 설계전단강도(ϕV_c)의 1/2을 초과하는 철근콘크리트 및 프리스트레스트콘크리트 휨부재에는 최소 전단철근을 배치하여야 한다.

① 슬래브
② 기초판
③ 전체 깊이가 250mm를 초과하는 보
④ 교대 벽체 및 날개벽과 같이 휨이 주거동인 판부재

해설 최소 전단철근 규정에 제외되는 경우
- 슬래브와 기초판
- 전체 깊이가 250mm 이하이거나 T형보
- T형보에서 그 깊이가 플랜지 두께의 2.5배 또는 복부판의 1/2 중 큰 값
- 교대 벽체 및 날개벽과 같이 휨이 주거동인 판부재

64 2방향 슬래브 중 직접설계법을 사용하여 슬래브 시스템을 설계하고자 할 때 제한사항에 대한 설명으로 틀린 것은?

① 슬래브 판들은 단변 경간에 대한 장변 경간의 비가 3 이하인 직사각형이어야 한다.
② 각 방향으로 연속한 받침부 중심간 경간 차이는 긴 경간의 1/3 이하이어야 한다.
③ 각 방향으로 3경간 이상이 연속되어야 한다.
④ 모든 하중은 슬래브 판 전체에 걸쳐 등분포된 연직하중이어야 하며, 활하중은 고정하중의 2배 이하이어야 한다.

해설 슬래브판들은 단변 경간에 대한 장변 경간의 비가 2이하인 직사각형이어야 한다.

65 폭이 300mm, 유효깊이가 500mm인 단철근 직사각형 보에서 인장철근 단면적이 1,700mm²일 때 강도설계법에 의한 등가 직사각형 압축응력블록의 깊이(a)는? (단, $f_{ck}=20$MPa, $f_y=300$MPa이다.)

① 50mm
② 100mm
③ 200mm
④ 400mm

해설 $a = \dfrac{A_s f_y}{\eta(0.85 f_{ck})b}$

- $f_{ck} \leq 40$MPa일 때 $\eta = 1.0$, $\beta_1 = 0.80$

∴ $a = \dfrac{1,700 \times 300}{1 \times 0.85 \times 20 \times 300} = 100$mm

66 경간이 8m인 캔틸레버 철근 콘크리트 보에서 처짐을 계산하지 않는 경우의 최소 두께(h)는? (단, 보통 중량콘크리트를 사용하고, 사용철근의 $f_y=350$MPa이다.)

① 395mm
② 465mm
③ 790mm
④ 930mm

해설 처짐을 계산하지 않는 경우의 부재 최소 두께(캔틸레버보)

$h = \dfrac{l}{8} \times \left(0.43 + \dfrac{f_y}{700}\right) = \dfrac{8,000}{8} \times \left(0.43 + \dfrac{350}{700}\right) = 930$mm

■ 처짐을 계산하지 않는 경우의 보 또는 1방향 슬래브의 최소 두께

부재	단순지지	1단 연속	양단 연속	캔틸레버
· 1방향슬래브	$\dfrac{l}{20}$	$\dfrac{l}{24}$	$\dfrac{l}{28}$	$\dfrac{l}{10}$
· 보 · 리브가 있는 1방향 슬래브	$\dfrac{l}{16}$	$\dfrac{l}{18.5}$	$\dfrac{l}{21}$	$\dfrac{l}{8}$

67 프리스트레스트 콘크리트에서 프리스트레스 도입 후 시간의 경과에 따라 일어나는 손실의 원인이 아닌 것은?

① 콘크리트의 크리프
② 콘크리트의 탄성변형
③ 콘크리트의 건조수축
④ PS강재의 릴랙세이션

해설 ■ 도입 시 손실(즉시 손실)
- 정착장치의 활동
- 포스트텐션 긴장재와 덕트 사이의 마찰
- 콘크리트의 탄성변형(수축)

■ 도입 후 손실(시간적 손실)
- 콘크리트의 크리프
- 콘크리트의 건조수축
- PS강재 응력의 릴랙세이션

정답 62 ① 63 ③ 64 ① 65 ② 66 ④ 67 ②

68. 전자파 레이더법에서 반사물체까지의 거리(D)를 구하는 식으로 옳은 것은? (단, V는 콘크리트내의 전자파속도, T는 입사파와 반사파의 왕복전파시간)

① $D = VT/2$
② $D = VT\sqrt{2}$
③ $D = VT/3$
④ $D = VT\sqrt{3}$

해설 $D = \dfrac{V \cdot T}{2}$
  D : 반사물체까지의 거리(m)
  V : 콘크리트 내의 전자파 속도(m/s)
  T : 입사파와 반사파의 왕복전파시간

69. 콘크리트를 타설하고 다짐하여 마감작업을 한 이후에도 콘크리트는 계속하여 압밀되는 경향을 보인다. 이러한 현상으로 발생하는 굳지 않은 콘크리트의 균열을 침하균열이라 한다. 이러한 침하균열에 영향을 미치는 요소에 대한 설명으로 틀린 것은?

① 콘크리트 피복두께가 클수록 침하균열은 증가한다.
② 슬럼프가 클수록 침하균열은 증가한다.
③ 배근한 철근의 직경이 클수록 침하균열은 증가한다.
④ 누수되는 거푸집을 사용한 경우 침하균열은 증가한다.

해설 • 침하균열은 콘크리트의 피복두께가 작을수록, 슬럼프가 클수록, 철근 직경이 클수록 증가한다.
  • 침하균열은 충분한 다짐을 못한 경우, 튼튼하지 못한 거푸집을 사용한 경우, 누수되는 거푸집을 사용한 경우에 더욱 증가된다.

70. 아래 그림과 같은 단면을 가지는 단순보에서 균열 모멘트(M_{cr})의 값은? (단, $f_{ck} = 25\text{MPa}$, $f_y = 400\text{MPa}$)

① 22.3kN·m
② 31.6kN·m
③ 39.4kN·m
④ 48.2kN·m

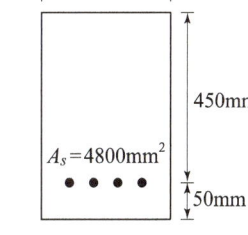

해설 균열 모멘트 $M_{cr} = \dfrac{f_r}{y_t} I_g$

$f_r = 0.63\lambda\sqrt{f_{ck}} = 0.63 \times 1 \times \sqrt{25} = 3.15\,\text{MPa}$

$I_g = \dfrac{bh^3}{12} = \dfrac{300 \times 500^3}{12} = 3,125,000,000\,\text{mm}^3$

$y_t = \dfrac{h}{2} = \dfrac{500}{2} = 250\,\text{mm}$

$\therefore M_{cr} = \dfrac{3.15}{250} \times 3,125,000,000$
$= 39,375,000\,\text{N} \cdot \text{mm} = 39.4\,\text{kN} \cdot \text{m}$

71. 4면에 의해 지지되는 2방향 슬래브 중에서 1방향 슬래브로 보고 설계할 수 있는 경우는?
(단, L : 2방향 슬래브의 장경간, S : 2방향 슬래브의 단경간)

① $\dfrac{L}{S} \geq 2$
② $\dfrac{L}{S} = 1$
③ $\dfrac{S}{L} \leq 2$
④ $\dfrac{S}{L} \leq 1$

해설 4변에 의해 지지되는 2방향 슬래브 중에서 단변에 대한 장변의 비가 2배를 넘으면 1방향 슬래브로서 해석한다.

72. 강판접착공법의 시공순서가 올바른 것은?

① 표면조정 - 강판부착 - 실링 - 주입 - 앵커장착 - 마감
② 표면조정 - 강판부착 - 앵커장착 - 주입 - 실링 - 마감
③ 표면조정 - 앵커장착 - 강판부착 - 실링 - 주입 - 마감
④ 표면조정 - 앵커장착 - 강판부착 - 실링 - 마감 - 주입

해설 • 강판접착공법 : 콘크리트구조물의 인장측 표면에 강판을 접착하여 기성구조물과 일체화시킴으로써 내력 향상을 도모하는 공법이다.
  • 표면조정(박리, 열화부 제거, 표면 연마) → 앵커설치 → 강판설치 → 에폭시 실링 주입 → 앵커볼트 절단 → 마감도장

73. 단철근 직사각형 보에서 $f_{ck} = 32\text{MPa}$인 경우, 콘크리트 등가 직사각형 압축응력블록의 깊이를 나타내는 계수 β_1은?

① 0.74
② 0.76
③ 0.80
④ 0.85

해설 $f_{ck} \leq 40\text{MPa}$일 때
  $\beta_1 = 0.80$, $\eta = 1.0$

74. 교량의 안전진단시 내하력평가를 실시하는 주된 이유는?

① 교량의 활하중 지지능력을 평가하고자 함이다.
② 주요 연결부의 상태를 평가하고자 함이다.
③ 교량의 노후도를 평가하여 보수공법을 결정하기 위함이다.
④ 교량가설에 사용된 재료의 내구성을 평가하는 것이 주목적이다.

해설 교량의 내하력 평가는 교량이 감당할 수 있는 활하중 지지능력을 평가하기 위하여 실시한다.

75 단면 복구재로서 폴리머 시멘트계 재료가 일반 콘크리트 재료보다 우수하지 않은 것은?

① 내화·내열성 ② 염분 차단성
③ 부착성   ④ 방수성

[해설] 내화 내열성 : 일반 콘크리트와 같은 정도지만 폴리머의 혼입량이 많으면 내화성은 저하한다.

76 일반적으로 정사각형 확대기초에서 펀칭전단에 대한 위험한 단면은? (단, d : 유효깊이)

① 기둥의 전면
② 기둥의 전면에서 d 만큼 떨어진 면
③ 기둥의 전면에서 $\dfrac{d}{2}$ 만큼 떨어진 면
④ 기둥의 전면에서 기둥 두께만큼 양쪽으로 떨어진 면

[해설] 펀칭전단(파괴전단)은 2방향 작용에 의하여 일어나므로, 정사각형 단면이면 2방향 확대 기초이므로 전단에 위험한 단면은 기둥 전면에서 $\dfrac{d}{2}$ 만큼 떨어진 면이다.

77 다음 중 부재의 강성을 크게 하는 데 가장 효율적인 보강공법은?

① 콘크리트 두께증설공법
② 강판 접착공법
③ 탄소 섬유시트 접착공법
④ 외부케이블 설치공법

[해설] 콘크리트 두께 증설공법은 부재가 피로열화에 따라 변형이 증가하여 기능이 저하한 경우에 상부면에 콘크리트를 타설함으로써 상판두께를 크게 하여 내하력과 강성을 회복시키는 가장 효율적인 공법이다.

78 다음 중 구조물의 사용성 평가 조사항목과 방법을 잘못 설명한 것은?

① 잔류처짐, 최대처짐 – 재하시험에 의해 최대처짐과 재하 후의 잔류처짐을 측정
② 균열길이 – 스케일, 화상처리
③ 균열깊이 – 초음파법, 코어채취
④ 내수성 – 스케일, 탄성파 반사파법, 탄성파 공진법

[해설] 내수성 : 배합표로부터의 물-결합재비(시멘트량, 밀도의 추정), 코어채취에 의한 물-결합재비(시멘트량, 밀도의 측정)

79 철근콘크리트구조물에서 균열 폭을 줄일 수 있는 방법에 대한 설명으로 틀린 것은?

① 같은 철근량을 사용할 경우 굵은 철근을 사용하기 보다는 가는 철근을 많이 사용한다.
② 철근에 발생하는 응력이 커지지 않도록 충분하게 배근한다.
③ 철근이 배근되는 곳에서 피복두께를 크게 한다.
④ 콘크리트의 인장구역에 철근을 골고루 배치한다.

[해설] 균열폭에 영향을 미치는 요인
- 이형 철근을 사용하면 균열폭을 최소로 할 수 있다.
- 인장측에 철근을 잘 분배하면 균열폭을 최소로 할 수 있다.
- 콘크리트 표면의 균열폭은 철근에 대한 콘크리트 피복 두께에 비례한다.
- 하중으로 인한 균열의 최대 폭은 철근의 응력과 철근 지름에 비례하여, 철근비에 비례한다.
- 균열폭을 줄이는 방법은 콘크리트의 최대 인장 구역에서 지름이 가는 철근을 여러 개 사용하고 이형 철근만을 사용한다.

80 다음 중 철근 콘크리트가 성립되는 조건으로 옳지 않은 것은?

① 콘크리트 속에 묻힌 철근은 녹이 슬지 않는다.
② 철근과 콘크리트는 탄성계수가 거의 같다.
③ 철근과 콘크리트는 부착 강도가 커서 합성체를 이룬다.
④ 콘크리트와 철근은 온도에 의한 선팽창계수가 거의 같다.

[해설] 철근의 탄성계수(E_s)와 콘크리트의 탄성계수(E_c)는 탄성계수비 n배의 차이가 있다.

$$E_s = nE_c, \quad n = \dfrac{E_s}{E_c}$$

정답 75 ① 76 ③ 77 ① 78 ④ 79 ③ 80 ②

국가기술자격 필기시험문제

2023년도 기사 1회 필기시험				수험번호	성 명
자격종목 **콘크리트기사**		시험시간 2시간	문제수 80	형 별 A	

※ 각 문제는 4지 택일형으로 질문에 가장 적합한 문제의 보기 번호를 클릭하거나 답안표기란의 번호를 클릭하여 입력하시면 됩니다.
※ 입력된 답안은 문제 화면 또는 답안 표기란의 보기 번호를 클릭하여 변경하실 수 있습니다.

제1과목 : 콘크리트 재료 및 배합

□□□ 기 09,19,23
01 시멘트의 화학성분에 관한 설명으로 옳지 않은 것은?

① 강열감량 : 950±50℃의 강한 열을 가했을 때의 감량으로서 시멘트 중에 함유된 H_2O와 CO_2의 양으로 시멘트가 풍화한 정도를 판정하는데 이용된다.
② 불용해잔분 : 시멘트를 염산 및 탄산나트륨 용액으로 처리하여도 녹지 않는 부분을 말하며, 일반적으로 불용해잔분은 0.1~0.6% 정도이다.
③ 수경률 : 시멘트 원료의 조합비를 정하는 데 가장 일반적으로 사용되며, 수경률이 크면 알루민산3석회(C_3A)양이 많아져 초기강도가 높고 수화열이 큰 시멘트가 된다.
④ 마그네시아(MgO) : MgO의 양이 많으면 클링커 중에 미반응된 상태인 유리마그네시아로 남게 되며, 수화반응에 의해 서서히 팽창하여 콘크리트 경화체에 균열을 일으키는 원인이 되어 시멘트 중의 MgO 함량을 3% 이하로 제한하고 있다.

해설 마그네시아(MgO)는 2% 정도 초과하면 콘크리트 구조물을 팽창 파괴되므로 품질보증한계 5% 이하로 제한하고 있다.

□□□ 기 19,23
02 아래의 표는 어떤 2종 포틀랜드 시멘트의 화학성분 분석 결과이다. 이 2종 포틀랜드 시멘트 성분 중 C_3A의 조성비를 한국산업표준(KS)에 따라 구한 값은?

밀도(g/cm³)	화학성분(%)					
	CaO	SiO_2	Al_2O_3	Fe_2O_3	MgO	SO_3
3.14	62.16	21.61	4.71	3.52	2.55	2.04

① 6.5%
② 8.5%
③ 10.5%
④ 12.5%

해설 $C_3A = [2.650 \times Al_2O_3(\%)] - [1.692 \times Fe_2O_3(\%)]$
$= 2.650 \times 4.71 - 1.692 \times 3.52 = 6.52\%$

□□□ 기 14,21,23
03 다음 표는 골재의 함수상태에 따른 질량을 측정한 결과를 나타낸 것이다. 잔골재의 흡수율(㉠)과 표면수율(㉡)은 얼마인가?

함수상태 질량	잔골재
절대건조상태 질량(g)	470
공기중 건조상태 질량(g)	480
표면 건조 포화 상태 질량(g)	500
습윤상태 질량(g)	520

① ㉠ : 5.38%, ㉡ : 3.85%
② ㉠ : 5.38%, ㉡ : 4.00%
③ ㉠ : 6.38%, ㉡ : 3.85%
④ ㉠ : 6.38%, ㉡ : 4.00%

해설
· 흡수율 $= \dfrac{\text{표건상태} - \text{절건상태}}{\text{절건상태}} \times 100$
$= \dfrac{500-470}{470} \times 100 = 6.38\%$

· 표면 수율 $= \dfrac{\text{습윤상태} - \text{표면건조 포화상태}}{\text{표면건조 포화상태}} \times 100(\%)$
$= \dfrac{520-500}{500} \times 100 = 4.00\%$

□□□ 기 10,16,19,23
04 굵은 골재의 표면건조포화상태의 밀도(D_s)를 구하는 아래 식에서 B의 값으로 옳은 것은?

$$D_s = \dfrac{B}{B-C} \times \rho_w$$

① 시료의 수중 질량(g)
② 절대건조상태 시료의 질량(g)
③ 공기 중 건조상태 시료의 질량(g)
④ 표면건조포화상태 시료의 질량(g)

해설 · B : 표면건조포화상태 시료의 질량(g)
· C : 시료의 수중 질량(g)
· ρ_w : 시험온도에서의 물의 밀도(g/cm³)

정답 01 ④ 02 ① 03 ④ 04 ④

□□□ 기 05,21,23
05 콘크리트의 배합강도에 대한 설명으로 틀린 것은?

① 콘크리트의 배합강도는 설계기준압축강도보다 크게 정하여야 한다.
② 압축강도의 시험횟수가 24회일 경우 표준편차의 보정계수는 1.04이다.
③ 압축강도의 시험 횟수가 29회 이하이고 15회 이상인 경우 그것으로 계산한 표준편차에 보정계수를 곱한 값을 표준편차로 사용할 수 있다.
④ 콘크리트 압축강도의 표준편차는 실제 사용한 콘크리트의 25회 이상의 시험실적으로부터 결정하는 것을 원칙으로 한다.

해설 콘크리트 압축강도의 표준편차는 실제 사용한 콘크리트의 30회 이상의 시험실적으로부터 결정하는 것을 원칙으로 한다.

□□□ 기 15,23
06 콘크리트 1m³을 제조하는 데 골재의 절대용적이 650l이고, 잔골재율이 41.5%일 때 잔골재와 굵은골의 재량은? (단, 잔골재 표건밀도=0.00265g/mm³, 굵은 골재 표건밀도=0.00271g/mm³)

① 잔골재=705kg, 굵은 골재=1,015kg
② 잔골재=715kg, 굵은 골재=1,030kg
③ 잔골재=730kg, 굵은 골재=1,045kg
④ 잔골재=740kg, 굵은 골재=1,050kg

해설 잔골재의 절대용적 $V_s = 650 \times 0.415 = 269.75 l$
잔골재량 $S = 269.75 \times 0.00265 \times 1,000 = 715 kg$
굵은 골재의 절대용적 $V_G = 650 - 270 = 380 l$
굵은 골재량 $G = 380 \times 0.00271 \times 1,000 = 1,030 kg$

□□□ 기 12,20,23
07 일반 콘크리트의 배합설계에 관한 설명으로 틀린 것은?

① 물-결합재비는 소요의 강도, 내구성, 수밀성 및 균열저항성 등을 고려하여 정하여야 한다.
② 단위수량은 작업이 가능한 범위 내에서 될 수 있는 대로 적게 되도록 시험을 통해 정하여야 한다.
③ 콘크리트의 슬럼프는 운반, 타설, 다지기 등의 작업에 알맞은 범위 내에서 될 수 있는 한 작은 값으로 정하여야 한다.
④ 잔골재율은 소요의 작업성을 얻을 수 있는 범위 내에서 단위수량이 최대가 되도록 시험에 의하여 정하여야 한다.

해설 잔골재율은 소요의 워커빌리티를 얻을 수 있는 범위 내에서 단위수량이 최소가 되도록 시험에 의해 정하여야 한다.

□□□ 기 08,09,13,15,17,21,23
08 굵은 골재의 체가름 시험결과가 아래의 표와 같을 때 굵은 골재 최대치수(G_{max})와 조립률(FM)을 구한 것으로 옳은 것은?

체의 크기(mm)	30	25	20	15	10	5	2.5
각체잔량 누계(%)	2	10	35	53	78	98	100

① 25mm, 7.11
② 25mm, 7.76
③ 20mm, 7.11
④ 20mm, 7.76

해설 조립률(F.M) : 75mm, 40mm, 20mm, 10mm, 5mm, 2.5mm, 1.2mm, 0.6mm, 0.3mm, 0.15mm(10개)

체의 치수(mm)	누적잔유율(%)	통과 백분율(%)	조립률체
30	2	98	
25	10	90	
20	35	65	*
15	53	47	
10	78	22	*
5	98	2	*
2.5	100	0	*
1.2	100	0	*
0.6	100	0	*
0.3	100	0	*
0.15	100	0	*

∴ $F.M = \dfrac{0 \times 2 + 35 + 78 + 98 + 100 \times 5}{100} = \dfrac{711}{100} = 7.11$

■ 굵은 골재의 최대치수 : 굵은 골재의 최대치수는 무게로 90% 이상을 통과시키는 체 중에서 최소 치수의 체눈을 호칭치수로 나타낸다.
∴ $G_{max} = 25mm$ (∵ 통과율 90%≤90%)

□□□ 기 06,23
09 구조물에 사용된 콘크리트의 압축강도가 호칭강도(f_{cn})보다 작아지지 않도록 현장 콘크리트의 품질변동을 고려하여 콘크리트의 배합강도(f_{cr})를 결정한다. 호칭강도가 30MPa인 경우 배합강도는 얼마로 하여야 하는가? (단, 압축강도의 시험횟수는 14회 이하이다.)

① 38.5MPa
② 37.5 MPa
③ 36MPa
④ 34.5 MPa

해설 압축강도의 시험횟수가 14회 이하이거나 기록이 없는 경우의 배합강도

호칭강도 f_{cn}	배합강도 f_{cr}(MPa)
21MPa 미만	$f_{cr} = f_{cn} + 7$
21 이상 35MPa 이하	$f_{cr} = f_{cn} + 8.5$
35MPa 초과	$f_{cr} = 1.1 f_{cn} + 5$

∴ $f_{cr} = f_{cn} + 8.5 = 30 + 8.5 = 38.5 MPa$

□□□ 기 12,18,19,23

10 강모래를 이용한 콘크리트에 비해 부순 잔골재를 이용한 콘크리트의 차이에 대한 설명으로 틀린 것은?

① 미세한 분말량이 많아짐에 따라 응결의 초결시간과 종결시간이 길어진다.
② 동일 슬럼프를 얻기 위해서는 단위수량이 5~10% 정도 더 필요하다.
③ 건조수축률은 미세한 분말량이 많아지면 증대한다.
④ 미세한 분말량이 많아지면 슬럼프가 저하하기 때문에 그 양에 의하여 잔골재율(S/a)을 낮춰준다.

[해설] 부순모래에 함유되는 미세한 분말량(석분)의 양이 3~7% 이상으로 너무 많으면 단위수량의 증가가 현저해지며, 블리딩이 적어져 플라스틱수축균열이 생기기 쉬워지고 초결 종결이 상당히 빨라지는 등의 악영향이 나타난다.

□□□ 기 17,21,23

11 콘크리트용 화학 혼화제에 대한 일반적 성질의 설명으로 틀린 것은?

① 부배합인 경우가 빈배합인 경우보다 AE제에 의한 워커빌리티 개선효과가 크게 나타난다.
② 감수제는 콘크리트 제조시 단위수량을 감소시키는 효과를 나타내어 압축강도를 증가시킨다.
③ AE제에 의한 연행 공기량은 4~7% 정도가 표준이다.
④ 응결촉진제로서 염화칼슘 또는 염화칼슘을 포함한 감수제가 사용된다.

[해설] 빈배합인 경우가 부배합인 경우보다 AE제에 의한 워커빌리티 개선효과가 크게 나타난다.

□□□ 기 12,16,20,23

12 콘크리트 압축강도의 시험횟수가 22회일 경우 배합강도를 결정하기 위해 적용하는 표준편차의 보정계수로 옳은 것은?

① 1.04
② 1.06
③ 1.08
④ 1.10

[해설] 시험횟수가 20회 이하일 때 표준편차의 보정계수

시험횟수	표준편차의 보정계수
15	1.16
20	1.08
25	1.03
30 이상	1.00

∴ 22회의 보정계수 $= 1.03 + \dfrac{1.08-1.03}{25-20} \times (25-22) = 1.06$

□□□ 기 12,15,19,23

13 아래의 표와 같이 콘크리트 시방배합을 하였다. 잔골재의 표면 수량이 3.5%이고, 굵은 골재의 표면 수량이 1.5%일 때 현장배합으로 수정할 경우 단위수량은?

물(kg/m³)	시멘트(kg/m³)	잔골재(kg/m³)	굵은 골재(kg/m³)
175	370	800	1,067

① 131kg
② 148kg
③ 202kg
④ 219kg

[해설] 표면수량에 의한 환산
- 잔골재의 표면 수량 = 800×0.035 = 28kg/m³
- 굵은 골재의 표면 수량 = 1,067×0.015 = 16.00kg/m³
- ∴ 수정할 단위 수량 = 175 − (28+16.00) = 131kg/m³

□□□ 기 19,23

14 아래 표의 시험항목 중 KS F 2561(철근 콘크리트용 방청제)의 품질시험 항목으로 규정되어 있는 것으로 올바르게 나타낸 것은?

㉠ 콘크리트의 블리딩 시험
㉡ 콘크리트의 압축강도 시험
㉢ 콘크리트의 길이변화 시험
㉣ 전체 알칼리량 시험

① ㉠, ㉡
② ㉠, ㉣
③ ㉡, ㉢
④ ㉡, ㉣

[해설] 품질시험 항목
콘크리트의 응결 시간 시험, 압축강도시험, 염화이온량시험, 전체 알칼리량 시험

□□□ 기 18,23

15 콘크리트용 굵은 골재의 물리적 성질에 대한 기준으로 틀린 것은? (단, 천연 골재)

① 절대건조밀도는 2.5g/cm³ 이상이어야 한다.
② 흡수율은 5.0% 이하이어야 한다.
③ 마모율은 40% 이하이어야 한다.
④ 안정성은 10% 이하이어야 한다.

[해설] 골재의 물리적 성질[KS F 2526]

구분	규정값	
	굵은 골재	잔골재
밀도(절대건조)(g/cm³)	2.50 이상	2.50 이상
흡수율(%)	3.0 이하	3.0 이하
안정성(%)	12 이하	10 이하
마모율(%)	40 이하	−

정답 10 ① 11 ① 12 ② 13 ① 14 ④ 15 ④

□□□ 기 21,23

16 해양 콘크리트 중 물보라 지역에 위치하고 굵은 골재 최대 치수가 25mm인 경우 내구성으로 정해지는 최소 단위 결합재량은?

① 280kg/m³   ② 300kg/m³
③ 330kg/m³   ④ 350kg/m³

해설 해양 콘크리트 중 물보라 지역 및 해상 대기 중에서는 굵은골재가 25mm인 경우 단위 결합재량은 330kg/m³ 이상 사용하는 것이 좋다.

□□□ 기 16,23

17 포졸란 활성이나 잠재수경성을 가지며, 주로 시멘트의 대체재료로 이용되는 혼화재료가 아닌 것은?

① 팽창재   ② 화산재
③ 플라이애시   ④ 고로슬래그 미분말

해설 · 경화과정에서 팽창을 일으키는 것 : 팽창재
· 포졸란 활성이나 잠재수경성을 가지며, 주로 시멘트의 대체재료로 이용되는 혼화재 : 플라이애시, 고로슬래그 미분말, 화산재, 실리카 퓸, 메타카올린

□□□ 기 16,18,21,23

18 콘크리트 및 모르타르 혼화재로 사용되는 실리카퓸의 품질시험을 실시하고자 할 때 시험 모르타르는 시멘트와 실리카퓸의 질량비를 얼마로 하여야 하는가?

① 1 : 9   ② 9 : 1
③ 1 : 6   ④ 6 : 1

해설 시험 모르타르
실리카퓸의 품질시험에서 사용되는 모르타르로서 보통포틀랜드 시멘트의 실리카퓸을 질량비로 9 : 1로 하여 제작한 모르타르

□□□ 기 04,10,13,21,23

19 KS에 규정되어 있는 골재 시험 항목에 대하여 사용하는 용액이 잘못 연결된 것은?

① 안정성 – 황산나트륨
② 유기 불순물 – 수산화나트륨
③ 염화물 함유량 – 질산나트륨
④ 알칼리 골재 반응 – 수산화나트륨

해설 염화물량 측정 방법
· 흡광 광도법 : 크롬산은이나 티오시안산 제2수은 염화물 이온과 반응하여 나타난 발색도 차를 흡광 광도계를 이용하여 측정하는 방법
· 질산은 적정법 : 중성 용액에서 질산은 용액은 염화물 이온과 당량적으로 반응하여 백색 염화은이 생성된다.
· 염화물 함유량 – 질산은

□□□ 기 14,23

20 바닷물의 영향을 직접 받는 콘크리트의 경우 내구성에 대하여 각별한 주의를 필요로 한다. 이 환경에 처한 콘크리트를 제조하는데 일반적인 경우 적합하지 않은 재료는?

① 폴리머시멘트   ② 플라이애시시멘트
③ 조강시멘트   ④ 고로슬래그시멘트

해설 조강포틀랜드시멘트는 해수저항성이 큰 C_3A 성분이 많이 함유되어 있으므로 토양이나 해수 및 공장폐수 등의 황산염에 대한 저항성이 없어 부적합하다.

제2과목 : 콘크리트 제조, 시험 및 품질관리

□□□ 기 15,21,22,23

21 레디믹스트 콘크리트(KS F 4009)에 관한 설명으로 틀린 것은?

① 레디믹스트 콘크리트의 제조 설비로서 믹서는 고정 믹서로 한다.
② 일반적으로 레디믹스트 콘크리트의 염화물 함유량(염소이온(Cl⁻)량)은 0.3kg/m³ 이하로 한다.
③ 덤프 트럭으로 콘크리트를 운반하는 경우, 운반 시간의 한도는 혼합하기 시작하고 나서 1시간 이내에 공사 지점에 배출할 수 있도록 운반한다.
④ 트럭 애지테이터로 운반했을 때 콘크리트의 1/3과 2/3의 부분에서 각각 시료를 채취하여 슬럼프 시험을 하였을 경우 슬럼프의 차이가 20mm 이하이어야 한다.

해설 트럭 애지테이터로 운반했을 때 콘크리트의 1/4과 3/4의 부분에서 각각 시료를 채취하여 슬럼프 시험을 하였을 경우 슬럼프의 차이가 30mm 이하이어야 한다.

□□□ 기 15,21,23

22 타설 직전의 콘크리트의 수소이온농도(pH값)를 측정하였을 때 예상되는 pH값의 범위로 가장 가까운 것은?

① 3 ~ 4   ② 5 ~ 8
③ 9 ~ 11   ④ 12 ~ 13

해설 수화반응에서 생성되는 수산화칼슘(pH 12~13 정도의 강알칼리성)이 대기에 있는 약산성의 탄산가스와 접촉하여 탄산칼슘으로 변화한 부분의 pH가 8.5~10 정도로 낮아지는 현상을 탄산화(중성화)라고 한다.

정답 16 ③   17 ①   18 ②   19 ③   20 ③   21 ④   22 ④

23 다음 보기를 보고 품질관리의 순서로 가장 적합한 것은?

> ㉮ 데이터를 작성한다.
> ㉯ 작업의 표준을 정한다.
> ㉰ 품질의 표준을 정한다.
> ㉱ 품질의 특성을 정한다.
> ㉲ 관리 한계로 하여 작업을 속행한다.
> ㉳ 관리도에 의한 공정의 안정 여부를 검토한다.
> ㉴ 공정에 이상이 생기면 수정하여 관리 한계 내에 들어가게 한다.

① ㉱ - ㉰ - ㉯ - ㉮ - ㉳ - ㉲ - ㉴
② ㉰ - ㉴ - ㉯ - ㉮ - ㉳ - ㉲ - ㉱
③ ㉯ - ㉰ - ㉱ - ㉴ - ㉳ - ㉲ - ㉮
④ ㉰ - ㉮ - ㉱ - ㉲ - ㉳ - ㉯ - ㉴

[해설] 품질관리의 순서
① 품질특성을 정한다.
② 품질표준을 정한다.
③ 작업표준을 정한다.
④ Data를 취한다.
⑤ 관리도에 의한 공정의 안정 여부를 검토한다.
⑥ 관리 한계로 하여 작업을 속행한다.
⑦ 공정에 이상이 생기면 수정하여 관리 한계 내에 들어가게 한다.

24 콘크리트의 압축강도 시험결과가 다음 표와 같다. 이 콘크리트의 강도에 대한 변동계수는? (단, 표준편차 계산은 불편분산에 의한다.)

> 30MPa, 32MPa, 29MPa,
> 29MPa, 33MPa, 27MPa

① 4.8% ② 7.3%
③ 24.0% ④ 36.5%

[해설] 변동계수 $C_v = \dfrac{\sigma_c}{\bar{x}} \times 100$

- 평균값 $\bar{x} = \dfrac{30+32+29+29+33+27}{6} = \dfrac{180}{6} = 30\,\text{MPa}$
- 표준 편차 제곱합 $S = \sum(\bar{x} - X_i)^2$
  $= (30-30)^2 + (30-32)^2 + (30-29)^2$
  $+ (30-29)^2 + (30-33)^2 + (30-27)^2$
  $= 24$
- 표준 편차 $\sigma_e = \sqrt{\dfrac{S}{n-1}} = \sqrt{\dfrac{24}{6-1}} = 2.19\,\text{MPa}$

∴ $C_v = \dfrac{\sigma_c}{\bar{x}} \times 100 = \dfrac{2.19}{30} \times 100 = 7.3\%$

25 콘크리트의 워커빌리티 및 반죽질기에 대한 일반적인 설명으로 틀린 것은?

① 단위 수량이 많을수록 콘크리트의 유동성이 크게 되지만, 단위 수량을 증가시킬수록 재료분리가 발생하기 쉬워지므로 워커빌리티가 좋아진다고는 말할 수 없다.
② 단위 시멘트량이 많아질수록 그 콘크리트의 성형성은 증가하므로, 일반적으로 부배합 콘크리트가 빈배합 콘크리트에 비해 워커빌리티가 좋다고 할 수 있다.
③ 공기량 1%의 증가에 대하여 슬럼프가 30mm 정도 크게 되며, 슬럼프를 일정하게 하면 단위 수량을 약 8% 저감할 수 있다. 이러한 공기량의 워커빌리티 개선효과는 부배합의 경우에 현저하다.
④ 골재 중의 세립분, 특히 0.3mm 이하의 세립분은 콘크리트의 점성을 높이고 성형성을 좋게 한다. 그러나 세립분이 많게 되면 반죽질기가 적게 되므로 골재는 조립한 것부터 세립한 것까지 적당한 비율로 혼합할 필요가 있다.

[해설] 공기량 1%의 증가에 대하여 슬럼프가 20mm 정도 크게 되며, 이러한 공기량의 워커빌리티 개선효과는 빈배합의 경우에 현저하다.

26 콘크리트의 건조수축에 관한 설명으로 틀린 것은?

① 플라이 애시를 혼입한 경우는 일반적으로 건조수축이 감소한다.
② 건조수축의 주원인은 콘크리트가 수화 작용을 하고 남은 물이 증발하기 때문이다.
③ 콘크리트의 단위수량이 많을수록 건조수축이 작게 일어난다.
④ 염화칼슘을 혼입한 경우에는 일반적으로 건조수축이 증가한다.

[해설] 배합수가 건조수축에 미치는 영향이 크므로 단위 수량이 많은 콘크리트일수록 건조수축이 크게 일어난다.

27 $\phi 100 \times 200\,\text{mm}$ 원주형 공시체로 쪼갬인장강도시험을 수행하여 재하하중 85kN에서 파괴되었다면 쪼갬인장강도는 얼마인가?

① 2.4MPa ② 2.7MPa
③ 3.0MPa ④ 3.5MPa

[해설] $f_{sp} = \dfrac{2P}{\pi d l}$

$= \dfrac{2 \times 85 \times 10^3}{\pi \times 100 \times 200} = 2.7\,\text{N/mm}^2 = 2.7\,\text{MPa}$

□□□ 기 11,16,22,23
28 콘크리트의 탄산화에 대한 설명으로 틀린 것은?

① 탄산화의 진행속도는 시간의 제곱근에 비례한다.
② 탄산화를 방지하기 위해서는 양질의 골재를 사용하고 물-시멘트비를 작게 하는 것이 좋다.
③ 페놀프탈레인 1% 에탄올 용액을 분산시키면 알칼리 부분은 변색하지 않지만 탄산화된 부분은 붉은 보라색으로 변한다.
④ 콘크리트의 수화 반응에서 생성되는 강알칼리성 수산화칼슘이 공기 중의 이산화탄소와 결합 후 탄산칼슘으로 변하여 알칼리성이 약해지는 현상을 탄산화라 한다.

해설 페놀프탈레인 1%의 에탄올 용액을 분사시키면 탄산화된 부분은 변색하지 않지만 알칼리 부분은 붉은 보라색으로 변한다.

□□□ 기 10,16,22,23
29 콘크리트 중의 염화물 함유량에 대한 설명으로 틀린 것은?

① 콘크리트 중의 염화물 함유량은 콘크리트 중에 함유된 염소이온의 총량으로 표시한다.
② 굳지 않은 콘크리트 중의 염소이온량(Cl^-)은 원칙적으로 $0.9kg/m^3$ 이하로 하여야 한다.
③ 재령 28일이 경과한 굳은 프리스트레스트 콘크리트 속의 최대 수용성 염소이온량은 시멘트 질량에 대한 비율로서 0.06%를 초과하지 않도록 하여야 한다.
④ 상수도 물을 혼합수로 사용할 때 여기에 함유되어 있는 염소이온량이 불분명한 경우에는 혼합수로부터 콘크리트 중에 공급되는 염소이온량을 250mg/L로 가정할 수 있다.

해설 굳지 않은 콘크리트 중의 전 염소이온량(Cl^-)은 원칙적으로 $0.3kg/m^3$ 이하로 하여야 한다.

□□□ 기 09,17,23
30 알칼리-골재반응에 대한 설명으로 틀린 것은?

① 알칼리-실리카반응을 일으키기 쉬운 광물은 오팔, 트리디마이트, 옥수 등이다.
② 반응성 골재를 사용할 경우 전 알칼리량 0.6% 이하인 저알칼리형 시멘트를 사용한다.
③ 플라이애시, 고로슬래그 미분말 등은 실리카질이 많기 때문에 알칼리-골재반응을 촉진한다.
④ 골재의 알칼리 잠재반응 시험은 모르타르 봉방법으로 평가한다.

해설 알칼리 골재반응성 골재를 부득이 사용해야 할 경우는 저알카리형 시멘트, 고로 슬래그 시멘트, 플라이 애시 시멘트 등을 사용한다.

□□□ 기 16,23
31 관입저항침에 의한 콘크리트의 응결시간시험(KS F 2436)에서 초결시간과 종결시간의 결정에 대한 설명으로 옳은 것은?

① 관입저항이 1.5MPa, 28.0MPa이 될 때의 시간을 각각 초결시간과 종결시간으로 결정한다.
② 관입저항이 3.5MPa, 15.0MPa이 될 때의 시간을 각각 초결시간과 종결시간으로 결정한다.
③ 관입저항이 1.5MPa, 15.0MPa이 될 때의 시간을 각각 초결시간과 종결시간으로 결정한다.
④ 관입저항이 3.5MPa, 28.0MPa이 될 때의 시간을 각각 초결시간과 종결시간으로 결정한다.

해설 각 그래프에서 관입저항이 3.5MPa, 28.0MPa이 될 때의 시간을 각각 초결시간과 종결시간으로 결정한다.

□□□ 기 11,17,23
32 굳지 않은 콘크리트의 공기량에 대한 일반적인 설명으로 틀린 것은?

① AE제의 혼입량이 증가하면 공기량도 증가한다.
② 콘크리트의 온도가 높으면 공기량이 감소한다.
③ 잔 골재량이 많을수록 공기량이 증가한다.
④ 시멘트 분말도가 높으면 공기량이 증가한다.

해설 콘크리트의 공기량에 영향을 미치는 요인
· 잔 골재율이 작으면 공기량은 감소한다.
· 물-시멘트비가 클수록 공기량은 증가한다.
· 단위 잔 골재량이 많을수록 공기량은 증가한다.
· 콘크리트의 온도는 낮을수록 공기량이 증가한다.
· 시멘트의 분말도가 증가하면 공기량은 감소한다.
· 혼합시간이 너무 짧거나 길면 공기량은 감소한다.
· 일반적으로 콘크리트의 슬럼프가 클수록 공기량이 증가한다.

□□□ 기 10,13,19,23
33 콘크리트 품질관리 기법 중 관리도에서 나열된 점들이 이상이 있는 경우로 옳지 않은 것은?

① 점들이 위로 연속적으로 이동해 가는 경우
② 점들이 중심선 인근에 연속적으로 나타난 경우
③ 점들이 한계선에 접하여 자주 나타나는 경우
④ 연속한 20점 중 10점 이상 중심선 한쪽으로 편중된 경우

해설 타점이 한계 외로 벗어났을 때는 공정에 이상이 있다.
· 타점이 연속해서 중심선의 한 쪽에 접합하는 경우
· 타점이 주기적 파형인 경우
· 타점이 연속 상승 또는 하강하는 경우
· 중심선 부근에 집중하는 경우

정답 28 ③ 29 ② 30 ③ 31 ④ 32 ④ 33 ④

□□□ 기 12,16,23

34 아래 표는 콘크리트의 블리딩 시험기의 제원 및 시험결과를 정리한 것이다. 블리딩률을 구하면?

블리딩 시험용기		단위수량	콘크리트 단위용적 질량	시료 질량	블리딩 물의 질량
안지름	안높이				
250mm	285mm	168kg/m³	2,400kg/m³	20kg	0.15kg

① 10.7% ② 5.2%
③ 1.5%   ④ 0.3%

해설 블리딩률 $B_r = \dfrac{B}{W_s} \times 100(\%)$

시료 중의 물의 질량 $W_s = \dfrac{W}{C} \times S$

- 블리딩물의 질량 $B = 0.15 \text{kg}$
- 콘크리트의 단위용적질량 $C = 2,400 \text{kg/m}^3$
- 콘크리트의 단위수량 $W = 168 \text{kg/m}^3$
- 시료의 무게 $S = 20 \text{kg}$
- $W_s = \dfrac{W}{C} \times S = \dfrac{168}{2,400} \times 20 = 1.4 \text{kg}$

∴ 블리딩률 $= \dfrac{0.15}{1.4} \times 100 = 10.7\%$

□□□ 기 21,23

35 중앙점 재하법에 따라 굳은 콘크리트의 휨 강도 시험을 한 결과, 최대 하중이 50kN일 때 휨 강도는? (단, 공시체 150mm×150mm×530mm)

① 5MPa   ② 8MPa
③ 10MPa ④ 12MPa

해설 중앙점 재하법 휨강도 $f_b = \dfrac{3Pl}{2bd^2}$

∴ $f_b = \dfrac{3 \times 50 \times 10^3 \times 450}{2 \times 150 \times 150^2} = 10 \text{N/mm}^2 = 10 \text{MPa}$

(∵ 지간 $l = 450\text{mm}$)

□□□ 기 17,23

36 AE콘크리트의 공기량에 대한 일반적인 설명으로 틀린 것은?

① 공기량을 1% 정도 증가시키면 잔 골재율을 3~5% 작게 할 수 있다.
② 단위 잔 골재량이 많을수록 공기량은 증가한다.
③ 콘크리트의 온도가 낮을수록 공기량은 증가한다.
④ 공기량 1%를 증가시키면 동일 슬럼프의 콘크리트를 만드는데 필요한 단위수량을 약 3% 작게 할 수 있다.

해설
- 잔 골재율이 작으면 공기량도 감소한다.
- 공기량을 증가시키면 공기량 1%에 대해 압축강도는 약 4~6% 정도 감소한다.

□□□ 기 12,13,15,17,21,23

37 콘크리트 비비기에 대한 설명으로 틀린 것은?

① 비비기를 시작하기 전에 미리 믹서 내부를 모르타르로 부착시켜야 한다.
② 재료를 믹서에 투입할 때 일반적으로 물은 다른 재료보다 먼저 넣기 시작하여 다른 재료의 투입이 끝난 후 조금 지난 뒤에 물의 주입을 끝낸다.
③ 비비기는 미리 정해 둔 비비기 시간의 3배 이상 계속하지 않아야 한다.
④ 비비기 시작 후 최초에 배출되는 콘크리트는 사용하지 않는 것을 원칙으로 하나, 연속믹서를 사용할 경우는 사용할 수 있다.

해설 연속믹서를 사용할 경우, 비비기 시작 후 최초에 배출되는 콘크리트는 사용하지 않아야 한다.

□□□ 기 11,15,23

38 콘크리트의 길이변화 시험에 대한 설명으로 틀린 것은?

① 콘크리트의 건조수축 특성을 평가하기 위해 실시한다.
② 공시체의 개수는 동일 조건의 시험에 대해 3개 이상으로 한다.
③ 공시체의 측면길이 변화를 측정하기 위해서는 다이얼 게이지 방법을 사용하여야 한다.
④ 사용하는 콘크리트 공시체의 나비는 높이와 같이 하되, 굵은 골재의 최대치수의 3배 이상으로 한다.

해설
- 공시체 중심축의 길이변화를 측정하는 방법
  - 다이얼 게이지를 부착한 측정기를 이용하는 방법(다이얼 게이지 방법)
- 공시체의 측면길이 변화를 측정하는 방법
  - 현미경을 부착한 콤퍼레이터를 이용하는 방법(콤퍼레이터 방법)
  - 콘텍트 스트레인 게이지를 이용하는 방법(콘텍트 게이지 방법)

□□□ 기 16,17,21,23

39 KCS 14 20 10 에 따른 콘크리트용 재료의 계량 허용오차가 틀린 것은?

① 물 : -2%, +1%   ② 골재 : ±2%
③ 시멘트 : -1%, +2%   ④ 혼화제 : ±3%

해설 KCS 14 20 10 1회 계량분에 대한 계량오차

재료의 종류	측정단위	허용오차
시멘트	질량	-1%, +2%
골재	질량	±3%
물	질량 또는 부피	-2%, +1%
혼화재	질량	±2%
혼화제	질량 또는 부피	±3%

정답 34 ① 35 ③ 36 ① 37 ④ 38 ③ 39 ②

□□□ 기 15,21,23

40 레디믹스트 콘크리트의 운반차에 대한 아래 표의 설명에서 ( )안에 적합한 값은?

> 콘크리트 운반차는 트럭믹서나 트럭애지테이터를 사용한다. 운반차는 혼합한 콘크리트를 충분히 균일하게 유지하여 재료 분리를 일으키지 않고, 쉽고도 완전하게 배출할 수 있는 것이어야 하며, 콘크리트의 $\frac{1}{4}$ 과 $\frac{3}{4}$ 의 부분에서 각각 시료를 채취하여 슬럼프 시험을 하였을 경우, 양쪽의 슬럼프 차가 ( )이내가 되어야 한다.

① 10mm ② 20mm
③ 30mm ④ 40mm

해설 양쪽의 슬럼프 차가 30mm 이내가 되어야 한다.

제3과목 : 콘크리트의 시공

□□□ 기 20,22,23

41 재령 t 일에서 콘크리트의 단열온도상승량 $Q(t)$는 콘크리트 타설이 끝난 후 콘크리트 내부의 온도 변화를 해석하기 위한 기본적인 자료로, 일반적으로 $Q(t) = Q_\infty (1 - e^{-rt})$ 로 나타낼 수 있다. 1m³당 시멘트 320kg, 플라이애시 80kg을 사용한 경우 [표 1]을 이용하여 20℃에서 타설된 콘크리트의 최종단열온도 상승량(Q_∞)과 온도상승속도(r)의 값을 구하면?

[표 1. Q_∞ 및 r의 표준값]

타설온도 (℃)	$Q(t) = Q_\infty (1 - e^{-rt})$			
	$Q_\infty (C) = aC + b$		$r(C) = gC + h$	
	a	b	g	h
20	0.12	8.0	0.0028	−0.143

① $Q_\infty = 46℃, r = 0.896$
② $Q_\infty = 46℃, r = 0.977$
③ $Q_\infty = 56℃, r = 0.896$
④ $Q_\infty = 56℃, r = 0.977$

해설 $Q_\infty (C) = aC + b = 0.12 \times (320 + 80) + 8.0 = 56℃$
$r(C) = gC + h = 0.0028 \times (320 + 80) - 0.143 = 0.977$

□□□ 기 12,22,23

42 일반 콘크리트에서 균열의 제어를 목적으로 균열유발 이음을 설치할 때, 이음의 간격 및 단면의 결손율에 대한 설명으로 옳은 것은?

① 균열유발 이음의 간격은 0.5~1m 이내로 하고 단면의 결손율은 30%를 약간 넘을 정도로 하는 것이 좋다.
② 균열유발 이음의 간격은 1~2m 이내로 하고 단면의 결손율은 20%를 약간 넘을 정도로 하는 것이 좋다.
③ 균열유발 이음의 간격은 부재높이의 1배 이상에서 2배 이내 정도로 하고 단면의 결손율은 20%를 약간 넘을 정도로 하는 것이 좋다.
④ 균열유발 이음의 간격은 부재높이의 2배 이상에서 3배 이내 정도로 하고 단면의 결손율은 30%를 약간 넘을 정도로 하는 것이 좋다.

해설 • 균열유발 이음의 간격은 부재높이의 1배 이상에서 2배 이내 정도로 하고 단면의 결손율은 20%를 약간 넘을 정도로 하는 것이 좋다.
• 이음부의 철근부식을 방지하기 위해 철근에 에폭시 도포를 하든가 다른 조치를 취하여야 한다.

□□□ 기 09,21,23

43 숏크리트 코어 공시체($\phi 100 \times 100$mm)로부터 채취한 강섬유의 질량이 61.2g일 때, 강섬유 혼입률은? (단, 강섬유의 밀도는 7.85g/cm³)

① 0.5% ② 1%
③ 3%   ④ 5%

해설 강섬유 혼입률 $V_f = \dfrac{W_{sp}}{V \cdot \rho_{sp}} \times 100$

• 코어공시체 부피 $V = \dfrac{\pi \times 10^2}{4} \times 10 = 785.40$cm³

∴ $V_f = \dfrac{61.2}{785.40 \times 7.85} \times 100 = 1\%$

□□□ 기 16,20,23

44 유동화 콘크리트 제조 시 유동화 시키는 방법이 아닌 것은?

① 공장첨가 현장유동화 방식
② 공장첨가 공장유동화 방식
③ 현장첨가 현장유동화 방식
④ 현장첨가 공장유동화 방식

해설 유동화 콘크리트 제조 방법
• 현장첨가 현장유동화 방식
• 공장첨가 현장유동화 방식
• 공장첨가 공장유동화 방식

정답 40 ③ 41 ④ 42 ③ 43 ② 44 ④

□□□ 기 09,10,12,16,17,22,23

45 일반 콘크리트를 2층 이상으로 나누어 타설할 때 이어치기 허용시간 간격의 표준으로 옳은 것은?

① 외기온도가 25℃를 초과하는 경우 허용 이어치기 시간간격의 표준은 1.0시간이다.
② 외기온도가 25℃를 초과하는 경우 허용 이어치기 시간간격의 표준은 1.5시간이다.
③ 외기온도가 25℃ 이하인 경우 허용 이어치기 시간간격의 표준은 2.5시간이다.
④ 외기온도가 25℃ 이하인 경우 허용 이어치기 시간간격의 표준은 3.0시간이다.

해설 허용 이어치기 시간간격의 표준

외기 온도	허용이어치기 시간간격
25℃ 초과	2.0시간(120분)
25℃ 이하	2.5시간(150분)

□□□ 기 04,15,20,23

46 높은 설계기준압축강도 뿐만 아니라 높은 내구성을 요구하는 고강도 콘크리트의 설계기준압축강도로 옳은 것은?

① 일반적으로 35MPa 이상, 고강도경량골재 콘크리트는 25MPa 이상
② 일반적으로 40MPa 이상, 고강도경량골재 콘크리트는 25MPa 이상
③ 일반적으로 35MPa 이상, 고강도경량골재 콘크리트는 27MPa 이상
④ 일반적으로 40MPa 이상, 고강도경량골재 콘크리트는 27MPa 이상

해설 고강도콘크리트의 설계기준강도는 일반적으로 40MPa 이상으로 하며 고강도 경량 콘크리트는 27MPa 이상으로 한다.

□□□ 기 15,20,23

47 해양 콘크리트의 물-결합재비의 결정에 대한 설명으로 틀린 것은? (단, 내구성에 의해 정해지는 물-결합재비로서 일반 현장 시공의 경우)

① 해중 환경인 경우 최대 물-결합재비는 50%이다.
② 해상 대기 중인 경우 최대 물-결합재비는 45%이다.
③ 물보라 지역, 간만대 지역인 경우 최대 물-결합재비는 40%이다.
④ 해풍의 작용을 심하게 받는 육상구조물인 경우 최대 물-결합재비는 40%이다.

해설 육상에 있어서도 해풍의 작용을 강하게 받는 구조물에서는 해상 대기 중에 상당하는 물-결합재비를 적용한다. 따라서 해상 대기 중의 물-결합재비는 45%이다.

□□□ 기 12,17,22,23

48 내구성으로부터 정해진 수중불분리성 콘크리트의 최대 물-결합재비(%)를 나타내는 아래 표에 들어갈 숫자로 옳은 것은?

환경\콘크리트의 종류	무근 콘크리트	철근 콘크리트
담수 중·해수 중	(1)	(2)

① (1) 50, (2) 50, (3) 50, (4) 50
② (1) 60, (2) 55, (3) 65, (4) 50
③ (1) 65, (2) 50, (3) 60, (4) 55
④ (1) 60, (2) 50, (3) 65, (4) 55

해설 내구성으로부터 정해진 수중불분리성 콘크리트의 최대 물-결합재비

환경\콘크리트의 종류	무근콘크리트	철근콘크리트
담수 중·해수 중	55%	50%

□□□ 기 09,14,16,23

49 팽창콘크리트의 시공에 관한 설명으로 틀린 것은?

① 제조시 포대 팽창재를 사용하는 경우에는 포대수로 계산해도 되나, 1포대 미만의 것을 사용하는 경우에는 반드시 질량으로 계량하여야 한다.
② 팽창재는 원칙적으로 다른 재료를 투입함과 동시에 믹서에 투입한다.
③ 한중콘크리트의 경우 타설할 때의 콘크리트 온도는 10℃ 이상, 20℃ 미만으로 한다.
④ 팽창콘크리트의 비비기 시간은 강제식 믹서를 사용하는 경우는 2분 이상으로 하여야 한다.

해설 콘크리트의 비비기 시간은 강제식 믹서를 사용하는 경우에는 1분 이상으로 하고 가경식 믹서를 사용하는 경우에는 1분 30초 이상으로 하여야 한다.

□□□ 기 11,14,17,22,23

50 포장 콘크리트 배합기준에 대한 설명으로 틀린 것은?

① 슬럼프는 25~65mm 범위 내에서 한다.
② 휨 호칭강도는 4.0~4.5MPa 범위 내에서 한다.
③ 굵은 골재의 최대 치수는 25mm 이하이어야 한다.
④ 공기량은 4.5% 이하로 하되, 허용오차 범위는 ±1.5%로 한다.

해설 굵은 골재의 최대 치수는 40mm 이하이어야 한다.

정답 45 ③ 46 ④ 47 ④ 48 ① 49 ④ 50 ③

□□□ 기 18, 23

51 프리플레이스트 콘크리트에 대한 설명으로 틀린 것은?

① 고강도 프리플레이스트 콘크리트라 함은 고성능 감수제에 의하여 주입 모르타르의 물-결합재비를 40% 이하로 낮추어 재령 91일에서 압축강도 40MPa 이상이 얻어지는 프리플레이스트 콘크리트를 말한다.
② 굵은 골재 최소치수란 프리플레이스트 콘크리트에 사용되는 굵은 골재에 있어서 질량이 적어도 90% 이상 남는 체중에서 최소 치수의 체눈의 호칭치수로 나타낸 굵은 골재의 치수를 말한다.
③ 프리플레이스트 콘크리트란 미리 거푸집 속에 특정한 입도를 가지는 굵은 골재를 채워놓고 그 간극에 모르타르를 주입하여 제조한 콘크리트를 말한다.
④ 프리플레이스트 콘크리트의 강도는 원칙적으로 재령 28일 또는 재령 91일의 압축강도를 기준으로 한다.

[해설] 굵은 골재 최소치수란 프리플레이스트 콘크리트에 사용되는 굵은 골재에 있어서 질량이 적어도 95% 이상 남는 체중에서 최대 치수의 체눈의 호칭치수로 나타낸 굵은 골재의 치수를 말한다.

□□□ 기 12, 13, 16, 19, 23

52 수평 및 연직시공이음에 대한 설명으로 틀린 것은?

① 수평시공이음이 거푸집에 접하는 선은 될 수 있는 대로 수평한 직선이 되도록 한다.
② 연직시공이음부의 거푸집 제거 시기는 콘크리트를 타설하고 난 후 3일 이상이 경과하여야 한다.
③ 역방향 타설 콘크리트의 시공 시에는 콘크리트의 침하를 고려하여 수평시공이음이 일체가 되도록 시공방법을 선정하여야 한다.
④ 구 콘크리트의 연직시공이음 면은 쇠솔이나 쪼아내기 등으로 거칠게 하고, 수분을 충분히 흡수시킨 후에 시멘트 풀, 모르타르 또는 습윤면용 에폭시수지 등을 바른 후 새 콘크리트를 타설하여 이어나가야 한다.

[해설] 일반적으로 연직시공이음부의 거푸집 제거 시기는 콘크리트를 타설하고 난 후 여름에는 4~6시간 정도, 겨울에는 10~15시간 정도로 한다.

□□□ 기 11, 18, 23

53 매스콘크리트(mass concrete)에 대한 설명으로 틀린 것은?

① 가급적 슬럼프값을 크게 하여 작업성을 높인다.
② 굵은 골재의 최대치수는 되도록 큰 값을 사용하여야 한다.
③ 콘크리트의 온도상승을 억제하기 위한 냉각조치를 취한다.
④ 온도 상승은 단위 시멘트량 10kg/m³의 증가에 따라 약 1℃ 증가한다.

[해설] 가급적 슬럼프 값을 낮게 하여 작업성을 높인다.

□□□ 기 11, 22, 23

54 한중 콘크리트에 대한 설명으로 틀린 것은?

① 타설할 때의 콘크리트 온도는 5~20℃의 범위로 한다.
② 배합강도 및 물-결합재비는 적산온도 방식에 의해 결정할 수 있다.
③ 초기양생은 소요 압축강도가 얻어질 때까지 콘크리트의 온도를 5℃ 이상으로 유지한다.
④ 소요 압축강도에 도달한 후 5일간은 구조물의 어느 부분이라도 0℃ 이상이 되도록 유지한다.

[해설] • 한중 콘크리트의 초기양생 시 소요의 압축강도가 얻어질 때까지 콘크리트의 온도를 5℃ 이상으로 유지하여야 한다.
• 소요 압축강도에 도달한 후 2일간은 구조물의 어느 부분이라도 0℃ 이상이 되도록 유지하여야 한다.

□□□ 기 14, 18, 20, 21, 23

55 표면마무리에 대한 설명으로 틀린 것은?

① 시공이음이 미리 정해져 있지 않을 경우 직선상의 이음이 얻어지도록 시공해야 한다.
② 마무리 작업 후 콘크리트가 굳기 시작할 때까지의 사이에 일어나는 균열은 다짐 또는 재 마무리에 의해서 제거하여야 한다.
③ 매끄럽고 치밀한 표면이 필요할 때는 작업이 가능한 범위에서 될 수 있는 대로 늦은 시기에 콘크리트 윗면을 마무리하여야 한다.
④ 다지기를 끝내고 거의 소정의 높이와 형상으로 된 콘크리트의 윗면은 스며 올라온 물이 없어지기 전까지 마무리를 해야 한다.

[해설] 다지기를 끝내고 거의 소정의 높이와 형상으로 된 콘크리트의 윗면은 스며올라온 물이 없어진 후나 또는 물을 처리한 후가 아니면 마무리해서는 안된다.

□□□ 기 18, 23

56 고강도 콘크리트와 일반 콘크리트의 특성을 비교하여 설명한 것으로 틀린 것은?

① 고강도 콘크리트는 일반콘크리트에 비해 비빈 후 시간 경과함에 따라 슬럼프 값 저하가 적다.
② 고강도 콘크리트는 일반콘크리트에 비해 타설 시 유동성이 좋다.
③ 고강도 콘크리트는 일반콘크리트에 비해 점성이 높다.
④ 고강도 콘크리트는 일반콘크리트에 비해 재료분리 발생 가능성이 낮다.

[해설] 고강도 콘크리트는 일반콘크리트에 비해 비빈 후 시간 경과함에 따라 슬럼프 값 저하가 크다.

정답 51 ② 52 ② 53 ① 54 ④ 55 ④ 56 ①

기 07,12,17,21,23

57 이미 경화한 매시브한 콘크리트 위에 슬래브를 타설할 때 부재 평균 최고온도와 외기온도와의 온도차가 12.8℃ 발생하였다. 아래의 그래프를 이용하여 온도균열 발생확률을 구하면? (단, 간이법을 적용한다.)

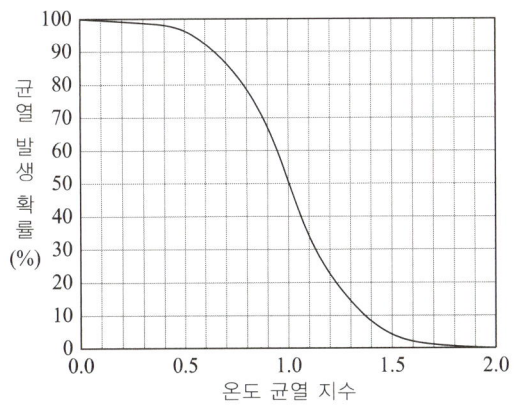

① 약 5%
② 약 15%
③ 약 30%
④ 약 50%

해설 · 온도균열 지수 $L_{cr} = \dfrac{10}{R \cdot \Delta T_o} = \dfrac{10}{0.60 \times 12.8} = 1.30$

· 이미 경화된 콘크리트 위에 콘크리트를 타설할 때 : $R = 0.6$

∴ 온도균열 지수 1.30에 대응되는 균열발생률은 약 15% 이다.

기 10,15,18,23

58 고압증기양생한 콘크리트의 특징에 대한 설명으로 틀린 것은?

① 황산염에 대한 저항성이 향상된다.
② 용해성의 유리석회가 없기 때문에 백태현상을 감소시킨다.
③ 표준 온도로 양생한 콘크리트와 비교하여 수축률은 약간 증가하는 경향이 있다.
④ 보통 양생한 것에 비해 철근의 부착강도가 약 1/2이 된다.

해설 표준 온도로 양생한 콘크리트와 비교하여 약 1/6~1/3 정도로 건조 수축 감소 및 수분 이동 감소가 된다.

기 12,17,20,23

59 공장 제품의 콘크리트 강도에 대한 설명으로 틀린 것은?

① 일반적인 공장 제품은 재령 28일에서의 압축강도 시험값을 기준으로 한다.
② 공장 제품의 탈형, 긴장력 도입, 출하할 때의 콘크리트 압축강도는 단계별 소요강도를 만족시켜야 한다.
③ 오토클레이브 양생 등의 특수한 촉진양생을 하는 공장 제품에서는 14일 이전의 적절한 재령에서 압축강도 시험값을 기준으로 한다.
④ 촉진양생을 하지 않은 공장 제품이나 비교적 부재 두께가 큰 공장 제품에서는 재령 28일에서의 압축강도 시험값을 기준으로 한다.

해설 일반적인 공장제품은 재령 14일에서의 압축강도 시험값을 기준으로 한다.

기 05,19,23

60 일반 콘크리트의 시공에 대한 주의사항으로 옳지 않은 것은?

① 넓은 장소에서는 콘크리트 공급원으로부터 가까운 쪽에서 시작해서 먼 쪽으로 타설한다.
② 타설까지의 시간이 길어질 경우에는 양질의 지연제, 유동화제 등의 사용을 사전에 검토해야 한다.
③ 비비기로부터 타설이 끝날 때까지의 시간은 외기온도가 25℃ 이상일 때는 1.5시간을 넘어서는 안 된다.
④ 콘크리트를 2층 이상으로 나누어 타설할 경우, 상층의 콘크리트 타설은 원칙적으로 하층의 콘크리트가 굳기 시작하기 전에 해야 한다.

해설 넓은 장소에서는 일반적으로 콘크리트의 공급원으로부터 먼 쪽에서 시작하여 가까운 쪽으로 끝내는 것이 타설이 끝난 콘크리트를 해치는 일이 없고, 콘크리트 운반로의 철거도 쉽게 할 수 있다.

제4과목 : 콘크리트 구조 및 유지관리

기 06,19,23

61 그림의 단면에 균형 철근량이 배근되었을 때의 등가압축응력의 깊이(a)는? (단, $f_{ck} = 30\text{MPa}$, $f_y = 400\text{MPa}$이다.)

① 206mm
② 224mm
③ 236mm
④ 270mm

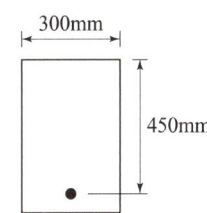

해설 ■ $\rho_b = \dfrac{\eta(0.85 f_{ck}) \beta_1}{f_y} \dfrac{660}{660 + f_y}$

$f_{ck} = 30\text{MPa} \leq 40\text{MPa}$일 때
$\eta = 1, \ \beta_1 = 0.80$

∴ $\rho_b = \dfrac{1 \times (0.85 \times 30) \times 0.80}{400} \times \dfrac{660}{660 + 400} = 0.0318$

■ $\rho_b = \dfrac{\eta(0.85 f_{ck}) \cdot a}{f_y \cdot d}$ 에서

∴ $a = \dfrac{\rho_b \cdot f_y \cdot d}{\eta(0.85 f_{ck})} = \dfrac{0.0318 \times 400 \times 450}{1 \times 0.85 \times 30} = 224\text{mm}$

정답 57 ② 58 ③ 59 ① 60 ① 61 ②

□□□ 기 12,17,23
62 콘크리트를 타설하고 다짐하여 마감작업을 한 이후에도 콘크리트는 계속하여 압밀되는 경향을 보인다. 이러한 현상으로 발생하는 굳지 않은 콘크리트의 균열을 침하균열이라 한다. 이러한 침하균열에 영향을 미치는 요소에 대한 설명으로 틀린 것은?

① 콘크리트 피복두께가 클수록 침하균열은 증가한다.
② 슬럼프가 클수록 침하균열은 증가한다.
③ 배근한 철근의 직경이 클수록 침하균열은 증가한다.
④ 누수되는 거푸집을 사용한 경우 침하균열은 증가한다.

해설 • 침하균열은 콘크리트의 피복두께가 작을수록, 슬럼프가 클수록, 철근 직경이 클수록 증가한다.
• 침하균열은 충분한 다짐을 못한 경우, 튼튼하지 못한 거푸집을 사용한 경우, 누수되는 거푸집을 사용한 경우에 더욱 증가된다.

□□□ 기 11,12,14,15,17,18,23
63 아래 표의 조건과 같을 경우 단철근 직사각형보의 설계휨강도(ϕM_n)를 구하기 위한 강도감소계수(ϕ)는?
(단, 최외단철근의 순인장변형률(ϵ_t)은 소수점이하 셋째자리까지 구한다.)

- 인장철근은 1열로 배치
- 유효깊이(d) : 400mm
- 압축연단에서 중립축까지 거리(c) : 160mm

① 0.804　　② 0.817
③ 0.823　　④ 0.847

해설 $\phi = 0.65 + (\epsilon_t - 0.002)\dfrac{200}{3}$

• $\epsilon_t = \dfrac{(d_t - c)\epsilon_c}{c} = \dfrac{(400-160) \times 0.0033}{160} = 0.00495 < 0.005$

∴ $\phi = 0.65 + (0.00495 - 0.002)\dfrac{200}{3} = 0.847$

□□□ 기 14,18,19,23
64 아래에서 설명하는 균열의 보수 방법은?

> 균열의 양측에 어느 정도 간격을 두고 구멍을 뚫어 철쇠를 박아 넣는 방법으로 균열 직각 방향의 인장강도를 증강시키고자 할 때 사용되며 구조물을 보강하는 효과가 있다.

① 봉합법　　② 짜집기법
③ 드라이 패킹　　④ 보강철근 이용방법

해설 짜집기법에 대한 설명이다.

□□□ 기 08,16,23
65 철근콘크리트 보에서 스터럽과 굽힘철근을 배근하는 주된 목적은?

① 압축측의 좌굴을 방지하기 위하여
② 콘크리트의 휨에 의한 인장강도가 부족하기 때문에
③ 보에 작용하는 사인장 응력에 의한 균열을 막기 위하여
④ 균열 후 그 균열에 대한 증대를 방지하기 위하여

해설 콘크리트의 사인장 강도가 부족하기 때문에 보에 작용하는 사인장 응력에 의한 균열을 막기 위하여 스터럽과 굽힘철근을 배근한다.

□□□ 기 04,09,13,16,23
66 내하력에 관해 의문시되는 기존구조물의 강도평가 내용 중 틀린 것은?

① 구조물이나 부재의 안전도에 대한 우려가 있으면, 재하시험에 의해 모든 응답이 허용규정을 만족해도 구조물을 사용해서는 안 된다.
② 구조물 또는 부재의 안전이 의문시되는 경우, 해당 구조물의 안전도 및 내하력의 조사를 실시하여야 한다.
③ 강도부족에 대한 요인을 잘 알 수 있거나 해석에서 요구되는 부재 크기 및 단면의 특성을 측정할 수 있다면 해석적 평가가 가능하다.
④ 강도부족에 대한 원인을 알 수 없거나 해석적 평가가 불가능할 경우, 재하시험을 실시하여야 한다.

해설 구조물이나 부재의 안전도에 대한 우려가 있어도 경미한 손상으로서 재하시험에 의해 모든 응답이 허용규정을 만족한다면, 구조물이나 구조부재는 정해진 기간 동안에 계속적으로 사용될 수 있다.

□□□ 기 08,11,15,18,23
67 균열보수공법 중에서 저압·저속식 주입공법에 대한 설명으로 틀린 것은?

① 주입기에 여분의 주입재료가 남아 있으므로 재료 손실이 크다.
② 저압이므로 실링부 파손이 적고 정확성이 높아 시공관리가 용이하다.
③ 주입재는 에폭시 수지 이외에는 사용할 수 없어서 습윤부에 사용이 불가능하다.
④ 주입되는 수지는 동심원상으로 확산되므로 주입압력에 의한 균열이나 들뜸이 확대되지 않는다.

해설 주입재는 에폭시 수지 이외에도 무기질계의 슬러리도 사용할 수 있어서 습윤부에도 사용이 가능하다.

정답　62 ①　63 ④　64 ②　65 ③　66 ①　67 ③

68 탄성처짐이 10mm인 철근콘크리트 구조물에서 압축철근이 없다고 가정하면 재하기간이 5년 이상 지속된 구조물의 장기처짐은 얼마인가?

① 12mm ② 15mm
③ 20mm ④ 25mm

[해설] • 장기처짐계수 $\lambda_\Delta = \dfrac{\xi}{1+50\rho'}$
$= \dfrac{2.0}{1+50\times 0} = 2$

• 시간경과 계수 ξ
ξ : 시간 경과 계수(5년 이상 : 2.0, 12개월 : 1.4, 6개월 : 1.2, 3개월 : 1.0)
• 장기처짐=순간처짐(탄성침하)×장기처짐계수(λ_Δ)
$=10\times 2=20$mm

69 전자파 레이더법에서 반사물체까지의 거리(D)를 구하는 식으로 옳은 것은? (단, V는 콘크리트내의 전자파속도, T는 입사파와 반사파의 왕복전파시간)

① $D=VT/2$ ② $D=VT\sqrt{2}$
③ $D=VT/3$ ④ $D=VT\sqrt{3}$

[해설] $D = \dfrac{V\cdot T}{2}$

D : 반사물체까지의 거리(m)
V : 콘크리트 내의 전자파 속도(m/s)
T : 입사파와 반사파의 왕복전파시간

70 다음 중 아래의 표에서 설명하는 최소 전단철근 규정에 제외되는 경우가 아닌 것은?

> 계수전단력(V_u)이 콘크리트에 의한 설계전단강도(ϕV_c)의 1/2을 초과하는 철근콘크리트 및 프리스트레스트콘크리트 휨부재에는 최소 전단철근을 배치하여야 한다.

① 슬래브
② 기초판
③ 전체 깊이가 250mm를 초과하는 보
④ 교대 벽체 및 날개벽과 같이 휨이 주거동인 판부재

[해설] 최소 전단철근 규정에 제외되는 경우
• 슬래브와 기초판
• 전체 깊이가 250mm 이하이거나 T형보
• T형보에서 그 깊이가 플랜지 두께의 2.5배 또는 복부판의 1/2 중 큰 값
• 교대 벽체 및 날개벽과 같이 휨이 주거동인 판부재

71 경간이 15m인 프리스트레스트 콘크리트 단순보에서 PS 강재를 대칭 포물선모양으로 배치하였을 때 프리스트레스 트힘(P)=3,500kN에 의하여 콘크리트에 일어나는 등분포상향력은?

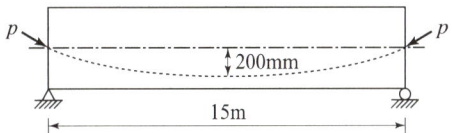

① 19.49kN/m ② 24.89kN/m
③ 28.78kN/m ④ 34.28kN/m

[해설] 강재가 포물선으로 배치된 경우
$P\cdot s = \dfrac{u\cdot l^2}{8}$ 에서
∴ 상향력 $u = \dfrac{8P\cdot s}{l^2} = \dfrac{8\times 3,500\times 0.200}{15^2} = 24.89$kN/m

72 다음 중 주각(pedestal)에 대한 설명으로 옳은 것은?

① 기초 위에 돌출된 압축부재로서 단면의 평균최소치수에 대한 높이의 비율이 3 이하인 부재
② 보나 지판이 없이 기둥으로 하중을 전달하는 2방향으로 철근이 배치된 콘크리트 슬래브
③ 보 없이 지판에 의해 하중이 기둥으로 전달되며, 2방향으로 철근이 배치된 콘크리트 슬래브
④ 상부 수직하중을 하부 지반에 분산시키기 위해 저면을 확대시킨 철근콘크리트판

[해설] 주각(pedestal)
기초 위에 돌출된 압축부재로서 단면의 평균 최소치수에 대한 높이의 비율이 3 이하인 부재

73 2방향 슬래브를 직접설계법으로 설계할 때, 단변방향으로 정역학적 총모멘트가 200kN·m일 때, 내부패널의 양단에서 지지해야할 휨모멘트 (㉠)와 내부패널의 중앙에서 지지해야할 휨모멘트 (㉡)로 옳은 것은?

① ㉠ : −65kN·m, ㉡ : 35kN·m
② ㉠ : 130kN·m, ㉡ : 70kN·m
③ ㉠ : −130kN·m, ㉡ : 70kN·m
④ ㉠ : 130kN·m, ㉡ : −70kN·m

[해설] • ㉠내부 패널의 양단 부계수휨모멘트(−) :
$M = -200\times 0.65 = -130$kN·m
• ㉡내부 패널의 중앙 정계수휨모멘트(+) :
$M = 200\times 0.35 = 70$kN·m

☐☐☐ 기 11,17,20,22,23

74 열화원인과 보수계획의 관계에 대한 설명으로 틀린 것은?

① 염해 - 단면복구공법, 표면보호공법
② 탄산화 - 단면복구공법, 균열주입공법
③ 알칼리 골재반응 - 균열주입공법, 표면보호공법
④ 화학적 콘크리트 침식 - 단면복구공법, 표면보호공법

해설 열화원인과 보수계획

열화원인	보수방법
탄산화	재알칼리화공법, 단면복구공법, 표면보호공법
염해	탈염공법, 단면복구공법, 표면보호공법
알칼리골재반응	균열주입공법, 표면보호공법
동해	단면복구공법, 균열주입공법, 표면 보호공법
화학적 침식	단면복구공법, 표면보호공법

☐☐☐ 기 15,18,23

75 콘크리트 구조물의 표면에 나타나는 열화 등을 조사하는 방법 중에서 눈으로 직접하는 외관조사 항목이 아닌 것은?

① 균열의 발생위치와 규모
② 철근 노출조사
③ 정적처짐측정
④ 구조물 전체의 침하 등의 변형상황

해설 외관조사 시 관찰할 항목

항목	내용
콘크리트의 변색, 얼룩	• 표면부의 녹 발생 • 백화 • 콘크리트 자체의 변색
콘크리트의 균열	• 균열의 발생위치와 규모 • 균열의 폭과 깊이 • 균열의 양상과 개수
철근의 노출, 부식	• 개소와 깊이 • 부식 정도

☐☐☐ 기 07,08,10,11,14,15,22,23

76 인장 이형철근 D29를 정착시키는데 필요한 기본정착길이 l_{db}는? (단, D29철근의 공칭지름은 28.6mm, 공칭 단면적은 642.4mm²이며, $f_y=350$MPa, $f_{ck}=24$MPa, $\lambda=0.75$이다.)

① 946mm
② 1,124mm
③ 1,443mm
④ 1,635mm

해설 인장 이형철근의 정착(D35 이하의 철근의 경우)

$$l_{db}=\frac{0.6 d_b f_y}{\lambda \sqrt{f_{ck}}}=\frac{0.6 \times 28.6 \times 350}{0.75 \times \sqrt{24}}=1,635\,mm$$

☐☐☐ 기 07,10,14,22,23

77 열화된 콘크리트의 단면보수공법 재료로서 사용되는 폴리머 시멘트 모르타르의 품질기준 중 부착강도의 기준으로 옳은 것은? (단, 온냉 반복 후 조건에서의 기준)

① 0.3MPa 이상
② 0.5MPa 이상
③ 1.0MPa 이상
④ 1.5MPa 이상

해설 폴리머 시멘트 모르타르의 부착강도 품질

항 목 조 건	규 정 치
표준 조건	1MPa 이상
온냉 반복 후	1MPa 이상

☐☐☐ 기 09,10,13,21,23

78 2방향 슬래브의 펀칭 전단에 대한 위험 단면은 다음 중 어느 곳인가? (단, d : 유효깊이)

① 받침부
② 슬래브 경간의 $\frac{1}{8}$인 곳
③ 받침부에서 d 만큼 떨어진 곳
④ 받침부에서 $\frac{d}{2}$ 만큼 떨어진 곳

해설 2방향 슬래브의 2방향 전단(펀칭 전단)에 대한 위험 단면은 집중하중이나 집중 반력을 받는 면의 주변에서 $\frac{d}{2}$ 만큼 떨어진 주변 단면이다.

☐☐☐ 기 16,19,23

79 피로에 대한 검토사항에 대한 설명으로 틀린 것은?

① 하중 중에서 변동하중이 차지하는 비율이 크거나 작용빈도가 클 경우 피로에 대한 검토를 한다.
② 보 및 슬래브의 피로는 휨 및 전단에 대하여 검토하여야 한다.
③ 기둥의 피로는 보에 준하여 검토하여야 한다.
④ 피로의 검토가 필요한 구조부재는 높은 응력을 받는 부분에서 철근을 구부리지 않도록 하여야 한다.

해설 기둥의 피로는 검토하지 않아도 좋다.

☐☐☐ 기 19,23

80 콘크리트 구조물의 평가 및 판정을 할 경우 종합적인 평가 기초 대상이 아닌 것은?

① 기능성
② 기술성
③ 내구성
④ 내하성

해설 콘크리트 구조물의 평가 및 판정을 할 경우 종합적인 평가 기초 대상은 기능성, 내구성, 내하성 등을 검토하여 결정한다.

정답 74 ② 75 ③ 76 ④ 77 ③ 78 ④ 79 ③ 80 ②

국가기술자격 필기시험문제

2023년도 기사 2회 필기시험

자격종목	시험시간	문제수	형 별
콘크리트기사	2시간	80	A

※ 각 문제는 4지 택일형으로 질문에 가장 적합한 문제의 보기 번호를 클릭하거나 답안표기란의 번호를 클릭하여 입력하시면 됩니다.
※ 입력된 답안은 문제 화면 또는 답안 표기란의 보기 번호를 클릭하여 변경하실 수 있습니다.

제1과목 : 콘크리트 재료 및 배합

01 아래 표의 ( ) 안에 공통으로 들어갈 용어로 옳은 것은?

( )이(가) 높은 시멘트는 일반적으로 C_2S의 생성량이 많아서 장기강도 발현에 유리하며, ( )이(가) 낮은 시멘트는 C_3A의 생성량이 높아서 조기강도가 높다.

① 규산율(Silica Modulus)
② 수경률(Hydraulic Modulus)
③ 강열감량(Ignition Loss)
④ 활성도지수(Activity Index)

해설 규산율
- 규산율이 높은 시멘트는 일반적으로 C_2S를 많이 함유하기 때문에 강도발현이 느린 장기 강도형의 시멘트가 된다.
- 규산율이 낮은 시멘트는 C_3A가 많이 생성되어 조기강도형의 시멘트가 높다.

02 시멘트의 종류에 따른 특성에 대한 설명으로 틀린 것은?

① 조강 포틀랜드 시멘트는 보통 포틀랜드 시멘트보다 C_3S의 함유량을 높이고 C_2S를 줄이는 동시에 분말도를 높게 하여 초기 강도를 크게 한 시멘트이다.
② 실리카 시멘트는 보통 포틀랜드 시멘트와 비교하여 수밀성은 좋지만 화학저항성 및 내구성은 떨어진다.
③ 중용열 포틀랜드 시멘트는 수화작용에 따르는 발열이 작아 매스 콘크리트에 적당하다.
④ 고로슬래그 시멘트는 보통 포틀랜드 시멘트보다 내화학약품성이 우수하여 해수, 공장폐수, 하수 등에 접하는 콘크리트에 적합하다.

해설 실리카 시멘트는 보통 포틀랜드 시멘트와 비교하여 수밀성은 좋고 화학저항성 및 내구성이 크다.

03 고로시멘트에 관한 설명 중 옳지 않은 것은?

① 고로시멘트를 사용한 콘크리트는 초기양생이 충분치 않으면 보통포틀랜드시멘트를 사용한 콘크리트에 비해 건조수축이 심해질 수 있다.
② 고로시멘트를 사용한 콘크리트는 시멘트의 수화반응에서 생기는 $Ca(OH)_2$가 증가하여 내해수성, 내화학성이 향상된다.
③ 고로시멘트를 사용한 콘크리트는 약 6개월 이후의 장기 재령이 되면 보통포틀랜드시멘트를 사용한 콘크리트에 비해 동등 혹은 그 이상의 압축강도가 얻어진다.
④ 고로시멘트를 사용한 콘크리트의 초기재령의 강도는 보통포틀랜드시멘트를 사용한 콘크리트보다 일반적으로 적으며, 이러한 경향은 물-시멘트비가 작아질수록 현저하다.

해설 고로슬래그 시멘트는 보통의 시멘트보다도 경화중에 유리된 $Ca(OH)_2$가 현저히 적고 C_3A의 양도 적기 때문에 내해수성, 내화학성이 우수하다.

04 골재의 체가름시험에서 대한 설명으로 틀린 것은?

① 시료를 준비할 때 1.18mm체를 질량비로 95% 이상 통과하는 잔골재 시료의 최소 건조 질량은 100g으로 한다.
② 체가름은 1분간 각 체를 통과하는 것이 전 시료 질량의 0.1% 이하로 될 때까지 작업을 한다.
③ 체 눈에 막힌 알갱이는 파쇄되지 않도록 주의하면서 되밀어 체에 남은 시료로 간주한다.
④ 각 체에 남은 것과 받침접시 안의 것의 총합은 체가름 전에 측정한 시료질량과 0.1% 이상 달라서는 안 된다.

해설
- 각 체에 남은 시료를 전 시료 질량의 0.1% 이상까지 정확하게 측정한다.
- 각 체에 남은 것과 받침접시 안의 것의 총합은 체가름 전에 측정한 시료질량과 1% 이상 달라서는 안 된다.

정답 01 ① 02 ② 03 ② 04 ④

□□□ 기08,14,23
05 시멘트 클링커의 주요 조성화합물인 엘라이트(C_3S)와 벨라이트(C_2S)의 수화물 특성에 대한 설명으로 옳은 것은?

① 수화반응속도는 C_3S보다 C_2S가 빠르다.
② 재령 28일 이내의 단기강도는 C_2S보다 C_3S가 작다.
③ 수화열은 C_2S보다 C_3S가 크다.
④ 화학저항성은 C_3S보다 C_2S가 작다.

해설 벨라이트(C_2S)는 엘라이트(C_3S)보다 수화열이 작아서 강도발현은 늦지만 장기강도의 발현성과 화학저항성이 우수하다.

□□□ 기04,23
06 보통 포틀랜드 시멘트의 응결에 대한 다음 설명 중 적절하지 않은 것은?

① 온도가 높으면 응결은 빨라진다.
② 분말도가 높을수록 응결은 빨라진다.
③ 배합수가 많을수록 응결은 빨라진다.
④ 시멘트의 응결은 Vicat 침 장치에 의하여 측정한다.

해설 배합수가 많으면 응결이 늦어진다.

□□□ 기13,23
07 시멘트의 분말도에 관한 설명으로 틀린 것은?

① 분말도는 단위질량에 대한 시멘트 비표면적(cm^2/g)을 의미한다.
② 분말도가 크면 초기에 응결 및 경화가 촉진되는 경향이 있다.
③ 분말도가 크면 블리딩이 적고 시공성이 좋은 콘크리트가 얻어진다.
④ 분말도가 큰 시멘트는 상대적으로 풍화가 발생하기 어렵다.

해설 분말도가 큰 시멘트는 풍화하기 쉽고 건조수축이 커져서 균열이 발생하기 쉽다.

□□□ 기09,10,17,21,23
08 풍화한 시멘트의 특징을 나타낸 것 중 잘못된 것은?

① 강열감량 감소   ② 비중 저하
③ 응결 지연   ④ 강도발현 저하

해설 풍화된 시멘트의 특징
 • 강열감량이 증가된다.
 • 비중이 저하된다.
 • 응결이 지연된다.
 • 강도의 발현이 저하된다.

□□□ 기13,23
09 시멘트의 수화 반응에 대한 설명 중 옳지 않은 것은?

① C_3S는 물과 반응하면 수산화칼슘과 염기성 규산칼슘수화물을 생성한다.
② C_3A의 성질을 이용하면 팽창시멘트나 급결 시멘트를 만들 수 있다.
③ 석고는 C_3S와 반응하여 에트린자이트를 생성한다.
④ C_4AF는 수화속도가 크지만 강도에는 크게 기여하지 않는다.

해설 석고는 C_3A와 반응하여 에트린자이트(ettringite)를 생성한다.

□□□ 기18,23
10 시멘트의 비중에 대한 일반적인 설명으로 옳은 것은?

① 시멘트의 저장기간이 긴 경우 비중이 커진다.
② 시멘트가 풍화한 경우 비중이 커진다.
③ SiO_2, Fe_2O_3가 많을수록 비중이 커진다.
④ 시멘트 클링커의 소성이 불충분한 경우 시멘트의 비중은 커진다.

해설 • 시멘트의 저장기간이 긴 경우 비중이 작아진다.
 • 시멘트가 풍화한 경우 비중이 작아진다.
 • 시멘트 클링커의 소성이 불충분한 경우 시멘트의 비중은 작아진다.
 • 실리카(SiO_2), 산화철(Fe_2O_3)가 많으면 비중이 크다.

□□□ 기17,23
11 콘크리트의 배합에서 단위수량에 대한 설명으로 틀린 것은?

① 작업이 가능한 범위 내에서 될 수 있는 대로 적게 되도록 시험을 통해 정한다.
② 단위수량은 굵은 골재의 최대치수, 골재의 입도와 입형, 혼화재료의 종류, 콘크리트의 공기량 등에 따라 다르므로 실제의 시공에 사용되는 재료를 사용하여 시험을 실시한 다음 정하여야 한다.
③ 공기연행제, 감수제, 공기연행 감수제나 고성능 공기연행 감수제를 적당히 사용하면 단위수량을 상당히 감소시킬 수 있다.
④ 부순돌을 사용할 경우 단위수량은 입형에 따라 다르지만 자갈을 사용했을 경우에 비하여 약 10% 감소한다.

해설 부순돌을 사용한 콘크리트는 동일한 워커빌리티의 보통 콘크리트 보다 단위수량이 약 10% 정도 많이 요구된다.

정답 05 ③ 06 ③ 07 ④ 08 ① 09 ③ 10 ③ 11 ④

□□□ 기 23

12 콘크리트의 혼합에 사용되는 물에 관한 다음 설명 중 KS F 4009 레디믹스트 콘크리트 부속서2(레디믹스트 콘크리트의 혼합에 사용되는 물)의 규정에 대한 설명으로 옳은 것은?

① 하천수는 상수돗물 이외의 물에 대한 품질규정에 적합해야만 사용할 수 있다.
② 회수수의 품질규정에는 용해성 증발잔류물량의 상한치가 정해져 있다.
③ 상수돗물은 시멘트 응결시간의 차, 모르타르 압축 강도비 시험을 실시하여 품질규정을 만족할 경우 사용이 가능하다.
④ 슬러지수는 배합수정을 하면 슬러지 고형분율에 관계없이 사용할 수 있다.

해설 ■ 회수수의 품질규정
· 염소이온량(250mg/L 이하), 시멘트 응결시간의 차(초결은 30초 이내, 종결은 60분 이내), 모르타르의 압축강도비(재령 7일 및 28일에서 90% 이상) 정해져 있다.
■ 상수돗물의 품질규정
· 색도, 탁도, 수소 이온, 증발 잔류물, 염소 이온량, 과망간산칼륨 소비량
■ 슬러지수 : 콘크리트의 회수수에서 상징수를 일부 활용하고 남은 슬러지를 포함한 물

□□□ 기 09,11,18,23

13 시방서에 규정된 콘크리트 배합의 표시 사항에 해당되지 않는 것은?

① 골재의 단위량
② 슬럼프
③ 공기량
④ 혼합수의 염분량

해설 배합표

굵은 골재의 최대치수 (mm)	슬럼프 (mm)	W/C (%)	잔골재율 S/a(%)	공기량 (%)	단위량(kg/m³)		
					물 (W)	시멘트 (C)	잔골재 (S)	굵은 골재 (G)

□□□ 기 07,10,16,23

14 조립률이 6.0인 굵은골재 10kg과 조립률이 3.0인 잔골재 20kg을 혼합한 골재의 혼합조립률로 옳은 것은?

① 3.5
② 4.0
③ 4.5
④ 5.0

해설 · 조립률의 혼합비 : 잔골재 : 굵은골재=20 : 10=2 : 1
· 혼합조립률 $f_a = \dfrac{m}{m+n}f_s + \dfrac{n}{m+n}f_g$
$= \dfrac{2}{2+1} \times 3.0 + \dfrac{1}{2+1} \times 6.0 = 4.0$

□□□ 기 10,16,23

15 일반콘크리트용 잔골재로 가장 적합한 것은?

① 절대건조밀도가 0.0025g/mm³ 이상인 잔골재
② 조립률이 3.3~4.1 범위인 잔골재
③ 흡수율이 4.0% 이상인 잔골재
④ 염화물(NaCl 환산량)량이 질량 백분율로 0.4% 이하인 잔골재

해설 · 조립률이 2.3~3.1 범위인 잔골재
· 흡수율이 3.0% 이하인 잔골재
· 염화물(NaCl 환산량)량이 질량 백분율로 0.04% 이하인 잔골재

□□□ 기 14,18,23

16 고로슬래그 미분말을 혼화재료로 사용한 콘크리트의 특성으로 옳은 것은?

① 슬래그 미분말의 혼합률이 높을수록, 분말도가 낮을수록 발열 속도는 빨라진다.
② 슬래그 미분말은 촉진성을 가지므로 콘크리트의 초기양생에 유리하다.
③ 슬래그 미분말 치환율이 클수록 수산화칼슘량이 희석되므로 염류의 침투가 용이하다.
④ 슬래그 미분말 치환율이 클수록 미소세공이 많아지며 동결 가능한 세공용적수가 작아져 동결융해 저항성에 유리하다.

해설 · 슬래그 미분말 치환율이 클수록 수산화칼슘량이 희석되므로 염류의 침투작용을 억제한다.
· 슬래그 미분말은 수경성을 갖고 있으므로 초기 양생을 소홀히 하게 되면 강도 발현이 현저히 저하된다.
· 슬래그 미분말의 혼합률이 클수록, 분말도가 작을수록 발열 속도가 작기 때문에 초기 동해에 특히 주의해야 한다.

□□□ 기 07,14,17,23

17 섬유보강콘크리트에 사용되는 강섬유에 관한 설명으로 틀린 것은?

① 강섬유 혼입률은 일반적으로 콘크리트 용적에 대한 백분율로 나타낸다.
② 강섬유의 혼입률은 일반적으로 0.5~2.0% 정도이다.
③ 강섬유콘크리트의 압축강도는 강섬유의 혼입률에 따라 크게 좌우된다.
④ 강섬유의 길이는 굵은 골재 최대치수의 1.5배 이상으로 할 필요가 있다.

해설 · 강섬유보강 콘크리트의 압축강도는 일반 콘크리트와 같이 주로 물-결합재비로 정해지고 섬유혼입률로는 결정이 되지 않는다.
· 섬유혼입률을 증대시키면 휨강도, 부착강도, 인성은 증대된다.

정답 12 ① 13 ④ 14 ② 15 ④ 16 ④ 17 ③

□□□ 기 09,14,23

18 KS F 2563(콘크리트용 고로슬래그 미분말)의 규정에 의해 화학조성이 다음과 같은 고로 수쇄슬래그의 염기도를 계산하면 약 얼마인가?

화학조성	CaO	SiO$_2$	Al$_2$O$_3$	MgO	Fe$_2$O$_3$	K$_2$O	Na$_2$O
(%)	45	32	13	5	2	2	1

① 2.3 ② 2.0
③ 1.4 ④ 0.9

해설 $b = \dfrac{CaO + MgO + Al_2O_3}{SiO_2}$
     $= \dfrac{45 + 5 + 13}{32} = 2.0$

□□□ 기 16,23

19 실리카퓸을 사용한 콘크리트에 대한 설명으로 옳지 않은 것은?

① 시멘트 입자의 공극을 충전하는 마이크로 필러(Micro filler) 효과가 있다.
② 콘크리트의 미세한 공극을 감소시켜 강도증진 효과가 크다.
③ 소요공기량을 확보하기 위해서는 AE제 사용량이 증가된다.
④ 실리카퓸을 사용한 경우 콘크리트의 슬럼프가 커지므로 단위수량을 줄일 수 있다.

해설 실리카퓸을 혼합한 콘크리트의 목표 슬럼프를 유지하기 위해 소요되는 단위수량은 혼합량이 증가함에 따라 거의 선형적으로 증가한다.

□□□ 기 17,23

20 시멘트의 안정도 시험에 대한 설명으로 틀린 것은?

① 오토클레이브 팽창도 시험을 통해 시멘트의 안정성을 파악한다.
② 시험하는 동안 오토클레이브는 항상 건조상태를 유지하는 것이 중요하다.
③ 시멘트가 굳어가는 도중에 부피가 팽창하거나 수축하는 정도를 측정하며, 이를 근거로 시멘트의 안정도를 판단한다.
④ 포틀랜드시멘트의 안정도는 0.8% 이하로 규정하고 있다.

해설 시험하는 동안 오토클레이브는 항상 습윤상태를 유지하는 것이 중요하다.

제2과목 : 콘크리트 제조, 시험 및 품질관리

□□□ 기 12,14,18,23

21 콘크리트용 재료의 계량에 대한 설명으로 틀린 것은?

① 혼화제를 녹이는데 사용하는 물은 단위수량의 일부로 보아야 한다.
② 실용상으로 15~30분간의 흡수율을 골재 유효흡수율로 보아도 좋다.
③ 각 재료는 1배치씩 질량으로 계량하여야 하나, 물은 용적으로 계량해도 좋다.
④ 계량은 시방배합에 의해 실시하는 것으로 한다.

해설 계량은 현장배합에 의해 실시하는 것으로 한다.

□□□ 기 10,16,22,23

22 콘크리트의 내구성과 강도에 대한 염화물 함유량에 대한 설명으로 옳지 않은 것은?

① 콘크리트 중의 염화물 함유량은 콘크리트 중에 함유된 염소이온의 총량으로 표시한다.
② 굳지 않은 콘크리트 중의 전 염소이온량은 원칙적으로 0.3kg/m^3 이하로 하여야 한다.
③ 상수돗물을 혼합수로 사용할 때 여기에 함유되어 있는 염소이온량이 불분명할 경우에는 혼합수로부터 콘크리트 중에 공급되는 염소이온량을 0.03kg/m^{3}로 가정할 수 있다.
④ 콘크리트를 비비는 시점에서의 콘크리트 중의 전 염소이온량이란, 현장배합을 기준으로 계산한 경우에, 이들 각 재료로부터 콘크리트 중에 공급된다고 생각되는 염소이온량의 총합을 말한다.

해설 상수돗물을 혼합수로 사용할 때 여기에 함유되어 있는 염소이온량이 불분명한 경우에는 혼합수로부터 콘크리트 중에 공급되는 염소이온량을 0.04kg/m^{3}로 가정할 수 있다.

□□□ 기 08,10,19,23

23 콘크리트 품질관리의 기본 4단계를 순차적으로 나열한 것은?

① 계획 – 검토 – 실시 – 조치
② 검토 – 계획 – 실시 – 조치
③ 계획 – 실시 – 검토 – 조치
④ 검토 – 실시 – 계획 – 조치

해설 품질관리의 기본 4단계를 반복적으로 수행한다.
계획(Plan, P) → 실시(Do, D) → 검토(Check, C) → 조치(Action, A)

정답 18 ② 19 ④ 20 ② 21 ④ 22 ③ 23 ③

24 ϕ150mm×300mm인 콘크리트 표준공시체에 대하여 압축강도 시험할 때 하중 150kN이 작용할 경우 공시체 축방향의 수축량은 약 얼마인가? (단, 콘크리트의 탄성계수 $E=25,800$MPa이다.)

① 0.03mm　② 0.05mm
③ 0.07mm　④ 0.1mm

해설 탄성계수 $E=\dfrac{\sigma}{\epsilon}=\dfrac{\frac{P}{A}}{\frac{\Delta l}{l}}=\dfrac{P \cdot l}{A \cdot \Delta l}$ 에서

∴ $\Delta l = \dfrac{P \cdot l}{A \cdot E} = \dfrac{150{,}000 \times 300}{\frac{\pi \times 150^2}{4} \times 25{,}800} = 0.0987\,\text{mm} = 0.1\,\text{mm}$

25 KS F 2730에 규정되어 있는 콘크리트 압축 강도 추정을 위한 반발 경도 시험에서 반발경도에 영향을 미치는 요인에 대한 설명으로 옳은 것은?

① 콘크리트는 함수율이 증가함에 따라 강도가 증가하므로 표면에 충분한 수분을 가한 상태에서 시험을 실시해야 한다.
② 탄산화의 효과는 콘크리트의 반발 경도를 감소시킨다. 따라서 재령 보정계수를 사용하여 탄산화로 인한 반발경도의 변화를 보상할 수 있다.
③ 0℃ 이하의 온도에서 콘크리트는 정상보다 높은 반발경도를 나타낸다. 이러한 경우는 콘크리트 내부가 완전히 융해된 후에 시험해야 한다.
④ 서로 다른 종류의 테스트 해머를 이용할 경우 시험값은 ±1~5 정도의 차이를 나타내므로 여러 종류의 테스트 해머를 사용하여 평균값으로서 압축강도를 추정한다.

해설 · 콘크리트는 함수율이 증가함에 따라 강도가 저하되고 표면에 젖어있지 않은 상태에서 시험을 해야 한다.
· 탄산화의 효과는 콘크리트의 반발 경도를 증가시킨다. 따라서 재령보정계수를 사용하여 탄산화로 인한 반발 경도의 변화를 보상할 수 있다.
· 서로 다른 종류의 테스트 해머를 이용할 경우 시험값은 ±1~3 정도의 차이를 나타내므로 동일한 테스트 해머를 사용하여야 한다.

26 블리딩이 일어나는데 가장 영향이 큰 조건은?

① 단위수량이 큰 경우
② 슬럼프가 작은 경우
③ 잔골재가 많은 경우
④ 배합강도가 낮은 경우

해설 단위수량이 클수록 블리딩이 잘 일어난다.

27 골재의 알칼리 잠재반응시험(모르타르봉 방법, KS F 2546)에 대한 설명으로 틀린 것은?

① 모르타르봉 길이변화를 측정하는 것에 의해 골재의 알칼리 반응성을 판정하는 시험방법이다.
② 이 시험방법은 알칼리-탄산염 반응을 검출해 내는 수단으로 적합하다.
③ 시험 공시체는 시멘트 골재 배합비가 다른 2개 이상의 배치에서 각각 2개씩 최소한 4개를 만들어야 한다.
④ 모르타르의 배합은 질량비로서 시멘트 1, 물 0.475, 절건상태의 잔골재 2.25로 한다.

해설 이 시험방법은 알칼리-탄산염 반응을 검출해 내는 수단으로 적합하지 않다.

28 굳지 않은 콘크리트에서 발생하는 침하균열에 대한 설명으로 틀린 것은?

① 콘크리트를 타설하고 다짐하여 마감작업을 한 이후에도 콘크리트는 계속하여 압밀되는 경향을 보이며, 이러한 현상에 의한 균열을 침하균열이라 한다.
② 철근의 직경이 작을수록 침하균열은 증가한다.
③ 슬럼프가 클수록 침하균열은 증가한다.
④ 충분한 다짐을 하지 못한 경우나 튼튼하지 못한 거푸집을 사용했을 경우 침하균열은 증가한다.

해설 침하균열의 영향 요소
· 슬럼프가 클수록 침하균열은 증가한다.
· 블리딩이 많을 때 침하균열은 증가한다.
· 잔골재율이 클수록 침하균열은 증가한다.
· 철근의 직경이 클수록 침하균열은 증가한다.
· 다짐이 불충분한 경우 침하균열은 증가한다.
· 물-시멘트비가 클수록 침하균열은 증가한다.
· 거푸집이 밀실하지 못할 경우 침하균열은 증가한다.

29 갇힌공기(entrapped air)에 대한 설명 중 올바른 것은?

① 일반적으로 1% 이내이다.
② 비교적 기포가 작고 규칙적으로 분포된다.
③ 내구성을 향상시킨다.
④ 유동성을 증가시킨다.

해설 · 일반적으로 콘크리트에는 혼화제를 첨가하지 않아도 큰 입경의 공기 1%정도가 불규칙적으로 존재하는 데 이 공기를 갇힌공기(entrapped air)라 한다.
· 콘크리트가 부피의 3~6% 정도의 알맞은 연행공기(entrained air)을 가지고 있으면 워커빌리티가 증대되고, 내구성이 향상이 향상된다.

기 14,19,23

30 레디믹스트 콘크리트(KS F 4009)의 품질기준 중 슬럼프 및 슬럼프 플로에 대한 설명으로 옳지 않은 것은?

① 슬럼프가 25mm인 경우 허용 오차는 ±10mm이다.
② 슬럼프가 80mm 이상인 경우 허용 오차는 ±25mm이다.
③ 슬럼프 플로가 600mm인 경우 허용 오차는 ±100mm이다.
④ 슬럼프 플로가 700mm인 경우 허용 오차는 ±125mm이다.

해설 슬럼프 플로의 허용오차

슬럼프 플로	슬럼프 플로의 허용 오차
500	±75mm
600	±100mm
700*	±100mm

*굵은 골재의 최대치수가 13mm인 경우에 한하여 적용한다.

기 15,23

31 굳지 않은 콘크리트의 워커빌리티 측정법 중 진동대 위에 원통용기를 고정시켜 놓고 그 속에 슬럼프시험과 같이 콘에 2층으로 콘크리트를 채우고 콘을 연직으로 들어 올린 후, 투명한 플라스틱 원판을 콘크리트 면 위에 놓고 진동을 주어 원판의 전면에 콘크리트가 완전히 접할 때까지의 시간을 초로 측정하는 시험법은?

① 비비시험
② 다짐계수시험
③ 흐름시험
④ 리몰딩시험

해설 비비시험(Vee-Bee test)에 대한 설명이다.

기 05,16,23

32 콘크리트 제조의 품질관리를 위하여 제조공정에 있어서의 검사를 실시하고자 할 때 검사항목에 대한 시기 및 횟수로 옳지 않은 것은?

① 잔골재의 조립률 : 1회/일 이상
② 계량설비의 계량정밀도 : 공사시작 전 및 공사 중 1회/월 이상
③ 비비기 시간 : 공사 중 적절히 실시함
④ 비비기량 : 공사 중 적절히 실시함

해설 계량설비의 계량정밀도 : 공사시작 전 및 공사 중 1회/6개월 이상

기 14,23

33 다음 콘크리트의 비파괴 시험 중 균열의 깊이를 측정하는데 가장 효과적인 것은?

① 초음파법
② 반발경도법
③ 어쿠스틱 에미션법
④ 탄산화시험법

해설 초음파법 : 주로 물체 내를 전파하는 초음파의 전파속도를 측정하여 해당 물체의 압축강도나 균열 깊이, 내부 결함 등에 관한 정보를 얻을 수 있는 비파괴시험

기 14,15,22,23

34 콘크리트 공시체의 압축강도에 대한 설명으로 틀린 것은?

① 일반적으로는 양생온도가 4~40℃의 범위에 있어서는 온도가 높을수록 재령 28일의 강도는 커진다.
② 하중재하속도가 빠를수록 강도가 크게 나타난다.
③ 물-결합재비가 일정한 콘크리트에서 공기량이 증가하면 강도가 감소한다.
④ 원주형 공시체의 높이 H와 지름 D의 비인 H/D가 커질수록 압축강도는 크게 된다.

해설 원주형 공시체의 직경(D)과 높이(H)와의 비(H/D)의 값이 작을수록 압축강도는 커진다.

기 11,16,23

35 굳지 않은 콘크리트를 타설한 후, 콘크리트가 서서히 굳어져서 어느 정도의 강도를 나타내기까지는 유동성이 큰 상태에서 서서히 유동성을 잃으면서 고체상태로 변화한다. 이러한 과정을 무엇이라 하는가?

① 응결
② 강화
③ 체적변화
④ 크리프

해설 이러한 변화를 응결이라고 하고, 그 이후의 강도발현과정을 경화과정이라고 한다. 그리고 이러한 응결과정에서 대략 3일 정도까지를 초기재령이라 한다.

기 15,23

36 콘크리트의 품질관리에 있어서의 7가지 관리도구에 포함되지 않는 것은?

① 산포도
② 히스토그램
③ 체크리스트
④ 피드백

해설 종합적 품질관리(TQC)의 7가지 도구
① 히스토 그램 ② 파레토도 ③ 특성요인도
④ 체크씨이트 ⑤ 각종 그래프
⑥ 산점도 ⑦ 층별

기 18,23

37 콘크리트 제조설비인 믹서(가경식, 중력식)를 공사 시작 전 검사를 시작하였다. 공사 시작 후 13개월이 경과했다면, 공사 중 최소 몇 회 검사를 실시하였겠는가?

① 1회
② 2회
③ 4회
④ 6회

해설 믹서(가경식 및 중력식) 제조설비의 검사
• 공사시작 전 및 공사 중 1회/6개월 이상
• 공사시작 전 1회, 공사 중 1회
∴ 최소 2회 이상

38. 콘크리트의 물성 시험방법 중 촉진시험이 가능하지 않은 것은?

① 크리프 시험
② 탄산화 시험
③ 동결융해 시험
④ 염화물이온침투 시험

[해설] 크리프 시험은 콘크리트의 역학적 특성 시험이다.

39. 콘크리트 원주공시체의 정탄성계수 및 포아송비 시험(KS F 2438)에서 350MPa까지의 콘크리트 탄성계수를 계산하기 위하여 S_1과 S_2를 구하여야 하는데, 여기서 S_1에 대한 설명으로 옳은 것은? (단, S_2는 가해진 최대하중에 대한 응력(MPa)이다.)

① 세로변형 0.000005m에 대한 응력(MPa)
② 세로변형 0.00005m에 대한 응력(MPa)
③ 세로변형 0.0005m에 대한 응력(MPa)
④ 세로변형 0.005m에 대한 응력(MPa)

[해설] S_1 : 세로변형 0.00005m에 대한 응력(MPa)

40. 동일 품질의 콘크리트로 원주형 공시체($\phi150 \times 300mm$), 각주형 공시체($150 \times 150 \times 450mm$) 및 정육면체 공시체(한변길이 : 150mm)를 제작하여 압축강도를 측정할 경우 강도의 크기 순서로 적합한 것은?

① 원주형 > 정육면체 > 각주형
② 각주형 > 정육면체 > 원주형
③ 정육면체 > 원주형 > 각주형
④ 정육면체 > 각주형 > 원주형

[해설] 일반적으로 (H/D)비가 작을수록 즉 높이가 낮을수록 압축강도가 크다.
- 원주형 : 300/150 = 2
- 각주형 : 450/150 = 3
- 정육면체 : 150/150 = 1
∴ 정육면체(1) > 원주형(2) > 각주형(3)

제3과목 : 콘크리트의 시공

41. 연직시공이음의 시공에 대한 설명으로 틀린 것은?

① 시공이음면의 거푸집을 견고하게 지지하고 이음부분의 콘크리트는 진동기를 써서 충분히 다져야 한다.
② 시공이음면의 거푸집 철거는 콘크리트가 충분히 굳을 수 있도록 되도록 늦게 실시하며, 일반적으로 거푸집 제거 시기는 여름철의 경우 콘크리트를 타설한 후 1~2일 정도로 한다.
③ 새 콘크리트를 타설할 때는 신·구 콘크리트가 충분히 밀착되도록 잘 다져야 하며, 새 콘크리트를 타설한 후 적당한 시기에 재진동 다지기를 하는 것이 좋다.
④ 구 콘크리트의 시공이음면의 쇠솔이나 쪼아내기 등에 의하여 거칠게 하고, 수분을 충분히 흡수시킨 후에 시멘트 페이스트 등을 바른 후 새 콘크리트를 타설하여 이어나가야 한다.

[해설] 일반적으로 연직시공이음부의 거푸집 제거 시기는 콘크리트를 타설하고 난 후 여름에는 4~6시간 정도, 겨울에는 10~15시간 정도로 한다.

42. 매스 콘크리트에 대한 아래 표의 설명에서 ( )에 들어갈 알맞은 수치는?

> 매스 콘크리트로 다루어야 하는 구조물의 부재치수는 일반적인 표준으로서 넓이가 넓은 평판구조의 경우 두께 (A)m 이상, 하단이 구속된 벽조의 경우 두께 (B)m 이상으로 한다.

① A : 0.5, B : 0.8
② A : 0.5, B : 1.0
③ A : 0.8, B : 0.5
④ A : 1.0, B : 0.8

[해설] 매스 콘크리트로 다루어야 하는 구조물의 부재치수는 일반적인 표준으로서 넓이가 넓은 평판구조의 경우 두께 0.8m 이상, 하단이 구속된 벽조의 경우 두께 0.5m 이상으로 한다.

43. 일반적인 섬유보강 콘크리트에서 콘크리트에 대한 강섬유의 혼합비율은 용적백분율(%)로 대략 얼마 정도인가?

① 0.1~0.5
② 0.5~2.0
③ 2.0~4.0
④ 4.0~7.0

[해설] 콘크리트에 대한 강섬유 혼입률의 범위는 용적 백분율로 0.5~2.0% 정도이다.

□□□ 기 14, 18, 23

44 콘크리트 펌핑조건이 아래의 표와 같을 때 최대 소요압력(P_{max})을 대략적으로 구하면?

- 굵은 골재 최대치수 : 40mm
- 펌프 콘크리트의 관내 압력손실 :
  0.215N/mm²/m(굵은 골재 최대치수 25mm 기준)
- 콘크리트 수송관의 수평환산거리 : 100m

① 11.9N/mm² ② 18.2N/mm²
③ 23.7N/mm² ④ 35.3N/mm²

해설 P_{max} = (수평관 1mm당 관내 압력손실)×(수평환산거리)
$= 0.215 \times 100 \left(1 + \frac{10}{100}\right) = 23.7 \text{N/mm}^2$

(∵ 굵은골재의 최대치수가 40mm인 경우는 10% 정도 증가시킨 값을 적용)

□□□ 기 12, 14, 17, 23

45 한중콘크리트의 시공에서 주의할 사항에 대한 다음의 서술 중 틀린 것은?

① 응결 경화의 초기에 동결되지 않도록 주의하며 양생종료 후 동결융해작용에 대하여 저항성을 가져야 한다.
② 재료를 가열할 경우, 물 또는 골재를 가열하는 것으로 하며, 시멘트는 어떠한 경우라도 직접 가열해서는 안된다.
③ 한중콘크리트에는 AE제, AE감수제 그리고 고성능 AE감수제의 적용을 삼가야 한다.
④ 가열한 배합재료의 투입순서는 가열한 물과 굵은 골재를 넣은 후 시멘트를 넣는 것이 좋다.

해설 한중 콘크리트에는 공기연행(AE제, AE감수제, 고성능 AE감수제) 콘크리트를 사용하는 것을 원칙으로 한다.

□□□ 기 11, 15, 23

46 유동화 콘크리트에 대한 설명으로 틀린 것은?

① 유동화 콘크리트의 배합에서 슬럼프 증가량은 100mm 이하를 원칙으로 하며, 50~80mm를 표준으로 한다.
② 유동화 콘크리트의 재유동화는 원칙적으로 할 수 없다.
③ 유동화제는 물에 희석하여 사용하고, 미리 정한 소정의 양을 3회 이상 나누어 첨가하여야 한다.
④ 품질 관리에서 베이스 콘크리트 및 유동화 콘크리트의 슬럼프 및 공기량 시험은 50m³ 마다 1회씩 실시하는 것을 표준으로 한다.

해설 유동화제는 원액으로 사용하고, 미리 정한 소정의 양을 한꺼번에 첨가한다.

□□□ 기 13, 23

47 한중 콘크리트의 시공에서 콘크리트 타설 후 충분히 경화되기 전에 해수에 씻기면 모르타르 부분이 유실되는 등 피해를 받을 우려가 있으므로 콘크리트가 직접 해수에 닿지 않도록 보호하여야 한다. 아래 표의 조건과 같은 경우 보호하여야 하는 기간의 표준으로 옳은 것은?

- 사용 시멘트 : 고로 슬래그 시멘트
- 설계 기준 압축 강도 : 32MPa

① 3일간
② 5일간
③ 콘크리트의 압축 강도가 22MPa이 될 때까지
④ 콘크리트의 압축 강도가 24MPa이 될 때까지

해설 고로 슬래그 시멘트 등 혼합 시멘트를 사용할 경우에는 이 기간을 설계 기준 강도의 75% 이상의 강도가 확보될 때까지 연장하여야 한다. 즉, $32 \times \frac{75}{100} = 24\text{MPa}$
∴ 콘크리트의 압축 강도가 24MPa이 될 때까지 보호하여야 한다.

□□□ 기 16, 23

48 해양콘크리트에 대한 설명으로 틀린 것은?

① 해양콘크리트 구조물에 쓰이는 콘크리트의 설계기준강도는 28MPa 이상으로 한다.
② 시멘트는 해수의 작용에 대하여 특히 내구적이어야 하므로 고로슬래그시멘트, 플라이애시시멘트 등 혼화시멘트계 및 중용열포틀랜드시멘트를 사용하여야 한다.
③ 강재의 방식을 위한 방법으로는 콘크리트 피복두께를 크게 하는 것, 균열폭을 작게 하는 것, 적절한 재료와 시공방법을 사용하는 것 등이 있다.
④ 해수는 알칼리 골재반응의 반응성을 촉진하는 경우가 있으므로 이에 대한 충분한 검토를 하여야 한다.

해설 해양콘크리트 구조물에 쓰이는 콘크리트의 설계기준강도는 30MPa 이상으로 한다.

□□□ 기 20, 23

49 콘크리트의 증기양생에서 양생 사이클의 단계별 내용으로 틀린 것은?

① 1단계 : 3시간 정도의 전양생 기간
② 2단계 : 시간당 10℃ 이하의 온도상승 기간
③ 3단계 : 최고온도 65℃ 이후 등온양생 기간
④ 4단계 : 외기와의 온도차가 없을 때까지의 온도저하 기간

해설 2단계 : 시간당 20℃ 이하의 온도상승 기간

정답 44 ③ 45 ③ 46 ③ 47 ④ 48 ① 49 ②

□□□ 기 20,23

50 방사선 차폐용 콘크리트의 차폐성능에 대한 설명으로 틀린 것은?

① 감마선의 차폐성능은 차폐체의 밀도와 두께에 비례한다.
② 두께가 일정하다면 밀도가 클수록 차폐성능은 향상된다.
③ 생체방호를 위해서 설계할 때에는 X선과 γ선에 대하여 고려한다.
④ 방사선 차폐용 콘크리트 타설 시 이어치기 형상은 평면이 아닌 요철면으로 하는 것이 차폐성능에 유리하다.

[해설] 주로 생물체의 방호를 위하여 X선, γ선 및 중성자선을 차폐할 목적으로 사용되는 콘크리트를 방사선 차폐용 콘크리트라 한다.

□□□ 기 15,20,23

51 프리플레이스트 콘크리트의 압송 및 주입에 관한 설명으로 옳지 않은 것은?

① 수송관을 통과하는 모르타르의 평균유속은 0.5~2.0m/s 정도가 되도록 한다.
② 연직주입관 및 수평주입관의 수평간격은 2m 정도를 표준으로 한다.
③ 수송관의 연장은 짧게 하여야 하며, 연장이 100m 넘을 때는 중계용 애지테이터와 펌프를 사용한다.
④ 시공 중 모르타르 주입을 주기적으로 중단시켜 시공이음이 발생하도록 유도하여 온도변화 및 건조수축 등에 의한 균열발생을 제어하여야 한다.

[해설] 시공이음을 두는 것은 중대한 약점을 만들게 되기 때문에 이것을 피하는 것이 원칙이다.

□□□ 기 09,17,23

52 경량콘크리트의 제조 및 시공에 대한 다음의 설명 중 틀린 것은?

① 경량콘크리트는 경량골재콘크리트, 경량기포콘크리트, 무잔골재콘크리트 등으로 분류된다.
② 경량골재의 경량성을 보다 효과적으로 발휘시키기 위해서는 잔골재와 굵은 골재 모두 경량골재로 하는 것이 좋다.
③ 경량골재콘크리트의 공기량은 보통골재를 사용한 콘크리트에 비해 크게 하는 것을 원칙으로 한다.
④ 경량골재콘크리트를 내부진동기로 다질 때 보통골재콘크리트에 비해 진동기를 찔러 넣는 간격을 크게 하거나 진동시간을 짧게 해야 한다.

[해설] 경량골재 콘크리트는 내부진동기로 다질 때 보통골재콘크리트에 비해 진동기를 찔러 넣는 간격을 작게 하거나 진동시간을 약간 길게 하여 충분히 다져야 한다.

□□□ 기 15,17,23

53 댐 콘크리트에 대한 설명으로 틀린 것은?

① 롤러다짐 콘크리트의 시공을 할 때 타설이음면을 고압살수청소, 진공흡입청소 등을 실시하는 것을 그린컷(green cut)이라고 한다.
② 콘크리트는 작업에 알맞은 범위에서 될 수 있는 대로 된 반죽이어야 한다.
③ 콘크리트의 반죽질기를 슬럼프로 측정하는 경우, 타설장소에서 측정한 슬럼프는 체가름을 하여 40mm 이상의 굵은 골재를 제거하고 측정한 값으로 20~50mm를 표준으로 한다.
④ 롤러다짐 콘크리트의 반죽질기는 VC시험으로 50±10초를 표준으로 한다.

[해설] VC값 : 롤러다짐 콘크리트의 반죽질기는 VC시험으로 20±10초를 표준으로 한다.

□□□ 기 12,23

54 콘크리트의 경화나 강도가 발현을 촉진하기 위해 실시하는 촉진 양생 방법에 속하지 않는 것은?

① 전기 양생
② 막 양생
③ 상압증기 양생
④ 고온 고압 양생

[해설]
• 습윤 양생 : 수중, 담수, 살수, 젖은 포, 젖은 잔 골재, 막양생
• 촉진양생 : 증기 양생, 오토클레이브 양생, 온수 양생, 전기 양생, 적외선 양생, 고주파 양생

□□□ 기 20,23

55 굳지 않은 콘크리트의 시료 채취 방법(KS F 2401)에 대한 설명으로 틀린 것은?

① 분취 시료를 그대로 사용하는 경우라도 시료의 양은 20L 이상으로 하여야 한다.
② 믹서, 호퍼, 콘크리트 운반 기구, 타설 장소 등에서 굳지 않은 콘크리트의 시료를 채취하는 데 대하여 적용한다.
③ 호퍼 또는 버킷에서 분취 시료를 채취하는 경우는 토출되는 중간 부분의 콘크리트 흐름 중 3개소 이상에서 채취한다.
④ 트럭 애지테이터에서 배출되는 경우는 트럭 애지테이터에서 배출되는 콘크리트에서 규칙적인 간격으로 3회 이상 채취한다.

[해설] 시료의 양은 20L 이상으로 하고, 시험에 필요한 양보다 5L이상 많아야 한다. 다만, 분취시료를 그대로 시료로 하는 경우에는 20L보다 적어도 좋다.

정답 50 ③ 51 ④ 52 ④ 53 ④ 54 ② 55 ①

□□□ 기 15,23
56 공장제품용 콘크리트의 품질검사 항목이 아닌 것은?

① 양생온도
② 탈형할 때의 강도
③ 프리스트레스트 도입할 때의 강도
④ 거푸집 회전율

해설 공장제품용 콘크리트의 품질검사

항목	시기·횟수
양생 온도	재료·배합 등의 변경한 경우 또는 수치
탈형 할 때의 강도	재료·배합·양생방법 등을 변경한 경우
프리스트레스 도입할 때의 강도	

□□□ 기 12,23
57 팽창콘크리트의 팽창률에 대하여 기술한 것으로 틀린 것은?

① 수축보상용 콘크리트의 팽창률은 150×10^{-6} 이상, 250×10^{-6} 이하인 값을 표준으로 한다.
② 화학적 프리스트레스용 콘크리트의 팽창률은 200×10^{-6} 이상, 700×10^{-6} 이하를 표준으로 한다.
③ 공장제품에 사용하는 화학적 프리스트레스용 콘크리트의 팽창률은 100×10^{-6} 이상, 700×10^{-6} 이하를 표준으로 한다.
④ 콘크리트의 팽창률은 일반적으로 재령 7일에 대한 시험값을 기준으로 한다.

해설 공장제품에 사용하는 화학적 프리스트레스용 콘크리트의 팽창률은 200×10^{-6} 이상, $1,000 \times 10^{-6}$ 이하를 표준으로 한다.

□□□ 기 12,17,23
58 고강도 콘크리트의 특성에 대한 설명으로 틀린 것은?

① 보통강도를 갖는 콘크리트에 비해 재령에 따른 강도발현이 빠르게 나타나면서 늦게까지 강도증진이 이루어진다.
② 고강도 콘크리트는 부배합이므로 시멘트 대체 재료인 플라이 애시, 고로슬래그 분말 등을 같이 사용하는 경우가 많다.
③ 고강도 콘크리트의 설계기준압축강도는 일반적으로 40MPa 이상으로 하며, 고강도 경량골재 콘크리트는 27MPa 이상으로 한다.
④ 고강도 콘크리트는 설계기준압축강도가 높은 반면에 내구성은 낮으므로 해양 콘크리트 구조물에는 부적절하다.

해설 고강도 콘크리트는 설계기준강도만 높은 강도를 의미하는 것이 아니라 높은 내구성을 필요로 하는 철근 콘크리트 공사에 사용되는 콘크리트도 포함된다.

□□□ 기 07,10,11,16,19,23
59 수중콘크리트에 대한 아래 표의 설명에서 ( ) 안에 알맞은 것은?

현장타설 콘크리트말뚝 및 지하연속벽 콘크리트는 수중에서 시공할 때 강도가 대기 중에서 시공할 때 강도의 (A)배, 안정액 중에서 시공할 때 강도가 대기 중에서 시공할 때 강도의 (B)배로 하여 배합강도를 설정하여야 한다.

① A : 0.8, B : 0.7
② A : 0.7, B : 0.8
③ A : 0.7, B : 0.7
④ A : 0.6, B : 0.9

해설 현장타설 콘크리트 말뚝 및 지하연속벽에 사용하는 수중콘크리트에서는 과거의 실적으로 부터 수중시공시의 강도를 공기 중 시공시의 강도의 0.8배 정도, 안정액 중에서의 시공시의 강도를 공기 중 시공시의 0.7배 정도로 보고 배합강도를 설정한다.

□□□ 기 09,23
60 콘크리트를 덤프트럭으로 운반할 수 있는 조건으로 적절한 것은?

① 슬럼프 25mm 이하의 된반죽 콘크리트를 10km 이하 거리 또는 2시간 이내 운반가능한 경우
② 슬럼프 50mm 이하의 된반죽 콘크리트를 20km 이하 거리 또는 2시간 이내 운반 가능한 경우
③ 슬럼프 25mm 이하의 된반죽 콘크리트를 20km 이하 거리 또는 1시간 이내 운반 가능한 경우
④ 슬럼프 50mm 이하의 된반죽 콘크리트를 10km 이하 거리 또는 1시간 이내 운반 가능한 경우

해설 덤프트럭 : 슬럼프 50mm 이하의 된반죽 콘크리트를 10km 이내 떨어진 곳으로 운반하는 경우나 1시간 이내에 운반 가능한 경우 재료 분리가 심하지 않으며 덤프트럭을 이용하거나 버킷을 자동차에 실어서 운반해도 좋다.

정답 56 ④ 57 ③ 58 ④ 59 ① 60 ④

제4과목 : 콘크리트 구조 및 유지관리

61 철근 콘크리트의 역학적 해석에 관한 기본 가정으로 틀린 것은?

① 철근 콘크리트 구조물 내에서 철근의 변형률은 철근을 둘러싸고 있는 콘크리트의 변형률과 같다.
② 철근 콘크리트 구조물에서 하중을 받기 전에 평면인 단면은 하중을 받은 후에도 평면을 유지한다.
③ 콘크리트는 인장강도가 철근에 비하여 작기 때문에 콘크리트에는 균열이 발생하지 않는다.
④ 허용응력설계법과 극한강도설계법에서는 콘크리트의 응력과 거동에 관한 기본 가정이 다르다.

[해설] 축강도와 휨강도 계산에서 콘크리트의 인장강도는 무시한다.

62 그림과 같은 단면을 가지는 길이 6.5m인 단순보에 등분포활하중(w_l) 14.65kN/m이 작용할 경우 중앙단면에서 계수휨모멘트(M_u)를 구하면? (단, 철근콘크리트의 단위중량은 25kN/m³이며, 하중조합을 고려하시오.)

① 119.3kN·m
② 128.5kN·m
③ 143.6kN·m
④ 156.5kN·m

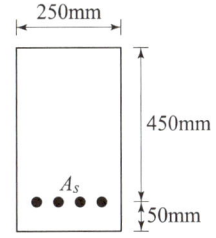

[해설] 계수하중
$w = 1.6w_l + 1.2w_d$
$= 1.6 \times 14.65 + 1.2 \times (0.25 \times 0.50 \times 25) = 27.19 \text{kN/m}$
$\therefore M_u = \dfrac{wl^2}{8} = \dfrac{27.19 \times 6.5^2}{8} = 143.6 \text{kN·m}$

63 아래 그림의 단순 PSC보에서 등분포하중 $w = 50$kN/m이 작용하고 있다. 등분포상향력과 등분포하중이 비기기 위한 프리스트레스힘 P는 얼마인가?

① 1500kN
② 1450kN
③ 1400kN
④ 1350kN

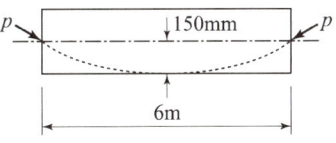

[해설] 프리스트레스 힘 P
$P = \dfrac{u \cdot l^2}{8s} = \dfrac{50 \times 6^2}{8 \times 0.15} = 1,500 \text{kN}$

64 콘크리트의 경화전 균열에 대한 설명으로 틀린 것은?

① 철근, 입자가 큰 골재 등이 콘크리트의 침하를 국부적으로 방해하여 침하수축균열이 발생할 수 있다.
② 단위수량을 적게 하고 슬럼프가 큰 콘크리트를 사용하여 침하수축균열을 방지할 수 있다.
③ 콘크리트 표면에서 물의 증발속도가 블리딩 속도보다 빠른 경우 플라스틱 수축균열이 발생할 수 있다.
④ 표면의 수분 증발을 방지하고, 필요 마무리 작업을 최소화함으로써 플라스틱 수축균열을 방지할 수 있다.

[해설] 침하수축균열
· 콘크리트 타설 후 콘크리트의 표면 가까이에 있는 철근, 매설물 또는 입자가 큰 골재 등이 콘크리트의 침하를 국부적으로 방해하기 때문에 일어난다.
· 단위수량을 적게 하고, 슬럼프가 작은 콘크리트를 잘 다짐해서 시공한다.

65 $f_{ck} = 27$MPa, $f_y = 400$MPa로 된 보에서 표준갈고리가 있는 인장 이형철근의 기본정착길이는? (단, 사용철근은 D25(철근의 공칭지름은 25.4mm)이고, 도막되지 않은 철근이며, 보통중량콘크리트이다.)

① 420mm
② 440mm
③ 470mm
④ 500mm

[해설] 표준갈고리를 갖는 인장 이형철근의 정착
· 철근의 설계기준 항복강도가 400MPa인 경우 기본정착길이는 다음 식으로 구한다.
· $l_{dh} = \dfrac{0.24 \beta d_b f_y}{\lambda \sqrt{f_{ck}}}$
$= \dfrac{0.24 \times 1 \times 25.4 \times 400}{1 \times \sqrt{27}} = 469.27 \text{mm}$ ∴ 470mm

66 2방향 슬래브 중 직접설계법을 사용하여 슬래브 시스템을 설계하고자 할 때 제한사항에 대한 설명으로 틀린 것은?

① 슬래브 판들은 단변 경간에 대한 장변 경간의 비가 3 이하인 직사각형이어야 한다.
② 각 방향으로 연속한 받침부 중심간 경간 차이는 긴 경간의 1/3 이하이어야 한다.
③ 각 방향으로 3경간 이상이 연속되어야 한다.
④ 모든 하중은 슬래브 판 전체에 걸쳐 등분포된 연직하중이어야 하며, 활하중은 고정하중의 2배 이하이어야 한다.

[해설] 슬래브판들은 단변 경간에 대한 장변 경간의 비가 2 이하인 직사각형이어야 한다.

□□□ 기 14, 23

67 다음은 프리스트레스트 콘크리트를 설계하는 경우의 원칙 및 가정이다. 적절하지 않은 것은?

① 프리스트레스트콘크리트 휨부재는 인장연단응력의 크기에 따라 비균열, 부분균열, 완전균열 등급으로 구분한다.
② 2방향 프리스트레스트콘크리트 슬래브는 부분균열등급 부재로 설계되어야 한다.
③ 프리스트레스를 도입할 때, 사용하중이 작용할 때, 균열하중이 작용할 때의 응력계산은 선형탄성이론에 따라야 한다.
④ 프리스트레스트콘크리트 부재는 프리스트레스 도입단계, 사용하중단계, 계수하중 작용단계에서 설계 검토를 해야한다.

해설 2방향 프리스트레스트콘크리트 슬래브는 비균열등급 부재로 설계되어야 한다.

□□□ 기 11, 12, 17, 19, 23

68 보의 폭(b_w)이 350mm인 직사각형 단면 보가 계수 전단력(V_u) 75kN을 전단 보강 철근 없이 지지하고자 한다. 필요한 최소유효 깊이(d)는?
(단, $f_{ck} = 21\,\text{MPa}$, $f_y = 400\,\text{MPa}$)

① 749mm
② 702mm
③ 357mm
④ 254mm

해설 · $V_u = \frac{1}{2}\phi \cdot V_c$를 만족시키면 최소 전단 보강 철근을 배치하지 않아도 된다.

$V_u = \frac{1}{2}\phi \cdot V_c = \frac{1}{2}\phi \times \frac{1}{6}\lambda\sqrt{f_{ck}}\,b_w d$에서

(전단과 비틀림의 경우 $\phi = 0.75$)

$75,000\,N = \frac{1}{2} \times 0.75 \times \frac{1}{6} \times 1 \times \sqrt{21} \times 350 \times d$

∴ $d = 748.12\,\text{mm}$

□□□ 기 09, 14, 15, 17, 21, 23

69 $f_{ck} = 21\,\text{MPa}$, $f_y = 300\,\text{MPa}$로 설계된 지간이 4m인 단순지지 보가 있다. 처짐을 계산하지 않는 경우, 보의 최소 두께는?

① 200mm
② 215mm
③ 225mm
④ 250mm

해설 처짐을 계산하지 않는 경우의 부재 최소 두께(단순지지 부재)

$h = \frac{l}{16} \times \left(0.43 + \frac{f_y}{700}\right)$

$= \frac{4,000}{16} \times \left(0.43 + \frac{300}{700}\right) = 215\,\text{mm}$

□□□ 기 08, 14, 17, 23

70 콘크리트 구조물의 탄산화를 방지하기 위한 신축시의 조치로서 잘못된 것은?

① 충분한 습윤상태를 실시한다.
② 다공질의 골재를 사용한다.
③ 콘크리트를 충분히 다짐하여 타설하고 결함을 발생시키지 않는다.
④ 투기성, 투수성이 작은 마감재를 사용한다.

해설 탄산화에 대한 대책
· 철근 피복두께를 확보한다.
· 양질의 골재를 사용하고 물-시멘트비를 적게 한다.
· 탄산화 억제효과가 큰 투기성이 낮은 마감재를 사용한다.
· 콘크리트를 충분히 다짐하여 결함을 발생시키지 않도록 한 후 습윤양생을 한다.

□□□ 기 07, 16, 23

71 기둥에서 종방향 철근량의 최소한계를 두는 이유로 잘못된 설명은?

① 휨강도보다는 압축단면을 보강하기 위해서이다.
② 시공시 재료분리로 인한 부분적 결함을 보완하기 위해서이다.
③ 콘크리트 크리프 및 건조수축의 영향을 줄이기 위해서이다.
④ 예상 외의 편심하중이 작용할 가능성에 대비하기 위함이다.

해설 종방향 철근량의 최소한계를 두는 이유
· 너무 적으면 배치 효과가 없다.
· 시공시 재료분리로 인한 부분적 결함을 보완한다.
· 콘크리트 크리프 및 건조수축으로 인한 영향을 줄인다.
· 예상치 않은 편심 하중으로 인해 생기는 휨모멘트에 저항한다.

□□□ 기 16, 19, 23

72 아래의 표에서 설명하는 현상은?

| 내동해성이 작은 골재를 콘크리트에 사용하는 경우 동결융해작용에 의해 골재가 팽창하여 파괴되어 떨어져 나가거나 그 위치의 콘크리트 표면이 떨어져 나가는 현상 |

① 용식(corrosion)
② 침식(erosion)
③ 팝아웃(pop-out)
④ 화학적 침식(chemical erosion)

해설 팝아웃(pop-out)
내동해성이나 내알칼리성이 작은 골재를 콘크리트에 사용하는 경우 동결융해작용이나 알칼리 골재반응에 의해 골재가 팽창하여 파괴되어 떨어져 나가거나 그 위치의 콘크리트 표면이 떨어져 나가는 현상

정답 67 ② 68 ① 69 ② 70 ② 71 ① 72 ③

73 다음 중 철근 콘크리트가 성립되는 조건으로 옳지 않은 것은?

① 콘크리트 속에 묻힌 철근은 녹이 슬지 않는다.
② 철근과 콘크리트는 탄성계수가 거의 같다.
③ 철근과 콘크리트는 부착 강도가 커서 합성체를 이룬다.
④ 콘크리트와 철근은 온도에 의한 선팽창계수가 거의 같다.

해설 철근의 탄성계수(E_s)와 콘크리트의 탄성계수(E_c)는 탄성계수비 n배의 차이가 있다.
$$E_s = nE_c, \; n = \frac{E_s}{E_c}$$

74 콘크리트의 탄산화 속도에 대한 설명으로 틀린 것은?

① 혼합 시멘트는 보통 포틀랜드 시멘트보다 탄산화 속도가 빠르다.
② 탄산화 속도는 실외보다 실내에서 빠르다.
③ 경량골재 콘크리트가 보통 콘크리트보다 탄산화 속도가 빠르다.
④ 콘크리트에 사용한 골재의 밀도가 작을수록 탄산화 속도가 느리다.

해설 콘크리트에 사용한 골재의 밀도가 클수록 탄산화 속도가 느리다.

75 교량의 안전진단시 내하력평가를 실시하는 주된 이유는?

① 교량의 활하중 지지능력을 평가하고자 함이다.
② 주요 연결부의 상태를 평가하고자 함이다.
③ 교량의 노후도를 평가하여 보수공법을 결정하기 위함이다.
④ 교량가설에 사용된 재료의 내구성을 평가하는 것이 주목적이다.

해설 교량의 내하력 평가는 교량이 감당할 수 있는 활하중 지지능력을 평가하기 위하여 실시한다.

76 다음 중 콘크리트의 건조 수축을 적게 발생시키는 경우는?

① 시멘트의 분말도가 높을수록
② 굵은 골재 최대치수가 작을수록
③ 철근량이 많을수록
④ 습도가 적을수록

해설 철근을 많이 사용한 콘크리트는 철근에 의해 수축이 억제되므로 건조수축이 작아진다.

77 다음 각 열화 과정과 잠복기에 대한 설명이 틀린 것은?

① 탄산화 – 탄산화의 진행 상태가 철근 위치까지 도달하지 않은 상태
② 염해 – 강재의 부식 개시로부터 부식 균열 발생까지의 기간
③ 동해 – 열화가 나타나지 않은 상태
④ 화학적 부식 – 콘크리트의 변상이 나타날 때까지의 기간

해설 염해의 잠복기(잠재기)
• 외관상 변상이 나타나지 않는다. 부식 발생 한계 염화물 이온 농도 이하
• 강재의 피복 위치에서 염화물 이온 농도가 임계 염분량에 달할 때까지의 기간

78 D25(공칭 지름 25.4mm) 철근을 90° 표준 갈고리로 제작할 때 90° 구부린 끝에서 연장되는 길이는 최소 얼마인가?

① 355mm
② 330mm
③ 305mm
④ 280mm

해설 90° 표준 갈고리
• D16 이하의 철근은 구부린 끝에서 $6d_b$ 이상 더 연장
• D16 및 D25 철근은 구부린 끝에서 $12d_b$ 이상 더 연장
$\therefore 12d_b = 12 \times 25.4 = 304.8 \text{mm}$

79 철근콘크리트의 열화요인은 크게 물리적 요인과 화학적 요인으로 나눌 수 있다. 이 중 화학적 요인에 속하지 않는 것은?

① 동해
② 알칼리 골재반응
③ 탄산화
④ 염해

해설 콘크리트의 내구성을 저하시키는 열화원인
• 화학적 요인 : 알칼리 골재반응, 염해, 화학적 침식, 탄산화
• 물리적 요인 : 동해, 손식

80 다음 중 콘크리트 구조물의 보강공법으로 보기 어려운 것은?

① 균열주입공법
② 두께 증설공법
③ FRP 접착공법
④ 프리스트레스 도입공법

해설
• 콘크리트 구조물의 보수공법 : 표면처리공법, 균열주입공법, 충진공법, 치환공법
• 콘크리트 구조물의 보강공법 : 강판접착공법, FRP접착공법, 라이닝공법, 외부케이블공법, 단면증설공법, 교체공법, 앵커공법, 부재증설공법

정답 73 ② 74 ④ 75 ① 76 ③ 77 ② 78 ③ 79 ① 80 ①

국가기술자격 필기시험문제

2023년도 기사 3회 필기시험

자격종목	시험시간	문제수	형 별
콘크리트기사	2시간	80	A

※ 각 문제는 4지 택일형으로 질문에 가장 적합한 문제의 보기 번호를 클릭하거나 답안표기란의 번호를 클릭하여 입력하시면 됩니다.
※ 입력된 답안은 문제 화면 또는 답안 표기란의 보기 번호를 클릭하여 변경하실 수 있습니다.

제1과목 : 콘크리트 재료 및 배합

□□□ 기16,23
01 콘크리트용 잔골재의 표준입도에 대한 설명으로 틀린 것은?

① 잔골재의 입도가 표준범위를 벗어난 경우는 두 종류 이상의 잔골재를 혼합하여 입도를 조정해서 사용해야 한다.
② 연속된 두 개의 체 사이를 통과하는 양의 백분율은 45%를 넘지 않아야 한다.
③ 0.3mm체와 0.15mm체를 통과한 골재량이 부족할 경우 양질의 광물질 분말을 보충한 콘크리트라 할지라도 0.3mm체와 0.15mm체 통과 질량 백분율의 최소량은 감소시킬 수 없다.
④ 잔골재의 조립률이 콘크리트 배합을 정할 때, 가정한 잔 골재의 조립률에 비해 ±0.20 이상 변화되었을 때는 배합을 변경하여야 한다.

해설 양질의 광물질 분말을 보충한 콘크리트라 할지라도 0.3mm체와 0.15mm체 통과 질량 백분율의 최소량을 각각 5% 및 0% 감소시킬 수 있다.

□□□ 기18,23
02 굵은 골재의 밀도 및 흡수율시험(KS F 2503)방법에서 시험 값의 정밀도에 대한 설명으로 옳은 것은?

① 시험값은 평균값과의 차이가 밀도의 경우 $0.1g/cm^3$ 이하, 흡수율의 경우 0.03% 이하이어야 한다.
② 시험값은 평균값과의 차이가 밀도의 경우 $0.1g/cm^3$ 이하, 흡수율의 경우 0.3% 이하이어야 한다.
③ 시험값은 평균값과의 차이가 밀도의 경우 $0.01g/cm^3$ 이하, 흡수율의 경우 0.03% 이하이어야 한다.
④ 시험값은 평균값과의 차이가 밀도의 경우 $0.01g/cm^3$ 이하, 흡수율의 경우 0.3% 이하이어야 한다.

해설 시험값은 평균값과의 차이가 밀도의 경우 $0.01g/cm^3$ 이하, 흡수율의 경우는 0.03% 이하이어야 한다.

□□□ 기13,17,23
03 KS F 2510에 규정되어 있는 잔 골재의 유기불순물 시험 목적과 특징으로 적당하지 않은 것은?

① 유기불순물은 콘크리트의 배합설계 시 사용수량을 조정하기 위하여 필요하다.
② 잔 골재 중에 함유되어 있는 유기불순물의 양을 알아 그 모래의 사용 적부를 개략적으로 판단하는데 필요하다.
③ 유기불순물은 보통 모래에 부식된 형태로 들어있으며 육안으로 분별하기가 곤란하다.
④ 잔 골재 중의 유기불순물은 콘크리트의 경화를 방해하고 콘크리트의 강도, 내구성, 안정성을 해친다.

해설 잔 골재의 유기불순물 시험 목적
· 잔 골재 중에 함유되어 있는 유기불순물의 양을 알아 그 모래의 사용 적부를 개략적으로 판단하는데 필요하다.
· 잔 골재에 보통 부식된 형태로 유기물이 들어 있으며, 육안으로 분별하기가 곤란하다.
· 잔 골재 중의 유기물은 콘크리트의 경화를 방해하고 콘크리트의 강도, 내구성, 안정성을 해친다.

□□□ 기14,23
04 잔골재를 체가름하였더니 각 체에 남은 잔류율(중량백분율)이 다음의 표와 같았다. 이 잔골재의 조립율(F.M.)을 구하면?

체 호칭(mm)	5	2.5	1.2	0.6	0.3	0.15	접시
잔류율(%)	5	7	12	35	30	7	4

① 2.27
② 2.45
③ 2.73
④ 2.85

해설

체 호칭(mm)	5	2.5	1.2	0.6	0.3	0.15	접시
잔류율(%)	5	7	12	35	30	7	4
가적잔류율(%)	5	12	24	59	89	96	

$$F.M = \frac{\Sigma 각\ 체에\ 남는\ 양의\ 누계}{100}$$
$$= \frac{5+12+24+59+89+96}{100} = \frac{285}{100} = 2.85$$

정답 01 ③ 02 ③ 03 ① 04 ④

☐☐☐ 기10,11,15,23

05 공기투과장치를 이용한 분말도 시험방법에 따라 포틀랜드 시멘트 분말도를 측정하여 다음과 같은 시험 결과를 얻었을 때 시멘트의 분말도는?

측정항목	측정값
S_s : 보정시험에 사용한 표준 시료의 비표면적(cm^2/g)	3,315
T : 시험 시료에 대한 마노미터액의 제2눈금과 제3눈금 사이의 낙하시간(s)	68.2
T_s : 보정시험에 사용한 표준시료에 대한 마노미터액의 제2눈금과 제3눈금 사이의 낙하시간(s)	58.4

① $3,424.59cm^2/g$ ② $3,484.64cm^2/g$
③ $3,517.14cm^2/g$ ④ $3,582.36cm^2/g$

해설 $S = S_s\sqrt{\dfrac{T}{T_s}} = 3315\sqrt{\dfrac{68.2}{58.4}} = 3,582.36\,cm^2/g$

☐☐☐ 기09,15,23

06 고강도콘크리트의 배합에 관한 설명으로 잘못된 것은?

① 유동성을 향상시키고 배합시의 단위수량을 줄이기 위해 고성능 감수제를 사용한다.
② 플라이애시 등의 혼화재를 사용하면 시멘트량이 상대적으로 줄어들기 때문에 장기적인 소요강도를 얻기가 힘들다.
③ 기상의 변화가 심하거나 동결융해에 대한 대책이 필요한 경우를 제외하고는 AE제를 사용하지 않는 것을 원칙으로 한다.
④ 고강도콘크리트의 단위시멘트량은 소요 워커빌리티와 강도가 얻어지는 범위에서 가능한 적게 되도록 한다.

해설
· 플라이 애시를 사용한 고강도 콘크리트의 강도는 비교적 초기재령에서는 일반콘크리트 보다는 낮지만 재령이 길어짐에 따라 포졸란 반응의 증가에 의해 장기강도는 증가한다.
· 고강도 콘크리트는 부배합, 즉 단위 시멘트량이 많기 때문에 시멘트 대체 재료인 플라이 애시, 고로 슬래그 미분말 등을 쓰기도 하고, 높은 강도를 내기 위해 실리카 퓸을 시멘트 대신 대체 재료로 쓴다.

☐☐☐ 기15,23

07 인공경량 골재의 실적률이 51.4%, 절건밀도가 $1.85g/cm^3$일 때 이 골재의 단위용적질량은?

① 0.85kg/L ② 0.95kg/L
③ 1.05kg/L ④ 1.35kg/L

해설 실적률 $d = \dfrac{\text{단위 용적질량}(W)}{\text{밀도}(G_s)} \times 100$에서

∴ $W = \text{밀도} \times \text{실적률} = 1.85 \times \dfrac{51.4}{100} = 0.95\,kg/L$

☐☐☐ 기17,23

08 콘크리트에 사용되는 혼화재에 대한 설명으로 틀린 것은?

① 플라이 애시는 포졸란 반응으로 인하여 콘크리트의 초기 강도를 증대시킨다.
② 고로슬래그 미분말의 잠재수경성으로 인하여 콘크리트의 조직이 치밀해진다.
③ 실리카 퓸은 포졸란 반응과 공극충전 효과로 인하여 콘크리트의 강도증진과 함께 투기성, 투수성을 감소시킨다.
④ 팽창재는 에트린자이트와 수산화칼륨 등의 생성으로 인하여 콘크리트를 팽창시킨다.

해설 플라이 애시의 포졸란 반응에 의해 콘크리트의 조기강도는 낮으나 장기강도가 증대한다.

☐☐☐ 기16,23

09 아래의 보기와 같이 콘크리트용 유동화제를 혼합하여 사용하는 경우, 콘크리트 품질에 이상이 발생할 수 있는 경우는?

① 리그린계-폴리칼본산계
② 나프탈렌계-폴리칼본산계
③ 멜라민계-리그닌계
④ 리그린계-나프탈렌계

해설 유동화제 종류별 상관관계

	리그린계	나프탈렌계	멜라민계	폴리칼본산계
리그린계	○	○	○	○
나프탈렌계	○	○	△	×
멜라민계	○	△	○	×
폴리칼본산계	○	×	×	○

문제없음(○), 주의가 필요(△), 혼합한 경우 이상 있음(×)

☐☐☐ 기13,15,16,22,23

10 콘크리트용 강섬유의 품질 및 품질 관련 시험에 대한 설명으로 틀린 것은?

① 강섬유는 표면에 유해한 녹이 있어서는 안 된다.
② 강섬유는 16℃ 이상의 온도에서 지름 안쪽 90°(곡선반지름 3mm) 방향으로 구부렸을 때, 부러지지 않아야 한다.
③ 강섬유의 인장강도시험은 강섬유 5톤마다 10개 이상의 시료를 무작위로 추출하여 시행하여야 한다.
④ 강섬유가 5톤보다 적을 경우 1톤당 2개의 비율로 인장강도시험을 시행하여야 한다.

해설 강섬유가 5톤보다 적을 경우에도 10개 이상의 시료에 대해 시험을 수행한다.

□□□ 기16,23

11 콘크리트의 배합설계에서 굵은골재의 최대치수에 대한 설명으로 틀린 것은?

① 일반적인 구조물인 경우 굵은골재의 최대치수는 20mm 또는 25mm을 표준으로 한다.
② 단면이 큰 구조물인 경우 굵은골재의 최대치수는 40mm를 표준으로 한다.
③ 무근 콘크리트 구조물인 경우 굵은골재의 최대 치수는 50mm를 표준으로 하고, 또한 부재 최소 치수의 1/3을 초과해서는 안 된다.
④ 거푸집 양 측면사이의 최소 거리의 1/5, 슬래브 두께의 1/3, 개별철근, 다발철근, 긴장재 또는 덕트 사이 최소 순간격의 3/4을 초과하지 않아야 한다.

[해설] 무근 콘크리트 구조물인 경우 굵은골재의 최대 치수는 40mm를 표준으로 하고, 또한 부재 최소 치수의 1/4을 초과해서는 안 된다.

□□□ 기13,23

12 콘크리트 중의 전 염소이온량의 한도는 원칙적으로 얼마로 규정하고 있으며, 외부로부터 염소이온량이 적은 재료의 입수가 매우 곤란한 경우 방청에 유효한 조치를 취하여 책임기술자의 승인을 얻어 최대 얼마까지 허용하는가?

① 원칙값 $0.2kg/m^3$, 최대 허용치 $0.4kg/m^3$
② 원칙값 $0.2kg/m^3$, 최대 허용치 $0.6kg/m^3$
③ 원칙값 $0.3kg/m^3$, 최대 허용치 $0.4kg/m^3$
④ 원칙값 $0.3kg/m^3$, 최대 허용치 $0.6kg/m^3$

[해설] • 굳지 않은 콘크리트 중의 전 염소이온량은 원칙적으로 $0.30kg/m^3$ 이하로 하여야 한다.
• 염소이온량이 적은 재료의 입수가 매우 곤란한 경우에는 방청에 유효한 조치를 취한 후 책임기술자의 승인을 얻어 콘크리트 중의 전 염소이온량의 허용 상한값은 $0.60kg/m^3$으로 할 수 있다.

□□□ 기11,16,23

13 KS L 5110의 시멘트 비중시험시 광유를 사용하는 이유로 적당한 것은?

① 광유를 사용하면 시멘트의 수화반응을 억제하여 정확한 측정이 가능하다.
② 광유를 사용하면 비중병 입구에 묻은 광유를 휴지로 제거하기 용이하다.
③ 광유를 사용하면 공기포 제거가 용이하다.
④ 광유를 사용하면 시료를 투입할 때 막힘현상을 방지할 수 있다.

[해설] 시멘트 비중시험에 광유를 사용하는 이유는 시멘트가 수경화성 재료이므로 물과 만나면 굳어져서 시험할 수 없고, 비중병에 붙어 굳기 때문이다.

□□□ 기13,21,23

14 배합 설계방법에 대한 설명으로 옳은 것은?

① 알칼리 골재 반응을 억제하기 위해서는 알칼리 함량이 0.6% 이하인 시멘트를 사용한다.
② 레디믹스트 콘크리트에서 단위수량의 상한치는 생산자와 협의 없이 지정된다.
③ 잔골재의 입도는 워커빌리티와 크게 관련이 없으므로 배합을 수정할 필요가 없다.
④ AE콘크리트로서의 유효공기량은 일반적으로 2% 이하에서도 동결융해 저항성이 충분히 개선된다.

[해설] • 콘크리트의 구조설계기준 또는 콘크리트 시방서 등의 규정을 적용하여 단위수량의 한도를 정할 필요가 있는 경우에는 그 하한값 또는 상한값을 지정한다.
• 잔골재의 입도가 변화하여 조립률이 ±0.20 이상 차이가 있을 경우에는 워커빌리티가 변화하므로 배합을 수정할 필요가 있다.
• AE콘크리트로서의 유효공기량은 일반적으로 3~6%에서 동결융해 저항성이 충분히 개선된다.

□□□ 기09,23

15 레디믹스트 콘크리트의 배합에서 사용하는 배합수 중 회수수의 사용에 있어 염소 이온 (Cl^-)의 양은 얼마로 규정하고 있는가?

① 50mg/L 이하
② 100mg/L 이하
③ 150mg/L 이하
④ 250mg/L 이하

[해설] 회수수의 품질

항목	품질
염소 이온(Cl^-)량	250mg/L 이하
시멘트 응결 시간의 차	초결은 30분이내, 종결은 60분 이내
모르타르의 압축강도비	재령 7일 및 28일에서 90% 이상

□□□ 기04,14,18,23

16 아래 표는 굵은 골재의 마모시험 결과값이다. 마모율로서 옳은 것은?

• 시험 전 시료질량 : 1,250g
• 시험 후 1.7mm체에 남은 질량 : 850g

① 68%
② 47%
③ 53%
④ 32%

[해설] 골재의 마모율(%)

$$R = \frac{m_1 - m_2}{m_1} \times 100$$

$$= \frac{1,250 - 850}{1,250} \times 100 = 32\%$$

정답 11 ③ 12 ④ 13 ② 14 ① 15 ④ 16 ④

기 06,12,16,19,23

17 콘크리트에 부순 굵은 골재 또는 부순 잔골재를 사용하는 경우에 대한 설명으로 틀린 것은?

① 부순 잔골재를 사용한 콘크리트는 강모래를 사용한 콘크리트와 동일한 슬럼프를 얻기 위해서 단위수량이 약 5~10% 정도 많이 요구된다.
② 부순 굵은 골재를 사용한 콘크리트는 수밀성, 내구성 등을 개선시키기 위해 AE제, 감수제 등을 적당량 사용하는 것이 좋다.
③ 부순 잔골재를 사용한 콘크리트의 건조수축률은 미세한 분말량이 많아질수록 증가한다.
④ 부순 굵은 골재를 사용한 콘크리트는 강자갈을 사용하고 동일한 물-시멘트비를 적용한 콘크리트보다 약 10% 정도 강도가 감소된다.

해설 부순 굵은골재를 사용한 콘크리트는 강자갈을 사용하고 동일한 물-시멘트비를 적용한 콘크리트보다 약 15~30% 정도 강도가 커진다.

기 23

18 철근콘크리트에 이용되는 길이가 300mm이고 직경이 20mm인 강봉에 50kN의 인장력을 가한 결과 2.34×10^{-1}mm가 신장되었을 때 강봉의 변형률은? (단, 강봉의 탄성계수 $=2.04 \times 10^5 \text{N/mm}^2$)

① 6.2×10^{-4}
② 6.8×10^{-4}
③ 7.2×10^{-4}
④ 7.8×10^{-4}

해설 탄성계수 $E = \dfrac{\sigma}{\epsilon} = \dfrac{\dfrac{P}{A}}{\dfrac{\Delta l}{l}} = \dfrac{P \cdot l}{A \cdot \Delta l}$ 에서

$\Delta l = \dfrac{P \cdot l}{A \cdot E} = \dfrac{50 \times 10^3 \times 300}{\dfrac{\pi \times 20^2}{4} \times 2.04 \times 10^5} = 0.234 \text{mm}$

∴ 변형률 $= \dfrac{\Delta l}{l} = \dfrac{0.234}{300} = 7.8 \times 10^{-4}$

기 09,13,17,23

19 다음 중 콘크리트용 모래에 포함되어 있는 유기불순물 시험에서 사용하지 않는 약품은?

① 수산화나트륨
② 탄닌산
③ 페놀프탈레인
④ 메틸알코올

해설 식별용 표준색 용액은 10%의 메틸알코올 용액으로 2% 탄닌산 용액을 만들고, 그 2.5mL를 3%의 수산화나트륨 용액 97.5mL에 가하여 유리병에 넣어 마개를 닫고 잘 흔든다. 이것을 표준용액으로 한다.

기 13,23

20 습윤상태 골재 1,000g의 함수량이 3.68%이었을 때 이 골재의 절대건조 질량(g)은?

① 895.34g
② 923.65g
③ 964.51g
④ 996.97g

해설 함수량 $= \dfrac{\text{습윤상태질량} - \text{절대건조 상태질량}}{\text{절대건조 상태질량}} \times 100$

$= \dfrac{1,000 - x}{x} \times 100 = 3.68\%$

참고 SOLVE 사용
∴ 절대건조 상태중량 $x = 964.51g$

제2과목 : 콘크리트 제조, 시험 및 품질관리

기 09,23

21 콘크리트의 제조를 위해 각 구성 재료 계량에 있어서 일반적인 경우 용적으로 계량해도 좋은 것은?

① 물과 혼화제 용액
② 물과 굵은 골재
③ 굵은 골재와 잔 골재
④ 잔 골재와 혼화재

해설 재료의 계량 오차

재료의 종류	측정 단위	1회 계량 분량의 한계 오차
물	질량 또는 부피	-2%, +1%
시멘트	질량	-1%, +2%
혼화재	질량	±2%
골재	질량	±3%
혼화제	질량 또는 부피	±3%

· 고로 슬래그 미분말의 계량 오차의 최대치는 1%로 한다.

∴ 물과 혼화제는 일반적인 경우 용적(부피)으로 계량한다.

기 11,14,19,23

22 공기량이 콘크리트의 물성에 미치는 영향을 설명한 것으로 틀린 것은?

① 일반적으로 공기량이 증가하면 탄성계수는 감소한다.
② 동일한 물-결합재비에서는 공기량이 증가할 때 압축강도가 증가한다.
③ 연행공기는 콘크리트의 워커빌리티를 개선하며, 공기량이 증가하면 슬럼프도 증가한다.
④ 동결에 의한 팽창응력을 기포가 흡수함으로써 콘크리트의 동결융해 저항성을 개선한다.

해설 동일한 물-결합재비에서는 공기량이 1% 증가하면 콘크리트의 압축강도는 3~5% 감소한다.

정답 17 ④ 18 ④ 19 ③ 20 ③ 21 ① 22 ②

23 콘크리트의 압축강도 시험 방법에 대한 설명으로 틀린 것은?

① 상하의 가압판의 크기는 공시체의 지름 이상으로 하고 두께는 25mm 이상으로 한다.
② 공시체를 공시체 지름의 5% 이내의 오차에서 그 중심축이 가압판의 중심과 일치하도록 놓고 시험을 실시한다.
③ 하중을 가하는 속도는 압축응력도의 증가율이 매초(0.6 ±0.2)MPa이 되도록 한다.
④ 시험기의 가압판과 공시체의 사이에 쿠션재를 넣어서는 안 된다.(다만, 언본드 캐핑에 의한 경우는 제외한다.)

해설 공시체를 공시체 지름의 1% 이내의 오차에서 그 중심축이 가압판의 중심과 일치하도록 놓고 시험을 실시한다.

24 레디 믹스트 콘크리트 재료 중 골재의 저장 설비에 대한 설명으로 옳은 것은?

① 골재는 칸을 막아 크고 작은 골재를 분리하여 입도가 균일한 상태로 저장하여야 한다.
② 골재 저장 장소의 바닥을 콘크리트로 하고 배수 설비를 한다.
③ 골재 저장 설비는 콘크리트 최대 출하량의 3일분 이상에 상당하는 골재량을 저장할 수 있는 크기로 한다.
④ 인공 경량 골재를 사용하는 경우 골재에 살수하는 설비를 갖출 필요가 없다.

해설
· 골재는 칸을 막아 크고 작은 골재를 분리되지 않도록 한다.
· 골재 저장 설비는 콘크리트 최대 출하량의 1일분 이상에 상당하는 골재량을 저장할 수 있는 크기로 한다.
· 인공 경량 골재를 사용하는 경우 골재에 살수하는 설비를 갖춘다.

25 굳지 않은 콘크리트의 워커빌리티에 영향을 주는 사항에 대한 설명으로 틀린 것은?

① AE제를 사용하여 콘크리트의 워커빌리티를 개선할 수 있다.
② 단위 수량이 크면 클수록 워커빌리티가 좋아진다.
③ 동일한 배합조건에서 쇄석을 굵은 골재로 사용하는 경우 강자갈을 사용한 경우보다 워커빌리티가 나빠진다.
④ 잔 골재율이 지나치게 작으면 워커빌리티가 나빠진다.

해설 단위 수량이 클수록 콘크리트의 반죽 질기가 크게 되나 단위 수량이 너무 많아지면 재료 분리를 일으키며, 워커빌리티가 나빠진다.

26 콘크리트 압축강도 추정을 위한 반발정도 시험(KS F 2730)에 사용되는 테스트 해머의 종류 중 보통콘크리트용으로 사용되지 않는 것은?

① NR형
② NP형
③ MTC형
④ M형

해설 테스트 해머의 종류

기종	적용 콘크리트
N형	보통콘크리트용
NR형	보통콘크리트용
NP형	보통콘크리트용
ND형	보통콘크리트용
MTC형	보통콘크리트용
P형	저강도콘크리트용
L(R)형	경량콘크리트용
M형	매스콘크리트용

27 콘크리트 타설 검사 항목이 아닌 것은?

① 타설 설비 및 인원 배치
② 타설 방법
③ 타설량
④ 콘크리트 타설 온도

해설 콘크리트의 타설 검사

항 목	시험·검사 방법	시기 및 횟수	판정 기준
타설 설비 및 인원 배치	외관 관찰	콘크리트 타설 전 및 타설 중	시공 계획서와 일치할 것
타설 방법			
타설량	타설 개소의 형상 치수로부터 양의 확인		소정의 양일 것

28 블리딩에 대한 설명으로 틀린 것은?

① AE제, 감수제를 사용하면 블리딩량이 증가하는 경향이 있다.
② 블리딩이 많은 콘크리트는 침하량도 많다.
③ 철근과 콘크리트의 부착을 나쁘게 한다.
④ 콘크리트의 강도저하 및 구조물의 내력저하의 원인이 된다.

해설 AE제, 감수제를 사용하면 단위수량을 감소시켜서 블리딩을 줄일 수 있다.

정답 23 ② 24 ② 25 ② 26 ④ 27 ④ 28 ①

29 급속 동결 융해에 대한 콘크리트의 저항 시험 방법(KS F 2456)에서 규정하고 있는 동결 융해 사이클 및 시험방법에 대한 설명으로 틀린 것은?

① 동결 융해 1사이클은 공시체 표면의 온도를 원칙으로 하며 원칙적으로 4℃에서 −14℃로 떨어지고, 다음에 −14℃에서 4℃로 상승되는 것으로 한다.
② 동결 융해 1사이클의 소요시간은 2시간 이상, 4시간 이하로 한다.
③ 공시체의 중심과 표면의 온도차는 항상 28℃를 초과해서는 안 된다.
④ 특별히 다른 재령으로 규정되어 있지 않는 한, 공시체는 14일간 양생한 후 동결 융해 시험을 시작한다.

해설 동결융해 1사이클은 공시체 중심부의 온도를 원칙으로 하며 원칙적으로 4℃에서 −18℃로 떨어지고, 다음에 −18℃에서 4℃로 상승하는 것으로 한다.

30 압력법에 의한 공기량 시험 방법(KS F 2421)을 적용할 수 있는 콘크리트의 최대 골재 크기는?

① 75mm ② 40mm
③ 30mm ④ 25mm

해설 최대 치수 40mm 이하의 보통 골재를 사용한 콘크리트에 대해서는 적당하지만 골재 수정 계수가 정확히 구해지지 않는 인공 경량 골재를 사용한 콘크리트에 대해서는 적당하지 않다.

31 압축강도에 의한 콘크리트의 품질검사에 관한 설명으로 틀린 것은? (단, 설계기준압축강도로부터 배합을 정한 경우로서 콘크리트표준시방서의 규정을 따른다.)

① 일반적인 경우 재령 28일의 압축강도에 대해 실시한다.
② 1회/일, 또는 구조물의 중요도와 공사의 규모에 따라 120m³ 마다 1회, 배합이 변경될 때 마다 실시한다.
③ $f_{cn} \leq 35$MPa 인 경우 판정기준은 ⓛ 연속 3회 시험값의 평균이 호칭강도 이상, ② 1회 시험값이 호칭강도의 80% 이상 이다.
④ $f_{cn} > 35$MPa 인 경우 판정기준은 ⓛ 연속 3회 시험값의 평균이 호칭강도 이상, ② 1회 시험값이 호칭강도의 90% 이상 이다.

해설 $f_{cn} \leq 35$MPa인 경우 판정기준
 ⓛ 연속 3회 시험값의 평균이 호칭강도 이상
 ② 1회 시험값이 (호칭강도 −3.5MPa) 이상

32 3등분점 재하로 휨강도 시험을 실시하였을 때 파괴하중이 30.8kN이었고 지간의 중앙의 1/3 내에서 파괴되었다면 휨강도는 얼마인가? (단, 공시체의 크기는 150×150×530mm이며, 지간은 450mm이다.)

① 3.5MPa ② 3.8MPa
③ 4.1MPa ④ 4.4MPa

해설 휨강도 $f_b = \dfrac{Pl}{bh^2}$

$\therefore f_b = \dfrac{30.8 \times 10^3 \times 450}{150 \times 150^2} = 4.1\text{N/mm}^2 = 4.1\text{MPa}$

33 콘크리트의 전단탄성계수(G)를 구하는 공식으로 옳은 것은? (단, E는 탄성계수, m은 프와송수이다.)

① $\dfrac{2E \cdot m}{m+1}$ ② $\dfrac{E \cdot m}{m+1}$
③ $\dfrac{E}{2} \cdot \dfrac{m}{m+1}$ ④ $\dfrac{E}{4} \cdot \dfrac{m}{m+1}$

해설 $G = \dfrac{E}{2(1+\nu)} = \dfrac{E \cdot m}{2(m+1)} = \dfrac{E}{2} \cdot \dfrac{m}{m+1}$

34 다음 관리도에 관한 설명으로 옳지 않은 것은?

① P 관리도 : 단위당 결점수 관리도
② x 관리도 : 측정값 자체의 관리도
③ $\bar{x} - R$ 관리도 : 평균값과 범위의 관리도
④ $\bar{x} - \sigma$ 관리도 : 평균값과 표준편차의 관리도

해설 · P 관리도 : 제품마다의 양, 부를 판정하여 불량품이 어느 정도의 비율로 나타나는가에 대한 불량률을 사용하여 관리
· U 관리도 : 단위가 다를 경우 단위당 결점수로 관리

35 알칼리 골재 반응을 일으키는 알칼리의 주요 공급원 중 시멘트에서 유입되는 것은?

① Na_2O ② $NaCl$
③ SiO_2 ④ Cl

해설 포틀랜드 시멘트 중의 알칼리 성분(Na_2O와 K_2O)이 실리카(SiO_2) 성분과 화학 반응에 의해서 생성된 물질이 과도하게 팽창하면 콘크리트에 균열, 박리, 휨 파괴가 생기는 현상을 알칼리 골재 반응이라 한다.

□□□ 기12,14,23
36 굳지 않은 콘크리트의 슬럼프 시험에 대한 설명으로 틀린 것은?

① 다짐봉을 지름 16mm, 길이 500~600mm의 강 또는 금속제 원형봉으로 그 앞 끝을 반구 모양으로 한다.
② 슬럼프 콘에 시료를 채울 때 시료는 거의 같은 양의 3층으로 나눠서 채운다.
③ 시료의 각 층은 다짐봉으로 25회씩 똑같이 다지며, 이 비율로 다져서 재료의 분리를 일으킬 경우에는 슬럼프 시험을 적용할 수 없다.
④ 슬럼프 콘에 콘크리트를 채우기 시작하고 나서 슬럼프 콘의 들어 올리기를 종료할 때 까지의 시간은 3분 이내로 한다.

[해설] 시료의 각 층은 다짐봉으로 25회씩 똑같이 다지며, 이 비율로 다져서 재료의 분리를 일으킬 염려가 있을 때는 분리를 일으키지 않을 정도로 다짐수를 줄인다.

□□□ 기14,23
37 다음 중 잔골재의 품질관리 항목에 속하지 않는 것은?

① 입도 ② 잔골재율
③ 흡수율 ④ 유기불순물

[해설] 잔골재의 품질관리(천연골재)

항목	시험·검사방법
절대건조밀도	KS F 2504의 방법
흡수율	
입도	KS F 2502의 방법
점토덩어리	KS F 2512의 방법
0.08mm체 통과량	KS F 2511의 방법
염소이온량	KS F 2515의 방법
유기불순물	KS F 2510의 방법
물리화학적 안정성 (알칼리 실리카 반응성)	KS F 2545의 방법 KS F 2546의 방법
골재에 포함된 경량편	KS F 2513의 방법
내동해성(안정성)	KS F 2507의 방법

□□□ 기04,23
38 굳은 콘크리트가 대기 중의 무엇과 반응하여 탄산화를 일으키는가?

① 질소 ② 산소
③ 이산화탄소 ④ 물분자

[해설] 콘크리트 중의 수산화칼슘이 콘크리트 표면의 이산화탄소와 반응하여 탄산칼슘을 만드는 것을 탄산화 반응이라 하며 이 반응에 따라 알칼리성을 손실하는 것을 탄산화라 한다.

□□□ 기08,10,17,22,23
39 다음에서 콘크리트의 비비기에 사용되는 믹서 중 강제식 믹서가 아닌 것은?

① 드럼 믹서(drum mixer)
② 팬형 믹서(pan type mixer)
③ 1축 믹서(one shaft mixer)
④ 2축 믹서(twin shaft mixer)

[해설] ■ 중력식 믹서 : 가경식 믹서, 드럼 믹서(drum mixer)
■ 강제식 믹서 : 팬형 믹서(pan type mixer), 1축 믹서(one shaft mixer), 2축 믹서(twin shaft mixer)

□□□ 기04,23
40 단위 시멘트량과 단위 수량이 각각 300kg/m³, 160kg/m³이고 물-결합재비가 0.4라면 혼화재 사용량은 얼마인가?

① 80kg/m³ ② 100kg/m³
③ 120kg/m³ ④ 150kg/m³

[해설] 결합재비 $W/B = \dfrac{W}{B} = \dfrac{160}{300+혼화재} = 0.4$
∴ 혼화재 = 100kg/m³

제3과목 : 콘크리트의 시공

□□□ 기14,20,23
41 콘크리트 표면마무리의 평탄성 표준값에 대한 설명으로 옳은 것은?

① 제물치장 마무리의 경우 평탄성 표준값은 3m당 10mm 이하로 한다.
② 마무리 두께 7mm 이상인 마무리의 경우 평탄성 표준값은 1m당 15mm 이하로 한다.
③ 마무리 두께 7mm 이하인 마무리의 경우 평탄성 표준값은 3m당 10mm 이하로 한다.
④ 바탕의 영향을 많이 받지 않는 마무리의 경우 평탄성 표준값은 1m당 15mm 이하로 한다.

[해설] 콘크리트 마무리의 평탄성

콘크리트 면의 마무리	평탄성
• 마무리 두께 7mm 이상 또는 바탕의 영향을 많이 받지 않는 마무리의 경우	1m당 10mm 이하
• 마무리 두께 7mm 이하 또는 양호한 평탄함이 필요한 경우	3m당 10mm 이하
• 제물치장 마무리 또는 마무리 두께가 얇은 경우	3m당 7mm 이하

정답 36 ③ 37 ② 38 ③ 39 ① 40 ② 41 ③

42 속이 빈 중공형 콘크리트 말뚝과 같이 원통형 제품을 만드는데 주로 이용되는 다짐방법은?

① 진동다짐 ② 원심력 다짐
③ 가압성형 다짐 ④ 봉다짐

[해설] 원심력 다짐
콘크리트를 채운 형틀을 고속 회전시킴으로써 콘크리트를 다짐하는 것으로 주로 흄관, 콘크리트말뚝, 전주 등 중공 원통형의 제품의 성형에 사용된다.

43 콘크리트 제품 양생법 중 고온 고압 용기에 제품을 넣고 1MPa의 고압과 180℃ 전후의 고온으로 처리하는 양생법은?

① 증기양생 ② 피막양생
③ 전기양생 ④ 오토클레이브 양생

[해설] 고압증기양생(autoclave curing)
내경 2.5~4m, 길이 40~60m인 고온 고압용기에 콘크리트 제품을 넣고 통상 180℃의 온도와 1MPa의 압력으로 양생한다.

44 서중콘크리트에 대한 설명 중 틀린 것은?

① 일반적으로 기온 10℃ 상승에 대하여 단위수량은 2~5% 증가하며, 콘크리트 재료는 온도가 낮아지도록 배려한다.
② 소요의 강도 및 워커빌리티를 얻을 수 있는 범위 내에서 단위수량 및 단위 시멘트량을 최대로 확보하여야 한다.
③ 콘크리트를 타설할 때의 콘크리트 온도는 35℃ 이하여야 하며, 비빈 후 되도록 빨리 타설해야 한다.
④ 콘크리트 타설 후 적어도 24시간은 노출면이 건조되지 않도록 습윤상태를 유지하고, 양생은 적어도 5일 이상 실시하는 것이 바람직하다.

[해설] 소요의 강도 및 워커빌리티를 얻을 수 있는 범위 내에서 단위수량 및 단위 시멘트량을 적게 하여야 한다.

45 시멘트의 응결을 촉진하는 혼화제로서 주로 숏크리트공법, 그라우트에 의한 누수방지공법 등에 사용되는 혼화제는?

① AE제 ② 급결제
③ 발포제 ④ 지연제

[해설] 급결제
응결시간을 매우 빨리하여 순간적인 응결과 경화가 요구되는 숏크리트공법 및 그라우트에 의한 지수공법 등에 사용된다.

46 온도균열지수에 대한 설명으로 틀린 것은?

① 온도균열지수는 그 값이 클수록 균열이 발생하기 어렵고 값이 작을수록 균열이 발생하기 쉽다.
② 온도균열지수는 재령 t에서의 콘크리트 인장강도와 수화열에 의한 온도응력의 비로서 구한다.
③ 철근이 배치된 일반적인 구조물에서 균열 발생을 방지하여야 할 경우 표준적인 온도균열지수는 1.5 이상이어야 한다.
④ 철근이 배치된 일반적인 구조물에서 유해한 균열 발생을 제한할 경우 표준적인 온도균열지수는 1.7~2.2로 하여야 한다.

[해설] 철근이 배치된 일반적인 구조물에서 유해한 균열발생을 제한할 경우 표준적인 온도균열지수는 0.7~1.2로 하여야 한다.

47 고유동 콘크리트의 사용에 대한 일반적인 설명으로 틀린 것은?

① 보통 콘크리트로는 충전이 곤란한 구조체인 경우 사용하면 효과적이다.
② 균질하고 정밀도가 높은 구조체에는 부적합하다.
③ 다짐작업에 따르는 소음, 진동의 발생을 피해야 하는 현장에서 사용하면 효과적이다.
④ 다짐공의 숙련도에 의존하지 않으면서 소요의 역학적 특성을 만족하는 균질한 콘크리트 구조체를 만들 수 있다.

[해설] 균질하고 정밀도가 높은 구조체를 요구하는 경우에 적합하다.

48 섬유보강 콘크리트의 배합 및 비비기에 대한 일반적인 설명으로 옳은 것은?

① 믹서는 가경식 믹서를 사용하는 것을 원칙으로 한다.
② 강섬유보강 콘크리트의 경우, 소요 단위수량은 강섬유의 혼입률에 거의 비례하여 증가한다.
③ 강섬유보강 콘크리트에서 강섬유 혼입률 및 강섬유의 형상비가 증가될 경우 잔 골재율은 작게 하여야 한다.
④ 일반 콘크리트의 압축강도는 물-결합재비로 결정되나, 섬유보강 콘크리트는 섬유혼입률에 의해 결정된다.

[해설]
· 믹서는 강제식 믹서를 사용하는 것을 원칙으로 한다.
· 강섬유보강 콘크리트에서 강섬유 혼입률 및 강섬유의 형상비가 증가될 경우 잔 골재율은 상당히 크게 할 필요가 있다.
· 일반 콘크리트의 압축강도는 물-결합재비로 결정되나, 섬유보강 콘크리트는 섬유혼입률에 의해 결정이 되지 않는다.

정답 42 ② 43 ④ 44 ② 45 ② 46 ④ 47 ② 48 ②

기 04,09,11,15,23

49 숏크리트의 건식법에 대한 설명으로 잘못된 것은?

① 일반적인 압송 거리는 습식법에 비하여 장거리 수송이 적당하지 못하며 100m 정도에 한정되어 사용된다.
② 시공 도중에 분진 발생이 많고 골재가 튀어나오는 등의 단점이 있다.
③ 습식법에 비하여 작업원의 능력과 숙련도에 따라 품질이 크게 좌우된다.
④ 건식법은 시멘트와 골재를 건비빔(dry mix)시켜서 노즐까지 보내어 여기서 물과 합류시키는 공법이다.

해설 건식법의 압송 거리는 습식법에 비하여 장거리 수송이 수평거리 500m까지 가능하다.

기 09,11,16,23

50 콘크리트제품의 증기양생 방법에 대한 일반적인 설명으로 틀린 것은?

① 거푸집과 함께 증기양생실에 넣어 양생온도를 균등하게 올린다.
② 비빈 후 2~3시간 이상 경과된 후에 증기양생을 실시한다.
③ 온도상승속도는 1시간당 60℃ 이하로 하고 최고온도는 200℃로 한다.
④ 양생실의 온도는 서서히 내려 외기의 온도와 큰 차가 없도록 하고 나서 제품을 꺼낸다.

해설 온도상승속도는 1시간당 20℃/hr 이하로 하고 최고온도는 65℃로 한다.

기 16,23

51 시공 전에 계획하지 않은 곳에서 생겨난 이음으로서, 먼저 타설된 콘크리트와 나중에 타설되는 콘크리트 사이에 완전히 일체화가 되어 있지 않음에 따라 발생하는 이음은?

① 겹침이음   ② 균열유발줄눈
③ 콜드조인트 ④ 신축줄눈

해설 이를 콜드조인트(cold joint)라 한다.

기 05,06,10,12,17,19,23

52 수중불분리성 콘크리트를 타설할 때 수중 유동거리는 몇 m 이하로 하여야 하는가?

① 5m 이하   ② 7m 이하
③ 8m 이하   ④ 10m 이하

해설 콘크리트를 과도히 유동시키는 것은 품질저하 및 불균일성을 발생시킬 위험이 있으므로 수중 유동거리는 5m 이하로 하여야 한다.

기 16,23

53 콘크리트 운반 및 타설에 대한 설명으로 옳은 것은?

① 비비기로부터 타설이 끝날 때까지의 시간은 외기온도 25℃ 이상의 경우 2시간을 넘어서는 안 된다.
② 넓은 장소에서는 일반적으로 콘크리트 공급원으로부터 먼 쪽에서 시작하여 가까운 쪽으로 타설되도록 계획을 수립한다.
③ 슬럼프값이 작을수록, 수송관의 직경이 작을수록, 토출량이 많을수록 콘크리트 펌프수송관의 1m당 관내 압력손실이 작아진다.
④ 굵은 골재 최대치수 25mm를 사용한 경우 콘크리트 펌프수송관의 최소호칭치수는 150mm 이상이어야 한다.

해설
· 비비기로부터 타설이 끝날 때까지의 시간은 외기온도가 25℃ 이상일 때는 1.5시간을 넘어서는 안 된다.
· 슬럼프값이 작을수록, 수송관의 직경이 작을수록, 토출량이 많을수록 콘크리트 펌프수송관의 1m당 관내 압력손실이 많아진다.
· 굵은 골재 최대치수 25mm를 사용한 경우 콘크리트 펌프수송관의 최소 호칭치수는 100mm 이상이어야 한다.

기 12,23

54 포장 콘크리트의 시공에 사용되는 이음판의 필요한 성질에 대한 설명으로 틀린 것은?

① 콘크리트 슬래브의 팽창을 어느 정도까지는 허용하나, 콘크리트를 다질 때 현저하게 줄어들 정도로 압축 저항이 적지 않을 것
② 콘크리트 슬래브가 수축할 때는 가능한 원래의 두께로 되돌아올 것
③ 흡수성과 투수성이 클 것
④ 휘어지거나 비틀어지지 않고 시공이 간편할 것

해설 흡수성과 투수성이 적을 것

기 10,11,14,16,17,19,23

55 다음 중 촉진 양생의 종류가 아닌 것은?

① 증기양생   ② 습윤양생
③ 오토클레이브양생 ④ 온수양생

해설
· 촉진양생 : 보다 빠른 콘크리트의 경화나 강도의 발현을 촉진하기 위해 실시하는 양생방법
· 촉진양생방법 : 증기양생(저압증기양생, 고압증기양생, 고온증기양생), 오토크레이브 양생, 전기양생, 온수양생, 전기양생, 적외선 양생, 고주파양생 등이 있으며 일반적으로 증기양생이 널리 사용되고 있다.

정답 49 ① 50 ③ 51 ③ 52 ① 53 ② 54 ③ 55 ②

56 콘크리트의 측압은 콘크리트 타설 전에 검토해야 할 매우 중요한 시공 요인이다. 다음 중 콘크리트 측압에 영향을 미치는 요인에 대한 설명으로 틀린 것은?

① 콘크리트의 타설 속도가 빠르면 측압은 커지게 된다.
② 콘크리트의 슬럼프가 커질수록 측압은 커지게 된다.
③ 콘크리트의 온도가 높을수록 측압은 커지게 된다.
④ 콘크리트의 타설 높이가 높으면 측압은 커지게 된다.

해설 콘크리트의 온도 및 습도가 낮을수록 측압은 커지게 된다.

57 콘크리트를 한 차례 다지기 한 후 적절한 시기에 다시 진동을 가하는 것을 재진동이라고 한다. 이러한 재진동에 대한 일반적인 설명으로 틀린 것은?

① 콘크리트가 다시 유동화되어 콘크리트 중에 형성된 공극, 수극이 줄어든다.
② 콘크리트 강도 및 철근과의 부착 강도가 증가된다.
③ 침하 균열의 방지에 효과가 있다.
④ 재진동을 실시할 적절한 시기는 콘크리트가 유동할 수 있는 범위에서 될 수 있는 대로 늦은 시기가 좋으며, 일반적으로 초결이 일어난 직후에 실시하는 것이 좋다.

해설 재진동을 할 경우에는 콘크리트에 나쁜 영향이 생기지 않도록 초결이 일어나기 전에 실시하여야 한다.

58 바닥틀의 시공이음에 대한 설명으로 옳은 것은?

① 슬래브 또는 보의 지점 부근에 두어야 한다.
② 보가 그 경간 중에서 작은 보와 교차할 경우에는 교차지점에 보의 시공이음을 설치하여야 한다.
③ 슬래브 또는 보의 경간 중앙부 부근에 두어야 한다.
④ 보가 그 경간 중에서 작은 보와 교차할 경우에는 작은 보의 폭의 약 5배 거리만큼 떨어진 곳에 보의 시공이음을 설치하여야 한다.

해설 • 바닥틀의 시공이음은 슬래브 또는 보의 경간 중앙부 부근에 두어야 한다.
• 바닥틀의 시공이음에서 보가 그 경간 중에서 작은 보와 교차할 경우에는 작은 보의 폭의 약 2배 거리만큼 떨어진 곳에 보의 시공이음을 설치한다.

59 해양콘크리트 제조에 사용되는 혼화재료 중 수밀성이 높고 해수의 화학작용에 대한 내구성을 크게하기 위하여 사용되는 것은?

① 플라이애시
② 유동화제
③ AE제
④ 플리머

해설 해양콘크리트의 혼화재료 중 고로슬래그 미분말이나 플라이애시를 적당량 시멘트와 치환함으로써 수밀하고 해수의 화학작용에 대한 내구성이 큰 콘크리트를 만들 수 있다.

60 하절기 콘크리트의 문제점을 보완하는 내용과 관계가 먼 것은?

① 하절기 콘크리트를 배합할 때 저온의 혼합수 사용
② 하절기 콘크리트 배합과정에서 골재냉각 사용
③ 하절기 콘크리트를 타설할 때 응결촉진제 사용
④ 하절기 콘크리트를 배합할 때 수화발열량이 적은 시멘트 사용

해설 하절기 콘크리트를 타설할 때 응결지연제 사용

제4과목 : 콘크리트 구조 및 유지관리

61 경간 20m에 등분포하중(자중포함) 20kN/m가 작용하는 프리스트레스 콘크리트 보에 $P = 2,000$kN의 긴장력이 주어질 때, 하중 평행개념에 의해 계산된 이 보의 순하향 분포하중은? (단, 긴장재는 포물선으로 배치되어 있으며, 새그는 200mm이다.)

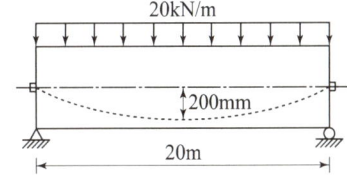

① 8kN/m
② 12kN/m
③ 16kN/m
④ 20kN/m

해설 상향력 $u = \dfrac{8P \cdot s}{l^2}$

$= \dfrac{8 \times 2,000 \times 0.200}{20^2} = 8$kN/m

∴ 순하향 하중 $W - u = 20 - 8 = 12$kN/m

☐☐☐ 기 14, 23
62 구조물의 부재, 부재간의 연결부 및 각 부재 단면의 휨모멘트, 축력, 전단력, 비틀림모멘트에 대한 설계강도는 공칭강도에 강도감소계수를 곱한 값으로 하여야 한다. 이러한 강도감소계수의 규정으로 틀린 것은?

① 전단력과 비틀림모멘트 : 0.75
② 포스트텐션 정착구역 : 0.65
③ 스트럿-타이 모델에서 스트럿, 절점부 및 지압부 : 0.75
④ 무근콘크리트의 휨모멘트, 압축력, 전단력, 지압력 : 0.55

해설 강도감소계수 ϕ

부재		강도감소계수
인장지배단면		0.85
압축지배 단면	나선철근으로 보강된 철근 콘크리트 부재	0.70
	그 외의 철근콘크리트 부재	0.65
	변화구간단면 (전이구역)	0.65(0.70) ~ 0.85
전단력과 비틀림 모멘트		0.75
콘크리트의 지압력 (포스트텐션 정착부나 스트럿-타이 모델은 제외)		0.65
포스트텐션 정착구역		0.85
스트럿-타이 모델	스트럿, 절점부 및 지압부	0.75
	타이	0.85
무근콘크리트의 휨모멘트, 압축력, 전단력, 지압력		0.55

∴ 포스트텐션 정착구역 : 0.85

☐☐☐ 기 11, 15, 23
63 강도설계법으로 휨부재를 해설할 때 고정하중모멘트 10kN·m, 활하중모멘트 20kN·m가 생긴다면 계수모멘트(M_u)는?

① 42kN·m
② 44kN·m
③ 46kN·m
④ 48kN·m

해설 $M_u = 1.2M_D + 1.6M_L = 1.2 \times 10 + 1.6 \times 20 = 44$ kN·m

☐☐☐ 기 13, 16, 23
64 전체 면에 그물눈 모양으로 발생하는 콘크리트 균열양상은 주로 어떤 상황에서 발생하는가?

① 장시간 비비기
② 급속한 타설
③ 불충분한 다짐
④ 지보공의 침하

해설 그물형 균열(crazing)
장시간의 비비기, 운반으로 인해 전면에 거미줄 모양으로 또는 짧고 불규칙하여 발생하는 균열

☐☐☐ 기 13, 23
65 콘크리트 구조물의 수명에 관한 설명으로 옳지 않은 것은?

① 기본 내구수명에 도달하면 구조물의 보수·보강이 필요하다.
② 피로현상과 열화현상은 구조물의 수명에 영향을 미친다.
③ 반복하중은 구조물의 수명과 무관하다.
④ 구조물을 보수하면 수명의 연장이 가능하다.

해설 구조물에 반복적으로 하중이 작용하면 사용시간이 길어짐에 따라 재료의 강도가 점차 저하되고 수명에 많은 영향을 미친다.

☐☐☐ 기 16, 23
66 단위시멘트량이 300kg/m³인 콘크리트에서 철근부식을 일으키는 임계염화물이온농도($C_{\lim}$)는? (단, 콘크리트 표준시방서 내구성 편을 따르며, 혼화재를 사용하지 않는 콘크리트이다.)

① 1.6kg/m³
② 1.5kg/m³
③ 1.4kg/m³
④ 1.2kg/m³

해설 $C_{\lim} = 0.004 C_{bind} = 0.004 \times 300 = 1.2$ kg/m³

☐☐☐ 기 07, 12, 16, 23
67 프리스트레스트 콘크리트에서 프리스트레스 도입 후 시간의 경과에 따라 일어나는 손실의 원인이 아닌 것은?

① 콘크리트의 크리프
② 콘크리트의 탄성변형
③ 콘크리트의 건조수축
④ PS강재의 릴랙세이션

해설 ■ 도입 시 손실(즉시 손실)
· 정착장치의 활동
· 포스트텐션 긴장재와 덕트 사이의 마찰
· 콘크리트의 탄성변형(수축)
■ 도입 후 손실(시간적 손실)
· 콘크리트의 크리프
· 콘크리트의 건조수축
· PS강재 응력의 릴랙세이션

☐☐☐ 기 13, 17, 23
68 보를 설계할 때, 일반적으로 과소철근 보로 설계하도록 권장하고 있는 이유로 가장 타당한 것은?

① 콘크리트의 취성파괴를 방지하기 위하여
② 철근이 고가이므로 경제성을 위하여
③ 철근의 인장응력이 크기 때문에
④ 철근의 배치가 쉽고, 시공성이 용이하기 때문에

해설 과소철근보 : 부재의 갑작스런 파괴(취성파괴)를 방지하기 위해 철근비의 범위를 연성파괴로 유도한다.

69 슬래브와 보를 일체로 친 대칭 T형보의 유효폭을 결정하는 기준 중 틀린 것은? (단, b_w : 플랜지가 있는 부재의 복부폭)

① 보의 경간의 1/4
② (보의 경간의 1/2)+b_w
③ 양쪽의 슬래브의 중심 간 거리
④ (양쪽으로 각각 내민 플랜지 두께의 8배씩)+b_w

[해설] 대칭 T형보의 유효폭은 다음 값 중 가장 작은 값으로 한다.
- (양쪽으로 각각 내민 플랜지 두께의 8배씩 : $16t_f$)+b_w
- 양쪽의 슬래브의 중심 간 거리
- 보의 경간(L)의 1/4

70 보통중량 골재를 사용하고, f_{ck}가 35MPa인 철근콘크리트 보에서 압축이형철근으로 D32(공칭지름 31.8mm)를 사용한다면 기본정착길이(l_{db})는? (단, f_y =400MPa)

① 538mm ② 547mm
③ 562mm ④ 575mm

[해설] 압축이형철근의 기본정착길이

- $l_{db} = \dfrac{0.25 d_b f_y}{\lambda \sqrt{f_{ck}}} \geq 0.043 d_b f_f$ 이어야 한다.

  $= \dfrac{0.25 \times 1 \times 31.8 \times 400}{1 \times \sqrt{35}} = 538\text{mm}$

  $\geq 0.043 \times 31.8 \times 400 = 547\text{mm}$

  $\therefore l_{db} = 547\text{mm}$

71 육안관찰이 가능한 개소에 대하여 성능 저하나 열화 및 하자의 발생부위 파악을 위해 실시하며, 시설물의 전반적인 외관조사를 통하여 심각한 손상인 결함의 유무를 살펴보는 점검은?

① 정밀안전진단 ② 정밀점검
③ 정기점검   ④ 긴급점검

[해설]
- 정기 점검 : 일상 점검에서 파악하기 어려운 구조물의 세부에 대하여 정기적으로 열화부위 및 열화현상을 파악하기 위해 실시한다.
- 긴급점검 : 지진이나 풍수해 등과 같은 천재, 화재 및 차량이나 선박의 충돌 등 긴급사태에 대해 구조물의 손상 여부에 관한 정보를 신속히 얻기 위하여 고도의 전문적 지식을 기초로 실시한다.
- 정밀안전진단 : 정밀점검 과정을 통해서는 쉽게 발견하지 못하는 결함 부위를 발견하기 위해 행해지는 정밀한 육안검사 및 검사측정장비에 의한 측정을 포함하는 근접 점검이다.

72 아래 그림과 같은 조건에서 탄성파법에 의해 측정한 균열깊이(d)는? (단, $T_c - T_o$법을 사용하며, 측정한 T_c =250μs, T_o =120μs 이고, T_c는 균열을 사이에 두고 측정한 전파시간, T_o는 건전부 표면에서의 전파시간을 나타낸다.)

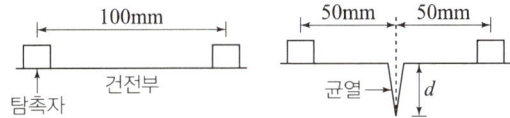

① 78.4mm   ② 84.9mm
③ 91.4mm   ④ 98.9mm

[해설] $d = L\sqrt{\left(\dfrac{T_c}{T_o}\right)^2 - 1} = 50\sqrt{\left(\dfrac{250}{120}\right)^2 - 1} = 91.4\text{mm}$

73 콘크리트 비파괴시험 방법의 일종인 초음파속도법에 대한 설명으로 틀린 것은?

① 콘크리트는 밀도가 균질하므로 음속만으로 콘크리트의 압축강도를 정확히 측정할 수 있다.
② 측정법으로는 직접법, 표면법, 간접법 등이 있다.
③ 기존 콘크리트 구조물의 구조체 콘크리트의 품질관리, 거푸집 및 동바리의 제거시기 결정 등에 활용되고 있다.
④ 음속법인 경우의 적용 강도범위는 주로 10~60MPa을 대상으로 하고 있다.

[해설] 콘크리트 중의 음속은 측정조건, 사용 골재의 종류와 양, 콘크리트의 함수상태, 내부 철근의 양과 배합 등 많은 요인의 영향을 받으므로 음속만으로 콘크리트 압축강도의 정도를 양호하게 추정하는 것은 곤란한 경우가 많다.

74 단경간이 2m, 장경간이 4m인 슬래브에 집중하중 180kN이 슬래브의 중앙에 작용한다. 이 경우 단경간과 장경간이 부담하는 하중은 각각 얼마인가?

① 단경간 부담하중=160kN, 장경간 부담하중=20kN
② 단경간 부담하중=20kN, 장경간 부담하중=160kN
③ 단경간 부담하중=169kN, 장경간 부담하중=11kN
④ 단경간 부담하중=11kN, 장경간 부담하중=169kN

[해설]
- 단경간 $P_S = \dfrac{L^3}{L^3+S^3}P = \dfrac{4^3}{4^3+2^3} \times 180 = 160\text{kN}$
- 장경간 $P_L = \dfrac{S^3}{L^3+S^3}P = \dfrac{2^3}{4^3+2^3} \times 180 = 20\text{kN}$

75 강도설계법의 규정에 의해 최소 전단철근량을 사용하여야 할 경우, 계수하중에 의한 전단력 $V_u = 73\,kN$을 만들 수 있는 직사각형 단면 보의 최소면적(폭×유효깊이)은 얼마인가? (단, $f_{ck} = 21\,MPa$이다.)

① $107,500\,mm^2$
② $127,500\,mm^2$
③ $147,500\,mm^2$
④ $167,500\,mm^2$

해설 전단철근이 있는 경우
· 계수전단력 $V_u = \phi V_c = \phi \frac{1}{6} \lambda \sqrt{f_{ck}}\, bd$에서
∴ $bd = \dfrac{6V_u}{\phi \lambda \sqrt{f_{ck}}} = \dfrac{6 \times 73 \times 10^3}{0.75 \times 1 \times \sqrt{21}} = 127,439\,mm^2$

76 화재에 의한 콘크리트 구조물의 열화현상에 대한 설명으로 틀린 것은?

① 콘크리트는 약 300℃에서 탄산화 된다.
② 급격한 가열 시 피복콘크리트의 폭렬이 발생하기 쉽다.
③ 콘크리트는 탈수나 단면 내의 열응력에 의해 균열이 생긴다.
④ 콘크리트를 가열하면 정탄성계수의 감수에 의하여 바닥 슬래브나 보의 처짐이 증대한다.

해설 콘크리트는 약 500℃에서 탄산화되기 쉽다.

77 다음 식 중 콘크리트 구조물의 탄산화깊이를 예측할 때, 일반적으로 적용되고 있는 식은? (단, X를 탄산화깊이, A를 탄산화 속도계수, t를 경과년수라 한다.)

① $X = A\sqrt{t}$
② $X = At^3$
③ $X = \dfrac{\sqrt{t^3}}{A}$
④ $X = At^2$

해설 · 탄산화 진행속도는 콘크리트 표면으로부터 탄산화 부분과 비탄산화 부분의 경계면까지의 길이와 경과한 시간의 함수로 나타낸다.
· 탄산화 깊이 $X = A\sqrt{t}$

78 보수공법 중 에폭시 수지 등을 수동식으로 주입하는 수동식 주입법의 특징으로 옳지 않은 것은?

① 주입 시 압력펌프를 필요로 한다.
② 주입용 수지의 점도에 제약을 받는다.
③ 다량의 수지를 단 시간에 주입할 수 있다.
④ 균열 폭 0.5mm 이하의 경우에는 주입이 곤란하다.

해설 주입용 수지의 점도에 제약을 받지 않는다.

79 황산염 침투에 의한 열화 방지 방법이 아닌 것은?

① C_3A 함량 증대
② 고로 슬래그 첨가
③ 플라이 애시 첨가
④ 적절한 공기연행제 첨가

해설 · 황산염 피해를 최소화하기 위해서는 시멘트에 C_3A 함량을 낮춘 내황산염시멘트를 사용한다.
· 수화작용시 수산화칼슘을 필요로 하는 플라이애시, 고로 슬래그 등의 혼화재를 사용하여 황산과 반응하는 수산화칼슘 $Ca(OH)_2$의 생성량을 줄임으로서 황산이 칼슘과 반응을 억제시켜 피해를 줄일 수 있다.

80 스터럽을 사용하는 이유로 가장 적합한 것은?

① 휨응력에 의한 균열 방지
② 보에 작용하는 사인장 응력에 의한 균열 방지
③ 주철근의 상호위치 확보
④ 압축을 받는 축방향 철근의 좌굴방지

해설 콘크리트의 사인장 강도가 부족하기 때문에 보에 작용하는 사인장 응력에 의한 균열을 막기 위하여 스터럽과 굽힘철근을 배근한다.

정답 75 ② 76 ① 77 ① 78 ② 79 ① 80 ②

국가기술자격 필기시험문제

2024년도 기사 1회 필기시험

자격종목	시험시간	문제수	형 별	수험번호	성 명
콘크리트기사	2시간	80	A		

※ 각 문제는 4지 택일형으로 질문에 가장 적합한 문제의 보기 번호를 클릭하거나 답안 표기란의 번호를 클릭하여 입력하시면 됩니다.
※ 입력된 답안은 문제 화면 또는 답안 표기란의 보기 번호를 클릭하여 변경하실 수 있습니다.

제1과목 : 콘크리트 재료 및 배합

기 05,08,10,12,18,21,24
01 콘크리트에 사용하는 혼합수로서 상수돗물 이외의 물에 대한 품질항목 중 용해성 증발 잔류물의 양은 몇 g/L 이하이어야 하는가?

① 1g/L ② 2g/L
③ 3g/L ④ 4g/L

해설 수돗물 이외의 물의 품질

항목	품질
현탁 물질의 양	2g/L 이하
용해성 증발잔유물의 양	1g/L 이하
염소 이온(Cl)량	250ppm 이하
시멘트 응결시간의 차	초결은 30분 이내, 종결은 60분 이내
모르타르의 압축강도비	재령 7일 및 재령 28일에서 90% 이상

기 17,23,24
02 콘크리트의 배합에서 단위수량에 대한 설명으로 틀린 것은?

① 작업이 가능한 범위 내에서 될 수 있는 대로 적게 되도록 시험을 통해 정한다.
② 단위수량은 굵은 골재의 최대치수, 골재의 입도와 입형, 혼화재료의 종류, 콘크리트의 공기량 등에 따라 다르므로 실제의 시공에 사용되는 재료를 사용하여 시험을 실시한 다음 정하여야 한다.
③ 공기연행제, 감수제, 공기연행 감수제나 고성능 공기연행 감수제를 적당히 사용하면 단위수량을 상당히 감소시킬 수 있다.
④ 부순돌을 사용할 경우 단위수량은 입형에 따라 다르지만 자갈을 사용했을 경우에 비하여 약 10% 감소한다.

해설 부순돌을 사용한 콘크리트는 동일한 워커빌리티의 보통 콘크리트 보다 단위수량이 약 10% 정도 많이 요구된다.

기 11,16,24
03 아래 표의 ( ) 안에 공통으로 들어갈 용어로 옳은 것은?

( )이(가) 높은 시멘트는 일반적으로 C_2S의 생성량이 많아서 장기강도 발현에 유리하며, ( )이(가) 낮은 시멘트는 C_3A의 생성량이 높아서 조기강도가 높다.

① 규산율(Silica Modulus)
② 수경률(Hydraulic Modulus)
③ 강열감량(Ignition Loss)
④ 활성도지수(Activity Index)

해설 규산율
· 규산율이 높은 시멘트는 일반적으로 C_2S를 많이 함유하기 때문에 강도발현이 느린 장기 강도형의 시멘트가 된다.
· 규산율이 낮은 시멘트는 C_3A가 많이 생성되어 조기강도형의 시멘트가 높다.

기 11,16,21,24
04 분말도(fineness)가 큰 시멘트를 사용할 경우에 대한 설명으로 틀린 것은?

① 풍화하기 쉽다.
② 건조수축이 작아진다.
③ 수화가 빨리 진행된다.
④ 워커블한 콘크리트가 얻어진다.

해설 풍화하기 쉽고 건조수축이 커져서 균열이 발생하기 쉽다.

기 09,10,17,18,24
05 시멘트는 풍화가 되면 성질이 변하게 된다. 시멘트 풍화로 인하여 나타나는 현상에 대한 설명으로 틀린 것은?

① 풍화되면 비중이 커진다.
② 풍화되면 강열감량이 증가된다.
③ 풍화되면 응결시간이 지연된다.
④ 풍화되면 강도의 발현이 저하된다.

해설 풍화되면 비중이 작아진다.

정답 01 ① 02 ④ 03 ① 04 ② 05 ①

□□□ 기 14,22,24
06 바닷물의 영향을 직접 받는 콘크리트의 경우 내구성에 대하여 각별한 주의를 필요로 한다. 이 환경에 처한 콘크리트를 제조하는데 일반적인 경우 적합하지 않은 재료는?

① 폴리머 시멘트
② 고로 슬래그 시멘트
③ 플라이 애시 시멘트
④ 조강 포틀랜드 시멘트

해설 조강포틀랜드시멘트는 해수저항성이 큰 C_3A 성분이 많이 함유되어 있으므로 토양이나 해수 및 공장폐수 등의 황산염에 대한 저항성이 없어 부적합하다.

□□□ 기 08,11,15,19,24
07 시멘트의 제조 방법 중 습식법에 대한 설명으로 틀린 것은?

① 먼지가 적게 난다.
② 열량 손실이 많다.
③ 원료를 미분말화 하기가 쉽다.
④ 원료 분쇄기에 물을 약 10% 정도 가한 후 분쇄한다.

해설 습식법
• 원료를 건조시키지 않고 적당한 비율로 조합하여 원료분쇄기에 약 40%의 물을 가한 후 반죽상태로 만들어 분쇄기내에서 분쇄, 혼합, 균질화하여 회전로에 넣어 소성하는 방법이다.
• 원료를 미분말화 하기가 쉽고 먼지가 적게 나는 반면 많은 물을 포함한 원료를 소성하므로 열량의 손실이 많다.

□□□ 기 14,24
08 바닷물의 영향을 직접 받는 콘크리트의 경우 내구성에 대하여 각별한 주의를 필요로 한다. 이 환경에 처한 콘크리트를 제조하는데 일반적인 경우 적합하지 않은 재료는?

① 폴리머시멘트 ② 플라이애시시멘트
③ 조강시멘트 ④ 고로슬래그시멘트

해설 조강포틀랜드시멘트는 해수저항성이 큰 C_3A 성분이 많이 함유되어 있으므로 토양이나 해수 및 공장폐수 등의 황산염에 대한 저항성이 없어 부적합하다.

□□□ 기 13,22,24
09 콘크리트용 강섬유(KS F 2564)에서 규정한 강섬유의 평균 인장 강도는 얼마 이상의 값을 가져야 하는가?

① 400MPa ② 500MPa
③ 600MPa ④ 700MPa

해설 강섬유의 평균인장강도는 700MPa 이상이 되어야 하며, 각각의 인장강도 또한 650MPa 이상이어야 한다.

□□□ 기 09,18,24
10 밀도 $2.5g/cm^3$, 함수율 8%, 흡수율 3%인 잔골재의 표면수율은 얼마인가?

① 4.41% ② 4.63%
③ 4.85% ④ 5.00%

해설 • 표준건조 포화상태의 시료를 500g을 사용한다.
• 흡수량 = $\dfrac{\text{표면건조 포화상태중량} - \text{노건조 상태중량}}{\text{노건조 상태중량}} \times 100(\%)$

$= \dfrac{500-x}{x} \times 100 = 3\%$

∴ 노건조 상태중량 $x = 485.437g$

• 흡수율 = $\dfrac{\text{습윤상태중량} - \text{노건조 상태중량}}{\text{노건조 상태중량}} \times 100(\%)$

$= \dfrac{y - 485.437}{485.437} \times 100 = 8\%$

∴ 습윤상태 상태 중량 $y = 524.272g$

• 표면 수율 = $\dfrac{\text{습윤 상태} - \text{표면 건조 포화상태}}{\text{표면 건조 포화상태}} \times 100(\%)$

$= \dfrac{524.272 - 500}{500} \times 100\% = 4.854\%$

□□□ 기 12,17,24
11 고로슬래그 미분말을 사용한 콘크리트에 대한 설명이다. 옳지 않은 것은?

① 고로슬래그 미분말을 사용한 콘크리트는 탄산화 속도를 저하시키는 효과가 있다.
② 고로슬래그 미분말을 사용한 콘크리트는 철근 보호성능이 향상된다.
③ 고로슬래그 미분말을 사용한 콘크리트는 수밀성이 향상된다.
④ 고로슬래그 미분말을 사용한 콘크리트의 초기강도는 포틀랜드시멘트 콘크리트보다 작다.

해설 고로슬래그 미분말을 사용한 콘크리트는 시멘트 수화시에 발생하는 수산화칼슘과 고로 슬래그 성분이 반응하여 콘크리트의 알칼리성이 다소 저하되기 때문에 콘크리트의 탄산화가 빠르게 진행된다.

□□□ 기 07,10,12,13,15,19,24
12 르샤틀리에 비중병의 0.4mL까지 광유를 주입하고 시멘트 시료 64g을 가하여 공기포를 제거한 후의 비중병의 눈금이 21mL가 되었다면, 이 시멘트의 비중은?

① 2.98 ② 3.01
③ 3.11 ④ 3.15

해설 시멘트 비중 = $\dfrac{\text{시멘트의 무게(g)}}{\text{비중병의 읽음차(mL)}} = \dfrac{64}{21 - 0.4} = 3.11$

정답 06 ④ 07 ④ 08 ③ 09 ④ 10 ③ 11 ① 12 ③

□□□ 기 06,13,18,19,24

13 콘크리트에 이용되는 혼화재에 대한 설명으로 틀린 것은?

① 팽창재는 에트린가이트 및 수산화칼슘 등의 생성에 의해 콘크리트를 팽창시킨다.
② 플라이 애시는 유리질 입자의 잠재수경성에 의해 콘크리트의 초기강도를 증가시킨다.
③ 실리카 퓸을 사용한 콘크리트는 마이크로 필러효과와 포졸란 반응에 의해 콘크리트의 강도가 증가한다.
④ 고로슬래그 미분말을 사용한 콘크리트의 초기강도는 포틀랜드시멘트 콘크리트보다 작고 이러한 경향은 슬래그 치환율이 클수록 현저하게 나타난다.

해설
• 플라이 애시를 혼합한 콘크리트의 초기강도는 보통 콘크리트보다 작아지나 재령이 길어짐에 따라 포졸란 반응에 의해 장기강도는 증가한다.
• 플라이 애시 혼합율의 영향을 받아 재령 28일 이후의 장기재령에서는 혼합율이 10~20%에서 강도발현이 가장 크게 나타난다.

□□□ 기 05,21,24

14 콘크리트의 배합강도에 대한 설명으로 틀린 것은?

① 콘크리트의 배합강도는 설계기준압축강도보다 크게 정하여야 한다.
② 압축강도의 시험횟수가 24회일 경우 표준편차의 보정계수는 1.04이다.
③ 압축강도의 시험 횟수가 29회 이하이고 15회 이상인 경우 그것으로 계산한 표준편차에 보정계수를 곱한 값을 표준편차로 사용할 수 있다.
④ 콘크리트 압축강도의 표준편차는 실제 사용한 콘크리트의 25회 이상의 시험실적으로부터 결정하는 것을 원칙으로 한다.

해설 콘크리트 압축강도의 표준편차는 실제 사용한 콘크리트의 30회 이상의 시험실적으로부터 결정하는 것을 원칙으로 한다.

□□□ 기 11,20,21,24

15 절대 건조 상태에서 350g, 표면 건조 포화 상태에서 364g, 습윤 상태에서 360g인 잔골재 시료의 흡수율은?

① 2% ② 3%
③ 4% ④ 5%

해설 흡수율 = $\dfrac{\text{표건상태} - \text{절건상태}}{\text{절건상태}} \times 100$

= $\dfrac{364 - 350}{350} \times 100 = 4\%$

□□□ 기 16,18,21,24

16 콘크리트 및 모르타르 혼화재로 사용되는 실리카 퓸의 품질 시험을 실시하고자 할 때 시험 모르타르는 보통 포틀랜드 시멘트와 실리카 퓸의 질량비를 얼마로 하여야 하는가?

① 1:9 ② 9:1
③ 1:6 ④ 6:1

해설 시험 모르타르 : 실리카퓸의 품질시험에서 사용되는 모르타르로서 보통 포틀랜드 시멘트의 실리카 퓸을 질량비로 9:1로 하여 제작한 모르타르

□□□ 기 13,15,16,22,24

17 굵은 골재의 밀도 및 흡수율 시험(KS F 2503)을 실시하기 위해 시료를 준비하고자 한다. 아래 표의 조건과 같은 경량 골재인 경우 1회 시험에 사용하는 시료의 최소 질량은?

• 굵은 골재의 최대 치수($d_{\max}$) : 25mm
• 굵은 골재의 추정 밀도(D_e) : 1.4g/cm³

① 1kg ② 1.4kg
③ 3kg ④ 3.8kg

해설 $m_{\min} = \dfrac{d_{\max} \cdot D_e}{25} = \dfrac{25 \times 1.4}{25} = 1.4\text{kg}$

□□□ 기 09,13,17,23,24

18 다음 중 콘크리트용 모래에 포함되어 있는 유기불순물 시험에서 사용하지 않는 약품은?

① 수산화나트륨 ② 탄닌산
③ 페놀프탈레인 ④ 메틸알코올

해설 식별용 표준색 용액은 10%의 메틸알코올 용액으로 2% 탄닌산 용액을 만들고, 그 2.5mL를 3%의 수산화나트륨 용액 97.5mL에 가하여 유리병에 넣어 마개를 닫고 잘 흔든다. 이것을 표준용액으로 한다.

□□□ 기 18,22,24

19 콘크리트용 화학혼화제(공기연행제, 공기연행감수제, 고성능 공기연행감수제)의 성능을 확인하기 위한 콘크리트 시험에서 길이변화비(%)를 구하는 데 적용되는 기간은?

① 28일 ② 3개월
③ 6개월 ④ 1년

해설 보존기간 6개월에 따른 결과의 평균값을 그 콘크리트의 길이 변화율로 한다.

☐☐☐ 기 06,10,15,20,24
20 콘크리트 배합설계에서 잔골재의 절대용적이 360L, 굵은 골재의 절대 용적이 540L인 경우 잔골재율은?

① 30%　　② 36%
③ 40%　　④ 67%

해설 잔골재율 = $\dfrac{\text{단위 잔골재의 절대부피}}{\text{단위 골재량의 절대부피}} \times 100$
　　　　　$= \dfrac{S}{S+G} \times 100$
　　　　　$= \dfrac{360}{360+540} \times 100 = 40\%$

제2과목 : 콘크리트 제조, 시험 및 품질관리

☐☐☐ 기 07,10,12,14,15,24
21 콘크리트를 제조할 때 각 재료의 계량 허용오차 중 골재의 허용오차와 같은 재료는?

① 시멘트　　② 물
③ 혼화제　　④ 혼화재

해설

재료의 종류	측정값
골재, 혼화제	±3%
물	−2%, +1%
시멘트	−1%, +2%
혼화재	±2%

☐☐☐ 기 05,15,24
22 레디믹스트 콘크리트(KS F 4009) 품질에 대한 기준으로 옳지 않은 것은?

① 염화물 함유량은 염소이온(Cl⁻)량으로서 일반적인 경우 0.3kg/m³ 이하로 한다.
② 1회의 강도시험 결과는 구입자가 지정한 호칭강도값의 80% 이상이어야 한다.
③ 3회의 강도시험 결과의 평균치는 구입자가 지정한 호칭 강도값 이상이어야 한다.
④ 공기량은 보통콘크리트의 경우 4.5%이며, 그 허용오차는 ±1.5%로 한다.

해설 1회의 강도시험 결과는 구입자가 지정한 호칭강도값의 85% 이상이어야 한다.

☐☐☐ 기 15,18,21,24
23 콘크리트의 배합설계 결과 단위 시멘트량이 350kg/m³인 경우 1배치가 3m³인 믹서에서 시멘트의 1회 계량값이 1,031kg일 때, 계량오차에 대한 판정결과로 옳은 것은?

① 허용 계량오차의 한계인 −1% 이내이므로 합격
② 허용 계량오차의 한계인 −1%를 초과하므로 불합격
③ 허용 계량오차의 한계인 −2% 이내이므로 합격
④ 허용 계량오차의 한계인 −2%를 초과하므로 불합격

해설 · 시멘트의 허용오차 : −1%, +2%
· 계량오차 $m_o = \dfrac{m_2 - m_1}{m_1} = \dfrac{1,031 - 350 \times 3}{350 \times 3} \times 100 = -1.8\%$
∴ ±1%를 초과하므로 불합격

☐☐☐ 기 12,13,15,17,21,24
24 콘크리트 비비기에 대한 설명으로 틀린 것은?

① 콘크리트의 재료는 반죽된 콘크리트가 균질하게 될 때까지 충분히 비벼야 한다.
② 비비기는 미리 정해둔 비비기 시간의 3배 이상 계속하지 않아야 한다.
③ 재료를 믹서에 투입할 때 일반적으로 물은 다른 재료보다 먼저 넣기 시작하여 다른 재료의 투입이 끝난 후 조금 지난 뒤에 물의 주입을 끝낸다.
④ 비비기 시작 후 최초에 배출되는 콘크리트는 사용하지 않는 것을 원칙으로 하나, 연속믹서를 사용할 경우는 사용할 수 있다.

해설 연속믹서를 사용할 경우, 비비기 시작 후 최초에 배출되는 콘크리트는 사용하지 않아야 한다.

☐☐☐ 기 12,16,24
25 급속 동결 융해에 대한 콘크리트의 저항 시험에 관한 설명으로 틀린 것은?

① 동결 융해 1사이클은 공시체 중심부의 온도를 원칙으로 하며 원칙적으로 4℃에서 −18℃로 떨어지고, 다음에 −18℃에서 4℃로 상승되는 것으로 한다.
② 동결 융해 1사이클의 소요 시간은 2시간 이상, 4시간 이하로 한다.
③ 공시체의 중심과 표면의 온도차는 항상 20℃를 초과해서는 안 된다.
④ 일반적으로 동결 융해에서 상태가 바뀌는 순간의 시간이 10분을 초과해서는 안 된다.

해설 공시체의 중심과 표면의 온도차는 항상 28℃를 초과해서는 안 된다.

정답　20 ③　21 ③　22 ②　23 ②　24 ④　25 ③

□□□ 기 14,24
26 콘크리트의 블리딩시험에 대한 설명으로 틀린 것은?

① 용기의 치수는 안지름 250mm, 안높이 285mm로 한다.
② 시험할 때 콘크리트 시료의 온도는 (20±2)℃로 한다.
③ 콘크리트를 채워넣을 때 콘크리트의 표면이 용기의 가장자리에서 (30±3)mm 높아지도록 고른다.
④ 블리딩이 정지하면 즉시 용기와 시료의 질량을 잰다. 이 때 시료의 질량으로는 빨아낸 블리딩에 따른 수량을 가산하여야 한다.

해설 시험할 때 콘크리트 시료의 온도는 (20±3)℃로 한다.

□□□ 기 17,24
27 콘크리트의 쪼갬인장강도 시험에 대한 설명으로 틀린 것은? (단, $\phi 150 \times 300$mm인 원주형 공시체를 사용하고, 파괴하중이 160kN이었다.)

① 공시체를 제작할 때 다짐봉에 의한 다짐횟수는 각 층당 18회 정도로 한다.
② 공시체를 제작할 때 몰드를 떼는 시기는 콘크리트 채우기가 끝나고 나서 16시간 이상 3일 이내로 한다.
③ 공시체에 하중을 가하는 속도는 인장 응력도의 증가율이 매초 (0.6±0.4)MPa이 되도록 한다.
④ 이 콘크리트의 인장강도는 2.26MPa이다.

해설
- 콘크리트 쪼갬인장강도 시험에서 공시체에 하중을 가하는 속도는 가장자리 응력도의 증가율이 매초 (0.06±0.04)MPa이 되도록 조정하고, 최대하중이 될 때까지 그 증가율을 유지하도록 한다.
- 인장강도 $f_{sp} = \dfrac{2P}{\pi d l}$
  $= \dfrac{2 \times 160 \times 10^3}{\pi \times 150 \times 300} = 2.26 \text{N/mm}^2 = 2.26 \text{MPa}$

□□□ 기 15,17,21,22,24
28 콘크리트의 압축강도 시험에서 공시체 및 공시체의 검사에 대한 설명으로 틀린 것은?

① 지름은 공시체 높이의 중앙에서 서로 직교하는 2방향에 대하여 측정한다.
② 지름 및 높이는 1mm까지 측정한다.
③ 질량을 측정할 때 공시체 표면의 물을 모두 닦아낸 후에 측정한다.
④ 공시체는 소정의 양생이 끝난 직후의 상태에서 시험을 할 수 있도록 한다.

해설 공시체의 지름은 0.1mm, 높이는 1mm까지 측정한다.

□□□ 기 16,23,24
29 콘크리트 원주공시체의 정탄성계수 및 포아송비 시험 (KS F 2438)에서 350MPa까지의 콘크리트 탄성계수를 계산하기 위하여 S_1과 S_2를 구하여야 하는데, 여기서 S_1에 대한 설명으로 옳은 것은? (단, S_2는 가해진 최대하중에 대한 응력(MPa)이다.)

① 세로변형 0.000005m에 대한 응력(MPa)
② 세로변형 0.00005m에 대한 응력(MPa)
③ 세로변형 0.0005m에 대한 응력(MPa)
④ 세로변형 0.005m에 대한 응력(MPa)

해설 S_1 : 세로변형 0.00005m에 대한 응력(MPa)

□□□ 기 11,14,21,24
30 콘크리트의 길이 변화 시험(KS F 2424)에 대한 설명으로 틀린 것은?

① 공시체의 측면 길이 변화를 측정하는 방법으로 다이얼 게이지 방법이 사용된다.
② 콤퍼레이터 방법의 시험에는 표선용 젖빛 유리, 각선기, 측정기 등의 기구가 사용된다.
③ 콘크리트 시험편의 길이 변화 측정 방법에는 콤퍼레이터 방법, 콘텍트 게이지 방법 또는 다이어 게이지 방법 등이 있다.
④ 공시체의 치수는 콘크리트의 경우 너비는 높이와 같게 하되, 굵은 골재의 최대치수의 3배 이상이며, 길이는 너비 또는 높이의 3.5배 이상으로 한다.

해설
■ 공시체의 중심축의 길이 변화를 측정하는 방법
- 다이얼 게이지를 부착한 측정기를 이용하는 방법(다이얼 게이지 방법)
■ 공시체의 측면 길이 변화를 측정하는 방법
- 현미경을 부착한 콤퍼레이터를 이용하는 방법(콤퍼레이터 방법)
- 콘텍트 스트레인 게이지를 이용하는 방법(콘텍트 게이지 방법)

□□□ 기 19,24
31 현장에서 타설하는 콘크리트를 대상으로 압축강도에 의한 콘크리트의 품질검사를 실시하고자 한다. 하루 360m³의 콘크리트가 제조 및 타설된다면 실시해야 할 검사 횟수는? (단, 1회의 시험값은 공시체 3개의 압축강도 시험값의 평균값이다.)

① 2회
② 3회
③ 4회
④ 5회

해설 압축강도시험은 120m³ 마다 1회
∴ $\dfrac{360}{120} = 3$회

32. 콘크리트를 거푸집에 타설한 후부터 응결이 종료할 때까지 발생하는 균열을 초기균열이라고 한다. 아래의 표에서 설명하는 초기균열은?

> 콘크리트 노출면의 수분 증발속도가 블리딩 속도보다 빠른 경우, 바닥판에서 거푸집으로 부터의 누수가 심하고 블리딩이 전혀 없으며 초기에 콘크리트 표면에 수분이 부족한 경우 발생하기 쉬운 균열

① 초기 건조균열
② 거푸집 변형에 의한 균열
③ 진동 및 경미한 재하에 따른 균열
④ 침하균열

해설 초기 건조균열의 원인
- 블리딩과 침하가 급속히 진행될 때
- 노출면의 수준 증발속도가 블리딩 속도보다 빠를 경우
- 거푸집으로 부터의 누수가 심할 때
- 초기 콘크리트 표면의 수분이 부족할 때
- 시멘트의 급격한 응결·경화가 일어날 때

33. 콘크리트의 압축강도, 슬럼프, 공기량 등의 특성을 관리하는 데 적합한 관리도는?

① 특성요인도 ② 파레토도
③ 히스토그램 ④ $\bar{x}-R$

해설 $\bar{x}-R$ 관리도 : 길이, 중량, 압축강도, 슬럼프, 공기량과 같이 연속량으로 측정하는 통계량에 사용
- $\bar{x}-R$ 관리도 : 평균값과 범위의 관리도
- $\bar{x}-\sigma$ 관리도 : 평균값과 표준편차의 관리도
- x 관리도 : 측정값 자체의 관리도

34. 콘크리트 구조물 내부의 강재 위치에서 염화물이온 농도 (kg/m^3)을 구하고자 할 때 필요한 자료가 아닌 것은?

① 염화물이온의 확산계수$(cm^2/년)$
② 콘크리트 표면의 염화물 이온 농도(kg/m^3)
③ 염화물이온 침입에 의한 내구연수(년)
④ 주철근의 공칭직경(mm)

해설 필요한 자료
- 염화물이온의 확산계수$(cm^2/년)$
- 콘크리트 표면의 염화물 이온 농도(kg/m^3)
- 염화물이온 침입에 의한 내구연수(년)

35. 콘크리트의 재료분리를 일으키는 일 없이 운반, 타설, 다지기, 마무리 등의 작업이 용이하게 될 수 있는 정도를 나타내는 굳지 않은 콘크리트의 성질을 무엇이라고 하는가?

① 성형성(Plasticity)
② 성형(Molding)
③ 워커빌리티(Workability)
④ 블리딩(Bleeding)

해설
- 반죽질기(consistency) : 주로 수량의 양이 많고 적음에 따른 반죽이 되고 진 정도를 나타내는 굳지 않은 콘크리트의 성질
- 워커빌리티(workability) : 반죽 질기에 따른 작업의 난이성 및 재료의 분리성 정도를 나타내는 굳지 않은 콘크리트의 성질
- 성형성(plasticity) : 거푸집에서 쉽게 다져넣을 수 있고 거푸집을 제거하면 천천히 형상이 변하기는 하지만 허물어지거나 재료의 분리가 일어나는 일이 없는 정도의 굳지 않은 콘크리트의 성질
- 피니셔빌리티(finishability) : 굵은 골재의 최대치수, 잔골재율, 잔골재의 입도, 반죽질기 등에 따르는 마무리하기 쉬운 정도를 나타내는 굳지 않은 콘크리트의 성질

36. 압력법에 의한 공기량 시험 방법(KS F 2421)을 적용할 수 있는 콘크리트의 최대 골재 크기는?

① 75mm ② 40mm
③ 30mm ④ 25mm

해설 최대 치수 40mm 이하의 보통 골재를 사용한 콘크리트에 대해서는 적당하지만 골재 수정 계수가 정확히 구해지지 않는 인공 경량 골재를 사용한 콘크리트에 대해서는 적당하지 않다.

37. 콘크리트의 물성 시험방법 중 촉진시험이 가능하지 않은 것은?

① 크리프 시험 ② 탄산화 시험
③ 동결융해 시험 ④ 염화물이온침투 시험

해설 크리프 시험은 콘크리트의 역학적 특성 시험이다.

38. 재료분리현상을 줄이기 위한 방법으로 틀린 것은?

① 잔 골재율을 작게 한다.
② 물-결합재비를 작게 한다.
③ 1회 타설높이를 작게 한다.
④ AE제, 감수제 등의 혼화재료를 사용한다.

해설 잔 골재의 세립분 함유량 및 잔 골재율이 작으면 콘크리트의 재료분리 경향이 커지므로 잔 골재율을 크게 한다.

정답 32 ① 33 ④ 34 ④ 35 ③ 36 ② 37 ① 38 ①

□□□ 기 04,10,17,24
39 고유동 콘크리트의 컨시스턴시를 평가하기 위한 시험법 중 가장 적당하지 않은 것은?

① V로트시험　　② 비비시험
③ L플로우시험　④ 슬럼프 플로우 시험

해설 비비시험 : 주로 슬럼프가 50~25mm 이하의 된 비빔콘크리트로 미리 진동다짐의 난이도의 정도를 판정하기 위하여 행하는 시험이다.

□□□ 기 12,15,17,24
40 구속되어 있는 무근 콘크리트 부재의 건조수축률이 100×10^{-6}일 때 콘크리트에 작용하는 응력의 종류와 크기는? (단, 콘크리트의 탄성계수는 30GPa이다.)

① 인장응력 3.0MPa　② 압축응력 3.0MPa
③ 인장응력 30MPa　　④ 압축응력 30MPa

해설 인장 응력 $f_{ct} = \epsilon_{sh} \cdot E_c$
$= (100 \times 10^{-6}) \times (30 \times 10^3) = 3.0 \text{MPa}$
($\because 1\text{GPa} = 10^3 \text{MPa}$임)

제3과목 : 콘크리트의 시공

□□□ 기 09,11,16,24
41 벽 또는 기둥과 같이 높이가 높은 콘크리트를 연속해서 타설하는 경우 쳐올라가는 속도는 단면의 크기, 콘크리트 배합, 다지기 방법에 따라 다르므로 현장여건에 맞게 적절히 조절해야 한다. 다음 중 일반적인 경우 벽 또는 기둥의 콘크리트 타설속도로 가장 적당한 것은?

① 30분에 0.5~1.0m　② 30분에 1.0~1.5m
③ 30분에 1.5~2.0m　④ 30분에 2.0~2.5m

해설 벽 또는 기둥과 같이 높이가 높은 콘크리트를 연속해서 타설할 경우 일반적으로 30분에 1~1.5m 정도로 하는 것이 좋다.

□□□ 기 19,24
42 콘크리트 수평 시공이음의 시공에 있어서 일체성 확보를 위하여 채택될 수 있는 역방향 타설 콘크리트의 시공이음 방법이 아닌 것은?

① 간접법　② 주입법
③ 직접법　④ 충전법

해설 역방향 타설 콘크리트의 시공이음 방법
직접법, 충전법, 주입법

□□□ 기 09,17,23,24
43 경량콘크리트의 제조 및 시공에 대한 다음의 설명 중 틀린 것은?

① 경량콘크리트는 경량골재콘크리트, 경량기포콘크리트, 무잔골재콘크리트 등으로 분류된다.
② 경량골재의 경량성을 보다 효과적으로 발휘시키기 위해서는 잔골재와 굵은 골재 모두 경량골재로 하는 것이 좋다.
③ 경량골재콘크리트의 공기량은 보통골재를 사용한 콘크리트에 비해 크게 하는 것을 원칙으로 한다.
④ 경량골재콘크리트를 내부진동기로 다질 때 보통골재콘크리트에 비해 진동기를 찔러 넣는 간격을 크게 하거나 진동 시간을 짧게 해야 한다.

해설 경량골재 콘크리트는 내부진동기로 다질 때 보통골재콘크리트에 비해 진동기를 찔러 넣는 간격을 작게 하거나 진동시간을 약간 길게 하여 충분히 다져야 한다.

□□□ 기 10,13,15,24
44 프리플레이스트 콘크리트용 골재에 대한 설명으로 틀린 것은?

① 잔골재의 조립률은 2.3~3.1의 범위로 한다.
② 굵은 골재의 최소 치수는 15mm 이상으로 하여야 한다.
③ 굵은 골재의 최대 치수는 부재단면 최소 치수의 1/4 이하, 철근 콘크리트의 경우 철근 순간격의 2/3 이하로 하여야 한다.
④ 일반적으로 굵은 골재의 최대 치수는 최소 치수의 2~4배 정도로 한다.

해설 프리플레이스트 콘크리트용 잔골재의 조립률은 1.4~2.2 정도의 범위가 좋다.

□□□ 기 09,12,15,18,24
45 섬유보강 콘크리트의 배합 및 비비기에 대한 설명으로 틀린 것은?

① 강섬유보강 콘크리트의 경우, 소요 단위수량은 강섬유의 혼입률에 거의 비례하여 증가한다.
② 믹서는 가경식 믹서를 사용하는 것을 원칙으로 한다.
③ 배합을 정할 때에는 일반 콘크리트의 배합을 정할 때의 고려사항과 콘크리트의 휨강도 및 인성이 소요의 값으로 되도록 고려할 필요가 있다.
④ 믹서에 투입된 섬유의 분산에 필요한 비비기 시간은 섬유의 종류나 혼입률에 따라 다르다.

해설 섬유가 혼입되면 보통의 콘크리트보다 큰 에너지로 비비기할 필요가 있기 때문에 믹서는 강제식 믹서를 사용하는 것을 원칙으로 한다.

정답　39 ②　40 ①　41 ②　42 ①　43 ④　44 ①　45 ②

46 방사선 차폐용 콘크리트의 배합에 관한 일반적인 설명으로 틀린 것은?

① 콘크리트 배합은 소요의 성능이 얻어지도록 시험비비기를 실시한 후 정한다.
② 콘크리트의 워커빌리티 개선을 위해 품질이 입증된 혼화제를 사용할 수 있다.
③ 콘크리트 슬럼프는 작업성을 고려하여 가능한 커야 하며 일반적인 경우 180mm 이상으로 한다.
④ 물-결합재비는 단위시멘트량이 과다로 되지 않는 범위 내에서 가능한 적게 하고 50% 이하가 원칙이다.

[해설] 콘크리트의 슬럼프는 작업에 알맞은 범위 내에서 가능한 한 적은 값이어야 하며, 일반적인 경우 150mm 이하로 하여야 한다.

47 고강도 콘크리트의 정의에 대한 아래 표의 설명에서 ( )에 적합한 수치는?

> 고강도 콘크리트의 설계기준압축강도는 보통 또는 중량콘크리트에서 (①)MPa 이상으로 하며, 경량골재 콘크리트에서 (②) 이상으로 한다.

① ① 35, ② 24
② ① 35, ② 27
③ ① 40, ② 24
④ ① 40, ② 27

[해설] 고강도 콘크리트의 설계기준압축강도는 보통 또는 중량골재 콘크리트에서 40MPa 이상, 경량골재 콘크리트에서 27MPa 이상으로 한다.

48 수밀 콘크리트의 수밀성을 확보하기 위한 시공방안으로 적당하지 않은 것은?

① 혼화재료로서 팽창재는 콘크리트의 누수 원인이 되어 수밀성을 저해한다.
② 소요의 품질을 갖는 수밀 콘크리트를 얻기 위해서는 적당한 간격으로 시공이음을 두어야 한다.
③ 수밀 콘크리트는 양질의 AE제와 고성능 감수제 또는 포졸란 등을 사용하는 것을 원칙으로 한다.
④ 연직 시공이음에는 지수판 등의 물의 통과 흐름을 차단할 수 있는 방수처리재 등의 사용을 원칙으로 한다.

[해설] 혼화재료로서 팽창재는 콘크리트의 누수 원인이 되는 건조수축 균열 방지를 하여 수밀성을 향상시킨다.

49 일반콘크리트에서 비비기로부터 타설이 끝날 때가지의 시간에 대한 설명으로 옳은 것은?

① 외기온도가 25°C 이상일 때는 1.5시간을 넘어서는 안 된다.
② 외기온도가 25°C 이상일 때는 2.0시간을 넘어서는 안 된다.
③ 외기온도가 25°C 미만일 때는 2.5시간을 넘어서는 안 된다.
④ 외기온도가 25°C 미만일 때는 3.0시간을 넘어서는 안 된다.

[해설] 비비기로부터 타설이 끝날 때까지의 시간
- 원칙적으로 외기온도가 25°C 이상일 때는 1.5시간을 넘어서는 안 된다.
- 원칙적으로 외기온도가 25°C 미만일 때에는 2시간을 넘어서는 안 된다.

50 콘크리트가 경화될 때까지 습윤상태의 보호기간은 보통 포틀랜드 시멘트와 조강포틀랜드 시멘트를 사용한 경우 각각 몇 일 이상을 표준으로 하는가? (단, 일평균기온은 15°C 이상일 경우)

① 보통포틀랜드 시멘트 : 3일 이상, 조강포틀랜드 시멘트 : 5일 이상
② 보통포틀랜드 시멘트 : 5일 이상, 조강포틀랜드 시멘트 : 7일 이상
③ 보통포틀랜드 시멘트 : 5일 이상, 조강포틀랜드 시멘트 : 3일 이상
④ 보통포틀랜드 시멘트 : 7일 이상, 조강포틀랜드 시멘트 : 5일 이상

[해설] 습윤양생 기간의 표준

일평균 기온	보통 포틀랜드 시멘트	고로슬래그 시멘트(2종), 플라이애시 시멘트(2종)	조강 포플랜드 시멘트
15°C 이상	5일	7일	3일
10°C 이상	7일	9일	4일
5°C 이상	9일	12일	5일

51 시멘트의 응결을 촉진하는 혼화제로서 주로 숏크리트공법, 그라우트에 의한 누수방지공법 등에 사용되는 혼화제는?

① AE제
② 급결제
③ 발포제
④ 지연제

[해설] 급결제
응결시간을 매우 빨리하여 순간적인 응결과 경화가 요구되는 숏크리트공법 및 그라우트에 의한 지수공법 등에 사용된다.

정답 46 ③ 47 ④ 48 ① 49 ① 50 ③ 51 ②

☐☐☐ 기 16,24
52 숏크리트에 대한 설명으로 틀린 것은?

① 일반 숏크리트의 장기 설계기준 압축강도는 재령 28일로 설정한다.
② 습식 숏크리트는 배치 후 60분 이내에 뿜어붙이기를 실시하여야 한다.
③ 숏크리트의 초기강도는 재령 3시간에서 1.0~3.0MPa을 표준으로 한다.
④ 굵은 골재의 최대치수는 25mm의 것이 널리 쓰인다.

해설 노즐의 막힘 현상이나 반발량을 최소화할 수 있도록 굵은골재의 최대 치수를 13mm 이하로 한다.

☐☐☐ 기 18,24
53 수중 콘크리트의 유동성에 대한 아래 표의 설명에서 ( )에 적합한 것은?

> 현장 타설말뚝 및 지하연속벽에 사용하는 수중콘크리트에서 설계기준압축강도가 50MPa을 초과하는 경우는 높은 유동성이 요구되므로 슬럼프 플로의 범위는 ( )로 하여야 한다.

① 100~300mm   ② 300~300mm
③ 500~700mm   ④ 700~900mm

해설 슬럼프 플로의 범위는 500~700mm로 하여야 한다.

☐☐☐ 기 04,09,22,24
54 먼저 타설된 콘크리트와 나중에 타설된 콘크리트 사이에 완전히 일체화가 되지 않아 생기는 이음 줄눈은?

① 수축이음   ② 신축이음
③ 콜드조인트   ④ 균열유발줄눈

해설 콜드조인트(cold joint)
시공 전에 계획하지 않은 곳에서 생겨난 이음으로서, 먼저 타설된 콘크리트와 나중에 타설되는 콘크리트 사이에 완전히 일체화가 되어 있지 않은 이음부위

☐☐☐ 기 14,18,21,24
55 콘크리트 제품 양생법 중 고온 고압용기에 제품을 넣고 1MPa의 고압과 180℃ 전후의 고온으로 처리하는 양생법은?

① 증기양생   ② 피막양생
③ 전기양생   ④ 오토클레이브 양생

해설 오토클레이브 양생 : 고온·고압(1MPa)의 증기솥 속에서 상압보다 높은 압력으로 고온(180℃)의 수증기를 사용하여 실시하는 양생방법

☐☐☐ 기 07,17,23,24
56 속이 빈 중공형 콘크리트 말뚝과 같이 원통형 제품을 만드는데 주로 이용되는 다짐방법은?

① 진동다짐   ② 원심력 다짐
③ 가압성형 다짐 ④ 봉다짐

해설 원심력 다짐
콘크리트를 채운 형틀을 고속 회전시킴으로써 콘크리트를 다짐하는 것으로 주로 흄관, 콘크리트말뚝, 전주 등 중공 원통형의 제품의 성형에 사용된다.

☐☐☐ 기 16,24
57 하절기 콘크리트의 문제점을 보완하는 내용과 관계가 먼 것은?

① 하절기 콘크리트를 배합할 때 저온의 혼합수 사용
② 하절기 콘크리트 배합과정에서 골재냉각 사용
③ 하절기 콘크리트를 타설할 때 응결촉진제 사용
④ 하절기 콘크리트를 배합할 때 수화발열량이 적은 시멘트 사용

해설 하절기 콘크리트를 타설할 때 응결지연제 사용

☐☐☐ 기 10,11,14,16,17,19,24
58 콘크리트 공장제품의 경화를 촉진하기 위해 실시하는 촉진양생방법에 속하지 않는 것은?

① 습윤양생   ② 증기양생
③ 적외선양생   ④ 오토클레이브 양생

해설
• 촉진양생 : 보다 빠른 콘크리트의 경화나 강도는 발현을 촉진하기 위해 실시하는 양생방법
• 촉진양생방법 : 증기양생(저압증기양생, 고압증기양생, 고온증기양생), 오토크레이브 양생, 전기양생, 온수양생, 전기양생, 적외선 양생, 고주파양생 등이 있으며 일반적으로 증기양생이 널리 사용되고 있다.

☐☐☐ 기 16,20,24
59 유동화 콘크리트 제조 시 유동화 시키는 방법이 아닌 것은?

① 공장첨가 현장유동화 방식
② 공장첨가 공장유동화 방식
③ 현장첨가 현장유동화 방식
④ 현장첨가 공장유동화 방식

해설 유동화 콘크리트 제조 방법
• 현장첨가 현장유동화 방식
• 공장첨가 현장유동화 방식
• 공장첨가 공장유동화 방식

정답 52 ④ 53 ③ 54 ③ 55 ④ 56 ② 57 ③ 58 ① 59 ④

☐☐☐ 기 06,12,16,22,24
60 숏크리트의 리바운드량을 저감시키는 방법으로 틀린 것은?

① 굵은 골재 최대치수를 작게 한다.
② 단위시멘트량을 크게 한다.
③ 호스의 압력을 일정하게 유지한다.
④ 벽면과 평행한 방향으로 분사시킨다.

해설 Rebound율을 감소시키는 방법
- 벽면과 직각으로 분사시킨다.
- 호스의 압력을 일정하게 한다.
- 조골재를 13mm 이하로 한다.
- 시멘트량을 증가시킨다.
- 분사 부착면을 거칠게 한다.

제4과목 : 콘크리트 구조 및 유지관리

☐☐☐ 기 15,18,23,24
61 다음 중 주각(pedestal)에 대한 설명으로 옳은 것은?

① 기초 위에 돌출된 압축부재로서 단면의 평균최소치수에 대한 높이의 비율이 3 이하인 부재
② 보나 지판이 없이 기둥으로 하중을 전달하는 2방향으로 철근이 배치된 콘크리트 슬래브
③ 보 없이 지판에 의해 하중이 기둥으로 전달되며, 2방향으로 철근이 배치된 콘크리트 슬래브
④ 상부 수직하중을 하부 지반에 분산시키기 위해 저면을 확대시킨 철근콘크리트판

해설 주각(pedestal)
기초 위에 돌출된 압축부재로서 단면의 평균 최소치수에 대한 높이의 비율이 3 이하인 부재

☐☐☐ 기 10,12,16,22,24
62 지간이 4m인 직사각형 단면의 단순보가 있다. 이 보에 자중을 포함한 고정하중 20kN/m와 활하중 10kN/m가 작용하고 있을 때 하중조합에 의한 계수휨모멘트(M_u)는?

① 30kN·m
② 40kN·m
③ 60kN·m
④ 80kN·m

해설 $U = 1.2D + 1.6L = 1.2 \times 20 + 1.6 \times 10 = 40\,\text{kN/m}$
$\therefore M_u = \dfrac{U \cdot l^2}{8} = \dfrac{40 \times 4^2}{8} = 80\,\text{kN} \cdot \text{m}$

☐☐☐ 기 09,14,17,24
63 콘크리트 구조기준에서 처짐 계산을 하지 않아도 되는 경우의 보 또는 1방향 슬래브의 최소 두께 규정은 설계기준항복강도 400MPa의 철근에 대한 값에 대해 규정한다. 설계기준항복강도가 400MPa이 아닌 경우에 최소 두께 산정에 사용하는 계수의 식으로 옳은 것은?

① $0.43 + \dfrac{f_y}{700}$
② $\dfrac{660}{660 + f_y}$
③ 0.85
④ $0.85\beta_1 \dfrac{f_{ck}}{f_y}$

해설 f_y가 400MPa 이외인 경우는 계산된 값에 $\left(0.43 + \dfrac{f_y}{700}\right)$를 곱하여야 한다.

☐☐☐ 기 10,12,15,19,24
64 철근콘크리트 구조물에서 균열 폭을 줄일 수 있는 방법에 대한 설명으로 틀린 것은?

① 철근이 배근되는 곳에서 피복두께를 크게 한다.
② 콘크리트의 인장구역에 철근을 골고루 배치한다.
③ 철근에 발생하는 응력이 커지지 않도록 충분하게 배근한다.
④ 동일한 철근량을 사용할 경우 굵은 철근을 사용하기 보다는 가는 철근을 여러 개 사용한다.

해설 균열폭에 영향을 미치는 요인
- 이형 철근을 사용하면 균열폭을 최소로 할 수 있다.
- 인장측에 철근을 잘 분배하면 균열폭을 최소로 할 수 있다.
- 콘크리트 표면의 균열폭은 철근에 대한 콘크리트 피복 두께에 비례한다.
- 하중으로 인한 균열의 최대 폭은 철근의 응력과 철근 지름에 비례하여, 철근비에 비례한다.
- 균열폭을 줄이는 방법은 콘크리트의 최대 인장 구역에서 지름이 가는 철근을 여러 개 사용하고 이형 철근만을 사용한다.

☐☐☐ 기 06,12,16,21,24
65 $f_{ck} = 27$MPa, $f_y = 400$MPa로 된 보통 중량 콘크리트 보에서 표준갈고리가 있는 인장 이형철근의 기본정착길이로 가장 적합한 것은? (단, 사용 철근은 D25(철근의 공칭 지름은 25.4mm이다.)

① 442mm
② 469mm
③ 515mm
④ 603mm

해설 표준갈고리를 갖는 인장 이형철근의 정착
- 철근의 설계기준항복강도가 400MPa인 경우 기본정착길이가 다음 식으로 구한다.
- $l_{dh} = \dfrac{0.24\beta d_b f_y}{\lambda \sqrt{f_{ck}}} = \dfrac{0.24 \times 1 \times 25.4 \times 400}{1 \times \sqrt{27}} = 469\,\text{mm}$

기 16,21,24

66 프리스트레스 하지 않는 부재의 현장치기 콘크리트에 대한 철근의 최소 피복두께 규정으로 틀린 것은?

① 수중에서 치는 콘크리트는 최소 100mm의 피복두께를 요구한다.
② 흙에 접하여 콘크리트를 친 후 영구히 흙에 묻혀 있는 콘크리트의 최소 피복두께는 75mm이다.
③ 옥외의 공기나 흙에 직접 접하지 않는 콘크리트로서 f_{ck}가 40MPa 미만인 보의 경우 최소 피복두께는 40mm이다.
④ 흙에 접하거나 옥외의 공기에 직접 노출되는 콘크리트로서 D16 이하의 철근을 사용하는 경우 최소 피복두께는 60mm이다.

해설 프리스트레스 하지 않는 부재의 현장치기 콘크리트

철근의 외부 조건			최소 피복
수중에서 치는 콘크리트			100mm
흙에 접하여 콘크리트를 친 후에 영구히 흙에 묻혀 있는 콘크리트			75mm
흙에 접하거나 옥외의 공기에 직접 노출되는 콘크리트	D19 이상의 철근		50mm
	D16 이하의 철근, 지름 16mm 이하의 철선		40mm
옥외의 공기나 흙에 직접 접하지 않는 콘크리트	슬래브, 벽체, 장선	D35를 초과하는 철근	40mm
		D35 이하인 철근	20mm
	쉘, 절판부재		20mm
	보, 기둥		40mm f_{ck}가 40MPa 이상인 경우는 규정된 값에서 10mm 저감

∴ 흙에 접하거나 옥외의 공기에 직접 노출되는 콘크리트로서 D16 이하의 철근을 사용하는 경우 최소 피복두께는 40mm 이다.

기 10,11,16,18,20,24

67 화재에 의한 콘크리트 구조물의 열화현상에 대한 설명으로 틀린 것은?

① 콘크리트는 약 300℃에서 탄산화된다.
② 급격한 가열 시 피복콘크리트의 폭렬이 발생하기 쉽다.
③ 콘크리트는 탈수나 단면 내의 열응력에 의해 균열이 생긴다.
④ 콘크리트는 가열하면 정탄성계수의 감소에 의하여 바닥 슬래브나 보의 처짐이 증대한다.

해설 콘크리트는 약 500℃에서 탄산화되기 쉽다.

기 08,10,16,24

68 아래 그림과 같은 조건에서 탄성파법에 의해 측정한 균열 깊이(d)는? (단, $T_c - T_o$법을 사용하며, 측정한 $T_c = 250$ μs, $T_o = 120\mu s$이고, T_c는 균열을 사이에 두고 측정한 전파시간, T_o는 건전부 표면에서의 전파시간을 나타낸다.)

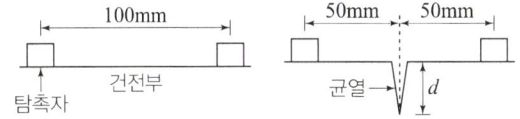

① 78.4mm
② 84.9mm
③ 91.4mm
④ 98.9mm

해설 $d = L\sqrt{\left(\dfrac{T_c}{T_o}\right)^2 - 1} = 50\sqrt{\left(\dfrac{250}{120}\right)^2 - 1} = 91.4\text{mm}$

기 22,24

69 $b = 400\text{mm}$, $d = 540\text{mm}$, $h = 600\text{mm}$인 직사각형 보에 인장철근이 1열 배근된 철근콘크리트 단면의 균형 단면 철근단면적(A_s)은? (단, 등가 직사각형 압축응력블록을 사용하며, $f_{ck} = 28\text{MPa}$, $f_y = 400\text{MPa}$이다.)

① 5,462mm²
② 5,959mm²
③ 6,402mm²
④ 7,283mm²

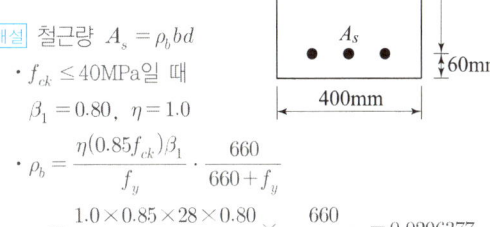

해설 철근량 $A_s = \rho_b bd$
· $f_{ck} \leq 40\text{MPa}$일 때
 $\beta_1 = 0.80$, $\eta = 1.0$
· $\rho_b = \dfrac{\eta(0.85f_{ck})\beta_1}{f_y} \cdot \dfrac{660}{660+f_y}$
$= \dfrac{1.0 \times 0.85 \times 28 \times 0.80}{400} \times \dfrac{660}{660+400} = 0.0296377$
∴ $A_s = 0.0296377 \times 400 \times 540 = 6,402\text{mm}^2$

기 11,16,24

70 콘크리트 열화 중에서 알칼리-실리카반응으로 인한 현상이 아닌 것은?

① 알칼리-실리카겔이 표면으로 흘러나오기도 하고 균열 및 공극에 충전되기도 한다.
② 벽에서는 종방향 균열이 발생한다.
③ 부재단부의 균열이나 팽창조인트부의 파손을 일으킨다.
④ 골재입자의 둘레에 검은색의 반응환이 생긴다.

해설 표면에 불규칙한 균열(거북등 모양)이 생긴다.

71 인장 이형철근의 겹침이음의 A급 이음에 대한 아래의 설명에서 ( )에 적합한 수치는?

> A급 이음 : 배치된 철근량이 이음부 전체 구간에서 해석 결과 요구되는 소요철근량의 (㉠)배 이상이고 소요겹침이음 길이 내 겹침이음된 철근량이 전체 철근량의 (㉡) 이하인 경우

① ㉠ : 2.0, ㉡ : 1/2   ② ㉠ : 2.5, ㉡ : 1/5
③ ㉠ : 1.5, ㉡ : 1/3   ④ ㉠ : 1.0, ㉡ : 1/4

해설 · A급 이음 : 배치된 철근량이 이음부 전체 구간에서 해석 결과 요구되는 소요 철근량의 2배 이상이고 소요겹침이음 길이 내 겹침이음된 철근량이 전체 철근량의 $\frac{1}{2}$ 이하인 경우
· B이음 : A급 이음에 해당하지 않는 경우

72 프리스트레스트 콘크리트에서 프리스트레스의 손실에 대한 설명 중 틀린 것은?

① 마찰에 의한 손실은 포스트텐션에서 고려된다.
② 포스트텐션에서는 탄성손실을 극소화시킬 수 있다.
③ 일반적으로 프리텐션이 포스트텐션보다 손실이 크다.
④ 릴랙세이션에 의한 손실은 즉시 손실이다.

해설 도입시 손실(즉시 손실)
· 정착 장치의 활동
· 포스트텐션 긴장재와 덕트 사이의 마찰
· 콘크리트의 탄성변형(수축)
· 콘크리트의 크리프
· 콘크리트의 건조 수축
· PS 강재 응력의 릴렉세이션

73 경간 10m의 보를 대칭 T형보로 설계하려고 한다. 슬래브 중심간의 거리를 2m, 슬래브의 두께를 120mm, 복부의 폭을 250mm로 할 때 플랜지의 유효폭은?

① 4,000mm   ② 3,750mm
③ 2,170mm   ④ 2,000mm

해설 T형보의 유효폭은 다음 값 중 가장 작은 값
· (양쪽으로 각각 내면 플랜지 두께의 8배씩 : $16t_f$) $+b_w$
  $16t_f + b_w = 16 \times 120 + 250 = 2,170$mm
· 양쪽의 슬래브의 중심 간 거리 : 2,000mm
· 보의 경간(L)의 1/4 : $\frac{1}{4} \times 10,000 = 2,500$mm
∴ 유효폭 $b = 2,000$mm

74 강도설계법에서 아래의 T형보의 압축연단에서 중립축까지의 거리 c는 약 얼마인가? (단, $f_{ck} = 30$MPa, $f_y = 300$MPa, $A_s = 3,500$mm^2)

① 56mm   ② 79mm   ③ 96mm   ④ 116mm

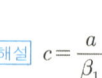

해설 $c = \dfrac{a}{\beta_1}$

· $f_{ck} = 30$MPa ≤ 40MPa일 때
  $\eta = 1$, $\beta_1 = 0.80$
· $a = \dfrac{A_s f_y}{\eta(0.85 f_{ck})b}$
  $= \dfrac{3,500 \times 300}{1 \times 0.85 \times 30 \times 650} = 63.35$mm < 100mm
∴ 직사각형보
∴ $c = \dfrac{a}{\beta_1} = \dfrac{63.35}{0.80} = 79$mm

75 스터럽을 사용하는 이유로 가장 적합한 것은?

① 주철근의 상호위치 확보
② 휨응력에 의한 균열 방지
③ 압축을 받는 축방향 철근의 좌굴방지
④ 보에 작용하는 사인장 응력에 의한 균열 방지

해설 콘크리트의 사인장 강도가 부족하기 때문에 보에 작용하는 사인장 응력에 의한 균열을 막기 위하여 스터럽과 굽힘철근을 배근한다.

76 콘크리트 탄산화에 관한 설명으로 틀린 것은?

① 탄산화 속도는 물-결합재비가 낮을수록 빨라진다.
② 온도가 높은 쪽이 온도가 낮은 쪽보다 탄산화 진행이 빠르다.
③ 탄산화 깊이는 일반적으로 구조물의 사용기간이 길어짐에 따라 깊어진다.
④ 수중의 콘크리트보다 습윤의 영향을 받는 콘크리트가 탄산화 진행이 빠르다.

해설 · 탄산화 속도는 물-결합재비와 비례관계에 있다.
· 보통포틀랜드시멘트를 사용하고 물-시멘트비를 가능한 작게 하여 치밀한 콘크리트가 되도록 타설하는 것이 탄산화 속도를 늦추는 방법이다.

정답 71 ① 72 ④ 73 ④ 74 ② 75 ④ 76 ①

□□□ 기 09,18,19,21,24

77 장주의 좌굴하중(P_{cr})을 구하는 식이 아래의 표와 같을 때 다음 중 n값이 가장 큰 지점조건은?

$$P_{cr} = \frac{n\pi^2 EI}{l^2}$$

① 1단 고정, 타단 자유인 장주
② 양단 힌지인 장주
③ 1단 고정, 타단 힌지인 장주
④ 양단 고정인 장주

해설 $P_{cr} = \dfrac{n\pi^2 EI}{l^2} = \dfrac{\pi^2 EI}{(Kl)^2}$

일단고정 타단자유	$n = \dfrac{1}{4}$	$K = 2.0$
양단힌지	$n = 1$	$K = 1.0$
일단힌지 타단고정	$n = 2$	$K = \dfrac{1}{\sqrt{2}}$
양단고정	$n = 4$	$K = \dfrac{1}{\sqrt{4}}$

□□□ 기 06,18,20,24

78 육안관찰이 가능한 개소에 대하여 성능 저하나 열화 및 하자의 발생부위 파악을 위해 실시하며, 시설물의 전반적인 외관조사를 통하여 심각한 손상인 결함의 유무를 살펴보는 점검은?

① 정밀안전진단
② 정밀점검
③ 정기점검
④ 긴급점검

해설
• 정기 점검 : 일상 점검에서 파악하기 어려운 구조물의 세부에 대하여 정기적으로 열화부위 및 열화현상을 파악하기 위해 실시한다.
• 긴급점검 : 지진이나 풍수해 등과 같은 천재, 화제 및 차량이나 선박의 충돌 등 긴급사태에 대해 구조물의 손상 여부에 관한 정보를 신속히 얻기 위하여 고도의 전문적 지식을 기초로 실시한다.
• 정밀안전진단 : 정밀점검 과정을 통해서는 쉽게 발견하지 못하는 결함 부위를 발견하기 위해 행해지는 정밀한 육안검사 및 검사측정장비에 의한 측정을 포함하는 근접 점검이다.

□□□ 기 17,24

79 다음 중 철근 내의 철근부식 유무를 평가하기 위해 실시하는 비파괴 시험이 아닌 것은?

① 자연전위법
② 전기저항법
③ 분극저항법
④ 열적외선법

해설 구조물의 안전조사시 철근부식 여부를 조사 방법 : 자연전위법, 분극저항법, 전기 저항법 등이 있다.

□□□ 기 04,08,12,17,22,24

80 단면 복구재로서 폴리머 시멘트계 재료가 일반 콘크리트 재료보다 우수하지 않은 것은?

① 내화·내열성
② 염분 차단성
③ 부착성
④ 방수성

해설 내화 내열성 : 일반 콘크리트와 같은 정도지만 폴리머의 혼입량이 많으면 내화성은 저하한다.

국가기술자격 필기시험문제

2024년도 기사 2회 필기시험

자격종목	시험시간	문제수	형 별
콘크리트기사	2시간	80	A

※ 각 문제는 4지 택일형으로 질문에 가장 적합한 문제의 보기 번호를 클릭하거나 답안표기란의 번호를 클릭하여 입력하시면 됩니다.
※ 입력된 답안은 문제 화면 또는 답안 표기란의 보기 번호를 클릭하여 변경하실 수 있습니다.

제1과목 : 콘크리트 재료 및 배합

□□□ 기 10,15,17,24

01 포틀랜드 시멘트의 주원료로서 양이 많은 것부터 차례로 나열된 것은?

① 석회석 > 점토 > 규석
② 석회석 > 석고 > 점토
③ 석고 > 점토 > 석회석
④ 규석 > 석회석 > 점토

해설 · 포틀랜드시멘트의 제조에 필요한 원료는 석회석, 점토, 규석, 산화철 원료, 석고이다.
· 포틀랜드시멘트 1톤 제조에 필요한 원료

원료		시멘트 1t을 생산하는데 필요한 양
석회질 원료(80%)	석회석	약 1,130kg
점토질 원료(20%)	점토	약 240kg
	규석	약 50kg
	슬래그	약 35kg
	석고	약 33kg

□□□ 기 14,16,24

02 시멘트에 관한 설명 중 옳지 않은 것은?

① 시멘트가 풍화하면 탄산가스와 수분의 반응으로 인해 비중이 높아진다.
② 시멘트 분말의 비표면적을 크게 하면 강도의 발현이 빨라진다.
③ 시멘트의 강도는 일반적으로 표준양생 재령 28일의 강도를 말한다.
④ 시멘트 제조시 첨가하는 석고의 양을 늘리면 응결속도가 지연된다.

해설 시멘트는 공기 중의 탄산가스와 물의 존재로 인해 동시에 시멘트와 작용하여 탄산염을 만드는 현상을 풍화라 하며 풍화되면 비중이 감소한다.

□□□ 기 13,21,24

03 시멘트를 구성하는 주요 광물 중 초기강도에 가장 영향을 많이 주는 광물은?

① $2CaO \cdot SiO_2(C_2S)$
② $3Ca \cdot SiO_2(C_3S)$
③ $3CaO \cdot Al_2O_3(C_3A)$
④ $4CaO \cdot Al_2O_3 \cdot Fe_2O_3(C_4AF)$

해설 C_3S와 C_2S는 시멘트 강도의 대부분을 지배하는 것으로 그 합이 포틀랜드 시멘트에서는 70~80% 범위이며 C_3S는 수화에 의한 발열이 C_2S에 비해 크므로 초기강도를 증가시킨다.

□□□ 기 05,13,17,22,24

04 다음 시멘트 중 수경률이 가장 큰 시멘트는?

① 보통 포틀랜드 시멘트
② 백색 포틀랜드 시멘트
③ 조강 포틀랜드 시멘트
④ 중용열 포틀랜드 시멘트

해설 수경률

시멘트 종류	수경률
중용열 포틀랜드 시멘트	1.95~2.00
보통 포틀랜드 시멘트	2.05~2.15
조강 포틀랜드 시멘트	2.20~2.27

□□□ 기 04,15,18,21,24

05 굵은 골재의 단위용적질량이 1.45kg/L, 절건밀도가 2.60kg/L 일 때 이 골재의 공극률은?

① 34.2% ② 44.2%
③ 54.2% ④ 64.2%

해설 골재의 실적률
$$G = \frac{T}{d_D} \times 100 = \frac{1.45}{2.60} \times 100 = 55.8\%$$
∴ 공극률 = 100 − 실적률
= 100 − 55.8 = 44.2%

정답 01 ① 02 ① 03 ② 04 ③ 05 ②

□□□ 기 05,08,12,18,20,24

06 KS F 4009에는 레디믹스트 콘크리트의 혼합에 사용되는 물에 대해 규정하고 있다. 다음 중 레디믹스트 콘크리트에 사용할 수 없는 혼합수는?

① 염소 이온(Cl^-)량이 300mg/L인 지하수
② 혼합수로서 품질시험을 실시하지 않은 상수돗물
③ 용해성 증발 잔류물의 양이 1g/L인 하천수
④ 모르타르의 재령 7일 및 28일 압축강도비가 90%인 회수수

해설 상수돗물 이외의 물의 품질

항목	품질
현탁물질의 양	2g/L 이하
용해성 증발 잔류물의 양	1g/L 이하
염소 이온(Cl^-)량	250mg/L 이하
시멘트 응결시간의 차	초결 30분 이내, 종결 60분 이내
모르타르의 압축 강도비	재령 7일 및 재령 28일에서 90% 이상

□□□ 기 11,21,24

07 알칼리 골재반응에 관한 설명으로 옳지 않은 것은?

① 플라이 애시나 고로 슬래그 미분말을 혼화재로 사용하면 억제효과가 있다.
② 이 반응이 진행되면 콘크리트가 팽창하여 표면에 거북등과 같은 균열이 발생한다.
③ 시멘트에 함유되어 있는 알칼리 금속 중 나트륨(Na_2O)이나 칼륨(K_2O) 등이 주된 반응이온이다.
④ 알칼리와 반응하는 광물의 종류에 따라 알칼리 실리카 반응, 알칼리 탄산염 반응, 알칼리 실란트 반응으로 대별된다.

해설 알칼리와 반응하는 광물의 종류에 따라 알칼리 실리카 반응, 알칼리 탄산염 반응, 알칼리 실리 게이트 반응으로 대별된다.

□□□ 기 18,21,24

08 황산나트륨 포화용액을 사용한 골재의 안정성 시험에서 반복 시험을 실시할 경우 황산나트륨 포화용액의 골재에 대한 잔류유무를 조사하여야 하는데 이때 사용하는 용액에 대한 설명으로 옳은 것은?

① 탄닌산 용액을 사용하며, 용액의 농도는 2~3%로 한다.
② 수산화나트륨을 사용하며, 용액의 농도는 3%로 한다.
③ 염화바륨을 사용하며, 용액의 농도는 5~10%로 한다.
④ 페놀프탈레인 용액을 사용하며, 용액의 농도는 1%로 한다.

해설 시약용 용액의 골재에 대한 잔류 유무를 조사하기 위해 염화바륨을 사용하며, 용액의 농도는 5~10%로 한다.

□□□ 기 10,14,16,19,22,24

09 골재 체가름 결과가 다음과 같을 때 굵은 골재의 최대치수는 얼마인가?

체 크기(mm)	40	25	20	13	5	2.5
통과질량백분율(%)	100	97	88	50	8	3

① 40mm
② 25mm
③ 20mm
④ 13mm

해설 굵은 골재의 최대치수란 질량비로 90% 이상을 통과시키는 체 중에서 최소치수인 체의 호칭치수로 나타낸 굵은 골재의 치수를 말한다.
∴ 97%를 통과시킨 체 중에서 최소치수인 25mm체

□□□ 기 16,22,24

10 특수시멘트 중 수축보상 및 화학적인 프리스트레스의 도입이 가능한 시멘트는?

① 알루미나 시멘트
② 팽창 시멘트
③ 초속경 시멘트
④ 콜로이드 시멘트

해설 팽창시멘트에는 수축보상용 시멘트와 화학적 프리스트레스 도입용 시멘트가 있다.

□□□ 기 05,13,21,24

11 다음 배합수에 포함될 수 있는 불순물 중 응결지연 작용을 나타내는 것은?

① 질산염
② 황산칼슘
③ 염화암모늄
④ 탄산나트륨

해설 • 염화물은 대략 30분 정도의 응결지연 현상을 보며, 질산염은 5시간 가까운 응결지연 작용을 한다.
• 염화암모늄과 탄산나트륨은 응결 촉진작용을 한다.

□□□ 기 09,14,24

12 KS F 2563(콘크리트용 고로 슬래그 미분말)의 규정에 의해 화학 조성이 다음과 같은 고로 수쇄 슬래그의 염기도를 계산하면 약 얼마인가?

화학 조성	CaO	SiO_2	Al_2O_3	MgO	Fe_2O_3	K_2O	Na_2O
(%)	45	32	13	5	2	2	1

① 2.3
② 2.0
③ 1.4
④ 0.9

해설 $b = \dfrac{CaO + MgO + Al_2O_3}{SiO_2} = \dfrac{45+5+13}{32} = 2.0$

□□□ 기 06,17,20,24

13 콘크리트의 물성을 개선하기 위하여 사용되는 AE제에 대한 설명으로 틀린 것은?

① AE제에 의해 생성된 연행공기의 영향으로 단위수량을 줄이는 효과가 있다.
② 미세한 공기포를 다량으로 연행하므로써 콘크리트의 내동해성을 증가시킨다.
③ 미세한 공기포를 다량으로 연행하므로써 콘크리트의 워커빌리티를 개선시킨다.
④ AE제에 의해 생성된 연행공기의 영향으로 물─결합재비가 같은 일반적인 콘크리트보다 강도를 향상시키는 효과가 있다.

해설 일반적으로 콘크리트의 물─결합재비를 일정하게 하고 공기량을 증가시키면 공기량 1%에 대해 압축강도는 약 4~6% 정도 감소한다.

□□□ 기 10,11,15,23,24

14 공기투과장치를 이용한 분말도 시험방법에 따라 포틀랜드 시멘트 분말도를 측정하여 다음과 같은 시험 결과를 얻었을 때 시멘트의 분말도는?

측정항목	측정값
S_s : 보정시험에 사용한 표준 시료의 표면적(cm^2/g)	3,315
T : 시험 시료에 대한 마노미터액의 제2눈금과 제3눈금 사이의 낙하시간(s)	68.2
T_s : 보정시험에 사용한 표준시료에 대한 마노미터액의 제2눈금과 제3눈금 사이의 낙하시간(s)	58.4

① $3,424.59 cm^2/g$
② $3,484.64 cm^2/g$
③ $3,517.14 cm^2/g$
④ $3,582.36 cm^2/g$

해설 $S = S_s \sqrt{\dfrac{T}{T_s}} = 3315\sqrt{\dfrac{68.2}{58.4}} = 3,582.36 cm^2/g$

□□□ 기 04,14,18,24

15 아래 표는 굵은 골재의 마모시험 결과값이다. 마모율로서 옳은 것은?

- 시험 전 시료질량 : 1,250g
- 시험 후 1.7mm체에 남은 질량 : 850g

① 68%
② 47%
③ 53%
④ 32%

해설 골재의 마모율(%)
$R = \dfrac{m_1 - m_2}{m_1} \times 100 = \dfrac{1,250 - 850}{1,250} \times 100 = 32\%$

□□□ 기 10,14,22,24

16 아래 표의 시험항목 중 KS F 2561(철근콘크리트용 방청제)의 품질시험 항목으로만 짝지어진 것은?

㉠ 콘크리트의 블리딩 시험
㉡ 콘크리트의 압축강도 시험
㉢ 콘크리트의 길이변화 시험
㉣ 전체 알칼리량 시험

① ㉠, ㉡
② ㉠, ㉣
③ ㉡, ㉢
④ ㉡, ㉣

해설 방청제의 성능시험
· 철근의 염수침투 시험(염수에 담그는 시험)
· 콘크리트 중의 철근의 촉진부식시험(오토클레이브법)
· 콘크리트의 응결시간 및 압축강도시험
· 염화물량시험
· 전알칼리량시험

□□□ 기 11,16,23,24

17 KS L 5110의 시멘트 비중시험시 광유를 사용하는 이유로 적당한 것은?

① 광유를 사용하면 시멘트의 수화반응을 억제하여 정확한 측정이 가능하다.
② 광유를 사용하면 비중병 입구에 묻은 광유를 휴지로 제거하기 용이하다.
③ 광유를 사용하면 공기포 제거가 용이하다.
④ 광유를 사용하면 시료를 투입할 때 막힘현상을 방지할 수 있다.

해설 시멘트 비중시험에 광유를 사용하는 이유는 시멘트가 수경화성 재료이므로 물과 만나면 굳어져서 시험할 수 없고, 비중병에 붙어 굳기 때문이다.

□□□ 기 10,16,19,24

18 아래와 같은 굵은 골재의 표면건조 포화상태의 밀도 (D_s)를 구하는 식에서 B의 값으로 옳은 것은?

$$D_s = \dfrac{B}{B-C} \times \rho_w$$

① 절대건조상태 시료의 질량(g)
② 시료의 수중 질량(g)
③ 표면건조 포화상태 시료의 질량(g)
④ 공기 중 건조상태 시료의 질량(g)

해설 · B : 표면건조 포화상태 시료의 질량(g)
· C : 시료의 수중 질량(g)
· ρ_w : 시험온도에서의 물의 밀도(g/cm^3)

정답 13 ④ 14 ④ 15 ④ 16 ④ 17 ② 18 ③

□□□ 기 11,14,21,24
19 콘크리트의 배합강도를 결정하기 위해서는 압축강도 시험실적이 필요하다. 시험횟수가 29회 이하인 경우 표준편차의 보정계수를 사용하는데, 다음 중 그 값이 틀린 것은?

① 시험횟수 15회 : 1.16
② 시험횟수 20회 : 1.08
③ 시험횟수 25회 : 1.04
④ 시험횟수 30회 이상 : 1.00

해설 시험횟수가 29회 이하일 때 표준편차의 보정계수

시험횟수	표준편차의 보정계수
15	1.16
20	1.08
25	1.03
30 이상	1.00

∴ 시험횟수가 25회인 경우 표준편차의 보정계수는 1.03를 적용한다.

□□□ 기 10,12,15,22,24
20 콘크리트용 굵은 골재의 최대치수에 대한 설명으로 틀린 것은?

① 거푸집 양 측면 사이의 최소 거리의 1/5를 초과하지 않아야 한다.
② 슬래브 두께의 1/4을 초과하지 않아야 한다.
③ 개별철근, 다발철근, 긴장재 또는 덕트 사이 최소 순간격의 3/4을 초과하지 않아야 한다.
④ 구조물의 단면이 큰 경우 굵은 골재의 최대치수는 40mm를 표준으로 한다.

해설 굵은 골재의 최대 치수는 다음 값을 초과하지 않아야 한다.
· 거푸집 양측사이의 최소 거리의 1/5
· 슬래브 두께의 1/3
· 개별철근, 다발철근, 긴장재 또는 덕트 사이 최소 순간격의 3/4

제2과목 : 콘크리트 제조, 시험 및 품질관리

□□□ 기 10,12,18,24
21 콘크리트 재료의 계량에 대한 설명으로 틀린 것은?

① 1배치량은 콘크리트의 종류, 비비기 설비의 성능, 운반방법, 공사의 종류, 콘크리트의 타설량 등을 고려하여 정하여야 한다.
② 각 재료는 1배치씩 용적으로 계량하는 것을 원칙으로 한다. 다만, 물과 혼화재는 질량으로 계량해도 좋다.
③ 소규모 공사에서 시멘트나 혼화재가 포대로 공급되고, 1포대의 질량이 소정량 이상인 경우에는 포대단위로 계량해도 좋다.
④ 계량은 현장 배합에 의해 실시하는 것으로 한다.

해설 각 재료 1배치씩 질량으로 계량하여야 하나, 물과 혼화제 용액은 용적으로 계량해도 좋다.

□□□ 기 20,24
22 콘크리트 블리딩의 시공상 대책으로 틀린 것은?

① 타설속도가 빠르면 블리딩이 많게 되므로 1회 타설높이를 작게 한다.
② 진동다짐이 과도하면 블리딩이 많게 되므로 다짐이 과하게 되지 않도록 주의한다.
③ 거푸집의 치수가 작으면 블리딩이 크게 되므로 된비빔 콘크리트를 사용한다.
④ 물이 세지 않는 거푸집은 블리딩이 많이 발생하므로 메탈폼 거푸집, 새로운 합판형 거푸집 등을 사용할 경우에는 블리딩이 적은 콘크리트를 사용한다.

해설 거푸집의 치수가 크면 블리딩이 크게 되는 경향이 있으나 이 경우 된비빔 콘크리트를 타설할 수 있다.

□□□ 기 09,14,17,19,24
23 콘크리트의 슬럼프 시험방법을 설명한 것으로 틀린 것은?

① 시료를 거의 같은 양으로 3층으로 나누어 채우고 각 층은 다짐봉으로 고르게 25회 똑같이 다진다.
② 다짐봉의 다짐깊이는 앞 층에 거의 도달할 정도로 다진다.
③ 재료분리가 발생할 염려가 있는 경우에는 다짐수를 줄일 수 있다.
④ 슬럼프콘을 들어 올리는 시간은 높이 300mm에서 4~5초로 한다.

해설 슬럼프콘을 들어 올리는 시간은 높이 300mm에서 2~5(3.5±1.5)초로 한다.

기 15,21,24

24 레디믹스트 콘크리트의 운반차에 대한 아래 표의 설명에서 ( )안에 적합한 값은?

> 콘크리트 운반차는 트럭믹서나 트럭애지테이터를 사용한다. 운반차는 혼합한 콘크리트를 충분히 균일하게 유지하여 재료 분리를 일으키지 않고, 쉽고도 완전하게 배출할 수 있는 것이어야 하며, 콘크리트의 $\frac{1}{4}$과 $\frac{3}{4}$의 부분에서 각각 시료를 채취하여 슬럼프 시험을 하였을 경우, 양쪽의 슬럼프 차가 ( ) 이내가 되어야 한다.

① 10mm ② 20mm
③ 30mm ④ 40mm

해설 양쪽의 슬럼프 차가 30mm 이내가 되어야 한다.

기 14,18,21,24

25 아래의 표에서 설명하는 워커빌리티 측정방법은?

> 플로우 시험과 동일하게 플로우 테이블을 사용하지만 콘크리트의 형상이 변화하는데 필요한 일량을 측정함으로써 워커빌리티를 평가하는 시험이다.

① 리몰딩 시험 ② 다짐계수 시험
③ 볼관입 시험 ④ 슬럼프 시험

해설 리몰딩 시험(Remolding test)은 슬럼프 몰드 속에 콘크리트를 채우고 원판을 콘크리트 면에 얹어 놓고 약 6mm의 상하운동을 주어 콘크리트의 표면이 내외가 동일한 높이가 될 때까지의 낙하 횟수로써 반죽질기를 나타낸다.

기 10,18,21,24

26 보통 중량 골재를 사용한 콘크리트로서 단위질량(m_c)이 2,300kg/m³, 설계기준 압축강도(f_{ck})가 21MPa인 콘크리트의 탄성계수는?

① 10,952MPa ② 23,451MPa
③ 24,854MPa ④ 28,150MPa

해설 콘크리트의 할선탄성계수 $E_c = 8,500\sqrt[3]{f_{cu}}$
- $f_{ck} \leq 40MPa$이면 4MPa
- $f_{ck} \geq 60MPa$이면 6MPa
- 그 사이는 직선보간으로 계산
  $f_{cu} = f_{ck} + 4$ (MPa)
  $= 21 + 4 = 25MPa$
  $\therefore E_c = 8,500\sqrt[3]{25} = 24,854MPa$

기 09,13,16,19,24

27 콘크리트의 공기량 측정 시 흡수율이 큰 골재의 경우 골재 낱알의 흡수가 시험결과에 큰 영향을 미치므로 골재의 수정계수를 측정하여야 한다. 다음과 같은 1배치 배합에 대하여 압력방법(KS F 2421)에 의한 골재의 수정계수를 구할 때 필요한 잔골재 및 굵은 골재의 양은? (단, 공기량 시험기의 용적은 6ℓ로 한다.)

구분	W/B (%)	S/a (%)	혼합수	시멘트	잔골재	굵은 골재
1배치량 (30ℓ, kg)	51	43.9	5.55	18.15	22.47	29.19
밀도 (g/cm³)	—	—	1.0	3.15	2.60	2.65

① 잔골재=3.5kg, 굵은 골재=4.8kg
② 잔골재=4.5kg, 굵은 골재=5.8kg
③ 잔골재=5.5kg, 굵은 골재=6.8kg
④ 잔골재=6.5kg, 굵은 골재=7.8kg

해설
- 잔골재량 $m_f = \frac{V_c}{V_B} \times m_f' = \frac{6}{30} \times 22.47 = 4.5kg$
- 굵은 골재량 $m_c = \frac{V_c}{V_B} \times m_c' = \frac{6}{30} \times 29.19 = 5.8kg$

기 08,10,17,22,24

28 다음에서 콘크리트의 비비기에 사용되는 믹서 중 강제식 믹서가 아닌 것은?

① 드럼 믹서(drum mixer)
② 팬형 믹서(pan type mixer)
③ 1축 믹서(one shaft mixer)
④ 2축 믹서(twin shaft mixer)

해설
- 중력식 믹서 : 가경식 믹서, 드럼 믹서(drum mixer)
- 강제식 믹서 : 팬형 믹서(pan type mixer), 1축 믹서(one shaft mixer), 2축 믹서(twin shaft mixer)

기 09,12,17,21,24

29 콘크리트 압축강도 시험에서 하중을 가하는 속도로 가장 적합한 것은?

① 압축 응력도의 증가율이 매초 0.6±0.2MPa이 되도록 한다.
② 압축 응력도의 증가율이 매초 1.2±0.6MPa이 되도록 한다.
③ 압축 응력도의 증가율이 매초 4±2MPa이 되도록 한다.
④ 압축 응력도의 증가율이 매초 6±4MPa이 되도록 한다.

해설 콘크리트 압축강도 시험에서 하중을 가하는 속도는 압축응력도의 증가율이 매초 (0.6±0.2)MPa이 되도록 한다.

☐☐☐ 기 14,18,24

30 레디믹스트 콘크리트의 품질규정에 대한 설명으로 틀린 것은?

① 슬럼프 25mm인 콘크리트에서 슬럼프의 허용오차는 ±10mm이다.
② 슬럼프 플로 600mm인 콘크리트에서 슬럼프 플로의 허용오차는 ±75mm이다.
③ 보통 콘크리트의 공기량은 4.5%이며, 공기량의 허용오차는 ±1.5%이다.
④ 경량 콘크리트의 공기량은 5.5%이며, 공기량의 허용오차는 ±1.5%이다.

[해설] 슬럼프 플로

슬럼프 플로	슬럼프 플로의 허용 오차
500	±75mm
600	±100mm
700*	±100mm

*굵은 골재의 최대치수가 13mm인 경우에 한하여 적용한다.

∴ 슬럼프 플로 600mm인 슬럼프 플로의 허용오차는 ±100mm이다.

☐☐☐ 기 04,07,09,11,12,15,16,17,19,20,24

31 ϕ150mm×300mm의 원주형 콘크리트 공시체를 사용한 콘크리트의 쪼갬인장강도 시험에서 최대하중이 200kN이었다면 쪼갬인장강도는?

① 1.64MPa   ② 2.83MPa
③ 3.21MPa   ④ 3.40MPa

[해설] $f_{sp} = \dfrac{2P}{\pi dl}$

$= \dfrac{2 \times 200 \times 10^3}{\pi \times 150 \times 300} = 2.83 \text{N/mm}^2 = 2.83 \text{MPa}$

☐☐☐ 기 05,11,12,16,18,22,24

32 콘크리트의 품질 관리의 관리도에서 계수값 관리도에 포함되지 않는 것은?

① x 관리도   ② P 관리도
③ C 관리도   ④ U 관리도

[해설] 관리도의 종류

계량값의 관리도	계수값의 관리도
• $\bar{x}-R$ 관리도(평균값과 범위의 관리도) • x 관리도(측정값 자체의 관리도) • $\bar{x}-\sigma$ 관리도(평균값과 표준편차의 관리도)	• P 관리도(불량률 관리도) • Pn 관리도(불량 개수 관리도) • C 관리도(결점수 관리도) • U 관리도(결점 발생률 관리도)

☐☐☐ 기 14,18,24

33 염화물 이온 선택 전극법에 의한 굳지 않은 콘크리트의 염화물 함유량 시험(KS F 2587)에 대한 설명으로 틀린 것은?

① 전위차 적정 장치의 교정에 사용하는 표준액으로 염소이온을 0.1% 함유한 염화나트륨 수용액과 0.5% 함유한 염화나트륨 수용액을 사용한다.
② 콘크리트의 슬럼프와 공기량을 확인한 후, 규정에 따라 콘크리트의 3곳에서 총량 중 20L 정도의 시료를 채취한 후, 이를 충분히 혼합하여 시험용 시료로 사용한다.
③ 염화물 이온 선택 전극을 사용한 전위차 적정법을 따르며, 측정횟수는 시료 1개당 3회 실시하는 것을 원칙으로 한다.
④ 실험 기구의 세척에는 증류수를 사용하는 것을 원칙으로 한다.

[해설] 염화물 이온 선택 전극을 사용한 전위차 적정법을 따르며, 측정횟수는 시료 1개당 2회 실시하는 것을 원칙으로 한다.

☐☐☐ 기 09,15,22,24

34 콘크리트에 일정한 하중이 지속적으로 작용되면, 하중(응력)의 변화가 없어도 콘크리트의 변형은 시간의 경과와 함께 증가하는데, 이와 같은 콘크리트의 성질을 무엇이라고 하는가?

① 크리프   ② 포와송비
③ 피로강도   ④ 응력-변형률 곡선

[해설] 이와 같은 성질을 크리프(creep)라 하는데 크리프에 의한 변형은 하중을 처음 가한 순간의 2~4배까지로도 된다.

☐☐☐ 기 10,12,17,24

35 콘크리트 비파괴시험 방법의 일종인 초음파법에 의하여 측정하거나 추정할 수 없는 것은?

① 압축강도   ② 균열깊이
③ 건조수축량   ④ 전파속도

[해설] 초음파법 : 주로 물체 내를 전파하는 초음파의 전파속도를 측정하여 해당 물체의 압축강도나 균열 깊이, 내부 결함 등에 관한 정보를 얻을 수 있는 비파괴시험

☐☐☐ 기 06,12,17,24

36 콘크리트의 탄산화 시험을 판정하기 위해 사용하는 용액은?

① 페놀프탈레인 용액   ② 질산은 용액
③ 수은   ④ 황산

[해설] 탄산화(중성화)시험 : 콘크리트 단면에 페놀프탈레인 1% 에탄올 용액을 분무 또는 적하하여 적색으로 착색되지 않는 부분을 탄산화역으로 간주한다.

정답 30 ② 31 ② 32 ① 33 ③ 34 ① 35 ③ 36 ②

□□□ 기 16,22,24
37 골재의 알칼리 잠재반응시험(모르타르봉 방법, KS F 2546)에 대한 설명으로 틀린 것은?

① 모르타르봉 길이변화를 측정하는 것에 의해 골재의 알칼리 반응성을 판정하는 시험방법이다.
② 이 시험방법은 알칼리-탄산염 반응을 검출해 내는 수단으로 적합하다.
③ 시험 공시체는 시멘트 골재 배합비가 다른 2개 이상의 배치에서 각각 2개씩 최소한 4개를 만들어야 한다.
④ 모르타르의 배합은 질량비로서 시멘트 1, 물 0.475, 절건상태의 잔골재 2.25로 한다.

해설 이 시험방법은 알칼리-탄산염 반응을 검출해 내는 수단으로 적합하지 않다.

□□□ 기 14,18,20,24
38 거푸집판에 접하지 않은 콘크리트 면의 마무리에 대한 설명으로 틀린 것은?

① 다지기 후 마무리에는 나무흙손이나 적절한 마무리기계를 사용하는 것이 좋다.
② 콘크리트 윗면으로 스며 올라온 물이 없어지기 전에 마무리하는 것이 좋다.
③ 치밀한 표면이 필요할 때는 가급적 늦은 시기에 쇠손으로 마무리하여야 한다.
④ 마무리 작업 후 발생하는 소성침하균열은 다짐 또는 재마무리로 제거하여야 한다.

해설 다지기를 끝내고 거의 소정의 높이와 형상으로 된 콘크리트의 윗면은 스며올라온 물이 없어진 후나 또는 물을 처리한 후가 아니면 마무리해서는 안된다.

□□□ 기 06,10,14,21,22,24
39 급속 동결 융해에 대한 콘크리트의 저항시험방법(KS F 2456)에서는 특별히 제한이 없는 한 300 사이클 또는 상대동탄성계수가 60%가 될 때까지 시험을 계속 하도록 규정하고 있다. 만약 동결융해 시험된 공시체의 250 사이클에서 상대동탄성계수가 60%로서 시험이 중단되었다면 이 콘크리트의 내구성 지수는?

① 30
② 40
③ 50
④ 60

해설 내구성지수
$$DF = \frac{\text{시험종료 사이클수} \times \text{상대동탄성계수}}{\text{동결융해에의 노출이 끝날 때의 사이클수}} = \frac{P \cdot N}{300}$$
$$\therefore DF = \frac{250 \times 60}{300} = 50$$

□□□ 기 11,16,22,24
40 품질관리 수법의 도구 7가지에 해당하지 않는 것은?

① 히스토그램
② 특성요인도
③ 파레토도
④ 회귀분석도

해설 종합적 품질관리(TQC)의 7가지 도구
히스토그램, 특성요인도, 파레토도, 체크리스트, 산포도, 각종 그래프, 층별

제3과목 : 콘크리트의 시공

□□□ 기 05,15,24
41 콘크리트 균열에 대한 설명으로 틀린 것은?

① 플라스틱 수축균열은 응결과정 중 급속한 건조를 받는 표면부분에 발생한다.
② 침하균열은 거푸집과 지보공의 강성 부족으로 인한 침하가 그 원인이다.
③ 건조수축균열은 건조에 의한 수축변형이 내부와 외부로부터의 구속을 받아 발생한다.
④ 알칼리 골재반응에 의한 균열은 콘크리트 표면에 불규칙하게 생긴다.

해설 침하균열 : 콘크리트를 타설하고 다짐하여 마감작업을 한 후에도 콘크리트 자체가 침하하게 되는데 이 경우 철근의 위치는 고정되어 있으므로 철근 위에 놓여 있는 콘크리트가 부등침하로 인해 발생되는 균열

□□□ 기 15,24
42 콘크리트의 타설에 대한 설명으로 틀린 것은?

① 타설작업은 콘크리트에 콜드조인트가 생기지 않고 다짐이 충분히 될 수 있는 범위 내에서 연속적으로 타설한다.
② 일반적으로 먼저 타설한 콘크리트에 영향을 주지 않기 위하여 운반거리가 가까운 장소부터 콘크리트를 타설한다.
③ 2층 이상으로 나누어 콘크리트를 타설하는 경우에는 아래층의 콘크리트가 굳기 시작하기 전에 위층의 콘크리트를 타설한다.
④ 슈트, 펌프배관, 버킷, 호퍼 등의 배출구와 타설면까지의 높이는 1.5m 이하를 원칙으로 한다.

해설 넓은 장소에서는 일반적으로 콘크리트의 공급원으로부터 먼 쪽에서 시작하여 가까운 쪽으로 끝내는 것이 타설이 끝난 콘크리트를 해치는 일이 없고, 콘크리트 운반로의 철거도 쉽게 할 수 있다.

정답 37 ② 38 ② 39 ③ 40 ④ 41 ② 42 ②

□□□ 기 09,10,12,16,17,22,24

43 일반 콘크리트를 2층 이상으로 나누어 타설할 때 이어치기 허용시간 간격의 표준으로 옳은 것은?

① 외기온도가 25℃를 초과하는 경우 허용 이어치기 시간간격의 표준은 1.0시간이다.
② 외기온도가 25℃를 초과하는 경우 허용 이어치기 시간간격의 표준은 1.5시간이다.
③ 외기온도가 25℃ 이하인 경우 허용 이어치기 시간간격의 표준은 2.5시간이다.
④ 외기온도가 25℃ 이하인 경우 허용 이어치기 시간간격의 표준은 3.0시간이다.

해설 허용 이어치기 시간간격의 표준

외기 온도	허용이어치기 시간간격
25℃ 초과	2.0시간(120분)
25℃ 이하	2.5시간(150분)

□□□ 기 10,16,24

44 콘크리트 다지기에 대한 설명으로 틀린 것은?

① 재진동을 할 경우에는 재진동의 효과를 극대화하기 위하여 초결이 일어난 이후에 실시하여야 한다.
② 콘크리트 다지기에는 내부진동의 사용을 원칙으로 한다.
③ 내부진동기의 삽입간격은 일반적으로 0.5m 이하로 하는 것이 좋다.
④ 거푸집판에 접하는 콘크리트는 되도록 평탄한 표면이 얻어지도록 타설하고 다져야 한다.

해설 재진동을 할 경우에는 콘크리트에 나쁜 영향이 생기지 않도록 초결이 일어나기 전에 실시하여야 한다.

□□□ 기 14,18,24

45 콘크리트의 표면마무리에 관련된 설명으로 틀린 것은?

① 노출콘크리트에서 균일한 노출면을 얻기 위해서는 동일 공장제품의 시멘트, 동일 종류 및 입도를 갖는 골재, 동일하게 배합된 콘크리트, 동일한 타설 방법을 사용하여야 한다.
② 미리 정해진 구획의 콘크리트 타설은 연속해서 일괄작업으로 끝마쳐야 한다.
③ 시공이음이 미리 정해져 있지 않을 경우에는 직전상의 이음이 얻어지도록 시공하여야 한다.
④ 마무리 작업 후 콘크리트가 굳기 시작할 때까지의 사이에 균열이 발생하더라도 다짐을 하여서는 안 된다.

해설 마무리 작업 후 콘크리트가 굳기 시작할 때까지의 사이에 일어나는 균열은 다짐 또는 재마무리에 의해서 제거하여야 한다.

□□□ 기 10,11,14,16,17,19,24

46 콘크리트의 경화나 강도 발현을 촉진하기 위해 실시하는 촉진양생방법에 속하지 않는 것은?

① 막양생 ② 전기양생
③ 고온고압양생 ④ 상압증기양생

해설 • 촉진양생 : 보다 빠른 콘크리트의 경화나 강도는 발현을 촉진하기 위해 실시하는 양생방법
• 촉진양생방법 : 증기양생(저압증기양생, 고압증기양생, 고온증기양생), 오토크레이브 양생, 전기양생, 온수양생, 전기양생, 적외선 양생, 고주파양생 등이 있으며 일반적으로 증기양생이 널리 사용되고 있다.

□□□ 기 05,06,10,12,17,18,19,24

47 수중불분리성 콘크리트의 시공에 대한 설명으로 틀린 것은?

① 콘크리트의 수중 유동거리는 8m 이하로 하여야 한다.
② 타설은 콘크리트 펌프 또는 트레미 사용을 원칙으로 한다.
③ 일반 수중콘크리트보다 트레미 및 콘크리트 펌프 1개당 타설 면적을 크게 할 수 있다.
④ 타설은 유속이 50mm/s 정도 이하의 정수 중에서 수중낙하 높이가 0.5m 이하여야 한다.

해설 수중 불분리성 콘크리트의 타설 검사

항목	판단기준
물의 유속	50mm/s 이하
수중낙하높이	0.5m 이하
수중유동거리	5m 이하

□□□ 기 07,10,11,16,19,23,24

48 수중콘크리트에 대한 아래 표의 설명에서 ( ) 안에 알맞은 것은?

> 현장타설 콘크리트말뚝 및 지하연속벽 콘크리트는 수중에서 시공할 때 강도가 대기 중에서 시공할 때 강도의 (A)배, 안정액 중에서 시공할 때 강도가 대기 중에서 시공할 때 강도의 (B)배로 하여 배합강도를 설정하여야 한다.

① A : 0.8, B : 0.7 ② A : 0.7, B : 0.8
③ A : 0.7, B : 0.7 ④ A : 0.6, B : 0.9

해설 현장타설 콘크리트 말뚝 및 지하연속벽에 사용하는 수중콘크리트에서는 과거의 실적으로 부터 수중시공시의 강도를 공기 중 시공시의 강도의 0.8배 정도, 안정액 중에서의 시공시의 강도를 공기 중 시공시의 0.7배 정도로 보고 배합강도를 설정한다.

□□□ 기 07,16,21,24
49 콘크리트의 시공이음에 대한 설명으로 옳지 않은 것은?

① 콘크리트를 이어칠 경우에는 구 콘크리트의 표면의 레이턴스를 제거해야 한다.
② 시공이음은 부재의 압축력이 작용하는 방향과 수평이 되도록 설치하는 것이 원칙이다.
③ 부득이 전단력이 큰 위치에 시공이음을 설치할 경우에는 시공이음에 장부 또는 홈을 두거나 적절한 강재를 배치하여 보강하여야 한다.
④ 시공이음은 될 수 있는 대로 전단력이 작은 위치에 설치한다.

[해설] 시공이음은 부재의 압축력이 작용하는 방향과 직각이 되도록 하는 원칙이다.

□□□ 기 10,16,22,24
50 프리플레이스트 콘크리트의 일반사항에 대한 설명으로 틀린 것은?

① 미리 거푸집 속에 특정한 입도를 가지는 굵은 골재를 채워 넣고 그 간극에 모르타르를 주입하여 제조한 콘크리트를 프리플레이스트 콘크리트라 한다.
② 팽창률의 설정값은 시험 시작 후 1시간에서의 값이 3~6%인 것을 표준으로 한다.
③ 주입모르타르의 유동성은 유하시간에 의해 설정하며, 유하시간의 설정값은 16~20초를 표준으로 한다.
④ 블리딩률의 설정값은 시험 시작 후 3시간에서의 값이 3% 이하가 되는 것으로 한다.

[해설] 팽창률의 설정값은 시험 시작 후 3시간에서의 값이 5~10%인 것을 표준으로 한다.

□□□ 기 10,19,24
51 섬유보강 콘크리트에 관한 설명으로 틀린 것은?

① 섬유를 믹서에 투입할 때에는 섬유를 콘크리트 속에 균일하게 분산시킬 수 있는 방법으로 하여야 한다.
② 강섬유의 품질검사는 공사착수 전, 공사 중 및 종류가 변했을 때 마다 실시한다.
③ 섬유보강 콘크리트의 비비기에 사용하는 믹서는 가경식 믹서를 사용하는 것을 원칙으로 한다.
④ 보강용 섬유를 혼입하여 주로 인성, 균열 억제, 내충격성 및 내마모성 등을 높인 콘크리트를 섬유보강 콘크리트라고 한다.

[해설] 믹서는 강제식 믹서를 사용하는 것을 원칙으로 한다.

□□□ 기 06,09,14,18,20,24
52 팽창 콘크리트의 품질에 대한 설명으로 틀린 것은?

① 팽창률은 일반적으로 재령 7일에 대한 시험값을 기준으로 한다.
② 팽창 콘크리트의 강도는 일반적으로 재령 14일의 압축강도를 기준으로 한다.
③ 화학적 프리스트레스용 콘크리트의 팽창률은 200×10^{-6} 이상, 700×10^{-6} 이하를 표준으로 한다.
④ 수축보상용 콘크리트의 팽창률은 150×10^{-6} 이상, 250×10^{-6} 이하인 값을 표준으로 한다.

[해설] 콘크리트의 팽창률은 일반적으로 재령 7일에 대한 시험값을 기준으로 한다.

□□□ 기 15,24
53 경량골재 콘크리트에 대한 설명으로 틀린 것은?

① 슬럼프는 일반적인 경우 150~210mm를 표준으로 한다.
② 경량골재 콘크리트의 공기량은 5.5%를 기준으로 그 허용오차는 ±1.5%로 한다.
③ 콘크리트의 최대 물-결합재비는 60%를 원칙으로 한다.
④ 경량골재 콘크리트는 공기연행 콘크리트로 하는 것을 원칙으로 한다.

[해설] 슬럼프는 일반적인 경우 80~210mm를 표준으로 한다.

□□□ 기 18,22,24
54 매스 콘크리트의 타설 온도를 낮추는 방법 중 선행 냉각 방법에 해당되지 않는 것은?

① 관로식 냉각
② 혼합 전 재료 냉각
③ 타설 전 콘크리트 냉각
④ 혼합 중 콘크리트 냉각

[해설]
■ 선행 냉각 방법
  혼합 전 재료를 냉각·혼합 중 콘크리트를 냉각·타설 전 콘크리트를 냉각
■ 관로식 냉각 방법 : 콘크리트를 타설한 후 콘크리트의 내부온도를 제어하기 위해 미리 묻어둔 파이프 내부에 냉수 또는 공기를 강제적으로 순환시켜 콘크리트를 냉각하는 방법

□□□ 기 11,14,15,22,24
55 숏크리트의 뿜어붙이기 성능을 설정할 때 관계없는 항목은?

① 초기강도
② 반발률
③ 장기강도
④ 분진농도

[해설] 숏크리트의 뿜어붙이기 성능평가항목 : 반발률, 분진농도, 숏크리트의 초기강도

정답 49 ② 50 ② 51 ③ 52 ② 53 ① 54 ① 55 ③

56. 거푸집 및 동바리 구조계산에 사용되는 연직하중에 대한 설명으로 틀린 것은?

① 고정하중은 철근콘크리트 중량만을 고려하여 결정하여야 한다.
② 활하중은 구조물의 수평투영면적당 최소 2.5kN/m² 이상으로 하여야 한다.
③ 콘크리트의 단위 중량은 철근의 중량을 포함하여 보통 콘크리트인 경우 24kN/m³을 적용하여야 한다.
④ 거푸집 하중은 최소 0.4kN/m² 이상을 적용하며, 특수 거푸집의 경우에는 그 실제의 중량을 적용하여 설계한다.

[해설] 고정하중은 철근콘크리트와 거푸집의 중량을 고려하여 합한 하중이다.

57. 보통 포틀랜드 시멘트로 제조한 콘크리트의 타설 온도가 20℃일 때, 재령 28일에서의 단열온도 상승량은?
(단, $a=0.11$, $b=13$, $g=3.8\times10^{-3}$, $h=-0.036$, $C=230\text{kg/m}^3$이며, $Q(t)=Q_\infty(1-e^{-rt})$, $Q_\infty(C)=aC+b$, $r(C)=gC+h$를 이용)

① 28.3℃
② 38.3℃
③ 45.4℃
④ 56.7℃

[해설] $Q(t)=Q_\infty(1-e^{-rt})$
- $Q_\infty(C)=aC+b=0.11\times230+13=38.3℃$
- $r(C)=gC+h=3.8\times10^{-3}\times230-0.036=0.838$
∴ $Q(t)=38.3(1-e^{-0.838\times28})=38.3℃$

58. 고강도 콘크리트에 대한 일반적인 설명으로 틀린 것은?

① 슬럼프는 작업이 가능한 범위 내에서 되도록 작게 한다.
② 고강도 콘크리트의 물-결합재비는 소요의 강도와 내구성을 고려하여 정하여야 한다.
③ 고강도 콘크리트는 사용되는 굵은 골재의 최대 치수가 클수록 강도면에서 유리하다.
④ 고강도 콘크리트는 낮은 물-결합재비를 가지므로 철저히 습윤양생을 하여야 한다.

[해설] 고강도 콘크리트에 사용되는 굵은 골재의 최대치수는 25mm 이하로 한다.

59. 고유동 콘크리트의 사용에 대한 일반적인 설명으로 틀린 것은?

① 보통 콘크리트로는 충전이 곤란한 구조체인 경우 사용하면 효과적이다.
② 균질하고 정밀도가 높은 구조체에는 부적합하다.
③ 다짐작업에 따르는 소음, 진동의 발생을 피해야 하는 현장에서 사용하면 효과적이다.
④ 다짐공의 숙련도에 의존하지 않으면서 소요의 역학적 특성을 만족하는 균질한 콘크리트 구조체를 만들 수 있다.

[해설] 균질하고 정밀도가 높은 구조체를 요구하는 경우에 적합하다.

60. 일반적인 경우의 콘크리트 제품을 상압증기양생 하고자 할 때 콘크리트를 비빈 후 어느 정도의 시간이 경과한 후 양생을 실시하는 것이 바람직한가?

① 30분 이내
② 30분~1시간 이후
③ 2~3시간 이후
④ 12시간 이후

[해설]
- 공장제품은 사용하는 거푸집의 수를 적게 하여 생산의 효율을 높이는 것이 중요하기 때문에 상압증기양생을 널리 사용되고 있다.
- 비빈 후 2~3시간 이상 경과 후에 증기양생을 실시한다.
- 온도상승 속도는 1시간당 20℃ 이하로 하고, 최고 온도는 65℃로 한다.

제4과목 : 콘크리트 구조 및 유지관리

61. 연속보 또는 1방향 슬래브에서 근사해법을 적용하기 위한 조건으로 틀린 것은?

① 2경간 이상인 경우
② 등분포하중이 작용하는 경우
③ 활하중이 고정하중의 2배 이상인 경우
④ 인접 2경간의 차이가 짧은 경간의 20% 이하인 경우

[해설] 연속보 또는 1방향 슬래브에서 근사해법을 적용하는 조건
- 2경간 이상인 경우
- 인접 2경간의 차이가 짧은 경간의 20% 이하인 경우
- 등분포 하중이 작용하는 경우
- 활하중이 고정하중의 3배를 초과하지 않는 경우
- 부재의 단면 크기가 일정한 경우

62 콘크리트의 설계기준압축강도 $f_{ck}=24\text{MPa}$인 콘크리트로 된 기둥이 20MPa의 응력을 장기하중으로 받을 때, 기둥은 크리프로 인하여 그 길이가 얼마나 줄어들겠는가? (단, 콘크리트는 보통중량골재를 사용했으며, 기둥 길이는 8m, 크리프 계수는 2이고, 철근의 영향은 무시한다.)

① 11.3mm ② 11.8mm
③ 12.3mm ④ 12.8mm

해설 콘크리트의 줄음량 $\Delta l = \epsilon_c \cdot l$

- 콘크리트의 탄성변형률
$$\epsilon_\phi = \frac{f_c}{8,500\sqrt[3]{f_{cm}}}$$
$f_{cm} = f_{ck} + \Delta f = 24 + 4 = 28\,\text{MPa}$
$\therefore \epsilon_\phi = \frac{20}{8,500\sqrt[3]{28}} = 0.00077$

- 콘크리트의 크리프 변형률
$\epsilon_c = \phi \cdot \epsilon_\phi = 2 \times 0.00077 = 0.00155$
$\therefore \Delta l = 0.00155 \times 8,000 = 12.4\,\text{mm}$

63 $f_{ck}=21\text{MPa}$, $f_y=300\text{MPa}$로 설계된 지간이 4m인 단순지지 보가 있다. 처짐을 계산하지 않는 경우, 보의 최소 두께는?

① 200mm ② 215mm
③ 225mm ④ 250mm

해설 처짐을 계산하지 않는 경우의 부재 최소 두께(단순지지 부재)
$$h = \frac{l}{16} \times \left(0.43 + \frac{f_y}{700}\right)$$
$$= \frac{4,000}{16} \times \left(0.43 + \frac{300}{700}\right) = 215\,\text{mm}$$

64 2방향 슬래브의 펀칭 전단에 대한 위험 단면은 다음 중 어느 곳인가? (단, d : 유효깊이)

① 받침부
② 슬래브 경간의 $\frac{1}{8}$ 인 곳
③ 받침부에서 d 만큼 떨어진 곳
④ 받침부에서 $\frac{d}{2}$ 만큼 떨어진 곳

해설 2방향 슬래브의 2방향 전단(펀칭 전단)에 대한 위험 단면은 집중하중이나 집중 반력을 받는 면의 주변에서 $\frac{d}{2}$ 만큼 떨어진 주변 단면이다.

65 그림과 같은 T형보의 빗금 친 부분의 압축력과 같은 크기의 힘을 발휘하는 가상 압축 철근(A_{sf})의 단면적은? (단, $f_{ck}=21\text{MPa}$, $f_y=400\text{MPa}$이다.)

① 7,965mm²
② 3,413mm²
③ 2,413mm²
④ 1,785mm²

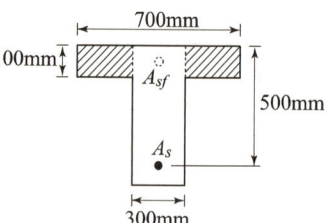

해설 $f_{ck}=21\text{MPa} \le 40\text{MPa}$이므로 $\eta=1.0$, $\beta_1=0.80$
$$A_{sf} = \frac{\eta(0.85f_{ck})(b-b_w)t_f}{f_y}$$
$$= \frac{1 \times 0.85 \times 21(700-300) \times 100}{400} = 1,785\,\text{mm}^2$$

66 강도설계법의 규정에 의해 최소 전단철근량을 사용하여야 할 경우, 계수하중에 의한 전단력 $V_u=73\text{kN}$을 만들 수 있는 직사각형 단면 보의 최소면적(폭×유효깊이)은 얼마인가? (단, $f_{ck}=21\text{MPa}$이다.)

① 107,500mm² ② 127,500mm²
③ 147,500mm² ④ 167,500mm²

해설 전단철근이 있는 경우
- 계수전단력 $V_u = \phi V_c = \phi \frac{1}{6}\lambda\sqrt{f_{ck}}\,bd$ 에서
$$\therefore bd = \frac{6V_u}{\phi\lambda\sqrt{f_{ck}}} = \frac{6 \times 73 \times 10^3}{0.75 \times 1 \times \sqrt{21}} = 127,439\,\text{mm}^2$$

67 프리스트레스트 콘크리트 휨부재의 비균열등급, 부분균열등급 및 완전균열등급에 대한 설명으로 틀린 것은?

① 완전균열등급은 인장연단응력 f_t가 $1.0\sqrt{f_{ck}}$를 초과하는 경우이다.
② 비균열등급은 인장연단응력 f_t가 $1.0\sqrt{f_{ck}}$ 이하인 경우이다.
③ 2방향 프리스트레스트 콘크리트 슬래브는 비균열등급으로 설계한다.
④ 부분균열등급 휨부재의 사용하중에 의한 응력은 비균열 단면을 사용하여 계산한다.

해설
- 비균열등급 : $f_t \le 0.63\sqrt{f_{ck}}$
- 부분균열등급 : $0.63\sqrt{f_{ck}} < \sqrt{f_t} \le 1.0\sqrt{f_{ck}}$
- 완전균열등급 : $f_t > 1.0\sqrt{f_{ck}}$

정답 62 ③ 63 ② 64 ④ 65 ④ 66 ② 67 ②

기 13,23,24

68 콘크리트 구조물의 수명에 관한 설명으로 옳지 않은 것은?

① 기본 내구수명에 도달하면 구조물의 보수·보강이 필요하다.
② 피로현상과 열화현상은 구조물의 수명에 영향을 미친다.
③ 반복하중은 구조물의 수명과 무관하다.
④ 구조물을 보수하면 수명의 연장이 가능하다.

해설 구조물에 반복적으로 하중이 작용하면 사용시간이 길어짐에 따라 재료의 강도가 점차 저하되고 수명에 많은 영향을 미친다.

기 14,20,24

69 아래 그림과 같은 단면을 가지는 단순보에서 균열모멘트(M_{cr})의 값은? (단, $f_{ck}=25$MPa, $f_y=400$MPa, $\lambda=1$)

① 22.3kN·m
② 31.6kN·m
③ 39.4kN·m
④ 48.2kN·m

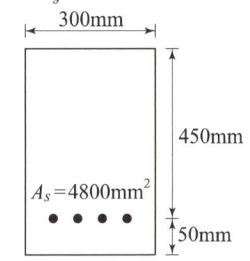

해설 균열모멘트 $M_{cr} = \dfrac{f_r}{y_t} I_g$

$f_r = 0.63\lambda\sqrt{f_{ck}} = 0.63 \times 1 \times \sqrt{25} = 3.15$ MPa

$I_g = \dfrac{bh^3}{12} = \dfrac{300 \times 500^3}{12} = 3{,}125{,}000{,}000 \, \text{mm}^4$

$y_t = \dfrac{h}{2} = \dfrac{500}{2} = 250$ mm

∴ $M_{cr} = \dfrac{3.15}{250} \times 3{,}125{,}000{,}000$
$= 39{,}375{,}000 \, \text{N·mm} = 39.4 \, \text{kN·m}$

기 07,11,12,17,24

70 다음과 같이 단면이 400mm×400mm이고, 축방향 철근량이 4,000mm²인 띠철근 압축부재에서 $f_{ck}=24$MPa, $f_y=280$MPa라면 이 기둥의 공칭축강도(P_n)는 얼마인가?

① 2,410kN
② 2,872kN
③ 3,442kN
④ 4,357kN

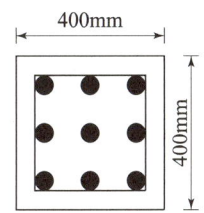

해설 $P_n = \alpha[0.85f_{ck}(A_g - A_{st}) + f_y \cdot A_{st}]$
$= 0.80[0.85 \times 24(400 \times 400 - 4{,}000) + 280 \times 4{,}000]$
$= 3{,}442$ kN

분류	보정계수 α	강도감소계수 ϕ
나선철근	0.85	0.70
띠철근	0.80	0.65

기 07,16,19,24

71 단면의 도심에 PS 강재가 배치되어 있으며 초기 프리스트레스 힘 120kN을 작용시켰다. 콘크리트의 하연응력이 0이 되도록 하려면 휨모멘트는? (단, 이 때 손실은 15%로 가정한다.)

① 8.2kN·m
② 9.2kN·m
③ 10.2kN·m
④ 11.2kN·m

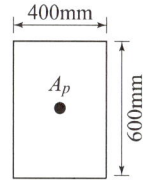

해설 · 15%의 손실을 가정한 프리스트레스 힘
$P = 120$kN $= 120 \times 0.85 = 102$kN

· $f_t = \dfrac{P}{A} - \dfrac{M}{I}y = 0$ 에서

∴ $M = \dfrac{P}{A} \cdot \dfrac{I}{y} = \dfrac{P}{bh} \cdot \dfrac{\frac{bh^3}{12}}{\frac{h}{2}} = \dfrac{Ph}{6}$

$= \dfrac{102 \times 0.6}{6} = 10.2$ kN·m

기 10,12,15,19,24

72 콘크리트와 철근의 부착에 영향을 주는 일반적인 사항으로 틀린 것은?

① 경미한 녹이 발생한 철근은 부착을 해치지 않는다.
② 이형 철근의 부착강도가 원형 철근의 부착강도보다 크다.
③ 수평철근은 콘크리트의 블리딩으로 인해 연직철근보다 부착강도가 떨어진다.
④ 동일한 철근비를 가질 경우 철근의 직경이 가는 것을 여러 개 쓰는 것보다 굵은 것을 쓰는 것이 유리하다.

해설 같은 철근량을 사용할 경우 굵은 철근을 사용하기 보다는 가는 철근을 많이 사용한다.

기 16,19,24

73 피로에 관한 설명으로 틀린 것은?

① 기둥의 피로는 슬래브에 준하여 검토하여야 한다.
② 보 및 슬래브의 피로는 휨 및 전단에 대하여 검토하여야 한다.
③ 피로의 검토가 필요한 구조 부재는 높은 응력을 받는 부분에서 철근을 구부리지 않도록 하여야 한다.
④ 하중 중에서 변동하중이 차지하는 비율이 크거나, 작용빈도가 크기 때문에 안전성 검토를 필요로 하는 경우에 적용하여야 한다.

해설 기둥의 피로는 검토하지 않아도 좋다.

기 16,24

74 $b=500\text{mm}$, $d=800\text{mm}$, $As=4053.6\text{mm}^2$인 단철근 직사각형보의 등가직사각형 응력블록의 깊이(a)는? (단, $f_{ck}=21\text{MPa}$, $f_y=300\text{MPa}$)

① 86mm
② 96mm
③ 116mm
④ 136mm

해설 $f_{ck}=21\text{MPa} \leq 40\text{MPa}$일 때
$\eta=1$, $\beta_1=0.80$
$a=\dfrac{A_s f_y}{\eta 0.85 f_{ck} b}=\dfrac{4,053.6\times 300}{1\times 0.85\times 21\times 500}=136\text{mm}$

기 07,08,10,11,14,15,22,24

75 휨 부재에서 $f_{ck}=28\text{MPa}$, $f_y=320\text{MPa}$이고 인장철근으로 D32철근을 사용할 때 기본정착길이는? (단, D32철근의 공칭직경은 31.8mm, 단면적은 794mm²)

① 1,154mm
② 1,676mm
③ 1,713mm
④ 1,823mm

해설 인장 이형철근의 정착(D35 이하의 철근의 경우)
$l_{db}=\dfrac{0.6 d_b f_y}{\lambda \sqrt{f_{ck}}}=\dfrac{0.6\times 31.8\times 320}{1\times \sqrt{28}}=1,154\text{mm}$

기 13,18,24

76 다음 중 콘크리트 타설 후의 결함과 그 대책으로 거리가 먼 것은?

① 초기강도 부족-타설 후 콘크리트에 충분한 수분을 공급하고, 시트를 덮어 일정한 온도를 유지한다.
② 콜드조인트-콘크리트 타설을 가능한 중단하지 않고 연속적으로 타설한다.
③ 침강균열-콘크리트의 단위수량을 크게 하고 타설속도를 빨리 한다.
④ 골재노출-콘크리트의 재료가 분리되지 않도록 낮은 위치에서 평균적으로 낙하시킨다.

해설 침강균열-콘크리트의 단위수량을 작게 하고 타설속도를 느리게 한다.

기 15,21,24

77 동적재하시험에 의해 측정된 내용을 기준으로 시험결과 분석을 수행하여야 하는 항목이 아닌 것은?

① 감쇠비
② 충격계수
③ 고유 진동수
④ 부재의 응력

해설 동적 재하시험의 측정 및 결과 분석 항목
· 충격계수 · 감쇠비 · 고유진동수 및 진동모드

기 14,17,19,24

78 $\sqrt{t}$ 법칙을 이용하여 탄산화 깊이를 산정하고자 한다. 준공후 25년 경과한 콘크리트 구조물의 탄산화 깊이가 15mm이라고 할 때, 준공 후 100년 된 시점의 탄산화 깊이는 얼마인가?

① 15mm
② 20mm
③ 25mm
④ 30mm

해설 탄산화 깊이 $X=A\sqrt{t}=15\times \sqrt{\dfrac{100}{25}}=30\text{mm}$

기 10,17,24

79 동해를 입은 콘크리트에 대한 보수 방침으로 가장 거리가 먼 것은?

① 열화한 콘크리트의 제거
② 철근의 부식을 방지하기 위한 전위 제거
③ 보수후의 수분침입억제
④ 콘크리트의 동결융해저항성의 향상

해설 동해열화 기구의 보수방침
· 열화한 콘크리트의 제거
· 보수후의 수분침입억제
· 콘크리트의 동결융해저항성의 향상

기 05,14,16,19,23,24

80 다음 중 콘크리트 구조물의 보강공법으로 보기 어려운 것은?

① 균열주입공법
② 두께 증설공법
③ FRP 접착공법
④ 프리스트레스 도입공법

해설 · 콘크리트 구조물의 보수공법 : 표면처리공법, 균열주입공법, 충진공법, 치환공법
· 콘크리트 구조물의 보강공법 : 강판접착공법, FRP접착공법, 라이닝공법, 외부케이블공법, 단면증설공법, 교체공법, 앵커공법, 부재증설공법

정답 74 ④ 75 ① 76 ③ 77 ④ 78 ④ 79 ② 80 ①

국가기술자격 필기시험문제

2024년도 기사 3회 필기시험

자격종목	시험시간	문제수	형 별	수험번호	성 명
콘크리트기사	2시간	80	A		

※ 각 문제는 4지 택일형으로 질문에 가장 적합한 문제의 보기 번호를 클릭하거나 답안표기란의 번호를 클릭하여 입력하시면 됩니다.
※ 입력된 답안은 문제 화면 또는 답안 표기란의 보기 번호를 클릭하여 변경하실 수 있습니다.

제1과목 : 콘크리트 재료 및 배합

기 12,14,21,24

01 콘크리트용 재료에 대해 주어진 상황에 따라 실시한 재료시험으로 틀린 것은?

① 시멘트의 저장기간이 오래되어 대기 중 수분 및 이산화탄소를 흡수하였을 가능성이 있으므로 비중시험을 실시하였다.
② 바다모래를 사용하면 콘크리트 중의 철근 부식을 일으킬 수 있으므로 골재 중의 염화물 함유량 시험을 실시하였다.
③ 석고를 10% 첨가하여 제조한 시멘트를 사용하면 시멘트 경화제의 이상팽창을 일으킬 수 있으므로 길모어 침에 의한 응결시험을 실시하였다.
④ 안정성이 나쁜 골재를 사용하면 콘크리트의 동결융해 작용에 대한 내구성이 저하하므로 황산나트륨 용액에 의한 안정성 시험을 실시하였다.

[해설] 시멘트가 불안정하면 그것을 사용한 콘크리트는 팽창으로 인해 금이 가서 깨어지고 또는 뒤틀림을 일으키거나 구조물의 내구성을 해치는 원인이 되므로 안정성 있는 시멘트를 사용하기 위해서 시멘트의 오토클레이브 팽창도 시험을 실시한다.

기 09,17,18,22,24

02 레디믹스트 콘크리트의 혼합에 사용되는 물에 대한 설명으로 틀린 것은?

① 상수돗물은 시험을 하지 않아도 사용할 수 있다.
② 회수수를 사용하였을 경우 단위 슬러지 고형분율이 3.0%를 초과하면 안 된다.
③ 콘크리트 회수수에서 슬러지수를 일부 활용하고 남은 슬러지를 포함한 물을 상징수라고 한다.
④ 레디믹스트 콘크리트를 배합할 때, 회수수 중에 함유된 슬러지 고형분은 물의 질량에 포함되지 않는다.

[해설] 슬러지수에서 슬러지 고형분을 침강 또는 기타 방법으로 제거한 물을 상징수라고 한다.

기 05,09,12,17,24

03 포틀랜드 시멘트를 화학 분석한 결과 Na_2O가 0.3% 및 K_2O가 1.2%이었다. 이 시멘트의 총 알칼리량은?
(단, Na, K 및 O의 원자량은 각각 23.0, 39.1 및 16.0이다)

① 1.09%
② 0.92%
③ 0.82%
④ 1.20%

[해설] 총알카리량 $= Na_2O + 0.658 K_2O$
$= 0.3 + 0.658 \times 1.2 = 1.09\%$

기 11,21,24

04 시멘트 제조 과정에서 시멘트의 응결을 지연시키는 역할을 하기 위하여 첨가하는 재료는?

① 석고
② 슬래그
③ 실리카(SiO_2)
④ 산화마그네슘(MgO)

[해설] 시멘트의 제조과정에서 클링커에 응결조정용으로 3~5%의 석고를 첨가, 분쇄하면 포틀랜드시멘트가 얻어진다.

기 12,17,22,24

05 시멘트의 저장에 대한 콘크리트표준시방서의 규정 설명으로 틀린 것은?

① 시멘트는 방습적인 구조로 된 사일로 또는 창고의 품종별로 구분하여 저장하여야 한다.
② 시멘트의 온도가 너무 높을 때는 그 온도를 낮춘 다음 사용하여야 하며, 시멘트의 온도는 일반적으로 50℃ 정도 이하를 사용하는 것이 좋다.
③ 포대시멘트를 쌓아서 저장하면 그 질량으로 인해 하부의 시멘트가 고결될 염려가 있으므로 시멘트를 쌓아올리는 높이는 13포대 이하로 하는 것이 바람직하다.
④ 6개월 이상 장기간 저장한 시멘트는 사용하기에 앞서 재시험을 실시하여 그 품질을 확인한다.

[해설] 3개월 이상 장기간 저장한 시멘트는 사용하기 앞서 재시험을 실시하여 그 품질을 확인한다.

정답 01 ③ 02 ③ 03 ① 04 ① 05 ④

기 21,24

06 KS L 5201에 규정된 포틀랜드 시멘트의 종류가 아닌 것은?

① 조적용 줄눈 시멘트 ② 보통 포틀랜드 시멘트
③ 조강 포틀랜드 시멘트 ④ 내황산염 포틀랜드 시멘트

해설 포틀랜드 시멘트의 종류
- 1종 보통 포틀랜드 시멘트
- 2종 중용열포틀랜드 시멘트
- 3종 조강포틀랜드 시멘트
- 4종 저열포틀랜드 시멘트
- 5종 내황산염 포틀랜드 시멘트

기 15,18,24

07 아래의 표에서 설명하고 있는 시멘트는?

> 시멘트에 수용성 폴리머를 혼합하여 시멘트 경화체의 공극을 채우고, 압출, 사출방법으로 성형하여 건조상태로 양생한다.

① DSP시멘트 ② 벨라이트시멘트
③ MDF시멘트 ④ 팽창시멘트

해설 MDF cement : 시멘트에 수용성 폴리머를 혼합하여 시멘트 경화체의 공극을 채우는 원리를 이용해서 수밀하고 결함이 적은 콘크리트를 만들 수 있으며 고강도 콘크리트를 제조할시 사용가능

기 11,14,20,21,24

08 굵은 골재의 체가름을 하여 다음 표와 같은 결과를 얻었다. 이 골재의 조립률은 얼마인가?

체의 호칭(mm)	50	40	30	25	20	15	10	5
각 체의 남는 양의 누계(%)	0	5	17	30	42	71	87	100

① 3.52 ② 7.34
③ 8.34 ④ 8.52

해설

체의 호칭(mm)	75	50	40	30	25	20	15	10	5
각 체의 남는 양의 누계%	0	0	5	17	30	42	71	87	100
조립률(F.M)에 필요한 체	*		*			*		*	*

$$\therefore F.M = \frac{\Sigma 각\ 체에\ 잔류한\ 중량백분율(\%)}{100}$$

$$= \frac{0+5+42+87+100\times 6}{100} = 7.34$$

(∵ 5mm, 2.5mm, 1.2mm, 0.6mm, 0.3mm, 0.15mm)

기 08,11,18,19,24

09 콘크리트용 모래에 포함되어 있는 유기 불순물 시험 방법에 대한 설명으로 틀린 것은?

① 시험시료에는 3%의 수산화나트륨 용액을 넣는다.
② 시험에 사용되는 모래시료의 양은 약 450g을 채취한다.
③ 식별용 표준색용액은 2%의 탄닌산 용액과 3%의 수산화나트륨 용액을 섞어 만든다.
④ 시험이 끝난 시료의 용액색이 표준색 용액보다 연한 경우에는 콘크리트용 골재로 사용할 수 없다.

해설
- 시험용액의 색깔이 표준색 용액보다 연할 때에는 그 모래는 합격으로 한다.
- 시험용액의 색깔이 표준색 용액보다 진할 때에는 '모르타르의 강도에 있어서 잔골재의 불순물의 영향시험'의 방법에 따라 시험할 필요가 있다.

기 04,08,14,21,24

10 실리카 퓸을 혼합한 콘크리트의 성질에 대한 설명으로 틀린 것은?

① 실리카 퓸을 혼합하면 블리딩과 재료분리를 감소시킬 수 있다.
② 물−결합재비를 낮추기 위하여 고성능 감수제의 사용은 필수적이다.
③ 실리카 퓸을 혼합한 콘크리트의 목표 슬럼프를 유지하기 위해 소요되는 단위수량은 혼합량이 증가함에 따라 거의 선형적으로 증가한다.
④ 실리카 퓸은 비표면적이 작고 미연소 탄소를 함유하지 않기 때문에 목표공기량을 유지하기 위해 혼합률이 증가함에 따라 AE제의 사용량을 증가시킬 필요가 없다.

해설
- 실리카퓸은 비표면적이 200,000~250,000cm²/g으로 보통포틀랜드시멘트의 70~80배이다.
- 실카퓸은 비표면적이 크고 미연소된 탄소가 함유되어 있어서 AE제가 흡착되기 때문에 소요의 공기량을 얻기 위해서는 AE제의 사용량이 크게 증가한다.

기 15,16,17,24

11 호칭강도(f_{cn})가 42MPa이고, 30회 이상의 시험실적으로부터 구한 압축강도의 표준편차가 5MPa일 때 콘크리트의 배합강도는?

① 47MPa ② 48.7MPa
③ 49.5MPa ④ 50.2MPa

해설 $f_{cn} > 35$MPa일 때
- $f_{cr} = f_{cn} + 1.34s = 42 + 1.34 \times 5 = 48.7$MPa
- $f_{cr} = 0.9 f_{cn} + 2.33s = 0.9 \times 42 + 2.33 \times 5 = 49.5$MPa
∴ $f_{cr} = 49.5$MPa(두 값 중 큰 값)

정답 06 ① 07 ③ 08 ② 09 ④ 10 ④ 11 ③

□□□ 기 16, 17, 21, 24

12 콘크리트용 혼화재료로 사용되는 고로슬래그 미분말의 활성도 지수에 대한 다음 설명 중 적당하지 않은 것은?

① 기준 모르타르의 압축강도에 대한 시험 모르타르의 압축강도비를 백분율로 표시한 것을 활성도 지수라 한다.
② 활성도 지수는 재령 7일, 28일 및 91일에 측정한다.
③ 시험 모르타르 제작 시 시멘트와 고로슬래그 미분말의 혼합비는 1 : 1이다.
④ 고로슬래그 미분말 3종에 대한 재령 28일의 활성도 지수는 50% 이상이다.

해설 고로 슬래그 미분말의 활성도 지수(%)

품질	1종	2종	3종	4종
재령 7일	95 이상	75 이상	55 이상	−
재령 28일	105 이상	95 이상	75 이상	60 이상
재령 91일	105 이상	105 이상	95 이상	80 이상

∴ 고로슬래그 미분말 3종에 대한 재령 28일의 활성도 지수는 75% 이상이다.

□□□ 기 17, 21, 24

13 포틀랜드 시멘트의 물리적 특성에 대한 설명으로 틀린 것은?

① 보통 포틀랜드 시멘트의 분말도는 2,800cm²/g 이상이어야 한다.
② MgO, SO₃ 성분이 과도한 경우 팽창이 발생하기 쉽다.
③ 풍화된 시멘트를 사용하면 응결 및 경화 속도가 늦어진다.
④ 분말도가 적을수록 수화작용이 빠르고 조기강도 발현이 커진다.

해설 분말도가 높으면 시멘트의 표면적이 커서 수화 작용이 빠르고, 조기 강도가 커진다.

□□□ 기 10, 21, 24

14 콘크리트 배합설계에서 잔골재율(S/a) 및 단위수량 보정 시 잔골재율의 보정에 관련이 없는 조건은?

① 공기량
② 물−결합재비
③ 잔골재 조립률
④ 굵은 골재 조립률

해설 잔골재율 및 단위수량보정시 잔골재율(S/a)의 보정

구 분	잔골재율(S/a)
• 잔골재의 조립률이 0.1 만큼 클(작을) 때마다	0.5 만큼 크게(작게)한다.
• 공기량이 1% 만큼 클(작을) 때마다	0.5∼1.0 만큼 작게(크게)한다.
• 물−결합재비가 0.05 클(작을) 때마다	1 만큼 크게(작게)한다.

□□□ 기 10, 14, 17, 24

15 콘크리트용 화학혼화제 시험(KS F 2560)에서 화학혼화제의 품질규정 항목에 속하지 않는 것은?

① 응결 시간의 차
② 투수계수
③ 압축 강도비
④ 경시 변화량

해설 콘크리트용 화학 혼화제의 품질 항목

품질항목		공기연행 감수제	
		표준형	지연형
감수율(%)		10 이상	10 이상
블리딩양의 비(%)		70 이하	70 이하
응결시간의 차(분)	초결	−60∼+90	+60∼+210
	종결	−60∼+90	+210 이하
압축강도의 비(%)(28일)		110 이상	110 이상
길이 변화비(%)		120 이하	120 이하
동결융해에 대한 저항성(%) (상대 동탄성계수%)		80 이상	80 이상
경시변화량	슬럼프(mm)	−	−
	공기량(%)		

□□□ 기 09, 18, 24

16 콘크리트의 호칭강도(f_{cn})가 20MPa인 콘크리트를 제작하기 위한 배합강도는? (단, 콘크리트 압축강도의 기록이 없는 경우)

① 27MPa
② 28.5MPa
③ 30MPa
④ 31.5MPa

해설 압축강도의 시험횟수가 14회 이하이거나 기록이 없는 경우의 배합강도

호칭강도 f_{cn}(MPa)	배합강도 f_{cr}(MPa)
21 미만	$f_{cr} = f_{cn} + 7$
21 이상 35 이하	$f_{cr} = f_{cn} + 8.5$
35 초과	$f_{cr} = 1.1 f_{cn} + 5.0$

∴ $f_{cr} = f_{cn} + 7 = 20 + 7 = 27$MPa

□□□ 기 09, 12, 14, 17, 22, 24

17 플라이 애시 품질시험에서 시험 모르타르 제조를 위한 보통 포틀랜드 시멘트와 플라이애시의 질량비는? (단, 보통 포틀랜드 시멘트 : 플라이 애시)

① 4 : 1
② 3 : 1
③ 2 : 1
④ 1 : 1

해설 플라이 애시의 품질 시험에서 보통 포틀랜드 시멘트와 플라이 애시의 질량비는 3 : 1이다.

☐☐☐ 기 11,17,21,24

18 다음 표는 잔골재의 밀도 시험 결과 중의 일부이다. 이 잔골재의 표면 건조 포화 상태의 밀도는? (단, 시험온도에서의 물의 밀도는 1g/cm³ 이다.)

잔골재의 밀도 시험		
측정 번호	1	2
빈 플라스크의 질량(g)	213.0	213.0
(플라스크+물)의 질량(g)	711.4	712.2
표건 시료의 질량(g)	500.5	500.0
(플라스크+물+시료)의 질량(g)	1,020.2	1,020.8

① 2.61g/cm³　　② 2.63g/cm³
③ 2.65g/cm³　　④ 2.67g/cm³

[해설] 표건밀도 $d_s = \dfrac{m}{B+m-C} \times \rho_w$

$= \dfrac{500.5}{711.4+500.5-1,020.2} \times 1 = 2.611 \text{g/cm}^3$

$= \dfrac{500.0}{712.2+500.0-1,020.8} \times 1 = 2.612 \text{g/cm}^3$

∴ 표건밀도 $= \dfrac{2.611+2.612}{2} = 2.61 \text{g/cm}^3$

☐☐☐ 기 15,18,20,24

19 콘크리트 배합설계 시 잔골재율 선정에 관한 내용으로 틀린 것은?

① 잔골재율은 소요의 워커빌리티를 얻을 수 있는 범위 내에서 단위수량이 최소가 되도록 시험에 의해 정한다.
② 콘크리트 펌프시공의 경우에는 펌프의 성능, 배관, 압송거리 등에 따라 적절한 잔골재율을 결정하여야 한다.
③ 잔골재율은 사용하는 잔골대의 입도, 콘크리트의 공기량, 단위 시멘트량, 혼화재료의 종류 등에 따라 다르므로 시험에 의해 정한다.
④ 고성능AE감수제를 사용한 콘크리트의 경우 물-결합재비 및 슬럼프가 같으면, 일반적인 AE감수제를 사용한 콘크리트와 비교하여 잔골재율을 3~4% 정도 작게 하는 것이 좋다.

[해설] 고성능 AE감수제를 사용한 콘크리트의 경우로서 물-결합재비 및 슬럼프가 같으면, 일반적인 공기연행감수제를 사용한 콘크리트와 비교하여 잔골재율을 1~2% 정도 크게 하는 것이 좋다.

☐☐☐ 기 05,10,13,16,20,24

20 시멘트의 응결 시험 방법으로 옳은 것은?

① 비비시험
② 블레인시험
③ 길모어 침에 의한 시험
④ 오토클레이브에 의한 시험

[해설] 시멘트의 응결 시험 방법
 • 길모어 침에 의한 시멘트의 응결 시간 시험 방법
 • 비카 침에 의한 수경성 시멘트의 응결시간 시험 방법

제2과목 : 콘크리트 제조, 시험 및 품질관리

☐☐☐ 기 06,11,17,24

21 1일 콘크리트 사용량이 약 200m³인 경우 필요한 믹서의 용량은? (단, 1일 작업시간은 8시간, 1회 비벼내기 시간 2분, 작업효율 $E=0.8$이다.)

① 2.04m³　　② 1.55m³
③ 1.04m³　　④ 0.55m³

[해설] $Q = \dfrac{60 \times q \times E}{Cn}$ 에서

$\dfrac{(60 \times 8) \times q \times 0.8}{2} = 200 \text{m}^3/\text{hr}$

∴ $q = 1.042 ≒ 1.04 \text{m}^3$

☐☐☐ 기 14,15,17,20,24

22 압력법에 의한 굳지 않은 콘크리트의 공기량 시험 방법 (KS F 2421)에 대한 설명으로 틀린 것은?

① 시험의 원리는 보일의 법칙을 기초로 한 것이다.
② 이 시험 방법은 굵은 골재 최대 치수 40mm 이하의 보통 골재를 사용한 콘크리트에 대해서 적당하다.
③ 공기량 측정기의 용적은 물을 붓고 시험하는 경우 적어도 7L로 하고, 물을 붓지 않고 시험하는 경우는 5L 정도 이상으로 한다.
④ 용기 교정 시 용기 높이의 약 90%까지 물을 채운 후 연마 유리판을 상부에 얹고 남은 물을 더함과 동시에 연마 유리판을 플렌지에 따라 이동시키면서 물을 채운다.

[해설] 공기량 측정기의 용적은 물을 붓고 시험하는 경우(주수법) 적어도 5L로 하고, 물을 붓지 않고 시험하는 경우(무주수법)는 7L 정도 이상으로 한다.

정답　18 ①　19 ④　20 ③　21 ③　22 ③

□□□ 기 07,12,14,19,20,24

23 보통 포틀랜드 시멘트를 사용한 콘크리트의 압축강도를 측정하였다. 아래 표의 데이터를 이용하여 구한 콘크리트 강도의 변동계수는? (단, 표준편차는 불편분산 개념에 의한다.)

| 25, 27, 29, 30, 24(MPa) |

① 8.2% ② 9.4%
③ 11.3% ④ 12.6%

해설 변동계수 $C_v = \dfrac{\sigma_c}{\bar{x}} \times 100$

• 평균값 $\bar{x} = \dfrac{25+27+29+30+24}{5} = \dfrac{135}{5} = 27\,\text{MPa}$

• 표준편제곱합 $S = \sum(\bar{x} - x_i)^2$
$= (27-25)^2 + (27-27)^2 + (27-29)^2 + (27-30)^2 + (27-24)^2$
$= 26$

• 표준 편차 $\sigma_e = \sqrt{\dfrac{S}{n-1}} = \sqrt{\dfrac{26}{5-1}} = 2.55\,\text{MPa}$

∴ $C_v = \dfrac{\sigma_c}{\bar{x}} \times 100 = \dfrac{2.55}{27} \times 100 = 9.4\%$

□□□ 기 11,12,14,17,24

24 레디믹스트 콘크리트의 제조설비에 대한 설명으로 틀린 것은?

① 인공 경량 골재 저장설비에는 골재에 살수하는 설비를 갖추어야 한다.
② 골재의 저장 설비는 종류, 품종별로 서로 혼합되지 않도록 한다.
③ 골재의 저장 설비는 콘크리트 최대 출하량의 1주일분 이상에 상당하는 골재량을 저장할 수 있는 크기로 한다.
④ 믹서는 고정 믹서로 한다.

해설 골재 저장 설비는 콘크리트 최대 출하량의 1일분 이상에 상당하는 골재량을 저장할 수 있는 크기로 한다.

□□□ 기 11,16,23,24

25 굳지 않은 콘크리트를 타설한 후, 콘크리트가 서서히 굳어져서 어느 정도의 강도를 나타내기까지는 유동성이 큰 상태에서 서서히 유동성을 잃으면서 고체상태로 변화한다. 이러한 과정을 무엇이라 하는가?

① 응결 ② 강화
③ 체적변화 ④ 크리프

해설 이러한 변화를 응결이라고 하고, 그 이후의 강도발현과정을 경화과정이라고 한다. 그리고 이러한 응결과정에서 대략 3일 정도까지를 초기재령이라 한다.

□□□ 기 06,11,17,19,22,24

26 다음은 콘크리트 블리딩 시험 결과이다. 블리딩량을 구하면?

• 콘크리트 윗면의 지름 : 25cm
• 블리딩 물의 양 : 1,000cm³
• 콘크리트 1m³의 단위질량 : 2,300kg/m³
• 콘크리트 1m³에 사용된 물의 총질량 : 170kg
• 시료의 질량 : 30kg

① 2.0cm³/cm² ② 2.5cm³/cm²
③ 3.0cm³/cm² ④ 3.5cm³/cm²

해설 블리딩량 $B_q = \dfrac{B}{A}\,(\text{cm}^3/\text{cm}^2)$

• 마지막까지 누계한 블리딩에 따른 물의 용적(cm³)
$B = 1,000\,\text{cm}^3$

• 콘크리트 윗면의 면적
$A = \dfrac{\pi d^2}{4} = \dfrac{\pi \times 25^2}{4} = 490.87\,\text{cm}^2$

∴ $B_q = \dfrac{1,000}{490.87} = 2.04\,\text{cm}^3/\text{cm}^2$

□□□ 기 14,21,24

27 콘크리트의 휨 강도 시험방법(KS F 2408)에 대한 설명으로 틀린 것은?

① 지간은 공시체 높이의 3배로 한다.
② 하중을 가하는 속도는 가장자리 응력도의 증가율이 매초 0.6±0.4MPa이 되도록 한다.
③ 파괴 단면의 나비는 3곳에서 0.1mm까지 측정하고, 그 평균값을 소수점 이하 첫째 자리에서 끝맺음한다.
④ 파괴 단면의 높이는 2곳에서 0.1mm까지 측정하고, 그 평균값을 소수점 이하 첫째 자리에서 끝맺음한다.

해설 휨강도 시험에서 공시체에 하중을 가하는 속도는 가장자리 응력도의 증가율이 매초 (0.06±0.04)MPa이 되도록 조정하고, 최대 하중이 될 때까지 그 증가율을 유지하도록 한다.

□□□ 기 14,24

28 KS F 2402 콘크리트의 슬럼프 시험 방법에 규정된 내용 중 콘크리트를 채우기 시작하여 슬럼프콘을 들어올려 종료할 때까지 시간 기준으로 옳은 것은?

① 1분 30초 이내 ② 2분 이내
③ 2분 30초 이내 ④ 3분 이내

해설 슬럼프콘에 콘크리트를 채우기 시작하고 나서 슬럼프콘의 들어올리기를 종료할 때까지의 시간은 3분 이내로 한다.

정답 23 ② 24 ③ 25 ① 26 ① 27 ② 28 ④

□□□ 기 15,17,22,24
29 관입저항침에 의한 콘크리트의 응결시간 시험(KS F 2436)에 사용하는 재하장치에 대한 설명으로 옳은 것은?

① 정확도 20N으로 관입력(penetration force)을 잴 수 있고 최소 용량 600N을 가진 것
② 정확도 10N으로 관입력(penetration force)을 잴 수 있고 최소 용량 600N을 가진 것
③ 정확도 10N으로 관입력(penetration force)을 잴 수 있고 최소 용량 60N을 가진 것
④ 정확도 1N으로 관입력(penetration force)을 잴 수 있고 최소 용량 60N을 가진 것

[해설] 재하장치는 침의 관입을 일으킬 수 있을 만큼의 힘을 일으킬 수 있어야 하며, 정확도 10N으로 관입력(penetration force)을 잴 수 있고 최소 용량 600N을 가진 것

□□□ 기 07,09,17,24
30 콘크리트의 초기 균열에 대한 설명으로 틀린 것은?

① 침하에 의한 균열은 콘크리트 치기 후 1~3시간 정도에서 보의 상단부 또는 슬래브면 등에서 철근의 위치에 따라 발생한다.
② 침하균열은 슬럼프가 클수록, 콘크리트 치기속도가 빠를수록 증가한다.
③ 플라스틱 균열은 콘크리트 타설시 또는 직후에 표면에 급속한 수분증발로 인하여 콘크리트 표면에 생기는 미세한 균열이다.
④ 굳지 않은 콘크리트의 건조수축은 일반적으로 고온 다습한 외기에 노출할 때 발생이 증가되며, 양생이 시작된 직후에 나타난다.

[해설] 굳지 않은 콘크리트의 건조수축은 일반적으로 고온 저습한 외기에 노출될 때 발생이 증가되며, 양생이 시작되기 전이나 마감 직전에 주로 일어난다.

□□□ 기 14,16,24
31 굳지 않은 콘크리트의 워커빌리티에 영향을 미치는 요인에 대한 설명 중 옳지 않은 것은?

① 일반적으로 시멘트량이 많을수록 콘크리트는 워커블하게 된다.
② 모난 골재를 사용하면 워커빌리티가 좋아진다.
③ AE제, 플라이애시를 사용하면 워커빌리티가 개선된다.
④ 콘크리트의 온도가 높을수록 슬럼프는 감소된다.

[해설] 동일한 배합조건에서 쇄석을 굵은 골재로 사용하는 경우 강자갈을 사용한 경우보다 워커빌리티가 나빠진다.

□□□ 기 07,12,17,24
32 다음 중 길이, 질량, 강도 등의 데이터를 관리하기에 가장 이상적인 관리도는?

① P 관리도
② P_n 관리도
③ C 관리도
④ $\bar{x}-R$ 관리도

[해설]
・$\bar{x}-R$ 관리도 : 시료의 길이, 중량, 강도 등과 같은 연속량(계량치)일 때 사용된다.
・P 관리도 : 시료의 크기가 반드시 일정치 않아도 되는 이항분포 이론을 적용하여 불량률로서 공정을 관리할 때에 사용한다.
・P_n 관리도 : 하나하나의 물품의 양호, 불량으로 판정할 때 불량 갯수로써 공정을 관리한다.
・C 관리도 : 일정한 크기의 시료 가운데 나타나는 결점수에 의거 공정을 관리할 때에 사용한다.

□□□ 기 15,19,24
33 아래 그림은 초음파 속도법의 측정법 중 한 종류를 나타낸다. 이 측정법의 명칭으로 옳은 것은?

① 간접법
② 직접법
③ 추정법
④ 표면법

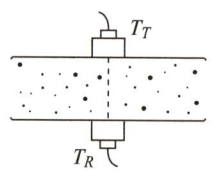

[해설] 초음파 속도법(음속 측정법)

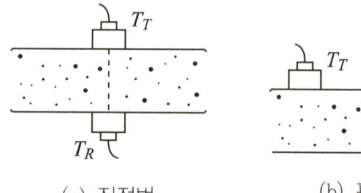

(a) 직접법　　　(b) 표면법

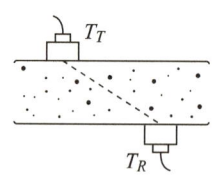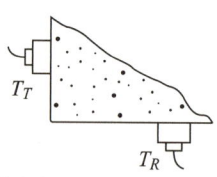

(c) 간접법

□□□ 기 21,24
34 콘크리트는 일반적으로 강알칼리성을 띠고 있으나, 콘크리트 중의 수산화칼슘이 공기 중의 탄산가스와 접촉하여 콘크리트의 알칼리성을 상실하는 현상은?

① 염해
② 탄산화
③ 알칼리·실리카 반응
④ 알칼리·탄산염 반응

[해설] 콘크리트의 수화 반응에서 생성되는 강알칼리성 수산화칼슘이 공기 중의 이산화탄소와 결합 후 탄산칼슘으로 변하여 알칼리성이 약해지는 현상을 탄산화라 한다.

기 05,15,22,24

35 골재의 체가름 시험으로부터 파악할 수 없는 사항은?

① 조립률
② 입도 분포
③ 단위 용적질량
④ 굵은 골재의 최대 치수

해설 골재를 체가름 시험 후 체가름(입도)곡선 작도해서 굵은 골재의 최대치수와 조립률(F.M)를 구한다.

기 11,14,17,22,24

36 콘크리트의 강도를 평가하기 위한 비파괴시험으로 적당하지 않은 것은?

① 반발경도법
② 초음파속도법
③ X-ray 회절 분석법
④ 인발법(Pull-out Test)

해설 X-ray 회절분석법(XRD) : 알칼리 골재반응의 골재의 화학 분석 방법으로 콘크리트 내부의 형태를 직접 관찰할 수 있다.

기 11,19,24

37 굳지 않은 콘크리트의 염화물 분석방법이 아닌 것은?

① 분극 저항법
② 이온 전극법
③ 흡광 광도법
④ 질산은 적정법

해설 • 염화이온 함유량 측정 방법 : 이온 전극법, 흡광 광도법, 전위차 적정법, 질산은 적정법
• 분극 저항법 : 콘크리트 구조물 중 철근의 부식속도에 관계하는 내부철근의 부식, 부식에 의해 피복콘크리트에 균열 등의 상황 파악을 할 수 있다.

기 08,09,10,22,24

38 다음 중 품질 관리 Cycle의 4단계에 속하지 않는 것은?

① Plan
② Do
③ Caution
④ Action

해설 품질관리의 기본 4단계를 반복적으로 수행한다.
계획(Plan, P) → 실시(Do, D) → 체크(Check, C) → 조치(Action, A)

기 05,06,09,10,12,14,16,20,21,24

39 어느 레미콘 공장의 콘크리트 압축강도 시험결과 표준편차가 1.5MPa이었고, 압축강도의 평균값이 39.6MPa이었다면 이 콘크리트의 변동계수는?

① 2.8%
② 3.8%
③ 4.5%
④ 5.5%

해설 변동계수 $C_V = \dfrac{\sigma}{\bar{x}} \times 100 = \dfrac{1.5}{39.6} \times 100 = 3.8\%$

기 13,18,24

40 히스토그램의 특징으로 틀린 것은?

① 층별의 비교가 가능하다.
② 공정능력을 조사할 수 있다.
③ 규격 또는 표준치와는 비교가 곤란하다.
④ 분포의 모양을 조사할 수 있다.

해설 규격 또는 표준치와 비교가 가능하다.

제3과목 : 콘크리트의 시공

기 14,17,24

41 콘크리트 펌프 운반에 대한 설명으로 틀린 것은?

① 콘크리트 펌프 운반 시 슬럼프 값이 클수록, 수송관 직경이 클수록 수송관내 압력손실은 작아진다.
② 펌퍼빌리티가 좋은 굳지 않은 콘크리트란 직선관속을 활동하는 유동성, 곡관이나 테이퍼관을 통과할 때의 변형성, 관내 압력의 시간적, 위치적 변동에 대한 분리저항성의 3가지 성질을 균형있게 유지하는 것이다.
③ 일반적으로 수평관 1m당 관내압력손실에 수평환산거리를 곱한 값이 콘크리트 펌프의 최대 이론 토출압력의 80% 이하가 되도록 한다.
④ 펌퍼빌리티는 슬럼프와 공기량 시험에 의하여 판정할 수 있다.

해설 펌퍼빌리티는 가압 블리딩시험과 변형성 시험에 의하여 판정할 수 있다.

기 04,20,24

42 전단력이 큰 위치에 부득이 시공이음을 설치할 경우에 대한 설명으로 틀린 것은?

① 시공이음부에 홈을 둔다.
② 시공이음에 장부(요철)를 둔다.
③ 원형철근으로 보강하는 경우에는 갈고리를 붙여야 한다.
④ 철근으로 보강하는 경우 철근 정착길이는 철근지름의 10배 정도로 한다.

해설 철근으로 보강하는 경우에 철근 정착길이는 콘크리트와 철근의 부착강도가 충분히 확보되도록 철근지름의 20배 이상으로 하고, 원형철근의 경우에는 갈고리를 붙여야 한다.

□□□ 기 11,17,24

43 콘크리트 타설 시 내부진동기의 사용방법에 대한 설명으로 틀린 것은?

① 진동다지기를 할 때에는 내부진동기를 하층의 콘크리트 속으로 0.1m 정도 찔러 넣는다.
② 내부진동기는 연직으로 찔러 넣으며, 삽입간격은 일반적으로 0.5m 이하로 하는 것이 좋다.
③ 1개소 당 진동시간 30~40초로 한다.
④ 내부진동기는 콘크리트로부터 천천히 빼내어 구멍이 남지 않도록 한다.

해설 1개소당 진동시간은 5~15초로 한다.

□□□ 기 06,09,15,24

44 특수 콘크리트에 대한 설명으로 틀린 것은?

① 해양콘크리트에는 고로슬래그 시멘트, 중용열포틀랜드 시멘트, 플라이 애시 시멘트 등을 사용한다.
② 일반 수중콘크리트의 물-결합재비는 50% 이하, 단위시멘트량은 370kg/m³ 이상으로 한다.
③ 일반 수중콘크리트는 수중에서 시공할 때의 강도가 표준공시체 강도의 0.6~0.8배가 되도록 배합강도를 설정하여야 한다.
④ 수밀콘크리트의 물-결합재비는 45% 이하, 공기량은 5% 이하를 표준으로 한다.

해설 수밀콘크리트
• 물-결합재비는 되도록 작게 하고, 50% 이하를 표준으로 한다.
• 콘크리트의 워커빌리티를 개선시키기 위해 공기연행제, 공기연행감수제 또는 고성능 공기연행감수(AE)제를 사용하는 경우라도 공기량은 4% 이하가 되게 한다.

□□□ 기 08,14,17,19,24

45 일평균기온이 30℃ 이상인 하절기에 슬래브 콘크리트를 타설한 경우 콘크리트의 습윤 양생 기간의 표준은? (단, 보통 포틀랜드 시멘트를 사용한 경우)

① 3일   ② 5일
③ 7일   ④ 9일

해설 습윤양생 기간의 표준

일평균 기온	보통 포틀랜드 시멘트	고로슬래그 시멘트 2종, 플라이애시 시멘트 2종	조강 포틀랜드 시멘트
15℃ 이상	5일	7일	3일
10℃ 이상	7일	9일	4일
5℃ 이상	9일	12일	5일

□□□ 기 10,15,18,23,24

46 고압증기양생한 콘크리트의 특징에 대한 설명으로 틀린 것은?

① 황산염에 대한 저항성이 향상된다.
② 용해성의 유리석회가 없기 때문에 백태현상을 감소시킨다.
③ 표준 온도로 양생한 콘크리트와 비교하여 수축률은 약간 증가하는 경향이 있다.
④ 보통 양생한 것에 비해 철근의 부착강도가 약 1/2이 된다.

해설 표준 온도로 양생한 콘크리트와 비교하여 약 1/6~1/3 정도로 건조 수축 감소 및 수분 이동 감소가 된다.

□□□ 기 11,14,18,21,24

47 콘크리트 이음에 대한 설명으로 틀린 것은?

① 바닥틀의 시공이음은 슬래브 또는 보의 경간 중앙부 부근은 피해서 배치하여야 한다.
② 바닥틀과 일체로 된 기둥 또는 벽의 시공이음은 바닥틀과의 경계 부근에 설치하는 것이 좋다.
③ 아치의 시공이음은 아치축에 직각방향이 되도록 설치하여야 한다.
④ 신축이음은 양쪽의 구조물 혹은 부재가 구속되지 않는 구조이어야 한다.

해설 바닥틀의 시공이음은 슬래브 또는 보의 경간 중앙부 부근에 설치하는 것이 좋다.

□□□ 기 06,17,24

48 해양 콘크리트 구조물에 사용하기 위한 시멘트로서 특히 각종 해수의 작용에 대하여 내구성을 확보할 수 있는 것으로 적당하지 않은 것은?

① 조강시멘트   ② 고로슬래그시멘트
③ 중용열포틀랜드시멘트   ④ 플라이 애시시멘트

해설 해수작용에 대하여 특히 내구적인 시멘트는 고로 슬래그 시멘트, 중용열 포틀랜드 시멘트, 플라이 애시 시멘트 등이다.

□□□ 기 07,24

49 현장 내의 콘크리트 타설을 위한 운반용 장비로 적합하지 않은 것은?

① 콘크리트 펌프(concrete pump)
② 버킷(bucket)
③ 슈트(chute)
④ 배처 플랜트(batcher plant)

해설 배처 플랜트 : 대규모 콘크리트 공사에서 콘크리트의 제조를 위해 설치한다.

정답 43 ③ 44 ④ 45 ② 46 ③ 47 ① 48 ① 49 ④

□□□ 기 16,19,24
50 일반 수중 콘크리트 타설의 원칙에 대한 설명으로 틀린 것은?

① 콘크리트가 경화될 때까지 물의 유동을 방지하여야 한다.
② 한 구획의 콘크리트 타설을 완료한 후 레이턴스를 모두 제거하고 다시 타설하여야 한다.
③ 콘크리트 타설에서 완전히 물막이를 할 수 없는 경우 유속은 150mm/s 이하로 하여야 한다.
④ 콘크리트를 수중에 낙하시키면 재료 분리가 일어나므로 콘크리트는 수중에 낙하시키지 않아야 한다.

해설 콘크리트 타설에서 완전히 물막이를 할 수 없는 경우 유속은 50mm/s 이하로 하여야 한다.

□□□ 기 09,18,24
51 수중 콘크리트의 배합에 대한 설명으로 틀린 것은?

① 일반 수중콘크리트의 슬럼프는 시공방법에 따라 50~100mm를 표준으로 한다.
② 일반 수중콘크리트의 물-결합재비는 50% 이하를 표준으로 한다.
③ 일반 수중콘크리트는 다짐이 불가능하기 때문에 일반콘크리트와 비교하여 높은 유동성이 필요하다
④ 수중불분리성 콘크리트의 공기량은 4% 이하를 표준으로 한다.

해설 일반 수중 콘크리트의 슬럼프의 표준값(mm)

시공방법	일반 수중 콘크리트
트레미	130~180
콘크리트 펌프	130~180
밑열림 상자, 밑열림 포대	100~150

□□□ 기 12,14,17,23,24
52 한중콘크리트의 시공에서 주의할 사항에 대한 다음의 서술 중 틀린 것은?

① 응결 경화의 초기에 동결되지 않도록 주의하며 양생종료 후 동결융해작용에 대하여 저항성을 가져야 한다.
② 재료를 가열할 경우, 물 또는 골재를 가열하는 것으로 하며, 시멘트는 어떠한 경우라도 직접 가열해서는 안된다.
③ 한중콘크리트에는 AE제, AE감수제 그리고 고성능 AE감수제의 적용을 삼가야 한다.
④ 가열한 배합재료의 투입순서는 가열한 물과 굵은 골재를 넣은 후 시멘트를 넣는 것이 좋다.

해설 한중 콘크리트에는 공기연행(AE제, AE감수제, 고성능 AE감수제) 콘크리트를 사용하는 것을 원칙으로 한다.

□□□ 기 09,16,19,24
53 매스 콘크리트에 대한 아래 표의 설명에서 ( )에 들어갈 알맞은 수치는?

> 매스 콘크리트로 다루어야 하는 구조물의 부재치수는 일반적인 표준으로서 넓이가 넓은 평판구조의 경우 두께 (A)m 이상, 하단이 구속된 벽조의 경우 두께 (B)m 이상으로 한다.

① A : 0.5, B : 0.8
② A : 0.5, B : 1.0
③ A : 0.8, B : 0.5
④ A : 1.0, B : 0.8

해설 매스 콘크리트로 다루어야 하는 구조물의 부재치수는 일반적인 표준으로서 넓이가 넓은 평판구조의 경우 두께 0.8m 이상, 하단이 구속된 벽조의 경우 두께 0.5m 이상으로 한다.

□□□ 기 15,17,24
54 프리플레이스트 콘크리트에 대한 일반적인 설명으로 틀린 것은?

① 잔 골재의 표면수율 변화는 주입 모르타르의 유동성이나 압축강도에 주는 영향이 크기 때문에 주의를 요한다.
② 대규모 프리플레이스트 콘크리트에 사용하는 주입 모르타르는 시공 중에 재료 분리를 적게 하기 위해 빈배합으로 하여야 한다.
③ 소정의 유동성을 얻을 수 있는 범위에서 단위결합제량의 증가를 적극 줄일 목적으로 잔 골재는 조립률이 1.4~2.2인 것이 바람직하다.
④ 대규모 프리플레이스트 콘크리트를 대상으로 할 경우, 굵은 골재의 최소 치수를 크게 하는 것이 효과적이다.

해설 대규모 프리플레이스트 콘크리트에 사용하는 주입 모르타르는 시공 중에 재료 분리를 적게 하기 위해 부배합으로 하여야 한다.

□□□ 기 18,24
55 고강도 콘크리트에 대한 설명으로 틀린 것은?

① 가경식 믹서보다는 강제식 팬 믹서 사용이 바람직하다
② 굵은 골재의 최대 치수는 25mm 이상으로서 가능한 40mm 이상으로 한다.
③ 일반적으로 공기연행제를 사용하지 않는 것을 원칙으로 한다.
④ 잔골재율은 소요의 워커빌리티를 얻도록 시험에 의하여 결정하여야 하며, 가능한 작게 한다.

해설 굵은 골재 최대치수는 25mm 이하로 한다.

정답 50 ③ 51 ① 52 ③ 53 ③ 54 ② 55 ②

□□□ 기 09,10,12,16,17,24

56 일반 콘크리트를 2층 이상으로 나누어 타설할 때 이어치기 허용시간 간격의 표준으로 옳은 것은?

① 외기온도가 25℃를 초과하는 경우 허용 이어치기 시간간격의 표준은 1.0시간이다.
② 외기온도가 25℃를 초과하는 경우 허용 이어치기 시간간격의 표준은 1.5시간이다.
③ 외기온도가 25℃ 이하인 경우 허용 이어치기 시간간격의 표준은 2.5시간이다.
④ 외기온도가 25℃ 이하인 경우 허용 이어치기 시간간격의 표준은 3.0시간이다.

해설 허용 이어치기 시간간격의 표준

외기 온도	허용이어치기 시간간격
25℃ 초과	2.0시간(120분)
25℃ 이하	2.5시간(150분)

□□□ 기 20,23,24

57 방사선 차폐용 콘크리트에 대한 설명으로 틀린 것은?

① 물-결합재비는 50% 이하로 하여야 한다.
② 콘크리트의 슬럼프는 일반적인 경우 150mm 이하로 하여야 한다.
③ 생체방호를 위해서 설계할 때에는 X선과 γ선에 대하여 고려한다.
④ 설계에 정해져 있지 않은 이음은 설치할 수 없다.

해설 주로 생물체의 방호를 위하여 X선, γ선 및 중성자선을 차폐할 목적으로 사용되는 콘크리트를 방사선 차폐용 콘크리트라 한다.

□□□ 기 06,09,14,18,20,24

58 팽창 콘크리트의 품질에 대한 설명으로 틀린 것은?

① 팽창률은 일반적으로 재령 7일에 대한 시험값을 기준으로 한다.
② 팽창 콘크리트의 강도는 일반적으로 재령 14일의 압축강도를 기준으로 한다.
③ 화학적 프리스트레스용 콘크리트의 팽창률은 200×10^{-6} 이상, 700×10^{-6} 이하를 표준으로 한다.
④ 수축보상용 콘크리트의 팽창률은 150×10^{-6} 이상, 250×10^{-6} 이하인 값을 표준으로 한다.

해설 콘크리트의 팽창률은 일반적으로 재령 7일에 대한 시험값을 기준으로 한다.

□□□ 기 07,13,17,21,24

59 컴프레서 혹은 펌프를 이용하여 노즐 위치까지 호스 속으로 운반한 콘크리트를 압축공기에 의해 시공면에 뿜어서 만든 콘크리트는?

① 숏크리트
② 매스 콘크리트
③ 수밀 콘크리트
④ 프리플레이스트 콘크리트

해설 숏크리트(shotcrete, sprayed concrete)에 대한 설명이다.

□□□ 기 08,12,16,24

60 숏크리트의 초기강도 표준값으로 옳은 것은?

① 재령 3시간에서 1.0~3.0MPa
② 재령 6시간에서 1.0~3.0MPa
③ 재령 12시간에서 3.0~5.0MPa
④ 재령 24시간에서 10.0~15.0MPa

해설 숏크리트의 초기강도 표준값

재 령	숏크리트의 초기강도(MPa)
24시간	5.0~10.0
3시간	1.0~3.0

제4과목 : 콘크리트 구조 및 유지관리

□□□ 기 09,14,15,16,18,24

61 길이 4m의 캔틸레버 보에서 처짐을 계산하지 않는 경우 보의 최소 두께는? (단, 보통중량콘크리트($m_c = 2,300 \text{kg/m}^3$)를 사용하고, $f_{ck} = 35\text{MPa}$, $f_y = 350\text{MPa}$인 경우)

① 435mm
② 465mm
③ 500mm
④ 525mm

해설 처짐을 계산하지 않는 경우의 부재 최소 두께(단순지지 부재)

$$h = \frac{l}{8} \times \left(0.43 + \frac{f_y}{700}\right) = \frac{4,000}{8} \times \left(0.43 + \frac{350}{700}\right) = 465\text{mm}$$

■ 처짐을 계산하지 않는 경우의 보 또는 1방향 슬래브의 최소 두께

부재	단순지지	1단 연속	양단 연속	캔틸레버
1방향슬래브	$\frac{l}{20}$	$\frac{l}{24}$	$\frac{l}{28}$	$\frac{l}{10}$
・보 ・리브가 있는 1방향 슬래브	$\frac{l}{16}$	$\frac{l}{18.5}$	$\frac{l}{21}$	$\frac{l}{8}$

정답 56 ③ 57 ③ 58 ② 59 ① 60 ① 61 ②

62 콘크리트의 설계기준압축강도가 40MPa 이하인 경우, 휨모멘트를 받는 부재의 콘크리트 압축연단의 극한 변형률은 얼마로 가정하는가?

① 0.0011
② 0.0022
③ 0.0033
④ 0.0044

해설 휨부재의 콘크리트 압축연단 극한변형률 ϵ_{cu}
- $f_{ck} \leq 40\text{MPa}$: 40MPa 이하인 경우 $\epsilon_{cu} = 0.0033$
- $f_{ck} > 40\text{MPa}$: 40MPa 초과시 매 10MPa 증가에 0.0001씩 감소
- $f_{ck} > 90\text{MPa}$: 90MPa 초과시는 성능시험값 적용

---

63 강도설계법에서 강도감수계수에 대한 설명으로 틀린 것은?

① 포스트텐션 정착구역에 사용하는 강도감소계수는 0.85이다.
② 나선철근 부재는 띠철근 기둥보다 더 큰 강도감소계수를 적용한다.
③ 압축지배단면의 강도감소계수는 인장지배단면의 강도감소계수보다 더 큰 값을 적용한다.
④ 스트럿-타이 모델에서 절점부에 적용하는 강도감소계수는 전단에 사용된 값과 동일한 값을 사용한다.

해설 강도감소계수 ϕ

부재		강도감소계수
인장지배단면		0.85
압축지배단면	나선철근으로 보강된 철근콘크리트 부재	0.70
	그 외의 철근콘크리트 부재	0.65
변화구간단면(전이구역)		0.65(0.70) ~ 0.85

∴ 압축지배단면의 강도감소계수는 인장지배단면의 강도감소계수보다 작은 값을 적용한다.

---

64 인장이형철근의 정착길이는 기본정착길이(l_{db})에 보정계수를 적용하여 구할 수 있다. 다음 중 아래 표의 경우에 적용하는 보정계수(α)의 값으로 옳은 것은?

| 상부철근(정착길이 또는 겹침이음부 아래 300mm를 초과되게 굳지 않은 콘크리트를 친 수평철근)인 경우 |

① 1.0
② 1.2
③ 1.3
④ 1.5

해설 α = 철근배치 위치계수
- 상부철근(정착길이 또는 겹침이음부 아래 300mm를 초과되게 굳지 않은 콘크리트를 친 수평철근) : 1.3
- 기타 철근 : 1.0

---

65 단철근 직사각형보에서 $f_{ck} = 30\text{MPa}$, $f_y = 300\text{MPa}$일 때 균형철근비를 구한 값은?

① 0.025
② 0.034
③ 0.047
④ 0.052

해설
- $\rho_b = \dfrac{\eta(0.85f_{ck}) \cdot \beta_1}{f_y} \times \dfrac{660}{660 + f_y}$
- $f_{ck} \leq 40\text{MPa}$일 때 $\eta = 1.0$, $\beta_1 = 0.80$

∴ $\rho_b = \dfrac{1 \times (0.85 \times 30) \times 0.80}{300} \times \dfrac{660}{660 + 300} = 0.047$

---

66 아래의 휨 부재에서 균열을 제어하기 위한 인장철근의 간격 제한 규정에 대한 설명으로 틀린 것은?

$$s = 375\left(\dfrac{k_{cr}}{f_s}\right) - 2.5c_c$$
$$s = 300\left(\dfrac{k_{cr}}{f_s}\right)$$

① c_c는 인장철근이나 긴장재의 표면과 콘크리트 표면사이의 최소 두께이다.
② f_s는 설계기준항복강도 f_y의 2/3를 근사적으로 사용할 수 있다.
③ k_{cr}은 철근의 노출조건을 고려한 계수로, 건조환경일 경우 210으로 한다.
④ f_s는 사용하중 상태에서 인장연단에서 가장 가까이에 위치한 철근의 응력이다.

해설 k_{cr}은 철근의 노출조건을 고려한 계수로, 건조환경일 경우 280이고 그 외의 환경에 노출되는 경우에는 210이다.

---

67 보통중량 골재를 사용하고, f_{ck}가 35MPa인 철근콘크리트 보에서 압축이형철근으로 D32(공칭지름 31.8mm)를 사용한다면 기본정착길이(l_{db})는? (단, $f_y = 400\text{MPa}$)

① 538mm
② 547mm
③ 562mm
④ 575mm

해설 압축이형철근의 기본정착길이
- $l_{db} = \dfrac{0.25 d_b f_y}{\lambda \sqrt{f_{ck}}} \geq 0.043 d_b f_f$ 이어야 한다.

$= \dfrac{0.25 \times 1 \times 31.8 \times 400}{1 \times \sqrt{35}} = 538\text{mm}$

$\geq 0.043 \times 31.8 \times 400 = 547\text{mm}$

∴ $l_{db} = 547\text{mm}$

□□□ 기 10,13,17,22,24

68 탄성처짐이 10mm인 철근콘크리트 구조물에서 압축철근이 없다고 가정하면 재하기간이 5년 이상 지속된 구조물의 장기처짐은?

① 12mm   ② 15mm
③ 20mm   ④ 25mm

해설
- 장기처짐계수 $\lambda_\Delta = \dfrac{\xi}{1+50\rho'}$
  $= \dfrac{2.0}{1+50\times 0} = 2$
- 시간경과 계수 ξ
  ξ : 시간 경과 계수(5년 이상 : 2.0, 12개월 : 1.4, 6개월 : 1.2, 3개월 : 1.0)
- 장기처짐=순간처짐(탄성침하)×장기처짐계수(λ_Δ)
  $= 10\times 2 = 20$mm

□□□ 기 93,96,02,18,21,23,24

69 경간 20m에 등분포하중(자중포함) 20kN/m가 작용하는 프리스트레스 콘크리트 보에 $P=2,000$kN의 긴장력이 주어질 때, 하중 평형개념에 의해 계산된 이 보의 순하향 분포하중은? (단, 긴장재는 포물선으로 배치되어 있으며, 새그는 200mm이다.)

① 8kN/m
② 12kN/m
③ 16kN/m
④ 20kN/m

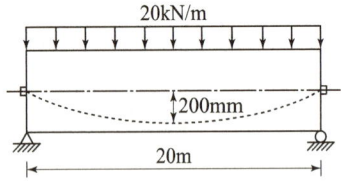

해설 상향력 $u = \dfrac{8P\cdot s}{l^2}$
$= \dfrac{8\times 2,000\times 0.200}{20^2} = 8$kN/m
∴ 순하향 하중 $W - u = 20 - 8 = 12$kN/m

□□□ 기 11,16,19,24

70 아래에서 설명하는 비파괴시험방법은?

> 콘크리트 중에 파묻힌 가력 Head를 지닌 Insert와 반력 Ring을 사용하여 원추 대상의 콘크리트 덩어리를 뽑아낼 때의 최대 내력에서 콘크리트의 압축강도를 추정하는 방법

① BS Test   ② Tc-To Test
③ Pull-out Test   ④ RC Radar Test

해설 인발법(Pull-out Test)으로 이 방법은 인발용 치구를 콘크리트 타설할 때 미리 파묻어두는 preset방법과 콘크리트 정화 후에 Hole-in-Insert나 Chemical Insert 등을 이용하여 인발볼트를 정착하는 Postset법으로 구별된다.

□□□ 기 06,12,17,20,21,24

71 알칼리 골재반응이 원인으로 추정되는 부재의 향후 팽창량을 예측하기 위하여 필요한 시험은?

① SEM 시험   ② 압축강도 시험
③ 배합비 추정시험   ④ 코어의 잔존 팽창량 시험

해설
- 골재의 반응성유무 : 주사전자현미경(SEM)에 의한 관찰
- 잔존팽창량시험 : 구조물로부터 뽑아낸 코어샘플에 대해서 팽창반응을 가열·습윤에 의해 촉진해, 장래적으로 일어날 수 있는 팽창을 단기간으로 일으켜, 향후의 팽창의 가능성을 조사하는 시험이다.

□□□ 기 08,10,19,24

72 직사각형 단면을 가지는 단순보에서 콘크리트가 부담하는 공칭전단강도(V_c)는? (단, 보통중량콘크리트이며, 폭 =300mm, 유효깊이=500mm, $f_{ck}=27$MPa이다.)

① 54.6kN   ② 72.6kN
③ 89.6kN   ④ 129.9kN

해설 $V_c = \dfrac{1}{6}\lambda\sqrt{f_{ck}}\,b_w d$
$= \dfrac{1}{6}\times 1\times\sqrt{27}\times 300\times 500 = 129,904\text{N} = 129.9\text{kN}$

□□□ 기 09,15,18,21,24

73 직접설계법에 의한 슬래브 설계에서 전체 정적 계수휨모멘트 $M_o=320$kN·m로 계산되었을 때, 내부 경간에서의 부계수휨모멘트는?

① 169kN·m   ② 182kN·m
③ 195kN·m   ④ 208kN·m

해설 내부 경간에서 전체 정적계수 모멘트 M_o를 다음과 같이 분해하여야 한다.
- 부계수 모멘트의 경우 : 0.65
- 정계수 모멘트의 경우 : 0.35
∴ 부계수 모멘트 $=0.65M_o=0.65\times 320=208$kN·m

□□□ 기 16,19,24

74 콘크리트가 외부로부터의 화학작용을 받아 시멘트 경화체를 구성하는 수화생성물이 변질 또는 분해하여 결합 능력을 잃는 열화현상을 총칭하여 '화학적 부식'이라고 한다. 다음 화학물질 중 침식 정도가 극히 심한 침식을 일으키는 것은?

① 콜타르   ② 파라핀
③ 질산암모늄   ④ 과망간산칼륨

해설 질산암모늄 : 수화물의 용해이탈에 의한 다공화로 심한 침식을 일으킨다.

정답 68 ③ 69 ② 70 ③ 71 ④ 72 ④ 73 ④ 74 ③

75 옹벽의 안정에 대한 설명으로 틀린 것은?

① 지반에 유발되는 최대 지반반력이 지반의 허용지지력을 초과하지 않아야 한다.
② 평상시 활동에 대한 저항력은 옹벽에 작용하는 수평력의 1.5배 이상이어야 한다.
③ 평상시 전도에 대한 저항휨모멘트는 횡토압에 의한 전도모멘트의 1.5배 이상이어야 한다.
④ 전도 및 지반지지력에 대한 안정조건은 만족하지만, 활동에 대한 안정조건만을 만족하지 못할 경우에는 활동방지벽 혹은 횡방향 앵커 등을 설치하여 활동저항력을 증대시킬 수 있다.

해설 전도에 대한 저항휨모멘트는 횡토압에 의한 전도휨모멘트의 2.0배 이상이어야 한다.

76 아래 표에서 설명하는 비파괴 시험방법은?

> 대기 중에 있는 콘크리트구조물의 철근 등 강재가 부식 환경에 있는지의 여부, 즉 조사시점에서의 부식 가능성에 대하여 진단하는 것이고, 구조물 내에서 부식 가능성이 높은 위치를 찾아내는 것을 목적으로 사용되고 있다.

① 자연전위법   ② 초음파법
③ 방사선법   ④ 전자파법

해설 자연전위법의 목적으로, 즉 구조물이 사용되는 시점부터 내부 철근이 부식하고, 부식에 의해 피복콘크리트에 균열이 발생하기까지의 콘크리트 구조물이 열화하는 초기단계 진단에 유효한 방법이다.

77 철근콘크리트 교량의 슬래브에 균열이 발생하였을 때 적용할 수 있는 보수·보강 방법으로 거리가 먼 것은?

① 강판접착공법   ② 수지주입공법
③ 연속섬유시트감기공법   ④ FRP 접착공법

해설 연속섬유시트감기공법
• T형교나 박스거더교 복부면에 적용함으로써 부재의 전단보강 효과가 있다.
• 균열의 구속효과, 내하성능의 향상효과가 기대되며, 내식성에 우수하고 염해지역의 콘크리트구조물의 보강에도 적용할 수 있다.

78 반발경도법에 의한 콘크리트 압축강도추정에서 주로 슈미트 해머를 많이 사용한다. 이 해머 사용 전에 검교정을 위해 사용하는 기구의 명칭은?

① 테스트 앤빌(test anvil)
② 스트레인 게이지(strain gauge)
③ 변위계(displacement transducer)
④ 캘리브레이션 바(calibration bar)

해설 테스트 앤빌(test anvil) : 테스트 해머를 교정하거나 비교검사를 할 때 사용하는 장비로서 테스트 해머 사용 시 필수적인 기기이다.

79 인장철근이 일렬로 배치되어 있는 단철근 직사각형 보의 설계휨강도(ϕM_n)는? (단, $f_{ck}=23$MPa, $f_y=320$MPa, $b_w=250$mm, $d=500$mm, $A_s=2,000$mm^2)

① 156.3kN·m   ② 236.4kN·m
③ 356.3kN·m   ④ 396.4kN·m

해설 $M_d = \phi M_n = 0.85 f_y \cdot A_s \left(d - \dfrac{a}{2}\right)$

$f_{ck} = 23$MPa ≤ 40MPa일 때
$\eta = 1.0, \ \beta_1 = 0.80$

• $a = \dfrac{f_y \cdot A_s}{\eta(0.85 f_{ck})b} = \dfrac{320 \times 2,000}{1 \times 0.85 \times 23 \times 250} = 130.95$mm

∴ $\phi M_n = 0.85 \times 320 \times 2,000 \times \left(500 - \dfrac{130.95}{2}\right)$
$= 236,381,600$N·mm $= 236.4$kN·m

80 콘크리트의 진단 시에 화학적 성질을 알아보기 위해 사용하는 시험이 아닌 것은?

① 초음파 시험   ② 탄산화 깊이 측정
③ 염화물 함유량 시험   ④ 알칼리 골재반응 시험

해설
• 화학적 성질을 알기 위한 시험 : 알칼리골재반응, 염화물, 탄산화, 화학적 침식
• 초음파 시험 : 콘크리트를 통과하는 초음파진동의 속도와 파형을 측정하여 콘크리트의 강도, 균열심도, 내부결함 등을 검사한다.

정답 75 ③ 76 ① 77 ③ 78 ① 79 ② 80 ①

| memo |

부록

과년도 출제문제

【콘크리트 산업기사】

01 2018년   4월 28일 시행
             8월 19일 시행

02 2019년   4월 27일 시행
             8월 4일 시행

03 2020년   6월 13일 시행
             8월 23일 시행

04 2021년   제2회 시행 (복원문제)
             제3회 시행 (복원문제)

05 2022년   제2회 시행 (복원문제)
             제3회 시행 (복원문제)

06 2023년   제2회 시행 (복원문제)
             제3회 시행 (복원문제)

07 2024년   제2회 시행 (복원문제)
             제3회 시행 (복원문제)

기출문제 CBT 따라하기

홈페이지(www.bestbook.co.kr)에서 일부 기출문제를 CBT 모의 TEST로 체험하실 수 있습니다.

- 최근기출문제 2015년 제1,2,3회
- 최근기출문제 2016년 제1,2,3회
- 최근기출문제 2017년 제1,2,3회
- 최근기출문제 2022년 제2,3회
- 최근기출문제 2023년 제2,3회
- 최근기출문제 2024년 제2,3회

국가기술자격 필기시험문제

2018년도 산업기사 2회 필기시험

자격종목	시험시간	문제수	형 별
콘크리트산업기사	2시간	80	A

※ 각 문제는 4지 택일형으로 질문에 가장 적합한 문제의 보기 번호를 클릭하거나 답안표기란의 번호를 클릭하여 입력하시면 됩니다.
※ 입력된 답안은 문제 화면 또는 답안 표기란의 보기 번호를 클릭하여 변경하실 수 있습니다.

제1과목 : 콘크리트 재료 및 배합

산18
01 콘크리트의 응결시간에 영향을 끼치는 요인에 대한 설명으로 틀린 것은?

① 수량이 많을수록 응결이 늦어진다.
② 시멘트에 석고를 많이 넣을수록 응결이 빨라진다.
③ 풍화된 시멘트를 사용할 경우 응결이 늦어진다.
④ 온도가 높을수록 응결이 빨라진다.

[해설] 석고의 첨가량이 많을수록 응결은 지연된다.

산18
02 다음 중 굵은 골재의 안정성 시험에 사용되는 시약은?

① 황산나트륨 ② 염화나트륨
③ 규산나트륨 ④ 수산화나트륨

[해설] 황산나트륨에 의한 골재 안정성시험결과 손실질량백분율이 작은 골재를 사용하면 콘크리트의 내구성이 향상 된다.

산11,13,18
03 부순골재의 단위용적질량이 1.60kg/L이고, 절건 밀도가 2.65kg/L일 때 이 골재의 공극률(%)은?

① 29.7% ② 34.2%
③ 39.6% ④ 43.5%

[해설] · 실적률 $G = \dfrac{골재의\ 단위\ 용적질량}{골재의\ 절건밀도} \times 100$

$= \dfrac{T}{d_D} \times 100 = \dfrac{1.60}{2.65} \times 100 = 60.38\%$

∴ 공극률 = 100 − 실적률
= 100 − 60.38 = 39.62%

산07,11,14,15,16,18
04 설계기준 압축강도가 24MPa인 콘크리트의 배합강도를 결정하기 위해 30회의 압축강도 시험을 실시한 결과 압축강도의 표준편차가 3.0MPa였다면 배합강도는?

① 27.70MPa ② 28.02MPa
③ 28.34MPa ④ 28.66MPa

[해설] $f_{ck} \leq 35\,\text{MPa}$일 때 배합강도
· $f_{cr} = f_{ck} + 1.34s = 24 + 1.34 \times 3.0 = 28.02\,\text{MPa}$
· $f_{cr} = (f_{ck} - 3.5) + 2.33s = (24 - 3.5) + 2.33 \times 3.0 = 27.49\,\text{MPa}$
둘 중 큰 값을 사용한다.
∴ $f_{cr} = 28.02\,\text{MPa}$

산11,14,16,17,18
05 시멘트의 강도시험 방법(KS L ISO 679)에 의해 모르타르를 제작할 때 시멘트 450g을 사용할 경우 필요한 표준사의 양으로 옳은 것은?

① 1,050g ② 1,220g
③ 1,350g ④ 1,530g

[해설] 모르타르 조제(KS L ISO 679) : 질량에 의한 비율로 시멘트와 표준모래를 1 : 3의 비율로 한다.
∴ 시멘트와 모래의 비율 = 1 : 3 = 450 : 1,350g

산06,12,14,18
06 다음 중 시멘트 시험항목에 대한 관련장치가 적절하게 연결된 것은?

① 압축강도 − 르샤틀리에 플라스크
② 응결시간 − 블레인 공기투과장치
③ 비중시험 − 비카트침
④ 분말도 − 45μm 표준체

[해설] · 비중시험 : 르샤틀리에 비중병
· 압축강도 : 모르타르 압축강도 시험기
· 분말도 : 블레인 공기 투과 장치, 45μm 표준체
· 응결시간 : 비카 침, 길모어 장치

정답 01 ② 02 ① 03 ③ 04 ② 05 ③ 06 ④

□□□ 산12,15,18

07 압축강도의 시험기록이 없는 현장에서 설계기준압축강도가 20MPa인 경우 배합강도는?

① 25MPa　② 27MPa
③ 28.5MPa　④ 30MPa

해설 $f_{ck} < 21\,\text{MPa}$일 때
$f_{cr} = f_{ck} + 7 = 20 + 7 = 27\,\text{MPa}$

□□□ 산09,11,15,18

08 화학 혼화제의 품질시험 항목으로 옳지 않은 것은?

① 블리딩양의 비
② 길이 변화비
③ 동결융해에 대한 저항성
④ 휨강도 비

해설 콘크리트용 화학 혼화제의 품질 항목

품질항목	AE제
감수율(%)	6 이상
블리딩양의 비(%)	75 이하
응결시간의 차(분)(초결)	-60~+60
압축강도의 비(%)(28일)	90 이상
길이 변화비(%)	120 이하
동결융해에 대한 저항성(%)(상대 동탄성계수)	80 이상
경시변화량 슬럼프 mm	-
경시변화량 공기량 %	-

□□□ 산11,18

09 시멘트의 원료, 제조 및 조성광물에 대한 설명으로 틀린 것은?

① 시멘트의 성분 중 산화마그네슘은 수화에서 체적 증가를 동반하므로 6% 이상 포함되어야 한다.
② 시멘트는 석회석, 점토, 혈암 등의 원료를 혼합하여 약 1,450℃까지 가열하여 얻어진다.
③ 클링커에서 가장 많은 성분은 C_3S를 주성분으로 하는 알라이트이다.
④ 포틀랜드시멘트의 주요 화학성분은 CaO, SiO_2, Al_2O_3, Fe_2O_3이다.

해설 • 산화마그네슘(MgO)은 수화반응에 의해 서서히 팽창하여 콘크리트에 균열을 일으킬 염려가 있기 때문에 시멘트 중의 MgO 함량을 5% 이하로 제한하고 있다.
• MgO의 양은 보통포틀랜드시멘트에서는 1.5% 정도이다.

□□□ 산05,18

10 AE제에 대한 일반적인 설명으로 옳은 것은?

① AE제를 사용한 콘크리트에서 물-시멘트비가 일정한 경우 공기량이 증가하면 슬럼프는 커지는 경향이 있다.
② AE제를 사용한 콘크리트에서 물-시멘트비가 일정한 경우 공기량이 증가하면 압축강도는 증가하는 경향이 있다.
③ AE제의 대표적인 종류로는 시메졸, 리그널 등이 있으며, 시메졸과 리그널은 알칸술폰산의 염화물이다.
④ AE제를 사용할 경우 기포가 시멘트 및 골재의 미립자를 떠오르게 하거나 물의 이동을 도움으로써 블리딩이 많아진다.

해설 • 연행공기는 볼 베어링 작용을 하여 워커빌리티를 개선하며 공기량이 1% 증가하면 슬럼프가 약 25mm 증가한다.
• AE제를 사용한 콘크리트에서 물-시멘트비가 일정한 경우 공기량이 1% 증가에 따라 압축강도는 4~6% 감소한다.
• AE제의 대표적인 종류로는 빈졸레진, 다렉스, 포졸리스, 프로텍스 등이 있다.
• AE제를 사용할 경우 기포가 시멘트 및 골재의 미립자를 떠오르게 하거나 물의 이동을 도움으로써 블리딩을 감소시킨다.

□□□ 산11,18

11 특수시멘트인 팽창시멘트에 관한 설명으로 옳지 않은 것은?

① 적당량의 팽창재($CaO-Al_2O_3-SO_3$)를 혼합시킨 시멘트이다.
② 팽창시멘트를 사용한 콘크리트의 응결, 블리딩 및 워커빌리티는 보통콘크리트와 비슷하다.
③ 콘크리트의 균열방지를 주목적으로 하는 수축보상 콘크리트로 사용된다.
④ 믹싱시간이 길어지면 팽창률이 증가하므로 비비는 시간을 길게 하여야 한다.

해설 믹싱시간이 길어지면 팽창률이 감소하므로 비비는 시간을 짧게 하여야 한다.

□□□ 산13,15,18

12 콘크리트용 굵은 골재의 유해물 함유량의 한도(질량백분율) 중 점토덩어리의 경우는 최대 몇 %인가?

① 0.1%　② 0.25%
③ 0.5%　④ 1%

해설 골재의 점토 덩어리 유해물 함유량 한도

종류	최대값(질량백분율)
잔골재	1.0%
굵은 골재	0.25%

정답 07 ② 08 ④ 09 ① 10 ① 11 ④ 12 ②

□□□ 산12,15,17,18,19

13 플라이 애시(KS L 5405)의 품질시험항목 중 아래에서 설명하는 것은?

> 기준 모르타르의 압축 강도에 대한 시험 모르타르의 압축 강도의 비를 백분율로 나타낸 것

① 안정도　　　　② 플로값 비
③ 활성도 지수　　④ 팽창도

[해설] 활성도 지수(%) = $\dfrac{\text{기준 모르타르의 압축강도}}{\text{시험 모르타르의 압축강도}}$

□□□ 산06,14,18

14 KS F 2508 로스앤젤레스 시험기에 의한 굵은 골재의 마모시험에서 사용시료의 등급이 A인 경우 사용 철구 수와 철구의 총 질량(g)이 옳은 것은?

① 12개, 5,000±25(g)　② 11개, 5,000±25(g)
③ 12개, 4,580±25(g)　④ 11개, 4,580±25(g)

[해설] 구의 수 및 전질량

입도 구분	구의 수	구의 전질량(g)
A	12	5,000±25
B	11	4,580±25
C	8	3,330±25
D	6	2,500±25
E	12	5,000±25
F	12	5,000±25
G	12	5,000±25
H	10	4,160±25

□□□ 산08,14,18

15 제빙화학제가 사용되는 콘크리트의 물–결합재비는 몇 % 이하로 하여야 하는가?

① 40%　　② 45%
③ 50%　　④ 55%

[해설] 제빙화학제가 사용되는 콘크리트의 물–결합재비는 45% 이하로 하여야 한다.

□□□ 산14,18

16 시멘트의 응결시간시험 방법으로 옳은 것은?

① 오토클레이브 방법　② 비비시험
③ 블레인시험　　　　④ 길모어 침에 의한 시험

[해설] 시멘트의 응결시험 장치 : 길모어침 장치, 비카트침 장치

□□□ 산08,18

17 아래의 콘크리트 시방배합을 현장배합으로 수정할 때 단위 굵은 골재량으로 옳은 것은? (단, 시방배합의 단위시멘트량이 300kg/m³, 단위수량이 155kg/m³, 단위 잔골재량이 700kg/m³, 단위 굵은 골재량이 1,300kg/m³이며 현장골재의 상태는 잔골재의 표면수 4%, 굵은 골재의 표면수 1%, 잔골재 중 5mm체 잔유량 3%, 굵은 골재 중 5mm체 통과량 4%이다.)

① 1,284.62kg/m³　② 1,315.34kg/m³
③ 1,327.21kg/m³　④ 1,346.66kg/m³

[해설] ■ 입도에 의한 조정
 a : 잔골재 중 5mm체에 남은 양 : 3%
 b : 굵은 골재 중 5mm체를 통과한 양 : 4%
 · 굵은 골재 $Y = \dfrac{100G - a(S+G)}{100 - (a+b)}$
 $= \dfrac{100 \times 1,300 - 3(700+1,300)}{100 - (3+4)} = 1,333.33 \text{kg/m}^3$
■ 표면수량에 의한 환산
 · 굵은 골재의 표면 수량 = 1,333.33 × 0.01 = 13.33kg
■ 현장배합
 · 굵은 골재량 = 1,333.33 + 13.33 = 1346.66kg/m³

□□□ 산09,12,18

18 레디믹스트를 콘크리트에 사용할 혼합수에 관한 설명으로 옳은 것은?

① 상수돗물이나 지하수는 시험을 하지 않아도 사용할 수 있다.
② 회수수를 사용하였을 경우, 단위 슬러지 고형분율이 5% 이하이어야 한다.
③ 배합할 때, 회수수 중에 함유된 슬러지 고형분은 물의 질량에는 포함하지 않는다.
④ 레디믹스트 콘크리트 공장에서 운반차, 플랜트의 믹서, 호퍼 등에 부착된 콘크리트 및 현장에서 되돌아오는 레디믹스트 콘크리트를 세척하여 잔골재, 굵은 골재를 분리한 세척 배수로서 슬러지수 및 상징수의 총칭을 공업용수하고 한다.

[해설] 레디믹스트 콘크리트의 혼합에 사용되는 물
 · 상수돗물은 시험을 하지 않아도 사용할 수 있다.
 · 회수수를 사용하였을 경우, 단위 슬러지 고형분율이 3% 이하이어야 한다.
 · 배합할 때, 회수수 중에 함유된 슬러지 고형분은 물의 질량에는 포함하지 않는다.

정답　13 ③　14 ①　15 ②　16 ④　17 ④　18 ③

□□□ 산07,09,15,18
19 콘크리트의 배합강도를 결정하기 위해 31회의 콘크리트 압축강도 시험을 실시하여 평균값($\bar{x}$)을 구하고, 각 시험값(x)으로부터 평균값을 뺀 값의 제곱 합($\sum_{i=1}^{31}(X_i-\bar{x})^2$)을 구하였더니 270이었다. 이 때 콘크리트의 배합강도를 결정하기 위한 압축강도의 표준편차(s)를 구하면?

① 1MPa ② 2MPa
③ 3MPa ④ 4MPa

해설 표준편차 $\sigma_e = \sqrt{\dfrac{(\bar{x}-X_i)^2}{n-1}} = \sqrt{\dfrac{270}{31-1}} = 3\text{MPa}$

□□□ 산10,15,18
20 콘크리트 배합설계의 기본원칙에 대한 설명으로 틀린 것은?

① 최대치수가 작은 굵은 골재를 사용할 것
② 가능한 한 단위수량을 적게 할 것
③ 충분한 내구성을 확보할 것
④ 경제성 있는 배합일 것

해설 경제적인 관점에서 허용한도내에서 가능한 최대치수가 큰 굵은 골재를 사용할 것

제2과목 : 콘크리트 제조, 시험 및 품질 관리

□□□ 산06,10,11,14,18
21 콘크리트의 제조공정의 검사에 관한 설명으로 틀린 것은?

① 시방배합에 관한 검사는 공사 중 적절히 실시하는 것이 원칙이다.
② 잔골재의 조립률은 1일 1회 이상 실시한다.
③ 잔골재의 표면수율은 1일 2회 이상 실시한다.
④ 굵은 골재의 표면수율은 1일 2회 이상 실시한다.

해설 배합 제조공정에 있어서의 검사

항 목	시기 및 횟수	판정 기준
시방배합	공사 중 적절히 실시함	시방배합에 적합할 것
잔골재의 5mm체 남는 율	1회/일 이상	시방배합으로부터 현장배합으로의 수정이 적절하게 되어 있을 것
굵은 골재의 5mm체 통과율	1회/일 이상	
잔골재의 표면수율	2회/일 이상	
굵은 골재의 표면수율	1회/일 이상	

□□□ 산18
22 시멘트의 저장에 대한 설명으로 틀린 것은?

① 시멘트는 방습적인 구조로 된 사일로 또는 창고에 품종별로 구분하여 저장하여야 한다.
② 시멘트를 저장하는 사일로는 시멘트가 바닥에 쌓여서 나오지 않는 부분이 생기지 않도록 한다.
③ 포대시멘트가 저장 중에 지면으로부터 습기를 받지 않도록 하기 위해서는 창고의 마룻바닥과 지면 사이에 어느 정도의 거리가 필요하며, 현장에서의 목조창고를 표준으로 할 때, 그 거리를 0.3m로 하면 좋다.
④ 포대시멘트를 쌓아서 저장하면 그 질량으로 인해 하부의 시멘트가 고결할 염려가 있으므로 시멘트를 쌓아 올리는 높이는 15포대 이하로 하는 것이 바람직하다.

해설 포대시멘트를 쌓아서 저장하면 그 질량으로 인해 하부의 시멘트가 고결할 염려가 있으므로 시멘트를 쌓아 올리는 높이는 13포대 이하로 하는 것이 바람직하다.

□□□ 산11,13,18
23 슬럼프 시험에 대한 설명으로 틀린 것은?

① 굵은 골재의 최대 치수가 40mm를 넘는 콘크리트의 경우에는 40mm를 넘는 굵은 골재를 제거한다.
② 시험체를 만들 콘크리트 시료는 그 배치를 대표할 수 있어야 한다.
③ 슬럼프 콘에 콘크리트를 넣고 각 층을 다질 때 다짐봉의 다짐 깊이는 그 앞 층에 거의 도달할 정도로 한다.
④ 슬럼프 콘을 들어 올렸을 때 콘크리트의 모양이 불균형이 된 경우 같은 시료로 재시험을 한다.

해설 콘크리트가 슬럼프콘의 중심축에 대하여 치우치거나 무너지거나 해서 모양이 불균형이 된 경우 다른 시료에 의해 재시험을 한다.

□□□ 산09,11,18
24 관입저항침에 의한 콘크리트의 응결시간 시험방법에 관한 설명으로 적합하지 않는 것은?

① 시료는 굳지 않은 콘크리트를 체로 쳐서 얻은 모르타르로 시험한다.
② 시료의 위 표면적 1,000mm²당 1회의 비율로 다진다.
③ 보통의 배합인 경우 20~25℃ 온도의 실험실에서 시험한다.
④ 관입 저항이 3.5MPa, 28.0MPa이 될 때의 시간을 각각 초결시간과 종결시간으로 결정한다.

해설 시료의 위 표면적 645mm²당 1회의 비율로 모르타르를 다진다.

정답 19 ③ 20 ① 21 ④ 22 ④ 23 ④ 24 ②

25 콘크리트 받아들이기 품질검사 항목에 속하지 않는 것은?

① 비비기 시간
② 굳지 않은 콘크리트의 상태
③ 펌퍼빌리티
④ 염화물 함유량

해설 콘크리트의 받아들이기 품질 조사

항 목		시기 및 횟수
굳지 않은 콘크리트의 상태		콘크리트 타설 개시 및 타설 중 수시로 함
슬럼프		최초 1회 시험을 실시하고, 이후 압축강도 시험용 공시체 채취 시 및 타설 중에 품질 변화가 인정될 때 실시
슬럼프 플로		
공기량		
온도		
단위용적질량		필요한 경우 별도로 정함
염화물 함유량		바닷모래를 사용한 경우 2회/일, 그 밖에 염화물 함유량 검사가 필요한 경우 별도로 정함
배합	단위수량[1]	1회/일, 120m³마다 또는 배합이 변경될 때마다
	단위 결합재량	전 배치
	물-결합재비	필요한 경우 별도로 정함
	기타, 콘크리트 재료의 단위량	전 배치
펌퍼빌리티		펌프 압송 시

주1) 각 현장마다 구비된 측정기기와 시험인원 등을 고려하여 한국콘크리트학회 제규격(KCI-RM101)에 규정된 시험방법 중 한가지 시험방법을 정하여 시행한다.

26 콘크리트의 일반적인 성질에 대한 설명으로 틀린 것은?

① 일반적으로 단위수량이 많을수록 콘크리트의 반죽질기는 크게 된다.
② 골재 중의 세립분은 콘크리트에 점성을 주고 성형성을 좋게 한다.
③ 콘크리트의 온도가 높을수록 반죽질기가 크게 된다.
④ 혼합시멘트는 일반적으로 보통 포틀랜드 시멘트와 비교해서 워커빌리티를 좋게 한다.

해설 콘크리트의 온도가 높을수록 반죽질기가 저하된다.

27 콘크리트 탄산화에 대한 대책으로 틀린 것은?

① 콘크리트의 다지기를 충분히 하여 결함을 발생시키지 않도록 한 후 습윤양생을 한다.
② 양질의 골재를 사용하고 물-시멘트비를 크게 한다.
③ 철근 피복두께를 확보한다.
④ 탄산화 억제효과가 큰 투기성이 낮은 마감재를 사용한다.

해설 콘크리트의 탄산화 저항성을 고려하여 물-시멘트비를 정할 경우 55% 이하로 한다.

28 레디믹스트 콘크리트의 지정 슬럼프 값이 80mm일 때 슬럼프의 허용오차로 옳은 것은?

① ±10mm
② ±15mm
③ ±20mm
④ ±25mm

해설 슬럼프의 허용 오차

슬럼프	슬럼프 허용차
25mm	±10mm
50mm 및 65mm	±15mm
80mm 이상	±25mm

29 콘크리트의 응결이 지연되는 경우에 대한 설명으로 틀린 것은?

① 지연형의 AE감수제 증가
② 플라이 애시 증가
③ 시멘트의 분말도 증가
④ 슬럼프 증가

해설 시멘트의 분말도 증가하면 응결이 빨라진다.

30 일반콘크리트의 비비기에서 가경식 믹서를 사용하고 비비기 시간에 대한 시험을 하지 않은 경우 비비기 시간의 표준으로 옳은 것은?

① 30초 이상
② 1분 이상
③ 1분 30초 이상
④ 2분 이상

해설
- 강제식 믹서의 최소 비비기 시간은 1분 이상을 표준으로 한다.
- 가경식 믹서의 최소 비비기 시간은 1분 30초 이상으로 하여야 한다.

□□□ 산12,18,20
31 다음 중 굳지 않은 콘크리트의 워커빌리티 측정방법이 아닌 것은?

① 길이변화시험 ② 구관입시험
③ 비비시험 ④ 리몰딩시험

[해설] 워커빌리티 측정 방법 : 슬럼프 시험, 구관입 시험, 비비 시험, 리몰딩 시험, 다짐계수 시험

□□□ 산10,18
32 각주형 콘크리트 시험체를 4점 재하법에 따라 휨강도를 측정한 결과가 아래 표와 같을 때 휨강도를 구하면? (단, 공시체가 인장쪽 표면 지간 방향 중심선의 4점 사이에서 파괴되었다.)

- 공시체의 규격 : 150mm×150mm×530mm
- 지간 : 450mm
- 파괴하중 : 45kN

① 3.0MPa ② 4.0MPa
③ 5.0MPa ④ 6.0MPa

[해설] 휨강도 $f_b = \dfrac{P \cdot l}{b \cdot h^2}$

$f_b = \dfrac{45 \times 10^3 \times 450}{150 \times 150^2} = 6.0 \text{N/mm}^2 = 6.0 \text{MPa}$

□□□ 산18
33 다음 중 평균값과 범위의 관리도는?

① $\bar{x} - R$ 관리도 ② $\bar{x} - \sigma$ 관리도
③ P 관리도 ④ P_n 관리도

[해설] $\bar{x} - R$ 관리도
- $\bar{x}$: 평균값
- R : 범위

□□□ 산09,11,12,13,14,15,18
34 $\phi 150\text{mm} \times 300\text{mm}$의 콘크리트 공시체를 사용하여 압축강도 시험을 실시한 결과 최대 하중이 490kN에서 공시체가 파괴되었다. 이 공시체의 압축강도는?

① 27.73MPa ② 28.62MPa
③ 29.84MPa ④ 31.42MPa

[해설] $f_c = \dfrac{P}{A} = \dfrac{490 \times 10^3}{\dfrac{\pi \times 150^2}{4}} = 27.73 \text{N/mm}^2 = 27.73 \text{MPa}$

□□□ 산07,08,14,18
35 레디믹스트 콘크리트의 제조에서 콘크리트 재료의 계량에 대한 설명으로 옳은 것은?

① 혼화제의 1회 계량 허용오차는 ±3%이다.
② 시멘트의 1회 계량 허용오차는 -2%, +1%이다.
③ 골재의 1회 계량 허용오차는 ±2%이다.
④ 물의 1회 계량 허용오차는 ±2%이다.

[해설] 재료의 계량 오차

재료의 종류	1회 재량 분량의 한계오차
물	-2%, +1%
시멘트	-1%, +2%
혼화재	±2%
골재	±3%
혼화제	±3%

□□□ 산12,18
36 KS F 4009(레디믹스트 콘크리트)에서 정한 레디믹스트 콘크리트의 호칭강도에 포함되지 않는 것은?

① 27MPa ② 30MPa
③ 37MPa ④ 40MPa

[해설] 호칭강도(MPa) : 18, 21, 24, 27, 30, 35, 40, 45, 50, 55, 60

□□□ 산16,18
37 콘크리트의 균열 중 경화 후에 발생하는 균열의 종류에 속하지 않는 것은?

① 건조수축균열 ② 온도균열
③ 소성수축균열 ④ 휨균열

[해설] 소성수축균열은 콘크리트 표면수의 증발속도가 블리딩 속도보다 빠른 경우와 같이 급속한 수분증발이 일어나는 경우에 콘크리트 마무리 면에 생기는 가늘고 얇은 균열을 말한다.

□□□ 산18
38 콘크리트의 타설 시 생기는 재료분리현상을 증가시키는 요인에 대한 설명으로 틀린 것은?

① 단위수량이 지나치게 많을 때
② 단위시멘트량이 많을 때
③ 굵은 골재의 최대치수가 지나치게 클 때
④ 콘크리트의 슬럼프값이 클 때

[해설] 단위 시멘트량이 적으면 재료분리의 경향이 생긴다.

정답 31 ① 32 ④ 33 ① 34 ① 35 ① 36 ③ 37 ③ 38 ②

산 07,14,18

39 골재의 알칼리-실리카 반응을 검토하기 위하여 적합한 시험은?

① 질산은 적정법 ② 전자파 레이더법
③ 모르타르봉 방법 ④ 변색법

해설
- 모르타르 봉 방법 : 모르타르 봉 길이 변화를 측정하는 것에 의해, 골재의 알칼리 반응성을 판정하는 시험 방법에 대하여 규정
- 화학적 방법 : 포틀랜드 시멘트 내의 알칼리와 골재의 잠재 반응의 화학적 측정에 대하여 규정

산 09,10,16,18,20

40 콘크리트 강도 시험용 원주공시체($\phi 150mm \times 300mm$)를 할렬에 의한 간접인장강도 시험을 실시한 결과 160kN에서 파괴되었다. 콘크리트 인장강도로 옳은 것은?

① 1.54MPa ② 2.26MPa
③ 2.96MPa ④ 4.57MPa

해설 $f_{sp} = \dfrac{2P}{\pi dl}$
$= \dfrac{2 \times 160 \times 10^3}{\pi \times 150 \times 300} = 2.26 N/mm^2 = 2.26 MPa$

제3과목 : 콘크리트의 시공

산 16,18

41 유동화 콘크리트의 슬럼프 증가량에 대한 설명으로 옳은 것은?

① 80mm 이하를 원칙으로 하며, 30~50mm를 표준으로 한다.
② 80mm 이하를 원칙으로 하며, 50~80mm를 표준으로 한다.
③ 100mm 이하를 원칙으로 하며, 50~80mm를 표준으로 한다.
④ 100mm 이하를 원칙으로 하며, 80~100mm를 표준으로 한다.

해설 슬럼프 증가량은 100mm 이하를 원칙으로 하며, 50~80mm를 표준으로 한다.

산 15,18

42 콘크리트 구조물은 변형이 구속되면 균열이 발생한다. 그래서 미리 어느 정해진 장소에 균열을 집중시킬 목적으로 소정의 간격으로 단면 결손부를 설치하여 균열을 강제적으로 생기게 하는 균열유발 이음을 설치하는 것이 좋다. 이러한 균열유발 이음의 간격 및 단면의 결손율에 대한 설명으로 옳은 것은?

① 균열유발 이음의 간격은 부재높이의 1배 이상에서 2배 이내 정도로 하고 단면의 결손율은 10%를 약간 넘을 정도로 하는 것이 좋다.
② 균열유발 이음의 간격은 부재높이의 1배 이상에서 2배 이내 정도로 하고 단면의 결손율은 20%를 약간 넘을 정도로 하는 것이 좋다.
③ 균열유발 이음의 간격은 부재높이의 4배 이상에서 5배 이내 정도로 하고 단면의 결손율은 10%를 약간 넘을 정도로 하는 것이 좋다.
④ 균열유발 이음의 간격은 부재높이의 4배 이상에서 5배 이내 정도로 하고 단면의 결손율은 20%를 약간 넘을 정도로 하는 것이 좋다.

해설 균열유발 이음의 간격 : 부재높이의 1배 이상에서 2배 이내 정도로 하고 단면의 결손율은 20%를 약간 넘을 정도로 하는 것이 좋다.

산 12,15,16,18

43 콘크리트 공장 제품의 특징으로 옳지 않은 것은?

① 제품이 다양하고 동일규격의 제품이 사용 가능하다.
② 현장에 있어서 양생이 필요하지 않아 공사기간이 단축된다.
③ 충분한 품질관리로 신뢰성이 높은 제품의 생산이 가능하다.
④ 제품의 제조는 날씨에 좌우되지 않지만 동해를 방지하기 위해 한랭지에는 시공이 불가능하다.

해설 품질이나 작업환경이 제작시 기후 상황에 영향을 받는 일이 적다.

산 12,15,18

44 외기온이 25℃ 이하일 때 허용 이어치가 시간 간격의 표준으로 옳은 것은?

① 2.5시간 ② 2.0시간
③ 1.5시간 ④ 1.0시간

해설 허용 이어치기 시간 간격의 표준

외기온도	허용 이어치기 시간간격
25℃ 초과	2.0시간
25℃ 이하	2.5시간

정답 39 ③ 40 ② 41 ③ 42 ② 43 ④ 44 ①

□□□ 산13,18
45 콘크리트의 압축강도를 시험하지 않을 경우 거푸집널의 해체시기로 옳은 것은? (단, 평균기온이 10℃ 이상 20℃ 미만이고, 보통 포틀랜드시멘트를 사용하고, 기초, 보, 기둥 및 벽의 측면인 경우)

① 3일 ② 6일
③ 8일 ④ 9일

해설 콘크리트의 압축강도를 시험하지 않을 경우 거푸집널 해체시기 (기초, 보, 기둥 및 벽의 측면)

시멘트의 종류 평균 기온	보통 포틀랜드 시멘트	조강 포틀랜드 시멘트
20℃ 이상	4일	2일
20℃ 미만 10℃ 이상	6일	3일

□□□ 산14,17,18
46 콘크리트 다지기에서 내부진동기 사용방법의 표준을 설명한 것으로 틀린 것은?

① 진동다지기를 할 때에는 내부진동기를 하층의 콘크리트 속으로 0.1m 정도 찔러 넣는다.
② 진동기의 삽입간격은 일반적으로 2m 이하로 하는 것이 좋다.
③ 1개소당 진동시간은 다짐할 때 시멘트 페이스트가 표면 상부로 약간 부상하기까지 한다.
④ 내부진동기는 콘크리트로부터 천천히 빼내어 구멍이 남지 않도록 한다.

해설 진동기의 삽입간격은 일반적으로 0.5m 이하로 하는 것이 좋다.

□□□ 산05,17,18,19
47 일반 콘크리트 타설에 대한 설명으로 옳지 않은 것은?

① 타설한 콘크리트를 거푸집 안에서 횡방향으로 이동시켜서는 안 된다.
② 한 구획 내의 콘크리트는 타설이 완료될 때까지 연속해서 타설해야 한다.
③ 콘크리트를 2층 이상으로 나누어 타설 할 경우 상층의 콘크리트 타설은 하층의 콘크리트가 굳은 후 실시하여야 한다.
④ 콘크리트의 타설 도중 블리딩에 의해 표면에 떠올라 있는 물은 제거한 후 타설해야 한다.

해설 콘크리트를 2층 이상으로 나누어 타설할 경우, 상층의 콘크리트 타설은 하층의 콘크리트가 굳기 시작하기 전에 하여야 한다.

□□□ 산11,15,18
48 댐 콘크리트 중 롤러다짐용 콘크리트의 반죽질기 표준 값으로 옳은 것은? (단, VC시험을 실시할 경우)

① 10±5초 ② 20±10초
③ 30±15초 ④ 40±20초

해설 진동롤러 다짐에 적합한 VC값은 40mm체로 친 시료에 대하여 측정된 값이 20±10초를 표준으로 한다.

□□□ 산09,15,18
49 수밀콘크리트의 물-결합재비는 몇 % 이하를 표준으로 하는가?

① 35% 이하 ② 40% 이하
③ 45% 이하 ④ 50% 이하

해설 물-시멘트비는 50% 이하를 표준으로 한다.

□□□ 산10,11,15,18
50 포장용 시멘트 콘크리트의 배합기준 중 설계기준 휨강도(f_{28})는 몇 MPa 이상이어야 하는가?

① 4.5MPa ② 5.5MPa
③ 6.0MPa ④ 6.5MPa

해설 포장용 콘크리트의 배합기준

항 목	기 준
설계기준 휨 호칭 강도(f_{28})	4.5MPa 이상
단위 수량	150kg/m³ 이하
굵은 골재의 최대치수	40mm 이하
슬럼프	40mm 이하
공기연행 콘크리트의 공기량 범위	4~6%

□□□ 산09,13,18
51 일반 숏크리트의 장기강도에 대한 설명으로 옳은 것은?

① 일반 숏크리트의 장기 설계기준압축강도는 재령 28일로 설정하며 그 값은 21MPa 이상으로 한다.
② 일반 숏크리트의 장기 설계기준압축강도는 재령 28일로 설정하며 그 값은 14MPa 이상으로 한다.
③ 일반 숏크리트의 장기 설계기준압축강도는 재령 91일로 설정하며 그 값은 21MPa 이상으로 한다.
④ 일반 숏크리트의 장기 설계기준압축강도는 재령 91일로 설정하며 그 값은 14MPa 이상으로 한다.

해설 일반 숏크리트의 장기 설계기준압축강도는 재령 28일로 설정하며, 그 값은 21MPa 이상으로 한다.

정답 45 ② 46 ② 47 ③ 48 ② 49 ④ 50 ① 51 ①

52 다음 시멘트 중 댐과 같이 큰 단면의 콘크리트에 적합하지 않는 것은?

① 조강포틀랜드 시멘트 ② 플라이애시 시멘트
③ 고로 시멘트 ④ 실리카 시멘트

해설 조강 포틀랜드 시멘트 사용 시 7일이면 보통 포틀랜드 시멘트의 28일 강도를 확보할 수 있으나, 수화 발열량이 많아 건조수축 균열이 크기 때문에 단면이 큰 콘크리트에는 부적합하다.

53 매스콘크리트에서 온도균열지수는 구조물의 중요도, 기능, 환경조건 등에 대응할 수 있도록 선정되어야 한다. 철근이 배치된 일반적인 구조물에서 유해한 균열발생을 제한할 경우 온도균열지수값으로 옳은 것은?

① 2.2~2.7 ② 1.7~2.2
③ 1.2~1.7 ④ 0.7~1.2

해설 표준적인 온도균열지수
 • 균열발생을 방지하여야 할 경우 : 1.5 이상
 • 균열발생을 제한할 경우 : 1.2~1.5
 • 유해한 균열발생을 제한할 경우 : 0.7~1.2

54 콘크리트 공장제품의 배합특징으로 옳지 않은 것은?

① 슬럼프가 적은 된반죽 콘크리트가 사용된다.
② 제품에 따라 최소 단위 시멘트량을 규정하는 경우도 있다.
③ 기계적 다짐으로 성형하므로 단위수량이 많아야 한다.
④ 양생기간의 단축과 취급 중의 불량품을 적게 하기 위해 일반적으로 부배합 콘크리트가 사용된다.

해설 기계적 다짐으로 성형하므로 단위수량이 적은 된반죽의 콘크리트가 사용된다.

55 고유동 콘크리트의 사용이 필요한 경우에 대한 설명으로 잘못된 것은?

① 보통 콘크리트의 충전이 곤란한 구조체인 경우
② 콘크리트의 자중을 감소시켜 지간의 증대, 보의 유효높이 감소가 요구되는 경우
③ 균질하고 정밀도가 높은 구조체를 요구하는 경우
④ 타설작업의 합리화로 시간 단축이 요구되는 경우

해설 다짐작업에 따르는 소음, 진동의 발생을 피해야 하는 경우

56 고강도 콘크리트란 설계기준 압축강도가 몇 MPa 이상인 콘크리트를 말하는가? (단, 보통(중량) 콘크리트인 경우)

① 27MPa ② 30MPa
③ 35MPa ④ 40MPa

해설 고강도 콘크리트 : 설계기준압축강도가 보통(중량) 콘크리트에서 40MPa 이상, 경량골재 콘크리트에서 27MPa 이상인 경우의 콘크리트

57 고강도 콘크리트의 제조방법에 대한 설명으로 틀린 것은?

① 물-결합재비를 감소시킨다.
② 고성능 감수제를 사용한다.
③ 양질의 골재를 사용한다.
④ 굵은 골재 최대치수를 크게 한다.

해설 고강도 콘크리트에 사용되는 굵은 골재의 최대치수는 40mm 이하로서 가능한 25mm 이하로 한다.

58 해양콘크리트의 시공에서 콘크리트가 충분히 경화되기 전까지 직접 해수에 닿지 않도록 보호하여야 하는데 이때의 보호기간으로 옳은 것은? (단, 보통 포틀랜드 시멘트를 사용한 경우)

① 21일 ② 14일
③ 7일 ④ 5일

해설 보통 포틀랜드 시멘트를 사용한 콘크리트는 적어도 재령 5일이 될 때까지 해수에 직접 접촉되지 않도록 한다.

59 해양 콘크리트는 염해를 받기 쉬운 환경이므로 콘크리트 중의 강재 방식을 위한 대책을 수립할 필요가 있는데 다음 중 적당하지 않은 것은?

① 물-결합재비를 크게 한다.
② 피복두께를 크게 한다.
③ 균열폭을 작게 한다.
④ 플라이 애시 시멘트를 적용한다.

해설 충분한 내구성을 가지기 위하여 일반 콘크리트보다 적은 값의 물-결합재비를 사용하는 것이 바람직하다.

60 매스콘크리트로 다루어야 하는 구조물 부재치수의 일반적인 표준에 대한 아래 문장의 ( )에 알맞은 수치는?

> 넓이가 넓은 평판 구조에서는 두께 (㉠)m 이상, 하단이 구속된 벽조에서는 두께 (㉡)m 이상일 경우

① ㉠ : 0.5 ㉡ : 1.0
② ㉠ : 1.0 ㉡ : 0.5
③ ㉠ : 0.8 ㉡ : 0.5
④ ㉠ : 0.5 ㉡ : 0.8

[해설] 매스 콘크리트로 다루어야 하는 구조물의 부재치수
 • 넓이가 넓은 평판구조의 경우 두께 0.8m 이상
 • 하단이 구속된 벽조의 경우 두께 0.5m 이상

제4과목 : 콘크리트 구조 및 유지관리

61 보수공법 중 수동식 주입공법의 장점으로 틀린 것은?

① 다량의 수지를 단시간에 주입할 수 있다.
② 결함폭 0.5mm 이하의 경우에 매우 효과적이다.
③ 들뜸이 매우 작은 부위에도 주입이 가능하다.
④ 주입압이나 속도를 조절할 수 있다.

[해설] 수동식 주입공법의 단점
 • 균열폭 0.5mm 이하의 경우에는 주입이 곤란하다.
 • 주입시 압력 펌프를 필요로 한다.
 • 경우에 따라 압착양생을 필요로 한다.
 • 주입기 조작시 숙련도가 요구되어 관리상의 문제점이 있다.

62 콘크리트의 동결융해에 대한 설명으로 틀린 것은?

① 콘크리트 중의 수분이 동결하면 팽창하여 미세한 균열이 발생한다.
② 동결융해에 대한 내구성 지수(DF)가 클수록 내구성이 좋다.
③ 콘크리트 속의 기포와 기포의 간격이 가까울수록 동결융해 저항성이 크다.
④ 일반적으로 콘크리트의 동결융해 저항성을 개선하기 위하여 콘크리트 내부에 도입하는 공기량은 2% 정도 이하이어야 한다.

[해설] 일반적으로 콘크리트의 동결융해 저상성을 개선하기 위하여 콘크리트 내부에 도입하는 공기량은 4~5% 정도 이하이어야 한다.

63 강판 접착공법의 특징에 대한 설명으로 틀린 것은?

① 방청 및 방화의 특성이 뛰어나다.
② 모든 방향의 인장력에 대응할 수 있다.
③ 강판의 분포, 배치를 똑같이 할 수 있으므로 균열특성이 좋다.
④ 현장 타설콘크리트, 프리캐스트 부재 모두에 적용할 수 있어 응용범위가 넓다.

[해설] 강판 접착공법의 단점
 • 접착제의 내구성, 내피로성이 불분명하다.
 • 방청, 방화상의 문제가 충분히 검토되어 있지 않다.

64 다음 중 1방향 슬래브에 대한 설명으로 틀린 것은?

① 마주보는 두 변에만 지지되는 슬래브는 1방향 슬래브로 설계하여야 한다.
② 4변에 의해 지지되는 2방향 슬래브 중에서 단변에 대한 장변의 비가 2배를 넘으면 1방향 슬래브로 해석한다.
③ 1방향 슬래브의 두께는 최소 50mm 이상으로 하여야 한다.
④ 1방향 슬래브에서는 정모멘트 철근 및 부모멘트 철근에 직각방향으로 수축·온도철근을 배치하여야 한다.

[해설] 1방향 슬래브의 두께는 최소 100mm 이상으로 하여야 한다.

65 알칼리 골재반응이 일어나기 위해서는 일반적으로 반응의 3조건이 충족되어야 한다. 여기에 해당하지 않는 것은?

① 대기 중의 이산화탄소
② 골재 중의 유해 물질
③ 시멘트 중의 알칼리
④ 반응을 촉진하는 수분

[해설] 알칼리골재반응의 필수적인 3요소
 • 유해한 반응성골재의 조건
 • 일정량 이상의 알칼리량
 • 반응을 촉진하는 수분의 공급

66 철근콘크리트 구조물의 보강공법으로 슬래브에 적합하지 않은 공법은?

① 보의 증설공법
② 두께 증설공법
③ 강판 접착공법
④ 감기 공법

[해설] 토목구조물의 보강공법
보의 두께 증설공법, 강판접착공법, 외부 케이블 공법, 연속섬유시트 접착공법

정답 60 ③ 61 ② 62 ④ 63 ① 64 ③ 65 ① 66 ④

67 다음 중 교량의 현장재하시험 목적으로 거리가 먼 것은?

① 개통 전 현장재하시험을 통하여 완공 직후 교량의 내하력·건전도를 검증하고 구조응답의 초기값을 선정
② 차량의 주행을 통한 교량 노면의 요철도 평가
③ 교량의 물리적 변화를 반영한 교량의 손상도·건전도 평가와 실응답 산정
④ 교량에 구축된 유지관리시스템의 성능평가

해설 교량의 현장재하시험 목적
  · 교량에 구축된 유지관리시스템의 성능 평가
  · 교량의 물리적 변화를 반영한 교량의 손상도·건전도 평가와 실응답 산정
  · 개통 전 현장재하시험을 통하여 완공 직후 교량의 내하력·건전도를 검증하고 구조응답의 초기값을 선정

68 아래 그림과 같은 단면을 가지는 단철근 직사각형보에 요구되는 최소 철근량(A_s)은? (단, f_{ck}=28MPa, f_y=400MPa)

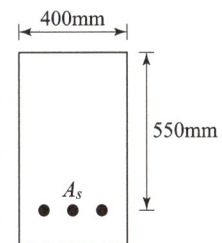

① 550mm²
② 660mm²
③ 770mm²
④ 880mm²

해설 휨부재의 최소 철근량은 다음 값 중에서 큰 값 이상으로 한다.
· $A_{s,min} = \dfrac{0.25\sqrt{f_{ck}}}{f_y}b_w d = \dfrac{0.25\sqrt{28}}{400}\times 400\times 550$
   $= 727.6\,\text{mm}^2$
· $A_{s,min} = \dfrac{1.4}{f_y}b_w d = \dfrac{1.4}{400}\times 400\times 550 = 770\,\text{mm}^2$
∴ $A_s = 770\,\text{mm}^2$

69 옹벽을 설계할 때 고려하여야 할 안정조건이 아닌 것은?

① 마찰력에 대한 안정
② 전도에 대한 안정
③ 활동에 대한 안정
④ 지반 지지력에 대한 안정

해설 옹벽의 안정조건 : 전도에 대한 안정, 활동에 대한 안정, 지반 지지력에 대한 안정

70 다음 중 옵셋 굽힘철근(offset bent bar)에 대한 설명으로 옳은 것은?

① 전체 깊이가 500mm를 초과하는 휨부재 복부의 양 측면에 부재 축방향으로 배치하는 철근
② 구부려 올리거나 또는 구부려 내린 부재길이방향으로 배치된 철근
③ 하중을 분포하거나 균열을 제어할 목적으로 주철근과 직각에 가까운 방향으로 배치한 보조철근
④ 상하 기둥 연결부에서 단면치수가 변하는 경우에 구부린 주철근

해설 옵셋 굽힘철근 : 상하 기둥 연결부에서 단면치수가 변하는 경우에 구부린 주철근

71 콘크리트에 프리스트레스를 도입하면 콘크리트가 탄성체로 전환된다는 생각으로서 응력개념으로도 불리는 프리스트레스트 콘크리트의 기본개념은?

① 균등질 보의 개념
② 내력 모멘트의 개념
③ 하중평형의 개념
④ 하중-저항계수의 개념

해설 균등질 보의 개념은 철근콘크리트는 취성 재료이므로 인장측의 응력을 무시했으나, 프리스트레스트 콘크리트는 탄성재료로서 인장측 응력도 유효한 균등질보이다.

72 단철근 직사각형보에서 f_y=400MPa, 유효깊이는 700mm일 때 압축연단에서 중립축까지의 거리(c)는?
(단, 강도설계법으로 균형단면으로 계산할 것)

① 400mm
② 420mm
③ 436mm
④ 472mm

해설 $c_b = \dfrac{660}{660+f_y}d = \dfrac{660}{660+400}\times 700 = 436\,\text{mm}$

73 콘크리트의 열화원인 중 환경적인 요인이 아닌 것은?

① 단면부족
② 염해
③ 탄산화
④ 동해

해설 열화원인의 환경적인 요인 : 염해, 탄산화, 동해, 화학적 침식

74 콘크리트의 열화현상 중 아래의 표에서 설명하는 현상은?

> 도로 및 철도 교량, 포장구조, 항만 및 해양구조 등과 같은 구조는 반복하중을 받는 경우가 많고, 이런 반복하중을 받게 되면 부재가 정적강도보다 낮은 응력 하에서도 파괴에 이르게 된다.

① 풍화 ② 동해
③ 피로 ④ 화학적 부식

[해설] 이러한 열화현상을 피로라 한다.

75 균형 철근량이 배근된 단철근 직사각형보에서 등가압축응력의 깊이(a)는 얼마인가? (단, 보의 폭은 300mm, 유효깊이는 500mm, $A_s = 1,700mm^2$, $f_{ck} = 30MPa$, $f_y = 350MPa$)

① 68mm ② 78mm
③ 88mm ④ 98mm

[해설] $a = \dfrac{f_y \cdot A_s}{\eta(0.85f_{ck})b} = \dfrac{350 \times 1,700}{1 \times 0.85 \times 30 \times 300} = 78mm$

76 그림과 같은 단면을 가지는 보통 중량 콘크리트보에서 $f_{ck} = 24MPa$일 때, 콘크리트에 의한 단면의 공칭전단강도(V_c)는?

① 175kN
② 200kN
③ 225kN
④ 250kN

[해설] $V_c = \dfrac{1}{6}\lambda\sqrt{f_{ck}}\,b_w d$
$= \dfrac{1}{6} \times 1 \times \sqrt{24} \times 350 \times 700 = 200,041N = 200.0kN$

77 콘크리트 외관을 육안조사할 때, 추를 이용한 조사방법은 다음 중 어떤 종류의 손상에 적합한가?

① 균열 ② 박리
③ 이상진동 ④ 경사

[해설] 육안조사에서는 추를 내려보는 방법을 이용하면 경사 손상을 파악하기 쉽다.

78 인장철근 D29(공칭직경 28.6mm, 공칭단면적 642mm^2)를 정착시키는데 소요되는 기본정착 길이(l_{db})는? (단, $f_{ck} = 24MPa$, $f_y = 350MPa$, 보통 중량 콘크리트를 사용한 경우)

① 987mm ② 1,138mm
③ 1,226mm ④ 1,372mm

[해설] 인장 이형철근의 정착(D35 이하의 철근의 경우)

· $l_{db} = \dfrac{0.6 d_b f_y}{\lambda \sqrt{f_{ck}}}$
$= \dfrac{0.6 \times 28.6 \times 350}{1 \times \sqrt{24}} = 1,226mm$

79 아래와 같은 보에서 계수전단력(V_u)이 ϕV_c의 1/2을 초과하여 최소 단면적의 전단철근을 배근하려고 한다. 전단철근의 간격을 250mm로 할 때 최소 전단철근량($A_{v,min}$)은? (단, $f_{ck} = 21MPa$, $f_y = 400MPa$이다.)

① 43.8mm^2
② 55.3mm^2
③ 65.7mm^2
④ 76.2mm^2

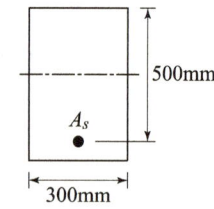

[해설] $A_s = 0.35\dfrac{b_w \cdot s}{f_y} = 0.35\dfrac{300 \times 250}{400} = 65.7mm^2$

80 이미 경화된 콘크리트의 압축강도를 추정하는 방법으로서 아래에서 설명하는 방법은?

> 콘크리트 중에 파묻힌 가력 Head를 지닌 Insert와 반력 Ring을 사용하여 원추 대상의 콘크리트 덩어리를 뽑아낼 때의 최대 내력에서 콘크리트의 압축강도를 추정하는 방법

① $T_c - T_o$법 ② 반발경도법
③ 초음파속도법 ④ 인발법

[해설] 인발법(Pull-out Test)으로 이 방법은 인발용 치구를 콘크리트 타설할 때 미리 파묻어두는 preset방법과 콘크리트 경화 후에 Hole-in-Insert나 Chemical Insert 등을 이용하여 인발볼트를 정착하는 Postset법으로 구별된다.

국가기술자격 필기시험문제

2018년도 산업기사 3회 필기시험

자격종목	시험시간	문제수	형 별
콘크리트산업기사	2시간	80	A

※ 각 문제는 4지 택일형으로 질문에 가장 적합한 문제의 보기 번호를 클릭하거나 답안표기란의 번호를 클릭하여 입력하시면 됩니다.
※ 입력된 답안은 문제 화면 또는 답안 표기란의 보기 번호를 클릭하여 변경하실 수 있습니다.

제1과목 : 콘크리트 재료 및 배합

산18
01 굵은 골재의 절대건조상태의 밀도를 구하는 계산식으로 옳은 것은?

> A : 절대 건조 상태 시료의 질량(g)
> B : 표면 건조 포화 상태 시료의 질량(g)
> C : 시료의 수중 질량(g)
> ρ_w : 시험온도에서의 물의 밀도(g/cm³)

① $\dfrac{A}{B-C} \times \rho_w$ ② $\dfrac{B}{B-C} \times \rho_w$
③ $\dfrac{A}{A-C} \times \rho_w$ ④ $\dfrac{B}{A-C} \times \rho_w$

해설 $D_d = \dfrac{A}{B-C} \times \rho_w$

산09,12,18
02 콘크리트용 혼합수에 대한 다음 설명 중 KS F 4009 레디믹스트 콘크리트 부속서에서 규정하고 있는 내용으로 옳은 것은?

① 하천수는 상수돗물 이외의 물에 대한 품질규정에 적합하지 않으면 사용할 수 없다.
② 상수돗물 이외의 물에 대한 품질기준으로 용해성 증발 잔류물의 양은 10g/L 이하로 규정하고 있다.
③ 상수돗물, 상수돗물 이외의 물 및 회수수를 혼합하여 사용하는 경우는 시험을 하지 않아도 사용할 수 있다.
④ 회수수는 배합보정을 실시하면 슬러지 고형분율에 관계 없이 사용할 수 있다.

해설 레디믹스트 콘크리트의 혼합에 사용되는 물
· 상수돗물은 시험을 하지 않아도 사용할 수 있다.
· 상수돗물 이외의 물인 경우는 시험항목에 적합해야 한다.

산12,15,18
03 10회의 콘크리트 압축강도 시험으로부터 구한 압축강도의 표준편차가 5MPa일 때, 설계기준 압축강도 20MPa인 콘크리트의 배합강도는?

① 26.7MPa ② 27.0MPa
③ 28.15MPa ④ 28.5MPa

해설 $f_{ck} < 21\text{MPa}$일 때
$f_{cr} = f_{ck} + 7$
$= 20 + 7 = 27\text{MPa}$

산06,09,10,18
04 체가름 시험결과 잔골재 조립률 2.65, 굵은 골재 조립률 7.38이며 잔골재 대 굵은 골재비를 1 : 1.6으로 할 때 혼합골재의 조립률은?

① 4.56 ② 5.56
③ 6.56 ④ 7.56

해설 혼합 조립률 $f_a = \dfrac{m}{m+n}f_s + \dfrac{n}{m+n}f_g$
$= \dfrac{1}{1+1.6} \times 2.65 + \dfrac{1.6}{1+1.6} \times 7.38 = 5.56$

산14,15,18
05 다음 중 AE 감수제의 사용으로 얻을 수 있는 효과가 아닌 것은?

① 단위수량을 감소시킨다.
② 동결융해에 대한 저항성이 증대된다.
③ 투수성이 향상된다.
④ 수밀성이 향상된다.

해설 AE 감수제의 사용 시 효과
· 단위수량을 감소시킨다.
· 동결융해에 대한 저항성이 증대된다.
· 수밀성이 현저하게 향상된다.
· 콘크리트의 압축강도가 증대된다.

정답 01 ① 02 ① 03 ② 04 ② 05 ③

□□□ 산10,18

06 콘크리트 배합 설계의 기본 원칙에 대한 설명으로 틀린 것은?

① 적당한 강도와 내구성을 확보할 것
② 가능한 단위 수량을 적게 할 것
③ 경제성을 고려할 것
④ 굵은 골재 최대 치수가 작은 것을 사용할 것

해설
- 소요의 강도를 가질 것
- 기상작용, 침식작용에 충분히 저항할 수 있는 내구성을 확보할 것
- 가능한 범위에서 최소 단위수량, 즉 될 수 있는 한 슬럼프가 작은 콘크리트일 것
- 경제적인 관점에서 허용한도내에서 가능한 최대치수가 큰 굵은 골재를 사용할 것

□□□ 산04,15,18

07 잔골재를 여러 종류의 체로 체가름한 결과, 각 체에 남는 누계량의 질량백분율이 아래의 표와 같이 나타났다. 이 잔골재의 조립율(F.M.)은?

체의 호칭(mm)	5	2.5	1.2	0.6	0.3	0.15
체에 남은 양의 누계(%)	3	15	26	63	76	97

① 2.27
② 2.45
③ 2.73
④ 2.80

해설 $FM = \dfrac{3+15+26+63+76+97}{100} = 2.80$

□□□ 산09,11,16,18

08 잔골재의 절대건조상태 질량이 300g, 표면건조포화상태 질량이 330g, 습윤상태 질량이 350g일 때 흡수율과 표면수율은 각각 얼마인가?

① 흡수율 : 8%, 표면수율 : 8%
② 흡수율 : 10%, 표면수율 : 6%
③ 흡수율 : 12%, 표면수율 : 4%
④ 흡수율 : 14%, 표면수율 : 2%

해설
- 흡수율 $= \dfrac{\text{표면건조 포화상태} - \text{노건조 상태}}{\text{노건조 상태}} \times 1$
  $= \dfrac{330-300}{300} \times 100 = 10\%$
- 표면수율 $= \dfrac{\text{습윤상태} - \text{표면건조 포화상태}}{\text{표면건조 포화상태}} \times 100$
  $= \dfrac{350-330}{330} \times 100 = 6.06\%$

□□□ 산12,16,18

09 혼화재의 저장방법으로 틀린 것은?

① 방습적인 사일로 또는 창고 등에 품종별로 구분하여 보관한다.
② 장기 저장이 가능하므로 입하하는 순서와 상관없이 사용한다.
③ 장기간 저장한 혼화재는 사용하기 전에 시험을 실시하여 품질을 확인해야 한다.
④ 혼화재는 취급 시에 비산하지 않도록 주의한다.

해설 혼화재는 방습적인 사일로 또는 창고 등에 품종별로 구분하여 저장하고 입하된 순서대로 사용하여야 한다.

□□□ 산18

10 콘크리트용 재료 중 시멘트에 대한 설명으로 틀린 것은?

① 시멘트는 석회석질, 점토질, 규석질, 철질 등의 혼합물을 약 1,450℃까지 가열시켜 얻은 클링커에 석고를 가하여 분쇄한 것이다.
② 석고는 시멘트의 내염화 반응성능을 향상시키기 위해 첨가한다.
③ 포틀랜드시멘트 조성에는 보통 시멘트, 중용열 시멘트, 조강 시멘트, 저열 시멘트, 내황산염 시멘트 등이 존재한다.
④ 마그네슘, 나트륨, 칼슘 등은 시멘트의 필수성분은 아니지만 구성원소의 성분으로 불순물로 시멘트에 존재하게 되며, 이런 성분의 종류와 양에 따라 시멘트의 특성이 변화하게 된다.

해설 시멘트의 원료 중 석고는 시멘트의 응결 조절용으로 첨가된다.

□□□ 산18

11 콘크리트 배합에 대한 일반적인 설명으로 틀린 것은?

① 잔골재율은 단위 시멘트량이 최소가 되도록 시험에 의해 정하여야 한다.
② 단위 시멘트량은 원칙적으로 단위수량과 물-결합재비로부터 정하여야 한다.
③ 물-결합재비는 소요의 강도, 내구성, 수밀성 및 균열저항성 등을 고려하여 정하여야 한다.
④ 배합강도를 결정하기 위한 콘크리트 압축강도의 표준편차는 실제 사용한 콘크리트의 30회 이상의 시험실적으로부터 결정하는 것을 원칙으로 한다.

해설 잔골재율은 소요의 워커빌리티를 얻을 수 있는 범위 내에서 단위수량이 최소가 되도록 시험에 의하여 정한다.

정답 06 ④ 07 ④ 08 ② 09 ② 10 ② 11 ①

□□□ 산18
12 콘크리트의 내동해성을 기준으로 하여 물-결합재비를 정할 경우 아래의 표와 같은 노출상태일 때 보통골재 콘크리트의 최대 물-결합재비로 옳은 것은?

| 습한 상태에서 동결융해 또는 제빙화학제에 노출된 콘크리트 |

① 0.55 ② 0.50
③ 0.45 ④ 0.40

[해설] 특수노출상태에 대한 요구사항

노출상태	보통골재 콘크리트 최대 물-결합재비
물에 노출되었을 때 낮은 투수성	0.50
습한 상태에서 동결융해 또는 제빙화학제에 노출된 콘크리트	0.45
제빙화학제, 염, 소금물, 바닷물에 노출되거나 이런 종류들이 살포된 콘크리트의 철근부식 방지	0.40

□□□ 산12,17,18
13 콘크리트 배합에서 시방배합을 현장배합으로 고칠 경우 고려해야 할 사항이 아닌 것은?

① 골재의 표면수율
② 잔골재 중 5mm 체에 남는 양
③ 혼화제를 물에 희석한 양
④ 시멘트의 비중

[해설] 시방배합을 현장배합으로 고칠 경우 고려 사항
· 골재의 함수 상태
· 잔골재 중에서 5mm 남는 굵은 골재
· 굵은 골재 중에서 5mm체를 통과하는 잔골재량
· 혼화제를 희석시킨 희석수량

□□□ 산18
14 해안선으로부터 200m 떨어진 육상지역에 콘크리트 구조물을 신축할 경우 사용하는 시멘트로 부적절한 것은?

① 고로슬래그 시멘트
② 중용열 포틀랜드 시멘트
③ 조강 포틀랜드 시멘트
④ 플라이애시 시멘트

[해설] 해수의 작용에 내구적인 시멘트 : 고로 슬래그 시멘트, 중용열 포틀랜드 시멘트, 플라이 애시 시멘트

□□□ 산09,15,18
15 콘크리트의 배합에 있어서 단위시멘트량에 관한 일반적인 설명으로 옳지 않은 것은?

① 단위시멘트량이 증가하면 슬럼프가 저하한다.
② 단위시멘트량이 증가하면 수화열이 증가한다.
③ 단위시멘트량이 증가하면 강도가 증가한다.
④ 단위시멘트량이 증가하면 공기량이 증가한다.

[해설] 단위 시멘트량이 증가하면 공기량이 감소하기 때문에 AE제의 사용량은 시멘트의 질량에 대한 비로써 나타낸다.

□□□ 산14,18
16 콘크리트용 골재에 요구되는 일반적인 성질이 아닌 것은?

① 골재는 표면이 매끄럽고 모양은 사각형에 가까울 것
② 골재는 내마모성과 내화성이 있을 것
③ 크고 작은 알맹이의 혼합의 정도 즉, 입도가 적당할 것
④ 골재의 강도는 단단하고 작을 것

[해설] 입형이 입방체 또는 원형에 가깝고 무게가 용도에 따라 적당할 것

□□□ 산18
17 시멘트의 일반적인 성질에 대한 설명으로 틀린 것은?

① 시멘트의 응결은 시멘트의 수화반응과 밀접한 관계가 있다.
② 시멘트의 수화는 화학반응이므로 온도에 영향을 받는다.
③ 시멘트는 대기 중에서 수분과 CO_2와의 반응으로 품질이 저하된다.
④ 미분쇄한 시멘트는 수화가 느리고 장기강도가 증가한다.

[해설] 미분쇄한 시멘트는 수화가 빠르고 초기강도가 증가한다.

□□□ 산09,18
18 콘크리트용 혼화재로서 플라이 애시의 특징이 아닌 것은?

① 콘크리트의 워커빌리티를 좋게 하고 사용수량을 감소시킬 수 있다.
② 플라이 애시를 사용한 콘크리트는 수화열이 적어 매스 콘크리트용에 적합하다.
③ 플라이 애시를 사용한 콘크리트는 조기강도는 낮으나 장기강도는 크다.
④ 플라이 애시를 사용한 콘크리트는 경화시 건조수축이 큰 것이 단점이지만, 화학적 저항성이 우수하다.

[해설] 볼베어링의 작용에 의해 워커빌리티가 증대되고 단위수량을 줄일 수 있어 내구성이 증대여 건조수축도 적게 된다.

정답 12 ③ 13 ④ 14 ③ 15 ④ 16 ① 17 ④ 18 ④

□□□ 산 09,11,15,18
19 콘크리트용 화학 혼화제의 품질규격 항목(KS F 2560)이 아닌 것은?

① 오토클레이브 팽창도(%)
② 감수율(%)
③ 압축강도비(%)
④ 블리딩량의 비(%)

해설 콘크리트용 화학 혼화제의 품질 항목

품질항목		AE제
감수율(%)		6 이상
블리딩양의 비(%)		75 이하
응결시간의 차(분)(초결)		-60~+60
압축강도의 비(%)(28일)		90 이상
길이 변화비(%)		120 이하
동결융해에 대한 저항성(%) (상대 동탄성계수%)		80 이상
경시변화량	슬럼프 mm	-
	공기량 %	-

□□□ 산 14,18
20 콘크리트용 고로슬래그 미분말의 품질을 평가하기 위한 시험으로 적합하지 않은 것은?

① 밀도
② 활성도지수
③ 전알칼리량
④ 비표면적(블레인)

해설 고로 슬래그 미분말의 품질(KS F 2563)

품 질	1종 공통
밀도(g/cm³)	2.80 이상
비표면적(cm³/g)	8,000~10,000
활성도지수(%, 재령7일)	95 이상
플로값 비(%)	95 이상
산화마그네슘(MaO)(%)	10.0 이하
삼산화황(SiO₃)(%)	4.0 이하
강열감량(%)	3.0 이하
염화물 이온(%)	0.02 이하

제2과목 : 콘크리트 제조, 시험 및 품질 관리

□□□ 산 04,07,12,18
21 현장 품질관리에 있어 관리도를 사용하려 할 때 가장 먼저 행해야 할 것은?

① 관리할 항목을 선정한다.
② 관리도의 종류를 선정한다.
③ 이상원인을 발견하면 이를 규명하고 조치한다.
④ 관리하고자 하는 제품을 선정한다.

해설 제일 먼저 품질의 특성을 결정한다. 품질 특성이란 관리를 하고자하는 제품을 선정하는 것을 말한다.

□□□ 산 10,15,18
22 동결 융해 저항성을 알아보기 위한 급성 동결융해에 대한 콘크리트의 저항 시험방법을 설명한 것으로 틀린 것은?

① 동결 융해 1사이클의 소요시간은 4시간 이상, 8시간 이하로 한다.
② 동결 융해 1사이클은 공시체 중심부의 온도를 원칙적으로 하며 원칙적으로 4℃에서 -18℃로 떨어지고, 다음에는 -18℃에서 4℃로 상승되는 것으로 한다.
③ 시험의 종료는 300사이클로 하며, 그때까지 상대 동 탄성 계수가 60% 이하가 되는 사이클이 있으면 그 사이클에서 시험을 종료한다.
④ 특별히 다른 재령으로 규정되어 있지 않는 한 공시체는 14일간 양생한 후 동결융해 시험을 시작한다.

해설 동결융해 1사이클의 소요시간은 2시간 이상, 4시간 이하로 한다.

□□□ 산 18
23 콘크리트의 블리딩 시험에 대한 설명으로 틀린 것은?

① 시험 중에는 실온 20±3℃로 한다.
② 콘크리트를 채워 넣을 때 콘크리트의 표면이 용기의 가장자리에서 2cm정도 높아지도록 고른다.
③ 기록한 처음 시각에서 60분 동안은 10분마다 콘크리트 표면에 스며 나온 물을 빨아낸다.
④ 물을 쉽게 빨아내기 위하여 2분 전에 두께 약 5cm의 블록을 용기의 한쪽 밑에 주의 깊게 괴어 용기를 기울이고, 물을 빨아낸 후 수평 위치로 되돌린다.

해설 물을 빨아내는 것을 쉽게 하기 위하여 2분 전에 두께 약 5cm의 블록을 용기의 한 쪽 밑에 주의 깊게 괴어 용기를 기울이고, 물을 빨아낸 후 수평위치로 되돌린다.

정답 19 ① 20 ③ 21 ④ 22 ① 23 ②

□□□ 산 05,10,11,13,15,18

24 관입 저항침에 의한 콘크리트의 응결시간 시험(KS F 2436)에서 초결시간에 대한 설명으로 옳은 것은?

① 관입 저항이 1.25MPa이 될 때의 시간을 초결시간으로 결정한다.
② 관입 저항이 3.5MPa이 될 때의 시간을 초결시간으로 결정한다.
③ 관입 저항이 7MPa이 될 때의 시간을 초결시간으로 결정한다.
④ 관입 저항이 28MPa이 될 때의 시간을 초결시간으로 결정한다.

해설 각 그래프에서 관입저항값이 3.5MPa가 될 때까지의 시간을 초결시간, 관입저항값이 28MPa가 될 때 소요시간을 종결이라 한다.

□□□ 산 12,18

25 콘크리트의 비비기에 대한 설명으로 틀린 것은?

① 비비기 시간의 시험을 하지 않은 경우 그 최소 시간은 강제식 믹서일 때에는 1분 이상을 표준으로 한다.
② 비비기는 미리 정해 둔 비비기 시간의 3배 이상 계속해서는 안 된다.
③ 콘크리트를 오래 비비면 골재가 파쇄되어 미분의 양이 많아질 우려가 있다.
④ 콘크리트를 오래 비빌수록 AE콘크리트의 경우는 공기량이 증가한다.

해설 믹싱 시간이 너무 짧거나 너무 길어지면 공기량은 적어지지만 3~5분 정도 믹싱을 할 때 공기량의 최대가 된다.

□□□ 산 09,10,12,13,15,18

26 콘크리트 재료의 계량에 대한 설명으로 옳지 않은 것은?

① 계량은 현장배합에 의해 실시하는 것으로 한다.
② 각 재료는 1배치씩 질량으로 계량하여야 한다.
③ 시멘트의 계량의 허용오차는 ±2%이다.
④ 연속믹서를 사용할 경우, 각 재료는 용적으로 계량해도 좋다.

해설 재료의 계량 오차

재료의 종류	측정단위	허용오차
시멘트	질량	-1%, +2%
골재	질량	±3%
물	질량 또는 부피	-2%, +1%
혼화재	질량	±2%
혼화제	질량 또는 부피	±3%

□□□ 산 08,11,17,18

27 탄산화의 깊이가 6.0cm가 되려면 일반적인 경우에 있어서 소요되는 경과 년수는 몇 년인가?
(단, 탄산화 속도계수는 4이다.)

① 1.75년
② 2.0년
③ 2.25년
④ 2.5년

해설 탄산화 깊이 $X = A\sqrt{t}$
$6.0 = 4\sqrt{t}$ ∴ 경과년수 $t = 2.25$년

□□□ 산 18

28 침하균열을 방지하기 위한 대책으로 옳지 않은 것은?

① 단위수량을 크게 한다.
② 타설속도를 늦게 한다.
③ 1회 타설 높이를 작게 한다.
④ 슬럼프가 작은 콘크리트를 잘 다짐해서 시공한다.

해설 콘크리트의 단위수량을 될 수 있는 한 적게 한다.

□□□ 산 12,18

29 비파괴시험법 중 타격법에 해당되는 것은?

① 반발경도법
② 초음파속도법
③ 전기저항법
④ 자연전위법

해설 반발경도법 : 콘크리트 표면을 테스트 해머에 이해 타격하고, 그 반발경도로부터 압축강도를 구하는 방법을 반발경도법이라고 한다.

□□□ 산 07,12,16,18

30 다음 ( )에 알맞은 것은?

레디믹스트 콘크리트의 공기량은 보통콘크리트의 경우 (A)%이며, 그 허용오차는 ±(B)%로 한다.

① A : 2.5, B : 1.0
② A : 3.0, B : 1.5
③ A : 4.0, B : 1.0
④ A : 4.5, B : 1.5

해설 공기량의 허용 오차

콘크리트의 종류	공기량	공기량의 허용 오차
보통 콘크리트	4.5%	±1.5%
경량 콘크리트	5.5%	
포장 콘크리트	4.5%	
고강도 콘크리트	3.5%	

정답 24 ② 25 ④ 26 ③ 27 ③ 28 ① 29 ① 30 ④

31 다음 관리도 종류에서 계량값 관리도에 속하지 않는 것은?

① $\bar{x}-R$ 관리도 ② C 관리도
③ $\bar{x}-\sigma$ 관리도 ④ x 관리도

[해설] 관리도의 종류

종류	관리도	데이터 종류	적용이론
계량값 관리도	$\bar{x}-R$ 관리도	길이, 중량, 강도, 화학성분, 압력, 슬럼프, 공기량	정규 분포
	$\bar{x}-\sigma$ 관리도		
	x 관리도		
계수값 관리도	P 관리도	제품의 불량률	이항 분포
	P_n 관리도	불량개수	
	C 관리도	결점수	프와송 분포
	U 관리도	단위당 결점수	

32 콘크리트의 워커빌리티에 대한 설명으로 틀린 것은?

① 시멘트량이 많을수록 콘크리트는 워커블하게 된다.
② 온도가 높을수록 슬럼프는 증가되고, 수송에 의한 슬럼프 감소는 줄어든다.
③ 플라이 애시를 사용하면 워커빌리티가 개선된다.
④ 둥근 모양의 천연모래가 모가 진 것이나 편평한 것이 많은 부순 모래에 비하여 워커블한 콘크리트를 얻기 쉽다.

[해설] 온도가 높을수록 워커빌리티(슬럼프)가 감소한다.

33 품질관리의 진행순서로 옳은 것은?

① 계획 → 검토 → 실시 → 조치
② 계획 → 실시 → 조치 → 검토
③ 계획 → 검토 → 조치 → 실시
④ 계획 → 실시 → 검토 → 조치

[해설] 품질관리의 기본 4단계를 반복적으로 수행한다.
계획(Plan, P) → 실시(Do, D) → 검토(Check, C) → 조치(Action, A)

34 레디믹스트 콘크리트의 장점으로 거리가 먼 것은?

① 품질이 균일한 콘크리트를 얻을 수 있다.
② 주문제조하기 때문에 공기에 영향을 미치지 않는다.
③ 일반적으로 콘크리트의 생산비용이 많아지게 된다.
④ 소요 콘크리트 재료비의 산정이 용이하다.

[해설] 일반적으로 콘크리트의 생산비용이 적어지게 된다.

35 시멘트 분말도가 높은 경우에 일어나는 현상이 아닌 것은?

① 수화반응이 빨라진다.
② 발열량이 낮아지고 수축균열이 많이 생긴다.
③ 응결 및 강도의 증진이 크다.
④ 풍화되기 쉽다.

[해설] 수화열이 많으므로 균열이 생기기 쉽고, 건조수축이 크다.

36 골재의 저장에 대한 설명을 틀린 것은?

① 잔골재 및 굵은 골재에 있어 종류와 입도가 다른 골재는 각각 구분하여 따로 따로 저장한다.
② 골재의 받아들이기, 저장 및 취급에 있어서는 대소의 알을 분리한다.
③ 골재의 저장설비에는 적당한 배수시설을 설치한다.
④ 여름철에는 적당한 상옥시설을 하거나 살수를 하는 등 고온 상승 방지를 위한 적절한 시설을 하여 저장한다.

[해설] 골재의 받아들이기, 저장 및 취급에 있어서는 대소의 알을 분리하지 않도록 설비를 정비하고 취급작업에 주의한다.

37 $\phi 150mm \times 300mm$인 콘크리트 공시체로 압축강도 시험을 실시한 결과 400kN의 하중에서 파괴되었다. 이 공시체의 압축강도는?

① 18.4MPa ② 20.8MPa
③ 22.6MPa ④ 24.2MPa

[해설] $f_c = \dfrac{P}{A} = \dfrac{400 \times 10^3}{\dfrac{\pi \times 150^2}{4}} = 22.6 N/mm^2 = 22.6 MPa$

38 콘크리트의 압축강도 시험결과에 대한 설명으로 틀린 것은?

① 재하속도가 빠르면 강도가 작아진다.
② 공시체의 단면에 요철이 있으면 강도가 실제보다 작아지는 경향이 있다.
③ 공시체의 치수가 클수록 강도는 작게 된다.
④ 시험 직전에 공시체를 건조시키면 일시적으로 강도가 증대한다.

[해설] 일반적으로 재하속도가 빠를수록 강도가 크게 나타난다.

정답 31 ② 32 ② 33 ④ 34 ③ 35 ② 36 ② 37 ③ 38 ①

산 06,10,15,18,19

39 150mm×150mm×530mm인 콘크리트 시험체로 휨강도 실험을 하였다. 실험 시 지간을 450mm로 하였으며, 최대하중이 112.5kN에서 파괴되었다. 이 콘크리트의 휨 강도는?

① 15MPa ② 30MPa
③ 45MPa ④ 60MPa

해설 휨강도시험 $f_b = \dfrac{P \cdot l}{b \cdot h^2}$

$f_b = \dfrac{112.5 \times 10^3 \times 450}{150 \times 150^2} = 15.0 \text{N/mm}^2 = 15.0 \text{MPa}$

산 07,16,18

40 다음 중 굳지 않은 콘크리트의 성질을 알아보는 시험방법이 아닌 것은?

① 염화물 함유량 시험 ② 공기량 시험
③ 슬럼프 시험 ④ 슈미트해머 시험

해설 슈미트 해머에 의한 콘크리트의 반발경도 시험은 콘크리트의 압축강도를 추정하는 시험이다.

제3과목 : 콘크리트의 시공

산 07,12,15,18

41 속이 빈 원통형 콘크리트 제품의 제조에 사용하는 다짐 방법 중 가장 적합한 방법은?

① 봉다짐 ② 진동다짐
③ 원심력다짐 ④ 가압성형다짐

해설 말뚝, 폴, 관 등과 같은 중공원통형제품의 성형에는 원심력다짐방법이 사용된다.

산 15,18

42 프리플레이스트 콘크리트에 사용하는 잔골재의 조립률은 어느 정도 범위를 가져야 하는가?

① 1.0~1.4 ② 1.4~2.2
③ 2.3~3.1 ④ 3.2~4.3

해설 소정의 유동성을 얻을 수 있는 범위에서 단위결합재량의 증가를 적극 줄일 목적으로 잔골재율은 1.2~2.2의 것이 바람직하다.

산 14,18

43 내부진동기를 사용하여 콘크리트 다지기를 할 경우의 표준으로 틀린 것은?

① 진동다지기를 할 때에는 내부진동기를 하층의 콘크리트 속으로 0.1m 정도 찔러 넣는다.
② 진동기의 삽입간격은 일반적으로 0.5m 이하로 하는 것이 좋다.
③ 1개소당 진동시간은 다짐할 때 블리딩 수 및 레이턴스가 표면 상부로 부상할 때까지 실시한다.
④ 내부진동기는 콘크리트를 횡방향으로 이동시킬 목적으로 사용하지 않아야 한다.

해설 1개소당 진동시간은 5~15초로 한다.

산 05,14,18

44 고강도 콘크리트에 대한 설명으로 옳은 것은?

① 고강도 콘크리트는 빈배합이며, 시멘트 대체 재료인 플라이 애시나 실리카 퓸 등의 적용은 적절하지 않다.
② AE제(공기연행제)의 적용은 고강도 콘크리트의 제조에 필수적이며 콘크리트의 강도 증진에 크게 기여한다.
③ 고강도의 콘크리트를 얻기 위해서는 소요의 워커빌리티를 얻을 수 있는 범위 내에서 단위수량은 가능한 크게 하여야 한다.
④ 고강도 콘크리트는 설계기준강도만 높은 것이 아니라 높은 내구성을 필요로 하는 철근 콘크리트 공사에도 적용될 수 있다.

해설
- 고강도의 콘크리트를 얻기 위해서는 소요의 워커빌리티를 얻을 수 있는 범위내에서 단위수량은 가능한 적게 하여야 한다.
- 기상의 변화가 심하거나 동결융해에 대한 대책이 필요한 경우를 제외하고는 공기연행(AE)제를 사용하지 않는 것을 원칙으로 한다.
- 고강도 콘크리트는 부배합이며, 시멘트 대체 재료인 플라이 애시나 고로 슬래그 분말, 실리카 퓸 등을 쓰기도 한다.

산 13,15,18

45 수화열이나 건조수축으로 인한 콘크리트 구조물의 변형이 구속됨으로써 발생할 수 있는 균열에 대한 대책 중의 하나로, 소정의 간격으로 단면 결손부를 설치한 것을 지칭하는 것은?

① 콜드조인트 ② 겹침이음
③ 균열유발이음 ④ 전단키

해설 균열유발이음 : 콘크리트의 수화열이나 외기온도 등에 의하여 온도변화, 건조수축, 외력 등의 변형에 의해 균열을 정해진 장소에 집중시킬 목적으로 소정의 간격으로 설치하는 것

46 대규모 시멘트 콘크리트 포장 공사에서 다져지지 않은 콘크리트를 포설면에 고르게 펴는 장비로 적합하지 않은 것은?

① 벨트형 스프레더
② 호퍼용 스프레더
③ 스크류형 스프레더
④ 슬립폼 페이버

[해설] 슬립폼 페이버 : 콘크리트 슬래브의 포설기계의 일종으로 펴고, 다지며 표면마무리 등의 기능을 겸비하고 있으며 거푸집을 설치하지 않고 콘크리트 슬래브를 연속적으로 포설할 수 있다.

47 숏크리트 작업의 일반적인 사항으로 틀린 것은?

① 숏크리트는 빠르게 운반하고 혼화제를 첨가한 후에는 바로 뿜어붙이기 작업을 실시하여야 한다.
② 노즐은 뿜어 붙일 면에 직각을 유지하며, 적절한 뿜어 붙이는 거리와 뿜는 압력을 유지하여야 한다.
③ 뿜어 붙인 콘크리트가 적당한 두께로 되도록 한번에 뿜어 붙여야 한다.
④ 리바운드 된 재료가 다시 혼입되지 않도록 하여야 한다.

[해설] 뿜어 붙인 콘크리트가 박리되거나 흘러내리지 않는 범위의 적당한 두께로 뿜어 붙여 소정의 두께가 될 때까지 반복해서 뿜어 붙여야 한다.

48 영구 지보재 개념으로 숏크리트를 타설하는 경우 설계기준압축강도는 얼마 이상으로 하여야 하는가?

① 18MPa
② 21MPa
③ 28MPa
④ 35MPa

[해설] 영구지보재 개념으로 숏크리트를 타설할 경우에는 설계기준강도를 35MPa 이상으로 한다.

49 팽창콘크리트에 사용하는 팽창재의 취급 및 저장에 대한 설명으로 틀린 것은?

① 팽창재는 풍화되지 않도록 저장하여야 한다.
② 포대 팽창재는 15포대 이하로 쌓아야 한다.
③ 포대 팽창재는 지상 0.3m 이상의 마루 위에 쌓아 운반이나 검사에 편리하도록 배치하여 저장하여야 한다.
④ 포대 팽창재는 사용 직전에 포대를 여는 것을 원칙으로 하며, 저장 중에 포대가 파손된 것은 공사에 사용할 수 없다.

[해설] 포대 팽창재는 12포대 이하로 쌓아야 한다.

50 한중콘크리트의 배합에 대한 설명으로 틀린 것은?

① 물-결합재비는 원칙적으로 45% 이하로 하여야 한다.
② 단위수량은 소요의 워커빌리티를 유지할 수 있는 범위 내에서 되도록 적게 정하여야 한다.
③ 초기동해에 필요한 압축강도가 초기양생기간 내에 얻어지도록 배합하여야 한다.
④ 공기연행 콘크리트를 사용하는 것을 원칙으로 한다.

[해설] 물-결합재비는 원칙적으로 60% 이하로 하여야 한다.

51 철근이 배치된 일반적인 매스콘크리트 구조물에서 균열발생을 제한할 경우의 표준적인 온도균열지수 값으로 옳은 것은?

① 1.5 이상
② 1.2~1.5
③ 0.7~1.2
④ 0.7 이하

[해설] 표준적인 온도균열지수
· 균열발생을 방지하여야 할 경우 : 1.5 이상
· 균열발생을 제한할 경우 : 1.2~1.5
· 유해한 균열발생을 제한할 경우 : 0.7~1.2

52 다음 중 한중콘크리트에 사용되는 보온양생 방법이 아닌 것은?

① 습윤양생
② 급열양생
③ 단열양생
④ 피복양생

[해설] · 보온 양생 방법은 급열양생, 단열양생, 피복양생 및 이들을 복합한 양생
· 오토클레이브(증기)양생은 거푸집을 빨리 제거하고 단시일 내에 소요 강도를 발현시키기 위해 고온의 증기로 양생하는 방법으로 한중 콘크리트에는 부적합하다.

53 콘크리트 공장제품의 특징을 설명한 것으로 틀린 것은?

① 규격의 표준화가 되어있지 않아 실물시험이 불가능하다.
② 숙련된 작업원에 의하여 안정된 품질에서 상시 제조가 가능하다
③ 재료 선정에서 배합, 제조설비, 시공까지 전반적인 관리가 가능하다.
④ 형상이나 성형법에 따라 다양한 형상의 제품을 만들 수 있다.

[해설] 공장제품은 규격의 표준화가 되어 있어 실물시험을 실시하는 것을 원칙으로 한다.

정답 46 ④ 47 ③ 48 ④ 49 ② 50 ① 51 ② 52 ① 53 ①

54 일반수중콘크리트의 타설의 원칙을 설명한 것으로 틀린 것은?

① 콘크리트는 수중에 낙하시키지 않아야 한다.
② 콘크리트면을 가능한 수평하게 유지하면서 소정의 높이 또는 수면 상에 이를 때까지 연속해서 타설하여야 한다.
③ 한 구획의 콘크리트 타설을 완료한 후 완전 경화된 이후 다시 타설하여야 하며, 이때 레이턴스를 제거하지 않아야 한다.
④ 트레미나 콘크리트 펌프 등을 사용해서 타설하여야 한다.

[해설] 한 구획의 콘크리트 타설을 완료한 후 완전 경화된 이후 다시 타설하여야 하며, 이때 레이턴스를 제거하여야 한다.

55 콘크리트의 타설에 대한 설명으로 틀린 것은?

① 타설한 콘크리트를 거푸집 안에서 횡방향으로 이동시켜서는 안 된다.
② 한 구획 내의 콘크리트는 타설이 완료될 때까지 연속해서 타설하여야 한다.
③ 콘크리트 타설의 1층 높이는 다짐 능력을 고려하여 결정하여야 한다.
④ 거푸집의 높이가 높아 슈트, 버킷, 호퍼 등을 사용할 경우 배출구와 타설 면까지의 높이는 2.5m 이하를 원칙으로 한다.

[해설] 콘크리트 타설시 슈트, 펌프 배관, 버킷, 호퍼 등의 배출구와 타설면까지의 낙하 높이는 1.5m 이하를 원칙으로 한다.

56 콘크리트의 압축강도를 시험하여 거푸집널의 해체시기를 결정하는 경우 확대기초, 보, 기둥 등의 측면 거푸집의 해체시기로 적합한 것은?

① 콘크리트의 압축강도가 5MPa 이상일 때
② 콘크리트의 압축강도가 7MPa 이상일 때
③ 콘크리트의 압축강도가 14MPa 이상일 때
④ 콘크리트의 압축강도가 설계기준 압축강도의 2/3배 이상일 때

[해설] 콘크리트의 압축강도를 시험할 경우 거푸집널의 해체시기

부재	콘크리트의 압축강도
기초, 보, 기둥, 벽 등의 측면	5MPa 이상
슬래브 및 보의 밑면, 아치 내면	설계압축강도의 2/3배 또한 최소 14MPa 이상

57 바닥틀의 시공이음의 위치로 적당한 것은?

① 슬래브나 보의 지점 부분
② 슬래브나 보의 경간 중앙부 부근
③ 슬래브나 보의 경간 1/4 지점
④ 슬래브나 보의 경간 3/4 지점

[해설] 바닥틀의 시공이음은 슬래브 또는 보의 경간 중앙부 부근에 두어야 한다.

58 포장용 콘크리트의 배합기준 중 설계기준 휨강도(f_{28})는 몇 MPa 이상이어야 하는가?

① 1.5MPa
② 3.0MPa
③ 4.5MPa
④ 7.0MPa

[해설] 포장용 콘크리트의 배합기준

항 목	기 준
설계기준 휨 호칭 강도(f_{28})	4.5MPa 이상
단위 수량	150kg/m³ 이하
굵은 골재의 최대치수	40mm 이하
슬럼프	40mm 이하
공기연행 콘크리트의 공기량 범위	4~6%

59 물이 침투하지 못하도록 밀실하게 만든 콘크리트를 수밀콘크리트라고 한다. 수밀콘크리트의 배합설계 시 고려해야 할 내용과 관계가 먼 것은?

① 단위 굵은 골재량은 되도록 적게 한다.
② 단위수량 및 물-결합재비는 되도록 적게 한다.
③ 콘크리트의 워커빌리티를 개선시키기 위해 공기연행제 등을 사용하는 경우라도 공기량은 4% 이하가 되게 한다.
④ 물-결합재비는 50% 이하를 표준으로 한다.

[해설] 단위수량 및 물-시멘트비는 되도록 적게 하고, 단위 굵은 골재량을 되도록 크게 한다.

60 넓이가 넓은 평판구조의 경우 일반적으로 두께가 몇 m 이상일 때 매스콘크리트로 다루어야 하는가?

① 0.3m
② 0.5m
③ 0.6m
④ 0.8m

[해설] 매스 콘크리트로 다루어야 하는 구조물의 부재치수
- 넓이가 넓은 평판구조의 경우 두께 0.8m 이상
- 하단이 구속된 벽조의 경우 두께 0.5m 이상

제4과목 : 콘크리트 구조 및 유지관리

□□□ 산12,18

61 슬래브의 설계에서 직접설계법을 사용하여 설계할 수 있는 경우에 대한 설명으로 틀린 것은?

① 각 방향으로 3경간 이상 연속되어야 한다.
② 모든 하중은 슬래브 판 전체에 걸쳐 등분포된 연직하중이어야 하며, 활하중은 고정하중의 2배 이상이어야 한다.
③ 연속한 기둥 중심선을 기준으로 기둥의 어긋남은 그 방향 경간 10% 이하이어야 한다.
④ 각 방향으로 연속한 받침부 중심간 경간 차이는 긴 경간 1/3 이하이어야 한다.

[해설] 모든 하중은 슬래브 판 전체에 걸쳐 등분포된 연직하중이어야 하며, 활하중은 고정하중의 2배이어야 한다.

□□□ 산07,12,15,18

62 압축부재의 축방향 주철근의 최소 개수에 대한 설명으로 틀린 것은?

① 사각형 띠철근으로 둘러싸인 경우 주철근의 최소 개수는 4개로 하여야 한다.
② 삼각형 띠철근으로 둘러싸인 경우 주철근의 최소 개수는 3개로 하여야 한다.
③ 나선철근으로 둘러싸인 경우 주철근의 최소 개수는 6개로 하여야 한다.
④ 원형 띠철근으로 둘러싸인 경우 주철근의 최소 개수는 5개로 하여야 한다.

[해설] 압축부재의 축방향 주철근 개수
• 사각형이나 원형 띠철근으로 둘러싸인 경우 : 4개
• 삼각형 띠철근으로 둘러싸인 경우 : 3개
• 나선철근으로 둘러싸인 철근의 경우 : 6개

□□□ 산18

63 콘크리트의 탄산화에 대한 설명으로 틀린 것은?

① 보통 골재 콘크리트가 경량골재 콘크리트보다 탄산화 속도가 빠르다.
② 실외보다 실내에서 탄산화 속도가 빠르다.
③ 물-결합재비가 높을수록 탄산화 속도가 빠르다.
④ 공기 중의 탄산가스의 농도가 높을수록 탄산화 속도가 빨라진다.

[해설] 경량골재 콘크리트가 보통골재 콘크리트보다 탄산화 속도가 빠르다.

□□□ 산06,09,11,13,15,18,19

64 콘크리트 구조설계에 사용되는 강도감소 계수에 대한 설명으로 틀린 것은?

① 인장지배단면의 경우 0.85를 적용한다.
② 압축지배단면으로 나선철근으로 보강된 철근콘크리트 부재는 0.65를 적용한다.
③ 전단력과 비틀림모멘트를 받는 부재는 0.75를 적용한다.
④ 무근콘크리트의 휨모멘트를 받는 부재는 0.55를 적용한다.

[해설] 강도감소계수 ϕ

부재		강도감소계수
인장지배단면		0.85
압축지배단면	나선철근으로 보강된 철근 콘크리트 부재	0.70
	그 외의 철근콘크리트 부재	0.65
전단력과 비틀림 모멘트		0.75
콘크리트의 지압력 (포스트텐션 정착부나 스트럿-타이 모델은 제외)		0.65

□□□ 산18

65 콘크리트 압축강도를 평가하기 위한 비파괴 시험방법이 아닌 것은?

① 슈미트 해머법   ② 회전식 해머법
③ 초음파속도법   ④ 적외선법

[해설] 콘크리트 압축강도
• 반발경도법 : 슈미트 해머법, 회전식 해머법
• 초음파 속도법

□□□ 산09,16,18

66 프리스트레스를 도입할 때 일어나는 즉시 손실의 원인으로 옳지 않은 것은?

① 정착장치의 활동
② PS강재와 쉬스사이의 마찰
③ PS강재의 릴랙세이션
④ 콘크리트의 탄성변형

[해설] ■도입시 손실(즉시 손실)
• 정착 장치의 활동
• 포스트텐션 긴장재와 덕트 사이의 마찰
• 콘크리트의 탄성변형(수축)
■도입 후 손실(시간적손실)
• 콘크리트의 크리프
• 콘크리트의 건조 수축
• PS 강재 응력의 릴렉세이션

정답 61 ② 62 ④ 63 ① 64 ② 65 ④ 66 ③

67 전기방식 보수공법은 콘크리트 속에 있는 철근의 부식 반응을 정지시키는 것이다. 이러한 전기방식 보수공법에 대한 설명으로 틀린 것은?

① 콘크리트가 건전할 때 적용하면 시공이 용이하고 경제적이다.
② 방식전류를 얻는 방법에 따라 외부 전원방식과 유전양극 방식으로 나뉜다.
③ 대규모 콘크리트의 떼어내기 작업이 필요 없고, 부식반응을 정지시킬 수 있다.
④ 방식전류의 공급은 시공 초기 1시간 정도만 필요하며, 정기적인 점검 및 유지관리가 필요 없다.

해설) 전기방식 보수공법의 특징
- 장점 : 단면복구공법과 같은 대규모 콘크리트의 떼어내기 작업이 필요 없고 콘크리트 속의 강재에 소정의 전류를 공급하면 부식반응을 확실히 정지시키는 것이 가능하다.
- 단점 : 구조물의 사용 기간 동안 방식전류를 공급할 필요가 있으므로 정기적인 점검과 양극 시스템의 장기적인 내구성이 요구된다.

68 철근 콘크리트의 성립 이유에 대한 설명으로 적절하지 않은 것은?

① 전단력과 사인장력에 대한 균열은 철근을 설치하여 방지할 수 있다.
② 압축응력은 철근이 부담하고, 인장응력은 콘크리트가 부담한다.
③ 콘크리트는 내구, 내화성이 있으며 철근을 보호하여 부식을 방지한다.
④ 콘크리트와 철근이 잘 부착되면 철근의 좌굴이 방지되어 압축력에도 철근이 유효하게 작용한다.

해설) 압축응력은 콘크리트가 부담하고, 인장응력은 철근이 부담한다.

69 다음에서 설명하는 철근은?

> 전체 깊이가 900mm를 초과하는 휨부재 복부의 양 측면에 부재 축방향으로 배치하는 철근

① 표피철근 ② 주철근
③ 후프철근 ④ 사인장철근

해설) 표피철근(skin reinforcement) : 전체깊이가 900mm를 초과하는 휨부재 복부의 양 측면에 부재 축방향으로 배치하는 철근

70 콘크리트 중 염화물 이온 함유량 측정방법으로 옳지 않은 것은?

① 페놀프탈레인법 ② 모아법
③ 전위차 적정법 ④ 염화은 침전법

해설) • 염화물이온 함유량 측정방법

측정 방법	측정 방법 및 명칭
중량법	염화은 침전법
용적법	모아법, 질산 제2수은법
흡광광도법	티오시안산 제2수은법, 크롬산은법
전기화학적방법	전위차 적정법, 측정방법 및 명칭

• 탄산화 깊이를 측정하는 지시약으로는 페놀프탈레인이 사용된다.

71 콘크리트 구조물이 공기 중의 탄산가스의 영향을 받아 콘크리트 중의 수산화칼슘이 서서히 탄산칼슘으로 되어 콘크리트가 알칼리성을 상실하는 현상을 무엇이라 하는가?

① 알칼리골재반응 ② 염해
③ 탄산화 ④ 화학적 침식

해설) 탄산화(중성화)는 대기중의 탄산가스가 서서히 콘크리트 속으로 침투하여 알칼리성을 약하게 하고 내부 철근을 부식시키는 현상이다.

72 돌로마이트 석회함이 알칼리 이온과 반응하여 그 생성물이 팽창하거나 암석 중에 존재하는 점토광물이 수분을 흡수, 팽창하여 콘크리트에 균열을 일으키는 반응은?

① 알칼리 탄산염 반응 ② 알칼리 실리카 반응
③ 알칼리 실리케이트반응 ④ 알칼리 수산화 반응

해설) 알칼리 탄산염 반응(alkali carbonate reaction)에 대한 설명이다.

73 콘크리트를 타설 후 양생기간 동안에 발생하는 수화열로 인한 열화를 감소시킬 수 있는 방법으로 알맞은 것은?

① 습윤양생을 한다.
② 단면의 치수를 크게 한다.
③ 거푸집의 탈형을 천천히 한다.
④ 강재거푸집 대신에 목재거푸집을 사용한다.

해설) 습윤양생으로 양생기간 동안에 발생하는 수화열로 인한 열화를 감소시킬 수 있다.

□□□ 산14,18

74 시멘트계 보수재료 중 폴리머의 특성에 대한 설명으로 틀린 것은?

① 부착성이 크다
② 투수·투기성이 크다
③ 내화학 저항성이 크다
④ 양생일수가 1일 이내이다.

[해설] 폴리머의 장점
· 부착성이 크다.
· 투수·투기성이 작다.
· 내화학 저항성이 크다.
· 양생일수가 1일 이내이다.

□□□ 산06,09,10,15,18

75 다음 그림과 같은 복철근 직사각형 보에서 등가압축응력의 깊이(a)는 얼마인가?
(단, $A_s=3,210\text{mm}^2$, $A_s'=1,014\text{mm}^2$, $f_{ck}=20\text{MPa}$, $f_y=300\text{MPa}$)

① 101.3mm
② 116.8mm
③ 129.2mm
④ 143.7mm

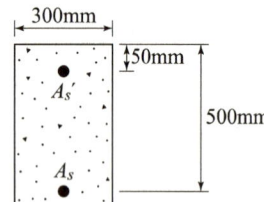

[해설] $a=\dfrac{f_y(A_s-A_s')}{\eta(0.85f_{ck})\cdot b}=\dfrac{300(3,210-1,014)}{1\times 0.85\times 20\times 300}=129.2\text{mm}$

□□□ 산18

76 PS 강재의 정착방법 중 포스트텐션 방식이 아닌 것은?

① 프레시네 공법　② VSL 공법
③ 디비닥 공법　④ 롱라인 공법

[해설] 롱라인공법 : 프리텐션공법

□□□ 산15,18

77 다음 중 내하력 평가를 위한 시험으로 적합한 것은?

① 전위차 측정시험　② 재하 시험
③ 체가름 시험　④ 물리탐사시험

[해설] 재하시험 목적 : 구조물 또는 부재의 설계 내하력을 정량화하여 안전성을 평가하기 위함이며, 재하시험의 결과는 안전성 판단에 직접 적용하거나 해석적인 방법으로 평가된 구조물의 내하력을 보완하는 데 적용하여야 한다.

□□□ 산12,14,15,18,19

78 폭은 300mm, 유효깊이는 500mm, A_s는 2,000m^2, f_{ck}는 28MPa, f_y는 400MPa인 단철근 직사각형 보가 있다. 강도설계법으로 설계할 때 공칭 휨모멘트강도(M_n)는 얼마인가?

① 301.9kN·m　② 318.5kN·m
③ 332.3kN·m　④ 355.2kN·m

[해설] $M_n=f_yA_s\left(d-\dfrac{a}{2}\right)$
$f_{ck}=28\text{MPa}\le 40\text{MPa}$일 때
$\eta=1.0$, $\beta_1=0.80$
· $a=\dfrac{A_sf_y}{\eta 0.85f_{ck}\,b}=\dfrac{2,000\times 400}{1\times 0.85\times 28\times 300}=112.04\text{mm}$
∴ $M_n=400\times 2,000\left(500-\dfrac{112.04}{2}\right)$
$=355,184,000\text{N}\cdot\text{mm}=355.2\text{N}\cdot\text{m}$

□□□ 산09,10,12,18

79 폭(b)이 300mm이고, 유효깊이(d)가 550mm인 직사각형 단면의 보에서 콘크리트가 부담할 수 있는 공칭전단강도(V_c)는? (단, f_{ck}가 21MPa이고, 모래경량콘크리트를 사용한 경우로서 $\lambda=0.85$를 적용한다.)

① 80kN　② 98kN
③ 107kN　④ 126kN

[해설] $V_c=\dfrac{1}{6}\lambda\sqrt{f_{ck}}\,b_w d$
$=\dfrac{1}{6}\times 0.85\times\sqrt{21}\times 300\times 550=107,117\text{N}=107\text{kN}$

□□□ 산18

80 콘크리트 구조물의 균열에 대한 보수공법으로 가장 거리가 먼 것은?

① 에폭시 주입법　② 드라이 패킹
③ 폴리머 침투　④ 상판 단면증설공법

[해설] 상판 단면증설공법 : 토목구조물의 보강공법

정답　74 ②　75 ③　76 ④　77 ②　78 ④　79 ③　80 ④

국가기술자격 필기시험문제

2019년도 산업기사 2회 필기시험

자격종목	시험시간	문제수	형 별
콘크리트산업기사	2시간	80	A

※ 각 문제는 4지 택일형으로 질문에 가장 적합한 문제의 보기 번호를 클릭하거나 답안표기란의 번호를 클릭하여 입력하시면 됩니다.
※ 입력된 답안은 문제 화면 또는 답안 표기란의 보기 번호를 클릭하여 변경하실 수 있습니다.

제1과목 : 콘크리트 재료 및 배합

□□□ 산 19
01 콘크리트의 배합에 있어서 물-결합재비를 낮게 하였을 경우에 관한 설명으로 옳지 않은 것은?

① 수밀성은 증가한다.
② 압축강도는 증가한다.
③ 내마모성은 증가한다.
④ 탄산화에 대한 저항성은 감소한다.

해설 배합에 있어서 물-결합재비를 낮게 하였을 경우
- 수밀성은 증가한다.
- 압축강도는 증가한다.
- 내마모성은 증가한다.
- 탄산화에 대한 저항성은 증가한다.

□□□ 산 16,19
02 각종 골재에 대한 설명으로 틀린 것은?

① 콘크리트용 부순 골재는 일반 콘크리트용 골재와는 달리 입자 모양 판정 실적률을 검토하여야 한다.
② 인공경량 골재를 사용한 콘크리트의 경우 하천 골재를 사용한 경우보다 압축강도는 떨어지지만 동결융해 저항성은 향상된다.
③ 부순 잔골재의 경우 다량의 미분말을 함유하는 경우가 많아 콘크리트의 성능에 영향을 미치기 때문에 미립분 함유량을 검토할 필요가 있다.
④ 고로 슬래그 잔골재는 고온 하에서 장기간 저장해 두면 굳어질 우려가 있기 때문에 동결 방지제를 살포함과 동시에 가능한 한 1개월 이내에 사용하는 것이 좋다.

해설 인공경량골재를 사용한 콘크리트의 경우 하천 골재를 사용한 경우보다 압축강도는 크지만 동결융해 저항성은 떨어진다.

□□□ 산 17,19
03 굵은 골재의 유해물 함유량의 한도에 대한 설명 중 틀린 것은?

① 순환골재의 점토덩어리 함유량은 1.0% 이하이어야 한다.
② 교통량이 많은 슬래브의 연한 석편 함유량은 5.0% 이하이어야 한다.
③ 점토덩어리와 연한석편의 함유량 합은 5.0% 이하이어야 한다.
④ 0.08mm 체 통과량의 시험을 실시한 후 체에 남은 점토덩어리는 0.25% 이하이어야 한다.

해설 굵은 골재의 유해물 함유량 한도(질량 백분율)

종류	최대값(%)
점토 덩어리	$0.25^{1)}$
연한 석편	$5^{2)}$
0.08mm체 통과량	1.0
석탄, 갈탄 등으로 밀도 2.0g/cm³의 액체에 뜨는 것	
・콘크리트의 표면이 중요한 경우	0.5
・기타의 경우	1.0

- 주1) 시료는 0.08mm 체 통과량의 시험을 실시한 후 체에 남은 점토덩어리는 0.25% 이하이어야 한다.
- 주2) 교통량이 많은 슬래브의 연한 석편 함유량은 5.0% 이하이어야 한다.
- 다만, 순환골재의 점토덩어리 함유량은 0.2% 이하이어야 한다.

□□□ 산 19
04 콘크리트 배합설계에서 단위골재량의 절대용적을 계산하는 데 반드시 필요한 항목이 아닌 것은?

① 공기량   ② 단위수량
③ 시멘트의 밀도   ④ 굵은 골재의 최대 치수

해설 단위 골재량의 절대용적
$$V_a = 1 - \left(\frac{단위수량}{1,000} + \frac{단위 시멘트량}{시멘트 밀도 \times 1,000} + \frac{공기량}{100} \right)$$

정답 01 ④ 02 ② 03 ① 04 ④

□□□ 산 19

05 레디믹스트 콘크리트의 혼합에 사용되는 물 중 상수돗물 이외의 물의 품질에 관한 설명으로 옳지 않은 것은?

① 염소이온(Cl^-)양은 250mg/L 이하이어야 한다.
② 현탁 물질과 용해성 증발 잔류물은 1g/L 이하로 관리하여야 한다.
③ 모르타르의 압축강도 비는 재령 7일 및 28일에서 90% 이상 나와야 한다.
④ 시멘트 응결 시간의 차이가 초결은 30분 이내, 종결은 60분 이내이어야 한다.

해설 수돗물 이외의 물의 품질

항목	품질
현탁 물질의 양	2g/L 이하
용해성 증발잔유물의 양	1g/L 이하
염소 이온(Cl^-)량	250mg/L 이하
시멘트 응결시간의 차	초결은 30분 이내, 종결은 60분 이내
모르타르의 압축강도비	재령 7일 및 재령 28일에서 90% 이상

· 현탁 물질의 양 : 2g/L 이하

□□□ 산 10,13,15,16,17,19

06 다음 재료를 계량할 때 허용되는 오차값으로 옳은 것은?

재료의 종류	허용오차(%)
골재	㉠
혼화재	㉡
혼화제	㉢

① ㉠ : ±3, ㉡ : ±2, ㉢ : ±3
② ㉠ : ±1, ㉡ : ±2, ㉢ : ±3
③ ㉠ : ±3, ㉡ : ±2, ㉢ : ±1
④ ㉠ : ±2, ㉡ : ±3, ㉢ : ±2

해설 재료의 계량 오차

재료의 종류	측정단위	허용오차
시멘트	질량	-1%, +2%
골재	질량	±3%
물	질량 또는 부피	-2%, +1%
혼화재	질량	±2%
혼화제	질량 또는 부피	±3%

∴ 골재 : ±3%, 혼화재 : ±2%, 혼화제 : ±3%

□□□ 산 14,18,19

07 콘크리트용 골재로서 요구되는 성질로 적합하지 않은 것은?

① 잔골재는 유기 불순물 시험에 합격한 것
② 골재의 입형은 편평하고 긴 모양을 가질 것
③ 잔골재의 염화물(NaCl 환산량) 허용한도는 0.04% 이하일 것
④ 골재의 강도는 콘크리트 중 경화시멘트 페이스트의 강도 이상일 것

해설 입형이 입방체 또는 원형에 가깝고 무게가 용도에 따라 적당할 것

□□□ 산 19

08 콘크리트의 배합에 대한 일반사항을 설명한 것으로 틀린 것은?

① 물-결합재비는 소요의 강도, 내구성, 수밀성 및 균열저항성 등을 고려하여 정한다.
② 단위수량은 작업에 적합한 워커빌리티를 갖는 범위 내에서 될 수 있는 대로 적게 한다.
③ 현장 콘크리트의 품질변동을 고려하여 콘크리트의 배합강도는 설계기준강도보다 작게 정한다.
④ 잔골재율은 소요의 워커빌리티를 얻을 수 있는 범위 내에서 단위수량이 최소가 되도록 시험에 의해 정한다.

해설 현장 콘크리트의 품질변동을 고려하여 콘크리트의 배합강도는 설계기준강도보다 크게 정한다.

□□□ 산 05,15,19

09 콘크리트의 배합강도를 결정할 때 사용하는 압축강도의 표준편차는 30회 이상의 시험실적으로 부터 구하는 것을 원칙으로 하며, 그 이하일 경우 보정계수를 곱하여 그 값을 표준편차로 사용한다. 다음 중 시험횟수가 20회일 때 표준편차의 보정계수로 옳은 것은?

① 1.03
② 1.08
③ 1.16
④ 1.24

해설 시험횟수가 29회 이하일 때 표준편차의 보정계수

시험횟수	표준편차의 보정계수
15	1.16
20	1.08
25	1.03
30 또는 이상	1.00

□□□ 산 09,13,16,19

10 해양 콘크리트 중 물보라, 간만대 지역의 일반 현장 시공의 경우 초과하지 않아야 할 최대 물-결합재비(%)는?

① 40%　　　　② 45%
③ 50%　　　　④ 55%

해설 내구성으로 정하여진 공기연행(AE)콘크리트의 최대 물-결합재비

환경구분	일반 현장 시공의 경우
해중	50%
해상 대기중	45%
물보라 지역, 간만대 지역	40%

□□□ 산 16,19

11 철근콘크리트에 이용되는 길이가 300mm, 지름이 20mm인 강봉에 50kN의 인장력을 가한 결과 2.34×10^{-1}mm가 신장되었을 때 강봉의 변형률은?
(단, 강봉의 탄성계수=$2.04 \times 10^5 N/mm^2$)

① 6.2×10^{-4}　　　　② 6.8×10^{-4}
③ 7.2×10^{-4}　　　　④ 7.8×10^{-4}

해설 탄성계수 $E = \dfrac{\sigma}{\epsilon} = \dfrac{\frac{P}{A}}{\frac{\Delta l}{l}} = \dfrac{P \cdot l}{A \cdot \Delta l}$ 에서

$\Delta l = \dfrac{P \cdot l}{A \cdot E} = \dfrac{50 \times 10^3 \times 300}{\frac{\pi \times 20^2}{4} \times 2.04 \times 10^5} = 0.234 mm$

$\therefore$ 변형률 $= \dfrac{\Delta l}{l} = \dfrac{0.234}{300} = 7.8 \times 10^{-4}$

□□□ 산 19

12 공기 투과 장치를 이용한 분말도 시험방법에 따라 보통 포틀랜드 시멘트의 분말도를 측정하여 다음과 같은 시험 결과를 얻었을 때 보통 포틀랜드 시멘트의 비표면적은?

측정항목	측정값
S_0 : 교정용 표준시료의 비표면적(cm^2/g)	3315
t : 시료를 베드로서 사용했을 때의 마노미터액이 B표선에서 C표선까지 내려오는 시간(s)	68.2
t_0 : 교정용 표준시료를 베드로서 사용했을 때의 마노미터액이 B표선에서 C표선까지 내려오는 시간(s)	60.5

① $3,304.27 cm^2/g$　　　　② $3,454.65 cm^2/g$
③ $3,519.64 cm^2/g$　　　　④ $3,557.38 cm^2/g$

해설 $S = S_s \sqrt{\dfrac{T}{T_s}} = 3315 \sqrt{\dfrac{68.2}{60.5}} = 3,519.64 cm^2/g$

□□□ 산 19

13 콘크리트용 실리카 퓸의 품질규정으로 부적절한 것은?

① 슬러리형 실리카 퓸의 강열 감량 측정 시 가열 온도는 105±5℃로 한다.
② 분말상 및 과립상인 실리카 퓸의 이산화규소 함량은 85% 이상이어야 한다.
③ 제품 형태별로 분말상인 실리카 퓸의 단위질량은 $450 kg/m^3$ 이하이어야 한다.
④ 제품 형태별로 과립상인 실리카 퓸의 단위질량은 $700 kg/m^3$ 이하이어야 한다.

해설 슬러리형 실리카 퓸의 강열 감량 측정 시 가열 온도는 750℃~950℃로 한다.

□□□ 산 11,13,16,19

14 잔골재의 밀도 및 흡수율시험에서 결과의 정밀도에 대한 설명으로 옳은 것은?

① 시험값은 평균과의 차이가 밀도의 경우 $0.1 g/cm^3$ 이하, 흡수율의 경우는 0.5% 이하이어야 한다.
② 시험값은 평균과의 차이가 밀도의 경우 $0.5 g/cm^3$ 이하, 흡수율의 경우는 0.1% 이하이어야 한다.
③ 시험값은 평균과의 차이가 밀도의 경우 $0.05 g/cm^3$ 이하, 흡수율의 경우는 0.01% 이하이어야 한다.
④ 시험값은 평균과의 차이가 밀도의 경우 $0.01 g/cm^3$ 이하, 흡수율의 경우는 0.05% 이하이어야 한다.

해설 골재의 밀도 및 흡수율 시험의 정밀도
· 잔골재 : 시험값은 평균과의 차이가 밀도의 경우 $0.01 g/cm^3$ 이하, 흡수율의 경우는 0.05% 이하이어야 한다.
· 굵은 골재 : 시험값은 평균과의 차이가 밀도의 경우 $0.01 g/cm^3$ 이하, 흡수율의 경우는 0.03% 이하이어야 한다.

□□□ 산 19

15 다음 포틀랜드 시멘트 중 C_3A 함량이 가장 적은 것은?

① 보통 포틀랜드 시멘트
② 조강 포틀랜드 시멘트
③ 중용열 포틀랜드 시멘트
④ 초조강 포틀랜드 시멘트

해설 중용열 포틀랜드 시멘트는 수화열을 낮추기 위하여 화학조성 중 C_3A의 양을 적게 하고 그 대신 장기강도를 발현하기 위하여 C_2S량을 많게 한 시멘트이다.

□□□ 산 04,11,13,15,19,20

16 다음의 표는 콘크리트용 골재의 체가름 시험결과를 나타낸 것이다. 이 골재의 조립률로 옳은 것은?

〈표〉 체가름 시험결과

체의 호칭 치수(mm)	누적잔류량 (kg)	각 체의 통과율(%)	누적 잔류율(%)
100	0	100	0
75	0	100	0
40	0	100	0
25	300	97	3
20	2,000	80	20
15	3,200	68	32
13	4,300	57	43
10	6,000	40	60
5	8,600	14	86
2.5	9,800	2	98
1.2	10,000	0	100
0.6	10,000	0	100
0.3	10,000	0	100
0.15	10,000	0	100
0.08	10,000	0	100

① 6.58 ② 6.64
③ 6.98 ④ 8.42

해설 $F.M = \dfrac{\Sigma 가적잔유율}{100}$

$= \dfrac{0 \times 2 + 20 + 60 + 86 + 98 + 100 \times 4}{100} = \dfrac{664}{100} = 6.64$

(∵ F.M체 : 75, 40, 20, 10, 5, 2.5, 1.2, 0.6, 0.3, 0.15)

□□□ 산 12,15,19

17 플라이 애시의 품질규격에서 물리적 성질의 항목이 아닌 것은?

① 밀도(g/cm³) ② 강열 감량(%)
③ 분말도(cm²/g) ④ 활성도 지수(%)

해설 플라이애시 품질규정

항 목		플라이 애시 1종
이산화규소(SiO₂)		45% 이상
수분		1.0% 이하
강열감량		3.0% 이하
밀도(g/cm³)		1.95 이상
분말도	45μm체 망체방법(%)	10 이하
	비표면적(cm²/g)(블레인 방법)	4,500
	플로값 비(%)	105 이상
활성도 지수(%)	재령 28일	90 이하
	재령 91일	100 이상

□□□ 산 19

18 굵은 골재에 관한 시험을 통해 아래와 같은 결과를 얻었다. 이 골재의 흡수율은?

- 표면건조포화상태 시료의 질량 : 4,100g
- 절대건조상태 시료의 질량 : 3,950g
- 수중에서 시료의 질량 : 2,250g

① 3.48% ② 3.52%
③ 3.80% ④ 3.91%

해설 흡수율 $= \dfrac{표건 상태 - 절건 상태}{절건 상태} \times 100$

$= \dfrac{4,100 - 3,950}{3,950} \times 100 = 3.80\%$

□□□ 산 11,19

19 시멘트의 비중이 작아지는 경우에 대한 설명으로 틀린 것은?

① 시멘트가 풍화한 경우
② 시멘트의 저장기간이 짧은 경우
③ 시멘트의 혼합물이 섞여 있는 경우
④ 시멘트 클링커의 소성이 불충분한 경우

해설 풍화는 고온다습한 경우에는 급속히 진행되므로 시멘트 저장에는 방습 및 공기의 유통 방지가 필요하고, 장기간 저장한 시멘트 사용 전에 반드시 시험을 하여야 한다.

□□□ 산 14,19

20 포틀랜드 시멘트의 성질에 대한 설명으로 옳지 않은 것은?

① 시멘트의 비표면적이 클수록 초기강도는 작다.
② 혼합시멘트의 비중은 혼합재의 종류에 따라서 다를 수 있다.
③ 강도발현성이 좋을수록 초기재령에서 시멘트의 수화열은 크다.
④ 온도가 높을수록 응결이 빠르며, 풍화가 진행될수록 응결이 늦다.

해설 분말도가 큰 시멘트는 표면적이 커서 초기강도가 크게 되며 강도 증진율이 높다.

정답 16 ② 17 ② 18 ③ 19 ② 20 ①

제2과목 : 콘크리트 제조, 시험 및 품질관리

□□□ 산 11,12,15,19
21 일반 콘크리트의 받아들이기 품질검사에서 염소이온량은 원칙적으로 몇 kg/m³ 이하이어야 하는가?

① 0.1kg/m³ ② 0.2kg/m³
③ 0.3kg/m³ ④ 0.4kg/m³

[해설] 굳지 않은 콘크리트 중의 전 염소이온량은 원칙적으로 0.3kg/m³ 이하로 하여야 한다.

□□□ 산 10,12,15,19
22 강도 시험용 공시체 제작에 대한 설명으로 틀린 것은?

① 공시체의 양생 온도는 (20±2)℃로 한다.
② 쪼갬 인장 강도 시험용 공시체는 원기둥 모양으로 그 지름은 굵은 골재의 최대 치수의 4배 이상이며 150mm 이상으로 한다.
③ 캐핑용 재료를 사용하여 압축강도 시험용 공시체를 캐핑하는 경우 캐핑층의 두께는 공시체 지름의 5% 정도로 한다.
④ 캐핑용 재료를 사용하여 압축강도 시험용 공시체를 캐핑하는 경우 캐핑층의 압축강도는 콘크리트의 예상되는 강도보다 작아서는 안 된다.

[해설] 압축강도 시험용 공시체의 윗면 다듬질을 캐핑에 의할 경우 캐핑층의 두께는 공시체 지름의 2%를 넘어서는 안된다.

□□□ 산 19
23 시멘트의 저장에 대한 일반적인 설명으로 틀린 것은?

① 저장 중에 약간이라도 굳은 시멘트는 공사에 사용하지 않아야 한다.
② 시멘트는 방습적인 구조로 된 사일로 또는 창고에 품종별로 구분하여 저장하여야 한다.
③ 포대시멘트로서 저장기간이 길어질 우려가 있는 경우에는 13포대 이상 쌓아 올리지 않는 것이 좋다.
④ 시멘트의 온도가 너무 높을 때는 그 온도를 낮춘 다음 사용하여야 하며, 시멘트의 온도는 일반적으로 50℃ 이하를 사용하는 것이 좋다.

[해설] 포대시멘트로서 저장기간이 길어질 우려가 있는 포대 시멘트는 7포 이상 쌓아 올리지 않는 것이 좋다.

□□□ 산 07,12,14,16,19
24 레디믹스트 콘크리트의 품질 기준 중 고강도 콘크리트의 공기량 및 공기량의 허용 오차로 옳은 것은?

① 공기량 : 5.5%, 허용 오차 : ±1.5%
② 공기량 : 5.5%, 허용 오차 : ±2%
③ 공기량 : 3.5%, 허용 오차 : ±2%
④ 공기량 : 3.5%, 허용 오차 : ±1.5%

[해설] 공기량의 허용 오차

콘크리트의 종류	공기량	공기량의 허용 오차
보통 콘크리트	4.5%	±1.5%
경량 콘크리트	5.5%	
포장 콘크리트	4.5%	
고강도 콘크리트	3.5%	

□□□ 산 05,06,12,16,19
25 콘크리트의 슬럼프 시험에 대한 설명으로 틀린 것은?

① 슬럼프콘을 들어 올리는 시간은 높이 300mm에서 10~15초로 한다.
② 슬럼프콘은 윗면의 안지름 100mm, 밑면의 안지름 200mm, 높이 300mm 및 두께 1.5mm 이상인 금속제를 사용한다.
③ 슬럼프콘에 콘크리트를 채우기 시작하고 나서 슬럼프콘의 들어 올리기를 종료할 때까지의 시간은 3분 이내로 한다.
④ 슬럼프콘에 시료를 넣고 봉다짐할 때 분리를 일으킬 염려가 있을 때는 분리를 일으키지 않을 정도로 다짐수를 줄인다.

[해설] 슬럼프콘을 들어 올리는 시간은 높이 300mm에서 2~5(3.5±1.5)초로 한다.

□□□ 산 09,10,16,17,19
26 지름 150mm, 높이 300mm인 원주형 공시체의 인장 강도를 측정하기 위해 쪼갬 인장 강도 시험으로 콘크리트에 하중을 가하여 공시체가 100kN에 파괴되었다면, 이 콘크리트의 쪼갬 인장 강도는?

① 1.4MPa ② 1.7MPa
③ 2.0MPa ④ 2.3MPa

[해설] $f_{sp} = \dfrac{2P}{\pi dl}$
$= \dfrac{2 \times 100 \times 10^3}{\pi \times 150 \times 300} = 1.4 \text{N/mm}^2 = 1.4 \text{MPa}$

□□□ 산 06,09,11,19
27 콘크리트의 동해 및 내동해성에 관한 설명 중 잘못된 것은?

① 흡수율이 큰 골재를 사용하면 동해를 일으키기 쉽다.
② AE제를 사용하면 내동해성을 향상시키는데 큰 효과가 있다.
③ 물-결합재비가 큰 콘크리트를 사용하면 동해를 작게 할 수 있다.
④ 건습 반복을 받는 부재가 건조상태로 유지되는 부재에 비해 동해를 일으키기 쉽다.

해설 물-결합재비(55~50%) : 단위수량을 가능한 한 적게 해야 동해를 작게 할 수 있다.

□□□ 산 10,15,19
28 다음 중 콘크리트 타설 후부터 응결이 종료할 때까지 발생하는 균열의 원인이 아닌 것은?

① 하중에 의한 휨 균열
② 콘크리트의 침하에 의한 균열
③ 시멘트의 이상응결에 의한 균열
④ 잔골재에 함유된 미립분에 의한 균열

해설 ·경화한 콘크리트의 균열 : 수축균열, 온도 균열, 하중에 의한 휨균열
·굳지 않은 콘크리트의 균열 : 침하수축균열, 플라스틱균열, 거푸집 변화에 의한 균열
∴ 하중에 의한 휨 균열은 콘크리트 타설 종료 후에 발생하는 균열

□□□ 산 15,19
29 콘크리트의 비비기에 대한 설명으로 틀린 것은?

① 비비기는 미리 정해둔 비비기 시간의 3배 이상 계속하지 않아야 한다.
② 믹서 안의 콘크리트를 전부 꺼낸 후가 아니면 믹서 안에 다음 재료를 넣지 말아야 한다.
③ 재료를 믹서에 투입하는 순서로서 물은 다른 재료의 투입이 끝난 후 주입하는 것을 원칙으로 한다.
④ 가경식 믹서를 사용하고 비비기 시간에 대한 시험을 실시하지 않은 경우 그 최소 시간은 1분 30초 이상을 표준으로 한다.

해설 물은 다른 재료보다 먼저 넣기 시작하여 그 넣는 속도를 일정하게 유지하고, 다른 재료의 투입이 끝난 후 조금 지난 뒤에 물의 주입을 끝내도록 한다.

□□□ 산 09,14,19
30 콘크리트 비비기는 미리 정해 둔 비비기 시간의 몇 배 이상 계속해서는 안 되는가?

① 2배   ② 3배
③ 4배   ④ 5배

해설 비비기는 미리 정해 둔 비비가 시간의 3배 이상 계속 해서는 안된다.

□□□ 산 09,11,12,13,14,16,18,19
31 콘크리트 압축강도 시험에서 지름 150mm, 높이 300mm인 원주형 공시체를 사용한 경우, 최대 압축하중 430kN에서 공시체가 파괴되었다면 압축강도는?

① 24.3MPa   ② 26.5MPa
③ 28.1MPa   ④ 30.4MPa

해설 $f_c = \dfrac{P}{A} = \dfrac{430 \times 10^3}{\dfrac{\pi \times 150^2}{4}} = 27.0 \text{N/mm}^2 = 24.3 \text{MPa}$

□□□ 산 19
32 콘크리트의 크리프에 영향을 미치는 요소에 대한 설명으로 틀린 것은?

① 습도가 높을수록 크리프가 크다.
② 재하응력이 클수록 크리프가 크다.
③ 부재의 치수가 작을수록 크리프가 크다.
④ 물-결합재비가 높을수록 크리프가 크다.

해설 습도가 낮을수록 크리프 변형은 커진다.

□□□ 산 09,15,17,19
33 블리딩에 대한 설명 중 틀린 것은?

① 블리딩이 많은 콘크리트는 침하량도 많다.
② 블리딩은 굵은 골재와 모르타르, 철근과 콘크리트의 부착력을 저하시킨다.
③ 블리딩은 일종의 재료분리이므로 블리딩이 크면 상부의 콘크리트가 다공질이 된다.
④ 블리딩이 많으면, 모르타르 부분의 물-결합재비가 작게 되어 강도가 크게 된다.

해설 블리딩이 많으면 모르타르 부분의 물-결합재비가 크게 되어 강도가 작게 된다.

정답 27 ③ 28 ① 29 ③ 30 ② 31 ① 32 ① 33 ④

34 모르타르 및 콘크리트의 길이변화 시험(KS F2424)에서 규정하는 시험방법이 아닌 것은?

① 콤퍼레이터 방법
② 크랙 게이지 방법
③ 다이얼 게이지 방법
④ 콘택트 게이지 방법

해설 모르타르 및 콘크리트의 길이변화 시험 방법 : 콤퍼레이터 방법, 콘택트 게이지 방법, 다이얼 게이지 방법

35 레디믹스트 콘크리트(KS F 4009)의 품질 중 슬럼프가 80mm일 때 슬럼프의 허용오차로 옳은 것은?

① ±10mm
② ±15mm
③ ±20mm
④ ±25mm

해설 슬럼프의 허용 오차

슬럼프	슬럼프 허용차
25mm	±10mm
50mm 및 65mm	±15mm
80mm 이상	±25mm

36 다음 중 품질관리 4단계 사이클의 순서가 옳은 것은?

① 계획 → 검토 → 조치 → 실시
② 계획 → 실시 → 검토 → 조치
③ 검토 → 실시 → 계획 → 조치
④ 검토 → 계획 → 실시 → 조치

해설 품질관리의 기본 4단계를 반복적으로 수행한다.
계획(Plan, P) → 실시(Do, D) → 검토(Check, C) → 조치(Action, A)

37 5회의 압축강도시험을 실시하여 아래와 같은 측정값을 얻었다. 범위 R은?

30.5, 29.4, 29.8, 31.5, 33.5(단위 : MPa)

① 3.1MPa
② 4.1MPa
③ 5.1MPa
④ 6.1MPa

해설 $R = x_{max} - x_{min}$
$= 33.5 - 29.4 = 4.1$MPa

38 블리딩 시험용기의 안지름이 25cm이고, 안높이는 28.5cm이다. 이 용기에 30kg의 콘크리트를 채우고 측정한 블리딩에 따른 물의 총 용적은 200cm³이었다면 블리딩 양은?

① $0.27\text{cm}^3/\text{cm}^2$
② $0.32\text{cm}^3/\text{cm}^2$
③ $0.41\text{cm}^3/\text{cm}^2$
④ $0.53\text{cm}^3/\text{cm}^2$

해설 블리딩량 $= \dfrac{V}{A} = \dfrac{200}{\dfrac{\pi \times 25^2}{4}} = 0.41\text{cm}^3/\text{cm}^2$

39 콘크리트의 휨 강도 시험에서 공시체에 하중을 가하는 속도로 옳은 것은?

① 가장자리 응력도의 증가율이 매초 0.06±0.04MPa이 되도록 한다.
② 가장자리 응력도의 증가율이 매초 0.06±0.4MPa이 되도록 한다.
③ 가장자리 응력도의 증가율이 매초 0.6±0.04MPa이 되도록 한다.
④ 가장자리 응력도의 증가율이 매초 0.6±0.4MPa이 되도록 한다.

해설
• 압축강도 시험에서 공시체에 하중을 가하는 속도는 압축응력도의 증가율이 매초(0.6±0.2)MPa이 되도록 한다.
• 인장강도 시험에서 공시체에 하중을 가하는 속도는 인장응력도의 증가율이 매초(0.06±0.04)MPa이 되도록 조정한다.
• 휨강도 시험에서 공시체에 하중을 가하는 속도는 가장자리 응력도의 증가율이 매초(0.06±0.04)MPa이 되도록 조정한다.

40 압력법에 의한 공기량 시험에서 콘크리트의 겉보기 공기량이 4.6%, 골재 수정 계수가 0.3%이면 콘크리트의 공기량은?

① 4.0%
② 4.3%
③ 4.6%
④ 4.9%

해설 $A(\%) = A_1 - G$
$= 4.6 - 0.3 = 4.3\%$

제3과목 : 콘크리트의 시공

□□□ 산 08,12,17,19

41 콘크리트 포장의 줄눈설치 목적과 관계가 먼 것은?

① 콘크리트 포장의 건조수축균열제어
② 콘크리트 포장의 플라스틱 수축균열방지
③ 콘크리트 포장의 국부적 응력균열 발생제어
④ 콘크리트 포장의 표층슬래브 신축결함 보완

해설 시멘트 콘크리트 포장의 줄눈 역할
 • 비틀림 응력의 완화
 • 신구 포설콘크리트를 종횡으로 분리
 • 불규칙한 균열을 일정 위치에 유도시킬 목적
 • 온도와 습도차에 의한 휨응력과 비틀림 응력의 완화
 • 포장체의 건조수축, 온도, 함수비 변화에 따른 포장체의 팽창과 수축허용

□□□ 산 09,11,13,14,19

42 아래 표와 같은 조건에서 한중 콘크리트의 타설이 종료되었을 때 온도는?

- 비빈직후 온도 : 20℃
- 주위의 기온 : 5℃
- 비빈 후부터 타설 종료 시까지의 시간 : 2시간
- 운반 및 타설 시간 1시간에 대하여 콘크리트 온도와 주위의 기온과의 차이 : 15%

① 10.5℃ ② 12.5℃
③ 15.5℃ ④ 17.75℃

해설 $T_2 = T_1 - 0.15(T_1 - T_0) \cdot t$
$= 20 - 0.15(20-5) \times 2 = 15.5℃$

□□□ 산 15,18,19

43 특정한 입도를 가지는 굵은 골재를 거푸집에 채워 넣고, 그 간극에 모르타르를 적당한 압력으로 주입하여 만드는 콘크리트의 배합에 사용되는 잔골재의 조립률의 범위로 적당한 것은?

① 1.4~2.2 ② 2.3~3.1
③ 2.5~3.5 ④ 6.0~8.0

해설 소정의 유동성을 얻을 수 있는 범위에서 단위결합재량의 증가를 적극 줄일 목적으로 잔골재율은 1.2~2.2의 것이 바람직하다.

□□□ 산 12,14,17,19

44 콘크리트의 이음에 대한 일반적인 설명으로 틀린 것은?

① 시공이음은 될 수 있는 대로 전단력이 작은 위치에 설치한다.
② 신축이음은 양쪽의 구조물 혹은 부재가 완전히 구속되도록 하여야 한다.
③ 바닥틀의 시공이음은 슬래브 또는 보의 경간 중앙부 부근에 두어야 한다.
④ 시공이음면의 거푸집 철거는 콘크리트가 굳은 후 되도록 빠른 시기에 한다.

해설 신축이음은 양쪽의 구조물 혹은 부재가 구속되지 않는 구조이어야 한다.

□□□ 산 12,15,19

45 숏크리트 시공에 대한 일반적인 설명으로 틀린 것은?

① 건식 숏크리트는 배치 후 45분 이내에 뿜어붙이기를 실시하여야 한다.
② 습식 숏크리트는 배치 후 60분 이내에 뿜어붙이기를 실시하여야 한다.
③ 숏크리트는 타설되는 장소의 대기 온도가 30℃ 이상이 되면 건식 및 습식 숏크리트 모두 뿜어붙이기를 할 수 없다.
④ 숏크리트는 대기 온도가 10℃ 이상일 때 뿜어붙이기를 실시하며, 그 이하의 온도일 때는 적절한 온도대책을 세운 후 실시한다.

해설 숏크리트는 타설되는 장소의 대기 온도가 38℃ 이상이 되면 건식 및 습식 숏크리트 모두 뿜어붙이기를 할 수 없다.

□□□ 산 11,12,15,16,19

46 경량골재 콘크리트의 배합에 대한 일반적인 설명으로 틀린 것은?

① 경량골재 콘크리트는 공기연행 콘크리트로 하는 것을 원칙으로 한다.
② 슬럼프는 일반적인 경우 대체로 50~180mm를 표준으로 한다.
③ 수밀성을 기준으로 물-결합재비를 정할 경우에는 50% 이하를 표준으로 한다.
④ 경량골재 콘크리트의 공기량은 일반 골재를 사용한 콘크리트보다 2% 정도 작게 하여야 한다.

해설 경량골재 콘크리트의 공기량은 일반 골재를 사용한 콘크리트보다 1% 크게 하여야 한다.

정답 41 ② 42 ③ 43 ① 44 ② 45 ③ 46 ④

47 아래의 표에서 설명하는 양생방법은?

> 고온·고압의 증기솥 속에서 상압보다 높은 압력으로 고온의 수증기를 사용하여 실시하는 양생

① 온수양생 ② 증기양생
③ 적외선 양생 ④ 오토클레이브 양생

[해설] 오토클레이브 양생
- 콘크리트 제품 양생법 중 고온·고압용기에 제품을 넣고 7~15기압의 고압과 180℃ 전후의 고온으로 처리하는 양생법
- 고온·고압의 증기솥 속에서 상압보다 높은 압력으로 고온의 수증기를 사용하여 실시하는 양생법

48 콘크리트의 운반 및 타설에 대한 설명으로 적합하지 않은 것은?

① 콘크리트의 재료분리가 될 수 있는 대로 적게 일어나도록 해야 한다.
② 사전에 충분한 운반계획을 세우고, 신속하게 운반하여 즉시 타설해야 한다.
③ 비비기에서 타설이 끝날 때까지의 시간은 외기온도가 25℃ 이상일 때는 2시간 이내로 하여야 한다.
④ 넓은 장소에서는 일반적으로 콘크리트의 공급원으로부터 먼 쪽에서 타설하여 가까운 쪽으로 끝내도록 하는 것이 좋다.

[해설] 비비기로부터 치기가 끝날 때까지의 시간
- 원칙적으로 외기온도가 25℃ 이상일 때는 1.5시간(90분)을 넘어서는 안된다.
- 원칙적으로 외기온도가 25℃ 미만일 때에는 2시간(120분)을 넘어서는 안된다.

49 콘크리트의 압축강도 시험을 통하여 거푸집을 해체하고자 한다. 설계기준압축강도가 24MPa이고, 단층구조의 보의 밑면인 경우 거푸집을 해체할 때 콘크리트 압축강도는 얼마 이상이어야 하는가?

① 5MPa 이상 ② 8MPa 이상
③ 12MPa 이상 ④ 16MPa 이상

[해설] 콘크리트 압축강도(슬래브 및 보의 밑면, 아치 내면)
- 설계기준압축강도의 2/3배 이상 또는 최소 14MPa 이상
- ∴ 콘크리트의 압축강도 $f_{cu} = \frac{2}{3} \times 24 = 16\text{MPa}$

50 일반 수중 콘크리트의 배합에서 단위 결합재량의 표준으로 옳은 것은?

① 300kg/m³ 이하 ② 350kg/m³ 이상
③ 360kg/m³ 이하 ④ 370kg/m³ 이상

[해설] 일반 수중 콘크리트의 단위 결합재량은 370kg/m³ 이상으로 한다.

51 터널 등의 숏크리트에 첨가하여 뿜어 붙이는 콘크리트의 응결 및 조기의 강도를 증진시키기 위해 사용되는 혼화제는?

① 감수제 ② 급결제
③ 지연제 ④ AE제

[해설] 숏크리트의 조기강도 발현 효과가 좋고 장기강도의 감소를 최소화할 수 있으며, 일체에 유해한 영향이 없는 급결재를 사용하여야 한다.

52 팽창 콘크리트의 품질과 관련하여 틀린 것은?

① 팽창 콘크리트의 강도는 일반적으로 재령 28일의 압축강도를 기준으로 한다.
② 콘크리트의 팽창률은 일반적으로 재령 28일에 대한 시험값을 기준으로 한다.
③ 수축보상용 콘크리트의 팽창률은 150×10⁻⁶ 이상, 250×10⁻⁶ 이하인 값을 표준으로 한다.
④ 화학적 프리스트레스용 콘크리트의 팽창률은 200×10⁻⁶ 이상, 700×10⁻⁶ 이하인 값을 표준으로 한다.

[해설] 콘크리트의 팽창률은 일반적으로 재량 7일에 대한 시험값을 기준으로 한다.

53 프리스트레스트 콘크리트에서 프리스트레싱할 때 프리텐션 방식 콘크리트의 압축강도는?

① 15MPa 이상 ② 20MPa 이상
③ 25MPa 이상 ④ 30MPa 이상

[해설] 프리스트레스트 콘크리트에서 프리스트레싱할 때 프리텐션 방식 콘크리트의 압축강도는 30MPa 이상이어야 한다.

정답 47 ④ 48 ③ 49 ④ 50 ④ 51 ② 52 ② 53 ④

□□□ 산 19
54 한중 콘크리트의 시공에 대한 아래 표의 설명에서 ( ) 안에 들어갈 알맞은 숫자는?

> 타설할 때의 콘크리트 온도는 구조물의 단면치수, 기상조건 등을 고려하여 5~20℃의 범위에서 정하여야 한다. 기상조건이 가혹한 경우나 부재두께가 얇을 경우에는 칠 때의 콘크리트의 최저 온도는 ( ) 정도를 확보하여야 한다.

① 5℃ ② 10℃
③ 15℃ ④ 20℃

해설 기상조건이 가혹한 경우나 부재두께가 얇을 경우에는 칠 때의 콘크리트의 최저 온도는 10℃ 정도를 확보하여야 한다.

□□□ 산 19
55 콘크리트가 굳지 않은 상태일 때 콘크리트 표면의 수분 증발속도가 블리딩(bleeding) 수의 상승 속도를 상회하는 경우에 표면 부근이 급격하게 건조되면서 발생하는 균열을 무엇이라고 하는가?

① 건조수축균열 ② 수화수축균열
③ 소성수축균열 ④ 자기수축균열

해설 소성수축균열은 콘크리트 표면수의 증발속도가 블리딩 속도보다 빠른 경우와 같이 급속한 수분증발이 일어나는 경우에 콘크리트 마무리 면에 생기는 가늘고 얇은 균열을 말한다.

□□□ 산 11,14,16,19
56 고강도 콘크리트에 대한 설명으로 틀린 것은?

① 고강도 콘크리트를 시공할 때 거푸집판이 건조할 우려가 있는 경우라도 절대 살수하여서는 안 된다.
② 고강도 콘크리트의 설계기준압축강도는 일반적으로 40MPa 이상으로 하며, 고강도 경량골재 콘크리트는 27MPa 이상으로 한다.
③ 기상의 변화가 심하거나 동결융해에 대한 대책이 필요한 경우를 제외하고는 공기 연행제를 사용하지 않는 것을 원칙으로 한다.
④ 운반시간 및 거리가 긴 경우에 사용하는 운반차는 트럭믹서, 트럭 애지테이터 혹은 건비빔 믹서로 하여야 하며, 고성능 감수제 등을 추가로 투여하는 등의 조치를 하여야 한다.

해설 고강도 콘크리트를 시공할 때 거푸집판이 건조할 우려가 있을 때에는 살수를 하여야 한다.

□□□ 산 12,14,19
57 서중 콘크리트에 대한 일반적인 설명으로 틀린 것은?

① 서중 콘크리트의 배합온도는 낮게 관리하여야 한다.
② 콘크리트를 타설할 때의 콘크리트 온도는 50℃ 이하이어야 한다.
③ 하루 평균기온 25℃를 초과하는 것이 예상되는 경우 서중 콘크리트로 시공하여야 한다.
④ 콘크리트를 타설하기 전에는 지반, 거푸집 등 콘크리트로부터 물을 흡수할 우려가 있는 부분을 습윤상태로 유지하여야 한다.

해설 콘크리트를 타설할 때의 콘크리트 온도는 35℃ 이하이어야 한다.

□□□ 산 17,19
58 유동화 콘크리트에서 베이스 콘크리트의 정의를 가장 잘 설명한 것은?

① 수밀성이 큰 콘크리트 또는 투수성이 적은 콘크리트
② 미리 비빈 콘크리트에 유동화제를 첨가하여 유동성을 증대시킨 콘크리트
③ 유동화 콘크리트를 제조할 때 유동화제를 첨가하기 전의 기본 배합의 콘크리트
④ 굳지 않은 상태에서 재료 분리 없이 높은 유동성을 가지면서 다짐작업 없이 자기 충전성이 가능한 콘크리트

해설 베이스 콘크리트
· 유동화 콘크리트를 제조할 때 유동화제를 첨가하기 전의 기본 배합의 콘크리트
· 숏크리트의 습식방식에서 사용하는 급결재를 첨가하기 전의 콘크리트

□□□ 산 19
59 콘크리트의 시공에서 슈트를 사용할 경우에 대한 설명으로 틀린 것은?

① 슈트를 사용하는 경우에는 원칙적으로 경사슈트를 사용하여야 한다.
② 경사슈트의 토출구에서 조절판 및 깔때기를 설치해서 재료 분리를 방지하여야 한다.
③ 경사슈트를 사용할 경우 일반적으로 경사는 수평 2에 대하여 연직 1정도가 적당하다.
④ 연직슈트는 깔때기 등을 이어서 만들어 콘크리트의 재료 분리가 적게 일어나도록 하여야 한다.

해설 슈트를 사용하는 경우에는 원칙적으로 연직슈트를 사용하여야 한다.

정답 54 ② 55 ③ 56 ① 57 ② 58 ③ 59 ①

60 방사선 차폐용 콘크리트에 대한 일반적인 설명으로 틀린 것은?

① 물-결합재비는 50% 이하를 원칙으로 한다.
② 주로 생물체의 방호를 위하여 X선, γ선 및 중성자선을 차폐할 목적으로 사용된다.
③ 차폐용 콘크리트로서 필요한 성능인 밀도, 압축강도, 설계허용 온도, 결합수량, 붕소량 등을 확보하여야 한다.
④ 콘크리트의 슬럼프는 작업에 알맞은 범위 내에서 가능한 작은 값이어야 하며, 일반적인 경우 40mm 이하로 하여야 한다.

[해설] 콘크리트의 슬럼프는 작업에 알맞은 범위 내에서 가능한 한 적은 값이어야 하며, 일반적인 경우 150mm 이하로 하여야 한다.

제4과목 : 콘크리트 구조 및 유지관리

61 콘크리트 구조물의 보강공법이 아닌 것은?

① 충전공법
② 강판접착공법
③ 단면 증설공법
④ 탄소섬유시트 접착공법

[해설] • 구조물의 보강공법 : 단면 증설공법, 강판접착공법, 탄소섬유시트 접착공법
• 구조물의 보수공법 : 표면처리공법, 균열주입공법, 충진공법, 치환공법

62 콘크리트 압축강도 추정을 위한 반발경도 시험(KS F 2730)에 대한 설명으로 옳은 것은?

① 시험 영역의 지름은 150mm 이상이 되어야 한다.
② 도장이 되어 있는 평활한 면은 그대로 시험할 수 있다.
③ 시험할 콘크리트 부재는 두께가 50mm 이상이어야 한다.
④ 각 측정위치마다 슈미트해머에 의한 측정점은 10점을 표준으로 한다.

[해설] • 시험영역의 지름은 150mm 이상이 되어야 한다.
• 시험할 콘크리트 부재는 두께가 100mm 이상이어야 한다.
• 도장이나 흙손으로 마무리한 표면은 시험 대상으로 할 수 없다.
• 각 시험의 영역으로부터 20개의 시험값을 취한다.

63 콘크리트의 탄산화에 관한 설명으로 틀린 것은?

① 탄산화 깊이는 경과시간에 반비례한다.
② 공기 중의 탄산가스 농도가 높을수록 탄산화 속도가 빨라진다.
③ 콘크리트의 물-결합재비가 낮으면 탄산화 속도가 느려진다.
④ 탄산화 깊이가 철근 위치에 도달하면 철근 피복의 박리가 일어난다.

[해설] 탄산화 깊이 $X = R\sqrt{t}$
여기서, t : 경과년수(년)
∴ 탄산화 깊이는 경과시간의 제곱근에 비례한다.

64 강도설계법에서 띠철근 기둥의 강도가 인장으로 지배되는 경우로 옳은 것은?
(단, 단주이며, e : 편심거리, e_b : 균형편심, P_u : 편심축강도, P_b : 균형축강도 이다.)

① $e < e_b$, $P_u < P_b$인 경우
② $e < e_b$, $P_u > P_b$인 경우
③ $e > e_b$, $P_u < P_b$인 경우
④ $e > e_b$, $P_u > P_b$인 경우

[해설] 기둥의 파괴형태(단주)
• 인장파괴 구역 : $e > e_b$, $P_u < P_b$
• 압축파괴 구역 : $e < e_b$, $P_u > P_b$

65 압축부재의 축방향 철근이 D35 이상일 때 사용할 수 있는 띠철근의 규정으로 옳은 것은?

① D10 이상의 띠철근으로 둘러싸야 한다.
② D13 이상의 띠철근으로 둘러싸야 한다.
③ D15 이상의 띠철근으로 둘러싸야 한다.
④ D16 이상의 띠철근으로 둘러싸야 한다.

[해설] 압축부재의 축방향 철근 지름에 따른 띠철근의 지름

축방향 철근	띠철근
D32 이하	D10 이상
D35 이상	D13 이상

66. 포스트텐션 공법에 의한 PS 콘크리트 부재의 제작과정의 순서로 옳은 것은?

> (a) 프리스트레스의 도입
> (b) 콘크리트 타설
> (c) 그라우팅
> (d) 거푸집의 조립과 쉬스의 배치

① (d)-(b)-(a)-(c)
② (d)-(a)-(b)-(c)
③ (d)-(b)-(c)-(a)
④ (d)-(a)-(c)-(b)

해설 포스트텐션 방식
- 거푸집의 조립과 쉬스의 배치 : 거푸집 안에 시스를 배치하고 이 속에 PC 강재를 배치한 후 콘크리트를 친다.
- 콘크리트 타설 : 콘크리트가 경화한 후 부재의 한쪽 끝에서 PC 강재를 정착하고 다른 쪽 끝에서 잭으로 PC 강재를 인장한다.
- 프리스트레스의 도입 : 인장 작업이 끝나면 정착장치로 PC 강재를 정착한 후 잭을 제거한다. 그러면 콘크리트 부재가 압축되어 프리스트레스가 도입된다.
- 그라우팅 : 프리스트레스의 도입이 끝난 후에는 시스 속에 시멘트 풀이나 모르터로 그라우팅을 실시한다.

67. 옹벽의 안정조건에 대한 아래 설명에서 ( )안에 적합한 수치는?

> 활동에 대한 저항력은 옹벽에 작용하는 수평력의 ( )배 이상이어야 한다.

① 1
② 1.5
③ 2
④ 2.5

해설 활동에 대한 저항력은 옹벽에 작용하는 수평력의 1.5배 이상이어야 한다.

68. 철근의 단면적 $A_s=3,000\text{mm}^2$, $f_{ck}=30\text{MPa}$, $f_y=400\text{MPa}$인 단철근 직사각형 보의 전압축력(C)은? (단, 과소철근보이다.)

① 400kN
② 900kN
③ 1,200kN
④ 12,000kN

해설 $C=T$에서
$C=A_s f_y = 3,000 \times 400$
$= 1,200,000\text{N} = 1,200\text{kN}$

69. 아래에서 설명하는 균열의 보수기법은?

> 물시멘트비가 아주 작은 모르타르를 손으로 채워 넣는 방법으로, 정지하고 있는 균열에 효과적이다. 따라서 계속 진전하고 있는 균열에는 적합하지 않다.

① 짜깁기법
② 드라이 패킹
③ 폴리머 침투
④ 에폭시주입법

해설 드라이 패킹(dry packing)에 대한 설명이다.

70. 콘크리트 구조물의 외관조사 중 육안조사에 의한 조사 항목에 속하지 않는 것은?

① 균열
② 침하
③ 철근노출
④ 부재의 응력

해설 육안 조사 항목 : 균열, 망상 균열, 표면 honeycomb, 누수, 습윤부, 백태, 철근 노출, 철근 부식, 재료 분리, 좌굴, 변형, 침하, 층분리, 시공이음 분리 등을 조사한다.

71. 구조물의 보수공법 중 주입공법의 특징으로 틀린 것은?

① 미관의 유지가 용이하다.
② 내력 복원의 안전성을 기대할 수 있다.
③ 내구성 저하방지 및 누수방지를 기대할 수 있다.
④ 소요의 접착강도가 발현되기 위해 장기간이 소요된다.

해설 소요의 접착강도가 단기간에 발현된다.

72. 도로교 상부 구조의 충격계수(i) 식으로 옳은 것은? (단, L은 지간이며, i는 0.3을 초과할 수 없다.)

① $i=\dfrac{15}{40+L}$
② $i=\dfrac{7}{40+L}$
③ $i=\dfrac{15}{30+L}$
④ $i=\dfrac{7}{30+L}$

해설 충격계수 $i=\dfrac{15}{40+L} \leq 0.3$
여기서,
L : 활하중이 등분포 하중인 경우에 부재에 최대 응력이 일어나도록 활하중이 재하된 지간 부분의 길이이다.

정답 66 ① 67 ② 68 ③ 69 ② 70 ④ 71 ④ 72 ①

73 350kN·m의 계수휨모멘트(M_u)가 작용하는 단철근 직사각형 보의 유효깊이 d는?
(단, 철근비 $\rho=0.0135$, $b=200mm$, $f_{ck}=24MPa$, $f_y=300MPa$, $\phi=0.85$이다.)

① 701.4mm ② 751.4mm
③ 801.4mm ④ 851.4mm

해설 $M_u=\phi M_n=\phi\rho f_y bd^2\left(1-0.59\rho\dfrac{f_y}{f_{ck}}\right)$ 에서

· $d=\sqrt{\dfrac{M_u}{\phi b f_{ck} q(1-0.59q)}}$

· $q=\rho\dfrac{f_y}{f_{ck}}=0.0135\times\dfrac{300}{24}=0.16875$

∴ $d=\sqrt{\dfrac{350\times10^6}{0.85\times200\times24\times0.16875(1-0.59\times0.16875)}}$
  $=751.4mm$

(∵ $kN\cdot m=10^6 N\cdot mm$)

참고 SOLVE 사용

---

74 강도설계법에 따른 프리스트레스를 가하지 않은 나선철근 압축부재 설계 시 설계축강도(ϕP_n)는?
(단, 기둥의 총 단면적 $A_g=300,000mm^2$, $A_{st}=6-D35=5,700mm^2$, $f_{ck}=21MPa$, $f_y=300MPa$)

① 3,758kN ② 4,057kN
③ 4,143kN ④ 4,439kN

해설 $\phi P_n=\phi\alpha[0.85f_{ck}(A_g-A_{st})+f_y\cdot A_{st}]$

· $A_g=\dfrac{\pi d^2}{4}=\dfrac{\pi\times400^2}{4}=125.664mm^2$

· $A_s=794\times6=4,764mm^2$

∴ $\phi P_n=0.70\times0.85[0.85\times21(300,000-5,700)+300\times5,700]$
  $=4,143,136N=4,143kN$

분류	보정계수 α	강도감소계수 ϕ
나선철근	0.85	0.70
띠철근	0.80	0.65

---

75 콘크리트 구조물의 외관 조사 시 외관조사망도에 기입하지 않는 것은?

① 균열 폭 ② 균열 길이
③ 균열 깊이 ④ 균열 형태

해설 외관조사시 외관조사망도 기입 : 균열(형태, 위치, 폭, 길이), 망상균열, 철근(위치, 직경, 피복두께, 노출, 부식) 등을 기입한다.

---

76 그림과 같은 T형 보에서 빗금 친 부분의 압축강도와 같은 크기의 힘을 발휘하는 인장철근의 단면적(A_{sf})은?
(단, $f_{ck}=18MPa$, $f_y=300MPa$이다.)

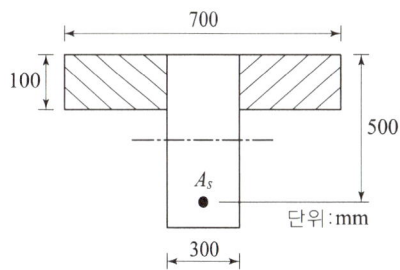

① 1,530mm² ② 2,040mm²
③ 3,570mm² ④ 4,335mm²

해설 $A_{sf}=\dfrac{\eta(0.85f_{ck})\cdot t(b-b_w)}{f_y}$

$f_{ck}=18MPa\le40MPa$ 일 때
$\eta=1.0$, $\beta_1=0.80$

$A_{sf}=\dfrac{1\times0.85\times18\times100(700-300)}{300}=2,040mm^2$

---

77 콘크리트를 타설하고 다짐하여 마감작업을 한 이후에도 콘크리트는 계속하여 압밀되는 경향이 있다. 이러한 현상으로 발생하는 균열을 침하균열이라고 한다. 다음 중 침하균열이 증가되는 경우가 아닌 것은?

① 철근 직경이 클수록 침하균열은 증가한다.
② 충분한 다짐을 못한 경우 침하균열은 증가한다.
③ 콘크리트의 슬럼프가 작을수록 침하균열은 증가한다.
④ 누수되는 거푸집을 사용한 경우 침하균열은 증가한다.

해설 침하균열 영향 요소
· 슬럼프가 클수록 침하균열은 증가한다.
· 블리딩이 많을 때 침하 균열은 증가한다.
· 잔골재율이 클수록 침하균열은 증가한다.
· 다짐이 불충분하면 침하균열은 증가한다.
· 철근 직경이 클수록 침하균열은 증가한다.
· 물-결합재비가 클수록 침하균열은 증가한다.
· 거푸집이 밀실하지 않을 때 침하균열은 증가한다.

---

78 굳지 않은 콘크리트 상태에서 총량을 규제를 하고 있는 전 염소이온량의 한도로 옳은 것은?

① 0.03kg/m³ 이하 ② 0.04kg/m³ 이하
③ 0.10kg/m³ 이하 ④ 0.30kg/m³ 이하

해설 굳지 않은 콘크리트 중의 전 염소이온량은 원칙적으로 0.30kg/m³ 이하로 하여야 한다.

정답 73 ② 74 ③ 75 ③ 76 ② 77 ③ 78 ④

□□□ 산 11,15,19
79 아래의 표에서 설명하는 동해의 형태는?

> 콘크리트 표면에서 시멘트 페이스트 내부의 공극수가 동결할 때에 공극수의 수압이 상승하여 페이스트의 조직을 파괴함으로써 표면이 조그만 덩어리나 입자가 되어 조직의 붕괴, 탈락되는 현상으로서, 이것은 동결융해의 반복 작용에 의해 나타나는 손상형태 중 가장 쉽게 볼 수 있는 현상

① Spalling ② Pop-out
③ Scaling   ④ Cracking

해설
- 박락(Spalling)는 박리(peeling)가 진전하여 콘크리트가 떨어져 나가는 현상
- 표면박리(scaling) : 동결융해 작용, 제빙화학제와 동결융해의 복합작용 등에 의하여 콘크리트 또는 모르타르의 표면이 작은 조각상으로 떨어져 나가는 현상
- Pop-out : 흡수율이 큰 골재를 사용하면 콘크리트 표층부의 함수율이 높은 골재가 동결하여 팽창함으로써 그 팽창압에 의해 골재 주위의 바깥 부분 모르타르가 탈락되어 표면이 파이는 현상

□□□ 산 06,09,13,19
80 조건에 따른 강도감소계수 ϕ의 값으로 틀린 것은?

① 인장지배단면 : 0.85
② 포스트텐션 정착구역 : 0.85
③ 무근콘크리트의 휨모멘트 : 0.55
④ 압축지배단면으로서 띠철근으로 보강된 철근콘크리트 부재 : 0.70

해설 압축지배단면으로서 나선철근으로 보강된 철근콘크리트 부재 : 0.70

정답 79 ① 80 ④

국가기술자격 필기시험문제

2019년도 산업기사 3회 필기시험

자격종목	시험시간	문제수	형 별
콘크리트산업기사	2시간	80	A

※ 각 문제는 4지 택일형으로 질문에 가장 적합한 문제의 보기 번호를 클릭하거나 답안표기란의 번호를 클릭하여 입력하시면 됩니다.
※ 입력된 답안은 문제 화면 또는 답안 표기란의 보기 번호를 클릭하여 변경하실 수 있습니다.

제1과목 : 콘크리트 재료 및 배합

01 분말도가 높은 시멘트를 사용하여 콘크리트를 제조하는 경우 발생되는 특성으로 옳지 않은 것은?

① 수화작용이 빠르다.　② 건조수축이 감소한다.
③ 블리딩량이 감소한다.　④ 초기강도가 증가한다.

[해설] 분말도가 높은 시멘트를 사용하면 워커블한 콘크리트가 얻어지지만 수축이 크고 균열 발생의 가능성이 크다.

02 레디믹스트 콘크리트에 사용하는 혼합수에 대한 설명으로 틀린 것은?

① 상수돗물은 시험을 하지 않아도 사용할 수 있다.
② 고강도 콘크리트에는 회수수를 사용하여서는 안 된다.
③ 회수수의 품질기준으로 염소 이온(Cl^-)량은 350mg/L 이하이여야 한다.
④ 콘크리트의 회수수에서 상징수를 일부 활용하고 남은 슬러지를 포함한 물을 슬러지수라고 한다.

[해설] 회수수의 품질기준으로 염소 이온(Cl^-)량은 250mg/L 이하이여야 한다.

03 시멘트풀의 응결에 대한 설명으로 틀린 것은?

① 분말도가 크면 응결은 빨라진다.
② 습도가 낮으면 응결은 빨라진다.
③ 온도가 높을수록 응결은 지연된다.
④ 물 – 시멘트비가 많을수록 응결은 지연된다.

[해설] 온도가 높을수록 응결은 빨라진다.

04 콘크리트용 화학 혼화제 중 AE제의 성능기준으로 블리딩양의 비는 몇 % 이하로 규정하고 있는가?

① 70% 이하　② 75% 이하
③ 80% 이하　④ 85% 이하

[해설] 콘크리트용 화학 혼화제의 품질 항목

품질항목		AE제
감수율(%)		6 이상
블리딩양의 비(%)		75 이하
응결시간의 차(분)(초결)		−60 ~ +60
압축강도의 비(%)(28일)		90 이상
길이 변화비(%)		120 이하
동결융해에 대한 저항성(%) (상대 동탄성계수%)		80 이상
경시변화량	슬럼프 mm	−
	공기량 %	−

05 시방배합결과가 아래와 같을 때, 잔골재의 표면수율이 3%, 굵은 골재의 표면수율이 1%라면 이를 보정하여 현장배합으로 바꾼 단위수량은? (단, 입도에 이한 보정은 무시한다.)

- 단위수량 : 180kg/m^3
- 단위 잔골재량 : 750kg/m^3
- 단위 굵은 골재량 : 980kg/m^3

① 132.4kg/m^3　② 140.8kg/m^3
③ 147.7kg/m^3　④ 162.3kg/m^3

[해설] 표면수량에 의한 환산
- 잔골재의 표면 수량 = 750×0.03 = 22.5kg/m^3
- 굵은 골재의 표면 수량 = 980×0.01 = 9.8kg/m^3
∴ 단위수량 = 180 − (22.5+9.8) = 147.7kg/m^3

정답　01 ②　02 ③　03 ③　04 ②　05 ③

□□□ 산 17,19

06 일반 콘크리트용으로 사용되는 굵은 골재의 유해물 함유량 한도 최대값을 기준으로 다음 현장적용 사례 중 잘못된 경우는?

① 점토덩어리가 약 0.3% 함유되었으나 그대로 사용하였다.
② 연한 석편이 약 4.6% 섞여 있었으나 그대로 사용하였다.
③ 0.08mm체 통과량 시험을 실시한 결과 통과량이 0.8%여서 그대로 사용하였다.
④ 외관이 중요한 구조물을 제작하기 위한 콘크리트용 굵은 골재에 석탄, 갈탄 등으로 밀도 0.002g/mm³액체에 뜨는 것이 0.4% 함유되었으나 그대로 사용하였다.

해설
- 점토덩어리가 약 0.3% ≤ 0.25%
  ∴ 그대로 사용해서는 안된다.
- 굵은 골재의 유해물 함유량 한도(질량 백분율)

종류	최대값(%)
점토 덩어리	0.25[1]
연한 석편	5[1]
0.08mm체 통과량	1.0
석탄, 갈탄 등으로 밀도 2.0g/cm³의 액체에 뜨는 것	
• 콘크리트의 표면이 중요한 경우	0.5
• 기타의 경우	1.0

- 주1) 점토 덩어리와 연한 석편의 합이 5%를 넘으면 안된다.

□□□ 산 19

07 일반 콘크리트의 배합에서 공기연행제, 공기연행감수제, 고성능 공기연행 감수제를 사용한 콘크리트의 공기량에 대한 설명으로 옳은 것은?

① 잔골재의 실적률과 단위시멘트량을 고려하여 정하여야 한다.
② 굵은 골재의 입도와 단위수량을 고려하여 정하여야 한다.
③ 잔골재의 조립률과 워커빌리티를 고려하여 정하여야 한다.
④ 굵은 골재 최대 치수와 내동해성을 고려하여 정하여야 한다.

해설 공기연행 콘크리트 공기량은 굵은 골재 최대 치수와 내동해성을 고려하여 정하여야 한다.

□□□ 산 09,14,19

08 조립률 2.4인 잔골재와 조립률 7.4인 굵은 골재를 1 : 1.5의 비율로 혼합할 때 혼합골재의 조립률은?

① 4.5 ② 5.4
③ 5.7 ④ 6.2

해설 혼합 조립률
$$f_a = \frac{m}{m+n}f_s + \frac{n}{m+n}f_g$$
$$= \frac{1}{1+1.5} \times 2.4 + \frac{1.5}{1+1.5} \times 7.4 = 5.4$$

□□□ 산 19

09 잔골재의 안정성 시험에서 황산나트륨을 사용할 경우 손실 질량 백분율은 몇 % 이하이어야 하는가?

① 8%   ② 10%
③ 12% ④ 15%

해설 골재의 물리적 성질

구분	규정값	
	굵은 골재	잔골재
밀도(절대건조)(g/cm³)	2.50 이상	2.50 이상
흡수율(%)	3.0 이하	3.0 이하
안정성(%)	12 이하	10 이하
마모율(%)	40 이하	–

□□□ 산 14,19

10 골재의 성질이 콘크리트에 미치는 영향에 대한 설명 중 틀린 것은?

① 콘크리트용 부순자갈 및 부순모래 시험결과 실적률이 큰 골재를 사용하면 콘크리트의 단위수량을 감소시킬 수 있다.
② 황산나트륨에 의한 골재 안정성시험결과 손실질량백분율이 작은 골재를 사용하면 콘크리트의 내열성이 향상된다.
③ 잔골재의 유기불순물 시험결과 표준용액과 비교하여 색이 짙어진 골재는 콘크리트의 응결 및 경화를 저해할 우려가 있다.
④ 골재 중에 함유된 점토덩어리를 측정한 시험결과 점토덩어리량이 큰 골재는 콘크리트의 강도 및 내구성을 저하시킨다.

해설 황산나트륨에 의한 골재 안정성시험결과 손실질량백분율이 작은 골재를 사용하면 콘크리트의 내구성이 향상 된다.

정답 06 ① 07 ④ 08 ② 09 ② 10 ②

11 고로 시멘트의 특성에 대한 설명으로 틀린 것은?

① 내열성이 크고 수밀성이 좋다.
② 건조수축은 약간 커지는 경향이 있다.
③ 초기강도는 크나, 장기강도는 보통시멘트와 거의 비슷하거나, 약간 작다.
④ 내화학약품성이 좋으므로 해수, 공장폐수, 하수 등에 접하는 콘크리트에 적당하다.

해설 수밀성이 크고 단기강도는 작으나 장기강도는 크다.

12 압축강도의 시험횟수가 14회 이하이고, 콘크리트의 설계기준 압축강도(f_{ck})가 24MPa인 콘크리트의 배합강도는?

① 28.9MPa
② 31.0MPa
③ 32.5MPa
④ 34.0MPa

해설 압축강도의 시험회수가 14 이하이거나 기록이 없는 경우의 배합강도

설계기준 강도 f_{ck}(MPa)	배합강도 f_{cr}(MPa)
21 미만	$f_{ck}+7$
21이상 35이하	$f_{ck}+8.5$
35 초과	$1.1f_{ck}+5.0$

∴ $f_{ck}+8.5=24+8.5=32.5$MPa

13 콘크리트 배합설계에 대한 일반적인 설명으로 옳은 것은?

① 콘크리트 품질변동은 공기량의 증감과는 관련이 없다.
② 일반적 구조물에서 굵은 골재의 최대치수 40mm 이하로 한다.
③ 잔골재율이 작으면 소요 워커빌리티를 얻기 위한 단위수량이 감소된다.
④ 콘크리트의 수밀성을 기준으로 물-결합재비를 정할 경우 그 값은 45% 이하로 한다.

해설 • 콘크리트의 수밀성을 기준으로 물-결합재비를 정할 경우 그 값은 50% 이하로 한다.
• 일반적 구조물에서 굵은 골재의 최대치수 25mm 이하로 한다.
• 적당량의 연행공기를 갖고 있는 콘크리트는 기상 작용에 대한 내구성이 우수하므로 심한 기상 작용을 받는 경우에는 공기연행제를 사용하는 것이 좋다.

14 단위 골재량의 절대용적이 0.80l, 단위 굵은 골재량의 절대용적이 0.55l일 경우 잔골재율은?

① 31.3%
② 34.3%
③ 38.2%
④ 41.8%

해설 잔골재율(S/a)
$= \dfrac{\text{단위 잔골재의 절대부피}}{\text{단위 골재량의 절대부피}} \times 100 = \dfrac{S}{S+G} \times 100$
$= \dfrac{(0.80-0.55)}{0.80} \times 100 = 31.3\%$

15 골재의 체가름 시험으로부터 알 수 없는 골재의 성질은?

① 골재의 입도
② 골재의 조립률
③ 굵은 골재의 최대치수
④ 골재의 실적률

해설 • 체가름 곡선에서 골재의 입도를 알 수 있다.
• 체가름 곡선에서 굵은 골재의 최대 치수를 구할 수 있다.
• 체가름시험에서 얻은 누가잔류율에서 골재의 조립률을 구할 수 있다.

16 콘크리트용 플라이 애시의 품질을 평가하기 위한 시험항목으로 적합하지 않은 것은?

① 밀도
② 염기도
③ 활성도 지수
④ 비표면적(브레인 방법)

해설 플라이애시 품질규정

항 목		플라이 애시 1종	플라이 애시 2종
이산화규소(SiO_2)		45% 이상	45% 이상
수분		1.0% 이하	1.0% 이하
강열감량		3.0% 이하	5.0% 이하
밀도(g/cm³)		1.95 이상	1.95 이상
분말도	45μm체 망체방법(%)	10 이하	40 이하
	비표면적 (cm²/g) (블레인 방법)	4,500	3,000
플로값 비(%)		105 이상	95 이상
활성도 지수(%)	재령 28일	90 이하	80 이상
	재령 91일	100 이상	90 이상

정답 11 ③ 12 ③ 13 ③ 14 ① 15 ④ 16 ②

□□□ 산 10,15,16,19

17 콘크리트 배합에 대한 일반적인 설명으로 틀린 것은?

① 작업에 적합한 워커빌리티를 갖는 범위 내에서 단위수량은 될 수 있는 대로 적게 한다.
② 물-결합재비는 소요의 강도, 내구성, 수밀성 및 균열저항성 등을 고려하여 정하여야 한다.
③ 잔골재율은 소요의 워커빌리티를 얻을 수 있는 범위 내에서 단위수량이 최소가 되도록 시험에 의해 정하여야 한다.
④ 콘크리트를 경제적으로 제조한다는 관점에서 될 수 있는 대로 굵은 골재의 최대 치수가 작은 것을 사용하는 것이 유리하다.

[해설] 경제적인 관점에서 허용한도 내에서 가능한 최대치수가 큰 굵은 골재를 사용할 것

□□□ 산 19

18 기존 콘크리트 구조물의 철거로 인해 발생되는 폐콘크리트 등과 같이 이미 경화된 콘크리트를 파쇄하여 가공한 골재를 무엇이라 하는가?

① 순환골재
② 부순골재
③ 고로 슬래그 골재
④ 페로니켈 슬래그 골재

[해설] 순환골재
경화한 콘크리트를 크리셔로 분쇄하여 인공적으로 가공한 골재로서 입도에 따라 순환잔골재와 순환 굵은 골재로 분류한다.

□□□ 산 11,15,19

19 터널 등의 숏크리트에 첨가하여 뿜어 붙인 콘크리트의 응결 및 조기의 강도를 증진시키기 위해 사용되는 혼화재료는?

① AE제
② 감수제
③ 포졸란
④ 급결제

[해설] 급결제
• 시멘트의 응결시간을 매우 빨리하기 위하여 사용되는 혼화제이다.
• 모르타르 콘크리트의 뿜어 붙이기 공법, 그라우트에 의한 지수 공법 등에 사용된다.

□□□ 산 19

20 시멘트의 강도시험(KS L ISO 679)을 실시하기 위하여 공시체를 제작하고자 한다. 표준모래가 1,350g이 소요되었다면, 필요한 물의 양은?

① 175g
② 200g
③ 225g
④ 250g

[해설] • 모르타르 조제(KS L ISO 679) : 질량에 의한 비율로 시멘트와 표준모래를 1 : 3의 비율로 한다.
∴ 시멘트와 모래의 비율=1 : 3=450 : 1,350g
• 물-시멘트비 $W/C=0.5$이다.
∴ $W=0.5C=0.5\times 450=225g$

제2과목 : 콘크리트 제조, 시험 및 품질관리

□□□ 산 10,19

21 구속되어 있지 않은 무근 콘크리트 부재의 건조수축률이 200×10^{-6}일 때 콘크리트에 작용하는 응력의 종류와 크기는? (단, 콘크리트의 탄성계수는 25GPa이다.)

① 압축응력 5MPa
② 인장응력 5MPa
③ 인장응력 2.5MPa
④ 응력이 발생하지 않음

[해설] 인장 응력 $f_{ct}=\epsilon_{sh}\cdot E_c$
$=(200\times 10^{-6})\times(25\times 10^3)=5MPa$
($\because 1GPa=10^3 MPa$임)
∴ 그러나 부재의 변형이 구속되어 있지 않은 경우에는 응력이 발생하지 않는다.

□□□ 산 05,10,11,13,14,17,19

22 관입 저항침에 의한 콘크리트 응결시간 측정시 초결시간으로 정의하는 관입 저항값은 얼마인가?

① 2.5MPa
② 2.8MPa
③ 3.0MPa
④ 3.5MPa

[해설] 각 그래프에서 관입저항값이 3.5MPa가 될 때까지의 시간을 초결시간, 관입저항값이 28MPa가 될 때 소요시간을 종결이라 한다.

정답 17 ④ 18 ① 19 ④ 20 ③ 21 ④ 22 ④

23 일반 콘크리트의 현장 품질관리에 관한 설명 중 옳지 않은 것은?

① 합리적이고 경제적인 검사계획을 정하여 공사각 단계에서 필요한 검사를 실시하여야 한다.
② 검사는 미리 정한 판단기준에 적합한 지의 여부를 필요한 측정이나 시험을 실시한 결과에 바탕을 두어 판정하는 것에 의해 실시한다.
③ 일반적인 품질관리 시험을 실시하는 경우, 판정이 가능한 수법을 모두 사용하여 측정을 실시한다.
④ 시험결과 불합격되는 경우에는 적절한 조치를 강구하여 소정의 성능을 만족하도록 하여야 한다.

[해설] 시험을 실시하는 경우는 객관적인 판정이 가능한 수법을 사용하며, 이 표준시방서에 정해진 방법에 따라 실시하는 것을 원칙으로 한다.

24 레디믹스트 콘크리트의 품질 중 슬럼프 플로의 허용오차로서 옳게 설명한 것은?

① 슬럼프 플로 500mm인 경우 허용오차는 ±50mm이다.
② 슬럼프 플로 600mm인 경우 허용오차는 ±100mm이다.
③ 슬럼프 플로 700mm인 경우 허용오차는 ±125mm이다.
④ 슬럼프 플로 800mm인 경우 허용오차는 ±150mm이다.

[해설] 슬럼프의 허용오차

슬럼프 플로	슬럼프 플로의 허용차
500mm	±75mm
600mm	±100mm
700mm	±100mm

25 일반 콘크리트의 비비기에 대한 설명으로 틀린 것은?

① 비비기 시간은 시험에 의해 정하는 것을 원칙으로 한다.
② 비비기는 미리 정해둔 시간의 3배 이상 계속해서는 안된다.
③ 연속믹서를 사용할 경우, 비비기 시작 후 최초에 배출되는 콘크리트는 사용할 수 있다.
④ 믹서 안의 콘크리트를 전부 꺼낸 후가 아니면 믹서 안에 다음 재료를 넣지 않아야 한다.

[해설] 연속믹서를 사용할 경우, 비비기 시작 후 최초에 배출되는 콘크리트는 사용할 수 없다.

26 일반콘크리트에 대한 설명으로 옳지 않은 것은?

① 굳지 않은 콘크리트 중의 전 염소이온량은 원칙적으로 $0.3kg \cdot m^3$ 이하로 한다.
② 보통콘크리트의 공기량은 4.5% 이하로 하되, 그 허용오차는 ±1.5%로 한다.
③ 굵은 골재로서 사용할 자갈의 흡수율은 3.0% 이상의 값을 표준으로 한다.
④ 내구성을 갖는 콘크리트는 원칙적으로 AE콘크리트로 하고, 물-시멘트비는 60% 이하이어야 한다.

[해설] 골재의 물리적 성질

구분	규정값	
	굵은 골재	잔골재
밀도(절대건조)(g/cm³)	2.50 이상	2.50 이상
흡수율(%)	3.0 이하	3.0 이하
안정성(%)	12 이하	10 이하
마모율(%)	40 이하	-

∴ 굵은 골재로서 사용할 자갈의 흡수율은 3.0% 이하의 값을 표준으로 한다.

27 150mm×150mm×530mm인 공시체(지간 450mm)로 휨강도시험을 실시한 결과 중심선의 4선 사이에서 파괴되었으며 파괴 시 최대하중이 35kN이었다면, 이 콘크리트의 휨강도는?

① 3.48MPa
② 3.92MPa
③ 4.14MPa
④ 4.67MPa

[해설] 휨강도시험 $f_b = \dfrac{P \cdot l}{b \cdot h^2}$

$f_b = \dfrac{3 \times 10^3 \times 450}{150 \times 150^2} = 4.67 N/mm^2 = 4.67 MPa$

28 굳지 않은 콘크리트의 공기량시험방법의 종류가 아닌 것은?

① 압력법
② 용적법
③ 증기법
④ 질량법

[해설] 공기량 측정법
· 무게(질량)법 · 부피(용적)법 · 공기실 압력법

□□□ 산 11,14,16,19
29 굳지 않은 콘크리트의 성질에 관한 설명 중 틀린 것은?

① 콘크리트의 온도가 높을수록 반죽질기도 커지며, 공기량에 비례하여 슬럼프값이 커진다.
② 단위수량이 많을수록 반죽질기는 커지고, 작업성은 용이해지나 재료분리를 일으키기가 쉽다.
③ 워커빌리티(Workability)는 작업의 난이도 및 재료분리에 저항하는 정도를 나타내며, 골재의 입도와 밀접한 관계가 있다.
④ 피니셔빌리티(Finishability)란 굵은 골재의 최대치수, 잔골재율, 골재입도, 반죽질기 등에 의한 마감성의 난이를 표시하는 성질이다.

해설 일반적으로 콘크리트의 비빔 온도가 높을수록 반죽질기는 저하하는 경향이 있다.

□□□ 산 08,14,16,19,20
30 콘크리트의 압축 강도 시험방법에 대한 설명으로 틀린 것은?

① 공시체에 충격을 주지 않도록 똑같은 속도로 하중을 가한다.
② 하중을 가하는 속도는 압축 응력도의 증가율이 매초 (0.06 ± 0.04)MPa이 되도록 한다.
③ 공시체를 공시체 지름의 1% 이내의 오차에서 그 중심축이 가압판의 중심과 일치하도록 놓는다.
④ 시험기의 가압판과 공시체의 끝 면은 직접 밀착시키고 그 사이에 쿠션재를 넣어서는 안 된다. 다만, 언본드 캐핑에 의한 경우는 제외한다.

해설 압축강도 시험에서 공시체에 하중을 가하는 속도는 압축응력도의 증가율이 매초 (0.6 ± 0.2)MPa이 되도록 한다.

□□□ 산 14,17,19
31 안지름 25cm, 안높이 28.5cm의 용기로 블리딩 시험을 한 결과 총 블리딩수가 78.5cc이었다면, 블리딩량은 얼마인가?

① $0.16\text{cm}^3/\text{cm}^2$
② $0.20\text{cm}^3/\text{cm}^2$
③ $0.216\text{cm}^3/\text{cm}^2$
④ $0.30\text{cm}^3/\text{cm}^2$

해설 블리딩량 $=\dfrac{V}{A}=\dfrac{78.5}{\dfrac{\pi\times 25^2}{4}}=0.16\text{cm}^3/\text{cm}^2$

□□□ 산 10,12,15,17,19
32 콘크리트의 28일 압축강도시험 데이터가 다음 표와 같을 때 표준편차는? (단, 단위 MPa)

27.3, 27.1, 25.9, 26.6, 25.6, 28.4, 26.2, 26.1, 25.8

① 0.2MPa
② 0.9MPa
③ 1.8MPa
④ 2.7MPa

해설 불편분산 $\sigma_e = \sqrt{\dfrac{(\overline{x}-x_i)^2}{n-1}}$

- $\overline{x} = \dfrac{27.3+27.1+25.9+26.6+25.6+28.4+26.2+26.1+25.8}{9}$
  $= \dfrac{239}{9} = 26.6\text{MPa}$

- 표준편제곱합 $S = \sum(\overline{x}-x_i)^2$
  $= (26.6-27.3)^2 + (26.6-27.1)^2$
  $+ (26.6-25.9)^2 + (26.6-26.6)^2$
  $+ (26.6-25.6)^2 + (26.6-28.4)^2$
  $+ (26.6-26.2)^2 + (26.6-26.1)^2$
  $+ (26.6-25.8)^2$
  $= 6.52$

$\therefore \sigma_e = \sqrt{\dfrac{6.52}{9-1}} = 0.9\text{MPa}$

□□□ 산 09,19
33 일반적인 콘크리트 강도의 비파괴 시험방법에 해당하지 않는 것은?

① 초음파법
② 음향방출법
③ 반발 경도에 의한 방법
④ 평판재하시험에 의한 방법

해설 평판재하시험
현장에서 강성의 재하판을 사용하여 하중을 가하고 하중과 변위와의 관계에서 기초 지반의 지지력이나 지지력 계수 또는 노상, 노반의 지지력 계수를 구하는데 목적이 있는 시험이다.

□□□ 산 04,10,15,19
34 콘크리트의 탄산화 측정에 사용되는 페놀프탈레인용액의 농도는?

① 1%
② 2%
③ 3%
④ 4%

해설 탄산화시험
콘크리트 단면에 페놀프탈레인 1% 에탄올 용액을 분무 또는 적합하여 적색으로 착색되지 않는 부분을 탄산화역으로 간주한다.

35 굳지 않은 콘크리트의 워커빌리티에 미치는 영향에 관한 내용으로 옳지 않은 것은?

① AE제나 감수제를 사용하면 워커빌리티가 개선된다.
② 일반적으로 혼합시멘트가 보통 포틀랜드시멘트보다 워커빌리티에 유리하다.
③ 일반적으로 부배합 콘크리트가 빈배합 콘크리트에 비해 워커빌리티가 좋다.
④ 가능한 한 같은 크기의 입자로 이루어진 골재를 사용하면 워커빌리티에 유리하다.

해설 가능한 한 같은 크기의 입자로 이루어진 골재를 사용하면 워커빌리티에 불리하다.

36 레디믹스트 콘크리트의 품질에 관한 사항으로 틀린 것은?

① 공기량의 허용오차는 ±1.5% 이하이다.
② 슬럼프 값이 80mm 이상인 경우 허용오차는 ±15mm 이하이다.
③ 1회 강도시험 결과는 구입자가 지정한 호칭 강도값의 85% 이상이어야 한다.
④ 3회 강도시험 결과의 평균값은 구입자가 지정한 호칭 강도 값 이상이어야 한다.

해설 슬럼프의 허용차

슬럼프	슬럼프 허용차
25mm	±10mm
50mm 및 65mm	±15mm
80mm 이상	±25mm

37 결합제(binder)가 함유하고 있는 것이 아닌 것은?

① AE제　　　② 시멘트
③ 실리카 퓸　④ 플라이 애시

해설 결합제(binder)
- 물과 반응하여 콘크리트 강도 발현에 기여하는 물질을 생성하는 것의 총칭
- 시멘트, 고로 슬래그 미분말, 플라이 애시, 실리카퓸, 팽창재 등을 함유한 것

38 부착강도에 대한 설명으로 틀린 것은?

① 이형철근의 부착강도가 원형철근의 부착강도보다 크다.
② 조건이 일정한 경우 콘크리트의 압축강도나 인장강도가 커질수록 부착강도는 감소한다.
③ 부착강도는 철근의 종류 및 지름, 콘크리트 속에 묻힌 철근의 위치와 방향, 묻힌 길이, 콘크리트의 피복두께 및 콘크리트 품질 등에 따라 달라진다.
④ 철근을 콘크리트 속에 수평으로 매입하면 콘크리트 중의 입자의 침하나 블리딩에 의하여 철근 하부에 수막 및 공극이 생겨 부착강도가 저하한다.

해설 조건이 일정한 경우 콘크리트의 압축강도나 인장강도의 증가에 따라 부착강도는 증가한다.

39 검사 로트의 1회 타설량이 $300m^3$이고, 동일강도 및 동일재료의 주문자가 없을 경우의 강도 시험 횟수는?
(단, KS F 4009에서 규정하는 내용으로, 1회의 시험 결과는 3개 공시체 시험치의 평균값을 말한다.)

① 1회　　　② 2회
③ 3회　　　④ 4회

해설 검사 로트 및 시험횟수

검사로트 ($300m^3$의 배수)	검사로트 ($±100m^3$)	검사 로트수	시험횟수(회)
300	200~400	1	1×3=3회
600	500~700	2	2×3=6회

40 콘크리트의 받아들이기 품질 검사에 관한 사항으로 옳지 않는 것은?

① 내구성 검사는 단위질량을 측정하는 것으로 한다.
② 강도검사는 콘크리트의 배합검사를 실시하는 것을 표준으로 한다.
③ 콘크리트의 받아들이기 품질관리는 콘크리트를 타설하기 전에 실시하여야 한다.
④ 워커빌리티의 검사는 굵은 골재 최대 치수 및 슬럼프가 설정치를 만족하는지의 여부를 확인함과 동시에 재료 분리 저항성을 외관 관찰을 통해 확인하여야 한다.

해설 내구성 검사는 공기량, 염소이온량을 측정하는 것으로 한다.

정답　35 ④　36 ②　37 ①　38 ②　39 ③　40 ①

제3과목 : 콘크리트의 시공

□□□ 산 19
41 수밀 콘크리트의 시공에 관한 설명으로 옳은 것은?

① 수밀 콘크리트는 시공이음이 필요하지 않다.
② 가능한 한 콘크리트를 연속타설 하지 않아야 한다.
③ 수밀 콘크리트는 건조수축 균열이 발생하지 않는다.
④ 수밀 콘크리트는 콜드조인트가 발생하지 않도록 하여야 한다.

해설
- 수밀 콘크리트를 얻기 위해서 적당한 간격으로 시공이음을 두어야 한다.
- 가능한 연속으로 타설하여 콜드조인트가 발생하지 않도록 하여야 한다.
- 누수의 원인이 되는 건조수축 균열의 발생이 없도록 시공하여야 한다.

□□□ 산 05,17,18,19
42 일반 콘크리트 타설에 대한 설명으로 옳지 않은 것은?

① 콘크리트의 타설은 원칙적으로 시공계획서에 따라야 한다.
② 한 구획 내의 콘크리트는 타설이 완료될 때까지 연속해서 타설해야 한다.
③ 타설한 콘크리트를 거푸집 안에서 횡방향으로 이동시켜서는 안 된다.
④ 콘크리트를 2층 이상으로 나누어 타설 할 경우, 상층의 콘크리트 타설은 원칙적으로 하층의 콘크리트가 굳은 후 실시하여야 한다.

해설 콘크리트를 2층 이상으로 나누어 타설할 경우, 상층의 콘크리트 타설은 하층의 콘크리트가 굳기 시작하기 전에 하여야 한다.

□□□ 산 13,19
43 콘크리트 타설 시 온도균열을 제어하기 위해 타설 온도를 낮게 유지하고 양생 시 온도제어를 위해 관로식 냉각 등의 조치를 취할 수 있는 콘크리트는?

① 매스 콘크리트
② 수중 콘크리트
③ 한중 콘크리트
④ 해양 콘크리트

해설 매스 콘크리트
부재 혹은 구조물의 치수가 커서 시멘트의 수화열에 의한 온도상승을 고려하여 설계·시공해야 하는 콘크리트이다.

□□□ 산 19
44 지하수위가 높은 조건에서 지하연속벽에 사용하는 수중 콘크리트를 타설 할 경우 물– 결합재비 (㉠)와 단위 시멘트량 (㉡)의 표준은?

① ㉠ : 45% 이하, ㉡ : 350kg/m³ 이상
② ㉠ : 50% 이하, ㉡ : 370kg/m³ 이상
③ ㉠ : 55% 이하, ㉡ : 350kg/m³ 이상
④ ㉠ : 60% 이하, ㉡ : 370kg/m³ 이상

해설 수중 콘크리트

종류	일반수중콘크리트	현장타설말뚝, 지하연속벽
물–결합재비	50% 이하	55% 이하
단위시멘트량	370kg/m³ 이상	350kg/m³ 이상

□□□ 산 08,12,15,19
45 숏크리트의 시공에 대한 설명으로 틀린 것은?

① 비탈면이 동결하였거나 빙설이 있는 경우 표면에 물을 뿌려 시공한다.
② 숏크리트는 빠르게 운반하고, 급결제를 첨가한 후는 바로 뿜어 붙이기 작업을 실시하여야 한다.
③ 뿜어 붙인 콘크리트가 흘러내리지 않는 범위의 적당한 두께를 뿜어 붙이고 소정의 두께가 될 때까지 반복해서 뿜어 붙여야 한다.
④ 절취면이 비교적 평활하고 넓은 법면은 수축에 의한 균열 발생이 많으므로 세로방향의 적당한 간격으로 신축이음을 설치하여 한다.

해설 비탈면이 동결하였거나 빙설이 있는 경우에는 녹여서 표면의 물을 없앤 다음 뿜어 붙여야 한다.

□□□ 기 08,13,18,19
46 한중콘크리트의 보온양생 방법이 아닌 것은?

① 급열양생
② 기건양생
③ 단열양생
④ 피복양생

해설
- 보온 양생 방법은 급열양생, 단열양생, 피복양생 및 이들을 복합한 양생
- 오토클레이브(증기)양생은 거푸집을 빨리 제거하고 단시일 내에 소요 강도를 발현시키기 위해 고온의 증기로 양생하는 방법으로 한중 콘크리트에는 부적합하다.

□□□ 산 10,11,14,16,17,19
47 고강도 콘크리트에 대한 설명으로 틀린 것은?

① 경량골재 콘크리트에서 설계기준압축강도가 20MPa 이상인 콘크리트를 말한다.
② 보통(중량) 콘크리트에서 설계기준압축강도가 40MPa 이상인 콘크리트를 말한다.
③ 고강도 콘크리트에 사용되는 굵은 골재의 최대 치수는 40mm 이하로서 가능한 25mm 이하로 한다.
④ 기상의 변화가 심하거나 동결융해에 대한 대책이 필요한 경우를 제외하고는 공기연행제를 사용하지 않는 것을 원칙으로 한다.

해설 고강도 콘크리트의 설계기준강도는 일반적으로 40MPa 이상으로 하며, 고강도 경량골재 콘크리트는 27MPa 이상으로 한다.

□□□ 산 12,17,19
48 댐 콘크리트와 관련된 용어로서 아래의 표에서 설명하는 것은?

> 롤러다짐 콘크리트를 시공할 때 타설이음면에 고압살수청소, 진공흡입청소 등을 실시하는 것

① 팝아웃(pop-out)
② 스케일링(scaling)
③ 그린컷(green cut)
④ 콜드 조인트(cold joint)

해설
· 그린컷(green cut) : 롤러다짐 콘크리트의 시공할 때 타설이음면에 고압살수청소, 진공흡입청소 등을 실시하는 것
· 콜드조인트(cold joint) : 계속해서 콘크리트를 칠 때, 예기치 않은 상황으로 인하여 먼저 친 콘크리트와 나중에 친 콘크리트 사이에 완전히 일체가 되지 않은 이음

□□□ 산 09,11,19
49 일반적인 무근 콘크리트를 타설할 때의 슬럼프 표준값은?

① 50~100mm
② 50~150mm
③ 60~120mm
④ 80~150mm

해설 슬럼프값의 표준

콘크리트의 종류		슬럼프값(mm)
철근 콘크리트	일반적인 경우	80~150
	단면이 큰 경우	60~120
무근 콘크리트	일반적인 경우	50~150
	단면이 큰 경우	50~100

□□□ 산 13,19
50 고강도 콘크리트의 타설에 대한 아래 설명에서 ( ) 안에 알맞은 수치는?

> 수직부재에 타설하는 콘크리트의 강도와 수평부재에 타설하는 콘크리트 강도의 차가 ( )배 이상일 경우에는 수직부재에 타설한 고강도 콘크리트는 수직-수평 부재의 접합면으로부터 수평부재 쪽으로 안전한 내민 길이를 확보하도록 하여야 한다.

① 1.4
② 1.7
③ 2.0
④ 2.3

해설 수직부재에 타설하는 콘크리트의 강도와 수평부재에 타설하는 콘크리트 강도의 차가 1.4배 이상일 경우에는 수직부재에 타설한 고강도 콘크리트는 수직-수평 부재의 접합면으로부터 수평부재 쪽으로 안전한 내민 길이를 확보하도록 하여야 한다.

□□□ 산 19
51 수평시공이음 중 역방향 타설 콘크리트의 이음방법으로 틀린 것은?

① 격자법
② 주입법
③ 직접법
④ 충전법

해설 역방향 타설 콘크리트의 이음방법
· 직접법 · 충전법 · 주입법

□□□ 기 19
52 물-시멘트비(W/C)가 55%이고, 단위수량이 165kg/m³일 때 단위 시멘트량은?

① 200kg/m³
② 250kg/m³
③ 300kg/m³
④ 350kg/m³

해설 $C = \dfrac{단위수량}{물-시멘트비} = \dfrac{165}{0.55} = 300 kg/m^3$

□□□ 산 04,09,11,14,19
53 특정한 입도(일반적으로 15mm)를 가진 굵은 골재를 거푸집에 채워 넣고 그 공극 속에 특수한 모르타르를 적당한 압력으로 주입하여 만든 콘크리트는?

① 수중콘크리트
② 유동화 콘크리트
③ 프리팩트 콘크리트
④ 프리스트레트 콘크리트

해설 프리팩트(프리플레이스트) 콘크리트의 정의이다.

정답 47 ① 48 ③ 49 ② 50 ① 51 ① 52 ③ 53 ③

□□□ 산 12,19
54 수중 불분리성 콘크리트에 대한 아래 설명 중 ( ) 안에 알맞은 것은?

> 굵은 골재의 최대 치수는 수중 불분리성 콘크리트의 경우 40mm 이하를 표준으로 하며, 부재 최소 치수의 (①) 및 철근의 최소 순간격의 (②)를 초과해서는 안된다.

① ① : 1/5, ② : 1/2 ② ① : 1/4, ② : 1/2
③ ① : 1/4, ② : 1/3 ④ ① : 1/5, ② : 1/3

해설 수중 불분리성 콘크리트의 굵은 골재의 최대치수는 40mm 이하를 표준으로 하며, 부재 최소 치수의 1/5 및 철근의 최소 순간격의 1/2을 초과해서는 안된다.

□□□ 산 17,19
55 유동화 콘크리트를 제조 할 때 유동화제를 첨가하기 전의 기본 배합의 콘크리트를 무엇이라고 하는가?

① 고성능 콘크리트
② 고유동 콘크리트
③ 베이스 콘크리트
④ 유동화 콘크리트

해설 베이스 콘크리트
- 유동화 콘크리트를 제조할 때 유동화제를 첨가하기 전의 기본 배합의 콘크리트
- 숏크리트의 습식방식에서 사용하는 급결재를 첨가하기 전의 콘크리트

□□□ 산 10,14,19
56 콘크리트의 양생에 관한 내용으로 틀린 것은?

① 재령 5일이 될 때까지는 해수에 씻기지 않도록 보호한다.
② 습윤 양생 시 거푸집판이 건조될 우려가 있는 경우에는 살수하여야 한다.
③ 촉진 양생을 실시하는 경우에는 양생 시작시기, 온도상승속도 등을 정하여야 한다.
④ 일평균 기온이 15℃ 이상일 때 보통 포틀랜드 시멘트의 습윤 양생 기간의 표준은 3일이다.

해설 습윤양생기간의 표준

일평균 기온	보통 포틀랜드 시멘트	고로 슬래그 시멘트(2종) 플라이 애시 시멘트(2종)	조강 포틀랜드 시멘트
15℃ 이상	5일	7일	3일
10℃ 이상	7일	9일	4일
5℃ 이상	9일	12일	5일

□□□ 산 10,12,15,16,19
57 콘크리트 시공이음에 대한 설명으로 틀린 것은?

① 시공이음은 될 수 있는 대로 전단력이 작은 위치에 설치한다.
② 신축이음은 양쪽의 구조물 혹은 부재가 구속되지 않은 구조이어야 한다.
③ 시공이음은 부재의 압축력이 작용하는 방향과 평행하게 설치하는 것이 원칙이다.
④ 바닥틀과 일체로 된 기둥이나 벽의 시공이음은 바닥틀과의 경계 부근에 설치하는 것이 좋다.

해설 시공이음은 부재의 압축력이 작용하는 방향과 직각이 되도록 하는 것이 원칙이다.

□□□ 산 16,19
58 포장용 콘크리트의 배합기준 중 설계기준강도(f_{28})의 기준으로 옳은 것은?

① 설계기준 휨강도(f_{28})가 3.5MPa 이상
② 설계기준 휨강도(f_{28})가 4.5MPa 이상
③ 설계기준 압축강도(f_{28})가 20MPa 이상
④ 설계기준 압축강도(f_{28})가 30MPa 이상

해설 포장용 콘크리트의 배합기준

항 목	기 준
설계기준 휨 호칭 강도(f_{28})	4.5MPa 이상
단위 수량	150kg/m³ 이하
굵은 골재의 최대치수	40mm 이하
슬럼프	40mm 이하
공기연행 콘크리트의 공기량 범위	4~6%

□□□ 산 19
59 한중 및 서중콘크리트의 설명으로 틀린 것은?

① 하루의 평균기온이 25℃를 초과하는 경우 서중 콘크리트로 시공해야 한다.
② 하루의 평균기온이 4℃ 이하가 예상되는 기상조건일 때 한중 콘크리트로 시공해야 한다.
③ 서중 콘크리트 배합 시 일반적으로 기온 10℃의 상승에 대하여 단위수량은 2~5% 증가시켜야 한다.
④ 한중 콘크리트 시공방법은 0~4℃에서는 물과 골재를 65℃ 이상으로 가열하고 어느 정도 보온이 필요하다.

해설 물과 골재는 60℃ 이하로 가열한다.

□□□ 산 12,14,16,17,19
60 방사선 차폐용 콘크리트의 슬럼프는 작업에 알맞은 범위 내에서 가능한 한 작은 값이어야 한다. 일반적인 경우의 슬럼프 값의 기준은?

① 100mm 이하
② 120mm 이하
③ 150mm 이하
④ 180mm 이하

해설 콘크리트의 슬럼프는 작업에 알맞은 범위 내에서 가능한 한 적은 값이어야 하며, 일반적인 경우 150mm 이하로 하여야 한다.

제4과목 : 콘크리트 구조 및 유지관리

□□□ 산 07,12,15,18,19
61 압축부재의 축방향 주철근의 최소 개수로 틀린 것은?

① 나선철근으로 둘러싸인 경우 6개
② 원형 띠철근으로 둘러싸인 경우 5개
③ 사각형 띠철근으로 둘러싸인 경우 4개
④ 삼각형 띠철근으로 둘러싸인 경우 3개

해설 압축부재의 축방향 주철근 개수
· 사각형이나 원형 띠철근으로 둘러싸인 경우 : 4개
· 삼각형 띠철근으로 둘러싸인 경우 : 3개
· 나선철근으로 둘러싸인 철근의 경우 : 6개

□□□ 산 19
62 아래와 같은 조건으로 설계된 띠철근 기둥에서 띠철근의 수직간격으로 적합한 것은?

· 기둥 단면 : 400×300mm인 직사각형 단면
· 사용한 띠철근 : D10(공칭지름 9.5mm)
· 사용한 축방향 철근 : D32(공칭지름 31.8mm)

① 300mm
② 400mm
③ 456mm
④ 508mm

해설 띠철근의 수직간격(3중 최소치수)
· 축방향 철근지름의 16배 이하
  $s = 31.8 \times 16 = 508.8mm$ 이하
· 띠철근지름의 48배 이하
  $s = 9.5 \times 48 = 456mm$ 이하
· 기둥단면의 최소치수 이하
  $s = 300mm$ 이하
  ∴ $s = 300mm$ 이하

□□□ 산 05,12,17,19
63 표준갈고리를 갖는 인장 이형철근 D25(공칭직경 25.4mm)의 기본정착길이(l_{hb})는? (단, f_{ck}=24MPa, f_y=400MPa이며, 보통중량콘크리트 및 도막되지 않은 철근을 사용한다.)

① 498mm
② 582mm
③ 674mm
④ 845mm

해설 표준갈고리를 갖는 인장 이형철근의 정착
· 철근의 설계기준항복강도가 400MPa인 경우 기본정착길이
· $l_{hb} = \dfrac{0.24\beta d_b f_y}{\lambda \sqrt{f_{ck}}}$
  $= \dfrac{0.24 \times 1 \times 25.4 \times 400}{1 \times \sqrt{24}} = 498mm$

□□□ 산 19
64 전단철근으로 사용할 수 없는 것은?

① 스트럽과 굽힘철근의 조합
② 부재축에 직각으로 배치한 용접철망
③ 주인장 철근에 30°의 각도로 구부린 굽힘철근
④ 주인장 철근에 30°의 각도로 설치되는 스터럽

해설 주인장 철근에 45°의 각도로 설치되는 스터럽

■ 전단철근의 형태
· 부재축에 직각인 스터럽
· 부재축에 직각으로 배치한 용접철망
· 나선철근, 원형 띠철근, 후프철근
· 주인장 철근에 45°의 각도로 설치되는 스터럽
· 주인장 철근에 30°의 각도로 구부린 굽힘철근
· 스트럽과 굽힘철근의 조합

□□□ 산 06,11,15,16,17,19
65 균열의 성장이 정지된 상태나 미세한 균열시에 주로 적용되는 공법으로서, 손상된 부분을 보수재로 도포하여 처리하는 공법은?

① 단면보강공법
② 단면복구공법
③ 전기방식공법
④ 표면처리공법

해설 표면처리공법
· 균열폭 0.2mm 이하의 미세한 결함에 대해 탄성실링제를 이용하여 도막을 형성, 방수성 및 내화성을 확보할 목적으로 사용하는 구조물 보수공법
· 균열의 성장이 정지된 상태나 미세한 균열시에 손상된 부분을 보수재로 도포하여 처리하는 공법

정답 60 ③ 61 ② 62 ① 63 ① 64 ④ 65 ④

□□□ 산 19

66 콘크리트 구조물 전단을 위해 콘크리트의 강도를 평가하고자 할 때 적합한 시험방법이 아닌 것은?

① 인발법
② 분극저항법
③ 코어 강도시험
④ 슈미트해머에 의한 반발경도법

해설
- 강도를 평가하는 방법 : 반발경도법, 초음파 속도법, 조합법, 인발법, 코어강도시험
- 분극저항법 : 자연전위법과 같이 철근의 부식량을 측정하는 방법

□□□ 산 04,08,15,19

67 콘크리트 내의 철근은 외부로부터의 염화물 침투에 의해서 부식할 수 있다. 다음 중 철근의 부식에 미치는 영향이 가장 적은 것은?

① 습기와 산소의 양
② 콘크리트의 침투성
③ 콘크리트의 설계기준강도
④ 콘크리트에 침투하는 염화물의 양

해설 염화물에 의한 철근 부식
- 밀실한 콘크리트를 제조하여 수분이나 산소, 염화물 등을 차단하거나 콘크리트 내부로 재료로써 포함될 수 있는 염화물의 함량을 제한 한다.
- 염분의 침투가 예상되는 장소의 콘크리트에 대하여서는 설계단계에서 피복두께를 일반의 경우보다 크게 하거나 물-결합재비를 낮추면서 강도를 높여 수밀한 콘크리트가 되도록 한다.

□□□ 산 12,14,15,18,19

68 폭은 300mm, 유효깊이는 445mm인 단철근 직사각형 단면의 단순보에 인장철근 3-D32(A_s=2,382m²)가 배치되어 있다. 이 단면의 공칭휨강도(M_n)는?
(단, f_{ck}=27MPa, f_y=400MPa)

① 312kN·m   ② 358kN·m
③ 397kN·m   ④ 436kN·m

해설 $M_n = f_y A_s \left(d - \dfrac{a}{2}\right)$

$f_{ck} = 27\text{MPa} \leq 40\text{MPa}$일 때
$\eta = 1.0$, $\beta_1 = 0.80$

- $a = \dfrac{A_s f_y}{\eta(0.85 f_{ck})b} = \dfrac{2,382 \times 400}{1 \times 0.85 \times 27 \times 300} = 138.39\text{mm}$

∴ $M_n = 400 \times 2,382 \left(445 - \dfrac{138.39}{2}\right)$
$= 358,067,004\text{N·mm} = 358.07\text{kN·m}$

□□□ 산 06,09,11,13,15,18,19

69 강도설계법에 의한 콘크리트 콘크리트 구조설계에 사용되는 강도감소 계수(ϕ)에 대한 설명으로 틀린 것은?

① 인장지배단면의 경우 ϕ는 0.85를 적용한다.
② 전단력을 받는 부재인 경우 ϕ는 0.75를 적용한다.
③ 비틀림모멘트를 받는 부재인 경우 ϕ는 0.70을 적용한다.
④ 무근콘크리트로서 휨모멘트를 받는 부재인 경우 ϕ는 0.55를 적용한다.

해설 강도감소계수 ϕ

부재		강도감소계수
인장지배단면		0.85
압축지배단면	나선철근으로 보강된 철근 콘크리트 부재	0.70
	그 외의 철근콘크리트 부재	0.65
전단력과 비틀림 모멘트		0.75
콘크리트의 지압력 (포스트텐션 정착부나 스트럿-타이 모델은 제외)		0.65

∴ 비틀림모멘트를 받는 부재인 경우 ϕ는 0.77을 적용한다.

□□□ 산 13,15,18,19 |출제기준 제외|

70 폭 400mm, 유효깊이 500mm인 직사각형 단면 보의 최소 철근량($A_{s,\,min}$)은? (단, f_{ck}=21MPa, f_y=400MPa)

① 570mm²   ② 630mm²
③ 700mm²   ④ 770mm²

해설 휨부재의 최소 철근량은 다음 값 중에서 큰 값 이상으로 한다.

- $A_{s,\,min} = \dfrac{0.25\sqrt{f_{ck}}}{f_y} b_w d$
$= \dfrac{0.25\sqrt{21}}{400} \times 400 \times 500 = 572.8\text{mm}^2$

- $A_{s,\,min} = \dfrac{1.4}{f_y} b_w d = \dfrac{1.4}{400} \times 400 \times 500 = 700\text{mm}^2$

∴ $A_s = 700\text{mm}^2$

□□□ 산 13,19

71 현장에서 콘크리트 배합 시 원칙적으로 규정한 전체 염소이온양 총량의 허용치는?

① 0.3kg/m³ 이하   ② 0.6kg/m³ 이하
③ 0.9kg/m³ 이하   ④ 1.2kg/m³ 이하

해설 현장에서 콘크리트 배합 시 원칙적으로 규정한 전체 염소이온양 총량의 허용치는 0.30kg/m³ 이하로 하여야 한다.

72 콘크리트 탄산화 방지대책이 아닌 것은?

① 충분한 초기양생을 한다.
② 물-시멘트비를 많게 한다.
③ 콘크리트의 피복두께를 크게 한다.
④ 콘크리트를 충분히 다짐하여 타설하고 결함을 발생시키지 않도록 한다.

[해설] 탄산화(중성화)에 대한 대책
- 철근 피복두께를 확보한다.
- 양질의 골재를 사용하고 물-시멘트비를 적게 한다.
- 탄산화 억제효과가 큰 투기성이 낮은 마감재를 사용한다.
- 콘크리트의 충분히 다지기를 하여 결함을 발생시키지 않도록 한 후 습윤양생을 한다.

73 철근 콘크리트 구조물에 사용되는 보수재료의 선정에 대한 설명으로 틀린 것은?

① 기존 콘크리트보다 큰 탄성계수를 갖는 재료를 선정하여야 한다.
② 기존 콘크리트와 가능한 한 열팽창계수가 비슷한 재료를 선정하여야 한다.
③ 노출 철근을 보수하는 경우는 전도성을 갖는 재료로 수복하는 것이 바람직하다.
④ 기존 콘크리트구조물과 확실하게 일체화시키기 위해서는 경화 시나 경화 후에 수축을 일으키지 않는 재료가 필요하다.

[해설] 기존 콘크리트와 유사한 탄성계수를 갖는 재료를 선정해야 한다.

74 옹벽의 안정조건에 대한 아래의 설명에서 ( ) 안에 적합한 수치는?

> 전도에 대한 저항휨모멘트는 횡토압에 의한 전도모멘트의 ( )배 이상이어야 한다.

① 1
② 1.5
③ 2
④ 2.5

[해설]
- 전도에 대한 저항휨모멘트는 횡토압에 의한 전도모멘트의 2.0배 이상이어야 한다.
- 활동에 대한 저항력은 옹벽에 작용하는 수평력의 1.5배 이상이어야 한다.

75 콘크리트 타설 작업에서 표면 마감 전이나 마감 후에 급속히 건조가 이루어져 표면에 생긴 균열은?

① 침하균열
② 소성수축균열
③ 온도응력균열
④ 크리프변형균열

[해설] 소성수축균열
바닥판이나 슬래브와 같이 큰 표면적을 갖는 부재에서 치기종료 직후 건조한 바람이나 고온저습한 외기에 노출될 경우 급격한 습윤소실로 인하여 발생한다.

76 구조물의 내화성을 증대시키기 위한 대책으로 틀린 것은?

① 콘크리트 표면에 내화재료로 피복을 한다.
② 콘크리트 표면에 단열재료로 피복을 한다.
③ 석영질 골재를 사용하여 콘크리트를 제작한다.
④ 내화성능이 약한 강재는 보호하여 피복두께를 충분히 취한다.

[해설] 안산암질 골재와 경량골재는 석영질이나 석회암질 골재에 비해 고온까지 안정한 성상을 유지한다.

77 보 및 슬래브의 휨 보강방법으로 적합하지 않은 것은?

① 강판보강재 배치
② 경간길이의 증대
③ 외부 긴장재 배치
④ 콘크리트의 단면증대

[해설] 보 및 슬래브의 경간길이가 증대될수록 큰 처짐에 의해 휨균열이 발생한다.

78 강도설계법의 특징에 관한 내용으로 틀린 것은?

① 강도감소계수를 반영한 설계법이다.
② 허용응력 설계법이 가지는 문제점을 개선한 설계법이다.
③ 서로 상이한 재료의 특성을 설계에 합리적으로 반영할 수 있다.
④ 허용응력 설계법에 비하여 파괴에 대한 안전도의 확보가 확실하다.

[해설] 서로 다른 재료의 특성을 설계에 합리적으로 반영하기 어렵다.

□□□ 산 11,14,17,19
79 경간 10m인 단순보에 계수하중 36kN/m가 등분포 하중으로 작용할 때 계수휨모멘트는?

① 300kN/m
② 400kN/m
③ 450kN/m
④ 500kN/m

해설 $M_u = \dfrac{Ul^2}{8} = \dfrac{36 \times 10^2}{8} = 450 \text{kN} \cdot \text{m}$

□□□ 산 09,11,15,19
80 균열의 폭을 측정할 수 있는 방법이 아닌 것은?

① 균열스케일
② 균열게이지
③ 균열현미경
④ 와이어스트레인 게이지

해설
- 균열폭의 측정 방법 : 균열스케일, 균열게이지, 균열현미경
- 균열폭 측정은 스케일에 붙은 확대경이나 현미경을 사용하는 경우도 있지만 일반적으로 균열 스케일로 측정해도 좋다.

정답 79 ③ 80 ④

국가기술자격 필기시험문제

2020년도 산업기사 1·2회 필기시험

자격종목	시험시간	문제수	형 별
콘크리트산업기사	2시간	80	A

※ 각 문제는 4지 택일형으로 질문에 가장 적합한 문제의 보기 번호를 클릭하거나 답안표기란의 번호를 클릭하여 입력하시면 됩니다.
※ 입력된 답안은 문제 화면 또는 답안 표기란의 보기 번호를 클릭하여 변경하실 수 있습니다.

제1과목 : 콘크리트 재료 및 배합

01 콘크리트용 팽창재(KS F 2562) 품질 규정 시 적용하는 시험이 아닌 것은?

① 비표면적 시험
② 내흡수 성능 시험
③ 산화마그네슘 시험
④ 팽창성(길이변화율) 시험

해설 팽창재의 품질 규적

■ 화학분석방법

항목	규정값
· 산화마그네슘(%)	5.0 이하
· 강열감량(%)	3.0 이하

■ 물리적 시험

항목		규정값
· 비표면적(cm²/g)		2,000 이상
· 1.2mm체 잔유율 (%)		0.5% 이하
· 응결	초결(분)	60 이후
	종결(시간)	10 이내
· 팽창성(%) (길이변화율)	7일	0.030 이상
	28일	−0.020 이하
· 압축강도(MPa)	3일	6.9 이상
	7일	14.7 이상
	28일	29.4 이상

02 시멘트 응결시험 장치로 짝지어진 것은?

① 흐름 시험기, 비중병
② 비중용기, LA 마모시험기
③ 길모어 장치, 비카트 장치
④ 오토클레이브 장치, 길이변화 몰드

해설 ·시멘트의 응결시험 : 길모어침 장치, Vicat 침 장치
·오토클레이브 장치 : 시멘트의 오토클레이브 팽창도 시험 방법

03 레디믹스트 콘크리트의 혼합에 사용되는 물로서 적합하지 않은 것은?

① 품질시험을 행하지 않은 회수수
② 품질시험을 행하지 않은 상수돗물
③ 모르타르의 압축 강도비가 재령 7일 및 28일에서 100%인 지하수
④ 시멘트 응결시간의 차가 초결은 30분 이내, 종결은 60분 이내인 하천수

해설 레디믹스트 콘크리트의 혼합에 사용되는 물
· 상수돗물은 시험을 하지 않아도 사용할 수 있다.
· 상수돗물 이외의 물인 경우는 시험항목에 적합해야 한다.

04 콘크리트의 압축강도 시험 횟수가 30회이며, 설계기준 압축강도(f_{ck})가 40MPa이고 표준편차(s)가 4.5MPa일 때 배합강도(f_{cr})은?

① 45.0MPa   ② 45.5MPa
③ 46.0MPa   ④ 46.5MPa

해설 $f_{ck} > 35$MPa일 때 배합강도
· $f_{cr} = f_{ck} + 1.34s = 40 + 1.34 \times 4.5 = 46.0$MPa
· $f_{cr} = 0.9f_{ck} + 2.33s = 0.9 \times 40 + 2.33 \times 4.5 = 46.5$MPa
∴ $f_{cr} = 46.5$MPa(두 값 중 큰 값)

05 시멘트의 강도는 수소결합과 같은 약한 결합작용이나 경화가 진행되면서 C−S−C(Ⅱ)와 같은 섬유상 수화물이 Si−O−Si의 강한 결합으로 전환되어 강도가 증진되는데 이러한 강도발현의 영향과 관계없는 것은?

① 믹서의 성능
② 물−결합재비
③ 수화온도(양생조건)
④ 시멘트 조성 및 분말도

해설 믹서의 성능은 강도발현의 영향을 미치지 않는다.

정답 01 ② 02 ③ 03 ① 04 ④ 05 ①

□□□ 산 20
06 콘크리트 배합설계의 물-결합재비에 대한 설명으로 틀린 것은?

① 제빙화학제가 사용되는 콘크리트의 물-결합재비는 45% 이하로 한다.
② 소요의 강도, 내구성, 수밀성 및 균열저항성 등을 고려하여 정한다.
③ 모르타르 또는 콘크리트에 포함된 시멘트 페이스트 중의 결합재에 대한 물의 체적백분율이다.
④ 콘크리트의 압축강도를 기준으로 물-결합재비를 정하는 경우 시험용 공시체는 재령 28일을 표준으로 한다.

해설 물-결합재비
$$W/B = \frac{물}{결합재} \times 100$$

□□□ 산 20
07 다음과 같은 상태의 잔골재의 유효 흡수율은?

- 습윤 상태 시료의 질량 : 500g
- 표면 건조 포화 상태 시료의 질량 : 485g
- 공기 중 건조 상태 시료의 질량 : 470g
- 절대 건조 상태 시료의 질량 : 440g

① 3.09% ② 3.19%
③ 6.38% ④ 6.82%

해설 유효흡수율 = $\frac{표면건조 포화상태 - 공기 중 건조상태}{공기 중 건조상태} \times 100$
= $\frac{485 - 470}{470} \times 100 = 3.19\%$

□□□ 산 08,20
08 운반시간이 길어짐에 따른 반죽질기의 저하를 억제하여 시공성과 작업성을 확보할 수 있으며, 서중 콘크리트 타설 시 첨가하는 혼화제는?

① 지연제 ② 유동화제
③ AE감수제 ④ 분리저감제

해설 지연제
- 콘크리트의 응결, 초기 경화를 지연시킬 목적으로 사용하는 혼화제이다.
- 서중 콘크리트의 시공이나 레디믹스트 콘크리트에서 운반 거리가 먼 경우 사용된다.
- 연속 콘크리트를 칠 때 작업 이음이 생기지 않도록 할 경우 효과적이다.

□□□ 산 06,10,11,13,15,17,20
09 KS L 5110에 의하여 시멘트 비중시험을 실시한 결과, 르샤틀리에 비중병에 광유를 주입하고 측정한 눈금이 0.6mL이었다. 이 비중병에 시멘트 64g을 넣고 광유가 올라온 눈금을 측정한 결과 21.25mL를 얻었다. 시멘트의 비중은?

① 3.0 ② 3.05
③ 3.10 ④ 3.15

해설 시멘트비중 = $\frac{시멘트의 무게(g)}{비중병의 눈금의(mL)}$
= $\frac{64}{21.25 - 0.6} = 3.10$

□□□ 산 20
10 골재의 체가름 시험에 대한 설명으로 틀린 것은?

① 시료는 사분법 또는 시료 분취기로 채취한다.
② 잔골재와 굵은 골재를 혼합하여 체가름 시험을 한다.
③ 분취한 시료는 (105±5)℃의 온도로 일정 질량이 될 때까지 건조한다.
④ 각 체에 남은 시료를 전 시료 질량의 0.1% 이상까지 정확히 측정한다.

해설 잔골재와 굵은 골재가 혼합되어 있을 때에는 5mm체로 쳐서, 잔골재와 굵은 골재를 따로 따로 나누어 체가름 시험을 한다.

□□□ 산 08,12,14,16,19,20
11 배합설계에서 잔골재의 절대용적이 320L, 굵은 골재의 절대용적이 560L일 때 잔골재율은?

① 36.4% ② 42.5%
③ 57.1% ④ 63.6%

해설 잔골재율(S/a) = $\frac{단위 잔골재의 절대부피}{단위 골재량의 절대부피} \times 100$
= $\frac{S}{S+G} \times 100$
= $\frac{320}{320+560} \times 100 = 36.4\%$

□□□ 산 20
12 콘크리트의 일반적인 혼화제가 아닌 것은?

① 감수제 ② 지연제
③ 착색제 ④ 유동화제

해설 착색제(着色劑) : 색을 바꿀 목적으로 식품에 첨하는 용액

13. 시멘트 분말도에 대한 설명으로 틀린 것은?

① 분말도가 큰 시멘트는 블리딩이 적고, 워커블한 콘크리트가 얻어진다.
② 분말도가 큰 시멘트는 조기강도가 작지만 장기강도가 큰 경향을 나타낸다.
③ 분말도가 큰 시멘트는 풍화하기 쉽고 건조수축이 커져서 균열이 발생하기 쉽다.
④ 시멘트 입자의 크기정도를 분말도 또는 비표면적으로 나타내며, 시멘트 입자가 미세할수록 분말도가 크다고 말한다.

[해설] 분말도가 높을수록 초기강도가 크게 되며 장기강도도 크게 된다.

14. 동해 저항 콘크리트에 요구되는 공기량에 대한 설명으로 틀린 것은?

① 연행되는 공기량의 허용 편차는 ±1.5%이다.
② 설계기준압축강도가 30MPa를 초과하는 경우, 공기량은 1% 감소시킬 수 있다.
③ 굵은 골재 최대 치수가 20mm인 경우, 심한 노출 조건에서 필요 공기량은 6.0%이다.
④ 굵은 골재 최대 치수가 25, 40mm인 경우, 보통 노출 조건에서 필요 공기량은 동일하다.

[해설]
· 설계기준압축강도가 30MPa를 초과하는 경우, 공기량은 1% 증가시킬 수 있다.
· 굵은 골재 최대 치수가 25, 40mm인 경우, 보통 노출 조건에서 필요 공기량은 4.5%이다.

15. 골재에 대한 설명으로 옳지 않은 것은?

① 골재의 평균입경이 클수록 조립률은 커진다.
② 골재의 입형이 양호하고 입도분포가 적당하면 실적률은 큰 값을 가진다.
③ 골재의 표면건조 포화상태란 골재입자의 표면에 물은 없으나 내부에는 물이 꽉 차 있는 상태이다.
④ 굵은 골재의 최대 치수란 질량비로 90% 이상의 통과시키는 체 중에서 최대 치수의 체눈의 호칭치수로 나타낸 굵은 골재의 치수를 말한다.

[해설] 굵은 골재의 최대치수란 질량비로 90% 이상을 통과시키는 체 중에서 최소 치수인 체의 호칭치수로 나타낸 굵은 골재의 치수를 말한다.

16. 콘크리트 압축강도를 6회 측정한 시험결과가 아래와 같을 때 표준편차를 구하면? (단, 불편분산의 개념에 따른다.) (단위 : MPa)

$$22, 17, 19, 19, 20, 23$$

① 1.05MPa ② 1.54MPa
③ 1.69MPa ④ 2.19MPa

[해설] 표준편차 $\sigma_e = \sqrt{\dfrac{S}{n-1}}$

· 평균값 $\bar{x} = \dfrac{22+17+19+19+20+23}{6}$
$= \dfrac{120}{6} = 20\,\text{MPa}$

· 표준편제곱합 $S = \sum(\bar{x}-x_i)^2$
$= (20-22)^2 + (20-17)^2 + (20-19)^2$
$+ (20-19)^2 + (20-20)^2 + (20-23)^2$
$= 24$

∴ $\sigma_e = \sqrt{\dfrac{24}{6-1}} = 2.19\,\text{MPa}$

17. 다음 시멘트 클링커의 조성광물 중 건조수축이 가장 큰 것은?

① $3CaO \cdot SiO_2$
② $2CaO \cdot SiO_2$
③ $3CaO \cdot Al_2O_3$
④ $4CaO \cdot Al_2O_3 \cdot Fe_2O_3$

[해설] 알루민산 3석회($3CaO \cdot Al_2O_3$: C_3A)는 조기 강도가 크고 장기 강도는 낮고, 수화속도가 대단히 빨라 발열량과 수축이 크다.

18. 혼화재의 품질시험에서 아래의 내용을 무엇이라고 하는가?

기준 모르타르의 압축강도에 대한 시험 모르타르의 압축강도의 비를 백분율로 나타낸 것

① 할렬강도 ② 플로값 비
③ 길이변화비 ④ 활성도 지수

[해설] 활성도 지수 $A_s = \dfrac{C_2}{C_1} \times 100$

C_1 : 각 재령에서 기준 모르타르 공시체 3개의 압축강도 평균값
C_2 : 각 재령에서 시험 모르타르 공시체 3개의 압축강도 평균값

□□□ 산 04,10,11,13,15,19,20

19 굵은 골재의 체가름 시험 결과가 아래의 표와 같을 때 조립률은?

체의 크기	각 체의 통과 백분율(%)
80	100
40	100
20	72
10	23
5	12
2.5	7
1.2	1
0.6	0

① 3.15 ② 3.85
③ 6.15 ④ 6.85

해설 가적 잔유율 계산

체의 크기	각 체의 통과 백분율(%)	가적 잔유율(%)
80	100	0
40	100	0
20	72	28
10	23	77
5	12	88
2.5	7	93
1.2	1	99
0.6	0	100

가적잔유율=각체의 통과 백분율−100

$$F.M = \frac{\sum 가적잔유율}{100}$$
$$= \frac{0\times 2 + 28 + 77 + 88 + 93 + 99 + 100\times 3}{100} = \frac{685}{100} = 6.85$$

□□□ 산 10,14,17,20

20 콘크리트 1m³를 만드는 배합설계에서 필요한 골재의 절대용적이 720L이었다. 잔골재율이 34%, 잔골재 밀도가 2.7g/cm³, 굵은 골재밀도가 2.6g/cm³일 때, 단위 잔골재량(S)과 단위 굵은 골재량(G)을 구하면?

① $S=636$kg, $G=1,283$kg
② $S=661$kg, $G=1,236$kg
③ $S=1,236$kg, $G=661$kg
④ $S=1,283$kg, $G=636$kg

해설
· 단위 잔골재량
$S = V_s \times (S/a) \times 잔골재\ 밀도 \times 1,000$
$= 0.720 \times 0.34 \times 2.70 \times 1,000 = 661\,kg/m^3$

· 단위 굵은골재량
$G = V_s \times (1-S/a) \times 굵은골재\ 밀도 \times 1,000$
$= 0.720 \times (1-0.34) \times 2.6 \times 1,000 = 1,236\,kg/m^3$

참고 $720L = 0.720\,m^3$

제2과목 : 콘크리트 제조, 시험 및 품질 관리

□□□ 산 20

21 무근 콘크리트의 단면이 큰 경우 슬럼프 값 (㉠)과 굵은 골재의 최대치수 (㉡)로 옳은 것은?

① ㉠ 60~120mm, ㉡ 20mm 또는 25mm
② ㉠ 50~100mm, ㉡ 40mm
③ ㉠ 60~120mm, ㉡ 40mm
④ ㉠ 50~100mm, ㉡ 20mm 또는 25mm

해설 ■슬럼프값의 표준

콘크리트의 종류		슬럼프값(mm)
철근 콘크리트	일반적인 경우	80~150
	단면이 큰 경우	60~120
무근 콘크리트	일반적인 경우	50~150
	단면이 큰 경우	50~100

■굵은골재의 최대치수

콘크리트의 종류		굵은 골재의 최대치수	
철근 콘크리트	일반적인 경우	20mm 25mm	· 부재 최소 치수의 1/5 이하
	단면이 큰 경우	40mm	· 피복 두께, 철근 순간격의 3/4 이하
무근 콘크리트		· 40mm · 부재 최소 치수의 1/4을 초과해서는 안됨	

□□□ 산 20

22 시멘트의 저장에 대한 설명으로 틀린 것은?

① 시멘트의 온도가 너무 높을 때는 그 온도를 낮춘 다음에 사용한다.
② 포대시멘트를 쌓아 올리는 높이는 13포대 이하로 하며, 저장기간이 길어질 우려가 있는 경우에는 7포대 이상 쌓아 올리지 않는 것이 좋다.
③ 장기간 저장한 시멘트도 저장관리가 잘 되었으면 사용 전에 시험을 통한 품질 확인을 하지 않아도 상관없으며 사용여부나 배합의 조정 등도 하지 않아도 무방하다.
④ 시멘트는 공기 중의 수분과 접촉하면 풍화하므로 방습에 주의하고 시멘트 창고는 되도록 공기의 유통이 없게 하며 포대의 경우 지상으로부터 0.3m 이상 떨어져서 쌓아 놓아야 한다.

해설 · 저장 중에 약간이라도 굳은 시멘트는 공사에 사용하지 않아야 한다.
· 3개월 이상 장기간 저장한 시멘트는 사용하기에 앞서 재시험을 실시하여 그 품질을 확인한다.

정답 19 ④ 20 ② 21 ② 22 ③

23 레디믹스트 콘크리트의 지정 슬럼프 값이 50mm일 때 슬럼프의 허용오차로 옳은 것은?

① ±10mm
② ±15mm
③ ±20mm
④ ±25mm

해설 슬럼프의 허용 오차

슬럼프	슬럼프 허용차
25mm	±10mm
50mm 및 65mm	±15mm
80mm 이상	±25mm

24 콘크리트의 압축 강도 시험에 관한 일반적인 설명으로 틀린 것은?

① 재하속도는 0.6±0.2MPa 범위 내에서 한다.
② 공시체는 지름의 2배의 높이를 가진 원기둥형으로 한다.
③ 시험기의 가압판과 공시체의 끝면은 직접 밀착시키면 위험하므로 쿠션재를 넣어서 보호한다.
④ 콘크리트의 압축 강도의 표준은 특별한 경우를 제외하고는 일반적으로 재령 28일을 설계의 표준으로 한다.

해설 시험기의 가압판과 공시체의 끝 면은 직접 밀착시키고 그 사이에 쿠션재를 넣어서는 안 된다. 다만, 언본드 캐핑에 의한 경우는 제외한다.

25 일정량의 AE제를 사용한 콘크리트에서 연행되는 공기량에 영향을 주는 요소에 대한 설명으로 틀린 것은?

① 슬럼프가 클수록 공기량은 많게 된다.
② 물-결합재비가 클수록 공기량은 많게 된다.
③ 단위 잔골재량이 적을수록 공기량은 많게 된다.
④ 콘크리트의 온도가 낮을수록 공기량은 많게 된다.

해설 단위 잔골재량이 많을수록 공기량이 많게 된다.

26 다음 중 워커빌리티 측정 시험이 아닌 것은?

① 비비시험
② L플로시험
③ 리몰딩 시험
④ 다짐계수시험

해설 워커빌리티 측정 방법 : 슬럼프 시험, 구관입 시험, 비비 시험, 리몰딩 시험, 다짐계수 시험

27 원기둥 콘크리트 공시체(지름 150mm, 길이 300mm)의 쪼갬 인장 강도 시험으로 얻어진 최대 하중이 150kN일 때, 이 콘크리트의 쪼갬 인장 강도는?

① 2.1MPa
② 2.4MPa
③ 3.0MPa
④ 3.1MPa

해설 $f_{sp} = \dfrac{2P}{\pi dl}$
$= \dfrac{2 \times 150 \times 10^3}{\pi \times 150 \times 300} = 2.12 \text{N/mm}^2 = 2.12 \text{MPa}$

28 콘크리트의 성능과 관련된 자료를 정리한 것으로 틀린 것은?

① 투수계수-슬럼프, 블리딩
② 응결특성-시멘트의 품질, 혼화재료 품질, 타설 시 온도
③ 단열온도상승특성-결합재의 품질, 단위결합재량, 타설 시 온도
④ 펌퍼빌리티-골재의 품질, 굵은 골재의 최대 치수, 슬럼프, 블리딩

해설
- 흙의 투수시험 방법 : 포화상태에 있는 흙 속의 층류 상태로 침투할 때 투수계수를 구하는 시험이다.
- 굳지 않은 콘크리트 시험 : 슬럼프, 블리딩

29 레디믹스트 콘크리트를 오후 2시부터 비비기 시작하였다면 타설 종료 시간으로 옳은 것은? (단, 외기기온이 27℃인 경우)

① 오후 3시
② 오후 3시 30분
③ 오후 4시
④ 오후 4시 30분

해설 연속 타설 시간 간격
- 외기온도가 25℃를 넘었을 경우에는 1.5시간 이내
  ∴ 오후 2:00~오후 3:30
- 외기온도가 25℃ 이하일 경우에는 2시간 이내

30 콘크리트의 수밀성을 향상시키기 위한 방법으로 적합하지 않은 것은?

① 경량골재를 사용한다.
② 습윤양생 기간을 충분히 한다.
③ 혼화재로 플라이 애시를 사용한다.
④ 배합 시 콘크리트의 물-결합재비를 저감시킨다.

해설 콘크리트의 물-시멘트비가 적을수록, 굵은골재일수록, 습윤양생이 충분할수록 크다. 경량골재는 흡수량이 크기 때문에 피한다.

정답 23 ② 24 ③ 25 ③ 26 ② 27 ① 28 ① 29 ② 30 ①

□□□ 산 13,20
31 슬럼프 시험방법에 관한 내용으로 옳지 않은 것은?

① 슬럼프 시험기의 높이는 30cm이다.
② 슬럼프 시험은 굳지 않은 콘크리트 품질관리의 필수 항목이다.
③ 무너져 내린 콘크리트의 바닥에서 정상부까지의 높이를 슬럼프 값이라 한다.
④ 슬럼프 시험은 3층으로 나누어 콘크리트를 부어넣고 매 층마다 25회 다짐을 하여야 한다.

해설
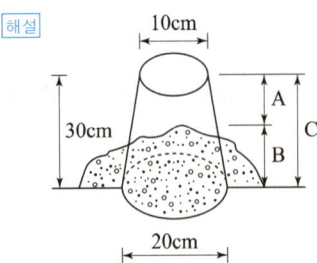
A 부분이 슬럼프 값이 된다.

□□□ 산 09,16,20
32 콘크리트의 압축강도시험에 관한 설명으로 옳지 않은 것은?

① 공시체의 지름은 0.1mm, 높이는 1mm까지 측정한다.
② 공시체의 제작에서 몰드를 떼는 시기는 콘크리트 채우기가 끝나고 나서 16시간 이상 3일 이내로 한다.
③ 일반적으로 사용하는 공시체는 원통형 공시체로 지름에 대한 길이의 비가 1:3인 것을 많이 사용한다.
④ 콘크리트의 압축강도는 공시체의 건조 상태나 온도에 따라 상당히 변화하는 경우도 있으므로, 양생을 끝낸 직후 상태에서 시험을 하여야 한다.

해설 공시체는 지름의 2배의 높이를 가진 원기둥형으로 한다.

□□□ 산 20
33 콘크리트의 비파괴시험 방법 중 분극저항법으로 알 수 있는 것은?

① 철근의 부식유무
② 콘크리트의 압축강도
③ 콘크리트의 동해 정도
④ 콘크리트의 탄산화 정도

해설
• 일반적으로 철근부식도 조사에는 비파괴검사 방법인 자연전위법을 이용하고 있다.
• 분극 저항법 : 시료극, 대극, 조합극으로 되는 측정계로 시료극(철근)과 대극과의 사이에 미약한 전류를 흘려 그 때의 전위 변화량을 측정함으로 철근의 부식유무를 판단한다.

□□□ 산 13,20
34 히스토그램(histogram)의 작성순서를 보기에서 골라 올바르게 나열한 것은?

【 보 기 】
㉠ 히스토그램과 규격값을 대조하여 안정상태인지 검토한다.
㉡ 히스토그램을 작성한다.
㉢ 도수분포도를 만든다.
㉣ 데이터에서 최솟값과 최댓값을 구하여 전 범위를 구한다.
㉤ 구간 폭을 구한다.
㉥ 데이터를 수집한다.

① ㉥ - ㉣ - ㉤ - ㉢ - ㉡ - ㉠
② ㉥ - ㉤ - ㉣ - ㉢ - ㉡ - ㉠
③ ㉥ - ㉣ - ㉢ - ㉤ - ㉡ - ㉠
④ ㉥ - ㉡ - ㉤ - ㉣ - ㉢ - ㉠

해설 히스토그램의 작성 순서
㉥ - ㉣ - ㉤ - ㉢ - ㉡ - ㉠

□□□ 산 12,16,20
35 침하균열의 방지 대책으로 옳지 않은 것은?

① 타설 속도를 늦게 하고 1회 타설 높이를 작게 한다.
② 침하 종료 이전에 급격하게 굳어져 점착력을 잃지 않는 시멘트, 혼화제를 선정한다.
③ 단위수량을 될 수 있는 한 크게 하고, 슬럼프가 작은 콘크리트를 잘 다짐해서 시공한다.
④ 균열을 조기에 발견하고, 각재 등으로 두드리거나 흙손으로 눌러서 균열을 폐색시킨다.

해설 단위수량을 되도록 적게 하고 슬럼프가 작은 콘크리트를 잘 다짐해서 시공한다.

□□□ 산 05,09,20
36 AE제를 사용한 콘크리트에서 물-결합재비가 일정하고 공기량만 증가시킬 경우, 공기량이 1% 증가함에 따라 변화하는 내용으로 틀린 것은?

① 슬럼프가 약 25mm 증가한다.
② 휨강도가 약 4~6% 감소한다.
③ 압축강도가 약 4~6% 증가한다.
④ 탄성계수는 약 $7~8 \times 10^2$MPa 감소한다.

해설 물-결합재비가 일정하고 공기량이 증가하면 공기량 1%의 증가에 따라 압축강도는 4~6% 감소한다.

정답 31 ③ 32 ③ 33 ① 34 ① 35 ③ 36 ③

□□□ 산 10,15,18,20
37 콘크리트의 각종 강도에 관한 설명으로 틀린 것은?

① 인장 강도/압축 강도의 비는 고강도 콘크리트일수록 작아진다.
② 콘크리트의 인장 강도 시험은 쪼갬 인장 강도 시험방법을 주로 이용한다.
③ 콘크리트의 압축 강도가 일반 콘크리트의 품질관리에 가장 대표적으로 이용된다.
④ 압축 강도 시험에서 재하속도를 빠르게 하면 강도 값이 실제보다 작아지는 경향이 있다.

해설 일반적으로 재하속도가 빠를수록 강도가 크게 나타난다.

□□□ 산 20
38 콘크리트의 굵은 골재 계량값이 아래와 같을 때, 계량오차와 허용치 만족여부를 순서대로 올바르게 나열한 것은?

- 굵은 골재 목표1회 분량 : 2,000kg
- 굵은 골재 저울에 의한 계측치 : 2,040kg

① 계량오차 : 1%, 허용치 만족여부 : 합격
② 계량오차 : 2%, 허용치 만족여부 : 합격
③ 계량오차 : 1%, 허용치 만족여부 : 불합격
④ 계량오차 : 2%, 허용치 만족여부 : 불합격

해설 굵은골재의 계량오차 ±3% 이하로 한다.
$\frac{2,040-2,000}{2,000} \times 100 = 2\%, \leq 3\%$
∴ 합격

□□□ 산 16,20
39 콘크리트의 내구성을 향상시키는 방법에 대한 설명으로 틀린 것은?

① 습윤양생을 충분히 할 것
② 철저한 다짐을 통하여 시공할 것
③ 물-결합재비를 가능한 한 작게 할 것
④ 체적변화가 많은 콘크리트를 만들 것

해설 체적변화가 적은 콘크리트를 만들 것

□□□ 산 20
40 자재 품질관리에서 시멘트의 품질관리를 수행하는 시기 및 횟수로 옳지 않은 것은?

① 공사 시작 전   ② 공사 중 1회/월 이상
③ 장기간 저장한 경우   ④ 공사 후

해설 시멘트의 품질관리(시기 및 횟수)
- 공사시작 전
- 공사 중
- 1회/일 이상
- 장기간 저장한 경우

제3과목 : 콘크리트의 시공

□□□ 산 04,16,20
41 다음은 프리플레이스트 콘크리트의 압송에 대한 설명이다. ( )안에 들어가는 기준값으로 옳은 것은?

수송관의 연장이 ( )m를 넘을 때는 중계용 애지테이터와 펌프를 사용한다.

① 40   ② 70
③ 100   ④ 130

해설 프리플레이스트 콘크리트의 수송관의 연장이 100m를 넘을 때는 중계용 애지테이터와 펌프를 사용한다.

□□□ 산 09,13,20
42 콘크리트 공장제품의 양생에 대한 설명으로 틀린 것은?

① PSC 말뚝 등은 주로 오토클레이브 양생으로 제작한다.
② 가압양생은 성형된 콘크리트에 10MPa 정도의 압력을 가한 후 고온으로 양생한다.
③ 증기양생을 할 때는 일반적으로 비빈 후 2~3시간 이상 경과된 후에 증기양생을 실시한다.
④ 오토클레이브 양생 등의 고압증기양생을 실시한 공장제품에는 양생 후 재령에 따른 콘크리트 강도의 증가는 거의 기대할 수 없다.

해설 가압양생은 성형된 콘크리트에 0.5~1.0MPa의 압력을 가한 상태하에서 약 100℃의 고온으로 양생한다.

□□□ 산 20
43 물-결합재비(W/B)를 결정할 때 사항이 아닌 것은?

① 강도   ② 입도
③ 내구성   ④ 수밀성

해설 물-결합재비는 소요의 강도, 내구성, 수밀성 및 균열저항성 등을 고려하여 정하여야 한다.

정답 37 ④ 38 ② 39 ④ 40 ④ 41 ③ 42 ② 43 ②

□□□ 산 04,20

44 콘크리트 타설 과정에서 이어치기면(Cold Joint)의 품질관리에 관련된 사항으로 틀린 것은?

① 콘크리트 타설 시 이어치기 한계시간을 준수한다.
② 외기온도가 25℃ 초과인 경우, 2시간 이내에 콘크리트의 이어치기를 한다.
③ 외기온도가 25℃ 이하인 경우, 3시간 이내에 콘크리트의 이어치기를 한다.
④ 콘크리트를 2층 이상으로 나누어 타설할 경우, 상층의 콘크리트 타설은 하층의 콘크리트가 굳기 시작하기 전에 하여야 한다.

해설 외기온이 25℃ 미만인 경우, 2.5시간 이내에 콘크리트의 이어치기를 한다.

□□□ 산 04,13,20

45 다음 시멘트 중 댐과 같이 큰 단면의 콘크리트에 적합하지 않은 것은?

① 실리카 시멘트   ② 고로 슬래그 시멘트
③ 플라이 애시 시멘트   ④ 조강 포틀랜드 시멘트

해설 • 댐과 같은 매스 콘크리트에 수화열이 높은 시멘트를 사용하면 콘크리트의 온도상승이 커져 온도균열이 생기므로 수화열이 적은 고로 슬래그 시멘트, 플라이 애시 시멘트, 실리카 시멘트 등이 사용된다.
• 조강 포틀랜드 시멘트 사용시 7일이면 보통 포틀랜드 시멘트의 28일 강도를 확보할 수 있으나, 수화 발열량이 많아 건조수축 균열이 크기 때문에 단면이 큰 콘크리트에는 부적합하다.

□□□ 산 11,20

46 수중 콘크리트의 타설 방법이 아닌 것은?

① 트레미에 의한 타설
② 단면증대에 의한 타설
③ 밑열림 상자에 의한 타설
④ 콘크리트 펌프에 의한 타설

해설 수중 콘크리트 시공 공법 : 트레미, 콘크리트 펌프, 밑열림 상자, 밑열림 포대

□□□ 산 16,20

47 콘크리트의 습윤양생이 충분하지 못한 경우 발생하는 현상으로 틀린 것은?

① 강도감소   ② 수밀성 저하
③ 건조수축 증가   ④ 침하수축 감소

해설 습윤양생이 충분하지 못한 경우 수분의 부족으로 인한 침하수축이 증가한다.

□□□ 산 10,11,14,16,17,19,20

48 고강도 콘크리트에 대한 설명으로 틀린 것은?

① 콘크리트의 수밀성을 높이기 위하여 공기연행제를 사용하는 것을 원칙으로 한다.
② 고강도 콘크리트에 사용되는 굵은 골재의 최대 치수는 40mm 이하로서 가능한 25mm 이하로 한다.
③ 설계기준 압축 강도가 보통(중량) 콘크리트에서 40MPa 이상인 콘크리트를 고강도 콘크리트라 한다.
④ 설계기준 압축강도가 경량골재 콘크리트에서 27MPa 이상인 콘크리트를 고강도 콘크리트라 한다.

해설 기상의 변화가 심하거나 동결융해에 대한 대책이 필요한 경우를 제외하고는 공기연행제를 사용하지 않는 것을 원칙으로 한다.

□□□ 산 20

49 수축이음(Contraction Joint)의 기능 또는 역할로 옳지 않은 것은?

① 콘크리트의 균열 유도
② 콘크리트의 건조수축제어
③ 콘크리트의 구조균열 제어
④ 콘크리트의 온도변화에 대응

해설 수축이음의 역할
• 건조수축과 외력에 대한 변형을 억제
• 단면결손부를 설치하여 균열을 유도하여 건조수축이나 온도변화에 의한 변형을 억제

□□□ 산 09,13,16,20

50 일반적으로 겨울철 연직시공이음부의 거푸집 제거 시기는 콘크리트 타설 후 얼마 정도로 하는가?

① 4~6시간   ② 7~9시간
③ 10~15시간   ④ 15~20시간

해설 일반적으로 연직시공이음부의 거푸집 제거시기는 콘크리트를 타설하고 난 후 여름에는 4~6시간 정도, 겨울에는 10~15시간 정도로 한다.

□□□ 산 06,20

51 고강도 콘크리트의 제조에 필수적으로 필요한 혼화제로서 물-결합재비가 낮은 콘크리트 배합의 워커빌리티를 개선하는데 가장 크게 기여하는 것은?

① 촉진제   ② 실리카 품
③ 플라이 애시   ④ 고성능 감수제

해설 고성능 감수제(유동화제)는 물-시멘트비를 감소시키며 워커빌리티를 향상시킨다.

정답 44 ③ 45 ④ 46 ② 47 ④ 48 ① 49 ③ 50 ③ 51 ④

52 방사선 차폐용 콘크리트에 일반적으로 사용되는 중량골재가 아닌 것은?

① 자철광
② 적철광
③ 바라이트
④ 팽창성 혈암

해설 방사선 차폐용 중량골재

골재	밀도
바라이트	4.0~4.4
자철광	4.6~5.2
적철광	4.6~5.2

53 매스 콘크리트의 타설온도를 낮추는 방법으로 물, 골재 등의 재료를 미리 냉각시키는 방법을 무엇이라 하는가?

① 프리쿨링
② 콜드 조인트
③ 트레미 방법
④ 파이프 쿨링

해설 선행 냉각(pre-cooling) : 매스 콘크리트의 시공에서 콘크리트를 타설하기 전에 콘크리트의 온도를 제어하기 위해 얼음이나 액체질소 등으로 콘크리트 원재료를 냉각하는 방법

54 재령 24시간에서의 숏크리트의 초기강도 표준값은?

① 0.5~1.0MPa
② 1.0~3.0MPa
③ 3.0~5.0MPa
④ 5.0~10.0MPa

해설 숏크리트의 초기강도 표준값

재령	숏크리트의 초기강도(MPa)
24시간	5.0~10.0
3시간	1.0~3.0

55 일반적인 상황에서 트레미를 사용한 현장 타설 콘크리트 말뚝을 수중 콘크리트로 타설할 경우 슬럼프의 표준값은?

① 100~150mm
② 130~180mm
③ 150~190mm
④ 180~210mm

해설 일반 수중 콘크리트의 슬럼프 표준값(mm)

시공 방법	일반 수중 콘크리트	현장 타설말뚝 사용하는 수중 콘크리트
트레미	130~180	180~210
콘크리트 펌프	130~180	–
밑열림 상자, 밑열림 포대	100~150	–

56 콘크리트의 이음부 시공에 대한 설명으로 틀린 것은?

① 아치의 시공이음은 아치축에 직각이 되도록 설치하여야 한다.
② 신축이음은 양쪽의 구조물 혹은 부재가 구속되어 있는 구조이어야 한다.
③ 바닥틀의 시공이음은 슬래브 또는 보의 경간 중앙부 부근에 두어야 한다.
④ 바닥틀과 일체로 된 기둥 또는 벽의 시공이음은 바닥틀과의 경계부근에 설치하는 것이 좋다.

해설 신축이음은 양쪽의 구조물 혹은 부재가 구속되지 않은 구조이어야 한다.

57 한중 콘크리트의 강도를 예측하는데 이용되는 적산 온도의 개념을 나타낸 식으로 옳은 것은?
(단, θ : Δt시간 중의 콘크리트의 평균 양생온도(℃)
A : 정수로서 일반적으로 10℃를 사용
Δt : 시간(일))

① $\sum_{0}^{t} \theta A \Delta t$
② $\sum_{0}^{t} (\theta + A) \Delta t$
③ $\sum_{0}^{t} (\theta + A + \Delta t)$
④ $\sum_{0}^{t} (\theta + \Delta t) A$

해설 적산온도 $M = \sum_{0}^{t} (\theta + A) \Delta t$

58 팽창 콘크리트에 대한 설명으로 틀린 것은?

① 한중 콘크리트인 경우 타설 시 콘크리트 온도는 10℃ 이상 20℃ 미만으로 한다.
② 팽창재는 다른 재료와 별도로 질량으로 계량하며 그 오차는 1회 계량 분량의 5% 이내로 한다.
③ 콘크리트 거푸집 존치기간은 평균기온 20℃ 이상인 경우에는 3일 이상으로 한다.
④ 콘크리트의 비비기 시간은 강제식 믹서를 사용하는 경우 1분 이상, 가경식 믹서를 사용하는 경우 1분 30초 이상으로 한다.

해설 팽창재는 다른 재료와 별도로 질량으로 계량하며, 그 오차는 1회 계량분량의 1% 이내로 하여야 한다.

정답 52 ④ 53 ① 54 ④ 55 ④ 56 ② 57 ② 58 ②

□□□ 산 20
59 콘크리트의 펌프 압송부하에 관한 설명으로 틀린 것은?

① 콘크리트 슬럼프가 클수록 작다.
② 배관길이가 짧을수록 압송부하는 작다.
③ 콘크리트 토출량(m³/h)이 같은 경우 수송관 지름이 클수록 크다.
④ 콘크리트 토출량(m³/h)이 클수록 관내압력 손실이 커지고 펌프의 압송부하는 증가한다.

해설 콘크리트 토출량(m³/h)이 같은 경우 수송관 지름이 클수록 압송부하는 작다.

□□□ 산 05,16,17,20
60 한중 콘크리트에 대한 일반적인 설명으로 틀린 것은?

① 물-결합재비는 원칙적으로 60% 이하로 하여야 한다.
② 한중 콘크리트에는 공기연행 콘크리트를 사용하는 것을 원칙으로 한다.
③ 하루의 평균기온이 4℃ 이하가 예상되는 조건일 때는 한중 콘크리트로 시공하여야 한다.
④ 재료를 가열할 경우, 물 또는 시멘트를 가열하는 것으로 하며, 골재는 어떠한 경우라도 직접 가열하면 안된다.

해설 재료를 가열할 경우, 물 또는 골재를 가열하는 것으로 하며, 시멘트는 어떠한 경우라도 직접 가열할 수 없다.

제4과목 : 콘크리트 구조 및 유지관리

□□□ 산 05,20
61 보강의 시공 및 검사 내용 중 적합하지 않은 것은?

① 사용할 재료는 현장의 상황에 따라 시험을 실시하지 않아도 된다.
② 기존 시설물에 대한 바탕처리는 설계조건을 만족시키도록 적절히 실시하여야 한다.
③ 보강 완료 후 설계에 정해진 조건에 부합된 시공이 되었는가의 여부를 검사하여야 한다.
④ 보강에 대한 시공을 할 경우에는 기존 시설물을 손상시키는 일이 없도록 세심한 주의를 기울여야 한다.

해설 보강의 시공에 사용될 재료는 시험을 실시하여야 한다.

□□□ 산 20
62 콘크리트의 강도평가에 대한 설명으로 옳은 것은?

① 초음파 속도법에 의한 콘크리트 추정강도에 대한 정밀도가 매우 높다.
② 조합법은 반발경도법과 초음파 속도법을 조합하여 압축강도 추정에 대한 정밀도를 향상시키기 위해 실시한다.
③ 반발경도법은 측정부위를 10cm 간격으로 격자망을 구성하고 교차점 10개소 이상을 해머로 타격하여 평균 반발경도 R을 구한다.
④ 인발법은 가력 헤드를 지닌 앵커볼트와 원뿔형의 콘크리트를 뽑아내는 반력링을 사용하여 소요되는 최대 인발력으로 인장강도를 추정한다.

해설 • 초음파속도법은 콘크리트를 통과하는 시간을 확인하여 강도를 추정하는 방법으로 내부 공동현상, 결함의 유무에 따라 각각의 추정치를 100% 신뢰할 수 없기 때문에 반발경도, 초음파법 및 이를 조합한 조합법을 종합적으로 검토하여 설계기준강도 확보여부를 판단하는데 유용하다.
• 반발경도법은 측정부위를 30mm 간격으로 격자망을 구성하고 교차점 20개소 이상을 해머로 타격하여 평균 반발경도 R을 구한다.
• 인발법은 콘크리트 중에 파묻힌 가력 Head를 지닌 Insert와 반력 Ring을 사용하여 원추 대상의 콘크리트 덩어리를 뽑아낼 때의 최대 내력에서 콘크리트의 압축강도를 추정하는 방법

□□□ 산 20
63 구조물의 안전성 평가에서 안전성을 좌우하는 가장 중요한 사항으로, 안전성 조사 시 우선적으로 파악하여야 하는 것은?

① 균열
② 부재변형
③ 철근부식
④ 하중 및 단면

해설 균열은 구조물의 안전성 평가에서 방수성과 내구성을 우선적으로 평가하는 중요한 사항이다.

□□□ 산 04,11,14,20
64 동결융해에 의해 콘크리트의 열화를 증대시키는 요인에 해당하지 않는 것은?

① 빈번한 동결융해 주기
② 흡수성이 큰 골재의 사용
③ AE제와 같은 공기연행제 사용
④ 콘크리트 내부의 많은 수분 함유

해설 AE제, AE감수제를 사용한 AE콘크리트는 동결융해에 의한 콘크리트의 열화를 감소시키는 요인이 된다.

정답 59 ③ 60 ④ 61 ① 62 ② 63 ① 64 ③

65. 콘크리트 구조설계에서 피로를 고려하지 않아도 되는 강재의 종류별 응력범위로 틀린 것은?

① 긴장재(기타부위) : 160MPa
② 이형철근(f_y = 300MPa) : 130MPa
③ 이형철근(f_y = 400MPa) : 140MPa
④ 긴장재(연결부 또는 정착부) : 140MPa

해설 피로를 고려하지 않아도 좋은 응력범위

철근의 종류		설계기준 항복강도	응력범위
이형철근	SD 300	300MPa	130MPa
	SD 350	350MPa	140MPa
	SD 400	400MPa 이상	150MPa
긴장재	연결부 또는 정착부		140MPa
	기타 부위		160MPa

66. 강도설계법에 의한 전단설계에서, 전단보강철근을 사용하지 않고 계수하중에 의한 전단력 V_u = 100kN을 지지하려고 한다. 보의 폭이 1,000mm일 경우 보의 유효깊이의 최솟값은? (단, f_{ck} = 25MPa이다.)

① 120mm ② 160mm
③ 240mm ④ 320mm

해설 $V_u = \frac{1}{2}\phi V_c = \frac{1}{2} \times 0.75 \times \frac{1}{6} \lambda \sqrt{f_{ck}} \, b_w d$에서

∴ $d = \frac{(2 \times 6) V_u}{0.75 \sqrt{f_{ck}} \times b_w} = \frac{(2 \times 6) \times 100 \times 10^3}{0.75 \sqrt{25} \times 1,000} = 320\text{mm}$

67. 아래 그림과 같은 단철근 직사각형 보에서 압축 연단에서 중립축까지의 거리는?
(단, A_s = 3,000mm², f_{ck} = 24MPa, f_y = 400MPa)

① 160mm
② 173mm
③ 184mm
④ 195mm

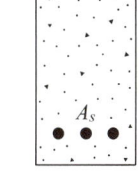

해설 $a = \beta_1 \cdot c$에서 $c = \frac{a}{\beta_1}$

- f_{ck} = 24MPa ≤ 40MPa일 때
  $\eta = 1$, $\beta_1 = 0.80$
- $a = \frac{A_s f_y}{\eta(0.85 f_{ck})b} = \frac{3,000 \times 400}{1 \times 0.85 \times 24 \times 400} = 147.06\text{mm}$

∴ $c = \frac{a}{\beta_1} = \frac{147.06}{0.80} = 184\text{mm}$

68. 철근의 정착에 대한 설명으로 틀린 것은?

① 압축철근 정착길이는 인장철근
② 압축철근의 정착에는 갈고리를 두는 것이 매우 유효하다.
③ 정착 방법에는 묻힘길이에 의한 정착, 갈고리에 의한 정착, 기계적 정착 등이 있다.
④ 위험단면에서 철근의 설계기준항복강도를 발휘하는 데 필요한 최소 묻힘 길이를 정착길이라고 한다.

해설 갈고리는 압축철근의 정착에 유효하지 않은 것으로 본다.

69. 시설물 상태에 따른 안전등급에 대한 내용으로 틀린 것은?

① A : 문제점이 없는 최상의 상태
② B : 보조부재에 경미한 결함이 발생하였으나 기능 발휘에는 지장이 없으며 내구성 증진을 위하여 보수가 필요한 상태
③ C : 주요부재에 경미한 결함이나 부조부재에 광범위한 결함이 있으나 전체적인 안전에는 지장이 없는 상태
④ D : 주요부재에 심각한 결함으로 인하여 시설물의 안전에 위험이 있어 즉각 사용을 금지 해야하는 상태

해설 E : 주요부재에 심각한 노후화 또는 단면손실이 발생했거나 안정성에 위험이 있어서 시설물을 즉각 사용금지하고, 개축이 필요한 상태

70. 균열폭 0.2mm 이하의 미세한 결함에 대해 탄성실링제를 이용하여 도막을 형성, 방수성 및 내화성을 확보할 목적으로 사용하는 구조물 보수공법은?

① 단면증설공법 ② 표면처리공법
③ 탄소섬유시트 접착공법 ④ 침투성 방수제 도포공법

해설 표면처리공법
균열폭 0.2mm 이하의 미세한 결함에 대해 탄성실링제를 이용하여 도막을 형성, 방수성 및 내화성을 확보할 목적으로 사용하는 구조물 보수공법

71. 포스트텐션 방식에 의한 프리스트레스트 콘크리트의 정착방법 중 옳지 않은 것은?

① BBRV 공법 ② 롱라인 공법
③ Dywidag 공법 ④ Freyssinet 공법

해설 롱라인공법 : 프리텐션공법

□□□ 산 15,20

72 내동해성이 작은 골재를 콘크리트에 사용하는 경우 동결융해작용에 의해 골재가 팽창하여 파괴되어 떨어져 나가거나 그 위치의 콘크리트 표면이 떨어져 나가는 현상을 무엇이라 하는가?

① 백화 ② 침식
③ 팝아웃 ④ 스케일링

해설 Pop-out : 흡수율이 큰 골재를 사용하면 콘크리트 표층부의 함수율이 높은 골재가 동결하여 팽창함으로써 그 팽창압에 의해 골재 주위의 바깥 부분 모르타르가 탈락되어 표면이 파이는 형상

□□□ 산 06,09,10,20

73 복철근 직사각형 보에서 다음 주어진 조건에 대한 등가 압축 응력의 깊이(a)는? (단, $b_w=300mm$, $d=600mm$, $A_s=1,935mm^2$, $A_s'=860mm^2$, $f_{ck}=21MPa$, $f_y=400MPa$, 이 보는 인장철근과 압축철근이 모두 항복한다고 가정한다.)

① 65.7mm ② 80.3mm
③ 145.2mm ④ 160.8mm

해설 $a = \dfrac{f_y(A_s - A_s')}{\eta(0.85f_{ck}) \cdot b} = \dfrac{400(1,935-860)}{1 \times 0.85 \times 21 \times 300} = 80.3mm$

□□□ 산 10,16,18,20

74 다음 중 1방향 슬래브에 대한 설명으로 틀린 것은?

① 1방향 슬래브의 두께는 최소 50mm 이상으로 하여야 한다.
② 마주보는 두 변에만 지지되는 슬래브는 1방향 슬래브로 설계하여야 한다.
③ 4변에 의해 지지되는 2방향 슬래브 중에서 단변에 대한 장변의 비가 2배를 넘으면 1방향 슬래브로 해석한다.
④ 1방향 슬래브에서는 정모멘트 철근 및 부모멘트 철근에 직각방향으로 수축·온도철근을 배치하여야 한다.

해설 1방향 슬래브의 두께는 최소 100mm 이상으로 하여야 한다.

□□□ 산 08,14,17,18,20

75 다음 중 옹벽을 설계할 때 고려해야 하는 안정조건이 아닌 것은?

① 전도에 대한 안정
② 활동에 대한 안정
③ 벽체 좌굴에 대한 안정
④ 지반지지력에 대한 안정

해설 옹벽의 안정조건 : 전도에 대한 안정, 활동에 대한 안정, 지반 지지력에 대한 안정

□□□ 산 20

76 보강공사를 위한 업무의 진행 순서로 옳은 것은?

① 보강방침의 결정 → 손상원인의 평가 → 목표성능의 설정 → 보강방법의 결정
② 목표성능의 설정 → 손상원인의 평가 → 보강방침의 결정 → 보강방법의 결정
③ 보강방침의 결정 → 목표성능의 설정 → 손상원인의 평가 → 보강방법의 결정
④ 손상원인의 평가 → 보강방침의 결정 → 목표성능의 설정 → 보강방법의 결정

해설 손상원인의 평가 → 보강방침의 결정 → 목표성능의 설정 → 보강방법의 결정 → 부재의 보강설계

□□□ 산 09,10,20

77 하중 재하기간이 60개월 이상 된 철근 콘크리트 부재가 있다. 하중 재하 시 탄성처짐량이 20mm 발생했다고 하면 부재의 총처짐량은? (단, 압축철근비는 0.02이다.)

① 20mm ② 30mm
③ 40mm ④ 50mm

해설 ・장기처짐계수 $\lambda_\Delta = \dfrac{\xi}{1+50\rho'}$
$= \dfrac{2.0}{1+50 \times 0.02} = 1$

・시간경과 계수 ξ
ξ : 시간 경과 계수(5년 이상 : 2.0, 12개월 : 1.4, 6개월 : 1.2, 3개월 : 1.0)
・장기처짐=순간처짐(탄성침하)×장기처짐계수(λ)
$=20 \times 1 = 20mm$
∴ 총 처짐량=순간처짐+장기처짐
$=20+20=40mm$

□□□ 산 08,19,20

78 300mm×400mm 단면을 가진 띠철근 기둥의 설계축 강도(ϕP_n)는? (단, $f_{ck}=24MPa$, $f_y=300MPa$, 종방향철근 전체의 단면적(A_{st})=$5,700mm^2$, $\phi=0.65$)

① 2,102kN ② 2,829kN
③ 3,233kN ④ 4,042kN

해설 $\phi P_n = \phi\alpha[0.85f_{ck}(A_s - A_{st}) + f_y \cdot A_{st}]$
$= 0.65 \times 0.80[0.85 \times 24(300 \times 400 - 5,700) + 300 \times 5,700]$
$= 2,101,694N = 2,102kN$

분류	보정계수 α	강도감소계수 ϕ
나선철근	0.85	0.70
띠철근	0.80	0.65

정답 72 ③ 73 ② 74 ① 75 ③ 76 ④ 77 ③ 78 ①

□□□ 산 08,14,20
79 전기방식 공법에서 외부 전원을 필요로 하지 않는 공법은?

① 티탄메시방식 ② 유전 양극방식
③ 내부 양극방식 ④ 도전성 도료방식

해설 유전 양극방식 : 유전 양극방식에서는 외부 전원을 필요로 하지 않는다.

□□□ 산 12,16,20
80 기존 콘크리트 구조물의 탄산화 깊이 측정 시험에 필요한 시약은?

① 벤젠 ② 수산화칼슘
③ 페놀프탈레인 ④ 완전 탈수한 등유

해설 탄산화 깊이를 측정할 때 사용하는 시약은 페놀프탈레인 용액을 이용한다.

정답 79 ② 80 ③

국가기술자격 필기시험문제

2020년도 산업기사 3회 필기시험

자격종목	시험시간	문제수	형 별
콘크리트산업기사	2시간	80	A

※ 각 문제는 4지 택일형으로 질문에 가장 적합한 문제의 보기 번호를 클릭하거나 답안표기란의 번호를 클릭하여 입력하시면 됩니다.
※ 입력된 답안은 문제 화면 또는 답안 표기란의 보기 번호를 클릭하여 변경하실 수 있습니다.

제1과목 : 콘크리트 재료 및 배합

01 굵은 골재 체가름 시험을 실시한 결과 다음과 같은 성과표를 얻었다. 굵은 골재의 최대 치수는?

체크기(mm)	40	30	25	20	15	10
통과질량백분율(%)	98	91	86	74	35	5

① 15mm ② 20mm
③ 25mm ④ 30mm

해설 굵은 골재의 최대치수란 질량비로 90% 이상을 통과시키는 체 중에서 최소 치수인 체의 호칭치수로 나타낸 굵은 골재의 치수를 말한다.
∴ 91%를 통과시킨 체중에서 최소 치수인 30mm체

02 상수돗물 이외의 물을 혼합수로 사용할 경우에 대한 물의 품질 기준을 나타낸 것으로 틀린 것은?

① 현탁 물질의 양 : 2g/L 이하
② 염소 이온(Cl^-)량 : 250mg/L 이하
③ 용해성 증발 잔류물의 양 : 5g/L 이하
④ 모르타르의 압축 강도비 : 재령 7일 재령 28일에서 90% 이상

해설 수돗물 이외의 물의 품질

항목	품질
현탁 물질의 양	2g/L 이하
용해성 증발잔유물의 양	1g/L 이하
염소 이온(Cl^-)량	250mg/L 이하
시멘트 응결시간의 차	초결은 30분 이내, 종결은 60분 이내
모르타르의 압축강도비	재령 7일 및 재령 28일에서 90% 이상

03 시멘트 종류별 특성에 대한 설명으로 틀린 것은?

① 고로 슬래그 시멘트 중의 고로 슬래그는 잠재수경성을 갖는다.
② 백색 포틀랜드 시멘트에서는 Fe_2O_3양이 보통 포틀랜드 시멘트보다 적다.
③ 조강 포틀랜드 시멘트는 조강성을 얻기 위하여 보통 포트랜드 시멘트보다 분말도를 작게 한다.
④ 중용열 포틀랜드 시멘트는 일반적으로 조성광물 중 C_2S 양이 보통 포틀랜드 시멘트보다 많다.

해설 조강포틀랜드시멘트는 조강성을 얻기 위하여 보통포틀랜드시멘트보다 분말도를 크게 한다.

04 시멘트 비중시험의 목적이 아닌 것은?

① 시멘트의 종류를 알 수 있다.
② 시멘트의 응결시간을 예측한다.
③ 콘크리트 배합설계 시 필요하다.
④ 시멘트의 풍화 정도를 알 수 있다.

해설 시멘트 밀도 시험의 목적
· 시멘트의 풍화정도를 알 수 있다.
· 시멘트의 품질을 판정할 수 있다.
· 시멘트의 종류를 어느 정도 알 수 있다.
· 배합설계에서 시멘트의 용적을 구할 수 있다.

05 질량이 580g인 표면 건조 포화 상태의 잔골재를 절대 건조시킨 결과 555g이 되었다면, 흡수율은?

① 3.5% ② 4.2%
③ 4.5% ④ 5.1%

해설 흡수율 = $\dfrac{\text{표면건조 포화상태} - \text{노건조 상태}}{\text{노건조 상태}} \times 100$

$= \dfrac{580 - 555}{555} \times 100 = 4.5\%$

정답 01 ④ 02 ③ 03 ③ 04 ② 05 ③

□□□ 산 12,15,18,20

06 압축강도의 시험기록이 없는 현장에서 설계기준압축강도가 20MPa인 경우 배합강도는?

① 25MPa ② 27MPa
③ 28.5MPa ④ 30MPa

해설 • 압축강도의 시험회수가 14 이하이거나 기록이 없는 경우의 배합강도

설계기준 강도 f_{ck}(MPa)	배합강도 f_{cr}(MPa)
21 미만	$f_{ck}+7$
21이상 35이하	$f_{ck}+8.5$
35 초과	$1.1f_{ck}+5.0$

• $f_{ck} < 21$MPa 일 때
$f_{cr} = f_{ck} + 7$
$= 20 + 7 = 27$MPa

□□□ 산 07,11,14,20

07 콘크리트 1m³을 제조하는데 물-시멘트비가 48.5%이고 단위수량이 178kg, 공기량이 4.5%일 때 이 콘크리트의 배합에서 골재 절대용적은? (단, 시멘트 밀도는 3.15g/cm³이다.)

① 0.66m³ ② 0.68m³
③ 0.70m³ ④ 0.72m³

해설 • $\frac{W}{C} = 48.5\%$ 에서

단위 시멘트량 $= \frac{178}{0.485} = 367$kg

• 단위 골재량의 절대부피
$V_a = 1 - \left(\frac{단위수량}{1,000} + \frac{단위시멘트량}{시멘트비중 \times 1,000} + \frac{공기량}{100}\right)$
$= 1 - \left(\frac{178}{1,000} + \frac{367}{3.15 \times 1,000} + \frac{4.5}{100}\right) = 0.66\,m^3$

□□□ 산 04,08,15,20

08 시멘트의 응결시간 시험 방법으로 옳은 것은?

① 비비시험
② 블레인시험
③ 오토클레이브 방법
④ 길모어 침에 의한 시험

해설 • 비비시험 : 콘크리트의 워커빌리티 측정 시험 방법
• 블레인 시험 : 비표면적 시험(Blaine방법)
• 길모어 침에 의한 시험 : 시멘트의 응결 시험 방법
• 오토클레이브 방법 : 시멘트의 오토클레이브 팽창도 시험 방법

□□□ 산 16,17,18,20

09 플라이 애시(KS L 5405)의 품질시험항목 중 아래에서 설명하는 것은?

기준 모르타르의 압축 강도에 대한 시험 모르타르의 압축 강도의 비를 백분율로 나타낸 것

① 안정도 ② 팽창도
③ 플로값 비 ④ 활성도 지수

해설 $A_s = \frac{C_2}{C_1} \times 100$

• 활성도 지수 $= \frac{시험 모르타르의 압축강도}{기준 모르타르의 압축강도} \times 100$

C_1 : 각 재령에서 기준 모르타르 공시체 3개의 압축강도 평균값
C_2 : 각 재령에서 시험 모르타르 공시체 3개의 압축강도 평균값

□□□ 산 15,20

10 굵은 골재의 최대 치수가 20mm인 시료로 밀도 및 흡수율 시험(KS F 2503)을 실시하고자 한다. 1회 시험에 사용하는 시료의 최소 질량으로 옳은 것은? (단, 보통 골재를 사용한다.)

① 1kg ② 2kg
③ 4kg ④ 8kg

해설 • $m_{\min} = \frac{d_{\max} \times D_e}{25}$

$d_{\max}$: 굵은골재의 최대치수(mm)
D_e : 굵은 골재의 추정밀도(g/cm³)

• 보통 골재를 사용하는 최소 질량은 굵은 골재의 최대치수(mm 표시)의 0.1배를 kg으로 나타내는 양으로 한다.
∴ $m_{\min} = 0.1 \times 20 = 2$kg

□□□ 산 10,20

11 콘크리트용 잔골재의 물리적 특성을 평가하기 위한 시험으로 거리가 먼 것은?

① 마모율 ② 흡수율
③ 안정성 ④ 절대건조밀도

해설 골재의 물리적 성질

구분	규정값	
	굵은 골재	잔골재
밀도(절대건조)(g/cm³)	2.50 이상	2.50 이상
흡수율(%)	3.0 이하	3.0 이하
안정성(%)	12 이하	10 이하
마모율(%)	40 이하	-

정답 06 ② 07 ① 08 ④ 09 ④ 10 ② 11 ①

□□□ 산 13,15,18,20

12 콘크리트용 잔골재의 특징에 관한 설명으로 옳지 않은 것은?

① 잔골재에 함유될 수 있는 점토덩어리의 최댓값은 1.5%이다.
② 잔골재의 안정성은 황산나트륨을 사용한 시험으로 평가한다.
③ 부순 골재의 씻기 시험에서 0.08mm체 통과량은 7% 이하이어야 한다.
④ 유기불순물 시험결과 잔골재 위에 있는 용액의 색깔은 표준색보다 엷어야 한다.

[해설] 골재의 점토 덩어리 유해물 함유량 한도

종류	최대값(질량백분율)
잔골재	1.0%
굵은 골재	0.25%

□□□ 산 17,20

13 시멘트의 수화에 영향을 주는 인자들에 관한 설명으로 옳은 것은?

① 온도가 높을수록 응결이 지연된다.
② 단위수량이 클수록 응결이 빠르게 진행된다.
③ 시멘트의 분말도가 높을수록 수화반응 속도가 빨라져서 응결이 빨리 진행된다.
④ 포졸란계 혼화재료가 사용된 경우 CaO 성분이 줄어들므로 수화반응이 촉진된다.

[해설] · 분말도가 높으면 수화작용이 빠르고 초기강도의 발현이 빠르며 강도증진율이 높다.
· 온도가 높을 수록 응결이 빠르다.
· 단위수량이 클수록 응결이 늦어진다.
· 포졸란계 혼화재료가 사용된 경우 발열량이 적어 수화반응이 지연진다.

□□□ 산 07,09,15,20

14 실제 사용한 콘크리트의 40회 압축강도 시험으로부터 압축강도(MPa) 잔차의 제곱을 구하여 합한 값이 624이었다. 콘크리트의 배합강도를 결정하기 위한 압축강도의 표준편차는?

① 3.0MPa ② 3.5MPa
③ 4.0MPa ④ 4.5MPa

[해설] $\sigma = \sqrt{\dfrac{S}{n-1}} = \sqrt{\dfrac{624}{40-1}} = 4.0\,\mathrm{MPa}$

□□□ 산 05,20

15 공기연행제의 사용 목적과 효과에 대한 설명으로 틀린 것은?

① 굳은 콘크리트의 동결 융해 저항성을 증대시키기 위해 사용한다.
② 유효공기량이 6% 이상이 되면 강도발현이 현저히 증가한다.
③ 유효공기량은 2% 이하에서 동결 융해의 저항성이 개선되지 않는다.
④ 굳지 않은 콘크리트의 작업성을 개량하여 콘크리트의 시공성을 좋게 한다.

[해설] 공기연행(AE)제를 사용한 콘크리트에서 물-시멘트비가 일정한 경우 공기량이 1% 증가에 따라 압축강도는 4~6% 감소한다.

□□□ 산 08,10,20

16 콘크리트 배합에 사용되는 물-결합재비에 관한 설명으로 틀린 것은?

① 제빙화학제가 사용되는 콘크리트의 물-결합재비는 45% 이하로 한다.
② 콘크리트의 수밀성을 기준으로 물-결합재비를 정할 경우 그 값은 50% 이하로 한다.
③ 콘크리트의 탄산화 저항성을 고려하여 물-결합재비를 정할 경우 45% 이하로 한다.
④ 일반적인 콘크리트의 물-결합재비는 60% 이하를 원칙으로 한다.

[해설] 콘크리트 탄산화 저항성을 고려해야 하는 경우 물-결합재비는 55% 이하로 하여야 한다.

□□□ 산 09,12,16,17,20

17 콘크리트의 혼합에 사용되는 물 중 시험을 실시하지 않아도 사용할 수 있는 것은?

① 지하수   ② 호숫물
③ 상수돗물   ④ 슬러지수

[해설] 레디믹스트 콘크리트의 혼합에 사용되는 물
· 상수돗물은 시험을 하지 않아도 사용할 수 있다.
· 상수돗물 이외의 물인 경우는 시험항목에 적합해야 한다.

□□□ 산 04,06,12,20

18 콘크리트의 배합설계에서 물결합재비의 결정을 위하여 고려하는 사항으로 거리가 먼 것은?

① 강도   ② 내구성
③ 수밀성   ④ 시공성

[해설] 콘크리트의 배합은 소요의 강도, 내구성, 수밀성, 균열 저항성, 철근 또는 강재를 보호하는 성능을 갖도록 정한다.

19 철근의 인장시험에 의하여 구할 수 있는 기계적 특성 값이 아닌 것은?

① 내력 ② 연신율
③ 단면수축률 ④ 취성파면율

해설 강재의 인장시험은 내력, 항복점, 인장강도, 파단 연신율, 단면 수축률을 측정하는 것이다.

20 콘크리트 배합설계의 기본원칙에 대한 설명으로 틀린 것은?

① 경제성 있는 배합일 것
② 충분한 내구성을 확보할 것
③ 가능한 한 단위수량을 적게 할 것
④ 최대 치수가 작은 굵은 골재를 사용할 것

해설 경제적인 관점에서 허용한도내에서 가능한 최대치수가 큰 굵은골재를 사용할 것

제2과목 : 콘크리트 제조, 시험 및 품질 관리

21 믹서의 효율을 시험하기 위하여 믹서로 비빈 굳지 않은 콘크리트 중의 모르타르와 굵은 골재량의 변화율 시험을 수행하고자 한다. 굵은 골재의 최대 치수가 25mm인 경우 시료의 양으로서 가장 적합한 것은?

① 10L ② 20L
③ 25L ④ 50L

해설 • 굵은 골재의 최대치수가 20mm 이하일 때는 시료의 양을 20L로 한다.
• 굵은 골재의 최대치수가 25mm일 때는 시료의 양을 25L로 한다.

22 강제식 믹서로 콘크리트의 비비기를 할 경우, 최소 비비기 시간은 얼마를 표준으로 하는가? (단, 비비기 시간에 대한 시험을 실시하지 않을 경우)

① 30초 ② 1분
③ 1분 30초 ④ 2분

해설 • 강제식 믹서의 최소 비비기 시간은 1분 이상을 표준으로 한다.
• 가경식 믹서의 최소 비비기 시간은 1분 30초 이상으로 하여야 한다.

23 굵은 골재의 최대 치수, 잔골재율, 잔골재의 입도, 반죽질기 등에 따르는 마무리하기 쉬운 정도를 나타내는 굳지 않은 콘크리트의 성질을 나타내는 용어는?

① 성형성(plasticity)
② 마감성(finishability)
③ 시공연도(workability)
④ 반죽질기(consistency)

해설 • 반죽질기 : 주로 물의 양이 많고 적음에 따르는 반죽이 되고 진 정도를 나타내는 굳지 않은 콘크리트의 성질
• 워커빌리티 : 반죽 질기의 정도에 따르는 작업의 난이성 및 재료의 분리성 정도를 나타내는 굳지 않은 콘크리트의 성질
• 성형성 : 거푸집에서 쉽게 다져넣을 수 있고 거푸집을 제거하면 천천히 형상이 변하기는 하지만 허물어지거나 재료의 분리가 일어나는 일이 없는 정도의 굳지 않은 콘크리트의 성질

24 압축강도에 의한 일반 콘크리트의 품질검사에 관한 설명으로 옳지 않은 것은?

① 품질 검사는 설계기준압축강도로부터 배합을 정한 경우와 그 밖의 경우로 구분하여 시행한다.
② 압축강도에 의한 콘크리트 품질관리는 일반적인 경우 조기 재령에 있어서의 압축강도에 의해 실시한다.
③ 설계기준압축강도로부터 배합을 정한 경우 연속 3회 시험값의 평균이 설계기준압축강도 이상이어야 한다.
④ 설계기준압축강도로부터 배합을 정한 경우 각각의 압축강도 시험값이 설계기준압축강도보다 5.0MPa에 미달하는 확률이 1% 이하이어야 한다.

해설 설계기준압축강도로부터 배합을 정한 경우 각각의 압축강도 시험값이 설계기준압축강도보다 3.5MPa에 미달하는 확률이 1% 이하이어야 한다.

25 레디믹스트 콘크리트 공장의 회수수를 혼합수로서 사용하는 경우의 주의사항에 관한 설명으로 틀린 것은?

① 슬러지 고형분은 단위수량의 3% 이하로 한다.
② 슬러지 고형분이 많은 경우에는 AE제의 사용량을 증가시킨다.
③ 슬러지 고형분이 많은 경우에는 잔골재율을 감소시킨다.
④ 슬러지 고형분이 많은 경우에는 단위수량과 단위 시멘트량을 증가시킨다.

해설 슬러지수를 사용하였을 경우 슬러지 고형분율이 3%를 초과하면 안 된다.

정답 19 ④ 20 ④ 21 ③ 22 ② 23 ② 24 ④ 25 ①

26 KCS 14 20 10 에 따른 콘크리트용 재료의 계량 허용오차가 틀린 것은?

① 물 : -2%, +1%
② 골재 : ±2%
③ 시멘트 : -1%, +2%
④ 혼화제 : ±3%

[해설] KCS 14 20 10 1회 계량분에 대한 계량오차

재료의 종류	측정단위	허용오차
시멘트	질량	-1%, +2%
골재	질량	±3%
물	질량 또는 부피	-2%, +1%
혼화재	질량	±2%
혼화제	질량 또는 부피	±3%

27 굳지 않은 콘크리트의 단위용적 질량 및 공기량 시험(질량방법, KS F 2409)에 대한 설명으로 틀린 것은?

① 시료를 용기의 약 1/5까지 넣고 다짐봉으로 균등하게 다진다.
② 다짐봉의 다짐 깊이는 거의 그 앞 층에 이르는 정도로 한다.
③ 용기 중 시료의 질량은 시험 전 미리 측정한 용기의 질량을 이용한다.
④ 다짐 구멍이 없어지고 콘크리트 표면에 큰 기포가 보이지 않을 때까지 용기의 바깥쪽을 10회~15회 고무망치로 두들긴다.

[해설] 시료를 용기에 채울 때 거의 같은 양으로 3층으로 채우고, 각 층은 다짐봉으로 25회씩 균등하게 다져야 한다.

28 굳은 콘크리트의 역학적 성질에 관한 설명으로 가장 거리가 먼 것은?

① 압축강도와 인장강도는 어느 정도 비례한다.
② 탄성계수는 일반적으로 압축강도가 클수록 크게 된다.
③ 압축강도용 공시체 표면에 요철이 있는 경우 실제 강도보다 강도가 저하한다.
④ 굳은 콘크리트에 재하하면서 응력-변형률 곡선을 그리면 선형으로 나타난다.

[해설] 굳은 콘크리트의 응력-변형률의 관계는 하중재하의 초기단계에서부터 곡선을 나타내며 엄밀히 직선부분은 존재하지 않는 비선형 재료이다.

29 동결융해 작용에 대한 내구성에 관한 내용으로 틀린 것은?

① 동결되지 않은 물의 압력이 높아져서 콘크리트 속에 미세균열이 발생한다.
② 물-결합재비가 큰 콘크리트는 동결융해에 대한 저항성이 증가한다.
③ AE 콘크리트는 수압이 공기포로 완화되기 때문에 동결융해 작용에 대한 저항성이 증가한다.
④ 인공경량골재를 사용한 콘크리트의 동결융해 작용에 대한 내구성은 보통콘크리트보다 좋지 않다.

[해설] 동결융해 저항성은 동일한 공기량이라도 물-시멘트비에 따라 다르며, 물-결합재비가 작을수록 동결융해 저항성에 유리하다.

30 압력법에 의한 굳지 않은 콘크리트의 공기량 시험(KS F 2421)에 대한 설명으로 틀린 것은?

① 물을 붓고 시험하는 경우(주수법) 공기량 측정기의 용적은 적어도 7L 이상으로 한다.
② 공기량 측정 종료 후에는 덮개를 떼기 전에 주수구와 배수구를 양쪽으로 열고 압력을 푼다.
③ 콘크리트의 공기량은 측정한 콘크리트의 겉보기 공기량에서 골재 수정 계수를 뺀 값으로 구한다.
④ 시료를 용기에 채울 때 거의 같은 양으로 3층으로 채우고, 각 층은 다짐봉으로 25회씩 균등하게 다져야 한다.

[해설] 물을 붓고 시험하는 경우(주수법)공기량 측정기의 용적은 적어도 5L 로 한다. 무주수법의 경우는 7L정도 이상으로 한다.

31 레디믹스트 콘크리트의 발주에 있어 구입자가 생산자와 협의하여 지정할 수 있는 사항이 아닌 것은?

① 골재의 종류
② 시멘트의 종류
③ 단위 수량의 하한치
④ 굵은 골재의 최대 치수

[해설] 구입자가 생산자와 협의 후에 지정할 사항
• 시멘트의 종류
• 골재의 종류
• 굵은골재의 최대치수
• 혼화재료의 종류
• 호칭강도를 보증하는 재령
• 공기량, 물, 시멘트의 상한치
• 단위수량의 상한치
• 단위시멘트량의 하한치 또는 상한치
• 염화물 함유량의 상한치와 하한치

정답 26 ② 27 ① 28 ④ 29 ② 30 ① 31 ③

□□□ 산 09,15,16,20
32 콘크리트 타설 후 응결 및 경화과정에서 나타나는 초기 소성수축 균열에 대한 설명으로 옳은 것은?

① 균열이 발생하여 커지는 정도는 블리딩이 큰 콘크리트 일수록 높아진다.
② 콘크리트 작업 시 시공이음부의 레이턴스를 제거하지 않았을 때 나타난다.
③ 콘크리트 표면의 물의 증발속도가 블리딩 속도보다 빠른 경우 발생되는 균열이다.
④ 콘크리트 표면 가까이에 있는 철근, 매설물 또는 입자가 큰 골재 등이 침하를 방해하기 때문에 나타난다.

해설 소성수축균열은 콘크리트 표면수의 증발속도가 블리딩 속도보다 빠른 경우와 같이 급속한 수분증발이 일어나는 경우에 콘크리트 마무리 면에 생기는 가늘고 얇은 균열을 말한다.

□□□ 산 20
33 4점 재하법에 의한 콘크리트의 휨 강도 시험방법에 관한 사항 중 틀린 것은?

① 지간은 공시체 높이(공칭값)의 3배로 한다.
② 시험기는 시험 시 최대 하중이 용량의 1/3에서 최대 용량까지의 범위에서 사용한다.
③ 파괴 단면의 너비는 3곳에서 0.1mm까지 측정하여, 그 평균값을 소수점 이하 첫째 자리에서 끝맺음한다.
④ 공시체가 인장쪽 표면의 지간 방향 중심선의 4점의 바깥쪽에서 파괴된 경우는 그 시험 결과를 무효로 한다.

해설 시험기는 시험 시 최대 하중이 용량의 1/5에서 최대 용량까지의 범위에서 사용한다.

□□□ 산 05,15,20
34 통계적 품질관리 방법이 아닌 것은?

① 관리도법
② 표본조사
③ 현장검사
④ 발취검사법

해설 통계적 품질관리(SPC) 방법 : 관리도법, 발취검사법, 표본조사

□□□ 산 16,20
35 비파괴시험을 이용하여 측정하거나 추정하지 않는 재료 성질은?

① 압축강도
② 동탄성계수
③ 크리프변형률
④ 동결융해 저항성

해설 크리프변형률은 콘크리트의 역학적 특성을 나타내는 것이다.

□□□ 산 06,14,20
36 동결 융해 150사이클에서 상대 동 탄성계수가 60%일 때 동결 융해에 대한 내구성 지수는? (단, 시험의 종료는 300사이클로 한다.)

① 15
② 30
③ 60
④ 100

해설 내구성지수

$$DF = \frac{\text{시험종료 사이클수} \times \text{상대동탄성계수}}{\text{동결융해에의 노출이 끝날 때의 사이클수}} = \frac{P \cdot N}{300}$$

$$\therefore DF = \frac{150 \times 60}{300} = 30$$

□□□ 산 09,10,12,16,17,18,19,20
37 지름 150mm, 높이 300mm인 공시체의 쪼갬 인장 강도 시험을 실시한 결과 공시체가 100kN의 하중에 파괴되었다면 콘크리트의 쪼갬 인장 강도는?

① 1.0MPa
② 1.2MPa
③ 1.4MPa
④ 1.6MPa

해설 $f_{sp} = \dfrac{2P}{\pi dl}$

$= \dfrac{2 \times 100 \times 10^3}{\pi \times 150 \times 300} = 1.4 \text{N/mm}^2 = 1.4 \text{MPa}$

□□□ 산 09,11,14,16,18,20
38 단면적이 10,000mm²인 콘크리트 공시체가 압축 강도 시험에 의해서 270kN에서 파괴 되었다면, 이 콘크리트의 압축 강도는?

① 21.0MPa
② 24.0MPa
③ 27.0MPa
④ 30.MPa

해설 $f_c = \dfrac{P}{A} = \dfrac{270 \times 10^3}{10,000} = 27.0 \text{N/mm}^2 = 27.0 \text{MPa}$

□□□ 산 15,20
39 콘크리트의 골재에 관한 설명으로 틀린 것은?

① 모래 및 자갈의 비중은 2.65 ~ 2.70 정도이다.
② 골재의 형태는 구형이면서 표면이 매끈한 것이 좋다.
③ 바다모래를 씻어서 사용하면 콘크리트의 강도에는 큰 영향이 없다.
④ 골재의 표면수의 영향은 굵은 골재에 의한 것보다 잔골재에 의한 것이 크다.

해설 골재의 모양은 입형이 입방체 또는 원형에 가까울 것

□□□ 산 20

40 외기기온이 25℃ 미만의 경우 레디믹스트 콘크리트의 비빔 시작부터 타설 종료까지의 시간한도는?

① 60분 ② 90분
③ 120분 ④ 150분

해설 연속 타설 시간 간격
- 외기온도가 25℃를 넘었을 경우에는 1.5시간 이내
- 외기온도가 25℃ 이하일 경우에는 2시간(120분) 이내

제3과목 : 콘크리트의 시공

□□□ 산 14,20

41 수밀 콘크리트의 배합 및 시공에 관한 일반적인 설명으로 틀린 것은?

① 팽창재를 사용하여 수축균열을 방지한다.
② 일반 콘크리트보다 잔골재율 및 단위 굵은 골재량을 되도록 작게 한다.
③ 콘크리트의 워커빌리티를 개선시키기 위해 공기연행제를 사용하는 경우라도 공기량은 4% 이하가 되도록 한다.
④ 누수 원인이 되는 건조수축 균열의 발생이 없도록 시공하여야 하며, 0.1mm 이상의 균열 발생이 예상되는 경우 누수를 방지하기 위한 방수를 검토하여야 한다.

해설 수밀 콘크리트는 단위수량 및 물-결합재비는 되도록 적게 하고, 단위 굵은 골재량을 되도록 크게 한다.

□□□ 산 20

42 한중 콘크리트의 초기양생에 관한 아래 내용 중 ㉠, ㉡에 적정한 숫자는?

> 한중 콘크리트는 소정의 소요 압축강도가 얻어질 때까지 콘크리트의 온도를 (㉠)℃ 이상으로 유지하여야 하며, 또한 소요 압축강도에 도달한 후 2일간은 구조물의 어느 부분이라도 (㉡)℃ 이상이 되도록 유지하여야 한다.

① ㉠ : 4, ㉡ : 1 ② ㉠ : 4, ㉡ : 0
③ ㉠ : 5, ㉡ : 1 ④ ㉠ : 5, ㉡ : 0

해설 한중 콘크리트의 초기양생
- 소정의 소요 압축강도가 얻어질 때까지 콘크리트의 온도를 5℃ 이상으로 유지하여야 한다.
- 소요 압축강도에 도달한 후 2일간은 구조물의 어느 부분이라도 0℃ 이상이 되도록 유지하여야 한다.

□□□ 산 12,14,19,20

43 서중 콘크리트에 대한 설명으로 틀린 것은?

① 콘크리트는 비빈 후 1.5시간 이내에 타설하여야 한다.
② 콘크리트 타설할 때의 콘크리트 온도는 40℃ 이하이어야 한다.
③ 콘크리트 타설 전에는 지반, 거푸집 등을 습윤상태로 유지하여야 한다.
④ 콘크리트 타설은 콜드 조인트가 생기지 않도록 적절한 계획에 따라 실시하여야 한다.

해설 서중콘크리트 : 하루 평균기온이 25℃를 초과하는 것이 예상되는 경우 서중 콘크리트로 시공하여야 한다.

□□□ 산 07,10,12,13,17,20

44 다음의 시방배합을 현장배합으로 환산할 때 잔골재량은?

> - 단위 잔골재량 : 350kg
> - 단위 굵은 골재량 : 650kg
> - No.4체에 남는 잔골재량 : 10%
> - No.4체를 통과하는 굵은 골재량 : 10%

① 312.5kg ② 387.5kg
③ 612.5kg ④ 687.5kg

해설 입도에 의한 조정
a : 잔골재 중 5mm체에 남은 양 : 10%
b : 굵은 골재 중 5mm체에 통과한 양 : 10%

- 잔골재량 $X = \dfrac{100S - b(S+G)}{100 - (a+b)}$

$= \dfrac{100 \times 350 - 10(350 + 650)}{100 - (10 + 10)} = 312.5 \, kg/m^3$

- 굵은골재 $Y = \dfrac{100G - a(S+G)}{100 - (a+b)}$

$= \dfrac{100 \times 650 - 10(350 + 650)}{100 - (10 + 10)} = 687.5 \, kg/m^3$

□□□ 산 11,14,17,20

45 일반 콘크리트의 경우, 대기 중 온도가 25℃ 미만일 때 비비기로부터 타설이 끝날 때까지의 최대 소요시간은?

① 30분 이내 ② 60분 이내
③ 90분 이내 ④ 120분 이내

해설 비비기로부터 치기가 끝날 때까지의 시간
- 원칙적으로 외기온도가 25℃ 이상일 때는 1.5시간(90분)을 넘어서는 안된다.
- 원칙적으로 외기온도가 25℃ 미만일 때에는 2시간(120분)을 넘어서는 안된다.

정답 40 ③ 41 ② 42 ④ 43 ② 44 ① 45 ④

46 일반 콘크리트의 표면 마무리에 대한 설명으로 틀린 것은?

① 미리 정해진 구획의 콘크리트 타설은 연속해서 일괄작업으로 끝마쳐야 한다.
② 시공이음이 미리 정해져 있지 않을 경우에는 직선상의 이음이 얻어지도록 시공하여야 한다.
③ 제물치장 마무리 또는 마무리 두께가 얇은 경우에는 1m당 7mm 이하의 평탄성을 유지하여야 한다.
④ 콘크리트 면의 마무리 두께가 7mm 이상 또는 바탕의 영향을 많이 받지 않는 마무리의 경우 평탄성은 1m당 10mm 이하를 유지하여야 한다.

해설
- 제물치장 마무리 또는 마무리 두께가 얇은 경우에는 3m당 7mm 이하의 평탄성을 유지하여야 한다.
- 콘크리트 마무리의 평탄성 표준 값

콘크리트 면의 마무리	평탄성
마무리 두께 7mm 이상 또는 바탕의 영향을 많이 받지 않는 마무리의 경우	1m당 10mm 이하
마무리 두께 7mm 이하 또는 양호한 평탄함이 필요한 경우	3m당 10mm 이하
제물치장 마무리 또는 마무리 두께가 얇은 경우	3m당 7mm 이하

47 콘크리트 다지기에 대한 설명으로 틀린 것은?

① 콘크리트 다지기에는 내부진동기의 사용을 원칙으로 한다.
② 재진동을 실시할 경우에는 초결이 일어난 후에 하여야 한다.
③ 내부진동기는 천천히 빼내어 구멍이 남지 않도록 사용해야 한다.
④ 내부진동기는 연직으로 찔러 넣으며, 삽입간격은 일반적으로 0.5m 이하로 하는 것이 좋다.

해설 재진동을 할 경우에는 콘크리트에 나쁜 영향이 생기지 않도록 초결이 일어나기 전에 실시하여야 한다.

48 일반적인 매스 콘크리트 시공에 바람직한 시멘트가 아닌 것은?

① 중용열 시멘트 ② 알루미나 시멘트
③ 고로 슬래그 시멘트 ④ 플라이 애시 시멘트

해설 매스 콘크리트에는 수화열 저감을 위해 저열 포틀랜드 시멘트, 중용열 시멘트, 고로 슬래그 미분말, 플라이 애시 시멘트 사용이 바람직하다.

49 일반적으로 수중 콘크리트를 시공할 때 시멘트가 물에 씻겨서 흘러나오지 않도록 사용하는 기계·기구는?

① 트레미 ② 밑열림 상자
③ 밑열림 포대 ④ 벨트컨베이어

해설 트레미에 의한 타설
- 트레미는 시멘트가 물에 씻겨서 흘러나오지 않도록 사용하는 기계·기구이다.
- 트레미의 안지름

수심(굵은 골재)	안지름
3m 이내	250mm
3~5m	300mm
5m 이상	300~500mm
굵은 골재 최대치수	8배

50 거푸집 설계 시 고려사항으로 틀린 것은?

① 콘크리트의 모서리는 미관을 고려하여 가급적 직각을 유지해야 한다.
② 거푸집은 조립 및 해체가 용이해야 하며 모르타르가 새어나오지 않는 구조이어야 한다.
③ 구조물의 거푸집에 대해서는 책임기술자가 요구하는 경우 구조설계도서를 제출하여 승인받아야 한다.
④ 필요한 경우에는 거푸집의 청소, 검사 및 콘크리트 타설에 편리하도록 적당한 위치에 일시적인 개구부를 만들어야 한다.

해설 특별히 지정되지 않은 경우라도 콘크리트의 모서리는 모따기가 될 수 있는 구조이어야 한다.

51 유동화 콘크리트에 대한 내용으로 틀린 것은?

① 배합 시 슬럼프 및 공기량은 유동화 전후의 것으로 한다.
② 슬럼프 증가량은 100mm 이하를 원칙으로 하며, 50~80mm를 표준으로 한다.
③ 유동화제 등을 이용하여 유동화 콘크리트를 재유동화 시키는 것은 매우 효율적이다.
④ 배치플랜트에서 트럭 교반기 내의 콘크리트에 유동화제를 첨가하여 즉시 고속으로 교반하여 유동화시키는 방법도 있다.

해설 유동화 콘크리트의 재유동화는 원칙적으로 할 수 없다. 부득이한 경우 책임기술자의 승인을 받아 1회에 한하여 재유동화 할 수 있다.

☐☐☐ 산 10,12,15,16,19,20
52 콘크리트 시공이음에 대한 설명으로 틀린 것은?

① 전단력이 작은 위치에 설치한다.
② 부재의 압축력이 작용하는 방향과 같은 방향으로 설치한다.
③ 설계에 정해져 있는 이음의 위치와 구조를 지켜 설치한다.
④ 해양 콘크리트 구조물에 부득이하게 시공이음을 설치할 경우 만조위로부터 위로 0.6m와 간조위로부터 아래로 0.6m 사이인 감조부는 피하여 설치한다.

[해설] 시공이음은 부재의 압축력이 작용하는 방향과 직각이 되도록 하는 것이 원칙이다.

☐☐☐ 산 20
53 방사선 차폐용 콘크리트에 관한 설명으로 틀린 것은?

① 방사선 유출검사는 공사 시방서에 따른다.
② 설계에 정해져 있지 않은 이음은 설치할 수 없다.
③ 현장 품질관리는 일반 콘크리트에서 정한 기준을 표준으로 한다.
④ 이어치기 부분에 대하여 기밀이 최대한 유지될 수 있는 방안을 강구하여야 한다.

[해설] 방사선 차폐용 콘크리트로서의 현장 품질관리를 위한 시험항목, 시험방법 및 판정기준은 공사 시방서에 따른다.

☐☐☐ 산 09,10,13,16,20
54 숏크리트 코어 공시체(ϕ10cm×10cm)로부터 채취한 강섬유의 질량이 30.8g이었다. 강섬유 혼입률(부피기준)은? (단, 강섬유의 단위질량은 7.85g/cm³이다.)

① 0.5%　　② 1%
③ 3%　　④ 5%

[해설] 강섬유 혼입률 $V_f = \dfrac{W_{sp}}{V \cdot \rho_{sp}} \times 100$

• 코어공시체 부피 $V = \dfrac{\pi \times 10^2}{4} \times 10 = 785.40 cm^3$

∴ $V_f = \dfrac{30.8}{785.40 \times 7.85} \times 100 = 0.5\%$

☐☐☐ 산 20
55 팽창 콘크리트에서 팽창재의 1회 계량오차는?

① 1% 이내　　② 2% 이내
③ 3% 이내　　④ 4% 이내

[해설] 팽창재는 다른 재료와 별도로 질량으로 계량하며, 그 오차는 1회 계량분량의 1% 이내로 하여야 한다.

☐☐☐ 산 13,20
56 도로포장 콘크리트용 굵은 골재의 마모시험을 수행한 결과, 시험 전 시료의 질량은 1,300g, 시험 후 1.7mm 망체에 남은 질량은 800g이었다. 이때 골재의 마모율은?

① 31%　　② 38%
③ 44%　　④ 50%

[해설] 마모율 = $\dfrac{시험전의 시료 - 시험 후 1.7mm체에 남은 시료}{시험 전의 시료}$

= $\dfrac{1,300 - 800}{1,300} \times 100 = 38\%$

(∵ No.12체가 1.7mm 임)

☐☐☐ 산 10,11,14,16,17,19,20
57 고강도 콘크리트의 일반사항에 대한 아래의 설명에서 (　) 안에 알맞은 수치는?

> 고강도 콘크리트의 설계기준압축강도는 일반적으로 40MPa 이상으로 하며, 고강도 경량골재 콘크리트는 (　)MPa 이상으로 한다.

① 27　　② 30
③ 33　　④ 35

[해설] 고강도 콘크리트의 설계기준강도는 일반적으로 40MPa 이상으로 하며, 고강도 경량골재 콘크리트는 27MPa 이상으로 한다.

☐☐☐ 산 14,18,20
58 콘크리트의 탄산화 대책으로 적절하지 않은 것은?

① 양질의 골재를 사용한다.
② 철근피복두께를 확보한다.
③ 물-결합재비를 작게 한다.
④ 투기성이 큰 마감재를 사용한다.

[해설] 탄산화 억제효과가 큰 투기성이 낮은 마감재를 사용한다.

☐☐☐ 산 11,16,20
59 수밀 콘크리트의 연속타설 시간 간격은 외기온도가 25°C 이하일 때 몇 시간 이내로 하여야 하는가?

① 1시간　　② 1시간 30분
③ 2시간　　④ 2시간 30분

[해설] 연속 타설 시간 간격
• 외기온도가 25°C를 넘었을 경우에는 1.5시간 이내
• 외기온도가 25°C 이하일 경우에는 2시간 이내

정답　52 ②　53 ③　54 ①　55 ①　56 ②　57 ①　58 ④　59 ③

60 숏크리트의 시공에서 건식 숏크리트는 배치 후 몇 분 이내에 뿜어붙이기를 실시하여야 하는가?

① 15분
② 30분
③ 45분
④ 60분

해설
· 건식 숏크리트는 배치 후 45분 이내에 뿜어붙이기를 실시하여야 한다.
· 습식 숏크리트의 배치 후 60분 이내에 뿜어붙이기를 실시하여야 한다.

제4과목 : 콘크리트 구조 및 유지관리

61 다음 중 부재에 따른 강도감소계수가 틀린 것은?

① 인장지배 단면 : 0.85
② 압축지배 단면 중 띠철근으로 보강된 철근콘크리트 부재 : 0.70
③ 포스트텐션 정착구역 : 0.85
④ 무근콘크리트의 휨모멘트 : 0.55

해설 강도감소계수 ϕ

부재		강도감소계수
인장 지배 단면(휨부재)		0.85
포스트텐션 정착구역		0.85
압축지배 단면	나선철근으로 보강된 철근콘크리트 부재	0.70
	그 외의 철근콘크리트 부재	0.65
전단력과 비틀림모멘트		0.75
무근콘크리트의 휨모멘트		0.55

62 콘크리트 크리프에 대한 설명으로 틀린 것은?

① 콘크리트에 일정한 하중을 지속적으로 재하하면 응력은 늘지 않았는데 변형이 계속 진행되는 현상을 말한다.
② 재하응력이 클수록 크리프가 크다.
③ 조직이 치밀한 콘크리트일수록 크리프가 크다.
④ 조강시멘트는 보통시멘트보다 크리프가 작다.

해설 조직이 치밀하지 않은 골재를 사용하거나 골재의 입도가 부적당하여 공극이 많으면 크리프가 크다.

---

63 그림과 같은 단면의 보에서 $f_{ck} = 28\text{MPa}$일 때, 보통 중량 콘크리트가 분담하는 설계전단강도(ϕV_c)는? (단, 경량콘크리트계수 $\lambda = 1$)

① 약 151kN
② 약 162kN
③ 약 173kN
④ 약 185kN

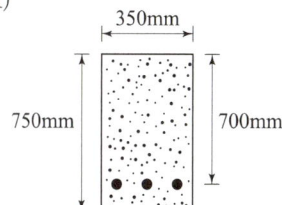

해설 콘크리트의 설계 전단 강도
$$\phi V_c = \phi \frac{1}{6} \lambda \sqrt{f_{ck}} b_w d$$
$$= 0.75 \times \frac{1}{6} \times 1 \times \sqrt{28} \times 350 \times 700 = 162,052\text{N} = 162\text{kN}$$

64 일반적으로 정사각형 확대 기초에서 전단에 대한 위험 단면은? (단, d는 확대기초의 유효깊이이고, 1방향 전단이 발생하는 경우)

① 기둥의 전면
② 기둥의 전면에서 $\frac{d}{2}$ 만큼 떨어진 면
③ 기둥의 전면에서 d만큼 떨어진 면
④ 기둥의 전면에서 기둥 두께만큼 안쪽으로 떨어진 면

해설 · 1방향 작용전단시 위험단면은 기둥전면에서 확대기초의 유효높이 d만큼 떨어진 거리에 위치한 단면이다.
· 펀칭전단(파괴전단)은 2방향 작용에 의하여 일어나므로, 정사각형 단면이면 2방향 확대 기초이므로 전단에 위험한 단면은 기둥 전면에서 $\frac{d}{2}$ 만큼 떨어진 면이다.

65 프리스트레스트 콘크리트에 대한 설명으로 틀린 것은?

① 프리텐션 방식은 긴장재를 곡선으로 배치하기가 어려워 대형부재의 제조에는 적합하지 않다.
② 긴장재가 부착되기 전의 단면 특성을 계산할 경우 덕트로 인한 단면적의 손실을 고려하여야 한다.
③ 균등질 보의 개념은 프리스트레싱의 작용과 부재에 작용하는 하중을 비기도록 하는데 목적을 둔 개념이다.
④ 프리스트레스트를 도입하자마자 일어나는 즉시손실의 원인은 정착장치의 활동, PS강재와 쉬스 사이의 마찰, 콘크리트의 탄성변형이 있다.

해설 균등질 보의 개념은 철근콘크리트는 취성 재료이므로 인장측의 응력을 무시했으나, 프리스트레스트 콘크리트는 탄성재료로서 인장측 응력도 유효한 균등질보이다.

66 압축이형 철근의 이음에 관한 규정으로 틀린 것은?

① f_{ck}가 21MPa 미만인 경우 겹침이음길이를 1/3 증가시켜야 한다.
② 겹침이음길이는 f_y가 400MPa 이하인 경우 $0.072f_y d_b$보다 길 필요가 없다.
③ 서로 다른 크기의 철근을 압축부에서 겹침이음하는 경우, 이음길이는 굵은 철근의 겹침이음길이를 적용한다.
④ 단부 지압이음은 폐쇄띠철근, 폐쇄스터럽 또는 나선철근을 배치한 압축부재에서만 사용하여야 한다.

[해설] 서로 다른 크기의 철근을 압축부에서 겹침이음하는 경우, 이음길이는 크기가 큰 철근의 정착길이와 크기가 작은 철근의 겹침이음길이 중 큰 값 이상이어야 한다.

67 콘크리트의 동결융해에 대한 저항성을 설명한 내용으로 틀린 것은?

① 콘크리트 표면으로부터 서서히 열화가 진행된다.
② AE콘크리트에서는 기포의 직경이 클수록 동결융해에 대한 저항성이 크게 된다.
③ 다공질 골재를 사용하는 등 골재의 흡수성이 큰 경우에는 동결융해에 대한 저항성이 작게 된다.
④ 밀실하고 균질한 콘크리트가 얻어지도록 필요한 워커빌리티를 확보하고 충분히 다짐하면 동결융해에 대한 저항성이 높아진다.

[해설] AE콘크리트에서는 기포의 직경이 작을수록 동결융해에 대한 저항성이 크게 된다.

68 탄소 섬유 보강공법의 일반적인 시공 순서로 옳은 것은?

① 균열 보수 및 패칭 처리 → 프라이머 및 수지 도포 → 보호 코팅 → 섬유시트 부착
② 프라이머 및 수지 도포 → 균열 보수 및 패칭 처리 → 섬유시트 부착 → 보호 코팅
③ 균열 보수 및 패칭 처리 → 프라이머 및 수지 도포 → 섬유시트 부착 → 보호 코팅
④ 섬유시트 부착 → 균열 보수 및 패칭 처리 → 프라이머 및 수지 도포 → 보호 코팅

[해설] 탄소섬유 보강공법의 시공 순서
균열 보수 및 패칭 처리 → 프라이머 및 수지 도포 → 섬유시트 부착 → 보호 코팅

69 기존 콘크리트의 압축강도 평가방법 중 가장 신뢰성이 높은 것은?

① 인발시험
② 반발경도방법
③ 초음파속도법
④ 코어 압축강도시험

[해설] 콘크리트 코어 압축강도시험
· 작업이 용이한 곳에서 길이 100mm 이상으로 직경의 2배 정도로 콘크리트 코어를 채취하여 KS F 기준에 따라 압축강도를 측정하는 파괴시험이다.
· 가장 신뢰성이 높은 평가방법이다.

70 강도설계법의 기본가정으로 틀린 것은?

① 철근 및 콘크리트의 변형률은 중립축으로부터의 거리에 비례한다.
② 압축측 연단에서 콘크리트의 최대 변형률은 0.0033으로 가정한다.
③ 항복강도 f_y 이내에서 철근의 응력은 그 변형률의 E_s 배로 본다.
④ 콘크리트의 인장강도는 휨 계산에서 $0.25\sqrt{f_{ck}}$로 계산한다.

[해설] 콘크리트의 인장강도는 휨계산에서 무시한다.

71 콘크리트의 강도를 평가할 수 있는 시험 방법이 아닌 것은?

① 반발경도법
② 투수성시험
③ 코어테스트
④ 부착강도시험

[해설] 원위치에 있어서 토층의 투수계수를 구하는 현장 투수시험과 시험실에서 투구계수를 구하는 투수 시험이 있다.

72 콘크리트 염해에 대한 설명으로 틀린 것은?

① 해안에 가까울수록 염해가 발생할 가능성은 커진다.
② 부식반응은 애노드반응과 캐소드반응이 조합된 반응이다.
③ 콘크리트 내 함수율이 높을수록 염화물이온의 확산계수비는 커진다.
④ 염화물이온에 의한 철근부식은 산소와 수분, 탄산화가 동반되어야만 발생한다.

[해설] 염화물 이온, 물, 산소가 철근에 공급이 촉진되어야 철근부식이 가속적으로 진행된다.

정답 66 ③ 67 ② 68 ③ 69 ④ 70 ④ 71 ② 72 ④

□□□ 산 20

73 아래에서 설명하는 균열의 보수기법은?

> 발생된 균열이 멈추어 있거나 구조적으로 중요하지 않을 경우에는 균열에 sealant를 채워 넣음으로써 보수할 수 있다. 이 보수 방법은 비교적 간단하게 시행될 수 있으나 계속 진전되고 있는 균열에는 효과를 발휘하기 어렵다.

① 봉합법　　② 짜깁기법
③ 에폭시 주입법　　④ 보강철근 이용방법

해설 봉합법에 대한 설명이다.

□□□ 산 08,10,11,12,20

74 아래 그림과 같이 PS콘크리트 보에서 하중평형개념을 고려할 때 등분포의 상향력(u)은? (단, $P=2{,}000$kN, $s=0.2$m이다.)

① 22.2kN/m
② 27.2kN/m
③ 31.2kN/m
④ 35.2kN/m

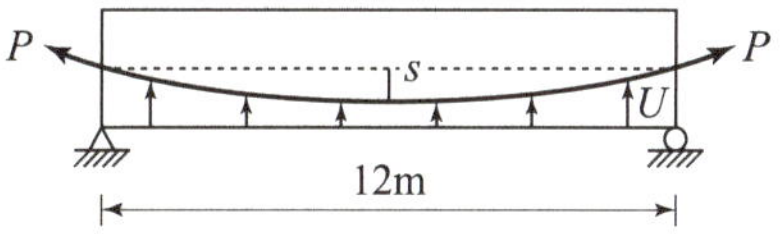

해설 강재가 포물선으로 배치된 경우

$P \cdot s = \dfrac{u \cdot l^2}{8}$ 에서

∴ 상향력 $u = \dfrac{8P \cdot s}{l^2} = \dfrac{8 \times 2{,}000 \times 0.20}{12^2} = 22.2\text{kN/m}$

□□□ 산 20

75 옹벽의 전도에 대한 안정조건으로 옳은 것은?

① 저항휨모멘트는 전도휨모멘트의 2.0배 이상이어야 한다.
② 저항휨모멘트는 전도휨모멘트의 1.5배 이상이어야 한다.
③ 전도휨모멘트는 저항휨모멘트의 2.0배 이상이어야 한다.
④ 전도휨모멘트는 저항휨모멘트의 1.5배 이상이어야 한다.

해설
- 저항휨모멘트는 전도휨모멘트의 2.0배 이상이어야 한다.
- 활동에 대한 저항력은 옹벽에 작용하는 수평력의 1.5배 이상이어야 한다.
- 전도에 대한 저항휨모멘트는 횡토압에 의한 전도모멘트의 2.0배 이상이어야 한다.

□□□ 산 20

76 콘크리트 균열에 대한 보수재료 또는 보수공법이 아닌 것은?

① 에폭시　　② 주입공법
③ 증설공법　　④ 실리카 퓸

해설 (두께)증설공법은 보강공법이다.

□□□ 산 10,15,20

77 설계 탄산화 속도계수가 9mm/$\sqrt{\text{년}}$ 인 콘크리트 구조물이 16년 경과한 시점의 탄산화 깊이는? (단, 예측식의 변동성을 고려한 안전계수는 1로 가정한다.)

① 12mm　　② 36mm
③ 48mm　　④ 144mm

해설 탄산화 깊이
$X = R\sqrt{t} = 9\sqrt{16} = 36\text{mm}$

□□□ 산 15,20

78 재하시험에 의해 기존 구조물의 안전성 평가를 하고자 할 때 재하 하중에 대한 아래 설명에서 (　)에 적합한 수치는?

> 건물의 휨 부재에 대한 재하시험에서 재하할 시험하중은 해당 구조 부분에 작용하고 있는 고정하중을 포함하여 설계하중의 (　)% 이상이어야 한다.

① 65　　② 75
③ 85　　④ 95

해설 건물의 휨부재에 대한 재하시험에서 재하할 시험하중은 해당 구조 부분에 작용하고 있는 고정하중을 포함하여 설계하중의 95% 이상이어야 한다.

□□□ 산 09,16,20

79 프리스트레스트 콘크리트에 사용되는 PS강재와 갖추어야 할 일반적인 성질이 아닌 것은?

① 인장강도가 높아야 한다.
② 릴랙세이션(relaxation)이 작아야 한다.
③ 콘크리트와의 부착 강도가 커야 한다.
④ 응력 부식에 대한 저항성이 작아야 한다.

해설 PSC 강재에 요구되는 일반적인 성질
- 인장강도 높을 것
- 항복비가 클 것
- 릴렉세이션이 적을 것
- 적당한 늘음과 인성이 있을 것
- 응력 부식에 대한 저항성이 클 것

□□□ 산 04,14,20

80 콘크리트 타설 후 가장 빨리 발생되는 균열의 종류는?

① 온도균열　　② 소성수축균열
③ 건조수축균열　　④ 알칼리 골재반응

해설 소성수축균열
- 정의 : 미경화 콘크리트가 건조한 바람이나 고온 저습한 외기에 노출되면 급격히 증발 건조되어 증발 속도가 블리딩 속도보다 빠를 때 발생하는 균열
- 발생시기 : 콘크리트의 타설 직후 및 양생이 시작되기 전에 발생한다.

정답 73 ① 74 ① 75 ① 76 ③ 77 ② 78 ④ 79 ④ 80 ②

국가기술자격 CBT 필기시험문제

2021년도 산업기사 2회 필기시험 복원문제

자격종목	시험시간	문제수	형 별
콘크리트산업기사	2시간	80	A

※ 각 문제는 4지 택일형으로 질문에 가장 적합한 문제의 보기 번호를 클릭하거나 답안표기란의 번호를 클릭하여 입력하시면 됩니다.
※ 입력된 답안은 문제 화면 또는 답안 표기란의 보기 번호를 클릭하여 변경하실 수 있습니다.

제1과목 : 콘크리트 재료 및 배합

01 잔 골재의 밀도 및 흡수율시험방법에 대한 설명으로 잘못된 것은?

① 표면 건조 포화 상태의 잔 골재를 500g 이상 채취하고, 그 질량을 0.1g까지 측정하여, 이것을 1회 시험량으로 한다.
② 시험용 플라스크의 검정된 용량을 나타내는 눈금까지의 용적은 시료를 넣는 데 필요한 용적의 1.5배 이상 3배 미만으로 한다.
③ 표면건조 포화상태의 시료를 확인할 때는 시료를 원뿔형 몰드에 2층으로 나누어 넣고 다짐봉으로 각 층을 25회씩 다진 뒤 몰드를 수직으로 빼 올린다.
④ 시험값은 평균과의 차이가 밀도의 경우 $0.01g/cm^3$ 이하이어야 한다.

[해설] 표면건조 포화상태의 시료를 확인할 때는 시료를 원뿔형몰드에 다지는 일이 없이 서서히 넣은 다음, 위면을 평평하게 한 후, 힘을 가하지 않고 다짐봉으로 25회 가볍게 다진다. 다짐한 후, 남아 있는 공간을 다시 가득 채워서는 안되며, 원뿔형 몰드를 가만히 연직으로 들어 올린다.

02 콘크리트 배합에서 시방배합을 현장배합으로 고칠 경우 고려해야 할 사항이 아닌 것은?

① 골재의 표면수율
② 잔골재 중 5mm 체에 남는 양
③ 혼화제를 물에 희석한 양
④ 시멘트의 비중

[해설] 시방배합을 현장배합으로 고칠 경우 고려 사항
 • 골재의 함수 상태
 • 잔골재 중에서 5mm 남는 굵은 골재
 • 굵은 골재 중에서 5mm체를 통과하는 잔골재량
 • 혼화제를 희석시킨 희석수량

03 KS F 2563에서 제시한 고로슬래그 미분말의 품질규정치에 대한 다음 값 중 틀린 것은?

① 밀도 : $2.8g/cm^3$ 이상
② 삼산화황(SO_3) : 4% 이하
③ 산화마그네슘(MgO) : 3% 이하
④ 강열감량 : 3% 이하

[해설] 고로 슬래그 미분말의 품질(KS F 2563)

품질	1, 2, 3종 공통
밀도(g/cm^3)	2.80 이상
플로값 비(%)	95 이상
산화마그네슘(MgO)(%)	10.0 이하
삼산화황(SiO_3)(%)	4.0 이하
강열감량(%)	3.0 이하
염화물 이온(%)	0.02 이하

04 어느 레미콘 공장에서 사용 중인 상태의 잔골재 시료 1,080g을 채취하여 시험한 결과, 표면건조 포화상태의 질량은 1,030g, 절대건조상태의 질량은 1,000g이었다. 이 시료의 흡수율, 표면수율로 옳은 것은?

① 흡수율=8.0(%), 표면수율=4.9(%)
② 흡수율=8.0(%), 표면수율=5.3(%)
③ 흡수율=3.0(%), 표면수율=5.3(%)
④ 흡수율=3.0(%), 표면수율=4.9(%)

[해설]
• 흡수율 = $\dfrac{표면건조\ 노화상태 - 노건조\ 상태}{노건조\ 상태} \times 100$
 = $\dfrac{1,030 - 1,000}{1,000} \times 100 = 3.0\%$

• 표면수율 = $\dfrac{습윤상태 - 표면건조\ 포화상태}{표면건조\ 포화상태} \times 100$
 = $\dfrac{1,080 - 1,030}{1,030} \times 100 = 4.9\%$

정답 01 ③ 02 ④ 03 ③ 04 ④

05 화학 혼화제 중 AE감수제를 성능에 따라 분류할 때 그 종류에 속하지 않는 것은?

① 표준형 ② 지연형
③ 급결형 ④ 촉진형

해설 감수제 및 AE감수제의 품질

품질항목		표준형	지연형	촉진형
응결시간의 차(분)	초결	−60∼+90	+60∼+210	+30 이하
	종결	−60∼+90	+210 이하	0 이하

06 다음 중 일반 콘크리트용 잔골재로서 적합하지 않은 것은?

① 절대건조 밀도가 2.45g/cm³인 잔골재
② 흡수율이 1.2%인 골재
③ 염화율(NaCl 환산량) 함유량이 0.02%인 골재
④ 안정성시험 결과 손실질량이 8%인 골재

해설 콘크리트용 골재

품질 항목	잔골재	굵은 골재
절대건조밀도	2.5g/cm³ 이상	2.5g/cm³ 이상
흡수율	3.0% 이하	3.0% 이하
점토덩어리	1.0%	0.25%
안정성	10% 이하	12% 이하
마모율	−	40%
염화물	0.04% 이하	−

07 콘크리트용 재료 중 시멘트에 대한 설명으로 틀린 것은?

① 시멘트는 석회석질, 점토질, 규석질, 철질 등의 혼합물을 약 1,450℃까지 가열시켜 얻은 클링커에 석고를 가하여 분쇄한 것이다.
② 석고는 시멘트의 내염화 반응성능을 향상시키기 위해 첨가한다.
③ 포틀랜드시멘트 조성에는 보통 시멘트, 중용열 시멘트, 조강 시멘트, 저열 시멘트, 내황산염 시멘트 등이 존재한다.
④ 마그네슘, 나트륨, 칼슘 등은 시멘트의 필수성분은 아니지만 구성원소의 성분으로 불순물로 시멘트에 존재하게 되며, 이런 성분의 종류와 양에 따라 시멘트의 특성이 변화하게 된다.

해설 시멘트의 원료 중 석고는 시멘트의 응결 조절용으로 첨가된다.

08 실제 사용한 콘크리트의 40회 압축강도 시험으로부터 압축강도(MPa) 잔차의 제곱을 구하여 합한 값이 624이었다. 콘크리트의 배합강도를 결정하기 위한 압축강도의 표준편차를 구하면?

① 3.0MPa ② 3.5MPa
③ 4.0MPa ④ 4.5MPa

해설 $\sigma = \sqrt{\dfrac{S}{n-1}} = \sqrt{\dfrac{624}{40-1}} = 4.0\text{MPa}$

09 콘크리트 배합의 보정방법으로 잘못된 것은?

① 모래의 조립률이 클수록 잔골재율도 크게 한다.
② 공기량이 클수록 잔골재율도 크게 한다.
③ 물−결합재비가 클수록 잔골재율도 크게 한다.
④ 부순모래를 사용할 경우 잔골재율은 크게 한다.

해설 잔골재율 및 단위수량보정시 잔골재율(S/a)의 보정

구 분	잔골재율(S/a)
잔골재의 조립률이 0.1 만큼 클(작을) 때마다	0.5 만큼 크게(작게) 한다.
공기량이 1% 만큼 클(작을) 때마다	0.5∼1.0 만큼 작게(크게) 한다.
물−결합재비가 0.05 클(작을) 때마다	1 만큼 크게(작게) 한다.

∴ 공기량이 클수록 잔골재율은 작게 한다.

10 다음은 시멘트의 특성과 용도에 관하여 설명한 것이다. 틀린 것은?

① 중용열포틀랜드시멘트는 초기강도는 작지만 장기강도가 크고, 댐 등의 매스콘크리트에 사용되고 있다.
② 조강포틀랜드시멘트는 조기에 높은 강도를 얻을 수 있어 한중콘크리트 등에 사용되고 있다.
③ 고로슬래그시멘트는 장기재령에서 수밀성이 우수하여 하천공사 및 항만공사 등에 사용되고 있다.
④ 내황산염포틀랜드시멘트는 토양이나 공장폐수 등의 황산염에 대한 저항성을 높이기 위하여 C_3A의 함유량을 높이고 C_2S의 양을 줄여 만든 것이다.

해설 내황산염포틀랜드시멘트는 토양이나 공장폐수 등의 황산염에 대한 저항성을 높이기 위하여 C_3A의 함유량을 줄이고 C_4AF의 양을 증가시켜 만든 시멘트이다.

□□□ 산 10, 21

11 다음 중 시멘트 클링커 화합물의 조성광물로 틀린 것은?

① 규산석회(CaO·SiO₂)
② 규산 2석회(2CaO·SiO₂)
③ 알루민산 3석회(3CaO·Al₂O₃)
④ 알루민철산 4석회(4CaO·Al₂O₃·Fe₂O₃)

[해설] · 규산 3석회 : 3Ca·SiO₂(C_3S)
· 규산 2석회 : 2CaO·SiO₂(C_2S)
· 알루민산 3석회 : 3CaO·Al₂O₃(C_3A)
· 알루민철산 4석회 : 4CaO·Al₂O₃·Fe₂O₃(C_4AF)

□□□ 산 08, 12, 17, 21

12 굵은 골재의 밀도시험 결과가 아래 표와 같을 때 절대건조 상태의 밀도를 구하면?

- 대기 중 시료의 절대건조 상태의 질량 : 385g
- 대기 중 시료의 표면건조 포화상태의 질량 : 480g
- 물속에서의 시료의 질량 : 325g
- 시험온도에서 물의 밀도 : 1g/cm³

① 2.25g/cm³ ② 2.48g/cm³
③ 2.61g/cm³ ④ 2.75g/cm³

[해설] $D_d = \dfrac{A}{B-C} \times \rho_w$

$= \dfrac{385}{480-325} \times 1 = 2.48 \, g/cm^3$

□□□ 산 10, 15, 21

13 시멘트의 강도시험(KS L ISO 679)에서 규정하고 있는 시멘트 모르타르 압축강도 시험에 사용되는 공시체에 대한 설명으로 옳은 것은?

① 부피로 시멘트 1에 대해서 물/시멘트 비 0.5 및 잔골재 2.7의 비율로 모르타르를 성형한다.
② 부피로 시멘트 1에 대해서 물/시멘트 비 0.4 및 잔골재 3의 비율로 모르타르를 성형한다.
③ 질량으로 시멘트 1에 대해서 물/시멘트 비 0.4 및 잔골재 2.7의 비율로 모르타르를 성형한다.
④ 질량으로 시멘트 1에 대해서 물/시멘트 비 0.5 및 잔골재 3의 비율로 모르타르를 성형한다.

[해설] 공시체는 질량으로 시멘트 1에 대해서 물/시멘트 비 0.5 및 잔골재 3의 비율로 모르타르를 형성한다.

□□□ 산 16, 21

14 콘크리트용 혼화재로 플라이애시를 사용하려고 할 때 주의사항으로 틀린 것은?

① 플라이애시는 미연소 탄소분이 포함되어 있어서 소요공기량을 얻기 위한 AE제의 사용량이 증가된다.
② 플라이애시를 사용한 콘크리트는 운반 중에 AE제의 흡착에 의하여 공기량이 크게 증가되는 문제점이 있다.
③ 플라이애시는 품질변동이 크게 되기 쉬우므로 사용시 품질을 확인할 필요가 있다.
④ 플라이애시는 보존 중에 입자가 응집하여 고결하는 경우가 생기므로 저장에 유의해야 한다.

[해설] 플라이애시를 사용한 콘크리트는 운반 중에 AE제의 흡착에 의하여 공기량이 현저히 감소되므로 AE제의 사용량이 증가된다.

□□□ 산 14, 16, 21

15 아래 표는 공기량 5%의 AE콘크리트의 시방배합표를 나타낸 것이다. 콘크리트 배합의 잔골재율은? (단, 잔골재 표건밀도 : 2.57g/cm³, 굵은 골재 표건밀도 : 2.67g/cm³, 시멘트 밀도 : 3.16g/cm³)

단위량(kg/cm³)			
단위 수량	단위 시멘트량	단위 잔골재량	단위 굵은 골재량
180	383	766	951

① 45.6% ② 46.6%
③ 47.6% ④ 48.6%

[해설] 잔골재율(S/a) = $\dfrac{\text{단위잔골재 절대부피}}{\text{단위골재량의 절대부피}} \times 100$

· $S = \dfrac{\text{단위잔골재량}}{\text{밀도} \times 1,000} = \dfrac{766}{2.57 \times 1,000} = 0.298 \, m^3$

· $G = \dfrac{\text{단위굵은 골재량}}{\text{밀도} \times 1,000} = \dfrac{951}{2.67 \times 1,000} = 0.356 \, m^3$

∴ $S/a = \dfrac{S}{S+G} \times 100 = \dfrac{0.298}{0.298+0.356} \times 100 = 45.6\%$

□□□ 산 12, 16, 21

16 콘크리트용 골재에 대한 시험이 아닌 것은?

① 체가름시험 ② 공기량시험
③ 안정성시험 ④ 유기불순물시험

[해설] 공기량시험
굳지 않은 콘크리트 속에 포함된 공기량을 측정하는 시험이다.

정답 11 ① 12 ② 13 ④ 14 ② 15 ① 16 ②

☐☐☐ 산 09,15,18,21
17 콘크리트의 배합에 있어서 단위시멘트량에 관한 일반적인 설명으로 옳지 않은 것은?

① 단위시멘트량이 증가하면 슬럼프가 저하한다.
② 단위시멘트량이 증가하면 수화열이 증가한다.
③ 단위시멘트량이 증가하면 강도가 증가한다.
④ 단위시멘트량이 증가하면 공기량이 증가한다.

[해설] 단위 시멘트량이 증가하면 공기량이 감소하기 때문에 AE제의 사용량은 시멘트의 질량에 대한 비로써 나타낸다.

☐☐☐ 산 07,10,12,13,17,21
18 시방배합의 단위량과 현장골재의 입도가 다음과 같을 때, 현장배합의 단위 잔 골재량 및 단위 굵은 골재량은?

- 시방배합 : 잔 골재 900kg/m³, 굵은 골재 1,000kg/m³
- 현장골재 조건 : 잔 골재 중 5mm체에 남는 양 4%
  굵은 골재 중 5mm체를 통과하는 양 2%

① 잔 골재량=917kg/m³, 굵은 골재량=983kg/m³
② 잔 골재량=940kg/m³, 굵은 골재량=960kg/m³
③ 잔 골재량=883kg/m³, 굵은 골재량=1,017kg/m³
④ 잔 골재량=880kg/m³, 굵은 골재량=1,020kg/m³

[해설] 입도에 의한 조정
a : 잔 골재 중 5mm체에 남은 양 : 4%
b : 굵은 골재 중 5mm체를 통과한 양 : 2%

- 잔 골재량 $X = \dfrac{100S - b(S+G)}{100 - (a+b)}$
  $= \dfrac{100 \times 900 - 2(900+1,000)}{100 - (4+2)} = 917 \text{kg/m}^3$

- 굵은 골재 $Y = \dfrac{100G - a(S+G)}{100 - (a+b)}$
  $= \dfrac{100 \times 1,000 - 4(900+1,000)}{100 - (4+2)} = 983 \text{kg/m}^3$

☐☐☐ 산 04,08,15,21
19 시멘트의 응결시간시험 방법으로 옳은 것은?

① 오토클레이브 방법 ② 비비시험
③ 블레인시험 ④ 길모어 침에 의한 시험

[해설]
- 오토클레이브 방법 : 시멘트의 오토클레이브 팽창도 시험 방법
- 비비시험 : 콘크리트의 워커빌리티 측정 시험 방법
- 블레인 시험 : 비표면적 시험(Blaine방법)
- 길모어 침에 의한 시험 : 시멘트의 응결 시험 방법

☐☐☐ 산 17,21
20 표준체 45μm에 의한 시멘트 분말도 시험의 결과가 아래의 표와 같을 때 분말도는?

- 표준체 보정계수(C) : −16%
- 표준체 45μm에 걸린 시료 잔사(R_s): 0.085%

① 91.83% ② 85.83%
③ 78.95% ④ 92.86%

[해설] 분말도 $F = 100 - R_c$
$R_c = R_s \times (100 + C) = 0.085 \times (100 - 16) = 7.14\%$
∴ $F = 100 - R_c = 100 - 7.14 = 92.86\%$

제2과목 : 콘크리트 제조, 시험 및 품질 관리

☐☐☐ 산 09,15,17,19,21
21 레디믹스트 콘크리트의 품질 중 슬럼프 플로의 허용오차로서 옳게 설명한 것은?

① 슬럼프 플로 500mm인 경우 허용오차는 ±50mm이다.
② 슬럼프 플로 600mm인 경우 허용오차는 ±100mm이다.
③ 슬럼프 플로 700mm인 경우 허용오차는 ±125mm이다.
④ 슬럼프 플로 800mm인 경우 허용오차는 ±150mm이다.

[해설] 슬럼프의 허용오차

슬럼프 플로	슬럼프 플로의 허용차
500mm	±75mm
600mm	±100mm
700mm	±100mm

☐☐☐ 산 05,10,11,13,14,17,19,21
22 관입 저항침의 의한 콘크리트의 응결시험에 대한 아래 표의 ( )에 들어갈 수치로 옳은 것은?

관입저항이 (㉠)MPa가 되기까지의 경과시간을 초결시간, (㉡)MPa가 되기까지의 시간을 종결시간으로 한다.

① ㉠ 3.0, ㉡ 28.0 ② ㉠ 3.5, ㉡ 28.0
③ ㉠ 3.0, ㉡ 28.5 ④ ㉠ 3.5, ㉡ 28.5

[해설] 각 그래프에서 관입저항값이 3.5MPa가 될 때까지의 시간을 초결시간, 관입저항값이 28MPa가 될 때 소요시간을 종결이라 한다.

□□□ 산 08,12,14,18,21

23 콘크리트 받아들이기 품질검사 항목에 속하지 않는 것은?

① 비비기 시간
② 굳지 않은 콘크리트의 상태
③ 펌퍼빌리티
④ 염화물 함유량

해설 콘크리트의 받아들이기 품질 조사

항 목		시기 및 횟수
굳지 않은 콘크리트의 상태		콘크리트 타설 개시 및 타설 중 수시로 함
슬럼프		최초 1회 시험을 실시하고, 이후 압축강도 시험용 공시체 채취 시 및 타설 중에 품질 변화가 인정될 때 실시
슬럼프 플로		
공기량		
온도		
단위용적질량		필요한 경우 별도로 정함
염화물 함유량		바닷모래를 사용한 경우 2회/일, 그 밖에 염화물 함유량 검사가 필요한 경우 별도로 정함
배합	단위수량[1]	1회/일, 120m³마다 또는 배합이 변경될 때마다
	단위 결합재량	전 배치
	물-결합재비	필요한 경우 별도로 정함
	기타, 콘크리트 재료의 단위량	전 배치
펌퍼빌리티		펌프 압송 시

주1) 각 현장마다 구비된 측정기기와 시험인원 등을 고려하여 한국콘크리트학회 제규격(KCI-RM101)에 규정된 시험방법 중 한가지 시험방법을 정하여 시행한다.

□□□ 산 08,12,15,21

24 플랜트에 고정믹서가 설치되어 있어 각 재료를 계량하고 혼합하여 완전히 비벼진 콘크리트를 트럭 믹서 또는 트럭 애지테이터에 투입하여 운반 중에 교반하면서 지정된 공사 현장까지 배달, 공급하는 레디믹스트 콘크리트는?

① 쉬링트 믹스트 콘크리트
② 트랜싯 믹스트 콘크리트
③ 센트럴 믹스트 콘크리트
④ 프리 믹스트 콘크리트

해설 • 쉬링크 믹스트 콘크리트 : 공장에 있는 고정 믹서에서 어느 정도 콘크리트를 비빈 다음 트럭 믹서에 싣고 비비면서 현장에 운반하는 방법이다.
• 트랜싯 믹스트 콘크리트 : 콘크리트 플랜트에서 재료를 계량하여 트럭 믹서에 싣고, 운반 중에 물을 넣어 비비는 방법이다.
• 센트럴 믹스트 콘크리트 : 공장에 있는 고정 믹서에서 완전히 비빈 콘크리트를 애지테이터 트럭 또는 트럭 믹서로 운반하는 방법이다.

□□□ 산 21

25 KCS 14 20 10 에 따른 콘크리트용 재료의 계량 허용오차가 틀린 것은?

① 물 : -2%, +1%
② 골재 : ±2%
③ 시멘트 : -1%, +2%
④ 혼화제 : ±3%

해설 KCS 14 20 10 1회 계량분에 대한 계량오차

재료의 종류	측정단위	허용오차
시멘트	질량	-1%, +2%
골재	질량	±3%
물	질량 또는 부피	-2%, +1%
혼화재	질량	±2%
혼화제	질량 또는 부피	±3%

□□□ 산 09,11,12,13,14,15,18,21

26 $\phi 150mm \times 300mm$인 콘크리트 공시체로 압축강도 시험을 실시한 결과 400kN의 하중에서 파괴되었다. 이 공시체의 압축강도는?

① 18.4MPa
② 20.8MPa
③ 22.6MPa
④ 24.2MPa

해설 $f_c = \dfrac{P}{A} = \dfrac{400 \times 10^3}{\dfrac{\pi \times 150^2}{4}} = 22.6 \text{N/mm}^2 = 22.6 \text{MPa}$

□□□ 산 09,10,16,17,18,20,21

27 콘크리트 강도 시험용 원주공시체($\phi 150mm \times 300mm$)를 할렬에 의한 간접인장강도 시험을 실시한 결과 160kN에서 파괴되었다. 콘크리트 인장강도로 옳은 것은?

① 1.54MPa
② 2.26MPa
③ 2.96MPa
④ 4.57MPa

해설 $f_{sp} = \dfrac{2P}{\pi dl}$

$= \dfrac{2 \times 160 \times 10^3}{\pi \times 150 \times 300} = 2.26 \text{N/mm}^2 = 2.26 \text{MPa}$

□□□ 산 11,16,21

28 콘크리트의 정탄성계수는 콘크리트의 어떤 특성에서 얻어지는가?

① 포아송비
② 크리프
③ S-N 곡선(반복하중 횟수-응력 곡선)
④ 응력-변형률 곡선

해설 정적하중에 의하여 얻어진 응력-변형률 곡선에서 구한 탄성계수를 정탄성계수라 하며, 동탄성계수와 구별한다.

정답 23 ① 24 ③ 25 ② 26 ③ 27 ② 28 ④

29 콘크리트의 탄산화에 대한 설명으로 틀린 것은?

① 페놀프탈레인 용액을 분무하면 콘크리트 자체의 pH를 정확히 알 수 있다.
② 콘크리트의 탄산화를 촉진시키는 인자 중에 대기중의 이산화탄소가 있다.
③ 탄산화 시험은 페놀프탈레인 용액을 분무하여 실시하는 것이 가장 일반적이다.
④ 탄산화의 진행은 콘크리트 중의 철근 부식현상을 가속화 시키는 원인이 된다.

해설
- 탄산화의 판정은 페놀프탈레인 1%의 알코올용액을 콘크리트의 단면에 뿌려 조사하는 방법으로 탄산화되지 않은 부분은 붉은 보라색으로 착색되고 탄산화 부분은 착색되지 않는다.
- 수화반응에서 생성되는 수산화칼슘(pH 12~13 정도)이 대기에 있는 탄산가스와 접촉하여 탄산칼슘으로 변화한 부분의 pH가 8.5~10 정도로 낮아지는 현상을 탄산화라고 한다.

30 콘크리트의 탄성계수가 2.5×10^4 MPa 이고 포아송비가 0.2일 때 전단탄성계수는?

① 1.04×10^4 MPa
② 5.05×10^4 MPa
③ 7.27×10^4 MPa
④ 12.43×10^4 MPa

해설 $E = 2G(1+\nu)$ 에서
∴ $G = \dfrac{E}{2(1+\nu)} = \dfrac{2.5 \times 10^4}{2(1+0.2)} = 1.04 \times 10^4$ MPa

31 굳지 않은 콘크리트의 슬럼프시험(KS F 2402)에 관한 설명 중 옳지 않은 것은?

① 슬럼프시험에는 밑면 안지름 200mm, 윗면 안지름 100mm, 높이 300mm인 슬럼프콘을 사용한다.
② 슬럼프콘 속에 콘크리트를 거의 같은 양으로 3회 나누어 채우고 다짐봉으로 각각 25회씩 균일하게 다진 다음 슬럼프콘을 조용히 수직으로 들어올린다.
③ 슬럼프시험에 사용하는 다짐봉의 형상과 크기는 제한이 없다.
④ 굵은 골재의 최대 치수는 40mm를 넘는 콘크리트의 경우에는 40mm를 넘는 굵은 골재를 제거한다.

해설 다짐봉은 지름 16mm, 500~600mm의 강 또는 금속제 원형봉으로 그 앞 끝을 반구 모양으로 한다.

32 일반 콘크리트에서 압축강도에 의한 콘크리트의 품질검사를 실시할 경우 판정기준에 대한 아래표의 내용에서 ①의 ( )안에 들어갈 내용으로 적합한 것은? (단, $f_{cn} \leq 35$MPa인 경우이다.)

종류	항목	판정기준
호칭 강도로부터 배합을 정한 경우	압축강도 (일반적인 경우 재령 28일)	① ( ) ② 1회의 시험값이(호칭 강도 −3.5MPa) 이상

① 1회의 시험값이 호칭 강도 이상
② 연속 3회 시험값의 평균이 호칭 강도 이상
③ 1회의 시험값이 호칭 강도의 85% 이상
④ 연속 3회 시험값의 평균이 호칭 강도의 85% 이상

해설 판정기준

$f_{cn} \leq 35$MPa	$f_{cn} > 35$MPa
① 연속 3회 시험값의 평균이 호칭 강도 이상	① 연속 3회 시험값의 평균이 호칭 강도 이상
② 1회의 시험값이(호칭 강도 −3.5MPa) 이상	② 1회 시험값이 호칭 강도의 90% 이상

33 블리딩에 영향을 미치는 인자에 관한 설명 중 옳지 않은 것은?

① 시멘트의 분말도가 클수록 블리딩은 작아진다.
② 시멘트의 응결시간이 짧을 수 록 블리딩은 감소한다.
③ 잔골재의 조립률이 크고 잔골재율이 크면 블리딩이 증가한다.
④ 과도한 진동다짐을 하거나 치기속도가 빠르면 블리딩이 증가한다.

해설 잔골재의 입도(F.M)가 작을수록 표면적이 크게 되기 때문에 블리딩은 적게 되겠지만 잔골재의 입경이 작게 될 수 록 잔골재율을 작게 할 수 있기 때문에 반드시 블리딩이 작게 되는 것은 아니다.

34 보통중량골재를 사용한 콘크리트($m_c = 2{,}300$ kg/m³)로 설계기준 압축강도(f_{ck})가 30MPa일 때 콘크리트의 탄성계수는 약 얼마인가?

① 27,536MPa
② 26,722MPa
③ 24,356MPa
④ 23,982MPa

해설 $E_c = 8{,}500 \sqrt[3]{f_{cu}}$
$f_{cu} = f_{ck} + \Delta f$ (Δf는 f_{ck}가 40MPa 이하이면 4MPa)
$= 30 + 4 = 34$ MPa
∴ $E_c = 8{,}500 \sqrt[3]{34} = 27{,}536$ MPa

□□□ 산 13,16,21

35 압력법에 의한 굳지 않은 콘크리트의 공기량 시험에서 골재 수정계수의 측정을 위해 사용하는 굵은 골재의 질량(m_c)을 구하는 식은? (단, 사용하는 기호에 대한 정의는 아래의 표와 같다.)

기호	내용
m_f	용적 V_C의 콘크리트 시료 중 잔골재 질량(kg)
m_c	용적 V_C의 콘크리트 시료 중 굵은 골재 질량(kg)
V_B	1배치의 콘크리트의 완성 용적(L)
V_C	콘크리트 시료의 용적(용기의 용적과 같다.)(L)
m_f'	1배치에 사용하는 잔골재의 질량(kg)
m_c'	1배치에 사용하는 굵은 골재의 질량(kg)

① $m_c = \dfrac{V_B}{V_C} \times m_c'$ ② $m_c = \dfrac{V_C}{V_B} \times m_c'$

③ $m_c = \dfrac{V_C}{V_B} \times m_f'$ ④ $m_c = \dfrac{V_B}{V_C} \times m_f'$

해설 · 용적 V_C의 콘크리트 시료 중 굵은 골재 질량
$m_c = \dfrac{V_C}{V_B} \times m_c'$
· 용적 V_C의 콘크리트 시료 중 잔 골재 질량
$m_f = \dfrac{V_C}{V_B} \times m_f'$

□□□ 산 12,14,17,21

36 어떤 콘크리트시료의 압축강도 시험결과 평균값이 24MPa이고, 표준편차가 4.8MPa이었다면 변동계수는?

① 14% ② 17%
③ 20% ④ 24%

해설 변동계수 $C_V = \dfrac{\sigma}{\overline{x}} \times 100 = \dfrac{4.8}{24} \times 100 = 20\%$

□□□ 산 12,16,21

37 침하균열의 방지대책으로 옳지 않은 것은?

① 균열을 조기에 발견하고, 각재 등으로 두드리거나 흙손으로 눌러서 균열을 폐색시킨다.
② 단위수량을 될 수 있는 한 많게 하고, 슬럼프가 작은 콘크리트를 잘 다짐해서 시공한다.
③ 침하 종료 이전에 급격하게 굳어져 점착력을 잃지 않는 시멘트, 혼화제를 선정한다.
④ 타설속도를 늦게 하고 1회 타설높이를 낮게 한다.

해설 단위수량을 되도록 적게 하고 슬럼프가 작은 콘크리트를 잘 다짐해서 시공한다.

□□□ 산 18,21

38 콘크리트의 블리딩 시험에 대한 설명으로 틀린 것은?

① 시험 중에는 실온 20±3℃로 한다.
② 콘크리트를 채워 넣을 때 콘크리트의 표면이 용기의 가장자리에서 2cm 정도 높아지도록 고른다.
③ 기록한 처음 시각에서 60분 동안은 10분마다 콘크리트 표면에 스며 나온 물을 빨아낸다.
④ 물을 쉽게 빨아내기 위하여 2분 전에 두께 약 5cm의 블록을 용기의 한쪽 밑에 주의 깊게 괴어 용기를 기울이고, 물을 빨아낸 후 수평 위치로 되돌린다.

해설 물을 빨아내는 것을 쉽게 하기 위하여 2분 전에 두께 약 5cm의 블록을 용기의 한 쪽 밑에 주의 깊게 괴어 용기를 기울이고, 물을 빨아낸 후 수평위치로 되돌린다.

□□□ 산 17,21

39 레디믹스트 콘크리트의 품질에 대한 설명 중 옳지 않은 것은? (단, KS F 4009에 따른다.)

① 1회의 강도시험결과는 구입자가 지정한 호칭강도의 85% 이상이어야 한다.
② 보통 콘크리트의 공기량은 4.5%이며, 경량콘크리트의 공기량은 5.5%로 하되, 그 허용오차는 ±1.5%로 한다.
③ 콘크리트의 슬럼프가 80mm 이상인 경우 슬럼프 허용오차는 ±25mm이다.
④ 염화물함유량의 한도는 배출지점에서 염화물 이온량으로 3kg/m³ 이하로 하여야 한다.

해설 염화물함유량의 한도는 배출지점에서 염화물 이온량으로 $0.3kg/m^3$ 이하로 하여야 한다.

□□□ 산 10,14,16,21

40 콘크리트 비비기에 대한 설명으로 틀린 것은?

① 비비기 시간에 대한 시험을 실시하지 않은 경우 그 최소시간은 강제식 믹서일 경우 1분 30초 이상을 표준으로 한다.
② 비비기는 미리 정해 둔 비비기 시간의 3배 이상 계속하지 않아야 한다.
③ 비비기를 시작하기 전에 미리 믹서 내부를 모르타르로 부착시켜야 한다.
④ 연속믹서를 사용할 경우, 비비기 시작 후 최초에 배출되는 콘크리트는 사용하지 않아야 한다.

해설 · 강제식 믹서의 최소 비비기 시간은 1분 이상을 표준으로 한다.
· 가경식 믹서의 최소 비비기 시간은 1분 30초 이상으로 하여야 한다.

제3과목 : 콘크리트의 시공

41 시공이음에 대한 설명으로 틀린 것은?

① 바닥틀과 일체로 된 기둥 또는 벽의 시공이음은 바닥틀과의 경계 부근에 설치하는 것이 좋다.
② 시공이음은 될 수 있는 대로 전단력이 적은 위치에 설치한다.
③ 시공이음은 부재의 압축력이 작용하는 방향과 수평이 되게 설치한다.
④ 수평시공이음부가 될 콘크리트 면은 경화가 시작되면 되도록 빨리 쇠솔이나 잔골재 분사 등으로 면을 거칠게 하며 충분히 습윤상태로 양생하여야 한다.

해설 시공이음은 부재의 압축력이 작용하는 방향과 직각이 되도록 하는 것이 원칙이다.

42 재령 24시간에서 숏크리트의 초기 압축강도 표준값은?

① 2～5MPa
② 5～10MPa
③ 10～15MPa
④ 15～20MPa

해설 숏크리트의 초기강도 표준값

재 령	숏크리트의 초기강도(MPa)
24시간	5.0～10.0
3시간	1.0～3.0

43 고강도 콘크리트의 정의에 대한 설명으로 옳은 것은?

① 설계기준압축강도가 보통(중량) 콘크리트에서 45MPa 이상, 경량골재 콘크리트에서 35MPa 이상인 경우의 콘크리트
② 설계기준압축강도가 보통(중량) 콘크리트에서 45MPa 이상, 경량골재 콘크리트에서 27MPa 이상인 경우의 콘크리트
③ 설계기준압축강도가 보통(중량) 콘크리트에서 40MPa 이상, 경량골재 콘크리트에서 35MPa 이상인 경우의 콘크리트
④ 설계기준압축강도가 보통(중량) 콘크리트에서 40MPa 이상, 경량골재 콘크리트에서 27MPa 이상인 경우의 콘크리트

해설 고강도 콘크리트 : 설계기준압축강도가 보통(중량) 콘크리트에서 40MPa 이상, 경량골재 콘크리트에서 27MPa 이상인 경우의 콘크리트

44 시중 콘크리트의 타설에 대한 설명으로 틀린 것은?

① 콘크리트를 타설하기 전에는 지반, 거푸집 등 콘크리트로부터 물을 흡수할 우려가 있는 부분을 습윤 상태로 유지하여야 한다.
② 지연형 감수제를 사용하는 등의 일반적인 대책을 강구한 경우라도 2.5시간 이내에 타설하여야 한다.
③ 콘크리트를 타설할 때의 콘크리트는 온도는 35℃ 이하이어야 한다.
④ 콘크리트 타설은 콜드조인트가 생기지 않도록 적절한 계획에 따라 실시하여야 한다.

해설 콘크리트는 비빈 후 빨리 타설하여야 하지만 지연형 감수제를 사용한 경우에는 1.5시간 이내 타설이 가능하다.

45 댐 콘크리트와 관련된 용어로서 아래의 표에서 설명하는 것은?

롤러다짐 콘크리트를 시공할 때 타설이음면을 고압살수 청소, 진공흡입청소 등을 실시하는 것

① 그린 컷(green cut)
② 팝아웃(pop-out)
③ 스케일링(scaling)
④ 콜드 조인트(cold joint)

해설
· 그린 컷(green cut) : 롤러 다짐 콘크리트의 시공할 때 타설이음면을 고압 살수 청소, 진공 흡입 청소 등을 실시하는 것
· 콜드 조인트(cold joint) : 계속해서 콘크리트를 칠 때, 예기치 않은 상황으로 인하여 먼저 친 콘크리트와 나중에 친 콘크리트 사이에 완전히 일체가 되지 않은 이음

46 아래의 표에서 설명하는 콘크리트의 이음은?

콘크리트 구조물의 경우는 수화열이나 외기온도 등에 의해 온도 변화, 건조수축, 외력 등 변형을 생기게 하는 요인이 많다. 이와 같은 변형이 구속되면 균열이 발생한다. 그래서 미리 어느 정해진 장소에 균열을 집중시킬 목적으로 소정의 간격으로 단면 결손부를 설치하여 균열을 강제적으로 생기게 하는 이음을 설치하는 것이 좋다.

① 균열유발이음
② 수평시공이음
③ 연직시공이음
④ 신축이음

해설 균열유발이음 : 콘크리트의 수화열이나 외기온도 등에 의하여 온도변화, 건조수축, 외력 등의 변형에 의해 균열을 정해진 장소에 집중시킬 목적으로 소정의 간격으로 설치하는 것

정답 41 ③ 42 ② 43 ④ 44 ② 45 ① 46 ①

□□□ 산14,21

47 콘크리트 습윤양생 기간의 표준에 대한 설명으로 옳은 것은?

① 보통 포틀랜드 시멘트를 사용한 콘크리트로서 일평균 기온이 15℃ 이상인 경우 3일을 표준으로 한다.
② 보통 포틀랜드 시멘트를 사용한 콘크리트로서 일평균 기온이 5℃ 이상 10℃ 미만인 경우 7일 표준으로 한다.
③ 조강 포틀랜드 시멘트를 사용한 콘크리트로서 일평균 기온이 5℃ 이상 10℃ 미만인 경우 5일 표준으로 한다.
④ 고로 슬래그 시멘트를 사용한 콘크리트로서 일평균 기온이 15℃ 이상인 경우 5일을 표준으로 한다.

해설 습윤양생기간의 표준

일평균 기온	보통 포틀랜드 시멘트	고로 슬래그 시멘트(2종) 플라이 애시 시멘트(2종)	조강 포틀랜드 시멘트
15℃ 이상	5일	7일	3일
10℃ 이상	7일	9일	4일
5℃ 이상	9일	12일	5일

□□□ 산14,17,18,21

48 콘크리트 다지기에서 내부진동기 사용방법의 표준을 설명한 것으로 틀린 것은?

① 진동다지기를 할 때에는 내부진동기를 하층의 콘크리트 속으로 0.1m 정도 찔러 넣는다.
② 진동기의 삽입간격은 일반적으로 2m 이하로 하는 것이 좋다.
③ 1개소당 진동시간은 다짐할 때 시멘트 페이스트가 표면 상부로 약간 부상하기까지 한다.
④ 내부진동기는 콘크리트로부터 천천히 빼내어 구멍이 남지 않도록 한다.

해설 진동기의 삽입간격은 일반적으로 0.5m 이하로 하는 것이 좋다.

□□□ 산15,21

49 아래의 표에서 설명하는 콘크리트는?

> 굳지 않은 상태에서 재료 분리 없이 높은 유동성을 가지면서 다짐작업 없이 자기 충전성이 가능한 콘크리트

① 프리플레이스트 콘크리트 ② 유동화 콘크리트
③ 고유동 콘크리트 ④ 베이스 콘크리트

해설 고유동 콘크리트(high fluidity concrete)의 정의이다.

□□□ 산12,15,21

50 팽창콘크리트에 대한 설명으로 틀린 것은?

① 팽창콘크리트의 강도는 일반적으로 재령 28일의 압축강도를 기준으로 한다.
② 포대 팽창재는 지상 0.3m 이상의 마루 위에 쌓아 운반이나 검사에 편리하도록 배치하여 저장하여야 한다.
③ 포대 팽창재는 12포대 이하로 쌓아야 한다.
④ 콘크리트의 팽창률은 일반적으로 재령 28일에 대한 시험치를 기준으로 한다.

해설 콘크리트의 팽창률은 일반적으로 재량 7일에 대한 시험값을 기준으로 한다.

□□□ 산14,16,17,19,21

51 방사선 차폐용 콘크리트에 대한 일반적인 설명으로 틀린 것은?

① 콘크리트의 슬럼프는 작업에 알맞은 범위내에서 가능한 한 작은 값이어야 하며, 일반적인 경우 40mm 이하로 하여야 한다.
② 물-결합재비는 50% 이하를 원칙으로 한다.
③ 주로 생물체의 방호를 위하여 X선, γ선 및 중성자선을 차폐할 목적으로 사용된다.
④ 차폐용 콘크리트로서 필요한 성능인 밀도, 압축강도, 설계허용온도, 결합수량, 붕소량 등을 확보하여야 한다.

해설 콘크리트의 슬럼프는 작업에 알맞은 범위 내에서 가능한 한 작은 값이어야 하며, 일반적인 경우 150mm 이하로 하여야 한다.

□□□ 기11,21

52 한중 콘크리트에 대한 설명으로 틀린 것은?

① 한중 콘크리트 타설 시 온도는 구조물의 단면 치수, 기상조건 등을 고려하여 5~20℃의 범위에서 정한다.
② 기상 조건이 가혹한 경우나 부재 두께가 얇을 경우의 타설시 콘크리트의 최저 온도는 10℃ 정도를 확보해야 한다.
③ 하루의 평균 기온이 4℃ 이하가 예상되는 조건일 때는 한중 콘크리트로 시공하여야 한다.
④ 한중 콘크리트의 초기 양생 시 소요의 압축 강도가 얻어질 때까지 콘크리트의 온도를 0℃ 이상으로 유지하여야 한다.

해설 • 한중 콘크리트의 초기 양생 시 소요의 압축 강도가 얻어질 때까지 콘크리트의 온도를 5℃ 이상으로 유지하여야 한다.
• 소요 압축 강도에 도달한 후 2일간은 구조물의 어느 부분이라도 0℃ 이상이 되도록 유지하여야 한다.

정답 47 ③ 48 ② 49 ③ 50 ④ 51 ① 52 ④

53 콘크리트 공장 제품의 특징으로 옳지 않은 것은?

① 제품이 다양하고 동일규격의 제품이 사용 가능하다.
② 현장에 있어서 양생이 필요하지 않아 공사기간이 단축된다.
③ 충분한 품질관리로 신뢰성이 높은 제품의 생산이 가능하다.
④ 제품의 제조는 날씨에 좌우되지 않지만 동해를 방지하기 위해 한랭지에는 시공이 불가능하다.

해설 품질이나 작업환경이 제작시 기후 상황에 영향을 받는 일이 적다.

54 물이 침투하지 못하도록 밀실하게 만든 콘크리트를 수밀콘크리트라고 한다. 수밀콘크리트의 배합설계 시 고려해야 할 내용과 관계가 먼 것은?

① 단위 굵은 골재량은 되도록 적게 한다.
② 단위수량 및 물-결합재비는 되도록 적게 한다.
③ 콘크리트의 워커빌리티를 개선시키기 위해 공기연행제 등을 사용하는 경우라도 공기량은 4% 이하가 되게 한다.
④ 물-결합재비는 50% 이하를 표준으로 한다.

해설 단위수량 및 물-시멘트비는 되도록 적게 하고, 단위 굵은 골재량을 되도록 크게 한다.

55 해양콘크리트에 대한 설명 중 적절하지 못한 것은?

① 철근 피복두께는 일반 콘크리트보다 크게 한다.
② 내구성을 고려하여 정한 최대 물-결합재비는 일반 콘크리트보다 작게 하는 것이 바람직하다.
③ 보통 포틀랜드 시멘트를 사용한 콘크리트는 적어도 재령 5일이 될 때까지 해수에 직접 접촉되지 않도록 한다.
④ 해수의 작용에 대하여 내구성이 높은 고로슬래그시멘트를 사용하면 초기양생기간을 단축시킬 수 있다.

해설 해수의 작용에 대하여 내구성이 높은 고로 슬래그 시멘트를 사용하면 초기 강도가 작은 결점이 있어 초기의 습윤양생에 주의하여야 한다.

56 다음 중 촉진 양생의 종류가 아닌 것은?

① 증기양생 ② 습윤양생
③ 오토클레이브 양생 ④ 온수양생

해설 콘크리트의 경화를 촉진하기 위해 실시하는 양생방법으로는 증기양생, 오토클레이브 양생, 온수 양생, 전기양생, 적외선 양생, 고주파 양생 등이 있지만 일반적으로 증기양생이 널리 사용되고 있다.

57 매스 콘크리트 부재는 경화 과정에서 발생하는 수화열이 균열을 발생시키기도 한다. 수화열에 의한 균열 발생을 최소화하기 위한 다음의 대책 방안 중 잘못 기술한 것은?

① 시멘트 사용량을 최소화하거나 저열 시멘트를 사용한다.
② 플라이 애시와 같은 혼화 재료를 사용하여 수화열을 저감시킨다.
③ 콘크리트 내부 온도 상승을 완만하게 하고, 또 최고 온도에 도달한 후에는 급냉시켜 외기 온도와 같게 한다.
④ 매스 콘크리트 타설 후의 온도 제어 대책으로서 파이프 쿨링을 실시한다.

해설 콘크리트 내부 온도 상승을 억제하고, 또 최고 온도에 도달한 후에는 급격한 온도 변화가 일어나지 않도록 하여야 한다.

58 비비기 시간에 대한 사전 실험을 실시하지 않은 경우 강제식 믹서를 사용 할 때의 비비기 시간은 믹서안에 재료를 투입한 후 몇 초 이상을 표준으로 하는가?

① 30초 ② 60초
③ 90초 ④ 120초

해설 비비기 시간에 대한 시험을 실시하지 않은 경우, 그 최소시간은 가경식 믹서일 때에는 1분 30초 이상, 강제식 믹서일 때에는 1분 이상을 표준으로 해도 좋다.

59 숏크리트 작업에 대한 설명으로 틀린 것은?

① 노즐은 뿜어 붙일 면에 직각이 되도록 뿜어 붙이는 것이 좋다.
② 숏크리트는 급결제를 첨가한 후 바로 뿜어 붙이기 작업을 하지 않는 것이 좋다.
③ 소정의 두께가 될 때까지 반복해서 뿜어 붙여야 한다.
④ 강재 지보재를 설치한 곳에 숏크리트를 실시할 경우에는 숏크리트와 강재 지보재가 일체가 되도록 하여야 한다.

해설 숏크리트는 빠르게 운반하고, 급결제를 첨가한 후에는 바로 뿜어 붙이기 작업을 실시하여야 한다.

60 온도균열지수에 대한 설명으로 틀린 것은?

① 온도균열지수는 재령에 상관없이 일정한 값을 가진다.
② 온도균열지수가 클수록 균열이 생기기 어렵다.
③ 온도균열지수는 콘크리트 인장강도와 온도응력의 비이다.
④ 온도균열지수는 사용 시멘트량의 영향을 받는다.

해설 온도균열지수는 재령에 따라 변화하므로 재령을 변화시키면서 가장 작은 값을 구하여야 한다.

정답 53 ④ 54 ① 55 ④ 56 ② 57 ③ 58 ② 59 ② 60 ①

제4과목 : 콘크리트 구조 및 유지관리

61 표피철근(skin reinforcement)에 대한 설명으로 옳은 것은?

① 상하 기둥 연결부에서 단면치수가 변하는 경우에 구부린 주철근이다.
② 비틀림모멘트가 크게 일어나는 부재에서 이에 저항하도록 배치되는 철근이다.
③ 건조수축 또는 온도변화에 의하여 콘크리트에 발생하는 균열을 방지하기 위한 목적으로 배치되는 철근이다.
④ 주철근이 단면의 일부에 집중 배치된 경우일 때 부재의 측면에 발생 가능한 균열을 제어하기 위한 목적으로 주철근 위치에서부터 중립축까지의 표면 근처에 배치하는 철근이다.

[해설] 표피철근(skin reinforcement)
· 전체깊이가 900mm를 초과하는 휨부재 복부의 양 측면에 부재 축방향으로 배치하는 철근
· 주철근이 단면의 일부에 집중 배치된 경우일 때 부재의 측면에 발생 가능한 균열을 제어하기 위한 목적으로 주철근 위치에서부터 중립축까지의 표면 근처에 배치하는 철근

62 강도설계법으로 설계시 기본가정에 어긋나는 것은?

① 철근과 콘크리트의 변형률은 중립축에서의 거리에 비례한다.
② 휨모멘트 또는 휨모멘트와 축력을 동시에 받는 부재의 콘크리트 압축연단의 극한변형률은 콘크리트의 설계기준압축강도가 40MPa 이하인 경우에는 0.0033으로 가정한다.
③ 철근변형률이 항복변형률(ε_y) 이상일 때 철근의 응력은 변형률에 관계없이 f_y와 같다고 가정한다.
④ 휨응력 계산에서 콘크리트의 인장강도는 압축강도의 1/10로 계산한다.

[해설] 휨응력 계산에서 콘크리트의 인장강도는 무시한다.

63 콘크리트의 강도를 평가할 수 있는 시험 방법으로 거리가 먼 것은?

① 코아테스트   ② 반발경도법
③ 투수성시험   ④ 부착강도시험

[해설] 원위치에 있어서 토층의 투수계수를 구하는 현장 투수시험과 시험실에서 투구계수를 구하는 투수 시험이 있다.

64 직접설계법을 사용하여 슬래브를 설계할 때 M_o = 400kN·m인 전체 정적계수 휨모멘트에 대하여 내부 경간에서의 정계수 휨모멘트는 얼마인가?

① 260kN·m   ② 220kN·m
③ 180kN·m   ④ 140kN·m

[해설] $400 \times 0.35 = 140$ N·m
· 전체 정적계수휨모멘트 분배비율
  · 부계수 휨모멘트 : 0.65
  · 계수휨모멘트 : 0.35
· 정계수 모멘트 = 전체 정적계수 휨모멘트 × 정계수 휨모멘트 분배율

65 강도설계법에 의한 콘크리트구조 설계에서 변형률 및 지배단면에 대한 설명으로 틀린 것은?

① 인장철근의 설계기준항복강도 f_y에 대응하는 변형률에 도달하고 동시에 압축 콘크리트가 가정된 극한변형률에 도달할 때, 그 단면이 균형변형률 상태에 있다고 본다.
② 압축연단 콘크리트가 가정된 극한변형률에 도달할 때 최외단 인장철근의 순인장변형률 ε_t가 0.0025의 인장지배변형률 한계 이상인 단면을 인장지배단면이라고 한다.
③ 압축연단 콘크리트가 가정된 극한변형률에 도달할 때 최외단 인장철근의 순인장변형률 ε_t가 압축지배변형률 한계 이하인 단면을 압축지배단면이라고 한다.
④ 순인장변형률 ε_t가 압축지배변형률 한계와 인장지배변형률 한계 사이인 단면은 변화구간 단면이라고 한다.

[해설] 압축연단 콘크리트가 가정된 극한변형률에 도달할 때 최외단 인장철근의 순인장변형률에 도달할 때 최외단 인장철근의 순인장변형률 ε_t가 0.005의 인장지배변형률 한계 이상인 단면을 인장지배단면이라고 한다.

66 그림과 같은 콘크리트 보의 균열원인으로서 가장 관계가 깊은 것은?

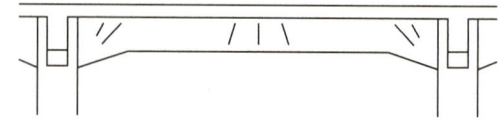

① 과하중   ② 수성균열
③ 콘크리트 충전불량   ④ 부등침하

[해설] 콘크리트 보의 균열은 과하중에 의해 균열이 발생한다.

정답 61 ④ 62 ④ 63 ③ 64 ④ 65 ② 66 ①

67 아래 그림과 같은 단면을 가지는 단순보에서 지속하중에 의해 생긴 순간처짐이 25mm이었다. 5년이 경과한 후의 총 처짐량은?

① 58.3mm
② 51.2mm
③ 47.8mm
④ 42.4mm

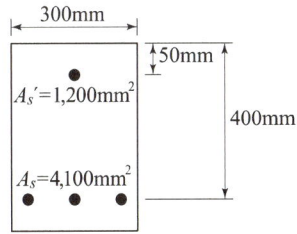

해설 압축철근비 $\rho' = \dfrac{A_s'}{bd} = \dfrac{1,200}{300 \times 400} = 0.01$

$\lambda = \dfrac{\xi}{1+50\rho'} = \dfrac{2.0}{1+50 \times 0.01} = 1.33$

· 시간경과 계수 ξ
  ξ : 시간 경과 계수(5년 이상 : 2.0, 12개월 : 1.4, 6개월 : 1.2, 3개월 : 1.0)
· 장기처짐 = 순간처짐(탄성침하) × 장기처짐계수(λ)
  $= 25 \times 1.33 = 33.3$mm
∴ 총처짐량 = 순간 처짐 + 장기 처짐
  $= 25 + 33.3 = 58.3$mm

68 초음파법에 의해 콘크리트 구조를 평가하고자 할 때의 설명으로 틀린 것은?

① 초음파 투과속도로 어느 정도의 콘크리트 강도추정은 가능하다.
② 일반적으로 철근 콘크리트가 무근 콘크리트보다 펄스 속도가 느리다.
③ 금속은 균질한 재료로 신뢰성이 매우 높지만 콘크리트의 경우는 재료의 비균질성으로 인해 신뢰성이 상대적으로 낮다.
④ 초음파 투과속도로 균열의 깊이를 추정할 수 있다.

해설 철근 콘크리트가 일반적으로 무근 콘크리트보다 초음파 펄스 속도가 빠르다.

69 강도설계법에 의해 설계된 폭 300mm, 유효깊이 500mm인 직사각형보에서 콘크리트가 부담하는 전단강도(V_c)는? (단, $f_{ck}=28$MPa이다.)

① 132.3kN
② 168.9kN
③ 204.5kN
④ 268.2kN

해설 $V_c = \dfrac{1}{6} \lambda \sqrt{f_{ck}}\, b_w\, d$
$= \dfrac{1}{6} \times 1 \times \sqrt{28} \times 300 \times 500 = 132,287$N = 132.3kN

70 알칼리 골재반응이 일어나기 위해서는 일반적으로 반응의 3조건이 충족되어야 한다. 여기에 해당하지 않는 것은?

① 대기 중의 이산화탄소
② 골재 중의 유해 물질
③ 시멘트 중의 알칼리
④ 반응을 촉진하는 수분

해설 알칼리골재반응의 필수적인 3요소
· 유해한 반응성골재의 조건
· 일정량 이상의 알칼리량
· 반응을 촉진하는 수분의 공급

71 옹벽의 안정조건에 대한 설명으로 틀린 것은?

① 활동에 대한 저항력은 옹벽에 작용하는 수평력의 2.0배 이상이어야 한다.
② 전도에 대한 저항휨모멘트는 횡토압에 의한 전도모멘트의 2.0배 이상이어야 한다.
③ 지반에 유발되는 최대 지반반력이 지반의 허용지지력을 초과하지 않아야 한다.
④ 전도 및 지반지지력에 대한 안정조건은 만족하지만, 활동에 대한 안정조건만을 만족하지 못할 경우 활동방지벽 등을 설치할 수 있다.

해설 활동에 대한 저항력은 옹벽에 작용하는 수평력의 1.5배 이상이어야 한다.

72 콘크리트 표면에 발생한 미세한 균열은 봉합재료를 주입하여 실(seal, 봉합)할 수 있는데, 이 때 콘크리트 내부의 수분을 확인할 수 있을 경우 가장 많이 사용되는 봉합재료는 무엇인가?

① 멜라민수지
② 폴리에스테르수지
③ 에폭시수지
④ 페놀수지

해설 에폭시 수지에 대한 설명으로 접착성이 우수하고, 내약품성, 내용제성이 좋다.

73 콘크리트의 열화원인 중 환경적인 요인이 아닌 것은?

① 단면부족
② 염해
③ 탄산화
④ 동해

해설 열화원인의 환경적인 요인 : 염해, 탄산화, 동해, 화학적 침식

□□□ 산 17,21
74 철근 및 용접철망의 정착에 대한 설명으로 틀린 것은?

① 인장 용접원형철망의 정착길이는 300mm 이상이어야 한다.
② 인장 용접이형철망의 정착길이는 200mm 이상이어야 한다.
③ 압축 이형철근의 정착길이는 200mm 이상이어야 한다.
④ 인장 이형철근의 정착길이는 300mm 이상이어야 한다.

해설 인장 용접원형철망의 정착길이는 150mm 이상이어야 한다.

□□□ 기 05,15,21
75 콘크리트에 발생한 미세한 균열은 여러 재료를 주입하여 실(seal, 봉합)할 수 있는데, 이때 콘크리트 내부의 수분을 확인할 수 있을 경우 가장 많이 사용되는 봉합 재료는 무엇인가?

① 시멘트풀   ② 모르터
③ 페놀수지   ④ 에폭시 수지

해설 균열에 주입하여 콘크리트 구조물의 균열을 보수하기 위해서 주로 사용되는 보수 재료로 접착재가 사용되며 에폭시 수지가 대표적이다.

□□□ 산 12,15,21
76 1방향 철근콘크리트 슬래브에서 수축·온도 철근의 간격에 대한 설명으로 옳은 것은?

① 슬래브 두께의 3배 이하, 또한 450mm 이하로 하여야 한다.
② 슬래브 두께의 3배 이하, 또한 650mm 이하로 하여야 한다.
③ 슬래브 두께의 5배 이하, 또한 450mm 이하로 하여야 한다.
④ 슬래브 두께의 5배 이하, 또한 650mm 이하로 하여야 한다.

해설 1방향 철근콘크리트 슬래브 : 수축·온도철근의 간격은 슬래브 두께의 5배 이하. 또한 450mm 이하로 하여야 한다.

□□□ 산 14,21
77 구조물의 안전성을 평가하기 위하여 재하시험을 실시하고자 할 때 하중을 받는 구조부분의 재령이 최소한 얼마 이상이 지난 후에 실시하는 것이 좋은가? (단, 구조물의 소유주, 시공자 및 관계자들이 상호 동의하는 경우는 제외)

① 28일   ② 56일
③ 91일   ④ 180일

해설 재하시험은 하중을 받는 구조부분의 재령이 최소한 56일이 지난 다음에 시행하여야 하나 소유주, 시공자 및 관련자 모든 사람 동의할 때는 예외이다.

□□□ 산 17,21
78 철근부식과 관계된 보수공법과 직접적 관계가 먼 것은?

① 연속섬유 시트공법   ② 탈염공법
③ 전기방식 공법   ④ 재알칼리화공법

해설 • 보수공법 : 전기화학적 보수공법 ; 전기방식 공법, 탈염공법, 재알칼리화공법
• 보강공법 : 연속섬유 시트공법 ; 내식성에 우수하고, 염해지역의 콘크리트 구조물 보강에 적용할 수 있다.

□□□ 산 11,14,16,21
79 콘크리트 구조물의 외관조사시 외관조사망도에 기입하지 않는 것은?

① 균열형태   ② 균열깊이
③ 균열길이   ④ 균열폭

해설 외관조사시 외관조사망도 기입 사항
균열(형태, 위치, 폭, 길이), 망상균열, 철근(위치, 직경, 피복두께, 노출, 부식) 등

□□□ 산 11,18,21
80 콘크리트에 프리스트레스를 도입하면 콘크리트가 탄성체로 전환된다는 생각으로서 응력개념으로도 불리는 프리스트레스트 콘크리트의 기본개념은?

① 균등질 보의 개념
② 내력 모멘트의 개념
③ 하중평형의 개념
④ 하중-저항계수의 개념

해설 균등질 보의 개념은 철근콘크리트는 취성 재료이므로 인장측의 응력을 무시했으나, 프리스트레스트 콘크리트는 탄성재료로서 인장측 응력도 유효한 균등질보이다.

정답 74 ① 75 ④ 76 ③ 77 ② 78 ① 79 ② 80 ①

국가기술자격 CBT 필기시험문제

2021년도 산업기사 3회 필기시험 복원문제

자격종목	시험시간	문제수	형별	수험번호	성명
콘크리트산업기사	2시간	80	A		

※ 각 문제는 4지 택일형으로 질문에 가장 적합한 문제의 보기 번호를 클릭하거나 답안표기란의 번호를 클릭하여 입력하시면 됩니다.
※ 입력된 답안은 문제 화면 또는 답안 표기란의 보기 번호를 클릭하여 변경하실 수 있습니다.

제1과목 : 콘크리트 재료 및 배합

□□□ 산15,21

01 풍화된 시멘트를 사용하면 시멘트 경화체의 강도 및 품질이 저하하게 되는데 시멘트의 풍화에 미치는 요인으로 틀린 것은?

① 대기중 수분, 이산화탄소
② 시멘트의 분말도
③ 석고 및 MgO 성분
④ 소성이 불충분한 시멘트 클링커

해설 풍화(風化)
- 시멘트는 저장에 공기와 접촉하면 공기중의 수분 및 이산화탄소를 흡수하여 가벼운 수화반을 일으키게 되는데 이것을 풍화라 한다.
- 분말도가 높은 시멘트를 사용하면 워커블한 콘크리트가 얻어지지만 수축이 크고 균열발생의 가능성이 크며 시멘트 자체도 풍화되기 쉬운 결점이다.
- 클링커의 소성이 불충분한 시멘트는 시멘트의 비중이 낮아지는 원인이 된다.

□□□ 산09,21

02 콘크리트 배합에 대한 일반 사항을 설명한 것으로 틀린 것은?

① 현장 콘크리트의 품질 변동을 고려하여 콘크리트의 배합강도는 설계 기준 강도보다 작게 정한다.
② 잔 골재율은 소요의 워커빌리티를 얻을 수 있는 범위 내에서 단위 수량이 최소가 되도록 시험에 의해 정한다.
③ 단위 수량은 작업이 가능한 범위 내에서 될 수 있는 대로 적게 되도록 시험을 통해 정한다.
④ 물-시멘트비는 소요의 강도, 내구성, 수밀성 및 균열 저항성 등을 고려하여 정한다.

해설 현장 콘크리트의 품질 변동을 고려하여 콘크리트의 배합 강도는 설계 기준 강도보다 크게 정한다.

□□□ 산09,21

03 콘크리트 시방 배합 설계에서 단위 골재의 절대 용적이 $0.678m^3$이고, 잔 골재율이 40%, 굵은 골재의 표건 밀도가 $2.65g/cm^3$인 경우 단위 굵은 골재량으로 적당한 것은?

① 719kg
② 1,078kg
③ 1,136kg
④ 1,462kg

해설
- 단위 굵은 골재의 절대 용적
  = 단위 골재의 절대 용적 $\times \left(1 - \dfrac{S}{a}\right)$
  = $0.678 \times (1 - 0.40) = 0.407 m^3$
- 굵은 골재량
  = 단위 굵은 골재의 절대 용적 × 굵은 골재의 밀도 × 1,000
  = $0.407 \times 2.65 \times 1,000 = 1,078 kg/m^3$

□□□ 산08,12,15,21

04 단위 골재량의 절대용적이 0.80L, 단위 굵은 골재량의 절대용적이 0.55L일 경우 잔골재율은?

① 31.3%
② 34.3%
③ 38.2%
④ 41.8%

해설 잔골재율(S/a)
= $\dfrac{\text{단위 잔골재의 절대부피}}{\text{단위 골재량의 절대부피}} \times 100 = \dfrac{S}{S+G} \times 100$
= $\dfrac{(0.80 - 0.55)}{0.80} \times 100 = 31.3\%$

□□□ 산14,21

05 부순골재에 포함된 미세한 미분말이 콘크리트에 미치는 영향을 설명한 것으로 옳은 것은?

① 미립분량이 많으면 응결시간이 짧아진다.
② 미립분량이 많으면 잔골재율이 증가된다.
③ 미립분량이 많으면 공기량이 증가된다.
④ 미립분량이 적으면 건조수축이 증가한다.

해설 미립분량의 첨가량이 많을수록 응결은 지연된다.

정답 01 ③ 02 ① 03 ② 04 ① 05 ①

06 굵은 골재의 체가름 시험결과가 아래 표와 같을 때 이 골재의 조립률은?

체의 크기(mm)	40	20	10	5	2.5
각체 잔량누계(%)	8	39	68	95	100

① 7.10　　② 2.10
③ 6.71　　④ 7.02

해설 $F.M = \dfrac{\Sigma 가적잔류율}{100}$

$= \dfrac{8+39+68+95+100\times 5}{100} = 7.10$

07 아래의 표와 같은 원리를 이용하여 측정하는 시멘트관련 시험은?

> 르 샤틀리에법에 의하여, 즉 두 바늘의 상대적 움직임을 표시하여 표준주도를 가진 시멘트페이스트의 체적 팽창을 관찰하여 측정한다.

① 시멘트의 안정도 시험
② 시멘트의 비중시험
③ 시멘트의 응결시험
④ 시멘트의 분말도 시험

해설 시멘트의 안정도 시험(오토클레이브 팽창도 시험) : 시멘트가 굳어가는 도중에 부피가 팽창하는 정도를 안정성이라 하며, 시멘트는 경화도중에 팽창성 균열 혹은 뒤틀림 변형이 생긴다.

08 콘크리트용 혼화제인 감수제의 종류 중 응결, 초기경화의 속도에 따라 분류되는 형태가 아닌 것은?

① 촉진형　　② 조강형
③ 지연형　　④ 표준형

해설 화학혼화제의 성능에 따른 분류

혼화제 종류	성능에 따른 분류
감수제	표준형
	지연형
	촉진형
AE감수제	표준형
	지연형
	촉진형
고성능AE감수제	표준형
	지연형

09 단위수량 175kg, 단위잔골재량 750kg 및 단위굵은 골재량이 900kg의 콘크리트에서 잔골재 및 굵은 골재의 표면수가 각각 4% 및 1%이면 보정된 단위수량은?

① 214kg　　② 166kg
③ 145kg　　④ 136kg

해설 표면수량에 의한 환산
- 잔골재의 표면수량 = 750×0.04 = 30kg
- 굵은 골재의 표면수량 = 900×0.01 = 9kg
  ∴ 단위수량 = 175−(30+9) = 136kg

10 굵은 골재의 체가름 시험에서 사용하는 굵은 골재의 최대치수가 40mm 정도인 경우 시료의 최소건조질량으로 옳은 것은? (단, 보통중량의 골재를 사용하는 경우)

① 2kg　　② 4kg
③ 6kg　　④ 8kg

해설 시료의 최소건조질량

조 건	최소건조질량
굵은 골재의 최대치수 9.5mm 정도인 것	2kg
굵은 골재의 최대치수 13.2mm 정도인 것	2.6kg
굵은 골재의 최대치수 16mm 정도인 것	3kg
굵은 골재의 최대치수 19mm 정도인 것	4kg
굵은 골재의 최대치수 26.5mm 정도인 것	5kg
굵은 골재의 최대치수 31.5mm 정도인 것	6kg
굵은 골재의 최대치수 37.5mm 정도인 것	8kg
굵은 골재의 최대치수 53mm 정도인 것	10kg

11 잔골재의 안정성 시험에서 황산나트륨을 사용할 경우 손실 질량 백분율은 몇 % 이하이어야 하는가?

① 8%　　② 10%
③ 12%　　④ 15%

해설 골재의 물리적 성질

구분	규정값	
	굵은 골재	잔골재
밀도(절대건조)(g/cm³)	2.50 이상	2.50 이상
흡수율(%)	3.0 이하	3.0 이하
안정성(%)	12 이하	10 이하
마모율(%)	40 이하	−

정답　06 ①　07 ①　08 ②　09 ④　10 ④　11 ②

12. 10회의 콘크리트 압축강도 시험으로부터 구한 압축강도의 표준편차가 5MPa일 때, 설계기준 압축강도 20MPa인 콘크리트의 배합강도는?

① 26.7MPa
② 27.0MPa
③ 28.15MPa
④ 28.5MPa

해설 $f_{ck} < 21\,\text{MPa}$일 때
$f_{cr} = f_{ck} + 7$
$= 20 + 7 = 27\,\text{MPa}$

13. 셀룰로오스계와 아크릴계 두 종류의 재료가 사용되며, 수중에서의 시멘트와 골재의 분리를 막아 수중공사를 용이하게 하는 혼화제는?

① 촉진제
② 급결제
③ 수중불분리성혼화제
④ 지연제

해설 수중불분리성혼화제
- 해양 및 항만 공사 등의 수중공사에서 콘크리트를 타설할 경우 물 속에서도 재료분리가 적은 콘크리트를 제조 목적으로 사용
- 셀룰로오스계와 아크릴계로 분류하여 수중 콘크리트에 사용

14. 시멘트 모르타르의 강도(압축 및 휨강도)를 측정하기 위하여 공시체를 제작하고자 할 때 시멘트 1,500g을 사용할 경우 표준사의 소요량은? (단, KS L ISO 679를 따른다.)

① 3,000g
② 3,750g
③ 4,050g
④ 4,500g

해설 모르타르 조제 : 질량에 의한 비율로 시멘트와 표준모래를 1 : 3의 비율로 한다.
∴ 시멘트와 모래의 비율=1 : 3=1,500 : 4,500g

15. 혼화재의 저장방법으로 틀린 것은?

① 방습적인 사일로 또는 창고 등에 품종별로 구분하여 보관한다.
② 장기저장이 가능하므로 입하하는 순서와 상관없이 사용한다.
③ 장기간 저장한 혼화재는 사용 전에 시험을 실시하여 품질을 확인해야 한다.
④ 혼화재는 취급시에 비산하지 않도록 주의한다.

해설 혼화재는 방습적인 사일로 또는 창고 등에 품종별로 구분하여 저장하고 입하된 순서대로 사용하여야 한다.

16. 레디믹스트 콘크리트의 혼합에 사용되는 물 중 상수돗물 이외의 물의 품질에 관한 설명으로 옳지 않은 것은?

① 염소이온(Cl^-)양은 250mg/L 이하이어야 한다.
② 현탁 물질과 용해성 증발 잔류물은 1g/L 이하로 관리하여야 한다.
③ 모르타르의 압축강도 비는 재령 7일 및 28일에서 90% 이상 나와야 한다.
④ 시멘트 응결 시간의 차이가 초결은 30분 이내, 종결은 60분 이내이어야 한다.

해설 수돗물 이외의 물의 품질

항목	품질
현탁 물질의 양	2g/L 이하
용해성 증발잔유물의 양	1g/L 이하
염소 이온(Cl^-)량	250mg/L 이하
시멘트 응결시간의 차	초결은 30분 이내, 종결은 60분 이내
모르타르의 압축강도비	재령 7일 및 재령 28일에서 90% 이상

- 현탁 물질의 양 : 2g/L 이하

17. 실제 사용한 콘크리트의 31회 압축 강도 시험으로부터 압축 강도(MPa) 잔차의 제곱을 구하여 합한 값이 270이었다. 콘크리트의 배합 강도를 결정하기 위한 압축 강도의 표준 편차를 구하면?

① 2.85MPa
② 2.90MPa
③ 2.95MPa
④ 3.00MPa

해설 $\sigma = \sqrt{\dfrac{S}{n-1}}$
$= \sqrt{\dfrac{270}{31-1}} = 3.00\,\text{MPa}$

18. 다음 포틀랜드 시멘트 중 C_3A 함량이 가장 적은 것은?

① 보통 포틀랜드 시멘트
② 조강 포틀랜드 시멘트
③ 중용열 포틀랜드 시멘트
④ 초조강 포틀랜드 시멘트

해설 중용열 포틀랜드 시멘트는 수화열을 낮추기 위하여 화학조성 중 C_3A의 양을 적게 하고 그 대신 장기강도를 발현하기 위하여 C_2S량을 많게 한 시멘트이다.

정답 12 ② 13 ③ 14 ④ 15 ② 16 ② 17 ④ 18 ③

19 콘크리트용 모래에 포함되어 있는 유기 불순물 시험(KS F 2510)에 대한 설명으로 틀린 것은?

① 시료는 대표적인 것을 취하고 공기 중 건조 상태로 건조시켜서 4분법 또는 시료 분취기를 사용하여 약 450g을 채취한다.
② 표준색 용액 및 시험 용액에는 1%의 수산화나트륨 용액을 사용한다.
③ 시료에 수산화나트륨 용액을 가한 유리 용기와 표준색 용액을 넣은 유리 용기를 24시간 정치한 후 잔 골재 상부의 용액색이 표준색 용액보다 연한지, 진한지를 육안으로 비교한다.
④ 모래의 사용 여부를 결정함에 앞서 보다 더 정밀한 모래에 대한 시험의 필요성 유무를 미리 알기 위해 실시한다.

[해설] 표준색 용액 및 시험 용액에는 3%의 수산화나트륨 용액 200mL을 사용한다.

20 시멘트의 비중이 작아지는 경우에 대한 설명으로 틀린 것은?

① 시멘트가 풍화한 경우
② 시멘트의 저장기간이 짧은 경우
③ 시멘트의 혼합물이 섞여 있는 경우
④ 시멘트 클링커의 소성이 불충분한 경우

[해설] 풍화는 고온다습한 경우에는 급속히 진행되므로 시멘트 저장에는 방습 및 공기의 유통 방지가 필요하고, 장기간 저장한 시멘트 사용 전에 반드시 시험을 하여야 한다.

제2과목 : 콘크리트 제조, 시험 및 품질 관리

---

21 콘크리트 강도 시험용 원주공시체(ϕ150mm×300mm)를 할렬에 의한 간접인장강도 시험을 실시한 결과 160kN에서 파괴되었다. 콘크리트 인장강도로 옳은 것은?

① 1.54MPa   ② 2.26MPa
③ 2.96MPa   ④ 4.57MPa

[해설] $f_{sp} = \dfrac{2P}{\pi dl}$
$= \dfrac{2 \times 160 \times 10^3}{\pi \times 150 \times 300} = 2.26 \text{N/mm}^2 = 2.26 \text{MPa}$

22 레디믹스트 콘크리트의 품질검사 항목 중 슬럼프의 허용오차에 대한 설명으로 틀린 것은?

① 슬럼프 25mm인 경우 허용오차는 ±10mm이다.
② 슬럼프 50mm인 경우 허용오차는 ±15mm이다.
③ 슬럼프 65mm인 경우 허용오차는 ±20mm이다.
④ 슬럼프 80mm인 경우 허용오차는 ±25mm이다.

[해설] 슬럼프의 허용 오차

슬럼프	슬럼프 허용차
25mm	±10mm
50mm 및 65mm	±15mm
80mm 이상	±25mm

23 굳지 않은 콘크리트의 공기량시험(질량방법, KS F 2409)에서 용기에 시료를 채우고 진동기로 다지는 경우에 대한 설명으로 틀린 것은?

① 시료를 용기의 1/3씩 넣고 진동기로 진동다짐을 한다.
② 위층의 콘크리트를 다질 때, 진동기의 앞끝이 거의 아래층의 콘크리트에 이르는 정도로 한다.
③ 진동시간은 콘크리트 표면에 큰 기포가 없어지는 데 필요한 최소시간으로 한다.
④ 다진 후에는 콘크리트 중에 빈 틈새가 남지 않도록 진동기를 천천히 빼낸다.

[해설] 시료를 용기의 1/2씩 넣고 진동기로 진동다짐을 한다.

24 압축강도에 의한 일반콘크리트의 품질검사에 관한 설명 중 옳지 않은 것은? (단, 콘크리트표준시방서의 규정에 의한다.)

① 설계기준 압축강도로부터 배합을 정한 경우 각각의 압축강도시험값이 설계기준 압축강도보다 5.0MPa에 미달하는 확률이 1% 이하이어야 한다.
② 설계기준 압축강도로부터 배합을 정한 경우 연속 3회 시험값의 평균이 설계기준 압축강도 이상이어야 한다.
③ 품질검사는 설계기준 압축강도로부터 배합을 정한 경우와 그 밖의 경우로 구분하여 시행한다.
④ 압축강도에 의한 콘크리트 품질관리는 일반적인 경우 조기재령에 있어서의 압축강도에 의해 실시한다.

[해설] 설계기준 압축강도로부터 배합을 정한 경우 각각의 압축강도 시험값이 설계기준 압축강도보다 3.5MPa에 미달하는 확률이 1% 이하이어야 한다.

정답 19 ② 20 ② 21 ② 22 ③ 23 ① 24 ①

□□□ 산 15,19,21
25 콘크리트의 비비기에 대한 설명으로 틀린 것은?

① 비비기는 미리 정해둔 비비기 시간의 3배 이상 계속하지 않아야 한다.
② 믹서 안의 콘크리트를 전부 꺼낸 후가 아니면 믹서 안에 다음 재료를 넣지 말아야 한다.
③ 재료를 믹서에 투입하는 순서로서 물은 다른 재료의 투입이 끝난 후 주입하는 것을 원칙으로 한다.
④ 가경식 믹서를 사용하고 비비기 시간에 대한 시험을 실시하지 않은 경우 그 최소 시간은 1분 30초 이상을 표준으로 한다.

[해설] 물은 다른 재료보다 먼저 넣기 시작하여 그 넣는 속도를 일정하게 유지하고, 다른 재료의 투입이 끝난 후 조금 지난 뒤에 물의 주입을 끝내도록 한다.

□□□ 산 05,06,12,16,19,21
26 콘크리트의 슬럼프 시험에 대한 설명으로 틀린 것은?

① 슬럼프콘을 들어 올리는 시간은 높이 300mm에서 10~15초로 한다.
② 슬럼프콘은 윗면의 안지름 100mm, 밑면의 안지름 200mm, 높이 300mm 및 두께 1.5mm 이상인 금속제를 사용한다.
③ 슬럼프콘에 콘크리트를 채우기 시작하고 나서 슬럼프콘의 들어 올리기를 종료할 때까지의 시간은 3분 이내로 한다.
④ 슬럼프콘에 시료를 넣고 봉다짐할 때 분리를 일으킬 염려가 있을 때는 분리를 일으키지 않을 정도로 다짐수를 줄인다.

[해설] 슬럼프콘을 들어 올리는 시간은 높이 300mm에서 2~5(3.5±1.5)초로 한다.

□□□ 산 05,10,11,13,15,18,21
27 관입 저항침에 의한 콘크리트의 응결시간 시험(KS F 2436)에서 초결시간에 대한 설명으로 옳은 것은?

① 관입 저항이 1.25MPa이 될 때의 시간을 초결시간으로 결정한다.
② 관입 저항이 3.5MPa이 될 때의 시간을 초결시간으로 결정한다.
③ 관입 저항이 7MPa이 될 때의 시간을 초결시간으로 결정한다.
④ 관입 저항이 28MPa이 될 때의 시간을 초결시간으로 결정한다.

[해설] 각 그래프에서 관입저항값이 3.5MPa가 될 때까지의 시간을 초결시간, 관입저항값이 28MPa가 될 때 소요시간을 종결이라 한다.

□□□ 산 17,21
28 아래의 표에서 설명하는 콘크리트 초기균열의 종류는?

> 묽은 비빔 콘크리트에서는 블리딩이 크고 이것에 상당하는 침하가 발생한다.
> 콘크리트의 침하가 철근 및 기타 매설물에 의해 국부적인 방해를 받아 방해물의 상면에 균열이 발생한다.

① 건조수축균열　② 침하균열
③ 초기건조균열　④ 거푸집 변형에 의한 균열

[해설] 침하균열에 대한 설명이다.

□□□ 산 08,16,18,21
29 다음 관리도 종류에서 계량값 관리도에 속하지 않는 것은?

① $\bar{x}-R$ 관리도　② C 관리도
③ $\bar{x}-\sigma$ 관리도　④ x 관리도

[해설] 관리도의 종류

종류	관리도	데이터 종류	적용이론
계량값 관리도	$\bar{x}-R$ 관리도	길이, 중량, 강도, 화학성분, 압력, 슬럼프, 공기량	정규 분포
	$\bar{x}-\sigma$ 관리도		
	x 관리도		
계수값 관리도	P 관리도	제품의 불량률	이항 분포
	P_n 관리도	불량개수	
	C 관리도	결점수	프와송 분포
	U 관리도	단위당 결점수	

□□□ 산 10,15,18,21
30 동결 융해 저항성을 알아보기 위한 급성 동결융해에 대한 콘크리트의 저항 시험방법을 설명한 것으로 틀린 것은?

① 동결 융해 1사이클의 소요시간은 4시간 이상, 8시간 이하로 한다.
② 동결 융해 1사이클은 공시체 중심부의 온도를 원칙적으로 하며 원칙적으로 4℃에서 -18℃로 떨어지고, 다음에는 -18℃에서 4℃로 상승되는 것으로 한다.
③ 시험의 종료는 300사이클로 하며, 그때까지 상대 동 탄성 계수가 60% 이하가 되는 사이클이 있으면 그 사이클에서 시험을 종료한다.
④ 특별히 다른 재령으로 규정되어 있지 않는 한 공시체는 14일간 양생한 후 동결융해 시험을 시작한다.

[해설] 동결융해 1사이클의 소요시간은 2시간 이상, 4시간 이하로 한다.

☐☐☐ 산 13,17,21
31 일반 콘크리트에 사용되는 재료의 계량에 대한 설명으로 옳지 않은 것은?

① 사용재료는 시방배합을 현장배합으로 고친 다음 현장배합으로 계량하여야 한다.
② 골재가 건조되어 있을 때의 유효흡수율 값은 골재를 적절한 시간 동안 흡수시켜서 구하여야 한다.
③ 혼화재료를 녹이거나 묽게 희석시키기 위해 사용하는 물은 단위수량에서 제외한다.
④ 각 재료는 1배치씩 질량으로 계량하여야 한다.

[해설] 혼화제를 녹이는데 사용하는 물이나 혼화재를 묽게 하는 데 사용하는 물은 단위수량의 일부로 보아야 한다.

☐☐☐ 산 14,18,21
32 콘크리트 탄산화에 대한 대책으로 틀린 것은?

① 콘크리트의 다지기를 충분히 하여 결함을 발생시키지 않도록 한 후 습윤양생을 한다.
② 양질의 골재를 사용하고 물-시멘트비를 크게 한다.
③ 철근 피복두께를 확보한다.
④ 탄산화 억제효과가 큰 투기성이 낮은 마감재를 사용한다.

[해설] 콘크리트의 탄산화 저항성을 고려하여 물-시멘트비를 정할 경우 55% 이하로 한다.

☐☐☐ 산 17,21
33 1배치에 사용되는 굵은 골재량이 1,000kg인 경우 허용계량오차를 고려한 굵은 골재의 적용범위를 구한 것으로 옳은 것은?

① 990kg~1,020kg
② 980kg~1,010kg
③ 980kg~1,020kg
④ 970kg~1,030kg

[해설] 굵은 골재의 계량오차 ±3% 이하로 한다.
$-\frac{3}{100} \times 1,000 = -30kg$, $+\frac{3}{100} \times 1,000 = +30kg$
∴ 굵은 골재의 적용범위: 970kg~1,030kg

☐☐☐ 산 19,21
34 결합제(binder)가 함유하고 있는 것이 아닌 것은?

① AE제
② 시멘트
③ 실리카 퓸
④ 플라이 애시

[해설] 결합제(binder)
- 물과 반응하여 콘크리트 강도 발현에 기여하는 물질을 생성하는 것의 총칭
- 시멘트, 고로 슬래그 미분말, 플라이 애시, 실리카퓸, 팽창재 등을 함유한 것

☐☐☐ 산 08,14,16,19,20,21
35 콘크리트의 압축강도 시험방법에 대한 설명으로 틀린 것은?

① 공시체를 공시체 지름의 1% 이내의 오차에서 그 중심축이 가압판의 중심과 일치하도록 놓는다.
② 시험기의 가압판과 공시체의 끝면은 직접 밀착시키고 그 사이에 쿠션재를 넣어서는 안 된다. 다만, 언본드 캐핑에 의한 경우는 제외한다.
③ 공시체에 충격을 주지 않도록 똑같은 속도로 하중을 가한다.
④ 하중을 가하는 속도는 압축응력도의 증가율이 매초(0.06±0.04)MPa이 되도록 한다.

[해설]
- 콘크리트 압축강도 시험: 재하속도는 (0.6±0.2)MPa 범위 내에서 한다.
- 콘크리트 인장강도 시험: 재하속도는 (0.06±0.04)MPa 범위 내에서 한다.

☐☐☐ 산 18,21
36 침하균열을 방지하기 위한 대책으로 옳지 않은 것은?

① 단위수량을 크게 한다.
② 타설속도를 늦게 한다.
③ 1회 타설 높이를 작게 한다.
④ 슬럼프가 작은 콘크리트를 잘 다짐해서 시공한다.

[해설] 콘크리트의 단위수량을 될 수 있는 한 적게 한다.

☐☐☐ 산 12,17,21
37 믹서의 효율을 시험하기 위하여 믹서로 비빈 굳지 않은 콘크리트 중의 모르타르와 굵은 골재량의 변화율 시험을 수행하고자 한다. 굵은 골재의 최대치수가 25mm 경우 시료의 양으로서 가장 적합한 것은?

① 10L
② 20L
③ 25L
④ 50L

[해설]
- 굵은 골재의 최대치수가 20mm 이하일 때는 시료의 양을 20L로 한다.
- 굵은 골재의 최대치수가 25mm일 때는 시료의 양을 25L로 한다.

☐☐☐ 산 12,18,21
38 KS F 4009(레디믹스트 콘크리트)에서 정한 레디믹스트 콘크리트의 호칭강도에 포함되지 않는 것은?

① 27MPa
② 30MPa
③ 37MPa
④ 40MPa

[해설] 호칭강도(MPa): 18, 21, 24, 27, 30, 35, 40, 45, 50, 55, 60

정답 31 ③ 32 ② 33 ④ 34 ① 35 ④ 36 ① 37 ③ 38 ③

39 탄산화의 깊이가 6.0cm가 되려면 일반적인 경우에 있어서 소요되는 경과 년수는 몇 년인가? (단, 탄산화 속도계수는 4이다.)

① 1.75년 ② 2.0년
③ 2.25년 ④ 2.5년

해설 탄산화 깊이 $X = A\sqrt{t}$
$6.0 = 4\sqrt{t}$ ∴ 경과년수 $t = 2.25$년

40 안지름 25cm, 안높이 28.5cm의 용기로 블리딩 시험을 한 결과 총 블리딩수가 78.5cc이었다면, 블리딩량은 얼마인가?

① 0.16cm³/cm² ② 0.20cm³/cm²
③ 0.26cm³/cm² ④ 0.30cm³/cm²

해설 블리딩량 $= \dfrac{V}{A} = \dfrac{78.5}{\dfrac{\pi \times 25^2}{4}} = 0.16 \text{cm}^3/\text{cm}^2$

제3과목 : 콘크리트의 시공

41 고강도 콘크리트란 설계기준 압축강도가 몇 MPa 이상인 콘크리트를 말하는가? (단, 보통(중량) 콘크리트인 경우)

① 27MPa ② 30MPa
③ 35MPa ④ 40MPa

해설 고강도 콘크리트 : 설계기준압축강도가 보통(중량) 콘크리트에서 40MPa 이상, 경량골재 콘크리트에서 27MPa 이상인 경우의 콘크리트

42 다음 중 촉진양생의 종류가 아닌 것은?

① 오토클레이브 양생 ② 전기양생
③ 증기양생 ④ 습윤양생

해설 콘크리트의 경화를 촉진하기 위해 실시하는 양생방법으로는 증기양생, 오토클레이브 양생, 온수양생, 전기양생, 적외선 양생, 고주파 양생 등이 있지만 일반적으로 증기양생이 널리 사용되고 있다.

43 숏크리트의 시공에 대한 설명으로 옳은 것은?

① 습식 숏크리트는 배치 후 90분 이내에 뿜어붙이기를 완료하여야 한다.
② 습식 숏크리트는 배치 후 30분 이내에 뿜어붙이기를 실시하여야 한다.
③ 건식 숏크리트는 배치 후 1시간 이내에 뿜어붙이기를 완료하여야 한다.
④ 건식 숏크리트는 배치 후 45분 이내에 뿜어붙이기를 실시하여야 한다.

해설 건식 숏크리트 배치 후 45분 이내에 뿜어붙이기를 실시하여야 한다. 습식 숏크리트의 배치 후 60분 이내에 뿜어붙이기를 실시하여야 한다.

44 콘크리트 시공이음에 대한 설명으로 틀린 것은?

① 시공이음은 될 수 있는 대로 전단력이 작은 위치에 설치하는 것이 원칙이다.
② 부재의 압축력이 작용하는 방향과 평행하도록 설치하여야 한다.
③ 외부의 염분에 의한 피해를 받을 우려가 있는 해양 및 항만 콘크리트 구조물 등에 있어서는 시공이음부를 되도록 두지 않는 것이 좋다.
④ 수밀을 요하는 콘크리트 있어서는 소요의 수밀성이 얻어지도록 적절한 간격으로 시공이음부를 두어야 한다.

해설 • 시공이음은 될 수 있는 대로 전단력이 작은 위치에 설치한다.
• 시공이음은 부재의 압축력이 작용하는 방향과 직각이 되도록 하는 것이 원칙이다.

45 아래 표와 같은 조건에서 한중콘크리트의 타설이 종료되었을 때 온도를 구하면?

- 비빈 직후 온도 : 20℃
- 주위의 기온 : 5℃
- 비빈 후부터 타설 종료시까지의 시간 : 2시간
- 운반 및 타설 시간 1시간에 대하여 콘크리트 온도와 주위의 기온과의 차이 : 15%

① 10.5℃ ② 12.5℃
③ 15.5℃ ④ 17.75℃

해설 $T_2 = T_1 - 0.15(T_1 - T_0) \cdot t$
$= 20 - 0.15(20 - 5) \times 2 = 15.5$℃

□□□ 산14,21
46 한중 및 서중콘크리트에 관한 설명으로 틀린 것은?

① 콘크리트의 배합온도가 높을수록 응결시간이 짧아져 수화반응이 촉진되기 때문에 장기강도가 증가하게 된다.
② 일반적으로 배합온도가 높으면 공기연행이 어렵기 때문에 AE제 사용량이 증가하게 된다.
③ 콘크리트의 배합온도가 높으면 동일한 슬럼프를 얻기 위한 단위수량이 증가하게 된다.
④ 서중콘크리트는 한중콘크리트에 비하여 콜드조인트(cold joint)가 발생하기 쉽다.

[해설] 콘크리트의 배합온도가 높을수록 응결시간이 짧아져 수화반응이 촉진되기 때문에 장기강도의 증가를 기대할 수 없다.

□□□ 산12,14,17,21
47 매스 콘크리트로 다루어야 하는 구조물의 부재치수에 대한 일반적인 표준으로 옳은 것은?

① 하단이 구속된 벽조의 경우 두께 0.8m 이상인 경우 매스 콘크리트로 다루어야 한다.
② 넓이가 넓은 평판구조의 경우 두께 1.0m 이상인 경우 매스 콘크리트로 다루어야 한다.
③ 하단이 구속된 벽조의 경우 두께 1.0m 이상인 경우 매스 콘크리트로 다루어야 한다.
④ 넓이가 넓은 평판구조의 경우 두께 0.8m 이상인 경우 매스 콘크리트로 다루어야 한다.

[해설] 매스 콘크리트로 다루어야 하는 구조물의 부재치수
 · 넓이가 넓은 평판구조의 경우 두께 0.8m 이상
 · 하단이 구속된 벽조의 경우 두께 0.5m 이상

□□□ 산16,21
48 프리플레이스트 콘크리트에서 모르타르의 주입에 관한 설명으로 옳지 않은 것은?

① 모르타르 펌프는 충분한 압송능력을 보유하고 주입 모르타르를 연속적 타설하기 위해서 일정량의 공기를 혼입할 수 있는 구조이어야 한다.
② 수송관의 연장이 100m를 넘을 때 중계용 애지테이터와 펌프를 사용한다.
③ 수송관의 급격한 곡률과 단면의 급변을 피한다.
④ 관내 유속이 크면 압력손실이 커지므로 모르타르의 평균 유속은 0.5~2.0m/s 정도가 되도록 한다.

[해설] 모르타르 펌프는 충분한 압송능력을 보유하고 주입 모르타르를 연속적이며 공기가 혼입하지 않도록 주입할 수 있는 구조이어야 한다.

□□□ 산14,21
49 공사를 시작하기 전에 콘크리트의 운반에 대해 미리 충분한 계획을 수립하여야 하는데, 다음 중 계획수립의 검토 사항으로 거리가 먼 것은?

① 콘크리트 타설 순서   ② 기상조건
③ 시공이음의 위치   ④ 콘크리트의 강도

[해설] 콘크리트의 운반에 대한 계획수립의 검토 사항
 · 기상조건
 · 운반로, 운반 경로
 · 콘크리트 타설 순서
 · 콘크리트 비비기에서 타설까지의 소요시간
 · 치기기획, 시공이음의 위치, 시공이음의 처치 방법

□□□ 산08,13,17,21
50 굵은 골재 최대치수가 25mm인 골재를 사용한 해양 콘크리트 환경조건이 물보라지역 및 해상 대기 중에 위치할 때 콘크리트의 내구성 확보를 위하여 정해지는 최수 단위 시멘트량은?

① 280kg/m³   ② 300kg/m³
③ 330kg/m³   ④ 350kg/m³

[해설] 내구성으로 정해지는 최소 단위결합재량(kg/m³)

굵은 골재의 최대치수	20mm	25mm
물보라 지역 간만대 지역 해상 대기 중	340	330
해중	310	300

□□□ 산15,21
51 아래의 표에서 설명하는 콘크리트는?

> 굳지 않은 상태에서 재료 분리 없이 높은 유동성을 가지면서 다짐작업 없이 자기 충전성이 가능한 콘크리트

① 프리플레이스트 콘크리트   ② 유동화 콘크리트
③ 고유동 콘크리트   ④ 베이스 콘크리트

[해설] 고유동 콘크리트(high fluidity concrete)의 정의이다.

□□□ 산14,21
52 벽 또는 기둥과 같이 높이가 높은 콘크리트를 연속해서 타설할 경우 콘크리트의 쳐 올라가는 속도를 너무 빨리하면 재료분리가 일어나기 쉽다. 따라서 쳐 올라가는 속도를 조정할 필요가 있는데, 일반적인 속도로서 가장 적당한 것은?

① 30분에 0.5~1m 정도   ② 30분에 1~1.5m 정도
③ 30분에 1.5~2m 정도   ④ 30분에 2~2.5m 정도

[해설] 일반적으로 30분에 1~1.5m 정도로 하는 것이 적당하다.

정답 46 ① 47 ④ 48 ① 49 ④ 50 ③ 51 ③ 52 ②

53 방사선 차폐용 콘크리트에 일반적으로 사용되는 골재가 아닌 것은?

① 팽창성 혈암
② 바라이트
③ 자철광
④ 적철광

해설 방사선 차폐용 중량골재

골재	밀도
바라이트	4.0~4.4
자철광	4.6~5.2
적철광	4.6~5.2

54 콘크리트 펌프를 이용하여 수중 콘크리트를 타설할 때 배관 선단 부분을 이미 타설된 콘크리트 속으로 묻어 넣어 콘크리트의 품질저하를 방지하여야 한다. 이때 묻어 넣는 깊이로 가장 적절한 것은?

① 0.1~0.2m
② 0.3~0.5m
③ 0.6~0.8m
④ 0.9~1.1m

해설 타설 도중에는 배관 속을 콘크리트로 채우면서 배관 선단부분을 이미 타설된 콘크리트 속으로 0.3~0.5m 묻어 넣는 등의 조치를 취하여 콘크리트의 품질 저하를 방지하여야 한다.

55 마모에 대한 저항성을 크게 할 목적으로 실시하는 표면마무리 방법이 아닌 것은?

① 철분이나 수지 콘크리트를 사용한다.
② 폴리머 콘크리트를 사용한다.
③ 섬유보강 콘크리트를 사용한다.
④ 표면에 요철을 둔다.

해설 마모에 대한 저항성을 크게 할 목적으로 철분이나 수지 콘크리트, 폴리머 콘크리트, 섬유보강 콘크리트, 폴리머 함침 콘크리트 등의 특수 콘크리트를 사용할 경우에는 각각의 특별한 주의사항에 따라 사용하여야 한다.

56 한중콘크리트의 배합에 대한 설명으로 틀린 것은?

① 물-결합재비는 원칙적으로 45% 이하로 하여야 한다.
② 단위수량은 소요의 워커빌리티를 유지할 수 있는 범위 내에서 되도록 적게 정하여야 한다.
③ 초기동해에 필요한 압축강도가 초기양생기간 내에 얻어지도록 배합하여야 한다.
④ 공기연행 콘크리트를 사용하는 것을 원칙으로 한다.

해설 물-결합재비는 원칙적으로 60% 이하로 하여야 한다.

57 콘크리트의 압축강도 시험을 통하여 거푸집을 해체하고자 한다. 설계기준 강도가 24MPa이고, 보의 밑면인 경우 거푸집을 해체할 때 콘크리트 압축강도는 얼마 이상이어야 하는가?

① 5MPa 이상
② 8MPa 이상
③ 12MPa 이상
④ 16MPa 이상

해설 콘크리트 압축강도(슬래브 및 보의 밑면, 아치 내면)
· 설계기준압축강도의 2/3배 이상 또는 최소 14MPa 이상
∴ 콘크리트의 압축강도 $f_{cu} = \frac{2}{3} \times 24 = 16\,MPa$

58 강섬유보강 숏크리트에서 강섬유 혼입에 따른 가장 큰 증가 효과는 다음 중 어느 것인가?

① 휨인성
② 쪼갬강도
③ 경도
④ 압축강도

해설 · 강섬유 보강 콘크리트에서 강섬유 혼입에 따른 일반 콘크리트에 비하여 휨파괴 시의 휨인성이나 압축파괴시의 압축인성이 우수하다.
· 인성 높은 재료는 일반적으로 높은 연성을 나타내며 충격성이나 폭발하중에 대한 저항성도 크다.

59 경량골재 콘크리트의 제조 및 시공에 대한 설명으로 틀린 것은?

① 경량골재 콘크리트의 단위질량 시험은 일반적으로 굳지 않은 콘크리트에 대하여 시험한다.
② 굵은 골재의 최대치수는 원칙적으로 20mm로 한다.
③ 경량골재는 물을 흡수하기 쉬우므로 품질 변동을 막기 위하여 충분히 물을 흡수시킨 상태로 사용하는 것이 좋다.
④ 경량골재 콘크리트의 공기량은 일반 골재를 사용한 콘크리트보다 작게 하는 것을 원칙으로 한다.

해설 경량골재 콘크리트의 공기량은 일반 골재를 사용한 콘크리트보다 1% 크게 하여야 한다.

60 팽창콘크리트에 사용하는 팽창재의 취급 및 저장에 대한 설명으로 틀린 것은?

① 팽창재는 풍화되지 않도록 저장하여야 한다.
② 포대 팽창재는 15포대 이하로 쌓아야 한다.
③ 포대 팽창재는 지상 0.3m 이상의 마루 위에 쌓아 운반이나 검사에 편리하도록 배치하여 저장하여야 한다.
④ 포대 팽창재는 사용 직전에 포대를 여는 것을 원칙으로 하며, 저장 중에 포대가 파손된 것은 공사에 사용할 수 없다.

해설 포대 팽창재는 12포대 이하로 쌓아야 한다.

정답 53 ① 54 ② 55 ④ 56 ① 57 ④ 58 ① 59 ④ 60 ②

제4과목 : 콘크리트 구조 및 유지관리

□□□ 산14,21
61 강도설계법을 적용하기 위한 가정조건으로 틀린 것은?

① 극한강도 상태에서 철근 및 콘크리트의 응력은 중립축으로부터의 거리에 비례한다.
② 휨모멘트 또는 휨모멘트와 축력을 동시에 받는 부재의 콘크리트 압축연단의 극한변형률은 콘크리트의 설계기준압축강도가 40MPa 이하인 경우에는 0.0033으로 가정한다.
③ 철근의 응력이 설계기준항복강도 f_y 이하일 때 철근의 응력은 그 변형률에 E_s를 곱한 것으로 한다.
④ KDS 14 20 60의 규정에 해당하는 경우를 제외하고는 철근부재단면의 축강도와 휨강도계산에서 콘크리트의 인장강도는 무시한다.

[해설] 극한강도 상태에서 철근 및 콘크리트의 변형률은 중립축으로부터의 거리에 비례한다.

□□□ 산13,15,21
62 굳지 않은 콘크리트에 발생하는 균열 중 침하균열에 대한 설명으로 틀린 것은?

① 사용한 철근의 직경이 작을수록 침하균열은 증가한다.
② 슬럼프가 큰 콘크리트를 사용하면 침하균열은 증가한다.
③ 충분히 다짐을 하지 못한 콘크리트의 침하균열은 증가한다.
④ 누수되는 거푸집이나 변형이 일어나기 쉬운 거푸집을 사용한 경우 침하균열은 증가한다.

[해설] 침하균열 영향 요소
· 슬럼프가 클수록 침하균열은 증가한다.
· 블리딩이 많을 때 침하 균열은 증가한다.
· 잔골재율이 클수록 침하균열은 증가한다.
· 다짐이 불충분하면 침하균열은 증가한다.
· 철근 직경이 클수록 침하균열은 증가한다.
· 물 - 시멘트비가 클수록 침하균열은 증가한다.
· 거푸집이 밀실하지 않을 때 침하균열은 증가한다.

□□□ 산09,11,15,19,21
63 균열의 폭을 측정할 수 있는 방법이 아닌 것은?

① 균열스케일 ② 균열게이지
③ 균열현미경 ④ 와이어스트레인 게이지

[해설] · 균열폭의 측정 방법 : 균열 측정기, 균열 게이지, 균열 현미경
· 균열폭 측정은 스케일에 붙은 확대경이나 현미경을 사용하는 경우도 있지만 일반적으로 균열 스케일로 측정해도 좋다.

□□□ 산06,09,11,13,15,18,19,21
64 콘크리트 구조설계에 사용되는 강도감소 계수에 대한 설명으로 틀린 것은?

① 인장지배단면의 경우 0.85를 적용한다.
② 압축지배단면으로 나선철근으로 보강된 철근콘크리트 부재는 0.65를 적용한다.
③ 전단력과 비틀림모멘트를 받는 부재는 0.75를 적용한다.
④ 무근콘크리트의 휨모멘트를 받는 부재는 0.55를 적용한다.

[해설] 강도감소계수 ϕ

부재		강도감소계수
인장지배단면		0.85
압축지배단면	나선철근으로 보강된 철근 콘크리트 부재	0.70
	그 외의 철근콘크리트 부재	0.65
전단력과 비틀림 모멘트		0.75
콘크리트의 지압력 (포스트텐션 정착부나 스트럿-타이 모델은 제외)		0.65

□□□ 산08,17,21
65 자중을 포함한 수직하중 800kN을 받는 독립확대기초를 정사각형 단면으로 설계하고자 한다. 지반의 허용지지력이 200kN/m²일 때 기초 단면의 한 변 길이의 최소값은?

① 0.25m ② 1.0m
③ 2.0m   ④ 4.0m

[해설] $q_a = \dfrac{P}{A}$ 에서

$A = \dfrac{P}{q_a} = \dfrac{800}{200} = 4\text{m}^2$

$\therefore a = \sqrt{A} = \sqrt{4} = 2\text{m}$

□□□ 산17,21
66 철근콘크리트가 성립되는 조건으로 옳지 않은 것은?

① 철근은 콘크리트 속에서 녹이 슬지 않는다.
② 철근과 콘크리트의 탄성계수가 거의 같다.
③ 철근과 콘크리트의 열팽창계수가 거의 같다.
④ 철근과 콘크리트 사이의 부착강도가 크다.

[해설] 철근콘크리트가 성립되는 조건
· 철근과 콘크리트 사이의 부착강도가 크다.
· 철근과 콘크리트의 열팽창계수가 거의 같다.
· 콘크리트 속에 묻힌 철근은 부식하지 않는다.
· 압축은 콘크리트가 인장은 철근이 부담한다.
· 철근의 탄성 계수 E_s는 콘크리트의 탄성 계수 E_c보다 n배 크다.

정답 61 ① 62 ① 63 ④ 64 ② 65 ③ 66 ②

67 반발경도법에 의한 콘크리트 압축강도 추정에서 주로 슈미트 해머를 많이 사용한다. 이 해머 사용 전에 검교정을 위해 사용하는 기구의 명칭은?

① 캘리브레이션 바(calibration bar)
② 스트레인 게이지(strain gauge)
③ 테스트 앤빌(test anvil)
④ 변위계(displacement transducer)

해설 테스트 앤빌(test anvil) : 테스트 해머를 교정하거나 비교검사를 할 때 사용하는 장비로서 테스트 해머 사용시 필수적인 기기이다.

68 도로교 상부 구조의 충격계수(i) 식으로 옳은 것은? (단, L은 지간이며, i는 0.3을 초과할 수 없다.)

① $i = \dfrac{15}{40+L}$ ② $i = \dfrac{7}{40+L}$
③ $i = \dfrac{15}{30+L}$ ④ $i = \dfrac{7}{30+L}$

해설 충격계수 $i = \dfrac{15}{40+L} \leq 0.3$
여기서,
L : 활하중이 등분포 하중인 경우에 부재에 최대 응력이 일어나도록 활하중이 재하된 지간 부분의 길이이다.

69 콘크리트의 탄산화에 대한 설명으로 틀린 것은?

① 보통 골재 콘크리트가 경량골재 콘크리트보다 탄산화 속도가 빠르다.
② 실외보다 실내에서 탄산화 속도가 빠르다.
③ 물-결합재비가 높을수록 탄산화 속도가 빠르다.
④ 공기 중의 탄산가스의 농도가 높을수록 탄산화 속도가 빨라진다.

해설 경량골재 콘크리트가 보통골재 콘크리트보다 탄산화 속도가 빠르다.

70 설계 탄산화 속도계수가 $9mm/\sqrt{년}$인 콘크리트 구조물이 16년 경과한 시점의 탄산화 깊이는? (단, 예측식의 변동성을 고려한 안전계수는 1로 가정한다.)

① 12mm   ② 36mm
③ 48mm   ④ 144mm

해설 탄산화 깊이
$X = R\sqrt{t} = 9\sqrt{16} = 36mm$

71 옹벽의 안정조건에 대한 설명으로 틀린 것은?

① 활동에 대한 저항력은 옹벽에 작용하는 수평력의 2.0배 이상이어야 한다.
② 전도에 대한 저항휨모멘트는 횡토압에 의한 전도모멘트의 2.0배 이상이어야 한다.
③ 지반에 유발되는 최대 지반반력이 지반의 허용지지력을 초과하지 않아야 한다.
④ 전도 및 지반지지력에 대한 안정조건은 만족하지만, 활동에 대한 안정조건만을 만족하지 못할 경우 활동방지벽 등을 설치할 수 있다.

해설 활동에 대한 저항력은 옹벽에 작용하는 수평력의 1.5배 이상이어야 한다.

72 표면피복공법에 관한 설명으로 틀린 것은?

① 표면에 도포재를 발라 새로운 보호층을 형성 시키고, 철근 부식인자의 침입을 억제한다.
② 표면피복공법은 일반적으로 프라이머도포, 바탕조정, 바름 등의 공정으로 실시된다.
③ 도포재의 도장횟수를 늘리면 표면부의 공극을 없애고, 두터운 막을 늘리면 열화요인에 대한 저항성을 강화시킬 수 있다.
④ 보수 규모가 큰 경우에는 드라이팩트 콘크리트공법, 뿜어붙이기공법 등이 사용된다.

해설 단면복구공법은 공사규모가 큰 경우 드라이 팩트 콘크리트공법, 뿜어 붙이기공법 등이 적용된다.

73 다음 중 슬래브와 보를 일체로 친 반 T형보의 유효폭의 결정에 이용되지 않는 것은?

① (양쪽으로 각각 내민 플랜지 두께의 8배씩)+복부폭
② (인접 보와의 내측 거리의 1/2)+복부폭
③ (보의 경간의 1/12)+복부폭
④ (한쪽으로 내민 플랜지 두께의 6배)+복부폭

해설 반 T형보의 유효폭은 다음 값중 가장 작은 값으로 한다.
· (한쪽으로 내민 플랜지 두께의 6t)+b_w
· $\left(\text{보의 경간의 }\dfrac{1}{12}\right)+b_w$
· $\left(\text{인접보와의 내측거리의 }\dfrac{1}{2}\right)+b_w$

74 4변에 의해 지지되는 2방향 슬래브 중에서 1방향 슬래브로 해석할 수 있는 경우는? (단, L : 2방향 슬래브의 장경간, S : 2방향 슬래브의 단경간)

① $S=L$
② $\dfrac{L}{S}>1$
③ $\dfrac{L}{S}>1.5$
④ $\dfrac{L}{S}>2$

해설 4변에 의해 지지되는 2방향 슬래브 중에서 단변에 대한 장변의 비가 2배를 넘으면 1방향 슬래브로서 해석한다.

75 PS 강재의 정착방법 중 포스트텐션 방식이 아닌 것은?

① 프레시네 공법
② VSL 공법
③ 디비닥 공법
④ 롱라인 공법

해설 롱라인공법 : 프리텐션공법

76 콘크리트 압축강도 추정을 위한 반발경도 시험(KS F 2730)에 대한 설명으로 옳은 것은?

① 시험 영역의 지름은 150mm 이상이 되어야 한다.
② 도장이 되어 있는 평활한 면은 그대로 시험할 수 있다.
③ 시험할 콘크리트 부재는 두께가 50mm 이상이어야 한다.
④ 각 측정위치마다 슈미트해머에 의한 측정점은 10점을 표준으로 한다.

해설
· 시험영역의 지름은 150mm 이상이 되어야 한다.
· 시험할 콘크리트 부재는 두께가 100mm 이상이어야 한다.
· 도장이나 흙손으로 마무리한 표면은 시험 대상으로 할 수 없다.
· 각 시험의 영역으로부터 20개의 시험값을 취한다.

77 콘크리트에 프리스트레스를 도입하면 콘크리트가 탄성체로 전환된다는 생각으로서 응력개념으로도 불리는 프리스트레스트 콘크리트의 기본개념은?

① 균등질 보의 개념
② 내력 모멘트의 개념
③ 하중평형의 개념
④ 하중-저항계수의 개념

해설 균등질 보의 개념은 철근콘크리트는 취성 재료이므로 인장측의 응력을 무시했으나, 프리스트레스트 콘크리트는 탄성재료로서 인장측 응력도 유효한 균등질보이다.

78 설계기준 항복강도가 400MPa인 이형철근을 사용한 1방향 철근콘크리트 슬래브에서 수축 및 온도철근에 대한 최소 철근비는?

① 0.0012
② 0.0020
③ 0.0035
④ 0.0040

해설
· 1방향 철근 콘크리트 슬래브(수축·온도철근을 배치되는 이형철근)
· 설계기준항복강도가 400MPa 이하인 이형철근을 사용한 1방향 철근 슬래브의 수축·온도철근비는 0.0020이다.

79 인장철근 D29(공칭직경 28.6mm, 공칭단면적 642mm²)를 정착시키는데 소요되는 기본정착 길이(l_{db})는? (단, $f_{ck}=24$MPa, $f_y=350$MPa, 보통 중량 콘크리트를 사용한 경우)

① 987mm
② 1,138mm
③ 1,226mm
④ 1,372mm

해설 인장 이형철근의 정착(D35 이하의 철근의 경우)
$$l_{db}=\dfrac{0.6\,d_b f_y}{\lambda\sqrt{f_{ck}}}=\dfrac{0.6\times 28.6\times 350}{1\times\sqrt{24}}=1,226\text{mm}$$

80 콘크리트 보수를 위해 각종 섬유를 사용할 경우 섬유가 갖추어야 할 조건으로 맞지 않는 것은?

① 작업에서 시공성이 우수해야 한다.
② 섬유의 인성과 연성이 풍부해야 한다.
③ 섬유의 압축강도가 커야 한다.
④ 섬유와 결합재의 부착이 좋아야 한다.

해설 섬유의 인장강도가 커야 한다.

정답 74 ④ 75 ④ 76 ① 77 ① 78 ② 79 ③ 80 ③

국가기술자격 CBT 필기시험문제

2022년도 산업기사 2회 필기시험 복원문제

자격종목	시험시간	문제수	형별	수험번호	성 명
콘크리트산업기사	2시간	80	A		

※ 각 문제는 4지 택일형으로 질문에 가장 적합한 문제의 보기 번호를 클릭하거나 답안표기란의 번호를 클릭하여 입력하시면 됩니다.
※ 입력된 답안은 문제 화면 또는 답안 표기란의 보기 번호를 클릭하여 변경하실 수 있습니다.

제1과목 : 콘크리트 재료 및 배합

□□□ 산10,11,16,17,22
01 포틀랜드 시멘트를 화학 분석한 결과 Na_2O가 0.1% 및 K_2O가 0.9%이다. 이 시멘트의 총 알칼리량은?

① 0.69% ② 0.78%
③ 0.80% ④ 1.00%

해설 총 알카리량 = $Na_2O + 0.658K_2O$
= $0.1 + 0.658 \times 0.9 = 0.69\%$

□□□ 산14,18,22
02 시멘트의 응결시간시험 방법으로 옳은 것은?

① 오토클레이브 방법 ② 비비시험
③ 블레인시험 ④ 길모어 침에 의한 시험

해설 시멘트의 응결시험 장치 : 길모어침 장치, 비카트침 장치

□□□ 산09,17,22
03 굵은 골재의 최대치수의 표준값에 대한 설명으로 옳은 것은?

① 일반적인 구조물인 경우 15mm를 사용한다.
② 단면이 큰 구조물인 경우 40mm를 사용한다.
③ 무근콘크리트의 경우 25mm를 사용한다.
④ 무근콘크리트의 경우 부재 최소치수의 1/3을 초과해서는 안된다.

해설 굵은 골재의 최대치수

콘크리트의 종류		굵은 골재의 최대치수	
철근 콘크리트	일반적인 경우	20mm 25mm	· 부재 최소 치수의 1/5 이하
	단면이 큰 경우	40mm	· 피복 두께, 철근 순간격의 3/4 이하
무근 콘크리트		· 40mm · 부재 최소 치수의 1/4을 초과해서는 안됨	

□□□ 산05,14,22
04 시멘트의 분말도에 관한 설명 중 옳은 것은?

① 분말도가 낮은 것일수록 물과 혼합시 접촉 표면적이 커서 수화작용이 빠르다.
② 분말도가 낮은 것일수록 블리딩이 적고 워커블한 콘크리트가 얻어진다.
③ 분말도가 높을수록 초기강도는 작으나 장기강도가 크게 된다.
④ 분말도가 높을수록 풍화되기 쉽고 건조수축이 커져서 균열이 발생하기 쉽다.

해설 · 분말도가 클수록 물과 혼합시 접촉 표면적이 커서 수화작용이 빠르다.
· 분말도가 큰 것일수록 블리딩이 적고 워커블한 콘크리트가 얻어진다.
· 분말도가 높을수록 초기강도가 크게 되며 장기강도도 크게 된다.

□□□ 산04,13,15,22
05 다음의 시멘트 중에서 해안가 혹은 해수와 접하는 곳의 철근콘크리트 구조물 공사에 가장 적합한 것은?

① 보통 포틀랜드 시멘트
② 저발열 시멘트
③ 중용열 포틀랜드 시멘트
④ 조강 포틀랜드 시멘트

해설 중용열 포틀랜드 시멘트는 화학저항성이 크고 내산성이 우수하여 해수에 접하는 철근 콘크리트 구조물 공사에 적합하다.

□□□ 산09,12,16,17,22
06 콘크리트의 혼합에 사용되는 물 중 시험을 실시하지 않아도 사용할 수 있는 것은?

① 호숫물 ② 지하수
③ 슬러지수 ④ 상수돗물

해설 레디믹스트 콘크리트의 혼합에 사용되는 물
· 상수돗물은 시험을 하지 않아도 사용할 수 있다.
· 상수돗물 이외의 물인 경우는 시험항목에 적합해야 한다.

정답 01 ① 02 ④ 03 ② 04 ④ 05 ③ 06 ④

산 04,15,18,22

07 잔골재를 여러 종류의 체로 체가름한 결과, 각 체에 남는 누계량의 질량백분율이 아래의 표와 같이 나타났다. 이 잔골재의 조립율(F.M.)은?

체의 호칭(mm)	5	2.5	1.2	0.6	0.3	0.15
체에 남은 양의 누계(%)	3	15	26	63	76	97

① 2.27 ② 2.45
③ 2.73 ④ 2.80

해설 $FM = \dfrac{3+15+26+63+76+97}{100} = 2.80$

산 09,12,22

08 혼합 시멘트에 대한 설명 중 옳은 것은?

① 플라이애시 시멘트를 사용할 경우 플라이애시의 잠재수경성 반응에 의해 장기강도가 증가한다.
② 고로시멘트를 사용할 경우 고로슬래그 미분말의 포졸란 활성반응에 의해 수화열이 커지고 장기강도가 증가한다.
③ 실리카 시멘트를 사용할 경우 실리카 성분의 포졸란 활성반응 효과에 의해 장기강도가 증가한다.
④ 고로슬래그 시멘트를 사용할 경우 고로슬래그 미분말의 볼베어링 효과에 의해 굳지 않은 콘크리트의 워커빌리티를 크게 개선시킬 수 있다.

해설 • 고로 시멘트를 사용할 경우 고로 슬래그의 잠재수경성 반응에 의해 장기강도가 보통 시멘트보다 약간 크다.
• 실리카 시멘트를 사용할 경우 고로 슬래그 미분말의 포졸란 활성반응에 의해 수화열이 적고 장기강도가 증가한다.
• 플라이 애시 시멘트를 사용할 경우 플라이 애시의 블베어링 효과에 의해 워커빌리티가 증대되고 단위수량을 감소시킬 수 있다.

산 08,17,22

09 서중콘크리트 시공 시 레디믹스트 콘크리트의 운반거리가 멀 때, 수조 및 대형구조물 등 연속타설 시 사용되는 콘크리트에 적합한 혼화제는?

① AE감수제 ② 지연제
③ 고성능 감수제 ④ 발포제

해설 지연제
• 콘크리트의 응결, 초기 경화를 지연시킬 목적으로 사용하는 혼화제이다.
• 서중 콘크리트의 시공이나 레디믹스트 콘크리트에서 운반 거리가 먼 경우 사용된다.
• 연속 콘크리트를 칠 때 작업 이음이 생기지 않도록 할 경우 효과적이다.

산 11,13,16,22

10 콘크리트용 잔골재의 밀도 및 흡수율 시험은 2회 시험의 평균값을 잔골재의 밀도 및 흡수율 값으로 하고 있다. 이때 시험의 정밀도에 대한 설명으로 옳은 것은?

① 시험값은 평균과의 차이가 밀도의 경우 $0.02g/cm^3$ 이하, 흡수율의 경우는 0.01% 이하이어야 한다.
② 시험값은 평균과의 차이가 밀도의 경우 $0.02g/cm^3$ 이하, 흡수율의 경우는 0.05% 이하이어야 한다.
③ 시험값은 평균과의 차이가 밀도의 경우 $0.01g/cm^3$ 이하, 흡수율의 경우는 0.01% 이하이어야 한다.
④ 시험값은 평균과의 차이가 밀도의 경우 $0.01g/cm^3$ 이하, 흡수율의 경우는 0.05% 이하이어야 한다.

해설 골재의 밀도 및 흡수율 시험의 정밀도
• 잔골재 : 시험값은 평균과의 차이가 밀도의 경우 $0.01g/cm^3$ 이하, 흡수율의 경우는 0.05% 이하이어야 한다.
• 굵은 골재 : 시험값은 평균과의 차이가 밀도의 경우 $0.01g/cm^3$ 이하, 흡수율의 경우는 0.03% 이하이어야 한다.

산 08,12,17,21,22

11 굵은 골재의 밀도시험 결과가 아래 표와 같을 때 절대 건조 상태의 밀도를 구하면?

• 대기 중 시료의 절대건조 상태의 질량 : 385g
• 대기 중 시료의 표면건조 포화상태의 질량 : 480g
• 물속에서의 시료의 질량 : 325g
• 시험온도에서 물의 밀도 : $1g/cm^3$

① $2.25g/cm^3$ ② $2.48g/cm^3$
③ $2.61g/cm^3$ ④ $2.75g/cm^3$

해설 $D_d = \dfrac{A}{B-C} \times \rho_w$
$= \dfrac{385}{480-325} \times 1 = 2.48 g/cm^3$

산 13,15,18,22

12 콘크리트용 굵은 골재의 유해물 함유량의 한도(질량백분율) 중 점토덩어리의 경우는 최대 몇 %인가?

① 0.1% ② 0.25%
③ 0.5% ④ 1%

해설 골재의 점토 덩어리 유해물 함유량 한도

종 류	최대값(질량백분률)
잔골재	1.0%
굵은 골재	0.25%

정답 07 ④ 08 ③ 09 ② 10 ④ 11 ② 12 ②

□□□ 산11,17,22
13 콘크리트에 사용되는 혼화재의 종류와 특성에 관한 조합으로 옳지 않은 것은?

① 고로슬래그 미분말-잠재수경성
② 플라이 애시-포졸란 반응
③ 실리카 퓸-단위수량 감소
④ 팽창재-균열 저감

해설 실리카 퓸은 단위수량이 증가한다.

□□□ 산08,10,12,15,22
14 포졸란 작용이 있는 혼화재가 아닌 것은?

① 규산질 미분말 ② 규산백토
③ 규조토 ④ 플라이애시

해설 포졸란 작용이 있는 것 : 플라이 애시, 규조토, 화산재, 규산백토

□□□ 산11,14,17,22
15 콘크리트 시방배합 결과가 다음과 같고 5mm체에 남는 잔 골재량이 6%, 5mm체를 통과하는 굵은 골재량이 4%일 때 입도를 보정하여 잔 골재량을 현장배합으로 수정한 값으로 옳은 것은?

단위량(kg/m³)			
물	시멘트	잔 골재	굵은 골재
175	365	650	1,280

① 626.8kg/m³ ② 636.4kg/m³
③ 643.8kg/m³ ④ 652.6kg/m³

해설 입도에 의한 조정
a : 잔 골재 중 5mm체에 남은 양 : 6%
b : 굵은 골재 중 5mm체를 통과한 양 : 4%
• 잔 골재량 $X = \dfrac{100S - b(S+G)}{100 - (a+b)}$
$= \dfrac{100 \times 650 - 4(650+1,280)}{100-(6+4)} = 636.4 \text{kg/m}^3$

□□□ 산04,08,15,22
16 시멘트의 응결시간시험 방법으로 옳은 것은?

① 오토클레이브 방법 ② 비비시험
③ 블레인시험 ④ 길모어 침에 의한 시험

해설 • 오토클레이브 방법 : 시멘트의 오토클레이브 팽창도 시험 방법
• 비비시험 : 콘크리트의 워커빌리티 측정 시험 방법
• 블레인 시험 : 비표면적 시험(Blaine방법)
• 길모어 침에 의한 시험 : 시멘트의 응결 시험 방법

□□□ 산06,10,11,13,15,17,20,22
17 KS L 5110에 의하여 시멘트 비중시험을 실시한 결과, 르샤틀리에 비중병에 광유를 주입하고 측정한 눈금이 0.6mL이었다. 이 비중병에 시멘트 64g을 넣고 광유가 올라온 눈금을 측정한 결과 21.25mL를 얻었다. 시멘트의 비중은 얼마인가?

① 3.0 ② 3.05
③ 3.10 ④ 3.15

해설 시멘트 비중 $= \dfrac{\text{시멘트의 무게(g)}}{\text{비중병의 눈금차(mL)}}$
$= \dfrac{64}{21.25-0.6} = 3.10$

□□□ 산07,09,15,22
18 실제 사용한 콘크리트의 40회 압축강도 시험으로부터 압축강도(MPa) 잔차의 제곱을 구하여 합한 값이 624이었다. 콘크리트의 배합강도를 결정하기 위한 압축강도의 표준편차를 구하면?

① 3.0MPa ② 3.5MPa
③ 4.0MPa ④ 4.5MPa

해설 $\sigma = \sqrt{\dfrac{S}{n-1}} = \sqrt{\dfrac{624}{40-1}} = 4.0 \text{MPa}$

□□□ 산12,17,18,22
19 콘크리트 배합에서 시방배합을 현장배합으로 고칠 경우 고려해야 할 사항이 아닌 것은?

① 골재의 표면수율
② 잔골재 중 5mm 체에 남는 양
③ 혼화제를 물에 희석한 양
④ 시멘트의 비중

해설 시방배합을 현장배합으로 고칠 경우 고려 사항
• 골재의 함수 상태
• 잔골재 중에서 5mm 남는 굵은 골재
• 굵은 골재 중에서 5mm체를 통과하는 잔골재량
• 혼화제를 희석시킨 희석수량

□□□ 산12,15,18,22
20 압축강도의 시험기록이 없는 현장에서 설계기준압축강도가 20MPa인 경우 배합강도는?

① 25MPa ② 27MPa
③ 28.5MPa ④ 30MPa

해설 $f_{ck} < 21 \text{MPa}$일 때
$f_{cr} = f_{ck} + 7 = 20 + 7 = 27 \text{MPa}$

제2과목 : 콘크리트 제조, 시험 및 품질 관리

산10,13,15,16,17,22

21 콘크리트를 제조할 때 각 재료 계량의 허용오차 중 혼화재의 계량 허용오차는?

① ±1% ② ±2%
③ ±3% ④ ±4%

해설 재료의 계량 오차

재료의 종류	허용오차
물	-2%, +1%
시멘트	-1%, +2%
골재	±3%
혼화제	±3%
혼화재	±2%

산10,14,16,22

22 콘크리트 비비기에 대한 설명으로 틀린 것은?

① 비비기 시간에 대한 시험을 실시하지 않은 경우 그 최소 시간은 강제식 믹서일 경우 1분 30초 이상을 표준으로 한다.
② 비비기는 미리 정해 둔 비비기 시간의 3배 이상 계속하지 않아야 한다.
③ 비비기를 시작하기 전에 미리 믹서 내부를 모르타르로 부착시켜야 한다.
④ 연속믹서를 사용할 경우, 비비기 시작 후 최초에 배출되는 콘크리트는 사용하지 않아야 한다.

해설 • 강제식 믹서의 최소 비비기 시간은 1분 이상을 표준으로 한다.
• 가경식 믹서의 최소 비비기 시간은 1분 30초 이상으로 하여야 한다.

산09,10,12,17,22

23 콘크리트의 쪼갬 인장강도 시험에서 직경 150mm, 길이 300mm인 원주형 공시체를 사용한 경우 최대하중이 220kN이었다면, 인장강도는?

① 3.1MPa ② 3.5MPa
③ 4.2MPa ④ 4.5MPa

해설 $f_{sp} = \dfrac{2P}{\pi dL}$

$= \dfrac{2 \times 220 \times 10^3}{\pi \times 150 \times 300} = 3.1 \text{N/mm}^2 = 3.1 \text{MPa}$

산08,12,15,17,22

24 레미콘의 제조 및 운반에 따른 레미콘의 분류에서 아래의 표에서 설명하는 것은?

> 플랜트에 고정믹서가 설치되어 있어 각 재료를 계량하고 혼합하여 완전히 비벼진 콘크리트를 트럭 믹서 또는 트럭 애지데이터에 투입하여 운반 중에 교반하면서 지정된 공사현장까지 배달, 공급하는 방법

① 센트럴 믹스트 콘크리트
② 쉬링크 믹스트 콘크리트
③ 트랜싯 믹스트 콘크리트
④ 드라이 배칭 콘크리트

해설 • 쉬링크 믹스트 콘크리트 : 공장에 있는 고정 믹서에서 어느 정도 콘크리트를 비빈 다음 트럭 믹서에 싣고 비비면서 현장에 운반하는 방법이다.
• 트랜싯 믹스트 콘크리트 : 콘크리트 플랜트에서 재료를 계량하여 트럭 믹서에 싣고, 운반 중에 물을 넣어 비비는 방법이다.
• 센트럴 믹스트 콘크리트 : 공장에 있는 고정 믹서에서 완전히 비빈 콘크리트를 애지테이터 트럭 또는 트럭 믹서로 운반하는 방법이다.

산09,15,17,19,22

25 레디믹스트 콘크리트의 품질 중 슬럼프 플로의 허용오차로서 옳게 설명한 것은?

① 슬럼프 플로 500mm인 경우 허용오차는 ±50mm이다.
② 슬럼프 플로 600mm인 경우 허용오차는 ±100mm이다.
③ 슬럼프 플로 700mm인 경우 허용오차는 ±125mm이다.
④ 슬럼프 플로 800mm인 경우 허용오차는 ±150mm이다.

해설 슬럼프의 허용오차

슬럼프 플로	슬럼프 플로의 허용차
500mm	±75mm
600mm	±100mm
700mm	±100mm

산09,16,17,22

26 콘크리트의 탄성계수가 21,240MPa인 콘크리트 부재의 전단탄성계수는? (단, 콘크리트의 포아송비는 0.18이다.)

① 9,000MPa ② 10,620MPa
③ 59,000MPa ④ 118,000MPa

해설 $E = 2G(1+\mu)$에서

$\therefore G = \dfrac{E}{2(1+\mu)}$

$= \dfrac{21,240}{2(1+0.18)} = 9,000 \text{MPa}$

정답 21 ② 22 ① 23 ① 24 ① 25 ② 26 ①

□□□ 산 09,04,13,22
27 굳지 않은 콘크리트의 성질을 알아보는 시험 방법이 아닌 것은?

① 염화물량 측정 시험 ② 공기량 시험
③ 슬럼프 시험 ④ 투수시험

해설 ・흙의 투수시험 방법 : 포화상태에 있는 흙 속의 층류 상태로 침투할 때 투수계수를 구하는 시험이다.
・강도, 슬럼프, 공기량 및 염화물량의 한도에 대해서는 조건을 만족하여야 한다.

□□□ 산 11,13,18,22
28 슬럼프 시험에 대한 설명으로 틀린 것은?

① 굵은 골재의 최대 치수가 40mm를 넘는 콘크리트의 경우에는 40mm를 넘는 굵은 골재를 제거한다.
② 시험체를 만들 콘크리트 시료는 그 배치를 대표할 수 있어야 한다.
③ 슬럼프 콘에 콘크리트를 넣고 각 층을 다질 때 다짐봉의 다짐 깊이는 그 앞 층에 거의 도달할 정도로 한다.
④ 슬럼프 콘을 들어 올렸을 때 콘크리트의 모양이 불균형이 된 경우 같은 시료로 재시험을 한다.

해설 콘크리트가 슬럼프콘의 중심축에 대하여 치우치거나 무너지거나 해서 모양이 불균형이 된 경우 다른 시료에 의해 재시험을 한다.

□□□ 산 09,11,18,22
29 관입저항침에 의한 콘크리트의 응결시간 시험방법에 관한 설명으로 적합하지 않는 것은?

① 시료는 굳지 않은 콘크리트를 체로 쳐서 얻은 모르타르로 시험한다.
② 시료의 위 표면적 1,000mm²당 1회의 비율로 다진다.
③ 보통의 배합인 경우 20~25℃ 온도의 실험실에서 시험한다.
④ 관입 저항이 3.5MPa, 28.0MPa이 될 때의 시간을 각각 초결시간과 종결시간으로 결정한다.

해설 시료의 위 표면적 645mm²당 1회의 비율로 모르타르를 다진다.

□□□ 산 08,10,13,17,22
30 S-N 곡선은 콘크리트의 어떤 성질을 나타내는 것인가?

① 피로 ② 연성
③ 탄성계수 ④ 건조수축

해설 S-N선도 : 콘크리트의 피로한도를 나타내는 곡선이다.

□□□ 산 06,12,22
31 휨강도를 측정하기 위하여 150×150×550mm 각주형 공시체를 제작할 때 콘크리트는 2층으로 나누어 채우며 각 층에 대한 다짐회수는 몇 회인가?

① 10회 ② 25회
③ 50회 ④ 83회

해설 몰드 속의 콘크리트를 다짐대로 윗면적 약 1,000mm²에 대하여 1회 비율로 다진다.
$\dfrac{150 \times 550}{1,000} = 82.5 = 83$회

□□□ 산 04,15,17,22
32 실제로 시공된 콘크리트 자체의 품질을 구조물에 손상을 주지 않고, 콘크리트의 반발경도를 측정하여 압축강도를 추정하는 비파괴시험은 무엇인가?

① 공진법 ② 슈미트 해머법
③ 음속법 ④ 방사선법

해설 비파괴 시험의 종류
・슈미트 해머 : 콘크리트 표면을 타격하여 반발계수를 계측하여 콘크리트의 강도를 추정하는 것으로 비파괴 검사의 일종이다.
・공진법 : 콘크리트 공시체에 진동을 주어 그때의 공명 진동 등으로 콘크리트의 탄성계수를 측정하는 검사방법
・음속법 : 발신자와 수신자 사이를 음파가 통과하는 시간을 측정하여 음속의 크기에 의해 강도를 측정하는 검사방법
・방사선법 : X선 발생장치 또는 방사선 동위원소에서 방사되는 X선, γ선을 이용하여 철근의 위치, 크기 또는 내부 결함 등을 조사하는 방법

□□□ 산 05,10,12,16,22
33 자재 품질관리에서 굵은 골재의 품질관리 항목에 속하지 않는 것은?

① 절대건조밀도 ② 흡수율
③ 물리화학적 안정성 ④ 유기불순물

해설 굵은 골재의 품질관리 항목(강자갈)

항목	시기 및 횟수
절대건조밀도	・공사시작 전, 공사 중 ・1회/일 이상 및 산지가 바뀐 경우
흡수율	
입도	
점토덩어리	
0.08mm체 통과량	
물리화학적 안정성 (알칼리 실리카 반응성)	・공사시작 전, 공사 중 1회/6개월 이상 및 산지가 바뀐 경우
석탄, 갈탄 등으로 밀도 2.0g/cm³의 액체에 뜨는 것	・공사시작 전, 공사 중 1회/년 이상 및 산지가 바뀐 경우
내동해성(안정성)	

정답 27 ④ 28 ④ 29 ② 30 ① 31 ④ 32 ② 33 ④

□□□ 산 09,13,15,22
34 1개마다 양, 불량으로 구별할 경우 사용하나 불량률을 계산하지 않고 불량 개수에 의해서 관리하는 경우에 사용하는 관리도는?

① U 관리도
② C 관리도
③ P 관리도
④ P_n 관리도

[해설]
- U 관리도 : 단위가 다를 경우 단위당 결점수로 관리
- C 관리도 : 일정한 크기의 시료 가운데 나타나는 결점수에 의거 공정을 관리할 때에 사용한다.
- P 관리도 : 시료의 크기가 반드시 일정치 않아도 되는 이항분포 이론을 적용하여 불량률로서 공정을 관리할 때에 사용한다.
- P_n 관리도 : 하나하나의 물품의 양호, 불량으로 판정할 때 불량갯수로써 공정을 관리한다.

□□□ 산 08,11,17,18,22
35 탄산화의 깊이가 6.0cm가 되려면 일반적인 경우에 있어서 소요되는 경과 년수는 몇 년인가?
(단, 탄산화 속도계수는 4이다.)

① 1.75년
② 2.0년
③ 2.25년
④ 2.5년

[해설] 탄산화 깊이 $X = A\sqrt{t}$
$6.0 = 4\sqrt{t}$ ∴ 경과년수 $t = 2.25$년

□□□ 산 07,14,18,22
36 골재의 알칼리-실리카 반응을 검토하기 위하여 적합한 시험은?

① 질산은 적정법
② 전자파 레이더법
③ 모르타르봉 방법
④ 변색법

[해설]
- 모르타르봉 방법 : 모르타르봉 길이 변화를 측정하는 것에 의해, 골재의 알칼리 반응성을 판정하는 시험 방법에 대하여 규정
- 화학적 방법 : 포틀랜드 시멘트 내의 알칼리와 골재의 잠재 반응의 화학적 측정에 대하여 규정

□□□ 산 04,07,12,18,22
37 현장 품질관리에 있어 관리도를 사용하려 할 때 가장 먼저 행해야 할 것은?

① 관리할 항목을 선정한다.
② 관리도의 종류를 선정한다.
③ 이상원인을 발견하면 이를 규명하고 조치한다.
④ 관리하고자 하는 제품을 선정한다.

[해설] 제일 먼저 품질의 특성을 결정한다. 품질 특성이란 관리를 하고자하는 제품을 선정하는 것을 말한다.

□□□ 산 08,10,11,14,15,22
38 보통 포틀랜드 시멘트를 사용한 콘크리트의 압축강도(MPa)를 측정한 결과가 아래의 표와 같을 때 범위(R)을 구하면?

| 41, 45, 38, 40, 46, 44, 43, 42, 40, 45 |

① 42.4MPa
② 40MPa
③ 8MPa
④ 2.6MPa

[해설] $R = x_{\max} - x_{\min}$
$= 46 - 38 = 8$MPa

□□□ 산 11,13,16,22
39 콘크리트 구조물의 검사 중 표면상태의 검사항목에 해당되지 않는 것은?

① 시공이음
② 균열
③ 양생방법
④ 노출면의 상태

[해설] 콘크리트의 표면상태의 검사항목

항 목	검사방법
노출면의 상태	외관 관찰
균열	스케일에 의한 관찰
시공이음	외관 및 스케일에 의한 관찰

□□□ 산 07,09,11,17,22
40 콘크리트의 크리프(creep)에 영향을 주는 요소에 대한 설명으로 틀린 것은?

① 재하응력이 클수록 크리프가 크다.
② 재하시의 재령이 작을수록 크리프가 크다.
③ 조강시멘트를 사용한 콘크리트는 보통시멘트를 사용한 콘크리트보다 크리프가 크다.
④ 부재의 치수가 작을수록 크리프가 크다.

[해설] 조강시멘트는 보통 시멘트보다 크리프가 작다.

제3과목 : 콘크리트의 시공

41 일반 콘크리트의 시공에서 외기온도가 25℃ 미만인 경우 비비기로부터 타설이 끝날 때까지의 시간은 원칙적으로 얼마를 넘어서는 안 되는가?

① 60분 ② 90분
③ 120분 ④ 150분

[해설] 비비기로부터 치기가 끝날 때까지의 시간
- 원칙적으로 외기온도가 25℃ 이상일 때는 1.5시간(90분)을 넘어서는 안된다.
- 원칙적으로 외기온도가 25℃ 미만일 때에는 2시간(120분)을 넘어서는 안된다.

42 콘크리트 다지기에서 내부진동기 사용방법의 표준을 설명한 것으로 틀린 것은?

① 진동다지기를 할 때에는 내부진동기를 하층의 콘크리트 속으로 0.1m 정도 찔러 넣는다.
② 진동기의 삽입간격은 일반적으로 2m 이하로 하는 것이 좋다.
③ 1개소당 진동시간은 다짐할 때 시멘트 페이스트가 표면 상부로 약간 부상하기까지 한다.
④ 내부진동기는 콘크리트로부터 천천히 빼내어 구멍이 남지 않도록 한다.

[해설] 진동기의 삽입간격은 일반적으로 0.5m 이하로 하는 것이 좋다.

43 프리플레이스트 콘크리트에 대한 설명으로 옳은 것은?

① 프리플레이스트 콘크리트의 강도는 원칙적으로 재령 14일의 압축강도를 기준으로 한다.
② 거푸집 속에 잔 골재와 굵은 골재를 채워 넣고 시멘트풀을 주입하여 완성한다.
③ 굵은 골재의 최소치수는 15mm 이상으로 하여야 한다.
④ 수중콘크리트 시공에는 적합하지 않다.

[해설] 프리플레이스트 콘크리트
- 강도는 원칙적으로 재령 28일 또는 재령 91일의 압축강도를 기준으로 한다.
- 특정한 입도를 가진 굵은 골재를 거푸집 속에 채워 넣고, 그 공극 속에 특수한 모르타르를 적당한 압력으로 주입하여 만든 콘크리트이다.
- 수중콘크리트에 시공하는 경우가 적합하다.

44 다음 중 일반 수중콘크리트 타설의 원칙에 어긋나는 것은?

① 물막이를 설치하여 물을 정지시켜 정수 중에 타설하여야 한다
② 완전히 물막이를 할 수 없을 경우 유속을 50mm/min 이하로 하여야 한다.
③ 콘크리트를 수중에 낙하시키지 않아야 한다.
④ 콘크리트 면을 가능한 한 수평하게 유지하면서 소정의 높이 또는 수면 상에 이를 때까지 연속해서 타설하여야 한다.

[해설] 타설시 완전한 물막이가 어려운 경우에는 유속의 허용한도를 50mm/s 이하로 한다.

45 일평균 기온이 10℃ 이상~15℃ 미만인 경우 보통 포틀랜드 시멘트를 사용한 일반 콘크리트의 습윤양생기간의 표준으로 옳은 것은?

① 3일 ② 5일
③ 7일 ④ 9일

[해설] 습윤양생기간의 표준

일평균 기온	보통 포틀랜드 시멘트	고로 슬래그 시멘트(2종) 플라이 애시 시멘트(2종)	조강 포틀랜드 시멘트
15℃ 이상	5일	7일	3일
10℃ 이상	7일	9일	4일
5℃ 이상	9일	12일	5일

46 다음 중 촉진 양생의 종류가 아닌 것은?

① 오토클레이브 양생 ② 습윤양생
③ 전기양생 ④ 증기양생

[해설] 촉진 양생의 종류
- 증기양생 · 전기양생 · 오토클레이브 양생

47 바닥틀의 시공이음의 위치로 적당한 것은?

① 슬래브나 보의 지점 부분
② 슬래브나 보의 경간 중앙부 부근
③ 슬래브나 보의 경간 1/4 지점
④ 슬래브나 보의 경간 3/4 지점

[해설] 바닥틀의 시공이음은 슬래브 또는 보의 경간 중앙부 부근에 두어야 한다.

정답 41 ③ 42 ② 43 ③ 44 ② 45 ③ 46 ② 47 ②

□□□ 산13,15,18,22
48 수화열이나 건조수축으로 인한 콘크리트 구조물의 변형이 구속됨으로써 발생할 수 있는 균열에 대한 대책 중의 하나로, 소정의 간격으로 단면 결손부를 설치한 것을 지칭하는 것은?

① 콜드조인트　② 겹침이음
③ 균열유발이음　④ 전단키

해설 균열유발이음 : 콘크리트의 수화열이나 외기온도 등에 의하여 온도변화, 건조수축, 외력 등의 변형에 의해 균열을 정해진 장소에 집중시킬 목적으로 소정의 간격으로 설치하는 것

□□□ 산09,10,15,17,22
49 콘크리트의 설계 기준 강도가 21MPa인 경우 슬래브 및 보의 밑면, 아치 내면 거푸집은 콘크리트 압축강도가 몇 MPa이상인 경우 해체할 수 있는가?

① 5MPa　② 10MPa
③ 12MPa　④ 14MPa

해설 콘크리트 압축강도(슬래브 및 보의 밑면, 아치 내면)
· 설계기준압축강도의 2/3배 이상 또는 최소 14MPa 이상
∴ 콘크리트의 압축강도 $f_{cu} = \frac{2}{3} \times 21 = 14\text{MPa} \geq 14\text{MPa}$

□□□ 산05,16,17,22
50 한중콘크리트의 설명으로 틀린 것은?

① 하루의 평균기온이 4℃ 이하가 예상되는 조건일 때는 한중콘크리트로 시공하여야 한다.
② 재료를 가열할 경우, 물 또는 골재를 가열하는 것으로 하며, 시멘트는 어떠한 경우라도 직접 가열할 수 없다.
③ 한중콘크리트에는 공기연행 콘크리트를 사용하는 것을 원칙으로 한다.
④ 타설할 때의 콘크리트 온도는 0℃∼5℃의 범위에서 정하여야 한다.

해설 타설할 때의 콘크리트 온도는 5∼20℃의 범위에서 정하여야 한다.

□□□ 산11,14,16,18,21,22
51 고강도 콘크리트란 설계기준 압축강도가 몇 MPa 이상인 콘크리트를 말하는가? (단, 보통(중량) 콘크리트인 경우)

① 27MPa　② 30MPa
③ 35MPa　④ 40MPa

해설 고강도 콘크리트 : 설계기준압축강도가 보통(중량) 콘크리트에서 40MPa 이상, 경량골재 콘크리트에서 27MPa 이상인 경우의 콘크리트

□□□ 산08,12,15,19,22
52 숏크리트의 시공에 대한 설명으로 틀린 것은?

① 절취면이 비교적 평활하고 넓은 법면에 대해서는 세로 방향으로 적당한 간격으로 신축줄눈을 설치하여야 한다.
② 뿜어 붙인 콘크리트가 박리되거나 흘러내리지 않는 범위의 적당한 두께로 뿜어 붙여 소정의 두께가 될 때까지 반복해서 뿜어 붙여야 한다.
③ 숏크리트는 빠르게 운반하고, 급결제를 첨가한 후는 바로 뿜어 붙이기 작업을 실시하여야 한다.
④ 비탈면이 동결하였거나 빙설이 있는 경우 표면에 물을 뿌려 시공한다.

해설 비탈면이 동결하였거나 빙설이 있는 경우에는 녹여서 표면의 물을 없앤 다음 뿜어 붙여야 한다.

□□□ 산06,11,17,22
53 해양콘크리트에 대한 설명 중 적절하지 못한 것은?

① 철근 피복두께는 일반 콘크리트보다 크게 한다.
② 내구성을 고려하여 정한 최대 물-결합재비는 일반 콘크리트보다 작게 하는 것이 바람직하다.
③ 보통 포틀랜드 시멘트를 사용한 콘크리트는 적어도 재령 5일이 될 때까지 해수에 직접 접촉되지 않도록 한다.
④ 해수의 작용에 대하여 내구성이 높은 고로슬래그시멘트를 사용하면 초기양생기간을 단축시킬 수 있다.

해설 해수의 작용에 대하여 내구성이 높은 고로 슬래그 시멘트를 사용하면 초기 강도가 작은 결점이 있어 초기의 습윤양생에 주의하여야 한다.

□□□ 산16,18,22
54 유동화 콘크리트의 슬럼프 증가량에 대한 설명으로 옳은 것은?

① 80mm 이하를 원칙으로 하며, 30∼50mm를 표준으로 한다.
② 80mm 이하를 원칙으로 하며, 50∼80mm를 표준으로 한다.
③ 100mm 이하를 원칙으로 하며, 50∼80mm를 표준으로 한다.
④ 100mm 이하를 원칙으로 하며, 80∼100mm를 표준으로 한다.

해설 슬럼프 증가량은 100mm 이하를 원칙으로 하며, 50∼80mm를 표준으로 한다.

정답 48 ③　49 ④　50 ④　51 ④　52 ④　53 ④　54 ③

□□□ 산 08,11,17,22
55 수밀콘크리트의 일반적인 사항으로 옳지 않은 것은?

① 수밀성이 큰 콘크리트 또는 투수성이 큰 콘크리트
② 물-결합재비는 50% 이하를 표준으로 한다.
③ 연속 타설 시간 간격은 외기온이 25℃를 넘었을 경우에는 1.5시간을 넘어서는 안된다.
④ 소요의 품질을 갖는 수밀콘크리트를 얻을 수 있도록 적당한 간격으로 시공이음을 둔다.

[해설] 수밀성이 큰 콘크리트 또는 투수성이 적은 콘크리트를 말한다.

□□□ 산 10,14,17,22
56 경량골재 콘크리트에 대한 설명으로 틀린 것은?

① 고유동 콘크리트의 경우 책임기술자와 협의하여 다짐을 생략할 수 있다.
② 경량골재 콘크리트는 보통 콘크리트에 비해 진동시간을 약간 길게 해 충분히 다져야 한다.
③ 경량골재 콘크리트는 보통 콘크리트에 비해 진동기를 찔러 넣는 간격을 작게 하는 것이 좋다.
④ 진동 다지기를 하면 굵은 골재가 침하하고 모르타르가 위로 떠오르는 재료분리현상이 발생한다.

[해설] 경량골재 콘크리트를 타설할 때 모르타르가 침하하고, 굵은 골재가 위로 떠오르는 재료분리현상이 적게 일어나도록 하여야 한다.

□□□ 산 11,14,17,22
57 섬유보강 콘크리트의 비비기에 대한 설명으로 틀린 것은?

① 섬유보강 콘크리트는 소요의 품질이 얻어지도록 충분히 비벼야 한다.
② 믹서는 가경식 믹서를 사용하는 것을 원칙으로 한다.
③ 섬유를 믹서에 투입할 때에는 섬유를 콘크리트 속에 균일하게 분포시킬 수 있는 방법으로 하여야 한다.
④ 비비기 시간은 시험에 의하여 정하는 것을 원칙으로 한다.

[해설] 믹서는 강제식 믹서를 사용하는 것을 원칙으로 한다.

□□□ 산 12,14,16,17,19,22
58 방사선 차폐용 콘크리트의 슬럼프는 작업에 알맞은 범위 내에서 가능한 한 작은 값이어야 한다. 일반적인 경우의 슬럼프 값의 기준으로 옳은 것은?

① 100mm 이하
② 120mm 이하
③ 150mm 이하
④ 180mm 이하

[해설] 콘크리트의 슬럼프는 작업에 알맞은 범위 내에서 가능한 한 적은 값이어야 하며, 일반적인 경우 150mm 이하로 하여야 한다.

□□□ 산 12,14,17,22
59 매스 콘크리트로 다루어야 하는 구조물의 부재치수에 대한 일반적인 표준으로 옳은 것은?

① 넓이가 넓은 평판구조의 경우 두께 0.5m 이상
② 넓이가 넓은 평판구조의 경우 두께 0.3m 이상
③ 하단이 구속된 벽조의 경우 두께 0.5m 이상
④ 하단이 구속된 벽조의 경우 두께 0.3m 이상

[해설] 매스 콘크리트로 다루어야 하는 구조물의 부재치수
· 넓이가 넓은 평판구조의 경우 두께 0.8m 이상
· 하단이 구속된 벽조의 경우 두께 0.5m 이상

□□□ 산 04,09,14,15,22
60 재령 24시간에서 숏크리트의 초기 압축강도 표준값은?

① 2~5MPa
② 5~10MPa
③ 10~15MPa
④ 15~20MPa

[해설] 숏크리트의 초기강도 표준값

재 령	숏크리트의 초기강도(MPa)
24시간	5.0~10.0
3시간	1.0~3.0

제4과목 : 콘크리트 구조 및 유지관리

□□□ 산 04,07,09,13,22
61 안전점검의 종류 중 육안관찰이 가능한 개소에 대하여 성능저하나 열화 및 하자의 발생부위 파악을 위해 실시하는 점검은?

① 초기점검
② 정기점검
③ 정밀점검
④ 긴급점검

[해설]
· 초기 점검 : 시설물 관리대장에 기록되는 최초로 실시되는 정밀 점검을 말한다.
· 정기 점검 : 일상 점검에서 파악하기 어려운 구조물의 세부에 대하여 정기적으로 열화부위 및 열화현상 파악하기 위해 실시한다.
· 정밀 점검 : 안전진단 기관에 의해 정기적으로 시설물의 거동을 심도 있게 파악하기 위해 실시하는 안전 점검이다.
· 긴급점검 : 지진이나 풍수해 등과 같은 천재, 화재, 부력 및 차량 및 선박의 충돌 등 긴급 사태에 대해 시설물의 손상 정도에 관한 정보를 신속히 얻기 위하여 실시하는 점검이다.

[정답] 55 ① 56 ④ 57 ② 58 ③ 59 ③ 60 ② 61 ②

62 다음 중 옵셋 굽힘철근(offset bent bar)에 대한 설명으로 옳은 것은?

① 전체 깊이가 500mm를 초과하는 휨부재 복부의 양 측면에 부재 축방향으로 배치하는 철근
② 구부려 올리거나 또는 구부려 내린 부재길이 방향으로 배치된 철근
③ 하중을 분포하거나 균열을 제어할 목적으로 주철근과 직각에 가까운 방향으로 배치한 보조철근
④ 상하 기둥 연결부에서 단면치수가 변하는 경우에 구부린 주철근

[해설] 옵셋 굽힘철근 : 상하 기둥 연결부에서 단면치수가 변하는 경우에 구부린 주철근

63 강도설계법으로 설계시 기본가정에 어긋나는 것은?

① 철근과 콘크리트의 변형률은 중립축에서의 거리에 비례한다.
② 휨모멘트 또는 휨모멘트와 축력을 동시에 받는 부재의 콘크리트 압축연단의 극한변형률은 콘크리트의 설계기준압축강도가 40MPa 이하인 경우에는 0.0033으로 가정한다.
③ 철근변형률이 항복변형률(ε_y) 이상일 때 철근의 응력은 변형률에 관계없이 f_y와 같다고 가정한다.
④ 휨응력 계산에서 콘크리트의 인장강도는 압축강도의 1/10로 계산한다.

[해설] 휨응력 계산에서 콘크리트의 인장강도는 무시한다.

64 그림의 PS콘크리트 보에서 하중평형개념을 고려할 때 등분포의 상향력 u는 얼마인가?(단, $P=2,000$kN/m, $s=0.2$m이다.)

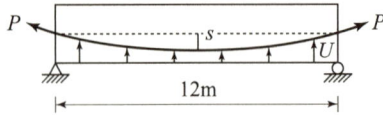

① 35.2kN/m ② 31.2kN/m
③ 27.2kN/m ④ 22.2kN/m

[해설] 강재가 포물선으로 배치된 경우
$P \cdot s = \dfrac{u \cdot l^2}{8}$ 에서
$\therefore$ 상향력 $u = \dfrac{8P \cdot s}{l^2}$
$= \dfrac{8 \times 2,000 \times 0.2}{12^2} = 22.2$kN/m

65 다음 중 콘크리트의 균열 폭을 줄일 수 있는 방법으로 가장 적합한 것은?

① 굵은 철근을 사용하기 보다는 가는 철근을 많이 사용한다.
② 철근에 발생하는 응력이 커질 수 있도록 배근한다.
③ 철근이 배근되는 곳에서 피복두께를 크게 한다.
④ 콘크리트의 압축부분에 압축철근을 배치한다.

[해설] 콘크리트의 균열 폭을 줄일 수 있는 방법
• 이형철근을 사용하면 균열 폭을 최소로 할 수 있다.
• 인장측에 철근을 잘 배분하면 균열 폭을 최소로 할 수 있다.
• 콘크리트 표면의 균열폭은 철근에 대한 콘크리트 피복 두께에 비례한다.
• 콘크리트의 최대 인장 구역에서 지름이 가는 철근을 여러 개 사용하는 것이 좋다.

66 인장철근 D29(공칭직경 28.6mm, 공칭단면적 642mm²)를 정착시키는데 소요되는 기본정착 길이(l_{db})는?
(단, $f_{ck}=24$MPa, $f_y=350$MPa, 보통 중량 콘크리트를 사용한 경우)

① 987mm ② 1,138mm
③ 1,226mm ④ 1,372mm

[해설] 인장 이형철근의 정착(D35 이하의 철근의 경우)
$l_{db} = \dfrac{0.6 d_b f_y}{\lambda \sqrt{f_{ck}}} = \dfrac{0.6 \times 28.6 \times 350}{1 \times \sqrt{24}} = 1,226$mm

67 철근콘크리트의 알칼리골재반응에 의한 열화메커니즘에 관한 설명으로 가장 적당한 것은?

① 알칼리골재반응은 콘크리트 중의 알칼리와 골재와의 반응으로 수분이 많으면 알칼리가 희석되어 반응이 작게 된다.
② 프리스트레스트 콘크리트 구조에서는 도입된 프리스트레스에 의해 알칼리골재반응에 의한 균열을 방지할 수 있다.
③ 알칼리골재반응은 타설 직후부터 팽창이 시작되어 재령에 따라 반응은 감소하고 거의 1년 정도에 멈춘다.
④ 알칼리골재반응에 의한 균열은 망상으로 나타나는 경우가 많다.

[해설] 알칼리 골재반응은 시멘트 중의 나트륨, 칼슘이온이 골재 중의 이산화규소와 반응하여 규산칼슘이나 규산나트륨을 생성시켜 콘크리트 구조물의 팽창 균열을 동반하여 균열의 형태는 거북등(망상) 균열의 형상으로 나타나는 것이 특징이다.

정답 62 ④ 63 ④ 64 ④ 65 ① 66 ③ 67 ④

68 콘크리트의 내화성에 관한 설명으로 가장 부적당한 것은?

① 콘크리트는 내화성이 우수하여 600℃ 정도의 화열을 받아도 압축강도의 저하는 거의 없다.
② 석회석이나 화강암 골재는 특히 내화성을 필요로 하는 장소의 콘크리트에 사용하지 않도록 한다.
③ 화재피해를 받은 콘크리트의 탄산화속도는 화재피해를 받지 않은 것과 비교하여 크다.
④ 화재발생시 급격한 가열, 부재단면이 얇거나 콘크리트의 함수율이 높은 경우는 피복콘크리트의 폭렬이 발생하기 쉽다.

[해설] 콘크리트의 압축강도는 약 500℃의 고온을 받은 후 냉각에 필요한 충분한 시간이 지났다면 강도는 약 90%까지 회복한다.

69 $b=300mm$, $d=500mm$인 단철근 직사각형 철근콘크리트 보에서 콘크리트가 부담할 수 있는 전단강도(V_c)는? (단, $f_{ck}=25MPa$, $f_y=400MPa$이고 보통(중량)콘크리트를 사용)

① 97kN　② 112kN
③ 125kN　④ 143kN

[해설] $V_c = \frac{1}{6}\lambda\sqrt{f_{ck}}\,b_w d$
$= \frac{1}{6} \times 1 \times \sqrt{25} \times 300 \times 500 = 125,000N = 125kN$

70 고정하중과 활하중이 각각 80N/m, 100N/m의 등분포하중으로 작용하는 보의 설계하중을 구하면? (단, 강도설계법에 의한 하중계수와 하중조합을 고려하시오.)

① 180N/m　② 248N/m
③ 256N/m　④ 360N/m

[해설] 고정하중(D)과 활하중(L)이 작용하는 소요강도
$U = 1.2D + 1.6L = 1.2 \times 80 + 1.6 \times 100 = 256 kN/m$

71 $b_w=400mm$, $d=500mm$, $f_{ck}=27MPa$, $f_y=400MPa$인 단철근 직사각형보의 압축연단에서 중립축까지의 거리(c)를 구하면?

① 240mm　② 311mm
③ 333mm　④ 360mm

[해설] $c = \frac{660}{660+f_y}d = \frac{660}{660+400} \times 500 = 311mm$

72 설계기준항복강도가 400MPa 이하인 이형철근을 사용한 슬래브의 최소 수축·온도 철근비는?

① 0.0020　② 0.0030
③ 0.0035　④ 0.0040

[해설] 1방향 철근 콘크리트 슬래브(수축·온도철근을 배치되는 이형철근)
· 설계기준항복강도가 400MPa 이하인 이형철근을 사용한 1방향 철근 슬래브의 수축·온도철근비는 0.0020이다.

73 옹벽을 설계할 때 고려하여야 할 안정조건이 아닌 것은?

① 마찰력에 대한 안정
② 전도에 대한 안정
③ 활동에 대한 안정
④ 지반 지지력에 대한 안정

[해설] 옹벽의 안정조건 : 전도에 대한 안정, 활동에 대한 안정, 지반 지지력에 대한 안정

74 다음 비파괴시험법 중 철근부식평가를 위한 시험으로 거리가 먼 것은?

① 자연전위법　② 전자파 레이더법
③ 전기저항법　④ 분극저항법

[해설] · 구조물의 안전조사시 철근부식여부를 조사하는 방법 : 자연전위법, 분극 저항법, 전기 저항법
· 전자파 레이더법 : 콘크리트 구조물 내의 매설물 및 콘크리트 성상(부재두께, 공동 등)조사방법

75 콘크리트 염해에 대한 설명 중 틀린 것은?

① 콘크리트 내 함수율이 높을수록 염화물이온의 확산계수비는 커진다.
② 부식반응은 애노드반응과 캐소드반응이 조합된 반응이다.
③ 염화물이온에 의한 철근부식은 산소와 수분, 탄산화가 동반되어야만 발생한다.
④ 해안에 가까울수록 염해가 발생할 가능성은 커진다.

[해설] · 강재의 부식은 염화물이온 외에 산소와 피복두께가 영향을 미치므로 이를 고려하여 강재의 부식 정도를 예측한다.
· 산소의 영향에 대해서도 실구조물에서 직접 평가하는 것이 어렵기 때문에 탄산화 깊이로 그 공급량의 정도를 정량화하여 예측에 이용한다.

□□□ 산 10,15,18,22
76 콘크리트 구조물이 공기 중의 탄산가스의 영향을 받아 콘크리트 중의 수산화칼슘이 서서히 탄산칼슘으로 되어 콘크리트가 알칼리성을 상실하는 현상을 무엇이라 하는가?

① 알칼리골재반응　② 염해
③ 탄산화　　　　　④ 화학적 침식

해설 탄산화(중성화)는 대기중의 탄산가스가 서서히 콘크리트 속으로 침투하여 알칼리성을 약하게 하고 내부 철근을 부식시키는 현상이다.

□□□ 산 04,11,14,17,22
77 외부 케이블을 설치하여 프리스트레스를 도입하는 보강 공법의 특징으로 틀린 것은?

① 보강 효과가 역학적으로 명확하다.
② 보강 후 유지관리가 비교적 쉽다.
③ 콘크리트의 강도 부족이나 열화에 비효율적이다.
④ 부재의 강성을 향상시키는데 효율적이다.

해설 외부케이블에 의해 프리스트레스를 도입해도 강성은 향상되지 않는다.

□□□ 산 11,14,16,22
78 콘크리트 구조물의 외관조사시 외관조사망도에 기입하지 않는 것은?

① 균열형태　② 균열깊이
③ 균열길이　④ 균열폭

해설 외관조사시 외관조사망도 기입 사항
균열(형태, 위치, 폭, 길이), 망상균열, 철근(위치, 직경, 피복두께, 노출, 부식) 등

□□□ 산 08,09,18,22
79 보수공법 중 수동식 주입공법의 장점으로 틀린 것은?

① 다량의 수지를 단시간에 주입할 수 있다.
② 결함폭 0.5mm 이하의 경우에 매우 효과적이다.
③ 들뜸이 매우 작은 부위에도 주입이 가능하다.
④ 주입압이나 속도를 조절할 수 있다.

해설 수동식 주입공법의 단점
· 균열폭 0.5mm 이하의 경우에는 주입이 곤란하다.
· 주입시 압력 펌프를 필요로 한다.
· 경우에 따라 압착양생을 필요로 한다.
· 주입기 조작시 숙련도가 요구되어 관리상의 문제점이 있다.

□□□ 산 06,11,15,22
80 콘크리트의 강도를 평가할 수 있는 시험 방법으로 거리가 먼 것은?

① 코아테스트　② 반발경도법
③ 투수성시험　④ 부착강도시험

해설 원위치에 있어서 토층의 투수계수를 구하는 현장 투수시험과 시험실에서 투구계수를 구하는 투수 시험이 있다.

정답 76 ③　77 ④　78 ②　79 ②　80 ③

국가기술자격 CBT 필기시험문제

2022년도 산업기사 3회 필기시험 복원문제

자격종목	시험시간	문제수	형 별
콘크리트산업기사	2시간	80	A

※ 각 문제는 4지 택일형으로 질문에 가장 적합한 문제의 보기 번호를 클릭하거나 답안표기란의 번호를 클릭하여 입력하시면 됩니다.
※ 입력된 답안은 문제 화면 또는 답안 표기란의 보기 번호를 클릭하여 변경하실 수 있습니다.

제1과목 : 콘크리트 재료 및 배합

01 레디믹스트를 콘크리트에 사용할 혼합수에 관한 설명으로 옳은 것은?

① 상수돗물이나 지하수는 시험을 하지 않아도 사용할 수 있다.
② 회수수를 사용하였을 경우, 단위 슬러지 고형분율이 5% 이하이어야 한다.
③ 배합할 때, 회수수 중에 함유된 슬러지 고형분은 물의 질량에는 포함하지 않는다.
④ 레디믹스트 콘크리트 공장에서 운반차, 플랜트의 믹서, 호퍼 등에 부착된 콘크리트 및 현장에서 되돌아오는 레디믹스트 콘크리트를 세척하여 잔골재, 굵은 골재를 분리한 세척 배수로서 슬러지수 및 상징수의 총칭을 공업용수하고 한다.

[해설] 레디믹스트 콘크리트의 혼합에 사용되는 물
 · 상수돗물은 시험을 하지 않아도 사용할 수 있다.
 · 회수수를 사용하였을 경우, 단위 슬러지 고형분율이 3% 이하이어야 한다.
 · 배합할 때, 회수수 중에 함유된 슬러지 고형분은 물의 질량에는 포함하지 않는다.

02 골재에 대한 설명으로 옳지 않은 것은?

① 5mm체에 거의 다 남은 골재 또는 5mm체에 다 남은 골재를 굵은 골재라 한다.
② 공사 중에 잔골재의 입도가 변하여 조립률이 최소 ±0.50 이상 차이가 있을 경우에는 배합을 수정하여야 한다.
③ 굵은 골재는 견고하고, 밀도가 크고, 내구성이 커야 한다.
④ 질량비로 90% 이상을 통과시키는 체 중에서 최소수치의 체눈의 호칭치수로 나타낸 것을 굵은 골재의 최대치수라 한다.

[해설] 공사 중에 잔골재의 입도가 변하여 조립률이 최소 ±0.20 이상 차이가 있을 경우에는 배합을 수정하여야 한다.

03 잔골재의 체가름 시험에 대한 설명으로 틀린 것은?

① 조립률을 구하기 위해 80mm~0.08mm체까지 전체 8개의 체가 필요하다.
② 잔골재의 체가름 시험결과를 가지고 입도분포곡선을 그릴 수 있다.
③ 분취한 시료를 (105±5)℃에서 24시간, 일정 질량이 될 때까지 건조시키고, 건조 후 시료는 실온까지 냉각시킨다.
④ 1.2mm체를 5%(질량비) 이상 남는 잔골재 시료의 최소 건조질량은 500g이다.

[해설] 조립률(F.M)
 75mm, 40mm, 20mm, 10mm, 5mm, 2.5mm, 1.2mm, 0.6mm, 0.3mm, 0.15mm(10개)

04 콘크리트의 배합에 있어서 단위시멘트량에 관한 일반적인 설명으로 옳지 않은 것은?

① 단위시멘트량이 증가하면 슬럼프가 저하한다.
② 단위시멘트량이 증가하면 수화열이 증가한다.
③ 단위시멘트량이 증가하면 강도가 증가한다.
④ 단위시멘트량이 증가하면 공기량이 증가한다.

[해설] 단위 시멘트량이 증가하면 공기량이 감소하기 때문에 AE제의 사용량은 시멘트의 질량에 대한 비로써 나타낸다.

05 시멘트의 강도시험 방법(KS L ISO 679)에 의해 모르타르를 제작할 때 시멘트 450g을 사용할 경우 필요한 표준사의 양으로 옳은 것은?

① 1,050g ② 1,220g
③ 1,350g ④ 1,530g

[해설] 모르타르 조제(KS L ISO 679) : 질량에 의한 비율로 시멘트와 표준모래를 1 : 3의 비율로 한다.
 ∴ 시멘트와 모래의 비율=1 : 3=450 : 1,350g

정답 01 ③ 02 ② 03 ① 04 ④ 05 ③

□□□ 산 14,21,22
06 다음은 시멘트의 특성과 용도에 관하여 설명한 것이다. 틀린 것은?

① 중용열포틀랜드시멘트는 초기강도는 작지만 장기강도가 크고, 댐 등의 매스콘크리트에 사용되고 있다.
② 조강포틀랜드시멘트는 조기에 높은 강도를 얻을 수 있어 한중콘크리트 등에 사용되고 있다.
③ 고로슬래그시멘트는 장기재령에서 수밀성이 우수하여 하천공사 및 항만공사 등에 사용되고 있다.
④ 내황산염포틀랜드시멘트는 토양이나 공장폐수 등의 황산염에 대한 저항성을 높이기 위하여 C_3A의 함유량을 높이고 C_2S의 양을 줄여 만든 것이다.

해설 내황산염포틀랜드시멘트는 토양이나 공장폐수 등의 황산염에 대한 저항성을 높이기 위하여 C_3A의 함유량을 줄이고 C_4AF의 양을 증가시켜 만든 시멘트이다.

□□□ 산 09,10,14,17,20,22
07 콘크리트 $1m^3$를 만드는 배합설계에서 필요한 골재의 절대용적이 720l이었다. 잔 골재율이 34%, 잔 골재 밀도가 $2.7g/cm^3$, 굵은 골재 밀도가 $2.6g/cm^3$일 때, 단위 잔 골재량 S와 단위 굵은 골재량 G를 구하면?

① $S=636kg$, $G=1,283kg$
② $S=661kg$, $G=1,236kg$
③ $S=1,236kg$, $G=661kg$
④ $S=1,283kg$, $G=636kg$

해설 • 단위 잔골재량
$S = V_s \times (S/a) \times$ 잔 골재 밀도 $\times 1,000$
$= 0.720 \times 0.34 \times 2.7 \times 1,000 = 661 kg$
• 단위 굵은 골재량
$G = V_g \times$ 잔 골재 밀도 $\times 1,000$
$= 0.720(1-0.34) \times 2.6 \times 1,000 = 1,093 kg/m^3 = 1,236 kg$

□□□ 산 12,16,18,22
08 혼화재의 저장방법으로 틀린 것은?

① 방습적인 사일로 또는 창고 등에 품종별로 구분하여 보관한다.
② 장기 저장이 가능하므로 입하하는 순서와 상관없이 사용한다.
③ 장기간 저장한 혼화재는 사용하기 전에 시험을 실시하여 품질을 확인해야 한다.
④ 혼화재는 취급 시에 비산하지 않도록 주의한다.

해설 혼화재는 방습적인 사일로 또는 창고 등에 품종별로 구분하여 저장하고 입하된 순서대로 사용하여야 한다.

□□□ 산 08,12,16,22
09 한국산업규격 KS L 5110 시멘트 비중시험 방법에 대한 설명으로 틀린 것은?

① 포틀랜드시멘트는 약 64g을 사용한다.
② 시멘트 비중병은 르샤틀리에 플라스크를 사용한다.
③ 시멘트 비중병에 시멘트를 넣기 전에 물을 투입하여야 한다.
④ 시멘트 비중시험시 시멘트를 넣은 비중병을 조금 기울여 굴리거나 천천히 수평이 되도록 돌려서 기포를 제거해야 한다.

해설 시멘트는 물과 반응해서 생기는 수화생성물로 인해 일정 형태로 굳기 때문에 시멘트 비중시험에 물을 사용해서는 안 된다.

□□□ 산 14,15,18,22
10 다음 중 AE 감수제의 사용으로 얻을 수 있는 효과가 아닌 것은?

① 단위수량을 감소시킨다.
② 동결융해에 대한 저항성이 증대된다.
③ 투수성이 향상된다.
④ 수밀성이 향상된다.

해설 AE 감수제의 사용 시 효과
• 단위수량을 감소시킨다.
• 동결융해에 대한 저항성이 증대된다.
• 수밀성이 현저하게 향상된다.
• 콘크리트의 압축강도가 증대된다.

□□□ 산 04,09,16,17,22
11 콘크리트용 부순 굵은 골재의 절대건조밀도는 $2.6g/cm^3$이고, 시료의 단위용적질량은 $1,560kg/m^3$이다. 이 골재의 입자 모양 판정 실적률(%)은?

① 45%   ② 50%
③ 55%   ④ 60%

해설 실적률 $G = \dfrac{\text{골재의 단위 용적질량}}{\text{골재의 절건밀도}} \times 100$
$= \dfrac{T}{d_D} \times 100 = \dfrac{1.56}{2.6} \times 100 = 60\%$

□□□ 산 09,16,22
12 포틀랜드시멘트 제조시 석고를 첨가하는 주된 이유는?

① 시멘트의 조기강도 증진을 위해
② 시멘트의 급격한 응결을 방지하기 위해
③ 콘크리트 제조시 유동성 증진을 위해
④ 시멘트의 수화열을 조절하기 위해

해설 시멘트의 원료 중 석고는 시멘트의 응결조절용으로 첨가된다.

정답 06 ④ 07 ② 08 ② 09 ③ 10 ③ 11 ④ 12 ②

☐☐☐ 산 07,09,14,17,22
13 콘크리트의 품질을 개선하기 위해 사용되는 혼화재료는 일반적으로 혼화제와 혼화재로 분류하는데, 분류하는 기준으로 옳은 것은?

① 사용방법
② 사용량
③ 혼화재료의 비중
④ 사용목적

[해설] 혼화재의 사용량에 따라 혼합시 사용량이 시멘트량의 5% 이상 첨가하는 것을 혼화재, 1% 전후 첨가하는 것을 혼화제로 구분한다.

☐☐☐ 산 06,12,14,18,22
14 다음 중 시멘트 시험항목에 대한 관련장치가 적절하게 연결된 것은?

① 압축강도-르샤틀리에 플라스크
② 응결시간-블레인 공기투과장치
③ 비중시험-비카트침
④ 분말도-45μm 표준체

[해설] • 비중시험 : 르샤틀리에 플라스크
• 압축강도 : 모르타르 압축강도 시험기
• 분말도 : 블레인 공기 투과 장치, 45μm 표준체
• 응결시간 : 비카 침, 길모어 장치

☐☐☐ 산 10,15,18,22
15 콘크리트 배합설계의 기본원칙에 대한 설명으로 틀린 것은?

① 최대치수가 작은 굵은 골재를 사용할 것
② 가능한 한 단위수량을 적게 할 것
③ 충분한 내구성을 확보할 것
④ 경제성 있는 배합일 것

[해설] 경제적인 관점에서 허용한도 내에서 가능한 최대치수가 큰 굵은 골재를 사용할 것

☐☐☐ 산 09,11,12,13,14,15,17,22
16 콘크리트의 압축강도 시험에 지름 100mm, 높이 200mm인 원주형 공시체를 사용하였을 때 최대압축하중이 437kN이었다면 압축강도는 얼마인가?

① 55.6MPa
② 56.6MPa
③ 57.6MPa
④ 58.6MPa

[해설] $f_c = \dfrac{P}{A} = \dfrac{437 \times 10^3}{\dfrac{\pi \times 100^2}{4}} = 55.6 \text{N/mm}^2 = 55.6 \text{MPa}$

☐☐☐ 산 07,11,13,17,22
17 굵은 골재의 마모시험 결과가 아래 표와 같을 때 이 굵은 골재의 마모율은?

• 시험 전의 시료의 질량 : 1,250g
• 체 1.7mm의 잔류량 : 1,160g

① 3.2%
② 5.6%
③ 6.2%
④ 7.2%

[해설] 골재의 마모율(%)
$R = \dfrac{m_1 - m_2}{m_1} \times 100$
$= \dfrac{1,250 - 1,160}{1,250} \times 100 = 7.2\%$

☐☐☐ 산 05,07,11,12,16,17,22
18 다음 중 골재에 관련된 일반적인 시험이 아닌 것은?

① 체가름시험
② 밀도 및 흡수율시험
③ 압축강도시험
④ 안정성시험

[해설] • 압축강도시험 : 임의의 배합의 콘크리트 압축강도를 알고, 소요강도의 콘크리트를 만드는 데 적합한 배합을 선정한다.
• 골재의 체가름시험, 골재의 밀도 및 흡수율시험, 골재의 안정성 시험

☐☐☐ 산 07,11,14,15,22
19 콘크리트 호칭 강도가 25MPa이고 30회 이상의 압축강도 시험 실적으로부터 구한 표준편차가 3.5MPa이라면 배합강도는?

① 29.7MPa
② 31.6MPa
③ 33.9MPa
④ 35.0MPa

[해설] $f_{cn} \leq 35\text{MPa}$일 때 배합강도
• $f_{cr} = f_{cn} + 1.34s = 25 + 1.34 \times 3.5 = 29.7\text{MPa}$
• $f_{cr} = (f_{cn} - 3.5) + 2.33s = (25 - 3.5) + 2.33 \times 3.5$
   $= 29.7\text{MPa}$
∴ $f_{cr} = 29.7\text{MPa}$(둘 중 큰 값)

☐☐☐ 산 05,12,16,22
20 콘크리트의 슬럼프 시험에서 몰드에 콘크리트를 3층으로 채우고 각각 다진 후 슬럼프콘을 들어올리는데, 이때 들어올리는 시간의 표준은?

① 2~5초
② 4~5초
③ 6~7초
④ 8~9초

[해설] 슬럼프콘을 들어올리는 시간은 높이 300mm에서 2~5(3.5±1.5)초로 한다.

정답 13 ② 14 ④ 15 ① 16 ① 17 ④ 18 ③ 19 ① 20 ①

제2과목 : 콘크리트 제조, 시험 및 품질 관리

□□□ 산10,13,16,17,22
21 콘크리트의 비비기에 대한 설명으로 틀린 것은?

① 비비기시간에 대한 시험을 실시하지 않은 경우 최소시간은 가경식 믹서일 때 1분 30초 이상을 표준으로 한다.
② 비비기는 미리 정해둔 비비기 시간의 3배 이상 계속하지 않아야 한다.
③ 비비기를 시작하기 전에 미리 믹서내부를 모르타르로 부착시켜야 한다.
④ 연속믹서를 사용할 경우 비비기 시작 후 최초에 배출되는 콘크리트부터 사용하여야 한다.

[해설] 연속믹서를 사용할 경우, 비비기 시작 후 최초에 배출되는 콘크리트는 사용하지 않아야 한다.

□□□ 산13,17,22
22 일반 콘크리트에 사용되는 재료의 계량에 대한 설명으로 옳지 않은 것은?

① 사용재료는 시방배합을 현장배합으로 고친 다음 현장배합으로 계량하여야 한다.
② 골재가 건조되어 있을 때의 유효흡수율 값은 골재를 적절한 시간 동안 흡수시켜서 구하여야 한다.
③ 혼화재료를 녹이거나 묽게 희석시키기 위해 사용하는 물은 단위수량에서 제외한다.
④ 각 재료는 1배치씩 질량으로 계량하여야 한다.

[해설] 혼화제를 녹이는데 사용하는 물이나 혼화재를 묽게 하는 데 사용하는 물은 단위수량의 일부로 보아야 한다.

□□□ 산10,12,15,22
23 콘크리트의 압축강도 시험을 위한 공시체 제작에 관한 설명 중 옳지 않은 것은?

① 몰드에 채울 때 콘크리트는 2층 이상의 거의 같은 층으로 나눠서 채운다.
② 공시체의 양생 온도는 (20±2)℃로 한다.
③ 공시체의 지름은 굵은 골재 최대치수의 3배 이하이어야 한다.
④ 몰드를 떼는 시기는 콘크리트 채우기가 끝나고 나서 16시간 3일 이내로 한다.

[해설] 공시체는 지름의 2배의 높이를 가진 원기둥형으로 하며, 그 지름은 굵은 골재의 최대 치수의 3배 이상, 100mm 이상으로 한다.

□□□ 산13,17,22
24 금속재료의 인장시험에 의한 파단 연신률(%)을 구하는 식으로 옳은 것은? (단, l은 시험편의 양 파단면의 중심선이 일직선상에 있도록 주의하여 파단면을 접촉시켜 측정한 표점간 거리(mm)이며, l_0는 표점거리(mm)이다.)

① $\dfrac{l-l_0}{l_0} \times 100(\%)$ ② $\dfrac{l-l_0}{l} \times 100(\%)$

③ $\dfrac{l_0}{l-l_0} \times 100(\%)$ ④ $\dfrac{l}{l-l_0} \times 100(\%)$

[해설] 파단 연신율 $= \dfrac{\text{파단시의 총 변위}}{\text{표점거리}} \times 100$
$= \dfrac{l-l_0}{l_o} \times 100(\%)$

□□□ 산11,14,17,22
25 아래의 표에서 설명하는 균열보수공법은?

> 콘크리트 구조물의 균열을 따라 약 10mm 폭으로 콘크리트를 U형 또는 V형으로 절개한 후, 이 부위에 가요성 에폭시 수지 또는 폴리머 시멘트 모르타르 등을 채워 넣어 보수한다.

① 표면처리공법 ② 단면복구공법
③ 충전공법 ④ 강판접착공법

[해설] 충전공법(철근이 부식되지 않는 경우)
· 균열을 따라 약 10mm 폭으로 콘크리트를 U형 또는 V형으로 절개한 후 이 부위에 가요성 에폭시 수지 또는 폴리머 시멘트 모르타르 등을 충전하여 보수하는 방법이다.
· V형으로 절개하고 폴리머 시멘트 모르타르를 충전한 경우, 충전한 모르타르의 박리·박락이 일어나기 쉽다.

□□□ 산08,16,17,22
26 계수값 관리도에 의해 품질관리를 할 때 결점수 관리도에 적용되는 이론은?

① 정류 분포이론 ② 이항 분포이론
③ 카이자승 분포이론 ④ 포아송 분포이론

[해설] 관리도의 종류

종류		관리도	데이터 종류
계량값 관리도	$\bar{x}-R$ 관리도	길이, 중량, 강도, 화학성분, 압력, 슬럼프, 공기량	정규 분포
	$x-\sigma$ 관리도		
	x 관리도		
계수값 관리도	P 관리도	제품의 불량률	이항 분포
	P_n 관리도	불량개수	
	C 관리도	결점수	포아송 분포
	U 관리도	단위당 결점수	

[정답] 21 ④ 22 ③ 23 ③ 24 ① 25 ③ 26 ④

27 배합설계에서 고려해야 할 항목과 거리가 먼 것은?

① 물-결합재비 ② 슬럼프
③ 잔 골재율   ④ 타설시간

[해설] 배합표

굵은 골재의 최대치수 (mm)	슬럼프 (mm)	w/c (%)	잔 골재율 S/a(%)	공기량 (%)	단위량(kg/m³)			
					물(W)	시멘트(C)	잔 골재(S)	굵은 골재(G)

28 레디믹스트 콘크리트의 품질 중 슬럼프 50mm인 콘크리트의 슬럼프 허용 오차로서 옳은 것은?

① ±5mm   ② ±10mm
③ ±15mm ④ ±20mm

[해설] 슬럼프의 허용 오차

슬럼프	슬럼프 허용차
25mm	±10mm
50mm 및 65mm	±15mm
80mm 이상	±25mm

29 안지름 250mm의 용기로 블리딩 시험을 한 결과 총 블리딩 수가 73.6cc이었다면, 블리딩량은 얼마인가?

① 0.15cm³/cm²   ② 1.88cm³/cm²
③ 0.04cm³/cm²   ④ 0.93cm³/cm²

[해설] 블리딩량 $B_q = \dfrac{V}{A}(\text{cm}^3/\text{cm}^2)$

$= \dfrac{73.6}{\dfrac{\pi \times 25^2}{4}} = 0.15\,\text{cm}^3/\text{cm}^2$

30 콘크리트의 압축강도 시험결과에 대한 설명으로 틀린 것은?

① 재하속도가 빠르면 강도가 작아진다.
② 공시체의 단면에 요철이 있으면 강도가 실제보다 작아지는 경향이 있다.
③ 공시체의 치수가 클수록 강도는 작게 된다.
④ 시험 직전에 공시체를 건조시키면 일시적으로 강도가 증대한다.

[해설] 일반적으로 재하속도가 빠를수록 강도가 크게 나타난다.

31 동결융해 저항성을 알아보기 위한 급속동결융해에 따른 콘크리트의 저항시험방법에 대한 설명으로 틀린 것은?

① 동결융해 1사이클의 소요시간은 4시간 이상, 8시간 이하로 한다.
② 동결융해 1사이클은 공시체 중심부의 온도를 원칙으로 하며, 원칙적으로 4℃에서 -18℃로 떨어지고, 다음에 -18℃에서 4℃로 상승되는 것으로 한다.
③ 시험의 종료는 300사이클로 하며, 그때까지 상대 동탄성계수가 60% 이하가 되는 사이클이 있으면 그 사이클에서 시험을 종료한다.
④ 특별히 다른 재령으로 규정되어 있지 않는 한 공시체는 14일간 양생한 후 동결융해 시험을 시작한다.

[해설] 동결융해 1사이클의 소요시간은 2시간 이상, 4시간 이하로 한다.

32 콘크리트의 제조공정의 검사에 관한 설명으로 틀린 것은?

① 시방배합에 관한 검사는 공사 중 적절히 실시하는 것이 원칙이다.
② 잔골재의 5mm체 남는 율은 1일 1회 이상 실시한다.
③ 잔골재의 표면수율은 1일 2회 이상 실시한다.
④ 굵은 골재의 표면수율은 1일 2회 이상 실시한다.

[해설] 배합 제조공정에 있어서의 검사

항 목	시기 및 횟수	판정 기준
시방배합	공사 중 적절히 실시함	시방배합에 적합할 것
잔골재의 5mm체 남는 율	1회/일 이상	시방배합으로부터 현장배합으로의 수정이 적절하게 되어 있을 것
굵은 골재의 5mm체 통과율	1회/일 이상	
잔골재의 표면수율	2회/일 이상	
굵은 골재의 표면수율	1회/일 이상	

33 콘크리트의 휨강도 시험에 150×150×530mm의 각주형 공시체를 사용하였을 때 최대하중이 30kN이었다면 이 콘크리트의 휨강도는? (단, 지간은 450mm이다.)

① 3.2MPa   ② 3.6MPa
③ 4.0MPa   ④ 4.4MPa

[해설] 휨강도시험 $f_b = \dfrac{P \cdot l}{b \cdot h^2}$

$f_b = \dfrac{30{,}000 \times 450}{150 \times 150^2} = 4.0\,\text{N/mm}^2 = 4.0\,\text{MPa}$

34 콘크리트 받아들이기 품질검사 항목에 속하지 않는 것은?

① 비비기 시간
② 굳지 않은 콘크리트의 상태
③ 펌퍼빌리티
④ 염소이온량

[해설] 콘크리트의 받아들이기 품질 조사

항 목		시기 및 횟수
굳지 않은 콘크리트의 상태		콘크리트 타설 개시 및 타설 중 수시로 함
슬럼프		최초 1회 시험을 실시하고, 이후 압축강도 시험용 공시체 채취 시 및 타설 중에 품질 변화가 인정될 때 실시
슬럼프 플로		
공기량		
온도		
단위용적질량		필요한 경우 별도로 정함
염화물 함유량		바닷모래를 사용한 경우 2회/일, 그 밖에 염화물 함유량 검사가 필요한 경우 별도로 정함
배합	단위수량[1]	1회/일, 120m³마다 또는 배합이 변경될 때마다
	단위 결합재량	전 배치
	물-결합재비	필요한 경우 별도로 정함
	기타, 콘크리트 재료의 단위량	전 배치
펌퍼빌리티		펌프 압송 시

주1) 각 현장마다 구비된 측정기기와 시험인원 등을 고려하여 한국콘크리트학회 제규격(KCI-RM101)에 규정된 시험방법 중 한가지 시험방법을 정하여 시행한다.

35 다음 ( )에 알맞은 것은?

> 레디믹스트 콘크리트의 공기량은 보통콘크리트의 경우 (A)%이며, 그 허용오차는 ±(B)%로 한다.

① A : 2.5, B : 1.0
② A : 3.0, B : 1.5
③ A : 4.0, B : 1.0
④ A : 4.5, B : 1.5

[해설] 공기량의 허용 오차

콘크리트의 종류	공기량	공기량의 허용 오차
보통 콘크리트	4.5%	±1.5%
경량 콘크리트	5.5%	
포장 콘크리트	4.5%	
고강도 콘크리트	3.5%	

36 보통중량골재를 사용한 콘크리트(m_c = 2,300kg/m³)로 설계기준 압축강도(f_{ck})가 30MPa일 때 콘크리트의 탄성계수는 약 얼마인가?

① 27,536MPa
② 26,722MPa
③ 24,356MPa
④ 23,982MPa

[해설] $E_c = 8,500\sqrt[3]{f_{cu}}$
$f_{cu} = f_{ck} + \Delta f$ (Δf는 f_{ck}가 40MPa 이하면 4MPa)
$= 30 + 4 = 34$MPa
$\therefore E_c = 8,500\sqrt[3]{34} = 27,536$MPa

37 품질관리의 진행순서로 옳은 것은?

① 계획 → 검토 → 실시 → 조치
② 계획 → 실시 → 조치 → 검토
③ 계획 → 검토 → 조치 → 실시
④ 계획 → 실시 → 검토 → 조치

[해설] 품질관리의 기본 4단계를 반복적으로 수행한다.
계획(Plan, P) → 실시(Do, D) → 검토(Check, C) → 조치(Action, A)

38 AE제의 품질 및 AE 공기량에 미치는 영향인자 요인에 대한 설명으로 틀린 것은?

① 온도가 높으면 공기량은 자연적으로 증가한다.
② 시멘트의 분말도가 증가하면 공기량은 감소한다.
③ 비빔시간 3~5분에서 공기량은 최대가 된다.
④ 펌프시공 및 지나친 다짐 등에서 공기량은 저하한다.

[해설] 콘크리트의 온도가 높을수록 공기량은 감소된다.

39 콘크리트의 탄산화 측정에 사용되는 페놀프탈레인용액의 농도는?

① 1%
② 2%
③ 3%
④ 4%

[해설] 탄산화시험 : 콘크리트 단면에 페놀프탈레인 1% 에탄올 용액을 분무 또는 적하하여 적색으로 착색되지 않는 부분을 탄산화역으로 간주한다.

정답 34 ① 35 ④ 36 ① 37 ④ 38 ① 39 ①

40 어떤 콘크리트시료의 압축강도 시험결과 평균값이 24MPa이고, 표준편차가 4.8MPa이었다면 변동계수는?

① 14%　　　　　② 17%
③ 20%　　　　　④ 24%

해설 변동계수 $C_V = \dfrac{\sigma}{x} \times 100 = \dfrac{4.8}{24} \times 100 = 20\%$

제3과목 : 콘크리트의 시공

41 콘크리트의 타설에 대한 설명으로 틀린 것은?

① 타설한 콘크리트를 거푸집 안에서 횡방향으로 이동시켜서는 안 된다.
② 한 구획 내의 콘크리트는 타설이 완료될 때까지 연속해서 타설하여야 한다.
③ 콘크리트 타설의 1층 높이는 다짐 능력을 고려하여 결정하여야 한다.
④ 거푸집의 높이가 높아 슈트, 버킷, 호퍼 등을 사용할 경우 배출구와 타설 면까지의 높이는 2.5m 이하를 원칙으로 한다.

해설 콘크리트 타설시 슈트, 펌프 배관, 버킷, 호퍼 등의 배출구와 타설면까지의 낙하 높이는 1.5m 이하를 원칙으로 한다.

42 표면마무리에 대한 설명으로 옳은 것은?
① 표면마무리는 내구성, 수밀성에 영향을 주지 않는다.
② 마모를 받는 면의 경우에는 물-결합재비를 크게 한다.
③ 표면마무리는 콘크리트 윗면으로 스며 올라온 물을 처리한 후에 한다.
④ 거푸집 제거 후 발생한 콘크리트 표면균열은 방치해도 좋다.

해설 ・콘크리트의 표면마무리는 외관뿐만 아니라 구조물의 내구성, 수밀성 등의 기본적인 성능 확보를 위하여 중요하다.
・마모를 받는 면의 경우에는 콘크리트의 마모에 대한 저항성을 높이기 위해 강경하고 마모저항이 큰 양질의 골재를 사용하고 물-결합재비를 작게 하여야 한다.
・거푸집을 떼어 낸 후 온도응력, 건조수축 등에 의하여 표면에 발생한 균열은 필요에 따라 적절히 보수하여야 한다.

43 다음 중 콘크리트의 이음에 대한 설명으로 틀린 것은?

① 시공이음은 부재의 압축력이 작용하는 방향과 수평이 되도록 하는 것이 원칙이다.
② 해양 및 항만콘크리트 구조물 등에 있어서는 시공이음부를 되도록 두지 않는다.
③ 아치의 시공이음은 아치축에 직각방향이 되도록 설치하여야 한다.
④ 신축이음은 양쪽의 구조물 혹은 부재가 구속되지 않는 구조이어야 한다.

해설 시공이음은 부재의 압축력이 작용하는 방향과 직각이 되도록 하는 것이 원칙이다.

44 속이 빈 원통형 콘크리트 제품의 제조에 사용하는 다짐 방법 중 가장 적합한 방법은?

① 봉다짐　　　　② 진동다짐
③ 원심력다짐　　④ 가압성형다짐

해설 말뚝, 폴, 관 등과 같은 중공원통형제품의 성형에는 원심력다짐방법이 사용된다.

45 일반적으로 겨울철 연직시공이음부의 거푸집 제거 시기는 콘크리트 타설 후 얼마 정도로 하는가?

① 4~6시간　　　② 7~9시간
③ 10~15시간　　④ 15~20시간

해설 일반적으로 연직시공이음부의 거푸집 제거시기는 콘크리트를 타설하고 난 후 여름에는 4~6시간 정도, 겨울에는 10~15시간 정도로 한다.

46 숏크리트 작업의 일반적인 사항으로 틀린 것은?

① 숏크리트는 빠르게 운반하고 혼화제를 첨가한 후에는 바로 뿜어붙이기 작업을 실시하여야 한다.
② 노즐은 뿜어 붙일 면에 직각을 유지하며, 적절한 뿜어 붙이는 거리와 뿜는 압력을 유지하여야 한다.
③ 뿜어 붙인 콘크리트가 적당한 두께로 되도록 한번에 뿜어 붙여야 한다.
④ 리바운드 된 재료가 다시 혼입되지 않도록 하여야 한다.

해설 뿜어 붙인 콘크리트가 박리되거나 흘러내리지 않는 범위의 적당한 두께로 뿜어 붙여 소정의 두께가 될 때까지 반복해서 뿜어 붙여야 한다.

정답　40 ③　41 ④　42 ③　43 ①　44 ③　45 ③　46 ③

□□□ 산 09,11,13,22
47 아래 표와 같은 조건에서 한중 콘크리트의 타설이 종료 되었을 때 온도를 구하면?

- 비빈 직후 온도 : 20℃
- 주위의 기온 : 5℃
- 비빈 후부터 타설 종료시까지의 시간 : 2시간
- 운반 및 타설시간 1시간에 대하여 콘크리트 온도와 주위의 기온과의 차 : 15%

① 10.5℃ ② 12.5℃
③ 15.5℃ ④ 17.75℃

해설 $T_2 = T_1 - 0.15(T_1 - T_0) \cdot t$
$= 20 - 0.15(20-5) \times 2 = 15.5℃$

□□□ 산 09,15,17,22
48 매스 콘크리트의 재료 선정에 있어서 수화열에 대한 대책으로 바람직하지 않은 시멘트는?

① 중용열 포틀랜드 시멘트 ② 고로 슬래그 시멘트
③ 조강 포틀랜드 시멘트 ④ 플라이 애시 시멘트

해설 매스 콘크리트의 수화열 저감을 위해 사용되는 시멘트 : 저열 포틀랜드 시멘트, 중용열 시멘트, 고로 슬래그 시멘트, 플라이 애시 시멘트

□□□ 산 04,09,11,22
49 특정한 입도를 가진 굵은골재를 거푸집에 채워 넣고, 그 공극 속에 특수한 모르타르를 적당한 압력으로 주입하여 제조한 콘크리트는?

① 프리플레이스트 콘크리트
② 프리스트레스트 콘크리트
③ 프리캐스트 콘크리트
④ 프리프브 콘크리트

해설 프리플레이스트 콘크리트의 정의이다.

□□□ 산 09,15,18,22
50 수밀콘크리트의 물-결합재비는 몇 % 이하를 표준으로 하는가?

① 35% 이하 ② 40% 이하
③ 45% 이하 ④ 50% 이하

해설 물-결합재비는 50% 이하를 표준으로 한다.

□□□ 산 08,12,17,22
51 콘크리트 포장의 줄눈설치 목적과 관계가 먼 것은?

① 콘크리트 포장의 표층슬래브 신축결함 보완
② 콘크리트 포장의 국부적 응력균열 발생제어
③ 콘크리트 포장의 건조수축균열제어
④ 콘크리트 포장의 플라스틱 수축균열방지

해설 시멘트 콘크리트 포장의 줄눈 역할
- 비틀림 응력의 완화
- 신구 포설콘크리트를 종횡으로 분리
- 불규칙한 균열을 일정 위치에 유도시킬 목적
- 온도와 습도차에 의한 휨응력과 비틀림 응력의 완화
- 포장체의 건조수축, 온도, 함수비 변화에 따른 포장체의 팽창과 수축허용

□□□ 산 04,07,15,22
52 아래 표의 ( ) 안에 공통적으로 들어갈 적합한 수치는?

해양콘크리트 구조물에 부득이 시공이음부를 설치할 경우 만조위로부터 위로 ( )m, 간조위로부터 아래로 ( )m 사이의 감조부분에는 시공이음이 생기지 않도록 시공계획을 세워야 한다.

① 0.2 ② 0.4
③ 0.6 ④ 0.8

해설 특히 만조위로부터 위로 0.6m, 간조위로부터 아래로 0.6m 사이의 감조부분에는 시공이음이 생기지 않도록 시공계획을 세워야 한다.

□□□ 산 11,14,16,22
53 고강도콘크리트에 대한 설명으로 틀린 것은?

① 설계기준 압축강도가 보통(중량)콘크리트에서 40MPa 이상, 경량골재콘크리트에서 24MPa 이상인 경우의 콘크리트를 말한다.
② 부배합, 즉 단위시멘트량이 많기 때문에 시멘트 대체재료인 플라이애시, 고로슬래그분말, 실리카퓸 등을 사용한다.
③ 굵은 골재 최대치수는 40mm 이하로써 가능한 한 25mm 이하로 한다.
④ 기상의 변화가 심하거나 동결융해에 대한 대책이 필요한 경우를 제외하고는 공기연행제를 사용하지 않는 것을 원칙으로 한다.

해설 고강도콘크리트
설계기준 압축강도가 보통(중량)콘크리트에서 40MPa 이상, 경량골재콘크리트에서 27MPa 이상인 경우의 콘크리트

정답 47 ③ 48 ③ 49 ① 50 ④ 51 ④ 52 ③ 53 ①

54. 경량골재 콘크리트의 제조 및 시공에 대한 설명으로 틀린 것은?

① 경량골재 콘크리트의 단위질량 시험은 일반적으로 굳지 않은 콘크리트에 대하여 시험한다.
② 굵은 골재의 최대치수는 원칙적으로 20mm로 한다.
③ 경량골재는 물을 흡수하기 쉬우므로 품질 변동을 막기 위하여 충분히 물을 흡수시킨 상태로 사용하는 것이 좋다.
④ 경량골재 콘크리트의 공기량은 일반 골재를 사용한 콘크리트보다 작게 하는 것을 원칙으로 한다.

해설 경량골재 콘크리트의 공기량은 일반 골재를 사용한 콘크리트보다 1% 크게 하여야 한다.

55. 포장용 콘크리트의 배합기준에 대한 설명으로 틀린 것은?

① 굵은 골재의 최대치수는 40mm 이하로 하여야 한다.
② 단위수량은 150kg/m³ 이하로 하여야 한다.
③ 슬럼프는 40mm 이하로 하여야 한다.
④ 설계기준 휨 호칭 강도는 27MPa 이상으로 하여야 한다.

해설 포장용 콘크리트의 배합기준

항 목	기 준
설계기준 휨 호칭 강도(f_{28})	4.5MPa 이상
단위수량	150kg/m³ 이하
굵은 골재의 최대치수	40mm 이하
슬럼프	40mm 이하
공기연행콘크리트의 공기량 범위	4~6%

56. 댐 콘크리트 중 롤러 다짐 콘크리트의 반죽질기 표준에 대한 설명으로 옳은 것은?

① VC 시험으로 20±10초를 표준으로 한다.
② VC 시험으로 50±10초를 표준으로 한다.
③ 슬럼프 시험으로 측정하는 경우 10~20mm를 표준으로 한다.
④ 슬럼프 시험으로 측정하는 경우 50~80mm를 표준으로 한다.

해설 댐 콘크리트의 반죽질기
• 타설장소에서 측정한 슬럼프는 체가름을 하여 40mm 이상의 굵은 골재를 제거하고 측정한 값으로 20~50mm를 표준으로 한다.
• 롤러 다짐 콘크리트의 반죽질기는 VC시험으로 20±10초를 표준으로 한다.

57. 팽창콘크리트에 사용하는 팽창재의 취급 및 저장에 대한 설명으로 틀린 것은?

① 팽창재는 풍화되지 않도록 저장하여야 한다.
② 포대 팽창재는 15포대 이하로 쌓아야 한다.
③ 포대 팽창재는 지상 0.3m 이상의 마루 위에 쌓아 운반이나 검사에 편리하도록 배치하여 저장하여야 한다.
④ 포대 팽창재는 사용 직전에 포대를 여는 것을 원칙으로 하며, 저장 중에 포대가 파손된 것은 공사에 사용할 수 없다.

해설 포대 팽창재는 12포대 이하로 쌓아야 한다.

58. 강섬유보강 숏크리트에서 강섬유 혼입에 따른 가장 큰 증가 효과는 다음 중 어느 것인가?

① 휨인성
② 쪼갬강도
③ 경도
④ 압축강도

해설
• 강섬유 보강 콘크리트에서 강섬유 혼입에 따른 일반 콘크리트에 비하여 휨파괴 시의 휨인성이나 압축파괴시의 압축인성이 우수하다.
• 인성 높은 재료는 일반적으로 높은 연성을 나타내며 충격성이나 폭발하중에 대한 저항성도 크다.

59. 다음 중 촉진 양생의 종류가 아닌 것은?

① 증기양생
② 습윤양생
③ 오토클레이브 양생
④ 온수양생

해설 콘크리트의 경화를 촉진하기 위해 실시하는 양생방법으로는 증기양생, 오토클레이브 양생, 온수 양생, 전기양생, 적외선 양생, 고주파 양생 등이 있지만 일반적으로 증기양생이 널리 사용되고 있다.

60. 외기온이 25℃ 이하일 때 허용 이어치기 시간 간격의 표준으로 옳은 것은?

① 2.5시간
② 2.0시간
③ 1.5시간
④ 1.0시간

해설 허용 이어치기 시간 간격의 표준

외기온도	허용 이어치기 시간간격
25℃ 초과	2.0시간
25℃ 이하	2.5시간

정답 54 ④　55 ④　56 ①　57 ②　58 ①　59 ②　60 ①

제4과목 : 콘크리트 구조 및 유지관리

산 06,09,11,13,15,18,19,22

61 콘크리트 구조설계에 사용되는 강도감소계수에 대한 설명으로 틀린 것은?

① 인장지배단면의 경우 0.85를 적용한다.
② 압축지배단면으로 나선철근으로 보강된 철근콘크리트 부재는 0.65를 적용한다.
③ 전단력과 비틀림모멘트를 받는 부재는 0.75를 적용한다.
④ 무근콘크리트의 휨모멘트를 받는 부재는 0.55를 적용한다.

해설 강도감소계수 ϕ

부재		강도감소계수
인장지배단면		0.85
압축지배단면	나선철근으로 보강된 철근콘크리트 부재	0.70
	그 외의 철근콘크리트 부재	0.65
전단력과 비틀림 모멘트		0.75
콘크리트의 지압력 (포스트텐션 정착부나 스트럿-타이 모델은 제외)		0.65

산 10,12,15,19,22

62 구조물의 내화성을 증대시키기 위한 대책으로 틀린 것은?

① 내화성능이 약한 강재는 보호하여 피복두께를 충분히 취한다.
② 콘크리트 표면에 내화재료로 피복을 한다.
③ 콘크리트 표면에 단열재료로 피복을 한다.
④ 석영질 골재를 사용하여 콘크리트를 제작한다.

해설 안산암질 골재와 경량골재는 석영질이나 석회암질 골재에 비해 고온까지 안정한 성상을 유지한다.

산 05,12,17,22

63 표준갈고리를 갖는 인장 이형철근 D25(공칭직경 25.4mm)의 기본정착길이(l_{hb})는 약 얼마인가? (단 보통(중량)콘크리트 및 도막되지 않은 철근을 사용하고, $f_{ck}=24$MPa, $f_y=400$MPa)

① 456mm
② 473mm
③ 498mm
④ 517mm

해설 표준갈고리를 갖는 인장 이형철근의 정착
• 철근의 설계기준항복강도가 400MPa인 경우 기본정착길이
• $l_{hb} = \dfrac{0.24\beta d_b f_y}{\lambda \sqrt{f_{ck}}}$
$= \dfrac{0.24 \times 1 \times 25.4 \times 400}{1 \times \sqrt{24}} = 498$mm

산 09,16,18,22

64 프리스트레스를 도입할 때 일어나는 즉시 손실의 원인으로 옳지 않은 것은?

① 정착장치의 활동
② PS강재와 쉬스사이의 마찰
③ PS강재의 릴랙세이션
④ 콘크리트의 탄성변형

해설 ■도입시 손실(즉시 손실)
• 정착 장치의 활동
• 포스트텐션 긴장재와 덕트 사이의 마찰
• 콘크리트의 탄성변형(수축)
■도입 후 손실(시간적손실)
• 콘크리트의 크리프
• 콘크리트의 건조 수축
• PS 강재 응력의 릴랙세이션

산 09,11,17,22

65 어떤 철근 콘크리트 부재에 하중이 재하됨과 동시에 순간적인 탄성처짐이 20mm가 발생하였으며, 이 하중이 5년 이상 지속적으로 재하되는 경우 이 부재의 최종적인 총 처짐은? (단, 단순보로서 압축철근비는 0.02)

① 30mm
② 40mm
③ 50mm
④ 60mm

해설 • 장기처짐계수 $\lambda_\Delta = \dfrac{\xi}{1+50\rho'}$
$= \dfrac{2.0}{1+50\times 0.02} = 1$
• 시간경과 계수 ξ
  ξ : 시간 경과 계수(5년 이상 : 2.0, 12개월 : 1.4, 6개월 : 1.2, 3개월 : 1.0)
• 장기처짐=순간침점(탄성침하)×장기처짐계수(λ)
  $=20\times 1=20$mm
∴ 총처짐=순간처짐+장기처짐
  $=20+20=40$mm

산 06,11,15,17,19,22

66 균열폭 0.2mm 이하의 미세한 결함에 대해 탄성실링제를 이용하여 도막을 형성, 방수성 및 내화성을 확보할 목적으로 사용하는 구조물 보수공법은?

① 표면처리공법
② 단면증설공법
③ 탄소섬유시트 접착공법
④ 침투성 방수제 도포공법

해설 표면처리공법은 일반적으로 0.2mm 이하의 미세한 균열에 대한 방수 및 내구성을 보완할 목적으로 실시한다.

정답 61 ② 62 ④ 63 ③ 64 ③ 65 ② 66 ①

□□□ 산10,14,17,22
67 콘크리트 구조물의 재하시험에 대한 설명으로 틀린 것은?

① 재하시험을 수행하기 전에 해석적인 평가를 수행하여야 한다.
② 건물에서 부재의 안전성을 재하시험 결과에 근거하여 직접 평가할 경우에는 보, 슬래브 등과 같은 휨부재의 안전성 검토에만 적용할 수 있다.
③ 재하시험의 목적은 구조물 또는 부재의 실제 내하력을 정량화하여 안전성을 평가하기 위함이다.
④ 재하시험은 하중을 받는 구조물 또는 부재의 재령이 14일 정도 지난 다음에 수행하여야 한다.

[해설] 재하시험은 하중을 받는 구조부분의 재령이 최소한 56일이 지난 다음에 시행하여야 하나 소유주, 시공자 및 관련자 모든 사람 동의할 때는 예외이다.

□□□ 산09,14,17,22
68 경간 10m의 대칭 T형보를 설계하려고 한다. 플랜지의 유효폭은? (단, 양쪽의 슬래브의 중심간 거리 3m, 플랜지 두께 150mm, 복부의 폭 300mm)

① 2,500mm
② 2,700mm
③ 2,800mm
④ 3,000mm

[해설] T형보의 유효폭은 다음 값 중 가장 작은 값으로 한다.
• (양쪽으로 각각 내민 플랜지 두께의 8배씩 : $16t_f$) $+b_w$
  $16t_f+b_w = 16 \times 150 + 300 = 2,700mm$
• 양쪽의 슬래브의 중심 간 거리 : 3,000mm
• 보의 경간(L)의 1/4 : $\frac{1}{4} \times 10,000 = 2,500mm$
∴ 유효폭 $b=2,500mm$

□□□ 산07,12,15,18,22
69 압축부재의 축방향 주철근의 최소 개수에 대한 설명으로 틀린 것은?

① 사각형 띠철근으로 둘러싸인 경우 주철근의 최소 개수는 4개로 하여야 한다.
② 삼각형 띠철근으로 둘러싸인 경우 주철근의 최소 개수는 3개로 하여야 한다.
③ 나선철근으로 둘러싸인 경우 주철근의 최소 개수는 6개로 하여야 한다.
④ 원형 띠철근으로 둘러싸인 경우 주철근의 최소 개수는 5개로 하여야 한다.

[해설] 압축부재의 축방향 주철근 개수
• 사각형이나 원형 띠철근으로 둘러싸인 경우 : 4개
• 삼각형 띠철근으로 둘러싸인 경우 : 3개
• 나선철근으로 둘러싸인 철근의 경우 : 6개

□□□ 산10,12,15,22
70 그림과 같은 콘크리트 보의 균열원인으로서 가장 관계가 깊은 것은?

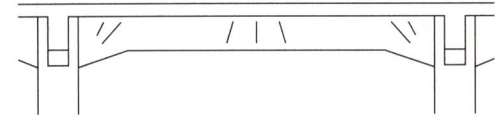

① 과하중
② 수성균열
③ 콘크리트 충전불량
④ 부등침하

[해설] 콘크리트 보의 균열은 과하중에 의해 균열이 발생한다.

□□□ 산10,16,18,22
71 다음 중 1방향 슬래브에 대한 설명으로 틀린 것은?

① 마주보는 두 변에만 지지되는 슬래브는 1방향 슬래브로 설계하여야 한다.
② 4변에 의해 지지되는 2방향 슬래브 중에서 단변에 대한 장변의 비가 2배를 넘으면 1방향 슬래브로 해석한다.
③ 1방향 슬래브의 두께는 최소 50mm 이상으로 하여야 한다.
④ 1방향 슬래브에서는 정모멘트 철근 및 부모멘트 철근에 직각방향으로 수축·온도철근을 배치하여야 한다.

[해설] 1방향 슬래브의 두께는 최소 100mm 이상으로 하여야 한다.

□□□ 산08,10,12,15,22
72 표면피복공법에 관한 설명으로 틀린 것은?

① 표면에 도포재를 발라 새로운 보호층을 형성 시키고, 철근 부식인자의 침입을 억제한다.
② 표면피복공법은 일반적으로 프라이머도포, 바탕조정, 바름 등의 공정으로 실시된다.
③ 도포재의 도장횟수를 늘리면 표면부의 공극을 없애고, 두터운 막을 늘리면 열화요인에 대한 저항성을 강화시킬 수 있다.
④ 보수 규모가 큰 경우에는 드라이팩트 콘크리트공법, 뿜어붙이기공법 등이 사용된다.

[해설] 단면복구공법은 공사규모가 큰 경우 드라이 팩트 콘크리트공법, 뿜어 붙이기공법 등이 적용된다.

□□□ 산15,18,22
73 콘크리트의 열화원인 중 환경적인 요인이 아닌 것은?

① 단면부족
② 염해
③ 탄산화
④ 동해

[해설] 열화원인의 환경적인 요인 : 염해, 탄산화, 동해, 화학적 침식

□□□ 산 10,12,17,22
74 다음 중 탄산화 깊이 조사방법에 해당하지 않는 것은?

① 쪼아내기에 의한 방법
② 코어 채취에 의한 방법
③ 드릴에 의한 방법
④ 전위차 적정법

해설 중성화(탄성화) 깊이 조사 방법
- 쪼아내기에 의한 방법
- 코어채취에 의한 방법
- 드릴에 의한 방법

□□□ 산 05,09,18,22
75 알칼리 골재반응이 일어나기 위해서는 일반적으로 반응의 3조건이 충족되어야 한다. 여기에 해당하지 않는 것은?

① 대기 중의 이산화탄소
② 골재 중의 유해 물질
③ 시멘트 중의 알칼리
④ 반응을 촉진하는 수분

해설 알칼리골재반응의 필수적인 3요소
- 유해한 반응성골재의 조건
- 일정량 이상의 알칼리량
- 반응을 촉진하는 수분의 공급

□□□ 산 11,16,17,22
76 콘크리트 압축강도 추정을 위한 반발경도 시험(KS F 2730)에 대한 설명으로 틀린 것은?

① 시험면은 다공질의 조약한 면은 피하고 평활한 면을 선택해야 한다.
② 타격봉이 중추에 부딪힐 때까지 타격봉에 대한 압력을 서서히 증가시키고, 타격봉이 중추에 부딪힌 후, 지침상의 값을 읽고 기록한다.
③ 시험영역의 지름은 100mm 이상이 되어야 한다.
④ 시험값 20개의 평균으로부터 오차가 20% 이상이 되는 경우는 시험값은 버린다.

해설 시험영역의 지름은 150mm 이상이 되어야 한다.

□□□ 산 08,09,11,13,17,22
77 철근부식이 의심스러운 경우 실시하는 비파괴검사 방법은?

① 초음파법
② 반발경도법
③ 전자파 레이더법
④ 자연전위법

해설 일반적으로 철근부식도 조사에는 비파괴검사 방법인 자연전위법을 이용하고 있다.

□□□ 산 04,14,16,22
78 다음 중 콘크리트 타설 후 가장 빨리 발생되는 균열의 종류는?

① 온도균열
② 소성수축균열
③ 건조수축균열
④ 알카리 골재반응

해설 소성수축균열
- 정의 : 미경화 콘크리트가 건조한 바람이나 고온 저습한 외기에 노출되면 급격히 증발 건조되어 증발속도가 블리딩속도보다 빠를 때 발생하는 균열
- 발생시기 : 콘크리트의 타설 직후 및 양생이 시작되기 전에 발생

□□□ 산 07,11,16,22
79 구조물의 보수공법 중 주입공법의 특징으로 틀린 것은?

① 내력 복원의 안전성을 기대할 수 있다.
② 내구성 저하방지 및 누수방지를 기대할 수 있다.
③ 미관의 유지가 용이하다.
④ 소요의 접착강도가 발현되기 위해 장기간이 소요된다.

해설 소요의 접착강도가 단기간에 발현된다.

□□□ 산 04,08,12,15,22
80 콘크리트 보강방법의 하나인 연속섬유 시트접착공법을 적용하는 경우 얻어지는 일반적인 개선효과에 해당되지 않는 것은?

① 콘크리트 압축강도 증진효과
② 내식성 향상효과
③ 균열의 구속효과
④ 내하성능의 향상효과

해설 연속섬유 시트접착공법
- 콘크리트 인장강도 증진효과
- 보강효과로는 균열의 구속효과, 내하성능의 향상 효과도 기대된다.
- 내식성 향상 효과가 우수하고, 염해지역의 콘크리트 구조물 보강에 효과적이다.

정답 74 ④ 75 ① 76 ③ 77 ④ 78 ② 79 ④ 80 ①

국가기술자격 CBT 필기시험문제

2023년도 산업기사 2회 필기시험 복원문제

자격종목	시험시간	문제수	형 별
콘크리트산업기사	2시간	80	A

※ 각 문제는 4지 택일형으로 질문에 가장 적합한 문제의 보기 번호를 클릭하거나 답안표기란의 번호를 클릭하여 입력하시면 됩니다.
※ 입력된 답안은 문제 화면 또는 답안 표기란의 보기 번호를 클릭하여 변경하실 수 있습니다.

제1과목 : 콘크리트 재료 및 배합

산 09,12,18,23
01 콘크리트용 혼합수에 대한 다음 설명 중 KS F 4009 레디믹스트 콘크리트 부속서에서 규정하고 있는 내용으로 옳은 것은?

① 하천수는 상수돗물 이외의 물에 대한 품질규정에 적합하지 않으면 사용할 수 없다.
② 상수돗물 이외의 물에 대한 품질기준으로 용해성 증발 잔류물의 양은 10g/L 이하로 규정하고 있다.
③ 상수돗물, 상수돗물 이외의 물 및 회수수를 혼합하여 사용하는 경우는 시험을 하지 않아도 사용할 수 있다.
④ 회수수는 배합보정을 실시하면 슬러지 고형분율에 관계없이 사용할 수 있다.

[해설] 레디믹스트 콘크리트의 혼합에 사용되는 물
• 상수돗물은 시험을 하지 않아도 사용할 수 있다.
• 상수돗물 이외의 물인 경우는 시험항목에 적합해야 한다.

산 05,14,22,23
02 시멘트의 분말도에 관한 설명 중 옳은 것은?

① 분말도가 낮은 것일수록 물과 혼합시 접촉 표면적이 커서 수화작용이 빠르다.
② 분말도가 낮은 것일수록 블리딩이 적고 워커블한 콘크리트가 얻어진다.
③ 분말도가 높을수록 초기강도는 작으나 장기강도가 크게 된다.
④ 분말도가 높을수록 풍화되기 쉽고 건조수축이 커져서 균열이 발생하기 쉽다.

[해설] • 분말도가 클수록 물과 혼합시 접촉 표면적이 커서 수화작용이 빠르다.
• 분말도가 큰 것일수록 블리딩이 적고 워커블한 콘크리트가 얻어진다.
• 분말도가 높을수록 초기강도가 크게 되며 장기강도도 크게 된다.

산 07,12,23
03 포틀랜드 시멘트의 풍화에 대한 설명으로 옳지 않은 것은?

① 풍화된 시멘트는 비중이 감소한다.
② 분말도가 큰 시멘트는 풍화되기 쉽다.
③ 풍화된 시멘트를 사용한 콘크리트는 초기 강도가 증가한다.
④ 풍화된 시멘트는 강열 감량이 증가한다.

[해설] 시멘트가 풍화되면 비중이 감소되고, 응결이 지연되며, 강도 점차로 저하된다.

산 07,15,23
04 골재의 입형에 대한 설명 중 옳지 않은 것은?

① 실적률이 작으면 시멘트페이스트량이 증가되어 비경제적인 콘크리트가 된다.
② 부순자갈은 입형이 나쁘기 때문에 콘크리트강도면에서 상당히 불리하다.
③ 골재의 실적률이 증가하면 콘크리트의 유동성도 증가한다.
④ 골재의 입형이 나쁘면 작업성을 좋게 하기 위하여 단위수량 및 시멘트량이 증가된다.

[해설] 부순자갈은 입형이 나쁘기 때문에 부순자갈과 시멘트 페이스트의 부착이 좋아 일반적으로 양질의 부순돌을 사용한 콘크리트의 강도는 하천자갈을 사용한 콘크리트 보다 크다.

산 06,09,10,14,15,23
05 체가름 시험결과 잔골재 조립률 2.65, 굵은 골재 조립률 7.38이며 잔골재 대 굵은골재비를 1 : 1.6으로 할 때 혼합골재의 조립률은?

① 4.56 ② 5.56
③ 6.56 ④ 7.56

[해설] 혼합 조립률 $f_a = \dfrac{m}{m+n}f_s + \dfrac{n}{m+n}f_g$
$= \dfrac{1}{1+1.6} \times 2.65 + \dfrac{1.6}{1+1.6} \times 7.38 = 5.56$

정답 01 ① 02 ④ 03 ③ 04 ② 05 ②

06 각종 골재에 대한 설명으로 틀린 것은?

① 콘크리트용 부순골재는 일반콘크리트용 골재와는 달리 입자모양 판정 실적률을 검토하여야 한다.
② 고로슬래그 잔골재는 고온하에서 장기간 저장해 두면 굳어질 우려가 있기 때문에 동결방지제를 살포함과 동시에 가능한 한 1개월 이내에 사용하는 것이 좋다.
③ 부순 잔골재의 경우 다량의 미분말을 함유하는 경우가 많아 콘크리트의 성능에 영향을 미치기 때문에 미립분 함유량을 검토할 필요가 있다.
④ 인공경량골재를 사용한 콘크리트의 경우 하천 골재를 사용한 경우보다 압축강도는 떨어지지만 동결융해 저항성은 향상된다.

해설 인공경량골재를 사용한 콘크리트의 경우 하천 골재를 사용한 경우보다 압축강도는 크지만 동결융해 저항성은 떨어진다.

07 다음의 시멘트 시험 항목에 대한 관련 장치로서 적절하게 연결된 것은?

① 비중 시험 – 비카트 침
② 압축 강도 – 르샤틀리에 플라스크
③ 분말도 – 45μm 표준체
④ 응결 시간 – 블레인 공기 투과 장치

해설
· 비중 시험 : 르샤틀리에 비중병
· 압축 강도 : 모르타르 압축 강도 시험기
· 분말도 : 블레인 공기 투과 장치, 45μm 표준체
· 응결 시간 : 비카트 침, 길모어 장치

08 흡수율이 2.48%인 젖은 모래 568.3g을 110℃에서 24시간 건조하여 525.6g으로 일정 질량이 되었다. 이 젖은 모래의 표면수율은?

① 4.2%
② 5.5%
③ 6.7%
④ 8.1%

해설
· 흡수율 = $\dfrac{표면건조 포화상태 - 노건조 상태}{노건조 상태} \times 100$

$= \dfrac{x - 525.6}{525.26} \times 100 = 2.48\%$

참고 SOLVE 사용 ∴ $x = 538.6g$

· 표면수율 = $\dfrac{습윤상태 - 표면건조 포화상태}{표면건조 포화상태} \times 100$

$= \dfrac{568.3 - 538.6}{538.6} \times 100 = 5.5\%$

09 순간적인 응결과 경화가 요구되는 숏크리트 공법 및 그라우트에 의한 지수공법에 사용되는 혼화제는?

① 촉진제
② 팽창제
③ 급결제
④ 감수제

해설 급결제
· 시멘트의 응결시간을 매우 빨리하기 위하여 사용되는 혼화제이다.
· 모르타르 콘크리트의 뿜어 붙이기 공법, 그라우트에 의한 지수 공법 등에 사용된다.

10 시멘트의 강도시험(KS L ISO 679)에서 3개의 시험체를 한 조합된 시료로 할 경우 필요한 시멘트, 표준사, 물의 양으로 옳은 것은?

① 시멘트 450g, 표준사 1,350g, 물 225g
② 시멘트 450g, 표준사 1,215g, 물 180g
③ 시멘트 450g, 표준사 1,080g, 물 225g
④ 시멘트 450g, 표준사 1,350g, 물 180g

해설 3개의 시험체를 한 조합된 시료
시멘트 450g±2g, 표준사 1,350g±5g, 물 225g±1g

11 굵은 골재의 최대치수가 20mm인 시료로 밀도 및 흡수율 시험(KS F 2503)을 실시하고자 한다. 1회 시험에 사용하는 시료의 최소 질량으로 옳은 것은? (단, 보통 골재를 사용한다.)

① 1kg
② 2kg
③ 3kg
④ 4kg

해설 보통 골재를 사용하는 최소 질량은 굵은 골재의 최대치수(mm 표시)의 0.1배를 kg으로 나타내는 양으로 한다.
∴ $m_{min} = 0.1 \times 20 = 2kg$

12 질량법에 의해 잔골재의 표면수를 측정할 경우, 시료에서 치환된 물의 질량(m)을 구하는 식으로 옳은 것은? (단, m_1 : 시료의 질량(g), m_2 : 용기와 물의 질량(g), m_3 : 용기, 시료 및 물의 질량(g))

① $m = m_1 + m_2 + m_3$
② $m = m_1 - m_2 + m_3$
③ $m = m_1 + m_2 - m_3$
④ $m = m_1 - m_2 - m_3$

해설 $m = m_1 + m_2 - m_3$

13 잔골재의 유기불순물 시험 (KS F 2510)의 목적으로 적당하지 않은 것은?

① 잔골재 중의 유기불순물은 콘크리트의 경화를 방해하고 콘크리트의 강도, 내구성, 안정성을 해친다.
② 잔골재 중에 함유되어 있는 유기불순물의 양을 알아 그 모래의 사용 적부를 개략적으로 판단하는데 필요하다.
③ 모래에 보통 부식된 형태로 유기물이 들어있으며, 육안으로 분별하기가 곤란하다.
④ 유기물은 콘크리트의 배합설계 시 잔골재율을 조정하기 위하여 필요하다.

해설 모래의 사용여부를 결정함에 앞서 보다 더 정밀한 모래에 대한 시험의 필요성 유무를 미리 아는데 있다.

14 콘크리트의 배합에서 단면이 큰 철근 콘크리트의 슬럼프 표준값으로 옳은 것은?

① 80~150mm ② 60~120mm
③ 50~100mm ④ 100~150mm

해설 슬럼프값의 표준

콘크리트의 종류		슬럼프값(mm)
철근 콘크리트	일반적인 경우	80~150
	단면이 큰 경우	60~120
무근 콘크리트	일반적인 경우	50~150
	단면이 큰 경우	50~100

15 동해에 의한 골재의 붕괴작용에 대한 저항성을 측정하기 위한 시험방법은?

① 안정성 시험   ② 유기불순물 시험
③ 오토클레이브 시험 ④ 마모시험

해설 골재의 안정성 시험은 골재의 내구성인 기상작용에 대한 저항성을 측정하기 위한 시험이다.

16 골재의 잔입자 시험결과 씻기 전 건조시료의 질량은 500g, 씻은 후 시료의 건조질량은 488.5g이었다. 이 골재의 잔입자 비율은?

① 1.2%   ② 1.8%
③ 2.3%   ④ 3.5%

해설 $\frac{B-C}{B} \times 100 = \frac{500-488.5}{500} \times 100 = 2.3\%$

17 콘크리트의 품질관리 계획을 작성할 때의 고려사항에 대한 설명으로 틀린 것은?

① 적합한 품질검사 방법을 선택
② 품질관리를 위한 체계적 교육 및 훈련 계획 수립
③ 품질관리를 행하기 위한 구체적 실행계획을 작성
④ 어느 공사에도 맞는 획일적인 품질관리 방침 작성

해설 계획된 공사에 가장 알맞은 종합적인 품질관리 방침 작성

18 17회의 압축강도시험 실적으로부터 구한 압축강도의 표준편차가 5MPa인 경우 배합강도를 구할 때 적용해야 할 압축강도의 표준편차(s)로서 옳은 것은? (단, 보정계수를 고려하여야 하며, 시험횟수가 15회, 20회인 경우의 표준편차의 보정계수는 각각 1.16, 1.08이다.)

① 5.4MPa   ② 5.64MPa
③ 5.72MPa ④ 5.8MPa

해설 보정계수 $= 1.16 - \frac{17-15}{20-15} \times (1.16-1.08) = 1.128$
표준편차 $s = 1.128 \times 5 = 5.64$MPa

19 콘크리트 배합설계시 물-결합재비를 결정할 때 고려하여야 할 사항으로 거리가 먼 것은?

① 소요의 강도   ② 내구성
③ 균열저항성   ④ 공기량

해설 물-결합재비는 소요의 강도, 내구성, 수밀성 및 균열저항성 등을 고려하여 정한다.

20 금속재료의 인장시험에 의한 파단 연신률(%)을 구하는 식으로 옳은 것은? (단, l은 시험편의 양 파단면의 중심선이 일직선상에 있도록 주의하여 파단면을 접촉시켜 측정한 표점간 거리(mm)이며, l_0는 표점거리(mm)이다.)

① $\frac{l-l_0}{l_0} \times 100(\%)$ ② $\frac{l-l_0}{l} \times 100(\%)$
③ $\frac{l_0}{l-l_0} \times 100(\%)$ ④ $\frac{l}{l-l_0} \times 100(\%)$

해설 파단 연신율 $= \frac{\text{파단시의 총 변위}}{\text{표점거리}} \times 100$
$= \frac{l-l_0}{l_0} \times 100(\%)$

정답 13 ④ 14 ② 15 ① 16 ③ 17 ④ 18 ② 19 ④ 20 ①

제2과목 : 콘크리트 제조, 시험 및 품질 관리

21 콘크리트의 탄산화 깊이를 측정할 때 사용되는 시약은?

① 페놀프탈레인 용액 ② 무수황산나트륨 용액
③ 염화바륨 ④ 수산화나트륨

[해설] 탄산화(중성화)의 판정은 페놀프탈레인 1%의 알코올용액을 콘크리트의 단면에 뿌려 조사하는 방법으로 탄산화되지 않은 부분은 붉은 보라색으로 착색되고 탄산화 부분은 착색되지 않는다.

22 콘크리트의 내구성을 확보하기 위한 염화물 함유량의 한도와 관련된 설명으로 틀린 것은?

① 콘크리트 중의 염화물 함유량은 콘크리트 중에 함유된 염소 이온의 총량으로 표시한다.
② 굳지 않은 콘크리트 중의 전 염소이온량은 원칙적으로 $0.30kg/m^3$ 이하로 하여야 한다.
③ 책임기술자의 승인을 얻어 콘크리트 중의 전 염소이온량의 허용상한치를 $0.60kg/m^3$으로 할 수 있다.
④ 철근이 배치되지 않은 무근 콘크리트의 경우 콘크리트 중의 전 염소이온량은 $0.60kg/m^3$ 이하로 하여야 한다.

[해설] 콘크리트 중 염화물함유량의 허용치는 염소이온(Cl^-)량으로서 $0.30kg/m^3$ 이하이어야 한다. 다만, 구입자의 승인을 얻은 경우에 $0.60kg/m^3$ 이하로 할 수 있다.

23 콘크리트의 탄성계수에 대한 설명으로 틀린 것은?

① 콘크리트의 탄성계수는 콘크리트 강도의 영향을 가장 크게 받는다.
② 콘크리트의 강도가 증가할수록 탄성계수는 일정비율로 증가하는 경향이 있다.
③ 일반 콘크리트용 골재의 탄성계수는 시멘트풀 탄성계수의 1.5~5배 정도이며, 경량골재의 탄성계수는 시멘트풀과 거의 비슷한 값을 갖는다.
④ 응력-변형률 곡선에서 초기 변형상태의 기울기를 할선 탄성계수라고 하며, 이것을 콘크리트의 탄성계수(E_c)라 한다.

[해설] 콘크리트의 응력-변형률 관계는 낮은 응력의 단계에서부터 비선형으로 되기 때문에 엄밀하게는 탄성계수를 결정할 수가 없지만 설계에서는 압축강도의 30~50% 정도의 응력점과 원점을 연결한 할선 탄성계수값을 탄성계수로 사용한다.

24 다음 중 된비빔 콘크리트용 시험이 아닌 것은?

① 비비시험 ② 다짐계수시험
③ L플로시험 ④ 진동대식 컨시스턴시 시험

[해설] • 비비시험 : 슬럼프 시험으로 측정하기 어려운 비교적 된 비빔 콘크리트에 적용하기가 좋다.
• 다짐계수시험 : 슬럼프가 매우 작고 진동다짐을 실시하는 콘크리트에 유효한 시험방법이다.
• 진동대식 컨시스턴시 시험 : 포장 콘크리트와 같은 된 반죽 콘크리트의 반죽질기 측정에 주로 사용된다.
• L형Flow test : 초유동화 콘크리트에 사용된다.

25 굳지 않은 콘크리트의 슬럼프 시험은 궁극적으로 무엇을 알기 위해 실시하는가?

① 콘크리트의 강도
② 콘크리트의 컨시스턴시
③ 콘크리트중의 잔골재율(S/a)
④ 물-시멘트비

[해설] 콘크리트의 슬럼프 시험은 굳지 않은 콘크리트의 반죽질기(consistency)를 측정하는 것이다.

26 압력법에 의한 공기함유량 시험에서 콘크리트의 겉보기 공기량이 4.6%이고 골재의 수정계수가 0.3%이면 콘크리트의 공기량은 얼마인가?

① 4.9% ② 4.6%
③ 4.3% ④ 4.0%

[해설] $A(\%) = A_1 - G$
$= 4.6 - 0.3 = 4.3\%$

27 다음 용어에 대한 설명 중 그 내용이 잘못된 것은?

① 갇힌 공기 : 혼화제를 사용하지 않더라도 콘크리트 속에 자연적으로 포함되는 공기
② 골재의 실적률 : 단위질량을 밀도로 나눈 값의 백분율
③ 자기수축 : 콘크리트가 건조하면서 체적이 감소하여 수축하는 현상
④ 레이턴스 : 블리딩으로 인하여 콘크리트나 모르타르의 표면에 떠올라서 가라앉은 물질

[해설] 자기수축(autogenous shrinkage) : 시멘트의 수화반응에 의해 콘크리트, 모르타르 및 시멘트 페이스트의 체적이 감소하여 수축하는 현상

정답 21 ① 22 ④ 23 ④ 24 ③ 25 ② 26 ③ 27 ③

28 콘크리트의 공시체가 압축 혹은 인장을 받을 때, 공시체 축의 직각 방향(횡방향)의 변형률을 축 방향 변형률로 나눈 값을 무엇이라고 하는가?

① 탄성계수 ② 포아송 수
③ 포아송 비 ④ 크리프 계수

[해설] 포아송비 $\nu = \dfrac{\text{직각방향(횡방향) 변형률}}{\text{축방향(종방향) 변형률}}$

29 공시체 규격이 150mm×150mm×530mm로 지간길이가 450mm인 단순보의 3등분점 재하법의 휨강도 시험을 한 결과, 최대하중이 24,500N일 때 공시체가 인장쪽 표면 지간방향 중심선의 3등분점 사이에서 파괴가 되었다. 이 공시체의 휨강도는?

① 2.9MPa ② 3.3MPa
③ 4.9MPa ④ 5.3MPa

[해설] 휨강도 $f_b = \dfrac{P \cdot l}{b \cdot h^2}$

$f_b = \dfrac{24{,}500 \times 450}{150 \times 150^2} = 3.3 \text{N/mm}^2 = 3.3 \text{MPa}$

30 다음 중 부착강도에 대한 설명으로 틀린 것은?

① 부착강도는 철근의 종류 및 지름, 콘크리트 속에 묻힌 철근의 위치와 방향, 묻힌 길이, 콘크리트의 피복두께 및 콘크리트 품질 등에 따라 달라진다.
② 조건이 일정한 경우 콘크리트의 압축강도나 인장강도가 커질수록 부착강도는 감소한다.
③ 이형철근의 부착강도가 원형철근의 부착강도보다 크다.
④ 철근을 콘크리트 속에 수평으로 매입하면 콘크리트 중의 입자의 침하나 블리딩에 의하여 철근 하부에 수막 및 공극이 생겨 부착강도가 저하한다.

[해설] 조건이 일정한 경우 콘크리트의 압축강도나 인장강도의 증가에 따라 부착강도는 증가한다.

31 콘크리트 내의 철근부식 유무를 평가하기 위하여 실시하는 비파괴시험이 아닌 것은?

① 질산은적정법 ② 분극저항법
③ 전기저항법 ④ 자연전위법

[해설]
• 철근부식 평가 : 자연전위법, 분극저항법, 전기저항법
• 염화물함유량 시험 : 전위차적정법, 이온 색층분석법, 질산은 적정법

32 물-시멘트비를 작게 하여도 개선되지 않는 콘크리트의 내구성은 어느 것인가?

① 탄산화 ② 동해
③ 염해 ④ 알칼리 골재 반응

[해설]
• 알칼리 골재 반응에 대한 내구성은 골재 중에 포함되어 있는 실리카, 탄산염 등과 시멘트의 알칼리가 반응하여 팽창성 물질이 생겨 콘크리트가 파괴된다.
• 콘크리트의 탄산화 저항성을 고려하여 물-시멘트비를 정할 경우 55% 이하로 한다.
• 내동해성을 기준으로 물-시멘트비를 정할 경우 60% 이하를 원칙으로 한다.
• 제빙화학제(염화칼슘)가 사용되는 경우 콘크리트의 물-시멘트비는 45% 이하로 한다.

33 블리딩(bleeding)을 저감시키는 요인이 아닌 것은?

① 물-시멘트비가 클 때
② 응결시간이 빠른 시멘트를 사용할 때
③ 분말도가 큰 시멘트를 사용할 때
④ AE제, 감수제를 사용할 때

[해설] 블리딩 저감 요소
• 분말도가 높은 시멘트를 사용한다.
• AE제나 감수제는 블리딩을 저감시킨다.
• 수화 속도의 증진 또는 응결 촉진제를 사용한다.
• 소요의 워커빌리티를 얻을 수 있는 범위 내에서 단위 수량을 줄인다.
  ∴ 물-결합재비가 크면 블리딩이 증가된다.

34 품질관리의 7가지 도구 중 아래의 표에서 설명하는 것은?

> 데이터(계산치)를 일정한 폭으로 구분하고 막대그래프로 표현하여 중심, 편차, 모양의 문제점을 발견하기 위한 그래프

① 파레토도 ② 히스토그램
③ 층별 ④ 산포도

[해설]
• 파레토도 : 불량 등의 발생건수를 분류항목별로 나누어 크기 순서대로 나열해 놓은 그림
• 산포도 : 대응되는 두 개의 짝으로 된 데이터를 그래프 용지 위에 점으로 나타낸 그림
• 층별 : 집단을 구성하고 있는 데이터를 특징에 따라 몇 개의 부분집단으로 나누는 것

정답 28 ③ 29 ② 30 ② 31 ① 32 ④ 33 ① 34 ②

□□□ 산18,23
35 콘크리트의 타설 시 생기는 재료분리현상을 증가시키는 요인에 대한 설명으로 틀린 것은?

① 단위수량이 지나치게 많을 때
② 단위시멘트량이 많을 때
③ 굵은 골재의 최대치수가 지나치게 클 때
④ 콘크리트의 슬럼프값이 클 때

[해설] 단위 시멘트량이 적으면 재료분리의 경향이 생긴다.

□□□ 산14,17,19,23
36 안지름 25cm, 안높이 28.5cm의 용기로 블리딩 시험을 한 결과 총 블리딩수가 78.5cc이었다면, 블리딩량은 얼마인가?

① $0.16 cm^3/cm^2$
② $0.20 cm^3/cm^2$
③ $0.26 cm^3/cm^2$
④ $0.30 cm^3/cm^2$

[해설] 블리딩량 $= \dfrac{V}{A} = \dfrac{78.5}{\dfrac{\pi \times 25^2}{4}} = 0.16 cm^3/cm^2$

□□□ 산12,17,23
37 믹서의 효율을 시험하기 위하여 믹서로 비빈 굳지 않은 콘크리트 중의 모르타르와 굵은 골재량의 변화율 시험을 수행하고자 한다. 굵은 골재의 최대치수가 25mm 경우 시료의 양으로서 가장 적합한 것은?

① 10L
② 20L
③ 25L
④ 50L

[해설] · 굵은 골재의 최대치수가 20mm 이하일 때는 시료의 양을 20L로 한다.
· 굵은 골재의 최대치수가 25mm일 때는 시료의 양을 25L로 한다.

□□□ 산05,09,13,15,23
38 콘크리트의 워커빌리티에 관한 설명 중 옳지 않은 것은?

① 시멘트량이 많을수록 콘크리트는 워커블하게 된다.
② 온도가 높을수록 슬럼프는 증가되고, 수송에 의한 슬럼프 감소는 줄어든다.
③ 플라이 애시를 사용하면 워커빌리티가 개선된다.
④ 둥근 모양의 천연 모래가 모가진 것이나 편평한 것이 많은 부순 모래에 비하여 워커블한 콘크리트를 얻기 쉽다.

[해설] 온도가 높을수록 워커빌리티(슬럼프)가 감소한다.

□□□ 산15,23
39 콘크리트 재료로서 플라이애시를 사용할 때 1회 계량분에 대한 계량 허용오차로 옳은 것은?

① ±1%
② ±2%
③ ±3%
④ ±4%

[해설] 혼화재인 플라이 애시의 계량 허용오차 : ±2%

□□□ 산13,23
40 정비된 콘크리트 제조설비를 갖춘 공장으로부터 수시로 구입할 수 있는 굳지 않는 콘크리트를 무엇이라고 하는가?

① 일반 콘크리트
② 매스 콘크리트
③ 레디믹스트 콘크리트
④ 숏크리트

[해설] 레디믹스트 콘크리트
콘크리트 제조설비를 갖춘 공장으로부터 구입자가 요구하는 품질 및 수량의 콘크리트를 소정의 시간 안에 운반차를 사용하여 현장까지 배달 공급하는 굳지 않은 콘크리트

제3과목 : 콘크리트의 시공

□□□ 산18,23
41 대규모 시멘트 콘크리트 포장 공사에서 다져지지 않은 콘크리트를 포설면에 고르게 펴는 장비로 적합하지 않은 것은?

① 벨트형 스프레더
② 호퍼용 스프레더
③ 스크류형 스프레더
④ 슬립폼 페이버

[해설] 슬립폼 페이버
콘크리트 슬래브의 포설기계의 일종으로 펴고, 다지며 표면마무리 등의 기능을 겸비하고 있으며 거푸집을 설치하지 않고 콘크리트 슬래브를 연속적으로 포설할 수 있다.

□□□ 산04,17,23
42 강제식 믹서를 사용하여 일반콘크리트의 비비기를 실시하고자 할 때 비비기 시간의 표준으로 옳은 것은? (단, 비비기 시간에 대한 시험을 실시하지 않은 경우)

① 0.5분 이상
② 1분 이상
③ 1.5분 이상
④ 2분 이상

[해설] 비비기 시간에 대한 시험을 실시하지 않은 경우, 그 최소시간은 가경식 믹서일 때에는 1분 30초 이상, 강제식 믹서일 때에는 1분 이상을 표준으로 해도 좋다.

정답 35 ② 36 ① 37 ③ 38 ② 39 ② 40 ③ 41 ④ 42 ②

43 공사를 시작하기 전에 콘크리트의 운반에 대해 미리 충분한 계획을 수립하여야 하는데, 다음 중 계획수립의 검토 사항으로 거리가 먼 것은?

① 콘크리트 타설 순서
② 기상조건
③ 시공이음의 위치
④ 콘크리트의 강도

해설 콘크리트의 운반에 대한 계획수립의 검토 사항
- 기상조건
- 운반로, 운반 경로
- 콘크리트 타설 순서
- 콘크리트 비비기에서 타설까지의 소요시간
- 치기계획, 시공이음의 위치, 시공이음의 처치 방법

44 수밀콘크리트의 배합 및 시공에 관한 다음의 일반적인 설명 중 틀린 것은?

① 일반 콘크리트보다 잔골재율 및 단위 굵은 골재량을 되도록 작게 한다.
② 팽창재를 사용하여 수축균열을 방지한다.
③ 콘크리트의 워커빌리티를 개선시키기 위해 공기연행제를 사용하는 경우라도 공기량은 4% 이하가 되도록 한다.
④ 수직 이어치기 면은 누수의 원인으로 되기 쉽기 때문에 지수판을 사용한다.

해설 단위수량 및 물-시멘트비는 되도록 적게 하고, 단위 굵은 골재량을 되도록 크게 한다.

45 수중 콘크리트의 배합에 대한 설명으로 틀린 것은?

① 일반 수중 콘크리트의 물-결합재비는 50% 이하를 표준으로 한다.
② 현장 타설말뚝 및 지하연속벽에 사용하는 수중 콘크리트의 물-결합재비는 45% 이하를 표준으로 한다.
③ 일반 수중 콘크리트의 단위 시멘트량은 370kg/m³ 이상을 표준으로 한다.
④ 현장 타설말뚝 및 지하연속벽에 사용하는 수중 콘크리트의 단위 시멘트량은 350kg/m³ 이상을 표준으로 한다.

해설 수중 콘크리트의 물-결합재비 및 단위 시멘트량

종류	일반 수중 콘크리트	현장 타설말뚝 및 지하연속벽에 사용하는 수중 콘크리트
물-결합재비	50% 이하	55% 이하
단위 시멘트량	370kg/m³ 이상	350kg/m³ 이상

46 콘크리트 다지기에 대한 설명으로 틀린 것은?

① 콘크리트 다지기에는 내부진동기의 사용을 원칙으로 한다.
② 재진동을 실시할 경우에는 초결이 일어난 후에 하여야 한다.
③ 내부진동기는 천천히 빼내어 구멍이 남지 않도록 사용해야 한다.
④ 내부진동기는 연직으로 찔러 넣으며, 삽입간격은 일반적으로 0.5m 이하로 하는 것이 좋다.

해설 재진동을 할 경우에는 콘크리트에 나쁜 영향이 생기지 않도록 초결이 일어나기 전에 실시하여야 한다.

47 팽창콘크리트를 비비고 나서 타설을 끝낼 때까지의 시간에 대한 설명으로 옳은 것은?

① 기온·습도 등의 기상조건과 시공에 관한 등급에 따라 0.5시간 이내로 하여야 한다.
② 기온·습도 등의 기상조건과 시공에 관한 등급에 따라 1시간 이내로 하여야 한다.
③ 기온·습도 등의 기상조건과 시공에 관한 등급에 따라 1~2시간 이내로 하여야 한다.
④ 기온·습도 등의 기상조건과 시공에 관한 등급에 따라 2~5시간 이내로 하여야 한다.

해설 콘크리트를 비비고 나서 타설을 끝낼 때까지의 시간은 기온·습도 등의 기상조건과 시공에 관한 등급에 따라 1~2시간 이내로 하여야 한다.

48 아래 표와 같은 경우 콘크리트의 강도는 재령 며칠의 압축강도 시험값을 기준으로 하는가?

> 촉진양생을 하지 않은 공장 제품이나 비교적 부재 두께가 큰 공장 제품

① 7일
② 14일
③ 28일
④ 91일

해설 공장 제품의 콘크리트 강도
- 일반적인 공장 제품은 재령 14일에서의 압축강도 시험값
- 오토클레이브 양생 등의 특수한 촉진양생을 하는 공장 제품은 14일 이전의 적절한 재령에서 압축강도 시험값
- 촉진 양생을 하지 않는 공장 제품이나 비교적 부재두께가 큰 공장 제품은 재령 28일에서 압축강도 시험값

정답 43 ④ 44 ① 45 ② 46 ② 47 ③ 48 ③

□□□ 산14,23
49 유동화 콘크리트에 관한 다음의 설명 중 틀린 것은?

① 비비기를 완료한 베이스 콘크리트에 유동화제를 첨가하여 유동성을 증대시킨 콘크리트이다.
② 유동화콘크리트의 압축강도는 베이스콘크리트와 거의 동일하다.
③ 유동화콘크리트의 잔골재율은 보통의 된비빔 콘크리트보다 작게 할 필요가 있다.
④ 슬럼프를 증가시키기 위한 유동화제의 사용량은 콘크리트의 온도에 의해서 변화한다.

해설 유동화콘크리트의 잔골재율은 보통의 된비빔 콘크리트보다 크게 할 필요가 있다.

□□□ 산17,23
50 섬유보강 콘크리트에 사용되는 시멘트계 복합재료용 섬유에 대한 설명으로 틀린 것은?

① 무기계 섬유로는 강섬유, 유리섬유, 탄소섬유 등이 있다.
② 유기계 섬유로는 아라미드섬유, 폴리프로필렌섬유, 비닐론섬유 등이 있다.
③ 섬유는 섬유와 시멘트 결합재 사이의 부착성이 양호하여야 한다.
④ 섬유는 압축강도 및 전단강도가 커야 한다.

해설 섬유의 인장강도 충분히 클 것

□□□ 산15,18,23
51 프리플레이스트 콘크리트에 사용하는 잔골재의 조립률은 어느 정도 범위를 가져야 하는가?

① 1.0~1.4   ② 1.4~2.2
③ 2.3~3.1   ④ 3.2~4.3

해설 소정의 유동성을 얻을 수 있는 범위에서 단위결합재량의 증가를 적극 줄일 목적으로 잔골재율은 1.2~2.2의 것이 바람직하다.

□□□ 산16,23
52 콘크리트를 유해한 응력으로부터 소정의 강도가 발현되기까지 보호하는 것을 양생이라고 하며, 충분한 수분이 공급되도록 하여야 한다. 만약 콘크리트의 습윤양생이 충분하지 못한 경우 발생되는 현상으로 틀린 것은?

① 강도 감소   ② 건조수축 증가
③ 수밀성 저하   ④ 침하수축 감소

해설 습윤양생이 충분하지 못한 경우 수분의 부족으로 인한 침하수축이 증가한다.

□□□ 산11,23
53 결합재로서 시멘트를 전혀 사용하지 않고 열경화성 또는 열가소성 수지 등을 사용하여 골재를 결합시키는 콘크리트는?

① 폴리머 콘크리트   ② 중량 콘크리트
③ 에코시멘트 콘크리트   ④ 포러스 콘크리트

해설
• 폴리머 콘크리트(polymer concrete : PC) : 결합재로서 시멘트를 전혀 사용하지 않고 열경화성 또는 열가소성수지와 같은 액상수지를 사용하여 골재를 결합시킨 것으로 플라스틱 콘크리트 또는 레진 콘크리트라고 불렀으며, 결합재로 가장 많이 사용되는 것은 불포화 폴리에스테르 수지이다.
• 포러스 콘크리트 : 보통 콘크리트와 달리 연속된 공극을 많이 포함시켜 물과 공기가 자유롭게 통과할 수 있도록 연속공극을 균일하게 형성시킨 다공질의 콘크리트

□□□ 산17,19,23
54 유동화 콘크리트를 제조 할 때 유동화제를 첨가하기 전의 기본 배합의 콘크리트를 무엇이라고 하는가?

① 고성능 콘크리트   ② 고유동 콘크리트
③ 베이스 콘크리트   ④ 유동화 콘크리트

해설 베이스 콘크리트
• 유동화 콘크리트를 제조할 때 유동화제를 첨가하기 전의 기본 배합의 콘크리트
• 숏크리트의 습식방식에서 사용하는 급결재를 첨가하기 전의 콘크리트

□□□ 산14,17,23
55 콘크리트의 고강도화 방법에 대한 설명으로 틀린 것은?

① 시멘트풀의 강도개선
② 양질의 골재이용
③ 골재와 시멘트풀의 부착성 개선
④ 단위수량의 증가

해설 단위수량은 소요의 워커빌리티를 얻을 수 있는 범위 내에서 가능한 적게 하여야 한다.

□□□ 산14,21,23
56 벽 또는 기둥과 같이 높이가 높은 콘크리트를 연속해서 타설할 경우 콘크리트의 쳐 올라가는 속도를 너무 빨리하면 재료분리가 일어나기 쉽다. 따라서 쳐 올라가는 속도를 조정할 필요가 있는데, 일반적인 속도로서 가장 적당한 것은?

① 30분에 0.5~1m 정도   ② 30분에 1~1.5m 정도
③ 30분에 1.5~2m 정도   ④ 30분에 2~2.5m 정도

해설 일반적으로 30분에 1~1.5m 정도로 하는 것이 적당하다.

정답 49 ③ 50 ④ 51 ② 52 ④ 53 ① 54 ③ 55 ④ 56 ②

57 마모에 대한 저항성을 크게 할 목적으로 실시하는 표면 마무리 방법이 아닌 것은?

① 철분이나 수지 콘크리트를 사용한다.
② 폴리머 콘크리트를 사용한다.
③ 섬유보강 콘크리트를 사용한다.
④ 표면에 요철을 둔다.

[해설] 마모에 대한 저항성을 크게 할 목적으로 철분이나 수지 콘크리트, 폴리머 콘크리트, 섬유보강 콘크리트, 폴리머 함침 콘크리트 등의 특수 콘크리트를 사용할 경우에는 각각의 특별한 주의사항에 따라 사용하여야 한다.

58 콘크리트의 측압에 관한 설명 중 옳지 않은 것은?

① 타설 속도가 빠르면 측압이 커진다.
② 단면이 작은 벽보다 단면이 큰 기둥에서 측압이 크다.
③ 철근량이 적을수록, 온도가 높을수록 측압이 크다.
④ 응결 시간이 빠른 시멘트를 사용할수록 측압이 적다.

[해설] 콘크리트의 측압
 • 부배합일수록 측압은 커지게 된다.
 • 철골 철근량이 적을수록 측압은 커지게 된다.
 • 콘크리트의 타설 속도가 빠르면 측압은 커지게 된다.
 • 콘크리트의 슬럼프가 커질수록 측압은 커지게 된다.
 • 콘크리트의 타설 높이가 높으면 측압은 커지게 된다.
 • 콘크리트의 다짐이 충분할수록 측압은 커지게 된다.
 • 콘크리트의 온도 및 습도가 낮을수록 측압은 커지게 된다.
 • 콘크리트의 시공 연도가 좋을수록 측압은 커지게 된다.

59 서중콘크리트에 대한 설명 중 틀린 것은?

① 콘크리트를 타설할 때 콘크리트의 온도가 25℃를 초과하는 것이 예상되는 경우에는 서중콘크리트로서 시공하여야 한다.
② 펌프로 수송할 경우에는 수송관을 젖은 천으로 덮는 것이 좋다.
③ 양생할 때 목재거푸집의 경우처럼 거푸집판에 따라서 건조가 일어날 염려가 있는 경우에는 거푸집까지 습윤상태로 유지하여야 한다.
④ 콘크리트를 타설할 때 콘크리트의 온도는 35℃ 이하이어야 한다.

[해설] 서중콘크리트
하루 평균기온이 25℃를 초과하는 것이 예상되는 경우 서중 콘크리트로 시공하여야 한다.

60 전단력이 큰 위치에 시공이음을 설치할 경우 전단력에 대한 보강방법으로 적절하지 않은 것은?

① 장부(요철)를 만드는 방법
② 홈을 만드는 방법
③ 철근으로 보강하는 방법
④ 레이턴스를 많이 발생시키는 방법

[해설] 전단력이 큰 위치에 부득이 시공이음을 설치할 경우
 • 전단력에 대하여 장부(요철) 또는 홈을 만드는 방법
 • 철근으로 보강하는 방법

제4과목 : 콘크리트 구조 및 유지관리

61 콘크리트 보수공법 중 균열 폭이 0.5mm 이상의 비교적 큰 폭의 보수 균열에 적용하는 공법으로 균열선을 따라 콘크리트를 U형 또는 V형으로 잘라내고 보수하는 공법으로서 철근의 부식여부에 따라 보수 방법을 달리해야 하는 보수공법은?

① 표면처리공법   ② 치환공법
③ 주입공법   ④ 충전공법

[해설] 충전공법(철근이 부식되지 않는 경우)
 • 균열을 따라 약 10mm 폭으로 콘크리트를 U형 또는 V형으로 절개한 후 이 부위에 가요성 에폭시 수지 또는 폴리머 시멘트 모르타르 등을 충전하여 보수하는 방법이다.
 • V형으로 절개하고 폴리머 시멘트 모르타르를 충전한 경우, 충전한 모르타르의 박리·박락이 일어나기 쉽다.

62 SD 400 철근을 최외단 인장철근으로 사용한 압축부재에서 순인장변형률(ε_t)이 0.002와 0.005 사이인 단면의 경우, 나선철근으로 보강된 철근콘크리트 부재의 강도감소계수를 구하는 식으로 맞는 것은?

① $\phi = 0.65 + (\varepsilon_t - 0.002) \times \dfrac{200}{3}$
② $\phi = 0.65 + (\varepsilon_t - 0.002) \times 50$
③ $\phi = 0.70 + (\varepsilon_t - 0.002) \times \dfrac{200}{3}$
④ $\phi = 0.70 + (\varepsilon_t - 0.002) \times 50$

[해설] 나선철근 : $\phi = 0.70 + (\varepsilon_t - 0.002) \times 50$
기타 : $\phi = 0.65 + (\varepsilon_t - 0.002) \times \dfrac{200}{3}$

□□□ 산 11,16,17,23
63 콘크리트 압축강도 추정을 위한 반발경도 시험(KS F 2730)에 대한 설명으로 틀린 것은?

① 시험면은 다공질의 조약한 면은 피하고 평활한 면을 선택해야 한다.
② 타격봉이 중추에 부딪힐 때까지 타격봉에 대한 압력을 서서히 증가시키고, 타격봉이 중추에 부딪힌 후, 지침상의 값을 읽고 기록한다.
③ 시험영역의 지름은 100mm 이상이 되어야 한다.
④ 시험값 20개의 평균으로부터 오차가 20% 이상이 되는 경우는 시험값은 버린다.

해설 시험영역의 지름은 150mm 이상이 되어야 한다.

□□□ 산 13,15,23
64 철근콘크리트 보의 설계시 모멘트 강도 계산에서 일반적으로 사용되는 블록의 형태는?

① 삼각형   ② 직사각형
③ 사다리꼴   ④ 마름모꼴

해설 실무에서 실제 단면을 설계할 때 정확한 콘크리트 응력 분포 대신에 등가 직사각형응력 블록으로 나타낼 수 있다.

□□□ 산 06,10,15,23
65 콘크리트 보수를 위해 각종 섬유를 사용할 경우 섬유가 갖추어야 할 조건으로 맞지 않는 것은?

① 작업에서 시공성이 우수해야 한다.
② 섬유의 인성과 연성이 풍부해야 한다.
③ 섬유의 압축강도가 커야 한다.
④ 섬유와 결합재의 부착이 좋아야 한다.

해설 섬유의 인장강도가 커야 한다.

□□□ 산 08,09,18,23
66 보수공법 중 수동식 주입공법의 장점으로 틀린 것은?

① 다량의 수지를 단시간에 주입할 수 있다.
② 결함폭 0.5mm 이하의 경우에 매우 효과적이다.
③ 들뜸이 매우 작은 부위에도 주입이 가능하다.
④ 주입압이나 속도를 조절할 수 있다.

해설 수동식 주입공법의 단점
• 균열폭 0.5mm 이하의 경우에는 주입이 곤란하다.
• 주입시 압력 펌프를 필요로 한다.
• 경우에 따라 압착양생을 필요로 한다.
• 주입기 조작시 숙련도가 요구되어 관리상의 문제점이 있다.

□□□ 산 07,12,15,23
67 나선철근 기둥에서 축방향철근의 최소 개수로 옳은 것은?

① 5개   ② 6개
③ 7개   ④ 8개

해설 압축부재의 축방향 주철근 개수
• 사각형이나 원형 띠철근으로 둘러싸인 경우 : 4개
• 삼각형 띠철근으로 둘러싸인 경우 : 3개
• 나선철근으로 둘러싸인 철근의 경우 : 6개

□□□ 산 15,23
68 지간이 4m인 직사각형 단면의 단순보가 있다. 이 보에 자중을 포함한 고정하중 10kN/m와 활하중 20kN/m가 작용하고 있을 때 계수휨모멘트는 얼마인가?

① 30kN·m   ② 44kN·m
③ 60kN·m   ④ 88kN·m

해설 $U = 1.2M_D + 1.6M_L = 1.2 \times 10 + 1.6 \times 20 = 44\,\text{kN/m}$

$\therefore M_u = \dfrac{Ul^2}{8} = \dfrac{44 \times 4^2}{8} = 88\,\text{kN} \cdot \text{m}$

□□□ 산 16,23
69 보통중량골재를 사용한 콘크리트의 설계기준 압축강도가 28MPa로 제작되는 보에서 압축 이형철근으로 D29(공칭지름 28.6mm)를 사용한다면 기본정착길이는?
(단, $f_y = 350\text{MPa}$)

① 473mm   ② 512mm
③ 584mm   ④ 627mm

해설 압축 이형철근의 정착길이
$l_{db} = \dfrac{0.25 d_b f_y}{\lambda \sqrt{f_{ck}}}$
$= \dfrac{0.25 \times 28.6 \times 350}{1 \times \sqrt{28}} = 473\,\text{mm}$

□□□ 산 10,16,18,23
70 다음 중 1방향 슬래브에 대한 설명으로 틀린 것은?

① 마주보는 두 변에만 지지되는 슬래브는 1방향 슬래브로 설계하여야 한다.
② 4변에 의해 지지되는 2방향 슬래브 중에서 단변에 대한 장변의 비가 2배를 넘으면 1방향 슬래브로 해석한다.
③ 1방향 슬래브의 두께는 최소 50mm 이상으로 하여야 한다.
④ 1방향 슬래브에서는 정모멘트 철근 및 부모멘트 철근에 직각방향으로 수축·온도철근을 배치하여야 한다.

해설 1방향 슬래브의 두께는 최소 100mm 이상으로 하여야 한다.

정답 63 ③ 64 ② 65 ③ 66 ② 67 ② 68 ④ 69 ① 70 ③

71 옹벽의 안정조건에 대한 아래의 설명에서 ( )안에 적합한 수치는?

> 전도에 대한 저항휨모멘트는 횡토압에 의한 전도모멘트의 ( )배 이상이어야 한다.

① 1　　② 1.5
③ 2　　④ 2.5

[해설] • 전도에 대한 저항휨모멘트는 횡토압에 의한 전도모멘트의 2.0배 이상이어야 한다.
• 활동에 대한 저항력은 옹벽에 작용하는 수평력의 1.5배 이상이어야 한다.

72 그림과 같은 단면의 보에서 $f_{ck}=28$MPa일 때, 보통 중량 콘크리트가 분담하는 설계전단강도(ϕV_c)는?
(단, 경량콘크리트계수 $\lambda=1$)

① 약 151kN
② 약 162kN
③ 약 173kN
④ 약 185kN

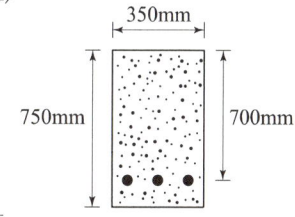

[해설] 콘크리트의 설계 전단 강도
$$\phi V_c = \phi \frac{1}{6}\lambda\sqrt{f_{ck}}\,b_w d$$
$$= 0.75 \times \frac{1}{6} \times 1 \times \sqrt{28} \times 350 \times 700 = 162,052\text{N} = 162\text{kN}$$

73 콘크리트 구조물의 보강공법이 아닌 것은?

① 충전공법　　② 강판접착공법
③ 단면 증설공법　　④ 탄소섬유시트 접착공법

[해설] • 구조물의 보강공법 : 단면 증설공법, 강판접착공법, 탄소섬유시트 접착공법
• 구조물의 보수공법 : 표면처리공법, 균열주입공법, 충진공법, 치환공법

74 전기방식 공법에서 외부 전원을 필요로 하지 않는 공법은?

① 티탄메시방식　　② 유전 양극방식
③ 내부 양극방식　　④ 도전성 도료방식

[해설] 유전 양극방식
유전 양극방식에서는 외부 전원을 필요로 하지 않는다.

75 다음 중 철근 피복두께의 역할이 아닌 것은?

① 철근 부식 방지　　② 단면의 내하력 증대
③ 부착 강도 증진　　④ 내화성 증진

[해설] 피복두께를 필요로 하는 이유
• 철근의 부식 방지(철근의 녹방지)
• 부착강도 증진(부착응력 확보)
• 내화성 증진(내화구조 확보)

76 슬래브의 설계에서 직접설계법을 사용하여 설계할 수 있는 경우에 대한 설명으로 틀린 것은?

① 각 방향으로 3경간 이상 연속되어야 한다.
② 모든 하중은 슬래브 판 전체에 걸쳐 등분포된 연직하중이어야 하며, 활하중은 고정하중의 2배 이상이어야 한다.
③ 연속한 기둥 중심선을 기준으로 기둥의 어긋남은 그 방향 경간 10% 이하이어야 한다.
④ 각 방향으로 연속한 받침부 중심간 경간 차이는 긴 경간 1/3 이하이어야 한다.

[해설] 모든 하중은 슬래브 판 전체에 걸쳐 등분포된 연직하중이어야 하며, 활하중은 고정하중의 2배 이어야 한다.

77 강도설계법의 특징에 관한 내용으로 틀린 것은?

① 강도감소계수를 반영한 설계법이다.
② 허용응력 설계법이 가지는 문제점을 개선한 설계법이다.
③ 서로 상이한 재료의 특성을 설계에 합리적으로 반영할 수 있다.
④ 허용응력 설계법에 비하여 파괴에 대한 안전도의 확보가 확실하다.

[해설] 서로 다른 재료의 특성을 설계에 합리적으로 반영하기 어렵다.

78 철근의 단면적 $A_s=3,000\text{mm}^2$, $f_{ck}=30$MPa, $f_y=400$MPa인 단철근 직사각형 보의 전압축력(C)은?
(단, 과소철근보이다.)

① 400kN　　② 900kN
③ 1,200kN　　④ 12,000kN

[해설] $C=T$에서
$C = A_s f_y = 3,000 \times 400$
$= 1,200,000\text{N} = 1,200\text{kN}$

79 $b=350$mm, $d=550$mm, $A_s=1,489$mm^{2}인 단철근 직사각형보의 압축연단에서 중립축까지의 거리 c는?
(단, $f_{ck}=35$MPa, $f_y=400$MPa)

① 42.7mm　　② 57.3mm
③ 71.5mm　　④ 87.4mm

해설 $a = \dfrac{A_s f_y}{\eta(0.85 f_{ck})b} = \dfrac{1,489 \times 400}{1 \times 0.85 \times 35 \times 350} = 57.20$mm

$f_{ck} = 35$MPa ≤ 40MPa일 때
$\eta = 1$, $\beta_1 = 0.80$

$\therefore c = \dfrac{a}{\beta_1} = \dfrac{57.20}{0.80} = 71.5$mm

80 알칼리 골재반응이 일어나기 위해서는 일반적으로 반응의 3조건이 충족되어야 한다. 여기에 해당하지 않는 것은?

① 골재 중의 유해 물질
② 대기 중의 이산화탄소
③ 시멘트 중의 알칼리
④ 반응을 촉진하는 수분

해설 알칼리골재반응의 필수적인 3요소
　• 유해한 반응성골재의 조건
　• 일정량 이상의 알칼리량
　• 반응을 촉진하는 수분의 공급

국가기술자격 CBT 필기시험문제

2023년도 산업기사 3회 필기시험 복원문제

자격종목	시험시간	문제수	형 별	수험번호	성 명
콘크리트산업기사	2시간	80	A		

※ 각 문제는 4지 택일형으로 질문에 가장 적합한 문제의 보기 번호를 클릭하거나 답안표기란의 번호를 클릭하여 입력하시면 됩니다.
※ 입력된 답안은 문제 화면 또는 답안 표기란의 보기 번호를 클릭하여 변경하실 수 있습니다.

제1과목 : 콘크리트 재료 및 배합

□□□ 산 05,16,23
01 일반적인 시멘트의 강도에 대한 다음 설명 중 적절하지 않은 것은?

① 시멘트 페이스트의 강도를 말한다.
② 시멘트의 조성에 영향을 받는다.
③ 물-시멘트비에 따라 변한다.
④ 재령 및 양생조건에 따라 영향을 받는다.

[해설] · 시멘트의 강도는 시멘트의 조성, 물-시멘트비, 재령 및 양생조건 등에 따라 다르다.
· 시멘트의 강도를 알기 위해서는 시멘트 풀의 강도가 아닌 시멘트 모르타르의 강도로써 나타낸다.

□□□ 산 05,09,23
02 콘크리트의 응결에 관한 다음의 일반적인 설명 중 적합하지 않은 것은?

① 촉진제를 사용하면 응결이 빨라진다.
② 콘크리트 온도가 낮을수록 응결이 지연되는 경향이 있다
③ 슬럼프가 작을수록 응결이 지연되는 경향이 있다.
④ 물-시멘트비가 클수록 응결이 지연되는 경향이 있다

[해설] 슬럼프가 작을수록 응결이 빨라지는 경향이 있다.

□□□ 산 09,15,23
03 알루미나 시멘트의 특성에 관한 다음 설명 중 옳지 않은 것은?

① 포틀랜드 시멘트에 비하여 빨리 응결하는 특성을 갖는다.
② 응결 및 경화시 발열량이 적다.
③ 화학적 저항성이 크고 내구성도 크나 가격이 고가이다.
④ 내화성이 우수하므로 내화물용으로 사용된다.

[해설] 알루미나 시멘트는 발열량이 크기 때문에 긴급을 요하는 공사나 한중 공사의 시공에 적합하다.

□□□ 산 07,11,14,20,23
04 콘크리트 $1m^3$을 제조하는데 물-시멘트비가 48.5%이고 단위수량이 178kg, 공기량이 4.5%일 때 이 콘크리트의 배합에서 골재 절대용적은? (단, 시멘트 밀도는 $3.15g/cm^3$이다.)

① $0.66m^3$ ② $0.68m^3$
③ $0.70m^3$ ④ $0.72m^3$

[해설] · $\dfrac{W}{C} = 48.5\%$에서

단위 시멘트량 $= \dfrac{178}{0.485} = 367kg$

· 단위 골재량의 절대부피

$V_a = 1 - \left(\dfrac{단위수량}{1,000} + \dfrac{단위시멘트량}{시멘트비중 \times 1,000} + \dfrac{공기량}{100}\right)$

$= 1 - \left(\dfrac{178}{1,000} + \dfrac{367}{3.15 \times 1,000} + \dfrac{4.5}{100}\right) = 0.66m^3$

□□□ 산 10,17,23
05 콘크리트 표준시방서에 제시된 콘크리트 배합강도에 대한 설명으로 틀린 것은?

① 콘크리트의 배합강도는 설계기준강도보다 충분히 크게 정해야 한다.
② 콘크리트의 압축강도의 표준편차는 실제 사용한 콘크리트의 30회 이상의 시험 결과로부터 결정하는 것을 원칙으로 한다.
③ 압축강도 시험횟수가 20회일 때, 표준편차의 보정계수는 1.08이다.
④ 압축강도 시험횟수가 10회일 때, 표준편차의 보정계수는 1.16이다.

[해설] 시험횟수가 29회 이하일 때 표준편차의 보정계수

시험횟수	표준편차의 보정계수
15	1.16
20	1.08
25	1.03
30 이상	1.00

정답 01 ① 02 ③ 03 ② 04 ① 05 ④

□□□ 산 11,13,18,23

06 부순골재의 단위용적질량이 1.60kg/L이고, 절건 밀도가 2.65kg/L일 때 이 골재의 공극률(%)은?

① 29.7%
② 34.2%
③ 39.6%
④ 43.5%

해설 • 실적률 $G = \dfrac{\text{골재의 단위 용적질량}}{\text{골재의 절건밀도}} \times 100$

$= \dfrac{T}{d_D} \times 100 = \dfrac{1.60}{2.65} \times 100 = 60.38\%$

∴ 공극률 = 100 − 실적률
= 100 − 60.38 = 39.62%

□□□ 산 09, 15, 23

07 시멘트 비중시험(KS L 5110)의 정밀도 및 편차에 대한 아래 표의 내용에서 ( )안에 알맞은 수치는?

> 동일 시험자가 동일 재료에 대하여 (㉠)회 측정한 결과가 (㉡) 이내이어야 한다.

① ㉠ : 2, ㉡ : ± 0.02
② ㉠ : 2, ㉡ : ± 0.03
③ ㉠ : 3, ㉡ : ± 0.03
④ ㉠ : 3, ㉡ : ± 0.02

해설 동일 시험자가 동일 재료에 대하여 2회 측정한 결과가 ±0.03 이내이어야 한다.

□□□ 산 13, 16, 23

08 섬유보강 콘크리트에 사용되는 섬유 중 무기계섬유에 포함되지 않는 것은?

① 강섬유
② 비닐론섬유
③ 유리섬유
④ 탄소섬유

해설 • 무기계 섬유 : 강섬유, 유리 섬유, 탄소섬유
• 유기계 섬유 : 아라미드섬유, 폴리프로필렌섬유, 비닐론 섬유, 나일론

□□□ 산 12, 16, 19, 23

09 골재의 체가름 시험으로부터 알 수 없는 골재의 성질은?

① 골재의 입도
② 골재의 조립률
③ 굵은 골재의 최대치수
④ 골재의 실적률

해설 • 체가름 곡선에서 골재의 입도를 알 수 있다.
• 체가름 곡선에서 굵은 골재의 최대 치수를 구할 수 있다.
• 체가름시험에서 얻은 누가잔류율에서 골재의 조립률을 구할 수 있다.

□□□ 산 07, 10, 14, 17, 23

10 플라이애시에 대한 설명으로 틀린 것은?

① 볼베어링 작용에 의해 콘크리트의 워커빌리티를 개선 한다.
② 콘크리트의 발열을 저감시키기 때문에 매스콘크리트에 유리하다.
③ 플라이애시는 함유탄소분의 일부가 AE제를 흡착하는 성질을 가지고 있어 소요의 공기량을 얻기 위하여는 AE제의 양이 많이 요구되는 경우가 있다.
④ 장기간에 걸친 포졸란 반응에 의해 콘크리트의 수밀성은 향상되지만, 건조수축은 증가하는 경향이 있다.

해설 장기에 걸친 포졸란 반응에 의해 콘크리트의 수밀성은 크게 개선되지만, 건조수축에 따른 체적변화와 동결융해에 대한 저항성을 향상시킨다.

□□□ 산 15, 23

11 시멘트의 강도시험(KS L ISO 679)에 대한 설명으로 틀린 것은?

① 모래로 인한 편차를 줄이기 위해 표준사를 사용하도록 규정한다.
② 공시체는 질량으로 시멘트1에 대해서 물/시멘트 비 0.5 및 잔골재 3의 비율로 모르타르를 형성한다.
③ 시험체는 치수 40mm×40mm×160mm인 각주형 공시체를 사용한다.
④ 시멘트 모르타르의 압축 강도 및 인장 강도 시험 방법에 대하여 규정한다.

해설 시멘트의 모르타르의 압축강도 및 휨강도의 시험방법에 대하여 규정하고 있다.

□□□ 산 18, 23

12 콘크리트 배합에 대한 일반적인 설명으로 틀린 것은?

① 잔골재율은 단위 시멘트량이 최소가 되도록 시험에 의해 정하여야 한다.
② 단위 시멘트량은 원칙적으로 단위수량과 물−결합재비로부터 정하여야 한다.
③ 물−결합재비는 소요의 강도, 내구성, 수밀성 및 균열저항성 등을 고려하여 정하여야 한다.
④ 배합강도를 결정하기 위한 콘크리트 압축강도의 표준편차는 실제 사용한 콘크리트의 30회 이상의 시험실적으로부터 결정하는 것을 원칙으로 한다.

해설 잔골재율은 소요의 워커빌리티를 얻을 수 있는 범위 내에서 단위수량이 최소가 되도록 시험에 의하여 정한다.

정답 06 ③ 07 ② 08 ② 09 ④ 10 ④ 11 ④ 12 ①

□□□ 산15,23

13 압축강도 시험의 기록이 없는 현장에서 설계기준강도 (f_{ck})가 50MPa인 콘크리트의 배합강도(f_{cr})로 옳은 것은?

① 55.5MPa ② 57MPa
③ 58.5MPa ④ 60MPa

해설 $f_{cr} = 1.1 f_{ck} + 5.0 = 1.1 \times 50 + 5.0 = 60 \mathrm{MPa}$

압축강도의 시험횟수가 14 이하이거나 기록이 없는 경우의 배합강도

설계기준 강도 f_{ck}(MPa)	배합강도 f_{cr}(MPa)
21 미만	$f_{ck} + 7$
21 이상 35 이하	$f_{ck} + 8.5$
35 초과	$1.1 f_{ck} + 5.0$

□□□ 산17,23

14 콘크리트에는 혼화제를 사용하지 않더라도 콘크리트 속에 자연적으로 포함되는 부정형한 기포가 있는데, 이것의 명칭으로 적합한 것은?

① 연행 공기(entrained air)
② 갇힌 공기(entrapped air)
③ 겔 공극(gel pore)
④ 모세관 공극(capillary pore)

해설 • 갇힌 공기 : 콘크리트의 혼합과정에서 콘크리트 속에 자연적으로 들어가 갇히는 불규칙한 형상의 비교적 큰 공기포를 말한다.
• 연행 공기 : 공기 연행제 또는 공기 연행작용이 있는 혼화제를 사용하여 콘크리트 속에 연행시킨 독립된 미세한 기포

□□□ 산11,23

15 로스앤젤레스 시험기는 골재의 어떤 시험에 사용되는가?

① 안정성 시험 ② 마모 시험
③ 유기 불순물 시험 ④ 입도 시험

해설 굵은 골재가 마모 저항이 요구되는 콘크리트에 사용되는 경우, 그 적부를 판정하기 위하여 로스앤젤레스 시험기를 사용하여 마모 저항성을 실시한다.

□□□ 산14,18,23

16 콘크리트용 골재에 요구되는 일반적인 성질이 아닌 것은?

① 골재는 표면이 매끄럽고 모양은 사각형에 가까울 것
② 골재는 내마모성과 내화성이 있을 것
③ 크고 작은 알맹이의 혼합의 정도 즉, 입도가 적당할 것
④ 골재의 강도는 단단하고 작을 것

해설 입형이 입방체 또는 원형에 가깝고 무게가 용도에 따라 적당할 것

□□□ 산09,11,15,23

17 화학 혼화제의 품질시험 항목으로 옳지 않은 것은?

① 블리딩 양의 비
② 길이 변화비
③ 동결융해에 대한 저항성
④ 휨강도 비

해설 콘크리트용 화학 혼화제의 품질 항목

품질항목		AE제
감수율(%)		6 이상
블리딩 양의 비(%)		75 이하
응결시간의 차(분)(초결)		-60 ~ +60
압축강도의 비(%)(28일)		90 이상
길이 변화비(%)		120 이하
동결융해에 대한 저항성(%) (상대 동탄성계수%)		80 이상
경시변화량	슬럼프 mm	-
	공기량 %	-

□□□ 산15,17,23

18 절대건조 상태에서 350g의 잔 골재 시료가 표면건조포화 상태에서 364g, 공기 중 건조상태에서는 357g이 되었다. 이 시료의 흡수율은?

① 2% ② 3%
③ 4% ④ 5%

해설 $Q = \dfrac{\text{표건상태질량} - \text{절건상태질량}}{\text{절건상태질량}} \times 100$
$= \dfrac{364 - 350}{350} \times 100 = 4\%$

□□□ 산09,11,23

19 콘크리트의 배합에서 단면이 큰 철근 콘크리트의 슬럼프 표준값으로 옳은 것은?

① 80~150mm ② 60~120mm
③ 50~100mm ④ 100~150mm

해설 슬럼프값의 표준

콘크리트의 종류		슬럼프값(mm)
철근 콘크리트	일반적인 경우	80~150
	단면이 큰 경우	60~120
무근 콘크리트	일반적인 경우	50~150
	단면이 큰 경우	50~100

정답 13 ④ 14 ② 15 ② 16 ① 17 ④ 18 ③ 19 ②

□□□ 산12,16,23
20 콘크리트용 골재에 대한 시험이 아닌 것은?

① 체가름시험　　② 공기량시험
③ 안정성시험　　④ 유기불순물시험

[해설] 공기량시험
굳지 않은 콘크리트 속에 포함된 공기량을 측정하는 시험이다.

제2과목 : 콘크리트 제조, 시험 및 품질 관리

□□□ 산10,14,17,19,23
21 콘크리트의 품질관리에 대한 설명으로 틀린 것은?

① 콘크리트의 받아들이기 품질관리는 콘크리트를 타설하기 전에 실시하여야 한다.
② 워커빌리티의 검사는 굵은 골재 최대 치수 및 슬럼프가 설정치를 만족하는지의 여부를 확인함과 동시에 재료 분리 저항성을 외관 관찰을 통해 확인하여야 한다.
③ 내구성 검사는 공기량, 염소이온량을 측정하는 것으로 한다.
④ 강도검사는 콘크리트의 압축강도 시험에 의해 실시하는 것을 표준으로 한다.

[해설] 강도검사는 콘크리트의 배합검사를 실시하는 것을 표준으로 한다.

□□□ 산17,23
22 굳지 않은 콘크리트의 성질을 나타내는 용어를 설명한 것으로 틀린 것은?

① 반죽질기 : 물량의 다소에 따르는 반죽이 되고 진 정도
② 워커빌리티 : 반죽질기 여하에 따르는 재료의 분리되는 정도
③ 성형성 : 거푸집에 쉽게 다져 넣을 수 있고, 거푸집을 제거하면 허물어지거나 재료가 분리되지 않는 성질
④ 피니셔빌리티 : 굵은 골재의 최대치수, 잔 골재의 입도, 반죽질기 등에 의한 마무리하기 쉬운 정도

[해설] 워커빌리티
재료 분리를 일으키는 일 없이 운반, 타설, 다지기, 마무리 등의 작업이 용이하게 될 수 있는 정도로 나타내는 성질

□□□ 산17,23
23 1배치에 사용되는 굵은 골재량이 1,000kg인 경우 허용 계량오차를 고려한 굵은 골재의 적용범위를 구한 것으로 옳은 것은?

① 990kg~1,020kg　　② 980kg~1,010kg
③ 980kg~1,020kg　　④ 970kg~1,030kg

[해설] 굵은 골재의 계량오차 ±3% 이하로 한다.
$-\frac{3}{100} \times 1,000 = -30kg$, $+\frac{3}{100} \times 1,000 = +30kg$
∴ 굵은 골재의 적용범위 : 970kg~1,030kg

□□□ 산11,12,16,17,20,23
24 레디믹스트 콘크리트의 품질 중 슬럼프 50mm인 콘크리트의 슬럼프 허용 오차로서 옳은 것은?

① ±5mm　　② ±10mm
③ ±15mm　　④ ±20mm

[해설] 슬럼프의 허용 오차

슬럼프	슬럼프 허용차
25mm	±10mm
50mm 및 65mm	±15mm
80mm 이상	±25mm

□□□ 산16,23
25 콘크리트의 건조수축은 시멘트, 골재의 성질, 콘크리트의 배합 등에 따라 크게 변화하며 콘크리트 부재에서 균열 발생의 원인이 되고, 내구성에도 나쁜 영향을 미치게 된다. 이러한 건조수축의 정도를 평가하기 위하여 실시하는 시험은?

① 콘크리트의 길이변화시험
② 콘크리트의 블리딩시험
③ 로스앤젤레스 마모시험
④ 마살 안정도시험

[해설] 콘크리트의 길이변화시험
콘크리트의 건조수축의 정도를 평가하기 위하여 실시한다.

□□□ 산14,23
26 굳지 않는 콘크리트의 공기량 시험방법의 종류가 아닌 것은?

① 질량법　　② 압력법
③ 용적법　　④ 증기법

[해설] 공기량 측정법
・무게(질량)법　・부피(용적)법　・공기실 압력법

정답　20 ②　21 ④　22 ②　23 ④　24 ③　25 ①　26 ④

□□□ 산 09,04,13,22,23

27 굳지 않은 콘크리트의 성질을 알아보는 시험 방법이 아닌 것은?

① 염화물량 측정 시험 ② 공기량 시험
③ 슬럼프 시험 ④ 투수시험

해설 · 흙의 투수시험 방법 : 포화상태에 있는 흙 속의 층류 상태로 침투할 때 투수계수를 구하는 시험이다.
· 강도, 슬럼프, 공기량 및 염화물량의 한도에 대해서는 조건을 만족하여야 한다.

□□□ 산 16,23

28 콘크리트의 인장강도에 대한 설명으로 틀린 것은?

① 콘크리트의 인장강도는 쪼갬인장시험에 의하여 간접적으로 구할 수 있다.
② 콘크리트의 휨부재의 설계에서는 콘크리트의 인장강도를 무시하는 경우가 일반적이다.
③ 일반적으로 파괴계수로 정의되는 인장강도는 압축강도의 50% 정도이다.
④ 휨부재의 처짐 및 균열과 같은 사용성 설계에서 인장강도는 매우 중요한 역할을 한다.

해설 콘크리트의 인장강도는 압축강도의 $\frac{1}{13} \sim \frac{1}{8}$ 정도이다.

□□□ 산 14,23

29 아래 그림과 같은 4점 재하 장치에 의한 휨강도 시험용 공시체에서 지지 롤러 사이의 거리(지간(L))의 크기로 옳은 것은?

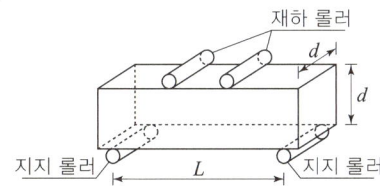

① 3d ② 3.5d
③ 4d ④ 4.5d

해설 3등분점 재하 장치의 보기

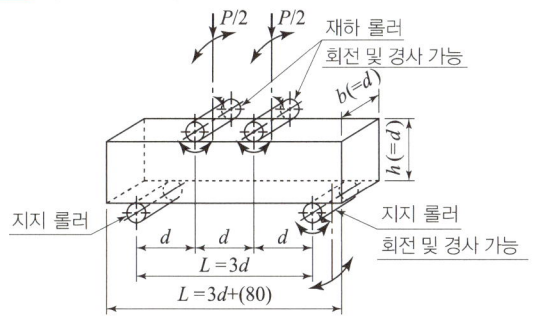

□□□ 산 10,11,23

30 급속동결융해 시험에 의한 콘크리트의 저항성 시험결과 동결융해 0싸이클에서 변형 진동의 1차 공명 진동수가 24,000Hz, 동결융해 100싸이클 후의 변형 진동의 1차 공명진동수가 18,590Hz일 때 동결융해 100싸이클 후의 상대동탄성계수를 구하면?

① 60% ② 70%
③ 77% ④ 84%

해설 상대 동탄성계수 $P_c = \left(\frac{n_c}{n_o}\right)^2 \times 100$

· P_c : 동결 융해 C사이클 후의 상대 동 탄성계수(%)
· n_o : 동결 융해 0사이클에서의 변형 진동의 1차 공명 진동수(Hz)
· n_c : 동결 융해 C사이클 후의 변형 진동의 1차 공명 진동수(Hz)

∴ $P_c = \left(\frac{18,590}{24,000}\right)^2 \times 100 = 60\%$

□□□ 산 10,12,15,17,19,23

31 압축강도 시험결과가 아래의 표와 같을 때 표준 편차를 구하면? (단, 불편분산의 개념에 의한다.)

| 24, 21, 25, 24, 26(MPa) |

① 1.87MPa ② 1.96MPa
③ 2.13MPa ④ 2.31MPa

해설 표준 편차 $\sigma_e = \sqrt{\frac{S}{n-1}}$

· 평균값 $\bar{x} = \frac{24+21+25+24+26}{5} = \frac{120}{5} = 24$MPa
· 표준편차제곱합 $S = \sum(\bar{x} - x_i)^2$
   $= (24-24)^2 + (24-21)^2 + (24-25)^2 + (24-26)^2$
   $= 14$

∴ 표준 편차 $\sigma_e = \sqrt{\frac{14}{5-1}} = 1.87$MPa

□□□ 산 09,13,15,23

32 1개마다 양, 불량으로 구별할 경우 사용하나 불량률을 계산하지 않고 불량 개수에 의해서 관리하는 경우에 사용하는 관리도는?

① U 관리도 ② C 관리도
③ P 관리도 ④ P_n 관리도

해설 · U 관리도 : 단위가 다를 경우 단위당 결점수로 관리
· C 관리도 : 일정한 크기의 시료 가운데 나타나는 결점수에 의거 공정을 관리할 때에 사용한다.
· P 관리도 : 시료의 크기가 반드시 일정치 않아도 되는 이항분포 이론을 적용하여 불량률로서 공정을 관리할 때에 사용한다.
· P_n 관리도 : 하나하나의 물품의 양호, 불량으로 판정할 때 불량갯수로써 공정을 관리한다.

산 05,11,17,23

33 콘크리트 응결 특성에 관계되는 요소로서 거리가 먼 것은?

① 굵은 골재의 최대치수
② 시멘트의 품질
③ 혼화재료의 품질
④ 타설시의 온도

[해설] · 풍화된 시멘트는 응결이 지연된다.
· 혼화재료에 따라 응결시간이 조절된다.
· 온도가 높을수록 응결은 빨라진다.

산 11,16,23

34 콘크리트의 정탄성계수는 콘크리트의 어떤 특성에서 얻어지는가?

① 포아송비
② 크리프
③ S-N 곡선(반복하중 횟수-응력 곡선)
④ 응력-변형률 곡선

[해설] 정적하중에 의하여 얻어진 응력-변형률 곡선에서 구한 탄성계수를 정탄성계수라 하며, 동탄성계수와 구별한다.

산 10, 15,23

35 콘크리트의 응결 후에 발생하는 콘크리트의 균열의 종류가 아닌 것은?

① 건조수축균열
② 온도균열
③ 하중에 의한 휨균열
④ 소성수축균열

[해설] · 경화한 콘크리트의 균열 : 수축균열, 온도 균열, 하중에 의한 휨균열
· 굳지 않은 콘크리트의 균열 : 침하(소성)수축균열, 플라스틱균열, 거푸집 변화에 의한 균열

산 09,23

36 콘크리트의 응력-변형률 곡선에서 탄성계수로 많이 쓰이는 계수는?

① 할선 탄성계수
② 접선탄성계수
③ 초기 접선 탄성계수
④ 크리프 계수

[해설] 콘크리트의 응력-변형률 관계는 낮은 응력의 단계에서부터 비선형으로 되기 때문에 엄밀하게는 탄성계수를 결정할 수가 없지만 설계에서는 압축강도의 30~50% 정도의 응력점과 원점을 연결한 할선 탄성계수값을 탄성계수로 사용한다.

산 04,15,17,23

37 실제로 시공된 콘크리트 자체의 품질을 구조물에 손상을 주지 않고, 콘크리트의 반발경도를 측정하여 압축강도를 추정하는 비파괴시험은 무엇인가?

① 공진법
② 슈미트 해머법
③ 음속법
④ 방사선법

[해설] 비파괴 시험의 종류
· 슈미트 해머 : 콘크리트 표면을 타격하여 반발계수를 계측하여 콘크리트의 강도를 추정하는 것으로 비파괴 검사의 일종이다.
· 공진법 : 콘크리트 공시체에 진동을 주어 그때의 공명 진동 등으로 콘크리트의 탄성계수를 측정하는 검사방법
· 음속법 : 발신자와 수신자 사이를 음파가 통과하는 시간을 측정하여 음속의 크기에 의해 강도를 측정하는 검사방법
· 방사선법 : X선 발생장치 또는 방사선 동위원소에서 방사되는 X선, γ선을 이용하여 철근의 위치, 크기 또는 내부 결함 등을 조사하는 방법

산 11,13,16,23

38 콘크리트 구조물의 검사 중 표면상태의 검사항목에 해당되지 않는 것은?

① 시공이음
② 균열
③ 양생방법
④ 노출면의 상태

[해설] 콘크리트의 표면상태의 검사항목

항 목	검사방법
노출면의 상태	외관 관찰
균열	스케일에 의한 관찰
시공이음	외관 및 스케일에 의한 관찰

산 10,12,15,23

39 콘크리트의 압축강도 시험을 위한 공시체 제작에 관한 설명 중 옳지 않은 것은?

① 몰드에 채울 때 콘크리트는 2층 이상의 거의 같은 층으로 나눠서 채운다.
② 공시체의 양생 온도는 (20±2)℃로 한다.
③ 공시체의 지름은 굵은 골재 최대치수의 3배 이하이어야 한다.
④ 몰드를 떼는 시기는 콘크리트 채우기가 끝나고 나서 16시간 3일 이내로 한다.

[해설] 공시체는 지름의 2배의 높이를 가진 원기둥형으로 하며, 그 지름은 굵은 골재의 최대 치수의 3배 이상, 100mm 이상으로 한다.

정답 33 ① 34 ④ 35 ④ 36 ① 37 ② 38 ③ 39 ③

□□□ 산 05,10,11,13,14,17,19,23

40 관입 저항침에 의한 콘크리트의 응결시험에 대한 아래 표의 ( )에 들어갈 수치로 옳은 것은?

> 관입저항이 (㉠)MPa가 되기까지의 경과시간을 초결시간, (㉡)MPa가 되기까지의 시간을 종결시간으로 한다.

① ㉠ 3.0, ㉡ 28.0
② ㉠ 3.5, ㉡ 28.0
③ ㉠ 3.0, ㉡ 28.5
④ ㉠ 3.5, ㉡ 28.5

해설 각 그래프에서 관입저항값이 3.5MPa가 될 때까지의 시간을 초결시간, 관입저항값이 28MPa가 될 때 소요시간을 종결이라 한다.

제3과목 : 콘크리트의 시공

□□□ 산 04,17,23

41 강제식 믹서를 사용하여 일반콘크리트의 비비기를 실시하고자 할 때 비비기 시간의 표준으로 옳은 것은? (단, 비비기 시간에 대한 시험을 실시하지 않은 경우)

① 0.5분 이상
② 1분 이상
③ 1.5분 이상
④ 2분 이상

해설 비비기 시간에 대한 시험을 실시하지 않은 경우, 그 최소시간은 가경식 믹서일 때에는 1분 30초 이상, 강제식 믹서일 때에는 1분 이상을 표준으로 해도 좋다.

□□□ 산 13,18,23

42 콘크리트의 압축강도를 시험하지 않을 경우 거푸집널의 해체시기로 옳은 것은? (단, 평균기온이 10℃ 이상 20℃ 미만이고, 보통 포틀랜드시멘트를 사용하고, 기초, 보, 기둥 및 벽의 측면인 경우)

① 3일
② 6일
③ 8일
④ 9일

해설 콘크리트의 압축강도를 시험하지 않을 경우 거푸집널 해체시기 (기초, 보, 기둥 및 벽의 측면)

시멘트의 종류 평균 기온	보통 포틀랜드 시멘트	조강 포틀랜드 시멘트
20℃ 이상	4일	2일
20℃ 미만 10℃ 이상	6일	3일

□□□ 산 12,16,19,23

43 콘크리트 시공이음에 대한 설명으로 틀린 것은?

① 시공이음은 될 수 있는 대로 전단력이 작은 위치에 설치하는 것이 원칙이다.
② 부재의 압축력이 작용하는 방향과 평행하도록 설치하여야 한다.
③ 외부의 염분에 의한 피해를 받을 우려가 있는 해양 및 항만 콘크리트 구조물 등에 있어서는 시공이음부를 되도록 두지 않는 것이 좋다.
④ 수밀을 요하는 콘크리트 있어서는 소요의 수밀성이 얻어지도록 적절한 간격으로 시공이음부를 두어야 한다.

해설 • 시공이음은 될 수 있는 대로 전단력이 작은 위치에 설치한다.
• 시공이음은 부재의 압축력이 작용하는 방향과 직각이 되도록 하는 것이 원칙이다.

□□□ 산 09,16,23

44 트레미로 시공하는 일반 수중콘크리트의 슬럼프의 표준값으로 옳은 것은?

① 40~80mm
② 80~130mm
③ 130~180mm
④ 180~210mm

해설 일반 수중 콘크리트의 슬럼프 표준값

시공 방법	슬럼프 표준값
트레미	130~180mm
콘크리트 펌프	
밑열림 상자	100~150mm
밑열림 포대	

□□□ 산 12,14,17,23

45 매스 콘크리트로 다루어야 하는 구조물의 부재치수에 대한 일반적인 표준으로 옳은 것은?

① 하단이 구속된 벽조의 경우 두께 0.8m 이상인 경우 매스 콘크리트로 다루어야 한다.
② 넓이가 넓은 평판구조의 경우 두께 1.0m 이상인 경우 매스 콘크리트로 다루어야 한다.
③ 하단이 구속된 벽조의 경우 두께 1.0m 이상인 경우 매스 콘크리트로 다루어야 한다.
④ 넓이가 넓은 평판구조의 경우 두께 0.8m 이상인 경우 매스 콘크리트로 다루어야 한다.

해설 매스 콘크리트로 다루어야 하는 구조물의 부재치수
• 넓이가 넓은 평판구조의 경우 두께 0.8m 이상
• 하단이 구속된 벽조의 경우 두께 0.5m 이상

46 유동화 콘크리트에 관한 다음의 설명 중 틀린 것은?

① 비비기를 완료한 베이스 콘크리트에 유동화제를 첨가하여 유동성을 증대시킨 콘크리트이다.
② 유동화콘크리트의 압축강도는 베이스콘크리트와 거의 동일하다.
③ 유동화콘크리트의 잔골재율은 보통의 된비빔 콘크리트보다 작게 할 필요가 있다.
④ 슬럼프를 증가시키기 위한 유동화제의 사용량은 콘크리트의 온도에 의해서 변화한다.

해설 유동화콘크리트의 잔골재율은 보통의 된비빔 콘크리트보다 크게 할 필요가 있다.

47 콘크리트 포장의 줄눈설치 목적과 관계가 먼 것은?

① 콘크리트 포장의 표층슬래브 신축결함 보완
② 콘크리트 포장의 국부적 응력균열 발생제어
③ 콘크리트 포장의 건조수축균열제어
④ 콘크리트 포장의 플라스틱 수축균열방지

해설 시멘트 콘크리트 포장의 줄눈 역할
• 비틀림 응력의 완화
• 신구 포설콘크리트를 종횡으로 분리
• 불규칙한 균열을 일정 위치에 유도시킬 목적
• 온도와 습도차에 의한 휨응력과 비틀림 응력의 완화
• 포장체의 건조수축, 온도, 함수비 변화에 따른 포장체의 팽창과 수축허용

48 고강도 콘크리트의 타설에 대한 아래 표의 설명에서 ( ) 안에 알맞은 것은?

> 수직부재의 타설하는 콘크리트의 강도와 수평부재에 타설하는 콘크리트 강도의 차가 ( )배 이상일 경우에는 수직부재에 타설한 고강도 콘크리트는 수직-수평 부재의 접합면으로부터 수평 부재 쪽으로 안전한 내면 길이를 확보하도록 하여야 한다.

① 2.4
② 1.9
③ 1.7
④ 1.4

해설 기둥부재에 타설하는 콘크리트 강도와 슬래브나 보에 타설하는 콘크리트의 강도가 1.4배 이상 차이가 생길 경우에는 기둥에 사용한 콘크리트가 수평부재의 접합면에서 0.6m 정도 충분히 수평부재 쪽으로 안전한 내민 길이를 확보하여서 콘크리트를 타설하여야 한다.

49 경사슈트에 대한 아래 표의 설명에서 ( )에 알맞은 것은?

> 경사슈트를 사용할 경우 슈트의 경사는 콘크리트가 재료 분리를 일으키지 않을 정도의 것이어야 한다. 일반적으로 경사는 ( )정도가 적당하다.

① 수평 2에 대하여 연직 1
② 수평 1에 대하여 연직 1
③ 수평 1에 대하여 연직 2
④ 수평 1에 대하여 연직 3

해설 일반적으로 경사슈트의 경사는 수평 2에 대하여 연직 1 정도가 적당하다.

50 현장 콘크리트 타설 시의 다지기에 대한 설명으로 옳지 않은 것은?

① 재 진동을 할 경우에는 반드시 초결이 일어난 후에 실시하여야 한다.
② 콘크리트 다지기는 내부진동기의 사용을 원칙으로 한다.
③ 내부진동기의 삽입간격은 일반적으로 0.5m 이하로 하는 것이 좋다.
④ 얇은 벽과 같이 내부진동기의 사용이 곤란한 장소에서는 거푸집 진동기를 사용한다.

해설 재진동을 할 경우에는 콘크리트에 나쁜 영향이 생기지 않도록 초결이 일어나기 전에 실시하여야 한다.

51 굴착 후 터널의 안정을 위하여 시공하는 터널용 지보재로서 숏크리트가 담당하는 효과가 아닌 것은?

① 낙반 방지
② 내압 효과
③ 풍화 방지
④ 구조 성능 증진

해설 • 터널 주변의 낙반하기 쉬운 암괴를 지지한다.
• 굴착면을 피복하여 풍화 방지, 지수를 방지한다.
• 굴착된 지반의 굴곡부를 메우고 응력 집중 현상을 방지하여 내압 효과를 갖는다.

52 다음 중 대규모 혹은 중요한 구조물의 수중콘크리트 타설시 가장 적당한 기계·기구는?

① 밑열림 상자
② 밑열림 포대
③ 트레미
④ 벨트컨베이어

해설 대규모 혹은 중요한 구조물의 수중 콘크리트는 트레미를 써서 연속타설 하는 것이 좋다.

정답 46 ③ 47 ④ 48 ④ 49 ① 50 ① 51 ④ 52 ③

53 골재를 건조상태로 사용하면 콘크리트의 비비기 및 운반중에 물을 흡수하여 콘크리트의 작업성을 감소시킨다. 특히 경량골재는 흡수율이 크기 때문에 흡수의 정도를 적게 하기 위하여 골재를 사용전에 미리 흡수시키는 조작을 실시한다. 이러한 조작을 무엇이라 하는가?

① 프리쿨링
② 프리컷팅
③ 프리믹싱
④ 프리웨팅

해설 프리웨팅(pre-wetting) : 골재를 건조한 상태로 사용하면 콘크리트의 비비기 및 운반 중에 물을 흡수한다. 이 흡수 정도를 적게 하기 위해 골재를 사용하기 전에 미리 흡수시키는 조작을 말한다.

54 해양 콘크리트는 염해를 받기 쉬운 환경이므로 콘크리트 중의 강재 방식을 위한 대책을 수립할 필요가 있는데 다음 중 적당하지 않은 것은?

① 물-결합재비를 크게 한다.
② 피복두께를 크게 한다.
③ 균열폭을 작게 한다.
④ 플라이 애시 시멘트를 적용한다.

해설 충분한 내구성을 가지기 위하여 일반 콘크리트보다 적은 값의 물-결합재비를 사용하는 것이 바람직하다.

55 콘크리트 습윤양생 기간의 표준에 대한 설명으로 옳은 것은?

① 보통 포틀랜드 시멘트를 사용한 콘크리트로서 일평균 기온이 15℃ 이상인 경우 3일을 표준으로 한다.
② 보통 포틀랜드 시멘트를 사용한 콘크리트로서 일평균 기온이 5℃ 이상 10℃ 미만인 경우 7일 표준으로 한다.
③ 조강 포틀랜드 시멘트를 사용한 콘크리트로서 일평균 기온이 5℃ 이상 10℃ 미만인 경우 5일 표준으로 한다.
④ 고로 슬래그 시멘트를 사용한 콘크리트로서 일평균 기온이 15℃ 이상인 경우 5일을 표준으로 한다.

해설 습윤양생기간의 표준

일평균 기온	보통 포틀랜드 시멘트	고로 슬래그 시멘트(2종) 플라이 애시 시멘트(2종)	조강 포틀랜드 시멘트
15℃ 이상	5일	7일	3일
10℃ 이상	7일	9일	4일
5℃ 이상	9일	12일	5일

56 한중 콘크리트의 강도를 예측하는데 이용되는 적산 온도의 개념을 나타낸 식으로 옳은 것은?
(여기서, θ : Δt시간 중의 콘크리트의 평균 양생온도(℃)
A : 정수로서 일반적으로 10℃가 사용
Δt : 시간(일))

① $\sum_{0}^{t} \theta A \Delta t$
② $\sum_{0}^{t} (\theta + A) \Delta t$
③ $\sum_{0}^{t} (\theta + A + \Delta t)$
④ $\sum_{0}^{t} (\theta + \Delta t) A$

해설 적산온도 $M = \sum_{0}^{t} (\theta + A) \Delta t$

57 한중 콘크리트에 대한 일반적인 설명으로 틀린 것은?

① 물-결합재비는 원칙적으로 60% 이하로 하여야 한다.
② 한중 콘크리트에는 공기연행 콘크리트를 사용하는 것을 원칙으로 한다.
③ 하루의 평균기온이 4℃ 이하가 예상되는 조건일 때는 한중 콘크리트로 시공하여야 한다.
④ 재료를 가열할 경우, 물 또는 시멘트를 가열하는 것으로 하며, 골재는 어떠한 경우라도 직접 가열하면 안된다.

해설 재료를 가열할 경우, 물 또는 골재를 가열하는 것으로 하며, 시멘트는 어떠한 경우라도 직접 가열할 수 없다.

58 다음 시멘트 중에서 댐과 같이 큰 단면의 콘크리트에 적합하지 않은 것은?

① 플라이 애시 시멘트
② 고로 시멘트
③ 실리카 시멘트
④ 조강 포틀랜드 시멘트

해설
· 댐과 같은 매스 콘크리트에 수화열이 높은 시멘트를 사용하면 콘크리트의 온도 상승이 커져 온도 균열이 생기므로 수화열이 적은 고로 슬래그 시멘트, 플라이 애시 시멘트, 실리카 시멘트 등이 사용된다.
· 조강 포틀랜드 시멘트 사용 시 7일이면 보통 포틀랜드 시멘트의 28일 강도를 확보할 수 있으나, 수화 발열량이 많아 건조 수축 균열이 크기 때문에 단면이 큰 콘크리트에는 부적합하다.

□□□ 산12,18,23

59 고유동 콘크리트의 사용이 필요한 경우에 대한 설명으로 잘못된 것은?

① 보통 콘크리트의 충전이 곤란한 구조체인 경우
② 콘크리트의 자중을 감소시켜 지간의 증대, 보의 유효높이 감소가 요구되는 경우
③ 균질하고 정밀도가 높은 구조체를 요구하는 경우
④ 타설작업의 합리화로 시간 단축이 요구되는 경우

해설 다짐작업에 따르는 소음, 진동의 발생을 피해야 하는 경우

□□□ 산17,23

60 콘크리트 공장제품의 양생에 많이 사용되는 방법으로서 고온·고압의 증기솥 속에서 상압보다 높은 압력으로 고온의 수증기를 사용하여 실시하는 양생은?

① 증기 양생   ② 고주파 양생
③ 온수 양생   ④ 오토클레이브 양생

해설 오토클레이브(Autoclave)양생
• 양생온도 180℃ 정도, 증기압 0.8MPa 정도의 고온고압 상태에서 양생하는 방법
• 공장제품의 양생에 많이 사용되는 방법으로서 고온·고압의 증기솥 속에서 상압보다 높은 압력으로 고온의 수증기를 사용하여 실시하는 양생

제4과목 : 콘크리트 구조 및 유지관리

□□□ 산10,16,23

61 1방향 슬래브에서 처짐을 계산하지 않는 경우 부재의 길이가 2.5m일 때 캔틸레버 부재의 슬래브 최소두께는 얼마인가? (단, 보통콘크리트(m_c = 2,300kg/m³)와 f_y = 400MPa인 철근을 사용한 부재)

① 89mm   ② 104mm
③ 125mm ④ 250mm

해설 처짐을 계산하지 않는 경우의 보 또는 1방향 슬래브의 최소두께

부재	단순지지	1단연속	양단연속	캔틸레버
1방향 슬래브	$\frac{l}{20}$	$\frac{l}{24}$	$\frac{l}{21}$	$\frac{l}{10}$

이 표의 값은 보통콘크리트(m_c = 2,300kg/m³)와 설계기준 항복강도 400MPa 철근을 사용한 부재에 대한 값이다.

$$\therefore h = \frac{1}{10} \times 2.5 \times 1,000 = 250\,mm$$

□□□ 산06,09,11,13,15,18,19,23

62 콘크리트 구조설계에 사용되는 강도감소계수에 대한 설명으로 틀린 것은?

① 인장지배단면의 경우 0.85를 적용한다.
② 압축지배단면으로 나선철근으로 보강된 철근콘크리트 부재는 0.65를 적용한다.
③ 전단력과 비틀림모멘트를 받는 부재는 0.75를 적용한다.
④ 무근콘크리트의 휨모멘트를 받는 부재는 0.55를 적용한다.

해설 강도감소계수 ϕ

부재		강도감소계수
인장지배단면		0.85
압축지배단면	나선철근으로 보강된 철근 콘크리트 부재	0.70
	그 외의 철근콘크리트 부재	0.65
전단력과 비틀림 모멘트		0.75
콘크리트의 지압력 (포스트텐션 정착부나 스트럿-타이 모델은 제외)		0.65

□□□ 산08,09,17,23

63 균열보수 공법 중 수동식 주입법의 특징으로 잘못된 것은?

① 다량의 수지를 단시간에 주입할 수 있다.
② 주입용 수지의 점도에 제약을 받지 않는다.
③ 주입 시 압력펌프를 필요로 한다.
④ 주입기 조작이 간단하여 숙련공이 필요 없으며, 시공관리가 용이하다.

해설 수동식 주입공법의 단점
• 균열폭 0.5mm 이하의 경우에는 주입이 곤란하다.
• 주입시 압력 펌프를 필요로 한다.
• 경우에 따라 압착양생을 필요로 한다.
• 주입기 조작시 숙련도가 요구되어 관리상의 문제점이 있다.

□□□ 산05,20,23

64 보강의 시공 및 검사 내용 중 적합하지 않은 것은?

① 사용할 재료는 현장의 상황에 따라 시험을 실시하지 않아도 된다.
② 기존 시설물에 대한 바탕처리는 설계조건을 만족시키도록 적절히 실시하여야 한다.
③ 보강 완료 후 설계에 정해진 조건에 부합된 시공이 되었는가의 여부를 검사하여야 한다.
④ 보강에 대한 시공을 할 경우에는 기존 시설물을 손상시키는 일이 없도록 세심한 주의를 기울여야 한다.

해설 보강의 시공에 사용될 재료는 시험을 실시하여야 한다.

정답 59 ② 60 ④ 61 ④ 62 ② 63 ④ 64 ①

65 아래의 표에서 설명하는 동해의 형태는?

> 콘크리트 표면에서 시멘트 페이스트 내부의 공극수가 동결할 때에 공극수의 수압이 상승하여 페이스트의 조직을 파괴함으로써 표면이 조그만 덩어리나 입자가 되어 조직의 붕괴, 탈락되는 현상으로서, 이것은 동결융해의 반복작용에 의해 나타나는 손상형태 중 가장 쉽게 볼 수 있는 현상이다.

① Spalling   ② Pop-out
③ Scaling   ④ Cracking

해설
- 박락(Spalling)는 박리(peeling)가 진전하여 콘크리트가 떨어져 나가는 현상
- 표면박리(scaling) : 동결융해 작용, 제빙화학제와 동결융해의 복합작용 등에 의하여 콘크리트 또는 모르타르의 표면이 작은 조각상으로 떨어져 나가는 현상
- Pop-out : 흡수율이 큰 골재를 사용하면 콘크리트 표층부의 함수율이 높은 골재가 동결하여 팽창함으로써 그 팽창압에 의해 골재 주위의 바깥 부분 모르타르가 탈락되어 표면이 파이는 형상

66 기본 정착길이의 계산값이 650mm이고, 고려해야 할 보정계수가 1.3인 부재에서 인장 이형철근의 소요 정착길이는?

① 500mm   ② 627mm
③ 845mm   ④ 942mm

해설 정착길이 l_d = 기본 정착 길이(l_{db}) × 보정계수
= 650 × 1.3 = 845mm

67 다음 중 옵셋 굽힘철근(offset bent bar)에 대한 설명으로 옳은 것은?

① 전체 깊이가 500mm를 초과하는 휨부재 복부의 양 측면에 부재 축방향으로 배치하는 철근
② 구부려 올리거나 또는 구부려 내린 부재길이방향으로 배치된 철근
③ 하중을 분포하거나 균열을 제어할 목적으로 주철근과 직각에 가까운 방향으로 배치한 보조철근
④ 상하 기둥 연결부에서 단면치수가 변하는 경우에 구부린 주철근

해설 옵셋 굽힘철근 : 상하 기둥 연결부에서 단면치수가 변하는 경우에 구부린 주철근

68 부재두께가 300mm인 콘크리트에 대해 두께방향으로 초음파전파시간을 측정한 결과, $150\mu s$의 전파시간이 얻어졌다. 본 콘크리트에 대한 초음파속도로서 옳은 것은?

① 20,000m/s   ② 2,000m/s
③ 50,000m/s   ④ 5,000m/s

해설 $V = \dfrac{0.3m}{150 \times 10^{-6} sec} = 2,000 m/s (\because \mu s = 10^{-6} sec)$

69 그림과 같은 단철근 직사각형보에서 $f_y = 400MPa$, $f_{ck} = 30MPa$일 때, 강도설계법에 의한 등가응력의 깊이 a는?

① 49.2mm
② 94.1mm
③ 13.8mm
④ 21.7mm

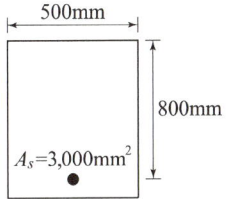

해설 $a = \dfrac{f_y \cdot A_s}{\eta(0.85 f_{ck})b} = \dfrac{400 \times 3,000}{1 \times 0.85 \times 30 \times 500} = 94.1mm$

70 외부 케이블을 설치하여 프리스트레스를 도입하는 보강공법의 특징으로 틀린 것은?

① 보강 효과가 역학적으로 명확하다.
② 보강 후 유지관리가 비교적 쉽다.
③ 콘크리트의 강도 부족이나 열화에 비효율적이다.
④ 부재의 강성을 향상시키는데 효율적이다.

해설 외부케이블에 의해 프리스트레스를 도입해도 강성은 향상되지 않는다.

71 유효깊이는 600mm이고 폭이 300mm인 보의 전단보강철근이 부담하는 전단력 $\dfrac{1}{3}\sqrt{f_{ck}}b_w d < V_s \leq \dfrac{2}{3}\sqrt{f_{ck}}b_w d$라면, 수직스터럽의 최대간격은?
(단, 강도설계법에 따라 설계한다.)

① 600mm   ② 300mm
③ 150mm   ④ 125mm

해설 전단철근의 간격 제한
$\dfrac{1}{3}\lambda\sqrt{f_{ck}}b_w d < V_s \leq \dfrac{2}{3}\lambda\sqrt{f_{ck}}b_w d$ 인 경우 수직스터럽 간격은 ($0.5d$ 이하, 600mm 이하)에서 최대간격은 1/2로 감소되어야 한다.
∴ $(0.5 \times 600) \times \dfrac{1}{2} = 150mm \leq 300mm$

□□□ 산 16,20,23
72 강도설계법의 기본가정으로 틀린 것은?

① 철근 및 콘크리트의 변형률은 중립축으로부터의 거리에 비례한다.
② 압축측 연단에서 콘크리트의 최대 변형률은 0.0033으로 가정한다.
③ 항복강도 f_y 이내에서 철근의 응력은 그 변형률의 E_s 배로 본다.
④ 콘크리트의 인장강도는 휨 계산에서 $0.25\sqrt{f_{ck}}$ 로 계산한다.

해설 콘크리트의 인장강도는 휨계산에서 무시한다.

□□□ 산 07,12,15,23
73 압축부재의 축방향 주철근의 최소 개수에 대한 설명으로 틀린 것은?

① 사각형 띠철근으로 둘러싸인 경우 4개
② 원형 띠철근으로 둘러싸인 경우 5개
③ 삼각형 띠철근으로 둘러싸인 경우 3개
④ 나선철근으로 둘러싸인 경우 6개

해설 압축부재의 축방향 주철근 개수
- 사각형이나 원형 띠철근으로 둘러싸인 경우 : 4개
- 삼각형 띠철근으로 둘러싸인 경우 : 3개
- 나선철근으로 둘러싸인 철근의 경우 : 6개

□□□ 산 10,15,23
74 콘크리트 구조물이 공기 중의 탄산가스의 영향을 받아 콘크리트 중의 수산화칼슘이 서서히 탄산칼슘으로 되어 콘크리트가 알칼리성을 상실하는 현상을 무엇이라 하는가?

① 알칼리골재반응
② 염해
③ 탄산화
④ 화학적 침식

해설 탄산화(중성화)는 대기 중의 탄산가스가 서서히 콘크리트 속으로 침투하여 알칼리성을 약하게 하고 내부 철근을 부식시키는 현상이다.

□□□ 산 07,11,16,23
75 구조물의 보수공법 중 주입공법의 특징으로 틀린 것은?

① 내력 복원의 안전성을 기대할 수 있다.
② 내구성 저하방지 및 누수방지를 기대할 수 있다.
③ 미관의 유지가 용이하다.
④ 소요의 접착강도가 발현되기 위해 장기간이 소요된다.

해설 소요의 접착강도가 단기간에 발현된다.

□□□ 산 19,23
76 전단철근으로 사용할 수 없는 것은?

① 스트럽과 굽힘철근의 조합
② 부재축에 직각으로 배치한 용접철망
③ 주인장 철근에 30°의 각도로 구부린 굽힘철근
④ 주인장 철근에 30°의 각도로 설치되는 스트럽

해설 주인장 철근에 45°의 각도로 설치되는 스트럽

■ 전단철근의 형태
- 부재축에 직각인 스트럽
- 부재축에 직각으로 배치한 용접철망
- 나선철근, 원형 띠철근, 후프철근
- 주인장 철근에 45°의 각도로 설치되는 스트럽
- 주인장 철근에 30°의 각도로 구부린 굽힘철근
- 스트럽과 굽힘철근의 조합

□□□ 산15,23
77 콘크리트 구조물의 보수공법 중 에폭시계 수지 주입공법의 효과에 대한 설명으로 틀린 것은?

① 에폭시 수지재의 탄성계수가 일반콘크리트에 비해 일반적으로 상당히 높아서 구조물의 직접적인 내력증진 효과가 있다.
② 콘크리트 균열부분을 수지로 채움으로서 콘크리트 바닥판의 수밀성을 증대시킨다.
③ 콘크리트 및 철근의 열화를 방지한다.
④ 균열부의 수지주입은 보강과 병용하면 보다 효과적이다.

해설 탄성계수가 일반콘크리트에 비해 일반적으로 상당히 낮다.

□□□ 산 07,11,15,23
78 다음과 같은 단철근 직사각형단면 보가 균형철근비를 가질 때 중립축까지의 거리 c 는 얼마인가?
(단, $f_{ck}=28\text{MPa}$, $f_y=400\text{MPa}$, $d=450\text{mm}$)

① 255mm
② 260mm
③ 265mm
④ 280mm

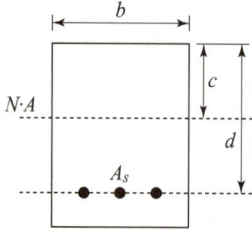

해설 $c = \dfrac{660}{660+f_y}d$
$= \dfrac{660}{660+400} \times 450 = 280\text{mm}$

산 10,19,23

79 압축부재의 축방향 철근이 D35 이상일 때 사용할 수 있는 띠철근의 규정으로 옳은 것은?

① D10 이상의 띠철근으로 둘러싸야 한다.
② D13 이상의 띠철근으로 둘러싸야 한다.
③ D15 이상의 띠철근으로 둘러싸야 한다.
④ D16 이상의 띠철근으로 둘러싸야 한다.

해설 압축부재의 축방향 철근 지름에 따른 띠철근의 지름

축방향 철근	띠철근
D32 이하	D10 이상
D35 이상	D13 이상

산 08,17,23

80 콘크리트 균열의 깊이를 측정할 수 있는 시험방법으로 가장 적절한 것은?

① 반발경도법　　② 초음파법
③ 관입저항법　　④ Break-off법

해설 초음파법 : 콘크리트에 발생된 균열을 초음파 시험기를 이용하여 송신 탐촉자로부터 발신된 초음파가 발생된 균열을 따라 수신 탐촉자까지 도달된 시간을 측정하여 콘크리트의 균열깊이를 측정한다. 측정방법으로는 Tc-To, BS법, T법이 주로 이용된다.

정답　79 ②　80 ②

국가기술자격 CBT 필기시험문제

2024년도 산업기사 2회 필기시험 복원문제

자격종목	시험시간	문제수	형별	수험번호	성 명
콘크리트산업기사	2시간	80	A		

※ 각 문제는 4지 택일형으로 질문에 가장 적합한 문제의 보기 번호를 클릭하거나 답안표기란의 번호를 클릭하여 입력하시면 됩니다.
※ 입력된 답안은 문제 화면 또는 답안 표기란의 보기 번호를 클릭하여 변경하실 수 있습니다.

제1과목 : 콘크리트 재료 및 배합

산11,17,24
01 시멘트의 제조원료 및 제조방법에 대한 설명으로 틀린 것은?

① 시멘트의 제조원료 중 석회질 원료와 점토질원료의 혼합비율은 약 1 : 4이다.
② 시멘트 원료를 분쇄, 조합한 후 소성로에서 소성하여 얻어진 것을 클링커라고 한다.
③ 시멘트의 원료 중 석고는 시멘트의 응결조절용으로 첨가된다.
④ 시멘트 제조공정은 크게 원료처리 공정, 소성공정, 시멘트 제품공정으로 나눌 수 있다.

[해설] 시멘트의 제조원료 중 석회질 원료와 점토질 원료의 혼합비율은 약 4 : 10이다.

산14,18,24
02 시멘트의 응결시간시험 방법으로 옳은 것은?

① 오토클레이브 방법
② 비비시험
③ 블레인시험
④ 길모어 침에 의한 시험

[해설] 시멘트의 응결시험 장치 : 길모어침 장치, 비카트침 장치

산09,15,18,24
03 콘크리트의 배합에 있어서 단위시멘트량에 관한 일반적인 설명으로 옳지 않은 것은?

① 단위시멘트량이 증가하면 슬럼프가 저하한다.
② 단위시멘트량이 증가하면 수화열이 증가한다.
③ 단위시멘트량이 증가하면 강도가 증가한다.
④ 단위시멘트량이 증가하면 공기량이 증가한다.

[해설] 단위 시멘트량이 증가하면 공기량이 감소하기 때문에 AE제의 사용량은 시멘트의 질량에 대한 비로써 나타낸다.

산16,21,24
04 콘크리트용 혼화재로 플라이애시를 사용하려고 할 때 주의사항으로 틀린 것은?

① 플라이애시는 미연소 탄소분이 포함되어 있어서 소요공기량을 얻기 위한 AE제의 사용량이 증가된다.
② 플라이애시를 사용한 콘크리트는 운반 중에 AE제의 흡착에 의하여 공기량이 크게 증가되는 문제점이 있다.
③ 플라이애시는 품질변동이 크게 되기 쉬우므로 사용시 품질을 확인할 필요가 있다.
④ 플라이애시는 보존 중에 입자가 응집하여 고결하는 경우가 생기므로 저장에 유의해야 한다.

[해설] 플라이애시를 사용한 콘크리트는 운반 중에 AE제의 흡착에 의하여 공기량이 현저히 감소되므로 AE제의 사용량이 증가된다.

산16,20,24
05 레미콘의 혼합에 사용되는 물로써 적합하지 않은 것은?

① 품질시험을 행하지 않은 상수돗물
② 품질시험을 행하지 않은 회수수
③ 모르타르의 압축강도비가 재령 7일 및 28일에서 100%인 지하수
④ 시멘트 응결시간의 차가 초결은 30분 이내, 종결은 60분 이내인 하천수

[해설] 레디믹스트 콘크리트의 혼합에 사용되는 물
• 상수돗물은 시험을 하지 않아도 사용할 수 있다.
• 상수돗물 이외의 물인 경우는 시험항목에 적합해야 한다.

산08,10,12,15,22,24
06 포졸란 작용이 있는 혼화재가 아닌 것은?

① 규산질 미분말
② 규산백토
③ 규조토
④ 플라이애시

[해설] 포졸란 작용이 있는 것 : 플라이 애시, 규조토, 화산재, 규산백토

정답 01 ① 02 ④ 03 ④ 04 ② 05 ② 06 ①

☐☐☐ 산 04,16,24
07 골재가 필요로 하는 성질에 대한 설명으로 틀린 것은?

① 물리·화학적으로 안정하고 내구성이 클 것
② 모양이 입방체 또는 공 모양에 가깝고 시멘트풀과 부착력이 큰 약간 거친 표면을 가질 것
③ 낱알의 크기가 차이 없이 균등할 것
④ 소요의 중량을 가질 것

해설 대소립이 적당히 혼입될 것, 즉 입도가 적당할 것

☐☐☐ 산 11,13,18,24
08 부순골재의 단위용적질량이 1.60kg/L이고, 절건 밀도가 2.65kg/L일 때 이 골재의 공극률(%)은?

① 29.7%
② 34.2%
③ 39.6%
④ 43.5%

해설 · 실적률 $G = \dfrac{\text{골재의 단위 용적질량}}{\text{골재의 절건밀도}} \times 100$
$= \dfrac{T}{d_D} \times 100 = \dfrac{1.60}{2.65} \times 100 = 60.38\%$
∴ 공극률 = 100 − 실적률
$= 100 - 60.38 = 39.62\%$

☐☐☐ 산 06,09,10,18,24
09 체가름 시험결과 잔골재 조립률 2.65, 굵은 골재 조립률 7.38이며 잔골재 대 굵은 골재비를 1 : 1.6으로 할 때 혼합골재의 조립률은?

① 4.56
② 5.56
③ 6.56
④ 7.56

해설 혼합 조립률 $f_a = \dfrac{m}{m+n}f_s + \dfrac{n}{m+n}f_g$
$= \dfrac{1}{1+1.6} \times 2.65 + \dfrac{1.6}{1+1.6} \times 7.38 = 5.56$

☐☐☐ 산 15,17,23,24
10 절대건조 상태에서 350g의 잔 골재 시료가 표면건조포화상태에서 364g, 공기 중 건조상태에서는 357g이 되었다. 이 시료의 흡수율은?

① 2%
② 3%
③ 4%
④ 5%

해설 $Q = \dfrac{\text{표건상태질량} - \text{절건상태질량}}{\text{절건상태질량}} \times 100$
$= \dfrac{364-350}{350} \times 100 = 4\%$

☐☐☐ 산 07,14,16,24
11 일반적으로 시멘트 질량의 5% 이상 사용하므로 콘크리트 배합계산에 고려해야 하는 재료가 아닌 것은?

① 화산재
② 플라이 애시
③ 규산질 미분말
④ 방수제

해설 ■ 일반적으로 시멘트 중량의 5% 이상 사용되는 혼화재
· 포졸란 작용이 있는 것 : 플라이 애시, 규조토, 화산재, 규산백토
· 오토클레이브 양생으로 고강도를 내는 것 : 규산질 미분말, 실리카흄
■ 일반적으로 시멘트 중량의 1% 이하 사용되는 혼화제
· 방수효과를 나타내는 것 : 방수제

☐☐☐ 산 09,14,15,24
12 다음 중 시멘트의 분말도를 구하기 위한 시험은?

① 모르타르 바 시험
② 블레인 공기 투과 장치에 의한 시험
③ 오토클레이브 시험
④ 비카트 침에 의한 시험

해설 공기투과 장치에 의한 시험에서 포틀랜드 시멘트 분말도를 구한다.

☐☐☐ 산 06,08,11,24
13 골재의 조립률 계산에 필요한 체가 아닌 것은?

① 0.15mm
② 0.5mm
③ 1.2mm
④ 2.5mm

해설 조립률(F.M) : 75mm, 40mm, 20mm, 10mm, 5mm, 2.5mm, 1.2mm, 0.6mm, 0.3mm, 0.15mm(10개)

☐☐☐ 산 07,11,13,17,24
14 굵은 골재의 마모시험 결과가 아래 표와 같을 때 이 굵은 골재의 마모율은?

· 시험 전의 시료의 질량 : 1,250g
· 체 1.7mm의 잔류량 : 1,160g

① 3.2%
② 5.6%
③ 6.2%
④ 7.2%

해설 골재의 마모율(%)
$R = \dfrac{m_1 - m_2}{m_1} \times 100$
$= \dfrac{1,250-1,160}{1,250} \times 100 = 7.2\%$

□□□ 산10,11,15,24

15 최대 치수가 25mm인 굵은 골재로 체가름시험을 실시하려고 한다. 이 때 필요한 시료의 최소 건조 질량으로 옳은 것은?

① 500g　　　② 1kg
③ 2.5kg　　　④ 5kg

해설 시료의 최소 건조 질량

조 건	최소건조질량
잔골재 1.18mm 체를 9%(질량비) 이상 통과하는 것	100g
잔골재 1.18mm 체를 5%(질량비) 이상 남는 것	500g
굵은 골재의 최대 치수 9.5mm 정도인 것	2kg
굵은 골재의 최대 치수 13.2mm 정도인 것	2.6kg
굵은 골재의 최대 치수 16mm 정도인 것	3kg
굵은 골재의 최대 치수 19mm 정도인 것	4kg
굵은 골재의 최대 치수 26.5mm 정도인 것	5kg
굵은 골재의 최대 치수 31.5mm 정도인 것	6kg
굵은 골재의 최대 치수 37.5mm 정도인 것	8kg
굵은 골재의 최대 치수 53mm 정도인 것	10kg
굵은 골재의 최대 치수 63mm 정도인 것	12kg
굵은 골재의 최대 치수 75mm 정도인 것	16kg
굵은 골재의 최대 치수 106mm 정도인 것	20kg

□□□ 산12,17,24

16 콘크리트 배합에 대한 설명 중 옳은 것은?

① 작업에 적합한 워커빌리티를 갖는 범위내에서 단위수량은 될 수 있는 대로 크게 한다.
② 콘크리트의 배합강도가 설계시준압축강도보다 크지 않도록 하여야 한다.
③ 콘크리트의 압축강도의 표준편차는 실제 사용한 콘크리트의 15회 이상의 시험실적으로부터 결정하는 것을 원칙으로 한다.
④ 배합에 사용할 물-결합재비는 기준 재령의 결합재-물비와 압축강도와의 관계식에서 배합강도에 해당하는 결합재-물비 값의 역수로 한다.

해설 ・작업에 적합한 범위 내에서 단위수량은 될 수 있는 대로 적게 한다.
・콘크리트의 배합강도(f_{cr})를 설계기준강도(f_{ck})보다 충분히 크게 정하여야 한다.
・배합강도를 결정하기 위한 콘크리트 압축강도의 표준편차는 실제 사용한 콘크리트의 30회 이상의 실험실적으로부터 결정하는 것을 원칙으로 한다.

□□□ 산05,15,24

17 단위수량 162kg, 물-시멘트비 55%, 슬럼프 80mm, 공기량 5% 및 잔골재율 45%의 조건으로 콘크리트의 배합설계를 실시할 때 단위시멘트량(A) 및 단위굵은 골재량(B)은 얼마인가? (단, 시멘트의 밀도 : $3.14g/cm^3$, 잔골재의 표건 밀도 : $2.64g/cm^3$, 굵은 골재의 표건 밀도 : $2.66g/cm^3$)

① A=295kg, B=1,015kg
② A=295kg, B=824kg
③ A=305kg, B=1,015kg
④ A=305kg, B=824kg

해설 ・$\dfrac{W}{C}=0.55$에서

∴ 단위 시멘트량 $C=\dfrac{162}{0.55}=295\,kg/m^3$

・단위 골재량의 절대부피
$V_a=1-\left(\dfrac{단위\ 수량}{1,000}+\dfrac{단위\ 시멘트량}{시멘트\ 비중\times1,000}+\dfrac{공기량}{100}\right)$
$=1-\left(\dfrac{162}{1,000}+\dfrac{295}{3.14\times1,000}+\dfrac{5}{100}\right)=0.694\,m^3$

・단위 굵은 골재량의 절대부피
$V_s=V_a\times$잔골재율(S/a)
$=0.694\times\dfrac{45}{100}=0.312\,m^3$

・단위 굵은 골재량
$G=V_g\times$굵은 골재 밀도$\times1,000$
$=(0.694-0.312)\times2.66\times1,000=1,016\,kg/m^3$

□□□ 산07,09,15,20,24

18 실제 사용한 콘크리트의 40회 압축강도 시험으로부터 압축강도(MPa) 잔차의 제곱을 구하여 합한 값이 624이었다. 콘크리트의 배합강도를 결정하기 위한 압축강도의 표준편차는?

① 3.0MPa　　　② 3.5MPa
③ 4.0MPa　　　④ 4.5MPa

해설 $\sigma=\sqrt{\dfrac{S}{n-1}}=\sqrt{\dfrac{624}{40-1}}=4.0\,MPa$

□□□ 산08,12,14,16,19,20,24

19 배합설계에서 잔골재의 절대용적이 320L, 굵은 골재의 절대용적이 560L일 때 잔골재율은?

① 36.4%　　　② 42.5%
③ 57.1%　　　④ 63.6%

해설 잔골재율$(S/a)=\dfrac{단위\ 잔골재의\ 절대부피}{단위\ 골재량의\ 절대부피}\times100$
$=\dfrac{S}{S+G}\times100=\dfrac{320}{320+560}\times100=36.4\%$

☐☐☐ 산15,23,24
20 압축강도 시험의 기록이 없는 현장에서 설계기준강도 (f_{ck})가 50MPa인 콘크리트의 배합강도(f_{cr})로 옳은 것은?

① 55.5MPa
② 57MPa
③ 58.5MPa
④ 60MPa

해설 $f_{cr} = 1.1f_{ck} + 5.0 = 1.1 \times 50 + 5.0 = 60\,MPa$

압축강도의 시험횟수가 14 이하이거나 기록이 없는 경우의 배합강도

설계기준 강도 f_{ck}(MPa)	배합강도 f_{cr}(MPa)
21 미만	$f_{ck} + 7$
21 이상 35 이하	$f_{ck} + 8.5$
35 초과	$1.1f_{ck} + 5.0$

제2과목 : 콘크리트 제조, 시험 및 품질관리

☐☐☐ 산10,13,15,16,17,22,24
21 콘크리트를 제조할 때 각 재료 계량의 허용오차 중 혼화재의 계량 허용오차는?

① ±1%
② ±2%
③ ±3%
④ ±4%

해설 재료의 계량 오차

재료의 종류	허용오차
물	-2%, +1%
시멘트	-1%, +2%
골재	±3%
혼화제	±3%
혼화재	±2%

☐☐☐ 산05,11,15,23,24
22 다음 중 된비빔 콘크리트용 시험이 아닌 것은?

① 비비시험
② 다짐계수시험
③ L플로시험
④ 진동대식 컨시스턴시 시험

해설
- 비비시험 : 슬럼프 시험으로 측정하기 어려운 비교적 된 비빔 콘크리트에 적용하기가 좋다.
- 다짐계수시험 : 슬럼프가 매우 작고 진동다짐을 실시하는 콘크리트에 유효한 시험방법이다.
- 진동대식 컨시스턴시 시험 : 포장 콘크리트와 같은 된 반죽 콘크리트의 반죽질기 측정에 주로 사용된다.
- L형 Flow test : 초유동화 콘크리트에 사용된다.

☐☐☐ 산10,14,16,22,24
23 콘크리트 비비기에 대한 설명으로 틀린 것은?

① 비비기 시간에 대한 시험을 실시하지 않은 경우 그 최소 시간은 강제식 믹서일 경우 1분 30초 이상을 표준으로 한다.
② 비비기는 미리 정해 둔 비비기 시간의 3배 이상 계속하지 않아야 한다.
③ 비비기를 시작하기 전에 미리 믹서 내부를 모르타르로 부착시켜야 한다.
④ 연속믹서를 사용할 경우, 비비기 시작 후 최초에 배출되는 콘크리트는 사용하지 않아야 한다.

해설
- 강제식 믹서의 최소 비비기 시간은 1분 이상을 표준으로 한다.
- 가경식 믹서의 최소 비비기 시간은 1분 30초 이상으로 하여야 한다.

☐☐☐ 산11,14,21,24
24 레디믹스트 콘크리트의 품질검사 항목 중 슬럼프의 허용오차에 대한 설명으로 틀린 것은?

① 슬럼프 25mm인 경우 허용오차는 ±10mm이다.
② 슬럼프 50mm인 경우 허용오차는 ±15mm이다.
③ 슬럼프 65mm인 경우 허용오차는 ±20mm이다.
④ 슬럼프 80mm인 경우 허용오차는 ±25mm이다.

해설 슬럼프의 허용 오차

슬럼프	슬럼프 허용차
25mm	±10mm
50mm 및 65mm	±15mm
80mm 이상	±25mm

☐☐☐ 산11,13,18,24
25 슬럼프 시험에 대한 설명으로 틀린 것은?

① 굵은 골재의 최대 치수가 40mm를 넘는 콘크리트의 경우에는 40mm를 넘는 굵은 골재를 제거한다.
② 시험체를 만들 콘크리트 시료는 그 배치를 대표할 수 있어야 한다.
③ 슬럼프 콘에 콘크리트를 넣고 각 층을 다질 때 다짐봉의 다짐 깊이는 그 앞 층에 거의 도달할 정도로 한다.
④ 슬럼프 콘을 들어 올렸을 때 콘크리트의 모양이 불균형이 된 경우 같은 시료로 재시험을 한다.

해설 콘크리트가 슬럼프콘의 중심축에 대하여 치우치거나 무너지거나 해서 모양이 불균형이 된 경우 다른 시료에 의해 재시험을 한다.

□□□ 산 04,15,17,24

26 실제로 시공된 콘크리트 자체의 품질을 구조물에 손상을 주지 않고, 콘크리트의 반발경도를 측정하여 압축강도를 추정하는 비파괴시험은 무엇인가?

① 공진법
② 슈미트 해머법
③ 음속법
④ 방사선법

해설 비파괴 시험의 종류
- 슈미트 해머 : 콘크리트 표면을 타격하여 반발계수를 계측하여 콘크리트의 강도를 추정하는 것으로 비파괴 검사의 일종이다.
- 공진법 : 콘크리트 공시체에 진동을 주어 그때의 공명 진동 등으로 콘크리트의 탄성계수를 측정하는 검사방법
- 음속법 : 발신자와 수신자 사이를 음파가 통과하는 시간을 측정하여 음속의 크기에 의해 강도를 측정하는 검사방법
- 방사선법 : X선 발생장치 또는 방사선 동위원소에서 방사되는 X선, γ선을 이용하여 철근의 위치, 크기 또는 내부 결함 등을 조사하는 방법

□□□ 산 10,15,22,24

27 동결융해 저항성을 알아보기 위한 급속동결융해에 따른 콘크리트의 저항시험방법에 대한 설명으로 틀린 것은?

① 동결융해 1사이클의 소요시간은 4시간 이상, 8시간 이하로 한다.
② 동결융해 1사이클은 공시체 중심부의 온도를 원칙으로 하며, 원칙적으로 4℃에서 −18℃로 떨어지고, 다음에 −18℃에서 4℃로 상승되는 것으로 한다.
③ 시험의 종료는 300사이클로 하며, 그때까지 상대 동탄성계수가 60% 이하가 되는 사이클이 있으면 그 사이클에서 시험을 종료한다.
④ 특별히 다른 재령으로 규정되어 있지 않는 한 공시체는 14일간 양생한 후 동결융해 시험을 시작한다.

해설 동결융해 1사이클의 소요시간은 2시간 이상, 4시간 이하로 한다.

□□□ 산 16,23,24

28 콘크리트의 건조수축은 시멘트, 골재의 성질, 콘크리트의 배합 등에 따라 크게 변화하며 콘크리트 부재에서 균열 발생의 원인이 되고, 내구성에도 나쁜 영향을 미치게 된다. 이러한 건조수축의 정도를 평가하기 위하여 실시하는 시험은?

① 콘크리트의 길이변화시험
② 콘크리트의 블리딩시험
③ 로스앤젤레스 마모시험
④ 마샬 안정도시험

해설 콘크리트의 길이변화시험
콘크리트의 건조수축의 정도를 평가하기 위하여 실시한다.

□□□ 산 07,09,10,22,24

29 안지름 250mm의 용기로 블리딩 시험을 한 결과 총 블리딩 수가 73.6cc이었다면, 블리딩량은 얼마인가?

① $0.15\text{cm}^3/\text{cm}^2$
② $1.88\text{cm}^3/\text{cm}^2$
③ $0.04\text{cm}^3/\text{cm}^2$
④ $0.93\text{cm}^3/\text{cm}^2$

해설 블리딩량 $B_q = \dfrac{V}{A}(\text{cm}^3/\text{cm}^2)$

$= \dfrac{73.6}{\dfrac{\pi \times 25^2}{4}} = 0.15\,\text{cm}^3/\text{cm}^2$

□□□ 산 05,10,12,15,24

30 일반적으로 콘크리트는 강 알칼리성 재료로써 철근의 부식을 억제하는데, 콘크리트의 알칼리 정도의 범위로 알맞은 것은?

① pH 12~13
② pH 9~10
③ pH 7~8
④ pH 5~6

해설 타설 직후의 굳지 않는 콘크리트는 시멘트의 수화반응에 의하여 생기는 수산화칼슘의 존재에 따라 강알칼리성(pH 12~13)을 나타낸다.

□□□ 산 09,16,17,24

31 콘크리트의 탄성계수가 21,240MPa인 콘크리트 부재의 전단탄성계수는? (단, 콘크리트의 포아송비는 0.18이다.)

① 9,000MPa
② 10,620MPa
③ 59,000MPa
④ 118,000MPa

해설 $E = 2G(1+\mu)$에서

$\therefore G = \dfrac{E}{2(1+\mu)}$

$= \dfrac{21,240}{2(1+0.18)} = 9,000\,\text{MPa}$

□□□ 산 10,16,24

32 공시체 규격이 150mm×150mm×530mm로 지간길이가 450mm인 단순보의 3등분점 재하법의 휨강도 시험을 한 결과, 최대하중이 24,500N일 때 공시체가 인장쪽 표면 지간방향 중심선의 3등분점 사이에서 파괴가 되었다. 이 공시체의 휨강도는?

① 2.9MPa
② 3.3MPa
③ 4.9MPa
④ 5.3MPa

해설 휨강도 시험 $f_b = \dfrac{P \cdot l}{b \cdot h^2}$

$f_b = \dfrac{24,500 \times 450}{150 \times 150^2} = 3.3\,\text{N/mm}^2 = 3.3\,\text{MPa}$

정답 26 ② 27 ① 28 ① 29 ① 30 ① 31 ① 32 ②

33 콘크리트 강도 시험용 원주공시체(ϕ150mm×300mm)를 할렬에 의한 간접인장강도 시험을 실시한 결과 160kN에서 파괴되었다. 콘크리트 인장강도로 옳은 것은?

① 1.54MPa ② 2.26MPa
③ 2.96MPa ④ 4.57MPa

해설 $f_{sp} = \dfrac{2P}{\pi dl}$
$= \dfrac{2 \times 160 \times 10^3}{\pi \times 150 \times 300} = 2.26 \text{N/mm}^2 = 2.26\text{MPa}$

34 S-N 곡선은 콘크리트의 어떤 성질을 나타내는 것인가?

① 피로 ② 연성
③ 탄성계수 ④ 건조수축

해설 $S-N$선도 : 콘크리트의 피로한도를 나타내는 곡선이다.

35 현장 품질관리에 있어 관리도를 사용하려 할 때 가장 먼저 행해야 할 것은?

① 관리할 항목을 선정한다.
② 관리도의 종류를 선정한다.
③ 이상원인을 발견하면 이를 규명하고 조치한다.
④ 관리하고자 하는 제품을 선정한다.

해설 제일 먼저 품질의 특성을 결정한다. 품질 특성이란 관리를 하고자 하는 제품을 선정하는 것을 말한다.

36 계수값 관리도에 의해 품질관리를 할 때 결점수 관리도에 적용되는 이론은?

① 정류 분포이론 ② 이항 분포이론
③ 카이자승 분포이론 ④ 포아송 분포이론

해설 관리도의 종류

종류		관리도	데이터 종류
계량값 관리도	$\bar{x}-R$ 관리도	길이, 중량, 강도, 화학성분, 압력, 슬럼프, 공기량	정규 분포
	$\bar{x}-\sigma$ 관리도		
	x 관리도		
계수값 관리도	P 관리도	제품의 불량률	이항 분포
	P_n 관리도	불량개수	
	C 관리도	결점수	포아송 분포
	U 관리도	단위당 결점수	

37 페놀프탈레인 용액을 사용한 콘크리트의 탄산화 판정시험에서 탄산화 된 부분에서 나타나는 색은?

① 빨강색 ② 파랑색
③ 보라색 ④ 착색되지 않음

해설 탄산화(중성화)의 판정은 페놀프탈레인 1%의 알코올용액을 콘크리트의 단면에 뿌려 조사하는 방법으로 탄산화되지 않은 부분은 붉은 보라색으로 착색되고 탄산화 부분은 착색되지 않는다.

38 어떤 콘크리트시료의 압축강도 시험결과 평균값이 24MPa이고, 표준편차가 4.8MPa이었다면 변동계수는?

① 14% ② 17%
③ 20% ④ 24%

해설 변동계수 $C_V = \dfrac{\sigma}{\bar{x}} \times 100 = \dfrac{4.8}{24} \times 100 = 20\%$

39 블리딩(bleeding)을 저감시키는 요인이 아닌 것은?

① 물-시멘트비가 클 때
② 응결시간이 빠른 시멘트를 사용할 때
③ 분말도가 큰 시멘트를 사용할 때
④ AE제, 감수제를 사용할 때

해설 블리딩 저감 요소
· 분말도가 높은 시멘트를 사용한다.
· AE제나 감수제는 블리딩을 저감시킨다.
· 수화 속도의 증진 또는 응결 촉진제를 사용한다.
· 소요의 워커빌리티를 얻을 수 있는 범위 내에서 단위 수량을 줄인다.
∴ 물-결합재비가 크면 블리딩이 증가된다.

40 초기재령 콘크리트에 발생하기 쉬운 균열의 원인이 아닌 것은?

① 소성수축 ② 황산염반응
③ 수화열 ④ 소성침하

해설 초기 균열은 소성 침하, 소성수축, 수화열에 의한 균열이 원인이 된다.

제3과목 : 콘크리트의 시공

□□□ 산 14,17,18,24
41 콘크리트 다지기에서 내부진동기 사용방법의 표준을 설명한 것으로 틀린 것은?

① 진동다지기를 할 때에는 내부진동기를 하층의 콘크리트 속으로 0.1m 정도 찔러 넣는다.
② 진동기의 삽입간격은 일반적으로 2m 이하로 하는 것이 좋다.
③ 1개소당 진동시간은 다짐할 때 시멘트 페이스트가 표면 상부로 약간 부상하기까지 한다.
④ 내부진동기는 콘크리트로부터 천천히 빼내어 구멍이 남지 않도록 한다.

[해설] 진동기의 삽입간격은 일반적으로 0.5m 이하로 하는 것이 좋다.

□□□ 산 09,17,18,24
42 콘크리트의 타설에 대한 설명으로 틀린 것은?

① 타설한 콘크리트를 거푸집 안에서 횡방향으로 이동시켜서는 안 된다.
② 한 구획 내의 콘크리트는 타설이 완료될 때까지 연속해서 타설하여야 한다.
③ 콘크리트 타설의 1층 높이는 다짐 능력을 고려하여 결정하여야 한다.
④ 거푸집의 높이가 높아 슈트, 버킷, 호퍼 등을 사용할 경우 배출구와 타설 면까지의 높이는 2.5m 이하를 원칙으로 한다.

[해설] 콘크리트 타설시 슈트, 펌프 배관, 버킷, 호퍼 등의 배출구와 타설면까지의 낙하 높이는 1.5m 이하를 원칙으로 한다.

□□□ 산 06,11,17,24
43 해양콘크리트에 대한 설명 중 적절하지 못한 것은?

① 철근 피복두께는 일반 콘크리트보다 크게 한다.
② 내구성을 고려하여 정한 최대 물-결합재비는 일반 콘크리트보다 작게 하는 것이 바람직하다.
③ 보통 포틀랜드 시멘트를 사용한 콘크리트는 적어도 재령 5일이 될 때까지 해수에 직접 접촉되지 않도록 한다.
④ 해수의 작용에 대하여 내구성이 높은 고로슬래그시멘트를 사용하면 초기양생기간을 단축시킬 수 있다.

[해설] 해수의 작용에 대하여 내구성이 높은 고로 슬래그 시멘트를 사용하면 초기 강도가 작은 결점이 있어 초기의 습윤양생에 주의하여야 한다.

□□□ 산 12,16,19,21,24
44 콘크리트 시공이음에 대한 설명으로 틀린 것은?

① 시공이음은 될 수 있는 대로 전단력이 작은 위치에 설치하는 것이 원칙이다.
② 부재의 압축력이 작용하는 방향과 평행하도록 설치하여야 한다.
③ 외부의 염분에 의한 피해를 받을 우려가 있는 해양 및 항만 콘크리트 구조물 등에 있어서는 시공이음부를 되도록 두지 않는 것이 좋다.
④ 수밀을 요하는 콘크리트 있어서는 소요의 수밀성이 얻어지도록 적절한 간격으로 시공이음부를 두어야 한다.

[해설] · 시공이음은 될 수 있는 대로 전단력이 작은 위치에 설치한다.
· 시공이음은 부재의 압축력이 작용하는 방향과 직각이 되도록 하는 것이 원칙이다.

□□□ 산 10,14,17,24
45 경량골재 콘크리트에 대한 설명으로 틀린 것은?

① 고유동 콘크리트의 경우 책임기술자와 협의하여 다짐을 생략할 수 있다.
② 경량골재 콘크리트는 보통 콘크리트에 비해 진동시간을 약간 길게 해 충분히 다져야 한다.
③ 경량골재 콘크리트는 보통 콘크리트에 비해 진동기를 찔러 넣는 간격을 작게 하는 것이 좋다.
④ 진동 다지기를 하면 굵은 골재가 침하고 모르타르가 위로 떠오르는 재료분리현상이 발생한다.

[해설] 경량골재 콘크리트를 타설할 때 모르타르가 침하하고, 굵은 골재가 위로 떠오르는 재료분리현상이 적게 일어나도록 하여야 한다.

□□□ 산 12,24
46 수중불분리성콘크리트에 대한 아래 표의 ( )에 알맞은 것은?

> 굵은 골재의 최대 치수는 수중불분리성 콘크리트의 경우 20mm 또는 25mm 이하를 표준으로 하며, 부재 최소 치수의 (①) 및 철근의 최소 순간격의 (②)를 초과해서는 안된다.

① ① : 1/5, ② : 1/2
② ① : 1/4, ② : 1/2
③ ① : 1/4, ② : 1/3
④ ① : 1/5, ② : 1/3

[해설] 수중불분리성 콘크리트
굵은 골재의 최대치수는 20mm 또는 25mm 이하를 표준으로 하며, 부재 최소 치수의 1/5 및 철근의 최소 순간격의 1/2을 초과하지 않을 것

정답 41 ② 42 ④ 43 ④ 44 ② 45 ④ 46 ①

□□□ 산 08,13,18,19,24
47 다음 중 한중콘크리트에 사용되는 보온양생 방법이 아닌 것은?

① 습윤양생　　② 급열양생
③ 단열양생　　④ 피복양생

해설
- 보온 양생 방법은 급열양생, 단열양생, 피복양생 및 이들을 복합한 양생
- 오토클레이브(증기)양생은 거푸집을 빨리 제거하고 단시일 내에 소요 강도를 발현시키기 위해 고온의 증기로 양생하는 방법으로 한중 콘크리트에는 부적합하다.

□□□ 산 11,14,17,24
48 일반 콘크리트의 시공에서 외기온도가 25℃ 미만인 경우 비비기로부터 타설이 끝날 때까지의 시간은 원칙적으로 얼마를 넘어서는 안 되는가?

① 60분　　② 90분
③ 120분　　④ 150분

해설 비비기로부터 치기가 끝날 때까지의 시간
- 원칙적으로 외기온도가 25℃ 이상일 때는 1.5시간(90분)을 넘어서는 안된다.
- 원칙적으로 외기온도가 25℃ 미만일 때에는 2시간(120분)을 넘어서는 안된다.

□□□ 산 12,14,17,22,24
49 매스 콘크리트로 다루어야 하는 구조물의 부재치수에 대한 일반적인 표준으로 옳은 것은?

① 넓이가 넓은 평판구조의 경우 두께 0.5m 이상
② 넓이가 넓은 평판구조의 경우 두께 0.3m 이상
③ 하단이 구속된 벽조의 경우 두께 0.5m 이상
④ 하단이 구속된 벽조의 경우 두께 0.3m 이상

해설 매스 콘크리트로 다루어야 하는 구조물의 부재치수
- 넓이가 넓은 평판구조의 경우 두께 0.8m 이상
- 하단이 구속된 벽조의 경우 두께 0.5m 이상

□□□ 산 11,14,17,24
50 섬유보강 콘크리트의 비비기에 대한 설명으로 틀린 것은?

① 섬유보강 콘크리트는 소요의 품질이 얻어지도록 충분히 비벼야 한다.
② 믹서는 가경식 믹서를 사용하는 것을 원칙으로 한다.
③ 섬유를 믹서에 투입할 때에는 섬유를 콘크리트 속에 균일하게 분포시킬 수 있는 방법으로 하여야 한다.
④ 비비기 시간은 시험에 의하여 정하는 것을 원칙으로 한다.

해설 믹서는 강제식 믹서를 사용하는 것을 원칙으로 한다.

□□□ 산 05,08,09,11,16,24
51 미리 거푸집 속에 특정한 입도를 가지는 굵은 골재를 투입한 후 골재와 골재 사이 빈틈에 시멘트모르타르를 주입하여 제작하는 방식의 콘크리트는?

① 진공콘크리트　　② P.S 콘크리트
③ 수밀콘크리트　　④ 프리플레이스트 콘크리트

해설 프리플레이스트 콘크리트의 정의이다.

□□□ 산 17,19,23,24
52 유동화 콘크리트를 제조 할 때 유동화제를 첨가하기 전의 기본 배합의 콘크리트를 무엇이라고 하는가?

① 고성능 콘크리트　　② 고유동 콘크리트
③ 베이스 콘크리트　　④ 유동화 콘크리트

해설 베이스 콘크리트
- 유동화 콘크리트를 제조할 때 유동화제를 첨가하기 전의 기본 배합의 콘크리트
- 숏크리트의 습식방식에서 사용하는 급결재를 첨가하기 전의 콘크리트

□□□ 산 12,23,24
53 골재를 건조상태로 사용하면 콘크리트의 비비기 및 운반 중에 물을 흡수하여 콘크리트의 작업성을 감소시킨다. 특히 경량골재는 흡수율이 크기 때문에 흡수의 정도를 적게 하기 위하여 골재를 사용전에 미리 흡수시키는 조작을 실시한다. 이러한 조작을 무엇이라 하는가?

① 프리쿨링　　② 프리컷팅
③ 프리믹싱　　④ 프리웨팅

해설 프리웨팅(pre-wetting) : 골재를 건조한 상태로 사용하면 콘크리트의 비비기 및 운반 중에 물을 흡수한다. 이 흡수 정도를 적게 하기 위해 골재를 사용하기 전에 미리 흡수시키는 조작을 말한다.

□□□ 산 15,24
54 고강도 콘크리트의 배합에 대한 설명으로 틀린 것은?

① 단위수량은 소요의 워커빌리티를 얻을 수 있는 범위 내에서 가능한 적게 하여야 한다.
② 공기연행제를 사용하는 것을 원칙으로 한다.
③ 슬럼프는 작업이 가능한 범위 내에서 되도록 적게 한다.
④ 잔골재율은 소요의 워커빌리티를 얻도록 시험에 의하여 결정하여야 하며, 가능한 적게 하도록 한다.

해설 기상의 변화가 심하거나 동결융해에 대한 대책이 필요한 경우를 제외하고는 공기연행(AE)제를 사용하지 않는 것을 원칙으로 한다.

정답 47 ①　48 ③　49 ③　50 ②　51 ④　52 ③　53 ④　54 ②

산 14,23,24
55 유동화 콘크리트에 관한 다음의 설명 중 틀린 것은?

① 비비기를 완료한 베이스 콘크리트에 유동화제를 첨가하여 유동성을 증대시킨 콘크리트이다.
② 유동화콘크리트의 압축강도는 베이스콘크리트와 거의 동일하다.
③ 유동화콘크리트의 잔골재율은 보통의 된비빔 콘크리트보다 작게 할 필요가 있다.
④ 슬럼프를 증가시키기 위한 유동화제의 사용량은 콘크리트의 온도에 의해서 변화한다.

[해설] 유동화콘크리트의 잔골재율은 보통의 된비빔 콘크리트보다 크게 할 필요가 있다.

산 12,14,17,24
56 콘크리트의 신축이음에 대한 설명으로 틀린 것은?

① 신축이음은 양쪽의 구조물 혹은 부재가 구속되는 구조이어야 한다.
② 신축이음에는 필요에 따라 이음재, 지수판 등을 배치하여야 한다.
③ 신축이음의 단차를 피할 필요가 있는 경우에는 장부나 홈을 두는 것이 좋다.
④ 신축이음의 단차를 피할 필요가 있는 경우에는 전단 연결재를 사용하는 것이 좋다.

[해설] 신축이음은 양쪽의 구조물 혹은 부재가 구속되지 않는 구조이어야 한다.

산 12,15,24
57 팽창콘크리트의 품질과 관련하여 틀린 것은?

① 콘크리트의 팽창률은 재령 28일에 대한 시험치를 기준으로 한다.
② 수축보상용 콘크리트의 팽창률은 150×10^{-6} 이상, 250×10^{-6} 이하인 값을 표준으로 한다.
③ 화학적 프리스트레스용 콘크리트의 팽창률은 200×10^{-6} 이상, 700×10^{-6} 이하인 값을 표준으로 한다.
④ 팽창콘크리트의 강도는 일반적으로 재령 28일의 압축강도를 기준으로 한다.

[해설] 콘크리트의 팽창률은 일반적으로 재량 7일에 대한 시험값을 기준으로 한다.

산 12,14,16,17,19,24
58 방사선 차폐용 콘크리트의 슬럼프는 작업에 알맞은 범위 내에서 가능한 한 작은 값이어야 한다. 일반적인 경우의 슬럼프 값의 기준은?

① 100mm 이하
② 120mm 이하
③ 150mm 이하
④ 180mm 이하

[해설] 콘크리트의 슬럼프는 작업에 알맞은 범위 내에서 가능한 한 적은 값이어야 하며, 일반적인 경우 150mm 이하로 하여야 한다.

산 13,17,24
59 벽과 같이 높이가 높은 콘크리트를 급속하게 연속 타설하는 경우 나타나는 현상이 아닌 것은?

① 시공 이음 발생
② 상부 콘크리트의 품질 저하
③ 재료분리 발생
④ 수평철근의 부착강도 저하

[해설] 시공이음은 구조물의 구조적 약점이 되고, 누수되기 쉬우며, 거푸집 제거 후 외관이 좋지 않으므로 미리 정해진 작업 구획 내에서는 타설이 끝날 때까지 연속해서 콘크리트를 쳐야 한다. 즉 연속해서 콘크리트를 타설하면 시공이음이 발생하지 않는다.

산 11,23,24
60 결합재로서 시멘트를 전혀 사용하지 않고 열경화성 또는 열가소성 수지 등을 사용하여 골재를 결합시키는 콘크리트는?

① 폴리머 콘크리트
② 중량 콘크리트
③ 에코시멘트 콘크리트
④ 포러스 콘크리트

[해설]
- 폴리머 콘크리트(polymer concrete : PC) : 결합재로서 시멘트를 전혀 사용하지 않고 열경화성 또는 열가소성수지와 같은 액상수지를 사용하여 골재를 결합시킨 것으로 플라스틱 콘크리트 또는 레진 콘크리트라고 불렀으며, 결합재로 가장 많이 사용되는 것은 불포화 폴리에스테르 수지이다.
- 포러스 콘크리트 : 보통 콘크리트와 달리 연속된 공극을 많이 포함시켜 물과 공기가 자유롭게 통과할 수 있도록 연속공극을 균일하게 형성시킨 다공질의 콘크리트

제4과목 : 콘크리트 구조 및 유지관리

61 다음 중 옵셋 굽힘철근(offset bent bar)에 대한 설명으로 옳은 것은?

① 전체 깊이가 500mm를 초과하는 휨부재 복부의 양 측면에 부재 축방향으로 배치하는 철근
② 구부려 올리거나 또는 구부려 내린 부재길이방향으로 배치된 철근
③ 하중을 분포하거나 균열을 제어할 목적으로 주철근과 직각에 가까운 방향으로 배치한 보조철근
④ 상하 기둥 연결부에서 단면치수가 변하는 경우에 구부린 주철근

[해설] 옵셋 굽힘철근 : 상하 기둥 연결부에서 단면치수가 변하는 경우에 구부린 주철근

62 하중 재하기간이 60개월 이상된 철근콘크리트 부재가 있다. 하중 재하 시 탄성처짐량이 20mm 발생했다고 하면 부재의 총처짐량은? (단, 압축철근비는 0.02)

① 20mm ② 30mm
③ 40mm ④ 50mm

[해설]
· 시간경과 계수 ξ
  ξ : 시간 경과 계수(5년 이상 : 2.0, 12개월 : 1.4, 6개월 : 1.2, 3개월 : 1.0)
· $\lambda = \dfrac{\xi}{1+50\rho'} = \dfrac{2.0}{1+50\times 0.02} = 1.0$
· 장기처짐=순간처짐(탄성침하)×장기처짐계수(λ)
  $= 20\times 1.0 = 20$mm
∴ 총처짐량=순간 처짐+장기 처짐
  $= 20+20 = 40$mm

63 활하중 15kN/m, 보의 자중을 포함한 고정하중 10kN/m인 등분포하중을 받는 경간 10m인 단순지지보의 계수휨모멘트는?

① 425kN·m ② 450kN·m
③ 475kN·m ④ 500kN·m

[해설] $U = 1.2M_D + 1.6M_L$
$= 1.2\times 10 + 1.6\times 15 = 36$kN/m
∴ $M_u = \dfrac{Ul^2}{8} = \dfrac{36\times 10^2}{8} = 450$kN·m

64 철근콘크리트가 성립되는 조건으로 옳지 않은 것은?

① 철근은 콘크리트 속에서 녹이 슬지 않는다.
② 철근과 콘크리트의 탄성계수가 거의 같다.
③ 철근과 콘크리트의 열팽창계수가 거의 같다.
④ 철근과 콘크리트 사이의 부착강도가 크다.

[해설] 철근콘크리트가 성립되는 조건
· 철근과 콘크리트 사이의 부착강도가 크다.
· 철근과 콘크리트의 열팽창계수가 거의 같다.
· 콘크리트 속에 묻힌 철근은 부식하지 않는다.
· 압축은 콘크리트가 인장은 철근이 부담한다.
· 철근의 탄성 계수 E_s는 콘크리트의 탄성 계수 E_c보다 n배 크다.

65 프리스트레스를 도입할 때 일어나는 즉시 손실의 원인으로 옳지 않은 것은?

① 정착장치의 활동
② PS강재와 쉬스사이의 마찰
③ PS강재의 릴랙세이션
④ 콘크리트의 탄성변형

[해설] ■도입시 손실(즉시 손실)
· 정착 장치의 활동
· 포스트텐션 긴장재와 덕트 사이의 마찰
· 콘크리트의 탄성변형(수축)
■도입 후 손실(시간적손실)
· 콘크리트의 크리프
· 콘크리트의 건조 수축
· PS 강재 응력의 릴렉세이션

66 콘크리트구조물의 철근부식 상황을 파악하는 데 적절하지 않은 방법은?

① 자연전위법 ② 분극저항법
③ 자분탐상법 ④ 전기저항법

[해설] 철근부식 조사방법
· 자연전위법 : 금속이 부식되는 경우에는 금속의 이온화 반응과 전자를 방전하는 반응이 전자의 수수(授受)를 따라 같은 속도로 발생한다.
· 분극저항법 : 시료극, 대극, 조합극으로 되는 측정계로 시료극(철근)과 대극과의 사이에 미약한 전류를 흘려 그때의 전위변화량을 측정함으로 분극저항을 구한다.
· 전기저항법 : 피복콘크리트의 전기저항을 측정함으로써 그 부식성 및 철근의 부식이 진행하기 쉬운가에 관해서 평가하는 전기적 방법이다.

정답 61 ④ 62 ③ 63 ② 64 ② 65 ③ 66 ③

67 철근콘크리트의 알칼리골재반응에 의한 열화메커니즘에 관한 설명으로 가장 적당한 것은?

① 알칼리골재반응은 콘크리트 중의 알칼리와 골재와의 반응으로 수분이 많으면 알칼리가 희석되어 반응이 작게 된다.
② 프리스트레스트 콘크리트 구조에서는 도입된 프리스트레스에 의해 알칼리골재반응에 의한 균열을 방지할 수 있다.
③ 알칼리골재반응은 타설 직후부터 팽창이 시작되어 재령에 따라 반응은 감소하고 거의 1년 정도에 멈춘다.
④ 알칼리골재반응에 의한 균열은 망상으로 나타나는 경우가 많다.

[해설] 알칼리 골재반응은 시멘트 중의 나트륨, 칼슘이온이 골재 중의 이산화규소와 반응하여 규산칼슘이나 규산나트륨을 생성시켜 콘크리트 구조물의 팽창 균열을 동반하여 균열의 형태는 거북등(망상)균열의 형상으로 나타나는 것이 특징이다.

68 그림과 같은 콘크리트 보의 균열원인으로서 가장 관계가 깊은 것은?

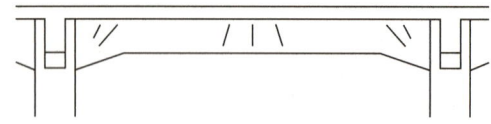

① 과하중   ② 수성균열
③ 콘크리트 충전불량   ④ 부등침하

[해설] 콘크리트 보의 균열은 과하중에 의해 균열이 발생한다.

69 그림의 PS콘크리트 보에서 하중평형개념을 고려할 때 등분포의 상향력 u는 얼마인가? (단, $P=2,000$ kN/m, $s=0.2$m 이다.)

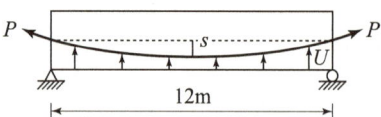

① 35.2kN/m   ② 31.2kN/m
③ 27.2kN/m   ④ 22.2kN/m

[해설] 강재가 포물선으로 배치된 경우
$P \cdot s = \dfrac{u \cdot l^2}{8}$ 에서
∴ 상향력 $u = \dfrac{8P \cdot s}{l^2}$
$= \dfrac{8 \times 2,000 \times 0.2}{12^2} = 22.2$ kN/m

70 인장철근 D29(공칭직경 28.6mm, 공칭단면적 642mm²)를 정착시키는데 소요되는 기본정착 길이(l_{db})는? (단, $f_{ck}=24$MPa, $f_y=350$MPa, 보통 중량 콘크리트를 사용한 경우)

① 987mm   ② 1,138mm
③ 1,226mm   ④ 1,372mm

[해설] 인장 이형철근의 정착(D35 이하의 철근의 경우)
$l_{db} = \dfrac{0.6 d_b f_y}{\lambda \sqrt{f_{ck}}}$
$= \dfrac{0.6 \times 28.6 \times 350}{1 \times \sqrt{24}} = 1,226$ mm

71 콘크리트의 설계기준 압축강도 f_{ck}는 35MPa, 철근의 항복강도 f_y는 400MPa인 단철근 직사각형보를 강도설계법에 의해 설계할 때 균형철근비는?

① 0.0327   ② 0.0357
③ 0.0370   ④ 0.0399

[해설] 균형철근비 $\rho_b = \dfrac{\eta(0.85 f_{ck})\beta_1}{f_y} \times \dfrac{660}{660+f_y}$
$f_{ck} = 35$MPa ≤ 40MPa 일 때
$\eta = 1$, $\beta_1 = 0.80$
∴ $\rho_b = \dfrac{1 \times 0.85 \times 35 \times 0.80}{400} \times \dfrac{660}{660+400} = 0.0370$

72 폭은 300mm, 유효깊이는 500mm, A_s는 2,000mm², f_{ck}는 28MPa, f_y는 400MPa인 단철근 직사각형 보에서 철근비(ρ)는?

① 0.0343   ② 0.0295
③ 0.0205   ④ 0.0133

[해설] $\rho = \dfrac{A_s}{bd} = \dfrac{20}{30 \times 50} = 0.0133$

73 콘크리트 구조물의 외관조사시 외관조사망도에 기입하지 않는 것은?

① 균열형태   ② 균열깊이
③ 균열길이   ④ 균열폭

[해설] 외관조사시 외관조사망도 기입 사항
균열(형태, 위치, 폭, 길이), 망상균열, 철근(위치, 직경, 피복두께, 노출, 부식) 등

정답 67 ④ 68 ① 69 ④ 70 ③ 71 ③ 72 ④ 73 ②

□□□ 산 16,24
74 콘크리트의 건조수축으로 인한 균열을 제어하기 위한 대책으로 틀린 것은?

① 강도증진을 위하여 가능하면 배합수량을 적게 한다.
② 단위골재량을 증가시킨다.
③ 양생단계에서 수분을 적게 공급하여 증발할 여지를 줄인다.
④ 가급적 흡수율이 작고 입도가 양호한 골재를 사용한다.

해설 양생단계에서 수분을 많이 공급하여 건조수축에 의한 균열을 제어해야 한다.

□□□ 산 11,18,21,24
75 콘크리트에 프리스트레스를 도입하면 콘크리트가 탄성체로 전환된다는 생각으로서 응력개념으로도 불리는 프리스트레스트 콘크리트의 기본개념은?

① 균등질 보의 개념
② 내력 모멘트의 개념
③ 하중평형의 개념
④ 하중－저항계수의 개념

해설 균등질 보의 개념은 철근콘크리트는 취성 재료이므로 인장측의 응력을 무시했으나, 프리스트레스트 콘크리트는 탄성재료로서 인장측 응력도 유효한 균등질보이다.

□□□ 산 06,11,15,17,19,22,24
76 균열폭 0.2mm 이하의 미세한 결함에 대해 탄성실링제를 이용하여 도막을 형성, 방수성 및 내화성을 확보할 목적으로 사용하는 구조물 보수공법은?

① 표면처리공법
② 단면증설공법
③ 탄소섬유시트 접착공법
④ 침투성 방수제 도포공법

해설 표면처리공법은 일반적으로 0.2mm 이하의 미세한 균열에 대한 방수 및 내구성을 보완할 목적으로 실시한다.

□□□ 산 08,14,17,24
77 다음 중 옹벽을 설계할 때 고려해야 하는 안정조건이 아닌 것은?

① 전도에 대한 안정
② 활동에 대한 안정
③ 지반지지력에 대한 안정
④ 벽체 좌굴에 대한 안정

해설 옹벽의 안정조건 : 전도에 대한 안정, 활동에 대한 안정, 지반지지력에 대한 안정

□□□ 산 09,14,17,24
78 경간 10m의 대칭 T형보를 설계하려고 한다. 플랜지의 유효폭은? (단, 양쪽의 슬래브의 중심간 거리 3m, 플랜지 두께 150mm, 복부의 폭 300mm)

① 2,500mm
② 2,700mm
③ 2,800mm
④ 3,000mm

해설 T형보의 유효폭은 다음 값 중 가장 작은 값으로 한다.
- (양쪽으로 각각 내민 플랜지 두께의 8배씩 : $16t_f) + b_w$
  $16t_f + b_w = 16 \times 150 + 300 = 2,700mm$
- 양쪽의 슬래브의 중심 간 거리 : 3,000mm
- 보의 경간(L)의 1/4 : $\frac{1}{4} \times 10,000 = 2,500mm$

∴ 유효폭 $b = 2,500mm$

□□□ 산 13,17,24
79 콘크리트의 열화 평가방법 중 강도를 평가하는 방법이 아닌 것은?

① 방사선법
② 반발 경도법
③ 초음파 속도법
④ 인발법(pull-out법)

해설 강도를 평가하는 방법 : 반발 경도법, 초음파 속도법, 조합법, 인발법

□□□ 산 04,11,14,17,23,24
80 외부 케이블을 설치하여 프리스트레스를 도입하는 보강공법의 특징으로 틀린 것은?

① 보강 효과가 역학적으로 명확하다.
② 보강 후 유지관리가 비교적 쉽다.
③ 콘크리트의 강도 부족이나 열화에 비효율적이다.
④ 부재의 강성을 향상시키는데 효율적이다.

해설 외부케이블에 의해 프리스트레스를 도입해도 강성은 향상되지 않는다.

정답 74 ③ 75 ① 76 ① 77 ④ 78 ① 79 ① 80 ④

국가기술자격 CBT 필기시험문제

2024년도 산업기사 3회 필기시험 복원문제

자격종목	시험시간	문제수	형 별	수험번호	성 명
콘크리트산업기사	2시간	80	A		

※ 각 문제는 4지 택일형으로 질문에 가장 적합한 문제의 보기 번호를 클릭하거나 답안표기란의 번호를 클릭하여 입력하시면 됩니다.
※ 입력된 답안은 문제 화면 또는 답안 표기란의 보기 번호를 클릭하여 변경하실 수 있습니다.

제1과목 : 콘크리트 재료 및 배합

□□□ 산 07,12,23,24
01 포틀랜드 시멘트의 풍화에 대한 설명으로 옳지 않는 것은?

① 풍화된 시멘트는 비중이 감소한다.
② 분말도가 큰 시멘트는 풍화되기 쉽다.
③ 풍화된 시멘트를 사용한 콘크리트는 초기 강도가 증가한다.
④ 풍화된 시멘트는 강열 감량이 증가한다.

[해설] 시멘트가 풍화되면 비중이 감소되고, 응결이 지연되며, 강도도 점차로 저하된다.

□□□ 산 16,17,20,24
02 혼화재의 품질시험에서 아래 표의 내용을 무엇이라고 하는가?

기준 모르타르의 압축강도에 대한 시험 모르타르의 압축강도의 비를 백분율로 나타낸 것

① 플로값 비 ② 활성도 지수
③ 안정도 ④ 길이변화비

[해설] 활성도 지수 $A_s = \dfrac{C_2}{C_1} \times 100$

C_1 : 각 재령에서 기준 모르타르 공시체 3개의 압축강도 평균값
C_2 : 각 재령에서 시험 모르타르 공시체 3개의 압축강도 평균값

□□□ 산 04,07,15,24
03 그라우팅용 혼화제의 특징으로 적절하지 않은 것은?

① 블리딩을 적게 한다.
② 그라우트를 수축시킨다.
③ 재료분리가 적어야 한다.
④ 주입하기 용이하여야 한다.

[해설] 그라우트를 수축하지 않고 팽창시키는 성질이 있어야 한다.

□□□ 산 18,24
04 시멘트의 일반적인 성질에 대한 설명으로 틀린 것은?

① 시멘트의 응결은 시멘트의 수화반응과 밀접한 관계가 있다.
② 시멘트의 수화는 화학반응이므로 온도에 영향을 받는다.
③ 시멘트는 대기 중에서 수분과 CO_2와의 반응으로 품질이 저하된다.
④ 미분쇄한 시멘트는 수화가 느리고 장기강도가 증가한다.

[해설] 미분쇄한 시멘트는 수화가 빠르고 초기강도가 증가한다.

□□□ 산 14,16,24
05 배합수 내의 불순물 영향을 올바르게 나타낸 것은?

① 염화나트륨 - 장기강도 촉진
② 염화암모늄 - 응결지연
③ 황산칼슘 - 응결촉진
④ 질산아연 - 초기강도증가

[해설] 배합수내의 불순물 영향

종류	응결	강도
염화나트륨	약간 촉진성이 있음	장기강도 저하
염화암모늄	촉진성	단기강도 증가
황산칼슘	촉진성	장기강도 저하
질산아연	지연성 현저	초기강도 저하

□□□ 산 14,16,24
06 감수제의 사용효과에 대한 설명으로 옳은 것은?

① 시멘트 입자를 분산시켜 단위수량을 감소시킨다.
② 콘크리트 흡수성과 투수성을 줄일 목적으로 사용한다.
③ 응결을 늦추기 위한 목적으로 사용한다.
④ 사용량이 비교적 많아서 배합계산시 고려한다.

[해설] 감수제는 시멘트의 분말을 분산시켜 콘크리트의 소요 워커빌리티를 얻기 위해 필요한 단위수량을 감소시키는 것을 주목적으로 하는 혼화제이다.

정답 01 ③ 02 ② 03 ② 04 ④ 05 ③ 06 ①

07 포틀랜드 시멘트를 화학 분석한 결과 Na_2O가 0.1% 및 K_2O가 0.9%이다. 이 시멘트의 총 알칼리량은?

① 0.69%
② 0.78%
③ 0.80%
④ 1.00%

해설 총 알카리량 = $Na_2O + 0.658 K_2O$
$= 0.1 + 0.658 \times 0.9 = 0.69\%$

08 콘크리트용 혼화재료 중 실리카 품의 비표면적을 측정하기 위한 시험으로 가장 적당한 것은?

① BET법
② Break-off법
③ 표준체에 의한 방법
④ 블레인 공기투과장치에 의한 방법

해설 BET법 : BET장비를 활용하여 실리카분말의 비표면적을 측정 평가한다.

09 다음의 시멘트 중에서 해안가 혹은 해수와 접하는 곳의 철근콘크리트 구조물 공사에 가장 적합한 것은?

① 보통 포틀랜드 시멘트
② 저발열 시멘트
③ 중용열 포틀랜드 시멘트
④ 조강 포틀랜드 시멘트

해설 중용열 포틀랜드 시멘트는 화학저항성이 크고 내산성이 우수하여 해수에 접하는 철근 콘크리트 구조물 공사에 적합하다.

10 골재의 입형에 대한 설명 중 옳지 않은 것은?

① 실적률이 작으면 시멘트페이스트량이 증가되어 비경제적인 콘크리트가 된다.
② 부순자갈은 입형이 나쁘기 때문에 콘크리트강도면에서 상당히 불리하다.
③ 골재의 실적률이 증가하면 콘크리트의 유동성도 증가한다.
④ 골재의 입형이 나쁘면 작업성을 좋게 하기 위하여 단위수량 및 시멘트량이 증가된다.

해설 부순자갈은 입형이 나쁘기 때문에 부순자갈과 시멘트 페이스트의 부착이 좋아 일반적으로 양질의 부순돌을 사용한 콘크리트의 강도는 하천자갈을 사용한 콘크리트 보다 크다.

11 콘크리트의 혼합에 사용되는 물 중 시험을 실시하지 않아도 사용할 수 있는 것은?

① 호숫물
② 지하수
③ 슬러지수
④ 상수돗물

해설 레디믹스트 콘크리트의 혼합에 사용되는 물
- 상수돗물은 시험을 하지 않아도 사용할 수 있다.
- 상수돗물 이외의 물인 경우는 시험항목에 적합해야 한다.

12 습윤상태에서 질량 580g의 모래를 건조시켜 표면건조 포화상태에서 500g, 공기 중 건조상태에서 545g, 절대건조상태에서 465g의 질량이 되었다. 이 모래의 흡수율은?

① 6.3%
② 7.5%
③ 8.3%
④ 9.0%

해설 흡수율 = $\dfrac{표면건조\ 포화상태 - 노건조\ 상태}{노건조\ 상태} \times 100$
$= \dfrac{500 - 465}{465} \times 100 = 7.5\%$

13 다음 중 시멘트 시험항목에 대한 관련장치가 적절하게 연결된 것은?

① 압축강도 - 르샤틀리에 플라스크
② 응결시간 - 블레인 공기투과장치
③ 비중시험 - 비카트침
④ 분말도 - $45\mu m$ 표준체

해설
- 비중시험 : 르샤틀리에 비중병
- 압축강도 : 모르타르 압축강도 시험기
- 분말도 : 블레인 공기 투과 장치, $45\mu m$ 표준체
- 응결시간 : 비카 침, 길모어 장치

14 설계기준 압축강도가 24MPa인 콘크리트의 배합강도를 결정하기 위해 30회의 압축강도 시험을 실시한 결과 압축강도의 표준편차가 3.0MPa였다면 배합강도는?

① 27.70MPa
② 28.02MPa
③ 28.34MPa
④ 28.66MPa

해설 $f_{ck} \leq 35MPa$일 때 배합강도
- $f_{cr} = f_{ck} + 1.34s = 24 + 1.34 \times 3.0 = 28.02MPa$
- $f_{cr} = (f_{ck} - 3.5) + 2.33s = (24 - 3.5) + 2.33 \times 3.0 = 27.49MPa$

둘 중 큰 값을 사용한다.
∴ $f_{cr} = 28.02MPa$

☐☐☐ 산11,14,17,22,24

15 콘크리트 시방배합 결과가 다음과 같고 5mm체에 남는 잔 골재량이 6%, 5mm체를 통과하는 굵은 골재량이 4%일 때 입도를 보정하여 잔 골재량을 현장배합으로 수정한 값으로 옳은 것은?

단위량(kg/m³)			
물	시멘트	잔 골재	굵은 골재
175	365	650	1,280

① 626.8kg/m³ ② 636.4kg/m³
③ 643.8kg/m³ ④ 652.6kg/m³

해설 입도에 의한 조정
a : 잔 골재 중 5mm체에 남은 양 : 6%
b : 굵은 골재 중 5mm체를 통과한 양 : 4%
- 잔 골재량 $X = \dfrac{100S - b(S+G)}{100 - (a+b)}$
$= \dfrac{100 \times 650 - 4(650+1,280)}{100-(6+4)} = 636.4 \text{kg/m}^3$

☐☐☐ 산08,12,17,21,22,24

16 굵은 골재의 밀도시험 결과가 아래 표와 같을 때 절대건조 상태의 밀도를 구하면?

- 대기 중 시료의 절대건조 상태의 질량 : 385g
- 대기 중 시료의 표면건조 포화상태의 질량 : 480g
- 물속에서의 시료의 질량 : 325g
- 시험온도에서 물의 밀도 : 1g/cm³

① 2.25g/cm³ ② 2.48g/cm³
③ 2.61g/cm³ ④ 2.75g/cm³

해설 $D_d = \dfrac{A}{B-C} \times \rho_w$
$= \dfrac{385}{480-325} \times 1 = 2.48 \text{g/cm}^3$

☐☐☐ 산15,23,24

17 질량법에 의해 잔골재의 표면수를 측정할 경우, 시료에서 치환된 물의 질량(m)을 구하는 식으로 옳은 것은?
(단, m_1 : 시료의 질량(g), m_2 : 용기와 물의 질량(g), m_3 : 용기, 시료 및 물의 질량(g))

① $m = m_1 + m_2 + m_3$ ② $m = m_1 - m_2 + m_3$
③ $m = m_1 + m_2 - m_3$ ④ $m = m_1 - m_2 - m_3$

해설 $m = m_1 + m_2 - m_3$

☐☐☐ 산12,16,21,24

18 콘크리트용 골재에 대한 시험이 아닌 것은?

① 체가름시험 ② 공기량시험
③ 안정성시험 ④ 유기불순물시험

해설 공기량시험
굳지 않은 콘크리트 속에 포함된 공기량을 측정하는 시험이다.

☐☐☐ 산12,16,19,23,24

19 골재의 체가름 시험으로부터 알 수 없는 골재의 성질은?

① 골재의 입도 ② 골재의 조립률
③ 굵은 골재의 최대치수 ④ 골재의 실적률

해설
- 체가름 곡선에서 골재의 입도를 알 수 있다.
- 체가름 곡선에서 굵은 골재의 최대 치수를 구할 수 있다.
- 체가름시험에서 얻은 누가잔류율에서 골재의 조립률을 구할 수 있다.

☐☐☐ 산10,15,18,24

20 콘크리트 배합설계의 기본원칙에 대한 설명으로 틀린 것은?

① 최대치수가 작은 굵은 골재를 사용할 것
② 가능한 한 단위수량을 적게 할 것
③ 충분한 내구성을 확보할 것
④ 경제성 있는 배합일 것

해설 경제적인 관점에서 허용한도 내에서 가능한 최대치수가 큰 굵은 골재를 사용할 것

제2과목 : 콘크리트 제조, 시험 및 품질관리

☐☐☐ 산04,17,24

21 콘크리트 공사에 있어 믹서 1대로 1일 60m³의 콘크리트를 비벼 내고자 할 때 준비하여야 할 믹서의 공칭용량은 다음 중 어느 것이 적당한가? (단, 1회 비벼내기 시간 4분, 1일 10시간 실가동 조건으로 한다.)

① 0.32m³ ② 0.40m³
③ 0.48m³ ④ 0.52m³

해설 $Q = \dfrac{60}{4} \times q \times E = \dfrac{60}{4} \times q \times 1 = \dfrac{60}{10}$
∴ $q = 0.40 \text{m}^3$

정답 15 ② 16 ② 17 ③ 18 ② 19 ④ 20 ① 21 ②

22. 레미콘의 제조 및 운반에 따른 레미콘의 분류에서 아래의 표에서 설명하는 것은?

> 플랜트에 고정믹서가 설치되어 있어 각 재료를 계량하고 혼합하여 완전히 비벼진 콘크리트를 트럭 믹서 또는 트럭 애지데이터에 투입하여 운반 중에 교반하면서 지정된 공사현장까지 배달, 공급하는 방법

① 센트럴 믹스트 콘크리트
② 쉬링크 믹스트 콘크리트
③ 트랜싯 믹스트 콘크리트
④ 드라이 배칭 콘크리트

해설
- 쉬링크 믹스트 콘크리트 : 공장에 있는 고정 믹서에서 어느 정도 콘크리트를 비빈 다음 트럭 믹서에 싣고 비비면서 현장에 운반하는 방법이다.
- 트랜싯 믹스트 콘크리트 : 콘크리트 플랜트에서 재료를 계량하여 트럭 믹서에 싣고, 운반 중에 물을 넣어 비비는 방법이다.
- 센트럴 믹스트 콘크리트 : 공장에 있는 고정 믹서에서 완전히 비빈 콘크리트를 애지테이터 트럭 또는 트럭 믹서로 운반하는 방법이다.

23. 다음 ( )에 알맞은 것은?

> 레디믹스트 콘크리트의 공기량은 보통콘크리트의 경우 (A)%이며, 그 허용오차는 ±(B)%로 한다.

① A : 2.5, B : 1.0
② A : 3.0, B : 1.5
③ A : 4.0, B : 1.0
④ A : 4.5, B : 1.5

해설 공기량의 허용 오차

콘크리트의 종류	공기량	공기량의 허용 오차
보통 콘크리트	4.5%	±1.5%
경량 콘크리트	5.5%	
포장 콘크리트	4.5%	
고강도 콘크리트	3.5%	

24. 콘크리트의 슬럼프 시험에서 몰드에 콘크리트를 3층으로 채우고 각각 다진 후 슬럼프콘을 들어올리는데, 이때 들어올리는 시간의 표준은?

① 2~5초
② 4~5초
③ 6~7초
④ 8~9초

해설 슬럼프콘을 들어올리는 시간은 높이 300mm에서 2~5(3.5±1.5)초로 한다.

25. 압력법에 의한 굳지 않은 콘크리트의 공기량 시험에 대한 설명으로 틀린 것은?

① 물을 붓고 시험하는 경우(주수법)공기량 측정기의 용적은 적어도 7L 이상으로 한다.
② 시료를 용기에 채울 때 거의 같은 양으로 3층으로 채우고, 각 층은 다짐봉으로 25회씩 균등하게 다져야 한다.
③ 공기량 측정 종료 후에는 덮개를 떼기 전에 주수구와 배수구를 양쪽으로 열고 압력으로 푼다.
④ 콘크리트의 공기량은 측정한 콘크리트의 겉보기 공기량에서 골재 수정계수를 뺀 값으로 구한다.

해설 물을 붓고 시험하는 경우(주수법)공기량 측정기의 용적은 적어도 5L로 한다. 무주수법의 경우는 7L정도 이상으로 한다.

26. 관입저항침에 의한 콘크리트 응결시간을 측정한 결과 관입침 직경 1.43cm를 사용하여 관입저항은 562N이었다. 현재 상태의 관입저항 및 응결상태(초결 또는 종결)를 결정하면?

① 관입저항 3.5MPa, 초결
② 관입저항 3.5MPa, 종결
③ 관입저항 280MPa, 초결
④ 관입저항 280MPa, 종결

해설 각 그래프에서 관입저항값이 3.5MPa가 될 때까지의 시간을 초결시간, 관입저항값이 28MPa가 될 때 소요시간을 종결이라 한다.

27. 품질관리의 7가지 도구 중 아래의 표에서 설명하는 것은?

> 데이터(계산치)를 일정한 폭으로 구분하고 막대그래프로 표현하여 중심, 편차, 모양의 문제점을 발견하기 위한 그래프

① 파레토도
② 히스토그램
③ 층별
④ 산포도

해설
- 파레토도 : 불량 등의 발생건수를 분류항목별로 나누어 크기 순서대로 나열해 놓은 그림
- 산포도 : 대응되는 두 개의 짝으로 된 데이터를 그래프 용지 위에 점으로 나타낸 그림
- 층별 : 집단을 구성하고 있는 데이터를 특징에 따라 몇 개의 부분집단으로 나누는 것

정답 22 ① 23 ④ 24 ① 25 ① 26 ① 27 ②

□□□ 산12,15,19,24
28 다음 중 부착강도에 대한 설명으로 틀린 것은?

① 부착강도는 철근의 종류 및 지름, 콘크리트 속에 묻힌 철근의 위치와 방향, 묻힌 길이, 콘크리트의 피복두께 및 콘크리트 품질 등에 따라 달라진다.
② 조건이 일정한 경우 콘크리트의 압축강도나 인장강도가 커질수록 부착강도는 감소한다.
③ 이형철근의 부착강도가 원형철근의 부착강도보다 크다.
④ 철근을 콘크리트 속에 수평으로 매입하면 콘크리트 중의 입자의 침하나 블리딩에 의하여 철근 하부에 수막 및 공극이 생겨 부착강도가 저하한다.

해설 조건이 일정한 경우 콘크리트의 압축강도나 인장강도의 증가에 따라 부착강도는 증가한다.

□□□ 산10,15,18,24
29 콘크리트의 압축강도 시험결과에 대한 설명으로 틀린 것은?

① 재하속도가 빠르면 강도가 작아진다.
② 공시체의 단면에 요철이 있으면 강도가 실제보다 작아지는 경향이 있다.
③ 공시체의 치수가 클수록 강도는 작게 된다.
④ 시험 직전에 공시체를 건조시키면 일시적으로 강도가 증대한다.

해설 일반적으로 재하속도가 빠를수록 강도가 크게 나타난다.

□□□ 산12,15,24
30 콘크리트의 휨강도 시험에서 공시체에 하중을 가하는 속도로 옳은 것은?

① 가장자리 응력도의 증가율이 매초 0.6±0.04MPa이 되도록 한다.
② 가장자리 응력도의 증가율이 매초 0.6±0.2MPa이 되도록 한다.
③ 가장자리 응력도의 증가율이 매초 0.06±0.04MPa이 되도록 한다.
④ 가장자리 응력도의 증가율이 매초 0.06±0.4MPa이 되도록 한다.

해설 · 압축강도 시험에서 공시체에 하중을 가하는 속도는 압축응력도의 증가율이 매초(0.6±0.2)MPa이 되도록 한다.
· 인장강도 시험에서 공시체에 하중을 가하는 속도는 인장응력도의 증가율이 매초(0.06±0.04)MPa이 되도록 조정한다.
· 휨강도 시험에서 공시체에 하중을 가하는 속도는 가장자리 응력도의 증가율이 매초(0.06±0.04)MPa이 되도록 조정한다.

□□□ 산09,15,23,24
31 콘크리트의 공시체가 압축 혹은 인장을 받을 때, 공시체 축의 직각 방향(횡방향)의 변형률을 축 방향 변형률로 나눈 값을 무엇이라고 하는가?

① 탄성계수
② 포아송 수
③ 포아송 비
④ 크리프 계수

해설 포아송비 $\nu = \dfrac{직각방향(횡방향)\ 변형률}{축방향(종방향)\ 변형률}$

□□□ 산09,13,15,22,24
32 1개마다 양, 불량으로 구별할 경우 사용하나 불량률을 계산하지 않고 불량 개수에 의해서 관리하는 경우에 사용하는 관리도는?

① U 관리도
② C 관리도
③ P 관리도
④ P_n 관리도

해설 · U 관리도 : 단위가 다를 경우 단위당 결점수로 관리
· C 관리도 : 일정한 크기의 시료 가운데 나타나는 결점수에 의거 공정을 관리할 때에 사용한다.
· P 관리도 : 시료의 크기가 반드시 일정하지 않아도 되는 이항분포 이론을 적용하여 불량률로서 공정을 관리할 때에 사용한다.
· P_n 관리도 : 하나하나의 물품의 양호, 불량으로 판정할 때 불량 갯수로써 공정을 관리한다.

□□□ 산17,24
33 일반 콘크리트에서 압축강도에 의한 콘크리트의 품질검사를 실시할 경우 판정기준에 대한 아래표의 내용에서 ①의 ( )안에 들어갈 내용으로 적합한 것은?
(단, $f_{cn} \leq 35$MPa인 경우이다.)

종류	항목	판정기준
호칭 강도로부터 배합을 정한 경우	압축강도 (일반적인 경우 재령 28일)	① ( ) ② 1회의 시험값이(호칭 강도 −3.5MPa) 이상

① 1회의 시험값이 호칭 강도 이상
② 연속 3회 시험값의 평균이 호칭 강도 이상
③ 1회의 시험값이 호칭 강도의 85% 이상
④ 연속 3회 시험값의 평균이 호칭 강도의 85% 이상

해설 판정기준

$f_{cn} \leq 35$MPa	$f_{cn} > 35$MPa
① 연속 3회 시험값의 평균이 호칭 강도 이상	① 연속 3회 시험값의 평균이 호칭 강도 이상
② 1회의 시험값이(호칭 강도 −3.5MPa) 이상	② 1회 시험값이 호칭 강도의 90% 이상

정답 28 ② 29 ① 30 ③ 31 ③ 32 ④ 33 ②

34 φ150mm×300mm의 콘크리트 공시체를 사용하여 압축강도 시험을 실시한 결과 최대 하중이 490kN에서 공시체가 파괴되었다. 이 공시체의 압축강도는?

① 27.73MPa
② 28.62MPa
③ 29.84MPa
④ 31.42MPa

해설 $f_c = \dfrac{P}{A} = \dfrac{490 \times 10^3}{\dfrac{\pi \times 150^2}{4}} = 27.73 \text{N/mm}^2 = 27.73 \text{MPa}$

35 굳지 않은 콘크리트의 성질에 관한 설명 중 틀린 것은?

① 콘크리트의 온도가 높을수록 반죽질기도 커지며, 공기량에 비례하여 슬럼프값이 커진다.
② 단위수량이 많을수록 반죽질기는 커지고, 작업성은 용이해지나 재료분리를 일으키기가 쉽다.
③ 워커빌리티(Workability)는 작업의 난이도 및 재료분리에 저항하는 정도를 나타내며, 골재의 입도와 밀접한 관계가 있다.
④ 피니셔빌리티(Finishability)란 굵은 골재의 최대치수, 잔골재율, 골재입도, 반죽질기 등에 의한 마감성의 난이를 표시하는 성질이다.

해설 일반적으로 콘크리트의 비빔 온도가 높을수록 반죽질기는 저하하는 경향이 있다.

36 다음 중 굳지 않은 콘크리트의 성질을 알아보는 시험방법이 아닌 것은?

① 염화물 함유량 시험
② 공기량 시험
③ 슬럼프 시험
④ 슈미트해머 시험

해설 슈미트 해머에 의한 콘크리트의 반발경도 시험은 콘크리트의 압축강도를 추정하는 시험이다.

37 품질관리의 진행순서로 옳은 것은?

① 계획 → 검토 → 실시 → 조치
② 계획 → 실시 → 조치 → 검토
③ 계획 → 검토 → 조치 → 실시
④ 계획 → 실시 → 검토 → 조치

해설 품질관리의 기본 4단계를 반복적으로 수행한다.
계획(Plan, P) → 실시(Do, D) → 검토(Check, C) → 조치(Action, A)

38 골재의 알칼리-실리카 반응을 검토하기 위하여 적합한 시험은?

① 질산은 적정법
② 전자파 레이더법
③ 모르타르봉 방법
④ 변색법

해설
• 모르타르 봉 방법 : 모르타르 봉 길이 변화를 측정하는 것에 의해, 골재의 알칼리 반응성을 판정하는 시험 방법에 대하여 규정
• 화학적 방법 : 포틀랜드 시멘트 내의 알칼리와 골재의 잠재 반응의 화학적 측정에 대하여 규정

39 탄산화의 깊이가 6.0cm가 되려면 일반적인 경우에 있어서 소요되는 경과 년수는 몇 년인가? (단, 탄산화 속도 계수는 4이다.)

① 1.75년
② 2.0년
③ 2.25년
④ 2.5년

해설 탄산화 깊이 $X = A\sqrt{t}$
$6.0 = 4\sqrt{t}$ ∴ 경과년수 $t = 2.25$년

40 6회의 압축강도시험을 실시하여 아래 표와 같은 결과를 얻었다. 범위 R은 얼마인가?

28.7, 33.1, 29.0, 31.7, 32.8, 27.6MPa

① 5.1MPa
② 5.3MPa
③ 5.5MPa
④ 5.7MPa

해설 $R = x_{max} - x_{min}$
$= 33.1 - 27.6 = 5.5 \text{MPa}$

제3과목 : 콘크리트의 시공

41 속이 빈 원통형 콘크리트 제품의 제조에 사용하는 다짐 방법 중 가장 적합한 방법은?

① 봉다짐
② 진동다짐
③ 원심력다짐
④ 가압성형다짐

해설 말뚝, 폴, 관 등과 같은 중공원통형제품의 성형에는 원심력다짐 방법이 사용된다.

정답 34 ① 35 ① 36 ④ 37 ④ 38 ③ 39 ③ 40 ③ 41 ③

42 외기온이 25℃ 이하일 때 허용 이어치가 시간 간격의 표준으로 옳은 것은?

① 2.5시간 ② 2.0시간
③ 1.5시간 ④ 1.0시간

해설 허용 이어치기 시간 간격의 표준

외기온도	허용 이어치기 시간 간격
25℃ 초과	2.0시간
25℃ 이하	2.5시간

43 콘크리트는 타설한 후 습윤상태로 노출면이 마르지 않도록 하여야 하며, 수분의 증발에 따라 살수를 하여 습윤 상태로 보호하여야 한다. 일평균 기온이 10℃ 이상~15℃ 미만이고, 보통포틀랜드시멘트를 사용한 경우 습윤양생 기간의 표준으로 옳은 것은?

① 3일 ② 5일
③ 7일 ④ 9일

해설 습윤양생기간의 표준

일평균 기온	보통 포틀랜드 시멘트	고로 슬래그 시멘트 플라이 애쉬 시멘트	조강 포틀랜드 시멘트
15℃ 이상	5일	7일	3일
10℃ 이상	7일	9일	4일
5℃ 이상	9일	12일	5일

44 콘크리트의 설계 기준 강도가 21MPa인 경우 슬래브 및 보의 밑면, 아치 내면 거푸집은 콘크리트 압축강도가 몇 MPa 이상인 경우 해체할 수 있는가?

① 5MPa ② 10MPa
③ 12MPa ④ 14MPa

해설 콘크리트 압축강도(슬래브 및 보의 밑면, 아치 내면)
- 설계기준압축강도의 2/3배 이상 또는 최소 14MPa 이상

∴ 콘크리트의 압축강도 $f_{cu} = \frac{2}{3} \times 21 = 14\text{MPa} \geq 14\text{MPa}$

부재		콘크리트의 압축강도(f_{cu})
확대 기초, 보, 기둥 등의 측면		5MPa
슬래브, 보의 밑면, 아치 내면	단층구조	설계기준강도의 1/3배 이상 또한 최소 14MPa 이상
	다층구조	설계기준강도 이상 또한 최소 14MPa 이상

45 아래 표와 같은 조건에서 한중 콘크리트의 타설이 종료되었을 때 온도를 구하면?

- 비빈 직후 온도 : 20℃
- 주위의 기온 : 5℃
- 비빈 후부터 타설 종료 시까지의 시간 : 2시간
- 운반 및 타설시간 1시간에 대하여 콘크리트 온도와 주위의 기온과의 차이 : 15%

① 10.5℃ ② 12.5℃
③ 15.5℃ ④ 17.75℃

해설 $T_2 = T_1 - 0.15(T_1 - T_0) \cdot t$
$= 20 - 0.15(20-5) \times 2 = 15.5℃$

46 콘크리트의 운반 및 타설에 대한 설명으로 적합하지 않은 것은?

① 콘크리트의 재료분리가 될 수 있는 대로 적게 일어나도록 해야 한다.
② 사전에 충분한 운반계획을 세우고, 신속하게 운반하여 즉시 타설해야 한다.
③ 비비기에서 타설이 끝날 때까지의 시간은 외기온도가 25℃ 이상일 때는 2시간 이내로 하여야 한다.
④ 넓은 장소에서는 일반적으로 콘크리트의 공급원으로부터 먼 쪽에서 타설하여 가까운 쪽으로 끝내도록 하는 것이 좋다.

해설 비비기로부터 치기가 끝날 때까지의 시간
- 원칙적으로 외기온도가 25℃ 이상일 때는 1.5시간(90분)을 넘어서는 안된다.
- 원칙적으로 외기온도가 25℃ 미만일 때에는 2시간(120분)을 넘어서는 안된다.

47 해양 콘크리트는 염해를 받기 쉬운 환경이므로 콘크리트 중의 강재 방식을 위한 대책을 수립할 필요가 있는데 다음 중 적당하지 않은 것은?

① 물-결합재비를 크게 한다.
② 피복두께를 크게 한다.
③ 균열폭을 작게 한다.
④ 플라이 애시 시멘트를 적용한다.

해설 충분한 내구성을 가지기 위하여 일반 콘크리트보다 적은 값의 물-결합재비를 사용하는 것이 바람직하다.

정답 42 ① 43 ③ 44 ④ 45 ③ 46 ③ 47 ①

48 다음 중 서중 콘크리트에서 발생하는 균열에 대한 대책으로 옳은 것은?

① 단위 시멘트량을 가능한 한 많게 한다.
② 지연형 감수제의 사용을 고려한다.
③ 현장에서 물을 첨가한다.
④ 양생중 보온대책을 수립한다.

해설 서중콘크리트에 사용되는 AE감수제 및 고성능 AE감수제는 지연형을 사용해야 한다. 즉 높은 온도로 인하여 응결이 촉진되기 때문에 콘크리트의 응결속도를 지연시켜 결과적으로 수화열을 약간 저하시키는 응결 지연제를 사용하는 것이 필요하다.

49 매스콘크리트에서 온도균열지수는 구조물의 중요도, 기능, 환경조건 등에 대응할 수 있도록 선정되어야 한다. 철근이 배치된 일반적인 구조물에서 유해한 균열발생을 제한할 경우 온도균열지수값으로 옳은 것은?

① 2.2~2.7   ② 1.7~2.2
③ 1.2~1.7   ④ 0.7~1.2

해설 표준적인 온도균열지수
· 균열발생을 방지하여야 할 경우 : 1.5 이상
· 균열발생을 제한할 경우 : 1.2~1.5
· 유해한 균열발생을 제한할 경우 : 0.7~1.2

50 아래의 표에서 설명하는 콘크리트는?

> 굳지 않은 상태에서 재료 분리 없이 높은 유동성을 가지면서 다짐작업 없이 자기 충전성이 가능한 콘크리트

① 프리플레이스트 콘크리트   ② 유동화 콘크리트
③ 고유동 콘크리트   ④ 베이스 콘크리트

해설 고유동 콘크리트(high fluidity concrete)의 정의이다.

51 고강도 콘크리트란 설계기준 압축강도가 몇 MPa 이상인 콘크리트를 말하는가? (단, 보통(중량) 콘크리트인 경우)

① 27MPa   ② 30MPa
③ 35MPa   ④ 40MPa

해설 고강도 콘크리트 : 설계기준압축강도가 보통(중량) 콘크리트에서 40MPa 이상, 경량골재 콘크리트에서 27MPa 이상인 경우의 콘크리트

52 수중불분리성 콘크리트의 타설에 대한 설명으로 틀린 것은?

① 유속이 50mm/s 정도 이하의 정수 중에서 타설하여야 한다.
② 수중 낙하높이는 0.5m 이하이어야 한다.
③ 수중 유동거리는 10m 이하로 하여야 한다.
④ 콘크리트 펌프로 압송할 경우, 압송압력은 보통콘크리트의 2~3배로 하여야 한다.

해설 수중 유동거리는 5m 이하로 하여야 한다.

항목	판단기준
물의 유속	50mm/s 이하
수중낙하높이	0.5m 이하
수중유동거리	5m 이하

53 댐 콘크리트와 관련된 용어로서 아래의 표에서 설명하는 것은?

> 롤러다짐 콘크리트를 시공할 때 타설이음면을 고압살수청소, 진공흡입청소 등을 실시하는 것

① 그린 컷(green cut)   ② 팝아웃(pop-out)
③ 스케일링(scaling)   ④ 콜드 조인트(cold joint)

해설 · 그린 컷(green cut) : 롤러 다짐 콘크리트의 시공할 때 타설이음면을 고압 살수 청소, 진공 흡입 청소 등을 실시하는 것
· 콜드 조인트(cold joint) : 계속해서 콘크리트를 칠 때, 예기치 않은 상황으로 인하여 먼저 친 콘크리트와 나중에 친 콘크리트 사이에 완전히 일체가 되지 않은 이음

54 일반 콘크리트 타설에 대한 설명으로 옳지 않은 것은?

① 콘크리트의 타설은 원칙적으로 시공계획서에 따라야 한다.
② 한 구획 내의 콘크리트는 타설이 완료될 때까지 연속해서 타설해야 한다.
③ 타설한 콘크리트를 거푸집 안에서 횡방향으로 이동시켜서는 안 된다.
④ 콘크리트를 2층 이상으로 나누어 타설 할 경우, 상층의 콘크리트 타설은 원칙적으로 하층의 콘크리트가 굳은 후 실시하여야 한다.

해설 콘크리트를 2층 이상으로 나누어 타설할 경우, 상층의 콘크리트 타설은 하층의 콘크리트가 굳기 시작하기 전에 하여야 한다.

55 경량콘크리트의 종류에 해당하지 않은 것은?

① 무잔골재콘크리트 ② 경량기포콘크리트
③ 경량골재콘크리트 ④ 폴리머시멘트콘크리트

해설 경량콘크리트의 종류
- 무잔골재 콘크리트
- 경량기포 콘크리트
- 경량골재 콘크리트

56 숏크리트 작업에 대한 설명으로 틀린 것은?

① 노즐은 뿜어 붙일 면에 직각이 되도록 뿜어 붙이는 것이 좋다.
② 숏크리트는 급결제를 첨가한 후 바로 뿜어 붙이기 작업을 하지 않는 것이 좋다.
③ 소정의 두께가 될 때까지 반복해서 뿜어 붙여야 한다.
④ 강재 지보재를 설치한 곳에 숏크리트를 실시할 경우에는 숏크리트와 강재 지보재가 일체가 되도록 하여야 한다.

해설 숏크리트는 빠르게 운반하고, 급결제를 첨가한 후에는 바로 뿜어 붙이기 작업을 실시하여야 한다.

57 강섬유보강 숏크리트에서 강섬유 혼입에 따른 가장 큰 증가 효과는 다음 중 어느 것인가?

① 휨인성 ② 쪼갬강도
③ 경도   ④ 압축강도

해설
- 강섬유 보강 콘크리트에서 강섬유 혼입에 따른 일반 콘크리트에 비하여 휨파괴 시의 휨인성이나 압축파괴시의 압축인성이 우수하다.
- 인성 높은 재료는 일반적으로 높은 연성을 나타내며 충격성이나 폭발하중에 대한 저항성도 크다.

58 콘크리트가 굳지 않은 상태일 때 콘크리트 표면의 수분 증발속도가 블리딩(bleeding) 수의 상승 속도를 상회하는 경우에 표면 부근이 급격하게 건조되면서 발생하는 균열을 무엇이라고 하는가?

① 건조수축균열 ② 수화수축균열
③ 소성수축균열 ④ 자기수축균열

해설 소성수축균열은 콘크리트 표면수의 증발속도가 블리딩 속도보다 빠른 경우와 같이 급속한 수분증발이 일어나는 경우에 콘크리트 마무리 면에 생기는 가늘고 얇은 균열을 말한다.

59 경사슈트에 대한 아래 표의 설명에서 ( )에 알맞은 것은?

> 경사슈트를 사용할 경우 슈트의 경사는 콘크리트가 재료 분리를 일으키지 않을 정도의 것이어야 한다. 일반적으로 경사는 ( )정도가 적당하다.

① 수평 2에 대하여 연직 1
② 수평 1에 대하여 연직 1
③ 수평 1에 대하여 연직 2
④ 수평 1에 대하여 연직 3

해설 일반적으로 경사슈트의 경사는 수평 2에 대하여 연직 1 정도가 적당하다.

60 콘크리트 제품을 제조할 때, 고온 고압 용기에 제품을 넣고 180℃ 전후, 공기압 7～15기압으로 고온고압 처리하는 양생방법은?

① 오토클레이브양생 ② 상압증기양생
③ 피막양생   ④ 전기양생

해설 오토클레이브(Autoclave)양생 : 양생온도 180℃ 정도, 증기압 0.8MPa 정도의 고온고압 상태에서 양생하는 방법이다.

제4과목 : 콘크리트 구조 및 유지관리

61 강도설계법으로 설계시 기본가정에 어긋나는 것은?

① 철근과 콘크리트의 변형률은 중립축에서의 거리에 비례한다.
② 휨모멘트 또는 휨모멘트와 축력을 동시에 받는 부재의 콘크리트 압축연단의 극한변형률은 콘크리트의 설계기준압축강도가 40MPa 이하인 경우에는 0.0033으로 가정한다.
③ 철근변형률이 항복변형률(ε_y) 이상일 때 철근의 응력은 변형률에 관계없이 f_y와 같다고 가정한다.
④ 휨응력 계산에서 콘크리트의 인장강도는 압축강도의 1/10로 계산한다.

해설 휨응력 계산에서 콘크리트의 인장강도는 무시한다.

정답 55 ④ 56 ② 57 ① 58 ③ 59 ① 60 ① 61 ④

62 고정하중과 활하중이 각각 80N/m, 100N/m의 등분포하중으로 작용하는 보의 설계하중을 구하면? (단, 강도설계법에 의한 하중계수와 하중조합을 고려하시오.)

① 180N/m
② 248N/m
③ 256N/m
④ 360N/m

해설 고정하중(D)과 활하중(L)이 작용하는 소요강도
$U = 1.2D + 1.6L = 1.2 \times 80 + 1.6 \times 100 = 256 \text{kN/m}$

63 콘크리트 구조설계에 사용되는 강도감소계수에 대한 설명으로 틀린 것은?

① 인장지배단면의 경우 0.85를 적용한다.
② 압축지배단면으로 나선철근으로 보강된 철근콘크리트 부재는 0.65를 적용한다.
③ 전단력과 비틀림모멘트를 받는 부재는 0.75를 적용한다.
④ 무근콘크리트의 휨모멘트를 받는 부재는 0.55를 적용한다.

해설 강도감소계수 ϕ

부재		강도감소계수
인장지배단면		0.85
압축지배단면	나선철근으로 보강된 철근 콘크리트 부재	0.70
	그 외의 철근콘크리트 부재	0.65
전단력과 비틀림 모멘트		0.75
콘크리트의 지압력 (포스트텐션 정착부나 스트럿-타이 모델은 제외)		0.65

64 다음 중 콘크리트의 균열 폭을 줄일 수 있는 방법으로 가장 적합한 것은?

① 굵은 철근을 사용하기 보다는 가는 철근을 많이 사용한다.
② 철근에 발생하는 응력이 커질 수 있도록 배근한다.
③ 철근이 배근되는 곳에서 피복두께를 크게 한다.
④ 콘크리트의 압축부분에 압축철근을 배치한다.

해설 콘크리트의 균열 폭을 줄일 수 있는 방법
· 이형철근을 사용하면 균열 폭을 최소로 할 수 있다.
· 인장측에 철근을 잘 배분하면 균열 폭을 최소로 할 수 있다.
· 콘크리트 표면의 균열폭은 철근에 대한 콘크리트 피복 두께에 비례한다.
· 콘크리트의 최대 인장 구역에서 지름이 가는 철근을 여러 개 사용하는 것이 좋다.

65 길이 6m의 단순 철근콘크리트보에서 처짐을 계산하지 않아도 되는 보의 최소두께는 얼마인가? (단, $f_{ck}=24$MPa, $f_y=400$MPa)

① 375mm
② 324mm
③ 300mm
④ 250mm

해설 · 단순지지된 보의 경우 처짐을 계산하지 않아도 되는 최소두께
$t = \frac{l}{16}\left(0.43 + \frac{f_y}{700}\right) = \frac{6000}{16}\left(0.43 + \frac{400}{700}\right) = 375\text{mm}$

· 처짐을 계산하지 않는 경우의 보 또는 1방향 슬래브의 최소 두께

부재	최소 두께 h			
	단순 지지	1단 연속	양단 연속	캔틸레버
	· 큰 처짐에 의해 손상되기 쉬운 칸막이벽 · 기타 구조물을 지지 또는 부착하지 않는 부재			
1방향 슬래브	$\frac{l}{20}$	$\frac{l}{24}$	$\frac{l}{21}$	$\frac{l}{10}$
· 보 · 리브가 있는 1방향 슬래브	$\frac{l}{16}$	$\frac{l}{18.5}$	$\frac{l}{21}$	$\frac{l}{8}$

66 철근의 정착에 대한 설명으로 틀린 것은?

① 압축철근 정착길이는 인장철근
② 압축철근의 정착에는 갈고리를 두는 것이 매우 유효하다.
③ 정착 방법에는 묻힘길이에 의한 정착, 갈고리에 의한 정착, 기계적 정착 등이 있다.
④ 위험단면에서 철근의 설계기준항복강도를 발휘하는 데 필요한 최소 묻힘 길이를 정착길이라고 한다.

해설 갈고리는 압축철근의 정착에 유효하지 않은 것으로 본다.

67 프리스트레스트(Prestressed) 콘크리트에 관한 일반적인 설명이 잘못된 것은?

① PS강재는 릴랙세이션(Relaxation)값이 작은 것을 사용하는 것이 바람직하다.
② 포스트텐션(Post-tension) 방식은 현장에서 프리스트레스를 도입하는 경우가 많다.
③ 프리텐션(Pre-tension) 방식은 공장에서 동일 종류의 제품을 대량으로 제조하는 경우가 많다.
④ 콘크리트는 크리프가 큰 것을 사용하는 것이 바람직하다.

해설 콘크리트는 크리프가 작은 것을 사용해야 한다.

□□□ 산14,17,23,24
68 다음 중 철근 피복두께의 역할이 아닌 것은?

① 철근 부식 방지 ② 단면의 내하력 증대
③ 부착 강도 증진 ④ 내화성 증진

해설 피복두께를 필요로 하는 이유
- 철근의 부식 방지(철근의 녹방지)
- 부착강도 증진(부착응력 확보)
- 내화성 증진(내화구조 확보)

□□□ 산05,12,24
69 콘크리트의 설계기준강도와 철근의 항복강도가 각각 $f_{ck}=24\text{MPa}$, $f_y=400\text{MPa}$인 부재에서 인장을 받는 표준갈고리를 둔다면 기본정착길이로 가장 적합한 것은? (여기서, 철근의 공칭지름은 25.4mm, 철근도막계수 $\beta=1$, 경량콘크리트 계수 $\lambda=1$이다.)

① 470mm ② 498mm
③ 520mm ④ 550mm

해설 표준갈고리를 갖는 인장 이형철근의 정착
- 철근의 설계기준항복강도가 400MPa인 경우 기본정착길
- $l_{dh} = \dfrac{0.24\beta d_b f_y}{\lambda\sqrt{f_{ck}}} = \dfrac{0.24\times1\times25.4\times400}{1\times\sqrt{24}} = 498\text{mm}$

□□□ 산15,18,22,24
70 콘크리트의 열화원인 중 환경적인 요인이 아닌 것은?

① 단면부족 ② 염해
③ 탄산화 ④ 동해

해설 열화원인의 환경적인 요인 : 염해, 탄산화, 동해, 화학적 침식

□□□ 산11,14,17,22,24
71 아래의 표에서 설명하는 균열보수공법은?

> 콘크리트 구조물의 균열을 따라 약 10mm 폭으로 콘크리트를 U형 또는 V형으로 절개한 후, 이 부위에 가요성 에폭시 수지 또는 폴리머 시멘트 모르타르 등을 채워 넣어 보수한다.

① 표면처리공법 ② 단면복구공법
③ 충전공법 ④ 강판접착공법

해설 충전공법(철근이 부식되지 않는 경우)
- 균열을 따라 약 10mm 폭으로 콘크리트를 U형 또는 V형으로 절개한 후 이 부위에 가요성 에폭시 수지 또는 폴리머 시멘트 모르타르 등을 충전하여 보수하는 방법이다.
- V형으로 절개하고 폴리머 시멘트 모르타르를 충전한 경우, 충전한 모르타르의 박리·박락이 일어나기 쉽다.

□□□ 산11,13,17,22,24
72 콘크리트 염해에 대한 설명 중 틀린 것은?

① 콘크리트 내 함수율이 높을수록 염화물이온의 확산계수비는 커진다.
② 부식반응은 애노드반응과 캐소드반응이 조합된 반응이다.
③ 염화물이온에 의한 철근부식은 산소와 수분, 탄산화가 동반되어야만 발생한다.
④ 해안에 가까울수록 염해가 발생할 가능성은 커진다.

해설
- 강재의 부식은 염화물이온 외에 산소와 피복두께가 영향을 미치므로 이를 고려하여 강재의 부식 정도를 예측한다.
- 산소의 영향에 대해서도 실구조물에서 직접 평가하는 것이 어렵기 때문에 탄산화 깊이로 그 공급량의 정도를 정량화하여 예측에 이용한다.

□□□ 산09,11,14,17,24
73 콘크리트의 내화성에 관한 설명으로 가장 부적당한 것은?

① 콘크리트는 내화성이 우수하여 600℃ 정도의 화열을 받아도 압축강도의 저하는 거의 없다.
② 석회석이나 화강암 골재는 특히 내화성을 필요로 하는 장소의 콘크리트에 사용하지 않도록 한다.
③ 화재피해를 받은 콘크리트의 탄산화속도는 화재피해를 받지 않은 것과 비교하여 크다.
④ 화재발생시 급격한 가열, 부재단면이 얇거나 콘크리트의 함수율이 높은 경우는 피복콘크리트의 폭렬이 발생하기 쉽다.

해설 콘크리트의 압축강도는 약 500℃의 고온을 받은 후 냉각에 필요한 충분한 시간이 지났다면 강도는 약 90%까지 회복한다.

□□□ 산08,10,12,15,21,24
74 표면피복공법에 관한 설명으로 틀린 것은?

① 표면에 도포재를 발라 새로운 보호층을 형성 시키고, 철근 부식인자의 침입을 억제한다.
② 표면피복공법은 일반적으로 프라이머도포, 바탕조정, 바름 등의 공정으로 실시된다.
③ 도포재의 도장횟수를 늘리면 표면부의 공극을 없애고, 두터운 막을 늘리면 열화요인에 대한 저항성을 강화시킬 수 있다.
④ 보수 규모가 큰 경우에는 드라이팩트 콘크리트공법, 뿜어붙이기공법 등이 사용된다.

해설 단면복구공법은 공사규모가 큰 경우 드라이 팩트 콘크리트공법, 뿜어 붙이기공법 등이 적용된다.

정답 68 ② 69 ② 70 ① 71 ③ 72 ③ 73 ① 74 ④

75 PS 강재의 정착방법 중 포스트텐션 방식이 아닌 것은?

① 프레시네 공법 ② VSL 공법
③ 디비닥 공법 ④ 롱라인 공법

[해설] 롱라인공법 : 프리텐션공법

76 $b=300mm$, $d=500mm$인 단철근 직사각형 철근콘크리트 보에서 콘크리트가 부담할 수 있는 전단강도(V_c)는? (단, $f_{ck}=25MPa$, $f_y=400MPa$이고 보통(중량)콘크리트를 사용)

① 97kN ② 112kN
③ 125kN ④ 143kN

[해설] $V_c = \frac{1}{6}\lambda\sqrt{f_{ck}}\,b_w\,d$
$= \frac{1}{6} \times 1 \times \sqrt{25} \times 300 \times 500 = 125,000N = 125kN$

77 다음 그림과 같은 복철근 직사각형 보에서 등가압축응력의 깊이(a)는 얼마인가? (단, $A_s=3,210mm^2$, $A_s'=1,014mm^2$, $f_{ck}=20MPa$, $f_y=300MPa$)

① 101.3mm
② 116.8mm
③ 129.2mm
④ 143.7mm

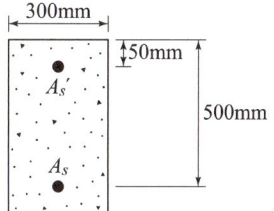

[해설] $f_{ck}=20MPa \leq 40MPa$일 때
$\eta=1.0$, $\beta_1=0.80$
$a = \frac{f_y(A_s - A_s')}{\eta(0.85f_{ck})\cdot b} = \frac{300(3,210-1,014)}{1 \times 0.85 \times 20 \times 300} = 129.2mm$

78 $b_w=400mm$, $d=500mm$, $f_{ck}=27MPa$, $f_y=400MPa$인 단철근 직사각형보의 압축연단에서 중립축까지의 거리(c)를 구하면?

① 240mm ② 311mm
③ 333mm ④ 360mm

[해설] $c = \frac{660}{660+f_y}d = \frac{660}{660+400} \times 500 = 311mm$

79 콘크리트의 강도를 평가할 수 있는 시험 방법으로 거리가 먼 것은?

① 코아테스트 ② 반발경도법
③ 투수성시험 ④ 부착강도시험

[해설] 원위치에 있어서 토층의 투수계수를 구하는 현장 투수시험과 시험실에서 투구계수를 구하는 투수 시험이 있다.

80 콘크리트 압축강도 추정을 위한 반발경도 시험(KS F 2730)에 대한 설명으로 틀린 것은?

① 시험면은 다공질의 조약한 면은 피하고 평활한 면을 선택해야 한다.
② 타격봉이 중추에 부딪힐 때까지 타격봉에 대한 압력을 서서히 증가시키고, 타격봉이 중추에 부딪힌 후, 지침상의 값을 읽고 기록한다.
③ 시험영역의 지름은 100mm 이상이 되어야 한다.
④ 시험값 20개의 평균으로부터 오차가 20% 이상이 되는 경우는 시험값은 버린다.

[해설] 시험영역의 지름은 150mm 이상이 되어야 한다.

| memo |

콘크리트기사 · 산업기사 4주완성(필기)

定價 38,000원

저 자 정용욱 · 고길용
　　　전지현 · 김지우
발행인　이　종　권

2014年　2月　24日　초 판 발 행
2015年　1月　28日　1차개정판발행
2015年　4月　 6日　2차개정판발행
2016年　1月　11日　3차개정1쇄발행
2016年　2月　15日　3차개정2쇄발행
2017年　1月　12日　4차개정1쇄발행
2017年　4月　14日　4차개정2쇄발행
2018年　1月　 5日　5차개정1쇄발행
2019年　1月　22日　6차개정1쇄발행
2020年　1月　20日　7차개정1쇄발행
2021年　1月　19日　8차개정1쇄발행
2022年　1月　27日　9차개정1쇄발행
2023年　1月　12日　10차개정1쇄발행
2023年　8月　30日　11차개정1쇄발행
2025年　1月　16日　12차개정1쇄발행

發行處　**(주) 한솔아카데미**

(우)06775 서울시 서초구 마방로10길 25 트윈타워 A동 2002호
TEL : (02)575-6144/5　FAX : (02)529-1130
〈1998. 2. 19 登錄 第16-1608號〉

※ 본 교재의 내용 중에서 오타, 오류 등은 발견되는 대로 한솔아카데미 인터넷 홈페이지를 통해 공지하여 드리며 보다 완벽한 교재를 위해 끊임없이 최선의 노력을 다하겠습니다.
※ 파본은 구입하신 서점에서 교환해 드립니다.
www.inup.co.kr / www.bestbook.co.kr

ISBN 979-11-6654-601-3 13530

한솔아카데미 발행도서

건축기사시리즈 ①건축계획
이종석, 이병억 공저
432쪽 | 27,000원

건축기사시리즈 ②건축시공
김형중, 한규대, 이명철 공저
570쪽 | 27,000원

건축기사시리즈 ③건축구조
안광호, 홍태화, 고길용 공저
796쪽 | 27,000원

건축기사시리즈 ④건축설비
오병칠, 권영철, 오호영 공저
564쪽 | 27,000원

건축기사시리즈 ⑤건축법규
현정기, 조영호, 한웅규, 김주석 공저
622쪽 | 27,000원

건축기사 필기 10개년 핵심 과년도문제해설
안광호, 백종엽, 이병억 공저
1,028쪽 | 45,000원

건축기사 4주완성
남재호, 송우용 공저
1,412쪽 | 47,000원

건축산업기사 4주완성
남재호, 송우용 공저
1,136쪽 | 43,000원

7개년 기출문제 건축산업기사 필기
한솔아카데미 수험연구회
868쪽 | 37,000원

건축설비기사 4주완성
남재호 저
1,284쪽 | 45,000원

건축설비산업기사 4주완성
남재호 저
824쪽 | 39,000원

10개년 핵심 건축설비기사 과년도
남재호 저
1,148쪽 | 39,000원

건축기사 실기
한규대, 김형중, 안광호, 이병억 공저
1,672쪽 | 52,000원

건축기사 실기 (The Bible)
안광호, 백종엽, 이병억 공저
980쪽 | 40,000원

건축기사 실기 14개년 과년도
안광호, 백종엽, 이병억 공저
688쪽 | 31,000원

건축산업기사 실기
한규대, 김형중, 안광호, 이병억 공저
696쪽 | 33,000원

건축산업기사 실기 (The Bible)
안광호, 백종엽, 이병억 공저
300쪽 | 27,000원

실내건축기사 4주완성
남재호 저
1,320쪽 | 39,000원

실내건축산업기사 4주완성
남재호 저
1,096쪽 | 31,000원

시공실무 실내건축(산업)기사 실기
안동훈, 이병억 공저
422쪽 | 31,000원

Hansol Academy

건축사 과년도출제문제
1교시 대지계획
한솔아카데미 건축사수험연구회
346쪽 | 33,000원

건축사 과년도출제문제
2교시 건축설계1
한솔아카데미 건축사수험연구회
192쪽 | 33,000원

건축사 과년도출제문제
3교시 건축설계2
한솔아카데미 건축사수험연구회
436쪽 | 33,000원

건축물에너지평가사
①건물 에너지 관계법규
건축물에너지평가사 수험연구회
852쪽 | 32,000원

건축물에너지평가사
②건축환경계획
건축물에너지평가사 수험연구회
516쪽 | 30,000원

건축물에너지평가사
③건축설비시스템
건축물에너지평가사 수험연구회
708쪽 | 32,000원

건축물에너지평가사
④건물 에너지효율설계 · 평가
건축물에너지평가사 수험연구회
648쪽 | 32,000원

건축물에너지평가사
2차실기(상)
건축물에너지평가사 수험연구회
940쪽 | 45,000원

건축물에너지평가사
2차실기(하)
건축물에너지평가사 수험연구회
905쪽 | 50,000원

토목기사시리즈
①응용역학
안광호, 김창원, 염창열, 정용욱 공저
540쪽 | 27,000원

토목기사시리즈
②측량학
남수영, 정경동, 고길용 공저
392쪽 | 27,000원

토목기사시리즈
③수리학 및 수문학
심기오, 노재식, 한웅규 공저
396쪽 | 27,000원

토목기사시리즈
④철근콘크리트 및 강구조
정경동, 정용욱, 고길용, 김지우 공저
464쪽 | 27,000원

토목기사시리즈
⑤토질 및 기초
안진수, 박광진, 김창원, 홍성협 공저
588쪽 | 27,000원

토목기사시리즈
⑥상하수도공학
노재식, 이상도, 한웅규, 정용욱 공저
544쪽 | 27,000원

10개년 핵심 토목기사
과년도문제해설
김창원 외 5인 공저
1,076쪽 | 46,000원

토목기사 4주완성
핵심 및 과년도문제해설
이상도, 고길용, 안광호, 한웅규, 홍성협, 김지우 공저
1,054쪽 | 44,000원

토목산업기사 4주완성
7개년 과년도문제해설
이상도, 정경동, 고길용, 안광호, 한웅규, 홍성협 공저
752쪽 | 40,000원

토목기사 실기
김태선, 박광진, 홍성협, 김창원, 김상욱, 이상도 공저
1,496쪽 | 52,000원

토목기사 실기
12개년 과년도문제해설
김태선, 이상도, 한웅규, 홍성협, 김상욱, 김지우 공저
708쪽 | 37,000원

www.bestbook.co.kr

콘크리트기사 · 산업기사
4주완성(필기)
정용욱, 고길용, 전지현, 김지우
공저
856쪽 | 38,000원

콘크리트기사
14개년 과년도(필기)
정용욱, 고길용, 김지우 공저
644쪽 | 29,000원

콘크리트기사 · 산업기사
3주완성(실기)
정용욱, 김태형, 이승철 공저
748쪽 | 32,000원

건설재료시험기사
4주완성(필기)
박광진, 이상도, 김지우, 전지현
공저
742쪽 | 38,000원

건설재료시험기사
14개년 과년도(필기)
고길용, 정용욱, 홍성협, 전지현
공저
692쪽 | 31,000원

건설재료시험기사
3주완성(실기)
고길용, 홍성협, 전지현, 김지우
공저
728쪽 | 32,000원

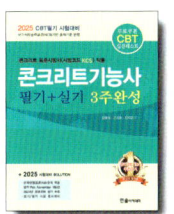
콘크리트기능사
3주완성(필기+실기)
정용욱, 고길용, 염창열, 전지현
공저
538쪽 | 27,000원

지적기능사(필기+실기)
3주완성
염창열, 정병노 공저
640쪽 | 30,000원

측량기능사 3주완성
염창열, 정병노, 고길용 공저
568쪽 | 28,000원

전산응용토목제도기능사
필기 3주완성
김지우, 최진호, 전지현 공저
438쪽 | 27,000원

건설안전기사 4주완성
필기
지준석, 조태연 공저
1,388쪽 | 36,000원

산업안전기사 4주완성
필기
지준석, 조태연 공저
1,560쪽 | 36,000원

공조냉동기계기사 필기
조성안, 이승원, 강희중 공저
1,358쪽 | 41,000원

공조냉동기계산업기사
필기
조성안, 이승원, 강희중 공저
1,269쪽 | 36,000원

공조냉동기계기사 실기
강희중, 조성안, 한영동 공저
1,040쪽 | 38,000원

조경기사 · 산업기사
필기
이윤진 저
1,836쪽 | 49,000원

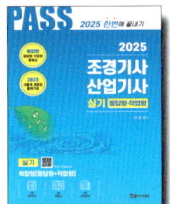
조경기사 · 산업기사
실기
이윤진 저
784쪽 | 45,000원

조경기능사 필기
이윤진 저
682쪽 | 29,000원

조경기능사 실기
이윤진 저
360쪽 | 29,000원

조경기능사 필기
한상엽 저
712쪽 | 28,000원

Hansol Academy

조경기능사 실기
한상엽 저
738쪽 | 30,000원

산림기사·산업기사 1권
이윤진 저
888쪽 | 27,000원

산림기사·산업기사 2권
이윤진 저
974쪽 | 27,000원

전기기사시리즈(전6권)
대산전기수험연구회
2,240쪽 | 131,000원

전기기사 5주완성
전기기사수험연구회
1,680쪽 | 42,000원

전기산업기사 5주완성
전기산업기사수험연구회
1,556쪽 | 42,000원

전기공사기사 5주완성
전기공사기사수험연구회
1,608쪽 | 42,000원

전기공사산업기사 5주완성
전기공사산업기사수험연구회
1,606쪽 | 42,000원

전기(산업)기사 실기
대산전기수험연구회
766쪽 | 43,000원

전기기사 실기 20개년 과년도문제해설
대산전기수험연구회
992쪽 | 38,000원

전기기사시리즈(전6권)
김대호 저
3,230쪽 | 136,000원

전기기사 실기 기본서
김대호 저
964쪽 | 38,000원

전기기사 실기 기출문제
김대호 저
1,352쪽 | 43,000원

전기산업기사 실기 기본서
김대호 저
920쪽 | 38,000원

전기산업기사 실기 기출문제
김대호 저
1,076쪽 | 41,000원

전기기사/전기산업기사 실기 마인드 맵
김대호 저
232 | 기본서 별책부록

CBT 전기기사 블랙박스
이승원, 김승철, 윤종식 공저
1,168쪽 | 42,000원

전기(산업)기사 실기 모의고사 100선
김대호 저
296쪽 | 24,000원

전기기능사 필기
이승원, 김승철, 윤종식 공저
532쪽 | 27,000원

소방설비기사 기계분야 필기
김흥준, 윤중오 공저
1,212쪽 | 44,000원

www.bestbook.co.kr

소방설비기사 전기분야 필기
김흥준, 신면순 공저
1,151쪽 | 44,000원

공무원 건축계획
이병억 저
800쪽 | 37,000원

7·9급 토목직 응용역학
정경동 저
1,192쪽 | 42,000원

응용역학개론 기출문제
정경동 저
686쪽 | 40,000원

측량학(9급 기술직/ 서울시·지방직)
정병노, 염창열, 정경동 공저
722쪽 | 27,000원

응용역학(9급 기술직/ 서울시·지방직)
이국형 저
628쪽 | 23,000원

스마트 9급 물리 (서울시·지방직)
신용찬 저
422쪽 | 23,000원

7급 공무원 스마트 물리학개론
신용찬 저
996쪽 | 45,000원

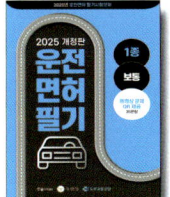
1종 운전면허
도로교통공단 저
110쪽 | 13,000원

2종 운전면허
도로교통공단 저
110쪽 | 13,000원

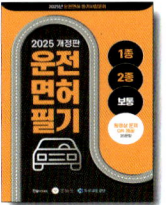
1·2종 운전면허
도로교통공단 저
110쪽 | 13,000원

지게차 운전기능사
건설기계수험연구회 편
216쪽 | 15,000원

굴삭기 운전기능사
건설기계수험연구회 편
224쪽 | 15,000원

지게차 운전기능사 3주완성
건설기계수험연구회 편
338쪽 | 12,000원

굴삭기 운전기능사 3주완성
건설기계수험연구회 편
356쪽 | 12,000원

초경량 비행장치 무인멀티콥터
권희춘, 김병구 공저
258쪽 | 22,000원

시각디자인 산업기사 4주완성
김영애, 서정술, 이원범 공저
1,102쪽 | 36,000원

시각디자인 기사·산업기사 실기
김영애, 이원범 공저
508쪽 | 35,000원

토목 BIM 설계활용서
김영휘, 박형순, 송윤상, 신현준, 안서현, 박진훈, 노기태 공저
388쪽 | 30,000원

BIM 구조편
(주)알피종합건축사사무소
(주)동양구조안전기술 공저
536쪽 | 32,000원

Hansol Academy

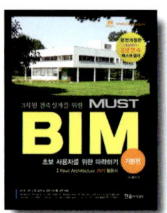
BIM 기본편
(주)알피종합건축사사무소
402쪽 | 32,000원

BIM 기본편 2탄
(주)알피종합건축사사무소
380쪽 | 28,000원

BIM 건축계획설계 Revit 실무지침서
BIMFACTORY
607쪽 | 35,000원

전통가옥에서 BIM을 보며
김요한, 함남혁, 유기찬 공저
548쪽 | 32,000원

BIM 주택설계편
(주)알피종합건축사사무소
박기백, 서창석, 함남혁, 유기찬 공저
514쪽 | 32,000원

BIM 활용편 2탄
(주)알피종합건축사사무소
380쪽 | 30,000원

BIM 건축전기설비설계
모델링스토어, 함남혁
572쪽 | 32,000원

BIM 토목편
송현혜, 김동욱, 임성순, 유자영, 심창수 공저
278쪽 | 25,000원

디지털모델링 방법론
이나래, 박기백, 함남혁, 유기찬 공저
380쪽 | 28,000원

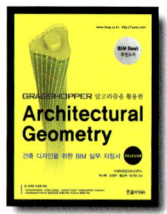
건축디자인을 위한 BIM 실무 지침서
(주)알피종합건축사사무소
박기백, 오정우, 함남혁, 유기찬 공저
516쪽 | 30,000원

BIM 전문가 건축 2급자격(필기+실기)
모델링스토어
760쪽 | 35,000원

BIM 전문가 토목 2급 실무활용서
채재현, 김영휘, 박준오, 소광영, 김소희, 이기수, 조수연
614쪽 | 35,000원

BE Architect
유기찬, 김재준, 차성민, 신수진, 홍유찬 공저
282쪽 | 20,000원

BE Architect 라이노&그래스호퍼
유기찬, 김재준, 조준상, 오주연 공저
288쪽 | 22,000원

BE Architect AUTO CAD
유기찬, 김재준 공저
400쪽 | 25,000원

건축관계법규(전3권)
최한석, 김수영 공저
3,544쪽 | 110,000원

건축법령집
최한석, 김수영 공저
1,490쪽 | 60,000원

건축법해설
김수영, 이종석, 김동화, 김용환, 조영호, 오호영 공저
918쪽 | 32,000원

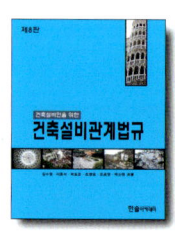
건축설비관계법규
김수영, 이종석, 박호준, 조영호, 오호영 공저
790쪽 | 34,000원

건축계획
이순희, 오호영 공저
422쪽 | 23,000원

 www.bestbook.co.kr

건축시공학
이찬식, 김선국, 김예상, 고성석,
손보식, 유정호, 김태완 공저
776쪽 | 30,000원

현장실무를 위한 토목시공학
남기천,김상환,유광호,강보순,
김종민,최준성 공저
1,212쪽 | 45,000원

알기쉬운 토목시공
남기천, 유광호, 류명찬, 윤영철,
최준성, 고준영, 김연덕 공저
818쪽 | 28,000원

Auto CAD 오토캐드
김수영, 정기범 공저
364쪽 | 25,000원

친환경 업무매뉴얼
정보현, 장동원 공저
352쪽 | 30,000원

건축시공기술사 기출문제
배용환, 서갑성 공저
1,146쪽 | 69,000원

합격의 정석 건축시공기술사
조민수 저
904쪽 | 67,000원

건축시공기술사 용어해설
조민수 저
1,438쪽 | 70,000원

건축전기설비기술사 (상,하)
서학범 저
1,532쪽 | 65,000원(각권)

디테일 기본서 PE 건축시공기술사
백종엽 저
730쪽 | 62,000원

디테일 마법지 PE 건축시공기술사
백종엽 저
504쪽 | 50,000원

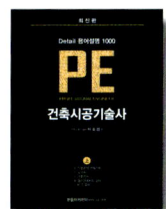
용어설명1000 PE 건축시공기술사(상,하)
백종엽 저
2,100쪽 | 70,000원(각권)

역학의 정석
김성민, 김성범 공저
788쪽 | 52,000원

합격의 정석 토목시공기술사
김무섭, 조민수 공저
874쪽 | 60,000원

건설안전기술사
이태엽 저
748쪽 | 55,000원

소방기술사 上
윤정득, 박견용 공저
656쪽 | 55,000원

소방기술사 下
윤정득, 박견용 공저
730쪽 | 55,000원

소방시설관리사 1차 (상,하)
김흥준 저
1,630쪽 | 63,000원

건축에너지관계법해설
조영호 서
614쪽 | 27,000원

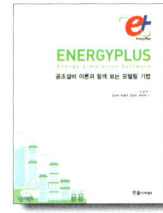
ENERGYPULS
이광호 저
236쪽 | 25,000원

Hansol Academy

수학의 마술(2권)
아서 벤저민 저, 이경희, 윤미선, 김은현, 성지현 옮김
206쪽 | 24,000원

스트레스, 과학으로 풀다
그리고리 L. 프리키온, 애너이브 코비치, 앨버트 S.용 저
176쪽 | 20,000원

행복충전 50Lists
에드워드 호프만 저
272쪽 | 16,000원

지치지 않는 뇌 휴식법
이시카와 요시키 저
188쪽 | 12,800원

지능형홈관리사
김일진, 이의신, 송한춘, 황준호, 장우성 공저
500쪽 | 35,000원

스마트 건설, 스마트 시티, 스마트 홈
김선근 저
436쪽 | 19,500원

e-Test 엑셀 ver.2016
임창인, 조은경, 성대근, 강현권 공저
268쪽 | 17,000원

e-Test 파워포인트 ver.2016
임창인, 권영희, 성대근, 강현권 공저
206쪽 | 15,000원

e-Test 한글 ver.2016
임창인, 이권일, 성대근, 강현권 공저
198쪽 | 13,000원

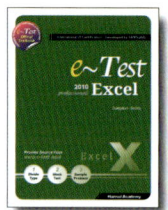
e-Test 엑셀 2010(영문판)
Daegeun-Seong
188쪽 | 25,000원

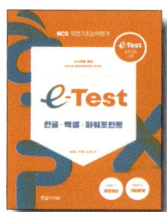
e-Test 한글+엑셀+파워포인트
성대근, 유재휘, 강현권 공저
412쪽 | 28,000원

재미있고 쉽게 배우는 포토샵 CC2020
이영주 저
320쪽 | 23,000원

콘크리트기사·산업기사 3주완성 실기

정용욱, 김태형, 이승철
748쪽 | 32,000원

토목기사 4주완성

이상도, 고길용, 안광호, 한웅규, 홍성협, 김지우
1,054쪽 | 44,000원

※ 구입처는 **전국대형서점**에서 구매하실 수 있습니다.